# BEILSTEINS HANDBUCH DER ORGANISCHEN CHEMIE

# BEILSTEINS HANDBUCH DER ORGANISCHEN CHEMIE

## VIERTE AUFLAGE

## DRITTES ERGÄNZUNGSWERK

DIE LITERATUR VON 1930 BIS 1949 UMFASSEND

HERAUSGEGEBEN VOM
BEILSTEIN-INSTITUT FÜR LITERATUR DER ORGANISCHEN CHEMIE

BEARBEITET VON

**HANS-G. BOIT**

UNTER MITWIRKUNG VON
OSKAR WEISSBACH
MARIE-ELISABETH FERNHOLZ · VOLKER GUTH · HANS HÄRTER
IRMGARD HAGEL · URSULA JACOBSHAGEN · ROTRAUD KAYSER
MARIA KOBEL · KLAUS KOULEN · BRUNO LANGHAMMER
DIETER LIEBEGOTT · RICHARD MEISTER · ANNEROSE NAUMANN
WILMA NICKEL · BURKHARD POLENSKI · ANNEMARIE REICHARD
ELEONORE SCHIEBER · EBERHARD SCHWARZ · ILSE SÖLKEN
ACHIM TREDE

**VIERZEHNTER BAND**
ERSTER TEIL

SPRINGER-VERLAG
BERLIN · HEIDELBERG · NEW YORK
1973

ISBN 3-540-06413-3 Springer-Verlag, Berlin · Heidelberg · New York
ISBN 0-387-06413-3 Springer-Verlag, New York · Heidelberg · Berlin


Library of Congress Catalog Card Number: 22—79
Printed in Germany.

Druck der Universitätsdruckerei H. Stürtz AG, Würzburg

Mitarbeiter der Redaktion

Gerhard Bambach
Klaus Baumberger
Erich Bayer
Elise Blazek
Kurt Bohg
Kurt Bohle
Reinhard Bollwan
Jörg Bräutigam
Ruth Brandt
Eberhard Breither
Liselotte Cauer
Edgar Deuring
Ingeborg Deuring
Reinhard Ecker
Walter Eggersglüss
Irene Eigen
Adolf Fahrmeir
Hellmut Fiedler
Franz Heinz Flock
Ingeborg Geibler
Friedo Giese
Libuse Goebels
Gerhard Grimm
Karl Grimm
Friedhelm Gundlach
Maria Haag
Alfred Haltmeier
Franz-Josef Heinen
Erika Henseleit
Karl-Heinz Herbst
Heidrun Hinse
Ruth Hintz-Kowalski
Guido Höffer
Eva Hoffmann
Werner Hoffmann
Gerhard Hofmann
Hans Hummel
Gerhard Jooss
Klaus Kinsky
Heinz Klute
Ernst Heinrich Koetter
Irene Kowol
Christine Krasa
Gisela Lange
Sok Hun Lim
Lothar Mähler
Gerhard Maleck
Kurt Michels
Ingeborg Mischon
Klaus-Diether Möhle
Gerhard Mühle
Heinz-Harald Müller
Ulrich Müller
Peter Otto
Hella Rabien
Peter Raig
Walter Reinhard
Gerhard Richter
Hans Richter
Evemarie Ritter
Lutz Rogge
Günter Roth
Heide Lore Saiko
Liselotte Sauer
Gundula Schindler
Joachim Schmidt
Gerhard Schmitt
Thilo Schmitt
Peter Schomann
Wolfgang Schütt
Wolfgang Schurek
Wolfgang Staehle
Wolfgang Stender
Josef Sunkel
Hans Tarrach
Elisabeth Tauchert
Otto Unger
Mathilde Urban
Paul Vincke
Rüdiger Walentowski
Hartmut Wehrt
Hedi Weissmann
Frank Wente
Ulrich Winckler
Günter Winkmann
Renate Wittrock
Günter Zimmermann

**Das Gesamtregister für die Bände XII bis XIV befindet sich im letzten Teilband des Bandes XIV**

# Inhalt



## Zweite Abteilung

## Isocyclische Verbindungen

(Fortsetzung)

## IX. Amine

### G. Oxoamine

#### Amino-Derivate der Monooxo-Verbindungen



#### Amino-Derivate der Dioxo-Verbindungen

H. Hydroxy-oxo-amine

# Stereochemische Bezeichnungsweisen

## Übersicht

| Präfix | Definition in § | Symbol | Definition in § |
|---|---|---|---|
| *allo* | 5c, 6c | $c$ | 4 |
| *altro* | 5c, 6c | $c_{\mathrm{F}}$ | 7a |
| *anti* | 9 | D | 6 |
| *arabino* | 5c | $\mathrm{D}_{g}$ | 6b |
| *cat*$_{\mathrm{F}}$ | 7a | $\mathrm{D}_{r}$ | 7b |
| *cis* | 2 | $\mathrm{D}_{s}$ | 6b |
| *endo* | 8 | L | 6 |
| *ent* | 10d | $\mathrm{L}_{g}$ | 6b |
| *erythro* | 5a | $\mathrm{L}_{r}$ | 7b |
| *exo* | 8 | $\mathrm{L}_{s}$ | 6b |
| *galacto* | 5c, 6c | $r$ | 4c, d, e |
| *gluco* | 5c, 6c | $(r)$ | 1a |
| *glycero* | 6c | $r_{\mathrm{F}}$ | 7a |
| *gulo* | 5c, 6c | $(R)$ | 1a |
| *ido* | 5c, 6c | $(R_{\mathrm{a}})$ | 1b |
| *lyxo* | 5c | $(R_{\mathrm{p}})$ | 1b |
| *manno* | 5c, 6c | $(s)$ | 1a |
| *meso* | 5b | $(S)$ | 1a |
| *rac* | 10d | $(S_{\mathrm{a}})$ | 1b |
| *racem.* | 5b | $(S_{\mathrm{p}})$ | 1b |
| *ribo* | 5c | $t$ | 4 |
| *seqcis* | 3 | $t_{\mathrm{F}}$ | 7a |
| *seqtrans* | 3 | $\alpha$ | 10a, c |
| *syn* | 9 | $\alpha_{\mathrm{F}}$ | 10b, c |
| *talo* | 5c, 6c | $\beta$ | 10a, c |
| *threo* | 5a | $\beta_{\mathrm{F}}$ | 10b, c |
| *trans* | 2 | $\xi$ | 11a |
| *xylo* | 5c | $(\Xi)$ | 1c |
| | | $(\Xi_{\mathrm{a}})$ | 1c |
| | | $(\Xi_{\mathrm{p}})$ | 1c |
| | | $\Xi$ | 11b |

§ 1. a) Die Symbole (*R*) und (*S*) bzw. (*r*) und (*s*) kennzeichnen die absolute Konfiguration an Chiralitätszentren (Asymmetriezentren) bzw. „Pseudoasymmetriezentren“ gemäss der „Sequenzregel“ und ihren Anwendungsvorschriften (*Cahn, Ingold, Prelog,* Experientia **12** [1956] 81; Ang. Ch. **78** [1966] 413, 419; Ang. Ch. internat. Ed. **5** [1966] 385, 390; *Cahn, Ingold,* Soc. **1951** 612; s. a. *Cahn,* J. chem. Educ. **41** [1964] 116, 508). Zur Kennzeichnung der Konfiguration von Racematen aus Verbindungen mit mehreren Chiralitätszentren dienen die Buchstabenpaare (*RS*) und (*SR*), wobei z.B. durch das Symbol (1*RS*:2*SR*) das aus dem (1*R*:2*S*)-Enantiomeren und dem (1*S*:2*R*)-Enantiomeren bestehende Racemat spezifiziert wird (vgl. *Cahn, Ingold, Prelog,* Ang. Ch. **78** 435; Ang. Ch. internat. Ed. **5** 404).

Beispiele:

(*S*)-3-Benzyloxy-1.2-dibutyryloxy-propan [E III **6** 1473]
(1*R*:2*S*:3*S*)-Pinanol-(3) [E III **6** 281]
(3a*R*:4*S*:8*R*:8a*S*:9*s*)-9-Hydroxy-2.2.4.8-tetramethyl-decahydro-4.8-methano-azulen [E III **6** 425]
(1*RS*:2*SR*)-1-Phenyl-butandiol-(1.2) [E III **6** 4663]

b) Die Symbole ($R_a$) und ($S_a$) bzw. ($R_p$) und ($S_p$) werden in Anlehnung an den Vorschlag von *Cahn, Ingold* und *Prelog* (Ang. Ch. **78** 437; Ang. Ch. internat. Ed. **5** 406) zur Kennzeichnung der Konfiguration von Elementen der axialen bzw. planaren Chiralität verwendet.

Beispiele:

($R_a$)-5.5′-Dimethoxy-6′-acetoxy-2-äthyl-2′-phenäthyl-biphenyl [E III **6** 6597]
($R_a$:$S_a$)-3.3′.6′.3″-Tetrabrom-2′.5′-bis-[((1*R*)-menthyloxy)-acetoxy]-2.4.6.2″.4″.6″-hexamethyl-*p*-terphenyl [E III **6** 5820]
($R_p$)-Cyclohexanhexol-(1*r*.2*c*.3*t*.4*c*.5*t*.6*t*) [E III **6** 6925]

c) Die Symbole ($\Xi$), ($\Xi_a$) und ($\Xi_p$) zeigen unbekannte Konfiguration von Elementen der zentralen, axialen bzw. planaren Chiralität an; das Symbol ($\xi$) kennzeichnet unbekannte Konfiguration eines Pseudoasymmetriezentrums.

Beispiele:

($\Xi$)-1-Acetoxy-2-methyl-5-[(*R*)-2.3-dimethyl-2.6-cyclo-norbornyl-(3)]-pentanol-(2) [E III **6** 4183]
(14$\Xi$:18$\Xi$)-Ambranol-(8) [E III **6** 431]
($\Xi_a$)-3$\beta$.3′$\beta$-Dihydroxy-(7$\xi$*H*.7′$\xi$*H*)-[7.7′]bi[ergostatrien-(5.8.22*t*)-yl] [E III **6** 5897]
(3$\xi$)-5-Methyl-spiro[2.5]octan-dicarbonsäure-(1*r*.2*c*) [E III **9** 4002]

§ 2. Die Präfixe ***cis*** und ***trans*** geben an, dass sich in (oder an) der Bezifferungseinheit[1]), deren Namen diese Präfixe vorangestellt sind, die beiden Bezugsliganden [2]) auf der gleichen Seite (***cis***) bzw. auf den entgegengesetzten Seiten (***trans***) der (durch die beiden doppelt-gebundenen Atome verlaufenden) Bezugsgeraden (bei Spezifizierung der Konfiguration an einer Doppelbindung) oder der (durch die Ringatome festgelegten) Bezugsfläche (bei Spezifizierung der Konfiguration an einem Ring oder einem Ringsystem) befinden. Bezugsliganden sind

1) bei Verbindungen mit konfigurativ relevanten Doppelbindungen die von Wasserstoff verschiedenen Liganden an den doppelt-gebundenen Atomen,
2) bei Verbindungen mit konfigurativ relevanten angularen Ringatomen die exocyclischen Liganden an diesen Atomen,

---

[1]) Eine Bezifferungseinheit ist ein durch die Wahl des Namens abgegrenztes cyclisches, acyclisches oder cyclisch-acyclisches Gerüst (von endständigen Heteroatomen oder Heteroatom-Gruppen befreites Molekül oder Molekül-Bruchstück), in dem jedes Atom eine andere Stellungsziffer erhält; z. B. liegt im Namen Stilben nur eine Bezifferungseinheit vor, während der Name 3-Phenyl-penten-(2) aus zwei, der Name [1-Äthyl-propenyl]-benzol aus drei Bezifferungseinheiten besteht.

[2]) Als „Ligand" wird hier ein einfach kovalent gebundenes Atom oder eine einfach kovalent gebundene Atomgruppe verstanden.

3) bei Verbindungen mit konfigurativ relevanten peripheren Ringatomen die von Wasserstoff verschiedenen Liganden an diesen Atomen.

Beispiele:
β-Brom-*cis*-zimtsäure [E III **9** 2732]
*trans*-β-Nitro-4-methoxy-styrol [E III **6** 2388]
5-Oxo-*cis*-decahydro-azulen [E III **7** 360]
*cis*-Bicyclohexyl-carbonsäure-(4) [E III **9** 261]

§ 3. Die Bezeichnungen ***seqcis*** bzw. ***seqtrans***, die der Stellungsziffer einer Doppelbindung, der Präfix-Bezeichnung eines doppelt-gebundenen Substituenten oder einem zweiwertigen Funktionsabwandlungssuffix (z.B. -oxim) beigegeben sind, kennzeichnen die cis-Orientierung bzw. trans-Orientierung der zu beiden Seiten der jeweils betroffenen Doppelbindung befindlichen Bezugsliganden [2]), die in diesem Fall mit Hilfe der Sequenz-Regel und ihrer Anwendungsvorschriften (s. § 1) ermittelt werden.

Beispiele:
(3*S*)-9.10-Seco-cholestadien-(5(10).7*seqtrans*)-ol-(3) [E III **6** 2602]
Methyl-[4-chlor-benzyliden-(*seqcis*)]-aminoxyd [E III **7** 873]
1.1.3-Trimethyl-cyclohexen-(3)-on-(5)-*seqcis*-oxim [E III **7** 285]

§ 4. a) Die Symbole ***c*** bzw. ***t*** hinter der Stellungsziffer einer C,C-Doppelbindung sowie die der Bezeichnung eines doppelt-gebundenen Radikals (z.B. der Endung „yliden") nachgestellten Symbole -(***c***) bzw. -(***t***) geben an, dass die jeweiligen „Bezugsliganden" [2]) an den beiden doppelt-gebundenen Kohlenstoff-Atomen cis-ständig (*c*) bzw. trans-ständig (*t*) sind (vgl. § 2). Als Bezugsligand gilt auf jeder der beiden Seiten der Doppelbindung derjenige Ligand, der der gleichen Bezifferungseinheit[1]) angehört wie das mit ihm verknüpfte doppelt-gebundene Atom; gehören beide Liganden eines der doppelt-gebundenen Atome der gleichen Bezifferungseinheit an, so gilt der niedrigerbezifferte als Bezugsligand.

Beispiele:
3-Methyl-1-[2.2.6-trimethyl-cyclohexen-(6)-yl]-hexen-(2*t*)-ol-(4) [E III **6** 426]
(1*S*:9*R*)-6.10.10-Trimethyl-2-methylen-bicyclo[7.2.0]undecen-(5*t*) [E III **5** 1083]
5α-Ergostadien-(7.22*t*) [E III **5** 1435]
5α-Pregnen-(17(20)*t*)-ol-(3β) [E III **6** 2591]
(3*S*)-9.10-Seco-ergostatrien-(5*t*.7*c*.10(19))-ol-(3) [E III **6** 2832]
1-[2-Cyclohexyliden-äthyliden-(*t*)]-cyclohexanon-(2) [E III **7** 1231]

b) Die Symbole ***c*** bzw. ***t*** hinter der Stellungsziffer eines Substituenten an einem doppelt-gebundenen endständigen Kohlenstoff-Atom eines acyclischen Gerüstes (oder Teilgerüstes) geben an, dass dieser Substituent cis-ständig (*c*) bzw. trans-ständig (*t*) (vgl. § 2) zum „Bezugsliganden" ist. Als Bezugsligand gilt derjenige Ligand [2]) an der nicht-endständigen Seite der Doppelbindung, der der gleichen Bezifferungseinheit angehört wie die doppelt-gebundenen Atome; liegt eine an der Doppelbindung verzweigte Bezifferungseinheit vor, so gilt der niedriger bezifferte Ligand des nicht-endständigen doppelt-gebundenen Atoms als Bezugsligand.

Beispiele:
1*c*.2-Diphenyl-propen-(1) [E III **5** 1995]
1*t*.6*t*-Diphenyl-hexatrien-(1.3*t*.5) [E III **5** 2243]

c) Die Symbole *c* bzw. *t* hinter der Stellungsziffer 2 eines Substituenten am Äthylen-System (Äthylen oder Vinyl) geben die cis-Stellung (*c*) bzw. die trans-Stellung (*t*) (vgl. § 2) dieses Substituenten zu dem durch das Symbol *r* gekennzeichneten Bezugsliganden an dem mit 1 bezifferten Kohlenstoff-Atom an.

Beispiele:
1.2*t*-Diphenyl-1*r*-[4-chlor-phenyl]-äthylen [E III **5** 2399]
4-[2*t*-Nitro-vinyl-(*r*)]-benzoesäure-methylester [E III **9** 2756]

d) Die mit der Stellungsziffer eines Substituenten oder den Stellungsziffern einer im Namen durch ein Präfix bezeichneten Brücke eines Ringsystems kombinierten Symbole *c* bzw. *t* geben an, dass sich der Substituent oder die mit dem Stamm-Ringsystem verknüpften Brückenatome auf der gleichen Seite (*c*) bzw. der entgegengesetzten Seite (*t*) der „Bezugsfläche" befinden wie der Bezugsligand [2]) (der auch aus einem Brückenzweig bestehen kann), der seinerseits durch Hinzufügen des Symbols *r* zu seiner Stellungsziffer kenntlich gemacht ist. Die „Bezugsfläche" ist durch die Atome desjenigen Ringes (oder Systems von ortho/peri-anellierten Ringen) bestimmt, an dem alle Liganden gebunden sind, deren Stellungsziffern die Symbole *r*, *c* oder *t* aufweisen. Bei einer aus mehreren isolierten Ringen oder Ringsystemen bestehenden Verbindung kann jeder Ring bzw. jedes Ringsystem als gesonderte Bezugsfläche für Konfigurationskennzeichen fungieren; die zusammengehörigen (d.h. auf die gleichen Bezugsflächen bezogenen) Sätze von Konfigurationssymbolen *r*, *c* und *t* sind dann im Namen der Verbindung durch Klammerung voneinandergetrennt oder durch Strichelung unterschieden (s. Beispiele 3 und 4 unter Abschnitt e).

Beispiele:
1*r*.2*t*.3*c*.4*t*-Tetrabrom-cyclohexan [E III **5** 51]
1*r*-Äthyl-cyclopentanol-(2*c*) [E III **6** 79]
1*r*.2*c*-Dimethyl-cyclopentanol-(1) [E III **6** 80]

e) Die mit einem (gegebenenfalls mit hochgestellter Stellungsziffer ausgestatteten) Atomsymbol kombinierten Symbole *r*, *c* oder *t* beziehen sich auf die räumliche Orientierung des indizierten Atoms (das sich in diesem Fall in einem weder durch Präfix noch durch Suffix benannten Teil des Moleküls befindet). Die Bezugsfläche ist dabei durch die Atome desjenigen Ringsystems bestimmt, an das alle indizierten Atome und gegebenenfalls alle weiteren Liganden gebunden sind, deren Stellungsziffern die Symbole *r*, *c* oder *t* aufweisen. Gehört ein indiziertes Atom dem gleichen Ringsystem an wie das Ringatom, zu dessen konfigurativer Kennzeichnung es dient (wie z.B. bei Spiro-Atomen), so umfasst die Bezugsfläche nur denjenigen Teil des Ringsystems [3]), dem das indizierte Atom nicht angehört.

[3]) Bei Spiran-Systemen erfolgt die Unterteilung des Ringsystems in getrennte Bezugssysteme jeweils am Spiro-Atom.

Beispiele:
2*t*-Chlor-(4a*rH*.8a*tH*)-decalin [E III **5** 250]
(3a*rH*.7a*cH*)-3a.4.7.7a-Tetrahydro-4*c*.7*c*-methano-inden [E III **5** 1232]
1-[(4a*R*)-6*t*-Hydroxy-2*c*.5.5.8a*t*-tetramethyl-(4a*rH*)-decahydro-naphth-yl-(1*t*)]-2-[(4a*R*)-6*t*-hydroxy-2*t*.5.5.8a*t*-tetramethyl-(4a*rH*)-decahydro-naphthyl-(1*t*)]-äthan [E III **6** 4829]
4*c*.4'*t*'-Dihydroxy-(1*rH*.1'*r*'*H*)-bicyclohexyl [E III **6** 4153]
6*c*.10*c*-Dimethyl-2-isopropyl-(5*rC*[1])-spiro[4.5]decanon-(8) [E III **7** 514]

§ 5. a) Die Präfixe ***erythro*** bzw. ***threo*** zeigen an, dass sich die jeweiligen „Bezugsliganden" an zwei Chiralitätszentren, die einer acyclischen Bezifferungseinheit [1]) (oder dem unverzweigten acyclischen Teil einer komplexen Bezifferungseinheit) angehören, in der Projektionsebene auf der gleichen Seite (*erythro*) bzw. auf den entgegengesetzten Seiten (*threo*) der „Bezugsgeraden" befinden. Bezugsgerade ist dabei die in „gerader Fischer-Projektion" [4]) wiedergegebene Kohlenstoffkette der Bezifferungseinheit, der die beiden Chiralitätszentren angehören. Als Bezugsliganden dienen jeweils die von Wasserstoff verschiedenen extracatenalen (d.h. nicht der Kette der Bezifferungseinheit angehörenden) Liganden [2]) der in den Chiralitätszentren befindlichen Atome.

Beispiele:
*threo*-Pentandiol-(2.3) [E III **1** 2194]
*threo*-2-Amino-3-methyl-pentansäure-(1) [E III **4** 1463]
*threo*-3-Methyl-asparaginsäure [E III **4** 1554]
*erythro*-2.4'.α.α'-Tetrabrom-bibenzyl [E III **5** 1819]

b) Das Präfix ***meso*** gibt an, dass ein mit 2n Chiralitätszentren (n = 1, 2, 3 usw.) ausgestattetes Molekül eine Symmetrieebene aufweist. Das Präfix ***racem.*** kennzeichnet ein Gemisch gleicher Mengen von Enantiomeren, die zwei identische Chiralitätszentren oder zwei identische Sätze von Chiralitätszentren enthalten.

Beispiele:
*meso*-1.2-Dibrom-1.2-diphenyl-äthan [E III **5** 1817]
*racem.*-1.2-Dicyclohexyl-äthandiol-(1.2) [E III **6** 4156]
*racem.*-(1*rH*.1'*r*'*H*)-Bicyclohexyl-dicarbonsäure-(2*c*.2'*c*') [E III **9** 4020]

c) Die „Kohlenhydrat-Präfixe" ***ribo, lyxo, xylo*** und ***arabino*** bzw. ***allo, talo, gulo, manno, gluco, ido, galacto*** und ***altro*** kennzeichnen die relative Konfiguration von Molekülen mit drei Chiralitätszentren (deren mittleres ein „Pseudoasymmetriezentrum" sein kann) bzw. vier Chiralitätszentren, die sich jeweils in einer unverzweigten acyclischen Bezifferungseinheit [1]) befinden. In den nachstehend abgebildeten „Leiter-Mustern" geben die horizontalen Striche die Orientierung der wie unter a) definierten Bezugsliganden an der jeweils in „abwärts

[4]) Bei „gerader Fischer-Projektion" erscheint eine Kohlenstoffkette als vertikale oder horizontale Gerade; in dem der Projektion zugrunde liegenden räumlichen Modell des Moleküls sind an jedem Chiralitätszentrum (sowie an einem Zentrum der Pseudoasymmetrie) die catenalen (d. h. der Kette angehörenden) Bindungen nach der dem Betrachter abgewandten Seite der Projektionsebene, die extracatenalen (d. h. nicht der Kette angehörenden) Bindungen nach der dem Betrachter zugewandten Seite der Projektionsebene hin gerichtet.

bezifferter vertikaler Fischer-Projektion“ [5]) wiedergegebenen Kohlenstoffkette an.

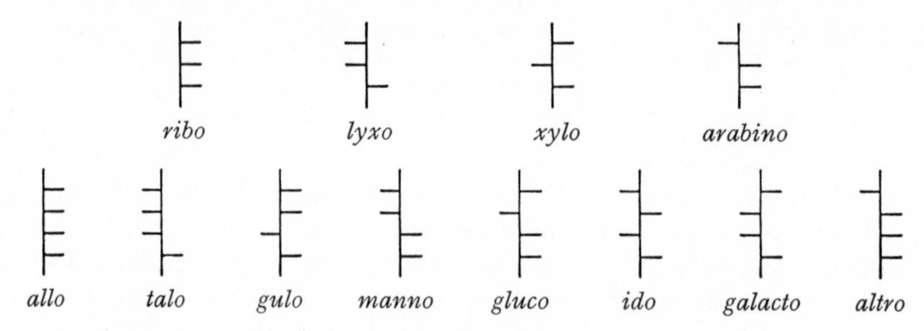


Beispiele:
1.5-Bis-triphenylmethoxy-*ribo*-pentantriol-(2.3.4) [E III **6** 3662]
*galacto*-2.5-Dibenzyloxy-hexantetrol-(1.3.4.6) [E III **6** 1474]

§ 6. a) Die „Fischer-Symbole“ D bzw. L im Namen einer Verbindung mit einem Chiralitätszentrum geben an, dass sich der Bezugsligand (der von Wasserstoff verschiedene extracatenale Ligand; vgl. § 5a) am Chiralitätszentrum in der „abwärts-bezifferten vertikalen Fischer-Projektion“ [5]) der betreffenden Bezifferungseinheit [1]) auf der rechten Seite (D) bzw. auf der linken Seite (L) der das Chiralitätszentrum enthaltenden Kette befindet.

Beispiele:
L-4-Hydroxy-valeriansäure [E III **3** 612]
D-Pantoinsäure [E III **3** 866]

b) In Kombination mit dem Präfix *erythro* geben die Symbole D und L an, dass sich die beiden Bezugsliganden (s. § 5a) auf der rechten Seite (D) bzw. auf der linken Seite (L) der Bezugsgeraden in der „abwärts-bezifferten vertikalen Fischer-Projektion“ der betreffenden Bezifferungseinheit befinden. Die mit dem Präfix *threo* kombinierten Symbole $\mathrm{D_g}$ und $\mathrm{D_s}$ geben an, dass sich der höherbezifferte ($\mathrm{D_g}$) bzw. der niedrigerbezifferte ($\mathrm{D_s}$) Bezugsligand auf der rechten Seite der „abwärts-bezifferten vertikalen Fischer-Projektion“ befindet; linksseitige Position des jeweiligen Bezugsliganden wird entsprechend durch die Symbole $\mathrm{L_g}$ bzw. $\mathrm{L_s}$ angezeigt.

In Kombination mit den in § 5c aufgeführten konfigurationsbestimmenden Präfixen werden die Symbole D und L ohne Index verwendet; sie beziehen sich dabei jeweils auf die Orientierung des höchstbezifferten (d.h. des in der Abbildung am weitesten unten erscheinenden) Bezugsliganden (die in § 5c abgebildeten „Leiter-Muster“ repräsentieren jeweils das D-Enantiomere).

Beispiele:
D-*erythro*-2-Phenyl-butanol-(3) [E III **6** 1855]
$\mathrm{D_g}$-*threo*-2.3-Diamino-bernsteinsäure [E III **4** 1528]
$\mathrm{L_g}$-*threo*-3-Phenyl-hexanol-(4) [E III **6** 2000]
1-Triphenylmethoxy-L-*manno*-hexantetrol-(2.3.4.5) [E III **6** 3664]
1.1-Diphenyl-D-*xylo*-pentantetrol-(2.3.4.5) [E III **6** 6729]

[5]) Eine „abwärts-bezifferte vertikale Fischer-Projektion“ ist eine vertikal orientierte „gerade Fischer-Projektion“ (s. Anm. 4), bei der sich das niedrigstbezifferte Atom am oberen Ende der Kette befindet.

c) Kombinationen der Präfixe D-*glycero* oder L-*glycero* mit einem der in § 5c aufgeführten, jeweils mit einem Fischer-Symbol versehenen Kohlenhydrat-Präfixe für Bezifferungseinheiten mit vier Chiralitätszentren dienen zur Kennzeichnung der Konfiguration von Molekülen mit fünf in einer Kette angeordneten Chiralitätszentren (deren mittleres auch „Pseudoasymmetriezentrum" sein kann). Dabei bezieht sich das Kohlenhydrat-Präfix auf die vier niedrigstbezifferten Chiralitätszentren nach der in § 5c und § 6b gegebenen Definition, das Präfix D-*glycero* oder L-*glycero* auf das höchstbezifferte (d.h. in der Abbildung am weitesten unten erscheinende) Chiralitätszentrum.

Beispiel:
Hepta-*O*-benzoyl-D-*glycero*-L-*gulo*-heptit [E III **9** 715]

§ 7. a) Die Symbole $c_F$ bzw. $t_F$ hinter der Stellungsziffer eines Substituenten an einer mehrere Chiralitätszentren aufweisenden unverzweigten acyclischen Bezifferungseinheit [1]) geben an, dass sich dieser Substituent und der Bezugssubstituent, der seinerseits durch das Symbol $r_F$ gekennzeichnet wird, auf der gleichen Seite ($c_F$) bzw. auf den entgegengesetzten Seiten ($t_F$) der wie in § 5a definierten Bezugsgeraden befinden. Ist eines der endständigen Atome der Bezifferungseinheit Chiralitätszentrum, so wird der Stellungsziffer des „catenoiden" Substituenten (d.h. des Substituenten, der in der Fischer-Projektion als Verlängerung der Kette erscheint) das Symbol $cat_F$ beigefügt.

b) Die Symbole $D_r$ bzw. $L_r$ am Anfang eines mit dem Kennzeichen $r_F$ ausgestatteten Namens geben an, dass sich der Bezugssubstituent auf der rechten Seite ($D_r$) bzw. auf der linken Seite ($L_r$) der in „abwärtsbezifferter vertikaler Fischer-Projektion" wiedergegebenen Kette der Bezifferungseinheit befindet.

Beispiele:
1.7-Bis-triphenylmethoxy-heptanpentol-($2r_F.3c_F.4t_F.5c_F.6c_F$) [E III **6** 3666]
$D_r$-1$cat_F$.2$cat_F$-Diphenyl-1$r_F$-[4-methoxy-phenyl]-äthandiol-(1.2$c_F$) [E III **6** 6589]

§ 8. Die Symbole *exo* bzw. *endo* hinter der Stellungsziffer eines Substituenten an einem dem Hauptring [6]) angehörenden Atom eines Bicycloalkan-Systems geben an, dass der Substituent der Brücke [6]) zugewandt (*exo*) bzw. abgewandt (*endo*) ist.

Beispiele:
2*endo*-Phenyl-norbornen-(5) [E III **5** 1666]
(±)-1.2*endo*.3*exo*-Trimethyl-norbornandiol-(2*exo*.3*endo*) [E III **6** 4146]
Bicyclo[2.2.2]octen-(5)-dicarbonsäure-(2*exo*.3*exo*) [E III **9** 4054]

---

[6]) Ein Brücken-System besteht aus drei „Zweigen", die zwei „Brückenkopf-Atome" miteinander verbinden; von den drei Zweigen bilden die beiden „Hauptzweige" den „Hauptring", während der dritte Zweig als „Brücke" bezeichnet wird. Als Hauptzweige gelten.

1. die Zweige, die einem ortho- oder ortho/peri-anellierten Ringsystem angehören (und zwar a) dem Ringsystem mit der grössten Anzahl von Ringen, b) dem Ringsystem mit der grössten Anzahl von Ringgliedern),

2. die gliedreichsten Zweige (z. B. bei Bicycloalkan-Systemen),

3. die Zweige, denen auf Grund vorhandener Substituenten oder Mehrfachbindungen Bezifferungsvorrang einzuräumen ist.

§ 9. a) Die Symbole *syn* bzw. *anti* hinter der Stellungsziffer eines Substituenten an einem Atom der Brücke[6]) eines Bicycloalkan-Systems oder einer Brücke über einem ortho- oder ortho/peri-anellierten Ringsystem geben an, dass der Substituent demjenigen Hauptzweig[6]) zugewandt (*syn*) bzw. abgewandt (*anti*) ist, der das niedrigstbezifferte aller in den Hauptzweigen enthaltenen Ringatome aufweist.

Beispiele:

1.7*syn*-Dimethyl-norbornanol-(2*endo*) [E III **6** 236]

(3a*S*)-3*c*.9*anti*-Dihydroxy-1*c*.5.5.8a*c*-tetramethyl-(3a*rH*)-decahydro-1*t*.4*t*-methano-azulen [E III **6** 4183]

(3a*R*)-2*c*.8*t*.11*c*.11a*c*.12*anti*-Pentahydroxy-1.1.8*c*-trimethyl-4-methylen-(3a*rH*.4a*cH*)-tetradecahydro-7*t*.9a*t*-methano-cyclopenta[*b*]heptalen [E III **6** 6892]

b) In Verbindung mit einem stickstoffhaltigen Funktionsabwandlungssuffix an einem auf „-aldehyd" oder „-al" endenden Namen kennzeichnen *syn* bzw. *anti* die cis-Orientierung bzw. trans-Orientierung des Wasserstoff-Atoms der Aldehyd-Gruppe zum Substituenten X der abwandelnden Gruppe =N-X, bezogen auf die durch die doppeltgebundenen Atome verlaufende Gerade.

Beispiel:

Perillaaldehyd-*anti*-oxim [E III **7** 567]

§ 10. a) Die Symbole α bzw. β hinter der Stellungsziffer eines ringständigne Substituenten im halbrationalen Namen einer Verbindung mit einer dem Cholestan [E III **5** 1132] entsprechenden Bezifferung und Projektionslage geben an, dass sich der Substituent auf der dem Betrachter abgewandten (α) bzw. zugewandten (β) Seite der Fläche des Ringgerüstes befindet.

Beispiele:

3β-Chlor-7α-brom-cholesten-(5) [E III **5** 1328]

Phyllocladandiol-(15α.16α) [E III **6** 4770]

Lupanol-(1β) [E III **6** 2730]

Onocerandiol-(3β.21α) [E III **6** 4829]

b) Die Symbole $\alpha_F$ bzw. $\beta_F$ hinter der Stellungsziffer eines an der Seitenkette befindlichen Substituenten im halbrationalen Namen einer Verbindung der unter a) erläuterten Art geben an, dass sich der Substituent auf der rechten ($\alpha_F$) bzw. linken ($\beta_F$) Seite der in „aufwärtsbezifferter vertikaler Fischer-Projektion" [7]) dargestellten Seitenkette befindet.

Beispiele:

3β-Chlor-24$\alpha_F$-äthyl-cholestadien-(5.22*t*) [E III **5** 1436]

24$\beta_F$-Äthyl-cholesten-(5) [E III **5** 1336]

c) Sind die Symbole α, β, $\alpha_F$ oder $\beta_F$ nicht mit der Stellungsziffer eines Substituenten kombiniert, sondern zusammen mit der Stellungsziffer eines angularen Chiralitätszentrums oder eines Wasserstoff-Atoms — in diesem Fall mit dem Atomsymbol *H* versehen

[7]) Eine „aufwärts-bezifferte vertikale Fischer-Projektion" ist eine vertikal orientierte „gerade Fischer-Projektion" (s. Anm. 4), bei der sich das niedrigstbezifferte Atom am unteren Ende der Kette befindet.

($\alpha H$, $\beta H$, $\alpha_F H$ bzw. $\beta_F H$) — unmittelbar vor dem Namensstamm einer Verbindung mit halbrationalem Namen angeordnet, so kennzeichnen sie entweder die Orientierung einer angularen exocyclischen Bindung, deren Lage durch den Namen nicht festgelegt ist, oder sie zeigen an, dass die Orientierung des betreffenden exocyclischen Liganden oder Wasserstoff-Atoms (das — wie durch Suffix oder Präfix ausgedrückt — auch substituiert sein kann) in der angegebenen Weise von der mit dem Namensstamm festgelegten Orientierung abweicht.

Beispiele:

5-Chlor-5α-cholestan [E III **5** 1135]
5β.14β.17β*H*-Pregnan [E III **5** 1120]
18α.19β*H*-Ursen-(20(30)) [E III **5** 1444]
(13*R*)-8β*H*-Labden-(14)-diol-(8.13) [E III **6** 4186]
5α.20$\beta_F$*H*.24$\beta_F$*H*-Ergostanol-(3β) [E III **6** 2161]

d) Das Präfix *ent* vor dem Namen einer Verbindung mit mehreren Chiralitätszentren, deren Konfiguration mit dem Namen festgelegt ist, dient zur Kennzeichnung des Enantiomeren der betreffenden Verbindung. Das Präfix *rac* wird zur Kennzeichnung des einer solchen Verbindung entsprechenden Racemats verwendet.

Beispiele:

*ent*-7β*H*-Eudesmen-(4)-on-(3) [E III **7** 692]
*rac*-Östrapentaen-(1.3.5.7.9) [E III **5** 2043]

§11. a) Das Symbol ξ tritt an die Stelle von *seqcis*, *seqtrans*, *c*, *t*, $c_F$, $t_F$, $cat_F$, *endo*, *exo*, *syn*, *anti*, α, β, $\alpha_F$ oder $\beta_F$, wenn die Konfiguration an der betreffenden Doppelbindung bzw. an dem betreffenden Chiralitätszentrum ungewiss ist.

Beispiele:

(Ξ)-3.6-Dimethyl-1-[(1Ξ)-2.2.6*c*-trimethyl-cyclohexyl-(*r*)]-octen-(6ξ)-in-(4)-ol-(3) [E III **6** 2097]
10*t*-Methyl-(8ξ*H*.10aξ*H*)-1.2.3.4.5.6.7.8.8a.9.10.10a-dodecahydro-phen=anthren-carbonsäure-(9*r*) [E III **9** 2626]
$D_r$-1ξ-Phenyl-1ξ-*p*-tolyl-hexanpentol-(2$r_F$.3$t_F$.4$c_F$.5$c_F$.6) [E III **6** 6904]
(1*S*)-1.2ξ.3.3-Tetramethyl-norbornanol-(2ξ) [E III **6** 331]
3ξ-Acetoxy-5ξ.17ξ-pregnen-(20) [E III **6** 2592]
28-Nor-17ξ-oleanen-(12) [E III **5** 1438]
5.6β.22ξ.23ξ-Tetrabrom-3β-acetoxy-24$\beta_F$-äthyl-5α-cholestan [E III **6** 2179]

b) Das Symbol Ξ tritt an die Stelle von D oder L, wenn die Konfiguration des betreffenden Chiralitätszentrums ungewiss ist.

Beispiel:

*N*-{*N*-[*N*-(Toluol-sulfonyl-(4))-glycyl]-Ξ-seryl}-L-glutaminsäure [E III **11** 280]

# Abkürzungen

| | | | |
|---|---|---|---|
| A. | Äthanol | Me. | Methanol |
| Acn. | Aceton | n: | Brechungsindex (z. B. $n_{656,1}^{20}$: Brechungsindex für Licht der Wellenlänge 656,1 mμ bei 20°) |
| Ae. | Diäthyläther | PAe. | Petroläther |
| Anm. | Anmerkung | Py. | Pyridin |
| *B.* | Bildung, Bildungsweise(n) | *RRI* | The Ring Index, 2. Aufl. [1960] |
| Bd. | Band | *RIS* | The Ring Index, Supplement |
| ber. | berechnet | s. | siehe |
| Bzl. | Benzol | S. | Seite |
| Bzn. | Benzin | s. a. | siehe auch |
| bzw. | beziehungsweise | s. o. | siehe oben |
| C. I. | Coulour Index, 2. Aufl. | sog. | sogenannt |
| D: | Dichte (z. B. $D_4^{20}$: Dichte bei 20°, bezogen auf Wasser von 4°) | Spl. | Supplement |
| Diss. | Dissertation | stdg. | stündig |
| E | BEILSTEIN-Ergänzungswerk | s. u. | siehe unten |
| E. | Äthylacetat (Essigsäure-äthyl=ester) | Syst. Nr. | BEILSTEIN-System-Nummer |
| E: | Erstarrungspunkt | Tl. | Teil |
| Eg. | Essigsäure, Eisessig | unkorr. | unkorrigiert |
| F: | Schmelzpunkt | unverd. | unverdünnt |
| Gew.-% | Gewichtsprozent | verd. | verdünnt |
| h | Stunde(n) | vgl. | vergleiche |
| H | BEILSTEIN-Hauptwerk | W. | Wasser |
| konz. | konzentriert | wss. | wässrig |
| korr. | korrigiert | z. B. | zum Beispiel |
| Kp: | Siedepunkt (z. B. $Kp_{760}$: Siedepunkt bei 760 Torr) | Zers. | Zersetzung |
| | | ε | Dielektrizitätskonstante |

In den Seitenüberschriften sind die Seiten des Beilstein-Hauptwerks angegeben, zu denen der auf der betreffenden Seite des Dritten Ergänzungswerks befindliche Text gehört.

# Transliteration von russischen Autorennamen

| Russisches Schriftzeichen | | Deutsches Äquivalent (BEILSTEIN) | Englisches Äquivalent (Chemical Abstracts) | Russisches Schriftzeichen | | Deutsches Äquivalent (BEILSTEIN) | Englisches Äquivalent (Chemical Abstracts) |
|---|---|---|---|---|---|---|---|
| А | а | a | a | Р | р | r | r |
| Б | б | b | b | С | с | s̄ | s |
| В | в | w | v | Т | т | t | t |
| Г | г | g | g | У | у | u | u |
| Д | д | d | d | Ф | ф | f | f |
| Е | е | e | e | Х | х | ch | kh |
| Ж | ж | sh | zh | Ц | ц | z | ts |
| З | з | s | z | Ч | ч | tsch | ch |
| И | и | i | i | Ш | ш | sch | sh |
| Й | й | ĭ | ĭ | Щ | щ | schtsch | shch |
| К | к | k | k | Ы | ы | y | y |
| Л | л | l | l | | ь | ’ | ’ |
| М | м | m | m | Э | э | ė | e |
| Н | н | n | n | Ю | ю | ju | yu |
| О | о | o | o | Я | я | ja | ya |
| П | п | p | p | | | | |

## Verzeichnis der Kürzungen für die Literatur-Quellen

| Kürzung | Titel |
|---|---|
| A. | Liebigs Annalen der Chemie |
| Abh. Braunschweig. wiss. Ges. | Abhandlungen der Braunschweigischen Wissenschaftlichen Gesellschaft |
| Abh. Gesamtgebiete Hyg. | Abhandlungen aus dem Gesamtgebiete der Hygiene. Leipzig |
| Abh. Kenntnis Kohle | Gesammelte Abhandlungen zur Kenntnis der Kohle |
| Abh. Preuss. Akad. | Abhandlungen der Preussischen Akademie der Wissenschaften. Mathematisch-naturwissenschaftliche Klasse |
| Acad. Romîne Bulet. ştiinţ. | Academia Republicii Populare Romîne Buletin ştiinţific |
| Acad. Romîne Stud. Cerc. Chim. | Academia Republicii Populare Romîne, Studii si Cercetări de Chimie |
| Acad. sinica Mem. Res. Inst. Chem. | Academia Sinica, Memoir of the National Research Institute of Chemistry |
| Acetylen | Acetylen in Wissenschaft und Industrie |
| A. ch. | Annales de Chimie |
| Acta Acad. Åbo | Acta Academiae Aboensis. Ser. B. Mathematica et Physica |
| Acta bot. fenn. | Acta Botanica Fennica |
| Acta brevia neerl. Physiol. | Acta Brevia Neerlandica de Physiologia, Pharmacologia, Microbiologia E. A. |
| Acta chem. scand. | Acta Chemica Scandinavica |
| Acta chim. hung. | Acta Chimica Academiae Scientiarum Hungaricae |
| Acta chim. sinica | Acta Chimica Sinica [Hua Hsueh Hsueh Pao] |
| Acta chirurg. scand. | Acta Chirurgica Scandinavica |
| Acta chirurg. scand. Spl. | Acta Chirurgica Scandinavica Supplementum |
| Acta Comment. Univ. Tartu | Acta et Commentationes Universitatis Tartuensis (Dorpatensis) |
| Acta cryst. | Acta Crystallographica. London (ab Bd. 5 Kopenhagen) |
| Acta endocrin. | Acta Endocrinologica. Kopenhagen |
| Acta forest. fenn. | Acta Forestalia Fennica |
| Acta latviens. Chem. | Acta Universitatis Latviensis, Chemicorum Ordinis Series [Latvijas Universitates Raksti, Kimijas Fakultates Serija]. Riga |
| Acta med. Nagasaki | Acta Medica Nagasakiensia |
| Acta med. scand. | Acta Medica Scandinavica |
| Acta med. scand. Spl. | Acta Medica Scandinavica Supplementum |
| Acta path. microbiol. scand. Spl. | Acta Pathologica et Microbiologica Scandinavica, Supplementum |
| Acta pharmacol. toxicol. | Acta Pharmacologica et Toxicologica. Kopenhagen |
| Acta phys. austriaca | Acta Physica Austriaca |
| Acta physicoch. U.R.S.S. | Acta Physicochimica U.R.S.S. |
| Acta physiol. scand. | Acta Physiologica Scandinavica |
| Acta physiol. scand. Spl. | Acta Physiologica Scandinavica Supplementum |
| Acta phys. polon. | Acta Physica Polonica |
| Acta phytoch. Tokyo | Acta Phytochimica. Tokyo |
| Acta Polon. pharm. | Acta Poloniae Pharmaceutica (Beilage zu Farmacja Współczesna) |
| Acta polytech. scand. | Acta Polytechnica Scandinavica |
| Acta salmantic. | Acta Salmanticensia Serie de Ciencias |

| Kürzung | Titel |
|---|---|
| Acta Sch. med. Univ. Kioto | Acta Scholae Medicinalis Universitatis Imperialis in Kioto |
| Acta Soc. Med. fenn. Duodecim | Acta Societatis Medicorum Fennicae „Duodecim" |
| Acta Soc. Med. upsal. | Acta Societatis Medicorum Upsaliensis |
| Acta Univ. Asiae mediae | s. Trudy sredneaziatskogo gosudarstvennogo Universiteta. Taschkent |
| Acta Univ. Lund | Acta Universitatis Lundensis |
| Acta Univ. Szeged | Acta Universitatis Szegediensis. Sectio Scientiarum Naturalium (1928–1939 Acta Chemica, Mineralogica et Physica; 1942–1950 Acta Chemica et Physica; ab 1955 Acta Physica et Chemica) |
| Actes Congr. Froid | Actes du Congrès International du Froid (Proceedings of the International Congress of Refrigeration) |
| Adv. Cancer Res. | Advances in Cancer Research. New York |
| Adv. Carbohydrate Chem. | Advances in Carbohydrate Chemistry. New York |
| Adv. Catalysis | Advances in Catalysis and Related Subjects. New York |
| Adv. Chemistry Ser. | Advances in Chemistry Series. Washington, D.C. |
| Adv. clin. Chem. | Advances in Clinical Chemistry. New York |
| Adv. Colloid Sci. | Advances in Colloid Science. New York |
| Adv. Enzymol. | Advances in Enzymology and Related Subjects of Biochemistry. New York |
| Adv. Food Res. | Advances in Food Research. New York |
| Adv. inorg. Chem. Radiochem. | Advances in Inorganic Chemistry and Radiochemistry. New York |
| Adv. Lipid Res. | Advances in Lipid Research. New York |
| Adv. org. Chem. | Advances in Organic Chemistry: Methods and Results. New York |
| Adv. Petr. Chem. | Advances in Petroleum Chemistry and Refining. New York |
| Adv. Protein Chem. | Advances in Protein Chemistry. New York |
| Aero Digest | Aero Digest. New York |
| Afinidad | Afinidad. Barcelona |
| Agra Univ. J. Res. | Agra University Journal of Research. Teil 1: Science |
| Agric. biol. Chem. | Agricultural and Biological Chemistry. Tokyo |
| Agric. Chemicals | Agricultural Chemicals. Baltimore, Md. |
| Agricultura Louvain | Agricultura. Louvain |
| Akust. Z. | Akustische Zeitschrift. Leipzig |
| Allg. Öl Fett Ztg. | Allgemeine Öl- und Fett-Zeitung |
| Aluminium | Aluminium. Berlin |
| Am. | American Chemical Journal |
| Am. Doc. Inst. | American Documentation (Institute). Washington, D.C. |
| Am. Dyest. Rep. | American Dyestuff Reporter |
| Am. Fertilizer | American Fertilizer (ab **113** Nr. 6 [1950]) & Allied Chemicals |
| Am. Fruit Grower | American Fruit Grower |
| Am. Gas Assoc. Monthly | American Gas Association Monthly |
| Am. Gas Assoc. Pr. | American Gas Association, Proceedings of the Annual Convention |
| Am. Gas J. | American Gas Journal |
| Am. Heart J. | American Heart Journal |
| Am. Inst. min. met. Eng. tech. Publ. | American Institute of Mining and Metallurgical Engineers, Technical Publications |
| Am. J. Bot. | American Journal of Botany |
| Am. J. Cancer | American Journal of Cancer |
| Am. J. clin. Path. | American Journal of Clinical Pathology |
| Am. J. Hyg. | American Journal of Hygiene |
| Am. J. med. Sci. | American Journal of the Medical Sciences |

| Kürzung | Titel |
|---|---|
| Am. J. Obstet. Gynecol. | American Journal of Obstetrics and Gynecology |
| Am. J. Ophthalmol. | American Journal of Ophthalmology |
| Am. J. Path. | American Journal of Pathology |
| Am. J. Pharm. | American Journal of Pharmacy (ab **109** [1937]) and the Sciences Supporting Public Health |
| Am. J. Physiol. | American Journal of Physiology |
| Am. J. publ. Health | American Journal of Public Health (ab 1928) and the Nation's Health |
| Am. J. Roentgenol. Radium Therapy | American Journal of Roentgenology and Radium Therapy |
| Am. J. Sci. | American Journal of Science |
| Am. J. Syphilis | American Journal of Syphilis (ab **18** [1934]) and Neurology bzw. (ab **20** [1936]) Gonorrhoea and Venereal Diseases |
| Am. Mineralogist | American Mineralogist |
| Am. Paint J. | American Paint Journal |
| Am. Perfumer | American Perfumer and Essential Oil Review |
| Am. Petr. Inst. | s. A.P.I. |
| Am. Rev. Tuberculosis | American Review of Tuberculosis |
| Am. Soc. | Journal of the American Chemical Society |
| An. Acad. Farm. | Anales de la Real Academia de Farmacia. Madrid |
| Anais Acad. brasil. Cienc. | Anais da Academia Brasileira de Ciencias |
| Anais Assoc. quim. Brasil | Anais da Associação química do Brasil |
| Anais Fac. Farm. Odont. Univ. São Paulo | Anais da Faculdade de Farmácia e Odontologia da Universidade de São Paulo |
| Anal. Acad. Române | Analele Academiei Republicii Socialiste România |
| Anal. Biochem. | Analytical Biochemistry. Baltimore, Md. |
| Anal. Chem. | Analytical Chemistry (Forts. von Ind. eng. Chem. anal.) |
| Anal. chim. Acta | Analytica Chimica Acta. Amsterdam |
| Anal. Min. România | Analele Minelor din România (Annales des Mines de Roumanie) |
| Analyst | Analyst. Cambridge |
| An. Asoc. quim. arg. | Anales de la Asociación Química Argentina |
| An. Asoc. Quim. Farm. Uruguay | Anales de la Asociación de Química y Farmacia del Uruguay |
| An. Bromatol. | Anales de Bromatologia. Madrid |
| Anesthesiol. | Anesthesiology. Philadelphia, Pa. |
| An. Farm. Bioquim. Buenos Aires | Anales de Farmacia y Bioquímica. Buenos Aires |
| Ang. Ch. | Angewandte Chemie (Forts. von Z. ang. Ch. bzw. Chemie) |
| Anilinokr. Promyšl. | Anilinokrasočnaja Promyšlennost |
| An. Inst. Invest. Univ. Santa Fé | Anales del Instituto de Investigaciones Científicas y Tecnológicas. Universidad Nacional del Litoral, Santa Fé, Argentinien |
| Ann. Acad. Sci. fenn. | Annales Academiae Scientiarum Fennicae |
| Ann. Acad. Sci. tech. Varsovie | Annales de l'Académie des Sciences techniques à Varsovie |
| Ann. ACFAS | Annales de l'Association canadienne-française pour l'Avancement des Sciences. Montreal |
| Ann. agron. | Annales Agronomiques |
| Ann. appl. Biol. | Annals of Applied Biology. London |
| Ann. Biochem. exp. Med. India | Annals of Biochemistry and Experimental Medicine. India |
| Ann. Biol. clin. | Annales de Biologie clinique |
| Ann. Bot. | Annals of Botany. London |
| Ann. Chim. anal. | Annales de Chimie analytique (ab **24** [1942]) Fortsetzung von: |
| Ann. Chim. anal. appl. | Annales de Chimie analytique et de Chimie appliquée |

| Kürzung | Titel |
|---|---|
| Ann. Chimica | Annali di Chimica (ab **40** [1950]). Fortsetzung von: |
| Ann. Chimica applic. | Annali di Chimica applicata |
| Ann. Chimica farm. | Annali di Chimica farmaceutica (1938—1940 Beilage zu Farmacista Italiano) |
| Ann. entomol. Soc. Am. | Annals of the Entomological Society of America |
| Ann. Fac. Sci. Marseille | Annales de la Faculté des Sciences de Marseille |
| Ann. Fac. Sci. Toulouse | Annales de la Faculté des Sciences de l'Université de Toulouse pour les Sciences mathématiques et les Sciences physiques. Paris |
| Ann. Falsificat. | Annales des Falsifications et des Fraudes |
| Ann. Fermentat. | Annales des Fermentations |
| Ann. Hyg. publ. | Annales d'Hygiène Publique, Industrielle et Sociale |
| Ann. Inst. Pasteur | Annales de l'Institut Pasteur |
| Ann. Ist. super. agrar. Portici | Annali del regio Istituto superiore agrario di Portici |
| Ann. Méd. | Annales de Médecine |
| Ann. Mines | Annales des Mines (von Bd. **132—135** [1943—1946]) et des Carburants |
| Ann. Mines Belg. | Annales des Mines de Belgique |
| Ann. N.Y. Acad. Sci. | Annals of the New York Academy of Sciences |
| Ann. Off. Combust. liq. | Annales de l'Office National des Combustibles Liquides |
| Ann. paediatrici | Annales paediatrici (Jahrbuch für Kinderheilkunde). Basel |
| Ann. pharm. franç. | Annales pharmaceutiques françaises |
| Ann. Physik | Annalen der Physik |
| Ann. Physiol. Physicoch. biol. | Annales de Physiologie et de Physicochimie biologique |
| Ann. Physique | Annales de Physique |
| Ann. Rep. ITSUU Labor. | Annual Report of ITSUU Laboratory. Tokyo [Itsuu Kenkyusho Nempo] |
| Ann. Rep. Low Temp. Res. Labor. Capetown | Union of South Africa, Department of Agriculture and Forestry, Annual Report of the Low Temperature Research Laboratory, Capetown |
| Ann. Rep. Progr. Chem. | Annual Reports on the Progress of Chemistry. London |
| Ann. Rep. Shionogi Res. Labor. | Annual Report of Shionogi Research Laboratory. Japan |
| Ann. Rep. Takeda Res. Labor. | Annual Reports of the Takeda Research Laboratories [Takeda Kenkyusho Nempo] |
| Ann. Rev. Biochem. | Annual Review of Biochemistry. Stanford, Calif. |
| Ann. Rev. Microbiol. | Annual Review of Microbiology. Stanford, Calif. |
| Ann. Rev. phys. Chem. | Annual Review of Physical Chemistry. Palo Alto, Calif. |
| Ann. Rev. Plant Physiol. | Annual Review of Plant Physiology. Palo Alto, Calif. |
| Ann. Sci. | Annals of Science. London |
| Ann. scient. Univ. Jassy | Annales scientifiques de l'Université de Jassy. Sect. I. Mathématiques, Physique, Chimie. Rumänien |
| Ann. Soc. scient. Bruxelles | Annales de la Société Scientifique de Bruxelles |
| Ann. Sperim. agrar. | Annali della Sperimentazione agraria |
| Ann. Staz. chim. agrar. Torino | Annuario della regia Stazione chimica agraria in Torino |
| Ann. trop. Med. Parasitol. | Annals of Tropical Medicine and Parasitology. Liverpool |
| Ann. Univ. Åbo | Annales Universitatis (Fennicae) Aboensis. Ser. A. Physicomathematica, Biologica |
| Ann. Univ. Ferrara | Annali dell' Università di Ferrara |
| Ann. Univ. Lublin | Annales Universitatis Mariae Curie-Skłodowska, Lublin-Polonia [Roczniki Uniwersytetu Marii Curie-Skłodowskiej w Lublinie. Sectio AA. Fizyka i Chemia] |

| Kürzung | Titel |
|---|---|
| Ann. Univ. Pisa Fac. agrar. | Annali dell' Università di Pisa, Facoltà agraria |
| Ann. Zymol. | Annales de Zymologie. Gent |
| An. Quim. | Anales de Química |
| An. Soc. cient. arg. | Anales de la Sociedad Cientifica Argentina |
| An. Soc. españ. | Anales de la Real Sociedad Española de Física y Química; 1940—1947 Anales de Física y Química |
| Antigaz | Antigaz. Bukarest |
| Anz. Akad. Wien | Anzeiger der Akademie der Wissenschaften in Wien. Mathematisch-naturwissenschaftliche Klasse |
| A.P. | s. U.S.P. |
| Aparato respir. Tuberc. | Aparato Respiratorio y Tuberculosis |
| A.P.I. Res. Project | A.P.I. (American Petroleum Institute) Research Project |
| A.P.I. Toxicol. Rev. | A.P.I. (American Petroleum Institute) Toxicological Review |
| Apoth.-Ztg. | Apotheker-Zeitung |
| Appl. scient. Res. | Applied Scientific Research. den Haag |
| Appl. Spectr. | Applied Spectroscopy. New York |
| Ar. | Archiv der Pharmazie [und Berichte der Deutschen Pharmazeutischen Gesellschaft] |
| Arb. Archangelsk. Forsch. Inst. Algen | Arbeiten des Archangelsker wissenschaftlichen Forschungsinstituts für Algen |
| Arbeitsphysiol. | Arbeitsphysiologie |
| Arbeitsschutz | Arbeitsschutz |
| Arb. Inst. exp. Therap. Frankfurt/M. | Arbeiten aus dem Staatlichen Institut für Experimentelle Therapie und dem Forschungsinstitut für Chemotherapie zu Frankfurt/Main |
| Arb. med. Fak. Okayama | Arbeiten aus der medizinischen Fakultät Okayama |
| Arb. physiol. angew. Entomol. | Arbeiten über physiologische und angewandte Entomologie aus Berlin-Dahlem |
| Arch. Biochem. | Archives of Biochemistry and Biophysics. New York |
| Arch. biol. hung. | Archiva Biologica Hungarica |
| Arch. biol. Nauk | Archiv Biologičeskich Nauk |
| Arch. Dermatol. Syphilis | Archiv für Dermatologie und Syphilis |
| Arch. Elektrotech. | Archiv für Elektrotechnik |
| Arch. exp. Zellf. | Archiv für experimentelle Zellforschung, besonders Gewebezüchtung |
| Arch. Farmacol. sperim. | Archivio di Farmacologia sperimentale e Scienze affini |
| Arch. Farm. Bioquim. Tucumán | Archivos de Farmacía y Bioquímica del Tucumán |
| Arch. Gewerbepath. | Archiv für Gewerbepathologie und Gewerbehygiene |
| Arch. Gynäkol. | Archiv für Gynäkologie |
| Arch. Hyg. Bakt. | Archiv für Hygiene und Bakteriologie |
| Arch. internal Med. | Archives of Internal Medicine. Chicago, Ill. |
| Arch. int. Pharmacod. | Archives internationales de Pharmacodynamie et de Thérapie |
| Arch. int. Physiol. | Archives internationales de Physiologie |
| Arch. Ist. biochim. ital. | Archivio dell' Istituto Biochimico Italiano |
| Arch. ital. Biol. | Archives Italiennes de Biologie |
| Archiwum Chem. Farm. | Archiwum Chemji i Farmacji. Warschau |
| Archiwum mineral. | Archiwum Mineralogiczne. Warschau |
| Arch. Maladies profess. | Archives des Maladies professionnelles, de Médecine du Travail et de Sécurité sociale |
| Arch. Math. Naturvid. | Archiv for Mathematik og Naturvidenskab. Oslo |
| Arch. Mikrobiol. | Archiv für Mikrobiologie |

| Kürzung | Titel |
|---|---|
| Arch. Muséum Histoire natur. | Archives du Muséum national d'Histoire naturelle |
| Arch. néerl. Physiol. | Archives Néerlandaises de Physiologie de l'Homme et des Animaux |
| Arch. Neurol. Psychiatry | Archives of Neurology and Psychiatry. Chicago, Ill. |
| Arch. Ophthalmol. Chicago | Archives of Ophthalmology. Chicago, Ill. |
| Arch. Path. | Archives of Pathology. Chicago, Ill. |
| Arch. Pflanzenbau | Archiv für Pflanzenbau (= Wissenschaftliches Archiv für Landwirtschaft, Abt. A) |
| Arch. Pharm. Chemi | Archiv for Pharmaci og Chemi. Kopenhagen |
| Arch. Phys. biol. | Archives de Physique biologique (ab **8** [1930]) et de Chimie-physique des Corps organisés |
| Arch. Sci. | Archives des Sciences. Genf |
| Arch. Sci. biol. | Archivio di Scienze biologiche |
| Arch. Sci. med. | Archivio per le Science mediche |
| Arch. Sci. physiol. | Archives des Sciences physiologiques |
| Arch. Sci. phys. nat. | Archives des Sciences physiques et naturelles. Genf |
| Arch. Soc. Biol. Montevideo | Archivos de la Sociedad de Biologia de Montevideo |
| Arch. Wärmewirtsch. | Archiv für Wärmewirtschaft und Dampfkesselwesen |
| Arh. Hem. Farm. | Arhiv za Hemiju i Farmaciju. Zagreb; ab **12** [1938]: |
| Arh. Hem. Tehn. | Arhiv za Hemiju i Tehnologiju. Zagreb; ab **13** Nr. 3/6 [1939]: |
| Arh. Kemiju | Arhiv za Kemiju. Zagreb; ab **28** [1956] Croatica chemica Acta |
| Ark. Fysik | Arkiv för Fysik. Stockholm |
| Ark. Kemi | Arkiv för Kemi, Mineralogi och Geologi; ab 1949 Arkiv för Kemi |
| Ark. Mat. Astron. Fysik | Arkiv för Matematik, Astronomi och Fysik. Stockholm |
| Army Ordonance | Army Ordonance. Washington, D.C. |
| Ar. Pth. | Naunyn-Schmiedeberg's Archiv für experimentelle Pathologie und Pharmakologie |
| Arquivos Biol. São Paulo | Arquivos de Biologia. São Paulo |
| Arquivos Inst. biol. São Paulo | Arquivos do Instituto biologico. São Paulo |
| Arzneimittel-Forsch. | Arzneimittel-Forschung |
| ASTM Bl. | ASTM (American Society for Testing and Materials) Bulletin |
| ASTM Proc. | Amerian Society for Testing and Materials. Proceedings |
| Astrophys. J. | Astrophysical Journal. Chicago, Ill. |
| Ateneo parmense | Ateneo parmense. Parma |
| Atti Accad. Ferrara | Atti della Accademia delle Scienze di Ferrara |
| Atti Accad. Gioenia Catania | Atti dell' Accademia Gioenia di Scienze Naturali in Catania |
| Atti Accad. peloritana | Atti della Reale Accademia Peloritana |
| Atti Accad. pugliese | Atti e Relazioni dell' Accademia Pugliese delle Scienze. Bari |
| Atti Accad. Torino | Atti della Reale Accademia delle Scienze di Torino. I = Classe di Scienze Fisiche, Matematiche e Naturali |
| Atti X. Congr. int. Chim. Rom 1938 | Atti del X. Congresso Internationale di Chimica. Rom 1938 |
| Atti Congr. naz. Chim. ind. | Atti del Congresso Nazionale di Chimica Industriale |
| Atti Congr. naz. Chim. pura appl. | Atti del Congresso Nazionale di Chimica Pura ed Applicata |
| Atti Ist. veneto | Atti del Reale Istituto Veneto di Scienze, Lettere ed Arti. Parte II: Classe di Scienze Matematiche e Naturali |
| Atti Mem. Accad. Padova | Atti e Memorie della Reale Accademia di Scienze, Lettere ed Arti in Padova. Memorie della Classe di Scienze Fisico-matematiche |
| Atti Soc. ital. Progr. Sci. | Atti della Società Italiana per il Progresso delle Scienze |

| Kürzung | Titel |
|---|---|
| Atti Soc. Nat. Mat. Modena | Atti della Società dei Naturalisti e Matematici di Modena |
| Atti Soc. toscana Sci. nat. | Atti della Società Toscana di Scienze naturali |
| Australas. J. Pharm. | Australasian Journal of Pharmacy |
| Austral. chem. Inst. J. Pr. | Australian Chemical Institute Journal and Proceedings |
| Austral. J. Chem. | Australian Journal of Chemistry |
| Austral. J. exp. Biol. med. Sci. | Australian Journal of Experimental Biology and Medical Science |
| Austral. J. Sci. | Australian Journal of Science |
| Austral. J. scient. Res. | Australian Journal of Scientific Research |
| Austral. P. | Australisches Patent |
| Austral. veterin. J. | Australian Veterinary Journal |
| Autog. Metallbearb. | Autogene Metallbearbeitung |
| Avtog. Delo | Avtogennoe Delo (Autogene Industrie; Acetylene Welding) |
| Azerbajdžansk. neft. Chozjajstvo | Azerbajdžanskoe Neftjanoe Chozjajstvo (Petroleum-Wirtschaft von Aserbaidshan) |
| B. | Berichte der Deutschen Chemischen Gesellschaft; ab **80** [1947] Chemische Berichte |
| Bacteriol. Rev. | Bacteriological Reviews. USA |
| Beitr. Biol. Pflanzen | Beiträge zur Biologie der Pflanzen |
| Beitr. Klin. Tuberkulose | Beiträge zur Klinik der Tuberkulose und spezifischen Tuberkulose-Forschung |
| Beitr. Physiol. | Beiträge zur Physiologie |
| Belg. P. | Belgisches Patent |
| Bell Labor. Rec. | Bell Laboratories Record. New York |
| Ber. Dtsch. Bot. Ges. | Berichte der Deutschen Botanischen Gesellschaft |
| Ber. Ges. Kohlentech. | Berichte der Gesellschaft für Kohlentechnik |
| Ber. ges. Physiol. | Berichte über die gesamte Physiologie (ab Bd. 3) und experimentelle Pharmakologie |
| Ber. Ohara-Inst. | Berichte des Ohara-Instituts für landwirtschaftliche Forschungen in Kurashiki, Provinz Okayama, Japan |
| Ber. Sächs. Akad. | Berichte über die Verhandlungen der Sächsischen Akademie der Wissenschaften zu Leipzig, Mathematisch-physische Klasse |
| Ber. Sächs. Ges. Wiss. | Berichte über die Verhandlungen der Sächsischen Gesellschaft der Wissenschaften zu Leipzig |
| Ber. Schimmel | Bericht der Schimmel & Co. A.G., Miltitz b. Leipzig, über Ätherische Öle, Riechstoffe usw. |
| Ber. Schweiz. bot. Ges. | Berichte der Schweizerischen Botanischen Gesellschaft (Bulletin de la Société botanique suisse) |
| Biochemistry | Biochemistry. Washington, D.C. |
| Biochem. biophys. Res. Commun. | Biochemical and Biophysical Research Communications. New York |
| Biochem. J. | Biochemical Journal. London |
| Biochem. Prepar. | Biochemical Preparations. New York |
| Biochim. biophys. Acta | Biochimica et Biophysica Acta. Amsterdam |
| Biochimija | Biochimija |
| Biochim. Terap. sperim. | Biochimica e Terapia sperimentale |
| Biodynamica | Biodynamica. St. Louis, Mo. |
| Biol. Bl. | Biological Bulletin. Lancaster, Pa. |
| Biol. Rev. Cambridge | Biological Reviews (bis **9** [1934]: and Biological Proceedings) of the Cambridge Philosophical Society |
| Biol. Symp. | Biological Symposia. Lancaster, Pa. |
| Biol. Zbl. | Biologisches Zentralblatt |
| BIOS Final Rep. | British Intelligence Objectives Subcommittee. Final Report |

| Kürzung | Titel |
|---|---|
| Bio. Z. | Biochemische Zeitschrift |
| Bjull. chim. farm. Inst. | Bjulleten Naučno-issledovatelskogo Chimiko-farmacevtičeskogo Instituta |
| Bjull. chim. Obšč. Mendeleev | Bjulleten Vsesojuznogo Chimičeskogo Obščestva im Mendeleeva |
| Bjull. eksp. Biol. Med. | Bjulleten eksperimentalnoj Biologii i Mediciny |
| Bl. | Bulletin de la Société Chimique de France |
| Bl. Acad. Belgique | Bulletin de la Classe des Sciences, Académie Royale de Belgique |
| Bl. Acad. Méd. | Bulletin de l'Académie de Médecine. Paris |
| Bl. Acad. Méd. Belgique | Bulletin de l'Académie royale de Médecine de Belgique |
| Bl. Acad. Méd. Roum. | Bulletin de l'Académie de Médecine de Roumanie |
| Bl. Acad. polon. | Bulletin International de l'Académie Polonaise des Sciences et des Lettres, Classe des Sciences Mathematiques [A] et Naturelles [B] |
| Bl. Acad. Sci. Agra Oudh | Bulletin of the Academy of Sciences of the United Provinces of Agra and Oudh. Allahabad, Indien |
| Bl. Acad. Sci. U.S.S.R. Chem. Div. | Bulletin of the Academy of Sciences of the U.S.S.R., Division of Chemical Science. Englische Übersetzung von Izvestija Akademii Nauk S.S.S.R., Otdelenie Chimičeskich Nauk |
| Bl. agric. chem. Soc. Japan | Bulletin of the Agricultural Chemical Society of Japan |
| Bl. Am. Assoc. Petr. Geol. | Bulletin of the American Association of Petroleum Geologists |
| Bl. Am. phys. Soc. | Bulletin of the American Physical Society |
| Bl. Assoc. Chimistes | Bulletin de l'Association des Chimistes |
| Bl. Assoc. Chimistes Sucr. Dist. | Bulletin de l'Association des Chimistes de Sucrerie et de Distillerie de France et des Colonies |
| Blast Furnace Steel Plant | Blast Furnace and Steel Plant. Pittsburgh, Pa. |
| Bl. Bur. Mines | s. Bur. Mines Bl. |
| Bl. chem. Soc. Japan | Bulletin of the Chemical Society of Japan |
| Bl. Coun. scient. ind. Res. Australia | Commonwealth of Australia. Council for Scientific and Industrial Research. Bulletin |
| Bl. entomol. Res. | Bulletin of Entomological Research. London |
| Bl. Forestry exp. Sta. Tokyo | Bulletin of the Imperial Forestry Experimental Station. Tokyo |
| Bl. imp. Inst. | Bulletin of the Imperial Institute. London |
| Bl. Inst. Insect Control Kyoto | Scientific Insect Control [Botyu Kagaku] = Bulletin of the Institute of Insect Control. Kyoto University |
| Bl. Inst. phys. chem. Res. Abstr. Tokyo | Bulletin of the Institute of Physical and Chemical Research, Abstracts. Tokyo |
| Bl. Inst. phys. chem. Res. Tokyo | Bulletin of the Institute of Physical and Chemical Research. Tokyo [Rikwagaku Kenkyujo Iho] |
| Bl. Inst. Pin | Bulletin de l'Institut de Pin |
| Bl. int. Acad. yougosl. | Bulletin International de l'Académie Yougoslave des Sciences et des Beaux Arts [Jugoslavenska Akademija Znanosti i Umjetnosti], Classe des Sciences mathématiques et naturelles |
| Bl. int. Inst. Refrig. | Bulletin of the International Institute of Refrigeration (Bulletin de l'Institut International du Froid). Paris |
| Bl. Johns Hopkins Hosp. | Bulletin of the Johns Hopkins Hospital. Baltimore, Md. |
| Bl. Mat. grasses Marseille | Bulletin des Matières grasses de l'Institut colonial de Marseille |
| Bl. mens. Soc. linné. Lyon | Bulletin mensuel de la Société Linnéenne de Lyon |
| Bl. Nagoya City Univ. pharm. School | Bulletin of the Nagoya City University Pharmaceutical School [Nagoya Shiritsu Daigaku Yakugakubu Kiyo] |
| Bl. nation. Inst. Sci. India | Bulletin of the National Institute of Sciences of India |

| Kürzung | Titel |
|---|---|
| Bl. nation. Formul. Comm. | Bulletin of the National Formulary Committee. Washington, D. C. |
| Bl. Orto bot. Univ. Napoli | Bulletino dell'Orto botanico della Reale Università di Napoli |
| Bl. Patna Sci. Coll. phil. Soc. | Bulletin of the Patna Science College Philosophical Society. Indien |
| Bl. Res. Coun. Israel | Bulletin of the Research Council of Israel |
| Bl. scient. Univ. Kiev | Bulletin Scientifique de l'Université d'État de Kiev, Série Chimique |
| Bl. Sci. pharmacol. | Bulletin des Sciences pharmacologiques |
| Bl. Sect. scient. Acad. roum. | Bulletin de la Section Scientifique de l'Académie Roumaine |
| Bl. Soc. bot. France | Bulletin de la Société Botanique de France |
| Bl. Soc. chim. Belg. | Bulletin de la Société Chimique de Belgique; ab 1945 Bulletin des Sociétés Chimiques Belges |
| Bl. Soc. Chim. biol. | Bulletin de la Société de Chimie Biologique |
| Bl. Soc. Encour. Ind. nation. | Bulletin de la Société d'Encouragement pour l'Industrie Nationale |
| Bl. Soc. franç. Min. | Bulletin de la Société française de Minéralogie (ab **72** [1949]: et de Cristallographie) |
| Bl. Soc. franç. Phot. | Bulletin de la Société française de Photographie (ab **16** [1929]: et de Cinématographie) |
| Bl. Soc. ind. Mulh. | Bulletin de la Société Industrielle de Mulhouse |
| Bl. Soc. neuchatel. Sci. nat. | Bulletin de la Société Neuchateloise des Sciences naturalles |
| Bl. Soc. Path. exot. | Bulletin de la Société de Pathologie exotique |
| Bl. Soc. Pharm. Bordeaux | Bulletin de la Société de Pharmacie de Bordeaux (ab **89** [1951] Fortsetzung von Bulletin des Travaux de la Société de Pharmacie de Bordeaux) |
| Bl. Soc. Pharm. Lille | Bulletin de la Société de Pharmacie de Lille |
| Bl. Soc. roum. Phys. | Bulletin de la Société Roumaine de Physique |
| Bl. Soc. scient. Bretagne | Bulletin de la Société Scientifique de Bretagne. Sciences Mathématiques, Physiques et Naturelles |
| Bl. Soc. Sci. Liège | Bulletin de la Société Royale des Sciences de Liège |
| Bl. Soc. vaud. Sci. nat. | Bulletin de la Société vaudoise des Sciences naturelles |
| Bl. Tokyo Univ. Eng. | Bulletin of the Tokyo University of Engineering [Tokyo Kogyo Daigaku Gakuho] |
| Bl. Trav. Pharm. Bordeaux | Bulletin des Travaux de la Société de Pharmacie de Bordeaux |
| Bl. Univ. Asie centrale | Bulletin de l'Université d'Etat de l'Asie centrale. Taschkent |
| Bl. Univ. Osaka Prefect. | Bulletin of the University of Osaka Prefecture |
| Bl. Wagner Free Inst. | Bulletin of the Wagner Free Institute of Science. Philadelphia, Pa. |
| Bodenk. Pflanzenernähr. | Bodenkunde und Pflanzenernährung |
| Bol. Acad. Cienc. exact. fis. nat. Madrid | Boletin de la Academia de Ciencias Exactas, Fisicas y Naturales Madrid |
| Bol. Inform. petr. | Boletín de Informaciones petroleras. Buenos Aires |
| Bol. Inst. Med. exp. Cáncer | Boletin del Instituto de Medicina experimental para el Estudio y Tratamiento del Cáncer. Buenos Aires |
| Bol. Inst. Quim. Univ. Mexico | Boletin del Instituto de Química de la Universidad Nacional Autónoma de México |
| Boll. Accad. Gioenia Catania | Bollettino delle Sedute dell' Accademia Gioenia di Scienze Naturali in Catania |
| Boll. chim. farm. | Bollettino chimico farmaceutico |
| Boll. Ist. sieroterap. milanese | Bollettino dell'Istituto Sieroterapico Milanese |

| Kürzung | Titel |
| --- | --- |
| Boll. scient. Fac. Chim. ind. Bologna | Bollettino Scientifico della Facoltà di Chimica Industriale dell'Università di Bologna |
| Boll. Sez. ital. Soc. int. Microbiol. | Bolletino della Sezione Italiana della Società Internazionale di Microbiologia |
| Boll. Soc. eustach. Camerino | Bollettino della Società Eustachiana degli Istituti Scientifici dell'Università di Camerino |
| Boll. Soc. ital. Biol. | Bollettino della Società Italiana di Biologia sperimentale |
| Boll. Zool. agrar. Bachicoltura | Bollettino di Zoologia agraria e Bachicoltura, Università degli Studi di Milano |
| Bol. Minist. Agric. Brazil | Boletim do Ministério da Agricultura, Brazil |
| Bol. Minist. Sanidad Asist. soc. | Boletin del Ministerio de Sanidad y Asistencia Social. Venezuela |
| Bol. ofic. Asoc. Quim. Puerto Rico | Boletin oficial de la Asociación de Químicos de Puerto Rico |
| Bol. Soc. Biol. Santiago Chile | Boletin de la Sociedad de Biologia de Santiago de Chile |
| Bol. Soc. quim. Peru | Boletin de la Sociedad química del Peru |
| Bot. Arch. | Botanisches Archiv |
| Bot. Gaz. | Botanical Gazette. Chicago, Ill. |
| Bot. Rev. | Botanical Review. Lancaster, Pa. |
| Bräuer-D'Ans | Fortschritte in der Anorganisch-chemischen Industrie. Herausg. von *A. Bräuer* u. *J. D'Ans* |
| Braunkohlenarch. | Braunkohlenarchiv. Halle/Saale |
| Brennerei-Ztg. | Brennerei-Zeitung |
| Brennstoffch. | Brennstoff-Chemie |
| Brit. Abstr. | British Abstracts |
| Brit. ind. Finish. | British Industrial Finishing |
| Brit. J. exp. Path. | British Journal of Experimental Pathology |
| Brit. J. ind. Med. | British Journal of Industrial Medicine |
| Brit. J. Pharmacol. Chemotherapy | British Journal of Pharmacology and Chemotherapy |
| Brit. J. Phot. | British Journal of Photography |
| Brit. med. Bl. | British Medical Bulletin |
| Brit. med. J. | British Medical Journal |
| Brit. P. | Britisches Patent |
| Brit. Plastics | British Plastics |
| Brown Boveri Rev. | Brown Boveri Review. Bern |
| Bulet. | Buletinul de Chimie Pură si Aplicată al Societăţii Române de Chimie |
| Bulet. Cernăuţi | Buletinul Facultăţii de Ştiinţe din Cernăuţi |
| Bulet. Cluj | Buletinul Societăţii de Ştiinţe din Cluj |
| Bulet. Inst. Cerc. tehnol. | Buletinul Institutului National de Cercetări Tehnologice |
| Bulet. Inst. politehn. Iaşi | Buletinul Institutului politehnic din Iaşi |
| Bulet. Soc. Chim. România | Buletinul Societăţii de Chimie din România |
| Bulet. Soc. Şti. farm. România | Buletinul Societăţii de Ştiinţe farmaceutice din România |
| Bur. Mines Bl. | U. S. Bureau of Mines. Bulletins. Washington, D. C. |
| Bur. Mines Informat. Circ. | U. S. Bureau of Mines. Information Circulars |
| Bur. Mines Rep. Invest. | U. S. Bureau of Mines. Report of Investigations |
| Bur. Mines tech. Pap. | U. S. Bureau of Mines, Technical Papers |
| Bur. Stand. Circ. | Bureau of Standards Circulars. Washinton, D.C. |
| C. | Chemisches Zentralblatt |
| C. A. | Chemical Abstracts |
| Calif. Agric. Exp. Sta. Bl. | California Agricultural Experiment Station Bulletin |

| Kürzung | Titel |
|---|---|
| Calif. Citrograph | The California Citrograph |
| Calif. Oil Wd. | California Oil World |
| Canad. Chem. Met. | Canadian Chemistry and Metallurgy (ab **22** [1938]): |
| Canad. Chem. Process Ind. | Canadian Chemistry and Process Industries |
| Canad. J. Biochem. Physiol. | Canadian Journal of Biochemistry and Physiology |
| Canad. J. Chem. | Canadian Journal of Chemistry |
| Canad. J. med. Technol. | Canadian Journal of Medical Technology |
| Canad. J. Physics | Canadian Journal of Physics |
| Canad. J. Res. | Canadian Journal of Research |
| Canad. J. Technol. | Canadian Journal of Technology |
| Canad. med. Assoc. J. | Canadian Medical Association Journal |
| Canad. P. | Canadisches Patent |
| Canad. Textile J. | Canadian Textile Journal |
| Cancer Res. | Cancer Research. Chicago, Ill. |
| Caoutch. Guttap. | Caoutchouc et la Gutta-Percha |
| Carbohydrate Res. | Carbohydrate Research. Amsterdam |
| Caryologia | Caryologia. Giornale di Citologia, Citosistematica e Citogenetica. Florenz |
| Č. čsl. Lékárn. | Časopis Československého (ab **V.** 1939 Českého) Lékárnictva (Zeitschrift des tschechoslowakischen Apothekenwesens) |
| Cellulosech. | Cellulosechemie |
| Cellulose Ind. Tokyo | Cellulose Industry. Tokyo [Sen-i-so Kogyo] |
| Cereal Chem. | Cereal Chemistry. St. Paul, Minn. |
| Chaleur Ind. | Chaleur et Industrie |
| Chalmers Handl. | Chalmers Tekniska Högskolas Handlingar. Göteborg |
| Ch. Apparatur | Chemische Apparatur |
| Chem. Age India | Chemical Age of India |
| Chem. Age London | Chemical Age. London |
| Chem. and Ind. | Chemistry and Industry. London |
| Chem. Commun. | Chemical Communications. London |
| Chem. Eng. | Chemical Engineering. New York |
| Chem. Eng. Japan | Chemical Engineering [Kagaku Kogaku] |
| Chem. eng. mining Rev. | Chemical Engineering and Mining Review. Melbourne |
| Chem. eng. News | Chemical and Engineering News. Washington, D.C. |
| Chem. eng. Progr. | Chemical Engineering Progress. Philadelphia, Pa. |
| Chem. eng. Progr. Symp. Ser. | Chemical Engineering Progress Symposium Series |
| Chem. eng. Sci. | Chemical Engineering Science. London |
| Chem. High Polymers Japan | Chemistry of High Polymers. Tokyo [Kobunshi Kagaku] |
| Chemia | Chemia. Revista de Centro Estudiantes universitarios de Química Buenos Aires |
| Chemie | Chemie |
| Chem. Industries | Chemical Industries. New York |
| Chemist-Analyst | Chemist-Analyst. Phillipsburg, N. J. |
| Chemist Druggist | Chemist and Druggist. London |
| Chemistry Taipei | Chemistry. Taipei |
| Chem. Listy | Chemické Listy pro Vědu a Průmysl (Chemische Blätter für Wissenschaft und Industrie). Prag |
| Chem. met. Eng. | Chemical and Metallurgical Engineering. New York |
| Chem. News | Chemical News and Journal of Industrial Science. London |
| Chem. Obzor | Chemický Obzor (Chemische Rundschau). Prag |
| Chem. Penicillin 1949 | The Chemistry of Penicillin. Herausg. von *H. T. Clarke, J. R. Johnson, R. Robinson*. Princeton, N. J. 1949 |

| Kürzung | Titel |
|---|---|
| Chem. pharm. Bl. | Chemical and Pharmaceutical Bulletin. Tokyo |
| Chem. Products | Chemical Products and the Chemical News. London |
| Chem. Reviews | Chemical Reviews. Baltimore, Md. |
| Chem. Soc. Symp. Bristol 1958 | Chemical Society Symposia Bristol 1958 |
| Chem. tech. Rdsch. | Chemisch-Technische Rundschau. Berlin |
| Chem. Trade J. | Chemical Trade Journal and Chemical Engineer. London |
| Chem. Weekb. | Chemisch Weekblad |
| Chem. Zvesti | Chemické Zvesti (Chemische Nachrichten). Pressburg |
| Ch. Fab. | Chemische Fabrik |
| Chim. anal. | Chimie analytique. Paris |
| Chim. et Ind. | Chimie et Industrie |
| Chim. farm. Promyšl. | Chimiko-farmacevtičeskaja Promyšlennost |
| Chimia | Chimia. Zürich |
| Chimica e Ind. | Chimica e l'Industria. Mailand |
| Chimija chim. Technol. | Izvestija vysšich učebnych Zavedenij (IVUZ) (Nachrichten von Hochschulen und Lehranstalten); Chimija i chimičeskaja Technologija |
| Chimis. socialist. Seml. | Chimisacija Socialističeskogo Semledelija (Chemisation of Socialistic Agriculture) |
| Chim. Mašinostr. | Chimičeskoe Mašinostroenie |
| Chim. Nauka Promyšl. | Chimičeskaja Nauka i Promyšlennost |
| Chim. Promyšl. | Chimičeskaja Promyšlennost (Chemische Industrie) |
| Chimstroi | Chimstroi (Journal for Projecting and Construction of the Chemical Industry in U.S.S.R.) |
| Chim. tverd. Topl. | Chimija Tverdogo Topliva (Chemie der festen Brennstoffe) |
| Ch. Ing. Tech. | Chemie-Ingenieur-Technik |
| Chin. J. Physics | Chinese Journal of Physics |
| Chin. J. Physiol. | Chinese Journal of Physiology [Chung Kuo Sheng Li Hsueh Tsa Chih] |
| Chromatogr. Rev. | Chromatographic Reviews |
| Ch. Tech. | Chemische Technik |
| Ch. Umschau Fette | Chemische Umschau auf dem Gebiet der Fette, Öle, Wachse und Harze |
| Ch. Z. | Chemiker-Zeitung |
| Ciencia | Ciencia. Mexico |
| Ciencia e Invest. | Ciencia e Investigación. Buenos Aires |
| CIOS Rep. | Combined Intelligence Objectives Subcommittee Report |
| Citrus Leaves | Citrus Leaves. Los Angeles, Calif. |
| Č. Lékářu Českých | Časopis Lékářu Českých (Zeitschrift der tschechischen Ärzte) |
| Clin. Med. | Clinical Medicine (von **34** [1927] bis **47** Nr. 8 [1940]) and Surgery. Wilmette, Ill. |
| Clin. veterin. | Clinica Veterinaria e Rassegna di Polizia Sanitaria i Igiene |
| Coke and Gas | Coke and Gas. London |
| Cold Spring Harbor Symp. quant. Biol. | Cold Spring Harbor Symposia on Quantitative Biology |
| Collect. | Collection des Travaux chimiques de Tchécoslovaquie; ab **16/17** [1951/52]: Collection of Czechoslovak Chemical Communications |
| Collegium | Collegium (Zeitschrift des Internationalen Vereins der Leder-Industrie-Chemiker). Darmstadt |
| Colliery Guardian | Colliery Guardian. London |
| Colloid Symp. Monogr. | Colloid Symposium Monograph |
| Colloques int. Centre nation. Rech. scient. | Colloques Internationaux du Centre National de la Recherche Scientifique |
| Combustibles | Combustibles. Zaragoza |

| Kürzung | Titel |
|---|---|
| Comment. biol. Helsingfors | Societas Scientiarum Fennica. Commentationes Biologicae. Helsingfors |
| Comment. phys. math. Helsingfors | Societas Scientiarum Fennica. Commentationes Physico-mathematicae. Helsingfors |
| Commun. Kamerlingh-Onnes Lab. Leiden | Communications from the Kamerlingh-Onnes Laboratory of the University of Leiden |
| Congr. int. Ind. Ferment. Gent 1947 | Congres International des Industries de Fermentation, Conferences et Communications, Gent 1947 |
| IX. Congr. int. Quim. Madrid 1934 | IX. Congreso Internacional de Química Pura y Aplicada. Madrid 1934 |
| II. Congr. mondial Pétr. Paris 1937 | II. Congrès Mondial du Pétrole. Paris 1937 |
| Contrib. Biol. Labor. Sci. Soc. China Zool. Ser. | Contributions from the Biological Laboratories of the Science Society of China Zoological Series |
| Contrib. Boyce Thompson Inst. | Contributions from Boyce Thompson Institute. Yonkers, N.Y. |
| Contrib. Inst. Chem. Acad. Peiping | Contributions from the Institute of Chemistry, National Academy of Peiping |
| C. r. | Comptes Rendus Hebdomadaires des Séances de l'Académie des Sciences |
| C. r. Acad. Agric. France | Comptes Rendus Hebdomadaires des Séances de l'Académie d'Agriculture de France |
| C. r. Acad. Roum. | Comptes rendus des Séances de l'Académie des Sciences de Roumanie |
| C. r. 66. Congr. Ind. Gaz Lyon 1949 | Compte Rendu du 66$^{me}$ Congrès de l'Industrie du Gaz, Lyon 1949 |
| C. r. V. Congr. int. Ind. agric. Scheveningen 1937 | Comptes Rendus du V. Congrès international des Industries agricoles, Scheveningen 1937 |
| C. r. Doklady | Comptes Rendus (Doklady) de l'Académie des Sciences de l'U.R.S.S. |
| Croat. chem. Acta | Croatica Chemica Acta |
| C. r. Soc. Biol. | Comptes Rendus des Séances de la Société de Biologie et de ses Filiales |
| C. r. Soc. Phys. Genève | Compte Rendu des Séances de la Société de Physique et d'Histoire naturelle de Genève |
| C. r. Trav. Carlsberg | Comptes Rendus des Travaux du Laboratoire Carlsberg, Kopenhagen |
| C. r. Trav. Fac. Sci. Marseille | Comptes Rendus des Travaux de la Faculté des Sciences de Marseille |
| Cuir tech. | Cuir Technique |
| Curierul farm. | Curierul Farmaceutic. Bukarest |
| Curr. Res. Anesth. Analg. | Current Researches in Anesthesia and Analgesia. Cleveland, Ohio |
| Curr. Sci. | Current Science. Bangalore |
| Cvetnye Metally | Cvetnye Metally (Nichteisenmetalle) |
| Dän. P. | Dänisches Patent |
| Danske Vid. Selsk. Biol. Skr. | Kongelige Danske Videnskabernes Selskab. Biologiske Skrifter |
| Danske Vid. Selsk. Math. fys. Medd. | Kongelige Danske Videnskabernes Selskab. Mathematisk-Fysiske Meddelelser |
| Danske Vid. Selsk. Mat. fys. Skr. | Kongelige Danske Videnskabernes Selskab. Matematisk-fysiske Skrifter |
| Danske Vid. Selsk. Skr. | Kongelige Danske Videnskabernes Selskabs Skrifter, Naturvidenskabelig og Mathematisk Afdeling |
| Dansk Tidsskr. Farm. | Dansk Tidsskrift for Farmaci |

| Kürzung | Titel |
|---|---|
| D.A.S. | Deutsche Auslegeschrift |
| D.B.P. | Deutsches Bundespatent |
| Dental Cosmos | Dental Cosmos. Chicago, Ill. |
| Destrukt. Gidr. Topl. | Destruktivnaja Gidrogenizacija Topliv |
| Discuss. Faraday Soc. | Discussions of the Faraday Society |
| Diss. Abstr. | Dissertation Abstracts (Microfilm Abstracts). Ann Arbor, Mich. |
| Diss. pharm. | Dissertationes Pharmaceuticae. Warschau |
| Doklady Akad. Armjansk. S.S.R. | Doklady Akademii Nauk Armjanskoj S.S.R. |
| Doklady Akad. S.S.S.R. | Doklady Akademii Nauk S.S.S.R. (Comptes Rendus de l'Académie des Sciences de l'Union des Républiques Soviétiques Socialistes) |
| Doklady Bolgarsk. Akad. | Doklady Bolgarskoi Akademii Nauk (Comptes Rendus de l'Académie bulgare des Sciences) |
| Doklady Chem. N.Y. | Doklady Chemistry New York (ab Bd. **148** [1963]). Englische Übersetzung von Doklady Akademii Nauk U.S. S.R. |
| Dragoco Rep. | Dragoco Report. Holzminden |
| D.R.B.P. Org. Chem. 1950—1951 | Deutsche Reichs- und Bundespatente aus dem Gebiet der Organischen Chemie 1950—1951 |
| D.R.P. | Deutsches Reichspatent |
| D.R.P. Org. Chem. | Deutsche Reichspatente aus dem Gebiete der Organischen Chemie 1939—1945. Herausg. von Farbenfabriken Bayer, Leverkusen |
| Drug cosmet. Ind. | Drug and Cosmetic Industry. New York |
| Drugs Oils Paints | Drugs, Oils & Paints. Philadelphia, Pa. |
| Dtsch. Apoth.-Ztg. | Deutsche Apotheker-Zeitung |
| Dtsch. Arch. klin. Med. | Deutsches Archiv für klinische Medizin |
| Dtsch. Ch. Ztschr. | Deutsche Chemiker-Zeitschrift |
| Dtsch. Essigind. | Deutsche Essigindustrie |
| Dtsch. Färber-Ztg. | Deutsche Färber-Zeitung |
| Dtsch. Lebensm.-Rdsch. | Deutsche Lebensmittel-Rundschau |
| Dtsch. med. Wschr. | Deutsche medizinische Wochenschrift |
| Dtsch. Molkerei-Ztg. | Deutsche Molkerei-Zeitung |
| Dtsch. Parf.-Ztg. | Deutsche Parfümerie-Zeitung |
| Dtsch. Z. ges. ger. Med. | Deutsche Zeitschrift für die gesamte gerichtliche Medizin |
| Dyer Calico Printer | Dyer and Calico Printer, Bleacher, Finisher and Textile Review; ab **71** Nr. 8 [1934]: |
| Dyer Textile Printer | Dyer, Textile Printer, Bleacher and Finisher. London |
| East Malling Res. Station ann. Rep. | East Malling Research Station, Annual Report. Kent |
| Econ. Bot. | Economic Botany. New York |
| Edinburgh med. J. | Edinburgh Medical Journal |
| Electroch. Acta | Electrochimica Acta. Oxford |
| Electrotech. J. Tokyo | Electrotechnical Journal. Tokyo |
| Electrotechnics | Electrotechnics. Bangalore |
| Elektr. Nachr.-Tech. | Elektrische Nachrichten-Technik |
| Empire J. exp. Agric. | Empire Journal of Experimental Agriculture. London |
| Endeavour | Endeavour. London |
| Endocrinology | Endocrinology. Boston bzw. Springfield, Ill. |
| Energia term. | Energia Termica. Mailand |
| Énergie | Énergie. Paris |
| Eng. | Engineering. London |
| Eng. Mining J. | Engineering and Mining Journal. New York |
| Enzymol. | Enzymologia. Holland |

| Kürzung | Titel |
|---|---|
| E. P. | s. Brit. P. |
| Erdöl Kohle | Erdöl und Kohle |
| Erdöl Teer | Erdöl und Teer |
| Ergebn. Biol. | Ergebnisse der Biologie |
| Ergebn. Enzymf. | Ergebnisse der Enzymforschung |
| Ergebn. exakt. Naturwiss. | Ergebnisse der Exakten Naturwissenschaften |
| Ergebn. Physiol. | Ergebnisse der Physiologie |
| Ernährung | Ernährung. Leipzig |
| Ernährungsf. | Ernährungsforschung. Berlin |
| Experientia | Experientia. Basel |
| Exp. Med. Surgery | Experimental Medicine and Surgery. New York |
| Exposés ann. Biochim. méd. | Exposés annules de Biochimie médicale |
| Fachl. Mitt. Öst. Tabakregie | Fachliche Mitteilungen der Österreichischen Tabakregie |
| Farbe Lack | Farbe und Lack |
| Farben Lacke Anstrichst. | Farben, Lacke, Anstrichstoffe |
| Farben-Ztg. | Farben-Zeitung |
| Farmacija Moskau | Farmacija. Moskau |
| Farmacija Sofia | Farmacija. Sofia |
| Farmaco | Il Farmaco Scienza e Tecnica. Pavia |
| Farmacognosia | Farmacognosia. Madrid |
| Farmacoterap. actual | Farmacoterapia actual. Madrid |
| Farmakol. Toksikol. | Farmakologija i Toksikologija |
| Farm. chilena | Farmacia Chilena |
| Farm. Farmakol. | Farmacija i Farmakologija |
| Farm. Glasnik | Farmaceutski Glasnik. Zagreb |
| Farm. ital. | Farmacista italiano |
| Farm. Notisblad | Farmaceutiskt Notisblad. Helsingfors |
| Farmacia nueva | Farmacia nueva. Madrid |
| Farm. Revy | Farmacevtisk Revy. Stockholm |
| Farm. Ž. | Farmacevtičnij Žurnal |
| Faserforsch. Textiltech. | Faserforschung und Textiltechnik. Berlin |
| Federal Register | Federal Register. Washington, D. C. |
| Federation Proc. | Federation Proceedings. Washington, D.C. |
| Fermentf. | Fermentforschung |
| Fettch. Umschau | Fettchemische Umschau (ab **43** [1936]): |
| Fette Seifen | Fette und Seifen (ab **55** [1953]: Fette, Seifen, Anstrichmittel) |
| Feuerungstech. | Feuerungstechnik |
| FIAT Final Rep. | Field Information Agency, Technical, United States Group Control Council for Germany. Final Report |
| Finska Kemistsamf. Medd. | Finska Kemistsamfundets Meddelanden [Suomen Kemistiseuran Tiedonantoja] |
| Fischwirtsch. | Fischwirtschaft |
| Fish. Res. Board Canada Progr. Rep. Pacific Sta. | Fisheries Research Board of Canada, Progress Reports of the Pacific Coast Stations |
| Fisiol. Med. | Fisiologia e Medicina. Rom |
| Fiziol. Ž. | Fiziologičeskij Žurnal S.S.S.R. |
| Fiz. Sbornik Lvovsk. Univ. | Fizičeskij Sbornik, Lvovskij Gosudarstvennyj Universitet imeni I. Franko |
| Flora | Flora oder Allgemeine Botanische Zeitung |
| Folia pharmacol. japon. | Folia pharmacologica japonica |
| Food | Food. London |
| Food Manuf. | Food Manufacture. London |
| Food Res. | Food Research. Champaign, Ill. |

| Kürzung | Titel |
|---|---|
| Food Technol. | Food Technology. Champaign, Ill. |
| Foreign Petr. Technol. | Foreign Petroleum Technology |
| Forest Res. Inst. Dehra-Dun Bl. | Forest Research Institute Dehra-Dun Indian Forest Bulletin |
| Forschg. Fortschr. | Forschungen und Fortschritte |
| Forschg. Ingenieurw. | Forschung auf dem Gebiete des Ingenieurwesens |
| Forschungsd. | Forschungsdienst. Zentralorgan der Landwirtschaftswissenschaft |
| Fortschr. chem. Forsch. | Fortschritte der Chemischen Forschung |
| Fortschr. Ch. org. Naturst. | Fortschritte der Chemie Organischer Naturstoffe |
| Fortschr. Hochpolymeren-Forsch. | Fortschritte der Hochpolymeren-Forschung. Berlin |
| Fortschr. Min. | Fortschritte der Mineralogie. Stuttgart |
| Fortschr. Röntgenstr. | Fortschritte auf dem Gebiete der Röntgenstrahlen |
| Fortschr. Therap. | Fortschritte der Therapie |
| F. P. | Französisches Patent |
| Fr. | s. Z. anal. Chem. |
| France Parf. | France et ses Parfums |
| Frdl. | Fortschritte der Teerfarbenfabrikation und verwandter Industriezweige. Begonnen von *P. Friedländer*, fortgeführt von *H. E. Fierz-David* |
| Fruit Prod. J. | Fruit Products Journal and American Vinegar Industry (ab **23** [1943]) and American Food Manufacturer |
| Fuel | Fuel in Science and Practice. London |
| Fuel Economist | Fuel Economist. London |
| Fukuoka Acta med. | Fukuoka Acta Medica [Fukuoka Igaku Zassi] |
| Furman Stud. Bl. | Furman Studies, Bulletin of Furman University |
| Fysiograf. Sällsk. Lund Förh. | Kungliga Fysiografiska Sällskapets i Lund Förhandlingar |
| Fysiograf. Sällsk. Lund Handl. | Kungliga Fysiografiska Sällskapets i Lund Handlingar |
| G. | Gazzetta Chimica Italiana |
| Gas Age Rec. | Gas Age Record (ab **80** [1937]: Gas Age). New York |
| Gas J. | Gas Journal. London |
| Gas Los Angeles | Gas. Los Angeles, Calif. |
| Gasschutz Luftschutz | Gasschutz und Luftschutz |
| Gas-Wasserfach | Gas- und Wasserfach |
| Gas Wd. | Gas World. London |
| Gen. Electric Rev. | General Electric Review. Schenectady, N.Y. |
| Gigiena Sanit. | Gigiena i Sanitarija |
| Giorn. Batteriol. Immunol. | Giornale di Batteriologia e Immunologia |
| Giorn. Biol. ind. | Giornale di Biologia industriale, agraria ed alimentare |
| Giorn. Chimici | Giornale dei Chimici |
| Giorn. Chim. ind. appl. | Giornale di Chimica industriale ed applicata |
| Giorn. Farm. Chim. | Giornale di Farmacia, di Chimica e di Scienze affini |
| Glasnik chem. Društva Beograd | Glasnik Chemiskog Društva Beograd; mit Bd. **11** [1940/46] Fortsetzung von |
| Glasnik chem. Društva Jugosl. | Glasnik Chemiskog Društva Kral'evine Jugoslavije (Bulletin de la Société Chimique du Royaume de Yougoslavie) |
| Glasnik šumarskog Fak. Univ. Beograd | Glasnik Šumarskog Fakulteta, Univerzitet u Beogradu |
| Glückauf | Glückauf |
| Glutathione Symp. | Glutathione Symposium Ridgefield 1953; London 1958 |

| Kürzung | Titel |
|---|---|
| Gmelin | Gmelins Handbuch der Anorganischen Chemie. 8. Aufl. Herausg. vom Gmelin-Institut |
| Godišnik Univ. Sofia | Godišnik na Sofijskija Universitet. II. Fiziko-matematičeski Fakultet (Annuaire de l'Université de Sofia. II. Faculté Physico-mathématique) |
| Gornyj Ž. | Gornyj Žurnal (Mining Journal). Moskau |
| Group. franç. Rech. aéronaut. | Groupement Français pour le Développement des Recherches Aéronautiques. |
| Gummi Ztg. | Gummi-Zeitung |
| Gynaecologia | Gynaecologia. Basel |
| H. | s. Z. physiol. Chem. |
| Helv. | Helvetica Chimica Acta |
| Helv. med. Acta | Helvetica Medica Acta |
| Helv. phys. Acta | Helvetica Physica Acta |
| Helv. physiol. Acta | Helvetica Physiologica et Pharmacologica Acta |
| Het Gas | Het Gas. den Haag |
| Hilgardia | Hilgardia. A Journal of Agricultural Science. Berkeley, Calif. |
| Hochfrequenztech. Elektroakustik | Hochfrequenztechnik und Elektroakustik |
| Holz Roh- u. Werkst. | Holz als Roh- und Werkstoff. Berlin |
| Houben-Weyl | *Houben-Weyl*, Methoden der Organischen Chemie. 3. Aufl. bzw. 4. Aufl. Herausg. von *E. Müller* |
| Hung. Acta chim. | Hungarica Acta Chimica |
| Ind. agric. aliment. | Industries agricoles et alimentaires |
| Ind. Chemist | Industrial Chemist and Chemical Manufacturer. London |
| Ind. chim. belge | Industrie Chimique Belge |
| Ind. chimica | L'Industria Chimica. Il Notiziario Chimico-industriale |
| Ind. chimique | Industrie Chimique |
| Ind. Corps gras | Industries des Corps gras |
| Ind. eng. Chem. | Industrial and Engineering Chemistry. Industrial Edition. Washington, D.C. |
| Ind. eng. Chem. Anal. | Industrial and Engineering Chemistry. Analytical Edition |
| Ind. eng. Chem. News | Industrial and Engineering Chemistry. News Edition |
| Ind. eng. Chem. Process Design. Devel. | Industrial and Engineering Chemistry, Process Design and Development |
| Indian Forest Rec. | Indian Forest Records |
| Indian J. agric. Sci. | Indian Journal of Agricultural Science |
| Indian J. Chem. | Indian Journal of Chemistry |
| Indian J. med. Res. | Indian Journal of Medical Research |
| Indian J. Physics | Indian Journal of Physics and Proceedings of the Indian Association for the Cultivation of Science |
| Indian J. veterin. Sci. | Indian Journal of Veterinary Science and Animal Husbandry |
| Indian Lac Res. Inst. Bl. | Indian Lac Research Institute, Bulletin |
| Indian Soap J. | Indian Soap Journal |
| Indian Sugar | Indian Sugar |
| India Rubber J. | India Rubber Journal. London |
| India Rubber Wd. | India Rubber World. New York |
| Ind. Med. | Industrial Medicine. Chicago, Ill. |
| Ind. Parfum. | Industrie de la Parfumerie |
| Ind. Plastiques | Industries des Plastiques |
| Ind. Química | Industria y Química. Buenos Aires |
| Ind. saccar. ital. | Industria saccarifera Italiana |
| Ind. textile | Industrie textile. Paris |

| Kürzung | Titel |
|---|---|
| Informe Estación exp. Puerto Rico | Informe de la Estación experimental de Puerto Rico |
| Inform. Quim. anal. | Información de Química analitica. Madrid |
| Ing. Chimiste Brüssel | Ingénieur Chimiste. Brüssel |
| Ing. Nederl.-Indië | Ingenieur in Nederlandsch-Indië |
| Ing. Vet. Akad. Handl. | Ingeniörs vetenskaps akademiens Handlingar. Stockholm |
| Inorg. Chem. | Inorganic Chemistry. Washington, D.C. |
| Inorg. Synth. | Inorganic Syntheses. New York |
| Inst. cubano Invest. tecnol. | Instituto Cubano de Investigaciones Tecnológicas, Serie de Estudios sobre Trabajos de Investigación |
| Inst. Gas Technol. Res. Bl. | Institute of Gas Technology, Research Bulletin. Chicago, Ill. |
| Inst. nacion. Tec. aeronaut. Madrid Comun. | I.N.T.A. = Instituto Nacional de Técnica Aeronáutica. Madrid. Comunicadó |
| 2. Int. Conf. Biochem. Probl. Lipids Gent 1955 | Biochemical Problems of Lipids, Proceedings of the 2. International Conference Gent 1955 |
| Int. Congr. Microbiol. ... Abstr. | International Congress for Microbiology (III. New York 1939; IV. Kopenhagen 1947), Abstracts bzw. Report of Proceedings |
| Int. J. Air Pollution | International Journal of Air Pollution |
| XIV. Int. Kongr. Chemie Zürich 1955 | XIV. Internationaler Kongress für Chemie, Zürich 1955 |
| Int. landwirtsch. Rdsch. | Internationale landwirtschaftliche Rundschau |
| Int. Sugar J. | International Sugar Journal. London |
| Ion | Ion. Madrid |
| Iowa Coll. agric. Exp. Station Res. Bl. | Iowa State College of Agriculture and Mechanic Arts, Agricultura Experiment Station, Research Bulletin |
| Iowa Coll. J. | Iowa State College Journal of Science |
| Israel J. Chem. | Israel Journal of Chemistry |
| Ital. P. | Italienisches Patent |
| I.V.A. | Ingeniörsvetenskapsakademien. Tidskrift för teknisk-vetenskaplig Forskning. Stockholm |
| Izv. Akad. Kazachsk. S.S.R. | Izvestija Akademii Nauk Kazachskoi S.S.R. |
| Izv. Akad. S.S.S.R. | Izvestija Akademii Nauk S.S.S.R. (Bulletin de l'Académie des Sciences de l'U.R.S.S.) |
| Izv. Armjansk. Akad. | Izvestija Armjanskogo Filiala Akademii Nauk S.S.S.R.; ab 1944 Izvestija Akademii Nauk Armjanskoj S.S.R. |
| Izv. biol. Inst. Permsk. Univ. | Izvestija Biologičeskogo Naučno-issledovatelskogo Instituta pri Permskom Gosudarstvennom Universitete (Bulletin de l'Institut des Recherches Biologiques de Perm) |
| Izv. Inst. fiz. chim. Anal. | Izvestija Instituta Fiziko-chimičeskogo Analiza |
| Izv. Inst. koll. Chim. | Izvestija Gosudarstvennogo Naučno-issledovatelskogo Instituta Kolloidnoj Chimii (Bulletin de l'Institut des Recherches scientifiques de Chimie colloidale à Voronège) |
| Izv. Inst. Platiny | Izvestija Instituta po Izučeniju Platiny (Annales de l'Institut du Platine) |
| Izv. Sektora fiz. chim. Anal. | Akademija Nauk S.S.S.R., Institut Obščej i Neorganičeskoj Chimii: Izvestija Sektora Fiziko-chimičeskogo Analiza (Institut de Chimie Générale: Annales du Secteur d'Analyse Physico-chimique) |
| Izv. Sektora Platiny | Izvestija Sektora Platiny i Drugich Blagorodnich Metallov, Institut Obščej i Neorganičeskoj Chimii |
| Izv. Sibirsk. Otd. Akad. S.S.S.R. | Izvestija Sibirskogo Otdelenija Akademii Nauk S.S.S.R. |
| Izv. Tomsk. ind. Inst. | Izvestija Tomskogo industrialnogo Instituta |

| Kürzung | Titel |
|---|---|
| Izv. Tomsk. politech. Inst. | Izvestija Tomskogo Politechničeskogo Instituta |
| Izv. Univ. Armenii | Izvestija Gosudarstvennogo Universiteta S.S.R. Armenii |
| Izv. Uralsk. politech. Inst. | Izvestija Uralskogo Politechničeskogo Instituta |
| J. | Liebig-Kopps Jahresbericht über die Fortschritte der Chemie |
| J. acoust. Soc. Am. | Journal of the Acoustical Society of America |
| J. agric. chem. Soc. Japan | Journal of the Agricultural Chemical Society of Japan |
| J. Agric. prat. | Journal d'Agriculture pratique et Journal d'Agriculture |
| J. agric. Res. | Journal of Agricultural Research. Washington, D.C. |
| J. agric. Sci. | Journal of Agricultural Science. London |
| J. Am. Leather Chemists Assoc. | Journal of the American Leather Chemists' Association |
| J. Am. med. Assoc. | Journal of the American Medical Association |
| J. Am. Oil Chemists Soc. | Journal of the American Oil Chemists' Society |
| J. Am. pharm. Assoc. | Journal of the American Pharmaceutical Association. Scientific Edition |
| J. Am. Soc. Agron. | Journal of the American Society of Agronomy |
| J. Am. Water Works Assoc. | Journal of the American Water Works Association |
| J. Annamalai Univ. | Journal of the Annamalai University. Indien |
| Japan. J. Bot. | Japanese Journal of Botany |
| Japan. J. exp. Med. | Japanese Journal of Experimental Medicine |
| Japan. J. med. Sci. | Japanese Journal of Medical Sciences |
| Japan. J. Obstet. Gynecol. | Japanese Journal of Obstetrics and Gynecology |
| Japan. J. Physics | Japanese Journal of Physics |
| Japan. P. | Japanisches Patent |
| J. appl. Chem. | Journal of Applied Chemistry. London |
| J. appl. Chem. U.S.S.R. | Journal of Applied Chemistry of the U.S.S.R. Englische Übersetzung von Žurnal Prikladnoj Chimii |
| J. appl. Mechanics | Journal of Applied Mechanics. Easton, Pa. |
| J. appl. Physics | Journal of Applied Physics. New York |
| J. appl. Polymer Sci. | Journal of Applied Polymer Science. New York |
| J. Assoc. agric. Chemists | Journal of the Association of Official Agricultural Chemists. Washington, D.C. |
| J. Assoc. Eng. Architects Palestine | Journal of the Association of Engineers and Architects in Palestine |
| J. Austral. Inst. agric. Sci. | Journal of the Australian Institute of Agricultural Science |
| J. Bacteriol. | Journal of Bacteriology. Baltimore, Md. |
| Jb. brennkrafttech. Ges. | Jahrbuch der Brennkrafttechnischen Gesellschaft |
| Jber. chem.-tech. Reichsanst. | Jahresbericht der Chemisch-technischen Reichsanstalt |
| Jber. Pharm. | Jahresbericht der Pharmazie |
| J. Biochem. Tokyo | Journal of Biochemistry. Tokyo [Seikagaku] |
| J. biol. Chem. | Journal of Biological Chemistry. Baltimore, Md. |
| J. Biophysics Tokyo | Journal of Biophysics. Tokyo |
| Jb. phil. Fak. II Univ. Bern | Jahrbuch der philosophischen Fakultät II der Universität Bern |
| Jb. Radioakt. Elektronik | Jahrbuch der Radioaktivität und Elektronik |
| Jb. wiss. Bot. | Jahrbücher für wissenschaftliche Botanik |
| J. cellular compar. Physiol. | Journal of Cellular and Comparative Physiology |
| J. chem. Educ. | Journal of Chemical Education. Easton, Pa. |
| J. chem. Eng. China | Journal of Chemical Engineering. China |

| Kürzung | Titel |
|---|---|
| J. chem. eng. Data | Journal of Chemical and Engineering Data |
| J. chem. met. min. Soc. S. Africa | Journal of the Chemical, Metallurgical and Mining Society of South Africa |
| J. Chemotherapy | Journal of Chemotherapy and Advanced Therapeutics |
| J. chem. Physics | Journal of Chemical Physics. New York |
| J. chem. Soc. Japan | Journal of the Chemical Society of Japan; |
| Ind. Chem. Sect. | ab 1948 Industrial Chemistry Section [Kogyo Kagaku Zasshi] |
| Pure Chem. Sect. | und Pure Chemistry Section [Nippon Kagaku Zasshi] |
| J. Chim. phys. | Journal de Chimie Physique |
| J. Chin. agric. chem. Soc | Journal of the Chinese Agricultural Chemical Society |
| J. Chin. chem. Soc. | Journal of the Chinese Chemical Society. Peking; II Taiwan |
| J. clin. Endocrin. | Journal of Clinical Endocrinology (ab **12** [1952]) and Metabolism. Springfield, Ill. |
| J. clin. Invest. | Journal of Clinical Investigation. Cincinnati, Ohio |
| J. Colloid Sci. | Journal of Colloid Science. New York |
| J. Coun. scient. ind. Res. Australia | Commonwealth of Australia. Council for Scientific and Industrial Research. Journal |
| J. C. S. Chem. Commun. | Aufteilung ab 1972 des Journal of the Chemical Society. London |
| J. C. S. Dalton | |
| J. C. S. Faraday I | |
| J. C. S. Faraday II | |
| J. C. S. Perkin I | |
| J. C. S. Perkin II | |
| J. Dairy Res. | Journal of Dairy Research. London |
| J. Dairy Sci. | Journal of Dairy Science. Columbus, Ohio |
| J. dental Res. | Journal of Dental Research. Columbus, Ohio |
| J. Dep. Agric. Kyushu Univ. | Journal of the Department of Agriculture, Kyushu Imperial University |
| J. Dep. Agric. S. Australia | Journal of the Department of Agriculture of South Australia |
| J. econ. Entomol. | Journal of Economic Entomology. Menasha, Wis. |
| J. electroch. Assoc. Japan | Journal of the Electrochemical Association of Japan |
| J. E. Mitchell scient. Soc. | Journal of the Elisha Mitchell Scientific Society. Chapel Hill, N.C. |
| J. Endocrin. | Journal of Endocrinology |
| Jernkontor. Ann. | Jernkontorets Annaler |
| J. exp. Biol. | Journal of Experimental Biology. London |
| J. exp. Med. | Journal of Experimental Medicine. Baltimore, Md. |
| J. Fac. Agric. Hokkaido | Journal of the Faculty of Agriculture, Hokkaido University |
| J. Fac. Sci. Hokkaido | Journal of the Faculty of Science, Hokkaido University |
| J. Fac. Sci. Univ. Tokyo | Journal of the Faculty of Science, Imperial University of Tokyo |
| J. Fermentat. Technol. Japan | Journal of Fermentation Technology. Japan [Hakko Kogaku Zasshi] |
| J. Fish. Res. Board Canada | Journal of the Fisheries Research Board of Canada |
| J. Four électr. | Journal du Four électrique et des Industries électrochimiques |
| J. Franklin Inst. | Journal of the Franklin Institute. Lancaster, Pa. |
| J. Fuel Soc. Japan | Journal of the Fuel Society of Japan [Nenryo Kyokaishi] |
| J. gen. Chem. U.S.S.R. | Journal of General Chemistry of the U.S.S.R. Englische Übersetzung von Žurnal Obščej Chimii |
| J. gen. Microbiol. | Journal of General Microbiology. London |
| J. gen. Physiol. | Journal of General Physiology. Baltimore, Md. |
| J. heterocycl. Chem. | Journal of Heterocyclic Chemistry. Albuquerque, N. Mex. |
| J. Hyg. | Journal of Hygiene. London |

| Kürzung | Titel |
| --- | --- |
| J. Immunol. | Journal of Immunology. Baltimore, Md. |
| J. ind. Hyg. | Journal of Industrial Hygiene and Toxicology. Baltimore, Md. |
| J. Indian chem. Soc. | Journal of the Indian Chemical Society |
| J. Indian chem. Soc. News | Journal of the Indian Chemical Society; Industrial and News Edition |
| J. Indian Inst. Sci. | Journal of the Indian Institute of Science |
| J. inorg. Chem. U.S.S.R. | Journal of Inorganic Chemistry of the U.S.S.R. Englische Übersetzung von Žurnal Neorganičeskoj Chimii **1–3** |
| J. inorg. nuclear Chem. | Journal of Inorganic and Nuclear Chemistry. London |
| J. Inst. Brewing | Journal of the Institute of Brewing. London |
| J. Inst. electr. Eng. Japan | Journal of the Institute of the Electrical Engineers. Japan |
| J. Inst. Fuel | Journal of the Institute Fuel. London |
| J. Inst. Petr. | Journal of the Institute of Petroleum. London (ab **25** [1939]) Fortsetzung von: |
| J. Inst. Petr. Technol. | Journal of the Institution of Petroleum Technologists. London |
| J. int. Soc. Leather Trades Chemists | Journal of the International Society of Leather Trades' Chemists |
| J. Iowa State med. Soc. | Journal of the Iowa State Medical Society |
| J. Japan. biochem. Soc. | Journal of Japanese Biochemical Society [Nippon Seikagaku Kaishi] |
| J. Japan. Bot. | Journal of Japanese Botany [Shokubutsu Kenkyu Zasshi] |
| J. Japan Soc. Colour Mat. | Journal of the Japan Society of Colour Material |
| J. Japan. Soc. Food Nutrit. | Journal of the Japanese Society of Food and Nutrition [Eiyo to Shokuryo] |
| J. Labor. clin. Med. | Journal of Laboratory and Clinical Medicine. St. Louis, Mo. |
| J. Lipid Res. | Journal of Lipid Research. New York |
| J. makromol. Ch. | Journal für Makromolekulare Chemie |
| J. Marine Res. | Journal of Marine Research. New Haven, Conn. |
| J. med. Chem. | Journal of Medicinal Chemistry. Easton, Pa. Fortsetzung von: |
| J. med. pharm. Chem. | Journal of Medicinal and Pharmaceutical Chemistry. Easton, Pa. |
| J. Missouri State med. Assoc. | Journal of the Missouri State Medical Association |
| J. mol. Spectr. | Journal of Molecular Spectroscopy. New York |
| J. Mysore Univ. | Journal of the Mysore University; ab 1940 unterteilt in A. Arts und B. Science incl. Medicine and Engineering |
| J. nation. Cancer Inst. | Journal of the National Cancer Institute, Washington, D.C. |
| J. nerv. mental Disease | Journal of Nervous and Mental Disease. New York |
| J. New Zealand Inst. Chem. | Journal of the New Zealand Institute of Chemistry |
| J. Nutrit. | Journal of Nutrition. Philadelphia, Pa. |
| J. Oil Chemists Soc. Japan | Journal of the Oil Chemists' Society. Japan [Yushi Kagaku Kyokaishi] |
| J. Oil Colour Chemists Assoc. | Journal of the Oil & Colour Chemists' Association. London |
| J. Okayama med. Soc. | Journal of the Okayama Medical Society [Okayama-Igakkai-Zasshi] |
| J. opt. Soc. Am. | Journal of the Optical Society of America |
| J. org. Chem. | Journal of Organic Chemistry. Baltimore, Md. |
| J. org. Chem. U.S.S.R. | Journal of Organic Chemistry of the U.S.S.R. Englische Übersetzung von Žurnal organičeskoi Chimii |
| J. oriental Med. | Journal of Oriental Medicine. Manchu |

| Kürzung | Titel |
|---|---|
| J. Osmania Univ. | Journal of the Osmania University. Heiderabad |
| Journée Vinicole-Export | Journée Vinicole-Export |
| J. Path. Bact. | Journal of Pathology and Bacteriology. Edinburgh |
| J. Penicillin Tokyo | Journal of Penicillin. Tokyo |
| J. Petr. Technol. | Journal of Petroleum Technology. New York |
| J. Pharmacol. exp. Therap. | Journal of Pharmacology and Experimental Therapeutics. Baltimore, Md. |
| J. pharm. Assoc. Siam | Journal of the Pharmaceutical Association of Siam |
| J. Pharm. Belg. | Journal de Pharmacie de Belgique |
| J. Pharm. Chim. | Journal de Pharmacie et de Chimie |
| J. Pharm. Pharmacol. | Journal of Pharmacy and Pharmacology. London |
| J. pharm. Sci. | Journal of Pharmaceutical Sciences. Washington, D.C. |
| J. pharm. Soc. Japan | Journal of the Pharmaceutical Society of Japan [Yakugaku Zasshi] |
| J. phys. Chem. | Journal of Physical (1947—51 & Colloid) Chemistry. Baltimore, Md. |
| J. Physics U.S.S.R. | Journal of Physics Academy of Sciences of the U.S.S.R. |
| J. Physiol. London | Journal of Physiology. London |
| J. physiol. Soc. Japan | Journal of the Physiological Society of Japan [Nippon Seirigaku Zasshi] |
| J. Phys. Rad. | Journal de Physique et le Radium |
| J. phys. Soc. Japan | Journal of the Physical Society of Japan |
| J. Polymer Sci. | Journal of Polymer Science. New York |
| J. pr. | Journal für Praktische Chemie |
| J. Pr. Inst. Chemists India | Journal and Proceedings of the Institution of Chemists, India |
| J. Pr. Soc. N.S. Wales | Journal and Proceedings of the Royal Society of New South Wales |
| J. Recherches Centre nation. | Journal des Recherches du Centre national de la Recherche scientifique, Laboratoires de Bellevue |
| J. Res. Bur. Stand. | Bureau of Standards Journal of Research; ab **13** [1934] Journal of Research of the National Bureau of Standards. Washington, D.C. |
| J. Rheol. | Journal of Rheology |
| J. roy. tech. Coll. | Journal of the Royal Technical College. Glasgow |
| J. Rubber Res. | Journal of Rubber Research. Croydon, Surrey |
| J. S. African chem. Inst. | Journal of the South African Chemical Institute |
| J. S. African veterin. med. Assoc. | Journal of the South African Veterinary Medical Association |
| J. scient. ind. Res. India | Journal of Scientific and Industrial Research, India |
| J. scient. Instruments | Journal of Scientifics Instruments. London |
| J. scient. Res. Inst. Tokyo | Journal of the Scientific Research Institute. Tokyo |
| J. Sci. Food Agric. | Journal of the Science of Food and Agriculture. London |
| J. Sci. Hiroshima | Journal of Science of the Hiroshima University |
| J. Sci. Soil Manure Japan | Journal of the Science of Soil and Manure, Japan [Nippon Dojo Hiryogaku Zasshi] |
| J. Sci. Technol. India | Journal of Science and Technology, India |
| J. Shanghai Sci. Inst. | Journal of the Shanghai Science Institute |
| J. Soc. chem. Ind. | Journal of the Society of Chemical Industry. London |
| J. Soc. chem. Ind. Japan | Journal of the Society of Chemical Industry, Japan [Kogyo Kwagaku Zasshi] |
| J. Soc. chem. Ind. Japan Spl. | Journal of the Society of Chemical Industry, Japan. Supplemental Binding |
| J. Soc. cosmet. Chemists | Journal of the Society of Cosmetic Chemists. Oxford |
| J. Soc. Dyers Col. | Journal of the Society of Dyers and Colourists. Bradford, Yorkshire |

| Kürzung | Titel |
|---|---|
| J. Soc. Leather Trades Chemists | Journal of the (von **9** Nr. 10 [1925]—**31** [1947] International) Society of Leather Trades' Chemists |
| J. Soc. org. synth. Chem. Japan | Journal of the Society of Organic Synthetic Chemistry, Japan [Yuki Gosei Kagaku Kyokaishi] |
| J. Soc. Rubber Ind. Japan | Journal of the Society of Rubber Industry of Japan [Nippon Gomu Kyokaishi] |
| J. Soc. trop. Agric. Taihoku Univ. | Journal of the Society of Tropical Agriculture Taihoku University |
| J. Soc. west. Australia | Journal of the Royal Society of Western Australia |
| J. State Med. | Journal of State Medicine. London |
| J. Tennessee Acad. | Journal of the Tennessee Academy of Science |
| J. Textile Inst. | Journal of the Textile Institute, Manchester |
| J. trop. Med. Hyg. | Journal of Tropical Medicine and Hygiene. London |
| Jugosl. P. | Jugoslawisches Patent |
| J. Univ. Bombay | Journal of the University of Bombay |
| J. Urol. | Journal of Urology. Baltimore, Md. |
| J. Usines Gaz | Journal des Usines à Gaz |
| J. Vitaminol. Japan | Journal of Vitaminology. Osaka bzw. Kyoto |
| J. Washington Acad. | Journal of the Washington Academy of Sciences |
| Kali | Kali, verwandte Salze und Erdöl |
| Kaučuk Rez. | Kaučuk i Rezina (Kautschuk und Gummi) |
| Kautschuk | Kautschuk. Berlin |
| Kautschuk Gummi | Kautschuk und Gummi |
| Keemia Teated | Keemia Teated (Chemie-Nachrichten). Tartu |
| Kem. Maanedsb. | Kemisk Maanedsblad og Nordisk Handelsblad for Kemisk Industri. Kopenhagen |
| Kimya Ann. | Kimya Annali. Istanbul |
| Kirk-Othmer | Encyclopedia of Chemical Technology. 1. Aufl. herausg. von *R. E. Kirk* u. *D. F. Othmer*; 2. Aufl. von *A. Standen, H. F. Mark, J. M. McKetta, D. F. Othmer* |
| Klepzigs Textil-Z. | Klepzigs Textil-Zeitschrift |
| Klin. Med. S.S.S.R. | Kliničeskaja Medicina S.S.S.R. |
| Klin. Wschr. | Klinische Wochenschrift |
| Koks Chimija | Koks i Chimija |
| Koll. Beih. | Kolloidchemische Beihefte; ab **33** [1931] Kolloid-Beihefte |
| Koll. Z. | Kolloid-Zeitschrift |
| Koll. Žurnal | Kolloidnyi Žurnal |
| Konserv. Plod. Promyšl. | Konservnaja i Plodoovoščnaja Promyšlennost (Konserven, Früchte- und Gemüse-Industrie) |
| Korros. Metallschutz | Korrosion und Metallschutz |
| Kraftst. | Kraftstoff |
| Kulturpflanze | Die Kulturpflanze. Berlin |
| Kunstsd. | Kunstseide |
| Kunstsd. Zellw. | Kunstseide und Zellwolle |
| Kunstst. | Kunststoffe |
| Kunstst.-Tech. | Kunststoff-Technik und Kunststoff-Anwendung |
| Labor. Praktika | Laboratornaja Praktika (La Pratique du Laboratoire) |
| Lait | Lait. Paris |
| Lancet | Lancet. London |
| Landolt-Börnstein | *Landolt-Börnstein*. 5. Aufl.: Physikalisch-chemische Tabellen. Herausg. von *W. A. Roth* und *K. Scheel*. — 6. Aufl.: Zahlenwerte und Funktionen aus Physik, Chemie, Astronomie, Geophysik und Technik. Herausg. von *A. Eucken* |
| Landw. Jb. | Landwirtschaftliche Jahrbücher |
| Landw. Jb. Schweiz | Landwirtschaftliches Jahrbuch der Schweiz |

| Kürzung | Titel |
|---|---|
| Landw. Versuchsstat. | Die landwirtschaftlichen Versuchs-Stationen |
| Lantbruks Högskol. Ann. | Kungliga Lantbrusk-Högskolans Annaler |
| Latvijas Akad. Vēstis | Latvijas P.S.R. Zinatņu Akademijas Vēstis |
| Lesochim. Promyšl. | Lesochimičeskaja Promyšlennost (Holzchemische Industrie) |
| Lietuvos TSR Mokslu Darbai | Lietuvos TSR Mokslų Akademijos Darbai |
| Listy cukrovar. | Listy Cukrovarnické (Blätter für die Zuckerindustrie). Prag |
| M. | Monatshefte für Chemie. Wien |
| Machinery New York | Machinery. New York |
| Magyar biol. Kutatointezet Munkai | Magyar Biologiai Kutatóintézet Munkái (Arbeiten des ungarischen biologischen Forschungs-Instituts in Tihany) |
| Magyar chem. Folyoirat | Magyar Chemiai Folyóirat (Ungarische Zeitschrift für Chemie) |
| Magyar gyogysz. Tars. Ert. | Magyar Gyógyszerésztudományi Társaság Értesitöje (Berichte der Ungarischen Pharmazeutischen Gesellschaft) |
| Magyar kem. Lapja | Magyar kemikusok Lapja (Zeitschrift des Vereins Ungarischer Chemiker) |
| Magyar orvosi Arch. | Magyar Orvosi Archiwum (Ungarisches medizinisches Archiv) |
| Makromol. Ch. | Makromolekulare Chemie |
| Manuf. Chemist | Manufacturing Chemist and Pharmaceutical and Fine Chemical Trade Journal. London |
| Margarine-Ind. | Margarine-Industrie |
| Maslob. žir. Delo | Maslobojno-žirovoe Delo (Öl- und Fett-Industrie) |
| Materials chem. Ind. Tokyo | Materials for Chemical Industry. Tokyo [Kagaku Kogyo Shiryo] |
| Mat. grasses | Les Matières Grasses. — Le Pétrole et ses Dérivés |
| Math. nat. Ber. Ungarn | Mathematische und naturwissenschaftliche Berichte aus Ungarn |
| Mat. termeszettud. Ertesitö | Matematikai és Természettudományi Értesitö. A Magyar Tudományos Akadémia III. Osztályának Folyóirata (Mathematischer und naturwissenschaftlicher Anzeiger der Ungarischen Akademie der Wissenschaften) |
| Mech. Eng. | Mechanical Engineering. Easton, Pa. |
| Med. Ch.I. G. | Medizin und Chemie. Abhandlungen aus den Medizinisch-chemischen Forschungsstätten der I. G. Farbenindustrie AG. |
| Medd. norsk farm. Selsk. | Meddelelser fra Norsk Farmaceutisk Selskap |
| Meded. vlaam. Acad. | Mededeelingen van de Koninklijke Vlaamsche Academie voor Wetenschappen, Letteren en Schoone Kunsten van Belgie, Klasse der Wetenschappen |
| Medicina Buenos Aires | Medicina. Buenos Aires |
| Med. J. Australia | Medical Journal of Australia |
| Med. Klin. | Medizinische Klinik |
| Med. Promyšl. | Medicinskaja Promyšlennost S.S.S.R. |
| Med. sperim. Arch. ital. | Medicina sperimentale Archivio italiano |
| Med. Welt | Medizinische Welt |
| Melliand Textilber. | Melliand Textilberichte |
| Mem. Acad. Barcelona | Memorias de la real Academia de Ciencias y Artes de Barcelona |
| Mém. Acad. Belg. 8° | Académie Royale de Belgique, Classe des Sciences: Mémoires. Collection in 8° |
| Mem. Accad. Bologna | Memorie della Reale Accademia delle Scienze dell'Istituto di Bologna. Classe di Scienze Fisiche |
| Mem. Accad. Italia | Memorie della Reale Accademia d'Italia. Classe di Scienze Fisiche, Matematiche e Naturali |

| Kürzung | Titel |
|---|---|
| Mem. Accad. Lincei | Memorie della Reale Accademia Nazionale dei Lincei. Classe di Scienze Fisiche, Matematiche e Naturali. Sezione II: Fisica, Chimica, Geologia, Palaeontologia, Mineralogia |
| Mém. Artillerie franç. | Mémorial de l'Artillerie française. Sciences et Techniques de l'Armament |
| Mem. Asoc. Técn. azucar. Cuba | Memoria de la Asociación de Técnicos Azucareros de Cuba |
| Mem. Coll. Agric. Kyoto | Memoirs of the College of Agriculture, Kyoto Imperial University |
| Mem. Coll. Eng. Kyushu | Memoirs of the College of Engineering, Kyushu Imperial University |
| Mem. Coll. Sci. Kyoto | Memoirs of the College of Science, Kyoto Imperial University |
| Mem. Fac. Sci. Eng. Waseda Univ. | Memoirs of the Faculty of Science and Engineering. Waseda University, Tokyo |
| Mém. Inst. colon. belge 8° | Institut Royal Colonial Belge, Section des Sciences naturelles et médicales, Mémoires, Collection in 8° |
| Mem. Inst. O. Cruz | Memórias do Instituto Oswaldo Cruz. Rio de Janeiro |
| Mem. Inst. scient. ind. Res. Osaka Univ. | Memoirs of the Institute of Scientific and Industrial Research, Osaka University |
| Mem. N.Y. State agric. Exp. Sta. | Memoirs of the N.Y. State Agricultural Experiment Station |
| Mém. Poudres | Mémorial des Poudres |
| Mem. Ryojun Coll. Eng. | Memoirs of the Ryojun College of Engineering. Mandschurei |
| Mém. Services chim. | Mémorial des Services Chimiques de l'État |
| Mém. Soc. Sci. Liège | Mémoires de la Société royale des Sciences de Liège |
| Mercks Jber. | E. Mercks Jahresbericht über Neuerungen auf den Gebieten der Pharmakotherapie und Pharmazie |
| Metal Ind. London | Metal Industry. London |
| Metal Ind. New York | Metal Industry. New York |
| Metall Erz | Metall und Erz |
| Metallurgia ital. | Metallurgia italiana |
| Metals Alloys | Metals and Alloys. New York |
| Mezögazd. Kutat. | Mezögazdasági Kutatások (Landwirtschaftliche Forschung) |
| Mich. Coll. Agric. eng. Exp. Sta. Bl. | Michigan State College of Agriculture and Applied Science, Engineering Experiment Station, Bulletin |
| Microchem. J. | Microchemical Journal. New York |
| Mikrobiologija | Mikrobiologija |
| Mikroch. | Mikrochemie. Wien (ab **25** [1938]): |
| Mikroch. Acta | Mikrochimica Acta. Wien |
| Milchwirtsch. Forsch. | Milchwirtschaftliche Forschungen |
| Mineração | Mineração e Metalurgia. Rio de Janeiro |
| Mineral. Syrje | Mineral'noe Syrje (Mineralische Rohstoffe) |
| Minicam Phot. | Minicam Photography. New York |
| Mining Met. | Mining and Metallurgy. New York |
| Mitt. chem. Forschungsinst. Ind. Öst. | Mitteilungen des Chemischen Forschungsinstitutes der Industrie Österreichs |
| Mitt. kältetech. Inst. Karlsruhe | Mitteilungen des Kältetechnischen Instituts und der Reichsforschungs-Anstalt für Lebensmittelfrischhaltung an der Technischen Hochschule Karlsruhe |
| Mitt. Kohlenforschungsinst. Prag | Mitteilungen des Kohlenforschungsinstituts in Prag |
| Mitt. Lebensmittelunters. Hyg. | Mitteilungen aus dem Gebiete der Lebensmitteluntersuchung und Hygiene. Bern |
| Mitt. med. Akad. Kioto | Mitteilungen aus der Medizinischen Akademie zu Kioto |
| Mitt. Physiol.-chem. Inst. Berlin | Mitteilungen des Physiologisch-chemischen Instituts der Universität Berlin |

| Kürzung | Titel |
|---|---|
| Mod. Plastics | Modern Plastics. New York |
| Mol. Physics | Molecular Physics. New York |
| Monats-Bl. Schweiz. Ver. Gas-Wasserf. | Monats-Bulletin des Schweizerischen Vereins von Gas- und Wasserfachmännern |
| Monatsschr. Psychiatrie | Monatsschrift für Psychiatrie und Neurologie |
| Monatsschr. Textilind. | Monatsschrift für Textil-Industrie |
| Monit. Farm. | Monitor de la Farmacia y de la Terapéutica. Madrid |
| Monit. Prod. chim. | Moniteur des Produits chimiques |
| Monthly Bl. agric. Sci. Pract. | Monthly Bulletin of Agricultural Science and Practice. Rom |
| Mühlenlab. | Mühlenlaboratorium |
| Münch. med. Wschr. | Münchener Medizinische Wochenschrift |
| Nachr. Akad. Göttingen | Nachrichten von der Akademie der Wissenschaften zu Göttingen. Mathematisch-physikalische Klasse |
| Nachr. Ges. Wiss. Göttingen | Nachrichten von der Gesellschaft der Wissenschaften zu Göttingen. Mathematisch-physikalische Klasse |
| Nahrung | Nahrung. Berlin |
| Nation. Advis. Comm. Aeronautics | National Advisory Committee for Aeronautics. Washington, D.C. |
| Nation. Centr. Univ. Sci. Rep. Nanking | National Central University Science Reports. Nanking |
| Nation. Inst. Health Bl. | National Institutes of Health Bulletin. Washington, D.C. |
| Nation. nuclear Energy Ser. | National Nuclear Energy Series |
| Nation. Petr. News | National Petroleum News. Cleveland, Ohio |
| Nation. Res. Coun. Conf. electric Insulation | National Research Council, Conference on Electric Insulation |
| Nation. Stand. Lab. Australia Tech. Pap. | Commonwealth Scientific and Industrial Research Organisation, Australia. National Standards Laboratory Technical Paper |
| Nature | Nature. London |
| Naturf. Med. Dtschld. 1939—1946 | Naturforschung und Medizin in Deutschland 1939—1946 |
| Naturwiss. | Naturwissenschaften |
| Natuurw. Tijdschr. | Natuurwetenschappelijk Tijdschrift |
| Naučno-issledov. Trudy Moskovsk. tekstil. Inst. | Naučno-issledovatelskie Trudy Moskovskij Tekstilnyj Institut |
| Naučn. Bjull. Leningradsk. Univ. | Naučnyj Bjulleten Leningradskogo Gosudarstvennogo Ordena Lenina Universiteta |
| Naučn. Zap. Dnepropetrovsk. Univ. | Naučnye Zapiski Dnepropetrovskij Gosudarstvennyj Universitet |
| Naučn. Zap. Užgorodsk. Univ. | Naučnye Zapiski Užgorodskogo Gosudarstvennogo Universiteta |
| Naval Res. Labor. Rep. | Naval Research Laboratories. Reports |
| Nederl. Tijdschr. Geneesk. | Nederlandsch Tijdschrift voor Geneeskunde |
| Nederl. Tijdschr. Pharm. Chem. Toxicol. | Nederlandsch Tijdschrift voor Pharmacie, Chemie en Toxicologie |
| Neft. Chozjajstvo | Neftjanoe Chozjajstvo (Petroleum-Wirtschaft); **21** [1940] — **22** [1941] Neftjanaja Promyšlennost |
| Neftechimija | Neftechimija |
| Netherlands Milk Dairy J. | Netherlands Milk and Dairy Journal |
| New England J. Med. | New England Journal of Medicine. Boston, Mass. |
| New Phytologist | New Phytologist. Cambridge |
| New Zealand J. Agric. | New Zealand Journal of Agriculture |

| Kürzung | Titel |
|---|---|
| New Zealand J. Sci. Technol. | New Zealand Journal of Science and Technology |
| Niederl. P. | Niederländisches Patent |
| Nitrocell. | Nitrocellulose |
| N. Jb. Min. Geol. | Neues Jahrbuch für Mineralogie, Geologie und Paläontologie |
| Nordisk Med. | Nordisk Medicin. Stockholm |
| Norges Apotekerforen. Tidsskr. | Norges Apotekerforenings Tidsskrift |
| Norske Vid. Akad. Avh. | Norske Videnskaps-Akademi i Oslo. Avhandlinger. I. Matematisk-naturvidenskapelig Klasse |
| Norske Vid. Selsk. Forh. | Kongelige Norske Videnskabers Selskab. Forhandlinger |
| Norske Vid. Selsk. Skr. | Kongelige Norske Videnskabers Selskab. Skrifter |
| Norsk Veterin.-Tidsskr. | Norsk Veterinär-Tidsskrift |
| North Carolina med. J. | North Carolina Medical Journal |
| Noticias farm. | Noticias Farmaceuticas. Portugal |
| Nova Acta Leopoldina | Nova Acta Leopoldina. Halle/Saale |
| Nova Acta Soc. Sci. upsal. | Nova Acta Regiae Societatis Scientiarum Upsaliensis |
| Novosti tech. | Novosti Techniki (Neuheiten der Technik) |
| Nucleonics | Nucleonics. New York |
| Nucleus | Nucleus. Cambridge, Mass. |
| Nuovo Cimento | Nuovo Cimento |
| N. Y. State Agric. Exp. Sta. | New York State Agricultural Experiment Station. Technical Bulletin |
| N. Y. State Dep. Labor monthly Rev. | New York State Department of Labor; Monthly Review. Division of Industrial Hygiene |
| Obščestv. Pitanie | Obščestvennoc Pitanie (Gemeinschaftsverpflegung) |
| Obstet. Ginecol. | Obstetricía y Ginecología latino-americanas |
| Occupat. Med. | Occupational Medicine. Chicago, Ill. |
| Öle Fette Wachse | Öle, Fette, Wachse (ab 1936 Nr. 7), Seife, Kosmetik |
| Öl Kohle | Öl und Kohle |
| Ö. P. | Österreichisches Patent |
| Öst. bot. Z. | Österreichische botanische Zeitschrift |
| Öst. Chemiker-Ztg. | Österreichische Chemiker-Zeitung; Bd. **45** Nr. 18/20 [1942] — Bd. **47** [1946] Wiener Chemiker-Zeitung |
| Offic. Digest Federation Paint Varnish Prod. Clubs | Official Digest of the Federation of Paint & Varnish Production Clubs. Philadelphia, Pa. |
| Ohio J. Sci. | Ohio Journal of Science |
| Oil Colour Trades J. | Oil and Colour Trades Journal. London |
| Oil Fat Ind. | Oil an Fat Industries |
| Oil Gas J. | Oil and Gas Journal. Tulsa, Okla. |
| Oil Soap | Oil and Soap. Chicago, Ill. |
| Oil Weekly | Oil Weekly. Houston, Texas |
| Oléagineux | Oléagineux |
| Onderstepoort J. veterin. Sci. | Onderstepoort Journal of Veterinary Science and Animal Industry |
| Optics Spectr. | Optics and Spectroscopy. Englische Übersetzung von Optika i Spektroskopija |
| Optika Spektr. | Optika i Spektroskopija |
| Org. Reactions | Organic Reactions. New York |
| Org. Synth. | Organic Syntheses. New York |
| Org. Synth. Isotopes | Organic Syntheses with Isotopes. New York |
| Paint Manuf. | Paint Incorporating Paint Manufacture. London |
| Paint Oil chem. Rev. | Paint, Oil and Chemical Review. Chicago, Ill. |
| Paint Technol. | Paint Technology. Pinner, Middlesex, England |

| Kürzung | Titel |
| --- | --- |
| Pakistan J. scient. ind. Res. | Pakistan Journal of Scientific and Industrial Research |
| Paliva | Paliva a Voda (Brennstoffe und Wasser). Prag |
| Paperi ja Puu | Paperi ja Puu. Helsinki |
| Paper Ind. | Paper Industry. Chicago, Ill. |
| Paper Trade J. | Paper Trade Journal. New York |
| Papeterie | Papeterie. Paris |
| Papierf. | Papierfabrikant. Technischer Teil |
| Parf. France | Parfums de France |
| Parf. Kosmet. | Parfümerie und Kosmetik |
| Parf. moderne | Parfumerie moderne |
| Parfumerie | Parfumerie. Paris |
| Peintures | Peintures, Pigments, Vernis |
| Perfum. essent. Oil Rec. | Perfumery and Essential Oil Record. London |
| Period. Min. | Periodico di Mineralogia. Rom |
| Petr. Berlin | Petroleum. Berlin |
| Petr. Eng. | Petroleum Engineer. Dallas, Texas |
| Petr. London | Petroleum. London |
| Petr. Processing | Petroleum Processing. Cleveland, Ohio |
| Petr. Refiner | Petroleum Refiner. Houston, Texas |
| Petr. Technol. | Petroleum Technology. New York |
| Petr. Times | Petroleum Times. London |
| Pflanzenschutz Ber. | Pflanzenschutz Berichte. Wien |
| Pflügers Arch. Physiol. | Pflügers Archiv für die gesamte Physiologie der Menschen und Tiere |
| Pharmacia | Pharmacia. Tallinn (Reval), Estland |
| Pharmacol. Rev. | Pharmacological Reviews. Baltimore, Md. |
| Pharm. Acta Helv. | Pharmaceutica Acta Helvetiae |
| Pharm. Arch. | Pharmaceutical Archives. Madison, Wisc. |
| Pharmazie | Pharmazie |
| Pharm. Bl. | Pharmaceutical Bulletin. Tokyo |
| Pharm. Ind. | Pharmazeutische Industrie |
| Pharm. J. | Pharmaceutical Journal. London |
| Pharm. Monatsh. | Pharmazeutische Monatshefte. Wien |
| Pharm. Presse | Pharmazeutische Presse |
| Pharm. Tijdschr. Nederl.-Indië | Pharmaceutisch Tijdschrift voor Nederlandsch-Indië |
| Pharm. Weekb. | Pharmaceutisch Weekblad |
| Pharm. Zentralhalle | Pharmazeutische Zentralhalle für Deutschland |
| Pharm. Ztg. | Pharmazeutische Zeitung |
| Ph. Ch. | s. Z. physik. Chem. |
| Philippine Agriculturist | Philippine Agriculturist |
| Philippine J. Agric. | Philippine Journal of Agriculture |
| Philippine J. Sci. | Philippine Journal of Science |
| Phil. Mag. | Philosophical Magazine. London |
| Phil. Trans. | Philosophical Transactions of the Royal Society of London |
| Phot. Ind. | Photographische Industrie |
| Phot. J. | Photographic Journal. London |
| Phot. Korresp. | Photographische Korrespondenz |
| Photochem. Photobiol. | Photochemistry and Photobiology. London |
| Phys. Ber. | Physikalische Berichte |
| Physica | Physica. Nederlandsch Tijdschrift voor Natuurkunde; ab 1934 Archives Néerlandaises des Sciences Exactes et Naturelles Ser. IV A |
| Physics | Physics. New York |

| Kürzung | Titel |
|---|---|
| Physiol. Plantarum | Physiologia Plantarum. Kopenhagen |
| Physiol. Rev. | Physiological Reviews. Washington, D.C. |
| Phys. Rev. | Physical Review. New York |
| Phys. Z. | Physikalische Zeitschrift. Leipzig |
| Phys. Z. Sowjet. | Physikalische Zeitschrift der Sowjetunion |
| Phytochemistry | Phytochemistry. London |
| Phytopath. | Phytopathology. Lancaster, Pa. |
| Pitture Vernici | Pitture e Vernici |
| Planta | Planta. Archiv für wissenschaftliche Botanik (= Zeitschrift für wissenschaftliche Biologie, Abt. E) |
| Planta med. | Planta Medica |
| Plant Disease Rep. Spl. | The Plant Disease Reporter, Supplement (United States Department of Agriculture) |
| Plant Physiol. | Plant Physiology. Lancaster, Pa. |
| Plant Soil | Plant and Soil. den Haag |
| Plastic Prod. | Plastic Products. New York |
| Plast. Massy | Plastičeskie Massy |
| Polymer Bl. | Polymer Bulletin |
| Polythem. collect. Rep. med. Fac. Univ. Olomouc | Polythematical Collected Reports of the Medical Faculty of the Palacký University Olomouc (Olmütz) |
| Portugaliae Physica | Portugaliae Physica |
| Power | Power. New York |
| Pr. Acad. Sci. Agra Oudh | Proceedings of the Academy of Sciences of the United Provinces of Agra Oudh. Allahabad, India |
| Pr. Acad. Sci. U.S.S.R. Chem. Sect. | Proceedings of the Academy of Sciences of the U.S.S.R., Chemistry Section. Englische Übersetzung von Doklady Akademii Nauk S.S.S.R. |
| Pr. Acad. Tokyo | Proceedings of the Imperial Academy of Japan; ab **21** [1945] Proceedings of the Japan Academy |
| Pr. Akad. Amsterdam | Koninklijke Nederlandse Akademie van Wetenschappen, Proceedings |
| Prakt. Desinf. | Der Praktische Desinfektor |
| Praktika Akad. Athen. | Praktika tes Akademias Athenon |
| Pr. Am. Acad. Arts Sci. | Proceedings of the American Academy of Arts and Sciences |
| Pr. Am. Petr. Inst. | Proceedings of the Annual Meeting, American Petroleum Institute. New York |
| Pr. Am. Soc. hort. Sci. | Proceedings of the American Society for Horticultural Science |
| Pr. ann. Conv. Sugar Technol. Assoc. India | Proceedings of the Annual Convention of the Sugar Technologists' Association. India |
| Pr. Cambridge phil. Soc. | Proceedings of the Cambridge Philosophical Society |
| Pr. chem. Soc. | Proceedings of the Chemical Society. London |
| Presse méd. | Presse médicale |
| Pr. Florida Acad. | Proceedings of the Florida Academy of Sciences |
| Pr. Indiana Acad. | Proceedings of the Indiana Academy of Science |
| Pr. Indian Acad. | Proceedings of the Indian Academy of Sciences |
| Pr. Inst. Food Technol. | Proceedings of Institute of Food Technologists |
| Pr. Inst. Radio Eng. | Proc. I.R.E. = Proceedings of the Institute of Radio Engineers and Waves and Electrons. Menasha, Wisc. |
| Pr. int. Conf. bitum. Coal | Proceedings of the International Conference on Bituminous Coal. Pittsburgh, Pa. |
| Pr. IV. int. Congr. Biochem. Wien 1958 | Proceedings of the IV. International Congress of Biochemistry. Wien 1958 |
| Pr. XI. int. Congr. pure appl. Chem. London 1947 | Proceedings of the XI. International Congress of Pure and Applied Chemistry. London 1947 |

| Kürzung | Titel |
|---|---|
| Pr. Iowa Acad. | Proceedings of the Iowa Academy of Science |
| Pr. Irish Acad. | Proceedings of the Royal Irish Academy |
| Priroda | Priroda (Natur). Leningrad |
| Pr. Leeds phil. lit. Soc. | Proceedings of the Leeds Philosophical and Literary Society, Scientific Section |
| Pr. Louisiana Acad. | Proceedings of the Louisiana Academy of Sciences |
| Pr. Minnesota Acad. | Proceedings of the Minnesota Academy of Science |
| Pr. nation. Acad. India | Proceedings of the National Academy of Sciences, India |
| Pr. nation. Acad. U.S.A. | Proceedings of the National Academy of Sciences of the United States of America |
| Pr. nation. Inst. Sci. India | Proceedings of the National Institute of Sciences of India |
| Pr. N. Dakota Acad. | Proceedings of the North Dakota Academy of Science |
| Pr. Nova Scotian Inst. Sci. | Proceedings of the Nova Scotian Institute of Science |
| Procès-Verbaux Soc. Sci. phys. nat. Bordeaux | Procès-Verbaux des Séances de la Société des Sciences Physiques et Naturalles de Bordeaux |
| Prod. Finish. | Products Finishing. Cincinnati, Ohio |
| Prod. pharm. | Produits Pharmaceutiques. Paris |
| Progr. Chem. Fats Lipids | Progress in the Chemistry of Fats and other Lipids. Herausg. von *R. T. Holman, W. O. Lundberg* und *T. Malkin* |
| Progr. org. Chem. | Progress in Organic Chemistry. London |
| Pr. Oklahoma Acad. | Proceedings of the Oklahoma Academy of Science |
| Promyšl. chim. Reakt. osobo čist. Veščestv | Promyšlennost Chimičeskich Reaktivov i Osobo čistych Veščestv (Industrie chemischer Reagentien und besonders reiner Substanzen) |
| Promyšl. org. Chim. | Promyšlennost' Organičeskoj Chimii (Industrie der organischen Chemie) |
| Protar | Protar. Schweizerische Zeitschrift für Zivilschutz |
| Protoplasma | Protoplasma. Wien |
| Pr. phys. math. Soc. Japan | Proceedings of the Physico-Mathematical Society of Japan [Nippon Suugaku-Buturigakkwai Kizi] |
| Pr. phys. Soc. London | Proceedings of the Physical Society. London |
| Pr. roy. Soc. | Proceedings of the Royal Society of London |
| Pr. roy. Soc. Edinburgh | Proceedings of the Royal Society of Edinburgh |
| Pr. roy. Soc. Queensland | Proceedings of the Royal Society of Queensland |
| Pr. Rubber Technol. Conf. | Proceedings of the Rubber Technology Conference. London 1948 |
| Pr. scient. Sect. Toilet Goods Assoc. | Proceedings of the Scientific Section of the Toilet Goods Association. New York |
| Pr. S. Dakota Acad. | Proceedings of the South Dakota Academy of Science |
| Pr. Soc. chem. Ind. Chem. eng. Group | Society of Chemical Industry, London, Chemical Engineering Group, Proceedings |
| Pr. Soc. exp. Biol. Med. | Proceedings of the Society for Experimental Biology and Medicine. New York |
| Pr. Trans. Nova Scotian Inst. Sci. | Proceedings and Transactions of the Nova Scotian Institute of Science |
| Pr. Univ. Durham phil. Soc. | Proceedings of the University of Durham Philosophical Society. Newcastle upon Tyne |
| Pr. Utah Acad. | Proceedings of the Utah Academy of Sciences, Arts and Letters |
| Pr. Virginia Acad. | Proceedings of the Virginia Academy of Science |
| Przeg. chem. | Przeglad Chemiczny (Chemische Rundschau). Lwów |
| Przem. chem. | Przemÿsł Chemiczny (Chemische Industrie). Warschau |
| Pubbl. Ist. Chim. ind. Univ. Bologna | Pubblicazioni dell' Istituto di Chimica Industriale dell' Universite di Bologna |
| Publ. Am. Assoc. Adv. Sci. | Publication of the American Association for the Advancement of Science. Washington |

| Kürzung | Titel |
|---|---|
| Publ. Centro Invest. tisiol. | Publicaciones del Centro de Investigaciones tisiológicas. Buenos Aires |
| Public Health Bl. | Public Health Bulletin |
| Public Health Rep. | U. S. Public Health Service: Public Health Reports |
| Public Health Service | U. S. Public Health Service |
| Publ. scient. tech. Minist. Air | Publications Scientifiques et Techniques du Ministère de l'Air |
| Publ. tech. Univ. Tallinn | Publications from the Technical University of Estonia at Tallinn [Tallinna Tehnikaülikooli Toimetused] |
| Publ. Wagner Free Inst. | Publications of the Wagner Free Institute of Science. Philadelphia, Pa. |
| Pure appl. Chem. | Pure and Applied Chemistry. London |
| Pyrethrum Post | Pyrethrum Post. Nakuru, Kenia |
| Quaderni Nutriz. | Quaderni della Nutrizione |
| Quart. J. exp. Physiol. | Quarterly Journal of Experimental Physiology. London |
| Quart. J. Indian Inst. Sci. | Quarterly Journal of the Indian Institute of Science |
| Quart. J. Med. | Quarterly Journal of Medicine. Oxford |
| Quart. J. Pharm. Pharmacol. | Quarterly Journal of Pharmacy and Pharmacology. London |
| Quart. J. Studies Alcohol | Quarterly Journal of Studies on Alcohol. New Haven, Conn. |
| Quart. Rev. | Quarterly Reviews. London |
| Queensland agric. J. | Queensland Agricultural Journal |
| Química Mexico | Química. Mexico |
| R. | Recueil des Travaux Chimiques des Pays-Bas |
| Radiologica | Radiologica. Berlin |
| Radiology | Radiology. Syracuse, N.Y. |
| Rad. jugosl. Akad. | Radovi Jugoslavenske Akademije Znanosti i Umjetnosti. Razreda Matematicko-Priridoslovnoga (Mitteilungen der Jugoslawischen Akademie der Wissenschaften und Künste. Mathematisch-naturwissenschaftliche Reihe) |
| R.A.L. | Atti della Reale Accademia Nazionale dei Lincei, Classe di Scienze Fisiche, Matematiche e Naturali: Rendiconti |
| Rasayanam | Rasayanam (Journal for the Progress of Chemical Science). Indien |
| Rass. clin. Terap. | Rassegna di clinica Terapia e Scienze affini |
| Rass. Med. ind. | Rassegna di Medicina industriale |
| Rec. chem. Progr. | Record of Chemical Progress. Kresge-Hooker Scientific Library. Detroit, Mich. |
| Recent Progr. Hormone Res. | Recent Progress in Hormone Research |
| Recherches | Recherches. Herausg. von Soc. Anon. Roure-Bertrand Fils & Justin Dupont |
| Refiner | Refiner and Natural Gasoline Manufacturer. Houston, Texas |
| Refrig. Eng. | Refrigerating Engineering. New York |
| Reichsamt Wirtschaftsausbau Chem. Ber. | Reichsamt für Wirtschaftsausbau. Chemische Berichte |
| Reichsber. Physik | Reichsberichte für Physik (Beihefte zur Physikalischen Zeitschrift) |
| Rend. Accad. Sci. fis. mat. Napoli | Rendiconto dell'Accademia delle Scienze fisiche e matematiche. Napoli |
| Rend. Fac. Sci. Cagliari | Rendiconti del Seminario della Facoltà di Scienze della Università di Cagliari |
| Rend. Ist. lomb. | Rendiconti dell'Istituto Lombardo di Science e Lettere. Classe di Scienze Matematiche e Naturali. |

| Kürzung | Titel |
|---|---|
| Rend. Ist. super. Sanità | Rendiconti Istituto superiore di Sanità |
| Rend. Soc. chim. ital. | Rendiconti della Società Chimica Italiana |
| Rensselaer polytech. Inst. Bl. | Rensselaer Polytechnic Institute Buletin. Troy, N. Y. |
| Rep. Connecticut agric. Exp. Sta. | Report of the Connecticut Agricultural Experiment Station |
| Rep. Food Res. Inst. Tokyo | Report of the Food Research Institute. Tokyo [Shokuryo Kenkyusho Kenkyu Hokoku] |
| Rep. Gov. chem. ind. Res. Inst. Tokyo | Reports of the Government Chemical Industrial Research Institute. Tokyo [Tokyo Kogyo Shikensho Hokoku] |
| Rep. Inst. chem. Res. Kyoto Univ. | Reports of the Institute for Chemical Research, Kyoto University |
| Rep. Inst. Sci. Technol. Tokyo | Reports of the Institute of Science and Technology of the University of Tokyo [Tokyo Daigaku Rikogaku Kenkyusho Hokoku] |
| Rep. Osaka ind. Res. Inst. | Reports of the Osaka Industrial Research Institute [Osaka Kogyo Gijutsu Shikenjo Hokoku] |
| Rep. Osaka munic. Inst. domestic Sci. | Report of the Osaka Municipal Institute for Domestic Science [Osaka Shiritsu Seikatsu Kagaku Konkyusho Kenkyu Hokoku] |
| Rep. Radiat. Chem. Res. Inst. Tokyo Univ. | Reports of the Radiation Chemistry Research Institute, Tokyo University |
| Rep. Tokyo ind. Testing Lab. | Reports of the Tokyo Industrial Testing Laboratory |
| Res. Bl. Gifu Coll. Agric. | Research Bulletin of the Gifu Imperial College of Agriculture [Gifu Koto Norin Gakko Kagami Kenkyu Hokoku] |
| Research | Research. London |
| Res. Electrotech. Labor. Tokyo | Researches of the Electrotechnical Laboratory Tokyo [Denki Shikensho Kenkyu Hokoku] |
| Res. Rep. Fac. Eng. Chiba Univ. | Research Reports of the Faculty of Engineering, Chiba University |
| Rev. alimentar | Revista alimentar. Rio de Janeiro |
| Rev. appl. Entomol. | Review of Applied Entomology. London |
| Rev. Asoc. bioquim. arg. | Revista de la Asociación Bioquímica Argentina |
| Rev. Asoc. Ing. agron. | Revista de la Asociación de Ingenieros agronomicos. Montevideo |
| Rev. Assoc. brasil. Farm. | Revista da Associação brasileira de Farmacêuticos |
| Rev. belge Sci. méd. | Revue Belge des Sciences médicales |
| Rev. brasil. Biol. | Revista Brasileira de Biologia |
| Rev. brasil. Farm. | Revista Brasileira de Farmácia |
| Rev. brasil. Quim. | Revista Brasileira de Química |
| Rev. canad. Biol. | Revue Canadienne de Biologie |
| Rev. Centro Estud. Farm. Bioquim. | Revista del Centro Estudiantes de Farmacia y Bioquímica. Buenos Aires |
| Rev. Chimica ind. | Revista de Chimica industrial. Rio de Janeiro |
| Rev. Chim. ind. | Revue de Chimie industrielle. Paris |
| Rev. Ciencias | Revista de Ciencias. Lima |
| Rev. Colegio Farm. nacion. | Revista del Colegio de Farmaceuticos nacionales. Rosario, Argentinien |
| Rev. Fac. Cienc. quim. | Revista de la Facultad de Ciencias Químicas, Universidad Nacional de La Plata |
| Rev. Fac. Farm. Bioquim. Univ. San Marcos | Revista de la Faculted de Farmacia y Bioquimica, Universidad Nacional Mayor de San Marcos de Lima, Peru |
| Rev. Fac. Med. veterin. Univ. São Paulo | Revista da Faculdade de Medicina Veterinaria, Universidade de São Paulo |

| Kürzung | Titel |
|---|---|
| Rev. Fac. Quim. Santa Fé | Revista de la Facultad de Química Industrial y Agricola. Santa Fé, Argentinien |
| Rev. Fac. Sci. Istanbul | Revue de la Faculté des Sciences de l'Université d'Istanbul |
| Rev. farm. Buenos Aires | Revista Farmaceutica. Buenos Aires |
| Rev. franç. Phot. | Revue française de Photographie et de Cinématographie |
| Rev. Gastroenterol. | Review of Gastroenterology. New York |
| Rev. gén. Bot. | Revue générale de Botanique |
| Rev. gén. Caoutchouc | Revue générale du Caoutchouc |
| Rev. gén. Colloides | Revue générale des Colloides |
| Rev. gén. Froid | Revue générale du Froid |
| Rev. gén. Mat. col. | Revue générale des Matières colorantes de la Teinture, de l'Impression, du Blanchiment et des Apprêts |
| Rev. gén. Mat. plast. | Revue générale des Matières plastiques |
| Rev. gén. Sci. | Revue générale des Sciences pures et appliquées (ab 1948) et Bulletin de la Société Philomatique |
| Rev. gén. Teinture | Revue générale de Teinture, Impression, Blanchiment, Apprêt (Tiba) |
| Rev. Immunol. | Revue d'Immunologie (ab Bd. **10** [1946]) et de Thérapie antimicrobienne |
| Rev. Inst. A. Lutz | Revista do Instituto Adolfo Lutz. São Paulo |
| Rev. Inst. franç. Pétr. | Revue de l'Institut Français du Pétrole et Annales des Combustibles liquides |
| Rev. Inst. Salubridad | Revista del Instituto de Salubridad y Enfermedades tropicales. Mexico |
| Rev. Marques Parf. France | Revue des Marques — Parfums de France |
| Rev. Marques Parf. Savonn. | Revue des Marques de la Parfumerie et de la Savonnerie |
| Rev. mod. Physics | Reviews of Modern Physics. New York |
| Rev. Opt. | Revue d'Optique Théorique et Instrumentale |
| Rev. Parf. | Revue de la Parfumerie et des Industries s'y Rattachant |
| Rev. petrolif. | Revue pétrolifère |
| Rev. phys. Chem. Japan | Review of Physical Chemistry of Japan |
| Rev. portug. Farm. | Revista Portuguesa de Farmácia |
| Rev. Prod. chim. | Revue des Produits Chimiques |
| Rev. pure appl. Chem. | Reviews of Pure and Applied Chemistry. Melbourne, Australien |
| Rev. Quim. Farm. | Revista de Química e Farmácia. Rio de Janeiro |
| Rev. quim. farm. Chile | Revista químico farmacéutica. Santiago, Chile |
| Rev. Quim. ind. | Revista de Química industrial. Rio de Janeiro |
| Rev. roum. Chim. | Revue Roumaine de Chimie |
| Rev. scient. | Revue scientifique. Paris |
| Rev. scient. Instruments | Review of Scientific Instruments. New York |
| Rev. Soc. arg. Biol. | Revista de la Sociedad Argentina de Biologia |
| Rev. Soc. brasil. Quim. | Revista da Sociedade Brasileira de Química |
| Rev. ştiinţ. Adamachi | Revista Ştiinţifică „V. Adamachi" |
| Rev. sud-am. Endocrin. | Revista sud-americana de Endocrinologia, Immunologia, Quimioterapia |
| Rev. univ. Mines | Revue universelle des Mines |
| Rev. Viticult. | Revue de Viticulture |
| Rhodora | Rhodora (Journal of the New England Botanical Club). Lancaster, Pa. |
| Ric. scient. | Ricerca Scientifica ed il Progresso Tecnico nell'Economia Nazionale; ab 1945 Ricerca Scientifica e Ricostruzione: ab 1948 Ricerca Scientifica |
| Riechstoffind. | Riechstoffindustrie und Kosmetik |

| Kürzung | Titel |
|---|---|
| Riforma med. | Riforma medica |
| Riv. Combust. | Rivista dei Combustibili |
| Riv. ital. Essenze Prof. | Rivista Italiana Essenze, Profumi, Pianti Offizinali, Olii Vegetali, Saponi |
| Riv. ital. Petr. | Rivista Italiano del Petrolio |
| Riv. Med. aeronaut. | Rivista di Medicina aeronautica |
| Riv. Patol. sperim. | Rivista di Patologia sperimentale |
| Riv. Viticolt. | Rivista di Viticoltura e di Enologia |
| Rocky Mountain med. J. | Rocky Montain Medical Journal. Denver, Colorado |
| Roczniki Chem. | Roczniki Chemji (Annales Societatis Chimicae Polonorum) |
| Roczniki Farm. | Roczniki Farmacji. Warschau |
| Rossini, Selected Values 1953 | Selected Values of Physical and Thermodynamic Properties of Hydrocarbons and Related Compounds. Herausg. von *F. D. Rossini, K. S. Pitzer, R. L. Arnett, R. M. Braun, G. C. Pimentel*. Pittsburgh 1953. Comprising the Tables of the A. P. I. Res. Project 44 |
| Roy. Inst. Chem. | Royal Institute of Chemistry, London, Lectures, Monographs, and Reports |
| Rubber Age N. Y. | Rubber Age. New York |
| Rubber Chem. Technol. | Rubber Chemistry and Technology. Lancaster, Pa. |
| Russ. chem. Rev. | Russian Chemical Reviews. Englische Übersetzung von Uspechi Chimii |
| Russ. P. | Russisches Patent |
| Safety in Mines Res. Board | Safety in Mines Research Board. London |
| S. African J. med. Sci. | South African Journal of Medical Sciences |
| S. African J. Sci. | South African Journal of Science |
| Sammlg. Vergiftungsf. | Fühner-Wielands Sammlung von Vergiftungsfällen |
| Sber. Akad. Wien | Sitzungsberichte der Akademie der Wissenschaften Wien. Mathematisch-naturwissenschaftliche Klasse |
| Sber. Bayer. Akad. | Sitzungsberichte der Bayerischen Akademie der Wissenschaften, Mathematisch-naturwissenschaftliche Klasse |
| Sber. finn. Akad. | Sitzungsberichte der Finnischen Akademie der Wissenschaften |
| Sber. Ges. Naturwiss. Marburg | Sitzungsberichte der Gesellschaft zur Beförderung der gesamten Naturwissenschaften zu Marburg |
| Sber. Heidelb. Akad. | Sitzungsberichte der Heidelberger Akademie der Wissenschaften. Mathematisch-naturwissenschaftliche Klasse |
| Sber. naturf. Ges. Rostock | Sitzungsberichte der Naturforschenden Gesellschaft zu Rostock |
| Sber. Naturf. Ges. Tartu | Sitzungsberichte der Naturforscher-Gesellschaft bei der Universität Tartu |
| Sber. phys. med. Soz. Erlangen | Sitzungsberichte der physikalisch-medizinischen Sozietät zu Erlangen |
| Sber. Preuss. Akad. | Sitzungsberichte der Preussischen Akademie der Wissenschaften, Physikalisch-mathematische Klasse |
| Sborník čsl. Akad. zeměd. | Sborník Československé Akademie Zemědělské (Annalen der Tschechoslowakischen Akademie der Landwirtschaft) |
| Sbornik Statei obšč. Chim. | Sbornik Statei po Obščej Chimii, Akademija Nauk S.S.S.R. |
| Sbornik Trudov Armjansk. Akad. | Sbornik Trudov Armjanskogo Filial. Akademija Nauk |
| Sbornik Trudov opytnogo Zavoda Lebedeva | Sbornik Trudov opytnogo Zavoda imeni *S. V. Lebedeva* (Gesammelte Arbeiten aus dem Versuchsbetrieb *S. V. Lebedew*) |

| Kürzung | Titel |
|---|---|
| Schmerz | Schmerz, Narkose, Anaesthesie |
| Schwed. P. | Schwedisches Patent |
| Schweiz. Apoth. Ztg. | Schweizerische Apotheker-Zeitung |
| Schweiz. Arch. angew. Wiss. Tech. | Schweizer Archiv für Angewandte Wissenschaft und Technik |
| Schweiz. med. Wschr. | Schweizerische medizinische Wochenschrift |
| Schweiz. P. | Schweizer Patent |
| Schweiz. Wschr. Chem. Pharm. | Schweizerische Wochenschrift für Chemie und Pharmacie |
| Schweiz. Z. allg. Path. | Schweizerische Zeitschrift für allgemeine Pathologie und Bakteriologie |
| Sci. | Science. New York/Washington |
| Sci. Bl. Fac. Agric. Kyushu Univ. | La Bulteno Scienca de la Facultato Tercultura, Kjusu Imperia Universitato; Fukuoka, Japanujo; nach **11** Nr. 2/3 [1945]: Science Bulletin of the Faculty of Agriculture, Kyushu University |
| Sci. Culture | Science and Culture. Calcutta |
| Scientia pharm. | Scientia Pharmaceutica. Wien |
| Scientia Valparaiso | Scientia Valparaiso. Chile |
| Scient. J. roy. Coll. Sci. | Scientific Journal of the Royal College of Science |
| Scient. Pap. Inst. phys. chem. Res. | Scientific Papers of the Institute of Physical and Chemical Research. Tokyo |
| Scient. Pap. Osaka Univ. | Scientific Papers from the Osaka University |
| Scient. Pr. roy. Dublin Soc. | Scientific Proceedings of the Royal Dublin Society |
| Sci. Ind. Osaka | Science & Industry. Osaka [Kagaku to Kogyo] |
| Sci. Ind. phot. | Science et Industries photographiques |
| Sci. Progr. | Science Progress. London |
| Sci. Quart. Univ. Peking | Science Quarterly of the National University of Peking |
| Sci. Rep. Tohoku Univ. | Science Reports of the Tohoku Imperial University |
| Sci. Rep. Tokyo Bunrika Daigaku | Science Reports of the Tokyo Bunrika Daigaku (Tokyo University of Literature and Science) |
| Sci. Rep. Tsing Hua Univ. | Science Reports of the National Tsing Hua University |
| Sci. Rep. Univ. Peking | Science Reports of the National University of Peking |
| Sci. Technol. China | Science and Technology. Sian, China [K'o Hsueh Yu Chi Shu] |
| Sci. Tokyo | Science. Tokyo [Kagaku Tokyo] |
| Securitas | Securitas. Mailand |
| Seifens.-Ztg. | Seifensieder-Zeitung |
| Sei-i-kai-med. J. | Sei-i-kai Medical Journal. Tokyo [Sei-i-kai Zassi] |
| Semana med. | Semana médica. Buenos Aires |
| Sint. Kaučuk | Sintetičeskij Kaučuk |
| Skand. Arch. Physiol. | Skandinavisches Archiv für Physiologie |
| Skand. Arch. Physiol. Spl. | Skandinavisches Archiv für Physiologie. Supplementum |
| Soap | Soap. New York |
| Soap Perfum. Cosmet. | Soap, Perfumery and Cosmetics. London |
| Soap sanit. Chemicals | Soap and Sanitary Chemicals. New York |
| Soc. | Journal of the Chemical Society. London |
| Soc. Sci. Lodz. Acta chim. | Societatis Scientiarum Lodziensis Acta Chimica |
| Soil Sci. | Soil Science. Baltimore, Md. |
| Soobšč. Akad. Gruzinsk. S.S.R. | Soobščenija Akademii Nauk Gruzinskoj S.S.R. (Mitteilungen der Akademie der Wissenschaften der Georgischen Republik) |

| Kürzung | Titel |
|---|---|
| Soobšč. Rabot Kievsk. ind. Inst. | Soobščenija naučn-issledovatelskij Rabot Kievskogo industrialnogo Instituta |
| Sovešč. sint. Prod. Kanifoli Skipidara Gorki 1963 | Soveščanija sintetičeskich Produktov i Kanifoli i Skipidara Gorki 1963 |
| Sovešč. Stroenie židkom Sost. Kiew 1953 | Stroenie i fizičeskie Svoistva Veščestva v Židkom Sostojanie (Struktur und physikalische Eigenschaften der Materie im flüssigen Zustand; Konferenz Kiew 1953) |
| Sovet. Farm. | Sovetskaja Farmacija |
| Sovet. Sachar | Sovetskaja Sachar |
| Spectrochim. Acta | Spectrochimica Acta. Berlin; Bd. 3 Città del Vaticano; ab **4** London |
| Spisy přírodov. Mas. Univ. | Spisy vydávané Přírodovědeckou Fakultou Masarykovy University (Publications de la Faculté des Sciences de l'Université Masaryk. Brno) |
| Spisy přírodov. Univ. Brno | Spisy Přírodovedecké Fakulty J. E. Purkyne University v Brnj |
| Sprawozd. Tow. fiz. | Sprawozdania i Prace Polskiego Towarzystwa Fizycznego (Comptes Rendus des Séances de la Société Polonaise de Physique) |
| Steroids | Steroids. San Francisco, Calif. |
| Strahlentherapie | Strahlentherapie |
| Structure Reports | Structure Reports. Herausg. von *A. J. C. Wilson*. Utrecht |
| Stud. Inst. med. Chem. Univ. Szeged | Studies from the Institute of Medical Chemistry, University of Szeged |
| Südd. Apoth.-Ztg. | Süddeutsche Apotheker-Zeitung |
| Sugar | Sugar. New York |
| Sugar J. | Sugar Journal. New Orleans, La. |
| Suomen Kem. | Suomen Kemistilehti (Acta Chemica Fennica) |
| Suomen Paperi ja Puu. | Suomen Paperi- ja Puutavaralehti |
| Superphosphate | Superphosphate. Hamburg |
| Svenska Mejeritidn. | Svenska Mejeritidningen |
| Svensk farm. Tidskr. | Svensk Farmaceutisk Tidskrift |
| Svensk kem. Tidskr. | Svensk Kemisk Tidskrift |
| Svensk Papperstidn. | Svensk Papperstidning |
| Symp. Soc. exp. Biol. | Symposia of the Society for Experimental Biology. New York |
| Synth. appl. Finishes | Synthetic and Applied Finishes. London |
| Synth. org. Verb. | Synthesen Organischer Verbindungen. Deutsche Übersetzung von Sintezy Organičeskich Soedimenii |
| Tech. Ind. Schweiz. Chemiker Ztg. | Technik-Industrie und Schweizer Chemiker-Zeitung |
| Tech. Mitt. Krupp | Technische Mitteilungen Krupp |
| Technika Budapest | Technika. Budapest |
| Technol. Chem. Papier-Zellstoff-Fabr. | Technologie und Chemie der Papier- und Zellstoff-Fabrikation |
| Technol. Museum Sydney Bl. | Technological Museum Sydney. Bulletin |
| Technol. Rep. Osaka Univ. | Technology Reports of the Osaka University |
| Technol. Rep. Tohoku Univ. | Technology Reports of the Tohoku Imperial University |
| Tech. Physics U.S.S.R. | Technical Physics of the U.S.S.R. (Forts. J. Physics U.S.S.R.) |
| Teer Bitumen | Teer und Bitumen |
| Tekn. Tidskr. | Teknisk Tidskrift. Stockholm |
| Tekn. Ukeblad | Teknisk Ukeblad. Oslo |

| Kürzung | Titel |
|---|---|
| Tetrahedron | Tetrahedron. London |
| Tetrahedron Letters | Tetrahedron Letters |
| Tetrahedron Spl. | Tetrahedron, Supplement |
| Textile Colorist | Textile Colorist. New York |
| Textile Res. J. | Textile Research Journal. New York |
| Textile Wd. | Textile World. New York |
| Teysmannia | Teysmannia. Batavia |
| Theoret. chim. Acta | Theoretica chimica Acta. Berlin |
| Therap. Gegenw. | Therapie der Gegenwart |
| Tidsskr. Hermetikind. | Tidsskrift for Hermetikindustri. Stavanger |
| Tidsskr. Kjemi Bergv. | Tidsskrift för Kjemi og Bergvesen. Oslo |
| Tidsskr. Kjemi Bergv. Met. | Tidsskrift för Kjemi, Bergvesen og Metallurgi. Oslo |
| Tijdschr. Artsenijk. | Tijdschrift voor Artsenijkunde |
| Tijdschr. Plantenz. | Tijdschrift over Plantenziekten |
| Tohoku J. agric. Res. | Tohoku Journal of Agricultural Research |
| Tohoku J. exp. Med. | Tohoku Journal of Experimental Medicine |
| Trab. Lab. Bioquim. Quim. apl. | Trabajos del Laboratorio de Bioquímica y Química aplicada, Instituto ,,Alonso Barba", Universidad de Zaragoza |
| Trans. Am. electroch. Soc. | Transactions of the American Electrochemical Society |
| Trans. Am. Inst. chem. Eng. | Transactions of the American Institute of Chemical Engineers |
| Trans. Am. Inst. min. met. Eng. | Transactions of the American Institute of Mining and Metallurgical Engineers |
| Trans. Am. Soc. mech. Eng. | Transactions of the American Society of Mechanical Engineers |
| Trans. Bose Res. Inst. Calcutta | Transactions of the Bose Research Institute, Calcutta |
| Trans. Brit. ceram. Soc. | Transactions of the British Ceramic Society |
| Trans. ... Conf. biol. Antioxidants New York ... | Transactions of the ... Conference on Biological Antioxidants, New York (1. 1946, 2. 1947, 3. 1948) |
| Trans. electroch. Soc. | Transactions of the Electrochemical Society. New York |
| Trans. Faraday Soc. | Transactions of the Faraday Society. Aberdeen, Schottland |
| Trans. Illinois Acad. | Transactions of the Illinois State Academy of Science |
| Trans. Indian Inst. chem. Eng. | Transactions, Indian Institute of Chemical Engineers |
| Trans. Inst. chem. Eng. | Transactions of the Institution of Chemical Engineers. London |
| Trans. Inst. min. Eng. | Transactions of the Institution of Mining Engineers. London |
| Trans. Inst. Rubber Ind. | Transactions of the Institution of the Rubber Industry (= I.R.I.-Transactions). London |
| Trans. Kansas Acad. | Transactions of the Kansas Academy of Science |
| Trans. Kentucky Acad. | Transactions of the Kentucky Academy of Science |
| Trans. nation. Inst. Sci. India | Transactions of the National Institute of Science of India |
| Trans. N.Y. Acad. Sci. | Transactions of the New York Academy of Sciences |
| Trans. Pr. roy. Soc. New Zealand | Transactions and Proceedings of the Royal Society of New Zealand |
| Trans. roy. Soc. Canada | Transactions of the Royal Society of Canada |
| Trans. roy. Soc. S. Africa | Transactions of the Royal Society of South Africa |
| Trans. roy. Soc. trop. Med. Hyg. | Transactions of the Royal Society of Tropical Medicine and Hygiene. London |
| Trans. third Comm. int. Soc. Soil Sci. | Transactions of the Third Commission of the International Society of Soil Science |
| Trav. Labor. Chim. gén. Univ. Louvain | Travaux du Laboratoire de Chimie génerale, Université Louvain |

| Kürzung | Titel |
| --- | --- |
| Trav. Soc. Chim. biol. | Travaux des Membres de la Société de Chimie biologique |
| Trav. Soc. Pharm. Montpellier | Travaux de la Societé de Pharmacie de Montpellier |
| Trudy Akad. Belorussk. S.S.R. | Trudy Akademii Nauk Belorusskoj S.S.R. |
| Trudy Azerbajdžansk. Univ. | Trudy Azerbajdžanskogo Gosudarstvennogo Universiteta |
| Trudy central. biochim. Inst. | Trudy centralnogo naučno-issledovatelskogo biochimičeskogo Instituta Piščevoj i Vkusovoj Promyšlennosti (Schriften des zentralen biochemischen Forschungsinstituts der Nahrungs- und Genußmittelindustrie) |
| Trudy Charkovsk. chim. technol. Inst. | Trudy Charkovskogo Chimiko-technologičeskogo Instituta |
| Trudy Chim. chim. Technol. | Trudy po Chimii i Chimičeskoj Technologii |
| Trudy chim. farm. Inst. | Trudy Naučnogo Chimiko-farmacevtičeskogo Instituta |
| Trudy Gorkovsk. pedagog. Inst. | Trudy Gorkovskogo Gosudarstvennogo Pedagogičeskogo Instituta |
| Trudy Inst. č. chim. Reakt. | Trudy Instituta Čistych Chimičeskich Reaktivov (Arbeiten des Instituts für reine chemische Reagentien) |
| Trudy Inst. Chim. Charkovsk. Univ. | Trudy Institutu Chimii Charkovskogo Gosudarstvennogo Universiteta |
| Trudy Inst. efirno-maslič. Promyšl. | Trudy Vsesojuznogo Instituta efirno-masličnoj Promyšlennosti |
| Trudy Inst. Fiz. Mat. Akad. Azerbajdžansk. S.S.R. | Trudy Instituta Fiziki i Matematiki, Akademija Nauk Azerbajdžanskoj S.S.R. Serija Fizičeskaja |
| Trudy Inst. Krist. Akad. S.S.S.R. | Trudy Instituta Kristallografii, Akademija Nauk S.S.S.R. |
| Trudy Inst. Nefti Akad. S.S.S.R. | Trudy Instituta Nefti, Akademija Nauk S.S.S.R. |
| Trudy Ivanovsk. chim. technol. Inst. | Trudy Ivanovskogo Chimiko-technologičeskogo Instituta |
| Trudy Kazansk. chim. technol. Inst. | Trudy Kazanskogo Chimiko-technologičeskogo Instituta |
| Trudy Kinofotoinst. | Trudy vsescjuznogo naučno-issledovatelskogo Kinofotoinstituta |
| Trudy Leningradsk. ind. Inst. | Trudy Leningradskogo Industrialnogo Instituta |
| Trudy Lvovsk. med. Inst. | Trudy Lvovskogo Medicinskogo Instituta |
| Trudy Mendeleevsk. S. | Trudy (VI.) Vsesojuznogo Mendeleevskogo Sezda po teoretičeskoj i prikladnoj Chimii (Charkow 1932) |
| Trudy Molotovsk. med. Inst. | Trudy Molotovskogo Medicinskogo Instituta |
| Trudy Moskovsk. zootech. Inst. Konevod. | Trudy Moskovskogo Zootechničeskogo Instituta Konevodstva |
| Trudy opytno-issledovatelsk. Zavoda Chimgaz | Trudy opytno-issledovatelskogo Zavoda Chimgaz |
| Trudy radiev. Inst. | Trudy gosudarstvennogo Radievogo Instituta |
| Trudy Sessii Akad. Nauk org. Chim. | Trudy Sessii Akademii Nauk po Organičeskoj Chimii |
| Trudy sredneaziatsk. Univ. Taschkent | Trudy sredneaziatskogo gosudarstvennogo Universiteta. Taschkent [Acta Universitatis Asiae Mediae] |
| Trudy Uzbeksk. Univ. Sbornik Rabot Chim. | Trudy Uzbekskogo Gosudarstvennogo Universiteta. Sbornik Rabot Chimii (Sammlung chemischer Arbeiten) |

| Kürzung | Titel |
|---|---|
| Trudy Vopr. Chim. Terpenov Terpenoidov Wilna 1959 | Trudy Vsesoj uznogo Soveščanija po Voprosi Chimji Terpenov i Terpenoidov Akademija Nauk Litovskoi S.S.R. Wilna 1959 |
| Trudy Voronežsk. Univ. | Trudy Voronežskogo Gosudarstvennogo Universiteta; Chimičeskij Otdelenie (Acta Universitatis Voronegiensis; Sectio chemica) |
| Uč. Zap. Gorkovsk. Univ. | Učenye Zapiski Gorkovskogo Gosudarstvennogo Universiteta |
| Uč. Zap. Kazansk. Univ. | Učenye Zapiski, Kazanskij Gosudarstvennyj Universitet |
| Uč. Zap. Leningradsk. Univ. | Učenye Zapiski, Leningradskogo Gosudarstvennogo Universiteta (Gelehrte Berichte der Staatlichen Universität Leningrad) |
| Uč. Zap. Molotovsk Univ. | Učenye Zapiski Molotovskogo Gosudarstvennogo Universiteta |
| Uč. Zap. Moskovsk. Univ. | Učenye Zapiski Moskovskogo Gosudarstvennogo Universiteta: Chimija (Gelehrte Berichte der Moskauer Staatlichen Universität: Chemie) |
| Uč. Zap. Saratovsk. Univ. | Učenye Zapiski Saratovskogo Gosudarstvennogo Universiteta |
| Udobr. | Udobrenie i Urožaj (Düngung und Ernte) |
| Ugol | Ugol (Kohle) |
| Ukr. biochim. Ž. | Ukrainskij Biochimičnij Žurnal (Ukrainian Biochemical Journal) |
| Ukr. chim. Ž. | Ukrainskij Chimičnij Žurnal, Naukova Častina (Journal Chimique de l'Ukraine, Partie Scientifique) |
| Ullmann | Ullmanns Encyklopädie der Technischen Chemie, 3. Aufl. Herausg. von *W. Foerst* |
| Underwriter's Lab. Bl. | Underwriters' Laboratories, Inc., Bulletin of Research. Chicago, Ill. |
| Ung. P. | Ungarisches Patent |
| Union pharm. | Union pharmaceutique |
| Union S. Africa Dep. Agric. Sci. Bl. | Union South Africa Department of Agriculture, Science Bulletin |
| Univ. Allahabad Studies | University of Allahabad Studies |
| Univ. California Publ. Pharmacol. | University of California Publications. Pharmacology |
| Univ. California Publ. Physiol. | University of California Publications. Physiology |
| Univ. Illinois eng. Exp. Sta. Bl. | University of Illinois Bulletin. Engineering Experiment Station. Bulletin Series |
| Univ. Kansas Sci. Bl. | University of Kansas Science Bulletin |
| Univ. Philippines Sci. Bl. | University of the Philippines Natural and Applied Science Bulletin |
| Univ. Queensland Pap. Dep. Chem. | University of Queensland Papers, Department of Chemistry |
| Univ. São Paulo Fac. Fil. | Universidade de São Paulo, Faculdade de Filosofia, Ciencias e Letras |
| Univ. Texas Publ. | University of Texas Publication |
| U.S. Dep. Agric. Bur. Chem. Circ. | U.S. Department of Agriculture. Bureau of Chemistry Circular |
| U. S. Dep. Agric. Bur. Entomol. | U. S. Department of Agriculture Bureau of Entomology and Plant Quarantine, Entomological Technic |
| U. S. Dep. Agric. misc. Publ. | U. S. Department of Agriculture. Miscellaneous Publications |
| U. S. Dep. Agric. tech. Bl. | U. S. Department of Agriculture. Technical Bulletin |

| Kürzung | Titel |
|---|---|
| U. S. Dep. Comm. Off. Tech. Serv. Rep. | U. S. Department of Commerce, Office of Technical Services, Publication Board Report |
| U. S. Naval med. Bl. | United States Naval Medical Bulletin |
| U. S. P. | Patent der Vereinigten Staaten von Amerika |
| Uspechi Chim. | Uspechi Chimii (Fortschritte der Chemie); englische Übersetzung: Russian Chemical Reviews (ab 1960) |
| Uspechi fiz. Nauk | Uspechi fizičeskich Nauk |
| V.D.I.-Forschungsh. | V.D.I.-Forschungsheft. Supplement zu Forschung auf dem Gebiete des Ingenieurwesens |
| Verh. naturf. Ges. Basel | Verhandlungen der Naturforschenden Gesellschaft in Basel |
| Verh. Schweiz. Ver. Physiol. Pharmakol. | Verhandlungen des Schweizerischen Vereins der Physiologen und Pharmakologen |
| Verh. Vlaam. Acad. Belg. | Verhandelingen van de Koninklijke Vlaamsche Academie voor Wetenschappen, Letteren en Schone Kunsten van België. Klasse der Wetenschappen |
| Vernici | Vernici |
| Veröff. K.W.I. Silikatf. | Veröffentlichungen aus dem K.W.I. für Silikatforschung |
| Verre Silicates ind. | Verre et Silicates Industriels, Céramique, Émail, Ciment |
| Versl. Akad. Amsterdam | Verslag van de Gewone Vergadering der Afdeeling Natuurkunde, Nederlandsche Akademie van Wetenschappen |
| Vestnik kožev. Promyšl. | Vestnik koževennoj Promyšlennosti i Torgovli (Nachrichten aus Lederindustrie und -handel) |
| Vestnik Leningradsk. Univ. | Vestnik Leningradskogo Universiteta (Bulletin of the Leningrad University) |
| Vestnik Moskovsk. Univ. | Vestnik Moskovskogo Universiteta (Bulletin of Moscow University) |
| Vestnik Oftalmol. | Vestnik Oftalmologii. Moskau |
| Veterin. J. | Veterinary Journal. London |
| Virch. Arch. path. Anat. | Virchows Archiv für pathologische Anatomie und Physiologie und für klinische Medizin |
| Virginia Fruit | Virginia Fruit |
| Virginia J. Sci. | Virginia Journal of Science |
| Virology | Virology. New York |
| Visti Inst. fiz. Chim. Ukr. | Visti Institutu Fizičnoj Chimii Akademija Nauk U.R.S.R. Institut Fizičnoj Chimii |
| Vitamine Hormone | Vitamine und Hormone. Leipzig |
| Vitamin Res. News U.S.S.R. | Vitamin Research News U.S.S.R. |
| Vitamins Hormones | Vitamins and Hormones. New York |
| Vjschr. naturf. Ges. Zürich | Vierteljahresschrift der Naturforschenden Gesellschaft in Zürich |
| Voeding | Voeding (Ernährung). den Haag |
| Voenn. Chim. | Voennaja Chimija |
| Vopr. Pitanija | Voprosy Pitanija (Ernährungsfragen) |
| Vorratspflege Lebensmittelf. | Vorratspflege und Lebensmittelforschung |
| Vysokomol. Soedin. | Vysokomolekuljarnye Soedinenija |
| Waseda appl. chem. Soc. Bl. | Waseda Applied Chemical Society Bulletin. Tokyo [Waseda Ōyo Kagaku Kaiho] |
| Wasmann Collector | Wasmann Collector. San Francisco, Calif. |
| Wd. Health Organ. | World Health Organization. New York |
| Wd. Petr. Congr. London 1933 | World Petroleum Congress. London 1933. Proceedings |
| Wd. Rev. Pest Control | World Review of Pest Control |

| Kürzung | Titel |
|---|---|
| Wiadom. farm. | Wiadomości Farmaceutyczne. Warschau |
| Wien. klin. Wschr. | Wiener Klinische Wochenschrift |
| Wien. med. Wschr. | Wiener medizinische Wochenschrift |
| Wis- en natuurk. Tijdschr. | Wis- en Natuurkundig Tijdschrift. Gent |
| Wiss. Mitt. Öst. Heilmittelst. | Wissenschaftliche Mitteilungen der Österreichischen Heilmittelstelle |
| Wiss. Veröff. Dtsch. Ges. Ernähr. | Wissenschaftliche Veröffentlichungen der Deutschen Gesellschaft für Ernährung |
| Wiss. Veröff. Siemens | Wissenschaftliche Veröffentlichungen aus dem Siemens-Konzern bzw. (ab 1935) den Siemens-Werken |
| Wochenbl. Papierf. | Wochenblatt für Papierfabrikation |
| Wool Rec. Textile Wd. | Wool Record and Textile World. Bradford |
| Wschr. Brauerei | Wochenschrift für Brauerei |
| X-Sen | X-Sen (Röntgen-Strahlen). Japan |
| Yale J. Biol. Med. | Yale Journal of Biology and Medicine |
| Yonago Acta med. | Yonago Acta Medica. Japan |
| Z. anal. Chem. | Zeitschrift für analytische Chemie |
| Ž. anal. Chim. | Žurnal Analitičeskoj Chimii |
| Z. ang. Ch. | Zeitschrift für angewandte Chemie |
| Z. angew. Entomol. | Zeitschrift für angewandte Entomologie |
| Z. angew. Math. Phys. | Zeitschrift für angewandte Mathematik und Physik |
| Z. angew. Phot. | Zeitschrift für angewandte Photographie in Wissenschaft und Technik |
| Z. ang. Phys. | Zeitschrift für angewandte Physik |
| Z. anorg. Ch. | Zeitschrift für Anorganische und Allgemeine Chemie |
| Zap. Inst. Chim. Ukr. | Ukrainska Akademija Nauk. Zapiski Institutu Chimii bzw. Zapiski Institutu Chimii Akademija Nauk U.R.S.R. |
| Zavod. Labor. | Zavodskaja Laboratorija (Betriebslaboratorium) |
| Z. Berg-, Hütten-Salinenw. | Zeitschrift für das Berg-, Hütten- und Salinenwesen im Deutschen Reich |
| Z. Biol. | Zeitschrift für Biologie |
| Zbl. Bakt. Parasitenk. | Zentralblatt für Bakteriologie, Parasitenkunde, Infektionskrankheiten und Hygiene [I] Orig. bzw. [II] |
| Zbl. Gewerbehyg. | Zentralblatt für Gewerbehygiene und Unfallverhütung |
| Zbl. inn. Med. | Zentralblatt für Innere Medizin |
| Zbl. Min. | Zentralblatt für Mineralogie |
| Zbl. Zuckerind. | Zentralblatt für die Zuckerindustrie |
| Z. Bot. | Zeitschrift für Botanik |
| Z. Chem. | Zeitschrift für Chemie. Leipzig |
| Ž. chim. Promyšl. | Žurnal Chimičeskoj Promyšlennosti (Journal der Chemischen Industrie) |
| Z. Desinf. | Zeitschrift für Desinfektions- und Gesundheitswesen |
| Ž. eksp. Biol. Med. | Žurnal eksperimentalnoj Biologii i Mediciny |
| Ž. eksp. teor. Fiz. | Žurnal eksperimentalnoj i teoretičeskoj Fiziki |
| Z. El. Ch. | Zeitschrift für Elektrochemie und angewandte Physikalische Chemie |
| Zellst. Papier | Zellstoff und Papier |
| Zesz. Politech. Śląsk. | Zeszyty Naukowe Politechniki Śląskiej. Chemia |
| Z. Farben Textil Ind. | Zeitschrift für Farben- und Textil-Industrie |
| Ž. fiz. Chim. | Žurnal fizičeskoj Chimii |
| Z. ges. Brauw. | Zeitschrift für das gesamte Brauwesen |
| Z. ges. exp. Med. | Zeitschrift für die gesamte experimentelle Medizin |

| Kürzung | Titel |
|---|---|
| Z. ges. Getreidew. | Zeitschrift für das gesamte Getreidewesen |
| Z. ges. innere Med. | Zeitschrift für die gesamte Innere Medizin |
| Z. ges. Kälteind. | Zeitschrift für die gesamte Kälteindustrie |
| Z. ges. Naturwiss. | Zeitschrift für die gesamte Naturwissenschaft |
| Z. ges. Schiess-Sprengstoffw. | Zeitschrift für das gesamte Schiess- und Sprengstoffwesen |
| Z. Hyg. Inf.-Kr. | Zeitschrift für Hygiene und Infektionskrankheiten |
| Z. hyg. Zool. | Zeitschrift für hygienische Zoologie und Schädlingsbekämpfung |
| Z. Immunitätsf. | Zeitschrift für Immunitätsforschung und experimentelle Therapie |
| Zinatn. Raksti Rigas politehn. Inst. | Zinatniskie Raksti, Rigas Politehniskais Instituts, Kimijas Fakultate (Wissenschaftliche Berichte des Politechnischen Instituts Riga) |
| Z. Kinderheilk. | Zeitschrift für Kinderheilkunde |
| Z. klin. Med. | Zeitschrift für klinische Medizin |
| Z. kompr. flüss. Gase | Zeitschrift für komprimierte und flüssige Gase |
| Z. Kr. | Zeitschrift für Kristallographie, Kristallgeometrie, Kristallphysik, Kristallchemie |
| Z. Krebsf. | Zeitschrift für Krebsforschung |
| Z. Lebensm. Unters. | Zeitschrift für Lebensmittel-Untersuchung und -Forschung |
| Ž. Mikrobiol. | Žurnal Mikrobiologii, Epidemiologii i Immunobiologii |
| Z. Naturf. | Zeitschrift für Naturforschung |
| Ž. neorg. Chim. | Žurnal Neorganičeskoj Chimii; englische Übersetzung: Journal of Inorganic Chemistry of the U.S.S.R.; ab **4** [**1959**] Russian Journal of Inorganic Chemistry |
| Ž. obšč. Chim. | Žurnal Obščej Chimii (Journal für Allgemeine Chemie); englische Übersetzung: Journal of General Chemistry of the U.S.S.R. (ab **1949**) |
| Ž. org. Chim. | Žurnal Organičeskoi Chimii; englische Übersetzung: Journal of Organic Chemistry of the U.S.S.R. |
| Z. Pflanzenernähr. | Zeitschrift für Pflanzenernährung, Düngung und Bodenkunde |
| Z. Phys. | Zeitschrift für Physik |
| Z. phys. chem. Unterr. | Zeitschrift für den physikalischen und chemischen Unterricht |
| Z. physik. Chem. | Zeitschrift für Physikalische Chemie |
| Z. physiol. Chem. | Hoppe-Seylers Zeitschrift für Physiologische Chemie |
| Ž. prikl. Chim. | Žurnal Prikladnoj Chimii (Journal für Angewandte Chemie); englische Übersetzung: Journal of Applied Chemistry of the U.S.S.R. |
| Z. psych. Hyg. | Zeitschrift für psychische Hygiene |
| Ž. rezin. Promyšl. | Žurnal Rezinovoj Promyšlennosti (Journal of the Rubber Industry) |
| Ž. russ. fiz.-chim. Obšč. | Žurnal Russkogo Fiziko-chimičeskogo Obščestva. Čast Chimičeskaja (= Chem. Teil) |
| Z. Spiritusind. | Zeitschrift für Spiritusindustrie |
| Ž. struktur. Chim. | Žurnal Strukturnoj Chimii |
| Ž. tech. Fiz. | Žurnal Techničeskoj Fiziki |
| Z. tech. Phys. | Zeitschrift für Technische Physik |
| Z. Tierernähr. | Zeitschrift für Tierernährung und Futtermittelkunde |
| Z. Tuberkulose | Zeitschrift für Tuberkulose |
| Z. Unters. Lebensm. | Zeitschrift für Untersuchung der Lebensmittel |
| Z. Unters. Nahrungs- u. Genussm. | Zeitschrift für Untersuchung der Nahrungs- und Genussmittel sowie der Gebrauchsgegenstände. Berlin |
| Z.V.D.I. | Zeitschrift des Vereins Deutscher Ingenieure |
| Z.V.D.I. Beih. Verfahrenstech. | Zeitschrift des Vereins Deutscher Ingenieure. Beiheft Verfahrenstechnik |

| Kürzung | Titel |
|---|---|
| Z. Verein dtsch. Zuckerind. | Zeitschrift des Vereins der Deutschen Zuckerindustrie |
| Z. Vitaminf. | Zeitschrift für Vitaminforschung. Bern |
| Z. Vitamin-Hormon-Fermentf. | Zeitschrift für Vitamin-, Hormon- und Fermentforschung. Wien |
| Z. Wirtschaftsgr. Zuckerind. | Zeitschrift der Wirtschaftsgruppe Zuckerindustrie |
| Z. wiss. Phot. | Zeitschrift für wissenschaftliche Photographie, Photophysik und Photochemie |
| Z. Zuckerind. Čsl. | Zeitschrift für die Zuckerindustrie der Čechoslovakischen Republik |
| Zymol. Chim. Colloidi | Zymologica e Chimica dei Colloidi |
| Ж. | s. Ž. russ. fiz.-chim. Obšč. |

ZWEITE ABTEILUNG

# ISOCYCLISCHE VERBINDUNGEN

(Fortsetzung)

# IX. Amine

(Fortsetzung)

## G. Oxoamine

### Amino-Derivate der Monooxo-Verbindungen $C_nH_{2n-2}O$

#### Amino-Derivate der Oxo-Verbindungen $C_5H_8O$

**2-Amino-cyclopentanon-(1)** $C_5H_9NO$.

**(±)-2-Anilino-cyclopentanon-(1),** (±)-*2-anilinocyclopentanone* $C_{11}H_{13}NO$, Formel I (R = H).

*B.* Beim Behandeln von opt.-inakt. 6a-Anilino-1-phenyl-1.3a.4.5.6.6a-hexahydro-cyclopentatriazol (F: 192°; über die Konstitution dieser Verbindung s. *Huisgen, Möbius, Szeimies*, B. **98** [1965] 1138, 1144; *Fusco, Bianchetti, Pocar*, G. **91** [1961] 849, 852) mit wasserhaltiger Oxalsäure in Äthylacetat (*Alder, Stein*, A. **501** [1933] 1, 19, 42).

Krystalle (aus PAe.); F: 64° (*Al., St.*).

Hydrochlorid $C_{11}H_{13}NO \cdot HCl$. Krystalle (aus Me. + E.); F: 146° [Zers.] (*Al., St.*).

Semicarbazon $C_{12}H_{16}N_4O$ ((±)-2-Anilino-cyclopentanon-(1)-semicarbazon). Krystalle (aus Me.); F: 216° (*Al., St.*).

**(±)-2-[*N*-Acetyl-anilino]-cyclopentanon-(1), (±)-*N*-[2-Oxo-cyclopentyl]-acetanilid,** (±)-N-(*2-oxocyclopentyl*)*acetanilide* $C_{13}H_{15}NO_2$, Formel I (R = CO-$CH_3$).

*B.* Beim Erhitzen von (±)-2-Anilino-cyclopentanon-(1) mit Acetanhydrid (*Alder, Stein*, A. **501** [1933] 1, 42).

Krystalle (aus PAe.); F: 83°.

#### Amino-Derivate der Oxo-Verbindungen $C_6H_{10}O$

**2-Amino-cyclohexanon-(1)** $C_6H_{11}NO$.

**(±)-2-Dimethylamino-cyclohexanon-(1)-oxim,** (±)-*2-(dimethylamino)cyclohexanone oxime* $C_8H_{16}N_2O$, Formel II (R = X = $CH_3$).

*B.* Beim Erwärmen von (±)-1-[2-Hydroxyimino-cyclohexyl]-pyridinium-chlorid mit Dimethylamin und wss. Natriumcarbonat-Lösung (*Birch*, Soc. **1944** 314).

Krystalle (aus Bzl. + PAe.); F: 120°.

**(±)-2-Diäthylamino-cyclohexanon-(1),** (±)-*2-(diethylamino)cyclohexanone* $C_{10}H_{19}NO$, Formel III (R = $C_2H_5$).

*B.* Beim Behandeln von (±)-2-Chlor-cyclohexanon-(1) mit Diäthylamin unter Zusatz von Natriumjodid (*Murphy, Jenkins*, J. Am. pharm. Assoc. **32** [1943] 83, 87).

$Kp_{742}$: 188°; $Kp_{22}$: 119—121°. $n_D^{20}$: 1,4929.

Hydrochlorid $C_{10}H_{19}NO \cdot HCl$. Zerfliessliche Krystalle; F: 226—228°.

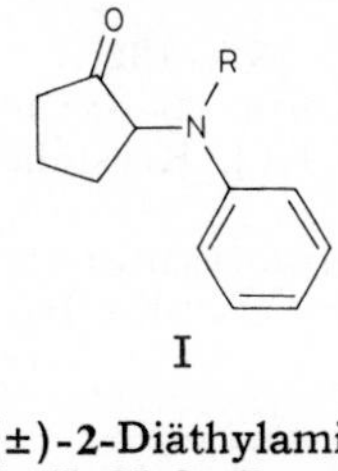

I 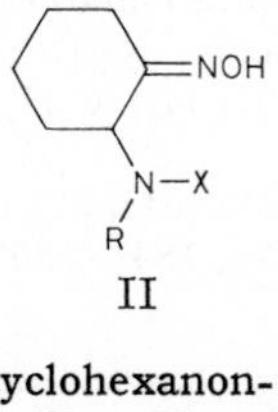 II 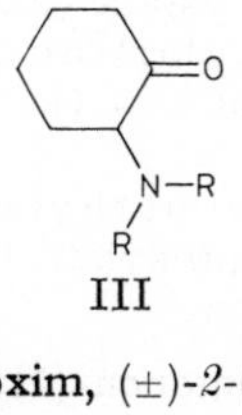 III 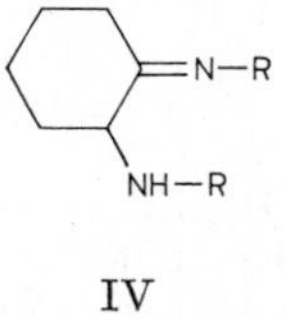 IV 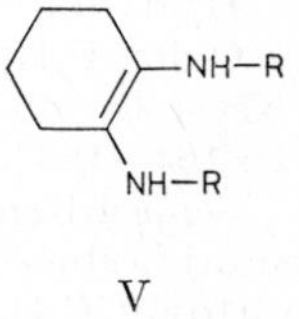 V

**(±)-2-Diäthylamino-cyclohexanon-(1)-oxim,** (±)-*2-(diethylamino)cyclohexanone oxime* $C_{10}H_{20}N_2O$, Formel II (R = X = $C_2H_5$).

*B.* Beim Behandeln von (±)-1-[2-Hydroxyimino-cyclohexyl]-pyridinium-chlorid mit

Diäthylamin und wss. Natriumcarbonat-Lösung (*Birch*, Soc. **1944** 314).
Krystalle; F: 63°.

**(±)-2-Propylamino-cyclohexanon-(1)-oxim,** (±)-*2-(propylamino)cyclohexanone oxime* $C_9H_{18}N_2O$, Formel II (R = $CH_2$-$CH_2$-$CH_3$, X = H).
*B.* Beim Behandeln von (±)-1-[2-Hydroxyimino-cyclohexyl]-pyridinium-chlorid mit Propylamin und wss. Natriumcarbonat-Lösung (*Birch*, Soc. **1944** 314).
Krystalle; F: 72°.

**(±)-2-Butylamino-cyclohexanon-(1)-oxim,** (±)-*2-(butylamino)cyclohexanone oxime* $C_{10}H_{20}N_2O$, Formel II (R = $[CH_2]_3$-$CH_3$, X = H).
*B.* Beim Behandeln von (±)-1-[2-Hydroxyimino-cyclohexyl]-pyridinium-chlorid mit Butylamin und wss. Natriumcarbonat-Lösung (*Birch*, Soc. **1944** 314).
Krystalle; F: 81°.

**(±)-2-Isobutylamino-cyclohexanon-(1)-oxim,** (±)-*2-(isobutylamino)cyclohexanone oxime* $C_{10}H_{20}N_2O$, Formel II (R = $CH_2$-$CH(CH_3)_2$, X = H).
*B.* Beim Behandeln von (±)-1-[2-Hydroxyimino-cyclohexyl]-pyridinium-chlorid mit Isobutylamin und wss. Natriumcarbonat-Lösung (*Birch*, Soc. **1944** 314).
Krystalle; F: 73°.

**(±)-2-*tert*-Butylamino-cyclohexanon-(1)-oxim,** (±)-*2-(*tert*-butylamino)cyclohexanone oxime* $C_{10}H_{20}N_2O$, Formel II (R = $C(CH_3)_3$, X = H).
*B.* Beim Behandeln von (±)-1-[2-Hydroxyimino-cyclohexyl]-pyridinium-chlorid mit *tert*-Butylamin und wss. Natriumcarbonat-Lösung (*Birch*, Soc. **1944** 314).
Krystalle; F: 91°.

**(±)-2-Heptylamino-cyclohexanon-(1)-oxim,** (±)-*2-(heptylamino)cyclohexanone oxime* $C_{13}H_{26}N_2O$, Formel II (R = $[CH_2]_6$-$CH_3$, X = H).
*B.* Beim Behandeln von (±)-1-[2-Hydroxyimino-cyclohexyl]-pyridinium-chlorid mit Heptylamin und wss. Natriumcarbonat-Lösung (*Birch*, Soc. **1944** 314).
Krystalle; F: 66°.

**(±)-2-Cyclohexylamino-cyclohexanon-(1)-oxim,** (±)-*2-(cyclohexylamino)cyclohexanone oxime* $C_{12}H_{22}N_2O$, Formel II (R = $C_6H_{11}$, X = H).
*B.* Beim Erwärmen von 1-[2-Hydroxyimino-cyclohexyl]-pyridinium-chlorid mit Cyclohexylamin und wss. Natriumcarbonat-Lösung (*Birch*, Soc. **1944** 314).
Krystalle; F: 145°.

**(±)-2-Benzamino-1-benzoylimino-cyclohexan,** (±)-N,N'-*(cyclohexan-1-yl-2-ylidene)bisbenzamide* $C_{20}H_{20}N_2O_2$, Formel IV (R = CO-$C_6H_5$), und **1.2-Bis-benzamino-cyclohexen-(1),** N,N'-*(cyclohex-1-ene-1,2-diyl)bisbenzamide* $C_{20}H_{20}N_2O_2$, Formel V (R = CO-$C_6H_5$).
*B.* Beim Behandeln von 4.5.6.7-Tetrahydro-benzimidazol mit Benzoylchlorid und wss. Natronlauge (*Weidenhagen*, *Wegner*, B. **71** [1938] 2124, 2128).
Krystalle (aus E.); F: 266–267°.

**1-Aminomethyl-cyclopentanon-(2)** $C_6H_{11}NO$.

**(±)-1-[Dimethylamino-methyl]-cyclopentanon-(2),** (±)-*2-[(dimethylamino)methyl]cyclopentanone* $C_8H_{15}NO$, Formel VI (R = X = $CH_3$).
*B.* Aus Cyclopentanon, Formaldehyd und Dimethylamin (*Mannich*, *Schaller*, Ar. **276** [1938] 574, 580).
$Kp_{15}$: 88–90°.
Hydrochlorid $C_8H_{15}NO \cdot HCl$. Krystalle (aus Isopropylalkohol); F: 131–132°.
Oxim $C_8H_{16}N_2O$ ((±)-1-[Dimethylamino-methyl]-cyclopentanon-(2)-oxim). Krystalle (aus wss. A.); F: 158–159°. — Hydrochlorid $C_8H_{16}N_2O \cdot HCl$. Krystalle; F: 164–165°.
Semicarbazon $C_9H_{18}N_4O$ ((±)-1-[Dimethylamino-methyl]-cyclopentanon-(2)-semicarbazon). Krystalle (aus Isopropylalkohol); F: 184–185° [Zers.]. — Hydrochlorid $C_9H_{18}N_4O \cdot HCl$. F: 170° [Zers.].

**(±)-1-[Diäthylamino-methyl]-cyclopentanon-(2),** (±)-*2-[(diethylamino)methyl]cyclopentanone* $C_{10}H_{19}NO$, Formel VI (R = X = $C_2H_5$).
*B.* Beim Erhitzen von Cyclopentanon mit wss. Formaldehyd und Diäthylamin-hydro-

chlorid (*Skoda*, Bl. **1946** 328, 329).

$Kp_{16}$: 106—107°; $Kp_{13}$: 103°; mit Äther-Dampf flüchtig (*Sk.*).

Hydrochlorid $C_{10}H_{19}NO \cdot HCl$. F: 126° [aus A.] (*Sk.*). — Über ein Präparat vom F: 196° s. *Gault*, *Skoda*, Bl. **1946** 316, 321.

**(±)-Methyl-[(2-oxo-cyclopentyl)-methyl]-diäthyl-ammonium**, (±)-*diethylmethyl*[(*2-oxo-cyclopentyl*)*methyl*]*ammonium* $[C_{11}H_{22}NO]^{\oplus}$, Formel VII.

**Jodid** $[C_{11}H_{22}NO]I$. *B.* Aus (±)-1-[Diäthylamino-methyl]-cyclopentanon-(2) und Methyljodid in Äther (*Birch*, Soc. **1944** 430, 435). — Beim Behandeln mit Acetessigsäure-äthylester und Natriumäthylat in Äthanol ist 6-Oxo-3a.4.5.6-tetrahydro-indan erhalten worden.

**(±)-1-[Benzylamino-methyl]-cyclopentanon-(2)**, (±)-*2-*[(*benzylamino*)*methyl*]*cyclopentanone* $C_{13}H_{17}NO$, Formel VI ($R = CH_2\text{-}C_6H_5$, $X = H$).

*B.* Neben anderen Verbindungen beim Erhitzen von Cyclopentanon mit Benzylamin-hydrochlorid und wss. Formaldehyd (*Mannich*, *Hieronimus*, B. **75** [1942] 49, 61).

Hydrochlorid $C_{13}H_{17}NO \cdot HCl$. Krystalle (aus A.); F: 157° [unter Rotfärbung].

**(±)-*N*-[(2-Oxo-cyclopentyl)-methyl]-*N*-benzyl-harnstoff**, (±)-*1-benzyl-1-*[(*2-oxocyclopentyl*)*methyl*]*urea* $C_{14}H_{18}N_2O_2$, Formel VI ($R = CH_2\text{-}C_6H_5$, $X = CO\text{-}NH_2$).

*B.* Aus (±)-1-[Benzylamino-methyl]-cyclopentanon-(2)-hydrochlorid und Kalium-cyanat (*Mannich*, *Hieronimus*, B. **75** [1942] 49, 62).

Krystalle (aus Isopropylalkohol); F: 126—127°.

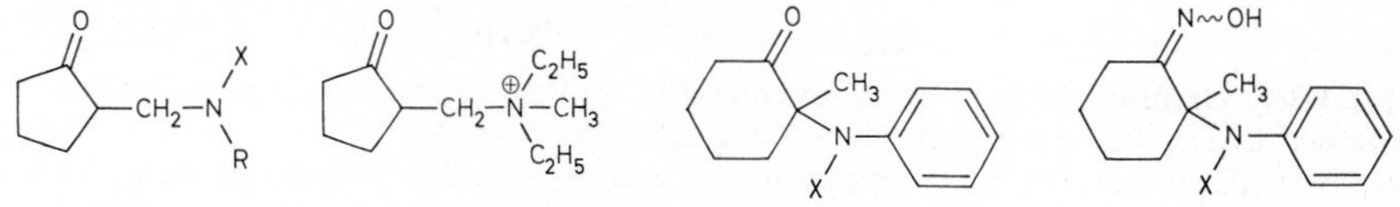

VI VII VIII IX

## Amino-Derivate der Oxo-Verbindungen $C_7H_{12}O$

**1-Amino-1-methyl-cyclohexanon-(2)** $C_7H_{13}NO$.

**(±)-1-Anilino-1-methyl-cyclohexanon-(2)**, (±)-*2-anilino-2-methylcyclohexanone* $C_{13}H_{17}NO$, Formel VIII ($X = H$).

*B.* Aus (±)-1-Anilino-1-methyl-cyclohexanon-(2)-oxim beim Behandeln mit wss. Salzsäure (*Earl*, *Hazlewood*, Soc. **1937** 374).

F: 91—92°.

**(±)-1-Anilino-1-methyl-cyclohexanon-(2)-oxim**, (±)-*2-anilino-2-methylcyclohexanone oxime* $C_{13}H_{18}N_2O$, Formel IX ($X = H$).

*B.* Aus 1-Methyl-cyclohexen-(1)-nitrosochlorid (E III **5** 199) und Anilin (*Earl*, *Hazlewood*, Soc. **1937** 374).

F: 139°.

**(±)-1-[*N*-Nitroso-anilino]-1-methyl-cyclohexanon-(2)**, (±)-*2-methyl-2-*(N-*nitrosoanilino*)*cyclohexanone* $C_{13}H_{16}N_2O_2$, Formel VIII ($X = NO$).

*B.* Aus (±)-1-Anilino-1-methyl-cyclohexanon-(2) beim Behandeln mit wss. Salzsäure und Natriumnitrit (*Earl*, *Hazlewood*, Soc. **1937** 374).

F: 102°.

**(±)-1-[*N*-Nitroso-anilino]-1-methyl-cyclohexanon-(2)-oxim**, (±)-*2-methyl-2-*(N-*nitrosoanilino*)*cyclohexanone oxime* $C_{13}H_{17}N_3O_2$, Formel IX ($X = NO$).

*B.* Beim Behandeln von (±)-1-Anilino-1-methyl-cyclohexanon-(2)-oxim mit wss. Salzsäure und Natriumnitrit (*Earl*, *Hazlewood*, Soc. **1937** 374).

F: 148,5°.

Beim Behandeln mit Naphthol-(2) und Natronlauge und anschliessenden Erwärmen ist 1-Phenylazo-naphthol-(2) erhalten worden.

**1-Aminomethyl-cyclohexanon-(2)** $C_7H_{13}NO$.

**(±)-1-[Dimethylamino-methyl]-cyclohexanon-(2)**, (±)-*2-*[(*dimethylamino*)*methyl*]*cyclohexanone* $C_9H_{17}NO$, Formel X ($R = X = CH_3$) (E II 3).

$Kp_{11,5}$: 96—97° (*Howton*, J. org. Chem. **12** [1947] 379, 380).

Beim Erwärmen mit Nitromethan und methanol. Natriummethylat ist 1-[2-Nitro-äthyl]-cyclohexanon-(2) erhalten worden (*Reichert, Posemann*, Ar. **275** [1937] 67, 78). Reaktion mit Acetessigsäure-äthylester in Gegenwart von äthanol. Natriumäthylat unter Bildung von 4a-Hydroxy-3-oxo-decahydro-naphthoesäure-(2)-äthylester (F: 146°): *Mannich, Koch, Borkowsky*, B. **70** [1937] 355, 356.

Hydrochlorid $C_9H_{17}NO \cdot HCl$ (E II 3). Krystalle (aus Diisopropyläther + A.); F: 145,5° [korr.; bei schnellem Erhitzen], 139,9—140,6° [korr.; bei langsamem Erhitzen] (*Ho.*).

Hydrobromid. F: 165—166,5° [unkorr.] (*Land, Ziegler, Sprague*, Am. Soc. **69** [1947] 125, 126).

Pikrat. Gelbe Krystalle (aus Diisopropyläther + A.); F: 147—147,2° [korr.] (*Ho.*).

**(±)-Trimethyl-[(2-oxo-cyclohexyl)-methyl]-ammonium**, (±)-*trimethyl[(2-oxocyclohexyl)methyl]ammonium* $[C_{10}H_{20}NO]^{\oplus}$, Formel XI.

**Jodid** $[C_{10}H_{20}NO]I$ (E II 3). Krystalle (aus A.), F: 152—153° [korr.]; die Schmelze erstarrt bei weiterem Erhitzen zu Krystallen vom F: ca. 160° (*Howton*, J. org. Chem. **12** [1947] 379, 381; vgl. *Dimroth, Resin, Zetzsch*, B. **73** [1940] 1399, 1404). — Charakterisierung als 2.4-Dinitro-phenylhydrazon (F: 206—207°): *Di., Re., Ze.*

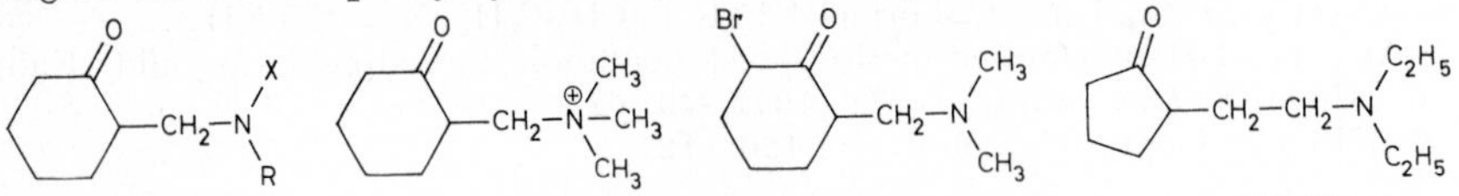

X XI XII XIII

**(±)-1-[Benzylamino-methyl]-cyclohexanon-(2)**, (±)-*2-[(benzylamino)methyl]cyclohexanone* $C_{14}H_{19}NO$, Formel X (R = $CH_2$-$C_6H_5$, X = H).

*B.* Beim Erhitzen von Cyclohexanon mit wss. Formaldehyd und Benzylamin-hydro chlorid (*Mannich, Hieronimus*, B. **75** [1942] 49, 52).

Hydrobromid $C_{14}H_{19}NO \cdot HBr$. Krystalle (aus E.); F: 129°.

Oxim $C_{14}H_{20}N_2O$ ((±)-1-[Benzylamino-methyl]-cyclohexanon-(2)-oxim). Krystalle (aus A.); F: 85°.

**Methyl-bis-[(2-oxo-cyclohexyl)-methyl]-amin**, *2,2'-[(methylimino)dimethylene]dicyclohexanone* $C_{15}H_{25}NO_2$.

Die früher (E II 3; s. a. *Blicke, Zienty*, Am. Soc. **61** [1939] 774) unter dieser Konstitution beschriebene Verbindung ist als 4'a-Hydroxy-2-oxo-2'-methyl-octahydro-3'*H*-spiro[cyclohexan-1.4'-isochinolin], die früher (E II 4) als Dimethyl-bis-[(2-oxo-cyclohexyl)-methyl]-ammonium-jodid beschriebene Verbindung ist als 4'a-Hydroxy-2-oxo-2'.2'-dimethyl-octahydro-3'*H*-spiro[cyclohexan-1.4'-isochinolinium]-jodid zu formulieren (*Roth, Schwenke*, Ar. **297** [1964] 773).

**(±)-1-[(Benzyl-benzoyl-amino)-methyl]-cyclohexanon-(2), (±)-*N*-[(2-Oxo-cyclohexyl)-methyl]-*N*-benzyl-benzamid**, (±)-N-*benzyl*-N-*[(2-oxocyclohexyl)methyl]benzamide* $C_{21}H_{23}NO_2$, Formel X (R = $CH_2$-$C_6H_5$, X = CO-$C_6H_5$).

*B.* Aus (±)-1-[Benzylamino-methyl]-cyclohexanon-(2) (*Mannich, Hieronimus*, B. **75** [1942] 49, 53).

Krystalle (aus A.); F: 134°.

**(±)-[(2-Oxo-cyclohexyl)-methyl]-benzyl-carbamidsäure-äthylester**, (±)-*benzyl[(2-oxocyclohexyl)methyl]carbamic acid ethyl ester* $C_{17}H_{23}NO_3$, Formel X (R = $CH_2$-$C_6H_5$, X = CO-O$C_2H_5$).

*B.* Beim Behandeln von (±)-1-[Benzylamino-methyl]-cyclohexanon-(2) mit Chlorameisensäure-äthylester und Pyridin (*Mannich, Hieronimus*, B. **75** [1942] 49, 53).

$Kp_{11}$: 222°.

**3-Brom-1-[dimethylamino-methyl]-cyclohexanon-(2)**, *2-bromo-6-[(dimethylamino)methyl]cyclohexanone* $C_9H_{16}BrNO$, Formel XII.

Das Hydrobromid (Krystalle [aus Isopropyläther + Acn.]; F: 162—163° [unkorr.]) einer opt.-inakt. Base dieser Konstitution ist aus (±)-1-[Dimethylamino-methyl]-cyclohexanon-(2)-hydrobromid beim Behandeln mit Brom in Essigsäure unter der Einwirkung von Glühlampenlicht erhalten worden (*Land, Ziegler, Sprague*, Am. Soc. **69** [1947] 125, 126).

**1-[2-Amino-äthyl]-cyclopentanon-(2)** $C_7H_{13}NO$.

**(±)-1-[2-Diäthylamino-äthyl]-cyclopentanon-(2)**, *(±)-2-[2-(diethylamino)ethyl]cyclopentanone* $C_{11}H_{21}NO$, Formel XIII.

*B.* Beim Behandeln der Natrium-Verbindung des 2-Oxo-cyclopentan-carbonsäure-(1)-äthylesters mit Diäthyl-[2-chlor-äthyl]-amin in Benzol und Erhitzen des Reaktionsprodukts mit wss. Schwefelsäure (*Breslow et al.*, Am. Soc. **66** [1944] 1921).

$Kp_{10}$: 115—118°.

Oxim $C_{11}H_{22}N_2O$ ((±)-1-[2-Diäthylamino-äthyl]-cyclopentanon-(2)-oxim). F: 50—51°.

**Glycylcyclopentan, 2-Amino-1-cyclopentyl-äthanon-(1)**, *aminomethyl cyclopentyl ketone* $C_7H_{13}NO$, Formel I.

*B.* Beim Behandeln von 3-Oxo-3-cyclopentyl-propionsäure-äthylester mit wss. Essigsäure und Natriumnitrit, Behandeln des Reaktionsprodukts mit Zink und Acetanhydrid unter Zusatz von Eis und Erhitzen des danach isolierten Reaktionsprodukts mit wss. Salzsäure (*Jackman et al.*, Am. Soc. **70** [1948] 2884).

Hydrochlorid $C_7H_{13}NO \cdot HCl$. F: 185—186°.

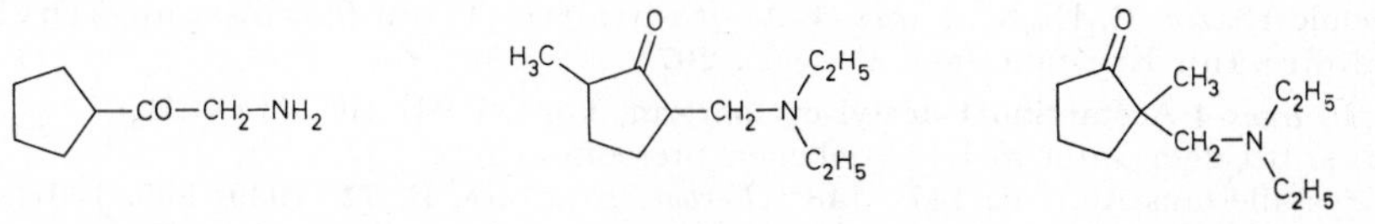

I II III

**3-Methyl-1-aminomethyl-cyclopentanon-(2)** $C_7H_{13}NO$.

**3-Methyl-1-[diäthylamino-methyl]-cyclopentanon-(2)**, *2-[(diethylamino)methyl]-5-methylcyclopentanone* $C_{11}H_{21}NO$, Formel II.

In einem von *Du Feu, McQuillin, Robinson* (Soc. **1937** 53, 59) unter dieser Konstitution beschriebenen Präparat ($Kp_{17}$: 112—114°; $n_D^{19}$: 1,4617; hergestellt aus (±)-1-Methyl-cyclopentanon-(2), Diäthylamin und Paraformaldehyd) hat vermutlich ein Gemisch von opt.-inakt. 3-Methyl-1-[diäthylamino-methyl]-cyclopentanon-(2) mit grösseren Mengen (±)-1-Methyl-1-[diäthylamino-methyl]-cyclopentanon-(2) ($C_{11}H_{21}NO$; Formel III) vorgelegen (*House, Trost*, J. org. Chem. **29** [1964] 1339).

## Amino-Derivate der Oxo-Verbindungen $C_8H_{14}O$

**1-[2-Amino-äthyl]-cyclohexanon-(2)** $C_8H_{15}NO$.

**(±)-1-[2-Dimethylamino-äthyl]-cyclohexanon-(2)**, *(±)-2-[2-(dimethylamino)ethyl]cyclohexanone* $C_{10}H_{19}NO$, Formel IV.

*B.* Beim Erhitzen von (±)-2-Oxo-1-[2-dimethylamino-äthyl]-cyclohexan-carbonsäure-(1)-äthylester mit Bariumhydroxid in Wasser (*Grewe*, B. **76** [1943] 1072, 1073, 1075).

$Kp_{15}$: 112°.

Pikrat $C_{10}H_{19}NO \cdot C_6H_3N_3O_7$. F: 119°.

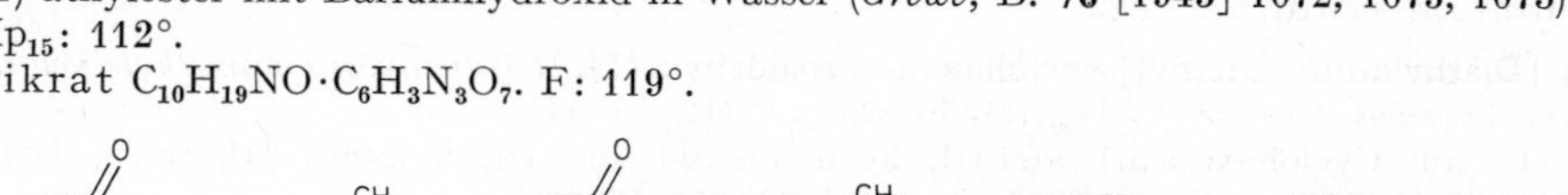

IV V VI

**(±)-Dimethyl-[2-(2-oxo-cyclohexyl)-äthyl]-phenäthyl-ammonium**, *(±)-dimethyl[(2-oxocyclohexyl)ethyl]phenethylammonium* $[C_{18}H_{28}NO]^{\oplus}$, Formel V.

**Bromid** $[C_{18}H_{28}NO]Br$. *B.* Als Nebenprodukt bei der Umsetzung von (±)-1-[2-Dimethylamino-äthyl]-cyclohexanon-(2) mit Phenäthylmagnesiumbromid (*Grewe*, B. **76** [1943] 1072, 1075). — F: 173°.

**1-Amino-1-acetyl-cyclohexan, 1-[1-Amino-cyclohexyl]-äthanon-(1)**, *1-aminocyclohexyl methyl ketone* $C_8H_{15}NO$, Formel VI.

*B.* Aus 1-Amino-cyclohexan-carbonsäure-(1)-äthylester und Methylmagnesiumjodid (*Godchot, Cauquil*, C. r. **200** [1935] 1479).

$Kp_{10}$: 105°. $D^{15}$: 0,9980. $n_D^{15}$: 1,4743.
Hydrochlorid $C_8H_{15}NO \cdot HCl$. F: ca. 195°.

**4-Amino-1-acetyl-cyclohexan, 1-[4-Amino-cyclohexyl]-äthanon-(1),** *4-aminocyclohexyl methyl ketone* $C_8H_{15}NO$.

***trans*-4-Amino-1-acetyl-cyclohexan,** Formel VII (R = H).

Hydrochlorid $C_8H_{15}NO \cdot HCl$. *B.* Aus *cis*-4-Acetamino-1-acetyl-cyclohexan oder *trans*-4-Acetamino-1-acetyl-cyclohexan beim Erhitzen mit wss. Salzsäure auf 120° (*Ferber, Brückner*, B. **72** [1939] 995, 1002). — Krystalle (aus A. + Ae.); F: 173°.

**4-Acetamino-1-acetyl-cyclohexan, *N*-[4-Acetyl-cyclohexyl]-acetamid,** N-(*4-acetylcyclohexyl)acetamide* $C_{10}H_{17}NO_2$.

a) ***cis*-4-Acetamino-1-acetyl-cyclohexan,** Formel VIII.

*B.* Neben geringeren Mengen des unter b) beschriebenen Stereoisomeren bei der Hydrierung von Essigsäure-[4-acetyl-anilid] an Platin in Essigsäure enthaltendem Äthanol und Behandlung des Reaktionsprodukts mit Chrom(VI)-oxid und wss. Essigsäure (*Ferber, Brückner*, B. **72** [1939] 995, 1000).

Krystalle (aus Ae.); F: 74—75°.

Semicarbazon $C_{11}H_{20}N_4O_2$ (*cis*-4-Acetamino-1-[1-semicarbazono-äthyl]-cyclohexan). Krystalle (aus Me.); F: 207°.

b) ***trans*-4-Acetamino-1-acetyl-cyclohexan,** Formel VII (R = CO-$CH_3$).

*B.* s. bei dem unter a) beschriebenen Stereoisomeren.

Krystalle (aus Ae.); F: 147—148° (*Ferber, Brückner*, B. **72** [1939] 995, 1001).

Semicarbazon $C_{11}H_{20}N_4O_2$ (*trans*-4-Acetamino-1-[1-semicarbazono-äthyl]-cyclohexan). Krystalle (aus Me.); F: 217°.

$H_3C-CO$—⬡·····NH—R　　$H_3C-CO$—⬡—NH—CO—$CH_3$　　⬡(CHO)($CH_2$—N(R)R)

VII　　VIII　　IX

**1-Aminomethyl-cyclohexan-carbaldehyd-(1)** $C_8H_{15}NO$.

**1-[Dimethylamino-methyl]-cyclohexan-carbaldehyd-(1),** *1-[(dimethylamino)methyl]cyclohexanecarboxaldehyde* $C_{10}H_{19}NO$, Formel IX (R = $CH_3$).

*B.* Aus Cyclohexancarbaldehyd, Dimethylamin und Formaldehyd (*Mannich, Lesser, Silten*, B. **65** [1932] 378, 384).

$Kp_{17}$: 102—104°.

Hydrochlorid. F: 130°.

Oxim $C_{10}H_{20}N_2O$ (1-[Dimethylamino-methyl]-cyclohexan-carbaldehyd-(1)-oxim). Hydrochlorid. F: 179°.

Methojodid $[C_{11}H_{22}NO]I$ (Trimethyl-[(1-formyl-cyclohexyl)-methyl]-ammonium-jodid). F: 223°.

**1-[Diäthylamino-methyl]-cyclohexan-carbaldehyd-(1),** *1-[(diethylamino)methyl]cyclohexanecarboxaldehyde* $C_{12}H_{23}NO$, Formel IX (R = $C_2H_5$).

*B.* Aus Cyclohexancarbaldehyd, Formaldehyd und Diäthylamin (*Mannich*, D.R.P. 544692 [1930]; Frdl. **18** 2987; U.S.P. 1824676 [1930]).

$Kp_{12}$: 120—122°.

**2-Aminomethyl-cyclohexan-carbaldehyd-(1)** $C_8H_{15}NO$.

**2-[Dimethylamino-methyl]-cyclohexan-carbaldehyd-(1),** *2-[(dimethylamino)methyl]cyclohexanecarboxaldehyde* $C_{10}H_{19}NO$.

**(±)-*trans*-2-[Dimethylamino-methyl]-cyclohexan-carbaldehyd-(1),** Formel X + Spiegelbild.

Diese Konfiguration kommt vermutlich der nachstehend beschriebenen Verbindung zu.

*B.* Beim Erhitzen der beiden opt.-inakt. 4-[Dimethylamino-methyl]-1-oxa-spiro[2.5]octan-carbonsäure-(2)-äthylester (5-Nitro-barbiturate: F: 188,6—188,8° bzw. F: 177,2° bis 178°) mit wss. Salzsäure (*Howton*, J. org. Chem. **12** [1947] 379, 383).

$Kp_1$: 61,6—62,3°.

Pikrat $C_{10}H_{19}NO \cdot C_6H_3N_3O_7$. Gelbe Krystalle (aus A. + Acetonitril); F: 168,6—169,4° [korr.].

2.4-Dinitro-phenylhydrazon $C_{16}H_{23}N_5O_4$. Orangefarbene Krystalle (aus Acetonitril); F: 146,9—147,4° [korr.]. — Hydrochlorid $C_{16}H_{23}N_5O_4 \cdot HCl$. Orangegelbe Krystalle (aus Acetonitril); F: 221,5—221,8° [korr.; Zers.].

Methojodid $[C_{11}H_{22}NO]I$ ((±)-Trimethyl-[(*trans*(?)-2-formyl-cyclohexyl)-methyl]-ammonium-jodid). — Krystalle (aus E. + Acetonitril); F: 213,8—214,0° [korr.].

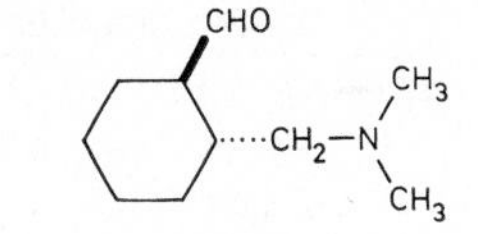

X 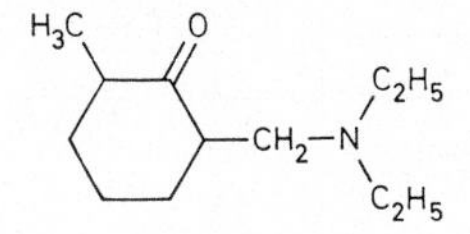 XI 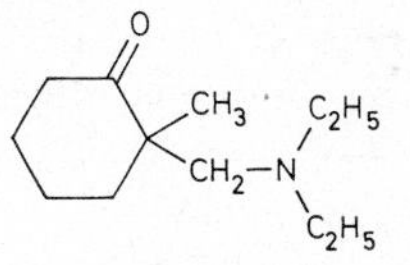 XII

**3-Methyl-1-aminomethyl-cyclohexanon-(2)** $C_8H_{15}NO$.

**3-Methyl-1-[diäthylamino-methyl]-cyclohexanon-(2),** *2-[(diethylamino)methyl]-6-methylcyclohexanone* $C_{12}H_{23}NO$, Formel XI.

In einem von *Du Feu, Mc Quillin, Robinson* (Soc. **1937** 53, 57) unter dieser Konstitution beschriebenen Präparat ($Kp_3$: 95—98°; $n_D^{23}$: 1,4642; hergestellt aus (±)-1-Methyl-cyclohexanon-(2), Paraformaldehyd und Diäthylamin) hat vermutlich ein Gemisch von opt.-inakt. 3-Methyl-1-[diäthylamino-methyl]-cyclohexanon-(2) mit grösseren Mengen (±)-1-Methyl-1-[diäthylamino-methyl]-cyclohexanon-(2) ($C_{12}H_{23}NO$; Formel XII) vorgelegen (*House, Trost,* J. org. Chem. **29** [1964] 1339).

### Amino-Derivate der Oxo-Verbindungen $C_9H_{16}O$

**1-Amino-1-propionyl-cyclohexan, 1-[1-Amino-cyclohexyl]-propanon-(1),** *1-(1-aminocyclohexyl)propan-1-one* $C_9H_{17}NO$, Formel I.

*B.* Aus 1-Amino-cyclohexan-carbonsäure-(1)-äthylester und Äthylmagnesiumbromid (*Godchot, Cauquil,* C. r. **200** [1935] 1479).

$Kp_{12}$: 132—133°. $D_{17}^{17}$: 0,9904. $n_D^{17}$: 1,4873.

Hydrochlorid $C_9H_{17}NO \cdot HCl$. F: ca. 230°.

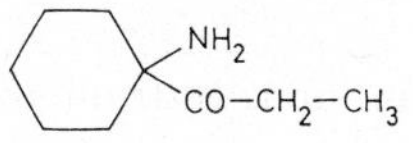

I 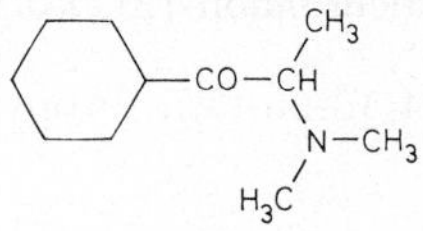 II 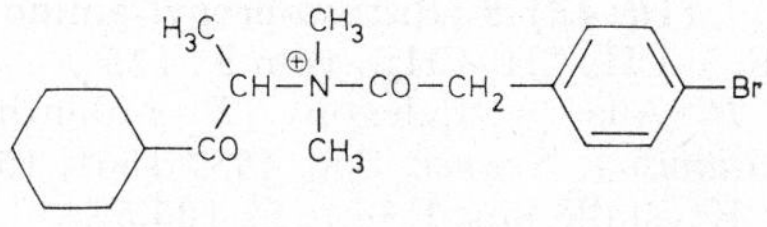 III

**Alanylcyclohexan, 2-Amino-1-cyclohexyl-propanon-(1)** $C_9H_{17}NO$.

**(±)-2-Dimethylamino-1-cyclohexyl-propanon-(1),** *(±)-1-cyclohexyl-2-(dimethylamino)propan-1-one* $C_{11}H_{21}NO$, Formel II.

*B.* Aus *N.N*-Dimethyl-DL-alanin-nitril und Cyclohexylmagnesiumchlorid (*Thomson, Stevens,* Soc. **1932** 2608, 2611).

Kp: 220—240°.

Charakterisierung durch Überführung in (±)-Dimethyl-[2-oxo-1-methyl-2-cyclohexyl-äthyl]-[(4-brom-phenyl)-acetyl]-ammonium-bromid ($[C_{19}H_{27}BrNO_2]Br$; Formel III; F: 213—214° [Zers.; aus A. + Ae.]): *Th., St.*

Pikrat $C_{11}H_{21}NO \cdot C_6H_3N_3O_7$. Gelbe Krystalle (aus Me.); F: 165—167°.

**3-Amino-1-cyclohexyl-aceton,** *1-amino-3-cyclohexylpropan-2-one* $C_9H_{17}NO$, Formel IV.

*B.* Beim Behandeln von 4-Cyclohexyl-acetessigsäure-äthylester mit wss. Essigsäure und Natriumnitrit, Behandeln des Reaktionsprodukts mit Zink und Acetanhydrid unter Zusatz von Eis und Erhitzen des danach isolierten Reaktionsprodukts mit wss. Salzsäure (*Jackman et al.,* Am. Soc. **70** [1948] 2884).

Nicht näher beschrieben.

### Amino-Derivate der Oxo-Verbindungen $C_{10}H_{18}O$

**4-Amino-1-cyclohexyl-butanon-(1)** $C_{10}H_{19}NO$.

**4-Diäthylamino-1-cyclohexyl-butanon-(1),** *1-cyclohexyl-4-(diethylamino)butan-1-one* $C_{14}H_{27}NO$, Formel V.

*B.* Beim Behandeln der Natrium-Verbindung des 3-Oxo-3-cyclohexyl-propionsäure-äthylesters mit Diäthyl-[2-chlor-äthyl]-amin in Benzol und Erhitzen des Reaktionsprodukts mit wss. Schwefelsäure (*Breslow et al.*, Am. Soc. **66** [1944] 1921).

$Kp_5$: 135—139°.

Oxim $C_{14}H_{28}N_2O$ (4-Diäthylamino-1-cyclohexyl-butanon-(1)-oxim). $Kp_{1,5}$: 161—164°.

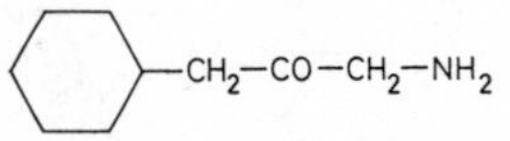

IV 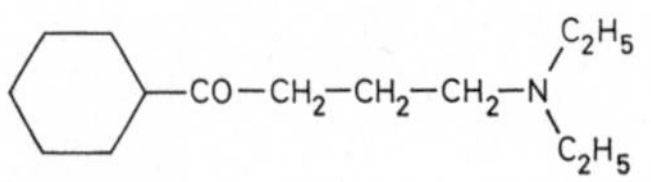 V 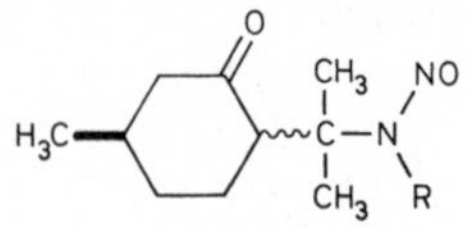 VI

**8-Amino-*p*-menthanon-(3)** $C_{10}H_{19}NO$.

**8-[Nitroso-methyl-amino]-*p*-methanon-(3),** *8-(methylnitrosoamino)-*p*-menthan-3-one* $C_{11}H_{20}N_2O_2$.

**(1*R*:4*Ξ*)-8-[Nitroso-methyl-amino]-*p*-menthanon-(3),** Formel VI (R = $CH_3$), **vom F: 116°.**

*B.* Aus (+)-Pulegon ((*R*)-*p*-Menthen-(4(8))-on-(3)), Methylamin und Natriumnitrit (*Adamson, Kenner*, Soc. **1937** 1551, 1554).

Krystalle (aus PAe.); F: 116,5°.

**8-[Nitroso-äthyl-amino]-*p*-menthanon-(3),** *8-(ethylnitrosoamino)-*p*-menthan-3-one* $C_{12}H_{22}N_2O_2$.

**(1*R*:4*Ξ*)-8-[Nitroso-äthyl-amino]-*p*-menthanon-(3),** Formel VI (R = $C_2H_5$), **vom F: 108°.**

*B.* Aus (+)-Pulegon ((*R*)-*p*-Menthen-(4(8))-on-(3)), Äthylamin und Natriumnitrit (*Adamson, Kenner*, Soc. **1937** 1551, 1554).

Krystalle (aus PAe.); F: 108,5°.

**8-[Nitroso-propyl-amino]-*p*-menthanon-(3),** *8-(nitrosopropylamino)-*p*-menthan-3-one* $C_{13}H_{24}N_2O_2$.

**(1*R*:4*Ξ*)-8-[Nitroso-propyl-amino]-*p*-menthanon-(3),** Formel VI (R = $CH_2$-$CH_2$-$CH_3$), **vom F: 125°.**

*B.* Aus (+)-Pulegon ((*R*)-*p*-Menthen-(4(8))-on-(3)), Propylamin und Natriumnitrit (*Adamson, Kenner*, Soc. **1937** 1551, 1554).

Krystalle (aus PAe.); F: 125,5°.

**8-[Nitroso-butyl-amino]-*p*-menthanon-(3),** *8-(butylnitrosoamino)-*p*-menthan-3-one* $C_{14}H_{26}N_2O_2$.

**(1*R*:4*Ξ*)-8-[Nitroso-butyl-amino]-*p*-menthanon-(3),** Formel VI (R = $[CH_2]_3$-$CH_3$), **vom F: 89°.**

*B.* Aus (+)-Pulegon ((*R*)-*p*-Menthen-(4(8))-on-(3)), Butylamin und Natriumnitrit (*Adamson, Kenner*, Soc. **1937** 1551, 1554).

Krystalle (aus PAe.); F: 89°.

**8-[Nitroso-pentyl-amino]-*p*-menthanon-(3),** *8-(nitrosopentylamino)-*p*-menthan-3-one* $C_{15}H_{28}N_2O_2$.

**(1*R*:4*Ξ*)-8-[Nitroso-pentyl-amino]-*p*-menthanon-(3),** Formel VI (R = $[CH_2]_4$-$CH_3$), **vom F: 88°.**

*B.* Aus (+)-Pulegon ((*R*)-*p*-Menthen-(4(8))-on-(3)), Pentylamin und Natriumnitrit (*Adamson, Kenner*, Soc. **1937** 1551, 1554).

Krystalle (aus PAe.); F: 88,5°.

**8-[Nitroso-heptyl-amino]-*p*-menthanon-(3),** *8-(heptylnitrosoamino)-*p*-menthan-3-one* $C_{17}H_{32}N_2O_2$.

**(1*R*:4*Ξ*)-8-[Nitroso-heptyl-amino]-*p*-menthanon-(3),** Formel VI (R = $[CH_2]_6$-$CH_3$), **vom F: 70°.**

*B.* Aus (+)-Pulegon ((*R*)-*p*-Menthen-(4(8))-on-(3)), Heptylamin und Natriumnitrit (*Adamson, Kenner*, Soc. **1937** 1551, 1554).

Krystalle (aus PAe.); F: 70°.

**8-[Nitroso-allyl-amino]-*p*-menthanon-(3),** *8-(allylnitrosoamino)*-p-*menthan-3-one* $C_{13}H_{22}N_2O_2$.

**(1*R*:4Ξ)-8-[Nitroso-allyl-amino]-*p*-menthanon-(3),** Formel VI (R = $CH_2$-CH=$CH_2$), **vom F: 108°.**

*B.* Aus (+)-Pulegon ((*R*)-*p*-Menthen-(4(8))-on-(3)), Allylamin und Natriumnitrit (*Adamson, Kenner,* Soc. **1937** 1551, 1554).

Krystalle (aus PAe.); F: 108°. [*Roth*]

# Amino-Derivate der Monooxo-Verbindungen $C_nH_{2n-4}O$

## Amino-Derivate der Oxo-Verbindungen $C_6H_8O$

**1-Amino-cyclohexen-(1)-on-(3)** $C_6H_9NO$.

**1-Dimethylamino-cyclohexen-(1)-on-(3),** *3-(dimethylamino)cyclohex-2-en-1-one* $C_8H_{13}NO$, Formel VII (R = X = $CH_3$).

*B.* Aus Dihydroresorcin (E III **7** 3210) und Dimethylamin in Benzol bei 130—140° (*Hoffmann-La Roche,* D.R.P. 614195 [1934]; Frdl. **22** 615).

F: 48° [nach Destillation im Hochvakuum]. In Wasser, Äthanol, Benzol, Äther leicht löslich, in Petroläther schwer löslich.

**1-Diäthylamino-cyclohexen-(1)-on-(3),** *3-(diethylamino)cyclohex-2-en-1-one* $C_{10}H_{17}NO$, Formel VII (R = X = $C_2H_5$).

*B.* Aus Dihydroresorcin (E III **7** 3210) und Diäthylamin in Toluol bei 170—180° (*Hoffmann-La Roche,* D.R.P. 614195 [1934]; Frdl. **22** 615).

F: 38° [nach Destillation im Hochvakuum]. Hygroskopisch.

**1-Diallylamino-cyclohexen-(1)-on-(3),** *3-(diallylamino)cyclohex-2-en-1-one* $C_{12}H_{17}NO$, Formel VII (R = X = $CH_2$-CH=$CH_2$).

*B.* Aus Dihydroresorcin (E III **7** 3210) und Diallylamin in Toluol bei 150—160° (*Hoffmann-La Roche,* D.R.P. 614195 [1934]; Frdl. **22** 615).

Hellgelbes Öl; $Kp_{0,3}$: 142—144°.

**1-[Methyl-cyclohexyl-amino]-cyclohexen-(1)-on-(3),** *3-(cyclohexylmethylamino)cyclohex-2-en-1-one* $C_{13}H_{21}NO$, Formel VII (R = $C_6H_{11}$, X = $CH_3$).

*B.* Aus Dihydroresorcin (E III **7** 3210) und Methyl-cyclohexyl-amin in Toluol bei Siedetemperatur (*Hoffmann-La Roche,* D.R.P. 614195 [1934]; Frdl. **22** 615).

Krystalle (aus wss. A.); F: 157°.

VII VIII IX X

## Amino-Derivate der Oxo-Verbindungen $C_7H_{10}O$

**3-Amino-1-methyl-cyclohexen-(3)-on-(5)** $C_7H_{11}NO$.

**(±)-3-Diäthylamino-1-methyl-cyclohexen-(3)-on-(5),** (±)-*3-(diethylamino)-5-methylcyclohex-2-en-1-one* $C_{11}H_{19}NO$, Formel VIII.

*B.* Aus 5-Methyl-dihydroresorcin (E III **7** 3219) und Diäthylamin in Toluol bei 180° (*Hoffmann-La Roche,* D.R.P. 614195 [1934]; Frdl. **22** 615).

Gelbes Öl; $Kp_{0,3}$: 137°.

**2-Amino-cyclohexen-(3)-carbaldehyd-(1)** $C_7H_{11}NO$.

**2-Diäthylamino-cyclohexen-(3)-carbaldehyd-(1),** *2-(diethylamino)cyclohex-3-ene-1-carboxaldehyde* $C_{11}H_{19}NO$, Formel IX.

Eine opt.-inakt. Verbindung (hellgelbes Öl; $Kp_3$: 90—93°; wenig beständig) dieser Konstitution ist aus Diäthyl-[butadien-(1.3)-yl]-amin und Acrylaldehyd in Äther erhalten worden (*Langenbeck et al.,* B. **75** [1942] 232, 235).

**3-Amino-norbornanon-(2)** $C_7H_{11}NO$.

**3-Anilino-norbornanon-(2)**, *3-anilinonorbornan-2-one* $C_{13}H_{15}NO$, Formel X.

Eine opt.-inakt. Verbindung (Krystalle [aus Bzn.], F: 98°; Semicarbazon $C_{14}H_{18}N_4O$: Krystalle [aus wss. Me.], F: 190°) dieser Konstitution ist beim Behandeln von opt.-inakt. 7a-Anilino-1-phenyl-3a.4.5.6.7.7a-hexahydro-1*H*-4.7-methano-benzotriazol (F: 238°; bezüglich der Konstitution dieser Verbindung vgl. *Fusco, Bianchetti, Pocar*, G. **91** [1961] 849, 852; *Huisgen, Möbius, Szeimies*, B. **98** [1965] 1138, 1144) in Äthylacetat mit wasserhaltiger Oxalsäure erhalten worden (*Alder, Stein*, A. **501** [1933] 1, 21, 45).

## Amino-Derivate der Oxo-Verbindungen $C_8H_{12}O$

**1-[2-Amino-äthyl]-cyclohexen-(1)-on-(3)** $C_8H_{13}NO$.

**1-[2-Dimethylamino-äthyl]-cyclohexen-(1)-on-(3)**, *3-[2-(dimethylamino)ethyl]cyclohex-2-en-1-one* $C_{10}H_{17}NO$, Formel XI.

*B.* Aus 2-Oxo-4-[2-dimethylamino-äthyl]-cyclohexen-(3)-carbonsäure-(1)-äthylester beim Erhitzen des Hydrogenoxalats mit wss. Salzsäure (*Cardwell, McQuillin*, Soc. **1949** 708, 713).

Hydrogenoxalat $C_{10}H_{17}NO \cdot C_2H_2O_4$. Krystalle (aus A. + Ae.); F: 135—136°.

**3-Amino-1.1-dimethyl-cyclohexen-(3)-on-(5)** $C_8H_{13}NO$.

**3-Diäthylamino-1.1-dimethyl-cyclohexen-(3)-on-(5)**, *3-(diethylamino)-5,5-dimethyl-cyclohex-2-en-1-one* $C_{12}H_{21}NO$, Formel XII.

*B.* Aus 5.5-Dimethyl-dihydroresorcin (E III 7 3225) und Diäthylamin in Toluol bei 170—180° (*Hoffmann-La Roche*, D.R.P. 614195 [1934]; Frdl. **22** 615).

Krystalle; F: 51°.

XI XII XIII XIV

## Amino-Derivate der Oxo-Verbindungen $C_9H_{14}O$

**7-Amino-1.7-dimethyl-norbornanon-(2)**, *7-amino-1,7-dimethylnorbornan-2-one* $C_9H_{15}NO$.

**(1*R*)-7*anti*-Amino-1.7*syn*-dimethyl-norbornanon-(2)**, Formel XIII.

*B.* Aus (1*R*)-7*anti*-Isocyanato-1.7*syn*-dimethyl-norbornanon-(2) beim Erwärmen mit wss. Salzsäure (*Ishidate, Tani*, J. pharm. Soc. Japan **62** [1942] 12, 14; dtsch. Ref. S. 8; C. A. **1951** 584).

Hygroskopische Krystalle (aus PAe.); F: 158—159° [Zers.; nach Sintern bei 155°]. $[\alpha]_D^{21}$: +91,1° [A.; c = 5] (*Ish., Tani*).

Beim Erhitzen mit wss. Natronlauge ist 1-Methyl-4-acetyl-cyclohexanon-(2) ($Kp_{13}$: 132—134,5°) erhalten worden (*Ish., Tani*; vgl. *Yoshida*, Pharm. Bl. **3** [1955] 215, 219).

Hydrochlorid. Krystalle (aus A.); F: 206—207° (*Ish., Tani*).

**7-Isocyanato-1.7-dimethyl-norbornanon-(2), 2-Oxo-1.7-dimethyl-norbornyl-(7)-isocyanat**, *isocyanic acid 1,7-dimethyl-2-oxo-7-norbornyl ester* $C_{10}H_{13}NO_2$.

**(1*R*)-7*anti*-Isocyanato-1.7*syn*-dimethyl-norbornanon-(2)**, Formel XIV.

*B.* Beim Erwärmen von (1*R*)-2-Oxo-bornansäure-(8)-chlorid mit Natriumazid in Benzol (*Ishidate, Tani*, J. pharm. Soc. Japan **62** [1942] 12, 14; dtsch. Ref. S. 8; C. A. **1951** 584).

Krystalle (aus Bzn.); F: 96°. $[\alpha]_D^{21}$: +28,8° [A.; c = 2].

**5-Amino-2.2-dimethyl-norbornanon-(6)** $C_9H_{15}NO$.

**5-Anilino-2.2-dimethyl-norbornanon-(6)**, *3-anilino-6,6-dimethylnorbornan-2-one* $C_{15}H_{19}NO$, Formel I.

Eine unter dieser Konstitution beschriebene, vermutlich aber als 6-Anilino-2.2-dimethyl-norbornanon-(5) (Formel II) zu formulierende opt.-inakt. Verbindung (Krystalle [aus PAe.], F: 125—126°) ist beim Erhitzen von opt.-inakt. 7a-Anilino-5.5-dimethyl-1-phenyl-3a.4.5.6.7.7a-hexahydro-1*H*-4.7-methano-benzotriazol (F: 230°; bezüglich der Konstitution dieser Verbindung vgl. *Fusco, Bianchetti, Pocar*, G. **91** [1961]

849, 852; *Huisgen, Möbius, Szeimies*, B. **98** [1965] 1138, 1144) in Äthylacetat mit wasserhaltiger Oxalsäure erhalten worden (*Alder, Stein*, A. **515** [1935] 165, 174, 184).

I II III

## Amino-Derivate der Oxo-Verbindungen $C_{10}H_{16}O$

**2-Amino-*p*-menthen-(1)-on-(3)** $C_{10}H_{17}NO$.

**2-Dimethylamino-*p*-menthen-(1)-on-(3)**, *2-(dimethylamino)-*p*-menth-1-en-3-one* $C_{12}H_{21}NO$.

Diese Konstitution wird den beiden nachstehend beschriebenen Verbindungen zugeordnet.

a) **(*R*)-2-Dimethylamino-*p*-menthen-(1)-on-(3)**, Formel III.

*B.* Neben anderen Verbindungen aus einem rechtsdrehenden „Piperitonoxid"-Präparat ((*R*)-1.2-Epoxy-*p*-menthanon-(3); hergestellt aus (−)-Piperiton [E III **7** 324]) beim Erhitzen mit Dimethylamin in Äthanol (*Rupe, Refardt*, Helv. **25** [1942] 836, 843, 845).

$Kp_{11}$: 110—111°. $D_4^{20}$: 0,9427. $[\alpha]_D^{20}$: −5,63° [unverd.].

Perchlorat $C_{12}H_{21}NO \cdot HClO_4$. Krystalle (aus E.); F: 140—141°. $[\alpha]_D^{20}$: −6,4° [W.; p = 2,5].

b) **(±)-2-Dimethylamino-*p*-menthen-(1)-on-(3)**, Formel III + Spiegelbild.

*B.* Aus einem opt.-inakt. „Piperitonoxid"-Präparat (hergestellt aus (±)-Piperiton [E III **7** 326]) beim Erhitzen mit Dimethylamin in Äthanol (*Rupe, Refardt*, Helv. **25** [1942] 836, 840, 846).

Bei der Umsetzung mit Hydrazin ist eine vermutlich als 2-Dimethylamino-1-hydrazino-*p*-menthanon-(3)-hydrazon (Formel IV) zu formulierende Verbindung $C_{12}H_{27}N_5$ (Krystalle [aus A. + W.], F: 68°) erhalten worden (*Rupe, Re.*, l. c. S. 846).

Reaktion mit Methyljodid unter Bildung einer als Trimethyl-[3-oxo-*p*-menthen-(1)-yl-(2)]-ammonium-jodid angesehenen Verbindung $[C_{13}H_{24}NO]I$ (Krystalle [aus A. + Ae.], F: 115—116°) sowie Reaktion mit Bromessigsäure-äthylester unter Bildung einer als Dimethyl-äthoxycarbonylmethyl-[3-oxo-*p*-menthen-(1)-yl-(2)]-ammonium-bromid angesehenen Verbindung $[C_{16}H_{28}NO_3]Br$ (Krystalle [aus A. + Ae.], F: 208—209°): *Rupe, Re.*, l. c. S. 847.

Pikrat $C_{12}H_{21}NO \cdot C_6H_3N_3O_7$. Gelbe Krystalle (aus A.); F: 144—145°.

Semicarbazon $C_{13}H_{24}N_4O$. Krystalle (aus PAe. + A.); F: 206—208°.

IV V VI

**6-Amino-*p*-menthen-(1)-on-(5)** $C_{10}H_{17}NO$.

**6-Dimethylamino-*p*-menthen-(1)-on-(5)**, *2-(dimethylamino)-*p*-menth-6-en-3-one* $C_{12}H_{21}NO$.

Diese Konstitution wird den beiden nachstehend beschriebenen Verbindungen zugeordnet.

a) **(+)-(4*R*:6*Ξ*)-6-Dimethylamino-*p*-menthen-(1)-on-(5)**, Formel V.

*B.* Neben anderen Verbindungen aus einem rechtsdrehenden „Piperitonoxid"-Präparat ((*R*)-1.2-Epoxy-*p*-menthanon-(3); hergestellt aus (−)-Piperiton [E III **7** 324]) beim Erhitzen mit Dimethylamin in Äthanol (*Rupe, Refardt*, Helv. **25** [1942] 836, 843, 851).

$Kp_{12}$: 132—133°. $D_4^{20}$: 0,9705. $[\alpha]_D^{20}$: +0,65° [unverd.].

b) **Opt.-inakt. 6-Dimethylamino-*p*-menthen-(1)-on-(5)**, Formel VI.

*B.* Aus einem opt.-inakt. „Piperitonoxid"-Präparat (hergestellt aus (±)-Piperiton

[E III 7 326]) beim Erhitzen mit Dimethylamin in Äthanol (*Rupe, Refardt,* Helv. **25** [1942] 836, 840, 851).

Reaktion mit Methyljodid unter Bildung einer als Trimethyl-[3-oxo-*p*-menthen-(6)-yl-(2)]-ammonium-jodid angesehenen Verbindung [$C_{13}H_{24}NO$]I (Krystalle aus A. + Ae.], F: 217°) sowie Reaktion mit Bromessigsäure-äthylester unter Bildung einer als Dimethyl-äthoxycarbonylmethyl-[3-oxo-*p*-menthen-(6)-yl-(2)]-ammonium-bromid angesehenen Verbindung [$C_{16}H_{28}NO_3$]Br (Krystalle [aus E. + A.], F: 210—211°), die sich in eine als Dimethyl-carboxymethyl-[3-oxo-*p*-menthen-(6)-yl-(2)]-ammonium-betain angesehene Verbindung $C_{14}H_{23}NO_3$ (Krystalle [aus E.], F: 239—241°) hat überführen lassen: *Rupe, Re.,* l. c. S. 854.

Hydrochlorid $C_{12}H_{21}NO \cdot HCl$. Krystalle mit 0,5 Mol $H_2O$; F: 208—209° (*Rupe, Re.,* l. c. S. 852).

Hydrobromid $C_{12}H_{21}NO \cdot HBr$. Krystalle; F: 219—220° (*Rupe, Re.,* l. c. S. 851).

Pikrat $C_{12}H_{21}NO \cdot C_6H_3N_3O_7$. Gelbe Krystalle (aus A.); F: 181—182° (*Rupe, Re.,* l. c. S. 852).

Oxim $C_{12}H_{22}N_2O$. Krystalle (aus A. + W.) mit 1 Mol $H_2O$; F: 93—95°.

Hydrazon $C_{12}H_{23}N_3$. Krystalle (aus Bzn.); F: 39—41°.

Semicarbazon $C_{13}H_{24}N_4O$. Krystalle (aus A.); F: 204—205°.

**1-Amino-*p*-menthen-(8)-on-(2)** $C_{10}H_{17}NO$.

***N*-[2-Hydroxyimino-*p*-menthen-(8)-yl-(1)]-glycin,** N-[*2-(hydroxyimino)-*p*-menth-8-en-1-yl)glycine* $C_{12}H_{20}N_2O_3$, Formel VII.

Eine unter dieser Konstitution beschriebene, als Hydrochlorid $C_{12}H_{20}N_2O_3 \cdot HCl$ (F: 141—141,5° [unkorr.; aus wss. A.]) isolierte Verbindung ist in geringer Menge beim Erwärmen von nicht bezeichnetem „Limonen-nitrosochlorid" mit Glycin in wss. Äthanol erhalten worden (*Krewson,* J. Am. pharm. Assoc. **30** [1941] 47).

**2-Amino-2-methyl-5-isopropyl-bicyclo[3.1.0]hexanon-(3), 4-Amino-thujanon-(3)** $C_{10}H_{17}NO$.

**4-Amino-thujanon-(3)-oxim,** *4-aminothujan-3-one oxime* $C_{10}H_{18}N_2O$, Formel VIII (R = X = H).

Über eine aus opt.-inakt. α-Thujen-nitrosochlorid (F: 85—90° [Zers.] [vgl. E III **5** 365]) mit Hilfe von wss. Ammoniak erhaltene Verbindung (F: 162° [aus A.]; Hydrochlorid: F: 235° [Zers.; aus A.]) dieser Konstitution s. *Birch, Earl,* J. Pr. Soc. N.S. Wales **72** [1938] 55, 58.

**4-Dimethylamino-thujanon-(3)-oxim,** *4-(dimethylamino)thujan-3-one oxime* $C_{12}H_{22}N_2O$, Formel VIII (R = X = $CH_3$).

Über eine aus opt.-inakt. α-Thujen-nitrosochlorid (F: 85—90° [Zers.] [vgl. E III **5** 365]) und Dimethylamin erhaltene Verbindung (F: 178°) dieser Konstitution s. *Birch,* J. Pr. Soc. N.S. Wales **71** [1938] 330, 335; *Birch, Earl,* J. Pr. Soc. N.S. Wales **72** [1938] 55.

**4-Diäthylamino-thujanon-(3)-oxim,** *4-(diethylamino)thujan-3-one oxime* $C_{14}H_{26}N_2O$, Formel VIII (R = X = $C_2H_5$).

Über eine aus opt.-inakt. α-Thujen-nitrosochlorid (F: 85—90° [Zers.] [vgl. E III **5** 365]) und Diäthylamin erhaltene Verbindung (F: 140°) dieser Konstitution s. *Birch,* J. Pr. Soc. N.S. Wales **71** [1938] 330, 335; *Birch, Earl,* J. Pr. Soc. N.S. Wales **72** [1938] 55.

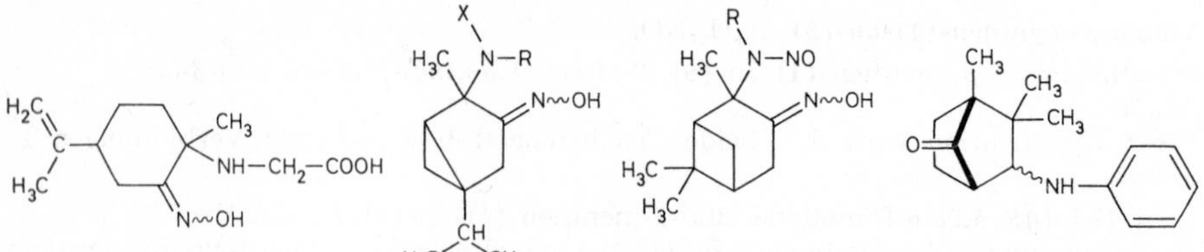

VII VIII IX X

**4-Diisobutylamino-thujanon-(3)-oxim,** *4-(diisobutylamino)thujan-3-one oxime* $C_{18}H_{34}N_2O$, Formel VIII (R = X = $CH_2$-$CH(CH_3)_2$).

Über eine aus opt.-inakt. α-Thujen-nitrosochlorid (F: 85—90° [Zers.] [vgl. E III **5**

365]) und Diisobutylamin erhaltene Verbindung (F: 120°) dieser Konstitution s. *Birch*, J. Pr. Soc. N.S. Wales **71** [1938] 330, 335; *Birch, Earl*, J. Pr. Soc. N.S. Wales **72** [1938] 55.

**4-Benzylamino-thujanon-(3)-oxim,** *4-(benzylamino)thujan-3-one oxime* $C_{17}H_{24}N_2O$, Formel VIII (R = $CH_2$-$C_6H_5$, X = H).

Über eine aus opt.-inakt. α-Thujen-nitrosochlorid (F: 85—90° [Zers.] [vgl. E III **5** 365]) und Benzylamin erhaltene Verbindung (F: 106° [aus wss. A.]; vermutlich identisch mit dem H **14** 9 beschriebenen „Origanennitrolbenzylamin") dieser Konstitution s. *Birch*, J. Pr. Soc. N.S. Wales **71** [1938] 330, 335; *Birch, Earl*, J. Pr. Soc. N.S. Wales **72** [1938] 55.

**4-[1-Phenyl-äthylamino]-thujanon-(3)-oxim,** *4-(α-methylbenzylamino)thujan-3-one oxime* $C_{18}H_{26}N_2O$, Formel VIII (R = $CH(CH_3)$-$C_6H_5$, X = H).

Über eine aus opt.-inakt. α-Thujen-nitrosochlorid (F: 85—90° [Zers.] [vgl. E III **5** 365] und (±)-1-Phenyl-äthylamin erhaltene Verbindung (F: 161°) dieser Konstitution s. *Birch*, J. Pr. Soc. N.S. Wales **71** [1938] 330, 335; *Birch, Earl*, J. Pr. Soc. N.S. Wales **72** [1938] 55.

**2-Amino-2.6.6-trimethyl-norpinanon-(3), 2-Amino-pinanon-(3)** $C_{10}H_{17}NO$.

**2-[*N*-Nitroso-anilino]-pinanon-(3)-oxim,** *2-(N-nitrosoanilino)pinan-3-one oxime* $C_{16}H_{21}N_3O_2$, Formel IX (R = $C_6H_5$).

Eine opt.-inakt. Verbindung (F: 100,5°) dieser Konstitution ist aus opt.-inakt. 2-Anilino-pinanon-(3)-oxim („Pinennitrolanilin" [E II 6]) beim Behandeln mit wss. Salzsäure und Natriumnitrit erhalten worden (*Earl, Hazlewood*, Soc. **1937** 374).

**3-Amino-1.2.2-trimethyl-norbornanon-(7)** $C_{10}H_{17}NO$.

**(1*R*)-3ξ-Anilino-1.2.2-trimethyl-norbornanon-(7),** *3-anilino-1,2,2-trimethylnorbornan-7-one* $C_{16}H_{21}NO$, Formel X.

Diese Konstitution wird für die nachstehend beschriebene, als [7-Oxo-epifenchyl]-anilin bezeichnete Verbindung angenommen (*Isshiki*, J. pharm. Soc. Japan **65** [1945] Nr. 2, S. 12; C. A. **1951** 5663).

*B.* Beim Erhitzen von (1*R*)-3-Diazo-campher mit Anilin (*Is.*).

Krystalle; F: 105°. In wss. Salzsäure fast unlöslich.

**3-Amino-1.7.7-trimethyl-norbornanon-(2), 3-Amino-bornanon-(2), 3-Amino-campher,** *3-aminobornan-2-one* $C_{10}H_{17}NO$.

a) **(1*R*)-3*endo*-Amino-bornanon-(2),** Formel XI (R = X = H) (H 10; E I 352; E II 6; dort als 3-Amino-*d*-campher bezeichnet).

Über die Konfiguration s. *Edwards, Lesage*, Canad. J. Chem. **41** [1963] 1592, 1593; *Beckett, TongLan, McDonough*, Tetrahedron **25** [1969] 5689; *Daniel, Pavia*, Bl. **1971** 1060, 1062, 1068.

*B.* Aus (1*R*)-3-*seqtrans*-Hydroxyimino-bornanon-(2) bei der Reduktion an Blei-Kathoden in wss. Natronlauge (*Rose*, Soc. **1931** 3337). Aus (1*R*)-Bornandion-(2.3) beim Erwärmen mit äthanol. Ammoniak und anschliessenden Hydrieren an Nickel (*Rupe, Tommasi di Vignano*, Helv. **20** [1937] 1078, 1095).

$Kp_{14}$: 120—122° (*Rupe, To. di V.*); $[\alpha]_D$: +17,5° [A.; p = 1,7] (*Noyes, Meitzner*, Am. Soc. **54** [1932] 3768, 3769).

Beim Erhitzen mit wss. Formaldehyd ist (1*R*)-Bornandion-(2.3) als Hauptprodukt erhalten worden (*Rupe, Buxtorf, Flatt*, Helv. **13** [1930] 1026, 1028; *Rupe, Martin*, Helv. **17** [1934] 1207, 1212).

Hydrochlorid $C_{10}H_{17}NO\cdot HCl$ (H 11). F: 250,5° [aus A. + Ae.] (*Be., To., McD.*, l. c. S. 5692), 241—242° [aus Ae. + HCl] (*Smith, Hicks*, J. org. Chem. **36** [1971] 3659, 3666), 234—236° [Zers.] (*Da., Pa.*, l. c. S. 1070), 221—222° [Zers.] (*Rupe, To. di V.*, l. c. S. 1096). $[\alpha]_D^{20}$: +11,5° [W.; p = 10]; $[\alpha]_D^{25}$: +21° [Me.; c = 1,3] (*Sm., Hi.*).

Sulfat. Krystalle, F: 213—214° [unkorr.]; $[\alpha]_D^{18}$: +9,5° [W.; c = 4,5] (*Takeuchi*, Scient. Pap. Inst. phys. chem. Res. **23** [1933/34] 288, 292).

Oxalat $2\,C_{10}H_{17}NO\cdot C_2H_2O_4$. F: 212°; $[\alpha]_D$: +8,5° [W.; p = 1,5] (*No., Mei.*).

Oxim $C_{10}H_{18}N_2O$ (H 11). Krystalle (aus Bzl. oder W.); F: 142—143° (*Rupe, To. di V.*).

b) **(1*R*)-3*exo*-Amino-bornanon-(2),** Formel XII.

Über ein Präparat ($[\alpha]_D$: +55,5° [A.]; Oxalat $2\,C_{10}H_{17}NO\cdot C_2H_2O_4$: F: 203°; $[\alpha]_D$: +43,7° [W.]), in dem möglicherweise diese Verbindung vorgelegen hat, s. *Noyes*,

*Meitzner*, Am. Soc. **54** [1932] 3768, 3769.

**3-Amino-bornanon-(2)-hydrazon, 3-Amino-campher-hydrazon,** *3-aminobornan-2-one hydrazone* $C_{10}H_{19}N_3$.

**(1*R*)-3*endo*-Amino-bornanon-(2)-hydrazon,** Formel XIII (E I 352).

Krystalle (aus Bzn.); F: 105° (*Rupe, Buxtorf*, Helv. **13** [1930] 444, 448).

Überführung in ein Phenylthiocarbamoyl-Derivat $C_{17}H_{24}N_4S$ (Krystalle [aus A.]; F: 154°) mit Hilfe von Phenylisothiocyanat: *Rupe, Bu.*

**3-Methylamino-bornanon-(2), 3-Methylamino-campher,** *3-(methylamino)bornan-2-one* $C_{11}H_{19}NO$.

**(1*R*)-3*endo*-Methylamino-bornanon-(2),** Formel XI (R = $CH_3$, X = H) (H 11).

Über die Konfiguration s. *Cooper, Chittenden*, Chem. and Ind. **1968** 1839.

*B.* Aus (1*R*)-3*endo*-Methylamino-bornanol-(2*endo*) mit Hilfe von Chrom(VI)-oxid oder aus (1*R*)-3*endo*-Methylamino-bornanol-(2*exo*) mit Hilfe von Chlor in Wasser (*Mazza, Migliardi*, B. **72** [1939] 689, 694). Als Hauptprodukt bei der Behandlung von (1*R*)-Bornandion-(2.3) mit Methylamin in Äthanol und anschliessenden Hydrierung an Nickel (*Rupe, Tommasi di Vignano*, Helv. **20** [1937] 1078, 1093).

F: 14,5° (*Rupe, Martin*, Helv. **17** [1934] 1207, 1216). $Kp_{12}$: 109,5—110° (*Rupe, To. di V.*); $Kp_9$: 102° (*Rupe, Ma.*). $D_4^{20}$: 0,9849 (*Rupe, Ma.*). $[\alpha]_D^{20}$: +34° [unverd.] (*Rupe, Ma.*).

Beim Erwärmen mit Natrium in Benzol ist (1*R*)-3*endo*-Methylamino-bornanol-(2*endo*) erhalten worden (*Rupe, To. di V.*). Hydrierung an Nickel in wss. Äthanol unter Bildung von (1*R*)-3*endo*-Methylamino-bornanol-(2*exo*): *Rupe, To. di V.*

Perchlorat $C_{11}H_{19}NO \cdot HClO_4$. Krystalle (aus Eg. oder E.); F: 179—181° (*Rupe, To. di V.*, l. c. S. 1085). Bei 18° lösen sich in 100 g Wasser 21 g, in 100 g Essigsäure 8,8 g (*Rupe, To. di V.*).

Pikrat $C_{11}H_{19}NO \cdot C_6H_3N_3O_7$ (H 11). F: 187° (*Ma., Mi.*).

Oxim-hydrochlorid $C_{11}H_{20}N_2O \cdot HCl$. Krystalle [aus A. + Acn.]; F: 234° [Zers.] (*Rupe, To. di V.*, l. c. S. 1084).

XI XII XIII XIV

**3-Dimethylamino bornanon-(2), 3-Dimethylamino-campher,** *3-(dimethylamino)bornan-2-one* $C_{12}H_{21}NO$.

**(1*R*)-3*endo*-Dimethylamino-bornanon-(2),** Formel XI (R = X = $CH_3$) (H 11; E II 6).

Über die Konfiguration s. *Cooper, Chittenden*, Chem. and Ind. **1968** 1839.

*B.* Beim Erwärmen von (1*R*)-3*endo*-Amino-bornanon-(2) mit Dimethylsulfat und wss. Natronlauge (*Rupe, Flatt*, Helv. **14** [1931] 1007, 1016).

Krystalle; F: 37°; $Kp_{13}$: 111° (*Rupe, Fl.*).

Bei 3-tägigem Erhitzen mit Chloressigsäure-äthylester im geschlossenen Gefäss sind Trimethyl-[(1*S*)-3-oxo-4.7.7-norbornyl-(2*endo*)]-ammonium-chlorid und *N*-Methyl-*N*-[(1*S*)-3-oxo-4.7.7-trimethyl-norbornyl-(2*endo*)]-glycin-äthylester erhalten worden (*Rupe, Fl.*, l. c. S. 1008, 1018).

Hydrochlorid $C_{12}H_{21}NO \cdot HCl$. Krystalle (aus E. + A.); F: 237° (*Rupe, Fl.*, l. c. S. 1019).

Perchlorat $C_{12}H_{21}NO \cdot HClO_4$. Krystalle (aus A.); F: 229—230° (*Rupe, Fl.*, l. c. S. 1017).

**3-Trimethylammonio-bornanon-(2), Trimethyl-[3-oxo-4.7.7-trimethyl-norbornyl-(2)]-ammonium,** *trimethyl(2-oxo-3-bornyl)ammonium* $[C_{13}H_{24}NO]^{\oplus}$.

**Trimethyl-[(1*S*)-3-oxo-4.7.7-trimethyl-norbornyl-(2*endo*)]-ammonium,** Formel XIV (R = $CH_3$) (H 12).

**Perchlorat** $[C_{13}H_{24}NO]ClO_4$. *B.* Aus (1*R*)-3*endo*-Dimethylamino-bornanon-(2) (*Rupe, Flatt*, Helv. **14** [1931] 1007, 1017). — Krystalle (aus W.); F: 233°.

**3-Äthylamino-bornanon-(2), 3-Äthylamino-campher,** *3-(ethylamino)bornan-2-one* $C_{12}H_{21}NO$.

**(1*R*)-3*endo*-Äthylamino-bornanon-(2),** Formel XI (R = $C_2H_5$, X = H).

*B.* Bei der Hydrierung von (1*R*)-3-Äthylimino-bornanon-(2) an Nickel in Äthylamin enthaltendem Äthanol (*Rupe, Tommasi di Vignano,* Helv. **20** [1937] 1078, 1087, 1095).

F: 28°; $Kp_{12,5}$: 118° (*Rupe, To. di V.*).

Perchlorat $C_{12}H_{21}NO \cdot HClO_4$. Krystalle (aus W.); F: 215—217° [unter Rotfärbung] (*Rupe, To. di V.*, l. c. S. 1087).

Über ein aus nicht näher bezeichnetem Bornandion-(2.3) hergestelltes, als Hydrochlorid (Krystalle [aus A. + Ae.]; F: 255—256°) isoliertes Präparat, in dem möglicherweise die gleiche Verbindung vorgelegen hat, s. *Drake et al.*, J. org. Chem. **11** [1946] 795.

**3-[Methyl-äthyl-amino]-bornanon-(2), 3-[Methyl-äthyl-amino]-campher,** *3-(ethylmethyl-amino)bornan-2-one* $C_{13}H_{23}NO$.

**(1*R*)-3*endo*-[Methyl-äthyl-amino]-bornanon-(2),** Formel XI (R = $C_2H_5$, X = $CH_3$).

*B.* Aus (1*R*)-3*endo*-Äthylamino-bornanon-(2) und Dimethylsulfat (*Rupe, Tommasi di Vignano,* Helv. **20** [1937] 1078, 1087).

$Kp_{12,5}$: 119—119,5°.

Perchlorat $C_{13}H_{23}NO \cdot HClO_4$. Krystalle (aus W.); F: 204—205,5° [Zers.].

**3-Butylamino-bornanon-(2), 3-Butylamino-campher,** *3-(butylamino)bornan-2-one* $C_{14}H_{25}NO$.

Das Hydrochlorid (Krystalle [aus A. + Ae.], F: 272—273°) eines möglicherweise als **(1*R*)-3*endo*-Butylamino-bornanon-(2)** (Formel XI [R = $[CH_2]_3$-$CH_3$, X = H]) zu formulierenden Aminoketons ist beim Erwärmen von (1*R*?)-Bornandion-(2.3) mit Butyl-amin in Äthanol und anschliessenden Hydrieren an Raney-Nickel erhalten worden (*Drake et al.*, J. org. Chem. **11** [1946] 795).

**3-[Dimethyl-vinyl-ammonio]-bornanon-(2), Dimethyl-vinyl-[3-oxo-4.7.7-trimethyl-norbornyl-(2)]-ammonium,** *dimethyl(2-oxo-3-bornyl)vinylammonium* $[C_{14}H_{24}NO]^{\oplus}$.

**Dimethyl-vinyl-[(1*S*)-3-oxo-4.7.7-trimethyl-norbornyl-(2*endo*)]-ammonium,** Formel XIV (R = $CH{=}CH_2$).

**Hydroxid** (nur in wss. Lösung erhalten). *B.* Beim Erwärmen von (1*R*)-3*endo*-Dimethyl-amino-bornanon-(2) mit 1.2-Dibrom-äthan und Behandeln einer wss. Lösung des Reaktionsprodukts mit Silberoxid (*Rupe, Flatt,* Helv. **14** [1931] 1007, 1028). — $[\alpha]_D^{20}$: +75,2° [W.; c = 4]. Optisches Drehungsvermögen (W.; 486—656 mμ): *Rupe, Fl.*, l. c. S. 1015.

**Perchlorat** $[C_{14}H_{24}NO]ClO_4$. Krystalle (aus W.); F: 237—238° (*Rupe, Fl.*, l. c. S. 1027).

**Tetrachloroaurat(III)** $[C_{14}H_{24}NO]AuCl_4$. Hellgelbe Krystalle (aus W.); F: 213—218° (*Rupe, Fl.*, l. c. S. 1029).

**3-Anilino-bornanon-(2), 3-Anilino-campher,** *3-anilinobornan-2-one* $C_{16}H_{21}NO$.

a) **(1*R*)-3*endo*-Anilino-bornanon-(2),** Formel I (R = X = H) (H 12; E II 6).

$[M]_D^{35}$: +289,6° [Bzl.], +299,7° [$CHCl_3$], +282,1° [Ae.], +265,1° [Acn.], +263,2° [A.], +235,3° [Me.] (*Singh, Basu-Mallik, Bhaduri,* J. Indian chem. Soc. **8** [1931] 95, 108). Optisches Drehungsvermögen von Lösungen in Benzol, Chloroform, Äther, Aceton, Äthanol und Methanol für Licht der Wellenlängen 578 mμ, 546 mμ und 436 mμ: *Si., Basu-M., Bh.*

Hydrochlorid $C_{16}H_{21}NO \cdot HCl$. F: 175°.

b) **(1*S*)-3*endo*-Anilino-bornanon-(2),** Formel II (R = X = H).

*B.* Aus (1*S*)-3-Phenylimino-bornanon-(2) mit Hilfe von Zink und wss. Kalilauge (*Singh, Basu-Mallik, Bhaduri,* J. Indian chem. Soc. **8** [1931] 95, 106).

Krystalle; F: 80°. Optisches Drehungsvermögen von Lösungen in Benzol, Chloroform, Äther, Aceton, Äthanol und Methanol für Licht der Wellenlängen 589 mμ, 578 mμ, 546 mμ und 436 mμ: *Si., Basu-M., Bh.*, l. c. S. 108.

Hydrochlorid $C_{16}H_{21}NO \cdot HCl$. F: 175°.

c) **(±)-3*endo*-Anilino-bornanon-(2),** Formel I + II (R = X = H).

*B.* Aus (±)-3-Phenylimino-bornanon-(2) (*Singh, Basu-Mallik, Bhaduri,* J. Indian chem. Soc. **8** [1931] 95, 106).

Krystalle (aus A.); F: 104—105°.

Hydrochlorid $C_{16}H_{21}NO \cdot HCl$. F: 170—171°.

I II

**3-[2-Jod-anilino]-bornanon-(2), 3-[2-Jod-anilino]-campher,** *3-(o-iodoanilino)bornan-2-one* $C_{16}H_{20}INO$.

a) **(1*R*)-3*endo*-[2-Jod-anilino]-bornanon-(2),** Formel I (R = H, X = I).

*B.* Aus (1*R*)-3-[2-Jod-phenylimino]-bornanon-(2) mit Hilfe von Zink und wss. Kalilauge (*Singh, Basu-Mallik, Bhaduri*, J. Indian chem. Soc. **8** [1931] 95, 102).

Krystalle (aus A.); F: 147—148°. $[M]_D^{35}$: +133,2° [Bzl.], +234,9° [$CHCl_3$], +199,6° [Ae.], +188,2° [Acn.], +173,5° [A.], +152,1° [Me.]. Optisches Drehungsvermögen von Lösungen in Benzol, Chloroform, Äther, Aceton, Äthanol und Methanol für Licht der Wellenlängen 578 mμ, 546 mμ und 436 mμ: *Si., Basu-M., Bh.*, l. c. S. 110.

b) **(1*S*)-3*endo*-[2-Jod-anilino]-bornanon-(2),** Formel II (R = H, X = I).

*B.* Aus (1*S*)-3-[2-Jod-phenylimino]-bornanon-(2) (*Singh, Basu-Mallik, Bhaduri*, J. Indian chem. Soc. **8** [1931] 95, 103).

Krystalle; F: 148°. Optisches Drehungsvermögen von Lösungen in Chloroform, Aceton und Äthanol für Licht der Wellenlängen 589 mμ, 578 mμ und 436 mμ: *Si., Basu-M., Bh.*, l. c. S. 110.

c) **(±)-3*endo*-[2-Jod-anilino]-bornanon-(2),** Formel I + II (R = H, X = I).

*B.* Aus (±)-3-[2-Jod-phenylimino]-bornanon-(2) (*Singh, Basu-Mallik, Bhaduri*, J. Indian chem. Soc. **8** [1931] 95, 103).

Krystalle; F: 144—145°.

**3-[3-Jod-anilino]-bornanon-(2), 3-[3-Jod-anilino]-campher,** *3-(m-iodoanilino)bornan-2-one* $C_{16}H_{20}INO$.

a) **(1*R*)-3*endo*-[3-Jod-anilino]-bornanon-(2),** Formel I (R = I, X = H).

*B.* Aus (1*R*)-3-[3-Jod-phenylimino]-bornanon-(2) mit Hilfe von Zink und wss. Kalilauge (*Singh, Basu-Mallik, Bhaduri*, J. Indian chem. Soc. **8** [1931] 95, 103).

Krystalle; F: 109—110°. $[M]_D^{35}$: +322,1° [Bzl.], +312,2° [$CHCl_3$], +330,8° [Ae.], +244,0° [Acn.], +263,2° [A.], +254,4° [Me.]. Optisches Drehungsvermögen von Lösungen in Benzol, Chloroform, Äther, Aceton, Äthanol und Methanol für Licht der Wellenlängen 578 mμ, 546 mμ und 436 mμ: *Si., Basu-M., Bh.*, l. c. S. 112.

b) **(1*S*)-3*endo*-[3-Jod-anilino]-bornanon-(2),** Formel II (R = I, X = H).

*B.* Aus (1*S*)-3-[3-Jod-phenylimino]-bornanon-(2) (*Singh, Basu-Mallik, Bhaduri*, J. Indian chem. Soc. **8** [1931] 95, 104).

F: 109—110°. Optisches Drehungsvermögen von Lösungen in Benzol, Chloroform, Äther, Aceton, Äthanol und Methanol für Licht der Wellenlängen 589 mμ, 578 mμ, 546 mμ und 436 mμ: *Si., Basu-M., Bh.*, l. c. S. 112.

c) **(±)-3*endo*-[3-Jod-anilino]-bornanon-(2),** Formel I + II (R = I, X = H).

*B.* Aus (±)-3-[3-Jod-phenylimino]-bornanon-(2) (*Singh, Basu-Mallik, Bhaduri*, J. Indian chem. Soc. **8** [1931] 95, 104).

Krystalle; F: 123°.

Hydrochlorid $C_{16}H_{20}INO \cdot HCl$. F: 162°.

**3-[4-Jod-anilino]-bornanon-(2), 3-[4-Jod-anilino]-campher,** *3-(p-iodoanilino)bornan-2-one* $C_{16}H_{20}INO$.

a) **(1*R*)-3*endo*-[4-Jod-anilino]-bornanon-(2),** Formel III (R = H).

*B.* Aus (1*R*)-3-[4-Jod-phenylimino]-bornanon-(2) mit Hilfe von Zink und wss. Kalilauge (*Singh, Basu-Mallik, Bhaduri*, J. Indian chem. Soc. **8** [1931] 95, 105).

Krystalle; F: 113—114°. $[M]_D^{35}$: +241,7° [Bzl.], +271,3° [$CHCl_3$], +256,3° [Ae.], +242,9° [Acn.], +214,8° [A.], +202,8° [Me.]. Optisches Drehungsvermögen von Lösungen in Benzol, Chloroform, Äther, Aceton, Äthanol und Methanol für Licht der Wellenlängen 578 mμ, 546 mμ und 436 mμ: *Si., Basu-M., Bh.*, l. c. S. 114.

Hydrochlorid $C_{16}H_{20}INO \cdot HCl$. Krystalle; F: 125—126°.

b) **(1*S*)-3*endo*-[4-Jod-anilino]-bornanon-(2)**, Formel IV (R = H).

*B.* Aus (1*S*)-3-[4-Jod-phenylimino]-bornanon-(2) (*Singh, Basu-Mallik, Bhaduri*, J. Indian chem. Soc. **8** [1931] 95, 105).

Krystalle; F: 113—114°. Optisches Drehungsvermögen von Lösungen in Benzol, Chloroform, Äther, Aceton, Äthanol und Methanol für Licht der Wellenlängen 589 mμ, 578 mμ, 546 mμ und 436 mμ: *Si., Basu-M., Bh.*, l. c. S. 114.

c) **(±)-3*endo*-[4-Jod-anilino]-bornanon-(2)**, Formel III + IV (R = H).

*B.* Aus (±)-3-[4-Jod-phenylimino]-bornanon-(2) (*Singh, Basu-Mallik, Bhaduri*, J. Indian chem. Soc. **8** [1931] 95, 105).

Krystalle (aus A.); F: 160°.

Hydrochlorid $C_{16}H_{20}INO \cdot HCl$. F: 127°.

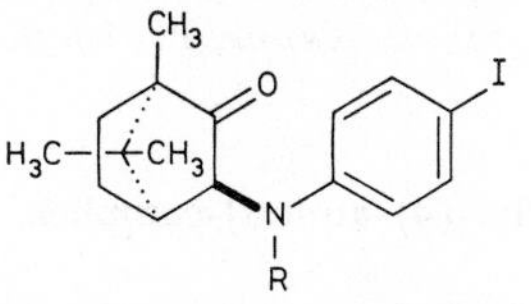

III 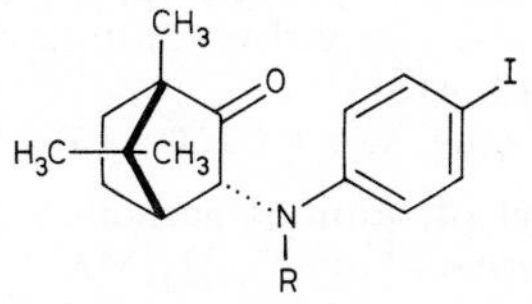 IV

**3-[2.4-Dinitro-anilino]-bornanon-(2), 3-[2.4-Dinitro-anilino]-campher,** *3-(2,4-dinitroanilino)bornan-2-one* $C_{16}H_{19}N_3O_5$.

**(1*R*)-3*endo*-[2.4-Dinitro-anilino]-bornanon-(2)**, Formel V.

Diese Konstitution und Konfiguration kommt wahrscheinlich der E II 7 (dort als 3-[2.4-Dinitro-anilino]-*d*-campher bezeichnet) und nachstehend beschriebenen Verbindung zu.

*B.* Beim Erwärmen von (1*R*)-3*endo*-Amino-bornanon-(2) mit 4-Chlor-1.3-dinitrobenzol in Wasser (*Rose*, Soc. **1931** 3337).

Gelbe Krystalle (aus Acn.), F: 204°; $[\alpha]_D$: —120,3° [$CHCl_3$; c = 1] (*Rose*).

Beim Behandeln mit Zinn(II)-chlorid und wss. Salzsäure ist eine als 8-Amino-1.11.11-trimethyl-1.2.3.4.4a.5-hexahydro-1.4-methano-phenazin formulierte Verbindung (F: 189°) erhalten worden (*Rose*; vgl. *Rupe, Martin*, Helv. **17** [1934] 1207, 1217).

Zwei ebenfalls als 3-[2.4-Dinitro-anilino]-bornanon-(2) beschriebene Präparate ( a) gelbe Krystalle, F: 177°; in Äthanol leichter löslich; b) orangerote Krystalle, F: 173,5°; in Äthanol schwerer löslich) sind beim Behandeln von nicht näher bezeichnetem 3-Amino-bornanon-(2) mit 4-Chlor-1.3-dinitro-benzol in warmem Äthanol erhalten worden (*Rupe, Ma.*, l. c. S. 1217).

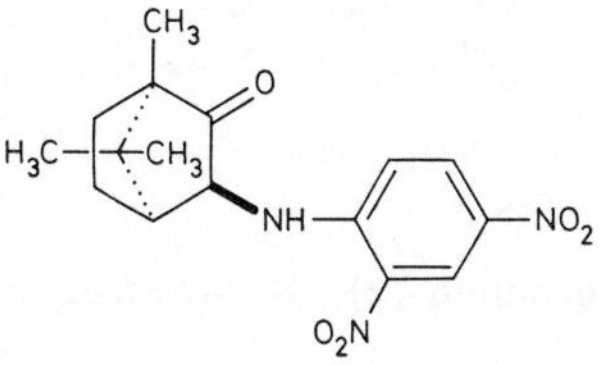

V 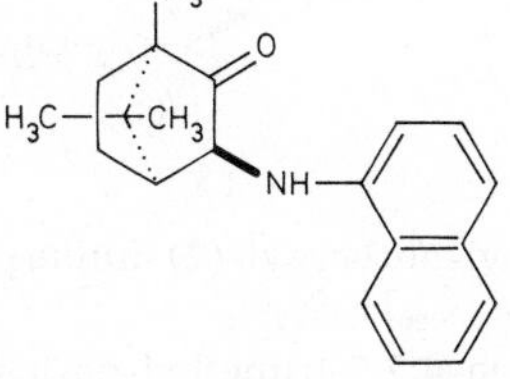 VI 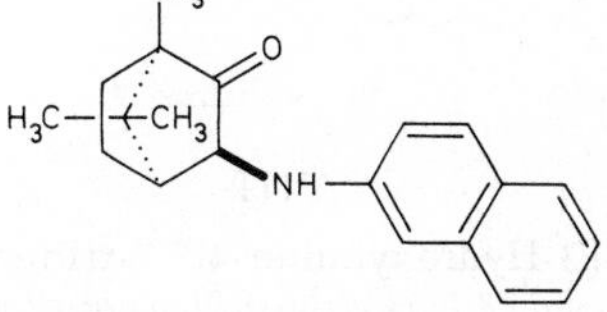 VII

**3-[Naphthyl-(1)-amino]-bornanon-(2), 3-[Naphthyl-(1)-amino]-campher,** *3-(1-naphthylamino)bornan-2-one* $C_{20}H_{23}NO$.

a) **(1*R*)-3*endo*-[Naphthyl-(1)-amino]-bornanon-(2)**, Formel VI (E I 352; E II 7).

*B.* Aus (1*R*)-3-[Naphthyl-(1)-imino]-bornanon-(2) mit Hilfe von Zink und wss. Kalilauge (*Singh, Kapur*, Pr. Indian Acad. [A] **29** [1949] 413, 418).

Krystalle (aus A.); F: 163—164°. $[\alpha]_D^{32}$: +100,0° [Bzl.], +93,1° [$CHCl_3$], +100,0° [Py.], +91,0° [Acn.], +80,0° [A.], +73,1° [Me.]. Optisches Drehungsvermögen (436 mμ bis 671 mμ) von Lösungen in Benzol, Chloroform, Pyridin, Aceton, Äthanol und Methanol: *Si., Ka.*, l. c. S. 421.

b) **(±)-3*endo*-[Naphthyl-(1)-amino]-bornanon-(2)**, Formel VI + Spiegelbild.

*B.* Aus (±)-3-[Naphthyl-(1)-imino]-bornanon-(2) (*Singh, Kapur*, Pr. Indian Acad. [A]

**29** [1949] 413, 418).
Krystalle (aus A.); F: 152—153°.

**3-[Naphthyl-(2)-amino]-bornanon-(2), 3-[Naphthyl-(2)-amino]-campher,** *3-(2-naphthyl=amino)bornan-2-one* $C_{20}H_{23}NO$.

a) **(1*R*)-3*endo*-[Naphthyl-(2)-amino]-bornanon-(2),** Formel VII (E I 353; E II 7).
*B.* Aus (1*R*)-3-[Naphthyl-(2)-imino]-bornanon-(2) mit Hilfe von Zink und wss. Kali=lauge (*Singh, Kapur,* Pr. Indian Acad. [A] **29** [1949] 413, 418).
Krystalle (aus A.); F: 153—154°. $[\alpha]_D^{32}$: +150,0° [Bzl.], +143,1° [$CHCl_3$], +150,0° [Py.], +140,0° [Acn.], +110,0° [A.], +105,0° [Me.]. Optisches Drehungsvermögen (436—671 mμ) von Lösungen in Benzol, Chloroform, Pyridin, Aceton, Äthanol und Methanol: *Si., Ka.,* l. c. S. 422.

b) **(±)-3*endo*-[Naphthyl-(2)-amino]-bornanon-(2),** Formel VII + Spiegelbild.
*B.* Aus (±)-3-[Naphthyl-(2)-imino]-bornanon-(2) (*Singh, Kapur,* Pr. Indian Acad. [A] **29** [1949] 413, 418).
Krystalle (aus A.); F: 156—157°.

**3-[Biphenylyl-(4)-amino]-bornanon-(2), 3-[Biphenylyl-(4)-amino]-campher,** *3-(biphenyl-4-ylamino)bornan-2-one* $C_{22}H_{25}NO$.

**(1*R*)-3*endo*-[Biphenylyl-(4)-amino]-bornanon-(2),** Formel VIII.
*B.* Aus (1*R*)-3-[Biphenylyl-(4)-imino]-bornanon-(2) mit Hilfe von Zink und wss. Kalilauge (*Singh, Singh,* J. Indian chem. Soc. **19** [1942] 145, 146).
Krystalle. $[\alpha]_D^{20}$: +100,0° [Bzl.], +92,7° [Butanon], +82,3° [A.].

**3-[Dimethyl-(2-hydroxy-äthyl)-ammonio]-bornanon-(2), Dimethyl-[2-hydroxy-äthyl]-[3-oxo-4.7.7-trimethyl-norbornyl-(2)]-ammonium,** *(2-hydroxyethyl)dimethyl(2-oxo-3-bornyl)ammonium* $[C_{14}H_{26}NO_2]^{\oplus}$.

**Dimethyl-[2-hydroxy-äthyl]-[(1*S*)-3-oxo-4.7.7-trimethyl-norbornyl-(2*endo*)]-ammonium,** Formel IX.
**Hydroxid** $[C_{14}H_{26}NO_2]OH$. $[\alpha]_D^{20}$: +39,5° [W.] (*Rupe, Flatt,* Helv. **14** [1931] 1007, 1026). — Optisches Drehungsvermögen (W.; 486—656 mμ): *Rupe, Fl.,* l. c. S. 1015.
**Bromid** $[C_{14}H_{26}NO_2]Br$. *B.* Aus (1*R*)-3*endo*-Dimethylamino-bornanon-(2) und 2-Brom-äthanol-(1) (*Rupe, Fl.,* l. c. S. 1026). — Amorph. $[\alpha]_D^{20}$: +41,4° [W.]. Optisches Drehungs-vermögen (W.; 486—656 mμ): *Rupe, Fl.,* l. c. S. 1015.
**Tetrachloroaurat(III)** $[C_{14}H_{26}NO_2]AuCl_4$. Grüngelbe Krystalle; F: 117—118° [Roh-produkt], 112° [aus W.] (*Rupe, Fl.,* l. c. S. 1027).

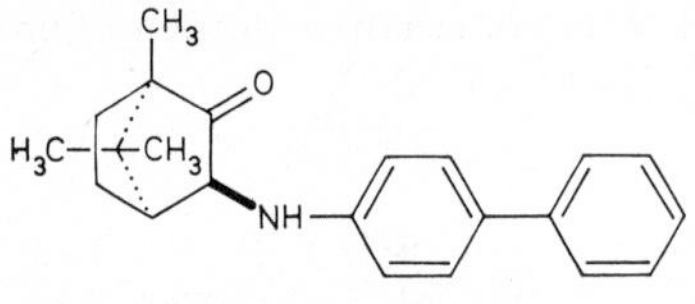

VIII 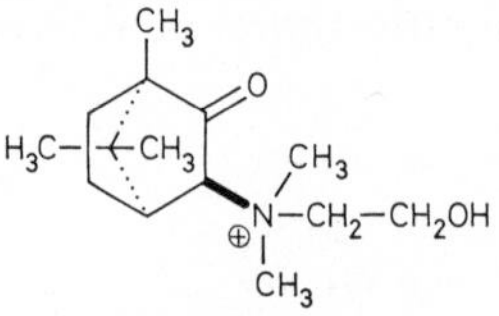 IX 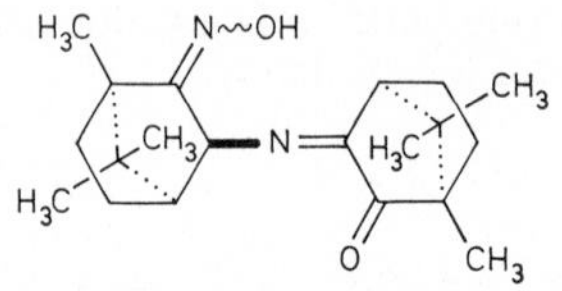 X

**3-[3-Hydroxyimino-4.7.7-trimethyl-norbornyl-(2)-imino]-bornanon-(2),** *3-[2-(hydroxy=imino)-3-bornylimino]bornan-2-one* $C_{20}H_{30}N_2O_2$.

**(1*R*)-3-[(1*S*)-3-Hydroxyimino-4.7.7-trimethyl-norbornyl-(2*endo*)-imino]-bornan=on-(2),** Formel X.
*B.* Beim Erwärmen von (1*R*)-3*endo*-Amino-bornanon-(2)-oxim mit (1*R*)-Bornan=dion-(2.3) unter Zusatz von Natriumacetat in Äthanol (*Rupe, Tommasi di Vignano,* Helv. **20** [1937] 1097, 1112).
Krystalle (aus Bzl. oder A.); F: 174—175° [Zers.]. $[\alpha]_D^{20}$: −225,9° [Bzl.; p = 3].

**Phenylmalonaldehyd-bis-[3-oxo-4.7.7-trimethyl-norbornyl-(2)-imin],** *3,3'-[(2-phenyl=propanediylidene)dinitrilo]dibornan-2-one* $C_{29}H_{38}N_2O_2$ und **3-[3-Oxo-4.7.7-trimethyl-norbornyl-(2)-amino]-2-phenyl-acrylaldehyd-[3-oxo-4.7.7-trimethyl-norbornyl-(2)-imin],** *3-[3-(2-oxo-3-bornylimino)-2-phenylprop-1-enylamino]bornan-2-one* $C_{29}H_{38}N_2O_2$.
Die nachstehend beschriebene Verbindung ist vermutlich als **3ξ-[(1*S*)-3-Oxo-4.7.7-tri=methyl-norbornyl-(2*endo*)-amino]-2-phenyl-acrylaldehyd-[(1*S*)-3-oxo-4.7.7-trimethyl-norbornyl-(2*endo*)-imin]** (Formel XI) zu formulieren.

*B.* Aus Phenylmalonaldehyd und nicht näher bezeichnetem (1*R* ?)-3*endo*(?)-Amino-bornanon-(2) in Äthanol (*Keller*, Helv. **20** [1937] 436, 443).

Krystalle (aus A.); F: 156°. $[\alpha]_D^{20}$: —50,1° [Bzl.; p = 10]. Optisches Drehungsvermögen (Bzl.; 486—656 mμ): *Ke.*, l. c. S. 444.

**3-[*C*-Chlor-acetamino]-bornanon-(2), *C*-Chlor-*N*-[3-oxo-4.7.7-trimethyl-norbornyl-(2)]-acetamid,** *2-chloro-*N*-(2-oxo-3-bornyl)acetamide* $C_{12}H_{18}ClNO_2$.

**(1*R*)-3*endo*-[*C*-Chlor-acetamino]-bornanon-(2),** Formel XII (R = CO-$CH_2Cl$).

*B.* Beim Behandeln von (1*R*)-3*endo*-Amino-bornanon-(2) mit Chloracetylchlorid in Benzol unter Zusatz von Pyridin (*Rupe, Flatt*, Helv. **14** [1931] 1007, 1029).

$Kp_{13}$: 194°; $Kp_{0,007}$: 114°.

**3-[4-Jod-*N*-acetyl-anilino]-bornanon-(2), Essigsäure-[4-jod-*N*-(3-oxo-4.7.7-trimethyl-norbornyl-(2))-anilid],** *4'-iodo-*N*-(2-oxo-3-bornyl)acetanilide* $C_{18}H_{22}INO_2$.

a) **(1*R*)-3*endo*-[4-Jod-*N*-acetyl-anilino]-bornanon-(2),** Formel III (R = CO-$CH_3$) auf S. 19.

*B.* Beim Erhitzen von (1*R*)-3*endo*-[4-Jod-anilino]-bornanon-(2) mit Acetanhydrid (*Singh, Basu-Mallik, Bhaduri*, J. Indian chem. Soc. **8** [1931] 95, 105).

Krystalle; F: 117—118°. $[\alpha]_D^{35}$: —20,2° [$CHCl_3$; c = 4]. Optisches Drehungsvermögen ($CHCl_3$; 436—671 mμ): *Si., Basu-M., Bh.*, l. c. S. 115.

b) **(1*S*)-3*endo*-[4-Jod-*N*-acetyl-anilino]-bornanon-(2),** Formel IV (R = CO-$CH_3$) auf S. 19.

*B.* Aus (1*S*)-3*endo*-[4-Jod-anilino]-bornanon-(2) (*Singh, Basu-Mallik, Bhaduri*, J. Indian chem. Soc. **8** [1931] 95, 106).

F: 117—118°. $[\alpha]_D^{35}$: +20,2° [$CHCl_3$; c = 4]. Optisches Drehungsvermögen ($CHCl_3$; 436—671 mμ): *Si., Basu-M., Bh.*, l. c. S. 115.

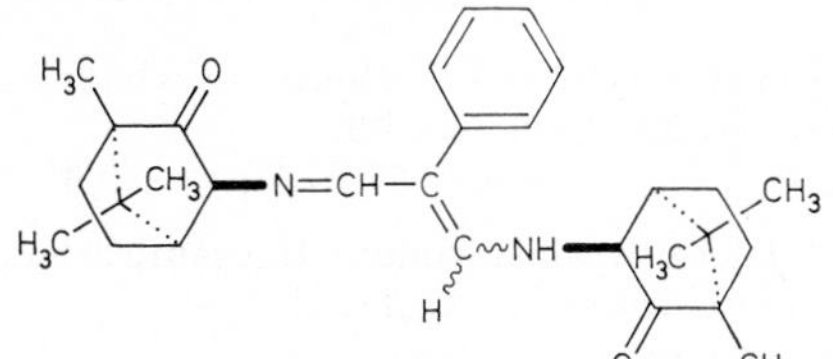

XI 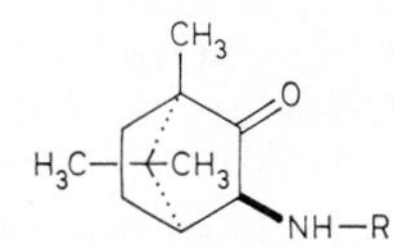 XII

**3-Ureido-bornanon-(2), [3-Oxo-4.7.7-trimethyl-norbornyl-(2)]-harnstoff,** *(2-oxo-3-bornyl)urea* $C_{11}H_{18}N_2O_2$.

**[(1*S*)-3-Oxo-4.7.7-trimethyl-norbornyl-(2*endo*)]-harnstoff,** Formel XII (R = CO-$NH_2$) (H 14; dort als [Campheryl-(3)]-harnstoff bezeichnet).

*B.* Beim Behandeln von (1*R*)-3*endo*-Amino-bornanon-(2) mit Nitroharnstoff und Natriumhydrogencarbonat in Wasser (*Bateman, Day*, Am. Soc. **57** [1935] 2496).

Krystalle (aus W.) mit 0,5 Mol $H_2O$; F: 177,8—178,4° [korr.]. $[\alpha]_D^{25}$: +18,3° [A.].

**3-Carbazoylamino-bornanon-(2), 4-[3-Oxo-4.7.7-trimethyl-norbornyl-(2)]-semicarbazid,** *4-(2-oxo-3-bornyl)semicarbazide* $C_{11}H_{19}N_3O_2$.

**4-[(1*S*)-3-Oxo-4.7.7-trimethyl-norbornyl-(2*endo*)]-semicarbazid,** Formel XII (R = CO-NH-$NH_2$).

*B.* Aus (1*R*)-3*endo*-Isocyanato-bornanon-(2) (H 16) und Hydrazin (*McRae, Stevens*, Canad. J. Res. [B] **22** [1944] 45, 51).

Krystalle (aus W.); F: 215° [korr.; bei schnellem Erhitzen]. $[\alpha]_D$: —26,3° [A.; c = 2].

**4-[3-Oxo-4.7.7-trimethyl-norbornyl-(2)]-1-[3-nitro-benzyliden]-semicarbazid,** *1-(3-nitrobenzylidene)-4-(2-oxo-3-bornyl)semicarbazide* $C_{18}H_{22}N_4O_4$.

**4-[(1*S*)-3-Oxo-4.7.7-trimethyl-norbornyl-(2*endo*)]-1-[3-nitro-benzyliden]-semicarbazid,** Formel XIII (R = H, X = $NO_2$).

*B.* Aus 4-[(1*S*)-3-Oxo-4.7.7-trimethyl-norbornyl-(2*endo*)]-semicarbazid und 3-Nitrobenzaldehyd (*McRae, Stevens*, Canad. J. Res. [B] **22** [1944] 45, 52).

Hellgelbe Krystalle; F: 178° [korr.].

**4-[3-Oxo-4.7.7-trimethyl-norbornyl-(2)]-1-[4-nitro-benzyliden]-semicarbazid,** *1-(4-nitrobenzylidene)-4-(2-oxo-3-bornyl)semicarbazide* $C_{18}H_{22}N_4O_4$.

**4-[(1*S*)-3-Oxo-4.7.7-trimethyl-norbornyl-(2*endo*)]-1-[4-nitro-benzyliden]-semicarbazid,** Formel XIII (R = $NO_2$, X = H).

*B.* Aus 4-[(1*S*)-3-Oxo-4.7.7-trimethyl-norbornyl-(2*endo*)]-semicarbazid und 4-Nitrobenzaldehyd (*McRae, Stevens,* Canad. J. Res. [B] **22** [1944] 45, 52).

Gelbe Krystalle (aus A.); F: 223° [korr.].

**3-Thiocarbazoylamino-bornanon-(2), 4-[3-Oxo-4.7.7-trimethyl-norbornyl-(2)]-thiosemicarbazid,** *4-(2-oxo-3-bornyl)thiosemicarbazide* $C_{11}H_{19}N_3OS$.

**4-[(1*S*)-3-Oxo-4.7.7-trimethyl-norbornyl-(2*endo*)]-thiosemicarbazid,** Formel XII (R = CS-NH-$NH_2$).

*B.* Aus (1*R*)-3*endo*-Isothiocyanato-bornanon-(2) (H 16) und Hydrazin (*McRae, Stevens,* Canad. J. Res. [B] **22** [1944] 45, 47).

Krystalle (aus Bzl.); F: 168° [korr.]. $[\alpha]_D$: +17,3° [$CHCl_3$; c = 1].

XIII XIV

**4-[3-Oxo-4.7.7-trimethyl-norbornyl-(2)]-1-benzyliden-thiosemicarbazid,** *1-benzylidene-4-(2-oxo-3-bornyl)thiosemicarbazide* $C_{18}H_{23}N_3OS$.

**4-[(1*S*)-3-Oxo-4.7.7-trimethyl-norbornyl-(2*endo*)]-1-benzyliden-thiosemicarbazid,** Formel XIV (R = X = H).

*B.* Aus 4-[(1*S*)-3-Oxo-4.7.7-trimethyl-norbornyl-(2*endo*)]-thiosemicarbazid und Benzaldehyd (*McRae, Stevens,* Canad. J. Res. [B] **22** [1944] 45, 49).

Krystalle (aus A.); F: 215—216° [korr.]. $[\alpha]_D$: +68,6° [$CHCl_3$; c = 0,6].

**4-[3-Oxo-4.7.7-trimethyl-norbornyl-(2)]-1-[3-nitro-benzyliden]-thiosemicarbazid,** *1-(3-nitrobenzylidene)-4-(2-oxo-3-bornyl)thiosemicarbazide* $C_{18}H_{22}N_4O_3S$.

**4-[(1*S*)-3-Oxo-4.7.7-trimethyl-norbornyl-(2*endo*)]-1-[3-nitro-benzyliden]-thiosemicarbazid,** Formel XIV (R = H, X = $NO_2$).

*B.* Aus 4-[(1*S*)-3-Oxo-4.7.7-trimethyl-norbornyl-(2*endo*)]-thiosemicarbazid und 3-Nitrobenzaldehyd (*McRae, Stevens,* Canad. J. Res. [B] **22** [1944] 45, 50).

Gelbe Krystalle (aus A.); F: 140° [korr.].

**4-[3-Oxo-4.7.7-trimethyl-norbornyl-(2)]-1-[4-nitro-benzyliden]-thiosemicarbazid,** *1-(4-nitrobenzylidene)-4-(2-oxo-3-bornyl)thiosemicarbazide* $C_{18}H_{22}N_4O_3S$.

**4-[(1*S*)-3-Oxo-4.7.7-trimethyl-norbornyl-(2*endo*)]-1-[4-nitro-benzyliden]-thiosemicarbazid,** Formel XIV (R = $NO_2$, X = H).

*B.* Aus 4-[(1*S*)-3-Oxo-4.7.7-trimethyl-norbornyl-(2*endo*)]-thiosemicarbazid und 4-Nitrobenzaldehyd (*McRae, Stevens,* Canad. J. Res. [B] **22** [1944] 45, 49).

Gelbe Krystalle (aus Butanol-(1)); F: 234° [korr.]. $[\alpha]_D$: +105,2° [$CHCl_3$; c = 0,8].

**4-[3-Oxo-4.7.7-trimethyl-norbornyl-(2)]-1-[4-methoxy-benzyliden]-thiosemicarbazid,** *1-(4-methoxybenzylidene)-4-(2-oxo-3-bornyl)thiosemicarbazide* $C_{19}H_{25}N_3O_2S$.

**4-[(1*S*)-3-Oxo-4.7.7-trimethyl-norbornyl-(2*endo*)]-1-[4-methoxy-benzyliden]-thiosemicarbazid,** Formel XIV (R = $OCH_3$, X = H).

*B.* Aus 4-[(1*S*)-3-Oxo-4.7.7-trimethyl-norbornyl-(2*endo*)]-thiosemicarbazid und 4-Methoxy-benzaldehyd (*McRae, Stevens,* Canad. J. Res. [B] **22** [1944] 45, 50).

Krystalle (aus A.); F: 148—149° [korr.]. $[\alpha]_D$: +83,8° [$CHCl_3$; c = 1].

**4-[3-Oxo-4.7.7-trimethyl-norbornyl-(2)]-1-[3.4-diäthoxy-benzyliden]-thiosemicarbazid,** *1-(3,4-diethoxybenzylidene)-4-(2-oxo-3-bornyl)thiosemicarbazide* $C_{22}H_{31}N_3O_3S$.

**4-[(1*S*)-3-Oxo-4.7.7-trimethyl-norbornyl-(2*endo*)]-1-[3.4-diäthoxy-benzyliden]-thiosemicarbazid,** Formel XIV (R = X = $OC_2H_5$).

*B.* Aus 4-[(1*S*)-3-Oxo-4.7.7-trimethyl-norbornyl-(2*endo*)]-thiosemicarbazid und 3.4-Di-

äthoxy-benzaldehyd (*McRae, Stevens*, Canad. J. Res. [B] **22** [1944] 45, 50).
Krystalle (aus wss. A.); F: 111–113° [korr.]. $[\alpha]_D$: +34,6° [$CHCl_3$; c = 0,8].

**N'-Benzoyl-N-[3-oxo-4.7.7-trimethyl-norbornyl-(2)-thiocarbamoyl]-hydrazin, 4-[3-Oxo-4.7.7-trimethyl-norbornyl-(2)]-1-benzoyl-thiosemicarbazid,** *1-benzoyl-4-(2-oxo-3-bornyl)thiosemicarbazide* $C_{18}H_{23}N_3O_2S$.

**4-[(1S)-3-Oxo-4.7.7-trimethyl-norbornyl-(2endo)]-1-benzoyl-thiosemicarbazid,** Formel XII (R = CS-NH-NH-CO-$C_6H_5$) auf S. 21.

*B.* Beim Behandeln von 4-[(1*S*)-3-Oxo-4.7.7-trimethyl-norbornyl-(2*endo*)]-thiosemicarbazid mit Benzoylchlorid und Pyridin (*McRae, Stevens*, Canad. J. Res. [B] **22** [1944] 45, 49).
Krystalle (aus Acn.); F: 225° [korr.].

**Oxalsäure-bis-[N'-(3-oxo-4.7.7-trimethyl-norbornyl-(2)-thiocarbamoyl)-hydrazid],** *oxalic acid bis{N'-[(2-oxo-3-bornyl)thiocarbamoyl]hydrazide}* $C_{24}H_{36}N_6O_4S_2$.

**Oxalsäure-bis-[N'-((1S)-3-oxo-4.7.7-trimethyl-norbornyl-(2endo)-thiocarbamoyl)-hydrazid],** Formel XV.

*B.* Aus (1*R*)-3*endo*-Isothiocyanato-bornanon-(2) (H 16) und Oxalsäure-dihydrazid (*Kotnis, Rao, Guha*, J. Indian chem. Soc. **11** [1934] 579, 589).
Krystalle (aus A.); F: 245°. $[\alpha]_{578}$: +30,4° [A.]; $[\alpha]_{546}$: +50,7° [A.].

XV

**Malonsäure-bis-[N'-(3-oxo-4.7.7-trimethyl-norbornyl-(2)-thiocarbamoyl)-hydrazid],** *malonic acid bis{N'-[(2-oxo-3-bornyl)thiocarbamoyl]hydrazide}* $C_{25}H_{38}N_6O_4S_2$.

**Malonsäure-bis-[N'-((1S)-3-oxo-4.7.7-trimethyl-norbornyl-(2endo)-thiocarbamoyl)-hydrazid],** Formel I (n = 1).

*B.* Aus (1*R*)-3*endo*-Isothiocyanato-bornanon-(2) (H 16) und Malonsäure-dihydrazid (*Kotnis, Rao, Guha*, J. Indian chem. Soc. **11** [1934] 579, 589).
Krystalle (aus A.); F: 185°. $[\alpha]_{578}$: +29,8° [A.]; $[\alpha]_{546}$: +50,7° [A.].

**Bernsteinsäure-bis-[N'-(3-oxo-4.7.7-trimethyl-norbornyl-(2)-thiocarbamoyl)-hydrazid],** *succinic acid bis{N'-[(2-oxo-3-bornyl)thiocarbamoyl]hydrazide}* $C_{26}H_{40}N_6O_4S_2$.

**Bernsteinsäure-bis-[N'-((1S)-3-oxo-4.7.7-trimethyl-norbornyl-(2endo)-thiocarbamoyl)-hydrazid],** Formel I (n = 2).

*B.* Aus (1*R*)-3*endo*-Isothiocyanato-bornanon-(2) (H 16) und Bernsteinsäure-dihydrazid (*Kotnis, Rao, Guha*, J. Indian chem. Soc. **11** [1934] 579, 590).
Krystalle (aus wss. A.); F: 176°. $[\alpha]_{578}$: +39,7° [A.]; $[\alpha]_{546}$: +50,5° [A.].

I

**Glutarsäure-bis-[N'-(3-oxo-4.7.7-trimethyl-norbornyl-(2)-thiocarbamoyl)-hydrazid],** *glutaric acid bis{N'-[(2-oxo-3-bornyl)thiocarbamoyl]hydrazide}* $C_{27}H_{42}N_6O_4S_2$.

**Glutarsäure-bis-[*N*′-((1*S*)-3-oxo-4.7.7-trimethyl-norbornyl-(2*endo*)-thiocarbamoyl)-hydrazid]**, Formel I (n = 3).

*B.* Aus (1*R*)-3*endo*-Isothiocyanato-bornanon-(2) (H 16) und Glutarsäure-dihydrazid (*Kotnis, Rao, Guha,* J. Indian chem. Soc. **11** [1934] 579, 590).

Krystalle (aus wss. A.); F: 201°. $[\alpha]_{578}$: +12,4° [A.]; $[\alpha]_{546}$: +18,6° [A.].

**Adipinsäure-bis-[*N*′-(3-oxo-4.7.7-trimethyl-norbornyl-(2)-thiocarbamoyl)-hydrazid]**, *adipic acid bis{N′-[(2-oxo-3-bornyl)thiocarbamoyl]hydrazide}* $C_{28}H_{44}N_6O_4S_2$.

**Adipinsäure-bis-[*N*′-((1*S*)-3-oxo-4.7.7-trimethyl-norbornyl-(2*endo*)-thiocarbamoyl)-hydrazid]**, Formel I (n = 4).

*B.* Aus (1*R*)-3*endo*-Isothiocyanato-bornanon-(2) (H 16) und Adipinsäure-dihydrazid (*Kotnis, Rao, Guha,* J. Indian chem. Soc. **11** [1934] 579, 590).

Krystalle (aus wss. A.); F: 207°. $[\alpha]_{578}$: +33,4° [A.]; $[\alpha]_{546}$: +42,4° [A.].

**Isophthalsäure-bis-[*N*′-(3-oxo-4.7.7-trimethyl-norbornyl-(2)-thiocarbamoyl)-hydrazid]**, *isophthalic acid bis{N′-[(2-oxo-3-bornyl)thiocarbamoyl]hydrazide}* $C_{30}H_{40}N_6O_4S_2$.

**Isophthalsäure-bis-[*N*′-((1*S*)-3-oxo-4.7.7-trimethyl-norbornyl-(2*endo*)-thiocarb=amoyl)-hydrazid]**, Formel II.

*B.* Aus (1*R*)-3*endo*-Isothiocyanato-bornanon-(2) (H 16) und Isophthalsäure-dihydrazid (*Kotnis, Rao, Guha,* J. Indian chem. Soc. **11** [1934] 579, 590).

F: 206°. In Äthanol fast unlöslich.

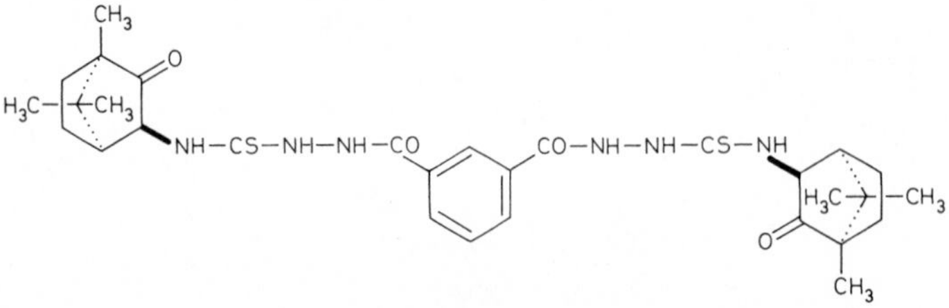

II

**Terephthalsäure-bis-[*N*′-(3-oxo-4.7.7-trimethyl-norbornyl-(2)-thiocarbamoyl)-hydrazid]**, *terephthalic acid bis{N′-[(2-oxo-3-bornyl)thiocarbamoyl]hydrazide}* $C_{30}H_{40}N_6O_4S_2$.

**Terephthalsäure-bis-[*N*′-((1*S*)-3-oxo-4.7.7-trimethyl-norbornyl-(2*endo*)-thiocarb=amoyl)-hydrazid]**, Formel III.

*B.* Aus (1*R*)-3*endo*-Isothiocyanato-bornanon-(2) (H 16) und Terephthalsäure-dihydrazid (*Kotnis, Rao, Guha,* J. Indian chem. Soc. **11** [1934] 579, 590).

F: 169°. In Äthanol fast unlöslich.

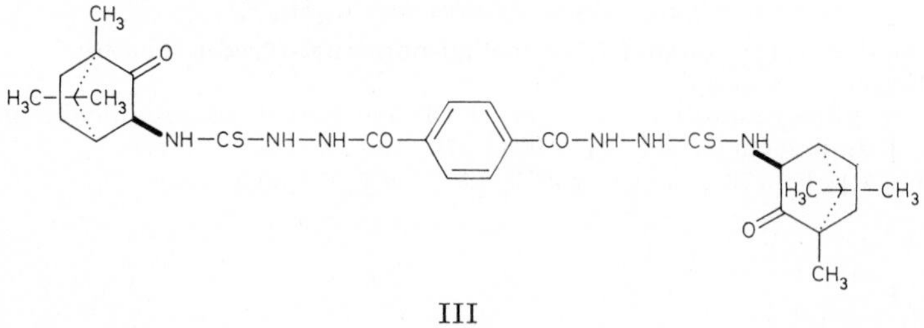

III 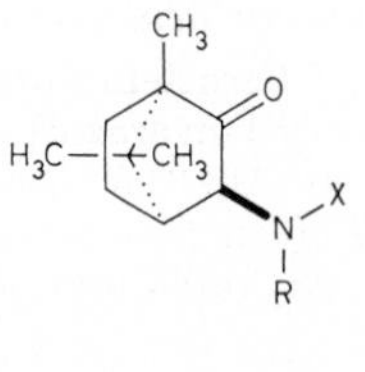 IV

***N*′-Phenylcarbamoyl-*N*-[3-oxo-4.7.7-trimethyl-norbornyl-(2)-thiocarbamoyl]-hydrazin, 1-[3-Oxo-4.7.7-trimethyl-norbornyl-(2)]-6-phenyl-2-thio-biharnstoff**, *1-(2-oxo-3-bornyl)-6-phenyl-2-thiobiurea* $C_{18}H_{24}N_4O_2S$.

***N*′-Phenylcarbamoyl-*N*-[(1*S*)-3-oxo-4.7.7-trimethyl-norbornyl-(2*endo*)-thiocarb=amoyl]-hydrazin**, Formel IV (R = CS-NH-NH-CO-NH-$C_6H_5$, X = H).

*B.* Aus 4-[(1*S*)-3-Oxo-4.7.7-trimethyl-norbornyl-(2*endo*)]-thiosemicarbazid und Phenyl=isocyanat in Chloroform (*McRae, Stevens,* Canad. J. Res. [B] **22** [1944] 45, 49).

Krystalle (aus Bzl.); F: 139—143° [korr.; Zers.]. $[\alpha]_D$: −63,1° [$CHCl_3$; c = 0,8].

**1.5-Bis-[3-oxo-4.7.7-trimethyl-norbornyl-(2)-thiocarbamoyl]-carbonohydrazid,** *1,5-bis[(2-oxo-3-bornyl)thiocarbamoyl]carbonohydrazide* $C_{23}H_{36}N_6O_3S_2$.

**1.5-Bis-[(1*S*)-3-oxo-4.7.7-trimethyl-norbornyl-(2*endo*)-thiocarbamoyl]-carbonohydrazid,** Formel V.

*B.* Aus (1*R*)-3*endo*-Isothiocyanato-bornanon-(2) (H 16) und Carbonohydrazid in wss. Äthanol (*Kotnis, Rao, Guha,* J. Indian chem. Soc. **11** [1934] 579, 589).

Krystalle (aus A.); F: 208°. $[\alpha]_{578}$: +28,2° [A.]; $[\alpha]_{546}$: +32,9° [A.].

**3-Äthoxycarbonylamino-bornanon-(2)-hydrazon, [3-Hydrazono-4.7.7-trimethyl-norbornyl-(2)]-carbamidsäure-äthylester,** *(2-hydrazono-3-bornyl)carbamic acid ethyl ester* $C_{13}H_{23}N_3O_2$.

**[(1*S*)-3-Hydrazono-4.7.7-trimethyl-norbornyl-(2*endo*)]-carbamidsäure-äthylester,** Formel VI (R = H).

*B.* Aus (1*R*)-3*endo*-Amino-bornanon-(2)-hydrazon und Chlorameisensäure-äthylester in Äther (*Rupe, Buxtorf,* Helv. **13** [1930] 444, 450).

Krystalle (aus A.); F: 143°.

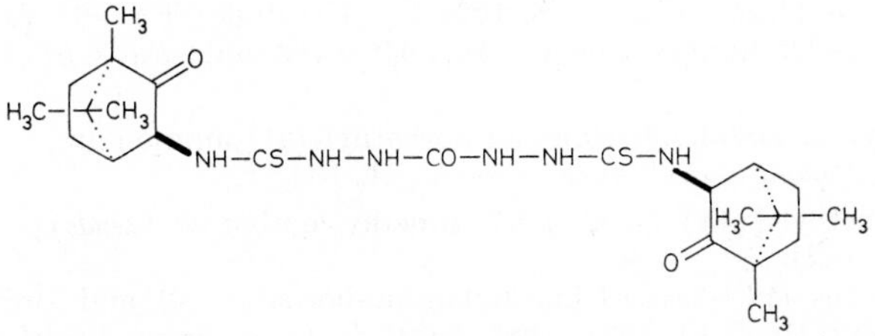

V 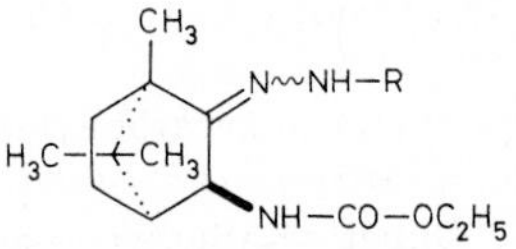 VI

**3-Äthoxycarbonylamino-bornanon-(2)-[4-phenyl-thiosemicarbazon], [3-(4-Phenyl-thiosemicarbazono)-4.7.7-trimethyl-norbornyl-(2)]-carbamidsäure-äthylester,** *[2-(4-phenylthiosemicarbazono)-3-bornyl]carbamic acid ethyl ester* $C_{20}H_{28}N_4O_2S$.

**[(1*S*)-3-(4-Phenyl-thiosemicarbazono)-4.7.7-trimethyl-norbornyl-(2*endo*)]-carbamidsäure-äthylester,** Formel VI (R = CS-NH-$C_6H_5$).

*B.* Aus [(1*S*)-3-Hydrazono-4.7.7-trimethyl-norbornyl-(2*endo*)]-carbamidsäure-äthylester und Phenylisothiocyanat in Äthanol (*Rupe, Buxtorf,* Helv. **13** [1930] 444, 451).

Krystalle (aus A.); F: 208°.

***N*-Methyl-*N*-[3-oxo-4.7.7-trimethyl-norbornyl-(2)]-glycin,** *N*-[3-Oxo-4.7.7-trimethyl-norbornyl-(2)]-sarkosin, N-*(2-oxo-3-bornyl)sarcosine* $C_{13}H_{21}NO_3$.

***N*-Methyl-*N*-[(1*S*)-3-oxo-4.7.7-trimethyl-norbornyl-(2*endo*)]-glycin,** Formel IV (R = $CH_2$-COOH, X = $CH_3$).

*B.* Aus *N*-Methyl-*N*-[(1*S*)-3-oxo-4.7.7-trimethyl-norbornyl-(2*endo*)]-glycin-äthylester beim Erhitzen mit Bariumhydroxid in Wasser (*Rupe, Flatt,* Helv. **14** [1931] 1007, 1021).

Barium-Salz $Ba(C_{13}H_{20}NO_3)_2$. Krystalle (aus W.); F: 233–235° [nur bei einem Versuch krystallin erhalten].

***N*-Methyl-*N*-[3-oxo-4.7.7-trimethyl-norbornyl-(2)]-glycin-methylester,** N-*(2-oxo-3-bornyl)sarcosine methyl ester* $C_{14}H_{23}NO_3$.

***N*-Methyl-*N*-[(1*S*)-3-oxo-4.7.7-trimethyl-norbornyl-(2*endo*)]-glycin-methylester,** Formel IV (R = $CH_2$-CO-$OCH_3$, X = $CH_3$).

*B.* Aus (1*R*)-3*endo*-Methylamino-bornanon-(2) und Chloressigsäure-methylester (*Rupe, Flatt,* Helv. **14** [1931] 1007, 1023).

$Kp_{11}$: 159°.

Hydrochlorid $C_{14}H_{23}NO_3 \cdot HCl$. Krystalle; F: 155°.

***N*-Methyl-*N*-[3-oxo-4.7.7-trimethyl-norbornyl-(2)]-glycin-äthylester,** N-*(2-oxo-3-bornyl)sarcosine ethyl ester* $C_{15}H_{25}NO_3$.

***N*-Methyl-*N*-[(1*S*)-3-oxo-4.7.7-trimethyl-norbornyl-(2*endo*)]-glycin-äthylester,** Formel IV (R = $CH_2$-CO-$OC_2H_5$, X = $CH_3$).

*B.* Aus (1*R*)-3*endo*-Methylamino-bornanon-(2) und Chloressigsäure-äthylester (*Rupe, Flatt,* Helv. **14** [1931] 1007, 1023).

$Kp_{10}$: 163,5° (*Rupe, Fl.*, l. c. S. 1020). $D_4^{20}$: 1,0449 (*Rupe, Fl.*, l. c. S. 1014). $[\alpha]_D^{20}$: +41,7° [unverd.]; $[\alpha]_D^{20}$: +32,6° [A.; c = 10]. Optisches Drehungsvermögen (656—486 mμ) der unverdünnten Flüssigkeit: *Rupe, Fl.*, l. c. S. 1015.

Beim Behandeln mit wss. Salzsäure und Natriumnitrit ist *N*-Nitroso-*N*-[(1*S*)-3-oxo-4.7.7-trimethyl-norbornyl-(2*endo*)]-glycin-äthylester erhalten worden (*Rupe, Fl.*, l. c. S. 1022).

Hydrochlorid $C_{15}H_{25}NO_3 \cdot HCl$. Krystalle (aus E.); F: 158—159° (*Rupe, Fl.*, l. c. S. 1023).

**[Dimethyl-(3-oxo-4.7.7-trimethyl-norbornyl-(2))-ammonio]-essigsäure, Dimethyl-carboxymethyl-[3-oxo-4.7.7-trimethyl-norbornyl-(2)]-ammonium,** *(carboxymethyl)dimethyl(2-oxo-3-bornyl)ammonium* $[C_{14}H_{24}NO_3]^{\oplus}$.

**Dimethyl-carboxymethyl-[(1*S*)-3-oxo-4.7.7-trimethyl-norbornyl-(2*endo*)]-ammonium,** Formel VII (R = H).

**Perchlorat** $[C_{14}H_{24}NO_3]ClO_4$. Krystalle (aus W.); F: 232° (*Rupe, Flatt*, Helv. **14** [1931] 1007, 1025).

**Betain** $C_{14}H_{23}NO_3$. *B.* Aus dem im folgenden Artikel beschriebenen Bromid beim Behandeln mit Silberoxid in Wasser (*Rupe, Fl.*, l. c. S. 1024). — Krystalle; F: 198°. $[\alpha]_D^{20}$: +55,7° [W.; c = 10]. Optisches Drehungsvermögen (W.; 656—486 mμ): *Rupe, Fl.*, l. c. S. 1015.

**Dimethyl-äthoxycarbonylmethyl-[3-oxo-4.7.7-trimethyl-norbornyl-(2)]-ammonium,** *(ethoxycarbonylmethyl)dimethyl(2-oxo-3-bornyl)ammonium* $[C_{16}H_{28}NO_3]^{\oplus}$.

**Dimethyl-äthoxycarbonylmethyl-[(1*S*)-3-oxo-4.7.7-trimethyl-norbornyl-(2*endo*)]-ammonium,** Formel VII (R = $C_2H_5$).

**Bromid** $[C_{16}H_{28}NO_3]Br$. *B.* Aus (1*R*)-3*endo*-Dimethylamino-bornanon-(2) und Bromessigsäure-äthylester (*Rupe, Flatt*, Helv. **14** [1931] 1007, 1024). — Hygroskopisches Harz. $[\alpha]_D^{20}$: +46,9° [W.; c = 10]; $[\alpha]_D^{20}$: +41,1° [A.; c = 10]. Optisches Drehungsvermögen (656—486 mμ) von Lösungen in Wasser und in Äthanol: *Rupe, Fl.*, l. c. S. 1015.

**Perchlorat** $[C_{16}H_{28}NO_3]ClO_4$. Krystalle (aus W.); F: 74° (*Rupe, Fl.*, l. c. S. 1024).

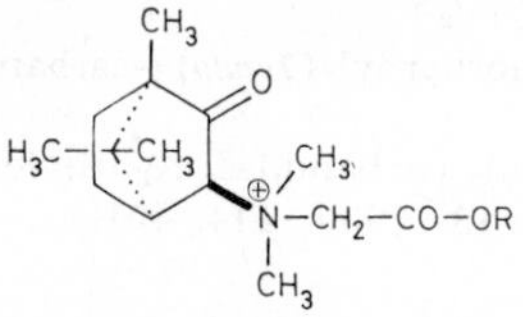

VII 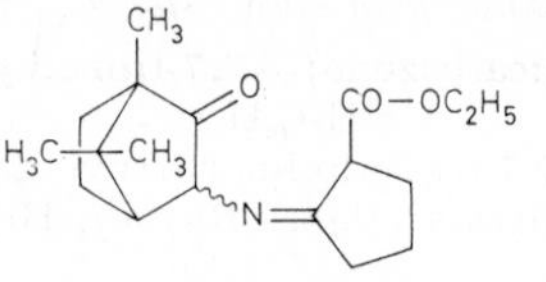 VIII 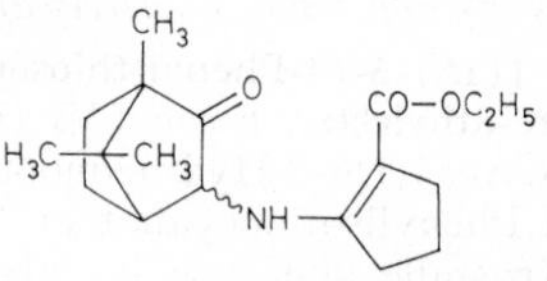 IX

**2-[3-Oxo-4.7.7-trimethyl-norbornyl-(2)-imino]-cyclopentan-carbonsäure-(1)-äthylester,** *2-(2-oxo-3-bornylimino)cyclopentanecarboxylic acid ethyl ester* $C_{18}H_{27}NO_3$, Formel VIII, und **2-[3-Oxo-4.7.7-trimethyl-norbornyl-(2)-amino]-cyclopenten-(1)-carbonsäure-(1)-äthylester,** *2-(2-oxo-3-bornylamino)cyclopent-1-ene-1-carboxylic acid ethyl ester* $C_{18}H_{27}NO_3$, Formel IX.

Eine Verbindung (Krystalle [aus A.]; F: 129°) dieser Konstitution von unbekanntem opt. Drehungsvermögen ist beim Erhitzen von nicht näher bezeichnetem 3-Amino-bornanon-(2) mit 2-Oxo-cyclopentan-carbonsäure-(1)-äthylester und Natriumacetat in wss. Essigsäure erhalten worden (*Philpott, Jones*, Soc. **1938** 337, 340).

**3-[4-Anilino-anilino]-bornanon-(2), 3-[4-Anilino-anilino]-campher,** *3-(p-anilinoanilino)bornan-2-one* $C_{22}H_{26}N_2O$.

a) **(1*R*)-3*endo*-[4-Anilino-anilino]-bornanon-(2),** Formel X (R = H).

*B.* Aus (1*R*)-3-[4-Anilino-phenylimino]-bornanon-(2) (E III **13** 138) mit Hilfe von Zink und wss. Kalilauge (*Singh, Bhaduri*, J. Indian chem. Soc. **7** [1930] 545, 561).

Krystalle; F: 121—122°. $[M]_D^{35}$: +253,3° [Bzl.], +242,5° [$CHCl_3$], +137° [Py.], +215,9° [Acn.], +200,9° [A.], +182,8° [Me.]. Optisches Drehungsvermögen von Lösungen in Benzol, Chloroform, Pyridin, Aceton, Äthanol und Methanol für Licht der Wellenlängen 578 mμ, 546 mμ und 436 mμ: *Si., Bh.*, l. c. S. 570.

b) **(1*S*)-3*endo*-[4-Anilino-anilino]-bornanon-(2),** Formel XI (R = H).

*B.* Aus (1*S*)-3-[4-Anilino-phenylimino]-bornanon-(2) (*Singh, Bhaduri*, J. Indian chem. Soc. **7** [1930] 545, 562).

F: 121—122°. Optisches Drehungsvermögen von Lösungen in Benzol, Chloroform, Pyridin, Aceton, Äthanol und Methanol für Licht der Wellenlängen 589 mμ, 578 mμ, 546 mμ und 436 mμ: *Si.*, *Bh.*, l. c. S. 570.

c) **(±)-3*endo*-[4-Anilino-anilino]-bornanon-(2),** Formel X + XI (R = H).

*B.* Aus (±)-3-[4-Anilino-phenylimino]-bornanon-(2) (*Singh, Bhaduri*, J. Indian chem. Soc. **7** [1930] 545, 562).

Krystalle; F: 93—94°.

Überführung in ein Acetyl-Derivat $C_{24}H_{28}N_2O_2$ (F: 175—176°) mit Hilfe von Acetanhydrid: *Si.*, *Bh.*

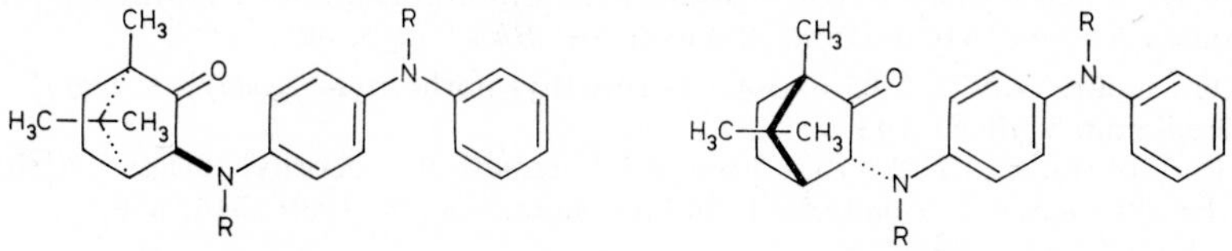

X XI

***N.N'*-Bis-[3-oxo-4.7.7-trimethyl-norbornyl-(2)]-*p*-phenylendiamin,** *3,3'-(*p*-phenylenediimino)dibornan-2-one* $C_{26}H_{36}N_2O_2$.

a) ***N.N'*-Bis-[(1*R*)-3-oxo-4.7.7-trimethyl-norbornyl-(2*endo*)]-*p*-phenylendiamin,** Formel XII (R = H).

*B.* Aus Bis-[(1*S*)-2-oxo-bornyliden-(3)]-*p*-phenylendiamin (*Singh, Bhaduri*, J. Indian chem. Soc. **7** [1930] 545, 557).

F: 204°. Optisches Drehungsvermögen von Lösungen in Benzol, Chloroform, Pyridin, Aceton, Äthanol und Methanol für Licht der Wellenlängen 589 mμ, 578 mμ und 546 mμ: *Si.*, *Bh.*, l. c. S. 565.

b) ***N.N'*-Bis-[(1*S*)-3-oxo-4.7.7-trimethyl-norbornyl-(2*endo*)]-*p*-phenylendiamin,** Formel XIII (R = H).

*B.* Aus Bis-[(1*R*)-2-oxo-bornyliden-(3)]-*p*-phenylendiamin mit Hilfe von Zink und wss. Kalilauge (*Singh, Bhaduri*, J. Indian chem. Soc. **7** [1930] 545, 556).

Krystalle (aus A.); F: 204°. $[M]_D^{35}$: +439,4° [Bzl.], +470,0° [$CHCl_3$], +236,7° [Py.], +426,9° [Acn.], +331,4° [A.], +302,1° [Me.]. Optisches Drehungsvermögen von Lösungen in Benzol, Chloroform, Pyridin, Aceton, Äthanol und Methanol für Licht der Wellenlängen 578 mμ und 546 mμ: *Si.*, *Bh.*, l. c. S. 565.

Hydrochlorid $C_{26}H_{36}N_2O_2 \cdot 2HCl$. F: 225° [Zers.] (*Si.*, *Bh.*, l. c. S. 557).

c) **Opt.-inakt. *N.N'*-Bis-[3-oxo-4.7.7-trimethyl-norbornyl-(2*endo*)]-*p*-phenylendiamin vom F: 220°.**

*B.* Aus opt.-inakt. Bis-[2-oxo-bornyliden-(3)]-*p*-phenylendiamin [F: 252—253°] (*Singh, Bhaduri*, J. Indian chem. Soc. **7** [1930] 545, 557).

F: 220° [nach Verfärbung von 198° an].

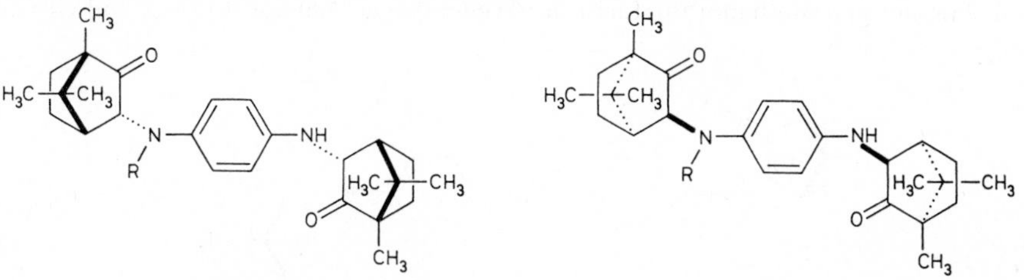

XII XIII

***N.N'*-Bis-[3-oxo-4.7.7-trimethyl-norbornyl-(2)]-*N*-acetyl-*p*-phenylendiamin, Essigsäure-[4-(3-oxo-4.7.7-trimethyl-norbornyl-(2)-amino)-*N*-(3-oxo-4.7.7-trimethyl-norbornyl-(2))-anilid],** N-*(2-oxo-3-bornyl)-4'-(2-oxo-3-bornylamino)acetanilide* $C_{28}H_{38}N_2O_3$.

a) ***N.N'*-Bis-[(1*R*)-3-oxo-4.7.7-trimethyl-norbornyl-(2*endo*)]-*N*-acetyl-*p*-phenylendiamin,** Formel XII (R = CO-$CH_3$).

*B.* Aus *N.N'*-Bis-[(1*R*)-3-oxo-4.7.7-trimethyl-norbornyl-(2*endo*)]-*p*-phenylendiamin

(*Singh, Bhaduri*, J. Indian chem. Soc. **7** [1930] 545, 558).

Optisches Drehungsvermögen von Lösungen in Chloroform und Pyridin für Licht der Wellenlängen 589 mμ, 578 mμ, 546 mμ und 436 mμ: *Si.*, *Bh.*, l. c. S. 565.

b) **N.N'-Bis-[(1S)-3-oxo-4.7.7-trimethyl-norbornyl-(2endo)]-N-acetyl-p-phenylen-diamin,** Formel XIII (R = $CO\text{-}CH_3$).

*B.* Beim Erhitzen von *N.N'*-Bis-[(1*S*)-3-oxo-4.7.7-trimethyl-norbornyl-(2*endo*)]-*p*-phenylendiamin mit Acetanhydrid auf 200° (*Singh, Bhaduri*, J. Indian chem. Soc. **7** [1930] 545, 558).

Krystalle (aus wss. A.); F: 253—254° [Zers.]. $[M]_D^{35}$: +124,1° [$CHCl_3$], —108,5° [Py.]. Optisches Drehungsvermögen von Lösungen in Chloroform und Pyridin für Licht der Wellenlängen 578 mμ, 546 mμ und 436 mμ: *Si.*, *Bh.*, l. c. S. 565.

c) **Opt.-inakt. N.N'-Bis-[3-oxo-4.7.7-trimethyl-norbornyl-(2endo)]-N-acetyl-p-phenylendiamin vom F: 193°.**

*B.* Aus opt.-inakt. *N.N'*-Bis-[3-oxo-4.7.7-trimethyl-norbornyl-(2*endo*)]-*p*-phenylen-diamin [F: 220°] (*Singh, Bhaduri*, J. Indian chem. Soc. **7** [1930] 545, 558).

Krystalle; F: 192—193°.

**N'-[3-Oxo-4.7.7-trimethyl-norbornyl-(2)]-N-phenyl-N.N'-diacetyl-p-phenylendiamin,** N-(*2-oxo-3-bornyl*)-N'-*phenyl*-N,N'-p-*phenylenebisacetamide* $C_{26}H_{30}N_2O_3$.

a) **N'-[(1R)-3-Oxo-4.7.7-trimethyl-norbornyl-(2endo)]-N-phenyl-N.N'-diacetyl-p-phenylendiamin,** Formel XI (R = $CO\text{-}CH_3$).

*B.* Aus (1*S*)-3*endo*-[4-Anilino-anilino]-bornanon-(2) (*Singh, Bhaduri*, J. Indian chem. Soc. **7** [1930] 545, 562).

F: 190—191°. Optisches Drehungsvermögen von Lösungen in Benzol, Chloroform, Pyridin und Aceton für Licht der Wellenlängen 589 mμ, 578 mμ, 546 mμ und 436 mμ: *Si.*, *Bh.*, l. c. S. 571.

b) **N'-[(1S)-3-Oxo-4.7.7-trimethyl-norbornyl-(2endo)]-N-phenyl-N.N'-diacetyl-p-phenylendiamin,** Formel X (R = $CO\text{-}CH_3$).

*B.* Beim Erhitzen von (1*R*)-3*endo*-[4-Anilino-anilino]-bornanon-(2) mit Acetanhydrid (*Singh, Bhaduri*, J. Indian chem. Soc. **7** [1930] 545, 562).

Krystalle; F: 190—191°. $[M]_D^{35}$: +283,1° [Bzl.], +263,3° [$CHCl_3$], +124,9° [Py.], +244,6° [Acn.]. Optisches Drehungsvermögen von Lösungen in Benzol, Chloroform, Pyridin und Aceton für Licht der Wellenlängen 578 mμ, 546 mμ und 436 mμ: *Si.*, *Bh.*, l. c. S. 571.

**Bis-[4-(3-oxo-4.7.7-trimethyl-norbornyl-(2)-amino)-phenyl]-methan,** *3,3'-[methylenebis-(*p*-phenyleneimino)]dibornan-2-one* $C_{33}H_{42}N_2O_2$.

a) **Bis-[4-((1R)-3-oxo-4.7.7-trimethyl-norbornyl-(2endo)-amino)-phenyl]-methan,** Formel I.

*B.* Aus Bis-[4-((1*S*)-2-oxo-bornyliden-(3)-amino)-phenyl]-methan (*Singh, Bhaduri*, J. Indian chem. Soc. **7** [1930] 545, 563).

F: 182°. Optisches Drehungsvermögen von Lösungen in Benzol, Chloroform, Pyridin, Aceton, Äthanol und Methanol für Licht der Wellenlängen 589 mμ, 578 mμ und 546 mμ: *Si.*, *Bh.*, l. c. S. 573.

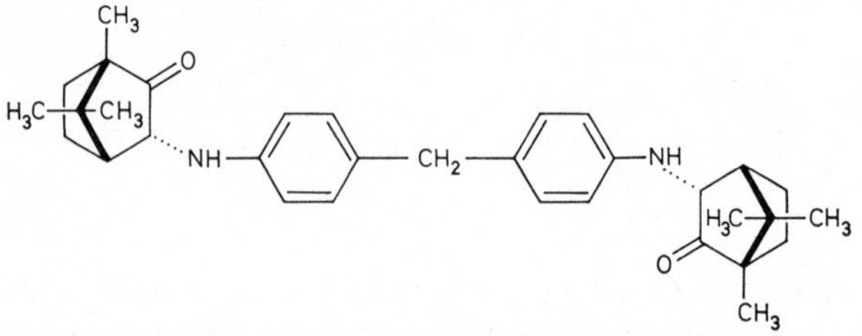

I

b) **Bis-[4-((1S)-3-oxo-4.7.7-trimethyl-norbornyl-(2endo)-amino)-phenyl]-methan,** Formel II.

*B.* Aus Bis-[4-((1*R*)-2-oxo-bornyliden-(3)-amino)-phenyl]-methan mit Hilfe von Zink und wss. Kalilauge (*Singh, Bhaduri*, J. Indian chem. Soc. **7** [1930] 545, 563).

Krystalle; F: 182°. $[M]_D^{35}$: +486,0° [Bzl.], +487,4° [$CHCl_3$], +252,7° [Py.], +466,8° [Acn.], +352,2° [Me.], +396,4° [A.]. Optisches Drehungsvermögen von Lösungen in Benzol, Chloroform, Pyridin, Aceton, Äthanol und Methanol für Licht der Wellenlängen 578 mμ und 546 mμ: *Si.*, *Bh.*, l. c. S. 573.

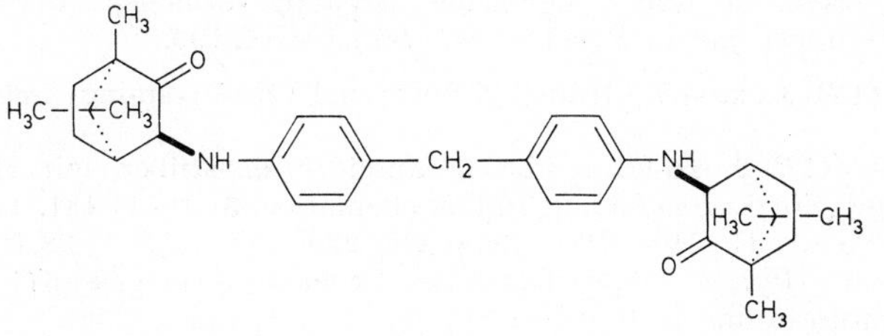

II

c) **Opt.-inakt. Bis-[4-(3-oxo-4.7.7-trimethyl-norbornyl-(2*endo*)-amino)-phenyl]-methan vom F: 165°.**

*B.* Aus opt.-inakt. Bis-[4-(2-oxo-bornyliden-(3)-amino)-phenyl]-methan [F: 200—201°] (*Singh, Bhaduri*, J. Indian chem. Soc. **7** [1930] 545, 564).

Krystalle; F: 164—165°.

**2.2'-Bis-[3-oxo-4.7.7-trimethyl-norbornyl-(2)-amino]-bibenzyl,** *3,3'-(bibenzyl-2,2'-diyl=diimino)dibornan-2-one* $C_{34}H_{44}N_2O_2$.

a) **2.2'-Bis-[(1*R*)-3-oxo-4.7.7-trimethyl-norbornyl-(2*endo*)-amino]-bibenzyl,** Formel III.

*B.* Aus 2.2'-Bis-[(1*S*)-2-oxo-bornyliden-(3)-amino]-bibenzyl [E III **13** 468; dort irrtümlich als 2.2'-Bis-[(1*R*)-2-oxo-bornyliden-(3)-amino]-bibenzyl bezeichnet] (*Singh, Bhaduri*, J. Indian chem. Soc. **8** [1931] 181, 189).

F: 214—216°. Optisches Drehungsvermögen (509—671 mμ) von Lösungen in Benzol, Chloroform und Pyridin: *Si.*, *Bh.*, l. c. S. 197, 198.

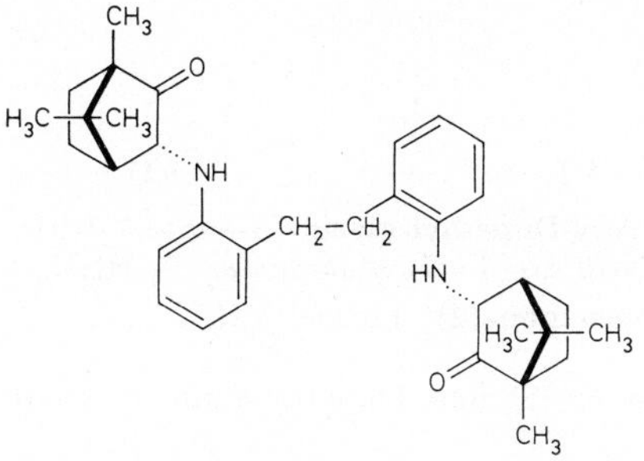

III 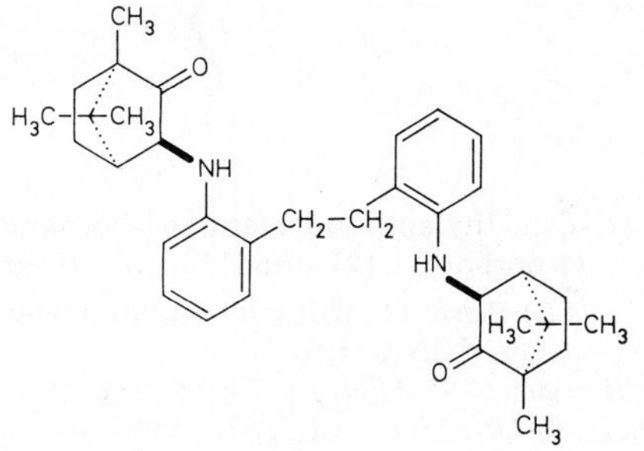 IV

b) **2.2'-Bis-[(1*S*)-3-oxo-4.7.7-trimethyl-norbornyl-(2*endo*)-amino]-bibenzyl,** Formel IV.

*B.* Aus 2.2'-Bis-[(1*R*)-2-oxo-bornyliden-(3)-amino]-bibenzyl (E III **13** 469; dort irrtümlich als 2.2'-Bis-[(1*S*)-2-oxo-bornyliden-(3)-amino]-bibenzyl bezeichnet) mit Hilfe von Zink und wss. Kalilauge (*Singh, Bhaduri*, J. Indian chem. Soc. **8** [1931] 181, 189).

Krystalle (aus Acn.); F: 214—216°. $[\alpha]_D^{35}$: +130,5° [Bzl.], +121,9° [$CHCl_3$], +100,5° [Py.]. Optisches Drehungsvermögen (671—488 mμ) von Lösungen in Benzol, Chloroform und Pyridin: *Si.*, *Bh.*, l. c. S. 197.

c) **Opt.-inakt. 2.2'-Bis-[3-oxo-4.7.7-trimethyl-norbornyl-(2*endo*)-amino]-bibenzyl vom F: 205°.**

*B.* Aus opt.-inakt. 2.2'-Bis-[2-oxo-bornyliden-(3)-amino]-bibenzyl [F: 194—195°] (*Singh, Bhaduri*, J. Indian chem. Soc. **8** [1931] 181, 189).

Krystalle; F: 204—205°.

**2.2'-Bis-[3-oxo-4.7.7-trimethyl-norbornyl-(2)-amino]-stilben,** *3,3'-(stilbene-2,2'-diyl=diimino)dibornan-2-one* $C_{34}H_{42}N_2O_2$.

a) **2.2'-Bis-[(1*R*)-3-oxo-4.7.7-trimethyl-norbornyl-(2*endo*)-amino]-*trans*-stilben,** Formel V.

*B.* Aus 2.2'-Bis-[(1*S*)-2-oxo-bornyliden-(3)-amino]-*trans*-stilben (*Singh, Bhaduri,* J. Indian chem. Soc. **8** [1931] 181, 188).

F: 240—241° [Zers. ab 220°]. Optisches Drehungsvermögen (671—488 mμ) von Lösungen in Chloroform und in Pyridin: *Si., Bh.,* l. c. S. 193.

b) **2.2'-Bis-[(1*S*)-3-oxo-4.7.7-trimethyl-norbornyl-(2*endo*)-amino]-*trans*-stilben,** Formel VI.

*B.* Aus 2.2'-Bis-[(1*R*)-2-oxo-bornyliden-(3)-amino]-*trans*-stilben mit Hilfe von Zink und wss. Kalilauge (*Singh, Bhaduri,* J. Indian chem. Soc. **8** [1931] 181, 188).

Krystalle (aus Acn.); F: 240—241° [Zers. von 220° an]. $[\alpha]_D^{35}$: +38,7° [$CHCl_3$; c = 0,5]; $[\alpha]_D^{35}$: +118,8° [Py.; c = 0,5]. Optisches Drehungsvermögen (671—488 mμ) von Lösungen in Chloroform und in Pyridin: *Si., Bh.,* l. c. S. 193.

c) **Opt.-inakt. 2.2'-Bis-[3-oxo-4.7.7-trimethyl-norbornyl-(2*endo*)-amino]-*trans*-stilben vom F: 212°.**

*B.* Aus opt.-inakt. 2.2'-Bis-[2-oxo-bornyliden-(3)-amino]-*trans*-stilben [F: 238—239°] (*Singh, Bhaduri,* J. Indian chem. Soc. **8** [1931] 181, 188).

Hellgelbe Krystalle; F: 210—212°.

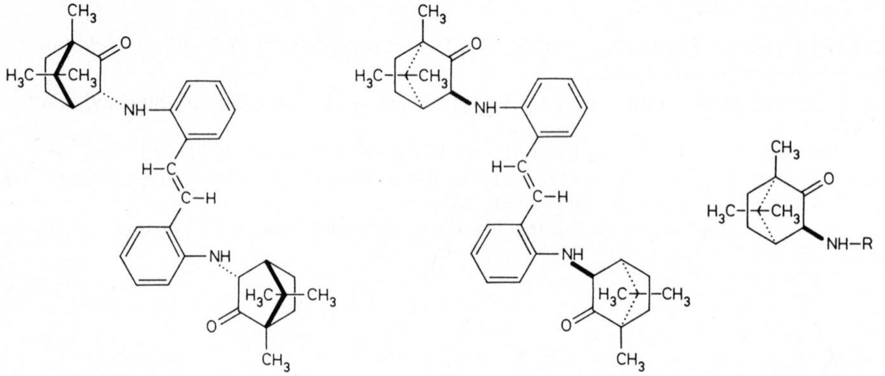

V VI VII

**3-[*C*-Dimethylamino-acetamino]-bornanon-(2), *N.N*-Dimethyl-glycin-[3-oxo-4.7.7-trimethyl-norbornyl-(2)-amid],** *2-(dimethylamino)-N-(2-oxo-3-bornyl)acetamide* $C_{14}H_{24}N_2O_2$.

**(1*R*)-3*endo*-[*C*-Dimethylamino-acetamino]-bornanon-(2),** Formel VII (R = $CO\text{-}CH_2\text{-}N(CH_3)_2$).

*B.* Aus (1*R*)-3*endo*-[*C*-Chlor-acetamino]-bornanon-(2) und Dimethylamin in Äthanol (*Rupe, Flatt,* Helv. **14** [1931] 1007, 1030).

Perchlorat $C_{14}H_{24}N_2O_2 \cdot HClO_4$. Krystalle (aus W.); F: 228°.

**3-[*C*-Trimethylammonio-acetamino]-bornanon-(2), Trimethyl-[(3-oxo-4.7.7-trimethyl-norbornyl-(2)-carbamoyl)-methyl]-ammonium,** *trimethyl{[(2-oxo-3-bornyl)carbamoyl]methyl}ammonium* $[C_{15}H_{27}N_2O_2]^{\oplus}$.

**Trimethyl-[((1*S*)-3-oxo-4.7.7-trimethyl-norbornyl-(2*endo*)-carbamoyl)-methyl]-ammonium,** Formel VII (R = $CO\text{-}CH_2\text{-}N(CH_3)_3]^{\oplus}$).

**Chlorid** $[C_{15}H_{27}N_2O_2]Cl$. *B.* Aus (1*R*)-3*endo*-[*C*-Chlor-acetamino]-bornanon-(2) und Trimethylamin (*Rupe, Flatt,* Helv. **14** [1931] 1007, 1032). — Hygroskopische Krystalle (aus A. + E.); F: 224°.

**Perchlorat** $[C_{15}H_{27}N_2O_2]ClO_4$. Krystalle (aus W.); F: 110°.

**Tetrachloroaurat(III)** $[C_{15}H_{27}N_2O_2]AuCl_4$. Orangegelbe Krystalle (aus W.); F: 175°.

***N*-[3-Oxo-4.7.7-trimethyl-norbornyl-(2)]-glycin-[3-oxo-4.7.7-trimethyl-norbornyl-(2)-amid],** *N-(2-oxo-3-bornyl)-2-(2-oxo-3-bornylamino)acetamide* $C_{22}H_{34}N_2O_3$.

***N*-[(1*S*)-3-Oxo-4.7.7-trimethyl-norbornyl-(2*endo*)]-glycin-[(1*S*)-3-oxo-4.7.7-trimethyl-norbornyl-(2*endo*)-amid],** Formel VIII (R = H).

*B.* Aus (1*R*)-3*endo*-[*C*-Chlor-acetamino]-bornanon-(2) und (1*R*)-3*endo*-Amino-bornan=

on-(2) (*Rupe, Martin,* Helv. **17** [1934] 1263, 1271).

Krystalle; F: 131°. $[\alpha]_D$: +3,22° [Bzl.; p = 10]; $[\alpha]_D$: +1,81° [Py.; p = 10]. Rotationsdispersion (656—486 mμ) von Lösungen in Benzol und in Pyridin: *Rupe, Ma.,* l. c. S. 1269.

Hydrochlorid $C_{22}H_{34}N_2O_3 \cdot HCl$. Krystalle; F: 191° (*Rupe, Ma.,* l. c. S. 1272).

Hydrobromid $C_{22}H_{34}N_2O_3 \cdot HBr$. Krystalle (aus wss. Bromwasserstoffsäure); F: 204° (*Rupe, Ma.,* l. c. S. 1272).

Perchlorat $C_{22}H_{34}N_2O_3 \cdot HClO_4$. Krystalle (aus wss. A.); F: 249—250° (*Rupe, Ma.,* l. c. S. 1271).

**Dimethyl-[(3-oxo-4.7.7-trimethyl-norbornyl-(2)-carbamoyl)-methyl]-[3-oxo-4.7.7-trimethyl-norbornyl-(2)]-ammonium,** *dimethyl(2-oxo-3-bornyl)-{[(2-oxo-3-bornyl)carbamoyl]methyl}ammonium* $[C_{24}H_{39}N_2O_3]^{\oplus}$.

**Dimethyl-[((1*S*)-3-oxo-4.7.7-trimethyl-norbornyl-(2*endo*)-carbamoyl)-methyl]-[(1*S*)-3-oxo-4.7.7-trimethyl-norbornyl-(2*endo*)]-ammonium,** Formel IX.

**Perchlorat** $[C_{24}H_{39}N_2O_3]ClO_4$. *B.* Aus dem beim Erwärmen von (1*R*)-3*endo*-[*C*-Chloracetamino]-bornanon-(2) mit (1*R*)-3*endo*-Dimethylamino-bornanon-(2) in Äthanol erhaltenen Chlorid (*Rupe, Martin,* Helv. **17** [1934] 1263, 1279). — Krystalle (aus wss. Me.); F: 209°.

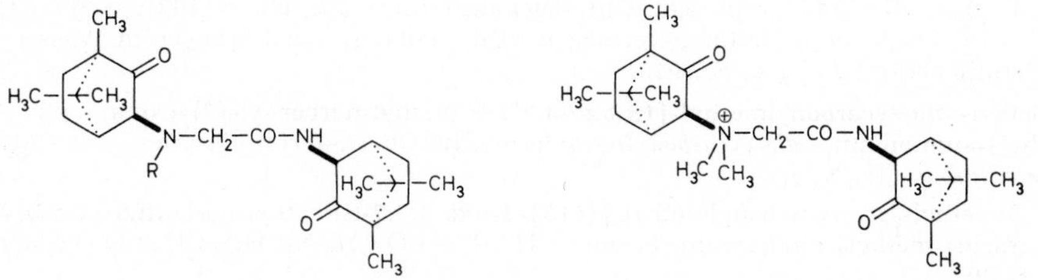

VIII IX

***N*-[3-Oxo-4.7.7-trimethyl-norbornyl-(2)]-*N*-chloracetyl-glycin-[3-oxo-4.7.7-trimethyl-norbornyl-(2)-amid],** *2-[2-chloro-*N*-(2-oxo-3-bornyl)acetamido]-*N*-(2-oxo-3-bornyl)acetamide* $C_{24}H_{35}ClN_2O_4$.

***N*-[(1*S*)-3-Oxo-4.7.7-trimethyl-norbornyl-(2*endo*)]-*N*-chloracetyl-glycin-[(1*S*)-3-oxo-4.7.7-trimethyl-norbornyl-(2*endo*)-amid],** Formel VIII (R = CO-$CH_2$Cl).

*B.* Aus *N*-[(1*S*)-3-Oxo-4.7.7-trimethyl-norbornyl-(2*endo*)]-glycin-[(1*S*)-3-oxo-4.7.7-trimethyl-norbornyl-(2*endo*)-amid] und Chloracetylchlorid in Benzol (*Rupe, Martin,* Helv. **17** [1934] 1263, 1273).

Krystalle (aus A.); F: 209°.

***N*-[3-Oxo-4.7.7-trimethyl-norbornyl-(2)]-*N*-benzoyl-glycin-[3-oxo-4.7.7-trimethyl-norbornyl-(2)-amid],** N-*(2-oxo-3-bornyl)-2-[*N*-(2-oxo-3-bornyl)benzamido]acetamide* $C_{29}H_{38}N_2O_4$.

***N*-[(1*S*)-3-Oxo-4.7.7-trimethyl-norbornyl-(2*endo*)]-*N*-benzoyl-glycin-[(1*S*)-3-oxo-4.7.7-trimethyl-norbornyl-(2*endo*)-amid],** Formel VIII (R = CO-$C_6H_5$).

*B.* Aus *N*-[(1*S*)-3-Oxo-4.7.7-trimethyl-norbornyl-(2*endo*)]-glycin-[(1*S*)-3-oxo-4.7.7-trimethyl-norbornyl-(2*endo*)-amid] und Benzoylchlorid mit Hilfe von Pyridin (*Rupe, Martin,* Helv. **17** [1934] 1263, 1272).

Krystalle (aus wss. A.); F: 228°.

***N*-[3-Oxo-4.7.7-trimethyl-norbornyl-(2)]-*N*-phenylthiocarbamoyl-glycin-[3-oxo-4.7.7-trimethyl-norbornyl-(2)-amid], 3-[3-Oxo-4.7.7-trimethyl-norbornyl-(2)]-5-phenyl-4-thio-hydantoinsäure-[3-oxo-4.7.7-trimethyl-norbornyl-(2)-amid],** N-*(2-oxo-3-bornyl)-2-[1-(2-oxo-3-bornyl)-3-phenylthioureido]acetamide* $C_{29}H_{39}N_3O_3S$.

**3-[(1*S*)-3-Oxo-4.7.7-trimethyl-norbornyl-(2*endo*)]-5-phenyl-4-thio-hydantoinsäure-[(1*S*)-3-oxo-4.7.7-trimethyl-norbornyl-(2*endo*)-amid],** Formel VIII (R = CS-NH-$C_6H_5$).

*B.* Aus *N*-[(1*S*)-3-Oxo-4.7.7-trimethyl-norbornyl-(2*endo*)]-glycin-[(1*S*)-3-oxo-4.7.7-trimethyl-norbornyl-(2*endo*)-amid] und Phenylisothiocyanat (*Rupe, Martin,* Helv. **17** [1934] 1263, 1273).

Krystalle (aus wss. A.); F: 184,5°.

**Methyl-bis-[(3-oxo-4.7.7-trimethyl-norbornyl-(2)-carbamoyl)-methyl]-amin,** N,N'-*bis*=*(2-oxo-3-bornyl)-2,2'-(methylimino)bisacetamide* $C_{25}H_{39}N_3O_4$.

**Methyl-bis-[((1*S*)-3-oxo-4.7.7-trimethyl-norbornyl-(2*endo*)-carbamoyl)-methyl]-amin,** Formel X.

*B.* Aus (1*R*)-3*endo*-[*C*-Chlor-acetamino]-bornanon-(2) und Methylamin in Äthanol (*Rupe, Martin,* Helv. **17** [1934] 1263, 1270).

Krystalle; F: 134°. $[\alpha]_D$: +25,1° [Bzl.; p = 10] (*Rupe, Ma.,* l. c. S. 1269).

Perchlorat $C_{25}H_{39}N_3O_4 \cdot HClO_4$. Krystalle (aus W.); F: 175—180° [nach Sintern bei 125°].

**Dimethyl-carboxymethyl-[(3-oxo-4.7.7-trimethyl-norbornyl-(2)-carbamoyl)-methyl]-ammonium,** *(carboxymethyl)dimethyl{[(2-oxo-3-bornyl)carbamoyl]methyl}ammonium* $[C_{16}H_{27}N_2O_4]^{\oplus}$.

**Dimethyl-carboxymethyl-[((1*S*)-3-oxo-4.7.7-trimethyl-norbornyl-(2*endo*)-carb=amoyl)-methyl]-ammonium,** Formel VII (R = $CO\text{-}CH_2\text{-}N(CH_3)_2\text{-}CH_2\text{-}COOH]^{\oplus}$) auf S. 30.

**Perchlorat** $[C_{16}H_{27}N_2O_4]ClO_4$. Krystalle (aus W.); F: 217° (*Rupe, Flatt,* Helv. **14** [1931] 1007, 1032).

**Betain** $C_{16}H_{26}N_2O_4$. *B.* Aus dem im folgenden Artikel beschriebenen Bromid beim Behandeln mit Silberoxid in Wasser (*Rupe, Fl.,* l. c. S. 1031). — Krystalle (aus W. oder A.); F: 248°. Krystallographische Untersuchung: *Rupe, Fl.,* l. c. S. 1031. $[\alpha]_D^{20}$: +12,8° [W. + Py.]. Optisches Drehungsvermögen (656—486 mμ) von Lösungen in Wasser und in Pyridin: *Rupe, Fl.,* l. c. S. 1015.

**Dimethyl-äthoxycarbonylmethyl-[(3-oxo-4.7.7-trimethyl-norbornyl-(2)-carbamoyl)-methyl]-ammonium,** *(ethoxycarbonylmethyl)dimethyl{[(2-oxo-3-bornyl)carbamoyl]methyl}=ammonium* $[C_{18}H_{31}N_2O_4]^{\oplus}$.

**Dimethyl-äthoxycarbonylmethyl-[((1*S*)-3-oxo-4.7.7-trimethyl-norbornyl-(2*endo*)-carbamoyl)-methyl]-ammonium,** Formel VII (R = $CO\text{-}CH_2\text{-}N(CH_3)_2\text{-}CH_2\text{-}CO\text{-}OC_2H_5]^{\oplus}$) auf S. 30.

**Bromid** $[C_{18}H_{31}N_2O_4]Br$. *B.* Aus (1*R*)-3*endo*-[*C*-Dimethylamino-acetamino]-bornanon-(2) und Bromessigsäure-äthylester (*Rupe, Flatt,* Helv. **14** [1931] 1007, 1030). — $[\alpha]_D^{20}$: +7,8° [W.; c = 6]; $[\alpha]_{656}^{20}$: +6,5° [W.; c = 6] (*Rupe, Fl.,* l. c. S. 1015).

**Perchlorat** $[C_{18}H_{31}N_2O_4]ClO_4$. Krystalle (aus W.); F: 135° (*Rupe, Fl.,* l. c. S. 1030).

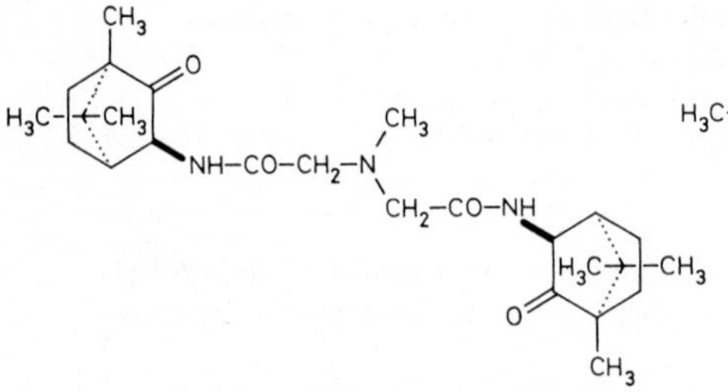

X 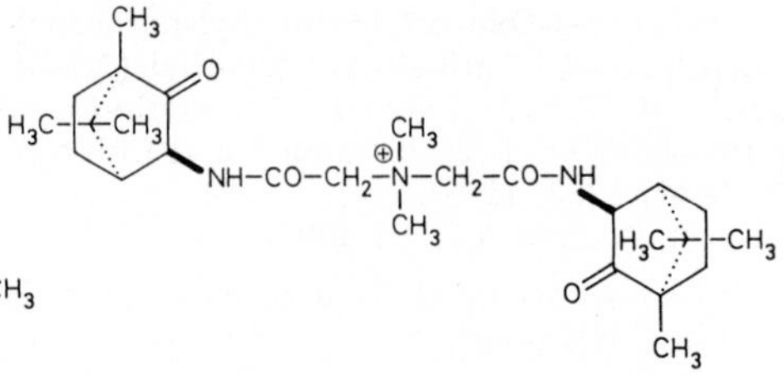 XI

**Dimethyl-bis-[(3-oxo-4.7.7-trimethyl-norbornyl-(2)-carbamoyl)-methyl]-ammonium,** *dimethylbis{[(2-oxo-3-bornyl)carbamoyl]methyl}ammonium* $[C_{26}H_{42}N_3O_4]^{\oplus}$.

**Dimethyl-bis-[((1*S*)-3-oxo-4.7.7-trimethyl-norbornyl-(2*endo*)-carbamoyl)-methyl]-ammonium,** Formel XI.

**Jodid** $[C_{26}H_{42}N_3O_4]I$. *B.* Aus Methyl-bis-[((1*S*)-3-oxo-4.7.7-trimethyl-norbornyl-(2*endo*)-carbamoyl)-methyl]-amin und Methyljodid in Methanol (*Rupe, Martin,* Helv. **17** [1934] 1263, 1271). — Krystalle (aus W.); F: 197—198° [nach Sintern bei 194°].

***N*-[3-Oxo-4.7.7-trimethyl-norbornyl-(2)]-*N*-[*N.N*-dimethyl-glycyl]-glycin-[3-oxo-4.7.7-trimethyl-norbornyl-(2)-amid],** *2-[2-(dimethylamino)-*N*-(2-oxo-3-bornyl)acetamido]-*N*-(2-oxo-3-bornyl)acetamide* $C_{26}H_{41}N_3O_4$.

***N*-[(1*S*)-3-Oxo-4.7.7-trimethyl-norbornyl-(2*endo*)]-*N*-[*N.N*-dimethyl-glycyl]-glycin-[(1*S*)-3-oxo-4.7.7-trimethyl-norbornyl-(2*endo*)-amid],** Formel VIII (R = $CO\text{-}CH_2\text{-}N(CH_3)_2$).

*B.* Aus *N*-[(1*S*)-3-Oxo-4.7.7-trimethyl-norbornyl-(2*endo*)]-*N*-chloracetyl-glycin-

[(1*S*)-3-oxo-4.7.7-trimethyl-norbornyl-(2*endo*)-amid] und Dimethylamin in Äthanol (*Rupe, Martin*, Helv. **17** [1934] 1263, 1273).

F: 119°. $[\alpha]_D$: +3,67° [Bzl.; p = 10] (*Rupe, Ma.*, l. c. S. 1269).

***N*-[3-Oxo-4.7.7-trimethyl-norbornyl-(2)]-*N*-[trimethylammonio-acetyl]-glycin-[3-oxo-4.7.7-trimethyl-norbornyl-(2)-amid],** *trimethyl({(2-oxo-3-bornyl)-[(2-oxo-3-bornylcarbamoyl)methyl]carbamoyl}methyl)ammonium* $[C_{27}H_{44}N_3O_4]^{\oplus}$.

***N*-[(1*S*)-3-Oxo-4.7.7-trimethyl-norbornyl-(2*endo*)]-*N*-[trimethylammonio-acetyl]-glycin-[(1*S*)-3-oxo-4.7.7-trimethyl-norbornyl-(2*endo*)-amid],** Formel VIII (R = CO-$CH_2$-N$(CH_3)_3]^{\oplus}$) auf S. 31.

**Hydroxid** $[C_{27}H_{44}N_3O_4]OH$. *B.* Aus dem Chlorid (s. u.) mit Hilfe von Silberoxid (*Rupe, Martin*, Helv. **17** [1934] 1263, 1281). — $[\alpha]_D$: +30,6° [W.; p = 10]. Rotationsdispersion (W.; 656—486 mμ): *Rupe, Ma.*, l. c. S. 1269.

**Chlorid** $[C_{27}H_{44}N_3O_4]Cl$. *B.* Aus *N*-[(1*S*)-3-Oxo-4.7.7-trimethyl-norbornyl-(2*endo*)]-*N*-chloracetyl-glycin-[(1*S*)-3-oxo-4.7.7-trimethyl-norbornyl-(2*endo*)-amid] und Trimethylamin in Äthanol (*Rupe, Ma.*, l. c. S. 1280). — Krystalle (aus E.); F: 212—213° [Zers.; nach Sintern von 192° an].

**Jodid** $[C_{27}H_{44}N_3O_4]I$. *B.* Aus *N*-[(1*S*)-3-Oxo-4.7.7-trimethyl-norbornyl-(2*endo*)]-*N*-[*N.N*-dimethyl-glycyl]-glycin-[(1*S*)-3-oxo-4.7.7-trimethyl-norbornyl-(2*endo*)-amid] und Methyljodid (*Rupe, Ma.*, l. c. S. 1281). — Krystalle (aus E.); Zers. bei 204° (*Rupe, Ma.*, l. c. S. 1281). $[\alpha]_D$: +54,2° [W.; p= 5]. Rotationsdispersion (W.; 656—486 mμ): *Rupe, Ma.*, l. c. S. 1269.

***N*-[3-Oxo-4.7.7-trimethyl-norbornyl-(2)]-*N*-[*N*-(3-oxo-4.7.7-trimethyl-norbornyl-(2))-glycyl]-glycin-[3-oxo-4.7.7-trimethyl-norbornyl-(2)-amid],** N-*(2-oxo-3-bornyl)-2-*[N-*(2-oxo-3-bornyl)-2-(2-oxo-3-bornylamino)acetamido]acetamide* $C_{34}H_{51}N_3O_5$.

***N*-[(1*S*)-3-Oxo-4.7.7-trimethyl-norbornyl-(2*endo*)]-*N*-[*N*-((1*S*)-3-oxo-4.7.7-trimethyl-norbornyl-(2*endo*))-glycyl]-glycin-[(1*S*)-3-oxo-4.7.7-trimethyl-norbornyl-(2*endo*)-amid],** Formel XII.

*B.* Aus *N*-[(1*S*)-3-Oxo-4.7.7-trimethyl-norbornyl-(2*endo*)]-*N*-chloracetyl-glycin-[(1*S*)-3-oxo-4.7.7-trimethyl-norbornyl-(2*endo*)-amid] und (1*R*)-3*endo*-Amino-bornanon-(2) in Benzol (*Rupe, Martin*, Helv. **17** [1934] 1263, 1281).

Krystalle (aus A.); F: 210°. $[\alpha]_D$: +53,1° [Py.; p = 6]. Rotationsdispersion (Py.; 656—486 mμ): *Rupe, Ma.*, l. c. S. 1269.

**Dimethyl-carboxymethyl-({[(3-oxo-4.7.7-trimethyl-norbornyl-(2)-carbamoyl)-methyl]-[3-oxo-4.7.7-trimethyl-norbornyl-(2)]-carbamoyl}-methyl)-ammonium-betain,** *dimethyl({(2-oxo-3-bornyl)-[(2-oxo-3-bornylcarbamoyl)methyl]carbamoyl}methyl)ammonioacetate* $C_{28}H_{43}N_3O_6$.

**Dimethyl-carboxymethyl-({[((1*S*)-3-oxo-4.7.7-trimethyl-norbornyl-(2*endo*)-carbamoyl)-methyl]-[(1*S*)-3-oxo-4.7.7-trimethyl-norbornyl-(2*endo*)]-carbamoyl}-methyl)-ammonium-betain,** Formel VIII (R = CO-$CH_2$-$N^{\oplus}(CH_3)_2$-$CH_2$-$COO^{\ominus}$) auf S. 31.

*B.* Aus dem im folgenden Artikel beschriebenen Bromid beim Behandeln mit Silberoxid in Wasser (*Rupe, Martin*, Helv. **17** [1934] 1263, 1275).

Hellgelbe Krystalle; F: 189°. $[\alpha]_D$: +65,4° [W.; p = 10]. Rotationsdispersion (W.; 656—486 mμ): *Rupe, Ma.*, l. c. S. 1269.

**Dimethyl-äthoxycarbonylmethyl-({[(3-oxo-4.7.7-trimethyl-norbornyl-(2)-carbamoyl)-methyl]-[3-oxo-4.7.7-trimethyl-norbornyl-(2)]-carbamoyl}-methyl)-ammonium,** *(ethoxycarbonylmethyl)dimethyl({(2-oxo-3-bornyl)-[(2-oxo-3-bornylcarbamoyl)methyl]carbamoyl}methyl)ammonium* $[C_{30}H_{48}N_3O_6]^{\oplus}$.

**Dimethyl-äthoxycarbonylmethyl-({[((1*S*)-3-oxo-4.7.7-trimethyl-norbornyl-(2*endo*)-carbamoyl)-methyl]-[(1*S*)-3-oxo-4.7.7-trimethyl-norbornyl-(2*endo*)]-carbamoyl}-methyl)-ammonium,** Formel VIII (R = CO-$CH_2$-$N(CH_3)_2$-$CH_2$-CO-$OC_2H_5]^{\oplus}$) auf S. 31.

**Bromid** $[C_{30}H_{48}N_3O_6]Br$. *B.* Aus *N*-[(1*S*)-3-Oxo-4.7.7-trimethyl-norbornyl-(2*endo*)]-*N*-[*N.N*-dimethyl-glycyl]-glycin-[(1*S*)-3-oxo-4.7.7-trimethyl-norbornyl-(2*endo*)-amid] und Bromessigsäure-äthylester in Benzol (*Rupe, Martin*, Helv. **17** [1934] 1263, 1274). — Krystalle (aus wss. A.); F: 184—186°. $[\alpha]_D$: +55,2° [W.; p = 10]. Rotationsdispersion (W.; 656—486 mμ): *Rupe, Ma.*, l. c. S. 1269.

**3-[Toluol-sulfonyl-(4)-amino]-bornanon-(2), 3-[Toluol-sulfonyl-(4)-amino]-campher, *N*-[3-Oxo-4.7.7-trimethyl-norbornyl-(2)]-toluolsulfonamid-(4),** N-(*2-oxo-3-bornyl*)-p-*toluenesulfonamide* $C_{17}H_{23}NO_3S$.

a) **(1*R*)-3*endo*-[Toluol-sulfonyl-(4)-amino]-bornanon-(2),** Formel XIII (R = H) (E I 353).

*B.* Aus (1*R*)-3*endo*-Amino-bornanon-(2) und Toluol-sulfonylchlorid-(4) (*Rupe, Martin,* Helv. **17** [1934] 1207, 1210).

F: 107°.

b) **(±)-3*endo*-[Toluol-sulfonyl-(4)-amino]-bornanon-(2),** Formel XIII (R = H) + Spiegelbild.

*B.* Aus (±)-3*endo*-Amino-bornanon-(2) und Toluol-sulfonylchlorid-(4) (*Angyal et al.,* Soc. **1949** 2722).

Krystalle (aus A.); F: 139° [korr.].

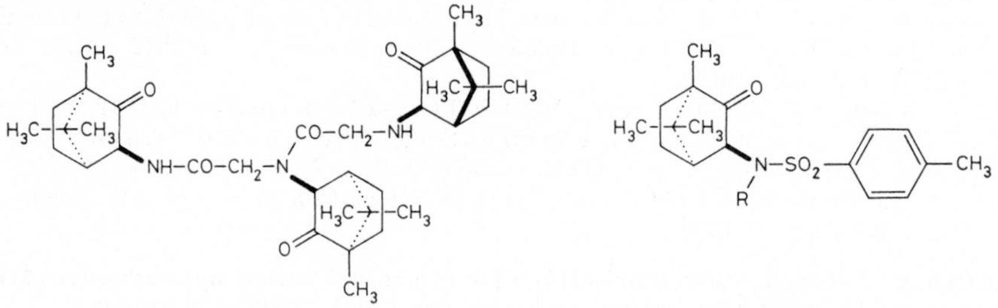

XII XIII

**3-[Naphthalin-sulfonyl-(2)-amino]-bornanon-(2), 3-[Naphthalin-sulfonyl-(2)-amino]-campher, *N*-[3-Oxo-4.7.7-trimethyl-norbornyl-(2)]-naphthalinsulfonamid-(2),** N-(*2-oxo-3-bornyl*)*naphthalene-2-sulfonamide* $C_{20}H_{23}NO_3S$.

**(1*R*)-3*endo*-[Naphthalin-sulfonyl-(2)-amino]-bornanon-(2),** Formel XIV.

*B.* Aus (1*R*)-3*endo*-Amino-bornanon-(2) und Naphthalin-sulfonylchlorid-(2) (*Rupe, Martin,* Helv. **17** [1934] 1207, 1210).

Krystalle (aus wss. A.); F: 127°.

**3-[(Toluol-sulfonyl-(4))-methyl-amino]-bornanon-(2), 3-[(Toluol-sulfonyl-(4))-methyl-amino]-campher, *N*-Methyl-*N*-[3-oxo-4.7.7-trimethyl-norbornyl-(2)]-toluolsulfon=amid-(4),** N-*methyl*-N-(*2-oxo-3-bornyl*)-p-*toluenesulfonamide* $C_{18}H_{25}NO_3S$.

a) **(1*R*)-3*endo*-[(Toluol-sulfonyl-(4))-methyl-amino]-bornanon-(2),** Formel XIII (R = $CH_3$) (E I 354; dort als *N*-Methyl-*N*-[campheryl-(3)]-*p*-toluolsulfonsäureamid bezeichnet).

*B.* Aus (1*R*)-3*endo*-[Toluol-sulfonyl-(4)-amino]-bornanon-(2) und Methyljodid (*Rupe, Martin,* Helv. **17** [1934] 1207, 1211).

Krystalle (aus wss. Me.); F: 89°.

b) **(±)-3*endo*-[(Toluol-sulfonyl-(4))-methyl-amino]-bornanon-(2),** Formel XIII (R = $CH_3$) + Spiegelbild.

*B.* Aus (±)-3*endo*-Methylamino-bornanon-(2) (*Angyal et al.,* Soc. **1949** 2722).

Krystalle (aus A.); F: 77–77,5°.

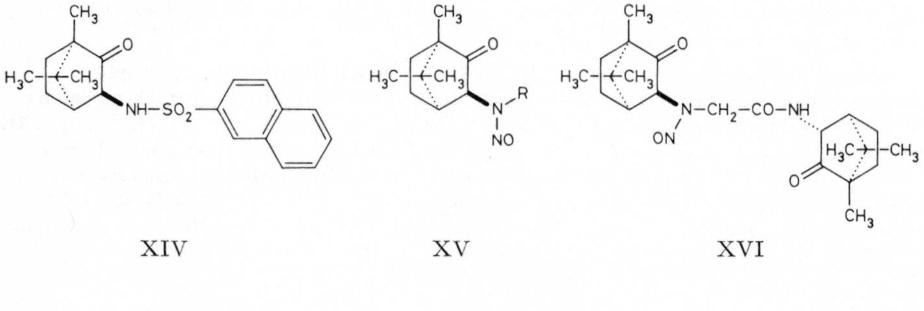

XIV XV XVI

**3-[Nitroso-methyl-amino]-bornanon-(2), 3-[Nitroso-methyl-amino]-campher,** *3-(methylnitrosoamino)bornan-2-one* $C_{11}H_{18}N_2O_2$.

**(1*R*)-3*endo*-[Nitroso-methyl-amino]-bornanon-(2),** Formel XV (R = $CH_3$) (H 16).

*B.* Aus (1*R*)-3*endo*-Methylamino-bornanon-(2) beim Behandeln mit wss. Salzsäure und Natriumnitrit (*Rupe, Tommasi di Vignano,* Helv. **20** [1937] 1078, 1084).

Krystalle (aus PAe.); F: 73°.

***N*-Nitroso-*N*-[3-oxo-4.7.7-trimethyl-norbornyl-(2)]-glycin-äthylester,** N-*nitroso*-N-*(2-oxo-3-bornyl)glycine ethyl ester* $C_{14}H_{22}N_2O_4$.

***N*-Nitroso-*N*-[(1*S*)-3-oxo-4.7.7-trimethyl-norbornyl-(2*endo*)]-glycin-äthylester,** Formel XV (R = $CH_2$-CO-$OC_2H_5$) (vgl. H 17).

*B.* Aus *N*-Methyl-*N*-[(1*S*)-3-oxo-4.7.7-trimethyl-norbornyl-(2*endo*)]-glycin-äthylester beim Behandeln mit wss. Salzsäure und Natriumnitrit (*Rupe, Flatt,* Helv. **14** [1931] 1007, 1022).

Krystalle (aus A.); F: 106°.

***N*-Nitroso-*N*-[3-oxo-4.7.7-trimethyl-norbornyl-(2)]-glycin-[3-oxo-4.7.7-trimethyl-norbornyl-(2)-amid],** *2-[nitroso(2-oxo-3-bornyl)amino]*-N-*(2-oxo-3-bornyl)acetamide* $C_{22}H_{33}N_3O_4$.

***N*-Nitroso-*N*-[(1*S*)-3-oxo-4.7.7-trimethyl-norbornyl-(2*endo*)]-glycin-[(1*S*)-3-oxo-4.7.7-trimethyl-norbornyl-(2*endo*)-amid],** Formel XVI.

*B.* Beim Behandeln von *N*-[(1*S*)-3-Oxo-4.7.7-trimethyl-norbornyl-(2*endo*)]-glycin-[(1*S*)-3-oxo-4.7.7-trimethyl-norbornyl-(2*endo*)-amid]-perchlorat in Essigsäure mit wss. Salzsäure und Natriumnitrit (*Rupe, Martin,* Helv. **17** [1934] 1263, 1272).

Krystalle (aus A.) mit 1 Mol Äthanol, F: 118°; die Schmelze erstarrt bei weiterem Erhitzen zu Krystallen vom F: 171°.

**4-Amino-1.7.7-trimethyl-norbornanon-(2), 4-Amino-bornanon-(2), 4-Amino-campher,** *4-aminobornan-2-one* $C_{10}H_{17}NO$.

**(1*S*)-4-Amino-bornanon-(2),** Formel I (R = H).

*B.* Aus [(1*R*)-3-Oxo-4.7.7-trimethyl-norbornyl-(1)]-carbamidsäure-methylester beim Erhitzen mit wss. Salzsäure (*Houben, Pfankuch,* A. **489** [1931] 193, 217).

Krystalle (aus Bzn.); F: 230—232°.

Beim Behandeln mit wss. Schwefelsäure und Natriumnitrit sind (1*S*)-4-Hydroxy-bornanon-(2) und eine Carbonsäure $C_{10}H_{16}O_2$ (Krystalle [aus wss. Eg.], F: 155—158°; in ein Lacton vom F: 142° überführbar) erhalten worden.

**4-Acetamino-bornanon-(2), 4-Acetamino-campher, *N*-[3-Oxo-4.7.7-trimethyl-norbornyl-(1)]-acetamid,** N-*(2-oxo-4-bornyl)acetamide* $C_{12}H_{19}NO_2$.

**(1*S*)-4-Acetamino-bornanon-(2),** Formel I (R = CO-$CH_3$).

*B.* Aus (1*S*)-4-Amino-bornanon-(2) und Acetanhydrid (*Houben, Pfankuch,* A. **489** [1931] 193, 217).

Krystalle (aus Toluol); F: 122—123°.

**4-Methoxycarbonylamino-bornanon-(2), 4-Methoxycarbonylamino-campher, [3-Oxo-4.7.7-trimethyl-norbornyl-(1)]-carbamidsäure-methylester,** *(2-oxo-4-bornyl)carbamic acid methyl ester* $C_{12}H_{19}NO_3$.

**[(1*R*)-3-Oxo-4.7.7-trimethyl-norbornyl-(1)]-carbamidsäure-methylester,** Formel I (R = CO-$OCH_3$).

*B.* Aus (1*R*)-3-Oxo-4.7.7-trimethyl-norbornan-carbonsäure-(1)-amid beim Erwärmen mit methanol. Natriummethylat und mit Brom (*Houben, Pfankuch,* A. **489** [1931] 193, 216).

Krystalle (aus Bzn.); F: 117°.

**6-Amino-bornanon-(2), 6-Amino-campher** $C_{10}H_{17}NO$ und **10-Amino-bornanon-(2), 10-Amino-campher** $C_{10}H_{17}NO$.

Die H 17 und E I 354 unter diesen Konstitutionsformeln beschriebene, als Isoaminocampher bezeichnete Verbindung ist vermutlich als 2-Imino-6.6.6a-trimethyl-hexahydro-2*H*-cyclopenta[*b*]furan zu formulieren (*Asahina, Tukamoto,* B. **71** [1938] 305; *Tsukamoto,* J. pharm. Soc. Japan **59** [1939] 149, 152, 161).

**2-Amino-1.7.7-trimethyl-norbornanon-(3), 2-Amino-bornanon-(3),** 2-Amino-epicampher, *2-aminobornan-3-one* $C_{10}H_{17}NO$.

**(1*R*)-2*endo*-Amino-bornanon-(3)**, Formel II (R = X = H) (E I 355).
Über die Konfiguration s. *Daniel, Pavia*, Bl. **1971** 1060, 1062.
*B.* Neben (1*R*)-3*endo*-Amino-bornanon-(2) beim Erhitzen von sog. Isodihydrodicamphenpyrazin ((1*R*)-1.9.11.11.12.12-Hexamethyl-(4a *ξH*.9a *ξH*)-1.2.3.4.4a.6.7.8.9.9a-decahydro-1*r*.4*c*:6*t*.9*t*-dimethano-phenazin(?); F: 71—72°; $[\alpha]_D^{20}$: +387,6° [Bzl.]) mit wss. Schwefelsäure (*Rupe, Tommasi di Vignano*, Helv. **20** [1937] 1097, 1114).
Hydrochlorid $C_{10}H_{17}NO \cdot HCl$ (E I 355). Krystalle (aus A. + E.), Zers. bei 253—255° (*Ru., To. di V.*); F: 250° [Zers.] (*Da., Pa.*).

**2-Methylamino-bornanon-(3)**, 2-Methylamino-epicampher, *2-(methylamino)bornan-3-one* $C_{11}H_{19}NO$.

**(1*R*)-2*endo*-Methylamino-bornanon-(3)**, Formel II (R = $CH_3$, X = H).
Über die Konfiguration s. *Cooper, Chittenden*, Chem. and Ind. **1968** 1839.
*B.* Aus (1*R*)-2*endo*-Amino-bornanon-(3) und Methyljodid (*Rupe, Martin*, Helv. **17** [1934] 1207, 1215). Neben anderen Verbindungen beim Erhitzen von (1*R*)-Bornandion-(2.3) mit Methylamin in Äthanol (*Rupe, Tommasi di Vignano*, Helv. **20** [1937] 1078, 1081, 1084).
E: 18° (*Rupe, Ma.*). $Kp_{11,5}$: 111,5—112° (*Rupe, To. di V.*); $Kp_9$: 103—103,5° (*Rupe, Ma.*). $D_4^{20}$: 0,9935 (*Rupe, Ma.*). $[\alpha]_D^{20}$: +13,99° [unverd.].
Perchlorat $C_{11}H_{19}NO \cdot HClO_4$. Krystalle (aus Eg. oder W.); F: 255—256° (*Rupe, To. di V.*). Bei 18° lösen sich in 100 g Wasser 1,0 g, in 100 g Essigsäure 0,25 g (*Rupe, To. di V.*).
Oxim-hydrochlorid $C_{11}H_{20}N_2O \cdot HCl$. Krystalle (aus Eg. + E.); F: 198° (*Rupe, To. di V.*).

**2-[Methyl-äthyl-amino]-bornanon-(3)**, 2-[Methyl-äthyl-amino]-epicampher, *2-(ethylmethylamino)bornan-3-one* $C_{13}H_{23}NO$.

**(1*R*)-2*endo*-[Methyl-äthyl-amino]-bornanon-(3)**, Formel II (R = $C_2H_5$, X = $CH_3$).
*B.* Aus (1*R*)-2*endo*-Methylamino-bornanon-(3) und Diäthylsulfat (*Rupe, Tommasi di Vignano*, Helv. **20** [1937] 1078, 1088).
$Kp_{12,5}$: 122—124°.
Perchlorat $C_{13}H_{23}NO \cdot HClO_4$. Krystalle (aus E., A., Eg. oder W.); F: 184—187°.

**2-[Nitroso-methyl-amino]-bornanon-(3)**, 2-[Nitroso-methyl-amino]-epicampher, *2-(methylnitrosoamino)bornan-3-one* $C_{11}H_{18}N_2O_2$.

**(1*R*)-2*endo*-[Nitroso-methyl-amino]-bornanon-(3)**, Formel II (R = $CH_3$, X = NO).
*B.* Aus (1*R*)-2*endo*-Methylamino-bornanon-(3)-perchlorat beim Behandeln mit wss. Salzsäure und Natriumnitrit (*Rupe, Tommasi di Vignano*, Helv. **20** [1937] 1078, 1085).
Krystalle (aus PAe.); F: 71°.

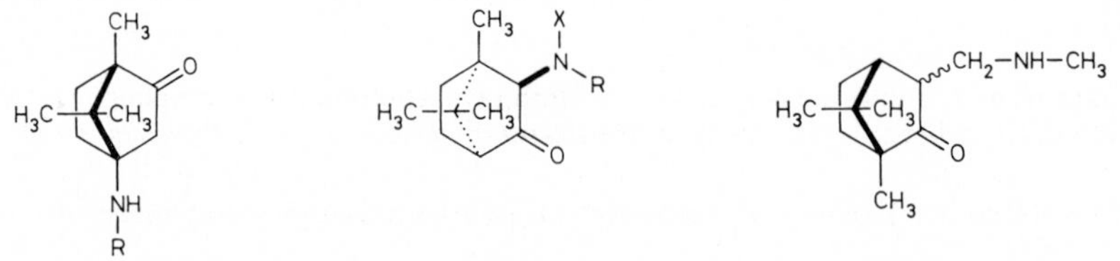

I II III

## Amino-Derivate der Oxo-Verbindungen $C_{11}H_{18}O$

**4.7.7-Trimethyl-2-aminomethyl-norbornanon-(3)** $C_{11}H_{19}NO$.

**4.7.7-Trimethyl-2-[methylamino-methyl]-norbornanon-(3)**, *1,7,7-trimethyl-3-[(methylamino)methyl]norbornan-2-one* $C_{12}H_{21}NO$.

**(1*R*)-4.7.7-Trimethyl-2*ξ*-[methylamino-methyl]-norbornanon-(3)**, Formel III.
*B.* Neben (1*S*)-4.7.7-Trimethyl-2-methylen-norbornanon-(3) beim Erwärmen von (1*R*)-4.7.7-Trimethyl-2*ξ*-brommethyl-norbornanon-(3) (F: 65—66°) mit Methylamin in Äthanol (*Rupe, Martin*, Helv. **17** [1934] 1263, 1278).
$Kp_{9,5}$: 126—127°. $[\alpha]_D$: +59,8° [unverd.]. Rotationsdispersion (656—486 mμ) der unverdünnten Flüssigkeit: *Rupe, Ma.*, l. c. S. 1269.

***N*-[(3-Oxo-4.7.7-trimethyl-norbornyl-(2))-methyl]-glycin-[3-oxo-4.7.7-trimethyl-norbornyl-(2)-amid]**, N-*(2-oxo-3-bornyl)-2-[(2-oxo-3-bornyl)methylamino]acetamide* $C_{23}H_{36}N_2O_3$.

***N*-[((1*R*)-3-Oxo-4.7.7-trimethyl-norbornyl-(2ξ))-methyl]-glycin-[(1*S*)-3-oxo-4.7.7-trimethyl-norbornyl-(2*endo*)-amid]**, Formel IV (R = H).

*B.* Neben (1*R*)-4.7.7-Trimethyl-2ξ-hydroxymethyl-norbornanon-(3) (Benzoyl-Derivat, F: 94°) beim Erhitzen von (1*R*)-3*endo*-[*C*-Chlor-acetamino]-bornanon-(2) mit Bis-[((1*R*)-3-oxo-4.7.7-trimethyl-norbornyl-(2ξ))-methyl]-amin („Dicamphomethylamin" [E II 11]) in Dioxan und Behandeln des Reaktionsprodukts mit Salpetersäure enthaltender wss. Essigsäure (*Rupe, Martin*, Helv. **17** [1934] 1263, 1277).

Krystalle; F: 137°.

Hydrochlorid $C_{23}H_{36}N_2O_3 \cdot HCl$. Krystalle (aus E. + A.); F: 173° (*Rupe, Ma.*, l. c. S. 1276).

***N*-Methyl-*N*-[(3-oxo-4.7.7-trimethyl-norbornyl-(2))-methyl]-glycin-[3-oxo-4.7.7-trimethyl-norbornyl-(2)-amid]**, *N*-[(3-Oxo-4.7.7-trimethyl-norbornyl-(2))-methyl]-sarkosin-[3-oxo-4.7.7-trimethyl-norbornyl-(2)-amid], *2-{methyl[(2-oxo-3-bornyl)methyl]amino}*-N-*(2-oxo-3-bornyl)acetamide* $C_{24}H_{38}N_2O_3$.

***N*-Methyl-*N*-[((1*R*)-3-oxo-4.7.7-trimethyl-norbornyl-(2ξ))-methyl]-glycin-[(1*S*)-3-oxo-4.7.7-trimethyl-norbornyl-(2*endo*)-amid]**, Formel IV (R = $CH_3$).

*B.* Aus (1*R*)-4.7.7-Trimethyl-2ξ-[methylamino-methyl]-norbornanon-(3) (S. 36) und (1*R*)-3*endo*-[*C*-Chlor-acetamino]-bornanon-(2) (*Rupe, Martin*, Helv. **17** [1934] 1263, 1279).

Hydrochlorid $C_{24}H_{38}N_2O_3 \cdot HCl$. Krystalle (aus wss. A.); Zers. bei 127—130° [nach Sintern von 103° an].

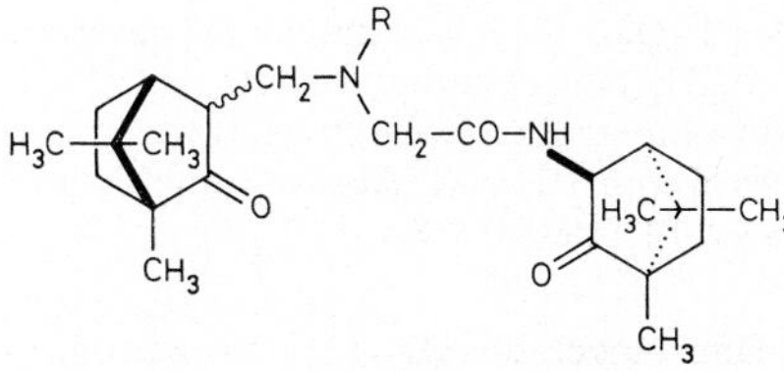

IV 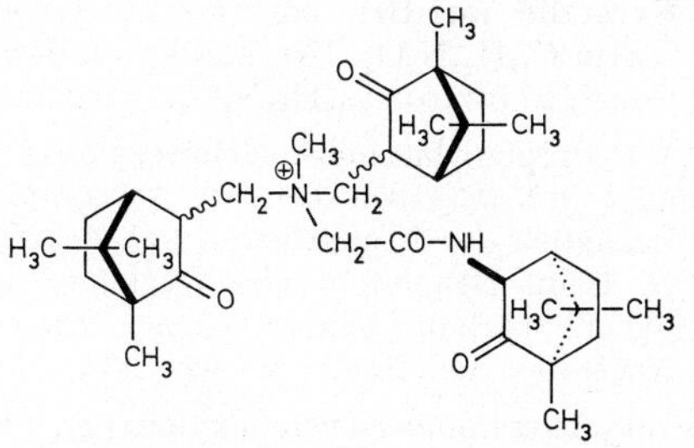 V

**Methyl-bis-[(3-oxo-4.7.7-trimethyl-norbornyl-(2))-methyl]-[(3-oxo-4.7.7-trimethyl-norbornyl-(2)-carbamoyl)-methyl]-ammonium**, *methyl{[(2-oxo-3-bornyl)carbamoyl]methyl}bis[(2-oxo-3-bornyl)methyl]ammonium* $[C_{35}H_{55}N_2O_4]^{\oplus}$.

**Methyl-bis-[((1*R*)-3-oxo-4.7.7-trimethyl-norbornyl-(2ξ))-methyl]-[((1*S*)-3-oxo-4.7.7-trimethyl-norbornyl-(2*endo*)-carbamoyl)-methyl]-ammonium**, Formel V.

**Jodid** $[C_{35}H_{55}N_2O_4]I$. *B.* Beim Erhitzen von (1*R*)-3*endo*-[*C*-Chlor-acetamino]-bornanon-(2) mit Bis-[((1*R*)-3-oxo-4.7.7-trimethyl-norbornyl-(2ξ))-methyl]-amin („Dicamphomethylamin" [E II 11]) in Dioxan und Erwärmen des Reaktionsprodukts mit Methyljodid in Methanol (*Rupe, Martin*, Helv. **17** [1934] 1263, 1277). — Krystalle (aus E.); F: 196° [nach Sintern bei 178°].

**3-Amino-1.4.7.7-tetramethyl-norbornanon-(2)**, *3-amino-1,4,7,7-tetramethylnorbornan-2-one* $C_{11}H_{19}NO$.

**(1*S*)-3*endo*-Amino-1.4.7.7-tetramethyl-norbornanon-(2)**, Formel VI (R = H).

Die Zuordnung der Konfiguration am C-Atom 3 ist auf Grund der Bildungsweise in Analogie zu (1*R*)-3*endo*-Amino-bornanon-(2) erfolgt.

*B.* Aus (1*R*)-2-Hydroxyimino-1.4.7.7-tetramethyl-norbornanon-(3) beim Behandeln mit Zink und Essigsäure (*Brjušowa*, Ž. obšč. Chim. **6** [1936] 674, 677; C. **1936** II 2386).

Krystalle (aus A.); F: 164—167°.

Hydrogencarbonat $C_{11}H_{19}NO \cdot H_2CO_3$. F: 152—155°.

**3-Acetamino-1.4.7.7-tetramethyl-norbornanon-(2)**, ***N*-[3-Oxo-1.4.7.7-tetramethyl-norbornyl-(2)]-acetamid**, N-*(3-oxo-1,4,7,7-tetramethyl-2-norbornyl)acetamide* $C_{13}H_{21}NO_2$.

**(1*S*)-3*endo*-Acetamino-1.4.7.7-tetramethyl-norbornanon-(2)**, Formel VI ($R = CO-CH_3$).

*B.* Aus (1*S*)-3*endo*-Amino-1.4.7.7-tetramethyl-norbornanon-(2) und Acetanhydrid in Äther (*Brjušowa*, Ž. obšč. Chim. **6** [1936] 674, 678; C. **1936** II 2386).

Krystalle; F: 127—128°. Krystalle (aus W.) mit 1 Mol $H_2O$; F: 84—86°.

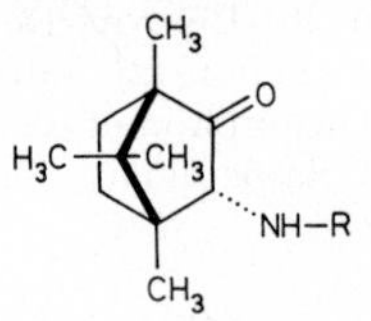

VI 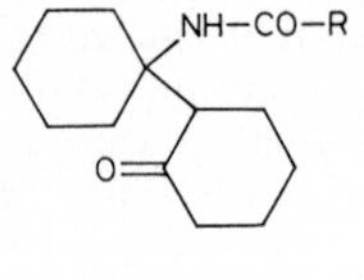 VII 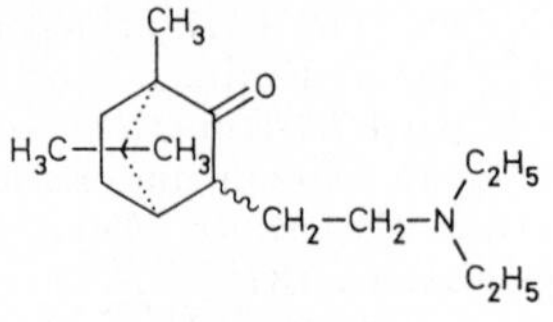 VIII

### Amino-Derivate der Oxo-Verbindungen $C_{12}H_{20}O$

**1'-Amino-bicyclohexylon-(2)** $C_{12}H_{21}NO$.

**(±)-1'-Acetamino-bicyclohexylon-(2), (±)-*N*-[2'-Oxo-bicyclohexylyl-(1)]-acetamid,** (±)-N-(*2'-oxobicyclohexyl-1-yl*)*acetamide* $C_{14}H_{23}NO_2$, Formel VII ($R = CH_3$).

Diese Konstitution kommt einer von *Bruson*, *Riener*, *Riener* (Am. Soc. **70** [1948] 483) als (±)-1'-Acetimidoyloxy-bicyclohexylon-(2) beschriebenen Verbindung zu (*Mowry*, *Ringwald*, Am. Soc. **72** [1950] 4439 Anm. 1; *Magat*, Am. Soc. **73** [1951] 1367; *Chorlin*, *Tschishow*, *Kotschetkow*, Ž. obšč. Chim. **29** [1959] 3411, 3415; J. gen. Chem. U.S.S.R. [Übers.] **29** [1959] 3373, 3376).

*B.* Beim Behandeln von Cyclohexanon mit Acetonitril und Aluminiumchlorid in Schwefelkohlenstoff oder in 1.2-Dichlor-äthan (*Br.*, *Rie.*, *Rie.*).

Krystalle (aus Bzn. oder Methylcyclohexan); F: 140—141°.

Oxim $C_{14}H_{24}N_2O_2$. Krystalle (aus Bzn.); F: 163—164° (*Br.*, *Rie.*, *Rie.*).

Semicarbazon $C_{15}H_{26}N_4O_2$. Krystalle (aus W.]; F: 194—195° (*Br.*, *Rie.*, *Rie.*).

**(±)-1'-Propionylamino-bicyclohexylon-(2), (±)-*N*-[2'-Oxo-bicyclohexylyl-(1)]-propion=amid,** (±)-N-(*2'-oxobicyclohexyl-1-yl*)*propionamide* $C_{15}H_{25}NO_2$, Formel VII ($R = C_2H_5$).

Bezüglich der Konstitution vgl. (±)-1'-Acetamino-bicyclohexylon-(2) (s. o.).

*B.* Beim Behandeln von Cyclohexanon mit Propionitril und Aluminiumchlorid in 1.2-Dichlor-äthan (*Bruson*, *Riener*, *Riener*, Am. Soc. **70** [1948] 483).

Krystalle (aus Bzn.); F: 92—93°.

**(±)-1'-Benzamino-bicyclohexylon-(2), (±)-*N*-[2'-Oxo-bicyclohexylyl-(1)]-benzamid,** (±)-N-(*2'-oxobicyclohexyl-1-yl*)*benzamide* $C_{19}H_{25}NO_2$, Formel VII ($R = C_6H_5$).

Bezüglich der Konstitution vgl. (±)-1'-Acetamino-bicyclohexylon-(2) (s. o.).

*B.* Beim Behandeln von Cyclohexanon mit Benzonitril und Aluminiumchlorid in 1.2-Dichlor-äthan (*Bruson*, *Riener*, *Riener*, Am. Soc. **70** [1948] 483).

Krystalle (aus Äthylcyclohexan); F: 120—121°.

**1.7.7-Trimethyl-3-[2-amino-äthyl]-norbornanon-(2)** $C_{12}H_{21}NO$.

**1.7.7-Trimethyl-3-[2-diäthylamino-äthyl]-norbornanon-(2),** *3-[2-(diethylamino)ethyl]=bornan-2-one* $C_{16}H_{29}NO$.

**(1*R*)-1.7.7-Trimethyl-3ξ-[2-diäthylamino-äthyl]-norbornanon-(2),** Formel VIII (E II 12; dort als 3-[β-Diäthylamino-äthyl]-*d*-campher bezeichnet).

*B.* Beim Behandeln von (1*R*)-Bornanon-(2) in Chlorbenzol mit Natrium in Benzol und anschliessend mit Diäthyl-[2-chlor-äthyl]-amin (*I.G. Farbenind.*, D.R.P. 671098 [1931]; Frdl. **25** 148; *Winthrop Chem. Co.*, U.S.P. 2012372 [1932]; vgl. E II 12).

$Kp_7$: 125—130°. [*Walentowski*]

## Amino-Derivate der Monooxo-Verbindungen $C_nH_{2n-6}O$

### Amino-Derivate der Oxo-Verbindungen $C_7H_8O$

**1-Amino-1-methyl-cyclohexadien-(2.5)-on-(4)** $C_7H_9NO$.

**3.5-Dibrom-1-anilino-1-methyl-cyclohexadien-(2.5)-on-(4),** *4-anilino-2,6-dibromo-4-methylcyclohexa-2,5-dien-1-one* $C_{13}H_{11}Br_2NO$, Formel IX ($R = X = H$) (E II 12).

In dem beim Behandeln mit wss. Salzsäure und Essigsäure neben 4-[2.6-Dibrom-

4-methyl-phenoxy]-anilin erhaltenen, ursprünglich (s. E II 13) als 5'-Chlor-5-brom-2'-amino-3-methyl-biphenylol-(6) angesehenen Präparat (F: 168°) hat wahrscheinlich ein Gemisch von 5-Brom-2'-amino-3-methyl-biphenylol-(6) und 5.5'-Dibrom-2'-amino-3-methyl-biphenylol-(6) vorgelegen (*Miller*, Am. Soc. **86** [1964] 1135, 1138).

**3.5-Dibrom-1-[4-brom-anilino]-1-methyl-cyclohexadien-(2.5)-on-(4)**, *2,6-dibromo-4-*(p-*bromoanilino*)*-4-methylcyclohexa-2,5-dien-1-one* $C_{13}H_{10}Br_3NO$, Formel IX (R = H, X = Br).

*B.* Aus 1.3.5-Tribrom-1-methyl-cyclohexadien-(2.5)-on-(4) und 4-Brom-anilin in Äthanol (*Fries, Böker, Wallbaum*, A. **509** [1934] 73, 82).

Gelbe Krystalle (aus Acn.); F: 138° [Zers.].

Beim Behandeln mit wss. Salzsäure und Essigsäure sind 5.5'-Dibrom-2'-amino-3-methyl-biphenylol-(6) und 2-Brom-4-[2.6-dibrom-4-methyl-phenoxy]-anilin (E III **13** 1192) erhalten worden (*Fr., Bö., Wa.*, l. c. S. 96; *Miller*, Am. Soc. **86** [1964] 1135, 1136, 1138).

**3.5-Dibrom-1-*m*-toluidino-1-methyl-cyclohexadien-(2.5)-on-(4)**, *2,6-dibromo-4-methyl-4-*m-*toluidinocyclohexa-2,5-dien-1-one* $C_{14}H_{13}Br_2NO$, Formel IX (R = $CH_3$, X = H).

*B.* Aus 1.3.5-Tribrom-1-methyl-cyclohexadien-(2.5)-on-(4) und *m*-Toluidin in Äthanol (*Fries, Böker, Wallbaum*, A. **509** [1934] 73, 82).

Gelbe Krystalle (aus Acn.); F: 121° [Zers.].

Beim Behandeln mit wss. Salzsäure und Essigsäure ist 4-[2.6-Dibrom-4-methyl-phenoxy]-3-methyl-anilin erhalten worden (*Fr., Bö., Wa.*, l. c. S. 87).

**3.5-Dibrom-1-*p*-toluidino-1-methyl-cyclohexadien-(2.5)-on-(4)**, *2,6-dibromo-4-methyl-4-*p-*toluidinocyclohexa-2,5-dien-1-one* $C_{14}H_{13}Br_2NO$, Formel IX (R = H, X = $CH_3$) (E II 13).

Beim Behandeln mit wss.-äthanol. Salzsäure bei 0° sind 5-Brom-6'-amino-3.3'-dimethyl-biphenylol-(6) und [6-Chlor-5-brom-3-methyl-phenyl]-[2-brom-4-methyl-phenyl]-amin (?) (F: 188°) erhalten worden (*Fries, Böker, Wallbaum*, A. **509** [1934] 73, 94).

**3.5-Dibrom-1-[2-chlor-4-methyl-anilino]-1-methyl-cyclohexadien-(2.5)-on-(4)**, *2,6-dibromo-4-*(*2-chloro-*p-*toluidino*)*-4-methylcyclohexa-2,5-dien-1-one* $C_{14}H_{12}Br_2ClNO$, Formel X (X = Cl).

*B.* Aus 1.3.5-Tribrom-1-methyl-cyclohexadien-(2.5)-on-(4) und 2-Chlor-4-methyl-anilin in Äthanol (*Fries, Böker, Wallbaum*, A. **509** [1934] 73, 82).

Hellgelbe Krystalle (aus Acn.); F: 146° [Zers.].

Beim Behandeln mit wss.-äthanol. Salzsäure ist [6-Chlor-5-brom-3-methyl-phenyl]-[2-chlor-4-methyl-phenyl]-amin (?) (F: 169°) erhalten worden (*Fr., Bö., Wa.*, l. c. S. 98).

**3.5-Dibrom-1-[2.4-dimethyl-anilino]-1-methyl-cyclohexadien-(2.5)-on-(4)**, *2,6-dibromo-4-methyl-4-*(*2,4-xylidino*)*cyclohexa-2,5-dien-1-one* $C_{15}H_{15}Br_2NO$, Formel X (X = $CH_3$).

*B.* Beim Behandeln von 1.3.5-Tribrom-1-methyl-cyclohexadien-(2.5)-on-(4) mit 2.4-Dimethyl-anilin in Äthanol bei —10° (*Fries, Böker, Wallbaum*, A. **509** [1934] 73, 82).

Orangefarbene Krystalle (aus Acn.); F: 111° [Zers.].

Beim Behandeln mit wss. Salzsäure, Äthanol und Äther bei —10° sind 5'-Brom-2-amino-3.5.3'-trimethyl-biphenylol-(6') und [6-Chlor-5-brom-3-methyl-phenyl]-[2.4-dimethyl-phenyl]-amin (?) (F: 135°) erhalten worden (*Fr., Bö., Wa.*, l. c. S. 100).

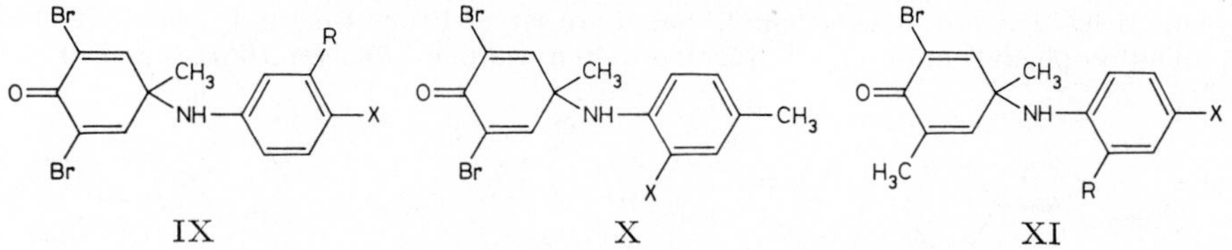

IX X XI

## Amino-Derivate der Oxo-Verbindungen $C_8H_{10}O$

**3-Amino-1.3-dimethyl-cyclohexadien-(1.4)-on-(6)** $C_8H_{11}NO$.

**(±)-5-Brom-3-[4-brom-anilino]-1.3-dimethyl-cyclohexadien-(1.4)-on-(6)**, (±)-*2-bromo-4-*(p-*bromoanilino*)*-4,6-dimethylcyclohexa-2,5-dien-1-one* $C_{14}H_{13}Br_2NO$, Formel XI (R = H, X = Br).

*B.* Aus (±)-3.5-Dibrom-1.3-dimethyl-cyclohexadien-(1.4)-on-(6) und 4-Brom-anilin in

Äthanol (*Fries, Böker, Wallbaum*, A. **509** [1934] 73, 80).

Gelbe Krystalle (aus Acn. + W.); F: 131° [Zers.].

Beim Behandeln mit wss.-äthanol. Salzsäure ist 5'-Brom-2'-amino-3.5-dimethyl-biphenylol-(2) erhalten worden (*Fr., Bö., Wa.*, l. c. S. 96).

**(±)-5-Brom-3-*o*-toluidino-1.3-dimethyl-cyclohexadien-(1.4)-on-(6),** *(±)-2-bromo-4,6-dimethyl-4-o-toluidinocyclohexa-2,5-dien-1-one* $C_{15}H_{16}BrNO$, Formel XI (R = $CH_3$, X = H) (E II 13).

Grüngelbe Krystalle (aus Acn. + W.); F: 120° [Zers.] (*Fries, Böker, Wallbaum*, A. **509** [1934] 73, 80).

**(±)-5-Brom-3-*m*-toluidino-1.3-dimethyl-cyclohexadien-(1.4)-on-(6),** *(±)-2-bromo-4,6-dimethyl-4-m-toluidinocyclohexa-2,5-dien-1-one* $C_{15}H_{16}BrNO$, Formel XII.

*B.* Aus (±)-3.5-Dibrom-1.3-dimethyl-cyclohexadien-(1.4)-on-(6) und *m*-Toluidin in Äthanol (*Fries, Böker, Wallbaum*, A. **509** [1934] 73, 79).

Gelbe Krystalle (aus Acn. + W.); F: 110° [Zers.].

Beim Behandeln mit wss.-äthanol. Salzsäure ist 4-[6-Brom-2.4-dimethyl-phenoxy]-3-methyl-anilin erhalten worden (*Fr., Bö., Wa.*, l. c. S. 85).

**(±)-5-Brom-3-*p*-toluidino-1.3-dimethyl-cyclohexadien-(1.4)-on-(6),** *(±)-2-bromo-4,6-dimethyl-4-p-toluidinocyclohexa-2,5-dien-1-one* $C_{15}H_{16}BrNO$, Formel XI (R = H, X = $CH_3$).

*B.* Aus (±)-3.5-Dibrom-1.3-dimethyl-cyclohexadien-(1.4)-on-(6) und *p*-Toluidin in Äthanol (*Fries, Böker, Wallbaum*, A. **509** [1934] 73, 79).

Gelbe Krystalle (aus Acn. + W.); F: 109° [Zers.].

Beim Behandeln mit wss.-äthanol. Salzsäure bei −5° sind 6'-Amino-3.5.3'-trimethyl-biphenylol-(2) und geringe Mengen einer Verbindung $C_{15}H_{14}Br_3NO$ (gelbe Krystalle [aus Eg. oder aus Bzl. + Bzn.], F: 181° [Zers.]) erhalten worden (*Fr., Bö., Wa.*, l. c. S. 92).

**(±)-5-Brom-3-[2-chlor-4-methyl-anilino]-1.3-dimethyl-cyclohexadien-(1.4)-on-(6),** *(±)-2-bromo-4-(2-chloro-p-toluidino)-4,6-dimethylcyclohexa-2,5-dien-1-one* $C_{15}H_{15}BrClNO$, Formel XI (R = Cl, X = $CH_3$).

*B.* Beim Behandeln von (±)-3.5-Dibrom-1.3-dimethyl-cyclohexadien-(1.4)-on-(6) mit 2-Chlor-4-methyl-anilin und Natriumacetat in Äthanol (*Fries, Böker, Wallbaum*, A. **509** [1934] 73, 80).

Gelbe Krystalle (aus Acn. + W.); F: 143° [Zers.].

Beim Behandeln mit wss.-äthanol. Salzsäure ist eine als [2-Chlor-4-methyl-phenyl]-[2-chlor-3.5-dimethyl-phenyl]-amin angesehene Verbindung (F: 141°) erhalten worden (*Fr., Bö., Wa.*, l. c. S. 98).

**(±)-5-Brom-3-[2-brom-4-methyl-anilino]-1.3-dimethyl-cyclohexadien-(1.4)-on-(6),** *(±)-2-bromo-4-(2-bromo-p-toluidino)-4,6-dimethylcyclohexa-2,5-dien-1-one* $C_{15}H_{15}Br_2NO$, Formel XI (R = Br, X = $CH_3$).

*B.* Beim Behandeln von (±)-3.5-Dibrom-1.3-dimethyl-cyclohexadien-(1.4)-on-(6) mit 2-Brom-4-methyl-anilin und Natriumacetat in Äthanol (*Fries, Böker, Wallbaum*, A. **509** [1934] 73, 80).

Gelbe Krystalle (aus Acn. + W.); F: 118° [Zers.].

Beim Behandeln mit wss.-äthanol. Salzsäure ist [2-Brom-4-methyl-phenyl]-[2-chlor-3.5-dimethyl-phenyl]-amin (?) (F: 153°) erhalten worden (*Fr., Bö., Wa.*, l. c. S. 97).

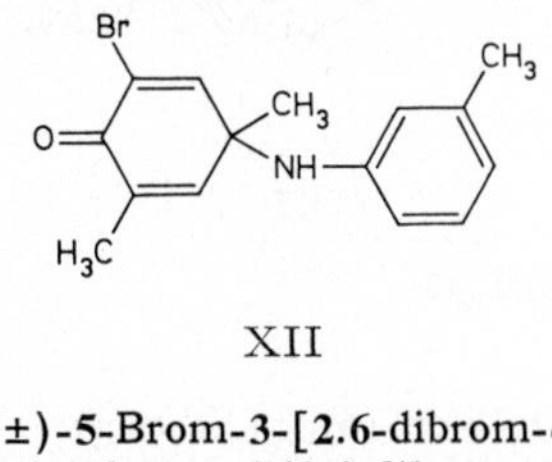

XII 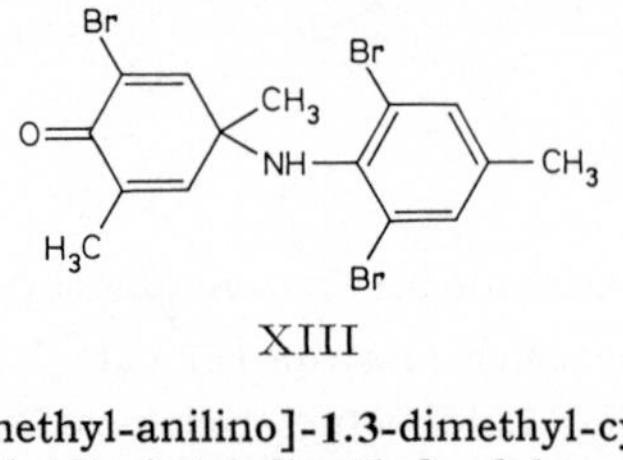 XIII 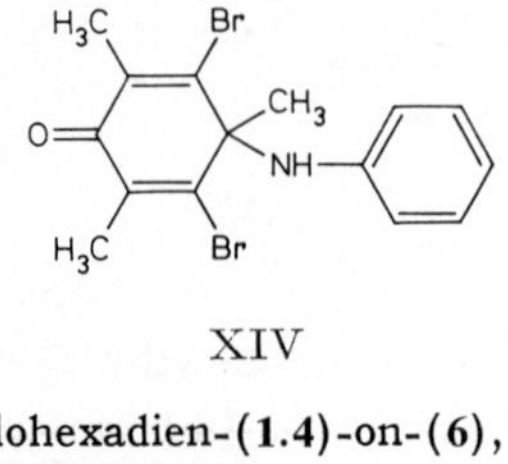 XIV

**(±)-5-Brom-3-[2.6-dibrom-4-methyl-anilino]-1.3-dimethyl-cyclohexadien-(1.4)-on-(6),** *(±)-2-bromo-4-(2,6-dibromo-p-toluidino)-4,6-dimethylcyclohexa-2,5-dien-1-one* $C_{15}H_{14}Br_3NO$, Formel XIII.

*B.* Beim Behandeln von (±)-3.5-Dibrom-1.3-dimethyl-cyclohexadien-(1.4)-on-(6) mit

2.6-Dibrom-4-methyl-anilin und Natriumacetat in Äthanol (*Fries, Böker, Wallbaum*, A. **509** [1934] 73, 80).

Krystalle (aus Acn. + W.); F: 118° [Zers.].

Beim Behandeln einer Lösung in Methanol mit wss. Salzsäure sind 2.6-Dibrom-4-methyl-anilin, 6-Brom-2.4-dimethyl-phenol und 6-Brom-2-methyl-4-methoxymethyl-phenol erhalten worden (*Miller*, Am. Soc. **86** [1964] 1135, 1137, 1138; vgl. *Fr., Bö., Wa.*, l. c. S. 101).

**(±)-5-Brom-3-[2.4-dimethyl-anilino]-1.3-dimethyl-cyclohexadien-(1.4)-on-(6)**, *(±)-2-bromo-4,6-dimethyl-4-(2,4-xylidino)cyclohexa-2,5-dien-1-one* $C_{16}H_{18}BrNO$, Formel XI (R = X = $CH_3$) auf S. 39.

*B.* Aus (±)-3.5-Dibrom-1.3-dimethyl-cyclohexadien-(1.4)-on-(6) und 2.4-Dimethyl-anilin in Äthanol (*Fries, Böker, Wallbaum*, A. **509** [1934] 73, 81).

Gelbe Krystalle (aus Acn. + W.); F: 107° [Zers.].

Beim Behandeln mit wss. Salzsäure und Äther ist 2'-Amino-3.5.3'.5'-tetramethyl-biphenylol-(2) erhalten worden (*Fr., Bö., Wa.*, l. c. S. 99).

## Amino-Derivate der Oxo-Verbindungen $C_9H_{12}O$

**3-Amino-1.3.5-trimethyl-cyclohexadien-(1.4)-on-(6)** $C_9H_{13}NO$.

**2.4-Dibrom-3-anilino-1.3.5-trimethyl-cyclohexadien-(1.4)-on-(6)**, *4-anilino-3,5-dibromo-2,4,6-trimethylcyclohexa-2,5-dien-1-one* $C_{15}H_{15}Br_2NO$, Formel XIV.

*B.* Beim Behandeln von 2.3.4-Tribrom-1.3.5-trimethyl-cyclohexadien-(1.4)-on-(6) mit Anilin und Natriumacetat in Äthanol (*Fries, Brandes*, A. **542** [1939] 48, 69).

Orangegelbe Krystalle (aus Bzn.); F: 136°.

Beim Behandeln mit wss. Salzsäure und Essigsäure ist 4-[3.5-Dibrom-2.4.6-trimethyl-phenoxy]-anilin erhalten worden.

## Amino-Derivate der Oxo-Verbindungen $C_{10}H_{14}O$

**2-Amino-*p*-menthadien-(1.8)-on-(6)** $C_{10}H_{15}NO$.

**2-Dimethylamino-*p*-menthadien-(1.8)-on-(6)**, *2-(dimethylamino)-*p*-mentha-1,8-dien-6-one* $C_{12}H_{19}NO$.

**(*S*)-2-Dimethylamino-*p*-menthadien-(1.8)-on-(6)**, Formel I.

*B.* In geringer Menge neben anderen Verbindungen beim Erhitzen von (1*S*:4*S*:6*S*)-1.6-Epoxy-*p*-menthen-(8)-on-(2) („(−)-Carvonoxid") mit wss. Dimethylamin (*Rupe, Gysin*, Helv. **21** [1938] 1413, 1417, 1422).

$Kp_{0,006}$: 60—61°; $D_4^{20}$: 0,9715 (*Rupe, Gy.*, l. c. S. 1422). $[\alpha]_D^{20}$: +30,8° [unverd.] (*Rupe, Gy.*, l. c. S. 1422); $[\alpha]_{656}$: +19,7°; $[\alpha]_{616}$: +25,4°; $[\alpha]_{546}$: +44,9°; $[\alpha]_{511}$: +66,4°; $[\alpha]_{486}$: +101° [jeweils unverd.] (*Rupe, Gysin*, Helv. **21** [1938] 1433, 1440).

Perchlorat $C_{12}H_{19}NO \cdot HClO_4$. Krystalle (aus E.); F: 164° (*Rupe, Gy.*, l. c. S. 1422). Optische Untersuchung der Krystalle: *Grütter*, Z. Kr. **102** [1940] 48, 56. $[\alpha]_D^{20}$: −40,1° [W.; p = 5] (*Rupe, Gy.*, l. c. S. 1423); $[\alpha]_{656}$: −30,2°; $[\alpha]_{616}$: −34,9°; $[\alpha]_{546}$: −48,4°; $[\alpha]_{510}$: −58,7°; $[\alpha]_{486}$: −67,5° [jeweils in W.; p = 5] (*Rupe, Gy.*, l. c. S. 1440).

**Trimethyl-[6-oxo-*p*-menthadien-(1.8)-yl-(2)]-ammonium**, *trimethyl(6-oxo-*p*-mentha-1,8-dien-2-yl)ammonium* $[C_{13}H_{22}NO]^{\oplus}$.

**Trimethyl-[(*S*)-6-oxo-*p*-menthadien-(1.8)-yl-(2)]-ammonium**, Formel II.

**Jodid** $[C_{13}H_{22}NO]I$. *B.* Aus (*S*)-2-Dimethylamino-*p*-menthadien-(1.8)-on-(6) und Methyljodid (*Rupe, Gysin*, Helv. **21** [1938] 1413, 1423). — Krystalle; F: 154—155°.

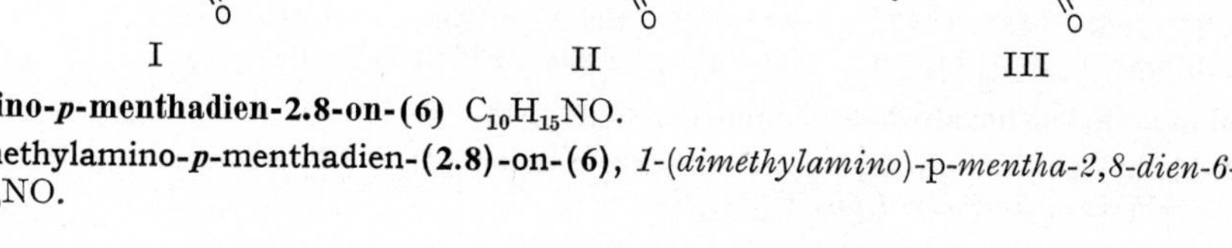

I II III

**1-Amino-*p*-menthadien-2.8-on-(6)** $C_{10}H_{15}NO$.

**1-Dimethylamino-*p*-menthadien-(2.8)-on-(6)**, *1-(dimethylamino)-*p*-mentha-2,8-dien-6-one* $C_{12}H_{19}NO$.

**(1Ξ:4*R*)-1-Dimethylamino-*p*-menthadien-(2.8)-on-(6)**, Formel III.

Die nachstehend beschriebene Verbindung wird als (1Ξ:4*S*)-1-Dimethylamino-*p*-menthatrien-(2.5.8)-ol-(2) (Formel IV) formuliert (*Rupe, Gysin*, Helv. **21** [1938] 1413, 1431).

*B.* Beim Erhitzen von (−)(1Ξ:4*S*:6*S*)-1-Dimethylamino-6-hydroxy-*p*-menthen-(8)-on-(2) (Perchlorat, F: 173—174°) mit Zinkchlorid unter vermindertem Druck auf 145° (*Rupe, Gy.*, l. c. S. 1431).

$Kp_{11}$: 116—118°; $D_4^{20}$: 0,9972 (*Rupe, Gy.*, l. c. S. 1431). $[\alpha]_D^{20}$: −10,8° [unverd.] (*Rupe, Gy.*, l. c. S. 1431); $[\alpha]_{656}$: −8,2°; $[\alpha]_{616}$: −9,6°; $[\alpha]_{546}$: −13,4°; $[\alpha]_{510}$: −16,5°; $[\alpha]_{486}$: −19,4° [jeweils unverd.] (*Rupe, Gysin*, Helv. **21** [1938] 1433, 1440).

Perchlorat $C_{12}H_{19}NO \cdot HClO_4$. Krystalle (aus E. + Ae.); F: 141° (*Rupe, Gy.*, l. c. S. 1431).

**Trimethyl-[6-oxo-*p*-menthadien-(2.8)-yl-(1)]-ammonium**, *trimethyl(6-oxo-*p*-mentha-2,8-dien-1-yl)ammonium* $[C_{13}H_{22}NO]^{\oplus}$.

**Trimethyl-[(1Ξ:4*R*)-6-oxo-*p*-menthadien-(2.8)-yl-(1)]-ammonium**, Formel V (R = $CH_3$).

Das Kation der nachstehend beschriebenen Salze wird als Trimethyl-[(1Ξ:4*S*)-2-hydroxy-*p*-menthatrien-(2.5.8)-yl-(1)]-ammonium (Formel VI [R = $CH_3$]) formuliert.

**Jodid** $[C_{13}H_{22}NO]I$. *B.* Aus dem im vorangehenden Artikel beschriebenen Amin und Methyljodid (*Rupe, Gysin*, Helv. **21** [1938] 1413, 1432). — Krystalle (aus W. oder aus A. + Ae.); F: 163°.

**Perchlorat** $[C_{13}H_{22}NO]ClO_4$. Krystalle (aus A. + Ae.); F: 138—139° (*Rupe, Gysin*, Helv. **21** [1938] 1433, 1449).

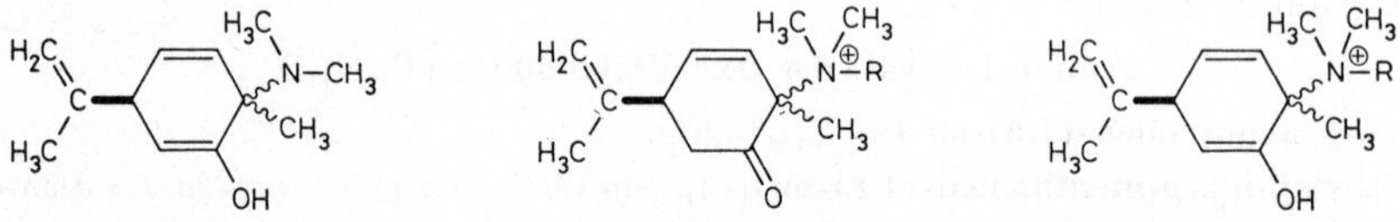

IV V VI

**[Dimethyl-(6-oxo-*p*-menthadien-(2.8)-yl-(1))-ammonio]-essigsäure, Dimethyl-carboxymethyl-[6-oxo-*p*-menthadien-(2.8)-yl-(1)]-ammonium**, *(carboxymethyl)dimethyl(6-oxo-*p*-mentha-2,8-dien-1-yl)ammonium* $[C_{14}H_{22}NO_3]^{\oplus}$.

**Dimethyl-carboxymethyl-[(1Ξ:4*R*)-6-oxo-*p*-menthadien-(2.8)-yl-(1)]-ammonium.**

Die nachstehend beschriebene Verbindung wird als Dimethyl-carboxymethyl-[(1Ξ:4*S*)-2-hydroxy-*p*-menthatrien-(2.5.8)-yl-(1)]-ammonium formuliert.

**Betain** $C_{14}H_{21}NO_3$, Formel V bzw. VI (jeweils R = $CH_2$-COO$^{\ominus}$). *B.* Aus dem im folgenden Artikel beschriebenen Bromid mit Hilfe von Thalliumhydroxid (*Rupe, Gysin*, Helv. **21** [1938] 1433, 1447). — Krystalle (aus A.); F: 199—200°.

**Perchlorat** $[C_{14}H_{22}NO_3]ClO_4$, Formel V bzw. VI (jeweils R = $CH_2$-COOH). Krystalle; F: 242—243°.

**[Dimethyl-(6-oxo-*p*-menthadien-(2.8)-yl-(1))-ammonio]-essigsäure-äthylester, Dimethyl-äthoxycarbonylmethyl-[6-oxo-*p*-menthadien-(2.8)-yl-(1)]-ammonium**, *[(ethoxycarbonyl)methyl]dimethyl(6-oxo-*p*-mentha-2,8-dien-1-yl)ammonium* $[C_{16}H_{26}NO_3]^{\oplus}$.

**Dimethyl-äthoxycarbonylmethyl-[(1Ξ:4*R*)-6-oxo-*p*-menthadien-(2.8)-yl-(1)]-ammonium**, Formel V (R = $CH_2$-CO-$OC_2H_5$).

Das Kation der nachstehend beschriebenen Salze wird als Dimethyl-äthoxycarbonylmethyl-[(1Ξ:4*S*)-2-hydroxy-*p*-menthatrien-(2.5.8)-yl-(1)]-ammonium (Formel VI [R = $CH_2$-CO-$OC_2H_5$]) formuliert.

**Bromid** $[C_{16}H_{26}NO_3]Br$ *B.* Aus der als (1Ξ:4*S*)-1-Dimethylamino-*p*-menthatrien-(2.5.8)-ol-(2) formulierten Verbindung (s. o.) und Bromessigsäure-äthylester (*Rupe, Gysin*, Helv. **21** [1938] 1433, 1447). — Krystalle (aus A. + Ae.); F: 129°.

**Perchlorat** $[C_{16}H_{26}NO_3]ClO_4$. Krystalle; F: 238—239° (*Rupe, Gy.*).

**2-Aminomethylen-hexahydro-indanon-(1)** $C_{10}H_{15}NO$.

**2-[(*N*-Methyl-anilino)-methylen]-hexahydro-indanon-(1)**, *2-[(*N*-methylanilino)methylene]hexahydroindan-1-one* $C_{17}H_{21}NO$.

**(±)-2-[(N-Methyl-anilino)-methylen-(ξ)]-(3arH.7acH)-hexahydro-indanon-(1),** Formel VII, **vom F: 98°.**

*B.* Beim Erhitzen von (±)-1-Oxo-(3a*rH*.7a*cH*)-hexahydro-indan-carbaldehyd-(2ξ) ((±)-2-Hydroxymethylen-(3a*rH*.7a*cH*)-hexahydro-indanon-(1)) ($Kp_{12}$: 126—128°) mit *N*-Methyl-anilin in Toluol (*Birch, Jaeger, Robinson*, Soc. **1945** 582, 584).

Krystalle (aus E. + PAe.); F: 98°.

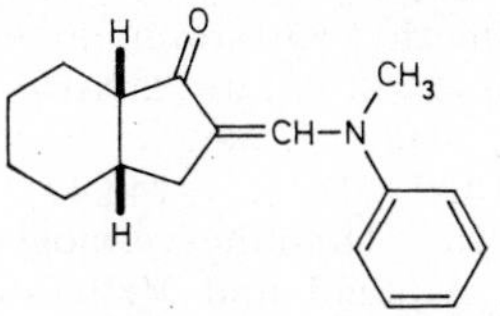

VII 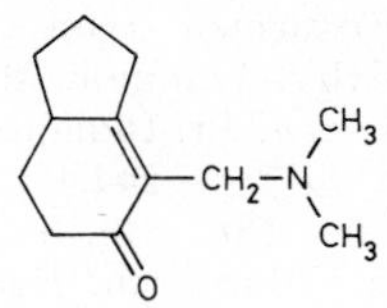 VIII

**5-Oxo-4-aminomethyl-5.6.7.7a-tetrahydro-indan** $C_{10}H_{15}NO$.

**(±)-5-Oxo-4-[dimethylamino-methyl]-5.6.7.7a-tetrahydro-indan,** (±)-4-[Dimethylamino-methyl]-7.7a-dihydro-6*H*-indanon-(5), *(±)-4-[(dimethylamino)methyl]-7,7a-dihydroindan-5*(6H)-*one* $C_{12}H_{19}NO$, Formel VIII.

*B.* Beim Erhitzen von (±)-2-Oxo-1-[5-dimethylamino-3-oxo-pentyl]-cyclopentan-carbonsäure-(1)-äthylester mit wss. Salzsäure und Essigsäure (*Cardwell, McQuillin*, Soc. **1949** 708, 712).

Hydrogenoxalat $C_{12}H_{19}NO \cdot C_2H_2O_4$. Krystalle (aus A.); F: 120—121° [nach Sintern bei 115°].

## Amino-Derivate der Oxo-Verbindungen $C_{11}H_{16}O$

**1-Oxo-2-aminomethylen-decahydro-naphthalin** $C_{11}H_{17}NO$.

**1-Oxo-2-[(N-methyl-anilino)-methylen]-decahydro-naphthalin,** (±)-2-[(*N*-Methyl-anilino)-methylen]-octahydro-2*H*-naphthalinon-(1), *(±)-2-[(N-methylanilino)-methylene]-octahydronaphthalen-1*(2H)-*one* $C_{18}H_{23}NO$.

**(±)-1-Oxo-2-[(N-methyl-anilino)-methylen-(ξ)]-(4arH.8atH)-decahydro-naphthalin,** Formel IX + Spiegelbild, **vom F: 85°.**

*B.* Beim Erwärmen von opt.-inakt. 1-Oxo-(4a*rH*.8a*tH*)-decahydro-naphthaldehyd-(2ξ) ((±)-1-Oxo-2-hydroxymethylen-(4a*rH*.8a*tH*)-decalin) ($Kp_{11}$: 136—138° [E III **7** 3319]) mit *N*-Methyl-anilin in Benzol unter Entfernen des entstehenden Wassers (*Birch, Robinson*, Soc. **1944** 501).

Krystalle (aus PAe.); F: 84—85°.

Beim Erwärmen mit Natriumamid in Benzol und mit Methyljodid, Erhitzen des Reaktionsprodukts mit wss. Salzsäure und Erhitzen des danach isolierten Öls mit wss. Natronlauge sind 4-Oxo-4a*r*-methyl-(8a*cH*)-decalin (E III **7** 451) und geringere Mengen 4-Oxo-4a*r*-methyl-(8a*tH*)-decalin (E III **7** 451) erhalten worden.

**4-Amino-1.8.8-trimethyl-bicyclo[3.2.1]octen-(3)-on-(2)** $C_{11}H_{17}NO$.

**4-[Nitroso-methyl-amino]-1.8.8-trimethyl-bicyclo[3.2.1]octen-(3)-on-(2),** *1,8,8-trimethyl-4-(methylnitrosoamino)bicyclo*[3.2.1]*oct-3-en-2-one* $C_{12}H_{18}N_2O_2$.

**(1R)-4-[Nitroso-methyl-amino]-1.8.8-trimethyl-bicyclo[3.2.1]octen-(3)-on-(2),** Formel X.

*B.* Beim Behandeln von (1*R*)-4-Methylimino-1.8.8-trimethyl-bicyclo[3.2.1]octanon-(2) ((1*R*)-4-Methylamino-1.8.8-trimethyl-bicyclo[3.2.1]octen-(3)-on-(2)) mit wss. Essigsäure und Natriumnitrit (*Rupe, Frey*, Helv. **27** [1944] 627, 641).

Blaue Krystalle (aus Bzl. + Bzn.); F: 167° [Zers.].

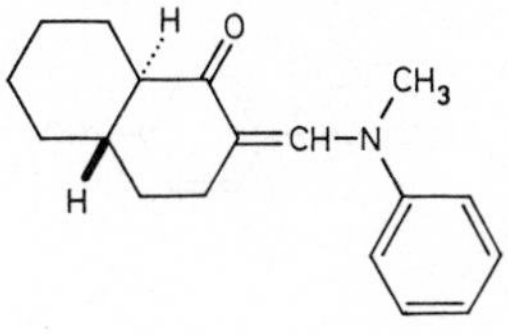

IX 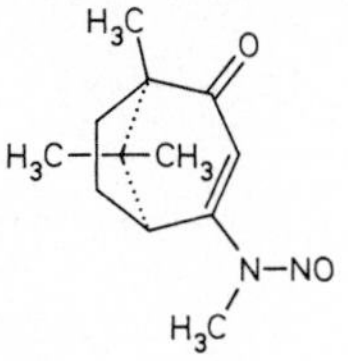 X 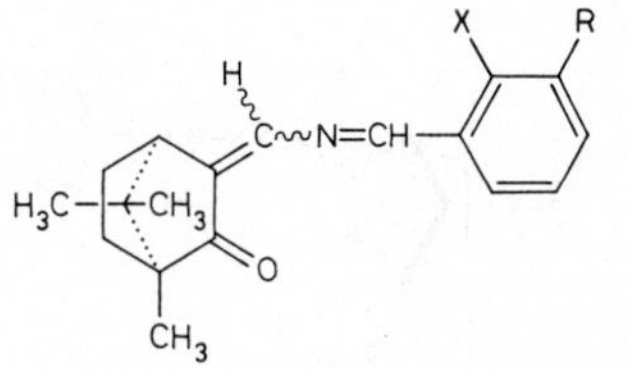 XI

**4.7.7-Trimethyl-2-aminomethylen-norbornanon-(3)** $C_{11}H_{17}NO$.

**4.7.7-Trimethyl-2-[(2-nitro-benzylidenamino)-methylen]-norbornanon-(3)**, 3-[(2-Nitro-benzylidenamino)-methylen]-campher, *3-[(2-nitrobenzylideneamino)methylene]=bornan-2-one* $C_{18}H_{20}N_2O_3$.

a) **(1*R*)-4.7.7-Trimethyl-2-[(2-nitro-benzylidenamino)-methylen-(ξ)]-norbornan=on-(3)**, Formel XI (R = H, X = $NO_2$), **vom F: 170°.**

*B.* Beim Erwärmen von (1*S*)-4.7.7-Trimethyl-2ξ-formimidoyl-norbornanon-(3) ((1*R*)-4.7.7-Trimethyl-2-aminomethylen-norbornanon-(3)) mit 2-Nitro-benzaldehyd in Methanol (*Singh, Sen,* Pr. Indian Acad. [A] **17** [1943] 33, 39).

F: 168—170°. $[\alpha]_D^{35}$: −244,4° [$CHCl_3$], −213,4° [Py.], −248,4° [Acn.], −243,8° [A.], −256,8° [Me.] (*Si., Sen,* l. c. S. 36). Optisches Drehungsvermögen (508—671 mμ) von Lösungen in Chloroform, Pyridin, Aceton, Äthanol und Methanol: *Si., Sen,* l. c. S. 36.

b) **(1*S*)-4.7.7-Trimethyl-2-[(2-nitro-benzylidenamino)-methylen-(ξ)]-norbornan=on-(3)**, Formel XII (R = H, X = $NO_2$), **vom F: 170°.**

*B.* Beim Erwärmen von (1*R*)-4.7.7-Trimethyl-2ξ-formimidoyl-norbornanon-(3) ((1*S*)-4.7.7-Trimethyl-2-aminomethylen-norbornanon-(3)) mit 2-Nitro-benzaldehyd in Methanol (*Singh, Sen,* Pr. Indian Acad. [A] **17** [1943] 33, 39).

Gelbe Krystalle (aus wss. Me.); F: 168—170°. $[\alpha]_D^{35}$: +242,3° [$CHCl_3$], +212,4° [Py.], +248,6° [Acn.], +247,0° [A.], +257,5° [Me.] (*Si., Sen,* l. c. S. 36). Optisches Drehungsvermögen (508—671 mμ) von Lösungen in Chloroform, Pyridin, Aceton, Äthanol und Methanol: *Si., Sen,* l. c. S. 36.

c) **(±)-4.7.7-Trimethyl-2-[(2-nitro-benzylidenamino)-methylen]-norbornanon-(3)**, Formel XII (R = H, X = $NO_2$) + Spiegelbild, **vom F: 183°.**

*B.* Beim Erwärmen von opt.-inakt. 4.7.7-Trimethyl-2-formimidoyl-norbornanon-(3) ((±)-4.7.7-Trimethyl-2-aminomethylen-norbornanon-(3)) mit 2-Nitro-benzaldehyd in Methanol (*Singh, Sen,* Pr. Indian Acad. [A] **17** [1943] 33, 39).

F: 182—183°.

**4.7.7-Trimethyl-2-[(3-nitro-benzylidenamino)-methylen]-norbornan-(3)**, 3-[(3-Nitro-benzylidenamino)-methylen]-campher, *3-[(3-nitrobenzylideneamino)methylene]=bornan-2-one* $C_{18}H_{20}N_2O_3$.

a) **(1*R*)-4.7.7-Trimethyl-2-[(3-nitro-benzylidenamino)-methylen-(ξ)]-norbornan=on-(3)**, Formel XI (R = $NO_2$, X = H), **vom F: 161°.**

*B.* Beim Erwärmen von (1*S*)-4.7.7-Trimethyl-2ξ-formimidoyl-norbornanon-(3) ((1*R*)-4.7.7-Trimethyl-2-aminomethylen-norbornanon-(3)) mit 3-Nitro-benzaldehyd in Methanol (*Singh, Sen,* Pr. Indian Acad. [A] **17** [1943] 33, 39).

F: 159—161°. $[\alpha]_D^{35}$: −235,1° [$CHCl_3$], −220,4° [Py.], −244,9° [Acn.], −248,5° [A.], −260,4° [Me.] (*Si., Sen,* l. c. S. 36). Optisches Drehungsvermögen (508—671 mμ) von Lösungen in Chloroform, Pyridin, Aceton, Äthanol und Methanol: *Si., Sen,* l. c. S. 36.

b) **(1*S*)-4.7.7-Trimethyl-2-[(3-nitro-benzylidenamino)-methylen-(ξ)]-norbornan=on-(3)**, Formel XII (R = $NO_2$, X = H), **vom F: 161°.**

*B.* Beim Erwärmen von ( 1*R*)-4.7.7-Trimethyl-2ξ-formimidoyl-norbornanon-(3) ((1*S*)-4.7.7-Trimethyl-2-aminomethylen-norbornanon-(3)) mit 3-Nitro-benzaldehyd in Methanol (*Singh, Sen,* Pr. Indian Acad. [A] **17** [1943] 33, 39).

Gelbliche Krystalle (aus wss. A.); F: 159—161°. $[\alpha]_D^{35}$: +234,2° [$CHCl_3$], +221,3° [Py.], +244,6° [Acn.], +248,5° [A.], +261,3° [Me.] (*Si., Sen,* l. c. S. 36). Optisches Drehungsvermögen (508—671 mμ) von Lösungen in Chloroform, Pyridin, Aceton, Äthanol und Methanol: *Si., Sen,* l. c. S. 36.

X R H C∿N=CH H₃C CH₃ O CH₃

XII

H C∿N=CH NO₂ H₃C CH₃ O CH₃

XIII

c) **(±)-4.7.7-Trimethyl-2-[(3-nitro-benzylidenamino)-methylen]-norbornanon-(3),** Formel XII (R = $NO_2$, X = H) + Spiegelbild, **vom F: 152°.**

*B.* Beim Erwärmen von opt.-inakt. 4.7.7-Trimethyl-2-formimidoyl-norbornanon-(3) ((±)-4.7.7-Trimethyl-2-aminomethylen-norbornanon-(3)) mit 3-Nitro-benzaldehyd in Methanol (*Singh, Sen,* Pr. Indian Acad. [A] **17** [1943] 33, 39).

F: 150—152°.

**4.7.7-Trimethyl-2-[(4-nitro-benzylidenamino)-methylen]-norbornanon-(3),** 3-[(4-Nitro-benzylidenamino)-methylen]-campher, *3-[(4-nitrobenzylideneamino)methylene]bornan-2-one* $C_{18}H_{20}N_2O_3$.

a) **(1*R*)-4.7.7-Trimethyl-2-[(4-nitro-benzylidenamino)-methylen-(ξ)]-norbornanon-(3),** Formel XIII, **vom F: 202°.**

*B.* Beim Erwärmen von (1*S*)-4.7.7-Trimethyl-2ξ-formimidoyl-norbornanon-(3) ((1*R*)-4.7.7-Trimethyl-2-aminomethylen-norbornanon-(3)) mit 4-Nitro-benzaldehyd in Methanol unter Zusatz von Natriumsulfat (*Singh, Sen,* Pr. Indian Acad. [A] **17** [1943] 33, 39).

Krystalle (aus wss. Me.); F: 200—202°. $[\alpha]_D^{35}$: −257,6° [$CHCl_3$], −232,0° [Py.], −254,0° [Acn.], −262,4° [A.], −268,4° [Me.] (*Si., Sen,* l. c. S. 37). Optisches Drehungsvermögen (508—671 mμ) von Lösungen in Chloroform, Pyridin, Aceton, Äthanol und Methanol: *Si., Sen,* l. c. S. 37.

b) **(1*S*)-4.7.7-Trimethyl-2-[(4-nitro-benzylidenamino)-methylen-(ξ)]-norbornanon-(3),** Formel XIV, **vom F: 202°.**

*B.* Beim Erwärmen von (1*R*)-4.7.7-Trimethyl-2ξ-formimidoyl-norbornanon-(3) ((1*S*)-4.7.7-Trimethyl-2-aminomethylen-norbornanon-(3)) mit 4-Nitro-benzaldehyd in Methanol unter Zusatz von Natriumsulfat (*Singh, Sen,* Pr. Indian Acad. [A] **17** [1943] 33, 39).

Krystalle (aus wss. Me.); F: 200—202°. $[\alpha]_D^{35}$: +257,5° [$CHCl_3$], +230,9° [Py.], +254,8° [Acn.], +261,5° [A.], +269,3° [Me.] (*Si., Sen,* l. c. S. 37). Optisches Drehungsvermögen (508—671 mμ) von Lösungen in Chloroform, Pyridin, Aceton, Äthanol und Methanol: *Si., Sen,* l. c. S. 37.

c) **(±)-4.7.7-Trimethyl-2-[(4-nitro-benzylidenamino)-methylen]-norbornanon-(3),** Formel XIV + Spiegelbild, **vom F: 216°.**

*B.* Beim Erwärmen von opt.-inakt. 4.7.7-Trimethyl-2-formimidoyl-norbornanon-(3) ((±)-4.7.7-Trimethyl-2-aminomethylen-norbornanon-(3)) mit 4-Nitro-benzaldehyd in Methanol unter Zusatz von Natriumsulfat (*Singh, Sen,* Pr. Indian Acad. [A] **17** [1943] 33, 39).

Krystalle (aus wss. Me.); F: 214—216°.

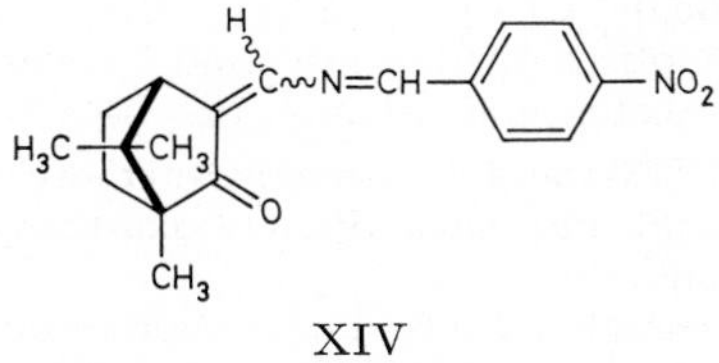

XIV 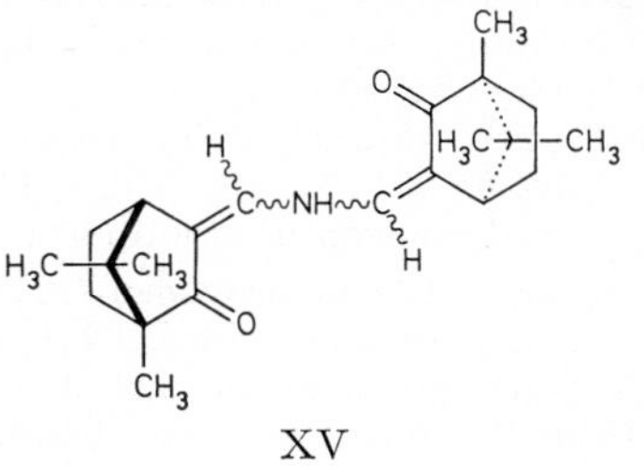 XV

**[(2-Oxo-bornyliden-(3))-methyl]-[(3-oxo-4.7.7-trimethyl-norbornyl-(2))-methylen]-amin,** *3-{N-[(2-oxo-3-bornylidene)methyl]formimidoyl}bornan-2-one* $C_{22}H_{31}NO_2$, und **Bis-[(2-oxo-bornyliden-(3))-methyl]-amin,** *3,3'-(iminodimethylidyne)dibornan-2-one* $C_{22}H_{31}NO_2$.

a) ***meso*-Bis-[(2-oxo-bornyliden-(3ξ))-methyl]-amin,** Formel XV, und Tautomere.

*B.* Beim Behandeln von (1*R*)-4.7.7-Trimethyl-2ξ-formimidoyl-norbornanon-(3) ((1*S*)-4.7.7-Trimethyl-2-aminomethylen-norbornanon-(3)) mit (1*S*)-3-Oxo-4.7.7-trimethyl-norbornan-carbaldehyd-(2ξ) ((1*R*)-4.7.7-Trimethyl-2-hydroxymethylen-norbornanon-(3)) oder von (1*S*)-4.7.7-Trimethyl-2ξ-formimidoyl-norbornanon-(3) ((1*R*)-4.7.7-Trimethyl-2-aminomethylen-norbornanon-(3)) mit (1*R*)-3-Oxo-4.7.7-trimethyl-norbornan-carbaldehyd-(2ξ) ((1*S*)-4.7.7-Trimethyl-2-hydroxymethylen-norbornanon-(3)), jeweils in Essigsäure (*Singh, Bhaduri*, J. Indian chem. Soc. **9** [1932] 109, 112).

Krystalle (aus wss. Me.); F: 217—218°.

b) **[((1*R*)-2-Oxo-bornyliden-(3ξ))-methyl]-[((1*R*)-3-oxo-4.7.7-trimethyl-norbornyl-(2ξ))-methylen]-amin**, Formel I, und **Bis-[((1*R*)-2-oxo-bornyliden-(3ξ))-methyl]-amin**, Formel II (H 20; E II 14; dort als Imino-bis-methylen-*d*-campher bezeichnet).

*B.* Beim Behandeln von (1*R*)-4.7.7-Trimethyl-2ξ-formimidoyl-norbornanon-(3) ((1*S*)-4.7.7-Trimethyl-2-aminomethylen-norbornanon-(3)) in Essigsäure mit (1*R*)-3-Oxo-4.7.7-trimethyl-norbornan-carbaldehyd-(2ξ) ((1*S*)-4.7.7-Trimethyl-2-hydroxymethylen-norbornanon-(3)) in Methanol (*Singh, Bhaduri*, J. Indian chem. Soc. **9** [1932] 109, 112; vgl. H 20; E II 14). Beim Erhitzen von (1*R*)-4.7.7-Trimethyl-2ξ-formimidoyl-norbornanon-(3) ((1*S*)-4.7.7-Trimethyl-2-aminomethylen-norbornanon-(3)) in Essigsäure (*Singh, Sen*, Pr. Indian Acad. [A] **14** [1941] 572, 573; vgl. H 20). Beim Erhitzen von *N.N*-Bis-[((1*R*)-2-oxo-bornyliden-(3ξ))-methyl]-hydroxylamin (F: 202—204°) unter vermindertem Druck bis auf 230° (*Johnson, Shelberg*, Am. Soc. **67** [1945] 1745, 1753).

Krystalle; F: 221—223,2° [korr.; aus Me.] (*Jo., Sh.*), 216—218° [aus Me. bzw. A.] (*Si., Bh.*; *Si., Sen*). $[\alpha]_D^{35}$: +535,8° [$CHCl_3$], +561,3° [Py.], +560,0° [Acn.], +593,8° [A.] (*Si., Bh.*, l. c. S. 116—118). Optisches Drehungsvermögen (480—671 mμ) von Lösungen in Chloroform, Pyridin, Aceton und Äthanol: *Si., Bh.*

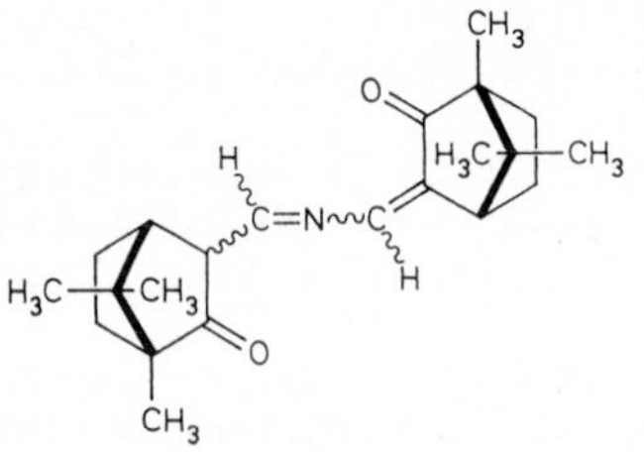

I 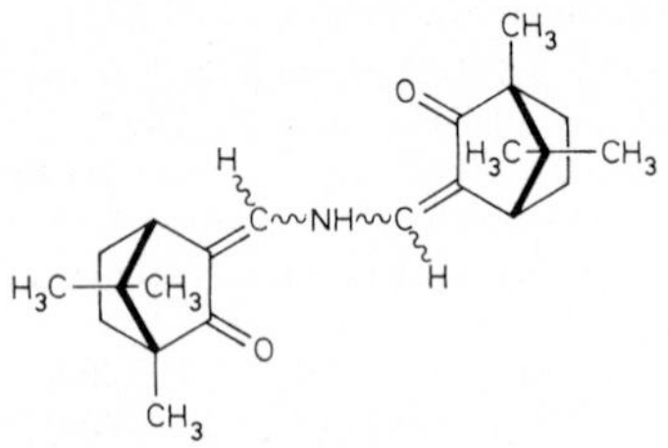 II

c) **[((1*S*)-2-Oxo-bornyliden-(3ξ))-methyl]-[((1*S*)-3-oxo-4.7.7-trimethyl-norbornyl-(2ξ))-methylen]-amin**, Formel III, und **Bis-[((1*S*)-2-oxo-bornyliden-(3ξ))-methyl]-amin**, Formel IV.

*B.* Beim Behandeln von (1*S*)-4.7.7-Trimethyl-2ξ-formimidoyl-norbornanon-(3) ((1*R*)-4.7.7-Trimethyl-2-aminomethylen-norbornanon-(3)) in Essigsäure mit (1*S*)-3-Oxo-4.7.7-trimethyl-norbornan-carbaldehyd-(2ξ) ((1*R*)-4.7.7-Trimethyl-2-hydroxymethylen-norbornan-(3)) in Methanol (*Singh, Bhaduri*, J. Indian chem. Soc. **9** [1932] 109, 112). Beim Erhitzen von (1*S*)-4.7.7-Trimethyl-2ξ-formimidoyl-norbornanon-(3) ((1*R*)-4.7.7-Trimethyl-2-aminomethylen-norbornanon-(3)) in Essigsäure (*Singh, Sen*, Pr. Indian Acad. [A] **14** [1941] 572, 573).

F: 216—218° (*Si., Bh.*; *Si., Sen*). $[\alpha]_D^{35}$: —535,0° [$CHCl_3$], —561,3° [Py.], —558,0° [Acn.], —594,0° [A.] (*Si., Bh.*, l. c. S. 116—118). Optisches Drehungsvermögen (480 mμ bis 671 mμ) von Lösungen in Chloroform, Pyridin, Aceton und Äthanol: *Si., Bh.*

d) ***racem.*-[(2-Oxo-bornyliden-(3ξ))-methyl]-[(3-oxo-4.7.7-trimethyl-norbornyl-(2ξ))-methylen]-amin**, Formel III + Spiegelbild, und ***racem.*-Bis-[(2-oxo-bornyliden-(3ξ))-methyl]-amin**, Formel IV + Spiegelbild.

*B.* Beim Erhitzen von opt.-inakt. 4.7.7-Trimethyl-2-formimidoyl-norbornanon-(3) ((±)-4.7.7-Trimethyl-2-aminomethylen-norbornanon-(3)) in Essigsäure (*Singh, Sen*, Pr. Indian Acad. [A] **14** [1941] 572, 573). Beim Behandeln von opt.-inakt. 4.7.7-Trimethyl-2-formimidoyl-norbornanon-(3) ((±)-4.7.7-Trimethyl-2-aminomethylen-norbornanon-(3)) mit opt.-inakt. 3-Oxo-4.7.7-trimethyl-norbornan-carbaldehyd-(2) ((±)-4.7.7-Trimethyl-2-hydroxymethylen-norbornanon-(3)) in Methanol und Essigsäure (*Singh, Bhaduri*, J. Indian chem. Soc. **9** [1932] 109, 112) oder in Essigsäure (*Johnson, Shelberg*, Am. Soc. **67** [1945] 1745, 1753). Aus opt.-inakt. *N.N*-Bis-[(2-oxo-bornyliden-(3))-methyl]-hydroxylamin (F: 208—210°) beim Erhitzen mit Zink und Essigsäure sowie beim Erhitzen unter vermindertem Druck bis auf 240° (*Jo., Sh.*, l. c. S. 1753).

Krystalle; F: 220—221,5° [korr.; aus Me.] (*Jo., Sh.*, l. c. S. 1753), 216—218° (*Si., Bh.*; *Si., Sen*).

Beim Erwärmen mit wss.-äthanol. Kalilauge ist 3-Oxo-4.7.7-trimethyl-norbornan-carbaldehyd-(2) ((±)-4.7.7-Trimethyl-2-hydroxymethylen-norbornanon-(3)) erhalten worden (*Jo.*, *Sh.*).

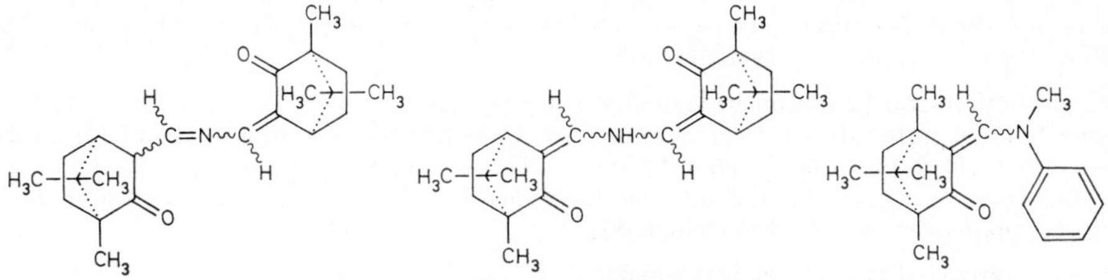

III IV V

**Amino-Derivate der Oxo-Verbindungen $C_{12}H_{18}O$**

**1.4.7.7-Tetramethyl-2-aminomethylen-norbornanon-(3)** $C_{12}H_{19}NO$.

**1.4.7.7-Tetramethyl-2-[(*N*-methyl-anilino)-methylen]-norbornanon-(3),** *1,4,7,7-tetramethyl-3-[(N-methylanilino)methylene]norbornan-2-one* $C_{19}H_{25}NO$.

**(1*R*)-1.4.7.7-Tetramethyl-2-[(*N*-methyl-anilino)-methylen-(ξ)]-norbornanon-(3),** Formel V, **vom F: 91°.**

*B.* Beim Behandeln von (1*S*)-3-Oxo-1.4.7.7-tetramethyl-norbornan-carbaldehyd-(2ξ) ((1*R*)-1.4.7.7-Tetramethyl-2-hydroxymethylen-norbornanon-(3)) in Methanol mit *N*-Methyl-anilin in wss. Essigsäure (*Nametkin, Štukow,* Ž. obšč. Chim. **6** [1936] 1659, 1660, 1663; C. **1937** I 2378).

Krystalle (aus Me.); F: 90–91°. [*Roth*]

# Amino-Derivate der Monooxo-Verbindungen $C_nH_{2n-8}O$

**Amino-Derivate der Oxo-Verbindungen $C_7H_6O$**

**2-Amino-benzaldehyd, Anthranilaldehyd,** *anthranilaldehyde* $C_7H_7NO$, Formel VI (H 21; E I 356; E II 14).

*B.* Bei der Hydrierung von 2-Nitro-benzaldehyd an einem Nickel-Katalysator in einem Gemisch von wss. Äthanol und Äthylacetat (*Ruggli, Schmid,* Helv. **18** [1935] 1229, 1235).

F: 40° (*Pfeiffer et al.*, J. pr. [2] **149** [1937] 217, 275), 38° (*Ru.*, *Sch.*). $Kp_2$: 80–85° (*Seibert et al.*, Am. Soc. **68** [1946] 2721).

Beim Erhitzen mit Ammoniumchlorid auf 230° ist Tricyclochinazolin (Syst. Nr. 4033) erhalten worden (*Kozak, Kalmus,* Bl. Acad. polon. [A] **1933** 532, 535). Bildung von 3-Methyl-1.2-dihydro-chinazolinium-pikrat beim Behandeln mit Methylamin-hydrochlorid und wss. Formaldehyd in gepufferter wss. Lösung (pH 4,6–5) und Behandeln der Reaktionslösung mit Pikrinsäure: *Schöpf, Oechler,* A. **523** [1936] 1, 7, 22. Reaktion mit 4.4-Diäthoxy-butylamin in gepufferter wss. Lösung (pH 4,8–5) unter Bildung von 2.3.3a.4-Tetrahydro-1*H*-pyrrolo[2.1-*b*]chinazolinium-(10)-Salz (Syst. Nr. 3483): *Sch.*, *Oe.*, l. c. S. 10, 25. Bildung von 2-Methyl-chinolin beim Behandeln mit Aceton und wss. Natronlauge: *Schöpf, Lehmann,* A. **497** [1932] 7, 9, 10, 15. Beim Behandeln einer wss. Lösung mit Acetessigsäure sind bei pH 3 Anhydro-tris-[2-amino-benzaldehyd] (S. 48), bei pH 5–11 2-Methyl-chinolin, bei pH 13 2-Methyl-chinolin-carbonsäure-(3) erhalten worden (*Sch.*, *Le.*, l. c. S. 12, 17, 19). Geschwindigkeit der Reaktionen mit Acetessigsäure (bei pH 9) und mit Benzoylessigsäure (bei pH 7 und 9) in wss. Lösung bei 25°: *Sch.*, *Le.*, l. c. S. 21. Bildung von 3-Phenyl-chinolin-carbonsäure-(2) beim Erwärmen mit Phenylbrenztraubensäure und wss.-äthanol. Natronlauge: *Borsche,* A. **532** [1937] 127, 132, 141. Bildung von 3-[2-Phenyl-chinolyl-(3)]-propionsäure beim Erhitzen mit 5-Oxo-5-phenyl-valeriansäure und wss. Natronlauge: *Borsche, Sinn,* A. **538** [1939] 283, 288. Beim Behandeln mit Chromanon-(4) und wss.-methanol. Natronlauge ist 6*H*-Chromeno[4.3-*b*]chinolin erhalten worden (*Pfeiffer, v. Bank,* J. pr. [2] **151** [1938] 312, 313). Reaktion mit Phenylisothiocyanat und Äthanol unter Bildung von 4-Äthoxy-2-thioxo-3-phenyl-1.2.3.4-tetrahydro-chinazolin: *Gheorghiu,* J. pr. [2] **130** [1931] 49, 57, 66, 70.

Semicarbazon $C_8H_{10}N_4O$ (F: 247°): *Borsche, Ried,* B. **76** [1943] 1011, 1015.

**Anhydro-tris-[2-amino-benzaldehyd]** $C_{21}H_{17}N_3O$.

Die H 23 und E II 15 unter dieser Bezeichnung beschriebene Verbindung ist als 17-Hydroxy-10.11-dihydro-5a*H*.17*H*-5.11-cyclo-dibenzo[3.4:7.8][1.5]diazocino[2.1-*b*]chinazolin (Syst. Nr. 3841) zu formulieren (*McGeachin*, Canad. J. Chem. **44** [1966] 2323; *Albert*, *Yamamoto*, Soc. [B] **1966** 956, 958).

**Acetyl-anhydro-tris-[2-amino-benzaldehyd]** $C_{23}H_{19}N_3O_2$.

Die E II 16 unter dieser Bezeichnung beschriebene Verbindung ist als 17-Hydroxy-10-acetyl-10.11-dihydro-5a*H*.17*H*-5.11-cyclo-dibenzo[3.4:7.8][1.5]diazocino[2.1-*b*]chinazolin (Syst. Nr. 3841) zu formulieren (*McGeachin*, Canad. J. Chem. **44** [1966] 2323; *Albert*, *Yamamoto*, Soc. [B] **1966** 956, 958).

**Anhydro-tetrakis-[2-amino-benzaldehyd]** $C_{28}H_{22}N_4O$.

Die H 23 und E II 16 unter dieser Bezeichnung beschriebene Verbindung ist als 17-[2-Formyl-anilino]-10.11-dihydro-5a*H*.17*H*-5.11-cyclo-dibenzo[3.4:7.8][1.5]diazocino[2.1-*b*]chinazolin (Syst. Nr. 3964) zu formulieren (*McGeachin*, Canad. J. Chem. **44** [1966] 2323; *Albert*, *Yamamoto*, Soc. [B] **1966** 956, 959). In dem E II 17 als „$C_{28}H_{22}NO_4 + H_2N \cdot C_6H_4 \cdot CHO + HCl + H_2O$(?)" beschriebenen roten Salz hat 18-Hydroxy-23.23a-dihydro-18*H*-tribenzo[3.4:7.8:11.12]-1.5.9-triaza-cyclododecino[2.1-*b*]chinazolin-dihydrochlorid vorgelegen (*Al.*, *Ya.*).

**Acetyl-anhydro-tetrakis-[2-amino-benzaldehyd]** $C_{30}H_{24}N_4O_2$.

Die E II 17 unter dieser Bezeichnung beschriebene Verbindung ist als 17-[2-Formyl-anilino]-10-acetyl-10.11-dihydro-5a*H*.17*H*-5.11-cyclo-dibenzo[3.4:7.8][1.5]diazocino[2.1-*b*]chinazolin (Syst. Nr. 3964) zu formulieren (*McGeachin*, Canad. J. Chem. **44** [1966] 2323, 2325; *Albert*, *Yamamoto*, Soc. [B] **1966** 956, 959).

**Nitroso-acetyl-anhydro-tetrakis-[2-amino-benzaldehyd]** $C_{30}H_{23}N_5O_3$.

Die E II 17 unter dieser Bezeichnung beschriebene Verbindung ist als 17-[*N*-Nitroso-2-formyl-anilino]-10-acetyl-10.11-dihydro-5a*H*.17*H*-5.11-cyclo-dibenzo[3.4:7.8][1.5]diazocino[2.1-*b*]chinazolin (Syst. Nr. 3964) zu formulieren (*McGeachin*, Canad. J. Chem. **44** [1966] 2323, 2325; *Albert*, *Yamamoto*, Soc. [B] **1966** 956, 959).

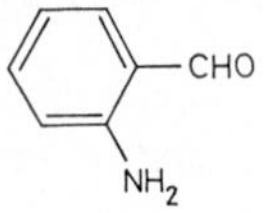

VI 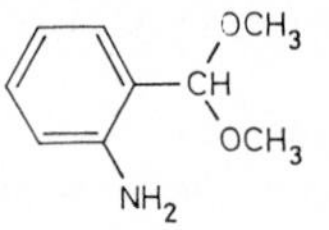 VII 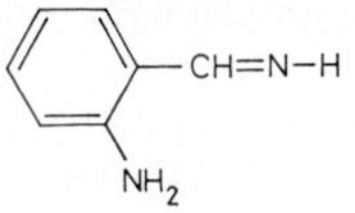 VIII 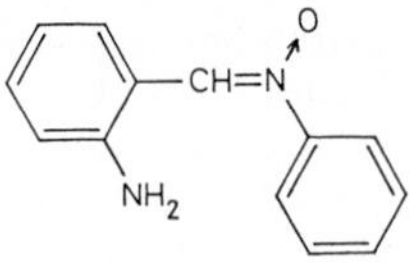 IX

**2-Amino-benzaldehyd-dimethylacetal, 2-Dimethoxymethyl-anilin,** *α,α-dimethoxy-o-toluidine* $C_9H_{13}NO_2$, Formel VII (H 23).

*B.* Aus 2-Nitro-benzaldehyd-dimethylacetal beim Erwärmen mit Natriumsulfid und wss. Salzsäure (*Cocker*, *Harris*, *Loach*, Soc. **1938** 751).

**2-Amino-benzaldehyd-imin,** *o-formimidoylaniline* $C_7H_8N_2$, Formel VIII.

*B.* Aus 2-Amino-benzaldehyd beim Erwärmen mit wss. Amoniak (*Pfeiffer et al.*, J. pr. [2] **149** [1937] 217, 277).

Kupfer(II)-Salz $Cu(C_7H_7N_2)_2$. Olivgrüne Krystalle (*Pf. et al.*, l. c. S. 277).

Nickel(II)-Salz $Ni(C_7H_7N_2)_2$. Rote Krystalle [aus Nitrobenzol] (*Pf. et al.*, l. c. S. 278; *Delépine*, *Jensen*, Bl. [5] **6** [1939] 1663, 1668). Diamagnetisch; magnetische Susceptibilität: *Lifschitz*, *Dijkema*, R. **60** [1941] 581, 588, 589; *French*, *Magee*, *Sheffield*, Am. Soc. **64** [1942] 1924, 1925.

**[2-Amino-benzyliden]-anilin-*N*-oxid, *N*-Phenyl-*C*-[2-amino-phenyl]-nitron, 2-Amino-benzaldehyd-[*N*-phenyl-oxim],** *N-(2-aminobenzylidene)aniline N-oxide* $C_{13}H_{12}N_2O$, Formel IX.

*B.* Bei der Hydrierung von 2-Nitro-benzaldehyd-[*N*-phenyl-oxim] an Platin in Äther (*Gandini*, G. **72** [1942] 28, 33).

Krystalle; F: 133°.

***N*-[2-Amino-benzyliden]-*p*-toluidin, 2-Amino-benzaldehyd-*p*-tolylimin,** *N-(2-aminobenzylidene)-p-toluidine* $C_{14}H_{14}N_2$, Formel X.

*B.* Beim Erwärmen von 2-Nitro-benzaldehyd-*p*-tolylimin mit Natriumsulfid in wss.

Äthanol (*Borsche, Doeller, Wagner-Roemmich*, B. **76** [1943] 1099, 1101).

Hellgelbe Krystalle (aus wss. Me.); F: 102—103° (*Bo., Doe., Wa.-R.*).

Beim Erwärmen mit 5.5-Dimethyl-dihydroresorcin unter Zusatz von Piperidin ist 1-Oxo-3.3-dimethyl-1.2.3.4-tetrahydro-acridin erhalten worden (*Borsche, Wagner-Roemmich, Barthenheier*, A. **550** [1942] 160, 165, 166). Bildung einer wahrscheinlich als 6.7-Dihydro-dibenzo[*b.j*][4.7]phenanthrolin zu formulierenden Verbindung $C_{20}H_{14}N_2$ (F: 256—257°) beim Erwärmen mit Cyclohexandion-(1.4) unter Zusatz von Piperidin: *Bo., Wa.-R., Ba.*, l. c. S. 167. Reaktion mit Acetessigsäure-äthylester in Gegenwart von Piperidin unter Bildung von 2-Methyl-chinolin-carbonsäure-(3)-äthylester: *Bo., Doe., Wa.-R.* Reaktion mit 2.4-Dioxo-valeriansäure-äthylester in Gegenwart von Piperidin unter Bildung von 3-Acetyl-chinolin-carbonsäure-(2)-äthylester: *Borsche, Ried*, A. **554** [1943] 269, 277. Beim Erwärmen mit Indolinon-(2) und wss.-äthanol. Natronlauge oder mit Indolinon-(2) in Pentylalkohol unter Zusatz von Piperidin ist 3-[2-Amino-benzyliden]-indolinon-(2), beim Erhitzen mit Indolinon-(2) unter Zusatz von Piperidin auf 150° ist Chinindolin (E II **23** 252) erhalten worden (*Bo., Wa.-R., Ba.*, l. c. S. 170).

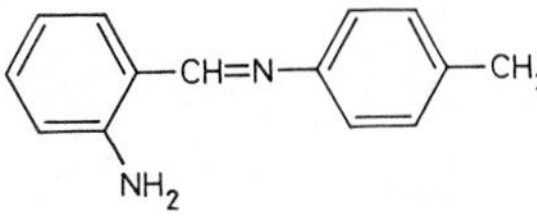

X 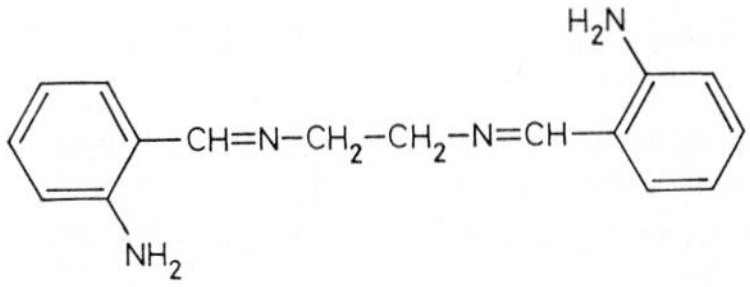 XI 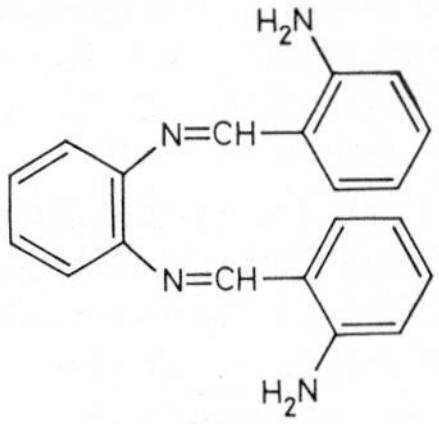 XII

***N.N'*-Bis-[2-amino-benzyliden]-äthylendiamin**, N,N'-*bis(2-aminobenzylidene)ethylenediamine* $C_{16}H_{18}N_4$, Formel XI.

*B.* Aus 2-Amino-benzaldehyd und Äthylendiamin (*Pfeiffer et al.*, J. pr. [2] **149** [1937] 217, 275).

Krystalle (aus Bzl.); F: 178° (*Pf. et al.*, l. c. S. 276).

Kupfer(II)-Salz $CuC_{16}H_{16}N_4$. Rotbraune Krystalle [aus Xylol] (*Pf. et al.*, l. c. S. 278). Polarographie: *Calvin, Bailes*, Am. Soc. **68** [1946] 949, 952.

Kobalt(II)-Salz $CoC_{16}H_{16}N_4$. Rote Krystalle (*Bailes, Calvin*, Am. Soc. **69** [1947] 1886, 1893).

Nickel(II)-Salz $NiC_{16}H_{16}N_4$. Braune Krystalle [aus Anilin + Py. oder aus Py.] (*Pf. et al.*, l. c. S. 279; *Lifschitz, Dijkema*, R. **60** [1941] 581, 589, 597). Absorptionsspektrum (A.; 200—700 mμ): *Szabó*, Acta Univ. Szeged **1** [1942] 52, 61; C. A. **1947** 7257; *v. Kiss, Szabó*, Z. anorg. Ch. **252** [1944] 172, 175, 177. Diamagnetisch; magnetische Susceptibilität: *Li., Di.*, l. c. S. 588.

**Bis-[2-amino-benzyliden]-*o*-phenylendiamin**, N,N'-*bis(2-aminobenzylidene)*-o-*phenylenediamine* $C_{20}H_{18}N_4$, Formel XII.

*B.* Beim Erwärmen von 2-Amino-benzaldehyd mit *o*-Phenylendiamin und wss. Natronlauge (*Pfeiffer et al.*, J. pr. [2] **149** [1937] 217, 278).

Kupfer(II)-Salz $CuC_{20}H_{16}N_4$. Braunrote Krystalle mit grünem Oberflächenglanz [aus Py.] (*Pf. et al.*, l. c. S. 278).

Nickel(II)-Salz $NiC_{20}H_{16}N_4$. Grünblaue Krystalle [aus Anilin] (*Pf. et al.*, l. c. S. 279). Absorptionsspektrum (200—700 mμ) von Lösungen in Äthanol: *Szabó*, Acta Univ. Szeged **1** [1942] 52, 62; C. A. **1947** 7257; in Chloroform und in Äthanol: *v. Kiss, Szabó*, Z. anorg. Ch. **252** [1944] 172, 175, 178; in Chloroform, Äthanol, Benzol und Pyridin: *Kiss, Szoke*, Acta Univ. Szeged **2** [1949] 155, 158. Diamagnetisch: *French, Magee, Sheffield*, Am. Soc. **64** [1942] 1924, 1925.

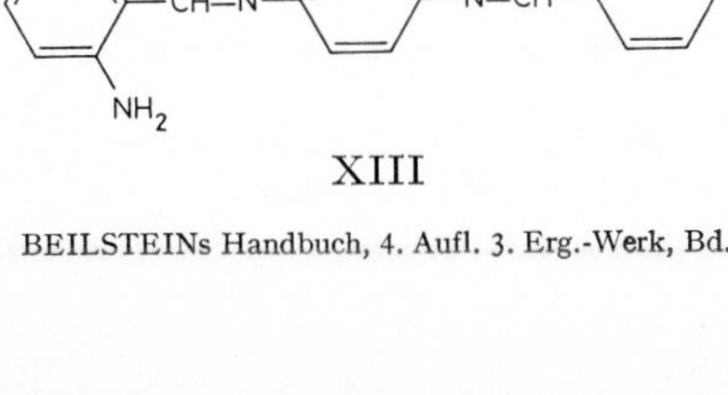

XIII 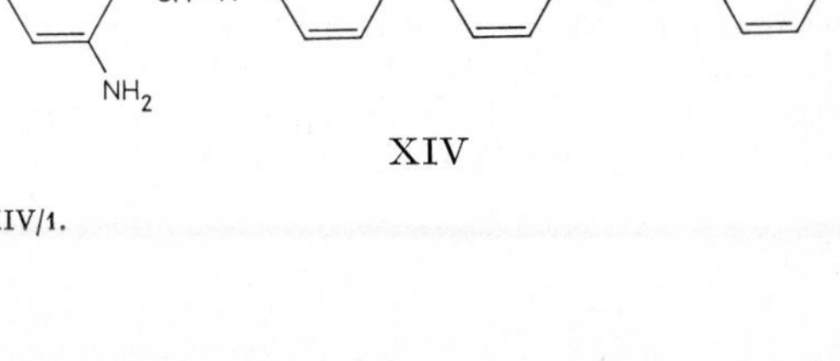 XIV

**Bis-[2-amino-benzyliden]-*p*-phenylendiamin**, N,N'-*bis(2-aminobenzylidene)*-p-*phenylenediamine* $C_{20}H_{18}N_4$, Formel XIII.

*B.* Beim Erwärmen von 2-Amino-benzaldehyd mit *p*-Phenylendiamin und wss. Natronlauge (*Pfeiffer et al.*, J. pr. [2] **149** [1937] 217, 276).

Gelbe Krystalle (aus Me.); F: 215° [teilweise Zers.].

**Bis-[2-amino-benzyliden]-benzidin**, N,N'-*bis(2-aminobenzylidene)benzidine* $C_{26}H_{22}N_4$, Formel XIV.

*B.* Beim Erwärmen von 2-Amino-benzaldehyd mit Benzidin und wss.-äthanol. Natronlauge (*Pfeiffer et al.*, J. pr. [2] **149** [1937] 217, 276).

Gelbe Krystalle (aus Xylol); F: 273—274°.

**α.α'-Bis-[2-amino-benzylidenamino]-bibenzyl**, ***N.N'*-Bis-[2-amino-benzyliden]-bibenzyldiyl-(α.α')-diamin**, N,N'-*bis(2-aminobenzylidene)-1,2-diphenylethylenediamine* $C_{28}H_{26}N_4$.

a) ***meso*-α.α'-Bis-[2-amino-benzylidenamino]-bibenzyl**, Formel I.

*B.* Aus *meso*-α.α'-Diamino-bibenzyl und 2-Amino-benzaldehyd in Äthanol (*Lifschitz, Dijkema*, R. **60** [1941] 581, 597).

Krystalle (aus E.); F: 224°.

Nickel(II)-Salz $NiC_{28}H_{24}N_4$. Schwarz. Diamagnetisch; magnetische Susceptibilität: *Li., Di.*

b) **(*S*:*S*)-α.α'-Bis-[2-amino-benzylidenamino]-bibenzyl**, **$L_g$-*threo*-α.α'-Bis-[2-amino-benzylidenamino]-bibenzyl**, Formel II.

*B.* Aus (*S*:*S*)-α.α'-Diamino-bibenzyl und 2-Amino-benzaldehyd in Äthanol (*Lifschitz, Dijkema*, R. **60** [1941] 581, 598).

Krystalle (aus A.); F: 186—187°. [α]: +51,4° [E.; c = 0,6].

I II III

**2-Amino-benzaldehyd-oxim**, *anthranilaldehyde oxime* $C_7H_8N_2O$, Formel III (R = H, X = NOH) (H 24; E II 17).

F: 137—137,5° [korr.] (*Renshaw, Friedman*, Am. Soc. **61** [1939] 3320).

Bildung von 4-[Phenylcarbamoyloxy-amino]-2-oxo-3-phenyl-1.2.3.4-tetrahydro-chinazolin (?; F: 196°) beim Behandeln mit Phenylisocyanat in Äther: *Gheorghiu*, Bl. [4] **49** [1931] 1204, 1207, 1208. Bildung von 4-Äthoxy-2-thioxo-3-phenyl-1.2.3.4-tetrahydro-chinazolin beim Behandeln mit Phenylisothiocyanat und Äthanol: *Gheorghiu*, J. pr. [2] **130** [1931] 49, 54, 64, 67.

**Bis-[2-amino-benzyliden]-hydrazin, 2-Amino-benzaldehyd-azin**, *anthranilaldehyde azine* $C_{14}H_{14}N_4$, Formel IV (H 25).

*B.* Neben Anthranil (Benz[*c*]isoxazol) beim Behandeln von 2-Nitro-benzaldehyd-hydrazon mit wss. Kalilauge unter Durchleiten von Wasserdampf (*Seibert*, B. **81** [1948] 266, 270).

F: 245° (*Sei.*, B. **81** 270), 244° [aus Eg. oder A.] (*Seibert*, B. **80** [1947] 494, 500).

**2-Methylamino-benzaldehyd**, N-*methylanthranilaldehyde* $C_8H_9NO$, Formel V (R = $CH_3$) (H 25).

$Kp_{17,5}$: 130° (*v. Auwers, Susemihl*, Z. physik. Chem. [A] **148** [1930] 125, 128). $D_4^{20}$: 1,101 (*v. Au., Su.*). $n_D^{20}$: 1,624 (*v. Au., Su.*).

4-Nitro-phenylhydrazon (F: 232—233°): *Schöpf, Steuer*, A. **558** [1947] 124, 135 Anm. 21.

**2-Dimethylamino-benzaldehyd**, N,N-*dimethylanthranilaldehyde* $C_9H_{11}NO$, Formel III (R = $CH_3$, X = O) (H 25).

$Kp_{25}$: 132° (*Cocker, Harris, Loach*, Soc. **1938** 751).

Semicarbazon $C_{10}H_{14}N_4O$. Krystalle (aus A.); F: 224—225° [Zers.].

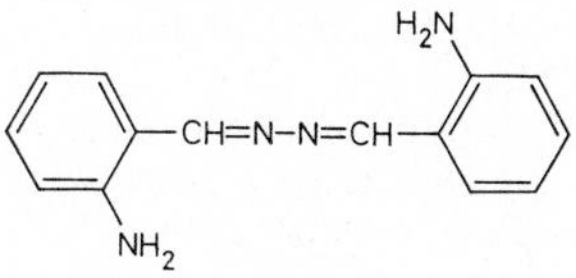

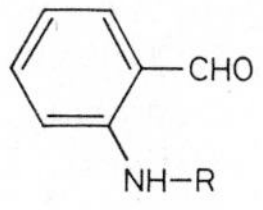

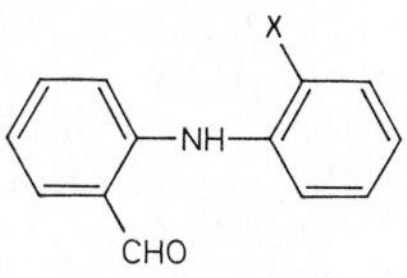

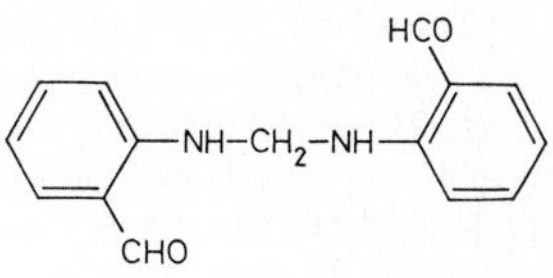

IV V VI VII

**2-Anilino-benzaldehyd,** N-*phenylanthranilaldehyde* $C_{13}H_{11}NO$, Formel VI (X = H).

*B.* Bei kurzem Erhitzen von *N*-Phenyl-anthranilsäure-[*N'*-(toluol-sulfonyl-(4))-hydrazid] in Äthylenglykol unter Zusatz von Natriumcarbonat auf 160° (*Albert*, Soc. **1948** 1225, 1230).

Gelbe Krystalle (aus Me.); F: 72,5°.

Beim Erhitzen mit wss. Salzsäure und Äthylenglykol, mit Schwefelsäure oder mit Schwefelsäure und Essigsäure ist Acridin erhalten worden (*Al.*, l. c. S. 1228).

**2-[2-Nitro-anilino]-benzaldehyd,** N-(o-*nitrophenyl*)*anthranilaldehyde* $C_{13}H_{10}N_2O_3$, Formel VI (X = $NO_2$).

*B.* Aus 2-Amino-benzaldehyd und 2-Brom-1-nitro-benzol (*Albert, Ritchie*, Soc. **1943** 458, 460).

Orangefarbene Krystalle (aus Ae.); F: 120°.

**Bis-[2-formyl-anilino]-methan,** N,N'-*methylenedianthranilaldehyde* $C_{15}H_{14}N_2O_2$, Formel VII.

Eine Verbindung (Krystalle [aus A. oder aus Chloroform + PAe.]; F: 160–161°), der vermutlich diese Konstitution zukommt, ist beim Behandeln von 2-Amino-benzaldehyd mit Formaldehyd in Wasser erhalten worden (*Schöpf, Oechler*, A. **523** [1936] 1, 5, 17).

**2-Formamino-benzaldehyd, Ameisensäure-[2-formyl-anilid],** 2'-*formylformanilide* $C_8H_7NO_2$, Formel V (R = CHO).

Eine Verbindung (Krystalle [aus Ae.]; F: 74°), der vermutlich diese Konstitution zukommt, ist neben Indigo beim Behandeln von Indol mit Peroxybenzoesäure in Chloroform erhalten worden (*Witkop, Fiedler*, A. **558** [1947] 91, 95).

**2-Acetamino-benzaldehyd, Essigsäure-[2-formyl-anilid],** 2'-*formylacetanilide* $C_9H_9NO_2$, Formel V (R = CO-$CH_3$) (H 26).

F: 71° (*Ruggli, Schmid*, Helv. **18** [1935] 1229, 1235).

**2-Acetamino-benzaldehyd-*p*-tolylimin, Essigsäure-[2-(*N*-*p*-tolyl-formimidoyl)-anilid],** 2'-(N-p-*tolylformimidoyl*)*acetanilide* $C_{16}H_{16}N_2O$, Formel VIII.

*B.* Aus 2-Amino-benzaldehyd-*p*-tolylimin und Acetanhydrid (*Borsche, Ried*, A. **554** [1943] 269, 284).

Krystalle (aus wss. Me.); F: 148–149°.

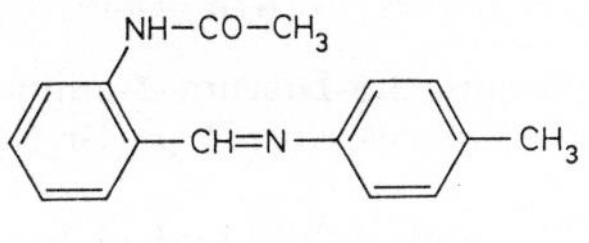

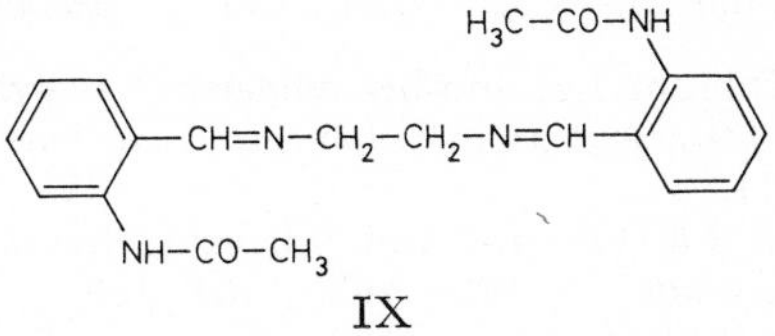

VIII IX

***N.N'*-Bis-[2-acetamino-benzyliden]-äthylendiamin,** α,α'-(*ethylenedinitrilo*)*aceto*-o-*toluidide* $C_{20}H_{22}N_4O_2$, Formel IX.

*B.* Aus 2-Acetamino-benzaldehyd und Äthylendiamin in Wasser (*Pfeiffer et al.*, J. pr. [2] **149** [1937] 217, 276).

Krystalle (aus Me.); F: 200°.

**2-[2-Diäthylamino-äthylamino]-benzaldehyd,** N-[2-(*diethylamino*)*ethyl*]*anthranilaldehyde* $C_{13}H_{20}N_2O$, Formel X.

*B.* Aus 2-Amino-benzaldehyd und Diäthyl-[2-chlor-äthyl]-amin beim Erhitzen in Nitrobenzol (*I.G. Farbenind.*, D.R.P. 544087 [1927]; Frdl. **18** 2970; *Winthrop Chem. Co.*, U.S.P. 1807720 [1928]).

$Kp_2$: 130–134°.

**2-[Toluol-sulfonyl-(4)-amino]-benzaldehyd, Toluol-sulfonsäure-(4)-[2-formyl-anilid],** *2'-formyl-p-toluenesulfonanilide* $C_{14}H_{13}NO_3S$, Formel XI (X = H).

*B.* Beim Erhitzen von 2-Chlor-benzaldehyd mit Toluol-sulfonamid-(4) unter Zusatz von Kaliumcarbonat, Kupfer-Pulver und Kupfer(I)-chlorid bis auf 180° (*I.G. Farbenind.*, D.R.P. 521724 [1929]; Frdl. **17** 561; *Gen. Aniline Works*, U.S.P. 1876955 [1930]).

Krystalle (aus A.); F: 203—205°.

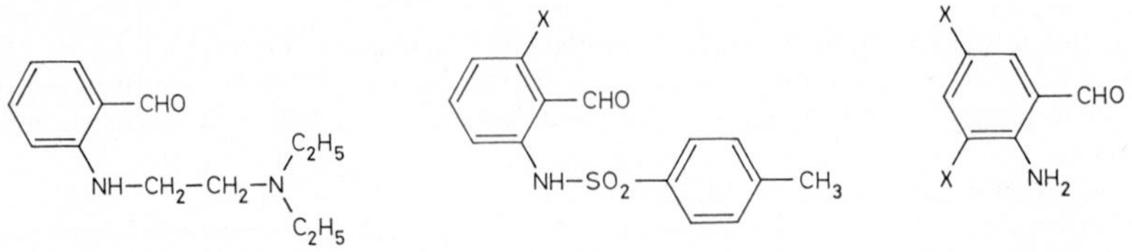

**6-Chlor-2-[toluol-sulfonyl-(4)-amino]-benzaldehyd, Toluol-sulfonsäure-(4)-[3-chlor-2-formyl-anilid],** *3'-chloro-2'-formyl-p-toluenesulfonanilide* $C_{14}H_{12}ClNO_3S$, Formel XI (X = Cl).

*B.* Beim Erhitzen von 2.6-Dichlor-benzaldehyd mit Toluol-sulfonamid-(4) unter Zusatz von Kaliumcarbonat, Kupfer-Pulver und Kupfer(I)-chlorid auf 160—180° (*I.G. Farbenind.*, D.R.P. 521724 [1929]; Frdl. **17** 561; *Gen. Aniline Works*, U.S.P. 1876955 [1930]).

Krystalle (aus A.); F: 150°.

Phenylhydrazon (F: 166°): *I.G. Farbenind.*; *Gen. Aniline Works.*

**3.5-Dichlor-2-amino-benzaldehyd,** *3,5-dichloroanthranilaldehyde* $C_7H_5Cl_2NO$, Formel XII (X = Cl).

*B.* Beim Erwärmen von 3.5-Dichlor-2-nitro-benzaldehyd mit Eisen(II)-sulfat und wss.-äthanol. Ammoniak (*Asinger*, M. **63** [1933] 385, 389).

Krystalle (aus wss. A. oder aus Bzl. + Bzn.); F: 123°.

Oxim $C_7H_6Cl_2N_2O$. Krystalle (aus wss. A. oder Bzl.); F: 175°.

Phenylhydrazon (F: 118°): *As.*, l. c. S. 390.

**5-Brom-2-acetamino-benzaldehyd, Essigsäure-[4-brom-2-formyl-anilid],** *4'-bromo-2'-formylacetanilide* $C_9H_8BrNO_2$, Formel I.

*B.* Aus 2-Acetamino-benzaldehyd und Brom in Essigsäure (*v. Auwers, Ernecke, Wolter*, A. **478** [1930] 154, 170).

Krystalle (aus Me.); F: 170—171°.

Oxim $C_9H_9BrN_2O_2$. Krystalle (aus A.); F: 191—192°.

**3.5-Dibrom-2-amino-benzaldehyd,** *3,5-dibromoanthranilaldehyde* $C_7H_5Br_2NO$, Formel XII (X = Br) (H 27).

Krystalle (aus A.); F: 135—136° (*v. Auwers, Ernecke, Wolter*, A. **478** [1930] 154, 169).

***N*-[3.5-Dibrom-2-amino-benzyliden]-*O*-acetyl-hydroxylamin, 3.5-Dibrom-2-amino-benz=aldehyd-[*O*-acetyl-oxim],** *3,5-dibromoanthranilaldehyde O-acetyloxime* $C_9H_8Br_2N_2O_2$, Formel II.

*B.* Aus 3.5-Dibrom-2-amino-benzaldehyd-oxim (H 27) und Acetanhydrid (*v. Auwers, Ernecke, Wolter*, A. **478** [1930] 154, 169).

Krystalle (aus A.); F: 129°.

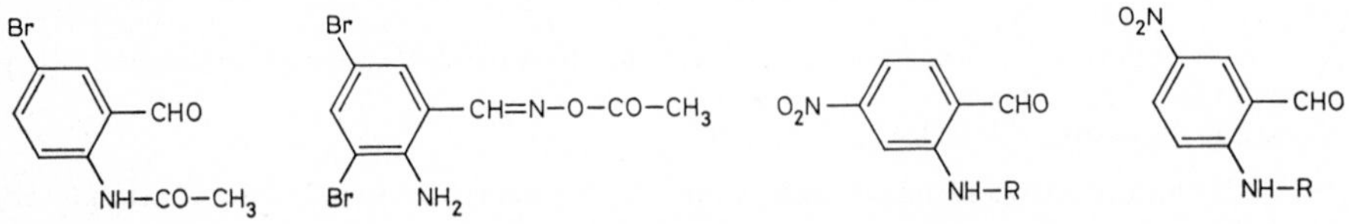

**4-Nitro-2-amino-benzaldehyd,** *4-nitroanthranilaldehyde* $C_7H_6N_2O_3$, Formel III (R = H) (H 28).

F: 124° [aus Bzn.] (*Lehmstedt*, B. **71** [1938] 808, 814).

**4-Nitro-2-anilino-benzaldehyd,** *4-nitro-N-phenylanthranilaldehyde* $C_{13}H_{10}N_2O_3$, Formel III ($R = C_6H_5$).

*B.* Beim Erhitzen von 4-Nitro-2-amino-benzaldehyd mit Brombenzol und Natrium=carbonat in Nitrobenzol unter Zusatz von Kupfer-Pulver (*Lehmstedt,* B. **71** [1938] 808, 814).

Schwarze Krystalle.

Beim Erwärmen mit Schwefelsäure ist 3-Nitro-acridin erhalten worden.

**5-Nitro-2-amino-benzaldehyd,** *5-nitroanthranilaldehyde* $C_7H_6N_2O_3$, Formel IV ($R = H$) (H 28).

*B.* Aus 5-Nitro-2-[toluol-sulfonyl-(4)-amino]-benzaldehyd beim Erwärmen mit Schwe=felsäure (*I.G. Farbenind.,* D.R.P. 521724 [1929]; Frdl. **17** 561; *Gen. Aniline Works,* U.S.P. 1876955 [1930]).

**5-Nitro-2-[toluol-sulfonyl-(4)-amino]-benzaldehyd, Toluol-sulfonsäure-(4)-[4-nitro-2-formyl-anilid],** *2'-formyl-4'-nitro-p-toluenesulfonanilide* $C_{14}H_{12}N_2O_5S$, Formel IV ($R = SO_2\text{-}C_6H_4\text{-}CH_3$).

*B.* Beim Erhitzen von 6-Chlor-3-nitro-benzaldehyd mit Toluol-sulfonamid-(4) unter Zusatz von Kaliumcarbonat, Kupfer-Pulver und Kupfer(I)-chlorid bis auf 190° (*I.G. Farbenind.,* D.R.P. 521724 [1929]; Frdl. **17** 561; *Gen. Aniline Works,* U.S.P. 1876955 [1930]).

Krystalle (aus Eg.); F: 181—182°.

Phenylhydrazon (F: 214° [Zers.]): *I.G. Farbenind.*; *Gen. Aniline Works.*

**4.6-Dinitro-2-anilino-benzaldehyd-phenylimin,** *3,5-dinitro-2-(N-phenylformimidoyl)di=phenylamine* $C_{19}H_{14}N_4O_4$, Formel V.

*B.* Beim Erwärmen von 2.4.6-Trinitro-benzaldehyd-phenylimin mit Anilin (*Secareanu,* B. **64** [1931] 837, 841).

Rote Krystalle (aus A.); F: 177°.

Beim Erhitzen in Essigsäure ist 1.3-Dinitro-acridin erhalten worden.

**3-Amino-benzaldehyd,** *m-aminobenzaldehyde* $C_7H_7NO$, Formel VI ($R = H$, $X = O$) (H 28; E I 359; E II 21).

*B.* Aus Bis-[3-nitro-benzyliden]-hydrazin beim Erwärmen mit Zinn, wss. Salzsäure und Äthylacetat (*Curtius, Bertho,* J. pr. [2] **125** [1930] 23, 39).

**3-Dimethylamino-benzaldehyd,** *m-(dimethylamino)benzaldehyde* $C_9H_{11}NO$, Formel VI ($R = CH_3$, $X = O$).

*B.* Beim Erhitzen von Tri-*N*-methyl-3-formyl-anilinium-jodid unter 10—15 Torr bis auf 200° (*Bottomley, Cocker, Nanney,* Soc. **1937** 1891). Beim Behandeln von 3-Amino-benzaldehyd-dimethylacetal (aus 3-Nitro-benzaldehyd-dimethylacetal mit Hilfe von Natriumsulfid hergestellt) in Äther mit Dimethylsulfat und wss. Natriumcarbonat-Lösung und Behandeln des Reaktionsprodukts mit wss. Kalilauge (*Cocker, Harris, Loach,* Soc. **1938** 751).

$Kp_9$: 137,5—138° (*Bo., Co., Na.*); $Kp_7$: 112° (*Co., Ha., Lo.*).

4-Nitro-phenylhydrazon (F: 188°): *Shoppee,* Soc. **1932** 696, 705.

2.4-Dinitro-phenylhydrazon-hydrochlorid (F: 231° [Zers.]): *Co., Ha., Lo.*

Hexachloroplatinat(IV) $2\,C_9H_{11}NO \cdot H_2PtCl_6$. Rotgelbe Krystalle (aus W.) mit 2 Mol $H_2O$; F: 167—168° [Zers.; bei schnellem Erhitzen] (*Co., Ha., Lo.,* l. c. S. 752).

Pikrat $C_9H_{11}NO \cdot C_6H_3N_3O_7$. Krystalle (aus A.); F: 147—147,5° (*Bo., Co., Na.*).

Oxim $C_9H_{12}N_2O$. Krystalle (aus wss. A.); F: 75—76° (*Bo., Co., Na.*; *Co., Ha., Lo.*).

Semicarbazon $C_{10}H_{14}N_4O$. Krystalle; F: 228—229° (*Bo., Co., Na.*; *Co., Ha., Lo.*), 218—222° [bei langsamem Erhitzen] (*Bo., Co., Na.*).

V VI VII

**Benzyl-[3-dimethylamino-benzyliden]-amin, 3-Dimethylamino-benzaldehyd-benzylimin,** N-[*3-(dimethylamino)benzylidene*]*benzylamine* $C_{16}H_{18}N_2$, Formel VI (R = $CH_3$, X = N-$CH_2$-$C_6H_5$).

*B.* Aus Benzylamin und 3-Dimethylamino-benzaldehyd (*Shoppee*, Soc. **1932** 696, 704).

$Kp_{10}$: 223°.

Geschwindigkeit der Isomerisierung zu Benzaldehyd-[3-dimethylamino-benzylimin] beim Behandeln mit äthanol. Natriumäthylat bei 82° sowie Lage des Gleichgewichts: *Sh.*, l. c. S. 708.

**Bis-[3-dimethylamino-benzyliden]-hydrazin, 3-Dimethylamino-benzaldehyd-azin,** m-(*dimethylamino*)*benzaldehyde azine* $C_{18}H_{22}N_4$, Formel VII (R = $CH_3$).

*B.* Beim Erwärmen von 3-Dimethylamino-benzaldehyd mit Hydrazin-sulfat in Äthanol (*Cocker, Harris, Loach*, Soc. **1938** 751).

Krystalle (aus A.); F: 153–154°.

**3-Trimethylammonio-benzaldehyd, Tri-*N*-methyl-3-formyl-anilinium,** m-*formyl*-N,N,N-*trimethylanilinium* $[C_{10}H_{14}NO]^{\oplus}$, Formel VIII (X = O).

Jodid $[C_{10}H_{14}NO]I$. *B.* Beim Erwärmen von 3-Amino-benzaldehyd-diäthylacetal (E II 21) mit wss. Natriumcarbonat-Lösung und Methyljodid sowie beim Erwärmen von 3-Dimethylamino-benzaldehyd mit Methyljodid (*Bottomley, Cocker, Nanney*, Soc. **1937** 1891). — Krystalle (aus W.); F: 185–186° [Zers.].

**Tri-*N*-methyl-3-[*N*-benzyl-formimidoyl]-anilinium,** m-(N-*benzylformimidoyl*)-N,N,N-*trimethylanilinium* $[C_{17}H_{21}N_2]^{\oplus}$, Formel VIII (X = N-$CH_2$-$C_6H_5$).

Jodid $[C_{17}H_{21}N_2]I$. *B.* Aus 3-Dimethylamino-benzaldehyd-benzylimin und Methyljodid (*Shoppee*, Soc. **1932** 696, 704). Aus Tri-*N*-methyl-3-formyl-anilinium-jodid und Benzylamin in Äthanol (*Sh.*). — Krystalle (aus Acn. + Ae.); F: 128–129°.

**3-Diäthylamino-benzaldehyd,** m-(*diethylamino*)*benzaldehyde* $C_{11}H_{15}NO$, Formel IX (R = $C_2H_5$).

*B.* Beim Behandeln von 3-Amino-benzaldehyd-dimethylacetal (aus 3-Nitro-benzaldehyd-dimethylacetal mit Hilfe von Natriumsulfid hergestellt) in Äther mit Diäthylsulfat und wss. Natriumcarbonat-Lösung (*Cocker, Harris*, Soc. **1939** 1092).

$Kp_{6-7}$: 137–138°.

2.4-Dinitro-phenylhydrazon (F: 197–198°): *Co., Ha.*

Pikrat $C_{11}H_{15}NO \cdot C_6H_3N_3O_7$. Grüngelbe Krystalle (aus A.); F: 145,5–146° [Zers.].

Semicarbazon $C_{12}H_{18}N_4O$. Krystalle (aus wss. A.); F: 165°.

**Bis-[3-diäthylamino-benzyliden]-hydrazin, 3-Diäthylamino-benzaldehyd-azin,** m-(*diethylamino*)*benzaldehyde azine* $C_{22}H_{30}N_4$, Formel VII (R = $C_2H_5$).

*B.* Aus 3-Diäthylamino-benzaldehyd (*Cocker, Harris*, Soc. **1939** 1092).

Grüngelbe Krystalle (aus A.); F: 114–115°.

***N*-Methyl-*N.N*-diäthyl-3-formyl-anilinium,** N,N-*diethyl*-m-*formyl*-N-*methylanilinium* $[C_{12}H_{18}NO]^{\oplus}$, Formel X (R = $C_2H_5$).

Jodid $[C_{12}H_{18}NO]I$. *B.* Aus 3-Diäthylamino-benzaldehyd (*Cocker, Harris*, Soc. **1939** 1092). — Krystalle (aus A.); F: 167,5–168° [Zers.].

**3-Dipropylamino-benzaldehyd,** m-(*dipropylamino*)*benzaldehyde* $C_{13}H_{19}NO$, Formel IX (R = $CH_2$-$CH_2$-$CH_3$).

*B.* Beim Behandeln von 3-Amino-benzaldehyd-dimethylacetal (aus 3-Nitro-benzaldehyd-dimethylacetal mit Hilfe von Natriumsulfid hergestellt) mit Propyljodid und wss. Natriumcarbonat-Lösung (*Cocker, Harris*, Soc. **1939** 1092).

$Kp_{5-6}$: 145–148°.

2.4-Dinitrophenylhydrazon (F: 207–208°): *Co., Ha.*

Hexachloroplatinat(IV) 2 $C_{13}H_{19}NO \cdot H_2PtCl_6$. Krystalle (aus A. + Ae.); F: 178° [Zers.].

Pikrat $C_{13}H_{19}NO \cdot C_6H_3N_3O_7$. Gelbe Krystalle (aus Bzl.); F: 136–137°.

Semicarbazon $C_{14}H_{22}N_4O$. Krystalle (aus A.); F: 172–172,5°.

***N*-Methyl-*N.N*-dipropyl-3-formyl-anilinium,** m-*formyl*-N-*methyl*-N,N-*dipropylanilinium* $[C_{14}H_{22}NO]^{\oplus}$, Formel X (R = $CH_2$-$CH_2$-$CH_3$).

Jodid $[C_{14}H_{22}NO]I$. *B.* Aus 3-Dipropylamino-benzaldehyd und Methyljodid (*Cocker, Harris*, Soc. **1939** 1092). — Krystalle (aus A. + Ae.); F: 152°.

VIII IX X XI

**3-Diallylamino-benzaldehyd,** m-*(diallylamino)benzaldehyde* $C_{13}H_{15}NO$, Formel IX ($R = CH_2$-$CH$=$CH_2$).

*B.* Beim Behandeln von 3-Amino-benzaldehyd-dimethylacetal (aus 3-Nitro-benz= aldehyd-dimethylacetal mit Hilfe von Natriumsulfid hergestellt) mit Allylbromid und wss. Natriumcarbonat-Lösung (*Cocker, Harris,* Soc. **1939** 1092).

$Kp_4$: 131–132°.

2.4-Dinitro-phenylhydrazon (F: 165–165,5°): *Co., Ha.*

Hexachloroplatinat(IV) $2\,C_{13}H_{15}NO \cdot H_2PtCl_6$. Gelbe Krystalle (aus A. + Ae.); F: 161° [Zers.].

Pikrat $C_{13}H_{15}NO \cdot C_6H_3N_3O_7$. Rote Krystalle (aus A.); F: 108,5–109°.

Semicarbazon $C_{14}H_{18}N_4O$. Krystalle (aus A.); F: 133,5–134°.

**Bis-[3-diallylamino-benzyliden]-hydrazin, 3-Diallylamino-benzaldehyd-azin,** m-*(diallyl= amino)benzaldehyde azine* $C_{26}H_{30}N_4$, Formel VII ($R = CH_2$-$CH$=$CH_2$) auf S. 53.

*B.* Aus 3-Diallylamino-benzaldehyd (*Cocker, Harris,* Soc. **1939** 1092).

Gelbe, violett fluorescierende Krystalle (aus A.); F: 70–71°.

**3-Dibenzylamino-benzaldehyd,** m-*(dibenzylamino)benzaldehyde* $C_{21}H_{19}NO$, Formel IX ($R = CH_2$-$C_6H_5$).

*B.* Beim Behandeln von 3-Amino-benzaldehyd-dimethylacetal (aus 3-Nitro-benz= aldehyd-dimethylacetal mit Hilfe von Natriumsulfid hergestellt) mit Benzylbromid in Äther unter Zusatz von wss. Natriumcarbonat-Lösung (*Cocker, Harris,* Soc. **1939** 1092).

Krystalle (aus Me.); F: 59–60°. $Kp_7$: 230–231°.

2.4-Dinitro-phenylhydrazon (F: 230–231°): *Co., Ha.*

Oxim $C_{21}H_{20}N_2O$. Krystalle (aus wss. A.); F: 125–126°.

Semicarbazon $C_{22}H_{22}N_4O$. Krystalle (aus A.); F: 185–185,5°.

**Bis-[3-dibenzylamino-benzyliden]-hydrazin, 3-Dibenzylamino-benzaldehyd-azin,** m-*(dibenzylamino)benzaldehyde azine* $C_{42}H_{38}N_4$, Formel VII ($R = CH_2$-$C_6H_5$) auf S. 53.

*B.* Aus 3-Dibenzylamino-benzaldehyd (*Cocker, Harris,* Soc. **1939** 1092).

Hellgelbe Krystalle (aus A.); F: 167–167,5°.

***C*-[3-Nitro-phenyl]-*N*-[3-formyl-phenyl]-nitron, 3-[Oxy-(3-nitro-benzyliden)-amino]-benzaldehyd,** m-[*(3-nitrobenzylidene)oxyamino*]*benzaldehyde* $C_{14}H_{10}N_2O_4$, Formel XI (H **14** 28 und H **27** 30; dort als *N*-[3-Formyl-phenyl]-3-nitro-isobenzaldoxim bezeichnet).

*B.* Beim Behandeln von 3-Nitro-benzaldehyd in Schwefelsäure mit Ammonium-Amal= gam (*Ueda,* J. pharm. Soc. Japan **58** [1938] 156, 183; C. A. **1938** 4149).

Gelbe Krystalle (aus Py.); F: 190°.

**3-Äthoxythiocarbonylamino-benzaldehyd, [3-Formyl-phenyl]-thiocarbamidsäure-*O*-äthyl= ester,** m-*formylthiocarbanilic acid* O-*ethyl ester* $C_{10}H_{11}NO_2S$, Formel I.

*B.* Aus 3-Isothiocyanato-benzaldehyd (*Browne, Dyson,* Soc. **1931** 3285, 3307).

Gelbliche Krystalle; F: 147°.

I II

**3-[*N'*-Phenyl-ureido]-benzaldehyd-[*O*-phenylcarbamoyl-oxim], *N*-Phenyl-*N'*-[3-(*N*-phenylcarbamoyloxy-formimidoyl)-phenyl]-harnstoff,** *1-phenyl-3-*{*3-*[N-*(phenyl= carbamoyloxy)formimidoyl*]*phenyl*}*urea* $C_{21}H_{18}N_4O_3$, Formel II.

*B.* Aus 3-Amino-benzaldehyd-oxim und Phenylisocyanat in Aceton (*Gheorghiu,* Bl. [4]

**49** [1931] 1205, 1209).
Krystalle (aus A.); F: 171° [Zers.].

**3-Isothiocyanato-benzaldehyd, 3-Formyl-phenylisothiocyanat,** *isothiocyanic acid m-formylphenyl ester* $C_8H_5NOS$, Formel III.
*B.* Beim Behandeln von 3-Amino-benzaldehyd mit Thiophosgen und wss. Salzsäure (*Browne, Dyson*, Soc. **1931** 3285, 3306).
Krystalle (aus PAe.); F: 42°.

**3-[1-Hydroxy-naphthoyl-(2)-amino]-benzaldehyd, 1-Hydroxy-naphthoesäure-(2)-[3-formyl-anilid],** *3'-formyl-1-hydroxy-2-naphthanilide* $C_{18}H_{13}NO_3$, Formel IV.
*B.* Aus 1-Hydroxy-naphthoesäure-(2)-[3-([1.3]dioxolanyl-(2))-anilid] in Aceton beim Behandeln mit wss. Salzsäure (*Du Pont de Nemours & Co.*, U.S.P. 2465067 [1947]).
Krystalle (aus Dioxan); F: 205—206°.

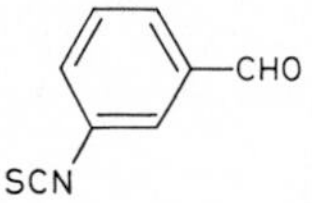

III 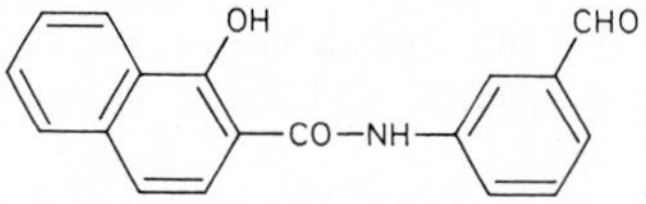 IV 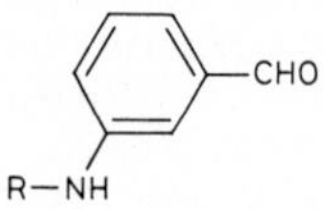 V

**3-Acetoacetamino-benzaldehyd, Acetessigsäure-[3-formyl-anilid],** *3'-formylacetoacetanilide* $C_{11}H_{11}NO_3$, Formel V (R = $CO\text{-}CH_2\text{-}CO\text{-}CH_3$) und Tautomeres.
*B.* Aus Acetessigsäure-[3-([1.3]dioxolanyl-(2))-anilid] in Aceton beim Behandeln mit wss. Phosphorsäure (*Du Pont de Nemours & Co.*, U.S.P. 2464597 [1946]).
Krystalle (aus Acn.); F: 96,5—97,5°.

**3-Oxo-3-phenyl-propionsäure-[3-formyl-anilid]** $C_{16}H_{13}NO_3$, Formel V (R = $CO\text{-}CH_2\text{-}CO\text{-}C_6H_5$), und Tautomeres (β-Hydroxy-zimtsäure-[3-formyl-anilid]); **Benzoylessigsäure-[3-formyl-anilid],** *2-benzoyl-3'-formylacetanilide.*
*B.* Aus Benzoylessigsäure-[3-([1.3]dioxolanyl-(2))-anilid] in Aceton beim Behandeln mit wss. Salzsäure (*Du Pont de Nemours & Co.*, U.S.P. 2464597 [1946]).
Krystalle; F: 101—102°.

**3-[1-Acetoxy-naphthalin-sulfonyl-(2)-amino]-benzaldehyd, 1-Acetoxy-naphthalin-sulfonsäure-(2)-[3-formyl-anilid],** *1-acetoxy-3'-formylnaphthalene-2-sulfonanilide* $C_{19}H_{15}NO_5S$, Formel VI.
*B.* Beim Behandeln von 1-Acetoxy-naphthalin-sulfonsäure-(2)-[3-([1.3]dioxolanyl-(2))-anilid] in Aceton mit wss. Salzsäure (*Du Pont de Nemours & Co.*, U.S.P. 2423572 [1946]).
Krystalle (aus wss. Acn.); F: 170—171°.

**2.6-Dichlor-3-amino-benzaldehyd,** *3-amino-2,6-dichlorobenzaldehyde* $C_7H_5Cl_2NO$, Formel VII.
*B.* Beim Erwärmen von 2.6-Dichlor-3-nitro-benzaldehyd mit Natriumdithionit in Wasser und anschliessend mit wss. Salzsäure (*Meisenheimer, Theilacker, Beisswenger*, A. **495** [1932] 249, 258).
Gelbe Krystalle (aus Me. oder Bzl.); F: 122°.
Beim Aufbewahren erfolgt leicht Umwandlung in eine makromolekulare Anhydro-Verbindung (hellgelb; unterhalb 325° nicht schmelzend), aus der beim Erwärmen mit wss. Salzsäure 2.6-Dichlor-3-amino-benzaldehyd zurückerhalten wird.

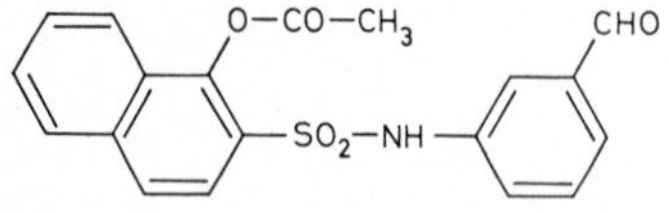

VI 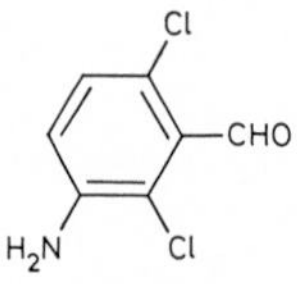 VII 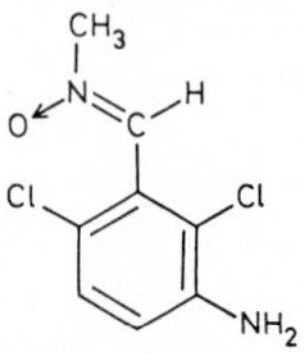 VIII 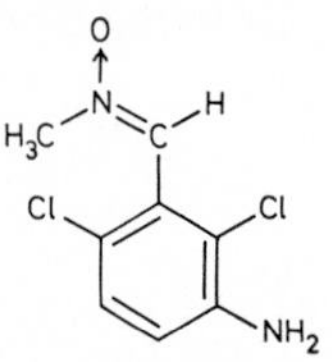 IX

**Methyl-[2.6-dichlor-3-amino-benzyliden]-aminoxid, *N*-Methyl-*C*-[2.6-dichlor-3-amino-phenyl]-nitron, 2.6-Dichlor-3-amino-benzaldehyd-[*N*-methyl-oxim],** *N-(3-amino-2,6-dichlorobenzylidene)methylamine N-oxide* $C_8H_8Cl_2N_2O$.

a) **2.6-Dichlor-3-amino-benzaldehyd-[*N*-methyl-*seqcis*-oxim]**, Formel VIII.

*B.* Neben 2.6-Dichlor-3-amino-benzaldehyd-[*N*-methyl-*seqtrans*-oxim] beim Behandeln von 2.6-Dichlor-3-amino-benzaldehyd mit *N*-Methyl-hydroxylamin und Natriumcarbonat in wss. Methanol (*Meisenheimer, Theilacker, Beisswenger*, A. **495** [1932] 249, 259).

Krystalle (aus Bzl. oder Me.); F: 207°.

b) **2.6-Dichlor-3-amino-benzaldehyd-[*N*-methyl-*seqtrans*-oxim]**, Formel IX.

*B.* s. bei dem unter a) beschriebenen Stereoisomeren.

Hellgelbe Krystalle (aus Bzl. oder Me.); F: 171—172° (*Meisenheimer, Theilacker, Beisswenger*, A. **495** [1932] 249, 259).

**2.6-Dichlor-3-amino-benzaldehyd-oxim**, *3-amino-2,6-dichlorobenzaldehyde oxime* $C_7H_6Cl_2N_2O$.

a) **2.6-Dichlor-3-amino-benzaldehyd-*seqcis*-oxim**, Formel X.

*B.* Beim Behandeln von 2.6-Dichlor-3-nitro-benzaldehyd-*seqcis*-oxim in Äthanol mit Eisen(II)-sulfat und wss. Natronlauge (*Meisenheimer, Theilacker, Beisswenger*, A. **495** [1932] 249, 256).

Krystalle (aus Bzl.); F: 174°.

Beim Behandeln mit wss. Salzsäure oder beim Erwärmen mit Tierkohle in Benzol erfolgt Umwandlung in das unter b) beschriebene Stereoisomere.

b) **2.6-Dichlor-3-amino-benzaldehyd-*seqtrans*-oxim**, Formel XI.

*B.* Beim Behandeln von 2.6-Dichlor-3-amino-benzaldehyd mit Hydroxylamin und wss. Natriumcarbonat-Lösung (*Meisenheimer, Theilhacker, Beisswenger*, A. **495** [1932] 249, 258). Beim Behandeln von 2.6-Dichlor-3-nitro-benzaldehyd-*seqtrans*-oxim mit Eisen(II)-sulfat und wss. Natronlauge (*Mei., Th., Bei.*, l. c. S. 256).

Krystalle (aus Bzl.); F: 158—159°.

(1*R*)-3*endo*-Brom-2-oxo-bornan-(8)-sulfonat $C_7H_6Cl_2N_2O \cdot C_{10}H_{15}BrO_4S$. Krystalle (aus E.); F: 143—144° [vermutlich lösungsmittelhaltig].

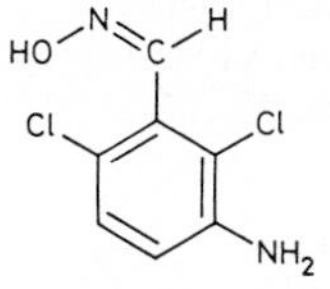

X 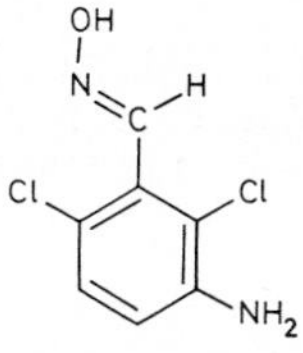 XI 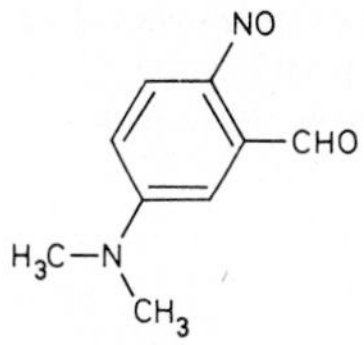 XII 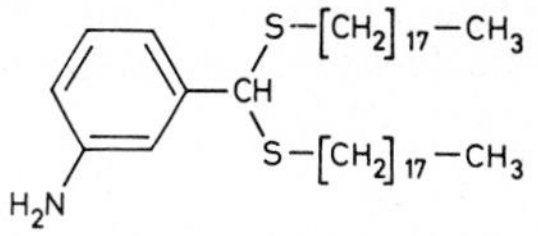 XIII

**6-Nitroso-3-dimethylamino-benzaldehyd**, *5-(dimethylamino)-2-nitrosobenzaldehyde* $C_9H_{10}N_2O_2$, Formel XII.

*B.* Beim Behandeln von 3-Dimethylamino-benzaldehyd mit wss. Salzsäure und Natriumnitrit (*Cocker, Harris, Loach*, Soc. **1938** 751).

Gelbe Krystalle (aus A.); F: 129,5—130°.

**α.α-Dioctadecylmercapto-*m*-toluidin**, 3-Amino-benzaldehyd-dioctadecylmercaptal, *α,α-(dioctadecylthio)-m-toluidine* $C_{43}H_{81}NS_2$, Formel XIII.

*B.* Beim Erwärmen von 3-Nitro-α.α-dioctadecylmercapto-toluol mit Natriumsulfid in Tetrahydrofurfurylalkohol (*Deutsche Hydrierwerke*, D.R.P. 723837 [1937]; D.R.P. Org. Chem. **6** 1460; *Patchem A.G.*, U.S.P. 2277359 [1938]).

Krystalle (aus Methylcyclohexan); F: 65—66°.

**4-Amino-benzaldehyd**, *p-aminobenzaldehyde* $C_7H_7NO$, Formel I (H 29; E I 359; E II 22).

*B.* Beim Erwärmen von Anilin mit Cyanwasserstoff und mit Chlorwasserstoff in Äther, Erhitzen des Reaktionsprodukts bis auf 300° und kurzen Erwärmen des Reaktionsgemisches mit wss. Kalilauge (*Hao-Tsing*, Am. Soc. **66** [1944] 1421).

F: 70—72° (*Hao-T.*).

Überführung in 4-Benzhydryl-phenol durch Behandeln mit Schwefelsäure, Essigsäure und Natriumnitrit, Behandeln der erhaltenen Diazoniumsalz-Lösung mit Benzol, anschliessenden Erwärmen mit Wasser und Erhitzen des Reaktionsprodukts mit Essigsäure und Zink auf Siedetemperatur: *Schoutissen*, R. **54** [1935] 97, 99. Bildung von Azobenzoldicarbaldehyd-(4.4′) (F: 239°) beim Behandeln des Hydrochlorids mit Wasser unter

Luftzutritt im Sonnenlicht: *Malaviya, Dutt*, Pr. Acad. Sci. Agra Oudh **4** [1934/35] 319, 327.

I 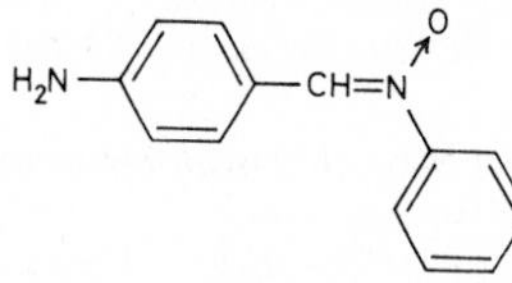 II 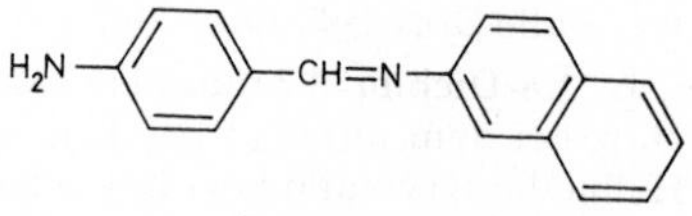 III

**[4-Amino-benzyliden]-anilin-*N*-oxid, *N*-Phenyl-*C*-[4-amino-phenyl]-nitron, 4-Amino-benzaldehyd-[*N*-phenyl-oxim]**, N-*(4-aminobenzylidene)aniline* N-*oxide* $C_{13}H_{12}N_2O$, Formel II.

*B.* Bei der Hydrierung von 4-Nitro-benzaldehyd-[*N*-phenyl-oxim] an Platin in Äther (*Gandini*, G. **72** [1942] 28, 30, 36).

Orangegelbe Krystalle (aus E.); F: 136—138°.

**[Naphthyl-(2)]-[4-amino-benzyliden]-amin, 4-Amino-benzaldehyd-[naphthyl-(2)-imin]**, N-*(4-aminobenzylidene)-2-naphthylamine* $C_{17}H_{14}N_2$, Formel III.

*B.* Aus 4-Amino-benzaldehyd und Naphthyl-(2)-amin (*Klason*, Svensk Papperstidn. **33** [1930] 393, 394).

Gelb; F: 130°.

**1.4-Bis-[4-amino-benzylidenamino]-naphthalin, *N.N'*-Bis-[4-amino-benzyliden]-naphthalindiyl-(1.4)-diamin**, N,N'-*bis(4-aminobenzylidene)naphthalene-1,4-diamine* $C_{24}H_{20}N_4$, Formel IV.

Dihydrochlorid $C_{24}H_{20}N_4 \cdot 2\,HCl$. *B.* Beim Behandeln von 1.4-Bis-[4-acetamino-benzylidenamino]-naphthalin mit wss.-äthanol. Salzsäure (*Patel, Guha*, J. Indian chem. Soc. **11** [1934] 87, 91). — Gelblichrote Krystalle.

**4-Amino-benzaldehyd-oxim**, p-*aminobenzaldehyde oxime* $C_7H_8N_2O$, Formel V (H 31).

Beim Behandeln mit Phenylisothiocyanat in Äthanol ist 4-[*N'*-Phenyl-thioureido]-benzaldehyd-oxim erhalten worden (*Gheorghiu*, J. pr. [2] **130** [1931] 49, 53, 60).

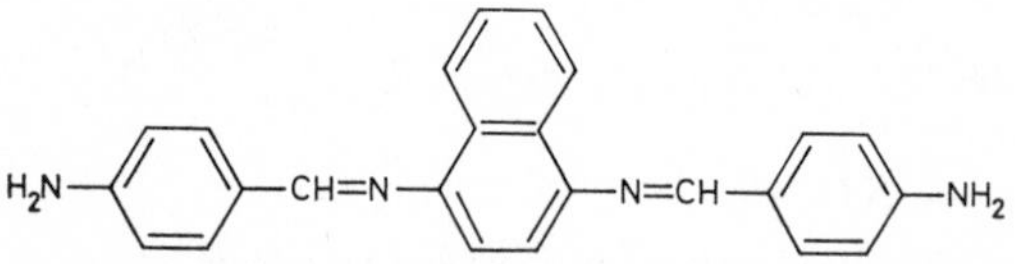

IV 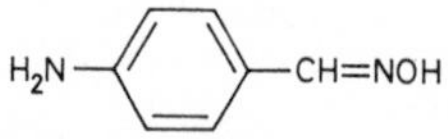 V 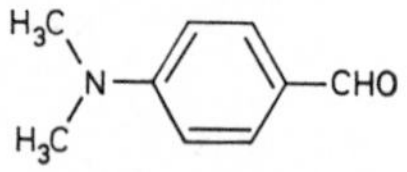 VI

**4-Dimethylamino-benzaldehyd**, p-*(dimethylamino)benzaldehyde* $C_9H_{11}NO$, Formel VI (H 31; E I 360; E II 23).

*B.* Neben Bis-[4-dimethylamino-phenyl]-methan beim Erwärmen von *N.N*-Dimethyl-anilin mit Hexamethylentetramin in Äthanol, Ameisensäure und Essigsäure (*Duff*, Soc. **1945** 276).

$Kp_{13}$: 165° (*v. Auwers, Susemihl*, Z. physik. Chem. [A] **148** [1930] 125, 128). $D_4^{99,9}$: 1,0254 (*v. Au., Su.*, l. c. S. 144). $n_{656,3}^{99,9}$: 1,6078; $n_{587,6}^{99,9}$: 1,6235; $n_{486,1}^{99,9}$: 1,6715 (*v. Au., Su.*, l. c. S. 144). UV-Spektrum (A.): *Kumler*, Am. Soc. **68** [1946] 1184, 1187. Dipolmoment (ε; Bzl.): 5,6 D (*Weizmann*, Trans. Faraday Soc. **35** [1940] 329, 331). Depolarisations-potential: *Baker, Davies, Hemming*, Soc. **1940** 692, 694. Eutektika und Additionsverbindungen sind in den binären Systemen mit Phenol, Brenzcatechin, Resorcin und Hydrochinon nachgewiesen worden (*Ošipenko, Tischtschenko*, Ž. obšč. Chim. **11** [1941] 213, 214; C. A. **1941** 7949).

Geschwindigkeit der Disproportionierung (Bildung von 4-Dimethylamino-benzyl= alkohol und 4-Dimethylamino-benzoesäure) beim Erhitzen mit wss.-methanol. Natron= lauge auf 100° und 128,5°: *Tommila*, Ann. Acad. Sci. fenn. [A] **59** Nr. 8 [1942] 25, 31; beim Behandeln mit wss.-äthanol. Natronlauge bei 30°: *Weissberger, Haase*, Soc. **1934** 535. Reduktion an einer Quecksilber-Kathode in wss. Äthanol: *Korschunow, Šasanowa*, Ž. fiz. Chim. **23** [1949] 202; C. A. **1949** 5316. Beim Erwärmen mit Raney-Legierung und wss.-äthanol. Natronlauge ist *N.N*-Dimethyl-*p*-toluidin (*Schwenk et al.*, J. org. Chem. **9**

[1944] 1, 5), beim Erwärmen mit Zinn und wss. Salzsäure ist 4.4′-Bis-dimethylamino-*trans*-stilben [E III **13** 513] erhalten worden (*Stewart*, Chem. and Ind. **1957** 761). Geschwindigkeit der Reaktion mit Hydroxylamin in wss.-äthanol. Lösung von verschiedenem pH bei 0°: *Vavon, Anziani*, Bl. [5] **4** [1937] 2026, 2036. Beim Erwärmen mit Benzol und Aluminiumbromid ist *N.N*-Dimethyl-4-benzhydryl-anilin erhalten worden (*Pfeiffer, Ochiai*, J. pr. [2] **136** [1933] 125, 128). Bildung von 1.2-Dimethyl-3-[4-dimethylamino-benzyliden]-3*H*-indolium-perchlorat beim Behandeln mit 1.2-Dimethyl-indol und wss. Perchlorsäure: *Brooker, Sprague*, Am. Soc. **63** [1941] 3203, 3209, 3213. Reaktion mit 1.1-Bis-[4-dimethylamino-phenyl]-äthylen unter Bildung von 1.1.3-Tris-[4-dimethylamino-phenyl]-3-[6-dimethylamino-1.3-bis-(4-dimethylamino-phenyl)-indenyl-(2)]-propen-(1) (E III **13** 587): *Wizinger, Renckhoff*, Helv. **24** [1941] 369E, 386E. Bildung von 2-[4-Dimethylamino-phenyl]-1*H*-phenanthro[9.10]imidazol beim Erhitzen mit Phenanthren-chinon-(9.10) und Ammoniumacetat in Essigsäure: *Steck, Day*, Am. Soc. **65** [1943] 452, 456. Überführung in 4-[4-Dimethylamino-phenyl]-imidazolidindion-(2.5) durch Erwärmen mit Kaliumcyanid und Ammoniumcarbonat in wss. Äthanol: *Henze, Speer*, Am. Soc. **64** [1942] 522. Beim Schütteln mit Kaliumcyanat und Hydroxylamin-hydrochlorid in Wasser ist 4-Dimethylamino-benzaldehyd-[*O*-carbamoyl-oxim] (*Bellavita, Cagnoli*, G. **69** [1939] 583, 588), beim Schütteln mit Kaliumthiocyanat und Hydroxylamin-hydrochlorid in Wasser ist [4-Dimethylamino-benzyliden]-harnstoff erhalten worden (*Bellavita, Cagnoli*, G. **69** [1939] 602, 608). Reaktion mit Malonsäure in Gegenwart von Chinolin bzw. Piperidin unter Bildung von 4-Dimethylamino-*trans*-zimtsäure: *Dalal, Dutt*, J. Indian chem. Soc. **9** [1932] 309, 313; *Pandya, Sharma*, J. Indian chem. Soc. **23** [1946] 137, 139. Reaktion mit 3-Hydroxyimino-buttersäure-äthylester unter Bildung von 3-Methyl-4-[4-dimethylamino-benzyliden]-$\Delta^2$-isoxazolinon-(5) (F: 203—204°): *Poraĭ-Koschiz, Chromow*, Ž. obšč. Chim. **10** [1940] 557, 565, 567; C. A. **1940** 7903. Bildung von 2-Phenyl-4-[4-dimethylamino-benzyliden]-$\Delta^2$-oxazolinon-(5) (F: 216,5—217°) beim Erwärmen mit Hippursäure, Acetanhydrid und Natriumacetat: *Po.-K., Ch.*, l. c. S. 567. Bildung von 6-Methoxy-2-[4-dimethylamino-phenyl]-benzothiazol beim Erhitzen mit dem Zink-Salz des 6-Amino-3-methoxy-thiophenols in Essigsäure: *Ast, Bogert*, R. **54** [1935] 917, 924. Beim Erhitzen mit Bis-[2-amino-phenyl]-disulfid auf 160° ist 2-[4-Dimethylamino-phenyl]-benzothiazol, beim Erwärmen mit Thioschwefelsäure-*S*-[6-amino-3-dimethylamino-phenylester] in wss. Äthanol ist ausschliesslich 4-Dimethylamino-benzaldehyd-[4-dimethylamino-2-sulfomercapto-phenylimin] erhalten worden (*Bogert, Taylor*, Collect. **3** [1931] 480, 488, 491). Bildung von [4-Dimethylamino-benzylidenamino]-guanidin und 4-Dimethylamino-α.α-bis-[*N′*-carbamimidoyl-hydrazino]-toluol beim Erwärmen mit Aminoguanidin-hydrochlorid und Natriumcarbonat in wss. Äthanol: *Conard, Shriner*, Am. Soc. **55** [1933] 2867, 2869. Bildung von Dimethyl-[4-dimethylamino-α-methylmercapto-cinnamyliden]-ammonium-jodid [$C_{14}H_{21}N_2S$]I (Formel VII [R = $CH_3$]; Absorptionsspektrum [A.; 400—600 mμ]; in Äthanol mit orangeroter Farbe löslich) beim Erhitzen mit Dimethyl-[1-methylmercapto-äthyliden]-ammonium-jodid und Acetanhydrid sowie Bildung von Methyl-benzyl-[4-dimethylamino-α-methylmercapto-cinnamyliden]-ammonium-jodid [$C_{20}H_{25}N_2S$]I (Formel VII [R = $CH_2$-$C_6H_5$]; Absorptionsspektrum [A.; 400—700 mμ]; in Äthanol mit orangeroter Farbe löslich) beim Erhitzen mit Methyl-benzyl-[1-methylmercapto-äthyliden]-ammonium-jodid und Acetanhydrid: *Knunjanz, Raswadowskaja*, Ž. obšč. Chim. **9** [1939] 557, 562, 567, 569; C. A. **1940** 391.

Nachweis durch Überführung in Bis-[2.6-dioxo-cyclohexyl]-[4-dimethylamino-phenyl]-methan (F: 150°): *King, Felton*, Soc. **1948** 1371.

Oxim (F: 148° bzw. F: 144°): *Shoppee*, Soc. **1931** 1225, 1237; *Duff*, Soc. **1945** 276.

Phenylhydrazon (F: 148°): *Duff*.

4-Carboxy-phenylhydrazon (F: 251—252°): *Veibel, Blaaberg, Stevns*, Dansk Tidsskr. Farm. **14** [1940] 184, 188; *Veibel*, Acta chem. scand. **1** [1947] 54, 62.

Verbindung mit Phenol $C_9H_{11}NO \cdot C_6H_6O$. Orangefarben; F: 35,8° (*Osipenko, Tischtschenko*, Ž. obšč. Chim. **11** [1941] 213, 215; C. A. **1941** 7949).

Pikrat $C_9H_{11}NO \cdot C_6H_3N_3O_7$. Gelbe Krystalle; F: 98° [Zers.] (*Burmistrow*, Ž. obšč. Chim. **19** [1949] 1511, 1513; J. gen. Chem. U.S.S.R. [Übers.] **19** [1949] 1515).

Verbindung mit Brenzcatechin $2\,C_9H_{11}NO \cdot C_6H_6O_2$. Hellorangefarben; F: 62° (*Os., Ti.*, l. c. S. 214).

Verbindung mit Resorcin $C_9H_{11}NO \cdot C_6H_6O_2$. Hellorangefarben; F: 73° (*Os., Ti.*,

l. c. S. 214).

Verbindung mit Hydrochinon $2\,C_9H_{11}NO \cdot C_6H_6O_2$. Hellgrün; F: 114,5° (*Oš.*, *Ti.*, l. c. S. 215).

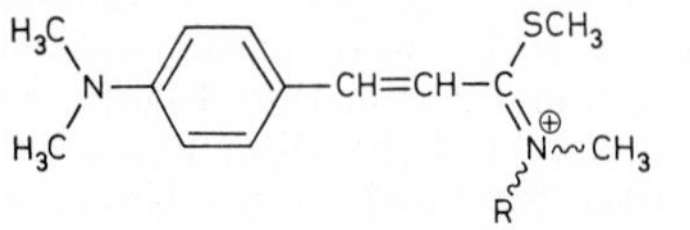

VII 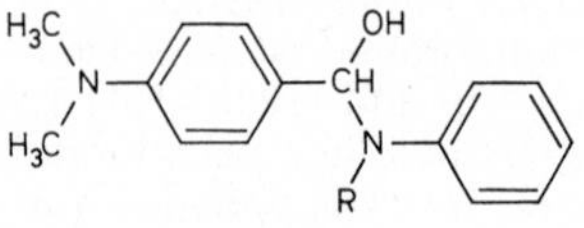 VIII

**(±)-4-Dimethylamino-α-diphenylamino-benzylalkohol**, (±)-*4-(dimethylamino)-α-(diphenylamino)benzyl alcohol* $C_{21}H_{22}N_2O$, Formel VIII (R = $C_6H_5$).

Eine als Pikrat $C_{21}H_{22}N_2O \cdot C_6H_3N_3O_7$ (gelborangefarbene Krystalle; F: 154° [Zers.]) isolierte Base, der diese Konstitution zugeordnet wird, ist beim Erhitzen von 4-Dimethylamino-benzaldehyd mit Diphenylamin und Pikrinsäure in Toluol erhalten worden (*Burmištrow*, Ž. obšč. Chim. **19** [1949] 1511, 1512; J. gen. Chem. U.S.S.R. [Übers.] **19** [1949] 1515).

**(±)-4-Dimethylamino-α-[phenyl-(naphthyl-(2))-amino]-benzylalkohol**, (±)-*4-(dimethylamino)-α-[(2-naphthyl)phenylamino]benzyl alcohol* $C_{25}H_{24}N_2O$, Formel VIII (R = $C_{10}H_7$).

Eine als Dipikrat $C_{25}H_{24}N_2O \cdot 2\,C_6H_3N_3O_7$ (orangefarbene Krystalle, F: 151°) isolierte Base, der diese Konstitution zugeordnet wird, ist beim Erhitzen von 4-Dimethylamino-benzaldehyd mit Phenyl-[naphthyl-(2)]-amin und Pikrinsäure erhalten worden (*Burmištrow*, Ž. obšč. Chim. **19** [1949] 1511, 1512; J. gen. Chem. U.S.S.R. [Übers.] **19** [1949] 1515).

**4-Dimethylamino-α-[2-hydroxy-*N*-(toluol-sulfonyl-(4))-anilino]-benzylalkohol, Toluol-sulfonsäure-(4)-[2-hydroxy-*N*-(4-dimethylamino-α-hydroxy-benzyl)-anilid]**, N-*[4-(dimethylamino)-α-hydroxybenzyl]-2′-hydroxy-*p*-toluenesulfonanilide* $C_{22}H_{24}N_2O_4S$, Formel IX.

*B.* Beim Behandeln von (±)-3-[Toluol-sulfonyl-(4)]-2-[4-dimethylamino-phenyl]-2.3-dihydro-benzoxazol in Äthanol mit wss. Essigsäure (*Bell*, Soc. **1930** 1981, 1985).

Krystalle (aus wss. A. oder Bzl.); F: 92°.

Überführung in Toluol-sulfonsäure-(4)-[2-hydroxy-anilid] durch Behandlung mit wss. Natronlauge: *Bell.*

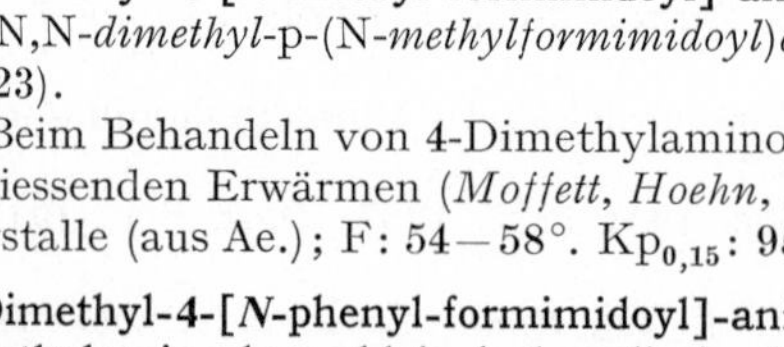

IX 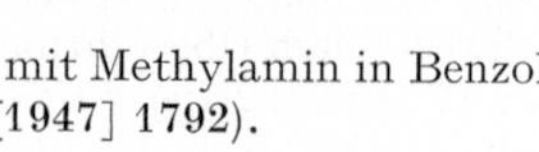 X

***N.N*-Dimethyl-4-[*N*-methyl-formimidoyl]-anilin, 4-Dimethylamino-benzaldehyd-methylimin**, N,N-*dimethyl*-p-*(*N*-methylformimidoyl)aniline* $C_{10}H_{14}N_2$, Formel X (R = $CH_3$) (E II 23).

*B.* Beim Behandeln von 4-Dimethylamino-benzaldehyd mit Methylamin in Benzol und anschliessenden Erwärmen (*Moffett*, *Hoehn*, Am. Soc. **69** [1947] 1792).

Krystalle (aus Ae.); F: 54–58°. $Kp_{0,15}$: 95°.

***N.N*-Dimethyl-4-[*N*-phenyl-formimidoyl]-anilin, [4-Dimethylamino-benzyliden]-anilin, 4-Dimethylamino-benzaldehyd-phenylimin**, N,N-*dimethyl*-p-*(*N*-phenylformimidoyl)aniline* $C_{15}H_{16}N_2$, Formel XI (R = X = H) (H 33; E I 360; E II 23).

Krystalle (aus wss. A.); F: 102° (*Smets*, *Delvaux*, Bl. Soc. chim. Belg. **56** [1947] 106, 132). UV-Spektrum von Lösungen in Äthanol: *Hertel*, *Schinzel*, Z. physik. Chem. [B] **48** [1941] 289, 297; *Sm.*, *De.*, l. c. S. 110; in Acetanhydrid und Essigsäure: *Burawoy*, B. **64** [1931] 462, 464; einer alkalischen Lösung sowie einer Lösung des Hydrochlorids in wss. Salzsäure: *Sm.*, *De.*, l. c. S. 110. Dipolmoment (ε; Bzl.): 3,6 D (*He.*, *Sch.*, l. c. S. 307).

Beim Erwärmen mit Magnesium in Methanol ist [4-Dimethylamino-benzyl]-anilin erhalten worden (*Zechmeister, Truka*, B. **63** [1930] 2883). Geschwindigkeit der Reaktion mit 1.2-Dimethyl-chinolinium-jodid in Äthanol und Anilin (Bildung von 1-Methyl-2-[4-dimethylamino-styryl]-chinolinium-jodid) bei 35°: *Katayanagi*, J. pharm. Soc. Japan **68** [1948] 238; C. A. **1954** 4545.

Hydrochlorid $C_{15}H_{16}N_2 \cdot HCl$ (E II 23). Rote Krystalle (aus wss. Salzsäure); F: 216° (*Werner*, Scient. Pr. roy. Dublin Soc. **23** [1944] 214, 220).

**4-Brom-*N*-[4-dimethylamino-benzyliden]-anilin, 4-Dimethylamino-benzaldehyd-[4-brom-phenylimin]**, p-[N-(p-*bromophenyl*)*formimidoyl*]-N,N-*dimethylaniline* $C_{15}H_{15}BrN_2$, Formel XI (R = H, X = Br).

Gelbe Krystalle; F: 157° (*Katayanagi*, J. pharm. Soc. Japan **68** [1948] 238; C. A. **1954** 4545).

Geschwindigkeit der Reaktion mit 1.2-Dimethyl-chinolinium-jodid in Äthanol und Anilin (Bildung von 1-Methyl-2-[4-dimethylamino-styryl]-chinolinium-jodid) bei 35°: *Ka.*

XI XII

**3-Nitro-*N*-[4-dimethylamino-benzyliden]-anilin, 4-Dimethylamino-benzaldehyd-[3-nitro-phenylimin]**, N,N-*dimethyl*-p-[N-(m-*nitrophenyl*)*formimidoyl*]*aniline* $C_{15}H_{15}N_3O_2$, Formel XI (R = $NO_2$, X = H).

Geschwindigkeit der Reaktion mit 1.2-Dimethyl-chinolinium-jodid in Äthanol und Anilin (Bildung von 1-Methyl-2-[4-dimethylamino-styryl]-chinolinium-jodid) bei 35°: *Katayanagi*, J. pharm. Soc. Japan **68** [1948] 238; C. A. **1954** 4545.

**4-Nitro-*N*-[4-dimethylamino-benzyliden]-anilin, 4-Dimethylamino-benzaldehyd-[4-nitro-phenylimin]**, N,N-*dimethyl*-p-[N-(p-*nitrophenyl*)*formimidoyl*]*aniline* $C_{15}H_{15}N_3O_2$, Formel XI (R = H, X = $NO_2$) (H 33).

F: 193° (*Katayanagi*, J. pharm. Soc. Japan **68** [1948] 238; C. A. **1954** 4545). UV-Spektrum (A.): *Hertel, Schinzel*, Z. physik. Chem. [B] **48** [1941] 289, 299. Dipolmoment (ε; Bzl.): 8,6 D (*He., Sch.*, l. c. S. 308).

Geschwindigkeit der Reaktion mit 1.2-Dimethyl-chinolinium-jodid in Äthanol und Anilin (Bildung von 1-Methyl-2-[4-dimethylamino-styryl]-chinolinium-jodid )bei 35°: *Ka.*

***N*-[4-Dimethylamino-benzyliden]-*p*-toluidin, 4-Dimethylamino-benzaldehyd-*p*-tolylimin**, N-[*4-(dimethylamino)benzylidene*]-p-*toluidine* $C_{16}H_{18}N_2$, Formel XI (R = H, X = $CH_3$) (H 34).

*B.* Beim Behandeln von *p*-Tolylhydroxylamin mit *N.N*-Dimethyl-anilin, wss. Form= aldehyd und wss.-äthanol. Salzsäure unter Stickstoff oder Kohlendioxid (*Utzinger*, A. **556** [1944] 50, 64).

Geschwindigkeit der Reaktion mit 1.2-Dimethyl-chinolinium-jodid in Äthanol und Anilin (Bildung von 1-Methyl-2-[4-dimethylamino-styryl]-chinolinium-jodid) bei 35°: *Katayanagi*, J. pharm. Soc. Japan **68** [1948] 238; C. A. **1954** 4545.

Hydrochlorid $C_{16}H_{18}N_2 \cdot HCl$. Grüngelbe Krystalle (aus Bzl. und PAe.); F: 117° (*Ut.*).

**Benzyl-[4-dimethylamino-benzyliden]-amin, 4-Dimethylamino-benzaldehyd-benzylimin**, N-[*4-(dimethylamino)benzylidene*]*benzylamine* $C_{16}H_{18}N_2$, Formel X (R = $CH_2$-$C_6H_5$).

*B.* Aus 4-Dimethylamino-benzaldehyd und Benzylamin (*Shoppee*, Soc. **1931** 1225, 1237).

Gelbe Krystalle (aus Bzn.); F: 75°. $Kp_{18}$: 248°.

Geschwindigkeit der Isomerisierung zu Benzaldehyd-[4-dimethylamino-benzylimin] beim Erwärmen mit äthanol. Natriumäthylat bei 82° und 85°: *Sh.*, l. c. S. 1238.

**[2′-Brom-biphenylyl-(4)]-[4-dimethylamino-benzyliden]-amin, 4-Dimethylamino-benz= aldehyd-[2′-brom-biphenylyl-(4)-imin]**, *2′-bromo*-N-[*4-(dimethylamino)benzylidene*]*biphen= yl-4-ylamine* $C_{21}H_{19}BrN_2$, Formel XII (R = Br, X = H).

*B.* Aus 4-Dimethylamino-benzaldehyd und 2′-Brom-biphenylyl-(4)-amin in Äthanol (*Guglialmelli, Franco*, An. Asoc. quim. arg. **20** [1932] 8, 34, 45).

Gelbe Krystalle (aus A.); F: 183°.

**[4'-Brom-biphenylyl-(4)]-[4-dimethylamino-benzyliden]-amin, 4-Dimethylamino-benz=aldehyd-[4'-brom-biphenylyl-(4)-imin]**, *4'-bromo-*N-*[4-(dimethylamino)benzylidene]biphen=yl-4-ylamine* $C_{21}H_{19}BrN_2$, Formel XII (R = H, X = Br).

*B.* Aus 4-Dimethylamino-benzaldehyd und 4'-Brom-biphenylyl-(4)-amin in Äthanol (*Guglialmelli, Franco,* An. Asoc. quim. arg. **20** [1932] 8, 34, 35).

Gelbe Krystalle (aus A.); F: 236°.

**[4'-Jod-biphenylyl-(4)]-[4-dimethylamino-benzyliden]-amin, 4-Dimethylamino-benz=aldehyd-[4'-jod-biphenylyl-(4)-imin]**, N-*[4-(dimethylamino)benzylidene]-4'-iodobiphenyl-4-ylamine* $C_{21}H_{19}IN_2$, Formel XII (R = H, X = I).

*B.* Aus 4-Dimethylamino-benzaldehyd und 4'-Jod-biphenylyl-(4)-amin in Äthanol (*Guglialmelli, Franco,* An. Asoc. quim. arg. **19** [1931] 5, 31).

Krystalle (aus A.); F: 204°.

**Benzhydryl-[4-dimethylamino-benzyliden]-amin, 4-Dimethylamino-benzaldehyd-benz=hydrylimin**, N-*[4-(dimethylamino)benzylidene]benzhydrylamine* $C_{22}H_{22}N_2$, Formel XIII.

*B.* Beim Erhitzen von 4-Dimethylamino-benzaldehyd mit Benzhydrylamin auf 200° (*Ogata, Niinobe,* J. pharm. Soc. Japan **56** [1936] 497, 500; C. A. **1936** 7698).

Krystalle (aus A.); F: 147°.

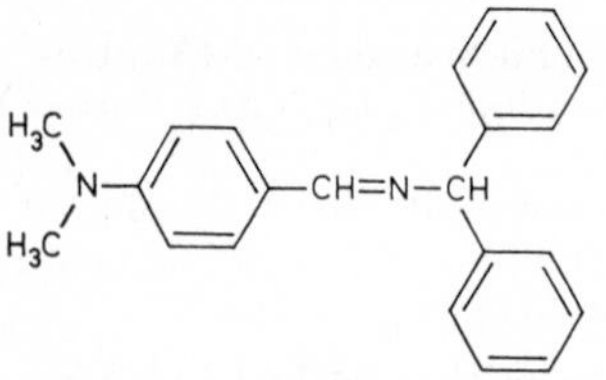

XIII 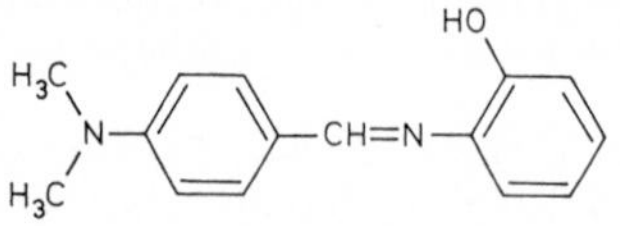 XIV 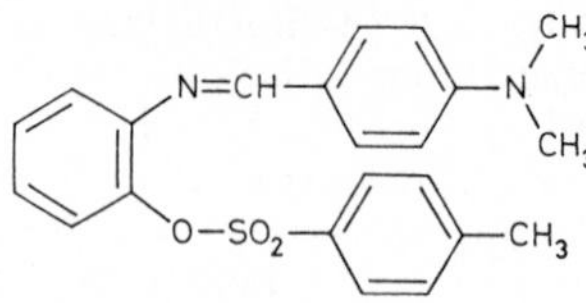 XV

**2-[4-Dimethylamino-benzylidenamino]-phenol, 4-Dimethylamino-benzaldehyd-[2-hydr=oxy-phenylimin]**, o-*[4-(dimethylamino)benzylideneamino]phenol* $C_{15}H_{16}N_2O$, Formel XIV (H 34).

F: 98° [aus wss. A.] (*Smets, Delvaux,* Bl. Soc. chim. Belg. **56** [1947] 106, 132). Absorptionsspektrum einer äthanol. und einer alkal. Lösung sowie einer Lösung des Hydrochlorids in wss. Salzsäure: *Sm., De.*

Beim Behandeln mit Toluol-sulfonylchlorid-(4) und Pyridin sind 3-[Toluol-sulfonyl-(4)]-2-[4-dimethylamino-phenyl]-2.3-dihydro-benzoxazol und Toluol-sulfonsäure-(4)-[2-hydr=oxy-anilid] erhalten worden (*Bell,* Soc. **1930** 1981, 1985).

**2-[4-Dimethylamino-benzylidenamino]-1-[toluol-sulfonyl-(4)-oxy]-benzol, 4-Dimethyl=amino-benzaldehyd-[2-(toluol-sulfonyl-(4)-oxy)-phenylimin]**, *1-[4-(dimethylamino)benz=ylideneamino]-2-*(p-*toluenesulfonyloxy)benzene* $C_{22}H_{22}N_2O_3S$, Formel XV.

*B.* Aus 4-Dimethylamino-benzaldehyd und 2-[Toluol-sulfonyl-(4)-oxy]-anilin in Äthanol (*Bell,* Soc. **1930** 1981, 1985).

Hellgelbe Krystalle; F: 135°.

**4-[4-Dimethylamino-benzylidenamino]-phenol, 4-Dimethylamino-benzaldehyd-[4-hydr=oxy-phenylimin]**, p-*[4-(dimethylamino)benzylideneamino]phenol* $C_{15}H_{16}N_2O$, Formel I (R = H) (H 34).

Orangegelbe Krystalle (aus Amylalkohol); F: 262° (*Smets, Delvaux,* Bl. Soc. chim. Belg. **56** [1947] 106, 132). Absorptionsspektrum einer äthanol. und einer alkal. Lösung sowie einer Lösung des Hydrochlorids in wss. Salzsäure: *Sm., De.,* l. c. S. 119.

***N*-[4-Dimethylamino-benzyliden]-*p*-anisidin, 4-Dimethylamino-benzaldehyd-[4-methoxy-phenylimin]**, N-*[4-(dimethylamino)benzylidene]-*p-*anisidine* $C_{16}H_{18}N_2O$, Formel I (R = $CH_3$) (H 34; E I 361).

Geschwindigkeit der Reaktion mit 1.2-Dimethyl-chinolinium-jodid in Äthanol und Anilin (Bildung von 1-Methyl-2-[4-dimethylamino-styryl]-chinolinium-jodid) bei 35°: *Katayanagi,* J. pharm. Soc. Japan **68** [1948] 238; C. A. **1954** 4545.

I II

**4-[4-Nitro-phenylsulfon]-*N*-[4-dimethylamino-benzyliden]-anilin, 4-Dimethylamino-benzaldehyd-[4-(4-nitro-phenylsulfon)-phenylimin],** N-[*4-(dimethylamino)benzylidene*]-p-(*4-nitrophenylsulfonyl)aniline* $C_{21}H_{19}N_3O_4S$, Formel II (X = $NO_2$).

*B.* Beim Erwärmen von 4-[4-Nitro-phenylsulfon]-anilin mit 4-Dimethylamino-benz= aldehyd in Äthanol (*Jain et al.*, Sci. Culture **11** [1946] 567; J. Indian chem. Soc. **24** [1947] 191).

F: 122°.

**Bis-[4-(4-dimethylamino-benzylidenamino)-phenyl]-sulfid,** N,N'-*bis*[*4-(dimethylamino)= benzylidene*]-p,p'-*thiodianiline* $C_{30}H_{30}N_4S$, Formel III.

*B.* Beim Behandeln von Bis-[4-amino-phenyl]-sulfid mit 4-Dimethylamino-benzaldehyd und Zinkchlorid in Äthanol (*Raghavan, Iyer, Guha*, Curr. Sci. **17** [1949] 330).

Krystalle (aus A.); F: 231—232°.

III

**4-[4-Amino-phenylsulfon]-*N*-[4-dimethylamino-benzyliden]-anilin, 4-Dimethylamino-benzaldehyd-[4-(4-amino-phenylsulfon)-phenylimin],** N-[*4-(dimethylamino)benzylidene*]-p,p'-*sulfonyldianiline* $C_{21}H_{21}N_3O_2S$, Formel II (X = $NH_2$).

*B.* Aus Bis-[4-amino-phenyl]-sulfon und 4-Dimethylamino-benzaldehyd in Äthanol (*Jain et al.*, J. Indian chem. Soc. **24** [1947] 191) oder ohne Lösungsmittel bei 140° (*Buttle et al.*, Biochem. J. **32** [1938] 1101, 1107).

F: 252° [korr.] (*Bu. et al.*), 249° (*Jain et al.*).

**Bis-[4-(4-dimethylamino-benzylidenamino)-phenyl]-sulfon,** N,N'-*bis*[*4-(dimethylamino)= benzylidene*]-p,p'-*sulfonyldianiline* $C_{30}H_{30}N_4O_2S$, Formel IV.

*B.* Beim Erwärmen von Bis-[4-amino-phenyl]-sulfon mit 4-Dimethylamino-benz= aldehyd in Methanol (*Fel'dman, Šyrkin*, Ž. obšč. Chim. **19** [1949] 1369; J. gen. Chem. U.S.S.R. [Übers.] **19** [1949] 1371).

Grüngelb; F: 231—232°.

IV

**(±)-1-[α-(4-Dimethylamino-benzylidenamino)-benzyl]-naphthol-(2),** (±)-*1-*{α-[*4-(di= methylamino)benzylideneamino*]*benzyl*}-*2-naphthol* $C_{26}H_{24}N_2O$, Formel V (vgl. E I 361).

In den Krystallen liegt 1-Phenyl-3-[4-dimethylamino-phenyl]-2.3-dihydro-1*H*-naphth[1.2-*e*][1.3]oxazin (Formel VI), in Lösungen in Chloroform bzw. Tri= fluoressigsäure liegen Gleichgewichtsgemische der Tautomeren bzw. der entsprechenden protonierten Formen vor (*Smith, Cooper*, J. org. Chem. **35** [1970] 2212, 2215).

V VI

**4.7.7-Trimethyl-2-[(4-dimethylamino-benzylidenamino)-methylen]-norbornanon-(3),** 3-[(4-Dimethylamino-benzylidenamino)-methylen]-campher, *3-{[4-(dimethylamino)benzylideneamino]methylene}bornan-2-one* $C_{20}H_{26}N_2O$.

a) **(1*R*)-4.7.7-Trimethyl-2-[(4-dimethylamino-benzylidenamino)-methylen-(ξ)]-norbornanon-(3),** Formel VII.

*B.* Beim Behandeln von (1*S*)-4.7.7-Trimethyl-2ξ-formimidoyl-norbornanon-(3) ((1*R*)-4.7.7-Trimethyl-2-aminomethylen-norbornanon-(3) [E III **7** 3327]) mit 4-Dimethylamino-benzaldehyd unter Zusatz von Natriumsulfat in Methanol (*Singh, Sen,* Pr. Indian Acad. [A] **17** [1943] 33, 40).

Gelbliche Krystalle (aus wss. Me.); F: 66–68°. $[\alpha]_D^{35}$: −133,5° [$CHCl_3$], −139,5° [Acn.], −153,3° [A.], −156,8° [Me.] (*Si., Sen,* l. c. S. 37). Optisches Drehungsvermögen (508–671 mμ) von Lösungen in Chloroform, Aceton, Äthanol und Methanol: *Si., Sen,* l. c. S. 37.

b) **(1*S*)-4.7.7-Trimethyl-2-[(4-dimethylamino-benzylidenamino)-methylen-(ξ)]-norbornanon-(3),** Formel VIII.

*B.* Aus (1*R*)-4.7.7-Trimethyl-2ξ-formimidoyl-norbornanon-(3) ((1*S*)-4.7.7-Trimethyl-2-aminomethylen-norbornanon-(3) [E III **7** 3326]) analog dem unter a) beschriebenen Stereoisomeren (*Singh, Sen,* Pr. Indian Acad. [A] **17** [1943] 33, 40).

Gelbliche Krystalle (aus wss. Me.); F: 66–68°. $[\alpha]_D^{35}$: +132,9° [$CHCl_3$], +139,2° [Acn.], +152,1° [A.], +155,5° [Me.] (*Si., Sen,* l. c. S. 37). Optisches Drehungsvermögen (508–671 mμ) von Lösungen in Chloroform, Aceton, Äthanol und Methanol: *Si., Sen,* l. c. S. 37.

c) **(±)-4.7.7-Trimethyl-2-[(4-dimethylamino-benzylidenamino)-methylen]-norbornanon-(3),** Formel VII + VIII.

*B.* Aus opt.-inakt. 4.7.7-Trimethyl-2-formimidoyl-norbornanon-(3) ((±)-4.7.7-Trimethyl-2-aminomethylen-norbornanon-(3) [E III **7** 3327]) analog den Enantiomeren [s. o.] (*Singh, Sen,* Pr. Indian Acad. [A] **17** [1943] 33, 40).

Gelbliche Krystalle (aus wss. Me.); F: 66–68°.

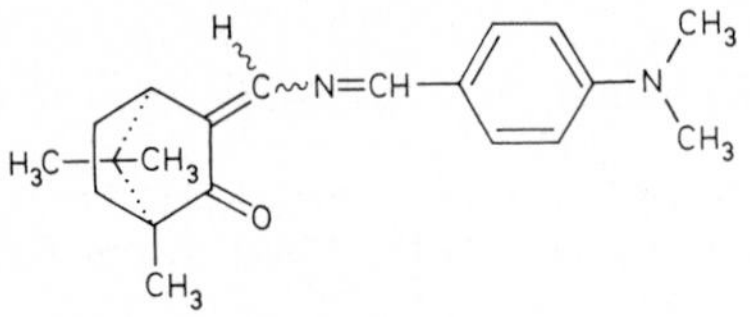

VII 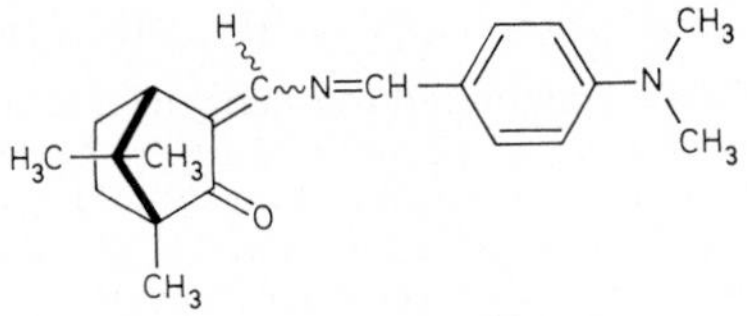 VIII

**4-[4-Dimethylamino-benzylidenamino]-benzaldehyd-oxim,** p-*[4-(dimethylamino)benzylideneamino]benzaldehyde oxime* $C_{16}H_{17}N_3O$, Formel IX.

*B.* Aus 4-Dimethylamino-benzaldehyd und 4-Amino-benzaldehyd-oxim in Äthanol (*Crippa, Maffei,* G. **77** [1947] 416, 421).

Krystalle (aus Bzl.); F: 203°.

**[4-Dimethylamino-benzyliden]-harnstoff,** *[4-(dimethylamino)benzylidene]urea* $C_{10}H_{13}N_3O$, Formel X (R = H) (E II 24).

*B.* Beim Schütteln von 4-Dimethylamino-benzaldehyd mit Kaliumthiocyanat und Hydroxylamin-hydrochlorid in Wasser (*Bellavita, Cagnoli,* G. **69** [1939] 602, 604, 608). Beim Erwärmen von 4-Dimethylamino-benzaldehyd-[*O*-carbamoyl-oxim] (S. 68) mit Kaliumcyanid in Methanol (*Bellavita, Cagnoli,* G. **69** [1939] 583, 584, 592).

Krystalle (aus W.); F: 147° (*Be., Ca.,* l. c. S. 592, 608).

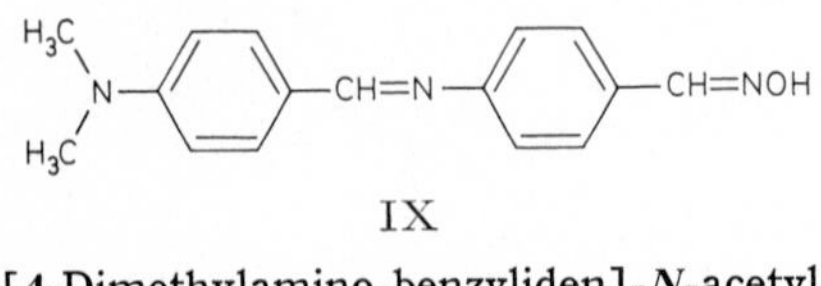

IX 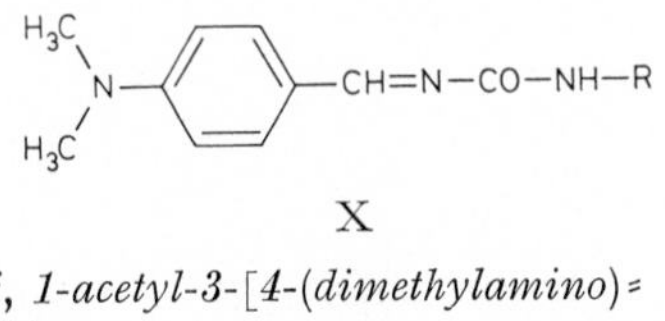 X

***N'*-[4-Dimethylamino-benzyliden]-*N*-acetyl-harnstoff,** *1-acetyl-3-[4-(dimethylamino)benzylidene]urea* $C_{12}H_{15}N_3O_2$, Formel X (R = CO-$CH_3$).

*B.* Aus [4-Dimethylamino-benzyliden]-harnstoff und Acetanhydrid (*Bellavita, Cagnoli,* G. **69** [1939] 583, 592).

Krystalle [aus wss. A.] (*Be.*, *Ca.*, l. c. S. 592); F: 108° (*Bellavita, Cagnoli*, G. **69** [1939] 602, 608)[1]).

**N′-[4-Dimethylamino-benzyliden]-N-benzoyl-harnstoff,** *1-benzoyl-3-[4-(dimethylamino)benzylidene]urea* $C_{17}H_{17}N_3O_2$, Formel X (R = $CO\text{-}C_6H_5$).

*B.* Aus [4-Dimethylamino-benzyliden]-harnstoff und Benzoylchlorid (*Bellavita, Cagnoli*, G. **69** [1939] 583, 592).

Krystalle (aus A.); F: 152°.

**1.7-Bis-[4-dimethylamino-benzyliden]-triuret,** *1,7-bis[4-(dimethylamino)benzylidene]triuret* $C_{21}H_{24}N_6O_3$, Formel XI.

*B.* Aus [4-Dimethylamino-benzyliden]-harnstoff und Phosgen in Toluol (*Bellavita*, G. **70** [1940] 626, 631).

Krystalle (aus wss. A.); F: 69°.

XI XII

**N.N-Diäthyl-N′-[4-dimethylamino-benzyliden]-äthylendiamin,** N′-*[4-(dimethylamino)benzylidene]*-N,N-*diethylethylenediamine* $C_{15}H_{25}N_3$, Formel XII (R = $CH_2\text{-}CH_2\text{-}N(C_2H_5)_2$).

*B.* Beim Erwärmen von 4-Dimethylamino-benzaldehyd mit *N.N*-Diäthyl-äthylendiamin in Benzol unter Entfernen des entstehenden Wassers (*Surrey*, Am. Soc. **71** [1949] 3105).

Bei 140–150°/0,2–0,4 Torr destillierbar. $n_D^{25}$: 1,5778.

Beim Erhitzen mit Mercaptoessigsäure-methylester in Benzin unter Entfernen des entstehenden Methanols ist 3-[2-Diäthylamino-äthyl]-2-[4-dimethylamino-phenyl]-thiazolidinon-(4) erhalten worden.

**(±)-5-Diäthylamino-2-[4-dimethylamino-benzylidenamino]-pentan, (±)-1-Methyl-$N^4$.$N^4$-diäthyl-$N^1$-[4-dimethylamino-benzyliden]-butandiyldiamin, (±)-4-Dimethylamino-benzaldehyd-[4-diäthylamino-1-methyl-butylimin],** (±)-$N^1$,$N^1$-*diethyl*-$N^4$-*[4-(dimethylamino)benzylidene]pentane-1,4-diamine* $C_{18}H_{31}N_3$, Formel XII (R = $CH(CH_3)\text{-}[CH_2]_3\text{-}N(C_2H_5)_2$).

*B.* Beim Erwärmen von 4-Dimethylamino-benzaldehyd mit (±)-4-Amino-1-diäthylamino-pentan in Benzol (*Gilman, Massie*, Am. Soc. **68** [1946] 908).

$Kp_{3,0}$: 193–194°. $D_{20}^{20}$: 0,9450. $n_D^{20}$: 1,558.

**N.N′-Bis-[4-dimethylamino-benzyliden]-octandiyldiamin,** N,N′-*bis[4-(dimethylamino)benzylidene]octane-1,8-diamine* $C_{26}H_{38}N_4$, Formel XIII.

*B.* Aus 4-Dimethylamino-benzaldehyd und Octandiyldiamin (*Goodson et al.*, Brit. J. Pharmacol. Chemotherapy **3** [1948] 49, 59).

Gelbe Krystalle (aus A.); F: 105–106°.

XIII XIV

**Bis-[4-dimethylamino-benzyliden]-m-phenylendiamin,** N,N′-*bis[4-(dimethylamino)benzylidene]*-m-*phenylenediamine* $C_{24}H_{26}N_4$, Formel XIV.

*B.* Aus *m*-Phenylendiamin und 4-Dimethylamino-benzaldehyd in Äthanol (*Sevens, Smets*, Bl. Soc. chim. Belg. **57** [1948] 32, 46, 48).

Gelbliche Krystalle (aus Bzl.); F: 168°. UV-Spektrum einer äthanol. und einer alkal. Lösung sowie einer Lösung des Hydrochlorids in wss. Salzsäure: *Se.*, *Sm.*, l. c. S. 41.

---

[1]) Der bei *Bellavita, Cagnoli* (l. c. S. 592) angegebene Schmelzpunkt (F: 180°) beruht vermutlich auf einem Druckfehler.

**N.N-Dimethyl-N'-[4-dimethylamino-benzyliden]-p-phenylendiamin, 4-Dimethylamino-benzaldehyd-[4-dimethylamino-phenylimin],** N'-[*4-(dimethylamino)benzylidene*]-N,N-*dimethyl*-p-*phenylenediamine* $C_{17}H_{21}N_3$, Formel I (H 34).

*B.* Aus *N.N*-Dimethyl-*p*-phenylendiamin und 4-Dimethylamino-benzaldehyd (*Tipson, Clapp*, J. org. Chem. **11** [1946] 292, 293).

F: 231—232° (*Ti., Cl.*), 229° [aus Amylalkohol] (*Smets, Delvaux*, Bl. Soc. chim. Belg. **56** [1947] 106, 132). UV-Spektrum einer äthanol. Lösung und einer alkal. Lösung sowie einer Lösung des Hydrochlorids in wss. Salzsäure: *Sm., De.*, l. c. S. 121.

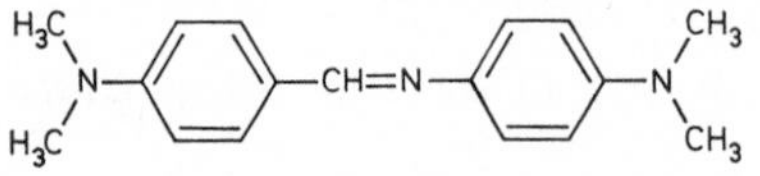

I 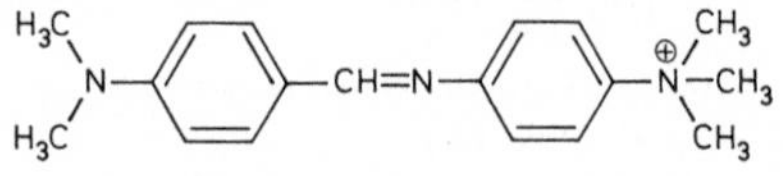 II

**4-[4-Dimethylamino-benzylidenamino]-tri-N-methyl-anilinium,** p-[*4-(dimethylamino)benzylideneamino*]-N,N,N-*trimethylanilinium* $[C_{18}H_{24}N_3]^{\oplus}$, Formel II.

**Diperchlorat** $[C_{18}H_{24}N_3]ClO_4 \cdot HClO_4$. *B.* Beim Erwärmen von 4-Dimethylamino-benzaldehyd mit 4-Amino-tri-*N*-methyl-anilinium-chlorid in wss. Salzsäure und anschliessenden Behandeln mit wss. Perchlorsäure (*Zaki*, Soc. **1930** 1078, 1080). — Orangerote Krystalle (aus wss. Perchlorsäure); F: 253° [Zers.].

**[3-Nitro-benzyliden]-[4-dimethylamino-benzyliden]-p-phenylendiamin,** N-[*4-(dimethylamino)benzylidene*]-N'-(*3-nitrobenzylidene*)-p-*phenylenediamine* $C_{22}H_{20}N_4O_2$, Formel III ($R = NO_2$, $X = H$).

*B.* Beim Behandeln von *p*-Phenylendiamin mit 3-Nitro-benzaldehyd-oxim in Äthanol und Behandeln des Reaktionsprodukts mit 4-Dimethylamino-benzaldehyd in Äthanol (*Sevens, Smets*, Bl. Soc. chim. Belg. **57** [1948] 32, 48, 49).

Orangefarbene Krystalle (aus Chlorbenzol); F: 224—226°. UV-Spektrum einer Lösung der Base in Äthanol sowie einer Lösung des Hydrochlorids in wss. Salzsäure: *Se., Sm.*, l. c. S. 42.

**[4-Nitro-benzyliden]-[4-dimethylamino-benzyliden]-p-phenylendiamin,** N-[*4-(dimethylamino)benzylidene*]-N'-(*4-nitrobenzylidene*)-p-*phenylenediamine* $C_{22}H_{20}N_4O_2$, Formel III ($R = H$, $X = NO_2$).

*B.* Aus 4-Nitro-benzaldehyd-[4-amino-phenylimin] und 4-Dimethylamino-benzaldehyd in Äthanol (*Sevens, Smets*, Bl. Soc. chim. Belg. **57** [1948] 32, 46, 48).

Rote Krystalle (aus Chlorbenzol); F: 230—232°. UV-Spektrum einer Lösung der Base in Äthanol sowie einer Lösung des Hydrochlorids in wss. Salzsäure: *Se., Sm.*, l. c. S. 42.

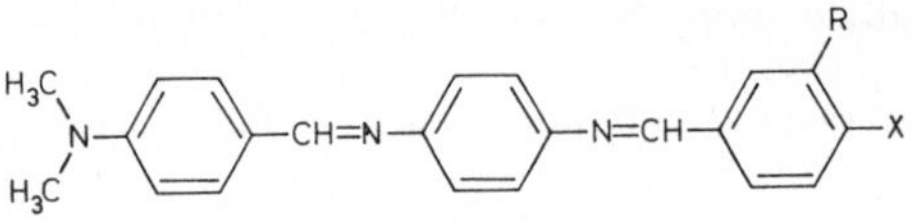

III 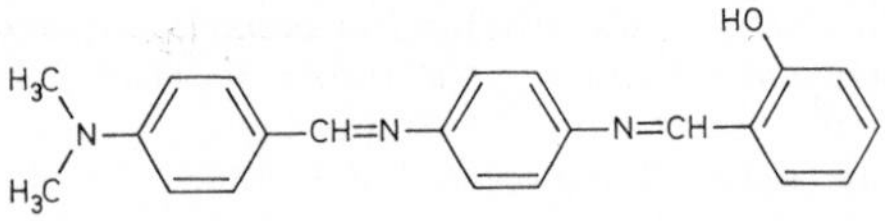 IV

**[4-Dimethylamino-benzyliden]-salicyliden-p-phenylendiamin,** o-(N-{p-[*4-(dimethylamino)benzylideneamino*]*phenyl*}*formimidoyl*)*phenol* $C_{22}H_{21}N_3O$, Formel IV.

*B.* Aus Salicylaldehyd-[4-amino-phenylimin] und 4-Dimethylamino-benzaldehyd in Äthanol (*Sevens, Smets*, Bl. Soc. chim. Belg. **57** [1948] 32, 46, 47).

Gelborangefarbene Krystalle (aus Chlorbenzol); F: 193—194°. UV-Spektrum einer äthanol. und einer alkal. Lösung sowie einer Lösung des Hydrochlorids in wss. Salzsäure: *Se., Sm.*, l. c. S. 38.

**Bis-[4-dimethylamino-benzyliden]-p-phenylendiamin,** N,N'-*bis*[*4-(dimethylamino)benzylidene*]-p-*phenylenediamine* $C_{24}H_{26}N_4$, Formel III ($R = H$, $X = N(CH_3)_2$) (H 35).

*B.* Aus *p*-Phenylendiamin und 4-Dimethylamino-benzaldehyd in Äthanol (*Sevens, Smets*, Bl. Soc. chim. Belg. **57** [1948] 32, 46, 48; *Smets, Delvaux*, Bl. Soc. chim. Belg. **56** [1947] 106, 131, 133).

Gelbe Krystalle (aus Amylalkohol); F: 267° (*Sm., De.*; *Se., Sm.*). UV-Spektrum einer äthanol. und einer alkal. Lösung sowie einer Lösung des Hydrochlorids in wss. Salzsäure: *Sm., De.*, l. c. S. 130.

**4.4'-Bis-dimethylamino-2-[4-dimethylamino-benzylidenamino]-biphenyl, 4-Dimethylamino-benzaldehyd-[4.4'-bis-dimethylamino-biphenylyl-(2)-imin],** $N^2$-*[4-(dimethylamino)benzylidene]-N⁴,N⁴,N⁴',N⁴'-tetramethylbiphenyl-2,4,4'-triamine* $C_{25}H_{30}N_4$, Formel V.

*B.* Aus 2-Amino-4.4'-bis-dimethylamino-biphenyl und 4-Dimethylamino-benzaldehyd in Äthanol (*Ritchie*, J. Pr. Soc. N.S. Wales **78** [1944] 141, 145).

Gelbe Krystalle (aus A.); F: 140°.

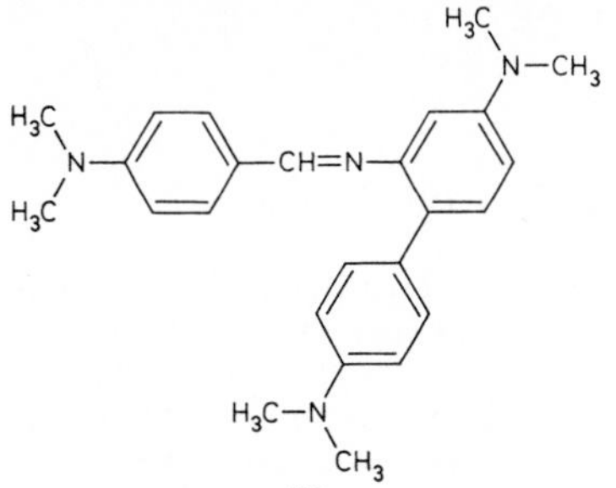

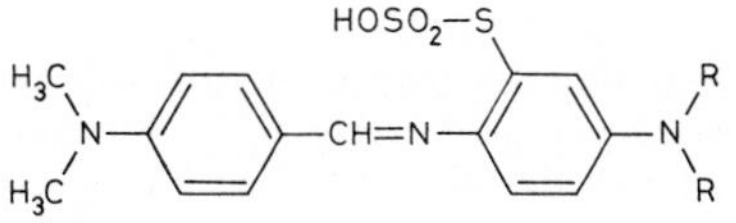

V VI

**4-Dimethylamino-benzaldehyd-[4-amino-2-sulfomercapto-phenylimin], Thioschwefelsäure-*S*-[5-amino-2-(4-dimethylamino-benzylidenamino)-phenylester],** *4-amino-1-[4-(dimethylamino)benzylideneamino]-2-(sulfothio)benzene* $C_{15}H_{17}N_3O_3S_2$, Formel VI (R = H).

*B.* Beim Erwärmen von Thioschwefelsäure-*S*-[2.5-diamino-phenylester] mit 4-Dimethylamino-benzaldehyd in wss. Äthanol (*Bogert, Taylor*, Collect. **3** [1931] 480, 495).

Rote Krystalle (aus A.); Zers. bei ca. 270° [nach Erweichen bei ca. 240°].

Beim Erhitzen mit Anilin ist 6-Amino-2-[4-dimethylamino-phenyl]-benzothiazol erhalten worden.

**4-Dimethylamino-benzaldehyd-[4-dimethylamino-2-sulfomercapto-phenylimin], Thioschwefelsäure-*S*-[5-dimethylamino-2-(4-dimethylamino-benzylidenamino)-phenylester],** *4-(dimethylamino)-1-[4-(dimethylamino)benzylideneamino]-2-(sulfothio)benzene* $C_{17}H_{21}N_3O_3S_2$, Formel VI (R = $CH_3$) (E II 24).

*B.* Aus Thioschwefelsäure-*S*-[6-amino-3-dimethylamino-phenylester] und 4-Dimethylamino-benzaldehyd in wss. Äthanol (*Bogert, Taylor*, Collect. **3** [1931] 480, 483, 491).

**4-Dimethylamino-benzaldehyd-oxim,** p-*(dimethylamino)benzaldehyde oxime* $C_9H_{12}N_2O$.

**4-Dimethylamino-benzaldehyd-*seqtrans*-oxim,** 4-Dimethylamino-benzaldehyd-*syn*-oxim, Formel VII (R = H) (H 35; E I 361; E II 24).

F: 148° (*Shoppee*, Soc. **1931** 1225, 1237), 144° (*Duff*, Soc. **1945** 276).

Beim Behandeln mit Benzoylchlorid und Pyridin sind 4-Dimethylamino-benzaldehyd-[*O*-benzoyl-*seqtrans*-oxim] und 4-Dimethylamino-benzonitril, beim Behandeln mit Benzoylchlorid und Pyridin in Gegenwart von Triäthylamin ist ausschliesslich 4-Dimethylamino-benzaldehyd-[*O*-benzoyl-*seqtrans*-oxim] erhalten worden (*Vermillion, Hauser*, Am. Soc. **62** [1940] 2939, 2941). Bildung von 4-Dimethylamino-benzaldehyd-[*O*-phenylcarbamoyl-*seqcis*-oxim] beim Behandeln mit Phenylisocyanat in Äther sowie Bildung von 4-Dimethylamino-benzaldehyd-[*O*-phenylcarbamoyl-*seqtrans*-oxim] beim Behandeln mit Phenylisocyanat unter Zusatz von Triäthylamin oder Tripropylamin in Äther: *Rainsford, Hauser*, J. org. Chem. **4** [1939] 480, 483, 488, 491.

**4-Dimethylamino-benzaldehyd-[*O*-acetyl-oxim],** p-*(dimethylamino)benzaldehyde* O-*acetyl oxime* $C_{11}H_{14}N_2O_2$.

**4-Dimethylamino-benzaldehyd-[*O*-acetyl-*seqtrans*-oxim],** Formel VII (R = CO-$CH_3$) (E I 361).

Beim Behandeln mit Butylamin ist 4-Dimethylamino-benzaldehyd-*seqtrans*-oxim erhalten worden (*Hauser, Jordan*, Am. Soc. **58** [1936] 1772, 1773).

**4-Dimethylamino-benzaldehyd-[*O*-benzoyl-oxim],** p-*(dimethylamino)benzaldehyde* O-*benzoyl oxime* $C_{16}H_{16}N_2O_2$.

**4-Dimethylamino-benzaldehyd-[*O*-benzoyl-*seqtrans*-oxim],** Formel VII (R = CO-$C_6H_5$) (E II 25).

*B.* Beim Behandeln von 4-Dimethylamino-benzaldehyd-*seqtrans*-oxim mit Benzoyl-

chlorid und Pyridin unter Zusatz von Triäthylamin (*Vermillion, Hauser*, Am. Soc. **62** [1940] 2939, 2940, 2941).
F: 138°.

VII VIII IX

**4-Dimethylamino-benzaldehyd-[*O*-carbamoyl-oxim]**, p-(*dimethylamino*)*benzaldehyde O-carbamoyloxime* $C_{10}H_{13}N_3O_2$, Formel VIII.

Bezüglich der Konstitution dieser ursprünglich als *N*-[4-Dimethylamino-benzyliden]-harnstoff-*N*-oxid (4-Dimethylamino-benzaldehyd-[*N*-carbamoyl-oxim]) formulierten Verbindung vgl. Benzaldehyd-[*O*-carbamoyl-oxim] (E III **7** 843).

*B.* Beim Schütteln von 4-Dimethylamino-benzaldehyd mit Kaliumcyanat und Hydroxylamin-hydrochlorid in Wasser (*Bellavita, Cagnoli*, G. **69** [1939] 583, 588).

Krystalle (aus A.); Zers. bei 164—165°.

Beim Erwärmen mit Kaliumcyanid in Methanol ist [4-Dimethylamino-benzyliden]-harnstoff erhalten worden (*Be., Ca.*, l. c. S. 592).

**4-Dimethylamino-benzaldehyd-[*O*-phenylcarbamoyl-oxim]**, p-(*dimethylamino*)*benzaldehyde O-phenylcarbamoyl oxime* $C_{16}H_{17}N_3O_2$.

a) **4-Dimethylamino-benzaldehyd-[*O*-phenylcarbamoyl-*seqcis*-oxim]**, Formel IX ($R = CO\text{-}NH\text{-}C_6H_5$) (E I 361; dort als „niedrigerschmelzendes *O*-Anilinoformyl-4-dimethylamino-benzaldoxim" bezeichnet).

*B.* Aus 4-Dimethylamino-benzaldehyd-*seqtrans*-oxim und Phenylisocyanat in Äther (*Rainsford, Hauser*, J. org. Chem. **4** [1939] 480, 484, 485, 488, 490).

Krystalle (aus Acn.); F: 118°.

Beim Behandeln mit Pyridin oder Butylamin ist 4-Dimethylamino-benzonitril erhalten worden (*Ra., Hau.*, l. c. S. 481, 483, 491).

b) **4-Dimethylamino-benzaldehyd-[*O*-phenylcarbamoyl-*seqtrans*-oxim]**, Formel VII ($R = CO\text{-}NH\text{-}C_6H_5$) (E I 361; dort als „höherschmelzendes *O*-Anilinoformyl-4-dimethylamino-benzaldoxim" bezeichnet).

*B.* Aus 4-Dimethylamino-benzaldehyd-*seqtrans*-oxim und Phenylisocyanat in Äther in Gegenwart von Triäthylamin oder Tripropylamin (*Rainsford, Hauser*, J. org. Chem. **4** [1939] 480, 488, 491).

Krystalle; F: 154° (*Ra., Hau.*, l. c. S. 483).

Beim Behandeln mit Butylamin sind 4-Dimethylamino-benzaldehyd-*seqtrans*-oxim und *N*-Butyl-*N'*-phenyl-harnstoff erhalten worden (*Ra., Hau.*, l. c. S. 483, 491).

**4-Chlor-2-nitro-*N*-[4-dimethylamino-benzyliden]-benzolsulfenamid-(1), 4-Dimethylamino-benzaldehyd-[4-chlor-2-nitro-benzol-sulfenyl-(1)-imin], *S*-[4-Chlor-2-nitro-phenyl]-*N*-[4-dimethylamino-benzyliden]-thiohydroxylamin**, *4-chloro-*N*-[4-(dimethylamino)benzylidene]-2-nitrobenzenesulfenamide* $C_{15}H_{14}ClN_3O_2S$, Formel X.

*B.* Beim Erwärmen von 4-Chlor-2-nitro-benzolsulfenamid-(1) mit 4-Dimethylamino-benzaldehyd in Äthanol (*Riesz, Pollak, Zifferer*, M. **58** [1931] 147, 164).

Rote Krystalle (aus Bzn.); F: 157°.

X XI

**Benzyliden-[4-dimethylamino-benzyliden]-hydrazin**, p-(*dimethylamino*)*benzaldehyde benzylidenehydrazone* $C_{16}H_{17}N_3$, Formel XI ($X = H$).

*B.* Beim Erwärmen von 4-Dimethylamino-benzaldehyd mit Hydrazin und Erwärmen

des Reaktionsprodukts mit Benzaldehyd (*Curtius, Bertho*, J. pr. [2] **125** [1930] 23, 36).
Gelbe Krystalle (aus A.); F: 134°.
Beim Erwärmen mit Natrium-Amalgam und Äthanol ist *N'*-Benzyl-*N*-[4-dimethylamino-benzyl]-hydrazin erhalten worden.

**3-Nitro-benzoesäure-[4-dimethylamino-benzylidenhydrazid], 4-Dimethylamino-benzaldehyd-[3-nitro-benzoylhydrazon]**, m-*nitrobenzoic acid [4-(dimethylamino)benzylidene]hydrazide* $C_{16}H_{16}N_4O_3$, Formel XII.
*B.* Aus 4-Dimethylamino-benzaldehyd und 3-Nitro-benzoesäure-hydrazid in Äthanol (*Strain*, Am. Soc. **57** [1935] 758, 759).
Orangerote Krystalle, F: 219,5–221° [korr.]; ziegelrote Krystalle (aus Nitrobenzol) mit 0,5 Mol Nitrobenzol, die beim Erhitzen das Nitrobenzol abgeben.

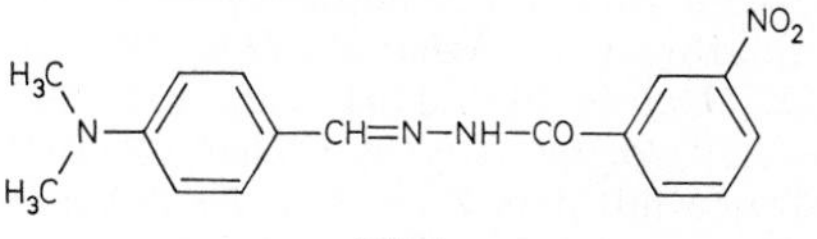

XII 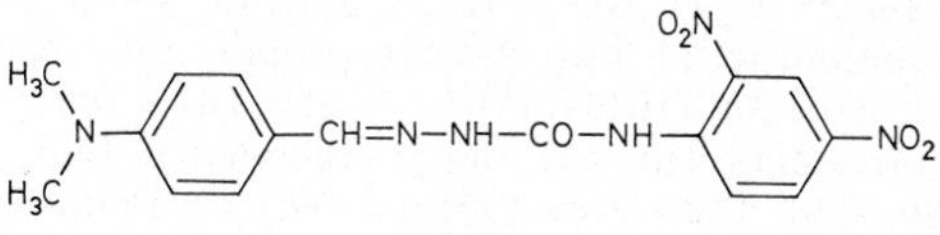 XIII

**4-Dimethylamino-benzaldehyd-[4-(2.4-dinitro-phenyl)-semicarbazon]**, p-*(dimethylamino)benzaldehyde 4-(2,4-dinitrophenyl)semicarbazone* $C_{16}H_{16}N_6O_5$, Formel XIII.
*B.* Beim Erwärmen von 4-Dimethylamino-benzaldehyd mit 4-[2.4-Dinitro-phenyl]-semicarbazid in Äthanol (*McVeigh, Rose*, Soc. **1945** 713).
Krystalle; F: 247° [Zers.].

**[4-Dimethylamino-benzylidenamino]-guanidin, 4-Dimethylamino-benzaldehyd-[carbamimidoyl-hydrazon]**, *[4-(dimethylamino)benzylideneamino]guanidine* $C_{10}H_{15}N_5$, Formel XIV und Tautomeres.
*B.* Neben 4-Dimethylamino-α.α-bis-[*N'*-carbamimidoyl-hydrazino]-toluol beim Erwärmen von 4-Dimethylamino-benzaldehyd mit Aminoguanidin-hydrochlorid und Natriumcarbonat in wss. Äthanol (*Conard, Shriner*, Am. Soc. **55** [1933] 2867, 2869).
Hellgelbe Krystalle (aus W.) mit 2 Mol $H_2O$; F: 149°.
Monohydrochlorid $C_{10}H_{15}N_5 \cdot HCl$. Orangefarbene Krystalle mit 2 Mol $H_2O$; F: 205–210° [Zers.]. — Dihydrochlorid. Gelb; F: 221–227° [Zers.].

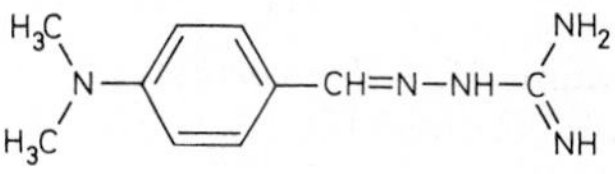

XIV 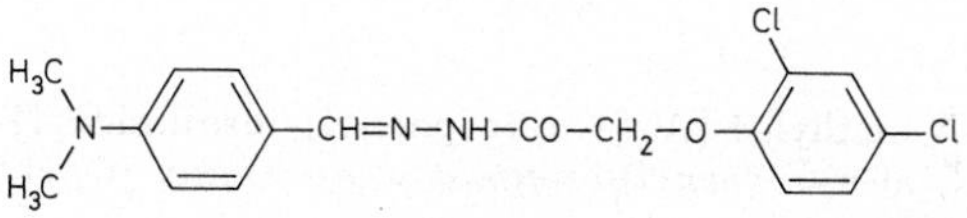 XV

**[4-Dimethylamino-benzyliden]-[(2.4-dichlor-phenoxy)-acetyl]-hydrazin, [2.4-Dichlor-phenoxy]-essigsäure-[4-dimethylamino-benzylidenhydrazid]**, *(2,4-dichlorophenoxy)acetic acid [4-(dimethylamino)benzylidene]hydrazide* $C_{17}H_{17}Cl_2N_3O_2$, Formel XV.
*B.* Beim Erwärmen von 4-Dimethylamino-benzaldehyd mit [2.4-Dichlor-phenoxy]-essigsäure-hydrazid in Äthanol (*Chung-Chin Chao, Sah, Oneto*, R. **68** [1949] 506).
Krystalle (aus A.); F: 198–199° [unkorr.].

**Bis-[4-dimethylamino-benzyliden]-hydrazin, 4-Dimethylamino-benzaldehyd-azin**, p-*(dimethylamino)benzaldehyde azine* $C_{18}H_{22}N_4$, Formel XI (X = $N(CH_3)_2$) (H 36; E I 362).
Gelbe Krystalle; F: 264–266° (*Pesez, Petit*, Bl. **1947** 122), 256–258° [Zers.; aus A. oder Bzl.] (*Curtius, Bertho*, J. pr. [2] **125** [1930] 23, 28). UV-Absorptionsmaxima (A.): 322 mμ und 400 mμ (*Barany, Braude, Pianka*, Soc. **1949** 1898, 1900). Löslichkeit in Äther und in Äthanol: *Cu., Be.*, l. c. S. 28.
Beim Erwärmen mit Natrium-Amalgam und Äthanol ist *N.N'*-Bis-[4-dimethylamino-benzyl]-hydrazin erhalten worden (*Cu., Be.*, l. c. S. 29).
Monohydrochlorid $C_{18}H_{22}N_4 \cdot HCl$. Dunkelrote Krystalle; F: 244° (*Pe., Pe.*). — Dihydrochlorid $C_{18}H_{22}N_4 \cdot 2HCl$. Rote hygroskopische Krystalle (aus A.); F: 228° bis 229° [Zers.] (*Cu., Be.*, l. c. S. 28).
Pikrat $C_{18}H_{22}N_4 \cdot C_6H_3N_3O_7$. Dunkelrote Krystalle (aus A.); F: 215° [Zers.] (*Cu., Be.*).

**4-Dimethylamino-α.α-bis-[N'-carbamimidoyl-hydrazino]-toluol,** *1,1'-[4-(dimethylamino)benzylidenediimino]diguanidine* $C_{11}H_{21}N_9$, Formel I und Tautomere.

*B.* Neben [4-Dimethylamino-benzylidenamino]-guanidin beim Erwärmen von 4-Dimethylamino-benzaldehyd mit Aminoguanidin-hydrochlorid und Natriumcarbonat in wss. Äthanol (*Conard, Shriner,* Am. Soc. **55** [1933] 2867, 2869).

Krystalle (aus W.) mit 1 Mol $H_2O$; F: 178–179°.

**4-Trimethylammonio-benzaldehyd, Tri-N-methyl-4-formyl-anilinium,** p-*formyl-*N,N,N-*trimethylanilinium* $[C_{10}H_{14}NO]^{\oplus}$, Formel II (X = O).

**Chlorid** $[C_{10}H_{14}NO]Cl$. Krystalle (aus A.); F: 191° (*Zaki, Tadros,* Soc. **1941** 350). — Beim Erwärmen mit Natriumäthylat in Äthanol sind 4-Dimethylamino-benzaldehyd und 4-Äthoxy-benzaldehyd erhalten worden.

**Jodid** $[C_{10}H_{14}NO]I$ (E II 25). *B.* Beim Erwärmen von Tri-*N*-methyl-4-jodmethyl-anilinium-jodid mit 2-Nitro-propan und Natriumäthylat in Äthanol (*Hass, Bender,* Am. Soc. **71** [1949] 1767). — F: 164–165° (*Zaki, Tadros,* Soc. **1941** 350), 154–155° [korr.; Zers.; im auf 150° vorgeheizten Bad; aus A.] (*Bogert, Taylor,* Collect. **3** [1931] 480, 489), 152° [Zers.] (*Hass, Be.*). — Beim Erwärmen mit dem Zink-Salz des 2-Amino-thiophenols und wss.-äthanol. Salzsäure ist Tri-*N*-methyl-4-[benzothiazolyl-(2)]-anilinium-jodid erhalten worden (*Bo., Ta.,* l. c. S. 490). Reaktion mit Thioschwefelsäure-*S*-[2.5-diamino-phenylester] in wss. Äthanol unter Bildung von 6-[4-Trimethylammonio-benzylidenamino]-2-[4-trimethylammonio-phenyl]-benzothiazol-dijodid: *Bo., Ta.,* l. c. S. 495.

**Perchlorat** $[C_{10}H_{14}NO]ClO_4$. Krystalle; F: 143° [aus W.] (*Zaki, Tadros,* Soc. **1941** 350), 140–141° [aus wss. $HClO_4$] (*Zaki,* Soc. **1930** 1078, 1083).

**Methylsulfat** $[C_{10}H_{14}NO]CH_3O_4S$. Krystalle; F: 154° [aus A. + E.] (*Rupe, Hagenbach, Collin,* Helv. **18** [1935] 1395, 1409), 138–139° [aus Me.] (*Zaki,* Soc. **1930** 1078, 1083).

**Pikrat** $[C_{10}H_{14}NO]C_6H_2N_3O_7$. Gelbe Krystalle (aus W.); F: 169° (*Zaki, Tadros,* Soc. **1941** 350).

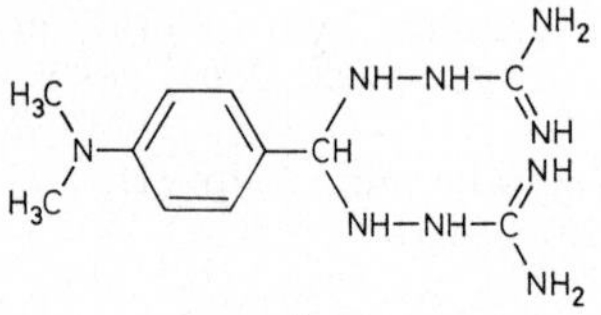

I 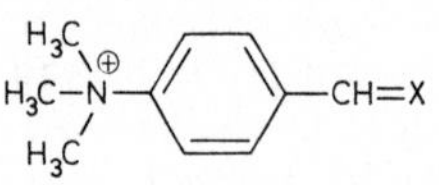 II 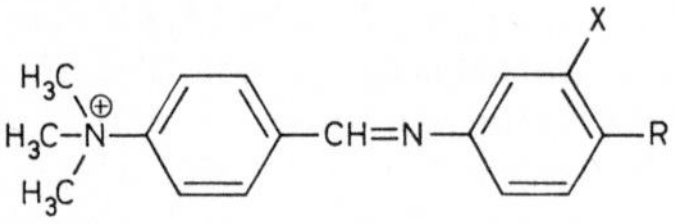 III

**Tri-N-methyl-4-[N-(3-nitro-phenyl)-formimidoyl]-anilinium,** N,N,N-*trimethyl-*p-[N-(m-*nitrophenyl*)*formimidoyl*]*anilinium* $[C_{16}H_{18}N_3O_2]^{\oplus}$, Formel III (R = H, X = $NO_2$).

**Pikrat** $[C_{16}H_{18}N_3O_2]C_6H_2N_3O_7$. *B.* Aus dem beim Erhitzen von Tri-*N*-methyl-4-formyl-anilinium-chlorid mit 3-Nitro-anilin auf 160° erhaltenen Chlorid (*Zaki, Tadros,* Soc. **1941** 350). — Rotbraune Krystalle (aus wss. A.); F: 208°.

**Tri-N-methyl-4-[N-benzyl-formimidoyl]-anilinium,** p-(N-*benzylformimidoyl*)-N,N,N-*trimethylanilinium* $[C_{17}H_{21}N_2]^{\oplus}$, Formel IV.

**Jodid** $[C_{17}H_{21}N_2]I$. *B.* Beim Erwärmen von 4-Dimethylamino-benzaldehyd-benzylimin mit Methyljodid in Chloroform (*Shoppee,* Soc. **1931** 1225, 1239). — Gelbe Krystalle (aus A.); F: 159–160°.

**4-Trimethylammonio-benzaldehyd-[4-trimethylammonio-phenylimin],** N,N,N-*trimethyl-*p-(*4-trimethylammoniobenzylideneamino*)*anilinium* $[C_{19}H_{27}N_3]^{\oplus\oplus}$, Formel III (R = $N(CH_3)_3]^{\oplus}$, X = H).

**Perchlorat** $[C_{19}H_{27}N_3][ClO_4]_2$. *B.* Beim Erwärmen von 4-Amino-tri-*N*-methyl-anilinium-chlorid mit Tri-*N*-methyl-4-formyl-anilinium-methylsulfat und wss. Salzsäure und anschliessenden Behandeln mit Perchlorsäure (*Zaki,* Soc. **1930** 1078, 1083). — Gelbliche Krystalle; Zers. bei ca. 260°.

**4-Trimethylammonio-benzaldehyd-oxim, Tri-N-methyl-4-formohydroximoyl-anilinium,** p-*formohydroximoyl-*N,N,N-*trimethylanilinium* $[C_{10}H_{15}N_2O]^{\oplus}$, Formel II (X = NOH).

**Pikrat** $[C_{10}H_{15}N_2O]C_6H_2N_3O_7$. *B.* Beim Erwärmen von Tri-*N*-methyl-4-formyl-anilinium-jodid mit Hydroxylamin-hydrochlorid und Natriumcarbonat in wss. Äthanol und Behandeln des Reaktionsprodukts mit wss. Pikrinsäure (*Zaki, Tadros*, Soc. **1941** 350). — Gelbe Krystalle (aus W.); F: 201—202°.

**4-Trimethylammonio-benzaldehyd-semicarbazon, Tri-*N*-methyl-4-semicarbazonomethyl-anilinium,** N,N,N-*trimethyl*-p-(*semicarbazonomethyl*)*anilinium* $[C_{11}H_{17}N_4O]^{\oplus}$, Formel II (X = N-NH-CO-NH$_2$).

**Pikrat** $[C_{11}H_{17}N_4O]C_6H_2N_3O_7$. *B.* Beim Erwärmen von Tri-*N*-methyl-4-formyl-anilinium-jodid mit Semicarbazid-hydrochlorid und Natriumacetat in Äthanol und Behandeln des Reaktionsprodukts mit wss. Pikrinsäure (*Zaki, Tadros*, Soc. **1941** 350). — Orangegelbe Krystalle (aus W.); F: 227—228°.

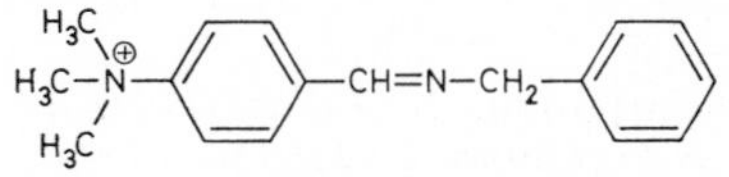

IV 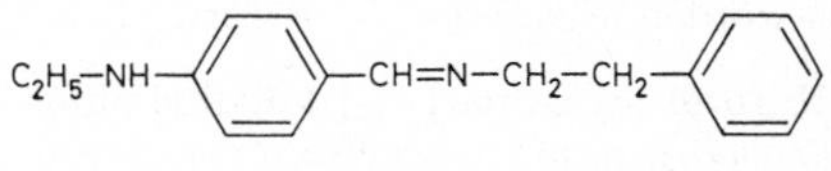 V

**Phenäthyl-[4-äthylamino-benzyliden]-amin, 4-Äthylamino-benzaldehyd-phenäthylimin,** N-[*4-(ethylamino)benzylidene*]*phenethylamine* $C_{17}H_{20}N_2$, Formel V.

*B.* Beim Erhitzen von Phenäthylamin und 4-Äthylamino-benzaldehyd unter Zusatz von Kaliumcarbonat (*Niinobe*, J. pharm. Soc. Japan **67** [1947] 250, 252; C. A. **1951** 9496).

Krystalle (aus wss. A.); F: 76,5°.

**4-[Methyl-äthyl-amino]-benzaldehyd,** p-(*ethylmethylamino*)*benzaldehyde* $C_{10}H_{13}NO$, Formel VI (X = H) (H 36).

*B.* Beim Erwärmen von *N*-Methyl-*N*-äthyl-anilin mit Hexamethylentetramin, Ameisensäure, Essigsäure und Äthanol (*Duff*, Soc. **1945** 276).

F: 44°. $Kp_{20}$: 180—185°.

Phenylhydrazon (F: 114°): *Duff*.

**4-[Methyl-(2-chlor-äthyl)-amino]-benzaldehyd,** p-[(*2-chloroethyl*)*methylamino*]*benzaldehyde* $C_{10}H_{12}ClNO$, Formel VI (X = Cl).

*B.* Beim Erwärmen eines Gemisches von *N*-Methyl-formanilid und Phosphoroxychlorid in Benzol mit *N*-Methyl-*N*-[2-chlor-äthyl]-anilin (*Anker, Cook*, Soc. **1944** 489, 490; *I. G. Farbenind.*, D.R.P. 711665 [1935]; D.R.P. Org. Chem. **6** 2002; *Gen. Aniline Works*, U.S.P. 2141090 [1936]).

Krystalle (aus Me. bzw. A.); F: 70° (*An., Cook*; *I. G. Farbenind.*; *Gen. Aniline Works*).

**4-Diäthylamino-benzaldehyd,** p-(*diethylamino*)*benzaldehyde* $C_{11}H_{15}NO$, Formel VII (R = X = $C_2H_5$) (H 36; E I 362; E II 25).

*B.* Beim Erwärmen von *N.N*-Diäthyl-anilin mit Hexamethylentetramin, Ameisensäure, Essigsäure und Äthanol (*Duff*, Soc. **1945** 276).

F: 41° [aus wss. A.] (*Duff*), 41° [aus PAe.] (*Dippy et al.*, J. Soc. chem. Ind. **56** [1937] 346 T). $Kp_{10}$: 170—172° (*Nation. Aniline & Chem. Co.*, U.S.P. 2185854 [1938]). UV-Spektrum (A.): *Kumler*, Am. Soc. **68** [1946] 1184, 1187.

Oxim $C_{11}H_{16}N_2O$ (F: 93°): *Duff*.

Phenylhydrazon (F: 121°): *Duff*.

Verbindung mit 2-Nitro-indandion-(1.3) $C_{11}H_{15}NO \cdot C_9H_5NO_4$. Krystalle; F: 113—114° [korr.; Zers.; Block] (*Christensen et al.*, Anal. Chem. **21** [1949] 1573).

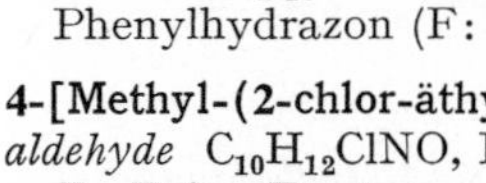

VI 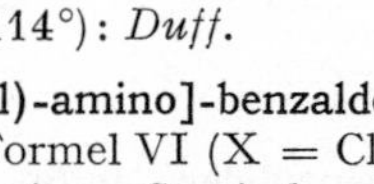 VII 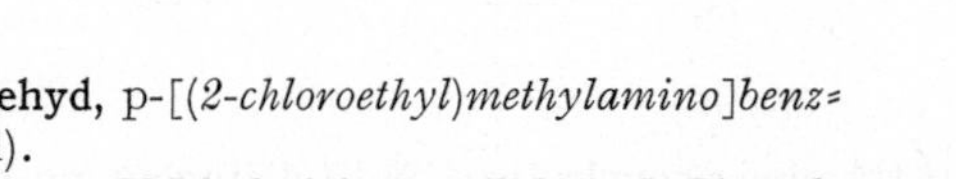 VIII

**4-[Äthyl-(2-chlor-äthyl)-amino]-benzaldehyd,** p-[(*2-chloroethyl*)*ethylamino*]*benzaldehyde* $C_{11}H_{14}ClNO$, Formel VII (R = $C_2H_5$, X = $CH_2$-$CH_2Cl$).

*B.* Beim Behandeln eines Gemisches aus *N*-Methyl-formanilid und Phosphoroxychlorid in Benzol mit *N*-Äthyl-*N*-[2-chlor-äthyl]-anilin (*Anker, Cook*, Soc. **1944** 489, 490).

$Kp_{0,02}$: 162°.

Semicarbazon (F: 201°): *An., Cook*.

**4-[Bis-(2-chlor-äthyl)-amino]-benzaldehyd,** p-[*bis(2-chloroethyl)amino*]*benzaldehyde* $C_{11}H_{13}Cl_2NO$, Formel VII ($R = X = CH_2$-$CH_2Cl$).

*B.* Beim Erwärmen eines Gemisches aus *N*-Methyl-formanilid und Phosphoroxychlorid in Benzol mit *N.N*-Bis-[2-chlor-äthyl]-anilin (*Anker, Cook*, Soc. **1944** 489, 490; *I. G. Farbenind.*, D.R.P. 711665 [1935]; D.R.P. Org. Chem. **6** 2002; *Gen. Aniline Works*, U.S.P. 2141090 [1936]).

Krystalle (aus A.); F: 88,5° (*An., Cook*; *I. G. Farbenind.*; *Gen. Aniline Works*), 87° bis 88° (*Ross*, Soc. **1949** 183, 185).

Geschwindigkeit der Hydrolyse in wss. Aceton bei 66°: *Ross*, l. c. S. 188. Beim Erwärmen mit wss.-äthanol. Natriumcarbonat-Lösung ist 4-Morpholino-benzaldehyd erhalten worden (*Gen. Aniline Works*).

**4-[4-Nitro-phenylsulfon]-*N*-[4-diäthylamino-benzyliden]-anilin,** N-[*4-(diethylamino)benzylidene*]-p-(p-*nitrophenylsulfonyl*)*aniline* $C_{23}H_{23}N_3O_4S$, Formel VIII ($X = NO_2$).

*B.* Aus 4-[4-Nitro-phenylsulfon]-anilin und 4-Diäthylamino-benzaldehyd in Äthanol (*Jain et al.*, J. Indian chem. Soc. **24** [1947] 191).

F: 213°.

**Bis-[4-(4-diäthylamino-benzylidenamino)-phenyl]-sulfid,,** N,N'-*bis*[*4-(diethylamino)benzylidene*]-p,p'-*thiodianiline* $C_{34}H_{38}N_4S$, Formel IX.

*B.* Beim Behandeln von Bis-[4-amino-phenyl]-sulfid mit 4-Diäthylamino-benzaldehyd in Äthanol unter Zusatz von Zinkchlorid (*Raghavan, Iyer, Guha*, Curr. Sci. **17** [1948] 330).

Krystalle (aus A.); F: 155—156°.

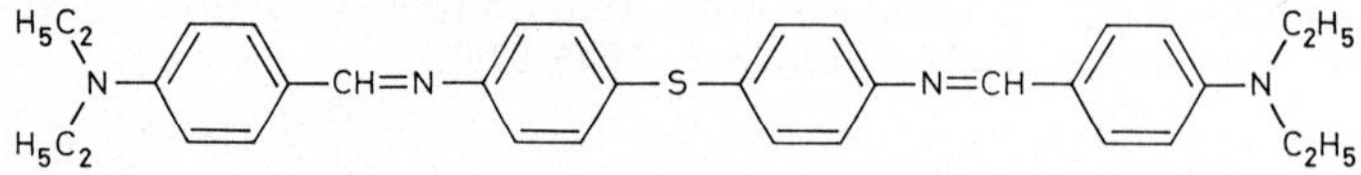

IX

**4-[4-Amino-phenylsulfon]-*N*-[4-diäthylamino-benzyliden]-anilin,** N-[*4-(diethylamino)benzylidene*]-p,p'-*sulfonyldianiline* $C_{23}H_{25}N_3O_2S$, Formel VIII ($X = NH_2$).

*B.* Aus Bis-[4-amino-phenyl]-sulfon und 4-Diäthylamino-benzaldehyd in Äthanol (*Jain et al.*, J. Indian chem. Soc. **24** [1947] 191).

F: 222°.

***N.N*-Dimethyl-*N'*-[4-diäthylamino-benzyliden]-*p*-phenylendiamin, 4-Diäthylamino-benzaldehyd-[4-dimethylamino-phenylimin],** N'-[*4-(diethylamino)benzylidene*]-N,N-*dimethyl*-p-*phenylenediamine* $C_{19}H_{25}N_3$, Formel X ($R = CH_3$) (H 37).

*B.* Beim Erwärmen von *N.N*-Diäthyl-anilin mit wss. Formaldehyd und wss. Salzsäure und Behandeln des Reaktionsgemisches mit 4-Nitroso-*N.N*-dimethyl-anilin-hydrochlorid (*Doja, Mokeet*, J. Indian chem. Soc. **13** [1936] 542).

Grüngelbe Krystalle (aus wss. A.); F: 144—145° [geschlossene Kapillare].

***N.N*-Diäthyl-*N'*-[4-diäthylamino-benzyliden]-*p*-phenylendiamin, 4-Diäthylamino-benzaldehyd-[4-diäthylamino-phenylimin],** N'-[*4-(diethylamino)benzylidene*]-N,N-*diethyl*-p-*phenylenediamine* $C_{21}H_{29}N_3$, Formel X ($R = C_2H_5$).

*B.* Beim Erwärmen von *N.N*-Diäthyl-anilin mit wss. Formaldehyd und wss. Salzsäure und Behandeln des Reaktionsgemisches mit 4-Nitroso-*N.N*-diäthyl-anilin-hydrochlorid (*Doja, Mokeet*, J. Indian chem. Soc. **13** [1936] 542). Beim Erhitzen von *N.N*-Diäthyl-*p*-phenylendiamin mit 4-Diäthylamino-benzaldehyd auf 110° (*Tipson, Clapp*, J. org. Chem. **11** [1946] 292, 293).

Orangefarbene Krystalle; F: 147—149° [aus Me.; geschlossene Kapillare] (*Doja, Mo.*), 120—122° [aus A.] (*Ti., Cl.*).

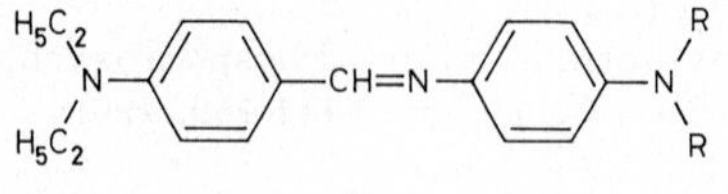

X

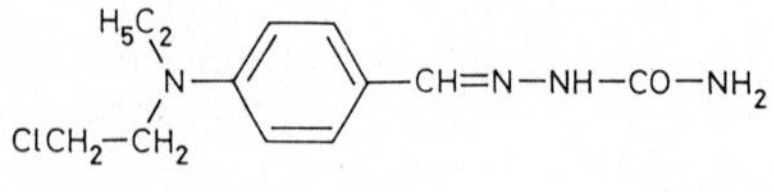

XI

**4-[Äthyl-(2-chlor-äthyl)-amino]-benzaldehyd-semicarbazon,** p-[(*2-chloroethyl*)*ethylamino*]*benzaldehyde semicarbazone* $C_{12}H_{17}ClN_4O$, Formel XI.

*B.* Aus 4-[Äthyl-(2-chlor-äthyl)-amino]-benzaldehyd (*Anker, Cook,* Soc. **1944** 489, 490).
Krystalle (aus Py.); F: 201°.

**4-Isopropylamino-benzaldehyd,** p-(*isopropylamino*)*benzaldehyde* $C_{10}H_{13}NO$, Formel I ($R = CH(CH_3)_2$, $X = H$).

*B.* Aus *N*-Isopropyl-anilin (*Haddow et al.,* Phil. Trans. [A] **241** [1948] 147, 188).
$Kp_3$: 180—190° [nicht rein erhalten].

**4-Dibutylamino-benzaldehyd,** p-(*dibutylamino*)*benzaldehyde* $C_{15}H_{23}NO$, Formel I ($R = X = [CH_2]_3$-$CH_3$).

*B.* Beim Erwärmen von *N.N*-Dibutyl-anilin mit wss. Formaldehyd und wss. Salzsäure und anschliessend mit 4-Nitroso-*N.N*-dimethyl-anilin-hydrochlorid und Behandeln des nach der Hydrolyse mit wss. Natronlauge erhaltenen Reaktionsprodukts mit wss. Formaldehyd und Essigsäure (*Hellerman et al.,* Am. Soc. **68** [1946] 1890, 1891).
Am. Soc. **68** [1946] 1890, 1891).
$Kp_{1,5}$: 176—179°.
Oxim $C_{15}H_{24}N_2O$. Krystalle (aus Bzn.); F: 68—72°.

**4-[Butyl-isobutyl-amino]-benzaldehyd,** p-(*butylisobutylamino*)*benzaldehyde* $C_{15}H_{23}NO$, Formel I ($R = [CH_2]_3$-$CH_3$, $X = CH_2$-$CH(CH_3)_2$).

*B.* Aus *N*-Butyl-*N*-isobutyl-anilin und *N*-Methyl-formanilid mit Hilfe von Phosphoroxychlorid (*Gen. Aniline & Film Corp.,* U.S.P. 2385747 [1940]).
$Kp_{1,7}$: 177—179°.

**4-[Methyl-(5-methyl-hexyl)-amino]-benzaldehyd,** p-[*methyl-(5-methylhexyl)amino*]*benzaldehyde* $C_{15}H_{23}NO$, Formel I ($R = CH_3$, $X = [CH_2]_4$-$CH(CH_3)_2$).

*B.* Aus *N*-Methyl-*N*-[5-methyl-hexyl]-anilin $C_{14}H_{23}N$ ($Kp_{17}$: 120°) und *N*-Methyl-formanilid mit Hilfe von Phosphoroxychlorid (*Gen. Aniline & Film Corp.,* U.S.P. 2385747 [1940]).
$Kp_{1,4}$: 175—180°.

**4-[2-Methyl-1-isopropyl-propylamino]-benzaldehyd,** p-(*1-isopropyl-2-methylpropylamino*)*benzaldehyde* $C_{14}H_{21}NO$, Formel II.

*B.* Aus *N*-[2-Methyl-1-isopropyl-propyl]-anilin (nicht näher beschrieben) und *N*-Methyl-formanilid mit Hilfe von Phosphoroxychlorid in Benzol (*I. G. Farbenind.,* D.R.P. 706937 [1938]; D.R.P. Org. Chem. **6** 2001; *Gen. Aniline Works,* U.S.P. 2187328 [1939]).
Krystalle. $Kp_1$: 176—178°.

**4-Diallylamino-benzaldehyd,** p-(*diallylamino*)*benzaldehyde* $C_{13}H_{15}NO$, Formel I ($R = X = CH_2$-$CH{=}CH_2$).

*B.* Aus *N.N*-Diallyl-anilin (*Haddow et al.,* Phil. Trans. [A] **241** [1948] 147, 188).
$Kp_{15}$: 190°.
Semicarbazon $C_{14}H_{18}N_4O$. F: 184° [unkorr.].

I II III

**4-Anilino-benzaldehyd,** p-*anilinobenzaldehyde* $C_{13}H_{11}NO$, Formel I ($R = C_6H_5$, $X = H$) (H 37).

Hellgelbe Krystalle (aus Bzl.); F: 95—97° (*Brown, Carter, Tomlinson,* Soc. **1958** 1843, 1845, 1848).

**4-[Methyl-benzyl-amino]-benzaldehyd,** p-(*benzylmethylamino*)*benzaldehyde* $C_{15}H_{15}NO$, Formel I ($R = CH_2$-$C_6H_5$, $X = CH_3$) (H 37; E II 25).

*B.* Beim Erwärmen von *N*-Methyl-*N*-benzyl-anilin mit Hexamethylentetramin,

Ameisensäure, Essigsäure und Äthanol (*Duff*, Soc. **1945** 276).
F: 63°.
4-Nitro-phenylhydrazon (F: 179°): *Duff*.

**4-[Äthyl-benzyl-amino]-benzaldehyd,** p-*(benzylethylamino)benzaldehyde* $C_{16}H_{17}NO$, Formel I ($R = CH_2$-$C_6H_5$, $X = C_2H_5$) (H 38).
*B.* Beim Erwärmen von *N*-Äthyl-*N*-benzyl-anilin mit Hexamethylentetramin, Ameisensäure, Essigsäure und Äthanol (*Duff*, Soc. **1945** 276).
4-Nitro-phenylhydrazon (F: 164°): *Duff*.

**4-[Methyl-(2-hydroxy-äthyl)-amino]-benzaldehyd,** p-[*(2-hydroxyethyl)methylamino*]*benzaldehyde* $C_{10}H_{13}NO_2$, Formel I ($R = CH_3$, $X = CH_2$-$CH_2OH$).
*B.* Beim Erwärmen von 4-[Methyl-(2-chlor-äthyl)-amino]-benzaldehyd mit wss.-äthanol. Natriumcarbonat-Lösung (*I. G. Farbenind.*, D.R.P. 711665 [1935]; D.R.P. Org. Chem. **6** 2002; *Gen. Aniline Works*, U.S.P. 2141090 [1936]).
Krystalle (aus A.); F: 69° (*I. G. Farbenind.*, Schweiz. P. 200906 [1936]).

**4-[Äthyl-(2-hydroxy-äthyl)-amino]-benzaldehyd,** p-[*ethyl(2-hydroxyethyl)amino*]*benzaldehyde* $C_{11}H_{15}NO_2$, Formel I ($R = C_2H_5$, $X = CH_2$-$CH_2OH$).
*B.* Beim Erwärmen von 3-{4-[Äthyl-(2-hydroxy-äthyl)-amino]-benzylidenamino}-benzol-sulfonsäure-(1) mit wss. Natronlauge (*Dippy et al.*, J. Soc. chem. Ind. **56** [1937] 346 T).
Krystalle; F: 45—47°. $Kp_{15}$: 218°.
Semicarbazon $C_{12}H_{18}N_4O_2$. Krystalle (aus wss. A.); F: 194° [Zers.].

**4-[Äthyl-(2-acetoxy-äthyl)-amino]-benzaldehyd,** p-[*(2-acetoxyethyl)ethylamino*]*benzaldehyde* $C_{13}H_{17}NO_3$, Formel I ($R = C_2H_5$, $X = CH_2$-$CH_2$-O-CO-$CH_3$).
*B.* Beim Erhitzen von 4-[Äthyl-(2-hydroxy-äthyl)-amino]-benzaldehyd mit Acetanhydrid (*Haddow et al.*, Phil. Trans. [A] **241** [1948] 147, 188).
$Kp_1$: 200°.

**4-[(2-Hydroxy-äthyl)-butyl-amino]-benzaldehyd,** p-[*butyl(2-hydroxyethyl)amino*]*benzaldehyde* $C_{13}H_{19}NO_2$, Formel I ($R = [CH_2]_3$-$CH_3$, $X = CH_2$-$CH_2OH$).
*B.* Beim Erwärmen von 3-{4-[(2-Hydroxy-äthyl)-butyl-amino]-benzylidenamino}-benzol-sulfonsäure-(1) mit wss. Natronlauge (*Dippy et al.*, J. Soc. chem. Ind. **56** [1937] 346 T).
Öl; auch bei 8 Torr nicht destillierbar.
Semicarbazon $C_{14}H_{22}N_4O_2$. Gelbgrüne Krystalle (aus wss. A.); F: 158—160°.

***C*-[4-Nitro-phenyl]-*N*-[4-formyl-phenyl]-nitron, 4-[Oxy-(4-nitro-benzyliden)-amino]-benzaldehyd,** p-[*(4-nitrobenzylidene)oxyamino*]*benzaldehyde* $C_{14}H_{10}N_2O_4$, Formel III (H **14** 38 und H **27** 32, dort als N-[4-Formyl-phenyl]-4-nitro-isobenzaldoxim bezeichnet).
*B.* Beim Behandeln von 4-Nitro-benzaldehyd mit Schwefelsäure und Ammonium-Amalgam (*Ueda*, J. pharm. Soc. Japan **58** [1938] 156, 183; C. A. **1938** 4149).
Gelbrote Krystalle (aus Py.); F: 224—225°.

IV

**1.4-Bis-[4-(2-oxo-bornyliden-(3)-amino)-benzylidenamino]-naphthalin,** *3,3′-[naphthalene-1,4-diylbis(nitrilomethylidyne-*p*-phenylenenitrilo)]dibornan-2-one* $C_{44}H_{44}N_4O_2$.

**1.4-Bis-[4-((1*R*)-2-oxo-bornyliden-(3)-amino)-benzylidenamino]-naphthalin,** Formel IV.
*B.* Beim Erwärmen von 1.4-Bis-[4-amino-benzylidenamino]-naphthalin mit

(1*R*)-Bornandion-(2.3) und Natriumacetat in wss. Äthanol (*Patel, Guha,* J. Indian chem. Soc. **11** [1934] 87, 91).

Rote Krystalle (aus A.); F: 239°. $[\alpha]_{578}^{25}$: +3341° [Py.; c = 0,04].

**4-[4-Methoxy-benzylidenamino]-benzaldehyd-[4-äthoxy-phenylimin],** p-[N-(p-*ethoxyphenyl)formimidoyl*]-N-(*4-methoxybenzylidene)aniline* $C_{23}H_{22}N_2O_2$, Formel V.

*B.* Bei der Umsetzung von 4-Amino-benzaldehyd mit *p*-Phenetidin und mit 4-Methoxy-benzaldehyd (*Vorländer,* B. **70** [1937] 1202, 1209).

F: 120°. Es sind drei krystallin-flüssige Phasen beobachtet worden.

**4-Acetamino-benzaldehyd, Essigsäure-[4-formyl-anilid],** *4'-formylacetanilide* $C_9H_9NO_2$, Formel VI (X = O) (H 38; E II 25).

Reaktion mit Malonsäure in Gegenwart von Piperidin unter Bildung von 4-Acetamino-*trans*-zimtsäure: *Shoppee,* Soc. **1930** 968, 985. Beim Erwärmen mit *N*-Acetyl-glycin und Acetanhydrid unter Zusatz von Natriumacetat ist eine Verbindung $C_{13}H_{16}N_2O_5$ (orangerote Krystalle [aus W.], F: 246–247°), beim Erwärmen mit *N*-Hexanoyl-glycin und Acetanhydrid unter Zusatz von Natriumacetat sind 2-Pentyl-4-[4-acetamino-benzyliden]-$\Delta^2$-oxazolinon-(5) (F: 141–142°) und α-Hexanoylamino-4-acetamino-zimtsäure (F: 225–226° [Zers.]) erhalten worden (*Marrian, Russell, Todd,* Biochem. J. **45** [1949] 533, 537).

$H_3CO-C_6H_4-CH{=}N-C_6H_4-CH{=}N-C_6H_4-OC_2H_5$

V

$H_3C-CO-NH-C_6H_4-CH{=}X$

VI

**4-Acetamino-benzaldehyd-benzylimin, Essigsäure-[4-(*N*-benzyl-formimidoyl)-anilid],** *4'-*(N-*benzylformimidoyl)acetanilide* $C_{16}H_{16}N_2O$, Formel VI (X = N-$CH_2$-$C_6H_5$).

*B.* Aus 4-Acetamino-benzaldehyd und Benzylamin (*Shoppee,* Soc. **1931** 1225, 1240).

Krystalle (aus Xylol); F: 158°.

**4-Acetamino-benzaldehyd-[2-hydroxy-phenylimin], Essigsäure-{4-[*N*-(2-hydroxy-phenyl)-formimidoyl]-anilid},** *4'-*[N-(o-*hydroxyphenyl)formimidoyl*]*acetanilide* $C_{15}H_{14}N_2O_2$, Formel VII.

*B.* Beim Erwärmen von 2-Amino-phenol mit 4-Acetamino-benzaldehyd in Äthanol (*Stephens, Bower,* Soc. **1949** 2971).

Hellgelbe Krystalle (aus A.); F: 182–183°.

$H_3C-CO-NH-C_6H_4-CH{=}N-C_6H_4(OH)$

VII

$R-NH-C_6H_4-CH{=}N-C_{10}H_6-N{=}CH-C_6H_4-NH-R$

VIII

**1.4-Bis-[4-acetamino-benzylidenamino]-naphthalin,** *α,α'-(naphthalene-1,4-dinitrilo)bisaceto-*p-*toluidide* $C_{28}H_{24}N_4O_2$, Formel VIII (R = CO-$CH_3$).

*B.* Beim Erwärmen von 1.4-Diamino-naphthalin-hydrochlorid mit 4-Acetamino-benzaldehyd und Natriumacetat in wss. Äthanol (*Patel, Guha,* J. Indian chem. Soc. **11** [1934] 87, 91).

Braune Krystalle (aus Py.); F: 317°.

**4-Acetamino-benzaldehyd-oxim, Essigsäure-[4-formohydroximoyl-anilid],** *4'-formohydroximoylacetanilide* $C_9H_{10}N_2O_2$, Formel VI (X = NOH) (H 38).

F: 211° (*Shoppee,* Soc. **1931** 1225, 1240).

**[2-Oxo-bornyliden-(3)]-[4-acetamino-benzyliden]-hydrazin, 3-[4-Acetamino-benzylidenhydrazono]-bornanon-(2),** *α-(2-oxo-3-bornylidenehydrazono)aceto-*p-*toluidide* $C_{19}H_{23}N_3O_2$.

**[(1*R*)-2-Oxo-bornyliden-(3*seqtrans*)]-[4-acetoamino-benzyliden-(ξ)]-hydrazin,** Formel IX.

*B.* Beim Erhitzen von 4-Acetamino-benzaldehyd mit (1*R*)-3-*seqtrans*-Hydrazono-bornanon-(2) (E III 7 3303) in Amylalkohol auf 130° (*Kotnis, Rao, Guha,* J. Indian chem. Soc. **11** [1934] 579, 590).

Gelbe Krystalle (aus A.); F: 232°. $[\alpha]_D$: +95,8° [A.; c = 0,2].
Phenylhydrazon (F: 205°): *Ko.*, *Rao*, *Guha.*
Oxim $C_{19}H_{24}N_4O_2$. Gelbe Krystalle (aus A.); F: 183°. $[\alpha]_D$: +546,3° [A.; c = 0,2].
Semicarbazon $C_{20}H_{26}N_6O_2$. Krystalle (aus A.); F: 195°. $[\alpha]_D$: +102,4° [A.; c = 0,1].

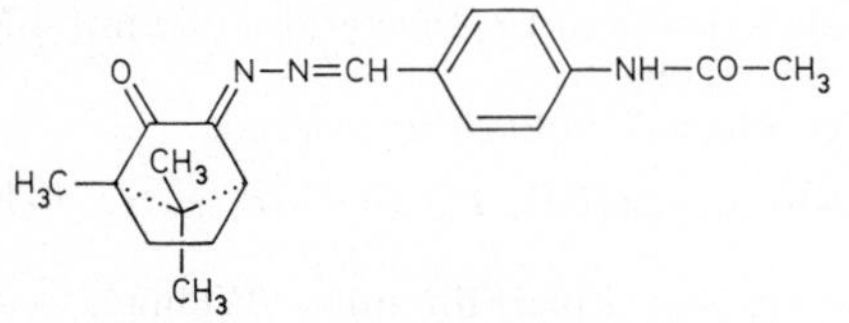

IX  X

**4-Propionylamino-benzaldehyd, Propionsäure-[4-formyl-anilid],** *4'-formylpropionanilide* $C_{10}H_{11}NO_2$, Formel X (R = CO-$C_2H_5$, X = O).

*B.* Beim Behandeln von 4-Amino-benzaldehyd mit Propionsäure-anhydrid in Äther (*Browning et al.*, Pr. roy. Soc. [B] **105** [1930] 99, 108).

Krystalle (aus W.); Schmilzt bei 170—181°.

**4-Benzamino-benzaldehyd, Benzoesäure-[4-formyl-anilid],** *4'-formylbenzanilide* $C_{14}H_{11}NO_2$, Formel X (R = CO-$C_6H_5$, X = O) (E II 26).

Krystalle (aus wss. A.); F: 149—150° (*Campaigne, Budde*, Pr. Indiana Acad. **58** [1949] 111, 118).

Oxim $C_{14}H_{12}N_2O_2$. Krystalle (aus A.); F: 192—194°.

**4-Äthoxythiocarbonylamino-benzaldehyd, [4-Formyl-phenyl]-thiocarbamidsäure-*O*-äthylester,** p-*formylthiocarbanilic acid* O-*ethyl ester* $C_{10}H_{11}NO_2S$, Formel X (R = CS-O$C_2H_5$, X = O).

*B.* Aus 4-Isothiocyanato-benzaldehyd (*Browne, Dyson*, Soc. **1931** 3285, 3307).

Gelbe Krystalle; F: 135°.

**4-[*N'*-Phenyl-ureido]-benzaldehyd-[*O*-phenylcarbamoyl-oxim], *N*-Phenyl-*N'*-[4-(*N*-phenylcarbamoyloxy-formimidoyl)-phenyl]-harnstoff,** *1-phenyl-3-*{p-[N-(*phenylcarbamoyloxy*)*formimidoyl*]*phenyl*}*urea* $C_{21}H_{18}N_4O_3$, Formel X (R = CO-NH-$C_6H_5$, X = N-O-CO-NH-$C_6H_5$).

*B.* Beim Erwärmen von 4-Amino-benzaldehyd-oxim mit Phenylisocyanat in Benzol (*Gheorghiu*, Bl. [4] **49** [1931] 1205, 1209).

Krystalle (aus A.); F: 176—177° [Zers.].

**4-[*N'*-Phenyl-thioureido]-benzaldehyd-oxim, *N*-Phenyl-*N'*-[4-formohydroximoyl-phenyl]-thioharnstoff,** *1-*(p-*formohydroximoylphenyl*)*-3-phenylthiourea* $C_{14}H_{13}N_3OS$, Formel XI (R = H).

*B.* Aus 4-Amino-benzaldehyd-oxim und Phenylisothiocyanat in Äthanol (*Gheorghiu*, J. pr. [2] **130** [1931] 49, 53, 60).

Gelbe Krystalle (aus A.); F: 148° [Zers.].

**4-[*N'*-*p*-Tolyl-thioureido]-benzaldehyd-oxim, *N*-[4-Formohydroximoyl-phenyl]-*N'*-*p*-tolyl-thioharnstoff,** *1-*(p-*formohydroximoylphenyl*)*-3-*p-*tolylthiourea* $C_{15}H_{15}N_3OS$, Formel XI (R = $CH_3$).

*B.* Aus 4-Amino-benzaldehyd-oxim und *p*-Tolylisothiocyanat in Äthanol (*Gheorghiu*, J. pr. [2] **130** [1931] 49, 53, 60).

Krystalle (aus A.); F: 172—173° [Zers.].

**4-Isothiocyanato-benzaldehyd, 4-Formyl-phenylisothiocyanat,** *isothiocyanic acid* p-*formylphenyl ester* $C_8H_5NOS$, Formel XII (E II 26; dort als 4-Formyl-phenylsenföl bezeichnet).

*B.* Beim Behandeln von 4-Amino-benzaldehyd mit Thiophosgen und wss. Salzsäure (*Browne, Dyson*, Soc. **1931** 3285, 3306).

Goldgelbe Krystalle (aus PAe.); F: 71°.

**(±)-4-[2-Acetoxy-propionylamino]-benzaldehyd, (±)-2-Acetoxy-propionsäure-[4-formyl-anilid],** (±)*-2-acetoxy-4'-formylpropionanilide* $C_{12}H_{13}NO_4$, Formel XIII (R = CO-CH($CH_3$)-O-CO-$CH_3$, X = H).

*B.* Beim Behandeln von 4-Amino-benzaldehyd mit (±)-2-Acetoxy-propionylchlorid in Chloroform unter Zusatz von Pyridin (*Browning et al.*, Pr. roy. Soc. [B] **110** [1932] 372, 374).

Krystalle (aus Bzl.); F: 114—115°.

**N-Methyl-N-[4-formyl-phenyl]-β-alanin-nitril**, N-(p-*formylphenyl*)-N-*methyl-β-alaninenitrile* $C_{11}H_{12}N_2O$, Formel XIII (R = $CH_3$, X = $CH_2$-$CH_2$-CN).

*B.* Aus *N*-Methyl-*N*-phenyl-*β*-alanin-nitril und *N*-Methyl-formanilid mit Hilfe von Phosphoroxychlorid (*I.G. Farbenind.*, D.R.P. 721020 [1935]; D.R.P. Org. Chem. **1**, Tl. 2, S. 1253; *Gen. Aniline Works*, U.S.P. 2164793 [1936]).

$Kp_3$: 220—222°.

**N-Äthyl-N-[4-formyl-phenyl]-β-alanin-nitril**, N-*ethyl*-N-(p-*formylphenyl*)-*β-alaninenitrile* $C_{12}H_{14}N_2O$, Formel XIII (R = $C_2H_5$, X = $CH_2$-$CH_2$-CN.).

*B.* Aus *N*-Äthyl-*N*-phenyl-*β*-alanin-nitril und *N*-Methyl-formanilid mit Hilfe von Phosphoroxychlorid (*I.G. Farbenind.*, D.R.P. 721020 [1935]; D.R.P. Org. Chem. **1**, Tl. 2, S. 1253; *Gen. Aniline Works*, U.S.P. 2164793 [1936]).

$Kp_1$: 205—207°.

**N-Methyl-N-[4-formyl-phenyl]-taurin**, N-(p-*formylphenyl*)-N-*methyltaurine* $C_{10}H_{13}NO_4S$, Formel XIII (R = $CH_3$, X = $CH_2$-$CH_2$-$SO_3H$).

*B.* Beim Erhitzen von 4-[Methyl-(2-chlor-äthyl)-amino]-benzaldehyd mit wss. Natriumsulfit-Lösung bis auf 200° (*Gen. Aniline Works*, U.S.P. 2141090 [1936]; *I.G. Farbenind.*, Brit.P. 456534 [1935]).

Natrium-Salz. Krystalle (aus wss. A.).

**4-[Bis-(2-sulfo-äthyl)-amino]-benzaldehyd**, *2,2'*-(p-*formylphenylimino*)*bisethanesulfonic acid* $C_{11}H_{15}NO_7S_2$, Formel XIII (R = X = $CH_2$-$CH_2$-$SO_3H$).

*B.* Beim Erhitzen von 4-[Bis-(2-chlor-äthyl)-amino]-benzaldehyd mit wss. Natrium-sulfit-Lösung bis auf 200° (*Gen. Aniline Works*, U.S.P. 2141090 [1936]; *I.G. Farbenind.*, Brit.P. 456534 [1935]).

Dinatrium-Salz. Krystalle (aus wss. A.).

R—C₆H₄—NH—CS—NH—C₆H₄—CH=NOH XI

SCN—C₆H₄—CHO XII

X(R)N—C₆H₄—CHO XIII

**4-[2-Diäthylamino-äthylamino]-benzaldehyd**, p-[*2-(diethylamino)ethylamino*]*benzaldehyde* $C_{13}H_{20}N_2O$, Formel XIII (R = $CH_2$-$CH_2$-$N(C_2H_5)_2$, X = H).

*B.* Beim Behandeln von Natrium-[4-nitro-toluol-sulfonat-(2)] mit Zink in neutraler Lösung, Behandeln des Reaktionsgemisches mit wss. Formaldehyd, *N.N*-Diäthyl-*N'*-phenyl-äthylendiamin und wss. Salzsäure und Erwärmen des Reaktionsprodukts mit wss. Kalilauge (*I.G. Farbenind.*, D.R.P. 544087 [1927]; Frdl. **18** 2970; *Winthrop Chem. Co.*, U.S.P. 1807720 [1928]).

$Kp_1$: 157—159°.

**4-[Methyl-(2-diäthylamino-äthyl)-amino]-benzaldehyd**, p-{[*2-(diethylamino)ethyl*]*methylamino*}*benzaldehyde* $C_{14}H_{22}N_2O$, Formel XIII (R = $CH_2$-$CH_2$-$N(C_2H_5)_2$, X = $CH_3$).

*B.* Aus *N*-Methyl-*N'.N'*-diäthyl-*N*-phenyl-äthylendiamin und *N*-Methyl-formanilid mit Hilfe von Phosphoroxychlorid (*I.G. Farbenind.*, D.R.P. 547108 [1929]; Frdl. **18** 2973).

$Kp_2$: 166—168° (*I.G. Farbenind.*, D.R.P. 547108, 544087 [1927]; Frdl. **18** 2970; *Winthrop Chem. Co.*, U.S.P. 1807720 [1928]).

**N.N'-Dimethyl-N.N'-bis-[4-formyl-phenyl]-äthylendiamin**, p,p'-[*ethylenebis*(*methylimino*)]*dibenzaldehyde* $C_{18}H_{20}N_2O_2$, Formel I (R = $CH_3$).

*B.* Beim Behandeln von *N.N'*-Dimethyl-*N.N'*-diphenyl-äthylendiamin mit *N.N*-Dimethyl-formamid und Phosphoroxychlorid (*Du Pont de Nemours & Co.*, U.S.P. 2437370 [1945]).

Krystalle (aus A.); F: 185—188°.

**4-[Äthyl-(2-diäthylamino-äthyl)-amino]-benzaldehyd**, p-{[*2-(diethylamino)ethyl*]*ethylamino*}*benzaldehyde* $C_{15}H_{24}N_2O$, Formel XIII (R = $CH_2$-$CH_2$-$N(C_2H_5)_2$, X = $C_2H_5$).

*B.* Aus *N.N.N'*-Triäthyl-*N'*-phenyl-äthylendiamin und *N*-Methyl-formanilid mit Hilfe

von Phosphoroxychlorid (*I.G. Farbenind.*, D.R.P. 547108 [1929]; Frdl. **18** 2973).
$Kp_{1,5}$: 168—170°.

**N.N'-Diäthyl-N.N'-bis-[4-formyl-phenyl]-äthylendiamin,** p,p'-*[ethylenebis(ethylimino)]dibenzaldehyde* $C_{20}H_{24}N_2O_2$, Formel I ($R = C_2H_5$).
*B.* Beim Behandeln von *N.N'*-Diäthyl-*N.N'*-diphenyl-äthylendiamin mit *N.N*-Dimethyl-formamid und Phosphoroxychlorid (*Du Pont de Nemours & Co.*, U.S.P. 2437370 [1945]).
F: 163°.

**4-[Bis-(2-diäthylamino-äthyl)-amino]-benzaldehyd,** p-*{bis[2-(diethylamino)ethyl]amino}benzaldehyde* $C_{19}H_{33}N_3O$, Formel XIII ($R = X = CH_2\text{-}CH_2\text{-}N(C_2H_5)_2$).
*B.* Aus *N.N*-Bis-[2-diäthylamino-äthyl]-anilin und *N*-Methyl-formanilid mit Hilfe von Phosphoroxychlorid (*I.G. Farbenind.*, D.R.P. 547108 [1929]; Frdl. **18** 2973).
$Kp_{1,5}$: 210—215° (*I.G. Farbenind.*, D.R.P. 547108, 544087 [1927]; Frdl. **18** 2970).

**(±)-4-[Methyl-(3-dimethylamino-1-methyl-propyl)-amino]-benzaldehyd,** (±)-p-*{[3-(dimethylamino)-1-methylpropyl]methylamino}benzaldehyde* $C_{14}H_{22}N_2O$, Formel XIII ($R = CH_3$, $X = CH(CH_3)\text{-}CH_2\text{-}CH_2\text{-}N(CH_3)_2$).
*B.* Beim Erwärmen von 4-Methylamino-benzaldehyd mit (±)-Dimethyl-[3-chlor-butyl]-amin in Benzol (*I.G. Farbenind.*, D.R.P. 544087 [1927]; Frdl. **18** 2970; *Winthrop Chem. Co.*, U.S.P. 1807720 [1928]).
$Kp_1$: 152—154°.

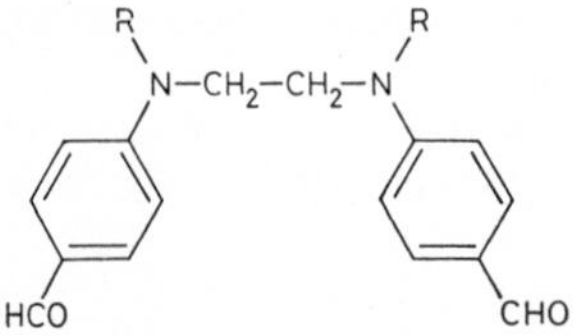

R R N—CH₂—CH₂—N HCO CHO X N R CHO Cl O₂N H₂N CHO O₂N

I 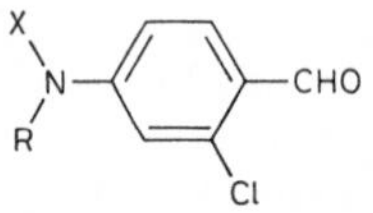 II 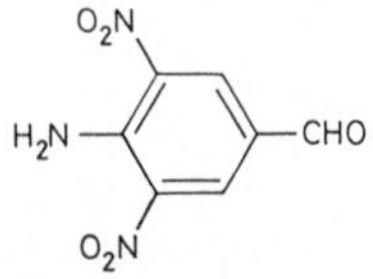 III

**2-Chlor-4-[(2-chlor-äthyl)-butyl-amino]-benzaldehyd,** *2-chloro-4-[butyl(2-chloroethyl)amino]benzaldehyde* $C_{13}H_{17}Cl_2NO$, Formel II ($R = CH_2\text{-}CH_2Cl$, $X = [CH_2]_3\text{-}CH_3$).
*B.* Beim Erwärmen von 3-Chlor-*N*-[2-hydroxy-äthyl]-*N*-butyl-anilin (nicht näher beschrieben) mit Phosphoroxychlorid und anschliessend mit einem Gemisch von *N*-Methyl-formanilid und Phosphoroxychlorid (*I.G. Farbenind.*, D.R.P. 711665 [1935]; D.R.P. Org. Chem. **6** 2002; *Gen. Aniline Works*, U.S.P. 2141090 [1936]).
Krystalle (aus A.); F: 51°.

**2-Chlor-4-[methyl-(5-methyl-hexyl)-amino]-benzaldehyd,** *2-chloro-4-[methyl(5-methylhexyl)amino]benzaldehyde* $C_{15}H_{22}ClNO$, Formel II ($R = CH_3$, $X = [CH_2]_4\text{-}CH(CH_3)_2$).
*B.* Aus 3-Chlor-*N*-methyl-*N*-[5-methyl-hexyl]-anilin und *N*-Methyl-formanilid mit Hilfe von Phosphoroxychlorid (*Gen. Aniline & Film Corp.*, U.S.P. 2385747 [1940]).
$Kp_3$: 190—196°.

**2-Chlor-4-[2-diäthylamino-äthylamino]-benzaldehyd,** *2-chloro-4-[2-(diethylamino)ethylamino]benzaldehyde* $C_{13}H_{19}ClN_2O$, Formel II ($R = CH_2\text{-}CH_2\text{-}N(C_2H_5)_2$, $X = H$).
*B.* Beim Behandeln von Natrium-[4-nitro-toluol-sulfonat-(2)] mit Zink in neutraler Lösung, Behandeln des Reaktionsgemisches mit wss. Formaldehyd, *N.N*-Diäthyl-*N'*-[3-chlor-phenyl]-äthylendiamin und wss. Salzsäure und Erwärmen des Reaktionsprodukts mit wss. Kalilauge (*I.G. Farbenind.*, D.R.P. 544087 [1927]; Frdl. **18** 2970; *Winthrop Chem. Co.*, U.S.P. 1807720 [1928]).
$Kp_{1,5}$: 177—180°.

**3.5-Dinitro-4-amino-benzaldehyd,** *4-amino-3,5-dinitrobenzaldehyde* $C_7H_5N_3O_5$, Formel III (H 40; E II 28).
*B.* Beim Einleiten von Ammoniak in eine äthanol. Lösung von 4-Brom-3.5-dinitro-benzaldehyd (*Hodgson, Smith,* J. Soc. chem. Ind. **49** [1930] 408 T).
Orangegelbe Krystalle; F: 171°.
4-Nitro-phenylhydrazon (F: 287° [Zers.]): *Ho., Sm.*

**N.N-Dimethyl-4-[bis-(4-amino-phenylmercapto)-methyl]-anilin**, 4-Dimethylamino-benzaldehyd-[bis-(4-amino-phenyl)-mercaptal], *α,α-bis(*p-*aminophenylthio)*-N,N-*dimethyl*-p-*toluidine* $C_{21}H_{23}N_3S_2$, Formel IV (X = $NH_2$).

*B.* Bei der Hydrierung von *N.N*-Dimethyl-4-[bis-(4-nitro-phenylmercapto)-methyl]-anilin ($C_{21}H_{19}N_3O_4S_2$; Formel IV [X = $NO_2$]; F: 174–175°) an Raney-Nickel in Äthanol (*Fel'dman*, Doklady Akad. S.S.S.R. **65** [1949] 857, 859; C. A. **1949** 6179).

F: 146–148°.

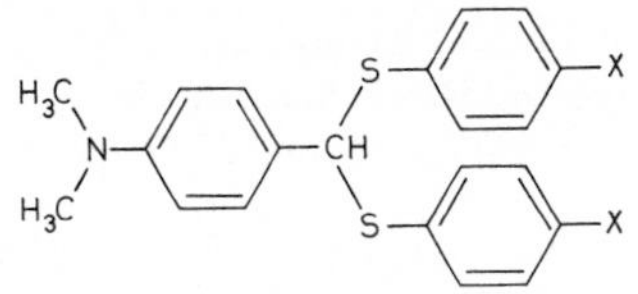

IV 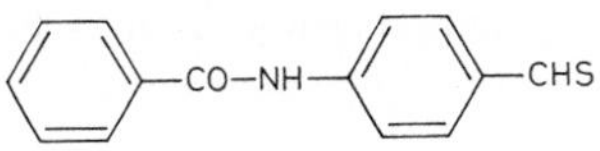 V 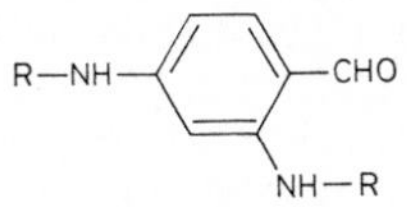 VI

**4-Benzamino-thiobenzaldehyd, Benzoesäure-[4-thioformyl-anilid]**, *4'-thioformylbenz*= *anilide* $C_{14}H_{11}NOS$, Formel V.

Eine unter dieser Konstitution beschriebene Verbindung (F: 264–266° [aus Py. + $CHCl_3$]), für die auch die Formulierung als Polymeres in Betracht kommt, ist beim Einleiten von Schwefelwasserstoff und Chlorwasserstoff in eine äthanol. Lösung von 4-Benz= amino-benzaldehyd erhalten worden (*Campaigne, Budde*, Pr. Indiana Acad. **58** [1949] 111, 118).

**2.4-Diamino-benzaldehyd**, *2,4-diaminobenzaldehyde* $C_7H_8N_2O$, Formel VI (R = H).

Diese Konstitution kommt der H 7 265 beschriebenen Verbindung $C_7H_8N_2O$ vom F: 152,5° zu (vgl. *Brown, Brown*, Canad. J. Chem. **33** [1955] 1819, 1822).

**(±)-2.4-Diamino-α-[3-amino-anilino]-benzylalkohol**, (±)-*2,4-diamino-α-(*m-*amino*= *anilino)benzyl alcohol* $C_{13}H_{16}N_4O$, Formel VII.

*B.* Beim Erhitzen von *m*-Phenylendiamin mit Ameisensäure und Borsäure in Toluol (*Albert*, Soc. **1941** 484, 486).

Krystalle (aus wss. A.); F: ca. 120° [Zers.].

**2.4-Bis-acetamino-benzaldehyd**, N,N'-*(4-formyl-*m-*phenylene)bisacetamide* $C_{11}H_{12}N_2O_3$, Formel VI (R = CO-$CH_3$).

Diese Konstitution kommt der H 7 265 beschriebenen Verbindung $C_{11}H_{12}N_2O_3$ vom F: 235,5° („Diacetylderivat der Verbindung $C_7H_8N_2O$") zu (*Brown, Brown*, Canad. J. Chem. **33** [1955] 1819, 1822).

*B.* Beim Erwärmen von 2.4-Bis-acetamino-toluol mit *N*-Brom-succinimid in Tetra= chlormethan (*Br., Br.*).

Krystalle (aus A.); F: 233–235°.

Phenylhydrazon (F: 252–254°): *Br., Br.*

**2.6-Diamino-benzaldehyd** $C_7H_8N_2O$.

**3-Nitro-2.6-diamino-benzaldehyd**, *2,6-diamino-3-nitrobenzaldehyde* $C_7H_7N_3O_3$, Formel VIII (R = H).

*B.* Beim Erwärmen von 3-Nitro-2.6-bis-[toluol-sulfonyl-(4)-amino]-benzaldehyd mit wasserhaltiger Schwefelsäure (*I.G. Farbenind.*, D.R.P. 521724 [1929]; Frdl. **17** 561; *Gen. Aniline Works*, U.S.P. 1876955 [1930]).

Gelbe Krystalle (aus Trichlorbenzol); F: 250–251°.

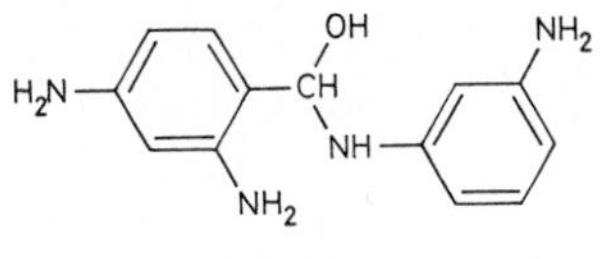

VII 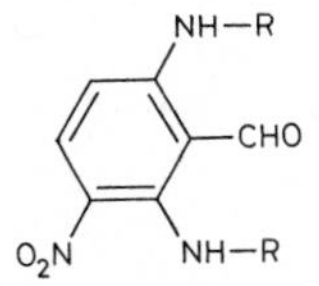 VIII 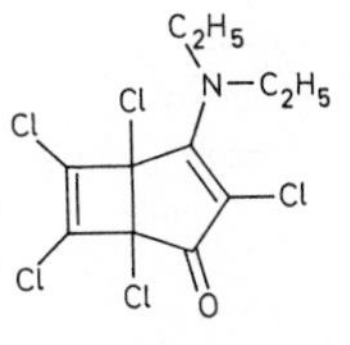 IX

**3-Nitro-2.6-bis-[toluol-sulfonyl-(4)-amino]-benzaldehyd**, N,N'-*[2-formyl-4-nitro-*m-*phenylene)bis-*p-*toluenesulfonamide* $C_{21}H_{19}N_3O_7S_2$, Formel VIII (R = $SO_2$-$C_6H_4$-$CH_3$).

*B.* Beim Erhitzen von 2.6-Dichlor-3-nitro-benzaldehyd mit Toluolsulfonamid-(4) unter

Zusatz von Kupfer-Pulver, Kupfer(I)-chlorid und Kaliumcarbonat in Nitrobenzol (*I.G. Farbenind.*, D.R.P. 521724 [1929]; Frdl. **17** 561; *Gen. Aniline Works*, U.S.P. 1876955 [1930]).

Krystalle (aus Eg.); F: 162°.

Phenylhydrazon (F: 228°): *I.G. Farbenind.*; *Gen. Aniline Works*.

**2-Amino-bicyclo[3.2.0]heptadien-(2.6)-on-(4), 5-Amino-3-oxo-3.5a-dihydro-2a*H*-cyclobutacyclopenten** $C_7H_7NO$.

**(±)-1.3.5.6.7-Pentachlor-2-diäthylamino-bicyclo[3.2.0]heptadien-(2.6)-on-(4), (±)-1.2.2a.4.5a-Pentachlor-5-diäthylamino-3-oxo-3.5a-dihydro-2a*H*-cyclobutacyclopenten,** *(±)-1,3,5,6,7-pentachloro-4-(diethylamino)bicyclo[3.2.0]hepta-3,6-dien-2-one* $C_{11}H_{10}Cl_5NO$, Formel IX.

Diese Konstitution ist für die nachstehend beschriebene, von *Newcomer, McBee* (Am. Soc. **71** [1949] 952, 955) als Chlor-[2.3.4.5-tetrachlor-cyclopentadien-(2.4)-yliden]-essigsäure-diäthylamid angesehene Verbindung in Betracht zu ziehen (*Roedig, Hörnig*, A. **598** [1956] 208, 214).

*B.* Beim Behandeln von (±)-1.2.3.5.6.7-Hexachlor-bicyclo[3.2.0]heptadien-(2.6)-on-(4)(?) (F: 85–85,5° [E III **7** 935]) oder von (±)-1.3.5.6.7-Pentachlor-2-methoxy-bicyclo[3.2.0]heptadien-(2.6)-on-(4)(?) (F: 116° [E III **8** 260]) mit Diäthylamin in Pentan (*Ne., McBee*).

Gelbe Krystalle (aus $CCl_4$ + Pentan); F: 107° (*Ne., McBee*). [*Bollwan*]

## Amino-Derivate der Oxo-Verbindungen $C_8H_8O$

**1-[2-Amino-phenyl]-äthanon-(1),** 2-Amino-acetophenon, *2'-aminoacetophenone* $C_8H_9NO$, Formel X (X = O) (H 41; E I 364; E II 28).

*B.* Aus 1-[2-Chlor-phenyl]-äthanon-(1) beim Erhitzen mit wss. Ammoniak, Kupfer-Pulver und Kupfer(I)-oxid auf 200° (*Eastman Kodak Co.*, U.S.P. 2108824 [1936]).

F: 20° (*Elson, Gibson, Johnson*, Soc. **1930** 1128, 1131). $Kp_{14}$: 130–131° (*Simpson et al.*, Soc. **1945** 646, 654); $Kp_{14}$: 130,5°; $Kp_{10}$: 124° (*El., Gi., Jo.*). $D_4^{25,1}$: 1,1123 (*v. Auwers, Susemihl*, Z. physik. Chem. [A] **148** [1930] 125, 144). $n_{656,3}^{25,1}$: 1,5951; $n_{587,6}^{25,1}$: 1,6057; $n_{486,6}^{25,1}$: 1,6376; $n_{434}^{25,1}$: 1,6632 (*v. Au., Su.*). UV-Spektrum von Lösungen der Base in Äther: *Pestemer, Langer, Manchen*, M. **68** [1936] 326, 333; in Äthanol: *Dannenberg*, Z. Naturf. **4b** [1949] 327, 337; von Lösungen des Hydrochlorids in Wasser: *Butenandt et al.*, Z. physiol. Chem. **279** [1943] 27, 31; in wss. Salzsäure: *Pe., La., Ma.*, l. c. S. 338.

Bei 2-tägigem Behandeln einer Lösung in Essigsäure mit wss. Schwefelsäure und Natriumnitrit und anschliessendem Erwärmen ist Cinnolinol-(4) erhalten worden (*Schofield, Simpson*, Soc. **1945** 520, 523). Bildung von 2-Methoxy-9-methyl-acridin beim Erhitzen mit 4-Brom-anisol, Natriumcarbonat und Kupfer-Pulver in Nitrobenzol bis auf 210° und Erwärmen des Reaktionsprodukts mit Essigsäure und Schwefelsäure: *Perrine, Sargent*, J. org. Chem. **14** [1949] 583, 588. Bildung von 5.11-Dioxo-5.11-dihydro-isoindolo[2.1-*a*]chinolin beim Erhitzen mit Phthalsäure-anhydrid (4 Mol): *Diesbach, Rey-Bellet, Kiang*, Helv. **26** [1943] 1869, 1877. Beim Erhitzen mit Isatin in wss. Kalilauge ist 2-[2-Amino-phenyl]-chinolin-carbonsäure-(4) erhalten worden (*John, Pietsch*, J. pr. [2] **143** [1935] 243, 244).

Hydrochlorid $C_8H_9NO\cdot HCl$ (H 42). F: 264–265° [nach Rotfärbung bei 160°] (*Kotake, Kiyokawa*, Z. physiol. Chem. **195** [1931] 147, 150).

2-Nitro-indandion-(1.3)-Salz $C_8H_9NO\cdot C_9H_5NO_4$. Krystalle; F: 164–166° [korr.; Zers.] (*Christensen et al.*, Anal. Chem. **21** [1949] 1573).

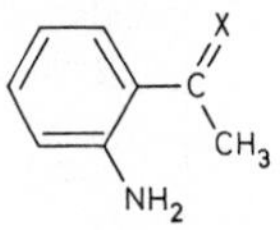

X 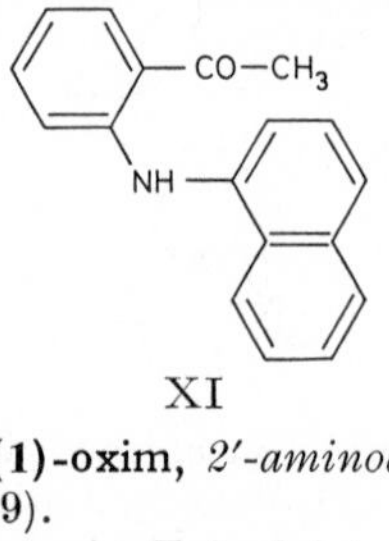 XI 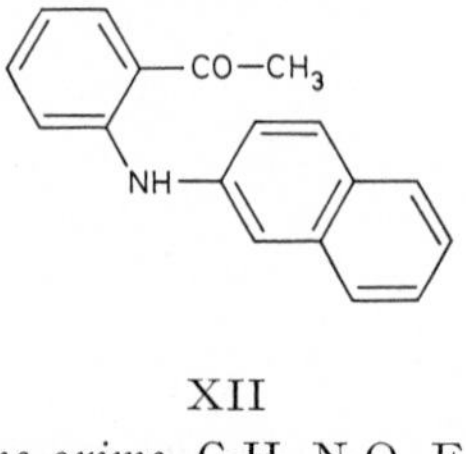 XII

**1-[2-Amino-phenyl]-äthanon-(1)-oxim,** *2'-aminoacetophenone oxime* $C_8H_{10}N_2O$, Formel X (X = NOH) (H 42; E II 29).

Beim Behandeln mit Phosgen in Toluol ist 2-Oxo-4-methyl-1.2-dihydro-chinazolin-

3-oxid, beim Behandeln mit Benzaldehyd und wenig Benzoesäure ist 4-Methyl-2-phenyl-1.2-dihydro-chinazolin-3-oxid erhalten worden (*Busch*, *Strätz*, J. pr. [2] **150** [1937] 1, 35, 38).

**1-[2-Amino-phenyl]-äthanon-(1)-semicarbazon,** *2'-aminoacetophenone semicarbazone* $C_9H_{12}N_4O$, Formel X (X = N-NH-CO-$NH_2$).

Krystalle (aus A.); F: 290° [Zers.] (*Elson*, *Gibson*, *Johnson*, Soc. **1930** 1128, 1131).

**1-[2-(Naphthyl-(1)-amino)-phenyl]-äthanon-(1),** *2'-(1-naphthylamino)acetophenone* $C_{18}H_{15}NO$, Formel XI.

*B.* Beim Erhitzen von 1-[2-Amino-phenyl]-äthanon-(1) mit 1-Brom-naphthalin, Kaliumcarbonat und Kupfer-Pulver in Nitrobenzol (*Berliner*, Am. Soc. **64** [1942] 2894, 2896).

Gelbe Krystalle (aus A. + Bzl.); F: 96,4—97,2°.

**1-[2-(Naphthyl-(2)-amino)-phenyl]-äthanon-(1),** *2'-(2-naphthylamino)acetophenone* $C_{18}H_{15}NO$, Formel XII.

*B.* Beim Erhitzen von 1-[2-Amino-phenyl]-äthanon-(1) mit 2-Brom-naphthalin, Kaliumcarbonat und Kupfer-Pulver in Nitrobenzol (*Berliner*, Am. Soc. **64** [1942] 2894, 2897).

$Kp_6$: 195—196°.

**Bis-[2-acetyl-anilino]-methan,** *2',2'''-(methylenediimino)diacetophenone* $C_{17}H_{18}N_2O_2$, Formel I.

*B.* Aus 1-[2-Amino-phenyl]-äthanon-(1) und Formaldehyd in wss. Äthanol (*Mannich*, *Danneh*l, B. **71** [1938] 1899).

Krystalle (aus wss. A. oder Bzn.); F: 144°.

**(±)-1-[2-(1-Hydroxy-propin-(2)-ylamino)-phenyl]-äthanon-(1),** *(±)-2'-(1-hydroxyprop-2-ynylamino)acetophenone* $C_{11}H_{11}NO_2$, Formel II (R = CH(OH)-C≡CH).

*B.* Beim Behandeln von 1-[2-Amino-phenyl]-äthanon-(1) mit Propiolaldehyd-diäthyl-acetal in Äthanol (*Marion*, *Manske*, *Kulka*, Canad. J. Res. [B] **24** [1946] 224, 227).

Gelbe Krystalle (aus Ae. + A.); F: 135—136° [korr.].

**1-[2-Formamino-phenyl]-äthanon-(1), Ameisensäure-[2-acetyl-anilid],** *2'-acetylform-anilide* $C_9H_9NO_2$, Formel II (R = CHO) (H 42).

*B.* Aus 3-Methyl-indol beim Behandeln einer Lösung in Formamid mit Ozon (*Witkop*, A. **556** [1944] 103, 110) sowie beim Behandeln mit Peroxybenzoesäure in Chloroform (*Witkop*, *Fiedler*, A. **558** [1947] 91, 95).

Krystalle (aus Ae.); F: 78° (*Wi.*).

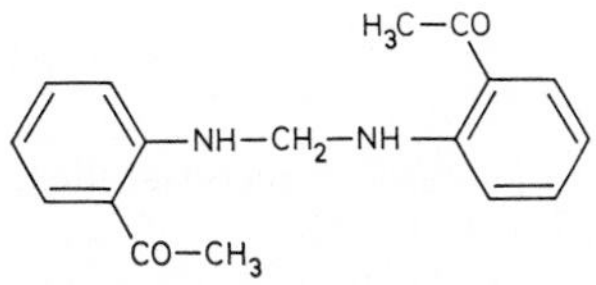

I 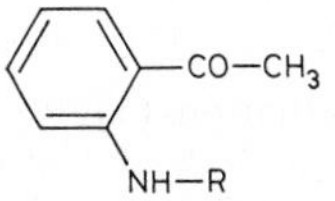 II 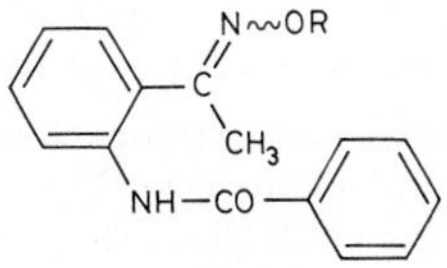 III

**1-[2-Acetamino-phenyl]-äthanon-(1), Essigsäure-[2-acetyl-anilid],** *2'-acetylacetanilide* $C_{10}H_{11}NO_2$, Formel II (R = CO-$CH_3$) (H 42; E II 29).

*B.* Beim Einleiten von Ozon in eine Lösung von 2.3-Dimethyl-indol in Formamid (*Witkop*, A. **556** [1944] 103, 110).

Krystalle; F: 77° [aus Ae.] (*Wi.*), 75—76° [aus W.] (*Kotake*, *Kiyokawa*, Z. physiol. Chem. **195** [1931] 147, 151). UV-Spektrum (A.): *Dannenberg*, Z. Naturf. **4b** [1949] 327, 337.

Beim Eintragen in ein Gemisch von Salpetersäure und Schwefelsäure sind 1-[5-Nitro-2-acetamino-phenyl]-äthanon-(1), 1-[3-Nitro-2-acetamino-phenyl]-äthanon-(1) und geringe Mengen einer Verbindung $C_{10}H_9N_3O_2$ (gelbe Krystalle [aus A.]; F: 201—202° [unkorr.]) erhalten worden (*Simpson*, Soc. **1947** 237).

Charakterisierung als Methyl-phenyl-hydrazon (F: 131—132°): *Kermack*, *Smith*, Soc. **1930** 1999, 2007.

**1-[2-Benzamino-phenyl]-äthanon-(1)-oxim, Benzoesäure-[2-acetohydroximoyl-anilid],** *2'-acetohydroximoylbenzanilide* $C_{15}H_{14}N_2O_2$, Formel III (R = H) (E II 29).

*B.* Beim Behandeln von 1-[2-Benzamino-phenyl]-äthanon-(1)-[*O*-benzoyl-oxim] mit äthanol. Natronlauge (*Busch, Strätz,* J. pr. [2] **150** [1937] 1, 37).

Krystalle (aus wss. A.); F: 181°.

**1-[2-Benzamino-phenyl]-äthanon-(1)-[*O*-benzoyl-oxim], Benzoesäure-[2-(*N*-benzoyloxy-acetimidoyl)-anilid],** *2'-[N-(benzoyloxy)acetimidoyl]benzanilide* $C_{22}H_{18}N_2O_3$, Formel III (R = CO-$C_6H_5$) (E II 29; dort als 2-Benzamino-acetophenon-oximbenzoat bezeichnet).

Krystalle (aus A.); F: 135° (*Busch, Strätz,* J. pr. [2] **150** [1937] 1, 37).

**[2-Acetyl-phenyl]-oxamidsäure-äthylester,** *2-acetyloxanilic acid ethyl ester* $C_{12}H_{13}NO_4$, Formel II (R = CO-CO-$OC_2H_5$) (H 44).

*B.* Aus 1-[2-Amino-phenyl]-äthanon-(1) und Äthoxalylchlorid in Äther (*de Diesbach, Schürch, Cavin,* Helv. **31** [1948] 716, 719).

Krystalle (aus A.).

**1-[2-(4-Methoxy-benzamino)-phenyl]-äthanon-(1), 4-Methoxy-benzoesäure-[2-acetyl-anilid],** *2'-acetyl-p-anisanilide* $C_{16}H_{15}NO_3$, Formel IV.

*B.* Beim Behandeln von 3-Methyl-2-[4-methoxy-phenyl]-indol in Äthylacetat mit Ozon und Erwärmen des erhaltenen Ozonids (F: 125°) mit wss. Essigsäure (*Mentzer, Molho, Berguer,* C. r. **229** [1949] 1237; Bl. **1950** 555, 561).

F: 122°.

**1-[2-(Toluol-sulfonyl-(4)-amino)-phenyl]-äthanon-(1), Toluol-sulfonsäure-(4)-[2-acetyl-anilid],** *2'-acetyl-p-toluenesulfonanilide* $C_{15}H_{15}NO_3S$, Formel V.

*B.* Beim Erhitzen von 1-[2-Amino-phenyl]-äthanon-(1) mit Toluol-sulfonylchlorid-(4) und Pyridin (*de Diesbach, Kramer,* Helv. **28** [1945] 1399, 1402).

Krystalle (aus A.); F: 149° (*de D., Kr.*), 148° (*Elson, Gibson, Johnson,* Soc. **1930** 1128, 1131).

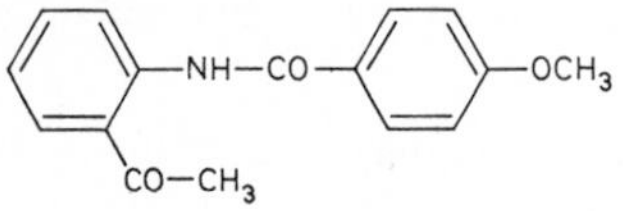

NH—CO—(C₆H₄)—OCH₃ / CO—CH₃    IV

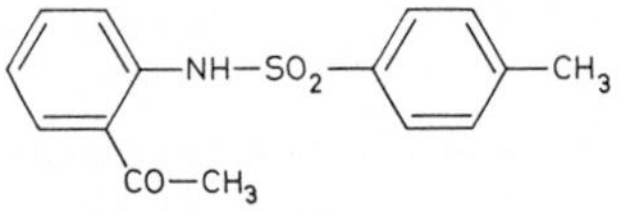

NH—SO₂—(C₆H₄)—CH₃ / CO—CH₃    V

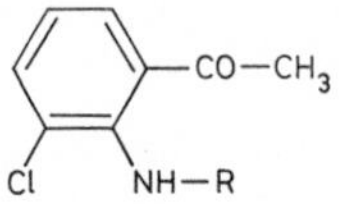

CO—CH₃ / Cl / NH—R    VI

**1-[3-Chlor-2-amino-phenyl]-äthanon-(1),** 3-Chlor-2-amino-acetophenon, *2'-amino-3'-chloroacetophenone* $C_8H_8ClNO$, Formel VI (R = H).

*B.* Aus 1-[3-Chlor-2-nitro-phenyl]-äthanon-(1) beim Erwärmen mit Eisen und wss. Essigsäure (*Simpson et al.,* Soc. **1945** 646, 656).

Gelbe Krystalle (aus Bzn.); F: 52—54°.

Hydrochlorid $C_8H_8ClNO \cdot HCl$. F: 118—120° [unkorr.].

**1-[3-Chlor-2-acetamino-phenyl]-äthanon-(1), Essigsäure-[6-chlor-2-acetyl-anilid],** *2'-acetyl-6'-chloroacetanilide* $C_{10}H_{10}ClNO_2$, Formel VI (R = CO-$CH_3$).

*B.* Aus 1-[3-Chlor-2-amino-phenyl]-äthanon-(1) und Acetanhydrid (*Simpson et al.,* Soc. **1945** 646, 656).

Krystalle (aus A.); F: 161—162,5° [unkorr.].

**1-[4-Chlor-2-amino-phenyl]-äthanon-(1),** 4-Chlor-2-amino-acetophenon, *2'-amino-4'-chloroacetophenone* $C_8H_8ClNO$, Formel VII (R = H).

*B.* Aus 1-[4-Chlor-2-nitro-phenyl]-äthanon-(1) bei der Hydrierung an Platin in Äthanol (*Leonard, Boyd,* J. org. Chem. **11** [1946] 405, 415) sowie beim Erwärmen mit Eisen und wss. Essigsäure (*Atkinson, Simpson,* Soc. **1947** 232, 236). Beim Erwärmen des aus 4-Chlor-2-phthalimido-benzoesäure mit Hilfe von Phosphor(V)-chlorid hergestellten Säurechlorids mit der Natrium-Verbindung des Malonsäure-diäthylesters in Benzol und Erhitzen des Reaktionsprodukts mit wss. Bromwasserstoffsäure (*At., Si.,* l. c. S. 235).

Krystalle; F: 91—93° [aus wss. A.] (*At., Si.*), 90—91° [aus Bzl. + PAe.] (*Le., Boyd*).

**1-[4-Chlor-2-acetamino-phenyl]-äthanon-(1), Essigsäure-[5-chlor-2-acetyl-anilid],** *2'-acetyl-5'-chloroacetanilide* $C_{10}H_{10}ClNO_2$, Formel VII (R = CO-$CH_3$).

*B.* Aus 1-[4-Chlor-2-amino-phenyl]-äthanon-(1) und Acetanhydrid (*Atkinson, Simp-*

*son*, Soc. **1947** 232, 235).

Krystalle; F: 152—153° [korr.] (*Leonard, Boyd*, J. org. Chem. **11** [1946] 405, 415), 148—150° [unkorr.; aus Acetanhydrid] (*At., Si.*).

**1-[5-Chlor-2-amino-phenyl]-äthanon-(1),** 5-Chlor-2-amino-acetophenon, *2'-amino-5'-chloroacetophenone* $C_8H_8ClNO$, Formel VIII (R = H).

*B.* Aus 1-[5-Chlor-2-nitro-phenyl]-äthanon-(1) bei der Hydrierung an Platin in Äthanol (*Leonard, Boyd*, J. org. Chem. **11** [1946] 405, 412) sowie beim Erwärmen mit Eisen und wss. Essigsäure (*Simpson et al.*, Soc. **1945** 646, 655).

Gelbe Krystalle [aus Ae. + Bzn. oder aus wss. A.] (*Si. et al.*, l. c. S. 655, 656). F: 65° bis 66° (*Si. et al.*; *Le., Boyd*).

Hydrochlorid. F: 170—173° [unkorr.; Zers.] (*Si. et al.*, l. c. S. 656).

**1-[5-Chlor-2-acetamino-phenyl]-äthanon-(1), Essigsäure-[4-chlor-2-acetyl-anilid],** *2'-acetyl-4'-chloroacetanilide* $C_{10}H_{10}ClNO_2$, Formel VIII (R = CO-$CH_3$).

*B.* Aus 1-[5-Chlor-2-amino-phenyl]-äthanon-(1) und Acetanhydrid (*Simpson et al.*, Soc. **1945** 646, 655).

Krystalle (aus A.); F: 134,5—135,5° [unkorr.].

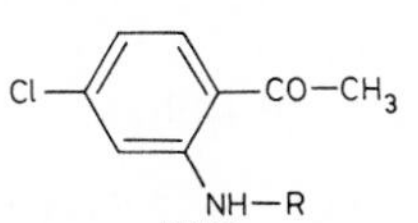

VII 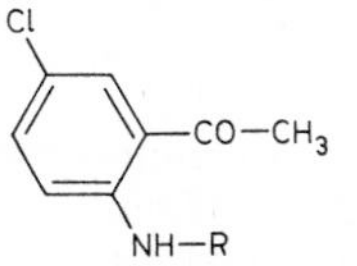 VIII 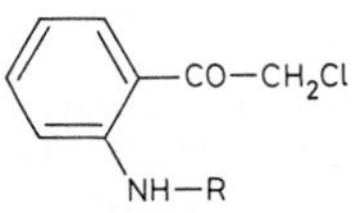 IX 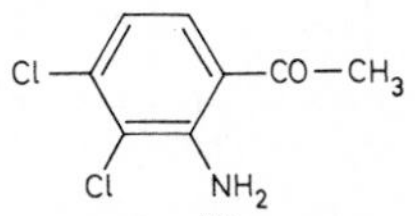 X

**1-[5-Chlor-2-benzamino-phenyl]-äthanon-(1), Benzoesäure-[4-chlor-2-acetyl-anilid],** *2'-acetyl-4'-chlorobenzanilide* $C_{15}H_{12}ClNO_2$, Formel VIII (R = CO-$C_6H_5$).

*B.* Aus 1-[5-Chlor-2-amino-phenyl]-äthanon-(1) (*Simpson et al.*, Soc. **1945** 646, 654). Beim Erhitzen einer Suspension des aus 1-[5-Amino-2-benzamino-phenyl]-äthanon-(1) bereiteten Diazoniumsalzes in wss. Salzsäure und Essigsäure mit Kupfer(I)-chlorid und wss. Salzsäure (*Si. et al.*).

Krystalle (aus A.); F: 140—141,5° [unkorr.].

**2-Chlor-1-[2-amino-phenyl]-äthanon-(1), 2-Amino-phenacylchlorid,** ω-Chlor-2-amino-acetophenon, *2'-amino-2-chloroacetophenone* $C_8H_8ClNO$, Formel IX (R = H).

*B.* Aus 2-Chlor-1-[2-nitro-phenyl]-äthanon-(1) beim Erwärmen mit Schwefelsäure und Kupfer-Pulver (*Ruggli, Reichwein*, Helv. **20** [1937] 913, 917).

Gelbe Krystalle (aus A.); F: 112—113°.

**2-Chlor-1-[2-acetamino-phenyl]-äthanon-(1), Essigsäure-[2-chloracetyl-anilid], 2-Acetamino-phenacylchlorid,** *2'-(chloroacetyl)acetanilide* $C_{10}H_{10}ClNO_2$, Formel IX (R = CO-$CH_3$).

*B.* Aus 2-Chlor-1-[2-amino-phenyl]-äthanon-(1) und Acetanhydrid (*Ruggli, Reichwein*, Helv. **20** [1937] 913, 918).

Krystalle (aus A.); F: 123—125°.

Bildung von Indigo beim Erwärmen mit wss.-äthanol. Kalilauge unter Durchleiten von Luft: *Ru., Rei.*

**2-Chlor-1-[2-(*C*-chlor-acetamino)-phenyl]-äthanon-(1), Chloressigsäure-[2-chloracetyl-anilid],** *2-chloro-2'-(chloroacetyl)acetanilide* $C_{10}H_9Cl_2NO_2$, Formel IX (R = CO-$CH_2Cl$).

*B.* Beim Erwärmen von 2-Chlor-1-[2-amino-phenyl]-äthanon-(1) mit Chloracetylchlorid und Pyridin (*Catch et al.*, Soc. **1949** 552, 553).

Krystalle (aus Me.); F: 113°.

**1-[3.4-Dichlor-2-amino-phenyl]-äthanon-(1),** 3.4-Dichlor-2-amino-acetophenon, *2'-amino-3',4'-dichloroacetophenone* $C_8H_7Cl_2NO$, Formel X.

*B.* Aus 1-[3.4-Dichlor-2-nitro-phenyl]-äthanon-(1) beim Erwärmen mit Eisen und wss. Essigsäure (*Keneford, Simpson*, Soc. **1947** 227, 231).

F: 78—79° [Rohprodukt].

Beim Behandeln mit wss. Salzsäure und Natriumnitrit ist 7.8-Dichlor-cinnolinol-(4) erhalten worden.

**1-[3-Brom-2-amino-phenyl]-äthanon-(1)**, 3-Brom-2-amino-acetophenon, *2′-amino-3′-bromoacetophenone* $C_8H_8BrNO$, Formel XI.

*B.* Aus 1-[3-Brom-2-nitro-phenyl]-äthanon-(1) beim Erwärmen mit Eisen und wss. Essigsäure (*Simpson et al.*, Soc. **1945** 646, 657).

Krystalle (aus Ae.) vom F: 62—63°; Krystalle (aus PAe.) vom F: 39—40°; die niedrigerschmelzende Modifikation wandelt sich allmählich in die höherschmelzende um.

**1-[5-Brom-2-amino-phenyl]-äthanon-(1)**, 5-Brom-2-amino-acetophenon, *2′-amino-5′-bromoacetophenone* $C_8H_8BrNO$, Formel XII (R = H).

*B.* Aus 1-[5-Brom-2-nitro-phenyl]-äthanon-(1) beim Erwärmen mit Eisen und wss. Essigsäure (*Simpson et al.*, Soc. **1945** 646, 657). Aus 1-[5-Brom-2-acetamino-phenyl]-äthanon-(1) beim Erwärmen mit wss. Salzsäure (*Gibson, Levin*, Soc. **1931** 2388, 2394).

Krystalle; F: 86—88° [aus wss. A.] (*Gi.*, *Le.*), 84—85° [aus wss. A. oder aus Ae. + PAe.] (*Si. et al.*).

Beim Behandeln einer mit Hilfe von wss. Salzsäure und Natriumnitrit bereiteten Diazoniumsalz-Lösung mit Natriumarsenit sind 4-Brom-2-acetyl-phenylarsonsäure und eine nach *Schofield, Simpson* (Soc. **1945** 520, 523) als 6-Brom-cinnolinol-(4) zu formulierende Verbindung (F: 278°) erhalten worden (*Gi.*, *Le.*).

Hydrochlorid. Krystalle; F: 184—185° [unkorr.; Zers.; aus Eg. + wss. Salzsäure] (*Si. et al.*), 180—181° (*Gi.*, *Le.*).

**1-[5-Brom-2-benzamino-phenyl]-äthanon-(1), Benzoesäure-[4-brom-2-acetyl-anilid]**, *2′-acetyl-4′-bromobenzanilide* $C_{15}H_{12}BrNO_2$, Formel XII (R = CO-$C_6H_5$).

*B.* Beim Behandeln von 1-[5-Brom-2-amino-phenyl]-äthanon-(1) mit Benzoylchlorid und Pyridin (*Simpson et al.*, Soc. **1945** 646, 657).

Krystalle (aus A.); F: 134,5—135,5°.

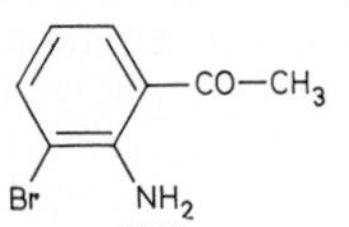

XI 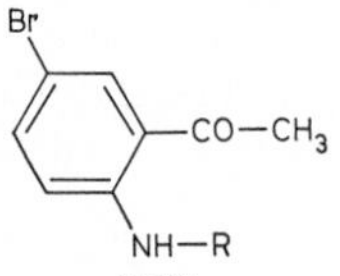 XII 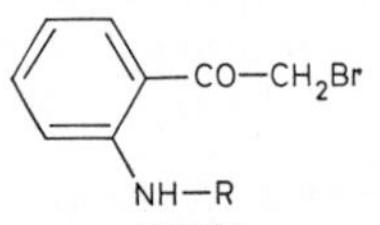 XIII 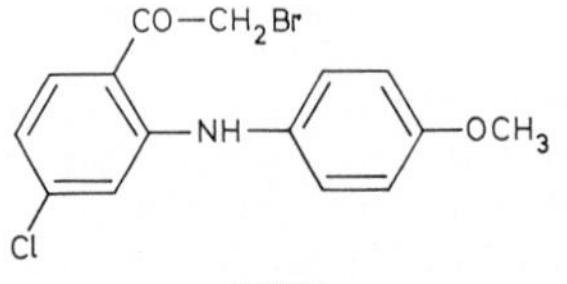 XIV

**2-Brom-1-[2-amino-phenyl]-äthanon-(1), 2-Amino-phenacylbromid**, ω-Brom-2-amino-acetophenon, *2′-amino-2-bromoacetophenone* $C_8H_8BrNO$, Formel XIII (R = H).

*B.* Aus 2-Brom-1-[2-nitro-phenyl]-äthanon-(1) beim Erwärmen mit Schwefelsäure und Kupfer-Pulver (*Ruggli, Reichwein*, Helv. **20** [1937] 913, 916).

Hellgelbe Krystalle (aus Ae. + PAe.); F: 83—85° [Zers.; nach Sintern bei 80°].

**2-Brom-1-[2-acetamino-phenyl]-äthanon-(1), Essigsäure-[2-bromacetyl-anilid], 2-Acetamino-phenacylbromid**, *2′-(bromoacetyl)acetanilide* $C_{10}H_{10}BrNO_2$, Formel XIII (R = CO-$CH_3$).

*B.* Aus 2-Brom-1-[2-amino-phenyl]-äthanon-(1) und Acetanhydrid (*Ruggli, Reichwein*, Helv. **20** [1937] 913, 916).

Krystalle (aus A.); F: 126—127°.

**2-Brom-1-[2-(*C*-chlor-acetamino)-phenyl]-äthanon-(1), Chloressigsäure-[2-bromacetyl-anilid]**, *2′-(bromoacetyl)-2-chloroacetanilide* $C_{10}H_9BrClNO_2$, Formel XIII (R = CO-$CH_2Cl$).

*B.* Beim Behandeln von 2-Brom-1-[2-amino-phenyl]-äthanon-(1) mit Chloracetylchlorid und Calciumcarbonat in Äther (*de Diesbach, Schürch, Cavin*, Helv. **31** [1948] 716, 721).

Krystalle (aus A.); F: 114°.

**2-Brom-1-[2-benzamino-phenyl]-äthanon-(1), Benzoesäure-[2-bromacetyl-anilid], 2-Benzamino-phenacylbromid**, *2′-(bromoacetyl)benzanilide* $C_{15}H_{12}BrNO_2$, Formel XIII (R = CO-$C_6H_5$).

*B.* Aus 1-[2-Benzamino-phenyl]-äthanon-(1) und Brom in Essigsäure (*de Diesbach, Klement*, Helv. **24** [1941] 158, 172).

Krystalle (aus A.); F: 122°.

**[2-Bromacetyl-phenyl]-oxamidsäure-äthylester,** *2-(bromoacetyl)oxanilic acid ethyl ester* $C_{12}H_{12}BrNO_4$, Formel XIII (R = CO-CO-$OC_2H_5$).

*B.* Beim Erwärmen von [2-Acetyl-phenyl]-oxamidsäure-äthylester mit Brom in Chloroform unter Belichtung (*de Diesbach, Schürch, Cavin,* Helv. **31** [1948] 716, 719).

Krystalle (aus A.); F: 128°.

**2-Brom-1-[4-chlor-2-*p*-anisidino-phenyl]-äthanon-(1), 4-Chlor-2-*p*-anisidino-phenacylbromid,** *2'-*p*-anisidino-2-bromo-4'-chloroacetophenone* $C_{15}H_{13}BrClNO_2$, Formel XIV.

*B.* Beim Behandeln von 2-Diazo-1-[4-chlor-2-*p*-anisidino-phenyl]-äthanon-(1) in Äther mit wss. Bromwasserstoffsäure (*Perrine, Sargent,* J. org. Chem. **14** [1949] 583, 590).

Orangefarbene Krystalle (aus Ae. + PAe.); F: 102—103,5° [unkorr.].

**2-Brom-1-[5-chlor-2-amino-phenyl]-äthanon-(1), 5-Chlor-2-amino-phenacylbromid,** 5-Chlor-ω-brom-2-amino-acetophenon, *2'-amino-2-bromo-5'-chloroacetophenone* $C_8H_7BrClNO$, Formel I (X = Cl).

*B.* Aus 2-Brom-1-[5-chlor-2-nitro-phenyl]-äthanon-(1) beim Erwärmen mit Schwefelsäure und Kupfer-Pulver (*Schofield, Simpson,* Soc. **1948** 1170, 1173).

Gelbe Krystalle; F: 105—107° [Rohprodukt].

Charakterisierung durch Überführung in 1-[5-Chlor-2-amino-phenacyl]-pyridiniumbromid (F: 245—246° [Zers.]): *Sch., Si.*

**2-Brom-1-[5-brom-2-amino-phenyl]-äthanon-(1), 5-Brom-2-amino-phenacylbromid,** 5.ω-Dibrom-2-amino-acetophenon, *2'-amino-2,5'-dibromoacetophenone* $C_8H_7Br_2NO$, Formel I (X = Br).

*B.* Aus 2-Brom-1-[5-brom-2-nitro-phenyl]-äthanon-(1) beim Erwärmen mit Schwefelsäure und Kupfer-Pulver (*Schofield, Simpson,* Soc. **1948** 1170, 1173).

Gelbe Krystalle; F: 110—111° [Rohprodukt].

Charakterisierung durch Überführung in 1-[5-Brom-2-amino-phenacyl]-pyridiniumbromid (F: 228—230° [Zers.]): *Sch., Si.*

**1-[5-Jod-2-amino-phenyl]-äthanon-(1),** 5-Jod-2-amino-acetophenon, *2'-amino-5'-iodoacetophenone* $C_8H_8INO$, Formel II (R = H).

*B.* Aus 1-[5-Jod-2-nitro-phenyl]-äthanon-(1) bei der Hydrierung an Platin in Äthanol (*Leonard, Boyd,* J. org. Chem. **11** [1946] 405, 413).

Krystalle (aus Bzl. + PAe.); F: 98,5—99°.

**1-[5-Jod-2-acetamino-phenyl]-äthanon-(1), Essigsäure-[4-jod-2-acetyl-anilid],** *2'-acetyl-4'-iodoacetanilide* $C_{10}H_{10}INO_2$, Formel II (R = CO-$CH_3$).

*B.* Aus 1-[5-Jod-2-amino-phenyl]-äthanon-(1) und Acetanhydrid in Benzol (*Leonard, Boyd,* J. org. Chem. **11** [1946] 405, 413).

F: 176—176,5° [korr.].

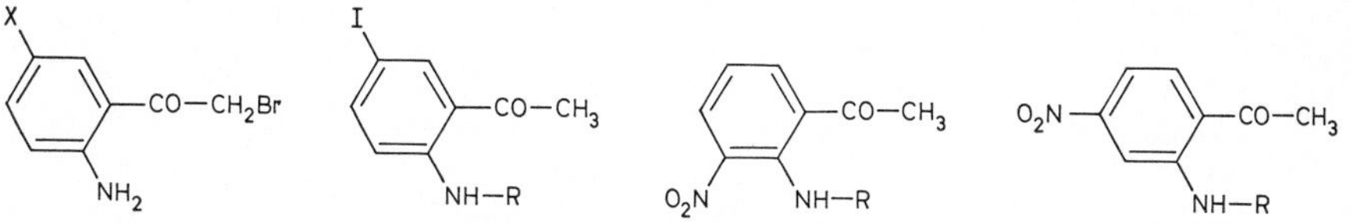

I II III IV

**1-[3-Nitro-2-amino-phenyl]-äthanon-(1),** 3-Nitro-2-amino-acetophenon, *2'-amino-3'-nitroacetophenone* $C_8H_8N_2O_3$, Formel III (R = H) (E I 365).

*B.* Aus 1-[3-Nitro-2-acetamino-phenyl]-äthanon-(1) beim Erwärmen mit wss.-äthanol. Salzsäure (*Simpson,* Soc. **1947** 237).

Gelbe Krystalle (aus wss. A.); F: 95—96°.

**1-[3-Nitro-2-acetamino-phenyl]-äthanon-(1), Essigsäure-[6-nitro-2-acetyl-anilid],** *2'-acetyl-6'-nitroacetanilide* $C_{10}H_{10}N_2O_4$, Formel III (R = CO-$CH_3$).

*B.* Neben anderen Verbindungen beim Eintragen von 1-[2-Acetamino-phenyl]-äthanon-(1) in ein Gemisch von Salpetersäure und Schwefelsäure (*Simpson,* Soc. **1947** 237). Aus 7-Nitro-2.3-dimethyl-indol beim Behandeln mit Chrom(VI)-oxid und wss. Essigsäure (*Schofield, Theobald,* Soc. **1949** 796, 798; *Alford, Schofield,* Soc. **1953** 609, 611).

Hellgelbe Krystalle (aus Bzl.); F: 152—153° [unkorr.] (*Si.*).

**1-[4-Nitro-2-amino-phenyl]-äthanon-(1)**, 4-Nitro-2-amino-acetophenon, *2'-amino-4'-nitroacetophenone* $C_8H_8N_2O_3$, Formel IV (R = H).

*B.* Aus 1-[4-Nitro-2-acetamino-phenyl]-äthanon-(1) beim Erwärmen mit wss.-äthanol. Salzsäure (*Schofield, Theobald,* Soc. **1949** 796, 798).

Orangefarbene Krystalle (aus wss. A.); F: 162—163°.

**1-[4-Nitro-2-acetamino-phenyl]-äthanon-(1), Essigsäure-[5-nitro-2-acetyl-anilid],** *2'-acetyl-5'-nitroacetanilide* $C_{10}H_{10}N_2O_4$, Formel IV (R = CO-$CH_3$).

*B.* Beim Behandeln von 6-Nitro-2.3-dimethyl-indol mit Chrom(VI)-oxid und wss. Essigsäure (*Schofield, Theobald,* Soc. **1949** 796, 798; *Alford, Schofield,* Soc. **1953** 609, 611).

Hellgelbe Krystalle (aus wss. A.); F: 126—127° (*Sch., Th.*).

**1-[5-Nitro-2-amino-phenyl]-äthanon-(1)**, 5-Nitro-2-amino-acetophenon, *2'-amino-5'-nitroacetophenone* $C_8H_8N_2O_3$, Formel V (R = H) (E I 365).

*B.* Aus 1-[6-Brom-3-nitro-phenyl]-äthanon-(1) beim Erwärmen mit äthanol. Ammoniak (*Borsche, Herbert,* A. **546** [1941] 293, 299). Aus 1-[5-Nitro-2-acetamino-phenyl]-äthan=on-(1) beim Erwärmen mit wss. Salzsäure (*Simpson et al.,* Soc. **1945** 646, 654; *Leonard, Boyd,* J. org. Chem. **11** [1946] 405, 410).

Krystalle; F: 153—154° [unkorr.] (*Si. et al.*), 152—153° [korr.; aus Bzl. + Bzn.] (*Le., Boyd*), 151—152° [aus Eg.] (*Bo., He.*).

**1-[5-Nitro-2-anilino-phenyl]-äthanon-(1)**, *2'-anilino-5'-nitroacetophenone* $C_{14}H_{12}N_2O_3$, Formel VI (R = X = H) (E II 30).

*B.* Beim Erhitzen von 1-[6-Chlor-3-nitro-phenyl]-äthanon-(1) mit Anilin und Kalium=carbonat auf 125° (*Sharp, Sutherland, Wilson,* Soc. **1943** 344, 346; vgl. E II 30).

Krystalle (aus A.); F: 130°.

**1-[5-Nitro-2-*p*-toluidino-phenyl]-äthanon-(1)**, *5'-nitro-2'-*p*-toluidinoacetophenone* $C_{15}H_{14}N_2O_3$, Formel VI (R = $CH_3$, X = H).

*B.* Beim Erhitzen von 1-[6-Chlor-3-nitro-phenyl]-äthanon-(1) mit *p*-Toluidin und Kaliumcarbonat auf 125° (*Sharp, Sutherland, Wilson,* Soc. **1943** 344, 347).

Gelbe Krystalle; F: 132°.

**1-[5-Nitro-2-acetamino-phenyl]-äthanon-(1), Essigsäure-[4-nitro-2-acetyl-anilid],** *2'-acetyl-4'-nitroacetanilide* $C_{10}H_{10}N_2O_4$, Formel V (R = CO-$CH_3$).

*B.* Beim Eintragen von 1-[2-Acetamino-phenyl]-äthanon-(1) in ein Gemisch von Sal=petersäure und Schwefelsäure (*Simpson et al.,* Soc. **1945** 646, 654; *Simpson,* Soc. **1947** 237; s. a. *Leonard, Boyd,* J. org. Chem. **11** [1946] 405, 410). Aus 5-Nitro-2.3-dimethyl-indol beim Behandeln mit Chrom(VI)-oxid und wss. Essigsäure (*Schofield, Theobald,* Soc. **1949** 796, 798; *Alford, Schofield,* Soc. **1953** 609, 611).

Krystalle (aus A.); F: 153—154,5° [unkorr.] (*Si. et al.*), 152—153° [korr.] (*Le., Boyd*), 152—153° (*Borsche, Herbert,* A. **546** [1941] 293, 300).

V VI VII VIII

**1-[5-Nitro-2-benzamino-phenyl]-äthanon-(1), Benzoesäure-[4-nitro-2-acetyl-anilid],** *2'-acetyl-4'-nitrobenzanilide* $C_{15}H_{12}N_2O_4$, Formel V (R = CO-$C_6H_5$).

*B.* Aus 1-[5-Nitro-2-amino-phenyl]-äthanon-(1) beim Erhitzen mit Benzoylchlorid auf 150° (*Borsche, Herbert,* A. **546** [1941] 293, 300) sowie beim Behandeln mit Benzoyl=chlorid und Pyridin (*Simpson et al.,* Soc. **1945** 646, 654).

Hellgelbe Krystalle; F: 193—194° [unkorr.; aus Acn. + A.] (*Si. et al.*), 193° [aus Bzl. + A.] (*Bo., He.*).

Beim Erwärmen mit wss.-äthanol. Natronlauge sind 1-[5-Nitro-2-amino-phenyl]-äthanon-(1) und 6-Nitro-4-methyl-2-[5-nitro-2-amino-phenyl]-chinolin erhalten worden (*Bo., He.*).

**1-[5-Nitro-2-(3-acetamino-anilino)-phenyl]-äthanon-(1), Essigsäure-[3-(4-nitro-2-acetyl-anilino)-anilid],** *3'-(2-acetyl-4-nitroanilino)acetanilide* $C_{16}H_{15}N_3O_4$, Formel VI (R = H, X = NH-CO-$CH_3$).

*B.* Beim Erhitzen von 1-[6-Chlor-3-nitro-phenyl]-äthanon-(1) mit *N*-Acetyl-*m*-phenylendiamin und Kaliumcarbonat auf 125° (*Sharp, Sutherland, Wilson,* Soc. **1943** 344, 346).

Gelbe Krystalle (aus A.); F: 229°.

**1-[5-Nitro-2-(4-acetamino-anilino)-phenyl]-äthanon-(1), Essigsäure-[4-(4-nitro-2-acetyl-anilino)-anilid],** *4'-(2-acetyl-4-nitroanilino)acetanilide* $C_{16}H_{15}N_3O_4$, Formel VI (R = NH-CO-$CH_3$, X = H).

*B.* Beim Erhitzen von 1-[6-Chlor-3-nitro-phenyl]-äthanon-(1) mit *N*-Acetyl-*p*-phenylendiamin und Kaliumcarbonat auf 125° (*Sharp, Sutherland, Wilson,* Soc. **1943** 344, 346).

Gelbe Krystalle (aus A.); F: 207° [nach Rotfärbung bei 120°].

**1-[6-Nitro-2-amino-phenyl]-äthanon-(1),** 6-Nitro-2-amino-acetophenon, *2'-amino-6'-nitroacetophenone* $C_8H_8N_2O_3$, Formel VII (R = H).

*B.* Aus 1-[6-Nitro-2-acetamino-phenyl]-äthanon-(1) beim Erwärmen mit wss. Salzsäure (*Schofield, Theobald,* Soc. **1949** 796, 799).

Gelbe Krystalle (aus wss. A.); F: 74—75°.

**1-[6-Nitro-2-acetamino-phenyl]-äthanon-(1), Essigsäure-[3-nitro-2-acetyl-anilid],** *2'-acetyl-3'-nitroacetanilide* $C_{10}H_{10}N_2O_4$, Formel VII (R = CO-$CH_3$).

*B.* Aus 4-Nitro-2.3-dimethyl-indol beim Behandeln mit Chrom(VI)-oxid und wss. Essigsäure (*Schofield, Theobald,* Soc. **1949** 796, 799; *Alford, Schofield,* Soc. **1953** 609, 611).

Hellgelbe Krystalle (aus wss. A.); F: 143—144° [unkorr.] (*Sch., Th.*).

**1-[4-Chlor-3-nitro-2-amino-phenyl]-äthanon-(1),** 4-Chlor-3-nitro-2-amino-acetophenon, *2'-amino-4'-chloro-3'-nitroacetophenone* $C_8H_7ClN_2O_3$, Formel VIII (R = H).

*B.* Aus 1-[4-Chlor-3-nitro-2-acetamino-phenyl]-äthanon-(1) beim Erwärmen mit wss.-äthanol. Salzsäure (*Atkinson, Simpson,* Soc. **1947** 232, 236).

Gelbe Krystalle (aus A.); F: 148—150° [unkorr.].

**1-[4-Chlor-3-nitro-2-acetamino-phenyl]-äthanon-(1), Essigsäure-[5-chlor-6-nitro-2-acetyl-anilid],** *6'-acetyl-3'-chloro-2'-nitroacetanilide* $C_{10}H_9ClN_2O_4$, Formel VIII (R = CO-$CH_3$).

*B.* In geringer Menge neben 1-[4-Chlor-5-nitro-2-acetamino-phenyl]-äthanon-(1) beim Eintragen von 1-[4-Chlor-2-acetamino-phenyl]-äthanon-(1) in ein Gemisch von Salpetersäure und Schwefelsäure (*Atkinson, Simpson,* Soc. **1947** 232, 236).

Krystalle; F: 142—143° [unkorr.].

**1-[4-Chlor-5-nitro-2-amino-phenyl]-äthanon-(1),** 4-Chlor-5-nitro-2-amino-acetophenon, *2'-amino-4'-chloro-5'-nitroacetophenone* $C_8H_7ClN_2O_3$, Formel IX (R = H).

*B.* Aus 1-[4-Chlor-5-nitro-2-acetamino-phenyl]-äthanon-(1) beim Erwärmen mit wss.-äthanol. Salzsäure (*Atkinson, Simpson,* Soc. **1947** 232, 236).

Gelbe Krystalle (aus A.); F: 176—177° [unkorr.].

**1-[4-Chlor-5-nitro-2-acetamino-phenyl]-äthanon-(1), Essigsäure-[5-chlor-4-nitro-2-acetyl-anilid],** *2'-acetyl-5'-chloro-4'-nitroacetanilide* $C_{10}H_9ClN_2O_4$, Formel IX (R = CO-$CH_3$).

*B.* Beim Eintragen von 1-[4-Chlor-2-acetamino-phenyl]-äthanon-(1) in ein Gemisch von Salpetersäure und Schwefelsäure (*Atkinson, Simpson,* Soc. **1947** 232, 236).

Gelbe Krystalle (aus A.); F: 166—168° [unkorr.].

**2-Brom-1-[5-nitro-2-amino-phenyl]-äthanon-(1), 5-Nitro-2-amino-phenacylbromid,** ω-Brom-5-nitro-2-amino-acetophenon, *2'-amino-2-bromo-5'-nitroacetophenone* $C_8H_7BrN_2O_3$, Formel X (R = H).

*B.* Aus 1-[5-Nitro-2-amino-phenyl]-äthanon-(1) und Brom in Chloroform (*Borsche, Herbert,* A. **546** [1941] 293, 302).

Gelbe Krystalle (aus Bzn.); F: 164—165°.

**2-Brom-1-[5-nitro-2-acetamino-phenyl]-äthanon-(1), Essigsäure-[4-nitro-2-bromacetyl-anilid], 5-Nitro-2-acetamino-phenacylbromid,** *2'-(bromoacetyl)-4'-nitroacetanilide* $C_{10}H_9BrN_2O_4$, Formel X (R = CO-$CH_3$).

*B.* Beim Erwärmen von 1-[5-Nitro-2-acetamino-phenyl]-äthanon-(1) mit Brom in Essigsäure unter Zusatz von Jod (*Borsche, Herbert,* A. **546** [1941] 293, 302).

Gelbliche Krystalle (aus A. oder Bzn.); F: 150—152°.

IX X XI XII

**1-[3-Amino-phenyl]-äthanon-(1),** 3-Amino-acetophenon, *3'-aminoacetophenone* $C_8H_9NO$, Formel XI (X = O) (H 45; E I 365; E II 30).

*B.* Aus 1-[3-Nitro-phenyl]-äthanon-(1) bei der Hydrierung an Platin in Äthanol (*Leonard, Boyd,* J. org. Chem. **11** [1946] 405, 410) oder an Raney-Nickel in Äthanol bei 50°/120 at (*Le., Boyd*) bzw. bei 50°/140 at (*Marvel, Allen, Overberger,* Am. Soc. **68** [1946] 1088, 1089) sowie beim Erwärmen mit Zinn(II)-chlorid in wss. Salzsäure (*King et al.,* Am. Soc. **67** [1945] 2089, 2091; vgl. H 45; E II 30), mit wss.-äthanol. Ammoniak-Ammoniumhydrogensulfid-Lösung (*Kenner, Statham,* Soc. **1935** 299, 302; *Cobb,* Pr. S. Dakota Acad. **25** [1945] 64; vgl. H 45) oder mit wss. Natriumdithionit-Lösung (*Veibel, Schmidt,* Acta chem. scand. **2** [1948] 545, 548).

Krystalle; F: 99,5° [aus wss. A.] (*Edkins, Linnell,* Quart. J. Pharm. Pharmacol. **9** [1936] 75, 101), 98—99° [aus Bzl. + PAe. + A.] (*Le., Boyd*). UV-Spektrum von Lösungen der Base in Hexan und in Äther sowie einer Lösung des Hydrochlorids in wss. Salz=säure: *Pestemer, Langer, Manchen,* M. **68** [1936] 326, 333, 338. Dipolmoment (ε; Bzl.): 5,4 D (*Weizmann,* Trans. Faraday Soc. **36** [1940] 329, 332).

Beim Erwärmen einer mit Hilfe von wss. Salzsäure und Natriumnitrit bereiteten Diazo=niumsalz-Lösung mit Kupfer(I)-chlorid sind 1-[3-Chlor-phenyl]-äthanon-(1) und geringe Mengen 3.3'-Diacetyl-biphenyl erhalten worden (*Simpson et al.,* Soc. **1945** 646, 655).

Charakterisierung als 4-Thiocyanato-phenylhydrazon (F: 127—128°): *Horii,* J. pharm. Soc. Japan **57** [1937] 298, 306; dtsch. Ref. S. 124, 126; C. **1937** II 3311; als 4-Carboxy-phenylhydrazon (F: 251—252°): *Vei., Sch.*

Hydrochlorid. Krystalle (aus A.); F: 173° [korr.] (*Ed., Li.*).

**1-[3-Amino-phenyl]-äthanon-(1)-oxim,** *3'-aminoacetophenone oxime* $C_8H_{10}N_2O$, Formel XI (X = NOH).

*B.* Aus 1-[3-Nitro-phenyl]-äthanon-(1)-oxim beim Erhitzen mit wss. Ammoniumsulfid-Lösung (*Gheorghiu,* Bl. [4] **49** [1931] 1204, 1210).

Krystalle (aus W.); F: 129—130°.

**1-[3-Amino-phenyl]-äthanon-(1)-semicarbazon,** *3'-aminoacetophenone semicarbazone* $C_9H_{12}N_4O$, Formel XI (X = N-NH-CO-$NH_2$).

Krystalle (aus W.); F: 196° [Zers.] (*Elson, Gibson, Johnson,* Soc. **1930** 1128, 1130).

**1-[3-Anilino-phenyl]-äthanon-(1),** *3'-anilinoacetophenone* $C_{14}H_{13}NO$, Formel XII.

*B.* Beim Erhitzen von *N*-[3-Acetyl-phenyl]-anthranilsäure auf 250° (*Elson, Gibson,* Soc. **1931** 2381, 2386).

Krystalle (aus A.); F: 93°.

Beim Erhitzen mit Arsen(III)-chlorid in Chlorbenzol sind 10-Chlor-1-acetyl-5.10-di=hydro-phenarsazin und 10-Chlor-3-acetyl-5.10-dihydro-phenarsazin erhalten worden.

I II III

**(±)-1-[*N*-(3-Acetyl-phenyl)-formimidoyl]-cyclohexanon-(2),** (±)-*3'-[(2-oxocyclohexyl=methylene)amino]acetophenone* $C_{15}H_{17}NO_2$, Formel I, und **1-[(3-Acetyl-anilino)-methylen]-cyclohexanon-(2),** *3'-[1-(2-oxocyclohexylidene)methylamino]acetophenone* $C_{15}H_{17}NO_2$, Formel II.

*B.* Beim Erwärmen von 1-[3-Amino-phenyl]-äthanon-(1) mit 2-Oxo-cyclohexan-carb=

aldehyd-(1) (1-Hydroxymethylen-cyclohexanon-(2)) in Äthanol (*Petrow*, Soc. **1942** 693, 696).

Gelbe Krystalle (aus A.); F: 139–140° [korr.] (*Pe.*).

Beim Erwärmen mit 1-[3-Amino-phenyl]-äthanon-(1)-hydrochlorid und Zinkchlorid in Äthanol ist 1-Acetyl-5.6.7.8-tetrahydro-acridin erhalten worden (*Pe.*; *Sargent, Small*, J. org. Chem. **19** [1954] 1400, 1403).

**1-[3-Acetamino-phenyl]-äthanon-(1), Essigsäure-[3-acetyl-anilid],** *3'-acetylacetanilide* $C_{10}H_{11}NO_2$, Formel III (R = CO-CH$_3$) (H 45).

In 1 l Wasser lösen sich bei 15° 4,218 g (*Florence*, Bl. Sci. pharmacol. **40** [1933] 325, 331).

**2.2.3-Trimethyl-1-[3-acetyl-phenylcarbamoyl]-cyclopentan-carbonsäure-(3),** *3-[(m-acetylphenyl)carbamoyl]-1,2,2-trimethylcyclopentanecarboxylic acid* $C_{18}H_{23}NO_4$.

**(1*S*)-2.2.3*t*-Trimethyl-1*r*-[3-acetyl-phenylcarbamoyl]-cyclopentan-carbonsäure-(3*c*), (1*R*)-*cis*-Camphersäure-3-[3-acetyl-anilid],** Formel IV.

*B.* Beim Erhitzen von 1-[3-Amino-phenyl]-äthanon-(1) mit (1*R*)-*cis*-Camphersäure-anhydrid und Natriumacetat auf 150° (*Singh*, J. Indian chem. Soc. **13** [1936] 467, 470).

F: 189–190°. $[\alpha]_D^{18}$: +36,9° [Me.], +19,4° [A.], +30,9° [Acn.], +20,3° [Butanon] (*Si.*, l. c. S. 473).

**[3-Acetyl-phenyl]-harnstoff,** *(m-acetylphenyl)urea* $C_9H_{10}N_2O_2$, Formel III (R = CO-NH$_2$).

*B.* Beim Behandeln von 1-[3-Amino-phenyl]-äthanon-(1)-hydrochlorid mit Kaliumcyanat in Wasser (*Florence*, Bl. Sci. pharmacol. **40** [1933] 325, 330).

F: 146°. In 1 l Wasser lösen sich bei 15° 2,383 g.

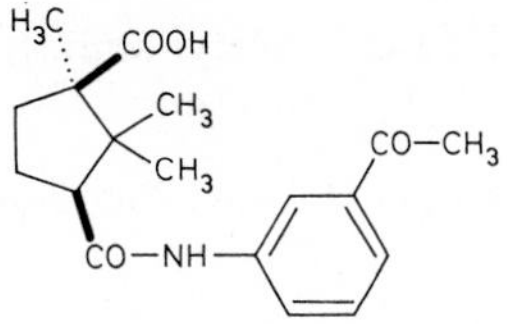

IV 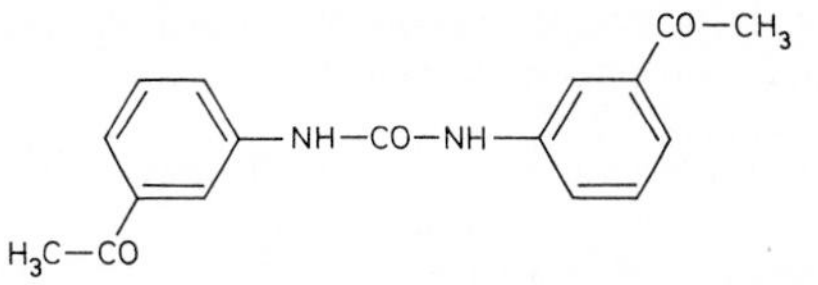 V

***N.N'*-Bis-[3-acetyl-phenyl]-harnstoff,** *1,3-bis(m-acetylphenyl)urea* $C_{17}H_{16}N_2O_3$, Formel V.

*B.* Beim Behandeln von 1-[3-Amino-phenyl]-äthanon-(1) mit Phosgen in Äther unter Zusatz von Pyridin (*Florence*, Bl. Sci. pharmacol. **40** [1933] 325, 330).

F: 187°. In 1 l Wasser lösen sich bei 15° 0,483 g.

***N*-Phenyl-*N'*-[3-(*N*-(phenylcarbamoyloxy-acetimidoyl)-phenyl]-harnstoff,** *1-phenyl-3-{m-[N-(phenylcarbamoyloxy)acetimidoyl]phenyl}urea* $C_{22}H_{20}N_4O_3$, Formel VI.

*B.* Aus 1-[3-Amino-phenyl]-äthanon-(1)-oxim und Phenylisocyanat in Äther (*Gheorghiu*, Bl. [4] **49** [1931] 1204, 1210).

Krystalle (aus A.); F: 175–176°.

**1-[3-Acetoacetylamino-phenyl]-äthanon-(1), Acetessigsäure-[3-acetyl-anilid],** *3'-acetylacetoacetanilide* $C_{12}H_{13}NO_3$, Formel III (R = CO-CH$_2$-CO-CH$_3$) und Tautomeres.

*B.* Beim Erhitzen von 1-[3-Amino-phenyl]-äthanon-(1) mit Acetessigsäure-äthylester in Xylol (*Monti, Cirelli*, G. **66** [1936] 723, 730).

Krystalle (aus Bzl.); F: 96–98°.

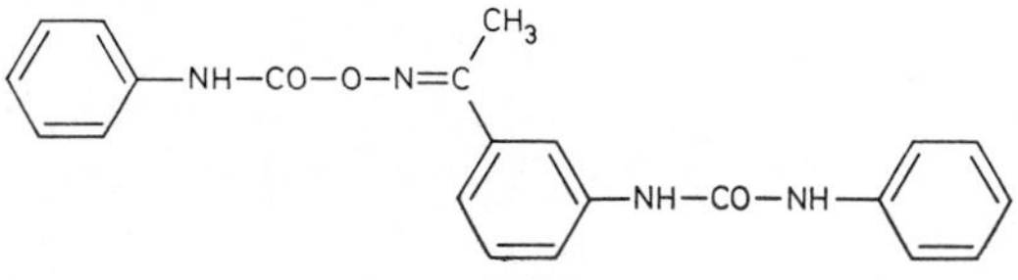

VI 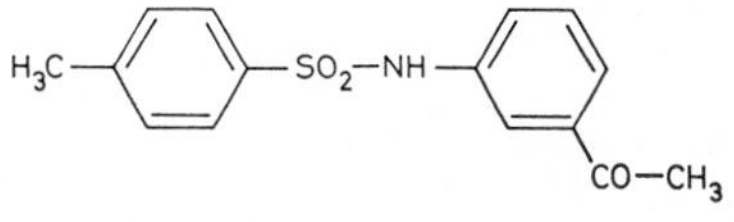 VII

**1-[3-(Toluol-sulfonyl-(4)-amino)-phenyl]-äthanon-(1), Toluol-sulfonsäure-(4)-[3-acetyl-anilid],** *3'-acetyl-p-toluenesulfonanilide* $C_{15}H_{15}NO_3S$, Formel VII.

*B.* Aus 1-[3-Amino-phenyl]-äthanon-(1) (*Elson, Gibson, Johnson*, Soc. **1930** 1128, 1131).

Krystalle (aus A.); F: 130°.

**1-[4-Chlor-3-amino-phenyl]-äthanon-(1)**, 4-Chlor-3-amino-acetophenon, *3'-amino-4'-chloroacetophenone* $C_8H_8ClNO$, Formel VIII (R = H).

*B.* Aus 1-[4-Chlor-3-nitro-phenyl]-äthanon-(1) bei der Hydrierung an Platin in Äthanol (*Leonard, Boyd*, J. org. Chem. **11** [1946] 405, 415), beim Behandeln mit Zinn(II)-chlorid in wss. Salzsäure (*Lutz et al.*, J. org. Chem. **12** [1947] 617, 692) oder beim Erwärmen mit Eisen und wss. Essigsäure (*Le., Boyd*).

Krystalle (aus Bzl. + PAe.); F: 109° [korr.] (*Le., Boyd*).

**1-[4-Chlor-3-acetamino-phenyl]-äthanon-(1), Essigsäure-[6-chlor-3-acetyl-anilid]**, *5'-acetyl-2'-chloroacetanilide* $C_{10}H_{10}ClNO_2$, Formel VIII (R = CO-$CH_3$).

*B.* Aus 1-[4-Chlor-3-amino-phenyl]-äthanon-(1) und Acetanhydrid (*Leonard, Boyd*, J. org. Chem. **11** [1946] 405, 415; *Keneford, Simpson*, Soc. **1947** 227, 231).

Krystalle; F: 123—124° [korr.; aus wss. A.] (*Le., Boyd*), 118,5—119,5° [unkorr.; aus A.] (*Ke., Si.*).

**2-Chlor-1-[3-amino-phenyl]-äthanon-(1), 3-Amino-phenacylchlorid**, ω-Chlor-3-amino-acetophenon, *3'-amino-2-chloroacetophenone* $C_8H_8ClNO$, Formel IX (R = H).

*B.* Aus 2-Chlor-1-[3-nitro-phenyl]-äthanon-(1) beim Erwärmen mit Schwefelsäure und Kupfer (*Catch et al.*, Soc. **1949** 552, 553).

Krystalle (aus Ae.); F: 90—91°.

**2-Chlor-1-[3-methylamino-phenyl]-äthanon-(1), 3-Methylamino-phenacylchlorid**, *2-chloro-3'-(methylamino)acetophenone* $C_9H_{10}ClNO$, Formel IX (R = $CH_3$).

*B.* Aus 2-Chlor-1-[3-amino-phenyl]-äthanon-(1) und Dimethylsulfat (*Catch et al.*, Soc. **1949** 552, 553).

Krystalle (aus wss. Me.); F: 79—81°.

**2-Chlor-1-[3-formamino-phenyl]-äthanon-(1), Ameisensäure-[3-chloracetyl-anilid], 3-Formamino-phenacylchlorid**, *3'-(chloroacetyl)formanilide* $C_9H_8ClNO_2$, Formel IX (R = CHO).

*B.* Beim Erwärmen von 2-Chlor-1-[3-amino-phenyl]-äthanon-(1) mit Ameisensäure (*Catch et al.*, Soc. **1949** 552, 553).

Krystalle (aus $CHCl_3$); F: 135°.

**2-Chlor-1-[3-acetamino-phenyl]-äthanon-(1), Essigsäure-[3-chloracetyl-anilid], 3-Acetamino-phenacylchlorid**, *3'-(chloroacetyl)acetanilide* $C_{10}H_{10}ClNO_2$, Formel IX (R = CO-$CH_3$).

*B.* Aus 2-Chlor-1-[3-amino-phenyl]-äthanon-(1) und Acetanhydrid (*Catch et al.*, Soc. **1949** 552, 553).

Krystalle (aus A.); F: 128°.

**2-Chlor-1-[3-(C-chlor-acetamino)-phenyl]-äthanon-(1), Chloressigsäure-[3-chloracetyl-anilid]**, *2-chloro-3'-(chloroacetyl)acetanilide* $C_{10}H_9Cl_2NO_2$, Formel IX (R = CO-$CH_2Cl$).

*B.* Beim Behandeln von 2-Chlor-1-[3-amino-phenyl]-äthanon-(1) mit Chloracetylchlorid und wss. Natronlauge (*Catch et al.*, Soc. **1949** 552, 553).

Krystalle (aus Me.); F: 110—111°.

**2-Chlor-1-[3-propionylamino-phenyl]-äthanon-(1), Propionsäure-[3-chloracetyl-anilid], 3-Propionylamino-phenacylchlorid**, *3'-(chloroacetyl)propionanilide* $C_{11}H_{12}ClNO_2$, Formel IX (R = CO-$C_2H_5$).

*B.* Aus 2-Chlor-1-[3-amino-phenyl]-äthanon-(1) (*Waters*, Soc. **1946** 966).

F: 136°.

Cl—C6H3(NH—R)—CO—CH3 VIII; C6H4(NH—R)—CO—CH2Cl IX; $H_2N$—C6H4—C(Cl)(OC2H5)—CHCl2 X

VIII IX X

**2-Chlor-1-[3-(3-chlor-propionylamino)-phenyl]-äthanon-(1), 3-Chlor-propionsäure-[3-chloracetyl-anilid]**, *3-chloro-3'-(chloroacetyl)propionanilide* $C_{11}H_{11}Cl_2NO_2$, Formel IX (R = CO-$CH_2$-$CH_2Cl$).

*B.* Aus 2-Chlor-1-[3-amino-phenyl]-äthanon-(1) (*Waters*, Soc. **1946** 966).

F: 145°.

**2-Chlor-1-[3-butyrylamino-phenyl]-äthanon-(1), Buttersäure-[3-chloracetyl-anilid], 3-Butyrylamino-phenacylchlorid,** *3'-(chloroacetyl)butyranilide* $C_{12}H_{14}ClNO_2$, Formel IX ($R = CO\text{-}CH_2\text{-}CH_2\text{-}CH_3$).

*B.* Aus 2-Chlor-1-[3-amino-phenyl]-äthanon-(1) (*Waters*, Soc. **1946** 966).

F: 93°.

**2-Chlor-1-[3-isobutyrylamino-phenyl]-äthanon-(1), Isobuttersäure-[3-chloracetyl-anilid], 3-Isobutyrylamino-phenacylchlorid,** *3'-(chloroacetyl)isobutyranilide* $C_{12}H_{14}ClNO_2$, Formel IX ($R = CO\text{-}CH(CH_3)_2$).

*B.* Aus 2-Chlor-1-[3-amino-phenyl]-äthanon-(1) (*Waters*, Soc. **1946** 966).

F: 136°.

**2-Chlor-1-[3-valerylamino-phenyl]-äthanon-(1), Valeriansäure-[3-chloracetyl-anilid], 3-Valerylamino-phenacylchlorid,** *3'-(chloroacetyl)valeranilide* $C_{13}H_{16}ClNO_2$, Formel IX ($R = CO\text{-}[CH_2]_3\text{-}CH_3$).

*B.* Aus 2-Chlor-1-[3-amino-phenyl]-äthanon-(1) (*Waters*, Soc. **1946** 966).

F: 95°.

**2-Chlor-1-[3-(4-methyl-valerylamino)-phenyl]-äthanon-(1), 4-Methyl-valeriansäure-[3-chloracetyl-anilid],** *3'-(chloroacetyl)-4-methylvaleranilide* $C_{14}H_{18}ClNO_2$, Formel IX ($R = CO\text{-}CH_2\text{-}CH_2\text{-}CH(CH_3)_2$).

*B.* Aus 2-Chlor-1-[3-amino-phenyl]-äthanon-(1) (*Waters*, Soc. **1946** 966).

F: 106°.

**2-Chlor-1-[3-octanoylamino-phenyl]-äthanon-(1), Octansäure-[3-chloracetyl-anilid], 3-Octanoylamino-phenacylchlorid,** *3'-(chloroacetyl)octananilide* $C_{16}H_{22}ClNO_2$, Formel IX ($R = CO\text{-}[CH_2]_6\text{-}CH_3$).

*B.* Aus 2-Chlor-1-[3-amino-phenyl]-äthanon-(1) (*Waters*, Soc. **1946** 966).

F: 96°.

**2-Chlor-1-[3-nonanoylamino-phenyl]-äthanon-(1), Nonansäure-[3-chloracetyl-anilid], 3-Nonanoylamino-phenacylchlorid,** *3'-(chloroacetyl)nonananilide* $C_{17}H_{24}ClNO_2$, Formel IX ($R = CO\text{-}[CH_2]_7\text{-}CH_3$).

*B.* Aus 2-Chlor-1-[3-amino-phenyl]-äthanon-(1) (*Waters*, Soc. **1946** 966).

F: 91°.

**2-Chlor-1-[3-lauroylamino-phenyl]-äthanon-(1), Laurinsäure-[3-chloracetyl-anilid], 3-Lauroylamino-phenacylchlorid,** *3'-(chloroacetyl)lauranilide* $C_{20}H_{30}ClNO_2$, Formel IX ($R = CO\text{-}[CH_2]_{10}\text{-}CH_3$).

*B.* Aus 2-Chlor-1-[3-amino-phenyl]-äthanon-(1) (*Waters*, Soc. **1946** 966).

F: 96°.

**2-Chlor-1-[3-myristoylamino-phenyl]-äthanon-(1), Myristinsäure-[3-chloracetyl-anilid], 3-Myristoylamino-phenacylchlorid,** *3'-(chloroacetyl)myristanilide* $C_{22}H_{34}ClNO_2$, Formel IX ($R = CO\text{-}[CH_2]_{12}\text{-}CH_3$).

*B.* Aus 2-Chlor-1-[3-amino-phenyl]-äthanon-(1) (*Waters*, Soc. **1946** 966).

F: 100°.

**2-Chlor-1-[3-(undecen-(10)-oylamino)-phenyl]-äthanon-(1), Undecen-(1)-säure-(11)-[3-chloracetyl-anilid],** *3'-(chloroacetyl)undec-10-enanilide* $C_{19}H_{26}ClNO_2$, Formel IX ($R = CO\text{-}[CH_2]_8\text{-}CH{=}CH_2$).

*B.* Aus 2-Chlor-1-[3-amino-phenyl]-äthanon-(1) (*Waters*, Soc. **1946** 966).

F: 92°.

**(±)-3-[1.2.2-Trichlor-1-äthoxy-äthyl]-anilin,** (±)-m-(*1,2,2-trichloro-1-ethoxyethyl*)*aniline* $C_{10}H_{12}Cl_3NO$, Formel X.

Eine unter dieser Konstitution beschriebene Verbindung (Krystalle [aus Bzn.]; F: 85°) ist bei der Hydrierung von (±)-1.2.2-Trichlor-1-äthoxy-1-[3-nitro-phenyl]-äthan (?; E III **7** 997) an Nickel in Methanol unter Zusatz von Calciumcarbonat bei 100° unter Druck erhalten worden (*Du Pont de Nemours & Co.*, U.S.P. 2351247 [1941]).

**1-[6-Brom-3-acetamino-phenyl]-äthanon-(1), Essigsäure-[4-brom-3-acetyl-anilid],** *3'-acetyl-4'-bromoacetanilide* $C_{10}H_{10}BrNO_2$, Formel XI.

*B.* Beim Erwärmen von 1-[6-Brom-3-nitro-phenyl]-äthanon-(1) mit Eisen und wss. Essigsäure und Erwärmen des Reaktionsprodukts mit Acetanhydrid (*Simpson et al.*, Soc. **1945** 646, 654).

Wasserhaltige Krystalle (aus Ae.); F: 90,5—92°.

Oxim $C_{10}H_{11}BrN_2O_2$. Krystalle (aus wss. A.); F: 199,5—201° [unkorr.].

**1-[2-Nitro-3-amino-phenyl]-äthanon-(1),** 2-Nitro-3-amino-acetophenon, *3'-amino-2'-nitroacetophenone* $C_8H_8N_2O_3$, Formel XII (R = H).

*B.* Aus 1-[2-Nitro-3-acetamino-phenyl]-äthanon-(1) beim Erwärmen mit äthanol. Schwefelsäure (*Waters*, Soc. **1945** 629) oder mit wss. Salzsäure (*Simpson et al.*, Soc. **1945** 646, 655; *Leonard, Boyd,* J. org. Chem. **11** [1946] 405, 411).

Orangefarbene Krystalle; F: 93—93,5° [aus Bzl.] (*Le., Boyd*), 92° [aus wss. Me.] (*Wa.*), 91—93° [aus wss. A.] (*Si. et al.*).

Hydrochlorid. Gelbe Krystalle (aus wss. Salzsäure + Eg.); F: 108—109° [unkorr.; Zers.; nach Erweichen] (*Si. et al.*).

**1-[2-Nitro-3-acetamino-phenyl]-äthanon-(1), Essigsäure-[2-nitro-3-acetyl-anilid],** *3'-acetyl-2'-nitroacetanilide* $C_{10}H_{10}N_2O_4$, Formel XII (R = CO-$CH_3$).

*B.* Aus 1-[3-Acetamino-phenyl]-äthanon-(1) beim Eintragen in Salpetersäure (*Leonard, Boyd,* J. org. Chem. **11** [1946] 405, 411) sowie neben 1-[4-Nitro-3-acetamino-phenyl]-äthanon-(1) und geringeren Mengen 1-[6-Nitro-3-acetamino-phenyl]-äthanon-(1) beim Eintragen in ein Gemisch aus Salpetersäure und Acetanhydrid (*Waters*, Soc. **1945** 629).

Krystalle; F: 168—169° [korr.; aus A.] (*Le., Boyd*), 165° [aus wss. A.] (*Wa.*).

**1-[2-Nitro-3-benzamino-phenyl]-äthanon-(1), Benzoesäure-[2-nitro-3-acetyl-anilid],** *3'-acetyl-2'-nitrobenzanilide* $C_{15}H_{12}N_2O_4$, Formel XII (R = CO-$C_6H_5$).

*B.* Aus 1-[2-Nitro-3-amino-phenyl]-äthanon-(1) (*Waters*, Soc. **1945** 629).

Krystalle (aus A.); F: 128°.

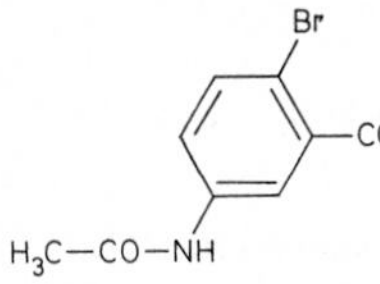

Br; CO—$CH_3$; $H_3C$—CO—NH — XI

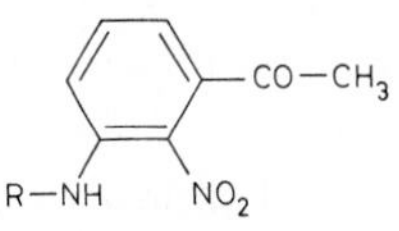

CO—$CH_3$; R—NH; $NO_2$ — XII

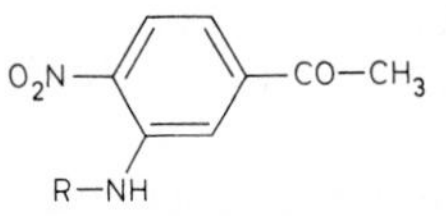

$O_2N$; CO—$CH_3$; R—NH — XIII

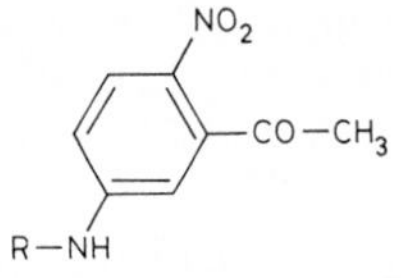

$NO_2$; CO—$CH_3$; R—NH — XIV

**1-[4-Nitro-3-amino-phenyl]-äthanon-(1),** 4-Nitro-3-amino-acetophenon, *3'-amino-4'-nitroacetophenone* $C_8H_8N_2O_3$, Formel XIII (R = H).

*B.* Beim Eintragen von 1-[3-Acetamino-phenyl]-äthanon-(1) in ein Gemisch von Salpetersäure und Acetanhydrid und Erwärmen des nach Abtrennung von 1-[2-Nitro-3-acetamino-phenyl]-äthanon-(1) erhaltenen, noch geringe Mengen 1-[6-Nitro-3-acetamino-phenyl]-äthanon-(1) enthaltenden Reaktionsprodukts mit äthanol. Schwefelsäure (*Waters*, Soc. **1945** 629).

Rote Krystalle (aus Me.); F: 163°.

**1-[4-Nitro-3-acetamino-phenyl]-äthanon-(1), Essigsäure-[6-nitro-3-acetyl-anilid],** *5'-acetyl-2'-nitroacetanilide* $C_{10}H_{10}N_2O_4$, Formel XIII (R = CO-$CH_3$).

*B.* Aus 1-[4-Nitro-3-amino-phenyl]-äthanon-(1) (*Waters*, Soc. **1945** 629).

Gelbe Krystalle; F: 121°.

**1-[4-Nitro-3-benzamino-phenyl]-äthanon-(1), Benzoesäure-[6-nitro-3-acetyl-anilid],** *5'-acetyl-2'-nitrobenzanilide* $C_{15}H_{12}N_2O_4$, Formel XIII (R = CO-$C_6H_5$).

*B.* Aus 1-[4-Nitro-3-amino-phenyl]-äthanon-(1) (*Waters*, Soc. **1945** 629).

Orangefarbene Krystalle; F: 125°.

**1-[6-Nitro-3-amino-phenyl]-äthanon-(1),** 6-Nitro-3-amino-acetophenon, *5'-amino-2'-nitroacetophenone* $C_8H_8N_2O_3$, Formel XIV (R = H).

*B.* Aus 1-[6-Nitro-3-acetamino-phenyl]-äthanon-(1) beim Erwärmen mit wss. Salzsäure (*Simpson et al.*, Soc. **1945** 646, 655; *Leonard, Boyd,* J. org. Chem. **11** [1946] 405, 411).

Gelbe Krystalle; F: 152—153° [korr.; aus Bzl. + A.] (*Le.*, *Boyd*), 150° [aus Eg.] (*Waters*, Soc. **1945** 629), 148—149° [unkorr.; aus A.] (*Si. et al.*).

**1-[6-Nitro-3-acetamino-phenyl]-äthanon-(1), Essigsäure-[4-nitro-3-acetyl-anilid],** *3'-acetyl-4'-nitroacetanilide* $C_{10}H_{10}N_2O_4$, Formel XIV (R = CO-$CH_3$).

*B.* Beim Eintragen von 1-[3-Acetamino-phenyl]-äthanon-(1) in ein Gemisch von Sal= petersäure und Schwefelsäure (*Simpson et al.*, Soc. **1945** 646, 654; s. a. *Leonard*, *Boyd*, J. org. Chem. **11** [1946] 405, 411).

Krystalle; F: 150° (*Waters*, Soc. **1945** 629), 149—150° [korr.; aus Bzl. + A.] (*Le.*, *Boyd*), 146,5—148° [unkorr.; aus wss. A.] (*Si. et al.*).

**1-[4-Chlor-2-nitro-3-amino-phenyl]-äthanon-(1),** 4-Chlor-2-nitro-3-amino-aceto= phenon, *3'-amino-4'-chloro-2'-nitroacetophenone* $C_8H_7ClN_2O_3$, Formel I (R = H).

*B.* Aus 1-[4-Chlor-2-nitro-3-acetamino-phenyl]-äthanon-(1) beim Erwärmen mit wss. Salzsäure (*Keneford*, *Simpson*, Soc. **1947** 227, 231).

Gelbe Krystalle (aus A.); F: 94—95°.

**1-[4-Chlor-2-nitro-3-acetamino-phenyl]-äthanon-(1), Essigsäure-[6-chlor-2-nitro-3-acet= yl-anilid],** *3'-acetyl-6'-chloro-2'-nitroacetanilide* $C_{10}H_9ClN_2O_4$, Formel I (R = CO-$CH_3$).

*B.* Neben 1-[4-Chlor-6-nitro-3-acetamino-phenyl]-äthanon-(1) beim Eintragen von 1-[4-Chlor-3-acetamino-phenyl]-äthanon-(1) in Salpetersäure (*Keneford*, *Simpson*, Soc. **1947** 227, 229 Anm., 231; s. a. *Leonard*, *Boyd*, J. org. Chem. **11** [1946] 405, 415).

Krystalle; F: 176—177° [korr.; aus Bzl. + PAe.] (*Le.*, *Boyd*), 174—175° [unkorr.; aus A.] (*Ke.*, *Si.*).

**1-[4-Chlor-6-nitro-3-amino-phenyl]-äthanon-(1),** 4-Chlor-6-nitro-3-amino-aceto= phenon, *5'-amino-4'-chloro-2'-nitroacetophenone* $C_8H_7ClN_2O_3$, Formel II (R = H).

*B.* Aus 1-[4-Chlor-6-nitro-3-acetamino-phenyl]-äthanon-(1) beim Erwärmen mit wss. Salzsäure (*Keneford*, *Simpson*, Soc. **1947** 227, 231).

Rote Krystalle (aus A.); F: 169—170° [unkorr.].

**1-[4-Chlor-6-nitro-3-acetamino-phenyl]-äthanon-(1), Essigsäure-[6-chlor-4-nitro-3-acetyl-anilid],** *5'-acetyl-2'-chloro-4'-nitroacetanilide* $C_{10}H_9ClN_2O_4$, Formel II (R = CO-$CH_3$).

*B.* Als Hauptprodukt beim Eintragen von 1-[4-Chlor-3-acetamino-phenyl]-äthanon-(1) in Salpetersäure (*Keneford*, *Simpson*, Soc. **1947** 227, 231).

Krystalle (aus A.); F: 142—143° [unkorr.]. Am Licht erfolgt Rotfärbung.

Cl, CO—$CH_3$, R—NH, $NO_2$ — I

$NO_2$, Cl, CO—$CH_3$, R—NH — II

$H_2N$, CO—$CH_3$ — III

**1-[4-Amino-phenyl]-äthanon-(1),** 4-Amino-acetophenon, *4'-aminoacetophenone* $C_8H_9NO$, Formel III (H 46; E I 366; E II 30).

*B.* Beim Erwärmen von Anilin mit Acetonitril in mit Chlorwasserstoff gesättigtem Äther, Erhitzen des Reaktionsprodukts bis auf 300° und anschliessenden Erwärmen mit wss. Kalilauge (*Hao-Tsing*, Am. Soc. **66** [1944] 1421). Beim Erhitzen von 1-[4-Chlor-phenyl]-äthanon-(1) mit wss. Ammoniak und Kupfer(I)-oxid auf 220° (*Dow Chem. Co.*, U.S.P. 1946058 [1932]). Aus 1-[4-Nitro-phenyl]-äthanon-(1) bei der Hydrierung an Palladium in Isopropylalkohol (*Kuhn et al.*, B. **75** [1942] 711, 718).

Krystalle (aus $CHCl_3$ + Bzn.); F: 106° (*Kuhn et al.*, l. c. S. 718). Verbrennungswärme bei konstantem Volumen bei 25°: 1129,7 kcal/mol (*Sullivan*, *Hunt*, J. phys. Chem. **53** [1949] 497, 499). Raman-Spektrum: *Kahovec*, *Wagner*, Pr. Indian Acad. [A] **8** [1938] 323, 325. UV-Spektrum von Lösungen der Base in Äthanol: *Kumler*, Am. Soc. **68** [1946] 1184, 1188; in Äther: *Pestemer*, *Langer*, *Manchen*, M. **68** [1936] 326, 333; *Dannenberg*, Z. Naturf. **4b** [1949] 327, 337; einer Lösung des Hydrochlorids in wss. Salzsäure: *Pe.*, *La.*, *Ma.*, l. c. S. 338. Dipolmoment (ε; Bzl.): 4,29 D (*Hassel*, *Naeshagen*, Z. physik. Chem. [B] **15** [1932] 417, 420). Schmelzdiagramm des Systems mit 2.4.6-Trinitro-anisol (Verbindung 1:1; F: ca. 38°): *Giua*, Atti Accad. Torino **66** [1930/31] 54, 56.

Reaktion mit Chlor in Essigsäure unter Bildung von 1-[3.5-Dichlor-4-amino-phenyl]-äthanon-(1) und 2.4.6-Trichlor-anilin: *Lutz et al.*, J. org. Chem. **12** [1947] 617, 681. Geschwindigkeit der Reaktion mit 4-Chlor-1.3-dinitro-benzol in Äthanol bei 100°: *van Opstall*, R. **52** [1933] 901, 906. Beim Erwärmen mit 2.4.6-Trinitro-anisol in Äthanol ist 1-[4-(2.4.6-Trinitro-anilino)-phenyl]-äthanon-(1) erhalten worden (*Giua*, l. c. S. 57). Bildung von 2-[4-Amino-phenyl]-chinolin-carbonsäure-(4) beim Erhitzen mit Isatin und wss. Kalilauge: *John*, J. pr. [2] **139** [1934] 97, 98.

Charakterisierung als 4-Thiocyanato-phenylhydrazon (F: 156—156,5°): *Horii*, J. pharm. Soc. Japan **56** [1936] 53, 56; dtsch. Ref. S. 17; C. A. **1936** 4156; als 4-Carboxy-phenyl-hydrazon (F: 237—238°): *Veibel*, Acta chem. scand. **1** [1947] 54, 62.

Hydrochlorid (H 47). Krystalle (aus W.); Zers. bei 98° (*Pestemer, Langer, Manchen*, M. **68** [1936] 326, 348).

Verbindung mit Palladium(II)-chlorid $2C_8H_9NO \cdot PdCl_2$. Gelb (*Schöntal*, Soc. **1938** 1099).

2-Nitro-indandion-(1.3)-Salz $C_8H_9NO \cdot C_9H_5NO_4$. Krystalle; F: 199° (*Wanag, Dombrowski*, B. **75** [1942] 82, 85), 191—194° [Zers.; korr.] (*Christensen et al.*, Anal. Chem. **21** [1949] 1573).

Toluol-sulfonat-(4) $C_8H_9NO \cdot C_7H_8O_3S$. Krystalle; F: 177,8—179,3° [korr.] (*Noller, Liang*, Am. Soc. **54** [1932] 670, 671).

**Bis-[1-(4-amino-phenyl)-äthyliden]-hydrazin, 1-[4-Amino-phenyl]-äthanon-(1)-azin**, *4'-aminoacetophenone azine* $C_{16}H_{18}N_4$, Formel IV (H 47; E II 32).

Krystalle (aus A.); F: 166° [korr.] (*Blout, Eager, Gofstein*, Am. Soc. **68** [1946] 1983, 1986). UV-Spektrum (A.): *Bl., Ea., Go.*, l. c. S. 1985.

**1-[4-Dimethylamino-phenyl]-äthanon-(1)**, *4'-(dimethylamino)acetophenone* $C_{10}H_{13}NO$, Formel V (R = X = $CH_3$) (H 47; E I 366; E II 32).

*B.* Aus 4-Dimethylamino-benzonitril und Methyllithium in Äther (*Gilman, Kirby*, Am. Soc. **55** [1933] 1265, 1268).

UV-Spektrum (A.): *Kumler*, Am. Soc. **68** [1946] 1184, 1188.

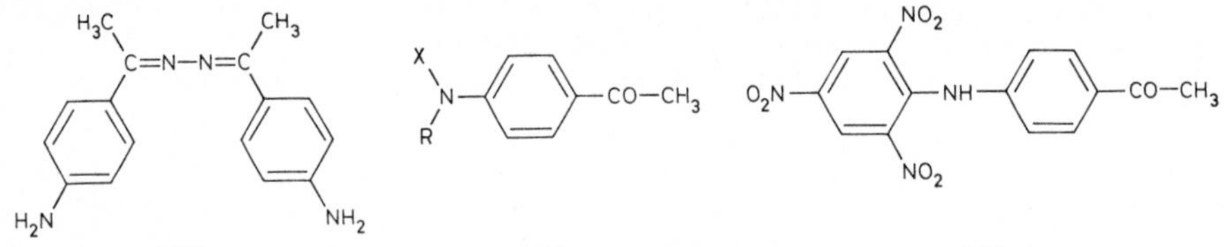

IV V VI

**1-[4-Äthylamino-phenyl]-äthanon-(1)**, *4'-(ethylamino)acetophenone* $C_{10}H_{13}NO$, Formel V (R = $C_2H_5$, X = H).

*B.* Beim Erwärmen von 1-[4-Amino-phenyl]-äthanon-(1) mit Diäthylsulfat und wss. Natronlauge (*Kumler*, Am. Soc. **68** [1946] 1184, 1191).

Krystalle (aus A.); F: 101—102°. UV-Spektrum (A.): *Ku.*, l. c. S. 1188.

**1-[4-(2.4.6-Trinitro-anilino)-phenyl]-äthanon-(1)**, *4'-(2,4,6-trinitroanilino)acetophenone* $C_{14}H_{10}N_4O_7$, Formel VI (H 47).

*B.* Beim Erhitzen von 2.4.6-Trinitro-anisol mit 1-[4-Amino-phenyl]-äthanon-(1) in Äthanol (*Giua*, Atti Accad. Torino **66** [1930/31] 54, 57).

Orangegelbe Krystalle (aus A.); F: 163°.

**1-[4-(2.4-Dinitro-naphthyl-(1)-amino)-phenyl]-äthanon-(1)**, *4'-(2,4-dinitro-1-naphthyl-amino)acetophenone* $C_{18}H_{13}N_3O_5$, Formel VII.

*B.* Beim Erwärmen von 1-[4-Amino-phenyl]-äthanon-(1) mit 4-Chlor-1.3-dinitro-naphthalin in Äthanol (*Mangini*, R.A.L. [6] **25** [1937] 387, 390), auch unter Zusatz von Natriumacetat (*Raadsveld*, R. **54** [1935] 827, 829).

Rote Krystalle; F: 170—171° [aus Eg.] (*Ma.*), 162° [aus Acn.] (*Raa.*).

Charakterisierung als 4-Nitro-phenylhydrazon (F: 255° [Zers.]): *Ma.*

**1-[4-Methylenamino-phenyl]-äthanon-(1),** *4'-(methyleneamino)acetophenone* $C_9H_9NO$, Formel VIII.

Diese Konstitution wird der nachstehend beschriebenen Verbindung zugeordnet.

*B.* Neben 3-Hydroxy-1-[4-methylenamino-phenyl]-propanon-(1) beim Erwärmen von 1-[4-Amino-phenyl]-äthanon-(1) mit wss. Formaldehyd (*Matsumura*, Am. Soc. **57** [1935] 496).

Krystalle (aus A.); F: 192—193°.

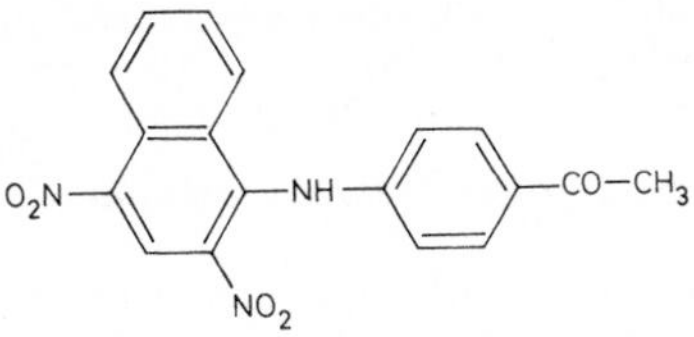

VII 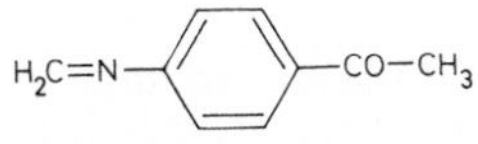 VIII 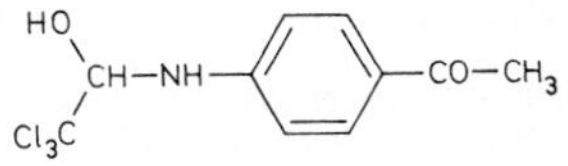 IX

**(±)-1-[4-(2.2.2-Trichlor-1-hydroxy-äthylamino)-phenyl]-äthanon-(1),** *(±)-4'-(2,2,2-trichloro-1-hydroxyethylamino)acetophenone* $C_{10}H_{10}Cl_3NO_2$, Formel IX.

*B.* Beim Behandeln von 1-[4-Amino-phenyl]-äthanon-(1) mit Chloralhydrat und Natriumacetat in wss. Essigsäure (*Sumerford, Dalton*, J. org. Chem. **9** [1944] 81, 82).

Krystalle (aus Heptan + Bzl.); F: 104,5° [korr.].

**1-[4-(4-Methoxy-benzylidenamino)-phenyl]-äthanon-(1),** *4'-(4-methoxybenzylideneamino)acetophenone* $C_{16}H_{15}NO_2$, Formel X (R = $CH_3$) (H 48; E II 32).

Über die Existenz krystallin-flüssiger Phasen (vgl. E II 32) s. *Vorländer*, Z. Kr. **79** [1931] 61, 72. Umwandlungstemperaturen krystalliner Schmelzen der binären Systeme mit 4.4'-Bis-äthoxycarbonyloxy-azoxybenzol und Propionsäure-cholesterylester: *Robberecht*, Bl. Soc. chim. Belg. **47** [1938] 597, 631.

**1-[4-(4-Benzoyloxy-benzylidenamino)-phenyl]-äthanon-(1),** *4'-[4-(benzoyloxy)benzylideneamino]acetophenone* $C_{22}H_{17}NO_3$, Formel X (R = CO-$C_6H_5$).

*B.* Aus 1-[4-(4-Hydroxy-benzylidenamino)-phenyl]-äthanon-(1) (*Vorländer*, B. **70** [1937] 1202, 1209).

F: 188°. Über die Existenz krystallin-flüssiger Phasen s. *Vo.*

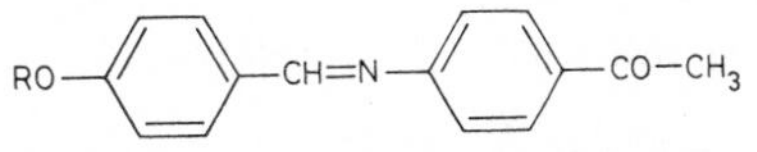

X 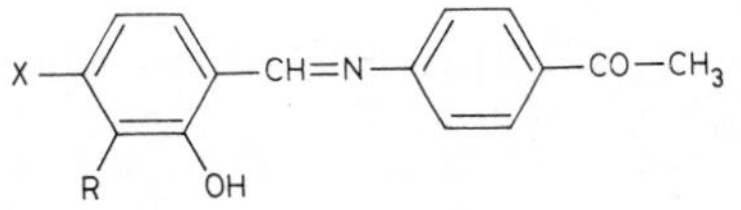 XI

**1-[4-(2-Hydroxy-3-methoxy-benzylidenamino)-phenyl]-äthanon-(1),** *4'-(2-hydroxy-3-methoxybenzylideneamino)acetophenone* $C_{16}H_{15}NO_3$, Formel XI (R = $OCH_3$, X = H).

*B.* Beim Erwärmen von 1-[4-Amino-phenyl]-äthanon-(1) mit 2-Hydroxy-3-methoxy-benzaldehyd in Äthanol (*Robinson, Robinson*, Soc. **1932** 1439, 1442).

Orangefarbene Krystalle (aus A.); F: 130°.

**1-[4-(2-Hydroxy-4-methoxy-benzylidenamino)-phenyl]-äthanon-(1),** *4'-(2-hydroxy-4-methoxybenzylideneamino)acetophenone* $C_{16}H_{15}NO_3$, Formel XI (R = H, X = $OCH_3$).

*B.* Beim Erwärmen von 1-[4-Amino-phenyl]-äthanon-(1) mit 2-Hydroxy-4-methoxy-benzaldehyd in Äthanol (*Robinson, Robinson*, Soc. **1932** 1439, 1442).

Gelbe Krystalle (aus A.); F: 159—160°.

**1-[4-Acetamino-phenyl]-äthanon-(1), Essigsäure-[4-acetyl-anilid],** *4'-acetylacetanilide* $C_{10}H_{11}NO_2$, Formel XII (R = CO-$CH_3$) (H 48; E I 366; E II 33).

*B.* Aus Acetanilid beim Behandeln mit Aluminiumchlorid und Acetylchlorid in Schwefelkohlenstoff (*Ferber, Brückner*, B. **72** [1939] 995, 999; vgl. H 48) sowie beim Erwärmen mit Aluminiumchlorid und Acetylchlorid oder Acetanhydrid (*I.G. Farbenind.*, D.R.P. 715930 [1939]; D.R.P. Org. Chem. **6** 2019).

In 1 l Wasser lösen sich bei 15° 4,218 g (*Florence*, Bl. Sci. pharmacol. **40** [1933] 325, 331).

Beim Hydrieren an Platin in Äthanol und Erhitzen des Reaktionsprodukts mit Acet=

anhydrid und Natriumacetat ist 4-Acetamino-1-[1-acetoxy-äthyl]-benzol (F: 109°), beim Hydrieren an Platin in Äthanol und Essigsäure und Erwärmen des Reaktionsprodukts mit Chrom(VI)-oxid und wasserhaltiger Essigsäure sind *cis*-4-Acetamino-1-acetyl-cyclohexan und *trans*-4-Acetamino-1-acetyl-cyclohexan erhalten worden (*Fe.*, *Br.*, l. c. S. 999, 1000).

**1-[4-(*C*-Brom-acetamino)-phenyl]-äthanon-(1), Bromessigsäure-[4-acetyl-anilid],** *4'-acetyl-2-bromoacetanilide* $C_{10}H_{10}BrNO_2$, Formel XII (R = CO-$CH_2$Br).

*B.* Beim Behandeln von 1-[4-Amino-phenyl]-äthanon-(1) mit Bromacetylchlorid und Natriumacetat in wss. Essigsäure (*Raadsveld*, R. **54** [1935] 813, 823).

Krystalle (aus wss. Eg.); F: 157°.

**3-Phenyl-2-benzyl-propionsäure-[4-acetyl-anilid],** *4'-acetyl-2-benzyl-3-phenylpropionanilide* $C_{24}H_{23}NO_2$, Formel XII (R = CO-CH($CH_2$-$C_6H_5$)$_2$).

*B.* Beim Behandeln von 1-[4-Amino-phenyl]-äthanon-(1) mit dem aus 3-Phenyl-2-benzyl-propionsäure mit Hilfe von Thionylchlorid hergestellten Säurechlorid und Pyridin (*Billman, Rendall*, Am. Soc. **66** [1944] 745).

Krystalle (aus A.); F: 135—136°.

**2.2.3-Trimethyl-1-[4-acetyl-phenylcarbamoyl]-cyclopentan-carbonsäure-(3),** *3-[(p-acetylphenyl)carbamoyl]-1,2,2-trimethylcyclopentanecarboxylic acid* $C_{18}H_{23}NO_4$.

**(1*S*)-2.2.3*t*-Trimethyl-1*r*-[4-acetyl-phenylcarbamoyl]-cyclopentan-carbonsäure-(3*c*), (1*R*)-*cis*-Camphersäure-3-[4-acetyl-anilid],** Formel XIII.

*B.* Beim Erhitzen von 1-[4-Amino-phenyl]-äthanon-(1) mit (1*R*)-*cis*-Camphersäure-anhydrid und Natriumacetat bis auf 150° (*Singh*, J. Indian chem. Soc. **13** [1936] 467, 470).

Krystalle (aus wss. A.); F: 224—225°. $[\alpha]_D^{18}$: +67,5° [Me.], +51,8° [A.], +67,7° [Acn.], +50,8° [Butanon].

R—NH—C6H4—CO—CH3    XII

H3C, COOH, CH3, CH3, CO—NH—C6H4—CO—CH3    XIII

H3C—CO—C6H4—NH—CO—R    XIV

**[4-Acetyl-phenyl]-carbamidsäure-methylester,** *p-acetylcarbanilic acid methyl ester* $C_{10}H_{11}NO_3$, Formel XIV (R = $OCH_3$).

*B.* Beim Erwärmen von 1-[4-Amino-phenyl]-äthanon-(1) mit Chlorameisensäure-methylester und Natriumcarbonat in Äther (*Raadsveld*, R. **54** [1935] 813, 816).

Krystalle (aus Bzl.); F: 162°.

**[4-Acetyl-phenyl]-harnstoff,** *(p-acetylphenyl)urea* $C_9H_{10}N_2O_2$, Formel XIV (R = $NH_2$).

*B.* Beim Behandeln von Phenylharnstoff mit Acetylchlorid und Aluminiumchlorid in Schwefelkohlenstoff (*Lutz et al.*, J. org. Chem. **14** [1949] 982, 993). Beim Behandeln von 1-[4-Amino-phenyl]-äthanon-(1)-hydrochlorid mit Kaliumcyanat in Wasser (*Raadsveld*, R. **54** [1935] 827).

Krystalle (aus W.); F: 183° (*Raa.*).

***N*-Methyl-*N'*-[4-acetyl-phenyl]-harnstoff,** *1-(p-acetylphenyl)-3-methylurea* $C_{10}H_{12}N_2O_2$, Formel XIV (R = NH-$CH_3$).

*B.* Aus 1-[4-Amino-phenyl]-äthanon-(1) und Methylisocyanat in Benzol (*Boehmer*, R. **55** [1936] 379, 383).

Krystalle (aus wss. A.); F: 184°.

***N*-Äthyl-*N'*-[4-acetyl-phenyl]-harnstoff,** *1-(p-acetylphenyl)-3-ethylurea* $C_{11}H_{14}N_2O_2$, Formel XIV (R = NH-$C_2H_5$).

*B.* Aus 1-[4-Amino-phenyl]-äthanon-(1) und Äthylisocyanat in Benzol (*Raadsveld*, R. **54** [1935] 813, 816).

Krystalle (aus A.); F: 157°.

***N*-Propyl-*N'*-[4-acetyl-phenyl]-harnstoff,** *1-(p-acetylphenyl)-3-propylurea* $C_{12}H_{16}N_2O_2$, Formel XIV (R = NH-$CH_2$-$CH_2$-$CH_3$).

*B.* Aus 1-[4-Amino-phenyl]-äthanon-(1) und Propylisocyanat in Toluol (*Boehmer*, R. **55** [1936] 379, 385).
Krystalle (aus wss. A.); F: 123°.

***N*-Isopropyl-*N'*-[4-acetyl-phenyl]-harnstoff,** *1-(p-acetylphenyl)-3-isopropylurea* $C_{12}H_{16}N_2O_2$, Formel XIV (R = NH-CH($CH_3$)$_2$).
*B.* Aus 1-[4-Amino-phenyl]-äthanon-(1) und Isopropylisocyanat in Toluol (*Boehmer*, R. **55** [1936] 379, 386).
Krystalle (aus wss. A.); F: 153°.

***N*-Butyl-*N'*-[4-acetyl-phenyl]-harnstoff,** *1-(p-acetylphenyl)-3-butylurea* $C_{13}H_{18}N_2O_2$, Formel XIV (R = NH-[$CH_2$]$_3$-$CH_3$).
*B.* Aus 1-[4-Amino-phenyl]-äthanon-(1) und Butylisocyanat in Toluol (*Boehmer*, R. **55** [1936] 379, 386).
Krystalle (aus wss. A.); F: 125°.

***N*-Isobutyl-*N'*-[4-acetyl-phenyl]-harnstoff,** *1-(p-acetylphenyl)-3-isobutylurea* $C_{13}H_{18}N_2O_2$, Formel XIV (R = NH-$CH_2$-CH($CH_3$)$_2$).
*B.* Aus 1-[4-Amino-phenyl]-äthanon-(1) und Isobutylisocyanat in Toluol (*Boehmer*, R. **55** [1936] 379, 387).
Krystalle (aus wss. A.); F: 72°.

***N*-Phenyl-*N'*-[4-acetyl-phenyl]-harnstoff,** *1-(p-acetylphenyl)-3-phenylurea* $C_{15}H_{14}N_2O_2$, Formel XIV (R = NH-$C_6H_5$).
*B.* Aus 1-[4-Amino-phenyl]-äthanon-(1) und Phenylisocyanat in Benzol (*Raadsveld*, R. **54** [1935] **827**, 828).
Krystalle (aus A.); F: 195°.

***N*-[4-Acetyl-phenyl]-*N'*-[naphthyl-(1)]-harnstoff,** *1-(p-acetylphenyl)-3-(1-naphthyl)urea* $C_{19}H_{16}N_2O_2$, Formel XIV (R = NH-$C_{10}H_7$).
*B.* Aus 1-[4-Amino-phenyl]-äthanon-(1) und Naphthyl-(1)-isocyanat in Äther (*Raadsveld*, R. **54** [1935] 827, 828).
F: 209°.

***N.N'*-Bis-[4-acetyl-phenyl]-harnstoff,** *1,3-bis(p-acetylphenyl)urea* $C_{17}H_{16}N_2O_3$, Formel I.
*B.* Beim Behandeln von 1-[4-Amino-phenyl]-äthanon-(1) mit Phosgen in Äther unter Zusatz von Pyridin (*Florence*, Bl. Sci. pharmacol. **40** [1933] 325, 329).
Krystalle (aus W.); F: 201°. In 1 l Wasser lösen sich bei 15° 0,041 g.

I II

**[4-Acetyl-phenyl]-guanidin,** *(p-acetylphenyl)guanidine* $C_9H_{11}N_3O$, Formel II (R = H) und Tautomeres.
*B.* Beim Erwärmen von 1-[4-Amino-phenyl]-äthanon-(1)-hydrochlorid mit Cyanamid in Äther (*King, Tonkin*, Soc. **1946** 1063, 1065).
Hydrochlorid $C_9H_{11}N_3O \cdot HCl$. Krystalle (aus A.); F: 211°.
Nitrat $C_9H_{11}N_3O \cdot HNO_3$. Krystalle (aus W.); F: 242° [Zers.].

**1-[4-Acetyl-phenyl]-biguanid,** *1-(p-acetylphenyl)biguanide* $C_{10}H_{13}N_5O$, Formel II (R = C($NH_2$)=NH), und Tautomere.
*B.* Beim Erwärmen von 1-[4-Amino-phenyl]-äthanon-(1) mit Cyanguanidin in Wasser (*King, Tonkin*, Soc. **1946** 1063, 1069).
Hydrochlorid $C_{10}H_{13}N_5O \cdot HCl$. Krystalle (aus W.); F: 222°.

**[4-Acetyl-phenyl]-thiocarbamidsäure-*O*-äthylester,** *p-acetylthiocarbanilic acid O-ethyl ester* $C_{11}H_{13}NO_2S$, Formel III (R = $OC_2H_5$, X = O).
*B.* Aus 4-Acetyl-phenylisothiocyanat und Äthanol (*Browne, Dyson*, Soc. **1931** 3285, 3307).
Krystalle; F: 111°.

**N-Phenyl-N'-[4-acetyl-phenyl]-thioharnstoff**, *1-(p-acetylphenyl)-3-phenylthiourea* $C_{15}H_{14}N_2OS$, Formel III (R = NH-$C_6H_5$, X = O).

*B.* Aus 1-[4-Amino-phenyl]-äthanon-(1) und Phenylisothiocyanat in Äthanol (*Gheorghiu*, J. pr. [2] **130** [1930] 49, 62).

Krystalle (aus A.); F: 163—164°.

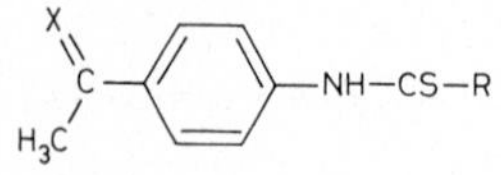

III 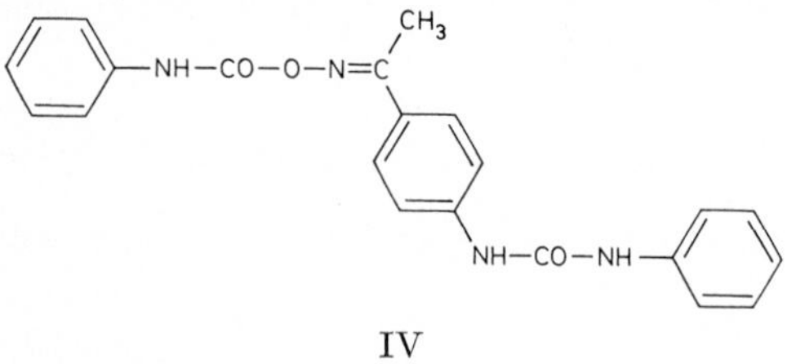 IV

**N-Phenyl-N'-[4-(N-phenylcarbamoyloxy-acetimidoyl)-phenyl]-harnstoff**, *1-phenyl-3-{p-[N-(phenylcarbamoyloxy)acetimidoyl]phenyl}urea* $C_{22}H_{20}N_4O_3$, Formel IV.

*B.* Aus 1-[4-Amino-phenyl]-äthanon-(1)-oxim und Phenylisocyanat in Aceton (*Gheorghiu*, Bl. [4] **49** [1931] 1204, 1210).

Krystalle (aus A. + Acn.); F: 178—179° [Zers.].

**N-Phenyl-N'-[4-acetohydroximoyl-phenyl]-thioharnstoff**, *1-(p-acetohydroximoylphenyl)-3-phenylthiourea* $C_{15}H_{15}N_3OS$, Formel III (R = NH-$C_6H_5$, X = NOH).

*B.* Aus 1-[4-Amino-phenyl]-äthanon-(1)-oxim und Phenylisothiocyanat in Äthanol (*Gheorghiu*, J. pr. [2] **130** [1930] 49, 61). Beim Behandeln von N-Phenyl-N'-[4-acetyl-phenyl]-thioharnstoff mit Hydroxylamin-hydrochlorid und wss. Natronlauge (*Gh.*, l. c. S. 62).

Krystalle (aus A.); Zers. bei 165—170°.

**1-[4-Isothiocyanato-phenyl]-äthanon-(1), 4-Acetyl-phenylisothiocyanat**, *isothiocyanic acid p-acetylphenyl ester* $C_9H_7NOS$, Formel V (E II 33).

Geschwindigkeit der Reaktion mit Äthanol bei Siedetemperatur: *Browne, Dyson*, Soc. **1931** 3285, 3295, 3298.

**Mercaptoessigsäure-[4-acetyl-anilid]**, *4'-acetyl-2-mercaptoacetanilide* $C_{10}H_{11}NO_2S$, Formel XIV (R = $CH_2SH$) auf S. 96.

*B.* Aus Carbamoylmercapto-essigsäure-[4-acetyl-anilid] beim Erwärmen mit wss. Ammoniak (*Weiss*, Am. Soc. **69** [1947] 2684, 2685, 2686).

Krystalle (nach Sublimation im Hochvakuum); F: 140—144° [korr.].

Gold(I)-Salz $AuC_{10}H_{10}NO_2S$. Zers. bei 268° [korr.; im vorgeheizten Bad].

**Carbamoylmercapto-essigsäure-[4-acetyl-anilid]**, *4'-acetyl-2-(carbamoylthio)acetanilide* $C_{11}H_{12}N_2O_3S$, Formel XIV (R = $CH_2$-S-CO-$NH_2$) auf S. 96.

*B.* Beim Behandeln von 1-[4-Amino-phenyl]-äthanon-(1) mit Natrium-thiocyanatoacetat in Wasser unter Zusatz von wss. Salzsäure (*Weiss*, Am. Soc. **69** [1947] 2682).

Krystalle (aus wss. Salzsäure); F: 196° [korr.].

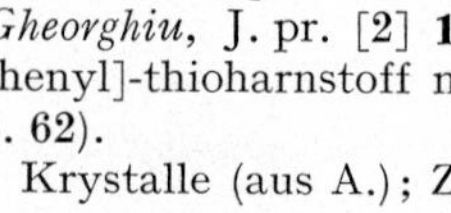

V 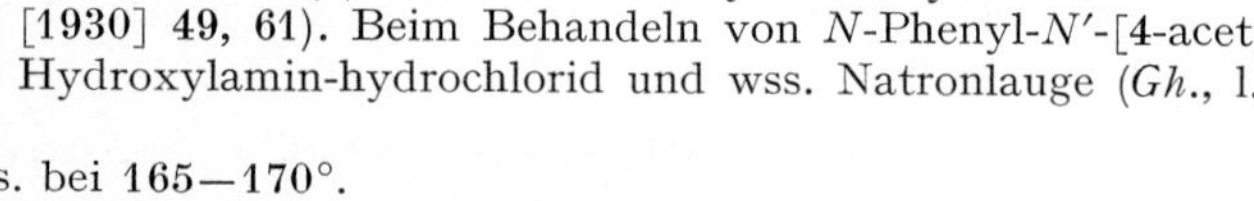 VI

**Bis-[(4-acetyl-phenylcarbamoyl)-methyl]-disulfid, Dithiodiessigsäure-bis-[4-acetyl-anilid]**, *4',4'''-diacetyl-2,2''-dithiobisacetanilide* $C_{20}H_{20}N_2O_4S_2$, Formel VI.

*B.* Aus Mercaptoessigsäure-[4-acetyl-anilid] beim Behandeln mit Jod in wss. Äthanol (*Weiss*, Am. Soc. **69** [1947] 2684, 2685, 2687).

Krystalle (aus A.); F: 184° [korr.].

**1-[4-Acetoacetylamino-phenyl]-äthanon-(1), Acetessigsäure-[4-acetyl-anilid]**, *4'-acetylacetoacetanilide* $C_{12}H_{13}NO_3$, Formel XIV (R = $CH_2$-CO-$CH_3$) [auf S. 96] und Tautomeres.

*B.* Beim Erhitzen von 1-[4-Amino-phenyl]-äthanon-(1) mit Acetessigsäure-äthylester

in Xylol unter Zusatz von Pyridin (*Monti, Verona*, G. **62** [1932] 14, 17).
Krystalle (aus W.); F: 108—110°.

**[*N*-(4-Acetyl-phenyl)-formimidoyl]-malonsäure-diäthylester,** [N-(p-*acetylphenyl)formimidoyl]malonic acid diethyl ester* $C_{16}H_{19}NO_5$, Formel VII, und **[(4-Acetyl-anilino)-methylen]-malonsäure-diäthylester,** [(p-*acetylanilino)methylene]malonic acid diethyl ester* $C_{16}H_{19}NO_5$, Formel VIII.

*B.* Beim Erwärmen von 1-[4-Amino-phenyl]-äthanon-(1) mit Äthoxymethylen-malonsäure-diäthylester (*Riegel et al.*, Am. Soc. **68** [1946] 1264).
F: 93—94°.

VII VIII

**Opt.-inakt. 2.5-Bis-[4-acetyl-phenylimino]-cyclohexan-dicarbonsäure-(1.4)-diäthylester,** *2,5-bis*(p-*acetylphenylimino)cyclohexane-1,4-dicarboxylic acid diethyl ester* $C_{28}H_{30}N_2O_6$, Formel IX, und **2.5-Bis-[4-acetyl-anilino]-cyclohexadien-(1.4)-dicarbonsäure-(1.4)-diäthylester,** *2,5-bis*(p-*acetylanilino)cyclohexa-1,4-diene-1,4-dicarboxylic acid diethyl ester* $C_{28}H_{30}N_2O_6$, Formel X.

*B.* Beim Erwärmen von 1-[4-Amino-phenyl]-äthanon-(1) mit 2.5-Dioxo-cyclohexan-dicarbonsäure-(1.4)-diäthylester in Äthanol unter Zusatz von Essigsäure (*Pendse, Dutt*, J. Indian chem. Soc. **9** [1932] 67, 69).
Rotbraune Krystalle; F: 119°.

IX X

**1-[4-(2-Diäthylamino-äthylamino)-phenyl]-äthanon-(1),** *4'-[2-(diethylamino)ethylamino]acetophenone* $C_{14}H_{22}N_2O$, Formel I.

*B.* Aus 1-[4-Amino-phenyl]-äthanon-(1) und Diäthyl-[2-chlor-äthyl]-amin in Benzol (*Winthrop Chem. Co.*, U.S.P. 1978539 [1929]).
$Kp_2$: 171°.

I II

**4-Nitro-benzol-sulfonsäure-(1)-[4-acetyl-anilid],** *4'-acetyl-4-nitrobenzenesulfonanilide* $C_{14}H_{12}N_2O_5S$, Formel II.

*B.* Aus 4-Nitro-benzol-sulfonylchlorid-(1) und 1-[4-Amino-phenyl]-äthanon-(1) in Aceton (*Merck & Co. Inc.*, U.S.P. 2289761 [1939]).
Hellgelbe Krystalle (aus Me.); F: 192—194°.

**1-[3-Chlor-4-acetamino-phenyl]-äthanon-(1), Essigsäure-[2-chlor-4-acetyl-anilid],** *4'-acetyl-2'-chloroacetanilide* $C_{10}H_{10}ClNO_2$, Formel III (H 49).

*B.* Beim Behandeln von 1-[4-Acetamino-phenyl]-äthanon-(1) mit wss.-äthanol. Essigsäure und mit wss. Calciumhypochlorit-Lösung (*Lutz et al.*, J. org. Chem. **12** [1947] 617, 681).
Krystalle (aus A.); F: 164° [korr.].

**2-Chlor-1-[4-amino-phenyl]-äthanon-(1), 4-Amino-phenacylchlorid,** ω-Chlor-4-amino-acetophenon, *4'-amino-2-chloroacetophenone* $C_8H_8ClNO$, Formel IV (R = H) (H 49; E I 367).

*B.* Aus 2-Chlor-1-[4-nitro-phenyl]-äthanon-(1) beim Erwärmen mit Schwefelsäure und

Kupfer-Pulver (*Catch et al.*, Soc. **1949** 552, 553).
Gelbe Krystalle (aus wss. Me.); F: 146—147°.

**2-Chlor-1-[4-(*C*-chlor-acetamino)-phenyl]-äthanon-(1), Chloressigsäure-[4-chloracetyl-anilid],** *2-chloro-4'-(chloroacetyl)acetanilide* $C_{10}H_9Cl_2NO_2$, Formel IV (R = $CO\text{-}CH_2Cl$).
*B.* Beim Erwärmen von 2-Chlor-1-[4-amino-phenyl]-äthanon-(1) mit Chloracetylchlorid und Pyridin (*Catch et al.*, Soc. **1949** 552, 553).
Krystalle (aus Me.); F: 170—171°.

**2-Chlor-1-[4-propionylamino-phenyl]-äthanon-(1), Propionsäure-[4-chloracetyl-anilid], 4-Propionylamino-phenacylchlorid,** *4'-(chloroacetyl)propionanilide* $C_{11}H_{12}ClNO_2$, Formel IV (R = $CO\text{-}C_2H_5$).
*B.* Aus 2-Chlor-1-[4-amino-phenyl]-äthanon-(1) (*Waters*, Soc. **1946** 966).
F: 208°.

**2-Chlor-1-[4-(3-chlor-propionylamino)-phenyl]-äthanon-(1), 3-Chlor-propionsäure-[4-chloracetyl-anilid],** *3-chloro-4'-(chloroacetyl)propionanilide* $C_{11}H_{11}Cl_2NO_2$, Formel IV (R = $CO\text{-}CH_2\text{-}CH_2Cl$).
*B.* Aus 2-Chlor-1-[4-amino-phenyl]-äthanon-(1) (*Waters*, Soc. **1946** 966).
F: 201°.

**2-Chlor-1-[4-butyrylamino-phenyl]-äthanon-(1), Buttersäure-[4-chloracetyl-anilid], 4-Butyrylamino-phenacylchlorid,** *4'-(chloroacetyl)butyranilide* $C_{12}H_{14}ClNO_2$, Formel IV (R = $CO\text{-}CH_2\text{-}CH_2\text{-}CH_3$).
*B.* Aus 2-Chlor-1-[4-amino-phenyl]-äthanon-(1) (*Waters*, Soc. **1946** 966).
F: 178°.

**2-Chlor-1-[4-isobutyrylamino-phenyl]-äthanon-(1), Isobuttersäure-[4-chloracetyl-anilid], 4-Isobutyrylamino-phenacylchlorid,** *4'-(chloroacetyl)isobutyranilide* $C_{12}H_{14}ClNO_2$, Formel IV (R = $CO\text{-}CH(CH_3)_2$).
*B.* Aus 2-Chlor-1-[4-amino-phenyl]-äthanon-(1) (*Waters*, Soc. **1946** 966).
F: 149°.

$H_3C\text{—}CO\text{—}C_6H_3(Cl)\text{—}NH\text{—}CO\text{—}CH_3$ — III

$R\text{—}NH\text{—}C_6H_4\text{—}CO\text{—}CH_2Cl$ — IV

**2-Chlor-1-[4-valerylamino-phenyl]-äthanon-(1), Valeriansäure-[4-chloracetyl-anilid], 4-Valerylamino-phenacylchlorid,** *4'-(chloroacetyl)valeranilide* $C_{13}H_{16}ClNO_2$, Formel IV (R = $CO\text{-}[CH_2]_3\text{-}CH_3$).
*B.* Aus 2-Chlor-1-[4-amino-phenyl]-äthanon-(1) (*Waters*, Soc. **1946** 966).
F: 175°.

**2-Chlor-1-[4-(4-methyl-valerylamino)-phenyl]-äthanon-(1), 4-Methyl-valeriansäure-[4-chloracetyl-anilid],** *4'-(chloroacetyl)-4-methylvaleranilide* $C_{14}H_{18}ClNO_2$, Formel IV (R = $CO\text{-}CH_2\text{-}CH_2\text{-}CH(CH_3)_2$).
*B.* Aus 2-Chlor-1-[4-amino-phenyl]-äthanon-(1) (*Waters*, Soc. **1946** 966).
F: 171°.

**2-Chlor-1-[4-octanoylamino-phenyl]-äthanon-(1), Octansäure-[4-chloracetyl-anilid], 4-Octanoylamino-phenacylchlorid,** *4'-(chloroacetyl)octananilide* $C_{16}H_{22}ClNO_2$, Formel IV (R = $CO\text{-}[CH_2]_6\text{-}CH_3$).
*B.* Aus 2-Chlor-1-[4-amino-phenyl]-äthanon-(1) (*Waters*, Soc. **1946** 966).
F: 127°.

**2-Chlor-1-[4-nonanoylamino-phenyl]-äthanon-(1), Nonansäure-[4-chloracetyl-anilid], 4-Nonanoylamino-phenacylchlorid,** *4'-(chloroacetyl)nonananilide* $C_{17}H_{24}ClNO_2$, Formel IV (R = $CO\text{-}[CH_2]_7\text{-}CH_3$).
*B.* Aus 2-Chlor-1-[4-amino-phenyl]-äthanon-(1) (*Waters*, Soc. **1946** 966).
F: 116°.

**2-Chlor-1-[4-lauroylamino-phenyl]-äthanon-(1), Laurinsäure-[4-chloracetyl-anilid], 4-Lauroylamino-phenacylchlorid,** *4'-(chloroacetyl)lauranilide* $C_{20}H_{30}ClNO_2$, Formel IV (R = $CO\text{-}[CH_2]_{10}\text{-}CH_3$).
*B.* Aus 2-Chlor-1-[4-amino-phenyl]-äthanon-(1) (*Waters*, Soc. **1946** 966).

F: 114°.

**2-Chlor-1-[4-myristoylamino-phenyl]-äthanon-(1), Myristinsäure-[4-chloracetyl-anilid], 4-Myristoylamino-phenacylchlorid,** *4'-(chloroacetyl)myristanilide* $C_{22}H_{34}ClNO_2$, Formel IV (R = CO-$[CH_2]_{12}$-$CH_3$).

*B.* Aus 2-Chlor-1-[4-amino-phenyl]-äthanon-(1) (*Waters*, Soc. **1946** 966).

F: 119°.

**2-Chlor-1-[4-stearoylamino-phenyl]-äthanon-(1), Stearinsäure-[4-chloracetyl-anilid], 4-Stearoylamino-phenacylchlorid,** *4'-(chloroacetyl)stearanilide* $C_{26}H_{42}ClNO_2$, Formel IV (R = CO-$[CH_2]_{16}$-$CH_3$).

*B.* Aus 2-Chlor-1-[4-amino-phenyl]-äthanon-(1) (*Waters*, Soc. **1946** 966).

F: 111°.

**2-Chlor-1-[4-(undecen-(10)-oylamino)-phenyl]-äthanon-(1), Undecen-(1)-säure-(11)-[4-chloracetyl-anilid],** *4'-(chloroacetyl)undec-10-enanilide* $C_{19}H_{26}ClNO_2$, Formel IV (R = CO-$[CH_2]_8$-CH=$CH_2$).

*B.* Aus 2-Chlor-1-[4-amino-phenyl]-äthanon-(1) (*Waters*, Soc. **1946** 966).

F: 105°.

**2-Chlor-1-[4-(toluol-sulfonyl-(4)-amino)-phenyl]-äthanon-(1), Toluol-sulfonsäure-(4)-[4-chloracetyl-anilid],** *4'-(chloroacetyl)-p-toluenesulfonanilide* $C_{15}H_{14}ClNO_3S$, Formel V.

*B.* Beim Behandeln von 2-Chlor-1-[4-amino-phenyl]-äthanon-(1) mit Toluol-sulfonylchlorid-(4) und Pyridin (*Ainley, Robinson*, Soc. **1937** 453, 454).

Krystalle (aus A.); F: 184°.

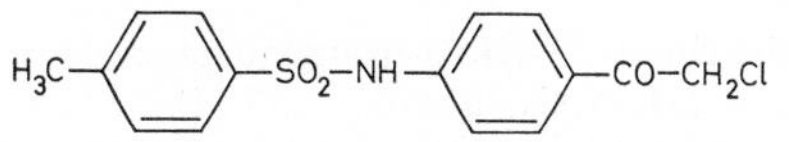

V 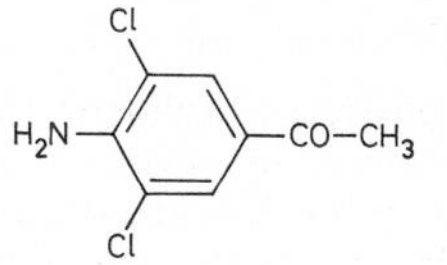 VI 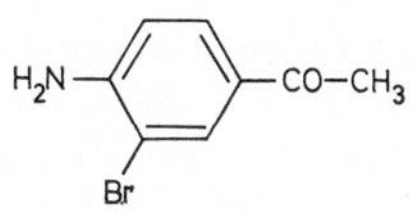 VII

**1-[3.5-Dichlor-4-amino-phenyl]-äthanon-(1),** 3.5-Dichlor-4-amino-acetophenon, *4'-amino-3',5'-dichloroacetophenone* $C_8H_7Cl_2NO$, Formel VI.

*B.* Aus 1-[4-Amino-phenyl]-äthanon-(1) und Chlor in Essigsäure (*Lutz et al.*, J. org. Chem. **12** [1947] 617, 681).

Krystalle (aus A.); F: 162—163,5°.

**1-[3-Brom-4-amino-phenyl]-äthanon-(1),** 3-Brom-4-amino-acetophenon, *4'-amino-3'-bromoacetophenone* $C_8H_8BrNO$, Formel VII (E II 33).

Hydrochlorid (E II 33). Krystalle; Zers. unterhalb 100° (*Raadsveld*, R. **54** [1935] 813, 822).

**Bis-[1-(3-brom-4-acetamino-phenyl)-äthyliden]-hydrazin, 1-[3-Brom-4-acetamino-phenyl]-äthanon-(1)-azin,** *2',2'''-dibromo-4',4'''-(azinodiethylidyne)bisacetanilide* $C_{20}H_{20}Br_2N_4O_2$, Formel VIII (R = CO-$CH_3$, X = H).

*B.* Aus 1-[3-Brom-4-acetamino-phenyl]-äthanon-(1) beim Erwärmen mit Hydrazinsulfat in wss. Äthanol (*Raadsveld*, R. **54** [1935] 827, 831).

F: 280°.

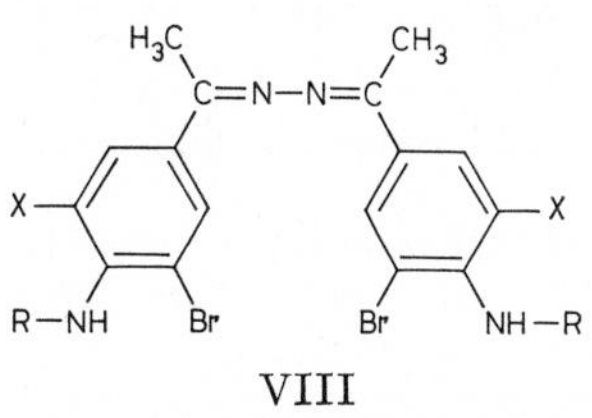

VIII 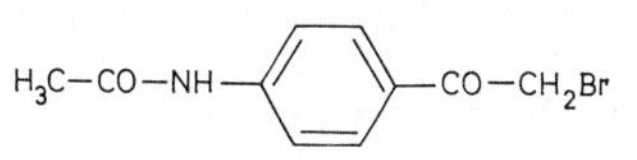 IX 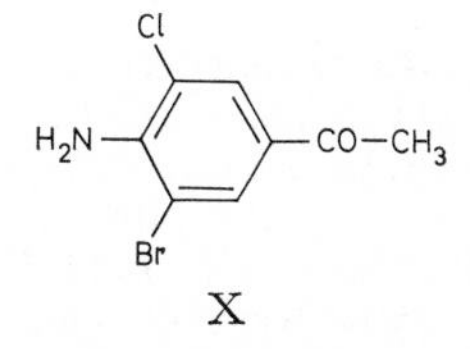 X

**2-Brom-1-[4-acetamino-phenyl]-äthanon-(1), Essigsäure-[4-bromacetyl-anilid], 4-Acetamino-phenacylbromid,** *4'-(bromoacetyl)acetanilide* $C_{10}H_{10}BrNO_2$, Formel IX (E I 367).

*B.* Aus 1-[4-Acetamino-phenyl]-äthanon-(1) und Brom in Essigsäure (*Raadsveld*, R.

54 [1935] 813, 822).

Krystalle; F: 194° [Zers.; aus Propanol-(1)] (*Kröhnke*, B. **80** [1947] 298, 308), 192° bis 193° [Zers.; aus A.] (*Raa.*).

**1-[5-Chlor-3-brom-4-amino-phenyl]-äthanon-(1),** 5-Chlor-3-brom-4-amino-acetophenon, *4'-amino-3'-bromo-5'-chloroacetophenone* $C_8H_7BrClNO$, Formel X.

*B.* Aus 1-[3-Chlor-4-amino-phenyl]-äthanon-(1) beim Behandeln mit Brom in Essigsäure unter Zusatz von Natriumacetat (*Lutz et al.*, J. org. Chem. **12** [1947] 617, 681).

Krystalle (aus wss. A.); F: 168—169,5° [korr.].

**Bis-[1-(3.5-dibrom-4-amino-phenyl)-äthyliden]-hydrazin, 1-[3.5-Dibrom-4-amino-phenyl]-äthanon-(1)-azin,** *4'-amino-3',5'-dibromoacetophenone azine* $C_{16}H_{14}Br_4N_4$, Formel VIII (R = H, X = Br) (E II 34).

*B.* Aus 1-[3.5-Dibrom-4-amino-phenyl]-äthanon-(1) beim Erwärmen mit Hydrazin-sulfat in wss. Äthanol (*Raadsveld*, R. **54** [1935] 827, 831).

F: 285°.

**1-[3-Nitro-4-amino-phenyl]-äthanon-(1),** 3-Nitro-4-amino-acetophenon, *4'-amino-3'-nitroacetophenone* $C_8H_8N_2O_3$, Formel XI (R = H).

*B.* Aus 1-[4-Chlor-3-nitro-phenyl]-äthanon-(1) beim Erhitzen mit Ammoniak in Benzol und Wasser auf 150° (*Mayer, Stark, Schön*, B. **65** [1932] 1333, 1335). Aus 1-[3-Nitro-4-methoxy-phenyl]-äthanon-(1) beim Erwärmen mit äthanol. Ammoniak (*Borsche, Barthenheier*, A. **553** [1942] 250, 257). Aus 1-[3-Nitro-4-acetamino-phenyl]-äthanon-(1) beim Erwärmen mit wss. Salzsäure (*Gibson, Levin*, Soc. **1931** 2388, 2403; *Raadsveld*, R. **54** [1935] 812, 820).

Gelbe Krystalle; F: 153—154° [aus Toluol oder A.] (*Mayer, St., Schön*; *Bo., Ba.*), 153° [aus A.] (*Raa.*), 148—149° [aus wss. A.] (*Gi., Le.*).

**Bis-[1-(3-nitro-4-amino-phenyl)-äthyliden]-hydrazin, 1-[3-Nitro-4-amino-phenyl]-äthanon-(1)-azin,** *4'-amino-3'-nitroacetophenone azine* $C_{16}H_{16}N_6O_4$, Formel XII (R = H).

*B.* In geringer Menge beim Erwärmen von 1-[3-Nitro-4-amino-phenyl]-äthanon-(1) mit Hydrazin-sulfat in Wasser oder wss. Äthanol (*Raadsveld*, R. **54** [1935] 827, 831).

F: 350°.

**1-[3-Nitro-4-methylamino-phenyl]-äthanon-(1),** *4'-(methylamino)-3'-nitroacetophenone* $C_9H_{10}N_2O_3$, Formel XI (R = $CH_3$).

*B.* Beim Erwärmen von 1-[3-Nitro-4-methoxy-phenyl]-äthanon-(1) mit Methylamin in wss. Äthanol (*Borsche, Barthenheier*, A. **553** [1942] 250, 258).

Braune Krystalle (aus A.); F: 170°.

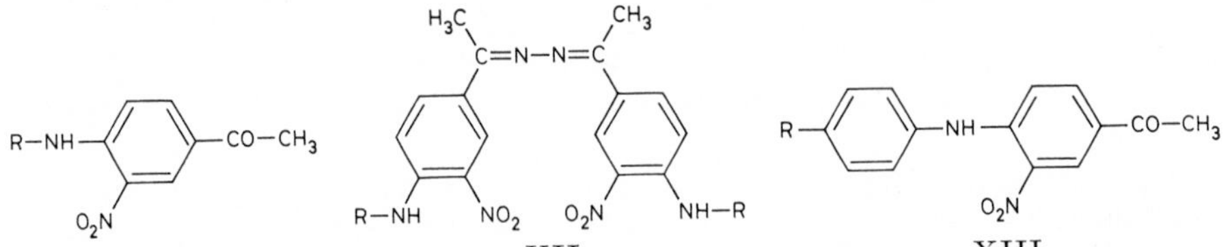

R—NH—C6H3(NO2)—CO—CH3    $H_3C$, $CH_3$, C=N—N=C, R—NH, $NO_2$, $O_2N$, NH—R    R—C6H4—NH—C6H3(NO2)—CO—$CH_3$

XI     XII     XIII

**1-[3-Nitro-4-(4-äthyl-anilino)-phenyl]-äthanon-(1),** *4'-(p-ethylanilino)-3'-nitroacetophenone* $C_{16}H_{16}N_2O_3$, Formel XIII (R = $C_2H_5$).

*B.* Beim Erhitzen von 4-Äthyl-anilin mit 1-[4-Brom-3-nitro-phenyl]-äthanon-(1) und Kaliumcarbonat auf 150° (*Plant, Rogers, Williams*, Soc. **1935** 741, 743).

Rote Krystalle (aus Me.); F: 85°.

**[4-Acetyl-phenyl]-[2-nitro-4-acetyl-phenyl]-amin,** *3'-nitro-4',4'''-iminodiacetophenone* $C_{16}H_{14}N_2O_4$, Formel XIII (R = CO-$CH_3$).

*B.* In geringer Menge beim Erhitzen von 1-[4-Amino-phenyl]-äthanon-(1) mit 1-[4-Brom-3-nitro-phenyl]-äthanon-(1), Kaliumcarbonat und Kupfer auf 150° (*Plant, Rogers, Williams*, Soc. **1935** 741, 742).

Rote Krystalle (aus Me.); F: 177°.

**1-[3-Nitro-4-acetamino-phenyl]-äthanon-(1), Essigsäure-[2-nitro-4-acetyl-anilid],** *4'-acetyl-2'-nitroacetanilide* $C_{10}H_{10}N_2O_4$, Formel XI (R = CO-$CH_3$).

*B.* Aus 1-[3-Nitro-4-amino-phenyl]-äthanon-(1) (*Mayer, Stark, Schön*, B. **65** [1932]

1333, 1335). Aus 1-[4-Acetamino-phenyl]-äthanon-(1) beim Behandeln mit Salpetersäure (*Gibson, Levin,* Soc. **1931** 2388, 2403) oder mit Salpetersäure und Acetanhydrid (*Raadsveld,* R. **54** [1935] 813, 817).

Gelbe Krystalle (aus A.); F: 140—141° (*Mayer, St., Schön*), 139° [korr.] (*Leonard, Boyd,* J. org. Chem. **11** [1946] 405, 412), 137° (*Gi., Le.; Raa.,* l. c. S. 817).

Charakterisierung als Phenylhydrazon (F: 160°): *Raadsveld,* R. **54** [1935] 827, 832.

**Bis-[1-(3-nitro-4-acetamino-phenyl)-äthyliden]-hydrazin, 1-[3-Nitro-4-acetamino-phenyl]-äthanon-(1)-azin,** *2',2'''-dinitro-4',4'''-(azinodiethylidyne)bisacetanilide* $C_{20}H_{20}N_6O_6$, Formel XII (R = CO-$CH_3$).

*B.* Aus 1-[3-Nitro-4-acetamino-phenyl]-äthanon-(1) beim Erwärmen mit Hydrazinsulfat in wss. Äthanol (*Raadsveld,* R. **54** [1935] 827, 831).

F: 270°.

**2.2.3-Trimethyl-1-[2-nitro-4-acetyl-phenylcarbamoyl]-cyclopentan-carbonsäure-(3),** *3-[(4-acetyl-2-nitrophenyl)carbamoyl]-1,2,2-trimethylcyclopentanecarboxylic acid* $C_{18}H_{22}N_2O_6$.

**(1*S*)-2.2.3*t*-Trimethyl-1*r*-[2-nitro-4-acetyl-phenylcarbamoyl]-cyclopentan-carbonsäure-(3*c*), (1*R*)-*cis*-Camphersäure-3-[2-nitro-4-acetyl-anilid],** Formel I.

*B.* Aus (1*R*)-*cis*-Camphersäure-3-[4-acetyl-anilid] (S. 96) beim Behandeln mit Salpetersäure und Essigsäure (*Singh,* J. Indian chem. Soc. **13** [1936] 467, 472).

Gelbe Krystalle (aus wss. A.); F: 202—203°. $[\alpha]_D^{18}$: +51,8° [Me.], +41,8° [A.], +44,4° [Acn.], +39,3° [Butanon].

**[2-Nitro-4-acetyl-phenyl]-carbamidsäure-methylester,** *4-acetyl-2-nitrocarbanilic acid methyl ester* $C_{10}H_{10}N_2O_5$, Formel II (R = $OCH_3$).

*B.* Aus [4-Acetyl-phenyl]-carbamidsäure-methylester beim Behandeln mit wss. Salpetersäure [D: 1,45] (*Raadsveld,* R. **54** [1935] 813, 817).

Gelbe Krystalle (aus $CCl_4$); F: 107°.

**[2-Nitro-4-acetyl-phenyl]-carbamidsäure-äthylester,** *4-acetyl-2-nitrocarbanilic acid ethyl ester* $C_{11}H_{12}N_2O_5$, Formel II (R = $OC_2H_5$).

*B.* Aus [4-Acetyl-phenyl]-carbamidsäure-äthylester beim Behandeln mit wss. Salpetersäure [D: 1,45] (*Raadsveld,* R. **54** [1935] 813, 818).

Gelbliche Krystalle (aus Bzn.); F: 111°.

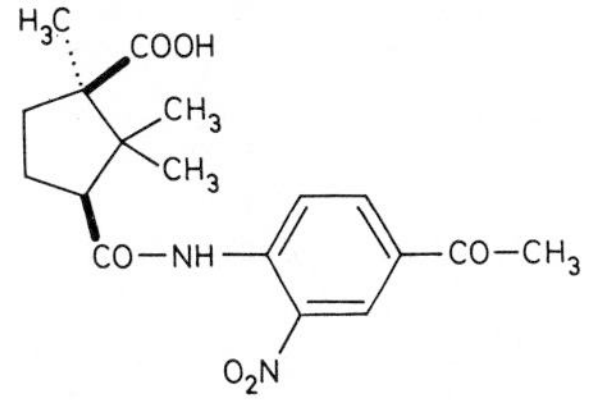

I 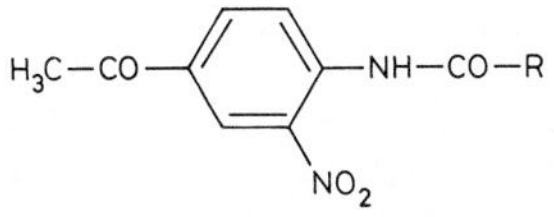 II 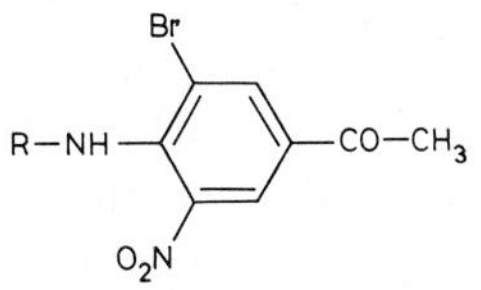 III

***N*-Nitro-*N*-äthyl-*N'*-[2-nitro-4-acetyl-phenyl]-harnstoff,** *3-(4-acetyl-2-nitrophenyl)-1-ethyl-1-nitrourea* $C_{11}H_{12}N_4O_6$, Formel II (R = N($NO_2$)-$C_2H_5$).

*B.* Aus *N*-Äthyl-*N'*-[4-acetyl-phenyl]-harnstoff beim Behandeln mit wss. Salpetersäure [D: 1,45] (*Raadsveld,* R. **54** [1935] 813, 819).

Krystalle (aus Bzn.); F: 91°.

**1-[5-Brom-3-nitro-4-amino-phenyl]-äthanon-(1),** 5-Brom-3-nitro-4-amino-acetophenon, *4'-amino-3'-bromo-5'-nitroacetophenone* $C_8H_7BrN_2O_3$, Formel III (R = H).

*B.* Aus 1-[3-Nitro-4-amino-phenyl]-äthanon-(1) und Brom in Essigsäure (*Raadsveld,* R. **54** [1935] 813, 824). Aus 1-[5-Brom-3-nitro-4-acetamino-phenyl]-äthanon-(1) beim Behandeln mit Schwefelsäure sowie beim Erwärmen mit wss.-äthanol. Salzsäure (*Raa.*).

Gelbe Krystalle (aus A.); F: 181°.

**Bis-[1-(5-brom-3-nitro-4-amino-phenyl)-äthyliden]-hydrazin, 1-[5-Brom-3-nitro-4-amino-phenyl]-äthanon-(1)-azin,** *4'-amino-3'-bromo-5'-nitroacetophenone azine* $C_{16}H_{14}Br_2N_6O_4$, Formel IV (R = H, X = Br).

*B.* In geringer Menge beim Erwärmen von 1-[5-Brom-3-nitro-4-amino-phenyl]-äthan=

on-(1) mit Hydrazin-sulfat in Wasser oder wss. Äthanol (*Raadsveld*, R. **54** [1935] 827, 831).
F: 315°.

**1-[5-Brom-3-nitro-4-acetamino-phenyl]-äthanon-(1), Essigsäure-[6-brom-2-nitro-4-acetyl-anilid],** *4'-acetyl-2'-bromo-6'-nitroacetanilide* $C_{10}H_9BrN_2O_4$, Formel III ($R = CO\text{-}CH_3$).

*B.* Aus 1-[3-Brom-4-acetamino-phenyl]-äthanon-(1) beim Behandeln mit Salpetersäure bei −10° (*Raadsveld*, R. **54** [1935] 813, 823).

Krystalle (aus A.); F: 203°.

**Bis-[1-(5-brom-3-nitro-4-acetamino-phenyl)-äthyliden]-hydrazin, 1-[5-Brom-3-nitro-4-acetamino-phenyl]-äthanon-(1)-azin,** *2',2'''-dibromo-6',6'''-dinitro-4',4'''-(azinodiethylidyne)bisacetanilide* $C_{20}H_{18}Br_2N_6O_6$, Formel IV ($R = CO\text{-}CH_3$, $X = Br$).

*B.* Aus 1-[5-Brom-3-nitro-4-acetamino-phenyl]-äthanon-(1) beim Erwärmen mit Hydrazin-sulfat in wss. Äthanol (*Raadsveld*, R. **54** [1935] 827, 831).

F: > 350°.

**1-[3.5-Dinitro-4-amino-phenyl]-äthanon-(1),** 3.5-Dinitro-4-amino-acetophenon, *4'-amino-3',5'-dinitroacetophenone* $C_8H_7N_3O_5$, Formel V ($R = H$).

*B.* Aus [2.6-Dinitro-4-acetyl-phenyl]-carbamidsäure-methylester oder aus [2.6-Dinitro-4-acetyl-phenyl]-carbamidsäure-äthylester beim Erwärmen mit Schwefelsäure (*Raadsveld*, R. **54** [1935] 813, 820). Beim Erwärmen von *N*-Nitro-*N*-äthyl-*N'*-[2.6-dinitro-4-acetyl-phenyl]-harnstoff mit wss. Aceton (*Raa.*, l. c. S. 819).

Hellbraune Krystalle (aus A.); F: 176° (*Raa.*, l. c. S. 820).

Charakterisierung als Phenylhydrazon (F: 245°): *Raadsveld*, R. **54** [1935] 827, 832.

**Bis-[1-(3.5-dinitro-4-amino-phenyl)-äthyliden]-hydrazin, 1-[3.5-Dinitro-4-amino-phenyl]-äthanon-(1)-azin,** *4'-amino-3',5'-dinitroacetophenone azine* $C_{16}H_{14}N_8O_8$, Formel IV ($R = H$, $X = NO_2$).

*B.* Aus 1-[3.5-Dinitro-4-amino-phenyl]-äthanon-(1) beim Erwärmen mit Hydrazin-sulfat in wss. Äthanol (*Raadsveld*, R. **54** [1935] 827, 831).

F: 345°.



IV V VI

**1-[3.5-Dinitro-4-acetamino-phenyl]-äthanon-(1), Essigsäure-[2.6-dinitro-4-acetyl-anilid],** *4'-acetyl-2',6'-dinitroacetanilide* $C_{10}H_9N_3O_6$, Formel V ($R = CO\text{-}CH_3$).

*B.* Beim Erhitzen von 1-[3.5-Dinitro-4-amino-phenyl]-äthanon-(1) mit Acetanhydrid unter Zusatz von Schwefelsäure (*Raadsveld*, R. **54** [1935] 813, 821).

Krystalle (aus A.); F: 222°.

**[2.6-Dinitro-4-acetyl-phenyl]-carbamidsäure-methylester,** *4-acetyl-2,6-dinitrocarbanilic acid methyl ester* $C_{10}H_9N_3O_7$, Formel V ($R = CO\text{-}OCH_3$).

*B.* Aus [4-Acetyl-phenyl]-carbamidsäure-methylester oder aus [2-Nitro-4-acetyl-phenyl]-carbamidsäure-methylester beim Behandeln mit Salpetersäure (*Raadsveld*, R. **54** [1935] 813, 817, 818).

Krystalle (aus A.); F: 213°.

**[2.6-Dinitro-4-acetyl-phenyl]-carbamidsäure-äthylester,** *4-acetyl-2,6-dinitrocarbanilic acid ethyl ester* $C_{11}H_{11}N_3O_7$, Formel V ($R = CO\text{-}OC_2H_5$).

*B.* Aus [4-Acetyl-phenyl]-carbamidsäure-äthylester oder aus [2-Nitro-4-acetyl-phenyl]-carbamidsäure-äthylester beim Behandeln mit Salpetersäure (*Raadsveld*, R. **54** [1935] 813, 818).

Gelbliche Krystalle; F: 176°.

***N*-Phenyl-*N'*-[2.6-dinitro-4-acetyl-phenyl]-harnstoff,** *1-(4-acetyl-2,6-dinitrophenyl)-3-phenylurea* $C_{15}H_{12}N_4O_6$, Formel V ($R = CO\text{-}NH\text{-}C_6H_5$).

*B.* Beim Erwärmen von *N*-Nitro-*N*-äthyl-*N'*-[2.6-dinitro-4-acetyl-phenyl]-harnstoff mit

Anilin in Benzol (*Raadsveld*, R. **54** [1935] 813, 819).
F: 191°.

**N-Nitro-N-äthyl-N'-[2.6-dinitro-4-acetyl-phenyl]-harnstoff,** *3-(4-acetyl-2,6-dinitrophenyl)-1-ethyl-1-nitrourea* $C_{11}H_{11}N_5O_8$, Formel V (R = CO-N($NO_2$)-$C_2H_5$).

*B.* Aus *N*-Äthyl-*N'*-[4-acetyl-phenyl]-harnstoff beim Behandeln mit Salpetersäure (*Raadsveld*, R. **54** [1935] 813, 819).

Krystalle (aus $CHCl_3$); F: 120° [Zers.]. [*Schmidt*]

**2-Amino-1-phenyl-äthanon-(1),** ω-Amino-acetophenon, *2-aminoacetophenone* $C_8H_9NO$, Formel VI (H 49; E I 368; E II 34; dort auch als Phenacylamin bezeichnet).

*B.* Beim Behandeln von Benzol mit Glycylchlorid und Aluminiumchlorid (*Raffaeli*, Ind. chimica **8** [1933] 575, 576). Bei der Hydrierung von 2-Benzylamino-1-phenyl-äthanon-(1)-hydrochlorid an Palladium in Äthanol (*Simonoff, Hartung*, J. Am. pharm. Assoc. **35** [1946] 306, 308). Bei der Hydrierung von Phenylglyoxylonitril an Palladium in Essigsäure (*Kindler, Peschke*, Ar. **269** [1931] 581, 598). Bei der Hydrierung von 2-Diazo-1-phenyl-äthanon-(1) an Palladium in Essigsäure enthaltendem Äthylacetat (*Birkofer*, B. **80** [1947] 83, 89). Neben Benzoesäure beim Behandeln von 2-Hydroxyimino-1.3-diphenyl-propandion-(1.3) mit Zinn(II)-chlorid und Chlorwasserstoff in Äther oder in Essigsäure (*Pascual, Rey*, An. Soc. españ. **28** [1930] 632, 633). Beim Behandeln von Acetophenon-[*O*-(toluol-sulfonyl-(4))-oxim] (F: 79°) mit äthanol. Kaliumäthylat und Behandeln der vom Kalium-[toluol-sulfonat-(4)] befreiten Reaktionslösung mit wss. Salzsäure (*Neber, Huh*, A. **515** [1935] 283, 293).

Beim Erwärmen des Hydrochlorids mit Phenylhydrazin und wss. Essigsäure ist Phenylglyoxal-bis-phenylhydrazon erhalten worden (*Jacob, Madinaveitia*, Soc. **1937** 1929). Bildung von 4-Phenyl-imidazolthiol-(2) und Phenacylthioharnstoff beim Erhitzen des Hydrochlorids mit Kaliumthiocyanat in Wasser: *Clemo, Holmes, Leitch*, Soc. **1938** 753. Bildung von 4-Phenyl-2-benzyl-pyrrol-carbonsäure-(3)-äthylester und 2.5-Diphenyl-pyrazin beim Erwärmen des Hydrochlorids mit 4-Phenyl-acetessigsäure-äthylester in wss. Äthanol: *Sonn, Litten*, B. **66** [1933] 1512, 1519. Beim Erhitzen des Hydrochlorids mit 3-Oxo-glutarsäure-dimethylester und Natriumacetat in wss. Essigsäure ist [4-Phenyl-3-methoxycarbonyl-pyrrolyl-(2)]-essigsäure-methylester erhalten worden (*Blicke et al.*, Am. Soc. **66** [1944] 1675).

Hydrochlorid $C_8H_9NO \cdot HCl$. Krystalle; F: 190° [korr.; aus A.] (*Edkins, Linnell*, Quart. J. Pharm. Pharmacol. **9** [1936] 75, 105), 190° [Zers.] (*Ne., Huh*), 184° [aus A.] (*Reichert, Baege*, Pharmazie **2** [1947] 451, 452).

Hydrogensulfat $C_8H_9NO \cdot H_2SO_4$. Krystalle (aus Eg.); F: 182° [Zers.] (*Ki., Pe.*).

Acetat $C_8H_9NO \cdot C_2H_4O_2$. Beim Erwärmen mit Äthanol oder Äthylacetat erfolgt Umwandlung in 2.5-Diphenyl-pyrazin (*Bi.*).

Pikrat $C_8H_9NO \cdot C_6H_3N_3O_7$. Krystalle; F: 182° [Zers.; aus A.] (*Ki., Pe.*), 176° (*Bi.*).

**2-Methylamino-1-phenyl-äthanon-(1),** *2-(methylamino)acetophenone* $C_9H_{11}NO$, Formel VII (R = $CH_3$) (H 50; E I 369; E II 34).

*B.* Neben 2-[Methyl-sarkosyl-amino]-1-phenyl-äthanon-(1) beim Erwärmen von 1.4-Dimethyl-piperazindion-(2.5) („Sarkosin-anhydrid") mit Phenylmagnesiumbromid in Äther und Anisol (*Kapfhammer, Matthes*, Z. physiol. Chem. **223** [1934] 43, 51). Beim Behandeln einer Lösung von Acetophenon in Äthanol oder Benzol mit Brom, Methylamin und wss. oder äthanol. Natronlauge (*Kamlet*, U.S.P. 2155194 [1938]).

Hydrochlorid $C_9H_{11}NO \cdot HCl$. F: 219° (*Kam.*).

Pikrat $C_9H_{11}NO \cdot C_6H_3N_3O_7$. Gelbe Krystalle (aus E.); F: 145—146° (*Kap., Ma.*).

**2-Dimethylamino-1-phenyl-äthanon-(1),** *2-(dimethylamino)acetophenone* $C_{10}H_{13}NO$, Formel VIII (R = $CH_3$) (H 50; E II 34).

*B.* Aus *N.N*-Dimethyl-glycin-nitril (*Stevens, Cowan, MacKinnon*, Soc. **1931** 2568, 2570; *Thomson, Stevens*, Soc. **1932** 2607, 2610), aus *N.N*-Dimethyl-glycin-dimethylamid (*Eidebenz*, Ar. **280** [1942] 49, 60) oder aus *N.N*-Dimethyl-glycin-diäthylamid (*Chem. Werke Albert*, D.R.P. 651543, 681849 [1936]; Frdl. **24** 364, **25** 343) und Phenylmagnesiumbromid in Äther.

$Kp_{14}$: 122—123° (*Ei.*); $Kp_{14-15}$: 122—122,5° (*King, Holmes*, Soc. **1947** 164, 168).

Bildung von Trimethylamin und Benzoesäure beim Behandeln mit Methyljodid und methanol. Kalilauge: *Jacob, Madinaveitia*, Soc. **1937** 1929. Beim Erwärmen mit Phenylhydrazin und wss. Essigsäure ist Phenylglyoxal-bis-phenylhydrazon (*Ja.*, *Ma.*), beim Erwärmen mit Hydrazin-hydrat und wss. Essigsäure ist Bis-[2-hydrazono-1-phenyl-äthyliden]-hydrazin (E III **7** 3450) (*Ja.*, *Ma.*; *Letsinger*, *Collat*, Am. Soc. **74** [1952] 621, 623) erhalten worden.

Hydrochlorid $C_{10}H_{13}NO \cdot HCl$. Krystalle; F: 176—178° [aus A.] (*Bretschneider*, M. **78** [1948] 82, 95), 174° (*Ei.*).

Pikrat $C_{10}H_{13}NO \cdot C_6H_3N_3O_7$. F: 143° (*Th.*, *St.*), 141° (*St.*, *Co.*, *MacK.*).

$C_6H_5$—CO—CH$_2$—NH—R (VII) $C_6H_5$—CO—CH$_2$—N(R)$_2$ (VIII) $C_6H_5$—CO—CH$_2$—N$^{\oplus}$(R)$_3$ (IX)

VII VIII IX

**Trimethyl-phenacyl-ammonium**, *trimethylphenacylammonium* $[C_{11}H_{16}NO]^{\oplus}$, Formel IX ($R = CH_3$) (H 50).

**Chlorid** $[C_{11}H_{16}NO]Cl$ (H 50). *B.* Beim Behandeln von opt.-inakt. 2.3-Epoxy-1.3-diphen-yl-propanon-(1) (E II **17** 386) oder von opt.-inakt. 1.2-Epoxy-3-phenyl-1-[4-methoxy-phenyl]-propanon-(3) (E II **18** 34) mit Trimethylamin in wss. Äthanol und Behandeln des Reaktionsprodukts mit Chlorwasserstoff enthaltendem Äthanol (*Algar*, *Hickey*, *Sherry*, Pr. Irish Acad. **49**B [1943/44] 109, 118). — Krystalle (aus A. + Ae.); F: 204° [Zers.] (*Al.*, *Hi.*, *Sh.*). — Beim Behandeln einer wss. Lösung mit Silberoxid, Erhitzen des nach dem Eindampfen der Reaktionslösung erhaltenen Rückstands bis auf 200° und Erwärmen des Reaktionsprodukts mit Äthanol ist neben Trimethylamin 1*r*.2.3*t*-Tribenzoyl-cyclopropan (E III **7** 4687) erhalten worden (*Harley Mason*, Soc. **1949** 518).

**Bromid** $[C_{11}H_{16}NO]Br$ (H 50). Bildung von 3-Oxo-2-[4-dimethylamino-phenylimino]-3-phenyl-propionitril beim Behandeln mit 4-Nitroso-*N.N*-dimethyl-anilin und Natrium-cyanid in Äthanol: *Kröhnke*, B. **80** [1947] 298, 304. Beim Behandeln mit 1 Mol Phenyl-lithium in Äther unter Stickstoff und Behandeln des Reaktionsgemisches mit Wasser sind Acrylophenon und 3-Dimethylamino-1.1-diphenyl-propanol-(1), bei Anwendung von 2 Mol Phenyllithium ist Trimethyl-[2-hydroxy-2.2-diphenyl-äthyl]-ammonium-bromid erhalten worden (*Wittig*, *Mangold*, *Felletschin*, A. **560** [1948] 116, 121, 125). Bildung von Trimethylamin sowie geringen Mengen Acetophenon und Benzoesäure beim Erhitzen mit wss. Natronlauge: *Dunn*, *Stevens*, Soc. **1934** 279, 282). Mit Natriumamid erfolgt bei 170° explosionsartige Reaktion (*Dunn*, *St.*).

**Jodid** $[C_{11}H_{16}NO]I$. F: 193—194° (*Wi.*, *Ma.*, *Fe.*). — Beim Behandeln mit methanol. Kalilauge sind Trimethylamin und Benzoesäure erhalten worden (*Jacob*, *Madinaveitia*, Soc. **1937** 1929).

**Tetrachloroaurat(III)** $[C_{11}H_{16}NO]AuCl_4$. Krystalle (aus A.); F: 171° [Zers.] (*Algar*, *Sherry*, Pr. Irish Acad. **50**B [1945] 343, 344).

**Pikrat** $[C_{11}H_{16}NO]C_6H_2N_3O_7$. Gelbe Krystalle (zwei ineinander überführbare Modifikationen aus Me. oder A.); F: 137—139° (*Dunn*, *St.*, l. c. S. 281).

**2-Äthylamino-1-phenyl-äthanon-(1)**, *2-(ethylamino)acetophenone* $C_{10}H_{13}NO$, Formel VII ($R = C_2H_5$).

*B.* Beim Behandeln einer Lösung von Acetophenon in Äthanol oder Benzol mit Brom, Äthylamin und wss. oder äthanol. Natronlauge (*Kamlet*, U.S.P. 2155194 [1938]).

Hydrochlorid $C_{10}H_{13}NO \cdot HCl$. F: 228°.

**2-Diäthylamino-1-phenyl-äthanon-(1)**, *2-(diethylamino)acetophenone* $C_{12}H_{17}NO$, Formel VIII ($R = C_2H_5$) (E II 34).

*B.* Beim Erwärmen von *N.N*-Diäthyl-glycin-diäthylamid mit Phenylmagnesiumbromid in Äther (*Chem. Werke Albert*, D.R.P. 681849 [1936]; Frdl. **25** 343). Aus Phenacylbromid und Diäthylamin (*I.G. Farbenind.*, D.R.P. 547174 [1927]; Frdl. **17** 300).

Beim Behandeln mit 4-Nitroso-*N.N*-dimethyl-anilin und Natriumcyanid in Äthanol ist 3-Oxo-2-[4-dimethylamino-phenylimino]-3-phenyl-propionitril erhalten worden (*Kröhnke*, B. **80** [1947] 298, 304).

Hydrochlorid $C_{12}H_{17}NO \cdot HCl$. Krystalle (aus Acn. + A.); F: 127° (*I.G. Farbenind.*).

**Triäthyl-phenacyl-ammonium**, *triethylphenacylammonium* $[C_{14}H_{22}NO]^{\oplus}$, Formel IX ($R = C_2H_5$).

**Bromid** $[C_{14}H_{22}NO]Br$. *B.* Aus Phenacylbromid und Triäthylamin in Äther (*Kröhnke*,

B. **67** [1934] 656, 667). — Krystalle (aus Acn.), F: 150—151° (*Kr.*); Krystalle mit 1 Mol $H_2O$, F: 68—70° (*Kröhnke, Börner*, B. **69** [1936] 2006, 2012 Anm. 18). — Beim Behandeln mit Nitrosobenzol und wss.-äthanol. Natronlauge sind Phenylglyoxal und Triäthylamin erhalten worden (*Kr.*, *Bö.*, l. c. S. 2012).

**Perchlorat** $[C_{14}H_{22}NO]ClO_4$. Krystalle; F: 116—117° (*Kr.*).

**2-Dibutylamino-1-phenyl-äthanon-(1)**, *2-(dibutylamino)acetophenone* $C_{16}H_{25}NO$, Formel VIII (R = $[CH_2]_3$-$CH_3$).

*B.* Beim Behandeln von Phenacylbromid mit Dibutylamin in Äther oder Aceton unter Stickstoff (*Golding, McNeely*, Am. Soc. **68** [1946] 1847).

$Kp_1$: 122—123°.

An der Luft nicht beständig; beim Behandeln mit Sauerstoff sind Benzoesäure und Dibutylamin erhalten worden.

Pikrat $C_{16}H_{25}NO \cdot C_6H_3N_3O_7$. Krystalle; F: 87,5—89°.

3.5-Dinitro-benzoat $C_{16}H_{25}NO \cdot C_7H_4N_2O_6$. Krystalle (aus A. + Diisopropyläther); F: 154—155° [korr.].

**Dimethyl-allyl-phenacyl-ammonium**, *allyldimethylphenacylammonium* $[C_{13}H_{18}NO]^{\oplus}$, Formel X (R = $CH_2$-CH=$CH_2$).

**Bromid** $[C_{13}H_{18}NO]Br$. *B.* Aus Phenacylbromid und Dimethyl-allyl-amin in Äther (*Dunn, Stevens*, Soc. **1934** 279, 280).

**Hydrogensulfat** $[C_{13}H_{18}NO]HSO_4$. Beim Erhitzen mit wss. Natronlauge ist 2-Dimethylamino-1-phenyl-penten-(4)-on-(1) erhalten worden.

**Pikrat** $[C_{13}H_{18}NO]C_6H_2N_3O_7$. Krystalle (aus Me.); F: 78—79°.

**Dimethyl-cyclohexylmethyl-phenacyl-ammonium**, *(cyclohexylmethyl)dimethylphenacylammonium* $[C_{17}H_{26}NO]^{\oplus}$, Formel X (R = $CH_2$-$C_6H_{11}$).

**Bromid** $[C_{17}H_{26}NO]Br$. *B.* Aus Phenacylbromid und Dimethyl-cyclohexylmethyl-amin in Benzol (*Dunn, Stevens*, Soc. **1934** 279, 282). — Krystalle (aus A. + Ae.); F: 185—187°.

**Pikrat** $[C_{17}H_{26}NO]C_6H_2N_3O_7$. Gelbe Krystalle (aus Me.); F: 123—124°.

**2-Anilino-1-phenyl-äthanon-(1)**, *2-anilinoacetophenone* $C_{14}H_{13}NO$, Formel XI (R = X = H) (H 51; E I 369; E II 35; dort auch als Phenacylanilin bezeichnet).

Krystalle (aus A.); F: 97—98° (*Verkade, Janetzky*, R. **62** [1943] 763, 772). $Kp_{12}$: 208° bis 210° (*Crowther, Mann, Purdie*, Soc. **1943** 58, 63).

Beim Erhitzen unter 760 Torr auf Siedetemperatur sind 1.2.5-Triphenyl-pyrrol, 1.4-Diphenyl-butandion-(1.4), Anilin und Wasser (*Cr., Mann, Pu.*, l. c. S. 63), beim Erhitzen in Tetralin auf Siedetemperatur ist 1.4-Diphenyl-butandion-(1.4) (*Brown, Mann*, Soc. **1948** 847, 869) erhalten worden. Bildung von 2-Phenyl-indol beim Erhitzen mit Zinkchlorid auf 180°: *Br., Mann*; *Ve., Ja.*; beim Erhitzen mit Jod, Anilin, Anilin-hydrobromid oder Anilin-hydrojodid auf 180°: *Cr., Mann, Pu.*; beim Erhitzen mit Anilin-hydrochlorid auf 130°: *Ve., Ja.* Bildung von 2-Phenyl-indol und 1-Methyl-2-phenyl-indol beim Erhitzen mit *N*-Methyl-anilin und geringen Mengen wss. Salzsäure: *Ve., Ja.* Bildung von 5-Methyl-2-phenyl-indol beim Erhitzen mit *p*-Toluidin und geringen Mengen wss. Salzsäure: *Ve., Ja.*, l. c. S. 774; beim Erhitzen mit *p*-Toluidin und Anilin-hydrobromid oder mit *p*-Toluidin-hydrobromid: *Cr., Mann, Pu.*, l. c. S. 64. Beim Erhitzen mit Anilin auf 150° ist *N.N*-Bis-[2-anilino-1-phenyl-vinyl]-anilin (S. 141) erhalten worden (*Cr., Mann, Pu.*). Bildung von 3-Anilino-2-phenyl-chinolin-carbonsäure-(4) beim Erwärmen mit Isatin und wss.-äthanol. Kalilauge: *de Diesbach, Moser*, Helv. **20** [1937] 132, 135.

Hydrobromid $C_{14}H_{13}NO \cdot HBr$. F: 183° [Zers.] (*Cr., Mann, Pu.*).

Hydrojodid $C_{14}H_{13}NO \cdot HI$. F: 145° (*Cr., Mann, Pu.*).

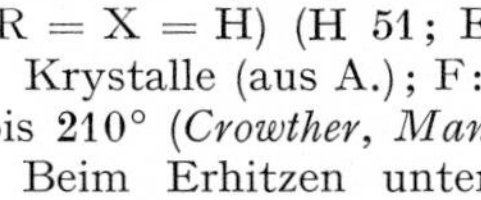

X 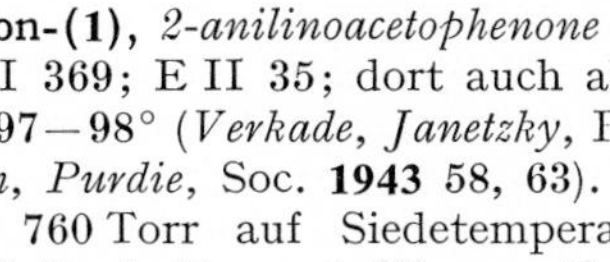 XI 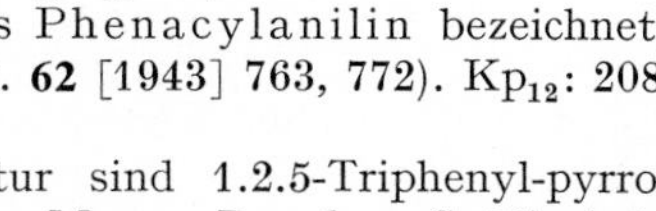 XII

**2-[2-Chlor-anilino]-1-phenyl-äthanon-(1)**, *2-(o-chloroanilino)acetophenone* $C_{14}H_{12}ClNO$, Formel XI (R = Cl, X = H).

*B.* Aus Phenacylbromid und 2-Chlor-anilin (*Busch, Strätz*, J. pr. [2] **150** [1937] 1, 28).

Krystalle (aus $CHCl_3$ + A.); F: 105°.

**2-[3-Chlor-anilino]-1-phenyl-äthanon-(1),** *2-(m-chloroanilino)acetophenone* $C_{14}H_{12}ClNO$, Formel XI (R = H, X = Cl) (H 51).

Krystalle; F: 143° (*Busch, Strätz,* J. pr. [2] **150** [1937] 1, 28), 138° [aus A.] (*Colonna,* G. **78** [1948] 502, 507).

**2-[4-Chlor-anilino]-1-phenyl-äthanon-(1),** *2-(p-chloroanilino)acetophenone* $C_{14}H_{12}ClNO$, Formel XII (H 51; E I 369; E II 35).

Krystalle (aus Acn. oder Bzl.); F: 162–164° (*Brown, Mann,* Soc. **1948** 858, 869).

Beim Erhitzen mit Anilin-hydrobromid auf 180° ist 5-Chlor-2-phenyl-indol erhalten worden.

**2-[3-Nitro-anilino]-1-phenyl-äthanon-(1),** *2-(m-nitroanilino)acetophenone* $C_{14}H_{12}N_2O_3$, Formel XI (R = H, X = $NO_2$).

*B.* Aus Phenacylbromid und 3-Nitro-anilin in Äthanol (*Ruggli, Grand,* Helv. **20** [1937] 373, 382).

Orangefarbene Krystalle (aus E.); F: 168°.

**2-[2.4-Dinitro-anilino]-1-phenyl-äthanon-(1),** *2-(2,4-dinitroanilino)acetophenone* $C_{14}H_{11}N_3O_5$, Formel I (X = H) (H 51).

*B.* Beim Behandeln von 2-Amino-1-phenyl-äthanon-(1)-hydrochlorid mit 4-Chlor-1.3-dinitro-benzol und Natriumacetat in Äthanol (*Giua, Reggiani,* Atti Accad. Torino **67** [1931/32] 51, 54).

Gelbe Krystalle (aus Acn.); F: 178°.

**2-[2.4.6-Trinitro-anilino]-1-phenyl-äthanon-(1),** *2-(2,4,6-trinitroanilino)acetophenone* $C_{14}H_{10}N_4O_7$, Formel I (X = $NO_2$).

*B.* Aus 2-Chlor-1.3.5-trinitro-benzol analog der im vorangehenden Artikel beschriebenen Verbindung (*Giua, Reggiani,* Atti Accad. Torino **67** [1931/32] 51, 54).

Grüngelbe Krystalle (aus Bzl.); F: 170°.

**2-Anilino-1-phenyl-äthanon-(1)-oxim,** *2-anilinoacetophenone oxime* $C_{14}H_{14}N_2O$.

a) **2-Anilino-1-phenyl-äthanon-(1)-*seqcis*-oxim,** Formel II (R = X = H).

*B.* Neben geringen Mengen des unter b) beschriebenen Stereoisomeren beim Erwärmen von 2-Anilino-1-phenyl-äthanon-(1) in Äthanol mit Hydroxylamin-hydrochlorid und Natriumacetat in Wasser (*Busch, Kämmerer,* B. **63** [1930] 649, 658; *Busch, Strätz,* J. pr. [2] **150** [1937] 1, 16).

Krystalle (aus A.); F: 106–107° (*Busch, St.*).

Beim Behandeln mit Phosphor(V)-chlorid in Äther ist *N*-Phenyl-glycin-anilid erhalten worden (*Busch, Kä.*). Reaktion mit Benzaldehyd in Äthanol unter Bildung von 3.5.6-Tri-phenyl-5.6-dihydro-4*H*-[1.2.5]oxadiazin: *Busch, Kä.*

b) **2-Anilino-1-phenyl-äthanon-(1)-*seqtrans*-oxim,** Formel III (R = X = H).

*B.* s. bei dem unter a) beschriebenen Stereoisomeren.

Krystalle (aus A.); F: 90–94° [geringe Mengen des Stereoisomeren enthaltendes Präparat] (*Busch, Strätz,* J. pr. [2] **150** [1937] 1, 17).

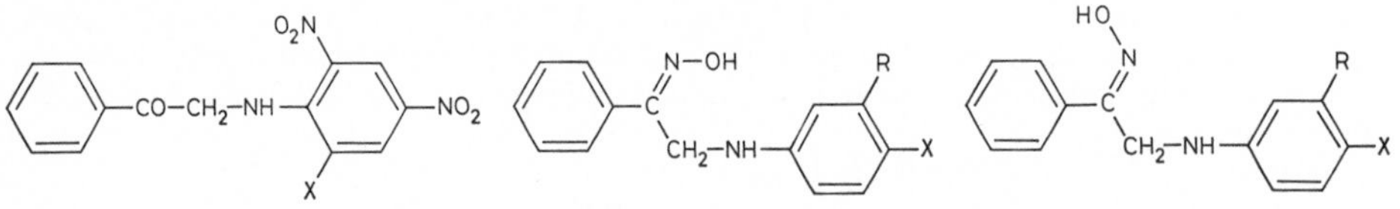

I II III

**2-[2-Chlor-anilino]-1-phenyl-äthanon-(1)-oxim,** *2-(o-chloroanilino)acetophenone oxime* $C_{14}H_{13}ClN_2O$, Formel IV.

*B.* Aus 2-[2-Chlor-anilino]-1-phenyl-äthanon-(1) (*Busch, Strätz,* J. pr. [2] **150** [1937] 1, 28).

Krystalle (aus A.); F: 115°.

**2-[3-Chlor-anilino]-1-phenyl-äthanon-(1)-oxim,** *2-(m-chloroanilino)acetophenone oxime* $C_{14}H_{13}ClN_2O$.

a) **2-[3-Chlor-anilino]-1-phenyl-äthanon-(1)-oxim vom F: 112°**, vermutlich **2-[3-Chlor-anilino]-1-phenyl-äthanon-(1)-*seqcis*-oxim**, Formel II (R = Cl, X = H).

*B.* Neben dem unter b) beschriebenen Stereoisomeren beim Behandeln von 2-[3-Chlor-anilino]-1-phenyl-äthanon-(1) in Äthanol mit Hydroxylamin-hydrochlorid und Natrium= acetat in Wasser (*Busch, Strätz*, J. pr. [2] **150** [1937] 1, 28).

Krystalle (aus A.); F: 112°.

b) **2-[3-Chlor-anilino]-1-phenyl-äthanon-(1)-oxim vom F: 114°**, vermutlich **2-[3-Chlor-anilino]-1-phenyl-äthanon-(1)-*seqtrans*-oxim**, Formel III (R = Cl, X = H).

*B.* s. bei dem unter a) beschriebenen Stereoisomeren.

Krystalle (aus A.); F: 114° (*Busch, Strätz*, J. pr. [2] **150** [1937] 1, 28).

**2-[4-Chlor-anilino]-1-phenyl-äthanon-(1)-oxim**, *2-(p-chloroanilino)acetophenone oxime* $C_{14}H_{13}ClN_2O$.

a) **2-[4-Chlor-anilino]-1-phenyl-äthanon-(1)-oxim vom F: 115°**, vermutlich **2-[4-Chlor-anilino]-1-phenyl-äthanon-(1)-*seqcis*-oxim**, Formel II (R = H, X = Cl).

*B.* Neben dem unter b) beschriebenen Stereoisomeren beim Behandeln von 2-[4-Chlor-anilino]-1-phenyl-äthanon-(1) in Äthanol mit Hydroxylamin-hydrochlorid und Natrium= acetat in Wasser (*Busch, Strätz*, J. pr. [2] **150** [1937] 1, 28).

Krystalle (aus A.); F: 115°.

b) **2-[4-Chlor-anilino]-1-phenyl-äthanon-(1)-oxim vom F: 125°**, vermutlich **2-[4-Chlor-anilino]-1-phenyl-äthanon-(1)-*seqtrans*-oxim**, Formel III (R = H, X = Cl).

*B.* s. bei dem unter a) beschriebenen Stereoisomeren.

Krystalle (aus A.); F: 125° (*Busch, Strätz*, J. pr. [2] **150** [1937] 1, 28).

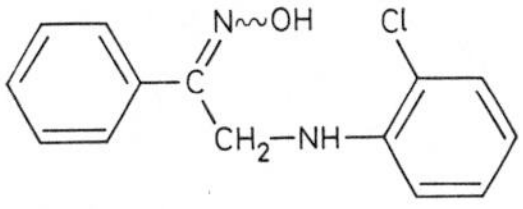

IV 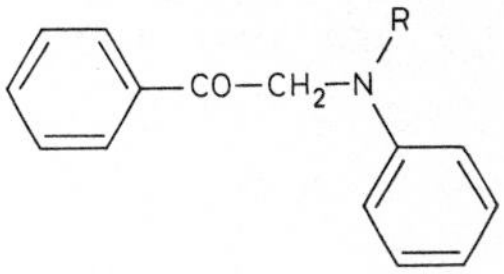 V 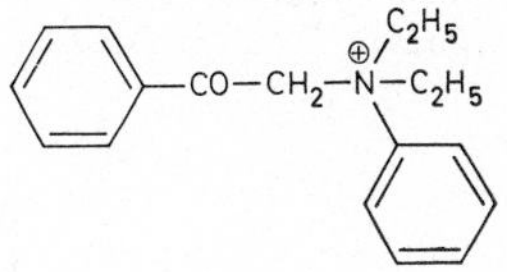 VI

**2-[*N*-Methyl-anilino]-1-phenyl-äthanon-(1)**, *2-(N-methylanilino)acetophenone* $C_{15}H_{15}NO$, Formel V (R = $CH_3$) (H 51; E I 369).

F: 122—123° (*Verkade, Janetzky*, R. **62** [1943] 763, 772).

Überführung in 1-Methyl-2-phenyl-indol durch Erhitzen mit Zinkchlorid auf 250° sowie Überführung in 1-Methyl-3-phenyl-indol durch Erwärmen mit Zinkchlorid in Äthanol: *Crowther, Mann, Purdie*, Soc. **1943** 58, 65. Bildung von 2-Phenyl-indol beim Erhitzen mit Anilin unter Zusatz von wss. Salzsäure: *Ve., Ja.*, l. c. S. 774. Beim Erhitzen mit *N*-Methyl-anilin-hydrochlorid auf 170° sind 1-Methyl-3-phenyl-indol und geringe Mengen 1-Methyl-2-phenyl-indol erhalten worden (*Ve., Ja.*, l. c. S. 772). Bildung von 3-[*N*-Methyl-anilino]-2-phenyl-chinolin-carbonsäure-(4) beim Erhitzen mit Isatin und wss. Kalilauge: *de Diesbach, Klement*, Helv. **24** [1941] 158, 166. Reaktion mit 2-Chlor-3-oxo-3*H*-indol in Gegenwart von Phosphoroxychlorid in Benzol unter Bildung von 3-Oxo-2-[4-(methyl-phenacyl-amino)-phenyl]-3*H*-indol-hydrochlorid: *van Alphen*, R. **60** [1941] 138, 150.

**2-[*N*-Äthyl-anilino]-1-phenyl-äthanon-(1)**, *2-(N-ethylanilino)acetophenone* $C_{16}H_{17}NO$, Formel V (R = $C_2H_5$) (H 52; E I 370).

Krystalle (aus A.); F: 96° (*Crowther, Mann, Purdie*, Soc. **1943** 58, 65).

Beim Erwärmen mit Zinkchlorid in Äthanol sowie beim Erhitzen mit Zinkchlorid auf 250° entsteht 1-Äthyl-3-phenyl-indol. Beim Erhitzen mit Anilin auf 150° ist neben anderen Verbindungen *N.N*-Bis-[2-anilino-1-phenyl-vinyl]-anilin (S. 141) erhalten worden.

Hydrochlorid $C_{16}H_{17}NO \cdot HCl$. Krystalle; F: 158°.

Pikrat $C_{16}H_{17}NO \cdot C_6H_3N_3O_7$. Rote Krystalle (aus A.); F: 110°.

***N.N*-Diäthyl-*N*-phenacyl-anilinium**, *diethylphenacylphenylammonium* $[C_{18}H_{22}NO]^{\oplus}$, Formel VI.

**Bromid** $[C_{18}H_{22}NO]Br$ (E II 35). Krystalle (aus A. + Ae.); F: 150—152° (*Dunn, Stevens*, Soc. **1934** 279, 281). — Beim Erhitzen mit wss. Kalilauge sind 2-[*N*-Äthyl-anilino]-1-phenyl-äthanon-(1), Äthanol und geringe Mengen *N.N*-Diäthyl-anilin erhalten worden.

**2-*o*-Toluidino-1-phenyl-äthanon-(1)**, *2-o-toluidinoacetophenone* $C_{15}H_{15}NO$, Formel VII (H 52; E I 370).

*B.* Beim Behandeln von *o*-Toluidin mit Phenacylbromid und Natriumcarbonat in Äthanol (*Colonna*, G. **78** [1948] 502, 507; vgl. H 52).

Hellgelbe Krystalle (aus A.); F: 91° (*Busch, Strätz*, J. pr. [2] **150** [1937] 1, 27), 89° (*Co.*).

Beim Erhitzen mit wenig Anilin-hydrobromid auf 180° ist 7-Methyl-2-phenyl-indol erhalten worden (*Crowther, Mann, Purdie*, Soc. **1943** 58, 64). Bildung von 3-*o*-Toluidino-2-phenyl-chinolin-carbonsäure-(4) beim Erwärmen mit Isatin und wss.-äthanol. Kalilauge: *de Diesbach, Moser*, Helv. **20** [1937] 132, 138.

**2-*o*-Toluidino-1-phenyl-äthanon-(1)-oxim**, *2-o-toluidinoacetophenone oxime* $C_{15}H_{16}N_2O$.

a) **2-*o*-Toluidino-1-phenyl-äthanon-(1)-oxim vom F: 92°**, vermutlich **2-*o*-Toluidino-1-phenyl-äthanon-(1)-*seqcis*-oxim**, Formel VIII (R = $CH_3$, X = H).

*B.* Neben geringen Mengen des unter b) beschriebenen Stereoisomeren beim Erwärmen von 2-*o*-Toluidino-1-phenyl-äthanon-(1) in Äthanol mit Hydroxylamin-hydrochlorid und Natriumacetat in Wasser (*Busch, Strätz*, J. pr. [2] **150** [1937] 1, 27).

Krystalle (aus A.), F: 92°; aus Benzol werden lösungsmittelhaltige Krystalle erhalten.

b) **2-*o*-Toluidino-1-phenyl-äthanon-(1)-oxim vom F: 66°**, vermutlich **2-*o*-Toluidino-1-phenyl-äthanon-(1)-*seqtrans*-oxim**, Formel IX (R = $CH_3$, X = H).

*B.* s. bei dem unter a) beschriebenen Stereoisomeren.

Krystalle (aus Bzl.); F: 63—66° [geringe Mengen des Stereoisomeren enthaltendes Präparat] (*Busch, Strätz*, J. pr. [2] **150** [1937] 1, 27).

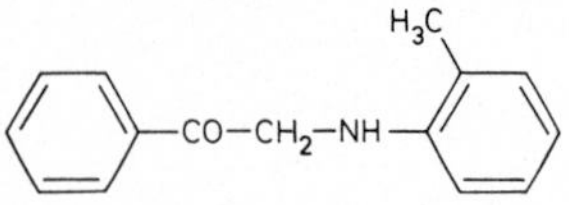

VII 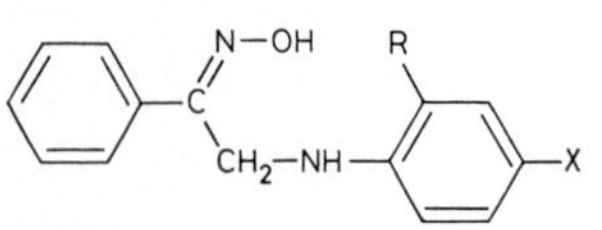 VIII 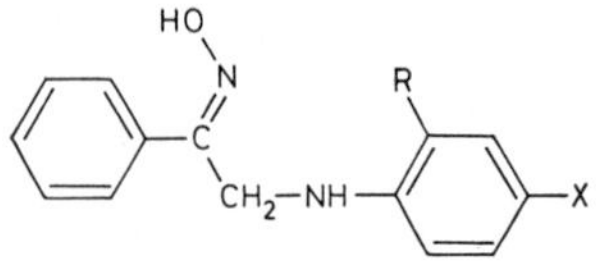 IX

**2-*m*-Toluidino-1-phenyl-äthanon-(1)**, *2-m-toluidinoacetophenone* $C_{15}H_{15}NO$, Formel X (X = H) (E I 370).

Krystalle (aus A.); F: 110° (*Campbell, Cooper*, Soc. **1935** 1208, 1210; *Colonna*, G. **78** [1948] 502, 507).

**2-[4.6-Dinitro-3-methyl-anilino]-1-phenyl-äthanon-(1)**, *2-(4,6-dinitro-m-toluidino)acetophenone* $C_{15}H_{13}N_3O_5$, Formel X (X = $NO_2$).

*B.* Durch Behandeln von 2-Amino-1-phenyl-äthanon-(1)-hydrochlorid mit 2.4.5-Trinitro-toluol in Äthanol unter Zusatz von Natriumacetat (*Giua, Reggiani*, Atti Accad. Torino **67** [1931/32] 51, 53).

Hellgelbe Krystalle (aus Acn.); F: 194°.

**2-*p*-Toluidino-1-phenyl-äthanon-(1)**, *2-p-toluidinoacetophenone* $C_{15}H_{15}NO$, Formel XI (R = H) (H 52; E I 370; E II 35).

Krystalle (aus A.); F: 128° (*Brown, Mann*, Soc. **1948** 858, 869), 127° (*Colonna*, G. **78** [1948] 502, 507).

Beim Erhitzen mit Anilin-hydrobromid auf 180° ist 5-Methyl-2(oder 3)-phenyl-1-phenacyl-indol (F: 204—205°) erhalten worden (*Br., Mann*).

Hydrochlorid $C_{15}H_{15}NO \cdot HCl$. Krystalle; F: 165—166° [Zers.] (*Busch, Kämmerer*, B. **63** [1930] 649, 655).

**2-*p*-Toluidino-1-phenyl-äthanon-(1)-oxim**, *2-p-toluidinoacetophenone oxime* $C_{15}H_{16}N_2O$.

a) **2-*p*-Toluidino-1-phenyl-äthanon-(1)-*seqcis*-oxim**, Formel VIII (R = H, X = $CH_3$) (E II 35; dort als ω-*p*-Toluidino-acetophenon-α-oxim bezeichnet).

Beim Behandeln einer äthanol. Lösung mit wss. Formaldehyd ist 3-Phenyl-5-*p*-tolyl-5.6-dihydro-4*H*-[1.2.5]oxadiazin erhalten worden (*Busch, Strätz*, J. pr. [2] **150** [1937] 1, 11).

b) **2-*p*-Toluidino-1-phenyl-äthanon-(1)-*seqtrans*-oxim,** Formel IX (R = H, X = $CH_3$) (E II 35; dort als ω-*p*-Toluidino-acetophenon-β-oxim bezeichnet).

Beim Behandeln einer äthanol. Lösung mit wss. Formaldehyd ist 4-Phenyl-1-*p*-tolyl-$\Delta^3$-imidazolin-3-oxid erhalten worden (*Busch, Strätz,* J. pr. [2] **150** [1937] 1, 11).

Verbindung mit Kobalt(II)-chlorid $2C_{15}H_{16}N_2O \cdot CoCl_2$. Grüne Krystalle (aus A.); Zers. bei 225—240° (*Busch, St.,* l. c. S. 14).

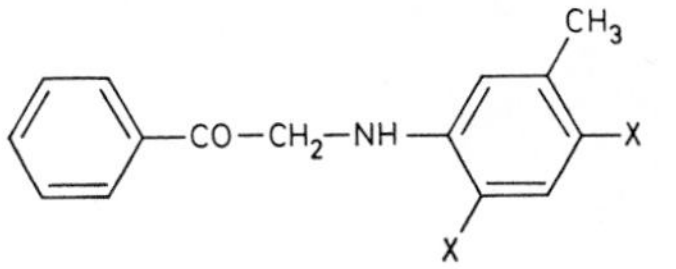

X 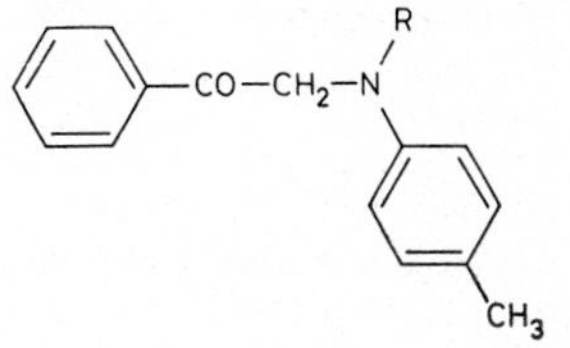 XI

**2-[*N*-Äthyl-*p*-toluidino]-1-phenyl-äthanon-(1),** *2-(N-ethyl-p-toluidino)acetophenone* $C_{17}H_{19}NO$, Formel XI (R = $C_2H_5$).

*B.* Beim Erwärmen von *N*-Äthyl-*p*-toluidin mit Phenacylbromid und Calciumcarbonat in Äthanol (*Crowther, Mann, Purdie,* Soc. **1943** 58, 65).

Krystalle (aus A.); F: 110—111°.

Beim Erwärmen mit Zinkchlorid in Äthanol sowie beim Erhitzen mit Zinkchlorid auf 250° ist 5-Methyl-1-äthyl-3-phenyl-indol erhalten worden.

**2-Benzylamino-1-phenyl-äthanon-(1),** *2-(benzylamino)acetophenone* $C_{15}H_{15}NO$, Formel I (H 53; E I 370).

*B.* Aus Phenacylchlorid und Benzylamin in Äther (*Simonoff, Hartung,* J. Am. pharm. Assoc. **35** [1946] 306, 307).

Hydrochlorid $C_{15}H_{15}NO \cdot HCl$. Krystalle (aus A. + Ae.); F: 215—219° [Zers.].

**2-[Methyl-benzyl-amino]-1-phenyl-äthanon-(1),** *2-(benzylmethylamino)acetophenone* $C_{16}H_{17}NO$, Formel II.

*B.* Aus Phenacylbromid und Methyl-benzyl-amin in Äther (*Stevens et al.,* Soc. **1930** 2119, 2124; *Lutz et al.,* J. org. Chem. **12** [1947] 617, 620, 657, 658) oder in Benzol (*Winthrop Chem. Co.,* U.S.P. 1913520 [1928]; *I.G. Farbenind.,* D.R.P. 526087 [1928]; Frdl. **17** 463).

Pikrat $C_{16}H_{17}NO \cdot C_6H_3N_3O_7$. Gelbe Krystalle (aus A.); F: 137—138° (*St. et al.*).

Oxim $C_{16}H_{18}N_2O$. F: 96—97° (*Cromwell, Witt,* Am. Soc. **65** [1943] 308, 311).

**Dimethyl-benzyl-phenacyl-ammonium,** *benzyldimethylphenacylammonium* $[C_{17}H_{20}NO]^{\oplus}$, Formel III (R = X = H) (E II 36).

**Bromid** $[C_{17}H_{20}NO]Br$. Beim Behandeln mit Phenyllithium in Äther sind 2.3-Dibrom-1.3-diphenyl-propanon-(1) (F: 156—157°) und 2-Dimethylamino-1.3-diphenyl-propanon-(1), beim Behandeln mit Triphenylmethylnatrium in Äther sind 2-Dimethylamino-1.3-diphenyl-propanon-(1) und Triphenylmethan erhalten worden (*Wittig, Mangold, Felletschin,* A. **560** [1948] 116, 126, 127).

**Jodid** $[C_{17}H_{20}NO]I$. Krystalle (aus W.); F: 174—176° (*Thomson, Stevens,* Soc. **1932** 55, 61).

**Pikrat** $[C_{17}H_{20}NO]C_6H_2N_3O_7$. Gelbe Krystalle (aus Me.); F: 132—134° (*Th., St.*).

**Dimethyl-[2-chlor-benzyl]-phenacyl-ammonium,** *(2-chlorobenzyl)dimethylphenacylammonium* $[C_{17}H_{19}ClNO]^{\oplus}$, Formel III (R = Cl, X = H).

**Bromid** $[C_{17}H_{19}ClNO]Br$. *B.* Aus Phenacylbromid und Dimethyl-[2-chlor-benzyl]-amin in Benzol (*Thomson, Stevens,* Soc. **1932** 55, 62). — Krystalle (aus A. + Ae.) mit 1 Mol $H_2O$; F: 149—150°. — Geschwindigkeit der Reaktion mit Natriummethylat in Methanol (Bildung von 2-Dimethylamino-3-phenyl-1-[2-chlor-phenyl]-propanon-(3)) bei 16,4°: *Th., St.,* l. c. S. 61.

**Pikrat** $[C_{17}H_{19}ClNO]C_6H_2N_3O_7$. Gelbe Krystalle (aus Me.); F: 154—156° (*Th., St.,* l. c. S. 62).

**Dimethyl-[3-chlor-benzyl]-phenacyl-ammonium,** *(3-chlorobenzyl)dimethylphenacylammonium* $[C_{17}H_{19}ClNO]^{\oplus}$, Formel III (R = H, X = Cl).

**Bromid** $[C_{17}H_{19}ClNO]Br$. *B.* Aus Phenacylbromid und Dimethyl-[3-chlor-benzyl]-amin in Benzol (*Thomson, Stevens,* Soc. **1932** 55, 62). — Krystalle (aus A. + Ae.);

F: 132—134°. — Geschwindigkeit der Reaktion mit Natriummethylat in Methanol (Bildung von 2-Dimethylamino-3-phenyl-1-[3-chlor-phenyl]-propanon-(3)) bei 37,7°: *Th.*, *St.*, l. c. S. 61.

**Pikrat** $[C_{17}H_{19}ClNO]C_6H_2N_3O_7$. Gelbe Krystalle (aus Me.); F: 141—143° [Zers.].

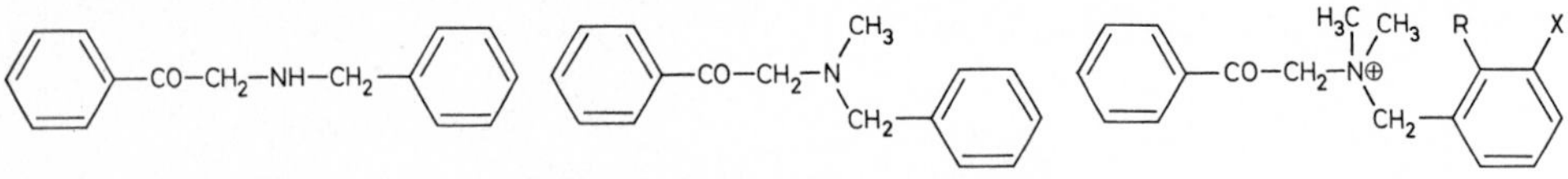

I II III

**Dimethyl-[4-chlor-benzyl]-phenacyl-ammonium**, *(4-chlorobenzyl)dimethylphenacylammonium* $[C_{17}H_{19}ClNO]^{\oplus}$, Formel IV (X = Cl).

**Bromid** $[C_{17}H_{19}ClNO]Br$. *B.* Aus Phenacylbromid und Dimethyl-[4-chlor-benzyl]-amin in Benzol (*Thomson*, *Stevens*, Soc. **1932** 55, 62). — Krystalle (aus A. + Ae.); F: 186—187° [Zers.]. — Geschwindigkeit der Reaktion mit Natriummethylat in Methanol (Bildung von 2-Dimethylamino-3-phenyl-1-[4-chlor-phenyl]-propanon-(3)) bei 37,7°: *Th.*, *St.*, l. c. S. 61.

**Pikrat** $[C_{17}H_{19}ClNO]C_6H_2N_3O_7$. Gelbe Krystalle (aus Me.); F: 125—126° (*Th.*, *St.*, l. c. S. 63).

**Dimethyl-[2-brom-benzyl]-phenacyl-ammonium**, *(2-bromobenzyl)dimethylphenacylammonium* $[C_{17}H_{19}BrNO]^{\oplus}$, Formel III (R = Br, X = H).

**Bromid** $[C_{17}H_{19}BrNO]Br$. *B.* Aus Phenacylbromid und Dimethyl-[2-brom-benzyl]-amin in Benzol (*Thomson*, *Stevens*, Soc. **1932** 55, 63). — Krystalle (aus A. + Ae.) mit 1 Mol $H_2O$; F: 153—154°. — Geschwindigkeit der Reaktion mit Natriummethylat in Methanol (Bildung von 2-Dimethylamino-3-phenyl-1-[2-brom-phenyl]-propanon-(3)) bei 16,4°: *Th.*, *St.*, l. c. S. 61.

**Pikrat** $[C_{17}H_{19}BrNO]C_6H_2N_3O_7$. Gelbe Krystalle (aus Me.); F: 151—153° (*Th.*, *St.*, l. c. S. 63).

**Dimethyl-[3-brom-benzyl]-phenacyl-ammonium**, *(3-bromobenzyl)dimethylphenacylammonium* $[C_{17}H_{19}BrNO]^{\oplus}$, Formel III (R = H, X = Br).

**Bromid** $[C_{17}H_{19}BrNO]Br$. *B.* Aus Phenacylbromid und Dimethyl-[3-brom-benzyl]-amin in Benzol (*Stevens*, Soc. **1930** 2107, 2112). — Krystalle (aus A. + Ae.); F: 140—143° (*St.*). — Beim Behandeln mit wss. Natronlauge ist 2-Dimethylamino-3-phenyl-1-[3-brom-phenyl]-propanon-(3) erhalten worden (*St.*). Geschwindigkeit der Reaktion mit Natriummethylat in Methanol bei 37,7°: *Thomson*, *Stevens*, Soc. **1932** 55, 61.

**Pikrat** $[C_{17}H_{19}BrNO]C_6H_2N_3O_7$. Gelbe Krystalle (aus Me.); F: 132—134° (*Th.*, *St.*, l. c. S. 63).

**Dimethyl-[4-brom-benzyl]-phenacyl-ammonium**, *(4-bromobenzyl)dimethylphenacylammonium* $[C_{17}H_{19}BrNO]^{\oplus}$, Formel IV (X = Br).

**Bromid** $[C_{17}H_{19}BrNO]Br$. *B.* Aus Phenacylbromid und Dimethyl-[4-brom-benzyl]-amin in Benzol (*Stevens et al.*, Soc. **1930** 2119, 2122). — Krystalle (aus A. + Ae.); F: 193° (*St. et al.*). — Beim Erhitzen mit wss. Natronlauge ist 2-Dimethylamino-3-phenyl-1-[4-brom-phenyl]-propanon-(3) erhalten worden (*St. et al.*). Geschwindigkeit der Reaktion mit Natriummethylat in Methanol bei 37,7°: *Thomson*, *Stevens*, Soc. **1932** 55, 61.

**Pikrat** $[C_{17}H_{19}BrNO]C_6H_2N_3O_7$. Gelbe Krystalle (aus Me.); F: 130—131° (*Th.*, *St.*, l. c. S. 63).

**Dimethyl-[2-jod-benzyl]-phenacyl-ammonium**, *(2-iodobenzyl)dimethylphenacylammonium* $[C_{17}H_{19}INO]^{\oplus}$, Formel III (R = I, X = H).

**Bromid** $[C_{17}H_{19}INO]Br$. *B.* Aus Phenacylbromid und Dimethyl-[2-jod-benzyl]-amin in Benzol (*Thomson*, *Stevens*, Soc. **1932** 55, 64). — Krystalle (aus A. + Ae.); F: 174—176°. — Geschwindigkeit der Reaktion mit Natriummethylat in Methanol (Bildung von 2-Dimethylamino-3-phenyl-1-[2-jod-phenyl]-propanon-(3)) bei 16,4°: *Th.*, *St.*, l. c. S. 61.

**Pikrat** $[C_{17}H_{19}INO]C_6H_2N_3O_7$. Gelbe Krystalle (aus Me.); F: 149—151° (*Th.*, *St.*, l. c. S. 64).

**Dimethyl-[3-jod-benzyl]-phenacyl-ammonium,** *(3-iodobenzyl)dimethylphenacylammonium* $[C_{17}H_{19}INO]^{\oplus}$, Formel III (R = H, X = I).

**Bromid** $[C_{17}H_{19}INO]Br$. *B.* Aus Phenacylbromid und Dimethyl-[3-jod-benzyl]-amin in Benzol (*Thomson, Stevens,* Soc. **1932** 55, 64). — Krystalle (aus A. + Ae.); F: 176—177° [geringe Zers.]. — Geschwindigkeit der Reaktion mit Natriummethylat in Methanol (Bildung von 2-Dimethylamino-3-phenyl-1-[3-jod-phenyl]-propanon-(3)) bei 37,7°: *Th., St.,* l. c. S. 61.

**Pikrat** $[C_{17}H_{19}INO]C_6H_2N_3O_7$. Gelbe Krystalle (aus Acn.); F: 123—125° (*Th., St.,* l. c. S. 64).

**Dimethyl-[4-jod-benzyl]-phenacyl-ammonium,** *(4-iodobenzyl)dimethylphenacylammonium* $[C_{17}H_{19}INO]^{\oplus}$, Formel IV (X = I).

**Bromid** $[C_{17}H_{19}INO]Br$. *B.* Aus Phenacylbromid und Dimethyl-[4-jod-benzyl]-amin in Benzol (*Thomson, Stevens,* Soc. **1932** 55, 64). — Krystalle mit 1 Mol $H_2O$ (aus A. + Ae.); F: 183—185°. — Geschwindigkeit der Reaktion mit Natriummethylat in Methanol (Bildung von 2-Dimethylamino-3-phenyl-1-[4-jod-phenyl]-propanon-(3)) bei 37,7°: *Th., St.,* l. c. S. 61.

**Pikrat** $[C_{17}H_{19}INO]C_6H_2N_3O_7$. Gelbe Krystalle (aus Me.); F: 139—141° (*Th., St.,* l. c. S. 64).

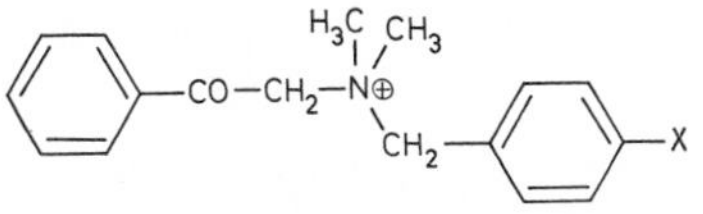

IV 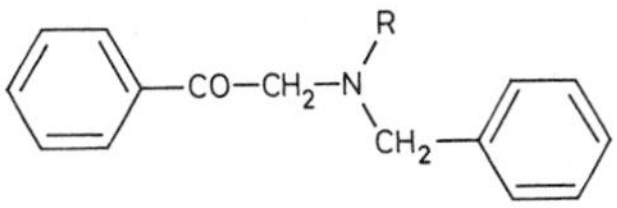 V

**Dimethyl-[2-nitro-benzyl]-phenacyl-ammonium,** *dimethyl(2-nitrobenzyl)phenacylammonium* $[C_{17}H_{19}N_2O_3]^{\oplus}$, Formel III (R = $NO_2$, X = H).

**Bromid** $[C_{17}H_{19}N_2O_3]Br$. *B.* Aus Phenacylbromid und Dimethyl-[2-nitro-benzyl]-amin in Benzol (*Thomson, Stevens,* Soc. **1932** 55, 65). — Krystalle (aus A. + Ae.); F: 142° bis 144°. — Geschwindigkeit der Reaktion mit Natriummethylat in Methanol (Bildung von 2-Dimethylamino-3-phenyl-1-[2-nitro-phenyl]-propanon-(3)) bei 16,4°: *Th., St.,* l. c. S. 61.

**Pikrat** $[C_{17}H_{19}N_2O_3]C_6H_2N_3O_7$. Gelbe Krystalle (aus Me.); F: 155—158° (*Th., St.,* l. c. S. 65).

**Dimethyl-[3-nitro-benzyl]-phenacyl-ammonium,** *dimethyl(3-nitrobenzyl)phenacylammonium* $[C_{17}H_{19}N_2O_3]^{\oplus}$, Formel III (R = H, X = $NO_2$).

**Bromid** $[C_{17}H_{19}N_2O_3]Br$. *B.* Aus Phenacylbromid und Dimethyl-[3-nitro-benzyl]-amin in Benzol (*Thomson, Stevens,* Soc. **1932** 55, 65). — Krystalle (aus A. + Ae.); F: 174° bis 175°. — Geschwindigkeit der Reaktion mit Natriummethylat in Methanol (Bildung von 2-Dimethylamino-3-phenyl-1-[3-nitro-phenyl]-propanon-(3)) bei 16,4° und 37,7°: *Th., St.,* l. c. S. 61.

**Pikrat** $[C_{17}H_{19}N_2O_3]C_6H_2N_3O_7$. Gelbe Krystalle (aus Me.); F: 154—156° (*Th., St.,* l. c. S. 65).

**Dimethyl-[4-nitro-benzyl]-phenacyl-ammonium,** *dimethyl(4-nitrobenzyl)phenacylammonium* $[C_{17}H_{19}N_2O_3]^{\oplus}$, Formel IV (X = $NO_2$).

**Bromid** $[C_{17}H_{19}N_2O_3]Br$. *B.* Aus Phenacylbromid und Dimethyl-[4-nitro-benzyl]-amin in Benzol (*Stevens et al.,* Soc. **1930** 2119, 2123). — Krystalle (aus A. + Ae.); F: 169° bis 171° (*St. et al.*). — Bei kurzem Erhitzen (7 min) mit wss. Natronlauge (1n) sind 2-Dimethylamino-3-phenyl-1-[4-nitro-phenyl]-propanon-(3), 4.4'-Dinitro-bibenzyl und 4-Nitro-toluol, bei längerem Erhitzen oder bei Anwendung von stärkerer wss. Natronlauge sind 4-Nitro-*trans*-chalkon und 2-Dimethylamino-3-phenyl-1-[4-nitro-phenyl]-propanon-(3) erhalten worden (*St. et al.*). Geschwindigkeit der Reaktion mit Natriummethylat in Methanol (Bildung von 2-Dimethylamino-3-phenyl-1-[4-nitro-phenyl]-propanon-(3)) bei 16,4°: *Thomson, Stevens,* Soc. **1932** 55, 61.

**Pikrat** $[C_{17}H_{19}N_2O_3]C_6H_2N_3O_7$. Gelbe Krystalle (aus Me.); F: 110—113° (*Th., St.,* l. c. S. 65).

**2-[*N*-Benzyl-anilino]-1-phenyl-äthanon-(1),** *2-(benzylphenylamino)acetophenone* $C_{21}H_{19}NO$, Formel V (R = $C_6H_5$).

Diese Konstitution kommt der E II **20** 303 als 1-Benzyl-3-phenyl-indol ($C_{21}H_{17}N$)

beschriebenen Verbindung zu (*Cockburn, Johnstone, Stevens,* Soc. **1960** 3340, 3343).

**2-Dibenzylamino-1-phenyl-äthanon-(1)**, *2-(dibenzylamino)acetophenone* $C_{22}H_{21}NO$, Formel V (R = $CH_2$-$C_6H_5$) (E I 370).

Krystalle (aus A.); F: 80—82° (*Lutz et al.,* J. org. Chem. **12** [1947] 617, 620, 658). UV-Spektrum (Heptan): *Cromwell, Tsou,* Am. Soc. **71** [1949] 993, 994, 996.

Hydrochlorid $C_{22}H_{21}NO \cdot HCl$. UV-Spektrum (A.): *Cr., Tsou.*

**2-[4-Äthyl-anilino]-1-phenyl-äthanon-(1)**, *2-(p-ethylanilino)acetophenone* $C_{16}H_{17}NO$, Formel VI.

*B.* Beim Erwärmen von Phenacylbromid mit 4-Äthyl-anilin und Natriumcarbonat in Äthanol (*Brown, Mann,* Soc. **1948** 858, 869).

Krystalle (aus A. + Bzl. oder aus A. + Acn.); F: 77—79°.

Beim Erhitzen mit Anilin-hydrobromid auf 185° ist 5-Äthyl-2(oder 3)-phenyl-1-phenacyl-indol (F: 209—210°) erhalten worden.

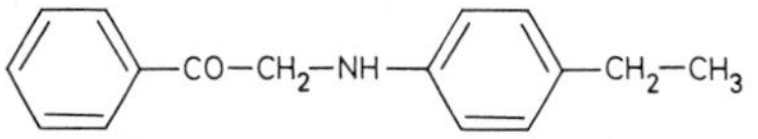

VI 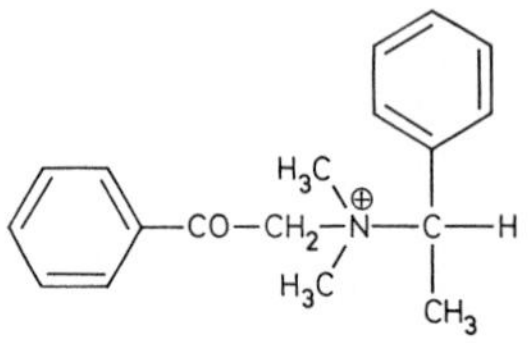 VII

**Dimethyl-[1-phenyl-äthyl]-phenacyl-ammonium**, *dimethyl(α-methylbenzyl)phenacylammonium* $[C_{18}H_{22}NO]^{\oplus}$.

a) **Dimethyl-[(*S*)-1-phenyl-äthyl]-phenacyl-ammonium**, Formel VII.

**Bromid** $[C_{18}H_{22}NO]Br$. *B.* Aus (*S*)-1-Dimethylamino-1-phenyl-äthan und Phenacylbromid in Benzol (*Campbell, Houston, Kenyon,* Soc. **1947** 93). — Krystalle (aus A. + Ae.); F: 126°. $[\alpha]_D$ −71° [A.; c = 7]; $[\alpha]_D$: −74,9° [Acn.; c = 2]. Optisches Drehungsvermögen (436—578 mμ) von Lösungen in Äthanol und in Aceton: *Ca., Hou., Ke.* — Beim Erwärmen mit wss. Natronlauge (1n) sind (2Ξ:3*S*)-2-Dimethylamino-1.3-diphenyl-butanon-(1) (F: 119,5—120°; $[\alpha]_D^{26}$: +60,4° [Me.]) und (2Ξ:3*S*)-2-Dimethylamino-1.3-diphenyl-butanon-(1) (F: 111—112°; $[\alpha]_D^{28}$: +7,0° [Me.]) erhalten worden (*Brewster, Kline,* Am. Soc. **74** [1952] 5179, 5181; s. a. *Ca., Hou., Ke.*).

b) **(±)-Dimethyl-[1-phenyl-äthyl]-phenacyl-ammonium**, Formel VII + Spiegelbild.

**Bromid** $[C_{18}H_{22}NO]Br$. *B.* Aus (±)-1-Dimethylamino-1-phenyl-äthan und Phenacylbromid in Benzol (*Stevens,* Soc. **1930** 2107, 2113). — Krystalle (aus A. + Ae.); F: 155—157° [Zers.].

**2-Phenäthylamino-1-phenyl-äthanon-(1)**, *2-(phenethylamino)acetophenone* $C_{16}H_{17}NO$, Formel VIII.

Hydrochlorid $C_{16}H_{17}NO \cdot HCl$. *B.* Beim Behandeln von Phenacylbromid mit Phenäthylamin in Äther und anschliessend mit Chlorwasserstoff (*Allewelt, Day,* J. org. Chem. **6** [1941] 384, 396, 398). — Krystalle (aus A. + Ae.); F: 175—177° [korr.; Zers.].

Oxim $C_{16}H_{18}N_2O$. Krystalle (aus A.); F: 123° [korr.].

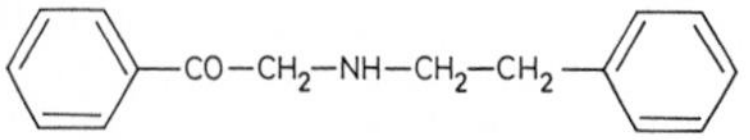

VIII 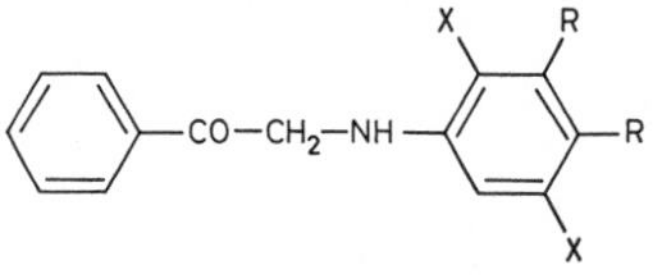 IX

**2-[3.4-Dimethyl-anilino]-1-phenyl-äthanon-(1)**, *2-(3,4-xylidino)acetophenone* $C_{16}H_{17}NO$, Formel IX (R = $CH_3$, X = H).

*B.* Aus Phenacylbromid und 3.4-Dimethyl-anilin in Äthanol (*Brown, Mann,* Soc. **1948** 858, 869).

Krystalle (aus A.); F: 128—129°.

**Dimethyl-[2-methyl-benzyl]-phenacyl-ammonium,** *dimethyl(2-methylbenzyl)phenacyl-ammonium* $[C_{18}H_{22}NO]^{\oplus}$, Formel X (R = $CH_3$, X = H).

**Bromid** $[C_{18}H_{22}NO]Br$. *B.* Aus Phenacylbromid und Dimethyl-[2-methyl-benzyl]-amin in Benzol (*Thomson, Stevens,* Soc. **1932** 55, 66).

**Jodid** $[C_{18}H_{22}NO]I$. Krystalle (aus wss. Acn.); F: 160—162° [Zers.]. — Geschwindigkeit der Reaktion mit Natriummethylat in Methanol (Bildung von 2-Dimethylamino-1-phenyl-3-*o*-tolyl-propanon-(1)) bei 16,4°: *Th., St.,* l. c. S. 61.

**Pikrat** $[C_{18}H_{22}NO]C_6H_2N_3O_7$. Gelbe Krystalle (aus Me.); F: 131—133°.

**Dimethyl-[3-methyl-benzyl]-phenacyl-ammonium,** *dimethyl(3-methylbenzyl)phenacyl-ammonium* $[C_{18}H_{22}NO]^{\oplus}$, Formel X (R = H, X = $CH_3$).

**Bromid** $[C_{18}H_{22}NO]Br$. *B.* Aus Phenacylbromid und Dimethyl-[3-methyl-benzyl]-amin in Benzol (*Thomson, Stevens,* Soc. **1932** 55, 67).

**Jodid** $[C_{18}H_{22}NO]I$. Krystalle (aus wss. Me.); F: 134—135° [Zers.]. — Geschwindigkeit der Reaktion mit Natriummethylat in Methanol (Bildung von 2-Dimethylamino-1-phenyl-3-*m*-tolyl-propanon-(1)) bei 37,7°: *Th., St.,* l. c. S. 61.

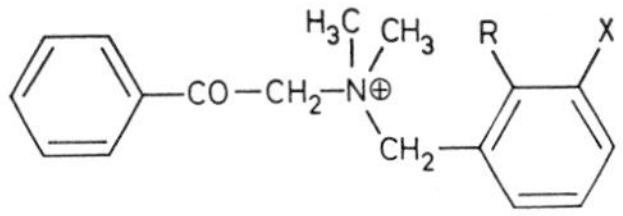

X 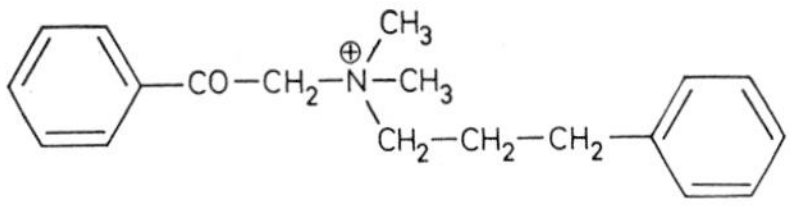 XI

**2-[2.5-Dimethyl-anilino]-1-phenyl-äthanon-(1),** *2-(2,5-xylidino)acetophenone* $C_{16}H_{17}NO$, Formel IX (R = H, X = $CH_3$).

*B.* Aus Phenacylbromid und 2.5-Dimethyl-anilin in Äthanol (*Allen, Young, Gilbert,* J. org. Chem. **2** [1937] 235, 242).

Krystalle (aus wss. A.); F: 105° [korr.].

Beim Erhitzen mit 2.5-Dimethyl-anilin ist 4.7-Dimethyl-2-phenyl-indol erhalten worden.

**Dimethyl-[3-phenyl-propyl]-phenacyl-ammonium,** *dimethylphenacyl(3-phenylpropyl)-ammonium* $[C_{19}H_{24}NO]^{\oplus}$, Formel XI.

**Bromid** $[C_{19}H_{24}NO]Br$. *B.* Aus Phenacylbromid und Dimethyl-[3-phenyl-propyl]-amin in Benzol (*Dunn, Stevens,* Soc. **1934** 279, 281). — Krystalle (aus A. + Ae.); F: 124—125°. — Beim Erhitzen mit wss. Natronlauge sind Dimethyl-[3-phenyl-propyl]-amin und geringe Mengen einer Verbindung vom F: 210°, beim Erhitzen mit Natriumamid auf 140° sind 2-Dimethylamino-1-phenyl-äthanon-(1) und 1-Phenyl-propen-(1) erhalten worden.

**(±)-2-[1.2.3.4-Tetrahydro-naphthyl-(2)-amino]-1-phenyl-äthanon-(1),** (±)-*2-(1,2,3,4-tetrahydro-2-naphthylamino)acetophenone* $C_{18}H_{19}NO$, Formel I.

Hydrochlorid $C_{18}H_{19}NO \cdot HCl$. *B.* Beim Behandeln von (±)-1.2.3.4-Tetrahydro-naphthyl-(2)-amin mit Phenacylbromid in Äther und anschliessend mit Chlorwasserstoff (*Allewelt, Day,* J. org. Chem. **6** [1941] 384, 388, 390). — Krystalle (aus A.); F: 197—199° [korr.].

Oxim $C_{18}H_{20}N_2O$. Krystalle (aus wss. A.); F: 120°.

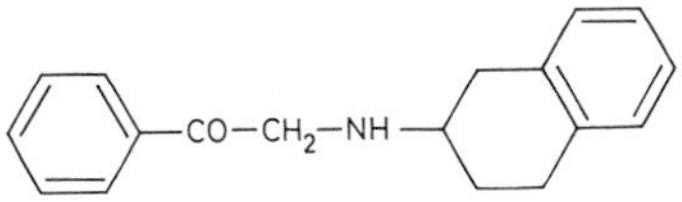

I 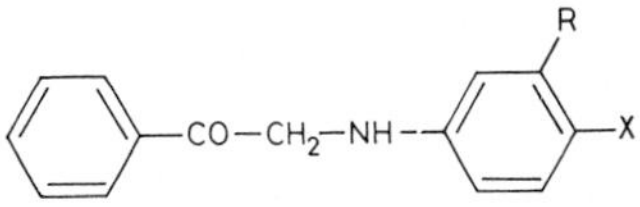 II

**2-[Biphenylyl-(3)-amino]-1-phenyl-äthanon-(1),** *2-(biphenyl-3-ylamino)acetophenone* $C_{20}H_{17}NO$, Formel II (R = $C_6H_5$, X = H).

*B.* Aus Phenacylbromid und Biphenylyl-(3)-amin (*Allen, Young, Gilbert,* J. org. Chem. **2** [1937] 235, 242).

Krystalle; F: 134° [korr.].

Beim Erhitzen mit Biphenylyl-(3)-amin auf 300° ist 2.4-Diphenyl-indol erhalten worden.

**2-[Biphenylyl-(4)-amino]-1-phenyl-äthanon-(1)**, *2-(biphenyl-4-ylamino)acetophenone* $C_{20}H_{17}NO$, Formel II (R = H, X = $C_6H_5$).

*B.* Aus Phenacylbromid und Biphenylyl-(4)-amin (*Allen, Young, Gilbert,* J. org. Chem. **2** [1937] 235, 242).

Krystalle; F: 148° [korr.].

Beim Erhitzen mit Biphenylyl-(4)-amin auf 300° ist 2.5-Diphenyl-indol erhalten worden.

Pikrat $C_{20}H_{17}NO \cdot C_6H_3N_3O_7$. Krystalle (aus A.); F: 130—131° [korr.].

**2-[2-Hydroxy-äthylamino]-1-phenyl-äthanon-(1)**, *2-(2-hydroxyethylamino)acetophenone* $C_{10}H_{13}NO_2$, Formel III (R = H).

*B.* Aus Phenacylchlorid und 2-Amino-äthanol-(1) (*Brighton, Reid,* Am. Soc. **65** [1943] 479).

F: 144°.

**2-[Äthyl-(2-hydroxy-äthyl)-amino]-1-phenyl-äthanon-(1)**, *2-[ethyl(2-hydroxyethyl)amino]acetophenone* $C_{12}H_{17}NO_2$, Formel III (R = $C_2H_5$).

*B.* Beim Erwärmen von Phenacylbromid mit 2-Äthylamino-äthanol-(1) und Kaliumcarbonat in Benzol (*Squibb & Sons,* U.S.P. 2418501, 2404691 [1937]; s. a. *Lutz, Jordan,* Am. Soc. **71** [1949] 996, 998).

Krystalle (aus Isooctan); F: 52—53° (*Lutz, Jo.*).

Beim Erhitzen mit geringen Mengen wss. Salzsäure auf 180° ist 4-Äthyl-2-phenyl-5.6-dihydro-4*H*-[1.4]oxazin, beim Erwärmen des Hydrochlorids mit Chlorwasserstoff enthaltendem Äthanol ist 2-Äthoxy-4-äthyl-2-phenyl-morpholin erhalten worden (*Lutz, Jo.*).

Hydrochlorid $C_{12}H_{17}NO_2 \cdot HCl$. Krystalle (aus Ae.); F: 125—125,5° [korr.] (*Lutz, Jo.*).

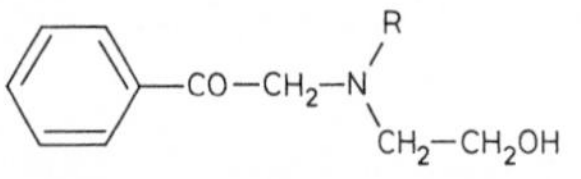

III 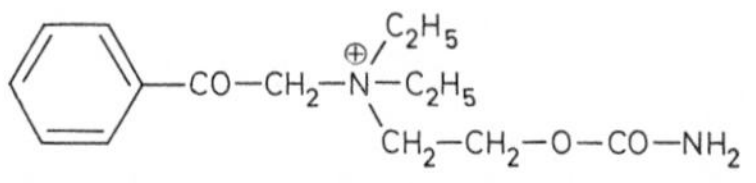 IV

**Diäthyl-[2-carbamoyloxy-äthyl]-phenacyl-ammonium**, *[2-(carbamoyloxy)ethyl]diethylphenacylammonium* $[C_{15}H_{23}N_2O_3]^{\oplus}$, Formel IV.

**Bromid** $[C_{15}H_{23}N_2O_3]Br$. *B.* Beim Verschmelzen von Phenacylbromid mit Carbamidsäure-[2-diäthylamino-äthylester] (*E. Merck,* D.R.P. 539329 [1930]; Frdl. **18** 3002; *Dalmer, Diehl,* U.S.P. 1894162 [1931]). — Krystalle (aus A.); F: 182°.

**2-[Bis-(2-hydroxy-äthyl)-amino]-1-phenyl-äthanon-(1)**, *2-[bis(2-hydroxyethyl)amino]acetophenone* $C_{12}H_{17}NO_3$, Formel III (R = $CH_2$-$CH_2OH$).

In einer von *Brighton, Reid* (Am. Soc. **65** [1943] 479) unter dieser Konstitution beschriebenen, aus Phenacylchlorid und Bis-[2-hydroxy-äthyl]-amin erhaltenen Substanz (F: 44°) hat nach *Michaĭlow, Makarowa* (Ž. obšč. Chim. **28** [1958] 150, 151; J. gen. Chem. U.S.S.R. [Übers.] **28** [1958] 149, 150) und *Skinner, Gram, Baker* (J. org. Chem. **25** [1960] 953, 955) (±)-4-[2-Hydroxy-äthyl]-2-phenyl-morpholinol-(2) (F: 77—78°) vorgelegen.

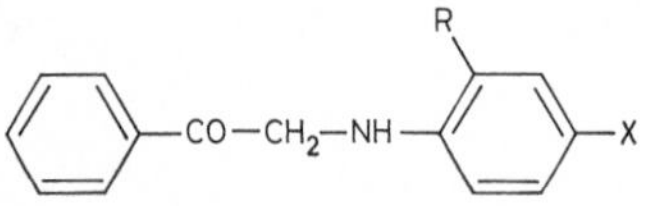

V 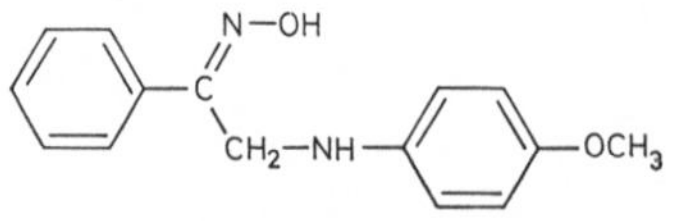 VI

**2-*o*-Anisidino-1-phenyl-äthanon-(1)**, *2-o-anisidinoacetophenone* $C_{15}H_{15}NO_2$, Formel V (R = $OCH_3$, X = H) (E I 371; E II 36).

*B.* Beim Behandeln von Phenacylbromid mit *o*-Anisidin und Natriumcarbonat in Äthanol (*Colonna,* G. **78** [1948] 502, 507).

Krystalle (aus A.); F: 86° (*Co.*).

Oxim $C_{15}H_{16}N_2O_2$. Krystalle (aus A.); F: 129—130° (*Busch, Strätz,* J. pr. [2] **150** [1937] 1, 26).

**2-*p*-Anisidino-1-phenyl-äthanon-(1)**, *2-p-anisidinoacetophenone* $C_{15}H_{15}NO_2$, Formel V (R = H, X = $OCH_3$) (E I 371; E II 36).
Krystalle (aus A.); F: 93° (*Colonna*, G. **78** [1948] 502, 507).

**2-*p*-Anisidino-1-phenyl-äthanon-(1)-oxim**, *2-p-anisidinoacetophenone oxime* $C_{15}H_{16}N_2O_2$.

a) **2-*p*-Anisidino-1-phenyl-äthanon-(1)-*seqcis*-oxim**, Formel VI.

*B.* Neben geringeren Mengen des unter b) beschriebenen Stereoisomeren beim Erwärmen von 2-*p*-Anisidino-1-phenyl-äthanon-(1) mit Hydroxylamin-hydrochlorid und Natriumacetat in Wasser (*Busch, Strätz*, J. pr. [2] **150** [1937] 1, 17).

Krystalle (aus Me. oder A.); F: 86°. UV-Spektrum (A.; 220—350 mμ): *Bu., St.*, l. c. S. 19. pH von Lösungen in Methanol: *Bu., St.*, l. c. S. 26.

Bildung von *N*-[4-Methoxy-phenyl]-glycin-anilid-hydrochlorid beim Behandeln mit Phosphor(V)-chlorid in Äther bei —10°: *Bu., St.*, l. c. S. 18. Beim Behandeln einer äthanol. Lösung mit wss. Formaldehyd ist 3-Phenyl-5-[4-methoxy-phenyl]-5.6-dihydro-4*H*-[1.2.5]oxadiazin erhalten worden (*Bu., St.*, l. c. S. 22).

b) **2-*p*-Anisidino-1-phenyl-äthanon-(1)-*seqtrans*-oxim**, Formel VII.

*B.* s. bei dem unter a) beschriebenen Stereoisomeren.

Krystalle (aus A.); F: 125° (*Busch, Strätz*, J. pr. [2] **150** [1937] 1, 17). UV-Spektrum (A.; 220—350 mμ): *Bu., St.*, l. c. S. 19. pH von Lösungen in Methanol: *Bu., St.*, l. c. S. 26.

Beim Behandeln einer äthanol. Lösung mit wss. Formaldehyd ist 4-Phenyl-1-[4-methoxy-phenyl]-$\Delta^3$-imidazolin-3-oxid erhalten worden (*Bu., St.*, l. c. S. 22).

Verbindung mit Kobalt(II)-chlorid. Grüne Krystalle (aus A.); Zers. bei ca. 225° (*Bu., St.*, l. c. S. 23).

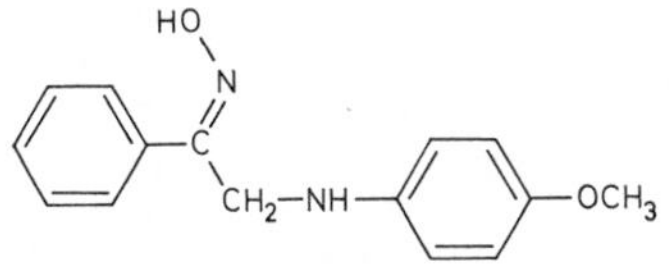

VII 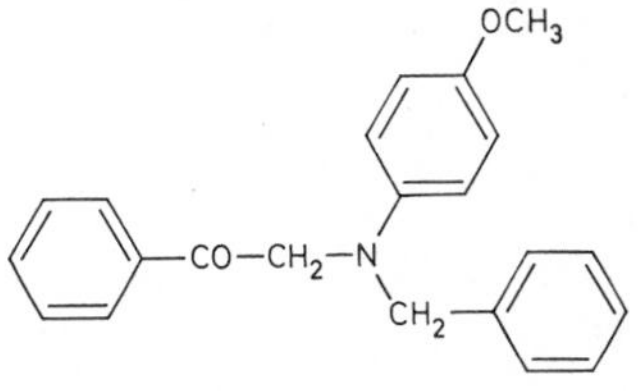 VIII

**2-[*N*-Benzyl-*p*-anisidino]-1-phenyl-äthanon-(1)**, *2-(N-benzyl-p-anisidino)acetophenone* $C_{22}H_{21}NO_2$, Formel VIII.

*B.* Aus Phenacylbromid und *N*-Benzyl-*p*-anisidin in Äthanol (*Busch, Strätz*, J. pr. [2] **150** [1937] 1, 24).

Krystalle (aus A.); F: 101—102°.

**2-[*N*-Benzyl-*p*-anisidino]-1-phenyl-äthanon-(1)-oxim**, *2-(N-benzyl-p-anisidino)acetophenone oxime* $C_{22}H_{22}N_2O_2$.

a) **2-[*N*-Benzyl-*p*-anisidino]-1-phenyl-äthanon-(1)-*seqcis*-oxim**, Formel IX (R = H).

*B.* Aus 2-*p*-Anisidino-1-phenyl-äthanon-(1)-*seqcis*-oxim und Benzylchlorid in Äthanol (*Busch, Strätz*, J. pr. [2] **150** [1937] 1, 25).

Krystalle (aus A.); F: 105°.

b) **2-[*N*-Benzyl-*p*-anisidino]-1-phenyl-äthanon-(1)-*seqtrans*-oxim**, Formel X (R = H).

*B.* Aus 2-*p*-Anisidino-1-phenyl-äthanon-(1)-*seqtrans*-oxim und Benzylchlorid in Äthanol (*Busch, Strätz*, J. pr. [2] **150** [1937] 1, 25).

Krystalle (aus A.); F: 118°.

**2-[*N*-Benzyl-*p*-anisidino]-1-phenyl-äthanon-(1)-[*O*-benzyl-oxim]**, *2-(N-benzyl-p-anisidino)acetophenone O-benzyloxime* $C_{29}H_{28}N_2O_2$.

a) **2-[*N*-Benzyl-*p*-anisidino]-1-phenyl-äthanon-(1)-[*O*-benzyl-*seqcis*-oxim]**, Formel IX (R = $CH_2$-$C_6H_5$).

*B.* Beim Behandeln von 2-*p*-Anisidino-1-phenyl-äthanon-(1)-*seqcis*-oxim mit Benzylchlorid und äthanol. Kalilauge (*Busch, Strätz*, J. pr. [2] **150** [1937] 1, 23). Neben dem unter b) beschriebenen Stereoisomeren beim Erwärmen von 2-[*N*-Benzyl-*p*-anisidino]-1-phenyl-äthanon-(1) mit *O*-Benzyl-hydroxylamin-hydrochlorid und Natriumacetat in wss. Äthanol (*Bu.*, *St.*, l. c. S. 24).

Krystalle (aus A.); F: 58°.

b) **2-[*N*-Benzyl-*p*-anisidino]-1-phenyl-äthanon-(1)-[*O*-benzyl-*seqtrans*-oxim]**, Formel X ($R = CH_2$-$C_6H_5$).

*B.* Beim Behandeln von 2-*p*-Anisidino-1-phenyl-äthanon-(1)-*seqtrans*-oxim mit Benzylchlorid und äthanol. Kalilauge (*Busch*, *Strätz*, J. pr. [2] **150** [1937] 1, 24). Weitere Bildungsweise s. bei dem unter a) beschriebenen Stereoisomeren.

Krystalle (aus A.); F: 99°.

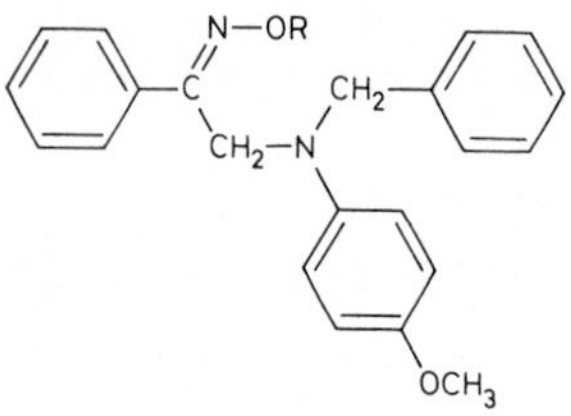

IX 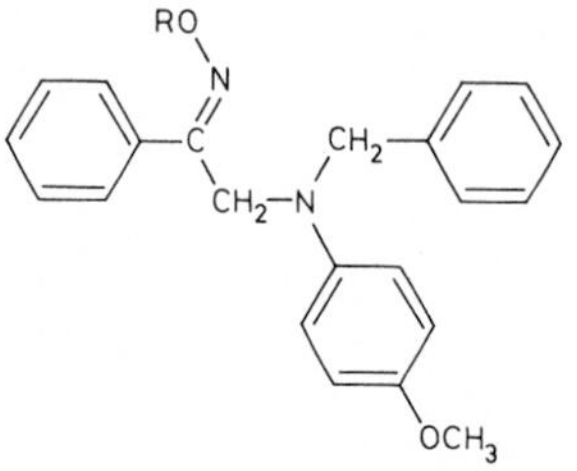 X 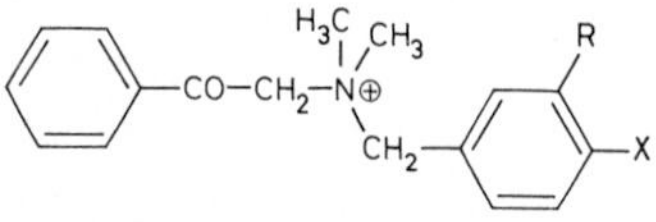 XI

**Dimethyl-[3-methoxy-benzyl]-phenacyl-ammonium**, *(3-methoxybenzyl)dimethylphenacylammonium* $[C_{18}H_{22}NO_2]^{\oplus}$, Formel XI ($R = OCH_3$, $X = H$).

**Bromid** $[C_{18}H_{22}NO_2]Br$. *B.* Aus Phenacylbromid und Dimethyl-[3-methoxy-benzyl]-amin in Benzol (*Thomson*, *Stevens*, Soc. **1932** 55, 66). — Krystalle (aus A. + Ae.); F: 150—152°. — Geschwindigkeit der Reaktion mit Natriummethylat in Methanol (Bildung von 2-Dimethylamino-3-phenyl-1-[3-methoxy-phenyl]-propanon-(3)) bei 37,7°: *Th.*, *St.*, l. c. S. 61.

**Pikrat** $[C_{18}H_{22}NO_2]C_6H_2N_3O_7$. Gelbe Krystalle (aus Me.); F: 111—112° (*Th.*, *St.*, l. c. S. 66).

**Dimethyl-[4-methoxy-benzyl]-phenacyl-ammonium**, *(4-methoxybenzyl)dimethylphenacylammonium* $[C_{18}H_{22}NO_2]^{\oplus}$, Formel XI ($R = H$, $X = OCH_3$).

**Bromid** $[C_{18}H_{22}NO_2]Br$. *B.* Aus Phenacylbromid und Dimethyl-[4-methoxy-benzyl]-amin in Äther (*Stevens*, Soc. **1930** 2107, 2112). — Krystalle (aus A. + Ae.); F: 133—136° (*St.*). — Beim Erhitzen mit wss. Natronlauge (2n) ist 2-Dimethylamino-3-phenyl-1-[4-methoxy-phenyl]-propanon-(3) erhalten worden (*St.*). Geschwindigkeit der Reaktion mit Natriummethylat in Methanol bei 37,7°: *Thomson*, *Stevens*, Soc. **1932** 55, 61.

**Pikrat** $[C_{18}H_{22}NO_2]C_6H_2N_3O_7$. Gelbe Krystalle (aus Me.); F: 112—113° (*St.*).

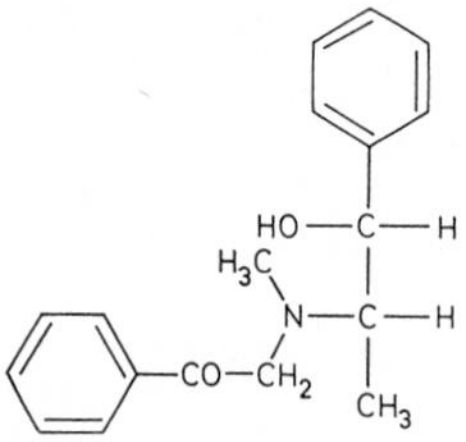

I 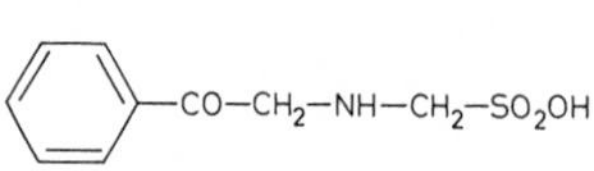 II 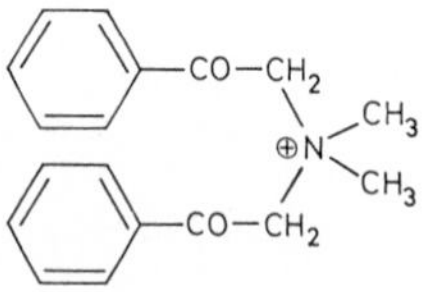 III

**2-[Methyl-(2-hydroxy-1-methyl-2-phenyl-äthyl)-amino]-1-phenyl-äthanon-(1), Methyl-[2-hydroxy-1-methyl-2-phenyl-äthyl]-phenacyl-amin**, *2-[(β-hydroxy-α-methylphenethyl)methylamino]acetophenone* $C_{18}H_{21}NO_2$.

a) **2-[Methyl-((1*S*:2*R*)-2-hydroxy-1-methyl-2-phenyl-äthyl)-amino]-1-phenyl-äthanon-(1)**, Formel I.

*B.* Beim Erwärmen von (—)-Ephedrin (E III **13** 1720) mit Phenacylbromid in Benzol unter Zusatz von wss. Kalilauge (*Hoffmann-La Roche*, D.R.P. 539103 [1930]; Frdl. **18** 3040).

F: 88°. $[\alpha]_D^{20}$: +50,9° [Lösungsmittel nicht angegeben].
Hydrochlorid $C_{18}H_{21}NO_2 \cdot HCl$. F: 155°.

b) **2-[Methyl-((1*RS*:2*SR*)-2-hydroxy-1-methyl-2-phenyl-äthyl)-amino]-1-phenyl-äthanon-(1)**, Formel I + Spiegelbild.

*B.* Aus (±)-Ephedrin (E III **13** 1723) analog dem unter a) beschriebenen Stereoisomeren (*Hoffmann-La Roche*, D.R.P. 539103 [1930]; Frdl. **18** 3040).

Krystalle (aus Me.); F: 76°.
Hydrochlorid $C_{18}H_{21}NO_2 \cdot HCl$. F: 146°.

**Phenacylamino-methansulfonsäure**, *(phenacylamino)methanesulfonic acid* $C_9H_{11}NO_4S$, Formel II.

Über die Konstitution s. *Backer, Mulder*, R. **52** [1933] 454; *Reichert, Baege*, Pharmazie **4** [1949] 149.

*B.* Beim Einleiten von Schwefeldioxid in eine wss. Lösung der Additionsverbindung von Phenacylbromid mit 1 Mol Hexamethylentetramin (*Reichert, Baege*, Pharmazie **2** [1947] 451).

Krystalle; F: 145° [Zers.] (*Rei., Ba.*, Pharmazie **2** 452).

Beim Erhitzen mit wss. Salzsäure sind 2-Amino-1-phenyl-äthanon-(1), Formaldehyd und Schwefeldioxid erhalten worden (*Rei., Ba.*, Pharmazie **2** 452).

**Dimethyl-diphenacyl-ammonium**, *dimethyldiphenacylammonium* $[C_{18}H_{20}NO_2]^{\oplus}$, Formel III.

**Bromid** $[C_{18}H_{20}NO_2]Br$ (H 53). Beim Erwärmen mit wss. Natronlauge ist 2-Dimethylamino-1.4-diphenyl-butandion-(1.4) erhalten worden (*Thomson, Stevens*, Soc. **1932** 1932, 1934).

***N.N*-Diphenacyl-anilin**, *2,2''-(phenylimino)diacetophenone* $C_{22}H_{19}NO_2$, Formel IV (R = H) (H 53; E I 371).

*B.* Beim Erhitzen von 2-Anilino-1-phenyl-äthanon-(1) mit Oxalsäure, Anilin-hydrochlorid oder *p*-Toluidin-hydrochlorid auf 180° (*Crowther, Mann, Purdie*, Soc. **1943** 58, 59, 64).

Krystalle (aus Eg. oder Propanol-(1)); F: 236–238°.

***N.N*-Diphenacyl-*p*-toluidin**, *2,2''-(p-tolylimino)diacetophenone* $C_{23}H_{21}NO_2$, Formel IV (R = $CH_3$) (H 54; dort auch als *p*-Tolyl-diphenacylamin bezeichnet).

*B.* Beim Erwärmen von 2-*p*-Toluidino-1-phenyl-äthanon-(1) mit Phenacylbromid in Äthanol (*Brown, Mann*, Soc. **1948** 858, 869).

Krystalle (aus 1-Methoxy-äthanol-(2)); F: 252–255°.

**4-Äthyl-*N.N*-diphenacyl-anilin**, *2,2''-(p-ethylphenylimino)diacetophenone* $C_{24}H_{23}NO_2$, Formel IV (R = $C_2H_5$).

*B.* Beim Erwärmen von 4-Äthyl-anilin mit Phenacylbromid in Äthanol (*Brown, Mann*, Soc. **1948** 858, 869).

Krystalle (aus Acn., A. oder 1-Methoxy-äthanol-(2)); F: 196–200°.

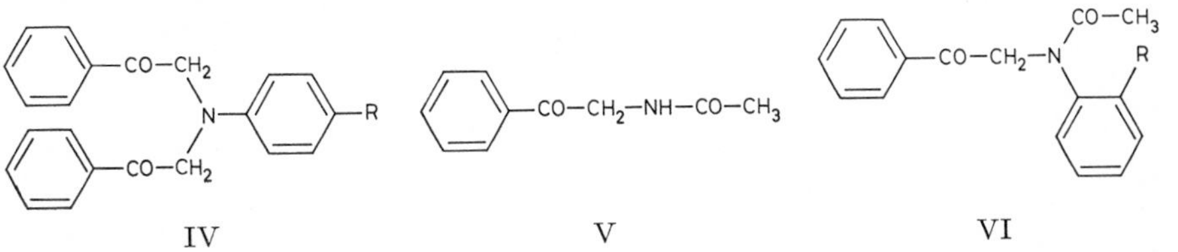

IV V VI

**2-Acetamino-1-phenyl-äthanon-(1)**, ***N*-Phenacyl-acetamid**, *N-phenacylacetamide* $C_{10}H_{11}NO_2$, Formel V (E I 372).

*B.* Beim Behandeln von *N*-Acetyl-glycylchlorid mit Benzol unter Zusatz von Aluminiumchlorid (*Rothstein, Saville*, Soc. **1949** 1961, 1967). Beim Behandeln von 2-Nitro-1-phenyl-äthanon-(1) mit Zinn(II)-chlorid in Wasser und Behandeln des Reaktionsprodukts mit Acetanhydrid und wss. Natronlauge (*Long, Troutman*, Am. Soc. **71** [1949] 2469, 2472).

Krystalle; F: 86–87° [aus Bzl.] (*Ro., Sa.*), 86–87° [aus E. + Bzn.] (*Long, Tr.*).

Beim Behandeln mit wss. Formaldehyd unter Zusatz von Natriumhydrogencarbonat ist 2-Acetamino-3-hydroxy-1-phenyl-propanon-(1) erhalten worden (*Long, Tr.*).

**2-[*N*-Acetyl-anilino]-1-phenyl-äthanon-(1), *N*-Phenacyl-acetanilid,** *N-phenacylacetanilide* $C_{16}H_{15}NO_2$, Formel VI (R = H) (H 54).

Krystalle (aus A.); F: 131,5—133° (*Crowther, Mann, Purdie*, Soc. **1943** 58, 63).

**2-[*N*-Acetyl-*o*-anisidino]-1-phenyl-äthanon-(1), Essigsäure-[*N*-phenacyl-*o*-anisidid],** *N-phenacylacet-o-anisidide* $C_{17}H_{17}NO_3$, Formel VI (R = $OCH_3$).

*B.* Aus 2-*o*-Anisidino-1-phenyl-äthanon-(1) (*Colonna*, G. **78** [1948] 502, 507 Anm. c).

Krystalle (aus wss. A.); F: 120°.

**(±)-2-[2-Brom-propionylamino]-1-phenyl-äthanon-(1), (±)-2-Brom-*N*-phenacyl-propionamid,** *(±)-2-bromo-N-phenacylpropionamide* $C_{11}H_{12}BrNO_2$, Formel VII (R = CH(Br)-$CH_3$).

*B.* Beim Behandeln von 2-Amino-1-phenyl-äthanon-(1)-hydrochlorid mit (±)-2-Brom-propionylchlorid in Chloroform unter Zusatz von 4-Methyl-morpholin (*Newbold, Spring, Sweeny*, Soc. **1948** 1855, 1858).

Krystalle (aus Bzl. + PAe.); F: 90°.

**2-Hexanoylamino-1-phenyl-äthanon-(1), *N*-Phenacyl-hexanamid,** *N-phenacylhexanamide* $C_{14}H_{19}NO_2$, Formel VII (R = $[CH_2]_4$-$CH_3$).

*B.* Beim Behandeln von 2-Amino-1-phenyl-äthanon-(1)-hydrobromid mit Hexanoylchlorid und wss. Kalilauge (*Lutz et al.*, J. org. Chem. **12** [1947] 96, 107).

Krystalle (aus Hexan + Ae.); F: 76—77°.

**2-Benzamino-1-phenyl-äthanon-(1), *N*-Phenacyl-benzamid,** *N-phenacylbenzamide* $C_{15}H_{13}NO_2$, Formel VII (R = $C_6H_5$) (H 54; E I 372; E II 37).

*B.* Beim Behandeln von 2-Amino-1-phenyl-äthanon-(1)-hydrochlorid mit Benzoylchlorid und Pyridin (*Petrow, Stack, Wragg*, Soc. **1943 316**). Beim Behandeln von 2-Amino-1-phenyl-äthanon-(1)-hydrogensulfat mit Benzoylchlorid und wss. Natriumcarbonat-Lösung (*Kindler, Peschke*, Ar. **269** [1931] 581, 599). Aus Hippuroylchlorid und Benzol in Gegenwart von Aluminiumchlorid (*Dey, Rajagopalan*, Ar. **277** [1939] 377, 396). Beim Erwärmen von 2-Nitro-1-phenyl-äthanon-(1) mit Zinn(II)-chlorid oder Zinn und wss.-äthanol. Salzsäure und Behandeln des Reaktionsprodukts mit Benzoylchlorid und wss. Natronlauge (*Long, Troutman*, Am. Soc. **71** [1949] 2469, 2471).

Krystalle; F: 125—126° [aus Me.] (*Pe., St., Wr.*), 124° [aus A.] (*Ki., Pe.*), 123—125° [aus A. + W.] (*Long, Tr.*), 123—124° (*Simonoff, Hartung*, J. Am. pharm. Assoc. **35** [1946] 306, 308), 122—123° [aus A.] (*Dey, Ra.*).

Bildung von 4-Oxo-1-phenyl-3.4-dihydro-isochinolin beim Erhitzen mit Phosphoroxychlorid in Toluol: *Dey, Ra.* Beim Behandeln mit Paraformaldehyd in Methanol ist in Gegenwart von Kaliumcarbonat 2.4-Bis-benzamino-1.5-diphenyl-pentandion-(1.5) (F: 208—210°), in Gegenwart von Natriumhydrogencarbonat 2-Benzamino-3-hydroxy-1-phenyl-propanon-(1) erhalten worden (*Long, Tr.*). Bildung von 3-Benzamino-2-phenyl-chinolin-carbonsäure-(4) beim Behandeln mit Isatin und äthanol. Kalilauge: *Pe., St., Wr.*

VII VIII IX

**2-[*p*-Tolyl-benzoyl-amino]-1-phenyl-äthanon-(1)-oxim, Benzoesäure-[*N*-(*β*-hydroxyimino-phenäthyl)-*p*-toluidid],** *N-[β-(hydroxyimino)phenethyl]benzo-p-toluidide* $C_{22}H_{20}N_2O_2$.

**2-[*p*-Tolyl-benzoyl-amino]-1-phenyl-äthanon-(1)-oxim vom F: 174°,** vermutlich **2-[*p*-Tolyl-benzoyl-amino]-1-phenyl-äthanon-(1)-*seqcis*-oxim,** Formel VIII (R = H).

*B.* Beim Behandeln der beiden 2-*p*-Toluidino-1-phenyl-äthanon-(1)-oxime (S. 110) mit Benzoylchlorid und Pyridin (*Busch, Strätz*, J. pr. [2] **150** [1937] 1, 15).

Krystalle (aus A.); F: 174,5° [Zers.].

**2-[*p*-Tolyl-benzoyl-amino]-1-phenyl-äthanon-(1)-[*O*-benzoyl-oxim], Benzoesäure-[*N*-(*β*-benzoyloxyimino-phenäthyl)-*p*-toluidid],** N-[*β-(benzoyloxyimino)phenethyl]benzo-*p-*toluidide* $C_{29}H_{24}N_2O_3$.

**2-[*p*-Tolyl-benzoyl-amino]-1-phenyl-äthanon-(1)-[*O*-benzoyl-oxim] vom F: 134°,** vermutlich **2-[*p*-Tolyl-benzoyl-amino]-1-phenyl-äthanon-(1)-[*O*-benzoyl-*seqcis*-oxim],** Formel VIII (R = CO-$C_6H_5$).

*B.* Beim Behandeln der beiden 2-*p*-Toluidino-1-phenyl-äthanon-(1)-oxime (S. 110), von 4-Phenyl-1-*p*-tolyl-$\Delta^3$-imidazolin-3-oxid oder von 3-Phenyl-5-*p*-tolyl-5.6-dihydro-4*H*-[1.2.5]oxadiazin mit Benzoylchlorid und wss. Natronlauge (*Busch, Strätz,* J. pr. [2] **150** [1937] 1, 15).

Krystalle (aus A.); F: 134°.

**2-Dibenzoylamino-1-phenyl-äthanon-(1), *N*-Phenacyl-dibenzamid,** N-*phenacyldibenzamide* $C_{22}H_{17}NO_3$, Formel IX.

*B.* Neben anderen Verbindungen beim Behandeln von 2-Amino-1-phenyl-äthanon-(1)-hydrochlorid mit Benzoylchlorid und Pyridin (*Petrow, Stack, Wragg,* Soc. **1943** 316).

Krystalle (aus Me.); F: 173—174°.

**2-[*C*-Phenyl-acetamino]-1-phenyl-äthanon-(1), *C*-Phenyl-*N*-phenacyl-acetamid,** N-*phenacyl-2-phenylacetamide* $C_{16}H_{15}NO_2$, Formel VII (R = $CH_2$-$C_6H_5$) (H 55; E I 373; dort als ω-Phenacetamino-acetophenon bezeichnet).

*B.* Neben anderen Verbindungen beim Behandeln von Benzylpenicillin-methylester in Äther mit Phenylmagnesiumbromid in Diisopentyläther (*Peck, Folkers,* Chem. Penicillin **1949** 144, 149, 170).

Krystalle; F: 99—101°.

Semicarbazon $C_{17}H_{18}N_4O_2$. Krystalle (aus wss. A.); F: 188—191°.

**(±)-2-[*C*-Brom-*C*-phenyl-acetamino]-1-phenyl-äthanon-(1), (±)-*C*-Brom-*C*-phenyl-*N*-phenacyl-acetamid,** (±)-*2-bromo-*N-*phenacyl-2-phenylacetamide* $C_{16}H_{14}BrNO_2$, Formel VII (R = CHBr-$C_6H_5$).

*B.* Beim Behandeln von 2-Amino-1-phenyl-äthanon-(1)-hydrochlorid mit (±)-Brom-phenyl-acetylbromid in Chloroform unter Zusatz von 4-Methyl-morpholin (*Newbold, Spring, Sweeny,* Soc. **1949** 300).

Krystalle (aus PAe.); F: 119°.

**Phenacylthioharnstoff,** *phenacylthiourea* $C_9H_{10}N_2OS$, Formel X.

*B.* Neben 4-Phenyl-imidazolthiol-(2) beim Erhitzen von 2-Amino-1-phenyl-äthanon-(1)-hydrochlorid mit Kaliumthiocyanat in Wasser (*Clemo, Holmes, Leitch,* Soc. **1938** 753).

Krystalle (aus Bzl. + A.); F: 136°.

Beim Behandeln mit Pikrinsäure in Äthanol ist 4-Phenyl-imidazolthiol-(2)-pikrat erhalten worden.

***N.N'*-Diphenacyl-äthylendiamin,** *2,2''-(ethylenediimino)diacetophenone* $C_{18}H_{20}N_2O_2$, Formel XI (R = H, n = 2).

*B.* Aus Äthylendiamin und Phenacylbromid in Äthanol (*Niederl, Subba Rao,* J. org. Chem. **14** [1949] 27, 28).

F: 105—109° [unkorr.; Zers.].

Dihydrochlorid $C_{18}H_{20}N_2O_2 \cdot 2HCl$. Krystalle (aus wss. A.); F: 258—259° [unkorr.].

Bis-hydrogensulfat $C_{18}H_{20}N_2O_2 \cdot 2H_2SO_4$. F: 252—253° [unkorr.].

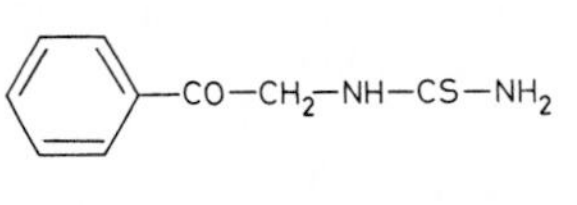

$C_6H_5$—CO—$CH_2$—NH—CS—$NH_2$

X

$C_6H_5$—CO—$CH_2$—N(R)—$[CH_2]_n$—N(R)—$CH_2$—CO—$C_6H_5$

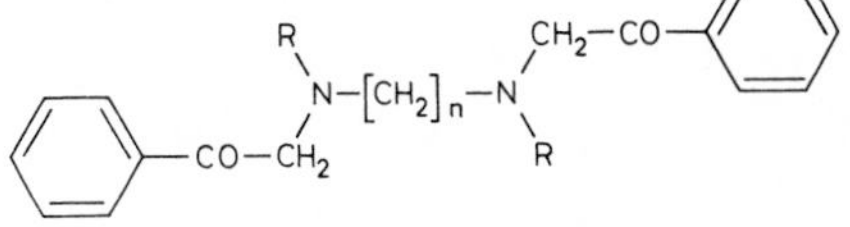

XI

**Tetra-*N*-phenacyl-äthylendiamin,** *2,2'',2'''',2''''''-(ethylenedinitrilo)tetraacetophenone* $C_{34}H_{32}N_2O_4$, Formel XI (R = $CH_2$-CO-$C_6H_5$, n = 2).

*B.* Beim Erwärmen von Äthylendiamin mit Phenacylbromid in Äthanol (*Niederl, Subba Rao,* J. org. Chem. **14** [1949] 27, 28).

F: 196—198° [unkorr.].

Dihydrochlorid $C_{34}H_{32}N_2O_4 \cdot 2HCl$. Krystalle (aus A. + wss. HCl); F: 131–133° [unkorr.; Zers.].

Pikrat $C_{34}H_{32}N_2O_4 \cdot C_6H_3N_3O_7$. F: 168–169° [unkorr.].

**N-[2-Phenacylamino-äthyl]-N-phenacyl-benzamid, N.N'-Diphenacyl-N-benzoyl-äthylendiamin,** N-*phenacyl*-N-*[2-(phenacylamino)ethyl]benzamide* $C_{25}H_{24}N_2O_3$, Formel I.

F: 233–234° [unkorr.] (*Niederl, Subba Rao*, J. org. Chem. **14** [1949] 27, 28).

**N.N'-Diphenacyl-propandiyldiamin,** *2,2''-(propanediyldiimino)diacetophenone* $C_{19}H_{22}N_2O_2$, Formel XI (R = H, n = 3).

*B.* Beim Erwärmen von Propandiyldiamin mit Phenacylbromid und Kaliumcarbonat in Äthanol (*Niederl, Subba Rao*, J. org. Chem. **14** [1949] 27, 28).

F: 120–122° [unkorr.].

Dihydrochlorid $C_{19}H_{22}N_2O_2 \cdot 2HCl$. Krystalle (aus wss.-äthanol. Salzsäure); F: 250° bis 251° [unkorr.].

Bis-hydrogensulfat $C_{19}H_{22}N_2O_2 \cdot 2H_2SO_4$. F: 204–205° [unkorr.].

**N.N'-Diphenacyl-pentandiyldiamin,** *2,2''-(pentanediyldiimino)diacetophenone* $C_{21}H_{26}N_2O_2$, Formel XI (R = H, n = 5).

*B.* Beim Erwärmen von Pentandiyldiamin mit Phenacylbromid und Kaliumcarbonat in Äthanol (*Niederl, Subba Rao*, J. org. Chem. **14** [1949] 27, 28).

F: 115–117° [unkorr.].

Dihydrochlorid $C_{21}H_{26}N_2O_2 \cdot 2HCl$. Krystalle (aus wss.-äthanol. HCl); F: 253–254° [unkorr.].

Bis-hydrogensulfat $C_{21}H_{26}N_2O_2 \cdot 2H_2SO_4$. F: 222–223° [unkorr.].

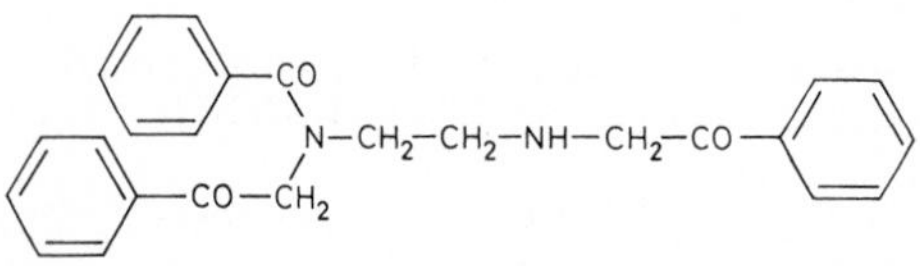

I 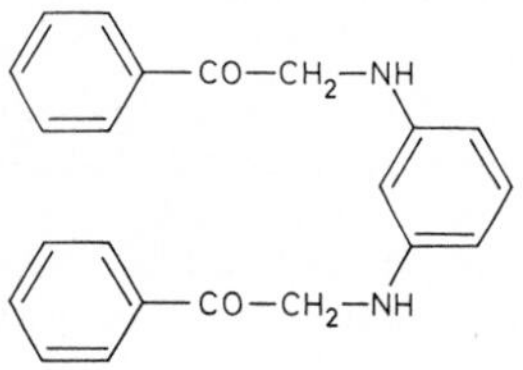 II

**N.N'-Diphenacyl-m-phenylendiamin,** *2,2''-(*m*-phenylenediimino)diacetophenone* $C_{22}H_{20}N_2O_2$, Formel II.

*B.* Aus *m*-Phenylendiamin und Phenacylbromid in Äthanol und Äther (*Ruggli, Grand*, Helv. **20** [1937] 373, 377, 381).

Hellgelbe Krystalle (aus A. + Py.); F: ca. 164°. Beim Erwärmen erfolgt Verharzung.

**Essigsäure-[4-phenacylamino-anilid], N'-Phenacyl-N-acetyl-p-phenylendiamin,** *4'-(phenacylamino)acetanilide* $C_{16}H_{16}N_2O_2$, Formel III.

*B.* Beim Erwärmen von Essigsäure-[4-amino-anilid] mit Phenacylbromid und Natriumcarbonat in Äthanol (*Ruggli, Grand*, Helv. **20** [1937] 373, 382).

Hellgelbe Krystalle (aus A.); F: 173°.

Beim Erwärmen mit Essigsäure, wss. Salzsäure und Zink ist *N.N'*-Diphenacyl-*p*-phenylendiamin erhalten worden.

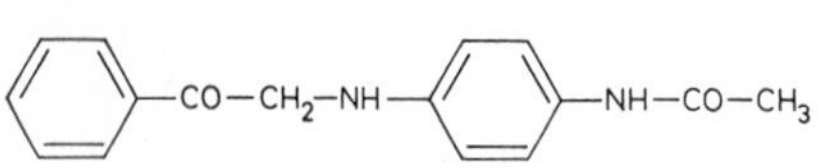

III 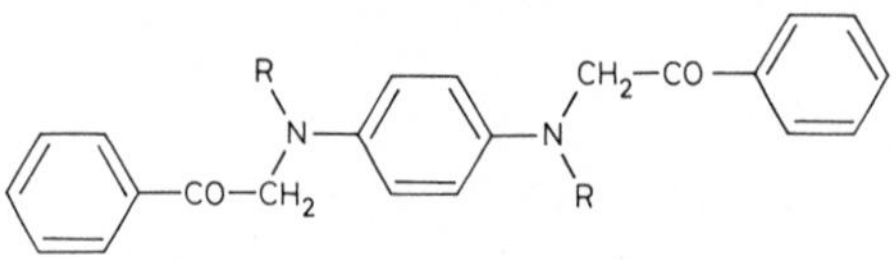 IV

**N.N'-Diphenacyl-p-phenylendiamin,** *2,2''-(*p*-phenylenediimino)diacetophenone* $C_{22}H_{20}N_2O_2$, Formel IV (R = H).

*B.* Beim Erwärmen von *p*-Phenylendiamin mit Phenacylbromid und Natriumcarbonat in Äthanol (*Ruggli, Grand*, Helv. **20** [1937] 373, 382). Beim Erwärmen von *N'*-Phenacyl-*N*-acetyl-*p*-phenylendiamin mit Essigsäure, wss. Salzsäure und Zink (*Ru., Gr.*, l. c. S. 383).

Krystalle (aus Py. + A.); F: ca. 151°.
Pikrat $C_{22}H_{20}N_2O_2 \cdot C_6H_3N_3O_7$. Gelbe Krystalle; F: 124°.

**N.N'-Diphenacyl-N.N'-diacetyl-p-phenylendiamin,** N,N'-*diphenacyl*-N,N'-p-*phenylenebisacetamide* $C_{26}H_{24}N_2O_4$, Formel IV (R = CO-$CH_3$).
*B.* Beim Erhitzen von *N.N'*-Diphenacyl-*p*-phenylendiamin mit Acetanhydrid und Natriumacetat (*Ruggli, Grand,* Helv. **20** [1937] 373, 382).
Krystalle (aus Eg.); F: 227°.

**2-[Methyl-sarkosyl-amino]-1-phenyl-äthanon-(1), Sarkosin-[methyl-phenacyl-amid],** N-*methyl-2-(methylamino)*-N-*phenacylacetamide* $C_{12}H_{16}N_2O_2$, Formel V.
*B.* Neben 2-Methylamino-1-phenyl-äthanon-(1) beim Erwärmen von 1.4-Dimethyl-piperazindion-(2.5) („Sarkosin-anhydrid") mit Phenylmagnesiumbromid in Äther und Anisol (*Kapfhammer, Matthes,* Z. physiol. Chem. **223** [1934] 43, 51).
Pikrat $C_{12}H_{16}N_2O_2 \cdot C_6H_3N_3O_7$. Krystalle.

V: $C_6H_5$—CO—$CH_2$—N($CH_3$)—CO—$CH_2$—NH—$CH_3$

VI: $C_6H_5$—CO—$CH_2$—NH—$SO_2$—$C_6H_4$—$CH_3$

**2-[Toluol-sulfonyl-(4)-amino]-1-phenyl-äthanon-(1), N-Phenacyl-toluolsulfonamid-(4),** N-*phenacyl*-p-*toluenesulfonamide* $C_{15}H_{15}NO_3S$, Formel VI (E I 374; dort als ω-*p*-Toluolsulfamino-acetophenon bezeichnet).
*B.* Beim Erwärmen von Phenacylbromid mit dem Kalium-Salz des Toluolsulfonamids-(4) in Benzol (*Harington, Moggridge,* Soc. **1940** 706, 711).
Krystalle (aus wss. A.); F: 116°.

**[2-Chlor-phenacyl]-harnstoff,** *(2-chlorophenacyl)urea* $C_9H_9ClN_2O_2$, Formel VII.
*B.* Beim Erwärmen von 2-Chlor-1-[2-chlor-phenyl]-äthanon-(1) (nicht näher beschrieben) mit Harnstoff in Benzol oder ohne Lösungsmittel (*Spielman, Geiszler, Close,* Am. Soc. **70** [1948] 4189).
F: 244—246°.

**2-Amino-1-[3-chlor-phenyl]-äthanon-(1),** 3-Chlor-ω-amino-acetophenon, *2-amino-3'-chloroacetophenone* $C_8H_8ClNO$, Formel VIII.
Hydrochlorid $C_8H_8ClNO \cdot HCl$. *B.* Beim Behandeln von 1-[3-Chlor-phenyl]-glyoxal-2-oxim mit Zinn(II)-chlorid und Chlorwasserstoff in Äther (*Edkins, Linnell,* Quart. J. Pharm. Pharmacol. **9** [1936] 75, 79, 103). — Krystalle (aus A. + Bzl. + Ae.); F: 222°.

VII: 2-Cl-$C_6H_4$—CO—$CH_2$—NH—CO—$NH_2$

VIII: 3-Cl-$C_6H_4$—CO—$CH_2$—$NH_2$

IX: Cl—$C_6H_4$—CO—$CH_2$—NR$_2$

**2-Amino-1-[4-chlor-phenyl]-äthanon-(1),** 4-Chlor-ω-amino-acetophenon, *2-amino-4'-chloroacetophenone* $C_8H_8ClNO$, Formel IX (R = H).
Hydrochlorid $C_8H_8ClNO \cdot HCl$. *B.* Beim Behandeln einer äthanol. Lösung von 1-[4-Chlor-phenyl]-glyoxal-2-oxim mit Zinn(II)-chlorid in wss. Salzsäure (*Edkins, Linnell,* Quart. J. Pharm. Pharmacol. **9** [1936] 75, 79, 99). Beim Behandeln von 2-Brom-1-[4-chlor-phenyl]-äthanon-(1) mit Hexamethylentetramin in Chloroform und Behandeln des Reaktionsprodukts mit Chlorwasserstoff enthaltendem Äthanol (*Campbell, McKenna,* J. org. Chem. **4** [1939] 198, 205). — Krystalle (aus A. + Bzl. + Ae.); F: 290° (*Ed., Li.*).

**2-Diäthylamino-1-[4-chlor-phenyl]-äthanon-(1),** *4'-chloro-2-(diethylamino)acetophenone* $C_{12}H_{16}ClNO$, Formel IX (R = $C_2H_5$).
*B.* Aus 2-Brom-1-[4-chlor-phenyl]-äthanon-(1) und Diäthylamin in Äther (*Lutz et al.,* J. org. Chem. **12** [1947] 617, 626).
Hydrochlorid $C_{12}H_{16}ClNO \cdot HCl$. Krystalle (aus A. + Ae.); F: 158—159° [korr.; evakuierte Kapillare].

**Diäthyl-dodecyl-[4-chlor-phenacyl]-ammonium**, *(4-chlorophenacyl)dodecyldiethyl-ammonium* $[C_{24}H_{41}ClNO]^{\oplus}$, Formel X.

**Chlorid** $[C_{24}H_{41}ClNO]Cl$. *B.* Aus 2-Chlor-1-[4-chlor-phenyl]-äthanon-(1) und Diäthyl-dodecyl-amin (*Tanaka*, J. pharm. Soc. Japan **63** [1943] 343, 350; C. A. **1951** 5100).

**Tetrachloroaurat(III)** $[C_{24}H_{41}ClNO]AuCl_4$. Gelbe Krystalle; F: 70—73° (*Ta.*).

**2-Anilino-1-[4-chlor-phenyl]-äthanon-(1)**, *2-anilino-4'-chloroacetophenone* $C_{14}H_{12}ClNO$, Formel XI (R = X = H).

Für die H **14** 56 unter dieser Konstitution beschriebenen Verbindung (F: 187—188°) kommt eher die Formulierung als Bis-[2-anilino-1-(4-chlor-phenyl)-vinyl]-äther (E III **12** 372) in Betracht (*Crowther, Mann, Purdie*, Soc. **1943** 58, 60).

*B.* Neben Bis-[2-anilino-1-(4-chlor-phenyl)-vinyl]-äther beim Erwärmen von 2-Brom-1-[4-chlor-phenyl]-äthanon-(1) mit Anilin in Äthanol (*Cr., Mann, Pu.*, l. c. S. 63).

Gelbe Krystalle (aus A.); F: 113—115°.

**2-[N-Methyl-anilino]-1-[4-chlor-phenyl]-äthanon-(1)**, *4'-chloro-2-(N-methylanilino)-acetophenone* $C_{15}H_{14}ClNO$, Formel XI (R = $CH_3$, X = H).

*B.* Aus 2-Brom-1-[4-chlor-phenyl]-äthanon-(1) und *N*-Methyl-anilin in Äther (*Lutz et al.*, J. org. Chem. **12** [1947] 617, 627, 657), in Äthanol (*Brown, Mann*, Soc. **1948** 847, 855) oder in Äthanol in Gegenwart von Calciumcarbonat (*Crowther, Mann, Purdie*, Soc. **1943** 58, 65).

Krystalle (aus A.); F: 109,5—110° (*Cr., Mann, Pu.*), 109—110° [korr.] (*Lutz et al.*).

Beim Erwärmen mit Zinkchlorid in Äthanol sowie beim Erhitzen mit Zinkchlorid auf 250° ist 1-Methyl-3-[4-chlor-phenyl]-indol erhalten worden (*Cr., Mann, Pu.*, l. c. S. 66).

**2-[N-Äthyl-anilino]-1-[4-chlor-phenyl]-äthanon-(1)**, *4'-chloro-2-(N-ethylanilino)aceto-phenone* $C_{16}H_{16}ClNO$, Formel XI (R = $C_2H_5$, X = H).

*B.* Aus 2-Brom-1-[4-chlor-phenyl]-äthanon-(1) und *N*-Äthyl-anilin in Äthanol (*Brown, Mann*, Soc. **1948** 847, 855), auch in Gegenwart von Calciumcarbonat (*Crowther, Mann, Purdie*, Soc. **1943** 58, 65).

Krystalle (aus A.); F: 83° (*Cr., Mann, Pu.*).

Beim Erhitzen mit Zinkchlorid auf 250° ist 1-Äthyl-3-[4-chlor-phenyl]-indol erhalten worden (*Cr., Mann, Pu.*, l. c. S. 66).

Hydrochlorid $C_{16}H_{16}ClNO \cdot HCl$. Krystalle; F: 169° (*Cr., Mann, Pu.*).

Pikrat $C_{16}H_{16}ClNO \cdot C_6H_3N_3O_7$. Gelbe Krystalle (aus A.); F: 116—117° (*Cr., Mann, Pu.*).

**2-[4-Chlor-N-äthyl-anilino]-1-[4-chlor-phenyl]-äthanon-(1)**, *4'-chloro-2-(p-chloro-N-ethylanilino)acetophenone* $C_{16}H_{15}Cl_2NO$, Formel XI (R = $C_2H_5$, X = Cl).

*B.* Beim Erwärmen von 2-Brom-1-[4-chlor-phenyl]-äthanon-(1) mit 4-Chlor-*N*-äthyl-anilin und Calciumcarbonat in Äthanol (*Crowther, Mann, Purdie*, Soc. **1943** 58, 65).

Krystalle (aus A.); F: 105—106°.

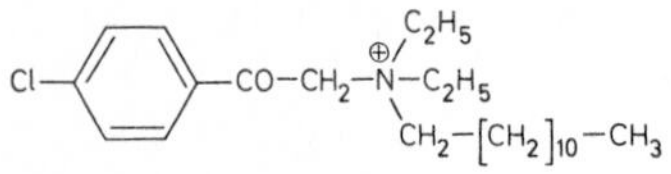

Cl–C6H4–CO–CH2–N⊕(C2H5)2–CH2–[CH2]10–CH3 Cl–C6H4–CO–CH2–N(R)–C6H4–X Cl–C6H4–CO–CH2–N(CH3)–CH2–C6H5

X 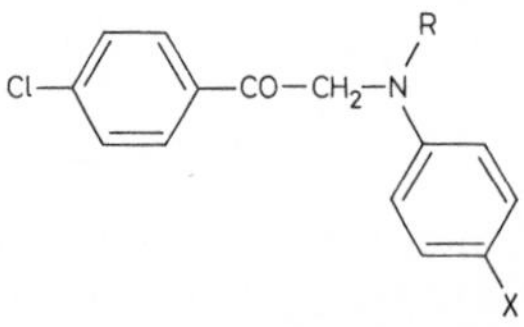 XI 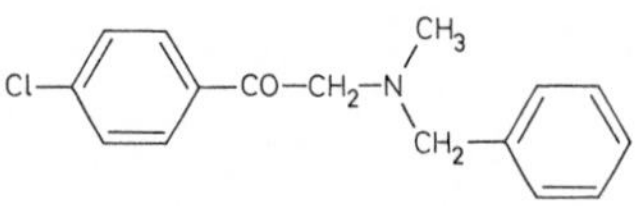 XII

**2-[N-Butyl-anilino]-1-[4-chlor-phenyl]-äthanon-(1)**, *2-(N-butylanilino)-4'-chloroaceto-phenone* $C_{18}H_{20}ClNO$, Formel XI (R = $[CH_2]_3$-$CH_3$, X = H).

*B.* Aus 2-Brom-1-[4-chlor-phenyl]-äthanon-(1) und *N*-Butyl-anilin in Äther (*Lutz et al.*, J. org. Chem. **12** [1947] 617, 627).

Krystalle (aus A.); F: 85—86°.

**2-[N-Isobutyl-anilino]-1-[4-chlor-phenyl]-äthanon-(1)**, *4'-chloro-2-(N-isobutylanilino)-acetophenone* $C_{18}H_{20}ClNO$, Formel XI (R = $CH_2$-$CH(CH_3)_2$, X = H).

*B.* Beim Erwärmen von 2-Brom-1-[4-chlor-phenyl]-äthanon-(1) mit *N*-Isobutyl-anilin und Calciumcarbonat in Äthanol (*Crowther, Mann, Purdie*, Soc. **1943** 58, 65).

Krystalle (aus A.); F: 91°.

Beim Erhitzen mit Zinkchlorid auf 250° ist 1-Isobutyl-3-[4-chlor-phenyl]-indol erhalten worden.

**2-*p*-Toluidino-1-[4-chlor-phenyl]-äthanon-(1)**, *4'-chloro-2-*p*-toluidinoacetophenone* $C_{15}H_{14}ClNO$, Formel XI (R = H, X = $CH_3$).

*B.* Aus 2-Brom-1-[4-chlor-phenyl]-äthanon-(1) und *p*-Toluidin in Äthanol (*Crowther, Mann, Purdie*, Soc. **1943** 58, 63).

Krystalle (aus A.); F: 148—150°.

**2-[*N*-Äthyl-*p*-toluidino]-1-[4-chlor-phenyl]-äthanon-(1)**, *4'-chloro-2-(*N*-ethyl-*p*-toluidino)=acetophenone* $C_{17}H_{18}ClNO$, Formel XI (R = $C_2H_5$, X = $CH_3$).

*B.* Beim Erwärmen von 2-Brom-1-[4-chlor-phenyl]-äthanon-(1) mit *N*-Äthyl-*p*-toluidin und Calciumcarbonat in Äthanol (*Crowther, Mann, Purdie*, Soc. **1943** 58, 65).

Gelbe Krystalle (aus A.); F: 95,5°.

Bildung von geringen Mengen 4-Chlor-benzoesäure beim Erwärmen auf 100°: *Cr., Mann, Pu.* Überführung in Bis-[2-anilino-1-(4-chlor-phenyl)-vinyl]-äther (E III **12** 372) oder in *N.N*-Bis-[2-anilino-1-(4-chlor-phenyl)-vinyl]-anilin (S. 142) durch Erhitzen mit Anilin auf 150°: *Cr., Mann, Pu.*, l. c. S. 66, 67. Beim Erhitzen mit Tetralin, mit sekundären aromatischen Aminen (z.B. *N*-Äthyl-anilin oder *N*-Äthyl-*p*-toluidin), mit Zink=chlorid auf 250° oder beim Erwärmen mit Zinkchlorid (4 Mol) in Äthanol entsteht 5-Methyl-1-äthyl-3-[4-chlor-phenyl]-indol; beim Erwärmen mit 1 Mol Zinkchlorid in Äthanol bildet sich eine vielleicht als 3.6-Bis-[*N*-äthyl-*p*-toluidino]-2.5-bis-[4-chlor-phen=yl]-[1.4]dioxan zu formulierende Verbindung vom F: 157,5°. Beim Erhitzen mit 1 Mol *N*-Äthyl-*p*-toluidin unter Luftzutritt auf 100° sind 4-Chlor-benzoesäure und wenig 4.4'-Dichlor-benzil, bei höherer Temperatur (140—150°) sind 4-Chlor-benzoesäure und 4-Chlor-α.β-bis-[*N*-äthyl-*p*-toluidino]-styrol (F: 123—123,5°) erhalten worden.

Hydrochlorid $C_{17}H_{18}ClNO \cdot HCl$. Krystalle (aus wss. Salzsäure); F: 177—178° [Zers.].

Pikrat $C_{17}H_{18}ClNO \cdot C_6H_3N_3O_7$. Krystalle (aus A.); F: 135—136°.

**2-[Methyl-benzyl-amino]-1-[4-chlor-phenyl]-äthanon-(1)**, *2-(benzylmethylamino)-4'-chloroacetophenone* $C_{16}H_{16}ClNO$, Formel XII.

*B.* Aus 2-Brom-1-[4-chlor-phenyl]-äthanon-(1) und Methyl-benzyl-amin in Äther (*Lutz et al.*, J. org. Chem. **12** [1947] 617, 626).

Hydrochlorid $C_{16}H_{16}ClNO \cdot HCl$. Krystalle (aus Butanon); F: 188—191° [korr.].

**Dimethyl-benzyl-[4-chlor-phenacyl]-ammonium**, *benzyl(4-chlorophenacyl)dimethyl=ammonium* $[C_{17}H_{19}ClNO]^{\oplus}$, Formel I.

**Bromid** $[C_{17}H_{19}ClNO]Br$. *B.* Aus 2-Brom-1-[4-chlor-phenyl]-äthanon-(1) und Dimethyl-benzyl-amin in Benzol (*Dunn, Stevens*, Soc. **1932** 1926, 1930). — Krystalle (aus A. + Ae.) mit 1 Mol $H_2O$; F: 175—176°. — Geschwindigkeit der Reaktion mit Natriummethylat in Methanol (Bildung von 2-Dimethylamino-3-phenyl-1-[4-chlor-phenyl]-propanon-(1)) bei 37,7°: *Dunn, St.*, l. c. S. 1928.

**Pikrat** $[C_{17}H_{19}ClNO]C_6H_2N_3O_7$. Gelbe Krystalle (aus Me.); F: 155—156° (*Dunn, St.*)

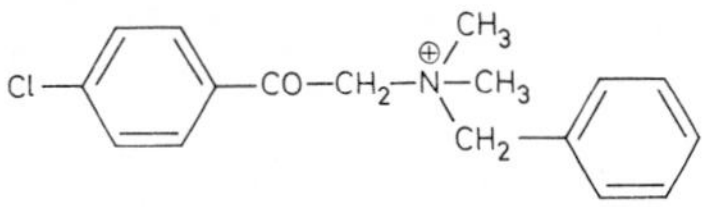

I 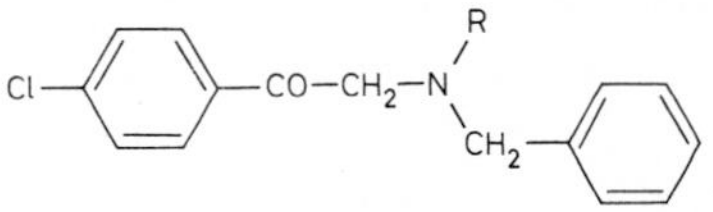 II

**(±)-2-[*sec*-Butyl-benzyl-amino]-1-[4-chlor-phenyl]-äthanon-(1)**, *(±)-2-(benzyl-*sec*-butyl=amino)-4'-chloroacetophenone* $C_{19}H_{22}ClNO$, Formel II (R = $CH(CH_3)$-$CH_2$-$CH_3$).

*B.* Aus 2-Brom-1-[4-chlor-phenyl]-äthanon-(1) und (±)-*sec*-Butyl-benzyl-amin in Äther (*Lutz et al.*, J. org. Chem. **12** [1947] 617, 626).

Hydrochlorid $C_{19}H_{22}ClNO \cdot HCl$. Krystalle (aus Isopropylalkohol + Butanon); F: 167—170°.

**2-[Octyl-benzyl-amino]-1-[4-chlor-phenyl]-äthanon-(1)**, *2-(benzyloctylamino)-4'-chloro=acetophenone* $C_{23}H_{30}ClNO$, Formel II (R = $[CH_2]_7$-$CH_3$).

*B.* Aus 2-Brom-1-[4-chlor-phenyl]-äthanon-(1) und Octyl-benzyl-amin in Äther (*Lutz et al.*, J. org. Chem. **12** [1947] 617, 626).

Hydrochlorid $C_{23}H_{30}ClNO \cdot HCl$. Krystalle (aus E. + A.); F: 167—169° [korr.].

**2-[Cyclohexyl-benzyl-amino]-1-[4-chlor-phenyl]-äthanon-(1)**, *2-(benzylcyclohexylamino)-4'-chloroacetophenone* $C_{21}H_{24}ClNO$, Formel II (R = $C_6H_{11}$).

*B.* Aus 2-Brom-1-[4-chlor-phenyl]-äthanon-(1) und Cyclohexyl-benzyl-amin in Äther (*Lutz et al.*, J. org. Chem. **12** [1947] 617, 626).

Hydrochlorid $C_{21}H_{24}ClNO \cdot HCl$. Krystalle (aus Acn.); F: 185–186° [korr.; Zers.].

**2-[*N*-Benzyl-anilino]-1-[4-chlor-phenyl]-äthanon-(1)**, *2-(benzylphenylamino)-4'-chloroacetophenone* $C_{21}H_{18}ClNO$, Formel II (R = $C_6H_5$).

*B.* Aus 2-Brom-1-[4-chlor-phenyl]-äthanon-(1) und *N*-Benzyl-anilin in Äther (*Lutz et al.*, J. org. Chem. **12** [1947] 617, 627).

Hydrochlorid $C_{21}H_{18}ClNO \cdot HCl$. Krystalle (aus Isopropylalkohol); F: 163–164° [korr.].

**2-[2.4-Dimethyl-anilino]-1-[4-chlor-phenyl]-äthanon-(1)**, *4'-chloro-2-(2,4-xylidino)acetophenone* $C_{16}H_{16}ClNO$, Formel III.

*B.* Aus 2-Brom-1-[4-chlor-phenyl]-äthanon-(1) und 2.4-Dimethyl-anilin in Äthanol (*Crowther, Mann, Purdie*, Soc. **1943** 58, 63).

Krystalle (aus A.); F: 117°.

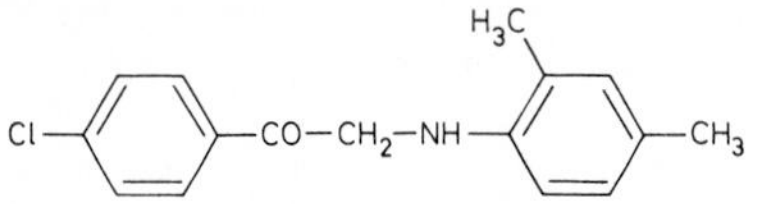

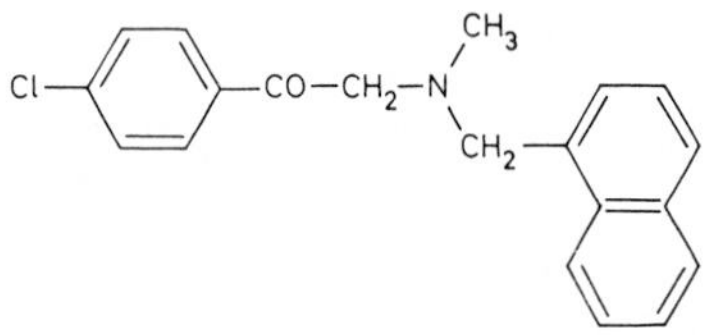

III IV

**2-[Methyl-(naphthyl-(1)-methyl)-amino]-1-[4-chlor-phenyl]-äthanon-(1)**, *4'-chloro-2-[methyl(1-naphthylmethyl)amino]acetophenone* $C_{20}H_{18}ClNO$, Formel IV.

*B.* Beim Behandeln von 2-Brom-1-[4-chlor-phenyl]-äthanon-(1) mit Methyl-[naphthyl-(1)-methyl]-amin in Äther unter Zusatz von wss. Natriumcarbonat-Lösung (*Lutz et al.*, J. org. Chem. **12** [1947] 617, 626).

Hydrochlorid $C_{20}H_{18}ClNO \cdot HCl$. Krystalle (aus A.); F: 202–203° [korr.].

**2-[*N*-Acetyl-anilino]-1-[4-chlor-phenyl]-äthanon-(1), *N*-[4-Chlor-phenacyl]-acetanilid**, N-*(4-chlorophenacyl)acetanilide* $C_{16}H_{14}ClNO_2$, Formel V.

*B.* Aus 2-Anilino-1-[4-chlor-phenyl]-äthanon-(1) (*Crowther, Mann, Purdie*, Soc. **1943** 58, 63).

Krystalle (aus A.); F: 143°.

**[4-Chlor-phenacyl]-harnstoff**, *(4-chlorophenacyl)urea* $C_9H_9ClN_2O_2$, Formel VI.

*B.* Beim Erwärmen von 2-Chlor-1-[4-chlor-phenyl]-äthanon-(1) mit Harnstoff in Benzol oder ohne Lösungsmittel (*Spielman, Geiszler, Close*, Am. Soc. **70** [1948] 4187).

F: 228–230°.

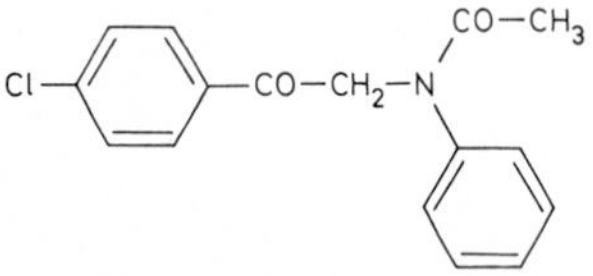

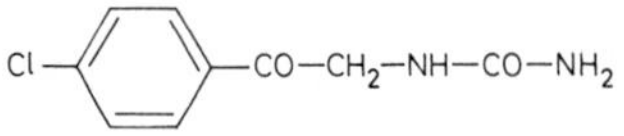

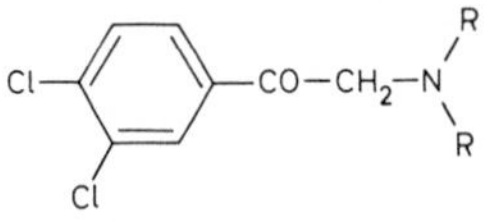

V VI VII

**2-Amino-1-[3.4-dichlor-phenyl]-äthanon-(1)**, 3.4-Dichlor-ω-amino-acetophenon, *2-amino-3',4'-dichloroacetophenone* $C_8H_7Cl_2NO$, Formel VII (R = H).

*B.* Beim Behandeln von 1-[3.4-Dichlor-phenyl]-glyoxal-2-oxim in Äthanol mit Zinn(II)-chlorid und Zinn in wss. Salzsäure (*Glynn, Linnell*, Quart. J. Pharm. Pharmacol. **5** [1932] 480, 487, 492).

Hydrochlorid $C_8H_7Cl_2NO \cdot HCl$. Krystalle, die bei 255° verharzen.

***N.N*-Dimethyl-*N*-[3.4-dichlor-phenacyl]-anilinium**, *(3,4-dichlorophenacyl)dimethylphenylammonium* $[C_{16}H_{16}Cl_2NO]^{\oplus}$, Formel VIII.

**Bromid** $[C_{16}H_{16}Cl_2NO]Br$. *B.* Aus 2-Brom-1-[3.4-dichlor-phenyl]-äthanon-(1) und

*N.N*-Dimethyl-anilin (*Kröhnke, Heffe*, B. **70** [1937] 1720, 1727). — Krystalle (aus A.); F: 141,5°.

**Betain** $C_{16}H_{15}Cl_2NO$, Formel IX (R = X = Cl) und Mesomeres. *B.* Beim Behandeln des Bromids (S. 126) mit wss. Natronlauge (*Kr., He.*). — Krystalle mit 3 Mol $H_2O$; F: 70°; die wasserfreie Verbindung schmilzt bei 115—116° [unter Rotfärbung].

**2-Dibenzylamino-1-[3.4-dichlor-phenyl]-äthanon-(1),** *3',4'-dichloro-2-(dibenzylamino)acetophenone* $C_{22}H_{19}Cl_2NO$, Formel VII (R = $CH_2$-$C_6H_5$).

*B.* Aus 2-Brom-1-[3.4-dichlor-phenyl]-äthanon-(1) und Dibenzylamin in Äther (*Lutz et al.*, J. org. Chem. **12** [1947] 617, 643).

Hydrochlorid $C_{22}H_{19}Cl_2NO \cdot HCl$. Krystalle (aus A.); F: 215—216° [korr.].

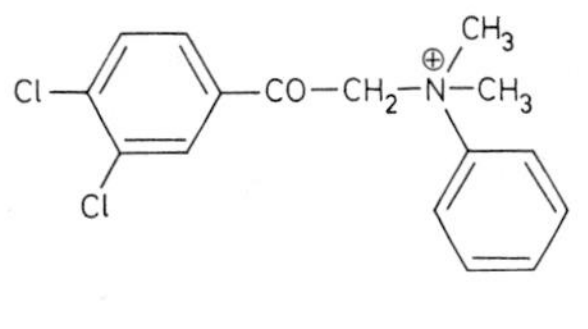

VIII 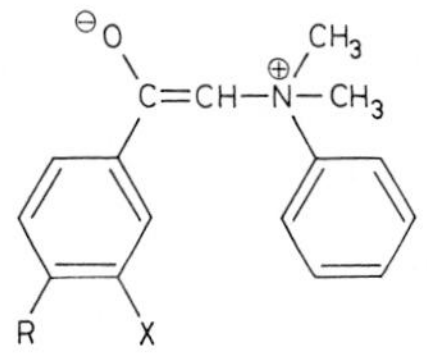 IX 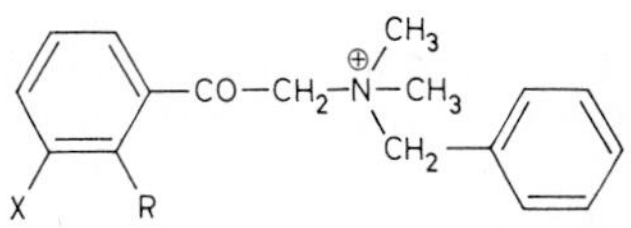 X

**Dimethyl-benzyl-[2-brom-phenacyl]-ammonium,** *benzyl(2-bromophenacyl)dimethylammonium* $[C_{17}H_{19}BrNO]^{\oplus}$, Formel X (R = Br, X = H).

**Jodid** $[C_{17}H_{19}BrNO]I$. *B.* Aus dem beim Behandeln von 2-Chlor-1-[2-brom-phenyl]-äthanon-(1) mit Dimethyl-benzyl-amin in Benzol erhältlichen Chlorid (*Dunn, Stevens*, Soc. **1932** 1926, 1931). — Krystalle (aus A.); F: 134—135°. — Geschwindigkeit der Reaktion mit Natriummethylat in Methanol (Bildung von 2-Dimethylamino-3-phenyl-1-[2-brom-phenyl]-propanon-(1)) bei 37,7°: *Dunn, St.*, l. c. S. 1928.

**Pikrat** $[C_{17}H_{19}BrNO]C_6H_2N_3O_7$. Gelbe Krystalle; F: 125—126° (*Dunn, St.*).

**2-Amino-1-[3-brom-phenyl]-äthanon-(1),** 3-Brom-ω-amino-acetophenon, *2-amino-3'-bromoacetophenone* $C_8H_8BrNO$, Formel XI (R = X = H).

Hydrochlorid $C_8H_8BrNO \cdot HCl$. *B.* Beim Behandeln von 1-[3-Brom-phenyl]-glyoxal-2-oxim mit Zinn(II)-chlorid und Chlorwasserstoff in Äther (*Edkins, Linnell*, Quart. J. Pharm. Pharmacol. **9** [1936] 75, 79, 104). — Krystalle (aus A. + Ae. + Bzl.); F: 236°.

**2-[Methyl-benzyl-amino]-1-[3-brom-phenyl]-äthanon-(1),** *2-(benzylmethylamino)-3'-bromoacetophenone* $C_{16}H_{16}BrNO$, Formel XI (R = $CH_2$-$C_6H_5$, X = $CH_3$).

*B.* Aus 2-Brom-1-[3-brom-phenyl]-äthanon-(1) und Methyl-benzyl-amin in Äther (*Lutz et al.*, J. org. Chem. **12** [1947] 617, 634).

Hydrochlorid $C_{16}H_{16}BrNO \cdot HCl$. Krystalle (aus A.); F: 200° [korr.].

**Dimethyl-benzyl-[3-brom-phenacyl]-ammonium,** *benzyl(3-bromophenacyl)dimethylammonium* $[C_{17}H_{19}BrNO]^{\oplus}$, Formel X (R = H, X = Br).

**Jodid** $[C_{17}H_{19}BrNO]I$. *B.* Aus dem beim Behandeln von 2-Chlor-1-[3-brom-phenyl]-äthanon-(1) mit Dimethyl-benzyl-amin in Benzol erhältlichen Chlorid (*Dunn, Stevens*, Soc. **1932** 1926, 1931). — Krystalle (aus A.); F: 180—181°. — Geschwindigkeit der Reaktion mit Natriummethylat in Methanol (Bildung von 2-Dimethylamino-3-phenyl-1-[3-brom-phenyl]-propanon-(1)) bei 37,7°: *Dunn, St.*, l. c. S. 1928, 1929.

**Pikrat** $[C_{17}H_{19}BrNO]C_6H_2N_3O_7$. Gelbe Krystalle (aus Me.); F: 149—150°.

**2-Amino-1-[4-brom-phenyl]-äthanon-(1),** 4-Brom-ω-amino-acetophenon, *2-amino-4'-bromoacetophenone* $C_8H_8BrNO$, Formel XII (R = X = H).

Hydrochlorid $C_8H_8BrNO \cdot HCl$. *B.* Beim Behandeln einer äthanol. Lösung von 1-[4-Brom-phenyl]-glyoxal-2-oxim mit Zinn(II)-chlorid in wss. Salzsäure (*Edkins, Linnell*, Quart. J. Pharm. Pharmacol. **9** [1936] 75, 100). — Krystalle (aus A.); F: 306°.

**2-Diäthylamino-1-[4-brom-phenyl]-äthanon-(1),** *4'-bromo-2-(diethylamino)acetophenone* $C_{12}H_{16}BrNO$, Formel XII (R = X = $C_2H_5$).

*B.* Aus 2-Brom-1-[4-brom-phenyl]-äthanon-(1) und Diäthylamin in Benzol (*Drake, Goldman*, J. org. Chem. **11** [1946] 100, 102) oder in Äther (*Mathieson, Newbery*, Soc.

**1949** 1133, 1136).

Hydrochlorid $C_{12}H_{16}BrNO \cdot HCl$. Krystalle (aus A. + Ae.); F: 172,6—173,6° (*Dr.*, *Go.*), 170—171° (*Ma.*, *Ne.*).

Hydrobromid $C_{12}H_{16}BrNO \cdot HBr$. Krystalle (aus A. + Ae.); F: 193,1—193,8° (*Dr.*, *Go.*).

**2-Dipropylamino-1-[4-brom-phenyl]-äthanon-(1)**, *4'-bromo-2-(dipropylamino)aceto=phenone* $C_{14}H_{20}BrNO$, Formel XII (R = X = $CH_2$-$CH_2$-$CH_3$).

*B.* Aus 2-Brom-1-[4-brom-phenyl]-äthanon-(1) und Dipropylamin in Benzol (*Drake*, *Goldman*, J. org. Chem. **11** [1946] 100, 102).

Hydrochlorid $C_{14}H_{20}BrNO \cdot HCl$. Krystalle (aus Bzl. + Ae.); F: 171,7—172,6°.

Hydrobromid $C_{14}H_{20}BrNO \cdot HBr$. Krystalle (aus Bzl. + Ae.); F: 184,2—184,8°.

**2-Isopropylamino-1-[4-brom-phenyl]-äthanon-(1)**, *4'-bromo-2-(isopropylamino)aceto=phenone* $C_{11}H_{14}BrNO$, Formel XII (R = $CH(CH_3)_2$, X = H).

*B.* Aus 2-Brom-1-[4-brom-phenyl]-äthanon-(1) und Isopropylamin in Äther (*Mathieson*, *Newbery*, Soc. **1949** 1133, 1136).

Hydrobromid $C_{11}H_{14}BrNO \cdot HBr$. Krystalle (aus A. + Ae.); F: 246—248°.

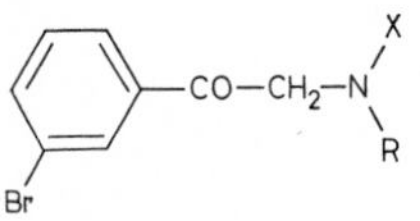

XI 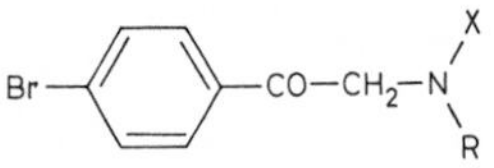 XII 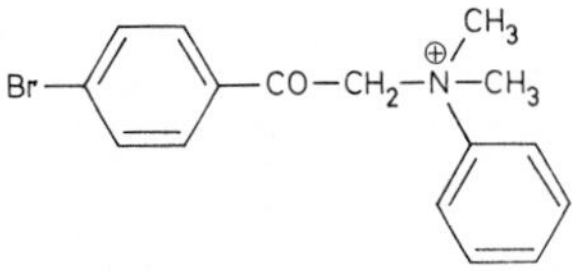 XIII

**2-Dibutylamino-1-[4-brom-phenyl]-äthanon-(1)**, *4'-bromo-2-(dibutylamino)acetophenone* $C_{16}H_{24}BrNO$, Formel XII (R = X = $[CH_2]_3$-$CH_3$).

*B.* Aus 2-Brom-1-[4-brom-phenyl]-äthanon-(1) und Dibutylamin in Benzol (*Drake*, *Goldman*, J. org. Chem. **11** [1946] 100, 102) oder in Äther (*Mathieson*, *Newbery*, Soc. **1949** 1133, 1136).

Hydrobromid $C_{16}H_{24}BrNO \cdot HBr$. Krystalle (aus A. + Ae.); F: 176,5—177,5° [Umwandlungspunkt bei 145—146°] (*Dr.*, *Go.*), 176—177° (*Ma.*, *Ne.*).

**2-Diisobutylamino-1-[4-brom-phenyl]-äthanon-(1)**, *4'-bromo-2-(diisobutylamino)aceto=phenone* $C_{16}H_{24}BrNO$, Formel XII (R = X = $CH_2$-$CH(CH_3)_2$).

*B.* Aus 2-Brom-1-[4-brom-phenyl]-äthanon-(1) und Diisobutylamin in Äther (*Lutz et al.*, J. org. Chem. **12** [1947] 617, 628, 630).

Hydrochlorid $C_{16}H_{24}BrNO \cdot HCl$. Krystalle (aus E.); F: 139—140° [korr.].

**2-[*N*-Methyl-anilino]-1-[4-brom-phenyl]-äthanon-(1)**, *4'-bromo-2-(*N*-methylanilino)=acetophenone* $C_{15}H_{14}BrNO$, Formel XII (R = $C_6H_5$, X = $CH_3$).

*B.* Aus 2-Brom-1-[4-brom-phenyl]-äthanon-(1) und *N*-Methyl-anilin in Äther (*Lutz et al.*, J. org. Chem. **12** [1947] 617, 631).

Krystalle (aus A.); F: 105—106° [korr.].

***N.N*-Dimethyl-*N*-[4-brom-phenacyl]-anilinium**, *(4-bromophenacyl)dimethylphenyl=ammonium* $[C_{16}H_{17}BrNO]^{\oplus}$, Formel XIII.

**Bromid** $[C_{16}H_{17}BrNO]Br$. *B.* Beim Erwärmen von 2-Brom-1-[4-brom-phenyl]-äthan=on-(1) mit *N.N*-Dimethyl-anilin in Nitromethan (*Kröhnke*, *Heffe*, B. **70** [1937] 1720, 1726). — Krystalle (aus A.); F: 153° (*Kr.*, *He.*).

**Sulfat.** Krystalle (aus A.); F: 183° (*Kr.*, *He.*).

**Betain** $C_{16}H_{16}BrNO$, Formel IX (R = Br, X = H) und Mesomeres. *B.* Beim Behandeln des Bromids (s. o.) mit wss. Natronlauge (*Kr.*, *He.*). — Krystalle (aus Acn. + Ae.), F: 119° [Zers.]; Krystalle mit 3 Mol $H_2O$, F: 78—79° (*Kr.*, *He.*). Wässrige Lösungen reagieren alkalisch (*Kr.*, *He.*). — Beim Behandeln mit 3-Nitro-benzaldehyd in Äthanol sind 1.2-Epoxy-3-[4-brom-phenyl]-1-[3-nitro-phenyl]-propanon-(3) (F: 131°) und *N.N*-Dimethyl-anilin erhalten worden (*Kröhnke*, B. **72** [1939] 2000, 2009).

**2-[Methyl-benzyl-amino]-1-[4-brom-phenyl]-äthanon-(1)**, *2-(benzylmethylamino)-4'-bromoacetophenone* $C_{16}H_{16}BrNO$, Formel XII (R = $CH_2$-$C_6H_5$, X = $CH_3$).

*B.* Aus 2-Brom-1-[4-brom-phenyl]-äthanon-(1) und Methyl-benzyl-amin in Äther

(*Lutz et al.*, J. org. Chem. **12** [1947] 617, 628, 630).

Hydrochlorid $C_{16}H_{16}BrNO \cdot HCl$. Krystalle (aus A. + Ae.); F: 190—191°.

**Dimethyl-benzyl-[4-brom-phenacyl]-ammonium,** *benzyl(4-bromophenacyl)dimethylammonium* $[C_{17}H_{19}BrNO]^{\oplus}$, Formel I (R = X = H).

**Bromid** $[C_{17}H_{19}BrNO]Br$. *B.* Aus 2-Brom-1-[4-brom-phenyl]-äthanon-(1) und Dimethyl-benzyl-amin in Benzol (*Stevens*, Soc. **1930** 2107, 2116). — Krystalle (aus A. + Ae.); F: 188—191° (*St.*). — Beim Erhitzen mit wss. Natronlauge ist 2-Dimethylamino-3-phenyl-1-[4-brom-phenyl]-propanon-(1) erhalten worden (*St.*); Geschwindigkeit der Reaktion in methanol. Natriummethylat bei 16,4° und 37,7°: *Thomson, Stevens*, Soc. **1932** 55, 61.

**Pikrat** $[C_{17}H_{19}BrNO]C_6H_2N_3O_7$. Gelbe Krystalle (aus Me.); F: 159—160° (*Th., St.*, l. c. S. 68).

**Dimethyl-[4-chlor-benzyl]-[4-brom-phenacyl]-ammonium,** *(4-bromophenacyl)-(4-chlorobenzyl)dimethylammonium* $[C_{17}H_{18}BrClNO]^{\oplus}$, Formel I (R = H, X = Cl).

**Bromid** $[C_{17}H_{18}BrClNO]Br$. *B.* Aus 2-Brom-1-[4-brom-phenyl]-äthanon-(1) und Dimethyl-[4-chlor-benzyl]-amin in Benzol (*Thomson, Stevens*, Soc. **1932** 55, 68). — Krystalle; F: 174—175°. — Geschwindigkeit der Reaktion mit Natriummethylat in Methanol (Bildung von 2-Dimethylamino-3-[4-chlor-phenyl]-1-[4-brom-phenyl]-propanon-(1)) bei 37,7°: *Th., St.*, l. c. S. 61.

**Pikrat** $[C_{17}H_{18}BrClNO]C_6H_2N_3O_7$. Gelbe Krystalle (aus Me.); F: 146—147° [Zers.] (*Th., St.*).

**Dimethyl-[3-brom-benzyl]-[4-brom-phenacyl]-ammonium,** *(3-bromobenzyl)-(4-bromophenacyl)dimethylammonium* $[C_{17}H_{18}Br_2NO]^{\oplus}$, Formel I (R = Br, X = H).

**Bromid** $[C_{17}H_{18}Br_2NO]Br$. *B.* Analog Dimethyl-[4-chlor-benzyl]-[4-brom-phenacyl]-ammonium-bromid [s. o.] (*Thomson, Stevens*, Soc. **1932** 55, 69). — Krystalle (aus A.); F: 193° [Zers.]. — Geschwindigkeit der Reaktion mit Natriummethylat in Methanol (Bildung von 2-Dimethylamino-1-[3-brom-phenyl]-3-[4-brom-phenyl]-propanon-(3)) bei 37,7°: *Th., St.*, l. c. S. 61.

**Pikrat** $[C_{17}H_{18}Br_2NO]C_6H_2N_3O_7$. Gelbe Krystalle (aus Me.); F: 136—137° (*Th., St.*).

**Dimethyl-[4-brom-benzyl]-[4-brom-phenacyl]-ammonium,** *(4-bromobenzyl)-(4-bromophenacyl)dimethylammonium* $[C_{17}H_{18}Br_2NO]^{\oplus}$, Formel I (R = H, X = Br).

**Bromid** $[C_{17}H_{18}Br_2NO]Br$. *B.* Analog Dimethyl-[4-chlor-benzyl]-[4-brom-phenacyl]-ammonium-bromid [s. o.] (*Thomson, Stevens*, Soc. **1932** 55, 68). — Krystalle (aus A. + Ae.); F: 187—188° [Zers.]. — Geschwindigkeit der Reaktion mit Natriummethylat in Methanol (Bildung von 2-Dimethylamino-1.3-bis-[4-brom-phenyl]-propanon-(1)) bei 37,7°: *Th., St.*, l. c. S. 61.

**Pikrat** $[C_{17}H_{18}Br_2NO]C_6H_2N_3O_7$. Gelbe Krystalle (aus Acn.); F: 157—158° [Zers.] (*Th., St.*).

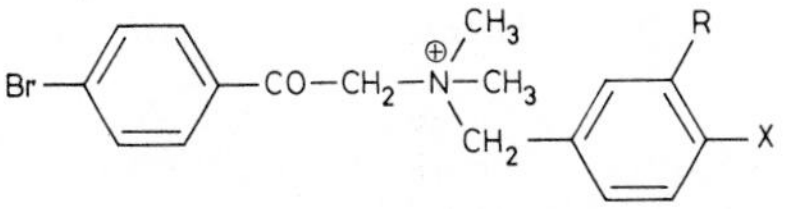

I 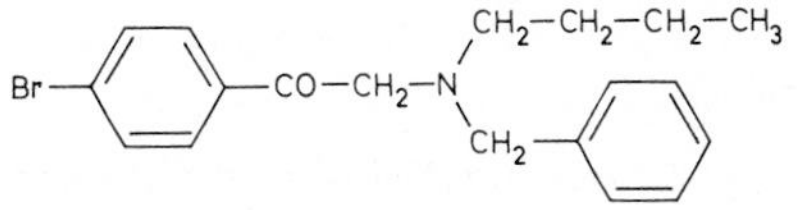 II

**Dimethyl-[3-nitro-benzyl]-[4-brom-phenacyl]-ammonium,** *(4-bromophenacyl)dimethyl(3-nitrobenzyl)ammonium* $[C_{17}H_{18}BrN_2O_3]^{\oplus}$, Formel I (R = $NO_2$, X = H).

**Bromid** $[C_{17}H_{18}BrN_2O_3]Br$. *B.* Analog Dimethyl-[4-chlor-benzyl]-[4-brom-phenacyl]-ammonium-bromid [s. o.] (*Thomson, Stevens*, Soc. **1932** 55, 69). — Krystalle (aus A.); F: 200—201° [Zers.]. — Geschwindigkeit der Reaktion mit Natriummethylat in Methanol (Bildung von 2-Dimethylamino-3-[4-brom-phenyl]-1-[3-nitro-phenyl]-propanon-(3)) bei 37,7°: *Th., St.*, l. c. S. 61.

**Pikrat** $[C_{17}H_{18}BrN_2O_3]C_6H_2N_3O_7$. Gelbe Krystalle (aus Me.); F: 158—159° (*Th., St.*).

**2-[Butyl-benzyl-amino]-1-[4-brom-phenyl]-äthanon-(1),** *2-(benzylbutylamino)-4'-bromoacetophenone* $C_{19}H_{22}BrNO$, Formel II.

*B.* Aus 2-Brom-1-[4-brom-phenyl]-äthanon-(1) und Butyl-benzyl-amin in Äther (*Lutz et al.*, J. org. Chem. **12** [1947] 617, 630).

Hydrochlorid $C_{19}H_{22}BrNO \cdot HCl$. Krystalle (aus Isopropylalkohol + Ae.); F: 166° [korr.].

**Dimethyl-[4-methyl-benzyl]-[4-brom-phenacyl]-ammonium**, *(4-bromophenacyl)dimethyl(4-methylbenzyl)ammonium* $[C_{18}H_{21}BrNO]^{\oplus}$, Formel I (R = H, X = $CH_3$).

**Bromid** $[C_{18}H_{21}BrNO]Br$. *B.* Aus 2-Brom-1-[4-brom-phenyl]-äthanon-(1) und Dimethyl-[4-methyl-benzyl]-amin in Benzol (*Thomson, Stevens*, Soc. **1932** 55, 68). — Krystalle; F: 174—176° [Zers.]. — Geschwindigkeit der Reaktion mit Natriummethylat in Methanol (Bildung von 2-Dimethylamino-1-[4-brom-phenyl]-3-*p*-tolyl-propanon-(1)) bei 37,7°: *Th., St.*, l. c. S. 61.

**Pikrat** $[C_{18}H_{21}BrNO]C_6H_2N_3O_7$. Gelbe Krystalle (aus Me.); F: 128—130° [Zers.] (*Th., St.*).

**(±)-Dimethyl-[1-phenyl-butyl]-[4-brom-phenacyl]-ammonium**, *(±)-(4-bromophenacyl)dimethyl(α-propylbenzyl)ammonium* $[C_{20}H_{25}BrNO]^{\oplus}$, Formel III (R = $CH_2$-$CH_2$-$CH_3$, X = $C_6H_5$).

**Bromid** $[C_{20}H_{25}BrNO]Br$. *B.* Aus 2-Brom-1-[4-brom-phenyl]-äthanon-(1) und (±)-1-Dimethylamino-1-phenyl-butan in Benzol (*Thomson, Stevens*, Soc. **1932** 1932, 1940). — Krystalle; F: 208—210° [Zers.].

**(±)-Dimethyl-[1-benzyl-propyl]-[4-brom-phenacyl]-ammonium**, *(±)-(4-bromophenacyl)-(α-ethylphenethyl)dimethylammonium* $[C_{20}H_{25}BrNO]^{\oplus}$, Formel III (R = $C_2H_5$, X = $CH_2$-$C_6H_5$).

**Bromid** $[C_{20}H_{25}BrNO]Br$. *B.* Aus 2-Brom-1-[4-brom-phenyl]-äthanon-(1) und (±)-2-Dimethylamino-1-phenyl-butan in Benzol (*Thomson, Stevens*, Soc. **1932** 1932, 1940). — Krystalle; F: 188—190° [Zers.].

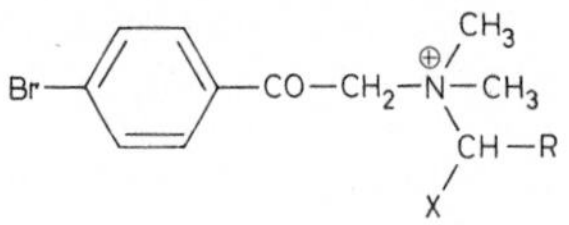

III 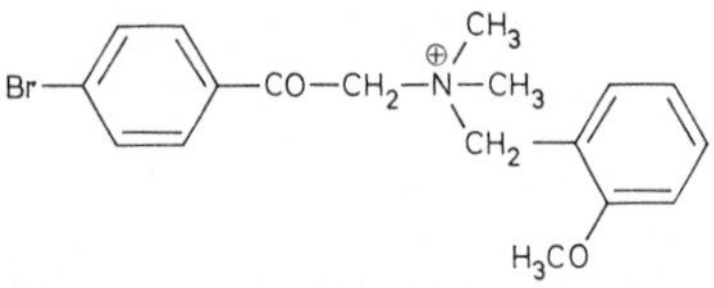 IV

**Dimethyl-[2-methoxy-benzyl]-[4-brom-phenacyl]-ammonium**, *(4-bromophenacyl)-(2-methoxybenzyl)dimethylammonium* $[C_{18}H_{21}BrNO_2]^{\oplus}$, Formel IV.

**Bromid** $[C_{18}H_{21}BrNO_2]Br$. *B.* Aus 2-Brom-1-[4-brom-phenyl]-äthanon-(1) und Dimethyl-[2-methoxy-benzyl]-amin in Benzol (*Thomson, Stevens*, Soc. **1932** 55, 65). — Krystalle (aus A. + Ae.); F: 173—176°. — Beim Behandeln mit Natriummethylat in Methanol oder mit wss. Natronlauge ist 2-Dimethylamino-3-[4-brom-phenyl]-1-[2-methoxy-phenyl]-propanon-(3) erhalten worden; Geschwindigkeit der Reaktion mit Natriummethylat in Methanol bei 16,4°: *Th., St.*, l. c. S. 61.

**Pikrat** $[C_{18}H_{21}BrNO_2]C_6H_2N_3O_7$. Krystalle (aus Acn. + Bzn.); F: 116—119° (*Th., St.*, l. c. S. 65).

**Dimethyl-[2-oxo-butyl]-[4-brom-phenacyl]-ammonium**, *(4-bromophenacyl)dimethyl(2-oxobutyl)ammonium* $[C_{14}H_{19}BrNO_2]^{\oplus}$, Formel V (R = $C_2H_5$).

**Bromid** $[C_{14}H_{19}BrNO_2]Br$. *B.* Aus 1-Dimethylamino-butanon-(2) und 2-Brom-1-[4-brom-phenyl]-äthanon-(1) (*Thomson, Stevens*, Soc. **1932** 2607, 2609). — Krystalle (aus A. + Ae.); F: 180—181° [Zers.].

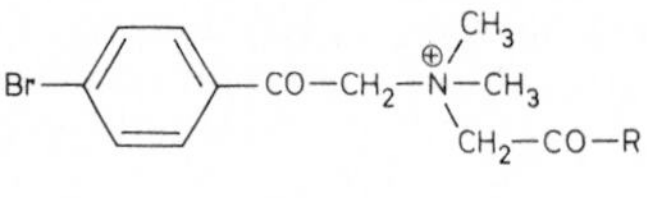

V 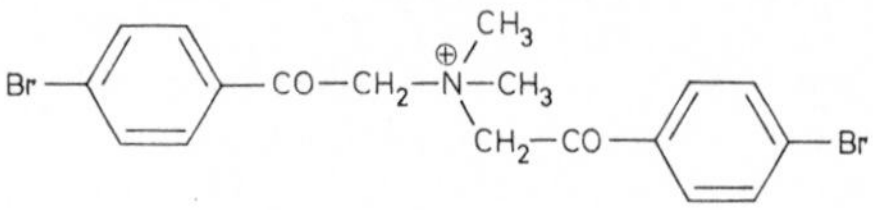 VI

**Dimethyl-[2-oxo-pentyl]-[4-brom-phenacyl]-ammonium**, *(4-bromophenacyl)dimethyl(2-oxopentyl)ammonium* $[C_{15}H_{21}BrNO_2]^{\oplus}$, Formel V (R = $CH_2$-$CH_2$-$CH_3$).

**Bromid** $[C_{15}H_{21}BrNO_2]Br$. *B.* Aus 1-Dimethylamino-pentanon-(2) und 2-Brom-1-[4-brom-phenyl]-äthanon-(1) (*Thomson, Stevens*, Soc. **1932** 2607, 2609). — Krystalle (aus A. + Ae.); F: 178—181° [Zers.; nach Sintern von 175° an].

**(±)-Dimethyl-[2-oxo-1-methyl-2-cyclohexyl-äthyl]-[4-brom-phenacyl]-ammonium,** *(±)-(4-bromophenacyl)-(2-cyclohexyl-1-methyl-2-oxoethyl)dimethylammonium* $[C_{19}H_{27}BrNO_2]^{\oplus}$, Formel III (R = $CH_3$, X = CO-$C_6H_{11}$).

**Bromid** $[C_{19}H_{27}BrNO_2]Br$. *B.* Aus (±)-2-Dimethylamino-1-cyclohexyl-propanon-(1) und 2-Brom-1-[4-brom-phenyl]-äthanon-(1) (*Thomson, Stevens,* Soc. **1932** 2607, 2609). — Krystalle (aus A. + Ae.); F: 213—214° [Zers.].

**Dimethyl-bis-[4-brom-phenacyl]-ammonium,** *bis(4-bromophenacyl)dimethylammonium* $[C_{18}H_{18}Br_2NO_2]^{\oplus}$, Formel VI.

**Bromid** $[C_{18}H_{18}Br_2NO_2]Br$. *B.* Aus 2-Brom-1-[4-brom-phenyl]-äthanon-(1) und Dimethylamin in Äthanol (*Thomson, Stevens,* Soc. **1932** 1932, 1935). — Krystalle (aus A.); F: 215° [Zers.].

**α.α'-Bis-[dimethyl-(4-brom-phenacyl)-ammonio]-*m*-xylol,** N,N'-*bis(4-bromophenacyl)*-N,N,N',N'-*tetramethyl*-N,N'-(m-*phenylenedimethylene)diammonium* $[C_{28}H_{32}Br_2N_2O_2]^{\oplus\oplus}$, Formel VII.

**Dibromid** $[C_{28}H_{32}Br_2N_2O_2]Br_2$. *B.* Aus 2-Brom-1-[4-brom-phenyl]-äthanon-(1) und α.α'-Bis-dimethylamino-*m*-xylol in Benzol (*Thomson, Stevens,* Soc. **1932** 55, 67). — Krystalle (aus A. + Ae.); F: 205—206°. — Beim Erwärmen mit wss. Natronlauge ist 1.3-Bis-[2-dimethylamino-3-oxo-3-(4-brom-phenyl)-propyl]-benzol (F: 143—144°) erhalten worden.

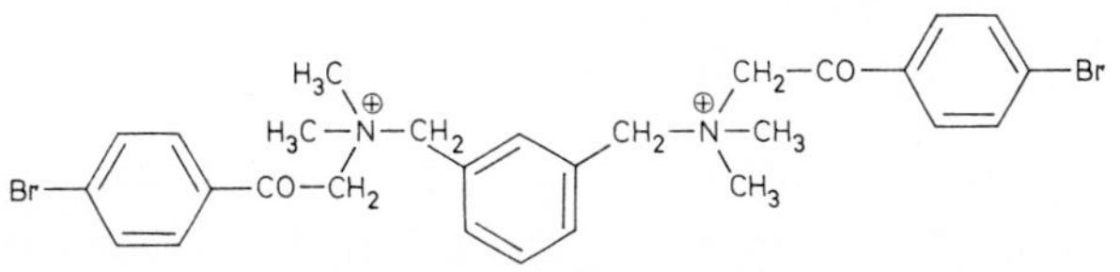

VII

**α.α'-Bis-[dimethyl-(4-brom-phenacyl)-ammonio]-*p*-xylol,** N,N'-*bis(4-bromophenacyl)*-N,N,N',N'-*tetramethyl*-N,N'-(p-*phenylenedimethylene)diammonium* $[C_{28}H_{32}Br_2N_2O_2]^{\oplus\oplus}$, Formel VIII.

**Dibromid** $[C_{28}H_{32}Br_2N_2O_2]Br_2$. *B.* Analog dem im vorangehenden Artikel beschriebenen Dibromid (*Thomson, Stevens,* Soc. **1932** 55, 68). — Krystalle (aus A. + Ae.); F: 220—222° [Zers.]. — Beim Erwärmen mit wss. Natronlauge ist 1.4-Bis-[2-dimethylamino-3-oxo-3-(4-brom-phenyl)-propyl]-benzol (F: 138—140°) erhalten worden.

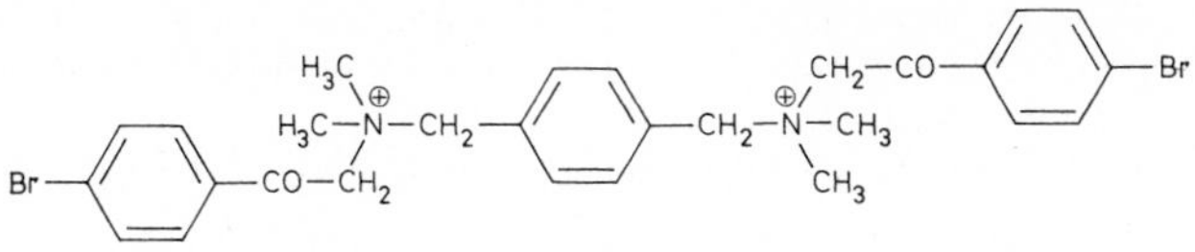

VIII

**2-Diäthylamino-1-[3.5-dibrom-phenyl]-äthanon-(1),** *3',5'-dibromo-2-(diethylamino)acetophenone* $C_{12}H_{15}Br_2NO$, Formel IX (R = X = $C_2H_5$).

*B.* Aus 2-Brom-1-[3.5-dibrom-phenyl]-äthanon-(1) und Diäthylamin in Äther (*Lutz et al.,* J. org. Chem. **12** [1947] 617, 683).

Hydrochlorid $C_{12}H_{15}Br_2NO \cdot HCl$. F: 153—157° [korr.]. Hygroskopisch.

**2-[Methyl-benzyl-amino]-1-[3.5-dibrom-phenyl]-äthanon-(1),** *2-(benzylmethylamino)-3',5'-dibromoacetophenone* $C_{16}H_{15}Br_2NO$, Formel IX (R = $CH_3$, X = $CH_2$-$C_6H_5$).

*B.* Aus 2-Brom-1-[3.5-dibrom-phenyl]-äthanon-(1) und Methyl-benzyl-amin in Äther (*Lutz et al.,* J. org. Chem. **12** [1947] 617, 646).

Hydrochlorid $C_{16}H_{15}Br_2NO \cdot HCl$. Krystalle (aus A.); F: 198—201° [korr.].

**2-[Methyl-benzyl-amino]-1-[3-jod-phenyl]-äthanon-(1),** *2-(benzylmethylamino)-3'-iodoacetophenone* $C_{16}H_{16}INO$, Formel X.

*B.* Analog der im vorangehenden Artikel beschriebenen Verbindung (*Lutz et al.,* J. org. Chem. **12** [1947] 617, 635).

Hydrochlorid $C_{16}H_{16}INO \cdot HCl$. Krystalle (aus A. + Ae.); F: 199—204° [korr.].

**2-Diäthylamino-1-[4-jod-phenyl]-äthanon-(1)**, *2-(diethylamino)-4'-iodoacetophenone* $C_{12}H_{16}INO$, Formel XI ($R = X = C_2H_5$).

*B.* Beim Erwärmen von 2-Chlor-1-[4-jod-phenyl]-äthanon-(1) (F: 128°; aus Jodbenzol und Chloracetylchlorid in Schwefelkohlenstoff in Gegenwart von Aluminiumchlorid erhalten) mit Diäthylamin in Benzol (*Goldberg et al.*, Quart. J. Pharm. Pharmacol. **19** [1946] 483, 490).

Hydrochlorid $C_{12}H_{16}INO \cdot HCl$. Krystalle (aus A.); F: 198—200° (*Go. et al.*).

IX X XI

**2-Dipropylamino-1-[4-jod-phenyl]-äthanon-(1)**, *2-(dipropylamino)-4'-iodoacetophenone* $C_{14}H_{20}INO$, Formel XI ($R = X = CH_2\text{-}C_2H_5$).

*B.* Aus 2-Brom-1-[4-jod-phenyl]-äthanon-(1) und Dipropylamin in Äther (*Lutz et al.*, J. org. Chem. **12** [1947] 617, 632).

Hydrochlorid $C_{14}H_{20}INO \cdot HCl$. Krystalle (aus A. + Ae.); F: 180—186° [korr.].

**2-Dibutylamino-1-[4-jod-phenyl]-äthanon-(1)**, *2-(dibutylamino)-4'-iodoacetophenone* $C_{16}H_{24}INO$, Formel XI ($R = X = [CH_2]_3\text{-}CH_3$).

*B.* Analog der im vorangehenden Artikel beschriebenen Verbindung (*Lutz et al.*, J. org. Chem. **12** [1947] 617, 632).

Hydrochlorid $C_{16}H_{24}INO \cdot HCl$. Krystalle (aus A. + Ae.); F: 207—208° [korr.; Zers.].

**2-[Methyl-benzyl-amino]-1-[4-jod-phenyl]-äthanon-(1)**, *2-(benzylmethylamino)-4'-iodoacetophenone* $C_{16}H_{16}INO$, Formel XI ($R = CH_3$, $X = CH_2\text{-}C_6H_5$).

*B.* Analog 2-Dipropylamino-1-[4-jod-phenyl]-äthanon-(1) [s. o.] (*Lutz et al.*, J. org. Chem. **12** [1947] 617, 632).

Hydrochlorid $C_{16}H_{16}INO \cdot HCl$. Krystalle (aus A. + Ae.); F: 209—211° [korr.; evakuierte Kapillare].

**Dimethyl-benzyl-[4-jod-phenacyl]-ammonium**, *benzyl(4-iodophenacyl)dimethylammonium* $[C_{17}H_{19}INO]^{\oplus}$, Formel XII.

**Bromid** $[C_{17}H_{19}INO]Br$. *B.* Aus 2-Brom-1-[4-jod-phenyl]-äthanon-(1) und Dimethylbenzyl-amin in Benzol (*Dunn, Stevens*, Soc. **1932** 1926, 1930). — Krystalle (aus A.) mit 1 Mol $H_2O$; F: 179—180° [Zers.]. — Geschwindigkeit der Reaktion mit Natriummethylat in Methanol (Bildung von 2-Dimethylamino-3-phenyl-1-[4-jod-phenyl]-propanon-(1)) bei 37,7°: *Dunn, St.*, l. c. S. 1928.

**Pikrat** $[C_{17}H_{19}INO]C_6H_2N_3O_7$. Gelbe Krystalle (aus Me.); F: 151—152° (*Dunn, St.*).

XII XIII

**2-Anilino-1-[2-nitro-phenyl]-äthanon-(1)**, *2-anilino-2'-nitroacetophenone* $C_{14}H_{12}N_2O_3$, Formel XIII.

*B.* Aus 2-Brom-1-[2-nitro-phenyl]-äthanon-(1) und Anilin in Äthanol (*de Diesbach, Klement*, Helv. **24** [1941] 158, 170).

Gelbe Krystalle (aus A.); F: 157°.

**Dimethyl-benzyl-[2-nitro-phenacyl]-ammonium**, *benzyldimethyl(2-nitrophenacyl)ammonium* $[C_{17}H_{19}N_2O_3]^{\oplus}$, Formel I.

**Bromid** $[C_{17}H_{19}N_2O_3]Br$. *B.* Aus 2-Brom-1-[2-nitro-phenyl]-äthanon-(1) und Dimethylbenzyl-amin in Benzol (*Dunn, Stevens*, Soc. **1932** 1926, 1930). — Gelbliche Krystalle (aus A.); F: 168—169° [Zers.].

**Pikrat** $[C_{17}H_{19}N_2O_3]C_6H_2N_3O_7$. Gelbe Krystalle (aus Acn. + Me.); F: 167—168° (*Dunn, St.*).

**2-Amino-1-[3-nitro-phenyl]-äthanon-(1)**, 3-Nitro-ω-amino-acetophenon, *2-amino-3'-nitroacetophenone* $C_8H_8N_2O_3$, Formel II (R = H).

Hydrochlorid $C_8H_8N_2O_3 \cdot HCl$. *B.* Beim Erwärmen von [3-Nitro-phenacylamino]-methansulfonsäure mit wss. Salzsäure (*Reichert, Baege*, Pharmazie **2** [1947] 451). Beim Behandeln der Verbindung von 2-Brom-1-[3-nitro-phenyl]-äthanon-(1) mit 1 Mol Hexamethylentetramin mit wss.-äthanol. Salzsäure (*Buu-Hoi, Khôi*, C. r. **229** [1949] 1343). — Krystalle; F: 235—240° [Zers.; aus wss. Salzsäure] (*Buu-Hoi, Khôi*), 204—205° [Zers.; aus A.] (*Rei., Ba.*).

I II III

**Trimethyl-[3-nitro-phenacyl]-ammonium**, *trimethyl(3-nitrophenacyl)ammonium* $[C_{11}H_{15}N_2O_3]^{\oplus}$, Formel III (R = X = $CH_3$).

**Bromid** $[C_{11}H_{15}N_2O_3]Br$. *B.* Beim Einleiten von Trimethylamin in eine Lösung von 2-Brom-1-[3-nitro-phenyl]-äthanon-(1) in Äthanol und Äther (*I.G. Farbenind.*, D.R.P. 633983 [1934]; Frdl. **23** 483, 486). — Krystalle (aus wss. A.); F: 215°.

**2-Anilino-1-[3-nitro-phenyl]-äthanon-(1)**, *2-anilino-3'-nitroacetophenone* $C_{14}H_{12}N_2O_3$, Formel II (R = $C_6H_5$).

*B.* Aus 2-Brom-1-[3-nitro-phenyl]-äthanon-(1) und Anilin in Äthanol (*Baker*, Soc. **1932** 1148, 1155).

Gelbe Krystalle (aus E.); F: 175° [Zers.].

***N.N*-Dimethyl-*N*-[3-nitro-phenacyl]-anilinium**, *dimethyl(3-nitrophenacyl)phenylammonium* $[C_{16}H_{17}N_2O_3]^{\oplus}$, Formel III (R = $CH_3$, X = $C_6H_5$).

**Chlorid.** Krystalle (aus A.); F: 132—133° (*Kröhnke, Heffe*, B. **70** [1937] 1720, 1725).

**Bromid** $[C_{16}H_{17}N_2O_3]Br$. *B.* Aus 2-Brom-1-[3-nitro-phenyl]-äthanon-(1) und *N.N*-Dimethyl-anilin (*Kr., He.*, l. c. S. 1724). — Krystalle (aus A.); F: 154° [Zers.].

**Perchlorat.** Krystalle; F: 192° (*Kr., He.*).

**Sulfat.** Krystalle (aus A.); F: 227° (*Kr., He.*).

**Betain** $C_{16}H_{16}N_2O_3$, Formel IV und Mesomeres. *B.* Beim Behandeln einer mit Äther versetzten wss. Lösung des Bromids (s. o.) mit wss. Natronlauge (*Kröhnke, Heffe*, B. **70** [1937] 1720, 1725). — Orangefarbene Krystalle (aus Acn. + Ae.) mit 2 Mol $H_2O$, F: 74° bis 75°; beim Trocknen über Phosphor(V)-oxid bei 20° werden 1,66 Mol $H_2O$, beim Trocknen über Calciumchlorid bei 20° wird 1 Mol $H_2O$ abgegeben (*Kr., He.*). — Beim Behandeln mit Benzaldehyd in Äthanol sind *N.N*-Dimethyl-anilin und 2.3-Epoxy-3-phenyl-1-[3-nitro-phenyl]-propanon-(1) (F: 199°) erhalten worden (*Kröhnke*, B. **72** [1939] 2000, 2009). Bildung von 1-[3-Nitro-phenyl]-glyoxal-2-[*N*-(4-dimethylamino-phenyl)-oxim] beim Erwärmen mit 4-Nitroso-*N.N*-dimethyl-anilin in Äthanol: *Kr., He.*, l. c. S. 1726.

***N.N*-Diäthyl-*N*-[3-nitro-phenacyl]-anilinium**, *diethyl(3-nitrophenacyl)phenylammonium* $[C_{18}H_{21}N_2O_3]^{\oplus}$, Formel III (R = $C_2H_5$, X = $C_6H_5$).

**Bromid** $[C_{18}H_{21}N_2O_3]Br$. *B.* Aus 2-Brom-1-[3-nitro-phenyl]-äthanon-(1) und *N.N*-Diäthyl-anilin in Äthanol und Äther (*Baker*, Soc. **1932** 1148, 1155). — Krystalle (aus Me. + Ae.) mit 1 Mol Methanol; F: 140° [Zers.].

IV V VI

**2-*o*-Toluidino-1-[3-nitro-phenyl]-äthanon-(1)-oxim**, *3'-nitro-2-*o*-toluidinoacetophenone oxime* $C_{15}H_{15}N_3O_3$.

a) **2-*o*-Toluidino-1-[3-nitro-phenyl]-äthanon-(1)-oxim vom F: 150°**, wahrscheinlich **2-*o*-Toluidino-1-[3-nitro-phenyl]-äthanon-(1)-*seqcis*-oxim**, Formel V ($R = CH_3$, $X = H$).

*B.* s. bei dem unter b) beschriebenen Stereoisomeren.

Gelbe Krystalle (aus A.); F: 150° (*Busch, Strätz*, J. pr. [2] **150** [1937] 1, 29). In Äthanol leicht löslich.

Beim Erwärmen mit Benzaldehyd in Äthanol ist 6-Phenyl-3-[3-nitro-phenyl]-5-*o*-tolyl-5.6-dihydro-4*H*-[1.2.5]oxadiazin erhalten worden.

b) **2-*o*-Toluidino-1-[3-nitro-phenyl]-äthanon-(1)-oxim vom F: 178°**, wahrscheinlich **2-*o*-Toluidino-1-[3-nitro-phenyl]-äthanon-(1)-*seqtrans*-oxim**, Formel VI ($R = CH_3$, $X = H$).

*B.* Neben dem unter a) beschriebenen Stereoisomeren aus 2-*o*-Toluidino-1-[3-nitro-phenyl]-äthanon-(1) (*Busch, Strätz*, J. pr. [2] **150** [1937] 1, 29).

Orangerote Krystalle (aus A. oder Bzl.); F: 178°. In Äthanol schwer löslich.

**2-*p*-Toluidino-1-[3-nitro-phenyl]-äthanon-(1)**, *3'-nitro-2-*p*-toluidinoacetophenone* $C_{15}H_{14}N_2O_3$, Formel VII ($R = CH_3$).

Gelbe Krystalle; F: 153° (*Busch, Strätz*, J. pr. [2] **150** [1937] 1, 31).

**2-*p*-Toluidino-1-[3-nitro-phenyl]-äthanon-(1)-oxim**, *3'-nitro-2-*p*-toluidinoacetophenone oxime* $C_{15}H_{15}N_3O_3$.

a) **2-*p*-Toluidino-1-[3-nitro-phenyl]-äthanon-(1)-oxim vom F: 123°**, wahrscheinlich **2-*p*-Toluidino-1-[3-nitro-phenyl]-äthanon-(1)-*seqcis*-oxim**, Formel V ($R = H$, $X = CH_3$).

*B.* s. bei dem unter b) beschriebenen Stereoisomeren.

Orangefarbene Krystalle, F: 123° [stabile Modifikation]; hellgelbe Krystalle, F: 113° bis 115° [instabile Modifikation]; die instabile Modifikation wandelt sich in der Schmelze sowie bei der Krystallisation aus Äthanol in die stabile Modifikation um (*Busch, Strätz*, J. pr. [2] **150** [1937] 1, 31).

Beim Behandeln mit Benzaldehyd in Äthanol ist 6-Phenyl-3-[3-nitro-phenyl]-5-*p*-tolyl-5.6-dihydro-4*H*-[1.2.5]oxadiazin erhalten worden.

b) **2-*p*-Toluidino-1-[3-nitro-phenyl]-äthanon-(1)-oxim vom F: 139°**, wahrscheinlich **2-*p*-Toluidino-1-[3-nitro-phenyl]-äthanon-(1)-*seqtrans*-oxim**, Formel VI ($R = H$, $X = CH_3$).

*B.* Neben dem unter a) beschriebenen Stereoisomeren beim Erwärmen von 2-*p*-Toluidino-1-[3-nitro-phenyl]-äthanon-(1) mit Hydroxylamin-hydrochlorid und Natriumacetat in wss. Äthanol (*Busch, Strätz*, J. pr. [2] **150** [1937] 1, 31).

Braunrote Krystalle (aus Bzl. + $CHCl_3$); F: 139°.

Beim Behandeln mit Benzaldehyd in Äthanol ist 2-Phenyl-4-[3-nitro-phenyl]-1-*p*-tolyl-$\Delta^3$-imidazolin-3-oxid erhalten worden.

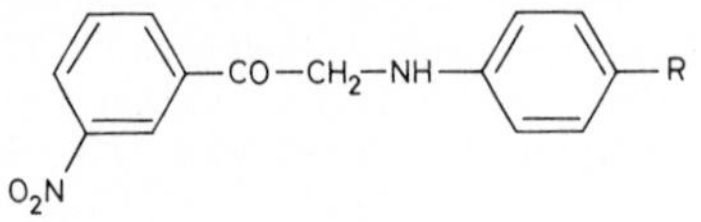

VII 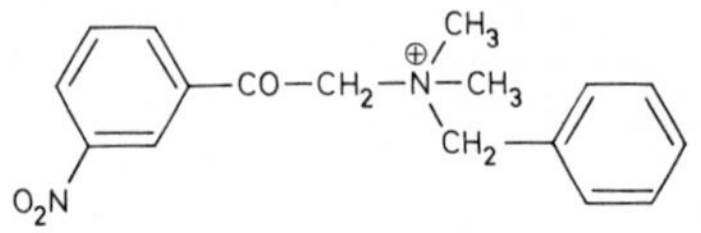 VIII

**Dimethyl-benzyl-[3-nitro-phenacyl]-ammonium**, *benzyldimethyl(3-nitrophenacyl)ammonium* $[C_{17}H_{19}N_2O_3]^{\oplus}$, Formel VIII.

**Bromid** $[C_{17}H_{19}N_2O_3]Br$. *B.* Aus 2-Brom-1-[3-nitro-phenyl]-äthanon-(1) und Dimethyl-benzyl-amin in Benzol (*Dunn, Stevens*, Soc. **1932** 1926, 1930). — Gelbe Krystalle (aus A. + Ae.) mit 1 Mol $H_2O$; F: 153—154°. — Geschwindigkeit der Reaktion mit Natriummethylat in Methanol (Bildung von 2-Dimethylamino-3-phenyl-1-[3-nitro-phenyl]-propanon-(1)) bei 37,7°: *Dunn, St.*, l. c. S. 1928.

**Pikrat** $[C_{17}H_{19}N_2O_3]C_6H_2N_3O_7$. Braune Krystalle (aus Me.); F: 134—135° (*Dunn, St.*).

**2-*p*-Anisidino-1-[3-nitro-phenyl]-äthanon-(1)**, *2-*p*-anisidino-3'-nitroacetophenone* $C_{15}H_{14}N_2O_4$, Formel VII ($R = OCH_3$).

*B.* Beim Behandeln einer Lösung von 2-Brom-1-[3-nitro-phenyl]-äthanon-(1) in Chloroform mit *p*-Anisidin in Äthanol (*Busch, Strätz*, J. pr. [2] **150** [1937] 1, 30).

Rote Krystalle (aus $CHCl_3$); F: 139°.

**2-*p*-Anisidino-1-[3-nitro-phenyl]-äthanon-(1)-oxim,** *2-p-anisidino-3'-nitroacetophenone oxime* $C_{15}H_{15}N_3O_4$.

a) **2-*p*-Anisidino-1-[3-nitro-phenyl]-äthanon-(1)-oxim vom F: 126°**, wahrscheinlich **2-*p*-Anisidino-1-[3-nitro-phenyl]-äthanon-(1)-*seqcis*-oxim**, Formel V (R = H, X = $OCH_3$) auf S. 133.

*B.* s. bei dem unter b) beschriebenen Stereoisomeren.

Gelbe Krystalle (aus Bzl. + PAe.); F: 126° (*Busch, Strätz*, J. pr. [2] **150** [1937] 1, 30).

Beim Behandeln mit Benzaldehyd in Äthanol ist 6-Phenyl-3-[3-nitro-phenyl]-5-[4-methoxy-phenyl]-5.6-dihydro-4*H*-[1.2.5]oxadiazin erhalten worden.

b) **2-*p*-Anisidino-1-[3-nitro-phenyl]-äthanon-(1)-oxim vom F: 138°**, wahrscheinlich **2-*p*-Anisidino-1-[3-nitro-phenyl]-äthanon-(1)-*seqtrans*-oxim**, Formel VI (R = H, X = $OCH_3$) auf S. 133.

*B.* Neben dem unter a) beschriebenen Stereoisomeren beim Erwärmen von 2-*p*-Anisidino-1-[3-nitro-phenyl]-äthanon-(1) mit Hydroxylamin-hydrochlorid und Natriumacetat in wss. Äthanol (*Busch, Strätz*, J. pr. [2] **150** [1937] 1, 30).

Rote Krystalle (aus A.); F: 138°.

Beim Behandeln mit Benzaldehyd in Äthanol ist 2-Phenyl-4-[3-nitro-phenyl]-1-[4-methoxy-phenyl]-$\Delta^3$-imidazolin-3-oxid erhalten worden.

**[3-Nitro-phenacylamino]-methansulfonsäure,** *(3-nitrophenacylamino)methanesulfonic acid* $C_9H_{10}N_2O_6S$, Formel IX (R = $CH_2$-$SO_3H$).

Über die Konstitution s. *Backer, Mulder*, R. **52** [1933] 454; *Reichert, Baege*, Pharmazie **4** [1949] 149.

*B.* Neben Aminomethansulfonsäure beim Einleiten von Schwefeldioxid in eine wss. Lösung der Verbindung von 2-Brom-1-[3-nitro-phenyl]-äthanon-(1) mit 1 Mol Hexamethylentetramin bei 45° (*Reichert, Baege*, Pharmazie **2** [1947] 451).

Krystalle; F: 164—165° [Zers.] (*Rei., Ba.*, Pharmazie **2** 453).

**2-Acetamino-1-[3-nitro-phenyl]-äthanon-(1), *N*-[3-Nitro-phenacyl]-acetamid,** N-*(3-nitrophenacyl)acetamide* $C_{10}H_{10}N_2O_4$, Formel IX (R = CO-$CH_3$).

*B.* Beim Behandeln von 2-Amino-1-[3-nitro-phenyl]-äthanon-(1) mit Acetanhydrid und Natriumacetat (*Buu-Hoi, Khôi*, C. r. **229** [1949] 1343).

Gelbliche Krystalle (aus E.); F: 143°.

Beim Behandeln mit Formaldehyd in wss. Äthanol ist in Gegenwart von Natriumhydrogencarbonat 2-Acetamino-3-hydroxy-1-[3-nitro-phenyl]-propanon-(1), in Gegenwart von Natriumhydrogencarbonat und Natriumcarbonat 2.4-Bis-acetamino-1.5-bis-[3-nitro-phenyl]-pentandion-(1.5) (F: ca. 250° [Zers.]) erhalten worden.

**2-[*N*-Acetyl-*o*-toluidino]-1-[3-nitro-phenyl]-äthanon-(1)-oxim, Essigsäure-[*N*-(3-nitro-β-hydroxyimino-phenäthyl)-*o*-toluidid],** N-*[β-(hydroxyimino)-3-nitrophenethyl]aceto-o-toluidide* $C_{17}H_{17}N_3O_4$, Formel X (R = H).

*B.* Aus den beiden 2-*o*-Toluidino-1-[3-nitro-phenyl]-äthanon-(1)-oximen (S. 134) beim Behandeln mit Acetanhydrid bei Raumtemperatur (*Busch, Strätz*, J. pr. [2] **150** [1937] 1, 29).

Krystalle (aus A.); F: 180°.

IX X XI

**2-[*N*-Acetyl-*o*-toluidino]-1-[3-nitro-phenyl]-äthanon-(1)-[*O*-acetyl-oxim], Essigsäure-[*N*-(3-nitro-β-acetoxyimino-phenäthyl)-*o*-toluidid],** N-*[β-(acetoxyimino)-3-nitrophenethyl]aceto-o-toluidide* $C_{19}H_{19}N_3O_5$, Formel X (R = CO-$CH_3$).

*B.* Aus den beiden 2-*o*-Toluidino-1-[3-nitro-phenyl]-äthanon-(1)-oximen (S. 134) beim Erhitzen mit Acetanhydrid (*Busch, Strätz*, J. pr. [2] **150** [1937] 1, 30).

F: 103°.

**2-[*N*-Acetyl-*p*-toluidino]-1-[3-nitro-phenyl]-äthanon-(1)-oxim, Essigsäure-[*N*-(3-nitro-*β*-hydroxyimino-phenäthyl)-*p*-toluidid]**, N-[*β-(hydroxyimino)-3-nitrophenethyl]aceto-*p*-toluidide* $C_{17}H_{17}N_3O_4$, Formel XI (R = H).

*B.* Aus den beiden 2-*p*-Toluidino-1-[3-nitro-phenyl]-äthanon-(1)-oximen (S. 134) beim Behandeln mit Acetanhydrid bei Raumtemperatur (*Busch, Strätz,* J. pr. [2] **150** [1937] 1, 33).

Krystalle; F: 218°.

**2-[*N*-Acetyl-*p*-toluidino]-1-[3-nitro-phenyl]-äthanon-(1)-[*O*-acetyl-oxim], Essigsäure-[*N*-(3-nitro-*β*-acetoxyimino-phenäthyl)-*p*-toluidid]**, N-[*β-(acetoxyimino)-3-nitrophenethyl]aceto-*p*-toluidide* $C_{19}H_{19}N_3O_5$, Formel XI (R = CO-$CH_3$).

*B.* Aus den beiden 2-*p*-Toluidino-1-[3-nitro-phenyl]-äthanon-(1)-oximen (S. 134) beim Erhitzen mit Acetanhydrid (*Busch, Strätz,* J. pr. [2] **150** [1937] 1, 33).

Krystalle; F: 105°.

**2-Amino-1-[4-nitro-phenyl]-äthanon-(1)**, 4-Nitro-ω-amino-acetophenon, *2-amino-4'-nitroacetophenone* $C_8H_8N_2O_3$, Formel I (R = H).

Hydrochlorid $C_8H_8N_2O_3 \cdot HCl$. *B.* Beim Behandeln der Verbindung von 2-Brom-1-[4-nitro-phenyl]-äthanon-(1) mit 1 Mol Hexamethylentetramin mit wss.-äthanol. Salzsäure (*Long, Troutman,* Am. Soc. **71** [1949] 2473, 2474). — Krystalle (aus wss. Salzsäure); F: 250° [Zers.].

I II

**Dimethyl-benzyl-[4-nitro-phenacyl]-ammonium**, *benzyldimethyl(4-nitrophenacyl)ammonium* $[C_{17}H_{19}N_2O_3]^{\oplus}$, Formel II.

**Chlorid** $[C_{17}H_{19}N_2O_3]Cl$. *B.* Aus 2-Chlor-1-[4-nitro-phenyl]-äthanon-(1) und Dimethyl-benzyl-amin in Benzol (*Dunn, Stevens,* Soc. **1932** 1926, 1930). — Gelbe Krystalle (aus A.); F: 176°.

**Pikrat** $[C_{17}H_{19}N_2O_3]C_6H_2N_3O_7$. Braune Krystalle (aus Me.); F: 164—165° (*Dunn, St.*).

**2-Acetamino-1-[4-nitro-phenyl]-äthanon-(1), *N*-[4-Nitro-phenacyl]-acetamid**, N-*(4-nitrophenacyl)acetamide* $C_{10}H_{10}N_2O_4$, Formel I (R = CO-$CH_3$).

*B.* Beim Behandeln von 2-Amino-1-[4-nitro-phenyl]-äthanon-(1)-hydrochlorid mit Acetanhydrid und Natriumacetat in Wasser (*Long, Troutman,* Am. Soc. **71** [1949] 2473, 2474).

Gelbliche Krystalle (aus E.); F: 161—163°.

**2-Anilino-1-[6-brom-3-nitro-phenyl]-äthanon-(1)**, *2-anilino-2'-bromo-5'-nitroacetophenone* $C_{14}H_{11}BrN_2O_3$, Formel III.

*B.* Beim Erwärmen von 2-Brom-1-[6-brom-3-nitro-phenyl]-äthanon-(1) mit Anilin in Methanol (*de Diesbach, Klement,* Helv. **24** [1941] 158, 170).

Orangerote Krystalle (aus Me.); F: 114°.

III IV V

**1-[2.3-Diamino-phenyl]-äthanon-(1)**, 2.3-Diamino-acetophenon, *2',3'-diaminoacetophenone* $C_8H_{10}N_2O$, Formel IV (R = X = H).

*B.* Beim Erwärmen von 1-[2-Nitro-3-amino-phenyl]-äthanon-(1) oder von 1-[3-Nitro-2-amino-phenyl]-äthanon-(1) mit Eisen und wss. Essigsäure (*Simpson et al.,* Soc. **1945** 646, 656; *Simpson,* Soc. **1947** 237).

Gelbe Krystalle (aus wss. A.); F: 121—122,5° [unkorr.] (*Si. et al.*).

**1-[2-Amino-3-acetamino-phenyl]-äthanon-(1), Essigsäure-[2-amino-3-acetyl-anilid],** *3'-acetyl-2'-aminoacetanilide* $C_{10}H_{12}N_2O_2$, Formel IV (R = CO-$CH_3$, X = H).

*B.* Aus 1-[2-Nitro-3-acetamino-phenyl]-äthanon-(1) bei der Hydrierung an Platin in Äthanol (*Leonard, Boyd,* J. org. Chem. **11** [1946] 405, 412).

Krystalle; F: 169—170° [korr.].

**1-[2.3-Bis-acetamino-phenyl]-äthanon-(1),** N,N'-(*3-acetyl-*o*-phenylene*)*bisacetamide* $C_{12}H_{14}N_2O_3$, Formel IV (R = X = CO-$CH_3$).

*B.* Beim Erwärmen von 1-[2-Amino-3-acetamino-phenyl]-äthanon-(1) mit Acetan= hydrid in Benzol (*Leonard, Boyd,* J. org. Chem. **11** [1946] 405, 412).

Krystalle (aus wss. A.); F: 210—211° [korr.].

**1-[4-Chlor-2.3-diamino-phenyl]-äthanon-(1),** 4-Chlor-2.3-diamino-acetophenon, *2',3'-diamino-4'-chloroacetophenone* $C_8H_9ClN_2O$, Formel V.

*B.* Beim Erwärmen von 1-[4-Chlor-2-nitro-3-amino-phenyl]-äthanon-(1) (*Keneford, Simpson,* Soc. **1947** 227, 231) oder von 1-[4-Chlor-3-nitro-2-amino-phenyl]-äthanon-(1) (*Atkinson, Simpson,* Soc. **1947** 232, 236) mit Eisen und wss. Essigsäure.

Krystalle; F: 87—89° (*Ke., Si.*).

**1-[2.4-Diamino-phenyl]-äthanon-(1),** 2.4-Diamino-acetophenon, *2',4'-diamino= acetophenone* $C_8H_{10}N_2O$, Formel VI.

*B.* Neben 1-[4-Chlor-2-amino-phenyl]-äthanon-(1) beim Erhitzen von 1-[2.4-Dichlor-phenyl]-äthanon-(1) mit wss. Ammoniak und Kupfer-Pulver auf 120° (*Leonard, Boyd,* J. org. Chem. **11** [1946] 405, 413).

Krystalle (aus Bzl. + PAe.); F: 136—137° [korr.].

**1-[2.5-Diamino-phenyl]-äthanon-(1),** 2.5-Diamino-acetophenon $C_8H_{10}N_2O$.

**1-[5-Amino-2-acetamino-phenyl]-äthanon-(1), Essigsäure-[4-amino-2-acetyl-anilid],** *2'-acetyl-4'-aminoacetanilide* $C_{10}H_{12}N_2O_2$, Formel VII (R = CO-$CH_3$, X = H).

*B.* Aus 1-[5-Nitro-2-acetamino-phenyl]-äthanon-(1) bei der Hydrierung an Platin in Äthanol (*Leonard, Boyd,* J. org. Chem. **11** [1946] 405, 412).

Krystalle (aus Bzl. + A.); F: 165—166° [korr.].

**1-[6-Amino-3-acetamino-phenyl]-äthanon-(1), Essigsäure-[4-amino-3-acetyl-anilid],** *3'-acetyl-4'-aminoacetanilide* $C_{10}H_{12}N_2O_2$, Formel VII (R = H, X = CO-$CH_3$).

*B.* Aus 1-[6-Nitro-3-acetamino-phenyl]-äthanon-(1) bei der Hydrierung an Platin in Äthanol (*Leonard, Boyd,* J. org. Chem. **11** [1946] 405, 411).

F: 175° [korr.].

**1-[2.5-Bis-acetamino-phenyl]-äthanon-(1),** N,N'-(*acetyl-*p*-phenylene*)*bisacetamide* $C_{12}H_{14}N_2O_3$, Formel VII (R = X = CO-$CH_3$).

*B.* Beim Erwärmen von 1-[5-Amino-2-acetamino-phenyl]-äthanon-(1) oder von 1-[6-Amino-3-acetamino-phenyl]-äthanon-(1) mit Acetanhydrid in Benzol (*Leonard, Boyd,* J. org. Chem. **11** [1946] 405, 412).

Krystalle (aus wss. A.); F: 195—196° [korr.].



**1-[5-Amino-2-benzamino-phenyl]-äthanon-(1), Benzoesäure-[4-amino-2-acetyl-anilid],** *2'-acetyl-4'-aminobenzanilide* $C_{15}H_{14}N_2O_2$, Formel VII (R = CO-$C_6H_5$, X = H).

*B.* Beim Erwärmen von 1-[5-Nitro-2-benzamino-phenyl]-äthanon-(1) mit Eisen und wss. Essigsäure (*Simpson et al.,* Soc. **1945** 646, 654).

Gelbe Krystalle (aus wss. A.); F: 143—145° [unkorr.].

**1-[3.4-Diamino-phenyl]-äthanon-(1),** 3.4-Diamino-acetophenon, *3',4'-diaminoaceto= phenone* $C_8H_{10}N_2O$, Formel VIII (R = X = H).

*B.* Aus 1-[3-Nitro-4-amino-phenyl]-äthanon-(1) bei der Hydrierung an Palladium in

Methanol (*Borsche, Barthenheier*, A. **553** [1942] 250, 257).
Krystalle (aus Bzl.); F: 132–133°.
Beim Erwärmen mit Butandion in Methanol ist 2.3-Dimethyl-6-acetyl-chinoxalin, beim Erwärmen mit Benzil in Methanol ist 2.3-Diphenyl-6-acetyl-chinoxalin, beim Erwärmen mit Phenanthren-chinon-(9.10) in Methanol ist 11-Acetyl-dibenzo[*a.c*]phenazin erhalten worden.

**1-[3-Amino-4-methylamino-phenyl]-äthanon-(1),** *3'-amino-4'-(methylamino)acetophenone* $C_9H_{12}N_2O$, Formel VIII (R = H, X = $CH_3$).
*B.* Aus 1-[3-Nitro-4-methylamino-phenyl]-äthanon-(1) bei der Hydrierung an Palladium in Methanol (*Borsche, Barthenheier*, A. **553** [1942] 250, 258).
Krystalle (aus Bzl.); F: 123–124°.

**1-[3-Amino-4-(4-äthyl-anilino)-phenyl]-äthanon-(1),** *3'-amino-4'-(p-ethylanilino)acetophenone* $C_{16}H_{18}N_2O$, Formel IX.
*B.* Beim Erhitzen einer Lösung von 1-[3-Nitro-4-(4-äthyl-anilino)-phenyl]-äthanon-(1) in Essigsäure mit Zinn(II)-chlorid und wss. Salzsäure (*Plant, Rogers, Williams*, Soc. **1935** 741, 743).
Gelbe Krystalle (aus A.); F: 106°.
Überführung in 1-[4-Äthyl-phenyl]-5-acetyl-benzotriazol durch Behandlung mit Natriumnitrit und Essigsäure: *Pl., Ro., Wi.*

**1-[3-Amino-4-acetamino-phenyl]-äthanon-(1), Essigsäure-[2-amino-4-acetyl-anilid],** *4'-acetyl-2'-aminoacetanilide* $C_{10}H_{12}N_2O_2$, Formel VIII (R = H, X = CO-$CH_3$).
*B.* Aus 1-[3-Nitro-4-acetamino-phenyl]-äthanon-(1) bei der Hydrierung an Platin in Äthanol (*Leonard, Boyd*, J. org. Chem. **11** [1946] 405, 412).
Krystalle (aus Bzl. + A.); F: 179–180° [korr.].

**1-[3.4-Bis-acetamino-phenyl]-äthanon-(1),** *N,N'-(4-acetyl-o-phenylene)bisacetamide* $C_{12}H_{14}N_2O_3$, Formel VIII (R = X = CO-$CH_3$).
*B.* Beim Erwärmen von 1-[3-Amino-4-acetamino-phenyl]-äthanon-(1) mit Acetanhydrid in Benzol und Äthylacetat (*Leonard, Boyd*, J. org. Chem. **11** [1946] 405, 412).
Krystalle (aus A.); F: 228–229° [korr.].

**2-Chlor-1-[3.4-diamino-phenyl]-äthanon-(1), 3.4-Diamino-phenacylchlorid,** ω-Chlor-3.4-diamino-acetophenon, *3',4'-diamino-2-chloroacetophenone* $C_8H_9ClN_2O$, Formel X.
*B.* Beim Erwärmen von 2-Chlor-1-[3-nitro-4-amino-phenyl]-äthanon-(1) mit Schwefelsäure und Kupfer-Pulver (*Catch et al.*, Soc. **1949** 552, 553).
Krystalle (aus $CHCl_3$); F: 108° [Zers.].

IX X XI

**1-[3.5-Diamino-phenyl]-äthanon-(1),** 3.5-Diamino-acetophenon $C_8H_{10}N_2O$.

**2-Chlor-1-[3.5-diamino-phenyl]-äthanon-(1), 3.5-Diamino-phenacylchlorid,** ω-Chlor-3.5-diamino-acetophenon, *3',5'-diamino-2-chloroacetophenone* $C_8H_9ClN_2O$, Formel XI (R = H).
*B.* Beim Erwärmen von 2-Chlor-1-[3.5-dinitro-phenyl]-äthanon-(1) mit Schwefelsäure und Kupfer-Pulver (*Catch et al.*, Soc. **1949** 552, 554).
Krystalle (aus E. + $CHCl_3$); F: 115° [Zers.].

**2-Chlor-1-[3.5-bis-acetamino-phenyl]-äthanon-(1), 3.5-Bis-acetamino-phenacylchlorid,** *N,N'-[5-(chloroacetyl)-m-phenylene]bisacetamide* $C_{12}H_{13}ClN_2O_3$, Formel XI (R = CO-$CH_3$).
*B.* Aus 2-Chlor-1-[3.5-diamino-phenyl]-äthanon-(1) (*Catch et al.*, Soc. **1949** 552, 554).
Krystalle (aus A.); F: 222° [Zers.].

**2-Amino-1-[2-amino-phenyl]-äthanon-(1)**, 2.ω-Diamino-acetophenon $C_8H_{10}N_2O$.

**2-Anilino-1-[2-amino-phenyl]-äthanon-(1)**, *2'-amino-2-anilinoacetophenone* $C_{14}H_{14}N_2O$, Formel I (R = X = H).

*B.* Aus 2-Brom-1-[2-amino-phenyl]-äthanon-(1) und Anilin (*de Diesbach, Klement*, Helv. **24** [1941] 158, 171).

Krystalle (aus A.); F: 134°.

Bildung von 3-Anilino-2-[2-amino-phenyl]-chinolin-carbonsäure-(4) beim Erhitzen mit Isatin und wss. Kalilauge: *de D., Kl.* Bei der Diazotierung und anschliessenden Behandlung mit heisser wss. Alkalilauge ist eine nach *Schofield, Simpson* (Soc. **1945** 520) als 3-Anilino-cinnolinol-(4) zu formulierende Verbindung $C_{14}H_{11}N_3O$ (braune Krystalle [aus Amyl=alkohol]; F: 283°) erhalten worden (*de D., Kl.*).

**2-[N-Benzyl-anilino]-1-[2-amino-phenyl]-äthanon-(1)**, *2'-amino-2-(benzylphenylamino)=acetophenone* $C_{21}H_{20}N_2O$, Formel I (R = H, X = $CH_2$-$C_6H_5$).

*B.* Beim Erwärmen von 2-[*N*-Benzyl-anilino]-1-[2-benzamino-phenyl]-äthanon-(1), von 2-[*N*-Benzyl-anilino]-1-[2-acetamino-phenyl]-äthanon-(1) oder von 2-[*N*-Benzyl-anilino]-1-[2-(*C*-chlor-acetamino)-phenyl]-äthanon-(1) mit wss.-äthanol. Natronlauge (*de Diesbach, Schürch, Cavin*, Helv. **31** [1948] 716, 723).

Krystalle (aus A.); F: 128°.

**2-Anilino-1-[2-acetamino-phenyl]-äthanon-(1), Essigsäure-[2-(N-phenyl-glycyl)-anilid]**, *2'-(N-phenylglycyl)acetanilide* $C_{16}H_{16}N_2O_2$, Formel I (R = CO-$CH_3$, X = H).

*B.* Beim Erhitzen von 2-Brom-1-[2-acetamino-phenyl]-äthanon-(1) mit Anilin (*de Diesbach, Schürch, Cavin*, Helv. **31** [1948] 716, 721).

Gelbe Krystalle (aus A.); F: 138°.

Beim Erhitzen mit wss.-äthanol. Natronlauge ist 3-Anilino-2-methyl-chinolinol-(4) erhalten worden.

**2-Anilino-1-[2-(C-chlor-acetamino)-phenyl]-äthanon-(1), Chloressigsäure-[2-(N-phenyl-glycyl)-anilid]**, *2-chloro-2'-(N-phenylglycyl)acetanilide* $C_{16}H_{15}ClN_2O_2$, Formel I (R = CO-$CH_2$Cl, X = H).

*B.* Beim Erwärmen von Chloressigsäure-[2-bromacetyl-anilid] mit Anilin in Äthanol (*de Diesbach, Schürch, Cavin*, Helv. **31** [1948] 716, 722).

Gelbliche Krystalle (aus A.); F: 136°.

Beim Erhitzen mit wss.-äthanol. Alkalilauge ist 3-Anilino-2-hydroxymethyl-chinolin=ol-(4) erhalten worden.

**2-[N-Methyl-anilino]-1-[2-acetamino-phenyl]-äthanon-(1), Essigsäure-[2-(N-methyl-N-phenyl-glycyl)-anilid]**, *2'-(N-phenylsarcosyl)acetanilide* $C_{17}H_{18}N_2O_2$, Formel I (R = CO-$CH_3$, X = $CH_3$).

*B.* Beim Erwärmen von 2-Brom-1-[2-acetamino-phenyl]-äthanon-(1) mit *N*-Methyl-anilin in Äthanol (*de Diesbach, Schürch, Cavin*, Helv. **31** [1948] 716, 722).

Gelbe Krystalle; F: 135°.

**2-[N-Benzyl-anilino]-1-[2-acetamino-phenyl]-äthanon-(1), Essigsäure-[2-(N-phenyl-N-benzyl-glycyl)-anilid]**, *2'-(N-benzyl-N-phenylglycyl)acetanilide* $C_{23}H_{22}N_2O_2$, Formel I (R = CO-$CH_3$, X = $CH_2$-$C_6H_5$).

*B.* Beim Erwärmen von 2-Brom-1-[2-acetamino-phenyl]-äthanon-(1) mit *N*-Benzyl-anilin in Äthanol (*de Diesbach, Schürch, Cavin*, Helv. **31** [1948] 716, 722).

Grüngelbe Krystalle; F: 169°.

**2-[N-Benzyl-anilino]-1-[2-(C-chlor-acetamino)-phenyl]-äthanon-(1), Chloressigsäure-[2-(N-phenyl-N-benzyl-glycyl)-anilid]**, *2'-(N-benzyl-N-phenylglycyl)-2-chloroacetanilide* $C_{23}H_{21}ClN_2O_2$, Formel I (R = CO-$CH_2$Cl, X = $CH_2$-$C_6H_5$).

*B.* Beim Erwärmen von Chloressigsäure-[2-bromacetyl-anilid] mit *N*-Benzyl-anilin in Äthanol (*de Diesbach, Schürch, Cavin*, Helv. **31** [1948] 716, 722).

Grüngelbe Krystalle; F: 128°.

**2-Anilino-1-[2-benzamino-phenyl]-äthanon-(1), Benzoesäure-[2-(N-phenyl-glycyl)-anilid]**, *2'-(N-phenylglycyl)benzanilide* $C_{21}H_{18}N_2O_2$, Formel I (R = CO-$C_6H_5$, X = H).

*B.* Beim Erwärmen von 2-Brom-1-[2-benzamino-phenyl]-äthanon-(1) mit Anilin in Äthanol (*de Diesbach, Klement*, Helv. **24** [1941] 158, 173).

Gelbliche Krystalle (aus A.); F: 166° (*de D., Kl.*).

Beim Erwärmen mit wss.-äthanol. Natronlauge entsteht 3-Anilino-2-phenyl-chinolinol-(4) (*de Diesbach, Schürch, Cavin,* Helv. **31** [1948] 716, 721). Bildung von 3-Anilino-2-[2-amino-phenyl]-chinolin-carbonsäure-(4) beim Behandeln mit Isatin und wss. Kalilauge: *de D., Kl.*

**2-[*N*-Benzyl-anilino]-1-[2-benzamino-phenyl]-äthanon-(1), Benzoesäure-[2-(*N*-phenyl-*N*-benzyl-glycyl)-anilid],** *2'-(N-benzyl-N-phenylglycyl)benzanilide* $C_{28}H_{24}N_2O_2$, Formel I ($R = CO\text{-}C_6H_5$, $X = CH_2\text{-}C_6H_5$).

*B.* Beim Erwärmen von 2-Brom-1-[2-benzamino-phenyl]-äthanon-(1) mit *N*-Benzyl-anilin in Äthanol (*de Diesbach, Schürch, Cavin,* Helv. **31** [1948] 716, 722).

Gelbe Krystalle (aus A.); F: 167—168°.

I: CO—CH₂—N(C₆H₅)X an Benzolring, ortho NH—R

II: CO—CH₂—N(C₆H₅)X an Benzolring, ortho NH—CO—CO—OR

III: $H_3C$—CO—NH—C₆H₄—CO—$CH_2$—$N^{\oplus}(CH_3)_3$

**2-[*N*-Benzoyl-anilino]-1-[2-amino-phenyl]-äthanon-(1), *N*-[2-Amino-phenacyl]-benzanilid,** *N-(2-aminophenacyl)benzanilide* $C_{21}H_{18}N_2O_2$, Formel I ($R = H$, $X = CO\text{-}C_6H_5$).

*B.* Beim Erhitzen von [2-(*N*-Phenyl-*N*-benzoyl-glycyl)-phenyl]-oxamidsäure-äthylester mit wss.-äthanol. Natronlauge (*de Diesbach, Schürch, Cavin,* Helv. **31** [1948] 716, 721).

Krystalle (aus A.); F: 147°.

**2-[*N*-Benzoyl-anilino]-1-[2-acetamino-phenyl]-äthanon-(1), *N*-[2-Acetamino-phenacyl]-benzanilid,** *N-(2-acetamidophenacyl)benzanilide* $C_{23}H_{20}N_2O_3$, Formel I ($R = CO\text{-}CH_3$, $X = CO\text{-}C_6H_5$).

*B.* Beim Erhitzen von 2-Anilino-1-[2-acetamino-phenyl]-äthanon-(1) mit Benzoylchlorid und Pyridin (*de Diesbach, Schürch, Cavin,* Helv. **31** [1948] 716, 721).

Krystalle; F: 152°.

Beim Erhitzen mit wss.-äthanol. Natronlauge sind 2-[*N*-Benzoyl-anilino]-1-[2-amino-phenyl]-äthanon-(1) und geringe Mengen *N*-Phenyl-*N*-[4-hydroxy-2-methyl-chinolyl-(3)]-benzamid erhalten worden.

**2-Anilino-1-[2-äthoxalylamino-phenyl]-äthanon-(1), [2-(*N*-Phenyl-glycyl)-phenyl]-oxamidsäure-äthylester,** *2-(N-phenylglycyl)oxanilic acid ethyl ester* $C_{18}H_{18}N_2O_4$, Formel II ($R = C_2H_5$, $X = H$).

*B.* Beim Erhitzen von [2-Bromacetyl-phenyl]-oxamidsäure-äthylester mit Anilin in Äthanol (*de Diesbach, Schürch, Cavin,* Helv. **31** [1948] 716, 719).

Hellgelbe Krystalle (aus A.); F: 128°.

Beim Erhitzen mit wss.-äthanol. Natronlauge ist 3-Anilino-4-hydroxy-chinolin-carbonsäure-(2) erhalten worden.

**2-[*N*-Methyl-anilino]-1-[2-äthoxalylamino-phenyl]-äthanon-(1), [2-(*N*-Methyl-*N*-phenyl-glycyl)-phenyl]-oxamidsäure-äthylester,** *2-(N-phenylsarcosyl)oxanilic acid ethyl ester* $C_{19}H_{20}N_2O_4$, Formel II ($R = C_2H_5$, $X = CH_3$).

*B.* Beim Erwärmen von [2-Bromacetyl-phenyl]-oxamidsäure-äthylester mit *N*-Methyl-anilin in Äthanol (*de Diesbach, Schürch, Cavin,* Helv. **31** [1948] 716, 723).

Gelbe Krystalle; F: 175—176°.

Beim Erhitzen mit wss.-äthanol. Natronlauge ist 3-[*N*-Methyl-anilino]-chinolinol-(4) erhalten worden.

**2-[*N*-Benzyl-anilino]-1-[2-äthoxalylamino-phenyl]-äthanon-(1), [2-(*N*-Phenyl-*N*-benzyl-glycyl)-phenyl]-oxamidsäure-äthylester,** *2-[(N-benzyl-N-phenylglycyl)oxanilic acid ethyl ester* $C_{25}H_{24}N_2O_4$, Formel II ($R = C_2H_5$, $X = CH_2\text{-}C_6H_5$).

*B.* Beim Erwärmen von [2-Bromacetyl-phenyl]-oxamidsäure-äthylester mit *N*-Benzyl-anilin in Äthanol (*de Diesbach, Schürch, Cavin,* Helv. **31** [1948] 716, 722).

Krystalle; F: 143°.

Beim Erhitzen mit wss.-äthanol. Natronlauge sind 3-[*N*-Benzyl-anilino]-chinolinol-(4) und geringe Mengen 3-[*N*-Benzyl-anilino]-4-hydroxy-chinolin-carbonsäure-(2) erhalten worden.

**2-[*N*-Benzoyl-anilino]-1-[2-oxalamino-phenyl]-äthanon-(1), [2-(*N*-Phenyl-*N*-benzoyl-glycyl)-phenyl]-oxamidsäure,** *2-(β-phenylhippuroyl)oxanilic acid* $C_{23}H_{18}N_2O_5$, Formel II (R = H, X = CO-$C_6H_5$).

*B.* Bei kurzem Erhitzen von [2-(*N*-Phenyl-*N*-benzoyl-glycyl)-phenyl]-oxamidsäure-äthylester mit wss.-methanol. Natronlauge (*de Diesbach, Schürch, Cavin*, Helv. **31** [1948] 716, 721).

Krystalle; F: 151°.

**2-[*N*-Benzoyl-anilino]-1-[2-äthoxalylamino-phenyl]-äthanon-(1), [2-(*N*-Phenyl-*N*-benzoyl-glycyl)-phenyl]-oxamidsäure-äthylester,** *2-(β-phenylhippuroyl)oxanilic acid ethyl ester* $C_{25}H_{22}N_2O_5$, Formel II (R = $C_2H_5$, X = CO-$C_6H_5$).

*B.* Bei kurzem Erhitzen von [2-(*N*-Phenyl-glycyl)-phenyl]-oxamidsäure-äthylester mit Benzoylchlorid und Pyridin (*de Diesbach, Schürch, Cavin*, Helv. **31** [1948] 716, 720).

Krystalle (aus A.); F: 164—165°.

Bei kurzem bzw. langem Erhitzen mit wss.-äthanol. Natronlauge ist [2-(*N*-Phenyl-*N*-benzoyl-glycyl)-phenyl]-oxamidsäure bzw. 2-[*N*-Benzoyl-anilino]-1-[2-amino-phenyl]-äthanon-(1) erhalten worden.

**2-Amino-1-[4-amino-phenyl]-äthanon-(1),** 4.ω-Diamino-acetophenon $C_8H_{10}N_2O$.

**Trimethyl-[4-acetamino-phenacyl]-ammonium,** *(4-acetamidophenacyl)trimethylammonium* $[C_{13}H_{19}N_2O_2]^{\oplus}$, Formel III.

**Chlorid** $[C_{13}H_{19}N_2O_2]Cl$. *B.* Aus 2-Chlor-1-[4-acetamino-phenyl]-äthanon-(1) und Tri= methylamin in Methanol (*I.G. Farbenind.*, D.R.P. 633983 [1934]; Frdl. **23** 483, 485). — Krystalle (aus wss. A.); F: 253—255°.

**Amino-phenyl-acetaldehyd** $C_8H_9NO$ und Tautomeres.

**Opt.-inakt. *N.N*-Bis-[2-phenylimino-1-phenyl-äthyl]-anilin,** N-*phenyl-α,α'-bis*(N-*phenyl= formimidoyl)dibenzylamine* $C_{34}H_{29}N_3$, Formel IV (R = X = H), und ***N.N*-Bis-[2-anilino-1-phenyl-vinyl]-anilin,** *α,α'-bis(anilinomethylene)*-N-*phenyldibenzylamine* $C_{34}H_{29}N_3$, Formel V (R = X = H).

*B.* Beim Erhitzen von 2-Anilino-1-phenyl-äthanon-(1) mit Anilin auf 150° (*Crowther, Mann, Purdie*, Soc. **1943** 58, 64). Neben anderen Verbindungen beim Erhitzen von 2-[*N*-Äthyl-anilino]-1-phenyl-äthanon-(1) oder von 2-[*N*-Äthyl-*p*-toluidino]-1-phenyl-äthanon-(1) mit Anilin auf 150° (*Cr., Mann, Pu.*, l. c. S. 66).

Krystalle (aus Propanol-(1)); F: 205—209° [der Schmelzpunkt ist von der Geschwindigkeit des Erhitzens abhängig].

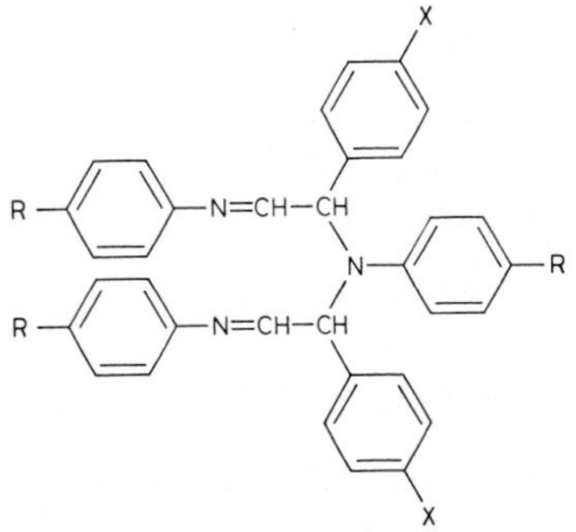

IV 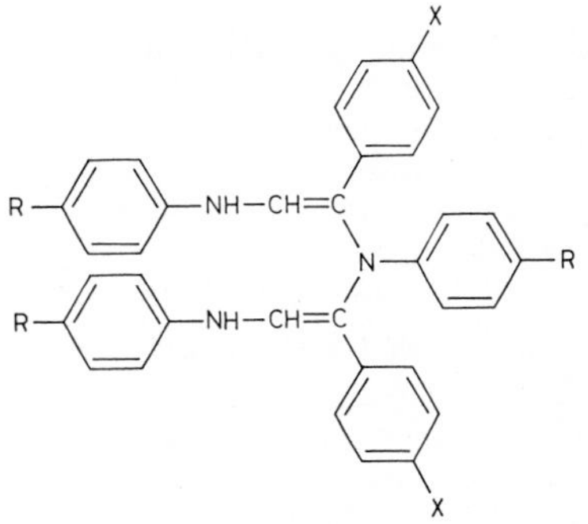 V

**Opt.-inakt. *N.N*-Bis-[2-*p*-tolylimino-1-phenyl-äthyl]-*p*-toluidin,** N-p-*tolyl-α,α'-bis= (*N-p-*tolylformimidoyl)dibenzylamine* $C_{37}H_{35}N_3$, Formel IV (R = $CH_3$, X = H), und ***N.N*-Bis-[2-*p*-toluidino-1-phenyl-vinyl]-*p*-toluidin,** *α,α'-bis*(p-*toluidinomethylene*)-N-p-*tolyldibenzylamine* $C_{37}H_{35}N_3$, Formel V (R = $CH_3$, X = H).

*B.* Beim Erhitzen von 2-Anilino-1-phenyl-äthanon-(1) mit *p*-Toluidin (*Crowther, Mann, Purdie*, Soc. **1943** 58, 64).

Krystalle (aus Propanol-(1)); F: 175—183° [der Schmelzpunkt ist von der Geschwindigkeit des Erhitzens abhängig].

**Opt.-inakt. *N.N*-Bis-[2-phenylimino-1-(4-chlor-phenyl)-äthyl]-anilin,** *4,4'-dichloro-N-phenyl-α,α'-bis(N-phenylformimidoyl)dibenzylamine* $C_{34}H_{27}Cl_2N_3$, Formel IV (R = H, X = Cl), und ***N.N*-Bis-[2-anilino-1-(4-chlor-phenyl)-vinyl]-anilin,** *α,α'-bis(anilinomethylene)-4,4'-dichloro-N-phenyldibenzylamine* $C_{34}H_{27}Cl_2N_3$, Formel V (R = H, X = Cl).

*B.* Neben anderen Verbindungen beim Erhitzen von 2-[*N*-Äthyl-*p*-toluidino]-1-[4-chlor-phenyl]-äthanon-(1) mit Anilin auf 150° (*Crowther, Mann, Purdie,* Soc. **1943** 58, 66).

Krystalle (aus Propanol-(1)); F: 172—180° [der Schmelzpunkt ist von der Geschwindigkeit des Erhitzens abhängig].

**4-Amino-2-methyl-benzaldehyd** $C_8H_9NO$.

**4-Dimethylamino-2-methyl-benzaldehyd,** *4-(dimethylamino)-o-tolualdehyde* $C_{10}H_{13}NO$, Formel VI (R = X = $CH_3$) (H 56).

*B.* Beim Erwärmen von *N.N*-Dimethyl-*m*-toluidin mit Hexamethylentetramin in Äthanol und anschliessend mit Ameisensäure und Essigsäure und Behandeln des Reaktionsgemisches mit wss. Salzsäure (*Duff,* Soc. **1945** 276).

Krystalle (aus wss. A.); F: 67°.

**4-[Äthyl-(2-chlor-äthyl)-amino]-2-methyl-benzaldehyd,** *4-[(2-chloroethyl)ethylamino]-o-tolualdehyde* $C_{12}H_{16}ClNO$, Formel VI (R = $C_2H_5$, X = $CH_2$-$CH_2Cl$).

*B.* Beim Erwärmen von 2-[*N*-Äthyl-*m*-toluidino]-äthanol-(1) (nicht näher beschrieben) mit Phosphoroxychlorid und Erwärmen des Reaktionsgemisches mit *N*-Methyl-formanilid und Phosphoroxychlorid (*I.G. Farbenind.,* D.R.P. 711665 [1935]; D.R.P. Org. Chem. **6** 2002; *Gen. Aniline Works,* U.S.P. 2141090 [1936]).

Krystalle (aus A.); F: 54°.

**4-[Äthyl-isopentyl-amino]-2-methyl-benzaldehyd,** *4-(ethylisopentylamino)-o-tolualdehyde* $C_{15}H_{23}NO$, Formel VI (R = $C_2H_5$, X = $CH_2$-$CH_2$-$CH(CH_3)_2$).

*B.* Beim Behandeln von *N*-Äthyl-*N*-isopentyl-*m*-toluidin mit *N*-Methyl-formanilid und Phosphoroxychlorid (*Gen. Aniline & Film Corp.,* U.S.P. 2385747 [1940]).

$Kp_{3,4}$: 177—180°.

VI VII VIII

**4-[(2-Hydroxy-äthyl)-butyl-amino]-2-methyl-benzaldehyd,** *4-[butyl(2-hydroxyethyl)amino]-o-tolualdehyde* $C_{14}H_{21}NO_2$, Formel VII.

*B.* Beim Erhitzen von 3-{4-[(2-Hydroxy-äthyl)-butyl-amino]-2-methyl-benzylidenamino}-benzol-sulfonsäure-(1) (aus 2-[*N*-Butyl-*m*-toluidino]-äthanol-(1) erhalten) mit wss. Natronlauge (*Dippy et al.,* J. Soc. chem. Ind. **56** [1937] 346 T).

$Kp_5$: 183°.

Semicarbazon $C_{15}H_{24}N_4O_2$. Krystalle (aus wss. Me.); F: 151°.

**4-Amino-3-methyl-benzaldehyd** $C_8H_9NO$.

**(±)-4-[1.2.2-Trimethyl-propylamino]-3-methyl-benzaldehyd,** *(±)-4-(1,2,2-trimethylpropylamino)-m-tolualdehyde* $C_{14}H_{21}NO$, Formel VIII.

*B.* Beim Eintragen von (±)-*N*-[1.2.2-Trimethyl-propyl]-*o*-toluidin (nicht näher beschrieben) in ein Gemisch von *N*-Methyl-formanilid, Phosphoroxychlorid und Benzol (*I.G. Farbenind.,* D.R.P. 706937 [1938]; D.R.P. Org. Chem. **6** 2001; *Gen. Aniline Works,* U.S.P. 2187328 [1939]).

$Kp_1$: 145—150°.

**4-[Methyl-(2-diäthylamino-äthyl)-amino]-3-methyl-benzaldehyd,** *4-{[2-(diethylamino)ethyl]methylamino}-m-tolualdehyde* $C_{15}H_{24}N_2O$, Formel IX.

*B.* Beim Behandeln von *N*-Methyl-formanilid mit Phosphoroxychlorid und *N*-Methyl-*N'.N'*-diäthyl-*N*-*o*-tolyl-äthylendiamin [nicht näher beschrieben] (*I.G. Farbenind.,* D.R.P. 547108 [1929]; Frdl. **18** 2973).

$Kp_{1,5}$: 145—147°.

**6-Amino-3-methyl-benzaldehyd** $C_8H_9NO$.

**6-Dimethylamino-3-methyl-benzaldehyd,** *5,N,N-trimethylanthranilaldehyde* $C_{10}H_{13}NO$, Formel X.

*B.* Beim Erwärmen von 6-Dimethylamino-3-methyl-benzylalkohol mit Kalium-*tert*-butylat und Benzophenon in Benzol unter Stickstoff (*Woodward, Kornfeld,* Am. Soc. **70** [1948] 2508, 2513).

$Kp_{16}$: 138—142°. Absorptionsspektrum (230—420 mμ): *Wo., Ko.,* l. c. S. 2510.

Charakterisierung als 4-Nitro-phenylhydrazon (F: 185—186°): *Wo., Ko.*

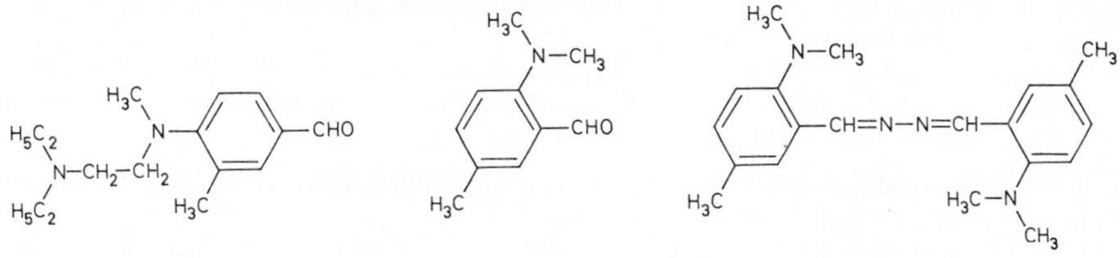

IX X XI

**Bis-[6-dimethylamino-3-methyl-benzyliden]-hydrazin, 6-Dimethylamino-3-methyl-benzaldehyd-azin,** *5,N,N-trimethylanthranilaldehyde azine* $C_{20}H_{26}N_4$, Formel XI.

*B.* Beim Behandeln von 6-Dimethylamino-3-methyl-benzaldehyd mit Hydrazinhydrat in wss. Äthanol (*Woodward, Kornfeld,* Am. Soc. **70** [1948] 2508, 2513).

Gelbe Krystalle (aus A.); F: 147—148°. [*Roth*]

## Amino-Derivate der Oxo-Verbindungen $C_9H_{10}O$

**1-[2-Amino-phenyl]-propanon-(1),** 2-Amino-propiophenon, *2'-aminopropiophenone* $C_9H_{11}NO$, Formel I (R = X = H) (E I 375; E II 37).

*B.* Aus 1-[2-Nitro-phenyl]-propanon-(1) bei der Hydrierung an Raney-Nickel in Äthanol (*Leonard, Boyd,* J. org. Chem. **11** [1946] 405, 416) oder an Palladium/Kohle in Benzol unter 20 at (*Zenitz, Hartung,* J. org. Chem. **11** [1946] 444, 447, 448).

Krystalle; F: 44—45° (*Ze., Ha.*). $Kp_{0,8}$: 93° [Präparat von ungewisser Einheitlichkeit] (*Le., Boyd*).

Hydrochlorid $C_9H_{11}NO \cdot HCl$. F: 184—185° [unkorr.; Zers.] (*Ze., Ha.*); Krystalle (aus A.) mit 0,25 Mol $H_2O$, F: 175° [nach Erweichen von 150° an] (*Witkop,* A. **556** [1944] 103, 111).

Semicarbazon $C_{10}H_{14}N_4O$. Krystalle (aus A.); F: 190° [Zers.] (*Elson, Gibson, Johnson,* Soc. **1930** 1128, 1133).

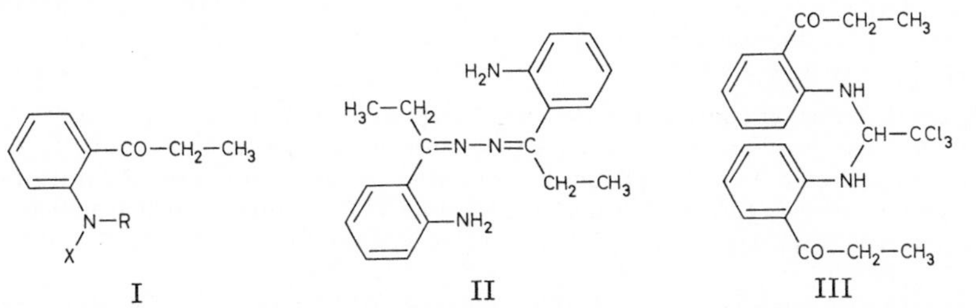

I II III

**Bis-[1-(2-amino-phenyl]-propyliden]-hydrazin, 1-[2-Amino-phenyl]-propanon-(1)-azin,** *2'-aminopropiophenone azine* $C_{18}H_{22}N_4$, Formel II.

*B.* Neben geringen Mengen 1-[2-Amino-phenyl]-propanon-(1)-semicarbazon bei mehrtägigem Erwärmen von 1-[2-Amino-phenyl]-propanon-(1) mit Semicarbazid-hydrochlorid in wss. Äthanol unter Zusatz von Natriumacetat (*Elson, Gibson, Johnson,* Soc. **1930** 1128, 1135).

Gelbe Krystalle (aus A.); F: 130°.

**1-[2-Dimethylamino-phenyl]-propanon-(1),** *2'-(dimethylamino)propiophenone* $C_{11}H_{15}NO$, Formel I (R = X = $CH_3$).

Diese Verbindung hat wahrscheinlich auch in dem E II 37 als 1-[4-Dimethylamino-phenyl]-propanon-(1) beschriebenen Präparat (Kp: 270—272°; Phenylhydrazon, F: 58°) vorgelegen (*Nineham*, Soc. **1952** 635).

*B.* Beim Erhitzen von 1-[2-Amino-phenyl]-propanon-(1) mit Methyljodid in Methanol und anschliessend mit Alkalilauge unter Durchleiten von Wasserdampf (*Haddow et al.*, Phil. Trans. [A] **241** [1948] 147, 190).

$Kp_{22}$: 128—132° (*Ha. et al.*).

Pikrat. Gelbe Krystalle; F: 155—156° [unkorr.] (*Ha. et al.*).

**2.2.2-Trichlor-1.1-bis-[2-propionyl-anilino]-äthan, 2.2.2-Trichlor-*N.N'*-bis-[2-propionyl-phenyl]-äthylidendiamin,** *2',2'''-(2,2,2-trichloroethylidenediimino)dipropiophenone* $C_{20}H_{21}Cl_3N_2O_2$, Formel III.

*B.* Beim Behandeln von 1-[2-Amino-phenyl]-propanon-(1) mit Chloralhydrat und Natriumacetat in wss. Essigsäure (*Sumerford, Dalton*, J. org. Chem. **9** [1944] 81, 82).

Krystalle (aus Toluol + Bzn.); F: 160° [korr.].

**1-[2-Formamino-phenyl]-propanon-(1), Ameisensäure-[2-propionyl-anilid],** *2'-propionylformanilide* $C_{10}H_{11}NO_2$, Formel I (R = CHO, X = H).

*B.* Beim Einleiten von Ozon in eine Lösung von 3-Äthyl-indol in Formamid (*Witkop*, A. **556** [1944] 103, 110).

Krystalle (aus Ae.); F: 39—41°.

**1-[2-Acetamino-phenyl]-propanon-(1), Essigsäure-[2-propionyl-anilid],** *2'-propionylacetanilide* $C_{11}H_{13}NO_2$, Formel I (R = CO-$CH_3$, X = H) (E I 375).

Krystalle (aus Ae. + Bzn.); F: 73—74° (*Keneford, Simpson*, Soc. **1948** 354, 356).

**1-[2-(Toluol-sulfonyl-(4)-amino)-phenyl]-propanon-(1), Toluol-sulfonsäure-(4)-[2-propionyl-anilid],** *2'-propionyl-p-toluenesulfonanilide* $C_{16}H_{17}NO_3S$, Formel I (R = $SO_2$-$C_6H_4$-$CH_3$, X = H).

*B.* Aus 1-[2-Amino-phenyl]-propanon-(1) (*Elson, Gibson, Johnson*, Soc. **1930** 1128, 1133).

Krystalle, die bei ca. 125° erweichen und sich bei weiterem Erhitzen zersetzen.

**1-[5-Chlor-2-amino-phenyl]-propanon-(1),** 5-Chlor-2-amino-propiophenon, *2'-amino-5'-chloropropiophenone* $C_9H_{10}ClNO$, Formel IV (R = H, X = Cl).

*B.* Beim Erwärmen von 1-[5-Chlor-2-nitro-phenyl]-propanon-(1) mit Eisen und wss. Essigsäure (*Keneford, Simpson*, Soc. **1948** 354, 356).

Hellgelbe Krystalle (aus Bzn.); F: 80—80,5°.

**1-[5-Chlor-2-benzamino-phenyl]-propanon-(1), Benzoesäure-[4-chlor-2-propionyl-anilid],** *4'-chloro-2'-propionylbenzanilide* $C_{16}H_{14}ClNO_2$, Formel IV (R = CO-$C_6H_5$, X = Cl).

*B.* Aus 1-[5-Chlor-2-amino-phenyl]-propanon-(1) (*Keneford, Simpson*, Soc. **1948** 354, 356). Aus 1-[5-Amino-2-benzamino-phenyl]-propanon-(1) (*Ke., Si.*).

Krystalle (aus A.); F: 125—126° [unkorr.].

**1-[5-Brom-2-amino-phenyl]-propanon-(1),** 5-Brom-2-amino-propiophenon, *2'-amino-5'-bromopropiophenone* $C_9H_{10}BrNO$, Formel IV (R = H, X = Br).

*B.* Beim Erhitzen von 1-[5-Brom-2-acetamino-phenyl]-propanon-(1) mit wss. Salzsäure (*Leonard, Boyd*, J. org. Chem. **11** [1946] 405, 417). Beim Erwärmen von 1-[5-Brom-2-nitro-phenyl]-propanon-(1) mit Eisen und wss. Essigsäure (*Keneford, Simpson*, Soc. **1948** 354, 356).

Gelbe Krystalle (aus Bzl. + PAe. oder aus wss. A.); F: 79—80° (*Le., Boyd; Ke., Si.*).

**1-[5-Brom-2-acetamino-phenyl]-propanon-(1), Essigsäure-[4-brom-2-propionyl-anilid],** *4'-bromo-2'-propionylacetanilide* $C_{11}H_{12}BrNO_2$, Formel IV (R = CO-$CH_3$, X = Br).

*B.* Aus 1-[2-Acetamino-phenyl]-propanon-(1) und Brom in wss. Essigsäure (*Leonard, Boyd*, J. org. Chem. **11** [1946] 405, 417).

Krystalle (aus A.); F: 188—189° [korr.].

**1-[5-Brom-2-benzamino-phenyl]-propanon-(1), Benzoesäure-[4-brom-2-propionyl-anilid],** *4'-bromo-2'-propionylbenzanilide* $C_{16}H_{14}BrNO_2$, Formel IV (R = CO-$C_6H_5$, X = Br).

*B.* Aus 1-[5-Brom-2-amino-phenyl]-propanon-(1) (*Keneford, Simpson*, Soc. **1948** 354, 357). Aus 1-[5-Amino-2-benzamino-phenyl]-propanon-(1) beim Behandeln mit wss.

Bromwasserstoffsäure und Natriumnitrit und anschliessenden Erwärmen nach Zusatz von Kupfer(I)-bromid (*Ke.*, *Si.*).

Gelbe Krystalle (aus Bzn.); F: 117—118° [unkorr.].

**1-[3-Nitro-2-amino-phenyl]-propanon-(1)**, 3-Nitro-2-amino-propiophenon, *2'-amino-3'-nitropropiophenone* $C_9H_{10}N_2O_3$, Formel V (R = H).

*B.* Aus 1-[3-Nitro-2-acetamino-phenyl]-propanon-(1) beim Erhitzen mit wss. Salzsäure (*Keneford*, *Simpson*, Soc. **1948** 354, 357).

Orangefarbene Krystalle (aus A.); F: 90—91°.

X — CO—CH₂—CH₃ — NH—R    CO—CH₂—CH₃ — O₂N — NH—R    CO—CH₂—CH₃ — R—NH

IV     V     VI

**1-[3-Nitro-2-acetamino-phenyl]-propanon-(1)**, **Essigsäure-[6-nitro-2-propionyl-anilid]**, *2'-nitro-6'-propionylacetanilide* $C_{11}H_{12}N_2O_4$, Formel V (R = $CO\text{-}CH_3$).

*B.* Neben 1-[5-Nitro-2-acetamino-phenyl]-propanon-(1) (Hauptprodukt) beim Behandeln von 1-[2-Acetamino-phenyl]-propanon-(1) mit Salpetersäure und Schwefelsäure bei —10° (*Keneford*, *Simpson*, Soc. **1948** 354, 357).

Krystalle (aus A.); F: 109—110° [unkorr.].

**1-[5-Nitro-2-amino-phenyl]-propanon-(1)**, 5-Nitro-2-amino-propiophenon, *2'-amino-5'-nitropropiophenone* $C_9H_{10}N_2O_3$, Formel IV (R = H, X = $NO_2$).

*B.* Aus 1-[5-Nitro-2-acetamino-phenyl]-propanon-(1) beim Erhitzen mit wss. Salzsäure (*Keneford*, *Simpson*, Soc. **1948** 354, 357).

Gelbe Krystalle (aus A.); F: 129—130° [unkorr.].

**1-[5-Nitro-2-acetamino-phenyl]-propanon-(1)**, **Essigsäure-[4-nitro-2-propionyl-anilid]**, *4'-nitro-2'-propionylacetanilide* $C_{11}H_{12}N_2O_4$, Formel IV (R = $CO\text{-}CH_3$, X = $NO_2$).

*B.* s. o. im Artikel 1-[3-Nitro-2-acetamino-phenyl]-propanon-(1).

Krystalle (aus A.); F: 145—146,5° [unkorr.] (*Keneford*, *Simpson*, Soc. **1948** 354, 356), 144—145° [korr.] (*Leonard*, *Boyd*, J. org. Chem. **11** [1946] 405, 417).

**1-[5-Nitro-2-benzamino-phenyl]-propanon-(1)**, **Benzoesäure-[4-nitro-2-propionyl-anilid]**, *4'-nitro-2'-propionylbenzanilide* $C_{16}H_{14}N_2O_4$, Formel IV (R = $CO\text{-}C_6H_5$, X = $NO_2$).

*B.* Beim Behandeln von 1-[5-Nitro-2-amino-phenyl]-propanon-(1) mit Benzoylchlorid und Pyridin (*Keneford*, *Simpson*, Soc. **1948** 354, 357).

Krystalle (aus Bzl.); F: 185,5—186° [unkorr.].

**1-[3-Amino-phenyl]-propanon-(1)**, 3-Amino-propiophenon, *3'-aminopropiophenone* $C_9H_{11}NO$, Formel VI (R = H) (H 59).

*B.* Aus 1-[3-Nitro-phenyl]-propanon-(1) bei der Hydrierung an Nickel in Benzol (*Wessely et al.*, M. **79** [1948] 596, 612), an Nickel in Äthanol bei 50—60° (*I.G. Farbenind.*, D.R.P. 582493 [1929]; Frdl. **19** 1442; *Winthrop Chem. Co.*, U.S.P. 1877795 [1930]) oder an Palladium in Benzol (*Zenitz*, *Hartung*, J. org. Chem. **11** [1946] 444, 447, 448).

Gelb; F: 42° (*Elson*, *Gibson*, *Johnson*, Soc. **1930** 1128, 1132). $Kp_{15}$: 168—169° (*El.*, *Gi.*, *Jo.*); $Kp_{5-7}$: 115—120° (*Hartung et al.*, Am. Soc. **53** [1931] 4149, 4154); $Kp_2$: 138—140° (*I.G. Farbenind.*; *Winthrop Chem. Co.*).

Hydrochlorid $C_9H_{11}NO \cdot HCl$ (H 59). Krystalle; F: 202,5° (*Ha. et al.*), 198—199° [unkorr.; Zers.] (*Ze.*, *Ha.*). Zers. bei 175° [Kofler-App.; nach Sublimation bei 155°; aus A. + Ae.] (*We. et al.*; vgl. H 59).

Oxim $C_9H_{12}N_2O$. F: 112—113° [unkorr.] (*Ze.*, *Ha.*).

**1-[3-Acetamino-phenyl]-propanon-(1)**, **Essigsäure-[3-propionyl-anilid]**, *3'-propionylacetanilide* $C_{11}H_{13}NO_2$, Formel VI (R = $CO\text{-}CH_3$).

*B.* Aus 1-[3-Amino-phenyl]-propanon-(1) (*Keneford*, *Simpson*, Soc. **1948** 354, 356).

Krystalle (aus Bzl. + PAe.); F: 92—93°.

Semicarbazon $C_{12}H_{16}N_4O_2$. Krystalle (aus wss. A.); F: 196—197° [unkorr.; nach Sintern bei 188°].

**1-[3-(Toluol-sulfonyl-(4)-amino)-phenyl]-propanon-(1), Toluol-sulfonsäure-(4)-[3-propionyl-anilid],** *3'-propionyl-p-toluenesulfonanilide* $C_{16}H_{17}NO_3S$, Formel VII.

*B.* Aus 1-[3-Amino-phenyl]-propanon-(1) (*Elson, Gibson, Johnson,* Soc. **1930** 1128, 1132; *Zenitz, Hartung,* J. org. Chem. **11** [1946] 444, 447).

Krystalle; F: 102–103° [unkorr.] (*Ze., Ha.*), 97° [aus A.] (*El., Gi., Jo.*).

**1-[4-Amino-phenyl]-propanon-(1),** 4-Amino-propiophenon, *4'-aminopropiophenone* $C_9H_{11}NO$, Formel VIII (R = X = H) (H 59; E I 375).

*B.* Beim Erwärmen von Acetanilid mit Propionylchlorid und Aluminiumchlorid und Erhitzen des nach dem Behandeln mit Eis erhaltenen Reaktionsprodukts mit wss. Salzsäure (*I.G. Farbenind.,* D.R.P. 715930 [1939]; D.R.P. Org. Chem. **6** 2019; vgl. H 59). Beim Erhitzen von Propionsäure-anilid mit Aluminiumchlorid bis auf 200° (*Dippy, Wood,* Soc. **1949** 2719). Beim Erhitzen von 1-[4-Chlor-phenyl]-propanon-(1) mit wss. Ammoniak unter Zusatz von Kupfer und Kupfer(I)-chlorid bis auf 200° (*Eastman Kodak Co.,* U.S.P. 2108824 [1936]).

Krystalle; F: 140° (*I.G. Farbenind.*), 140° [aus wss. A.] (*Hartung, Foster,* J. Am. pharm. Assoc. **35** [1946] 15, 16), 139° [aus W.] (*Di., Wood*). $Kp_{10}$: 180° (*I.G. Farbenind.*).

Hydrochlorid (H 59; E I 375). F: 198–199° (*Ha., Fo.*).

$H_3C-C_6H_4-SO_2-NH-C_6H_4-CO-CH_2-CH_3$

VII

$(X)(R)N-C_6H_4-CO-CH_2-CH_3$

VIII

**Bis-[1-(4-amino-phenyl)-propyliden]-hydrazin, 1-[4-Amino-phenyl]-propanon-(1)-azin,** *4'-aminopropiophenone azine* $C_{18}H_{22}N_4$, Formel IX (R = H).

*B.* Beim Erwärmen von 1-[4-Amino-phenyl]-propanon-(1) mit Hydrazin-hydrat in Methanol unter Zusatz von Essigsäure (*Fodor, Wein,* Soc. **1948** 684, 685).

Gelbe Krystalle; F: 140–141°.

**1-[4-Dimethylamino-phenyl]-propanon-(1),** *4'-(dimethylamino)propiophenone* $C_{11}H_{15}NO$, Formel VIII (R = X = $CH_3$).

Die E II 37 unter dieser Konstitution beschriebene Verbindung (Kp: 270–272°; Phenylhydrazon, F: 58°) ist wahrscheinlich als 1-[2-Dimethylamino-phenyl]-propanon-(1) zu formulieren (*Nineham,* Soc. **1952** 635).

*B.* Beim Erhitzen von 1-[4-Amino-phenyl]-propanon-(1) mit Methyljodid in Methanol und anschliessend mit Alkalilauge unter Durchleiten von Wasserdampf (*Haddow et al.,* Phil. Trans. [A] **241** [1948] 147, 191).

Krystalle (aus Bzn.); F: 103° (*Ni.*), 102–103° [unkorr.] (*Ha., et al.*).

Oxim $C_{11}H_{16}N_2O$. Krystalle (aus Bzl. + Bzn.); F: 162–163° [unkorr.] (*Ha. et al.*).

**1-[4-Acetamino-phenyl]-propanon-(1), Essigsäure-[4-propionyl-anilid],** *4'-propionylacetanilide* $C_{11}H_{13}NO_2$, Formel VIII (R = CO-$CH_3$, X = H) (H 59; E I 375).

F: 172–173° (*Hartung, Foster,* J. Am. pharm. Assoc. **35** [1946] 15, 16).

Oxim $C_{11}H_{14}N_2O_2$. F: 156–157° [Zers.].

**Bis-[1-(4-acetamino-phenyl)-propyliden]-hydrazin, 1-[4-Acetamino-phenyl]-propanon-(1)-azin,** *4',4'''-(azinodipropylidyne)bisacetanilide* $C_{22}H_{26}N_4O_2$, Formel IX (R = CO-$CH_3$).

*B.* Beim Erwärmen von 1-[4-Acetamino-phenyl]-propanon-(1) mit Hydrazin-hydrat in Äthanol unter Zusatz von Essigsäure (*Fodor, Wein,* Soc. **1948** 684, 685).

Krystalle (aus Nitrobenzol); F: 268–270° [unkorr.].

**1-[4-Propionylamino-phenyl]-propanon-(1), Propionsäure-[4-propionyl-anilid],** *4'-propionylpropionanilide* $C_{12}H_{15}NO_2$, Formel VIII (R = CO-$C_2H_5$, X = H) (H 59; E I 375).

*B.* Beim Erwärmen von Propionanilid mit Propionylchlorid und Aluminiumchlorid (*I.G. Farbenind.,* D.R.P. 715930 [1939]; D.R.P. Org. Chem. **6** 2019; vgl. E I 375).

F: 145°.

**Bis-[1-(4-propionylamino-phenyl)-propyliden]-hydrazin, 1-[4-Propionylamino-phenyl]-propanon-(1)-azin,** *4',4'''-(azinodipropylidyne)bispropionanilide* $C_{24}H_{30}N_4O_2$, Formel IX (R = CO-$C_2H_5$).

*B.* Beim Erwärmen von 1-[4-Propionylamino-phenyl]-propanon-(1) mit Hydrazinhydrat in einem Gemisch von Äthanol und Essigsäure (*Baker*, Am. Soc. **65** [1943] 1572, 1575).

Gelbe Krystalle (aus Py.); F: 276–280°.

**1-[4-Benzamino-phenyl]-propanon-(1)-oxim, Benzoesäure-[4-propionohydroximoyl-anilid],** *4'-propionohydroximoylbenzanilide* $C_{16}H_{16}N_2O_2$, Formel X (R = CO-$C_6H_5$).

*B.* Aus 1-[4-Benzamino-phenyl]-propanon-(1) [H 59] (*Hartung, Foster*, J. Am. pharm. Assoc. **35** [1946] 15, 16).

F: 164–165° [Zers.].

IX X XI

**(±)-2-Amino-1-phenyl-propanon-(1),** (±)-α-Amino-propiophenon, (±)-*2-aminopropiophenone* $C_9H_{11}NO$, Formel XI (R = H) (H 60; E I 376; E II 37).

*B.* Aus 2-[Hydroxyimino-(*seqtrans*)]-1-phenyl-propanon-(1) bei der Hydrierung an Palladium in Chlorwasserstoff enthaltendem Äthanol (*Mills, Grigor*, Soc. **1934** 1568; s. a. *Hartung*, Am. Soc. **53** [1931] 2248, 2252). Beim Schütteln von Propiophenon-[*O*-(toluol-sulfonyl-(4))-oxim] mit äthanol. Kaliumäthylat und Behandeln der vom gebildeten Kalium-[toluol-sulfonat-(4)] befreiten Reaktionslösung mit wss. Salzsäure (*Neber, Huh*, A. **515** [1935] 283, 292).

Bei der Behandlung des Hydrochlorids mit wss. Natronlauge oder mit wss. Ammoniak und anschliessenden Oxydation ist 2.5-Dimethyl-3.6-diphenyl-pyrazin erhalten worden (*Tiffeneau, Lévy, Ditz*, Bl. [5] **2** [1935] 1848, 1853).

Hydrochlorid $C_9H_{11}NO \cdot HCl$ (H 60; E I 376). Krystalle; F: 188–189° (*Ti., Lévy, Ditz*).

**(±)-2-Methylamino-1-phenyl-propanon-(1),** (±)-*2-(methylamino)propiophenone* $C_{10}H_{13}NO$, Formel XI (R = $CH_3$) (E I 376; E II 38).

*B.* Aus Propiophenon beim Behandeln einer Lösung in Benzol mit einer aus Methylamin, Brom und Wasser hergestellten Lösung sowie beim Behandeln mit einer aus Methylamin, Brom und Natriumhydroxid in Äthanol hergestellten Lösung (*Kamlet*, U.S.P. 2155194 [1938]). Bei der Hydrierung von 1-Phenyl-propandion-(1.2) im Gemisch mit Methylamin in Wasser an Palladium oder Platin (*Knoll A.G.*, D.R.P. 634002 [1930]; Frdl. **23** 481; *Skita, Keil, Baesler*, B. **66** [1933] 858, 862).

$Kp_{11}$: 120–121° (*Sk., Keil, Bae.*).

Hydrochlorid $C_{10}H_{13}NO \cdot HCl$ (E I 376; E II 38). Krystalle; F: 183° (*Knoll A.G.*), 180° [aus Acn. + A.] (*Sk., Keil, Bae.*), 179° (*Kamlet*).

Pikrat $C_{10}H_{13}NO \cdot C_6H_3N_3O_7$ (E II 38). Krystalle; F: 140–141° (*Knoll A.G.*), 138° [aus A.] (*Sk., Keil, Bae.*).

**(±)-2-Methylamino-1-phenyl-propanon-(1)-oxim,** (±)-*2-(methylamino)propiophenone oxime* $C_{10}H_{14}N_2O$, Formel XII.

*B.* Aus (±)-2-Methylamino-1-phenyl-propanon-(1) (*Bretschneider*, M. **78** [1948] 117, 123).

Krystalle (aus E.); F: 166–170°.

Hydrochlorid $C_{10}H_{14}N_2O \cdot HCl$. Krystalle (aus A. + Ae. + Acn.); F: 198–201°.

**2-Dimethylamino-1-phenyl-propanon-(1),** *2-(dimethylamino)propiophenone* $C_{11}H_{15}NO$.

a) **(*R*)-2-Dimethylamino-1-phenyl-propanon-(1),** Formel XIII.

*B.* Beim Erwärmen von *N.N*-Dimethyl-D-alanin-dimethylamid mit Phenylmagnesiumbromid in Äther (*Freudenberg, Nikolai*, A. **510** [1934] 223, 227).

$Kp_{11}$: 115–117°. $[\alpha]_{578}$: +24,9° [unverd.]. Beim Aufbewahren erfolgt Racemisierung.

b) **(±)-2-Dimethylamino-1-phenyl-propanon-(1)**, Formel XIII + Spiegelbild (E I 376).

*B.* Beim Erwärmen von *N.N*-Dimethyl-DL-alanin-amid (*Chem. Werke Albert*, D.R.P. 681849 [1936]; Frdl. **25** 343) oder von *N.N*-Dimethyl-DL-alanin-dimethylamid (*Freudenberg, Nikolai*, A. **510** [1934] 223, 228; *Eidebenz*, Ar. **280** [1942] 49, 61) mit Phenylmagnesiumbromid in Äther. Beim Erhitzen von (±)-2-Brom-1-phenyl-propanon-(1) mit Dimethylamin in Äthanol (*Thomson, Stevens*, Soc. **1932** 1932, 1937).

$Kp_{13}$: 126° (*Ei.*); $Kp_{11}$: 115–117° (*Fr., Ni.*).

Hydrochlorid. F: 201–202° [Zers.] (*Ei.*).

Pikrat $C_{11}H_{15}NO \cdot C_6H_3N_3O_7$. Gelbe Krystalle; F: 134–135° [aus A.] (*Fr., Ni.*), 128° bis 130° [aus Me.] (*Th., St.*).

N~~OH // C ... CH—NH—CH₃, H₃C (XII); CO, H—C—N(CH₃)(CH₃), CH₃ (XIII); CO—CH(CH₃), N—CH₂—, R (XIV)

XII XIII XIV

**(±)-2-Äthylamino-1-phenyl-propanon-(1)**, (±)-*2-(ethylamino)propiophenone* $C_{11}H_{15}NO$, Formel XI (R = $C_2H_5$) (E II 38).

*B.* Aus Propiophenon beim Behandeln mit einer aus Äthylamin und Brom, auch unter Zusatz von Natriumhydroxid, hergestellten wss. oder äthanol. Lösung (*Kamlet*, U.S.P. 2155194 [1938]).

Hydrochlorid (E II 38). F: 182°.

**(±)-2-Propylamino-1-phenyl-propanon-(1)**, (±)-*2-(propylamino)propiophenone* $C_{12}H_{17}NO$, Formel XI (R = $CH_2$-$CH_2$-$CH_3$) (E II 38).

*B.* Aus Propiophenon und Propylamin analog der im vorangehenden Artikel beschriebenen Verbindung (*Kamlet*, U.S.P. 2155194 [1938]).

Hydrochlorid (E II 38). F: 182°.

**(±)-2-Isopropylamino-1-phenyl-propanon-(1)**, (±)-*2-(isopropylamino)propiophenone* $C_{12}H_{17}NO$, Formel XI (R = $CH(CH_3)_2$) (E II 38).

*B.* Aus Propiophenon und Isopropylamin analog (±)-2-Äthylamino-1-phenyl-propanon-(1) [s. o.] (*Kamlet*, U.S.P. 2155194 [1938]).

Hydrochlorid (E II 38). F: 212°.

**(±)-2-Butylamino-1-phenyl-propanon-(1)**, (±)-*2-(butylamino)propiophenone* $C_{13}H_{19}NO$, Formel XI (R = $[CH_2]_3$-$CH_3$) (E II 38).

*B.* Aus Propiophenon und Butylamin analog (±)-2-Äthylamino-1-phenyl-propanon-(1) [s. o.] (*Kamlet*, U.S.P. 2155194 [1938]).

Hydrochlorid (E II 38). F: 159°.

**(±)-2-Pentylamino-1-phenyl-propanon-(1)**, (±)-*2-(pentylamino)propiophenone* $C_{14}H_{21}NO$, Formel XI (R = $[CH_2]_4$-$CH_3$) (E II 38).

*B.* Aus Propiophenon und Pentylamin analog (±)-2-Äthylamino-1-phenyl-propanon-(1) [s. o.] (*Kamlet*, U.S.P. 2155194 [1938]).

Hydrochlorid (E II 38). F: 154°.

**(±)-2-Cyclohexylamino-1-phenyl-propanon-(1)**, (±)-*2-(cyclohexylamino)propiophenone* $C_{15}H_{21}NO$, Formel XI (R = $C_6H_{11}$).

*B.* Bei der Hydrierung von 1-Phenyl-propandion-(1.2) im Gemisch mit Cyclohexylamin in Wasser an Palladium (*Skita, Keil, Baesler*, B. **66** [1933] 858, 863).

F: 178° [aus Toluol]. $Kp_{15}$: 185–195°.

Pikrat $C_{15}H_{21}NO \cdot C_6H_3N_3O_7$. F: 154° [aus wss. A.].

**(±)-2-Anilino-1-phenyl-propanon-(1)**, (±)-*2-anilinopropiophenone* $C_{15}H_{15}NO$, Formel XI (R = $C_6H_5$) (H 61).

*B.* Beim Erwärmen von (±)-2-Brom-1-phenyl-propanon-(1) mit Anilin und Natriumhydrogencarbonat in Äthanol (*Julian et al.*, Am. Soc. **67** [1945] 1203, 1208; vgl. H 61).

Bei der Hydrierung von 1-Phenyl-propandion-(1.2) im Gemisch mit Anilin in Wasser an Palladium (*Skita, Keil, Baesler*, B. **66** [1933] 858, 864).

Krystalle; F: 100—102° [aus A.] (*Ju. et al.*), 100—101° [aus Bzn.] (*Sk., Keil, Bae.*).

Beim Erwärmen mit Anilin-hydrobromid in Äthanol erfolgt partielle Umlagerung zu 1-Anilino-1-phenyl-aceton; beim Erhitzen mit Anilin-hydrochlorid und Anilin ist 3-Methyl-2-phenyl-indol erhalten worden (*Ju. et al.*, l. c. S. 1209, 1210).

**(±)-2-Benzylamino-1-phenyl-propanon-(1),** (±)-*2-(benzylamino)propiophenone* $C_{16}H_{17}NO$, Formel XIV (R = H).

*B.* Beim Behandeln von (±)-2-Brom-1-phenyl-propanon-(1) mit Benzylamin in Benzol (*Wilson, Sun*, J. Chin. chem. Soc. **2** [1934] 243, 252).

Bei der Hydrierung in Äthanol an Platin ist (1*RS*:2*SR*)-2-Benzylamino-1-phenyl-propanol-(1) erhalten worden.

Hydrochlorid. Krystalle (aus W.); F: 189—190°.

**(±)-2-[Methyl-benzyl-amino]-1-phenyl-propanon-(1),** (±)-*2-(benzylmethylamino)propio=phenone* $C_{17}H_{19}NO$, Formel XIV (R = $CH_3$).

*B.* Beim Behandeln von (±)-2-Brom-1-phenyl-propanon-(1) mit Methyl-benzyl-amin in Äthanol (*I.G. Farbenind.*, D.R.P. 524717 [1927]; Frdl. **17** 2515; *Winthrop Chem. Co.*, U.S.P. 1913520 [1928]).

Krystalle. $Kp_{14}$: 197—198° (*I.G. Farbenind.*, D.R.P. 524717; *Winthrop Chem. Co.*).

Bei der Hydrierung in Äthanol, wss. Äthanol oder wss. Salzsäure an Palladium (*I.G. Farbenind.*, D.R.P. 524717; *Winthrop Chem. Co.*) oder an Nickel bei 80—100°/40 at (*I.G. Farbenind.*, D.R.P. 526087 [1928]; Frdl. **17** 463; *Winthrop Chem. Co.*) sowie bei der Hy=drierung des Hydrochlorids in wss. Lösung an einem Nickel-Kobalt-Kupfer-Katalysator bei 100°/40 at (*I.G. Farbenind.*, D.R.P. 526087) ist (±)-Ephedrin erhalten worden.

**(±)-Dimethyl-[2-oxo-1-methyl-2-phenyl-äthyl]-benzyl-ammonium,** (±)-*benzyl(α-methyl=phenacyl)dimethylammonium* $[C_{18}H_{22}NO]^{\oplus}$, Formel I.

**Jodid** $[C_{18}H_{22}NO]I$. *B.* Aus dem beim Behandeln von (±)-2-Dimethylamino-1-phenyl-propanon-(1) und Benzylchlorid in Benzol erhältlichen Chlorid (*Thomson, Stevens*, Soc. **1932** 1932, 1937). — Krystalle (aus A. + Ae. oder aus W.); F: 160—161° [Zers.]. — Beim Erwärmen mit wss. Natronlauge ist 2-Dimethylamino-2-methyl-1.3-diphenyl-propanon-(1) erhalten worden.

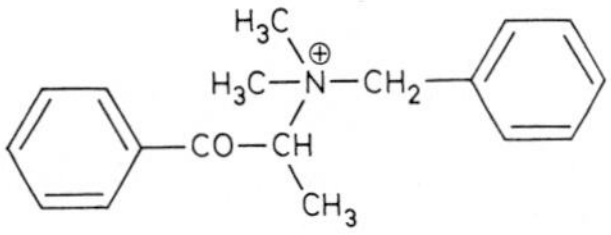

I 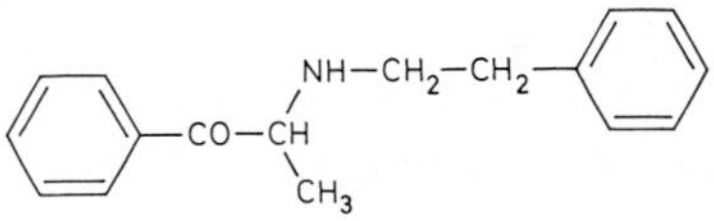 II

**(±)-2-Phenäthylamino-1-phenyl-propanon-(1),** (±)-*2-(phenethylamino)propiophenone* $C_{17}H_{19}NO$, Formel II.

*B.* Beim Behandeln von (±)-2-Brom-1-phenyl-propanon-(1) mit Phenäthylamin in Äthanol (*Allewelt, Day*, J. org. Chem. **6** [1941] 384, 397, 398).

Hydrochlorid $C_{17}H_{19}NO \cdot HCl$. Krystalle (aus A. + Ae.); F: 175—177° [korr.; Zers.].

Oxim $C_{17}H_{20}N_2O$. Krystalle (aus A.); F: 152,5° [korr.].

**2-[1.2.3.4-Tetrahydro-naphthyl-(2)-amino]-1-phenyl-propanon-(1),** *2-(1,2,3,4-tetra=hydro-2-naphthylamino)propiophenone* $C_{19}H_{21}NO$, Formel III.

Eine opt.-inakt. Verbindung (F: 40—41°; Hydrochlorid $C_{19}H_{21}NO \cdot HCl$: Krystalle [aus A. + Ae.], F: 199—200° [korr.; Zers.]; Oxim $C_{19}H_{22}N_2O$: Krystalle [aus wss. A.], F: 137° [korr.]) dieser Konstitution ist beim Behandeln von (±)-2-Brom-1-phenyl-propan=on-(1) mit (±)-1.2.3.4-Tetrahydro-naphthyl-(2)-amin in Äther erhalten worden (*Allewelt, Day*, J. org. Chem. **6** [1941] 384, 388, 390).

**(±)-2-[2-Hydroxy-äthylamino]-1-phenyl-propanon-(1),** (±)-*2-(2-hydroxyethylamino)=propiophenone* $C_{11}H_{15}NO_2$, Formel IV.

*B.* Bei der Hydrierung von 1-Phenyl-propandion-(1.2) im Gemisch mit 2-Amino-äthanol-(1) in Wasser an Palladium (*Skita, Keil, Baesler*, B. **66** [1933] 858, 864) oder in wss. Salzsäure an Platin (*Knoll A.G.*, D.R.P. 634002 [1930]; Frdl. **23** 481).

F: 78° [aus Bzn.] (*Sk.*, *Keil*, *Bae.*), 78° [aus Acn.] (*Knoll A.G.*).

Hydrochlorid $C_{11}H_{15}NO_2 \cdot HCl$. Krystalle (aus Acn. + A.); F: 159–160° (*Sk.*, *Keil*, *Bae.*).

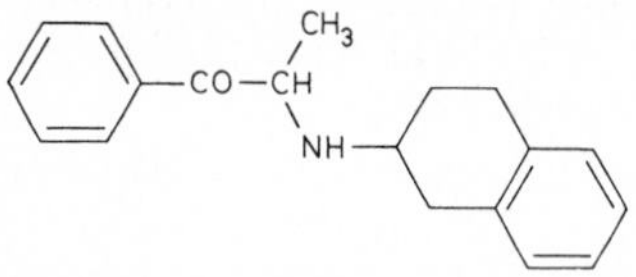

III 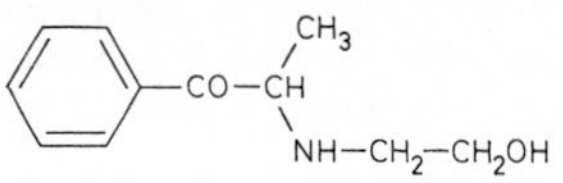 IV 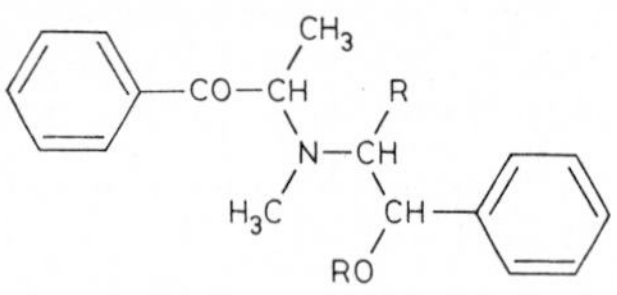 V

**2-[Methyl-(β-hydroxy-phenäthyl)-amino]-1-phenyl-propanon-(1),** (±)-*2-[(β-hydroxy=phenethyl)methylamino]propiophenone* $C_{18}H_{21}NO_2$, Formel V (R = H).

Ein opt.-inakt. Amin (F: 110°; Hydrochlorid: Krystalle [aus W.], F: 177°) dieser Konstitution ist beim Erwärmen von (±)-2-Brom-1-phenyl-propanon-(1) mit (±)-2-Methyl=amino-1-phenyl-äthanol-(1)-hydrochlorid und Kaliumhydroxid in Wasser und Benzol erhalten worden (*Hoffmann-La Roche*, D.R.P. 537188 [1930]; Frdl. **18** 3040).

**Methyl-[2-hydroxy-1-methyl-2-phenyl-äthyl]-[2-oxo-1-methyl-2-phenyl-äthyl]-amin, 2-[Methyl-(2-hydroxy-1-methyl-2-phenyl-äthyl)-amino]-1-phenyl-propanon-(1),** *2-[(β-hydroxy-α-methylphenethyl)methylamino]propiophenone* $C_{19}H_{23}NO_2$.

a) **(+)(Ξ)-2-[Methyl-((1*R*:2*R*)-2-hydroxy-1-methyl-2-phenyl-äthyl)-amino]-1-phenyl-propanon-(1),** Formel VI, **vom F: 156°.**

*B.* Beim Erhitzen von (−)-Pseudoephedrin (E III **13** 1719) mit (±)-2-Brom-1-phenyl-propanon-(1) und Kaliumhydroxid in Wasser und Toluol (*Hoffmann-La Roche*, D.R.P. 528270 [1930]; Frdl. **18** 3038).

F: 156° (*Hoffmann-La Roche*, D.R.P. 525093 [1930]; Frdl. **18** 3037; D.R.P. 528270).

Hydrochlorid. F: 206–207° (*Hoffmann-La Roche*, D.R.P. 525093). $[\alpha]_D^{20}$: +13,1° [W]. (*Hoffmann-La Roche*, D.R.P. 525093, 528270).

b) **(−)(Ξ)-2-[Methyl-((1*S*:2*S*)-2-hydroxy-1-methyl-2-phenyl-äthyl)-amino]-1-phenyl-propanon-(1),** Formel VII, **vom F: 156°.**

*B.* Beim Erwärmen von (+)-Pseudoephedrin (EIII **13** 1719) mit (±)-2-Brom-1-phenyl-propanon-(1) und Natriumhydroxid in Wasser und Benzol (*Warnat*, Barell-Festschr. [Basel 1936] S. 255, 263).

F: 156°.

Hydrochlorid $C_{19}H_{23}NO_2 \cdot HCl$. Krystalle (aus W.); F: 206°. $[\alpha]_D^{20}$: −12,6° [W.].

c) **(±)(Ξ)-2-[Methyl-((1*RS*:2*RS*)-2-hydroxy-1-methyl-2-phenyl-äthyl)-amino]-1-phenyl-propanon-(1),** Formel VI + VII, **vom F: 135°.**

*B.* Beim Erhitzen von (±)-Pseudoephedrin (E III **13** 1720) mit (±)-2-Brom-1-phenyl-propanon-(1) und Kaliumhydroxid in Wasser und Toluol (*Hoffmann-La Roche*, D.R.P. 528270 [1930]; Frdl. **18** 3038).

F: 135° (*Hoffmann-La Roche*, D.R.P. 525093 [1930]; Frdl. **18** 3037; D.R.P. 528270).

Hydrochlorid $C_{19}H_{23}NO_2 \cdot HCl$. Krystalle (aus W.); F: 217–218° (*Hoffmann-La Roche*, D.R.P. 525093).

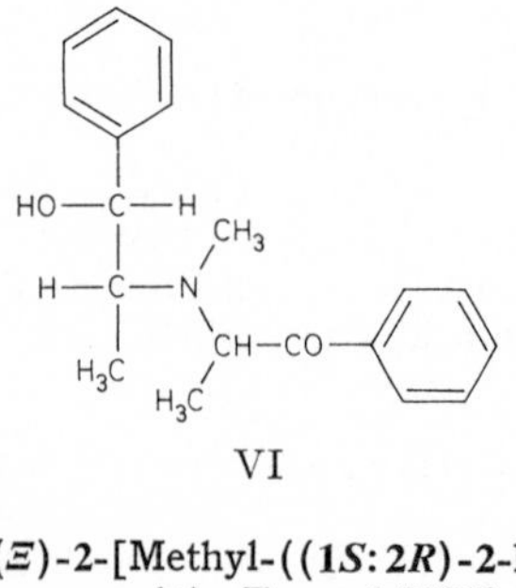

VI 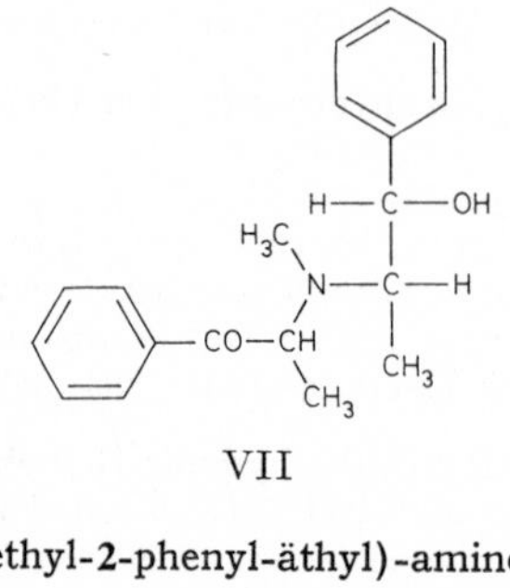 VII

d) **(+)(Ξ)-2-[Methyl-((1*S*:2*R*)-2-hydroxy-1-methyl-2-phenyl-äthyl)-amino]-1-phenyl-propanon-(1),** Formel VIII, **vom F: 126°.**

*B.* Beim Erwärmen von (−)-Ephedrin (E III **13** 1720) mit (±)-2-Brom-1-phenyl-propanon-(1) und Kaliumhydroxid in Wasser und Benzol (*Warnat*, Barell-Festschr. [Basel 1936] S. 255, 262).

Krystalle (aus Me.); F: 126°.

Hydrochlorid $C_{19}H_{23}NO_2 \cdot HCl$. Krystalle (aus A. + Ae.); F: 193°. $[\alpha]_D^{20}$: +93° [W.].

e) **(−)(Ξ)-2-[Methyl-((1*R*:2*S*)-2-hydroxy-1-methyl-2-phenyl-äthyl)-amino]-1-phenyl-propanon-(1)**, Formel IX, **vom F: 126°.**

*B.* Beim Erwärmen von (+)-Ephedrin (E III **13** 1723) mit (±)-2-Brom-1-phenyl-propanon-(1) und Natriumcarbonat in Wasser und Benzol (*Hoffmann-La Roche*, D.R.P. 528270 [1930]; Frdl. **18** 3038).

Krystalle; F: 125–126°. $[\alpha]_D^{20}$: −91,5° [Hydrochlorid in wss. Salzsäure].

f) **(±)(Ξ)-2-[Methyl-((1*RS*:2*SR*)-2-hydroxy-1-methyl-2-phenyl-äthyl)-amino]-1-phenyl-propanon-(1)**, Formel VIII + IX, **vom F: 93°.**

*B.* Beim Erwärmen von (±)-Ephedrin (E III **13** 1723) mit (±)-2-Brom-1-phenyl-propanon-(1) und Kaliumhydroxid in Wasser und Benzol (*Hoffmann-La Roche*, D.R.P. 528270 [1930]; Frdl. **18** 3038).

Krystalle (aus Me.); F: 92–93°.

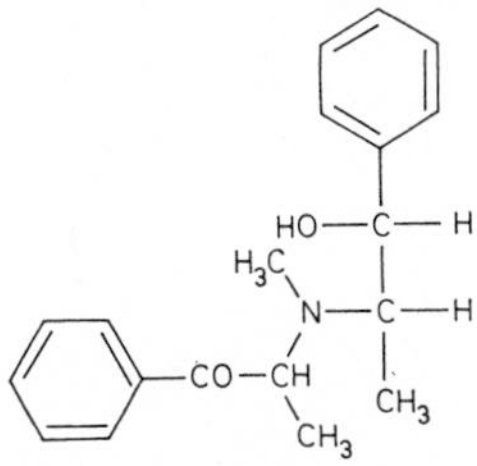

VIII 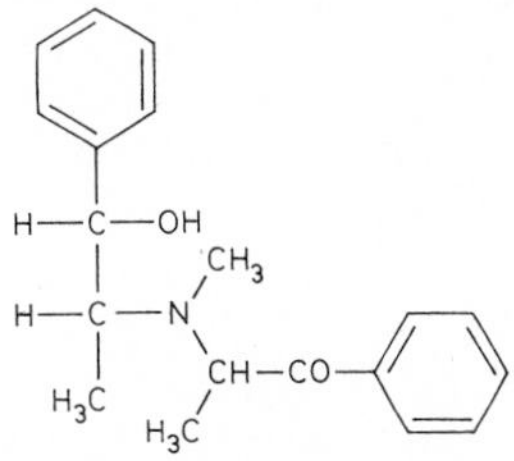 IX 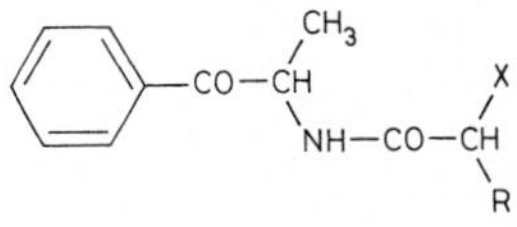 X

**Methyl-[2-methoxy-1-methyl-2-phenyl-äthyl]-[2-oxo-1-methyl-2-phenyl-äthyl]-amin, 2-[Methyl-(2-methoxy-1-methyl-2-phenyl-äthyl)-amino]-1-phenyl-propanon-(1),** *2-[(β-methoxy-α-methylphenethyl)methylamino]propiophenone* $C_{20}H_{25}NO_2$, Formel V ($R = CH_3$).

Eine als Hydrochlorid $C_{20}H_{25}NO_2 \cdot HCl$ (F: 130°) isolierte opt.-inakt. Base dieser Konstitution ist beim Erwärmen von opt.-inakt. 2-Methylamino-1-methoxy-1-phenyl-propan (nicht charakterisiert) mit (±)-2-Brom-1-phenyl-propanon-(1) und Kaliumhydroxid in Wasser und Benzol erhalten worden (*Warnat*, Barell-Festschr. [Basel 1936] S. 255, 264).

**(±)-2-[*C*-Chlor-acetamino]-1-phenyl-propanon-(1), (±)-*C*-Chlor-*N*-[2-oxo-1-methyl-2-phenyl-äthyl]-acetamid,** (±)-*2-chloro*-N-*(α-methylphenacyl)acetamide* $C_{11}H_{12}ClNO_2$, Formel X (R = H, X = Cl).

*B.* Beim Behandeln einer Lösung von (±)-2-Amino-1-phenyl-propanon-(1)-hydrochlorid in Wasser mit Calciumcarbonat und mit Chloracetylchlorid in Chloroform (*Tota, Elderfield*, J. org. Chem. **7** [1942] 313, 316).

Krystalle (aus $CHCl_3$ + Bzn.); F: 85–85,2°.

**(±)-2-[*C*-Brom-acetamino]-1-phenyl-propanon-(1), (±)-*C*-Brom-*N*-[2-oxo-1-methyl-2-phenyl-äthyl]-acetamid,** (±)-*2-bromo*-N-*(α-methylphenacyl)acetamide* $C_{11}H_{12}BrNO_2$, Formel X (R = H, X = Br).

*B.* Beim Behandeln einer Lösung von (±)-2-Amino-1-phenyl-propanon-(1)-hydrochlorid in Wasser mit Calciumcarbonat und mit Bromacetylchlorid in Chloroform (*Tota, Elderfield*, J. org. Chem. **7** [1942] 313, 316).

Krystalle (aus Ae. + Bzn.); F: 82°.

Bei 2-tägigem Behandeln mit äthanol. Ammoniak und anschliessendem Erwärmen an der Luft ist 2-Methyl-3-phenyl-pyrazinol-(6) erhalten worden.

**2-[2-Brom-butyrylamino]-1-phenyl-propanon-(1), 2-Brom-*N*-[2-oxo-1-methyl-2-phenyl]-butyramid,** *2-bromo*-N-*(α-methylphenacyl)butyramide* $C_{13}H_{16}BrNO_2$, Formel X ($R = C_2H_5$, X = Br).

Ein opt.-inakt. Keton (Krystalle [aus Ae. + Bzn.], F: 88,5–90°; 4-Nitro-phenylhydrazon $C_{19}H_{21}BrN_4O_3$: Krystalle [aus A.], F: 185—185,5° [korr.]) dieser Konstitution ist beim Behandeln einer Lösung von (±)-2-Amino-1-phenyl-propanon-(1)-hydrochlorid in Wasser mit (±)-2-Brom-butyrylchlorid und mit Calciumcarbonat in Chloroform erhalten worden (*Tota, Elderfield,* J. org. Chem. **7** [1942] 313, 317).

**(±)-2-Benzamino-1-phenyl-propanon-(1), (±)-*N*-[2-Oxo-1-methyl-2-phenyl-äthyl]-benzamid,** (±)-N-(*α-methylphenacyl)benzamide* $C_{16}H_{15}NO_2$, Formel XI (H 61; E I 376).

*B.* Beim Erhitzen von DL-Alanin mit Benzoesäure-anhydrid und Pyridin auf 130° (*Cleland, Niemann,* Am. Soc. **71** [1949] 841).

Krystalle (aus wss. A.); F: 104—105° [korr.].

Oxim $C_{16}H_{16}N_2O_2$. Krystalle (aus wss. A.); F: 157—158° [korr.].

**(±)-2-[2-Diäthylamino-äthylamino]-1-phenyl-propanon-(1),** *(±)-2-[2-(diethylamino)ethylamino]propiophenone* $C_{15}H_{24}N_2O$, Formel XII (R = H).

*B.* Beim Erwärmen von (±)-2-Brom-1-phenyl-propanon-(1) mit *N.N*-Diäthyl-äthylendiamin in Benzol und Wasser (*Chem. Fabr. Wiernik & Co.,* D.R.P. 629699 [1933]; Frdl. **23** 490).

$Kp_1$: 130°.

**(±)-2-[Methyl-(2-diäthylamino-äthyl)-amino]-1-phenyl-propanon-(1),** *(±)-2-{[2-(diethylamino)ethyl]methylamino}propiophenone* $C_{16}H_{26}N_2O$, Formel XII (R = $CH_3$).

*B.* Beim Erwärmen von (±)-2-Brom-1-phenyl-propanon-(1) mit *N*-Methyl-*N'.N'*-diäthyl-äthylendiamin in Äther (*Chem. Fabr. Wiernik & Co.,* D.R.P. 629699 [1933]; Frdl. **23** 490).

$Kp_1$: ca. 132—134°.

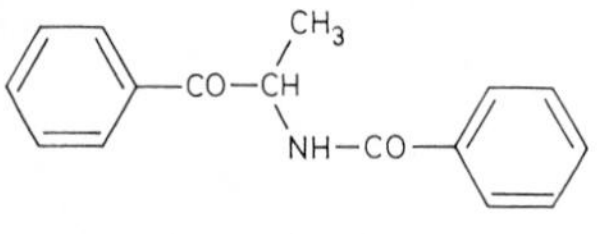

XI 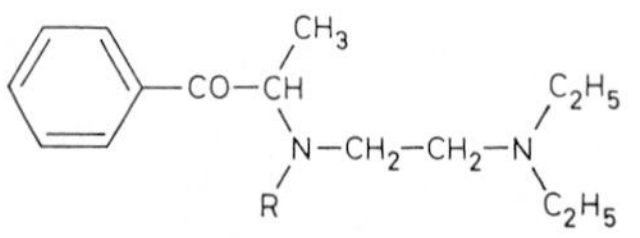 XII 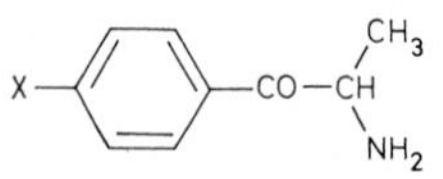 XIII

**(±)-2-Amino-1-[4-chlor-phenyl]-propanon-(1),** (±)-4-Chlor-α-amino-propiophenon, *(±)-2-amino-4'-chloropropiophenone* $C_9H_{10}ClNO$, Formel XIII (X = Cl).

*B.* Aus 2-Hydroxyimino-1-[4-chlor-phenyl]-propanon-(1) beim Behandeln mit Zinn(II)-chlorid und Chlorwasserstoff in Äther (*Edkins, Linnell,* Quart. J. Pharm. Pharmacol. **9** [1936] 203, 221).

Bei der Hydrierung des Hydrochlorids in wss. Salzsäure an Palladium ist (±)-Norephedrin (E III **13** 1717) erhalten worden (*Ed., Li.,*. c. S. 224).

Hydrochlorid $C_9H_{10}ClNO \cdot HCl$. Krystalle (aus A. + Ae. + Bzl.); F: 259° [Zers.].

**(±)-2-[Methyl-benzyl-amino]-1-[4-chlor-phenyl]-propanon-(1),** *(±)-2-(benzylmethylamino)-4'-chloropropiophenone* $C_{17}H_{18}ClNO$, Formel XIV.

*B.* Beim Behandeln von (±)-2-Brom-1-[4-chlor-phenyl]-propanon-(1) mit Methyl-benzyl-amin in Äther (*Lutz et al.,* J. org. Chem. **12** [1947] 617, 650).

Hydrochlorid $C_{17}H_{18}ClNO \cdot HCl$. Krystalle (aus A. + Ae.); F: 196—197° [korr.].

**(±)-2-Amino-1-[4-brom-phenyl]-propanon-(1),** (±)-4-Brom-α-amino-propiophenon, *(±)-2-amino-4'-bromopropiophenone* $C_9H_{10}BrNO$, Formel XIII (X = Br).

*B.* Aus 2-Hydroxyimino-1-[4-brom-phenyl]-propanon-(1) beim Behandeln mit Zinn(II)-chlorid und Chlorwasserstoff in Äther (*Edkins, Linnell,* Quart. J. Pharm. Pharmacol. **9** [1936] 203, 222).

Hydrochlorid $C_9H_{10}BrNO \cdot HCl$. Krystalle (aus A. + Ae. + Bzl.); F: 252° [Zers.].

**(±)-3-Brom-2-methylamino-1-phenyl-propanon-(1),** *(±)-3-bromo-2-(methylamino)-propiophenone* $C_{10}H_{12}BrNO$, Formel XV (R = $CH_3$, X = H).

*B.* Neben einer als 2-Methylamino-1-phenyl-propen-(2)-on-(1) angesehenen, vermutlich aber als (±)-2.3-Methylepimino-1-phenyl-propanon-(1) zu formulierenden (vgl. diesbezüglich *Inokawa,* J. chem. Soc. Japan Pure Chem. Sect. **84** [1963] 932, 933; C. A. **61** [1964] 13225) Verbindung $C_{10}H_{11}NO$ (Krystalle [aus A.], F: 170—172° [Zers.]; Hydrobromid $C_{10}H_{11}NO \cdot HBr$: Krystalle [aus W.], F: 261—263° [Zers.]) und einer als Methyl-[2-oxo-1-brommethyl-2-phenyl-äthyl]-[2-oxo-2-phenyl-

1-methylen-äthyl]-amin angesehenen Verbindung $C_{19}H_{18}BrNO_2$ (Hydrobromid $C_{19}H_{18}BrNO_2 \cdot HBr$: Krystalle [aus A.], F: 222–223° [Zers.]) beim Behandeln von (±)-2.3-Dibrom-1-phenyl-propanon-(1) mit Methylamin in Benzol (*Reichert, Moldenhauer*, Ar. **275** [1937] 537, 539, 540).

Hydrobromid $C_{10}H_{12}BrNO \cdot HBr$. Krystalle (aus Eg.); F: 177–178° [Zers.] (*Rei., Mo.*).

**(±)-3-Brom-2-dimethylamino-1-phenyl-propanon-(1)**, *(±)-3-bromo-2-(dimethylamino)=propiophenone* $C_{11}H_{14}BrNO$, Formel XV (R = X = $CH_3$).

*B.* Beim Behandeln von (±)-2.3-Dibrom-1-phenyl-propanon-(1) mit Dimethylamin in Äther (*Davis*, Am. Soc. **63** [1941] 1677).

Beim Behandeln des Hydrobromids mit Phenylhydrazin in Äthanol ist 1.3-Diphenyl-pyrazol erhalten worden.

Hydrobromid $C_{11}H_{14}BrNO \cdot HBr$. Krystalle (aus A.); F: 165–166°.

**(±)-3-Brom-2-äthylamino-1-phenyl-propanon-(1)**, *(±)-3-bromo-2-(ethylamino)propio=phenone* $C_{11}H_{14}BrNO$, Formel XV (R = $C_2H_5$, X = H).

*B.* Beim Behandeln von (±)-2.3-Dibrom-1-phenyl-propanon-(1) mit Äthylamin in Benzol (*Reichert, Moldenhauer*, Ar. **275** [1937] 537, 539).

Hydrobromid $C_{11}H_{14}BrNO \cdot HBr$. Krystalle (aus E. + Eg.); F: 172–173° [Zers.].

XIV XV XVI

**(±)-3-Brom-2-diäthylamino-1-phenyl-propanon-(1)**, *(±)-3-bromo-2-(diethylamino)propio=phenone* $C_{13}H_{18}BrNO$, Formel XV (R = X = $C_2H_5$).

*B.* Beim Behandeln von (±)-2.3-Dibrom-1-phenyl-propanon-(1) mit Diäthylamin in Äther (*Davis*, Am. Soc. **63** [1941] 1677).

Beim Behandeln des Hydrobromids mit Phenylhydrazin in Äthanol sind 1.3-Diphenyl-pyrazol und eine orangefarbene krystalline Verbindung vom F: 152–153° erhalten worden.

Hydrobromid $C_{13}H_{18}BrNO \cdot HBr$. Krystalle (aus A.); F: 161–162°.

**(±)-3-Brom-2-dipropylamino-1-phenyl-propanon-(1)**, *(±)-3-bromo-2-(dipropylamino)=propiophenone* $C_{15}H_{22}BrNO$, Formel XV (R = X = $CH_2$-$CH_2$-$CH_3$).

*B.* Beim Behandeln von (±)-2.3-Dibrom-1-phenyl-propanon-(1) mit Dipropylamin in Äther (*Davis*, Am. Soc. **63** [1941] 1677).

Hydrobromid $C_{15}H_{22}BrNO \cdot HBr$. Krystalle (aus Bzl.); F: 140–141°.

**(±)-3-Brom-2-dibutylamino-1-phenyl-propanon-(1)**, *(±)-3-bromo-2-(dibutylamino)=propiophenone* $C_{17}H_{26}BrNO$, Formel XV (R = X = $[CH_2]_3$-$CH_3$).

*B.* Beim Behandeln von (±)-2.3-Dibrom-1-phenyl-propanon-(1) mit Dibutylamin in Äther (*Davis*, Am. Soc. **63** [1941] 1677).

Hydrobromid $C_{17}H_{26}BrNO \cdot HBr$. Krystalle (aus Bzl. + PAe.); F: 128–129°.

**(±)-3-Brom-2-dipentylamino-1-phenyl-propanon-(1)**, *(±)-3-bromo-2-(dipentylamino)=propiophenone* $C_{19}H_{30}BrNO$, Formel XV (R = X = $[CH_2]_4$-$CH_3$).

*B.* Beim Behandeln von (±)-2.3-Dibrom-1-phenyl-propanon-(1) mit Dibutylamin in Äther (*Davis*, Am. Soc. **63** [1941] 1677).

Hydrobromid $C_{19}H_{30}BrNO \cdot HBr$. Krystalle (aus Bzl. + Hexan); F: 127,5–129°.

**(±)-2-Methylamino-1-[3-nitro-phenyl]-propanon-(1)**, *(±)-2-(methylamino)-3'-nitro=propiophenone* $C_{10}H_{12}N_2O_3$, Formel XVI.

*B.* Beim Eintragen von (±)-2-Methylamino-1-phenyl-propanon-(1)-nitrat in Salpeter=säure (*Merck*, D.R.P. 523522 [1929]; Frdl. **17** 2512; *Oberlin*, U.S.P. 1829452 [1930]) oder in ein Gemisch von Salpetersäure und Schwefelsäure (*Merck*).

Nitrat. Krystalle (aus A.); F: 160–161° [Zers.].

**3-Amino-1-phenyl-propanon-(1)**, β-Amino-propiophenon, *3-aminopropiophenone* $C_9H_{11}NO$, Formel I (R = X = H) (H 62; E I 376).

*B.* Neben Acrylophenon beim Erhitzen von Bis-[3-oxo-3-phenyl-propyl]-amin-hydro=chlorid unter Durchleiten von Wasserdampf (*Mannich, Abdullah*, B. **68** [1935] 113, 120).

Beim Aufbewahren erfolgt Umwandlung in Tris-[3-oxo-3-phenyl-propyl]-amin (*Ma.*, *Ab.*).

4-Nitro-phenylhydrazon (F: 241—243°): *Woolley, Collyer*, J. biol. Chem. **159** [1945] 263, 266.

Hydrochlorid $C_9H_{11}NO \cdot HCl$ (H 62). Krystalle (aus Acn.); F: 125° (*Ma.*, *Ab.*).

Hexachloroplatinat(IV) $2C_9H_{11}NO \cdot H_2PtCl_6$ (H 62). F: 227—228° [Zers.] (*Ma.*, *Ab.*).

Pikrat $C_9H_{11}NO \cdot C_6H_3N_3O_7$ (H 62). F: 160° [aus A.] (*Ma.*, *Ab.*).

**3-Methylamino-1-phenyl-propanon-(1)**, *3-(methylamino)propiophenone* $C_{10}H_{13}NO$, Formel I (R = $CH_3$, X = H) (E II 38).

*B.* Neben Acrylophenon beim Erhitzen von Methyl-bis-[3-oxo-3-phenyl-propyl]-amin-hydrochlorid unter Durchleiten von Wasserdampf (*Blicke, Burckhalter*, Am. Soc. **64** [1942] 451, 453).

Beim Behandeln des Hydrochlorids mit wss. Natronlauge ist eine nach *Plati, Wenner* (J. org. Chem. **14** [1949] 543) als 4-Hydroxy-1-methyl-4-phenyl-3-benzoyl-piperidin zu formulierende, ursprünglich als Methyl-bis-[3-oxo-3-phenyl-propyl]-amin angesehene Verbindung (F: 141—142°) erhalten worden (*Bl.*, *Bu.*).

Hydrochlorid $C_{10}H_{13}NO \cdot HCl$ (E II 38). Krystalle (aus Acn.); F: 140—142° (*Bl.*, *Bu.*).

**3-Dimethylamino-1-phenyl-propanon-(1)**, *3-(dimethylamino)propiophenone* $C_{11}H_{15}NO$, Formel I (R = X = $CH_3$) (E II 38).

*B.* Aus Acrylophenon beim Behandeln mit wss. Dimethylamin-Lösung (*Bodendorf, Koralewski*, Ar. **271** [1933] 101, 115). Aus Dimethyl-[3-phenyl-propin-(2)-yl]-amin beim Eintragen in wss. Schwefelsäure (*Mannich, Chang*, B. **66** [1933] 418).

$Kp_7$: 94—97° (*Snyder, Brewster*, Am. Soc. **70** [1948] 4230, 4231); $Kp_{2,5}$: 100° (*Adamson*, Soc. **1949** Spl. 144, 147); $Kp_{1-2}$: 83—87° (*Sn.*, *Br.*). $D_4^{20}$: 1,017 (*Sn.*, *Br.*). $n_D^{20}$: 1,5299 (*Sn.*, *Br.*).

Bildung von Trimethylamin und einer nach *Wilson, Kyi* (Soc. **1952** 1321, 1322) möglicherweise als 6-Phenyl-2(oder 3)-benzoyl-3.4-dihydro-2*H*-pyran zu formulierenden Verbindung $C_{18}H_{16}O_2$ (F: 172°) beim Behandeln mit Methyljodid und methanol. Kalilauge: *Jacob, Madinaveitia*, Soc. **1937** 1929. Beim Erwärmen mit Nitromethan und methanol. Kalilauge sind 4-Nitro-1.7-diphenyl-heptandion-(1.7) und 4-Nitro-4-[3-oxo-3-phenyl-propyl]-1.7-diphenyl-heptandion-(1.7), beim Erwärmen mit Nitromethan und methanol. Natriummethylat ist als Hauptprodukt 4-Nitro-1-phenyl-butanon-(1) erhalten worden (*Reichert, Posemann*, Ar. **275** [1937] 67, 75). Bildung von 1-Phenyl-cyclohexen-(1)-on-(3), 2-Oxo-4-phenyl-cyclohexen-(3)-carbonsäure-(1)-äthylester, 4-Hydroxy-2-oxo-4-phenyl-cyclohexan-carbonsäure-(1)-äthylester (F: 120° [E III **10** 4348]) und geringen Mengen eines Acrylophenon-Polymeren (F: 108°) beim Behandeln mit Acetessigsäure-äthylester (1 Mol) und Natriumäthylat in Äthanol: *Abdullah*, J. Indian chem. Soc. **12** [1935] 62, 64. Bildung von 1.3-Diphenyl-$\Delta^2$-pyrazolin beim Erwärmen des Hydrochlorids mit Phenylhydrazin und Natriumacetat in wss. Essigsäure: *Ja.*, *Ma.*

Charakterisierung als Phenylhydrazon-hydrochlorid (F: 172°): *Nisbet*, Soc. **1945** 126, 128.

Hydrochlorid (E II 38). Krystalle; F: 160° (*Ma.*, *Chang*), 156° [korr.] (*Sn.*, *Br.*), 156° [aus A.] (*Bo.*, *Ko.*).

$C_6H_5$—CO—$CH_2$—$CH_2$—N(X)(R)

I

$C_6H_5$—CO—$CH_2$—$CH_2$—N($CH_3$)—$CH_2$—$CH_2$—CH(OH)—$C_6H_5$

II

**3-Diäthylamino-1-phenyl-propanon-(1)**, *3-(diethylamino)propiophenone* $C_{13}H_{19}NO$, Formel I (R = X = $C_2H_5$).

Die Identität der E II 39 unter dieser Konstitution beschriebenen Verbindung (Pikrat: F: 164°) ist ungewiss (*Mannich*, Ar. **273** [1935] 275, 281).

*B.* Beim Erwärmen von Acetophenon mit Diäthylamin-hydrochlorid und Paraformaldehyd in Äthanol (*Blicke, Burckhalter*, Am. Soc. **64** [1942] 451, 453) in Äthanol unter Zusatz von wss. Salzsäure (*Knott*, Soc. **1947** 1190, 1193) oder in einem Gemisch von

Nitromethan, Toluol und Äthanol, unter Zusatz von wss. Salzsäure (*Young, Roberts*, Am. Soc. **68** [1946] 649, 651).

Hydrochlorid $C_{13}H_{19}NO\cdot HCl$. Krystalle; F: 114° [aus Acn.] (*Young, Ro.*), 108—110° [aus Acn. + Ae.] (*Bl., Bu.*).

Pikrat $C_{13}H_{19}NO\cdot C_6H_3N_3O_7$. Krystalle; F: 115—116° [aus A.] (*Bl., Bu.*), 114—115° [aus A.] (*Ma.*).

**3-Isopropylamino-1-phenyl-propanon-(1)**, *3-(isopropylamino)propiophenone* $C_{12}H_{17}NO$, Formel I (R = $CH(CH_3)_2$, X = H).

*B.* Beim Erwärmen von Acetophenon mit Isopropylamin-hydrochlorid und Paraform= aldehyd (*Plati, Schmidt, Wenner*, J. org. Chem. **14** [1949] 873, 875).

Hydrochlorid $C_{12}H_{17}NO\cdot HCl$. Krystalle (aus A.); F: 174—176°.

**3-Butylamino-1-phenyl-propanon-(1)**, *3-(butylamino)propiophenone* $C_{13}H_{19}NO$, Formel I (R = $[CH_2]_3$-$CH_3$, X = H).

*B.* Beim Erwärmen von Acetophenon mit Butylamin-hydrochlorid und Paraform= aldehyd in Äthanol (*Plati, Schmidt, Wenner*, J. org. Chem. **14** [1949] 873, 875).

Hydrogenoxalat $C_{13}H_{19}NO\cdot C_2H_2O_4$. Krystalle (aus A.); F: 177—179°.

**3-Diisopentylamino-1-phenyl-propanon-(1)**, *3-(diisopentylamino)propiophenone* $C_{19}H_{31}NO$, Formel I (R = X = $CH_2$-$CH_2$-$CH(CH_3)_2$).

*B.* Beim Erwärmen von Acetophenon mit Diisopentylamin-hydrochlorid und Para= formaldehyd in Äthanol (*Blicke, Maxwell*, Am. Soc. **64** [1942] 428, 430).

Hydrochlorid $C_{19}H_{31}NO\cdot HCl$. Krystalle; F: 269—270° [aus A. + E.] (*Bl., Ma.*), 91—93° [aus A. + Ae.] (*Wolff, Oneto*, Am. Soc. **78** [1956] 2615, 2617).

**3-Anilino-1-phenyl-propanon-(1)**, *3-anilinopropiophenone* $C_{15}H_{15}NO$, Formel I (R = $C_6H_5$, X = H) (H 62).

*B.* Aus Acrylophenon und Anilin (*Gresham et al.*, Am. Soc. **71** [1949] 2807). Beim Erwärmen von 2-Diazo-1-phenyl-propanon-(1) mit Anilin und Silbernitrat in wss. Äthanol (*Baddeley, Holt, Kenner*, Nature **163** [1949] 766; *Blades, Wilds*, J. org. Chem. **21** [1956] 1013, 1021).

Krystalle; F: 115,5—116,5° [korr.] (*Bl., Wi.*), 115—116° (*Gr. et al.*).

**3-Benzylamino-1-phenyl-propanon-(1)**, *3-(benzylamino)propiophenone* $C_{16}H_{17}NO$, Formel I (R = $CH_2$-$C_6H_5$, X = H).

*B.* Neben 4-Hydroxy-4-phenyl-1-benzyl-3-benzoyl-piperidin (F: 116°) beim Erwärmen von Acetophenon mit Benzylamin-hydrochlorid und wss. Formaldehyd (*Mannich, Hieronimus*, B. **75** [1942] 49, 51, 61).

Krystalle (aus PAe.); F: 67° (*Ma., Hi.*).

Hydrochlorid $C_{16}H_{17}NO\cdot HCl$. Krystalle (aus A.); F: 163° (*Ma., Hi.*).

Hydrogenoxalat $C_{16}H_{17}NO\cdot C_2H_2O_4$. Krystalle (aus A.); F: 194—195° (*Plati, Schmidt, Wenner*, J. org. Chem. **14** [1949] 873, 875).

**(±)-Methyl-[3-hydroxy-3-phenyl-propyl]-[3-oxo-3-phenyl-propyl]-amin, (±)-3-[Methyl-(3-hydroxy-3-phenyl-propyl)-amino]-1-phenyl-propanon-(1)**, *(±)-3-[(3-hydroxy-3-phenyl= propyl)methylamino]propiophenone* $C_{19}H_{23}NO_2$, Formel II.

*B.* Aus (±)-3-Methylamino-1-phenyl-propanol-(1) und 3-Chlor-1-phenyl-propanon-(1) (*Külz, Rosenmund*, D.R.P. 612496 [1933]; Frdl. **21** 679).

Hydrochlorid. F: 153°.

**Bis-[3-oxo-3-phenyl-propyl]-amin**, *3,3''-iminodipropiophenone* $C_{18}H_{19}NO_2$, Formel III (R = H) (H 62; dort als Bis-[β-benzoyl-äthyl]-amin bezeichnet).

*B.* Neben Acrylophenon beim Erhitzen von Tris-[3-oxo-3-phenyl-propyl]-amin-hydrochlorid oder von opt.-inakt. 4-Hydroxy-1-[3-oxo-3-phenyl-propyl]-4-phenyl-3-benz= oyl-piperidin-hydrochlorid (F: 199—200°) unter Durchleiten von Wasserdampf (*Mannich, Abdullah*, B. **68** [1935] 113, 119).

Beim Aufbewahren erfolgt Umwandlung in Tris-[3-oxo-3-phenyl-propyl]-amin. Beim Erhitzen des Hydrochlorids unter Durchleiten von Wasserdampf sind 3-Amino-1-phenyl-propanon-(1) und Acrylophenon erhalten worden (*Ma., Ab.*, l. c. S. 120).

Hydrochlorid $C_{18}H_{19}NO_2\cdot HCl$. Krystalle (aus A.); F: 175°.

Tetrachloroaurat(III). Krystalle (aus A.); F: 120°.

Hexachloroplatinat(IV) (vgl. H 62). Krystalle (aus A.); F: 194—195°.

**Methyl-bis-[3-oxo-3-phenyl-propyl]-amin,** *3,3''-(methylimino)dipropiophenone* $C_{19}H_{21}NO_2$, Formel III (R = $CH_3$).

Das Hydrochlorid dieser Base hat auch in dem E II **21** 433 als 4-Hydroxy-1-methyl-4-phenyl-3-benzoyl-piperidin-hydrochlorid beschriebenen Präparat vom F: 162° vorgelegen (*Plati, Wenner*, J. org. Chem. **14** [1949] 543).

*B.* Neben 4-Hydroxy-1-[3-oxo-3-phenyl-propyl]-4-phenyl-3-benzoyl-piperidin-hydrochlorid (F: 200—201°) beim Erwärmen von Acetophenon mit einer wss. Lösung von Formaldehyd und Ammoniumchlorid (*Zigeuner*, M. **80** [1949] 801, 802, 810; s.a. *van Marle, Tollens*, B. **36** [1903] 1351; *Schäfer, Tollens*, B. **39** [1906] 2181). Beim Erwärmen von Acetophenon mit Methylamin-hydrochlorid und Paraformaldehyd ohne Lösungsmittel (*Plati, We.*, l. c. S. 547) oder in Äthanol (*Warnat*, Barell-Festschr. [Basel 1936] S. 255, 261; *Blicke, Burckhalter*, Am. Soc. **64** [1942] 451, 453; vgl. E II **21** 433). Aus 3-Methylamino-1-phenyl-propanon-(1) und 3-Chlor-1-phenyl-propanon-(1) (*Külz, Rosenmund*, D.R.P. 612496 [1933]; Frdl. **21** 679).

Überführung in 4-Hydroxy-1-methyl-4-phenyl-3-benzoyl-piperidin (F: 138—140°) durch Behandlung des Hydrochlorids mit wss. Natronlauge: *Plati, We.* Beim Erhitzen des Hydrochlorids unter Durchleiten von Wasserdampf sind Acrylophenon und 3-Methylamino-1-phenyl-propanon-(1)-hydrochlorid erhalten worden (*Blicke, Burckhalter*, Am. Soc. **64** [1942] 451, 453; s. a. E II **21** 433).

Hydrochlorid $C_{19}H_{21}NO_2 \cdot HCl$. Krystalle; F: 169° (*Wa.*), 166—169° [aus A.] (*Plati, We.*), 161—162° [aus W.] (*Bl., Bu.*).

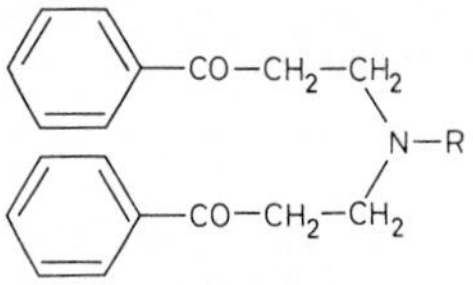

III 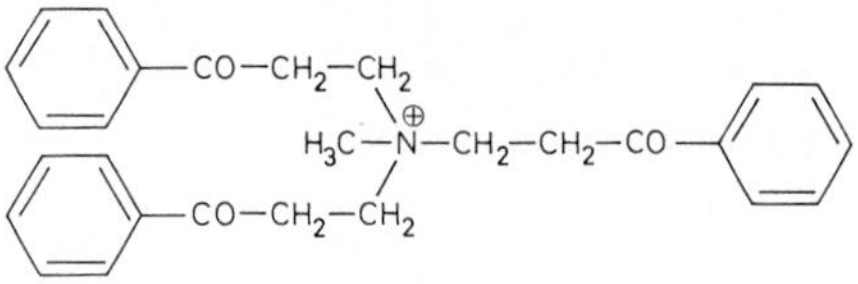 IV

**Äthyl-bis-[3-oxo-3-phenyl-propyl]-amin,** *3,3''-(ethylimino)dipropiophenone* $C_{20}H_{23}NO_2$, Formel III (R = $C_2H_5$).

*B.* Beim Erwärmen von Acetophenon mit Paraformaldehyd und Äthylamin-hydrochlorid (*Plati, Schmidt, Wenner*, J. org. Chem. **14** [1949] 873, 876).

Hydrochlorid $C_{20}H_{23}NO_2 \cdot HCl$. Krystalle (aus A.); F: 138—139°.

**Butyl-bis-[3-oxo-3-phenyl-propyl]-amin,** *3,3''-(butylimino)dipropiophenone* $C_{22}H_{27}NO_2$, Formel III (R = $[CH_2]_3$-$CH_3$).

*B.* Beim Erwärmen von Acetophenon mit Butylamin-hydrochlorid und Paraformaldehyd (*Plati, Schmidt, Wenner*, J. org. Chem. **14** [1949] 873, 876).

Hydrochlorid $C_{22}H_{27}NO_2 \cdot HCl$. Krystalle (aus E.) mit 0,5 Mol $H_2O$; F: 77—80°.

**Tris-[3-oxo-3-phenyl-propyl]-amin,** *3,3'',3''''-nitrilotripropiophenone* $C_{27}H_{27}NO_3$, Formel III (R = $CH_2$-$CH_2$-CO-$C_6H_5$).

Die H 62 unter dieser Konstitution beschriebene, dort als Tris-[β-benzoyl-äthyl]-amin bezeichnete Verbindung (F: 147°; Hydrochlorid, F: 200—201°) ist als 4-Hydroxy-1-[3-oxo-3-phenyl-propyl]-4-phenyl-3-benzoyl-piperidin zu formulieren (*Mannich, Abdullah*, B. **68** [1935] 113, 114).

*B.* Neben 4-Hydroxy-1-[3-oxo-3-phenyl-propyl]-4-phenyl-3-benzoyl-piperidin-hydrochlorid (F: 199—200°) beim Erwärmen von Acetophenon mit einer wss. Lösung von Formaldehyd und Ammoniumchlorid (*Ma., Ab.*, l. c. S. 116). Aus 3-Amino-1-phenyl-propanon-(1) beim Aufbewahren (*Ma., Ab.*, l. c. S. 120).

Krystalle (aus E.); F: 67° (*Ma., Ab.*, l. c. S. 116).

Überführung in 4-Hydroxy-1-[3-oxo-3-phenyl-propyl]-4-phenyl-3-benzoyl-piperidin (F: 150°) durch Erwärmen in Äthanol: *Ma., Ab.*, l. c. S. 116. Beim Erhitzen des Hydrochlorids unter Durchleiten von Wasserdampf sind Bis-[3-oxo-3-phenyl-propyl]-amin-hydrochlorid und Acrylophenon erhalten worden (*Ma., Ab.*, l. c. S. 119).

Hydrochlorid $C_{27}H_{27}NO_3 \cdot HCl$. Krystalle (aus wss. A.) mit 1 Mol $H_2O$; das wasserfreie Salz schmilzt bei 145° (*Ma., Ab.*, l. c. S. 116).

Tetrachloroaurat(III). Gelbe Krystalle; F: 168°.

Pikrat. Krystalle; F: 140—142°.

**Methyl-tris-[3-oxo-3-phenyl-propyl]-ammonium**, *methyltris(3-oxo-3-phenylpropyl)ammonium* $[C_{28}H_{30}NO_3]^{\oplus}$, Formel IV.

**Jodid** $[C_{28}H_{30}NO_3]I$. Eine Verbindung (Krystalle [aus Me.], F: 147–148°), für die neben dieser Konstitution auch die Formulierung als 4-Hydroxy-1-methyl-1-[3-oxo-3-pheny-propyl]-4-phenyl-3-benzoyl-piperidinium-jodid ($[C_{28}H_{30}NO_3]I$; Formel V) in Betracht kommt, ist aus Tris-[3-oxo-3-phenyl-propyl]-amin sowie aus opt.-inakt. 4-Hydroxy-1-[3-oxo-3-phenyl-propyl-4-phenyl-3-benzoyl-piperidin (F: 150°) erhalten worden (*Mannich, Abdullah*, B. **68** [1935] 113, 116, 117).

***N.N*-Bis-[3-oxo-3-phenyl-propyl]-acetamid**, N,N-*bis(3-oxo-3-phenylpropyl)acetamide* $C_{20}H_{21}NO_3$, Formel VI (X = O).

*B.* Beim Erwärmen von Bis-[3-oxo-3-phenyl-propyl]-amin-hydrochlorid mit Acetanhydrid und Natriumacetat (*Mannich, Abdullah*, B. **68** [1935] 113, 119). Neben 3-Acetoxy-1-phenyl-propanon-(1) beim Erwärmen von Tris-[3-oxo-3-phenyl-propyl]-amin mit Acetanhydrid (*Ma., Ab.*, l. c. S. 117).

Krystalle (aus E.); F: 110°.

Charakterisierung als Dioxim s. u.; als Disemicarbazon $C_{22}H_{27}N_7O_3$ (*N.N*-Bis-[3-semicarbazono-3-phenyl-propyl]-acetamid; Krystalle [aus A.], F: 210–212°) und als Bis-[4-nitro-phenylhydrazon] (F: 207–208°): *Ma., Ab.*, l. c. S. 118.

***N.N*-Bis-[3-hydroxyimino-3-phenyl-propyl]-acetamid**, N,N-*bis[3-(hydroxyimino)-3-phenylpropyl]acetamide* $C_{20}H_{23}N_3O_3$, Formel VI (X = NOH).

*B.* Aus *N.N*-Bis-[3-oxo-3-phenyl-propyl]-acetamid (*Mannich, Abdullah*, B. **68** [1935] 113, 118). Aus opt.-inakt. 4-Hydroxy-4-phenyl-1-acetyl-3-benzoyl-piperidin (F: 160°) und Hydroxylamin (*Ma., Ab.*).

Krystalle (aus wss. Dioxan); F: 210°.

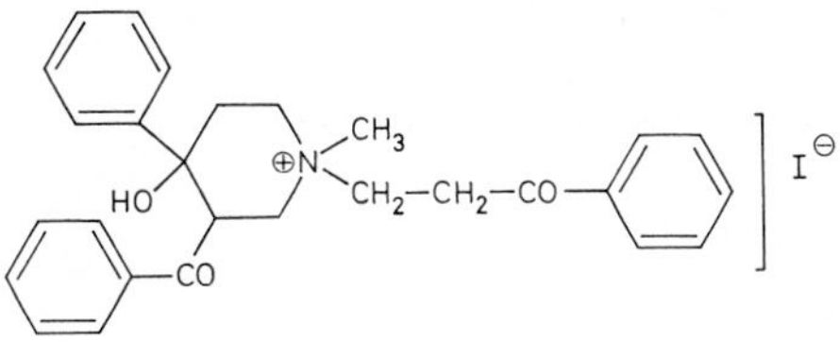

V 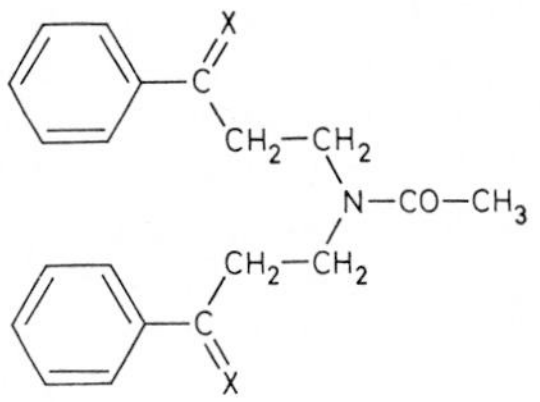 VI

**3-Hexanoylamino-1-phenyl-propanon-(1)**, ***N*-[3-Oxo-3-phenyl-propyl]-hexanamid**, N-*(3-oxo-3-phenylpropyl)hexanamide* $C_{15}H_{21}NO_2$, Formel I (R = CO-$[CH_2]_4$-$CH_3$, X = H) auf S. 154.

*B.* Beim Behandeln von 3-Amino-1-phenyl-propanon-(1)-hydrochlorid mit Hexanoylchlorid und wss. Natronlauge (*Lutz et al.*, J. org. Chem. **12** [1947] 96, 102).

Krystalle (aus Bzl. + Bzn.); F: 65–66°.

***N.N*-Bis-[3-oxo-3-phenyl-propyl]-benzamid**, N,N-*bis(3-oxo-3-phenylpropyl)benzamide* $C_{25}H_{23}NO_3$, Formel III (R = CO-$C_6H_5$).

*B.* Beim Behandeln einer Lösung von Bis-[3-oxo-3-phenyl-propyl]-amin in Äther mit Benzoylchlorid und wss. Natriumcarbonat-Lösung (*Mannich, Abdullah*, B. **68** [1935] 113, 119).

F: 105–106° [aus Me.].

***N*-[3-Oxo-3-phenyl-propyl]-*N*-benzyl-harnstoff**, *1-benzyl-1-(3-oxo-3-phenylpropyl)urea* $C_{17}H_{18}N_2O_2$, Formel VII.

*B.* Beim Behandeln von 3-Benzylamino-1-phenyl-propanon-(1)-hydrochlorid mit Kaliumcyanat in Wasser (*Mannich, Hieronimus*, B. **75** [1942] 49, 61).

Krystalle (aus Isopropylalkohol); F: 131°.

***N.N*-Bis-[3-oxo-3-phenyl-propyl]-harnstoff**, *1,1-bis(3-oxo-3-phenylpropyl)urea* $C_{19}H_{20}N_2O_3$, Formel III (R = CO-$NH_2$).

*B.* Neben Tris-[3-oxo-3-phenyl-propyl]-amin beim Behandeln von Bis-[3-oxo-3-phenyl-propyl]-amin-hydrochlorid mit Kaliumcyanat in Wasser (*Mannich, Abdullah*, B. **68** [1935] 113, 120).

Krystalle (aus Me.); F: 187° [Zers.].

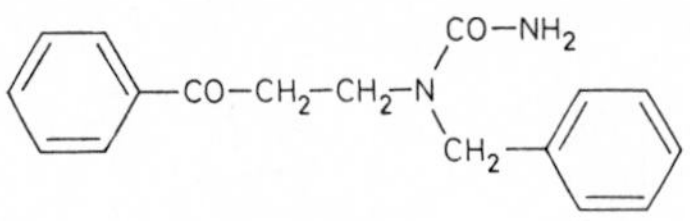

VII 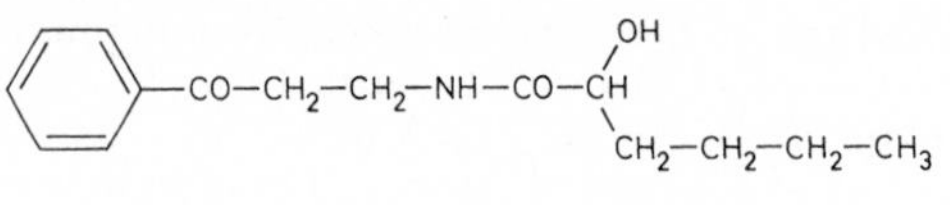 VIII

**(±)-3-[2-Hydroxy-hexanoylamino]-1-phenyl-propanon-(1), (±)-2-Hydroxy-*N*-[3-oxo-3-phenyl-propyl]-hexanamid,** *(±)-2-hydroxy-*N*-(3-oxo-3-phenylpropyl)hexanamide* $C_{15}H_{21}NO_3$, Formel VIII.

*B.* Beim Behandeln von 3-Amino-1-phenyl-propanon-(1)-hydrochlorid mit (±)-2-Acet=oxy-hexanoylchlorid (aus (±)-2-Hydroxy-hexansäure-(1) durch Erhitzen mit Acetyl=chlorid und anschliessend mit Thionylchlorid hergestellt) und wss. Natronlauge und Behandeln des erhaltenen 3-[2-Acetoxy-hexanoylamino]-1-phenyl-propan=ons-(1) ($C_{17}H_{23}NO_4$; F: 58—64°) mit äthanol. Natronlauge (*Lutz et al.*, J. org. Chem. **12** [1947] 96, 102).

Krystalle (aus Bzl.); F: 118—119° [korr.].

Semicarbazon $C_{16}H_{24}N_4O_3$. Krystalle (aus wss. A.); F: 159—160°.

**3-[2.4-Dihydroxy-3.3-dimethyl-butyrylamino]-1-phenyl-propanon-(1), 2.4-Dihydroxy-3.3-dimethyl-*N*-[3-oxo-3-phenyl-propyl]-butyramid,** *2,4-dihydroxy-3,3-dimethyl-*N*-(3-oxo-3-phenylpropyl)butyramide* $C_{15}H_{21}NO_4$.

a) **(*R*)-2.4-Dihydroxy-3.3-dimethyl-*N*-[3-oxo-3-phenyl-propyl]-butyramid, *N*-[3-Oxo-3-phenyl-propyl]-D-pantamid,** Formel IX (X = H).

*B.* Beim Erwärmen von 3-Amino-1-phenyl-propanon-(1) mit D-Pantolacton [(*R*)-2.4-Di=hydroxy-3.3-dimethyl-buttersäure-4-lacton] (*Lutz et al.*, J. org. Chem. **12** [1947] 96, 102; s. a. *Woolley, Collyer*, J. biol. Chem. **159** [1945] 263, 265).

Krystalle (aus A.); F: 126° (*Woo., Co.*). $[\alpha]_D^{20}$: +37,1° [A.; c = 1] (*Lutz et al.*).

4-Nitro-phenylhydrazon (F: 118°): *Woo., Co.*

b) **(*S*)-2.4-Dihydroxy-3.3-dimethyl-*N*-[3-oxo-3-phenyl-propyl]-butyramid, *N*-[3-Oxo-3-phenyl-propyl]-L-pantamid,** Formel X.

*B.* Beim Erwärmen von 3-Amino-1-phenyl-propanon-(1) mit L-Pantolacton [(*S*)-2.4-Di=hydroxy-3.3-dimethyl-buttersäure-4-lacton] (*Lutz et al.*, J. org. Chem. **12** [1947] 96, 101).

$[\alpha]_D^{20}$: —33,4° [A.; c = 3].

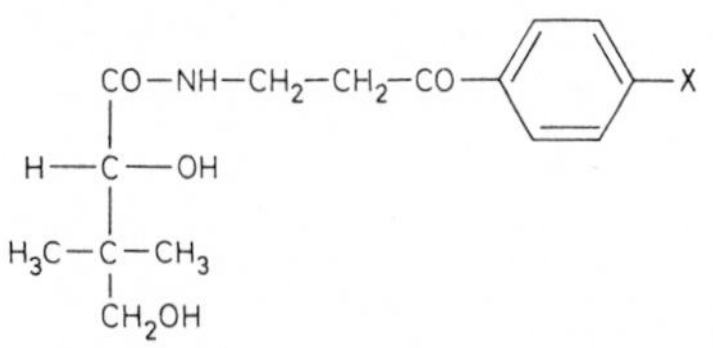

IX 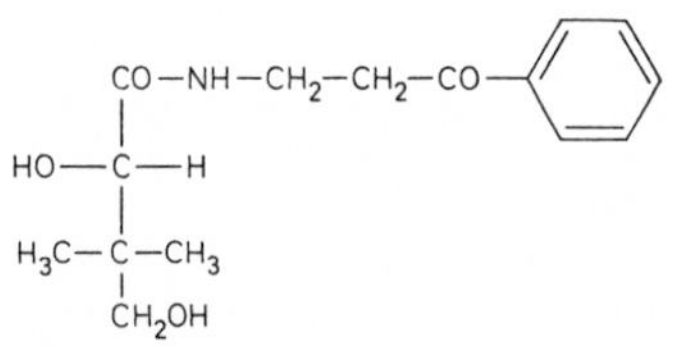 X

**Nitroso-bis-[3-oxo-3-phenyl-propyl]-amin,** *3,3''-(nitrosoimino)dipropiophenone* $C_{18}H_{18}N_2O_3$, Formel I.

*B.* Beim Behandeln von Bis-[3-oxo-3-phenyl-propyl]-amin-hydrochlorid mit Natrium=nitrit in Wasser (*Mannich, Abdullah*, B. **68** [1935] 113, 120).

Krystalle (aus Acn.); F: 114—115° [Zers.].

**3-Amino-1-[4-chlor-phenyl]-propanon-(1),** 4-Chlor-$\beta$-amino-propiophenon, *3-amino-4'-chloropropiophenone* $C_9H_{10}ClNO$, Formel II (R = H, X = Cl).

*B.* Aus 3-Phthalimido-1-[4-chlor-phenyl]-propanon-(1) beim Erhitzen mit wss. Salz=säure und Essigsäure (*Lutz et al.*, J. org. Chem. **12** [1947] 96, 105).

Hydrochlorid $C_9H_{10}ClNO \cdot HCl$. Krystalle (aus A.); F: 219° [korr.].

**3-Dimethylamino-1-[4-chlor-phenyl]-propanon-(1),** *4'-chloro-3-(dimethylamino)propio=phenone* $C_{11}H_{14}ClNO$, Formel II (R = $CH_3$, X = Cl).

*B.* Beim Erwärmen von 1-[4-Chlor-phenyl]-äthanon-(1) mit Paraformaldehyd und Dimethylamin-hydrochlorid in Äthanol (*Dhont, Wibaut*, R. **63** [1944] 81, 84).

F: 58°. $Kp_{10}$: 132—134°.

Beim Erhitzen unter Durchleiten von Wasserdampf erfolgt Umwandlung in 1-[4-Chlor-

phenyl]-propen-(2)-on-(1) (*Dh.*, *Wi.*). Beim Erhitzen des Hydrochlorids mit Kalium=cyanid in Wasser sind 4-Oxo-4-[4-chlor-phenyl]-butyronitril und eine Verbindung $C_{19}H_{15}Cl_2NO_2$ (F: 115°) erhalten worden (*Knott*, Soc. **1947** 1190, 1193).
Hydrochlorid $C_{11}H_{14}ClNO \cdot HCl$. Krystalle (aus Acn.); F: 117° (*Dh.*, *Wi.*).

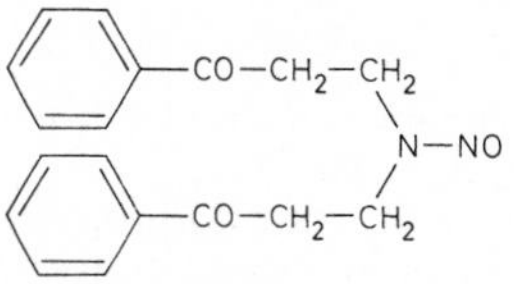

I 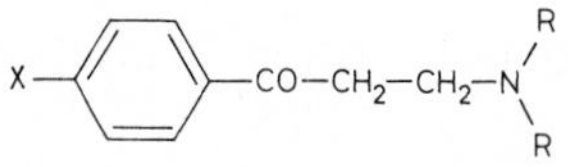 II

**3-Dipentylamino-1-[4-chlor-phenyl]-propanon-(1)**, *4'-chloro-3-(dipentylamino)propio=phenone* $C_{19}H_{30}ClNO$, Formel II (R = $[CH_2]_4$-$CH_3$, X = Cl).
*B.* Beim Erwärmen von 1-[4-Chlor-phenyl]-äthanon-(1) mit Dipentylamin-hydro=bromid und Paraformaldehyd in Chlorwasserstoff enthaltendem Äthanol (*Lutz et al.*, J. org. Chem. **12** [1947] 617, 627, 661).
Hydrochlorid $C_{19}H_{30}ClNO \cdot HCl$. Krystalle (aus Acn. + Ae.); F: 100—103° [korr.].

**3-[Methyl-benzyl-amino]-1-[4-chlor-phenyl]-propanon-(1)**, *3-(benzylmethylamino)-4'-chloropropiophenone* $C_{17}H_{18}ClNO$, Formel III.
*B.* Beim Erwärmen von 1-[4-Chlor-phenyl]-äthanon-(1) mit Methyl-benzyl-amin-hydrobromid und Paraformaldehyd in Chlorwasserstoff enthaltendem Äthanol (*Lutz et al.*, J. org. Chem. **12** [1947] 617, 627, 661).
Hydrochlorid $C_{17}H_{18}ClNO \cdot HCl$. Krystalle (aus A.); F: 170—172° [korr.].

**Methyl-bis-[3-oxo-3-(4-chlor-phenyl)-propyl]-amin**, *4',4'''-dichloro-3,3''-(methylimino)=dipropiophenone* $C_{19}H_{19}Cl_2NO_2$, Formel IV (R = $CH_3$).
*B.* Beim Erwärmen von 1-[4-Chlor-phenyl]-äthanon-(1) mit Paraformaldehyd und Methylamin-hydrochlorid (*Plati*, *Schmidt*, *Wenner*, J. org. Chem. **14** [1949] 873, 876).
Hydrochlorid $C_{19}H_{19}Cl_2NO_2 \cdot HCl$. Krystalle (aus A.); F: 160—162° [nicht rein erhaltenes Präparat].

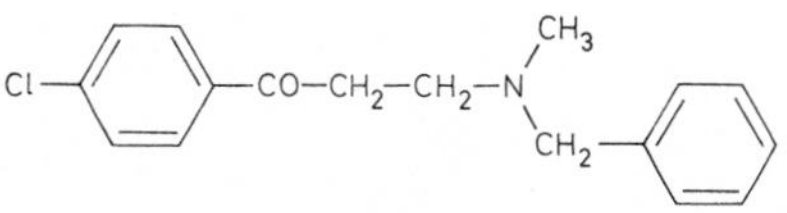

III 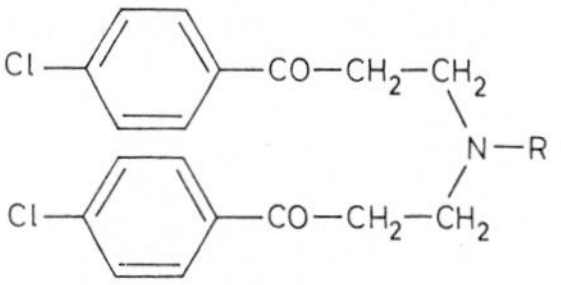 IV

**Tris-[3-oxo-3-(4-chlor-phenyl)-propyl]-amin**, *4',4''',4'''''-trichloro-4,4'',4''''-nitrilo=tripropiophenone* $C_{27}H_{24}Cl_3NO_3$, Formel IV (R = $CH_2$-$CH_2$-CO-$C_6H_4$-Cl).
Für die nachstehend beschriebene opt.-inakt. Verbindung ist auf Grund ihrer Bildungsweise auch die Formulierung als 4-Hydroxy-1-[3-oxo-3-(4-chlor-phenyl)-propyl]-4-[4-chlor-phenyl]-3-[4-chlor-benzoyl]-piperidin ($C_{27}H_{24}Cl_3NO_3$) in Betracht zu ziehen (vgl. diesbezüglich *Mannich*, *Abdullah*, B. **68** [1935] 113, 120).
*B.* Aus 3-Amino-1-[4-chlor-phenyl]-propanon-(1) beim Erwärmen (*Lutz et al.*, J. org. Chem. **12** [1947] 96, 105).
Krystalle (aus A.); F: 154—155° [korr.].

**3-[2.4-Dihydroxy-3.3-dimethyl-butyrylamino]-1-[4-chlor-phenyl]-propanon-(1), 2.4-Dihydroxy-3.3-dimethyl-*N*-[3-oxo-3-(4-chlor-phenyl)-propyl]-butyramid,** N-[*3-(*p*-chlorophenyl)-3-oxopropyl*]*-2,4-dihydroxy-3,3-dimethylbutyramide* $C_{15}H_{20}ClNO_4$.

**(*R*)-2.4-Dihydroxy-3.3-dimethyl-*N*-[3-oxo-3-(4-chlor-phenyl)-propyl]-butyramid, *N*-[3-Oxo-3-(4-chlor-phenyl)-propyl]-D-pantamid**, Formel IX (X = Cl).
Neben einer als Tris-[3-oxo-3-(4-chlor-phenyl)-propyl]-amin angesehenen Verbindung (s. o.) beim Erwärmen von 3-Amino-1-[4-chlor-phenyl]-propanon-(1) mit D-Pantolacton [(*R*)-2.4-Dihydroxy-3.3-dimethyl-buttersäure-4-lacton] (*Lutz et al.*, J. org. Chem. **12** [1947] 96, 105).
Orangefarbenes Öl. $[\alpha]_D^{20}$: +25,7° [A.; c = 3].

**3-Dimethylamino-1-[4-brom-phenyl]-propanon-(1)**, *4'-bromo-3-(dimethylamino)propiophenone* $C_{11}H_{14}BrNO$, Formel II ($R = CH_3$, $X = Br$).

*B.* Beim Erwärmen von 1-[4-Brom-phenyl]-äthanon-(1) mit Dimethylamin-hydrochlorid und Paraformaldehyd in Äthanol unter Zusatz von wss. Salzsäure (*Knott*, Soc. **1947** 1190, 1193).

Hydrochlorid $C_{11}H_{14}BrNO \cdot HCl$. Krystalle (aus A.); F: 196° [unkorr.].

**3-Dipropylamino-1-[4-brom-phenyl]-propanon-(1)**, *4'-bromo-3-(dipropylamino)propiophenone* $C_{15}H_{22}BrNO$, Formel II ($R = CH_2\text{-}CH_2\text{-}CH_3$, $X = Br$).

*B.* Beim Erwärmen von 1-[4-Brom-phenyl]-äthanon-(1) mit Dipropylamin-hydrochlorid und Paraformaldehyd in Äthanol (oder Dioxan) unter Zusatz von wss. Salzsäure (*Lutz et al.*, J. org. Chem. **12** [1947] 617, 631, 663).

Hydrochlorid $C_{15}H_{22}BrNO \cdot HCl$. Krystalle (aus Isopropylalkohol + Ae.); F: 128° bis 130° [korr.].

**3-Dibutylamino-1-[4-brom-phenyl]-propanon-(1)**, *4'-bromo-3-(dibutylamino)propiophenone* $C_{17}H_{26}BrNO$, Formel II ($R = [CH_2]_3\text{-}CH_3$, $X = Br$).

*B.* Beim Erwärmen von 1-[4-Brom-phenyl]-äthanon-(1) mit Dibutylamin und Paraformaldehyd in Äthanol unter Zusatz von wss. Salzsäure (*Lutz et al.*, J. org. Chem. **12** [1947] 617, 631, 663).

Hydrochlorid $C_{17}H_{26}BrNO \cdot HCl$. Krystalle (aus Isopropylalkohol + Ae.); F: 133° bis 135° [korr.].

**3-Dimethylamino-1-[2-nitro-phenyl]-propanon-(1)**, *3-(dimethylamino)-2'-nitropropiophenone* $C_{11}H_{14}N_2O_3$, Formel V ($R = CH_3$).

*B.* Beim Erhitzen von 1-[2-Nitro-phenyl]-äthanon-(1) mit Dimethylamin-hydrochlorid und Paraformaldehyd in Essigsäure (*Mannich, Dannehl*, Ar. **276** [1938] 206, 209).

Hydrochlorid $C_{11}H_{14}N_2O_3 \cdot HCl$. Rötliche Krystalle (aus A.); F: 180° [Zers.].

**3-Diäthylamino-1-[2-nitro-phenyl]-propanon-(1)**, *3-(diethylamino)-2'-nitropropiophenone* $C_{13}H_{18}N_2O_3$, Formel V ($R = C_2H_5$).

*B.* Beim Erhitzen von 1-[2-Nitro-phenyl]-äthanon-(1) mit Diäthylamin-hydrochlorid und Paraformaldehyd in Essigsäure (*Mannich, Dannehl*, Ar. **276** [1938] 206, 209).

Hydrochlorid $C_{13}H_{18}N_2O_3 \cdot HCl$. Krystalle (aus Acn.); F: 146—147°.

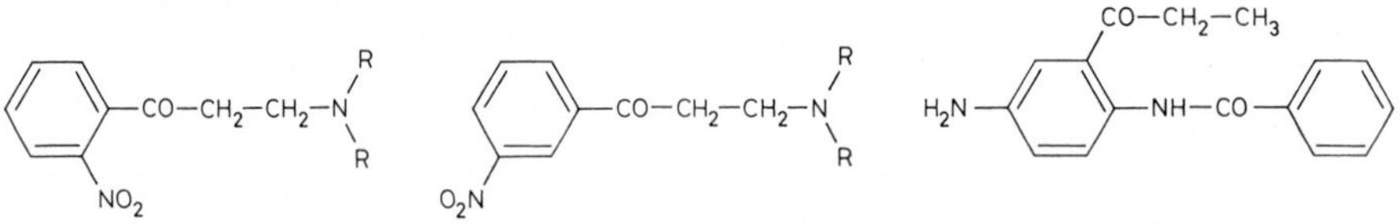

V VI VII

**3-Dimethylamino-1-[3-nitro-phenyl]-propanon-(1)**, *3-(dimethylamino)-3'-nitropropiophenone* $C_{11}H_{14}N_2O_3$, Formel VI ($R = CH_3$).

*B.* Beim Erhitzen von 1-[3-Nitro-phenyl]-äthanon-(1) mit Dimethylamin-hydrochlorid und Paraformaldehyd in Essigsäure (*Mannich, Danneh*l, Ar. **276** [1938] 206, 208).

Charakterisierung als Phenylhydrazon (F: 76°): *Ma., Da.*

Hydrochlorid $C_{11}H_{14}N_2O_3 \cdot HCl$. Krystalle; F: 209° [Zers.].

**3-Diäthylamino-1-[3-nitro-phenyl]-propanon-(1)**, *3-(diethylamino)-3'-nitropropiophenone* $C_{13}H_{18}N_2O_3$, Formel VI ($R = C_2H_5$).

*B.* Beim Erhitzen von 1-[3-Nitro-phenyl]-äthanon-(1) mit Diäthylamin-hydrochlorid und Paraformaldehyd in Essigsäure (*Mannich, Dannehl*, Ar. **276** [1938] 206, 209).

Hydrochlorid $C_{13}H_{18}N_2O_3 \cdot HCl$. Krystalle (aus Acn.); F: 122°.

**1-[2.5-Diamino-phenyl]-propanon-(1)**, 2.5-Diamino-propiophenon $C_9H_{12}N_2O$.

**1-[5-Amino-2-benzamino-phenyl]-propanon-(1), Benzoesäure-[4-amino-2-propionyl-anilid]**, *4'-amino-2'-propionylbenzanilide* $C_{16}H_{16}N_2O_2$, Formel VII.

*B.* Beim Erwärmen von 1-[5-Nitro-2-benzamino-phenyl]-propanon-(1) mit Eisen und wss. Essigsäure (*Keneford, Simpson*, Soc. **1948** 354, 357).

Krystalle (aus Bzl.); F: 178,5—179,5°.

**(±)-2-Amino-1-[4-amino-phenyl]-propanon-(1),** (±)-4.α-Diamino-propiophenon, (±)-*2,4'-diaminopropiophenone* $C_9H_{12}N_2O$, Formel VIII (R = H).

Ein als Dihydrochlorid $C_9H_{12}N_2O \cdot 2HCl$ (unterhalb 300° nicht schmelzend) isoliertes Amin, dem vermutlich diese Konstitution zukommt, ist bei der Hydrierung von 2-Hydroxyimino-1-[4-nitro-phenyl]-propanon-(1) an Palladium in Chlorwasserstoff enthaltendem Äthanol erhalten worden (*Hartung, Foster,* J. Am. pharm. Assoc. **35** [1946] 15, 17).

**(±)-2-Amino-1-[4-acetamino-phenyl]-propanon-(1), Essigsäure-[4-DL-alanyl-anilid],** *4'-DL-alanylacetanilide* $C_{11}H_{14}N_2O_2$, Formel VIII (R = CO-$CH_3$).

*B.* Bei der Hydrierung von 2-Hydroxyimino-1-[4-acetamino-phenyl]-propanon-(1) in Chlorwasserstoff enthaltendem Äthanol bei 15 at (*Hartung, Foster,* J. Am. pharm. Assoc. **35** [1946] 15, 17).

Hydrochlorid $C_{11}H_{14}N_2O_2 \cdot HCl$. F: 257—258° [Zers.].

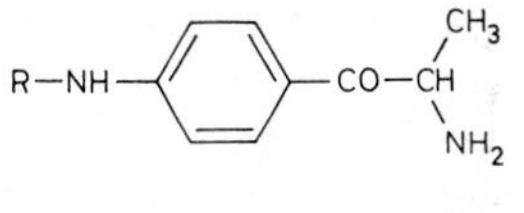

VIII 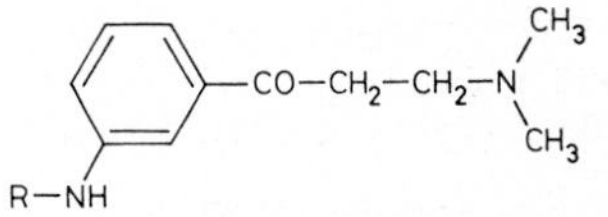 IX 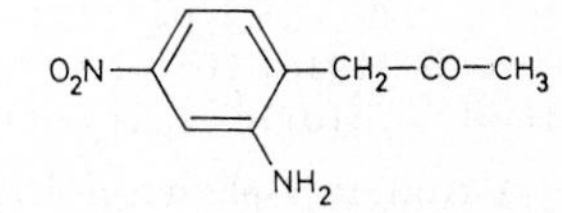 X

**3-Amino-1-[3-amino-phenyl]-propanon-(1),** 4.β-Diamino-propiophenon $C_9H_{12}N_2O$.

**3-Dimethylamino-1-[3-amino-phenyl]-propanon-(1),** *3'-amino-3-(dimethylamino)propiophenone* $C_{11}H_{16}N_2O$, Formel IX (R = H).

*B.* Beim Erhitzen von 3-Dimethylamino-1-[3-benzamino-phenyl]-propanon-(1)-hydrochlorid mit wss. Salzsäure (*Mannich, Dannehl,* Ar. **276** [1938] 206, 210).

Dihydrochlorid $C_{11}H_{16}N_2O \cdot 2HCl$. Krystalle (aus A.); Zers. oberhalb 180°.

**3-Dimethylamino-1-[3-acetamino-phenyl]-propanon-(1), Essigsäure-[3-(*N.N*-dimethyl-β-alanyl)-anilid],** *3'-(N,N-dimethyl-β-alanyl)acetanilide* $C_{13}H_{18}N_2O_2$, Formel IX (R = CO-$CH_3$).

*B.* Beim Erwärmen von 1-[3-Acetamino-phenyl]-äthanon-(1) mit Dimethylamin-hydrochlorid und wss. Formaldehyd unter Zusatz von wss. Salzsäure (*Mannich, Dannehl,* Ar. **276** [1938] 206, 209).

Hydrochlorid $C_{13}H_{18}N_2O_2 \cdot HCl$. Krystalle (aus A.); F: 194,5°.

**3-Dimethylamino-1-[3-benzamino-phenyl]-propanon-(1), Benzoesäure-[3-(*N.N*-dimethyl-β-alanyl)-anilid],** *3'-(N,N-dimethyl-β-alanyl)benzanilide* $C_{18}H_{20}N_2O_2$, Formel IX (R = CO-$C_6H_5$).

*B.* Beim Erhitzen von 1-[3-Benzamino-phenyl]-äthanon-(1) (nicht näher beschrieben) mit Dimethylamin-hydrochlorid und wss. Formaldehyd unter Zusatz von wss. Salzsäure (*Mannich, Dannehl,* Ar. **276** [1938] 206, 210).

Hydrochlorid $C_{18}H_{20}N_2O_2 \cdot HCl$. Krystalle (aus A.); F: 178°.

**[2-Amino-phenyl]-aceton** $C_9H_{11}NO$.

**[4-Nitro-2-amino-phenyl]-aceton,** *1-(2-amino-4-nitrophenyl)propan-2-one* $C_9H_{10}N_2O_3$, Formel X.

Eine Verbindung (orangefarbene Krystalle [aus wss. Salzsäure]; F: 161—162° [Zers.]), der wahrscheinlich diese Konstitution zukommt, ist beim Behandeln von [2.4-Dinitro-phenyl]-aceton mit Zinn(II)-chlorid, wss. Salzsäure und Äthanol erhalten worden (*Morley, Simpson, Stephenson,* Soc. **1948** 1717).

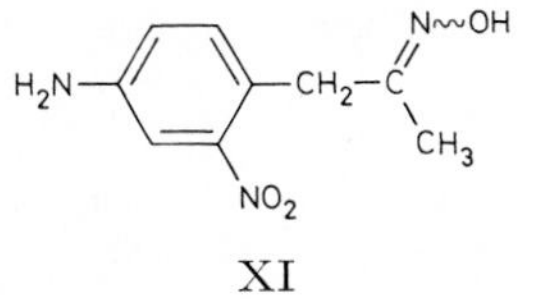

XI 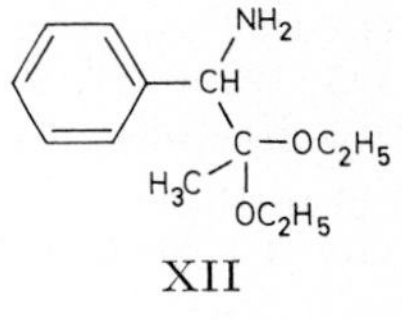 XII 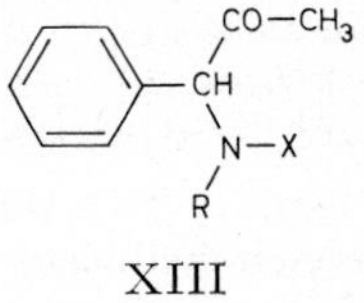 XIII

**[4-Amino-phenyl]-aceton** $C_9H_{11}NO$.

**[2-Nitro-4-amino-phenyl]-aceton-oxim,** *1-(4-amino-2-nitrophenyl)propan-2-one oxime* $C_9H_{11}N_3O_3$, Formel XI.

Eine Verbindung (gelbe Krystalle [aus Me.]; F: 205°), der wahrscheinlich diese Konstitution zukommt, ist beim Erwärmen von [2.4-Dinitro-phenyl]-aceton-oxim mit Natriumdithionit in wss. Äthanol erhalten worden (*Morley, Simpson, Stephenson*, Soc. **1948** 1717).

**1-Amino-1-phenyl-aceton** $C_9H_{11}NO$.

**(±)-2.2-Diäthoxy-1-phenyl-propylamin, (±)-1-Amino-1-phenyl-aceton-diäthylacetal,** (±)-α-(*1,1-diethoxyethyl)benzylamine* $C_{13}H_{21}NO_2$, Formel XII (E II 39).

*B.* Neben 2.5-Dimethyl-3.6-diphenyl-pyrazin (Hauptprodukt) beim Erwärmen von Kalium-[*N*-(1-methyl-2-phenyl-äthyliden)-hydroxylamin-*O*-sulfonat] mit äthanol. Na⸗tronlauge (*Smith*, Am. Soc. **70** [1948] 323, 325).

Acetat (E II 39). F: 145—147°.

**(±)-1-Methylamino-1-phenyl-aceton,** (±)-*1-(methylamino)-1-phenylpropan-2-one* $C_{10}H_{13}NO$, Formel XIII (R = $CH_3$, X = H) (E I 377).

Hellgelbes Öl; $Kp_{25}$: 124—126° [partielle Zers.] (*Kanao, Shinozuka*, J. pharm. Soc. Japan **68** [1948] 70; C. A. **1950** 1054).

Hydrochlorid $C_{10}H_{13}NO \cdot HCl$ (vgl. E I 377). Krystalle (aus A.); F: 222—223°.

**(±)-1-Anilino-1-phenyl-aceton,** (±)-*1-anilino-1-phenylpropan-2-one* $C_{15}H_{15}NO$, Formel XIII (R = $C_6H_5$, X = H) (E II 39).

Krystalle; F: 89—92° [aus Me.] (*Julian et al.*, Am. Soc. **67** [1945] 1203, 1208), 90,5° bis 91,5° [aus A.] (*Verkade, Janetzky*, R. **62** [1943] 775, 780).

Beim Erwärmen mit Anilin-hydrobromid in Äthanol erfolgt partielle Isomerisierung zu 2-Anilino-1-phenyl-propanon-(1) (*Ju. et al.*, l. c. S. 1209); beim Erhitzen mit Anilin-hydrochlorid auf 160° (*Ve., Ja.*, l. c. S. 781) sowie beim Erhitzen mit Anilin-hydro⸗chlorid in Anilin (*Ju. et al.*, l. c. S. 1210) erfolgt Umwandlung in 3-Methyl-2-phenyl-indol. Beim Erhitzen mit *N*-Methyl-anilin unter Zusatz von wss. Salzsäure ist 1.2-Di⸗methyl-3-phenyl-indol, beim Erhitzen mit *p*-Toluidin unter Zusatz von wss. Salzsäure ist 3.5-Dimethyl-2-phenyl-indol erhalten worden (*Ve., Ja.*, l. c. S. 782).

**(±)-1-[*N*-Methyl-anilino]-1-phenyl-aceton,** (±)-*1-(*N*-methylanilino)-1-phenylpropan-2-one* $C_{16}H_{17}NO$, Formel XIII (R = $CH_3$, X = $C_6H_5$).

*B.* Beim Erwärmen von (±)-1-Brom-1-phenyl-aceton mit *N*-Methyl-anilin und Natri⸗umhydrogencarbonat in Äthanol (*Verkade, Janetzky*, R. **62** [1943] 775, 780).

$Kp_1$: 144—146°.

Beim Erhitzen mit *N*-Methyl-anilin-hydrochlorid auf 220° sowie beim Erhitzen mit Anilin oder *p*-Toluidin unter Zusatz von wss. Salzsäure ist 1.3-Dimethyl-2-phenyl-indol erhalten worden (*Ve., Ja.*, l. c. S. 781—783).

**(±)-1-Acetamino-1-phenyl-aceton, (±)-*N*-[2-Oxo-1-phenyl-propyl]-acetamid,** (±)-N-(*1-phenylacetonyl)acetamide* $C_{11}H_{13}NO_2$, Formel XIII (R = CO-$CH_3$, X = H) (E II 39).

Krystalle (aus Xylol); F: 99,5—100,5° (*Wiley*, J. org. Chem. **12** [1947] 43, 45).

Beim Erwärmen mit Schwefelsäure ist 2.5-Dimethyl-4-phenyl-oxazol erhalten worden.

**(±)-1-Amino-1-[2-nitro-phenyl]-aceton,** (±)-*1-amino-1-(*o*-nitrophenyl)propan-2-one* $C_9H_{10}N_2O_3$, Formel I (R = X = H) (E II 40).

*B.* Beim Schütteln von [2-Nitro-phenyl]-aceton-[*O*-(toluol-sulfonyl-(4))-*seqcis*-oxim] mit äthanol. Kaliumäthylat und Behandeln der von Kalium-[toluol-sulfonat-(4)] be-freiten Reaktionslösung mit wss. Salzsäure (*Neber, Huh*, A. **515** [1935] 283, 290).

**(±)-1-Amino-1-[2.4-dinitro-phenyl]-aceton,** (±)-*1-amino-1-(2,4-dinitrophenyl)propan-2-one* $C_9H_9N_3O_5$, Formel I (R = H, X = $NO_2$).

*B.* Beim Behandeln von (±)-2.2-Diäthoxy-1-[2.4-dinitro-phenyl]-propylamin mit wss. Salzsäure (*Neber, Burgard*, A. **493** [1932] 281, 291).

Hydrochlorid $C_9H_9N_3O_5 \cdot HCl$. Krystalle; F: 168° [Zers.].

**(±)-2.2-Diäthoxy-1-[2.4-dinitro-phenyl]-propylamin, (±)-1-Amino-1-[2.4-dinitro-phenyl]-aceton-diäthylacetal,** (±)-α-(*1,1-diethoxyethyl)-2,4-dinitrobenzylamine* $C_{13}H_{19}N_3O_6$, Formel II.

*B.* Als Toluol-sulfonat-(4) (S. 163) beim Erwärmen von (±)-3-Methyl-2-[2.4-dinitro-phenyl]-2*H*-azirin mit Toluol-sulfonsäure-(4) in Äthanol (*Neber, Burgard*, A. **493** [1932] 281, 290).

Krystalle (aus A.); F: 90°.

Toluol-sulfonat-(4) $C_{13}H_{19}N_3O_6 \cdot C_7H_8O_3S$. Krystalle (aus wss. A.); F: 158°.

**(±)-1-Acetamino-1-[2.4-dinitro-phenyl]-aceton, (±)-*N*-[2-Oxo-1-(2.4-dinitro-phenyl)-propyl]-acetamid,** (±)-N-[*1-(2,4-dinitrophenyl)acetonyl*]*acetamide* $C_{11}H_{11}N_3O_6$, Formel I (R = CO-$CH_3$, X = $NO_2$).

*B.* Beim Behandeln von (±)-3-Methyl-2-[2.4-dinitro-phenyl]-2*H*-azirin mit Acetanhydrid (*Neber, Burgard*, A. **493** [1932] 281, 289).

Krystalle (aus A.); F: 164,5°.

Oxim $C_{11}H_{12}N_4O_6$. Krystalle (aus E.); F: 168°.

I II III

**3-Amino-1-phenyl-aceton,** *1-amino-3-phenylpropan-2-one* $C_9H_{11}NO$, Formel III (R = X = H).

*B.* Bei der Hydrierung von 3-Diazo-1-phenyl-aceton an Palladium in Essigsäure enthaltendem Äthylacetat (*Birkofer*, B. **80** [1947] 83, 91). Beim Behandeln einer Lösung von 4-Phenyl-acetessigsäure-äthylester in Essigsäure mit wss. Natriumnitrit-Lösung und anschliessend mit Zink unter Zusatz von Acetanhydrid und Erhitzen des Reaktionsprodukts mit wss. Salzsäure (*Jackman et al.*, Am. Soc. **70** [1948] 2884).

Hydrochlorid $C_9H_{11}NO \cdot HCl$. F: 190–193° (*Ja. et al.*).

Pikrat $C_9H_{11}NO \cdot C_6H_3N_3O_7$. Gelbe Krystalle (aus wss. A.); Zers. von 86° an (*Bi.*).

**3-Dimethylamino-1-phenyl-aceton,** *1-(dimethylamino)-3-phenylpropan-2-one* $C_{11}H_{15}NO$, Formel III (R = X = $CH_3$).

*B.* Beim Behandeln von *N.N*-Dimethyl-glycin-nitril mit Benzylmagnesiumchlorid in Äther und anschliessend mit Eis und Ammoniumchlorid oder mit wss. Schwefelsäure (*Thomson, Stevens*, Soc. **1932** 2607, 2610).

Hydrobromid $C_{11}H_{15}NO \cdot HBr$. Krystalle (aus A. + Ae.); F: 151–153°.

**3-[*N*-Methyl-anilino]-1-phenyl-aceton,** *1-(*N*-methylanilino)-3-phenylpropan-2-one* $C_{16}H_{17}NO$, Formel III (R = $CH_3$, X = $C_6H_5$).

*B.* Beim Erwärmen von 3-Brom-1-phenyl-aceton mit *N*-Methyl-anilin und Natriumhydrogencarbonat in Äthanol (*de Diesbach, Capponi, Farquet*, Helv. **32** [1949] 1214, 1226). Beim Erwärmen von 4-[*N*-Methyl-anilino]-2-phenyl-acetessigsäure-methylester oder von 4-[*N*-Methyl-anilino]-2-phenyl-acetoacetamid mit wss. Salzsäure (*Julian, Pikl*, Am. Soc. **55** [1933] 2105, 2107, 2108).

Krystalle; F: 37° [aus Ae. + PAe.] (*Ju., Pikl*). Bei 180–190°/0,05 Torr destillierbar (*Ju., Pikl*). An der Luft nicht beständig (*Ju., Pikl*).

Beim Erhitzen mit Anilin und Anilin-hydrochlorid auf 180° sind 2-Benzyl-indol und geringe Mengen 1-Methyl-3-benzyl-indol, beim Erhitzen mit *N*-Methyl-anilin und *N*-Methyl-anilin-hydrochlorid auf 200° ist 1-Methyl-2-benzyl-indol erhalten worden (*Ju., Pikl*, l. c. S. 2108, 2109).

Oxim $C_{16}H_{18}N_2O$. Krystalle (aus A.); F: 119° (*Ju., Pikl*).

**3-Amino-3-phenyl-propionaldehyd** $C_9H_{11}NO$.

**(±)-Dimethyl-[3.3-diäthoxy-1-phenyl-propyl]-amin, (±)-3-Dimethylamino-3-phenyl-propionaldehyd-diäthylacetal,** (±)-α-(*2,2-diethoxyethyl*)-N,N-*dimethylbenzylamine* $C_{15}H_{25}NO_2$, Formel IV.

Ein als Methojodid $[C_{16}H_{28}NO_2]I$ ((±)-Trimethyl-[3.3-diäthoxy-1-phenyl-propyl]-ammonium-jodid: Krystalle [aus A.], F: 167°) charakterisiertes Amin ($Kp_{18}$: 142°), dem diese Konstitution zugeschrieben wird, ist beim Behandeln von *trans*-Zimtaldehyd mit Chlorwasserstoff enthaltendem Äthanol und Erhitzen des Reaktionsprodukts mit Dimethylamin in Benzol erhalten worden (*Fourneau, Chantalou*, Bl. [5] **12** [1945] 845, 864).

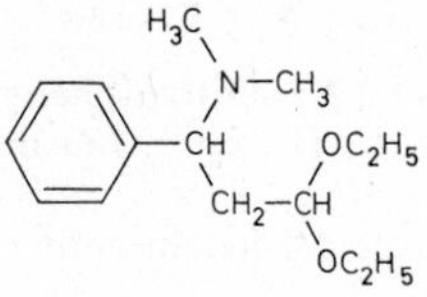

IV 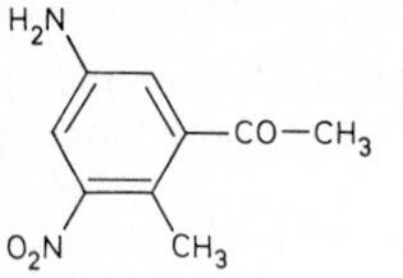 V 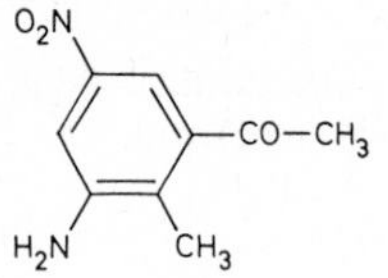 VI

**1-[5-Amino-2-methyl-phenyl]-äthanon-(1)** $C_9H_{11}NO$ und **1-[3-Amino-2-methyl-phenyl]-äthanon-(1)** $C_9H_{11}NO$.

**1-[3-Nitro-5-amino-2-methyl-phenyl]-äthanon-(1)**, 3-Nitro-5-amino-2-methyl-acetophenon, *5'-amino-2'-methyl-3'-nitroacetophenone* $C_9H_{10}N_2O_3$, Formel V, und **1-[5-Nitro-3-amino-2-methyl-phenyl]-äthanon-(1)**, 5-Nitro-3-amino-2-methyl-acetophenon, *3'-amino-2'-methyl-5'-nitroacetophenone* $C_9H_{10}N_2O_3$, Formel VI.

Zwei Aminoketone (jeweils gelbe Krystalle [aus A.], F: 110,5—111° bzw. F: 116° bis 117,5°), für die diese beiden Konstitutionsformeln in Betracht kommen, sind beim Behandeln von 1-[3.5-Dinitro-2-methyl-phenyl]-äthanon-(1) mit Zinn(II)-chlorid und Chlorwasserstoff in Methanol erhalten worden (*Frye, Wallis, Dougherty*, J. org. Chem. **14** [1949] 397, 400).

**1-[2-Amino-3-methyl-phenyl]-äthanon-(1)**, 2-Amino-3-methyl-acetophenon, *2'-amino-3'-methylacetophenone* $C_9H_{11}NO$, Formel VII (R = H).

*B.* Aus 1-[2-Nitro-3-methyl-phenyl]-äthanon-(1) beim Erhitzen mit Zinn und wss. Salzsäure (*Giacalone*, G. **65** [1935] 1127, 1137) sowie beim Erwärmen mit Eisen und wss. Essigsäure (*Keneford, Morley, Simpson*, Soc. **1948** 1702, 1704).

Krystalle (aus Bzn.); F: 55—56° (*Ke., Mo., Si.*).

Hexachlorostannat(IV) $2C_9H_{11}NO \cdot H_2SnCl_6$. Krystalle; F: 208° [Zers.; nach Sintern] (*Gia.*).

**1-[2-Acetamino-3-methyl-phenyl]-äthanon-(1), Essigsäure-[2-methyl-6-acetyl-anilid]**, *6'-acetylaceto-o-toluidide* $C_{11}H_{13}NO_2$, Formel VII (R = CO-$CH_3$).

*B.* Aus 1-[2-Amino-3-methyl-phenyl]-äthanon-(1) und Acetanhydrid (*Keneford, Morley, Simpson*, Soc. **1948** 1702, 1704).

Krystalle (aus A.); F: 145—146° [unkorr.].

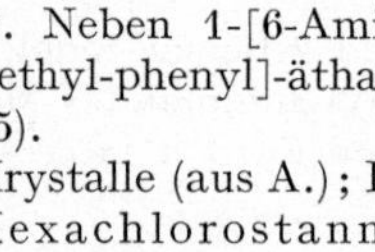

VII 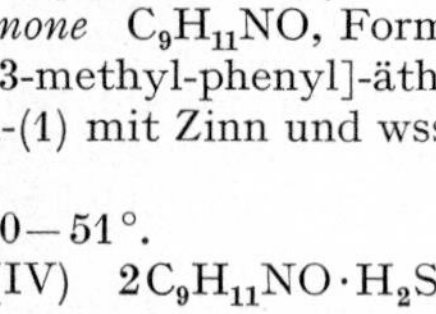 VIII 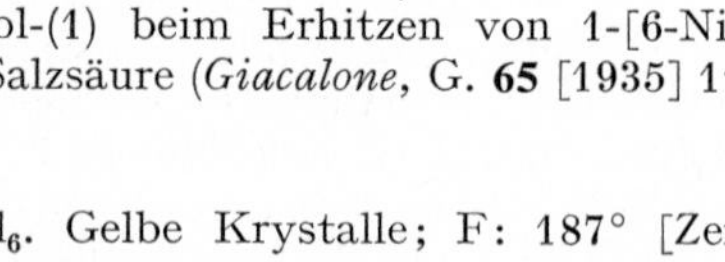 IX

**1-[6-Amino-3-methyl-phenyl]-äthanon-(1)**, 6-Amino-3-methyl-acetophenon, *2'-amino-5'-methylacetophenone* $C_9H_{11}NO$, Formel VIII (R = X = H).

*B.* Neben 1-[6-Amino-3-methyl-phenyl]-äthanol-(1) beim Erhitzen von 1-[6-Nitro-3-methyl-phenyl]-äthanon-(1) mit Zinn und wss. Salzsäure (*Giacalone*, G. **65** [1935] 1127, 1135).

Krystalle (aus A.); F: 50—51°.

Hexachlorostannat(IV) $2C_9H_{11}NO \cdot H_2SnCl_6$. Gelbe Krystalle; F: 187° [Zers.].

**2-Chlor-1-[6-äthoxalylamino-3-methyl-phenyl]-äthanon-(1), [4-Methyl-2-chloracetyl-phenyl]-oxamidsäure-äthylester**, *2-(chloroacetyl)-4-methyloxanilic acid ethyl ester* $C_{13}H_{14}ClNO_4$, Formel VIII (R = CO-CO-$OC_2H_5$, X = Cl).

*B.* Aus 2-Chlor-1-[6-amino-3-methyl-phenyl]-äthanon-(1) (E I 379) und Oxalsäure-äthylester-chlorid in Äther (*Ainley, Robinson*, Soc. **1934** 1508, 1517).

Krystalle (aus A.); F: 144—144,5°.

**2-Amino-1-[3-methyl-phenyl]-äthanon-(1)** $C_9H_{11}NO$.

**2-[Methyl-benzyl-amino]-1-[4-chlor-3-methyl-phenyl]-äthanon-(1)**, *2-(benzylmethyl=amino)-4'-chloro-3'-methylacetophenone* $C_{17}H_{18}ClNO$, Formel IX.

*B.* Beim Behandeln von 2-Brom-1-[4-chlor-3-methyl-phenyl]-äthanon-(1) mit Methyl-

benzyl-amin in Äther (*Lutz et al.*, J. org. Chem. **12** [1947] 617, 638, 672).
Hydrochlorid $C_{17}H_{18}ClNO \cdot HCl$. Krystalle (aus A. + Ae.); F: 196–197° [korr.].

**2-Amino-1-[6-amino-3-methyl-phenyl]-äthanon-(1)** $C_9H_{12}N_2O$.

**2-*p*-Toluidino-1-[6-äthoxalylamino-3-methyl-phenyl]-äthanon-(1), [4-Methyl-2-(*N*-*p*-tolyl-glycyl)-phenyl]-oxamidsäure-äthylester,** *4-methyl-2-*[N-(p-*tolyl*)*glycyl*]*oxanilic acid ethyl ester* $C_{20}H_{22}N_2O_4$, Formel X.

*B.* Beim Schütteln von [4-Methyl-2-chloracetyl-phenyl]-oxamidsäure-äthylester mit Natriumjodid in Aceton und anschliessenden Erwärmen mit *p*-Toluidin (*Ainley, Robinson*, Soc. **1934** 1508, 1517).

Gelbe Krystalle (aus A.); F: 140,5–141°.

Beim Erhitzen mit wss.-äthanol. Natronlauge ist 3-*p*-Toluidino-4-hydroxy-6-methyl-chinolin-carbonsäure-(2) erhalten worden.

**1-[3-Amino-4-methyl-phenyl]-äthanon-(1),** 3-Amino-4-methyl-acetophenon, *3'-amino-4'-methylacetophenone* $C_9H_{11}NO$, Formel XI (R = H).

*B.* Aus 1-[3-Nitro-4-methyl-phenyl]-äthanon-(1) beim Erwärmen mit Zinn(II)-chlorid und wss.-methanol. Salzsäure (*Rinkes*, R. **64** [1945] 205, 209) oder wss. Salzsäure (*Lutz et al.*, J. org. Chem. **12** [1947] 617, 676), beim Erwärmen mit Eisen und wss.-äthanol. Salzsäure (*Brady, Day*, Soc. **1934** 114, 120; *Ganguly, Le Fèvre*, Soc. **1934** 852) oder wss. Salzsäure (*Morgan, Pettet*, Soc. **1934** 418, 420) sowie beim Erwärmen mit Natriumdithionit in Äthanol (*Br., Day*).

Krystalle; F: 83° [aus wss. A.] (*Ri.*), 81° [aus PAe.] (*Mo., Pe.*), 80° [aus PAe.] (*Br., Day*), 79–80° [aus Bzn.] (*Ga., Le F.*), 77–79° (*Lutz et al.*).

2.4-Dinitro-phenylhydrazon (F: 265° [Zers.]): *Br., Day*.

X XI XII

**1-[3-Acetamino-4-methyl-phenyl]-äthanon-(1), Essigsäure-[2-methyl-5-acetyl-anilid],** *5'-acetylaceto-o-toluidide* $C_{11}H_{13}NO_2$, Formel XI (R = CO-$CH_3$).

*B.* Aus 1-[3-Amino-4-methyl-phenyl]-äthanon-(1) und Acetanhydrid (*Keneford, Simpson*, Soc. **1947** 227, 229; s. a. *Brady, Day*, Soc. **1934** 114, 120).

Krystalle; F: 143–144° [unkorr.; aus A.] (*Ke., Si.*), 142° [aus A.] (*Br., Day*).

Charakterisierung als Semicarbazon $C_{12}H_{16}N_4O_2$ (Krystalle [aus A. + Eg.]; F: 252° [Zers.]) und als 2.4-Dinitro-phenylhydrazon (F: 280° [Zers.]): *Br., Day*.

**1-[2-Nitro-3-amino-4-methyl-phenyl]-äthanon-(1),** 2-Nitro-3-amino-4-methyl-acetophenon, *3'-amino-4'-methyl-2'-nitroacetophenone* $C_9H_{10}N_2O_3$, Formel XII.

*B.* Neben 1-[6-Nitro-3-amino-4-methyl-phenyl]-äthanon-(1) bei der Behandlung von 1-[3-Acetamino-4-methyl-phenyl]-äthanon-(1) mit Salpetersäure und Schwefelsäure und anschliessenden Hydrolyse (*Keneford, Simpson*, Soc. **1947** 227, 230).

Orangefarbene Krystalle (aus Butanon); F: 102,5–103,5° [unkorr.].

**1-[6-Nitro-3-amino-4-methyl-phenyl]-äthanon-(1),** 6-Nitro-3-amino-4-methyl-acetophenon, *5'-amino-4'-methyl-2'-nitroacetophenone* $C_9H_{10}N_2O_3$, Formel I (R = H).

*B.* Aus 1-[6-Nitro-3-acetamino-4-methyl-phenyl]-äthanon-(1) (*Keneford, Simpson*, Soc. **1947** 227, 230). Weitere Bildungsweise s. im vorangehenden Artikel.

Bronzefarbene Krystalle (aus A.); F: 186–187° [unkorr.].

**1-[6-Nitro-3-acetamino-4-methyl-phenyl]-äthanon-(1), Essigsäure-[4-nitro-2-methyl-5-acetyl-anilid],** *5'-acetyl-4'-nitroaceto-o-toluidide* $C_{11}H_{12}N_2O_4$, Formel I (R = CO-$CH_3$).

*B.* Neben 1-[5-Nitro-3-acetamino-4-methyl-phenyl]-äthanon-(1) beim Behandeln von 1-[3-Acetamino-4-methyl-phenyl]-äthanon-(1) mit Salpetersäure und Schwefelsäure bei –10° (*Keneford, Simpson*, Soc. **1947** 227, 229).

Gelbe Krystalle (aus A.); F: 164–165° [unkorr.].

**1-[5-Nitro-3-amino-4-methyl-phenyl]-äthanon-(1),** 5-Nitro-3-amino-4-methyl-acetophenon, *3'-amino-4'-methyl-5'-nitroacetophenone* $C_9H_{10}N_2O_3$, Formel II (R = H).

*B.* Aus 1-[3.5-Dinitro-4-methyl-phenyl]-äthanon-(1) beim Behandeln mit Zinn(II)-

chlorid und Chlorwasserstoff in Methanol (*Frye, Wallis, Dougherty*, J. org. Chem. **14** [1949] 397, 400). Aus 1-[5-Nitro-3-acetamino-4-methyl-phenyl]-äthanon-(1) (*Keneford, Simpson*, Soc. **1947** 227, 229).

Rotbraune bzw. orangefarbene Krystalle; F: 158—159,5° [unkorr.] (*Ke., Si.*), 158° bis 159° (*Frye, Wa., Dou.*).

**1-[5-Nitro-3-acetamino-4-methyl-phenyl]-äthanon-(1), Essigsäure-[3-nitro-2-methyl-5-acetyl-anilid]**, *5'-acetyl-3'-nitroaceto-*o*-toluidide* $C_{11}H_{12}N_2O_4$, Formel II (R = CO-$CH_3$).

*B.* s. S. 165 im Artikel 1-[6-Nitro-3-acetamino-4-methyl-phenyl]-äthanon-(1).

Krystalle (aus A.); F: 200—200,5° [unkorr.] (*Keneford, Simpson*, Soc. **1947** 227, 229).

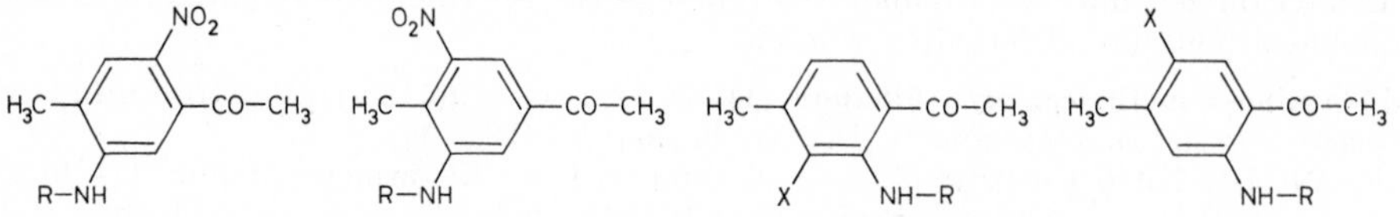

**1-[2-Amino-4-methyl-phenyl]-äthanon-(1)**, 2-Amino-4-methyl-acetophenon, *2'-amino-4'-methylacetophenone* $C_9H_{11}NO$, Formel III (R = X = H).

*B.* Aus 1-[2-Nitro-4-methyl-phenyl]-äthanon-(1) beim Erwärmen mit Eisen und wss. Essigsäure (*Keneford, Morley, Simpson*, Soc. **1948** 1702, 1704).

Krystalle (aus Bzn.); F: 55—56°.

**1-[2-Acetamino-4-methyl-phenyl]-äthanon-(1), Essigsäure-[3-methyl-6-acetyl-anilid]**, *6'-acetylaceto-*m*-toluidide* $C_{11}H_{13}NO_2$, Formel III (R = CO-$CH_3$, X = H).

*B.* Aus 1-[2-Amino-4-methyl-phenyl]-äthanon-(1) und Acetanhydrid (*Keneford, Morley, Simpson*, Soc. **1948** 1702, 1704).

Krystalle (aus Bzn.); F: 75—76°.

**1-[3-Chlor-2-amino-4-methyl-phenyl]-äthanon-(1)**, 3-Chlor-2-amino-4-methyl-acetophenon, *2'-amino-3'-chloro-4'-methylacetophenone* $C_9H_{10}ClNO$, Formel III (R = H, X = Cl).

*B.* Aus 1-[3-Chlor-2-nitro-4-methyl-phenyl]-äthanon-(1) beim Erwärmen mit Eisen und wss. Essigsäure (*Keneford, Simpson*, Soc. **1947** 227, 230).

F: 52—53° [Rohprodukt].

**1-[5-Chlor-2-amino-4-methyl-phenyl]-äthanon-(1)**, 5-Chlor-2-amino-4-methyl-acetophenon, *2'-amino-5'-chloro-4'-methylacetophenone* $C_9H_{10}ClNO$, Formel IV (R = H, X = Cl).

*B.* Aus 1-[5-Chlor-2-nitro-4-methyl-phenyl]-äthanon-(1) beim Erwärmen mit Eisen und wss. Essigsäure (*Keneford, Simpson*, Soc. **1947** 227, 230).

Krystalle (aus A.); F: 109—109,5° [unkorr.].

**1-[5-Brom-2-amino-4-methyl-phenyl]-äthanon-(1)**, 5-Brom-2-amino-4-methyl-acetophenon, *2'-amino-5'-bromo-4'-methylacetophenone* $C_9H_{10}BrNO$, Formel IV (R = H, X = Br).

*B.* Aus 1-[5-Brom-2-nitro-4-methyl-phenyl]-äthanon-(1) beim Erwärmen mit Eisen und wss. Essigsäure (*Keneford, Simpson*, Soc. **1947** 227, 230).

Krystalle (aus A.); F: 122,5—123,5° [unkorr.].

**1-[5-Nitro-2-amino-4-methyl-phenyl]-äthanon-(1)**, 5-Nitro-2-amino-4-methyl-acetophenon, *2'-amino-4'-methyl-5'-nitroacetophenone* $C_9H_{10}N_2O_3$, Formel IV (R = H, X = $NO_2$).

*B.* Aus 1-[5-Nitro-2-acetamino-4-methyl-phenyl]-äthanon-(1) beim Erhitzen mit wss. Salzsäure (*Keneford, Morley, Simpson*, Soc. **1948** 1702, 1704).

Grüngelbe Krystalle (aus A.); F: 165,5—166,5° [unkorr.].

**1-[5-Nitro-2-anilino-4-methyl-phenyl]-äthanon-(1)**, *2'-anilino-4'-methyl-5'-nitroaceto=phenone* $C_{15}H_{14}N_2O_3$, Formel IV (R = $C_6H_5$, X = $NO_2$).

Die Identität der E I 380 unter dieser Konstitution beschriebenen Verbindung (F: 135,5—136°) ist ungewiss (s. dazu die Angaben über das als Ausgangssubstanz verwendete, früher als 1-[6-Chlor-3-nitro-4-methyl-phenyl]-äthanon-(1) angesehene Präparat [E III 7 1069]). Entsprechendes gilt für die E I 381 als 1-[5-Amino-2-anilino-4-methyl-phenyl]-äthanon-(1) ($C_{15}H_{16}N_2O$) und als 1-[6-Anilino-3-acetamino-4-methyl-phenyl]-äthanon-(1) ($C_{17}H_{18}N_2O_2$) beschriebenen Umwandlungsprodukte (F: 112° bzw. F: 78—80°) jener Verbindung.

**1-[5-Nitro-2-acetamino-4-methyl-phenyl]-äthanon-(1), Essigsäure-[4-nitro-3-methyl-6-acetyl-anilid],** *6'-acetyl-4'-nitroaceto-*m*-toluidide* $C_{11}H_{12}N_2O_4$, Formel IV (R = CO-$CH_3$, X = $NO_2$).

*B.* Neben geringen Mengen 1-[3.5-Dinitro-2-acetamino-4-methyl-phenyl]-äthanon-(1) beim Behandeln von 1-[2-Acetamino-4-methyl-phenyl]-äthanon-(1) mit Salpetersäure und Schwefelsäure (*Keneford, Morley, Simpson,* Soc. **1948** 1702, 1704).

Gelbliche Krystalle (aus A.); F: 136—137° [unkorr.].

**1-[3.5-Dinitro-2-amino-4-methyl-phenyl]-äthanon-(1),** 3.5-Dinitro-2-amino-4-methyl-acetophenon, *2'-amino-4'-methyl-3',5'-dinitroacetophenone* $C_9H_9N_3O_5$, Formel V (R = H).

*B.* Aus 1-[3.5-Dinitro-2-acetamino-4-methyl-phenyl]-äthanon-(1) beim Erhitzen mit wss. Salzsäure (*Keneford, Morley, Simpson,* Soc. **1948** 1702, 1704).

Gelbe Krystalle (aus A.); F: 192—193° [unkorr.].

**1-[3.5-Dinitro-2-acetamino-4-methyl-phenyl]-äthanon-(1), Essigsäure-[2.4-dinitro-3-methyl-6-acetyl-anilid],** *6'-acetyl-2',4'-dinitroaceto-*m*-toluidide* $C_{11}H_{11}N_3O_6$, Formel V (R = CO-$CH_3$).

*B.* s. o. im Artikel 1-[5-Nitro-2-acetamino-4-methyl-phenyl]-äthanon-(1).

Gelbe Krystalle (aus Bzl. + Bzn.); F: 183—183,5° [unkorr.] (*Keneford, Morley, Simpson,* Soc. **1948** 1702, 1704).

**2-Amino-1-*p*-tolyl-äthanon-(1),** ω-Amino-4-methyl-acetophenon, *2-amino-4'-methylacetophenone* $C_9H_{11}NO$, Formel VI (R = X = H) (H 64; E I 380).

Hydrochlorid $C_9H_{11}NO \cdot HCl$. *B.* Aus [4-Methyl-phenacylamino]-methansulfonsäure (S. 168) beim Erwärmen mit wss. Salzsäure (*Reichert, Baege,* Pharmazie **2** [1947] 451). — Krystalle (aus A.); F: 206°.

**2-Dimethylamino-1-*p*-tolyl-äthanon-(1),** *2-(dimethylamino)-4'-methylacetophenone* $C_{11}H_{15}NO$, Formel VI (R = X = $CH_3$).

*B.* Beim Erwärmen von *N.N*-Dimethyl-glycin-dimethylamid mit *p*-Tolylmagnesiumbromid in Äther (*Eidebenz,* Ar. **280** [1942] 49, 61).

$Kp_8$: 129°.

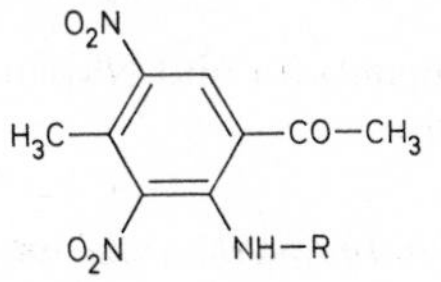

V 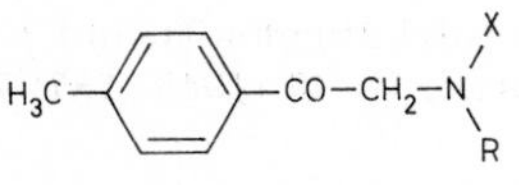 VI 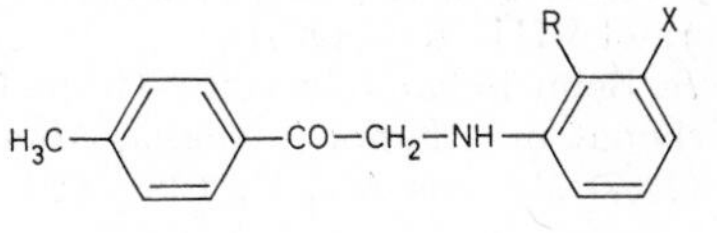 VII

**2-[*N*-Methyl-anilino]-1-*p*-tolyl-äthanon-(1),** *4'-methyl-2-(*N*-methylanilino)acetophenone* $C_{16}H_{17}NO$, Formel VI (R = $CH_3$, X = $C_6H_5$).

*B.* Beim Erwärmen von 2-Brom-1-*p*-tolyl-äthanon-(1) mit *N*-Methyl-anilin in Äthanol (*Brown, Mann,* Soc. **1948** 847, 855).

Krystalle (aus A.); F: 87°.

Beim Erwärmen mit Zinkchlorid in Äthanol ist 1-Methyl-3-*p*-tolyl-indol, beim Erhitzen mit Zinkchlorid auf 250° ist hingegen 1-Methyl-2-*p*-tolyl-indol erhalten worden. Bildung von 2-*p*-Tolyl-indol und 1-Methyl-2-*p*-tolyl-indol beim Erhitzen mit *N*-Methyl-anilin-hydrobromid und *N*-Methyl-anilin: *Br., Mann,* l. c. S. 857.

**2-[*N*-Äthyl-anilino]-1-*p*-tolyl-äthanon-(1),** *2-(*N*-ethylanilino)-4'-methylacetophenone* $C_{17}H_{19}NO$, Formel VI (R = $C_2H_5$, X = $C_6H_5$).

*B.* Beim Erwärmen von 2-Brom-1-*p*-tolyl-äthanon-(1) mit *N*-Äthyl-anilin in Äthanol (*Brown, Mann,* Soc. **1948** 847, 855).

Krystalle (aus PAe.); F: 76°.

**2-*o*-Toluidino-1-*p*-tolyl-äthanon-(1)**, *4'-methyl-2-*o*-toluidinoacetophenone* $C_{16}H_{17}NO$, Formel VII ($R = CH_3$, $X = H$).

*B.* Beim Behandeln von 2-Brom-1-*p*-tolyl-äthanon-(1) mit *o*-Toluidin und Natrium-carbonat in Äthanol (*Colonna, Montanari*, G. **78** [1948] 787, 790).

Krystalle (aus A.); F: 103—104°.

**2-*m*-Toluidino-1-*p*-tolyl-äthanon-(1)**, *4'-methyl-2-*m*-toluidinoacetophenone* $C_{16}H_{17}NO$, Formel VII ($R = H$, $X = CH_3$).

*B.* Beim Behandeln von 2-Brom-1-*p*-tolyl-äthanon-(1) mit *m*-Toluidin und Natrium-carbonat in Äthanol (*Colonna, Montanari*, G. **78** [1948] 787, 790).

Krystalle (aus A.); F: 114—115°.

**2-*p*-Toluidino-1-*p*-tolyl-äthanon-(1)**, *4'-methyl-2-*p*-tolylacetophenone* $C_{16}H_{17}NO$, Formel VIII ($R = CH_3$).

*B.* Beim Behandeln von 2-Brom-1-*p*-tolyl-äthanon-(1) mit *p*-Toluidin und Natrium-carbonat in Äthanol (*Colonna, Montanari*, G. **78** [1948] 787, 790).

Krystalle (aus A.); F: 148°.

**Dimethyl-benzyl-[4-methyl-phenacyl]-ammonium**, *benzyldimethyl(4-methylphenacyl)-ammonium* $[C_{18}H_{22}NO]^{\oplus}$, Formel IX ($R = CH_2\text{-}C_6H_5$, $X = H$).

**Bromid** $[C_{18}H_{22}NO]Br$. *B.* Beim Behandeln von 2-Brom-1-*p*-tolyl-äthanon-(1) mit Dimethyl-benzyl-amin in Äther (*Dunn, Stevens*, Soc. **1932** 1926, 1929). — Krystalle (aus A. + Ae.); F: 185—186°. — Geschwindigkeit der Reaktion mit Natriummethylat in Methanol (Bildung von 2-Dimethylamino-1-phenyl-3-*p*-tolyl-propanon-(3)) bei 37,7°: *Dunn, St.*

**Pikrat** $[C_{18}H_{22}NO]C_6H_2N_3O_7$. Gelbe Krystalle (aus Me.); F: 149—150°.

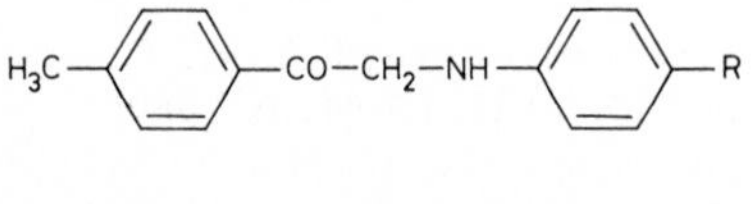

VIII 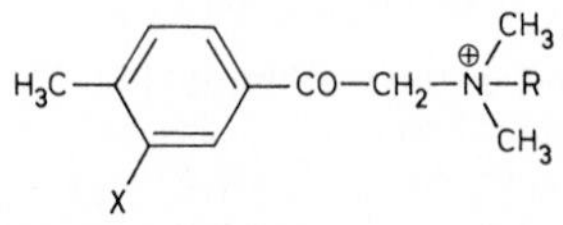 IX

**2-*p*-Anisidino-1-*p*-tolyl-äthanon-(1)**, *2-*p*-anisidino-4'-methylacetophenone* $C_{16}H_{17}NO_2$, Formel VIII ($R = OCH_3$).

*B.* Beim Behandeln von 2-Brom-1-*p*-tolyl-äthanon-(1) mit *p*-Anisidin und Natrium-carbonat in Äthanol (*Colonna, Montanari*, G. **78** [1948] 787, 790).

Krystalle (aus A.); F: 102—103°.

**2-*p*-Phenetidino-1-*p*-tolyl-äthanon-(1)**, *4'-methyl-2-*p*-phenetidinoacetophenone* $C_{17}H_{19}NO_2$, Formel VIII ($R = OC_2H_5$).

*B.* Beim Behandeln von 2-Brom-1-*p*-tolyl-äthanon-(1) mit *p*-Phenetidin und Natrium-carbonat in Äthanol (*Colonna, Montanari*, G. **78** [1948] 787, 790).

Krystalle (aus A.); F: 128—129°.

**[4-Methyl-phenacylamino]-methansulfonsäure**, *(4-methylphenacylamino)methanesulfonic acid* $C_{10}H_{13}NO_4S$, Formel VI ($R = CH_2\text{-}SO_3H$, $X = H$).

Diese Konstitution kommt wahrscheinlich der nachstehend beschriebenen, ursprünglich als 2-[*C*-Sulfinooxy-methylamino]-1-*p*-tolyl-äthanon-(1) angesehenen Verbindung zu (*Reichert, Baege*, Pharmazie **4** [1949] 149).

*B.* Beim Einleiten von Schwefeldioxid in eine wss. Lösung der Verbindung von 2-Brom-1-*p*-tolyl-äthanon-(1) mit Hexamethylentetramin [E I **1** 313] (*Reichert, Baege*, Pharmazie **2** [1947] 451).

Krystalle; F: 139—140° [Zers.]. Nicht umkrystallisierbar.

Beim Behandeln mit wss. Ammoniak ist 2.5-Di-*p*-tolyl-3.6-dihydro-pyrazin erhalten worden.

**2-[Methyl-benzyl-amino]-1-[3-chlor-4-methyl-phenyl]-äthanon-(1)**, *2-(benzylmethyl-amino)-3'-chloro-4'-methylacetophenone* $C_{17}H_{18}ClNO$, Formel X.

*B.* Beim Behandeln von 1-[3-Chlor-4-methyl-phenyl]-äthanon-(1) mit Brom in Äther und anschliessend mit Methyl-benzyl-amin (*Lutz et al.*, J. org. Chem. **12** [1947] 617, 639, 672).

Hydrochlorid $C_{17}H_{18}ClNO \cdot HCl$. Krystalle (aus A. + Ae.); F: 185—187°.

***N.N*-Dimethyl-*N*-[3-nitro-4-methyl-phenacyl]-anilinium**, *dimethyl(4-methyl-3-nitrophenacyl)phenylamonium* $[C_{17}H_{19}N_2O_3]^{\oplus}$, Formel IX (R = $C_6H_5$, X = $NO_2$).

**Bromid** $[C_{17}H_{19}N_2O_3]Br$. *B.* Aus 2-Brom-1-[3-nitro-4-methyl-phenyl]-äthanon-(1) (nicht näher beschrieben) und *N.N*-Dimethyl-anilin (*Kröhnke, Heffe,* B. **70** [1937] 1720, 1727). — Krystalle (aus A.); F: 131°.

**Betain** $C_{17}H_{18}N_2O_3$, Formel XI und Mesomeres. *B.* Aus *N.N*-Dimethyl-*N*-[3-nitro-4-methyl-phenacyl]-anilinium-bromid mit Hilfe von wss. Natronlauge (*Kr., He.*). — Gelbe Krystalle mit 3 Mol $H_2O$, F: 86°; Krystalle (aus Acn. + Ae.) mit 2 Mol $H_2O$, F: 110°; das Dihydrat gibt unter vermindertem Druck bei 20° 1,7 Mol $H_2O$ ab unter Übergang in ein bei 116° schmelzendes Präparat.

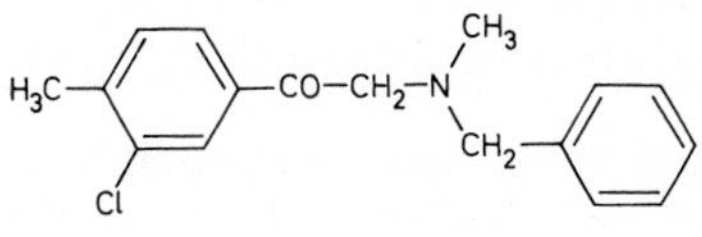

X 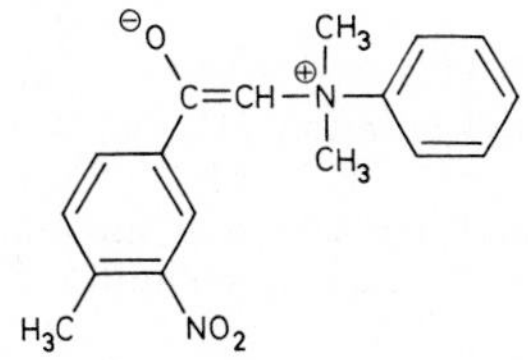 XI 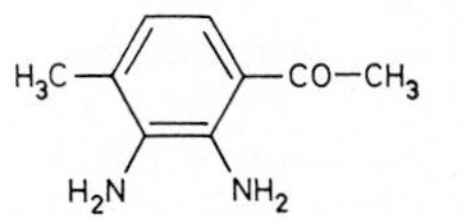 XII

**1-[2.3-Diamino-4-methyl-phenyl]-äthanon-(1)**, 2.3-Diamino-4-methyl-acetophenon, *2',3'-diamino-4'-methylacetophenone* $C_9H_{12}N_2O$, Formel XII.

*B.* Beim Erwärmen von 1-[2-Nitro-3-amino-4-methyl-phenyl]-äthanon-(1) mit Eisen und wss. Essigsäure (*Keneford, Simpson,* Soc. **1947** 227, 230).

F: 75—85°.

## Amino-Derivate der Oxo-Verbindungen $C_{10}H_{12}O$

**1-[2-Amino-phenyl]-butanon-(1)**, 2-Amino-butyrophenon, *2'-aminobutyrophenone* $C_{10}H_{13}NO$, Formel I (R = H) (E II 40).

*B.* Aus 1-[2-Nitro-phenyl]-butanon-(1) beim Erwärmen mit Zinn und wss. Salzsäure (*Keneford, Simpson,* Soc. **1948** 2318; s. a. *Elson, Gibson, Johnson,* Soc. **1930** 1128, 1134).

Krystalle (aus A.); F: 45° (*El., Gi., Jo.*). $Kp_{26-28}$: 165—170° (*Ke., Si.*); $Kp_{16}$: 153° (*El., Gi., Jo.*).

**Bis-[1-(2-amino-phenyl)-butyliden]-hydrazin, 1-[2-Amino-phenyl]-butanon-(1)-azin**, *2'-aminobutyrophenone azine* $C_{20}H_{26}N_4$, Formel II.

*B.* Beim Erwärmen von 1-[2-Amino-phenyl]-butanon-(1) mit Semicarbazid-hydrochlorid und Natriumacetat in wss. Äthanol (*Elson, Gibson, Johnson,* Soc. **1930** 1128, 1135).

Gelbe Krystalle (aus A.); F: 135°.

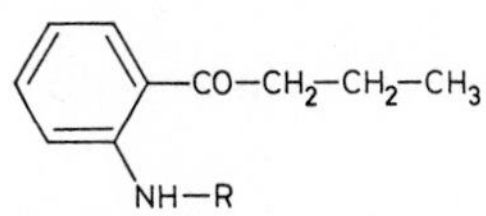

I 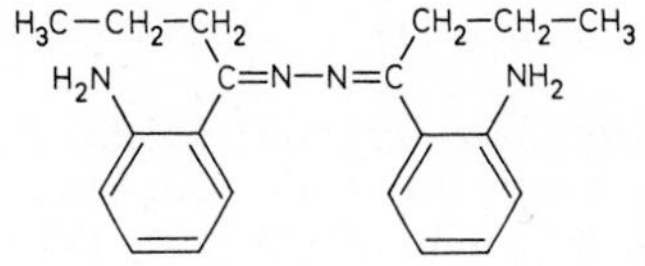 II 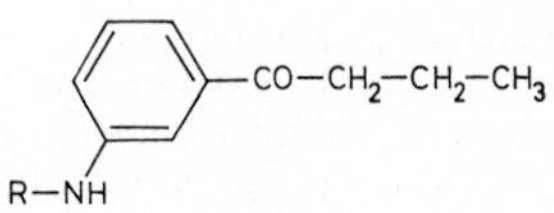 III

**1-[2-Acetamino-phenyl]-butanon-(1), Essigsäure-[2-butyryl-anilid]**, *2'-butyrylacetanilide* $C_{12}H_{15}NO_2$, Formel I (R = CO-$CH_3$).

*B.* Aus 1-[2-Amino-phenyl]-butanon-(1) und Acetanhydrid (*Keneford, Simpson,* Soc. **1948** 2318).

Krystalle (aus PAe.); F: 46—47°.

**1-[2-(Toluol-sulfonyl-(4)-amino)-phenyl]-butanon-(1), Toluol-sulfonsäure-(4)-[2-butyryl-anilid]**, *2'-butyryl-p-toluenesulfonanilide* $C_{17}H_{19}NO_3S$, Formel I (R = $SO_2$-$C_6H_4$-$CH_3$).

*B.* Aus 1-[2-Amino-phenyl]-butanon-(1) (*Elson, Gibson, Johnson,* Soc. **1930** 1128, 1134).

Krystalle (aus A.); F: 110°.

**1-[3-Amino-phenyl]-butanon-(1),** 3-Amino-butyrophenon, *3'-aminobutyrophenone* $C_{10}H_{13}NO$, Formel III (R = H) (E II 40).

*B.* Aus 1-[3-Nitro-phenyl]-butanon-(1) beim Behandeln mit Eisen und Essigsäure (*Elson, Gibson, Johnson,* Soc. **1930** 1128, 1134).

F: 27—28°. $Kp_{16}$: 179—180°.

**1-[3-(Toluol-sulfonyl-(4)-amino)-phenyl]-butanon-(1), Toluol-sulfonsäure-(4)-[3-butyryl-anilid],** *3'-butyryl-*p*-toluenesulfonanilide* $C_{17}H_{19}NO_3S$, Formel III (R = $SO_2$-$C_6H_4$-$CH_3$).

*B.* Aus 1-[3-Amino-phenyl]-butanon-(1) (*Elson, Gibson, Johnson,* Soc. **1930** 1128, 1134).

Krystalle (aus wss. A.); F: 70°.

**2-Amino-1-phenyl-butanon-(1),** α-Amino-butyrophenon $C_{10}H_{13}NO$.

**(±)-2-Methylamino-1-phenyl-butanon-(1),** (±)-*2-(methylamino)butyrophenone* $C_{11}H_{15}NO$, Formel IV (R = $CH_3$, X = H) (E II 41).

*B.* Beim Behandeln von Butyrophenon mit einer aus Methylamin und Brom hergestellten wss. oder äthanol. Lösung, auch unter Zusatz von Natriumhydroxid (*Kamlet,* U.S.P. 2155194 [1938]).

Hydrochlorid $C_{11}H_{15}NO \cdot HCl$ (E II 41). Krystalle; F: 194° [aus Acn.] (*Fourneau, Barrelet,* Bl. [4] **47** [1930] 72, 77), 191° (*Ka.*).

Pikrat. Gelbe Krystalle (aus wss. A.); F: 133° (*Fou., Ba.*).

**(±)-2-Äthylamino-1-phenyl-butanon-(1),** (±)-*2-(ethylamino)butyrophenone* $C_{12}H_{17}NO$, Formel IV (R = $C_2H_5$, X = H).

*B.* Aus Butyrophenon und Äthylamin analog der im vorangehenden Artikel beschriebenen Verbindung (*Kamlet,* U.S.P. 2155194 [1938]).

Hydrochlorid. F: 196°.

**(±)-2-[Methyl-benzyl-amino]-1-phenyl-butanon-(1),** (±)-*2-(benzylmethylamino)butyrophenone* $C_{18}H_{21}NO$, Formel IV (R = $CH_2$-$C_6H_5$, X = $CH_3$).

*B.* Aus (±)-2-Brom-1-phenyl-butanon-(1) und Methyl-benzyl-amin (*Rosenmund, Karg,* B. **75** [1942] 1850, 1855).

Hydrochlorid. Krystalle (aus E.); F: 162°.

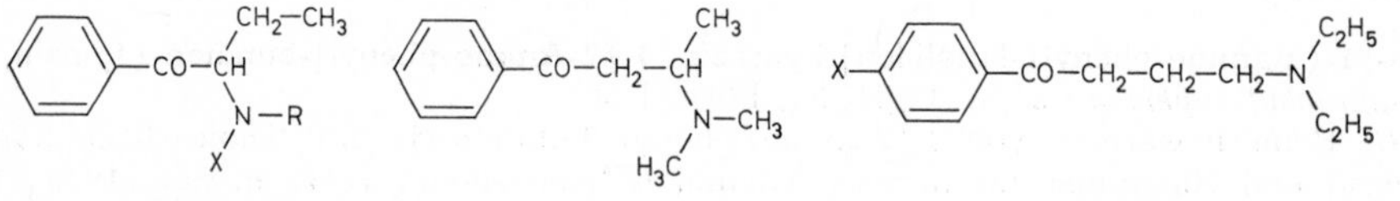

IV V VI

**3-Amino-1-phenyl-butanon-(1),** β-Amino-butyrophenon $C_{10}H_{13}NO$.

**(±)-3-Dimethylamino-1-phenyl-butanon-(1),** (±)-*3-(dimethylamino)butyrophenone* $C_{12}H_{17}NO$, Formel V.

*B.* Beim Erwärmen von 1-Phenyl-buten-(2)-on-(1) (nicht charakterisiert) mit Dimethylamin in Toluol (*Shapiro,* J. org. Chem. **14** [1949] 839, 846).

Pikrat $C_{12}H_{17}NO \cdot C_6H_3N_3O_7$. Krystalle (aus A.); F: 122—123°.

**4-Amino-1-phenyl-butanon-(1),** γ-Amino-butyrophenon $C_{10}H_{13}NO$.

**4-Diäthylamino-1-phenyl-butanon-(1),** *4-(diethylamino)butyrophenone* $C_{14}H_{21}NO$, Formel VI (X = H).

*B.* Beim Behandeln von 3-Chlor-*N.N*-diäthyl-propylamin mit Magnesium in Äther und anschliessend mit Benzonitril (*Marxer,* Helv. **24** [1941] 209 E, 218 E). Beim Erwärmen der Natrium-Verbindung des Benzoylessigsäure-äthylesters mit Diäthyl-[2-chlor-äthyl]-amin in Benzol und Erwärmen des Reaktionsprodukts mit wss. Schwefelsäure (*Breslow et al.,* Am. Soc. **67** [1945] 1472). Aus (±)-4-Diäthylamino-1-phenyl-butanol-(1) beim Erwärmen mit Chrom(VI)-oxid und wasserhaltiger Essigsäure (*Ma.*; *Br. et al.*).

$Kp_1$: 118—124° (*Br. et al.*); $Kp_{0,07}$: 105—106° (*Ma.*); $Kp_{0,06}$: 102—104° (*Ma.*).

Hydrochlorid $C_{14}H_{21}NO \cdot HCl$. Krystalle; F: 127—130° (*Ma.*).

Oxim $C_{14}H_{22}N_2O$. Krystalle (aus wss. A.); F: 65° (*Br. et al.*).

**4-Diäthylamino-1-[4-fluor-phenyl]-butanon-(1)**, *4-(diethylamino)-4′-fluorobutyrophenone* $C_{14}H_{20}FNO$, Formel VI (X = F).

*B.* Beim Erwärmen von 4-Diäthylamino-butyronitril mit 4-Fluor-phenylmagnesium-bromid in Äther und anschliessend mit wss. Ammoniumchlorid-Lösung (*Humphlett, Weiss, Hauser*, Am. Soc. **70** [1948] 4020).

$Kp_2$: 114—116°.

Oxim $C_{14}H_{21}FN_2O$. $Kp_2$: 156—157°.

**4-Diäthylamino-1-[4-chlor-phenyl]-butanon-(1)**, *4′-chloro-4-(diethylamino)butyrophenone* $C_{14}H_{20}ClNO$, Formel VI (X = Cl).

*B.* Beim Erwärmen von 4-Diäthylamino-butyronitril mit 4-Chlor-phenylmagnesium-bromid in Äther und anschliessend mit wss. Ammoniumchlorid-Lösung (*Humphlett, Weiss, Hauser*, Am. Soc. **70** [1948] 4020). Aus (±)-4-Diäthylamino-1-[4-chlor-phenyl]-butanol-(1) beim Erwärmen mit Chrom(VI)-oxid und wasserhaltiger Essigsäure (*Breslow et al.*, Am. Soc. **67** [1945] 1472).

$Kp_2$: 135—138° (*Hu., Weiss, Hau.*); $Kp_1$: 142—148° (*Br. et al.*).

Oxim $C_{14}H_{21}ClN_2O$. Krystalle (aus wss. A.); F: 60—61° (*Br. et al.*). $Kp_1$: 166—168° (*Hu., Weiss, Hau.*).

**1-Amino-1-phenyl-butanon-(2)** $C_{10}H_{13}NO$.

**(±)-1-Propionylamino-1-phenyl-butanon-(2), (±)-*N*-[2-Oxo-1-phenyl-butyl]-propion-amid**, (±)-N-(*α-propionylbenzyl)propionamide* $C_{13}H_{17}NO_2$, Formel VII.

*B.* Beim Erhitzen von (±)-Amino-phenyl-essigsäure mit Propionsäure-anhydrid und Pyridin (*Wiley, Borum*, Am. Soc. **70** [1948] 2005).

Krystalle (aus Xylol); F: 69,7—70,7°. $Kp_{3-4}$: 159—162°.

VII VIII IX

**1-Amino-1-phenyl-butanon-(3)** $C_{10}H_{13}NO$.

**(±)-1-Anilino-1-phenyl-butanon-(3)**, (±)-*4-anilino-4-phenylbutan-2-one* $C_{16}H_{17}NO$, Formel VIII.

*B.* Beim Erwärmen von Anilin mit Benzaldehyd und Aceton unter Zusatz von wss. Wasserstoffperoxid (*Macovski, Silberg*, J. pr. [2] **137** [1933] 131, 137). Beim Behandeln von 1*t*-Phenyl-buten-(1)-on-(3) mit Anilin in Äthanol (*Ma., Si.*, l. c. S. 138). Beim Behandeln von Benzaldehyd-[phenyl-*seqtrans*-imin] mit Aceton und mit wss. Wasserstoff-peroxid (*Ma., Si.*, l. c. S. 137) oder mit Borfluorid in Äther (*Snyder, Kornberg, Romig*, Am. Soc. **61** [1939] 3556).

Krystalle (aus Bzn. oder wss. A.); F: 91° (*Ma., Si.*), 88—89° (*Sn., Ko., Ro.*).

Beim Erhitzen mit wss. Salzsäure sowie beim Behandeln mit Schwefelsäure ist 1*t*-Phenyl-buten-(1)-on-(3) erhalten worden (*Ma., Si.*, l. c. S. 138, 139). Reaktion mit Brom in Chloroform unter Bildung von 2.4.6-Tribrom-anilin: *Ma., Si.*, l. c. S. 140. Bildung von 4-Methyl-4-styryl-imidazolidindion-(2.5) (F: 224—226°) beim Erwärmen mit Kaliumcyanid und Ammoniumcarbonat in wss. Äthanol: *Henze, Williams*, Am. Soc. **71** [1949] 2362. Überführung in 3-Methyl-1.5-diphenyl-$\Delta^2$-pyrazolin durch Erhitzen mit Phenylhydrazin und wss. Essigsäure: *Ma., Si.*, l. c. S. 139.

**2-Brom-1-[methyl-(4-methoxy-benzyl)-amino]-1-phenyl-butanon-(3)**, *3-bromo-4-[(4-methoxybenzyl)methylamino]-4-phenylbutan-2-one* $C_{19}H_{22}BrNO_2$, Formel IX.

Ein opt.-inakt. Aminoketon (F: 99°) dieser Konstitution ist beim Behandeln von 2-Brom-1-phenyl-buten-(1)-on-(3) (F: 30—31°) mit Methyl-[4-methoxy-benzyl]-amin in Petroläther unter Zusatz von Äther erhalten worden (*Cromwell, Hoeksema*, Am. Soc. **67** [1945] 1658).

**2-Amino-1-phenyl-butanon-(3)** $C_{10}H_{13}NO$.

**(±)-2-Methylamino-1-phenyl-butanon-(3)**, (±)-*3-(methylamino)-4-phenylbutan-2-one* $C_{11}H_{15}NO$, Formel X (R = $CH_3$, X = H).

*B.* Aus (±)-2-Brom-1-phenyl-butanon-(3) und Methylamin in Benzol (*Fourneau, Bar-*

*relet*, Bl. [4] **47** [1930] 72, 81).
$Kp_{20}$: ca. 150° [Zers.].
Hydrochlorid $C_{11}H_{15}NO \cdot HCl$. Krystalle (aus Acn.); F: 146°.
Pikrat. Krystalle (aus W.); F: 162°.

**(±)-2-Dimethylamino-1-phenyl-butanon-(3)**, (±)-*3-(dimethylamino)-4-phenylbutan-2-one* $C_{12}H_{17}NO$, Formel X (R = X = $CH_3$).
*B.* Aus (±)-2-Brom-1-phenyl-butanon-(3) und Dimethylamin in Benzol (*Fourneau, Barrelet*, Bl. [4] **47** [1930] 72, 80). Aus Dimethyl-benzyl-acetonyl-ammonium-chlorid beim Erhitzen mit wss. Natronlauge (*Stevens et al.*, Soc. **1930** 2119, 2121).
$Kp_{20}$: ca. 169° [Zers.] (*Fou., Ba.*).
Hydrochlorid $C_{12}H_{17}NO \cdot HCl$. Krystalle (aus Acn.); F: 173° (*Fou., Ba.*).
Pikrat $C_{12}H_{17}NO \cdot C_6H_3N_3O_7$. Gelbe Krystalle; F: 142° [aus W.] (*Fou., Ba.*), 140° bis 144° [aus A.] (*St. et al.*).

**(±)-2-Anilino-1-phenyl-butanon-(3)**, (±)-*3-anilino-4-phenylbutan-2-one* $C_{16}H_{17}NO$, Formel X (R = $C_6H_5$, X = H).
*B.* Beim Erwärmen von (±)-2-Brom-1-phenyl-butanon-(3) mit Anilin in wss. Äthanol unter Zusatz von Natriumhydrogencarbonat (*Janetzky, Verkade*, R. **64** [1945] 129, 135).
$Kp_{3,5}$: 183–184°; $Kp_1$: 162–163°.
Beim Erhitzen mit Anilin-hydrochlorid auf 150° ist 3-Methyl-2-benzyl-indol erhalten worden. Bildung von 3-Methyl-2-benzyl-indol und geringen Mengen 1.2-Dimethyl-3-benzyl-indol beim Erhitzen mit *N*-Methyl-anilin unter Zusatz von wss. Salzsäure: *Ja., Ve.*, l. c. S. 137. Bildung von 3.5-Dimethyl-2-benzyl-indol beim Erhitzen mit *p*-Toluidin unter Zusatz von wss. Salzsäure: *Ja., Ve.*, l. c. S. 137.

**(±)-2-[*N*-Methyl-anilino]-1-phenyl-butanon-(3)**, (±)-*3-(N-methylanilino)-4-phenylbutan-2-one* $C_{17}H_{19}NO$, Formel X (R = $C_6H_5$, X = $CH_3$).
*B.* Beim Erwärmen von (±)-2-Brom-1-phenyl-butanon-(3) mit *N*-Methyl-anilin in Äthanol unter Zusatz von Natriumhydrogencarbonat (*Janetzky, Verkade*, R. **64** [1945] 129, 135).
$Kp_1$: 163–165°.

X XI XII

**4-Amino-1-phenyl-butanon-(3)**, *1-amino-4-phenylbutan-2-one* $C_{10}H_{13}NO$, Formel XI (R = H).
*B.* Beim Behandeln von 3-Oxo-5-phenyl-valeriansäure-äthylester mit Äthylnitrit in Essigsäure unter Zusatz von wss. Salzsäure, Behandeln des erhaltenen 3-Oxo-2-hydroxyimino-5-phenyl-valeriansäure-äthylesters mit Zinn(II)-chlorid und wss. Salzsäure und Erhitzen des Reaktionsprodukts mit wss. Salzsäure (*Pascual, Carreras*, An. Soc. españ. **43** [1947] 51). Aus *N*-[2-Oxo-4-phenyl-butyl]-phthalamidsäure beim Erhitzen mit wss. Salzsäure (*Henze, Shown*, Am. Soc. **69** [1947] 1662, 1665).
Beim Behandeln des Hydrochlorids mit Natriumcarbonat in sauerstofffreiem Wasser ist 2.5-Diphenäthyl-1.4-dihydro-pyrazin erhalten worden (*He., Sh.*).
Hydrochlorid $C_{10}H_{13}NO \cdot HCl$. Krystalle; F: 201–202° [Zers.] (*Pa., Ca.*), 139–141° [aus Pentanol-(1)] (*He., Sh.*).

**4-Dimethylamino-1-phenyl-butanon-(3)**, *1-(dimethylamino)-4-phenylbutan-2-one* $C_{12}H_{17}NO$, Formel XI (R = $CH_3$).
*B.* Beim Behandeln von 4-Chlor-1-phenyl-butanon-(3) mit Dimethylamin-hydrochlorid und Natriumcarbonat in wss. Aceton (*Henze, Holder*, Am. Soc. **63** [1941] 1943).
$Kp_{3,5}$: 106–107°. $D_4^{20}$: 0,9822. $n_D^{20}$: 1,5070.
Pikrat $C_{12}H_{17}NO \cdot C_6H_3N_3O_7$. F: 118–119° [korr.].

**4-Diäthylamino-1-phenyl-butanon-(3)**, *1-(diethylamino)-4-phenylbutan-2-one* $C_{14}H_{21}NO$, Formel XI (R = $C_2H_5$).
*B.* Beim Behandeln von 4-Chlor-1-phenyl-butanon-(3) mit Diäthylamin in Äther oder

Benzol (*Henze, Holder*, Am. Soc. **63** [1941] 1943).
$Kp_4$: 119°. $D_4^{20}$: 0,9669. $n_D^{20}$: 1,5030.
Pikrat $C_{14}H_{21}NO \cdot C_6H_3N_3O_7$. F: 104,5—105,5° [korr.].

**4-Dipropylamino-1-phenyl-butanon-(3)**, *1-(dipropylamino)-4-phenylbutan-2-one* $C_{16}H_{25}NO$, Formel XI (R = $CH_2$-$CH_2$-$CH_3$).
*B.* Beim Behandeln von 4-Chlor-1-phenyl-butanon-(3) mit Dipropylamin in Äther oder Benzol (*Henze, Holder*, Am. Soc. **63** [1941] 1943).
$Kp_4$: 136—138°. $D_4^{20}$: 0,9447. $n_D^{20}$: 1,4959.
Pikrat $C_{16}H_{25}NO \cdot C_6H_3N_3O_7$. F: 116,5—117,5° [korr.].

**4-Dibutylamino-1-phenyl-butanon-(3)**, *1-(dibutylamino)-4-phenylbutan-2-one* $C_{18}H_{29}NO$, Formel XI (R = $[CH_2]_3$-$CH_3$).
*B.* Beim Behandeln von 4-Chlor-1-phenyl-butanon-(3) mit Dibutylamin in Äther oder Benzol (*Henze, Holder*, Am. Soc. **63** [1941] 1943).
$Kp_{5,5}$: 159—160°. $D_4^{20}$: 0,9329. $n_D^{20}$: 1,4927.
Pikrat $C_{18}H_{29}NO \cdot C_6H_3N_3O_7$. F: 99—100°.

**4-Diisopentylamino-1-phenyl-butanon-(3)**, *1-(diisopentylamino)-4-phenylbutan-2-one* $C_{20}H_{33}NO$, Formel XI (R = $CH_2$-$CH_2$-$CH(CH_3)_2$).
*B.* Beim Behandeln von 4-Chlor-1-phenyl-butanon-(3) mit Diisopentylamin in Äther oder Benzol (*Henze, Holder*, Am. Soc. **63** [1941] 1943).
$Kp_4$: 161—163°. $D_4^{20}$: 0,9259. $n_D^{20}$: 1,4900.

***N*-[2-Oxo-4-phenyl-butyl]-phthalamidsäure**, N-*(2-oxo-4-phenylbutyl)phthalamic acid* $C_{18}H_{17}NO_4$, Formel XII.
*B.* Aus 4-Phthalimido-1-phenyl-butanon-(3) beim Erwärmen mit äthanol. Kalilauge (*Henze, Shown*, Am. Soc. **69** [1947] 1662, 1664).
Krystalle (aus Bzl.); F: 124,6—125,5°.

**1.2-Diamino-1-phenyl-butanon-(3)** $C_{10}H_{14}N_2O$.

**1.2-Bis-[methyl-benzyl-amino]-1-phenyl-butanon-(3)**, *3,4-bis(benzylmethylamino)-4-phenylbutan-2-one* $C_{26}H_{30}N_2O$, Formel I (R = X = H).
Eine opt.-inakt. Verbindung (Krystalle [aus A.], F: 106—108°) dieser Konstitution ist beim Behandeln von (*1RS:2SR*)-1.2-Dibrom-1-phenyl-butanon-(3) oder von 2-Brom-1-phenyl-buten-(1)-on-(3) (F: 30—31°) mit Methyl-benzyl-amin in Äthanol bzw. in Äther und Petroläther erhalten worden (*Cromwell, Witt*, Am. Soc. **65** [1943] 308, 310).

**1.2-Bis-[methyl-salicyl-amino]-1-phenyl-butanon-(3)**, *3,4-bis(methylsalicylamino)-4-phenylbutan-2-one* $C_{26}H_{30}N_2O_3$, Formel I (R = H, X = OH).
Eine opt.-inakt. Verbindung (Krystalle [aus $CHCl_3$ + PAe.], F: 163°) dieser Konstitution ist beim Erwärmen von 2-Brom-1-phenyl-buten-(1)-on-(3) (F: 30—31°) mit 2-[Methylamino-methyl]-phenol in Äthanol erhalten worden (*Cromwell, Hoeksema*, Am. Soc. **67** [1945] 1658).

I II III

**1.2-Bis-[methyl-(2-methoxy-benzyl)-amino]-1-phenyl-butanon-(3)**, *3,4-bis[(2-methoxybenzyl)methylamino]-4-phenylbutan-2-one* $C_{28}H_{34}N_2O_3$, Formel I (R = H, X = $OCH_3$).
Eine opt.-inakt. Verbindung (F: 114°) dieser Konstitution ist beim Erwärmen von (*1RS:2SR*)-1.2-Dibrom-1-phenyl-butanon-(3) mit Methyl-[2-methoxy-benzyl]-amin in Äthanol erhalten worden (*Cromwell, Hoeksema*, Am. Soc. **67** [1945] 1658).

**1.2-Bis-[methyl-(4-methoxy-benzyl)-amino]-1-phenyl-butanon-(3)**, *3,4-bis[(4-methoxybenzyl)methylamino]-4-phenylbutan-2-one* $C_{28}H_{34}N_2O_3$, Formel I (R = $OCH_3$, X = H).
Eine opt.-inakt. Verbindung (F: 103°) dieser Konstitution ist beim Erwärmen von

(1*RS*:2*SR*)-1.2-Dibrom-1-phenyl-butanon-(3) mit Methyl-[4-methoxy-benzyl]-amin in Äthanol erhalten worden (*Cromwell, Hoeksema*, Am. Soc. **67** [1945] 1658).

**2-Amino-2-methyl-1-phenyl-propanon-(1),** α-Amino-isobutyrophenon $C_{10}H_{13}NO$.

**2-Methylamino-2-methyl-1-phenyl-propanon-(1),** *2-methyl-2-(methylamino)propiophenone* $C_{11}H_{15}NO$, Formel II (R = H).

*B.* Neben 2-Hydroxy-2-methyl-1-phenyl-propanon-(1) beim Behandeln von 2-Brom-2-methyl-1-phenyl-propanon-(1) mit Methylamin in Benzol und Erwärmen des Reaktionsgemisches mit wss. Salzsäure (*Mannich, Budde*, Ar. **271** [1933] 51, 53).

Hydrochlorid $C_{11}H_{15}NO \cdot HCl$. Krystalle (aus Isopropylalkohol); F: 215°.

**2-Dimethylamino-2-methyl-1-phenyl-propanon-(1),** *2-(dimethylamino)-2-methylpropiophenone* $C_{12}H_{17}NO$, Formel II (R = $CH_3$).

*B.* In geringer Menge beim Erhitzen von 2-Brom-2-methyl-1-phenyl-propanon-(1) mit Dimethylamin in Äthanol (*Thomson, Stevens*, Soc. **1932** 1932, 1937).

$Kp_3$: 87° (*Perrine*, J. org. Chem. **18** [1953] 898, 902).

Pikrat $C_{12}H_{17}NO \cdot C_6H_3N_3O_7$. Gelbe Krystalle (aus Me.); F: 189,5—190,5° (*Pe.*), 153° bis 155° (*Th., St.*).

**3-Amino-2-methyl-1-phenyl-propanon-(1),** β-Amino-isobutyrophenon $C_{10}H_{13}NO$.

**(±)-3-Dimethylamino-2-methyl-1-phenyl-propanon-(1),** (±)-*3-(dimethylamino)-2-methylpropiophenone* $C_{12}H_{17}NO$, Formel III.

*B.* Beim Erwärmen von Propiophenon mit Dimethylamin-hydrochlorid und Paraformaldehyd in Äthanol unter Zusatz von wss. Salzsäure (*Knott*, Soc. **1947** 1190, 1193; *Burckhalter, Fuson*, Am. Soc. **70** [1948] 4184).

Hydrochlorid $C_{12}H_{17}NO \cdot HCl$. Krystalle; F: 152—154° [aus A. + Acn.] (*Morrison, Rinderknecht*, Soc. **1950** 1510, 1512), 150—154° [aus Acn.] (*Bu., Fu.*), 142,5° [unkorr.; aus A. + Ae.] (*Kn.*).

**3-Amino-1-*o*-tolyl-propanon-(1)** $C_{10}H_{13}NO$.

**3-Amino-1-[4.5-dichlor-2-methyl-phenyl]-propanon-(1),** 4.5-Dichlor-β-amino-2-methyl-propiophenon, *3-amino-4',5'-dichloro-2'-methylpropiophenone* $C_{10}H_{11}Cl_2NO$, Formel IV (R = H).

*B.* Aus 3-Phthalimido-1-[4.5-dichlor-2-methyl-phenyl]-propanon-(1) beim Erhitzen mit wss. Salzsäure und Essigsäure (*Lutz et al.*, J. org. Chem. **12** [1947] 96, 106).

Hydrochlorid $C_{10}H_{11}Cl_2NO \cdot HCl$. Krystalle (aus A.); F: 184—185° [korr.].

**3-[2.4-Dihydroxy-3.3-dimethyl-butyrylamino]-1-[4.5-dichlor-2-methyl-phenyl]-propanon-(1), 2.4-Dihydroxy-3.3-dimethyl-*N*-[3-oxo-3-(4.5-dichlor-2-methyl-phenyl)-propyl]-butyramid, *N*-[3-Oxo-3-(4.5-dichlor-2-methyl-phenyl)-propyl]-pantamid,** N-*[3-(4,5-dichloro-*o*-tolyl)-3-oxopropyl]-2,4-dihydroxy-3,3-dimethylbutyramide* $C_{16}H_{21}Cl_2NO_4$, Formel IV (R = CO-CH(OH)-C($CH_3$)$_2$-$CH_2$OH).

Ein rechtsdrehendes Präparat (Öl; $[\alpha]_D^{23}$: +17° [A.; c = 2]) ist beim Erwärmen von 3-Amino-1-[4.5-dichlor-2-methyl-phenyl]-propanon-(1) mit nicht näher bezeichnetem Pantolacton (2.4-Dihydroxy-3.3-dimethyl-buttersäure-4-lacton) erhalten worden (*Lutz et al.*, J. org. Chem. **12** [1947] 96, 106).

IV

V

**(±)-2-Amino-1-*p*-tolyl-propanon-(1),** (±)-α-Amino-4-methyl-propiophenon, (±)-*2-amino-4'-methylpropiophenone* $C_{10}H_{13}NO$, Formel V.

*B.* Beim Behandeln von 2-Hydroxyimino-1-*p*-tolyl-propanon-(1) mit Zinn(II)-chlorid und wss. Salzsäure (*Tiffeneau, Lévy, Ditz*, Bl. [5] **2** [1935] 1848, 1853).

Beim Behandeln des Hydrochlorids mit wss. Natronlauge oder wss. Ammoniak und anschliessenden Oxydieren ist 2.5-Dimethyl-3.6-di-*p*-tolyl-pyrazin erhalten worden.

Hydrochlorid $C_{10}H_{13}NO \cdot HCl$. F: 247°.

**3-Amino-1-*p*-tolyl-propanon-(1),** *β*-Amino-4-methyl-propiophenon, *3-amino-4'-methylpropiophenone* $C_{10}H_{13}NO$, Formel VI (R = H).

*B.* Aus 3-Phthalimido-1-*p*-tolyl-propanon-(1) beim Erhitzen mit wss. Salzsäure und Essigsäure (*Lutz et al.*, J. org. Chem. **12** [1947] 96, 104).

Hydrochlorid $C_{10}H_{13}NO \cdot HCl$. Krystalle (aus A. + Acn.); F: 182–186° [korr.].

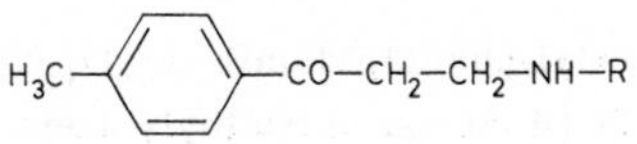

VI 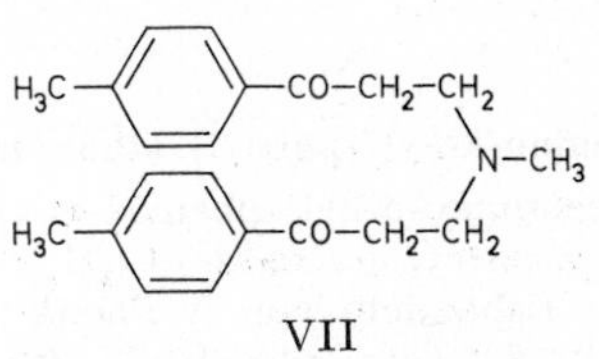 VII

**3-Anilino-1-*p*-tolyl-propanon-(1),** *3-anilino-4'-methylpropiophenone* $C_{16}H_{17}NO$, Formel VI (R = $C_6H_5$).

*B.* Beim Erhitzen von 3-Chlor-1-*p*-tolyl-propanon-(1) mit Anilin in Wasser (*Kenner, Statham*, Soc. **1935** 299, 301).

F: 120°.

**Methyl-bis-[3-oxo-3-*p*-tolyl-propyl]-amin,** *4',4'''-dimethyl-3,3''-(methylimino)dipropiophenone* $C_{21}H_{25}NO_2$, Formel VII.

*B.* Beim Erwärmen von 1-*p*-Tolyl-äthanon-(1) mit Paraformaldehyd und Methylamin-hydrochlorid (*Plati, Schmidt, Wenner*, J. org. Chem. **14** [1949] 873, 876).

Hydrochlorid $C_{21}H_{25}NO_2 \cdot HCl$. Krystalle (aus A.); F: 159–160°.

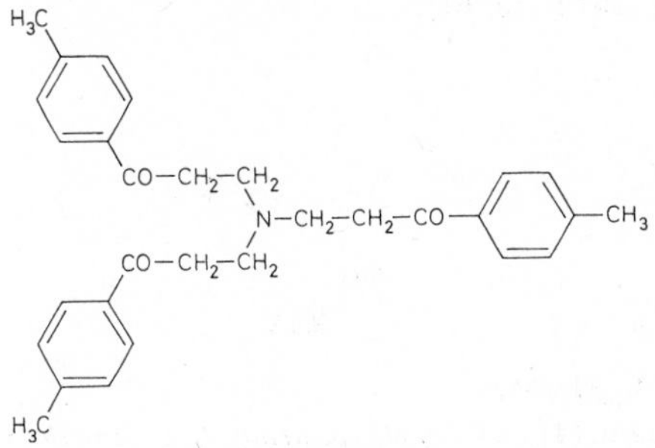

VIII 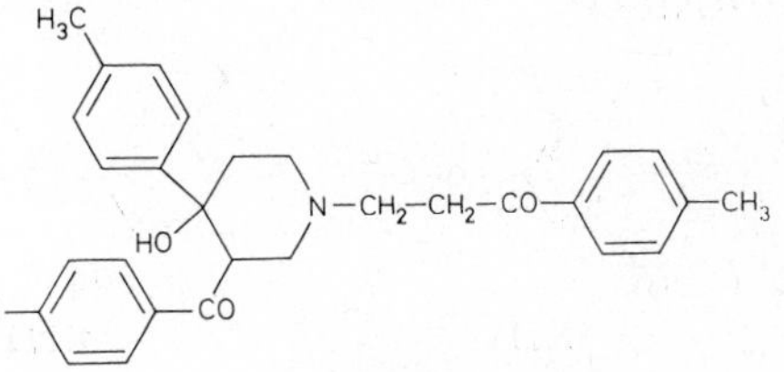 IX

**Tris-[3-oxo-3-*p*-tolyl-propyl]-amin,** *4',4''',4'''''-trimethyl-3,3'',3''''-nitrilotripropiophenone* $C_{30}H_{33}NO_3$, Formel VIII.

Für die nachstehend beschriebene Verbindung ist auf Grund ihrer Bildungsweise auch eine Formulierung als 4-Hydroxy-1-[3-oxo-3-*p*-tolyl-propyl]-4-*p*-tolyl-3-*p*-toluoyl-piperidin ($C_{30}H_{33}NO_3$; Formel IX) in Betracht zu ziehen (vgl. diesbezüglich *Mannich, Abdullah*, B. **68** [1935] 113, 120).

*B.* Aus 3-Amino-1-*p*-tolyl-propanon-(1) beim Erwärmen (*Lutz et al.*, J. org. Chem. **12** [1947] 96, 104).

Krystalle (aus A.); F: 126–128° [korr.].

**3-[2.4-Dihydroxy-3.3-dimethyl-butyrylamino]-1-*p*-tolyl-propanon-(1), 2.4-Dihydroxy-3.3-dimethyl-*N*-[3-oxo-3-*p*-tolyl-propyl]-butyramid,** *2,4-dihydroxy-3,3-dimethyl-*N*-(3-oxo-3-*p*-tolylpropyl)butyramide* $C_{16}H_{23}NO_4$.

**(*R*)-2.4-Dihydroxy-3.3-dimethyl-*N*-[3-oxo-3-*p*-tolyl-propyl]-butyramid, *N*-[3-Oxo-3-*p*-tolyl-propyl]-D-pantamid,** Formel X.

*B.* Beim Erwärmen von 3-Amino-1-*p*-tolyl-propanon-(1) mit D-Pantolacton [(*R*)-2.4-Dihydroxy-3.3-dimethyl-buttersäure-lacton] (*Lutz et al.*, J. org. Chem. **12** [1947] 96, 104).

Krystalle (aus Bzl.); F: 88–90°. $[\alpha]_D^{22}$: +41,1° [A.; c = 2].

X XI

**1-[4-(2-Amino-äthyl)-phenyl]-äthanon-(1), 4-Acetyl-phenäthylamin** $C_{10}H_{13}NO$.

**1-[4-(2-Acetamino-äthyl)-phenyl]-äthanon-(1), *N*-[4-Acetyl-phenäthyl]-acetamid,** N-*(4-acetylphenethyl)acetamide* $C_{12}H_{15}NO_2$, Formel XI.

*B.* Beim Behandeln von *N*-Phenäthyl-acetamid mit Acetylbromid und Aluminiumchlorid in 1.1.2.2-Tetrachlor-äthan (*Blicke, Lilienfeld*, Am. Soc. **65** [1943] 2377).

Krystalle (aus Xylol); F: 99—101°. $Kp_3$: 214—216°.

**1-[6-Amino-3.4-dimethyl-phenyl]-äthanon-(1),** 6-Amino-3.4-dimethyl-acetophenon, *2'-amino-4',5'-dimethylacetophenone* $C_{10}H_{13}NO$, Formel XII.

*B.* Aus 2-Chlor-1-[6-amino-3.4-dimethyl-phenyl]-äthanon-(1) (E I 382) beim Erwärmen mit Zink und Äthanol (*Schofield, Swain, Theobald*, Soc. **1949** 2399, 2402).

Krystalle (aus wss. A.); F: 125—126° [unkorr.].

**2-Amino-1-[2.5-dimethyl-phenyl]-äthanon-(1)** $C_{10}H_{13}NO$.

**2-Dimethylamino-1-[2.5-dimethyl-phenyl]-äthanon-(1),** *2-(dimethylamino)-2',5'-dimethylacetophenone* $C_{12}H_{17}NO$, Formel XIII ($R = H$, $X = CH_3$).

*B.* Beim Erwärmen von *N.N*-Dimethyl-glycin-dimethylamid mit 2.5-Dimethyl-phenylmagnesium-bromid in Äther (*Eidebenz*, Ar. **280** [1942] 49, 61).

$Kp_{11}$: 144°.

XII XIII XIV

**2-Amino-1-[2.4-dimethyl-phenyl]-äthanon-(1)** $C_{10}H_{13}NO$.

**2-Dimethylamino-1-[2.4-dimethyl-phenyl]-äthanon-(1),** *2-(dimethylamino)-2',4'-dimethylacetophenone* $C_{12}H_{17}NO$, Formel XIII ($R = CH_3$, $X = H$).

*B.* Beim Erwärmen von *N.N*-Dimethyl-glycin-dimethylamid mit 2.4-Dimethyl-phenylmagnesium-bromid in Äther (*Chem. Werke Albert*, D.R.P. 651543, 681849 [1936]; Frdl. **24** 364, **25** 343).

$Kp_{11-13}$: 144—146°.

**2-Anilino-1-[2.4-dimethyl-phenyl]-äthanon-(1),** *2-anilino-2',4'-dimethylacetophenone* $C_{16}H_{17}NO$, Formel XIV.

*B.* Aus 2-Brom-1-[2.4-dimethyl-phenyl]-äthanon-(1) und Anilin (*de Diesbach, Moser*, Helv. **20** [1937] 132, 136).

Gelbe Krystalle (aus A.); F: 86°.

## Amino-Derivate der Oxo-Verbindungen $C_{11}H_{14}O$

**2-Amino-1-phenyl-pentanon-(1),** α-Amino-valerophenon $C_{11}H_{15}NO$.

**(±)-2-Methylamino-1-phenyl-pentanon-(1),** (±)-*2-(methylamino)valerophenone* $C_{12}H_{17}NO$, Formel I (E II 43).

*B.* Beim Behandeln von Valerophenon mit einer aus Methylamin und Brom hergestellten wss. oder äthanol. Lösung, auch unter Zusatz von Natriumhydroxid (*Kamlet*, U.S.P. 2155194 [1938]).

Hydrochlorid (E II 43). F: 181°.

I II III

**5-Amino-1-phenyl-pentanon-(2)** $C_{11}H_{15}NO$.

**5-Diäthylamino-1-phenyl-pentanon-(2),** *5-(diethylamino)-1-phenylpentan-2-one* $C_{15}H_{23}NO$, Formel II.

*B.* Beim Behandeln der Natrium-Verbindung des 4-Phenyl-acetessigsäure-äthylesters mit Diäthyl-[2-chlor-äthyl]-amin in Dioxan und Erwärmen des Reaktionsprodukts mit wss. Schwefelsäure (*Breslow et al.*, Am. Soc. **67** [1945] 1472, 1473, 1474).

$Kp_5$: 173—178°.

Oxim $C_{15}H_{24}N_2O$. $Kp_1$: 167—171°.

**1-Amino-1-phenyl-pentanon-(3)** $C_{11}H_{15}NO$.

**(±)-1-Anilino-1-phenyl-pentanon-(3),** *(±)-1-anilino-1-phenylpentan-3-one* $C_{17}H_{19}NO$, Formel III (H 67; dort als Äthyl-[β-anilino-β-phenyl-äthyl]-keton bezeichnet).

*B.* Beim Behandeln von Benzaldehyd-[phenyl-*seqtrans*-imin] mit Butanon und Bor= fluorid in Äther (*Snyder, Kornberg, Romig*, Am. Soc. **61** [1939] 3556; vgl. H 67).

Krystalle (aus Bzn.); F: 120—121°.

**2-Amino-1-phenyl-pentanon-(3)** $C_{11}H_{15}NO$.

**(±)-2-Propionylamino-1-phenyl-pentanon-(3), (±)-*N*-[2-Oxo-1-benzyl-butyl]-propionamid,** (±)-N-(*α-propionylphenethyl)propionamide* $C_{14}H_{19}NO_2$, Formel IV.

*B.* Beim Erhitzen von DL-Phenylalanin mit Propionsäure-anhydrid und Pyridin auf 140° (*Cleland, Niemann*, Am. Soc. **71** [1949] 841).

Krystalle (aus wss. Acn.); F: 67—68°.

2.4-Dinitro-phenylhydrazon (F: 153—154° [korr.]): *Cl., Nie.*

Oxim $C_{14}H_{20}N_2O_2$. Krystalle (aus A.); F: 152—153° [korr.].

IV V VI

**1-Amino-2-phenyl-pentanon-(4)** $C_{11}H_{15}NO$.

**(±)-1-Benzamino-2-phenyl-pentanon-(4), (±)-*N*-[4-Oxo-2-phenyl-pentyl]-benzamid,** (±)-N-(*β-acetonylphenethyl)benzamide* $C_{18}H_{19}NO_2$, Formel V.

*B.* Beim Schütteln von (±)-2-Methyl-4-phenyl-$\Delta^2$-pyrrolin mit Benzoylchlorid und wss. Natronlauge (*Sonn*, B. **68** [1935] 148, 150).

Krystalle (aus A.); F: 124° [nach Sintern].

**2-Aminomethyl-1-phenyl-butanon-(1)** $C_{11}H_{15}NO$.

**(±)-2-[Dimethylamino-methyl]-1-phenyl-butanon-(1), (±)-3-Dimethylamino-2-äthyl-1-phenyl-propanon-(1),** (±)-*2-[(dimethylamino)methyl]butyrophenone* $C_{13}H_{19}NO$, Formel VI.

*B.* Aus Butyrophenon, Dimethylamin und Paraformaldehyd (*Burckhalter, Fuson*, Am. Soc. **70** [1948] 4184).

Hydrochlorid $C_{13}H_{19}NO \cdot HCl$. Krystalle (aus Acn.); F: 140—141°.

**2-Amino-2-methyl-1-phenyl-butanon-(3)** $C_{11}H_{15}NO$.

**(±)-2-Anilino-2-methyl-1-phenyl-butanon-(3),** (±)-*3-anilino-3-methyl-4-phenylbutan-2-one* $C_{17}H_{19}NO$, Formel VII (X = O).

*B.* Aus (±)-2-Anilino-2-methyl-1-phenyl-butanon-(3)-phenylimin beim Behandeln mit wss. Salzsäure (*Garry*, A. ch. [11] **17** [1942] 5, 44).

Krystalle (aus PAe. + Ae.); F: 74°. $Kp_{16}$: 208—210°. UV-Spektrum: *Ga.*, l. c. S. **40**.

Beim Erhitzen mit Zinkchlorid auf 180° sind 2.3-Dimethyl-3-benzyl-3*H*-indol sowie geringe Mengen Anilin und Phenyl-benzyl-amin erhalten worden (*Ga.*, l. c. S. 79). Bildung von 2.3-Dimethyl-indol und geringen Mengen Phenyl-benzyl-amin beim Erhitzen mit Anilin und Anilin-hydrochlorid auf 180°: *Ga.*, l. c. S. 78.

Pikrat $C_{17}H_{19}NO \cdot C_6H_3N_3O_7$. Gelbe Krystalle (aus A.); F: 125°.

Oxim $C_{17}H_{20}N_2O$. F: 178° (aus Bzl.). UV-Spektrum: *Ga.*, l. c. S. 42.

**(±)-2-Anilino-2-methyl-1-phenyl-butanon-(3)-phenylimin,** (±)-*α-methyl-N-phenyl-α-(N-phenylacetimidoyl)phenethylamine* $C_{23}H_{24}N_2$, Formel VII (X = N-$C_6H_5$).

*B.* Beim Behandeln von Butandion-bis-phenylimin mit Benzylmagnesiumchlorid in Äther (*Garry*, A. ch. [11] **17** [1942] 5, 43).

Krystalle (aus PAe.); F: 100°. UV-Spektrum: *Ga.*, l. c. S. 41.

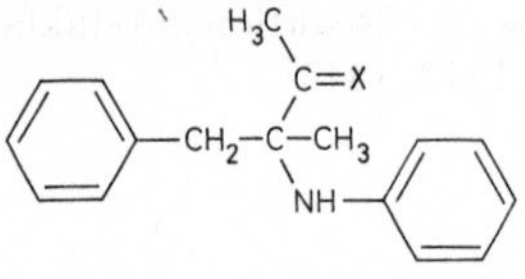

VII 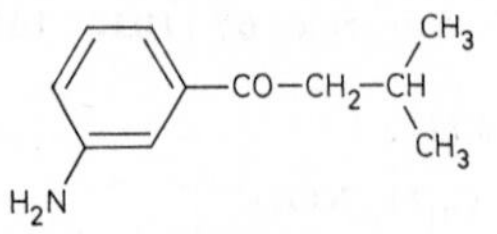 VIII 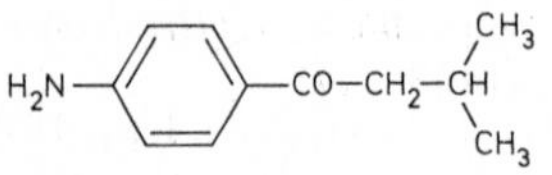 IX

**2-Methyl-4-[3-amino-phenyl]-butanon-(4),** 3-Amino-isovalerophenon, *3'-amino-3-methylbutyrophenone* $C_{11}H_{15}NO$, Formel VIII.

*B.* Beim Behandeln von Isovalerophenon mit Salpetersäure unterhalb 0° und Erhitzen des Reaktionsprodukts mit Zinn und wss. Salzsäure (*Gibson, Levin*, Soc. **1931** 2388, 2398).

$Kp_{14}$: 179—181°.

**2-Methyl-4-[4-amino-phenyl]-butanon-(4),** 4-Amino-isovalerophenon, *4'-amino-3-methylbutyrophenone* $C_{11}H_{15}NO$, Formel IX.

*B.* Beim Erwärmen von Acetanilid mit Isovalerylchlorid und Aluminiumchlorid und Erhitzen des Reaktionsprodukts mit wss. Salzsäure (*I.G. Farbenind.*, D.R.P. **715930** [1939]; D.R.P. Org. Chem. **6** 2019).

F: 88—90°.

**3-Amino-2-methyl-4-phenyl-butanon-(4),** α-Amino-isovalerophenon $C_{11}H_{15}NO$.

**(±)-3-Methylamino-2-methyl-4-phenyl-butanon-(4),** (±)-*3-methyl-2-(methylamino)butyrophenone* $C_{12}H_{17}NO$, Formel X.

*B.* Beim Behandeln von (±)-3-Brom-2-methyl-4-phenyl-butanon-(4) mit Methylamin in Benzol (*Fourneau, Barrelet*, Bl. [4] **47** [1930] 72, 79).

Hydrochlorid $C_{12}H_{17}NO \cdot HCl$. Krystalle (aus A. + Acn.); F: 211° [Zers.].

Pikrat. Gelbe Krystalle (aus wss. A.); F: 144°.

**5-Amino-3-phenyl-pentanon-(2)** $C_{11}H_{15}NO$.

**(±)-5-Diäthylamino-3-phenyl-pentanon-(2),** (±)-*5-(diethylamino)-3-phenylpentan-2-one* $C_{15}H_{23}NO$, Formel XI.

*B.* Beim Erhitzen von Phenylaceton mit Diäthyl-[2-chlor-äthyl]-amin und Natriumamid in Toluol (*Brown, Cook, Heilbron*, Soc. **1949** Spl. 106, 108).

$Kp_{0,1}$: 102—105°. $n_D^{24}$: 1,4958.

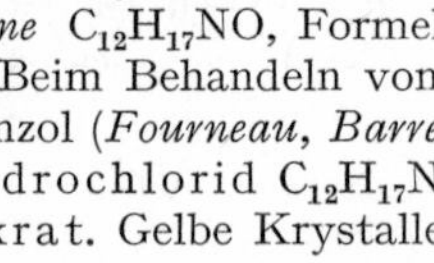

X 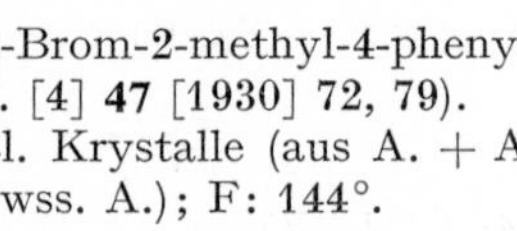 XI 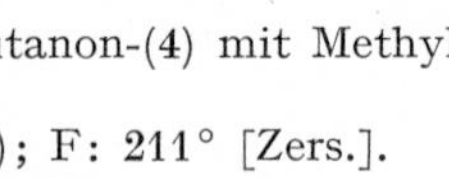 XII

**-Amino-2.2-dimethyl-1-phenyl-propanon-(1),** ω-Amino-pivalophenon $C_{11}H_{15}NO$.

**3-Dimethylamino-2.2-dimethyl-1-phenyl-propanon-(1),** *3-(dimethylamino)-2,2-dimethylpropiophenone* $C_{13}H_{19}NO$, Formel XII (X = N($CH_3$)$_2$).

*B.* Beim Erwärmen von 3-Dimethylamino-2.2-dimethyl-propionylchlorid-hydrochlorid mit Benzol und Aluminiumchlorid (*E. Merck*, D.R.P. 629054 [1934]; Frdl. **23** 584; *Merck & Co. Inc.*, U.S.P. 2370015 [1941]). Beim Erhitzen von Isobutyrophenon mit Dimethylamin-hydrochlorid und Paraformaldehyd (*Snyder, Brewster*, Am. Soc. **71** [1949] 1061).

$Kp_{2,5}$: 103—105°; $Kp_1$: 83—84° (*Sn.*, *Br.*). $n_D^{20}$: 1,5128 (*Sn.*, *Br.*).

Beim Erhitzen mit wss. Salzsäure sowie beim Erwärmen mit Natriumcyanid in wss. Äthanol ist Isobutyrophenon erhalten worden (*Sn.*, *Br.*).

Hydrochlorid. Krystalle; F: 144° [aus A.] (*E. Merck*; *Merck & Co. Inc.*), 143—144° [korr.] (*Sn.*, *Br.*).

**Trimethyl-[3-oxo-2.2-dimethyl-3-phenyl-propyl]-ammonium,** *(2,2-dimethyl-3-oxo-3-phenylpropyl)trimethylammonium* $[C_{14}H_{22}NO]^{\oplus}$, Formel XII (X = $N(CH_3)_3]^{\oplus}$).

**Jodid** $[C_{14}H_{22}NO]I$. *B.* Aus 3-Dimethylamino-2.2-dimethyl-1-phenyl-propanon-(1) beim Behandeln mit Methyljodid (*Snyder*, *Brewster*, Am. Soc. **71** [1949] 1061). — Krystalle (aus A. + Ae.); F: 122—122,5° [korr.].

**3-Amino-2.2-dimethyl-3-phenyl-propionaldehyd** $C_{11}H_{15}NO$.

**(±)-3-Anilino-2.2-dimethyl-3-phenyl-propionaldehyd-phenylimin,** (±)-α-*[1,1-dimethyl-2-(phenylimino)ethyl]*-N-*phenylbenzylamine* $C_{23}H_{24}N_2$, Formel I (R = H).

*B.* Neben einer Verbindung $C_{31}H_{38}N_2O$ vom F: 110° bei mehrtägigem Behandeln von Benzaldehyd-[phenyl-*seqtrans*-imin] mit Isobutyraldehyd in Äthanol (*Mayer*, Bl. [5] **7** [1940] 481, 483).

Krystalle (aus Ae.); F: 165°.

**(±)-3-*p*-Toluidino-2.2-dimethyl-3-phenyl-propionaldehyd-*p*-tolylimin,** (±)-α-*[1,1-dimethyl-2-(*p*-tolylimino)ethyl]*-N-p-*tolylbenzylamine* $C_{25}H_{28}N_2$, Formel I (R = $CH_3$).

*B.* Bei mehrwöchigem Behandeln von Benzaldehyd-[*p*-tolyl-*seqtrans*-imin] mit Isobutyraldehyd in Äthanol (*Mayer*, Bl. [5] **7** [1940] 481, 484).

Krystalle; F: 175°.

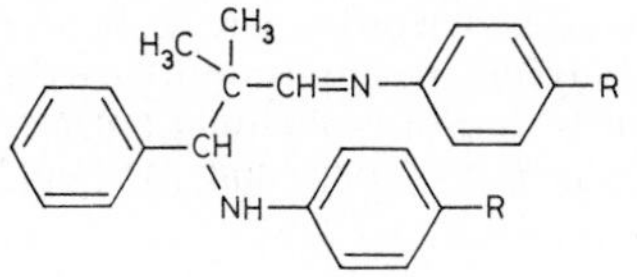

I 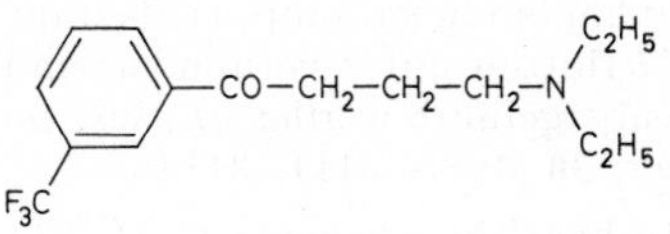 II

**4-Amino-1-*m*-tolyl-butanon-(1)** $C_{11}H_{15}NO$.

**4-Diäthylamino-1-[3-trifluormethyl-phenyl]-butanon-(1),** *4-(diethylamino)-3'-(trifluoromethyl)butyrophenone* $C_{15}H_{20}F_3NO$, Formel II.

*B.* Aus 4-Diäthylamino-butyronitril und 3-Trifluormethyl-phenylmagnesium-bromid in Äther (*Humphlett*, *Weiss*, *Hauser*, Am. Soc. **70** [1948] 4020, 4022). Beim Erwärmen der Natrium-Verbindung des 3-Oxo-3-[3-trifluormethyl-phenyl]-propionsäure-äthylesters mit Diäthyl-[2-chlor-äthyl]-amin in Benzol und Erhitzen des Reaktionsprodukts mit wss. Schwefelsäure (*Hu.*, *Weiss*, *Hau.*).

$Kp_5$: 137—138°.

Oxim $C_{15}H_{21}F_3N_2O$. $Kp_3$: 172—174°.

**1-[4-(2-Amino-propyl)-phenyl]-äthanon-(1)** $C_{11}H_{15}NO$.

**(±)-1-[4-(2-Acetamino-propyl)-phenyl]-äthanon-(1), (±)-*N*-[1-Methyl-2-(4-acetyl-phenyl)-äthyl]-acetamid,** (±)-N-*(4-acetyl-α-methylphenethyl)acetamide* $C_{13}H_{17}NO_2$, Formel III.

*B.* Beim Erwärmen von (±)-*N*-[1-Methyl-2-phenyl-äthyl]-acetamid mit Acetylbromid und Aluminiumchlorid in 1.1.2.2-Tetrachlor-äthan (*Blicke*, *Lilienfeld*, Am. Soc. **65** [1943] 2377).

F: 97—99° [nach Destillation bei 206—208°/3 Torr].

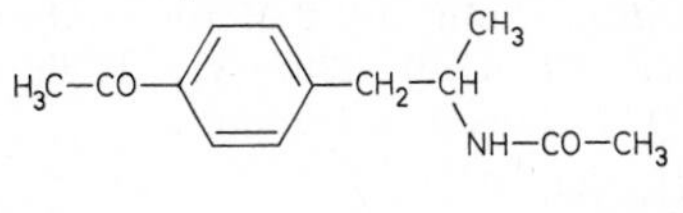

III 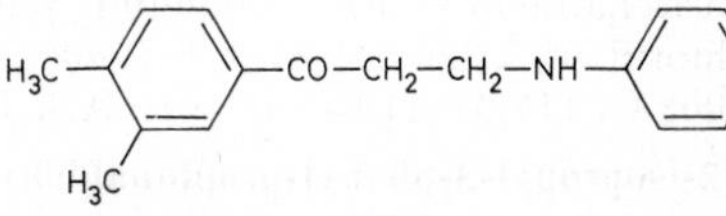 IV

**3-Amino-1-[3.4-dimethyl-phenyl]-propanon-(1)** $C_{11}H_{15}NO$.

**3-Anilino-1-[3.4-dimethyl-phenyl]-propanon-(1),** *3-anilino-3',4'-dimethylpropiophenone* $C_{17}H_{19}NO$, Formel IV.

*B.* Beim Erhitzen von 3-Chlor-1-[3.4-dimethyl-phenyl]-propanon-(1) mit Anilin und

Wasser (*Kenner, Statham*, Soc. **1935** 299, 301).
F: 93—94°.

### Amino-Derivate der Oxo-Verbindungen $C_{12}H_{16}O$

**2-Amino-1-phenyl-hexanon-(1)** $C_{12}H_{17}NO$.

**(±)-2-[Methyl-benzyl-amino]-1-[4-chlor-phenyl]-hexanon-(1)**, (±)-*2-(benzylmethylamino)-4'-chlorohexanophenone* $C_{20}H_{24}ClNO$, Formel V.

*B.* Aus (±)-2-Brom-1-[4-chlor-phenyl]-hexanon-(1) und Methyl-benzyl-amin in Äther (*Lutz et al.*, J. org. Chem. **12** [1947] 617, 650).

Hydrochlorid $C_{20}H_{24}ClNO \cdot HCl$. Krystalle (aus E.); F: 158—160,5° [korr.].

V VI VII

**6-Amino-1-phenyl-hexanon-(1)** $C_{12}H_{17}NO$.

**6-Methylamino-1-phenyl-hexanon-(1)**, *6-(methylamino)hexanophenone* $C_{13}H_{19}NO$, Formel VI.

Eine Base (F: ca. 78°; Hydrobromid $C_{13}H_{19}NO \cdot HBr$: Krystalle [aus A.], F: 123°; Perchlorat $C_{13}H_{19}NO \cdot HClO_4$: Krystalle [aus A.], F: 133°), für die ausser dieser Konstitution auch die Formulierung als (±)-1-Methyl-2-phenyl-hexahydro-*1H*-azepinol-(2) $C_{13}H_{19}NO$ (Formel VII) in Betracht gezogen worden ist, ist beim Erwärmen von 6-Methylamino-hexansäure-(1)-lactam mit Phenylmagnesiumbromid in Äther erhalten und durch Erhitzen unter vermindertem Druck in 1-Methyl-2-phenyl-4.5.6.7-tetrahydro-*1H*-azepin übergeführt worden (*Lukeš, Smolěk*, Collect. **11** [1939] 506, 513; vgl. *Červinka, Hub*, Collect. **30** [1965] 3111, 3114).

**2-Amino-1-phenyl-hexanon-(3)** $C_{12}H_{17}NO$.

**(±)-2-Butyrylamino-1-phenyl-hexanon-(3), (±)-*N*-[2-Oxo-1-benzyl-pentyl]-butyramid**, (±)-N-*(α-butyrylphenethyl)butyramide* $C_{16}H_{23}NO_2$, Formel VIII.

*B.* Beim Erhitzen von DL-Phenylalanin mit Buttersäure-anhydrid und Pyridin auf 150° (*Cleland, Niemann*, Am. Soc. **71** [1949] 841).

Krystalle (aus PAe.); F: 59—60°.

2.4-Dinitro-phenylhydrazon (F: 173—174° [korr.]): *Cl., Nie.*

Oxim $C_{16}H_{24}N_2O_2$. Krystalle (aus W.); F: 145—146° [korr.].

VIII IX X

**5-Amino-2-methyl-5-phenyl-pentanon-(3)** $C_{12}H_{17}NO$.

**(±)-5-Anilino-2-methyl-5-phenyl-pentanon-(3)**, (±)-*1-anilino-4-methyl-1-phenylpentan-3-one* $C_{18}H_{21}NO$, Formel IX (H 69; dort als Isopropyl-[β-anilino-β-phenyl-äthyl]-keton bezeichnet).

*B.* Beim Behandeln von Benzaldehyd-[phenyl-*seqtrans*-imin] mit 2-Methyl-butanon-(3) und Borfluorid in Äther (*Henze, Williams*, Am. Soc. **71** [1949] 2362; vgl. H 69).

Krystalle; F: 117,5—119° [aus wss. A.], 115,5—117° [aus wss. Dioxan].

**3-Amino-2-isopropyl-3-phenyl-propionaldehyd** $C_{12}H_{17}NO$.

**3-*p*-Toluidino-2-isopropyl-3-phenyl-propionaldehyd**, *2-isopropyl-3-phenyl-3-*p*-toluidinopropionaldehyde* $C_{19}H_{23}NO$, Formel X.

Eine opt.-inakt. Verbindung (Krystalle [aus A.], F: 137°) dieser Konstitution ist bei mehrmonatigem Behandeln von Benzaldehyd-[*p*-tolyl-*seqtrans*-imin] mit Isovaleraldehyd in Äthanol erhalten worden (*Mayer*, Bl. [5] **7** [1940] 481, 485).

**1-Amino-2-methyl-3-phenyl-pentanon-(4)** $C_{12}H_{17}NO$.

**1-Diäthylamino-2-methyl-3-phenyl-pentanon-(4)**, *5-(diethylamino)-4-methyl-3-phenylpentan-2-one* $C_{16}H_{25}NO$, Formel XI.

Ein opt.-inakt. Aminoketon ($Kp_{0,5}$: 108°; $n_D^{23}$: 1,4953) dieser Konstitution ist beim Erhitzen von Phenylaceton mit (±)-Diäthyl-[2-chlor-propyl]-amin und Natriumamid in Toluol erhalten worden (*Brown, Cook, Heilbron,* Soc. **1949** Spl. 106, 108).

XI XII XIII

**2-Amino-1-mesityl-propanon-(1)** $C_{12}H_{17}NO$.

**(±)-2-Anilino-1-mesityl-propanon-(1)**, *(±)-2-anilino-2′,4′,6′-trimethylpropiophenone* $C_{18}H_{21}NO$, Formel XII.

*B.* Beim Erhitzen von (±)-2-Brom-1-mesityl-propanon-(1) mit Anilin (*Julian et al.,* Am. Soc. **67** [1945] 1203, 1208).

Krystalle (aus PAe.); F: 72,5—74,5°.

Hydrochlorid. F: 190—193°.

Sulfat. F: 180—182°.

## Amino-Derivate der Oxo-Verbindungen $C_{13}H_{18}O$

**(±)-3-Amino-3-methyl-1-phenyl-hexanon-(1)**, *(±)-3-amino-3-methylhexanophenone* $C_{13}H_{19}NO$, Formel XIII.

*B.* Aus (±)-3-Amino-3-methyl-1-phenyl-hexen-(5)-on-(1) bei der Hydrierung an Platin in Äthanol (*Rehberg, Henze,* Am. Soc. **63** [1941] 2785, 2788).

$D_4^{20}$: 0,9669. $n_D^{20}$: 1,4876.

Beim Erhitzen unter vermindertem Druck ist 3-Methyl-1-phenyl-hexen-(2)-on-(1) ($n_D^{20}$: 1,5410) erhalten worden.

Pikrat $C_{13}H_{19}NO \cdot C_6H_3N_3O_7$. Krystalle (aus wss. A. oder Bzl.), F: 154—155° [korr.; nach wiederholtem Umkrystallisieren] und (nach Wiedererstarren) F: 180—185° [Zers.]; Krystalle (aus A.) mit 0,5 Mol $H_2O$, F: 93—94°.

**6-Amino-2-methyl-6-phenyl-hexanon-(4)** $C_{13}H_{19}NO$.

**(±)-6-Anilino-2-methyl-6-phenyl-hexanon-(4)**, *(±)-1-anilino-5-methyl-1-phenylhexan-3-one* $C_{19}H_{23}NO$, Formel XIV.

*B.* Beim Behandeln von Benzaldehyd-[phenyl-*seqtrans*-imin] mit 2-Methyl-pentanon-(4) und Borfluorid in Äther (*Snyder, Kornberg, Romig,* Am. Soc. **61** [1939] 3556).

Krystalle (aus Bzn.); F: 80—81°.

XIV XV

**1-Amino-2.2-dimethyl-5-phenyl-pentanon-(5)** $C_{13}H_{19}NO$.

**1-Dimethylamino-2.2-dimethyl-5-phenyl-pentanon-(5)**, *5-(dimethylamino)-4,4-dimethylvalerophenone* $C_{15}H_{23}NO$, Formel XV.

*B.* Bei der Hydrierung von 1-Dimethylamino-2.2-dimethyl-5-phenyl-penten-(3)-on-(5)-hydrochlorid (F: 162—163°) an Palladium/Kohle in Wasser (*Mannich, Lesse,* Ar. **271** [1933] 92, 96).

$Kp_{10}$: 165—170°.

Hydrochlorid. Krystalle (aus Acn.); F: 149—150°.

Semicarbazon $C_{16}H_{26}N_4O$. Hydrochlorid: Krystalle; F: 171° [Zers.].

**5-Amino-2.2-dimethyl-5-phenyl-pentanon-(3)** $C_{13}H_{19}NO$.

**(±)-5-Anilino-2.2-dimethyl-5-phenyl-pentanon-(3),** *(±)-1-anilino-4,4-dimethyl-1-phenylpentan-3-one* $C_{19}H_{23}NO$, Formel I.

*B.* Beim Behandeln von Benzaldehyd-[phenyl-*seqtrans*-imin] mit 2.2-Dimethyl-butanon-(3) und Borfluorid in Äther (*Snyder, Kornberg, Romig,* Am. Soc. **61** [1939] 3556).

Krystalle (aus A.); F: 148—149°.

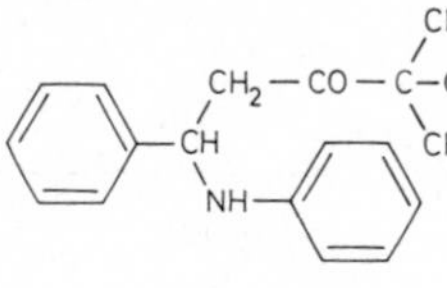

I 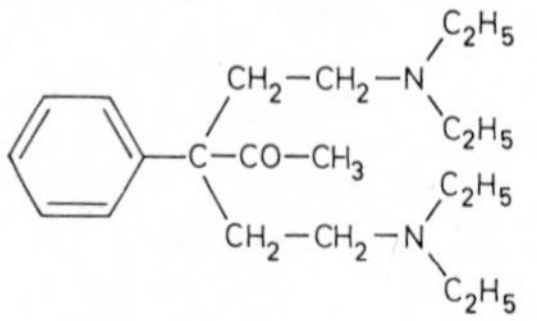 II 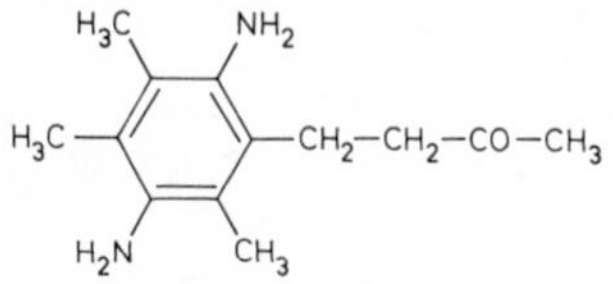 III

**5-Amino-3-[2-amino-äthyl]-3-phenyl-pentanon-(2)** $C_{13}H_{20}N_2O$.

**5-Diäthylamino-3-[2-diäthylamino-äthyl]-3-phenyl-pentanon-(2),** *5-(diethylamino)-3-[2-(diethylamino)ethyl]-3-phenylpentan-2-one* $C_{21}H_{36}N_2O$, Formel II.

*B.* Beim Erhitzen von (±)-5-Diäthylamino-3-phenyl-pentanon-(2) mit Diäthyl-[2-chloräthyl]-amin und Natriumamid in Toluol (*Brown, Cook, Heilbron,* Soc. **1949** Spl. 106, 108).

$Kp_{0,05}$: 125°. $n_D^{22}$: 1,5010.

**1-[3.6-Diamino-2.4.5-trimethyl-phenyl]-butanon-(3),** *4-(2,5-diamino-3,4,6-trimethylphenyl)butan-2-one* $C_{13}H_{20}N_2O$, Formel III.

Hexachlorostannat(IV). *B.* Aus 1-[3.6-Dinitro-2.4.5-trimethyl-phenyl]-butanon-(3) beim Erhitzen mit Zinn(II)-chlorid, wss. Salzsäure und Essigsäure (*John, Günther,* B. **74** [1941] 879, 881, 886). — Hygroskopische Krystalle.

**2-Methyl-1-[3-amino-2.4.6-trimethyl-phenyl]-propanon-(1),** 3-Amino-2.4.6-trimethyl-isobutyrophenon, *3'-amino-2,2',4',6'-tetramethylpropiophenone* $C_{13}H_{19}NO$, Formel IV (X = H).

*B.* Aus 2-Methyl-1-[3-nitro-2.4.6-trimethyl-phenyl]-propanon-(1) beim Erhitzen mit Zinn, wss. Salzsäure und Äthanol (*Maxwell, Adams,* Am. Soc. **52** [1930] 2959, 2965).

$Kp_7$: 167°.

**2-Methyl-1-[5-nitro-3-amino-2.4.6-trimethyl-phenyl]-propanon-(1),** 5-Nitro-3-amino-2.4.6-trimethyl-isobutyrophenon, *3'-amino-2,2',4',6'-tetramethyl-5'-nitropropiophenone* $C_{13}H_{18}N_2O_3$, Formel IV (X = $NO_2$).

*B.* Aus 2-Methyl-1-[3.5-dinitro-2.4.6-trimethyl-phenyl]-propanon-(1) beim Erwärmen mit Natriumsulfid und Schwefel in wss. Äthanol (*Maxwell, Adams,* Am. Soc. **52** [1930] 2959, 2965).

Gelbe Krystalle (aus A.); F: 98—99°.

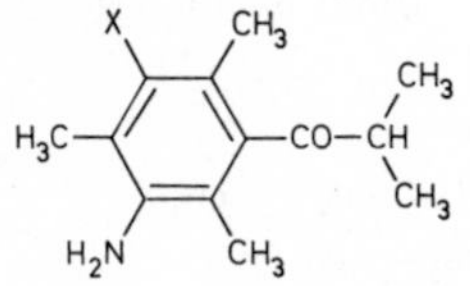

IV 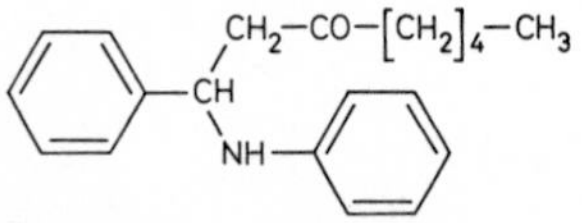 V 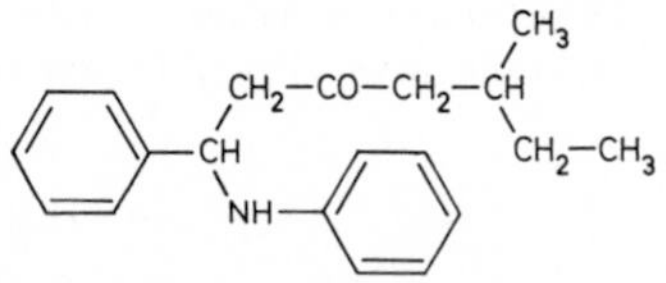 VI

## Amino-Derivate der Oxo-Verbindungen $C_{14}H_{20}O$

**1-Amino-1-phenyl-octanon-(3)** $C_{14}H_{21}NO$.

**(±)-1-Anilino-1-phenyl-octanon-(3),** *(±)-1-anilino-1-phenyloctan-3-one* $C_{20}H_{25}NO$, Formel V.

*B.* Beim Behandeln von Benzaldehyd-[phenyl-*seqtrans*-imin] mit Heptanon-(2) und Borfluorid in Äther (*Snyder, Kornberg, Romig,* Am. Soc. **61** [1939] 3556).

Krystalle (aus Bzn.); F: 78—79°.

**7-Amino-3-methyl-7-phenyl-heptanon-(5)** $C_{14}H_{21}NO$.

**7-Anilino-3-methyl-7-phenyl-heptanon-(5),** *1-anilino-5-methyl-1-phenylheptan-3-one* $C_{20}H_{25}NO$, Formel VI.

Eine opt.-inakt. Verbindung (Krystalle [aus wss. Me. oder Bzn.]; F: 72–73°) dieser Konstitution ist beim Behandeln von Benzaldehyd-[phenyl-*seqtrans*-imin] mit (±)-3-Methyl-hexanon-(5) und Borfluorid in Äther erhalten worden (*Snyder, Kornberg, Romig*, Am. Soc. **61** [1939] 3556).

**(±)-3-Amino-3-äthyl-1-phenyl-hexanon-(1),** *(±)-3-amino-3-ethylhexanophenone* $C_{14}H_{21}NO$, Formel VII.

*B.* Aus (±)-3-Amino-3-äthyl-1-phenyl-hexen-(5)-on-(1) bei der Hydrierung an Platin in Äthanol (*Rehberg, Henze*, Am. Soc. **63** [1941] 2785, 2788).

$D_4^{20}$: 0,9191. $n_D^{20}$: 1,4587.

Beim Aufbewahren sowie beim Erhitzen unter vermindertem Druck erfolgt Umwandlung in 3-Äthyl-1-phenyl-hexen-(2)-on-(1) ($n_D^{20}$: 1,5378).

Pikrat $C_{14}H_{21}NO \cdot C_6H_3N_3O_7$. Krystalle (aus wss. A.), F: 93–94°; Krystalle (aus Bzl.), F: 129–130° [korr.] und (nach Wiedererstarren) F: 180–185° [Zers.].

VII VIII

## Amino-Derivate der Oxo-Verbindungen $C_{15}H_{22}O$

**2-Amino-2-methyl-6-*p*-tolyl-heptanon-(3)** $C_{15}H_{23}NO$.

**(±)-2-Benzylamino-2-methyl-6-*p*-tolyl-heptanon-(3)-oxim,** *(±)-2-benzylamino-2-methyl-6-p-tolylheptane-3-one oxime* $C_{22}H_{30}N_2O$, Formel VIII.

Eine als (±)-α-Curcumen-nitrolbenzylamin bezeichnete Verbindung (Krystalle [aus A.], F: 75°), für die diese Formel in Betracht kommt, ist aus (±)-2-Methyl-6-*p*-tolyl-hepten-(2) erhalten worden (*Birch, Mukherji*, Soc. **1949** 2531, 2534).

**1-[3-Amino-4-methyl-phenyl]-octanon-(1),** *3'-amino-4'-methyloctanophenone* $C_{15}H_{23}NO$, Formel IX.

*B.* Aus 1-[3-Nitro-4-methyl-phenyl]-octanon-(1) beim Erwärmen mit Zinn(II)-chlorid, wss. Salzsäure und Methanol (*Rinkes*, R. **64** [1945] 205, 213).

Krystalle (aus Me.); F: 69°.

## Amino-Derivate der Oxo-Verbindungen $C_{18}H_{28}O$

**1-[4-Amino-phenyl]-dodecanon-(1),** 4-Amino-laurophenon $C_{18}H_{29}NO$.

**1-[4-Dimethylamino-phenyl]-dodecanon-(1),** *4'-(dimethylamino)dodecanophenone* $C_{20}H_{33}NO$, Formel X (n = 10).

*B.* Aus *N.N*-Dimethyl-anilin und Lauroylchlorid mit Hilfe von Zinkchlorid (*Imp. Chem. Ind.*, U.S.P. 2097640 [1933]).

F: 45°.

IX X XI

## Amino-Derivate der Oxo-Verbindungen $C_{19}H_{30}O$

**2-Aminomethyl-1-phenyl-dodecanon-(1)** $C_{19}H_{31}NO$.

**(±)-2-[Dimethylamino-methyl]-1-phenyl-dodecanon-(1),** *(±)-2-[(dimethylamino)methyl]dodecanophenone* $C_{21}H_{35}NO$, Formel XI.

*B.* Beim Erwärmen von 1-Phenyl-dodecanon-(1) mit Dimethylamin-hydrochlorid und Paraformaldehyd in Chlorwasserstoff enthaltendem Äthanol (*Lutz et al.*, J. org. Chem. **12** [1947] 617, 653, 691).

Hydrochlorid $C_{21}H_{35}NO \cdot HCl$. Krystalle (aus Acn. + Ae.); F: 129–129,5° [korr.].

### Amino-Derivate der Oxo-Verbindungen $C_{24}H_{40}O$

**1-[4-Amino-phenyl]-octadecanon-(1),** 4-Amino-stearophenon $C_{24}H_{41}NO$.

**1-[4-Dimethylamino-phenyl]-octadecanon-(1),** *4'-(dimethylamino)octadecanophenone* $C_{26}H_{45}NO$, Formel X (n = 16).

*B.* Beim Erhitzen von 1-[4-Chlor-phenyl]-octadecanon-(1) mit Dimethylamin in Äthanol unter Zusatz von Kupfer-Pulver auf 220° (*Geigy A.G.*, D.R.P. 719788 [1937]; D.R.P. Org. Chem. **2** 448; U.S.P. 2205728 [1938]). Aus *N.N*-Dimethyl-anilin und Stearoylchlorid mit Hilfe von Zinkchlorid (*Imp. Chem. Ind.*, U.S.P. 2097640 [1933]).

Krystalle (aus PAe.); F: 59—61° (*Imp. Chem. Ind.*). [*Walentowski*]

## Amino-Derivate der Monooxo-Verbindungen $C_nH_{2n-10}O$

### Amino-Derivate der Oxo-Verbindungen $C_9H_8O$

**2-Amino-zimtaldehyd** $C_9H_9NO$.

**2-Benzamino-zimtaldehyd, Benzoesäure-[2-(3-oxo-propenyl)-anilid],** *2'-(3-oxoprop-1-enyl)benzanilide* $C_{16}H_{13}NO_2$.

**2-Benzamino-*trans*-zimtaldehyd,** Formel XII (H 70).

Konfiguration: *Elliott,* J. org. Chem. **29** [1964] 305.

Krystalle; F: 196—197° [korr.] (*English et al.*, Am. Soc. **67** [1945] 295, 299), 185,5° bis 186° [aus Acetonitril] (*Ell.*).

**4-Amino-zimtaldehyd** $C_9H_9NO$.

**4-Dimethylamino-zimtaldehyd,** *4-(dimethylamino)cinnamaldehyde* $C_{11}H_{13}NO$.

**4-Dimethylamino-*trans*-zimtaldehyd,** Formel XIII (H 71; E II 44).

Konfiguration: *Dolter, Curran,* Am. Soc. **82** [1960] 4153.

Krystalle (aus A.); F: 141° (*Weizmann,* Trans. Faraday Soc. **36** [1940] 329, 331), 139—140° (*Do., Cu.*). Dipolmoment (ε; Bzl.): 5,4 D (*Wei.*), 6,43 D (*Do., Cu.*).

Beim Erhitzen mit [4-Nitro-phenyl]-essigsäure unter Zusatz von Piperidin bis auf 130° ist 4*t*(?)-[4-Nitro-phenyl]-1*t*-[4-dimethylamino-phenyl]-butadien-(1.3) (F: 255°) erhalten worden (*Hertel, Lührmann,* Z. physik. Chem. [B] **44** [1939] 261, 280).

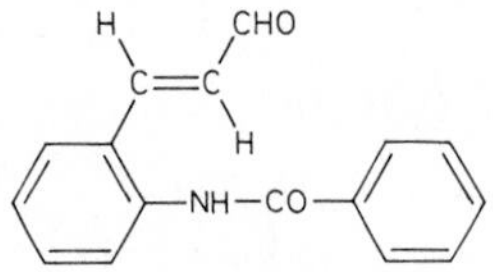

XII 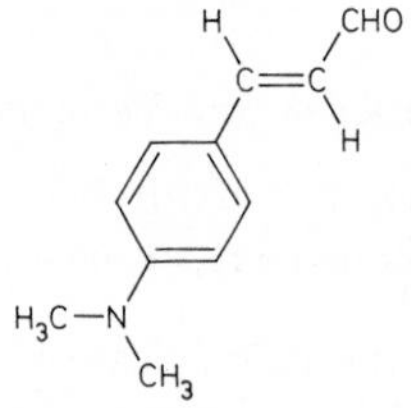 XIII 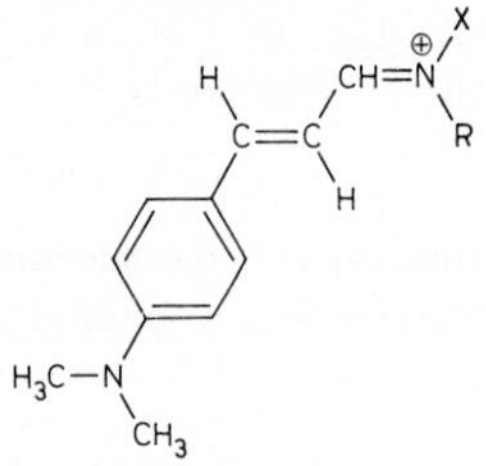 XIV

***N*-Methyl-*N*-[4-dimethylamino-cinnamyliden]-anilinium,** N-*[4-(dimethylamino)cinnamylidene]*-N-*methylanilinium* $[C_{18}H_{21}N_2]^{\oplus}$.

***N*-Methyl-*N*-[4-dimethylamino-*trans*-cinnamyliden]-anilinium,** Formel XIV ($R = CH_3$, $X = C_6H_5$).

**Jodid** $[C_{18}H_{21}N_2]I$. *B.* Beim Erwärmen von 4-Dimethylamino-*trans*-zimtaldehyd mit *N*-Methyl-anilin-hydrochlorid in Äthanol und anschliessenden Behandeln mit Natriumjodid in Methanol (*Eastman Kodak Co.*, U.S.P. 2298733 [1941]). — Blaue Krystalle (aus A.); F: 190—191° [Zers.].

**Diphenyl-[4-dimethylamino-cinnamyliden]-ammonium,** *[4-(dimethylamino)cinnamylidene]diphenylammonium* $[C_{23}H_{23}N_2]^{\oplus}$.

**Diphenyl-[4-dimethylamino-*trans*-cinnamyliden]-ammonium,** Formel XIV ($R = X = C_6H_5$).

**Perchlorat** $[C_{23}H_{23}N_2]ClO_4$. *B.* Beim Behandeln von 4-Dimethylamino-*trans*-zimtaldehyd mit Diphenylamin und wss.-äthanol. Salzsäure und anschliessend mit Natriumperchlorat in Methanol (*Eastman Kodak Co.*, U.S.P. 2298733 [1941]). — Blaugrüne

Krystalle (aus Me.); F: 195—197° [Zers.].

**$N$-Benzyl-$N$-[4-dimethylamino-cinnamyliden]-anilinium,** *benzyl[4-(dimethylamino)cinnamylidene]phenylammonium* $[C_{24}H_{25}N_2]^{\oplus}$.

**$N$-Benzyl-$N$-[4-dimethylamino-*trans*-cinnamyliden]-anilinium,** Formel XIV ($R = C_6H_5$, $X = CH_2\text{-}C_6H_5$).

**Perchlorat** $[C_{24}H_{25}N_2]ClO_4$. *B.* Analog dem im vorangehenden Artikel beschriebenen Perchlorat (*Eastman Kodak Co.*, U.S.P. 2298733 [1941]). — Blaue Krystalle (aus A.); F: 191—193°.

**Dibenzyl-[4-dimethylamino-cinnamyliden]-ammonium,** *dibenzyl[4-(dimethylamino)cinnamylidene]ammonium* $[C_{25}H_{27}N_2]^{\oplus}$.

**Dibenzyl-[4-dimethylamino-*trans*-cinnamyliden]-ammonium,** Formel XIV ($R = X = CH_2\text{-}C_6H_5$).

**Perchlorat** $[C_{25}H_{27}N_2]ClO_4$. *B.* Analog Diphenyl-[4-dimethylamino-*trans*-cinnamyliden]-ammonium-perchlorat [S. 184] (*Eastman Kodak Co.*, U.S.P. 2298733 [1941]). — Blaue Krystalle (aus A.); F: 199—200° [Zers.].

**Di-[naphthyl-(2)]-[4-dimethylamino-cinnamyliden]-ammonium,** *[4-(dimethylamino)cinnamylidene]di(2-naphthyl)ammonium* $[C_{31}H_{27}N_2]^{\oplus}$.

**Di-[naphthyl-(2)]-[4-dimethylamino-*trans*-cinnamyliden]-ammonium,** Formel XIV ($R = X = C_{10}H_7$).

**Perchlorat** $[C_{31}H_{27}N_2]ClO_4$. *B.* Analog Diphenyl-[4-dimethylamino-*trans*-cinnamyliden]-ammonium-perchlorat [S. 184] (*Eastman Kodak Co.*, U.S.P. 2298733 [1941]). — Grüne Krystalle (aus Me.); F: 158—160° [Zers.].

**1.4-Bis-[methyl-(4-dimethylamino-cinnamyliden)-ammonio]-benzol, $N.N'$-Dimethyl-$N.N'$-bis-[4-dimethylamino-cinnamyliden]-$N.N'$-*p*-phenylen-diammonium,** N,N'-*bis-[4-(dimethylamino)cinnamylidene]*-N,N'-*dimethyl*-N,N'-p-*phenylenediammonium* $[C_{30}H_{36}N_4]^{\oplus\oplus}$.

**1.4-Bis-[methyl-(4-dimethylamino-*trans*-cinnamyliden)-ammonio]-benzol,** Formel I.

**Bis-hydrogenoxalat** $[C_{30}H_{36}N_4][C_2HO_4]_2$. *B.* Beim Erwärmen von 4-Dimethylamino-*trans*-zimtaldehyd mit $N.N'$-Dimethyl-*p*-phenylendiamin-bis-hydrogenoxalat in Äthanol (*Eastman Kodak Co.*, U.S.P. 2298733 [1941]). — Blaue Krystalle (aus Me.); F: 206° bis 210°.

I II

**4-Acetamino-zimtaldehyd, Essigsäure-[4-(3-oxo-propenyl)-anilid],** *4'-(3-oxoprop-1-enyl)acetanilide* $C_{11}H_{11}NO_2$.

**4-Acetamino-zimtaldehyd vom F: 176° [Zers.],** vermutlich **4-Acetamino-*trans*-zimtaldehyd,** Formel II.

*B.* Beim Behandeln von 4-Acetamino-benzaldehyd mit Acetaldehyd und äthanol. Kalilauge (*Marrian, Russell, Todd,* Biochem. J. **45** [1949] 533, 536).

Gelbe Krystalle (aus W.); F: 175—176° [Zers.].

Semicarbazon $C_{12}H_{14}N_4O_2$. F: 229° [Zers.].

**3-Amino-1-phenyl-propen-(2)-on-(1)** $C_9H_9NO$ s. E III **7** 3473.

**3-Dimethylamino-1-phenyl-propen-(2)-on-(1),** *3-(dimethylamino)acrylophenone* $C_{11}H_{13}NO$, Formel III (R = X = $CH_3$).

Ein Aminoketon (gelbliche Krystalle; F: 90—92° [aus A.] bzw. F: 92° [aus Bzn.]) dieser Konstitution ist beim Behandeln der Natrium-Verbindung des 3-Hydroxy-1-phenyl-propen-(2)-ons-(1) (E III **7** 3472) mit Dimethylamin-hydrochlorid in Wasser erhalten (*Benary*, B. **63** [1930] 1573, 1576; *v. Auwers, Wunderling*, B. **67** [1934] 644, 647) und durch Behandlung mit Äthylmagnesiumbromid (2 Mol) in Äther in 1-Phenyl-penten-(2)-on-(1) (Kp: 250—252°) übergeführt worden (*Benary*, B. **64** [1931] 2543).

**3-Diäthylamino-1-phenyl-propen-(2)-on-(1),** *3-(diethylamino)acrylophenone* $C_{13}H_{17}NO$, Formel III (R = X = $C_2H_5$).

Ein Aminoketon (gelbliche Krystalle [aus PAe.], F: 52—53°) dieser Konstitution ist aus 1-Phenyl-propin-(2)-on-(1) und Diäthylamin in Äther erhalten worden (*Bowden, Braude, Jones*, Soc. **1946** 945, 947). UV-Absorptionsmaxima (A): *Bowden, Braude, Jones*, Soc. **1946** 948, 951.

**3-[N-Methyl-anilino]-1-phenyl-propen-(2)-on-(1),** *3-(N-methylanilino)acrylophenone* $C_{16}H_{15}NO$, Formel III (R = $CH_3$, X = $C_6H_5$) (vgl. H 71; dort als ω-Methylanilino-methylen-acetophenon bezeichnet).

Beim Behandeln des H 71 beschriebenen Präparats vom F: 103° mit Hydroxylamin-hydrochlorid und wss.-äthanol. Kalilauge ist 3-Hydroxyamino-3-[N-methyl-anilino]-1-phenyl-propanon-(1)-oxim (F: 107°) erhalten worden (*v. Auwers, Wunderling*, B. **67** [1934] 1062, 1068, 1076).

$C_6H_5$-CO-CH=CH-N(X)(R)

III

$C_6H_5$-CO-CH=CH-NH-CH=CH-CO-$C_6H_5$

IV

**Bis-[3-oxo-3-phenyl-propenyl]-amin,** *3,3''-iminodiacrylophenone* $C_{18}H_{15}NO_2$, Formel IV (vgl. E II 45; dort als Bis-[β-benzoyl-vinyl]-amin bezeichnet).

Aus dem E II 45 beschriebenen Präparat (F: 218—219°) ist beim Erwärmen mit 4-Nitro-phenylhydrazin in Essigsäure 5-Phenyl-1-[4-nitro-phenyl]-pyrazol, beim Behandeln mit 4-Nitro-phenylhydrazin oder 4-Nitro-phenylhydrazin-hydrochlorid in Essigsäure bei Raumtemperatur hingegen ein Gemisch von 5-Phenyl-1-[4-nitro-phenyl]-pyrazol und 3-[N'-(4-Nitro-phenyl)-hydrazino]-1-phenyl-propen-(2)-on-(1) (F: 157°) erhalten worden (*v. Auwers, Wunderling*, B. **67** [1934] 644, 646).

**3-[N-Acetyl-anilino]-1-phenyl-propen-(2)-on-(1), N-[3-Oxo-3-phenyl-propenyl]-acetanilid,** *N-(3-oxo-3-phenylprop-1-enyl)acetanilide* $C_{17}H_{15}NO_2$, Formel III (R = $C_6H_5$, X = CO-$CH_3$).

Eine Verbindung (Krystalle [aus A.]; F: 157°) dieser Konstitution ist beim Erhitzen von 3-Anilino-1-phenyl-propen-(2)-on-(1) (E III **12** 349) mit Acetanhydrid erhalten worden (*v. Auwers, Wunderling*, B. **67** [1934] 644, 647).

**(±)-2-Amino-indanon-(1),** *(±)-2-aminoindan-1-one* $C_9H_9NO$, Formel V (H 71; E I 385; dort als 2-Amino-hydrindon-(1) bezeichnet).

*B.* Beim Schütteln von Indanon-(1)-[O-(toluol-sulfonyl-(4))-oxim] (F: 157° [Zers.]) mit Kaliumäthylat in Äthanol und Behandeln der von gebildetem Kalium-[toluol-sulfonat-(4)] befreiten Reaktionslösung mit wss. Salzsäure (*Neber, Burgard, Thier*, A. **526** [1936] 277, 287). Aus 2-Hydroxyimino-indanon-(1) bei der Hydrierung an Palladium/Kohle in Chlorwasserstoff enthaltendem Äthanol (*Levin, Graham, Kolloff*, J. org. Chem. **9** [1944] 380, 382, 387).

Hydrochlorid $C_9H_9NO \cdot HCl$ (H 71). Krystalle, Zers. oberhalb 240° (*Ne., Bu., Th.*); Krystalle (aus Me. + Ae.), die sich bei 200° dunkel färben (*Le., Gr., Ko.*).

Pikrat (H 71; E I 385). Zers. bei 156° (*Ne., Bu., Th.*).

**(±)-2-Benzylidenamino-indanon-(1),** *(±)-2-(benzylideneamino)indan-1-one* $C_{16}H_{13}NO$, Formel VI.

*B.* Beim Schütteln von (±)-2-Amino-indanon-(1) mit Benzaldehyd und Natriumhydrogencarbonat in Äthanol unter Stickstoff (*Levin, Graham, Kolloff*, J. org. Chem. **9** [1944] 380, 387).

Gelbliche Krystalle (aus Bzl. + Bzn.); Zers. bei 215°.

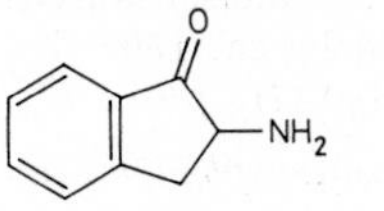

**4-Amino-indanon-(1),** *4-aminoindan-1-one* $C_9H_9NO$, Formel VII (R = H) (E II 45; dort als 4-Amino-hydrindon-(1) bezeichnet).

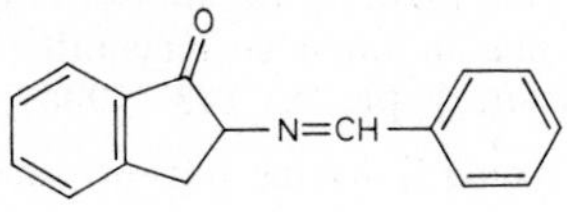

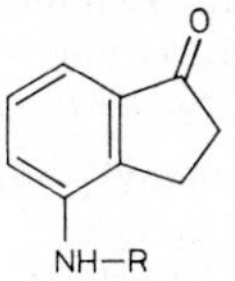

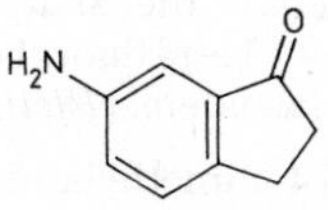

*B.* Beim Erwärmen von 4-Nitro-indanon-(1) in Äthanol mit einer aus Eisen(II)-sulfat und wss. Ammoniak bereiteten Suspension von Eisen(II)-hydroxid (*Hoyer*, J. pr. [2] **139** [1934] 94).

Gelbliche Krystalle (aus wss. A.); F: 122—123°.

Oxim $C_9H_{10}N_2O$. Gelbliche Krystalle (aus A.); F: 180—181°.

**4-Benzamino-indanon-(1),** ***N*-[1-Oxo-indanyl-(4)]-benzamid,** N-*(1-oxoindan-4-yl)benz=amide* $C_{16}H_{13}NO_2$, Formel VII (R = CO-$C_6H_5$).

*B.* Beim Behandeln von 4-Amino-indanon-(1) mit Benzoylchlorid und Pyridin (*Hoyer*, J. pr. [2] **139** [1934] 94).

Gelbe Krystalle (aus A.); F: 184—185°.

**6-Amino-indanon-(1),** *6-aminoindan-1-one* $C_9H_9NO$, Formel VIII (E II 45; dort als 6-Amino-hydrindon-(1) bezeichnet).

*B.* Aus 6-Nitro-indanon-(1) bei der Hydrierung an Platin in Äthanol (*Koelsch, Scheider=bauer*, Am. Soc. **65** [1943] 2311).

Krystalle (aus A.); F: 168—171°.

## Amino-Derivate der Oxo-Verbindungen $C_{10}H_{10}O$

**1-[4-Amino-phenyl]-buten-(1)-on-(3)** $C_{10}H_{11}NO$.

**1-[4-Dimethylamino-phenyl]-buten-(1)-on-(3),** *4-[p-(dimethylamino)phenyl]but-3-en-2-one* $C_{12}H_{15}NO$.

**1*t*-[4-Dimethylamino-phenyl]-buten-(1)-on-(3),** Formel IX (X = O) (H 72; E I 385; E II 46; dort als 4-Dimethylamino-benzalaceton bezeichnet).

Konfiguration: *Dolter, Curran*, Am. Soc. **82** [1960] 4153.

Gelbliche Krystalle (aus wss. A.); F: 136—137° (*Rupe, Collin, Schmiderer*, Helv. **14** [1931] 1340, 1345). Absorptionsspektrum von Lösungen in Heptan (220—470 mμ): *Cromwell, Watson*, J. org. Chem. **14** [1949] 411, 412, 418; s. a. *Woodward, Kornfeld*, Am. Soc. **70** [1948] 2508, 2510; in Heptan und in Äthanol (200—500 mμ): *Alexa*, Bulet. Soc. Chim. România **18** [1936] 83, 84, 85; in Wasser und in Äthanol (220—670 mμ): *Storck*, Helv. phys. Acta **9** [1936] 437, 448; in wss. Salzsäure, wss.-äthanol. Salzsäure, wss. Schwefelsäure und wss. Perchlorsäure (210—350 mμ): *St.* Dipolmoment (ε; Bzl.): 5,3 D (*Weizmann*, Trans. Faraday Soc. **36** [1940] 329, 331), 5,64 D (*Do., Cu.*).

Reaktion mit Brom in Chloroform unter Bildung von 2-Brom-1-[4-dimethylamino-phenyl]-buten-(1)-on-(3) (F: 92°): *Bauer, Seyfarth*, B. **63** [1930] 2691, 2695. Beim Behandeln mit Hydroxylamin-hydrochlorid in Äthanol unter Zusatz von wss. Natron=lauge oder Pyridin ist eine vermutlich als 3-Methyl-5-[4-dimethylamino-phenyl]-$\Delta^2$-isox=azolin zu formulierende Verbindung (F: 186,5°), beim Erwärmen einer äthanol. Lösung mit Hydroxylamin-hydrochlorid und geringen Mengen wss. Salzsäure ist 1*t*-[4-Dimethyl=amino-phenyl]-buten-(1)-on-(3)-oxim (F: 97°) erhalten worden (*Rupe, Co., Sch.*, l. c. S. 1344, 1346, 1347). Reaktion mit Phenylhydrazin in Essigsäure unter Bildung von 3-Methyl-1-phenyl-5-[4-dimethylamino-phenyl]-$\Delta^2$-pyrazolin (*Raiford, Hill*, Am. Soc. **56** [1934] 174). Bildung von 1-Phenyl-1-[4-dimethylamino-phenyl]-butanon-(3) beim Er=wärmen mit Phenylmagnesiumbromid in Äther: *Rupe, Co., Sch.*, l. c. S. 1348.

Charakterisierung als Phenylhydrazon (F: 155—158°): *Ferres, Hamdam, Jackson*, Soc. [B] **1971** 1892, 1896.

Perchlorat $C_{12}H_{15}NO \cdot HClO_4$. Krystalle (aus wss. Perchlorsäure); Zers. bei 152,5°

bis 156° (*Rupe, Co., Sch.*). Über ein blaues Perchlorat s. *Pfeiffer, Kleu,* B. **66** [1933] 1058, 1062.

Tetrafluoroborat $C_{12}H_{15}NO \cdot HBF_4$. Blaue Krystalle (aus Eg. oder A.) vom F: 152° [Zers.], die sich beim Behandeln einer Lösung in wasserhaltiger Ameisensäure mit wss. Tetrafluoroborsäure und mit Äther in farblose Krystalle vom F: ca. 150° [Zers.] umwandeln (*Pfeiffer, Schwenzer, Kumetat,* J. pr. [2] **143** [1935] 143, 147).

**1-[4-Dimethylamino-phenyl]-buten-(1)-on-(3)-oxim,** *4-[p-(dimethylamino)phenyl]but-3-en-2-one oxime* $C_{12}H_{16}N_2O$.

In den von *Rupe, Siebel* (H 72) und von *Picus, Spoerri* (Am. Soc. **70** [1948] 3073) unter dieser Konstitution beschriebenen Präparaten (F: 168° bzw. F: 184—186°) hat vermutlich 3-Methyl-5-[4-dimethylamino-phenyl]-$\Delta^2$-isoxazolin vorgelegen (*Rupe, Collin, Schmiderer,* Helv. **14** [1931] 1340, 1344).

**1*t*-[4-Dimethylamino-phenyl]-buten-(1)-on-(3)-oxim,** Formel IX (X = NOH).

*B.* Aus 1*t*-[4-Dimethylamino-phenyl]-buten-(1)-on-(3) beim Erwärmen mit Hydroxyl=amin-hydrochlorid in Äthanol unter Zusatz von wss. Salzsäure (*Rupe, Collin, Schmiderer,* Helv. **14** [1931] 1340, 1347).

Krystalle (aus wss. A.); F: 96—97°.

**1-[4-Dimethylamino-phenyl]-buten-(1)-on-(3)-semicarbazon,** *4-[p-(dimethylamino)=phenyl]but-3-en-2-one semicarbazone* $C_{13}H_{18}N_4O$.

**1*t*-[4-Dimethylamino-phenyl]-buten-(1)-on-(3)-semicarbazon,** Formel IX (X = N-NH-CO-$NH_2$).

*B.* Aus 1*t*-[4-Dimethylamino-phenyl]-buten-(1)-on-(3) (*Rupe, Collin, Schmiderer,* Helv. **14** [1931] 1340, 1346).

Hellgelbe Krystalle (aus A.); F: 207—208°.

**1-[4-Trimethylammonio-phenyl]-buten-(1)-on-(3), Tri-*N*-methyl-4-[3-oxo-buten-(1)-yl]-anilinium,** *N,N,N-trimethyl-p-(3-oxobut-1-enyl)anilinium* $[C_{13}H_{18}NO]^{\oplus}$.

**Tri-*N*-methyl-4-[3-oxo-buten-(1)-yl-(*t*)]-anilinium,** Formel X.

**Jodid** $[C_{13}H_{18}NO]I$. *B.* Aus 1*t*-[4-Dimethylamino-phenyl]-buten-(1)-on-(3) beim Erwärmen mit Methyljodid in Methanol (*Rupe, Collin, Schmiderer,* Helv. **14** [1931] 1340, 1346). — Krystalle (aus W.); F: 177° [Zers.]. UV-Spektrum (W.; 210—350 mμ): *Storck,* Helv. phys. Acta **9** [1936] 437, 448.

**Methylsulfat** $[C_{13}H_{18}NO]CH_3O_4S$. *B.* Beim Erwärmen von 1*t*-[4-Dimethylamino-phenyl]-buten-(1)-on-(3) mit Dimethylsulfat (*Rupe, Collin, Sigg,* Helv. **14** [1931] 1355, 1365). — Krystalle (aus Me. + E.); F: 202°.

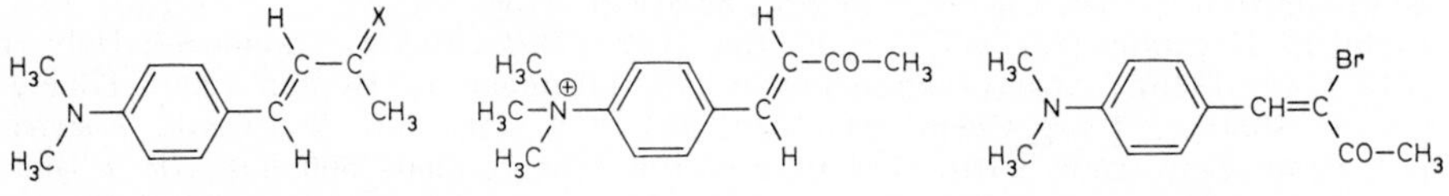

IX X XI

**2-Brom-1-[4-dimethylamino-phenyl]-buten-(1)-on-(3),** *3-bromo-4-[p-(dimethylamino)=phenyl]but-3-en-2-one* $C_{12}H_{14}BrNO$, Formel XI.

Ein Aminoketon (hellgelbe Krystalle [aus Bzn.], F: 92°; Phenylhydrazon: F: 127°) dieser Konstitution ist aus 1*t*-[4-Dimethylamino-phenyl]-buten-(1)-on-(3) und Brom in Chloroform erhalten worden (*Bauer, Seyfarth,* B. **63** [1930] 2691, 2695).

**3-Amino-1-phenyl-buten-(2)-on-(1)** $C_{10}H_{11}NO$ s. E III **7** 3487.

**3-Diäthylamino-1-phenyl-buten-(2)-on-(1),** *3-(diethylamino)crotonophenone* $C_{14}H_{19}NO$, Formel I.

Ein Aminoketon (Krystalle [aus PAe.]; F: 70—71°) dieser Konstitution ist beim Erhitzen von Benzoylaceton mit Diäthylamin unter Zusatz von wss. Salzsäure erhalten worden (*Cromwell,* Am. Soc. **62** [1940] 1672).

**3-Amino-2-methyl-1-phenyl-propen-(2)-on-(1)** $C_{10}H_{11}NO$ s. E III **7** 3498.

**3-Dimethylamino-2-methyl-1-phenyl-propen-(2)-on-(1),** *3-(dimethylamino)-2-methyl=acrylophenone* $C_{12}H_{15}NO$, Formel II.

Ein Aminoketon (gelbe Krystalle [nach Sublimation bei 45°/0,1 Torr], F: 45,5—47°;

$Kp_{0,2}$: 127–130° bzw. $Kp_5$: 169–172°; $n_D^{26}$: 1,6175) dieser Konstitution ist beim Behandeln von 3-Hydroxy-2-methyl-1-phenyl-propen-(2)-on-(1) (E III **7** 3497) mit Dimethylamin in Benzol (*Arnold, Zemlička,* Collect. **24** [1959] 2378, 2383) bzw. mit Natriumäthylat in Äthanol und anschliessend mit Dimethylamin-hydrochlorid (*Smith, Engelhardt,* Am. Soc. **71** [1949] 2671, 2674) erhalten und durch Behandlung mit Methylmagnesiumjodid in Äther in 2-Methyl-1-phenyl-buten-(2)-on-(1) ($Kp_6$: 99–102°) übergeführt worden (*Sm., En.*).

I II III IV

**5-Amino-1-oxo-1.2.3.4-tetrahydro-naphthalin,** 5-Amino-3.4-dihydro-2*H*-naphthalinon-(1), *5-amino-3,4-dihydronaphthalen-1*(2H)*-one* $C_{10}H_{11}NO$, Formel III (R = H) (E II 46; dort auch als 5-Amino-tetralon-(1) bezeichnet).

*B.* Aus 5-Nitro-1-oxo-1.2.3.4-tetrahydro-naphthalin beim Behandeln mit Zinn(II)-chlorid und Eisen(II)-sulfat in wss.-methanol. Salzsäure (*Nakamura,* J. pharm. Soc. Japan **61** [1941] 292, 295; dtsch. Ref. S. 108; C. A. **1950** 9389).

Hellgelbe Krystalle (aus Acn. + PAe. oder aus $CHCl_3$ + PAe.); F: 119–120° [korr.].

**5-Acetamino-1-oxo-1.2.3.4-tetrahydro-naphthalin, *N*-[5-Oxo-5.6.7.8-tetrahydro-naphthyl-(1)]-acetamid,** N-(*5-oxo-5,6,7,8-tetrahydro-1-naphthyl*)*acetamide* $C_{12}H_{13}NO_2$, Formel III (R = $CO-CH_3$).

*B.* Aus 5-Amino-1-oxo-1.2.3.4-tetrahydro-naphthalin und Acetanhydrid in Äther (*Nakamura,* J. pharm. Soc. Japan **61** [1941] 292, 295; dtsch. Ref. S. 108; C. A. **1950** 9389).

Krystalle (aus $CHCl_3$ + PAe.); F: 151–152° [korr.].

**7-Amino-1-oxo-1.2.3.4-tetrahydro-naphthalin,** 7-Amino-3.4-dihydro-2*H*-naphthalinon-(1), *7-amino-3,4-dihydronaphthalen-1*(2H)*-one* $C_{10}H_{11}NO$, Formel IV (E II 46; dort auch als 7-Amino-tetralon-(1) bezeichnet).

*B.* Aus 7-Nitro-1-oxo-1.2.3.4-tetrahydro-naphthalin beim Erwärmen mit Eisen und wss. Essigsäure (*Veselý, Štursa,* Collect. **5** [1933] 170, 174).

F: 140°.

**8-Amino-1-oxo-1.2.3.4-tetrahydro-naphthalin,** 8-Amino-3.4-dihydro-2*H*-naphthalinon-(1), *8-amino-3,4-dihydronaphthalen-1*(2H)*-one* $C_{10}H_{11}NO$, Formel V (R = X = H).

*B.* Aus 8-Nitro-1-oxo-1.2.3.4-tetrahydro-naphthalin beim Erwärmen mit Zinn(II)-chlorid und Eisen(II)-sulfat in wss.-methanol. Salzsäure (*Nakamura,* J. pharm. Soc. Japan **62** [1942] 236, 237; dtsch. Ref. S. 57; C. A. **1950** 9869).

Krystalle (aus Acn. + Bzn.); F: 84–85°.

**8-Acetamino-1-oxo-1.2.3.4-tetrahydro-naphthalin, *N*-[8-Oxo-5.6.7.8-tetrahydro-naphthyl-(1)]-acetamid,** N-(*8-oxo-5,6,7,8-tetrahydro-1-naphthyl*)*acetamide* $C_{12}H_{13}NO_2$, Formel V (R = $CO-CH_3$, X = H).

*B.* Aus 8-Amino-1-oxo-1.2.3.4-tetrahydro-naphthalin und Acetanhydrid (*Nakamura,* J. pharm. Soc. Japan **62** [1942] 236, 238; dtsch. Ref. S. 57; C. A. **1950** 9869).

Krystalle (aus Hexan); F: 70–72°.

**5-Nitro-8-amino-1-oxo-1.2.3.4-tetrahydro-naphthalin,** 5-Nitro-8-amino-3.4-dihydro-2*H*-naphthalinon-(1), *8-amino-5-nitro-3,4-dihydronaphthalen-1*(2H)*-one* $C_{10}H_{10}N_2O_3$, Formel V (R = H, X = $NO_2$).

*B.* Aus 5-Nitro-8-acetamino-1-oxo-1.2.3.4-tetrahydro-naphthalin beim Erwärmen mit wss.-äthanol. Salzsäure (*Nakamura,* J. pharm. Soc. Japan **62** [1942] 236, 238; dtsch. Ref. S. 57; C. A. **1950** 9869).

Hellgelbe Krystalle (aus Me.); F: 164–165° [korr.].

**5-Nitro-8-acetamino-1-oxo-1.2.3.4-tetrahydro-naphthalin, *N*-[4-Nitro-8-oxo-5.6.7.8-tetrahydro-naphthyl-(1)]-acetamid,** N-(*4-nitro-8-oxo-5,6,7,8-tetrahydro-1-naphthyl)acetamide* $C_{12}H_{12}N_2O_4$, Formel V (R = CO-$CH_3$, X = $NO_2$).

*B.* Neben 7-Nitro-8-acetamino-1-oxo-1.2.3.4-tetrahydro-naphthalin beim Behandeln von 8-Acetamino-1-oxo-1.2.3.4-tetrahydro-naphthalin mit Salpetersäure und Schwefelsäure (*Nakamura*, J. pharm. Soc. Japan **62** [1942] 236, 238; dtsch. Ref. S. 57; C. A. **1950** 9869).

Hellgelbe Krystalle (aus A.); F: 156—157° [korr.].

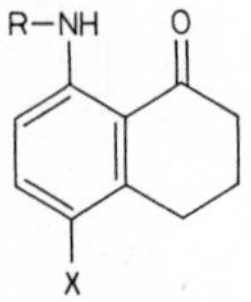

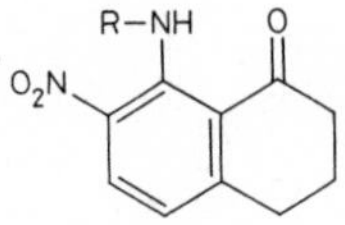

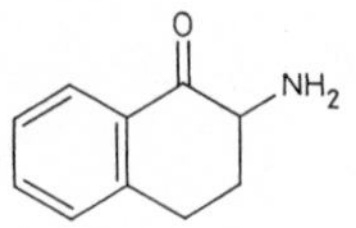

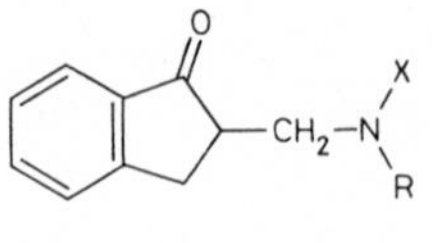

V VI VII VIII

**7-Nitro-8-amino-1-oxo-1.2.3.4-tetrahydro-naphthalin,** 7-Nitro-8-amino-3.4-dihydro-2*H*-naphthalinon-(1), *8-amino-7-nitro-3,4-dihydronaphthalen-1*(2H)*-one* $C_{10}H_{10}N_2O_3$, Formel VI (R = H).

*B.* Aus 7-Nitro-8-acetamino-1-oxo-1.2.3.4-tetrahydro-naphthalin beim Erwärmen mit wss.-äthanol. Salzsäure (*Nakamura*, J. pharm. Soc. Japan **62** [1942] 236, 238; dtsch. Ref. S. 57; C. A. **1950** 9869).

Gelbe Krystalle (aus Me.); F: 129—130° [korr.].

**7-Nitro-8-acetamino-1-oxo-1.2.3.4-tetrahydro-naphthalin, *N*-[2-Nitro-8-oxo-5.6.7.8-tetrahydro-naphthyl-(1)]-acetamid,** N-(*2-nitro-8-oxo-5,6,7,8-tetrahydro-1-naphthyl)acetamide* $C_{12}H_{12}N_2O_4$, Formel VI (R = CO-$CH_3$).

*B.* s. o. im Artikel 5-Nitro-8-acetamino-1-oxo-1.2.3.4-tetrahydro-naphthalin.

Hellgelbe Krystalle (aus Bzl. oder Acn.); F: 192,5—194° [korr.] (*Nakamura*, J. pharm. Soc. Japan **62** [1942] 236, 238; dtsch. Ref. S. 57; C. A. **1950** 9869).

**(±)-2-Amino-1-oxo-1.2.3.4-tetrahydro-naphthalin,** (±)-2-Amino-3.4-dihydro-2*H*-naphthalinon-(1), (±)*-2-amino-3,4-dihydronaphthalen-1*(2H)*-one* $C_{10}H_{11}NO$, Formel VII.

*B.* Beim Schütteln von 1-[Toluol-sulfonyl-(4)-oxyimino]-1.2.3.4-tetrahydro-naphthalin mit Kaliumäthylat in Äthanol und Behandeln der von gebildetem Kalium-[toluol-sulfonat-(4)] befreiten Reaktionslösung mit wss. Salzsäure (*Neber, Burgard, Thier*, A. **526** [1936] 277, 288).

Hydrochlorid $C_{10}H_{11}NO \cdot HCl$. Krystalle; Zers. bei 117°.

**2-Aminomethyl-indanon-(1)** $C_{10}H_{11}NO$.

**(±)-2-[Methylamino-methyl]-indanon-(1),** (±)*-2-[(methylamino)methyl]indan-1-one* $C_{11}H_{13}NO$, Formel VIII (R = $CH_3$, X = H).

Hydrobromid $C_{11}H_{13}NO \cdot HBr$. *B.* Bei der Hydrierung von (±)-2-[(Methyl-benzyl-amino)-methyl]-indanon-(1)-hydrobromid an Palladium in Äthanol bei 40° (*Hoffmann, Schellenberg*, Helv. **27** [1944] 1782, 1786). — Krystalle (aus A. + E.); F: 158—159°.

**(±)-2-[Dimethylamino-methyl]-indanon-(1),** (±)*-2-[(dimethylamino)methyl]indan-1-one* $C_{12}H_{15}NO$, Formel VIII (R = X = $CH_3$).

*B.* Beim Erwärmen von Indanon-(1) mit Paraformaldehyd und Dimethylamin-hydrochlorid in Äthanol (*Hoffmann, Schellenberg*, Helv. **27** [1944] 1782, 1785) oder in Nitrobenzol und Benzol unter Zusatz von wss. Salzsäure (*Fry*, J. org. Chem. **10** [1945] 259, 261).

Hydrochlorid. Krystalle; F: 144—145° [aus A. + Ae.] (*Fry*); Zers. bei ca. 138° [aus A.] (*Ho., Sch.*).

**(±)-2-[Diäthylamino-methyl]-indanon-(1),** (±)*-2-[(diethylamino)methyl]indan-1-one* $C_{14}H_{19}NO$, Formel VIII (R = X = $C_2H_5$).

*B.* Beim Erwärmen von Indanon-(1) mit Paraformaldehyd und Diäthylamin-hydrochlorid in Äthanol (*Hoffmann, Schellenberg*, Helv. **27** [1944] 1782, 1785).

Hydrochlorid $C_{14}H_{19}NO \cdot HCl$. Krystalle (aus A. + E.); Zers. ab 115°.

**(±)-2-[(Methyl-benzyl-amino)-methyl]-indanon-(1),** *(±)-2-[(benzylmethylamino)methyl]indan-1-one* $C_{18}H_{19}NO$, Formel VIII ($R = CH_3$, $X = CH_2$-$C_6H_5$).

*B.* Beim Erwärmen von Indanon-(1) mit Paraformaldehyd und Methyl-benzyl-amin-hydrobromid in Dioxan (*Hoffmann, Schellenberg*, Helv. **27** [1944] 1782, 1785).

Hydrobromid $C_{18}H_{19}NO \cdot HBr$. Krystalle (aus Me.); F: 153—154°.

## Amino-Derivate der Oxo-Verbindungen $C_{11}H_{12}O$

**5-Amino-1-phenyl-penten-(1)-on-(3)** $C_{11}H_{13}NO$.

**5-Dimethylamino-1-phenyl-penten-(1)-on-(3),** *5-(dimethylamino)-1-phenylpent-1-en-3-one* $C_{13}H_{17}NO$.

**5-Dimethylamino-1*t*-phenyl-penten-(1)-on-(3),** Formel IX ($R = X = CH_3$).

*B.* Beim Behandeln von 4-Dimethylamino-butanon-(2) mit Benzaldehyd und Natriumäthylat in Äthanol (*Mannich, Reichert*, Ar. **271** [1933] 116, 121). Beim Erwärmen von 1*t*-Phenyl-buten-(1)-on-(3) mit Dimethylamin-hydrochlorid und Paraformaldehyd in Äthanol (*Ma., Rei.*; *Nisbet*, Soc. **1938** 1237, 1238).

Charakterisierung als Phenylhydrazon-hydrochlorid (F: 169°) und als *p*-Tolylhydrazon-hydrochlorid (F: 173—175°): *Ni.*

Hydrochlorid $C_{13}H_{17}NO \cdot HCl$. Krystalle; F: 158° (*Ma., Rei.*), 157° [aus A.] (*Ni.*).

**5-Benzylamino-1-phenyl-penten-(1)-on-(3),** *5-(benzylamino)-1-phenylpent-1-en-3-one* $C_{18}H_{19}NO$.

**5-Benzylamino-1*t*-phenyl-penten-(1)-on-(3),** Formel IX ($R = CH_2$-$C_6H_5$, $X = H$).

*B.* Neben 4-Hydroxy-1-benzyl-4-styryl-3-cinnamoyl-piperidin (F: 148°) beim Erwärmen von 1*t*-Phenyl-buten-(1)-on-(3) mit Benzylamin-hydrochlorid und wss. Formaldehyd (*Mannich, Hieronimus*, B. **75** [1942] 49, 59).

Krystalle; F: 50—51°.

Hydrochlorid $C_{18}H_{19}NO \cdot HCl$. Krystalle (aus A.); F: 182—184° [rote Schmelze].

**5-[Bis-(2-hydroxy-äthyl)-amino]-1-phenyl-penten-(1)-on-(3),** *5-[bis(2-hydroxyethyl)amino]-1-phenylpent-1-en-3-one* $C_{15}H_{21}NO_3$.

**5-[Bis-(2-hydroxy-äthyl)-amino]-1*t*-phenyl-penten-(1)-on-(3),** Formel IX ($R = X = CH_2$-$CH_2OH$).

*B.* Beim Erwärmen von 1*t*-Phenyl-buten-(1)-on-(3) mit Bis-[2-hydroxy-äthyl]-amin-hydrochlorid und Paraformaldehyd in wss. Äthanol (*Nisbet*, Soc. **1945** 126, 128).

Hydrochlorid $C_{15}H_{21}NO_3 \cdot HCl$. Krystalle (aus A.); F: 105°.

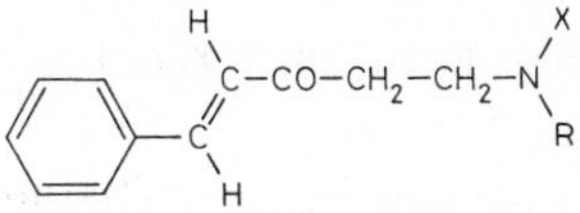

IX 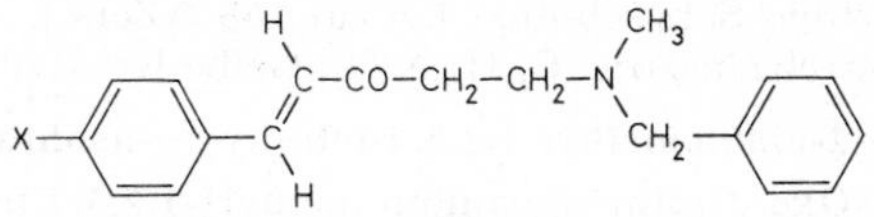 X

**5-[Methyl-benzyl-amino]-1-[4-chlor-phenyl]-penten-(1)-on-(3),** *5-(benzylmethylamino)-1-(p-chlorophenyl)pent-1-en-3-one* $C_{19}H_{20}ClNO$.

**5-[Methyl-benzyl-amino]-1-[4-chlor-phenyl]-penten-(1)-on-(3),** dessen Hydrobromid bei 147° schmilzt, vermutlich **5-[Methyl-benzyl-amino]-1*t*-[4-chlor-phenyl]-penten-(1)-on-(3),** Formel X ($X = Cl$).

*B.* Beim Erwärmen von 1*t*(?)-[4-Chlor-phenyl]-buten-(1)-on-(3) (F: 59°) mit Methyl-benzyl-amin-hydrobromid und Paraformaldehyd in Benzol unter Zusatz von wss. Bromwasserstoffsäure (*Lutz et al.*, J. org. Chem. **14** [1949] 982, 994).

Hydrobromid $C_{19}H_{20}ClNO \cdot HBr$. Krystalle (aus A.); F: 144—147° [korr.].

**5-[Methyl-benzyl-amino]-1-[4-brom-phenyl]-penten-(1)-on-(3),** *5-(benzylmethylamino)-1-(p-bromophenyl)pent-1-en-3-one* $C_{19}H_{20}BrNO$.

**5-[Methyl-benzyl-amino]-1-[4-brom-phenyl]-penten-(1)-on-(3),** dessen Hydrobromid bei 155° schmilzt, vermutlich **5-[Methyl-benzyl-amino]-1*t*-[4-brom-phenyl]-penten-(1)-on-(3),** Formel X ($X = Br$).

*B.* Aus 1*t*(?)-[4-Brom-phenyl]-buten-(1)-on-(3) (F: 84°) analog der im vorangehenden Artikel beschriebenen Verbindung (*Lutz et al.*, J. org. Chem. **14** [1949] 982, 995).

Hydrobromid $C_{19}H_{20}BrNO \cdot HBr$. Krystalle (aus A.); F: 154—155° [korr.].

**2-Amino-1-phenyl-penten-(4)-on-(1)** $C_{11}H_{13}NO$.

**(±)-2-Dimethylamino-1-phenyl-penten-(4)-on-(1),** (±)-*2-(dimethylamino)pent-4-eno=phenone* $C_{13}H_{17}NO$, Formel XI.

*B.* Aus Dimethyl-allyl-phenacyl-ammonium-hydrogensulfat beim Erhitzen mit wss. Natronlauge (*Dunn, Stevens*, Soc. **1934** 279, 280).

Pikrat $C_{13}H_{17}NO \cdot C_6H_3N_3O_7$. Krystalle (aus Bzl.); F: 97—99°.

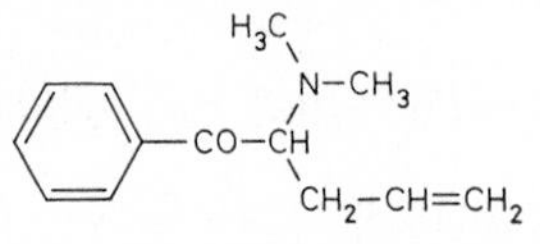

XI 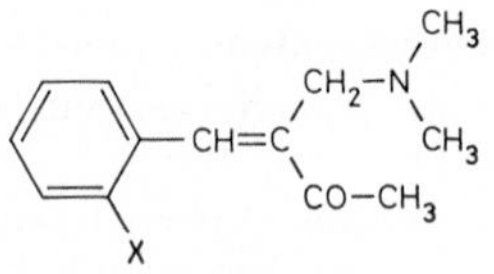 XII

**2-Aminomethyl-1-phenyl-buten-(1)-on-(3)** $C_{11}H_{13}NO$.

**2-[Dimethylamino-methyl]-1-phenyl-buten-(1)-on-(3),** *3-[(dimethylamino)methyl]-4-phenylbut-3-en-2-one* $C_{13}H_{17}NO$, Formel XII (X = H).

Ein als Hydrochlorid $C_{13}H_{17}NO \cdot HCl$ (Krystalle [aus A.]; F: 148°) charakterisiertes Aminoketon dieser Konstitution ist beim Behandeln von 4-Dimethylamino-butanon-(2) mit Benzaldehyd und Bromwasserstoff in Essigsäure erhalten worden (*Mannich, Reichert*, Ar. **271** [1933] 116, 122).

**2-[Dimethylamino-methyl]-1-[2-nitro-phenyl]-buten-(1)-on-(3),** *3-[(dimethylamino)=methyl]-4-(o-nitrophenyl)but-3-en-2-one* $C_{13}H_{16}N_2O_3$, Formel XII (X = $NO_2$).

**2-[Dimethylamino-methyl]-1-[2-nitro-phenyl]-buten-(1)-on-(3) vom F: 134°.**

*B.* Aus 4-Dimethylamino-butanon-(2) und 2-Nitro-benzaldehyd mit Hilfe von Brom=wasserstoff in Essigsäure oder mit Hilfe von äthanol. Natriumäthylat (*Mannich, Reichert*, Ar. **271** [1933] 116, 117, 122).

Krystalle (aus Isopropylalkohol); F: ca. 134° [Zers.].

Beim Behandeln des Hydrochlorids mit Zinn(II)-chlorid und wss. Salzsäure ist 2-Meth=yl-3-[dimethylamino-methyl]-chinolin erhalten worden (*Ma., Rei.*, l. c. S. 123). Überführung in eine als 1.2-Epoxy-2-methyl-3-[dimethylamino-methyl]-1.2-dihydro-chinolin angesehene Verbindung $C_{13}H_{16}N_2O$ (F: 102,5°) durch Hydrierung des Hydrochlorids an Palladium/Kohle in Wasser: *Ma., Rei.*, l. c. S. 124.

Phenylhydrazon-hydrochlorid. F: ca. 217° [Zers.].

Hydrochlorid. Krystalle (aus Isopropylalkohol) mit 1 Mol $H_2O$, F: 122,5°; das wasserfreie Salz schmilzt bei ca. 158° [Zers.].

Semicarbazon $C_{14}H_{19}N_5O_3$. Gelbe Krystalle (aus Me.); F: ca. 165° [Zers.].

**1-Oxo-2-aminomethyl-1.2.3.4-tetrahydro-naphthalin** $C_{11}H_{13}NO$.

**(±)-1-Oxo-2-[dimethylamino-methyl]-1.2.3.4-tetrahydro-naphthalin,** (±)-2-[Dimeth=ylamino-methyl]-3.4-dihydro-2*H*-naphthalinon-(1), (±)-*2-[(dimethylamino)=methyl]-3,4-dihydronaphthalen-1*(2H)*-one* $C_{13}H_{17}NO$, Formel I (R = X = $CH_3$).

*B.* Beim Erwärmen von 1-Oxo-1.2.3.4-tetrahydro-naphthalin mit Dimethylamin-hydrochlorid und wss. Formaldehyd unter Stickstoff (*Mannich, Borkowsky, Lin*, Ar. **275** [1937] 54, 57) sowie mit Dimethylamin-hydrochlorid und Paraformaldehyd in Äthanol (*I.G. Farbenind.*, D.R.P. 514418 [1928]; Frdl. **17** 2618) oder in wss.-äthanol. Salzsäure (*Geigy Chem. Corp.*, U.S.P. 3232953 [1962]).

Bei 4-tägigem Erwärmen mit Acetessigsäure-äthylester in Benzol unter Zusatz von äthanol. Natriumäthylat ist 3-Oxo-1.2.3.9.10.10a-hexahydro-phenanthren erhalten worden (*Mannich, Koch, Borkowsky*, B. **70** [1937] 355, 359).

Hydrochlorid $C_{13}H_{17}NO \cdot HCl$. Krystalle; F: 158—159° (*I.G. Farbenind.*), 154—156° [Zers.; aus Acn. + A.] (*Geigy Chem. Corp.*), 146° [unkorr.] (*Brugidou, Christol*, Bl. **1966** 1693, 1697), 144° [aus Acn. + A.] (*Ma., Bo., Lin*).

Perchlorat. Krystalle (aus E. + Acn.); F: 121—123° (*Ma., Bo., Lin*).

Oxim-hydrochlorid $C_{13}H_{18}N_2O \cdot HCl$. Krystalle (aus Acn. + A.); F: 188—189° (*Ma., Bo., Lin*).

**(±)-1-Oxo-2-[benzylamino-methyl]-1.2.3.4-tetrahydro-naphthalin,** (±)-2-[Benzyl=amino-methyl]-3.4-dihydro-2*H*-naphthalinon-(1), (±)-*2-[(benzylamino)methyl]-3,4-dihydronaphthalen-1*(2H)*-one* $C_{18}H_{19}NO$, Formel I (R = $CH_2$-$C_6H_5$, X = H).

*B.* Beim Erwärmen von 1-Oxo-1.2.3.4-tetrahydro-naphthalin mit Benzylamin-hydrochlorid und wss. Formaldehyd (*Mannich, Hieronimus*, B. **75** [1942] 49, 60).

Hydrochlorid $C_{18}H_{19}NO\cdot HCl$. Krystalle (aus Acn. + A.); F: ca. 160°.

**(±)-1-Oxo-2-[(methyl-benzyl-amino)-methyl]-1.2.3.4-tetrahydro-naphthalin,** (±)-2-[(Methyl-benzyl-amino)-methyl]-3.4-dihydro-2*H*-naphthalinon-(1), (±)-*2-[(benzylmethylamino)methyl]-3,4-dihydronaphthalen-1*(2H)-*one* $C_{19}H_{21}NO$, Formel I ($R = CH_3$, $X = CH_2$-$C_6H_5$).

*B.* Beim Erwärmen von 1-Oxo-1.2.3.4-tetrahydro-naphthalin mit Methyl-benzyl-amin-hydrochlorid und Paraformaldehyd in Äthanol (*I.G. Farbenind.*, D.R.P. 514418 [1928]; Frdl. **17** 2618).

Hydrochlorid. F: 152—154°.

**(±)-1-Oxo-2-[(nitroso-benzyl-amino)-methyl]-1.2.3.4-tetrahydro-naphthalin,** (±)-2-[(Nitroso-benzyl-amino)-methyl]-3.4-dihydro-2*H*-naphthalinon-(1), (±)-*2-[(benzylnitrosoamino)methyl]-3,4-dihydronaphthalen-1*(2H)-*one* $C_{18}H_{18}N_2O_2$, Formel I ($R = CH_2$-$C_6H_5$, $X = NO$).

*B.* Aus (±)-1-Oxo-2-[benzylamino-methyl]-1.2.3.4-tetrahydro-naphthalin beim Behandeln mit wss. Salzsäure und Natriumnitrit (*Mannich, Hieronimus*, B. **75** [1942] 49, 60).

Krystalle; F: 94°.

Beim Erhitzen mit Zinn und wss. Salzsäure ist 2-Benzyl-3.3a.4.5-tetrahydro-2*H*-benz[*g*]indazol-hydrochlorid erhalten worden.

**4-Amino-5-acetyl-indan, 1-[4-Amino-indanyl-(5)]-äthanon-(1),** *4-aminoindan-5-yl methyl ketone* $C_{11}H_{13}NO$, Formel II.

*B.* Aus 1-[4-Nitro-indanyl-(5)]-äthanon-(1) beim Erwärmen mit Zinn(II)-chlorid, wss. Salzsäure und Essigsäure (*Schofield, Swain, Theobald*, Soc. **1949** 2399, 2403).

Krystalle (aus wss. A.) mit 0,25 Mol $H_2O$; F: 88—89°.

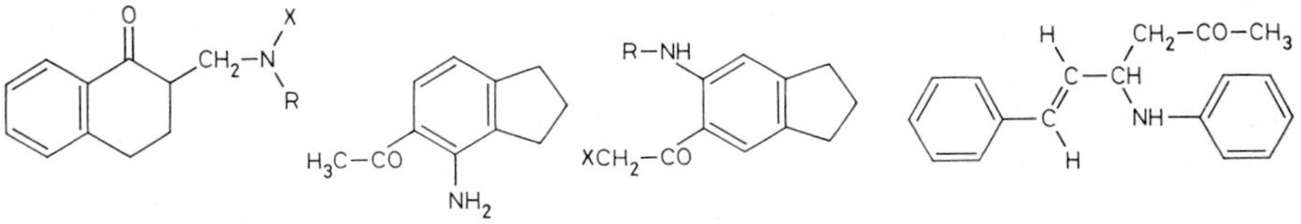

I II III IV

**6-Amino-5-acetyl-indan, 1-[6-Amino-indanyl-(5)]-äthanon-(1),** *6-aminoindan-5-yl methyl ketone* $C_{11}H_{13}NO$, Formel III ($R = X = H$).

*B.* Aus 1-[6-Nitro-indanyl-(5)]-äthanon-(1) beim Erwärmen mit Zinn(II)-chlorid, wss. Salzsäure und Essigsäure (*Schofield, Swain, Theobald*, Soc. **1949** 2399, 2403). Aus 2-Chlor-1-[6-amino-indanyl-(5)]-äthanon-(1) beim Erwärmen mit Zink und Äthanol (*Sch., Sw., Th.*, l. c. S. 2402). Aus *N*-[6-Acetyl-indanyl-(5)]-acetamid beim Erhitzen mit wss. Salzsäure (*Sch., Sw., Th.*).

Hellgelbe Krystalle (aus wss. A.); F: 131,5—132,5° [unkorr.].

**6-Acetamino-5-acetyl-indan, *N*-[6-Acetyl-indanyl-(5)]-acetamid,** N-(*6-acetylindan-5-yl*)*acetamide* $C_{13}H_{15}NO_2$, Formel III ($R = CO$-$CH_3$, $X = H$).

*B.* Beim Behandeln von *N*-[Indanyl-(5)]-acetamid mit Acetylchlorid und Aluminiumchlorid in Schwefelkohlenstoff (*Schofield, Swain, Theobald*, Soc. **1949** 2399, 2402).

Krystalle (aus A.); F: 119—120° [unkorr.].

**6-Amino-5-chloracetyl-indan, 2-Chlor-1-[6-amino-indanyl-(5)]-äthanon-(1),** *6-aminoindan-5-yl chloromethyl ketone* $C_{11}H_{12}ClNO$, Formel III ($R = H$, $X = Cl$).

*B.* Aus *N*-[6-Chloracetyl-indanyl-(5)]-acetamid beim Erhitzen mit wss. Salzsäure (*Schofield, Swain, Theobald*, Soc. **1949** 2399, 2402).

F: 137—139° [unkorr.].

Hydrochlorid. F: 214° [unkorr.; Zers.].

**6-Acetamino-5-chloracetyl-indan, *N*-[6-Chloracetyl-indanyl-(5)]-acetamid,** N-[*6-(chloroacetyl)indan-5-yl*]*acetamide* $C_{13}H_{14}ClNO_2$, Formel III ($R = CO$-$CH_3$, $X = Cl$).

*B.* Beim Behandeln von *N*-[Indanyl-(5)]-acetamid mit Chloracetylchlorid und Alu=

miniumchlorid in Schwefelkohlenstoff (*Kränzlein*, B. **70** [1937] 1776, 1783).

Krystalle; F: 167° [aus Me.] (*Kr.*), 165—166° [unkorr.] (*Schofield, Swain, Theobald*, Soc. **1949** 2399, 2401).

## Amino-Derivate der Oxo-Verbindungen $C_{12}H_{14}O$

**3-Amino-1-phenyl-hexen-(1)-on-(5)** $C_{12}H_{15}NO$.

**3-Anilino-1-phenyl-hexen-(1)-on-(5),** *4-anilino-6-phenylhex-5-en-2-one* $C_{18}H_{19}NO$.

**(±)-3-Anilino-1*t*-phenyl-hexen-(1)-on-(5),** Formel IV.

*B.* Beim Erwärmen von 1*t*-Phenyl-hexadien-(1.3*t*)-on-(5) mit Anilin, Aceton und wss. Wasserstoffperoxid (*Macovski, Pop, Lepădatu*, B. **74** [1941] 1724, 1727). Aus *trans*-Zimt= aldehyd-phenylimin beim Erwärmen mit Aceton und wss. Wasserstoffperoxid (*Ma., Pop, Le.*, l. c. S. 1726).

Krystalle (aus wss. A.); F: 99—100°.

Reaktion mit Brom in Chloroform unter Bildung von 1.2.3.4-Tetrabrom-1-phenyl-hexanon-(5) (F: 173,5°) und 2.4.6-Tribrom-anilin: *Ma., Pop, Le.*, l. c. S. 1728. Beim Erhitzen mit wss. Salzsäure sind 1*t*-Phenyl-hexadien-(1.3*t*)-on-(5) und Anilin erhalten worden. Reaktion mit Phenylhydrazin in wss. Essigsäure unter Bildung von 1*t*-Phenyl-hexadien-(1.3*t*)-on-(5)-phenylhydrazon: *Ma., Pop, Le.*

**1-[α-Amino-benzyl]-cyclopentanon-(2)** $C_{12}H_{15}NO$.

**1-[α-Anilino-benzyl]-cyclopentanon-(2),** *2-(α-anilinobenzyl)cyclopentanone* $C_{18}H_{19}NO$, Formel V.

Ein opt.-inakt. Aminoketon (Krystalle [aus wss. Acn.]; F: 163—164°) dieser Konstitution ist beim Behandeln von Benzaldehyd-[phenyl-*seqtrans*-imin] mit Cyclopentanon unter Zusatz von Borfluorid in Äther erhalten worden (*Snyder, Kornberg, Romig*, Am. Soc. **61** [1939] 3556).

O NH—CH H₃C—CO—NH CO—CH₃ CH₂—CH₂—N C₂H₅ C₂H₅ O

V VI VII

**2-Amino-1-acetyl-5.6.7.8-tetrahydro-naphthalin** $C_{12}H_{15}NO$.

**2-Acetamino-1-acetyl-5.6.7.8-tetrahydro-naphthalin, *N*-[1-Acetyl-5.6.7.8-tetrahydro-naphthyl-(2)]-acetamid,** N-(*1-acetyl-5,6,7,8-tetrahydro-2-naphthyl*)*acetamide* $C_{14}H_{17}NO_2$, Formel VI.

*B.* Beim Erwärmen von *N*-[5.6.7.8-Tetrahydro-naphthyl-(2)]-acetamid mit Acetyl= chlorid und Aluminiumchlorid in Schwefelkohlenstoff (*Schofield, Swain, Theobald*, Soc. **1949** 2399, 2403).

Krystalle (aus wss. Me.) mit 0,5 Mol $H_2O$; F: 107—108° [unkorr.].

**2-Oxo-1-[2-amino-äthyl]-1.2.3.4-tetrahydro-naphthalin** $C_{12}H_{15}NO$.

**(±)-2-Oxo-1-[2-diäthylamino-äthyl]-1.2.3.4-tetrahydro-naphthalin,** (±)-1-[2-Diäthyl= amino-äthyl]-3.4-dihydro-1*H*-naphthalinon-(2), (±)-*1-[2-(diethylamino)ethyl]-3,4-dihydronaphthalen-2*(1H)-*one* $C_{16}H_{23}NO$, Formel VII.

*B.* Beim Erwärmen von 2-Oxo-1.2.3.4-tetrahydro-naphthalin mit Diäthyl-[2-chlor-äthyl]-amin und Natriumamid in Äther (*I.G. Farbenind.*, D.R.P. 710718 [1938]; D.R.P. Org. Chem. **6** 2237; *Winthrop Chem. Co.*, U.S.P. 2271674 [1939]) oder in Toluol unter Stickstoff (*Barltrop*, Soc. **1946** 958, 962).

$Kp_1$: 143° (*I.G. Farbenind.*; *Winthrop Chem. Co.*); $Kp_{0,08}$: 128° (*Ba.*, Soc. **1946** 962).

Beim Erwärmen mit Crotonsäure-äthylester (nicht charakterisiert) und äthanol. Natriumäthylat sind 3-[2-Oxo-1-(2-diäthylamino-äthyl)-1.2.3.4-tetrahydro-naphthyl-(1)]-buttersäure-äthylester ($Kp_{0,1}$: 175°) und 8.11-Dioxo-6-methyl-5-[2-diäthylamino-äthyl]-5.6.7.8.9.10-hexahydro-5.9-methano-benzocycloocten ($Kp_{0,01}$: 160° [Badtemperatur]) erhalten worden (*Barltrop*, Soc. **1947** 399).

Hydrogenoxalat $C_{16}H_{23}NO \cdot C_2H_2O_4$. Krystalle (aus A.); F: 146° (*Ba.*, Soc. **1946** 962).

**1-Amino-2-acetyl-5.6.7.8-tetrahydro-naphthalin, 1-[1-Amino-5.6.7.8-tetrahydro-naphth-yl-(2)]-äthanon-(1),** *1'-amino-5',6',7',8'-tetrahydro-2'-acetonaphthone* $C_{12}H_{15}NO$, Formel VIII.

*B.* Aus 1-[1-Nitro-5.6.7.8-tetrahydro-naphthyl-(2)]-äthanon-(1) beim Erwärmen mit Zinn(II)-chlorid, wss. Salzsäure und Essigsäure (*Schofield, Swain, Theobald,* Soc. **1949** 2399, 2403).

Krystalle (aus wss. Me.); F: 87—88°.

**3-Amino-2-acetyl-5.6.7.8-tetrahydro-naphthalin, 1-[3-Amino-5.6.7.8-tetrahydro-naphth-yl-(2)]-äthanon-(1),** *3'-amino-5',6',7',8'-tetrahydro-2'-acetonaphthone* $C_{12}H_{15}NO$, Formel IX (R = X = H).

*B.* Aus *N*-[3-Acetyl-5.6.7.8-tetrahydro-naphthyl-(2)]-acetamid beim Erhitzen mit wss. Salzsäure (*Schofield, Swain, Theobald,* Soc. **1949** 2399, 2402).

Gelbe Krystalle (aus wss. Me.); F: 118,5—119° [unkorr.].



VIII IX X

**3-Acetamino-2-acetyl-5.6.7.8-tetrahydro-naphthalin, *N*-[3-Acetyl-5.6.7.8-tetrahydro-naphthyl-(2)]-acetamid,** N-*(3-acetyl-5,6,7,8-tetrahydro-2-naphthyl)acetamide* $C_{14}H_{17}NO_2$, Formel IX (R = CO-$CH_3$, X = H).

*B.* Aus *N*-[3-Chloracetyl-5.6.7.8-tetrahydro-naphthyl-(2)]-acetamid beim Erwärmen mit Zink und Äthanol (*Schofield, Swain, Theobald,* Soc. **1949** 2399, 2402).

Krystalle (aus wss. Me.); F: 119—119,5° [unkorr.].

**3-Acetamino-2-chloracetyl-5.6.7.8-tetrahydro-naphthalin, *N*-[3-Chloracetyl-5.6.7.8-tetra-hydro-naphthyl-(2)]-acetamid,** N-*[3-(chloroacetyl)-5,6,7,8-tetrahydro-2-naphthyl]acetamide* $C_{14}H_{16}ClNO_2$, Formel IX (R = CO-$CH_3$, X = Cl).

*B.* Beim Behandeln von *N*-[5.6.7.8-Tetrahydro-naphthyl-(2)]-acetamid mit Chlor-acetylchlorid und Aluminiumchlorid in Schwefelkohlenstoff (*Kränzlein,* B. **70** [1937] 1776, 1782; *Schofield, Swain, Theobald,* Soc. **1949** 2399, 2401).

Krystalle (aus A.); F: 148° (*Kr.*), 147—148° [unkorr.] (*Sch., Sw., Th.*).

## Amino-Derivate der Oxo-Verbindungen $C_{13}H_{16}O$

**(±)-3-Amino-3-methyl-1-phenyl-hexen-(5)-on-(1),** *(±)-3-amino-3-methylhex-5-eno-phenone* $C_{13}H_{17}NO$, Formel X.

*B.* Beim Behandeln von 3-Imino-1-phenyl-butanon-(1) mit Allylmagnesiumjodid in Äther (*Rehberg, Henze,* Am. Soc. **63** [1941] 2785, 2787).

$D_4^{20}$: 0,9814. $n_D^{20}$: 1,5135.

Beim Aufbewahren sowie beim Erhitzen unter vermindertem Druck (3 oder 10 Torr) erfolgt Umwandlung in 3-Methyl-1-phenyl-hexadien-(2.5)-on-(1) [$Kp_{10}$: 135—137°] (*Re., He.,* l. c. S. 2788).

**1-Amino-2.2-dimethyl-5-phenyl-penten-(3)-on-(5)** $C_{13}H_{17}NO$.

**1-Dimethylamino-2.2-dimethyl-5-phenyl-penten-(3)-on-(5),** *5-(dimethylamino)-4,4-di-methylpent-2-enophenone* $C_{15}H_{21}NO$.

**1-Dimethylamino-2.2-dimethyl-5-phenyl-penten-(3)-on-(5),** dessen Hydrochlorid bei 163° schmilzt, vermutlich **1-Dimethylamino-2.2-dimethyl-5-phenyl-penten-(3*t*)-on-(5),** Formel XI.

*B.* Neben geringen Mengen 3-[Dimethylamino-*tert*-butyl]-1.5-diphenyl-pentandion-(1.5) bei 3-tägigem Behandeln von Acetophenon mit 3-Dimethylamino-2.2-dimethyl-propion-aldehyd und Natriumäthylat in Äthanol (*Mannich, Lesse,* Ar. **271** [1933] 92, 95).

$Kp_{0,8}$: 159—161°.

Hydrochlorid. Gelbliche Krystalle (aus A.); F: 162—163°.

Oxim-hydrochlorid $C_{15}H_{22}N_2O\cdot HCl$. Krystalle (aus A.); Zers. bei ca. 178°.

Semicarbazon-hydrochlorid $C_{16}H_{24}N_4O\cdot HCl$. F: 195°.

**1-[α-Amino-benzyl]-cyclohexanon-(2)** $C_{13}H_{17}NO$.

**1-[α-Anilino-benzyl]-cyclohexanon-(2),** *2-(α-anilinobenzyl)cyclohexanone* $C_{19}H_{21}NO$, Formel XII.

Ein opt.-inakt. Aminoketon (Krystalle [aus A.], F: 139–139,5°; Pikrat: F: 206–207°; Oxim $C_{19}H_{22}N_2O$: Krystalle [aus A.], F: 154–155°; Semicarbazon $C_{20}H_{24}N_4O$: Krystalle [aus A.], F: 206–207°) dieser Konstitution ist neben anderen Verbindungen beim Behandeln von Benzaldehyd mit Cyclohexanon in Äthanol und anschliessend mit Anilin erhalten worden (*Pirrone*, G. **66** [1936] 429, 432).

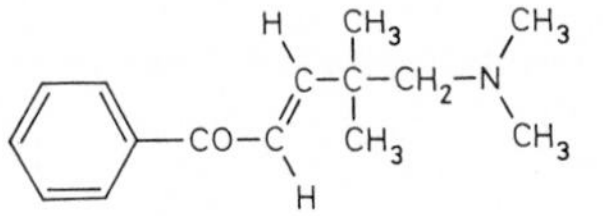

XI 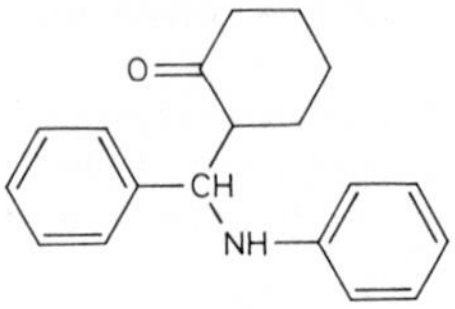 XII 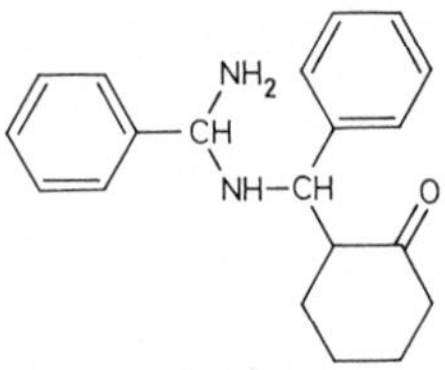 XIII

**1-[α-(α-Amino-benzylamino)-benzyl]-cyclohexanon-(2),** *2-[α-(α-aminobenzylamino)benzyl]cyclohexanone* $C_{20}H_{24}N_2O$, Formel XIII.

**Opt.-inakt. 1-[α-(α-Amino-benzylamino)-benzyl]-cyclohexanon-(2) vom F: 189°.**

*B.* Neben anderen Verbindungen beim Behandeln von Benzaldehyd mit Cyclohexanon und äthanol. Ammoniak (*Pirrone*, G. **65** [1935] 909, 915, 920).

Krystalle (aus A. + Ae.); F: 188–189°.

Beim Aufbewahren, beim Erhitzen sowie beim Erwärmen von wss., alkal.-wss. oder wss.-äthanol. Lösungen erfolgt Abspaltung von Ammoniak unter Bildung von 1-[α-Benzylidenamino-benzyl]-cyclohexanon-(2) [F: 183°] (*Pi.*, l. c. S. 913, 920, 921). Beim Behandeln mit Hydroxylamin-hydrochlorid und Natriumcarbonat in Äthanol ist 1-[α-Benzylidenamino-benzyl]-cyclohexanon-(2)-oxim (F: 184°) erhalten worden.

**1-[α-Benzylidenamino-benzyl]-cyclohexanon-(2),** *2-[α-(benzylideneamino)benzyl]cyclohexanone* $C_{20}H_{21}NO$, Formel XIV.

**Opt.-inakt. 1-[α-Benzylidenamino-benzyl]-cyclohexanon-(2) vom F: 183°.**

*B.* Neben anderen Verbindungen beim Behandeln von Benzaldehyd mit Cyclohexanon und äthanol. Ammoniak (*Pirrone*, G. **65** [1935] 909, 915, 916).

Krystalle; F: 181–183°, 178–181° [korr.].

Überführung in 1.3-Dibenzyliden-cyclohexanon-(2) (F: 118°) durch Eindampfen eines Gemisches mit verd. wss. Salzsäure (0,1 n) bei 100° sowie Überführung in 1-[Benzyliden-(*seqtrans*)]-cyclohexanon-(2) durch Erhitzen mit wss. Salzsäure (4n): *Pi.*, l. c. S. 918, 920. Beim 1-stdg. Erwärmen mit 2 Mol Hydroxylamin-hydrochlorid und Natriumcarbonat in Äthanol ist das Oxim $C_{20}H_{22}N_2O$ (Krystalle [aus A.], F: 182–184°), bei 2-stdg. Erwärmen mit 8 Mol Hydroxylamin-hydrochlorid und Natriumcarbonat in Äthanol ist eine Verbindung $C_{20}H_{25}N_3O_2$ (Krystalle [aus A.]; F: 199–200°) erhalten worden (*Pi.*, l. c. S. 917).

Semicarbazon $C_{21}H_{24}N_4O$. Krystalle (aus A.); F: 199–200° [nach Erweichen bei 185–187°].

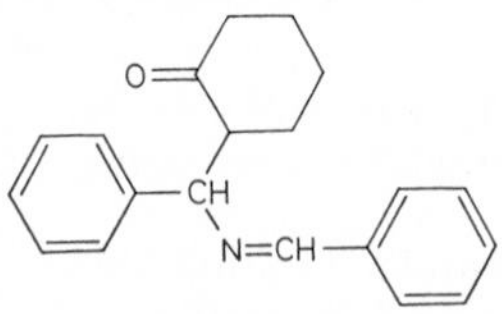

XIV 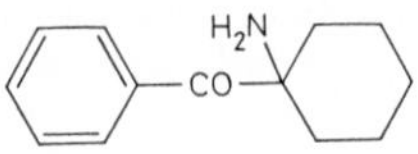 XV 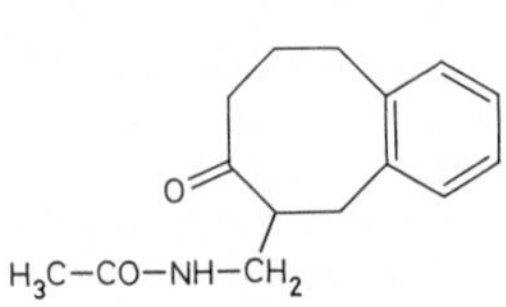 XVI

**1-Amino-1-benzoyl-cyclohexan, [1-Amino-cyclohexyl]-phenyl-keton,** *1-aminocyclohexyl phenyl ketone* $C_{13}H_{17}NO$, Formel XV.

*B.* Neben [1-Hydroxy-cyclohexyl]-diphenyl-methanol aus 1-Amino-cyclohexan-carbon-

säure-(1)-äthylester und Phenylmagnesiumbromid (*Godchot, Cauquil*, C. r. **200** [1935] 1479).
F: 126—127°.
Hydrochlorid. F: 258—260°.

**7-Oxo-6-aminomethyl-5.6.7.8.9.10-hexahydro-benzocycloocten** $C_{13}H_{17}NO$.

**(±)-7-Oxo-6-acetaminomethyl-5.6.7.8.9.10-hexahydro-benzocycloocten, (±)-*N*-[(7-Oxo-5.6.7.8.9.10-hexahydro-benzocyclooctenyl-(6))-methyl]-acetamid**, (±)-N-[(*7-oxo-5,6,7,8,9,10-hexahydrobenzocycloocten-6-yl)methyl]acetamide* $C_{15}H_{19}NO_2$, Formel XVI.

*B.* Aus (±)-7-Oxo-5.6.7.8.9.10-hexahydro-benzocycloocten-carbonitril-(6) bei der Hydrierung an Platin in Acetanhydrid (*Fry, Fieser*, Am. Soc. **62** [1940] 3489, 3492).
Krystalle (aus wss. A.); F: 153,5—154,5° [korr.].

**2-Alanyl-5.6.7.8-tetrahydro-naphthalin, 2-Amino-1-[5.6.7.8-tetrahydro-naphthyl-(2)]-propanon-(1)** $C_{13}H_{17}NO$.

**(±)-2-Methylamino-1-[5.6.7.8-tetrahydro-naphthyl-(2)]-propanon-(1)**, (±)-*2-(methyl=amino)-5',6',7',8'-tetrahydro-2'-propionaphthone* $C_{14}H_{19}NO$, Formel I.

*B.* Aus 1-[5.6.7.8-Tetrahydro-naphthyl-(2)]-propanon-(1) bei aufeinanderfolgender Umsetzung mit Brom und mit Methylamin (*Calas*, Bl. [5] **9** [1942] 261).
$Kp_2$: 162°; $D_4^{19}$: 1,0625; $n_D^{19}$: 1,5598 (*Ca.*, Bl. [5] **9** 262).
Hydrochlorid. F: 236° (*Callas*, C. r. **220** [1945] 49), 214° (*Ca.*, Bl. [5] **9** 262).
Pikrat. F: 146° (*Ca.*, C. r. **220** 50).

**2-β-Alanyl-5.6.7.8-tetrahydro-naphthalin, 3-Amino-1-[5.6.7.8-tetrahydro-naphthyl-(2)]-propanon-(1)** $C_{13}H_{17}NO$.

**3-Dimethylamino-1-[5.6.7.8-tetrahydro-naphthyl-(2)]-propanon-(1)**, *3-(dimethylamino)-5',6',7',8'-tetrahydro-2'-propionaphthone* $C_{15}H_{21}NO$, Formel II ($R = CH_3$) (E II 47; dort als 2-[β-Dimethylamino-propionyl]-5.6.7.8-tetrahydro-naphthalin bezeichnet).

*B.* Beim Erwärmen von 1-[5.6.7.8-Tetrahydro-naphthyl-(2)]-äthanon-(1) mit Para=formaldehyd und Dimethylamin-hydrochlorid in Benzol und Nitrobenzol unter Zusatz von wss. Salzsäure oder in Äthanol (*Fry*, J. org. Chem. **10** [1945] 259, 260; vgl. E II 47).
Hydrochlorid. F: 160—168°.

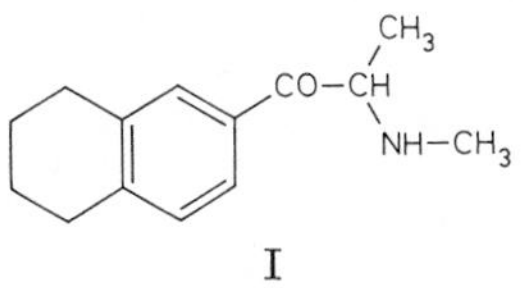

I 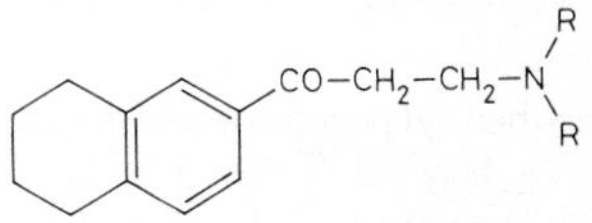 II 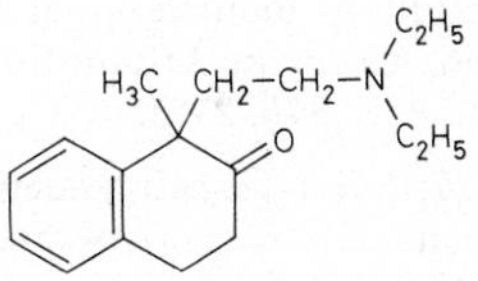 III

**3-Diäthylamino-1-[5.6.7.8-tetrahydro-naphthyl-(2)]-propanon-(1)**, *3-(diethylamino)-5',6',7',8'-tetrahydro-2'-propionaphthone* $C_{17}H_{25}NO$, Formel II ($R = C_2H_5$).

*B.* Beim Erwärmen von 1-[5.6.7.8-Tetrahydro-naphthyl-(2)]-äthanon-(1) mit Para=formaldehyd und Diäthylamin-hydrochlorid in Benzol und Nitrobenzol unter Zusatz von wss. Salzsäure (*Fry*, J. org. Chem. **10** [1945] 259, 260) oder in Äthanol (*Kasuya, Fujie*, J. pharm. Soc. Japan **78** [1958] 551; C. A. **1958** 17196).
Hydrochlorid $C_{17}H_{25}NO \cdot HCl$. Krystalle (aus A. + E.); F: 107° (*Ka., Fu.*).

**2-Oxo-1-methyl-1-[2-amino-äthyl]-1.2.3.4-tetrahydro-naphthalin** $C_{13}H_{17}NO$.

**(±)-2-Oxo-1-methyl-1-[2-diäthylamino-äthyl]-1.2.3.4-tetrahydro-naphthalin**, (±)-1-Methyl-1-[2-diäthylamino-äthyl]-3.4-dihydro-1*H*-naphthalinon-(2), (±)-*1-[2-(diethylamino)ethyl]-1-methyl-3,4-dihydronaphthalen-2*(1H)-*one* $C_{17}H_{25}NO$, Formel III.

*B.* Beim Behandeln von (±)-2-Oxo-1-methyl-1.2.3.4-tetrahydro-naphthalin mit Di=äthyl-[2-chlor-äthyl]-amin und Natriumamid in Toluol (*Barltrop*, Soc. **1947** 399).
$Kp_{0,18}$: 120°.
Beim Behandeln des Hydrobromids mit Brom in Chloroform und anschliessend mit wss. Natriumhydrogencarbonat-Lösung ist 11-Oxo-6-methyl-3.3-diäthyl-1.2.3.4.5.6-hexa=hydro-2.6-methano-benz[*d*]azocinium-bromid (F: 212° [Zers.]) erhalten worden.

## Amino-Derivate der Oxo-Verbindungen $C_{14}H_{18}O$

**(±)-3-Amino-3-äthyl-1-phenyl-hexen-(5)-on-(1),** *(±)-3-amino-3-ethylhex-5-enophenone* $C_{14}H_{19}NO$, Formel IV.

*B.* Beim Behandeln von 3-Imino-1-phenyl-pentanon-(1) (nicht näher beschrieben) mit Allylmagnesiumbromid in Äther (*Rehberg, Henze,* Am. Soc. **63** [1941] 2785, 2788).

$D_4^{20}$: 0,9903. $n_D^{20}$: 1,5200.

Beim Aufbewahren sowie beim Erhitzen unter vermindertem Druck ist 3-Äthyl-1-phenyl-hexadien-(2.5)-on-(1) ($Kp_5$: 130—132°) erhalten worden.

Pikrat $C_{14}H_{19}NO \cdot C_6H_3N_3O_7$. F: 110—111° [korr.].

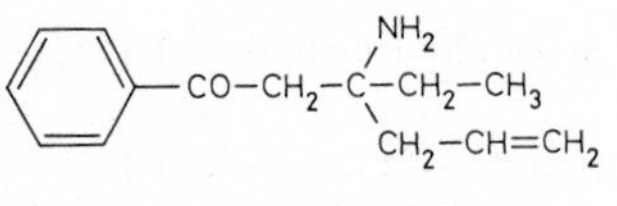

IV 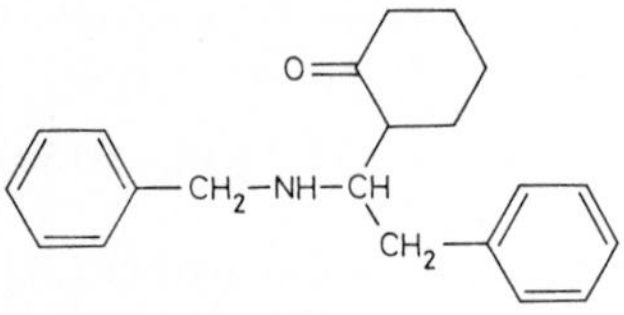 V 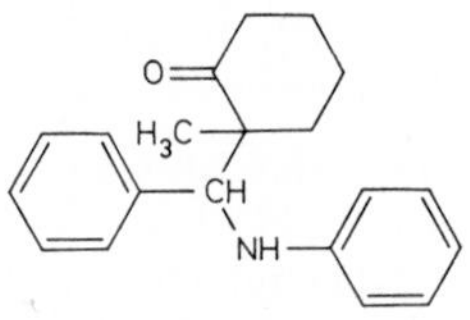 VI

**1-[α-Amino-phenäthyl]-cyclohexanon-(2)** $C_{14}H_{19}NO$.

**1-[α-Benzylamino-phenäthyl]-cyclohexanon-(2),** *2-[α-(benzylamino)phenethyl]cyclo=hexanone* $C_{21}H_{25}NO$, Formel V.

Ein als Hydrochlorid $C_{21}H_{25}NO \cdot HCl$ (Krystalle [aus Acn.]; F: 154°) charakterisiertes opt.-inakt. Aminoketon dieser Konstitution ist aus Benzylamin, Phenylacetaldehyd und Cyclohexanon erhalten worden (*Mannich, Hieronimus,* B. **75** [1942] 49, 64).

**1-Methyl-1-[α-amino-benzyl]-cyclohexanon-(2)** $C_{14}H_{19}NO$.

**1-Methyl-1-[α-anilino-benzyl]-cyclohexanon-(2),** *2-(α-anilinobenzyl)-2-methylcyclo=hexanone* $C_{20}H_{23}NO$, Formel VI.

Ein opt.-inakt. Aminoketon (Krystalle [aus A.], F: 118,5°; Pikrat $C_{20}H_{23}NO \cdot C_6H_3N_3O_7$: orangegelbe Krystalle [aus Ae.], F: 114—115°; Oxim $C_{20}H_{24}N_2O$: Krystalle [aus A.], F: 208,5° [unter Sublimation]; Semicarbazon $C_{21}H_{26}N_4O$: Krystalle [aus A.], F: 192°) dieser Konstitution ist neben 1-Methyl-3-[benzyliden-(*seqtrans*)]-cyclohexan=on-(2) bei mehrtägigem Behandeln von (±)-1-Methyl-cyclohexanon-(2) mit Benzaldehyd und Anilin in Äthanol erhalten worden (*Pirrone,* Atti X. Congr. int. Chim. Rom 1938 Bd. 3, S. 276, 278).

**1-Methyl-1-[α-benzylidenamino-benzyl]-cyclohexanon-(2),** *2-[α-(benzylideneamino)=benzyl]-2-methylcyclohexanone* $C_{21}H_{23}NO$, Formel VII.

Ein opt.-inakt. Aminoketon (Krystalle [aus A.], F: 127—128°; Pikrat $C_{21}H_{23}NO \cdot C_6H_3N_3O_7$: hellgelbe Krystalle, F: 119—120°; Oxim $C_{21}H_{24}N_2O$: Krystalle [aus A.], F: 238—239; Semicarbazon $C_{22}H_{26}N_4O$: Krystalle [aus A.], F: 228—229°) dieser Konstitution ist neben 1-Methyl-3-[α-benzylidenamino-benzyl]-cyclohexanon-(2) (F: 181°) beim Behandeln von (±)-1-Methyl-cyclohexanon-(2) mit Benzaldehyd (2 Mol) und äthanol. Ammoniak erhalten worden (*Pirrone, Rosselli,* G. **66** [1936] 435, 438).

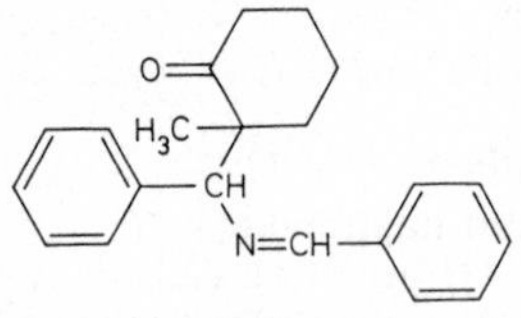

VII 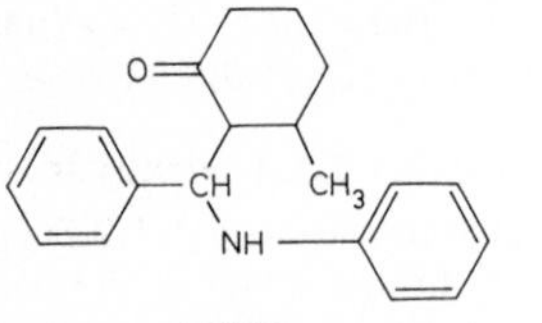 VIII 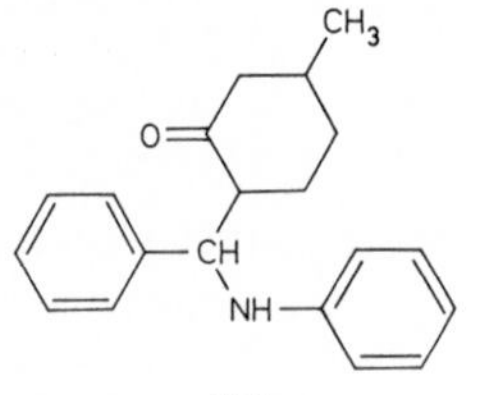 IX

**1-Methyl-2-[α-amino-benzyl]-cyclohexanon-(3)** $C_{14}H_{19}NO$ und **1-Methyl-4-[α-amino-benzyl]-cyclohexanon-(3)** $C_{14}H_{19}NO$.

**1-Methyl-2-[α-anilino-benzyl]-cyclohexanon-(3),** *2-(α-anilinobenzyl)-3-methylcyclohexan=one* $C_{20}H_{23}NO$, Formel VIII, und **1-Methyl-4-[α-anilino-benzyl]-cyclohexanon-(3),** *2-(α-anilinobenzyl)-5-methylcyclohexanone* $C_{20}H_{23}NO$, Formel IX.

Diese beiden Konstitutionsformeln kommen für die nachstehend beschriebenen opt.-

inakt. Aminoketone in Betracht.

a) **Aminoketon vom F: 165°.**

*B.* Neben 1-Methyl-4-[benzyliden-(*seqtrans*)]-cyclohexanon-(3) und dem unter b) beschriebenen Aminoketon beim Behandeln von (±)-1-Methyl-cyclohexanon-(3) mit Benzaldehyd und Anilin in Äthanol (*Pirrone*, Atti X. Congr. int. Chim. Rom **1938** Bd. **3**, S. 276, 280).

Krystalle; F: 164—165°.

Oxim $C_{20}H_{24}N_2O$. Krystalle (aus A.); F: 185—186° [unter Sublimation] (nicht rein erhalten).

Semicarbazon $C_{21}H_{26}N_4O$. Krystalle (aus A.); F: 185°.

b) **Aminoketon vom F: 126°.**

*B.* s. bei dem unter a) beschriebenen Aminoketon.

Krystalle; F: 125—126° (*Pirrone*, Atti X. Congr. int. Chim. Rom **1938** Bd. **3**, S. 276, 280).

**1-Methyl-3-[α-amino-benzyl]-cyclohexanon-(2)** $C_{14}H_{19}NO$.

**1-Methyl-3-[α-benzylidenamino-benzyl]-cyclohexanon-(2),** *2-[α-(benzylideneamino)benzyl]-6-methylcyclohexanone* $C_{21}H_{23}NO$, Formel X.

Eine opt.-inakt. Verbindung (gelbliche Krystalle; F: 180—181° [rotbraune Schmelze]) dieser Konstitution ist neben 1-Methyl-1-[α-benzylidenamino-benzyl]-cyclohexanon-(2) (S. 198) beim Behandeln von (±)-1-Methyl-cyclohexanon-(2) mit Benzaldehyd (2 Mol) und äthanol. Ammoniak erhalten worden (*Pirrone, Rosselli,* G. **66** [1936] 435, 438).

X XI XII

**1-Methyl-3-[α-amino-benzyl]-cyclohexanon-(4)** $C_{14}H_{19}NO$.

**1-Methyl-3-[α-anilino-benzyl]-cyclohexanon-(4),** *2-(α-anilinobenzyl)-4-methylcyclohexanone* $C_{20}H_{23}NO$, Formel XI.

Ein opt.-inakt. Aminoketon (Krystalle [aus Bzl.], F: 151—152°; Oxim $C_{20}H_{24}N_2O$: Krystalle [aus Acn.], F: 167—168° [nicht rein erhalten]) dieser Konstitution ist neben 1-Methyl-3.5-dibenzyliden-cyclohexanon-(4) (F: 97—98°) beim Behandeln von 1-Methyl-cyclohexanon-(4) mit Benzaldehyd und Anilin in Äthanol erhalten worden (*Pirrone*, Atti X. Congr. int. Chim. Rom 1938 Bd. 3, S. 276, 282).

**1-[2-Amino-äthyl]-1-phenyl-cyclohexanon-(2)** $C_{14}H_{19}NO$.

**(±)-1-[2-Diäthylamino-äthyl]-1-phenyl-cyclohexanon-(2),** *(±)-2-[2-(diethylamino)ethyl]-2-phenylcyclohexanone* $C_{18}H_{27}NO$, Formel XII.

*B.* Beim Erhitzen von (±)-1-Phenyl-cyclohexanon-(2) mit Diäthyl-[2-chlor-äthyl]-amin und Natriumamid in Toluol (*Brown, Cook, Heilbron,* Soc. **1949** Spl. 113).

$Kp_{0,05}$: 135—138°. $n_D^{17}$: 1,5205.

XIII XIV

**7-Amino-1.1.4.5.6-pentamethyl-indanon-(3),** *4-amino-3,3,5,6,7-pentamethylindan-1-one* $C_{14}H_{19}NO$, Formel XIII.

Eine Verbindung (Krystalle [aus wss. Me.], F: 101—102° [bei langsamem Erhitzen nach Einbringen in ein auf 70° vorgeheiztes Bad] bzw. F: 84° und (nach Wiedererstarren) F: 101—102° [bei schnellerem Erhitzen]), der wahrscheinlich diese Konstitution zukommt, ist beim Behandeln einer Lösung von 7-Nitro-1.1.4.5.6-pentamethyl-indanon-(3)(?) (E III **7** 1542) in wss. Essigsäure mit Zink erhalten worden (*Smith, Prichard*, Am. Soc. **62** [1940] 778).

### Amino-Derivate der Oxo-Verbindungen $C_{19}H_{28}O$

**3-Amino-17-oxo-10.13-dimethyl-2.3.4.7.8.9.10.11.12.13.14.15.16.17-tetradecahydro-1*H*-cyclopenta[*a*]phenanthren** $C_{19}H_{29}NO$.

**3-Anilino-17-oxo-10.13-dimethyl-$\Delta^5$-tetradecahydro-1*H*-cyclopenta[*a*]phenanthren** $C_{25}H_{33}NO$.

**3β-Anilino-androsten-(5)-on-(17)**, *3β-anilinoandrost-5-en-17-one* $C_{25}H_{33}NO$, Formel XIV.

*B.* Beim Erhitzen von 6β-Methoxy-3α.5α-cyclo-androstanon-(17) (E III **8** 934) mit Anilin auf 185° (*Glidden Co.*, U.S.P. 2446538 [1944]).

Krystalle (aus Me.); F: 204—206°.

## Amino-Derivate der Monooxo-Verbindungen $C_nH_{2n-12}O$

### Amino-Derivate der Oxo-Verbindungen $C_{10}H_8O$

**1-Amino-2-oxo-1.2-dihydro-naphthalin** $C_{10}H_9NO$.

**1-Amino-2-hydroxy-1.2-dihydro-naphthalin-sulfonsäure-(2)**, *1-amino-2-hydroxy-1,2-dihydronaphthalene-2-sulfonic acid* $C_{10}H_{11}NO_4S$, Formel I.

Eine von *Ufimzew* (Ž. prikl. Chim. **17** [1944] 159, 162) unter dieser Konstitution beschriebene Verbindung ist als 4-Amino-3-hydroxy-naphthalin-sulfonsäure-(1) zu formulieren (vgl. diesbezüglich *Rieche, Seeboth*, A. **638** [1960] 76, 77).

**8-Amino-1-oxo-1.2-dihydro-naphthalin** $C_{10}H_9NO$.

**(±)-8-Amino-1-sulfinooxy-1.2-dihydro-naphthol-(1), (±)-Schwefligsäure-mono-[8-amino-1-hydroxy-1.2-dihydro-naphthyl-(1)-ester]**, *(±)-8-amino-1-(sulfinooxy)-1,2-dihydro-1-naphthol* $C_{10}H_{11}NO_4S$, Formel II.

Die E I 386 unter dieser Konstitution beschriebene, dort als „saurer Schwefligsäureester des 8-Amino-1.1-dioxy-1.2-dihydro-naphthalins“ bezeichnete Verbindung ist als 5-Amino-4-oxo-1.2.3.4-tetrahydro-naphthalin-sulfonsäure-(2) zu formulieren (*Rieche, Seeboth*, A. **638** [1960] 43, 49).

NH2 OH SO2OH — I
H2N HO OSO2H — II
HO OSO2H NH2 — III
O CH3 CH—N — IV

**5-Amino-1-oxo-1.2-dihydro-naphthalin** $C_{10}H_9NO$.

**(±)-5-Amino-1-sulfinooxy-1.2-dihydro-naphthol-(1), (±)-Schwefligsäure-mono-[5-amino-1-hydroxy-1.2-dihydro-naphthyl-(1)-ester]**, *(±)-5-amino-1-(sulfinooxy)-1,2-dihydro-1-naphthol* $C_{10}H_{11}NO_4S$, Formel III.

Die E I 386 unter dieser Konstitution beschriebene, dort als „saurer Schwefligsäureester des 5-Amino-1.1-dioxy-1.2-dihydro-naphthalins“ bezeichnete Verbindung ist wahrscheinlich als 8-Amino-4-oxo-1.2.3.4-tetrahydro-naphthalin-sulfonsäure-(2) zu formulieren (vgl. *Rieche, Seeboth*, A. **638** [1960] 43, 48).

### Amino-Derivate der Oxo-Verbindungen $C_{11}H_{10}O$

**1-Oxo-2-aminomethylen-1.2.3.4-tetrahydro-naphthalin** $C_{11}H_{11}NO$.

**1-Oxo-2-[(*N*-methyl-anilino)-methylen]-1.2.3.4-tetrahydro-naphthalin**, 2-[(*N*-Methyl-anilino)-methylen]-3.4-dihydro-2*H*-naphthalinon-(1), *2-[(N-methylanilino)methylene]-3,4-dihydronaphthalen-1(2H)-one* $C_{18}H_{17}NO$, Formel IV.

**1-Oxo-2-[(*N*-methyl-anilino)-methylen]-1.2.3.4-tetrahydro-naphthalin vom F: 91°.**
*B.* Beim Erwärmen von (±)-1-Oxo-1.2.3.4-tetrahydro-naphthaldehyd-(2) (1-Oxo-2-hydroxymethylen-tetralin) mit *N*-Methyl-anilin in Äthanol (*v. Auwers, Wiegand,* J. pr. [2] **134** [1932] 82, 91).
Rötlichgelbe Krystalle (aus Bzn.); F: 90—91°.

## Amino-Derivate der Oxo-Verbindungen $C_{12}H_{12}O$

**1-[4-Amino-phenyl]-hexadien-(1.3)-on-(5)** $C_{12}H_{13}NO$.

**1-[4-Dimethylamino-phenyl]-hexadien-(1.3)-on-(5),** *6-[p-(dimethylamino)phenyl]hexa-3,5-dien-2-one* $C_{14}H_{17}NO$, Formel V.
Über zwei Stereoisomere (a) Krystalle [aus Acn.], F: 215°; Dipolmoment [ε; Dioxan]: 2,4 D; b) Krystalle [aus Bzl.], F: 120—122°; Dipolmoment [ε; Bzl.]: 6,7 D [bei einem Versuch erhalten]), die beim Behandeln von 4-Dimethylamino-*trans*-zimtaldehyd mit Aceton und Äthanol unter Zusatz von wss. Natronlauge erhalten worden sind, s. *Weizmann,* Trans. Faraday Soc. **36** [1940] 329, 331.

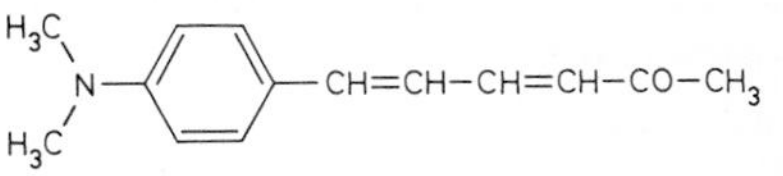

V 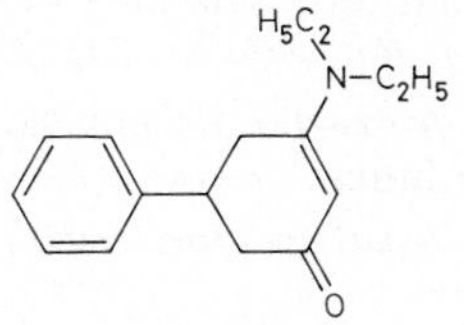 VI

**3-Amino-1-phenyl-cyclohexen-(3)-on-(5)** $C_{12}H_{13}NO$.

**(±)-3-Diäthylamino-1-phenyl-cyclohexen-(3)-on-(5),** *(±)-3-(diethylamino)-5-phenyl-cyclohex-2-en-1-one* $C_{16}H_{21}NO$, Formel VI.
*B.* Beim Erhitzen von 5-Phenyl-dihydroresorcin mit Diäthylamin in Toluol auf 170° (*Hoffmann-La Roche,* D.R.P. 614195 [1934]; Frdl. **22** 615).
Krystalle (aus $CCl_4$); F: 108°.

## Amino-Derivate der Oxo-Verbindungen $C_{13}H_{14}O$

**1-[4-Amino-benzyliden]-cyclohexanon-(2)** $C_{13}H_{15}NO$.

**1-[4-Dimethylamino-benzyliden]-cyclohexanon-(2),** *2-[4-(dimethylamino)benzylidene]-cyclohexanone* $C_{15}H_{19}NO$.

**1-[4-Dimethylamino-benzyliden]-cyclohexanon-(2) vom F: 127°,** vermutlich **1-[4-Dimethylamino-benzyliden-(*seqtrans*)]-cyclohexanon-(2),** Formel VII (E II 49).
Bezüglich der Konfigurationszuordnung vgl. *Hassner, Mead,* Tetrahedron **20** [1964] 2201.
*B.* Beim Erhitzen von 4-Dimethylamino-benzaldehyd mit Cyclohexanon und wss. Kalilauge (*Shriner, Teeters,* Am. Soc. **60** [1938] 936, 938; vgl. E II 49).
Krystalle (aus wss. A.); F: 127,0—127,5° [korr.] (*Sh., Tee.*).

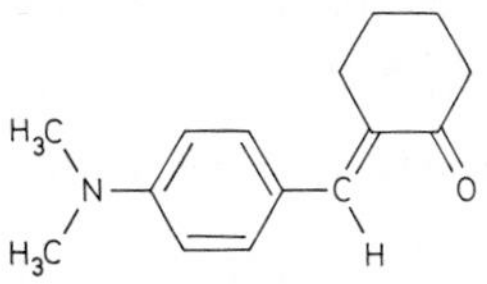

VII 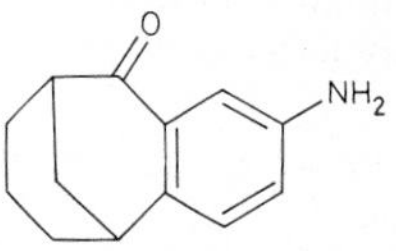 VIII 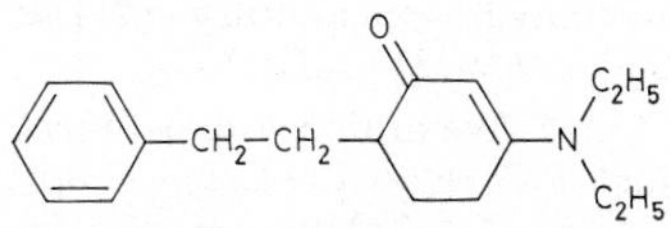 IX

**(±)-2-Amino-10-oxo-5.6.7.8.9.10-hexahydro-5.9-methano-benzocycloocten,** (±)-2-Amino-5.6.7.8-tetrahydro-9*H*-5.9-methano-benzocyclooctenon-(10), *(±)-2-amino-5,6,7,8-tetrahydro-5,9-methanobenzocycloocten-10*(9H)*-one* $C_{13}H_{15}NO$, Formel VIII.
*B.* Aus (±)-2-Nitro-10-oxo-5.6.7.8.9.10-hexahydro-5.9-methano-benzocycloocten beim Erwärmen mit Zinn(II)-chlorid, wss. Salzsäure und Äthanol (*Cook, Hewett,* Soc. **1936** 62, 68).
Gelbe Krystalle (aus Cyclohexan + Bzl.); F: 122,5—123,5°.

## Amino-Derivate der Oxo-Verbindungen $C_{14}H_{16}O$

**4-Amino-1-phenäthyl-cyclohexen-(3)-on-(2)** $C_{14}H_{17}NO$.

**(±)-4-Diäthylamino-1-phenäthyl-cyclohexen-(3)-on-(2),** (±)-*3-(diethylamino)-6-phenethylcyclohex-2-en-1-one* $C_{18}H_{25}NO$, Formel IX.

*B.* Beim Erhitzen von (±)-4-Phenäthyl-dihydroresorcin mit Diäthylamin in Toluol auf 180° (*Hoffmann-La Roche,* D.R.P. 614195 [1934]; Frdl. **22** 615).

$Kp_{0,1}$: 192—194°.

**1-Aminomethyl-3-benzyliden-cyclohexanon-(2)** $C_{14}H_{17}NO$.

**(±)-1-[Dimethylamino-methyl]-3-[2-nitro-benzyliden]-cyclohexanon-(2),** (±)-*2-[(dimethylamino)methyl]-6-(2-nitrobenzylidene)cyclohexanone* $C_{16}H_{20}N_2O_3$, Formel X.

Ein als Hydrobromid $C_{16}H_{20}N_2O_3 \cdot HBr$ (Krystalle [aus Isopropylalkohol]; F: 182°) charakterisiertes Aminoketon dieser Konstitution ist beim Behandeln von (±)-1-[Dimethylamino-methyl]-cyclohexanon-(2) mit 2-Nitro-benzaldehyd und Bromwasserstoff in Essigsäure erhalten und durch Behandlung des Hydrobromids mit Zinn(II)-chlorid und wss. Salzsäure in 4-Methylen-1.2.3.4-tetrahydro-acridin übergeführt worden (*Mannich, Reichert,* Ar. **271** [1933] 116, 126).

**7-Amino-9-oxo-1.2.3.4.4a.9.9a.10-octahydro-anthracen, 7-Amino-1.2.3.4.4a.9a-hexahydro-anthron,** *7-amino-1,2,3,4,4a,9a-hexahydroanthrone* $C_{14}H_{17}NO$.

**(±)-7-Amino-(4a*rH*.9a*tH*)-1.2.3.4.4a.9a-hexahydro-anthron,** Formel XI + Spiegelbild.

Eine Verbindung (Krystalle [aus Bzl.], F: 165—166° [korr.]), der vermutlich diese Konstitution zukommt, ist aus (±)-7(?)-Nitro-(4a*rH*.9a*tH*)-1.2.3.4.4a.9a-hexahydroanthron (F: 130,5—131,5° [E III **7** 1694]) bei der Hydrierung an Palladium in Aceton erhalten worden (*Cook, McGinnis, Mitchell,* Soc. **1944** 286, 291).

X XI XII

**7-Amino-9-oxo-1.2.3.4.4a.9.10.10a-octahydro-phenanthren,** 7-Amino-1.2.3.4.4a.10a-hexahydro-10*H*-phenanthrenon-(9), *7-amino-1,2,3,4,4a,10a-hexahydro-9*(10H)-*phenanthrone* $C_{14}H_{17}NO$.

**(±)-7-Amino-9-oxo-(4a*rH*.10a*cH*)-1.2.3.4.4a.9.10.10a-octahydro-phenanthren,** Formel XII (R = H) + Spiegelbild.

*B.* Aus (±)-7-Nitro-9-oxo-(4a*rH*.10a*cH*)-1.2.3.4.4a.9.10.10a-octahydro-phenanthren bei der Hydrierung an Palladium in Aceton (*Cook, Hewett, Robinson,* Soc. **1939** 168, 174).

Krystalle (aus Bzl. + Cyclohexan); F: 118,5—119°.

**7-Acetamino-9-oxo-1.2.3.4.4a.9.10.10a-octahydro-phenanthren, *N*-[10-Oxo-4b.5.6.7.8.8a.9.10-octahydro-phenanthryl-(2)]-acetamid,** N-(*10-oxo-4b,5,6,7,8,8a,9,10-octahydro-2-phenanthryl)acetamide* $C_{16}H_{19}NO_2$.

**(±)-7-Acetamino-9-oxo-(4a*rH*.10a*cH*)-1.2.3.4.4a.9.10.10a-octahydro-phenanthren,** Formel XII (R = CO-$CH_3$) + Spiegelbild.

*B.* Aus (±)-7-Amino-9-oxo-(4a*rH*.10a*cH*)-1.2.3.4.4a.9.10.10a-octahydro-phenanthren (*Cook, Hewett, Robinson,* Soc. **1939** 168, 174).

Krystalle (aus A.); F: 178—179°.

**9-Amino-1-oxo-1.2.3.4.5.6.7.8-octahydro-phenanthren,** 9-Amino-3.4.5.6.7.8-hexahydro-2*H*-phenanthrenon-(1), *9-amino-3,4,5,6,7,8-hexahydro-1*(2H)-*phenanthrone* $C_{14}H_{17}NO$, Formel XIII (R = H).

*B.* Aus 9-Nitro-1-oxo-1.2.3.4.5.6.7.8-octahydro-phenanthren beim Erwärmen mit Titan(III)-chlorid und wss.-äthanol. Salzsäure oder mit Zinn, wss. Salzsäure und Äthanol (*Schroeter et al.,* B. **63** [1930] 1308, 1328; *J. Huang,* Diss. [Berlin 1929] S. 43; *G. Irmisch,* Diss. [Berlin 1930] S. 61).

Krystalle; F: 161,5—163° [aus A.] (*Ir.*), 161—162,5° [aus wss. A.] (*Hu.*), 159—160° (*Sch. et al.*).
Hydrochlorid $C_{14}H_{17}NO \cdot HCl$. Krystalle; Zers. bei 235° (*Hu.*).

**9-Acetamino-1-oxo-1.2.3.4.5.6.7.8-octahydro-phenanthren, *N*-[1-Oxo-1.2.3.4.5.6.7.8-octahydro-phenanthryl-(9)]-acetamid,** N-(*1-oxo-1,2,3,4,5,6,7,8-octahydro-9-phenanthryl)acetamide* $C_{16}H_{19}NO_2$, Formel XIII (R = CO-CH₃).
*B.* Beim Behandeln von 9-Amino-1-oxo-1.2.3.4.5.6.7.8-octahydro-phenanthren-hydrochlorid mit Acetanhydrid und wss. Natriumacetat-Lösung (*Schroeter et al.*, B. **63** [1930] 1308, 1328; *G. Irmisch*, Diss. [Berlin 1930] S. 61).
Krystalle (aus A.); F: 234° (*Sch. et al.*), 233—234° (*Ir.*).
Oxim $C_{16}H_{20}N_2O_2$. Krystalle (aus A.); F: 255—257° (*Ir.*), 253° (*Sch. et al.*).

**9-Acetamino-1-[toluol-sulfonyl-(4)-oxyimino]-1.2.3.4.5.6.7.8-octahydro-phenanthren, *N*-[1-(Toluol-sulfonyl-(4)-oxyimino)-1.2.3.4.5.6.7.8-octahydro-phenanthryl-(9)]-acetamid,** N-[*1-(*p*-tolylsulfonyloxyimino)-1,2,3,4,5,6,7,8-octahydro-9-phenanthryl]acetamide* $C_{23}H_{26}N_2O_4S$, Formel XIV.
*B.* Beim Behandeln von 9-Acetamino-1-hydroxyimino-1.2.3.4.5.6.7.8-octahydro-phenanthren (s. im vorangehenden Artikel) mit Toluol-sulfonylchlorid-(4) und wss.-äthanol. Kalilauge (*Schroeter et al.*, B. **63** [1930] 1308, 1328; *G. Irmisch*, Diss. [Berlin 1930] S. 62).
Krystalle (aus $CHCl_3$ + E.); F: 215—220° [nach Sintern bei 158°] (*Ir.*; *Sch. et al.*)
Beim Erwärmen mit Methanol ist 4-[2-Amino-4-acetamino-5.6.7.8-tetrahydro-naphthyl-(1)]-buttersäure-methylester-[toluol-sulfonat-(4)] erhalten worden (*Sch. et al.*, l. c. S. 1329; *Ir.*).

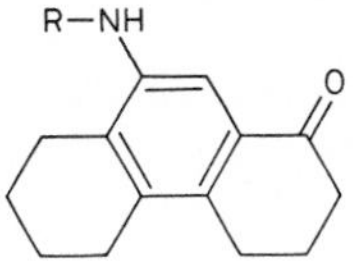


XIII

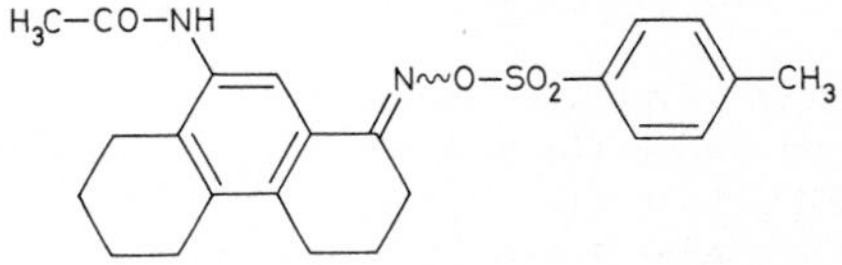


XIV

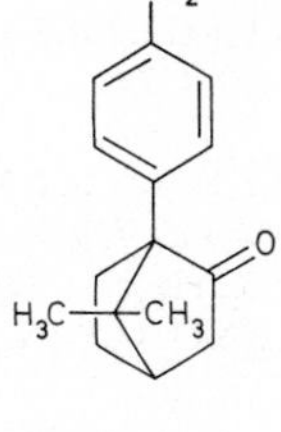


XV

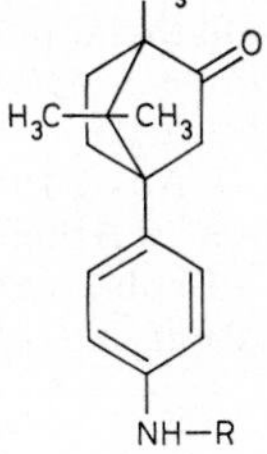


XVI

## Amino-Derivate der Oxo-Verbindungen $C_{15}H_{18}O$

**(±)-7.7-Dimethyl-1-[4-amino-phenyl]-norbornanon-(2),** (±)-*1-(*p*-aminophenyl)-7,7-dimethylnorbornan-2-one* $C_{15}H_{19}NO$, Formel XV.
Ein Präparat (Kp₄: 204°), in dem vermutlich diese Verbindung vorgelegen hat, ist aus (±)-7.7-Dimethyl-1-[4(?)-nitro-phenyl]-norbornanon-(2) (Kp₁: 199° [E III **7** 1712]) beim Erwärmen mit Zink und wss.-äthanol. Salzsäure erhalten worden (*Nametkin, Šerebrenikow*, Ž. obšč. Chim. **15** [1945] 195, 198; C. A. **1946** 1814).

## Amino-Derivate der Oxo-Verbindungen $C_{16}H_{20}O$

**(±)-1.7.7-Trimethyl-4-[4-amino-phenyl]-norbornanon-(2), (±)-4-[4-Amino-phenyl]-bornanon-(2),** (±)-*4-(*p*-aminophenyl)bornan-2-one* $C_{16}H_{21}NO$, Formel XVI (R = H).
*B.* Aus (±)-1.7.7-Trimethyl-4-[4-nitro-phenyl]-norbornanon-(2) beim Erwärmen mit Zink und wss. Essigsäure (*Nametkin, Kitschkina*, J. pr. [2] **136** [1933] 137, 140; Ž. obšč. Chim. **3** [1933] 43, 45; *Nametkin, Scheremetewa*, Ž. obšč. Chim. **17** [1947] 335, 338; C. A. **1948** 542; C. r. Doklady **38** [1943] 131, 132).
Krystalle; F: 144,5—145° [aus A.] (*Na., Sch.*), 144—144,5° (*Na., Ki.*).

**(±)-1.7.7-Trimethyl-4-[4-acetamino-phenyl]-norbornanon-(2), (±)-4-[4-Acetamino-phenyl]-bornanon-(2), (±)-Essigsäure-[4-(3-oxo-4.7.7-trimethyl-norbornyl-(1))-anilid],** (±)-*4'-(2-oxo-4-bornyl)acetanilide* $C_{18}H_{23}NO_2$, Formel XVI (R = CO-CH₃).
*B.* Aus (±)-1.7.7-Trimethyl-4-[4-amino-phenyl]-norbornanon-(2) beim Erwärmen mit Essigsäure (*Nametkin, Scheremetewa*, Ž. obšč. Chim. **17** [1947] 335, 339; C. A. **1948** 542; C. r. Doklady **38** [1943] 131, 132).
Krystalle (aus A.); F: 181—182°.

**(±)-1.7.7-Trimethyl-4-[4-benzamino-phenyl]-norbornanon-(2), (±)-4-[4-Benzamino-phenyl]-bornanon-(2), (±)-Benzoesäure-[4-(3-oxo-4.7.7-trimethyl-norbornyl-(1))-anilid]**, *(±)-4'-(2-oxo-4-bornyl)benzanilide* $C_{23}H_{25}NO_2$, Formel XVI (R = CO-$C_6H_5$).

*B.* Aus (±)-1.7.7-Trimethyl-4-[4-amino-phenyl]-norbornanon-(2) (*Nametkin, Kitschkina*, J. pr. [2] **136** [1933] 137, 141; Ž. obšč. Chim. **3** [1933] 43, 46).

Krystalle (aus A.); F: 208—209°.

**9-Glycyl-1.2.3.4.5.6.7.8-octahydro-phenanthren, 2-Amino-1-[1.2.3.4.5.6.7.8-octahydro-phenanthryl-(9)]-äthanon-(1)**, *aminomethyl 1,2,3,4,5,6,7,8-octahydro-9-phenanthryl ketone* $C_{16}H_{21}NO$, Formel I (R = H).

*B.* Beim Behandeln von 1-[1.2.3.4.5.6.7.8-Octahydro-phenanthryl-(9)]-äthanon-(1) mit Amylnitrit und Natriumäthylat in Äthanol und Behandeln des Reaktionsprodukts mit Zinn(II)-chlorid und wss. Salzsäure unter Zusatz von Zinn (*van de Kamp, Mosettig*, Am. Soc. **57** [1935] 1107, 1109, 1110).

Hydrochlorid $C_{16}H_{21}NO \cdot HCl$. Krystalle (aus W.); F: 232—234° [Zers.].

Pikrat $C_{16}H_{21}NO \cdot C_6H_3N_3O_7$. Gelbe Krystalle (aus A.); F: 215—216° [Zers.].

**2-Dimethylamino-1-[1.2.3.4.5.6.7.8-octahydro-phenanthryl-(9)]-äthanon-(1)**, *(dimethylamino)methyl 1,2,3,4,5,6,7,8-octahydro-9-phenanthryl ketone* $C_{18}H_{25}NO$, Formel I (R = $CH_3$).

*B.* Aus 2-Brom-1-[1.2.3.4.5.6.7.8-octahydro-phenanthryl-(9)]-äthanon-(1) und Dimethylamin in Äther (*van de Kamp, Mosettig*, Am. Soc. **57** [1935] 1107, 1109, 1110).

Hydrochlorid $C_{18}H_{25}NO \cdot HCl$. Krystalle (aus A. + Ae.); F: 236—237,5° [Zers.; nach Sintern bei 226°].

Pikrat $C_{18}H_{25}NO \cdot C_6H_3N_3O_7$. Gelbe Krystalle (aus A.); F: 116—117°.

**2-Diäthylamino-1-[1.2.3.4.5.6.7.8-octahydro-phenanthryl-(9)]-äthanon-(1)**, *(diethylamino)methyl 1,2,3,4,5,6,7,8-octahydro-9-phenanthryl ketone* $C_{20}H_{29}NO$, Formel I (R = $C_2H_5$).

*B.* Aus 2-Brom-1-[1.2.3.4.5.6.7.8-octahydro-phenanthryl-(9)]-äthanon-(1) und Diäthylamin in Äther (*van de Kamp, Mosettig*, Am. Soc. **57** [1935] 1107, 1109, 1110).

Perchlorat $C_{20}H_{29}NO \cdot HClO_4$. Krystalle (aus A. + Ae.); F: 165—166°.

Pikrat $C_{20}H_{29}NO \cdot C_6H_3N_3O_7$. Gelbe Krystalle (aus A.); F: 144,5—145,5°.

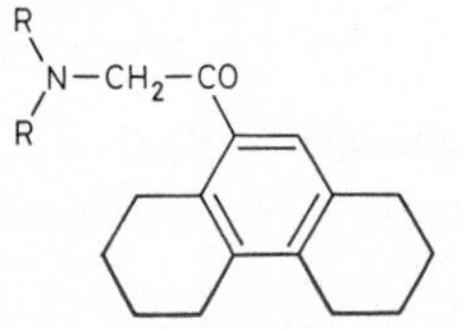

I

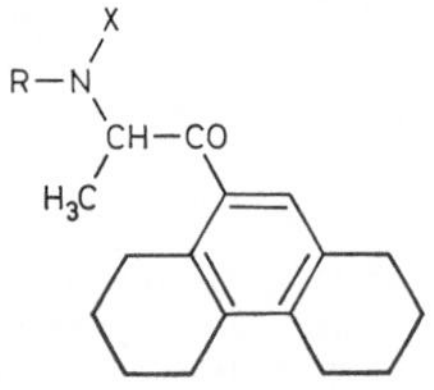

II

## Amino-Derivate der Oxo-Verbindungen $C_{17}H_{22}O$

**9-DL-Alanyl-1.2.3.4.5.6.7.8-octahydro-phenanthren, (±)-2-Amino-1-[1.2.3.4.5.6.7.8-octahydro-phenanthryl-(9)]-propanon-(1)**, *(±)-2-amino-1-(1,2,3,4,5,6,7,8-octahydro-9-phenanthryl)propan-1-one* $C_{17}H_{23}NO$, Formel II (R = X = H).

*B.* Beim Behandeln von 1-[1.2.3.4.5.6.7.8-Octahydro-phenanthryl-(9)]-propanon-(1) mit Amylnitrit und Natriumäthylat in Äthanol und Behandeln des Reaktionsprodukts mit Zinn(II)-chlorid und wss. Salzsäure unter Zusatz von Zinn (*van de Kamp, Mosettig*, Am. Soc. **57** [1935] 1107, 1109, 1110).

Hydrochlorid $C_{17}H_{23}NO \cdot HCl$. Krystalle (aus A.); F: 231—233° [Zers.].

Pikrat $C_{17}H_{23}NO \cdot C_6H_3N_3O_7$. Gelbe Krystalle (aus A.); F: 181—182° [Zers.].

**(±)-2-Methylamino-1-[1.2.3.4.5.6.7.8-octahydro-phenanthryl-(9)]-propanon-(1)**, *(±)-2-(methylamino)-1-(1,2,3,4,5,6,7,8-octahydro-9-phenanthryl)propan-1-one* $C_{18}H_{25}NO$, Formel II (R = $CH_3$, X = H).

*B.* Beim Erwärmen von (±)-2-Brom-1-[1.2.3.4.5.6.7.8-octahydro-phenanthryl-(9)]-propanon-(1) mit Methylamin in Benzol (*van de Kamp, Mosettig*, Am. Soc. **57** [1935] 1107, 1110).

Hydrochlorid $C_{18}H_{25}NO \cdot HCl$. Krystalle (aus A. + Ae.); F: 223—224,5°.

Pikrat $C_{18}H_{25}NO \cdot C_6H_3N_3O_7$. Gelbe Krystalle (aus A.); F: 192–193° [Zers.; nach Sintern bei 189°].

**(±)-2-Dimethylamino-1-[1.2.3.4.5.6.7.8-octahydro-phenanthryl-(9)]-propanon-(1),** *(±)-2-(dimethylamino)-1-(1,2,3,4,5,6,7,8-octahydro-9-phenanthryl)propan-1-one* $C_{19}H_{27}NO$, Formel II (R = X = $CH_3$).

*B.* Aus (±)-2-Brom-1-[1.2.3.4.5.6.7.8-octahydro-phenanthryl-(9)]-propanon-(1) und Dimethylamin in Äther (*van de Kamp, Mosettig*, Am. Soc. **57** [1935] 1107, 1109, 1110).

Perchlorat $C_{19}H_{27}NO \cdot HClO_4$. Krystalle (aus A. + Ae.); F: 198,5–200°.

Pikrat $C_{19}H_{27}NO \cdot C_6H_3N_3O_7$. Gelbe Krystalle (aus A.); F: 185–186° [Zers.; nach Sintern bei 180°].

**(±)-2-Äthylamino-1-[1.2.3.4.5.6.7.8-octahydro-phenanthryl-(9)]-propanon-(1),** *(±)-2-(ethylamino)-1-(1,2,3,4,5,6,7,8-octahydro-9-phenanthryl)propan-1-one* $C_{19}H_{27}NO$, Formel II (R = $C_2H_5$, X = H).

*B.* Beim Erwärmen von (±)-2-Brom-1-[1.2.3.4.5.6.7.8-octahydro-phenanthryl-(9)]-propanon-(1) mit Äthylamin in Benzol (*van de Kamp, Mosettig*, Am. Soc. **57** [1935] 1107, 1110).

Hydrochlorid $C_{19}H_{27}NO \cdot HCl$. Krystalle (aus A. + Ae.); F: 226–228°.

Pikrat $C_{19}H_{27}NO \cdot C_6H_3N_3O_7$. Gelbe Krystalle (aus A.); F: 163–164°.

**(±)-2-Diäthylamino-1-[1.2.3.4.5.6.7.8-octahydro-phenanthryl-(9)]-propanon-(1),** *(±)-2-(diethylamino)-1-(1,2,3,4,5,6,7,8-octahydro-9-phenanthryl)propan-1-one* $C_{21}H_{31}NO$, Formel II (R = X = $C_2H_5$).

*B.* Aus (±)-2-Brom-1-[1.2.3.4.5.6.7.8-octahydro-phenanthryl-(9)]-propanon-(1) und Diäthylamin in Äther (*van de Kamp, Mosettig*, Am. Soc. **57** [1935] 1107, 1109, 1110).

Perchlorat $C_{21}H_{31}NO \cdot HClO_4$. Krystalle (aus A. + Ae.); F: 209–210°.

# Amino-Derivate der Monooxo-Verbindungen $C_nH_{2n-14}O$

## Amino-Derivate der Oxo-Verbindungen $C_{11}H_8O$

**4-Amino-naphthaldehyd-(1),** *4-amino-1-naphthaldehyde* $C_{11}H_9NO$, Formel III (R = H).

*B.* Neben geringen Mengen 4-Amino-1-methyl-naphthalin beim Erwärmen von 4-Nitro-1-methyl-naphthalin mit wss.-äthanol. Natronlauge und Schwefel (*Thompson*, Soc. **1932** 2310, 2312).

Gelbe Krystalle (aus A. + W.); F: 163°.

**4-Dimethylamino-naphthaldehyd-(1),** *4-(dimethylamino)-1-naphthaldehyde* $C_{13}H_{13}NO$, Formel III (R = $CH_3$).

*B.* Aus Dimethyl-[naphthyl-(1)]-amin beim Behandeln mit wss. Formaldehyd, wss. Salzsäure und 4-Hydroxyamino-toluol-sulfonsäure-(2) (*I.G. Farbenind.*, D.R.P. 501108 [1928]; Frdl. **18** 850) sowie beim Erwärmen mit Paraformaldehyd, Hexamethylentetramin und Essigsäure (*Farbenfabr. Bayer*, F.P. 1377226 [1963]).

Krystalle; F: 45–47° (*I.G. Farbenind.*), 46° (*Farbenfabr. Bayer*).

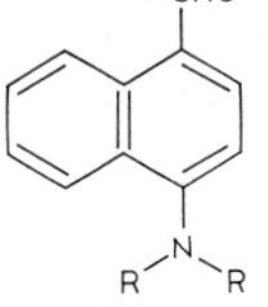

III 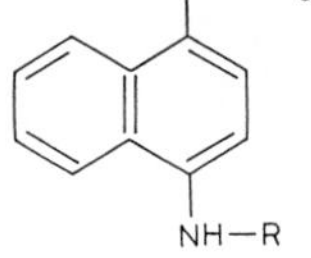 IV 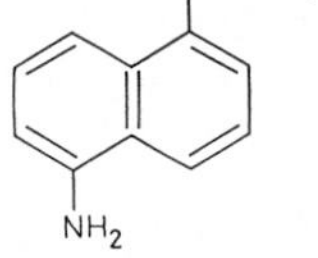 V 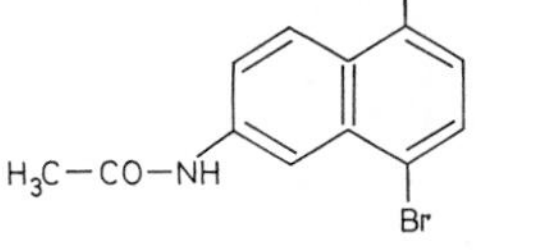 VI

## Amino-Derivate der Oxo-Verbindungen $C_{12}H_{10}O$

**4-Amino-1-acetyl-naphthalin, 1-[4-Amino-naphthyl-(1)]-äthanon-(1),** *4'-amino-1'-acetonaphthone* $C_{12}H_{11}NO$, Formel IV (R = H).

*B.* Neben 1-[5-Amino-naphthyl-(1)]-äthanon-(1) beim Erwärmen von Naphthyl-(1)-amin oder von *N*-[Naphthyl-(1)]-acetamid mit Acetylchlorid und Aluminiumchlorid in Schwefelkohlenstoff und Erhitzen des Reaktionsprodukts mit wss. Salzsäure (*Leonard, Hyson*, Am. Soc. **71** [1949] 1392). Aus *N*-[4-Acetyl-naphthyl-(1)]-benzamid mit Hilfe

von äthanol. Kalilauge (*I.G. Farbenind.*, D.R.P. 551586 [1929]; Frdl. **18** 590).
Gelbe Krystalle; F: 135—137° (*I.G. Farbenind.*), 135,5—136,5° [korr.] (*Le., Hy.*).

**4-Benzamino-1-acetyl-naphthalin, *N*-[4-Acetyl-naphthyl-(1)]-benzamid,** N-(*4-acetyl-1-naphthyl)benzamide* $C_{19}H_{15}NO_2$, Formel IV (R = CO-$C_6H_5$).
*B.* Beim Erwärmen von *N*-[Naphthyl-(1)]-benzamid mit Acetylchlorid und Aluminiumchlorid in Schwefelkohlenstoff (*I.G. Farbenind.*, D.R.P. 551586 [1929]; Frdl. **18** 590).
Krystalle (aus Bzl.); F: 184—185°.

**5-Amino-1-acetyl-naphthalin, 1-[5-Amino-naphthyl-(1)]-äthanon-(1),** *5'-amino-1'-acetonaphthone* $C_{12}H_{11}NO$, Formel V.
*B.* s. S. 205 im Artikel 4-Amino-1-acetyl-naphthalin.
Krystalle (aus Bzl. + Bzn.); F: 96,5—97,5° (*Leonard, Hyson*, Am. Soc. **71** [1949] 1392).
Hydrochlorid $C_{12}H_{11}NO\cdot HCl$. Krystalle (aus A. + Ae.); F: 248—251° [korr.; Zers.].

**6-Amino-1-acetyl-naphthalin** $C_{12}H_{11}NO$.

**4-Brom-6-acetamino-1-acetyl-naphthalin, *N*-[8-Brom-5-acetyl-naphthyl-(2)]-acetamid,** N-(*5-acetyl-8-bromo-2-naphthyl)acetamide* $C_{14}H_{12}BrNO_2$, Formel VI.
*B.* Beim Behandeln von *N*-[8-Amino-5-acetyl-naphthyl-(2)]-acetamid mit wss. Bromwasserstoffsäure und Natriumnitrit und Behandeln der Reaktionslösung mit Kupfer(I)-bromid und wss. Bromwasserstoffsäure (*Leonard, Hyson*, Am. Soc. **71** [1949] 1961, 1963).
Krystalle (aus A.); F: 194—195° [korr.].

**7-Amino-1-acetyl-naphthalin, 1-[7-Amino-naphthyl-(1)]-äthanon-(1),** *7'-amino-1'-acetonaphthone* $C_{12}H_{11}NO$, Formel VII (R = H).
Diese Konstitution kommt auch einer von *Brown et al.* (J. org. Chem. **11** [1946] 163, 167) und von *Leonard, Boyd* (J. org. Chem. **11** [1946] 405, 416) als 1-[2-Amino-naphthyl-(1)]-äthanon-(1) angesehenen Verbindung zu (*Leonard, Hyson*, J. org. Chem. **13** [1948] 164, 165; *Winstein, Jacobs, Day*, J. org. Chem. **13** [1948] 171).
*B.* Neben 1-[6-Amino-naphthyl-(2)]-äthanon-(1) beim Erwärmen von Naphthyl-(2)-amin (*Leonard, Hyson*, Am. Soc. **71** [1949] 1392) oder von *N*-[Naphthyl-(2)]-acetamid (*Br. et al.*; *Le., Boyd*) mit Acetylchlorid und Aluminiumchlorid in Schwefelkohlenstoff und Erhitzen des Reaktionsprodukts mit wss. Salzsäure. Aus *N*-[8-Acetyl-naphthyl-(2)]-acetamid beim Erhitzen mit Essigsäure und wss. Schwefelsäure (*Br. et al.*).
Gelbe Krystalle; F: 110—111° [unkorr.; aus Bzl. oder wss. Me.] (*Br. et al.*), 109° bis 110° [korr.; aus Bzl.] (*Le., Hy.*, Am. Soc. **71** 1393), 108,5—110° [korr.] (*Le., Hy.*, J. org. Chem. **13** 167), 108—109° [korr.; aus Bzl.] (*Le., Boyd*).

**7-Acetamino-1-acetyl-naphthalin, *N*-[8-Acetyl-naphthyl-(2)]-acetamid,** N-(*8-acetyl-2-naphthyl)acetamide* $C_{14}H_{13}NO_2$, Formel VII (R = CO-$CH_3$).
Diese Konstitution kommt auch einer von *Brown et al.* (J. org. Chem. **11** [1946] 163, 166) als *N*-[1-Acetyl-naphthyl-(2)]-acetamid angesehenen Verbindung zu (*Winstein, Jacobs, Day*, J. org. Chem. **13** [1948] 171).
*B.* Beim Erwärmen von *N*-[Naphthyl-(2)]-acetamid mit Acetanhydrid und Aluminiumchlorid in Schwefelkohlenstoff (*Br. et al.*, l. c. S. 166). Aus 1-[7-Amino-naphthyl-(1)]-äthanon-(1) und Acetanhydrid in Benzol (*Leonard, Hyson*, J. org. Chem. **13** [1948] 164, 168). Beim Behandeln von *N*-[5-Amino-8-acetyl-naphthyl-(2)]-acetamid mit wss. Salzsäure und Natriumnitrit und Behandeln der Reaktionslösung mit Hypophosphorigsäure (*Leonard, Hyson*, Am. Soc. **71** [1949] 1961, 1963).
Krystalle (aus wss. A.); F: 151° [unkorr.] (*Br. et al.*), 149—150° [korr.] (*Le., Hy.*).
Charakterisierung als 2.4-Dinitro-phenylhydrazon (F: 244° [unkorr.]): *Br. et al.*

**1-Glycyl-naphthalin, 2-Amino-1-[naphthyl-(1)]-äthanon-(1),** *2-amino-1'-acetonaphthone* $C_{12}H_{11}NO$, Formel VIII (E I 387; dort als α-Aminoacetyl-naphthalin bezeichnet).
Charakterisierung als *N*-Benzolsulfonyl-Derivat $C_{18}H_{15}NO_3S$ (*N*-[2-Oxo-2-(naphthyl-(1))-äthyl]-benzolsulfonamid; Krystalle [aus Eg.]; F: 121°): *Rajagopalan*, J. Indian chem. Soc. **17** [1940] 567, 571.
Hydrochlorid. Krystalle (aus W.); F: 258—259° (*Dey, Rajagopalan*, Ar. **277** [1939] 359, 377, 387).

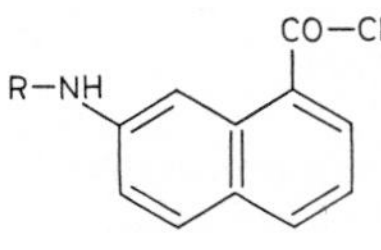

VII 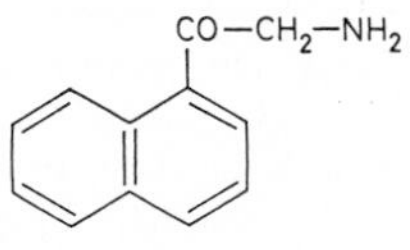 VIII 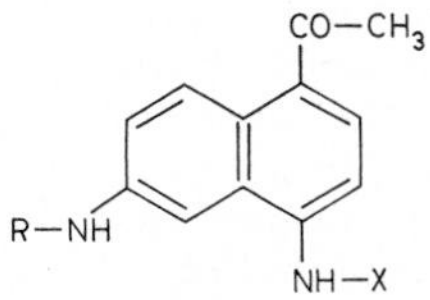 IX 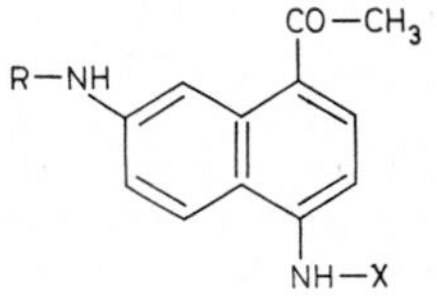 X

**4.6-Diamino-1-acetyl-naphthalin, 1-[4.6-Diamino-naphthyl-(1)]-äthanon-(1),** *4',6'-diamino-1'-acetonaphthone* $C_{12}H_{12}N_2O$, Formel IX (R = X = H).

*B.* Aus 1-[4.6-Bis-acetamino-naphthyl-(1)]-äthanon-(1) beim Erhitzen mit wss. Salzsäure (*Leonard, Hyson*, Am. Soc. **71** [1949] 1961, 1963).

Krystalle (aus Bzl.); F: 140—141° [korr.].

**4-Amino-6-acetamino-1-acetyl-naphthalin, *N*-[8-Amino-5-acetyl-naphthyl-(2)]-acetamid,** N-(*5-acetyl-8-amino-2-naphthyl*)*acetamide* $C_{14}H_{14}N_2O_2$, Formel IX (R = CO-$CH_3$, X = H).

*B.* Aus 1-[4.6-Diamino-naphthyl-(1)]-äthanon-(1) und Acetanhydrid in Benzol (*Leonard, Hyson*, Am. Soc. **71** [1949] 1961, 1963).

Krystalle (aus W.); F: 209—211° [korr.].

**4.6-Bis-acetamino-1-acetyl-naphthalin, 1-[4.6-Bis-acetamino-naphthyl-(1)]-äthanon-(1),** N,N'-(*4-acetylnaphthalene-1,7-diyl*)*bisacetamide* $C_{16}H_{16}N_2O_3$, Formel IX (R = X = CO-$CH_3$).

*B.* Beim Erwärmen von 1.7-Bis-acetamino-naphthalin mit Acetylchlorid und Aluminiumchlorid in Schwefelkohlenstoff oder 1.1.2.2-Tetrachlor-äthan (*Leonard, Hyson* Am. Soc. **71** [1949] 1961, 1963).

Krystalle (aus W.); F: 263,5—264,5° [korr.].

**4.7-Diamino-1-acetyl-naphthalin, 1-[4.7-Diamino-naphthyl-(1)]-äthanon-(1),** *4',7'-diamino-1'-acetonaphthone* $C_{12}H_{12}N_2O$, Formel X (R = X = H).

*B.* Aus 1-[4.7-Bis-acetamino-naphthyl-(1)]-äthanon-(1) beim Erhitzen mit wss. Salzsäure (*Leonard, Hyson*, Am. Soc. **71** [1949] 1961, 1963).

Gelbe Krystalle (aus Bzl. + Bzn.); F: 151—152° [korr.].

**4-Amino-7-acetamino-1-acetyl-naphthalin, *N*-[5-Amino-8-acetyl-naphthyl-(2)]-acetamid,** N-(*8-acetyl-5-amino-2-naphthyl*)*acetamide* $C_{14}H_{14}N_2O_2$, Formel X (R = CO-$CH_3$, X = H).

*B.* Aus 1-[4.7-Diamino-naphthyl-(1)]-äthanon-(1) und Acetanhydrid in Benzol (*Leonard, Hyson*, Am. Soc. **71** [1949] 1961, 1963).

Krystalle (aus Bzl. + Acn.); F: 251—253° [korr.].

**4.7-Bis-acetamino-1-acetyl-naphthalin, 1-[4.7-Bis-acetamino-naphthyl-(1)]-äthanon-(1),** N,N'-(*4-acetylnaphthalene-1,6-diyl*)*bisacetamide* $C_{16}H_{16}N_2O_3$, Formel X (R = X = CO-$CH_3$).

*B.* Beim Erwärmen von 1.6-Bis-acetamino-naphthalin mit Acetylchlorid und Aluminiumchlorid in Schwefelkohlenstoff oder 1.1.2.2-Tetrachlor-äthan (*Leonard, Hyson*, Am. Soc. **71** [1949] 1961, 1963).

Krystalle (aus W.); F: 249,5—250,5° [korr.].

**6-Amino-2-acetyl-naphthalin, 1-[6-Amino-naphthyl-(2)]-äthanon-(1),** *6'-amino-2'-acetonaphthone* $C_{12}H_{11}NO$, Formel XI (R = X = H).

*B.* s. S. 206 im Artikel 1-[7-Amino-naphthyl-(1)]-äthanon-(1).

Hellgelbe Krystalle; F: 166,5—168° [korr.; aus A.] (*Leonard, Hyson*, Am. Soc. **71** [1949] 1392), 163—164° [unkorr.] (*Brown et al.*, J. org. Chem. **11** [1946] 163, 167).

**6-Acetamino-2-acetyl-naphthalin, *N*-[6-Acetyl-naphthyl-(2)]-acetamid,** N-(*6-acetyl-2-naphthyl*)*acetamide* $C_{14}H_{13}NO_2$, Formel XI (R = CO-$CH_3$, X = H).

*B.* Aus *N*-[6-Chloracetyl-naphthyl-(2)]-acetamid beim Erwärmen mit Zink und Äthanol (*Schofield, Swain, Theobald*, Soc. **1949** 2399, 2403).

Krystalle (aus A.); F: 190—191° [unkorr.].

**6-Acetamino-2-chloracetyl-naphthalin, *N*-[6-Chloracetyl-naphthyl-(2)]-acetamid,** N-[*6-(chloroacetyl)-2-naphthyl*]*acetamide* $C_{14}H_{12}ClNO_2$, Formel XI (R = CO-$CH_3$, X = Cl).

*B.* Neben 2-Acetamino-x-chloracetyl-naphthalin (F: 158,5—159,5° [S. 210]) beim Behandeln von *N*-[Naphthyl-(2)]-acetamid mit Chloracetylchlorid und Aluminiumchlorid in Schwefelkohlenstoff (*Schofield, Swain, Theobald,* Soc. **1949** 2399, 2403).

Krystalle (aus A.); F: 220—221° [unkorr.] (*Sch., Sw., Th.*).

Beim aufeinanderfolgenden Erwärmen mit wss. Salzsäure und Essigsäure, Behandeln mit Natriumnitrit und Erwärmen sind 2-Chlor-1-[6-hydroxy-naphthyl-(2)]-äthanon-(1) und 2-Chlor-1-[6-chlor-naphthyl-(2)]-äthanon-(1) erhalten worden (*Sch., Sw., Th.,* l. c. S. 2404).

Über ein ebenfalls als *N*-[6-Chloracetyl-naphthyl-(2)]-acetamid beschriebenes Präparat vom F: 160,5—161,5°, in dem aber vermutlich 2-Acetamino-x-chloracetyl-naphthalin (S. 210) vorgelegen hat, s. *Koelsch, Lindquist,* J. org. Chem. **21** [1956] 657.

**2-Glycyl-naphthalin, 2-Amino-1-[naphthyl-(2)]-äthanon-(1),** *2-amino-2'-acetonaphthone* $C_{12}H_{11}NO$, Formel XII (R = X = H).

*B.* Beim Behandeln von 2-Chlor-1-[naphthyl-(2)]-äthanon-(1) (*Cook, Majer,* Soc. **1944** 482, 485) oder von 2-Brom-1-[naphthyl-(2)]-äthanon-(1) (*Immediata, Day,* J. org. Chem. **5** [1940] 512, 517) mit Hexamethylentetramin in Chloroform und Behandeln des Reaktionsprodukts mit Äthanol und wss. Salzsäure. Aus 1-[Naphthyl-(2)]-glyoxal-2-oxim beim Behandeln mit Zinn(II)-chlorid und Chlorwasserstoff in Äthanol (*Dey, Rajagopalan,* Ar. **277** [1939] 359, 377, 385). Aus [2-Oxo-2-(naphthyl-(2))-äthylamino]-methansulfonsäure beim Erhitzen mit wss. Salzsäure (*Reichert, Baege,* Pharmazie **3** [1948] 209).

Charakterisierung als *N*-Benzolsulfonyl-Derivat $C_{18}H_{15}NO_3S$ (*N*-[2-Oxo-2-(naphthyl-(2))-äthyl]-benzolsulfonamid; Krystalle [aus Eg.]; F: 165°): *Rajagopalan,* J. Indian chem. Soc. **17** [1940] 567, 571.

Hydrochlorid $C_{12}H_{11}NO \cdot HCl$. Krystalle; F: 248° [aus Eg.] (*Cook, Ma.*); Zers. bei 238° [aus A.] (*Rei., Ba.*); F: 220° [Zers.; aus A.] (*Dey, Ra.*).

Hydrobromid $C_{12}H_{11}NO \cdot HBr$. Krystalle (aus A.); F: 213° [korr.] (*Imm., Day,* l. c. S. 518).

Nitrat $C_{12}H_{11}NO \cdot HNO_3$. Krystalle; Zers. bei 129—130° (*Rei., Ba.*).

Pikrat. Gelbe Krystalle (aus Eg.); F: 189° [Zers.] (*Dey, Ra.*).

**2-Sarkosyl-naphthalin, 2-Methylamino-1-[naphthyl-(2)]-äthanon-(1),** *2-(methylamino)-2'-acetonaphthone* $C_{13}H_{13}NO$, Formel XII (R = $CH_3$, X = H).

*B.* Aus 2-Brom-1-[naphthyl-(2)]-äthanon-(1) und Methylamin in Äthanol und Äther (*Immediata, Day,* J. org. Chem. **5** [1940] 512, 517).

Hydrochlorid $C_{13}H_{13}NO \cdot HCl$. Krystalle (aus A.); F: 208—209° [korr.] (*Imm., Day,* l. c. S. 518).

Oxim $C_{13}H_{14}N_2O$. Krystalle (aus A. + Ae.); F: 143° [korr.].

**2-Dimethylamino-1-[naphthyl-(2)]-äthanon-(1),** *2-(dimethylamino)-2'-acetonaphthone* $C_{14}H_{15}NO$, Formel XII (R = X = $CH_3$).

*B.* Aus 2-Brom-1-[naphthyl-(2)]-äthanon-(1) und Dimethylamin in Äthanol und Äther (*Immediata, Day,* J. org. Chem. **5** [1940] 512, 520).

Hydrochlorid $C_{14}H_{15}NO \cdot HCl$. Krystalle (aus A. + Acn.); F: 216—217° [korr.] (*Imm., Day,* l. c. S. 518).

Oxim $C_{14}H_{16}N_2O$. Krystalle (aus A.); F: 148° [korr.].

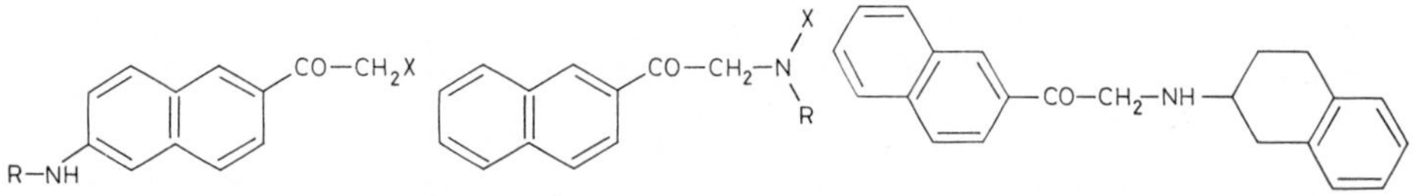


XI XII XIII

**2-Äthylamino-1-[naphthyl-(2)]-äthanon-(1),** *2-(ethylamino)-2'-acetonaphthone* $C_{14}H_{15}NO$, Formel XII (R = $C_2H_5$, X = H).

*B.* Aus 2-Brom-1-[naphthyl-(2)]-äthanon-(1) und Äthylamin in Äthanol und Äther (*Immediata, Day,* J. org. Chem. **5** [1940] 512, 517).

F: 68°.

Hydrochlorid $C_{14}H_{15}NO \cdot HCl$. Krystalle; F: 220—222° [korr.] (*Imm., Day,* l. c. S. 518).

Oxim $C_{14}H_{16}N_2O$. Krystalle (aus wss. A.); F: 121° [korr.].

**2-Diäthylamino-1-[naphthyl-(2)]-äthanon-(1),** *2-(diethylamino)-2'-acetonaphthone* $C_{16}H_{19}NO$, Formel XII (R = X = $C_2H_5$).

*B.* Aus 2-Brom-1-[naphthyl-(2)]-äthanon-(1) und Diäthylamin in Dioxan (*Immediata, Day*, J. org. Chem. **5** [1940] 512, 520).

Hydrochlorid $C_{16}H_{19}NO\cdot HCl$. Krystalle (aus A.); F: 199° [korr.] (*Imm., Day*, l. c. S. 518).

Oxim $C_{16}H_{20}N_2O$. Krystalle (aus wss. A.); F: 121,5° [korr.].

**2-Butylamino-1-[naphthyl-(2)]-äthanon-(1),** *2-(butylamino)-2'-acetonaphthone* $C_{16}H_{19}NO$, Formel XII (R = $[CH_2]_3$-$CH_3$, X = H).

*B.* Aus 2-Brom-1-[naphthyl-(2)]-äthanon-(1) und Butylamin in Äther (*Immediata, Day*, J. org. Chem. **5** [1940] 512, 519).

F: 82°. Instabil.

Hydrochlorid $C_{16}H_{19}NO\cdot HCl$. Krystalle (aus A.); F: 208° [korr.].

Oxim $C_{16}H_{20}N_2O$. Krystalle (aus A.); F: 113° [korr.].

**2-Cyclohexylamino-1-[naphthyl-(2)]-äthanon-(1),** *2-(cyclohexylamino)-2'-acetonaphthone* $C_{18}H_{21}NO$, Formel XII (R = $C_6H_{11}$, X = H).

*B.* Aus 2-Brom-1-[naphthyl-(2)]-äthanon-(1) und Cyclohexylamin in Äther (*Immediata, Day*, J. org. Chem. **5** [1940] 512, 519).

Hellgelb; F: 125° [korr.; aus A.].

Hydrochlorid $C_{18}H_{21}NO\cdot HCl$. Krystalle (aus A.); F: 209—210° [korr.] (*Imm., Day*, l. c. S. 518).

Oxim-hydrochlorid $C_{18}H_{22}N_2O\cdot HCl$. F: 201—202° [korr.].

**2-Benzylamino-1-[naphthyl-(2)]-äthanon-(1),** *2-(benzylamino)-2'-acetonaphthone* $C_{19}H_{17}NO$, Formel XII (R = $CH_2$-$C_6H_5$, X = H).

*B.* Aus 2-Brom-1-[naphthyl-(2)]-äthanon-(1) und Benzylamin in Äther (*Immediata, Day*, J. org. Chem. **5** [1940] 512, 519).

F: 84°. Wenig beständig.

Hydrochlorid $C_{19}H_{17}NO\cdot HCl$. Krystalle (aus A.); F: 207—208° [korr.] (*Imm., Day*, l. c. S. 518).

Oxim $C_{19}H_{18}N_2O$. Krystalle (aus wss. A.); F: 116,5° [korr.].

**2-Dibenzylamino-1-[naphthyl-(2)]-äthanon-(1),** *2-(dibenzylamino)-2'-acetonaphthone* $C_{26}H_{23}NO$, Formel XII (R = X = $CH_2$-$C_6H_5$).

*B.* Aus 2-Brom-1-[naphthyl-(2)]-äthanon-(1) und Dibenzylamin in Äther (*Immediata, Day*, J. org. Chem. **5** [1940] 512, 520).

Krystalle (aus Ae.); F: 109° [korr.].

Hydrochlorid $C_{26}H_{23}NO\cdot HCl$. Krystalle (aus A.), die bei 198° [korr.] sublimieren.

Oxim $C_{26}H_{24}N_2O$. Krystalle (aus wss. A.); F: 114° [korr.].

**2-Phenäthylamino-1-[naphthyl-(2)]-äthanon-(1),** *2-(phenethylamino)-2'-acetonaphthone* $C_{20}H_{19}NO$, Formel XII (R = $CH_2$-$CH_2$-$C_6H_5$, X = H).

*B.* Aus 2-Brom-1-[naphthyl-(2)]-äthanon-(1) und Phenäthylamin in Äther (*Allewelt, Day*, J. org. Chem. **6** [1941] 384, 397).

Hydrochlorid $C_{20}H_{19}NO\cdot HCl$. Krystalle (aus A. + Ae.); F: 174—177° [korr.; Zers.] (*All., Day*, l. c. S. 387, 399).

Oxim $C_{20}H_{20}N_2O$. Krystalle (aus A.); F: 123° [korr.] (*All., Day*, l. c. S. 400).

**(±)-2-[1.2.3.4-Tetrahydro-naphthyl-(2)-amino]-1-[naphthyl-(2)]-äthanon-(1),** *(±)-2-(1,2,3,4-tetrahydro-2-naphthylamino)-2'-acetonaphthone* $C_{22}H_{21}NO$, Formel XIII.

*B.* Aus 2-Brom-1-[naphthyl-(2)]-äthanon-(1) und (±)-1.2.3.4-Tetrahydro-naphthyl-(2)-amin in Äther (*Allewelt, Day*, J. org. Chem. **6** [1941] 384, 389).

Hellgelbe Krystalle (aus A.); F: 84,5—85,5° (*All., Day*, l. c. S. 391).

Hydrochlorid $C_{22}H_{21}NO\cdot HCl$. Krystalle (aus wss. A.); F: 170° [korr.; Zers.].

Oxim $C_{22}H_{22}N_2O$. Krystalle (aus wss. A.); F: 145° [korr.].

**2-Sulfomethylamino-1-[naphthyl-(2)]-äthanon-(1), [2-Oxo-2-(naphthyl-(2))-äthyl=amino]-methansulfonsäure,** *[2-(2-naphthyl)-2-oxoethylamino]methanesulfonic acid* $C_{13}H_{13}NO_4S$, Formel XII (R = $CH_2$-$SO_2OH$, X = H).

Über die Konstitution s. *Backer, Mulder*, R. **52** [1933] 454; *Reichert, Baege*, Pharmazie **4** [1949] 149.

*B.* Beim Einleiten von Schwefeldioxid in eine warme Lösung von *N*-[2-Oxo-2-(naphth=yl-(2)-äthyl]-hexamethylentetraminium-chlorid in Wasser (*Reichert*, *Baege*, Pharmazie **3** [1948] 209).

F: 123° [rote Schmelze] (*Rei.*, *Ba.*, Pharmazie **3** 210).

**2-[*N*-Acetyl-glycyl]-naphthalin, *N*-[2-Oxo-2-(naphthyl-(2))-äthyl]-acetamid,** N-[*2-(2-naphthyl)-2-oxoethyl]acetamide* $C_{14}H_{13}NO_2$, Formel XII (R = CO-$CH_3$, X = H).

*B.* Beim Behandeln von 2-Amino-1-[naphthyl-(2)]-äthanon-(1)-hydrochlorid mit Acetanhydrid und wss. Natronlauge (*Dey*, *Rajagopalan*, Ar. **277** [1939] 377, 386).

Krystalle (aus A.); F: 132—133°.

**2-Amino-x-acetyl-naphthalin** $C_{12}H_{11}NO$.

**2-Acetamino-x-chloracetyl-naphthalin, *N*-[x-Chloracetyl-naphthyl-(2)]-acetamid,** N-[*x-(chloroacetyl)-2-naphthyl] acetamide* $C_{14}H_{12}ClNO_2$, Formel I.

*B.* s. S. 207 im Artikel *N*-[6-Chloracetyl-naphthyl-(2)]-acetamid.

Gelbe Krystalle (aus A.); F: 158,5—159,5° [unkorr.] (*Schofield*, *Swain*, *Theobald*, Soc. **1949** 2399, 2403).

Über ein ebenfalls als 2-Acetamino-x-chloracetyl-naphthalin beschriebenes Präparat vom F: 222—223°, in dem vermutlich *N*-[6-Chloracetyl-naphthyl-(2)]-acetamid (S. 207) vorgelegen hat, s. *Koelsch*, *Lindquist*, J. org. Chem. **21** [1956] 657.

## Amino-Derivate der Oxo-Verbindungen $C_{13}H_{12}O$

**1-Alanyl-naphthalin, 2-Amino-1-[naphthyl-(1)]-propanon-(1)** $C_{13}H_{13}NO$.

**(±)-2-Methylamino-1-[naphthyl-(1)]-propanon-(1),** (±)-*2-(methylamino)-1'-propio=naphthone* $C_{14}H_{15}NO$, Formel II (R = H).

*B.* Aus (±)-2-Brom-1-[naphthyl-(1)]-propanon-(1) und Methylamin in Benzol (*Calas et al.*, C. r. **249** [1959] 1901).

Hydrochlorid. F: 218° (*Calas*, C. r. **220** [1945] 49).

Pikrat. F: 175° (*Ca.*).

**(±)-2-Dimethylamino-1-[naphthyl-(1)]-propanon-(1),** (±)-*2-(dimethylamino)-1'-propio=naphthone* $C_{15}H_{17}NO$, Formel II (R = $CH_3$).

*B.* Aus (±)-2-Brom-1-[naphthyl-(1)]-propanon-(1) und Dimethylamin in Äther (*Kloetzel*, *Wildman*, J. org. Chem. **11** [1946] 390, 392).

Hydrochlorid $C_{15}H_{17}NO \cdot HCl$. Krystalle (aus A. + Ae.); F: 215—216°.

I II III

**1-β-Alanyl-naphthalin, 3-Amino-1-[naphthyl-(1)]-propanon-(1)** $C_{13}H_{13}NO$.

**3-Dimethylamino-1-[naphthyl-(1)]-propanon-(1),** *3-(dimethylamino)-1'-propionaphthone* $C_{15}H_{17}NO$, Formel III (R = $CH_3$, X = H).

*B.* Aus 1-[Naphthyl-(1)]-äthanon-(1), Dimethylamin-hydrochlorid und Paraformaldehyd in Äthanol unter Zusatz von wss. Salzsäure (*Knott*, Soc. **1947** 1190 1192; *Burckhalter*, *Fuson*, Am. Soc. **70** [1948] 4184; *Pelletier*, J. org. Chem. **17** [1952] 313).

Beim Erhitzen des Hydrochlorids mit Wasserdampf und Behandeln des Reaktionsprodukts mit Schwefelsäure sind geringe Mengen 1-Oxo-2.3-dihydro-1*H*-cyclopenta[*a*]=naphthalin erhalten worden (*Bu.*, *Fu.*).

Hydrochlorid $C_{15}H_{17}NO \cdot HCl$. Krystalle; F: 165° [unkorr.; aus A.] (*Kn.*), 163—164° (*Schabarow et al.*, Ž. obšč. Chim. **33** [1963] 2119, 2121; J. gen. Chem. U.S.S.R. [Übers.] **33** [1963] 2065, 2066), 156,8—158,1° [korr.; aus A. + E.] (*Pe.*), 150—153° [aus Acn.] (*Bu.*, *Fu.*).

**3-Dihexylamino-1-[naphthyl-(1)]-propanon-(1),** *3-(dihexylamino)-1'-propionaphthone* $C_{25}H_{37}NO$, Formel III (R = $[CH_2]_5$-$CH_3$, X = H).

*B.* Beim Erwärmen von 1-[Naphthyl-(1)]-äthanon-(1) mit Paraformaldehyd und Di=

hexylamin-hydrochlorid in Benzol unter Zusatz von wss. Salzsäure (*Fry*, J. org. Chem. **10** [1945] 259, 261).

Hydrochlorid. Krystalle (aus Bzl. + Ae.); F: 80—83°.

**3-Dimethylamino-1-[4-chlor-naphthyl-(1)]-propanon-(1),** *4'-chloro-3-(dimethylamino)-1'-propionaphthone* $C_{15}H_{16}ClNO$, Formel III (R = $CH_3$, X = Cl).

*B.* Aus 1-[4-Chlor-naphthyl-(1)]-äthanon-(1) beim Erwärmen mit Dimethylamin-hydrochlorid, Paraformaldehyd und wss. Salzsäure in Isoamylalkohol (*Winstein et al.*, J. org. Chem. **11** [1946] 215, 216, 219).

Hydrochlorid $C_{15}H_{16}ClNO \cdot HCl$. Krystalle (aus A.); F: 155—156,5° [korr.].

**3-Diäthylamino-1-[4-chlor-naphthyl-(1)]-propanon-(1),** *4'-chloro-3-(diethylamino)-1'-propionaphthone* $C_{17}H_{20}ClNO$, Formel III (R = $C_2H_5$, X = Cl).

*B.* Beim Erwärmen von 1-[4-Chlor-naphthyl-(1)]-äthanon-(1) mit Diäthylamin-hydrochlorid und Paraformaldehyd in einem Gemisch von Nitromethan, Äthanol und Toluol unter Zusatz von wss. Salzsäure (*Winstein et al.*, J. org. Chem. **11** [1946] 215, 216, 219).

Hydrochlorid $C_{17}H_{20}ClNO \cdot HCl$. F: 128—129° [korr.].

**3-Dibutylamino-1-[4-chlor-naphthyl-(1)]-propanon-(1),** *4'-chloro-3-(dibutylamino)-1'-propionaphthone* $C_{21}H_{28}ClNO$, Formel III (R = $[CH_2]_3$-$CH_3$, X = Cl).

*B.* Aus 1-[4-Chlor-naphthyl-(1)]-äthanon-(1), Paraformaldehyd und Dibutylamin analog der im vorangehenden Artikel beschriebenen Verbindung (*Winstein et al.*, J. org. Chem. **11** [1946] 215, 216, 219).

Hydrochlorid $C_{21}H_{28}ClNO \cdot HCl$. Krystalle (aus E.); F: 131—132° [korr.].

**2-Alanyl-naphthalin, 2-Amino-1-[naphthyl-(2)]-propanon-(1)** $C_{13}H_{13}NO$.

**(±)-2-Methylamino-1-[naphthyl-(2)]-propanon-(1),** *(±)-2-(methylamino)-2'-propionaphthone* $C_{14}H_{15}NO$, Formel IV.

*B.* Aus (±)-2-Brom-1-[naphthyl-(2)]-propanon-(1) und Methylamin in Benzol (*Calas et al.*, C. r. **249** [1959] 1901).

Hydrochlorid. F: 181° (*Calas*, C. r. **220** [1945] 49).

Pikrat. F: 190° (*Ca.*).

**2-β-Alanyl-naphthalin, 3-Amino-1-[naphthyl-(2)]-propanon-(1)** $C_{13}H_{13}NO$.

**3-Dimethylamino-1-[naphthyl-(2)]-propanon-(1),** *3-(dimethylamino)-2'-propionaphthone* $C_{15}H_{17}NO$, Formel V (R = $CH_3$).

*B.* Beim Erwärmen von 1-[Naphthyl-(2)]-äthanon-(1) mit Dimethylamin-hydrochlorid und Paraformaldehyd in Äthanol (*Blicke, Maxwell*, Am. Soc. **64** [1942] 428, 431), in Benzol und Nitrobenzol unter Zusatz von wss. Salzsäure (*Fry*, J. org. Chem. **10** [1945] 259, 260) oder in Amylalkohol unter Zusatz von wss. Salzsäure (*Denton et al.*, Am. Soc. **71** [1949] 2048).

Hydrochlorid $C_{15}H_{17}NO \cdot HCl$. Krystalle, F: 171—172,5° [aus A.] (*Fry*), 153—154° [aus A. + E.] (*Bl., Ma.*); Krystalle mit 1 Mol $H_2O$, F: 172° (*Schabarow et al.*, Ž. obšč. Chim. **33** [1963] 2119, 2121; J. gen. Chem. U.S.S.R. [Übers.] **33** [1963] 2065, 2066), 165—166° [korr.] (*De. et al.*).

CH3 / CO—CH \ NH—CH3 (IV); CO—CH2—CH2—N(R)R (V); CO—CH2—CH2—CH3, NH—CO—C6H5 (VI)

IV V VI

**3-Diäthylamino-1-[naphthyl-(2)]-propanon-(1),** *3-(diethylamino)-2'-propionaphthone* $C_{17}H_{21}NO$, Formel V (R = $C_2H_5$).

*B.* Beim Erhitzen von 1-[Naphthyl-(2)]-äthanon-(1) mit Diäthylamin-hydrochlorid und Paraformaldehyd in Amylalkohol unter Zusatz von wss. Salzsäure (*Denton et al.*, Am. Soc. **71** [1949] 2048).

Hydrochlorid $C_{17}H_{21}NO \cdot HCl$. F: 146,5—147,9° [korr.].

**3-Dipentylamino-1-[naphthyl-(2)]-propanon-(1)**, *3-(dipentylamino)-2'-propionaphthone* $C_{23}H_{33}NO$, Formel V (R = $[CH_2]_4$-$CH_3$).

*B.* Aus 1-[Naphthyl-(2)]-äthanon-(1), Dipentylamin-hydrochlorid und Paraformaldehyd in Benzol unter Zusatz von wss. Salzsäure (*Fry*, J. org. Chem. **10** [1945] 259, 261).

Hydrochlorid. Krystalle (aus Bzl. + Ae.); F: 116—118°.

**3-Dihexylamino-1-[naphthyl-(2)]-propanon-(1)**, *3-(dihexylamino)-2'-propionaphthone* $C_{25}H_{37}NO$, Formel V (R = $[CH_2]_5$-$CH_3$).

*B.* Analog der im vorangehenden Artikel beschriebenen Verbindung (*Fry*, J. org. Chem. **10** [1945] 259, 261).

Hydrochlorid. Krystalle (aus Bzl. + Ae.); F: 110—113°.

## Amino-Derivate der Oxo-Verbindungen $C_{14}H_{14}O$

**4-Amino-1-butyryl-naphthalin, 1-[4-Amino-naphthyl-(1)]-butanon-(1)** $C_{14}H_{15}NO$.

**1-[4-Benzamino-naphthyl-(1)]-butanon-(1), *N*-[4-Butyryl-naphthyl-(1)]-benzamid,** N-*(4-butyryl-1-naphthyl)benzamide* $C_{21}H_{19}NO_2$, Formel VI.

*B.* Aus *N*-[Naphthyl-(1)]-benzamid, Butyrylchlorid und Aluminiumchlorid in Schwefelkohlenstoff (*I.G. Farbenind.*, D.R.P. 551586 [1929]; Frdl. **18** 590).

Krystalle (aus A.); F: 134—136°.

**4-Amino-1-[naphthyl-(1)]-butanon-(1)** $C_{14}H_{15}NO$.

**4-Diäthylamino-1-[naphthyl-(1)]-butanon-(1)**, *4-(diethylamino)-1'-butyronaphthone* $C_{18}H_{23}NO$, Formel VII.

*B.* Beim Erwärmen von 4-Diäthylamino-butyronitril mit Naphthyl-(1)-magnesiumbromid in Äther und anschliessenden Behandeln mit wss. Ammoniumchlorid-Lösung (*Humphlett, Weiss, Hauser*, Am. Soc. **70** [1948] 4020).

$Kp_1$: 168—170°.

Oxim $C_{18}H_{24}N_2O$. $Kp_3$: 205—207°.

## Amino-Derivate der Oxo-Verbindungen $C_{17}H_{20}O$

**1-Isopropyl-4-[4-amino-styryl]-cyclohexen-(3)-on-(2)** $C_{17}H_{21}NO$.

**1-Isopropyl-4-[4-dimethylamino-styryl]-cyclohexen-(3)-on-(2)**, *3-[4-(dimethylamino)styryl]-6-isopropylcyclohex-2-en-1-one* $C_{19}H_{25}NO$.

**(±)-1-Isopropyl-4-[4-dimethylamino-styryl]-cyclohexen-(3)-on-(2) vom F: 117°,** vermutlich **(±)-1-Isopropyl-4-[4-dimethylamino-*trans*-styryl]-cyclohexen-(3)-on-(2),** Formel VIII.

*B.* Beim Behandeln von (±)-Piperiton (E III **7** 326) mit 4-Dimethylamino-benzaldehyd und Natriumäthylat in Äthanol (*Dewar, Morrison, Read*, Soc. **1936** 1598).

Orangefarbene Krystalle (aus $CHCl_3$); F: 116—117°.

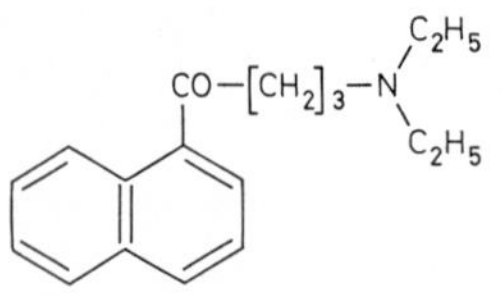

VII 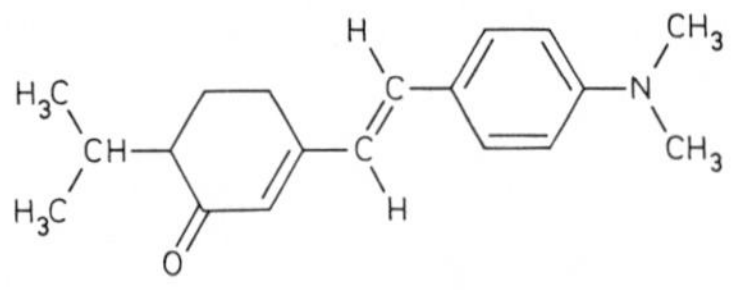 VIII 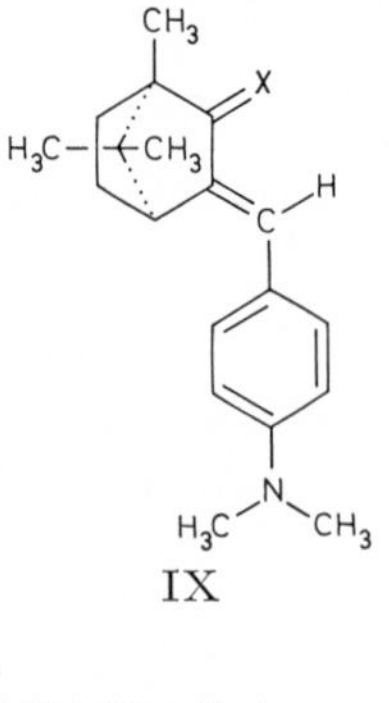 IX

**1.7.7-Trimethyl-3-[4-amino-benzyliden]-norbornanon-(2)** $C_{17}H_{21}NO$.

**1.7.7-Trimethyl-3-[4-dimethylamino-benzyliden]-norbornanon-(2)**, *3-[(4-dimethylamino)benzylidene]bornan-2-one* $C_{19}H_{25}NO$.

**(1*R*)-1.7.7-Trimethyl-3-[4-dimethylamino-benzyliden]-norbornanon-(2) vom F: 141°**-vermutlich **(1*R*)-1.7.7-Trimethyl-3-[4-dimethylamino-benzyliden-(*seqtrans*)]-norbornanon-(2)**, Formel IX (X = O) (H 75; E II 50; dort als 3-[4-Dimethylamino-benzyliden]*d*-campher bezeichnet).

Bezüglich der Konfigurationszuordnung vgl. *Sotiropoulos, Bédos*, C. r. [C] **263** [1966]

1392.

*B.* Beim Behandeln von (1*R*)-Campher mit Natrium oder Natrium-Amalgam in Äther und anschliessend mit 4-Dimethylamino-benzaldehyd (*Singh*, J. Indian chem. Soc. **16** [1939] 19, 21).

Gelbe Krystalle (aus wss. A.); F: 141—141,5° (*Si.*). $[\alpha]_D^{20}$: +614,6° [Bzl.], +598,6° [Toluol], +688,3° [$CHCl_3$], +669,9° [Chlorbenzol], +690,1° [Butanon], +647,5° [Acn.], +731,3° [A.], +704,6° [Me.], +695,3° [Nitrobenzol] (*Si.*, l. c. S. 24).

**1.7.7-Trimethyl-3-[4-dimethylamino-benzyliden]-norbornanthion-(2),** *3-[4-(dimethyl=amino)benzylidene]bornane-2-thione* $C_{19}H_{25}NS$.

**(±)-1.7.7-Trimethyl-3-[4-dimethylamino-benzyliden]-norbornanthion-(2) vom F: 91°**, vermutlich **(±)-1.7.7-Trimethyl-3-[4-dimethylamino-benzyliden-(*seqtrans*)]-norbornan=thion-(2)**, Formel IX (X = S) + Spiegelbild.

Bezüglich der Konfigurationszuordnung vgl. *Sotiropoulos, Bédos*, C. r. [C] **263** [1966] 1392.

*B.* Beim Behandeln von (±)-Thiocampher mit Natrium in Benzol und anschliessend mit 4-Dimethylamino-benzaldehyd (*Sen*, J. Indian chem. Soc. **13** [1936] 523, 525).

Rote Krystalle (aus A. oder PAe.); F: 91° (*Sen*). [*Schmidt*]

# Amino-Derivate der Monooxo-Verbindungen $C_nH_{2n-16}O$

## Amino-Derivate der Oxo-Verbindungen $C_{13}H_{10}O$

**2-Amino-benzophenon,** *2-aminobenzophenone* $C_{13}H_{11}NO$, Formel X (R = H) (H 76; E I 387; E II 51).

*B.* Neben Phenyl-*p*-tolyl-sulfon beim Behandeln von *N*-[Toluol-sulfonyl-(4)]-anthr=aniloylchlorid mit Benzol und Aluminiumchlorid und Erwärmen des Reaktionsprodukts mit Schwefelsäure (*Simpson et al.*, Soc. **1945** 646, 649, 652; *Scheifele, DeTar*, Org. Synth. Coll. Vol. IV [1963] 34, 35; vgl. H 76). Aus 2-Nitro-benzophenon beim Erwärmen mit Eisen und Essigsäure (*Si. et al.*, l. c. S. 653) sowie bei der Hydrierung an Raney-Nickel in Äthylacetat (*Ruggli, Hegedüs*, Helv. **24** [1941] 703, 708). Aus 3.5-Dibrom-2-amino-benzophenon bei der Hydrierung an Palladium/Calciumcarbonat in methanol. Kalilauge (*Ru.*, *He.*, l. c. S. 709). Beim Behandeln von 2.3-Diphenyl-1-acetyl-indol mit Chrom(VI)-oxid in Essigsäure und Behandeln des Reaktionsprodukts mit wss. Schwefelsäure oder äthanol. Kalilauge (*Ritchie*, J. Pr. Soc. N.S. Wales **80** [1946] 33, 35, 39; *Koelsch*, Am. Soc. **66** [1944] 1983). Aus 2-Benzoyl-benzamid beim Behandeln mit alkal. wss. Natriumhypochlorit-Lösung (*Hewett et al.*, Soc. **1948** 292, 293) oder mit Kaliumamid und Kaliumnitrat in flüssigem Ammoniak (*White, Bergstrom*, J. org. Chem. **7** [1942] 497, 503). Aus 2-Acetamino-benzophenon beim Erwärmen mit wss.-äthanol. Salzsäure (*Lothrop, Goodwin*, Am. Soc. **65** [1943] 363, 365).

Gelbe Krystalle; F: 109—110° [aus A.] (*Hayashi et al.*, Bl. chem. Soc. Japan **11** [1936] 184, 196), 107° [aus A.] (*He. et al.*), 106—108° [aus A.] (*Ko.*).

Überführung in 2.2'-Dibenzoyl-azobenzol durch Erhitzen mit Chrom(VI)-oxid in Essig=säure: *Ru.*, *He.*, l. c. S. 715. Überführung in 2-Benzyl-anilin durch Erwärmen mit Natrium und Alkohol oder durch Hydrierung an Kupferoxid-Chromoxid bei 250° unter Druck sowie Überführung in 2-Amino-benzhydrol durch Behandlung mit Zink und Essigsäure: *He. et al.* Beim Behandeln mit Allylmagnesiumbromid in Äther und Erwärmen des Reaktionsprodukts mit Acetanhydrid und Pyridin ist neben anderen Verbindungen eine vermutlich als 2-Methyl-3-vinyl-4-phenyl-1.4-dihydro-chinolin=ol-(4) oder 2-Oxo-4-allyl-4-phenyl-1.2.3.4-tetrahydro-chinolin zu formulierende Verbindung $C_{18}H_{17}NO$ (gelbe Krystalle [aus wss. A.]; F: 79—80°) erhalten worden, die sich durch Erwärmen mit wss. Schwefelsäure auf 100° in eine (isomere) Verbindung $C_{18}H_{17}NO$ (Krystalle [aus wss. A.]; F: 129,5—130,5° [unkorr.]) hat überführen lassen (*Simpson*, Soc. **1943** 447, 451). Bildung von 1-Phenyl-1-[2-acetamino-phenyl]-2-[naphth=yl-(1)]-äthanol-(1) und 2-[1-Phenyl-2-(naphthyl-(1))-vinyl]-anilin (F: 183°) beim Behandeln mit Naphthyl-(1)-methylmagnesium-chlorid in Äther und Erwärmen des vom gleichzeitig entstandenen 1.2-Di-[naphthyl-(1)]-äthan befreiten Reaktionsprodukts mit Acetanhydrid und Pyridin: *Si.*, l. c. S. 449, 450. Die beim Erhitzen mit Acetylaceton auf 150° erhaltene Verbindung ist nicht als [4-Phenyl-chinolyl-(2)]-aceton (*Borsche, Sinn*, A. **538** [1939] 283, 291), sondern als 1-[2-Methyl-4-phenyl-chinolyl-(3)]-äthan=

on-(1) zu formulieren (*Fehnel, Cohn,* J. org. Chem. **31** [1966] 3852). Bildung von 2.4-Diphenyl-chinolin beim Behandeln mit Acetophenon und wss.-äthanol. Kalilauge: *Bo., Sinn,* l. c. S. 291. Bildung von 4-Phenyl-3-acetyl-carbostyril beim Erhitzen mit Acetessigsäure-äthylester auf 150°: *Bo., Sinn,* l. c. S. 290.

Hydrochlorid $C_{13}H_{11}NO\cdot HCl$. Krystalle; F: 192–193° [unkorr.; Zers.] (*Si. et al.,* l. c. S. 653), 179–180° [Zers.] (*Ha. et al.,* l. c. S. 196).

**2-Anilino-benzophenon,** *2-anilinobenzophenone* $C_{19}H_{15}NO$, Formel X (R = $C_6H_5$) (H 77).

*B.* In geringer Menge neben 2-Amino-benzophenon beim Erwärmen von 4-Oxo-2-methyl-4*H*-benz[*d*][1.3]oxazin mit Benzol unter Zusatz von Aluminiumchlorid (*Hayashi et al.,* Bl. chem. Soc. Japan **11** [1936] 184, 196).

Krystalle (aus A.); F: 121,5–122°.

Hydrochlorid $C_{19}H_{15}NO\cdot HCl$. F: 165–167° [Zers.].

**2-Acetamino-benzophenon, Essigsäure-[2-benzoyl-anilid],** *2'-benzoylacetanilide* $C_{15}H_{13}NO_2$, Formel X (R = CO-$CH_3$) (H 77).

*B.* Aus 3.5-Dibrom-2-acetamino-benzophenon bei der Hydrierung an Palladium in methanol. Kalilauge (*Ruggli, Hegedüs,* Helv. **24** [1941] 703, 711). Beim Behandeln von 4-Oxo-2-methyl-4*H*-benz[*d*][1.3]oxazin mit Phenylmagnesiumbromid in Benzol (*Lothrop, Goodwin,* Am. Soc. **65** [1943] 363, 365).

Krystalle; F: 89° [aus wss. A.] (*Ru., He.*), 88° [aus wss. A.] (*Lo., Go.*).

**2-Benzamino-benzophenon, Benzoesäure-[2-benzoyl-anilid],** *2'-benzoylbenzanilide* $C_{20}H_{15}NO_2$, Formel X (R = CO-$C_6H_5$) (H 78).

Krystalle (aus wss. A.); F: 91° (*Grammaticakis,* Bl. **1953** 93, 98).

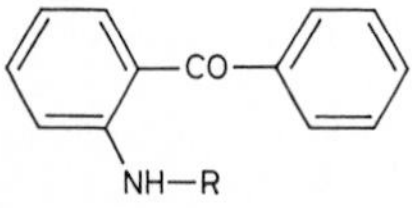

X 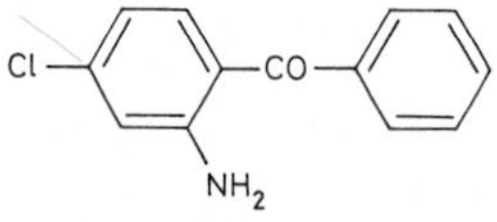 XI 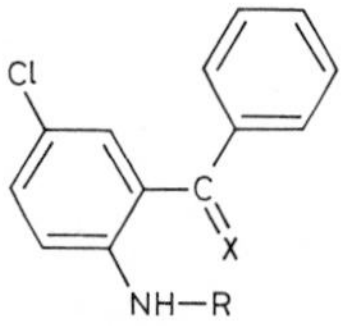 XII 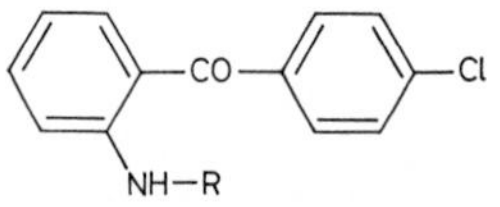 XIII

**4-Chlor-2-amino-benzophenon,** *2-amino-4-chlorobenzophenone* $C_{13}H_{10}ClNO$, Formel XI.

*B.* Beim Behandeln von 4-Chlor-2-[toluol-sulfonyl-(4)-amino]-benzoylchlorid mit Benzol unter Zusatz von Aluminiumchlorid und Behandeln des Reaktionsprodukts mit Schwefelsäure (*Gen. Aniline Works,* U.S.P. 1917432 [1929]).

Gelbe Krystalle; F: 84–85° (*Sternbach et al.,* J. org. Chem. **27** [1962] 3781, 3782), 83–85° [aus wss. A.] (*Mills, Schofield,* Soc. **1961** 5558).

**5-Chlor-2-amino-benzophenon,** *2-amino-5-chlorobenzophenone* $C_{13}H_{10}ClNO$, Formel XII (R = H, X = O) (H 79; E I 387).

*B.* Beim Erhitzen von 5-Chlor-2-benzamino-benzophenon oder von (±)-6-Chlor-2.4-diphenyl-3-[4-chlor-phenyl]-3.4-dihydro-chinazolinol-(4) mit wss.-äthanol. Schwefelsäure (*Dziewoński, Sternbach,* Bl. Acad. polon. [A] **1935** 333, 339; C. **1936** I 2094).

Gelbe Krystalle; F: 99° [aus wss. A.] (*Dz., St.*), 97–98° [aus $CHCl_3$ + PAe.] (*Davies et al.,* Soc. **1948** 295, 296).

**5-Chlor-2-benzamino-benzophenon, Benzoesäure-[4-chlor-2-benzoyl-anilid],** *2'-benzoyl-4'-chlorobenzanilide* $C_{20}H_{14}ClNO_2$, Formel XII (R = CO-$C_6H_5$, X = O) (E I 387).

*B.* Aus (±)-6-Chlor-2.4-diphenyl-3-[4-chlor-phenyl]-3.4-dihydro-chinazolinol-(4) beim Erhitzen mit wss.-äthanol. Salzsäure (*Dziewoński, Sternbach,* Bl. Acad. polon. [A] **1935** 333, 338; C. **1936** I 2094).

Grüngelbe Krystalle (aus A.); F: 108°.

Beim Erwärmen mit Thionylchlorid und Erwärmen des Reaktionsprodukts mit 4-Chlor-anilin in Benzol ist 6-Chlor-2.4-diphenyl-3-[4-chlor-phenyl]-2.3-dihydro-chinazolinol-(2) erhalten worden.

**5-Chlor-2-benzamino-benzophenon-oxim, Benzoesäure-[4-chlor-2-benzohydroximoyl-anilid],** *2'-benzohydroximoyl-4'-chlorobenzanilide* $C_{20}H_{15}ClN_2O_2$, Formel XII (R = CO-$C_6H_5$, X = NOH).

*B.* Aus (±)-6-Chor-2.4-diphenyl-3-[4-chlor-phenyl]-2.3-dihydro-chinazolinol-(2) beim

Erwärmen mit Hydroxylamin-hydrochlorid in wss. Äthanol (*Dziewoński, Sternbach*, Bl. Acad. polon. [A] **1935** 333, 340).
Krystalle (aus Bzl. + PAe. oder aus wss. Me.); F: 163°.

**4'-Chlor-2-amino-benzophenon,** *2-amino-4'-chlorobenzophenone* $C_{13}H_{10}ClNO$, Formel XIII (R = H).
*B.* Aus 3-[4-Chlor-phenyl]-benz[*c*]isoxazol beim Erwärmen mit Zink und wss. Äthanol unter Zusatz von Calciumchlorid (*Tanasescu, Silberg*, Bl. [5] **3** [1936] 2383).
Gelbliche Krystalle (aus Bzn.); F: 120°.

**4'-Chlor-2-benzamino-benzophenon, Benzoesäure-[2-(4-chlor-benzoyl)-anilid],** *2'-(4-chlorobenzoyl)benzanilide* $C_{20}H_{14}ClNO_2$, Formel XIII (R = CO-$C_6H_5$).
*B.* Beim Behandeln von 4'-Chlor-2-amino-benzophenon mit Benzoylchlorid und wss. Kalilauge (*Tanasescu, Silberg*, Bl. [5] **3** [1936] 2383).
Krystalle (aus A.); F: 136°.

**3-Brom-2-amino-benzophenon,** *2-amino-3-bromobenzophenone* $C_{13}H_{10}BrNO$, Formel XIV.
Die Identität einer von *Miller, Bachmann* (Am. Soc. **57** [1935] 2443, 2446) unter dieser Konstitution beschriebenen, beim Behandeln von vermeintlichem 6-Brom-2-benzoyl-benzamid (F: 135–140°; vgl. 3-Brom-2-benzoyl-benzamid [E III **10** 3300]) mit alkal. wss. Natriumhypobromit-Lösung erhaltenen Verbindung (Krystalle [aus A.]; F: 128–130°) ist ungewiss.

**4-Brom-2-amino-benzophenon,** *2-amino-4-bromobenzophenone* $C_{13}H_{10}BrNO$, Formel XV (R = X = H).
*B.* Aus 4-Brom-2-benzamino-benzophenon beim Erhitzen mit wss. Schwefelsäure auf 150° (*Koelsch*, Am. Soc. **66** [1944] 1983).
Gelbe Krystalle (aus wss. A.); F: 88–90°.
Beim Behandeln mit wss. Salzsäure und Natriumnitrit und Erhitzen der Reaktionslösung ist 3-Brom-fluorenon-(9) erhalten worden.

**4-Brom-2-benzamino-benzophenon, Benzoesäure-[5-brom-2-benzoyl-anilid],** *2'-benzoyl-5'-bromobenzanilide* $C_{20}H_{14}BrNO_2$, Formel XV (R = CO-$C_6H_5$, X = H).
*B.* Aus 4-Brom-2-[acetyl-benzoyl-amino]-benzophenon beim Erwärmen mit wss.-äthanol. Salzsäure (*Koelsch*, Am. Soc. **66** [1944] 1983).
Krystalle (aus Eg.); F: 147–148° und (nach Wiedererstarren) F: 154–156°.

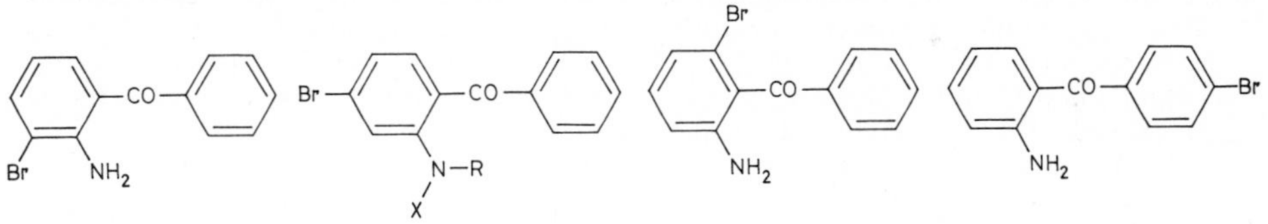

XIV XV XVI XVII

**4-Brom-2-[acetyl-benzoyl-amino]-benzophenon, Benzoesäure-[5-brom-*N*-acetyl-2-benzoyl-anilid],** N-*acetyl-2'-benzoyl-5'-bromobenzanilide* $C_{22}H_{16}BrNO_3$, Formel XV (R = CO-$C_6H_5$, X = CO-$CH_3$).
*B.* Aus 6-Brom-2.3-diphenyl-1-acetyl-indol beim Behandeln mit Chrom(VI)-oxid in Essigsäure (*Koelsch*, Am. Soc. **66** [1944] 1983).
Krystalle (aus Bzl. + Bzn.); F: 138–140°.

**6-Brom-2-amino-benzophenon,** *2-amino-6-bromobenzophenone* $C_{13}H_{10}BrNO$, Formel XVI.
*B.* Aus einer als 3-Brom-2-benzoyl-benzamid angesehenen Verbindung (F: 202–202,5° [E III **10** 3300]) beim Behandeln mit alkal. wss. Kaliumhypobromit-Lösung in Kalilauge (*Huntress, Pfister, Pfister*, Am. Soc. **64** [1942] 2845, 2849).
Gelbliche Krystalle (aus Bzn.); F: 84,5–85,5° [Block].
Beim Behandeln mit Schwefelsäure und Natriumnitrit, Erwärmen der Reaktionslösung unter Zusatz von Natriumsulfat und anschliessenden Behandeln mit wss. Natronlauge ist 1-Brom-fluorenon-(9) erhalten worden.

**4'-Brom-2-amino-benzophenon,** *2-amino-4'-bromobenzophenone* $C_{13}H_{10}BrNO$, Formel XVII.
*B.* Aus 2-[4-Brom-benzoyl]-benzamid (E III **10** 3300) beim Behandeln mit alkal. wss.

Natriumhypobromit-Lösung (*Miller, Bachman*, Am. Soc. **57** [1935] 2443, 2444). Beim Erhitzen von *N*-[Toluol-sulfonyl-(4)]-anthraniloylchlorid mit Brombenzol unter Zusatz von Aluminiumchlorid und Erhitzen des Reaktionsprodukts mit wss. Schwefelsäure und Essigsäure (*Mi., Ba.*).

Hellgelbe Krystalle; F: 108°.

**3.5-Dibrom-2-amino-benzophenon,** *2-amino-3,5-dibromobenzophenone* $C_{13}H_9Br_2NO$, Formel I (R = X = H).

*B.* Beim Erwärmen von Phenyl-[2-nitro-phenyl]-methan mit Brom in 1.1.2.2-Tetrachlor-äthan (*Ruggli, Hegedüs*, Helv. **24** [1941] 703, 708). Aus 2-Amino-benzophenon und Brom in Chloroform (*Ru., He.*). Aus 3.5-Dibrom-2-acetamino-benzophenon beim Erhitzen mit wss. Schwefelsäure und Äthanol (*Ru., He.*, l. c. S. 711).

Gelbe Krystalle (aus Me. oder nach Sublimation); F: 98°.

Beim kurzen Erwärmen mit Acetanhydrid unter Zusatz von Schwefelsäure ist neben 3.5-Dibrom-2-acetamino-benzophenon eine isomere Verbindung $C_{15}H_{11}Br_2NO_2$ (Krystalle [aus Amylalkohol]; F: 230° [Zers.]) erhalten worden, die sich durch Hydrierung an Palladium in methanol. Kalilauge in eine Verbindung $C_{15}H_{11}NO$ (gelbe Krystalle [aus Bzl. + Bzn.], F: 161°) hat überführen lassen (*Ru., He.*, l. c. S. 710, 712). Überführung in 5-Brom-2-amino-benzhydrol durch Behandlung mit Natrium-Amalgam und wss. Äthanol sowie Überführung in 3.5-Dibrom-2-amino-benzhydrol durch Behandlung mit Natrium und Äthanol: *Ru., He.*, l. c. S. 712, 713. Überführung in 4.6.4'.6'-Tetrabrom-2.2'-dibenzoyl-azobenzol durch Erhitzen mit Chrom(VI)-oxid in Essigsäure: *Ru., He.*, l. c. S. 715. Bildung von 2.4-Dibrom-anilin und Benzoesäure beim Erhitzen mit Kaliumhydroxid: *Ru., He.*, l. c. S. 709.

**3.5-Dibrom-2-acetamino-benzophenon, Essigsäure-[4.6-dibrom-2-benzoyl-anilid],** *2'-benzoyl-4',6'-dibromoacetanilide* $C_{15}H_{11}Br_2NO_2$, Formel I (R = CO-$CH_3$, X = H).

*B.* Neben einer Verbindung $C_{15}H_{11}Br_2NO_2$ vom F: 230° [Zers.] bei kurzem Erwärmen von 3.5-Dibrom-2-amino-benzophenon mit Acetanhydrid und wenig Schwefelsäure (*Ruggli, Hegedüs*, Helv. **24** [1941] 703, 710).

Krystalle (aus A.); F: 156°.

Beim Erhitzen mit äthanol. Kalilauge sind 3.5-Dibrom-2-amino-benzophenon und 6.8-Dibrom-4-phenyl-carbostyril erhalten worden.

**3.5-Dibrom-2-diacetylamino-benzophenon, *N*-[4.6-Dibrom-2-benzoyl-phenyl]-diacetamid,** N-*(2-benzoyl-4,6-dibromophenyl)diacetamide* $C_{17}H_{13}Br_2NO_3$, Formel I (R = X = CO-$CH_3$).

*B.* Neben einer Verbindung $C_{15}H_{11}Br_2NO_3$ vom F: 230° [Zers.] bei langem Erwärmen von 3.5-Dibrom-2-amino-benzophenon mit Acetanhydrid unter Zusatz von Schwefelsäure (*Ruggli, Hegedüs*, Helv. **24** [1941] 703, 710).

Krystalle (aus A.); F: 134°.

I II III

**3-Nitro-2-anilino-benzophenon,** *2-anilino-3-nitrobenzophenone* $C_{19}H_{14}N_2O_3$, Formel II (R = $C_6H_5$, X = H).

*B.* Beim Erhitzen von 2-Brom-3-nitro-benzophenon mit Anilin (*Plant, Tomlinson*, Soc. **1932** 2188, 2191).

Rote Krystalle (aus A.); F: 137°.

Beim Erwärmen mit Chlorwasserstoff in Äthanol ist 4-Nitro-9-phenyl-acridin, beim Erhitzen mit Eisen(II)-sulfat und wss. Ammoniak ist 3-Amino-2-anilino-benzophenon erhalten worden.

**3-Nitro-2-[2-nitro-4-methoxy-anilino]-benzophenon,** *3-nitro-2-(2-nitro-*p-*anisidino)benzophenone* $C_{20}H_{15}N_3O_6$, Formel III.

*B.* Beim Erhitzen von 2-Brom-3-nitro-benzophenon mit 2-Nitro-4-methoxy-anilin, Kaliumcarbonat und Kupfer-Pulver auf 150° (*Robinson, Tomlinson*, Soc. **1934** 1524, 1530).

Orangebraune Krystalle (aus Eg.); F: 175°.

Beim Erhitzen mit Zinkchlorid in Essigsäure ist 4.5-Dinitro-2-methoxy-9-phenyl-acridin erhalten worden.

**3.5-Dinitro-2-benzamino-benzophenon, Benzoesäure-[4.6-dinitro-2-benzoyl-anilid],** *2'-benzoyl-4',6'-dinitrobenzanilide* $C_{20}H_{13}N_3O_6$, Formel II (R = CO-$C_6H_5$, X = $NO_2$).

*B.* Beim Erhitzen von 3.5-Dinitro-2-amino-benzophenon mit Benzoylchlorid und Pyridin (*Simpson et al.*, Soc. **1945** 646, 657).

Krystalle (aus Me. oder aus Bzl. + A.); F: 198° [unkorr.].

**3-Amino-benzophenon** $C_{13}H_{11}NO$.

**4'-Chlor-3-amino-benzophenon,** *3-amino-4'-chlorobenzophenone* $C_{13}H_{10}ClNO$, Formel IV (E I 388).

*B.* Aus 4'-Chlor-3-nitro-benzophenon beim Behandeln mit Zinn(II)-chlorid und Chlorwasserstoff in Äthanol (*King, King, Muir*, Soc. **1946** 5, 8; vgl. E I 388).

Gelbliche Krystalle (aus E. + Bzn.); F: 115°.

**4-Amino-benzophenon,** *4-aminobenzophenone* $C_{13}H_{11}NO$, Formel V (X = O) (H 81; E I 388; E II 54).

*B.* Aus 4-Chlor-benzophenon beim Erhitzen mit wss. Ammoniak unter Zusatz von Kupfer(I)-oxid auf 220° (*Dow Chem. Co.*, U.S.P. 1946058 [1932]).

Krystalle (aus A.); F: 120—122,5° (*Kursanow*, Ž. obšč. Chim. **13** [1943] 286, 288; C. A. **1944** 959). Schmelzdiagramm des Systems mit 4-Amino-azobenzol: *Erlenmeyer, Leo*, Helv. **16** [1933] 897, 900. Absorptionsspektrum ($CHCl_3$; 200—400 mμ): *Erlenmeyer, Leo*, Helv. **15** [1932] 1171, 1180.

Bildung von 4-[2.5-Dimethyl-pyrrolyl-(1)]-benzophenon beim Erhitzen mit Acetonylaceton unter Zusatz von Essigsäure: *Buu-Hoi et al.*, R. **67** [1948] 795, 812. Beim Erwärmen mit Butandion in Phosphorsäure ist eine Verbindung $C_{34}H_{28}N_2O_3$ (gelbe Krystalle [aus A.], F: 202—203° [korr.]) erhalten worden (*Christen, Prijs, Lehr*, Helv. **32** [1949] 56, 61). Bildung von Additionsverbindungen (Molverhältnis 1:1) mit Äthylmagnesiumbromid, mit Isopropylmagnesiumbromid, mit Butylmagnesiumbromid und mit Benzylmagnesiumbromid: *Pfeiffer, Blank*, J. pr. [2] **153** [1939] 242, 249, 251, 252, 253.

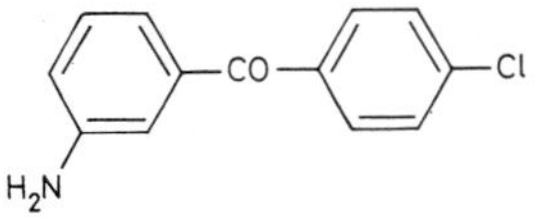

IV 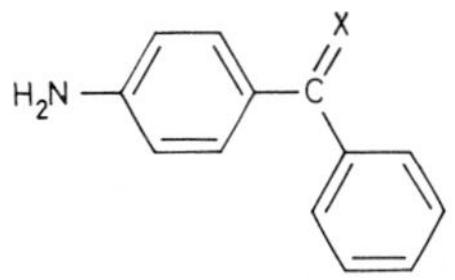 V 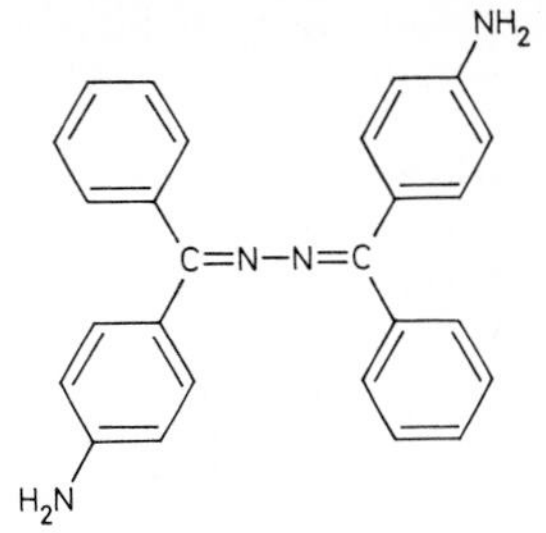 VI

**4-Benzimidoyl-anilin, 4-Amino-benzophenon-imin,** p-*benzimidoylaniline* $C_{13}H_{12}N_2$, Formel V (X = NH).

*B.* Beim Behandeln von 4-Amino-benzophenon mit Phosphor(V)-chlorid in Toluol und mit flüssigem Ammoniak und anschliessenden Erwärmen auf 100° (*Reid, Lynch*, Am. Soc. **58** [1936] 1430). Beim Erwärmen von 4-Amino-benzophenon-phenylimin-hydrochlorid mit Ammoniak in Äthanol (*Reid, Ly.*).

3.5-Dinitro-benzoat $C_{13}H_{12}N_2 \cdot C_7H_4N_2O_6$. Gelbe Krystalle (aus A.); F: 198° [korr.].

**4-Amino-benzophenon-phenylimin,** p-*(N-phenylbenzimidoyl)aniline* $C_{19}H_{16}N_2$, Formel V (X = N-$C_6H_5$).

*B.* Beim Erhitzen von 4-Amino-benzophenon mit Anilin-hydrochlorid in Anilin bis auf 180° (*Reid, Lynch,* Am. Soc. **58** [1936] 1430).

Krystalle (aus Bzl.); F: 154° [korr.].

Hydrochlorid $C_{19}H_{16}N_2 \cdot HCl$. Krystalle (aus A.), die unterhalb 400° nicht schmelzen.

**4-Amino-benzophenon-hydrazon,** *4-aminobenzophenone hydrazone* $C_{13}H_{13}N_3$, Formel V (X = N-$NH_2$).

*B.* Neben Bis-[4-amino-benzhydryliden]-hydrazin beim Erwärmen von 4-Amino-benzophenon mit Hydrazin-hydrat in Äthanol unter Zusatz von Bariumoxid (*Bennett, Noyes,* Am. Soc. **52** [1930] 3437, 3439).

Gelbe Krystalle; F: 139—140°.

**Bis-[4-amino-benzhydryliden]-hydrazin, 4-Amino-benzophenon-azin,** *4-aminobenzophenone azine* $C_{26}H_{22}N_4$, Formel VI.

*B.* s. im vorangehenden Artikel.

Gelbe Krystalle; F: 225° (*Bennett, Noyes,* Am. Soc. **52** [1930] 3437, 3439).

**4-Methylamino-benzophenon,** *4-(methylamino)benzophenone* $C_{14}H_{13}NO$, Formel VII.

*B.* Beim Erwärmen von Toluol-sulfonsäure-(4)-[*N*-methyl-4-benzoyl-anilid] mit Schwefelsäure und Behandeln der Reaktionslösung mit wss. Ammoniak (*Pfeiffer, Loewe,* J. pr. [2] **147** [1937] 293, 302).

Gelbe Krystalle; F: 111°.

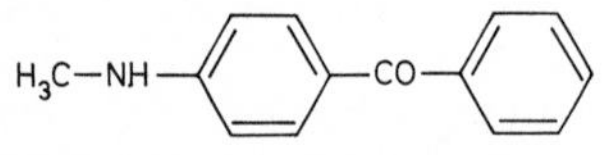

VII 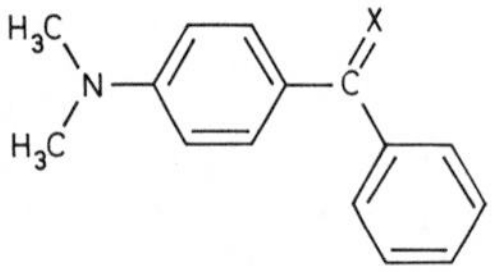 VIII 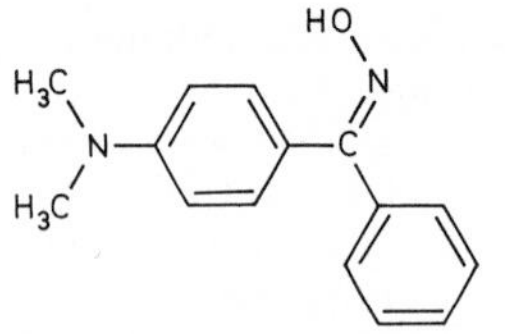 IX

**4-Dimethylamino-benzophenon,** *4-(dimethylamino)benzophenone* $C_{15}H_{15}NO$, Formel VIII (X = O) (H 82; E I 388; E II 54).

*B.* Beim Behandeln von 4-Dimethylamino-benzonitril mit Phenyllithium in Äther (*Gilman, Kirby,* Am. Soc. **55** [1933] 1265, 1270) oder mit Phenylmagnesiumbromid in Äther (*Gilman, Lichtenwalter,* R. **55** [1936] 561) und anschliessenden Hydrolysieren. Beim Erwärmen von *N*-Methyl-benzanilid mit *N.N*-Dimethyl-anilin und Phosphoroxychlorid und anschliessenden Erhitzen mit wss. Salzsäure (*Shah, Deshpande, Chaubal,* Soc. **1932** 642, 650). Beim Erhitzen von *N.N*-Dimethyl-benzamid mit *N.N*-Dimethyl-anilin und Phosphoroxychlorid auf 120° und Behandeln des Reaktionsprodukts mit Wasser (*Raison,* Soc. **1949** 3319, 3322, 3326). Beim Behandeln von *N*-Phenyl-benzimidoylchlorid mit *N.N*-Dimethyl-anilin in Schwefelkohlenstoff oder in Benzol unter Zusatz von Aluminiumchlorid und Erhitzen des Reaktionsprodukts mit wss. Salzsäure (*Shah, Chaubal,* Soc. **1932** 650).

Krystalle (aus A.); F: 92—93° (*Shah, De., Ch.,* l. c. S. 645). Absorptionsspektren von Lösungen in Äthanol (250—500 mμ): *Burawoy,* B. **63** [1930] 3155, 3164; Soc. **1939** 1177, 1181; in Methanol (250—500 mμ): *Bu.,* B. **63** 3155, 3167, 3170; in Äther (250 mμ bis 500 mμ): *Bu.,* B. **63** 3155, 3170; *Burawoy,* B. **66** [1933] 228, 232. Magnetische Susceptibilität: *Müller, Janke,* Z. El. Ch. **45** [1939] 380, 392.

Beim Erwärmen mit 1.1-Bis-[4-dimethylamino-phenyl]-äthylen unter Zusatz von Phosphoroxychlorid und Behandeln des mit Essigsäure und Wasser versetzten Reaktionsgemisches mit Natriumperchlorat und Natriumacetat ist 3-Phenyl-1.1.3-tris-[4-dimethylamino-phenyl]-allylium-perchlorat erhalten worden (*Wizinger, Renckhoff,* Helv. **24** [1941] 369 E, 381 E). Bildung von Additionsverbindungen (Molverhältnis 1:1) mit Äthylmagnesiumbromid, mit Butylmagnesiumbromid und mit Benzylmagnesiumbromid: *Pfeiffer, Blank,* J. pr. [2] **153** [1939] 242, 253, 255.

Perchlorat $C_{15}H_{15}NO \cdot HClO_4$. Krystalle (aus Chloressigsäure); F: 162° (*Pfeiffer, Schwenzer, Kumetat,* J. pr. [2] **143** [1935] 143, 146, 151).

Natrium-[4-dimethylamino-benzophenon]-ketyl $Na[C_{15}H_{15}NO]$. *B.* Aus 4-Dimethylamino-benzophenon und Natrium in Äther (*Müller, Janke,* Z. El. Ch. **45** [1939] 380, 388, 389, 395). — Blaugrün. Schwach paramagnetisch; magnetische Susceptibilität bei $-183°$, $-78°$ und $+17°$: *Mü.*, *Ja.*, l. c. S. 389, 392.

Kalium-[4-dimethylamino-benzophenon]-ketyl $K[C_{15}H_{15}NO]$. *B.* Aus Dimethylamino-benzophenon und Kalium in Äther (*Müller, Janke*, Z. El. Ch. **45** [1939] 380, 381, 388, 389, 395). – Graublau. Paramagnetisch; magnetische Susceptibilität bei $-183°$, $-78°$ und $+17°$: *Mü.*, *Ja.*, l. c. S. 389, 392.

***N.N*-Dimethyl-4-benzimidoyl-anilin, 4-Dimethylamino-benzophenon-imin,** p-*benzimidoyl*-N,N-*dimethylaniline* $C_{15}H_{16}N_2$, Formel VIII (X = NH).

*B.* Beim Behandeln von 4-Dimethylamino-benzophenon mit Phosphoroxychlorid in Toluol und mit flüssigem Ammoniak und anschliessenden Erwärmen auf 100° (*Reid, Lynch*, Am. Soc. **58** [1936] 1430, 1431).

3.5-Dinitro-benzoat $C_{15}H_{16}N_2 \cdot C_7H_4N_2O_6$. Gelbe Krystalle (aus A.); F: 214° [korr.].

**4-Dimethylamino-benzophenon-phenylimin,** N,N-*dimethyl*-p-(N-*phenylbenzimidoyl*)*aniline* $C_{21}H_{20}N_2$, Formel VIII (X = N-$C_6H_5$) (H 82; E II 54).

Absorptionsspektren von Lösungen in Methanol und Essigsäure (250–500 mμ): *Hantzsch, Burawoy*, B. **63** [1930] 1760, 1768; in Methanol (250–500 mμ): *Burawoy*, B. **63** [1930] 3155, 3167; in Äthanol und Essigsäure sowie in Methanol (250–500 mμ): *Burawoy*, B. **64** [1931] 462, 470, 479; in Äther (250–500 mμ): *Burawoy*, B. **66** [1933] 228, 232.

**4-Dimethylamino-benzophenon-oxim,** *4-(dimethylamino)benzophenone oxime* $C_{15}H_{16}N_2O$.

In dem von *E. Merck* (H 83) beschriebenen Präparat vom F: 152–154° hat nach *Meisenheimer, Kappler* (A. **539** [1939] 99, 100) ein Gemisch der beiden Stereoisomeren vorgelegen.

a) **4-Dimethylamino-benzophenon *seqcis*-oxim,** Formel IX.

*B.* s. bei dem unter b) beschriebenen Stereoisomeren.

Gelbliche Krystalle (aus A.); F: 163° (*Meisenheimer, Kappler*, A. **539** [1939] 99, 100). Beim Behandeln mit Phosphor(V)-chlorid in Chloroform ist 4-Dimethylamino-benzoesäure-anilid erhalten worden.

b) **4-Dimethylamino-benzophenon-*seqtrans*-oxim,** Formel X.

*B.* Neben geringen Mengen des unter a) beschriebenen Stereoisomeren beim Erwärmen von 4-Dimethylamino-benzophenon in Äthanol mit Hydroxylamin-hydrochlorid und wss. Natronlauge oder mit wss. Natriumacetat-Lösung (*Meisenheimer, Kappler*, A. **539** [1939] 99, 100).

Krystalle (aus A.); F: 176°.

Beim Behandeln mit Phosphor(V)-chlorid in Chloroform ist *N.N*-Dimethyl-*N'*-benzoyl-*p*-phenylendiamin erhalten worden.

Hydrochlorid $C_{15}H_{16}N_2O \cdot HCl$. Krystalle; F: 172°.

**Tri-*N*-methyl-4-benzoyl-anilinium,** p-*benzoyl*-N,N,N-*trimethylanilinium* $[C_{16}H_{18}NO]^{\oplus}$, Formel XI (H 83).

**Jodid** $[C_{16}H_{18}NO]I$. *B.* Aus 4-Dimethylamino-benzophenon und Methyljodid in Methanol (*Shah, Ichaporia*, J. Univ. Bombay **3**, Tl. 2 [1934] 172, 174). – Krystalle (aus wss. A.); F: 188–190° [Zers.].

X XI XII

**4-Diäthylamino-benzophenon,** *4-(diethylamino)benzophenone* $C_{17}H_{19}NO$, Formel XII (R = $C_2H_5$, X = O) (H 83; E II 54).

*B.* Beim Behandeln von *N*-Phenyl-benzimidoylchlorid mit *N.N*-Diäthyl-anilin und Aluminiumchlorid in Schwefelkohlenstoff oder Benzol und Erhitzen des Reaktionsprodukts mit wss. Salzsäure (*Shah, Chaubal*, Soc. **1932** 650; s. dagegen *Haddow et al.*, Phil. Trans [A] **241** [1948] 147, 191).

Krystalle (aus A.); F: 80–81° (*Shah, Deshpande, Chaubal*, Soc. **1932** 642, 645).

**N.N-Diäthyl-4-benzimidoyl-anilin, 4-Diäthylamino-benzophenon-imin,** *p-benzimidoyl-N,N-diethylaniline* $C_{17}H_{20}N_2$, Formel XII (R = $C_2H_5$, X = NH).

*B.* Beim Behandeln von 4-Diäthylamino-benzophenon mit Phosphoroxychlorid in Toluol und mit flüssigem Ammoniak und anschliessenden Erwärmen auf 100° (*Reid, Lynch,* Am. Soc. **58** [1936] 1430).

3.5-Dinitro-benzoat $C_{17}H_{20}N_2 \cdot C_7H_4N_2O_6$. Gelbe Krystalle (aus A.); F: 141° [korr.].

**4-Diäthylamino-benzophenon-oxim,** *4-(diethylamino)benzophenone oxime* $C_{17}H_{20}N_2O$, Formel XII (R = $C_2H_5$, X = NOH) (H 83).

Krystalle; F: 182° (*Ogata, Shinnobu,* J. pharm. Soc. Japan **56** [1936] 497, 502; C. A. **1936** 7698).

Über ein Präparat vom F: 143—144° (Krystalle [aus Me.]) s. *Shah, Deshpande, Chaubal,* Soc. **1932** 642, 645.

**4-Dipropylamino-benzophenon,** *4-(dipropylamino)benzophenone* $C_{19}H_{23}NO$, Formel XII (R = $CH_2$-$CH_2$-$CH_3$, X = O).

*B.* Beim Erhitzen von *N.N*-Dipropyl-anilin mit Benzanilid unter Zusatz von Phosphoroxychlorid bis auf 125° und anschliessenden Erwärmen mit wss. Salzsäure (*Reid, Lynch,* Am. Soc. **58** [1936] 1430).

Krystalle (aus PAe.); F: 100° [korr.].

**4-Anilino-benzophenon-phenylimin,** *4-(N-phenylbenzimidoyl)diphenylamine* $C_{25}H_{20}N_2$, Formel I (R = H, X = N-$C_6H_5$).

*B.* Beim Erhitzen von Anilin mit Natrium unter Zusatz von Kupfer(I)-oxid und Erhitzen des Reaktionsgemisches mit 4-Chlor-benzophenon und mit Natrium-anilid in Anilin (*Dow Chem. Co.,* U.S.P. 2063868 [1932]).

Graubraun; F: 56°.

**4-p-Toluidino-benzophenon-p-tolylimin,** *4-methyl-4'-(N-p-tolylbenzimidoyl)diphenylamine* $C_{27}H_{24}N_2$, Formel I (R = $CH_3$, X = N-$C_6H_4$-$CH_3$).

*B.* Beim Erhitzen von *p*-Toluidin mit Natrium unter Zusatz von Kupfer(I)-oxid und Erhitzen des Reaktionsgemisches mit 4-Chlor-benzophenon und anschliessend mit Natrium-*p*-toluidid in *p*-Toluidin (*Dow Chem. Co.,* U.S.P. 2063868 [1932]).

Olivgelb; F: 62—64°.

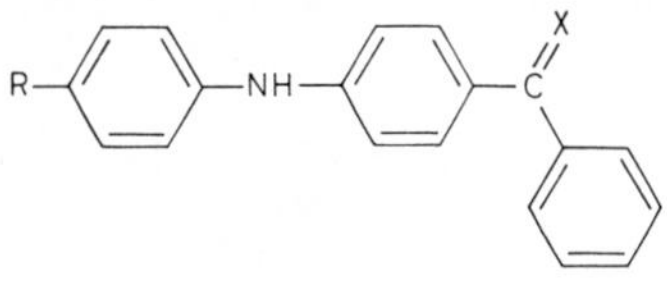

I 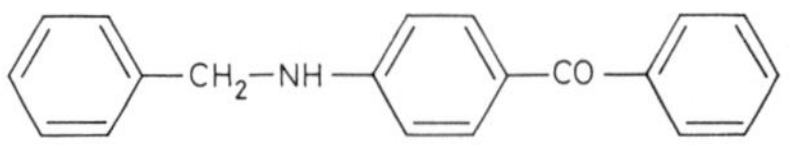 II

**4-Benzylamino-benzophenon,** *4-(benzylamino)benzophenone* $C_{20}H_{17}NO$, Formel II.

*B.* Beim Erwärmen von 4-Amino-benzophenon mit Benzylchlorid in Toluol (*Ogata, Shinnobu,* J. pharm. Soc. Japan **56** [1936] 497, 502; C. A. **1936** 7698).

Krystalle (aus A.); F: 115°.

Oxim $C_{20}H_{18}N_2O$. F: 185°.

**4-[Methyl-benzyl-amino]-benzophenon,** *4-(benzylmethylamino)benzophenone* $C_{21}H_{19}NO$, Formel III (R = $CH_3$) (H 83).

*B.* Beim Behandeln von *N*-Phenyl-benzimidoylchlorid mit *N*-Methyl-*N*-benzyl-anilin in Äther unter Zusatz von Aluminiumchlorid und Erhitzen des Reaktionsgemisches mit wss. Salzsäure (*Shah, Ichaporia,* Soc. **1935** 894).

Grünliche Krystalle (aus PAe.); F: 78—80°.

**4-[Äthyl-benzyl-amino]-benzophenon,** *4-(benzylethylamino)benzophenone* $C_{22}H_{21}NO$, Formel III (R = $C_2H_5$).

*B.* Beim Behandeln von *N*-Phenyl-benzimidoylchlorid mit *N*-Äthyl-*N*-benzyl-anilin in Äther unter Zusatz von Aluminiumchlorid und Erhitzen des Reaktionsgemisches mit wss. Salzsäure (*Shah, Ichaporia,* Soc. **1935** 894).

$Kp_{40}$: 320—325°.

Oxim $C_{22}H_{22}N_2O$. Gelbliche Krystalle (aus A.); F: 140—142°.

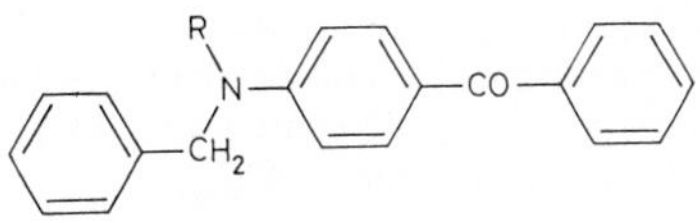

III 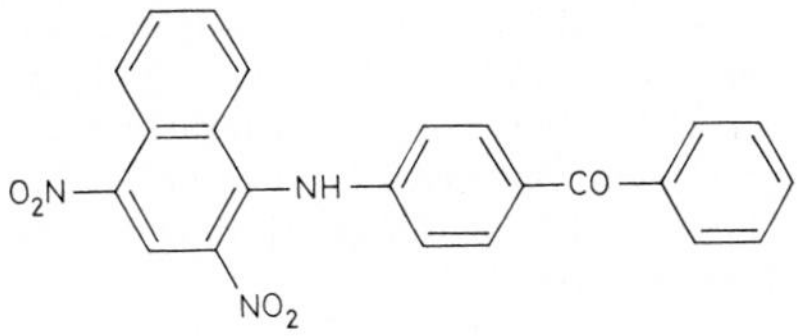 IV

**4-Dibenzylamino-benzophenon,** *4-(dibenzylamino)benzophenone* $C_{27}H_{23}NO$, Formel III ($R = CH_2\text{-}C_6H_5$).

*B.* Beim Erhitzen von 4-Amino-benzophenon mit Benzylchlorid bis auf 200° (*Ogata, Shinnobu*, J. pharm. Soc. Japan **56** [1936] 497, 503; C. A. **1936** 7698).

Krystalle (aus Me.); F: 128°.

Oxim $C_{27}H_{24}N_2O$. F: 170°.

**4-[2.4-Dinitro-naphthyl-(1)-amino]-benzophenon,** *4-(2,4-dinitro-1-naphthylamino)benzophenone* $C_{23}H_{15}N_3O_5$, Formel IV.

*B.* Beim Erwärmen von 4-Amino-benzophenon mit 4-Chlor-1.3-dinitro-naphthalin in Äthanol (*Mangini*, R.A.L. [6] **25** [1937] 387, 390).

Rote Krystalle (aus Eg.); F: 200—201° [Zers.].

**4-[Naphthyl-(1)-amino]-benzophenon-[naphthyl-(1)-imin],** N-(*1-naphthyl*)-p-[N-(*1-naphthyl*)*benzimidoyl*]*aniline* $C_{33}H_{24}N_2$, Formel V.

*B.* Beim Erhitzen von Naphthyl-(1)-amin mit Natrium unter Zusatz von Kupfer(I)-oxid und Erhitzen des Reaktionsgemisches mit 4-Chlor-benzophenon und anschliessend mit Natrium-[naphthyl-(1)-amid] in Naphthyl-(1)-amin (*Dow Chem. Co.*, U.S.P. 2063868 [1932]).

Olivfarben; F: 88—91°.

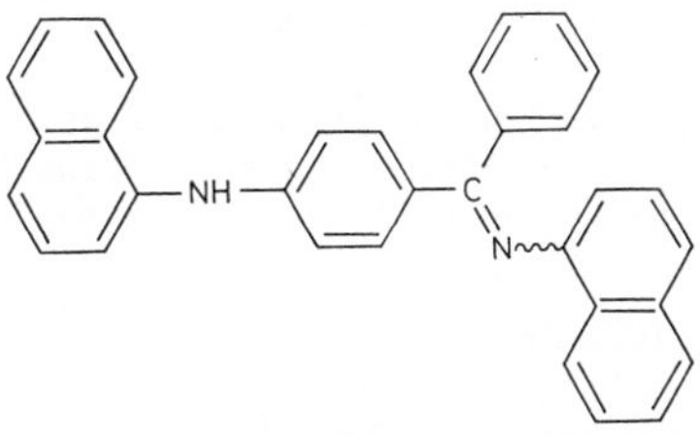

V 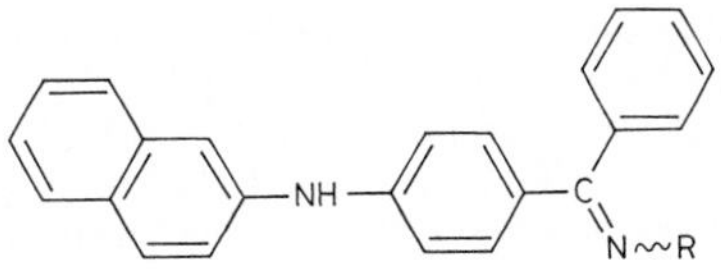 VI

**4-[Naphthyl-(2)-amino]-benzophenon-phenylimin,** N-(*2-naphthyl*)-p-(N-*phenylbenzimidoyl*)*aniline* $C_{29}H_{22}N_2$, Formel VI ($R = C_6H_5$).

*B.* Beim Erhitzen von 4-Chlor-benzophenon mit Natrium-anilid in Anilin auf 110° und Erhitzen des Reaktionsprodukts mit Natrium-[naphthyl-(2)-amid] unter Zusatz von Kupfer(I)-oxid bis auf 220° (*Dow Chem. Co.*, U.S.P. 2063868 [1932]).

Olivgelb; F: 115—117°.

**4-[Naphthyl-(2)-amino]-benzophenon-[naphthyl-(2)-imin],** N-(*2-naphthyl*)-p-[N-(*2-naphthyl*)*benzimidoyl*]*aniline* $C_{33}H_{24}N_2$, Formel VI ($R = C_{10}H_7$).

*B.* Beim Erhitzen von Naphthyl-(2)-amin mit Natrium unter Zusatz von Kupfer(I)-oxid und Erhitzen des Reaktionsgemisches mit 4-Chlor-benzophenon und anschliessend mit Natrium-[naphthyl-(2)-amid] in Naphthyl-(2)-amin (*Dow Chem. Co.*, U.S.P. 2063868 [1932]).

Gelbgrün; F: 108—109°.

**4-[Biphenylyl-(4)-amino]-benzophenon-[biphenylyl-(4)-imin],** N-(*biphenyl-4-yl*)-p-[N-(*biphenyl-4-yl*)*benzimidoyl*]*aniline* $C_{37}H_{28}N_2$, Formel VII ($R = C_6H_5$).

*B.* Beim Erhitzen von Biphenylyl-(4)-amin mit Natrium unter Zusatz von Kupfer(I)-oxid und Erhitzen des Reaktionsgemisches mit 4-Chlor-benzophenon und anschliessend mit Natrium-[biphenylyl-(4)-amid] in Biphenylyl-(4)-amin (*Dow Chem. Co.*, U.S.P. 2063868 [1932]).

Olivgelb; F: 64—66°.

**4-*p*-Phenetidino-benzophenon-[4-äthoxy-phenylimin]**, *4-ethoxy-4'-[*N*-(*p*-ethoxyphenyl= imino)benzimidoyl]diphenylamine* $C_{29}H_{28}N_2O_2$, Formel VII (R = $OC_2H_5$).

*B.* Beim Erhitzen von *p*-Phenetidin mit Natrium unter Zusatz von Kupfer(I)-oxid und Erhitzen des Reaktionsgemisches mit 4-Chlor-benzophenon und anschliessend mit Natri= um-*p*-phenetidid in *p*-Phenetidin (*Dow Chem. Co.*, U.S.P. 2063868 [1932]).

Gelbbraun; $Kp_{23}$: 273°.

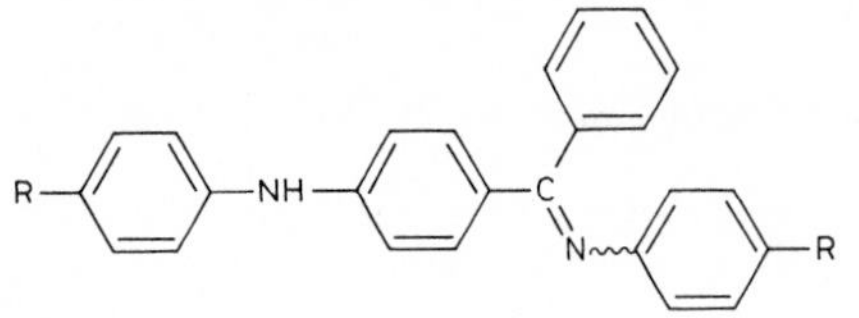

VII 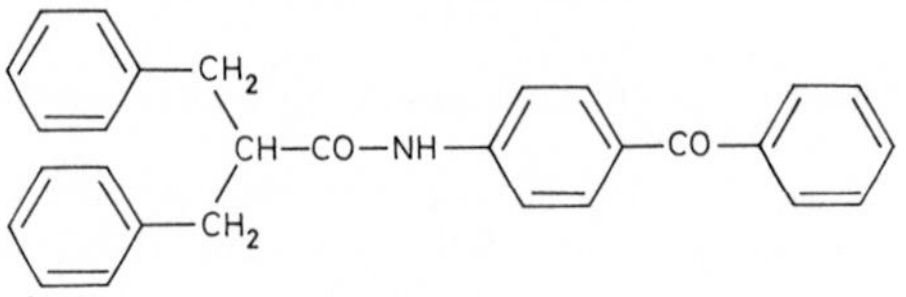 VIII

**4-[3-Phenyl-2-benzyl-propionylamino]-benzophenon, 3-Phenyl-2-benzyl-propionsäure-[4-benzoyl-anilid]**, *4'-benzoyl-2-benzyl-3-phenylpropionanilide* $C_{29}H_{25}NO_2$, Formel VIII.

*B.* Beim Erwärmen von 4-Amino-benzophenon mit 3-Phenyl-2-benzyl-propionyl= chlorid und Pyridin (*Billman, Rendall*, Am. Soc. **66** [1944] 745).

F: 60°.

**4-[(Toluol-sulfonyl-(4))-methyl-amino]-benzophenon, Toluol-sulfonsäure-(4)-[*N*-methyl-4-benzoyl-anilid]**, *4'-benzoyl-*N*-methyl-*p*-toluenesulfonanilide* $C_{21}H_{19}NO_3S$, Formel IX.

*B.* Beim Erwärmen des aus 4-Amino-benzophenon und Toluol-sulfonylchlorid-(4) hergestellten Sulfonamids mit Dimethylsulfat, wss. Kalilauge und Methanol (*Pfeiffer, Loewe*, J. pr. [2] **147** [1937] 293, 302).

Krystalle (aus Bzl. + PAe.); F: 119°.

**2'-Chlor-4-dimethylamino-benzophenon**, *2-chloro-4'-(dimethylamino)benzophenone* $C_{15}H_{14}ClNO$, Formel X (R = $CH_3$).

*B.* Beim Behandeln von 2-Chlor-*N*-phenyl-benzimidoylchlorid (E II **12** 157) mit *N.N*-Dimethyl-anilin in Schwefelkohlenstoff oder in Benzol unter Zusatz von Aluminiumchlorid und Erhitzen des Reaktionsprodukts mit wss. Salzsäure (*Shah, Chaubal*, Soc. **1932** 650).

Krystalle (aus A.); F: 68°.

**2'-Chlor-4-diäthylamino-benzophenon**, *2-chloro-4'-(diethylamino)benzophenone* $C_{17}H_{18}ClNO$, Formel X (R = $C_2H_5$).

*B.* Beim Erwärmen von 2-Chlor-benzoesäure-anilid mit *N.N*-Diäthyl-anilin und Phos= phoroxychlorid und Erhitzen des Reaktionsprodukts mit wss. Salzsäure (*Shah, Deshpande, Chaubal*, Soc. **1932** 642, 646).

Krystalle (aus A.); F: 79°.

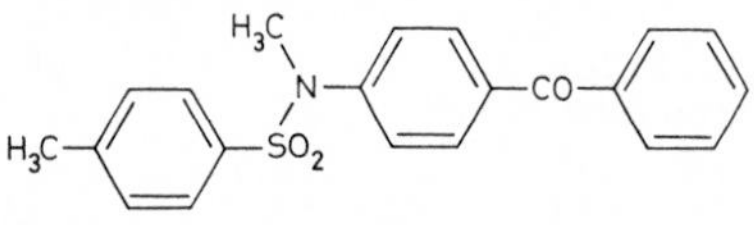

IX 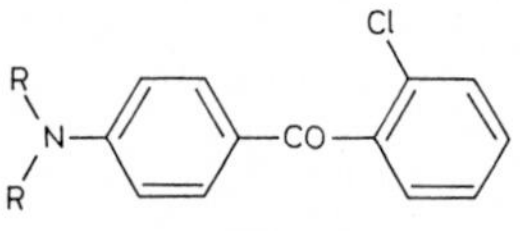 X 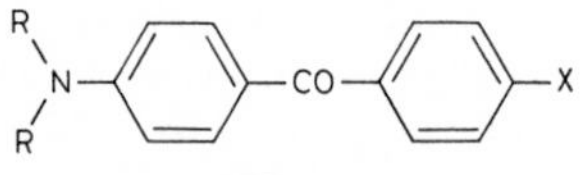 XI

**4'-Chlor-4-amino-benzophenon**, *4-amino-4'-chlorobenzophenone* $C_{13}H_{10}ClNO$, Formel XI (R = H, X = Cl) (E I 389; E II 54).

*B.* Neben geringen Mengen 4.4'-Diamino-benzophenon beim Erhitzen von 4.4'-Dichlor-benzophenon mit wss. Ammoniak unter Zusatz von Ammoniumnitrat und Kalium= chlorat auf 200° (*Newton, Groggins*, Ind. eng. Chem. **27** [1935] 1397).

F: 185–185,5°.

**4'-Chlor-4-diäthylamino-benzophenon**, *4-chloro-4'-(diethylamino)benzophenone* $C_{17}H_{18}ClNO$, Formel XI (R = $C_2H_5$, X = Cl) (E I 389).

*B.* Beim Erhitzen von 4.4'-Dichlor-benzophenon mit wss. Diäthylamin unter Zusatz von Kupfer(I)-chlorid und Kupfer(II)-chlorid auf 230° (*Heyden Chem. Corp.*, U.S.P. 2223517 [1939]).

Krystalle (aus Me.); F: 104°.

**4'-Brom-4-dimethylamino-benzophenon,** *4-bromo-4'-(dimethylamino)benzophenone* $C_{15}H_{14}BrNO$, Formel XI (R = $CH_3$, X = Br).

*B.* Beim Erwärmen von 4-Brom-benzoesäure-anilid mit *N.N*-Dimethyl-anilin und Phosphoroxychlorid und Erhitzen des Reaktionsprodukts mit wss. Salzsäure (*Shah, Deshpande, Chaubal,* Soc. **1932** 642, 645). Beim Behandeln von 4-Brom-*N*-phenyl-benzimidoylchlorid mit *N.N*-Dimethyl-anilin in Schwefelkohlenstoff unter Zusatz von Aluminiumchlorid und Erhitzen des Reaktionsprodukts mit wss. Salzsäure (*Shah, Chaubal,* Soc. **1932** 650).

Krystalle (aus A.); F: 128–129° (*Shah, De., Ch.*).

Oxim $C_{15}H_{15}BrN_2O$. F: 185° (*Shah, De., Ch.*).

**4'-Brom-4-diäthylamino-benzophenon,** *4-bromo-4'-(diethylamino)benzophenone* $C_{17}H_{18}BrNO$, Formel XI (R = $C_2H_5$, X = Br).

*B.* Beim Behandeln von 4-Brom-*N*-phenyl-benzimidoylchlorid mit *N.N*-Diäthyl-anilin in Schwefelkohlenstoff unter Zusatz von Aluminiumchlorid und Erhitzen des Reaktionsprodukts mit wss. Salzsäure (*Shah, Chaubal,* Soc. **1932** 650).

Krystalle (aus A.); F: 99–100°.

**3-Nitro-4-methylamino-benzophenon,** *4-(methylamino)-3-nitrobenzophenone* $C_{14}H_{12}N_2O_3$, Formel I.

*B.* Beim Erwärmen von 3-Nitro-4-methoxy-benzophenon mit Methylamin in Äthanol (*van Alphen,* R. **49** [1930] 383, 385).

Gelbe Krystalle (aus Acn.); F: 200°.

$H_3C$–NH–[C6H3(NO2)]–CO–C6H5 (I)    C6H5–CO–C6H4–NH–[C6H3(NO2)]–CO–C6H5 (II)

I II

**[4-Benzoyl-phenyl]-[2-nitro-4-benzoyl-phenyl]-amin, 3-Nitro-4-[4-benzoyl-anilino]-benzophenon,** *3-nitro-4,4''-iminodibenzophenone* $C_{26}H_{18}N_2O_4$, Formel II.

*B.* Beim Erhitzen von 4-Amino-benzophenon mit 4-Brom-3-nitro-benzophenon und Kaliumcarbonat auf 150° (*Plant, Tomlinson,* Soc. **1932** 2188, 2191).

Orangefarbene Krystalle (aus A. oder Eg.); F: 150° und (nach Wiedererstarren) F: 193°.

**2'-Nitro-4-dimethylamino-benzophenon,** *4'-(dimethylamino)-2-nitrobenzophenone* $C_{15}H_{14}N_2O_3$, Formel III.

*B.* In geringer Menge neben einer bei 93° schmelzenden Substanz beim Erwärmen von 2-Nitro-benzoesäure-anilid mit *N.N*-Dimethyl-anilin und Phosphoroxychlorid und Erhitzen des Reaktionsprodukts mit wss. Salzsäure (*Shah, Deshpande, Chaubal,* Soc. **1932** 642, 647).

Orangefarbene Krystalle (aus A.); F: 251–253°.

**3'-Nitro-4-dimethylamino-benzophenon,** *4'-(dimethylamino)-3-nitrobenzophenone* $C_{15}H_{14}N_2O_3$, Formel IV (R = $CH_3$, X = H).

*B.* Beim Erhitzen von 3-Nitro-benzoesäure-anilid mit *N.N*-Dimethyl-anilin und Phosphoroxychlorid und Erhitzen des Reaktionsprodukts mit wss. Salzsäure (*Shah, Deshpande, Chaubal,* Soc. **1932** 642, 646).

Gelbe Krystalle (aus Toluol); F: 174–176°.

**3'-Nitro-4-diäthylamino-benzophenon,** *4'-(diethylamino)-3-nitrobenzophenone* $C_{17}H_{18}N_2O_3$, Formel IV (R = $C_2H_5$, X = H).

*B.* Aus *N.N*-Diäthyl-anilin analog der im vorangehenden Artikel beschriebenen Verbindung (*Shah, Deshpande, Chaubal,* Soc. **1932** 642, 646).

Gelbbraune Krystalle (aus A.); F: 84°.

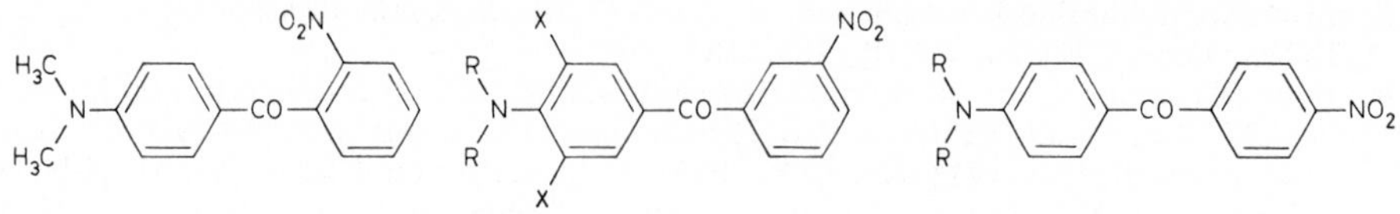

III IV V

**4'-Nitro-4-dimethylamino-benzophenon,** *4-(dimethylamino)-4'-nitrobenzophenone* $C_{15}H_{14}N_2O_3$, Formel V (R = $CH_3$).

*B.* Beim Behandeln von 4-Nitro-*N*-phenyl-benzimidoylchlorid mit *N.N*-Dimethyl-anilin und Aluminiumchlorid in Schwefelkohlenstoff (*Shah, Chaubal,* Soc. **1932** 650) oder beim Erhitzen von 4-Nitro-benzoesäure-anilid mit *N.N*-Dimethyl-anilin und Phosphor-oxychlorid (*Shah, Deshpande, Chaubal,* Soc. **1932** 642, 646) und Erhitzen des jeweiligen Reaktionsprodukts mit heisser wss. Salzsäure.

Orangegelbe Krystalle (aus Toluol); F: 206—207° (*Shah, De., Ch.*).

**4'-Nitro-4-diäthylamino-benzophenon,** *4-(diethylamino)-4'-nitrobenzophenone* $C_{17}H_{18}N_2O_3$, Formel V (R = $C_2H_5$).

*B.* Beim Erhitzen von 4-Nitro-benzoesäure-anilid mit *N.N*-Diäthyl-anilin und Phosphoroxychlorid (*Shah, Deshpande, Chaubal,* Soc. **1932** 642, 647) oder beim Behandeln von 4-Nitro-*N*-phenyl-benzimidoylchlorid mit *N.N*-Diäthyl-anilin und Aluminiumchlorid in Schwefelkohlenstoff (*Shah, Chaubal,* Soc. **1932** 650) und Erhitzen des jeweiligen Reaktionsprodukts mit wss. Salzsäure.

Dunkelgelbe Krystalle (aus Me.); F: 116—117° (*Shah, De., Ch.*).

Oxim $C_{17}H_{19}N_3O_3$. Krystalle (aus Me.); F: 156°.

**3.5.2'-Trinitro-4-methylamino-benzophenon,** *4'-(methylamino)-2,3',5'-trinitrobenzophenone* $C_{14}H_{10}N_4O_7$, Formel VI (R = H, X = $NO_2$).

*B.* Beim Erwärmen von 3.5.2'-Trinitro-4-methoxy-benzophenon oder von 3.5.2'-Trinitro-4-äthoxy-benzophenon mit Methylamin in Äthanol (*van Alphen,* R. **49** [1930] 383, 392).

Gelbe Krystalle (aus Acn.); F: 191°.

**3.5.3'-Trinitro-4-methylamino-benzophenon,** *4-(methylamino)-3,3',5-trinitrobenzophenone* $C_{14}H_{10}N_4O_7$, Formel VI (R = $NO_2$, X = H).

*B.* Beim Erwärmen von 3.5.3'-Trinitro-4-methoxy-benzophenon oder von 3.5.3'-Trinitro-4-äthoxy-benzophenon mit Methylamin in Äthanol (*van Alphen,* R. **49** [1930] 383, 392).

Gelbe Krystalle (aus A.); F: 158°.

**3.5.3'-Trinitro-4-dimethylamino-benzophenon,** *4-(dimethylamino)-3,3',5-trinitrobenzophenone* $C_{15}H_{12}N_4O_7$, Formel IV (R = $CH_3$, X = $NO_2$).

*B.* Aus 4-Dimethylamino-benzophenon beim Behandeln mit wss. Salpetersäure und Essigsäure (*Shah, Ichaporia,* J. Univ. Bombay **3**, Tl. 2 [1934] 172, 174).

Gelbe Krystalle (aus A.); F: 130°.

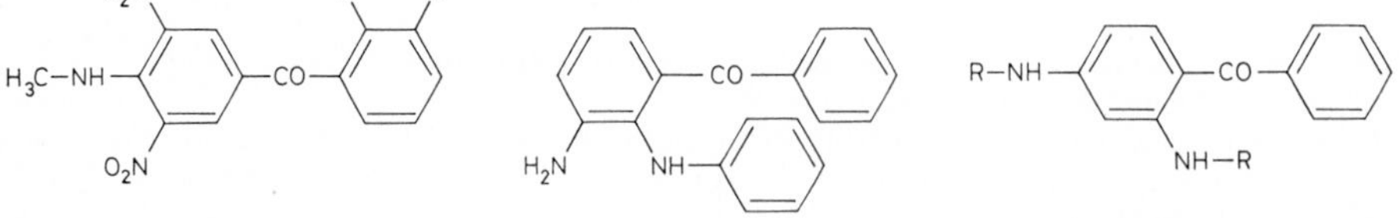

VI VII VIII

**2.3-Diamino-benzophenon** $C_{13}H_{12}N_2O$.

**3-Amino-2-anilino-benzophenon,** *3-amino-2-anilinobenzophenone* $C_{19}H_{16}N_2O$, Formel VII.

*B.* Aus 3-Nitro-2-anilino-benzophenon beim Erwärmen mit Eisen(II)-sulfat und wss.-äthanol. Ammoniak (*Plant, Tomlinson,* Soc. **1932** 2188, 2191).

Gelbe Krystalle (aus PAe.); F: 116—119°.

Beim Behandeln mit Natriumnitrit und Essigsäure ist 1-Phenyl-7-benzoyl-benzotriazol erhalten worden.

**2.4-Diamino-benzophenon,** *2,4-diaminobenzophenone* $C_{13}H_{12}N_2O$, Formel VIII (R = H).

*B.* Aus 2.4-Dinitro-benzophenon, aus 6-Amino-3-phenyl-benz[*c*]isoxazol oder aus 6-Nitro-3-phenyl-benz[*c*]isoxazol beim Erhitzen mit Wasser, wenig Äthanol und Zink unter Zusatz von Calciumchlorid (*Tanasescu, Ramontianu*, Bl. [4] **53** [1933] 918, 922).

Gelbliche Krystalle (aus wss. A.); F: 132°.

**2.4-Bis-benzamino-benzophenon,** N,N'-(*4-benzoyl-*m*-phenylene*)*bisbenzamide* $C_{27}H_{20}N_2O_3$, Formel VIII (R = CO-$C_6H_5$).

*B.* Beim Behandeln von 2.4-Diamino-benzophenon mit Benzoylchlorid und wss. Natronlauge (*Tanasescu, Ramontianu*, Bl. [4] **53** [1933] 918, 922).

F: 201° (aus A.).

**2.4'-Diamino-benzophenon,** *2,4'-diaminobenzophenone* $C_{13}H_{12}N_2O$, Formel IX (R = X = H) (H 87).

*B.* Aus 4-[Benz[*c*]isoxazolyl-(3)]-anilin beim Erwärmen mit Zink und wss. Äthanol unter Zusatz von Ammoniumchlorid (*Tanasescu, Silberg*, Bl. [4] **51** [1932] 1357, 1364).

Gelbliche Krystalle (aus Bzn.); F: 129–130°.

**5-Chlor-2.4'-diamino-benzophenon,** *2,4'-diamino-5-chlorobenzophenone* $C_{13}H_{11}ClN_2O$, Formel IX (R = H, X = Cl).

*B.* Aus 4-[5-Chlor-benz[*c*]isoxazolyl-(3)]-anilin beim Erwärmen mit Zink und wss. Äthanol unter Zusatz von Ammoniumchlorid (*Tanasescu, Suciu*, Bl. [5] **3** [1936] 1753, 1760).

Gelbliche Krystalle (aus Bzn.); F: 149°.

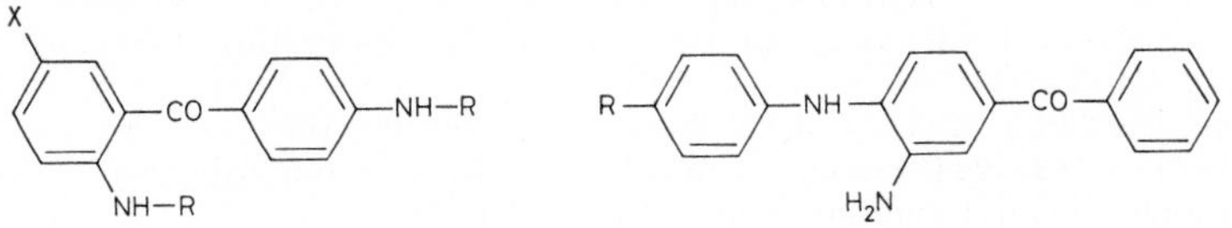

IX X

**5-Chlor-2.4'-bis-benzamino-benzophenon,** *4'-chloro-2',4'''-carbonylbisbenzanilide* $C_{27}H_{19}ClN_2O_3$, Formel IX (R = CO-$C_6H_5$, X = Cl).

*B.* Beim Behandeln von 5-Chlor-2.4'-diamino-benzophenon mit Benzoylchlorid und wss. Natronlauge (*Tanasescu, Suciu*, Bl. [5] **3** [1936] 1753, 1761).

Gelbliche Krystalle (aus A.); F: 207°.

**3.4-Diamino-benzophenon** $C_{13}H_{12}N_2O$.

**3-Amino-4-anilino-benzophenon,** *3-amino-4-anilinobenzophenone* $C_{19}H_{16}N_2O$, Formel X (R = H).

*B.* Aus 3-Nitro-4-anilino-benzophenon beim Erwärmen mit Zinn(II)-chlorid in wss. Salzsäure und Essigsäure (*Hunter, Darling*, Am. Soc. **53** [1931] 4183, 4184).

Hellgelbe Krystalle (aus A.); F: 163–165°.

**3-Amino-4-[4-benzoyl-anilino]-benzophenon,** *3-amino-4,4''-iminodibenzophenone* $C_{26}H_{20}N_2O_2$, Formel X (R = CO-$C_6H_5$).

*B.* Aus [4-Benzoyl-phenyl]-[2-nitro-4-benzoyl-phenyl]-amin beim Erhitzen mit Zinn(II)-chlorid in wss. Salzsäure und Essigsäure (*Plant, Tomlinson*, Soc. **1932** 2188, 2191).

Gelbe Krystalle (aus wss. A. und Me.); F: 153°.

Beim Behandeln mit Natriumnitrit und Essigsäure ist 1-[4-Benzoyl-phenyl]-5-benzoyl-benzotriazol erhalten worden.

**3.3'-Diamino-benzophenon,** *3,3'-diaminobenzophenone* $C_{13}H_{12}N_2O$, Formel XI (H 88; E I 390).

F: 150° (*Valette*, Bl. [4] **47** [1930] 289, 294).

**3.3'-Diisocyanato-benzophenon,** *isocyanic acid carbonyldi-*m*-phenylene ester* $C_{15}H_8N_2O_3$, Formel XII.

*B.* Aus 3.3'-Diamino-benzophenon und Phosgen (*Siefken*, A. **562** [1949] 75, 100, 131).

F: 118–120° [unkorr.].

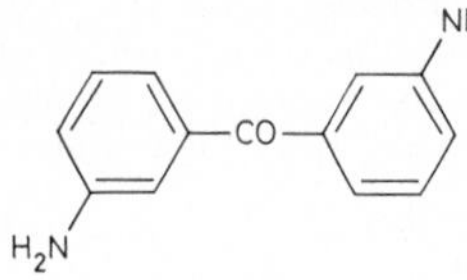

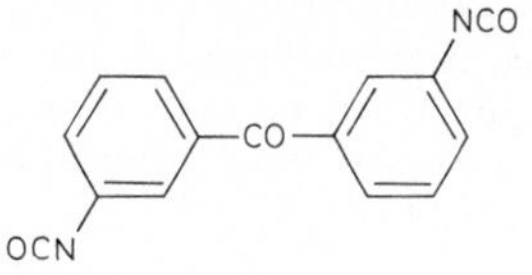

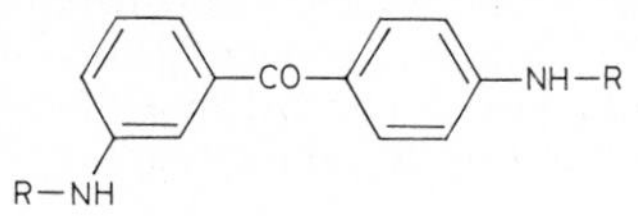

XI XII XIII

**3.4'-Diamino-benzophenon,** *3,4'-diaminobenzophenone* $C_{13}H_{12}N_2O$, Formel XIII (R = H) (H 88; E I 390).

*B.* Aus 3.4'-Dinitro-benzophenon beim Erhitzen mit Zinn(II)-chlorid in wss. Salzsäure und Essigsäure (*Hunsberger, Amstutz,* Am. Soc. **71** [1949] 2635, 2637).

Gelbliche Krystalle (aus Bzl.); F: 123—124° [korr.].

**3.4'-Bis-acetamino-benzophenon,** *3',4'''-carbonylbisacetanilide* $C_{17}H_{16}N_2O_3$, Formel XIII (R = CO-$CH_3$) (H 88).

*B.* Aus 3.4'-Diamino-benzophenon (*Hunsberger, Amstutz,* Am. Soc. **71** [1949] 2635, 2638).

F: 221—222° [korr.; aus A.].

**4.4'-Diamino-benzophenon,** *4,4'-diaminobenzophenone* $C_{13}H_{12}N_2O$, Formel I (X = O) (H 88; E I 391; E II 56).

*B.* Aus 4.4'-Dichlor-benzophenon beim Erhitzen mit wss. Ammoniak unter Zusatz von Kupfer(I)-oxid auf 220° (*Dow Chem. Co.,* U.S.P. 1946058 [1932]; s. a. *Newton, Groggins,* Ind. eng. Chem. **27** [1935] 1397). Aus 4.4'-Dinitro-benzophenon beim Behandeln mit alkal. wss. Natriumsulfid-Lösung (*Lynch, Reid,* Am. Soc. **55** [1933] 2515, 2518) sowie bei der Hydrierung an Raney-Nickel in Essigsäure (*Kirkwood, Phillips,* Am. Soc. **69** [1947] 934).

Krystalle; F: 246,5—247,5° [nach Sublimation bei 0,0006 Torr] (*Kuhn et al.,* B. **75** [1942] 711, 718), 242—244° [unkorr.; aus A.] (*Ki., Ph.*). Schmelzdiagramm des Systems mit Bis-[4-amino-phenyl]-sulfon: *Kuhn et al.,* l. c. S. 714.

**4.4'-Diamino-benzophenon-imin,** p,p'-*carbonimidoyldianiline* $C_{13}H_{13}N_3$, Formel I (X = NH) (E II 56).

Benzoat $C_{13}H_{13}N_3 \cdot C_7H_6O_2$. Gelbe Krystalle (aus Bzl.); F: 191° (*Lynch, Reid,* Am. Soc. **55** [1933] 2515, 2519).

*p*-Toluat $C_{13}H_{13}N_3 \cdot C_8H_8O_2$. Gelbe Krystalle (aus Bzl.); F: 175°.

Anthranilat $C_{13}H_{13}N_3 \cdot C_7H_7NO_2$. Gelbe Krystalle (aus Bzl.); F: 168°.

**4.4'-Bis-dimethylamino-benzophenon, Michlers Keton,** *4,4'-bis(dimethylamino)benzophenone* $C_{17}H_{20}N_2O$, Formel II (X = O) (H 89; E I 391; E II 57).

*B.* Beim Erhitzen von 4.4'-Dichlor-benzophenon mit wss. Dimethylamin unter Zusatz von Kupfer(I)-chlorid und Kupfer(II)-oxid auf 230° (*Heyden Chem. Corp.,* U.S.P. 2231067 [1939]). Beim Behandeln von 4.4'-Bis-dimethylamino-benzhydrol mit Phenylhydrazin in Äthanol unter Zusatz von wss. Salzsäure und Behandeln des Reaktionsprodukts mit Kaliumpermanganat in Aceton (*Gen. Aniline & Film Corp.,* U.S.P. 2190732 [1937]). Aus Tris-[4-dimethylamino-phenyl]-carbenium-oxalat (Oxalat des Krystallvioletts) bei der Bestrahlung mit Sonnenlicht an der Luft (*Iwamoto,* Bl. chem. Soc. Japan **10** [1935] 420, 425).

Krystalle; F: 173—174° [aus A.] (*Iw.*), 172—174° (*L. u. A. Kofler,* Thermo-Mikro-Methoden, 3. Aufl. [Weinheim 1954] S. 366, 521). Absorptionsspektren von Lösungen in Methanol (250—500 mμ): *Burawoy,* B. **63** [1930] 3155, 3166, 3167; in Äthanol (200 mμ bis 500 mμ): *Burawoy,* Soc. **1939** 1177, 1181; Phosphorescenz einer festen Lösung in einem Äther-Isopentan-Äthanol-Gemisch bei —183°: *Lewis, Kasha,* Am. Soc. **66** [1944] 2100, 2108, 2115. Magnetische Susceptibilität: *Müller, Müller-Rodloff,* B. **68** [1935] 1276, 1280; *Müller, Janke,* Z. El. Ch. **45** [1939] 380, 381, 392. Dipolmoment (ε; Bzl.): 5,14 D (*Luferowa, Syrkin,* Doklady Akad. S.S.S.R. **59** [1948] 79, 81; C. A. **1948** 5734). Polarographie: *Winkel, Proske,* B. **69** [1936] 693, 701.

Bildung von 4.4'-Bis-dimethylamino-benzhydrol beim Erhitzen mit Kaliumbenzylat in Benzylalkohol auf 210°: *Mastagli,* C. r. **204** [1937] 1656; A. ch. [11] **10** [1938] 281, 370. Beim Erhitzen mit Kalium-*tert*-butylat in Dioxan ist 4-Dimethylamino-benzoesäure (*Swan,* Soc. **1948** 1408, 1411), beim Erhitzen mit Natriumamid auf 180° sind *N.N*-Dimethyl-anilin und Natriumcyanamid erhalten worden (*Freĭdlin, Lebedewa*, Ž. obšč. Chim. **9** [1939] 1589, 1593; C. **1941** I 511). Reaktion mit Äthylmagnesiumbromid in Äther: *Pfeiffer, Blank*, J. pr. [2] **153** [1939] 242, 256. Bildung von 3.3-Diphenyl-1.1-bis-[4-dimethylamino-phenyl]-allylium-perchlorat beim Erwärmen mit 1.1-Diphenyl-äthylen und Phosphoroxychlorid und Behandeln des mit Essigsäure und Wasser versetzten Reaktionsgemisches mit Natriumperchlorat und Natriumacetat: *Wizinger, Renckhoff*, Helv. **24** [1941] 369E, 382E. Beim Erhitzen mit 2-Methyl-chinolin unter Zusatz von Aluminiumchlorid auf 170° ist 1.1-Bis-[4-dimethylamino-phenyl]-2-[chinolyl-(2)]-äthylen, beim Erhitzen mit 2-Methyl-chinolin unter Zusatz von Natriumamid auf 150° ist 1.1-Bis-[4-dimethylamino-phenyl]-2-[chinolyl-(2)]-äthanol-(1) erhalten worden (*Kehlstadt*, Helv. **27** [1944] 685, 694, 696).

Monoperchlorat $C_{17}H_{20}N_2O \cdot HClO_4$. Gelbe Krystalle (aus A.); F: 147°. (*Pfeiffer, Schwenzer, Kumetat*, J. pr. [2] **143** [1935] 143, 153). — Diperchlorat $C_{17}H_{20}N_2O \cdot 2HClO_4$. Krystalle; F: 210° (*Pf., Sch., Ku.*).

Lithium-[bis-4.4'-dimethylamino-benzophenon]-ketyl Li[$C_{17}H_{20}N_2O$]. *B.* Aus 4.4'-Bis-dimethylamino-benzophenon und Lithium in Äther (*Müller, Janke*, Z. El. Ch. **45** [1939] 380, 388, 395). — Graublau. Paramagnetisch; magnetische Susceptibilität bei −183°, −78° und +18°: *Mü., Ja.*, l. c. S. 389, 392.

Natrim-[bis-4.4'-dimethylamino-benzophenon]-ketyl Na[$C_{17}H_{20}N_2O$]. *B.* Aus 4.4'-Bis-dimethylamino-benzophenon und Natrium in Äther und wenig Benzol (*Mü., Ja.*, l. c. S. 388, 395). — Blauviolette Krystalle. Paramagnetisch; magnetische Susceptibilität bei −183°, −78° und +18°: *Mü., Ja.*, l. c. S. 389, 392.

Kalium-[bis-4.4'-dimethylamino-benzophenon]-ketyl K[$C_{17}H_{20}N_2O$]. *B.* Aus 4.4'-Bis-dimethylamino-benzophenon und Kalium in 1.2-Dimethoxy-äthan und Äther (*Mü., Ja.*, l. c. S. 381, 388, 395). — Blaue Krystalle. Paramagnetisch; magnetische Susceptibilität bei −183°, −78° und +17°: *Mü., Ja.*, l. c. S. 389, 392.

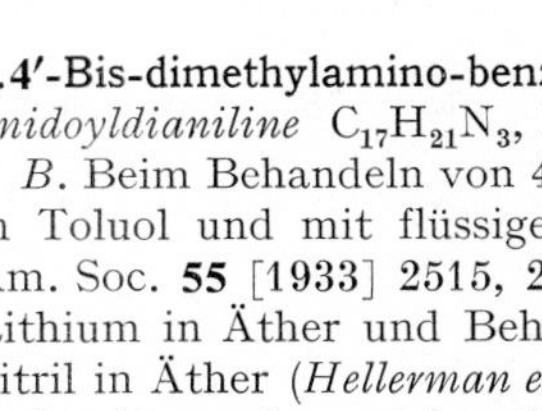

I 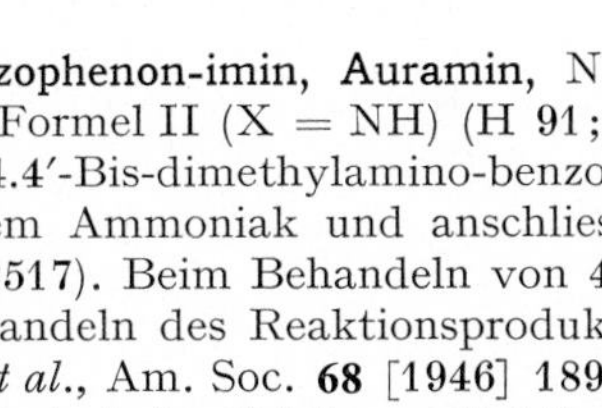 II 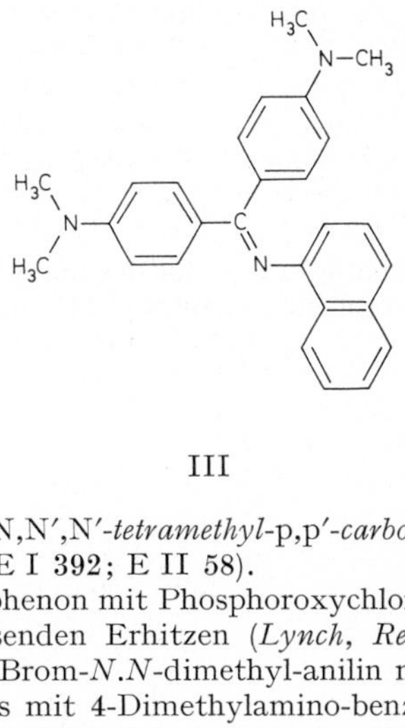 III

**4.4'-Bis-dimethylamino-benzophenon-imin, Auramin**, N,N,N',N'-*tetramethyl*-p,p'-*carbonimidoyldianiline* $C_{17}H_{21}N_3$, Formel II (X = NH) (H 91; E I 392; E II 58).

*B.* Beim Behandeln von 4.4'-Bis-dimethylamino-benzophenon mit Phosphoroxychlorid in Toluol und mit flüssigem Ammoniak und anschliessenden Erhitzen (*Lynch, Reid*, Am. Soc. **55** [1933] 2515, 2517). Beim Behandeln von 4-Brom-*N.N*-dimethyl-anilin mit Lithium in Äther und Behandeln des Reaktionsprodukts mit 4-Dimethylamino-benzonitril in Äther (*Hellerman et al.*, Am. Soc. **68** [1946] 1890, 1892). Aus 4.4'-Bis-dimethylamino-benzophenon-phenylimin beim Erhitzen mit äthanol. Ammoniak (*Ly., Reid*). Aus 4.4'-Bis-dimethylamino-benzophenon beim Erhitzen mit Ammoniumchlorid unter Zusatz von Zinkchlorid (*Šimakow, Konowalenko*, Promyšl. org. Chim. **2** [1936] 206; C. **1937** I 2026).

Krystalle; F: 136° [aus Bzl.] (*Goldacre, Phillips*, Soc. **1949** 1724, 1731), 134—136° [aus A.] (*Banfield et al.*, Austral. J. scient. Res. [A] **1** [1948] 330, 341). Absorptionsspektrum (200—500 mμ): *Mohler, Forster*, Z. anal. Chem. **108** [1937] 167, 174, 176; Absorptionsspektrum von Lösungen in Methanol (250—500 mμ): *Burawoy*, B. **63** [1930] 3155, 3166; in Äthanol (250—500 mμ): *Burawoy*, B. **64** [1931] 462, 473; Soc. **1939** 1177, 1181; *Breuer, Schnitzer*, Soc. **1940** 461. Verschiebung der Absorptionsbanden durch Salzbildung: *Storck*, Helv. phys. Acta **9** [1936] 437, 451. Auftreten von Chemiluminescenz beim Behandeln mit wss. Wasserstoffperoxid unter Zusatz von Eisen(II)-sulfat: *Biswas, Dhar*, Z. anorg. Ch. **186** [1930] 154. Dissoziationsexponent $pK_{b(NH)}$ (Wasser) bei 25°: 10,71 (*Go., Ph.*, l. c. S. 1726, 1727). Becquerel-Effekt: *Hoang Thi Nga*, J. Chim. phys. **32** [1935] 564, 570, 725, 730; *Stora*, C. r. **200** [1935] 552, **202** [1936] 1666; Photoleitfähigkeit dünner Filme: *Wartanjan*, Ž. fiz. Chim. **20** [1946] 1065, 1071; C. A. **1947** 2988. Magnetische Susceptibilität: *Müller, Müller-Rodloff*, B. **68** [1935] 1276, 1280.

Perchlorat. Absorptionsspektrum (A.; 200—500 mμ): *König, Regner*, B. **63** [1930] 2823, 2825.

Pikrat $C_{17}H_{21}N_3 \cdot C_6H_3N_3O_7$. Gelbe Krystalle; F: 238° (*Castiglioni*, Z. anal. Chem. **97** [1934] 334, 337), 236° (*Breuer, Schnitzer*, Soc. **1940** 461, 462). In 10 ml Chloroform lösen sich bei 18° 0,034 g (*Ca.*). Absorptionsspektrum (A.; 250—500 mμ): *Br., Sch.*

Benzoat $C_{17}H_{21}N_3 \cdot C_7H_6O_2$. Gelbe Krystalle (aus Acn.); F: 156° (*Lynch, Reid*, Am. Soc. **55** [1933] 2515, 2519).

3.5-Dinitro-benzoat $C_{17}H_{21}N_3 \cdot C_7H_4N_2O_6$. Gelbe Krystalle (aus Bzl. + Acn.); F: 198° (*Ly., Reid*).

*p*-Toluat $C_{17}H_{21}N_3 \cdot C_8H_8O_2$. Gelbe Krystalle (aus Bzl.); F: 147° (*Ly., Reid*).

Salicylat $C_{17}H_{21}N_3 \cdot C_7H_6O_3$. Gelbe Krystalle (aus Bzl.); F: 205° (*Ly., Reid*).

4-Hydroxy-benzoat $C_{17}H_{21}N_3 \cdot C_7H_6O_3$. Gelbe Krystalle (aus Acn.); F: 184° (*Ly., Reid*).

3-Hydroxy-naphthoat-(2) $C_{17}H_{21}N_3 \cdot C_{11}H_8O_3$. Gelbliche Krystalle (aus A.); F: 142—143° (*Br., Sch.*).

Anthranilat $C_{17}H_{21}N_3 \cdot C_7H_7NO_2$. Gelbe Krystalle (aus Bzl.); F: 172° (*Ly., Reid*).

Sulfanilat $C_{17}H_{21}N_3 \cdot C_6H_7NO_3S$. Gelbe Krystalle (aus A.); F: 160° (*Br., Sch.*).

**[4.4'-Bis-dimethylamino-benzhydryliden]-anilin, 4.4'-Bis-dimethylamino-benzophenon-phenylimin**, N,N,N',N'-*tetramethyl*-p,p'-(*phenylcarbonimidoyl*)*dianiline* $C_{23}H_{25}N_3$, Formel II (R = N-$C_6H_5$) (H 93; E I 392; E II 59; dort als *N*-Phenyl-auramin bezeichnet).

Absorptionsspektren von Lösungen in Methanol (250—500 mμ): *Burawoy*, B. **63** [1930] 3155, 3167; in Äthanol (250—450 mμ): *Breuer, Schnitzer*, Soc. **1940** 461; in Methanol und Essigsäure (250—500 mμ): *Hantzsch, Burawoy*, B. **63** [1930] 1760, 1768; in Äthanol und Essigsäure (250—500 mμ): *Burawoy*, B. **64** [1931] 462, 470.

Hydrochlorid $C_{23}H_{25}N_3 \cdot HCl$. Orangefarbene Krystalle (aus A.) mit 1 Mol $H_2O$. Absorptionsspektrum (A.; 300—550 mμ): *Br., Sch.*

Pikrat $C_{23}H_{25}N_3 \cdot C_6H_3N_3O_7$. Absorptionsspektrum (A.; 250—500 mμ): *Br., Sch.*

**[Naphthyl-(1)]-[4.4'-bis-dimethylamino-benzhydryliden]-amin, 4.4'-Bis-dimethylamino-benzophenon-[naphthyl-(1)-imin]**, N-[*4,4'-bis*(*dimethylamino*)*benzhydrylidene*]-*1-naphthylamine* $C_{27}H_{27}N_3$, Formel III (H 95; dort als *N*-α-Naphthyl-auramin bezeichnet).

*B.* Beim Erhitzen von 4.4'-Bis-dimethylamino-benzophenon-imin-hydrochlorid mit Naphthyl-(1)-amin auf 150° (*Breuer, Schnitzer*, Soc. **1940** 461).

Gelbe Krystalle (aus A.); F: 225°. Absorptionsspektrum (A.; 250—450 mμ): *Br., Sch.*

Hydrochlorid $C_{27}H_{27}N_3 \cdot HCl$. Braungelbes Pulver (aus A.). Absorptionsspektrum (A.; 250—550 mμ): *Br., Sch.*

Pikrat $C_{27}H_{27}N_3 \cdot C_6H_3N_3O_7$. Rote Krystalle (aus A.); F: 175—178°. Absorptionsspektrum (A.; 250—550 mμ): *Br., Sch.*

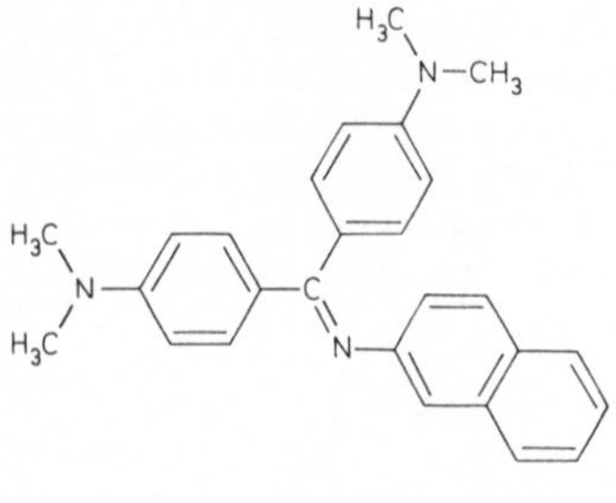

IV 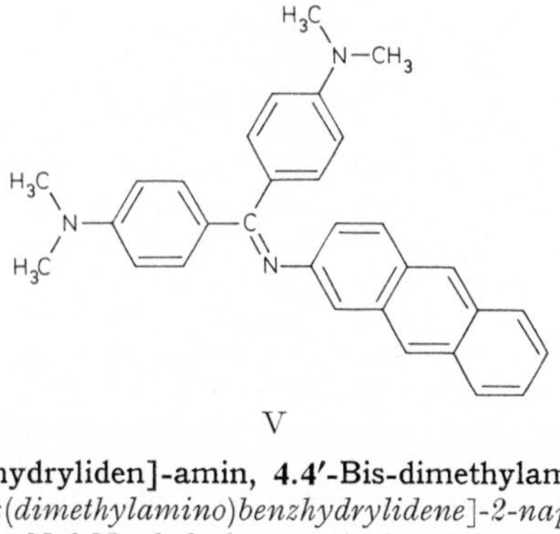 V

**[Naphthyl-(2)]-[4.4'-bis-dimethylamino-benzhydryliden]-amin, 4.4'-Bis-dimethylamino-benzophenon-[naphthyl-(2)-imin]**, N-[*4,4'-bis*(*dimethylamino*)*benzhydrylidene*]-*2-naphthylamine* $C_{27}H_{27}N_3$, Formel IV (H 95; dort als *N*-β-Naphthyl-auramin bezeichnet).

*B.* Beim Erhitzen von 4.4′-Bis-dimethylamino-benzophenon-imin-hydrochlorid mit Naphthyl-(2)-amin auf 150° (*Breuer, Schnitzer*, Soc. **1940** 461).

Grüngelbe Krystalle (aus Acn.); F: 180–181°. Absorptionsspektrum (A.; 250 bis 450 mμ): *Br., Sch.*

Hydrochlorid $C_{27}H_{27}N_3 \cdot HCl$. Rote Krystalle (aus $CHCl_3$). Absorptionsspektrum (A.; 250–550 mμ): *Br., Sch.*

Pikrat $C_{27}H_{27}N_3 \cdot C_6H_3N_3O_7$. Absorptionsspektrum (A.; 250–550 mμ): *Br., Sch.*

**[Anthryl-(2)]-[4.4′-bis-dimethylamino-benzhydryliden]-amin, 4.4′-Bis-dimethylamino-benzophenon-[anthryl-(2)-imin],** N-[*4,4′-bis(dimethylamino)benzhydrylidene*]-*2-anthryl=amine* $C_{31}H_{29}N_3$, Formel V.

*B.* Beim Erhitzen von 4.4′-Bis-dimethylamino-benzophenon-imin-hydrochlorid mit Anthryl-(2)-amin auf 220° (*Breuer, Schnitzer*, Soc. **1940** 461).

Bräunliche Krystalle (aus $CHCl_3$). Absorptionsspektrum ($CHCl_3$; 350–550 mμ): *Br., Sch.*

Hydrochlorid $C_{31}H_{29}N_3 \cdot HCl$. Braune Krystalle (aus $CHCl_3$). Absorptionsspektrum ($CHCl_3$; 350–500 mμ): *Br., Sch.*

**4.4′-Bis-dimethylamino-benzophenon-acetylimin, *N*-[4.4′-Bis-dimethylamino-benz=hydryliden]-acetamid,** N-[*4,4′-bis(dimethylamino)benzhydrylidene*]*acetamide* $C_{19}H_{23}N_3O$, Formel VI (R = N-CO-$CH_3$) (E I 393; dort als *N*-Acetyl-auramin bezeichnet).

*B.* Aus 4.4′-Bis-dimethylamino-benzophenon-imin und Keten in Chloroform (*Banfield et al.*, Austral. J. scient. Res. [A] **1** [1948] 330, 342).

Gelbe Krystalle; F: 121° (*Wurmb-Gerlich et al.*, A. **708** [1967] 36, 50; s. dagegen E I 393), 109–111° [aus PAe.] (*Ba. et al.*).

Beim Behandeln mit Anilin in Petroläther sind neben 4.4′-Bis-dimethylamino-benzo=phenon-phenylimin geringe Mengen einer Verbindung vom F: 203–205° (gelbe Krystalle) erhalten worden (*Ba. et al.*).

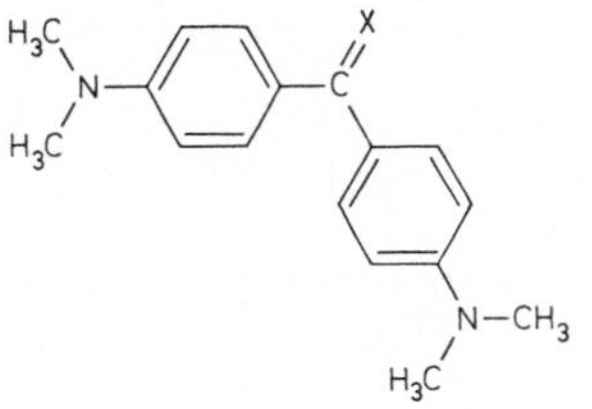

VI 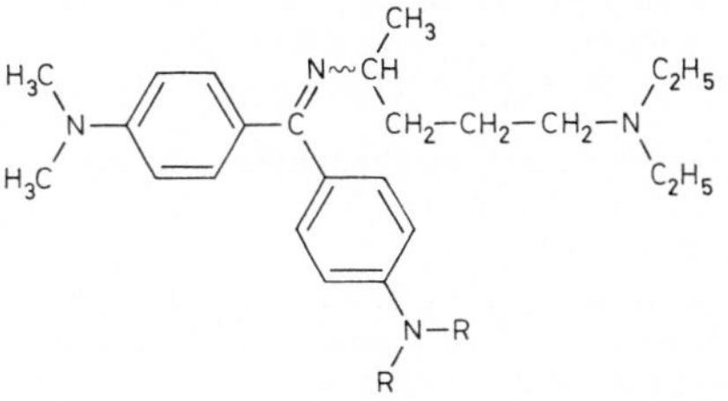 VII

**(±)-1-Methyl-*N*⁴.*N*⁴-diäthyl-*N*¹-[4.4′-bis-dimethylamino-benzhydryliden]-butandiyl=diamin, (±)-4.4′-Bis-dimethylamino-benzophenon-[4-diäthylamino-1-methyl-butylimin],** (±)-N⁴-[*4,4′-bis(dimethylamino)benzhydrylidene*]-N¹,N¹-*diethylpentane-1,4-diamine* $C_{26}H_{40}N_4$, Formel VII (R = $CH_3$).

*B.* Beim Erhitzen von 4.4′-Bis-dimethylamino-benzophenon-imin mit (±)-4-Amino-1-diäthylamino-pentan auf 120° (*Hellerman et al.*, Am. Soc. **68** [1946] 1890, 1891).

Dicitrat $C_{26}H_{40}N_4 \cdot 2C_6H_8O_7$. Orangegelb, hygroskopisch (aus A. + Ae.).

**4.4′-Bis-dimethylamino-benzophenon-oxim,** *4,4′-bis(dimethylamino)benzophenone oxime* $C_{17}H_{21}N_3O$, Formel VI (X = NOH).

Die H 97 unter dieser Konstitution beschriebene Verbindung vom F: 233° ist als 4-Dimethylamino-benzoesäure-[4-dimethylamino-anilid] zu formulieren (*Morin, Warner, Poirier*, J. org. Chem. **21** [1956] 616).

*B.* Beim Erwärmen von 4.4′-Bis-dimethylamino-benzophenon mit Hydroxylamin-hydrochlorid und wss.-äthanol. Kalilauge oder mit Hydroxylamin-hydrochlorid in Äthanol unter Zusatz von Pyridin (*Mo., Wa., Po.*).

Krystalle (aus A. + Bzl.); F: 216–217°.

**Diazo-bis-[4-dimethylamino-phenyl]-methan,** N,N,N′,N′-*tetramethyl*-p,p′-(*diazo=methylene*)*dianiline* $C_{17}H_{20}N_4$, Formel VI (X = $N_2$).

*B.* Beim Behandeln von 4.4′-Bis-dimethylamino-benzophenon-hydrazon mit Queck=silber(II)-oxid in Petroläther unter Zusatz von äthanol. Kalilauge (*Gillibrand, Lamberton*,

Soc. **1949** 1883, 1885).

Blaue Krystalle (aus PAe.); F: 97° [Zers.; nicht rein erhaltenes Präparat].

**4.4'-Bis-trimethylammonio-benzophenon,** N,N,N,N',N',N'-*hexamethyl*-p,p'-*carbonyldianilinium* $[C_{19}H_{26}N_2O]^{\oplus\oplus}$, Formel VIII (X = O) (H 97).

**Dichlorid** $[C_{19}H_{26}N_2O]Cl_2$. *B.* Beim Erhitzen von Bis-[4-trimethylammonio-phenyl]-methan-dichlorid oder von 4.4'-Bis-trimethylammonio-benzhydrol-dichlorid mit wss. Salpetersäure (D: 1,42) und Behandeln des Reaktionsprodukts mit wss. Salzsäure (*Tadros, Latif*, Soc. **1949** 3337, 3338). — Hygroskopische lösungsmittelhaltige Krystalle (aus A. + Ae.); die lösungsmittelfreie Verbindung schmilzt bei 179—180° [Zers.]. — Beim Erwärmen mit Natriummethylat in Methanol sind 4.4'-Dimethoxy-benzophenon, 4'-Dimethylamino-4-methoxy-benzophenon, 4.4'-Bis-dimethylamino-benzophenon und 4'-Dimethylamino-4-hydroxy-benzophenon, beim Erwärmen mit Natrium-*tert*-butylat in *tert*-Butylalkohol ist 4'-Hydroxy-4-*tert*-butyloxy-benzophenon erhalten worden.

**Dibromid** $[C_{19}H_{26}N_2O]Br_2$ (H 97). Hygroskopische lösungsmittelhaltige Krystalle (aus A. + Ae.); die lösungsmittelfreie Verbindung schmilzt bei 167° [Zers.] (*Ta., La.*).

**Dijodid** $[C_{19}H_{26}N_2O]I_2$ (H 97). Hygroskopische lösungsmittelhaltige Krystalle (aus A. + Ae.); die lösungsmittelfreie Verbindung schmilzt bei 150—152° [Zers.] (*Ta., La.*).

**Diperchlorat** $[C_{19}H_{26}N_2O][ClO_4]_2$. Krystalle (aus wss. A.); F: 281° [Zers.] (*Ta., La.*).

**Sulfat** $[C_{19}H_{26}N_2O]SO_4$. *B.* Aus Bis-[4-trimethylammonio-phenyl]-methan-dichlorid oder aus 4.4'-Bis-trimethylammonio-benzhydrol-dichlorid beim Erwärmen mit schwefelsaurer wss. Kaliumpermanganat-Lösung (*Ta., La.*).

**Dipikrat** $[C_{19}H_{26}N_2O][C_6H_2N_3O_7]_2$ (vgl. H 97). Krystalle (aus wss. A.); F: 206—208° [Zers.] (*Ta., La.*).

**4.4'-Bis-trimethylammonio-benzophenon-oxim,** N,N,N,N',N',N'-*hexamethyl*-p,p'-(*hydroxyiminomethylene*)*dianilinium* $[C_{19}H_{27}N_3O]^{\oplus\oplus}$, Formel VIII (X = NOH).

**Dichlorid** $[C_{19}H_{27}N_3O]Cl_2$. *B.* Aus 4.4'-Bis-trimethylammonio-benzophenon-dichlorid beim Erwärmen mit Hydroxylamin-hydrochlorid in Äthanol unter Zusatz von Natriumcarbonat (*Tadros, Latif*, Soc. **1949** 3337).

**Dipikrat** $[C_{19}H_{27}N_3O][C_6H_2N_3O_7]_2$. Gelbe Krystalle (aus W.); F: 234° [Zers.].

**4.4'-Bis-trimethylammonio-benzophenon-semicarbazon,** N,N,N,N',N',N'-*hexamethyl*-p,p'-(*semicarbazonomethylene*)*dianilinium* $[C_{20}H_{29}N_5O]^{\oplus\oplus}$, Formel VIII (X = N-NH-CO-$NH_2$).

**Dichlorid** $[C_{20}H_{29}N_5O]Cl_2$. *B.* Aus 4.4'-Bis-trimethylammonio-benzophenon-dichlorid beim Erwärmen mit Semicarbazid-hydrochlorid und Natriumacetat in Äthanol (*Tadros, Latif*, Soc. **1949** 3337).

**Dipikrat** $[C_{20}H_{29}N_5O][C_6H_2N_3O_7]_2$. Orangefarbene Krystalle (aus W.); F: 194° [nach Sintern bei 164°] (*Ta., La.*).

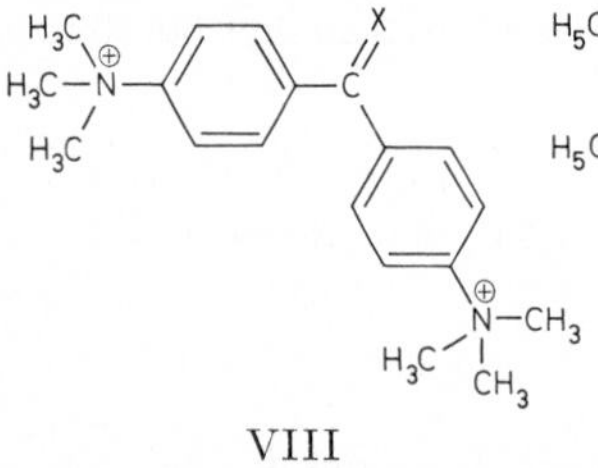

VIII 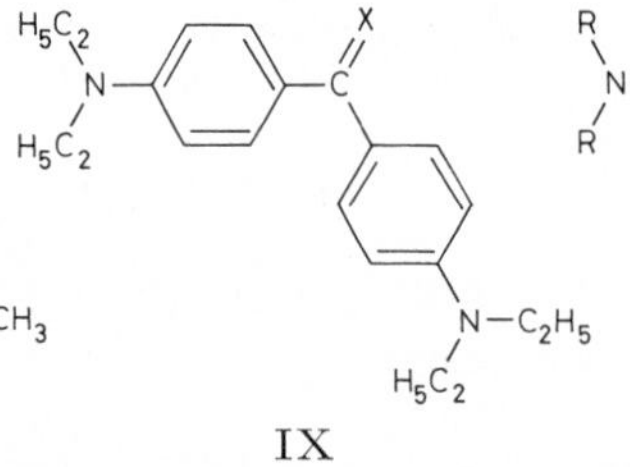 IX 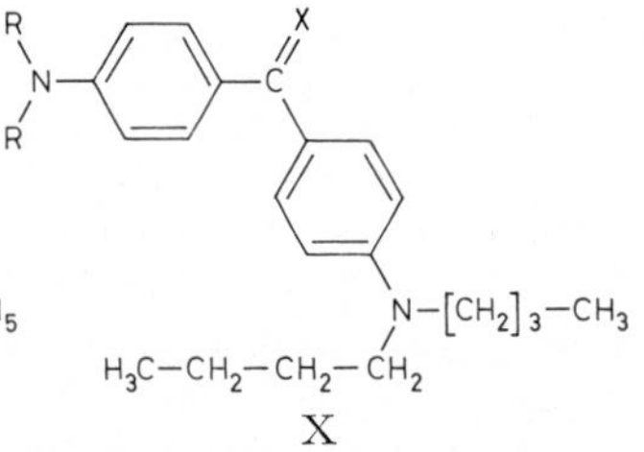 X

**4.4'-Bis-diäthylamino-benzophenon-imin,** N,N,N',N'-*tetraethylamino*-p,p'-*carbonimidoyldianiline* $C_{21}H_{29}N_3$, Formel IX (X = NH).

*B.* Aus 4.4'-Bis-diäthylamino-benzophenon beim Behandeln mit Phosphoroxychlorid in Toluol und mit flüssigem Ammoniak und anschliessenden Erhitzen (*Lynch, Reid*, Am. Soc. **55** [1933] 2515, 2517).

Krystalle (aus Bzn.); F: 67—68°.

Hydrochlorid $C_{21}H_{29}N_3 \cdot HCl$. Gelbe Krystalle (aus Bzl.); F: 262°.

Benzoat $C_{21}H_{29}N_3 \cdot C_7H_6O_2$. Gelbe Krystalle (aus Bzl.); F: 155°.

*p*-Toluat $C_{21}H_{29}N_3 \cdot C_8H_8O_2$. Gelbe Krystalle (aus Bzl.); F: 158°.

Salicylat $C_{21}H_{29}N_3 \cdot C_7H_6O_3$. Gelbe Krystalle (aus Bzl.); F: 170°.

Anthranilat $C_{21}H_{29}N_3 \cdot C_7H_7NO_2$. Gelbe Krystalle (aus Bzl.); F: 157°.

**4.4'-Bis-diäthylamino-benzophenon-benzoylimin, *N*-[4.4'-Bis-diäthylamino-benz= hydryliden]-benzamid,** N-*[4,4'-bis(diethylamino)benzhydrylidene]benzamide* $C_{28}H_{33}N_3O$, Formel IX (X = N-CO-$C_6H_5$).

*B.* Beim Erwärmen von 4.4'-Bis-diäthylamino-benzophenon-imin mit Benzoesäure-anhydrid in Benzol (*Reid, Lynch,* Am. Soc. **58** [1936] 1430).

Gelbe Krystalle (aus Me.); F: 165° [korr.].

**4.4'-Bis-diäthylamino-benzophenon-oxim,** *4,4'-bis(diethylamino)benzophenone oxime* $C_{21}H_{29}N_3O$, Formel IX (X = NOH).

Eine von *Lynch, Reid* (Am. Soc. **55** [1933] 2512, 2518) unter dieser Konstitution beschriebene Verbindung vom F: 135° ist als 4-Diäthylamino-benzoesäure-[4-diäthyl= amino-anilid] zu formulieren (*Morin, Warner, Poirier,* J. org. Chem. **21** [1956] 616).

*B.* Aus 4.4'-Bis-diäthylamino-benzophenon und Hydroxylamin-hydrochlorid beim Erwärmen mit wss.-äthanol. Kalilauge oder mit Pyridin und Äthanol (*Mo., Wa., Po.*).

Krystalle (aus A. + Bzl.); F: 200—201° (*Mo., Wa., Po.*).

**4'-Dimethylamino-4-dibutylamino-benzophenon,** *4-(dibutylamino)-4'-(dimethylamino)= benzophenone* $C_{23}H_{32}N_2O$, Formel X (R = $CH_3$, X = O).

*B.* Beim Behandeln von 4-Brom-*N.N*-dibutyl-anilin mit Lithium in Äther, Behandeln des Reaktionsgemisches mit 4-Dimethylamino-benzonitril in Äther und Erhitzen des Reaktionsprodukts mit wss.-äthanol. Salzsäure (*Hellerman et al.,* Am. Soc. **68** [1946] 1890, 1893). Aus (±)-4'-Dimethylamino-4-dibutylamino-benzophenon-[4-diäthylamino-1-methyl-butylimin]-dicitrat beim Behandeln mit wss. Natronlauge und anschliessenden Erhitzen mit wss. Salzsäure (*He. et al.*).

Krystalle (aus A.); F: 78—78,5°.

**4'-Dimethylamino-4-dibutylamino-benzophenon-imin,** N,N-*dibutyl*-N',N'-*dimethyl*-p,p'-*carbonimidoyldianiline* $C_{23}H_{33}N_3$, Formel X (R = $CH_3$, X = NH).

*B.* Beim Erwärmen von 4-Brom-*N.N*-dimethyl-anilin mit Lithium in Äther und anschliessend mit 4-Dibutylamino-benzonitril in Äther (*Hellerman et al.,* Am. Soc. **68** [1946] 1890, 1893).

Hydrochlorid. Gelb; F: 235°.

**(±)-1-Methyl-*N*⁴.*N*⁴-diäthyl-*N*¹-[4'-dimethylamino-4-dibutylamino-benzhydryliden]-butandiyldiamin, (±)-4'-Dimethylamino-4-dibutylamino-benzophenon-[4-diäthylamino-1-methyl-butylimin],** (±)-$N^4$-*[4-(dibutylamino)-4'-(dimethylamino)benzhydrylidene]*-$N^1$,$N^1$-*diethylpentane-1,4-diamine* $C_{32}H_{52}N_4$, Formel VII (R = $[CH_2]_3$-$CH_3$) auf S. 229.

*B.* Beim Erhitzen von 4'-Dimethylamino-4-dibutylamino-benzophenon-imin mit (±)-4-Amino-1-diäthylamino-pentan unter Stickstoff auf 150° (*Hellerman et al.,* Am. Soc. **68** [1946] 1890, 1891, 1892).

Dicitrat $C_{32}H_{52}N_4 \cdot 2C_6H_8O_7$.

**4.4'-Bis-dibutylamino-benzophenon,** *4,4'-bis(dibutylamino)benzophenone* $C_{29}H_{44}N_2O$, Formel X (R = $[CH_2]_3$-$CH_3$, X = O).

*B.* Aus (±)-4.4'-Bis-dibutylamino-benzophenon-[4-diäthylamino-1-methyl-butylimin]-dicitrat beim Behandeln mit wss. Natronlauge und anschliessenden Erhitzen mit wss. Salzsäure (*Hellerman et al.,* Am. Soc. **68** [1946] 1890, 1893).

Krystalle (aus wss. A.); F: 60,2°.

**4.4'-Bis-dibutylamino-benzophenon-imin,** N,N,N',N'-*tetrabutyl*-p,p'-*carbonimidoyldianiline* $C_{29}H_{45}N_3$, Formel X (R = $[CH_2]_3$-$CH_3$, X = NH).

*B.* Beim Erwärmen von 4-Brom-*N.N*-dibutyl-anilin mit Lithium in Äther und anschliessend mit 4-Dibutylamino-benzonitril in Äther (*Hellerman et al.,* Am. Soc. **68** [1946] 1890, 1891, 1893).

**(±)-1-Methyl-*N*⁴.*N*⁴-diäthyl-*N*¹-[4.4'-bis-dibutylamino-benzhydryliden]-butandiyldiamin, (±)-4.4'-Bis-dibutylamino-benzophenon-[4-diäthylamino-1-methyl-butylimin],** (±)-$N^4$-*[4,4'-bis(dibutylamino)benzhydrylidene]*-$N^1$,$N^1$-*diethylpentane-1,4-diamine* $C_{38}H_{64}N_4$, Formel X (R = $[CH_2]_3$-$CH_3$, X = N-CH($CH_3$)-$[CH_2]_3$-N($C_2H_5$)$_2$).

*B.* Beim Erhitzen von 4.4'-Bis-dibutylamino-benzophenon-imin mit (±)-4-Amino-1-diäthylamino-pentan unter Stickstoff auf 150° (*Hellerman et al.,* Am. Soc. **68** [1946] 1890, 1891).

Dicitrat $C_{38}H_{64}N_4 \cdot 2C_6H_8O_7$.

**4.4'-Bis-acetamino-benzophenon,** *4',4'''-carbonylbisacetanilide* $C_{17}H_{16}N_2O_3$, Formel XI ($R = CO\text{-}CH_3$, $X = X' = H$) (H 99; E I 394; E II 60).

*B.* Beim Erhitzen von 4.4'-Diamino-benzophenon mit Acetanhydrid und Essigsäure unter Zusatz von Pyridin (*Kirkwood, Phillips*, Am. Soc. **69** [1947] 934). Aus 2.2-Dichlor-1.1-bis-[4-acetamino-phenyl]-äthylen beim Erhitzen mit Chrom(VI)-oxid in Essigsäure (*Ki., Ph.*).

Krystalle (aus A.); F: 238–239° [unkorr.].

**4.4'-Bis-benzamino-benzophenon,** *4',4'''-carbonylbisbenzanilide* $C_{27}H_{20}N_2O_3$, Formel XI ($R = CO\text{-}C_6H_5$, $X = X' = H$).

*B.* Beim Behandeln von Benzanilid mit Tetrachlormethan unter Zusatz von Aluminiumchlorid und Erwärmen des mit Wasser versetzten Reaktionsgemisches (*Burger, Graef, Bailey*, Am. Soc. **68** [1946] 1725). Aus 2.2-Dichlor-1.1-bis-[4-benzamino-phenyl]-äthylen beim Erhitzen mit Chrom(VI)-oxid in Essigsäure (*Bu., Gr., Ba.*; *Balaban, Levy*, Soc. **1948** 1458). Aus 4.4'-Diamino-benzophenon (*Ba., Levy*).

Krystalle; F: 225–228° [unkorr.; aus Me. oder A.] (*Ba., Levy*), 151–152° [aus Acn.] (*Bu., Gr., Ba.*).

Semicarbazon $C_{28}H_{23}N_5O_3$. Krystalle (aus A.); F: 156–157° (*Bu., Gr., Ba.*).

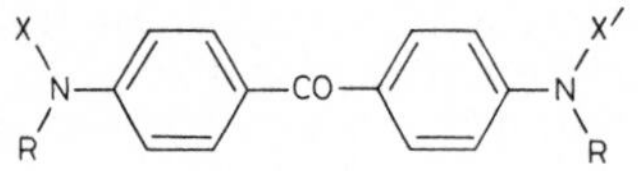

XI 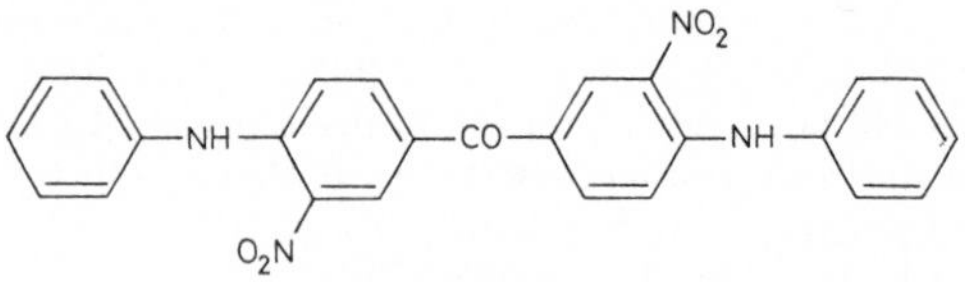 XII

**4'-[Nitroso-methyl-amino]-4-dimethylamino-benzophenon,** *4-(dimethylamino)-4'-(methylnitrosoamino)benzophenone* $C_{16}H_{17}N_3O_2$, Formel XI ($R = X = CH_3$, $X' = NO$) (H 99).

*B.* Neben 4.4'-Bis-[nitroso-methyl-amino]-benzophenon beim Behandeln von 4.4'-Bis-dimethylamino-benzophenon mit wss. Salzsäure und Natriumnitrit (*Donald, Reade*, Soc. **1935** 53, 54, 57; vgl. H 99).

Gelbe Krystalle (aus A.); F: 183°.

**4.4'-Bis-[nitroso-methyl-amino]-benzophenon,** *4,4'-bis(methylnitrosoamino)benzophenone* $C_{15}H_{14}N_4O_3$, Formel XI ($R = CH_3$, $X = X' = NO$) (H 99).

*B.* s. im vorangehenden Artikel.

Gelbliche Krystalle (aus Bzl.); F: 234° (*Donald, Reade*, Soc. **1935** 53, 54, 57).

**3.3'-Dinitro-4.4'-dianilino-benzophenon,** *4,4'-dianilino-3,3'-dinitrobenzophenone* $C_{25}H_{18}N_4O_5$, Formel XII (H 100; E I 394).

Krystalle (aus Eg. + Chlorbenzol); F: 224° (*Forrest, Stephenson, Waters*, Soc. **1946** 333, 338).

**3.5.3'.5'-Tetranitro-4.4'-diamino-benzophenon,** *4,4'-diamino-3,3',5,5'-tetranitrobenzophenone* $C_{13}H_8N_6O_9$, Formel XIII ($R = X = H$) (H 100).

*B.* Aus 3.5.3'.5'-Tetranitro-4.4'-dimethoxy-benzophenon beim Erwärmen mit äthanol. Ammoniak (*van Alphen*, R. **49** [1930] 153, 160, 161).

Gelbliche Krystalle (aus Nitrobenzol); F: 324° [Block].

**3.5.3'.5'-Tetranitro-4.4'-bis-methylamino-benzophenon,** *4,4'-bis(methylamino)-3,3',5,5'-tetranitrobenzophenone* $C_{15}H_{12}N_6O_9$, Formel XIII ($R = CH_3$, $X = H$) (H 100).

*B.* Aus 3.5.3'.5'-Tetranitro-4.4'-dimethoxy-benzophenon beim Erhitzen mit Methylamin in Äthanol (*van Alphen*, R. **49** [1930] 153, 161).

Orangegelbe Krystalle (aus Nitrobenzol); F: 230°.

**3.5.3'.5'-Tetranitro-4.4'-bis-äthylamino-benzophenon,** *4,4'-bis(ethylamino)-3,3',5,5'-tetranitrobenzophenone* $C_{17}H_{16}N_6O_9$, Formel XIII ($R = C_2H_5$, $X = H$).

*B.* Analog 3.5.3'.5'-Tetranitro-4.4'-bis-methylamino-benzophenon [s. o.] (*van Alphen*, R. **49** [1930] 153, 161; *Pohlmann*, R. **55** [1936] 737, 739).

Orangegelbe Krystalle; F: 220–221° [aus Acn.] (*Po.*), 214° [aus Acn.] (*v. Al.*).

**3.5.3′.5′-Tetranitro-4.4′-bis-propylamino-benzophenon,** *3,3′,5,5′-tetranitro-4,4′-bis(propylamino)benzophenone* $C_{19}H_{20}N_6O_9$, Formel XIII (R = $CH_2$-$CH_2$-$CH_3$, X = H).

*B.* Analog 3.5.3′.5′-Tetranitro-4.4′-bis-methylamino-benzophenon [S. 232] (*van Alphen*, R. **49** [1930] 153, 161).

Orangegelbe Krystalle (aus Acn.); F: 156°.

**3.5.3′.5′-Tetranitro-4.4′-bis-butylamino-benzophenon,** *4,4′-bis(butylamino)-3,3′,5,5′-tetranitrobenzophenone* $C_{21}H_{24}N_6O_9$, Formel XIII (R = $[CH_2]_3$-$CH_3$, X = H).

*B.* Analog 3.5.3′.5′-Tetranitro-4.4′-bis-methylamino-benzophenon [S. 232] (*van Alphen*, R. **49** [1930] 153, 161).

Gelbe Krystalle (aus Acn.); F: 164°.

**3.5.3′.5′-Tetranitro-4.4′-bis-pentylamino-benzophenon,** *3,3′,5,5′-tetranitro-4,4′-bis(pentylamino)benzophenone* $C_{23}H_{28}N_6O_9$, Formel XIII (R = $[CH_2]_4$-$CH_3$, X = H).

*B.* Analog 3.5.3′.5′-Tetranitro-4.4′-bis-methylamino-benzophenon [S. 232] (*van Alphen*, R. **49** [1930] 153, 161).

Gelbe Krystalle (aus wss. Acn.); F: 130°.

**3.5.3′.5′-Tetranitro-4.4′-bis-hexylamino-benzophenon,** *4,4′-bis(hexylamino)-3,3′,5,5′-tetranitrobenzophenone* $C_{25}H_{32}N_6O_9$, Formel XIII (R = $[CH_2]_5$-$CH_3$, X = H).

*B.* Analog 3.5.3′.5′-Tetranitro-4.4′-bis-methylamino-benzophenon [S. 232] (*van Alphen*, R. **49** [1930] 153, 161).

Gelbe Krystalle (aus wss. Acn.); F: 121°.

**3.5.3′.5′-Tetranitro-4.4′-bis-heptylamino-benzophenon,** *4,4′-bis(heptylamino)-3,3′,5,5′-tetranitrobenzophenone* $C_{27}H_{36}N_6O_9$, Formel XIII (R = $[CH_2]_6$-$CH_3$, X = H).

*B.* Analog 3.5.3′.5′-Tetranitro-4.4′-bis-methylamino-benzophenon [S. 232] (*van Alphen*, R. **49** [1930] 153, 161).

Gelbe Krystalle (aus wss. Acn.); F: 121°.

XIII XIV

**3.5.3′.5′-Tetranitro-4.4′-bis-[nitro-methyl-amino]-benzophenon,** *4,4′-bis(methylnitroamino)-3,3′,5,5′-tetranitrobenzophenone* $C_{15}H_{10}N_8O_{13}$, Formel XIII (R = $CH_3$, X = $NO_2$) (H 100).

*B.* Aus 4.4′-Bis-dimethylamino-benzophenon-imin-hydrochlorid beim Erwärmen mit Salpetersäure und Schwefelsäure (*Galinowski, Urbański*, Soc. **1948** 2169). Aus Tris-[3.5-dinitro-4-(nitro-methyl-amino)-phenyl]-methanol oder aus 3.5-Dinitro-1-[3.5.3′.5′-tetranitro-4.4′-bis-(nitro-methyl-amino)-benzhydryliden]-cyclohexadien-(2.5)-on-(4)-methylimin beim Erhitzen mit Chrom(VI)-oxid in Acetanhydrid (*Ga., Ur.*).

Krystalle (aus Nitrobenzol + Bzl. oder aus wss. Salpetersäure); F: 200°.

**4.4′-Bis-dimethylamino-thiobenzophenon,** *4,4′-bis(dimethylamino)thiobenzophenone* $C_{17}H_{20}N_2S$, Formel XIV (R = $CH_3$) (H 101; E I 395; E II 61).

*B.* Aus Bis-[4-dimethylamino-phenyl]-methan beim Erhitzen mit Schwefel in Naphthalin (*Lynch, Reid*, Am. Soc. **55** [1933] 2515, 2516). Aus 4.4′-Bis-dimethylamino-benzophenon-imin mit Hilfe von Schwefelwasserstoff (*Tarbell, Wystrach*, Am. Soc. **68** [1946] 2110; vgl. H 101).

Violettrote Krystalle (aus $CHCl_3$ + Me.); F: 202—204° (*Ta., Wy.*). Absorptionsspektren von Lösungen in Äther, Chloroform und Methanol (250—500 mμ): *Burawoy*, B. **63** [1930] 3155, 3161, 3163, 3166; Soc. **1939** 1177, 1181. Magnetische Susceptibilität der Krystalle sowie einer Lösung in Chloroform: *Müller, Müller-Rodloff*, B. **68** [1935] 1276, 1280.

Überführung in 4.4′-Bis-dimethylamino-benzophenon durch Behandlung mit wss. Wasserstoffperoxid und wss.-äthanol. Kalilauge: *Kitamura*, J. pharm. Soc. Japan **57** [1937] 893, 899; dtsch. Ref. S. 253, 255; C. A. **1938** 1680; durch Behandlung einer Lösung in Benzol mit Sauerstoff unter der Einwirkung von Sonnenlicht: *Schönberg, Ahmed, Mostafa*, Soc. **1943** 275. Beim Behandeln mit Diazomethan in Äther ist eine Verbindung vom F: 144° (aus Ae.) erhalten worden (*Bergmann, Magat, Wagenberg*, B. **63** [1930] 2576, 2580, 2584). Additionsreaktionen mit Perchlorsäure, Brom, Nitrosylchlorid, Thionyl≠chlorid und anderen Verbindungen: *Wizinger*, J. pr. [2] **154** [1939/40] 1, 26.

**4.4'-Bis-diäthylamino-thiobenzophenon,** *4,4'-bis(diethylamino)thiobenzophenone* $C_{21}H_{28}N_2S$, Formel XIV ($R = C_2H_5$).

*B.* Beim Behandeln von 4.4'-Bis-diäthylamino-benzophenon mit Phosphoroxychlorid in Toluol und Einleiten von Schwefelwasserstoff in das Reaktionsgemisch (*Lynch, Reid*, Am. Soc. **55** [1933] 2515, 2518).

Rote Krystalle (aus A. oder Amylalkohol); F: 158°. In 100 ml Äthanol lösen sich bei 0° 0,04 g, bei 29,7° 0,13 g, bei Siedetemperatur 1,32 g; in 100 ml Amylalkohol lösen sich bei 0° 0,12 g, bei 30° 0,24 g, bei Siedetemperatur 2,20 g.

**1-[4.α-Diamino-benzyliden]-cyclohexadien-(2.5)-on-(4)** $C_{13}H_{12}N_2O$.

**Diphenylamino-[4-anilino-phenyl]-[4-phenylimino-cyclohexadien-(2.5)-yliden]-methan, 1-[α-Diphenylamino-4-anilino-benzyliden]-cyclohexadien-(2.5)-on-(4)-phenylimin,** *4,N'-{[4-(phenylimino)cyclohexa-2,5-dien-1-ylidene]methylene}bisdiphenylamine* $C_{37}H_{29}N_3$, Formel I.

Diese Konstitution wird der nachstehend beschriebenen Verbindung zugeordnet.

*B.* Neben Tris-[4-anilino-phenyl]-carbenium-chlorid (E III **13** 2075) beim Erwärmen von Diphenylamin mit Trichlormethansulfenylchlorid oder mit Thiophosgen (*Argyle, Dyson*, Soc. **1937** 1629, 1632).

Beim Erwärmen mit Salpetersäure und Essigsäure ist Nitroso-bis-[4-nitro-phenyl]-amin erhalten worden.

Hydrochlorid $C_{27}H_{29}N_3 \cdot HCl$. Rote Krystalle (aus Amylalkohol); F: 280° [Zers.]. [*Roth*]

## Amino-Derivate der Oxo-Verbindungen $C_{14}H_{12}O$

**4-Amino-desoxybenzoin** $C_{14}H_{13}NO$.

**4-Dimethylamino-desoxybenzoin,** *4-(dimethylamino)deoxybenzoin* $C_{16}H_{17}NO$, Formel II ($R = X = H$).

*B.* Neben 4'-Dimethylamino-desoxybenzoin beim Erwärmen von (±)-4-Dimethylamino-benzoin mit Zinn und wss.-äthanol. Salzsäure unter Zusatz von Kupfer(II)-sulfat (*Jenkins, Buck, Bigelow*, Am. Soc. **52** [1930] 4495, 4498; *Jenkins, Bigelow, Buck*, Am. Soc. **52** [1930] 5198, 5203).

Krystalle (aus A.); F: 164° [korr.] (*Je., Buck, Bi.*).

Beim Erwärmen mit wss. Formaldehyd und Pyridin ist 3-Hydroxy-2-phenyl-1-[4-di≠methylamino-phenyl]-propanon-(1) erhalten worden (*Matsumura*, Am. Soc. **57** [1935] 496).

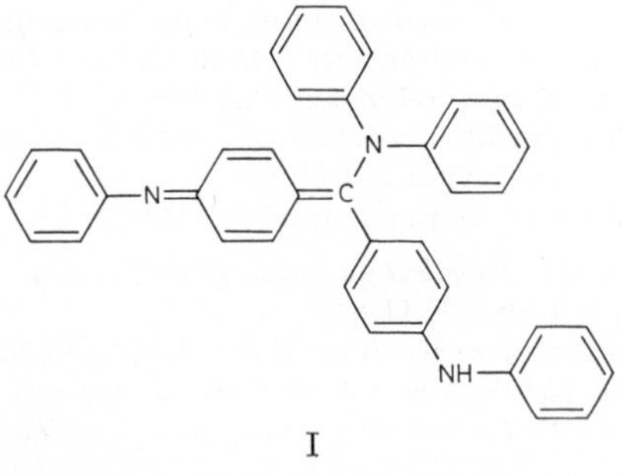

I 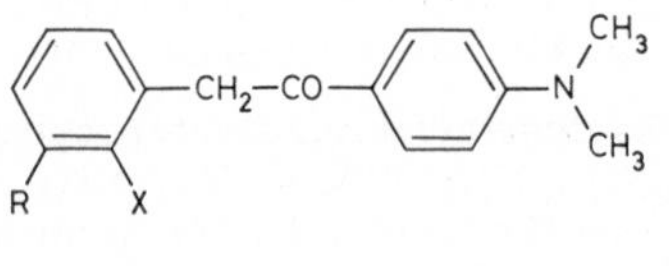 II

**4-Dimethylamino-desoxybenzoin-oxim,** *4-(dimethylamino)deoxybenzoin oxime* $C_{16}H_{18}N_2O$.

**4-Dimethylamino-desoxybenzoin-*seqtrans*-oxim,** Formel III ($R = X = H$).

*B.* Beim Erwärmen von 4-Dimethylamino-desoxybenzoin mit Hydroxylamin-hydro≠chlorid und Pyridin (*Jenkins, Buck, Bigelow*, Am. Soc. **52** [1930] 4495, 4498).

Krystalle (aus A.); F: 142° [korr.] (*Je., Buck, Bi.*).

Beim Behandeln mit Benzolsulfonylchlorid und wss. Natronlauge ist Phenylessig≠säure-[4-dimethylamino-anilid] erhalten worden (*Buck, Ide*, Am. Soc. **53** [1931] 1536, 1541).

**2'-Chlor-4-dimethylamino-desoxybenzoin,** *2'-chloro-4-(dimethylamino)deoxybenzoin* $C_{16}H_{16}ClNO$, Formel II (R = H, X = Cl).

*B.* Aus (±)-2'-Chlor-4-dimethylamino-benzoin beim Erwärmen mit Zinn und wss.-äthanol. Salzsäure unter Zusatz von Kupfer(II)-sulfat (*Buck, Ide*, Am. Soc. **53** [1931] 1536, 1540).

Krystalle; F: 122° [korr.].

**2'-Chlor-4-dimethylamino-desoxybenzoin-oxim,** *2'-chloro-4-(dimethylamino)deoxybenzoin oxime* $C_{16}H_{17}ClN_2O$.

**2'-Chlor-4-dimethylamino-desoxybenzoin-*seqtrans*-oxim,** Formel III (R = H, X = Cl).

*B.* Beim Behandeln von 2'-Chlor-4-dimethylamino-desoxybenzoin mit Hydroxylamin-acetat in Äthanol (*Buck, Ide*, Am. Soc. **53** [1931] 1536, 1541).

Krystalle (aus A.); F: 173° [korr.].

**3'-Chlor-4-dimethylamino-desoxybenzoin,** *3'-chloro-4-(dimethylamino)deoxybenzoin* $C_{16}H_{16}ClNO$, Formel II (R = Cl, X = H).

*B.* Aus (±)-3'-Chlor-4-dimethylamino-benzoin beim Erwärmen mit Zinn und wss.-äthanol. Salzsäure unter Zusatz von Kupfer(II)-sulfat (*Buck, Ide*, Am. Soc. **52** [1930] 4107, **54** [1932] 3302, 3306).

Krystalle (aus A.); F: 125°.

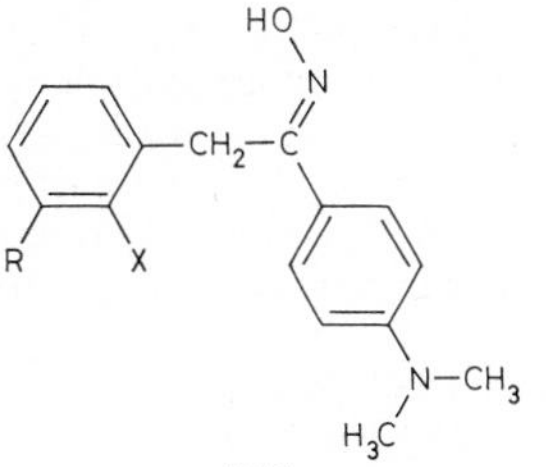

III 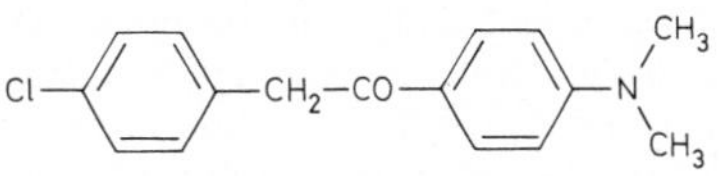 IV

**3'-Chlor-4-dimethylamino-desoxybenzoin-oxim,** *3'-chloro-4-(dimethylamino)deoxybenzoin oxime* $C_{16}H_{17}ClN_2O$.

**3'-Chlor-4-dimethylamino-desoxybenzoin-*seqtrans*-oxim,** Formel III (R = Cl, X = H).

*B.* Aus 3'-Chlor-4-dimethylamino-desoxybenzoin (*Buck, Ide*, Am. Soc. **54** [1932] 3302, 3307).

Krystalle; F: 146°.

**4'-Chlor-4-dimethylamino-desoxybenzoin,** *4'-chloro-4-(dimethylamino)deoxybenzoin* $C_{16}H_{16}ClNO$, Formel IV.

*B.* Als Hauptprodukt beim Erwärmen von (±)-4'-Chlor-4-dimethylamino-benzoin mit Zinn und wss.-äthanol. Salzsäure unter Zusatz von Kupfer(II)-sulfat (*Jenkins*, Am. Soc. **53** [1931] 3115, 3120).

Krystalle (aus A.); F: 170° [korr.].

**4'-Chlor-4-dimethylamino-desoxybenzoin-oxim,** *4'-chloro-4-(dimethylamino)deoxybenzoin oxime* $C_{16}H_{17}ClN_2O$.

**4'-Chlor-4-dimethylamino-desoxybenzoin-*seqtrans*-oxim,** Formel V.

*B.* Aus 4'-Chlor-4-dimethylamino-desoxybenzoin (*Jenkins*, Am. Soc. **53** [1931] 3115, 3121).

Krystalle (aus Bzn.); F: 152° [korr.].

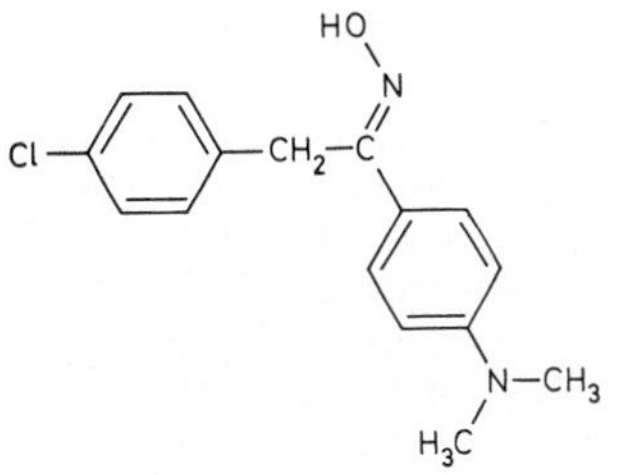

V 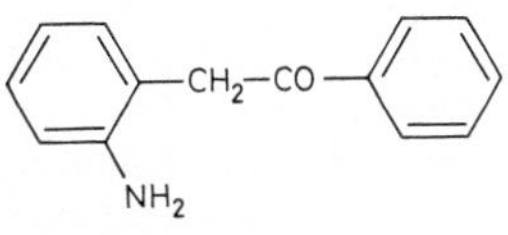 VI 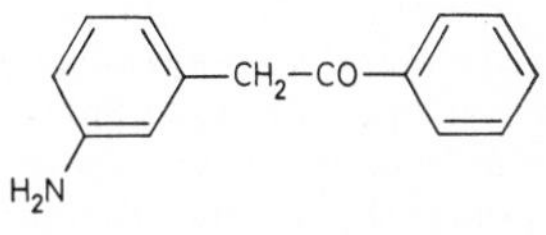 VII

**2'-Amino-desoxybenzoin**, *2'-aminodeoxybenzoin* $C_{14}H_{13}NO$, Formel VI.

*B.* Aus 2'-Nitro-desoxybenzoin beim Behandeln mit Zink und wss. Ammoniak (*Womack, Campbell, Dodds*, Soc. **1938** 1402, 1405).

Gelbe Krystalle (aus A.); F: 170°.

**3'-Amino-desoxybenzoin**, *3'-aminodeoxybenzoin* $C_{14}H_{13}NO$, Formel VII.

*B.* Aus 3'-Nitro-desoxybenzoin beim Erwärmen mit Eisen und wss. Eisen(III)-chlorid-Lösung (*Linnell, Sharma*, Quart. J. Pharm. Pharmacol. **14** [1941] 259, 266).

Krystalle (aus wss. A.); F: 92—93°.

**4'-Amino-desoxybenzoin**, *4'-aminodeoxybenzoin* $C_{14}H_{13}NO$, Formel VIII (R = X = H) (H 103).

*B.* Aus 4'-Nitro-desoxybenzoin beim Behandeln mit Zink und wss. Ammoniak (*Womack, Campbell, Dodds*, Soc. **1938** 1402, 1405) sowie beim Erwärmen mit Eisen und wss.-äthanol. Salzsäure (*Lespagnol, Cheymol, Soleil*, Bl. **1947** 480).

F: 94—96° (*Wo., Ca., Do.*). UV-Spektrum (A.): *Szegö, Ostinelli*, Atti III. Congr. naz. Chim. pura appl. Florenz 1929 S. 395, 397.

**4'-Dimethylamino-desoxybenzoin**, *4'-(dimethylamino)deoxybenzoin* $C_{16}H_{17}NO$, Formel VIII (R = $CH_3$, X = H).

*B.* Aus 4-Dimethylamino-benzil (*Matsumura*, Am. Soc. **57** [1935] 955), aus (±)-4'-Dimethylamino-benzoin (*Jenkins, Bigelow, Buck*, Am. Soc. **52** [1930] 5198, 5202) sowie aus (±)-4-Dimethylamino-benzoin [in diesem Fall neben 4-Dimethylamino-desoxybenzoin] (*Jenkins, Buck, Bigelow*, Am. Soc. **52** [1930] 4495, 4498; *Je., Bi., Buck*, l. c. S. 5203) beim Erwärmen mit Zinn und wss.-äthanol. Salzsäure unter Zusatz von Kupfer(II)-sulfat. Beim Erhitzen von opt.-inakt. 4-Dimethylamino-bibenzyldiol-(α.α') (F: 112°) mit Essigsäure und wss. Salzsäure (*Je., Buck, Bi.*).

Krystalle (aus A.); F: 128° [korr.] (*Je., Buck, Bi.*), 127—128° (*Ma.*).

Oxim $C_{16}H_{18}N_2O$. Krystalle (aus Bzn.); F: 139° [korr.] (*Je., Buck, Bi.*).

**4-Chlor-4'-dimethylamino-desoxybenzoin**, *4-chloro-4'-(dimethylamino)deoxybenzoin* $C_{16}H_{16}ClNO$, Formel VIII (R = $CH_3$, X = Cl).

*B.* Aus opt.-inakt. 4'-Chlor-4-dimethylamino-bibenzyldiol-(α.α') (F: 180°) beim Erhitzen mit Essigsäure und wss. Salzsäure (*Jenkins*, Am. Soc. **53** [1931] 3115, 3120). Aus (±)-4-Chlor-4'-dimethylamino-benzoin beim Erwärmen mit Zinn und wss.-äthanol. Salzsäure unter Zusatz von Kupfer(II)-sulfat (*Je.*).

Krystalle (aus A.); F: 140° [korr.].

Oxim $C_{16}H_{17}ClN_2O$. Krystalle (aus Bzn.); F: 150,5° [korr.].

**α-Amino-desoxybenzoin**, *α-aminodeoxybenzoin* $C_{14}H_{13}NO$.

Über die Konfiguration der Enantiomeren s. *Watson, Youngson*, Chem. and Ind. **1954** 658.

a) **(*R*)-α-Amino-desoxybenzoin**, Formel IX (E II 62; dort als (−)-Desylamin bezeichnet).

Beim Erwärmen des Hydrochlorids mit Natrium-Amalgam und Äthanol ist D-*erythro*-α'-Amino-bibenzylol-(α) erhalten worden (*McKenzie, Pirie*, B. **69** [1936] 876, 878).

b) **(*S*)-α-Amino-desoxybenzoin**, Formel X (E II 62; dort als (+)-Desylamin bezeichnet).

Bei der Behandlung mit *p*-Tolylmagnesiumbromid in Äther und anschliessenden Hydrolyse ist (1Ξ:2*S*)-2-Amino-1.2-diphenyl-1-*p*-tolyl-äthanol-(1) ($[\alpha]_{546}^{17}$: −284° [A.]) erhalten worden (*McKenzie, Mills, Myles*, B. **63** [1930] 904, 910).

c) **(±)-α-Amino-desoxybenzoin**, Formel IX + X (H 103; E I 395; E II 61; dort als *dl*-Desylamin bezeichnet).

*B.* Beim Behandeln von (±)-Bibenzylyl-(α)-amin mit *tert*-Butylhypochlorit in Benzol, Erwärmen des Reaktionsgemisches mit methanol. Natriummethylat und anschliessenden Behandeln mit wss. Salzsäure (*Baumgarten, Petersen*, Org. Synth. **41** [1961] 82, 87). Beim Behandeln von Desoxybenzoin-[*O*-(toluol-sulfonyl-(4))-*seqtrans*-oxim] mit äthanol. Kaliumäthylat und Behandeln der von entstandenem Kalium-[toluol-sulfonat-(4)] befreiten Reaktionslösung mit wss. Salzsäure (*Neber, Huh*, A. **515** [1935] 283, 291).

Geschwindigkeit der Autoxydation in wss.-äthanol. Kalilauge bei 20°: *James, Weissberger*, Am. Soc. **59** [1937] 2040. Bei der Hydrierung an Platin ist *erythro*-α'-Amino-bibenzylol-(α), bei der Behandlung einer mit Essigsäure versetzten äthanol. Lösung mit Natrium-Amalgam sind daneben geringe Mengen *threo*-α'-Amino-bibenzylol-(α) erhalten worden (*McKenzie, Pirie*, B. **69** [1936] 876, 877). Reaktion des Hydrochlorids mit *o*-Tolylmagnesiumbromid unter Bildung von 2-Amino-1.2-diphenyl-1-*o*-tolyl-äthanol-(1) (F: 136–137,5°): *McKenzie, Wood*, B. **71** [1938] 358, 364. Bildung von Tetraphenyl-pyrazin und 2-Methyl-4.5-diphenyl-imidazol beim Erhitzen des Hydrochlorids mit Ammoniumacetat und Essigsäure: *Davidson, Weiss, Jelling*, J. org. Chem. **2** [1937] 328, 332.

Hydrochlorid $C_{14}H_{13}NO \cdot HCl$ (H 103; E I 395; E II 61). Krystalle; F: 245° [Zers.; aus A. + Ae.] (*Buck, Ide*, Am. Soc. **55** [1933] 4312, 4316), 234° [Zers.; aus A.] (*Ne., Huh*).

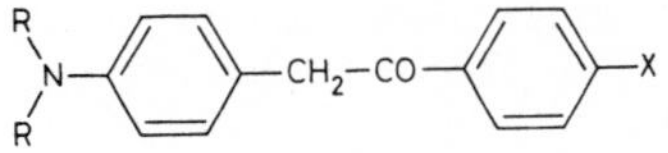

VIII 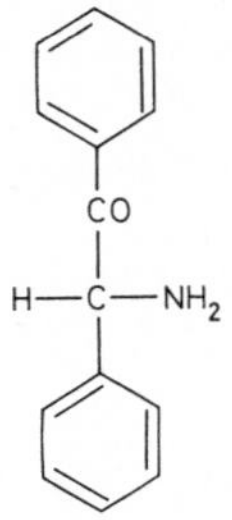 IX 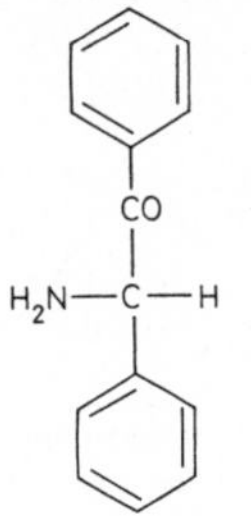 X 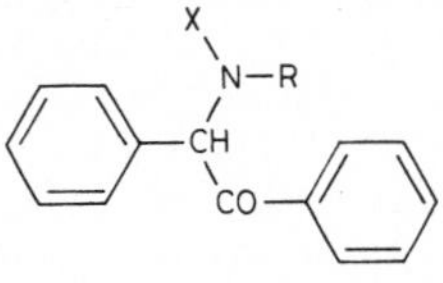 XI

**(±)-α-Methylamino-desoxybenzoin,** (±)-α-(*methylamino*)*deoxybenzoin* $C_{15}H_{15}NO$, Formel XI (R = $CH_3$, X = H).

*B.* Aus (±)-α-Brom-desoxybenzoin und Methylamin (*Goodson, Moffett*, Am. Soc. **71** [1949] 3219).

Hydrochlorid $C_{15}H_{15}NO \cdot HCl$. Krystalle; F: 240° [aus A. + Ae.] (*Jeffreys*, Soc. **1957** 3396, 3398), 216–220° [aus A.] (*Goo., Mo.*).

**(±)-α-Dimethylamino-desoxybenzoin,** (±)-α-(*dimethylamino*)*deoxybenzoin* $C_{16}H_{17}NO$, Formel XI (R = X = $CH_3$) (E I 395).

*B.* Beim Erhitzen von (±)-α-Chlor-desoxybenzoin mit Dimethylamin in Äthanol (*Thomson, Stevens*, Soc. **1932** 1932, 1937).

Krystalle; F: 59–61°.

Hydrochlorid $C_{16}H_{17}NO \cdot HCl$. Krystalle (aus A. + Ae.); F: 222–225° [Zers.].

**(±)-α-Diäthylamino-desoxybenzoin,** (±)-α-(*diethylamino*)*deoxybenzoin* $C_{18}H_{21}NO$, Formel XI (R = X = $C_2H_5$).

*B.* Aus (±)-α-Brom-desoxybenzoin und Diäthylamin (*Goodson, Moffett*, Am. Soc. **71** [1949] 3219).

Hydrochlorid $C_{18}H_{21}NO \cdot HCl$. Krystalle (aus Butanon); F: 184–188°.

**(±)-α-Butylamino-desoxybenzoin,** (±)-α-(*butylamino*)*deoxybenzoin* $C_{18}H_{21}NO$, Formel XI (R = $[CH_2]_3$-$CH_3$, X = H).

*B.* Beim Erwärmen von (±)-Benzoin mit Butylamin und Phosphor(V)-oxid (*Lutz, Freek, Murphey*, Am. Soc. **70** [1948] 2015, 2016, 2021).

Hydrochlorid $C_{18}H_{21}NO \cdot HCl$. Krystalle; F: 229° [aus A. + Ae.] (*Jeffreys*, Soc. **1957** 3396, 3398), 184–186° [korr.; aus Acn. + A.] (*Lutz, Fr., Mu.*).

**(±)-α-[1-Äthyl-propylamino]-desoxybenzoin,** (±)-α-(*1-ethylpropylamino*)*deoxybenzoin* $C_{19}H_{23}NO$, Formel XI (R = $CH(C_2H_5)_2$, X = H).

*B.* Bei der Hydrierung eines Gemisches von Benzil und 3-Amino-pentan an Palladium in Äther (*Skita, Keil, Baesler*, B. **66** [1933] 858, 865).

$Kp_{11}$: 200–201°.

Pikrat $C_{19}H_{23}NO \cdot C_6H_3N_3O_7$. Krystalle (aus A.); F: 148°.

**(±)-α-Octylamino-desoxybenzoin,** (±)-α-(*octylamino*)*deoxybenzoin* $C_{22}H_{29}NO$, Formel XI (R = $[CH_2]_7$-$CH_3$, X = H).

*B.* Aus (±)-Benzoin und Octylamin beim Erwärmen mit Phosphor(V)-oxid (*Lutz, Freek, Murphey*, Am. Soc. **70** [1948] 2015, 2016, 2021).

Hydrochlorid $C_{22}H_{29}NO \cdot HCl$. Krystalle (aus Acn. + A.); F: 180–182° [korr.].

**(±)-α-Dodecylamino-desoxybenzoin,** (±)-α-*(dodecylamino)deoxybenzoin* $C_{26}H_{37}NO$, Formel XI (R = $[CH_2]_{11}$-$CH_3$, X = H).

*B.* Beim Erwärmen von (±)-Benzoin mit Dodecylamin und Phosphor(V)-oxid (*Lutz, Freek, Murphey*, Am. Soc. **70** [1948] 2015, 2016, 2021).

Hydrochlorid $C_{26}H_{37}NO \cdot HCl$. Krystalle (aus Acn. + A.); F: 153—156° [korr.].

**(±)-α-Cyclohexylamino-desoxybenzoin,** (±)-α-*(cyclohexylamino)deoxybenzoin* $C_{20}H_{23}NO$, Formel XI (R = $C_6H_{11}$, X = H).

*B.* Bei der Hydrierung eines Gemisches von Benzil und Cyclohexylamin an Palladium in Äther (*Skita, Keil, Baesler*, B. **66** [1933] 858, 865).

Krystalle (aus Bzn.); F: 107—108°.

Hydrochlorid $C_{20}H_{23}NO \cdot HCl$. Krystalle (aus W.); F: 235—237° [Zers.].

**(±)-α-Anilino-desoxybenzoin,** (±)-α-*anilinodeoxybenzoin* $C_{20}H_{17}NO$, Formel XII (R = X = H) (H 103; E I 395; E II 62).

Konstitution: *Cameron*, Trans. roy. Soc. Canada [3] **23** III [1929] 53; *Cameron, Nixon, Basterfield*, Trans. roy. Soc. Canada [3] **25** III [1931] 145; *Stühmer, Messwarb, Ledwoch*, Ar. **286** [1953] 418, 423.

*B.* Beim Erhitzen von (±)-Benzoin mit Anilin und geringen Mengen wss. Salzsäure auf 140° (*Julian et al.*, Am. Soc. **67** [1945] 1203, 1210; vgl. H 103; E I 395). Beim Behandeln von Benzil-mono-phenylimin mit Magnesiumjodid und Magnesium in Äther und Benzol und Behandeln des Reaktionsgemisches mit wss. Essigsäure unter Kohlendioxid (*Bachmann*, Am. Soc. **53** [1931] 2672, 2675).

Krystalle (aus A.); F: 98—100° (*Ju. et al.*). IR-Spektrum (1—15 μ): *St., Me., Le.*, l. c. S. 421, 422.

Überführung in Benzil-mono-phenylimin durch Erhitzen mit äthanol. Natronlauge an der Luft: *Hopper, Alexander*, J. roy. tech. Coll. **2** [1932] 196, 199; durch Erhitzen in *N.N*-Dimethyl-anilin bis auf 160° unter Durchleiten von Sauerstoff sowie durch Erwärmen mit Kalium-hexacyanoferrat(III) in wss.-äthanol. Kalilauge und Benzol: *Ju. et al.* Beim Erhitzen mit Anilin in Gegenwart von wss. Salzsäure unter Stickstoff auf 150° sind α-Anilino-desoxybenzoin-phenylimin und geringe Mengen Benzil-bis-phenylimin (nach kurzem Erhitzen) bzw. 2.3-Diphenyl-indol (nach mehrstündigem Erhitzen) erhalten worden (*Ju. et al.*). Bildung von 4.5-Diphenyl-imidazol beim Erhitzen mit Formamid bis auf 185° unter Kohlendioxid: *Novelli, Somaglino*, An. Asoc. quim. arg. **31** [1943] 147, 150.

**(±)-α-[3-Chlor-anilino]-desoxybenzoin,** (±)-α-(m-*chloroanilino)deoxybenzoin* $C_{20}H_{16}ClNO$, Formel XII (R = H, X = Cl) (E I 396).

*B.* Bei 3-tägigem Behandeln von (±)-α-Chlor-desoxybenzoin mit 3-Chlor-anilin in Äthanol (*Cameron, Nixon, Basterfield*, Trans. roy. Soc. Canada [3] **25** III [1931] 145, 153). Beim Erwärmen von (±)-Benzoin mit 3-Chlor-anilin in Äthanol oder ohne Lösungsmittel (*Ca., Ni., Ba.*).

Krystalle (aus A.); F: 129°.

**(±)-α-[4-Chlor-anilino]-desoxybenzoin,** (±)-α-(p-*chloroanilino)deoxybenzoin* $C_{20}H_{16}ClNO$, Formel XII (R = Cl, X = H) (E I 396).

*B.* Bei 4-tägigem Behandeln von (±)-α-Chlor-desoxybenzoin mit 4-Chlor-anilin in Äthanol (*Cameron, Nixon, Basterfield*, Trans. roy. Soc. Canada [3] **25** III [1931] 145, 151). Beim Erwärmen von (±)-Benzoin mit 4-Chlor-anilin (*Ca., Ni., Ba.*).

Krystalle (aus A.); F: 162°.

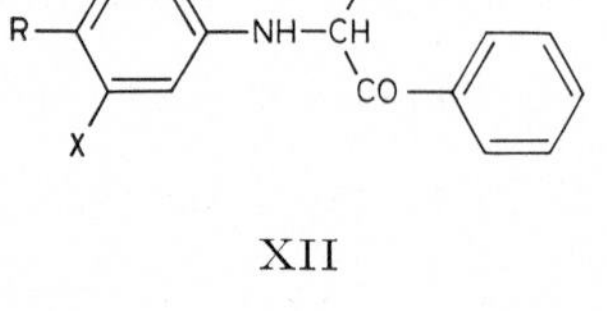

XII 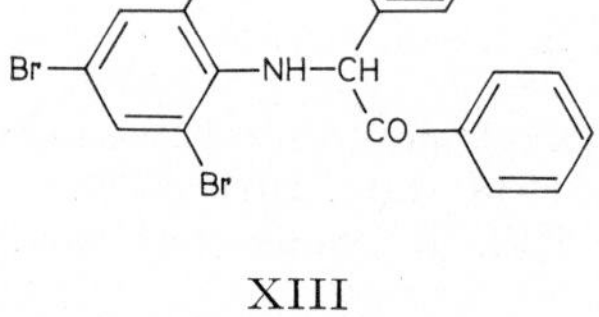 XIII 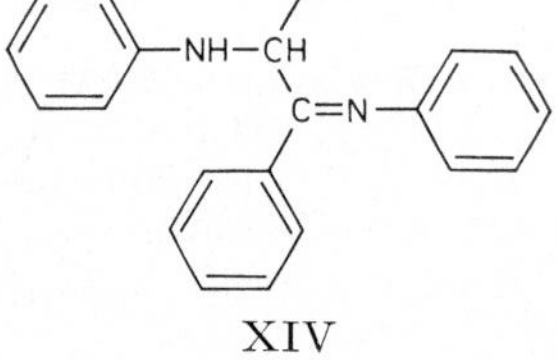 XIV

**(±)-α-[3-Brom-anilino]-desoxybenzoin,** (±)-α-(m-*bromoanilino)deoxybenzoin* $C_{20}H_{16}BrNO$, Formel XII (R = H, X = Br).

*B.* Bei 3-tägigem Behandeln von (±)-α-Chlor-desoxybenzoin mit 3-Brom-anilin in Äthanol (*Cameron, Nixon, Basterfield*, Trans. roy. Soc. Canada [3] **25** III [1931] 145, 152). Aus (±)-Benzoin und 3-Brom-anilin (*Ca., Ni., Ba.*).

Krystalle (aus A.); F: 123°.

**(±)-α-[4-Brom-anilino]-desoxybenzoin,** (±)-α-(p-*bromoanilino)deoxybenzoin* $C_{20}H_{16}BrNO$, Formel XII (R = Br, X = H).

Diese Konstitution kommt vermutlich auch der H 103 beschriebenen, dort als x-Brom-desylanilin bezeichneten Verbindung $C_{20}H_{16}BrNO$ vom F: 167–168° zu.

*B.* Bei 2-tägigem Behandeln von (±)-α-Chlor-desoxybenzoin mit 4-Brom-anilin in Methanol (*Cameron*, Trans. roy. Soc. Canada [3] **23** III [1929] 53, 55). Aus (±)-Benzoin und 4-Brom-anilin (*Ca.*). Aus (±)-α-Anilino-desoxybenzoin und Brom in Äther (*Ca.*).

Krystalle (aus $CHCl_3$ + A.); F: 172°.

**(±)-α-[2.4.6-Tribrom-anilino]-desoxybenzoin,** (±)-α-(*2,4,6-tribromoanilino)deoxybenzoin* $C_{20}H_{14}Br_3NO$, Formel XIII.

*B.* Beim Erhitzen von (±)-Benzoin mit 2.4.6-Tribrom-anilin und wenig Zinkchlorid auf 140° (*Cameron*, Trans. roy. Soc. Canada [3] **23** III [1929] 53, 56). Aus (±)-α-Anilino-desoxybenzoin und Brom in Äther (*Ca.*, l. c. S. 55).

Krystalle (aus $CHCl_3$ + A.); F: 157°.

**(±)-α-[4-Jod-anilino]-desoxybenzoin,** (±)-α-(p-*iodoanilino)deoxybenzoin* $C_{20}H_{16}INO$, Formel XII (R = I, X = H).

*B.* Aus (±)-α-Chlor-desoxybenzoin und 4-Jod-anilin in Methanol (*Cameron, Nixon, Basterfield*, Trans. roy. Soc. Canada [3] **25** III [1931] 145, 154).

Krystalle (aus A.); F: 157,5°.

**(±)-α-[4-Nitro-anilino]-desoxybenzoin,** (±)-α-(p-*nitroanilino)deoxybenzoin* $C_{20}H_{16}N_2O_3$, Formel XII (R = $NO_2$, X = H).

*B.* Bei 2-tägigem Erwärmen von (±)-Benzoin mit 4-Nitro-anilin und Aluminium=chlorid in Äthanol (*Cameron, Nixon, Basterfield*, Trans. roy. Soc. Canada [3] **25** III [1931] 145, 153).

Hellgelbe Krystalle (aus E.); F: 187°.

**(±)-α-Anilino-desoxybenzoin-phenylimin,** (±)-α,N-*diphenyl-β-(phenylimino)phenethyl=amine* $C_{26}H_{22}N_2$, Formel XIV (E II 62).

*B.* Beim Erhitzen von (±)-α-Anilino-desoxybenzoin mit Anilin und geringen Mengen wss. Salzsäure unter Stickstoff auf 150° (*Julian et al.*, Am. Soc. **67** [1945] 1203, 1211).

Gelbgrün; bei 160–185° schmelzend [nach Sintern bei 155°] (*Ju. et al.*).

Beim Erhitzen mit Anilin und geringen Mengen wss. Salzsäure unter Stickstoff ist 2.3-Diphenyl-indol erhalten worden (*Ju. et al.*). Bildung von 1.2.3.4.5-Pentaphenyl-2.3-dihydro-imidazol beim Erhitzen mit Benzaldehyd unter Kohlendioxid auf 150°: *Langenbeck, Hutschenreuter, Jüttemann*, A. **485** [1931] 53, 58.

**(±)-α-Anilino-desoxybenzoin-oxim,** (±)-α-*anilinodeoxybenzoin oxime* $C_{20}H_{18}N_2O$.

a) **Stereoisomeres vom F: 133°**, vermutlich **(±)-α-Anilino-desoxybenzoin-*seqcis*-oxim**, Formel I.

*B.* Neben dem unter b) beschriebenen Stereoisomeren beim Erwärmen von (±)-α-Ani=lino-desoxybenzoin mit Hydroxylamin-hydrochlorid und Natriumacetat in Methanol (*Busch, Strätz*, J. pr. [2] **150** [1937] 1, 34).

Krystalle (aus Me.); F: 133°.

Beim Behandeln mit Benzaldehyd in Äthanol ist 3.4.5.6-Tetraphenyl-5.6-dihydro-4*H*-[1.2.5]oxadiazin (F: 250°) erhalten worden.

b) **Stereoisomeres vom F: 163°**, vermutlich **(±)-α-Anilino-desoxybenzoin-*seqtrans*-oxim**, Formel II.

*B.* s. bei dem unter a) beschriebenen Stereoisomeren.

Krystalle (aus Me.); F: 163° (*Busch, Strätz*, J. pr. [2] **150** [1937] 1, 34). In Methanol schwerer löslich als das unter a) beschriebene Stereoisomere.

Beim Behandeln mit Benzaldehyd in Äthanol unter Zusatz von geringen Mengen wss. Salzsäure ist 3.4.5.6-Tetraphenyl-5.6-dihydro-4*H*-[1.2.5]oxadiazin (F: 250°) erhalten worden.

**(±)-α-[N-Methyl-anilino]-desoxybenzoin**, (±)-α-(*N-methylanilino*)*deoxybenzoin* $C_{21}H_{19}NO$, Formel III (R = $C_6H_5$, X = $CH_3$).

*B.* Aus (±)-α-Chlor-desoxybenzoin und *N*-Methyl-anilin in Äthanol (*Cameron*, Trans. roy. Soc. Canada [3] **23** III [1929] 53, 57). Aus (±)-α-Anilino-desoxybenzoin und Methyljodid (*Ca.*, l. c. S. 56).

Krystalle (aus A.); F: 100°.

**(±)-α-Benzylamino-desoxybenzoin**, (±)-α-(*benzylamino*)*deoxybenzoin* $C_{21}H_{19}NO$, Formel III (R = $CH_2$-$C_6H_5$, X = H).

*B.* Beim Erwärmen von (±)-Benzoin mit Benzylamin und Phosphor(V)-oxid (*Lutz, Freek, Murphey*, Am. Soc. **70** [1948] 2015, 2016, 2021).

Hydrochlorid $C_{21}H_{19}NO \cdot HCl$. Krystalle (aus Acn. + A.); F: 219—222° [korr.].

**(±)-α-Phenäthylamino-desoxybenzoin**, (±)-α-(*phenethylamino*)*deoxybenzoin* $C_{22}H_{21}NO$, Formel III (R = $CH_2$-$CH_2$-$C_6H_5$, X = H).

*B.* Beim Erwärmen von (±)-Benzoin mit Phenäthylamin und Phosphor(V)-oxid (*Lutz, Freek, Murphey*, Am. Soc. **70** [1948] 2015, 2016, 2021).

Hydrochlorid $C_{22}H_{21}NO \cdot HCl$. Krystalle (aus Acn. + A.); F: 230—232° [korr.].

I II III

**(±)-α-[1-Methyl-naphthyl-(2)-amino]-desoxybenzoin**, (±)-α-(*1-methyl-2-naphthylamino*)*deoxybenzoin* $C_{25}H_{21}NO$, Formel IV.

*B.* Beim Erhitzen von (±)-Benzoin mit 1-Methyl-naphthyl-(2)-amin und 1-Methyl-naphthyl-(2)-amin-hydrochlorid bis auf 180° (*Huisgen*, A. **559** [1948] 101, 150).

Krystalle (aus $CHCl_3$ + Me.); F: 152—153°.

**(±)-α-[2-Hydroxy-äthylamino]-desoxybenzoin**, (±)-α-(*2-hydroxyethylamino*)*deoxybenzoin* $C_{16}H_{17}NO_2$, Formel III (R = $CH_2$-$CH_2OH$, X = H).

Für die nachstehend beschriebene Verbindung kommt ausser dieser Konstitution auch die Formulierung als 2.3-Diphenyl-morpholinol-(2) (Formel V [R = X = H]) in Betracht.

*B.* Beim Erwärmen von (±)-Benzoin mit 2-Amino-äthanol-(1) und Phosphor(V)-oxid (*Lutz, Freek, Murphey*, Am. Soc. **70** [1948] 2015, 2016, 2021).

Hydrochlorid $C_{16}H_{17}NO_2 \cdot HCl$. Krystalle (aus Isopropylalkohol + W. + Ae.); F: 188—189° [korr.].

**(±)-α-[Äthyl-(2-hydroxy-äthyl)-amino]-desoxybenzoin**, (±)-α-[*ethyl(2-hydroxyethyl)amino*]*deoxybenzoin* $C_{18}H_{21}NO_2$, Formel III (R = $CH_2$-$CH_2OH$, X = $C_2H_5$).

Für die nachstehend beschriebene Verbindung wird ausser dieser Konstitution auch die Formulierung als 4-Äthyl-2.3-diphenyl-morpholinol-(2) (Formel V [R = $C_2H_5$, X = H]) in Betracht gezogen.

*B.* Aus (±)-α-Chlor-desoxybenzoin und 2-Äthylamino-äthanol-(1) (*Lutz, Freek, Murphey*, Am. Soc. **70** [1948] 2015, 2016, 2020, 2021).

Krystalle (aus A.); F: 96—97°.

Beim Erhitzen mit wenig Schwefelsäure bis auf 160° ist 4-Äthyl-5.6-diphenyl-3.4-dihydro-2*H*-[1.4]oxazin erhalten worden (*Lutz, Fr., Mu.*, l. c. S. 2022).

Hydrochlorid $C_{18}H_{21}NO_2 \cdot HCl$. Krystalle (aus A. + Bzn.); F: 204—205° [korr.].

**(±)-α-[(2-Hydroxy-äthyl)-butyl-amino]-desoxybenzoin**, (±)-α-[*butyl(2-hydroxyethyl)amino*]*deoxybenzoin* $C_{20}H_{25}NO_2$, Formel III (R = $CH_2$-$CH_2OH$, X = $[CH_2]_3$-$CH_3$).

Für die nachstehend beschriebene Verbindung wird ausser dieser Konstitution auch die Formulierung als 4-Butyl-2.3-diphenyl-morpholinol-(2) (Formel V [R = $[CH_2]_3$-$CH_3$, X = H]) in Betracht gezogen.

*B.* Aus (±)-α-Chlor-desoxybenzoin und 2-Butylamino-äthanol-(1) (*Lutz, Freek, Murphey*, Am. Soc. **70** [1948] 2015, 2016, 2020, 2021).

Krystalle (aus Bzn.); F: 75–76,5°.

Hydrochlorid $C_{20}H_{25}NO_2 \cdot HCl$. F: 159–161,5° [korr.].

**(±)-α-[Bis-(2-hydroxy-äthyl)-amino]-desoxybenzoin,** (±)-α-[*bis(2-hydroxyethyl)amino]deoxybenzoin* $C_{18}H_{21}NO_3$, Formel III (R = X = $CH_2$-$CH_2OH$).

Für die nachstehend beschriebene Verbindung wird ausser dieser Konstitution auch die Formulierung als 4-[2-Hydroxy-äthyl]-2.3-diphenyl-morpholinol-(2) (Formel V [R = $CH_2$-$CH_2OH$, X = H]) in Betracht gezogen.

*B.* Aus (±)-α-Chlor-desoxybenzoin und Bis-[2-hydroxy-äthyl]-amin (*Lutz, Freek, Murphey*, Am. Soc. **70** [1948] 2015, 2016, 2020, 2021).

Krystalle (aus A.); F: 135–136° [korr.].

Hydrochlorid $C_{18}H_{21}NO_3 \cdot HCl$. F: 190–191° [korr.].

**α-[2-Hydroxy-propylamino]-desoxybenzoin,** α-(*2-hydroxypropylamino)deoxybenzoin* $C_{17}H_{19}NO_2$, Formel III (R = $CH_2$-CH(OH)-$CH_3$, X = H).

Eine als Hydrochlorid $C_{17}H_{19}NO_2 \cdot HCl$ (Krystalle [aus A.]; F: 173–174,5° [korr.]) isolierte opt.-inakt. Base, für die ausser dieser Konstitution auch die Formulierung als 2-Methyl-5.6-diphenyl-morpholinol-(6) in Betracht kommt, ist beim Erwärmen von (±)-Benzoin mit (±)-1-Amino-propanol-(2) und Phosphor(V)-oxid erhalten worden (*Lutz, Freek, Murphey*, Am. Soc. **70** [1948] 2015, 2016, 2021).

**(±)-α-[4-Hydroxy-anilino]-desoxybenzoin,** (±)-α-(p-*hydroxyanilino)deoxybenzoin* $C_{20}H_{17}NO_2$, Formel VI (R = H, X = OH).

*B.* Aus (±)-α-Chlor-desoxybenzoin und 4-Amino-phenol in Äthanol (*Cameron, Nixon, Basterfield*, Trans. roy. Soc. Canada [3] **25** III [1931] 145, 154).

Krystalle; F: 156°.

**(±)-α-*p*-Phenetidino-desoxybenzoin,** (±)-α-p-*phenetidinodeoxybenzoin* $C_{22}H_{21}NO_2$, Formel VI (R = H, X = $OC_2H_5$).

*B.* Beim Behandeln von (±)-Benzoin oder von (±)-α-Chlor-desoxybenzoin mit *p*-Phenetidin in Äthanol (*Cameron, Nixon, Basterfield*, Trans. roy. Soc. Canada [3] **25** III [1931] 145, 151).

Gelbe Krystalle (aus A.); F: 118°.

IV V VI

**(±)-α-Formamino-desoxybenzoin, (±)-*N*-[α'-Oxo-bibenzylyl-(α)]-formamid,** (±)-N-(α-*phenylphenacyl)formamide* $C_{15}H_{13}NO_2$, Formel III (R = CHO, X = H).

*B.* Beim Erwärmen von (±)-α-Amino-desoxybenzoin-hydrochlorid mit Natriumacetat, Acetanhydrid und wasserhaltiger Ameisensäure (*Davidson, Weiss, Jelling*, J. org. Chem. **2** [1937] 328, 333).

Krystalle (aus E. + Bzn.); F: 122°.

Überführung in 4.5-Diphenyl-imidazol durch Erhitzen mit Ammoniumacetat in Essigsäure: *Da., Weiss, Je.*

**(±)-α-Acetamino-desoxybenzoin, (±)-*N*-[α'-Oxo-bibenzylyl-(α)]-acetamid,** (±)-N-(α-*phenylphenacyl)acetamide* $C_{16}H_{15}NO_2$, Formel III (R = CO-$CH_3$, X = H).

*B.* Aus (±)-α-Amino-desoxybenzoin beim Behandeln der Verbindung mit Zinn(II)-chlorid (*Davidson, Weiss, Jelling*, J. org. Chem. **2** [1937] 319, 327) oder des Hydrochlorids (*Weissberger, Glass,* Am. Soc. **64** [1942] 1724, 1727) mit Acetanhydrid und Pyridin. Aus (±)-*erythro*-α'-Acetamino-bibenzylol-(α) beim Erwärmen mit Chrom(VI)-oxid in Essigsäure (*Buck, Ide,* Am. Soc. **55** [1933] 4312, 4315).

Krystalle; F: 137° [aus Me.] (*Da., Weiss, Je.*), 135—136° (*Weissb., Gl.*), 132° [aus wss. A.] (*Buck, Ide*).

**(±)-α-Benzamino-desoxybenzoin, (±)-*N*-[α'-Oxo-bibenzylyl-(α)]-benzamid,** (±)-N-(α-*phenylphenacyl)benzamide* $C_{21}H_{17}NO_2$, Formel III (R = CO-$C_6H_5$, X = H) auf S. 240. (H **27** 123 [dort als 2-Oxy-2.4.5-triphenyl-$\Delta^4$-oxazolin und als *N*-Desyl-benzamid bezeichnet]; E I **14** 396; E II **14** 62).

Beim Erhitzen mit Ammoniumacetat bzw. Anilin und Essigsäure ist 2.4.5-Triphenyl-imidazol bzw. 2.3.4.5-Tetraphenyl-imidazol erhalten worden (*Davidson, Weiss, Jelling,* J. org. Chem. **2** [1937] 319, 326).

Oxim $C_{21}H_{18}N_2O_2$. Krystalle (aus Me.); F: 197—203° [korr.] (der Schmelzpunkt ist von der Geschwindigkeit des Erhitzens abhängig).

**(±)-α-[2-Anilino-äthylamino]-desoxybenzoin,** (±)-α-(*2-anilinoethylamino)deoxybenzoin* $C_{22}H_{22}N_2O$, Formel III (R = $CH_2$-$CH_2$-NH-$C_6H_5$, X = H) auf S. 240.

Das Dihydrochlorid $C_{22}H_{22}N_2O \cdot 2HCl$ dieser Base hat in dem H **23** 247 als 1.2.3-Tri=phenyl-1.2.5.6-tetrahydro-pyrazin-dihydrochlorid-monohydrat beschriebenen Präparat vorgelegen (*Lunsford, Lutz, Bowden,* J. org. Chem. **20** [1955] 1513, 1521).

**(±)-α-[4-Diäthylamino-anilino]-desoxybenzoin,** (±)-α-[p-(*diethylamino)anilino]deoxy=benzoin* $C_{24}H_{26}N_2O$, Formel VI (R = H, X = $N(C_2H_5)_2$).

*B.* Beim Erwärmen von (±)-Benzoin mit *N.N*-Diäthyl-*p*-phenylendiamin und Phos=phor(V)-oxid (*Lutz, Freek, Murphey,* Am. Soc. **70** [1948] 2015, 2016, 2021).

Krystalle (aus wss. A.); F: 72—74°.

Hydrochlorid $C_{24}H_{26}N_2O \cdot HCl$. Krystalle (aus wss. A.); F: 208—209° [korr.].

**(±)-α-[4-Acetamino-anilino]-desoxybenzoin, (±)-Essigsäure-[4-(α'-oxo-bibenzylyl-(α)-amino)-anilid],** (±)-*4'-(α-phenylphenacylamino)acetanilide* $C_{22}H_{20}N_2O_2$, Formel VI (R = H, X = NH-CO-$CH_3$).

*B.* Beim Erhitzen von (±)-Benzoin mit *N*-Acetyl-*p*-phenylendiamin bis auf 145° (*Hopper, Alexander,* J. roy. tech. Coll. **2** [1932] 196, 197). Aus (±)-α-Chlor-desoxybenzoin und *N*-Acetyl-*p*-phenylendiamin in Äthanol (*Cameron, Nixon, Basterfield,* Trans. roy. Soc. Canada [3] **25** III [1931] 145, 155).

Gelbliche Krystalle; F: 230—240° [aus A., Butanol-(1), Äthylenglykol, Acn. oder Py.] (*Ho., Al.*), ca. 230° (*Ca., Ni., Ba.*).

Beim Einengen einer Lösung in äthanol. Natronlauge unter Luftzutritt bildet sich Benzil-mono-[4-acetamino-phenylimin] (*Ho., Al.,* l. c. S. 199). Bildung von Benzil bei 3-tägigem Behandeln mit Essigsäure sowie bei längerem Erhitzen mit Acetanhydrid, jeweils unter Luftzutritt: *Ho., Al.* Beim Erhitzen mit Anilin ist α-Anilino-desoxybenzoin erhalten worden (*Ho., Al.,* l. c. S. 199).

Dihydrochlorid $C_{22}H_{20}N_2O_2 \cdot 2HCl$. F: 187,5° (*Ho., Al.*).

Sulfat $C_{22}H_{20}N_2O_2 \cdot H_2SO_4$. Krystalle; F: 175—178° (*Ho., Al.*).

**(±)-α-[4-Acetamino-*N*-acetyl-anilino]-desoxybenzoin,** (±)-N-(*α-phenylphenacyl)*-N,N'-p-*phenylenebisacetamide* $C_{24}H_{22}N_2O_3$, Formel VI (R = CO-$CH_3$, X = NH-CO-$CH_3$).

*B.* Aus (±)-α-[4-Acetamino-anilino]-desoxybenzoin und Acetanhydrid (*Hopper, Alexander,* J. roy. tech. Coll. **2** [1932] 196, 198).

Krystalle (aus A.); F: 217°.

**(±)-α-[*N*-Nitroso-4-acetamino-anilino]-desoxybenzoin, (±)-Essigsäure-{4-[nitroso-(α'-oxo-bibenzylyl-(α))-amino]-anilid},** (±)-*4'-[nitroso(α-phenylphenacyl)amino]acet=anilide* $C_{22}H_{19}N_3O_3$, Formel VI (R = NO, X = NH-CO-$CH_3$).

*B.* Beim Behandeln von (±)-α-[4-Acetamino-anilino]-desoxybenzoin mit wss.-äthanol. Salzsäure und Natriumnitrit (*Hopper, Alexander,* J. roy. tech. Coll. **2** [1932] 196, 198).

Krystalle (aus A.); F: 180° [Zers.].

**(±)-4.4'-Dichlor-α-diäthylamino-desoxybenzoin,** (±)-*4,4'-dichloro-α-(diethylamino)deoxy=benzoin* $C_{18}H_{19}Cl_2NO$, Formel VII (R = X = $C_2H_5$).

*B.* Aus (±)-4.4'.α-Trichlor-desoxybenzoin und Diäthylamin (*Lutz, Murphey,* Am. Soc. **71** [1949] 478, 479).

Hydrochlorid $C_{18}H_{19}Cl_2NO \cdot HCl$. Krystalle (aus Butanon + Me.); F: 223—224° [korr.].

**(±)-4.4′-Dichlor-α-butylamino-desoxybenzoin,** (±)-α-*(butylamino)-4,4′-dichlorodeoxybenzoin* $C_{18}H_{19}Cl_2NO$, Formel VII (R = $[CH_2]_3$-$CH_3$, X = H).

*B.* Beim Erwärmen von (±)-4.4′-Dichlor-benzoin mit Butylamin und Phosphor(V)-oxid in Benzol unter Entfernen des entstehenden Wassers (*Lutz, Murphey*, Am. Soc. **71** [1949] 478, 479).

Hydrochlorid $C_{18}H_{19}Cl_2NO \cdot HCl$. Krystalle (aus Butanon + Me.); F: 249—250° [korr.].

**(±)-4.4′-Dichlor-α-octylamino-desoxybenzoin,** (±)-*4,4′-dichloro-α-(octylamino)deoxybenzoin* $C_{22}H_{27}Cl_2NO$, Formel VII (R = $[CH_2]_7$-$CH_3$, X = H).

*B.* Beim Erwärmen von (±)-4.4′-Dichlor-benzoin mit Octylamin und Phosphor(V)-oxid in Benzol unter Entfernen des entstehenden Wassers (*Lutz, Murphey*, Am. Soc. **71** [1949] 478, 479).

Hydrochlorid $C_{22}H_{27}Cl_2NO \cdot HCl$. Krystalle (aus Butanon + Me.); F: 226—227° [korr.].

**(±)-4.4′-Dichlor-α-anilino-desoxybenzoin,** (±)-α-*anilino-4,4′-dichlorodeoxybenzoin* $C_{20}H_{15}Cl_2NO$, Formel VII (R = $C_6H_5$, X = H).

*B.* Beim Erwärmen von (±)-4.4′-Dichlor-benzoin mit Anilin und Phosphor(V)-oxid (*Lutz, Murphey*, Am. Soc. **71** [1949] 478, 479).

Krystalle (aus Me.); F: 107—108° [korr.].

Hydrochlorid $C_{20}H_{15}Cl_2NO \cdot HCl$. Krystalle (aus A. + W.); F: 212—214° [korr.].

**(±)-4.4′-Dichlor-α-[2-hydroxy-äthylamino]-desoxybenzoin,** (±)-*4,4′-dichloro-α-(2-hydroxyethylamino)deoxybenzoin* $C_{16}H_{15}Cl_2NO_2$, Formel VII (R = $CH_2$-$CH_2OH$, X = H).

Für die nachstehend beschriebene Verbindung kommt ausser dieser Konstitution auch die Formulierung als 2.3-Bis-[4-chlor-phenyl]-morpholinol-(2) (Formel V [R = H, X = Cl] auf S. 241) in Betracht.

*B.* Beim Erwärmen von (±)-4.4′-Dichlor-benzoin mit 2-Amino-äthanol, auch unter Zusatz von Phosphor(V)-oxid (*Lutz, Murphey*, Am. Soc. **71** [1949] 478, 479, 480).

Hydrochlorid $C_{16}H_{15}Cl_2NO_2 \cdot HCl$. Krystalle (aus Butanon + Me.); F: 197—199° [korr.].

**(±)-4.4′-Dichlor-α-[äthyl-(2-hydroxy-äthyl)-amino]-desoxybenzoin,** (±)-*4,4′-dichloro-α-[ethyl(2-hydroxyethyl)amino]deoxybenzoin* $C_{18}H_{19}Cl_2NO_2$, Formel VII (R = $CH_2$-$CH_2OH$, X = $C_2H_5$).

Für die nachstehend beschriebene Verbindung wird ausser dieser Konstitution auch die Formulierung als 4-Äthyl-2.3-bis-[4-chlor-phenyl]-morpholinol-(2) (Formel V [R = $C_2H_5$, X = Cl] auf S. 241) in Betracht gezogen.

*B.* Aus (±)-4.4′.α-Trichlor-desoxybenzoin und 2-Äthylamino-äthanol-(1) (*Lutz, Murphey*, Am. Soc. **71** [1949] 478, 479).

Hydrochlorid $C_{18}H_{19}Cl_2NO_2 \cdot HCl$. Krystalle (aus Butanon); F: 185—186° [korr.].

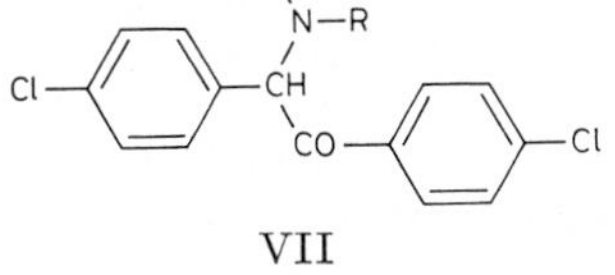

VII 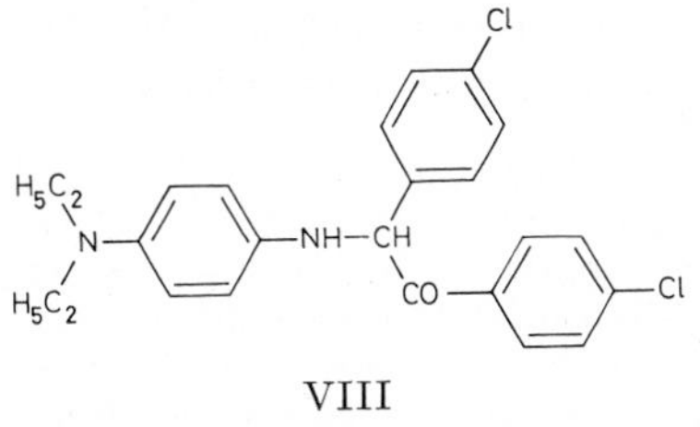 VIII

**(±)-4.4′-Dichlor-α-[4-diäthylamino-anilino]-desoxybenzoin,** (±)-*4,4′-dichloro-α-[p-(diethylamino)anilino]deoxybenzoin* $C_{24}H_{24}Cl_2N_2O$, Formel VIII.

*B.* Beim Behandeln von (±)-4.4′-Dichlor-benzoin mit 4-Diäthylamino-anilin unter Zusatz von Phosphor(V)-oxid (*Lutz, Murphey*, Am. Soc. **71** [1949] 478, 479).

Dihydrochlorid $C_{24}H_{24}Cl_2N_2O \cdot 2HCl$. Krystalle (aus Butanon + Me.); F: 178—180° [korr.].

**(±)-2'.4'-Dinitro-α-amino-desoxybenzoin,** (±)-*α-amino-2',4'-dinitrodeoxybenzoin* $C_{14}H_{11}N_3O_5$, Formel IX.

Hydrogensulfat $C_{14}H_{11}N_3O_5 \cdot H_2SO_4$. *B.* Aus 3-Phenyl-2-[2.4-dinitro-phenyl]-2*H*-azirin beim Behandeln mit wss.-äthanol. Schwefelsäure (*Neber, Huh*, A. **515** [1935] 283, 288). — Krystalle (aus wss.-äthanol. Schwefelsäure); Zers. bei 156°.

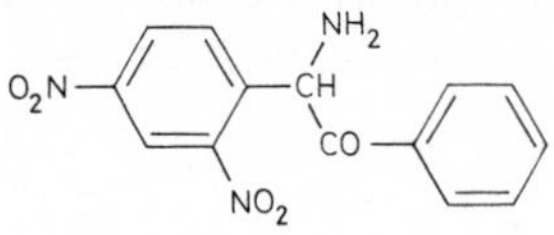

IX 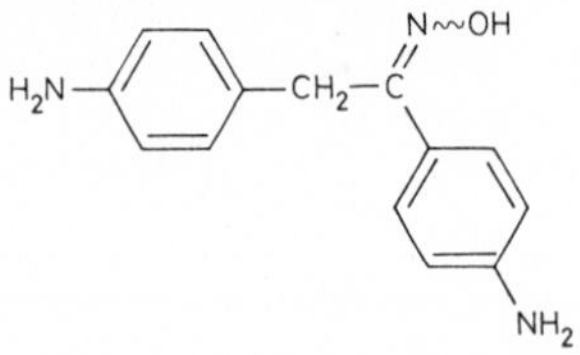 X

**4.4'-Diamino-desoxybenzoin** $C_{14}H_{14}N_2O$.

**4.4'-Diamino-desoxybenzoin-oxim,** *4,4'-diaminodeoxybenzoin oxime* $C_{14}H_{15}N_3O$, Formel X.

*B.* Aus 4.4'-Diamino-desoxybenzoin (*Ruggli, Lang*, Helv. **21** [1938] 38, 48).

Krystalle (aus W.); F: 146°.

**4.4'-Bis-benzylidenamino-desoxybenzoin,** *4,4'-bis(benzylideneamino)deoxybenzoin* $C_{28}H_{22}N_2O$, Formel XI.

*B.* Aus 4.4'-Diamino-desoxybenzoin und Benzaldehyd in Äthanol (*Ruggli, Lang*, Helv. **21** [1938] 38, 48).

Gelbliche Krystalle (aus Toluol); F: 181°.

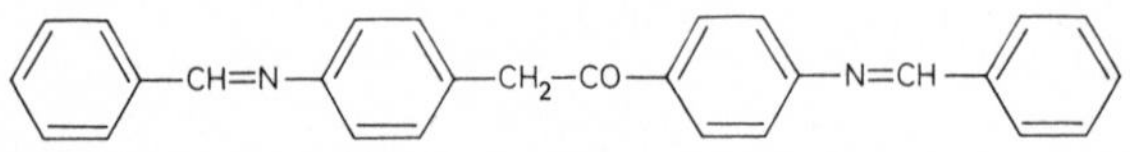

XI 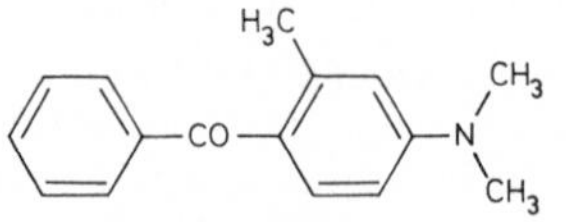 XII

**4-Amino-2-methyl-benzophenon** $C_{14}H_{13}NO$.

**4-Dimethylamino-2-methyl-benzophenon,** *4-(dimethylamino)-2-methylbenzophenone* $C_{16}H_{17}NO$, Formel XII.

*B.* Beim Behandeln von *N*-Phenyl-benzimidoylchlorid mit *N.N*-Dimethyl-*m*-toluidin und Aluminiumchlorid in Äther und Behandeln des Reaktionsprodukts mit Eis und anschliessend mit warmer wss. Salzsäure (*Shah, Ichaporia*, Soc. **1935** 894).

$Kp_2$: 195—198°.

Oxim $C_{16}H_{18}N_2O$. Krystalle (aus wss. A.); F: 158—160°.

**3.*N.N.N*-Tetramethyl-4-benzoyl-anilinium,** *4-benzoyl-*N,N,N*-trimethyl-*m*-toluidinium* $[C_{17}H_{20}NO]^{\oplus}$, Formel XIII.

**Jodid** $[C_{17}H_{20}NO]I$. *B.* Beim Erwärmen von 4-Dimethylamino-2-methyl-benzophenon mit Methyljodid in Methanol (*Shah, Ichaporia*, Soc. **1935** 894). — Gelbliche Krystalle (aus wss. A.); F: 163°.

**6-Amino-2-methyl-benzophenon** $C_{14}H_{13}NO$.

**5-Nitro-6-amino-2-methyl-benzophenon,** *2-amino-6-methyl-3-nitrobenzophenone* $C_{14}H_{12}N_2O_3$, Formel XIV (X = H).

*B.* Aus 6-Chlor-5-nitro-2-methyl-benzophenon bei 60-stdg. Erhitzen mit äthanol. Ammoniak auf 200° (*Chardonnens, Lienert*, Helv. **32** [1949] 2340, 2346).

Gelbe Krystalle (aus A. oder Bzl.); F: 123°.

Beim Behandeln mit wasserhaltiger Schwefelsäure und Natriumnitrit und anschliessenden Erwärmen sind 4-Nitro-1-methyl-fluorenon-(9) und geringe Mengen 5-Nitro-6-hydroxy-2-methyl-benzophenon erhalten worden.

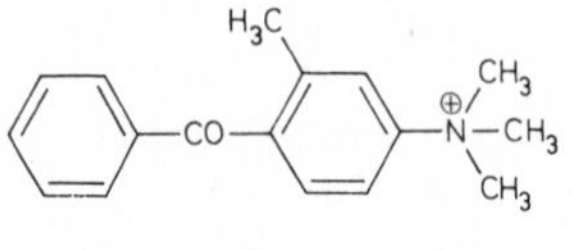

XIII 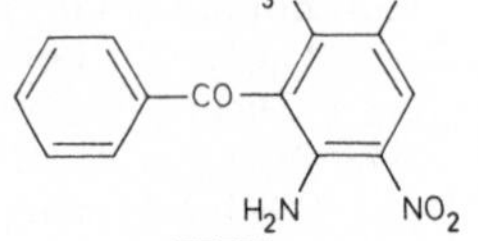 XIV 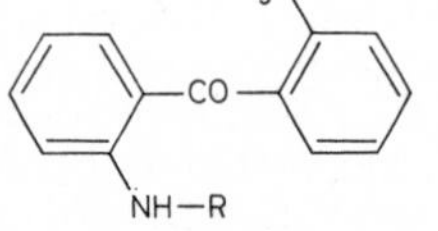 XV

**3.5-Dinitro-6-amino-2-methyl-benzophenon,** *2-amino-6-methyl-3,5-dinitrobenzophenone* $C_{14}H_{11}N_3O_5$, Formel XIV (X = $NO_2$).

*B.* Aus 6-Chlor-3.5-dinitro-2-methyl-benzophenon beim Erhitzen mit äthanol. Ammoniak auf 180° (*Chardonnens, Lienert,* Helv. **32** [1949] 2340, 2346).

Gelbe Krystalle (aus A.); F: 167°.

**2'-Amino-2-methyl-benzophenon,** *2-amino-2'-methylbenzophenone* $C_{14}H_{13}NO$, Formel XV (R = H).

*B.* Aus 2'-Acetamino-2-methyl-benzophenon beim Erwärmen mit wss.-äthanol. Salzsäure (*Lothrop, Goodwin,* Am. Soc. **65** [1943] 363, 365). Aus (±)-3-Hydroxy-3-*o*-tolyl-indolinon-(2) beim Erwärmen mit wss. Wasserstoffperoxid und wss. Natronlauge (*Inagaki,* J. pharm. Soc. Japan **59** [1939] 5, 12; dtsch. Ref. S. 7, 10; C. A. **1939** 3790).

Gelbe Krystalle; F: 84° (*Lo., Go.*), 81—82° [aus Bzn.] (*In.*).

Beim Behandeln mit wss. Salzsäure und Natriumnitrit und Erwärmen der Reaktionslösung sind 1-Methyl-fluorenon-(9) und geringe Mengen 2'-Hydroxy-2-methyl-benzophenon erhalten worden (*Lo., Go.*).

**2'-Acetamino-2-methyl-benzophenon, Essigsäure-[2-*o*-toluoyl-anilid],** *2'-o-toluoylacetanilide* $C_{16}H_{15}NO_2$, Formel XV (R = CO-$CH_3$).

*B.* Beim Behandeln einer Lösung von 4-Oxo-2-methyl-4*H*-benz[*d*][1.3]oxazin in Benzol mit *o*-Tolylmagnesiumbromid in Äther (*Lothrop, Goodwin,* Am. Soc. **65** [1943] 363, 365).

Krystalle (aus A.); F: 104°.

**2-Amino-3-methyl-benzophenon** $C_{14}H_{13}NO$.

**2-Anilino-3-methyl-benzophenon,** *2-anilino-3-methylbenzophenone* $C_{20}H_{17}NO$, Formel I.

*B.* Beim Erwärmen von 4-Oxo-2.8-dimethyl-4*H*-benz[*d*][1.3]oxazin mit Benzol und Aluminiumchlorid (*Hayashi, Namikawa, Morikawa,* J. chem. Soc. Japan **56** [1935] 1106, 1109; C. A. **1936** 447; *Hayashi et al.,* Bl. chem. Soc. Japan **11** [1936] 184, 196).

Krystalle (aus A.); F: 123—123,5°.

Hydrochlorid $C_{20}H_{17}NO \cdot HCl$. Zers. bei 173°.

**4-Amino-3-methyl-benzophenon,** *4-amino-3-methylbenzophenone* $C_{14}H_{13}NO$, Formel II (R = H) (H 105).

*B.* Beim Erhitzen von *o*-Toluidin (*Chardonnens, Schlapbach,* Helv. **29** [1946] 1413, 1417; vgl. H 105) oder von Benzoesäure-*o*-toluidid (*Iddles, Hussey,* Am. Soc. **63** [1941] 2768) mit Benzoylchlorid und Zinkchlorid auf 220°. Aus 4-Nitro-3-methyl-benzophenon beim Erwärmen mit Natriumsulfid in wasserhaltigem Äthanol (*Ch., Sch.*).

Krystalle; F: 113° [korr.; aus Me.] (*Ch., Sch.*), 111° [aus A.] (*Idd., Hu.*).

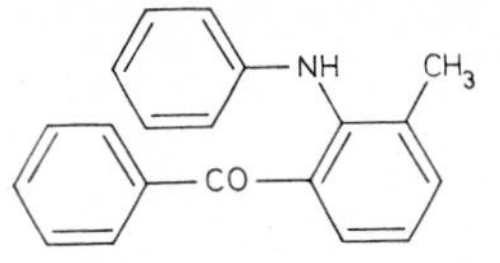

I 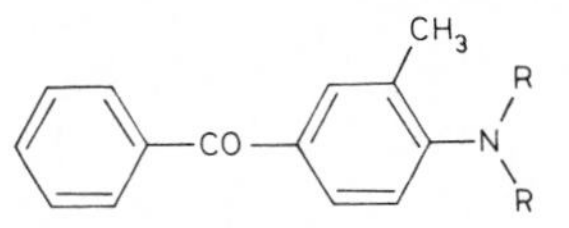 II 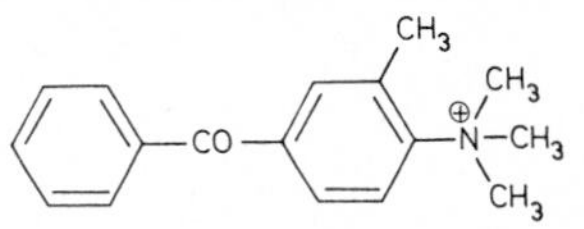 III

**4-Dimethylamino-3-methyl-benzophenon,** *4-(dimethylamino)-3-methylbenzophenone* $C_{16}H_{17}NO$, Formel II (R = $CH_3$) (vgl. H 105).

*B.* Beim Behandeln von *N*-Phenyl-benzimidoylchlorid mit *N.N*-Dimethyl-*o*-toluidin und Aluminiumchlorid in Äther und Behandeln des Reaktionsprodukts mit Eis und anschliessend mit wss. Salzsäure (*Shah, Ichaporia,* Soc. **1935** 894). Beim Erwärmen von 4-Amino-3-methyl-benzophenon mit Methyljodid und wss. Natriumcarbonat-Lösung (*Shah, Ich.*).

Krystalle (nach Destillation); F: 45°.

Oxim $C_{16}H_{18}N_2O$. Krystalle (aus wss. A.); F: 119°.

**2.*N.N.N*-Tetramethyl-4-benzoyl-anilinium,** *4-benzoyl-N,N,N-trimethyl-o-toluidinium* $[C_{17}H_{20}NO]^{\oplus}$, Formel III.

Jodid $[C_{17}H_{20}NO]I$. *B.* Beim Erhitzen von 4-Dimethylamino-3-methyl-benzophenon mit Methyljodid in Methanol (*Shah, Ichaporia,* Soc. **1935** 894). — Krystalle (aus W.); F: 184°.

**4-Diäthylamino-3-methyl-benzophenon,** *4-(diethylamino)-3-methylbenzophenone* $C_{18}H_{21}NO$, Formel II (R = $C_2H_5$).

*B.* Beim Behandeln von *N*-Phenyl-benzimidoylchlorid mit *N.N*-Diäthyl-*o*-toluidin und Aluminiumchlorid in Äther und Behandeln des Reaktionsprodukts mit Eis und anschliessend mit warmer wss. Salzsäure (*Shah, Ichaporia*, Soc. **1935** 894).

$Kp_{15}$: 214–216°.

**6-Amino-3-methyl-benzophenon,** *2-amino-5-methylbenzophenone* $C_{14}H_{13}NO$, Formel IV (R = X = H) (H 106).

*B.* Beim Erhitzen von *p*-Toluidin mit Benzoylchlorid und Zinkchlorid auf 220° und Erwärmen des Reaktionsprodukts mit wss.-äthanol. Salzsäure (*Davies et al.*, Soc. **1948** 295, 296). Aus 6-Benzamino-3-methyl-benzophenon oder aus (±)-6-Methyl-2.4-diphenyl-3-*p*-tolyl-3.4-dihydro-chinazolinol-(4) beim Erwärmen mit wss.-äthanol. Schwefelsäure (*Dziewoński, Sternbach*, Bl. Acad. polon. [A] **1935** 333, 345). Beim Erwärmen von 5-Methyl-2.3-diphenyl-1-acetyl-indol mit Chrom(VI)-oxid in Essigsäure und Erhitzen des Reaktionsprodukts mit wss. Schwefelsäure (*Ritchie*, J. pr. Soc. N.S. Wales **80** [1946] 33, 39).

Gelbe Krystalle; F: 65–66° [aus $CHCl_3$ + PAe.] (*Da. et al.*), 64–64,5° (*Hayashi et al.*, Bl. chem. Soc. Japan **11** [1936] 184, 197), 63° [aus PAe.] (*Ri.*).

Beim Erwärmen mit *N*-*p*-Tolyl-benzimidoylchlorid ist 6-Methyl-2.4-diphenyl-3-*p*-tolyl-3.4-dihydro-chinazolinol-(4) erhalten worden (*Dz., St.*, l. c. S. 343).

**6-Dimethylamino-3-methyl-benzophenon,** *2-(dimethylamino)-5-methylbenzophenone* $C_{16}H_{17}NO$, Formel IV (R = X = $CH_3$).

*B.* Beim Behandeln von *N*-Phenyl-benzimidoylchlorid mit *N.N*-Dimethyl-*p*-toluidin und Aluminiumchlorid in Äther und Behandeln des Reaktionsprodukts mit Eis und anschliessend mit warmer wss. Salzsäure (*Shah, Ichaporia*, Soc. **1935** 894).

$Kp_6$: 176–178°.

Beim Behandeln mit Salpetersäure ist eine Verbindung $C_{15}H_{10}N_6O_{11}$ (gelbe Krystalle [aus A.]; F: 173–175°) erhalten worden.

**6-Anilino-3-methyl-benzophenon,** *2-anilino-5-methylbenzophenone* $C_{20}H_{17}NO$, Formel IV (R = $C_6H_5$, X = H).

*B.* Neben geringen Mengen 6-Amino-3-methyl-benzophenon beim Erwärmen von 4-Oxo-2.6-dimethyl-4*H*-benz[*d*][1.3]oxazin mit Benzol und Aluminiumchlorid (*Hayashi, Namikawa, Morikawa*, J. chem. Soc. Japan **56** [1935] 1106, 1109; C. A. **1936** 447; *Hayashi et al.*, Bl. chem. Soc. Japan **11** [1936] 184, 196).

Krystalle (aus A.); F: 163,5°.

IV V VI

**Bis-[4-methyl-2-benzoyl-phenyl]-amin,** *5,5''-dimethyl-2,2''-iminodibenzophenone* $C_{28}H_{23}NO_2$, Formel V.

*B.* In geringer Menge beim Erwärmen einer aus 6-Amino-3-methyl-benzophenon mit Hilfe von Salzsäure und Natriumnitrit hergestellten Diazoniumsalz-Lösung mit Kupfer(II)-sulfat und Kaliumcyanid in wss. Äthanol (*Hayashi, Namikawa, Morikawa*, J. chem. Soc. Japan **56** [1935] 1106, 1110; C. A. **1936** 447; *Hayashi et al.*, Bl. chem. Soc. Japan **11** [1936] 184, 197).

Krystalle (aus Bzl. + A.); F: 189–190°.

**6-Benzamino-3-methyl-benzophenon, Benzoesäure-[4-methyl-2-benzoyl-anilid],** *2'-benzoylbenzo-p-toluidide* $C_{21}H_{17}NO_2$, Formel IV (R = CO-$C_6H_5$, X = H) (H 106).

*B.* Aus (±)-6-Methyl-2.4-diphenyl-3-*p*-tolyl-3.4-dihydro-chinazolinol-(4) bei mehrwöchigem Behandeln mit wss.-äthanol. Salzsäure (*Dziewoński, Sternbach*, Bl. Acad. polon. [A] **1935** 333, 344).

Krystalle (aus A.); F: 116° und F: 102–103° [dimorph].

Beim Erwärmen mit Thionylchlorid und Behandeln des Reaktionsprodukts mit *p*-Toluidin in Petroläther ist eine als 6-Methyl-2.4-diphenyl-3-*p*-tolyl-2.3-dihydro-chinazolinol-(2) angesehene Verbindung erhalten worden.

**2'-Amino-3-methyl-benzophenon,** *2-amino-3'-methylbenzophenone* $C_{14}H_{13}NO$, Formel VI.

*B.* Aus (±)-3-Hydroxy-3-*m*-tolyl-indolinon-(2) beim Erwärmen mit wss. Wasserstoffperoxid und wss. Natronlauge (*Inagaki*, J. pharm. Soc. Japan **59** [1939] 5, 13; dtsch. Ref. S. 7, 10; C. A. **1939** 3790). Beim Behandeln einer Lösung von 4-Oxo-2-methyl-4*H*-benz[*d*][1.3]oxazin in Benzol mit *m*-Tolylmagnesiumbromid in Äther und Erwärmen des Reaktionsprodukts mit wss.-äthanol. Salzsäure (*Lothrop, Goodwin*, Am. Soc. **65** [1943] 363, 365).

Gelbe Krystalle; F: 60° [aus Bzn.] (*In.*), 57° [aus wss. Me.] (*Lo., Goo.*).

Beim Erwärmen einer mit Hilfe von wss. Salzsäure und Natriumnitrit hergestellten Diazoniumsalz-Lösung sind geringe Mengen 2-Methyl-fluorenon-(9) erhalten worden (*Lo., Goo.*).

**2-Amino-4-methyl-benzophenon,** *2-amino-4-methylbenzophenone* $C_{14}H_{13}NO$, Formel VII (R = X = H) (H 107).

*B.* Beim Behandeln von 6-Methyl-2.3-diphenyl-1-acetyl-indol mit Chrom(VI)-oxid in Essigsäure und Erhitzen des Reaktionsprodukts mit wss. Schwefelsäure (*Ritchie*, J. Pr. Soc. N.S. Wales **80** [1946] 33, 39).

Gelbe Krystalle (aus PAe.); F: 66°.

**5-Nitro-2-amino-4-methyl-benzophenon,** *2-amino-4-methyl-5-nitrobenzophenone* $C_{14}H_{12}N_2O_3$, Formel VII (R = H, X = $NO_2$).

*B.* Aus 6-Chlor-3-nitro-4-methyl-benzophenon beim Erhitzen mit äthanol. Ammoniak bis auf 180° (*Chardonnens, Perriard*, Helv. **28** [1945] 593, 597).

Gelbe Krystalle (aus Bzl.); F: 179° [korr.].

**5-Nitro-2-acetamino-4-methyl-benzophenon, Essigsäure-[4-nitro-3-methyl-6-benzoyl-anilid],** *6'-benzoyl-4'-nitroaceto-*m*-toluidide* $C_{16}H_{14}N_2O_4$, Formel VII (R = CO-$CH_3$, X = $NO_2$).

*B.* Aus 5-Nitro-2-amino-4-methyl-benzophenon und Acetanhydrid (*Chardonnens, Perriard*, Helv. **28** [1945] 593, 597).

Krystalle (aus wss. Eg.); F: 124—125° [korr.].

**3.5-Dinitro-2-amino-4-methyl-benzophenon,** *2-amino-4-methyl-3,5-dinitrobenzophenone* $C_{14}H_{11}N_3O_5$, Formel VIII.

*B.* Aus 2-Chlor-3.5-dinitro-4-methyl-benzophenon beim Erhitzen mit äthanol. Ammoniak auf 150° (*Chardonnens, Perriard*, Helv. **28** [1945] 593, 599).

Braungelbe Krystalle (aus Bzl.); F: 186,5° [korr.].

R—NH, CO, $CH_3$, X — VII

$H_2N$, $NO_2$, CO, $CH_3$, $NO_2$ — VIII

NH—R, CO, $CH_3$ — IX

**3-Amino-4-methyl-benzophenon,** *3-amino-4-methylbenzophenone* $C_{14}H_{13}NO$, Formel IX (R = H) (E II 63).

*B.* Aus 3-Nitro-4-methyl-benzophenon beim Erwärmen mit Natriumsulfid in wss. Äthanol (*Chardonnens, Schapbach*, Helv. **29** [1946] 1413, 1417).

Krystalle (aus Me.); F: 109—110° [korr.].

**3-Acetamino-4-methyl-benzophenon, Essigsäure-[2-methyl-5-benzoyl-anilid],** *5'-benzoylaceto-*o*-toluidide* $C_{16}H_{15}NO_2$, Formel IX (R = CO-$CH_3$) (E II 63).

*B.* Aus 3-Amino-4-methyl-benzophenon und Acetanhydrid (*Jadot, Braine, Roynet*, Bl. Soc. Sci. Liège **25** [1956] 79, 86; vgl. E II 63).

Krystalle (aus wss. Eg.); F: 108°.

Über ein Präparat vom F: 122° s. *CIBA*, D.R.P. 582614 [1931]; Frdl. **20** 1250.

**2'-Amino-4-methyl-benzophenon,** *2-amino-4'-methylbenzophenone* $C_{14}H_{13}NO$, Formel X (X = H) (H 107; E II 63).

*B.* Beim Erwärmen von *N*-[Toluol-sulfonyl-(4)]-anthranilsäure mit Phosphor(V)-chlorid und mit Aluminiumchlorid in Toluol und Erwärmen des Reaktionsprodukts mit Schwefelsäure (*Scheifele, DeTar*, Org. Synth. Coll. Vol. IV [1963] 38). Aus (±)-3-Hydr=oxy-3-*p*-tolyl-indolinon-(2) beim Erwärmen mit wss. Wasserstoffperoxid und wss. Natronlauge (*Inagaki*, J. pharm. Soc. Japan **59** [1939] 5, 11; dtsch. Ref. S. 7, 10; C. A. **1939** 3790).

Krystalle; F: 95° [aus Bzn.] (*In.*), 92–93° [aus A.] (*Sch., DeTar*).

**5'-Nitro-2'-amino-4-methyl-benzophenon,** *2-amino-4'-methyl-5-nitrobenzophenone* $C_{14}H_{12}N_2O_3$, Formel X (X = $NO_2$).

*B.* Aus 6'-Brom-3'-nitro-4-methyl-benzophenon beim Erhitzen mit äthanol. Ammoniak auf 170° (*Chardonnens, Perriard*, Helv. **28** [1945] 593, 598).

Gelbe Krystalle (aus wss. A.); F: 148° [korr.].

**4'-Amino-4-methyl-benzophenon,** *4-amino-4'-methylbenzophenone* $C_{14}H_{13}NO$, Formel XI (R = H) (H 107).

*B.* Aus 4'-Chlor-4-methyl-benzophenon beim Erhitzen mit wss. Ammoniak, Ammonium=nitrat und Kupfer(II)-oxid auf 180° (*Newton, Groggins*, Ind. eng. Chem. **27** [1935] 1397, 1399).

F: 186–187°.

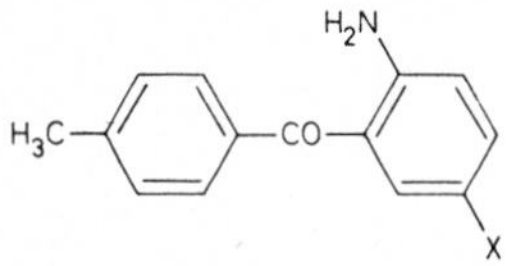

X 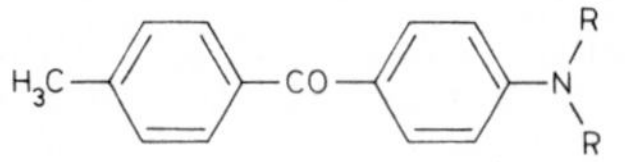 XI 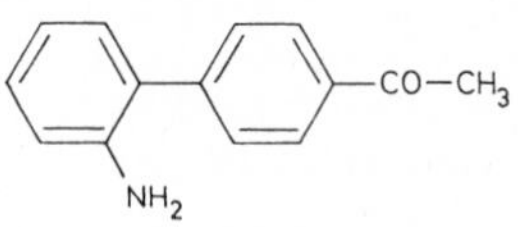 XII

**4'-Dimethylamino-4-methyl-benzophenon,** *4-(dimethylamino)-4'-methylbenzophenone* $C_{16}H_{17}NO$, Formel XI (R = $CH_3$).

*B.* Beim Erhitzen von *p*-Toluylsäure-anilid mit *N.N*-Dimethyl-anilin und Phosphor=oxychlorid bis auf 150° und anschliessenden Behandeln mit wss. Salzsäure (*Meisenheimer, Kappler*, A **539** [1939] 99, 102).

Krystalle (aus Me.); F: 114,5°.

**2'-Amino-4-acetyl-biphenyl, 1-[2'-Amino-biphenylyl-(4)]-äthanon-(1),** 4-[2-Amino-phenyl]-acetophenon, *4'-(o-aminophenyl)acetophenone* $C_{14}H_{13}NO$, Formel XII.

*B.* Aus 1-[2'-Nitro-biphenylyl-(4)]-äthanon-(1) mit Hilfe von Zinn(II)-chlorid (*Catch et al.*, Soc. **1949** 552, 555).

Gelbe Krystalle (aus wss. Me.); F: 88–90°.

**4'-Amino-4-acetyl-biphenyl, 1-[4'-Amino-biphenylyl-(4)]-äthanon-(1),** 4-[4-Amino-phenyl]-acetophenon, *4'-(p-aminophenyl)acetophenone* $C_{14}H_{13}NO$, Formel XIII.

*B.* Aus 1-[4'-Nitro-biphenylyl-(4)]-äthanon-(1) (*I.G. Farbenind.*, F.P. 735846 [1932]).

Gelbliche Krystalle (aus A.); F: ca. 174°.

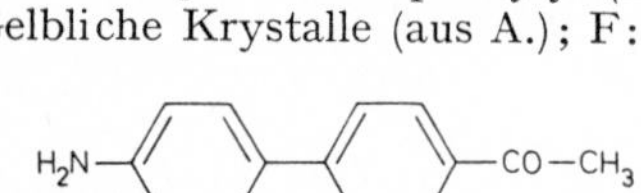

XIII 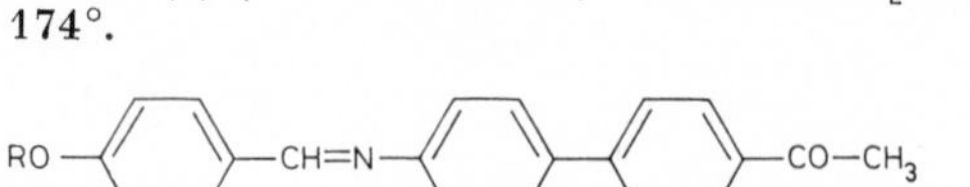 XIV

**4'-[4-Methoxy-benzylidenamino]-4-acetyl-biphenyl, 1-[4'-(4-Methoxy-benzylidenamino)-biphenylyl-(4)]-äthanon-(1),** *4'-[p-(4-methoxybenzylideneamino)phenyl]acetophenone* $C_{22}H_{19}NO_2$, Formel XIV (R = $CH_3$).

*B.* Aus 1-[4'-Amino-biphenylyl-(4)]-äthanon-(1) und 4-Methoxy-benzaldehyd (*Vorländer*, B. **70** [1937] 1202, 1209).

Krystalle; F: 190,5° [aus Lösungen], 164,8° [aus der Schmelze bei langsamem Abkühlen], 150,5° [aus der Schmelze bei schnellem Abkühlen] (*Demus, Sackmann*, Z. physik. Chem. **222** [1963] 127, 140). Über die Existenz von krystallin-flüssigen Phasen s. *Vorländer*, B. **70** 1209; Z. Kr. **79** [1931] 274, 286; *Demus, Sackmann*, Z. physik. Chem. **222**

140, **238** [1968] 215, 219.

**4'-[4-Äthoxy-benzylidenamino]-4-acetyl-biphenyl, 1-[4'-(4-Äthoxy-benzylidenamino)-biphenylyl-(4)]-äthanon-(1),** *4'-[p-(4-ethoxybenzylideneamino)phenyl]acetophenone* $C_{23}H_{21}NO_2$, Formel XIV ($R = C_2H_5$).

*B.* Aus 1-[4'-Amino-biphenylyl-(4)]-äthanon-(1) und 4-Äthoxy-benzaldehyd (*Vorländer*, B. **70** [1937] 1202, 1209).

Über die Existenz von krystallin-flüssigen Phasen s. *Vo.*

**4-Glycyl-biphenyl, 2-Amino-1-[biphenylyl-(4)]-äthanon-(1),** ω-Amino-4-phenyl-acetophenon, *2-amino-4'-phenylacetophenone* $C_{14}H_{13}NO$, Formel I ($R = X = H$).

Hydrochlorid. *B.* Beim Behandeln von 2-Brom-1-[biphenylyl-(4)]-äthanon-(1) mit Hexamethylentetramin in Chloroform und mehrtägigen Behandeln des Reaktionsprodukts mit wss.-äthanol. Salzsäure (*Campbell, Campbell, Chaput*, J. org. Chem. **8** [1943] 99, 100). Beim Behandeln von (±)-1-[Biphenylyl-(4)]-äthylamin mit *tert*-Butylhypochlorit in Benzol, Erwärmen des Reaktionsgemisches mit methanol. Natriummethylat und anschliessenden Behandeln mit wss. Salzsäure (*Baumgarten, Petersen*, Org. Synth. **41** [1961] 82, 87). — Krystalle (aus wss. Salzsäure); F: 185—186° [Zers.] (*Bau., Pe.*).

**Trimethyl-[4-phenyl-phenacyl]-ammonium,** *trimethyl(4-phenylphenacyl)ammonium* $[C_{17}H_{20}NO]^{\oplus}$, Formel II ($R = CH_3$).

**Bromid** $[C_{17}H_{20}NO]Br$. *B.* Aus 2-Brom-1-[biphenylyl-(4)]-äthanon-(1) und Trimethylamin in Äthanol und Äther (*I.G. Farbenind.*, D.R.P. 633983 [1934]; Frdl. **23** 483). — Krystalle; F: 227—228°.

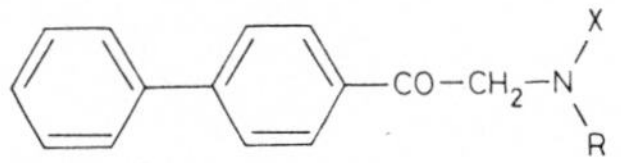

I 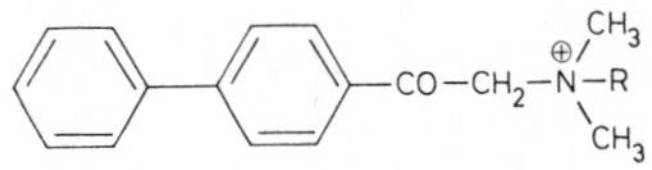 II

**2-[*N*-Methyl-anilino]-1-[biphenylyl-(4)]-äthanon-(1),** *2-(N-methylanilino)-4'-phenylacetophenone* $C_{21}H_{19}NO$, Formel I ($R = C_6H_5$, $X = CH_3$).

*B.* Aus 2-Brom-1-[biphenylyl-(4)]-äthanon-(1) und *N*-Methyl-anilin in Äthanol (*Brown, Mann*, Soc. **1948** 847, 855).

Krystalle (aus A. + Acn.); F: 152°.

***N.N*-Dimethyl-*N*-[4-phenyl-phenacyl]-anilinium,** *dimethylphenyl(4-phenylphenacyl)ammonium* $[C_{22}H_{22}NO]^{\oplus}$, Formel II ($R = C_6H_5$).

**Bromid** $[C_{22}H_{22}NO]Br$. *B.* Aus 2-Brom-1-[biphenylyl-(4)]-äthanon-(1) und *N.N*-Dimethyl-anilin (*Carpenter, Turner*, Soc. **1934** 869, 870). — Krystalle (aus W.); F: 144° bis 145°.

**2-[*N*-Äthyl-anilino]-1-[biphenylyl-(4)]-äthanon-(1),** *2-(N-ethylanilino)-4'-phenylacetophenone* $C_{22}H_{21}NO$, Formel I ($R = C_6H_5$, $X = C_2H_5$).

*B.* Aus 2-Brom-1-[biphenylyl-(4)]-äthanon-(1) und *N*-Äthyl-anilin in Äthanol (*Brown, Mann*, Soc. **1948** 847, 855).

Krystalle (aus A.); F: 114°.

**7-Amino-4-oxo-1.2.3.4-tetrahydro-phenanthren,** 7-Amino-1.2-dihydro-3*H*-phenanthrenon-(4), *7-amino-1,2-dihydro-4(3H)-phenanthrone* $C_{14}H_{13}NO$, Formel III ($R = X = H$).

*B.* Aus 7-Hydroxy-4-oxo-1.2.3.4-tetrahydro-phenanthren beim Erhitzen mit Ammoniumsulfit und wss. Ammoniak auf 140° oder mit Natriumhydrogensulfit, wss. Ammoniak und Dioxan auf 200° (*Miyasaka*, J. pharm. Soc. Japan **60** [1940] 321, 324; engl. Ref. S. 128; C. A. **1940** 7288).

Gelbliche Krystalle (aus E.); F: 158°.

Hydrochlorid $C_{14}H_{13}NO \cdot HCl$. Krystalle (aus Me. + Ae.); Zers. oberhalb 260°.

Pikrat $C_{14}H_{13}NO \cdot C_6H_3N_3O_7$. Gelbe Krystalle (aus Me.); Zers. bei 207°.

Semicarbazon $C_{15}H_{16}N_4O$. Krystalle (aus Me. + $CHCl_3$); Zers. oberhalb 270°.

**7-Methylamino-4-oxo-1.2.3.4-tetrahydro-phenanthren,** 7-Methylamino-1.2-dihydro-3*H*-phenanthrenon-(4), *7-(methylamino)-1,2-dihydro-4(3H)-phenanthrone* $C_{15}H_{15}NO$, Formel III ($R = CH_3$, $X = H$).

*B.* Beim Erhitzen von 7-Hydroxy-4-oxo-1.2.3.4-tetrahydro-phenanthren mit Methylamin und Natriumhydrogensulfit in wss. Dioxan auf 200° (*Miyasaka*, J. pharm. Soc. Japan **60** [1940] 321, 325; engl. Ref. S. 128; C. A. **1940** 7288). Aus 7-Amino-4-oxo-1.2.3.4-tetrahydro-phenanthren und Methyljodid in Äther (*Mi.*).

Gelbliche Krystalle (aus Acn. + Hexan); F: 98°.

Pikrat $C_{15}H_{15}NO \cdot C_6H_3N_3O_7$. Gelbliche Krystalle (aus Acn.); Zers. bei 193°.

Semicarbazon $C_{16}H_{18}N_4O$. Gelbliche Krystalle (aus Me.); Zers. bei 216°.

**7-Dimethylamino-4-oxo-1.2.3.4-tetrahydro-phenanthren,** 7-Dimethylamino-1.2-dihydro-3*H*-phenanthrenon-(4), *7-(dimethylamino)-1,2-dihydro-4*(3H)*-phenanthrone* $C_{16}H_{17}NO$, Formel III (R = X = $CH_3$).

*B.* Beim Erwärmen von 7-Amino-4-oxo-1.2.3.4-tetrahydro-phenanthren oder von 7-Methylamino-4-oxo-1.2.3.4-tetrahydro-phenanthren mit Methyljodid in Benzol (*Miyasaka*, J. pharm. Soc. Japan **60** [1940] 321, 325, 326; engl. Ref. S. 128; C. A. **1940** 7288).

Pikrat $C_{16}H_{17}NO \cdot C_6H_3N_3O_7$. Krystalle (aus Me.); Zers. bei 183°.

**7-Äthylamino-4-oxo-1.2.3.4-tetrahydro-phenanthren,** 7-Äthylamino-1.2-dihydro-3*H*-phenanthrenon-(4), *7-(ethylamino)-1,2-dihydro-4*(3H)*-phenanthrone* $C_{16}H_{17}NO$, Formel III (R = $C_2H_5$, X = H).

*B.* Beim Erhitzen von 7-Hydroxy-4-oxo-1.2.3.4-tetrahydro-phenanthren mit Äthylamin und Natriumhydrogensulfit in wss. Dioxan auf 200° (*Miyasaka*, J. pharm. Soc. Japan **60** [1940] 321, 326; engl. Ref. S. 128; C. A. **1940** 7288). Neben 7-Diäthylamino-4-oxo-1.2.3.4-tetrahydro-phenanthren beim Erhitzen von 7-Amino-4-oxo-1.2.3.4-tetrahydro-phenanthren mit Äthyljodid in Benzol auf 110° (*Mi.*).

Gelbliche Krystalle (aus E.); F: 115°.

Pikrat $C_{16}H_{17}NO \cdot C_6H_3N_3O_7$. Gelbe Krystalle (aus Acn.); Zers. bei 195°.

Semicarbazon $C_{17}H_{20}N_4O$. Gelbliche Krystalle (aus Me.); Zers. bei 210°.

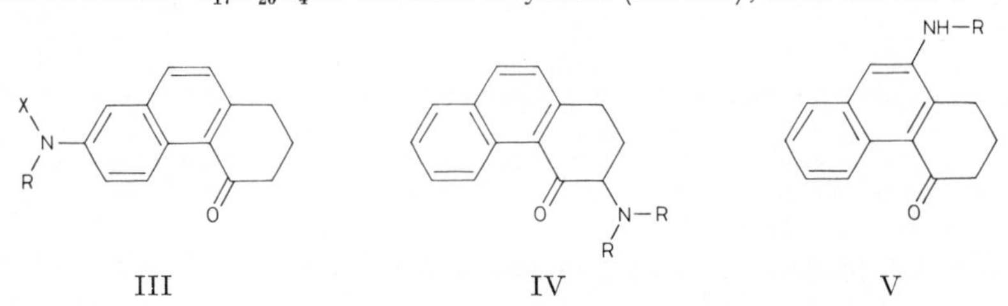


III IV V

**7-Diäthylamino-4-oxo-1.2.3.4-tetrahydro-phenanthren,** 7-Diäthylamino-1.2-dihydro-3*H*-phenanthrenon-(4), *7-(diethylamino)-1,2-dihydro-4*(3H)*-phenanthrone* $C_{18}H_{21}NO$, Formel III (R = X = $C_2H_5$).

*B.* Aus 7-Äthylamino-4-oxo-1.2.3.4-tetrahydro-phenanthren und Äthyljodid in Benzol (*Miyasaka*, J. pharm. Soc. Japan **60** [1940] 321, 327; engl. Ref. S. 128; C. A. **1940** 7288). Neben 7-Äthylamino-4-oxo-1.2.3.4-tetrahydro-phenanthren beim Erhitzen von 7-Amino-4-oxo-1.2.3.4-tetrahydro-phenanthren mit Äthyljodid in Benzol auf 110° (*Mi.*, l. c. S. 326).

Pikrat $C_{18}H_{21}NO \cdot C_6H_3N_3O_7$. Krystalle (aus $CHCl_3$); Zers. bei 216°.

**7-Acetamino-4-oxo-1.2.3.4-tetrahydro-phenanthren, *N*-[5-Oxo-5.6.7.8-tetrahydro-phenanthryl-(2)]-acetamid,** N-*(5-oxo-5,6,7,8-tetrahydro-2-phenanthryl)acetamide* $C_{16}H_{15}NO_2$, Formel III (R = CO-$CH_3$, X = H).

*B.* Aus 7-Amino-4-oxo-1.2.3.4-tetrahydro-phenanthren und Acetanhydrid (*Miyasaka*, J. pharm. Soc. Japan **60** [1940] 321, 324; engl. Ref. S. 128, 130; C. A. **1940** 7288).

Krystalle (aus E.); F: 196°.

**3-Amino-4-oxo-1.2.3.4-tetrahydro-phenanthren,** 3-Amino-1.2-dihydro-3*H*-phenanthrenon-(4) $C_{14}H_{13}NO$.

**(±)-3-Dimethylamino-4-oxo-1.2.3.4-tetrahydro-phenanthren,** (±)-3-Dimethylamino-1.2-dihydro-3*H*-phenanthrenon-(4), *(±)-3-(dimethylamino)-1,2-dihydro-4*(3H)*-phenanthrone* $C_{16}H_{17}NO$, Formel IV (R = $CH_3$).

*B.* Aus (±)-3-Brom-4-oxo-1.2.3.4-tetrahydro-phenanthren und Dimethylamin in Benzol (*Mosettig*, *Burger*, Am. Soc. **57** [1935] 2189, 2190).

Hydrochlorid $C_{16}H_{17}NO \cdot HCl$. Krystalle (aus A. + Ae.); F: 208—210° [korr.; Zers.].

**(±)-3-Diäthylamino-4-oxo-1.2.3.4-tetrahydro-phenanthren,** (±)-3-Diäthylamino-1.2-dihydro-3*H*-phenanthrenon-(4), *(±)-3-(diethylamino)-1,2-dihydro-4(*3H*)-phenanthrone* $C_{18}H_{21}NO$, Formel IV (R = $C_2H_5$).

*B.* Aus (±)-3-Brom-4-oxo-1.2.3.4-tetrahydro-phenanthren und Diäthylamin in Benzol (*Mosettig, Burger*, Am. Soc. **57** [1935] 2189, 2190, 2191).

Hydrochlorid $C_{18}H_{21}NO \cdot HCl$. Krystalle (aus A. + Ae.); F: 184—185° [korr.; Zers.].

Pikrat $C_{18}H_{21}NO \cdot C_6H_3N_3O_7$. Gelbe Krystalle (aus A.); F: 173—174° [korr.; Zers.].

**10-Amino-4-oxo-1.2.3.4-tetrahydro-phenanthren,** 10-Amino-1.2-dihydro-3*H*-phenanthrenon-(4), *10-amino-1,2-dihydro-4(*3H*)-phenanthrone* $C_{14}H_{13}NO$, Formel V (R = H).

*B.* Aus 10-Acetamino-4-oxo-1.2.3.4-tetrahydro-phenanthren beim Erwärmen mit wss. Salzsäure (*Haberland, Kleinert, Siegert*, B. **71** [1938] 2623, 2626).

Gelbe Krystalle (aus wss. Me.); F: 133°.

2.4-Dinitro-phenylhydrazon (F: 230—235° [Zers.; aus Me.]): *Ha., Kl., Sie.*

**10-Acetamino-4-oxo-1.2.3.4-tetrahydro-phenanthren, *N*-[5-Oxo-5.6.7.8-tetrahydro-phenanthryl-(9)]-acetamid,** N-*(5-oxo-5,6,7,8-tetrahydro-9-phenanthryl)acetamide* $C_{16}H_{15}NO_2$, Formel V (R = CO-$CH_3$).

*B.* Beim Erhitzen von 10-Hydroxy-4-oxo-1.2.3.4-tetrahydro-phenanthren mit Ammoniumchlorid und Natriumacetat in Essigsäure auf 210° (*Haberland, Kleinert, Siegert*, B. **71** [1938] 2623, 2626).

Gelbe Krystalle (aus wss. Me.); F: 240°.

**2-Amino-1-oxo-1.2.3.4-tetrahydro-phenanthren,** 2-Amino-3.4-dihydro-2*H*-phenanthrenon-(1) $C_{14}H_{13}NO$.

**(±)-2-Dimethylamino-1-oxo-1.2.3.4-tetrahydro-phenanthren,** (±)-2-Dimethylamino-3.4-dihydro-2*H*-phenanthrenon-(1), *(±)-2-(dimethylamino)-3,4-dihydro-1(*2H*)-phenanthrone* $C_{16}H_{17}NO$, Formel VI (R = $CH_3$).

*B.* Aus (±)-2-Brom-1-oxo-1.2.3.4-tetrahydro-phenanthren und Dimethylamin in Benzol (*Mosettig, Burger*, Am. Soc. **57** [1935] 2189, 2190).

Hydrochlorid $C_{16}H_{17}NO \cdot HCl$. Krystalle (aus A. + Ae.); F: 218—220° [korr.; Zers.].

Pikrat $C_{16}H_{17}NO \cdot C_6H_3N_3O_7$. Gelbe Krystalle (aus A.); F: 180° [korr.; Zers.].

**(±)-2-Diäthylamino-1-oxo-1.2.3.4-tetrahydro-phenanthren,** (±)-2-Diäthylamino-3.4-dihydro-2*H*-phenanthrenon-(1), *(±)-2-(diethylamino)-3,4-dihydro-1(*2H*)-phenanthrone* $C_{18}H_{21}NO$, Formel VI (R = $C_2H_5$).

*B.* Aus (±)-2-Brom-1-oxo-1.2.3.4-tetrahydro-phenanthren und Diäthylamin in Benzol (*Mosettig, Burger*, Am. Soc. **57** [1935] 2189, 2190, 2191).

Hydrochlorid $C_{18}H_{21}NO \cdot HCl$. Krystalle (aus A. + Ae.); F: 156° [korr.; nach Sintern von 138° an].

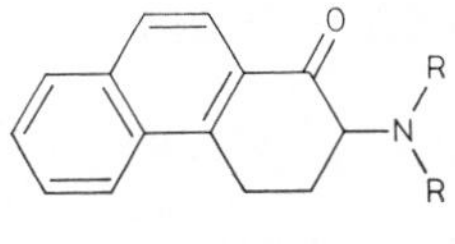

VI

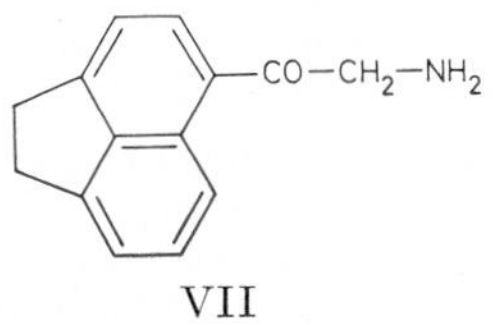

VII

**5-Glycyl-acenaphthen, 2-Amino-1-[acenaphthenyl-(5)]-äthanon-(1),** *acenaphthen-5-yl aminomethyl ketone* $C_{14}H_{13}NO$, Formel VII.

*B.* Aus der Verbindung von 2-Jod-1-[acenaphthenyl-(5)]-äthanon-(1) und Hexamethylentetramin beim Behandeln mit wss.-äthanol. Salzsäure (*Rajagopalan*, J. Indian chem. Soc. **17** [1940] 567, 569).

Pikrat $C_{14}H_{13}NO \cdot C_6H_3N_3O_7$. Gelb; Zers. bei 147—150° [aus A.]. [*Schmidt*]

## Amino-Derivate der Oxo-Verbindungen $C_{15}H_{14}O$

**3-Phenyl-1-[2-amino-phenyl]-propanon-(1),** *2'-amino-3-phenylpropiophenone* $C_{15}H_{15}NO$, Formel VIII.

*B.* Aus 2'-Amino-chalkon (F: 71°) bei der Hydrierung an Palladium in Äthanol (*Man-*

*nich, Dannehl*, B. **71** [1938] 1899).
Krystalle (aus PAe.); F: 76°.
Semicarbazon $C_{16}H_{18}N_4O$. Krystalle; F: 196°.

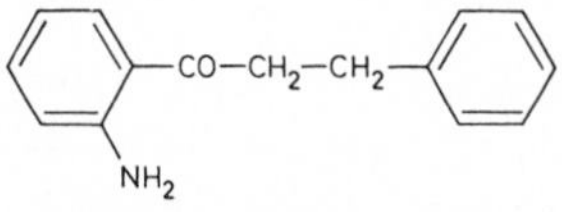

VIII 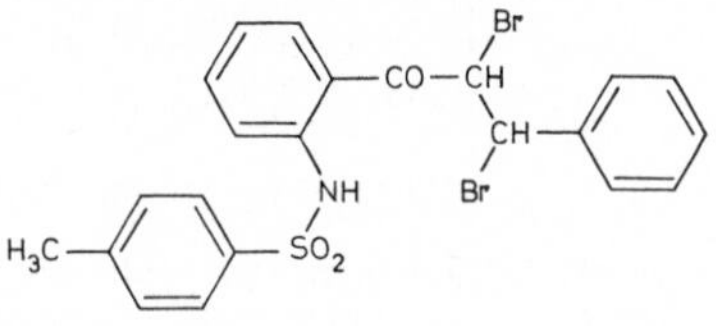 IX

**2.3-Dibrom-3-phenyl-1-[2-(toluol-sulfonyl-(4)-amino)-phenyl]-propanon-(1), Toluol-sulfonsäure-(4)-[2-(2.3-dibrom-3-phenyl-propionyl)-anilid],** *2'-(2,3-dibromo-3-phenyl-propionyl)-p-toluenesulfonanilide* $C_{22}H_{19}Br_2NO_3S$, Formel IX.

Eine opt.-inakt. Verbindung (gelbe Krystalle; F: 140°) dieser Konstitution ist beim Behandeln einer Lösung von 2'-[Toluol-sulfonyl-(4)-amino]-chalkon (F: 136°) in Chloroform mit Brom erhalten worden (*de Diesbach, Kramer*, Helv. **28** [1945] 1399, 1403).

**3-Phenyl-1-[4-amino-phenyl]-propanon-(1)** $C_{15}H_{15}NO$.

**2.3-Dibrom-3-phenyl-1-[4-äthoxycarbonylamino-phenyl]-propanon-(1), [4-(2.3-Dibrom-3-phenyl-propionyl)-phenyl]-carbamidsäure-äthylester,** p-*(2,3-dibromo-3-phenylpropionyl)-carbanilic acid ethyl ester* $C_{18}H_{17}Br_2NO_3$, Formel X.

Eine opt.-inakt. Verbindung (Krystalle [aus $CCl_4$]; F: 201—202° [korr.; Zers.]) dieser Konstitution ist beim Behandeln von 4'-Äthoxycarbonylamino-chalkon (F: 143—145°) mit Brom in Tetrachlormethan erhalten worden (*Lutz et al.*, J. org. Chem. **14** [1949] 982, 987, 993).

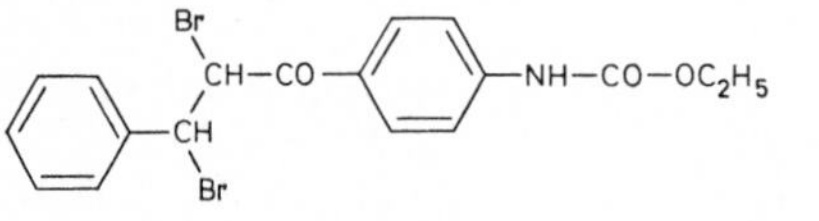

X 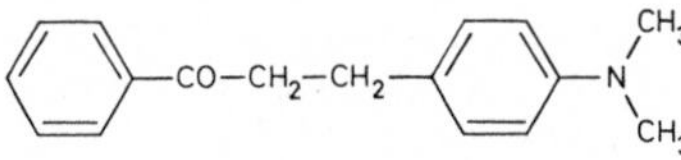 XI

**3-Phenyl-1-[4-amino-phenyl]-propanon-(3)** $C_{15}H_{15}NO$.

**3-Phenyl-1-[4-dimethylamino-phenyl]-propanon-(3),** *3-[p-(dimethylamino)phenyl]-propiophenone* $C_{17}H_{19}NO$, Formel XI.

*B.* Aus 4-Dimethylamino-chalkon (F: 114°) bei der Hydrierung an Platin in Äthanol (*Pfeiffer, Schwenzer, Kumetat*, J. pr. [2] **143** [1935] 143, 153).

Krystalle (aus Ae. + PAe.); F: 49,5—50,5°.
Perchlorat $C_{17}H_{19}NO \cdot HClO_4$. Krystalle; F: 167°.
Hydrogensulfat $C_{17}H_{19}NO \cdot H_2SO_4$. Krystalle mit 1 Mol $H_2O$; F: 70°.
Oxim $C_{17}H_{20}N_2O$. Krystalle (aus Me. + W.); F: 89—89,5°.

**(±)-2-Amino-1.3-diphenyl-propanon-(1),** *(±)-2-amino-3-phenylpropiophenone* $C_{15}H_{15}NO$, Formel I (R = X = H).

*B.* Beim Behandeln einer Lösung von 2-Hydroxyimino-1.3-diphenyl-propanon-(1) in Äthanol mit Zinn(II)-chlorid und wss. Salzsäure unter Zusatz von Zinn (*Mills*, Soc. **1934** 1565, 1567). Aus (±)-2-Benzamino-1.3-diphenyl-propanon-(1) beim Erwärmen mit wss.-äthanol. Salzsäure (*Cleland, Niemann*, Am. Soc. **71** [1949] 841).

Hydrochlorid $C_{15}H_{15}NO \cdot HCl$. Krystalle (aus wss. A.), F: 228—229° [Zers.] (*Mi.*); Krystalle (aus A. + Ae.), die oberhalb 200° [Zers.] schmelzen (*Cl., Nie.*).

**(±)-2-Methylamino-1.3-diphenyl-propanon-(1),** *(±)-2-(methylamino)-3-phenylpropiophenone* $C_{16}H_{17}NO$, Formel I (R = $CH_3$, X = H).

*B.* Beim Behandeln von (±)-2-Brom-1.3-diphenyl-propanon-(1) mit Methylamin in Benzol (*Wilson, Sun*, J. Chin. chem. Soc. **2** [1934] 243, 247).

Hydrochlorid. Krystalle (aus A.); F: 225—226°.

**(±)-2-Dimethylamino-1.3-diphenyl-propanon-(1),** *(±)-2-(dimethylamino)-3-phenylpropiophenone* $C_{17}H_{19}NO$, Formel I (R = X = $CH_3$) (E II 64).

Beim Leiten von Luft durch eine Natriumäthylat enthaltende äthanol. Lösung bei 70° sind α-Dimethylamino-chalkon (F: 62°), 2-Hydroxy-2.3-diphenyl-propionsäure und Benzoesäure erhalten worden (*Stevens, Hems*, Soc. **1937** 856).

**(±)-2-Anilino-1.3-diphenyl-propanon-(1),** (±)-*2-anilino-3-phenylpropiophenone* $C_{21}H_{19}NO$, Formel I (R = $C_6H_5$, X = H).

*B.* Beim Erwärmen von (±)-2-Brom-1.3-diphenyl-propanon-(1) mit Anilin und Natriumhydrogencarbonat in Äthanol (*Julian et al.*, Am. Soc. **67** [1945] 1203, 1209). Beim Erwärmen von (±)-1-Hydroxy-1.3-diphenyl-aceton mit Anilin (*Ju. et al.*).

Gelbe Krystalle; F: 106° [aus A.] (*McGeoch, Stevens*, Soc. **1935** 1032), 105° [aus Me.] (*Ju. et al.*).

Beim Erwärmen mit Anilin unter Zusatz von wss. Salzsäure auf 100° sind geringe Mengen 1-Anilino-1.3-diphenyl-aceton, beim Erhitzen mit Anilin und Anilin-hydrochlorid auf Siedetemperatur sind 3-Phenyl-2-benzyl-indol und geringere Mengen 2-Phenyl-3-benzyl-indol erhalten worden (*Ju. et al.*, l. c. S. 1209, 1210).

**(±)-2-Benzylamino-1.3-diphenyl-propanon-(1),** (±)-*2-(benzylamino)-3-phenylpropiophenone* $C_{22}H_{21}NO$, Formel I (R = $CH_2$-$C_6H_5$, X = H).

*B.* Aus (±)-2-Brom-1.3-diphenyl-propanon-(1) und Benzylamin in Benzol (*Wilson, Sun*, J. Chin. chem. Soc. **2** [1934] 243, 251).

Hydrochlorid. Krystalle (aus A.); F: 206—207°.

**(±)-2-Benzamino-1.3-diphenyl-propanon-(1), (±)-*N*-[2-Oxo-2-phenyl-1-benzyl-äthyl]-benzamid,** (±)-N-(*α-benzylphenacyl)benzamide* $C_{22}H_{19}NO_2$, Formel I (R = CO-$C_6H_5$, X = H).

*B.* Beim Erhitzen von DL-Phenylalanin mit Benzoylfluorid und Pyridin oder mit Benzoesäure-anhydrid und Pyridin auf 140° (*Cleland, Niemann*, Am. Soc. **71** [1949] 841).

Krystalle (aus wss. A.); F: 146—147° [korr.].

Oxim $C_{22}H_{20}N_2O_2$. Krystalle (aus A.); F: 188—189° [korr.].

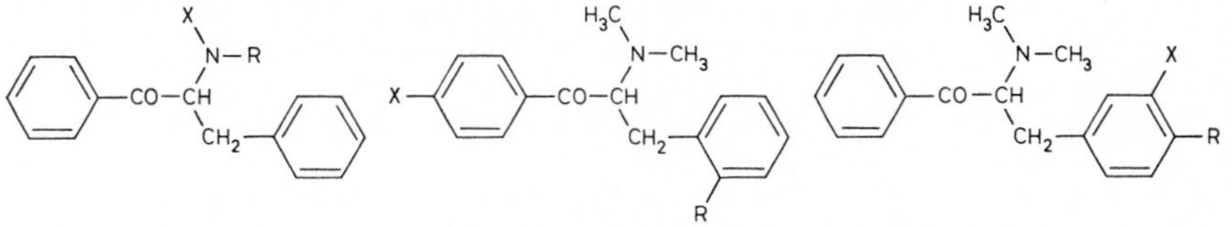

I II III

**(±)-*N*-Methyl-*N*-[2-oxo-2-phenyl-1-benzyl-äthyl]-harnstoff,** (±)-*1-(α-benzylphenacyl)-1-methylurea* $C_{17}H_{18}N_2O_2$, Formel I (R = CO-$NH_2$, X = $CH_3$).

*B.* Aus (±)-2-[Methyl-cyan-amino]-1.3-diphenyl-propanon-(1) beim Erhitzen mit wss. Schwefelsäure (*Stevens, Hems*, Soc. **1937** 856).

F: 226°.

**(±)-2-[Methyl-cyan-amino]-1.3-diphenyl-propanon-(1), (±)-Methyl-[2-oxo-2-phenyl-1-benzyl-äthyl]-carbamonitril,** (±)-*(α-benzylphenacyl)methylcarbamonitrile* $C_{17}H_{16}N_2O$, Formel I (R = CN, X = $CH_3$).

*B.* Aus (±)-2-Dimethylamino-1.3-diphenyl-propanon-(1) und Bromcyan in Äther (*Stevens, Hems*, Soc. **1937** 856).

Krystalle (aus Me.); F: 110°.

**(±)-2-[(5-Brom-pentyl)-cyan-amino]-1.3-diphenyl-propanon-(1), (±)-[2-Oxo-2-phenyl-1-benzyl-äthyl]-[5-brom-pentyl]-carbamonitril,** (±)-*(α-benzylphenacyl)-(5-bromopentyl)carbamonitrile* $C_{21}H_{23}BrN_2O$, Formel I (R = CN, X = $[CH_2]_5$-Br).

*B.* Aus (±)-2-Piperidino-1.3-diphenyl-propanon-(1) und Bromcyan in Äther (*Stevens, Hems*, Soc. **1937** 856).

Krystalle (aus Me.); F: 83°.

**(±)-2-Dimethylamino-3-phenyl-1-[4-chlor-phenyl]-propanon-(1),** (±)-*4'-chloro-2-(dimethylamino)-3-phenylpropiophenone* $C_{17}H_{18}ClNO$, Formel II (R = H, X = Cl).

*B.* Aus Dimethyl-benzyl-[4-chlor-phenacyl]-ammonium-bromid beim Behandeln mit Natriummethylat in Methanol (*Dunn, Stevens*, Soc. **1932** 1926, 1930).

Gelbe Krystalle (aus Me.); F: 91—92°.

**(±)-2-Dimethylamino-3-phenyl-1-[2-chlor-phenyl]-propanon-(3),** (±)-*3-*(o-*chlorophenyl*)-*2-*(*dimethylamino*)*propiophenone* $C_{17}H_{18}ClNO$, Formel II (R = Cl, X = H).

*B.* Aus Dimethyl-[2-chlor-benzyl]-phenacyl-ammonium-bromid beim Behandeln mit Natriummethylat in Methanol oder mit wss. Natronlauge (*Thomson, Stevens,* Soc. **1932** 55, 62).

Krystalle (aus Me.); F: 69—71°.

**(±)-2-Dimethylamino-3-phenyl-1-[3-chlor-phenyl]-propanon-(3),** (±)-*3-*(m-*chlorophenyl*)-*2-*(*dimethylamino*)*propiophenone* $C_{17}H_{18}ClNO$, Formel III (R = H, X = Cl).

*B.* Aus Dimethyl-[3-chlor-benzyl]-phenacyl-ammonium-bromid beim Behandeln mit Natriummethylat in Methanol oder mit wss. Natronlauge (*Thomson, Stevens,* Soc. **1932** 55, 62).

Krystalle (aus Me.); F: 52—53°.

**(±)-2-Dimethylamino-3-phenyl-1-[4-chlor-phenyl]-propanon-(3),** (±)-*3-*(p-*chlorophenyl*)-*2-*(*dimethylamino*)*propiophenone* $C_{17}H_{18}ClNO$, Formel III (R = Cl, X = H).

*B.* Aus Dimethyl-[4-chlor-benzyl]-phenacyl-ammonium-bromid beim Behandeln mit Natriummethylat in Methanol oder mit wss. Natronlauge (*Thomson, Stevens,* Soc. **1932** 55, 63).

Krystalle (aus Me.); F: 59—61°.

**3-Chlor-2-methylamino-1.3-diphenyl-propanon-(1),** *3-chloro-2-*(*methylamino*)*-3-phenyl=propiophenone* $C_{16}H_{16}ClNO$, Formel IV.

Diese Konstitution kommt einem ursprünglich (*Algar, Hickey, Sherry,* Pr. Irish Acad. **49** B [1943/44] 109, 114) als 2-Chlor-3-methylamino-1.3-diphenyl-propanon-(1) angesehenen, als Hydrochlorid $C_{16}H_{16}ClNO \cdot HCl$ (Krystalle [aus A. + Ae.], F: 170—171° [Zers.] bzw. F: 169°) charakterisierten opt.-inakt. Aminoketon zu (*Cromwell, Caughlan,* Am. Soc. **67** [1945] 2235, 2236), das beim Behandeln von opt.-inakt. 2.3-Dibrom-1.3-diphenyl-propanon-(1) (nicht charakterisiert) mit Methylamin in wss. Äthanol und Behandeln der vom entstandenen 2.3-Methylepimino-1.3-diphenyl-propanon-(1) (F: 88—89°) befreiten Reaktionslösung mit Chlorwasserstoff in Äthanol erhalten worden ist (*Cr., Cau.*; s. a. *Al., Hi., Sh.*).

Ein von *Cromwell, Caughlan* (l. c.) ebenfalls als 3-Chlor-2-methylamino-1.3-diphenyl-propanon-(1) angesehenes, als Hydrochlorid (F: 151—153° [Zers.]) charakterisiertes opt.-inakt. Aminoketon ist als 2-Chlor-3-methylamino-1.3-diphenyl-propanon-(1) (S. 258) zu formulieren (*Inokawa,* J. chem. Soc. Japan Pure Chem. Sect. **84** [1963] 932; engl. Ref. S. A 64; C. A. **61** [1964] 13225).

**3-Chlor-2-benzylamino-1.3-diphenyl-propanon-(1),** *2-*(*benzylamino*)*-3-chloro-3-phenyl=propiophenone* $C_{22}H_{20}ClNO$.

**(2*RS*:3*RS*)-3-Chlor-2-benzylamino-1.3-diphenyl-propanon-(1),** (±)-*threo*-3-Chlor-2-benzylamino-1.3-diphenyl-propanon-(1), Formel V (R = $CH_2$-$C_6H_5$, X = Cl) + Spiegelbild.

Diese Konstitution und Konfiguration kommt der nachstehend beschriebenen, ursprünglich (*Cromwell, Babson, Harris,* Am. Soc. **65** [1943] 312, 315) als 2-Chlor-3-benzyl=amino-1.3-diphenyl-propanon-(1) angesehenen Verbindung zu (*Cromwell et al.,* Am. Soc. **75** [1953] 5384, 5387; s. a. *Cromwell, Caughlan,* Am. Soc. **67** [1945] 2235, 2238).

*B.* Aus (±)-2*r*-Phenyl-1-benzyl-3*c*-benzoyl-aziridin beim Behandeln einer Lösung in Äther und Benzol mit Chlorwasserstoff sowie beim Erwärmen mit wss. Salzsäure (*Cr., Ba., Ha.*; *Cromwell, Wankel,* Am. Soc. **71** [1949] 711, 714; *Cr. et al.*).

Krystalle (aus Bzl. + PAe.); F: 92—93° (*Cr., Wa.*).

Wenig beständig. Beim Erwärmen mit wss. Äthanol ist 2-Benzylamino-3-hydroxy-1.3-diphenyl-propanon-(1)-hydrochlorid (F: 210°) erhalten worden (*Cr., Wa.*).

Hydrochlorid $C_{22}H_{20}ClNO \cdot HCl$. Krystalle; F: 167—169° [Zers.; aus Acn. + Me. + Ae.] (*Cr., Ba., Ha.*), 164—166° [aus Me. + Ae.] (*Cr., Wa.*).

**(±)-2-Dimethylamino-3-phenyl-1-[2-brom-phenyl]-propanon-(1),** (±)-*2'-bromo-2-*(*di=methylamino*)*-3-phenylpropiophenone* $C_{17}H_{18}BrNO$, Formel VI (R = H, X = Br).

*B.* Aus Dimethyl-benzyl-[2-brom-phenacyl]-ammonium-jodid beim Behandeln mit Natriummethylat in Methanol (*Dunn, Stevens,* Soc. **1932** 1926, 1931).

Pikrat $C_{17}H_{18}BrNO \cdot C_6H_3N_3O_7$. Gelbe Krystalle (aus Me.); F: 126—127°.

**(±)-2-Dimethylamino-3-phenyl-1-[3-brom-phenyl]-propanon-(1)**, (±)-*3'-bromo-2-(di=methylamino)-3-phenylpropiophenone* $C_{17}H_{18}BrNO$, Formel VI (R = Br, X = H).

*B.* Aus Dimethyl-benzyl-[3-brom-phenacyl]-ammonium-jodid beim Behandeln mit Natriummethylat in Methanol (*Dunn, Stevens*, Soc. **1932** 1926, 1931).

Krystalle (aus Me.); F: 99—100°.

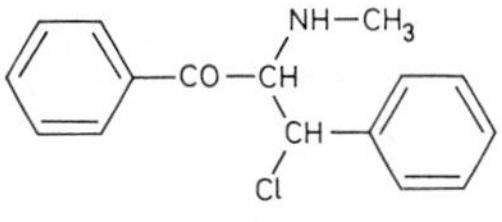

IV 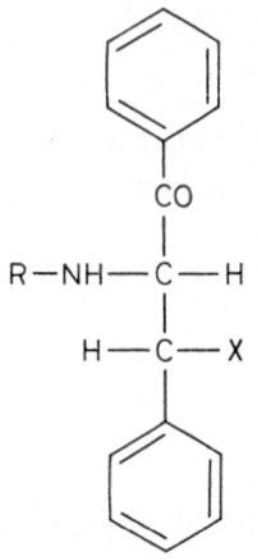 V 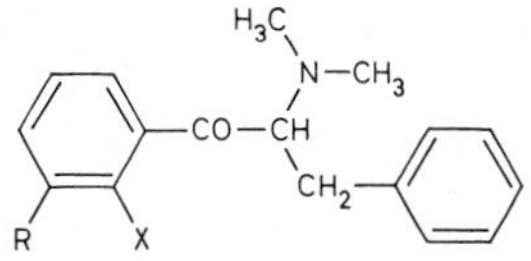 VI

**(±)-2-Dimethylamino-3-phenyl-1-[4-brom-phenyl]-propanon-(1)**, (±)-*4'-bromo-2-(di=methylamino)-3-phenylpropiophenone* $C_{17}H_{18}BrNO$, Formel VII (R = X = H).

*B.* Aus Dimethyl-benzyl-[4-brom-phenacyl]-ammonium-bromid beim Erwärmen mit wss. Natronlauge (*Stevens*, Soc. **1930** 2107, 2116).

Krystalle (aus Me.); F: 106—107°.

Hydrochlorid. Krystalle; F: 235—238° [Zers.].

**(±)-2-Dimethylamino-3-phenyl-1-[2-brom-phenyl]-propanon-(3)**, (±)-*3-*(o-*bromophenyl)-2-(dimethylamino)propiophenone* $C_{17}H_{18}BrNO$, Formel VIII (R = Br, X = H).

*B.* Aus Dimethyl-[2-brom-benzyl]-phenacyl-ammonium-bromid beim Behandeln mit Natriummethylat in Methanol oder mit wss. Natronlauge (*Thomson, Stevens*, Soc. **1932** 55, 63).

Krystalle (aus Me.); F: 79—81°.

**(±)-2-Dimethylamino-3-phenyl-1-[3-brom-phenyl]-propanon-(3)**, (±)-*3-*(m-*bromo=phenyl)-2-(dimethylamino)propiophenone* $C_{17}H_{18}BrNO$, Formel IX (R = H, X = Br).

*B.* Aus Dimethyl-[3-brom-benzyl]-phenacyl-ammonium-bromid beim Erwärmen mit wss. Natronlauge (*Stevens*, Soc. **1930** 2107, 2112).

Krystalle (aus Me.); F: 72—73°.

Wenig beständig.

Pikrat. Gelbe Krystalle (aus Me.); F: 141—143°.

**(±)-2-Dimethylamino-3-phenyl-1-[4-brom-phenyl]-propanon-(3)**, (±)-*3-*(p-*bromophenyl)-2-(dimethylamino)propiophenone* $C_{17}H_{18}BrNO$, Formel IX (R = Br, X = H).

*B.* Aus Dimethyl-[4-brom-benzyl]-phenacyl-ammonium-bromid beim Erwärmen mit wss. Natronlauge (*Stevens et al.*, Soc. **1930** 2119, 2122).

Krystalle (aus Me.); F: 61°.

Wenig beständig.

Pikrat. Gelbe Krystalle (aus Me.); F: 149—150°.

**3-Brom-2-benzylamino-1.3-diphenyl-propanon-(1)**, *2-(benzylamino)-3-bromo-3-phenyl=propiophenone* $C_{22}H_{20}BrNO$.

**(2*RS*:3*RS*)-3-Brom-2-benzylamino-1.3-diphenyl-propanon-(1)**, (±)-*threo*-3-Brom-2-benzylamino-1.3-diphenyl-propanon-(1), Formel V (R = $CH_2$-$C_6H_5$, X = Br) + Spiegelbild.

Diese Konstitution kommt der nachstehend beschriebenen, ursprünglich (*Cromwell, Babson, Harris*, Am. Soc. **65** [1943] 312, 315) als 2-Brom-3-benzylamino-1.3-diphenyl-propanon-(1) beschriebenen opt.-inakt. Verbindung zu (*Cromwell, Caughlan*, Am. Soc. **67** [1945] 2235, 2236); bezüglich der Konfigurationszuordnung vgl. *Cromwell et al.*, Am. Soc. **75** [1953] 5384.

*B.* Beim Behandeln einer Lösung von (±)-2*r*-Phenyl-1-benzyl-3*c*-benzoyl-aziridin in Benzol mit Bromwasserstoff (*Cr.*, *Ba.*, *Ha.*; s. a. *Cr.*, *Cau.*).

Hydrobromid $C_{22}H_{20}BrNO \cdot HBr$. Krystalle (aus Me. + Ae.); F: 157—159° [Zers.] (*Cr.*, *Ba.*, *Ha.*).

**(±)-2-Dimethylamino-3-[4-chlor-phenyl]-1-[4-brom-phenyl]-propanon-(1),** (±)-*4'-bromo-3-*(p-*chlorophenyl*)-*2-*(*dimethylamino*)*propiophenone* $C_{17}H_{17}BrClNO$, Formel VII (R = H, X = Cl).

*B.* Aus Dimethyl-[4-chlor-benzyl]-[4-brom-phenacyl]-ammonium-bromid beim Behandeln mit Natriummethylat in Methanol oder mit wss. Natronlauge (*Thomson, Stevens,* Soc. **1932** 55, 68).

Krystalle (aus Me.); F: 75—76°.

**(±)-2-Dimethylamino-3-[3-brom-phenyl]-1-[4-brom-phenyl]-propanon-(1),** (±)-*4'-bromo-3-*(m-*bromophenyl*)-*2-*(*dimethylamino*)*propiophenone* $C_{17}H_{17}Br_2NO$, Formel VII (R = Br, X = H).

*B.* Aus Dimethyl-[3-brom-benzyl]-[4-brom-phenacyl]-ammonium-bromid beim Behandeln mit Natriummethylat in Methanol oder mit wss. Natronlauge (*Thomson, Stevens,* Soc. **1932** 55, 69).

Krystalle (aus Me.); F: 68—70°.

**(±)-2-Dimethylamino-1.3-bis-[4-brom-phenyl]-propanon-(1),** (±)-*4'-bromo-3-*(p-*bromophenyl*)-*2-*(*dimethylamino*)*propiophenone* $C_{17}H_{17}Br_2NO$, Formel VII (R = H, X = Br).

*B.* Aus Dimethyl-[4-brom-benzyl]-[4-brom-phenacyl]-ammonium-bromid beim Behandeln mit Natriummethylat in Methanol oder mit wss. Natronlauge (*Thomson, Stevens,* Soc. **1932** 55, 69).

Krystalle (aus Me.); F: 77—78°.

**(±)-2-Dimethylamino-3-phenyl-1-[4-jod-phenyl]-propanon-(1),** (±)-*2-*(*dimethylamino*)-*4'-iodo-3-phenylpropiophenone* $C_{17}H_{18}INO$, Formel VIII (R = H, X = I).

*B.* Aus Dimethyl-benzyl-[4-jod-phenacyl]-ammonium-bromid beim Behandeln mit Natriummethylat in Methanol (*Dunn, Stevens,* Soc. **1932** 1926, 1930).

Krystalle; F: 119—120°.

**(±)-2-Dimethylamino-3-phenyl-1-[2-jod-phenyl]-propanon-(3),** (±)-*2-*(*dimethylamino*)-*3-*(o-*iodophenyl*)*propiophenone* $C_{17}H_{18}INO$, Formel VIII (R = I, X = H).

*B.* Aus Dimethyl-[2-jod-benzyl]-phenacyl-ammonium-bromid beim Behandeln mit Natriummethylat in Methanol oder mit wss. Natronlauge (*Thomson, Stevens,* Soc. **1932** 55, 64).

Krystalle (aus Me.); F: 97—98°.

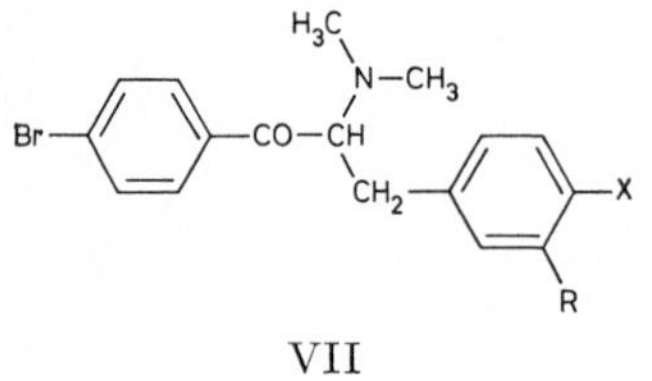

VII 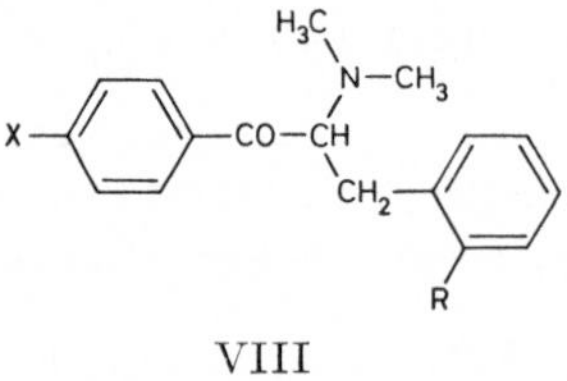 VIII 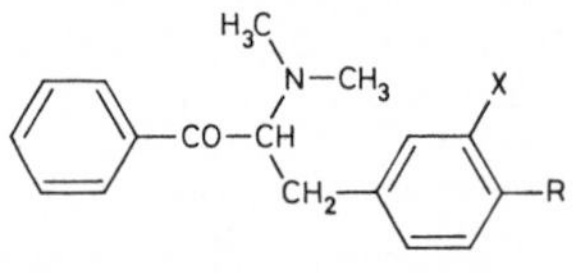 IX

**(±)-2-Dimethylamino-3-phenyl-1-[3-jod-phenyl]-propanon-(3),** (±)-*2-*(*dimethylamino*)-*3-*(m-*iodophenyl*)*propiophenone* $C_{17}H_{18}INO$, Formel IX (R = H, X = I).

*B.* Aus Dimethyl-[3-jod-benzyl]-phenacyl-ammonium-bromid beim Behandeln mit Natriummethylat in Methanol oder mit wss. Natronlauge (*Thomson, Stevens,* Soc. **1932** 55, 64).

Krystalle; F: 82—83°.

**(±)-2-Dimethylamino-3-phenyl-1-[4-jod-phenyl]-propanon-(3),** (±)-*2-*(*dimethylamino*)-*3-*(p-*iodophenyl*)*propiophenone* $C_{17}H_{18}INO$, Formel IX (R = I, X = H).

*B.* Aus Dimethyl-[4-jod-benzyl]-phenacyl-ammonium-bromid beim Behandeln mit Natriummethylat in Methanol oder mit wss. Natronlauge (*Thomson, Stevens,* Soc. **1932** 55, 64).

Krystalle (aus Me.); F: 67—68°.

**(±)-2-Dimethylamino-3-phenyl-1-[3-nitro-phenyl]-propanon-(1),** (±)-*2-*(*dimethylamino*)-*3'-nitro-3-phenylpropiophenone* $C_{17}H_{18}N_2O_3$, Formel VI (R = $NO_2$, X = H).

*B.* Aus Dimethyl-benzyl-[3-nitro-phenacyl]-ammonium-bromid beim Behandeln mit Natriummethylat in Methanol (*Dunn, Stevens,* Soc. **1932** 1926, 1930).

Gelbe Krystalle; F: 77—78°.

**(±)-2-Dimethylamino-3-phenyl-1-[2-nitro-phenyl]-propanon-(3)**, *(±)-2-(dimethylamino)-3-(*o*-nitrophenyl)propiophenone* $C_{17}H_{18}N_2O_3$, Formel VIII (R = $NO_2$, X = H).

*B.* Aus Dimethyl-[2-nitro-benzyl]-phenacyl-ammonium-bromid beim Behandeln mit Natriummethylat in Methanol oder mit wss. Natronlauge (*Thomson, Stevens*, Soc. **1932** 55, 65).

Hellgelbe Krystalle (aus Me.); F: 75—77°.

**(±)-2-Dimethylamino-3-phenyl-1-[3-nitro-phenyl]-propanon-(3)**, *(±)-2-(dimethylamino)-3-(*m*-nitrophenyl)propiophenone* $C_{17}H_{18}N_2O_3$, Formel IX (R = H, X = $NO_2$).

*B.* Aus Dimethyl-[3-nitro-benzyl]-phenacyl-ammonium-bromid beim Behandeln mit Natriummethylat in Methanol oder mit wss. Natronlauge (*Thomson, Stevens*, Soc. **1932** 55, 65).

Gelbliche Krystalle (aus Me.); F: 70—72°.

**(±)-2-Dimethylamino-3-phenyl-1-[4-nitro-phenyl]-propanon-(3)**, *(±)-2-(dimethylamino)-3-(*p*-nitrophenyl)propiophenone* $C_{17}H_{18}N_2O_3$, Formel IX (R = $NO_2$, X = H).

*B.* Neben 4.4′-Dinitro-bibenzyl und 4-Nitro-toluol beim Erwärmen von Dimethyl-[4-nitro-benzyl]-phenacyl-ammonium-bromid mit wss. Natronlauge (*Stevens et al.*, Soc. **1930** 2119, 2123).

Hellgelbe Krystalle (aus Me.); F: 79—82°.

Pikrat. Gelbe Krystalle (aus Me.); F: 144—145°.

**(±)-2-Dimethylamino-3-[4-brom-phenyl]-1-[3-nitro-phenyl]-propanon-(3)**, *(±)-4′-bromo-2-(dimethylamino)-3-(*m*-nitrophenyl)propiophenone* $C_{17}H_{17}BrN_2O_3$, Formel VII (R = $NO_2$, X = H).

*B.* Aus Dimethyl-[3-nitro-benzyl]-[4-brom-phenacyl]-ammonium-bromid beim Behandeln mit Natriummethylat in Methanol oder mit wss. Natronlauge (*Thomson, Stevens*, Soc. **1932** 55, 69).

Gelbliche Krystalle (aus Me.); F: 72—73°.

**3-Amino-1.3-diphenyl-propanon-(1)** $C_{15}H_{15}NO$.

**(±)-3-Methylamino-1.3-diphenyl-propanon-(1)**, *(±)-3-(methylamino)-3-phenylpropiophenone* $C_{16}H_{17}NO$, Formel X (R = $CH_3$, X = H).

Ein von *Algar, Hickey, Sherry* (Pr. Irish Acad. **49** B [1943/44] 109, 115) unter dieser Konstitution beschriebenes, bei der Hydrierung von vermeintlichem opt.-inakt. 2-Chlor-3-methylamino-1.3-diphenyl-propanon-(1)-hydrochlorid vom F: 169° (S. 258) an Platin in Wasser erhaltenes Hydrochlorid $C_{16}H_{17}NO \cdot HCl$ (Krystalle [aus A. + Ae.] mit 1 Mol $H_2O$; F: 191°) ist von *Cromwell, Caughlan* (Am. Soc. **67** [1945] 2235, 2236) nicht wieder erhalten worden.

**(±)-3-Anilino-1.3-diphenyl-propanon-(1)**, *(±)-3-anilino-3-phenylpropiophenone* $C_{21}H_{19}NO$, Formel X (R = $C_6H_5$, X = H) (H 108; E I 399).

*B.* Beim Behandeln von Benzaldehyd-phenylimin mit Acetophenon unter Zusatz von Borfluorid in Äther (*Snyder, Kornberg, Romig*, Am. Soc. **61** [1939] 3556; vgl. H 108).

Krystalle; F: 168—169° [aus Bzl.] (*Dilthey, Nagel*, J. pr. [2] **130** [1931] 147, 160), 166—167° [aus wss. Me.] (*Sn., Ko., Ro.*).

Oxim $C_{21}H_{20}N_2O$. Krystalle (aus Me.); F: 131° (*Cromwell, Wills, Schroeder*, Am. Soc. **64** [1942] 2432, 2434).

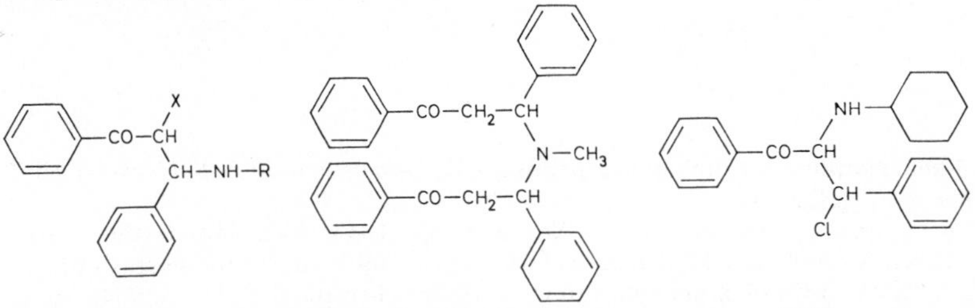

X XI XII

**Methyl-bis-[3-oxo-1.3-diphenyl-propyl]-amin**, *3,3′-diphenyl-3,3′-(methylimino)dipropiophenone* $C_{31}H_{29}NO_2$, Formel XI.

Ein opt.-inakt. Amin (Krystalle [aus Ae. + PAe.], F: 167°; Hydrochlorid

$C_{31}H_{29}NO_2 \cdot HCl$: hygroskopische Krystalle [aus A.], F: 222—225°) dieser Konstitution ist beim Behandeln von *trans*-Chalkon mit Methylamin in wss. Äthanol erhalten worden (*Cromwell, Caughlan,* Am. Soc. **67** [1945] 2235, 2238).

**2-Chlor-3-amino-1.3-diphenyl-propanon-(1),** *3-amino-2-chloro-3-phenylpropiophenone* $C_{15}H_{14}ClNO$, Formel X (R = H, X = Cl) (vgl. E II 65).

Ein unter dieser Konstitution beschriebenes, als Hydrochlorid $C_{15}H_{14}ClNO \cdot HCl$ (Krystalle [aus A. + Ae.]; F: 195°) charakterisiertes opt.-inakt. Aminoketon, für das jedoch auch die Formulierung als 3-Chlor-2-amino-1.3-diphenyl-propanon-(1) in Betracht kommt (vgl. diesbezüglich *Cromwell, Caughlan,* Am. Soc. **67** [1945] 2235; *Cromwell et al.,* Am. Soc. **75** [1953] 5384), ist beim Behandeln von opt.-inakt. 2.3-Dibrom-1.3-diphenyl-propanon-(1) (nicht charakterisiert) mit äthanol. Ammoniak und Behandeln des Reaktionsprodukts mit Chlorwasserstoff in Äthanol erhalten worden (*Algar, Hickey, Sherry,* Pr. Irish Acad. **49**B [1943/44] 109, 114).

**2-Chlor-3-methylamino-1.3-diphenyl-propanon-(1),** *2-chloro-3-(methylamino)-3-phenylpropiophenone* $C_{16}H_{16}ClNO$, Formel X (R = $CH_3$, X = Cl).

Diese Konstitution kommt einem ursprünglich (*Cromwell, Caughlan,* Am. Soc. **67** [1945] 2235, 2237) als 3-Chlor-2-methylamino-1.3-diphenyl-propanon-(1) angesehenen, als Hydrochlorid $C_{16}H_{16}ClNO \cdot HCl$ (Krystalle [aus A. + Ae.]; F: 151—153° [Zers.]) charakterisierten opt.-inakt. Aminoketon zu (*Inokawa,* J. chem. Soc. Japan Pure Chem. Sect. **84** [1963] 932; engl. Ref. S. A 64; C. A. **61** [1964] 13225), das beim Behandeln einer Lösung von opt.-inakt. 2.3-Methylepimino-1.3-diphenyl-propanon-(1) (F: 88—89°) in Äther mit Chlorwasserstoff in Äthanol erhalten worden ist (*Cr., Cau.*).

Ein von *Algar, Hickey, Sherry* (Pr. Irish Acad. **49**B [1943/44] 109, 114) ebenfalls als 2-Chlor-3-methylamino-1.3-diphenyl-propanon-(1) beschriebenes, als Hydrochlorid (F: 169°) charakterisiertes opt.-inakt. Aminoketon ist hingegen als 3-Chlor-2-methylamino-1.3-diphenyl-propanon-(1) (S. 254) zu formulieren (*Cr., Cau.*).

**3-Chlor-2-cyclohexylamino-1.3-diphenyl-propanon-(1),** *3-chloro-2-(cyclohexylamino)-3-phenylpropiophenone* $C_{21}H_{24}ClNO$, Formel XII, und **2-Chlor-3-cyclohexylamino-1.3-diphenyl-propanon-(1),** *2-chloro-3-(cyclohexylamino)-3-phenylpropiophenone* $C_{21}H_{24}ClNO$, Formel X (R = $C_6H_{11}$, X = Cl).

Diese beiden Formeln sind für die nachstehend beschriebene Verbindung in Betracht zu ziehen (vgl. *Cromwell et al.,* Am. Soc. **75** [1953] 5384).

*B.* Aus opt.-inakt. 2.3-Cyclohexylepimino-1.3-diphenyl-propanon-(1) (F: 107°) beim Erwärmen mit wss. Salzsäure (*Cromwell, Babson, Harris,* Am. Soc. **65** [1943] 312, 315).

F: 187—189° [Zers.] (*Cr., Ba., Ha.*).

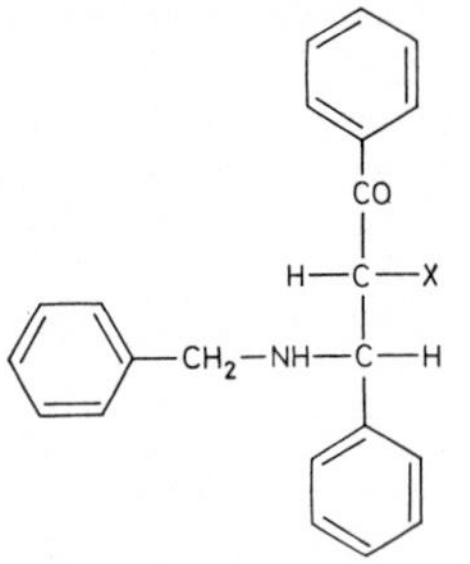

XIII 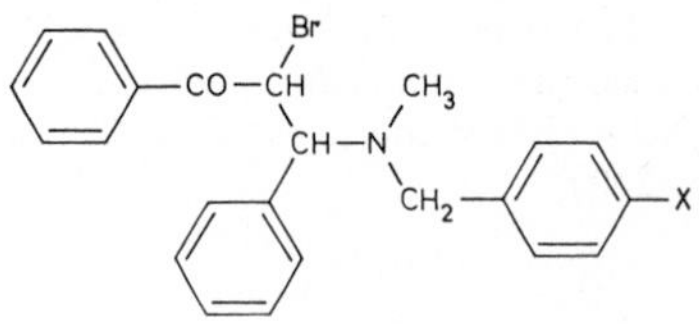 XIV

**2-Chlor-3-benzylamino-1.3-diphenyl-propanon-(1),** *3-(benzylamino)-2-chloro-3-phenylpropiophenone* $C_{22}H_{20}ClNO$.

Ein von *Cromwell, Babson, Harris* (Am. Soc. **65** [1943] 312, 314) unter dieser Konstitution beschriebenes, als Hydrochlorid (F: 167—169°) charakterisiertes Aminoketon ist als (2*RS*:3*RS*)-3-Chlor-2-benzylamino-1.3-diphenyl-propanon-(1) (S. 254) zu formulieren (*Cromwell, Caughlan,* Am. Soc. **67** [1945] 2235, 2238).

**(2*RS*:3*SR*)-2-Chlor-3-benzylamino-1.3-diphenyl-propanon-(1),** (±)-*threo*-2-Chlor-3-benzylamino-1.3-diphenyl-propanon-(1), Formel XIII (X = Cl) + Spiegelbild.

*B.* Neben geringeren Mengen (2*RS*:3*RS*)-3-Chlor-2-benzylamino-1.3-diphenyl-propan=

on-(1)-hydrochlorid beim Behandeln einer Lösung von (±)-2*r*-Phenyl-1-benzyl-3*c*-benzoyl-aziridin in Aceton mit Chlorwasserstoff in Äther (*Cromwell, Wankel,* Am. Soc. **71** [1949] 711, 714).

Geschwindigkeit der Reaktion des Hydrochlorids mit Kaliumjodid in Aceton und Äthanol in Gegenwart von Säure bei 66°: *Cr., Wa.*

Hydrochlorid $C_{22}H_{20}ClNO \cdot HCl$. Krystalle (aus Me. + Ae.); F: 151—152° (*Cr., Wa.*).

**2-Brom-3-benzylamino-1.3-diphenyl-propanon-(1),** *3-(benzylamino)-2-bromo-3-phenylpropiophenone* $C_{22}H_{20}BrNO$.

Ein von *Cromwell, Babson, Harris* (Am. Soc. **65** [1943] 312, 315) unter dieser Konstitution beschriebenes, als Hydrobromid (F: 157—159°) charakterisiertes opt.-inakt. Aminoketon ist als (2*RS*:3*RS*)-3-Brom-2-benzylamino-1.3-diphenyl-propanon-(1) (S. 255) zu formulieren (*Cromwell, Caughlan,* Am. Soc. **67** [1945] 2235, 2236).

**(2*RS*:3*SR*)-2-Brom-3-benzylamino-1.3-diphenyl-propanon-(1),** (±)-*threo*-2-Brom-3-benzylamino-1.3-diphenyl-propanon-(1), Formel XIII (X = Br) + Spiegelbild.

*B.* Beim Behandeln von α-Brom-*trans*-chalkon (E III **7** 2395) mit Benzylamin in Äther und Petroläther bei −5° (*Cromwell, Babson, Harris,* Am. Soc. **65** [1943] 312, 315). Als Hydrobromid beim Erwärmen von (±)-2*r*-Phenyl-1-benzyl-3*c*-benzoyl-aziridin mit wss. Bromwasserstoffsäure (*Cromwell, Caughlan,* Am. Soc. **67** [1945] 2235, 2237).

F: 75—77° [Zers.] (*Cr., Ba., Ha.*).

Beim Aufbewahren einer Lösung in Benzol sind neben dem Hydrobromid geringe Mengen 2*r*-Phenyl-1-benzyl-3*c*-benzoyl-aziridin erhalten worden (*Cr., Ba., Ha.*); die zuletzt genannte Verbindung entsteht auch beim Aufbewahren einer mit 1.2.3.4-Tetrahydro-chinolin versetzten Lösung in Äthanol (*Cr., Ba., Ha.*), beim Erwärmen einer Lösung des Hydrobromids in Methanol mit Pyridin (*Cr., Ba., Ha.*) sowie beim Behandeln einer Lösung des Hydrobromids in Äthanol mit Benzylamin (*Cr., Cau.*). Geschwindigkeit der Reaktion des Hydrobromids mit Kaliumjodid in einem Gemisch von Aceton und Äthanol in Gegenwart von wss. Salzsäure: *Cr., Cau.,* l. c. S. 2238.

Hydrobromid $C_{22}H_{20}BrNO \cdot HBr$. Krystalle; F: 157—159° [Zers.; aus Bzl. + Me. + E. + PAe.] (*Cr., Ba., Ha.*), 155—157° [Zers.; aus Me. + Ae.] (*Cr., Cau.*).

**2-Brom-3-[methyl-benzyl-amino]-1.3-diphenyl-propanon-(1),** *3-(benzylmethylamino)-2-bromo-3-phenylpropiophenone* $C_{23}H_{22}BrNO$, Formel XIV (X = H).

**Opt.-inakt. 2-Brom-3-[methyl-benzyl-amino]-1.3-diphenyl-propanon-(1) vom F: 110°.**

*B.* Beim Behandeln einer Lösung von α-Brom-*trans*-chalkon (E III **7** 2395) in Äther und Petroläther mit Methyl-benzyl-amin (*Cromwell, Witt,* Am. Soc. **65** [1943] 308, 310).

Krystalle (aus Bzl. + PAe.); F: 109—110° [korr.].

Beim Erwärmen mit Natriumäthylat in Äthanol ist α-[Methyl-benzyl-amino]-chalkon (F: 73—75°), beim Erwärmen einer Lösung in Äther und Benzol mit 2 Mol Methyl-benzyl-amin sind daneben 2.3-Bis-[methyl-benzyl-amino]-1.3-diphenyl-propanon-(1) (F: 141—143°) und geringe Mengen einer stereoisomeren(?) Verbindung $C_{31}H_{32}N_2O$ (gelbe Krystalle; F: 102—105°) erhalten worden. Reaktion mit 1.2.3.4-Tetrahydro-chinolin in Äthanol unter Bildung von 2-[Methyl-benzyl-amino]-3-[1.2.3.4-tetrahydro-chinolyl-(1)]-1.3-diphenyl-propanon-(1) (F: 150—153°): *Cr., Witt.*

**2-Brom-3-[methyl-(4-methoxy-benzyl)-amino]-1.3-diphenyl-propanon-(1),** *2-bromo-3-[(4-methoxybenzyl)methylamino]-3-phenylpropiophenone* $C_{24}H_{24}BrNO_2$, Formel XIV (X = $OCH_3$).

Ein opt.-inakt. Aminoketon (F: 103°) dieser Konstitution ist beim Behandeln einer Lösung von α-Brom-*trans*-chalkon (E III **7** 2395) in Äther und Petroläther mit Methyl-[4-methoxy-benzyl]-amin erhalten worden (*Cromwell, Hoeksema,* Am. Soc. **67** [1945] 1658).

**2.3-Diamino-1.3-diphenyl-propanon-(1)** $C_{15}H_{16}N_2O$.

**2-[Methyl-benzyl-amino]-3-anilino-1.3-diphenyl-propanon-(1),** *3-anilino-2-(benzylmethylamino)-3-phenylpropiophenone* $C_{29}H_{28}N_2O$, Formel I (R = $C_6H_5$, X = H).

Ein opt.-inakt. Aminoketon (F: 133—134° [korr.]) dieser Konstitution ist beim Erwärmen von opt.-inakt. 2-Brom-3-[methyl-benzyl-amino]-1.3-diphenyl-propanon-(1) (F: 110°) mit Anilin in Äthanol erhalten worden (*Lutz et al.,* J. org. Chem. **14** [1949] 982, 985, 991).

**2-[Methyl-benzyl-amino]-3-[*N*-methyl-anilino]-1.3-diphenyl-propanon-(1)**, *2-(benzyl=methylamino)-3-(N-methylanilino)-3-phenylpropiophenone* $C_{30}H_{30}N_2O$, Formel I (R = $C_6H_5$, X = $CH_3$).

Ein opt.-inakt. Aminoketon (Krystalle [aus Me.]; F: 144—145° [korr.]) dieser Konstitution ist beim Erwärmen von opt.-inakt. 2-Brom-3-[methyl-benzyl-amino]-1.3-di=phenyl-propanon-(1) (F: 110°) mit *N*-Methyl-anilin in Äthanol erhalten worden (*Lutz et al.*, J. org. Chem. **14** [1949] 982, 985, 991).

I II

**2.3-Bis-[methyl-benzyl-amino]-1.3-diphenyl-propanon-(1)**, *2,3-bis(benzylmethylamino)-3-phenylpropiophenone* $C_{31}H_{32}N_2O$, Formel I (R = $CH_2$-$C_6H_5$, X = $CH_3$).

Ein opt.-inakt. Aminoketon (Krystalle [aus Bzl. + PAe.]; F: 142—144° [korr.]) dieser Konstitution ist neben α-[Methyl-benzyl-amino]-chalkon (F: 72—74°) beim Behandeln von α-Brom-*trans*-chalkon (E III **7** 2395) mit Methyl-benzyl-amin (3 Mol) in wasserhaltigem Äther erhalten worden (*Cromwell, Witt*, Am. Soc. **65** [1943] 308, 311).

**1-Amino-1.3-diphenyl-aceton** $C_{15}H_{15}NO$.

**(±)-1-Anilino-1.3-diphenyl-aceton,** *(±)-1-anilino-1,3-diphenylpropan-2-one* $C_{21}H_{19}NO$, Formel II.

*B.* Beim Erwärmen von (±)-1-Brom-1.3-diphenyl-aceton mit Anilin [2 Mol] (*McGeoch, Stevens*, Soc. **1935** 1032). Beim Erwärmen von (±)-2-Hydroxy-1.3-diphenyl-propanon-(1) mit Anilin unter Zusatz von wss. Salzsäure (*Julian et al.*, Am. Soc. **67** [1945] 1203, 1209).

Krystalle; F: 127° [aus Me.] (*Ju. et al.*), 125° [aus A.] (*McG., St.*).

Beim Erwärmen mit Anilin unter Zusatz von wss. Salzsäure auf 100° erfolgt partielle Isomerisierung zu 2-Anilino-1.3-diphenyl-propanon-(1) (*Ju. et al.*, l. c. S. 1209). Beim Erhitzen mit Anilin und Anilin-hydrochlorid auf Siedetemperatur sind 3-Phenyl-2-benzyl-indol und geringere Mengen 2-Phenyl-3-benzyl-indol erhalten worden (*Ju. et al.*, l. c. S. 1210).

**2-Phenyl-1-[4-amino-phenyl]-propanon-(1), 4-Amino-α-methyl-desoxybenzoin** $C_{15}H_{15}NO$.

**(±)-2-Phenyl-1-[4-dimethylamino-phenyl]-propanon-(1),** *(±)-4'-(dimethylamino)-2-phenylpropiophenone* $C_{17}H_{19}NO$, Formel III.

*B.* Beim Behandeln von 4-Dimethylamino-desoxybenzoin mit Kalium-*tert*-butylat in *tert*-Butylalkohol und Erwärmen der Reaktionslösung mit Methyljodid (*Haddow et al.*, Phil. Trans. [A] **241** [1948] 147, 191).

Krystalle (aus wss. Me.); F: 120—121° [unkorr.].

**2-Amino-1.2-diphenyl-propanon-(1), α-Amino-α-methyl-desoxybenzoin** $C_{15}H_{15}NO$.

**(±)-2-Anilino-1.2-diphenyl-propanon-(1),** *(±)-2-anilino-2-phenylpropiophenone* $C_{21}H_{19}NO$, Formel IV (X = O).

*B.* Aus (±)-2-Anilino-1.2-diphenyl-propanon-(1)-phenylimin beim Erhitzen mit wss. Salzsäure (*Garry*, A. ch. [11] **47** [1942] 5, 52).

Krystalle; F: 142°.

Beim Erhitzen mit Zinkchlorid (*Ga.*, l. c. S. 80), beim Erhitzen des Hydrochlorids auf 190° (*Ga.*, l. c. S. 87) sowie beim Erhitzen unter Zusatz von Anilin-hydrochlorid auf 180° (*Ga.*, l. c. S. 86) ist eine wahrscheinlich als 2-Methyl-3.3-diphenyl-3*H*-indol zu formulierende Verbindung (F: 145°), beim Erhitzen mit Anilin und Anilin-hydrochlorid auf 160° ist hingegen bisweilen eine wahrscheinlich als 3-Methyl-2.3-diphenyl-3*H*-indol zu formulierende Verbindung (F: 108—109°) erhalten worden (*Ga.*, l. c. S. 83).

Hydrochlorid $C_{21}H_{19}NO \cdot HCl$. Krystalle (aus A.); F: 138—142° (*Ga.*, l. c. S. 52).

Pikrat $C_{21}H_{19}NO \cdot C_6H_3N_3O_7$. Gelbe Krystalle (aus Bzl.); F: 168° (*Ga.*, l. c. S. 53).

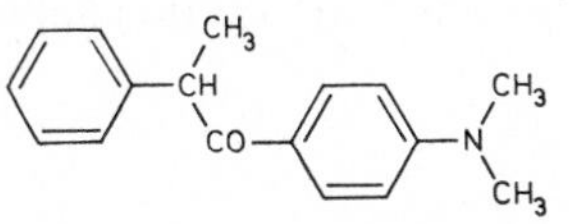

III 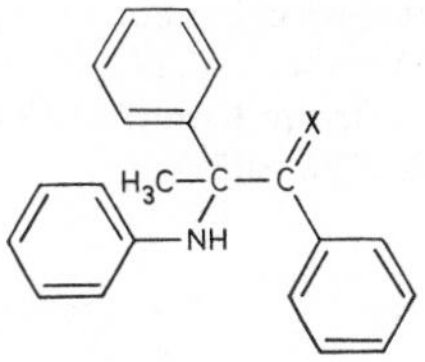 IV 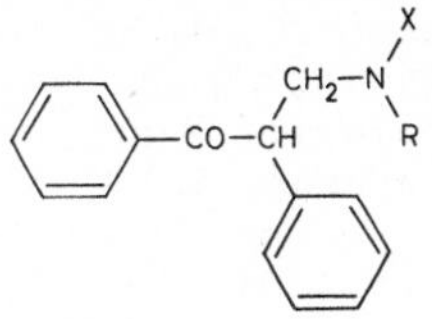 V

**(±)-2-Anilino-1.2-diphenyl-propanon-(1)-phenylimin,** (±)-N,N'-*(1-methyl-1,2-diphenylethan-1-yl-2-ylidene)dianiline* $C_{27}H_{24}N_2$, Formel IV (X = N-$C_6H_5$).

*B.* Beim Erwärmen von Benzil-bis-phenylimin mit Methylmagnesiumjodid in Äther (*Garry*, A. ch. [11] **17** [1942] 5, 51).

Krystalle (aus A. oder Acn.); F: 154°.

**3-Amino-1.2-diphenyl-propanon-(1), α-Aminomethyl-desoxybenzoin** $C_{15}H_{15}NO$.

**(±)-3-Dimethylamino-1.2-diphenyl-propanon-(1),** (±)-*3-(dimethylamino)-2-phenylpropiophenone* $C_{17}H_{19}NO$, Formel V (R = X = $CH_3$).

*B.* Beim Erwärmen von Desoxybenzoin mit Dimethylamin und Formaldehyd in wss. Äthanol (*Denton et al.*, Am. Soc. **71** [1949] 2048).

Krystalle (aus PAe.); F: 82–82,8° (*House, Reif, Wasson*, Am. Soc. **79** [1957] 2490, 2492).

Hydrochlorid $C_{17}H_{19}NO \cdot HCl$. F: 157,2–158,5° [korr.] (*De. et al.*).

**(±)-3-Anilino-1.2-diphenyl-propanon-(1),** (±)-*3-anilino-2-phenylpropiophenone* $C_{21}H_{19}NO$, Formel V (R = $C_6H_5$, X = H).

Diese Konstitution kommt der nachstehend beschriebenen, ursprünglich (*Cameron*, Trans. roy. Soc. Canada [3] **23** III [1929] 53, 59) als 2-Anilino-1.2-diphenyl-propanon-(1) angesehenen Verbindung zu (*Matti, Reynaud*, C. r. **236** [1953] 2253).

*B.* Beim Behandeln von (±)-2-Chlor-1.2-diphenyl-propanon-(1) mit Anilin in Äthanol (*Ca.*).

Krystalle (aus A.); F: 105–106° (*Ca.*).

**(±)-α-Amino-4-methyl-desoxybenzoin,** (±)-*α-amino-4-methyldeoxybenzoin* $C_{15}H_{15}NO$, Formel VI (R = X = H).

*B.* Aus (±)-Amino-phenyl-acetylchlorid-hydrochlorid (hergestellt aus (±)-Amino-phenyl-essigsäure mit Hilfe von Phosphor(V)-chlorid) beim Erwärmen mit Toluol und Aluminiumchlorid sowie bei der Umsetzung mit *p*-Tolylmagnesiumbromid (*McKenzie, Wood*, B. **71** [1938] 358, 362). Aus (±)-*C*-Amino-*C*-phenyl-acetamid und *p*-Tolylmagnesiumbromid (*McK., Wood*, l. c. S. 361).

2.4-Dinitro-phenylhydrazon (F: 184–186°): *McK., Wood.*

Hydrochlorid $C_{15}H_{15}NO \cdot HCl$. Krystalle (aus A. + Ae.); F: 230–232°.

**(±)-α-Anilino-4-methyl-desoxybenzoin,** (±)-*α-anilino-4-methyldeoxybenzoin* $C_{21}H_{19}NO$, Formel VI (R = $C_6H_5$, X = H).

*B.* Beim Erwärmen von (±)-α-Brom-4-methyl-desoxybenzoin mit Anilin in Äthanol (*Brown, Mann*, Soc. **1948** 858, 866). Beim Erhitzen von (±)-α-Anilino-4'-methyl-desoxybenzoin mit Anilin-hydrobromid (1 Mol) in Butanol-(1) oder mit Bromwasserstoff in Essigsäure und Butanol-(1) (*Br., Mann*, l. c. S. 867, 868).

Krystalle (aus A.); F: 137°.

Beim Erhitzen mit geringen Mengen Anilin-hydrobromid auf 200° sowie beim Erhitzen mit Anilin und Anilin-hydrobromid auf Siedetemperatur ist 2-Phenyl-3-*p*-tolyl-indol erhalten worden (*Br., Mann*, l. c. S. 867).

**(±)-α-[*N*-Methyl-anilino]-4-methyl-desoxybenzoin,** (±)-*4-methyl-α-(*N*-methylanilino)deoxybenzoin* $C_{22}H_{21}NO$, Formel VI (R = $C_6H_5$, X = $CH_3$).

*B.* Beim Erwärmen von (±)-α-Brom-4-methyl-desoxybenzoin mit *N*-Methyl-anilin in Äthanol (*Brown, Mann*, Soc. **1948** 858, 866).

Krystalle; F: 154°.

Beim Erhitzen mit Zinkchlorid auf 200° sowie beim Erwärmen mit Zinkchlorid in Äthanol ist 1-Methyl-2-phenyl-3-*p*-tolyl-indol erhalten worden.

**(±)-α-[N-Äthyl-anilino]-4-methyl-desoxybenzoin,** (±)-α-(N-*ethylanilino)-4-methyldeoxybenzoin* $C_{23}H_{23}NO$, Formel VI ($R = C_6H_5$, $X = C_2H_5$).

*B.* Beim Erwärmen von (±)-α-Brom-4-methyl-desoxybenzoin mit N-Äthyl-anilin in Äthanol (*Brown, Mann,* Soc. **1948** 858, 867).

Krystalle (aus A.); F: 121°.

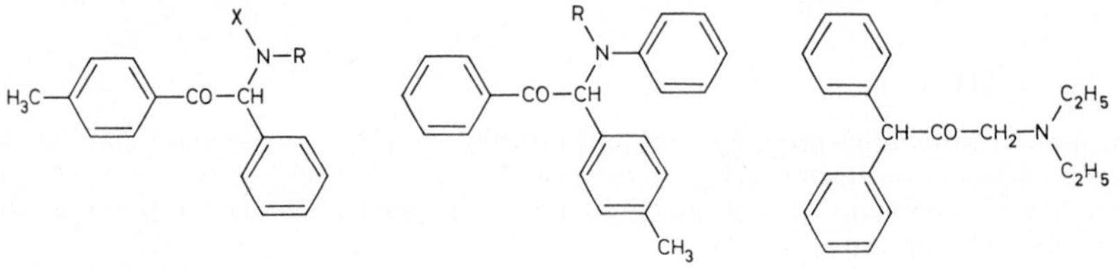

VI VII VIII

**α-Amino-4'-methyl-desoxybenzoin** $C_{15}H_{15}NO$.

**(±)-α-Anilino-4'-methyl-desoxybenzoin,** (±)-α-*anilino-4'-methyldeoxybenzoin* $C_{21}H_{19}NO$, Formel VII (R = H).

*B.* Beim Behandeln von (±)-α-Brom-4'-methyl-desoxybenzoin mit Anilin und Kaliumcarbonat in Äthanol (*Brown, Mann,* Soc. **1948** 858, 867).

Gelbe Krystalle (aus A.); F: 70–71°.

Überführung in 4'-Methyl-desoxybenzoin durch Erhitzen des Hydrobromids auf 210°: *Br., Mann,* l. c. S. 868. Beim Erhitzen mit Anilin-hydrobromid (1 Mol) in Butanol-(1) oder mit Bromwasserstoff in einem Gemisch von Essigsäure und Butanol-(1) ist α-Anilino-4-methyl-desoxybenzoin, beim Erhitzen mit Anilin und Anilin-hydrobromid auf Siedetemperatur sowie beim Erhitzen mit geringen Mengen Anilin-hydrobromid auf 200° sind 2-Phenyl-3-*p*-tolyl-indol und geringe Mengen 3-Phenyl-2-*p*-tolyl-indol erhalten worden.

Hydrobromid $C_{21}H_{19}NO \cdot HBr$. Krystalle; F: 185–186°.

**(±)-α-[N-Methyl-anilino]-4'-methyl-desoxybenzoin,** (±)-*4'-methyl*-α-(N-*methylanilino)deoxybenzoin* $C_{22}H_{21}NO$, Formel VII ($R = CH_3$).

*B.* Beim Behandeln von (±)-α-Brom-4'-methyl-desoxybenzoin mit N-Methyl-anilin in Äthanol (*Brown, Mann,* Soc. **1948** 858, 867).

Krystalle (aus A.); F: 92°.

Beim Erwärmen mit Zinkchlorid in Äthanol ist 1-Methyl-3-phenyl-2-*p*-tolyl-indol, beim Erhitzen mit Zinkchlorid auf 200° sind hingegen geringe Mengen 1-Methyl-2-phenyl-3-*p*-tolyl-indol erhalten worden.

**(±)-α-[N-Äthyl-anilino]-4'-methyl-desoxybenzoin,** (±)-α-(N-*ethylanilino)-4'-methyldeoxybenzoin* $C_{23}H_{23}NO$, Formel VII ($R = C_2H_5$).

*B.* Beim Erwärmen von (±)-α-Brom-4'-methyl-desoxybenzoin mit N-Äthyl-anilin in Äthanol (*Brown, Mann,* Soc. **1948** 858, 867).

Krystalle (aus A.); F: 84°.

Beim Erhitzen mit Zinkchlorid auf 200° sowie beim Erwärmen mit Zinkchlorid in Äthanol ist 1-Äthyl-3-phenyl-2-*p*-tolyl-indol erhalten worden.

**3-Amino-1.1-diphenyl-aceton** $C_{15}H_{15}NO$.

**3-Diäthylamino-1.1-diphenyl-aceton,** *3-(diethylamino)-1,1-diphenylpropan-2-one* $C_{19}H_{23}NO$, Formel VIII.

*B.* Aus 3-Brom-1.1-diphenyl-aceton und Diäthylamin in Äther (*Lutz, Wilson,* J. org. Chem. **12** [1947] 767, 769).

Hydrochlorid $C_{19}H_{23}NO \cdot HCl$. Krystalle (aus Me. + Acn.); F: 187–188° [korr.].

IX X XI

**2'-Amino-2.5-dimethyl-benzophenon,** *2'-amino-2,5-dimethylbenzophenone* $C_{15}H_{15}NO$, Formel IX (E II 66).

*B.* Aus 2'-Nitro-2.5-dimethyl-benzophenon beim Erwärmen einer Lösung in Äthanol mit Zinn und wss. Salzsäure (*Boetius, Römisch,* B. **68** [1935] 1924, 1932).

Gelbliche Krystalle (aus wss. A.); F: 101°.

**6-Amino-2.4'-dimethyl-benzophenon** $C_{15}H_{15}NO$.

**5-Nitro-6-amino-2.4'-dimethyl-benzophenon,** *2-amino-4',6-dimethyl-3-nitrobenzophenone* $C_{15}H_{14}N_2O_3$, Formel X.

*B.* Aus 6-Chlor-5-nitro-2.4'-dimethyl-benzophenon beim Erhitzen mit äthanol. Ammoniak bis auf 200° (*Chardonnens, Lienert,* Helv. **32** [1949] 2340, 2346).

Gelbe Krystalle (aus A. oder Bzl.); F: 157°.

**2-Amino-3.4-dimethyl-benzophenon,** *2-amino-3,4-dimethylbenzophenone* $C_{15}H_{15}NO$, Formel XI.

*B.* Beim Erwärmen von 6.7-Dimethyl-2.3-diphenyl-1-acetyl-indol mit Chrom(VI)-oxid in Essigsäure und Erhitzen des Reaktionsprodukt mit wss. Schwefelsäure (*Ritchie,* J. Pr. Soc. N. S. Wales **80** [1946] 33, 39).

Gelbe Krystalle (aus PAe.); F: 103°.

**6-Amino-3.4-dimethyl-benzophenon,** *2-amino-4,5-dimethylbenzophenone* $C_{15}H_{15}NO$, Formel XII (R = X = H).

*B.* Aus 6-Acetamino-3.4-dimethyl-benzophenon beim Erhitzen mit wss. Salzsäure (*I.G. Farbenind.,* D.R.P. 630021 [1934]; Frdl. **23** 234; *Gen. Aniline Works,* U.S.P. 2078538 [1935]).

Gelbe Krystalle (aus Bzn.); F: 93°.

**6-Acetamino-3.4-dimethyl-benzophenon, Essigsäure-[3.4-dimethyl-6-benzoyl-anilid],** *6'-benzoylaceto-3',4'-xylidide* $C_{17}H_{17}NO_2$, Formel XII (R = CO-$CH_3$, X = H).

*B.* Beim Erwärmen von Essigsäure-[3.4-dimethyl-anilid] mit Benzoylchlorid (oder Benzoesäure-anhydrid) und Aluminiumchlorid in Schwefelkohlenstoff (*I.G. Farbenind.,* D.R.P. 630021 [1934]; Frdl. **23** 234; *Gen. Aniline Works,* U.S.P. 2078538 [1935]).

Krystalle (aus Me. oder wss. Me.); F: 117°.

**2'-Chlor-6-amino-3.4-dimethyl-benzophenon,** *2-amino-2'-chloro-4,5-dimethylbenzophenone* $C_{15}H_{14}ClNO$, Formel XII (R = H, X = Cl).

*B.* Aus 2'-Chlor-6-acetamino-3.4-dimethyl-benzophenon beim Erhitzen mit wss. Salzsäure (*Kränzlein,* B. **70** [1937] 1776, 1785).

Gelbe Krystalle; F: 120°.

**2'-Chlor-6-acetamino-3.4-dimethyl-benzophenon, Essigsäure-[3.4-dimethyl-6-(2-chlorbenzoyl)-anilid],** *6'-(2-chlorobenzoyl)aceto-3',4'-xylidide* $C_{17}H_{16}ClNO_2$, Formel XII (R = CO-$CH_3$, X = Cl).

*B.* Beim Behandeln von Essigsäure-[3.4-dimethyl-anilid] mit 2-Chlor-benzoylchlorid und Aluminiumchlorid in Schwefelkohlenstoff und anschliessenden Erwärmen (*Kränzlein,* B. **70** [1937] 1776, 1784).

Krystalle (aus Me.); F: 173°.

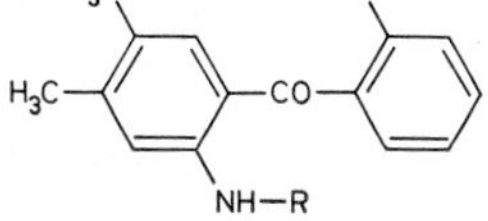

XII 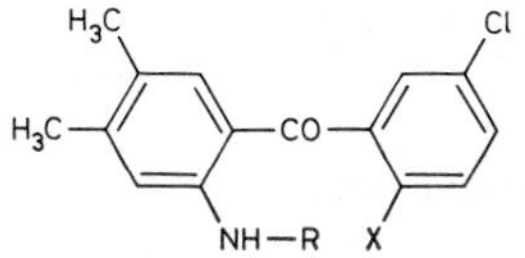 XIII 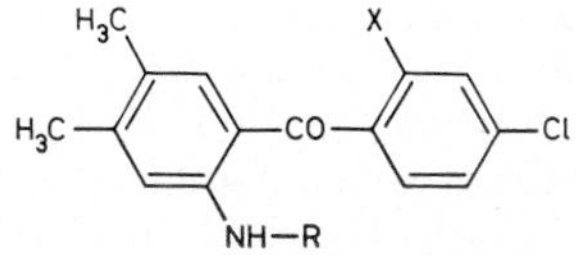 XIV

**3'-Chlor-6-amino-3.4-dimethyl-benzophenon,** *2-amino-3'-chloro-4,5-dimethylbenzophenone* $C_{15}H_{14}ClNO$, Formel XIII (R = X = H).

*B.* Aus 3'-Chlor-6-acetamino-3.4-dimethyl-benzophenon beim Erhitzen mit wss. Salzsäure (*I.G. Farbenind.,* D.R.P. 630021 [1934]; Frdl. **23** 234; *Gen. Aniline Works,* U.S.P. 2078538 [1935]).

Gelbe Krystalle (aus PAe.); F: 101°.

**3'-Chlor-6-acetamino-3.4-dimethyl-benzophenon, Essigsäure-[3.4-dimethyl-6-(3-chlor-benzoyl)-anilid],** *6'-(3-chlorobenzoyl)aceto-3',4'-xylidide* $C_{17}H_{16}ClNO_2$, Formel XIII (R = CO-$CH_3$, X = H).

*B.* Beim Erwärmen von Essigsäure-[3.4-dimethyl-anilid] mit 3-Chlor-benzoylchlorid und Aluminiumchlorid in Schwefelkohlenstoff (*I.G. Farbenind.*, D.R.P. 630021 [1934]; Frdl. **23** 234; *Gen. Aniline Works*, U.S.P. 2078538 [1935]).

Krystalle (aus Me.); F: 106°.

**4'-Chlor-6-amino-3.4-dimethyl-benzophenon,** *2-amino-4'-chloro-4,5-dimethylbenzophenone* $C_{15}H_{14}ClNO$, Formel XIV (R = X = H).

*B.* Aus 4'-Chlor-6-acetamino-3.4-dimethyl-benzophenon beim Erhitzen mit wss. Salzsäure (*I.G. Farbenind.*, D.R.P. 630021 [1934]; Frdl. **23** 234; *Gen. Aniline Works*, U.S.P. 2078538 [1935]).

Hellgelbe Krystalle (aus Me.); F: 155°.

**4'-Chlor-6-acetamino-3.4-dimethyl-benzophenon, Essigsäure-[3.4-dimethyl-6-(4-chlor-benzoyl)-anilid],** *6'-(4-chlorobenzoyl)aceto-3',4'-xylidide* $C_{17}H_{16}ClNO_2$, Formel XIV (R = CO-$CH_3$, X = H).

*B.* Beim Erwärmen von Essigsäure-[3.4-dimethyl-anilid] mit 4-Chlor-benzoylchlorid und Aluminiumchlorid in Schwefelkohlenstoff (*I.G. Farbenind.*, D.R.P. 630021 [1934]; Frdl. **23** 234; *Gen. Aniline Works*, U.S.P. 2078538 [1935]).

Krystalle (aus wss. Me.); F: 152°.

**2'.4'-Dichlor-6-amino-3.4-dimethyl-benzophenon,** *2-amino-2',4'-dichloro-4,5-dimethylbenzophenone* $C_{15}H_{13}Cl_2NO$, Formel XIV (R = H, X = Cl).

*B.* Aus 2'.4'-Dichlor-6-acetamino-3.4-dimethyl-benzophenon beim Erhitzen mit wss. Salzsäure (*I.G. Farbenind.*, D.R.P. 630021 [1934]; Frdl. **23** 234; *Gen. Aniline Works*, U.S.P. 2078538 [1935]).

Hellgelbe Krystalle (aus wss. Me.); F: 95°.

**2'.4'-Dichlor-6-acetamino-3.4-dimethyl-benzophenon, Essigsäure-[3.4-dimethyl-6-(2.4-dichlor-benzoyl)-anilid],** *6'-(2,4-dichlorobenzoyl)aceto-3',4'-xylidide* $C_{17}H_{15}Cl_2NO_2$, Formel XIV (R = CO-$CH_3$, X = Cl).

*B.* Beim Erwärmen von Essigsäure-[3.4-dimethyl-anilid] mit 2.4-Dichlor-benzoylchlorid und Aluminiumchlorid in Schwefelkohlenstoff (*I.G. Farbenind.*, D.R.P. 630021 [1934]; Frdl. **23** 234; *Gen. Aniline Works*, U.S.P. 2078538 [1935]).

Krystalle (aus Me.); F: 139°.

**2'.5'-Dichlor-6-amino-3.4-dimethyl-benzophenon,** *2-amino-2',5'-dichloro-4,5-dimethylbenzophenone* $C_{15}H_{13}Cl_2NO$, Formel XIII (R = H, X = Cl).

*B.* Aus 2'.5'-Dichlor-6-acetamino-3.4-dimethyl-benzophenon beim Erhitzen mit wss. Salzsäure (*I.G. Farbenind.*, D.R.P. 630021 [1934]; Frdl. **23** 234; *Gen. Aniline Works*, U.S.P. 2078538 [1935]).

Hellgelbe Krystalle (aus wss. Me.); F: 115°.

**2'.5'-Dichlor-6-acetamino-3.4-dimethyl-benzophenon, Essigsäure-[3.4-dimethyl-6-(2.5-dichlor-benzoyl)-anilid],** *6'-(2,5-dichlorobenzoyl)aceto-3',4'-xylidide* $C_{17}H_{15}Cl_2NO_2$, Formel XIII (R = CO-$CH_3$, X = Cl).

*B.* Beim Erwärmen von Essigsäure-[3.4-dimethyl-anilid] mit 2.5-Dichlor-benzoylchlorid und Aluminiumchlorid in Schwefelkohlenstoff (*I.G. Farbenind.*, D.R.P. 630021 [1934]; Frdl. **23** 234; *Gen. Aniline Works*, U.S.P. 2078538 [1935]).

Krystalle (aus Me.); F: 136°.

**3'-Nitro-6-amino-3.4-dimethyl-benzophenon,** *2-amino-4,5-dimethyl-3'-nitrobenzophenone* $C_{15}H_{14}N_2O_3$, Formel I (R = H).

*B.* Aus 3'-Nitro-6-acetamino-3.4-dimethyl-benzophenon beim Erhitzen mit wss. Salzsäure (*I.G. Farbenind.*, D.R.P. 630021 [1934]; Frdl. **23** 234; *Gen. Aniline Works*, U.S.P. 2078538 [1935]).

Gelbe Krystalle (aus Me.); F: 119°.

**3'-Nitro-6-acetamino-3.4-dimethyl-benzophenon, Essigsäure-[3.4-dimethyl-6-(3-nitro-benzoyl)-anilid],** *6'-(3-nitrobenzoyl)aceto-3',4'-xylidide* $C_{17}H_{16}N_2O_4$, Formel I (R = CO-$CH_3$).

*B.* Beim Erwärmen von Essigsäure-[3.4-dimethyl-anilid] mit 3-Nitro-benzoylchlorid und Aluminiumchlorid in Schwefelkohlenstoff (*I.G. Farbenind.*, D.R.P. 630021 [1934]; Frdl. **23** 234; *Gen. Aniline Works*, U.S.P. 2078538 [1935]).

Hellgelb; F: 167° [aus PAe.].

**4′-Nitro-6-amino-3.4-dimethyl-benzophenon,** *2-amino-4,5-dimethyl-4′-nitrobenzophenone* $C_{15}H_{14}N_2O_3$, Formel II (R = H).

*B.* Aus 4′-Nitro-6-acetamino-3.4-dimethyl-benzophenon beim Erhitzen mit wss. Salzsäure (*I.G. Farbenind.*, D.R.P. 630021 [1934]; Frdl. **23** 234; *Gen. Aniline Works*, U.S.P. 2078538 [1935]).

Orangefarbene Krystalle (aus Me.); F: 162°.

**4′-Nitro-6-acetamino-3.4-dimethyl-benzophenon, Essigsäure-[3.4-dimethyl-6-(4-nitrobenzoyl)-anilid],** *6′-(4-nitrobenzoyl)aceto-3′,4′-xylidide* $C_{17}H_{16}N_2O_4$, Formel II (R = CO-$CH_3$).

*B.* Beim Erwärmen von Essigsäure-[3.4-dimethyl-anilid] mit 4-Nitro-benzoylchlorid und Aluminiumchlorid in Schwefelkohlenstoff (*I.G. Farbenind.*, D.R.P. 630021 [1934]; Frdl. **23** 234; *Gen. Aniline Works*, U.S.P. 2078538 [1935]).

Gelb; F: 170—172° [aus PAe.].

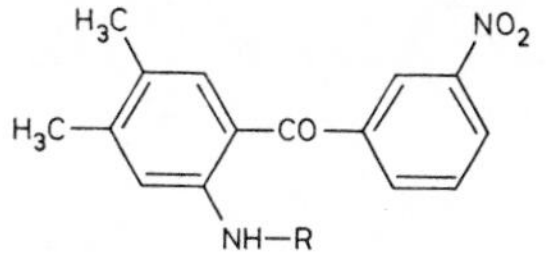

I 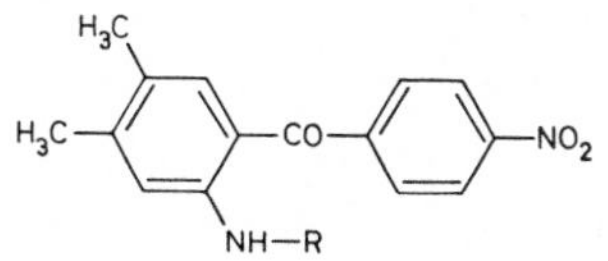 II 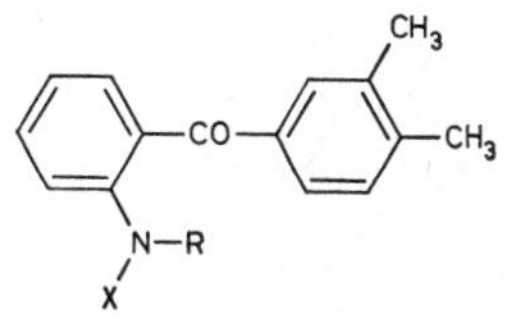 III

**2′-Amino-3.4-dimethyl-benzophenon,** *2-amino-3′,4′-dimethylbenzophenone* $C_{15}H_{15}NO$, Formel III (R = X = H).

*B.* Aus 2′-[Toluol-sulfonyl-(4)-amino]-3.4-dimethyl-benzophenon beim Behandeln mit Schwefelsäure (*Lothrop, Coffman*, Am. Soc. **63** [1941] 2564, 2566).

Hellgelbe Krystalle (aus Me.); F: 82°.

**2′-[Toluol-sulfonyl-(4)-amino]-3.4-dimethyl-benzophenon, Toluol-sulfonsäure-(4)-[2-(3.4-dimethyl-benzoyl)-anilid],** *2′-(3,4-dimethylbenzoyl)-*p*-toluenesulfonanilide* $C_{22}H_{21}NO_3S$, Formel III (R = H, X = $SO_2$-$C_6H_4$-$CH_3$).

*B.* Beim Erwärmen von *N*-[Toluol-sulfonyl-(4)]-anthraniloylchlorid mit *o*-Xylol und Aluminiumchlorid in Schwefelkohlenstoff (*Lothrop, Coffman*, Am. Soc. **63** [1941] 2564, 2566).

Krystalle; F: 132—133°.

**2′-[(Toluol-sulfonyl-(4))-methyl-amino]-3.4-dimethyl-benzophenon, Toluol-sulfonsäure-(4)-[*N*-methyl-2-(3.4-dimethyl-benzoyl)-anilid],** *2′-(3,4-dimethylbenzoyl)-*N*-methyl-*p*-toluenesulfonanilide* $C_{23}H_{23}NO_3S$, Formel III (R = $CH_3$, X = $SO_2$-$C_6H_4$-$CH_3$).

*B.* Aus 2′-[Toluol-sulfonyl-(4)-amino]-3.4-dimethyl-benzophenon mit Hilfe von Dimethylsulfat (*Lothrop, Coffman*, Am. Soc. **63** [1941] 2564, 2566).

Krystalle (aus wss. A.); F: 119—120°.

**2-Amino-3.5-dimethyl-benzophenon,** *2-amino-3,5-dimethylbenzophenone* $C_{15}H_{15}NO$, Formel IV (R = H).

*B.* Beim Erhitzen von 2-Benzamino-3.5-dimethyl-benzophenon mit einem Gemisch von Schwefelsäure, Essigsäure und Wasser (*Sternbach et al.*, J. org. Chem. **26** [1961] 4488, 4491).

Krystalle (aus PAe.); F: 68—70° (*St. et al.*).

Eine von *Dziewoński, Sternbach* (Bl. Acad. polon. [A] **1935** 333, 347) ebenfalls als 2-Amino-3.5-dimethyl-benzophenon beschriebene Verbindung (F: 128,5°) ist als 2-Amino-3.5-dimethyl-benzhydrol zu formulieren (*St. et al.*, l. c. S. 4489).

**2-Benzamino-3.5-dimethyl-benzophenon, Benzoesäure-[2.4-dimethyl-6-benzoyl-anilid],** *6′-benzoylbenzo-2′,4′-xylidide* $C_{22}H_{19}NO_2$, Formel IV (R = CO-$C_6H_5$).

*B.* Beim Erhitzen von 2.4-Dimethyl-anilin mit Benzoylchlorid und Zinkchlorid auf 170° (*Dziewoński, Sternbach*, Bl. Acad. polon. [A] **1935** 333, 347).

Krystalle (aus A.); F: 162° (*Dz., St.*).

Beim Erhitzen mit wss.-äthanol. Kalilauge auf 170° sind 2-Amino-3.5-dimethyl-benzophenon und geringe Mengen 2-Amino-3.5-dimethyl-benzhydrol (E III **13** 1996) erhalten worden (*Sternbach et al.*, J. org. Chem. **26** [1961] 4488, 4491; s. a. *Dz.*, *St.*).

**4.4′-Diamino-3.3′-dimethyl-benzophenon** $C_{15}H_{16}N_2O$.

**4.4′-Bis-methylamino-3.3′-dimethyl-benzophenon-benzoylimin, *N*-[4.4′-Bis-methylamino-3.3′-dimethyl-benzhydryliden]-benzamid,** N-[*3,3′-dimethyl-4,4′-bis(methylamino)benzhydrylidene*]*benzamide* $C_{24}H_{25}N_3O$, Formel V (R = $CH_3$, R′ = H, X = N-CO-$C_6H_5$).

*B.* Beim Erwärmen von 4.4′-Bis-methylamino-3.3′-dimethyl-benzophenon-imin mit Benzoesäure-anhydrid in Benzol (*Scanlan*, *Reid*, Ind. eng. Chem. Anal. **7** [1935] 125).

Gelbe Krystalle (aus Chlorbenzol); F: 176—177°.

IV V VI

**4.4′-Bis-dimethylamino-3.3′-dimethyl-benzophenon,** *4,4′-bis(dimethylamino)-3,3′-dimethylbenzophenone* $C_{19}H_{24}N_2O$, Formel V (R = R′ = $CH_3$, X = O).

In dem E I 400 unter dieser Konstitution beschriebenen Präparat (F: 85,5°) hat möglicherweise das als Ausgangsverbindung verwendete 4.4′-Bis-methylamino-3.3′-dimethyl-benzophenon vorgelegen (*Barker*, *Hallas*, *Stamp*, Soc. **1960** 3790, 3797).

**4.4′-Bis-acetamino-3.3′-dimethyl-benzophenon,** *4′,4‴-carbonylbisaceto-*o*-toluidide* $C_{19}H_{20}N_2O_3$, Formel V (R = CO-$CH_3$, R′ = H, X = O) (H 110).

Krystalle (aus A.); F: 263—264° (*Barker*, *Hallas*, *Stamp*, Soc. **1960** 3790, 3798).

**2-Amino-4.4′-dimethyl-benzophenon,** *2-amino-4,4′-dimethylbenzophenone* $C_{15}H_{15}NO$, Formel VI (X = H).

*B.* Neben Di-*p*-tolyl-sulfon beim Erwärmen von 2-[Toluol-sulfonyl-(4)-amino]-4-methyl-benzoesäure mit Phosphor(V)-chlorid in Toluol, Erwärmen der Reaktionslösung mit Aluminiumchlorid und Behandeln des nach der Hydrolyse (wss. Salzsäure) erhaltenen Reaktionsprodukts mit Schwefelsäure (*Chardonnens*, *Würmli*, Helv. **29** [1946] 922, 924).

Gelbe Krystalle (aus Bzn.); F: 119° [korr.].

**5-Nitro-2-amino-4.4′-dimethyl-benzophenon,** *2-amino-4,4′-dimethyl-5-nitrobenzophenone* $C_{15}H_{14}N_2O_3$, Formel VI (X = $NO_2$).

*B.* Aus 6-Chlor-3-nitro-4.4′-dimethyl-benzophenon beim Erhitzen mit äthanol. Ammoniak auf 160° (*Chardonnens*, *Würmli*, Helv. **29** [1946] 922, 927).

Gelbe Krystalle (aus A.); F: 162,5° [korr.].

**3.3′-Diamino-4.4′-dimethyl-benzophenon,** *3,3′-diamino-4,4′-dimethylbenzophenone* $C_{15}H_{16}N_2O$, Formel VII (H 111).

*B.* Beim Erwärmen von 3.3′-Dinitro-4.4′-dimethyl-benzophenon in Äthanol mit Eisen unter Einleiten von Chlorwasserstoff (*de Diesbach*, *Lempen*, *Benz*, Helv. **15** [1932] 1241, 1248).

VII VIII

**4-DL-Alanyl-biphenyl, (±)-2-Amino-1-[biphenylyl-(4)]-propanon-(1),** (±)-α-Amino-4-phenyl-propiophenon, *(±)-2-amino-4'-phenylpropiophenone* $C_{15}H_{15}NO$, Formel VIII.

*B.* Als Hydrochlorid bei der Hydrierung von 2-Hydroxyimino-1-[biphenylyl-(4)]-propanon-(1) an Palladium/Kohle in Chlorwasserstoff enthaltendem Äthanol (*Hartung, Munch, Crossley,* Am. Soc. **57** [1935] 1091).

Hydrochlorid $C_{15}H_{15}NO \cdot HCl$. F: 253° [unter Rotfärbung].

**(±)-7-Amino-4-oxo-1-methyl-1.2.3.4-tetrahydro-phenanthren,** (±)-7-Amino-1-methyl-1.2-dihydro-3*H*-phenanthrenon-(4), *(±)-7-amino-1-methyl-1,2-dihydro-4*(3H)*-phenanthrone* $C_{15}H_{15}NO$, Formel IX.

*B.* Aus (±)-7-Hydroxy-4-oxo-1-methyl-1.2.3.4-tetrahydro-phenanthren beim Erhitzen einer Lösung in Dioxan mit wss. Ammoniak und Natriumhydrogensulfit bis auf 200° (*Miyasaka,* J. pharm. Soc. Japan **60** [1940] 321, 327; engl. Ref. S. 128, 129; C. A. **1940** 7289).

Pikrat $C_{15}H_{15}NO \cdot C_6H_3N_3O_7$. Krystalle (aus Me.); Zers. bei 190°.

**1-Oxo-2-aminomethyl-1.2.3.4-tetrahydro-phenanthren** $C_{15}H_{15}NO$.

**(±)-1-Oxo-2-[dimethylamino-methyl]-1.2.3.4-tetrahydro-phenanthren,** (±)-2-[Dimethylamino-methyl]-3.4-dihydro-2*H*-phenanthrenon-(1), *(±)-2-[(dimethylamino)methyl]-3,4-dihydro-1*(2H)*-phenanthrone* $C_{17}H_{19}NO$, Formel X (R = $CH_3$).

*B.* Beim Erhitzen von 1-Oxo-1.2.3.4-tetrahydro-phenanthren mit Dimethylamin-hydrochlorid und Paraformaldehyd in Isoamylalkohol (*Burger, Mosettig,* Am. Soc. **58** [1936] 1570).

Krystalle (aus PAe.); F: 66—82°.

Hydrochlorid $C_{17}H_{19}NO \cdot HCl$. F: 199—200° [aus A.].

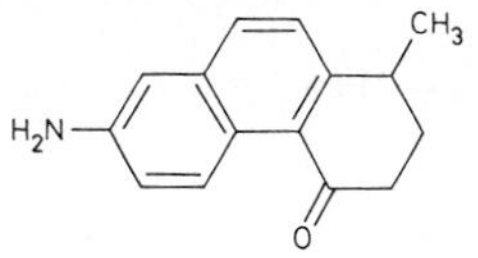

IX 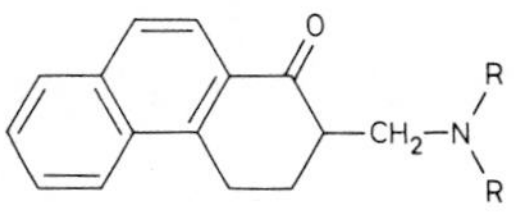 X 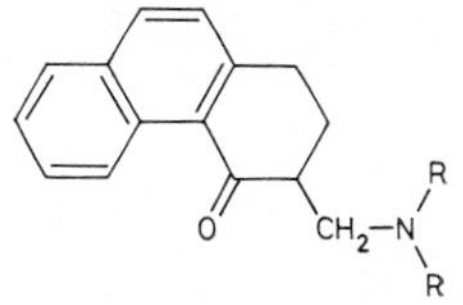 XI

**(±)-1-Oxo-2-[diäthylamino-methyl]-1.2.3.4-tetrahydro-phenanthren,** (±)-2-[Diäthylamino-methyl]-3.4-dihydro-2*H*-phenanthrenon-(1), *(±)-2-[(diethylamino)methyl]-3,4-dihydro-1*(2H)*-phenanthrone* $C_{19}H_{23}NO$, Formel X (R = $C_2H_5$).

*B.* Beim Erhitzen von 1-Oxo-1.2.3.4-tetrahydro-phenanthren mit Diäthylamin-hydrochlorid und Paraformaldehyd in Isoamylalkohol (*Burger, Mosettig,* Am. Soc. **58** [1936] 1570).

Krystalle (aus PAe.); F: 60—61°.

Hydrochlorid $C_{19}H_{23}NO \cdot HCl$. F: 137—138° [aus A. + Ae.].

Pikrat $C_{19}H_{23}NO \cdot C_6H_3N_3O_7$. Gelb; F: 163—164° [aus A.].

**4-Oxo-3-aminomethyl-1.2.3.4-tetrahydro-phenanthren** $C_{15}H_{15}NO$.

**(±)-4-Oxo-3-[dimethylamino-methyl]-1.2.3.4-tetrahydro-phenanthren,** (±)-3-[Dimethylamino-methyl]-1.2-dihydro-3*H*-phenanthrenon-(4), *(±)-3-[(dimethylamino)methyl]-1,2-dihydro-4*(3H)*-phenanthrone* $C_{17}H_{19}NO$, Formel XI (R = $CH_3$).

*B.* Beim Erhitzen von 4-Oxo-1.2.3.4-tetrahydro-phenanthren mit Dimethylamin-hydrochlorid und Paraformaldehyd in Isoamylalkohol (*Burger, Mosettig,* Am. Soc. **58** [1936] 1570).

Hydrochlorid $C_{17}H_{19}NO \cdot HCl$. Krystalle (aus A.); F: 178—179°.

**(±)-4-Oxo-3-[diäthylamino-methyl]-1.2.3.4-tetrahydro-phenanthren,** (±)-3-[Diäthylamino-methyl]-1.2-dihydro-3*H*-phenanthrenon-(4), *(±)-3-[(diethylamino)methyl]-1,2-dihydro-4*(3H)*-phenanthrone* $C_{19}H_{23}NO$, Formel XI (R = $C_2H_5$).

*B.* Beim Erhitzen von 4-Oxo-1.2.3.4-tetrahydro-phenanthren mit Diäthylamin-hydrochlorid und Paraformaldehyd in Isoamylalkohol (*Burger, Mosettig,* Am. Soc. **58** [1936] 1570).

Hydrochlorid $C_{19}H_{23}NO \cdot HCl$. F: 153—154° [aus A. + Ae.].

Pikrat $C_{19}H_{23}NO \cdot C_6H_3N_3O_7$. Gelb; F: 149—151° [aus A.].

## Amino-Derivate der Oxo-Verbindungen $C_{16}H_{16}O$

**4-Phenyl-2-[4-amino-phenyl]-butanon-(4)** $C_{16}H_{17}NO$.

**(±)-1-Nitro-4-phenyl-2-[4-dimethylamino-phenyl]-butanon-(4)**, *(±)-3-[p-(dimethyl=amino)phenyl]-4-nitrobutyrophenone* $C_{18}H_{20}N_2O_3$, Formel I.

*B.* Beim Erwärmen von 4-Dimethylamino-chalkon (F: 114°) mit Nitromethan und Natriummethylat in Methanol (*Rogers*, Soc. **1943** 590, 593).

Gelbliche Krystalle (aus A.); F: 114—115° [unkorr.].

Oxim $C_{18}H_{21}N_3O_3$. Krystalle (aus A.); F: 121—123° [unkorr.; gelbe Schmelze].

**2-Amino-1.3-diphenyl-butanon-(1)** $C_{16}H_{17}NO$.

**2-Dimethylamino-1.3-diphenyl-butanon-(1)**, *2-(dimethylamino)-3-phenylbutyrophenone* $C_{18}H_{21}NO$.

Über die Konfiguration der opt.-akt. Stereoisomeren s. *Brewster, Kline*, Am. Soc. **74** [1952] 5179, 5180.

a) **(2Ξ:3S)-2-Dimethylamino-1.3-diphenyl-butanon-(1)**, Formel II, **vom F: 120°**.

*B.* Neben dem unter b) beschriebenen Stereoisomeren beim Erwärmen von Dimeth=yl-[(*S*)-1-phenyl-äthyl]-phenacyl-ammonium-bromid mit wss. Natronlauge (*Campbell, Houston, Kenyon*, Soc. **1947** 93; *Brewster, Kline*, Am. Soc. **74** [1952] 5179, 5181).

Gelbliche Krystalle (aus Me.); F: 119,5—120° (*Br., Kl.*), 108° (*Ca., Hou., Ke.*). $[\alpha]_D^{26}$: +60,4° [Me.; c = 2] (*Br., Kl.*); $[\alpha]_D^{21}$: +84,2° [Acn.; c = 2]; $[\alpha]_D^{21}$: +43,2° [Me.; c = 2]; $[\alpha]_{578}^{21}$: +91,2° [Acn.; c = 2]; $[\alpha]_{578}^{21}$: +46,3° [Me.; c = 2]; $[\alpha]_{546}^{21}$: +114° [Acn.; c = 2]; $[\alpha]_{546}^{21}$: +54° [Me.; c = 2]; $[\alpha]_{436}^{21}$: +166° [Acn.; c = 2]; $[\alpha]_{436}^{21}$: +83° [Me.; c = 2,8] (*Ca., Hou., Ke.*).

Pikrat $C_{18}H_{21}NO \cdot C_6H_3N_3O_7$. Gelbe Krystalle, F: 194—196°; $[\alpha]_{589}^{19}$: +7,98° [Acn.; c = 1] (*Ca., Hou., Ke.*).

L-Hydrogenmalat $C_{18}H_{21}NO \cdot C_4H_6O_5$. Krystalle; F: 118—119° (*Ca., Hou., Ke.*).

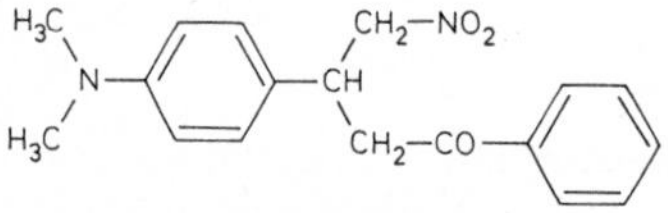

I 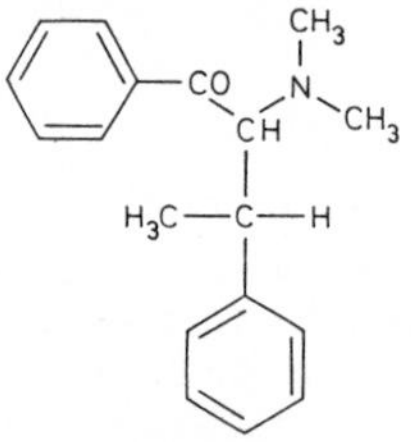 II 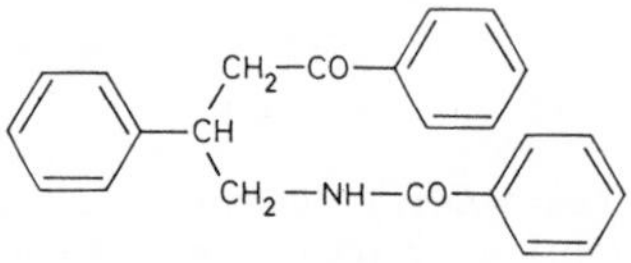 III

b) **(2Ξ:3S)-2-Dimethylamino-1.3-diphenyl-butanon-(1)**, Formel II, **vom F: 112°**.

*B.* s. bei dem unter a) beschriebenen Stereoisomeren.

Gelbe Krystalle; F: 111—112° [aus Me.] (*Brewster, Kline*, Am. Soc. **74** [1952] 5179, 5181, 5182), 108° [aus Acn. + PAe.] (*Campbell, Houston, Kenyon*, Soc. **1947** 93). $[\alpha]_D$: +10,7° [Acn.; c = 2]; $[\alpha]_D$: +5,0° [Me.; c = 2] (*Ca., Hou., Ke.*); $[\alpha]_D^{28}$: +7,0° [Me.; c = 0,2] (*Br., Kl.*).

Beim Erwärmen mit äthanol. Natriumäthylat ist das unter a) beschriebene Stereo=isomere erhalten worden (*Ca., Hou., Ke.*; s. dagegen *Br., Kl.*, l. c. S. 5181 Anm. 23).

Pikrat $C_{18}H_{21}NO \cdot C_6H_3N_3O_7$. Krystalle; F: 172—174°; $[\alpha]_D^{19}$: +58,0° [Acn.; c = 3] (*Ca., Hou., Ke.*).

c) **Opt.-inakt. 2-Dimethylamino-1.3-diphenyl-butanon-(1)**, Formel II + Spiegelbild, **vom F: 112°**.

*B.* Neben dem unter d) beschriebenen Stereoisomeren beim Erwärmen von (±)-Di=methyl-[1-phenyl-äthyl]-phenacyl-ammonium-bromid mit wss. Natronlauge (*Stevens*, Soc. **1930** 2107, 2111, 2113).

Krystalle (aus Me.); F: 111—112°. Absorptionsspektrum (A.): *St.*, l. c. S. 2110.

Pikrat $C_{18}H_{21}NO \cdot C_6H_3N_3O_7$. Gelbliche Krystalle; F: 186—187°.

d) **Opt.-inakt. 2-Dimethylamino-1.3-diphenyl-butanon-(1)**, Formel II + Spiegelbild, **vom F: 113°**.

*B.* Beim Erwärmen von opt.-inakt. 2-Brom-1.3-diphenyl-butanon-(1) (F: 76°) mit

Dimethylamin in Äthanol (*Stevens*, Soc. **1930** 2107, 2114).

Gelbe Krystalle (aus Me. oder Bzn.), F: 111—113°; bei langsamer Krystallisation aus Äthanol ist eine grüngelbe Modifikation vom F: 111—113° erhalten worden, die sich durch Erwärmen auf 100° in die gelbe Modifikation hat überführen lassen. Absorptionsspektrum (A.): *St.*, l. c. S. 2110.

Beim Erwärmen mit Natriumäthylat in Äthanol ist das unter c) beschriebene Stereoisomere erhalten worden.

Pikrat. Gelbe Krystalle; F: 174—176° [Zers.].

**4-Amino-1.3-diphenyl-butanon-(1)** $C_{16}H_{17}NO$.

**(±)-4-Benzamino-1.3-diphenyl-butanon-(1), (±)-*N*-[4-Oxo-2.4-diphenyl-butyl]-benzamid,** (±)-N-(*4-oxo-2,4-diphenylbutyl)benzamide* $C_{23}H_{21}NO_2$, Formel III.

Diese Konstitution kommt wahrscheinlich auch der E II **7** 390 beschriebenen Verbindung (F: 179—180°) der vermeintlichen Zusammensetzung $C_{23}H_{19}NO_2$ und der E II **20** 307 als 1-Benzoyl-2.4-diphenyl-$\Delta^2$-pyrrolin beschriebenen Verbindung (F: 180°) zu (*Kloetzel, Pinkus, Washburn*, Am. Soc. **79** [1957] 4222 Anm. 14; s. a. *Sonn*, B. **68** [1935] 148, 151).

*B.* Aus 2.4-Diphenyl-$\Delta^2$-pyrrolin und Benzoylchlorid (*Sonn*).

Krystalle (aus A.); F: 180—181° (*Sonn*).

**2-Amino-2-methyl-1.3-diphenyl-propanon-(1)** $C_{16}H_{17}NO$.

**(±)-2-Dimethylamino-2-methyl-1.3-diphenyl-propanon-(1),** (±)-*2-(dimethylamino)-2-methyl-3-phenylpropiophenone* $C_{18}H_{21}NO$, Formel IV.

*B.* Aus (±)-Dimethyl-[2-oxo-1-methyl-2-phenyl-äthyl]-benzyl-ammonium-jodid beim Erwärmen mit wss. Natronlauge (*Thomson, Stevens*, Soc. **1932** 1932, 1937).

Pikrat $C_{18}H_{21}NO \cdot C_6H_3N_3O_7$. Gelbe Krystalle (aus wss. Me.); F: 161—162°.

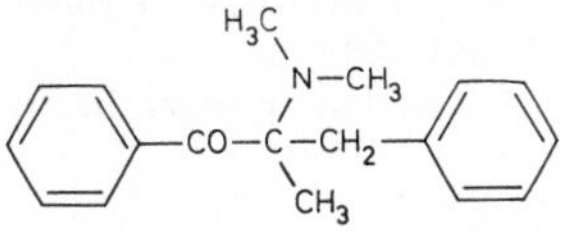

IV 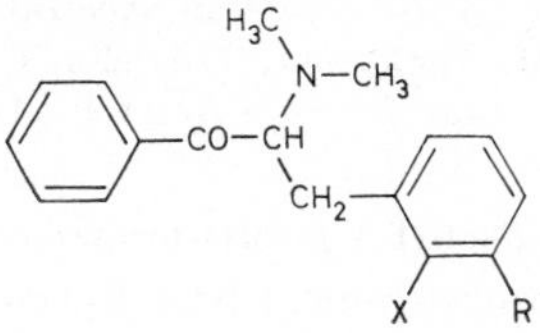 V

**2-Amino-1-phenyl-3-*o*-tolyl-propanon-(1)** $C_{16}H_{17}NO$.

**(±)-2-Dimethylamino-1-phenyl-3-*o*-tolyl-propanon-(1),** (±)-*2-(dimethylamino)-3-*o*-tolylpropiophenone* $C_{18}H_{21}NO$, Formel V (R = H, X = $CH_3$).

*B.* Aus Dimethyl-[2-methyl-benzyl]-phenacyl-ammonium-jodid beim Behandeln mit Natriummethylat in Methanol oder mit wss. Natronlauge (*Thomson, Stevens*, Soc. **1932** 55, 66).

Krystalle (aus Me.); F: 62—63°.

**2-Amino-1-phenyl-3-*m*-tolyl-propanon-(1)** $C_{16}H_{17}NO$.

**(±)-2-Dimethylamino-1-phenyl-3-*m*-tolyl-propanon-(1),** (±)-*2-(dimethylamino)-3-*m*-tolylpropiophenone* $C_{18}H_{21}NO$, Formel V (R = $CH_3$, X = H).

*B.* Aus Dimethyl-[3-methyl-benzyl]-phenacyl-ammonium-jodid beim Behandeln mit Natriummethylat in Methanol oder mit wss. Natronlauge (*Thomson, Stevens*, Soc. **1932** 55, 67).

Krystalle (aus Me.); F: 74—76°.

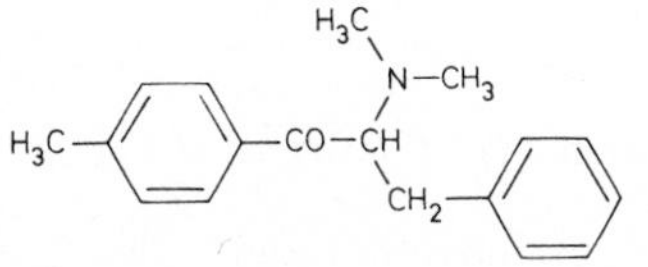

VI 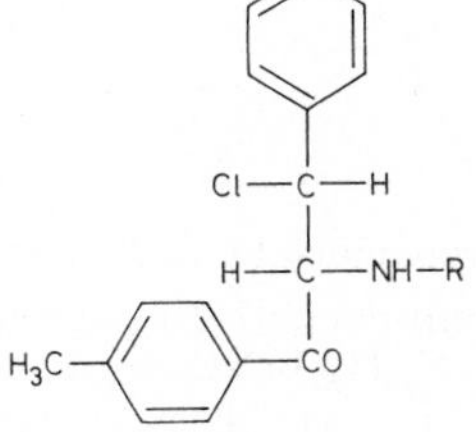 VII 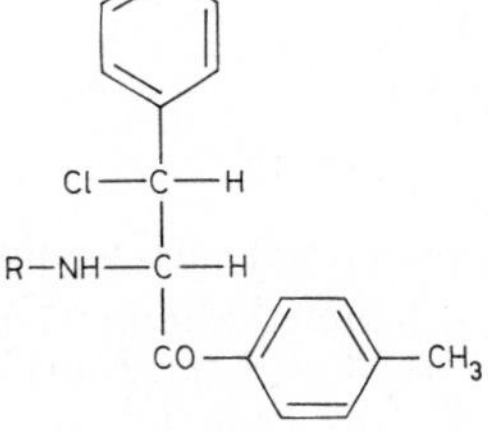 VIII

**2-Amino-1-phenyl-3-*p*-tolyl-propanon-(3)** $C_{16}H_{17}NO$.

**(±)-2-Dimethylamino-1-phenyl-3-*p*-tolyl-propanon-(3)**, *(±)-2-(dimethylamino)-4'-methyl-3-phenylpropiophenone* $C_{18}H_{21}NO$, Formel VI.

*B.* Aus Dimethyl-benzyl-[4-methyl-phenacyl]-ammonium-bromid beim Behandeln mit Natriummethylat in Methanol (*Dunn, Stevens*, Soc. **1932** 1926, 1929).

Krystalle (aus Me.); F: 62°. Wenig beständig.

**1-Chlor-2-benzylamino-1-phenyl-3-*p*-tolyl-propanon-(3)**, *2-(benzylamino)-3-chloro-4'-methyl-3-phenylpropiophenone* $C_{23}H_{22}ClNO$.

a) **(1*RS*:2*RS*)-1-Chlor-2-benzylamino-1-phenyl-3-*p*-tolyl-propanon-(3)**, (±)-*threo*-1-Chlor-2-benzylamino-1-phenyl-3-*p*-tolyl-propanon-(3), Formel VII (R = $CH_2$-$C_6H_5$) + Spiegelbild.

*B.* Neben geringen Mengen (1*RS*:2*SR*)-2-Chlor-1-benzylamino-1-phenyl-3-*p*-tolyl-propanon-(3) beim Behandeln einer Lösung von (±)-2*r*-Phenyl-1-benzyl-3*c*-*p*-toluoyl-aziridin (F: 116–118°) in Äther und Benzol mit Chlorwasserstoff (*Cromwell et al.*, Am. Soc. **75** [1953] 5384, 5387; s. a. *Cromwell, Hoeksema*, Am. Soc. **71** [1949] 708, 710; *Cromwell, Wankel*, Am. Soc. **71** [1949] 711, 715).

Hydrochlorid $C_{23}H_{22}ClNO \cdot HCl$. Krystalle (aus Me. + Ae.); F: 167–170° (*Cr., Hoe.*).

b) **(1*RS*:2*SR*)-1-Chlor-2-benzylamino-1-phenyl-3-*p*-tolyl-propanon-(3)**, (±)-*erythro*-1-Chlor-2-benzylamino-1-phenyl-3-*p*-tolyl-propanon-(3), Formel VIII (R = $CH_2$-$C_6H_5$) + Spiegelbild.

Diese Verbindung hat vermutlich in dem nachstehend beschriebenen Präparat vorgelegen (vgl. *Cromwell et al.*, Am. Soc. **75** [1953] 5384).

*B.* Neben (1*RS*:2*RS*)-2-Chlor-1-benzylamino-1-phenyl-3-*p*-tolyl-propanon-(3) (nicht näher beschrieben) beim Behandeln einer Lösung von (±)-2*r*-Phenyl-1-benzyl-3*t*-*p*-toluoyl-aziridin (F: 72–74°) in Aceton mit Chlorwasserstoff in Äther (*Cromwell, Wankel*, Am. Soc. **71** [1949] 711, 715; s. a. *Cr. et al.*, l. c. S. 5387, 5388).

Krystalle (aus Ae. + PAe.); F: 105° [Zers.; die Schmelze erstarrt bei weiterem Erhitzen] (*Cr., Wa.*).

**1-Amino-1-phenyl-3-*p*-tolyl-propanon-(3)** $C_{16}H_{17}NO$.

**2-Chlor-1-benzylamino-1-phenyl-3-*p*-tolyl-propanon-(3)**, *3-(benzylamino)-2-chloro-4'-methyl-3-phenylpropiophenone* $C_{23}H_{22}ClNO$.

**(1*RS*:2*SR*)-2-Chlor-1-benzylamino-1-phenyl-3-*p*-tolyl-propanon-(3)**, (±)-*threo*-2-Chlor-1-benzylamino-1-phenyl-3-*p*-tolyl-propanon-(3), Formel IX (R = $CH_2$-$C_6H_5$) + Spiegelbild.

*B.* Neben geringen Mengen (1*RS*:2*RS*)-1-Chlor-2-benzylamino-1-phenyl-3-*p*-tolyl-propanon-(3) beim Behandeln von (±)-2*r*-Phenyl-1-benzyl-3*c*-*p*-toluoyl-aziridin (F: 116° bis 118°) in Aceton und Äther mit Chlorwasserstoff in Äther (*Cromwell et al.*, Am. Soc. **75** [1953] 5384, 5388; s. a. *Cromwell, Wankel*, Am. Soc. **71** [1949] 711, 715).

Krystalle (aus Bzl. + PAe.); F: 115° (*Cr. et al.*).

Hydrochlorid. Krystalle (aus Me. + Ae.); F: 163–167° (*Cr., Wa.*).

IX X XI

**2-Amino-1-phenyl-3-*p*-tolyl-propanon-(1)** $C_{16}H_{17}NO$.

**(±)-2-Dimethylamino-1-[4-brom-phenyl]-3-*p*-tolyl-propanon-(1)**, *4'-bromo-2-(dimethylamino)-3-p-tolylpropiophenone* $C_{18}H_{20}BrNO$, Formel X.

*B.* Aus Dimethyl-[4-methyl-benzyl]-[4-brom-phenacyl]-ammonium-bromid beim Behandeln mit Natriummethylat in Methanol oder mit wss. Natronlauge (*Thomson, Stevens*,

Soc. **1932** 55, 68).
Krystalle (aus Me.); F: 91—93°.

**(±)-1-Phenyl-2-[4-amino-phenyl]-butanon-(1),** (±)-4′-Amino-α-äthyl-desoxybenzoin, (±)-*2-(p-aminophenyl)butyrophenone* $C_{16}H_{17}NO$, Formel XI.

*B.* Aus (±)-1-Phenyl-2-[4-nitro-phenyl]-butanon-(1) beim Erwärmen mit Eisen in Xylol unter Zusatz von Eisen(III)-chlorid und Wasser (*Brownlee et al.*, Biochem. J. **37** [1943] 572, 576).

Krystalle (aus Cyclohexan); F: 128—129°.

**2-Phenyl-1-[4-amino-phenyl]-butanon-(1),** 4-Amino-α-äthyl-desoxybenzoin $C_{16}H_{17}NO$.

**(±)-2-Phenyl-1-[4-dimethylamino-phenyl]-butanon-(1),** (±)-4-Dimethylamino-α-äthyl-desoxybenzoin, (±)-*4′-(dimethylamino)-2-phenylbutyrophenone* $C_{18}H_{21}NO$, Formel XII.

*B.* Beim Behandeln von 4-Dimethylamino-desoxybenzoin mit Kalium-*tert*-butylat in *tert*-Butylalkohol und anschliessenden Erwärmen mit Äthyljodid (*Haddow et al.*, Phil. Trans. [A] **241** [1948] 147, 191).

Krystalle (aus wss. A.); F: 108—109° [unkorr.].

**2-Amino-1.2-diphenyl-butanon-(1),** α-Amino-α-äthyl-desoxybenzoin $C_{16}H_{17}NO$.

**(±)-2-Anilino-1.2-diphenyl-butanon-(1),** (±)-α-Anilino-α-äthyl-desoxybenzoin, (±)-*2-anilino-2-phenylbutyrophenone* $C_{22}H_{21}NO$, Formel XIII (X = O).

*B.* Aus (±)-2-Anilino-1.2-diphenyl-butanon-(1)-phenylimin beim Erhitzen mit wss. Salzsäure (*Garry*, A. ch. [11] **17** [1942] 5, 60).

Krystalle (aus A.); F: 143°.

Hydrochlorid. F: ca. 130°.

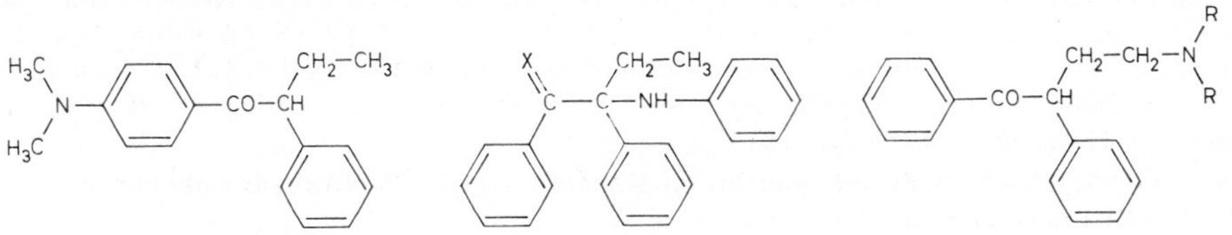

XII XIII XIV

**(±)-2-Anilino-1.2-diphenyl-butanon-(1)-phenylimin,** (±)-N,N′-(*1-ethyl-1,2-diphenylethan-1-yl-2-ylidene)dianiline* $C_{28}H_{26}N_2$, Formel XIII (X = N-$C_6H_5$).

*B.* Neben anderen Verbindungen beim Behandeln von Benzil-bis-phenylimin mit Äthylmagnesiumjodid in Äther (*Garry*, A. ch. [11] **17** [1942] 5, 58).

Krystalle (aus Acn.); F: 183,5°.

**4-Amino-1.2-diphenyl-butanon-(1),** α-[2-Amino-äthyl]-desoxybenzoin $C_{16}H_{17}NO$.

**(±)-4-Diäthylamino-1.2-diphenyl-butanon-(1),** (±)-α-[2-Diäthylamino-äthyl]-desoxybenzoin, (±)-*4-(diethylamino)-2-phenylbutyrophenone* $C_{20}H_{25}NO$, Formel XIV (R = $C_2H_5$).

*B.* Neben α-[2-Diäthylamino-äthoxy]-stilben (Hydrochlorid: F: 152—153° bzw. 155°) beim Erhitzen von Desoxybenzoin mit Diäthyl-[2-chlor-äthyl]-amin und Natriumamid in Toluol (*Sperber, Fricano, Papa*, Am. Soc. **72** [1950] 3068, 3072; *Matti, Reynaud*, Bl. **1951** 33, 35).

$Kp_{2,5}$: 172°; $n_D^{23}$: 1,5518 (*Sp., Fr., Papa*).

Hydrochlorid $C_{20}H_{25}NO \cdot HCl$. Krystalle; F: 183—184° [aus Isopropylalkohol] (*Sp., Fr., Papa*), 183° (*Ma., Rey.*, l. c. S. 35).

Eine von *Eisleb* (B. **74** [1941] 1433, 1437) ebenfalls als (±)-4-Diäthylamino-1.2-diphenyl-butanon-(1) beschriebene Verbindung (Hydrochlorid: F: 148°) ist als α-[2-Diäthylamino-äthoxy]-stilben zu formulieren (*Sp., Fr., Papa*; *Matti, Reynaud*, Bl. **1951** 31).

**1-Phenyl-1-[4-amino-phenyl]-butanon-(3)** $C_{16}H_{17}NO$.

**(±)-1-Phenyl-1-[4-dimethylamino-phenyl]-butanon-(3),** (±)-*4-[p-(dimethylamino)phenyl]-4-phenylbutan-2-one* $C_{18}H_{21}NO$, Formel I.

*B.* Beim Erwärmen von 1*t*-[4-Dimethylamino-phenyl]-buten-(1)-on-(3) (S. 187) mit

Phenylmagnesiumbromid in Äther (*Rupe, Collin, Schmiderer*, Helv. **14** [1931] 1340, 1348).

Krystalle (aus A.); F: 99–100°.

Beim Behandeln mit 4-Dimethylamino-benzaldehyd in Äthanol unter Zusatz von wss. Natronlauge ist 1-Phenyl-1.5-bis-[4-dimethylamino-phenyl]-penten-(4)-on-(3) (F: 159° bis 160°) erhalten worden (*Rupe, Co., Sch.*, l. c. S. 1353).

Semicarbazon $C_{19}H_{24}N_4O$. Krystalle (aus A.); F: 180–180,5°.

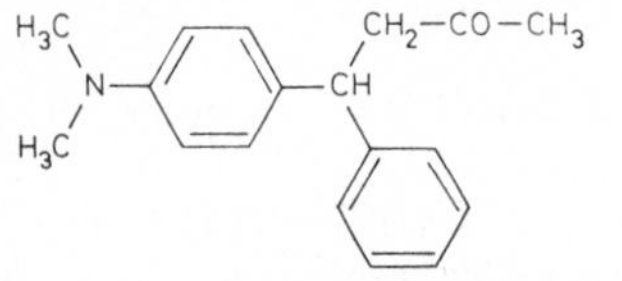

I 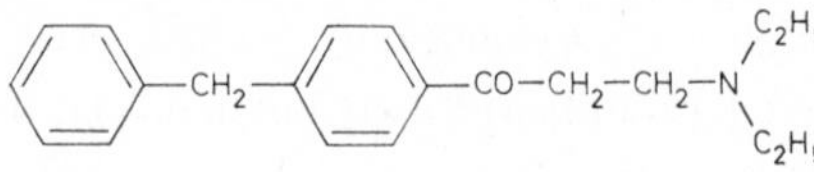 II

**3-Amino-1-[4-benzyl-phenyl]-propanon-(1)** $C_{16}H_{17}NO$.

**3-Diäthylamino-1-[4-benzyl-phenyl]-propanon-(1)**, *4'-benzyl-3-(diethylamino)propiophenone* $C_{20}H_{25}NO$, Formel II.

*B.* Beim Erwärmen von 1-[4-Benzyl-phenyl]-äthanon-(1) mit Diäthylamin-hydrochlorid und Paraformaldehyd in Chlorwasserstoff enthaltendem Äthanol (*Lutz et al.*, J. org. Chem. **12** [1947] 617, 637, 669).

Hydrochlorid $C_{20}H_{25}NO \cdot HCl$. Krystalle (aus $CHCl_3$ + Ae.); F: 105–106,5° [korr.].

**4.6-Dimethyl-3-aminomethyl-benzophenon** $C_{16}H_{17}NO$.

**4.6-Dimethyl-3-[(*C.C.C*-trichlor-acetamino)-methyl]-benzophenon, *C.C.C*-Trichlor-*N*-[2.4-dimethyl-5-benzoyl-benzyl]-acetamid**, N-*(5-benzoyl-2,4-dimethylbenzyl)-2,2,2-trichloroacetamide* $C_{18}H_{16}Cl_3NO_2$, Formel III.

Eine Verbindung (Krystalle [aus A.], F: 163°), für die neben dieser Konstitution auch die Formulierung als *C.C.C*-Trichlor-*N*-[2.6-dimethyl-3-benzoyl-benzyl]-acetamid in Betracht kommt, ist beim Behandeln von 2.4-Dimethyl-benzophenon mit *C.C.C*-Trichlor-*N*-hydroxymethyl-acetamid und Schwefelsäure erhalten worden (*de Diesbach*, Helv. **23** [1940] 1232, 1246).

**9-Glycyl-1.2.3.4-tetrahydro-phenanthren, 2-Amino-1-[1.2.3.4-tetrahydro-phenanthryl-(9)]-äthanon-(1)** $C_{16}H_{17}NO$.

**2-Dimethylamino-1-[1.2.3.4-tetrahydro-phenanthryl-(9)]-äthanon-(1)**, *(dimethylamino)methyl 1,2,3,4-tetrahydro-9-phenanthryl ketone* $C_{18}H_{21}NO$, Formel IV (R = $CH_3$).

*B.* Aus 2-Brom-1-[1.2.3.4-tetrahydro-phenanthryl-(9)]-äthanon-(1) und Dimethylamin in Äther (*May, Mosettig*, J. org. Chem. **11** [1946] 1, 5, 6).

Hydrochlorid $C_{18}H_{21}NO \cdot HCl$. Krystalle (aus A. + Ae. + Acn.) mit 0,5 Mol $H_2O$, F: 211–213° [unkorr.; Zers.]; bei schnellem Erhitzen schmilzt das Salz teilweise bei 165°.

**2-Diäthylamino-1-[1.2.3.4-tetrahydro-phenanthryl-(9)]-äthanon-(1)**, *(diethylamino)methyl 1,2,3,4-tetrahydro-9-phenanthryl ketone* $C_{20}H_{25}NO$, Formel IV (R = $C_2H_5$).

*B.* Aus 2-Brom-1-[1.2.3.4-tetrahydro-phenanthryl-(9)]-äthanon-(1) und Diäthylamin in Äther (*May, Mosettig*, J. org. Chem. **11** [1946] 1, 5, 6).

Hydrochlorid $C_{20}H_{25}NO \cdot HCl$. Krystalle (aus A. + Ae. + Acn.); F: 190,5–192°.

**2-Dipropylamino-1-[1.2.3.4-tetrahydro-phenanthryl-(9)]-äthanon-(1)**, *(dipropylamino)methyl 1,2,3,4-tetrahydro-9-phenanthryl ketone* $C_{22}H_{29}NO$, Formel IV (R = $CH_2$-$CH_2$-$CH_3$).

*B.* Aus 2-Brom-1-[1.2.3.4-tetrahydro-phenanthryl-(9)]-äthanon-(1) und Dipropylamin in Äther (*May, Mosettig*, J. org. Chem. **11** [1946] 1, 5, 6).

Hydrochlorid $C_{22}H_{29}NO \cdot HCl$. Krystalle (aus Acn. + Ae.) mit 1 Mol $H_2O$; F: 136° bis 136,5° [unkorr.].

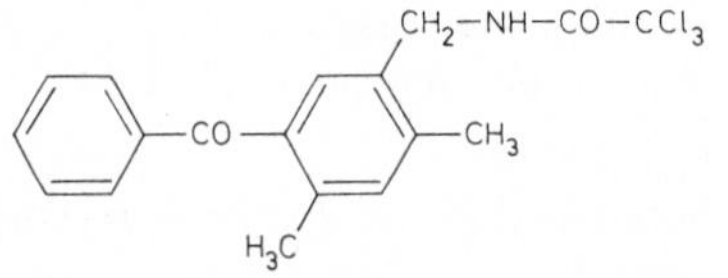

III 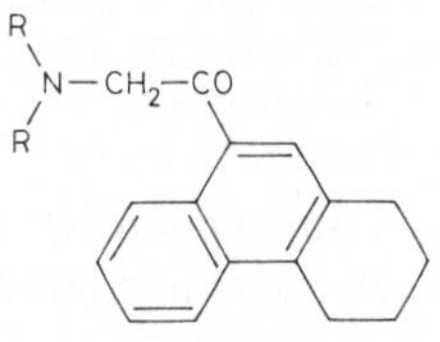 IV

**2-Dibutylamino-1-[1.2.3.4-tetrahydro-phenanthryl-(9)]-äthanon-(1)**, *(dibutylamino)=methyl 1,2,3,4-tetrahydro-9-phenanthryl ketone* $C_{24}H_{33}NO$, Formel IV (R = $[CH_2]_3$-$CH_3$).

*B.* Aus 2-Brom-1-[1.2.3.4-tetrahydro-phenanthryl-(9)]-äthanon-(1) und Dibutylamin in Äther (*May, Mosettig*, J. org. Chem. **11** [1946] 1, 5, 6).

Hydrochlorid $C_{24}H_{33}NO \cdot HCl$. Krystalle (aus Acn. + Ae.) mit 1 Mol $H_2O$; F: 91° bis 98°.

**2-Dipentylamino-1-[1.2.3.4-tetrahydro-phenanthryl-(9)]-äthanon-(1)**, *(dipentylamino)=methyl 1,2,3,4-tetrahydro-9-phenanthryl ketone* $C_{26}H_{37}NO$, Formel IV (R = $[CH_2]_4$-$CH_3$).

*B.* Aus 2-Brom-1-[1.2.3.4-tetrahydro-phenanthryl-(9)]-äthanon-(1) und Dipentylamin in Äther (*May, Mosettig*, J. org. Chem. **11** [1946] 1, 5, 6).

Hydrochlorid $C_{26}H_{37}NO \cdot HCl$. Krystalle (aus E.); F: 147—150,5° [unkorr.].

**2-Dioctylamino-1-[1.2.3.4-tetrahydro-phenanthryl-(9)]-äthanon-(1)**, *(dioctylamino)=methyl 1,2,3,4-tetrahydro-9-phenanthryl ketone* $C_{32}H_{49}NO$, Formel IV (R = $[CH_2]_7$-$CH_3$).

*B.* Aus 2-Brom-1-[1.2.3.4-tetrahydro-phenanthryl-(9)]-äthanon-(1) und Dioctylamin in Äther (*May, Mosettig*, J. org. Chem. **11** [1946] 1, 5, 8).

Hydrochlorid. Tafeln (aus E. + Ae.), F: 81—83°; Prismen (aus E. + Ae.), F: 65° bis 75°.

## Amino-Derivate der Oxo-Verbindungen $C_{17}H_{18}O$

**1-Amino-1.5-diphenyl-pentanon-(3)** $C_{17}H_{19}NO$.

**(±)-1-Anilino-1.5-diphenyl-pentanon-(3)**, *(±)-1-anilino-1,5-diphenylpentan-3-one* $C_{23}H_{23}NO$, Formel V.

*B.* Beim Behandeln von Benzaldehyd-phenylimin mit 1-Phenyl-butanon-(3) unter Zusatz von Borfluorid in Äther (*Snyder, Kornberg, Romig*, Am. Soc. **61** [1939] 3556).

Krystalle (aus A.); F: 98—99,5°.

V VI

**1.5-Bis-[4-amino-phenyl]-pentanon-(3)** $C_{17}H_{20}N_2O$.

**1.5-Bis-[4-dimethylamino-phenyl]-pentanon-(3)**, *1,5-bis[p-(dimethylamino)phenyl]=pentan-3-one* $C_{21}H_{28}N_2O$, Formel VI.

*B.* Aus 1.5-Bis-[4-dimethylamino-phenyl]-pentadien-(1.4)-on-(3) (F: 191°) bei der Hydrierung an Nickel in Äthanol und Äthylacetat (*Rupe, Collin, Schmiderer*, Helv. **14** [1931] 1340, 1351).

Krystalle (aus A.); F: 86—87°.

Semicarbazon $C_{22}H_{31}N_5O$. Krystalle (aus A.); F: 151—152°.

**(±)-2-[4-Amino-phenyl]-1-*p*-tolyl-butanon-(1)**, (±)-4'-Amino-4-methyl-α-äthyl-desoxybenzoin, *(±)-2-(p-aminophenyl)-4'-methylbutyrophenone* $C_{17}H_{19}NO$, Formel VII.

*B.* Beim Erwärmen des aus (±)-2-[4-Nitro-phenyl]-buttersäure mit Hilfe von Thionyl=chlorid hergestellten Säurechlorids mit Toluol, Schwefelkohlenstoff und Aluminium=chlorid und Erhitzen einer Lösung des Reaktionsprodukts in Chlorbenzol mit Eisen und Wasser unter Zusatz von Essigsäure (*I.G. Farbenind.*, D.R.P. 708202 [1938]; D.R.P. Org. Chem. **3** 758).

Sulfat. Krystalle; F: 176°.

**(±)-α-Amino-2.4.6-trimethyl-desoxybenzoin**, *(±)-α-amino-2,4,6-trimethyldeoxybenzoin* $C_{17}H_{19}NO$, Formel VIII (R = H).

*B.* Beim Erwärmen von 2.4.6-Trimethyl-DL-mandelonitril mit Phenylmagnesium=bromid in Äther (*Weissberger, Glass*, Am. Soc. **64** [1942] 1724, 1726). Beim Erwärmen einer Lösung von α-Hydroxyimino-2.4.6-trimethyl-desoxybenzoin in Äthanol mit Zinn(II)-chlorid und wss. Salzsäure (*Wei., Gl.*).

Beim Erwärmen des Hydrochlorids mit Acetanhydrid ist nach 10 Minuten α-Acet=

amino-2.4.6-trimethyl-desoxybenzoin, nach 7 Stunden α′-Diacetylamino-α-acetoxy-2.4.6-trimethyl-stilben (F: 125–126°) erhalten worden.

Hydrochlorid $C_{17}H_{19}NO \cdot HCl$. Krystalle (aus wss.-äthanol. Salzsäure); F: 290° bis 291° [geschlossene Kapillare].

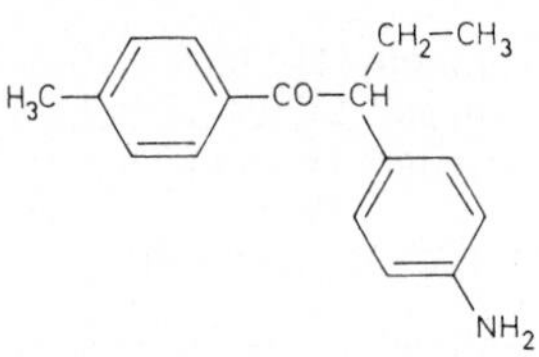

VII 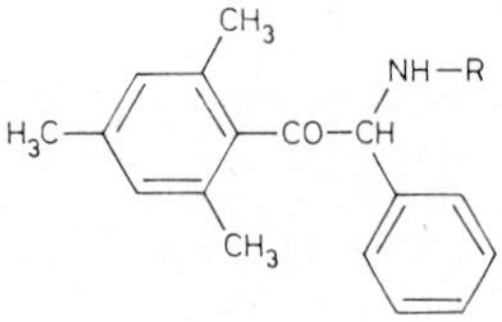 VIII 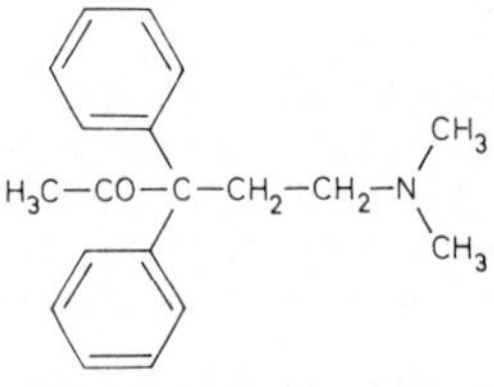 IX

**(±)-α-Acetamino-2.4.6-trimethyl-desoxybenzoin, (±)-*N*-[2-Oxo-1-phenyl-2-mesityl-äthyl]-acetamid,** (±)-N-(*2,4,6-trimethyl-α-phenylphenacyl)acetamide* $C_{19}H_{21}NO_2$, Formel VIII (R = $CO\text{-}CH_3$).

*B.* Beim Erwärmen von (±)-α-Amino-2.4.6-trimethyl-desoxybenzoin-hydrochlorid mit Acetanhydrid und Pyridin (*Weissberger, Glass*, Am. Soc. **64** [1942] 1724, 1726).

Krystalle (aus Bzl. + Bzn.); F: 174,5–175°.

**5-Amino-3.3-diphenyl-pentanon-(2)** $C_{17}H_{19}NO$.

**5-Dimethylamino-3.3-diphenyl-pentanon-(2),** *5-(dimethylamino)-3,3-diphenylpentan-2-one* $C_{19}H_{23}NO$, Formel IX.

*B.* Beim Erwärmen von 4-Dimethylamino-2.2-diphenyl-butyronitril mit Methyl=magnesiumjodid in Toluol bzw. Xylol und anschliessend mit wss. Salzsäure (*Dupré et al.*, Soc. **1949** 500, 508, 510: *Walton, Ofner, Thorp*, Soc. **1949** 648, 654).

Hydrochlorid $C_{19}H_{23}NO \cdot HCl$. Krystalle; F: 186–187,5° [korr.; aus Acn. + Ae.] (*Du. et al.*), 182,5–184° (*Wilson*, Soc. **1952** 6, 8), 152–153° [aus A. + Ae.] (*Wa., Of., Th.*).

**Phenyl-[3-amino-2.4.6-trimethyl-phenyl]-acetaldehyd** $C_{17}H_{19}NO$.

**[2-Phenyl-2-(3-amino-2.4.6-trimethyl-phenyl)-vinyl]-[2-phenyl-2-(3-amino-2.4.6-tri=methyl-phenyl)-äthyliden]-amin, Phenyl-[3-amino-2.4.6-trimethyl-phenyl]-acetaldehyd-[2-phenyl-2-(3-amino-2.4.6-trimethyl-phenyl)-vinylimin],** *2-(3-aminomesityl)-N-[2-(3-aminomesityl)-2-phenylethylidene]-2-phenylvinylamine* $C_{34}H_{37}N_3$, Formel X, und **Bis-[2-phenyl-2-(3-amino-2.4.6-trimethyl-phenyl)-vinyl]-amin,** *2,2′,4,4′,6,6′-hexa=methyl-3,3′-[iminobis(1-phenylvinylene)]dianiline* $C_{34}H_{37}N_3$, Formel XI.

*B.* Beim Erwärmen von 2-Phenyl-2-[3-nitro-2.4.6-trimethyl]-vinylamin (E III **7** 2242), von 2-Nitro-1-phenyl-1-[3-nitro-2.4.6-trimethyl-phenyl]-äthylen (E III **5** 2024) oder von Bis-[2-phenyl-2-(3-nitro-2.4.6-trimethyl-phenyl)-vinyl]-amin (E III **12** 3328) mit Zinn(II)-chlorid, wss. Salzsäure und Äthanol (*Fuson et al.*, Am. Soc. **66** [1944] 681, 683).

Gelbliche Krystalle (aus A.) vom F: 184–186°, die sich an der Luft blau färben.

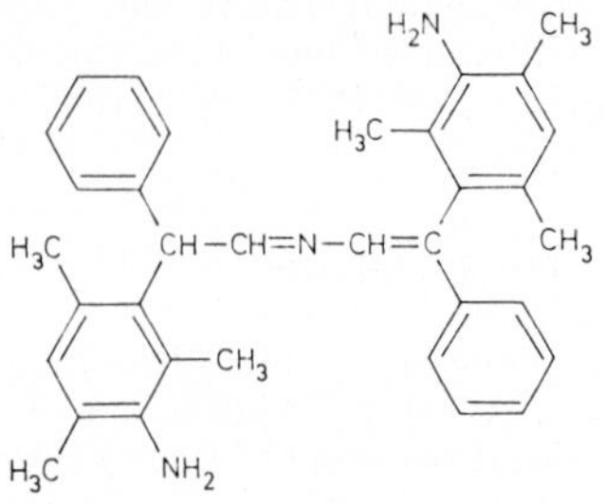

X 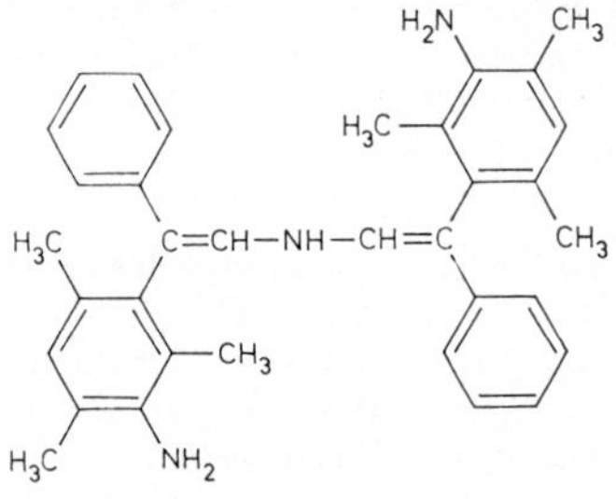 XI

**4.4′-Diamino-3.5.3′.5′-tetramethyl-benzophenon** $C_{17}H_{20}N_2O$.

**4.4′-Bis-dimethylamino-3.5.3′.5′-tetramethyl-benzophenon,** *4,4′-bis(dimethylamino)-3,3′,5,5′-tetramethylbenzophenone* $C_{21}H_{28}N_2O$, Formel XII (R = $CH_3$).

Über diese Verbindung (Krystalle [aus A.], F: 151—151,5°) s. *Barker, Hallas, Stamp*, Soc. **1960** 3790, 3798.

Die gleiche Verbindung hat wahrscheinlich in einem beim Behandeln von 4-Brom-2.6.*N.N*-tetramethyl-anilin mit Lithium in Äther und anschliessend mit festem Kohlendioxid neben 4-Dimethylamino-3.5-dimethyl-benzoesäure erhaltenen Präparat (Krystalle [aus Me.], F: 145°) vorgelegen (*Westheimer, Metcalf*, Am. Soc. **63** [1941] 1339, 1340).

**9-Alanyl-1.2.3.4-tetrahydro-phenanthren, 2-Amino-1-[1.2.3.4-tetrahydro-phenanthryl-(9)]-propanon-(1)** $C_{17}H_{19}NO$.

**(±)-2-Diäthylamino-1-[1.2.3.4-tetrahydro-phenanthryl-(9)]-propanon-(1),** *(±)-2-(diethylamino)-1-(1,2,3,4-tetrahydro-9-phenanthryl)propan-1-one* $C_{21}H_{27}NO$, Formel XIII (R = $C_2H_5$).

*B.* Aus (±)-2-Brom-1-[1.2.3.4-tetrahydro-phenanthryl-(9)]-propanon-(1) und Diäthylamin in Äther (*May, Mosettig*, J. org. Chem. **11** [1946] 296, 298).

Pikrat $C_{21}H_{27}NO \cdot C_6H_3N_3O_7$. Gelbe Krystalle (aus A.); F: 163—164° [unkorr.].

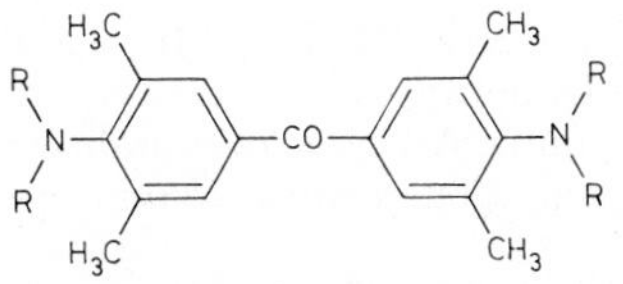

XII 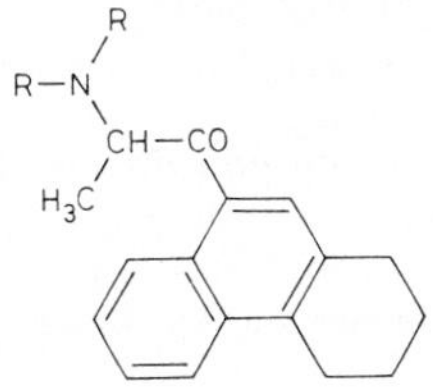 XIII 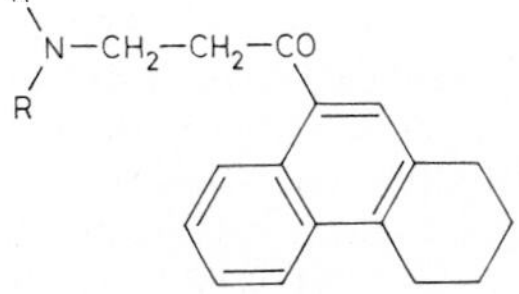 XIV

**9-β-Alanyl-1.2.3.4-tetrahydro-phenanthren, 3-Amino-1-[1.2.3.4-tetrahydro-phenanthryl-(9)]-propanon-(1)** $C_{17}H_{19}NO$.

**3-Dimethylamino-1-[1.2.3.4-tetrahydro-phenanthryl-(9)]-propanon-(1),** *3-(dimethylamino)-1-(1,2,3,4-tetrahydro-9-phenanthryl)propan-1-one* $C_{19}H_{23}NO$, Formel XIV (R = $CH_3$).

*B.* Beim Erwärmen von 1-[1.2.3.4-Tetrahydro-phenanthryl-(9)]-äthanon-(1) mit Paraformaldehyd und Dimethylamin-hydrochlorid in einem Gemisch von Benzol und Nitrobenzol unter Zusatz von wss. Salzsäure (*May, Mosettig*, J. org. Chem. **11** [1946] 105, 106).

Hydrochlorid $C_{19}H_{23}NO \cdot HCl$. Krystalle (aus A. + Ae.); F: 189—190° [unkorr.].

**3-Diäthylamino-1-[1.2.3.4-tetrahydro-phenanthryl-(9)]-propanon-(1),** *3-(diethylamino)-1-(1,2,3,4-tetrahydro-9-phenanthryl)propan-1-one* $C_{21}H_{27}NO$, Formel XIV (R = $C_2H_5$).

*B.* Beim Erwärmen von 1-[1.2.3.4-Tetrahydro-phenanthryl-(9)]-äthanon-(1) mit Paraformaldehyd und Diäthylamin-hydrochlorid in einem Gemisch von Nitrobenzol und Benzol unter Zusatz von wss. Salzsäure (*May, Mosettig*, J. org. Chem. **11** [1946] 105, 107).

Hydrochlorid. F: 140—143° [unkorr.].

**3-Dibutylamino-1-[1.2.3.4-tetrahydro-phenanthryl-(9)]-propanon-(1),** *3-(dibutylamino)-1-(1,2,3,4-tetrahydro-9-phenanthryl)propan-1-one* $C_{25}H_{35}NO$, Formel XIV (R = $[CH_2]_3$-$CH_3$).

*B.* Beim Erwärmen von 1-[1.2.3.4-Tetrahydro-phenanthryl-(9)]-äthanon-(1) mit Paraformaldehyd und Dibutylamin-hydrochlorid in Benzol unter Zusatz von wss. Salzsäure (*May, Mosettig*, J. org. Chem. **11** [1946] 105, 108).

Hydrochlorid. F: 129—132° [unkorr.].

### Amino-Derivate der Oxo-Verbindungen $C_{18}H_{20}O$

**2.2-Dimethyl-4.4-bis-[4-amino-phenyl]-butanon-(3)** $C_{18}H_{22}N_2O$.

**2.2-Dimethyl-4.4-bis-[4-dimethylamino-phenyl]-butanon-(3),** *3,3-dimethyl-1,1-bis[p-(dimethylamino)phenyl]butan-2-one* $C_{22}H_{30}N_2O$, Formel I.

*B.* Beim Behandeln von 1-[2-Oxo-3.3-dimethyl-butyl]-pyridinium-bromid mit Nitroso-

benzol und *N.N*-Dimethyl-anilin in Äthanol (*Kröhnke*, B. **72** [1939] 1731, 1735).
Krystalle (aus A.); F: 158—159°.

**5-Amino-3.3-diphenyl-hexanon-(2)** $C_{18}H_{21}NO$.

**(±)-5-Dimethylamino-3.3-diphenyl-hexanon-(2)**, (±)-*5-(dimethylamino)-3,3-diphenylhexan-2-one* $C_{20}H_{25}NO$, Formel II.

*B.* Beim Erhitzen von (±)-4-Dimethylamino-2.2-diphenyl-valeronitril mit Methylmagnesiumjodid in Xylol und anschliessend mit wss. Salzsäure (*Walton, Ofner, Thorp*, Soc. **1949** 648, 651).

Krystalle (aus wss. A.); F: 72—73° (*Wa., Of., Th.*).

Hydrochlorid $C_{20}H_{25}NO \cdot HCl$. Krystalle (aus A. + Ae.); F: 185—187° (*Wa., Of., Th.*).

Hydrobromid $C_{20}H_{25}NO \cdot HBr$. Krystalle; F: 193—195° [aus W. oder aus A. + Ae.] (*Wa., Of., Th.*), 164—165° [unkorr.] (*Speeter et al.*, Am. Soc. **71** [1949] 57, 58).

Hydrojodid $C_{20}H_{25}NO \cdot HI$. Krystalle (aus W. oder aus A. + Ae.); F: 180—182° (*Wa., Of., Th.*).

Nitrat $C_{20}H_{25}NO \cdot HNO_3$. Krystalle (aus W.); F: 144° (*Thorp, Walton, Ofner*, Nature **159** [1947] 679).

**1-Amino-3.3-diphenyl-hexanon-(4)** $C_{18}H_{21}NO$.

**1-Dimethylamino-3.3-diphenyl-hexanon-(4)**, *6-(dimethylamino)-4,4-diphenylhexan-3-one* $C_{20}H_{25}NO$, Formel III ($R = X = CH_3$)

Diese Verbindung hat auch in einem von *Easton et al.* (Am. Soc. **70** [1948] 76) aus Diphenylacetonitril beim Behandeln mit einem vermutlich Dimethyl-[2-chlor-äthyl]-amin enthaltenden Dimethyl-[2-chlor-propyl]-amin-Präparat und Äthylmagnesiumbromid erhaltenen, als Isoamidon-I bezeichneten Präparat vorgelegen (*Easton, Nelson, Fish*, Am. Soc. **74** [1952] 5772).

*B.* Beim Erwärmen von 4-Dimethylamino-2.2-diphenyl-butyronitril mit Äthylmagnesiumbromid in Äther (*Kawabata, Nitta, Kasai*, J. pharm. Soc. Japan **69** [1949] 190; C. A. **1950** 1451), in Toluol (*Bockmühl, Ehrhart*, A. **561** [1949] 52, 72; s. a. *Dupré et al.*, Soc. **1949** 500, 508) oder in Xylol (*Walton, Ofner, Thorp*, Soc. **1949** 648, 654) und anschliessendem Behandeln mit wss. Salzsäure.

$Kp_5$: 185—190° (*Ka., Ni., Ka.*); $Kp_3$: 164—167° (*Ea. et al.*); $Kp_{0,8}$: 154—156° (*Du. et al.*).

Hydrochlorid $C_{20}H_{25}NO \cdot HCl$. Krystalle; F: 174—175° (*Bo., Eh.*), 173—175° [korr.; aus Acn. + Ae.] (*Du. et al.*), 172—173° [aus Acn.] (*Ea. et al.*), 171—172° [aus Butanon] (*Wa., Of., Th.*), 140—141° (*Ka., Ni., Ka.*).

Hydrogenoxalat $C_{20}H_{25}NO \cdot C_2H_2O_4$. Krystalle; F: 161,5—163° [aus A.] (*Ea., Ne., Fish*), 158—160° [aus Acn.] (*Ea. et al.*).

Pikrat $C_{20}H_{25}NO \cdot C_6H_3N_3O_7$. Krystalle (aus A.); F: 134—136° (*Ea., Ne., Fish*), 131—133° (*Ea. et al.*).

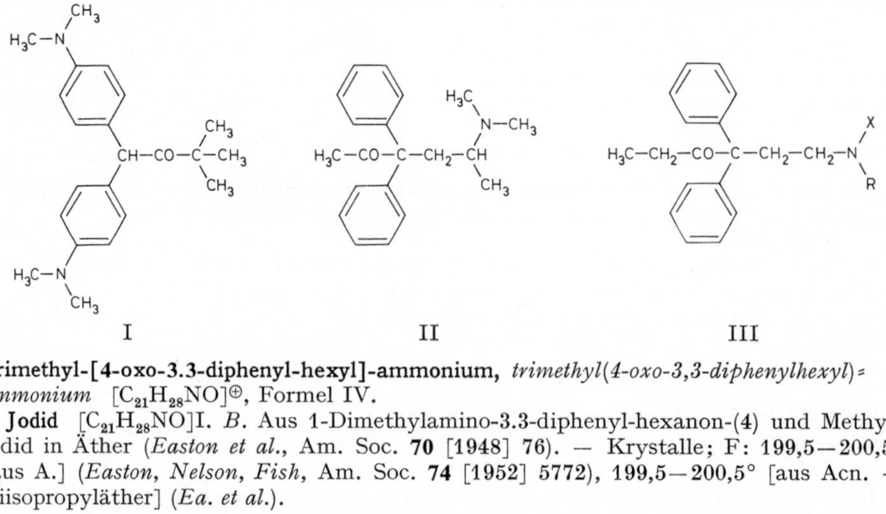

I II III

**Trimethyl-[4-oxo-3.3-diphenyl-hexyl]-ammonium**, *trimethyl(4-oxo-3,3-diphenylhexyl)ammonium* $[C_{21}H_{28}NO]^{\oplus}$, Formel IV.

**Jodid** $[C_{21}H_{28}NO]I$. *B.* Aus 1-Dimethylamino-3.3-diphenyl-hexanon-(4) und Methyljodid in Äther (*Easton et al.*, Am. Soc. **70** [1948] 76). — Krystalle; F: 199,5—200,5° [aus A.] (*Easton, Nelson, Fish*, Am. Soc. **74** [1952] 5772), 199,5—200,5° [aus Acn. + Diisopropyläther] (*Ea. et al.*).

**1-Diäthylamino-3.3-diphenyl-hexanon-(4)**, *6-(diethylamino)-4,4-diphenylhexan-3-one* $C_{22}H_{29}NO$, Formel III ($R = X = C_2H_5$).

*B.* Beim Erwärmen von 4-Diäthylamino-2.2-diphenyl-butyronitril mit Äthylmagnesiumjodid in Toluol (*Dupré et al.*, Soc. **1949** 500, 508) oder mit Äthylmagnesiumbromid in Äther (*Kawabata, Nitta, Kasai*, J. pharm. Soc. Japan **69** [1949] 190; C. A. **1950** 1451) und anschliessenden Behandeln mit wss. Salzsäure.

$Kp_5$: 195—200° (*Ka., Ni., Ka.*); $Kp_{0,5}$: 160—165° (*Du. et al.*).

Hydrochlorid $C_{22}H_{29}NO \cdot HCl$. Krystalle (aus Acn. + Ae.); F: 141—143° [korr.] (*Du. et al.*).

**1-Dipropylamino-3.3-diphenyl-hexanon-(4)**, *6-(dipropylamino)-4,4-diphenylhexan-3-one* $C_{24}H_{33}NO$, Formel III ($R = X = CH_2\text{-}CH_2\text{-}CH_3$).

*B.* Beim Erwärmen von 4-Dipropylamino-2.2-diphenyl-butyronitril mit Äthylmagnesiumjodid in Toluol und anschliessend mit wss. Salzsäure (*Dupré et al.*, Soc. **1949** 500, 508).

$Kp_{0,9}$: 180°.

**1-Dibutylamino-3.3-diphenyl-hexanon-(4)**, *6-(dibutylamino)-4,4-diphenylhexan-3-one* $C_{26}H_{37}NO$, Formel III ($R = X = [CH_2]_3\text{-}CH_3$).

*B.* Beim Erwärmen von 4-Dibutylamino-2.2-diphenyl-butyronitril mit Äthylmagnesiumjodid in Toluol und anschliessend mit wss. Salzsäure (*Dupré et al.*, Soc. **1949** 500, 508).

$Kp_{0,5}$: 173—180°.

**1-[Methyl-benzyl-amino]-3.3-diphenyl-hexanon-(4)**, *6-(benzylmethylamino)-4,4-diphenylhexan-3-one* $C_{26}H_{29}NO$, Formel III ($R = CH_2\text{-}C_6H_5$, $X = CH_3$).

*B.* Beim Erwärmen von 4-[Methyl-benzyl-amino]-2.2-diphenyl-butyronitril mit Äthylmagnesiumbromid bzw. Äthylmagnesiumjodid in Toluol und anschliessend mit wss. Salzsäure (*Bockmühl, Ehrhart*, A. **561** [1949] 52, 73; *Dupré et al.*, Soc. **1949** 500, 508).

$Kp_{0,04}$: 180—185° (*Du. et al.*).

Hydrochlorid $C_{26}H_{29}NO \cdot HCl$. F: 142—143° (*Bo., Eh.*).

**1-Dibenzylamino-3.3-diphenyl-hexanon-(4)**, *6-(dibenzylamino)-4,4-diphenylhexan-3-one* $C_{32}H_{33}NO$, Formel III ($R = X = CH_2\text{-}C_6H_5$).

*B.* Beim Erwärmen von 4-Dibenzylamino-2.2-diphenyl-butyronitril mit Äthylmagnesiumjodid in Toluol und anschliessend mit wss. Salzsäure (*Dupré et al.*, Soc. **1949** 500, 508).

Krystalle (aus A.); F: 86—87°.

Hydrochlorid $C_{32}H_{33}NO \cdot HCl$. Krystalle (aus Acn. + Ae.); F: 162—164° [korr.; Zers.].

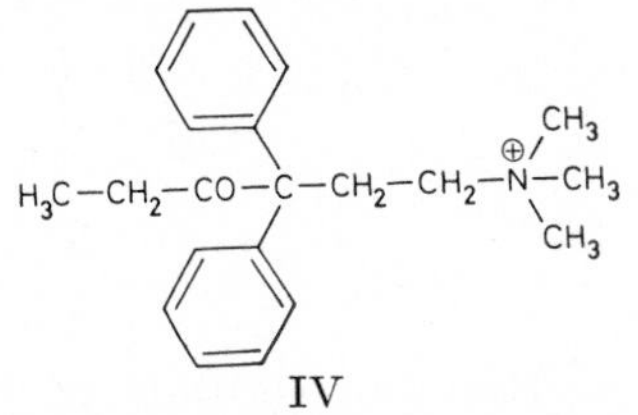

IV 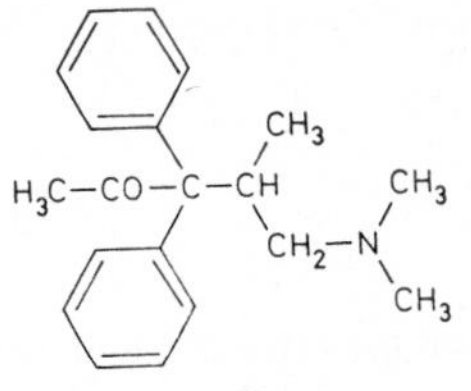 V

**1-Amino-2-methyl-3.3-diphenyl-pentanon-(4)** $C_{18}H_{21}NO$.

**(±)-1-Dimethylamino-2-methyl-3.3-diphenyl-pentanon-(4)**, *(±)-5-(dimethylamino)-4-methyl-3,3-diphenylpentan-2-one* $C_{20}H_{25}NO$, Formel V.

*B.* Beim Erhitzen von (±)-4-Dimethylamino-3-methyl-2.2-diphenyl-butyronitril mit Methylmagnesiumjodid in Xylol und Äther und Erhitzen des Reaktionsprodukts mit wss. Bromwasserstoffsäure (*Walton, Ofner, Thorp*, Soc. **1949** 648, 653).

Krystalle (aus PAe.); F: 61—65°.

Hydrobromid $C_{20}H_{25}NO \cdot HBr$. Krystalle (aus A. + Ae.); F: 194—196°.

## Amino-Derivate der Oxo-Verbindungen $C_{19}H_{22}O$

**7-Phenyl-1-[4-amino-phenyl]-heptanon-(3)** $C_{19}H_{23}NO$.

**7-Phenyl-1-[4-dimethylamino-phenyl]-heptanon-(3)**, *1-[p-(dimethylamino)phenyl]-7-phenylheptan-3-one* $C_{21}H_{27}NO$, Formel VI.

*B.* Aus 7*t*-Phenyl-1*t*-[4-dimethylamino-phenyl]-heptatrien-(1.4*t*?.6)-on-(3) (F: 150°)

bei der Hydrierung an Nickel in einem Gemisch von Äthanol, Äthylacetat und Wasser (*Rupe, Collin, Sigg*, Helv. **14** [1931] 1355, 1368).

$Kp_{0,05}$: 172—175°.

Semicarbazon $C_{22}H_{30}N_4O$. Krystalle (aus A.); F: 105°.

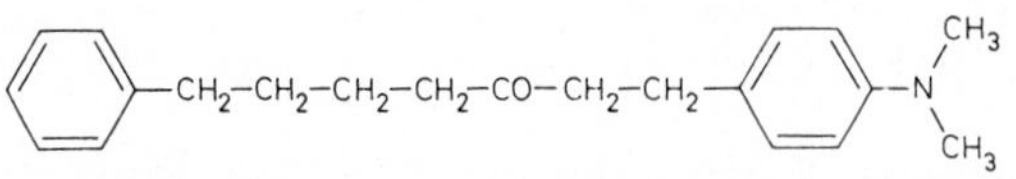

VI 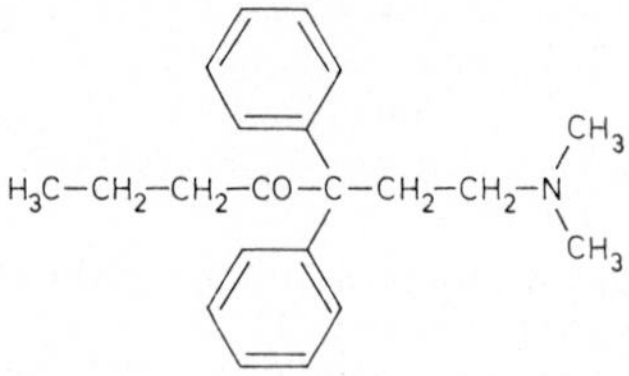 VII

**1-Amino-3.3-diphenyl-heptanon-(4)** $C_{19}H_{23}NO$.

**1-Dimethylamino-3.3-diphenyl-heptanon-(4)**, *1-(dimethylamino)-3,3-diphenylheptan-4-one* $C_{21}H_{27}NO$, Formel VII.

*B.* Beim Erhitzen von 4-Dimethylamino-2.2-diphenyl-butyronitril mit Propylmagnesiumbromid in Toluol (*Bockmühl, Ehrhart*, A. **561** [1949] 52, 74; *Dupré et al.*, Soc. **1949** 500, 508) oder mit Propylmagnesiumjodid in Xylol (*Walton, Ofner, Thorp*, Soc. **1949** 648, 654) und anschliessenden Erwärmen mit wss. Salzsäure.

$Kp_{10}$: 210—212° (*Bo., Eh.*); $Kp_1$: 161—167° (*Du. et al.*).

Hydrojodid $C_{21}H_{27}NO \cdot HI$. Krystalle (aus Butanon); F: 156—157° (*Wa., Of., Th.*).

**6-Amino-2-methyl-4.4-diphenyl-hexanon-(3)** $C_{19}H_{23}NO$.

**6-Dimethylamino-2-methyl-4.4-diphenyl-hexanon-(3)**, *6-(dimethylamino)-2-methyl-4,4-diphenylhexan-3-one* $C_{21}H_{27}NO$, Formel VIII.

*B.* Beim Erwärmen von 4-Dimethylamino-2.2-diphenyl-butyronitril mit Isopropylmagnesiumbromid in Xylol und anschliessend mit wss. Bromwasserstoffsäure (*Walton, Ofner, Thorp*, Soc. **1949** 648, 654).

$Kp_5$: 177-190°.

Hydrobromid $C_{21}H_{27}NO \cdot HBr$. Krystalle (aus Butanon + Ae.); F: 104—106°.

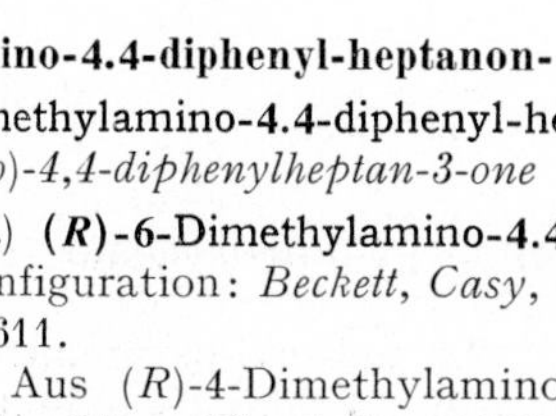

VIII 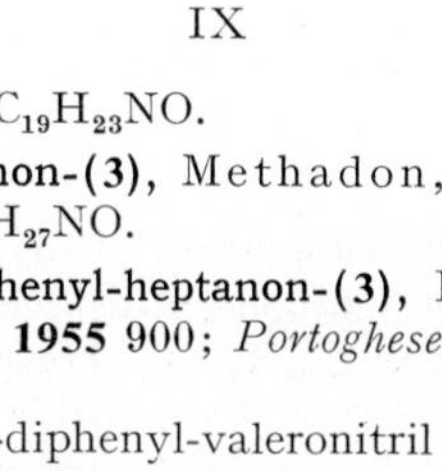 IX 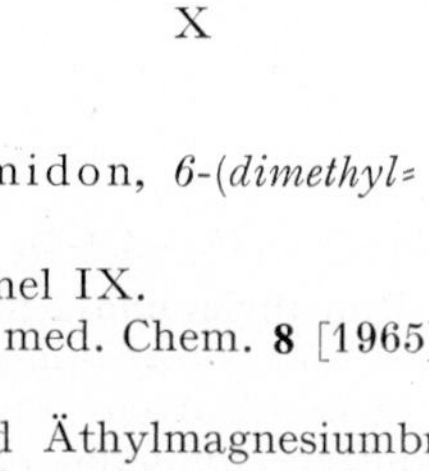 X

**6-Amino-4.4-diphenyl-heptanon-(3)** $C_{19}H_{23}NO$.

**6-Dimethylamino-4.4-diphenyl-heptanon-(3)**, Methadon, Amidon, *6-(dimethylamino)-4,4-diphenylheptan-3-one* $C_{21}H_{27}NO$.

a) **(*R*)-6-Dimethylamino-4.4-diphenyl-heptanon-(3)**, Formel IX.

Konfiguration: *Beckett, Casy*, Soc. **1955** 900; *Portoghese*, J. med. Chem. **8** [1965] 609, 610, 611.

*B.* Aus (*R*)-4-Dimethylamino-2.2-diphenyl-valeronitril und Äthylmagnesiumbromid (*Walton, Ofner, Thorp*, Soc. **1949** 648, 652). — Gewinnung aus dem unter c) beschriebenen Racemat mit Hilfe von $L_g$-Weinsäure: *Bockmühl, Ehrhart*, A. **561** [1949] 52, 76; *Larsen et al.*, Am. Soc. **70** [1948] 4194; *Brode, Hill*, J. org. Chem. **13** [1948] 191; s. a. *Howe, Sletzinger*, Am. Soc. **71** [1949] 2935.

Krystalle; F: 100—101° [aus Isopropylalkohol] (*La. et al.*), 99—101° [aus wss. A.] (*Wa., Of., Th.*), 98,7—99° (*Br., Hill*). $[\alpha]_D^{22}$: —29,9° [A.; c = 3] (*Br., Hill*); $[\alpha]_D^{22}$: —32° [A.] (*Wa., Of., Th.*); $[\alpha]_D^{25}$: —26° [A.; c = 1] (*La. et al.*).

Hydrochlorid $C_{21}H_{27}NO \cdot HCl$. Krystalle; F: 245—246° [korr.; aus Isopropylalkohol] (*La. et al.*), 241—242° [Zers.; aus A. + Ae. oder aus wss. Salzsäure] (*Wa., Of., Th.*), 241°

[aus wss. A.] (*Bo.*, *Eh.*), 239—241° [unkorr.; Zers.] (*Pohland, Marshall, Carney*, Am. Soc. **71** [1949] 460), 237—239° (*Howe, Sl.*). $[\alpha]_D^{21}$: −130° [W.] (*Wa.*, *Of.*, *Th.*); $[\alpha]_D^{23}$: −127,0° [W.; p = 1] (*Howe, Sl.*); $[\alpha]_D^{25}$: −127° [W.; c = 1] (*Po.*, *Ma.*, *Ca.*); $[\alpha]_D^{25}$: −125° [W.; c = 1] (*La. et al.*); $[\alpha]_D^{28}$: −127,8° [W.; c = 3] (*Br.*, *Hill*).

Hydrobromid $C_{21}H_{27}NO \cdot HBr$. Krystalle (aus W. oder aus A. + Ae.); F: 234—235° (*Wa.*, *Of.*, *Th.*). $[\alpha]_D^{22}$: −134° [A.] (*Wa.*, *Of.*, *Th.*).

$L_g$-Hydrogentartrat $C_{21}H_{27}NO \cdot C_4H_6O_6$. Krystalle; F: 149,5—151° [aus Acn.] (*Br.*, *Hill*), 147—149° [korr.; aus Propanol-(1)] (*La. et al.*). $[\alpha]_D^{25}$: −85° [W.; c = 1] (*La. et al.*); $[\alpha]_D^{26}$: −84,4° [W.; c = 3] (*Br.*, *Hill*).

b) **(*S*)-6-Dimethylamino-4.4-diphenyl-heptanon-(3)**, Formel X.

*B.* Aus (*S*)-4-Dimethylamino-2.2-diphenyl-valeronitril uud Äthylmagnesiumbromid (*Walton, Ofner, Thorp*, Soc. **1949** 648, 653). — Gewinnung aus dem unter c) beschriebenen Racemat mit Hilfe von $L_g$-Weinsäure: *Larsen et al.*, Am. Soc. **70** [1948] 4194; *Brode, Hill*, J. org. Chem. **13** [1948] 191; mit Hilfe von (1*R*)-3*endo*-Brom-2-oxo-bornan-sulfonsäure-(8): *Howe, Sletzinger*, Am. Soc. **71** [1949] 2935.

Krystalle; F: 100—101° [korr.] (*La. et al.*), 98—100° [aus wss. A.] (*Wa.*, *Of.*, *Th.*), 98,7—99° [aus A.] (*Br.*, *Hill*). $[\alpha]_D^{20}$: +28° [A.] (*Wa.*, *Of.*, *Th.*); $[\alpha]_D^{25}$: +26° [A.; c = 1] (*La. et al.*); $[\alpha]_D^{26}$: +29,5° [A.] (*Br.*, *Hill*).

Hydrochlorid $C_{21}H_{27}NO \cdot HCl$. Krystalle; F: 243—244° [korr.] (*La. et al.*), 243—244° (*Howe, Sl.*), 239—241° [unkorr.; Zers.] (*Pohland, Marshall, Carney*, Am. Soc. **71** [1949] 460). $[\alpha]_D^{23}$: +127,0° [W.; p = 1] (*Howe, Sl.*); $[\alpha]_D^{25}$: +126° [W.; c = 1] (*Po.*, *Ma.*, *Ca.*); $[\alpha]_D^{25}$: +125° [W.; c = 1] (*La. et al.*); $[\alpha]_D^{28}$: +127,5° [W.; c = 3] (*Br.*, *Hill*).

Hydrobromid. F: 234° (*Thorp, Walton, Ofner*, Nature **160** [1947] 605). Monoklin; Raumgruppe $P2_1$ (?); aus dem Röntgen-Diagramm ermittelte Dimensionen der Elementarzelle: a = 10,69 Å; b = 8,74 Å; c = 10,74 Å; $\beta$ = 94,6°; n = 2 (*Hanson, Ahmed*, Acta cryst. **11** [1958] 724).

Hydrojodid $C_{21}H_{27}NO \cdot HI$. Krystalle (aus A. + Ae.); F: 175—177° (*Wa.*, *Of.*, *Th.*).

Nitrat $C_{21}H_{27}NO \cdot HNO_3$. Krystalle (aus A. + Ae.); F: 148° [Zers.] (*Wa.*, *Of.*, *Th.*). $[\alpha]_D^{19}$: +137° [A.] (*Wa.*, *Of.*, *Th.*).

$L_g$-Hydrogentartrat $C_{21}H_{27}NO \cdot C_4H_6O_6$. Krystalle; F: 117,8—118,1° [aus Acn. + Ae.] (*Br.*, *Hill*), 107—109° [korr.] (*La. et al.*). $[\alpha]_D^{25}$: +104° [W.; c = 1] (*La. et al.*).

(1*R*)-3*endo*-Brom-2-oxo-bornan-sulfonat-(8). F: 125—127° (*Howe, Sl.*).

c) **(±)-6-Dimethylamino-4.4-diphenyl-heptanon-(3)**, Formel IX + X.

*B.* Beim Erwärmen von (±)-4-Dimethylamino-2.2-diphenyl-valeronitril mit Äthylmagnesiumbromid (*Bockmühl, Ehrhart*, A. **561** [1949] 52, 73; s. a. *Easton et al.*, Am. Soc. **70** [1948] 76; *Tolbert et al.*, J. org. Chem. **14** [1949] 525, 528) oder mit Äthylmagnesiumjodid (*Attenburrow et al.*, Soc. **1949** 510, 514) in Toluol und anschliessend mit wss. Salzsäure.

Krystalle; F: 80—82° [aus PAe.] (*Walton, Ofner, Thorp*, Soc. **1949** 648, 651), 79—81° (*Larsen et al.*, Am. Soc. **70** [1948] 4194), 78—79° [aus Me.] (*Bo.*, *Eh.*).

Beim Erhitzen mit Kaliumhydroxid in Triäthylenglykol auf 220° ist 3-Dimethylamino-1.1-diphenyl-butan erhalten worden (*May, Mosettig*, J. org. Chem. **13** [1948] 459, 463).

Hydrochlorid $C_{21}H_{27}NO \cdot HCl$. Krystalle; F: 231—233° [korr.; aus Acetonitril] (*Att. et al.*), 231° [aus A.] (*Bo.*, *Eh.*), 229—231° [aus A.] (*Ea. et al.*), 229—230° [korr.] (*La. et al.*). UV-Spektrum (W.): *Shapiro*, J. org. Chem. **14** [1949] 839, 842.

Hydrobromid. F: 224° (*Thorp, Walton, Ofner*, Nature **160** [1947] 605).

Hydrojodid $C_{21}H_{27}NO \cdot HI$. Krystalle (aus W.); F: 198—199° (*Wa.*, *Of.*, *Th.*).

Nitrat $C_{21}H_{27}NO \cdot HNO_3$. Krystalle; F: 108—110° [Zers.] (*Wa.*, *Of.*, *Th.*).

**(±)-6-Dimethylamino-4.4-diphenyl-heptanon-(3)-imin**, (±)-*4-imino-1*,N,N-*trimethyl-3,3-diphenylhexylamine* $C_{21}H_{28}N_2$, Formel I (R = R' = H, X = NH).

*B.* Beim Erwärmen von (±)-4-Dimethylamino-2.2-diphenyl-valeronitril mit Äthylmagnesiumbromid in Xylol und Behandeln des Reaktionsgemisches mit wss. Essigsäure (*Easton et al.*, Am. Soc. **70** [1948] 76; s. a. *Cheney, Smith, Binkley*, Am. Soc. **71** [1949] 53, 54).

Krystalle (aus Heptan); F: 54—56° (*Ch.*, *Sm.*, *Bi.*).

Dipikrat $C_{21}H_{28}N_2 \cdot 2C_6H_3N_3O_7$. Gelbe Krystalle (aus E. + Acn.); F: 182—184° (*Ea. et al.*).

**(±)-6-Dimethylamino-4.4-diphenyl-heptanon-(3)-acetylimin, (±)-*N*-[4-Dimethylamino-1-äthyl-2.2-diphenyl-pentyliden]-acetamid,** (±)-N-[*4-(dimethylamino)-1-ethyl-2,2-diphenylpentylidene]acetamide* $C_{23}H_{30}N_2O$, Formel I (R = R' = H, X = N-CO-$CH_3$).

*B.* Beim Erwärmen von (±)-4-Dimethylamino-2.2-diphenyl-valeronitril mit Äthylmagnesiumbromid in Xylol (oder Toluol) und Eintragen des Reaktionsgemisches in Acetanhydrid (*Easton et al.*, Am. Soc. **70** [1948] 76).

Krystalle (aus Heptan); F: 134–135° (*Cheney, Smith, Binkley*, Am. Soc. **71** [1949] 53, 54), 130–131° (*Ea. et al.*).

Hydrochlorid $C_{23}H_{30}N_2O \cdot HCl$. Krystalle; F: 219–221° [aus Acn.] (*Ea. et al.*), 219–220° [aus E.] (*Ch., Sm., Bi.*).

**(±)-6-Dimethylamino-4.4-diphenyl-heptanon-(3)-propionylimin, (±)-*N*-[4-Dimethylamino-1-äthyl-2.2-diphenyl-pentyliden]-propionamid,** (±)-N-[*4-(dimethylamino)-1-ethyl-2,2-diphenylpentylidene]propionamide* $C_{24}H_{32}N_2O$, Formel I (R = R' = H, X = N-CO-$CH_2$-$CH_3$).

*B.* Beim Erhitzen von (±)-4-Dimethylamino-2.2-diphenyl-valeronitril mit Äthylmagnesiumbromid in Xylol und anschliessenden Behandeln mit Propionylchlorid in Äther (*Cheney, Smith, Binkley*, Am. Soc. **71** [1949] 53, 56).

Krystalle (aus A.); F: 146–147°.

Hydrochlorid $C_{24}H_{32}N_2O \cdot HCl$. Krystalle; F: 202–203°.

**(±)-Trimethyl-[4-oxo-1-methyl-3.3-diphenyl-hexyl]-ammonium,** (±)-*trimethyl(1-methyl-4-oxo-3,3-diphenylhexyl)ammonium* $[C_{22}H_{30}NO]^{\oplus}$, Formel II.

**Jodid** $[C_{22}H_{30}NO]I$. *B.* Aus (±)-6-Dimethylamino-4.4-diphenyl-heptanon-(3) und Methyljodid (*Jensen, Lauridsen, Christensen*, Acta chem. scand. **2** [1948] 381). — Krystalle; F: 168–170° [aus A. + Ae.] (*Walton, Ofner, Thorp*, Soc. **1949** 648, 651), 165° [aus Acn. + Ae.] (*Je., Lau., Ch.*). — Beim Erhitzen mit wss. Natronlauge ist Trimethyl-[1-methyl-3.3-diphenyl-propyl]-ammonium-jodid erhalten worden (*May, Mosettig*, J. org. Chem. **13** [1948] 459, 463).

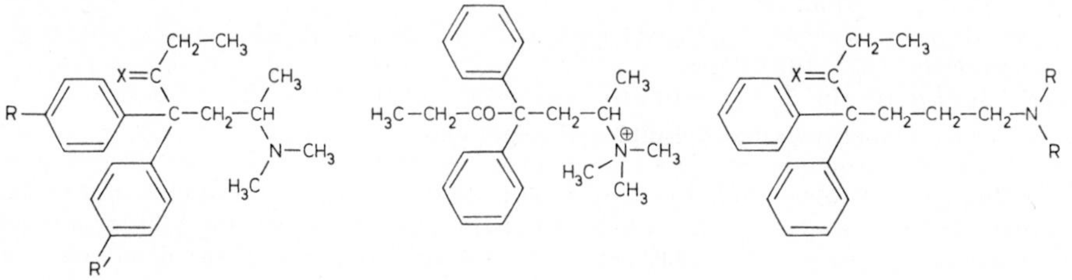

I II III

**(±)-6-Dimethylamino-4.4-bis-[4-chlor-phenyl]-heptanon-(3),** (±)-*4,4-bis*(p-*chlorophenyl)-6-(dimethylamino)heptan-3-one* $C_{21}H_{25}Cl_2NO$, Formel I (R = R' = Cl, X = O).

Eine unter dieser Konstitution beschriebene Verbindung (Hydrochlorid $C_{21}H_{25}Cl_2NO \cdot HCl$, F: 126–127° [unkorr.; aus Acn. + Ae.]) ist beim Erwärmen von Bis-[4-chlor-phenyl]-acetonitril mit Natriumamid in Toluol und anschliessend mit (±)-Dimethyl-[2-chlor-propyl]-amin und Erwärmen des Reaktionsprodukts mit Äthylmagnesiumbromid in Äther und Xylol und anschliessend mit wss. Salzsäure erhalten worden (*Weiss, Cordasco, Reiner*, Am. Soc. **71** [1949] 2650).

**6-Dimethylamino-4-phenyl-4-[4-brom-phenyl]-heptanon-(3),** *4-*(p-*bromophenyl)-6-(dimethylamino)-4-phenylheptan-3-one* $C_{21}H_{26}BrNO$, Formel I (R = Br, R' = H, X = O).

Ein als Hydrochlorid $C_{21}H_{26}BrNO \cdot HCl$ (Krystalle [aus Butylacetat], F: 205–207°) und als Pikrat $C_{21}H_{26}BrNO \cdot C_6H_3N_3O_7$ (Krystalle [aus A.], F: 153–154°) charakterisiertes opt.-inakt. Aminoketon, dem wahrscheinlich diese Konstitution zukommt, ist beim Erhitzen von (±)-Phenyl-[4-brom-phenyl]-acetonitril mit (±)-Dimethyl-[β-chlor-isopropyl]-amin oder mit (±)-Dimethyl-[2-chlor-propyl]-amin und Natriumamid in Toluol, Erwärmen des Reaktionsprodukts mit Äthylmagnesiumbromid in Äther und Benzol und Erhitzen des danach isolierten Reaktionsprodukts mit wss. Schwefelsäure erhalten worden (*Shapiro*, J. org. Chem. **14** [1949] 839, 845).

**7-Amino-4.4-diphenyl-heptanon-(3)** $C_{19}H_{23}NO$.

**7-Dimethylamino-4.4-diphenyl-heptanon-(3)**, *7-(dimethylamino)-4,4-diphenylheptan-3-one* $C_{21}H_{27}NO$, Formel III (R = $CH_3$, X = O).

*B.* Aus 7-Dimethylamino-4.4-diphenyl-heptanon-(3)-imin beim Erhitzen mit wss. Salzsäure (*Easton et al.*, Am. Soc. **70** [1948] 76).

Hydrochlorid $C_{21}H_{27}NO \cdot HCl$. Krystalle (aus E.); F: 139—140°.

Pikrat $C_{21}H_{27}NO \cdot C_6H_3N_3O_7$. Krystalle (aus A.); F: 118—119°.

**7-Dimethylamino-4.4-diphenyl-heptanon-(3)-imin**, *5-imino-*N.N*-dimethyl-4,4-diphenylheptylamine* $C_{21}H_{28}N_2$, Formel III (R = $CH_3$, X = NH).

*B.* Beim Erwärmen einer Lösung von 5-Dimethylamino-2.2-diphenyl-valeronitril in Xylol mit Äthylmagnesiumbromid in Äther und Behandeln des Reaktionsgemisches mit wss. Salzsäure (*Easton et al.*, Am. Soc. **70** [1948] 76).

Dipikrat $C_{21}H_{28}N_2 \cdot 2C_6H_3N_3O_7$. F: 181—182°.

**Trimethyl-[5-oxo-4.4-diphenyl-heptyl]-ammonium**, *trimethyl(5-oxo-4,4-diphenylheptyl)ammonium* $[C_{22}H_{30}NO]^{\oplus}$, Formel IV.

**Jodid** $[C_{22}H_{30}NO]I$. *B.* Aus 7-Dimethylamino-4.4-diphenyl-heptanon-(3) und Methyljodid in Äther (*Easton et al.*, Am. Soc. **70** [1948] 76). — Krystalle (aus Me.); F: 250—252°.

**7-Diäthylamino-4.4-diphenyl-heptanon-(3)**, *7-(diethylamino)-4,4-diphenylheptan-3-one* $C_{23}H_{31}NO$, Formel III (R = $C_2H_5$, X = O).

*B.* Beim Erwärmen von 5-Diäthylamino-2.2-diphenyl-valeronitril mit Äthylmagnesiumjodid in Toluol und anschliessend mit wss. Salzsäure (*Dupré et al.*, Soc. **1949** 500, 509).

$Kp_{0,3}$: 165—170°.

IV V VI

**1-Amino-2-methyl-3.3-diphenyl-hexanon-(4)** $C_{19}H_{23}NO$.

**1-Dimethylamino-2-methyl-3.3-diphenyl-hexanon-(4)**, Isomethadon, Isoamidon, *6-(dimethylamino)-5-methyl-4,4-diphenylhexan-3-one* $C_{21}H_{27}NO$.

Über die Konfiguration der Enantiomeren s. *Beckett, Kirk, Thomas*, Soc. **1962** 1386.

a) **(*R*)-1-Dimethylamino-2-methyl-3.3-diphenyl-hexanon-(4)**, Formel V.

Gewinnung aus dem unter c) beschriebenen Racemat mit Hilfe von $L_g$-Weinsäure: *Larsen et al.*, Am. Soc. **70** [1948] 4194; mit Hilfe von *N*-[4-Nitro-benzoyl]-L-glutaminsäure: *Howe, Sletzinger*, Am. Soc. **71** [1949] 2935.

$Kp_{0,6}$: 162—165°; $n_D^{25}$: 1,5575 (*La. et al.*). $[\alpha]_D^{25}$: +21° [A.; c = 1] (*La. et al.*).

Hydrochlorid $C_{21}H_{27}NO \cdot HCl$. Krystalle (aus W.) mit 1 Mol $H_2O$, F: 176—177° (*La. et al.*), 173—174° (*Howe, Sl.*); das wasserfreie Salz schmilzt bei 230—231° [korr.] (*La. et al.*). $[\alpha]_D^{25}$: +90° [Monohydrat in Me.; p = 1] (*Howe, Sl.*); $[\alpha]_D^{25}$: +66° [Monohydrat in W.; c = 1] (*La. et al.*). $[\alpha]_D^{25}$: +70° [wasserfreies Salz in A.; c = 1] (*La. et al.*).

$L_g$-Hydrogentartrat $C_{21}H_{27}NO \cdot C_4H_6O_6$. F: 148—152° [korr.]; $[\alpha]_D^{25}$: +60° [W.; c = 1] (*La. et al.*).

*N*-[4-Nitro-benzoyl]-L-glutamat. Krystalle (aus Isopropylalkohol), F: 171—172°; $[\alpha]_D^{25}$: +60° [Me.] (*Howe, Sl.*).

b) **(*S*)-1-Dimethylamino-2-methyl-3.3-diphenyl-hexanon-(4)**, Formel VI.

*B.* Aus (*S*)-4-Dimethylamino-3-methyl-2.2-diphenyl-butyronitril beim Erhitzen mit Äthylmagnesiumbromid in Äther und Toluol und anschliessend mit wss. Salzsäure (*Larsen et al.*, Am. Soc. **70** [1948] 4194). — Gewinnung aus dem unter c) beschriebenen Racemat mit Hilfe von $L_g$-Weinsäure: *La. et al.*; mit Hilfe von *N*-[4-Nitro-benzoyl]-L-glutaminsäure: *Howe, Sletzinger*, Am. Soc. **71** [1949] 2935.

$Kp_{0,6}$: 162—165°; $n_D^{25}$: 1,5575 (*La. et al.*). $[\alpha]_D^{25}$: —20° [A.; c = 1] (*La. et al.*).

Hydrochlorid $C_{21}H_{27}NO \cdot HCl$. Krystalle (aus Isopropylalkohol + Ae.) mit 1 Mol $H_2O$, F: 173—174° (*Howe, Sl.*). Das wasserfreie Salz schmilzt bei 231—233° [korr.] (*La. et al.*). $[\alpha]_D^{25}$: —70° [wasserfreies Salz in W.; c = 1] (*La. et al.*); $[\alpha]_D^{25}$: —66° [Monohydrat in W.; c = 1] (*La. et al.*); $[\alpha]_D^{25}$: —90° [Monohydrat in Me.; p = 1] (*Howe, Sl.*).

$L_g$-Hydrogentartrat $C_{21}H_{27}NO \cdot C_4H_6O_6$. Krystalle, F: 122—125° [korr.]; $[\alpha]_D^{25}$: —44° [W.; c = 1] (*La. et al.*).

c) **(±)-1-Dimethylamino-2-methyl-3.3-diphenyl-hexanon-(4),** Formel V + VI.

*B.* Beim Erhitzen von (±)-4-Dimethylamino-3-methyl-2.2-diphenyl-butyronitril mit Äthylmagnesiumbromid in Toluol und anschliessenden Erwärmen mit wss. Salzsäure (*Bockmühl, Ehrhart,* A. **561** [1949] 52, 73; *Larsen et al.,* Am. Soc. **70** [1948] 4194). Aus (±)-1-Dimethylamino-2-methyl-3.3-diphenyl-hexanon-(4)-imin beim Erhitzen mit wss. Salzsäure (*Easton et al.,* Am. Soc. **70** [1948] 76; s. a. *Cheney, Smith, Binkley,* Am. Soc. **71** [1949] 53, 55) oder mit wss. Bromwasserstoffsäure (*Walton, Ofner, Thorp,* Soc. **1949** 648, 653).

$Kp_{12}$: 215° (*Ea. et al.*).

Beim Erhitzen mit Kaliumhydroxid in Triäthylenglykol auf 220° ist Dimethyl-[2-methyl-3.3-diphenyl-propyl]-amin erhalten worden (*May, Mosettig,* J. org. Chem. **13** [1948] 663).

Hydrochlorid $C_{21}H_{27}NO \cdot HCl$. Krystalle mit 0,5 Mol $H_2O$ (*Bo., Eh.*) oder mit 1 Mol $H_2O$ (*La. et al.*); F: 155—158° [aus E.; nach Sintern] (*Ch., Sm., Bi.*), 153—155° [korr.] (*La. et al.*), 152—153° [aus wss. Salzsäure] (*Wa., Of., Th.*), 151—153° (*Bo., Eh.*), 145—149° [aus Isopropylalkohol] (*Ea. et al.*). Bisweilen sind aus wss. Salzsäure Krystalle mit 1 Mol $H_2O$ (*Ch., Sm., Bi.*) vom F: 119—122° (*Ch., Sm., Bi.*) bzw. vom F: 114—116° (*Wa., Of., Th.*) erhalten worden. Das wasserfreie Salz schmilzt bei 190—193° (*Ea. et al.*).

Hydrobromid $C_{21}H_{27}NO \cdot HBr$. Krystalle (aus W.); F: 139—144° (*Wa., Of., Th.*).

Hydrojodid $C_{21}H_{27}NO \cdot HI$. Krystalle (aus W.); F: 206—208° (*Wa., Of., Th.*).

Nitrat $C_{21}H_{27}NO \cdot HNO_3$. Krystalle (aus A. + Ae.); F: 182—183° [Zers.] (*Wa., Of., Th.*).

Oxalat $2C_{21}H_{27}NO \cdot 3C_2H_2O_4$. Krystalle (aus Acn. + A.); F: 163—164° (*Ea. et al.*).

Pikrat $C_{21}H_{27}NO \cdot C_6H_3N_3O_7$. Gelbe Krystalle (aus A.); F: 149—150° (*Ea. et al.*). — Verbindung des Pikrats mit (±)-Dimethyl-[2-methyl-3.3-diphenyl-propyl]-amin-pikrat $C_{21}H_{27}NO \cdot C_{18}H_{23}N \cdot 2C_6H_3N_3O_7$. F: 169—171° [unkorr.; Zers.] (*May, Mo.*).

**(±)-1-Dimethylamino-2-methyl-3.3-diphenyl-hexanon-(4)-imin,** (±)-*4-imino-2,*N,N-*trimethyl-3,3-diphenylhexylamine* $C_{21}H_{28}N_2$, Formel VII (R = H).

*B.* Beim Erhitzen von (±)-4-Dimethylamino-3-methyl-2.2-diphenyl-butyronitril mit Äthylmagnesiumbromid in Äther und Xylol und Behandeln des Reaktionsgemisches mit wss. Salzsäure (*Schultz, Robb, Sprague,* Am. Soc. **69** [1947] 2454, 2458; *Easton et al.,* Am. Soc. **70** [1948] 76; s. a. *Walton, Ofner, Thorp,* Soc. **1949** 648, 653).

$Kp_1$: 148—153° (*Cheney, Smith, Binkley,* Am. Soc. **71** [1949] 53, 55), 94° (*Wa., Of., Th.*).

Monohydrochlorid $C_{21}H_{28}N_2 \cdot HCl$. F: 151—152° [aus Isopropylalkohol] (*Ch., Sm., Bi.*). — Dihydrochlorid $C_{21}H_{28}N_2 \cdot 2HCl$. Krystalle; F: 205—206° [Zers.; aus Acn.] (*Ch., Sm., Bi.*), 200—202° [Zers.; aus A. + Ae.] (*Ea. et al.*), 194—196° [unkorr.; aus Isopropylalkohol] (*Sch., Robb, Sp.*).

Oxalat $2C_{21}H_{28}N_2 \cdot 3C_2H_2O_4$. Krystalle (aus A. + Ae.); F: 145—146° (*Ea. et al.*).

Dipikrat $C_{21}H_{28}N_2 \cdot 2C_6H_3N_3O_7$. Gelbe Krystalle (aus E.) vom F: 140—141°, die sich beim Zerreiben oder beim Erwärmen mit Äthanol in eine bei 166,5—168° schmelzende Modifikation umwandeln (*Ea. et al.*); F: 135—136° [unkorr.] (*Sch., Robb, Sp.*).

**(±)-1-Dimethylamino-2-methyl-3.3-diphenyl-hexanon-(4)-acetylimin, (±)-*N*-[4-Dimethylamino-3-methyl-1-äthyl-2.2-diphenyl-butyliden]-acetamid,** (±)-N-[*4-(dimethylamino)-1-ethyl-3-methyl-2,2-diphenylbutylidene*]*acetamide* $C_{23}H_{30}N_2O$, Formel VII (R = $CO-CH_3$).

*B.* Beim Erwärmen von (±)-1-Dimethylamino-2-methyl-3.3-diphenyl-hexanon-(4)-imin mit Acetanhydrid (*Easton et al.,* Am. Soc. **70** [1948] 76) oder mit Acetylchlorid in Benzol (*Cheney, Smith, Binkley,* Am. Soc. **71** [1949] 53, 56).

Hydrochlorid $C_{23}H_{30}N_2O \cdot HCl$. Krystalle; F: 214—215° [aus A. + Ae.] (*Ch., Sm., Bi.*), 213—215° (*Ea. et al.*).

**(±)-Trimethyl-[4-oxo-2-methyl-3.3-diphenyl-hexyl]-ammonium,** *(±)-trimethyl-(2-methyl-4-oxo-3,3-diphenylhexyl)ammonium* $[C_{22}H_{30}NO]^{\oplus}$, Formel VIII (X = O).

**Jodid** $[C_{22}H_{30}NO]I$. *B.* Aus (±)-1-Dimethylamino-2-methyl-3.3-diphenyl-hexanon-(4) und Methyljodid (*Easton et al.*, Am. Soc. **70** [1948] 76; *Walton, Ofner, Thorp*, Soc. **1949** 648, 654). — Krystalle; F: 263—264° [aus Me.] (*Ea. et al.*), 235—245° [Zers.; aus W.] (*Wa., Of., Th.*).

**(±)-Trimethyl-[4-imino-2-methyl-3.3-diphenyl-hexyl]-ammonium,** *(±)-(4-imino-2-methyl-3,3-diphenylhexyl)trimethylammonium* $[C_{22}H_{31}N_2]^{\oplus}$, Formel VIII (X = NH).

**Jodid** $[C_{22}H_{31}N_2]I$. *B.* Aus (±)-1-Dimethylamino-2-methyl-3.3-diphenyl-hexanon-(4)-imin (*Walton, Ofner, Thorp*, Soc. **1949** 648, 653). — Krystalle (aus W.); F: 240° [nach partieller Zersetzung bei 158—160°].

**3.3'-Diamino-2.4.6.2'.4'.6'-hexamethyl-benzophenon,** *3,3'-diamino-2,2',4,4',6,6'-hexamethylbenzophenone* $C_{19}H_{24}N_2O$, Formel IX.

*B.* Beim Behandeln von 3.3'-Dinitro-2.4.6.2'.4'.6'-hexamethyl-benzophenon in Essigsäure mit Zink und wss. Salzsäure (*Maclean, Adams*, Am. Soc. **55** [1933] 4683, 4686).

Gelbe Krystalle (aus wss. A.); F: 163—164,5° [korr.].

Versuche zur Zerlegung in die Enantiomeren: *Ma., Ad.*

(1*S*)-2-Oxo-bornan-sulfonat-(10) $C_{19}H_{24}N_2O \cdot 2C_{10}H_{16}O_4S$. $[\alpha]_D^{25}$: +25° [A.; c = 0,5].

(1*R*)-3*endo*-Brom-2-oxo-bornan-sulfonat-(8) $C_{19}H_{24}N_2O \cdot 2C_{10}H_{15}BrO_4S$. $[\alpha]_D^{26}$: +58° [Me.; c = 0,5].

## Amino-Derivate der Oxo-Verbindungen $C_{20}H_{24}O$

**6-Amino-4-phenyl-4-benzyl-heptanon-(3)** $C_{20}H_{25}NO$.

**6-Dimethylamino-4-phenyl-4-benzyl-heptanon-(3),** *4-benzyl-6-(dimethylamino)-4-phenylheptan-3-one* $C_{22}H_{29}NO$, Formel X (X = H).

**Opt.-inakt. 6-Dimethylamino-4-phenyl-4-benzyl-heptanon-(3) vom F: 68°.**

*B.* Neben geringen Mengen 1-Dimethylamino-2-methyl-3-phenyl-3-benzyl-hexanon-(4)(?) (Pikrat $C_{22}H_{29}NO \cdot C_6H_3N_3O_7$, F: 152°) beim Erhitzen von (±)-2.3-Diphenyl-propionitril mit (±)-Dimethyl-[β-chlor-isopropyl]-amin oder (±)-Dimethyl-[2-chlor-propyl]-amin und Natriumamid in Toluol, Erwärmen des Reaktionsprodukts mit Äthylmagnesiumbromid in Äther und Benzol und Erhitzen des danach isolierten Reaktionsprodukts mit wss. Schwefelsäure (*Shapiro*, J. org. Chem. **14** [1949] 839, 845, 846).

Krystalle (aus wss. Me.); F: 67—68°.

Beim Erhitzen mit Kaliumhydroxid in Triäthylenglykol auf 220° ist 4-Dimethylamino-1.2-diphenyl-pentan (Pikrat, F: 168—170°) erhalten worden.

Hydrochlorid. Krystalle (aus Butylacetat) mit 1 Mol $H_2O$; F: 100—103°; das wasserfreie Salz schmilzt bei 145—147°. UV-Spektrum (W.): *Sh.*, l. c. S. 842.

Pikrat $C_{22}H_{29}NO \cdot C_6H_3N_3O_7$. Krystalle (aus A. + Butylacetat); F: 164—166°.

**6-Dimethylamino-4-[4-chlor-phenyl]-4-[4-chlor-benzyl]-heptanon-(3),** *4-(p-chlorobenzyl)-4-(p-chlorophenyl)-6-(dimethylamino)heptan-3-one* $C_{22}H_{27}Cl_2NO$, Formel X (X = Cl).

Ein unter dieser Konstitution beschriebenes, als Hydrochlorid $C_{22}H_{27}Cl_2NO \cdot HCl$ (F: 56—58°) charakterisiertes opt.-inakt. Aminoketon ist beim Erwärmen von (±)-2.3-Bis-[4-chlor-phenyl]-propionitril mit Natriumamid in Toluol und anschliessend mit (±)-Dimethyl-[2-chlor-propyl]-amin und Erwärmen des Reaktionsprodukts mit Äthylmagnesiumbromid in Äther und Xylol und anschliessend mit wss. Salzsäure erhalten worden (*Weiss, Cordasco, Reiner*, Am. Soc. **71** [1949] 2650).

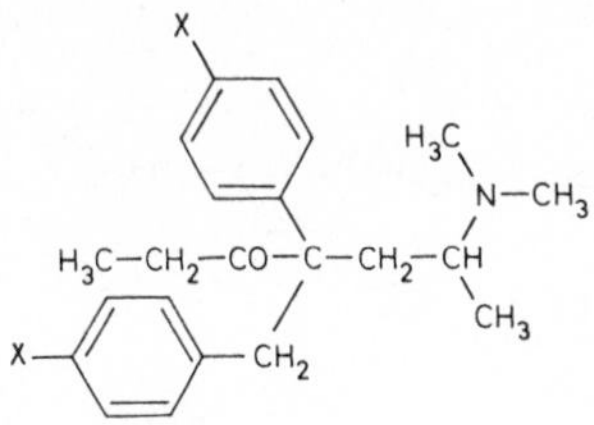

X 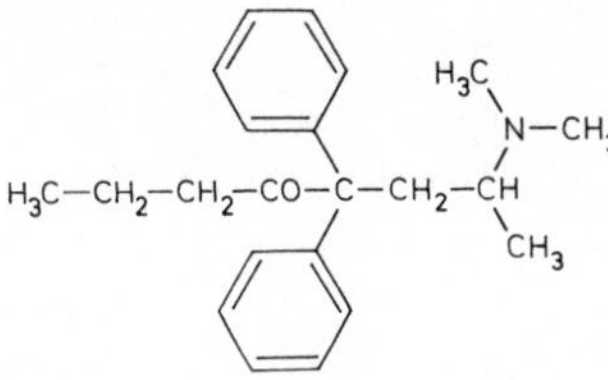 XI

**2-Amino-4.4-diphenyl-octanon-(5)** $C_{20}H_{25}NO$.

**(±)-2-Dimethylamino-4.4-diphenyl-octanon-(5)**, (±)-*7-(dimethylamino)-5,5-diphenyloctan-4-one* $C_{22}H_{29}NO$, Formel XI.

*B.* Beim Erhitzen von (±)-4-Dimethylamino-2.2-diphenyl-valeronitril mit Propylmagnesiumjodid in Xylol und anschliessenden Behandeln mit wss. Salzsäure oder wss. Jodwasserstoffsäure (*Walton, Ofner, Thorp,* Soc. **1949** 648, 651).

Hydrobromid $C_{22}H_{29}NO \cdot HBr$. Krystalle (aus A. + Ae.); F: 87—89°.

Hydrojodid $C_{22}H_{29}NO \cdot HI$. Krystalle (aus A. + Ae.); F: 155—157°.

Nitrat $C_{22}H_{29}NO \cdot HNO_3$. Krystalle (aus A. + Ae.); F: 95—97°.

**1-Amino-2-methyl-3.3-diphenyl-heptanon-(4)** $C_{20}H_{25}NO$.

**(±)-1-Dimethylamino-2-methyl-3.3-diphenyl-heptanon-(4)**, (±)-*1-(dimethylamino)-2-methyl-3,3-diphenylheptan-4-one* $C_{22}H_{29}NO$, Formel XII.

*B.* Beim Erhitzen von (±)-4-Dimethylamino-3-methyl-2.2-diphenyl-butyronitril mit Propylmagnesiumbromid in Xylol und anschliessenden Behandeln mit wss. Salzsäure (*Walton, Ofner, Thorp,* Soc. **1949** 648, 654).

Krystalle (aus PAe.); F: 100—101°.

Hydrochlorid $C_{22}H_{29}NO \cdot HCl$. Wasserhaltige(?) Krystalle (aus wss. Salzsäure), die bei 80—100° schmelzen.

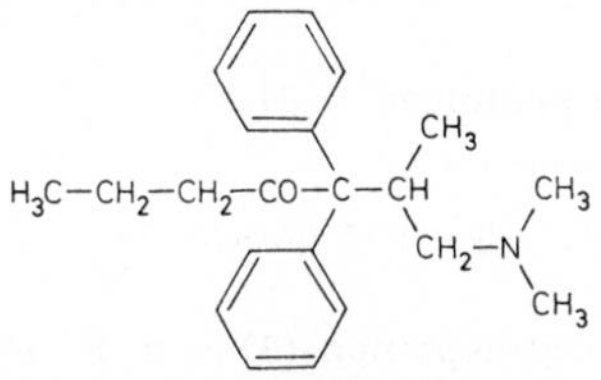

XII 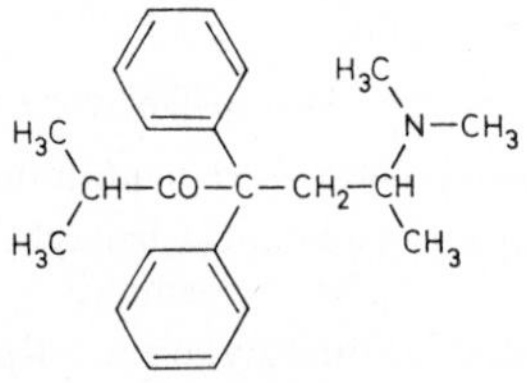 XIII

**6-Amino-2-methyl-4.4-diphenyl-heptanon-(3)** $C_{20}H_{25}NO$.

**(±)-6-Dimethylamino-2-methyl-4.4-diphenyl-heptanon-(3)**, (±)-*6-(dimethylamino)-2-methyl-4,4-diphenylheptan-3-one* $C_{22}H_{29}NO$, Formel XIII.

*B.* Beim Erhitzen von (±)-4-Dimethylamino-2.2-diphenyl-valeronitril mit Isopropylmagnesiumbromid in Äther und Xylol und Erhitzen des Reaktionsprodukts mit wss. Bromwasserstoffsäure (*Walton, Ofner, Thorp,* Soc. **1949** 648, 652).

$Kp_4$: 176—186°.

Nitrat $C_{22}H_{29}NO \cdot HNO_3$. Krystalle (aus A. + Ae.); F: 116—118°.

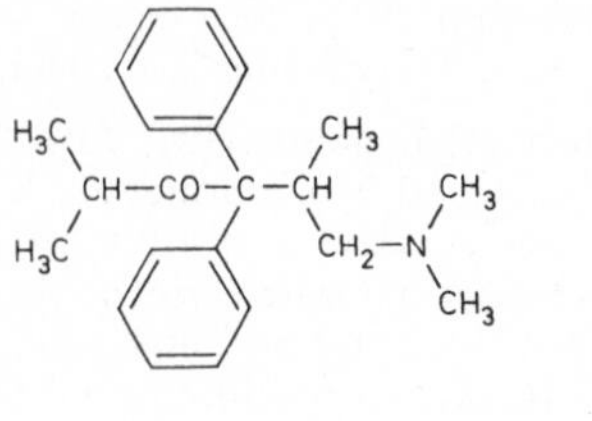

XIV 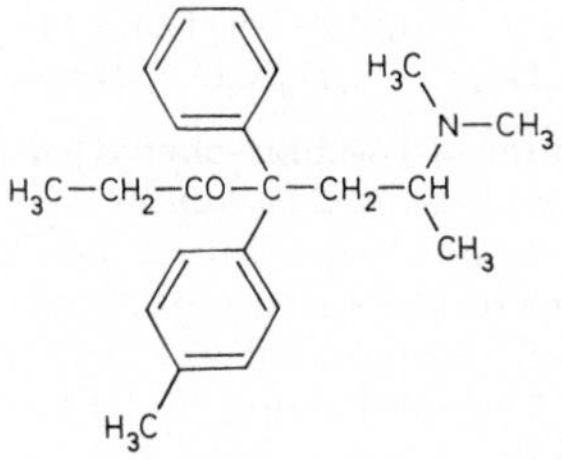 XV

**1-Amino-2.5-dimethyl-3.3-diphenyl-hexanon-(4)** $C_{20}H_{25}NO$.

**(±)-1-Dimethylamino-2.5-dimethyl-3.3-diphenyl-hexanon-(4)**, *(±)-6-(dimethylamino)-2,5-dimethyl-4,4-diphenylhexan-3-one* $C_{22}H_{29}NO$, Formel XIV.

*B.* Beim Erhitzen von (±)-4-Dimethylamino-3-methyl-2.2-diphenyl-butyronitril mit Isopropylmagnesiumbromid in Xylol und Erhitzen des Reaktionsprodukts mit wss. Bromwasserstoffsäure (*Walton, Ofner, Thorp*, Soc. **1949** 648, 654).

Hydrobromid $C_{22}H_{29}NO\cdot HBr$. Krystalle (aus W.); F: 81–85°.

**6-Amino-4-phenyl-4-*p*-tolyl-heptanon-(3)** $C_{20}H_{25}NO$.

**6-Dimethylamino-4-phenyl-4-*p*-tolyl-heptanon-(3)**, *6-(dimethylamino)-4-phenyl-4-*p*-tolyl-heptan-3-one* $C_{22}H_{29}NO$, Formel XV.

Ein als Hydrochlorid $C_{22}H_{29}NO\cdot HCl$ (Krystalle [aus Butylacetat], F: 202–204°) und als Pikrat $C_{22}H_{29}NO\cdot C_6H_3N_3O_7$ (Krystalle [aus A.], F: 138–140°) charakterisiertes opt.-inakt. Aminoketon, dem wahrscheinlich diese Konstitution zukommt, ist beim Erhitzen von (±)-Phenyl-*p*-tolyl-acetonitril mit (±)-Dimethyl-[*β*-chlor-isopropyl]-amin oder (±)-Dimethyl-[2-chlor-propyl]-amin und Natriumamid in Toluol, Erwärmen des Reaktionsprodukts mit Äthylmagnesiumbromid in Äther und Benzol und Erhitzen des danach isolierten Reaktionsprodukts mit wss. Schwefelsäure erhalten worden (*Shapiro*, J. org. Chem. **14** [1949] 839, 845). UV-Spektrum einer wss. Lösung des Hydrochlorids: *Sh.*

### Amino-Derivate der Oxo-Verbindungen $C_{21}H_{26}O$

**9-Phenyl-1-[4-amino-phenyl]-nonanon-(3)** $C_{21}H_{27}NO$.

**9-Phenyl-1-[4-dimethylamino-phenyl]-nonanon-(3)**, *1-[p-(dimethylamino)phenyl]-9-phenylnonan-3-one* $C_{23}H_{31}NO$, Formel XVI.

*B.* Aus 9*t*-Phenyl-1*t*-[4-dimethylamino-phenyl]-nonatetraen-(1.4*t*?.6*t*.8)-on-(3) (F: 184°) bei der Hydrierung an Nickel in wss. Äthanol bei 60° (*Rupe, Collin, Sigg*, Helv. **14** [1931] **1355, 1369**).

Krystalle; F: 27–28°. $Kp_{0,1}$: 187°.

Hydrogenoxalat $C_{23}H_{31}NO\cdot C_2H_2O_4$. Krystalle (aus wss. A.); F: 105°.

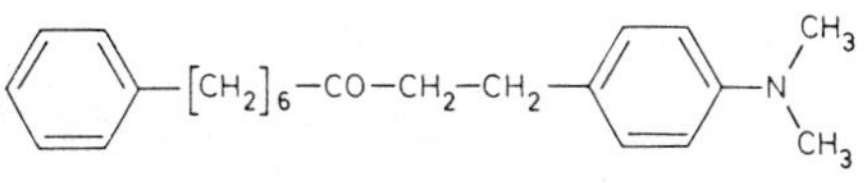

XVI 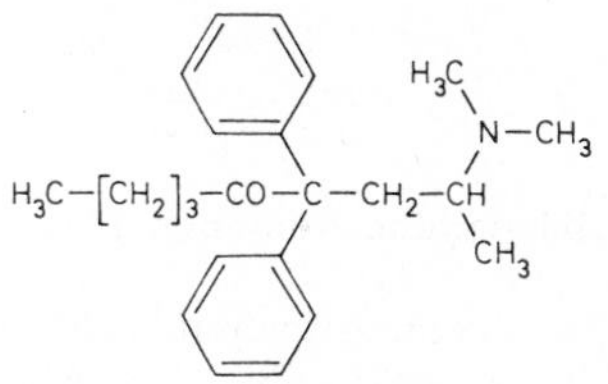 XVII

**2-Amino-4.4-diphenyl-nonanon-(5)** $C_{21}H_{27}NO$.

**(±)-2-Dimethylamino-4.4-diphenyl-nonanon-(5)**, *(±)-2-(dimethylamino)-4,4-diphenyl-nonan-5-one* $C_{23}H_{31}NO$, Formel XVII.

*B.* Beim Erhitzen von (±)-4-Dimethylamino-2.2-diphenyl-valeronitril mit Butylmagnesiumjodid in Xylol und anschliessenden Behandeln mit wss. Salzsäure (*Walton, Ofner, Thorp*, Soc. **1949** 648, 652).

Hydrochlorid $C_{23}H_{31}NO\cdot HCl$. Krystalle (aus A. + Ae.); F: 83–86°.

Hydrobromid $C_{23}H_{31}NO\cdot HBr$. Krystalle (aus A. + Ae.); F: 103–105°.

Hydrojodid $C_{23}H_{31}NO\cdot HI$. Krystalle (aus A. + Ae.); F: 140–143°.

Nitrat $C_{23}H_{31}NO\cdot HNO_3$. Krystalle (aus A. + Ae.); F: 77–78°. [*Walentowski*]

## Amino-Derivate der Monooxo-Verbindungen $C_nH_{2n-18}O$

### Amino-Derivate der Oxo-Verbindungen $C_{13}H_8O$

**1-Amino-fluorenon-(9)**, *1-aminofluoren-9-one* $C_{13}H_9NO$, Formel I (R = H) (H 113).

F: 119–120° [korr.; aus PAe.] (*Bergmann, Orchin*, Am. Soc. **71** [1949] 1111), 118° bis 118,5° [Block; aus wss. A.] (*Huntress, Pfister, Pfister*, Am. Soc. **64** [1942] 2845, 2847).

**1-Acetamino-fluorenon-(9), *N*-[9-Oxo-fluorenyl-(1)]-acetamid,** N-(*9-oxofluoren-1-yl*)-*acetamide* $C_{15}H_{11}NO_2$, Formel I (R = CO-$CH_3$).

Gelbe Krystalle (aus Bzn.); F: 138—138,3° [Block] (*Huntress, Pfister, Pfister*, Am. Soc. **64** [1942] 2845, 2847).

**1-Benzamino-fluorenon-(9), *N*-[9-Oxo-fluorenyl-(1)]-benzamid,** N-(*9-oxofluoren-1-yl*)-*benzamide* $C_{20}H_{13}NO_2$, Formel I (R = CO-$C_6H_5$).

Gelbe Krystalle (aus Bzn.); F: 149—149,8° [Block] (*Huntress, Pfister, Pfister*, Am. Soc. **64** [1942] 2845, 2847).

**2-Amino-fluorenon-(9),** *2-aminofluoren-9-one* $C_{13}H_9NO$, Formel II (R = X = H) (H 113; E II 68).

*B.* Aus 2-Nitro-fluorenon-(9) bei der Hydrierung an Platin in Äthanol (*Bennett, Noyes*, Am. Soc. **52** [1930] 3437, 3438).

Purpurfarbene Krystalle; F: 160° (*Be., No.*).

Bildung von 4-Amino-biphenyl-carbonsäure-(2) und 4'-Amino-biphenyl-carbonsäure-(2) beim Erhitzen mit Kaliumhydroxid in Diphenyläther: *Seikel, Pierson*, Am. Soc. **67** [1945] 1072. Beim Erwärmen mit Brenztraubensäure und Benzaldehyd in Äthanol ist eine als 11-Oxo-3-phenyl-11*H*-indeno[2.1-*f*]chinolin-carbonsäure-(1) angesehene, vermutlich aber als 10-Oxo-2-phenyl-10*H*-indeno[1.2-*g*]chinolin-carbonsäure-(4) zu formulierende (vgl. diesbezüglich *Campbell, Temple*, Soc. **1957** 207; s. a. *Bell, Mulholland*, Soc. **1949** 2020 Anm.) Verbindung vom F: 205° [Zers.] erhalten worden (*Hughes, Lions, Wright*, J. Pr. Soc. N.S.Wales **71** [1937/38] 449, 456).

**2-Dimethylamino-fluorenon-(9),** *2-(dimethylamino)fluoren-9-one* $C_{15}H_{13}NO$, Formel II (R = X = $CH_3$) (E II 68).

F: 166—166,5° [korr.; Fisher-Johns-App.] (*Fletcher, Taylor, Dahl*, J. org. Chem. **20** [1955] 1021, 1025), 164—165° (*Bergmann et al.*, Bl. **1952** 703, 705).

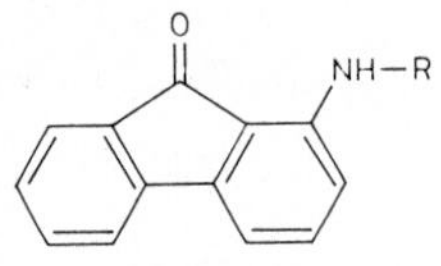

I 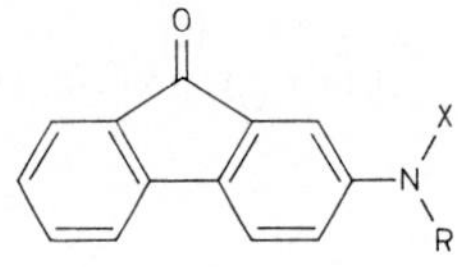 II

**2-Benzylidenamino-fluorenon-(9),** *2-(benzylideneamino)fluoren-9-one* $C_{20}H_{13}NO$, Formel III (R = X = H).

*B.* Aus 2-Amino-fluorenon-(9) und Benzaldehyd (*Sircar, Bhattacharyya*, J. Indian chem. Soc. **8** [1931] 637, 638, 640).

Braune Krystalle (aus wss. A.), die unterhalb 290° nicht schmelzen.

**2-[2-Nitro-benzylidenamino]-fluorenon-(9),** *2-(2-nitrobenzylideneamino)fluoren-9-one* $C_{20}H_{12}N_2O_3$, Formel III (R = H, X = $NO_2$).

*B.* Aus 2-Amino-fluorenon-(9) und 2-Nitro-benzaldehyd in Äthanol (*Sircar, Bhattacharyya*, J. Indian chem. Soc. **8** [1931] 637, 638, 640).

Gelbe Krystalle (aus A.); F: 152°.

**2-[3-Nitro-benzylidenamino]-fluorenon-(9)** *2-(3-nitrobenzylideneamino)fluoren-9-one* $C_{20}H_{12}N_2O_3$, Formel IV (R = H, X = $NO_2$).

*B.* Aus 2-Amino-fluorenon-(9) und 3-Nitro-benzaldehyd in Äthanol (*Sircar, Bhattacharyya*, J. Indian chem. Soc. **8** [1931] 637, 638, 640).

Orangefarbene Krystalle (aus A.); F: 213°.

**2-[4-Nitro-benzylidenamino]-fluorenon-(9),** *2-(4-nitrobenzylideneamino)fluoren-9-one* $C_{20}H_{12}N_2O_3$, Formel IV (R = $NO_2$, X = H).

*B.* Aus 2-Amino-fluorenon-(9) und 4-Nitro-benzaldehyd in Äthanol (*Sircar, Bhattacharyya*, J. Indian chem. Soc. **8** [1931] 637, 638, 640).

Orangerote Krystalle (aus A.), die unterhalb 290° nicht schmelzen.

**2-[3-Oxo-1-methyl-butylidenamino]-fluorenon-(9),** *2-(1-methyl-3-oxobutylideneamino)fluoren-9-one* $C_{18}H_{15}NO_2$, Formel V, und **2-[3-Oxo-1-methyl-buten-(1)-ylamino]-fluorenon-(9),** *2-[(1-methyl-3-oxobut-1-en-1-yl)amino]fluoren-9-one* $C_{18}H_{15}NO_2$, Formel II (R = C($CH_3$)=CH-CO-$CH_3$, X = H), **Acetylaceton-mono-[9-oxo-fluorenyl-(2)-imin].**

*B.* Beim Erwärmen von 2-Amino-fluorenon-(9) mit Acetylaceton unter Zusatz von geringen Mengen Salzsäure (*Hughes, Lions, Wright,* J. Pr. Soc. N. S. Wales **71** [1937/38] 449, 456).

Orangefarbene Krystalle [aus A.], F: 145—146°.

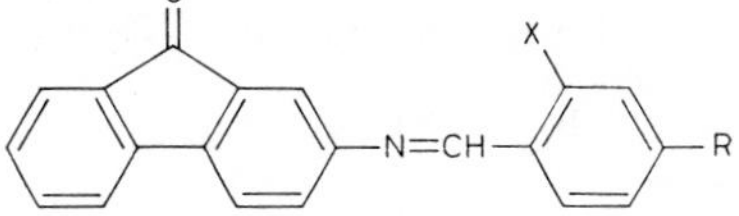

III 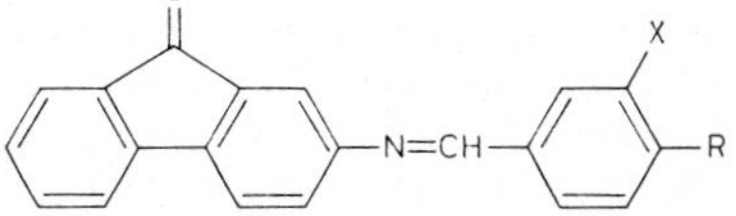 IV

**2-Salicylidenamino-fluorenon-(9),** *2-(salicylideneamino)fluoren-9-one* $C_{20}H_{13}NO_2$, Formel III (R = H, X = OH).

*B.* Aus 2-Amino-fluorenon-(9) und Salicylaldehyd in Äthanol (*Sircar, Bhattacharyya,* J. Indian chem. Soc. **8** [1931] 637, 638, 640).

Orangegelbe Krystalle (aus A.); F: 230°.

**2-[3-Hydroxy-benzylidenamino]-fluorenon-(9),** *2-(3-hydroxybenzylideneamino)fluoren-9-one* $C_{20}H_{13}NO_2$, Formel IV (R = H, X = OH).

*B.* Aus 2-Amino-fluorenon-(9) und 3-Hydroxy-benzaldehyd in Äthanol (*Sircar, Bhattacharyya,* J. Indian chem. Soc. **8** [1931] 637, 638, 640).

Braune Krystalle (aus A.), die unterhalb 290° nicht schmelzen.

**2-[4-Hydroxy-benzylidenamino]-fluorenon-(9),** *2-(4-hydroxybenzylideneamino)fluoren-9-one* $C_{20}H_{13}NO_2$, Formel IV (R = OH, X = H).

*B.* Aus 2-Amino-fluorenon-(9) und 4-Hydroxy-benzaldehyd in Äthanol (*Sircar, Bhattacharyya,* J. Indian chem. Soc. **8** [1931] 637, 638, 640).

Orangefarbene Krystalle (aus A.), die unterhalb 290° nicht schmelzen.

**2-[2.4-Dihydroxy-benzylidenamino]-fluorenon-(9),** *2-(2,4-dihydroxybenzylideneamino)fluoren-9-one* $C_{20}H_{13}NO_3$, Formel III (R = X = OH).

*B.* Aus 2-Amino-fluorenon-(9) und 2.4-Dihydroxy-benzaldehyd in Äthanol (*Sircar, Bhattacharyya,* J. Indian chem. Soc. **8** [1931] 637, 638, 640).

Rote Krystalle (aus A.), die unterhalb 290° nicht schmelzen.

**2-Vanillylidenamino-fluorenon-(9),** *2-(vanillylideneamino)fluoren-9-one* $C_{21}H_{15}NO_3$, Formel IV (R = OH, X = $OCH_3$).

*B.* Aus 2-Amino-fluorenon-(9) und Vanillin in Äthanol (*Sircar, Bhattacharyya,* J. Indian chem. Soc. **8** [1931] 637, 638, 640).

Rote Krystalle (aus A.), die unterhalb 290° nicht schmelzen.

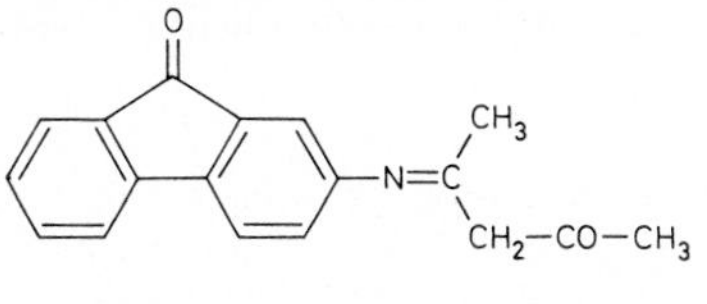

V 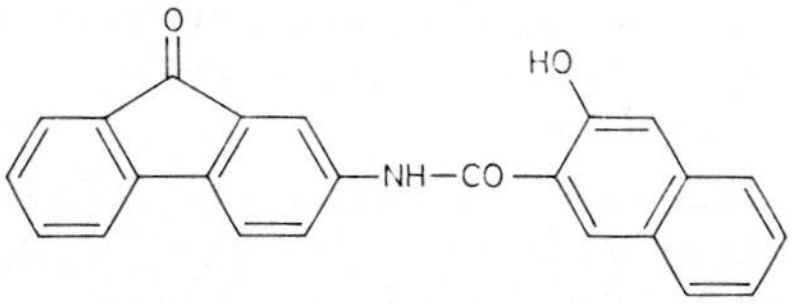 IV

**2-Acetamino-fluorenon-(9), *N*-[9-Oxo-fluorenyl-(2)]-acetamid,** N-*(9-oxofluoren-2-yl)acetamide* $C_{15}H_{11}NO_2$, Formel II (R = CO-$CH_3$, X = H) (E II 68).

Hydrochlorid $C_{15}H_{11}NO_2 \cdot HCl$. Gelbe Krystalle (*Chotinškiĭ, Glusman,* Ž. obšč. Chim. **16** [1946] 477, 481; C. A. **1947** 953).

Verbindung mit Zinkchlorid $2C_{15}H_{11}NO_2 \cdot ZnCl_2$. Gelbe Krystalle (aus Eg.), die unterhalb 300° nicht schmelzen.

**2-[*C*-Chlor-acetamino]-fluorenon-(9), *C*-Chlor-*N*-[9-oxo-fluorenyl-(2)]-acetamid,** *2-chloro-*N-*(9-oxofluoren-2-yl)acetamide* $C_{15}H_{10}ClNO_2$, Formel II (R = CO-$CH_2$Cl, X = H).

*B.* Beim Erwärmen von 2-Amino-fluorenon-(9) mit Chloracetylchlorid in Benzol (*Chotinškiĭ, Glusman,* Ž. obšč. Chim. **16** [1946] 477, 481; C. A. **1947** 953).

Braungelbe Krystalle (aus A. oder Amylacetat); F: 229—230°.

**2-Diacetylamino-fluorenon-(9), *N*-[9-Oxo-fluorenyl-(2)]-diacetamid,** N-*(9-oxofluoren-2-yl)diacetamide* $C_{17}H_{13}NO_3$, Formel II (R = X = CO-$CH_3$).

*B.* Beim Erhitzen von 2-Amino-fluorenon-(9) mit Acetanhydrid und Erwärmen des

Reaktionsprodukts (Verbindung von 2-Diacetylamino-fluorenon-(9) mit 2-Acetamino-fluorenon-(9) [s. u.]) mit Benzol (*Chotinškiĭ, Glusman*, Ž. obšč. Chim. **16** [1946] 477, 478, 479; C. A. **1947** 953).

Gelbgrüne Krystalle (aus A.); F: 143—144°.

Hydrochlorid $C_{17}H_{13}NO_3 \cdot HCl$. Gelbe Krystalle.

Verbindung mit Zinkchlorid $2C_{17}H_{13}NO_3 \cdot ZnCl_2$. Orangegelbe Krystalle (aus Eg.), die unterhalb 300° nicht schmelzen.

Verbindung mit 2-Acetamino-fluorenon-(9) $C_{17}H_{13}NO_3 \cdot C_{15}H_{11}NO_2$. Gelbe Krystalle (aus Me. oder A.); F: 195—196° [unkorr.].

**3-Hydroxy-*N*-[9-oxo-fluorenyl-(2)]-naphthamid-(2),** *3-hydroxy-*N*-(9-oxofluoren-2-yl)-2-naphthamide* $C_{24}H_{15}NO_3$, Formel VI.

*B.* Beim Erwärmen von 3-Acetoxy-naphthoyl-(2)-chlorid mit 2-Amino-fluorenon-(9) in Benzol unter Zusatz von Pyridin und Behandeln des Reaktionsprodukts mit wss.-äthanol. Natronlauge (*Gen. Aniline Works*, U.S.P. 1936926 [1932]).

F: 295—298°.

**2-[4-Dimethylamino-benzylidenamino]-fluorenon-(9),** *2-[4-(dimethylamino)benzylideneamino]fluoren-9-one* $C_{22}H_{18}N_2O$, Formel IV ($R = N(CH_3)_2$, $X = H$).

*B.* Aus 2-Amino-fluorenon-(9) und 4-Dimethylamino-benzaldehyd in Äthanol (*Sircar, Bhattacharyya*, J. Indian chem. Soc. **8** [1931] 637, 638, 640).

Rote Krystalle (aus A.); F: 256°.

**2-[4-Acetamino-benzylidenamino]-fluorenon-(9), Essigsäure-{4-[*N*-(9-oxo-fluorenyl-(2))-formimidoyl]-anilid},** *4'-[*N*-(9-oxofluoren-2-yl)formimidoyl]acetanilide* $C_{22}H_{16}N_2O_2$, Formel IV ($R = NH\text{-}CO\text{-}CH_3$, $X = H$).

*B.* Aus 2-Amino-fluorenon-(9) und 4-Acetamino-benzaldehyd in Äthanol (*Sircar, Bhattacharyya*, J. Indian chem. Soc. **8** [1931] 637, 638, 640).

Rote Krystalle (aus A.), die unterhalb 290° nicht schmelzen.

**5-Brom-2-amino-fluorenon-(9),** *2-amino-5-bromofluoren-9-one* $C_{13}H_8BrNO$, Formel VII ($R = H$, $X = Br$).

Ein Amin (braune Krystalle [aus wss. A.], F: 199°), dem vermutlich diese Konstitution zukommt, ist aus dem E III **7** 2345 als 5(oder 6)-Brom-2-nitro-fluorenon-(9) beschriebenen, vermutlich aber als 5-Brom-2-nitro-fluorenon-(9) zu formulierenden Keton[1]) (F: 190°) beim Behandeln mit wss.-äthanol. Ammoniak unter Einleiten von Schwefelwasserstoff erhalten worden (*Guglialmelli, Franco*, An. Asoc. quim. arg. **25** [1937] 1, 24).

**5-Nitro-2-amino-fluorenon-(9),** *2-amino-5-nitrofluoren-9-one* $C_{13}H_8N_2O_3$, Formel VII ($R = H$, $X = NO_2$).

*B.* Aus 2.5-Dinitro-fluorenon-(9) beim Erwärmen mit Ammoniumsulfid in Äthanol (*Courtot, Moreaux*, C. r. **217** [1943] 453).

Rote Krystalle; F: 238°.

**5-Nitro-2-acetamino-fluorenon-(9), *N*-[5-Nitro-9-oxo-fluorenyl-(2)]-acetamid,** *N-(5-nitro-9-oxofluoren-2-yl)acetamide* $C_{15}H_{10}N_2O_4$, Formel VII ($R = CO\text{-}CH_3$, $X = NO_2$).

*B.* Aus 5-Nitro-2-amino-fluorenon-(9) (*Courtot, Moreaux*, C. r. **217** [1943] 453).

Orangefarbene Krystalle; F: 294°.

**5-Nitro-2-benzamino-fluorenon-(9), *N*-[5-Nitro-9-oxo-fluorenyl-(2)]-benzamid,** N-*(5-nitro-9-oxofluoren-2-yl)benzamide* $C_{20}H_{12}N_2O_4$, Formel VII ($R = CO\text{-}C_6H_5$, $X = NO_2$).

*B.* Aus 5-Nitro-2-amino-fluorenon-(9) (*Courtot, Moreaux*, C. r. **217** [1943] 453).

Krystalle; F: 243°.

VII VIII IX

[1]) Für 6-Brom-2-nitro-fluorenon-(9) wird von *Bhatt* (Tetrahedron **20** [1964] 803, 820) F: 264—265° angegeben.

**3-Amino-fluorenon-(9),** *3-aminofluoren-9-one* $C_{13}H_9NO$, Formel VIII (E II 69).

*B.* Aus 3-Nitro-fluorenon-(9) beim Erwärmen mit Natriumsulfid und Ammonium-chlorid in Äthanol (*Ray, Barrick*, Am. Soc. **70** [1948] 1492; vgl. E II 69).

F: 157—158° [über die *N*-Acetyl-Verbindung gereinigtes Präparat].

**4-Amino-fluorenon-(9),** *4-aminofluoren-9-one* $C_{13}H_9NO$, Formel IX (R = X = H) (H 113).

*B.* Aus 4-Nitro-fluorenon-(9) beim Erwärmen mit wss.-äthanol. Ammoniak unter Einleiten von Schwefelwasserstoff (*Courtot*, A. ch. [10] **14** [1930] 5, 77).

F: 138—139° [unkorr.; Block] (*Huntress, Pfister, Pfister*, Am. Soc. **64** [1942] 2845, 2848), 135—136° [aus wss. A.] (*Cou.*).

**1.6-Dichlor-4-amino-fluorenon-(9),** *4-amino-1,6-dichlorofluoren-9-one* $C_{13}H_7Cl_2NO$, Formel IX (R = H, X = Cl).

*B.* Aus 1.6-Dichlor-9-oxo-fluoren-carbamid-(4) mit Hilfe von alkal. wss. Kaliumhypo-bromit-Lösung (*Huntress, Atkinson*, Am. Soc. **58** [1936] 1514, 1518; s. a. *Huntress, Cliff, Atkinson*, Am. Soc. **55** [1933] 4262, 4268).

Krystalle; F: 233—234° [unkorr.; Zers.; aus Bzn.] (*Hu., At.*), 229—230° [unkorr.] (*Hu., Cl., At.*).

**3.8-Dichlor-4-amino-fluorenon-(9),** *4-amino-3,8-dichlorofluoren-9-one* $C_{13}H_7Cl_2NO$, Formel IX (R = Cl, X = H).

*B.* Aus 3.8-Dichlor-9-oxo-fluoren-carbamid-(4) mit Hilfe von alkal. wss. Natriumhypo-bromit-Lösung (*Huntress, Cliff, Atkinson*, Am. Soc. **55** [1933] 4262, 4268).

Krystalle (aus A.); F: 257° [unkorr.].

**7-Brom-4-amino-fluorenon-(9),** *4-amino-7-bromofluoren-9-one* $C_{13}H_8BrNO$, Formel X (X = H).

*B.* Aus 7-Brom-4-nitro-fluorenon-(9) mit Hilfe von Natriumsulfid in Äthanol (*Courtot, Moreaux*, C. r. **217** [1943] 453).

Violettrote Krystalle; F: 154°.

**2.7-Dibrom-4-amino-fluorenon-(9),** *4-amino-2,7-dibromofluoren-9-one* $C_{13}H_7Br_2NO$, Formel X (X = Br).

*B.* Aus 2.7-Dibrom-4-nitro-fluorenon-(9) (E III **7** 2346) beim Erwärmen mit wss.-äthanol. Ammoniak unter Einleiten von Schwefelwasserstoff (*Courtot*, A. ch. [10] **14** [1930] 5, 131).

Orangerote Krystalle (aus A.); F: 255° [korr.].

Hydrochlorid $C_{13}H_7Br_2NO \cdot HCl$. Gelbe Krystalle.

O O O
Br X NH—R H2N NH2
H2N NH—R
X XI XII

**2.5-Diamino-fluorenon-(9),** *2,5-diaminofluoren-9-one* $C_{13}H_{10}N_2O$, Formel XI (R = H).

*B.* Aus 2.5-Dinitro-fluoren mit Hilfe von Natriumsulfid in Äthanol (*Courtot, Moreaux*, C. r. **217** [1943] 453; s. a. *Langecker*, J. pr. [2] **132** [1931] 145, 149) sowie beim Erwärmen mit wss.-äthanol. Ammoniak unter Einleiten von Schwefelwasserstoff (*Courtot*, A. ch. [10] **14** [1930] 5, 89).

Violette Krystalle (aus A.), F: 200° (*Cou., Mo.*); rotbraune Krystalle (aus W.), F: 196° (*La.*).

Dihydrochlorid $C_{13}H_{10}N_2O \cdot 2HCl$. Gelbbraun (*Cou.*).

**2.5-Bis-acetamino-fluorenon-(9),** N,N'-*(9-oxofluorene-2,5-diyl)bisacetamide* $C_{17}H_{14}N_2O_3$, Formel XI (R = CO-$CH_3$).

Gelbe Krystalle (aus Tetralin); F: 326° (*Courtot, Moreau*, C. r. **217** [1943] 453).

**2.5-Bis-benzamino-fluorenon-(9),** N,N'-*bis(9-oxofluorene-2,5-diyl)bisbenzamide* $C_{27}H_{18}N_2O_3$, Formel XI (R = CO-$C_6H_5$).

*B.* Aus 2.5-Diamino-fluorenon-(9) (*Courtot, Moreaux*, C. r. **217** [1943] 453).

Orangegelbe Krystalle (aus Tetralin); F: 347°.

**2.7-Diamino-fluorenon-(9),** *2,7-diaminofluoren-9-one* $C_{13}H_{10}N_2O$, Formel XII (H 113; E I 401; E II 70).

Beim Behandeln des Dihydrochlorids mit Natriumnitrit und wss. Salzsäure und anschliessenden Erwärmen ist eine als x-Nitroso-2.7-dihydroxy-fluorenon-(9) formulierte Verbindung $C_{13}H_7NO_4$ (rote Krystalle [aus Nitrobenzol], F: 304—305° [Block]) erhalten worden (*Courtot*, A. ch. [10] **14** [1930] 5, 92).

## Amino-Derivate der Oxo-Verbindungen $C_{14}H_{10}O$

**1-Amino-anthron,** *1-aminoanthrone* $C_{14}H_{11}NO$, Formel I (R = X = H), und **1-Amino-anthrol-(9),** *1-amino-9-anthrol* $C_{14}H_{11}NO$, Formel II (R = X = H).

Diese Konstitution kommt der H 114 beschriebenen, dort als „1(oder 4)-Amino-anthron-(9) bzw. 1(oder 4)-Amino-anthranol-(9)" bezeichneten Verbindung zu (*Bradley, Maisey*, Soc. **1954** 274).

*B.* Aus 1-Amino-anthrachinon beim Erwärmen mit Natriumdithionit in wss.-äthanol. Kalilauge (*Br., Ma.*, l. c. S. 276).

Gelbe Krystalle (aus Chlorbenzol); F: 113—115° (*Br., Ma.*). IR-Absorption: *Flett*, Soc. **1948** 1441, 1446.

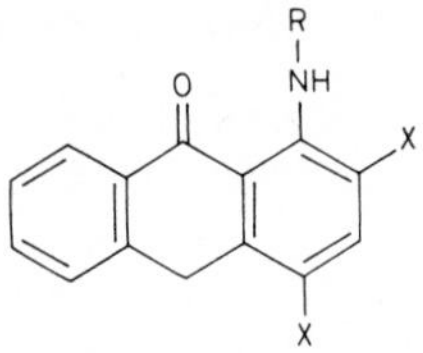

I 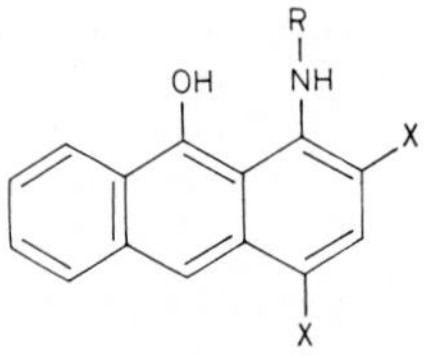 II

**1-Acetamino-anthron, *N*-[9-Oxo-9.10-dihydro-anthryl-(1)]-acetamid,** N-(*9-oxo-9,10-dihydro-1-anthryl)acetamide* $C_{16}H_{13}NO_2$, Formel I (R = CO-$CH_3$, X = H), und **1-Acetamino-anthrol-(9), *N*-[9-Hydroxy-anthryl-(1)]-acetamid,** N-(*9-hydroxy-1-anthryl)acetamide* $C_{16}H_{13}NO_2$, Formel II (R = CO-$CH_3$, X = H).

*B.* Aus 1-Amino-anthron (s. o.) und Acetanhydrid (*Bradley, Maisey*, Soc. **1954** 274, 276). Aus 1-Acetamino-anthrachinon beim Behandeln mit Kupfer-Pulver und rauchender Schwefelsäure (*Scottish Dyes Ltd.*, D.R.P. 567845 [1930]; Frdl. **19** 1933).

Gelbe Krystalle (aus A.); F: 143—145° (*Br., Ma.*). IR-Absorption: *Flett*, Soc. **1948** 1441, 1446.

**2.4-Dichlor-1-acetamino-anthron, *N*-[2.4-Dichloro-9-oxo-9.10-dihydro-anthryl-(1)]-acetamid,** N-(*2,4-dichloro-9-oxo-9,10-dihydro-1-anthryl)acetamide* $C_{16}H_{11}Cl_2NO_2$, Formel I (R = CO-$CH_3$, X = Cl), und **2.4-Dichlor-1-acetamino-anthrol-(9), *N*-[2.4-Dichlor-9-hydroxy-anthryl-(1)]-acetamid,** N-(*2,4-dichloro-9-hydroxy-1-anthryl)acetamide* $C_{16}H_{11}Cl_2NO_2$, Formel II (R = CO-$CH_3$, X = Cl).

*B.* Aus 2-[4.6-Dichlor-3-amino-benzyl]-benzoesäure beim Erhitzen mit Acetanhydrid, Essigsäure und Phosphor(V)-oxid (*Du Pont de Nemours & Co.*, D.R.P. 612958 [1929]; Frdl. **20** 1304; U.S.P. 1906581 [1929]).

Krystalle (aus Eg.); F: 208°.

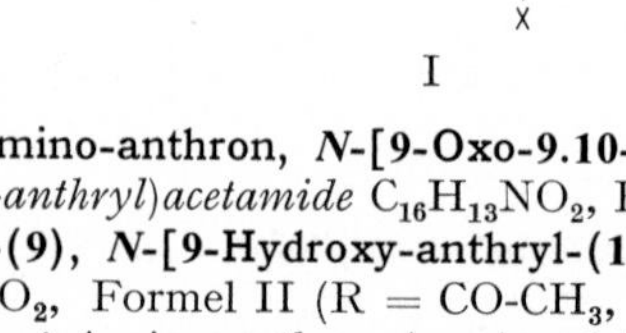

III 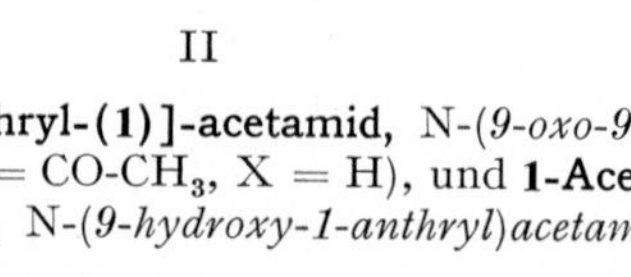 IV

**3-Amino-anthron** $C_{14}H_{11}NO$ und **3-Amino-anthrol-(9)** $C_{14}H_{11}NO$.

**2-Chlor-3-acetamino-anthron, *N*-[3-Chlor-10-oxo-9.10-dihydro-anthryl-(2)]-acetamid,** N-(*3-chloro-10-oxo-9,10-dihydro-2-anthryl)acetamide* $C_{16}H_{12}ClNO_2$, Formel III, und **2-Chlor-3-acetamino-anthrol-(9), *N*-[3-Chlor-10-hydroxy-anthryl-(2)]-acetamid,** N-(*3-chloro-10-hydroxy-2-anthryl)acetamide* $C_{16}H_{12}ClNO_2$, Formel IV.

*B.* Aus 2-[4-Chlor-3-amino-benzyl]-benzoesäure beim Erhitzen mit Acetanhydrid, Essigsäure und Phosphor(V)-oxid (*Du Pont de Nemours & Co.*, U.S.P. 1916216 [1928]).

Krystalle (aus Eg.); F: 253—255° [Zers.].

**4-Amino-anthron,** *4-aminoanthrone* $C_{14}H_{11}NO$, Formel V (R = H), und **4-Amino-anthrol-(9),** *4-amino-9-anthrol* $C_{14}H_{11}NO$, Formel VI (R = H).

*B.* Aus 2-[2-Amino-benzyl]-benzoesäure beim Erwärmen mit Schwefelsäure sowie beim Erhitzen mit Aluminiumchlorid und Natriumchlorid auf 120° (*I.G. Farbenind.*, D.R.P. 593417 [1931]; Frdl. **19** 1929; *Gen. Aniline Works*, U.S.P. 1919563 [1932]).

Krystalle (aus Chlorbenzol, 1.2-Dichlor-benzol oder Xylol); F: 172–173° (*I.G. Farbenind.*; *Gen. Aniline Works*). IR-Absorption: *Flett*, Soc. **1948** 1441, 1446.

Beim Erwärmen mit wss. Ameisensäure und Schwefelsäure ist 6-Oxo-2.6-dihydro-naphth[1.2.3-*cd*]indol erhalten worden (*I.G. Farbenind.*, D.R.P. 594168 [1931]; Frdl. **19** 1962).

**4-Formamino-anthron, *N*-[10-Oxo-9.10-dihydro-anthryl-(1)]-formamid,** N-*(10-oxo-9,10-dihydro-1-anthryl)formamide* $C_{15}H_{11}NO_2$, Formel V (R = CHO), und **4-Formamino-anthrol-(9), *N*-[10-Hydroxy-anthryl-(1)]-formamid,** N-*(10-hydroxy-1-anthryl)formamide* $C_{15}H_{11}NO_2$, Formel VI (R = CHO).

*B.* Beim Erwärmen von 4-Amino-anthron (s. o.) mit wasserhaltiger Ameisensäure (*I.G. Farbenind.*, D.R.P. 594168 [1931]; Frdl. **19** 1962).

F: 234–235°.

**4-Acetamino-anthron, *N*-[10-Oxo-9.10-dihydro-anthryl-(1)]-acetamid,** N-*(10-oxo-9,10-dihydro-1-anthryl)acetamide* $C_{16}H_{13}NO_2$, Formel V (R = CO-$CH_3$), und **4-Acetamino-anthrol-(9), *N*-[10-Hydroxy-anthryl-(1)]-acetamid,** N-*(10-hydroxy-1-anthryl)acetamide* $C_{16}H_{13}NO_2$, Formel VI (R = CO-$CH_3$).

*B.* Beim Erwärmen von 4-Amino-anthron (s. o.) mit Acetanhydrid und Essigsäure (*I.G. Farbenind.*, D.R.P. 594168 [1931]; Frdl. **19** 1962).

F: 271° (*I.G. Farbenind.*). IR-Absorption: *Flett*, Soc. **1948** 1441, 1446.

**10-Amino-anthron** $C_{14}H_{11}NO$ und **10-Amino-anthrol-(9)** $C_{14}H_{11}NO$.

**10-Amino-9-imino-9.10-dihydro-anthracen, 10-Amino-anthron-imin,** *10-imino-9,10-dihydro-9-anthrylamine* $C_{14}H_{12}N_2$, Formel VII (R = H), und **9.10-Diamino-anthracen, Anthracendiyl-(9.10)-diamin,** *anthracene-9,10-diamine* $C_{14}H_{12}N_2$, Formel VIII (R = H).

*B.* Aus Anthrachinon beim Erhitzen mit Natriumdithionit und wss. Ammoniak auf 150° (*Woroshzow, Schkitin*, Ž. obšč. Chim. **10** [1940] 883, 888; C. **1941** I 889). Aus 9.10-Bis-formamino-anthracen (S. 294) beim Erwärmen mit methanol. Kalilauge (*Schiedt*, J. pr. [2] **157** [1941] 203, 215; s. a. *I.G. Farbenind.*, D.R.P. 588353 [1928]; Frdl. **19** 1904; *Gen. Aniline Works*, U.S.P. 1917801 [1931]).

Rote Krystalle; F: 196° [aus Acn. + PAe.] (*Sch.*; *Stein, v. Euler*, G. **84** [1954] 290, 297 Anm.), 195° [aus Amylacetat] (*I.G. Farbenind.*), 142° [Zers.; aus Bzl.] (*Wo., Sch.*). Absorptionsspektrum (Bzl.; 430–600 mμ): *Wo., Sch.*

Beim Leiten von Luft durch eine warme Lösung in Benzol sind Bis-[10-amino-anthryl-(9)]-amin (Hauptprodukt [S. 295]), 9.10-Bis-hydroxyamino-anthracen (Syst. Nr. 1938) und geringe Mengen einer als 10-[10-Amino-anthryl-(9)-amino]-anthrol-(9) angesehenen Verbindung $C_{28}H_{20}N_2O$ (hellbraune Krystalle [aus Bzl.]; F: 218°) erhalten worden (*Wo., Sch.*, l. c. S. 886, 891–893).

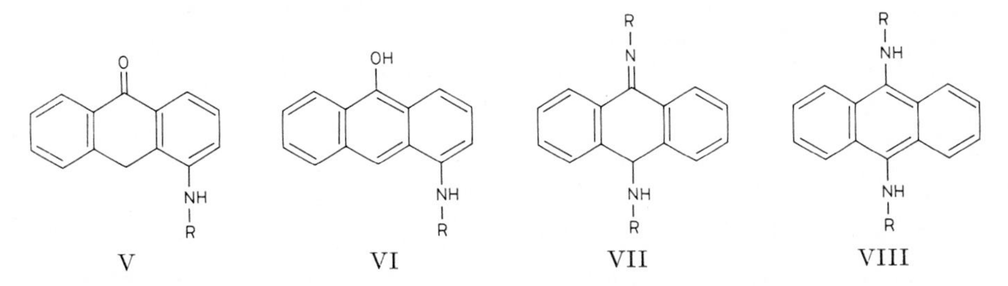


**10-Anilino-9-phenylimino-9.10-dihydro-anthracen, 10-Anilino-anthron-phenylimin,** N-*phenyl-10-(phenylimino)-9,10-dihydro-9-anthrylamine* $C_{26}H_{20}N_2$, Formel VII (R = $C_6H_5$), und **9.10-Dianilino-anthracen, *N.N'*-Diphenyl-anthracendiyl-(9.10)-diamin,** N,N'-*diphenylanthracene-9,10-diamine* $C_{26}H_{20}N_2$, Formel VIII (R = $C_6H_5$).

*B.* Beim Erhitzen von Anthrachinon mit Anilin, Borsäure und Zinn(II)-chlorid (*Lieber-*

*mann*, A. **513** [1934] 156, 172). Beim Erhitzen von 9.10-Dichlor-anthracen mit der Natrium-Verbindung des Anilins in Anilin auf 180° (*I.G. Farbenind.*, D.R.P. 650432 [1934]; Frdl. **24** 785). Aus Anthrachinon-bis-phenylimin (E III **12** 356) mit Hilfe von Zink und wss. Natronlauge (*I.G. Farbenind.*, D.R.P. 590366 [1929]; Frdl. **19** 1908; *Gen. Aniline Works*, U.S.P. 1917801 [1931]), von Natrium und Amylalkohol oder von Kupfer-Pulver und Schwefelsäure (*I.G. Farbenind.*, D.R.P. 590366). Beim Erhitzen von 9.10-Bis-formamino-anthracen (S. 294) mit Anilin unter Zusatz von Anilin-hydrochlorid (*I.G. Farbenind.*, D.R.P. 588354 [1928]; Frdl. **19** 1905; *Gen. Aniline Works*).

Krystalle; F: 317° [aus Trichlorbenzol] (*I.G. Farbenind.*, D.R.P. 650432), 315—317° [aus Trichlorbenzol] (*I.G. Farbenind.*, D.R.P. 588354), 306° [aus Xylol] (*Lie.*). Absorptionsspektrum (230—600 mμ) der festen Verbindung sowie einer Lösung in Butanol-(1): *Shewandrow, Lewschin, Mosgowa*, Izv. Akad. S.S.S.R. Ser. fiz. **13** [1949] 49, 54, 58; C. A. **1949** 7823.

**10-[2-Chlor-anilino]-9-[2-chlor-phenylimino]-9.10-dihydro-anthracen, 10-[2-Chlor-anilino]-anthron-[2-chlor-phenylimin]**, N-(o-*chlorophenyl)-10-*(o-*chlorophenylimino)-9,10-dihydro-9-anthrylamine* $C_{26}H_{18}Cl_2N_2$, Formel IX (R = H, X = Cl), und **9.10-Bis-[2-chlor-anilino]-anthracen, *N.N'*-Bis-[2-chlor-phenyl]-anthracendiyl-(9.10)-diamin**, N,N'-*bis*(o-*chlorophenyl)anthracene-9,10-diamine* $C_{26}H_{18}Cl_2N_2$, Formel X (R = H, X = Cl).

*B.* Aus 9.10-Dianilino-anthracen [S. 291] (*Shewandrow, Lewschin, Mosgowa*, Izv. Akad. S.S.S.R. Ser. fiz. **13** [1949] 49, 51, C. A. **1949** 7823).

Absorptionsspektrum (230—600 mμ) der krystallinen Verbindung sowie einer Lösung in Butanol-(1): *Sh., Le., Mo.*, l. c. S. 55, 58.

**10-[3-Chlor-anilino]-9-[3-chlor-phenylimino]-9.10-dihydro-anthracen, 10-[3-Chlor-anilino]-anthron-[3-chlor-phenylimin]**, N-(m-*chlorophenyl)-10-*(m-*chlorophenylimino)-9,10-dihydro-9-anthrylamine* $C_{26}H_{18}Cl_2N_2$, Formel IX (R = Cl, X = H), und **9.10-Bis-[3-chlor-anilino]-anthracen, *N.N'*-Bis-[3-chlor-phenyl]-anthracendiyl-(9.10)-diamin**, N,N'-*bis*(m-*chlorophenyl)anthracene-9,10-diamine* $C_{26}H_{18}Cl_2N_2$, Formel X (R = Cl, X = H).

*B.* Aus 9.10-Dianilino-anthracen [S. 291] (*Shewandrow, Lewschin, Mosgowa*, Izv. Akad. S.S.S.R. Ser. fiz. **13** [1949] 49, 51; C. A. **1949** 7823).

Absorptionsspektrum (230—600 mμ) der krystallinen Verbindung sowie einer Lösung in Butanol-(1): *Sh., Le., Mo.*, l. c. S. 55, 58.

**10-[4-Chlor-anilino]-9-[4-chlor-phenylimino]-9.10-dihydro-anthracen, 10-[4-Chlor-anilino]-anthron-[4-chlor-phenylimin]**, N-(p-*chlorophenyl)-10-*(p-*chlorophenylimino)-9,10-dihydro-9-anthrylamine* $C_{26}H_{18}Cl_2N_2$, Formel XI (X = Cl), und **9.10-Bis-[4-chlor-anilino]-anthracen, *N.N'*-Bis-[4-chlor-phenyl]-anthracendiyl-(9.10)-diamin**, N,N'-*bis*(p-*chlorophenyl)anthracene-9,10-diamine* $C_{26}H_{18}Cl_2N_2$, Formel XII (X = Cl).

*B.* Aus 9.10-Dianilino-anthracen [S. 291] (*Shewandrow, Lewschin, Mosgowa*, Izv. Akad. S.S.S.R. Ser. fiz. **13** [1949] 49, 51; C. A. **1949** 7823).

Absorptionsspektrum (230—600 mμ) der krystallinen Verbindung sowie einer Lösung in Butanol-(1): *Sh., Le., Mo.*, l. c. S. 55, 58.

IX X XI XII

**10-*o*-Toluidino-9-*o*-tolylimino-9.10-dihydro-anthracen, 10-*o*-Toluidino-anthron-*o*-tolylimin,** N-o-*tolyl-10-*(o-*tolylimino*)*-9,10-dihydro-9-anthrylamine* $C_{28}H_{24}N_2$, Formel IX (R = H, X = $CH_3$), und **9.10-Di-*o*-toluidino-anthracen, *N.N'*-Di-*o*-tolyl-anthracendiyl-(9.10)-diamin,** N,N'-*di-*o-*tolylanthracene-9,10-diamine* $C_{28}H_{24}N_2$, Formel X (R = H, X = $CH_3$).

*B.* Aus 9.10-Dianilino-anthracen [S. 291] (*Shewandrow, Lewschin, Mosgowa,* Izv. Akad. S.S.S.R. Ser. fiz. **13** [1949] 49, 51; C. A. **1949** 7823).

Absorptionsspektrum (230—600 mμ) der krystallinen Verbindung sowie einer Lösung in Butanol-(1): *Sh., Le., Mo.,* l. c. S. 54, 58.

**10-*m*-Toluidino-9-*m*-tolylimino-9.10-dihydro-anthracen, 10-*m*-Toluidino-anthron-*m*-tolylimin,** N-m-*tolyl-10-*(m-*tolylimino*)*-9,10-dihydro-9-anthrylamine* $C_{28}H_{24}N_2$, Formel IX (R = $CH_3$, X = H), und **9.10-Di-*m*-toluidino-anthracen, *N.N'*-Di-*m*-tolyl-anthracendiyl-(9.10)-diamin,** N,N'-*di-*m-*tolylanthracene-9,10-diamine* $C_{28}H_{24}N_2$, Formel X (R = $CH_3$, X = H).

*B.* Aus 9.10-Dianilino-anthracen [S. 291] (*Shewandrow, Lewschin, Mosgowa,* Izv. Akad. S.S.S.R. Ser. fiz. **13** [1949] 49, 51; C. A. **1949** 7823).

Absorptionsspektrum (230—600 mμ) der krystallinen Verbindung sowie einer Lösung in Butanol-(1): *Sh., Le., Mo.,* l. c. S. 54, 58.

**10-*p*-Toluidino-9-*p*-tolylimino-9.10-dihydro-anthracen, 10-*p*-Toluidino-anthron-*p*-tolylimin,** N-p-*tolyl-10-*(p-*tolylimino*)*-9,10-dihydro-9-anthrylamine* $C_{28}H_{24}N_2$, Formel XI (X = $CH_3$), und **9.10-Di-*p*-toluidino-anthracen, *N.N'*-Di-*p*-tolyl-anthracendiyl-(9.10)-diamin,** N,N'-*di-*p-*tolylanthracene-9,10-diamine* $C_{28}H_{24}N_2$, Formel XII (X = $CH_3$).

*B.* Beim Erwärmen von Anthrachinon mit *p*-Toluidin, Aluminiumchlorid, Pyridin und anschliessend mit Zink (*I.G. Farbenind.,* D.R.P. 590366 [1929]; Frdl. **19** 1908). Beim Erhitzen von 9.10-Bis-formamino-anthracen (S. 294) mit *p*-Toluidin unter Zusatz von *p*-Toluidin-hydrochlorid (*I.G. Farbenind.,* D.R.P. 588354 [1928]; Frdl. **19** 1905).

Krystalle; F: 295° (*I.G. Farbenind.,* D.R.P. 590366). Absorptionsspektrum (230 mμ bis 600 mμ) der krystallinen Verbindung sowie einer Lösung in Butanol-(1): *Shewandrow, Lewschin, Mosgowa,* Izv. Akad. S.S.S.R. Ser. fiz. **13** [1949] 49, 54, 58; C. A. **1949** 7823.

**10-[Naphthyl-(1)-amino]-9-[naphthyl-(1)-imino]-9.10-dihydro-anthracen, 10-[Naphthyl-(1)-amino]-anthron-[naphthyl-(1)-imin],** N-(*1-naphthyl*)*-10-*(*1-naphthylimino*)*-9,10-dihydro-9-anthrylamine* $C_{34}H_{24}N_2$, Formel XIII, und **9.10-Bis-[naphthyl-(1)-amino]-anthracen, *N.N'*-Di-[naphthyl-(1)]-anthracendiyl-(9.10)-diamin,** N,N'-*di*(*1-naphthyl*)*anthracene-9,10-diamine* $C_{34}H_{24}N_2$, Formel XIV.

*B.* Aus 9.10-Dianilino-anthracen [S. 291] (*Shewandrow, Lewschin, Mosgowa,* Izv. Akad. S.S.S.R. Ser. fiz. **13** [1949] 49, 51; C. A. **1949** 7823).

Absorptionsspektrum (Butanol-(1); 230—600 mμ): *Sh., Le., Mo.,* l. c. S. 56.

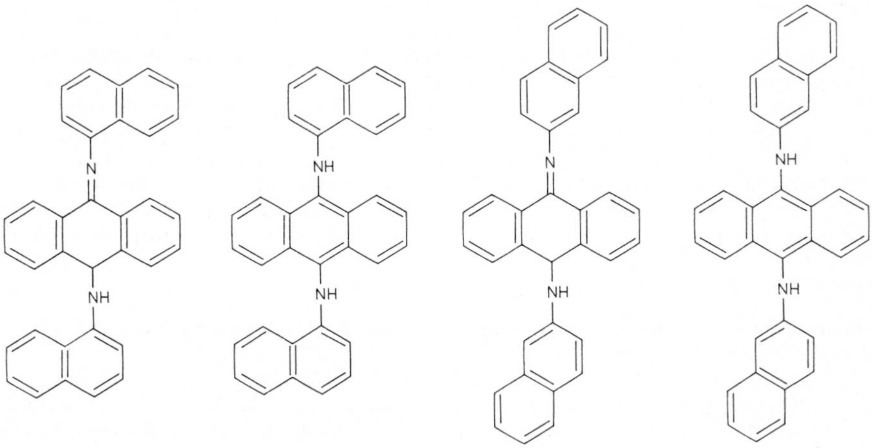

XIII XIV XV XVI

**10-[Naphthyl-(2)-amino]-9-[naphthyl-(2)-imino]-9.10-dihydro-anthracen, 10-[Naphthyl-(2)-amino]-anthron-[naphthyl-(2)-imin],** N-*(2-naphthyl)-10-(2-naphthylimino)-9,10-dihydro-9-anthrylamine* $C_{34}H_{24}N_2$, Formel XV, und **9.10-Bis-[naphthyl-(2)-amino]-anthracen, *N.N'*-Di-[naphthyl-(2)]-anthracendiyl-(9.10)-diamin,** N,N'-*di(2-naphthyl)anthracene-9,10-diamine* $C_{34}H_{24}N_2$, Formel XVI.

*B.* Aus 9.10-Dianilino-anthracen [S. 291] (*Shewandrow, Lewschin, Mosgowa,* Izv. Akad. S.S.S.R. Ser. fiz. **13** [1949] 49, 51; C. A. **1949** 7823).

Absorptionsspektrum (Butanol-(1); 230—600 mμ): *Sh., Le., Mo.,* l. c. S. 56.

**10-*o*-Anisidino-9-[2-methoxy-phenylimino]-9.10-dihydro-anthracen, 10-*o*-Anisidino-anthron-[2-methoxy-phenylimin],** N-(o-*methoxyphenyl)-10-*(o-*methoxyphenylimino)-9,10-dihydro-9-anthrylamine* $C_{28}H_{24}N_2O_2$, Formel IX (R = H, X = $OCH_3$) [auf S. 292], und **9.10-Di-*o*-anisidino-anthracen, *N.N'*-Bis-[2-methoxy-phenyl]-anthracendiyl-(9.10)-diamin,** N,N'-*bis*(o-*methoxyphenyl)anthracene-9,10-diamine* $C_{28}H_{24}N_2O_2$, Formel X (R = H, X = $OCH_3$) auf S. 292.

*B.* Aus 9.10-Dianilino-anthracen [S. 291] (*Shewandrow, Lewschin, Mosgowa,* Izv. Akad. S.S.S.R. Ser. fiz. **13** [1949] 49, 51; C. A. **1949** 7823).

Absorptionsspektrum (Butanol-(1); 230—600 mμ): *Sh., Le., Mo.,* l. c. S. 56.

**10-Amino-9-formylimino-9.10-dihydro-anthracen, *N*-[10-Amino-10*H*-anthryliden-(9)]-formamid,** N-*(10-amino-9*(10H)*-anthrylidene)formamide* $C_{15}H_{12}N_2O$, Formel I (R = H, X = CHO), **10-Formamino-9-imino-9.10-dihydro-anthracen, *N*-[10-Imino-9.10-dihydro-anthryl-(9)]-formamid,** N-*(10-imino-9,10-dihydro-9-anthryl)formamide* $C_{15}H_{12}N_2O$, Formel I (R = CHO, X = H), und **10-Amino-9-formamino-anthracen, *N*-[10-Amino-anthryl-(9)]-formamid,** N-*(10-amino-9-anthryl)formamide* $C_{15}H_{12}N_2O$, Formel II (R = H, X = CHO).

*B.* Aus 9.10-Bis-formamino-anthracen (s. u.) beim Erwärmen mit methanol. Kalilauge (*Schiedt,* J. pr. [2] **157** [1941] 203, 214; *I.G. Farbenind.,* D.R.P. 588353 [1928]; Frdl. **19** 1904), auch unter Zusatz von wss. Ammoniumchlorid-Lösung (*I.G. Farbenind.*; *Gen. Aniline Works,* U.S.P. 1917801 [1931]) oder wss. Hydroxylamin-hydrochlorid-Lösung (*I.G. Farbenind.*).

Orangefarbene Krystalle; F: 292° [aus Äthylenglykol] (*Sch.*), 285—286° [aus Cyclohexanon] (*I.G. Farbenind.*).

**10-Formamino-9-formylimino-9.10-dihydro-anthracen, *N*-[10-Formylimino-9.10-dihydro-anthryl-(9)]-formamid,** N,N'-*(anthracen-9-yl-10*(9H)*-ylidene)bisformamide* $C_{16}H_{12}N_2O_2$, Formel I (R = X = CHO), und **9.10-Bis-formamino-anthracen,** N,N'-*(anthracene-9,10-diyl)bisformamide* $C_{16}H_{12}N_2O_2$, Formel II (R = X = CHO).

*B.* Beim Erhitzen von Anthrachinon mit Formamid (*Schiedt,* J. pr. [2] **157** [1941] 203, 214; *I.G. Farbenind.,* D.R.P. 586068 [1928]; Frdl. **19** 1903; *Gen. Aniline Works,* U.S.P. 1917801 [1931]).

Gelbe Krystalle; F: 439° [aus Formamid] (*Sch.*), 435° (*I.G. Farbenind.*).

**10-Formamino-9-acetylimino-9.10-dihydro-anthracen, *N*-[10-Formamino-10*H*-anthryliden-(9)]-acetamid,** N-*(10-formamido-9*(10H)*-anthrylidene)acetamide* $C_{17}H_{14}N_2O_2$, Formel I (R = CHO, X = CO-$CH_3$), **10-Acetamino-9-formylimino-9.10-dihydro-anthracen, *N*-[10-Formylimino-9.10-dihydro-anthryl-(9)]-acetamid,** N-*[10-(formylimino)-9,10-dihydro-9-anthryl]acetamide* $C_{17}H_{14}N_2O_2$, Formel I (R = CO-$CH_3$, X = CHO), und **10-Formamino-9-acetamino-anthracen, *N*-[10-Formamino-anthryl-(9)]-acetamid,** N-*(10-formamido-9-anthryl)acetamide* $C_{17}H_{14}N_2O_2$, Formel II (R = CHO, X = CO-$CH_3$).

*B.* Beim Erhitzen von 10-Amino-9-formamino-anthracen (s. o.) mit Acetanhydrid und Pyridin (*Schiedt,* J. pr. [2] **157** [1941] 203, 215).

Gelbe Krystalle; F: 338° [Zers.].

**10-Benzamino-9-benzoylimino-9.10-dihydro-anthracen, *N*-[10-Benzoylimino-9.10-dihydro-anthryl-(9)]-benzamid,** N,N'-*(anthracen-9-yl-10*(9H)*-ylidene)bisbenzamide* $C_{28}H_{20}N_2O_2$, Formel I (R = X = CO-$C_6H_5$), und **9.10-Bis-benzamino-anthracen,** N,N'-*(anthracene-9,10-diyl)bisbenzamide* $C_{28}H_{20}N_2O_2$, Formel II (R = X = CO-$C_6H_5$).

*B.* Beim Erhitzen von 9.10-Diamino-anthracen (S. 291) mit Benzoylchlorid (*Woroshzow, Schkitin,* Ž. obšč. Chim. **10** [1940] 883, 890; C. **1941** I 889). Beim Erhitzen von 9.10-Bis-formamino-anthracen (s. o.) mit Benzoylchlorid in Nitrobenzol (*I.G. Farben-*

*ind.*, D.R.P. 588354 [1928]; Frdl. **19** 1905; *Gen. Aniline Works*, U.S.P. 1917801 [1931]).
Gelbe Krystalle; F: 380° (*I.G. Farbenind.*).

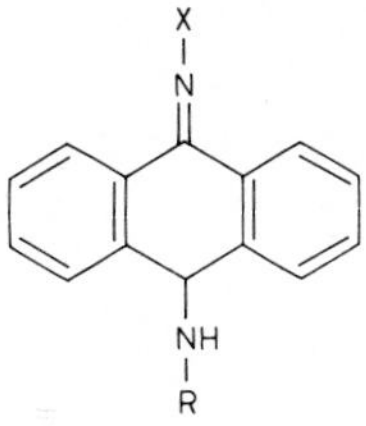

I 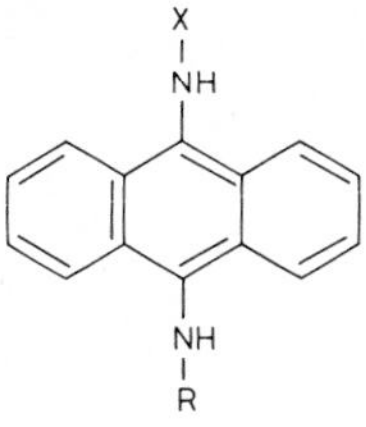 II 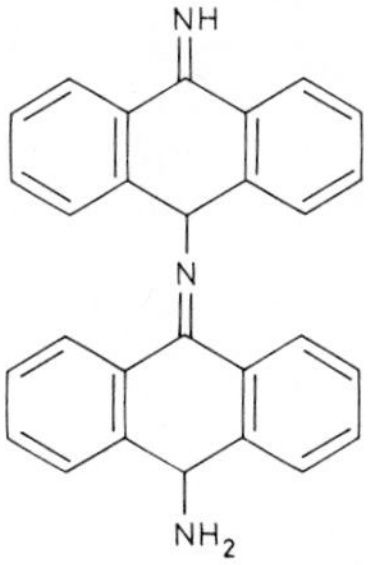 III 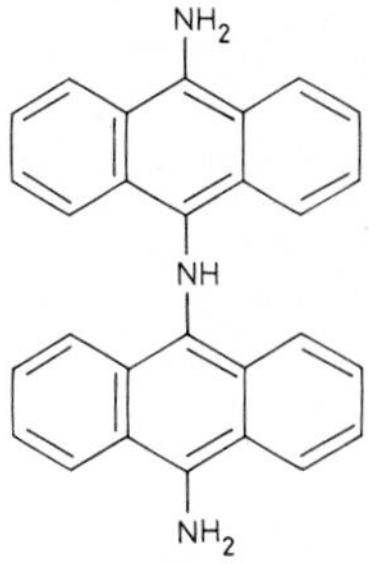 IV

**10-[N′-Phenyl-ureido]-9-phenylcarbamoylimino-9.10-dihydro-anthracen, N-Phenyl-N′-[10-phenylcarbamoylimino-9.10-dihydro-anthryl-(9)]-harnstoff,** *3,3′-diphenyl-1,1′-(anthracen-9-yl-10(9H)-ylidene)diurea* $C_{28}H_{22}N_4O_2$, Formel I (R = X = CO-NH-$C_6H_5$), und **9.10-Bis-[N′-phenyl-ureido]-anthracen,** *3,3′-diphenyl-1,1′-(anthracene-9,10-diyl)diurea* $C_{28}H_{22}N_4O_2$, Formel II (R = X = CO-NH-$C_6H_5$).

*B.* Aus 9.10-Diamino-anthracen (S. 291) und Phenylisocyanat in Aceton (*Schiedt*, J. pr. [2] **157** [1941] 203, 215).

Gelbe Krystalle (aus Py. + Me.); F: 312°.

**[10-Imino-9.10-dihydro-anthryl-(9)]-[10-amino-10H-anthryliden-(9)]-amin,** N-*(10-amino-9(10H)-anthrylidene)-10-imino-9,10-dihydro-9-anthrylamine* $C_{28}H_{21}N_3$, Formel III, und Tautomere.

Die nachstehend beschriebene Verbindung wird von den Autoren als **Bis-[10-amino-anthryl-(9)]-amin** (Formel IV) formuliert.

*B.* Als Hauptprodukt beim Leiten von Luft durch eine warme Lösung von 9.10-Di=amino-anthracen (S. 291) in Benzol (*Woroshzow, Schkitin*, Ž. obšč. Chim. **10** [1940] 883, 886, 892; C. **1941** I 889).

Gelbbraune Krystalle (aus Bzl.); F: 141–142°.

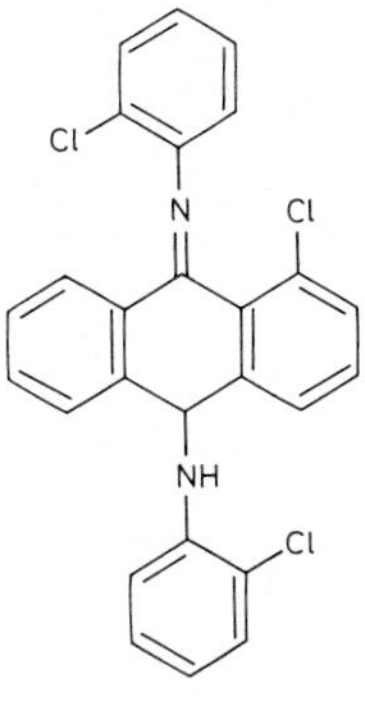

V 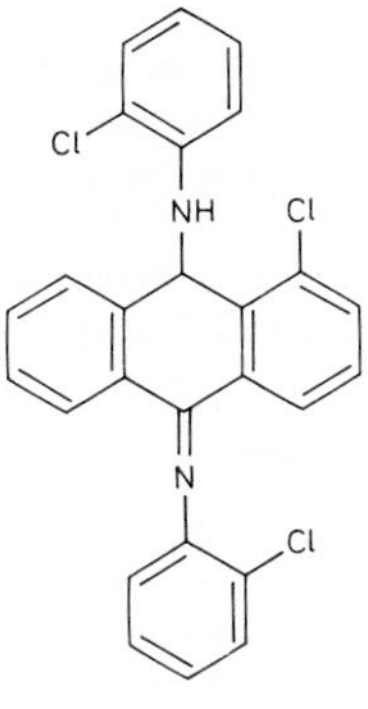 VI 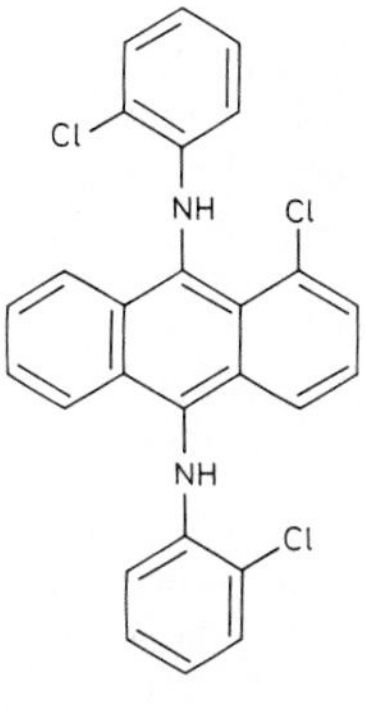 VII

**(±)-1-Chlor-10-[2-chlor-anilino]-9-[2-chlor-phenylimino]-9.10-dihydro-anthracen, (±)-1-Chlor-10-[2-chlor-anilino]-anthron-[2-chlor-phenylimin],** *(±)-4-chloro-*N-*(o-chloro=phenyl)-10-(o-chlorophenylimino)-9,10-dihydro-9-anthrylamine* $C_{26}H_{17}Cl_3N_2$, Formel V, **(±)-4-Chlor-10-[2-chlor-anilino]-9-[2-chlor-phenylimino]-9.10-dihydro-anthracen, (±)-4-Chlor-10-[2-chlor-anilino]-anthron-[2-chlor-phenylimin],** *(±)-1-chloro-*N-*(o-chloro=phenyl)-10-(o-chlorophenylimino)-9,10-dihydro-9-anthrylamine* $C_{26}H_{17}Cl_3N_2$, Formel VI, und **1-Chlor-9.10-bis-[2-chlor-anilino]-anthracen, 1-Chlor-N.N′-bis-[2-chlor-phenyl]-anthracendiyl-(9.10)-diamin,** *1-chloro-*N,N′-*(o-chlorophenyl)anthracene-9,10-diamine* $C_{26}H_{17}Cl_3N_2$, Formel VII.

*B.* Beim Erwärmen von 1-Chlor-anthrachinon mit 2-Chlor-anilin und Aluminiumchlorid und Erhitzen des Reaktionsprodukts mit Zinn(II)-chlorid in Anilin (*I.G. Farbenind.*, D.R.P. 590366 [1929]; Frdl. **19** 1908).

Gelbe Krystalle (aus Amylalkohol); F: 231°.

**(±)-1.3-Dichlor-10-anilino-anthron,** *(±)-10-anilino-1,3-dichloroanthrone* $C_{20}H_{13}Cl_2NO$, Formel VIII (R = H, X = Cl), und **1.3-Dichlor-10-anilino-anthrol-(9),** *10-anilino-1,3-dichloro-9-anthrol* $C_{20}H_{13}Cl_2NO$, Formel IX (R = H, X = Cl).

*B.* Aus (±)-1.3-Dichlor-10-brom-anthron und Anilin (*Barnett, Goodway, Watson*, B. **66** [1933] 1876, 1883).

Krystalle (aus Cyclohexan); F: 180°.

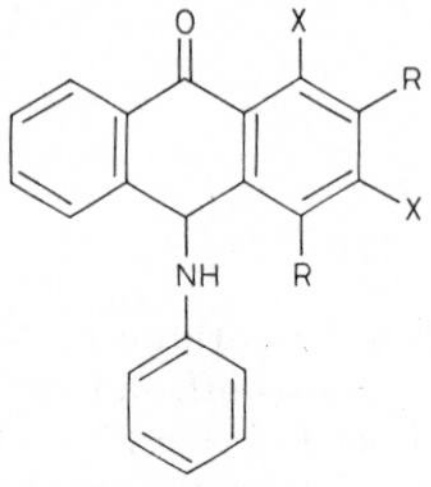

VIII 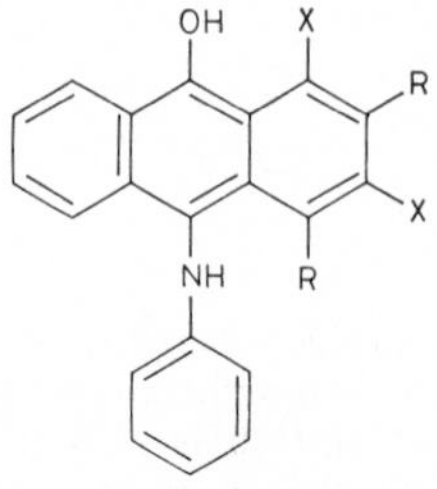 IX

**(±)-2.4-Dichlor-10-anilino-anthron,** *(±)-10-anilino-2,4-dichloroanthrone* $C_{20}H_{13}Cl_2NO$, Formel VIII (R = Cl, X = H), und **2.4-Dichlor-10-anilino-anthrol-(9),** *10-anilino-2,4-dichloro-9-anthrol* $C_{20}H_{13}Cl_2NO$, Formel IX (R = Cl, X = H).

*B.* Aus (±)-2.4-Dichlor-10-brom-anthron und Anilin (*Barnett, Goodway, Watson*, B. **66** [1933] 1876, 1882).

Gelbe Krystalle (aus Bzl. + PAe.); F: 187°.

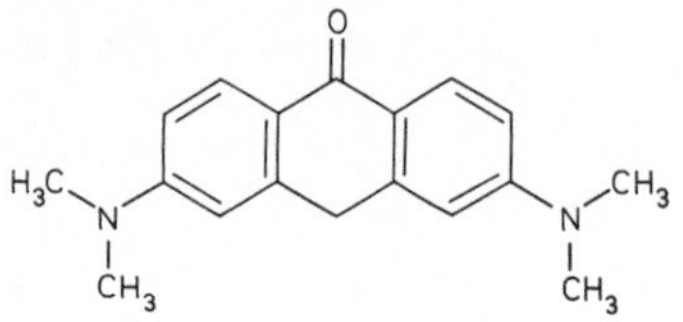

X 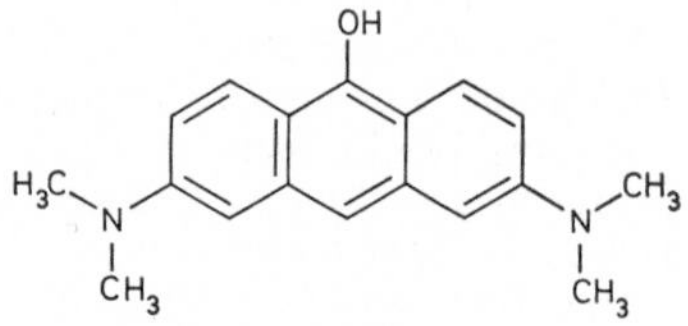 XI

**3.6-Diamino-anthron** $C_{14}H_{12}N_2O$ und **3.6-Diamino-anthrol-(9)** $C_{14}H_{12}N_2O$ sowie **2.7-Diamino-anthron** $C_{14}H_{12}N_2O$ und **2.7-Diamino-anthrol-(9)** $C_{14}H_{12}N_2O$.

**3.6-Bis-dimethylamino-anthron,** *3,6-bis(dimethylamino)anthrone* $C_{18}H_{20}N_2O$, Formel X, und **3.6-Bis-dimethylamino-anthrol-(9),** *3,6-bis(dimethylamino)-9-anthrol* $C_{18}H_{20}N_2O$, Formel XI, sowie **2.7-Bis-dimethylamino-anthron,** *2,7-bis(dimethylamino)anthrone* $C_{18}H_{20}N_2O$, Formel XII, und **2.7-Bis-dimethylamino-anthrol-(9),** *2,7-bis(dimethylamino)-9-anthrol* $C_{18}H_{20}N_2O$, Formel XIII.

Diese Konstitutionsformeln kommen für die nachstehend beschriebene Verbindung in Betracht.

*B.* Aus 2.7-Bis-dimethylamino-anthrachinon beim Erhitzen mit Zinn und Essigsäure unter Zusatz von wss. Salzsäure (*Jones, Mason*, Soc. **1934** 1813, 1815).

Gelbe Krystalle (aus A. oder $CHCl_3$); F: 180°.

Acetyl-Derivat. Orangefarbene Krystalle (aus A.); F: 173°.

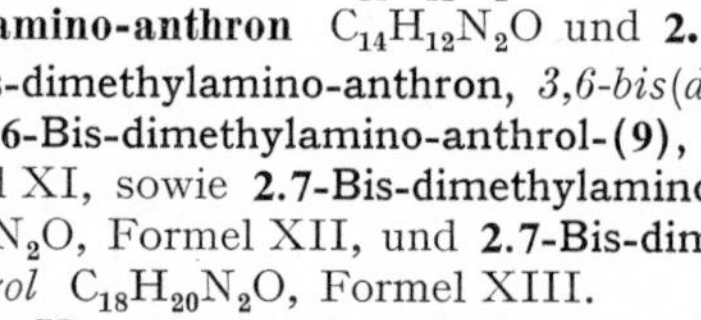

XII 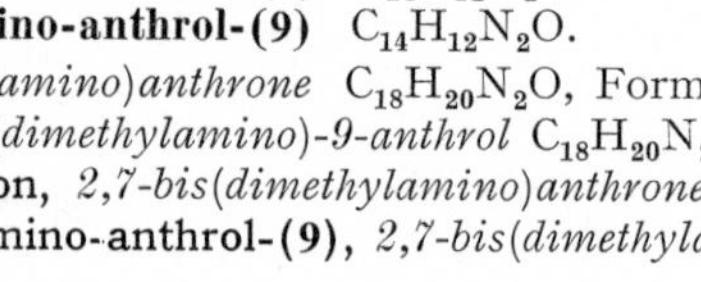 XIII

**4-Amino-1-methyl-fluorenon-(9),** *4-amino-1-methylfluoren-9-one* $C_{14}H_{11}NO$, Formel I.

*B.* Aus 4-Nitro-1-methyl-fluorenon-(9) beim Erwärmen mit wss.-äthanol. Ammoniak unter Einleiten von Schwefelwasserstoff (*Chardonnens, Lienert*, Helv. **32** [1949] 2340, 2347).

Krystalle (aus Bzl.); F: 161–162°.

**2-Aminomethyl-fluorenon-(9)** $C_{14}H_{11}NO$.

**7-Nitro-2-[(*C*-chlor-acetamino)-methyl]-fluorenon-(9), *C*-Chlor-*N*-[(7-nitro-9-oxo-fluorenyl-(2))-methyl]-acetamid,** *2-chloro-*N*-[(7-nitro-9-oxofluoren-2-yl)methyl]acetamide* $C_{16}H_{11}ClN_2O_4$, Formel II (X = H).

*B.* Beim Behandeln von 2-Nitro-fluorenon-(9) mit *C*-Chlor-*N*-hydroxymethyl-acetamid (H **2** 200) und Schwefelsäure (*de Diesbach*, Helv. **23** [1940] 1232, 1243).

Gelbe Krystalle (aus Nitrobenzol); F: 211°.

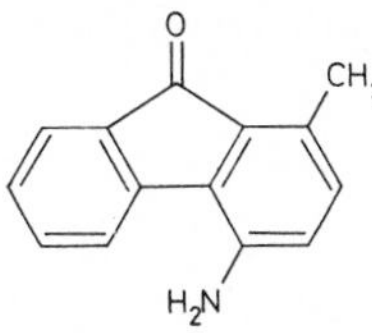

I 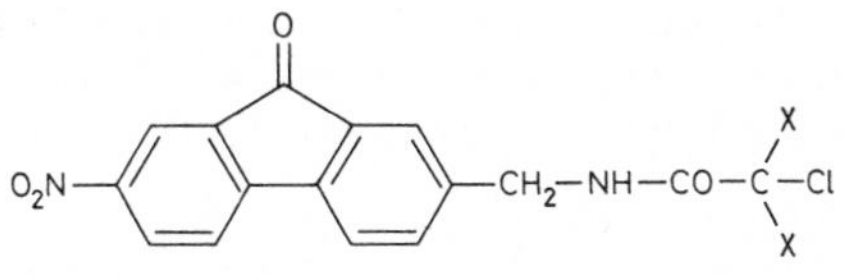 II

**7-Nitro-2-[(*C.C.C*-trichlor-acetamino)-methyl]-fluorenon-(9), *C.C.C*-Trichlor-*N*-[(7-nitro-9-oxo-fluorenyl-(2))-methyl]-acetamid,** *2,2,2-trichloro-*N*-[(7-nitro-9-oxofluoren-2-yl)methyl]acetamide* $C_{16}H_9Cl_3N_2O_4$, Formel II (X = Cl).

*B.* Beim Behandeln von 2-Nitro-fluorenon-(9) mit *C.C.C*-Trichlor-*N*-hydroxymethyl-acetamid (H **2** 211) und Schwefelsäure (*de Diesbach*, Helv. **23** [1940] 1232, 1243).

Hellgelbe Krystalle (aus Eg.); F: 190°.

**7-Amino-2-aminomethyl-fluorenon-(9)** $C_{14}H_{12}N_2O$.

**7-Acetamino-2-[(*C.C.C*-trichlor-acetamino)-methyl]-fluorenon-(9), *C.C.C*-Trichlor-*N*-[(7-acetamino-9-oxo-fluorenyl-(2))-methyl]-acetamid,** N-*{9-oxo-7-[(2,2,2-trichloroacetamido)methyl]fluoren-2-yl}acetamide* $C_{18}H_{13}Cl_3N_2O_3$, Formel III.

*B.* Beim Behandeln von 2-Acetamino-fluorenon-(9) mit *C.C.C*-Trichlor-*N*-hydroxymethyl-acetamid (H **2** 211) und Schwefelsäure (*de Diesbach*, Helv. **23** [1940] 1232, 1243).

Braune Krystalle (aus Eg.); F: 265°.

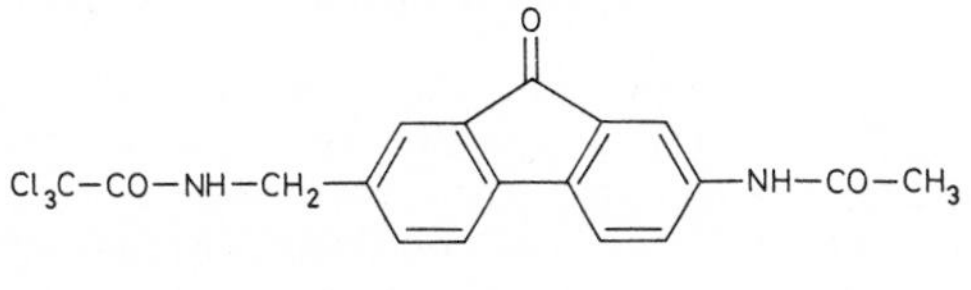

III 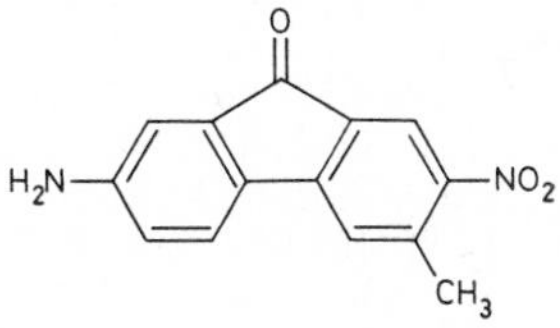 IV

**7-Amino-3-methyl-fluorenon-(9)** $C_{14}H_{11}NO$.

**2-Nitro-7-amino-3-methyl-fluorenon-(9),** *7-amino-3-methyl-2-nitrofluoren-9-one* $C_{14}H_{10}N_2O_3$, Formel IV.

*B.* Aus 2.7-Dinitro-3-methyl-fluorenon-(9) beim Erwärmen mit wss.-äthanol. Ammoniak unter Einleiten von Schwefelwasserstoff (*Chardonnens, Lienert*, Helv. **32** [1949] 2340, 2343).

Rotbraune Krystalle (aus Acn.); F: 239°.

## Amino-Derivate der Oxo-Verbindungen $C_{15}H_{12}O$

**3-Phenyl-1-[2-amino-phenyl]-propen-(1)-on-(3), 2-Amino-chalkon** $C_{15}H_{13}NO$.

**2-Dimethylamino-chalkon,** *2-(dimethylamino)chalcone* $C_{17}H_{17}NO$.

**2-Dimethylamino-chalkon vom F: 67°**, vermutlich **2-Dimethylamino-*trans*-chalkon,** Formel V.

*B.* Beim Behandeln von 2-Dimethylamino-benzaldehyd mit Acetophenon und wss.-äthanol. Natronlauge (*Cocker, Harris, Loach*, Soc. **1938** 751).

Gelbe Krystalle (aus A.); F: 66—67°.

**3-Phenyl-1-[3-amino-phenyl]-propen-(1)-on-(3), 3-Amino-chalkon,** *3-aminochalcone* $C_{15}H_{13}NO$.

**3-Amino-*trans*-chalkon,** Formel VI (R = H) (H 115; E I 402; E II 70).

Die Konfiguration ergibt sich aus der genetischen Beziehung zu 3-Nitro-*trans*-chalkon (E III 7 2400).

Absorptionsspektrum (A.; 220—460 mμ): *Alexa*, Bulet. [2] **1** [1939] 94, 95, 100.

**3-Dimethylamino-chalkon,** *3-(dimethylamino)chalcone* $C_{17}H_{17}NO$.

**3-Dimethylamino-chalkon vom F: 109°,** vermutlich **3-Dimethylamino-*trans*-chalkon,** Formel VI (R = $CH_3$).

*B.* Beim Behandeln von 3-Dimethylamino-benzaldehyd mit Acetophenon und wss.-äthanol. Natronlauge (*Cocker, Harris, Loach*, Soc. **1938** 751).

Orangefarbene Krystalle (aus A.); F: 108—109°.

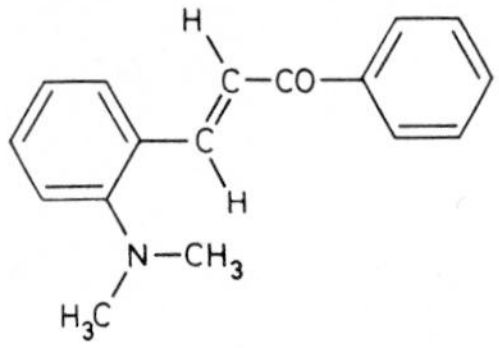

V 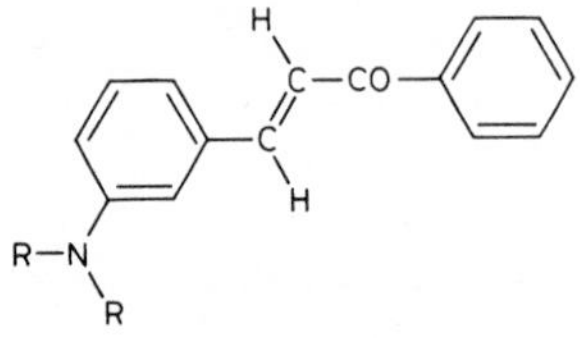 VI 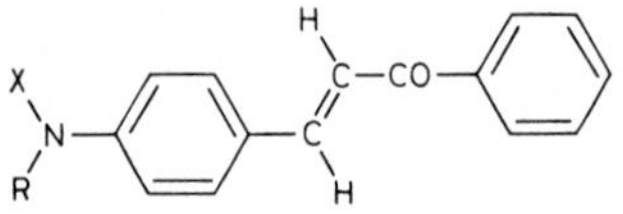 VII

**3-Phenyl-1-[4-amino-phenyl]-propen-(1)-on-(3), 4-Amino-chalkon,** *4-aminochalcone* $C_{15}H_{13}NO$.

**4-Amino-*trans*-chalkon,** Formel VII (R = X = H) (H 115; E I 402; E II 71).

*B.* Aus 4-Nitro-*trans*-chalkon beim Erwärmen mit Eisen und wss. Essigsäure (*Marrian, Russell, Todd*, Soc. **1947** 1419).

Gelbe Krystalle (aus wss. A.); F: 151—152° (*Ma., Ru., Todd*). Absorptionsspektrum (A.; 230—520 mμ): *Alexa*, Bulet. [2] **1** [1939] 77, 79.

Perchlorat $C_{15}H_{13}NO \cdot HClO_4$ (E II 71). Über die Existenz eines gelben und eines roten Perchlorats s. *Pfeiffer, Kleu*, B. **66** [1933] 1704, 1711,

**4-Dimethylamino-chalkon,** *4-(dimethylamino)chalcone* $C_{17}H_{17}NO$.

**4-Dimethylamino-chalkon vom F: 114°,** vermutlich **4-Dimethylamino-*trans*-chalkon,** Formel VII (R = X = $CH_3$) (H 115; E I 402; E II 71).

F: 113—114,5° [korr.] (*Shriner, Teeters*, Am. Soc. **60** [1938] 936, 938). Absorptionsspektrum von Lösungen in Hexan: *Alexa*, Bulet. Soc. Chim. România **18** [1936] 93, 94, 101; in Methanol: *Katzenellenbogen, Branch*, Am. Soc. **69** [1947] 1615, 1616; *Lutz et al.*, J. org. Chem. **14** [1949] 982, 988; in Äthanol: *Storck*, Helv. phys. Acta **9** [1936] 437, 444; *Alexa*, Bulet. Soc. Chim. România **18** 95, 99; Bulet. [2] **1** [1939] 77, 80; *Cromwell, Watson*, J. org. Chem. **14** [1949] 411, 418; in Chlorwasserstoff enthaltendem Methanol: *St.*; *Ka., Br.*; in Schwefelsäure enthaltendem Acetanhydrid: *Ka., Br.*; in Schwefelsäure: *Ka., Br.* Dipolmoment (ε; Bzl.) bei 20°: 4,4 D (*Weizmann*, Trans. Faraday Soc. **36** [1940] 329, 332). Elektrolytische Dissoziation des Hydrochlorids in Chlorwasserstoff enthaltendem Methanol: *Ka., Br.*, l. c. S. 1619.

Perchlorat $C_{17}H_{17}NO \cdot HClO_4$ (E II 71). Farblose Krystalle; F: 165° [Zers., nach Sintern von 155° an] (*Pfeiffer, Kleu*, B. **66** [1933] 1058, 1061). Über ein rosaviolettes Salz s. *Pf., Kleu.*

Tetrafluoroborat $C_{17}H_{17}NO \cdot HBF_4$. Farblose Krystalle (aus Eg.); F: ca. 172° [Zers.] (*Pfeiffer, Schwenzer, Kumetat*, J. pr. [2] **143** [1935] 143, 148). Über ein rosaviolettes Salz s. *Pf., Sch., Ku.*

Hexafluorosilicat $C_{17}H_{17}NO \cdot H_2SiF_6$. Farblose Krystalle mit 3 Mol $H_2O$ (*Pf., Sch., Ku.*, l. c. S. 150). Über ein rosaviolettes Salz s. *Pf., Sch., Ku.*

**4-Diäthylamino-chalkon,** *4-(diethylamino)chalcone* $C_{19}H_{21}NO$, Formel VIII (R = $C_2H_5$).

Ein Präparat (orangefarbenes Öl; $Kp_7$: 260—265°), in dem vermutlich eine Verbindung dieser Konstitution vorgelegen hat, ist beim Erwärmen von 4-Diäthylamino-benzaldehyd mit Acetophenon und Natriummethylat in Methanol erhalten worden (*Lutz et al.*, J. org. Chem. **14** [1949] 982, 986, 992).

**4-Acetamino-chalkon, Essigsäure-[4-(3-oxo-3-phenyl-propenyl)-anilid],** *4'-(3-oxo-3-phenylprop-1-enyl)acetanilide* $C_{17}H_{15}NO_2$.

**4-Acetamino-*trans*-chalkon,** Formel VII (R = CO-$CH_3$, X = H) (H 116; E I 403; E II 71).

*B.* Beim Behandeln von 4-Acetamino-benzaldehyd mit Acetophenon und äthanol. Natronlauge (*Rogers*, Soc. **1943** 590, 593).

F: 180—182°.

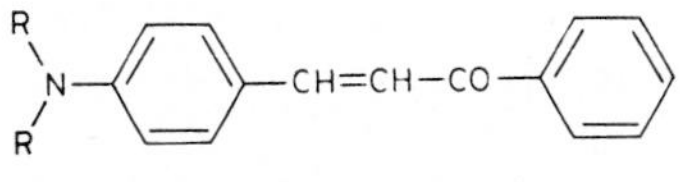

VIII 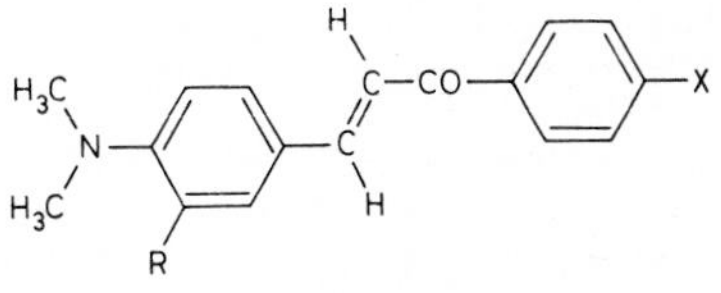 IX

**4′-Chlor-4-dimethylamino-chalkon,** *4′-chloro-4-(dimethylamino)chalcone* $C_{17}H_{16}ClNO$.

**4′-Chlor-4-dimethylamino-chalkon vom F: 140°,** vermutlich **4′-Chlor-4-dimethylamino-*trans*-chalkon,** Formel IX (R = H, X = Cl).

*B.* Beim Erwärmen von 4-Dimethylamino-benzaldehyd mit 1-[4-Chlor-phenyl]-äthanon-(1) in Äthanol unter Zusatz von wss. Natronlauge (*Pfeiffer, Kleu*, B. **66** [1933] 1704, 1706; s. a. *L. Fullhart*, Diss. [Iowa State Coll. 1946] S. 26).

Krystalle; F: 140—140,5° [aus A.] (*Pf., Kleu*), 140—141° [aus E.] (*Fu.*).

Perchlorat $C_{17}H_{16}ClNO \cdot HClO_4$. Farblose Krystalle [aus Eg.] (*Pf., Kleu*). Über ein violettes Salz s. *Pf., Kleu.*

Tetrafluoroborat $C_{17}H_{16}ClNO \cdot HBF_4$. Farblose Krystalle (aus Eg.), F: 177—178° [Zers.]; violette Krystalle (aus Eg. + wss. $HBF_4$), F: 179—180° [Zers.] (*Pfeiffer, Schwenzer, Kumetat*, J. pr. [2] **143** [1935] 143, 149).

Hexafluorosilicat $C_{17}H_{16}ClNO \cdot H_2SiF_6$. Krystalle mit 4 Mol $H_2O$ (*Pf., Sch., Ku.*).

**3-Brom-4-dimethylamino-chalkon,** *3-bromo-4-(dimethylamino)chalcone* $C_{17}H_{16}BrNO$.

**3-Brom-4-dimethylamino-chalkon vom F: 82°,** vermutlich **3-Brom-4-dimethylamino-*trans*-chalkon,** Formel IX (R = Br, X = H).

Aus 3-Brom-4-dimethylamino-benzaldehyd und Acetophenon in Äthanol unter Zusatz von wss. Natronlauge (*Bauer, Seyfarth*, B. **63** [1930] 2691, 2694). Aus 4-Dimethylamino-chalkon (nicht charakterisiert) und Brom in Chloroform (*Bauer, Sey.*).

Grüngelbe Krystalle (aus A.); F: 82°.

Hydrochlorid. Krystalle (aus A.); F: 145—146°.

**3-Phenyl-1-[2-amino-phenyl]-propen-(2)-on-(1), 2′-Amino-chalkon,** *2′-aminochalcone* $C_{15}H_{13}NO$.

Die von *Engler, Dorant* (H 116) sowie von *Davey, Gwilt* (Soc. **1957** 1008, 1010) unter dieser Konstitution beschriebene Verbindung (F: 147° bzw. F: 149°) ist als 4-Oxo-2-phenyl-1.2.3.4-tetrahydro-chinolin zu formulieren (*Fischer, Arlt*, Z. Chem. **4** [1964] 100).

**2′-Amino-chalkon vom F: 71°,** vermutlich **2′-Amino-*trans*-chalkon,** Formel X (R = H).

*B.* Beim Erwärmen von 1-[2-Amino-phenyl]-äthanon-(1) mit Benzaldehyd und wss.-äthanol. Natronlauge (*Mannich, Dannehl*, B. **71** [1938] 1899).

Gelbe Krystalle (aus PAe.); F: 71° (*Ma., Da.*).

Hydrierung an Palladium/Kohle in Äthanol unter Bildung von 3-Phenyl-1-[2-amino-phenyl]-propanon-(1): *Ma., Da.* Überführung in 4-Oxo-2-phenyl-1.2.3.4-tetrahydro-chinolin durch Erhitzen mit geringen Mengen Natriumäthylat: *Ma., Da.*

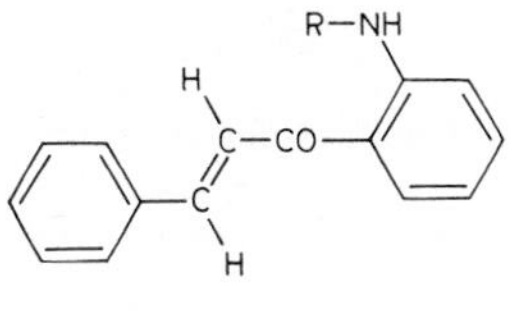

X 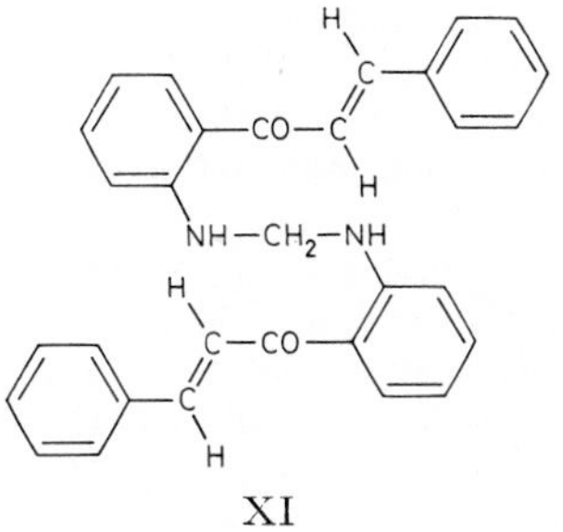 XI

**Bis-[2-cinnamoyl-anilino]-methan, *N.N'*-Bis-[2-cinnamoyl-phenyl]-methylendiamin,** N,N'-(o-*cinnamoylphenyl)methylenediamine* $C_{31}H_{26}N_2O_2$.

**Bis-[2-cinnamoyl-anilino]-methan vom F: 142°**, vermutlich **Bis-[2-*trans*-cinnamoyl-anilino]-methan,** Formel XI.

*B.* Beim Erwärmen von Bis-[2-acetyl-anilino]-methan mit Benzaldehyd in Äthanol unter Zusatz von wss. Natronlauge (*Mannich, Danneht*, B. **71** [1938] 1899).

Gelbe Krystalle (aus A.); F: 142°.

**2'-Benzamino-chalkon, Benzoesäure-[2-cinnamoyl-anilid],** *2'-cinnamoylbenzanilide* $C_{22}H_{17}NO_2$.

**2'-Benzamino-chalkon vom F: 119°**, vermutlich **2'-Benzamino-*trans*-chalkon,** Formel X (R = CO-$C_6H_5$).

*B.* Beim Behandeln von 2'-Amino-*trans*(?)-chalkon (F: 71°) mit Benzoylchlorid und Pyridin (*Mannich, Danneht*, B. **71** [1938] 1899).

Krystalle (aus wss. A.); F: 119°.

**2'-[Toluol-sulfonyl-(4)-amino]-chalkon, Toluol-sulfonsäure-(4)-[2-cinnamoyl-anilid],** *2'-cinnamoyl-*p-*toluenesulfonanilide* $C_{22}H_{19}NO_3S$.

**2'-[Toluol-sulfonyl-(4)-amino]-chalkon vom F: 136°**, vermutlich **2'-[Toluol-sulfonyl-(4)-amino]-*trans*-chalkon,** Formel X (R = $SO_2$-$C_6H_4$-$CH_3$).

*B.* Aus (±)-3-Hydroxy-3-phenyl-1-[2-(toluol-sulfonyl-(4)-amino)-phenyl]-propanon-(1) beim Behandeln mit Essigsäure (*de Diesbach, Kramer*, Helv. **28** [1945] 1399, 1403).

Gelbliche Krystalle (aus A.); F: 136°.

**3-Phenyl-1-[3-amino-phenyl]-propen-(2)-on-(1), 3'-Amino-chalkon** $C_{15}H_{13}NO$.

**2-Nitro-3'-amino-chalkon,** *3'-amino-2-nitrochalcone* $C_{15}H_{12}N_2O_3$.

**2-Nitro-3'-amino-chalkon vom F: 142°**, vermutlich **2-Nitro-3'-amino-*trans*-chalkon,** Formel XII (R = H).

*B.* Aus 2-Nitro-3'-acetamino-*trans*(?)-chalkon (F: 182°) beim Erwärmen mit wss.-äthanol. Salzsäure (*Tanasescu, Baciu*, Bl. [5] **4** [1937] 1742, 1757).

F: 142° (aus A. + W.).

Hydrochlorid $C_{15}H_{12}N_2O_3 \cdot HCl$. Krystalle (aus A. + HCl); Zers. bei 195—199°.

**2-Nitro-3'-acetamino-chalkon, Essigsäure-[3-(2-nitro-cinnamoyl)-anilid],** *3'-(2-nitrocinnamoyl)acetanilide* $C_{17}H_{14}N_2O_4$.

**2-Nitro-3'-acetamino-chalkon vom F: 182°**, vermutlich **2-Nitro-3'-acetamino-*trans*-chalkon,** Formel XII (R = CO-$CH_3$).

*B.* Beim Behandeln von 1-[3-Acetamino-phenyl]-äthanon-(1) mit 2-Nitro-benzaldehyd in Äthanol unter Zusatz von wss. Kalilauge (*Tanasescu, Baciu*, Bl. [5] **4** [1937] 1742, 1756).

Krystalle (aus A.); F: 182°.

Phenylhydrazon $C_{23}H_{20}N_4O_3$. Orangefarben; F: 98° [nach Sintern] (*Ta., Ba.*, l. c. S. 1757).

XII XIII

**3-Phenyl-1-[4-amino-phenyl]-propen-(2)-on-(1), 4'-Amino-chalkon,** *4'-aminochalcone* $C_{15}H_{13}NO$.

**4'-Amino-chalkon vom F: 106°**, vermutlich **4'-Amino-*trans*-chalkon,** Formel XIII (R = X = H) (H 116; E II 71).

*B.* Aus 4'-Benzylidenamino-*trans*(?)-chalkon (S. 301) mit Hilfe von wss. Schwefelsäure (*Marrian, Russell, Todd*, Soc. **1947** 1419).

F: 105—106°. Absorptionsspektrum (A.; 220—470 mμ): *Alexa*, Bulet. [2] **1** [1939] 77, 79, 82, 84.

**4'-Dimethylamino-chalkon,** *4'-(dimethylamino)chalcone* $C_{17}H_{17}NO$.

**4'-Dimethylamino-chalkon vom F: 168°,** vermutlich **4'-Dimethylamino-*trans*-chalkon,** Formel XIII (R = X = $CH_3$) (H 116; E I 403).

F: 167—168° (*Katzenellenbogen, Branch,* Am. Soc. **69** [1947] 1615, 1616). Absorptionsspektrum (200—600 mμ) von Lösungen in Methanol: *Ka., Br.*; in Äthanol: *Alexa,* Bulet. [2] **1** [1939] 77, 80, 82, 87; in Chlorwasserstoff enthaltendem Methanol (200—600 mμ): *Ka., Br.*; in Schwefelsäure enthaltendem Acetanhydrid: *Ka., Br.*; in Schwefelsäure: *Ka., Br.* Elektrolytische Dissoziation des Hydrochlorids in Chlorwasserstoff enthaltendem Methanol: *Ka., Br.,* l. c. S. 1619.

**4'-Benzylidenamino-chalkon,** *4'-(benzylideneamino)chalcone* $C_{22}H_{17}NO$.

**4'-Benzylidenamino-chalkon vom F: 154°,** vermutlich **4'-Benzylidenamino-*trans*-chalkon,** Formel XIV (H 116; E II 72).

F: 154° (*Dilthey, Schneider-Windmüller,* J. pr. [2] **159** [1942] 273, 281 Anm.).

**[4-Cinnamoyl-phenyl]-carbamidsäure-äthylester, 4'-Äthoxycarbonylamino-chalkon,** p-*cinnamoylcarbanilic acid ethyl ester* $C_{18}H_{17}NO_3$.

**[4-Cinnamoyl-phenyl]-carbamidsäure-äthylester vom F: 145°,** vermutlich **[4-*trans*-Cinnamoyl-phenyl]-carbamidsäure-äthylester,** Formel XIII (R = CO-$OC_2H_5$, X = H).

*B.* Beim Behandeln von [4-Acetyl-phenyl]-carbamidsäure-äthylester (E II 33) mit Benzaldehyd und wss.-äthanol. Natronlauge (*Lutz et al.,* J. org. Chem. **14** [1949] 982, 986, 992). Aus 4'-Amino-*trans*(?)-chalkon (S. 300) und Chlorameisensäure-äthylester (*Lutz et al.,* l. c. S. 986 Anm.).

Krystalle (aus A.); F: 143—145° [korr.].

**[4-Cinnamoyl-phenyl]-harnstoff, 4'-Ureido-chalkon,** (p-*cinnamoylphenyl*)*urea* $C_{16}H_{14}N_2O_2$.

**[4-Cinnamoyl-phenyl]-harnstoff vom F: 218°,** vermutlich **[4-*trans*-Cinnamoyl-phenyl]-harnstoff,** Formel XIII (R = CO-$NH_2$, X = H).

*B.* Beim Behandeln von [4-Acetyl-phenyl]-harnstoff mit Benzaldehyd und wss.-äthanol. Natronlauge (*Lutz et al.,* J. org. Chem. **14** [1949] 982, 986, 992).

Gelbe Krystalle (aus Dioxan + A.); F: 217—218° [korr.].

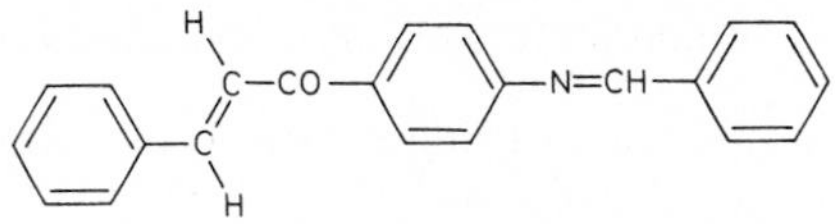

XIV 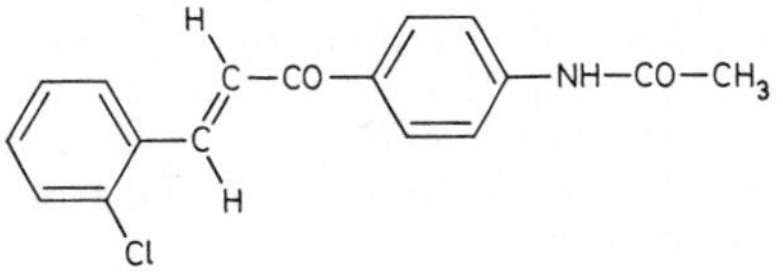 XV

**2-Chlor-4'-acetamino-chalkon, Essigsäure-[4-(2-chlor-cinnamoyl)-anilid],** *4'-(2-chlorocinnamoyl)acetanilide* $C_{17}H_{14}ClNO_2$.

**2-Chlor-4'-acetamino-chalkon vom F: 167°,** vermutlich **2-Chlor-4'-acetamino-*trans*-chalkon,** Formel XV.

*B.* Beim Behandeln von 1-[4-Acetamino-phenyl]-äthanon-(1) mit 2-Chlor-benzaldehyd in Äthanol unter Zusatz von methanol. Natriummethylat (*L. Fullhart,* Diss. [Iowa State Coll. 1946] S. 28).

Krystalle (aus A.); F: 167° (*Fu.,* Diss.; *Fullhart,* Iowa Coll. J. **22** [1947] 27).

**2-Nitro-4'-amino-chalkon,** *4'-amino-2-nitrochalcone* $C_{15}H_{12}N_2O_3$.

a) **2-Nitro-4'-amino-chalkon vom F: 82°,** vermutlich **2-Nitro-4'-amino-*cis*-chalkon,** Formel I.

*B.* s. bei dem unter b) beschriebenen Stereoisomeren.

F: 82° [aus A. + W.] (*Tanasescu, Baciu,* Bl. [5] **4** [1937] 1742, 1754). Beim Aufbewahren tritt Rotfärbung auf.

Beim Behandeln des Hydrochlorids (wenig beständig) mit Wasser oder wss. Alkalilauge ist das unter b) beschriebene Stereoisomere erhalten worden.

b) **2-Nitro-4'-amino-chalkon vom F: 184°,** vermutlich **2-Nitro-4'-amino-*trans*-chalkon,** Formel II (R = X = H).

*B.* Neben dem unter a) beschriebenen Stereoisomeren beim Behandeln von 1-[4-Amino-phenyl]-äthanon-(1) mit 2-Nitro-benzaldehyd in Äthanol unter Einleiten von Chlor= wasserstoff (*Tanasescu, Baciu*, Bl. [5] **4** [1937] 1742, 1753). Aus 2-Nitro-4'-acetamino-*trans*(?)-chalkon (F: 234°) beim Erwärmen mit wss.-äthanol. Salzsäure (*Ta., Ba.*, l. c. S. 1754).

Orangerote Krystalle (aus A.); F: 184°.

Hydrochlorid $C_{15}H_{12}N_2O_3 \cdot HCl$. Krystalle (aus A. + HCl); F: 207—210°.

Semicarbazon $C_{16}H_{15}N_5O_3$. Krystalle (aus A.); F: 203—204° (*Ta., Ba.*, l. c. S. 1756).

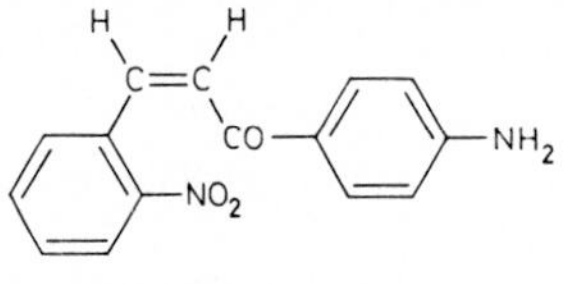

I 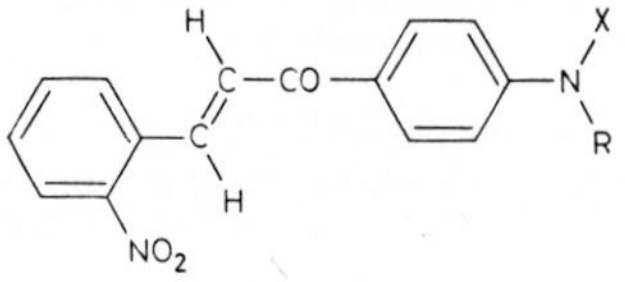 II

**2-Nitro-4'-methylamino-chalkon,** *4'-(methylamino)-2-nitrochalcone* $C_{16}H_{14}N_2O_3$.

**2-Nitro-4'-methylamino-chalkon vom F: 154°**, vermutlich **2-Nitro-4'-methylamino-*trans*-chalkon,** Formel II (R = $CH_3$, X = H).

*B.* Neben 2-Nitro-4'-dimethylamino-*trans*(?)-chalkon (F: 111°) beim Behandeln von 2-Nitro-4'-amino-*trans*(?)-chalkon (F: 184°) mit Dimethylsulfat und wss. Kalilauge (*Tanasescu, Baciu*, Bl. [5] **4** [1937] 1742, 1756).

Orangegelbe Krystalle (aus Bzn.); F: 153—154°.

**2-Nitro-4'-dimethylamino-chalkon,** *4'-(dimethylamino)-2-nitrochalcone* $C_{17}H_{16}N_2O_3$.

**2-Nitro-4'-dimethylamino-chalkon vom F: 111°**, vermutlich **2-Nitro-4'-dimethyl= amino-*trans*-chalkon,** Formel II (R = X = $CH_3$).

*B.* s. im vorangehenden Artikel.

Rote Krystalle (aus Bzn.); F: 110—111° (*Tanasescu, Baciu*, Bl. [5] **4** [1937] 1742, 1756).

**2-Nitro-4'-acetamino-chalkon, Essigsäure-[4-(2-nitro-cinnamoyl)-anilid],** *4'-(2-nitro= cinnamoyl)acetanilide* $C_{17}H_{14}N_2O_4$.

**2-Nitro-4'-acetamino-chalkon vom F: 234°**, vermutlich **2-Nitro-4'-acetamino-*trans*-chalkon,** Formel II (R = CO-$CH_3$, X = H).

*B.* Beim Behandeln von 1-[4-Acetamino-phenyl]-äthanon-(1) mit 2-Nitro-benzaldehyd in Äthanol unter Zusatz von wss.-äthanol. Kalilauge (*Tanasescu, Baciu*, Bl. [5] **4** [1937] 1742, 1754).

Krystalle (aus $CHCl_3$); F: 234°.

**2-Nitro-4'-benzamino-chalkon, Benzoesäure-[4-(2-nitro-cinnamoyl)-anilid],** *4'-(2-nitro= cinnamoyl)benzanilide* $C_{22}H_{16}N_2O_4$.

**2-Nitro-4'-benzamino-chalkon vom F: 183°**, vermutlich **2-Nitro-4'-benzamino-*trans*-chalkon,** Formel II (R = CO-$C_6H_5$, X = H).

*B.* Aus 2-Nitro-4'-amino-*trans*(?)-chalkon (F: 184°) und Benzoesäure-anhydrid (*Tana= sescu, Baciu*, Bl. [5] **4** [1937] 1742, 1755).

F: 182—183° [aus A. + W.].

**4-Nitro-4'-amino-chalkon,** *4'-amino-4-nitrochalcone* $C_{15}H_{12}N_2O_3$.

**4-Nitro-4'-amino-chalkon vom F: 221°**, vermutlich **4-Nitro-4'-amino-*trans*-chalkon,** Formel III.

*B.* Aus 4-Nitro-4'-[4-nitro-benzylidenamino]-*trans*(?)-chalkon (H 116) beim Be= handeln mit wss.-äthanol. Schwefelsäure (*Marrian, Russell, Todd*, Soc. **1947** 1419).

Orangerote Krystalle (aus wss. 1-Methoxy-äthanol-(2)); F: 220—221°.

**3'.5'-Dibrom-2-nitro-4'-amino-chalkon,** *4'-amino-3',5'-dibromo-2-nitrochalcone* $C_{15}H_{10}Br_2N_2O_3$.

**3'.5'-Dibrom-2-nitro-4'-amino-chalkon vom F: 209°**, vermutlich **3'.5'-Dibrom-2-nitro-4'-amino-*trans*-chalkon,** Formel IV (R = X = Br).

*B.* Beim Erwärmen von 1-[3.5-Dibrom-4-amino-phenyl]-äthanon-(1) (E I 368) mit 2-Nitro-benzaldehyd und wss.-äthanol. Salzsäure und Erwärmen des Reaktionsprodukts

(Krystalle, F: 157–158°) mit Äthanol oder mit wss. Salzsäure (*Tanasescu, Baciu*, Bl. [5] **4** [1937] 1742, 1758).
Gelbe Krystalle (aus A.); F: 208–209°.

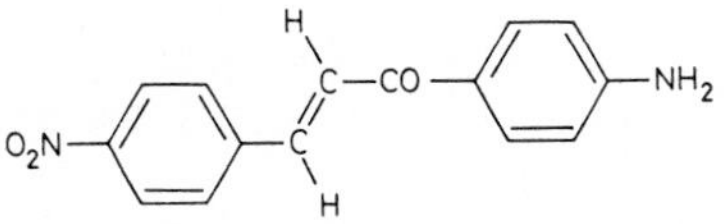

III 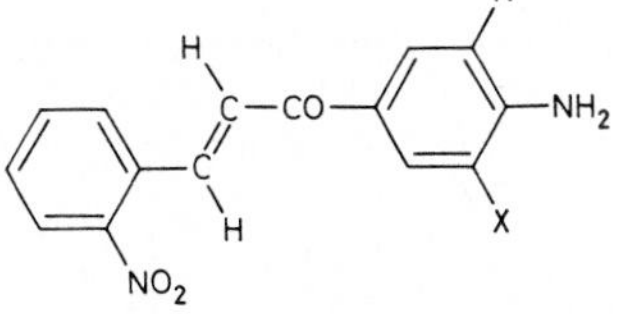 IV

**2.3'-Dinitro-4'-amino-chalkon,** *4'-amino-2,3'-dinitrochalcone* $C_{15}H_{11}N_3O_5$.

**2.3'-Dinitro-4'-amino-chalkon vom F: 241°**, vermutlich **2.3'-Dinitro-4'-amino-*trans*-chalkon**, Formel IV (R = H, X = $NO_2$).

*B.* Aus 1-[3-Nitro-4-acetamino-phenyl]-äthanon-(1) und 2-Nitro-benzaldehyd beim Erwärmen einer mit Chlorwasserstoff gesättigten äthanol. Lösung, zuletzt unter Zusatz von wss. Salzsäure, sowie beim Behandeln einer äthanol. Lösung mit wenig methanol. Kalilauge (*Tanasescu, Baciu*, Bl. [5] **4** [1937] 1742, 1758).
Gelbe Krystalle (aus A.); F: 240–241°.

**1-Amino-1.3-diphenyl-propen-(1)-on-(3), β-Amino-chalkon** $C_{15}H_{13}NO$.

**β-Diäthylamino-chalkon,** *β-(diethylamino)chalcone* $C_{19}H_{21}NO$, Formel V (R = X = $C_2H_5$).

**β-Diäthylamino-chalkon vom F: 62°** (E I 403).

*B.* Beim Erhitzen von 1.3-Diphenyl-propandion-(1.3) (E III **7** 3838) mit Diäthylamin und geringen Mengen wss. Salzsäure auf 150° (*Cromwell*, Am. Soc. **62** [1940] 1672).
F: 61–62° (*Cr.*). UV-Absorptionsmaxima (Bzl. und A.): *Cromwell, Johnson*, Am. Soc. **65** [1943] 316, 317.

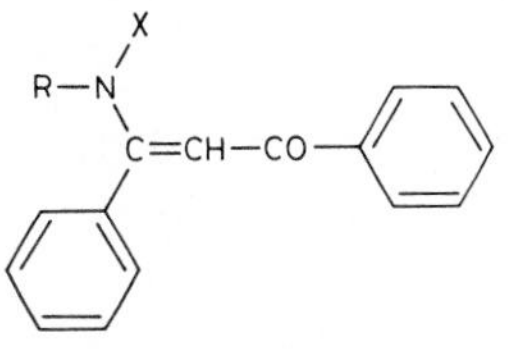

V 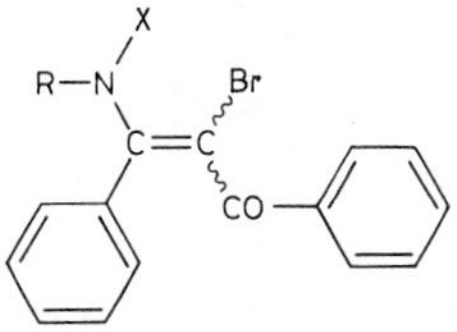 VI

**α-Brom-β-diäthylamino-chalkon,** *α-bromo-β-(diethylamino)chalcone* $C_{19}H_{20}BrNO$, Formel VI (R = X = $C_2H_5$).

**α-Brom-β-diäthylamino-chalkon vom F: 100°.**

*B.* Aus α-Brom-β-äthoxy-chalkon (F: 76°) und Diäthylamin (*Dufraisse, Netter*, Bl. [4] **51** [1932] 550, 561).
Gelbe Krystalle (aus A. + $CHCl_3$); F: 100°.

**2-Amino-1.3-diphenyl-propen-(1)-on-(3), α-Amino-chalkon** $C_{15}H_{13}NO$.

**α-Dimethylamino-chalkon,** *α-(dimethylamino)chalcone* $C_{17}H_{17}NO$, Formel VII (R = X = $CH_3$).

**α-Dimethylamino-chalkon vom F: 62°.**

*B.* Beim Behandeln von α-Brom-*trans*-chalkon (E III **7** 2395) mit Dimethylamin in Äther bei –15° und Erwärmen des Reaktionsprodukts mit Natriumäthylat in Äthanol (*Stevens, Hems*, Soc. **1937** 856).
Rote Krystalle (aus A.); F: 62°.

**α-Diäthylamino-chalkon,** *α-(diethylamino)chalcone* $C_{19}H_{21}NO$, Formel VII (R = X = $C_2H_5$).

**α-Diäthylamino-chalkon vom F: 54°.**

*B.* Beim Behandeln von (2*RS*:3*SR*?)-2.3-Dibrom-1.3-diphenyl-propanon-(1) (E III **7** 2154) mit Diäthylamin in Äthanol (*Cromwell*, Am. Soc. **62** [1940] 1672).
Orangefarbene Krystalle; F: 54° (*Cromwell, Johnson*, Am. Soc. **65** [1943] 316, 317),

51—53° [aus PAe.] (*Cr.*). UV-Absorptionsmaxima (Bzl. und A.): *Cr.*, *Jo.*
Hydrochlorid. F: 106—110° (*Cr.*). Gegen Wasser nicht beständig (*Cr.*).

**α-[Methyl-benzyl-amino]-chalkon,** α-*(benzylmethylamino)chalcone* $C_{23}H_{21}NO$, Formel VII ($R = CH_2$-$C_6H_5$, $X = CH_3$).

**α-[Methyl-benzyl-amino]-chalkon vom F: 75°.**

*B.* Aus opt.-inakt. 2-Brom-3-[methyl-benzyl-amino]-1.3-diphenyl-propanon-(1) (F: 110°) beim Erwärmen mit Natriumäthylat in Äthanol (*Cromwell, Witt*, Am. Soc. **65** [1943] 308, 311).

Orangerote Krystalle (aus A.); F: 73—75° (*Cr.*, *Wi.*). IR-Spektrum (Nujol; 3—15 μ): *Cromwell et al.*, Am. Soc. **71** [1949] 3337, 3339, 3340. Absorptionsspektrum (Heptan; 220—400 mμ): *Cromwell, Watson*, J. org. Chem. **14** [1949] 411, 412, 416. UV-Absorptionsmaximum (A.): 350 mμ (*Cromwell, Johnson*, Am. Soc. **65** [1943] 316, 317).

**α-[Methyl-(4-methoxy-benzyl)-amino]-chalkon,** α-[*(4-methoxybenzyl)methylamino*]*chalcone* $C_{24}H_{23}NO_2$, Formel VII ($R = CH_2$-$C_6H_4$-$OCH_3$, $X = CH_3$).

**α-[Methyl-(4-methoxy-benzyl)-amino]-chalkon vom F: 82°.**

*B.* Aus opt.-inakt. 2-Brom-3-[methyl-(4-methoxy-benzyl)-amino]-1.3-diphenyl-propanon-(1) (F: 103°) beim Behandeln mit Natriumäthylat in Äthanol (*Cromwell, Hoeksema*, Am. Soc. **67** [1945] 1658).

Orangerote Krystalle (aus A.); F: 82°.

**1.3-Bis-[4-amino-phenyl]-propen-(1)-on-(3), 4.4'-Diamino-chalkon,** *4,4'-diaminochalcone* $C_{15}H_{14}N_2O$.

**4.4'-Diamino-chalkon vom F: 184°,** vermutlich **4.4'-Diamino-*trans*-chalkon,** Formel VIII ($R = X = H$).

*B.* Aus 4-Nitro-4'-amino-*trans*(?)-chalkon (F: 221°) beim Erwärmen mit Eisen und wss. Essigsäure (*Marrian, Russell, Todd*, Soc. **1947** 1419).

Orangefarbene Krystalle (aus A.); F: 183—184°.

*N.N'*-Dibenzyliden-Derivat $C_{29}H_{22}N_2O$. F: 180—181°.

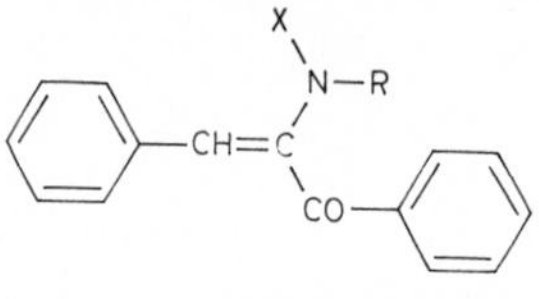

VII 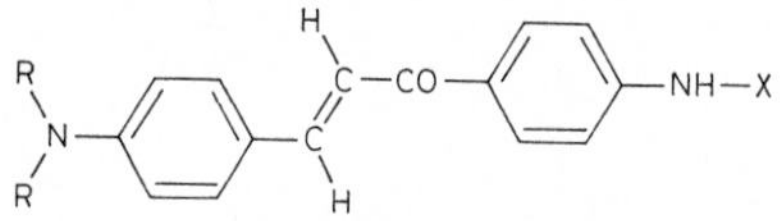 VIII

**4-Dimethylamino-4'-acetamino-chalkon, Essigsäure-[4-(4-dimethylamino-cinnamoyl)-anilid],** *4'-[4-(dimethylamino)cinnamoyl]acetanilide* $C_{19}H_{20}N_2O_2$.

**4-Dimethylamino-4'-acetamino-chalkon vom F: 205°,** vermutlich **4-Dimethylamino-4'-acetamino-*trans*-chalkon,** Formel VIII ($R = CH_3$, $X = CO$-$CH_3$).

*B.* Beim Behandeln von 1-[4-Acetamino-phenyl]-äthanon-(1) mit 4-Dimethylamino-benzaldehyd unter Zusatz von wss.-äthanol. Natronlauge (*Dewar*, Soc. **1944** 619, 622) oder wss.-methanol. Natronlauge (*Lutz et al.*, J. org. Chem. **14** [1949] 982, 986, 992).

Orangefarbene Krystalle; F: 205° [aus A.] (*De.*), 204—205° [korr.; aus Acn. + Me.] (*Lutz et al.*). Absorptionsspektrum (Me.; 200—520 mμ): *Lutz et al.*, l. c. S. 988.

**4-Diäthylamino-4'-acetamino-chalkon, Essigsäure-[4-(4-diäthylamino-cinnamoyl)-anilid],** *4'-[4-(diethylamino)cinnamoyl]acetanilide* $C_{21}H_{24}N_2O_2$.

**4-Diäthylamino-4'-acetamino-chalkon vom F: 158°,** vermutlich **4-Diäthylamino-4'-acetamino-*trans*-chalkon,** Formel VIII ($R = C_2H_5$, $X = CO$-$CH_3$).

*B.* Beim Behandeln von 1-[4-Acetamino-phenyl]-äthanon-(1) mit 4-Diäthylamino-benzaldehyd und wss.-methanol. Natronlauge (*Lutz et al.*, J. org. Chem. **14** [1949] 982, 986, 992).

Gelbe Krystalle (aus Butanon); F: 157—158° [korr.]. Absorptionsspektrum (Me.; 220—500 mμ): *Lutz et al.*, l. c. S. 988.

**[4-(4-Dimethylamino-cinnamoyl)-phenyl]-carbamidsäure-äthylester, 4-Dimethylamino-4'-äthoxycarbonylamino-chalkon,** p-[*4-(dimethylamino)cinnamoyl*]*carbanilic acid ethyl ester* $C_{20}H_{22}N_2O_3$.

**[4-(4-Dimethylamino-cinnamoyl)-phenyl]-carbamidsäure-äthylester vom F: 189°**, vermutlich **[4-(4-Dimethylamino-*trans*-cinnamoyl)-phenyl]-carbamidsäure-äthylester**, Formel VIII ($R = CH_3$, $X = CO\text{-}OC_2H_5$).

*B.* Beim Erwärmen von [4-Acetyl-phenyl]-carbamidsäure-äthylester (E II 33) mit 4-Dimethylamino-benzaldehyd und Natriummethylat in Methanol (*Lutz et al.*, J. org. Chem. **14** [1949] 982, 986, 992).

Orangefarbene Krystalle (aus Butanon); F: 188—189° [korr.]. Absorptionsspektrum (Me.; 220—520 mμ): *Lutz et al.*, l. c. S. 988.

**[4-(4-Dimethylamino-cinnamoyl)-phenyl]-harnstoff, 4-Dimethylamino-4'-ureido-chalkon,** {p-[*4-(dimethylamino)cinnamoyl*]*phenyl*}*urea* $C_{18}H_{19}N_3O_2$.

**[4-(4-Dimethylamino-cinnamoyl)-phenyl]-harnstoff vom F: 220°**, vermutlich **[4-(4-Dimethylamino-*trans*-cinnamoyl)-phenyl]-harnstoff**, Formel VIII ($R = CH_3$, $X = CO\text{-}NH_2$).

*B.* Beim Behandeln von [4-Acetyl-phenyl]-harnstoff mit 4-Dimethylamino-benzaldehyd und wss.-äthanol. Natronlauge (*Lutz et al.*, J. org. Chem. **14** [1949] 982, 986, 992).

Orangefarbene Krystalle (aus Acn. + A.); F: 218—220° [korr.].

**[4-(4-Diäthylamino-cinnamoyl)-phenyl]-carbamidsäure-äthylester, 4-Diäthylamino-4'-äthoxycarbonylamino-chalkon,** p-[*4-(diethylamino)cinnamoyl*]*carbanilic acid ethyl ester* $C_{22}H_{26}N_2O_3$.

**[4-(4-Diäthylamino-cinnamoyl)-phenyl]-carbamidsäure-äthylester vom F: 159°**, vermutlich **[4-(4-Diäthylamino-*trans*-cinnamoyl)-phenyl]-carbamidsäure-äthylester**, Formel VIII ($R = C_2H_5$, $X = CO\text{-}OC_2H_5$).

*B.* Beim Erwärmen von [4-Acetyl-phenyl]-carbamidsäure-äthylester (E II 33) mit 4-Diäthylamino-benzaldehyd und Natriummethylat in Methanol (*Lutz et al.*, J. org. Chem. **14** [1949] 982, 986, 992).

Orangefarbene Krystalle (aus Butanon); F: 157—159° [korr.].

**4-Dimethylamino-4'-[4-dimethylamino-benzylidenamino]-chalkon,** *4-dimethylamino-4'-[4-(dimethylamino)benzylideneamino]chalcone* $C_{26}H_{27}N_3O$.

**4-Dimethylamino-4'-(4-dimethylamino-benzylidenamino)-chalkon vom F: 225°**, vermutlich **4-Dimethylamino-4'-(4-dimethylamino-benzylidenamino)-*trans*-chalkon**, Formel IX.

*B.* Beim Behandeln von 1-[4-Amino-phenyl]-äthanon-(1) mit 4-Dimethylamino-benzaldehyd und wss.-methanol. Natronlauge (*Lutz et al.*, J. org. Chem. **14** [1949] 982, 986, 992).

Orangefarbene Krystalle (aus Acn. + A.); F: 223—225° [korr.].

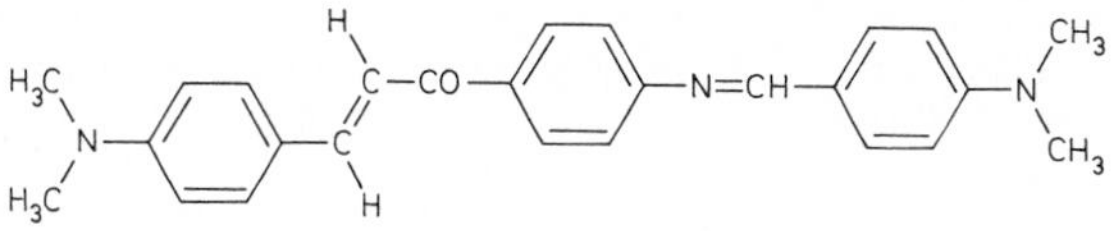

IX

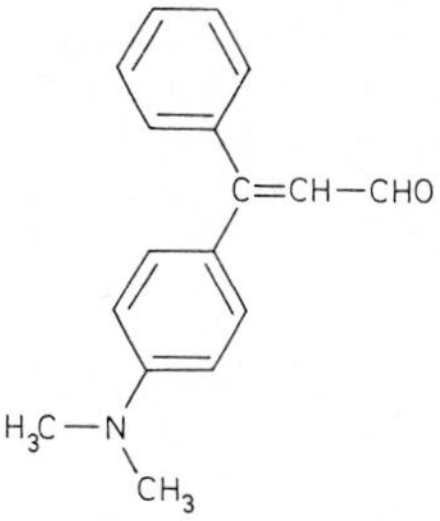

X

**3-Phenyl-3-[4-amino-phenyl]-acrylaldehyd** $C_{15}H_{13}NO$.

**3-Phenyl-3-[4-dimethylamino-phenyl]-acrylaldehyd,** *3-*[p-*(dimethylamino)phenyl*]-*3-phenylacrylaldehyde* $C_{17}H_{17}NO$, Formel X.

**3-Phenyl-3-[4-dimethylamino-phenyl]-acrylaldehyd vom F: 142°.**

*B.* Beim Behandeln von 1-Phenyl-1-[4-dimethylamino-phenyl]-äthylen mit *N*-Methylformanilid und Phosphoroxychlorid (*Lorenz, Wizinger*, Helv. **28** [1945] 600, 608).

Hellgelbe Krystalle (aus Me.); F: 141—142°.

Charakterisierung als 2.4-Dinitro-phenylhydrazon $C_{23}H_{21}N_5O_4$ (rote Krystalle [aus Py. + W.], F: 217—218°): *Lo., Wi.*

**3.3-Bis-[4-amino-phenyl]-acrylaldehyd** $C_{15}H_{14}N_2O$.

**3.3-Bis-[4-dimethylamino-phenyl]-acrylaldehyd,** *3,3-bis*[p-(*dimethylamino*)*phenyl*]*acryl-aldehyde* $C_{19}H_{22}N_2O$, Formel XI.

*B.* Beim Behandeln von 1.1-Bis-[4-dimethylamino-phenyl]-äthylen mit *N*-Methyl-formanilid und Phosphoroxychlorid (*Lorenz, Wizinger*, Helv. **28** [1945] 600, 608).

Gelbe Krystalle (aus wss. A.); F: 171–172°.

Charakterisierung als 2.4-Dinitro-phenylhydrazon $C_{25}H_{26}N_6O_4$ (braunrote Krystalle [aus Py. + W.], F: 256–257°): *Lo., Wi.*

**1-Amino-2-methyl-anthron** $C_{15}H_{13}NO$ und **1-Amino-2-methyl-anthrol-(9)** $C_{15}H_{13}NO$.

**4-Chlor-1-acetamino-2-methyl-anthron, *N*-[4-Chlor-9-oxo-2-methyl-9.10-dihydro-anthryl-(1)]-acetamid,** N-(*4-chloro-2-methyl-9-oxo-9,10-dihydro-1-anthryl*)*acetamide* $C_{17}H_{14}ClNO_2$, Formel XII (R = CO-$CH_3$, X = Cl), und **4-Chlor-1-acetamino-2-methyl-anthrol-(9), *N*-[4-Chlor-9-hydroxy-2-methyl-anthryl-(1)]-acetamid,** N-(*4-chloro-9-hydroxy-2-methyl-1-anthryl*)*acetamide* $C_{17}H_{14}ClNO_2$, Formel XIII (R = CO-$CH_3$, X = Cl).

*B.* Beim Erhitzen von 2-[6-Chlor-3-amino-4-methyl-benzyl]-benzoesäure mit Acetanhydrid, Essigsäure und Phosphor(V)-oxid (*Du Pont de Nemours & Co.*, D.R.P. 612958 [1929]; Frdl. **20** 1304; U.S.P. 1906581 [1929]).

Krystalle (aus Eg.); F: 175°.

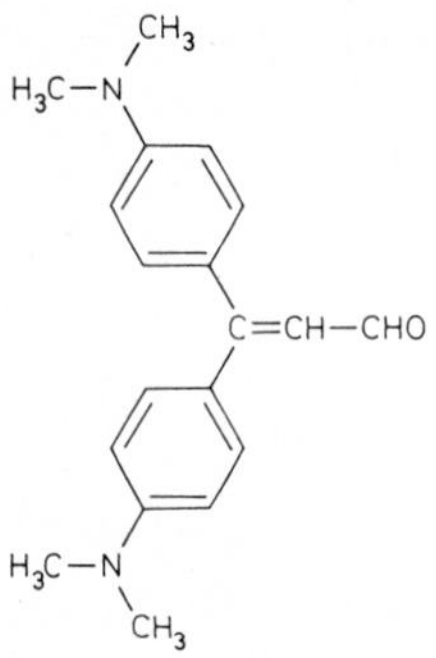

XI 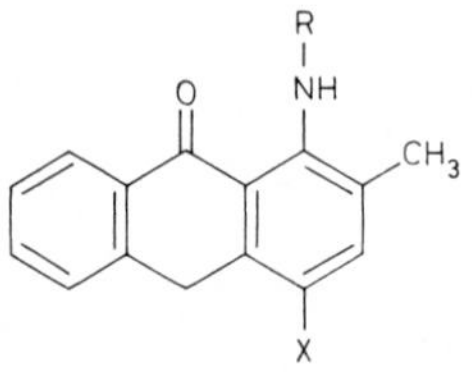 XII 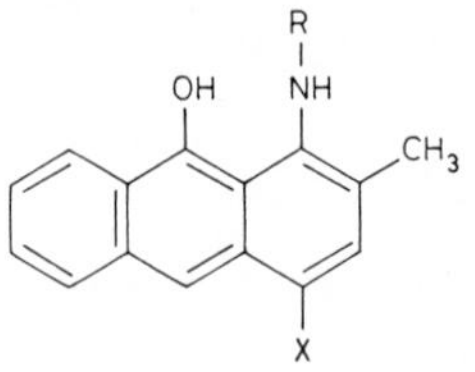 XIII

**4-Brom-1-acetamino-2-methyl-anthron, *N*-[4-Brom-9-oxo-2-methyl-9.10-dihydro-anthryl-(1)]-acetamid,** N-(*4-bromo-2-methyl-9-oxo-9,10-dihydro-1-anthryl*)*acetamide* $C_{17}H_{14}BrNO_2$, Formel XII (R = CO-$CH_3$, X = Br), und **4-Brom-1-acetamino-2-methyl-anthrol-(9), *N*-[4-Brom-9-hydroxy-2-methyl-anthryl-(1)]-acetamid,** N-(*4-bromo-9-hydroxy-2-methyl-1-anthryl*)*acetamide* $C_{17}H_{14}BrNO_2$, Formel XIII (R = CO-$CH_3$, X = Br).

*B.* Beim Erhitzen von 2-[6-Brom-3-amino-4-methyl-benzyl]-benzoesäure mit Acetanhydrid, Essigsäure und Phosphor(V)-oxid (*Du Pont de Nemours & Co.*, D.R.P. 612958 [1929]; Frdl. **20** 1304; U.S.P. 1906581 [1929]).

Krystalle (aus Eg.); F: 171° [Zers.].

**4-Amino-2-methyl-anthron,** *4-amino-2-methylanthrone* $C_{15}H_{13}NO$, Formel I, und **4-Amino-2-methyl-anthrol-(9),** *4-amino-2-methyl-9-anthrol* $C_{15}H_{13}NO$, Formel II.

*B.* Aus 2-[2-Amino-4-methyl-benzyl]-benzoesäure (nicht näher beschrieben) beim Erwärmen mit Schwefelsäure (*I.G. Farbenind.*, D.R.P. 593417 [1931]; Frdl. **19** 1929; *Gen. Aniline Works*, U.S.P. 1919563 [1932]).

Gelbbraune Krystalle (aus Chlorbenzol); F: 196–197°.

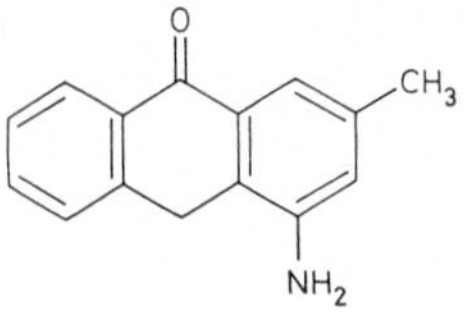

I 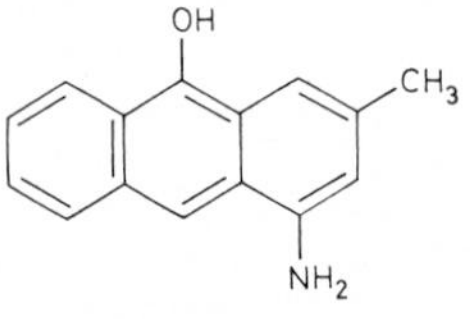 II

**10-Amino-3-methyl-anthron** $C_{15}H_{13}NO$ und **10-Amino-3-methyl-anthrol-(9)** $C_{15}H_{13}NO$.

**(±)-10-Anilino-3-methyl-anthron,** *(±)-10-anilino-3-methylanthrone* $C_{21}H_{17}NO$, Formel III, und **10-Anilino-3-methyl-anthrol-(9),** *10-anilino-3-methyl-9-anthrol* $C_{21}H_{17}NO$, Formel IV.

*B.* Aus (±)-10-Brom-3-methyl-anthron und Anilin (*Barnett, Low, Marrison,* B. **64** [1931] 1568, 1570).

Orangefarbene Krystalle (aus Bzl.); Zers. bei ca. 180°.

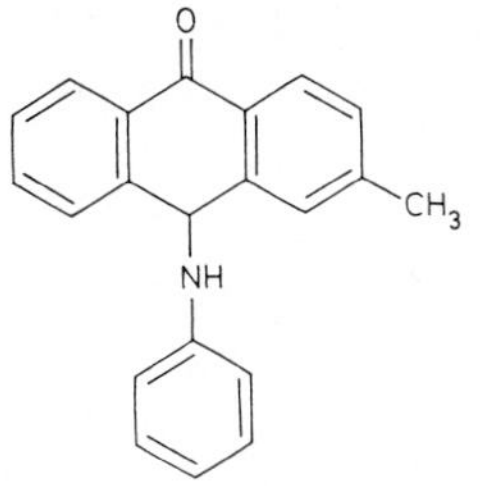

III 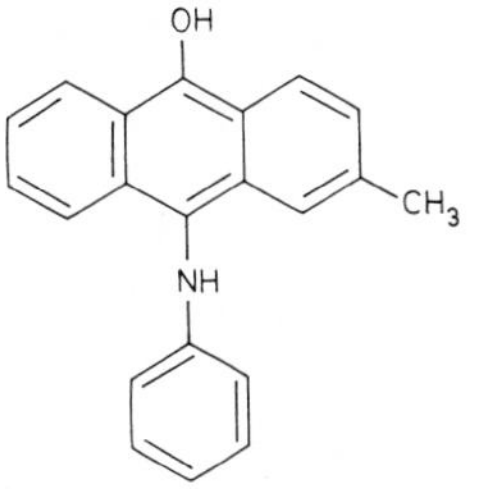 IV 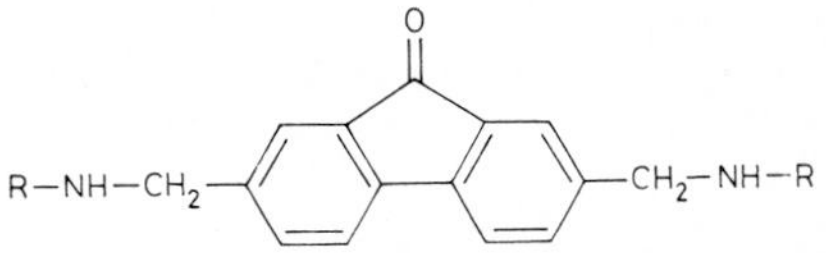 V

**2.7-Bis-aminomethyl-fluorenon-(9)** $C_{15}H_{14}N_2O$.

**2.7-Bis-[(*C*-chlor-acetamino)-methyl]-fluorenon-(9),** *2,2'-dichloro-*N,N'-*[(9-oxofluorene-2,7-diyl)dimethylene]bisacetamide* $C_{19}H_{16}Cl_2N_2O_3$, Formel V (R = CO-$CH_2$Cl).

*B.* Beim Behandeln von Fluorenon-(9) mit *C*-Chlor-*N*-hydroxymethyl-acetamid (H **2** 200) und Schwefelsäure (*de Diesbach,* Helv. **23** [1940] 1232, 1243).

Gelbe Krystalle (aus Eg.); F: 259°.

**2.7-Bis-[(*C.C.C*-trichlor-acetamino)-methyl]-fluorenon-(9),** *2,2,2,2',2',2'-hexachloro-*N,N'-*[(9-oxofluorene-2,7-diyl)dimethylene]bisacetamide* $C_{19}H_{12}Cl_6N_2O_3$, Formel V (R = CO-$CCl_3$).

*B.* Beim Behandeln von Fluorenon-(9) mit *C.C.C*-Trichlor-*N*-hydroxymethyl-acetamid (H **2** 211) und Schwefelsäure (*de Diesbach,* Helv. **23** [1940] 1232, 1243).

Gelbe Krystalle (aus Nitrobenzol); F: 248°.

**2.7-Bis-benzaminomethyl-fluorenon-(9),** N,N'-*[(9-oxofluorene-2,7-diyl)dimethylene]bis=benzamide* $C_{29}H_{22}N_2O_3$, Formel V (R = CO-$C_6H_5$).

*B.* Beim Behandeln von Fluorenon-(9) mit *N*-Hydroxymethyl-benzamid und Schwefel=säure (*de Diesbach,* Helv. **23** [1940] 1232, 1243).

Gelbe Krystalle (aus Eg.); F: 266°.

## Amino-Derivate der Oxo-Verbindungen $C_{16}H_{14}O$

**4-Amino-1.4-diphenyl-buten-(2)-on-(1)** $C_{16}H_{15}NO$.

**(±)-4-Amino-1.4-diphenyl-buten-(2)-on-(1)-oxim,** *(±)-4-amino-1,4-diphenylbut-2-en-1-one oxime* $C_{16}H_{16}N_2O$, Formel VI.

Eine Verbindung (Krystalle [aus Bzn. + Bzl.], F: 95°; durch Erwärmen mit wss. Schwefelsäure in 2.5-Diphenyl-pyrrol überführbar; Acetat $C_{16}H_{16}N_2O \cdot C_2H_4O_2$: Krystalle, F: 146—147° [Zers.]; Acetyl-Derivat $C_{18}H_{18}N_2O_2$: Krystalle [aus wss. Eg.], F: 203°) dieser Konstitution ist als Hauptprodukt bei partieller Hydrierung von 1*c*.4*c*-Dinitro-1*t*.4*t*-diphenyl-butadien-(1.3) (s. E III **7** 2422 Anm.) an Platin in Essigsäure erhalten worden (*Neber, Föhr, Bauer,* A. **478** [1930] 197, 216, 217).

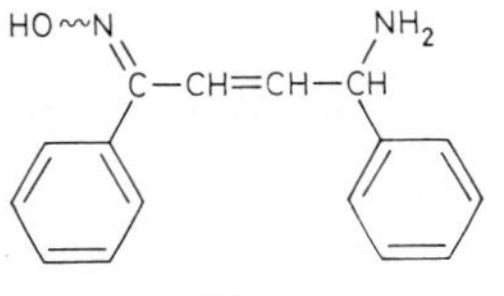

VI 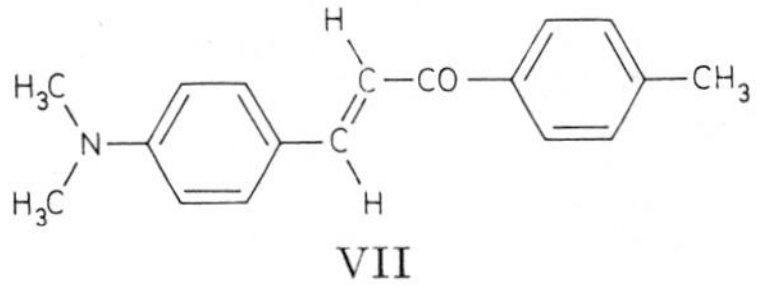 VII

**1-[4-Amino-phenyl]-3-*p*-tolyl-propen-(1)-on-(3), 4-Amino-4'-methyl-chalkon** $C_{16}H_{15}NO$.

**4-Dimethylamino-4'-methyl-chalkon,** *4-(dimethylamino)-4'-methylchalcone* $C_{18}H_{19}NO$.

**4-Dimethylamino-4'-methyl-chalkon vom F: 123°**, vermutlich **4-Dimethylamino-4'-methyl-*trans*-chalkon**, Formel VII.

*B.* Beim Erwärmen von 4-Dimethylamino-benzaldehyd mit 1-*p*-Tolyl-äthanon-(1) in Äthanol unter Zusatz von wss. Natronlauge (*Pfeiffer, Kleu*, B. **66** [1933] 1704, 1707).

Gelbe Krystalle (aus A.); F: 122–123°.

Perchlorat $C_{18}H_{19}NO \cdot HClO_4$. Farblose Krystalle (aus 10%ig. wss. Perchlorsäure). Gegen Wasser nicht beständig. Über ein blaues Perchlorat $C_{18}H_{19}NO \cdot HClO_4$ s. *Pf., Kleu.* — Diperchlorat $C_{18}H_{19}NO \cdot 2HClO_4$. Gelbe Krystalle (aus 70%ig. wss. Perchlorsäure).

**10-Glycyl-9.10-dihydro-anthracen, 2-Amino-1-[9.10-dihydro-anthryl-(9)]-äthanon-(1)** $C_{16}H_{15}NO$.

**2-Diäthylamino-1-[9.10-dihydro-anthryl-(9)]-äthanon-(1)**, *(diethylamino)methyl 9,10-dihydro-9-anthryl ketone* $C_{20}H_{23}NO$, Formel VIII.

*B.* Neben grösseren Mengen *N.N*-Diäthyl-*C*-[9.10-dihydro-anthryl-(9)]-acetamid beim Behandeln von 2-Brom-1-[9.10-dihydro-anthryl-(9)]-äthanon-(1) mit Diäthylamin in Äther (*May, Mosettig*, Am. Soc. **70** [1948] 1077).

Hydrochlorid. Krystalle (aus A. + Ae.); F: 198–202° [unkorr.].

Pikrat $C_{20}H_{23}NO \cdot C_6H_3N_3O_7$. Gelbe Krystalle (aus A.); F: 127–129° [unkorr.].

**10-Amino-1.3-dimethyl-anthron** $C_{16}H_{15}NO$ und **10-Amino-1.3-dimethyl-anthrol-(9)** $C_{16}H_{15}NO$.

**(±)-10-Anilino-1.3-dimethyl-anthron**, *(±)-10-anilino-1,3-dimethylanthrone* $C_{22}H_{19}NO$, Formel IX (R = $CH_3$, X = H), und **10-Anilino-1.3-dimethyl-anthrol-(9)**, *10-anilino-1,3-dimethyl-9-anthrol* $C_{22}H_{19}NO$, Formel X (R = $CH_3$, X = H).

*B.* Aus (±)-10-Brom-1.3-dimethyl-anthron (E III **7** 2441) und Anilin (*Barnett, Hewett*, B. **64** [1931] 1572, 1579).

F: 194° [Zers.; aus Bzl.].

VIII IX X

**10-Amino-2.4-dimethyl-anthron** $C_{16}H_{15}NO$ und **10-Amino-2.4-dimethyl-anthrol-(9)** $C_{16}H_{15}NO$.

**(±)-10-Anilino-2.4-dimethyl-anthron**, *(±)-10-anilino-2,4-dimethylanthrone* $C_{22}H_{19}NO$, Formel IX (R = H, X = $CH_3$), und **10-Anilino-2.4-dimethyl-anthrol-(9)**, *10-anilino-2,4-dimethyl-9-anthrol* $C_{22}H_{19}NO$, Formel X (R = H, X = $CH_3$).

*B.* Aus (±)-10-Brom-2.4-dimethyl-anthron (E III **7** 2441) und Anilin (*Barnett, Hewett*, B. **64** [1931] 1572, 1579).

Gelbliche Krystalle (aus Bzl.); F: 196° [Zers.].

**10-Amino-1.4-dimethyl-anthron** $C_{16}H_{15}NO$ und **10-Amino-1.4-dimethyl-anthrol-(9)** $C_{16}H_{15}NO$.

**(±)-10-Anilino-1.4-dimethyl-anthron**, *(±)-10-anilino-1,4-dimethylanthrone* $C_{22}H_{19}NO$, Formel XI (R = X = H), und **10-Anilino-1.4-dimethyl-anthrol-(9)**, *10-anilino-1,4-dimethyl-9-anthrol* $C_{22}H_{19}NO$, Formel XII (R = X = H).

*B.* Aus (±)-10-Brom-1.4-dimethyl-anthron (E III **7** 2442) und Anilin (*Barnett, Low*, B. **64** [1931] 49, 54).

Gelbe Krystalle (aus A.); F: 192°.

**(±)-10-[*N*-Methyl-anilino]-1.4-dimethyl-anthron**, *(±)-1,4-dimethyl-10-(*N*-methylanilino)anthrone* $C_{23}H_{21}NO$, Formel XI (R = $CH_3$, X = H), und **10-[*N*-Methyl-anilino]-1.4-dimethyl-anthrol-(9)**, *1,4-dimethyl-10-(*N*-methylanilino)-9-anthrol* $C_{23}H_{21}NO$, Formel XII (R = $CH_3$, X = H).

*B.* Aus (±)-10-Brom-1.4-dimethyl-anthron (E III **7** 2442) und *N*-Methyl-anilin (*Barnett, Low*, B. **64** [1931] 49, 55).

Gelbe Krystalle (aus Acn.); F: 179°.

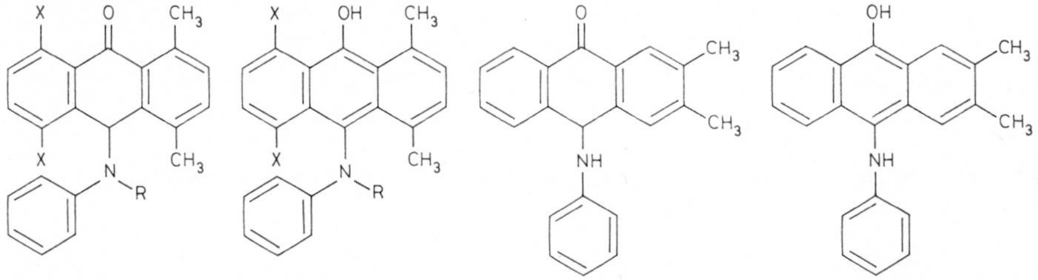

XI XII XIII XIV

**(±)-5.8-Dichlor-10-anilino-1.4-dimethyl-anthron,** (±)-*10-anilino-1,4-dichloro-5,8-dimethylanthrone* $C_{22}H_{17}Cl_2NO$, Formel XI (R = H, X = Cl), und **5.8-Dichlor-10-anilino-1.4-dimethyl-anthrol-(9),** *10-anilino-1,4-dichloro-5,8-dimethyl-9-anthrol* $C_{22}H_{17}Cl_2NO$, Formel XII (R = H, X = Cl).

*B.* Aus (±)-5.8-Dichlor-10-brom-1.4-dimethyl-anthron (E III **7** 2442) und Anilin (*Barnett*, B. **65** [1932] 1301, 1303).

Gelbe Krystalle (aus Bzl.); F: 195°.

**10-Amino-2.3-dimethyl-anthron** $C_{16}H_{15}NO$ und **10-Amino-2.3-dimethyl-anthrol-(9)** $C_{16}H_{15}NO$.

**(±)-10-Anilino-2.3-dimethyl-anthron,** (±)-*10-anilino-2,3-dimethylanthrone* $C_{22}H_{19}NO$, Formel XIII, und **10-Anilino-2.3-dimethyl-anthrol-(9),** *10-anilino-2,3-dimethyl-9-anthrol* $C_{22}H_{19}NO$, Formel XIV.

*B.* Aus (±)-10-Brom-2.3-dimethyl-anthron (E III **7** 2443) und Anilin (*Barnett, Marrison*, B. **64** [1931] 535, 539).

F: ca. 186° [Zers.; aus Bzl.].

**2-Glycyl-9.10-dihydro-phenanthren, 2-Amino-1-[9.10-dihydro-phenanthryl-(2)]-äthanon-(1)** $C_{16}H_{15}NO$.

**2-Dimethylamino-1-[9.10-dihydro-phenanthryl-(2)]-äthanon-(1),** *9,10-dihydro-2-phenanthryl (dimethylamino)methyl ketone* $C_{18}H_{19}NO$, Formel I (R = $CH_3$).

*B.* Aus 2-Brom-1-[9.10-dihydro-phenanthryl-(2)]-äthanon-(1) und Dimethylamin in Benzol (*Burger, Mosettig*, Am. Soc. **58** [1936] 1857, 1859, 1860).

Hydrochlorid $C_{18}H_{19}NO \cdot HCl$. Gelb; F: 213–215° [Zers.; aus A. + Ae.].

**2-Diäthylamino-1-[9.10-dihydro-phenanthryl-(2)]-äthanon-(1),** *(diethylamino)methyl 9,10-dihydro-2-phenanthryl ketone* $C_{20}H_{23}NO$, Formel I (R = $C_2H_5$).

*B.* Aus 2-Brom-1-[9.10-dihydro-phenanthryl-(2)]-äthanon-(1) und Diäthylamin in Benzol (*Burger, Mosettig*, Am. Soc. **58** [1936] 1857, 1859, 1860).

Hydrochlorid $C_{20}H_{23}NO \cdot HCl$. Gelb; F: 173–176° [Zers.; aus A. + Ae.].

**2-β-Alanyl-fluoren, 3-Amino-1-[fluorenyl-(2)]-propanon-(1)** $C_{16}H_{15}NO$.

**3-Methylamino-1-[fluorenyl-(2)]-propanon-(1),** *1-(fluoren-2-yl)-3-(methylamino)propan-1-one* $C_{17}H_{17}NO$, Formel II (R = $CH_3$, X = H).

Hydrochlorid $C_{17}H_{17}NO \cdot HCl$. *B.* Beim Erhitzen von 1-[Fluorenyl-(2)]-äthanon-(1) mit Paraformaldehyd und Methylamin-hydrochlorid in Isoamylalkohol (*Ray, MacGregor*, Am. Soc. **69** [1947] 587). — F: 217–218° [unkorr.].

**3-Dimethylamino-1-[fluorenyl-(2)]-propanon-(1),** *3-(dimethylamino)-1-(fluoren-2-yl)propan-1-one* $C_{18}H_{19}NO$, Formel II (R = X = $CH_3$).

Hydrochlorid $C_{18}H_{19}NO \cdot HCl$. *B.* Beim Erhitzen von 1-[Fluorenyl-(2)]-äthanon-(1) mit Paraformaldehyd und Dimethylamin-hydrochlorid in Isoamylalkohol (*Ray, MacGregor*, Am. Soc. **69** [1947] 587). — F: 187–188° [unkorr.].

**3-Äthylamino-1-[fluorenyl-(2)]-propanon-(1),** *3-(ethylamino)-1-(fluoren-2-yl)propan-1-one* $C_{18}H_{19}NO$, Formel II (R = $C_2H_5$, X = H).

Hydrochlorid $C_{18}H_{19}NO \cdot HCl$. *B.* Beim Erhitzen von 1-[Fluorenyl-(2)]-äthanon-(1)

mit Paraformaldehyd und Äthylamin-hydrochlorid in Isoamylalkohol (*Ray, MacGregor*, Am. Soc. **69** [1947] 587). — F: 225—226° [unkorr.].

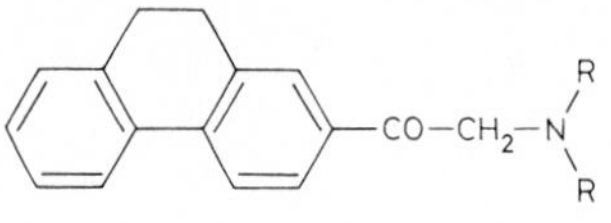

I 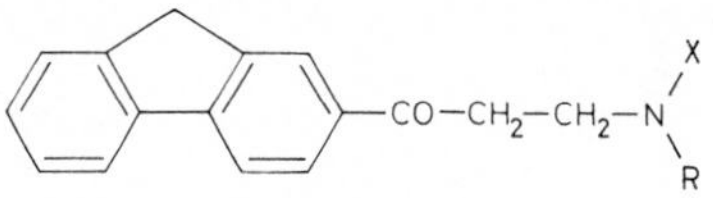 II

**3-Dipropylamino-1-[fluorenyl-(2)]-propanon-(1)**, *3-(dipropylamino)-1-(fluoren-2-yl)propan-1-one* $C_{22}H_{27}NO$, Formel II (R = X = $CH_2$-$CH_2$-$CH_3$).

Hydrochlorid $C_{22}H_{27}NO\cdot HCl$. *B.* Beim Erhitzen von 1-[Fluorenyl-(2)]-äthanon-(1) mit Paraformaldehyd und Dipropylamin-hydrochlorid in Isoamylalkohol (*Ray, MacGregor*, Am. Soc. **69** [1947] 587). — F: 150—151° [unkorr.].

**3-Octylamino-1-[fluorenyl-(2)]-propanon-(1)**, *1-(fluoren-2-yl)-3-(octylamino)propan-1-one* $C_{24}H_{31}NO$, Formel II (R = $[CH_2]_7$-$CH_3$, X = H).

Hydrochlorid $C_{24}H_{31}NO\cdot HCl$. *B.* Beim Erhitzen von 1-[Fluorenyl-(2)]-äthanon-(1) mit Paraformaldehyd und Dioctylamin-hydrochlorid in Isoamylalkohol (*Ray, MacGregor*, Am. Soc. **69** [1947] 587). — F: 184—185° [unkorr.].

**3-Allylamino-1-[fluorenyl-(2)]-propanon-(1)**, *3-(allylamino)-1-(fluoren-2-yl)propan-1-one* $C_{19}H_{19}NO$, Formel II (R = $CH_2$-CH=$CH_2$, X = H).

Hydrochlorid $C_{19}H_{19}NO\cdot HCl$. *B.* Beim Erhitzen von 1-[Fluorenyl-(2)]-äthanon-(1) mit Paraformaldehyd und Allylamin-hydrochlorid in Isoamylalkohol (*Ray, MacGregor*, Am. Soc. **69** [1947] 587). — F: 214—215° [unkorr.].

**3-Benzylamino-1-[fluorenyl-(2)]-propanon-(1)**, *3-(benzylamino)-1-(fluoren-2-yl)propan-1-one* $C_{23}H_{21}NO$, Formel II (R = $CH_2$-$C_6H_5$, X = H).

Hydrochlorid $C_{23}H_{21}NO\cdot HCl$. *B.* Beim Erhitzen von 1-[Fluorenyl-(2)]-äthanon-(1) mit Paraformaldehyd und Benzylamin-hydrochlorid in Isoamylalkohol (*Ray, MacGregor*, Am. Soc. **69** [1947] 587). — F: 239—240° [unkorr.].

**3-[2-Hydroxy-äthylamino]-1-[fluorenyl-(2)]-propanon-(1)**, *1-(fluoren-2-yl)-3-(2-hydroxyethylamino)propan-1-one* $C_{18}H_{19}NO_2$, Formel II (R = $CH_2$-$CH_2OH$, X = H).

Hydrochlorid $C_{18}H_{19}NO_2\cdot HCl$. *B.* Beim Erhitzen von 1-[Fluorenyl-(2)]-äthanon-(1) mit Paraformaldehyd und Bis-[2-hydroxy-äthyl]-amin-hydrochlorid in Isoamylalkohol (*Ray, MacGregor*, Am. Soc. **69** [1947] 587). — F: 201—202° [unkorr.].

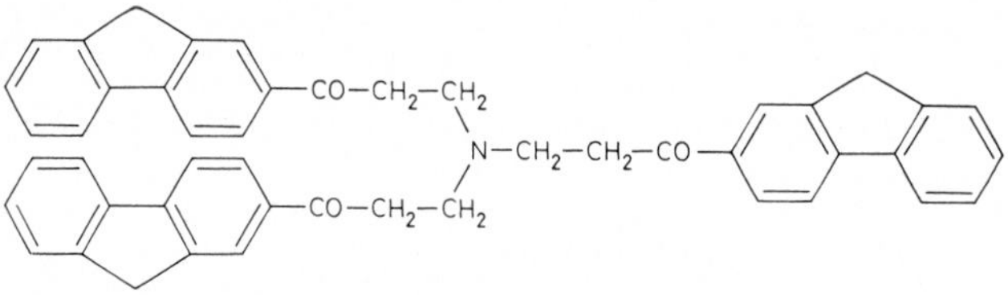

III

**Tris-[3-oxo-3-(fluorenyl-(2))-propyl]-amin**, *1,1',1''-tri(fluoren-2-yl)-3,3',3''-nitrilotripropan-1-one* $C_{48}H_{39}NO_3$, Formel III.

*B.* Beim Erhitzen von 1-[Fluorenyl-(2)]-äthanon-(1) mit Paraformaldehyd und Ammoniumchlorid in Isoamylalkohol (*Ray, MacGregor*, Am. Soc. **69** [1947] 587).

F: 213° [unkorr.].

Hydrochlorid $C_{48}H_{39}NO_3\cdot HCl$. F: 248—249° [unkorr.].

## Amino-Derivate der Oxo-Verbindungen $C_{17}H_{16}O$

**5-Amino-1.5-diphenyl-penten-(1)-on-(3)**, *5-amino-1,5-diphenylpent-1-en-3-one* $C_{17}H_{17}NO$.

**(±)-5-Amino-1*t*.5-diphenyl-penten-(1)-on-(3)**, Formel IV (R = H).

Ein Präparat (F: 92—95°), in dem vermutlich diese Verbindung als Hauptbestandteil vorgelegen hat, ist beim Einleiten von Ammoniak in eine äthanol. Lösung von 1*t*.5*t*-Diphenyl-pentadien-(1.4)-on-(3) (E III **7** 2554) in Äthanol erhalten worden (*Jašnopol'skiĭ*, Ž. obšč. Chim. **19** [1949] 300, 303; J. gen. Chem. U.S.S.R. [Übers.] **19** [1949] 261, 263).

**(±)-5-Methylamino-1.5-diphenyl-penten-(1)-on-(3)**, *(±)-5-(methylamino)-1,5-diphenylpent-1-en-3-one* $C_{18}H_{19}NO$.

**(±)-5-Methylamino-1*t*.5-diphenyl-penten-(1)-on-(3)**, Formel IV (R = $CH_3$).

*B.* Neben 1-Methyl-2.6-diphenyl-piperidinon-(4) (F: 145°) beim Behandeln von 1*t*.5*t*-Diphenyl-pentadien-(1.4)-on-(3) (E III **7** 2554) mit Methylamin in Äthanol (*Neber, Burgard, Thier*, A. **526** [1936] 277, 291).

Krystalle (aus A.); F: 100°.

Beim Erwärmen in Äthanol ist 1-Methyl-2.6-diphenyl-piperidinon-(4) erhalten worden.

IV V

**(±)-5-*p*-Anisidino-1.5-diphenyl-penten-(1)-on-(3)**, *(±)-5-p-anisidino-1,5-diphenylpent-1-en-3-one* $C_{24}H_{23}NO_2$.

**(±)-5-*p*-Anisidino-1.5-diphenyl-penten-(1)-on-(3) vom F: 151–152°**, vermutlich **(±)-5-*p*-Anisidino-1*t*.5-diphenyl-penten-(1)-on-(3)**, Formel V.

*B.* Beim Behandeln einer Lösung von opt.-inakt. 4-[4-Methoxy-phenylimino]-2.6-diphenyl-1-[4-methoxy-phenyl]-piperidin-carbonsäure-(3) (F: 152–153°) in Pyridin mit Wasser (*Boehm, Stöcker*, Ar. **281** [1943] 62, 67, 76).

Krystalle (aus A.); F: 151–152°.

**1.5-Bis-[4-amino-phenyl]-penten-(1)-on-(3)** $C_{17}H_{18}N_2O$.

**1.5-Bis-[4-dimethylamino-phenyl]-penten-(1)-on-(3)**, *1,5-bis[p-(dimethylamino)phenyl]pent-1-en-3-one* $C_{21}H_{26}N_2O$.

**1.5-Bis-[4-dimethylamino-phenyl]-penten-(1)-on-(3) vom F: 126°**, vermutlich **1*t*.5-Bis-[4-dimethylamino-phenyl]-penten-(1)-on-(3)**, Formel VI.

*B.* Beim Behandeln von 1-[4-Dimethylamino-phenyl]-butanon-(3) (E II 41) mit 4-Dimethylamino-benzaldehyd und wss.-äthanol. Natronlauge (*Rupe, Collin, Schmiderer*, Helv. **14** [1931] 1340, 1353).

Orangefarbene Krystalle (aus A.); F: 126–126,5°.

Semicarbazon $C_{22}H_{29}N_5O$. Gelbe Krystalle (aus A.); F: 211–212°.

VI VII

**3-Amino-2-benzoyl-5.6.7.8-tetrahydro-naphthalin, Phenyl-[3-amino-5.6.7.8-tetrahydro-naphthyl-(2)]-keton**, *3-amino-5,6,7,8-tetrahydro-2-naphthylphenyl ketone* $C_{17}H_{17}NO$, Formel VII (X = H).

Hydrochlorid. *B.* Beim Erwärmen von *N*-[5.6.7.8-Tetrahydro-naphthyl-(2)]-acetamid (E II **12** 660) mit Benzoylchlorid und Aluminiumchlorid in Schwefelkohlenstoff und Erwärmen des Reaktionsprodukts mit wss. Salzsäure (*I.G. Farbenind.*, D.R.P. 630021 [1934]; Frdl. **23** 234; *Gen. Aniline Works*, U.S.P. 2078538 [1935]). — Krystalle (aus wss. Salzsäure); F: 185–187°.

**[4-Chlor-phenyl]-[3-amino-5.6.7.8-tetrahydro-naphthyl-(2)]-keton**, *3-amino-5,6,7,8-tetrahydro-2-naphthyl p-chlorophenyl ketone* $C_{17}H_{16}ClNO$, Formel VII (X = Cl).

*B.* Beim Erwärmen von *N*-[5.6.7.8-Tetrahydro-naphthyl-(2)]-acetamid (E II **12** 660) mit 4-Chlor-benzoylchlorid und Aluminiumchlorid in Schwefelkohlenstoff und Erwärmen des Reaktionsprodukts mit wss. Salzsäure (*I.G. Farbenind.*, D.R.P. 630021 [1934]; Frdl. **23** 234; *Gen. Aniline Works*, U.S.P. 2078538 [1935]).

Gelbe Krystalle (aus A.); F: 155°.

**1-Oxo-2-[4-amino-benzyl]-1.2.3.4-tetrahydro-naphthalin** $C_{17}H_{17}NO$.

**(±)-1-Oxo-2-[4-dimethylamino-benzyl]-1.2.3.4-tetrahydro-naphthalin,** (±)-2-[4-Dimethylamino-benzyl]-3.4-dihydro-2*H*-naphthalinon-(1), *(±)-2-[4-(dimethylamino)benzyl]-3,4-dihydronaphthalen-1*(2H)-*one* $C_{19}H_{21}NO$, Formel VIII (R = $CH_3$).

*B.* Aus 1-Oxo-2-[4-dimethylamino-benzyliden]-1.2.3.4-tetrahydro-naphthalin (F: 156°) bei der Hydrierung an Platin in Äthanol (*Shriner, Teeters*, Am. Soc. **60** [1938] 936, 938).

Krystalle (aus A.); F: 112—112,5° [korr.].

Oxim $C_{19}H_{22}N_2O$. F: 166,5—167,5° [korr.].

**(±)-1-Oxo-2-[4-diäthylamino-benzyl]-1.2.3.4-tetrahydro-naphthalin,** (±)-2-[4-Diäthylamino-benzyl]-3.4-dihydro-2*H*-naphthalinon-(1), *(±)-2-[4-(diethylamino)benzyl]-3,4-dihydronaphthalen-1*(2H)-*one* $C_{21}H_{25}NO$, Formel VIII (R = $C_2H_5$).

*B.* Aus 1-Oxo-2-[4-diäthylamino-benzyliden]-1.2.3.4-tetrahydro-naphthalin (F: 95°) bei der Hydrierung an Platin in Äthanol (*Shriner, Teeters*, Am. Soc. **60** [1938] 936, 938).

Krystalle (aus A.); F: 57,5—58°.

**(±)-1-Oxo-2-[4-dipropylamino-benzyl]-1.2.3.4-tetrahydro-naphthalin,** (±)-2-[4-Dipropylamino-benzyl]-3.4-dihydro-2*H*-naphthalinon-(1), *(±)-2-[4-(dipropylamino)benzyl]-3,4-dihydronaphthalen-1*(2H)-*one* $C_{23}H_{29}NO$, Formel VIII (R = $CH_2$-$CH_2$-$CH_3$).

*B.* Aus 1-Oxo-2-[4-dipropylamino-benzyliden]-1.2.3.4-tetrahydro-naphthalin (F: 123°) bei der Hydrierung an Platin in warmem Äthanol (*Shriner, Teeters*, Am. Soc. **60** [1938] 936, 938).

Krystalle (aus A.); F: 65,5—66°.

O, $CH_2$, N, R, R — VIII

O, $CH_2$, N, $CH_3$, $CH_3$, R—NH — IX

**5-Amino-1-oxo-2-[4-amino-benzyl]-1.2.3.4-tetrahydro-naphthalin** $C_{17}H_{18}N_2O$.

**(±)-5-Amino-1-oxo-2-[4-dimethylamino-benzyl]-1.2.3.4-tetrahydro-naphthalin,** (±)-5-Amino-2-[4-dimethylamino-benzyl]-3.4-dihydro-2*H*-naphthalinon-(1), *(±)-5-amino-2-[4-(dimethylamino)benzyl]-3,4-dihydronaphthalen-1*(2H)-*one* $C_{19}H_{22}N_2O$, Formel IX (R = H).

*B.* Aus 5-Amino-1-oxo-2-[4-dimethylamino-benzyliden]-1.2.3.4-tetrahydro-naphthalin (F: 195—196°) bei der Hydrierung an Platin in Äthylacetat (*Nakamura*, J. pharm. Soc. Japan **61** [1941] 292, 297; dtsch. Ref. S. 108; C. A. **1950** 9389).

Krystalle (aus Me. + E.); F: 156—157° [korr.].

Oxim $C_{19}H_{23}N_3O$. Krystalle (aus Me.); F: 163—164° [korr.].

**(±)-5-Acetamino-1-oxo-2-[4-dimethylamino-benzyl]-1.2.3.4-tetrahydro-naphthalin, *N*-[5-Oxo-6-(4-dimethylamino-benzyl)-5.6.7.8-tetrahydro-naphthyl-(1)]-acetamid,** N-*{6-[4-(dimethylamino)benzyl]-5-oxo-5,6,7,8-tetrahydro-1-naphthyl}acetamide* $C_{21}H_{24}N_2O_2$, Formel IX (R = CO-$CH_3$).

*B.* Aus 5-Acetamino-1-oxo-2-[4-dimethylamino-benzyliden]-1.2.3.4-tetrahydro-naphthalin (F: 237—239°) bei der Hydrierung an Platin in Äthylacetat (*Nakamura*, J. pharm. Soc. Japan **61** [1941] 292, 296; dtsch. Ref. S. 108; C. A. **1950** 9389).

Krystalle (aus Acn. + PAe.); F: 148—149° [korr.].

Oxim $C_{21}H_{25}N_3O_2$. Krystalle (aus Me.); F: 245—246° [korr.].

**2-Alanyl-9.10-dihydro-phenanthren, 2-Amino-1-[9.10-dihydro-phenanthryl-(2)]-propanon-(1)** $C_{17}H_{17}NO$.

**(±)-2-Dimethylamino-1-[9.10-dihydro-phenanthryl-(2)]-propanon-(1),** *(±)-1-(9,10-dihydro-2-phenanthryl)-2-(dimethylamino)propan-1-one* $C_{19}H_{21}NO$, Formel X (R = $CH_3$).

*B.* Aus (±)-2-Brom-1-[9.10-dihydro-phenanthryl-(2)]-propanon-(1) und Dimethylamin in Benzol (*Burger, Mosettig*, Am. Soc. **58** [1936] 1857, 1859, 1860).

Hydrochlorid $C_{19}H_{21}NO \cdot HCl$. F: 210—214° [Zers.; aus A. + Ae.].

**(±)-2-Diäthylamino-1-[9.10-dihydro-phenanthryl-(2)]-propanon-(1)**, *(±)-2-(diethylamino)-1-(9,10-dihydro-2-phenanthryl)propan-1-one* $C_{21}H_{25}NO$, Formel X ($R = C_2H_5$).

*B.* Aus (±)-2-Brom-1-[9.10-dihydro-phenanthryl-(2)]-propanon-(1) und Diäthylamin in Benzol (*Burger, Mosettig*, Am. Soc. **58** [1936] 1857, 1859, 1860).

Perchlorat $C_{21}H_{25}NO \cdot HClO_4$. F: 138–140° [aus A. + Ae.].

X XI

**2-β-Alanyl-9.10-dihydro-phenanthren, 3-Amino-1-[9.10-dihydro-phenanthryl-(2)]-propanon-(1)** $C_{17}H_{17}NO$.

**3-Dimethylamino-1-[9.10-dihydro-phenanthryl-(2)]-propanon-(1)**, *1-(9,10-dihydro-2-phenanthryl)-3-(dimethylamino)propan-1-one* $C_{19}H_{21}NO$, Formel XI.

*B.* Beim Erhitzen von 1-[9.10-Dihydro-phenanthryl-(2)]-äthanon-(1) mit Paraformaldehyd und Dimethylamin-hydrochlorid in Isoamylalkohol (*Mosettig, Krueger*, J. org. Chem. **3** [1938] 317, 338).

Krystalle (aus E.); F: 70–71°.

Hydrochlorid $C_{19}H_{21}NO \cdot HCl$. Krystalle (aus Acn. + A.); F: 162–163° [korr.].

**x-Amino-1-methyl-7-isopropyl-fluorenon-(9)**, *x-amino-7-isopropyl-1-methylfluoren-9-one* $C_{17}H_{17}NO$, Formel XII.

**x-Amino-1-methyl-7-isopropyl-fluorenon-(9) vom F: 146°.**

*B.* Aus x-Nitro-1-methyl-7-isopropyl-fluorenon-(9) (F: 165,5° [E III **7** 2466]) beim Erwärmen mit Zinn(II)-chlorid und Chlorwasserstoff in Äthanol (*Bogert, Hasselström*, Am. Soc. **56** [1934] 983).

Rote Krystalle (aus A.); F: 146° [korr.].

*N*-Acetyl-Derivat $C_{19}H_{19}NO_2$. Gelbe Krystalle (aus A.); F: 197,5–198,5° [korr.].

Oxim des *N*-Acetyl-Derivats $C_{19}H_{20}N_2O_2$. Krystalle (aus A.); F: 254–255,5° [korr.; Zers.].

XII XIII

## Amino-Derivate der Oxo-Verbindungen $C_{19}H_{20}O$

**9-[2-Amino-propyl]-9-propionyl-fluoren, 1-[9-(2-Amino-propyl)-fluorenyl-(9)]-propanon-(1)** $C_{19}H_{21}NO$.

**(±)-9-[2-Dimethylamino-propyl]-9-propionyl-fluoren, (±)-1-[9-(2-Dimethylamino-propyl)-fluorenyl-(9)]-propanon-(1)**, *(±)-1-{9-[2-(dimethylamino)propyl]fluoren-9-yl}propan-1-one* $C_{21}H_{25}NO$, Formel XIII.

*B.* *B.* Beim Erwärmen von (±)-9-[2-Dimethylamino-propyl]-fluoren-carbonitril-(9) ($Kp_{0,3}$: 168–170°) mit Äthylmagnesiumbromid in Benzol und Erwärmen des nach dem Behandeln mit kalter wss. Ammoniumchlorid-Lösung erhaltenen Reaktionsprodukts mit wss. Schwefelsäure (*Shapiro*, J. org. Chem. **14** [1949] 839, 843, 845; s. a. *Ginsburg, Baizer*, Am. Soc. **71** [1949] 1500).

Krystalle (aus wss. A.); F: 66–68° (*Sh.*). UV-Spektrum einer Lösung der Base in Äthanol sowie einer Lösung des Hydrochlorids in Wasser: *Sh.*, l. c. S. 843.

Hydrochlorid $C_{21}H_{25}NO \cdot HCl$. Krystalle; F: 262–264° [aus Isopropylalkohol] (*Sh.*), 262–263° [unkorr.] (*Gi., Ba.*).

Hydrobromid $C_{21}H_{25}NO \cdot HBr$. Krystalle (aus A.); F: 232–234° [unkorr.] (*Gi., Ba.*).

### Amino-Derivate der Oxo-Verbindungen $C_{21}H_{24}O$

**4-[2-Amino-äthyl]-1.4-diphenyl-hepten-(1)-on-(5)** $C_{21}H_{25}NO$.

**(±)-4-[2-Diäthylamino-äthyl]-1.4-diphenyl-hepten-(1)-on-(5),** *(±)-4-[2-(diethylamino)ethyl]-4,7-diphenylhept-6-en-3-one* $C_{25}H_{33}NO$, Formel XIV.

Ein als Hydrochlorid (F: 130–131°) isoliertes Amin dieser Konstitution ist beim Erwärmen von 2-[2-Diäthylamino-äthyl]-2.5-diphenyl-penten-(4)-nitril (nicht näher beschrieben) mit Äthylmagnesiumbromid in Äther und Toluol und Behandeln des vom Äther befreiten Reaktionsgemisches mit wss. Salzsäure erhalten worden (*Bockmühl, Ehrhart*, A. **561** [1949] 52, 62, 75).

XIV XV

**1-[4-Amino-phenyl]-3-[2.6-dimethyl-4-*tert*-butyl-phenyl]-propen-(1)-on-(3), 4-Amino-2'.6'-dimethyl-4'-*tert*-butyl-chalkon** $C_{21}H_{25}NO$.

**4-Dimethylamino-2'.6'-dimethyl-4'-*tert*-butyl-chalkon,** *4'-tert-butyl-4-(dimethylamino)-2',6'-dimethylchalcone* $C_{23}H_{29}NO$.

**4-Dimethylamino-2'.6'-dimethyl-4'-*tert*-butyl-chalkon von F: 126°,** vermutlich **4-Dimethylamino-2'.6'-dimethyl-4'-*tert*-butyl-*trans*-chalkon,** Formel XV (X = H).

*B.* Beim Behandeln von 1-[2.6-Dimethyl-4-*tert*-butyl-phenyl]-äthanon-(1) (E III **7** 1228) mit 4-Dimethylamino-benzaldehyd und Natriumäthylat in Äthanol (*Müller*, J. pr. [2] **159** [1941] 139, 143).

Gelbgrüne Krystalle (aus A.); F: 126,5° [korr.].

**3'.5'-Dinitro-4-dimethylamino-2'.6'-dimethyl-4'-*tert*-butyl-chalkon,** *4'-tert-butyl-4-(dimethylamino)-2',6'-dimethyl-3',5'-dinitrochalcone* $C_{23}H_{27}N_3O_5$.

**3'.5'-Dinitro-4-dimethylamino-2'.6'-dimethyl-4'-*tert*-butyl-chalkon vom F: 205°,** vermutlich **3'.5'-Dinitro-4-dimethylamino-2'.6'-dimethyl-4'-*tert*-butyl-*trans*-chalkon,** Formel XV (X = $NO_2$).

*B.* Beim Behandeln von 1-[3.5-Dinitro-2.6-dimethyl-4-*tert*-butyl-phenyl]-äthanon-(1) (E III **7** 1229) mit 4-Dimethylamino-benzaldehyd und Natriumäthylat in Äthanol (*Müller*, J. pr. [2] **159** [1941] 139, 142).

Gelbe Krystalle (aus A.); F: 204,5–205,5° [korr.]. [*Bollwan*]

## Amino-Derivate der Monooxo-Verbindungen $C_nH_{2n-20}O$

### Amino-Derivate der Oxo-Verbindungen $C_{16}H_{12}O$

**2-[4-Amino-benzyliden]-indanon-(1)** $C_{16}H_{13}NO$.

**2-[4-Dimethylamino-benzyliden]-indanon-(1),** *2-[4-(dimethylamino)benzylidene]indan-1-one* $C_{18}H_{17}NO$.

**2-[4-Dimethylamino-benzyliden]-indanon-(1) vom F: 165°,** vermutlich **2-[4-Dimethylamino-benzyliden-(*seqtrans*)]-indanon-(1),** Formel I (H 119; E I 404; dort auch als 2-[4-Dimethylamino-benzal]-hydrindon-(1) bezeichnet).

Bezüglich der Konfigurationszuordnung vgl. *Hassner, Mead*, Tetrahedron **20** [1964] 2201.

*B.* Beim Behandeln von Indanon-(1) mit 4-Dimethylamino-benzaldehyd in Äthanol unter Zusatz von methanol. Natronlauge (*Pfeiffer, Milz*, B. **71** [1938] 272, 278; vgl. H 119).

Gelbe Krystalle (aus Me.); F: 165° (*Pf., Milz*).

Beim Erwärmen mit Resorcin, Chloranil und Chlorwasserstoff enthaltendem Äthanol ist 7-Hydroxy-10-[4-dimethylamino-phenyl]-11*H*-indeno[1.2-*b*]chromenylium-chlorid-hydrochlorid erhalten worden (*Robinson, Walker*, Soc. **1935** 941, 944).

Über ein farbloses und ein violettes bzw. blaues Monoperchlorat s. *Pf.*, *Milz*, l. c. S. 279; *Pfeiffer et al.*, Karrer-Festschr. [Basel 1949] S. 20, 26, 27. Über ein farbloses Di= perchlorat s. *Pf. et al.*

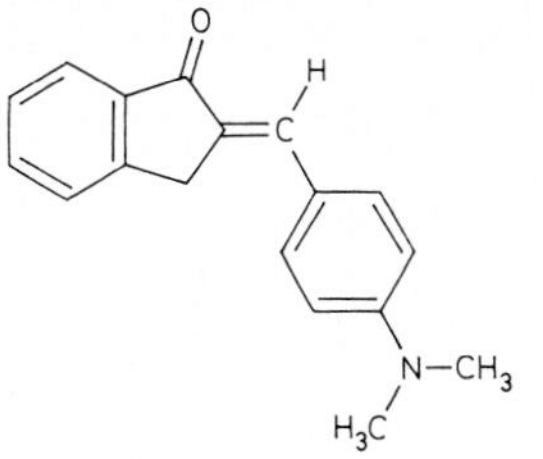

I 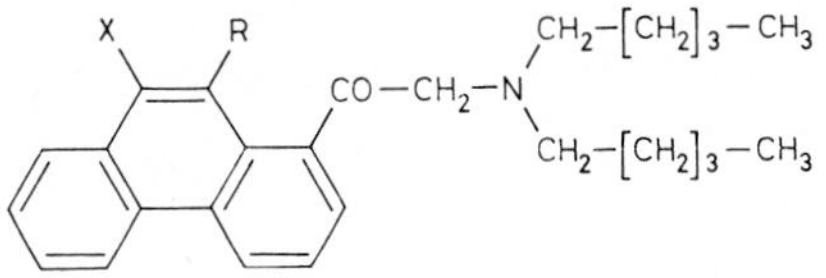 II

**1-Glycyl-phenanthren, 2-Amino-1-[phenanthryl-(1)]-äthanon-(1)** $C_{16}H_{13}NO$.

**2-Dipentylamino-1-[9-brom-phenanthryl-(1)]-äthanon-(1)**, *9-bromo-1-phenanthryl (dipentylamino)methyl ketone* $C_{26}H_{42}BrNO$, Formel II (R = H, X = Br), und **2-Dipentyl= amino-1-[10-brom-phenanthryl-(1)]-äthanon-(1)**, *10-bromo-1-phenanthryl (dipentyl= amino)methyl ketone* $C_{26}H_{42}BrNO$, Formel II (R = Br, X = H).

Ein als Hydrochlorid $C_{26}H_{42}BrNO \cdot HCl$ (Krystalle [aus Me. + Acn. + Ae.], F: 156° bis 157,5°) isoliertes Amin, für das diese beiden Formeln in Betracht kommen, ist aus 2-Brom-1-[9(oder 10)-brom-phenanthryl-(1)]-äthanon-(1) (E III **7** 2542) beim Behandeln mit Dipentylamin in Benzol erhalten worden (*Schultz et al.*, J. org. Chem. **11** [1946] 329, 332).

**2-Glycyl-phenanthren, 2-Amino-1-[phenanthryl-(2)]-äthanon-(1)**, *aminomethyl 2-phenanthryl ketone* $C_{16}H_{13}NO$, Formel III (R = H).

*B.* Aus 1-[Phenanthryl-(2)]-glyoxal-2-oxim (s. E III **7** 4212) beim Erwärmen mit Zinn(II)-chlorid, wenig Zinn, wss. Salzsäure und Äthanol (*van de Kamp*, *Burger*, *Mosettig*, Am. Soc. **60** [1938] 1321, 1322).

Hydrochlorid $C_{16}H_{13}NO \cdot HCl$. Krystalle (aus W.); F: 280—310° [Zers.].

Pikrat $C_{16}H_{13}NO \cdot C_6H_3N_3O_7$. Orangefarbene Krystalle (aus A.); F: 185—189° [Zers.].

**2-Dimethylamino-1-[phenanthryl-(2)]-äthanon-(1)**, *(dimethylamino)methyl 2-phenan= thryl ketone* $C_{18}H_{17}NO$, Formel III (R = $CH_3$).

*B.* Aus 2-Brom-1-[phenanthryl-(2)]-äthanon-(1) und Dimethylamin in Äther (*Mosettig*, *van de Kamp*, Am. Soc. **55** [1933] 3448, 3449, 3451).

Hydrochlorid $C_{18}H_{17}NO \cdot HCl$. Krystalle (aus A. + Ae.); F: 227—228°.

Pikrat $C_{18}H_{17}NO \cdot C_6H_3N_3O_7$. Gelbe Krystalle; F: 198—199°.

**2-Diäthylamino-1-[phenanthryl-(2)]-äthanon-(1)**, *(diethylamino)methyl 2-phenanthryl ketone* $C_{20}H_{21}NO$, Formel III (R = $C_2H_5$).

*B.* Analog der im vorangehenden Artikel beschriebenen Verbindung (*Mosettig*, *van de Kamp*, Am. Soc. **55** [1933] 3448, 3449, 3451).

Perchlorat $C_{20}H_{21}NO \cdot HClO_4$. Krystalle (aus A. + Ae.); F: 182—182,5°.

Pikrat $C_{20}H_{21}NO \cdot C_6H_3N_3O_7$. Gelbe Krystalle; F: 176,5—178°.

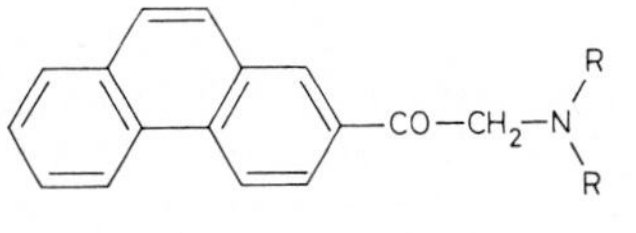

III 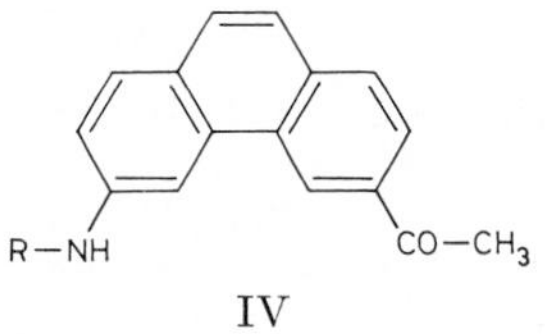 IV

**6-Amino-3-acetyl-phenanthren, 1-[6-Amino-phenanthryl-(3)]-äthanon-(1)**, *6-amino-3-phenanthryl methyl ketone* $C_{16}H_{13}NO$, Formel IV (R = H).

*B.* Aus 1-[6-Acetamino-phenanthryl-(3)]-äthanon-(1) beim Erhitzen mit wss. Salzsäure und Essigsäure (*May*, *Mosettig*, J. org. Chem. **11** [1946] 429, 432).

Gelbe Krystalle (aus Me.); F: 140,5—142° [unkorr.].

**6-Acetamino-3-acetyl-phenanthren, *N*-[6-Acetyl-phenanthryl-(3)]-acetamid,** N-*(6-acetyl-3-phenanthryl) acetamide* $C_{18}H_{15}NO_2$, Formel IV (R = CO-$CH_3$).

*B.* Beim Behandeln von *N*-[Phenanthryl-(3)]-acetamid mit Acetylchlorid und Aluminiumchlorid in Nitrobenzol (*May, Mosettig,* J. org. Chem. **11** [1946] 429, 431).

Gelbliche Krystalle (nach Sublimation bei 230°/0,05 Torr); F: 238,5–239,5° [unkorr.].

**3-Glycyl-phenanthren, 2-Amino-1-[phenanthryl-(3)]-äthanon-(1),** *aminomethyl 3-phenanthryl ketone* $C_{16}H_{13}NO$, Formel V (R = X = H).

*B.* Aus 1-[Phenanthryl-(3)]-glyoxal-2-oxim beim Erwärmen mit Zinn(II)-chlorid, wenig Zinn, wss. Salzsäure und Äthanol (*van de Kamp, Burger, Mosettig,* Am. Soc. **60** [1938] 1321, 1322).

Hydrochlorid $C_{16}H_{13}NO \cdot HCl$. Krystalle (aus W.); F: 260–320° [Zers.].

Pikrat $C_{16}H_{13}NO \cdot C_6H_3N_3O_7$. Orangefarbene Krystalle (aus A.); F: 193° [Zers.].

**2-Dimethylamino-1-[phenanthryl-(3)]-äthanon-(1),** *(dimethylamino)methyl 3-phenanthryl ketone* $C_{18}H_{17}NO$, Formel V (R = $CH_3$, X = H).

*B.* Aus 2-Brom-1-[phenanthryl-(3)]-äthanon-(1) und Dimethylamin in Äther (*Mosettig, van de Kamp,* Am. Soc. **55** [1933] 3448, 3449, 3451).

Hydrochlorid $C_{18}H_{17}NO \cdot HCl$. Krystalle (aus A. + Ae.); F: 228–230°.

Pikrat $C_{18}H_{17}NO \cdot C_6H_3N_3O_7$. Gelbe Krystalle; F: 189–189,5°.

**2-Diäthylamino-1-[phenanthryl-(3)]-äthanon-(1),** *(diethylamino)methyl 3-phenanthryl ketone* $C_{20}H_{21}NO$, Formel V (R = $C_2H_5$, X = H).

*B.* Analog der im vorangehenden Artikel beschriebenen Verbindung (*Mosettig, van de Kamp,* Am. Soc. **55** [1933] 3448, 3449, 3451).

Hydrochlorid $C_{20}H_{21}NO \cdot HCl$. Krystalle (aus A. + Ae.); F: 231–232°.

Pikrat $C_{20}H_{21}NO \cdot C_6H_3N_3O_7$. Gelbe Krystalle; F: 181–182°.

**2-Dimethylamino-1-[9-chlor-phenanthryl-(3)]-äthanon-(1),** *9-chloro-3-phenanthryl (dimethylamino)methyl ketone* $C_{18}H_{16}ClNO$, Formel V (R = $CH_3$, X = Cl).

*B.* Aus 2-Brom-1-[9-chlor-phenanthryl-(3)]-äthanon-(1) und Dimethylamin in Benzol (*Schultz et al.,* J. org. Chem. **11** [1946] 320, 325).

Hydrochlorid $C_{18}H_{16}ClNO \cdot HCl$. Krystalle (aus Me. + Isopropylalkohol); F: 232° bis 233°.

**2-Diäthylamino-1-[9-chlor-phenanthryl-(3)]-äthanon-(1),** *9-chloro-3-phenanthryl (diethylamino)methyl ketone* $C_{20}H_{20}ClNO$, Formel V (R = $C_2H_5$, X = Cl).

*B.* Analog der im vorangehenden Artikel beschriebenen Verbindung (*Schultz et al.,* J. org. Chem. **11** [1946] 320, 325).

Hydrochlorid $C_{20}H_{20}ClNO \cdot HCl$. Krystalle (aus A. + Ae.); F: 212–213,5°.

**2-Dipropylamino-1-[9-chlor-phenanthryl-(3)]-äthanon-(1),** *9-chloro-3-phenanthryl (dipropylamino)methyl ketone* $C_{22}H_{24}ClNO$, Formel V (R = $CH_2$-$CH_2$-$CH_3$, X = Cl).

*B.* Analog 2-Dimethylamino-1-[9-chlor-phenanthryl-(3)]-äthanon-(1) [s. o.] (*Schultz et al.,* J. org. Chem. **11** [1946] 320, 325).

Hydrochlorid $C_{22}H_{24}ClNO \cdot HCl$. Krystalle (aus Me. + Acn.); F: 236–238°.

**2-Dibutylamino-1-[9-chlor-phenanthryl-(3)]-äthanon-(1),** *9-chloro-3-phenanthryl (dibutylamino)methyl ketone* $C_{24}H_{28}ClNO$, Formel V (R = $[CH_2]_3$-$CH_3$, X = Cl).

*B.* Analog 2-Dimethylamino-1-[9-chlor-phenanthryl-(3)]-äthanon-(1) [s. o.] (*Schultz et al.,* J. org. Chem. **11** [1946] 320, 325).

Hydrochlorid $C_{24}H_{28}ClNO \cdot HCl$. Krystalle (aus Me. + Acn. + Ae.); F: 192–193,5°.

**2-Dipentylamino-1-[9-chlor-phenanthryl-(3)]-äthanon-(1),** *9-chloro-3-phenanthryl (dipentylamino)methyl ketone* $C_{26}H_{32}ClNO$, Formel V (R = $[CH_2]_4$-$CH_3$, X = Cl).

*B.* Analog 2-Dimethylamino-1-[9-chlor-phenanthryl-(3)]-äthanon-(1) [s. o.] (*Schultz et al.,* J. org. Chem. **11** [1946] 320, 325).

Hydrochlorid $C_{26}H_{32}ClNO \cdot HCl$. Krystalle (aus Me. + Acn. + Ae.); F: 176,5–178°.

**2-Dihexylamino-1-[9-chlor-phenanthryl-(3)]-äthanon-(1),** *9-chloro-3-phenanthryl (dihexylamino)methyl ketone* $C_{28}H_{36}ClNO$, Formel V (R = $[CH_2]_5$-$CH_3$, X = Cl).

*B.* Analog 2-Dimethylamino-1-[9-chlor-phenanthryl-(3)]-äthanon-(1) [s. o.] (*Schultz et al.,* J. org. Chem. **11** [1946] 320, 325).

Hydrochlorid $C_{28}H_{36}ClNO \cdot HCl$. Krystalle (aus Acn.); F: 147–148°.

**2-Diheptylamino-1-[9-chlor-phenanthryl-(3)]-äthanon-(1)**, *9-chloro-3-phenanthryl (diheptylamino)methyl ketone* $C_{30}H_{40}ClNO$, Formel V (R = $[CH_2]_6$-$CH_3$, X = Cl).

*B.* Analog 2-Dimethylamino-1-[9-chlor-phenanthryl-(3)]-äthanon-(1) [S. 316] (*Schultz et al.*, J. org. Chem. **11** [1946] 320, 325).

Hydrochlorid $C_{30}H_{40}ClNO \cdot HCl$. Krystalle (aus Acn.); F: 153,5—154,5°.

**2-Dioctylamino-1-[9-chlor-phenanthryl-(3)]-äthanon-(1)**, *9-chloro-3-phenanthryl (dioctylamino)methyl ketone* $C_{32}H_{44}ClNO$, Formel V (R = $[CH_2]_7$-$CH_3$, X = Cl).

*B.* Analog 2-Dimethylamino-1-[9-chlor-phenanthryl-(3)]-äthanon-(1) [S. 316] (*Schultz et al.*, J. org. Chem. **11** [1946] 320, 325).

Hydrochlorid $C_{32}H_{44}ClNO \cdot HCl$. Krystalle (aus Acn.); F: 122—123°.

**2-Dinonylamino-1-[9-chlor-phenanthryl-(3)]-äthanon-(1)**, *9-chloro-3-phenanthryl (dinonylamino)methyl ketone* $C_{34}H_{48}ClNO$, Formel V (R = $[CH_2]_8$-$CH_3$, X = Cl).

*B.* Analog 2-Dimethylamino-1-[9-chlor-phenanthryl-(3)]-äthanon-(1) [S. 316] (*Schultz et al.*, J. org. Chem. **11** [1946] 320, 325).

Hydrochlorid $C_{34}H_{48}ClNO \cdot HCl$. Krystalle (aus Acn. + Ae.); F: 108—111°.

**2-Didecylamino-1-[9-chlor-phenanthryl-(3)]-äthanon-(1)**, *9-chloro-3-phenanthryl (didecylamino)methyl ketone* $C_{36}H_{52}ClNO$, Formel V (R = $[CH_2]_9$-$CH_3$, X = Cl).

*B.* Analog 2-Dimethylamino-1-[9-chlor-phenanthryl-(3)]-äthanon-(1) [S. 316] (*Schultz et al.*, J. org. Chem. **11** [1946] 320, 325).

Hydrochlorid $C_{36}H_{52}ClNO \cdot HCl$. Krystalle (aus Acn.); F: 106—108°.

**2-Dimethylamino-1-[9-brom-phenanthryl-(3)]-äthanon-(1)**, *9-bromo-3-phenanthryl (dimethylamino)methyl ketone* $C_{18}H_{16}BrNO$, Formel V (R = $CH_3$, X = Br).

*B.* Aus 2-Brom-1-[9-brom-phenanthryl-(3)]-äthanon-(1) und Dimethylamin in Benzol und Äther (*Schultz et al.*, J. org. Chem. **11** [1946] 307, 311, 312).

Hydrochlorid $C_{18}H_{16}BrNO \cdot HCl$. Krystalle (aus Me. + Dioxan + Ae.); F: 226—229°.

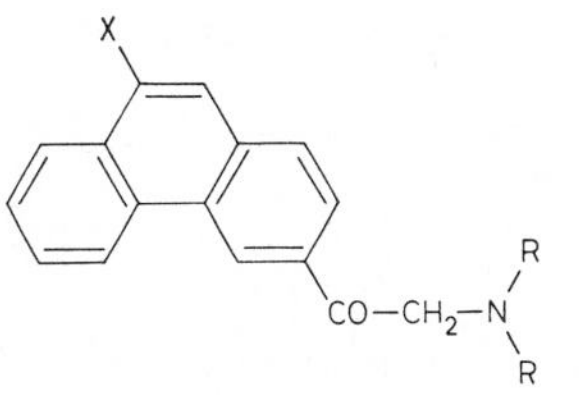

V 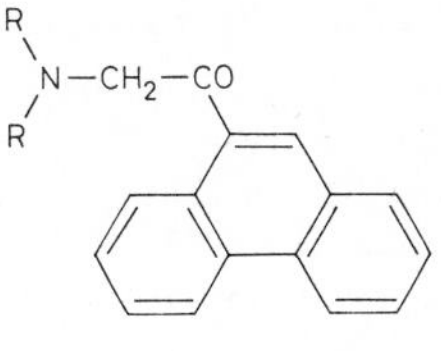 VI

**2-Diäthylamino-1-[9-brom-phenanthryl-(3)]-äthanon-(1)**, *9-bromo-3-phenanthryl (diethylamino)methyl ketone* $C_{20}H_{20}BrNO$, Formel V (R = $C_2H_5$, X = Br).

*B.* Analog der im vorangehenden Artikel beschriebenen Verbindung (*Schultz et al.*, J. org. Chem. **11** [1946] 307, 311, 312).

Hydrochlorid $C_{20}H_{20}BrNO \cdot HCl$. Krystalle (aus Me. + Dioxan + Ae.); F: 220—221°.

**2-Dipropylamino-1-[9-brom-phenanthryl-(3)]-äthanon-(1)**, *9-bromo-3-phenanthryl (dipropylamino)methyl ketone* $C_{22}H_{24}BrNO$, Formel V (R = $CH_2$-$CH_2$-$CH_3$, X = Br).

*B.* Analog 2-Dimethylamino-1-[9-brom-phenanthryl-(3)]-äthanon-(1) [s. o.] (*Schultz et al.*, J. org. Chem. **11** [1946] 307, 311, 312).

Hydrochlorid $C_{22}H_{24}BrNO \cdot HCl$. Krystalle (aus Me. + Ae.); F: 223—225°.

**2-Dibutylamino-1-[9-brom-phenanthryl-(3)]-äthanon-(1)**, *9-bromo-3-phenanthryl (dibutylamino)methyl ketone* $C_{24}H_{28}BrNO$, Formel V (R = $[CH_2]_3$-$CH_3$, X = Br).

*B.* Analog 2-Dimethylamino-1-[9-brom-phenanthryl-(3)]-äthanon-(1) [s. o.] (*Schultz et al.*, J. org. Chem. **11** [1946] 307, 311, 312).

Hydrochlorid $C_{24}H_{28}BrNO \cdot HCl$. Krystalle (aus Me. + Acn. + Ae.); F: 195—198°.

**2-Dipentylamino-1-[9-brom-phenanthryl-(3)]-äthanon-(1)**, *9-bromo-3-phenanthryl (dipentylamino)methyl ketone* $C_{26}H_{32}BrNO$, Formel V (R = $[CH_2]_4$-$CH_3$, X = Br).

*B.* Analog 2-Dimethylamino-1-[9-brom-phenanthryl-(3)]-äthanon-(1) [s. o.] (*Schultz et al.*, J. org. Chem. **11** [1946] 307, 311, 312).

Hydrochlorid $C_{26}H_{32}BrNO \cdot HCl$. Krystalle (aus Isopropylalkohol); F: 185—187°.

**2-Dihexylamino-1-[9-brom-phenanthryl-(3)]-äthanon-(1)**, *9-bromo-3-phenanthryl (dihexylamino)methyl ketone* $C_{28}H_{36}BrNO$, Formel V (R = $[CH_2]_5$-$CH_3$, X = Br).
*B.* Analog 2-Dimethylamino-1-[9-brom-phenanthryl-(3)]-äthanon-(1) [S. 317] (*Schultz et al.*, J. org. Chem. **11** [1946] 307, 311, 312).
Hydrochlorid $C_{28}H_{36}BrNO \cdot HCl$. Krystalle (aus Isopropylalkohol); F: 153–157°.

**2-Diheptylamino-1-[9-brom-phenanthryl-(3)]-äthanon-(1)**, *9-bromo-3-phenanthryl (diheptylamino)methyl ketone* $C_{30}H_{40}BrNO$, Formel V (R = $[CH_2]_6$-$CH_3$, X = Br).
*B.* Analog 2-Dimethylamino-1-[9-brom-phenanthryl-(3)]-äthanon-(1) [S. 317] (*Schultz et al.*, J. org. Chem. **11** [1946] 307, 311, 312).
Hydrochlorid $C_{30}H_{40}BrNO \cdot HCl$. Krystalle (aus Acn. + Me. + Ae.); F: 142–144°.

**2-Dioctylamino-1-[9-brom-phenanthryl-(3)]-äthanon-(1)**, *9-bromo-3-phenanthryl (dioctylamino)methyl ketone* $C_{32}H_{44}BrNO$, Formel V (R = $[CH_2]_7$-$CH_3$, X = Br).
*B.* Analog 2-Dimethylamino-1-[9-brom-phenanthryl-(3)]-äthanon-(1) [S. 317] (*Schultz et al.*, J. org. Chem. **11** [1946] 307, 311, 312).
Hydrochlorid $C_{32}H_{44}BrNO \cdot HCl$. Krystalle (aus Acn.); F: 129–130,5°.

**2-Dinonylamino-1-[9-brom-phenanthryl-(3)]-äthanon-(1)**, *9-bromo-3-phenanthryl (dinonylamino)methyl ketone* $C_{34}H_{48}BrNO$, Formel V (R = $[CH_2]_8$-$CH_3$, X = Br).
*B.* Analog 2-Dimethylamino-1-[9-brom-phenanthryl-(3)]-äthanon-(1) [S. 317] (*Schultz et al.*, J. org. Chem. **11** [1946] 307, 311, 312).
Hydrochlorid $C_{34}H_{48}BrNO \cdot HCl$. Krystalle (aus Acn.); F: 128–133,5°.

**2-Didecylamino-1-[9-brom-phenanthryl-(3)]-äthanon-(1)**, *9-bromo-3-phenanthryl (didecylamino)methyl ketone* $C_{36}H_{52}BrNO$, Formel V (R = $[CH_2]_9$-$CH_3$, X = Br).
*B.* Analog 2-Dimethylamino-1-[9-brom-phenanthryl-(3)]-äthanon-(1) [S. 317] (*Schultz et al.*, J. org. Chem. **11** [1946] 307, 311, 312).
Hydrochlorid $C_{36}H_{52}BrNO \cdot HCl$. Krystalle (aus Acn.); F: 122–126°.

**9-Glycyl-phenanthren, 2-Amino-1-[phenanthryl-(9)]-äthanon-(1)** $C_{16}H_{13}NO$.

**2-Dimethylamino-1-[phenanthryl-(9)]-äthanon-(1)**, *(dimethylamino)methyl 9-phenanthryl ketone* $C_{18}H_{17}NO$, Formel VI (R = $CH_3$).
*B.* Aus 2-Brom-1-[phenanthryl-(9)]-äthanon-(1) und Dimethylamin in Äther (*Mosettig, van de Kamp*, Am. Soc. **55** [1933] 3448, 3449, 3451).
Hydrochlorid $C_{18}H_{17}NO \cdot HCl$. Krystalle (aus A. + Ae.); F: 199–201°.
Pikrat $C_{18}H_{17}NO \cdot C_6H_3N_3O_7$. Gelbe Krystalle; F: 189–190°.

**2-Diäthylamino-1-[phenanthryl-(9)]-äthanon-(1)**, *(diethylamino)methyl 9-phenanthryl ketone* $C_{20}H_{21}NO$, Formel VI (R = $C_2H_5$).
*B.* Analog der im vorangehenden Artikel beschriebenen Verbindung (*Mosettig, van de Kamp*, Am. Soc. **55** [1933] 3448, 3449, 3451).
Hydrochlorid $C_{20}H_{21}NO \cdot HCl$. Krystalle (aus A. + Ae.); F: 158–159°.
Pikrat $C_{20}H_{21}NO \cdot C_6H_3N_3O_7$. Gelbe Krystalle; F: 138–139°.

**2-Dipropylamino-1-[phenanthryl-(9)]-äthanon-(1)**, *(dipropylamino)methyl 9-phenanthryl ketone* $C_{22}H_{25}NO$, Formel VI (R = $CH_2$-$CH_2$-$CH_3$).
*B.* Aus 2-Brom-1-[phenanthryl-(9)]-äthanon-(1) und Dipropylamin in Äther (*May, Mosettig*, J. org. Chem. **11** [1946] 10, 11).
Hydrochlorid. Krystalle (aus Me. + Ae.); F: 163–167° [unkorr.].

## Amino-Derivate der Oxo-Verbindungen $C_{17}H_{14}O$

**5-Phenyl-1-[4-amino-phenyl]-pentadien-(1.3)-on-(5)** $C_{17}H_{15}NO$.

**5-Phenyl-1-[4-dimethylamino-phenyl]-pentadien-(1.3)-on-(5)**, *5-[p-(dimethylamino)phenyl]penta-2,4-dienophenone* $C_{19}H_{19}NO$.

**5-Phenyl-1t-[4-dimethylamino-phenyl]-pentadien-(1.3ξ)-on-(5) vom F: 157°**, vermutlich **5-Phenyl-1t-[4-dimethylamino-phenyl]-pentadien-(1.3t)-on-(5)**, Formel VII.
*B.* Beim Erwärmen von 4-Dimethylamino-*trans*-zimtaldehyd mit Acetophenon in Äthanol unter Zusatz von wss. Natronlauge (*Weizmann*, Trans. Faraday Soc. **36** [1940] 329, 332; *Eastman Kodak Co.*, U.S.P. 2423710 [1944]).
Rote Krystalle (*Eastman Kodak Co.*); F: 155–157° [aus Me.] (*We.*), 154–155° [aus A.] (*Eastman Kodak Co.*). Dipolmoment (ε; Dioxan): 5,4 D (*We.*).

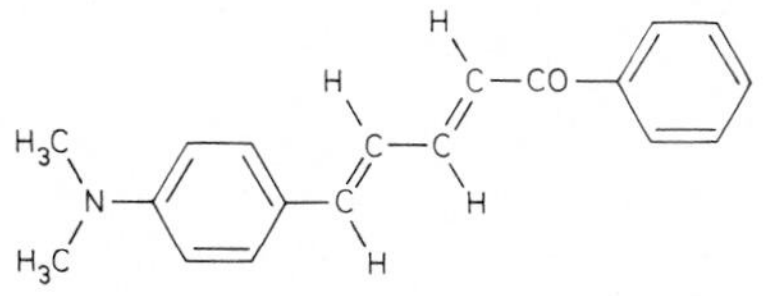

VII 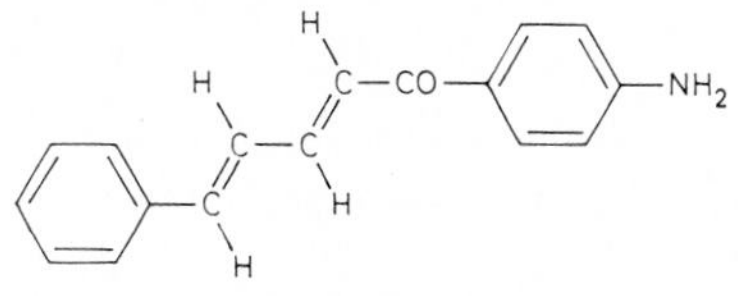 VIII

**5-Phenyl-1-[4-amino-phenyl]-pentadien-(2.4)-on-(1),** *4'-amino-5-phenylpenta-2,4-dienophenone* $C_{17}H_{15}NO$.

**5t-Phenyl-1-[4-amino-phenyl]-pentadien-(2ξ.4)-on-(1) vom F: 160°**, vermutlich **5t-Phenyl-1-[4-amino-phenyl]-pentadien-(2t.4)-on-(1),** Formel VIII.

*B.* Aus 5t-Phenyl-1-[4-*trans*-cinnamylidenamino-phenyl]-pentadien-(2t?.4)-on-(1) („4-Cinnamalamino-ω-cinnamal-acetophenon" [H 119; vgl. E II 73]) beim Erwärmen mit wss.-äthanol. Schwefelsäure (*Marrian, Russell, Todd,* Soc. **1947** 1419).

Gelbe Krystalle (aus wss. A.); F: 159—160°.

**5-Phenyl-1-[4-amino-phenyl]-pentadien-(1.4)-on-(3)** $C_{17}H_{15}NO$.

**5-Phenyl-1-[4-dimethylamino-phenyl]-pentadien-(1.4)-on-(3),** *1-[p-(dimethylamino)phenyl]-5-phenylpenta-1,4-dien-3-one* $C_{19}H_{19}NO$.

**5t-Phenyl-1t-[4-dimethylamino-phenyl]-pentadien-(1.4)-on-(3),** Formel IX (E I 404; E II 73; dort als 4-Dimethylamino-dibenzylidenaceton bezeichnet).

Die Konfigurationszuordnung ist auf Grund der genetischen Beziehung zu 1t-Phenyl-buten-(1)-on-(3) (vgl. E I 404) und zu 1t-[4-Dimethylamino-phenyl]-buten-(1)-on-(3) (vgl. E II 73) erfolgt.

Rote Krystalle (aus A.); F: 158° (*Pfeiffer, Kleu,* B. **66** [1933] 1704, 1709).

Beim Behandeln mit Phenylhydrazin in Essigsäure ist eine von *Raiford, Hill* (Am. Soc. **56** [1934] 174) ursprünglich als das entsprechende Phenylhydrazon angesehene, nach *Ferres, Hamdam, Jackson* (Soc. [B] **1971** 1892, 1895, 1898) jedoch als 1-Phenyl-5-[4-dimethylamino-phenyl]-3-*trans*(?)-styryl-$\Delta^2$-pyrazolin zu formulierende Verbindung (F: 162—163°) erhalten worden.

Über ein braungelbes und ein blaugrünes Monoperchlorat (vgl. E II 73) sowie ein orangebraunes Diperchlorat (vgl. E II 73) s. *Pf., Kleu,* l. c. S. 1710.

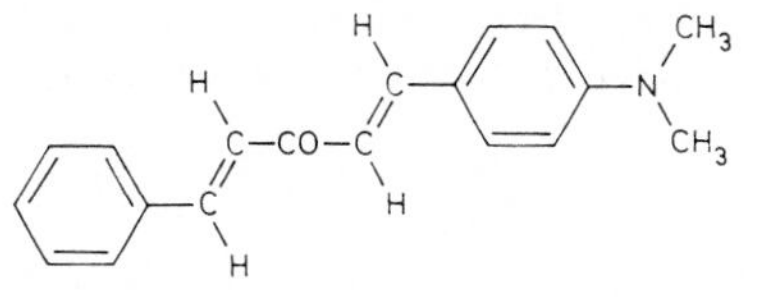

IX 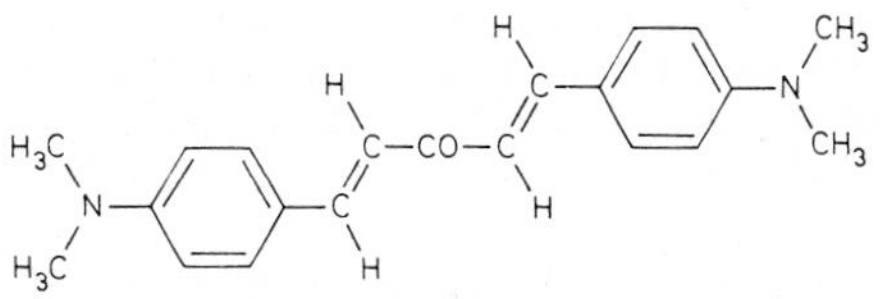 X

**1.5-Bis-[4-amino-phenyl]-pentadien-(1.4)-on-(3)** $C_{17}H_{16}N_2O$.

**1.5-Bis-[4-dimethylamino-phenyl]-pentadien-(1.4)-on-(3),** *1,5-bis[p-(dimethylamino)phenyl]penta-1,4-dien-3-one* $C_{21}H_{24}N_2O$.

**1.5-Bis-[4-dimethylamino-phenyl]-pentadien-(1.4)-on-(3) vom F: 196°**, vermutlich **1t.5t-Bis-[4-dimethylamino-phenyl]-pentadien-(1.4)-on-(3),** Formel X (H 119; E I 405; E II 74; dort als 4.4'-Bis-dimethylamino-dibenzylidenaceton bezeichnet).

*B.* Beim Behandeln von 4-Dimethylamino-benzaldehyd mit Aceton und Äthanol unter Zusatz von wss. Natronlauge (*Eastman Kodak Co.,* U.S.P. 2423710 [1944]; vgl. E I 405).

Orangefarbene Krystalle; F: 195—196° [aus A.] (*Eastman Kodak Co.*), 191—192° [aus Bzl. + PAe.] (*Weizmann,* Trans. Faraday Soc. **36** [1940] 329, 331), 191° [aus Bzl.] (*Rupe, Collin, Schmiderer,* Helv. **14** [1931] 1340, 1351). Absorptionsspektrum (200 mμ bis 500 mμ; Decalin und A.): *Alexa,* Bulet. Soc. Chim. România **18** [1936] 67, 72, 73.

Bei der Hydrierung an Nickel in Äthanol und Äthylacetat bei Raumtemperatur ist 1.5-Bis-[4-dimethylamino-phenyl]-pentanon-(3) (*Rupe, Co., Sch.*), bei der Hydrierung an Nickel in Äthanol bei 160—170°/200 at ist 1.5-Bis-[4-dimethylamino-cyclohexyl]-pentanol-(3) [$Kp_{1,5-2}$: 217—220°] (*I.G. Farbenind.,* D.R.P. 682294 [1936]; D.R.P. Org. Chem. **6** 1535; U.S.P. 2190600 [1937]) erhalten worden. Reaktion mit Phenylmagnesiumbromid in Äther unter Bildung von 1-Phenyl-1.5*t*(?)-bis-[4-dimethylamino-phenyl]-penten-(4)-on-(3) (F: 159—160°): *Rupe, Co., Sch.*, l. c. S. 1354.

**1-Oxo-2-[4-amino-benzyliden]-1.2.3.4-tetrahydro-naphthalin** $C_{17}H_{15}NO$.

**1-Oxo-2-[4-dimethylamino-benzyliden]-1.2.3.4-tetrahydro-naphthalin**, 2-[4-Dimethylamino-benzyliden]-3.4-dihydro-2*H*-naphthalinon-(1), *2-[4-(dimethylamino)benzylidene]-3,4-dihydronaphthalen-1*(2H)-*one* $C_{19}H_{19}NO$.

**1-Oxo-2-[4-dimethylamino-benzyliden]-1.2.3.4-tetrahydro-naphthalin vom F: 156°**, vermutlich **1-Oxo-2-[4-dimethylamino-benzyliden-(*seqtrans*)]-1.2.3.4-tetrahydro-naphthalin**, Formel XI (R = $CH_3$).

Bezüglich der Konfigurationszuordnung vgl. *Hassner, Mead*, Tetrahedron **20** [1964] 2201.

*B.* Beim Erwärmen von 1-Oxo-1.2.3.4-tetrahydro-naphthalin mit 4-Dimethylamino-benzaldehyd und wss.-äthanol. Natronlauge (*Shriner, Teeters*, Am. Soc. **60** [1938] 936, 938).

Gelbe Krystalle (aus A.); F: 155,5—156,5° [korr.] (*Sh., Tee.*).

Oxim $C_{19}H_{20}N_2O$. Gelbe Krystalle; F: 207,5—208° [korr.] (*Sh., Tee.*).

**1-Oxo-2-[4-diäthylamino-benzyliden]-1.2.3.4-tetrahydro-naphthalin**, 2-[4-Diäthylamino-benzyliden]-3.4-dihydro-2*H*-naphthalinon-(1), *2-[4-(diethylamino)benzylidene]-3,4-dihydronaphthalen-1*(2H)-*one* $C_{21}H_{23}NO$.

**1-Oxo-2-[4-diäthylamino-benzyliden]-1.2.3.4-tetrahydro-naphthalin vom F: 95°**, vermutlich **1-Oxo-2-[4-diäthylamino-benzyliden-(*seqtrans*)]-1.2.3.4-tetrahydro-naphthalin**, Formel XI (R = $C_2H_5$).

Bezüglich der Konfigurationszuordnung vgl. *Hassner, Mead*, Tetrahedron **20** [1964] 2201.

*B.* Beim Erwärmen von 1-Oxo-1.2.3.4-tetrahydro-naphthalin mit 4-Diäthylamino-benzaldehyd und wss.-äthanol. Natronlauge (*Shriner, Teeters*, Am. Soc. **60** [1938] 936, 938).

Gelbe Krystalle (aus A.); F: 95—95,5° (*Sh., Tee.*).

**1-Oxo-2-[4-dipropylamino-benzyliden]-1.2.3.4-tetrahydro-naphthalin**, 2-[4-Dipropylamino-benzyliden]-3.4-dihydro-2*H*-naphthalinon-(1), *2-[4-(dipropylamino)benzylidene]-3,4-dihydronaphthalen-1*(2H)-*one* $C_{23}H_{27}NO$.

**1-Oxo-2-[4-dipropylamino-benzyliden]-1.2.3.4-tetrahydro-naphthalin vom F: 123°**, vermutlich **1-Oxo-2-[4-dipropylamino-benzyliden-(*seqtrans*)]-1.2.3.4-tetrahydro-naphthalin**, Formel XI (R = $CH_2$-$CH_2$-$CH_3$).

Bezüglich der Konfigurationszuordnung vgl. *Hassner, Mead*, Tetrahedron **20** [1964] 2201.

*B.* Analog der im vorangehenden Artikel beschriebenen Verbindung (*Shriner, Teeters*, Am. Soc. **60** [1938] 936, 938).

Krystalle (aus A.); F: 123—123,5° [korr.] (*Sh., Tee.*).

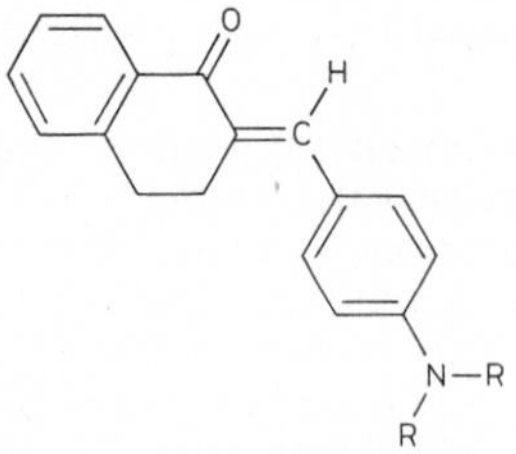

XI 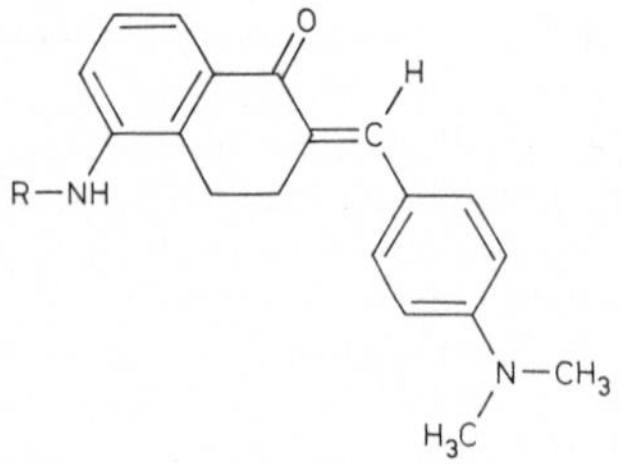 XII

**5-Amino-1-oxo-2-[4-amino-benzyliden]-1.2.3.4-tetrahydro-naphthalin** $C_{17}H_{16}N_2O$.

**5-Amino-1-oxo-2-[4-dimethylamino-benzyliden]-1.2.3.4-tetrahydro-naphthalin**, 5-Amino-2-[4-dimethylamino-benzyliden]-3.4-dihydro-2*H*-naphthalinon-(1), *5-amino-2-[4-(dimethylamino)benzylidene]-3,4-dihydronaphthalen-1*(2H)-*one* $C_{19}H_{20}N_2O$.

**5-Amino-1-oxo-2-[4-dimethylamino-benzyliden]-1.2.3.4-tetrahydro-naphthalin** vom F: 196°, vermutlich **5-Amino-1-oxo-2-[4-dimethylamino-benzyliden-(*seqtrans*)]-1.2.3.4-tetrahydro-naphthalin**, Formel XII (R = H).

Bezüglich der Konfigurationszuordnung vgl. *Hassner, Mead*, Tetrahedron **20** [1964] 2201.

*B.* Aus 5-Amino-1-oxo-1.2.3.4-tetrahydro-naphthalin beim Erwärmen mit 4-Dimethyl-amino-benzaldehyd in wss.-äthanol. Natronlauge (*Nakamura*, J. pharm. Soc. Japan **61** [1941] 292, 296; dtsch. Ref. S. 108; C. A. **1950** 9389).

Rotbraune Krystalle (aus $CHCl_3$ + Me.); F: 195—196° [korr.] (*Na.*).

**5-Acetamino-1-oxo-2-[4-dimethylamino-benzyliden]-1.2.3.4-tetrahydro-naphthalin, *N*-[5-Oxo-6-(4-dimethylamino-benzyliden)-5.6.7.8-tetrahydro-naphthyl-(1)]-acetamid,** N-{*6-[4-(dimethylamino)benzylidene]-5-oxo-5,6,7,8-tetrahydro-1-naphthyl}acetamide* $C_{21}H_{22}N_2O_2$.

**5-Acetamino-1-oxo-2-[4-dimethylamino-benzyliden]-1.2.3.4-tetrahydro-naphthalin** vom F: 239°, vermutlich **5-Acetamino-1-oxo-2-[4-dimethylamino-benzyliden-(*seqtrans*)]-1.2.3.4-tetrahydro-naphthalin**, Formel XII (R = CO-$CH_3$).

Bezüglich der Konfigurationszuordnung vgl. *Hassner, Mead*, Tetrahedron **20** [1964] 2201.

*B.* Beim Erwärmen von 5-Acetamino-1-oxo-1.2.3.4-tetrahydro-naphthalin mit 4-Di-methylamino-benzaldehyd und wss.-äthanol. Natronlauge (*Nakamura*, J. pharm. Soc. Japan **61** [1941] 292, 296; dtsch. Ref. S. 108; C. A. **1950** 9389).

Gelbe Krystalle (aus $CHCl_3$ + Me.); F: 237—239° [korr.] (*Na.*).

**1-Methyl-2-[4-amino-benzyliden]-indanon-(3)** $C_{17}H_{15}NO$.

**1-Methyl-2-[4-dimethylamino-benzyliden]-indanon-(3),** *2-[4-(dimethylamino)benzylidene]-3-methylindan-1-one* $C_{19}H_{19}NO$, Formel XIII.

**(±)-1-Methyl-2-[4-dimethylamino-benzyliden]-indanon-(3) vom F: 121°.**

*B.* Beim Einleiten von Chlorwasserstoff in eine Lösung von (±)-1-Methyl-indanon-(3) und 4-Dimethylamino-benzaldehyd in Methanol (*Pfeiffer et al.*, Karrer-Festschr. [Basel 1949] S. 20, 27).

Orangegelbe Krystalle (aus Me.); F: 120—121°.

Über ein (farbloses) Diperchlorat s. *Pf. et al.*, l. c. S. 28.

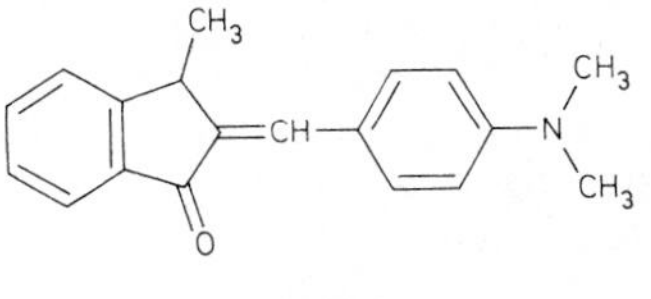

XIII 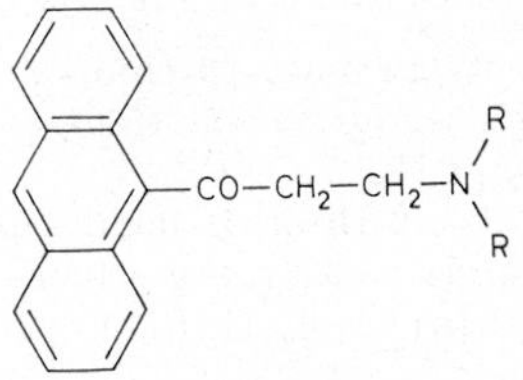 XIV

**9-β-Alanyl-anthracen, 3-Amino-1-[anthryl-(9)]-propanon-(1)** $C_{17}H_{15}NO$.

**3-Dimethylamino-1-[anthryl-(9)]-propanon-(1),** *1-(9-anthryl)-3-(dimethylamino)propan-1-one* $C_{19}H_{19}NO$, Formel XIV (R = $CH_3$).

*B.* Beim Erhitzen von 1-[Anthryl-(9)]-äthanon-(1) mit Dimethylamin-hydrochlorid und Paraformaldehyd in Nitrobenzol und Benzol unter Zusatz von geringen Mengen wss. Salzsäure (*Fry*, J. org. Chem. **10** [1945] 259, 261).

Hydrochlorid. Krystalle (aus A. + Ae.); F: 156—160°.

**3-Dipentylamino-1-[anthryl-(9)]-propanon-(1),** *1-(9-anthryl)-3-(dipentylamino)propan-1-one* $C_{27}H_{35}NO$, Formel XIV (R = $[CH_2]_4$-$CH_3$).

*B.* Beim Erwärmen von 1-[Anthryl-(9)]-äthanon-(1) mit Dipentylamin-hydrochlorid und Paraformaldehyd in Benzol unter Zusatz von geringen Mengen wss. Salzsäure (*Fry*, J. org. Chem. **10** [1945] 259, 261).

Hydrochlorid. Krystalle (aus A. + W.), die bei 130° sintern, aber unterhalb 200° nicht schmelzen; beim Eintauchen in ein auf 140° vorgeheiztes Bad wird eine klare Schmelze erhalten, die sofort wieder erstarrt.

**2-Alanyl-phenanthren, 2-Amino-1-[phenanthryl-(2)]-propanon-(1)** $C_{17}H_{15}NO$.

**(±)-2-Methylamino-1-[phenanthryl-(2)]-propanon-(1)**, *(±)-2-(methylamino)-1-(2-phenanthryl)propan-1-one* $C_{18}H_{17}NO$, Formel I.

*B.* Aus (±)-2-Brom-1-[phenanthryl-(2)]-propanon-(1) und Methylamin in Äther (*Yang, Hsieh*, J. Chin. chem. Soc. **5** [1937] 35, 37).

Hydrochlorid. Krystalle (aus Me.); F: 240–241° [nach Verkohlen].

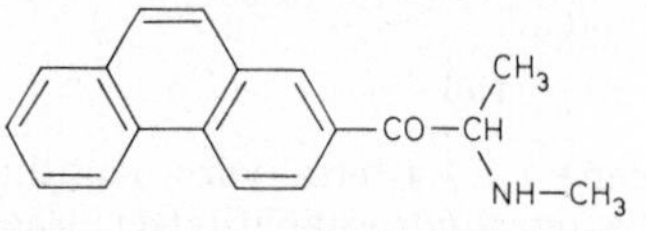

I: $-CO-CH(CH_3)-NH-CH_3$ II: $-CO-CH_2-CH_2-NR_2$

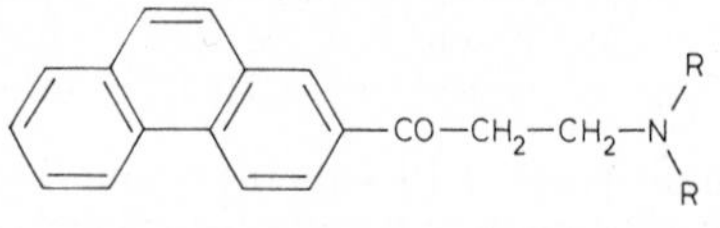

**2-β-Alanyl-phenanthren, 3-Amino-1-[phenanthryl-(2)]-propanon-(1)** $C_{17}H_{15}NO$.

**3-Dimethylamino-1-[phenanthryl-(2)]-propanon-(1)**, *3-(dimethylamino)-1-(2-phenanthryl)propan-1-one* $C_{19}H_{19}NO$, Formel II (R = $CH_3$).

*B.* Beim Erhitzen von 1-[Anthryl-(9)]-äthanon-(1) mit Dimethylamin-hydrochlorid und Paraformaldehyd in Isoamylalkohol (*van de Kamp, Mosettig*, Am. Soc. **58** [1936] 1568).

Krystalle (aus Ae.); F: 104,5–105°.

Hydrochlorid $C_{19}H_{19}NO \cdot HCl$. Krystalle (aus A. + Ae.); F: 193–193,5°.

Perchlorat $C_{19}H_{19}NO \cdot HClO_4$. Krystalle (aus A.); F: 167–167,5°.

**3-Diäthylamino-1-[phenanthryl-(2)]-propanon-(1)**, *3-(diethylamino)-1-(2-phenanthryl)propan-1-one* $C_{21}H_{23}NO$, Formel II (R = $C_2H_5$).

*B.* Analog der im vorangehenden Artikel beschriebenen Verbindung (*van de Kamp, Mosettig*, Am. Soc. **58** [1936] 1568).

Hydrochlorid $C_{21}H_{23}NO \cdot HCl$. Krystalle (aus A.); F: 167–167,5°.

**3-Alanyl-phenanthren, 2-Amino-1-[phenanthryl-(3)]-propanon-(1)** $C_{17}H_{15}NO$.

**(±)-2-Methylamino-1-[phenanthryl-(3)]-propanon-(1)**, *(±)-2-(methylamino)-1-(3-phenanthryl)propan-1-one* $C_{18}H_{17}NO$, Formel III.

*B.* Aus (±)-2-Brom-1-[phenanthryl-(3)]-propanon-(1) und Methylamin in Äther (*Yang, Hsieh*, J. Chin. chem. Soc. **5** [1937] 35, 37).

Hydrochlorid. Krystalle (aus Me.); F: 229–230° [Zers.].

**(±)-2-Dipentylamino-1-[9-chlor-phenanthryl-(3)]-propanon-(1)**, *(±)-1-(9-chloro-3-phenanthryl)-2-(dipentylamino)propan-1-one* $C_{27}H_{34}ClNO$, Formel IV (R = $[CH_2]_4$-$CH_3$, X = Cl).

*B.* Aus (±)-2-Brom-1-[9-chlor-phenanthryl-(3)]-propanon-(1) und Dipentylamin in Benzol (*Schultz et al.*, J. org. Chem. **11** [1946] 320, 326).

Hydrochlorid $C_{27}H_{34}ClNO \cdot HCl$. Krystalle (aus Me. + Acn. + Ae.); F: 160–161°.

**(±)-2-Dimethylamino-1-[9-brom-phenanthryl-(3)]-propanon-(1)**, *(±)-1-(9-bromo-3-phenanthryl)-2-(dimethylamino)propan-1-one* $C_{19}H_{18}BrNO$, Formel IV (R = $CH_3$, X = Br).

*B.* Aus (±)-2-Brom-1-[9-brom-phenanthryl-(3)]-propanon-(1) und Dimethylamin in Benzol (*Schultz et al.*, J. org. Chem. **11** [1946] 314, 316).

Hydrochlorid $C_{19}H_{18}BrNO \cdot HCl$. Krystalle (aus Me. + Dioxan + Ae.); F: 227° bis 227,5°.

**(±)-2-Diäthylamino-1-[9-brom-phenanthryl-(3)]-propanon-(1)**, *(±)-1-(9-bromo-3-phenanthryl)-2-(diethylamino)propan-1-one* $C_{21}H_{22}BrNO$, Formel IV (R = $C_2H_5$, X = Br).

*B.* Aus (±)-2-Brom-1-[9-brom-phenanthryl-(3)]-propanon-(1) und Diäthylamin in Benzol (*Schultz et al.*, J. org. Chem. **11** [1946] 314, 316).

Hydrochlorid $C_{21}H_{22}BrNO \cdot HCl$. Krystalle (aus Me. + Acn. + Ae.); F: 209–210,5°.

**(±)-2-Dipropylamino-1-[9-brom-phenanthryl-(3)]-propanon-(1)**, *(±)-1-(9-bromo-3-phenanthryl)-2-(dipropylamino)propan-1-one* $C_{23}H_{26}BrNO$, Formel IV (R = $CH_2$-$CH_2$-$CH_3$, X = Br).

*B.* Aus (±)-2-Brom-1-[9-brom-phenanthryl-(3)]-propanon-(1) und Dipropylamin in Benzol (*Schultz et al.*, J. org. Chem. **11** [1946] 314, 316).

Hydrochlorid $C_{23}H_{26}BrNO \cdot HCl$. Krystalle (aus Me. + Acn. + Ae.); F: 209—212°.

**(±)-2-Dibutylamino-1-[9-brom-phenanthryl-(3)]-propanon-(1),** (±)-*1-(9-bromo-3-phenanthryl)-2-(dibutylamino)propan-1-one* $C_{25}H_{30}BrNO$, Formel IV (R = $[CH_2]_3$-$CH_3$, X = Br).

*B.* Aus (±)-2-Brom-1-[9-brom-phenanthryl-(3)]-propanon-(1) und Dibutylamin in Benzol (*Schultz et al.*, J. org. Chem. **11** [1946] 314, 316).

Hydrochlorid $C_{25}H_{30}BrNO \cdot HCl$. Krystalle (aus Me. + Acn. + Ae.); F: 214,5° bis 216,5°.

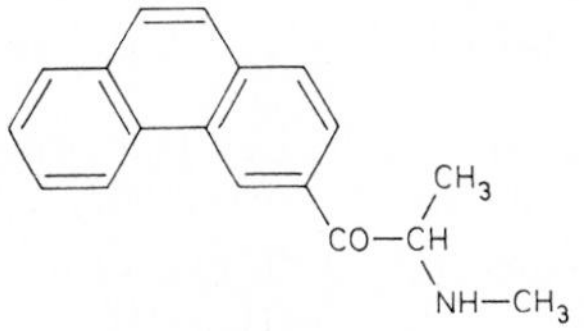

III 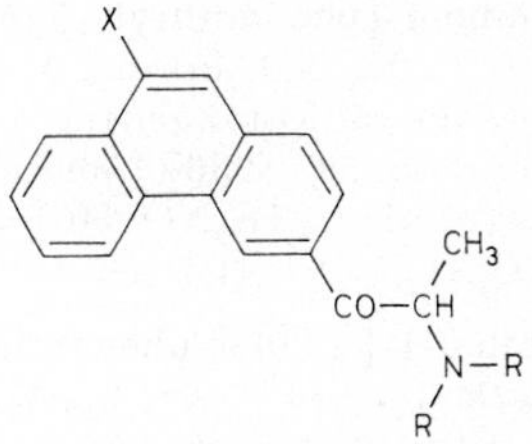 IV

**(±)-2-Dipentylamino-1-[9-brom-phenanthryl-(3)]-propanon-(1),** (±)-*1-(9-bromo-3-phenanthryl)-2-(dipentylamino)propan-1-one* $C_{27}H_{34}BrNO$, Formel IV (R = $[CH_2]_4$-$CH_3$, X = Br).

*B.* Aus (±)-2-Brom-1-[9-brom-phenanthryl-(3)]-propanon-(1) und Dipentylamin in Benzol (*Schultz et al.*, J. org. Chem. **11** [1946] 314, 316).

Hydrochlorid $C_{27}H_{34}BrNO \cdot HCl$. Krystalle (aus Acn.); F: 155—156°.

**(±)-2-Dihexylamino-1-[9-brom-phenanthryl-(3)]-propanon-(1),** (±)-*1-(9-bromo-3-phenanthryl)-2-(dihexylamino)propan-1-one* $C_{29}H_{38}BrNO$, Formel IV (R = $[CH_2]_5$-$CH_3$, X = Br).

*B.* Aus (±)-2-Brom-1-[9-brom-phenanthryl-(3)]-propanon-(1) und Dihexylamin in Benzol (*Schultz et al.*, J. org. Chem. **11** [1946] 314, 316).

Hydrochlorid $C_{29}H_{38}BrNO \cdot HCl$. Krystalle (aus Me. + Acn. + Ae.); F: 164° bis 165,5°.

**(±)-2-Diheptylamino-1-[9-brom-phenanthryl-(3)]-propanon-(1),** (±)-*1-(9-bromo-3-phenanthryl)-2-(diheptylamino)propan-1-one* $C_{31}H_{42}BrNO$, Formel IV (R = $[CH_2]_6$-$CH_3$, X = Br).

*B.* Aus (±)-2-Brom-1-[9-brom-phenanthryl-(3)]-propanon-(1) und Diheptylamin in Benzol (*Schultz et al.*, J. org. Chem. **11** [1946] 314, 316).

Hydrochlorid $C_{31}H_{42}BrNO \cdot HCl$. Krystalle (aus Acn.); F: 149,5—151,5°.

**(±)-2-Dioctylamino-1-[9-brom-phenanthryl-(3)]-propanon-(1),** (±)-*1-(9-bromo-3-phenanthryl)-2-(dioctylamino)propan-1-one* $C_{33}H_{46}BrNO$, Formel IV (R = $[CH_2]_7$-$CH_3$, X = Br).

*B.* Aus (±)-2-Brom-1-[9-brom-phenanthryl-(3)]-propanon-(1) und Dioctylamin in Benzol (*Schultz et al.*, J. org. Chem. **11** [1946] 314, 316).

Hydrochlorid $C_{33}H_{46}BrNO \cdot HCl$. Krystalle (aus Acn.); F: 134—137°.

**(±)-2-Dinonylamino-1-[9-brom-phenanthryl-(3)]-propanon-(1),** (±)-*1-(9-bromo-3-phenanthryl)-2-(dinonylamino)propan-1-one* $C_{35}H_{50}BrNO$, Formel IV (R = $[CH_2]_8$-$CH_3$, X = Br).

*B.* Aus (±)-2-Brom-1-[9-brom-phenanthryl-(3)]-propanon-(1) und Dinonylamin in Benzol (*Schultz et al.*, J. org. Chem. **11** [1946] 314, 316).

Hydrochlorid $C_{35}H_{50}BrNO \cdot HCl$. Krystalle (aus Acn.); F: 125—126°.

**(±)-2-Didecylamino-1-[9-brom-phenanthryl-(3)]-propanon-(1),** (±)-*1-(9-bromo-3-phenanthryl)-2-(didecylamino)propan-1-one* $C_{37}H_{54}BrNO$, Formel IV (R = $[CH_2]_9$-$CH_3$, X = Br).

*B.* Aus (±)-2-Brom-1-[9-brom-phenanthryl-(3)]-propanon-(1) und Didecylamin in Benzol (*Schultz et al.*, J. org. Chem. **11** [1946] 314, 316).

Hydrochlorid $C_{37}H_{54}BrNO \cdot HCl$. Krystalle (aus Acn.); F: 116—118,5°.

**3-β-Alanyl-phenanthren, 3-Amino-1-[phenanthryl-(3)]-propanon-(1)** $C_{17}H_{15}NO$.

**3-Dimethylamino-1-[phenanthryl-(3)]-propanon-(1)**, *3-(dimethylamino)-1-(3-phenanthryl)propan-1-one* $C_{19}H_{19}NO$, Formel V (R = $CH_3$, X = H).

*B.* Beim Erhitzen von 1-[Phenanthryl-(3)]-äthanon-(1) mit Dimethylamin-hydrochlorid und Paraformaldehyd in Isoamylalkohol (*van de Kamp, Mosettig*, Am. Soc. **58** [1936] 1568).

Hydrochlorid $C_{19}H_{19}NO \cdot HCl$. Krystalle (aus A. + Ae.); F: 177,5—178°.

Pikrat $C_{19}H_{19}NO \cdot C_6H_3N_3O_7$. Gelbe Krystalle (aus A.); F: 175,5—176°.

**3-Diäthylamino-1-[phenanthryl-(3)]-propanon-(1)**, *3-(diethylamino)-1-(3-phenanthryl)propan-1-one* $C_{21}H_{23}NO$, Formel V (R = $C_2H_5$, X = H).

*B.* Analog der im vorangehenden Artikel beschriebenen Verbindung (*van de Kamp, Mosettig*, Am. Soc. **58** [1936] 1568).

Hydrochlorid $C_{21}H_{23}NO \cdot HCl$. Krystalle (aus A. + Ae.); F: 155,5—156°.

Pikrat $C_{21}H_{23}NO \cdot C_6H_3N_3O_7$. Gelbe Krystalle (aus A.); F: 108—109°.

**3-Dihexylamino-1-[9-chlor-phenanthryl-(3)]-propanon-(1)**, *1-(9-chloro-3-phenanthryl)-3-(dihexylamino)propan-1-one* $C_{29}H_{38}ClNO$, Formel V (R = $[CH_2]_5$-$CH_3$, X = Cl).

*B.* Beim Erwärmen von 1-[9-Chlor-phenanthryl-(3)]-äthanon-(1) mit Dihexylamin-hydrochlorid und Paraformaldehyd in Benzol unter Zusatz von geringen Mengen wss. Salzsäure (*Schultz et al.*, J. org. Chem. **11** [1946] 320, 327).

Hydrochlorid $C_{29}H_{38}ClNO \cdot HCl$. F: 123,5—126° [Zers.].

**3-Dimethylamino-1-[9-brom-phenanthryl-(3)]-propanon-(1)**, *1-(9-bromo-3-phenanthryl)-3-(dimethylamino)propan-1-one* $C_{19}H_{18}BrNO$, Formel V (R = $CH_3$, X = Br).

*B.* Beim Erwärmen von 1-[9-Brom-phenanthryl-(3)]-äthanon-(1) mit Dimethylamin-hydrochlorid und Paraformaldehyd in Benzol unter Zusatz von geringen Mengen wss. Salzsäure (*Schultz et al.*, J. org. Chem. **11** [1946] 314, 317, 318; s. a. *Fry*, J. org. Chem. **10** [1945] 259, 262).

Hydrochlorid $C_{19}H_{18}BrNO \cdot HCl$. Krystalle (aus A.); F: 197—199° (*Schultz et al.*), 193—199° (*Fry*).

**3-Diäthylamino-1-[9-brom-phenanthryl-(3)]-propanon-(1)**, *1-(9-bromo-3-phenanthryl)-3-(diethylamino)propan-1-one* $C_{21}H_{22}BrNO$, Formel V (R = $C_2H_5$, X = Br).

*B.* Analog der im vorangehenden Artikel beschriebenen Verbindung (*Schultz et al.*, J. org. Chem. **11** [1946] 314, 317, 318).

Hydrochlorid $C_{21}H_{22}BrNO \cdot HCl$. Krystalle (aus A.); F: 158,5—159,5°.

**3-Dipropylamino-1-[9-brom-phenanthryl-(3)]-propanon-(1)**, *1-(9-bromo-3-phenanthryl)-3-(dipropylamino)propan-1-one* $C_{23}H_{26}BrNO$, Formel V (R = $CH_2$-$CH_2$-$CH_3$, X = Br).

*B.* Analog 3-Dimethylamino-1-[9-brom-phenanthryl-(3)]-propanon-(1) [s. o.] (*Schultz et al.*, J. org. Chem. **11** [1946] 314, 317, 318).

Hydrochlorid $C_{23}H_{26}BrNO \cdot HCl$. Krystalle (aus Me. + Ae.); F: 172—175° [Zers.].

X

CO—CH₂—CH₂—N(R)(R)

V

R(R)N—CH₂—CH₂—CO

VI

**3-Dibutylamino-1-[9-brom-phenanthryl-(3)]-propanon-(1)**, *1-(9-bromo-3-phenanthryl)-3-(dibutylamino)propan-1-one* $C_{25}H_{30}BrNO$, Formel V (R = $[CH_2]_3$-$CH_3$, X = Br).

*B.* Analog 3-Dimethylamino-1-[9-brom-phenanthryl-(3)]-propanon-(1) [s. o.] (*Schultz et al.*, J. org. Chem. **11** [1946] 314, 317, 318).

Hydrochlorid $C_{25}H_{30}BrNO \cdot HCl$. Krystalle (aus Me. + Ae.); F: 156—158°.

**3-Dipentylamino-1-[9-brom-phenanthryl-(3)]-propanon-(1)**, *1-(9-bromo-3-phenanthryl)-3-(dipentylamino)propan-1-one* $C_{27}H_{34}BrNO$, Formel V (R = $[CH_2]_4$-$CH_3$, X = Br).

*B.* Analog 3-Dimethylamino-1-[9-brom-phenanthryl-(3)]-propanon-(1) [S. 324] (*Schultz et al.*, J. org. Chem. **11** [1946] 314, 317, 318).

Hydrochlorid $C_{27}H_{34}BrNO \cdot HCl$. Krystalle (aus Me. + Ae.); F: 148–150°.

**3-Dihexylamino-1-[9-brom-phenanthryl-(3)]-propanon-(1)**, *1-(9-bromo-3-phenanthryl)-3-(dihexylamino)propan-1-one* $C_{29}H_{38}BrNO$, Formel V (R = $[CH_2]_5$-$CH_3$, X = Br).

*B.* Analog 3-Dimethylamino-1-[9-brom-phenanthryl-(3)]-propanon-(1) [S. 324] (*Schultz et al.*, J. org. Chem. **11** [1946] 314, 317, 318).

Hydrochlorid $C_{29}H_{38}BrNO \cdot HCl$. Krystalle (aus A. + Ae.); F: 112–115°.

**3-Diheptylamino-1-[9-brom-phenanthryl-(3)]-propanon-(1)**, *1-(9-bromo-3-phenanthryl)-3-(diheptylamino)propan-1-one* $C_{31}H_{42}BrNO$, Formel V (R = $[CH_2]_6$-$CH_3$, X = Br).

*B.* Analog 3-Dimethylamino-1-[9-brom-phenanthryl-(3)]-propanon-(1) [S. 324] (*Schultz et al.*, J. org. Chem. **11** [1946] 314, 317, 318).

Hydrochlorid $C_{31}H_{42}BrNO \cdot HCl$. Krystalle (aus Me. + Acn. + Ae.); F: 101–101,5°.

**3-Dioctylamino-1-[9-brom-phenanthryl-(3)]-propanon-(1)**, *1-(9-bromo-3-phenanthryl)-3-(dioctylamino)propan-1-one* $C_{33}H_{46}BrNO$, Formel V (R = $[CH_2]_7$-$CH_3$, X = Br).

*B.* Analog 3-Dimethylamino-1-[9-brom-phenanthryl-(3)]-propanon-(1) [S. 324] (*Schultz et al.*, J. org. Chem. **11** [1946] 314, 317, 318).

Hydrochlorid $C_{33}H_{46}BrNO \cdot HCl$. Krystalle (aus Bzl. + Hexan); F: 111,5–113,5°.

**3-Dinonylamino-1-[9-brom-phenanthryl-(3)]-propanon-(1)**, *1-(9-bromo-3-phenanthryl)-3-(dinonylamino)propan-1-one* $C_{35}H_{50}BrNO$, Formel V (R = $[CH_2]_8$-$CH_3$, X = Br).

*B.* Analog 3-Dimethylamino-1-[9-brom-phenanthryl-(3)]-propanon-(1) [S. 324] (*Schultz et al.*, J. org. Chem. **11** [1946] 314, 317, 318).

Hydrochlorid $C_{35}H_{50}BrNO \cdot HCl$. Krystalle (aus Bzl. + Hexan); F: 110–111,5°.

**3-Didecylamino-1-[9-brom-phenanthryl-(3)]-propanon-(1)**, *1-(9-bromo-3-phenanthryl)-3-(didecylamino)propan-1-one* $C_{37}H_{54}BrNO$, Formel V (R = $[CH_2]_9$-$CH_3$, X = Br).

*B.* Analog 3-Dimethylamino-1-[9-brom-phenanthryl-(3)]-propanon-(1) [S. 324] (*Schultz et al.*, J. org. Chem. **11** [1946] 314, 317, 318).

Hydrochlorid $C_{37}H_{54}BrNO \cdot HCl$. Krystalle (aus Bzl. + Ae.); F: 110–112,5°.

**9-β-Alanyl-phenanthren, 3-Amino-1-[phenanthryl-(9)]-propanon-(1)** $C_{17}H_{15}NO$.

**3-Dimethylamino-1-[phenanthryl-(9)]-propanon-(1)**, *3-(dimethylamino)-1-(9-phenanthryl)propan-1-one* $C_{19}H_{19}NO$, Formel VI (R = $CH_3$).

*B.* Beim Erhitzen von 1-[Phenanthryl-(9)]-äthanon-(1) mit Dimethylamin-hydrochlorid und Paraformaldehyd in Isoamylalkohol (*van de Kamp, Mosettig*, Am. Soc. **58** [1936] 1568) oder in Benzol und Nitrobenzol unter Zusatz von geringen Mengen wss. Salzsäure (*May, Mosettig*, J. org. Chem. **11** [1946] 105, 107).

Hydrochlorid $C_{19}H_{19}NO \cdot HCl$. Krystalle (aus A. + Ae.); F: 171–171,5° (*v. de K., Mo.*), 169–171° [unkorr.] (*May, Mo.*).

Pikrat $C_{19}H_{19}NO \cdot C_6H_3N_3O_7$. Gelbe Krystalle (aus A.); F: 175–175,5° (*v. de K., Mo.*).

**3-Diäthylamino-1-[phenanthryl-(9)]-propanon-(1)**, *3-(diethylamino)-1-(9-phenanthryl)propan-1-one* $C_{21}H_{23}NO$, Formel VI (R = $C_2H_5$).

*B.* Beim Erhitzen von 1-[Phenanthryl-(9)]-äthanon-(1) mit Diäthylamin-hydrochlorid und Paraformaldehyd in Isoamylalkohol (*van de Kamp, Mosettig*, Am. Soc. **58** [1936] 1568) oder in Benzol unter Zusatz von geringen Mengen wss. Salzsäure (*May, Mosettig*, J. org. Chem. **11** [1946] 105, 107).

Hydrochlorid $C_{21}H_{23}NO \cdot HCl$. Krystalle; F: 135–136° [aus A. + Ae.] (*v. de K., Mo.*), 133–135° [unkorr.] (*May, Mo.*).

Salicylat $C_{21}H_{23}NO \cdot C_7H_6O_3$. Krystalle (aus A. + Ae.); F: 113–113,5° (*v. de K., Mo.*).

**3-Amino-1-[phenanthryl-(9)]-aceton** $C_{17}H_{15}NO$.

**3-Dipentylamino-1-[phenanthryl-(9)]-aceton**, *1-(dipentylamino)-3-(9-phenanthryl)propan-2-one* $C_{27}H_{35}NO$, Formel VII (R = $[CH_2]_4$-$CH_3$).

*B.* Aus 3-Brom-1-[phenanthryl-(9)]-aceton und Dipentylamin in Äther und Aceton (*May, Mosettig*, J. org. Chem. **11** [1946] 636, 639).

Hydrochlorid $C_{27}H_{35}NO \cdot HCl$. Krystalle (aus A. + Ae.); F: 172–173° [unkorr.].

**5-Amino-11-oxo-2.3.6.11-tetrahydro-1*H*-cyclopenta[*a*]anthracen** $C_{17}H_{15}NO$.

**5-Acetamino-11-oxo-2.3.6.11-tetrahydro-1*H*-cyclopenta[*a*]anthracen, *N*-[11-Oxo-2.3.6.11-tetrahydro-1*H*-cyclopenta[*a*]anthracenyl-(5)]-acetamid,** N-(*11-oxo-2,3,6,11-tetrahydro-*1H-*cyclopenta*[*a*]*anthracen-5-yl*)*acetamide* $C_{19}H_{17}NO_2$, Formel VIII.

*B.* Aus 2-[(6-Acetamino-indanyl-(5))-methyl]-benzoesäure beim Erwärmen mit Schwefelsäure (*Kränzlein*, B. **70** [1937] 1952, 1961).

Gelbliche Krystalle (aus Trichlorbenzol); F: 277—278° [nach Braunfärbung bei 272° und Sintern bei 274°; im vorgeheizten Bad].

VII VIII IX

## Amino-Derivate der Oxo-Verbindungen $C_{18}H_{16}O$

**6-Amino-12-oxo-1.2.3.4.7.12-hexahydro-benz[a]anthracen** $C_{18}H_{17}NO$.

**6-Acetamino-12-oxo-1.2.3.4.7.12-hexahydro-benz[*a*]anthracen, *N*-[12-Oxo-1.2.3.4.7.12-hexahydro-benz[*a*]anthracenyl-(6)]-acetamid,** N-(*12-oxo-1,2,3,4,7,12-hexahydrobenz*[a]*anthracen-6-yl*)*acetamide* $C_{20}H_{19}NO_2$, Formel IX.

*B.* Aus 2-[(3-Acetamino-5.6.7.8-tetrahydro-naphthyl-(2))-methyl]-benzoesäure beim Erwärmen mit Schwefelsäure (*Kränzlein*, B. **70** [1937] 1952, 1959).

Gelbliche Krystalle (aus Trichlorbenzol); F: 283° [nach Braunfärbung und Sintern bei 280°; im vorgeheizten Bad].

**17-Oxo-16-aminomethylen-12.13.14.15.16.17-hexahydro-11*H*-cyclopenta[a]phenanthren** $C_{18}H_{17}NO$.

**17-Oxo-16-[(*N*-methyl-anilino)-methylen]-12.13.14.15.16.17-hexahydro-11*H*-cyclopenta[*a*]phenanthren,** 16-[(*N*-Methyl-anilino)-methylen]-11.12.13.14.15.16-hexahydro-cyclopenta[a]phenanthrenon-(17), *16-*[(N-*methylanilino*)*methylene*]-*11,12,13,14,15,16-hexahydro-*17H-*cyclopenta*[a]*phenanthren-17-one* $C_{25}H_{23}NO$, Formel X.

Eine opt.-inakt. Verbindung (gelbliche Krystalle; F: 164°) dieser Konstitution ist aus opt.-inakt. 17-Oxo-12.13.14.15.16.17-hexahydro-11*H*-cyclopenta[*a*]phenanthren-carbaldehyd-(16) (F: 134° [E III **7** 4171]) und *N*-Methyl-anilin in Toluol erhalten worden (*Birch, Jaeger, Robinson*, Soc. **1945** 582, 585).

X XI

## Amino-Derivate der Oxo-Verbindungen $C_{19}H_{18}O$

**17-Oxo-13-methyl-16-aminomethylen-12.13.14.15.16.17-hexahydro-11*H*-cyclopenta[*a*]phenanthren** $C_{19}H_{19}NO$.

**17-Oxo-13-methyl-16-[(*N*-methyl-anilino)-methylen]-12.13.14.15.16.17-hexahydro-11*H*-cyclopenta[*a*]phenanthren,** *13-methyl-16-*[(N-*methylanilino*)*methylene*]-*11,12,13,14,15,16-hexahydro-*17H-*cyclopenta*[a]*phenanthren-17-one* $C_{26}H_{25}NO$.

**(±)-17-Oxo-13*r*-methyl-16-[(*N*-methyl-anilino)-methylen-(ξ)]-(14*cH*)-12.13.14.15.16.17-hexahydro-11*H*-cyclopenta[*a*]phenanthren, *rac*-16-[(*N*-Methyl-anilino)-methylen-(ξ)]-13α-östrapentaen-(1.3.5.7.9)-on-(17),** Formel XI + Spiegelbild, **vom F: 150°.**

*B.* Aus opt.-inakt. 17-Oxo-16-[(*N*-methyl-anilino)-methylen]-12.13.14.15.16.17-hexa-

hydro-11*H*-cyclopenta[*a*]phenanthren (S. 326) beim Erwärmen mit Natriumamid in Benzol und anschliessend mit Methyljodid (*Birch, Jaeger, Robinson*, Soc. **1945** 582, 585).
Krystalle (aus Me.); F: 149—150°.
Beim Erhitzen mit wss. Salzsäure und Erhitzen des Reaktionsprodukts mit wss. Natronlauge ist 17-Oxo-13*r*-methyl-(14*cH*)-12.13.14.15.16.17-hexahydro-11*H*-cyclopenta[*a*]phenanthren (E III **7** 2483) erhalten worden.

## Amino-Derivate der Oxo-Verbindungen $C_{20}H_{20}O$

**3-[α-Amino-benzyl]-1-benzyliden-cyclohexanon-(2)** $C_{20}H_{21}NO$.

**3-[α-Benzylidenamino-benzyl]-1-benzyliden-cyclohexanon-(2)**, *2-benzylidene-6-[α-(benzylideneamino)benzyl]cyclohexanone* $C_{27}H_{25}NO$, Formel XII.

**Opt.-inakt. 3-[α-Benzylidenamino-benzyl]-1-benzyliden-cyclohexanon-(2) vom F: 171°.**
*B.* Neben anderen Verbindungen beim Behandeln von Benzaldehyd mit Cyclohexanon und äthanol. Ammoniak (*Pirrone*, G. **65** [1935] 909, 915, 921).
Gelbliche Krystalle (aus A.); F: 170—171°.

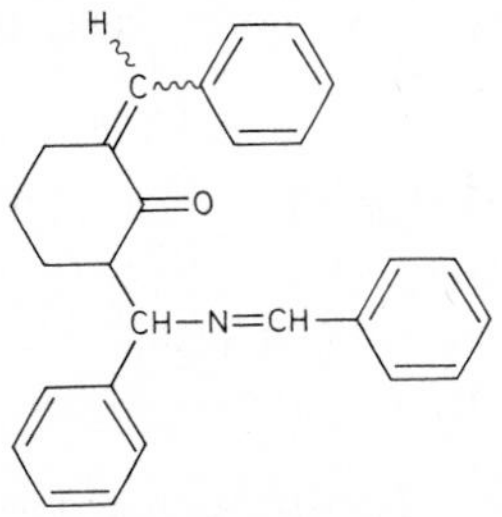

XII 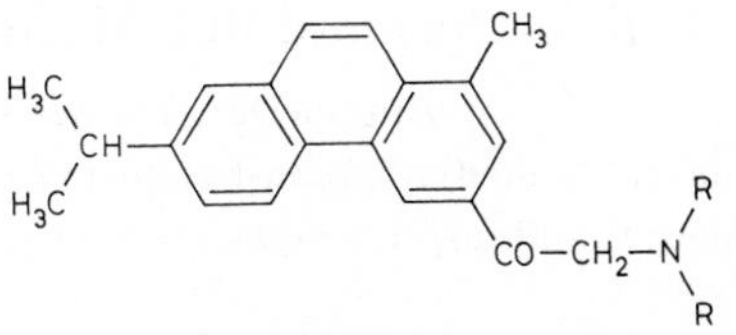 XIII

**1-Methyl-7-isopropyl-3-glycyl-phenanthren, 2-Amino-1-[1-methyl-7-isopropyl-phenanthryl-(3)]-äthanon-(1)** $C_{20}H_{21}NO$.

**2-Diäthylamino-1-[1-methyl-7-isopropyl-phenanthryl-(3)]-äthanon-(1)**, *(diethylamino)methyl 7-isopropyl-1-methyl-3-phenanthryl ketone* $C_{24}H_{29}NO$, Formel XIII ($R = C_2H_5$).
*B.* Aus 2-Brom-1-[1-methyl-7-isopropyl-phenanthryl-(3)]-äthanon-(1) beim Behandeln mit Diäthylamin in Äther (*Dodd, Schramm, Elderfield*, J. org. Chem. **11** [1946] 253, 255, 256).
Hydrobromid $C_{24}H_{29}NO \cdot HBr$. Krystalle (aus E.); F: 163—164° [korr.].

**2-Dibutylamino-1-[1-methyl-7-isopropyl-phenanthryl-(3)]-äthanon-(1)**, *(dibutylamino)methyl 7-isopropyl-1-methyl-3-phenanthryl ketone* $C_{28}H_{37}NO$, Formel XIII ($R = [CH_2]_3\text{-}CH_3$).
*B.* Analog der im vorangehenden Artikel beschriebenen Verbindung (*Dodd, Schramm, Elderfield*, J. org. Chem. **11** [1946] 253, 255, 256).
Pikrat $C_{28}H_{37}NO \cdot C_6H_3N_3O_7$. Krystalle (aus A.); F: 152—152,5° [korr.].

**3-Amino-1-methyl-7-isopropyl-9-acetyl-phenanthren, 1-[3-Amino-1-methyl-7-isopropyl-phenanthryl-(9)]-äthanon-(1)**, *3-amino-7-isopropyl-1-methyl-9-phenanthryl methyl ketone* $C_{20}H_{21}NO$, Formel XIV (R = H).
*B.* Aus *N*-[1-Methyl-7-isopropyl-9-acetyl-phenanthryl-(3)]-acetamid beim Erwärmen mit wss. Salzsäure und Äthanol (*Elderfield, Dodd, Gensler*, J. org. Chem. **12** [1947] 393, 401).
Gelbliche Krystalle; F: 174,5—175,5° [korr.].
Hydrochlorid. Zers. bei 216°.

**3-Acetamino-1-methyl-7-isopropyl-9-acetyl-phenanthren, *N*-[1-Methyl-7-isopropyl-9-acetyl-phenanthryl-(3)]-acetamid**, N-*(9-acetyl-7-isopropyl-1-methyl-3-phenanthryl)acetamide* $C_{22}H_{23}NO_2$, Formel XIV ($R = CO\text{-}CH_3$).
*B.* Beim Erwärmen von *N*-[1-Methyl-7-isopropyl-phenanthryl-(3)]-acetamid mit Acetanhydrid und Aluminiumchlorid in Schwefelkohlenstoff (*Elderfield, Dodd, Gensler*, J. org. Chem. **12** [1947] 393, 401).
Krystalle (aus Acn.); F: 265,5—266,5° [korr.].

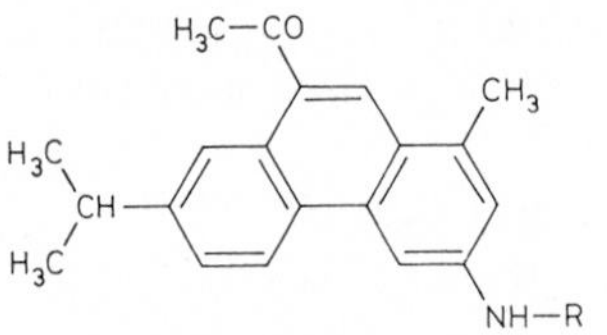

XIV 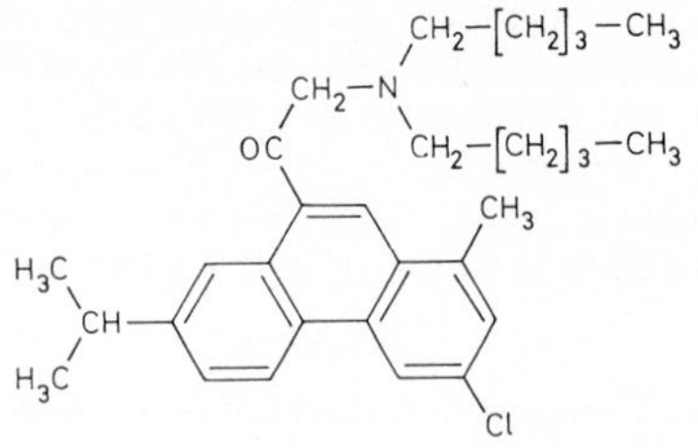 XV

**1-Methyl-7-isopropyl-9-glycyl-phenanthren, 2-Amino-1-[1-methyl-7-isopropyl-phenanthryl-(9)]-äthanon-(1)** $C_{20}H_{21}NO$.

**2-Dipentylamino-1-[3-chlor-1-methyl-7-isopropyl-phenanthryl-(9)]-äthanon-(1),** *3-chloro-7-isopropyl-1-methyl-9-phenanthryl (dipentylamino)methyl ketone* $C_{30}H_{40}ClNO$, Formel XV.

*B.* Aus 2-Brom-1-[3-chlor-1-methyl-7-isopropyl-phenanthryl-(9)]-äthanon-(1) und Dipentylamin in Äther (*Elderfield, Dodd, Gensler,* J. org. Chem. **12** [1947] 393, 403).

Hydrochlorid. Krystalle (aus A.); F: 193,5—195° [korr.].

## Amino-Derivate der Monooxo-Verbindungen $C_nH_{2n-22}O$

### Amino-Derivate der Oxo-Verbindungen $C_{17}H_{12}O$

**5-Amino-1.5-diphenyl-penten-(4)-in-(1)-on-(3)** $C_{17}H_{13}NO$ s. E III 7 4215.

**5-[N-Methyl-anilino]-1.5-diphenyl-penten-(4)-in-(1)-on-(3),** *1-(N-methylanilino)-1,5-diphenylpent-1-en-4-yn-3-one* $C_{24}H_{19}NO$, Formel I.

Eine Verbindung (gelbe Krystalle [aus A.]; F: 108°) dieser Konstitution ist aus 1.5-Diphenyl-pentadiin-(1.4)-on-(3) und *N*-Methyl-anilin in Äthanol erhalten worden (*Chauvelier,* A. ch. [12] **3** [1948] 393, 442).

**2-Amino-1-benzoyl-naphthalin, Phenyl-[2-amino-naphthyl-(1)]-keton,** *2-amino-1-naphthyl phenyl ketone* $C_{17}H_{13}NO$, Formel II (R = H).

*B.* Aus *N*-[1-Benzoyl-naphthyl-(2)]-benzamid beim Erwärmen mit wss.-äthanol. Kalilauge (*Dziewoński, Kwieciński, Sternbach,* Bl. Acad. polon. [A] **1934** 329, 331).

Gelbe Krystalle (aus A.); F: 167,5—168,5° (*Dz., Kw., St.*). UV-Spektrum (Cyclohexan): *Friedel, Orchin,* Ultraviolet Spectra of Aromatic Compounds [New York 1951] Nr. 284.

Überführung in 1-Phenyl-3*H*-benz[*e*]indazol durch Behandeln mit wss. Salzsäure und Natriumnitrit und Behandeln der Reaktionslösung mit Zinn(II)-chlorid in wss. Salzsäure: *Corbellini, Botrugno, Villa,* G. **66** [1936] 186, 189. Beim Erwärmen mit Schwefelkohlenstoff und Kaliumhydroxid in Äthanol ist *N.N'.N''*-Tris-[1-benzoyl-naphthyl-(2)]-guanidin, beim Erwärmen mit Schwefelkohlenstoff und Schwefel in Äthanol ist *N.N'*-Bis-[1-benzoyl-naphthyl-(2)]-thioharnstoff erhalten worden (*Dz., Kw., St.,* l. c. S. 330, 335). Bildung von 3-Hydroxy-1-phenyl-benzo[*f*]chinolin beim Erhitzen mit Acetanhydrid und Natriumacetat auf 180° sowie Bildung von 1.3-Diphenyl-benzo[*f*]chinolin beim Erhitzen mit Acetophenon auf 210° und Eintragen von Zinkchlorid in das Reaktionsgemisch: *Dz., Kw., St.,* l. c. S. 330, 334, 336.

Pikrat $C_{17}H_{13}NO \cdot C_6H_3N_3O_7$. Grüngelbe Krystalle; F: 156—157° (*Dz., Kw., St.*).

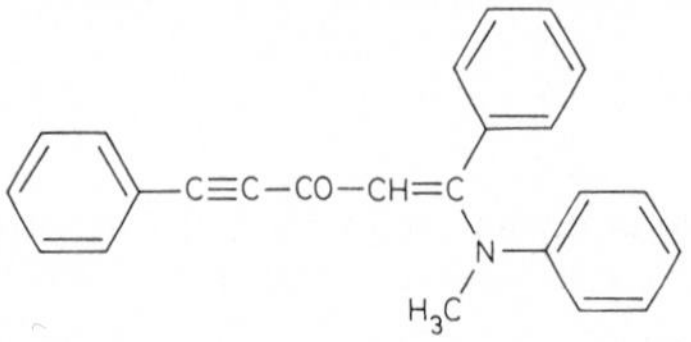

I 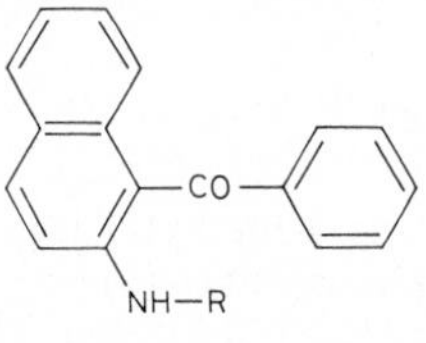 II

**2-Benzylamino-1-benzoyl-naphthalin, Phenyl-[2-benzylamino-naphthyl-(1)]-keton,** *2-(benzylamino)-1-naphthyl phenyl ketone* $C_{24}H_{19}NO$, Formel II (R = $CH_2$-$C_6H_5$).

*B.* Aus 2-Amino-1-benzoyl-naphthalin und Benzylchlorid in Äthanol (*Dziewoński,*

*Kwieciński, Sternbach,* Bl. Acad. polon. [A] **1934** 329, 332).
Gelbe Krystalle (aus A.); F: 129–130°.

**2-Acetamino-1-benzoyl-naphthalin, *N*-[1-Benzoyl-naphthyl-(2)]-acetamid,** N-(*1-benzoyl-2-naphthyl)acetamide* $C_{19}H_{15}NO_2$, Formel II (R = $CO-CH_3$).
*B.* Aus 2-Amino-1-benzoyl-naphthalin und Acetanhydrid (*Dziewoński, Kwieciński, Sternbach,* Bl. Acad. polon. [A] **1934** 329, 332).
Krystalle (aus A.); F: 136–137°.

**2-Benzamino-1-benzoyl-naphthalin, *N*-[1-Benzoyl-naphthyl-(2)]-benzamid,** N-(*1-benzoyl-2-naphthyl)benzamide* $C_{24}H_{17}NO_2$, Formel II (R = $CO-C_6H_5$).
*B.* Beim Eintragen von Zinkchlorid in ein Gemisch von Naphthyl-(2)-amin und Benzoylchlorid bei 180° (*Dziewoński, Kwieciński, Sternbach,* Bl. Acad. polon. [A] **1934** 329, 331).
Krystalle (aus A.); F: 155,5–156,5° (*Dz., Kw., St.*). UV-Spektrum (Cyclohexan): *Friedel, Orchin,* Ultraviolet Spectra of Aromatic Compounds [New York 1951] Nr. 286.

***N.N'*-Bis-[1-benzoyl-naphthyl-(2)]-harnstoff,** *1,3-bis(1-benzoyl-2-naphthyl)urea* $C_{35}H_{24}N_2O_3$, Formel III (X = O).
*B.* Beim Erwärmen von 2-Amino-1-benzoyl-naphthalin in Chloroform mit Phosgen in Toluol (*Dziewoński, Kwieciński, Sternbach,* Bl. Acad. polon. [A] **1934** 329, 336).
Krystalle (aus Nitrobenzol); F: 230°.

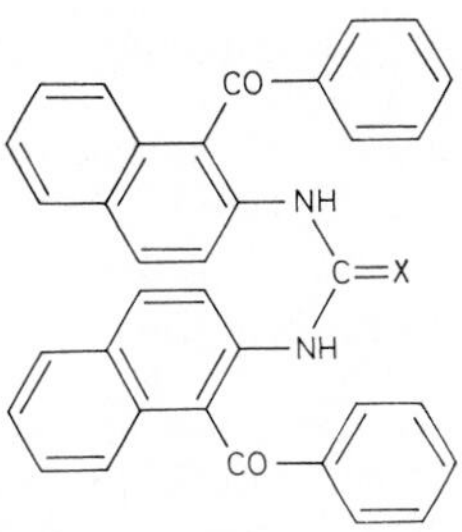

III 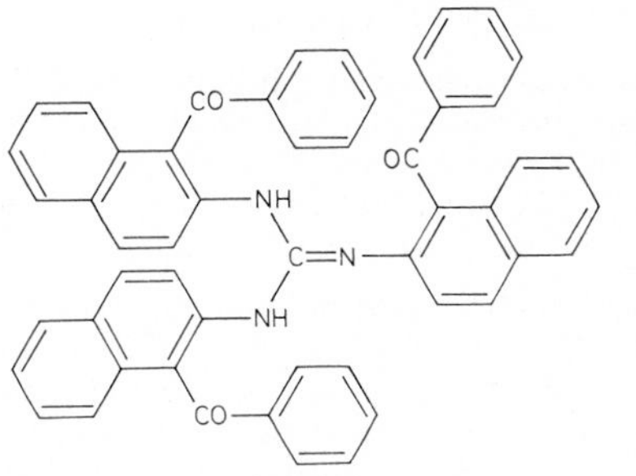 IV

***N.N'.N''*-Tris-[1-benzoyl-naphthyl-(2)]-guanidin,** N,N',N''-*tris(1-benzoyl-2-naphthyl)guanidine* $C_{52}H_{35}N_3O_3$, Formel IV.
*B.* Beim Erwärmen von 2-Amino-1-benzoyl-naphthalin mit Schwefelkohlenstoff und Kaliumhydroxid in Äthanol (*Dziewoński, Kwieciński, Sternbach,* Bl. Acad. polon. [A] **1934** 329, 335).
Krystalle (aus Nitrobenzol); F: 285°.

***N.N'*-Bis-[1-benzoyl-naphthyl-(2)]-thioharnstoff,** *1,3-bis(1-benzoyl-2-naphthyl)thiourea* $C_{35}H_{24}N_2O_2S$, Formel III (X = S).
*B.* Beim Erwärmen von 2-Amino-1-benzoyl-naphthalin mit Schwefelkohlenstoff und Schwefel in Äthanol (*Dziewoński, Kwieciński, Sternbach,* Bl. Acad. polon. [A] **1934** 329, 335).
Krystalle (aus Bzl.), die je nach der Geschwindigkeit des Erhitzens zwischen 184° und 193° schmelzen.

**2-[3-Hydroxy-naphthoyl-(2)-amino]-1-benzoyl-naphthalin, 3-Hydroxy-*N*-[1-benzoyl-naphthyl-(2)]-naphthamid-(2),** N-(*1-benzoyl-2-naphthyl)-3-hydroxy-2-naphthamide* $C_{28}H_{19}NO_3$, Formel V.
*B.* Beim Behandeln von 3-Hydroxy-naphthoesäure-(2) mit Phosphor(III)-chlorid in Chlorbenzol und anschliessenden Erhitzen mit 2-Amino-1-benzoyl-naphthalin (*Dziewoński, Kwieciński, Sternbach,* Bl. Acad. polon. [A] **1934** 329, 333).
Gelbliche Krystalle (aus Eg.); F: 257–258°.

**4-Amino-1-benzoyl-naphthalin, Phenyl-[4-amino-naphthyl-(1)]-keton,** *4-amino-1-naphthyl phenyl ketone* $C_{17}H_{13}NO$, Formel VI (R = X = H).
*B.* Aus *N*-[4-Benzoyl-naphthyl-(1)]-benzamid beim Erwärmen mit wss.-äthanol. Kali=

lauge (*I.G. Farbenind.*, D.R.P. 551586 [1929]; Frdl. **18** 590; *Dziewoński, Sternbach*, Roczniki Chem. **13** [1933] 704, 705, 710; C. **1934** I 2590).

Gelbe Krystalle; F: 105—106° [aus Bzl. oder wss. A.] (*Dz.*, *St.*), 104° [aus A.] (*I.G. Farbenind.*).

Pikrat $C_{17}H_{13}NO \cdot C_6H_3N_3O_7$. Rote Krystalle; F: 142° (*Dz.*, *St.*).

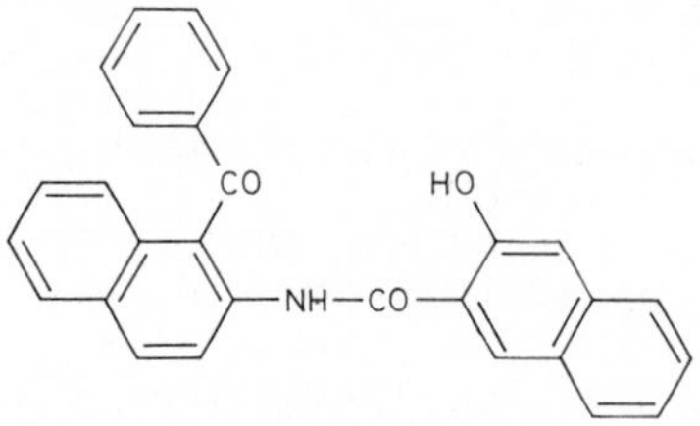

V 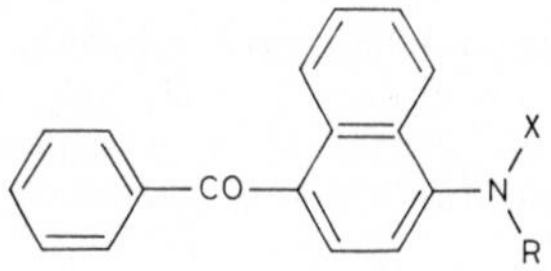 VI

**4-Dimethylamino-1-benzoyl-naphthalin, Phenyl-[4-dimethylamino-naphthyl-(1)]-keton,** *4-(dimethylamino)-1-naphthyl phenyl ketone* $C_{19}H_{17}NO$, Formel VI (R = X = $CH_3$).

*B.* Beim Behandeln von Dimethyl-[naphthyl-(1)]-amin mit *N*-Phenyl-benzimidoylchlorid und Aluminiumchlorid in Äther und Erhitzen des Reaktionsprodukts mit wss. Salzsäure (*Shah, Ichaporia*, Soc. **1935** 894).

Gelbliche Krystalle (aus Bzn.); F: 102—104°.

Oxim $C_{19}H_{18}N_2O$. Gelbliche Krystalle (aus A.); F: 212—215°.

**4-Acetamino-1-benzoyl-naphthalin, *N*-[4-Benzoyl-naphthyl-(1)]-acetamid,** N-*(4-benzoyl-1-naphthyl)acetamide* $C_{19}H_{15}NO_2$, Formel VI (R = CO-$CH_3$, X = H).

*B.* Beim Erwärmen von *N*-[Naphthyl-(1)]-acetamid mit Benzoylchlorid und Aluminiumchlorid in Schwefelkohlenstoff (*I.G. Farbenind.*, D.R.P. 551586 [1929]; Frdl. **18** 590).

Krystalle (aus A.); F: 155—156°.

**4-Benzamino-1-benzoyl-naphthalin, *N*-[4-Benzoyl-naphthyl-(1)]-benzamid,** N-*(4-benzoyl-1-naphthyl)benzamide* $C_{24}H_{17}NO_2$, Formel VII (X = H).

*B.* Beim Erwärmen von Naphthyl-(1)-amin mit Benzoylchlorid und Aluminiumchlorid in Schwefelkohlenstoff (*I.G. Farbenind.*, D.R.P. 551586 [1929]; Frdl. **18** 590). Beim Erwärmen von *N*-[Naphthyl-(1)]-benzamid mit Benzoylchlorid und Aluminiumchlorid (*I.G. Farbenind.*). Beim Erhitzen von Naphthyl-(1)-amin oder von *N*-[Naphthyl-(1)]-benzamid mit Benzoylchlorid auf 180° und Eintragen von Zinkchlorid in das jeweilige Reaktionsgemisch (*Dziewoński, Sternbach*, Roczniki Chem. **13** [1933] 704, 705, 709; C. **1934** I 2590).

Krystalle; F: 178—179° [aus Bzl.] (*I.G. Farbenind.*), 178° [aus Bzl., Eg. oder Xylol] (*Dz.*, *St.*).

**4-Benzamino-1-[4-chlor-benzoyl]-naphthalin, *N*-[4-(4-Chlor-benzoyl)-naphthyl-(1)]-benzamid,** N-*[4-(4-chlorobenzoyl)-1-naphthyl]benzamide* $C_{24}H_{16}ClNO_2$, Formel VII (X = Cl).

*B.* Beim Erwärmen von *N*-[Naphthyl-(1)]-benzamid mit 4-Chlor-benzoylchlorid und Aluminiumchlorid in Schwefelkohlenstoff (*I.G. Farbenind.*, D.R.P. 551586 [1929]; Frdl. **18** 590).

Krystalle (aus Bzl.); F: 185—187°.

**4-Benzamino-1-[4-brom-benzoyl]-naphthalin, *N*-[4-(4-Brom-benzoyl)-naphthyl-(1)]-benzamid,** N-*[4-(4-bromobenzoyl)-1-naphthyl]benzamide* $C_{24}H_{16}BrNO_2$, Formel VII (X = Br).

*B.* Analog der im vorangehenden Artikel beschriebenen Verbindung (*I.G. Farbenind.*, D.R.P. 551586 [1929]; Frdl. **18** 590).

Gelbliche Krystalle (aus Bzl.); F: 193—195°.

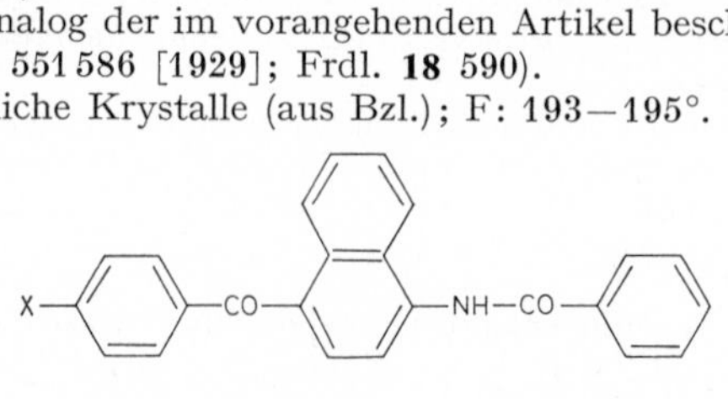

VII 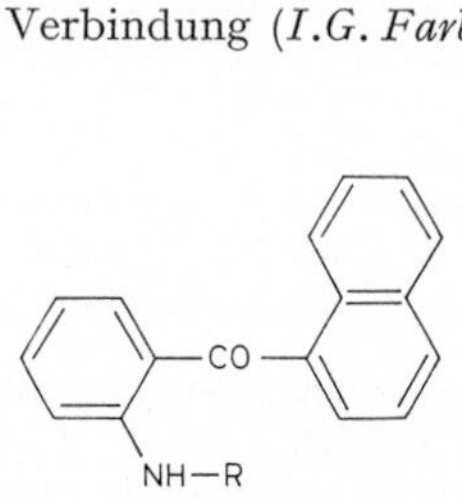 VIII

**1-Anthraniloyl-naphthalin, [2-Amino-phenyl]-[naphthyl-(1)]-keton,** *o-aminophenyl 1-naphthyl ketone* $C_{17}H_{13}NO$, Formel VIII (R = H) (H 120).

*B.* Aus [2-Acetamino-phenyl]-[naphthyl-(1)]-keton (*Lothrop, Goodwin,* Am. Soc. **65** [1943] 363, 366).

Gelbe Krystalle (aus A.); F: 138°.

**[2-Acetamino-phenyl]-[naphthyl-(1)]-keton, Essigsäure-[2-(naphthoyl-(1))-anilid],** *2'-(1-naphthoyl)acetanilide* $C_{19}H_{15}NO_2$, Formel VIII (R = CO-$CH_3$).

*B.* Beim Behandeln einer Lösung von 4-Oxo-2-methyl-4*H*-benz[*d*][1.3]oxazin in Benzol mit Naphthyl-(1)-magnesiumbromid in Äther (*Lothrop, Goodwin,* Am. Soc. **65** [1943] 363, 366).

Krystalle (aus A.); F: 125°.

**[4-Amino-phenyl]-[naphthyl-(1)]-keton** $C_{17}H_{13}NO$.

**[4-Dimethylamino-phenyl]-[naphthyl-(1)]-keton,** *p-(dimethylamino)phenyl 1-naphthyl ketone* $C_{19}H_{17}NO$, Formel IX (H 120).

Gelbliche Krystalle (aus A.); F: 115—116° (*Shah, Deshpande, Chaubal,* Soc. **1932** 642, 647).

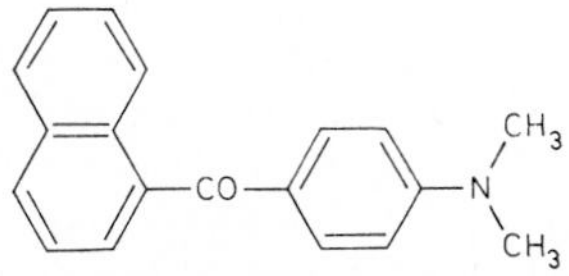

IX 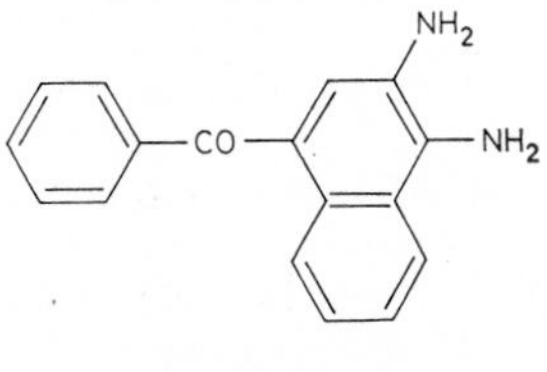 X

**3.4-Diamino-1-benzoyl-naphthalin, Phenyl-[3.4-diamino-naphthyl-(1)]-keton,** *3,4-diamino-1-naphthyl phenyl ketone* $C_{17}H_{14}N_2O$, Formel X.

*B.* Beim Behandeln einer heissen Lösung von Phenyl-[3-phenylazo-4-amino-naphthyl-(1)]-keton in wss. Äthanol mit Natriumdithionit (*Dziewoński, Sternbach,* Roczniki Chem. **13** [1933] 704, 706, 711; C. **1934** I 2590).

Gelbe Krystalle (aus A.); F: 198°.

**[4-Amino-phenyl]-[4-amino-naphthyl-(1)]-keton** $C_{17}H_{14}N_2O$.

**[4-Dimethylamino-phenyl]-[4-dimethylamino-naphthyl-(1)]-keton,** *4-(dimethylamino)-1-naphthyl p-(dimethylamino)phenyl ketone* $C_{21}H_{22}N_2O$, Formel XI.

*B.* Beim Behandeln des aus 4-Dimethylamino-naphthoesäure-(1) mit Hilfe von Thionylchlorid hergestellten Säurechlorids mit *N.N*-Dimethyl-anilin und Aluminiumchlorid in 1.1.2.2-Tetrachlor-äthan (*Gokhle, Mason,* Soc. **1931** 118, 125).

Krystalle (aus Ae.); F: 128,5—129°.

**1-Amino-2-benzoyl-naphthalin, Phenyl-[1-amino-naphthyl-(2)]-keton,** *1-amino-2-naphthyl phenyl ketone* $C_{17}H_{13}NO$, Formel XII (R = H, X = O).

*B.* Neben grösseren Mengen *N*-[Naphthyl-(1)]-benzamid beim Erhitzen von Naphthyl-(1)-amin mit Benzoesäure in Gegenwart von Bleicherde bis auf 220° (*Rhein. Kampfer-Fabr.*, D.R.P. 621454 [1931]; Frdl. **22** 317; U.S.P. 1995402 [1932]). Aus (±)-4-Hydroxy-2.4-diphenyl-4*H*-naphth[1.2-*d*][1.3]oxazin beim Erhitzen mit wss.-äthanol. Kalilauge auf 170° (*Dziewoński, Sternbach,* Roczniki Chem. **13** [1933] 704, 709, 715; C. **1934** I 2590).

Krystalle (aus A.); F: 86° (*Rhein. Kampfer-Fabr.*). $Kp_{14}$: 263—265° (*Dz., St.*).

Pikrat $C_{17}H_{13}NO \cdot C_6H_3N_3O_7$. Krystalle (aus A.); F: 200—201° (*Dz., St.*).

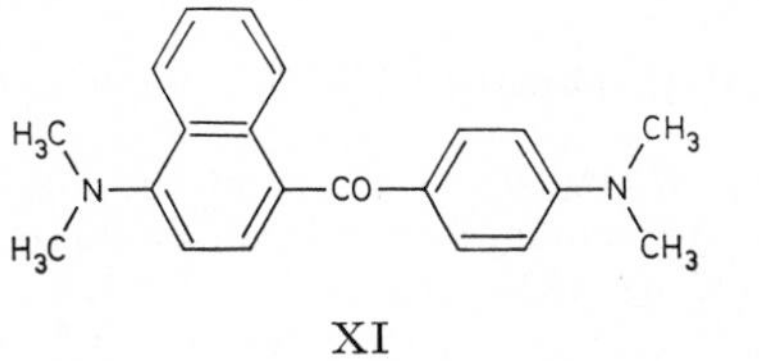

XI 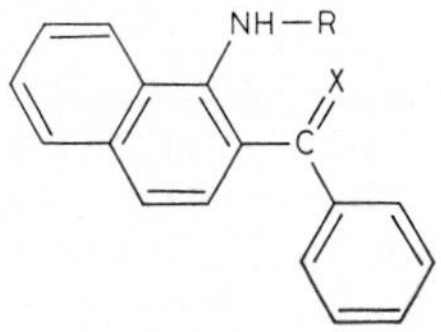 XII

**1-Amino-2-benzohydroximoyl-naphthalin, Phenyl-[1-amino-naphthyl-(2)]-keton-oxim,** *1-amino-2-naphthyl phenyl ketone oxime* $C_{17}H_{14}N_2O$, Formel XII (R = H, X = NOH).

*B.* Aus 1-Benzamino-2-benzohydroximoyl-naphthalin beim Erhitzen mit wss. Natronlauge (*Dziewoński, Sternbach*, Roczniki Chem. **13** [1933] 704, 716; C. **1934** I 2590).

Krystalle (aus Bzl.); F: 178°

**1-Acetamino-2-benzoyl-naphthalin, *N*-[2-Benzoyl-naphthyl-(1)]-acetamid,** N-(*2-benzoyl-1-naphthyl)acetamide* $C_{19}H_{15}NO_2$, Formel XII (R = CO-$CH_3$, X = O).

*B.* Aus 1-Amino-2-benzoyl-naphthalin und Acetanhydrid (*Dziewoński, Sternbach*, Roczniki Chem. **13** [1933] 704, 716; C. **1934** I 2590).

Krystalle; F: 194—195°.

**1-Benzamino-2-benzoyl-naphthalin, *N*-[2-Benzoyl-naphthyl-(1)]-benzamid,** N-(*2-benzoyl-1-naphthyl)benzamide* $C_{24}H_{17}NO_2$, Formel XII (R = CO-$C_6H_5$, X = O).

*B.* Aus 1-Amino-2-benzoyl-naphthalin und Benzoylchlorid (*Dziewoński, Sternbach*, Roczniki Chem. **13** [1933] 704, 716; C. **1934** I 2590).

Krystalle (aus Bzl.); F: 202°.

**1-Benzamino-2-benzohydroximoyl-naphthalin, *N*-[2-Benzohydroximoyl-naphthyl-(1)]-benzamid,** N-(*2-benzohydroximoyl-1-naphthyl)benzamide* $C_{24}H_{18}N_2O_2$, Formel XII (R = CO-$C_6H_5$, X = NOH).

*B.* Aus 2.5-Diphenyl-naphth[2.1-*d*][1.2.6]oxadiazepin beim Erwärmen mit äthanol. Kalilauge (*Dziewoński, Sternbach*, Bl. Acad. polon. [A] **1935** 327, 329). Aus (±)-4-Hydroxy-2.4-diphenyl-4*H*-naphth[1.2-*d*][1.3]oxazin beim Erwärmen mit Hydroxylamin-hydrochlorid und Natriumcarbonat in wss. Äthanol (*Dziewoński, Sternbach*, Roczniki Chem. **13** [1933] 704, 709, 716; C. **1934** I 2590). Aus (±)-2-Hydroxy-2.4-diphenyl-3-[naphthyl-(1)]-2.3-dihydro-benzo[*h*]chinazolin beim Erwärmen mit Hydroxylamin-hydrochlorid in Äthanol (*Dz., St.*, Bl. Acad. [A] **1935** 329).

Krystalle (aus A.); F: 211° [Zers.] (*Dz., St.*, Roczniki Chem. **13** 716).

Beim Einleiten von Chlorwasserstoff in eine heisse Lösung in Acetanhydrid ist 2.5-Diphenyl-naphth[2.1-*d*][1.2.6]oxadiazepin erhalten worden (*Dz., St.*, Roczniki Chem. **13** 717).

**3-Amino-2-benzoyl-naphthalin, Phenyl-[3-amino-naphthyl-(2)]-keton,** *3-amino-2-naphthyl phenyl ketone* $C_{17}H_{13}NO$, Formel I (R = H).

*B.* Aus 3-Acetamino-2-benzoyl-naphthalin (*Lothrop, Goodwin*, Am. Soc. **65** [1943] 363, 366).

Orangegelbe Krystalle (aus A.); F: 114°.

Beim Behandeln mit wss. Salzsäure und Natriumnitrit und Erwärmen der Reaktionslösung sind 11-Oxo-11*H*-benzo[*b*]fluoren und Phenyl-[3-hydroxy-naphthyl-(2)]-keton erhalten worden.

**3-Acetamino-2-benzoyl-naphthalin, *N*-[3-Benzoyl-naphthyl-(2)]-acetamid,** N-(*3-benzoyl-2-naphthyl)acetamide* $C_{19}H_{15}NO_2$, Formel I (R = CO-$CH_3$).

*B.* Neben geringen Mengen Diphenyl-[3-acetamino-naphthyl-(2)]-methanol beim Behandeln von 4-Oxo-2-methyl-4*H*-naphth[2.3-*d*][1.3]oxazin in Benzol mit Phenylmagnesiumbromid in Äther (*Lothrop, Goodwin*, Am. Soc. **65** [1943] 363, 366).

Gelbe Krystalle (aus A.); F: 141—145°

CO NH—R I

$H_2N$ CO II

**2-Anthraniloyl-naphthalin, [2-Amino-phenyl]-[naphthyl-(2)]-keton,** o-*aminophenyl 2-naphthyl ketone* $C_{17}H_{13}NO$, Formel II.

*B.* Beim Behandeln von 4-Oxo-2-methyl-4*H*-benz[*d*][1.3]oxazin mit Naphthyl-(2)-magnesiumbromid in Äther und Benzol und Behandeln des Reaktionsprodukts mit wss.-äthanol. Salzsäure (*Lothrop, Goodwin*, Am. Soc. **65** [1943] 363, 366).

Gelbe Krystalle (aus Me.); F: 106°.

**[4-Amino-phenyl]-[naphthyl-(2)]-keton** $C_{17}H_{13}NO$.

**[4-Dimethylamino-phenyl]-[naphthyl-(2)]-keton,** p-*(dimethylamino)phenyl 2-naphthyl ketone* $C_{19}H_{17}NO$, Formel III (H 122).

Gelbe Krystalle (aus A.); F: 128—129° (*Shah, Deshpande, Chaubal*, Soc. **1932** 642, 647).

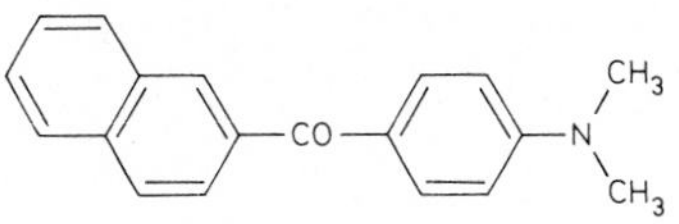

III 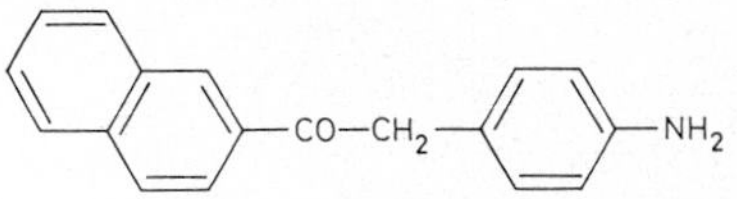 IV

Amino-Derivate der Oxo-Verbindungen $C_{18}H_{14}O$

**1-[4-Amino-phenyl]-2-[naphthyl-(2)]-äthanon-(2),** *4-aminobenzyl 2-naphthyl ketone* $C_{18}H_{15}NO$, Formel IV.

*B.* Aus 1-[4-Nitro-phenyl]-2-[naphthyl-(2)]-äthanon-(2) beim Erwärmen mit Eisen und wss.-äthanol. Salzsäure (*Lespagnol, Cheymol, Devulder*, Rev. scient. **80** [1942] 277, 278).

Hydrochlorid $C_{18}H_{15}NO \cdot HCl$. Krystalle (aus wss. Salzsäure); F: 257—258°.

**4-Amino-1-*p*-toluoyl-naphthalin, *p*-Tolyl-[4-amino-naphthyl-(1)]-keton** $C_{18}H_{15}NO$.

**4-Benzamino-1-*p*-toluoyl-naphthalin, *N*-[4-*p*-Toluoyl-naphthyl-(1)]-benzamid,** N-*(4-*p*-toluoyl-1-naphthyl)benzamide* $C_{25}H_{19}NO_2$, Formel V.

*B.* Beim Erwärmen von *N*-[Naphthyl-(1)]-benzamid mit *p*-Toluoylchlorid und Aluminiumchlorid in Schwefelkohlenstoff (*I.G. Farbenind.*, D.R.P. 581586 [1929]; Frdl. **18** 590).

Gelbliche Krystalle (aus A.); F: 202—204°.

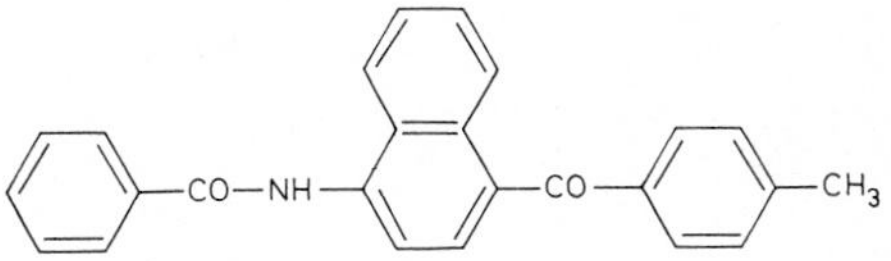

V 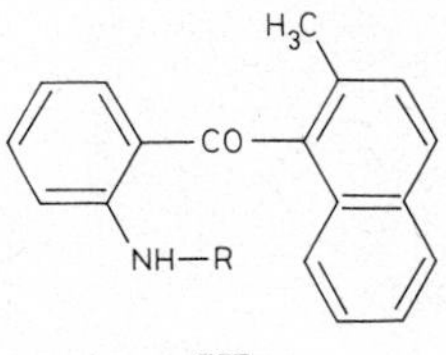 VI

**2-Methyl-1-anthraniloyl-naphthalin, [2-Amino-phenyl]-[2-methyl-naphthyl-(1)]-keton,** o-*aminophenyl 2-methyl-1-naphthyl ketone* $C_{18}H_{15}NO$, Formel VI (R = H).

*B.* Aus 2-Methyl-1-[*N*-acetyl-anthraniloyl]-naphthalin (*Lothrop, Goodwin*, Am. Soc. **65** [1943] 363, 366).

Gelbe Krystalle; F: 114°.

**2-Methyl-1-[*N*-acetyl-anthraniloyl]-naphthalin, Essigsäure-[2-(2-methyl-naphthoyl-(1))-anilid],** *2'-(2-methyl-1-naphthoyl)acetanilide* $C_{20}H_{17}NO_2$, Formel VI (R = CO-$CH_3$).

*B.* Beim Behandeln von 4-Oxo-2-methyl-4*H*-benz[*d*][1.3]oxazin mit 2-Methyl-naphthyl-(1)-magnesium-bromid in Äther und Benzol (*Lothrop, Goodwin*, Am. Soc. **65** [1943] 363, 366).

Gelbbraune Krystalle (aus wss. A.); F: 132°.

Amino-Derivate der Oxo-Verbindungen $C_{19}H_{16}O$

**7-Phenyl-1-[4-amino-phenyl]-heptatrien-(1.4.6)-on-(3)** $C_{19}H_{17}NO$.

**7-Phenyl-1-[4-dimethylamino-phenyl]-heptatrien-(1.4.6)-on-(3),** *1-[*p*-(dimethylamino)phenyl]-7-phenylhepta-1,4,6-trien-3-one* $C_{21}H_{21}NO$.

**7*t*-Phenyl-1*t*-[4-dimethylamino-phenyl]-heptatrien-(1.4ξ.6)-on-(3) vom F: 150°,** vermutlich **7*t*-Phenyl-1*t*-[4-dimethylamino-phenyl]-heptatrien-(1.4*t*.6)-on-(3),** Formel VII.

*B.* Beim Erwärmen von 1*t*-[4-Dimethylamino-phenyl]-buten-(1)-on-(3) mit *trans*-Zimtaldehyd in Äthanol unter Zusatz von wss. Natronlauge (*Rupe, Collin, Sigg*, Helv. **14** [1931] 1355, 1367).

Rote Krystalle (aus A. + Bzl.); F: 150°.

Methojodid; Tri-*N*-methyl-4-[3-oxo-7*t*-phenyl-heptatrien-(1.4*t*(?).6)-yl-(*t*)]-anilinium-jodid $[C_{22}H_{24}NO]I$. Gelbbraune Krystalle (aus Me.); F: 175°.

VII VIII

**5-Amino-1.2-dimethyl-4-[naphthoyl-(1)]-benzol, [6-Amino-3.4-dimethyl-phenyl]-[naphthyl-(1)]-keton,** *6-amino-3,4-xylyl 1-naphthyl ketone* $C_{19}H_{17}NO$, Formel VIII.

*B.* Beim Behandeln von Essigsäure-[3.4-dimethyl-anilid] mit Naphthoyl-(1)-chlorid und Aluminiumchlorid in Schwefelkohlenstoff und Erhitzen des Reaktionsprodukts mit wss. Salzsäure (*I.G. Farbenind.*, D.R.P. 630021 [1934]; Frdl. **23** 234; *Gen. Aniline Works*, U.S.P. 2078538 [1935]).

Krystalle (aus wss. Me.); F: 113—116°.

**5-Amino-1.2-dimethyl-4-[naphthoyl-(2)]-benzol, [6-Amino-3.4-dimethyl-phenyl]-[naphthyl-(2)]-keton,** *6-amino-3,4-xylyl 2-naphthyl ketone* $C_{19}H_{17}NO$, Formel IX.

*B.* Beim Behandeln von Essigsäure-[3.4-dimethyl-anilid] mit Naphthoyl-(2)-chlorid und Aluminiumchlorid in Schwefelkohlenstoff und Erhitzen des Reaktionsprodukts mit wss. Salzsäure (*I.G. Farbenind.*, D.R.P. 630021 [1934]; Frdl. **23** 234; *Gen. Aniline Works*, U.S.P. 2078538 [1935]).

Hellgelbe Krystalle (aus wss. A.); F: 102—104°.

IX X

### Amino-Derivate der Oxo-Verbindungen $C_{20}H_{18}O$

**1.3-Bis-[4-amino-benzyliden]-cyclohexanon-(2)** $C_{20}H_{20}N_2O$.

**1.3-Bis-[4-dimethylamino-benzyliden]-cyclohexanon-(2),** *2,6-bis-[4-(dimethylamino)benzylidene]cyclohexanone* $C_{24}H_{28}N_2O$.

**1.3-Bis-[4-dimethylamino-benzyliden]-cyclohexanon-(2) vom F: 248°,** vermutlich **1.3-Bis-[4-dimethylamino-benzyliden-(*seqtrans*)]-cyclohexanon-(2),** Formel X (H 122; E II 74).

Bezüglich der Konfigurationszuordnung vgl. *Huitric, Kumler*, Am. Soc. **78** [1956] 614, 617; s. a. *Hassner, Mead*, Tetrahedron **20** [1964] 2201.

Orangerote Krystalle (aus Bzl.); F: 248° (*Pfeiffer et al.*, Karrer-Festschr. [Basel 1949] S. 20, 32).

Über ein orangerotes Monoperchlorat, ein hellgelbes Diperchlorat (vgl. E II 74) und ein orangefarbenes Triperchlorat (vgl. E II 74) s. *Pf. et al.*, l. c. S. 24, 32, 33. [*Roth*]

## Amino-Derivate der Monooxo-Verbindungen $C_nH_{2n-24}O$

### Amino-Derivate der Oxo-Verbindungen $C_{17}H_{10}O$

**2-Amino-7-oxo-7*H*-benz[*de*]anthracen,** 2-Amino-benz[*de*]anthracenon-(7), *2-amino-7H-benz[de]anthracen-7-one* $C_{17}H_{11}NO$, Formel I (R = X = H) (E II 77; dort als Bz2-Amino-benzanthron bezeichnet).

Rote Krystalle (aus Chlorbenzol); F: 235° (*Pandit, Tilak, Venkataraman*, Pr. Indian Acad. [A] **35** [1952] 159, 163).

Beim Erhitzen mit einer aus Naphthalin, Kaliumhydroxid und Kaliumacetat bereiteten Schmelze unter Zusatz von Natriumnitrit auf 200° ist 16.17-Diamino-violanthrendi-on-(5.10) erhalten worden (*Du Pont de Nemours & Co.*, U.S.P. 1993668 [1933]; D.R.P. 611012 [1933]; Frdl. **21** 1125).

**2-Acetamino-7-oxo-7*H*-benz[*de*]anthracen, *N*-[7-Oxo-7*H*-benz[*de*]anthracenyl-(2)]-acetamid,** N-(*7-oxo-*7H-*benz*[de]*anthracen-2-yl*)*acetamide* $C_{19}H_{13}NO_2$, Formel I ($R = CO\text{-}CH_3$, $X = H$).

*B.* Beim Erhitzen von 2-Amino-7-oxo-7*H*-benz[*de*]anthracen mit Acetanhydrid und Essigsäure (*Pandit, Tilak, Venkataraman*, Pr. Indian Acad. [A] **35** [1952] 159, 163).

Krystalle; F: 272—273° [aus Chlorbenzol] (*Pa., Ti., Ve.*), 265° (*Du Pont de Nemours & Co.*, U.S.P. 1999999 [1933]).

**3-Chlor-2-acetamino-7-oxo-7*H*-benz[*de*]anthracen, *N*-[3-Chlor-7-oxo-7*H*-benz[*de*]-anthracenyl-(2)]-acetamid,** N-(*3-chloro-7-oxo-*7H-*benz*[de]*anthracen-2-yl*)*acetamide* $C_{19}H_{12}ClNO_2$, Formel I ($R = CO\text{-}CH_3$, $X = Cl$).

F: 272—274° (*Du Pont de Nemours & Co.*, U.S.P. 1999996 [1933]).

**3-Amino-7-oxo-7*H*-benz[*de*]anthracen,** 3-Amino-benz[*de*]anthracenon-(7), *3-amino-*7H-*benz*[de]*anthracen-7-one* $C_{17}H_{11}NO$, Formel II ($R = X = H$) (H 123; E I 405; E II 76; dort als Amino-peribenzanthron und als Bz1-Amino-benzanthron bezeichnet).

*B.* Aus 3-Nitro-7-oxo-7*H*-benz[*de*]anthracen beim Behandeln mit Eisen und Essigsäure (*Pieroni*, Ann. Chimica applic. **21** [1931] 155, 160). Beim Erwärmen von 1-[7-Oxo-7*H*-benz[*de*]anthracenyl-(3)]-pyridinium-pikrat mit Piperidin in Äthanol, Behandeln des Reaktionsgemisches mit wss. Salzsäure und Erhitzen des Reaktionsprodukts mit wss. Natronlauge (*I.G. Farbenind.*, D.R.P. 592202 [1932]; Frdl. **20** 1315).

Rote Krystalle [aus A.] (*Pi.*); F: 242—243° (*Lauer, Atarashi*, B. **68** [1935] 1373, 1376), 239° (*Pi.*).

Beim Erwärmen mit Chrom(VI)-oxid, wss. Schwefelsäure und Essigsäure (*Pi.*) oder mit Kaliumpermanganat und wss. Natronlauge (*Charrier, Ghigi*, G. **63** [1933] 685, 688) ist 9.10-Dioxo-9.10-dihydro-anthracen-carbonsäure-(1) erhalten worden.

**3-Anilino-7-oxo-7*H*-benz[*de*]anthracen,** 3-Anilino-benz[*de*]anthracenon-(7), *3-anilino-*7H-*benz*[de]*anthracen-7-one* $C_{23}H_{15}NO$, Formel III ($X = H$).

*B.* Beim Erhitzen von 3-Methoxy-7-oxo-7*H*-benz[de]anthracen mit Anilin, Kalium-hydroxid und Pyridin auf 120° (*I.G. Farbenind.*, D.R.P. 716978 [1936]; D.R.P. Org. Chem. **1**, Tl. 2, S. 443; *Gen. Aniline & Film Corp.*, U.S.P. 2199575 [1937]).

Rote Krystalle (aus Chlorbenzol); F: 233—234°.

**3-[2-Chlor-anilino]-7-oxo-7*H*-benz[*de*]anthracen,** 3-[2-Chlor-anilino]-benz[*de*]-anthracenon-(7), *3-*(o-*chloroanilino*)-7H-*benz*[de]*anthracen-7-one* $C_{23}H_{14}ClNO$, Formel III ($X = Cl$).

*B.* Beim Erhitzen von 3-Äthoxy-7-oxo-7*H*-benz[*de*]anthracen mit 2-Chlor-anilin und Kaliumhydroxid (*I.G. Farbenind.*, D.R.P. 716978 [1936]; D.R.P. Org. Chem. **1**, Tl. 2, S. 443; *Gen. Aniline & Film Corp.*, U.S.P. 2199575 [1937]).

Orangefarbene Krystalle (aus Chlorbenzol); F: 207—208°.

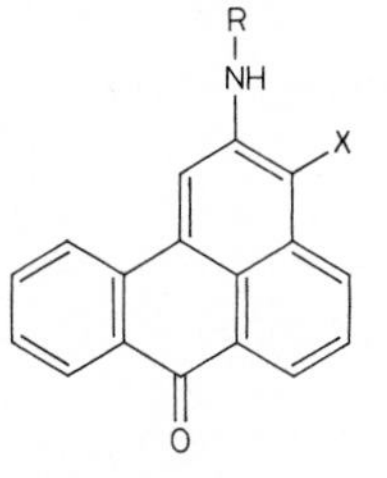

I 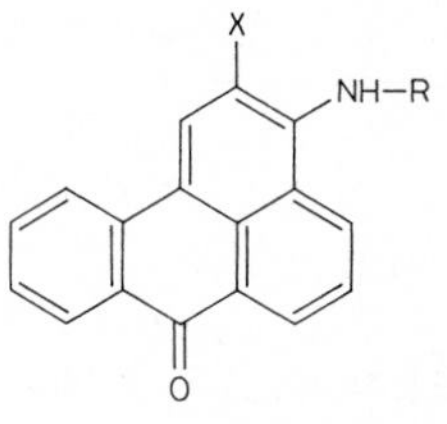 II 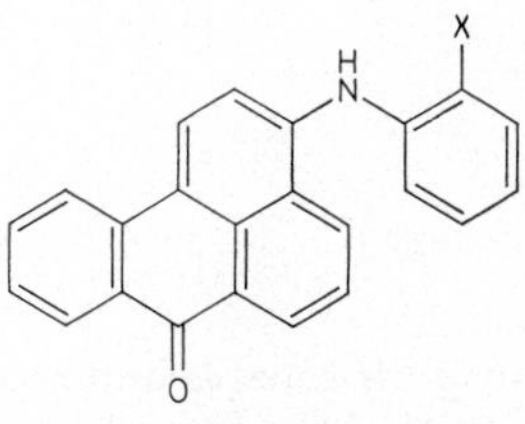 III

**3-[2-Nitro-anilino]-7-oxo-7*H*-benz[*de*]anthracen,** 3-[2-Nitro-anilino]-benz[*de*]-anthracenon-(7), *3-*(o-*nitroanilino*)-7H-*benz*[de]*anthracen-7-one* $C_{23}H_{14}N_2O_3$, Formel III ($X = NO_2$).

*B.* Beim Erhitzen von 3-Brom-7-oxo-7*H*-benz[*de*]anthracen mit 2-Nitro-anilin unter

Zusatz von Kaliumacetat und Kupfer(II)-acetat in Nitrobenzol (*Waldmann, Hindenburg*, J. pr. [2] **156** [1940] 157, 166).

Hellrote Krystalle (aus Nitrobenzol); F: 266°.

**3-*p*-Toluidino-7-oxo-7*H*-benz[*de*]anthracen,** 3-*p*-Toluidino-benz[*de*]anthracen-on-(7), *3-p-toluidino-7H-benz[de]anthracen-7-one* $C_{24}H_{17}NO$, Formel IV.

*B.* Beim Erhitzen von 3-Methoxy-7-oxo-7*H*-benz[*de*]anthracen mit *p*-Toluidin und Kaliumhydroxid in Pyridin auf 120° (*I.G. Farbenind.*, D.R.P. 716978 [1936]; D.R.P. Org. Chem. **1**, Tl. 2, S. 443; *Gen. Aniline & Film Corp.*, U.S.P. 2199575 [1937]).

Bläulichrote Krystalle (aus Chlorbenzol); F: 236—237°.

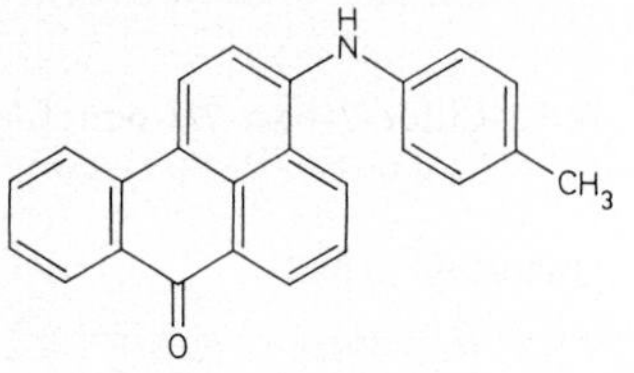

IV 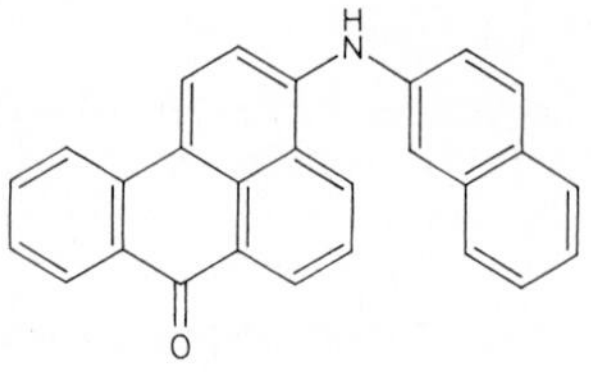 V

**3-[Naphthyl-(2)-amino]-7-oxo-7*H*-benz[*de*]anthracen,** 3-[Naphthyl-(2)-amino]-benz[*de*]anthracenon-(7), *3-(2-naphthylamino)-7H-benz[de]anthracen-7-one* $C_{27}H_{17}NO$, Formel V.

*B.* Beim Erhitzen von 3-Methoxy-7-oxo-7*H*-benz[*de*]anthracen mit Naphthyl-(2)-amin und Kaliumhydroxid in Pyridin auf 120° (*I.G. Farbenind.*, D.R.P. 716978 [1936]; D.R.P. Org. Chem. **1**, Tl. 2, S. 443; *Gen. Aniline & Film Corp.*, U.S.P. 2199575 [1937]).

Violette Krystalle (aus Nitrobenzol); F: 282—283°.

**3-*o*-Anisidino-7-oxo-7*H*-benz[*de*]anthracen,** 3-*o*-Anisidino-benz[*de*]anthracen-on-(7), *3-o-anisidino-7H-benz[de]anthracen-7-one* $C_{24}H_{17}NO_2$, Formel III (X = $OCH_3$).

*B.* Beim Erhitzen von 3-Methoxy-7-oxo-7*H*-benz[*de*]anthracen mit *o*-Anisidin und Kaliumhydroxid in Pyridin auf 120° (*I.G. Farbenind.*, D.R.P. 716978 [1936]; D.R.P. Org. Chem. **1**, Tl. 2, S. 443; *Gen. Aniline & Film Corp.*, U.S.P. 2199575 [1937]).

Orangefarbene Krystalle (aus Eg.); F: 156—157°.

**[7-Oxo-7*H*-benz[*de*]anthracenyl-(2)]-[7-oxo-7*H*-benz[*de*]anthracenyl-(3)]-amin,** *2,3'-iminobis(7H-benz[de]anthracen-7-one)* $C_{34}H_{19}NO_2$, Formel VI.

*B.* Beim Erhitzen von 3-Methoxy-7-oxo-7*H*-benz[*de*]anthracen mit 2-Amino-7-oxo-7*H*-benz[*de*]anthracen und Kaliumhydroxid in Pyridin (*I.G. Farbenind.*, D.R.P. 716978 [1936]; D.R.P. Org. Chem. **1**, Tl. 2, S. 443; *Gen. Aniline & Film Corp.*, U.S.P. 2199575 [1937]).

Violette Krystalle (aus Nitrobenzol), die unterhalb 300° nicht schmelzen.

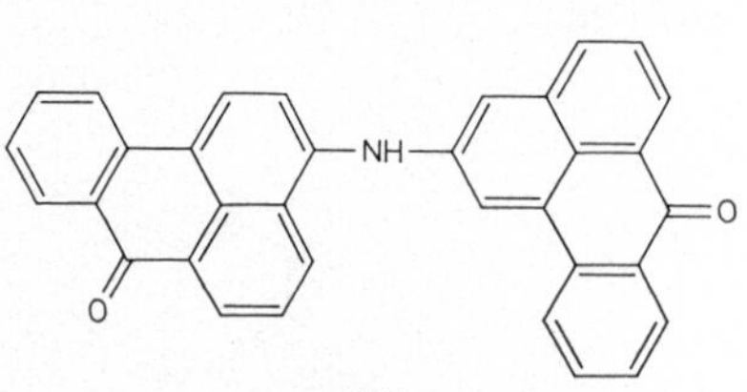

VI 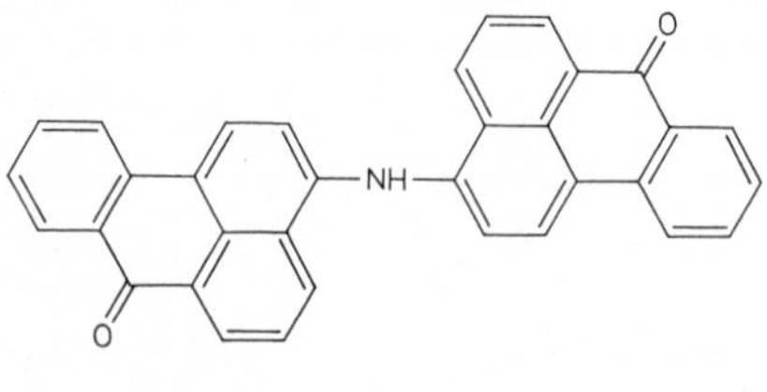 VII

**Bis-[7-oxo-7*H*-benz[*de*]anthracenyl-(3)]-amin,** *3,3'-iminobis(7H-benz[de]anthracen-7-one)* $C_{34}H_{19}NO_2$, Formel VII.

*B.* Beim Erhitzen von 3-Amino-7-oxo-7*H*-benz[*de*]anthracen mit 3-Methoxy-7-oxo-7*H*-benz[*de*]anthracen und Kaliumhydroxid in Pyridin (*I.G. Farbenind.*, D.R.P. 716978 [1936]; D.R.P. Org. Chem. **1**, Tl. 2, S. 443; *Gen. Aniline & Film Corp.*, U.S.P. 2199575 [1937]).

Violettes Pulver, das nicht unterhalb 300° schmilzt.

**3-Acetamino-7-oxo-7*H*-benz[*de*]anthracen, *N*-[7-Oxo-7*H*-benz[*de*]anthracenyl-(3)]-acetamid,** N-(*7-oxo-*7H-*benz*[de]*anthracen-3-yl*)*acetamide* $C_{19}H_{13}NO_2$, Formel II (R = CO-$CH_3$, X = H) auf S. 335.

*B.* Aus 3-Amino-7-oxo-7*H*-benz[*de*]anthracen und Acetanhydrid (*Pieroni*, Ann. Chimica applic. **21** [1931] 155, 161; *Baddar*, Soc. **1948** 1088).

Braunviolette Krystalle (aus Eg.), F: 279—280° (*Ba.*); gelbe Krystalle (aus Eg.), F: 277° bis 278° (*Pi.*).

***N.N'*-Bis-[7-oxo-7*H*-benz[*de*]anthracenyl-(3)]-fluoranthendicarbamid-(3.8),** N,N'-*bis-*(*7-oxo-*7H-*benz*[de]*anthracen-3-yl*)*fluoranthene-3,8-dicarboxamide* $C_{52}H_{28}N_2O_4$, Formel VIII.

*B.* Beim Erhitzen von 3-Amino-7-oxo-7*H*-benz[*de*]anthracen mit Fluoranthen-dicarbonylchlorid-(3.8) in 1.2-Dichlor-benzol auf 150° (*CIBA*, D.R.P. 742326 [1939]; D.R.P. Org. Chem. **1**, Tl. 2, S. 268).

Gelb; nicht schmelzbar.

NH—CO ... CO—NH

VIII

**3-[2-Amino-anilino]-7-oxo-7*H*-benz[*de*]anthracen,** 3-[2-Amino-anilino]-benz[*de*]anthracenon-(7), *3-*(o-*aminoanilino*)-7H-*benz*[de]*anthracen-7-one* $C_{23}H_{16}N_2O$, Formel III (X = $NH_2$) auf S. 335.

*B.* Aus 3-[2-Nitro-anilino]-7-oxo-7*H*-benz[*de*]anthracen beim Erwärmen mit Natriumsulfid in Äthanol (*Waldmann, Hindenburg*, J. pr. [2] **156** [1940] 157, 167).

Rotbraunviolette Krystalle; F: 268°.

**[7-Oxo-7*H*-benz[*de*]anthracenyl-(3)]-amidoschwefelsäure,** (*7-oxo-*7H-*benz*[de]*anthracen-3-yl*)*sulfamic acid* $C_{17}H_{11}NO_4S$, Formel II (R = $SO_2OH$, X = H) auf S. 335.

*B.* In geringer Menge neben 3-Amino-7-oxo-7*H*-benz[*de*]anthracen beim Behandeln von 3-Nitro-7-oxo-7*H*-benz[*de*]anthracen mit Natriumdithionit in alkal. wss. Lösung (*Ioffe, Syrjanowa, Šešlawin*, Ž. obšč. Chim. **14** [1944] 965; C. A. **1945** 4601).

Natrium-Salz $NaC_{17}H_{10}NO_4S$. Orangefarbene Krystalle (aus W.).

**2-Brom-3-acetamino-7-oxo-7*H*-benz[*de*]anthracen, *N*-[2-Brom-7-oxo-7*H*-benz[*de*]anthracenyl-(3)]-acetamid,** N-(*2-bromo-7-oxo-*7H-*benz*[de]*anthracen-3-yl*)*acetamide* $C_{19}H_{12}BrNO_2$, Formel II (R = CO-$CH_3$, X = Br) auf S. 335.

*B.* Aus 2-Brom-3-nitro-7-oxo-7*H*-benz[*de*]anthracen über 2-Brom-3-amino-7-oxo-7*H*-benz[*de*]anthracen (*Du Pont de Nemours & Co.*, U.S.P. 2059647 [1935]).

F: 266—267°.

**2-Nitro-3-amino-7-oxo-7*H*-benz[*de*]anthracen,** *3-amino-2-nitro-*7H-*benz*[de]*anthracen-7-one* $C_{17}H_{10}N_2O_3$, Formel II (R = H, X = $NO_2$) auf S. 335 (E II 77).

*B.* Aus 2-Nitro-3-acetamino-7-oxo-7H-benz[*de*]anthracen beim Erwärmen mit äthanol. Schwefelsäure (*Baddar*, Soc. **1948** 1088).

Orangerote Krystalle (aus Nitrobenzol); F: 316—317°.

**2-Nitro-3-acetamino-7-oxo-7*H*-benz[*de*]anthracen, *N*-[2-Nitro-7-oxo-7*H*-benz[*de*]anthracenyl-(3)]-acetamid,** N-(*2-nitro-7-oxo-*7H-*benz*[de]*anthracen-3-yl*)*acetamide* $C_{19}H_{12}N_2O_4$, Formel II (R = CO-$CH_3$, X = $NO_2$) auf S. 335 (E II 77).

*B.* Aus 3-Acetamino-7-oxo-7*H*-benz[*de*]anthracen beim Behandeln mit Salpetersäure und Essigsäure (*Baddar*, Soc. **1948** 1088; vgl. E II 77).

Gelbe Krystalle (aus Nitrobenzol); F: oberhalb 318°.

**4-Amino-7-oxo-7*H*-benz[*de*]anthracen** $C_{17}H_{11}NO$.

**4-Methylamino-7-oxo-7*H*-benz[*de*]anthracen,** 4-Methylamino-benz[*de*]anthracenon-(7), *4-*(*methylamino*)-7H-*benz*[de]*anthracen-7-one* $C_{18}H_{13}NO$, Formel IX (R = H).

*B.* Neben geringen Mengen 4-Hydroxy-7-oxo-7*H*-benz[*de*]anthracen beim Erhitzen von 4-Jod-7-oxo-7*H*-benz[*de*]anthracen mit wss. Methylamin auf 200° (*Bradley*, Soc. **1948** 1175, 1180).

Gelbe Krystalle (aus A.); F: 223—224°.

**4-Dimethylamino-7-oxo-7*H*-benz[*de*]anthracen,** 4-Dimethylamino-benz[*de*]anthr⸗acenon-(7), *4-(dimethylamino)-*7H-*benz*[de]*anthracen-7-one* $C_{19}H_{15}NO$, Formel IX (R = $CH_3$).

*B.* Beim Erhitzen von 2-Dimethylamino-anthrachinon mit Glycerin, Eisen und wasserhaltiger Schwefelsäure (*I.G. Farbenind.*, D.R.P. 533499 [1930]; Frdl. **18** 1400).

F: 187—189°.

**6-Amino-7-oxo-7*H*-benz[*de*]anthracen,** 6-Amino-benz[*de*]anthracenon-(7), *6-amino-*7H-*benz*[de]*anthracen-7-one* $C_{17}H_{11}NO$, Formel X (R = X = H).

*B.* Aus Benzanthron (E III **7** 2694) beim Erhitzen mit Natriumamid in Toluol (*Pieroni*, Ann. Chimica applic. **21** [1931] 155, 161) oder in *N.N*-Dimethyl-anilin unter Einleiten von Sauerstoff auf 130° (*Bradley*, Soc. **1948** 1175, 1179). Aus 6-Hydroxy-7-oxo-7*H*-benz[*de*]anthracen beim Erhitzen mit wss. Ammoniak auf 210° (*Bradley, Jadhav*, Soc. **1948** 1622, 1624).

Gelbe Krystalle (aus A.); F: 186—187° (*Br., Ja.*), 185° (*Pi.*).

Beim Erhitzen mit Formamid und Ammoniumhydrogensulfat in Nitrobenzol (*I.G. Farbenind.*, D.R.P. 661151 [1936]; Frdl. **25** 785) oder mit wss. Ammoniak, wss. Form⸗aldehyd und Natrium-[3-nitro-benzol-sulfonat-(1)] auf 105° (*I.G. Farbenind.*, D.R.P. 711775 [1938]; D.R.P. Org. Chem. **1**, Tl. 2, S. 280) ist Dibenzo[*e.gh*]perimidin erhalten worden.

**6-Methylamino-7-oxo-7*H*-benz[*de*]anthracen,** 6-Methylamino-benz[*de*]anthracen⸗on-(7), *6-(methylamino)-*7H-*benz*[de]*anthracen-7-one* $C_{18}H_{13}NO$, Formel X (R = $CH_3$, X = H).

*B.* Beim Erhitzen von 6-Chlor-7-oxo-7*H*-benz[*de*]anthracen mit wss. Methylamin auf 180° (*Bradley, Jadhav*, Soc. **1948** 1746, 1749).

Orangegelbe Krystalle (aus A.); F: 160—161°.

**6-Anilino-7-oxo-7*H*-benz[*de*]anthracen,** 6-Anilino-benz[*de*]anthracenon-(7), *6-anilino-*7H-*benz*[de]*anthracen-7-one* $C_{23}H_{15}NO$, Formel XI (R = X = H).

*B.* Beim Erhitzen von 6-Chlor-7-oxo-7*H*-benz[*de*]anthracen mit Anilin (*Bradley, Jadhav*, Soc. **1948** 1746, 1749).

Gelbe Krystalle (aus A.); F: 156—157°.

**6-[4-Chlor-anilino]-7-oxo-7*H*-benz[*de*]anthracen,** 6-[4-Chlor-anilino]-benz[*de*]⸗anthracenon-(7), *6-(p-chloroanilino)-*7H-*benz*[de]*anthracen-7-one* $C_{23}H_{14}ClNO$, Formel XI (R = H, X = Cl).

*B.* Beim Erhitzen von 6-Chlor-7-oxo-7*H*-benz[de]anthracen mit 4-Chlor-anilin (*Bradley, Jadhav*, Soc. **1948** 1746, 1749).

Orangegelbe Krystalle (aus Nitrobenzol); F: 217—218°.

**6-[4-Nitro-anilino]-7-oxo-7*H*-benz[*de*]anthracen,** 6-[4-Nitro-anilino]-benz[*de*]⸗anthracenon-(7), *6-(p-nitroanilino)-*7H-*benz*[de]*anthracen-7-one* $C_{23}H_{14}N_2O_3$, Formel XI (R = H, X = $NO_2$).

*B.* Beim Erhitzen von 6-Chlor-7-oxo-7*H*-benz[*de*]anthracen mit 4-Nitro-anilin (*Bradley, Jadhav*, Soc. **1948** 1746, 1749).

Orangefarbene Krystalle (aus Nitrobenzol); F: 293—294°.

R N CH3 O — IX

O N X R — X

R O NH X — XI

**6-[*N*-Methyl-anilino]-7-oxo-7*H*-benz[*de*]anthracen,** 6-[*N*-Methyl-anilino]-benz[*de*]anthracenon-(7), *6-(N-methylanilino)-7H-benz[de]anthracen-7-one* $C_{24}H_{17}NO$, Formel X (R = $C_6H_5$, X = $CH_3$).

*B.* Beim Erhitzen von 6-Chlor-7-oxo-7*H*-benz[*de*]anthracen mit *N*-Methyl-anilin (*Bradley, Jadhav*, Soc. **1948** 1622, 1625).

Gelbe Krystalle (aus A.); F: 155—156°.

**6-*p*-Toluidino-7-oxo-7*H*-benz[*de*]anthracen,** 6-*p*-Toluidino-benz[*de*]anthracenon-(7), *6-p-toluidino-7H-benz[de]anthracen-7-one* $C_{24}H_{17}NO$, Formel XI (R = H, X = $CH_3$).

*B.* Beim Erhitzen von 6-Chlor-7-oxo-7*H*-benz[*de*]anthracen mit *p*-Toluidin (*Bradley, Jadhav*, Soc. **1948** 1746, 1749).

Orangegelbe Krystalle (aus A.); F: 131—132°.

**6-Benzylamino-7-oxo-7*H*-benz[*de*]anthracen,** 6-Benzylamino-benz[*de*]anthracenon-(7), *6-(benzylamino)-7H-benz[de]anthracen-7-one* $C_{24}H_{17}NO$, Formel X (R = $CH_2$-$C_6H_5$, X = H).

*B.* Beim Erhitzen von 6-Jod-7-oxo-7*H*-benz[*de*]anthracen oder von 6-Amino-7-oxo-7*H*-benz[*de*]anthracen mit Benzylamin (*Bradley*, Soc. **1949** 2712, 2713, 2714).

Gelbe Krystalle (aus A.); F: 192—192,5°.

**6-Phenäthylamino-7-oxo-7*H*-benz[*de*]anthracen,** 6-Phenäthylamino-benz[*de*]anthracenon-(7), *6-(phenethylamino)-7H-benz[de]anthracen-7-one* $C_{25}H_{19}NO$, Formel X (R = $CH_2$-$CH_2$-$C_6H_5$, X = H).

*B.* Beim Erhitzen von 6-Chlor-7-oxo-7*H*-benz[*de*]anthracen oder von 6-Jod-7-oxo-7*H*-benz[*de*]anthracen mit Phenäthylamin (*Bradley*, Soc. **1949** 2712, 2714, 2715).

Gelbe Krystalle (aus A.); F: 155—156°.

**6-[Naphthyl-(1)-amino]-7-oxo-7*H*-benz[*de*]anthracen,** 6-[Naphthyl-(1)-amino]-benz[*de*]anthracenon-(7), *6-(1-naphthylamino)-7H-benz[de]anthracen-7-one* $C_{27}H_{17}NO$, Formel XII.

*B.* Beim Erhitzen von 6-Chlor-7-oxo-7*H*-benz[*de*]anthracen mit Naphthyl-(1)-amin (*Bradley, Jadhav*, Soc. **1948** 1746, 1749).

Gelbe Krystalle (aus Nitrobenzol); F: 243—244°.

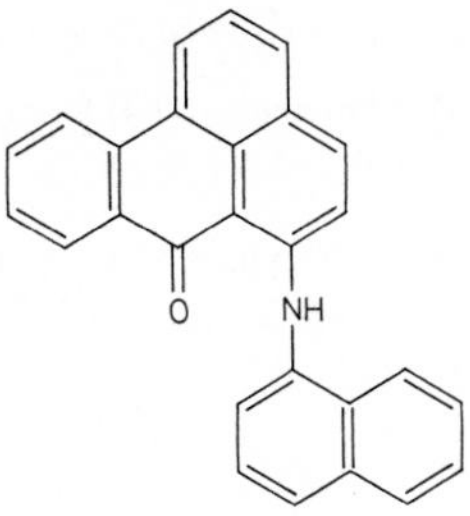

XII 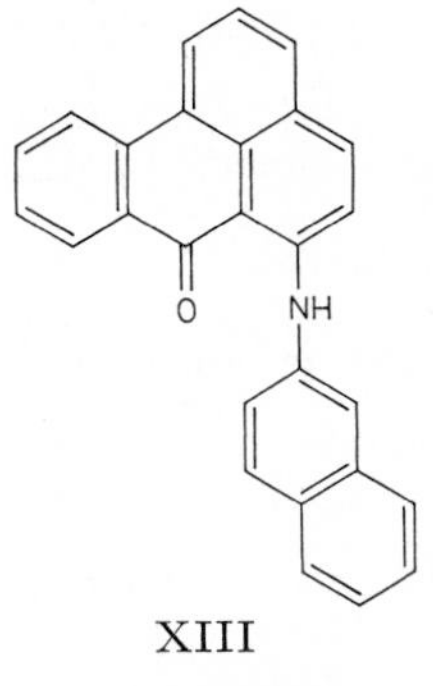 XIII 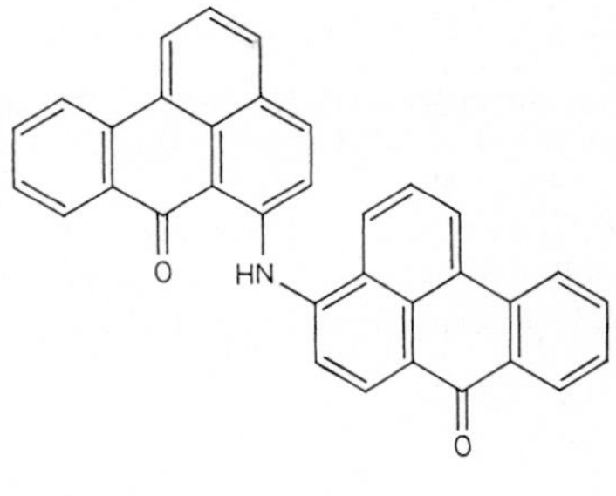 XIV

**6-[Naphthyl-(2)-amino]-7-oxo-7*H*-benz[*de*]anthracen,** 6-[Naphthyl-(2)-amino]-benz[*de*]anthracenon-(7), *6-(2-naphthylamino)-7H-benz[de]anthracen-7-one* $C_{27}H_{17}NO$, Formel XIII.

*B.* Beim Erhitzen von 6-Chlor-7-oxo-7*H*-benz[*de*]anthracen mit Naphthyl-(2)-amin (*Bradley, Jadhav*, Soc. **1948** 1746, 1749).

Rote Krystalle (aus Nitrobenzol); F: 189—190°.

**[7-Oxo-7*H*-benz[*de*]anthracenyl-(4)]-[7-oxo-7*H*-benz[*de*]anthracenyl-(6)]-amin,** *4,6'-iminobis(7H-benz[de]anthracen-7-one)* $C_{34}H_{19}NO_2$, Formel XIV.

*B.* Beim Erhitzen von 6-Amino-7-oxo-7*H*-benz[*de*]anthracen mit 4-Jod-7-oxo-7*H*-benz[*de*]anthracen in Nitrobenzol unter Zusatz von Kupfer-Pulver (*Bradley*, Soc. **1948** 1175, 1180).

Orangerote Krystalle (aus Py.); F: 395°.

**Bis-[7-oxo-7*H*-benz[*de*]anthracenyl-(6)]-amin,** *6,6′-iminobis*(7H-*benz*[de]*anthracen-7-one*) $C_{34}H_{19}NO_2$, Formel XV.

*B.* Beim Erhitzen von 6-Amino-7-oxo-7*H*-benz[*de*]anthracen mit 6-Chlor-7-oxo-7*H*-benz[*de*]anthracen in Nitrobenzol (*Bradley*, Soc. **1948** 1175, 1179).

Rotbraune Krystalle (aus Nitrobenzol); F: 382°.

**6-Acetamino-7-oxo-7*H*-benz[*de*]anthracen, *N*-[7-Oxo-7*H*-benz[*de*]anthracenyl-(6)]-acetamid,** N-(*7-oxo-*7H-*benz*[de]*anthracen-6-yl)acetamide* $C_{19}H_{13}NO_2$, Formel X (R = CO-$CH_3$, X = H) auf S. 338.

*B.* Beim Erhitzen von 6-Amino-7-oxo-7*H*-benz[*de*]anthracen mit Acetanhydrid (*Bradley*, Soc. **1948** 1175, 1179; *Bradley, Jadhav*, Soc. **1948** 1622, 1624).

Braungelbe Krystalle (aus Eg.); F: 224—225° (*Br., Ja.*).

**6-Benzamino-7-oxo-7*H*-benz[*de*]anthracen, *N*-[7-Oxo-7*H*-benz[*de*]anthracenyl-(6)]-benzamid,** N-(*7-oxo-*7H-*benz*[de]*anthracen-6-yl)benzamide* $C_{24}H_{15}NO_2$, Formel X (R = CO-$C_6H_5$, X = H) auf S. 338.

*B.* Beim Erhitzen von 6-Amino-7-oxo-7*H*-benz[*de*]anthracen mit Benzoylchlorid und Pyridin (*Bradley, Jadhav*, Soc. **1948** 1622, 1624).

Braungelbe Krystalle (aus Eg.); F: 204—205°.

**11-Chlor-6-anilino-7-oxo-7*H*-benz[*de*]anthracen,** 11-Chlor-6-anilino-benz[*de*]anthracenon-(7), *6-anilino-11-chloro-*7H-*benz*[de]*anthracen-7-one* $C_{23}H_{14}ClNO$, Formel XI (R = Cl, X = H) auf S. 338.

Diese Konstitution wird der nachstehend beschriebenen Verbindung zugeordnet.

*B.* Beim Erhitzen von 6.11-Dichlor-7-oxo-7*H*-benz[*de*]anthracen mit Anilin unter Zusatz von Natriumacetat (*Maki*, J. Soc. chem. Ind. Japan **37** [1934] 502; J. Soc. chem. Ind. Japan Spl. **37** [1934] 222).

Gelbe Krystalle (aus Bzl.); F: 186,5° [korr.].

**9-Amino-7-oxo-7*H*-benz[*de*]anthracen,** 9-Amino-benz[*de*]anthracenon-(7), *9-amino-*7H-*benz*[de]*anthracen-7-one* $C_{17}H_{11}NO$, Formel XVI (R = X = H) (E II 75; dort als 6-Amino-benzanthron bezeichnet).

*B.* Aus 7-Oxo-7*H*-benz[*de*]anthracen-carbonsäure-(9) beim Erwärmen mit Natriumazid, Schwefelsäure und Chloroform (*Copp, Simonsen*, Soc. **1942** 209, 211).

Rote Krystalle; F: 225—226° [aus Chlorbenzol] (*Pandit, Tilak, Venkataraman*, Pr. Indian Acad. [A] **32** [1950] 39, 44), 216—217° [aus 1.2-Dichlor-benzol] (*Copp, Si.*).

**9-Acetamino-7-oxo-7*H*-benz[*de*]anthracen, *N*-[7-Oxo-7*H*-benz[*de*]anthracenyl-(9)]-acetamid,** N-(*7-oxo-*7H-*benz*[de]*anthracen-9-yl)acetamide* $C_{19}H_{13}NO_2$, Formel XVI (R = CO-$CH_3$, X = H).

*B.* Aus 9-Amino-7-oxo-7*H*-benz[*de*]anthracen (*Copp, Simonsen*, Soc. **1942** 209, 211).

Gelbe Krystalle; F: 252—254° [aus Eg.] (*Copp, Si.*), 228—230° [aus Toluol] (*Pandit, Tilak, Venkataraman*, Pr. Indian Acad. [A] **32** [1950] 39, 44).

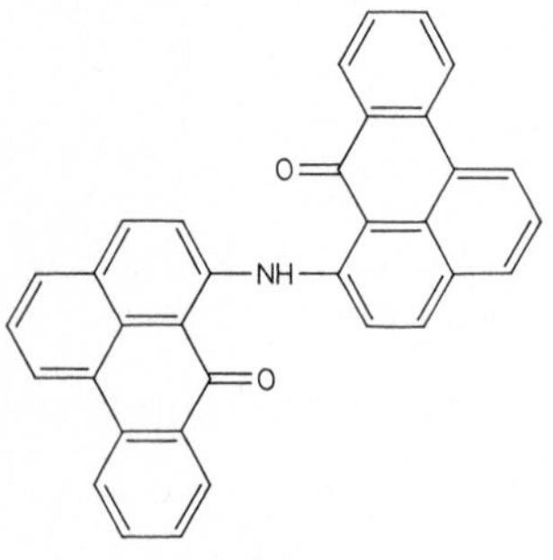

XV 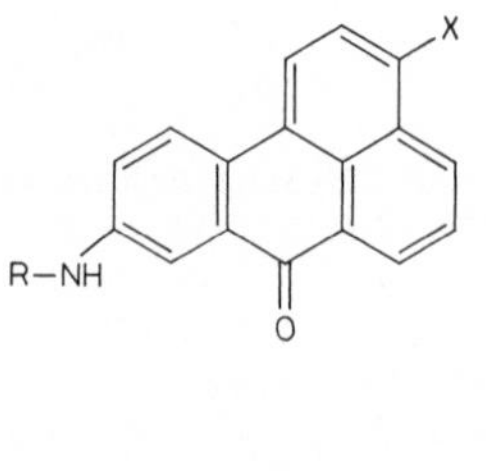 XVI 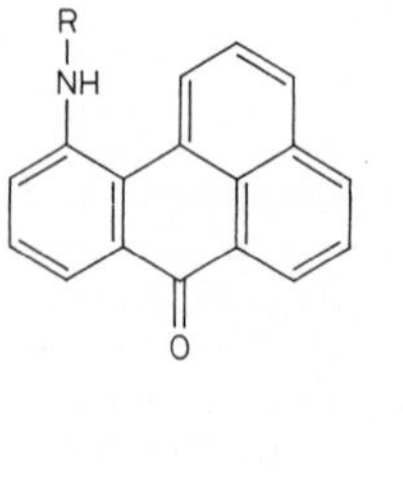 XVII

**3-Brom-9-amino-7-oxo-7*H*-benz[*de*]anthracen,** 3-Brom-9-amino-benz[*de*]anthracenon-(7), *9-amino-3-bromo-*7H-*benz*[de]*anthracen-7-one* $C_{17}H_{10}BrNO$, Formel XVI (R = H, X = Br) (E II 75).

Diese Konstitution kommt auch für eine als 3-Brom-1(oder 2)-amino-7-oxo-7*H*-

benz[*de*]anthracen beschriebene Verbindung (rote Krystalle, F: 248—250°; *N*-Acetyl-Derivat: orangegelbe Krystalle, F: 278°) in Betracht (vgl. *Day*, Soc. **1940** 1474), die beim Behandeln von 3-Brom-9(?)-nitro-7-oxo-7*H*-benz[*de*]anthracen (F: 301—301,5° [E III **7** 2712]) mit Schwefelwasserstoff und Ammoniak in Äthanol erhalten worden ist (*Nakanishi*, Bl. Inst. phys. chem. Res. Tokyo **10** [1931] 897, 905; Bl. Inst. phys. chem. Res. Abstr. Tokyo **4** [1931] 79; C. **1931** II 3478).

**11-Amino-7-oxo-7*H*-benz[*de*]anthracen,** 11-Amino-benz[*de*]anthracenon-(7), *11-amino-7H-benz[de]anthracen-7-one* $C_{17}H_{11}NO$, Formel XVII (R = H).

*B.* Aus 7-Oxo-7*H*-benz[*de*]anthracen-carbonsäure-(11) beim Erwärmen mit Natrium=azid, Schwefelsäure und Chloroform (*Boyes, Grieve, Rule*, Soc. **1938** 1833, 1838).

Rote Krystalle (aus A.); F: 215—217°.

**11-Formamino-7-oxo-7*H*-benz[*de*]anthracen, *N*-[7-Oxo-7*H*-benz[*de*]anthracenyl-(11)]-formamid,** *N-(7-oxo-7H-benz[de]anthracen-11-yl)formamide* $C_{18}H_{11}NO_2$, Formel XVII (R = CHO).

*B.* Beim Erhitzen von 11-Amino-7-oxo-7*H*-benz[*de*]anthracen mit Ameisensäure (*Boyes, Grieve, Rule*, Soc. **1938** 1833, 1838).

Gelbe Krystalle (aus A.); F: 268—271°.

**11-Acetamino-7-oxo-7*H*-benz[*de*]anthracen, *N*-[7-Oxo-7*H*-benz[*de*]anthracenyl-(11)]-acetamid,** *N-(7-oxo-7H-benz[de]anthracen-11-yl)acetamide* $C_{19}H_{13}NO_2$, Formel XVII (R = CO-$CH_3$).

*B.* Aus 11-Amino-7-oxo-7*H*-benz[*de*]anthracen und Acetanhydrid (*Boyes, Grieve, Rule*, Soc. **1938** 1833, 1838).

Gelbe Krystalle (aus A.); F: 278—279°.

**x.x-Dinitro-x-amino-7-oxo-7*H*-benz[*de*]anthracen,** x.x-Dinitro-x-amino-benz[*de*]=anthracenon-(7), *x-amino-x,x-dinitro-7H-benz[de]anthracen-7-one* $C_{17}H_9N_3O_5$.

**x.x-Dinitro-x-amino-7-oxo-7*H*-benz[*de*]anthracen vom F: 236°.**

*B.* Aus x.x.x-Trinitro-7-oxo-7*H*-benz[*de*]anthracen (F: 247° [E III **7** 2713]) beim Behandeln mit Schwefelwasserstoff und Ammoniak in Äthanol (*Nakanishi*, Bl. Inst. phys. chem. Res. Tokyo **10** [1931] 897, 904; Bl. Inst. phys. chem. Res. Abstr. Tokyo **4** [1931] 79; C. **1931** II 3478).

Rote Krystalle (aus Chlorbenzol); F: 236°.

Beim Behandeln mit Chrom(VI)-oxid in Essigsäure ist 2.7-Dinitro-anthrachinon erhalten worden.

## Amino-Derivate der Oxo-Verbindungen $C_{18}H_{12}O$

**3-Amino-7-oxo-2-methyl-7*H*-benz[*de*]anthracen,** 3-Amino-2-methyl-benz[*de*]=anthracenon-(7), *3-amino-2-methyl-7H-benz[de]anthracen-7-one* $C_{18}H_{13}NO$, Formel I.

*B.* Beim Erhitzen von 3-Nitro-7-oxo-2-methyl-7*H*-benz[*de*]anthracen mit Natrium=sulfid in Wasser (*Hey, Nicholls, Pritchett*, Soc. **1944** 97, 100).

Rote Krystalle (aus Py.); F: 232°.

**7-Oxo-3-aminomethyl-7*H*-benz[*de*]anthracen,** 3-Aminomethyl-benz[*de*]anthracen=on-(7), *3-(aminomethyl)-7H-benz[de]anthracen-7-one* $C_{18}H_{13}NO$, Formel II (R = H).

*B.* Aus 7-Oxo-3-phthalimidomethyl-7*H*-benz[*de*]anthracen beim Erwärmen mit wss. Natronlauge (*I.G. Farbenind.*, D.R.P. 511951 [1928]; Frdl. **17** 1321).

Grünlichgelbe Krystalle; F: 154—156°.

CH3 NH2 O

I

CH2—NH—R O

II

Cl NH—CO—CH3 CH3 O

III

**7-Oxo-3-benzaminomethyl-7*H*-benz[*de*]anthracen, *N*-[(7-Oxo-7*H*-benz[*de*]anthracenyl-(3))-methyl]-benzamid,** N-[(*7-oxo-*7H-*benz*[de]*anthracen-3-yl)methyl*]*benzamide* $C_{25}H_{17}NO_2$, Formel II (R = CO-$C_6H_5$).

*B.* Beim Behandeln von Benzanthron (E III **7** 2694) mit *N*-Hydroxymethyl-benzamid und Schwefelsäure (*de Diesbach*, Helv. **23** [1940] 1232, 1240).

Gelbe Krystalle (aus E.); F: 180°.

**3-Amino-7-oxo-4-methyl-7*H*-benz[*de*]anthracen** $C_{18}H_{13}NO$.

**2-Chlor-3-acetamino-7-oxo-4-methyl-7*H*-benz[*de*]anthracen, *N*-[2-Chlor-7-oxo-4-methyl-7*H*-benz[*de*]anthracenyl-(3)]-acetamid,** N-(*2-chloro-4-methyl-7-oxo-*7H-*benz*[de]*anthracen-3-yl)acetamide* $C_{20}H_{14}ClNO_2$, Formel III.

*B.* Beim Behandeln von 3-Acetamino-7-oxo-4-methyl-7*H*-benz[*de*]anthracen (aus 7-Oxo-4-methyl-7*H*-benz[*de*]anthracen durch Nitrierung, Reduktion und Acetylierung hergestellt) mit Sulfurylchlorid in Nitrobenzol unter Zusatz von Jod (*Du Pont de Nemours & Co.*, U.S.P. 2059647 [1935]).

F: 266–268°.

**7-Oxo-9-aminomethyl-7*H*-benz[*de*]anthracen** $C_{18}H_{13}NO$.

**3-Brom-7-oxo-9-[(*C.C.C*-trichlor-acetamino)-methyl]-7*H*-benz[*de*]anthracen, *C.C.C*-Trichlor-*N*-[(3-brom-7-oxo-7*H*-benz[*de*]anthracenyl-(9))-methyl]-acetamid,** N-[(*3-bromo-7-oxo-*7H-*benz*[de]*anthracen-9-yl)methyl*]*-2,2,2-trichloroacetamide* $C_{20}H_{11}BrCl_3NO_2$, Formel IV (X = Br).

*B.* Beim Behandeln von 3-Brom-7-oxo-7*H*-benz[*de*]anthracen mit *C.C.C*-Trichlor-*N*-hydroxymethyl-acetamid und Schwefelsäure (*de Diesbach*, Helv. **23** [1940] 1232, 1241).

Hellgelbe Krystalle (aus Nitrobenzol); F: 247°.

**3-Nitro-7-oxo-9-[(*C.C.C*-trichlor-acetamino)-methyl]-7*H*-benz[*de*]anthracen, *C.C.C*-Trichlor-*N*-[(3-nitro-7-oxo-7*H*-benz[*de*]anthracenyl-(9))-methyl]-acetamid,** *2,2,2-trichloro-*N-[(*3-nitro-7-oxo-*7H-*benz*[de]*anthracen-9-yl)methyl*]*acetamide* $C_{20}H_{11}Cl_3N_2O_4$, Formel IV (X = $NO_2$).

*B.* Beim Behandeln von 3-Nitro-7-oxo-7*H*-benz[*de*]anthracen mit *C.C.C*-Trichlor-*N*-hydroxymethyl-acetamid und Schwefelsäure (*de Diesbach*, Helv. **23** [1940] 1232, 1241).

Gelbe Krystalle (aus Eg.); F: 250°.

X
$Cl_3C-CO-NH-CH_2$
O
IV

$CO-CH_3$
$NH_2$
V

$CO-CH_3$
$H_2N$
VI

**6-Amino-1-acetyl-pyren, 1-[6-Amino-pyrenyl-(1)]-äthanon-(1),** *6-aminopyren-1-yl methyl ketone* $C_{18}H_{13}NO$, Formel V.

*B.* Neben 1-[8-Amino-pyrenyl-(1)]-äthanon-(1) bei der Hydrierung des aus 1-[Pyrenyl-(1)]-äthanon-(1) mit Hilfe von Salpetersäure und Essigsäure erhaltenen Gemisches von Nitro-Verbindungen in Äthanol an Nickel bei 60–70° (*I.G. Farbenind.*, D.R.P. 663995 [1936]; Frdl. **25** 806; *Gen. Aniline Works*, U.S.P. 2185661 [1936]).

Orangegelbe Krystalle (aus Chlorbenzol); F: 192°.

**8-Amino-1-acetyl-pyren, 1-[8-Amino-pyrenyl-(1)]-äthanon-(1),** *8-aminopyren-1-yl methyl ketone* $C_{18}H_{13}NO$, Formel VI.

*B.* s. im vorangehenden Artikel.

Orangegelbe Krystalle (aus Chlorbenzol); F: 136° (*I.G. Farbenind.*, D.R.P. 663995 [1936]; Frdl. **25** 806; *Gen. Aniline Works*, U.S.P. 2185661 [1936]).

## Amino-Derivate der Oxo-Verbindungen $C_{19}H_{14}O$

**Bis-[4-amino-phenyl]-[4-oxo-cyclohexadien-(2.5)-yliden]-methan, 1-[4.4'-Diamino-benzhydryliden]-cyclohexadien-(2.5)-on-(4), 4'.4''-Diamino-fuchson** $C_{19}H_{16}N_2O$ und Mesomeres.

**1-[4.4′-Bis-dimethylamino-benzhydryliden]-cyclohexadien-(2.5)-on-(4), 4′.4″-Bis-dimethylamino-fuchson,** *4-[4,4′-bis(dimethylamino)benzhydrylidene]cyclohexa-2,5-dien-1-one* $C_{23}H_{24}N_2O$, Formel VII und Mesomeres (H 123; E I 405; E II 78).

Krystalle (aus Xylol), die bei 206—220° sintern (*Hünig, Schweeberg, Schwarz*, A. **587** [1954] 132, 143). Absorptionsspektrum von Lösungen in Äthanol, Chloroform und Benzol: *Kiprianow, Petrun'kin*, Ž. obšč. Chim. **10** [1940] 613, 617; C. **1940** II 1876; in Chloroform, Benzol und Aceton sowie in Methanol, auch nach Zusatz von Perchlorsäure: *Hü., Sch., Sch.*, l. c. S. 139.

**Bis-[3.5-dinitro-4-(nitro-methyl-amino)-phenyl]-[3.5-dinitro-4-methylimino-cyclohexadien-(2.5)-yliden]-methan, 3.5-Dinitro-1-[3.5.3′.5′-tetranitro-4.4′-bis-(nitro-methyl-amino)-benzhydryliden]-cyclohexadien-(2.5)-on-(4)-methylimin,** N,N′-*dimethyl-2,2′,6,6′*,N,N′-*hexanitro-4,4′-{[4-(methylimino)-3,5-dinitrocyclohexa-2,5-dien-1-ylidene]methylene}dianiline* $C_{22}H_{15}N_{11}O_{16}$, Formel VIII und Mesomeres.

*B.* Aus Tris-[3.5-dinitro-4-(nitro-methyl-amino)-phenyl]-methanol beim Erhitzen mit wss. Kalilauge oder mit Acetanhydrid (*Galinowski, Urbański*, Soc. **1948** 2169).

Krystalle (aus Eg.); F: 210° [Zers.].

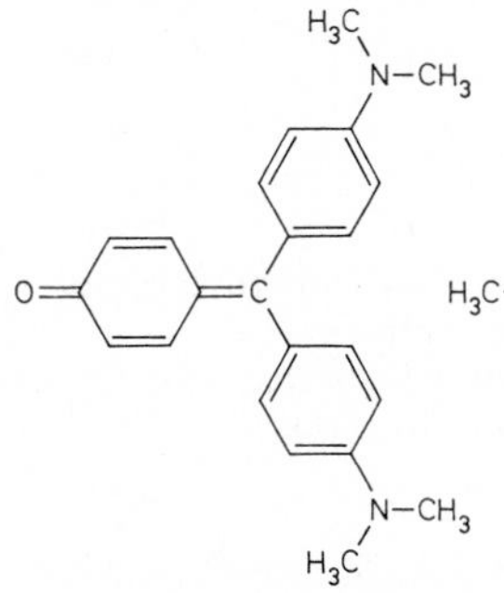

VII 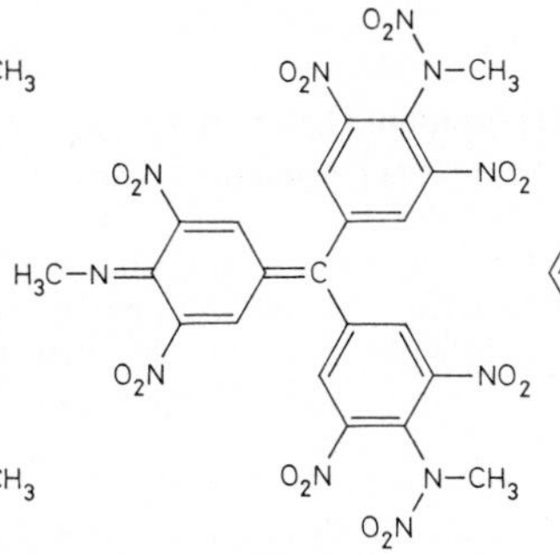 VIII 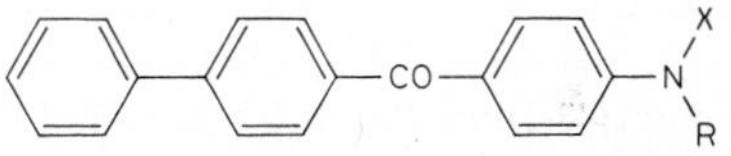 IX

**[4-Amino-phenyl]-[biphenylyl-(4)]-keton, 4′-Amino-4-phenyl-benzophenon,** *4-amino-4′-phenyl-benzophenone* $C_{19}H_{15}NO$, Formel IX (R = X = H).

*B.* Aus 4′-Nitro-4-phenyl-benzophenon beim Erwärmen mit Zinn(II)-chlorid und Chlorwasserstoff in Essigsäure (*Dilthey et al.*, J. pr. [2] **135** [1932] 36, 42).

Gelbe Krystalle (aus A.); F: 204° (*Pfeiffer, Schwenzer, Kumetat*, J. pr. [2] **143** [1935] 143, 155), 203—204° (*Di. et al.*).

Hydrochlorid $C_{19}H_{15}NO \cdot HCl$. Krystalle (aus A. + Ae.); F: 218° [rote Schmelze] (*Di. et al.*).

Perchlorat $C_{19}H_{15}NO \cdot HClO_4$. Zers. oberhalb 230° (*Pf., Sch., Ku.*).

Oxim $C_{19}H_{16}N_2O$. Krystalle (aus Bzl.); F: 182—183° (*Di. et al.*).

**4′-Dimethylamino-4-phenyl-benzophenon,** *4-(dimethylamino)-4′-phenylbenzophenone* $C_{21}H_{19}NO$, Formel IX (R = X = $CH_3$).

*B.* Beim Erwärmen von 4-Dimethylamino-benzoylchlorid mit Biphenyl und Aluminiumchlorid in Nitrobenzol (*Dilthey et al.*, J. pr. [2] **134** [1932] 188, 200).

Gelbe Krystalle (aus A.); F: 127—128°.

Beim Erwärmen mit *N.N*-Dimethyl-anilin und Phosphoroxychlorid sind Bis-[4-dimethylamino-phenyl]-[biphenylyl-(4)]-methan und Bis-[4-dimethylamino-phenyl]-[biphenylyl-(4)]-methanol erhalten worden.

Pikrat $C_{21}H_{19}NO \cdot C_6H_3N_3O_7$. Orangegelbe Krystalle (aus A.); F: 159—160° [Zers.].

Oxim $C_{21}H_{20}N_2O$. Krystalle (aus Bzl.), die je nach der Geschwindigkeit des Erhitzens zwischen 225° und 230° schmelzen.

**4′-Acetamino-4-phenyl-benzophenon, Essigsäure-[4-(biphenylyl-(4)-carbonyl)-anilid],** *4′-(biphenyl-4-ylcarbonyl)acetanilide* $C_{21}H_{17}NO_2$, Formel IX (R = CO-$CH_3$, X = H).

*B.* Aus 4′-Amino-4-phenyl-benzophenon (*Dilthey et al.*, J. pr. [2] **135** [1932] 36, 43).

Krystalle (aus A.); F: 204°.

**Phenyl-[4′-amino-biphenylyl-(4)]-keton, 4-[4-Amino-phenyl]-benzophenon,** *4-(p-aminophenyl)benzophenone* $C_{19}H_{15}NO$, Formel X (R = H).

*B.* Aus 4-[4-Nitro-phenyl]-benzophenon beim Erwärmen mit Zinn(II)-chlorid und

Essigsäure (*Pfeiffer, Schwenzer, Kumetat,* J. pr. [2] **143** [1935] 143, 155), mit Zinn(II)-chlorid und wss. Salzsäure (*Hey, Jackson,* Soc. **1936** 802, 805) oder mit Eisen und Essigsäure (*I.G. Farbenind.,* F.P. 735846 [1932]).

Gelbe Krystalle; F: 148° [aus A.] (*I.G. Farbenind.*), 143–144° [aus wss. A.] (*Hey, Ja.*), 143° [aus A.] (*Pf., Sch., Ku.*).

Hydrochlorid. Krystalle (aus A. oder W.); F: 254–256° [Zers.] (*I.G. Farbenind.*).

Perchlorat $C_{19}H_{15}NO \cdot HClO_4$. Krystalle; Zers. bei 218° (*Pf., Sch., Ku.*).

**4-[4-Acetamino-phenyl]-benzophenon, *N*-[4′-Benzoyl-biphenylyl-(4)]-acetamid,** N-(*4′-benzoylbiphenyl-4-yl)acetamide* $C_{21}H_{17}NO_2$, Formel X (R = $CO\text{-}CH_3$).

*B.* Aus 4-[4-Amino-phenyl]-benzophenon und Acetanhydrid (*Hey, Jackson,* Soc. **1936** 802, 805).

Krystalle (aus A.); F: 206–207°.

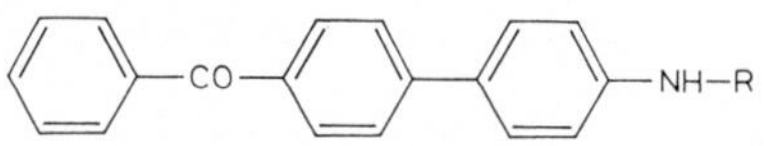

CO NH–R H₃C N H₃C H C–CO C H

X 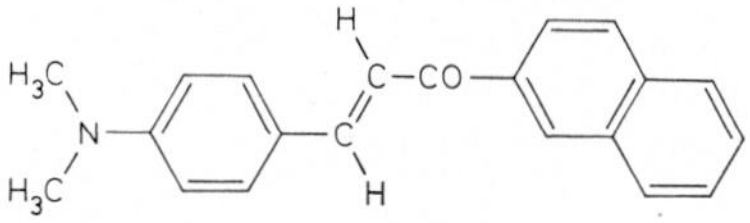 XI

**1-[4-Amino-phenyl]-3-[naphthyl-(2)]-propen-(1)-on-(3)** $C_{19}H_{15}NO$.

**1-[4-Dimethylamino-phenyl]-3-[naphthyl-(2)]-propen-(1)-on-(3),** *3-[p-(dimethylamino)phenyl]-2′-acrylonaphthone* $C_{21}H_{19}NO$.

Die nachstehend beschriebene Verbindung ist vermutlich als **1*t*-[4-Dimethylamino-phenyl]-3-[naphthyl-(2)]-propen-(1)-on-(3)** (Formel XI) zu formulieren.

*B.* Beim Erwärmen von 1-[Naphthyl-(2)]-äthanon-(1) mit 4-Dimethylamino-benzaldehyd und wss.-äthanol. Kalilauge (*Pfeiffer et al.,* Karrer-Festschr. [Basel 1949] S. 20, 22, 26).

Orangegelbe Krystalle [aus A.]; F: 102° (oder 202°?).

Über ein farbloses und ein blauviolettes Monoperchlorat $C_{21}H_{19}NO \cdot HClO_4$ sowie ein braunes Diperchlorat $C_{21}H_{19}NO \cdot 2HClO_4$ s. *Pf. et al.*

**4-Amino-7-oxo-2-äthyl-7*H*-benz[*de*]anthracen** $C_{19}H_{15}NO$.

**4-Acetamino-7-oxo-2-äthyl-7*H*-benz[*de*]anthracen, *N*-[7-Oxo-2-äthyl-7*H*-benz[*de*]anthracenyl-(4)]-acetamid,** N-(*2-ethyl-7-oxo-*7H-*benz*[de]*anthracen-4-yl)acetamide* $C_{21}H_{17}NO_2$, Formel XII.

Eine Verbindung (grünliche Krystalle [aus Eg.], F: 232–233°), der vermutlich diese Konstitution zukommt, ist beim Erhitzen des Dinatrium-Salzes des 2-Acetamino-9.10-disulfooxy-anthracens mit 2-Methylen-butyraldehyd in Essigsäure und Acetanhydrid unter Zusatz von Piperidin erhalten worden (*I.G. Farbenind.,* D.R.P. 720467 [1939]; D.R.P. Org. Chem. **1**, Tl. 2, S. 439).

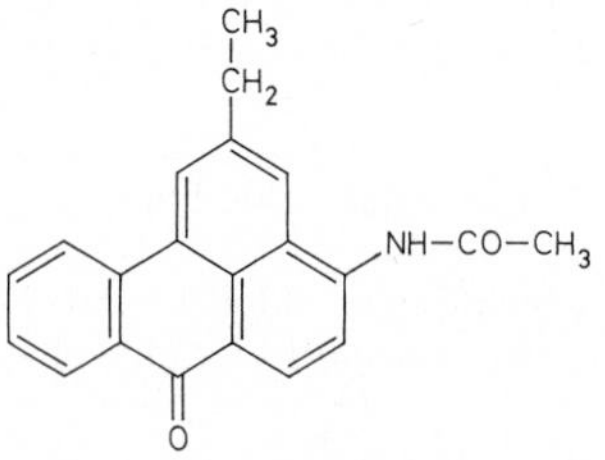

CH₃ CH₂ NH–CO–CH₃ O CH₂–NH–R R–NH–CH₂ O

XII 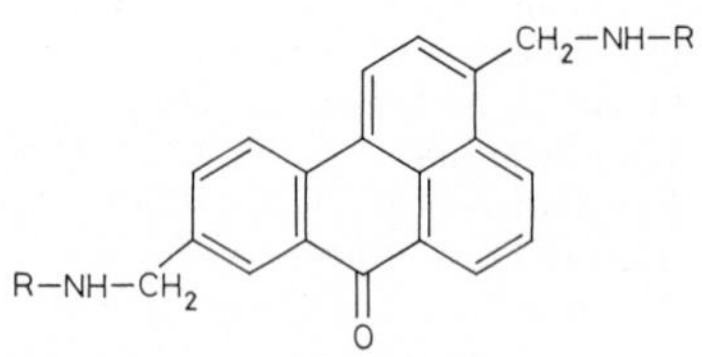 XIII

**7-Oxo-3.9-bis-aminomethyl-7*H*-benz[*de*]anthracen** $C_{19}H_{16}N_2O$.

**7-Oxo-3.9-bis-[(*C*-chlor-acetamino)-methyl]-7*H*-benz[*de*]anthracen,** 3.9-Bis-[(*C*-chlor-acetamino)-methyl]-benz[*de*]anthracenon-(7), *2,2′-dichloro-*N,N′-[(*7-oxo-*7H-*benz*[de]*anthracene-3,9-diyl)dimethylene]bisacetamide* $C_{23}H_{18}Cl_2N_2O_3$, Formel XIII (R = $CO\text{-}CH_2Cl$).

*B.* Beim Behandeln von 7-Oxo-7*H*-benz[*de*]anthracen mit *C*-Chlor-*N*-hydroxymethyl-acetamid und Schwefelsäure (*de Diesbach,* Helv. **23** [1940] 1232, 1240).

Gelbe Krystalle (aus E.); F: 235°.

**7-Oxo-3.9-bis-[(*C.C.C*-trichlor-acetamino)-methyl]-7*H*-benz[*de*]anthracen,** 3.9-Bis-[(*C.C.C*-trichlor-acetamino)-methyl]-benz[*de*]anthracenon-(7), *2,2,2,2′,2′,2′-hexachloro-*N,N′-[(*7-oxo-*7H-*benz*[de]*anthracene-3,9-diyl*)*dimethylene*]*bisacetamide* $C_{23}H_{14}Cl_6N_2O_3$, Formel XIII (R = CO-$CCl_3$).

*B.* Beim Behandeln von 7-Oxo-7*H*-benz[*de*]anthracen mit *C.C.C*-Trichlor-*N*-hydroxy≈methyl-acetamid und Schwefelsäure (*de Diesbach*, Helv. **23** [1940] 1232, 1241).

Gelbe Krystalle (aus Nitrobenzol); F: ca. 235°.

## Amino-Derivate der Oxo-Verbindungen $C_{20}H_{16}O$

**1-Amino-1.1.2-triphenyl-äthanon-(2)** $C_{20}H_{17}NO$.

**1-Anilino-1.1.2-triphenyl-äthanon-(2),** *2-anilino-2,2-diphenylacetophenone* $C_{26}H_{21}NO$, Formel I.

*B.* Aus 1-Chlor-1.1.2-triphenyl-äthanon-(2) und Anilin in Äther (*Cameron*, Trans roy. Soc. Canada [3] **23** III [1929] 53, 58).

Gelbe Krystalle (aus A.); F: 182°.

**2-Phenyl-1.1-bis-[4-amino-phenyl]-äthanon-(2)** $C_{20}H_{18}N_2O$.

**2-Phenyl-1.1-bis-[4-dimethylamino-phenyl]-äthanon-(2),** *2,2-bis*[p-(*dimethylamino*)≈*phenyl*]*acetophenone* $C_{24}H_{26}N_2O$, Formel II (R = $CH_3$, X = H).

Diese Verbindung hat auch in dem E I **14** 406 als 1-Phenyl-1.2-bis-[4-dimethyl≈amino-phenyl]-äthanon-(2) $C_{24}H_{26}N_2O$ („4-Dimethylamino-α-[4-dimethylamino-benzoyl]-diphenylmethan") beschriebenen Präparat (F: 162–164°) vorgelegen (*Madelung, Oberwegner*, B. **65** [1932] 931, 934).

*B.* Beim Behandeln von Phenylglyoxal mit *N.N*-Dimethyl-anilin und Phosphoroxy≈chlorid ohne Lösungsmittel (*Ma., Ob.*, l. c. S. 938) oder in Benzol (*Lutz, Baker*, J. org. Chem. **21** [1956] 49, 57). Beim Erhitzen von Phenylglyoxal-hydrat mit *N.N*-Dimethyl-anilin und Essigsäure (*Kröhnke*, B. **72** [1939] 1731, 1733). Beim Behandeln von (±)-2-Brom-2-acetoxy-1-phenyl-äthanon-(1) mit *N.N*-Dimethyl-anilin und Phosphoroxychlorid (*Ma., Ob.*, l. c. S. 937).

Gelbe Krystalle; F: 168° [aus A.] (*Kr.*), 166,5–167,5° [aus A.; korr.] (*Lutz, Ba.*), 164° [aus Me.] (*Ma., Ob.*).

Hydrobromid $C_{24}H_{26}N_2O \cdot HBr$. Krystalle (aus A.); F: 227–228° [Zers.].

Oxim $C_{24}H_{27}N_3O$. Gelbliche Krystalle (aus A.); F: 160° [nach Sintern von 158° an] (*Kr.*).

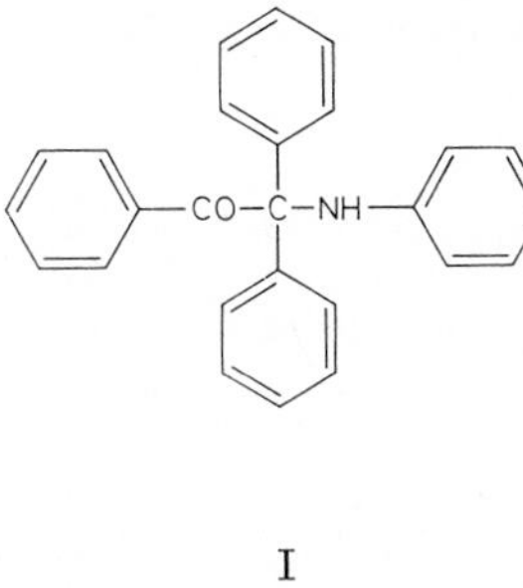

I 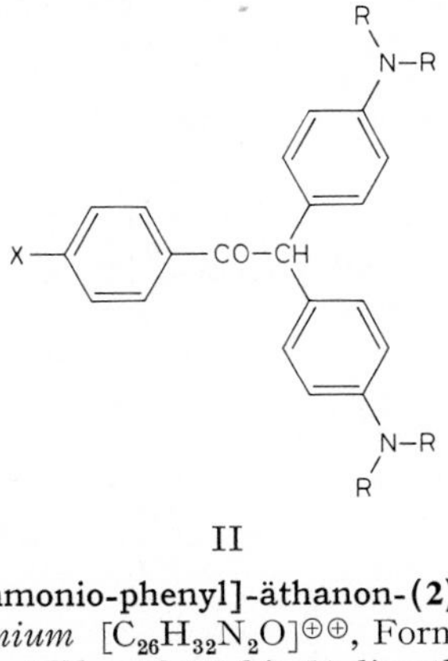 II 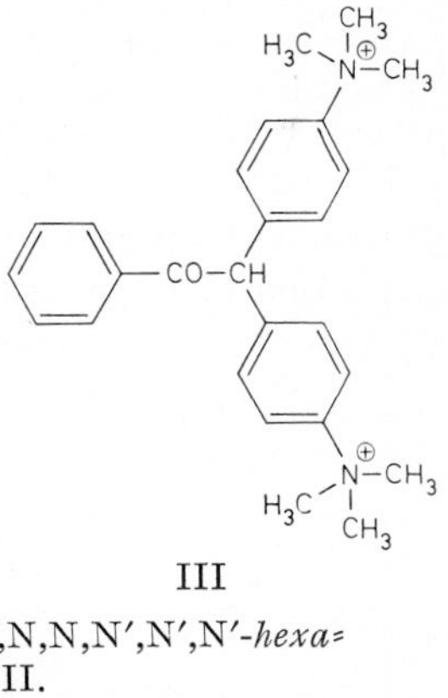 III

**2-Phenyl-1.1-bis-[4-trimethylammonio-phenyl]-äthanon-(2),** N,N,N,N′,N′,N′-*hexa≈methyl-*p,p′-*phenacylidenedianilinium* $[C_{26}H_{32}N_2O]^{\oplus\oplus}$, Formel III.

**Dijodid** $[C_{26}H_{32}N_2O]I_2$. *B.* Aus 2-Phenyl-1.1-bis-[4-dimethylamino-phenyl]-äthanon-(2) und Methyljodid in Methanol (*Kröhnke*, B. **72** [1939] 1731, 1734). — Krystalle (aus Me.).

**Diperchlorat** $[C_{26}H_{32}N_2O][ClO_4]_2$. Krystalle; F: 281° [Zers.] (*Kr.*).

**2-Phenyl-1.1-bis-[4-diäthylamino-phenyl]-äthanon-(2),** *2,2-bis*[p-(*diethylamino*)*phenyl*]≈*acetophenone* $C_{28}H_{34}N_2O$, Formel II (R = $C_2H_5$, X = H).

*B.* Beim Erhitzen von Phenylglyoxal-hydrat mit *N.N*-Diäthyl-anilin und Essigsäure (*Kröhnke*, B. **72** [1939] 1731, 1734). Beim Behandeln von 1-Phenacyl-pyridinium-bromid mit Nitrosobenzol und *N.N*-Diäthyl-anilin in Äthanol (*Kr.*).

Krystalle (aus A.); F: 111–112°.

**2-[4-Chlor-phenyl]-1.1-bis-[4-dimethylamino-phenyl]-äthanon-(2)**, *4'-chloro-2,2-bis-[p-(dimethylamino)phenyl]acetophenone* $C_{24}H_{25}ClN_2O$, Formel II (R = $CH_3$, X = Cl).

*B.* Beim Erwärmen von 1-[4-Chlor-phenacyl]-pyridinium-bromid mit Nitrosobenzol und *N.N*-Dimethyl-anilin in Äthanol (*Kröhnke*, B. **72** [1939] 1731, 1735).

Gelbliche Krystalle (aus A.); F: 148°.

## Amino-Derivate der Oxo-Verbindungen $C_{21}H_{18}O$

**9-Phenyl-1-[4-amino-phenyl]-nonatetraen-(1.4.6.8)-on-(3)** $C_{21}H_{19}NO$.

**9-Phenyl-1-[4-dimethylamino-phenyl]-nonatetraen-(1.4.6.8)-on-(3)**, *1-[p-(dimethylamino)phenyl]-9-phenylnona-1,4,6,8-tetraen-3-one* $C_{23}H_{23}NO$.

**9t-Phenyl-1t-[4-dimethylamino-phenyl]-nonatetraen-(1.4ξ.6t.8)-on-(3) vom F: 184°**, vermutlich **9t-Phenyl-1t-[4-dimethylamino-phenyl]-nonatetraen-(1.4t.6t.8)-on-(3)**, Formel IV.

*B.* Beim Erwärmen von 1*t*-[4-Dimethylamino-phenyl]-buten-(1)-on-(3) (S. 188) mit 1*t*-Phenyl-pentadien-(1.3*t*)-al-(5) (E III 7 1653) in Äthanol unter Zusatz von wss. Natronlauge (*Rupe, Collin, Sigg*, Helv. **14** [1931] 1355, 1368).

Rote Krystalle (aus Bzl.); F: 184°.

IV V

**1.3-Diphenyl-1-[4-amino-phenyl]-propanon-(3)** $C_{21}H_{19}NO$.

**(±)-1.3-Diphenyl-1-[4-dimethylamino-phenyl]-propanon-(3)**, *(±)-3-[p-(dimethylamino)phenyl]-3-phenylpropiophenone* $C_{23}H_{23}NO$, Formel V.

Diese Konstitution kommt auch der E I **13** 302 als 1.1-Diphenyl-3-[4-dimethylamino-phenyl]-allylalkohol („Diphenyl-[4-dimethylamino-styryl]-carbinol") beschriebenen Verbindung (F: 100°) zu (*Gilman, Kirby*, Am. Soc. **63** [1941] 2046).

*B.* Aus 4-Dimethylamino-*trans*(?)-chalkon vom F: 114° und Phenylmagnesiumbromid (oder Diphenylberyllium) in Äther (*Gi., Ki.*; vgl. E I **13** 302). Aus *trans*-Chalkon und 4-Dimethylamino-phenylmagnesium-halogenid in Äther (*Gi., Ki.*).

Krystalle (aus A.); F: 101°.

**2-Amino-1.1.3-triphenyl-propanon-(3)** $C_{21}H_{19}NO$.

**(±)-2-Dimethylamino-1.1.3-triphenyl-propanon-(3)**, *(±)-2-(dimethylamino)-3,3-diphenylpropiophenone* $C_{23}H_{23}NO$, Formel VI.

*B.* Beim Erwärmen von Dimethyl-benzhydryl-amin mit Phenacylbromid in Benzol (*Stevens*, Soc. **1930** 2107, 2114, 2115).

Gelbliche Krystalle (aus Me.); F: 167°.

VI VII VIII

**3-Amino-1.2.3-triphenyl-propanon-(1)** $C_{21}H_{19}NO$.

**3-Anilino-1.2.3-triphenyl-propanon-(1)**, *3-anilino-2,3-diphenylpropiophenone* $C_{27}H_{23}NO$, Formel VII (vgl. H 125; dort als β-Anilino-α.β-diphenyl-propiophenon bezeichnet).

Ein Präparat (F: 170—173° [Rohprodukt]), in dem ein opt.-inakt. Aminoketon dieser Konstitution vorgelegen hat, ist beim Behandeln von Desoxybenzoin mit Benzaldehyd-phenylimin (oder Benzaldehyd und Anilin) in Äthanol erhalten worden (*Dilthey, Steinborn*, J. pr. [2] **133** [1932] 219, 221; vgl. H 125).

**1.1-Bis-[4-amino-phenyl]-2-*p*-tolyl-äthanon-(2)** $C_{21}H_{20}N_2O$.

**1.1-Bis-[4-dimethylamino-phenyl]-2-*p*-tolyl-äthanon-(2)**, *2,2-bis[p-(dimethylamino)phenyl]-4'-methylacetophenone* $C_{25}H_{28}N_2O$, Formel VIII.

*B*. Beim Erwärmen von *p*-Tolylglyoxal-hydrat mit *N.N*-Dimethyl-anilin und Pyridin-hydrobromid in Äthanol (*Kröhnke*, B. **72** [1939] 1731, 1734). Beim Behandeln von 1-[4-Methyl-phenacyl]-pyridinium-bromid mit Nitrosobenzol und *N.N*-Dimethyl-anilin in Äthanol (*Kr.*).

Krystalle (aus A.); F: 125°.

Hydrobromid. F: 228—229°.

## Amino-Derivate der Oxo-Verbindungen $C_{22}H_{20}O$

**1-Amino-1.2.4-triphenyl-butanon-(3)** $C_{22}H_{21}NO$.

**1-Diäthylamino-1.2.4-triphenyl-butanon-(3)**, *4-(diethylamino)-1,3,4-triphenylbutan-2-one* $C_{26}H_{29}NO$, Formel IX ($R = X = C_2H_5$).

Ein opt.-inakt. Aminoketon (Krystalle [aus Acn.], F: 117—118°) dieser Konstitution ist beim Behandeln von 1.3-Diphenyl-aceton mit Benzaldehyd und Diäthylamin in Äthanol erhalten worden (*Dilthey, Nagel*, J. pr. [2] **130** [1930] 147, 159, 160).

**1-Anilino-1.2.4-triphenyl-butanon-(3)**, *4-anilino-1,3,4-triphenylbutan-2-one* $C_{28}H_{25}NO$, Formel IX ($R = C_6H_5$, $X = H$) (vgl. H 126; dort als Benzyl-[β-anilino-α.β-diphenyl-äthyl]-keton bezeichnet).

Ein opt.-inakt. Aminoketon (Krystalle [aus Bzl.], F: 177°) dieser Konstitution ist beim Behandeln von 1.3-Diphenyl-aceton mit Benzaldehyd und Anilin in Äthanol erhalten worden (*Dilthey, Nagel*, J. pr. [2] **130** [1930] 147, 150, 158).

IX X

**4-Amino-1.2.2-triphenyl-butanon-(1)** $C_{22}H_{21}NO$.

**4-Dimethylamino-1.2.2-triphenyl-butanon-(1)**, *4-(dimethylamino)-2,2-diphenylbutyrophenone* $C_{24}H_{25}NO$, Formel X.

*B*. Beim Erwärmen von 4-Dimethylamino-2.2-diphenyl-butyronitril in Toluol mit Phenylmagnesiumbromid in Äther und Erhitzen des Reaktionsprodukts mit wss. Salzsäure (*Bockmühl, Ehrhart*, A. **561** [1949] 52, 74; *Dupré et al.*, Soc. **1949** 500, 508).

$Kp_{0,3}$: 178—184° (*Du. et al.*).

Hydrochlorid $C_{24}H_{25}NO \cdot HCl$. Krystalle; F: 227—228° [korr.; aus Acn. + Ae.] (*Du. et al.*), 221—222° (*Bo., Eh.*).

## Amino-Derivate der Oxo-Verbindungen $C_{23}H_{22}O$

**4-Amino-1.2.2-triphenyl-pentanon-(1)** $C_{23}H_{23}NO$.

**(±)-4-Dimethylamino-1.2.2-triphenyl-pentanon-(1)**, *(±)-4-(dimethylamino)-2,2-diphenylvalerophenone* $C_{25}H_{27}NO$, Formel XI ($X = O$).

*B*. Aus (±)-4-Dimethylamino-1.2.2-triphenyl-pentanon-(1)-imin beim Erhitzen mit wss. Bromwasserstoffsäure (*Walton, Ofner, Thorp*, Soc. **1949** 648, 652).

Hydrochlorid $C_{25}H_{27}NO \cdot HCl$. Krystalle (aus Butanon); F: 197—198°.

Hydrobromid $C_{25}H_{27}NO \cdot HBr$. Krystalle (aus A. + Ae.); F: 181—183°.

**(±)-4-Dimethylamino-1.2.2-triphenyl-pentanon-(1)-imin,** *(±)-4-imino-1,*N,N*-trimethyl-3,3,4-triphenylbutylamine* $C_{25}H_{28}N_2$, Formel XI (X = NH).

*B.* Beim Erwärmen von (±)-4-Dimethylamino-2.2-diphenyl-valeronitril in Xylol mit Phenylmagnesiumbromid in Äther (*Walton, Ofner, Thorp,* Soc. **1949** 648, 652).

Hydrochlorid $C_{25}H_{28}N_2 \cdot HCl$. Krystalle (aus Butanon); F: 136–137°.

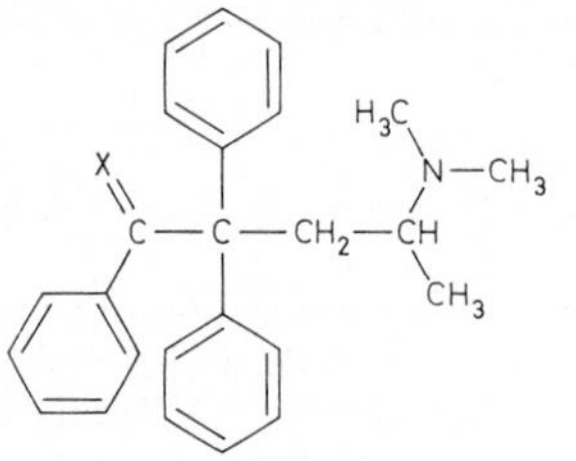

XI 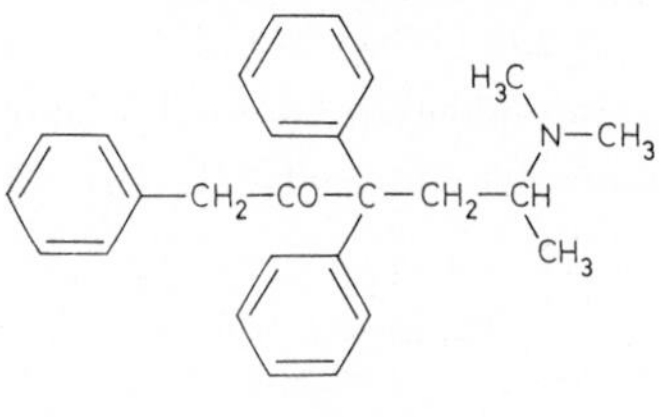 XII

Amino-Derivate der Oxo-Verbindungen $C_{24}H_{24}O$

**5-Amino-1.3.3-triphenyl-hexanon-(2)** $C_{24}H_{25}NO$.

**(±)-5-Dimethylamino-1.3.3-triphenyl-hexanon-(2),** *(±)-5-(dimethylamino)-1,3,3-triphenylhexan-2-one* $C_{26}H_{29}NO$, Formel XII.

*B.* Beim Erwärmen von (±)-4-Dimethylamino-2.2-diphenyl-valeronitril in Xylol mit Benzylmagnesiumchlorid in Äther (*Walton, Ofner, Thorp,* Soc. **1949** 648, 652).

Hydrochlorid $C_{26}H_{29}NO \cdot HCl$. Krystalle (aus A. + Ae.); F: 236–237°.

Hydrobromid $C_{26}H_{29}NO \cdot HBr$. Krystalle (aus A.); F: 243–244°.

## Amino-Derivate der Monooxo-Verbindungen $C_nH_{2n-26}O$

Amino-Derivate der Oxo-Verbindungen $C_{19}H_{12}O$

**1-[4-Amino-benzyliden]-acenaphthenon-(2)** $C_{19}H_{13}NO$.

**1-[4-Acetamino-benzyliden]-acenaphthenon-(2), Essigsäure-[4-(2-oxo-acenaphthenyliden-(1))-methyl]-anilid,** *α-(2-oxoacenaphthen-1-ylidene)aceto-*p*-toluidide* $C_{21}H_{15}NO_2$, Formel I (R = CO-$CH_3$).

Eine Verbindung (gelbe Krystalle [aus A.], F: 255,5–256°) dieser Konstitution ist beim Behandeln von Acenaphthenon mit 4-Acetamino-benzaldehyd in Äthanol unter Zusatz von äthanol. Kalilauge erhalten worden (*Sircar, Gopalan,* J. Indian chem. Soc. **9** [1932] 639, 648).

Gelbe Krystalle (aus A.); F: 255,5–256°.

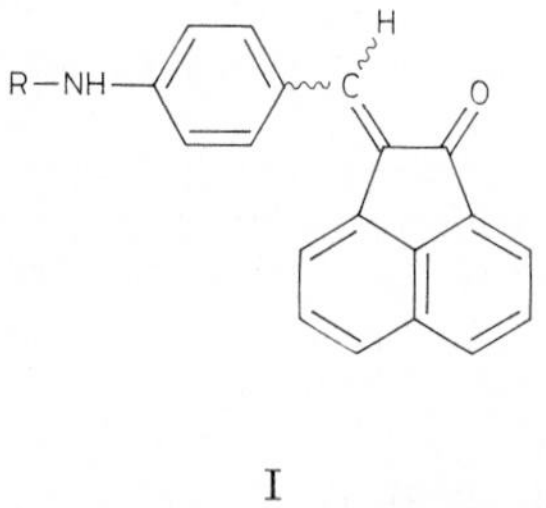

I 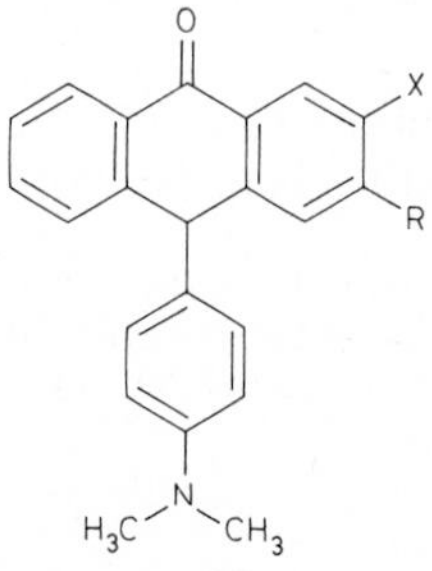 II 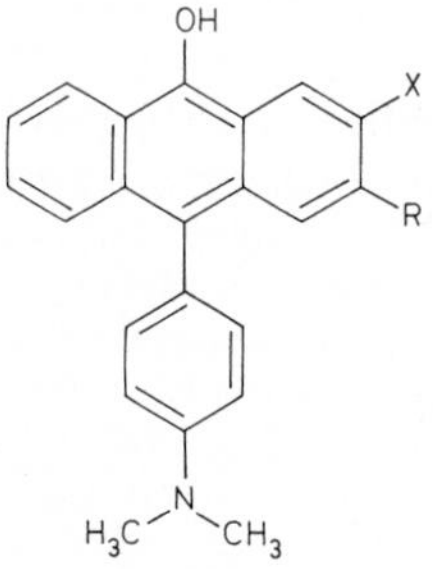 III

Amino-Derivate der Oxo-Verbindungen $C_{20}H_{14}O$

**10-[4-Amino-phenyl]-anthron** $C_{20}H_{15}NO$ und **10-[4-Amino-phenyl]-anthrol-(9)** $C_{20}H_{15}NO$.

**(±)-3-Chlor-10-[4-dimethylamino-phenyl]-anthron,** *(±)-3-chloro-10-*[p*-(dimethylamino)phenyl]anthrone* $C_{22}H_{18}ClNO$, Formel II (R = Cl, X = H), und **3-Chlor-10-[4-dimethylamino-phenyl]-anthrol-(9),** *3-chloro-10-*[p*-(dimethylamino)phenyl]-9-anthrol* $C_{22}H_{18}ClNO$, Formel III (R = Cl, X = H).

*B.* Aus (±)-3-Chlor-10-brom-anthron und *N.N*-Dimethyl-anilin (*Barnett, Goodway, Savage,* B. **64** [1931] 2185, 2189).
Gelbe Krystalle (aus Bzl.); F: 190—195° [nach Sintern].

**(±)-2-Chlor-10-[4-dimethylamino-phenyl]-anthron,** *(±)-2-chloro-10-*[p-*(dimethylamino)phenyl]anthrone* $C_{22}H_{18}ClNO$, Formel II (R = H, X = Cl), und **2-Chlor-10-[4-dimethylamino-phenyl]-anthrol-(9),** *2-chloro-10-*[p-*(dimethylamino)phenyl]-9-anthrol* $C_{22}H_{18}ClNO$, Formel III (R = H, X = Cl).
*B.* Aus (±)-2-Chlor-10-brom-anthron und *N.N*-Dimethyl-anilin (*Barnett, Goodway, Savage,* B. **64** [1931] 2185, 2188).
Gelbe Krystalle (aus Cyclohexan); F: 128°.

**(±)-2.3-Dichlor-10-[4-dimethylamino-phenyl]-anthron,** *(±)-2,3-dichloro-10-*[p-*(dimethylamino)phenyl]anthrone* $C_{22}H_{17}Cl_2NO$, Formel II (R = X = Cl), und **2.3-Dichlor-10-[4-dimethylamino-phenyl]-anthrol-(9),** *2,3-dichloro-10-*[p-*(dimethylamino)phenyl]-9-anthrol* $C_{22}H_{17}Cl_2NO$, Formel III (R = X = Cl).
*B.* Aus (±)-2.3-Dichlor-10-brom-anthron und *N.N*-Dimethyl-anilin (*Barnett, Goodway, Savage,* B. **64** [1931] 2185, 2190).
Gelbe Krystalle (aus Cyclohexan), die sich bei ca. 140° schwärzen.

**7-Amino-2-benzoyl-fluoren, Phenyl-[7-amino-fluorenyl-(2)]-keton,** *7-aminofluoren-2-yl phenyl ketone* $C_{20}H_{15}NO$, Formel IV.
Ein Amin (gelbe Krystalle [aus A.], F: 155°; Hydrochlorid: Krystalle [aus W.], F: 253°; *N*-Acetyl-Derivat $C_{22}H_{17}NO_2$: gelbe Krystalle [aus A.], F: 217°), dem wahrscheinlich diese Konstitution zukommt, ist aus 7(?)-Nitro-2-benzoyl-fluoren (E III **7** 2812) beim Erwärmen mit Natriumdithionit in Äthanol erhalten worden (*Dziewoński, Obtulewicz,* Bl. Acad. polon. [A] **1930** 399, 405).

H2N CO X=C H3C N C C H3C H

IV V

## Amino-Derivate der Oxo-Verbindungen $C_{21}H_{16}O$

**2.3-Diphenyl-1-[4-amino-phenyl]-propen-(1)-on-(3)** $C_{21}H_{17}NO$.

**2.3-Diphenyl-1-[4-dimethylamino-phenyl]-propen-(1)-on-(3),** *3-*[p-*(dimethylamino)phenyl]-2-phenylacrylophenone* $C_{23}H_{21}NO$.

**2.3-Diphenyl-1*c*-[4-dimethylamino-phenyl]-propen-(1)-on-(3),** Formel V (X = O) (E I 407; dort als *ms*-[4-Dimethylamino-benzal]-desoxybenzoin bezeichnet).
*B.* Aus 2.3-Diphenyl-1*c*-[4-dimethylamino-phenyl]-propen-(1)-on-(3)-imin (s. u.) beim Erhitzen mit wss. Salzsäure (*Rupe, Collin, Sigg,* Helv. **14** [1931] 1355, 1363).
Gelbe Krystalle (aus A.); F: 167°.

**2.3-Diphenyl-1-[4-dimethylamino-phenyl]-propen-(1)-on-(3)-imin,** p-*(3-imino-2,3-diphenylprop-1-enyl)-*N,N*-dimethylaniline* $C_{23}H_{22}N_2$.

**2.3-Diphenyl-1*c*-[4-dimethylamino-phenyl]-propen-(1)-on-(3)-imin,** Formel V (X = NH).
*B.* Beim Erwärmen von 2-Phenyl-3*c*-[4-dimethylamino-phenyl]-acrylonitril (über die Konfiguration dieser Verbindung s. *Bruylants, Leroy, v. Meerssche,* Bl. Soc. chim. Belg. **69** [1960] 5, 6) mit Phenylmagnesiumbromid in Benzol (*Rupe, Collin, Sigg,* Helv. **14** [1931] 1355, 1363).
Hellgelbe Krystalle (aus E. + Bzn.); F: 150° (*Rupe, Co., Sigg*).

**4'-Amino-4-benzoyl-stilben, 4-[4-Amino-styryl]-benzophenon** $C_{21}H_{17}NO$.

**3-Nitro-4-[4-dimethylamino-styryl]-benzophenon,** *4-[4-(dimethylamino)styryl]-3-nitrobenzophenone* $C_{23}H_{20}N_2O_3$.
Eine vermutlich als **3-Nitro-4-[4-dimethylamino-*trans*-styryl]-benzophenon** (Formel VI)

zu formulierende Verbindung (rote Krystalle [aus Eg.], F: 180°) dieser Konstitution ist beim Erhitzen von 3-Nitro-4-methyl-benzophenon mit 4-Dimethylamino-benzaldehyd unter Zusatz von Piperidin auf 160° erhalten worden (*Chardonnens, Venetz*, Helv. **22** [1939] 822, 826).

**3-Methyl-10-[4-amino-phenyl]-anthron** $C_{21}H_{17}NO$ und **3-Methyl-10-[4-amino-phenyl]-anthrol-(9)** $C_{21}H_{17}NO$.

**(±)-3-Methyl-10-[4-dimethylamino-phenyl]-anthron,** (±)-*10-*[p-(*dimethylamino*)*phenyl*]-*3-methylanthrone* $C_{23}H_{21}NO$, Formel II (R = $CH_3$, X = H) auf S. 348, und **3-Methyl-10-[4-dimethylamino-phenyl]-anthrol-(9),** *10-*[p-(*dimethylamino*)*phenyl*]-*3-methyl-9-anthrol* $C_{23}H_{21}NO$, Formel III (R = $CH_3$, X = H) auf S. 348.

*B.* Aus (±)-10-Brom-3-methyl-anthron und *N.N*-Dimethyl-anilin (*Barnett, Low, Marrison*, B. **64** [1931] 1568, 1570).

Krystalle (aus Bzl. + Cyclohexan); F: 184° [Zers.; nach Sintern].

**2-Methyl-10-[4-amino-phenyl]-anthron** $C_{21}H_{17}NO$ und **2-Methyl-10-[4-amino-phenyl]-anthrol-(9)** $C_{21}H_{17}NO$.

**(±)-2-Methyl-10-[4-dimethylamino-phenyl]-anthron,** (±)-*10-*[p-(*dimethylamino*)*phenyl*]-*2-methylanthrone* $C_{23}H_{21}NO$, Formel II (R = H, X = $CH_3$) auf S. 348, und **2-Methyl-10-[4-dimethylamino-phenyl]-anthrol-(9),** *10-*[p-(*dimethylamino*)*phenyl*]-*2-methyl-9-anthrol* $C_{23}H_{21}NO$, Formel III (R = H, X = $CH_3$) auf S. 348.

*B.* Aus (±)-10-Brom-2-methyl-anthron und *N.N*-Dimethyl-anilin (*Barnett, Low, Marrison*, B. **64** [1931] 1568, 1570).

Krystalle (aus Bzl. + Cyclohexan); F: 170° [Zers.].

VI VII

**1-Oxo-3-methyl-2-[4-amino-benzyliden]-2.3-dihydro-1*H*-cyclopenta[*a*]naphthalin** $C_{21}H_{17}NO$.

**(±)-1-Oxo-3-methyl-2-[4-dimethylamino-benzyliden]-2.3-dihydro-1*H*-cyclopenta[*a*]naphthalin,** (±)-3-Methyl-2-[4-dimethylamino-benzyliden]-2.3-dihydro-cyclopenta[*a*]naphthalinon-(1), (±)-*2-*[*4-*(*dimethylamino*)*benzylidene*]-*3-methyl-2,3-dihydro-*1H-*cyclopenta*[a]*naphthalen-1-one* $C_{23}H_{21}NO$, Formel VII.

Eine Verbindung (orangefarbene Krystalle [aus Isobutylalkohol], F: 192°; Monoperchlorat $C_{23}H_{21}NO \cdot HClO_4$: gelbe Krystalle; Diperchlorat $C_{23}H_{21}NO \cdot 2HClO_4$: farblose Krystalle) dieser Konstitution ist beim Behandeln von (±)-1-Oxo-3-methyl-2.3-dihydro-1*H*-cyclopenta[*a*]naphthalin (F: 76° [E III **7** 2143]) mit 4-Dimethylamino-benzaldehyd und Natriummethylat in Methanol erhalten worden (*Pfeiffer et al.*, Karrer-Festschr. [Basel 1949] S. 20, 29).

**1-[4-Amino-phenyl]-2-[fluorenyl-(2)]-äthanon-(2)** $C_{21}H_{17}NO$.

**1-[4-Diacetylamino-phenyl]-2-[fluorenyl-(2)]-äthanon-(2), *N*-{4-[2-Oxo-2-(fluorenyl-(2))-äthyl]-phenyl}-diacetamid,** N-{p-[*2-*(*fluoren-2-yl*)*-2-oxoethyl*]*phenyl*}*diacetamide* $C_{25}H_{21}NO_3$, Formel VIII.

*B.* Beim Behandeln von 1-[4-Nitro-phenyl]-2-[fluorenyl-(2)]-äthanon-(2) mit Zinn(II)-chlorid in Essigsäure unter Einleiten von Chlorwasserstoff und Erhitzen des erhaltenen Amins mit Acetanhydrid (*Stephenson*, Soc. **1949** 655, 659).

Krystalle (aus Bzn.); F: 201—202,5°.

VIII IX

**2-Amino-1-phenyl-2-[fluorenyl-(9)]-äthanon-(1)** $C_{21}H_{17}NO$.

**(±)-2-Dimethylamino-1-phenyl-2-[fluorenyl-(9)]-äthanon-(1),** (±)-*2-(dimethylamino)-2-(fluoren-9-yl)acetophenone* $C_{23}H_{21}NO$, Formel IX.

*B.* Beim Behandeln von 9-Dimethylamino-fluoren mit Phenacylbromid in Benzol (*Stevens*, Soc. **1930** 2107, 2115).

Gelbliche Krystalle (aus Me.); F: 145—148° [Zers.].

## Amino-Derivate der Oxo-Verbindungen $C_{22}H_{18}O$

**2.4-Dimethyl-10-[4-amino-phenyl]-anthron** $C_{22}H_{19}NO$ und **2.4-Dimethyl-10-[4-amino-phenyl]-anthrol-(9)** $C_{22}H_{19}NO$.

**(±)-2.4-Dimethyl-10-[4-dimethylamino-phenyl]-anthron,** (±)-*10-*[p-(*dimethylamino*)*phenyl*]*-2,4-dimethylanthrone* $C_{24}H_{23}NO$, Formel X ($R = CH_3$, $X = H$), und **2.4-Dimethyl-10-[4-dimethylamino-phenyl]-anthrol-(9),** *10-*[p-(*dimethylamino*)*phenyl*]*-2,4-dimethyl-9-anthrol* $C_{24}H_{23}NO$, Formel XI ($R = CH_3$, $X = H$).

*B.* Aus (±)-10-Brom-2.4-dimethyl-anthron und *N.N*-Dimethyl-anilin (*Barnett, Hewett*, B. **64** [1931] 1572, 1579).

Gelbe Krystalle (aus Bzl. + Cyclohexan); F: 186° [Zers.].

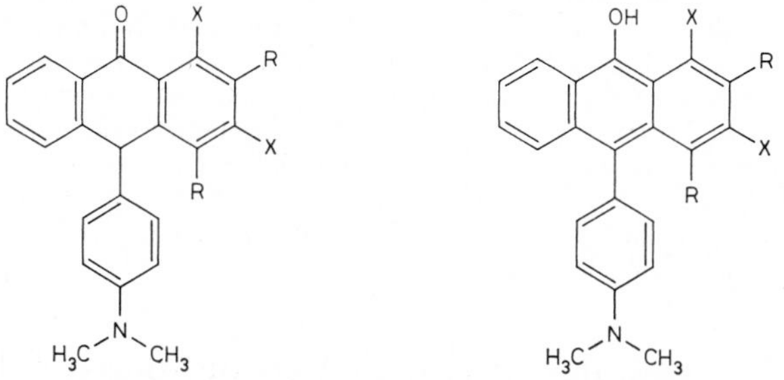

X

XI

**1.3-Dimethyl-10-[4-amino-phenyl]-anthron** $C_{22}H_{19}NO$ und **1.3-Dimethyl-10-[4-amino-phenyl]-anthrol-(9)** $C_{22}H_{19}NO$.

**(±)-1.3-Dimethyl-10-[4-dimethylamino-phenyl]-anthron,** (±)-*10-*[p-(*dimethylamino*)*phenyl*]*-1,3-dimethylanthrone* $C_{24}H_{23}NO$, Formel X ($R = H$, $X = CH_3$), und **1.3-Dimethyl-10-[4-dimethylamino-phenyl]-anthrol-(9),** *10-*[p-(*dimethylamino*)*phenyl*]*-1,3-dimethyl-9-anthrol* $C_{24}H_{23}NO$, Formel XI ($R = H$, $X = CH_3$).

*B.* Aus (±)-10-Brom-1.3-dimethyl-anthron und *N.N*-Dimethyl-anilin (*Barnett, Hewett*, B. **64** [1931] 1572, 1579).

F: 162° [Zers.; aus Cyclohexan].

**1.4-Dimethyl-10-[4-amino-phenyl]-anthron** $C_{22}H_{19}NO$ und **1.4-Dimethyl-10-[4-amino-phenyl]-anthrol-(9)** $C_{22}H_{19}NO$.

**(±)-1.4-Dimethyl-10-[4-dimethylamino-phenyl]-anthron,** (±)-*10-*[p-(*dimethylamino*)*phenyl*]*-1,4-dimethylanthrone* $C_{24}H_{23}NO$, Formel XII ($R = CH_3$, $X = H$), und **1.4-Dimethyl-10-[4-dimethylamino-phenyl]-anthrol-(9),** *10-*[p-(*dimethylamino*)*phenyl*]*-1,4-dimethyl-9-anthrol* $C_{24}H_{23}NO$, Formel XIII ($R = CH_3$, $X = H$).

*B.* Aus (±)-10-Brom-1.4-dimethyl-anthron und *N.N*-Dimethyl-anilin (*Barnett, Low*, B. **64** [1931] 49, 55).

Krystalle (aus Bzl. + Bzn.); F: 154°.

**2.3-Dimethyl-10-[4-amino-phenyl]-anthron** $C_{22}H_{19}NO$ und **2.3-Dimethyl-10-[4-amino-phenyl]-anthrol-(9)** $C_{22}H_{19}NO$.

**(±)-2.3-Dimethyl-10-[4-dimethylamino-phenyl]-anthron,** (±)-*10-*[p-(*dimethylamino*)*phenyl*]*-2,3-dimethylanthrone* $C_{24}H_{23}NO$, Formel XII ($R = H$, $X = CH_3$), und **2.3-Dimethyl-10-[4-dimethylamino-phenyl]-anthrol-(9),** *10-*[p-(*dimethylamino*)*phenyl*]*-2,3-dimethyl-9-anthrol* $C_{24}H_{23}NO$, Formel XIII ($R = H$, $X = CH_3$).

*B.* Aus (±)-10-Brom-2.3-dimethyl-anthron und *N.N*-Dimethyl-anilin (*Barnett, Marrison*, B. **64** [1931] 535, 540).

Krystalle (aus Bzl.); F: 235° [Zers.].

XII XIII XIV

Amino-Derivate der Oxo-Verbindungen $C_{23}H_{20}O$

**1-Phenyl-1.5-bis-[4-amino-phenyl]-penten-(4)-on-(3)** $C_{23}H_{22}N_2O$.

**(±)-1-Phenyl-1.5-bis-[4-dimethylamino-phenyl]-penten-(4)-on-(3),** (±)-*1,5-bis*[p-(*dimethylamino*)*phenyl*]-*5-phenylpent-1-en-3-one* $C_{27}H_{30}N_2O$.

Ein wahrscheinlich als **(±)-1-Phenyl-1.5*t*-bis-[4-dimethylamino-phenyl]-penten-(4)-on-(3)** (Formel XIV) zu formulierendes Aminoketon (gelbe Krystalle [aus A.], F: 159° bis 160°; Semicarbazon $C_{28}H_{33}N_5O$: grüngelbe Krystalle [aus A.], F: 211–212°) ist beim Behandeln von (±)-1-Phenyl-1-[4-dimethylamino-phenyl]-butanon-(3) mit 4-Dimethylamino-benzaldehyd in Äthanol unter Zusatz von wss. Natronlauge sowie beim Erwärmen von 1*t*(?).5*t*(?)-Bis-[4-dimethylamino-phenyl]-pentadien-(1.4)-on-(3) (F: 191°) mit Phenylmagnesiumbromid in Äther erhalten worden (*Rupe, Collin, Schmiderer*, Helv. **14** [1931] 1340, 1353, 1354).

# Amino-Derivate der Monooxo-Verbindungen $C_nH_{2n-28}O$

Amino-Derivate der Oxo-Verbindungen $C_{21}H_{14}O$

**4-Amino-1-[naphthoyl-(1)]-naphthalin, [Naphthyl-(1)]-[4-amino-naphthyl-(1)]-keton** $C_{21}H_{15}NO$.

**4-Benzamino-1-[naphthoyl-(1)]-naphthalin, *N*-[4-(Naphthoyl-(1))-naphthyl-(1)]-benzamid,** N-[*4-(1-naphthoyl)-1-naphthyl*]*benzamide* $C_{28}H_{19}NO_2$, Formel XV.

*B.* Beim Erwärmen von *N*-[Naphthyl-(1)]-benzamid mit Naphthoyl-(1)-chlorid und Aluminiumchlorid in Schwefelkohlenstoff (*I.G. Farbenind.*, D.R.P. 551586 [1929]; Frdl. **18** 590).

Gelbe Krystalle (aus A.); F: 201–203°.

XV XVI

**3-Amino-2-[naphthoyl-(2)]-naphthalin, [Naphthyl-(2)]-[3-amino-naphthyl-(2)]-keton,** *3-amino-2-naphthyl 2-naphthyl ketone* $C_{21}H_{15}NO$, Formel XVI (R = H).

*B.* Aus *N*-[3-(Naphthoyl-(2))-naphthyl-(2)]-acetamid (*Lothrop, Goodwin*, Am. Soc. **65** [1943] 363, 367).

Orangegelbe Krystalle (aus A.); F: 154–156°.

**3-Acetamino-2-[naphthoyl-(2)]-naphthalin, *N*-[3-(Naphthoyl-(2))-naphthyl-(2)]-acetamid,** N-[*3-(2-naphthoyl)-2-naphthyl*]*acetamide* $C_{23}H_{17}NO_2$, Formel XVI (R = CO-$CH_3$).

*B.* Beim Behandeln einer Lösung von 4-Oxo-2-methyl-4*H*-naphth[2.3-*d*][1.3]oxazin in Benzol mit Naphthyl-(2)-magnesiumbromid in Äther (*Lothrop, Goodwin*, Am. Soc. **65** [1943] 363, 367).

Krystalle (aus Me.); F: 169°.

# Amino-Derivate der Monooxo-Verbindungen $C_nH_{2n-30}O$

## Amino-Derivate der Oxo-Verbindungen $C_{21}H_{12}O$

**11-Amino-13-oxo-13*H*-dibenzo[*a.g*]fluoren,** 11-Amino-dibenzo[*a.g*]fluorenon-(13), *11-amino-*13H-*dibenzo*[a,g]*fluoren-13-one* $C_{21}H_{13}NO$, Formel I.

Eine Verbindung (schwarze Krystalle [aus Xylol], F: 265–270°), für die diese Konstitution in Betracht gezogen wird, ist beim Erhitzen von 11(?)-Nitro-13-oxo-13*H*-dibenzo[*a.g*]fluoren (F: 324–326° [E III **7** 2899]) in Xylol mit Zinn(II)-chlorid und wss. Salzsäure erhalten worden (*Cook, Preston,* Soc. **1944** 553, 557).

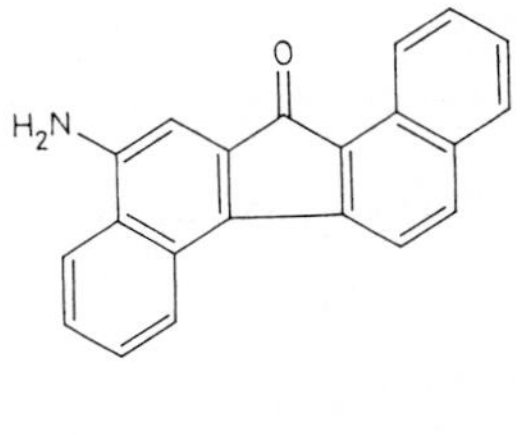

I 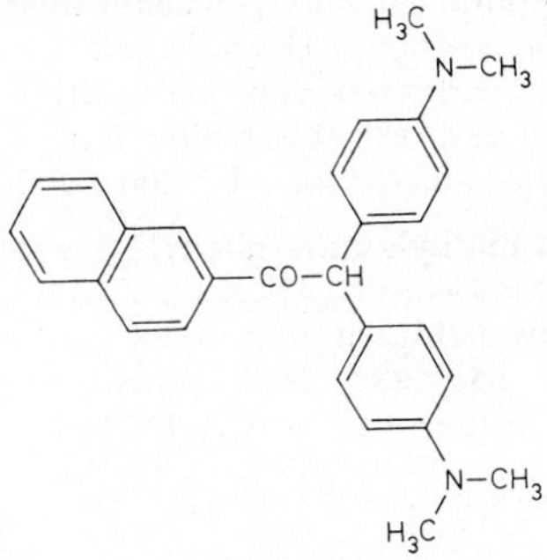 II

## Amino-Derivate der Oxo-Verbindungen $C_{24}H_{18}O$

**1.1-Bis-[4-amino-phenyl]-2-[naphthyl-(2)]-äthanon-(2)** $C_{24}H_{20}N_2O$.

**1.1-Bis-[4-dimethylamino-phenyl]-2-[naphthyl-(2)]-äthanon-(2),** *2,2-bis*[p-(*dimethylamino*)*phenyl*]*-2'-acetonaphthone* $C_{28}H_{28}N_2O$, Formel II.

*B.* Beim Behandeln von 1-[2-Oxo-2-(naphthyl-(2))-äthyl]-pyridinium-bromid mit Nitrosobenzol und *N.N*-Dimethyl-anilin in Äthanol (*Kröhnke,* B. **72** [1939] 1731, 1734).

Krystalle (aus A.); F: 132°.

# Amino-Derivate der Monooxo-Verbindungen $C_nH_{2n-32}O$

## Amino-Derivate der Oxo-Verbindungen $C_{23}H_{14}O$

**3-Amino-7-oxo-1-phenyl-7*H*-benz[*de*]anthracen,** 3-Amino-1-phenyl-benz[*de*]anthracenon-(7), *3-amino-1-phenyl-*7H-*benz*[de]*anthracen-7-one* $C_{23}H_{15}NO$, Formel III.

Ein unter dieser Konstitution beschriebenes Präparat (F: 260°) ist beim Behandeln einer als 3-Hydroxy-7-oxo-1-phenyl-7*H*-benz[*de*]anthracen angesehenen Verbindung (E III **8** 1726) mit wss. Ammoniak unter Zusatz von Zinkchlorid erhalten worden (*I.G. Farbenind.,* D.R.P. 552269 [1927]; Frdl. **18** 1385).

**7-Oxo-3-[2-amino-phenyl]-7*H*-benz[*de*]anthracen,** 3-[2-Amino-phenyl]-benz[*de*]anthracenon-(7), *3-*(o-*aminophenyl*)-7H-*benz*[de]*anthracen-7-one* $C_{23}H_{15}NO$, Formel IV.

*B.* Aus 7-Oxo-3-[2-nitro-phenyl]-7*H*-benz[*de*]anthracen (*I.G. Farbenind.,* D.R.P. 658778 [1936]; Frdl. **24** 904).

Gelbe Krystalle; F: ca. 230°.

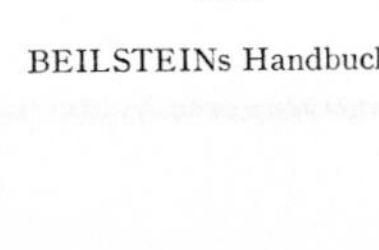

III 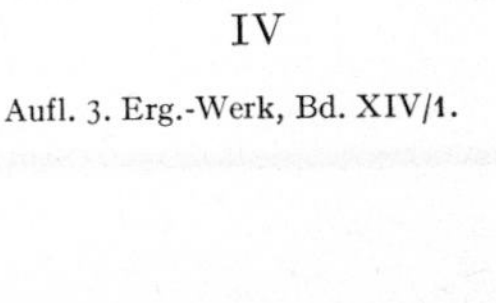 IV 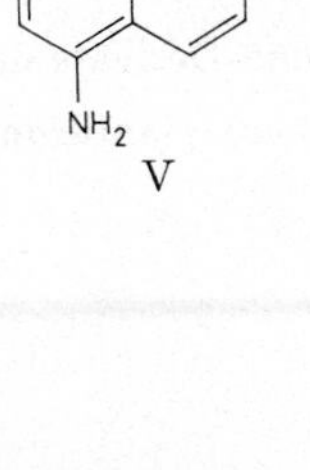 V 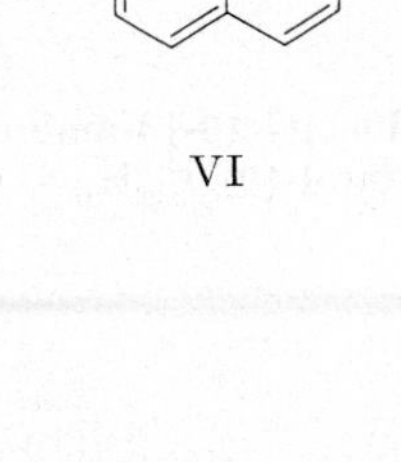 VI

**6-Amino-1-benzoyl-pyren, Phenyl-[6-amino-pyrenyl-(1)]-keton,** *6-aminopyren-1-yl phenyl ketone* $C_{23}H_{15}NO$, Formel V, und **8-Amino-1-benzoyl-pyren, Phenyl-[8-amino-pyrenyl-(1)]-keton,** *8-aminopyren-1-yl phenyl ketone* $C_{23}H_{15}NO$, Formel VI.

Ein Präparat (Hydrochlorid; Zers. bei 208°), in dem vermutlich eine dieser Verbindungen oder ein Gemisch beider vorgelegen hat, ist aus Phenyl-[6(und/oder 8)-nitro-pyrenyl-(1)]-keton (E III **7** 2930) mit Hilfe von äthanol. Natriumsulfid-Lösung erhalten worden (*CIBA*, Schweiz.P. 216316 [1936]).

### Amino-Derivate der Oxo-Verbindungen $C_{24}H_{16}O$

**1.1-Bis-[4-amino-phenyl]-acenaphthenon-(2),** *2,2-bis*(p-*aminophenyl*)*acenaphthen-1-one* $C_{24}H_{18}N_2O$, Formel VII (R = H).

*B.* Beim Erhitzen von Acenaphthenchinon mit Anilin unter Zusatz von wss. Salzsäure oder wss. Phosphorsäure (*I.G. Farbenind.*, D.R.P. 631099 [1934]; Frdl. **23** 238).

Krystalle (aus Xylol); F: 200—202°.

1.1-Bis-[4-diäthylamino-phenyl]-acenaphthenon-(2), *2,2-bis*[p-(*diethylamino*)*phenyl*]*acenaphthen-1-one* $C_{32}H_{34}N_2O$, Formel VII (R = $C_2H_5$).

*B.* Beim Erhitzen von Acenaphthenchinon mit *N.N*-Diäthyl-anilin und Essigsäure (*Matei*, B. **65** [1932] 1623, 1628).

Krystalle (aus Eg. + A.); F: 189°.

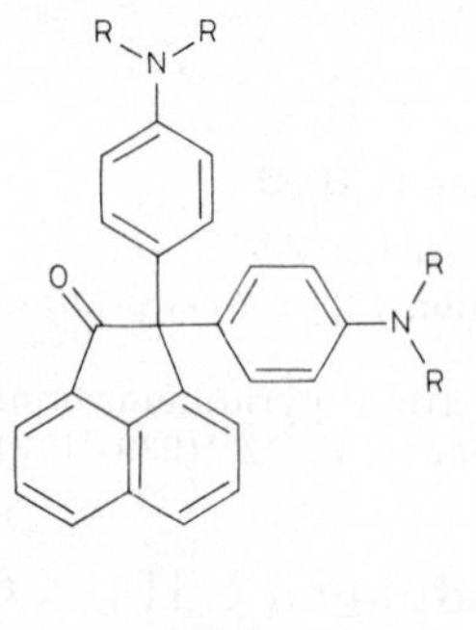

VII 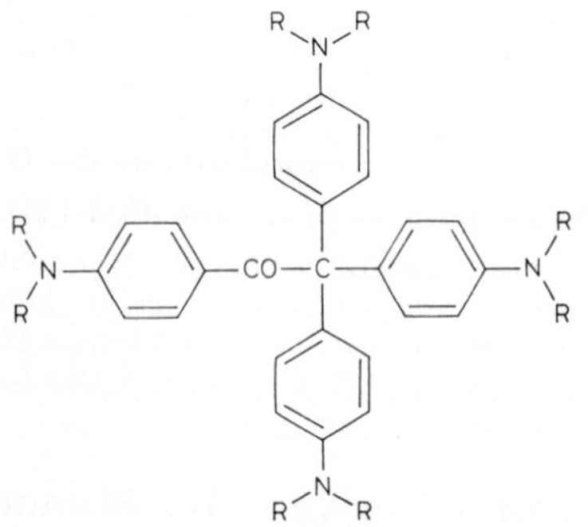 VIII

### Amino-Derivate der Oxo-Verbindungen $C_{26}H_{20}O$

**1.1.1.2-Tetrakis-[4-amino-phenyl]-äthanon-(2)** $C_{26}H_{24}N_4O$.

1.1.1.2-Tetrakis-[4-diäthylamino-phenyl]-äthanon-(2), *4'-(diethylamino)-2,2,2-tris*[p-(*diethylamino*)*phenyl*]*acetophenone* $C_{42}H_{56}N_4O$, Formel VIII (R = $C_2H_5$).

*B.* Beim Erwärmen von 1.1.2.2-Tetrakis-[4-diäthylamino-phenyl]-äthandiol-(1.2) in einem Gemisch von Äthanol und Benzol mit wss. Schwefelsäure (*Knipp*, Diss. [Bonn 1931] S. 27).

Krystalle (aus Bzl. + PAe. oder aus A.); F: 211—213°.

## Amino-Derivate der Monooxo-Verbindungen $C_nH_{2n-34}O$

### Amino-Derivate der Oxo-Verbindungen $C_{25}H_{16}O$

**12-Amino-6-benzoyl-chrysen, Phenyl-[12-amino-chrysenyl-(6)]-keton** $C_{25}H_{17}NO$.

12-Benzamino-6-benzoyl-chrysen, *N*-[12-Benzoyl-chrysenyl-(6)]-benzamid, N-(*12-benzoylchrysen-6-yl*)*benzamide* $C_{32}H_{21}NO_2$, Formel IX.

Eine Verbindung (Krystalle [aus Eg. oder Chlorbenzol], F: 278°), der wahrscheinlich diese Konstitution zukommt, ist beim Erwärmen von 6-Amino-chrysen mit Benzoylchlorid und Aluminiumchlorid in Schwefelkohlenstoff erhalten worden (*I.G. Farbenind.*, D.R.P. 652912 [1934]; Frdl. **24** 955).

### Amino-Derivate der Oxo-Verbindungen $C_{26}H_{18}O$

**2-Phenyl-10-[4-amino-phenyl]-anthron** $C_{26}H_{19}NO$ und **2-Phenyl-10-[4-amino-phenyl]-anthrol-(9)** $C_{26}H_{19}NO$.

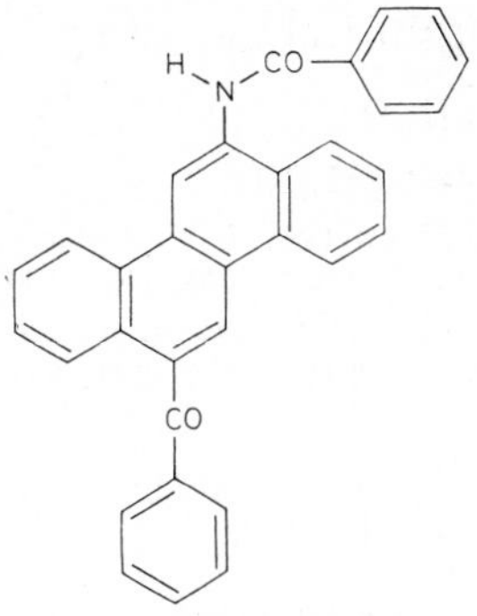

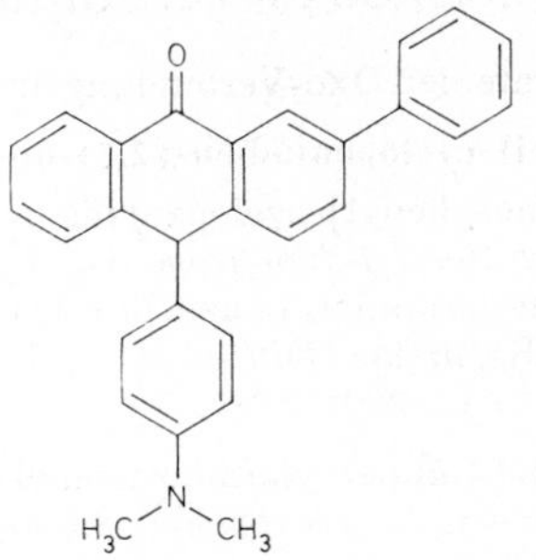

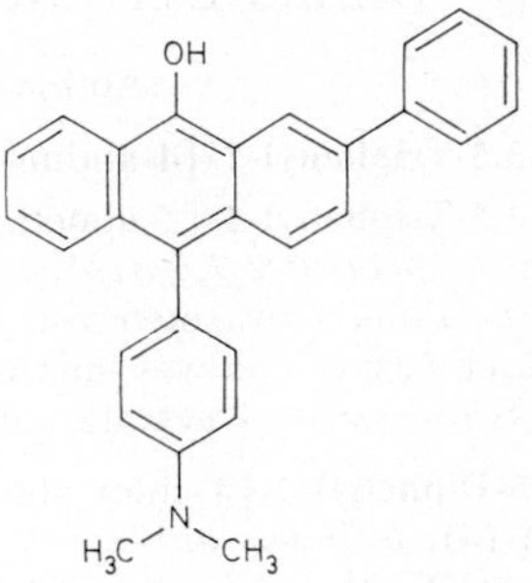

IX X XI

**(±)-2-Phenyl-10-[4-dimethylamino-phenyl]-anthron,** *(±)-10-*[p-*(dimethylamino)phenyl*]-*2-phenylanthrone* $C_{28}H_{23}NO$, Formel X, und **2-Phenyl-10-[4-dimethylamino-phenyl]-anthrol-(9),** *10-*[p-*(dimethylamino)phenyl*]*-2-phenyl-9-anthrol* $C_{28}H_{23}NO$, Formel XI.

*B.* Aus (±)-10-Brom-2-phenyl-anthron und *N.N*-Dimethyl-anilin (*Barnett, Low, Marrison*, B. **64** [1931] 1568, 1571).

Gelbe Krystalle (aus Bzl.); F: 183° [Zers.].

**10-Phenyl-10-[4-amino-phenyl]-anthron** $C_{26}H_{19}NO$.

**1.8-Dichlor-10-phenyl-10-[4-dimethylamino-phenyl]-anthron,** *1,8-dichloro-10-*[p-*(dimethylamino)phenyl*]*-10-phenylanthrone* $C_{28}H_{21}Cl_2NO$, Formel XII.

*B.* Aus 1.8-Dichlor-10.10-diphenyl-anthron und *N.N*-Dimethyl-anilin (*Barnett, Hewett*, Soc. **1932** 506, 509).

Gelbliche Krystalle (aus Xylol); F: 308°.

**10.10-Bis-[4-amino-phenyl]-anthron,** *10,10-bis*(p-*aminophenyl)anthrone* $C_{26}H_{20}N_2O$, Formel XIII (R = X = H) (E II 80).

Krystalle (aus Nitrobenzol); F: 304—305° [Block] (*Étienne, Arcos*, Bl. **1951** 727, 731).

**10.10-Bis-[4-dimethylamino-phenyl]-anthron,** *10,10-bis*[p-*(dimethylamino)phenyl*]*anthrone* $C_{30}H_{28}N_2O$, Formel XIII (R = $CH_3$, X = H) (H 129; E I 409).

Gelbe Krystalle (aus Bzl. oder Isoamylalkohol); F: 289,5—291° [Block], 278—278,5° [Kapillare; bei langsamem Erwärmen] (*Étienne, Arcos*, Bl. **1951** 733, 734).

**10.10-Bis-[4-diäthylamino-phenyl]-anthron,** *10,10-bis*[p-*(diethylamino)phenyl*]*anthrone* $C_{34}H_{36}N_2O$, Formel XIII (R = $C_2H_5$, X = H) (H 129).

Gelbe Krystalle (aus Bzl. oder aus Isoamylalkohol); F: 234—235° [Block], 220—221° [Kapillare; bei langsamem Erwärmen] (*Étienne, Arcos*, Bl. **1951** 735, 736).

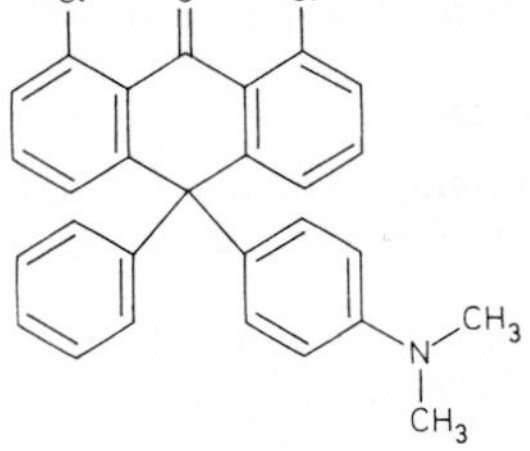

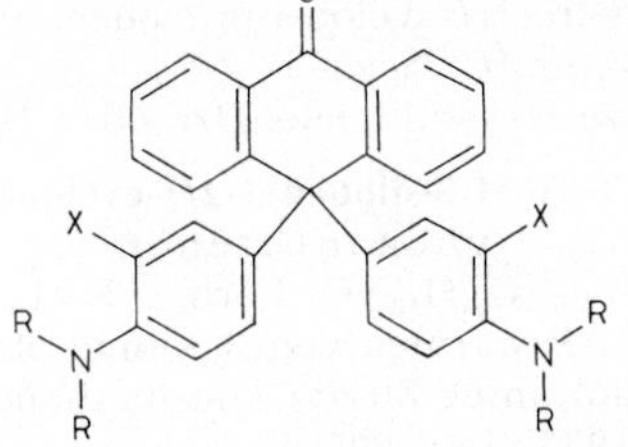

XII XIII

## Amino-Derivate der Oxo-Verbindungen $C_{28}H_{22}O$

**10.10-Bis-[4-amino-3-methyl-phenyl]-anthron,** *10,10-bis(4-amino-*m*-tolyl)anthrone* $C_{28}H_{24}N_2O$, Formel XIII (R = H, X = $CH_3$).

*B.* Beim Erhitzen von Anthrachinon mit *o*-Toluidin und *o*-Toluidin-hydrochlorid auf 180° (*I.G. Farbenind.*, D.R.P. 488612 [1925]; Frdl. **16** 1297; *Gen. Aniline Works*, U.S.P. 1801695 [1929]).

Braunes Pulver; F: 255°.

# Amino-Derivate der Monooxo-Verbindungen $C_nH_{2n-38}O$

## Amino-Derivate der Oxo-Verbindungen $C_{29}H_{20}O$

**2.3.5-Triphenyl-1-[4-amino-phenyl]-cyclopentadien-(2.5)-on-(4)** $C_{29}H_{21}NO$.

**2.3.5-Triphenyl-1-[4-dimethylamino-phenyl]-cyclopentadien-(2.5)-on-(4)**, *3-[p-(dimethylamino)phenyl]-2,4,5-triphenylcyclopenta-2,4-dien-1-one* $C_{31}H_{25}NO$, Formel XIV (X = H).

*B.* Beim Erwärmen von 4-Dimethylamino-benzil mit 1.3-Diphenyl-aceton in Äthanol unter Zusatz von wss.-methanol. Kalilauge (*Dilthey et al.*, J. pr. [2] **141** [1934] 331, 345).

Schwarzrote Krystalle (aus Eg.); F: 220—221°.

**3.5-Diphenyl-2-[4-chlor-phenyl]-1-[4-dimethylamino-phenyl]-cyclopentadien-(2.5)-on-(4)**, *3-(p-chlorophenyl)-4-[p-(dimethylamino)phenyl]-2,5-diphenylcyclopenta-2,4-dien-1-one* $C_{31}H_{24}ClNO$, Formel XIV (X = Cl).

*B.* Beim Erwärmen von 4′-Chlor-4-dimethylamino-benzil mit 1.3-Diphenyl-aceton in Äthanol unter Zusatz von Natriummethylat in Methanol (*Dilthey et al.*, J. pr. [2] **141** [1934] 331, 346).

Schwarze Krystalle (aus Eg.); F: 230—231° (*Di. et al.*, l. c. S. 333), 227—228° (*Di. et al.*, l. c. S. 346).

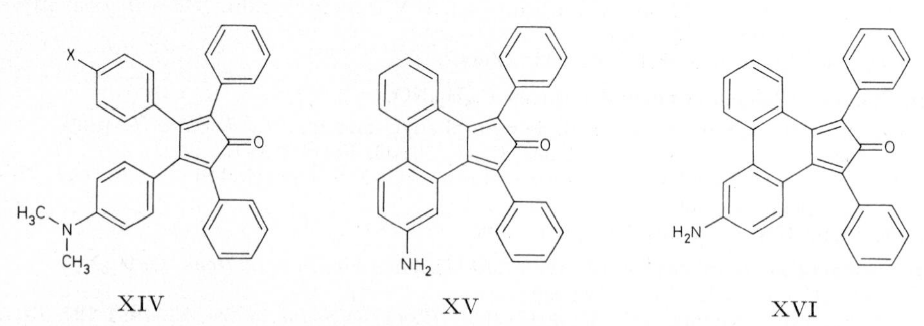


XIV XV XVI

# Amino-Derivate der Monooxo-Verbindungen $C_nH_{2n-40}O$

## Amino-Derivate der Oxo-Verbindungen $C_{29}H_{18}O$

**5-Amino-2-oxo-1.3-diphenyl-2*H*-cyclopenta[*l*]phenanthren**, 5-Amino-1.3-diphenyl-cyclopenta[*l*]phenanthrenon-(2), *5-amino-1,3-diphenyl-2H-cyclopenta[l]phenanthren-2-one* $C_{29}H_{19}NO$, Formel XV.

*B.* Beim Erwärmen von 2-Amino-phenanthren-chinon-(9.10) mit 1.3-Diphenyl-aceton in Äthanol unter Zusatz von äthanol. Kalilauge (*Dilthey, ter Horst, Schommer*, J. pr. [2] **143** [1935] 189, 206). Aus opt.-inakt. 5 (oder 10)-Amino-11b-hydroxy-2-oxo-1.3-diphenyl-2.11b-dihydro-1*H*-cyclopenta[*l*]phenanthren (S. 604) beim Erwärmen in äthanol. Kalilauge (*Di., ter H., Sch.*).

Schwarze Krystalle (aus Bzl. oder Toluol); F: 284—285°.

**6-Amino-2-oxo-1.3-diphenyl-2*H*-cyclopenta[*l*]phenanthren**, 6-Amino-1.3-diphenyl-cyclopenta[*l*]phenanthrenon-(2), *6-amino-1,3-diphenyl-2H-cyclopenta[l]phenanthren-2-one* $C_{29}H_{19}NO$, Formel XVI.

*B.* Beim Erwärmen von 3-Amino-phenanthren-chinon-(9.10) mit 1.3-Diphenyl-aceton in Methanol unter Zusatz von methanol. Kalilauge (*Dilthey, ter Horst, Schommer*, J. pr. [2] **143** [1935] 189, 207).

Schwarze Krystalle (aus Toluol); F: 275°. [*Walentowski*]

# Amino-Derivate der Dioxo-Verbindungen $C_nH_{2n-4}O_2$

## Amino-Derivate der Dioxo-Verbindungen $C_5H_6O_2$

**4-Amino-cyclopentandion-(1.2)** $C_5H_7NO_2$.

**(±)-4-Anilino-1-phenylimino-cyclopentanon-(2)**, (±)-*4-anilino-2-phenyliminocyclopentanone* $C_{17}H_{16}N_2O$, Formel I (R = X = H), und **(±)-2.5-Dianilino-cyclopenten-(1)-on-(3)**, (±)-*2,4-dianilinocyclopent-2-en-1-one* $C_{17}H_{16}N_2O$, Formel II (R = X = H).

Diese Konstitution kommt einer von *McGowan* (Soc. **1954** 4032, s. a. **1949** 777) als (±)-2-Anilino-3-oxo-1-phenyl-1.2.3.4-tetrahydro-pyridin, von *Barwinok et al.* (Ž. obšč. Chim. **31** [1961] 632; J. gen. Chem. U.S.S.R. [Übers.] **31** [1961] 582; Ž. org. Chim. **3** [1967] 1107; J. org. Chem. U.S.S.R. [Übers.] **3** [1967] 1065) als 2-Anilinomethyl-1-phenyl-$\Delta^2$-pyrrolinon-(4) angesehenen Verbindung zu (*Lewis, Mulquiney*, Austral. J. Chem. **23** [1970] 2315).

*B.* Aus Furfural und Anilin in Methanol (*McG.*, Soc. **1954** 4033) oder in Äther (*Le.*, *Mu.*, l. c. S. 2320). Beim Erhitzen von Furfural mit Anilin unter Zusatz von geringen Mengen wss. Salzsäure (*Ba. et al.*, Ž. obšč. Chim. **31** 640). Aus 1-Anilino-4-hydroxy-pentadien-(1.3)-al-(5)-phenylimin-hydrochlorid (E III **12** 360) beim Schütteln mit wss. Natronlauge und Äther (*McG.*, Soc. **1949** 778).

Krystalle; F: 144° [Zers.; aus A.] (*McG.*, Soc. **1949** 778), 144° [aus Bzl.] (*Ba. et al.*, Ž. obšč. Chim. **31** 640), 140—143° [unkorr.; Zers.; aus Bzl.] (*Le.*, *Mu.*).

**(±)-4-Anilino-1-[4-nitro-phenylimino]-cyclopentanon-(2)**, (±)-*4-anilino-2-*(p-*nitrophenylimino*)*cyclopentanone* $C_{17}H_{15}N_3O_3$, Formel I (R = H, X = $NO_2$), **(±)-5-Anilino-2-[4-nitro-anilino]-cyclopenten-(1)-on-(3)**, (±)-*4-anilino-2-*(p-*nitroanilino*)*cyclopent-2-en-1-one* $C_{17}H_{15}N_3O_3$, Formel II (R = H, X = $NO_2$), **(±)-4-[4-Nitro-anilino]-1-phenylimino-cyclopentanon-(2)**, (±)-*4-*(p-*nitroanilino*)*-2-*(*phenylimino*)*cyclopentanone* $C_{17}H_{15}N_3O_3$, Formel I (R = $NO_2$, X = H), und **(±)-2-Anilino-5-[4-nitro-anilino]-cyclopenten-(1)-on-(3)**, (±)-*2-anilino-4-*(p-*nitroanilino*)*cyclopent-2-en-1-one* $C_{17}H_{15}N_3O_3$, Formel II (R = $NO_2$, X = H).

Diese Formeln kommen für die nachstehend beschriebene, von *Rombaut, Smets* (Bl. Soc. chim. Belg. **58** [1949] 421, 429) als (±)-2(oder 6)-[4-Nitro-anilino]-3-oxo-1-phenyl-1.2.3.6-tetrahydro-pyridin angesehene Verbindung in Betracht (s. diesbezüglich *Lewis, Mulquiney*, Austral. J. Chem. **23** [1970] 2315).

*B.* Beim Erwärmen von Furfural mit 4-Nitro-anilin und Anilin in Methanol (*Ro.*, *Sm.*).

Krystalle (aus A.); F: 180—182° (*Ro.*, *Sm.*). Absorptionsmaximum einer Lösung in Äthanol, auch nach Zusatz von wss. Perchlorsäure: *Ro.*, *Sm.*, l. c. S. 425.

**(±)-4-[2-Nitro-anilino]-1-[2-nitro-phenylimino]-cyclopentanon-(2)**, (±)-*4-*(o-*nitroanilino*)*-2-*(o-*nitrophenylimino*)*cyclopentanone* $C_{17}H_{14}N_4O_5$, Formel III (R = H, X = $NO_2$), und **(±)-2.5-Bis-[2-nitro-anilino]-cyclopenten-(1)-on-(3)**, (±)-*2,4-bis*(o-*nitroanilino*)*cyclopent-2-en-1-one* $C_{17}H_{14}N_4O_5$, Formel IV (R = H, X = $NO_2$).

Diese Konstitution kommt der von *Fischer, Balling, Aldinger* (E II **12** 371) als 1.5-Bis-[2-nitro-phenylimino]-pentanon-(2) beschriebenen, von *Rombaut, Smets* (Bl. Soc. chim. Belg. **58** [1949] 421, 428) als 2(oder 6)-[2-Nitro-anilino]-3-oxo-1-[2-nitro-phenyl]-1.2.3.6-tetrahydro-pyridin angesehenen Verbindung zu (s. diesbezüglich *Lewis, Mulquiney*, Austral. J. Chem. **23** [1970] 2315).

*B.* Aus Furfural und 2-Nitro-anilin (*Ro.*, *Sm.*).

Krystalle (aus A. + Nitromethan); F: 160° (*Ro.*, *Sm.*). UV-Absorptionsmaximum einer Lösung in Butanol, auch nach Zusatz von wss. Perchlorsäure: *Ro.*, *Sm.*, l. c. S. 425.

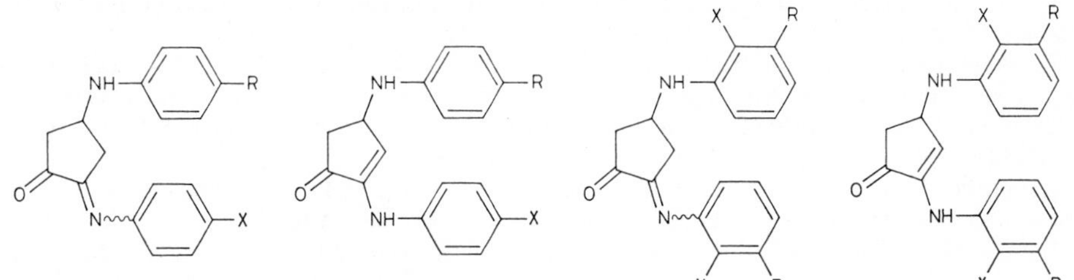

I II III IV

**(±)-4-[3-Nitro-anilino]-1-[3-nitro-phenylimino]-cyclopentanon-(2)**, (±)-*4-*(m-*nitroanilino*)-*2-*(m-*nitrophenylimino*)*cyclopentanone* $C_{17}H_{14}N_4O_5$, Formel III (R = $NO_2$, X = H), und **(±)-2.5-Bis-[3-nitro-anilino]-cyclopenten-(1)-on-(3)**, (±)-*2,4-bis*(m-*nitroanilino*)*cyclopent-2-en-1-one* $C_{17}H_{14}N_4O_5$, Formel IV (R = $NO_2$, X = H).

Diese Konstitution kommt der von *Fischer, Balling, Aldinger* (E II **12** 379) als 1.5-Bis-[3-nitro-phenylimino]-pentanon-(2) beschriebenen, von *Rombaut, Smets* (Bl. Soc. chim. Belg. **58** [1949] 421, 428) als 2(oder 6)-[3-Nitro-anilino]-3-oxo-1-[3-nitro-phenyl]-1.2.3.6-tetrahydro-pyridin angesehenen Verbindung zu (s. diesbezüglich *Lewis, Mulquiney*, Austral. J. Chem. **23** [1970] 2315).

*B.* Beim Erwärmen von Furfural mit 3-Nitro-anilin in Äthanol (*Ro., Sm.*).

Orangefarbene Krystalle (aus Nitromethan) mit 1 Mol $H_2O$; F: 170–172°; die wasserfreie Verbindung schmilzt bei 242° [Block] (*Ro., Sm.*). Absorptionsmaxima von Lösungen in Äthanol, auch nach Zusatz von wss. Perchlorsäure: *Ro., Sm.*, l. c. S. 425, 428.

**(±)-4-[3-Nitro-anilino]-1-[4-nitro-phenylimino]-cyclopentanon-(2)**, (±)-*4-*(m-*nitroanilino*)-*2-*(p-*nitrophenylimino*)*cyclopentanone* $C_{17}H_{14}N_4O_5$, Formel V (R = H, X = $NO_2$), **(±)-5-[3-Nitro-anilino]-2-[4-nitro-anilino]-cyclopenten-(1)-on-(3)**, (±)-*4-*(m-*nitroanilino*)-*2-*(p-*nitroanilino*)*cyclopent-2-en-1-one* $C_{17}H_{14}N_4O_5$, Formel VI (R = H, X = $NO_2$), **(±)-4-[4-Nitro-anilino]-1-[3-nitro-phenylimino]-cyclopentanon-(2)**, (±)-*4-*(p-*nitroanilino*)-*2-*(m-*nitrophenylimino*)*cyclopentanone* $C_{17}H_{14}N_4O_5$, Formel V (R = $NO_2$, X = H), und **(±)-2-[3-Nitro-anilino]-5-[4-nitro-anilino]-cyclopenten-(1)-on-(3)**, (±)-*2-*(m-*nitroanilino*)-*4-*(p-*nitroanilino*)*cyclopent-2-en-1-one* $C_{17}H_{14}N_4O_5$, Formel VI (R = $NO_2$, X = H).

Diese Formeln kommen für die nachstehend beschriebene, von *Rombaut, Smets* (Bl. Soc. chim. Belg. **58** [1949] 421, 429) als 2(oder 6)-[4-Nitro-anilino]-3-oxo-1-[3-nitro-phenyl]-1.2.3.6-tetrahydro-pyridin angesehene Verbindung in Betracht (s. diesbezüglich *Lewis, Mulquiney*, Austral. J. Chem. **23** [1970] 2315).

*B.* Beim Erwärmen von 4-Nitro-*N*-furfuryliden-anilin mit 3-Nitro-anilin in Äthanol (*Ro., Sm.*).

Orangegelbe Krystalle (aus Nitromethan); F: 240° [Block] (*Ro., Sm.*). Absorptionsmaximum einer Lösung in Butanol-(1), auch nach Zusatz von wss. Perchlorsäure: *Ro., Sm.*, l. c. S. 425.

**(±)-4-[4-Nitro-anilino]-1-[4-nitro-phenylimino]-cyclopentanon-(2)**, (±)-*4-*(p-*nitroanilino*)-*2-*(p-*nitrophenylimino*)*cyclopentanone* $C_{17}H_{14}N_4O_5$, Formel VII (R = X = $NO_2$), und **(±)-2.5-Bis-[4-nitro-anilino]-cyclopenten-(1)-on-(3)**, (±)-*2,4-bis*(p-*nitroanilino*)*cyclopent-2-en-1-one* $C_{17}H_{14}N_4O_5$, Formel VIII (R = X = $NO_2$).

Diese Konstitution kommt der nachstehend beschriebenen, von *Rombaut, Smets* (Bl. Soc. chim. Belg. **58** [1949] 421, 427) als 2(oder 6)-[4-Nitro-anilino]-3-oxo-1-[4-nitro-phenyl]-1.2.3.6-tetrahydro-pyridin angesehenen Verbindung zu (s. diesbezüglich *Lewis, Mulquiney*, Austral. J. Chem. **23** [1970] 2315).

*B.* Beim Erwärmen von Furfural mit 4-Nitro-anilin in Methanol (*Ro., Sm.*).

Krystalle (aus Nitromethan); F: 260° [Block] (*Ro., Sm.*). Absorptionsmaximum einer Lösung in Butanol-(1), auch nach Zusatz von wss. Perchlorsäure: *Ro., Sm.*, l. c. S. 425.

**(±)-4-*p*-Toluidino-1-*p*-tolylimino-cyclopentanon-(2)**, (±)-*4-*p-*toluidino-2-*(p-*tolylimino*)*cyclopentanone* $C_{19}H_{20}N_2O$, Formel VII (R = X = $CH_3$), und **(±)-2.5-Di-*p*-toluidino-cyclopenten-(1)-on-(3)**, (±)-*2,4-di-*p-*toluidinocyclopent-2-en-1-one* $C_{19}H_{20}N_2O$, Formel VIII (R = X = $CH_3$).

Diese Konstitution kommt einer von *McGowan* (Soc. **1954** 4032, s. a. **1949** 777) als (±)-2-*p*-Toluidino-3-oxo-1-*p*-tolyl-1.2.3.4-tetrahydro-pyridin angesehenen Verbindung zu (*Lewis, Mulquiney*, Austral. J. Chem. **23** [1970] 2315).

*B.* Beim Erwärmen von Furfural mit *p*-Toluidin in Methanol (*McG.*, Soc. **1954** 4033; *Le., Mu.*, l. c. S. 2322). Aus 1-*p*-Toluidino-4-hydroxy-pentadien-(1.3)-al-(5)-*p*-tolylimin-hydrochlorid (E III **12** 2045) beim Schütteln mit wss. Natronlauge und Äthanol (*McG.*, Soc. **1949** 778).

Krystalle; F: 175° [Zers.; aus A. oder Acn.] (*McG.*, Soc. **1949** 778), 169–171° [unkorr.; Zers.; aus Bzl.] (*Le., Mu.*). UV-Spektrum (Me.): *McG.*, Soc. **1949** 779.

Bei der Hydrierung an Raney-Nickel in Äthanol bei 100°/90 at sind eine Verbindung $C_{19}H_{24}N_2O$ (Krystalle [aus A.], F: 133°) und eine als Perchlorat $C_{19}H_{36}N_2O \cdot 2\,HClO_4$ isolierte Verbindung $C_{19}H_{36}N_2O$ erhalten worden (*McG.*, Soc. **1949** 779).

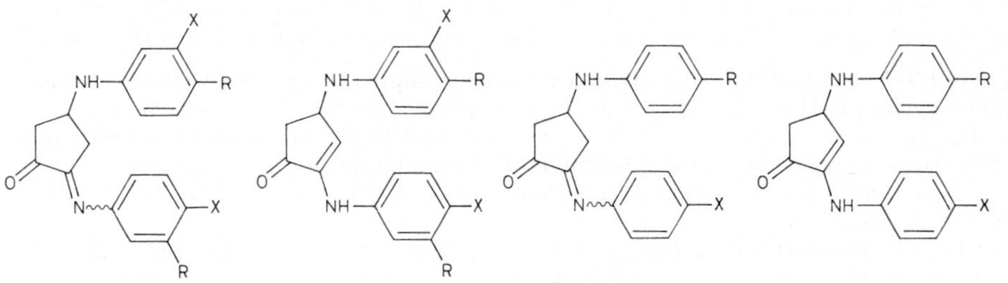

V VI VII VIII

**(±)-4-[4-Hydroxy-anilino]-1-phenylimino-cyclopentanon-(2)**, *(±)-4-(p-hydroxyanilino)-2-(phenylimino)cyclopentanone* $C_{17}H_{16}N_2O_2$, Formel VII (R = OH, X = H), **(±)-2-Anilino-5-[4-hydroxy-anilino]-cyclopenten-(1)-on-(3)**, *(±)-2-anilino-4-(p-hydroxyanilino)cyclopent-2-en-1-one* $C_{17}H_{16}N_2O_2$, Formel VIII (R = OH, X = H), **(±)-4-Anilino-1-[4-hydroxy-phenylimino]-cyclopentanon-(2)**, *(±)-4-anilino-2-(p-hydroxyphenylimino)cyclopentanone* $C_{17}H_{16}N_2O_2$, Formel VII (R = H, X = OH), und **(±)-5-Anilino-2-[4-hydroxy-anilino]-cyclopenten-(1)-on-(3)**, *(±)-4-anilino-2-(p-hydroxyanilino)cyclopent-2-en-1-one* $C_{17}H_{16}N_2O_2$, Formel VIII (R = H, X = OH).

Diese Formeln kommen für die nachstehend beschriebene, von *Rombaut, Smets* (Bl. Soc. chim. Belg. **58** [1949] 421, 430) als 2(oder 6)-[4-Hydroxy-anilino]-3-oxo-1-phenyl-1.2.3.6-tetrahydro-pyridin angesehene Verbindung in Betracht (s. diesbezüglich *Lewis, Mulquiney*, Austral. J. Chem. **23** [1970] 2315).

*B.* Beim Erwärmen von Furfural mit 4-Amino-phenol und Anilin in Äthanol (*Ro., Sm.*).

Krystalle (aus A.); F: 129—130° (*Ro., Sm.*). UV-Absorptionsmaximum einer Lösung in Äthanol, auch nach Zusatz von wss. Perchlorsäure: *Ro., Sm.*, l. c. S. 425.

**(±)-4-[4-Hydroxy-anilino]-1-[4-nitro-phenylimino]-cyclopentanon-(2)**, *(±)-4-(p-hydroxyanilino)-2-(p-nitrophenylimino)cyclopentanone* $C_{17}H_{15}N_3O_4$, Formel VII (R = OH, X = $NO_2$), **(±)-2-[4-Nitro-anilino]-5-[4-hydroxy-anilino]-cyclopenten-(1)-on-(3)**, *(±)-4-(p-hydroxyanilino)-2-(p-nitroanilino)cyclopent-2-en-1-one* $C_{17}H_{15}N_3O_4$, Formel VIII (R = OH, X = $NO_2$), **(±)-4-[4-Nitro-anilino]-1-[4-hydroxy-phenylimino]-cyclopentanon-(2)**, *(±)-2-(p-hydroxyphenylimino)-4-(p-nitroanilino)cyclopentanone* $C_{17}H_{15}N_3O_4$, Formel VII (R = $NO_2$, X = OH), und **(±)-5-[4-Nitro-anilino]-2-[4-hydroxy-anilino]-cyclopenten-(1)-on-(3)**, *(±)-2-(p-hydroxyanilino)-4-(p-nitroanilino)cyclopent-2-en-1-one* $C_{17}H_{15}N_3O_4$, Formel VIII (R = $NO_2$, X = OH).

Diese Formeln kommen für die nachstehend beschriebene, von *Rombaut, Smets* (Bl. Soc. chim. Belg. **58** [1949] 421, 429) als 2(oder 6)-[4-Nitro-anilino]-3-oxo-1-[4-hydroxy-phenyl]-1.2.3.6-tetrahydro-pyridin angesehene Verbindung in Betracht (s. diesbezüglich *Lewis, Mulquiney*, Austral. J. Chem. **23** [1970] 2315).

*B.* Beim Erwärmen von 4-Nitro-*N*-furfuryliden-anilin mit 4-Amino-phenol in Methanol (*Ro., Sm.*).

Krystalle (aus Nitromethan + Me.); F: 182—183° (*Ro., Sm.*). Absorptionsmaximum einer Lösung in Butanol-(1), auch nach Zusatz von wss. Perchlorsäure: *Ro., Sm.*, l. c. S. 425.

**(±)-4-*p*-Anisidino-1-[4-hydroxy-phenylimino]-cyclopentanon-(2)**, *(±)-4-p-anisidino-2-(p-hydroxyphenylimino)cyclopentanone* $C_{18}H_{18}N_2O_3$, Formel VII (R = $OCH_3$, X = OH), **(±)-2-[4-Hydroxy-anilino]-5-*p*-anisidino-cyclopenten-(1)-on-(3)**, *(±)-4-p-anisidino-2-(p-hydroxyanilino)cyclopent-2-en-1-one* $C_{18}H_{18}N_2O_3$, Formel VIII (R = $OCH_3$, X = OH), **(±)-4-[4-Hydroxy-anilino]-1-[4-methoxy-phenylimino]-cyclopentanon-(2)**, *(±)-4-(p-hydroxyanilino)-2-(p-methoxyphenylimino)cyclopentanone* $C_{18}H_{18}N_2O_3$, Formel VII (R = OH, X = $OCH_3$), und **(±)-5-[4-Hydroxy-anilino]-2-*p*-anisidino-cyclopenten-(1)-on-(3)**, *(±)-2-p-anisidino-4-(p-hydroxyanilino)cyclopent-2-en-1-one* $C_{18}H_{18}N_2O_3$, Formel VIII (R = OH, X = $OCH_3$).

Diese Formeln kommen für die nachstehend beschriebene, von *Rombaut, Smets* (Bl. Soc. chim. Belg. **58** [1949] 421, 429) als 2(oder 6)-[4-Hydroxy-anilino]-3-oxo-1-[4-methoxy-phenyl]-1.2.3.6-tetrahydro-pyridin angesehene Verbindung in Betracht (s. diesbezüglich *Lewis, Mulquiney*, Austral. J. Chem. **23** [1970] 2315).

*B.* Beim Erwärmen von 4-Hydroxy-*N*-furfuryliden-anilin mit *p*-Anisidin in Äthanol (*Ro., Sm.*).

Krystalle (aus A.); F: 138—139° (*Ro.*, *Sm.*). UV-Absorptionsmaximum einer Lösung in Äthanol, auch nach Zusatz von wss. Perchlorsäure: *Ro.*, *Sm.*, l. c. S. 425.

**(±)-4-[*N*-Acetyl-anilino]-1-phenylimino-cyclopentanon-(2), (±)-*N*-[4-Oxo-3-phenylimino-cyclopentyl]-acetanilid,** (±)-N-[*3-oxo-4-(phenylimino)cyclopentyl*]*acetanilide* $C_{19}H_{18}N_2O_2$, Formel IX (R = H, X = CO-$CH_3$), und **(±)-2-Anilino-5-[*N*-acetyl-anilino]-cyclopenten-(1)-on-(3), (±)-*N*-[3-Anilino-4-oxo-cyclopenten-(2)-yl]-acetanilid,** (±)-N-(*3-anilino-4-oxocyclopent-2-en-1-yl*)*acetanilide* $C_{19}H_{18}N_2O_2$, Formel X (R = H, X = CO-$CH_3$).

Über die Konstitution s. *Lewis*, *Mulquiney*, Austral. J. Chem. **23** [1970] 2315, 2319.

*B.* Beim Behandeln von (±)-2.5-Dianilino-cyclopenten-(1)-on-(3) (S. 357) mit Acetanhydrid und Pyridin (*McGowan*, Soc. **1949** 777).

Krystalle; F: 128° [aus Bzl.] (*McG.*), 127,5—128° [unkorr.; aus A.] (*Le.*, *Mu.*, l. c. S. 2321).

**(±)-4-[*N*-Acetyl-*p*-toluidino]-1-*p*-tolylimino-cyclopentanon-(2), (±)-Essigsäure-[*N*-(4-oxo-3-*p*-tolylimino-cyclopentyl)-*p*-toluidid],** (±)-N-[*3-oxo-4-*(p-*tolylimino*)*cyclopentyl*]*aceto*-p-*toluidide* $C_{21}H_{22}N_2O_2$, Formel IX (R = $CH_3$, X = CO-$CH_3$), und **(±)-2-*p*-Toluidino-5-[*N*-acetyl-*p*-toluidino]-cyclopenten-(1)-on-(3), (±)-Essigsäure-[*N*-(3-*p*-toluidino-4-oxo-cyclopenten-(2)-yl)-*p*-toluidid],** (±)-N-(*4-oxo-3-*p-*toluidinocyclopent-2-en-1-yl*)*aceto*-p-*toluidide* $C_{21}H_{22}N_2O_2$, Formel X (R = $CH_3$, X = CO-$CH_3$).

Bezüglich der Konstitution s. *Lewis*, *Mulquiney*, Austral. J. Chem. **23** [1970] 2315.

*B.* Beim Behandeln von (±)-2.5-Di-*p*-toluidino-cyclopenten-(1)-on-(3) (S. 358) mit Acetanhydrid und Pyridin (*McGowan*, Soc. **1949** 777).

Krystalle (aus Ae.); F: 98° (*McG.*).

**(±)-4-[*N*-Benzoyl-*p*-toluidino]-1-*p*-tolylimino-cyclopentanon-(2), (±)-Benzoesäure-[*N*-(4-oxo-3-*p*-tolylimino-cyclopentyl)-*p*-toluidid],** (±)-N-[*3-oxo-4-*(p-*tolylimino*)*cyclopentyl*]*benzo*-p-*toluidide* $C_{26}H_{24}N_2O_2$, Formel IX (R = $CH_3$, X = CO-$C_6H_5$), und **(±)-2-*p*-Toluidino-5-[*N*-benzoyl-*p*-toluidino]-cyclopenten-(1)-on-(3), (±)-Benzoesäure-[*N*-(3-*p*-toluidino-4-oxo-cyclopenten-(2)-yl)-*p*-toluidid],** (±)-N-(*4-oxo-3-*p-*toluidinocyclopent-2-en-1-yl*)*benzo*-p-*toluidide* $C_{26}H_{24}N_2O_2$, Formel X (R = $CH_3$, X = CO-$C_6H_5$).

Bezüglich der Konstitution s. *Lewis*, *Mulquiney*, Austral. J. Chem. **23** [1970] 2315.

*B.* Beim Behandeln von (±)-2.5-Di-*p*-toluidino-cyclopenten-(1)-on-(3) (S. 358) mit Benzoylchlorid und Pyridin (*McGowan*, Soc. **1949** 777).

Krystalle (aus A.); F: 170° (*McG.*). UV-Spektrum (Me.): *McG.*

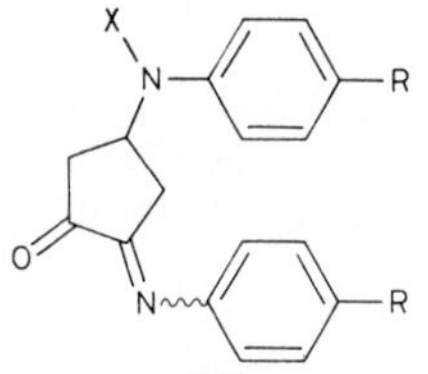

IX 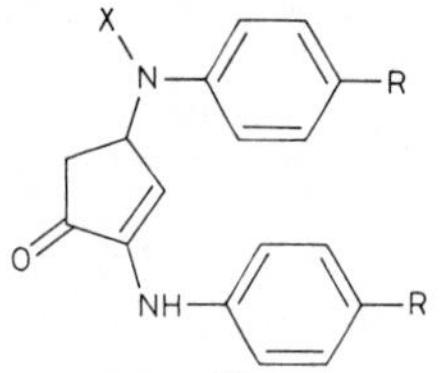 X 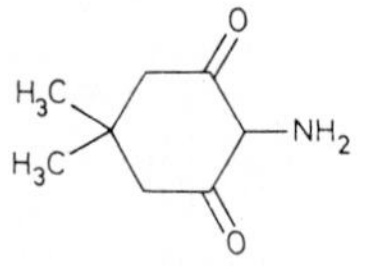 XI 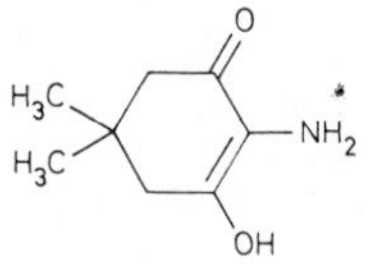 XII

### Amino-Derivate der Dioxo-Verbindungen $C_8H_{12}O_2$

**4-Amino-1.1-dimethyl-cyclohexandion-(3.5),** *2-amino-5,5-dimethylcyclohexane-1,3-dione* $C_8H_{13}NO_2$, Formel XI, und **4-Amino-3-hydroxy-1.1-dimethyl-cyclohexen-(3)-on-(5),** *2-amino-3-hydroxy-5,5-dimethylcyclohex-2-en-1-one* $C_8H_{13}NO_2$, Formel XII; **2-Amino-5.5-dimethyl-dihydroresorcin** (H 130).

*B.* Aus 4-Hydroxyimino-1.1-dimethyl-cyclohexandion-(3.5) bei der Reduktion an verzinnten Kupfer-Kathoden in wss.-äthanol. Salzsäure (*Gysling*, *Schwarzenbach*, Helv. **32** [1949] 1484, 1499).

Hydrochlorid $C_8H_{13}NO_2 \cdot HCl$ (H 130). An der Luft nicht beständig.

## Amino-Derivate der Dioxo-Verbindungen $C_nH_{2n-8}O_2$

### Amino-Derivate der Dioxo-Verbindungen $C_6H_4O_2$

**Amino-benzochinon-(1.4)** $C_6H_5NO_2$.

**Isopentylamino-benzochinon-(1.4),** (*isopentylamino*)-p-*benzoquinone* $C_{11}H_{15}NO_2$, Formel I (R = $CH_2$-$CH_2$-CH($CH_3$)$_2$), und Tautomeres.

*B.* Aus Benzochinon-(1.4) und Isopentylamin in Chloroform (*Kanao*, *Inagawa*, J. pharm. Soc. Japan **58** [1938] 347, 350; dtsch. Ref. S. 71, 74; C. A. **1938** 5805).
Rote Krystalle (aus A.); F: 169°.

***m*-Toluidino-benzochinon-(1.4)**, m-*toluidino*-p-*benzoquinone* $C_{13}H_{11}NO_2$, Formel II (R = H, X = $CH_3$), und Tautomeres (E I 411).
Violettbraune Krystalle (aus Bzn.); F: 99° (*Martynoff*, *Tsatsas*, Bl. **1947** 52, 53).

**Phenäthylamino-benzochinon-(1.4)**, (*phenethylamino*)-p-*benzoquinone* $C_{14}H_{13}NO_2$, Formel I (R = $CH_2$-$CH_2$-$C_6H_5$), und Tautomeres.
*B.* Beim Behandeln von Benzochinon-(1.4) mit Phenäthylamin in Chloroform (*Kanao*, *Inagawa*, J. pharm. Soc. Japan **58** [1938] 347, 351; dtsch. Ref. S. 71, 74; C. A. **1938** 5805).
Rotbraune Krystalle (aus A.); F: ca. 147—150°.

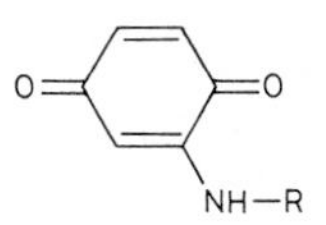

I 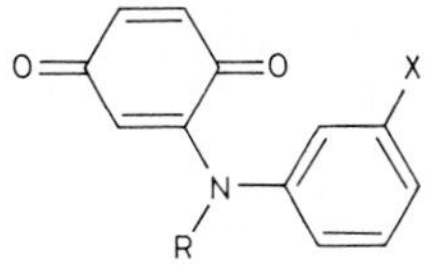 II 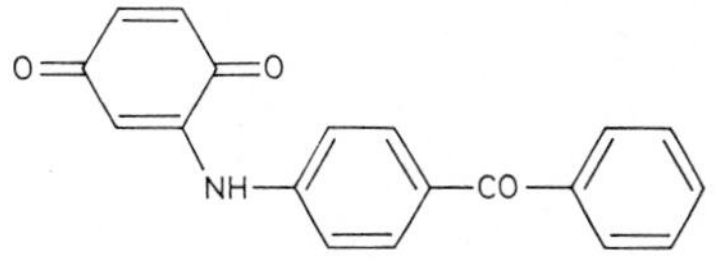 III

**[3-Hydroxy-*N*-äthyl-anilino]-benzochinon-(1.4)**, (N-*ethyl*-m-*hydroxyanilino*)-p-*benzoquinone* $C_{14}H_{13}NO_3$, Formel II (R = $C_2H_5$, X = OH).
*B.* Beim Erwärmen von Benzochinon-(1.4) mit 3-Äthylamino-phenol (*Martynoff*, *Tsatsas*, Bl. **1947** 52, 53).
Blaubraune Krystalle (aus Eg.), die unterhalb 340° nicht schmelzen.

**[4-Benzoyl-anilino]-benzochinon-(1.4)**, (p-*benzoylanilino*)-p-*benzoquinone* $C_{19}H_{13}NO_3$, Formel III, und Tautomeres.
*B.* Beim Erwärmen von Benzochinon-(1.4) mit 4-Amino-benzophenon in Äthanol (*Martynoff*, *Tsatsas*, Bl. **1947** 52, 54).
Violettbraune Krystalle (aus Xylol); F: 280°.

**2-Acetamino-benzochinon-(1.4)-4-[4-dimethylamino-phenylimin], *N*-[6-Oxo-3-(4-dimethylamino-phenylimino)-cyclohexadien-(1.4)-yl]-acetamid**, N-{*3*-[p-(*dimethylamino*)*phenylimino*]-*6-oxocyclohexa-1,4-dien-1-yl*}*acetamide* $C_{16}H_{17}N_3O_2$, Formel IV, und **4-[4-Dimethylamino-anilino]-benzochinon-(1.2)-2-acetylimin, *N*-[3-(4-Dimethylamino-anilino)-6-oxo-cyclohexadien-(2.4)-yliden]-acetamid**, N-{*3*-[p-(*dimethylamino*)*anilino*]-*6-oxocyclohexa-2,4-dien-1-ylidene*}*acetamide* $C_{16}H_{17}N_3O_2$, Formel V.
*B.* Beim Behandeln von 2-Acetamino-phenol mit *N.N*-Dimethyl-*p*-phenylendiamin-hydrochlorid, Silberchlorid und Natriumcarbonat in wss. Äthanol (*Vittum*, *Brown*, Am. Soc. **68** [1946] 2235, 2238).
Gelbe Krystalle (aus A.); F: 184—185° [Block]. Absorptionsspektrum (Me.; 400 mμ bis 700 mμ): *Vi.*, *Br.*, l. c. S. 2236.

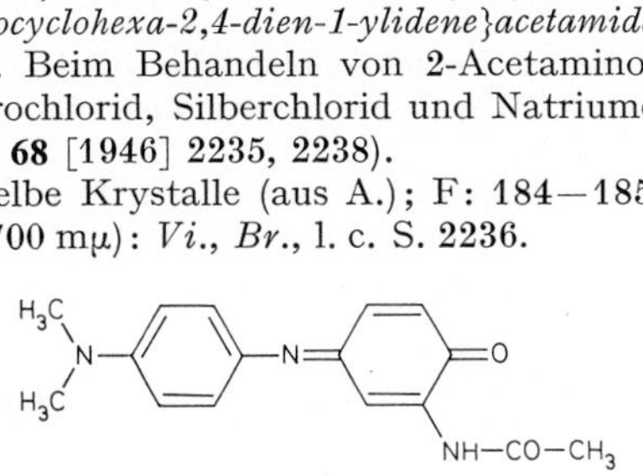

IV 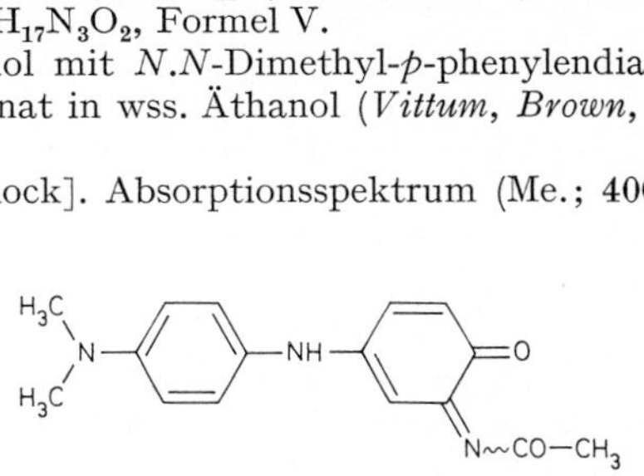 V

**2-Acetamino-benzochinon-(1.4)-1-[4-dimethylamino-phenylimin], *N*-[3-Oxo-6-(4-dimethylamino-phenylimino)-cyclohexadien-(1.4)-yl]-acetamid**, N-{*6*-[p-(*dimethylamino*)*phenylimino*]-*3-oxocyclohexa-1,4-dien-1-yl*}*acetamide* $C_{16}H_{17}N_3O_2$, Formel VI, und Tautomeres.
*B.* Beim Behandeln von 3-Acetamino-phenol mit *N.N*-Dimethyl-*p*-phenylendiamin-hydrochlorid, Silberchlorid und Natriumcarbonat in wss. Äthanol (*Vittum*, *Brown*, Am. Soc. **68** [1946] 2235, 2238).
Goldgelbe Krystalle (aus A.); F: 150—151° [Block]. Absorptionsmaxima von Lösungen in Cyclohexan, Butylacetat, Methanol und wss. Aceton: *Vi.*, *Br.*, l. c. S. 2237.

**2-Acetamino-benzochinon-(1.4)-1-[2-acetamino-4-methyl-phenylimin],** *6'-(2-acetamido-4-oxocyclopenta-2,5-dien-1-ylideneamino)aceto-*m*-toluidide* $C_{17}H_{17}N_3O_3$, Formel VII ($X = CH_3$), und Tautomeres.

*B.* Beim Behandeln von [2-Acetamino-4-methoxy-phenyl]-[2-acetamino-4-methyl-phenyl]-amin mit Eisen(III)-chlorid in wss. Essigsäure (*Tomlinson*, Soc. **1939** 158, 162).

Orangebraune Krystalle (aus A.); F: 200° [Zers.].

Beim Erhitzen mit wss. Salzsäure ist eine als x-Chlor-2.5-dimethyl-1-[2-amino-4-hydroxy-phenyl]-benzimidazol oder x-Chlor-5-hydroxy-2-methyl-1-[2-amino-4-methyl-phenyl]-benzimidazol zu formulierende Verbindung $C_{15}H_{14}ClN_3O$ (Krystalle [aus A.], F: 280°) erhalten worden. Überführung in eine Verbindung $C_{17}H_{16}N_4O_5$ (orangefarbene Krystalle [aus A.], F: 203° [Zers.]) durch Behandlung mit wss. Salpetersäure (D: 1,43): *To.*

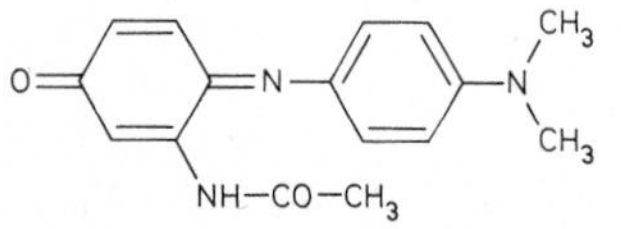

VI 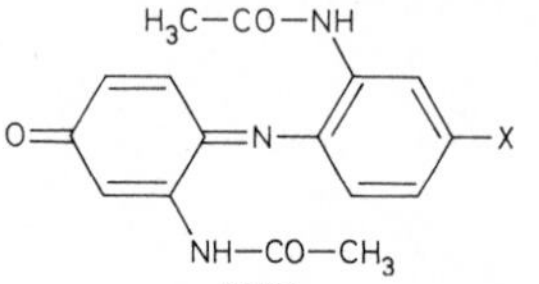 VII 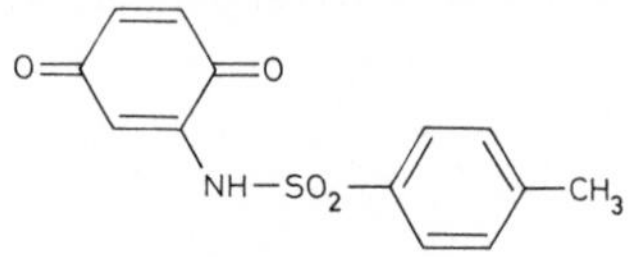 VIII

**2-Acetamino-benzochinon-(1.4)-1-[2-acetamino-4-methoxy-phenylimin],** *6'-(2-acetamido-4-oxocyclopenta-2,5-dien-1-ylideneamino)acet-*m*-anisidide* $C_{17}H_{17}N_3O_4$, Formel VII ($X = OCH_3$), und Tautomeres.

*B.* Aus Bis-[2-acetamino-4-methoxy-phenyl]-amin beim Behandeln mit Eisen(III)-chlorid in wss. Salzsäure oder mit Natriumnitrit und wss. Salzsäure (*Tomlinson*, Soc. **1939** 158, 161).

Schwarze, grünlich glänzende Krystalle (aus A.); F: 210° [Zers.].

Beim Erhitzen mit wss. Salzsäure ist eine als x-Chlor-5-hydroxy(oder methoxy)-2-methyl-1-[2-amino-4-methoxy(oder hydroxy)-phenyl]-benzimidazol zu formulierende Verbindung $C_{15}H_{14}ClN_3O_2$ (Krystalle [aus A.], F: 270°) erhalten worden. Überführung in eine Verbindung $C_{17}H_{16}N_4O_6$ (orangebraune Krystalle [aus Eg.], F: 215° [Zers.]) durch Behandlung mit wss. Salpetersäure (D: 1,43): *To.*

**Benzamino-benzochinon-(1.4), *N*-[3.6-Dioxo-cyclohexadien-(1.4)-yl]-benzamid,** N-*(3,6-dioxocyclohexa-1,4-dien-1-yl)benzamide* $C_{13}H_9NO_3$, Formel I ($R = CO\text{-}C_6H_5$), und Tautomeres.

*B.* Beim Behandeln von 2-Benzamino-hydrochinon mit Eisen(III)-chlorid in wss. Äthanol (*Barton, Linnell, Senior*, Quart. J. Pharm. Pharmacol. **17** [1944] 325, 327).

Gelbe Krystalle (aus A.); F: 109°.

**[Toluol-sulfonyl-(4)-amino]-benzochinon-(1.4), *N*-[3.6-Dioxo-cyclohexadien-(1.4)-yl]-toluolsulfonamid-(4),** N-*(3,6-dioxocyclohexa-1,4-dien-1-yl)-*p*-toluenesulfonamide* $C_{13}H_{11}NO_4S$, Formel VIII, und Tautomeres.

*B.* Beim Behandeln von 2-[Toluol-sulfonyl-(4)-amino]-hydrochinon mit Eisen(III)-chlorid in wss. Äthanol (*Barton, Linnell, Senior*, Quart. J. Pharm. Pharmacol. **17** [1944] 325, 327).

Gelbe Krystalle (aus A.); F: 177°.

**6-Brom-2-acetamino-benzochinon-(1.4), *N*-[5-Brom-3.6-dioxo-cyclohexadien-(1.4)-yl]-acetamid,** N-*(5-bromo-3,6-dioxocyclohexa-1,4-dien-1-yl)acetamide* $C_8H_6BrNO_3$, Formel IX ($R = X = H$), und Tautomeres.

*B.* Beim Erwärmen von 6-Brom-2.4-bis-acetamino-phenol mit wss. Salpetersäure (*Heller*, J. pr. [2] **129** [1931] 211, 232).

Orangefarbene Krystalle (aus A.); F: 183°.

Beim Behandeln mit Brom (Überschuss) in Essigsäure ist 1.2.4.4-Tetrabrom-cyclopenten-(1)-dion-(3.5) erhalten worden.

**5.6-Dibrom-2-acetamino-benzochinon-(1.4), *N*-[4.5-Dibrom-3.6-dioxo-cyclohexadien-(1.4)-yl]-acetamid,** N-*(4,5-dibromo-3,6-dioxocyclohexa-1,4-dien-1-yl)acetamide* $C_8H_5Br_2NO_3$, Formel IX ($R = H$, $X = Br$), und Tautomeres.

*B.* Beim Behandeln von 6-Nitro-2-acetamino-hydrochinon mit Brom (2 Mol) in Essigsäure (*Heller*, J. pr. [2] **129** [1931] 211, 247). Beim Behandeln von 5.6-Dibrom-2.4-bis-acetamino-phenol mit wss. Salpetersäure (*He.*, l. c. S. 233).

Orangefarbene Krystalle (aus A. oder Eg.); F: 213°.

Beim Behandeln mit Brom (Überschuss) in Essigsäure ist 1.2.4.4-Tetrabrom-cyclopenten-(1)-dion-(3.5) erhalten worden.

IX X

**Tribrom-acetamino-benzochinon-(1.4), *N*-[2.4.5-Tribrom-3.6-dioxo-cyclohexadien-(1.4)-yl]-acetamid,** N-*(2,4,5-tribromo-3,6-dioxocyclohexa-1,4-dien-1-yl)acetamide* $C_8H_4Br_3NO_3$, Formel IX (R = X = Br), und Tautomeres.

*B.* Beim Behandeln von 2.4-Bis-acetamino-phenol, von 6-Nitro-2.4-bis-acetamino-phenol oder von 6-Nitro-2-acetamino-hydrochinon mit Brom in Essigsäure (*Heller*, J. pr. [2] **129** [1931] 211, 234, 238, 247).

Gelbe Krystalle (aus A.); F: 198°.

Beim Behandeln mit Brom (Überschuss) in Essigsäure ist 1.2.4.4-Tetrabrom-cyclopenten-(1)-dion-(3.5) erhalten worden.

**2.3-Diamino-benzochinon-(1.4)** $C_6H_6N_2O_2$.

**2.3-Dianilino-benzochinon-(1.4),** *2,3-dianilino-*p*-benzoquinone* $C_{18}H_{14}N_2O_2$, Formel X, und Tautomeres.

*B.* Aus 2.3-Dianilino-hydrochinon beim Behandeln mit Blei(IV)-oxid in Äther (*Gündel, Pummerer*, A. **529** [1937] 11, 29). Aus 3-Anilino-2-[*N*-hydroxy-anilino]-hydrochinon beim Erhitzen auf 110° (*Gü.*, *Pu.*, l. c. S. 28).

Grünschwarze Krystalle (aus A. oder Hexan); F: 174° [Zers.] (*Gü.*, *Pu.*, l. c. S. 16). Absorptionsspektrum (A.; 450—650 mμ): *Scheibe*, zit. bei *Pummerer, Fiesselmann*, A. **544** [1940] 206, 217.

**2.5-Diamino-benzochinon-(1.4)** $C_6H_6N_2O_2$.

**2.5-Diamino-benzochinon-(1.4)-bis-[4-amino-phenylimin],** *2,5-diamino-*p*-benzoquinone bis(*p*-aminophenylimine)* $C_{18}H_{18}N_6$, Formel XI (R = H), und Tautomeres; Bandrowski-Base.

Diese Konstitution kommt der H **13** 296, E I **13** 93 und E II **13** 146 als Benzochinon-(1.4)-bis-[2.5-diamino-phenylimin] beschriebenen Verbindung zu; Entsprechendes gilt auch für die H **13** 297—299 und E I **13** 93—95 aufgeführten Derivate dieser Verbindung (*Lauer, Sunde*, J. org. Chem. **3** [1938] 261; *Sunde, Lauer*, J. org. Chem. **17** [1952] 609; *Dolinsky et al.*, J. Soc. cosmet. Chemists **19** [1968] 411, 416).

*B.* Beim Erhitzen von *p*-Phenylendiamin mit Nitrobenzol und Natriumcarbonat (*Crippa*, G. **60** [1930] 644, 645).

F: 249° (*Cr.*), 244° [Zers.] (*Forster, Soyka*, J. Soc. Dyers Col. **47** [1931] 99, 106), 242—243° (*Lauer, Su.*, l. c. S. 264), 242° (*Cox*, Analyst **58** [1933] 738, 742).

Beim Erhitzen mit wss. Salzsäure sind *p*-Phenylendiamin (Hauptprodukt), Benzochinon-(1.4), Cyanwasserstoff, Kohlendioxid und Ammoniak erhalten worden (*Cox*, Analyst **59** [1934] 3, 9; *Cox, Lewin*, Analyst **60** [1935] 350, 352; *Lauer, Su.*).

**2.5-Diamino-benzochinon-(1.4)-bis-[4-acetamino-phenylimin],** *4',4'''-[(2,5-diamino-cyclohexa-2,5-diene-1,4-diylidene)dinitrilo]bisacetanilide* $C_{22}H_{22}N_6O_2$, Formel XI (R = CO-$CH_3$), und Tautomere.

Eine Verbindung (Krystalle [aus Me.], F: 310—311°), der vermutlich diese Konstitution zukommt, ist beim Behandeln von Benzochinon-(1.4)-diimin in Äther mit *N*-Acetyl-*p*-phenylendiamin und wss.-methanol. Salzsäure erhalten worden (*Lauer, Sunde*, J. org. Chem. **3** [1938] 261, 264).

**2.5-Bis-methylamino-benzochinon-(1.4),** *2,5-bis(methylamino)-*p*-benzoquinone* $C_8H_{10}N_2O_2$, Formel XII (R = $CH_3$, X = H), und Tautomere (E II 82).

*B.* Beim Behandeln von Benzochinon-(1.4), von Methoxy-benzochinon-(1.4) oder von

2.5-Dimethoxy-benzochinon-(1.4) mit Methylamin in Äthanol (*Anslow, Raistrick*, Soc. **1939** 1446, 1449, 1450).

Rote Krystalle (aus A.); F: 292° (*Garreau*, Bl. **1950** 501), 285—286° [Zers.] (*An., Rai.*, l. c. S. 1453).

**2.5-Bis-dimethylamino-benzochinon-(1.4)**, *2,5-bis(dimethylamino)-p-benzoquinone* $C_{10}H_{14}N_2O_2$, Formel XII (R = X = $CH_3$) (H 138; E I 413; E II 82).

*B.* Beim Behandeln von Benzochinon-(1.4) mit Dimethylamin in Methanol in Gegenwart von Kupfer(II)-acetat unter Durchleiten von Sauerstoff (*Baltzly, Lorz*, Am. Soc. **70** [1948] 861; vgl. H 138; E I 413).

Rote Krystalle; F: 174° [unkorr.; geschlossene Kapillare] (*Braude*, Soc. **1945** 490, 497, 992), 172° [aus Me.] (*Martynoff, Tsatsas*, Bl. **1947** 52, 54), 171° (*Ba., Lorz*). Absorptionsspektrum (220—600 mμ; Hexan und $CHCl_3$): *Br.*, l. c. S. 492, 495.

**2.5-Bis-butylamino-benzochinon-(1.4)**, *2,5-bis(butylamino)-p-benzoquinone* $C_{14}H_{22}N_2O_2$, Formel XII (R = $[CH_2]_3$-$CH_3$, X = H), und Tautomere.

*B.* Aus dem Butylamin-Salz der 2.5-Bis-butylamino-3.6-dioxo-cyclohexadien-(1.4)-sulfonsäure-(1) oder dem Bis-butylamin-Salz der 2.5-Bis-butylamino-3.6-dioxo-cyclohexadien-(1.4)-disulfonsäure-(1.4) beim Behandeln mit wss. Salzsäure (*Garreau*, A. ch. [11] **10** [1938] 485, 546).

Rote Krystalle (aus A.); F: 160°.

XI XII XIII

**2.5-Bis-isobutylamino-benzochinon-(1.4)**, *2,5-bis(isobutylamino)-p-benzoquinone* $C_{14}H_{22}N_2O_2$, Formel XII (R = $CH_2$-$CH(CH_3)_2$, X = H), und Tautomere (E II 83).

*B.* Aus dem Bis-isobutylamin-Salz der 2.5-Bis-isobutylamino-3.6-dioxo-cyclohexadien-(1.4)-disulfonsäure-(1.4) beim Erhitzen mit Essigsäure (*Garreau*, A. ch. [11] **10** [1938] 485, 548).

Rote Krystalle (aus A.); F: 197°.

**2.5-Bis-pentylamino-benzochinon-(1.4)**, *2,5-bis(pentylamino)-p-benzoquinone* $C_{16}H_{26}N_2O_2$, Formel XII (R = $[CH_2]_4$-$CH_3$, X = H), und Tautomere.

*B.* Aus dem Bis-pentylamin-Salz der 2.5-Bis-pentylamino-3.6-dioxo-cyclohexadien-(1.4)-disulfonsäure-(1.4) beim Erhitzen mit wss. Salzsäure (*Garreau*, A. ch. [11] **10** [1938] 485, 548).

Rote Krystalle; F: 143°.

**2.5-Bis-isopentylamino-benzochinon-(1.4)**, *2,5-bis(isopentylamino)-p-benzoquinone* $C_{16}H_{26}N_2O_2$, Formel XII (R = $CH_2$-$CH_2$-$CH(CH_3)_2$, X = H), und Tautomere (E II 83).

*B.* Aus dem Bis-isopentylamin-Salz der 2.5-Bis-isopentylamino-3.6-dioxo-cyclohexadien-(1.4)-disulfonsäure-(1.4) beim Erwärmen mit wss.-äthanol. Salzsäure (*Garreau*, A. ch. [11] **10** [1938] 485, 549).

Rote Krystalle; F: 170°.

**2.5-Bis-cyclohexylamino-benzochinon-(1.4)**, *2,5-bis(cyclohexylamino)-p-benzoquinone* $C_{18}H_{26}N_2O_2$, Formel XII (R = $C_6H_{11}$, X = H), und Tautomere.

*B.* Beim Erwärmen von Benzochinon-(1.4) mit Cyclohexylamin in Äthanol (*Garreau*, A. ch. [11] **10** [1938] 485, 551). Aus dem Bis-cyclohexylamin-Salz der 2.5-Bis-cyclohexylamino-3.6-dioxo-cyclohexadien-(1.4)-disulfonsäure-(1.4) beim Erhitzen mit wss. Mineralsäure oder mit Essigsäure (*Ga.*).

Rote Krystalle; F: 242°.

**5-Amino-2-anilino-benzochinon-(1.4)-1-phenylimin**, *2-amino-5-anilino-4-(phenylimino)cyclohexa-2,5-dien-1-one* $C_{18}H_{15}N_3O$, Formel XIII (R = H) und Tautomere (E I 413; dort als 2-Amino-5-anilino-benzochinon-(1.4)-anil-(1 oder 4) bezeichnet).

Konstitution: *Engelsma, Havinga*, Tetrahedron **2** [1958] 289, 293; *Tanabe*, Chem. pharm. Bl. **6** [1958] 645.

*B.* Neben anderen Verbindungen beim Behandeln von Anilin mit wss. Wasserstoffperoxid, Eisen(II)-sulfat und wss. Essigsäure (*Mann, Saunders*, Pr. roy. Soc. [B] **119** [1935/36] 47, 58).

Rote Krystalle (aus PAe.); F: 126° (*Mann, Sau.*).

**2.5-Dianilino-benzochinon-(1.4)**, *2,5-dianilino-p-benzoquinone* $C_{18}H_{14}N_2O_2$, Formel XIV (R = X = H), und Tautomere (H 138; E I 413; E II 83).

*B.* Beim Behandeln von Benzochinon-(1.4) mit Anilin und wss.-äthanol. Salzsäure (*Billman, Thomas, Barnes*, Am. Soc. **68** [1946] 2103; vgl. H 138).

F: 345° [unkorr.; Zers.; Block] (*Bi., Th., Ba.*), 343° [unkorr.; geschlossene Kapillare] (*Braude*, Soc. **1945** 490, 497, 992). Absorptionsspektrum ($CHCl_3$; 220–600 mμ): *Br.*, l. c. S. 492, 495.

**2.5-Bis-[2-nitro-anilino]-benzochinon-(1.4)**, *2,5-bis(o-nitroanilino)-p-benzoquinone* $C_{18}H_{12}N_4O_6$, Formel XIV (R = H, X = $NO_2$), und Tautomere (H 139; E I 414; E II 83).

Rotbraune Krystalle (aus Nitrobenzol); F: 305° [Zers.] (*Martynoff, Tsatsas*, Bl. **1947** 52, 54).

Beim Erwärmen mit Ammoniumsulfid in Äthanol ist 5.12-Dihydro-chinoxalino[2.3-*b*]phenazin erhalten worden (*Badger, Pettit*, Soc. **1951** 3211, 3214; vgl. H 139).

**2.5-Dianilino-benzochinon-(1.4)-mono-phenylimin**, *2,5-dianilino-4-(phenylimino)cyclohexa-2,5-dien-1-one* $C_{24}H_{19}N_3O$, Formel XIII (R = $C_6H_5$), und Tautomere (H 139; E I 415; E II 83).

*B.* Neben anderen Verbindungen beim Behandeln von Anilin mit wss. Wasserstoffperoxid, Eisen(II)-sulfat und wss. Essigsäure (*Mann, Saunders*, Pr. roy. Soc. [B] **119** [1935/36] 47, 58; vgl. H 139).

F: 202°.

**2.5-Dianilino-benzochinon-(1.4)-imin-phenylimin**, *2,5-dianilino-p-benzoquinone imine phenylimine* $C_{24}H_{20}N_4$, Formel XV (R = H), und Tautomere (H 140; E I 415; E II 83).

Rote Krystalle (aus wss. Me.); F: 167° (*Mann, Saunders*, Pr. roy. Soc. [B] **119** [1935/36] 47, 55).

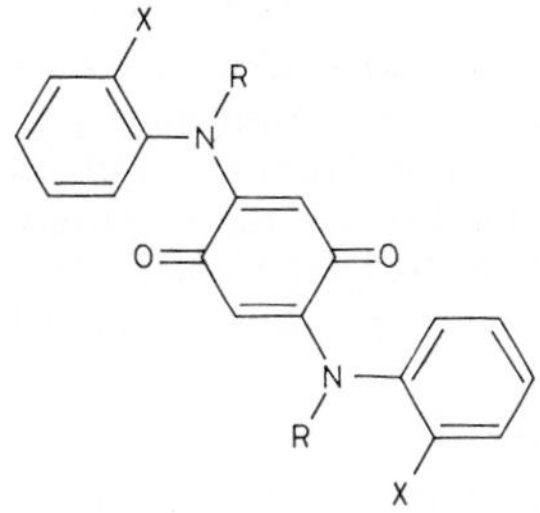

XIV 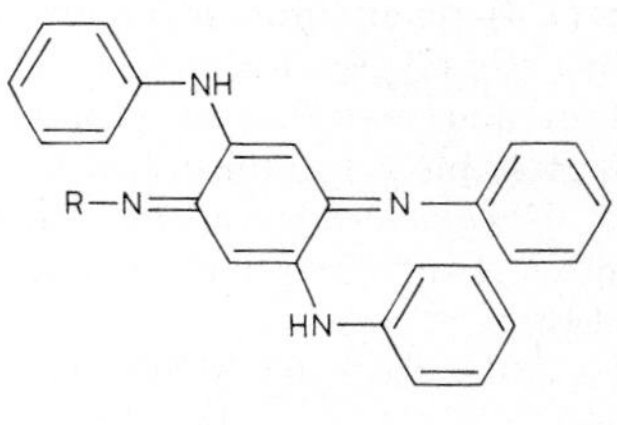 XV 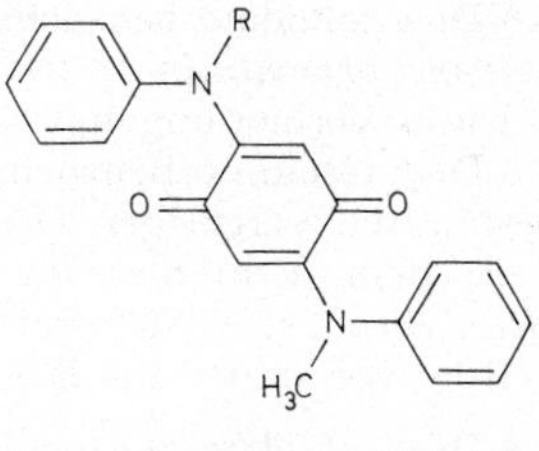 XVI

**2.5-Dianilino-benzochinon-(1.4)-bis-phenylimin**, Azophenin, *2,5-dianilino-p-benzoquinone bis(phenylimine)* $C_{30}H_{24}N_4$, Formel XV (R = $C_6H_5$), und Tautomeres (H 140; E I 415; E II 83).

*B.* Als Hauptprodukt beim Erhitzen von Anilin mit sog. Graphitoxid (*Carter, Moulds, Riley*, Soc. **1937** 1305, 1309). Beim Erhitzen von Benzofurazan-oxid mit Anilin und Anilinhydrochlorid auf 150° (*Ruggli, Buchmeier*, Helv. **28** [1945] 850, 857).

Rote Krystalle; F: 246–247° [aus Bzl. oder PAe.] (*Ca., Mou., Ri.*), 240–242° [aus $CHCl_3$] (*Lora Tamayo, Fontán Yanes*, An. Soc. españ. [B] **44** [1948] 583), 239–240° [aus Anilin] (*Ru., Bu.*).

Hydrierung an Raney-Nickel in Äthylacetat oder Dioxan unter Bildung von 1.2.4.5-Tetraanilino-benzol: *Ru., Bu.* Beim Erhitzen mit Benzoylchlorid auf 200° ist eine als 2.5-Dianilino-1.4-bis-[*N*-benzoyl-anilino]-benzol-dihydrochlorid angesehene Verbindung (E III **13** 574) erhalten worden (*Ru., Bu.*, l. c. S. 858).

Pikrat $C_{30}H_{24}N_4 \cdot C_6H_3N_3O_7$. Schwarze Krystalle (aus Bzl.); F: 180° (*Ru., Bu.*).

Pikrolonat $C_{30}H_{24}N_4 \cdot C_{10}H_8N_4O_5$. Schwarzbraune Krystalle (aus Bzl.); F: 207–208°

[Zers.] (*Ru.*, *Bu.*).

**5-Anilino-2-[*N*-methyl-anilino]-benzochinon-(1.4)**, *2-anilino-5-*(N*-methylanilino*)-p-*benzoquinone* $C_{19}H_{16}N_2O_2$, Formel XVI (R = H), und Tautomeres (E I 416).
F: 140° (*Martynoff*, *Tsatsas*, Bl. **1947** 52, 54).

**2.5-Bis-[*N*-methyl-anilino]-benzochinon-(1.4)**, *2,5-bis*(N*-methylanilino*)-p-*benzoquinone* $C_{20}H_{18}N_2O_2$, Formel XVI (R = $CH_3$) (E I 416).
Gelbe Krystalle (aus Eg.); F: 209—210° (*Martynoff*, *Tsatsas*, Bl. **1947** 52, 54).

**2.5-Di-*o*-toluidino-benzochinon-(1.4)**, *2,5-di-*o*-toluidino-*p*-benzoquinone* $C_{20}H_{18}N_2O_2$, Formel XIV (R = H, X = $CH_3$), und Tautomere (E I 416; E II 84).
Rote Krystalle (aus $CHCl_3$); F: 252° (*Martynoff*, *Tsatsas*, Bl. **1947** 52, 54).

**2.5-Di-*o*-toluidino-benzochinon-(1.4)-phenylimin-*o*-tolylimin**, *2,5-di-*o*-toluidino-*p*-benzoquinone phenylimine* o*-tolylimine* $C_{33}H_{30}N_4$, Formel I (R = X = H), und Tautomere.
*B.* Beim Erhitzen von Phenyl-[4-nitroso-phenyl]-amin-hydrochlorid mit *o*-Toluidin (*Ruggli*, *Buchmeier*, Helv. **28** [1945] 850, 862).
Braunrote Krystalle (aus Äthylbenzoat); F: 192—194° [nach Sintern bei 175°].

**2.5-Di-*p*-toluidino-benzochinon-(1.4)**, *2,5-di-*p*-toluidino-*p*-benzoquinone* $C_{20}H_{18}N_2O_2$, Formel II (R = $CH_3$, X = H), und Tautomere (H 142; E I 417; E II 84).
Violette Krystalle; F: 324° (*Martynoff*, *Tsatsas*, Bl. **1947** 52, 54).

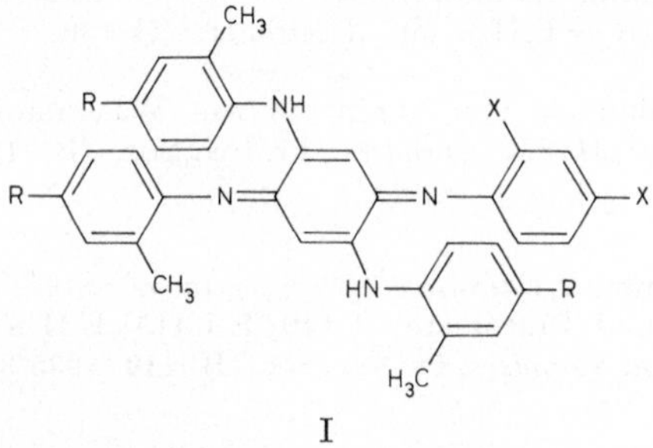

I 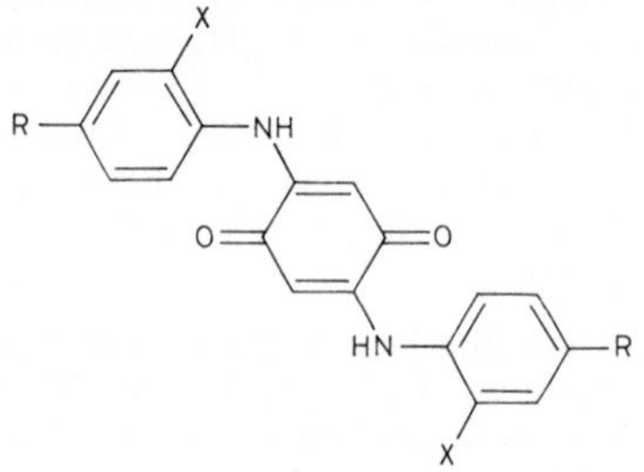 II

**2.5-Di-*p*-toluidino-benzochinon-(1.4)-phenylimin-*p*-tolylimin**, *2,5-di-*p*-toluidino-*p*-benzoquinone phenylimine* p*-tolylimine* $C_{33}H_{30}N_4$, Formel III (R = H), und Tautomere.
Diese Verbindung hat auch in den von *Fischer* und *Hepp* sowie *Ikuta* (H 142) als 2.5-Di-*p*-toluidino-benzochinon-(1.4)-bis-*p*-tolylimin beschriebenen Präparaten als Hauptbestandteil vorgelegen (*Ruggli*, *Buchmeier*, Helv. **28** [1945] 850, 856, 859 Anm. 1).
*B.* Beim Erhitzen von Phenyl-[4-nitroso-phenyl]-amin-hydrochlorid mit *p*-Toluidin (*Ru.*, *Bu.*, l. c. S. 862; vgl. H 142).
Rote Krystalle (aus Bzl.); F: 230—232° [nach Sintern bei 227°].

**2.5-Di-*p*-toluidino-benzochinon-(1.4)-bis-*p*-tolylimin**, *2,5-di-*p*-toluidino-*p*-benzoquinone bis*(p*-tolylimine*) $C_{34}H_{32}N_4$, Formel III (R = $CH_3$), und Tautomeres (H 142).
In den von *Fischer* und *Hepp* sowie *Ikuta* (H 142) unter dieser Konstitution beschriebenen Präparaten hat 2.5-Di-*p*-toluidino-benzochinon-(1.4)-phenylimin-*p*-tolylimin (s. o.) als Hauptbestandteil vorgelegen (*Ruggli*, *Buchmeier*, Helv. **28** [1945] 850, 856, 859 Anm. 1).
*B.* Beim Erhitzen von Benzofurazan-oxid mit *p*-Toluidin und *p*-Toluidin-hydrochlorid auf 150° (*Ru.*, *Bu.*, l. c. S. 859).
Rote Krystalle; F: 264—265° [aus Bzn.] (*Hughes*, *Saunders*, Soc. **1956** 3814, 3817), 259—260° [aus Bzl. oder Anilin] (*Ru.*, *Bu.*).
Pikrat $C_{34}H_{32}N_4 \cdot C_6H_3N_3O_7$. Violettschwarze Krystalle (aus Bzl.); F: 170—171° [Zers.] (*Ru.*, *Bu.*).
Pikrolonat $C_{34}H_{32}N_4 \cdot C_{10}H_8N_4O_5$. Grünschwarze Krystalle; F: 188—189° [Zers.] (*Ru.*, *Bu.*).

**2.5-Bis-phenäthylamino-benzochinon-(1.4)**, *2,5-bis*(*phenethylamino*)-p-*benzoquinone* $C_{22}H_{22}N_2O_2$, Formel IV (R = $CH_2$-$CH_2$-$C_6H_5$), und Tautomere.
*B.* Aus Benzochinon-(1.4) beim Behandeln mit Phenäthylamin in Äther (*Kanao*,

*Inagawa*, J. pharm. Soc. Japan **58** [1938] 347, 351; dtsch. Ref. S. 71, 74; C. A. **1938** 5805) sowie beim Erwärmen mit Phenäthylamin und wss.-äthanol. Salzsäure (*Billman, Thomas, Barnes*, Am. Soc. **68** [1946] 2103).

Rote Krystalle; F: 222—223° [aus Bzl. oder Me.] (*Ka., In.*), 208° [unkorr.; Zers.; Block] (*Bi., Th., Ba.*).

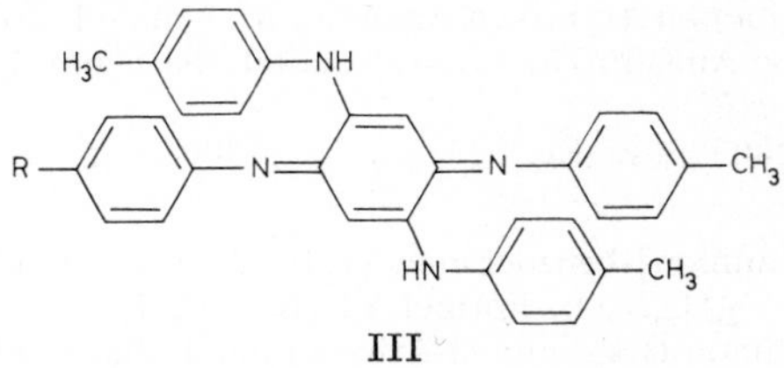

III 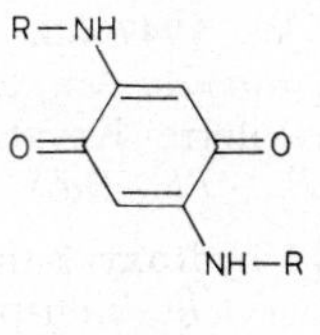 IV

**2.5-Bis-[2.4-dimethyl-anilino]-benzochinon-(1.4)-phenylimin-[2.4-dimethyl-phenylimin],** *2,5-di(2,4-xylidino)-*p*-benzoquinone phenylimine 2,4-xylylimine* $C_{36}H_{36}N_4$, Formel I ($R = CH_3$, $X = H$), und Tautomere.

*B.* Beim Erhitzen von Phenyl-[4-nitroso-phenyl]-amin-hydrochlorid mit 2.4-Dimethyl-anilin (*Ruggli, Buchmeier*, Helv. **28** [1945] 850, 863).

Rote Krystalle (aus Äthylbenzoat); F: 233—234° [nach Sintern bei 220°].

**2.5-Bis-[2.4-dimethyl-anilino]-benzochinon-(1.4)-bis-[2.4-dimethyl-phenylimin],** *2,5-di(2,4-xylidino)-*p*-benzoquinone bis(2,4-xylylimine)* $C_{38}H_{40}N_4$, Formel I ($R = X = CH_3$), und Tautomeres.

*B.* Beim Erhitzen von Benzofurazan-oxid mit 2.4-Dimethyl-anilin und 2.4-Dimethyl-anilin-hydrochlorid auf 150° (*Ruggli, Buchmeier*, Helv. **28** [1945] 850, 860).

Krystalle (aus Äthylbenzoat); F: 240—241°.

Pikrat $C_{38}H_{40}N_4 \cdot C_6H_3N_3O_7$. Schwarze, grünlich schimmernde Krystalle (aus Bzl.); F: 148—149° [Zers. von 140° an].

Pikrolonat $C_{38}H_{40}N_4 \cdot C_{10}H_8N_4O_5$. Grünlichschwarze, metallisch glänzende Krystalle; F: 181° [Zers.].

**2.5-Bis-[naphthyl-(2)-amino]-benzochinon-(1.4)-bis-[naphthyl-(2)-imin],** *2,5-bis(2-naphthylamino)-*p*-benzoquinone bis(2-naphthylimine)* $C_{46}H_{32}N_4$, Formel V, und Tautomeres.

*B.* Beim Erhitzen von Benzofurazan-oxid mit Naphthyl-(2)-amin und Naphthyl-(2)-amin-hydrochlorid auf 110° (*Ruggli, Buchmeier*, Helv. **28** [1945] 850, 861).

Violette Krystalle (aus Bzl.); F: 242—243°.

**2.5-Bis-[2-hydroxy-äthylamino]-benzochinon-(1.4),** *2,5-bis(2-hydroxyethylamino)-*p*-benzoquinone* $C_{10}H_{14}N_2O_4$, Formel IV ($R = CH_2\text{-}CH_2OH$), und Tautomere.

*B.* Aus Benzochinon-(1.4) beim Behandeln mit 2-Amino-äthanol-(1) in Chloroform (*Kanao, Inagawa*, J. pharm. Soc. Japan **58** [1938] 347, 350; dtsch. Ref. S. 71, 73; C. A. **1938** 5805) sowie beim Erwärmen mit 2-Amino-äthanol-(1) und wss.-äthanol. Salzsäure (*Billman, Thomas, Barnes*, Am. Soc. **68** [1946] 2103).

Violette Krystalle; F: 262° [unkorr.; Zers.; Block] (*Bi., Th., Ba.*), 262° [aus W.] (*Ka., In.*).

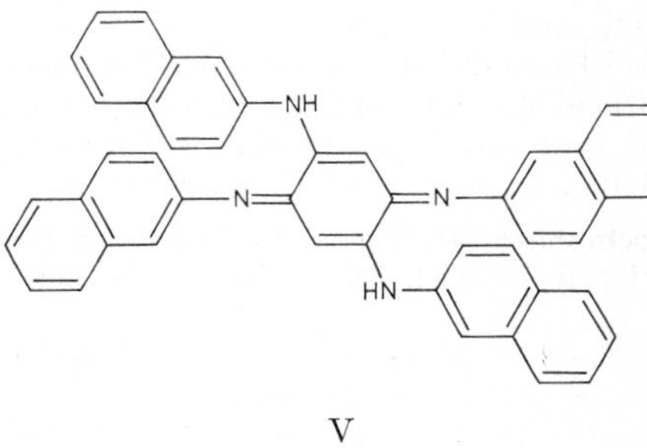

V 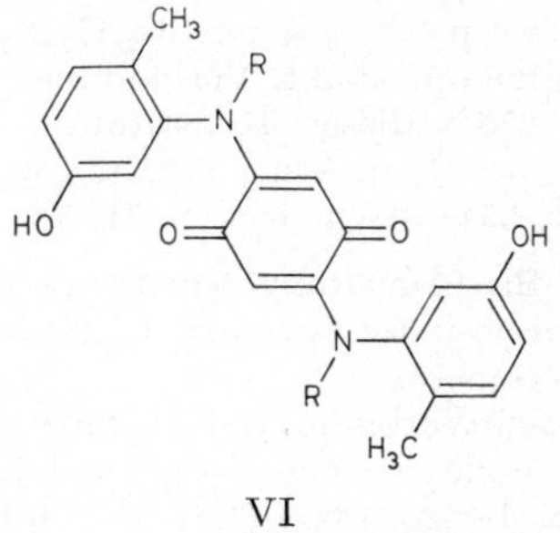 VI

**2.5-Di-*o*-anisidino-benzochinon-(1.4)**, *2,5-di-*o*-anisidino-*p*-benzoquinone* $C_{20}H_{18}N_2O_4$, Formel II (R = H, X = $OCH_3$) auf S. 366, und Tautomere (H 142; E II 84).

Rotviolette Krystalle (aus Eg.); F: 252° [Zers.] (*Martynoff, Tsatsas*, Bl. **1947** 52, 56).

**2.5-Di-*p*-anisidino-benzochinon-(1.4)**, *2,5-di-*p*-anisidino-*p*-benzoquinone* $C_{20}H_{18}N_2O_4$, Formel II (R = $OCH_3$, X = H) auf S. 366, und Tautomere.

*B.* Beim Erwärmen von Benzochinon-(1.4) mit *p*-Anisidin in Äthanol (*Martynoff, Tsatsas*, Bl. **1947** 52, 56) oder mit *p*-Anisidin und wss.-äthanol. Salzsäure (*Billman, Thomas, Barnes*, Am. Soc. **68** [1946] 2103).

Braunviolette Krystalle; F: ca. 330° [aus Eg.] (*Ma., Ts.*), 300° [unkorr.; Zers.; Block] (*Bi., Th., Ba.*).

**2.5-Bis-[5-hydroxy-2-methyl-*N*-äthyl-anilino]-benzochinon-(1.4)**, *2,5-bis(*N*-ethyl-5-hydroxy-*o*-toluidino)-*p*-benzoquinone* $C_{24}H_{26}N_2O_4$, Formel VI (R = $C_2H_5$).

*B.* Beim Erwärmen von Benzochinon-(1.4) mit 3-Äthylamino-4-methyl-phenol in Äthanol (*Martynoff, Tsatsas*, Bl. **1947** 52, 55).

Grüne Krystalle; Zers. oberhalb 260°.

**2.5-Bis-[6-methoxy-3-methyl-anilino]-benzochinon-(1.4)**, *2,5-bis(5-methyl-*o*-anisidino)-*p*-benzoquinone* $C_{22}H_{22}N_2O_4$, Formel VII, und Tautomere.

*B.* Beim Erwärmen von Benzochinon-(1.4) mit 6-Methoxy-3-methyl-anilin in Äthanol (*Martynoff, Tsatsas*, Bl. **1947** 52, 56).

Braunrote Krystalle (aus Eg.); F: 252°.

**2.5-Bis-[4-(2-hydroxy-äthyl)-anilino]-benzochinon-(1.4)**, *2,5-bis[*p*-(2-hydroxyethyl)anilino]-*p*-benzoquinone* $C_{22}H_{22}N_2O_4$, Formel II (R = $CH_2$-$CH_2OH$, X = H) auf S. 366, und Tautomere.

*B.* Beim Erwärmen von Benzochinon-(1.4) mit 1-[4-Amino-phenyl]-äthanol-(2) in Äthanol (*Martynoff, Tsatsas*, Bl. **1947** 52, 56).

Violettbraune Krystalle (aus Eg.); F: ca. 302° [Zers.].

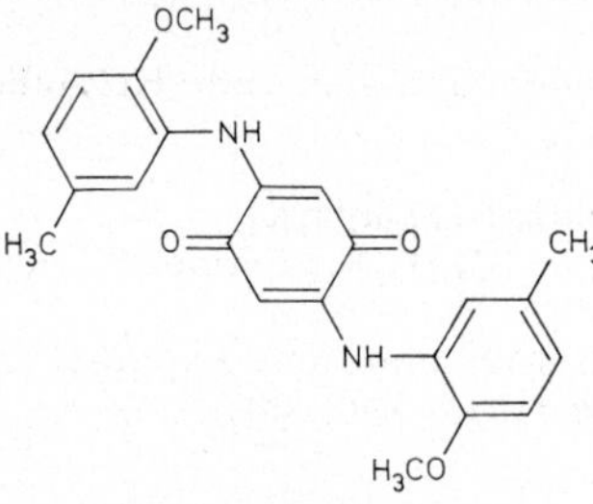

VII 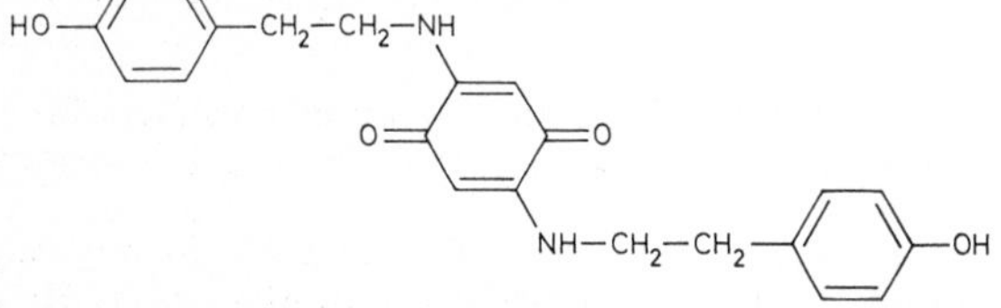 VIII

**2.5-Bis-[4-hydroxy-phenäthylamino]-benzochinon-(1.4)**, *2,5-bis(4-hydroxyphenethylamino)-*p*-benzoquinone* $C_{22}H_{22}N_2O_4$, Formel VIII, und Tautomere.

*B.* Aus Benzochinon-(1.4) und 4-[2-Amino-äthyl]-phenol in Chloroform (*Kanao, Inagawa*, J. pharm. Soc. Japan **58** [1938] 347, 351; dtsch. Ref. S. 71, 75; C. A. **1938** 5805).

Rotbraune Krystalle (aus Nitrobenzol); F: 237—238°.

**2.5-Bis-[*β*-hydroxy-phenäthylamino]-benzochinon-(1.4)**, *2,5-bis(β-hydroxyphenethylamino)-*p*-benzoquinone* $C_{22}H_{22}N_2O_4$, Formel IX, und Tautomere.

Eine opt.-inakt. Verbindung (schwarzbraune Krystalle [aus Anisol oder Nitrobenzol]; F: 273°) dieser Konstitution ist aus Benzochinon-(1.4) und (±)-2-Amino-1-phenyl-äthanol-(1) in Äther erhalten worden (*Kanao, Inagawa*, J. pharm. Soc. Japan **58** [1938] 347, 351; dtsch. Ref. S. 71, 74; C. A. **1938** 5805).

**2.5-Bis-[2-hydroxy-4-methoxy-anilino]-benzochinon-(1.4)**, *2,5-bis(2-hydroxy-4-methoxyanilino)-*p*-benzoquinone* $C_{20}H_{18}N_2O_6$, Formel II (R = $OCH_3$, X = OH) auf S. 366, und Tautomere.

Eine Verbindung (Krystalle [aus wss. A.], F: 59°), der vermutlich diese Konstitution zukommt, ist neben der im folgenden Artikel beschriebenen Verbindung beim Erhitzen von Benzochinon-(1.4) mit 6-Benzylidenamino-3-methoxy-phenol in Toluol erhalten worden (*Lora Tamayo, Martin Panizo, Bonnet Seoane,* An. Soc. españ. [B] **45** [1949] 593, 595, 598).

IX X

**2.5-Bis-[2-hydroxy-4-methoxy-anilino]-benzochinon-(1.4)-bis-[2-hydroxy-4-methoxy-phenylimin],** *2,5-bis(2-hydroxy-4-methoxyanilino)-*p*-benzoquinone bis(2-hydroxy-4-methoxyphenylimine)* $C_{34}H_{32}N_4O_8$, Formel X, und Tautomeres.

Eine Verbindung (dunkelrote Krystalle [aus W.]; F: 293°), der vermutlich diese Konstitution zukommt, ist neben der im vorangehenden Artikel beschriebenen Verbindung beim Erhitzen von Benzochinon-(1.4) mit 6-Benzylidenamino-3-methoxy-phenol in Toluol erhalten worden (*Lora Tamayo, Martin Panizo, Bonnet Seoane,* An. Soc. españ. [B] **45** [1949] 593, 595, 598).

**2.5-Bis-acetamino-benzochinon-(1.4)-bis-[4-acetamino-phenylimin],** N,N'-*[3,6-bis(*p*-acetamidophenylimino)cyclohexa-1,4-diene-1,4-diyl]bisacetamide* $C_{26}H_{26}N_6O_4$, Formel XI, und Tautomere.

Diese Konstitution kommt der H **13** 297 und E I **13** 94 als Benzochinon-(1.4)-bis-[2.5-bis-acetamino-phenylimin] beschriebenen Verbindung zu (*Lauer, Sunde,* J. org. Chem. **3** [1938] 261, 264).

*B.* Beim Erhitzen von 2.5-Diamino-benzochinon-(1.4)-bis-[4-acetamino-phenylimin] (S. 363) mit Acetanhydrid (*Lauer, Su.*).

Rote Krystalle (aus Nitrobenzol); F: 293–294° (*Sunde, Johnson, Kade,* J. org. Chem. **4** [1939] 548, 552; *Lauer, Su.*).

XI XII

**5-[Methyl-carboxymethyl-amino]-2-[methyl-methoxycarbonylmethyl-amino]-benzochinon-(1.4), *N.N'*-[3.6-Dioxo-cyclohexadien-(1.4)-diyl-(1.4)]-bis-sarkosin-monomethylester,** N,N'-*(3,6-dioxocyclohexa-1,4-diene-1,4-diyl)bissarcosine methyl ester* $C_{13}H_{16}N_2O_6$, Formel XII (R = H).

*B.* Neben der im folgenden Artikel beschriebenen Verbindung beim Erwärmen von Benzochinon-(1.4) mit Sarkosin-methylester-hydrochlorid und Natriumacetat in Methanol (*Zeile, Oetzel,* Z. physiol. Chem. **284** [1949] 1, 10).

Rötliche Krystalle (aus $CHCl_3$ oder Me.); F: 172°.

**2.5-Bis-[methyl-methoxycarbonylmethyl-amino]-benzochinon-(1.4), *N.N'*-[3.6-Dioxo-cyclohexadien-(1.4)-diyl-(1.4)]-bis-sarkosin-dimethylester,** N,N'-*(3,6-dioxocyclohexa-1,4-diene-1,4-diyl)bissarcosine dimethyl ester* $C_{14}H_{18}N_2O_6$, Formel XII (R = $CH_3$).

*B.* s. im vorangehenden Artikel.

Rote Krystalle (aus $CHCl_3$); F: 202° (*Zeile, Oetzel,* Z. physiol. Chem. **284** [1949] 1, 10).

**2.5-Bis-[1.2-diäthoxycarbonyl-äthylamino]-benzochinon-(1.4), *N.N'*-[3.6-Dioxo-cyclohexadien-(1.4)-diyl-(1.4)]-bis-asparaginsäure-tetraäthylester,** N,N'-*(3,6-dioxocyclohexa-1,4-diene-1,4-diyl)bisaspartic acid tetraethyl ester* $C_{22}H_{30}N_2O_{10}$.

**N.N'-[3.6-Dioxo-cyclohexadien-(1.4)-diyl-(1.4)]-bis-L-asparaginsäure-tetraäthyl=ester,** Formel XIII ($R = C_2H_5$), und Tautomere.

*B.* Aus Benzochinon-(1.4) und L-Asparaginsäure-diäthylester in Äther (*Kanao, Inagawa,* J. pharm. Soc. Japan **58** [1938] 347, 350; dtsch. Ref. S. 71, 73; C. A. **1938** 5805).

Rote Krystalle (aus Me. oder Ae.); F: 97°.

XIII XIV

**2.5-Bis-[1.3-diäthoxycarbonyl-propylamino]-benzochinon-(1.4), N.N'-[3.6-Dioxo-cyclo=hexadien-(1.4)-diyl-(1.4)]-bis-glutaminsäure-tetraäthylester,** N,N'-(*3,6-dioxocyclohexa-1,4-diene-1,4-diyl)bisglutamic acid tetraethyl ester* $C_{24}H_{34}N_2O_{10}$.

**N.N'-[3.6-Dioxo-cyclohexadien-(1.4)-diyl-(1.4)]-bis-L-glutaminsäure-tetraäthylester,** Formel XIV ($R = C_2H_5$), und Tautomere.

*B.* Aus Benzochinon-(1.4) und L-Glutaminsäure-diäthylester in Äther (*Kanao, Inagawa,* J. pharm. Soc. Japan **58** [1938] 347, 350; dtsch. Ref. S. 71, 73; C. A. **1938** 5805).

Violettrote Krystalle (aus A.); F: 83°.

**2.5-Bis-[4-anilino-anilino]-benzochinon-(1.4)-bis-[4-anilino-phenylimin],** *2,5-bis=(*p*-anilinoanilino)-*p*-benzoquinone bis(*p*-anilinophenylimine)* $C_{54}H_{44}N_8$, Formel I, und Tautomeres.

*B.* Beim Erhitzen von Benzofurazan-oxid mit *N*-Phenyl-*p*-phenylendiamin und *N*-Phenyl-*p*-phenylendiamin-hydrochlorid auf 150° (*Ruggli, Buchmeier,* Helv. **28** [1945] 850, 861).

Rotbraune Krystalle (aus Bzl.); F: 214–215°.

Dihydrochlorid $C_{54}H_{44}N_8 \cdot 2HCl$. Blauschwarze Krystalle; Zers. zwischen 200° und 240°.

I II

**5-[N-Methyl-anilino]-2-benzidino-benzochinon-(1.4),** *2-benzidino-5-(*N*-methylanilino)-*p*-benzoquinone* $C_{25}H_{21}N_3O_2$, Formel II ($R = C_6H_5$), und Tautomeres (E I 420; E II 84).

Violette Krystalle (aus A.); F: 226° (*Martynoff, Tsatsas,* Bl. **1947** 52, 55).

**3.6-Dichlor-2.5-diamino-benzochinon-(1.4),** *2,5-diamino-3,6-dichloro-*p*-benzoquinone* $C_6H_4Cl_2N_2O_2$, Formel III ($R = X = H$), und Tautomere (H 144).

*B.* Beim Einleiten von Ammoniak in eine warme Suspension von Chloranil in Äthanol (*Fieser, Martin,* Am. Soc. **57** [1935] 1844, 1847; vgl. H 144).

**3.6-Dichlor-2.5-dianilino-benzochinon-(1.4),** *2,5-dianilino-3,6-dichloro-*p*-benzoquinone* $C_{18}H_{12}Cl_2N_2O_2$, Formel III ($R = C_6H_5$, $X = H$), und Tautomere (H 144; E I 421; E II 85).

Beim Erhitzen mit Aluminiumchlorid in Pyridin ist 6.13-Dichlor-benz[5.6][1.4]oxazino[2.3-*b*]phenoxazin erhalten worden (*Fierz-David, Brassel, Probst*, Helv. **22** [1939] 1348, 1352).

**3.6-Dichlor-2.5-bis-[naphthyl-(1)-amino]-benzochinon-(1.4)**, *2,5-dichloro-3,6-bis(1-naphthylamino)-*p*-benzoquinone* $C_{26}H_{16}Cl_2N_2O_2$, Formel IV, und Tautomere (E I 421).

*B.* Beim Erwärmen von Chloranil mit Naphthyl-(1)-amin unter Zusatz von Natriumacetat in Äthanol (*Fierz-David, Brassel, Probst*, Helv. **22** [1939] 1348, 1356; vgl. E I 421).

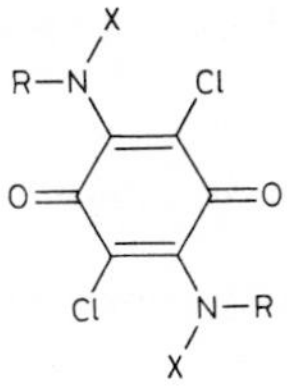

III 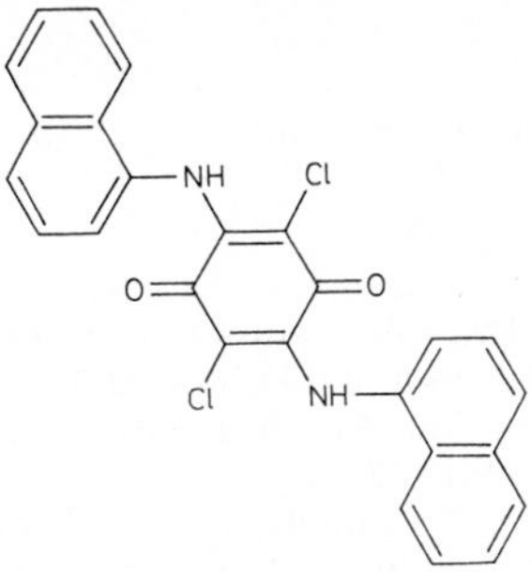 IV 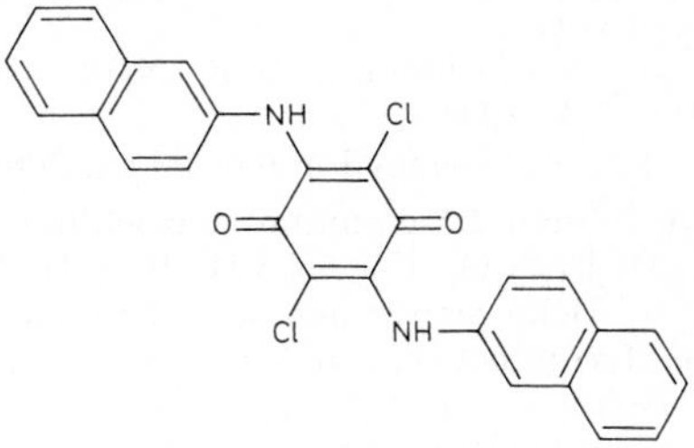 V

**3.6-Dichlor-2.5-bis-[naphthyl-(2)-amino]-benzochinon-(1.4)**, *2,5-dichloro-3,6-bis(2-naphthylamino)-*p*-benzoquinone* $C_{26}H_{16}Cl_2N_2O_2$, Formel V, und Tautomere (E I 421; E II 86).

Die beim Erhitzen mit Nitrobenzol erhaltene Verbindung $C_{26}H_{15}ClN_2O_2$ (s. E I 421) ist vermutlich als 9-Chlor-10-[naphthyl-(2)-amino]-8.11-dioxo-8.11-dihydro-7*H*-benzo[*c*]carbazol zu formulieren (*Buu-Hoi, Royer, Eckert*, R. **71** [1952] 1059, 1062; s. dagegen *Fierz-David, Brassel, Probst*, Helv. **22** [1939] 1348, 1355).

**3.6-Dichlor-2.5-di-*o*-anisidino-benzochinon-(1.4)**, *2,5-di-*o*-anisidino-3,6-dichloro-*p*-benzoquinone* $C_{20}H_{16}Cl_2N_2O_4$, Formel VI (R = $CH_3$, X = H), und Tautomere (E I 421).

*B.* Beim Erhitzen von Chloranil mit *o*-Anisidin und Natriumacetat in 1.2-Dichlorbenzol (*Fierz-David, Brassel, Probst*, Helv. **22** [1939] 1348, 1351; vgl. E I 421).

Schwarze Krystalle (*Fierz-D., Br., Pr.*).

Beim Erhitzen mit Aluminiumchlorid in Pyridin oder mit Nitrobenzol, auch unter Zusatz von Eisen(III)-chlorid, ist 6.13-Dichlor-benz[5.6][1.4]oxazino[2.3-*b*]phenoxazin erhalten worden (*Fierz-D., Br., Pr.*; s. a. *Gen. Aniline Works*, U.S.P. 2092387 [1933]; vgl. E I 421).

**3.6-Dichlor-2.5-bis-[3.5-dinitro-2-hydroxy-anilino]-benzochinon-(1.4)**, *2,5-dichloro-3,6-bis(2-hydroxy-3,5-dinitroanilino)-*p*-benzoquinone* $C_{18}H_8Cl_2N_6O_{12}$, Formel VI (R = H, X = $NO_2$), und Tautomere.

*B.* Beim Erwärmen von Chloranil mit Natrium-[4.6-dinitro-2-amino-phenolat] und Natriumacetat in wss. Äthanol (*Gen. Aniline Works*, U.S.P. 2020651 [1933], 2024525 [1934]).

Rotbraune Krystalle (aus Nitrobenzol), die unterhalb 300° nicht schmelzen.

**3.6-Dichlor-2.5-bis-acetamino-benzochinon-(1.4)**, N,N'-*(2,5-dichloro-3,6-dioxocyclohexa-1,4-diene-1,4-diyl)bisacetamide* $C_{10}H_8Cl_2N_2O_4$, Formel III (R = CO-$CH_3$, X = H), und Tautomere.

*B.* Beim Behandeln von 3.6-Dichlor-2.5-diamino-benzochinon-(1.4) mit Acetanhydrid und Schwefelsäure (*Fieser, Martin*, Am. Soc. **57** [1935] 1844, 1847).

Gelbe Krystalle (aus Eg. oder A.); F: 253—254°.

**3.6-Dichlor-2.5-bis-[äthoxycarbonylmethyl-amino]-benzochinon-(1.4), *N.N'*-[2.5-Dichlor-3.6-dioxo-cyclohexadien-(1.4)-diyl-(1.4)]-bis-glycin-diäthylester**, N,N'-*(2,5-dichloro-3,6-dioxocyclohexa-1,4-diene-1,4-diyl)bisglycine diethyl ester* $C_{14}H_{16}Cl_2N_2O_6$, Formel III (R = $CH_2$-CO-$OC_2H_5$, X = H), und Tautomere.

*B.* Beim Behandeln von Chloranil mit Glycin-äthylester-hydrochlorid und Natriumacetat in Äthanol und Dioxan (*Zeile, Oetzel*, Z. physiol. Chem. **284** [1949] 1, 10).

Rotgelbe Krystalle (aus $CHCl_3$); F: 202°.

**3.6-Dichlor-2.5-bis-[methyl-methoxycarbonylmethyl-amino]-benzochinon-(1.4), *N.N'*-[2.5-Dichlor-3.6-dioxo-cyclohexadien-(1.4)-diyl-(1.4)]-bis-sarkosin-dimethylester,** N,N'-*(2,5-dichloro-3,6-dioxocyclohexa-1,4-diene-1,4-diyl)bissarcosine dimethyl ester* $C_{14}H_{16}Cl_2N_2O_6$, Formel III (R = $CH_2$-CO-$OCH_3$, X = $CH_3$).

*B.* Beim Erwärmen von Chloranil mit Sarkosin-methylester-hydrochlorid und Natriumacetat in Methanol und Dioxan (*Zeile, Oetzel*, Z. physiol. Chem. **284** [1949] 1, 10).

Braunrote Krystalle (aus Me.); F: 153°.

**3.6-Dichlor-2.5-bis-[4-anilino-anilino]-benzochinon-(1.4),** *2,5-bis*(p-*anilinoanilino*)-*3,6-dichloro*-p-*benzoquinone* $C_{30}H_{22}Cl_2N_4O_2$, Formel VII (R = NH-$C_6H_5$, X = Cl), und Tautomere.

*B.* Aus Chloranil und *N*-Phenyl-*p*-phenylendiamin (*Gen. Aniline Works*, U.S.P. 2115311 [1934]).

Schwarzbraunes Pulver; F: ca. 300°.

**3.6-Dibrom-2.5-dianilino-benzochinon-(1.4),** *2,5-dianilino-3,6-dibromo*-p-*benzoquinone* $C_{18}H_{12}Br_2N_2O_2$, Formel VII (R = H, X = Br), und Tautomere (H 145).

*B.* Beim Erwärmen von Bromanil oder von 3.6-Dibrom-2.5-diphenoxy-benzochin-on-(1.4) mit Anilin in Äthanol (*Sprung*, Am. Soc. **56** [1934] 691; vgl. H 145).

Braunviolette Krystalle (aus Toluol); F: 261° [Zers.].

Beim Erwärmen mit wss.-äthanol. Natronlauge sind 2.5-Dianilino-3.6-dihydroxy-benzochinon-(1.4) und 2.5-Dianilino-3.6-dihydroxy-benzochinon-(1.4)-phenylimin erhalten worden.

**2.6-Diamino-benzochinon-(1.4)** $C_6H_6N_2O_2$.

**2.6-Bis-acetamino-benzochinon-(1.4),** N,N'-*(2,5-dioxocyclohexa-3,6-diene-1,3-diyl)bisacetamide* $C_{10}H_{10}N_2O_4$, Formel VIII (R = X = H), und Tautomeres (H 146).

*B.* Beim Behandeln von 2.6-Bis-acetamino-phenol mit Salpetersäure (*Heller*, J. pr. [2] **129** [1931] 211, 237). Aus 2.6-Bis-acetamino-hydrochinon beim Behandeln mit Eisen(III)-chlorid in Äthanol sowie beim Leiten von Luft durch eine mit Natriumcarbonat versetzte wss. Lösung (*He.*, l. c. S. 250).

Orangefarbene Krystalle (aus Eg.); F: 270° [Zers.].

Beim Behandeln mit Brom (Überschuss) in Essigsäure ist Hexabromaceton erhalten worden (*He.*, l. c. S. 251).

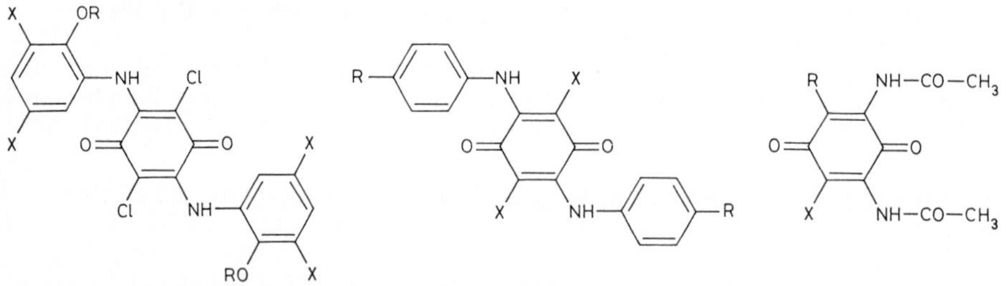

VI VII VIII

**3-Brom-2.6-bis-acetamino-benzochinon-(1.4),** N,N'-*(4-bromo-2,5-dioxocyclohexa-3,6-diene-1,3-diyl)bisacetamide* $C_{10}H_9BrN_2O_4$, Formel VIII (R = H, X = Br), und Tautomere.

*B.* Beim Erwärmen von 2.6-Bis-acetamino-benzochinon-(1.4) mit Brom (1 Mol) in Essigsäure (*Heller*, J. pr. [2] **129** [1931] 211, 250).

Rotbraune Krystalle (aus A.); F: 225°.

**3.5-Dibrom-2.6-bis-acetamino-benzochinon-(1.4),** N,N'-*(4,6-dibromo-2,5-dioxocyclohexa-3,6-diene-1,3-diyl)bisacetamide* $C_{10}H_8Br_2N_2O_4$, Formel VIII (R = X = Br), und Tautomeres.

*B.* Aus 2.6-Bis-acetamino-benzochinon-(1.4) und Brom [5 Mol] (*Heller*, J. pr. [2] **129** [1931] 211, 251).

Rotbraune Krystalle (aus W.); F: 201°.

**Triamino-benzochinon-(1.4)** $C_6H_7N_3O_2$.

**6-Nitro-3.5-dianilino-2-acetamino-benzochinon-(1.4), *N*-[5-Nitro-2.4-dianilino-3.6-dioxo-cyclohexadien-(1.4)-yl]-acetamid,** N-*(2,4-dianilino-5-nitro-3,6-dioxocyclohexa-1,4-dien-1-yl)acetamide* $C_{20}H_{16}N_4O_5$, Formel IX, und Tautomere.

Die Konstitution dieser von *Heller, Hemmer* (J. pr. [2] **129** [1931] 207, 210) als 5-Nitro-3.6-dianilino-2-acetamino-benzochinon-(1.4) angesehenen Verbindung ergibt sich aus ihrer genetischen Beziehung zu 2.6-Dinitro-hydrochinon, das von den Autoren irrtümlich als 2.5-Dinitro-hydrochinon formuliert wurde.

*B.* Beim Erwärmen von 5-Nitro-3-acetamino-2.6-dihydroxy-benzochinon-(1.4) mit Anilin in Äthanol (*He., He.*).

Blaue Krystalle (aus A.); Zers. oberhalb 260°.

IX X

**Tetraamino-benzochinon-(1.4)** $C_6H_8N_4O_2$.

**3.6-Dianilino-2.5-bis-acetamino-benzochinon-(1.4),** N,N'-*(2,5-dianilino-3,6-dioxocyclohexa-1,4-diene-1,4-diyl)bisacetamide* $C_{22}H_{20}N_4O_4$, Formel X, und Tautomere.

*B.* Beim Erwärmen von 3.6-Dichlor-2.5-bis-acetamino-benzochinon-(1.4) mit Anilin in Äthanol (*Fries, Reitz,* A. **527** [1937] 38, 59).

Violette Krystalle (aus A.); rötliche Krystalle (aus wss. Säuren) mit 3 Mol $H_2O$. Das Trihydrat wandelt sich beim Erwärmen mit Äthanol oder beim Erwärmen ohne Lösungsmittel auf 100° in violette Krystalle mit 0,5 Mol $H_2O$ um.

Beim Erhitzen ohne Lösungsmittel auf 260°, beim Erhitzen mit Essigsäure, Nitrobenzol oder Anilin sowie beim Erwärmen mit äthanol. Natronlauge ist 4.8-Dioxo-2.6-dimethyl-1.5-diphenyl-1.4.5.8-tetrahydro-benzo[1.2-*d*:4.5-*d'*]diimidazol erhalten worden.

### Amino-Derivate der Dioxo-Verbindungen $C_7H_6O_2$

**5-Amino-2-methyl-benzochinon-(1.4)** $C_7H_7NO_2$.

**5-Amino-2-methyl-benzochinon-(1.4)-1-*p*-tolylimin,** *2-amino-5-methyl-4-*(p-*tolylimino*)*cyclohexa-2,5-dien-1-one* $C_{14}H_{14}N_2O$, Formel XI, und **5-*p*-Toluidino-4-methyl-benzochinon-(1.2)-1-imin,** *6-imino-3-methyl-4-*p-*toluidinocyclohexa-2,4-dien-1-one* $C_{14}H_{14}N_2O$, Formel XII (H 147).

Rotbraune Krystalle (aus wss. A.); F: 149° (*Saunders, Mann,* Soc. **1940** 769, 772).

XI XII

**5-Amino-2-methyl-benzochinon-(1.4)-bis-*p*-tolylimin,** *2-amino-5-methyl-*p-*benzoquinone bis*(p-*tolylimine*) $C_{21}H_{21}N_3$, Formel XIII, und Tautomeres (H 147).

Rote Krystalle (aus A.); F: 236° (*Saunders, Mann,* Soc. **1940** 769, 771).

XIII XIV

**5-*o*-Toluidino-2-methyl-benzochinon-(1.4),** *2-methyl-5-*o-*toluidino-*p-*benzoquinone* $C_{14}H_{13}NO_2$, Formel XIV, und Tautomeres (H 148).

*B.* Beim Behandeln von Methyl-benzochinon-(1.4) mit *o*-Toluidin und wss. Essigsäure

(*Jacini*, G. **77** [1947] 252, 253).
Violettrote Krystalle (aus wss. A.); F: 148—150°.

**5-*p*-Toluidino-2-methyl-benzochinon-(1.4)-bis-*p*-tolylimin,** *2-methyl-5-*p*-toluidino-*p*-benzoquinone bis(*p*-tolylimine)* $C_{28}H_{27}N_3$, Formel I, und Tautomeres (H 148; E I 423).
Rote Krystalle (aus Bzl.); F: 183° (*Saunders, Mann*, Soc. **1940** 769, 772).

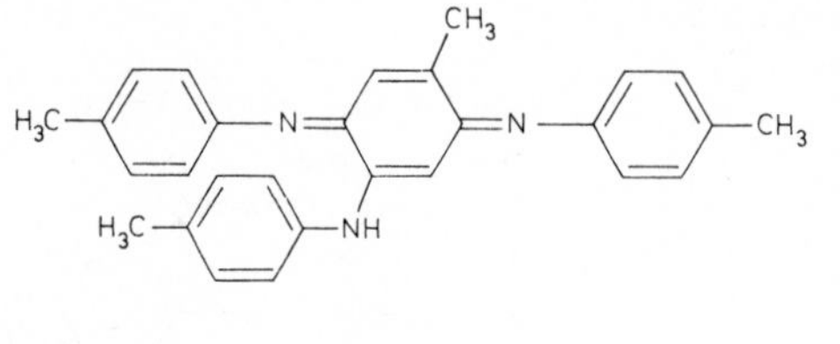

I 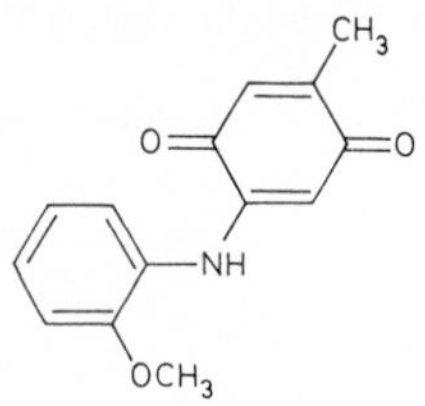 II

**5-*o*-Anisidino-2-methyl-benzochinon-(1.4),** *2-*o*-anisidino-5-methyl-*p*-benzoquinone* $C_{14}H_{13}NO_3$, Formel II, und Tautomeres.
*B.* Aus Methyl-benzochinon-(1.4) und *o*-Anisidin in wss. Essigsäure (*Jacini*, G. **77** [1947] 252, 253).
Dunkelrote Krystalle (aus wss. A.); F: 138°.

**5-Acetamino-2-methyl-benzochinon-(1.4)-1-[4-dimethylamino-phenylimin], *N*-[6-Oxo-3-(4-dimethylamino-phenylimino)-4-methyl-cyclohexadien-(1.4)-yl]-acetamid,** *N-{3-[*p*-(dimethylamino)phenylimino]-4-methyl-6-oxocyclohexa-1,4-dien-1-yl}acetamide* $C_{17}H_{19}N_3O_2$, Formel III, und **5-[4-Dimethylamino-anilino]-4-methyl-benzochinon-(1.2)-1-acetylimin, *N*-[3-(4-Dimethylamino-anilino)-6-oxo-4-methyl-cyclohexadien-(2.4)-yliden]-acetamid,** *N-{3-[*p*-(dimethylamino)anilino]-4-methyl-6-oxocyclohexa-2,4-dien-1-ylidene}acetamide* $C_{17}H_{19}N_3O_2$, Formel IV.
*B.* Beim Behandeln von 4-Chlor-6-acetamino-3-methyl-phenol mit *N.N*-Dimethyl-*p*-phenylendiamin-hydrochlorid, Silberchlorid und Natriumcarbonat in wss. Äthanol (*Vittum, Brown*, Am. Soc. **69** [1947] 152, 153).
Bronzefarbene Krystalle (aus Butanol-(1)); F: 207—208° [Block]. Absorptionsmaxima von Lösungen in Butylacetat, Methanol und wss. Aceton: *Vi., Br.*

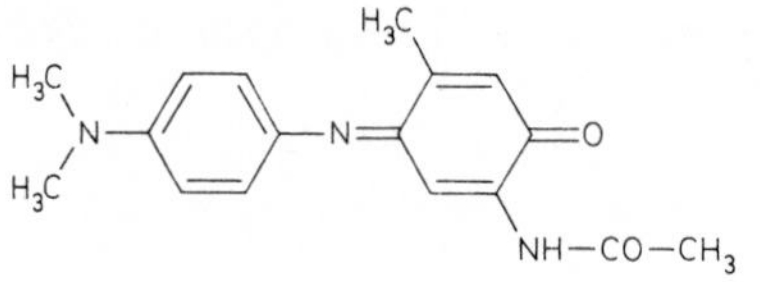

III 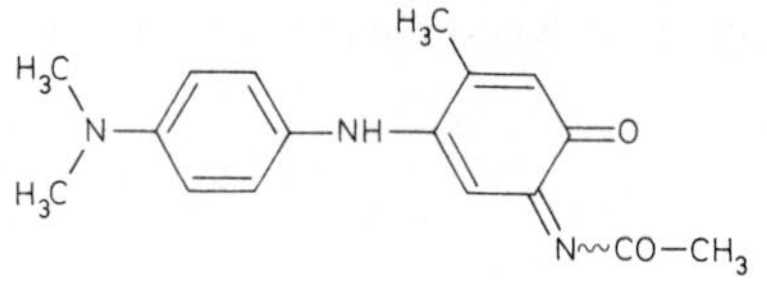 IV

**6-Amino-2-methyl-benzochinon-(1.4)** $C_7H_7NO_2$.

**6-[2-Nitro-anilino]-2-methyl-benzochinon-(1.4),** *2-methyl-6-(*o*-nitroanilino)-*p*-benzoquinone* $C_{13}H_{10}N_2O_4$, Formel V, und Tautomeres (vgl. H 149).
*B.* Beim Erhitzen von Methyl-benzochinon-(1.4) mit 2-Nitro-anilin und Essigsäure (*Sanz Burata*, Rev. Acad. Cienc. exact. fis. nat. Madrid **49** [1955] 23, 90; vgl. H 149).
Rote Krystalle (aus A.); F: 163—164°.
Beim Erwärmen mit Ammoniumhydrogensulfid in Äthanol ist nicht 1.4-Dioxo-2-methyl-1.4-dihydro-phenazin (vgl. H 149), sondern eine als 4-Amino-1-hydroxy-2(oder 3)-methyl-5.10-dihydro-phenazin angesehene Verbindung (F: ca. 230°) erhalten worden.

**3.6-Diamino-2-methyl-benzochinon-(1.4)** $C_7H_8N_2O_2$.

**3.6-Bis-methylamino-2-methyl-benzochinon-(1.4),** *3-methyl-2,5-bis(methylamino)-*p*-benzoquinone* $C_9H_{12}N_2O_2$, Formel VI (R = $CH_3$), und Tautomere (H 150).
*B.* Beim Behandeln von 6-Methoxy-2-methyl-benzochinon-(1.4), von 3-Methoxy-2-methyl-benzochinon-(1.4) oder von 3.6-Dimethoxy-2-methyl-benzochinon-(1.4) mit Methylamin in Äthanol (*Anslow, Raistrick*, Soc. **1939** 1446, 1450, 1451).
Braunrote Krystalle (aus A.); F: 231°.

V VI VII

**3.6-Dianilino-2-methyl-benzochinon-(1.4)**, *2,5-dianilino-3-methyl-*p*-benzoquinone* $C_{19}H_{16}N_2O_2$, Formel VI (R = $C_6H_5$), und Tautomere (H 150; E I 424; E II 88).

Braune Krystalle (aus A.); F: 235° (*Martynoff*, *Tsatsas*, Bl. **1947** 52, 56).

**5-Chlor-3.6-bis-[naphthyl-(2)-amino]-2-methyl-benzochinon-(1.4)**, *2-chloro-5-methyl-3,6-bis(2-naphthylamino)-*p*-benzoquinone* $C_{27}H_{19}ClN_2O_2$, Formel VII, und Tautomere.

*B*. Beim Erwärmen von Trichlor-methyl-benzochinon-(1.4) mit Naphthyl-(2)-amin in Äthanol (*Buu-Hoi*, Bl. [5] **11** [1944] 578, 583).

Violette Krystalle, die unterhalb 320° nicht schmelzen.

## Amino-Derivate der Dioxo-Verbindungen $C_8H_8O_2$

**3-Amino-2.5-dimethyl-benzochinon-(1.4)** $C_8H_9NO_2$.

**3-Acetamino-2.5-dimethyl-benzochinon-(1.4)-1-[4-dimethylamino-phenylimin], *N*-[6-Oxo-3-(4-dimethylamino-phenylimino)-2.5-dimethyl-cyclohexadien-(1.4)-yl]-acetamid**, *N-{3-[*p*-(dimethylamino)phenylimino]-2,5-dimethyl-6-oxocyclohexa-1,4-dien-1-yl}acetamide* $C_{18}H_{21}N_3O_2$, Formel VIII, und **4-[4-Dimethylamino-anilino]-3.6-dimeth=yl-benzochinon-(1.2)-2-acetylimin, *N*-[3-(4-Dimethylamino-anilino)-6-oxo-2.5-dimeth=yl-cyclohexadien-(2.4)-yliden]-acetamid**, *N-{3-[*p*-(dimethylamino)anilino]-2,5-dimethyl-6-oxocyclohexa-2,4-dien-1-ylidene}acetamide* $C_{18}H_{21}N_3O_2$, Formel IX.

*B*. Beim Behandeln von 4-Chlor-6-acetamino-2.5-dimethyl-phenol mit *N.N*-Dimethyl-*p*-phenylendiamin-hydrochlorid, Silberchlorid und Natriumcarbonat in wss. Äthanol (*Vittum*, *Brown*, Am. Soc. **69** [1947] 152, 153).

Purpurrote Krystalle (aus $CCl_4$); F: 182–183° [Block]. Absorptionsmaxima von Lösungen in Butylacetat, Methanol, wss. Aceton und Cyclohexan: *Vi.*, *Br.*

VIII IX

## Amino-Derivate der Dioxo-Verbindungen $C_9H_{10}O_2$

**Amino-trimethyl-benzochinon-(1.4)**, *aminotrimethyl-*p*-benzoquinone* $C_9H_{11}NO_2$, Formel X, und Tautomeres.

*B*. Aus Nitro-trimethyl-benzochinon-(1.4) beim Erwärmen mit Natriumdithionit und wss.-äthanol. Ammoniak und Behandeln des Reaktionsprodukts mit Eisen(III)-chlorid in Äthanol sowie beim Hydrieren an Platin in Essigsäure und anschliessenden Durchleiten von Luft (*Smith*, *Cutler*, J. org. Chem. **14** [1949] 732, 733, 738, 740, 743).

Rote Krystalle (aus Bzl.); F: 169,5–171,5° (*Sm.*, *Cu.*, l. c. S. 743).

Beim Behandeln mit der Natrium-Verbindung des Malonsäure-diäthylesters in Dioxan ist 7-Amino-6-hydroxy-2-oxo-5.8-dimethyl-2*H*-chromen-carbonsäure-(3)-äthylester erhalten worden (*Sm.*, *Cu.*, l. c. S. 743).

## Amino-Derivate der Dioxo-Verbindungen $C_{16}H_{24}O_2$

**3.6-Diamino-2-methyl-5-nonyl-benzochinon-(1.4)** $C_{16}H_{26}N_2O_2$.

**3.6-Bis-methylamino-2-methyl-5-nonyl-benzochinon-(1.4)**, *2-methyl-3,6-bis(methyl=amino)-5-nonyl-*p*-benzoquinone* $C_{18}H_{30}N_2O_2$, Formel XI (n = 7), und Tautomere.

*B*. Aus 2-Methyl-5-nonyl-benzochinon-(1.4) und Methylamin in Äthanol (*Hasan*,

*Stedman*, Soc. **1931** 2112, 2119).
Violette Krystalle (aus A.); F: 167°.

## Amino-Derivate der Dioxo-Verbindungen $C_{17}H_{26}O_2$

**3.6-Diamino-2-undecyl-benzochinon-(1.4)** $C_{17}H_{28}N_2O_2$.

**3.6-Bis-methylamino-2-undecyl-benzochinon-(1.4)**, *2,5-bis(methylamino)-3-undecyl-p-benzoquinone* $C_{19}H_{32}N_2O_2$, Formel XII (n = 9), und Tautomere (vgl. E II **8** 453; dort als Embelin-bis-methylimid bezeichnet).

*B.* Beim Behandeln von Undecyl-benzochinon-(1.4) (*Asano, Hase*, J. pharm. Soc. Japan **60** [1940] 650, 656; engl. Ref. **61** [1941] 1, 4; C. A. **1942** 82) oder von 6-Methoxy-2-undecyl-benzochinon-(1.4) (*Asano, Yamaguti*, J. pharm. Soc. Japan **60** [1940] 105, 114; dtsch. Ref. S. 34, 38; C. A. **1940** 5069) mit Methylamin in Äthanol.

Orangerote Krystalle (aus E.), F: 167—168° (*Rao, Venkateswarlu*, Tetrahedron **20** [1964] 969; violette Krystalle, F: 147—148° (*As., Ya.*); purpurrote Krystalle (aus A.); F: 145—148° (*As., Hase*).

## Amino-Derivate der Dioxo-Verbindungen $C_{18}H_{28}O_2$

**3.6-Diamino-2-dodecyl-benzochinon-(1.4)** $C_{18}H_{30}N_2O_2$.

**3.6-Bis-methylamino-2-dodecyl-benzochinon-(1.4)**, *3-dodecyl-2,5-bis(methylamino)-p-benzoquinone* $C_{20}H_{34}N_2O_2$, Formel XII (n = 10), und Tautomere.

*B.* Beim Behandeln von Dodecyl-benzochinon-(1.4) (*Hasan, Stedman*, Soc. **1931** 2112, 2122; *Asano, Hase*, J. pharm. Soc. Japan **60** [1940] 650, 654; engl. Ref. **61** [1941] 1, 3; C. A. **1942** 82) oder von 6-Methoxy-2-dodecyl-benzochinon-(1.4) (*Asano, Yamaguti*, J. pharm. Soc. Japan **60** [1940] 105, 112; dtsch. Ref. S. 34, 36; C. A. **1940** 5069) mit Methylamin in Äthanol.

Violette Krystalle; F: 146—148° (*As., Hase*), 147° [aus A.] (*Ha., St.*; *As., Ya.*).

**3.6-Diamino-2-methyl-5-undecyl-benzochinon-(1.4)** $C_{18}H_{30}N_2O_2$.

**3.6-Bis-methylamino-2-methyl-5-undecyl-benzochinon-(1.4)**, *2-methyl-3,6-bis(methylamino)-5-undecyl-p-benzoquinone* $C_{20}H_{34}N_2O_2$, Formel XI (n = 9), und Tautomere.

*B.* Aus 2-Methyl-5-undecyl-benzochinon-(1.4) und Methylamin in Äthanol (*Hasan, Stedman*, Soc. **1931** 2112, 2121).

Violette Krystalle (aus A.); F: 158°.

X XI XII

## Amino-Derivate der Dioxo-Verbindungen $C_{19}H_{30}O_2$

**3.6-Diamino-2-tridecyl-benzochinon-(1.4)** $C_{19}H_{32}N_2O_2$.

**3.6-Bis-methylamino-2-tridecyl-benzochinon-(1.4)**, *2,5-bis(methylamino)-3-tridecyl-p-benzoquinone* $C_{21}H_{36}N_2O_2$, Formel XII (n = 11), und Tautomere.

*B.* Aus 6-Methoxy-2-tridecyl-benzochinon-(1.4) und Methylamin in Äthanol (*Asano, Yamaguti*, J. pharm. Soc. Japan **60** [1940] 585; 591; engl. Ref. S. 237, 242; C. A. **1942** 81).

Purpurrote Krystalle; F: 141—142°.

## Amino-Derivate der Dioxo-Verbindungen $C_{20}H_{32}O_2$

**3.6-Diamino-2-tetradecyl-benzochinon-(1.4)** $C_{20}H_{34}N_2O_2$.

**3.6-Bis-methylamino-2-tetradecyl-benzochinon-(1.4)**, *2,5-bis(methylamino)-3-tetradecyl-p-benzoquinone* $C_{22}H_{38}N_2O_2$, Formel XII (n = 12), und Tautomere.

*B.* Aus 6-Methoxy-2-tetradecyl-benzochinon-(1.4) und Methylamin in Äthanol (*Asano, Yamaguti*, J. pharm. Soc. Japan **60** [1940] 585, 589; engl. Ref. S. 237, 241; C. A. **1942** 81).

Purpurrote Krystalle (aus A.); F: 143°.

Amino-Derivate der Dioxo-Verbindungen $C_{22}H_{36}O_2$

**3.6-Diamino-2-hexadecyl-benzochinon-(1.4)** $C_{22}H_{38}N_2O_2$.

**3.6-Bis-methylamino-2-hexadecyl-benzochinon-(1.4)**, *3-hexadecyl-2,5-bis(methylamino)-*p*-benzoquinone* $C_{24}H_{42}N_2O_2$, Formel XII (n = 14), und Tautomere.

*B.* Aus Hexadecyl-benzochinon-(1.4) und Methylamin in Äthanol (*Asano, Hase,* J. pharm. Soc. Japan **60** [1940] 650, 658; engl. Ref. **61** [1941] 1, 5; C. A. **1942** 82).

Purpurrote Krystalle (aus A.); F: 140°.

Amino-Derivate der Dioxo-Verbindungen $C_{24}H_{40}O_2$

**3.6-Diamino-2-octadecyl-benzochinon-(1.4)** $C_{24}H_{42}N_2O_2$.

**3.6-Bis-methylamino-2-octadecyl-benzochinon-(1.4)**, *2,5-bis(methylamino)-3-octadecyl-*p*-benzoquinone* $C_{26}H_{46}N_2O_2$, Formel XII (n = 16), und Tautomere.

*B.* Aus Octadecyl-benzochinon-(1.4) und Methylamin in Äthanol (*Asano, Hase,* J. pharm. Soc. Japan **60** [1940] 650, 659; engl. Ref. **61** [1941] 1, 6; C. A. **1942** 82).

Purpurrote Krystalle (aus A.); F: 138—140°.

Amino-Derivate der Dioxo-Verbindungen $C_{25}H_{42}O_2$

**3.6-Diamino-2-nonadecyl-benzochinon-(1.4)** $C_{25}H_{44}N_2O_2$.

**3.6-Bis-methylamino-2-nonadecyl-benzochinon-(1.4)**, *2,5-bis(methylamino)-3-nonadecyl-*p*-benzoquinone* $C_{27}H_{48}N_2O_2$, Formel XII (n = 17), und Tautomere.

*B.* Aus 6-Methoxy-2-nonadecyl-benzochinon-(1.4) und Methylamin in Äthanol (*Hiramoto,* J. pharm. Soc. Japan **62** [1942] 460, 463; C. A. **1951** 4673).

Violette Krystalle (aus A.); F: 138,5°.

Amino-Derivate der Dioxo-Verbindungen $C_{26}H_{44}O_2$

**3.6-Diamino-2-eicosyl-benzochinon-(1.4)** $C_{26}H_{46}N_2O_2$.

**3.6-Bis-methylamino-2-eicosyl-benzochinon-(1.4)**, *3-eicosyl-2,5-bis(methylamino)-*p*-benzoquinone* $C_{28}H_{50}N_2O_2$, Formel XII (n = 18), und Tautomere.

*B.* Aus 6-Methoxy-2-eicosyl-benzochinon-(1.4) und Methylamin in Äthanol (*Hiramoto,* J. pharm. Soc. Japan **62** [1942] 460, 463; C. A. **1951** 4673).

Violette Krystalle (aus A.); F: 137,2°.

**3.6-Diamino-2-methyl-5-nonadecyl-benzochinon-(1.4)** $C_{26}H_{46}N_2O_2$.

**3.6-Bis-methylamino-2-methyl-5-nonadecyl-benzochinon-(1.4)**, *2-methyl-3,6-bis(methylamino)-5-nonadecyl-*p*-benzoquinone* $C_{28}H_{50}N_2O_2$, Formel XI (n = 17), und Tautomere.

*B.* Aus 3-Methoxy-2-methyl-5-nonadecyl-benzochinon-(1.4) und Methylamin in Äthanol (*Hiramoto,* J. pharm. Soc. Japan **62** [1942] 464; C. A. **1951** 4673).

Violette Krystalle (aus A.); F: 146,5°.

## Amino-Derivate der Dioxo-Verbindungen $C_nH_{2n-10}O_2$

Amino-Derivate der Dioxo-Verbindungen $C_8H_6O_2$

**[2-Amino-phenyl]-glyoxal** $C_8H_7NO_2$.

**2-Diazo-1-[4-chlor-2-*p*-anisidino-phenyl]-äthanon-(1)**, 4-Chlor-2-*p*-anisidino-ω-diazo-acetophenon, *2'-*p*-anisidino-4'-chloro-2-diazoacetophenone* $C_{15}H_{12}ClN_3O_2$, Formel I.

*B.* Aus 4-Chlor-2-*p*-anisidino-benzoylchlorid und Diazomethan in Äther (*Perrine, Sargent,* J. org. Chem. **14** [1949] 583, 590).

Gelbe Krystalle (aus Ae.); F: 106—107,5° [unkorr.; Zers.].

**4.6-Diamino-isophthalaldehyd,** *4,6-diaminoisophthalaldehyde* $C_8H_8N_2O_2$, Formel II (R = X = H).

*B.* Beim Erwärmen von 4.6-Dinitro-isophthalaldehyd mit Eisen(II)-sulfat und wss.-äthanol. Ammoniak (*Ruggli, Hindermann,* Helv. **20** [1937] 272, 279).

Krystalle (aus W.); F: 208° (*Ru., Hi.*).

Überführung in 5-Nitroso-4.6-diamino-isophthalaldehyd durch Behandlung mit wss. Salzsäure und Natriumnitrit: *Ruggli, Frey*, Helv. **22** [1939] 1403, 1407. Beim Behandeln mit Nitroacetaldehyd-oxim (E III **1** 2678) und wss. Salzsäure ist eine orangegelbe Verbindung $C_{16}H_{14}N_6O_5$ (Zers. bei 290°) erhalten worden (*Ruggli, Frey*, Helv **22** [1939] 1413, 1418). Reaktion mit Cyclohexanon in Gegenwart von Piperidin unter Bildung von 1.2.3.4.8.9.10.11-Octahydro-chino[3.2-*b*]acridin: *Ru., Frey*, l. c. S. 1424. Bildung von 2.8-Diphenyl-pyrido[3.2-*g*]chinolin beim Erwärmen mit Acetophenon und methanol. Kalilauge: *Ru., Hi.*, l. c. S. 281. Bildung von 2.8-Dimethyl-3.7-diacetyl-pyrido[3.2-*g*]chinolin beim Erhitzen mit Pentandion-(2.4) und Piperidin auf 180°: *Ruggli, Hindermann, Frey*, Helv. **21** [1938] 1066, 1075. Reaktion mit der Natrium-Verbindung des Malonaldehydsäure-äthylesters in Äthanol unter Bildung von 4.6-Diamino-1.3-bis-[3-oxo-2-äthoxycarbonyl-propenyl]-benzol (F: 250° [Zers.]) und geringen Mengen Pyrido[3.2-*g*]chinolin-dicarbonsäure-(3.7) ($C_{14}H_8N_2O_4$; identifiziert durch Überführung in Pyrido[3.2-*g*]chinolin): *Ru., Frey*, l. c. S. 1416, 1424. Bildung einer Verbindung $C_{13}H_{14}N_2O_5$ (hellgelbe Krystalle [aus A.]; F: 154—157° und [nach Wiedererstarren] F: 195—200° [Zers.]) beim Erhitzen mit Malonsäure-diäthylester in Xylol in Gegenwart von Piperidin: *Ru., Hi., Frey*, l. c. S. 1074. Beim Behandeln mit Acetessigsäure-äthylester und äthanol. Natronlauge ist 2.8-Dimethyl-pyrido[3.2-*g*]chinolin-dicarbonsäure-(3.7)-diäthylester (*Ru., Hi.*, l. c. S. 282), beim Erhitzen mit Acetessigsäure-äthylester unter Zusatz von Piperidin ist 7-Amino-2-hydroxy-3-acetyl-chinolin-carbaldehyd-(6) (*Ru., Frey*, l. c. S. 1415, 1423) erhalten worden. Über eine beim Erwärmen mit Phenylacetonitril und wss.-äthanol. Natronlauge erhaltene Verbindung $C_{24}H_{18}N_4$ (hellgelbe Krystalle [aus A.], F: 301°; Tetraacetyl-Derivat $C_{32}H_{26}N_4O_4$; hellgelbe Krystalle [aus A.], F: 238,5—239,5° [Zers.]), die sich durch Erhitzen mit wss. Salzsäure auf 140° in eine Verbindung $C_{24}H_{18}N_2O_3$ (Krystalle [aus Eg. oder Anisol]; F: 364°; Acetyl-Derivat, F: 365°) hat überführen lassen, s. *Ru., Frey*, l. c. S. 1425—1427.

Mono-phenylhydrazon $C_{14}H_{14}N_4O$ (grüngelbe Krystalle [aus A.]; F: 275—276° [Zers.]) und Bis-phenylhydrazon $C_{20}H_{20}N_6$ (gelb; Zers. bei 337°): *Ru., Hi.*, l. c. S. 280.

Dioxim $C_8H_{10}N_4O_2$. Krystalle (aus W.); F: 219—220° [nach Verfärbung bei 210°) (*Ru., Hi.*, l. c. S. 280).

Disemicarbazon $C_{10}H_{14}N_8O_2$. Gelbe Krystalle; Zers. oberhalb 360° (*Ru., Hi.*, l. c. S. 280).

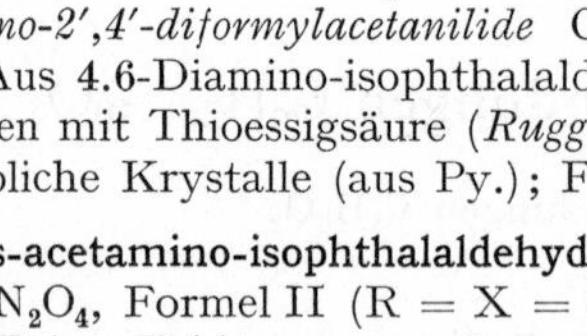

I 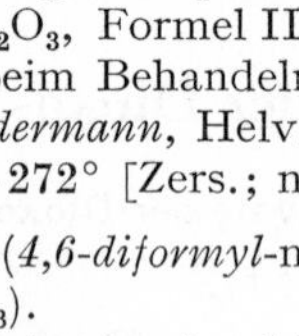 II 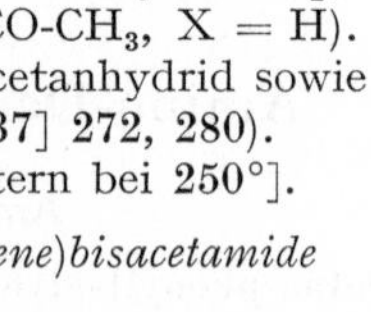 III

**6-Amino-4-acetamino-isophthalaldehyd, Essigsäure-[5-amino-2.4-diformyl-anilid],** *5'-amino-2',4'-diformylacetanilide* $C_{10}H_{10}N_2O_3$, Formel II (R = CO-CH$_3$, X = H).

*B.* Aus 4.6-Diamino-isophthalaldehyd beim Behandeln mit Acetanhydrid sowie beim Erhitzen mit Thioessigsäure (*Ruggli, Hindermann*, Helv. **20** [1937] 272, 280).

Gelbliche Krystalle (aus Py.); F: 270—272° [Zers.; nach Sintern bei 250°].

**4.6-Bis-acetamino-isophthalaldehyd,** N,N'-*(4,6-diformyl-*m*-phenylene)bisacetamide* $C_{12}H_{12}N_2O_4$, Formel II (R = X = CO-CH$_3$).

*B.* Beim Erhitzen von 6-Amino-4-acetamino-isophthalaldehyd mit Acetanhydrid (*Ruggli, Hindermann*, Helv. **20** [1937] 272, 281).

Krystalle (aus Py.); F: 280—282° [Zers.; nach Sintern bei 270°].

**4.5.6-Triamino-isophthalaldehyd,** *4,5,6-triaminoisophthalaldehyde* $C_8H_9N_3O_2$, Formel III (R = H).

*B.* Beim Behandeln von 5-Nitroso-4.6-diamino-isophthalaldehyd mit Zinn(II)-chlorid und wss. Salzsäure (*Ruggli, Frey*, Helv. **22** [1939] 1403, 1408).

Gelbliche Krystalle (aus W.); F: 200,5° [Zers.].

Bildung von 10-Amino-2.8-diphenyl-pyrido[3.2-*g*]chinolin beim Erwärmen mit Acetophenon und methanol. Kalilauge: *Ru., Frey*, l. c. S. 1410. Beim Behandeln mit Acetessigsäure-äthylester in Äthanol unter Zusatz von methanol. Natronlauge sind 10-Amino-

2.8-dimethyl-pyrido[3.2-*g*]chinolin-dicarbonsäure-(3.7)-diäthylester und geringe Mengen 3-[2.6-Diamino-3.5-diformyl-phenylimino]-buttersäure-äthylester (s. u.) erhalten worden.
Dioxim $C_8H_{11}N_5O_2$. Krystalle (aus W.), die bei ca. 254° sintern.

**4.6-Diamino-5-benzylidenamino-isophthalaldehyd,** *4,6-diamino-5-(benzylideneamino)iso⸗phthalaldehyde* $C_{15}H_{13}N_3O_2$, Formel IV (R = $C_6H_5$, X = H).
*B.* Aus 4.5.6-Triamino-isophthalaldehyd und Benzaldehyd (*Ruggli, Frey,* Helv. **22** [1939] 1403, 1409).
Gelbe Krystalle (aus A.); F: 156° [rote Schmelze; nach Sintern bei 154°].

**4.6-Diamino-5-acetamino-isophthalaldehyd, Essigsäure-[2.6-diamino-3.5-diformyl-anilid],** *2′,6′-diamino-3′,5′-diformylacetanilide* $C_{10}H_{11}N_3O_3$, Formel III (R = CO-$CH_3$).
*B.* Aus 5-Nitroso-4.6-diamino-isophthalaldehyd bei der Hydrierung an Raney-Nickel in Acetanhydrid (*Ruggli, Frey,* Helv. **22** [1939] 1403, 1409). Aus 4.5.6-Triamino-iso⸗phthalaldehyd und Acetanhydrid (*Ru., Frey*).
Krystalle (aus Eg. + A. oder aus W.); F: 293° [nach Rotfärbung bei 285°].

**3-[2.6-Diamino-3.5-diformyl-phenylimino]-buttersäure-äthylester,** *3-(2,6-diamino-3,5-di⸗formylphenylimino)butyric acid ethyl ester* $C_{14}H_{17}N_3O_4$, Formel IV (R = $CH_2$-CO-$OC_2H_5$, X = $CH_3$), und **3-[2.6-Diamino-3.5-diformyl-anilino]-crotonsäure-äthylester,** *3-(2,6-di⸗amino-3,5-diformylanilino)crotonic acid ethyl ester* $C_{14}H_{17}N_3O_4$, Formel III (R = C($CH_3$)=CH-CO-$OC_2H_5$).
*B.* In geringer Menge neben 10-Amino-2.8-dimethyl-pyrido[3.2-*g*]chinolin-dicarbon⸗säure-(3.7)-diäthylester beim Behandeln von 4.5.6-Triamino-isophthalaldehyd mit Acet⸗essigsäure-äthylester in Äthanol unter Zusatz von methanol. Natronlauge (*Ruggli, Frey,* Helv. **22** [1939] 1403, 1411).
Gelbliche Krystalle (aus A.); F: 201,5°.

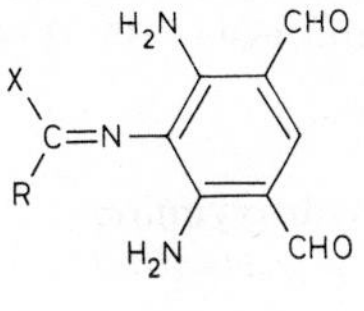

IV 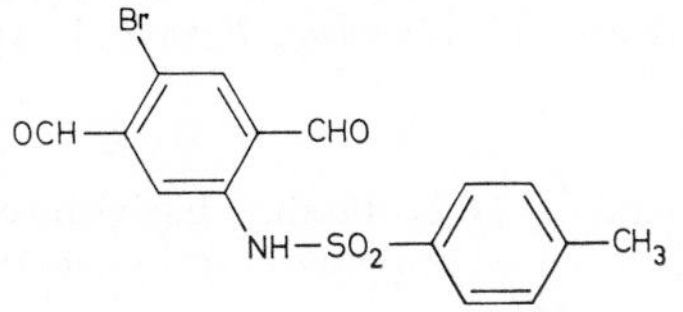 V 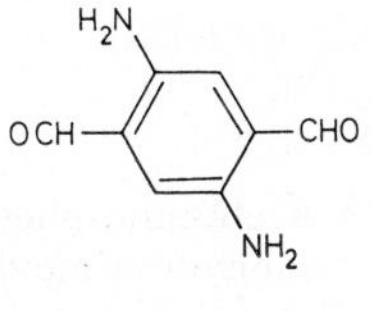 VI

**2-Amino-terephthalaldehyd** $C_8H_7NO_2$.

**5-Brom-2-[toluol-sulfonyl-(4)-amino]-terephthalaldehyd, Toluol-sulfonsäure-(4)-[4-brom-2.5-diformyl-anilid],** *4′-bromo-2′,5′-diformyl-*p*-toluenesulfonanilide* $C_{15}H_{12}BrNO_4S$, Formel V.
*B.* Neben 2.5-Bis-[toluol-sulfonyl-(4)-amino]-terephthalaldehyd beim Erhitzen von 2.5-Dibrom-terephthalaldehyd mit Toluolsulfonamid-(4), Kupfer-Pulver, Kupfer(I)-bromid und Kaliumcarbonat in Nitrobenzol auf 150° (*Ruggli, Brandt,* Helv. **27** [1944] 274, 286).
Gelbe Krystalle (aus Eg.); F: 183—185° [unkorr.].

**2.5-Diamino-terephthalaldehyd,** *2,5-diaminoterephthalaldehyde* $C_8H_8N_2O_2$, Formel VI.
*B.* Aus 2.5-Bis-[toluol-sulfonyl-(4)-amino]-terephthalaldehyd beim Behandeln mit Schwefelsäure (*I.G. Farbenind.,* D.R.P. 521724 [1929]; Frdl. **17** 561).
Gelbe Krystalle (aus Trichlorbenzol), die unterhalb 300° nicht schmelzen.

**2.5-Bis-[toluol-sulfonyl-(4)-amino]-terephthalaldehyd,** N,N′-*(2,5-diformyl-*p*-phenylene)⸗bis-*p*-toluenesulfonamide* $C_{22}H_{20}N_2O_6S_2$, Formel VII.
*B.* Beim Erhitzen von 2.5-Dichlor-terephthalaldehyd mit Toluolsulfonamid-(4), Kupfer-Pulver, Kupfer(I)-chlorid und Kaliumcarbonat in Nitrobenzol (*I.G. Farbenind.,* D.R.P. 521724 [1929]; Frdl. **17** 561). Neben 5-Brom-2-[toluol-sulfonyl-(4)-amino]-terephthal⸗aldehyd beim Erhitzen von 2.5-Dibrom-terephthalaldehyd mit Toluolsulfonamid-(4), Kupfer-Pulver, Kupfer(I)-bromid und Kaliumcarbonat in Nitrobenzol auf 150° (*Ruggli, Brandt,* Helv. **27** [1944] 274, 286).
Gelbe Krystalle (aus Nitrobenzol); F: 241—243° [unkorr.; Zers.] (*Ru., Br.*).
Beim Erwärmen mit Acetessigsäure-äthylester unter Zusatz von Piperidin ist 2.5-Bis-[toluol-sulfonyl-(4)-amino]-1.4-bis-[3-oxo-2-äthoxycarbonyl-buten-(1)-yl-(*c*?)]-benzol (F:

216—217° [Zers.]), beim Erhitzen mit Acetophenon auf 190° ist 2.7-Diphenyl-pyrido[2.3-*g*]chinolin erhalten worden (*Ru.*, *Br.*, l. c. S. 287, 291).

VII VIII

**2.5-Bis-[toluol-sulfonyl-(4)-amino]-terephthalaldehyd-bis-phenylimin,** N,N'-[*2,5-bis(*N*-phenylformimidoyl)-*p*-phenylene]bis-*p*-toluenesulfonamide* $C_{34}H_{30}N_4O_4S_2$, Formel VIII.

*B.* Aus 2.5-Bis-[toluol-sulfonyl-(4)-amino]-terephthalaldehyd und Anilin (*Ruggli, Brandt*, Helv. **27** [1944] 274, 287).

Gelbe Krystalle (aus Anilin); F: 297° [unkorr.; Zers.].

## Amino-Derivate der Dioxo-Verbindungen $C_9H_8O_2$

**1-[4-Amino-phenyl]-propandion-(1.2)** $C_9H_9NO_2$.

**2-Hydroxyimino-1-[4-acetamino-phenyl]-propanon-(1), Essigsäure-[4-(2-hydroxyimino-propionyl)-anilid],** *4'-[2-(hydroxyimino)propionyl]acetanilide* $C_{11}H_{12}N_2O_3$, Formel IX (X = O).

*B.* Aus 1-[4-Acetamino-phenyl]-propanon-(1) beim Behandeln mit Butylnitrit in Äther unter Einleiten von Chlorwasserstoff (*Hartung, Foster*, J. Am. pharm. Assoc. **35** [1946] 15, 17).

F: 219°.

**1-[4-Acetamino-phenyl]-propandion-(1.2)-dioxim, Essigsäure-[4-(2-hydroxyimino-propionohydroximoyl)-anilid],** *4'-[2-(hydroxyimino)propionohydroximoyl]acetanilide* $C_{11}H_{13}N_3O_3$, Formel IX (X = NOH).

*B.* Aus 2-Hydroxyimino-1-[4-acetamino-phenyl]-propanon-(1) und Hydroxylamin in schwach alkal. Lösung (*Hartung, Foster*, J. Am. pharm. Assoc. **35** [1946] 15, 17).

F: 225°.

IX X

**2-Hydroxyimino-1-[4-benzamino-phenyl]-propanon-(1), Benzoesäure-[4-(2-hydroxyimino-propionyl)-anilid],** *4'-[2-(hydroxyimino)propionyl]benzanilide* $C_{16}H_{14}N_2O_3$, Formel X (X = O).

*B.* Aus 1-[4-Benzamino-phenyl]-propanon-(1) (H 59) beim Behandeln mit Butylnitrit in Äthanol unter Einleiten von Chlorwasserstoff (*Hartung, Foster*, J. Am. pharm. Assoc. **35** [1946] 15, 17).

F: 209° [Zers.].

**1-[4-Benzamino-phenyl]-propandion-(1.2)-dioxim, Benzoesäure-[4-(2-hydroxyimino-propionohydroximoyl)-anilid],** *4'-[2-(hydroxyimino)propionohydroximoyl]benzanilide* $C_{16}H_{15}N_3O_3$, Formel X (X = NOH).

*B.* Aus 2-Hydroxyimino-1-[4-benzamino-phenyl]-propanon-(1) und Hydroxylamin in schwach alkal. Lösung (*Hartung, Foster*, J. Am. pharm. Assoc. **35** [1946] 15, 17).

F: 245°.

## Amino-Derivate der Dioxo-Verbindungen $C_{10}H_{10}O_2$

**2-Amino-1.3-diacetyl-benzol, 2.6-Diacetyl-anilin,** *2,6-diacetylaniline* $C_{10}H_{11}NO_2$, Formel XI (R = H).

*B.* Aus 2-Nitro-1.3-bis-bromacetyl-benzol beim Erhitzen mit Zinn(II)-chlorid und wss. Salzsäure (*Isensee, Christensen,* Am. Soc. **70** [1948] 4061).
Krystalle (aus W.); F: 143—145°.

**Essigsäure-[2.6-diacetyl-anilid],** *2',6'-diacetylacetanilide* $C_{12}H_{13}NO_3$, Formel XI (R = CO-$CH_3$).
*B.* Aus 2.6-Diacetyl-anilin und Acetanhydrid (*Isensee, Christensen,* Am. Soc. **70** [1948] 4061).
Hellgelbe Krystalle (aus Bzn.); F: 101—103°.

**4.6-Diamino-1.3-diacetyl-benzol, 4.6-Diacetyl-*m*-phenylendiamin,** *4,6-diacetyl-*m*-phenylenediamine* $C_{10}H_{12}N_2O_2$, Formel XII (R = X = H).
*B.* Aus 4.6-Bis-chloracetyl-*m*-phenylendiamin beim Erwärmen mit Zink und Essigsäure (*Ruggli, Reichwein,* Helv. **20** [1937] 905, 911).
Krystalle (aus A.); F: 234—235° [Zers.].
Beim Erhitzen mit Acetophenon und methanol. Kalilauge auf 110° ist 4.6-Dimethyl-2.8-diphenyl-pyrido[3.2-*g*]chinolin, beim Erhitzen mit Pentandion-(2.4) und Piperidin auf 230° ist 2.4.6.8-Tetramethyl-3.7-diacetyl-pyrido[3.2-*g*]chinolin erhalten worden. Bildung von 4.6-Dimethyl-3.7-diacetyl-pyrido[3.2-*g*]chinolindiol-(2.8) beim Erhitzen mit Acetessigsäure-äthylester in Xylol: *Ru., Rei.,* l. c. S. 912.
Über ein Diacetyl-Derivat (Zers. bei 240—245° [nicht rein erhalten]) s. *Ru., Rei.,* l. c. S. 912.

XI XII XIII

**4.6-Diamino-1.3-bis-chloracetyl-benzol, 4.6-Bis-chloracetyl-*m*-phenylendiamin,** *4,6-bis(chloroacetyl)-*m*-phenylenediamine* $C_{10}H_{10}Cl_2N_2O_2$, Formel XII (R = H, X = Cl).
*B.* Aus 4.6-Dinitro-1.3-bis-chloracetyl-benzol beim Behandeln mit Kupfer-Pulver und Schwefelsäure bei 60° (*Ruggli, Reichwein,* Helv. **20** [1937] 905, 910).
Krystalle (aus Acn.); Zers. bei 170—190° (bei langsamem Erhitzen) bzw. bei ca. 200° (bei schnellem Erhitzen).

**4.6-Bis-acetamino-1.3-bis-chloracetyl-benzol, *N.N'*-Diacetyl-4.6-bis-chloracetyl-*m*-phenylendiamin,** N,N'-*[4,6-bis(chloroacetyl)-*m*-phenylene]bisacetamide* $C_{14}H_{14}Cl_2N_2O_4$, Formel XII (R = CO-$CH_3$, X = Cl).
*B.* Aus 4.6-Bis-chloracetyl-*m*-phenylendiamin und Acetanhydrid (*Ruggli, Reichwein,* Helv. **20** [1937] 905, 911).
Krystalle (aus Xylol); F: 175—176° [Zers.].

**4.6-Diamino-1.3-bis-jodacetyl-benzol, 4.6-Bis-jodacetyl-*m*-phenylendiamin,** *4,6-bis(iodoacetyl)-*m*-phenylenediamine* $C_{10}H_{10}I_2N_2O_2$, Formel XII (R = H, X = I).
*B.* Aus 4.6-Bis-chloracetyl-*m*-phenylendiamin beim Erwärmen mit Natriumjodid in Aceton (*Ruggli, Reichwein,* Helv. **20** [1947] 905, 911).
Gelbliche Krystalle (aus Xylol oder Anisol); Zers. bei 165—170°.

**2-Amino-1.4-diacetyl-benzol, 2.5-Diacetyl-anilin,** *2,5-diacetylaniline* $C_{10}H_{11}NO_2$, Formel XIII (R = H).
*B.* Aus 2-Nitro-1.4-diacetyl-benzol beim Erwärmen mit Zinn(II)-chlorid und wss. Salzsäure (*Christensen, Graham, Griffith,* Am. Soc. **67** [1945] 2001).
Gelbe Krystalle (aus W.); F: 125° (*Ch., Gr., Gr.*).
Beim Behandeln mit verd. wss. Salzsäure und Natriumnitrit und Erhitzen der Reaktionslösung ist 2.5-Diacetyl-phenol, bei Anwendung von konz. wss. Salzsäure ist 4-Hydroxy-7-acetyl-cinnolin erhalten worden (*Schofield, Theobald,* Soc. **1949** 2404, 2405, 2407).

**Essigsäure-[2.5-diacetyl-anilid],** *2',5'-diacetylacetanilide* $C_{12}H_{13}NO_3$, Formel XIII (R = CO-$CH_3$).
*B.* Beim Behandeln von 2.5-Diacetyl-anilin mit Acetanhydrid und Pyridin (*Christensen, Graham, Griffith,* Am. Soc. **67** [1945] 2001).

Krystalle; F: 103° [aus W.] (*Ch.*, *Gr.*, *Gr.*), 103° [aus A.] (*Gaudion*, *Hook*, *Plant*, Soc. **1947** 1631, 1633).

Beim Erhitzen mit äthanol. Ammoniak auf 105° ist 2.4-Dimethyl-7-acetyl-chinazolin erhalten worden (*Ch.*, *Gr.*, *Gr.*).

**1.4-Diglycyl-benzol** $C_{10}H_{12}N_2O_2$.

**1.4-Bis-[*N*-phenyl-glycyl]-benzol,** *1,4-bis*(N-*phenylglycyl*)*benzene* $C_{22}H_{20}N_2O_2$, Formel XIV.

*B.* Aus 1.4-Bis-jodacetyl-benzol und Anilin in Äthanol (*Ruggli*, *Gassenmeier*, Helv. **22** [1939] 496, 504).

Hellgelbe Krystalle (aus $CHCl_3$); Zers. oberhalb 200°.

**2-Amino-5.6.7.8-tetrahydro-naphthochinon-(1.4),** *2-amino-5,6,7,8-tetrahydro-1,4-naphthoquinone* $C_{10}H_{11}NO_2$, Formel XV (R = X = H), und Tautomeres.

*B.* Beim Hydrieren von 2-Acetamino-naphthochinon-(1.4) an Platin in Essigsäure bei 50°, anschliessenden Erhitzen mit wss. Salzsäure und Leiten von Luft durch die mit wss. Ammoniak versetzte Reaktionslösung (*Skita*, *Rohrmann*, B. **63** [1930] 1473, 1484).

Rote Krystalle (aus wss. A.); F: ca. 139—140°.

**2-Anilino-5.6.7.8-tetrahydro-naphthochinon-(1.4),** *2-anilino-5,6,7,8-tetrahydro-1,4-naphthoquinone* $C_{16}H_{15}NO_2$, Formel XV (R = $C_6H_5$, X = H), und Tautomeres (H 154).

*B.* Beim Erwärmen von 5.6.7.8-Tetrahydro-naphthochinon-(1.4) mit Anilin in Äthanol (*Skita*, *Rohrmann*, B. **63** [1930] 1473, 1480).

Rote Krystalle (aus A.); F: 164—165°.

NH—CH₂—CO—C₆H₄—CO—CH₂—NH (XIV); O, NH—R, X, O (XV)

XIV XV

**2-Acetamino-5.6.7.8-tetrahydro-naphthochinon-(1.4),** ***N*-[1.4-Dioxo-1.4.5.6.7.8-hexahydro-naphthyl-(2)]-acetamid,** N-(*1,4-dioxo-1,4,5,6,7,8-hexahydro-2-naphthyl*)*acetamide* $C_{12}H_{13}NO_3$, Formel XV (R = CO-$CH_3$, X = H), und Tautomeres.

*B.* Bei der Hydrierung von 2-Acetamino-naphthochinon-(1.4) an Platin in Essigsäure bei 50° und Behandlung des Reaktionsprodukts mit Eisen(III)-chlorid in wss. Äthanol (*Skita*, *Rohrmann*, B. **63** [1930] 1473, 1483).

Rötlichgelbe Krystalle (aus A. oder wss. Eg.); F: 124—128°.

Beim Erhitzen mit Zink, Acetanhydrid und Natriumacetat ist eine Verbindung $C_{16}H_{19}NO_5$ (Krystalle [aus wss. A.]; F: 106—107°) erhalten worden, die sich durch Behandlung mit wss.-äthanol. Salzsäure in 6-Acetamino-5.8-diacetoxy-1.2.3.4-tetrahydronaphthalin hat überführen lassen.

**3-Chlor-2-anilino-5.6.7.8-tetrahydro-naphthochinon-(1.4),** *2-anilino-3-chloro-5,6,7,8-tetrahydro-1,4-naphthoquinone* $C_{16}H_{14}ClNO_2$, Formel XV (R = $C_6H_5$, X = Cl), und Tautomeres.

*B.* Aus *cis*(?)-2.3-Dichlor-2.3.5.6.7.8-hexahydro-naphthochinon-(1.4) (E III **6** 5044) und Anilin in Benzol (*Skita*, *Rohrmann*, B. **63** [1930] 1473, 1481). Beim Erwärmen von 2-Chlor-5.6.7.8-tetrahydro-naphthochinon-(1.4) mit Anilin in Äthanol (*Sk.*, *Ro.*).

Violette Krystalle (aus A.); F: 175,5—176°.

## Amino-Derivate der Dioxo-Verbindungen $C_{11}H_{12}O_2$

**2-Aminomethyl-1-phenyl-butandion-(1.3)** $C_{11}H_{13}NO_2$ und Tautomere.

**(±)-2-Benzaminomethyl-1-phenyl-butandion-(1.3), (±)-*N*-[3-Oxo-3-phenyl-2-acetyl-propyl]-benzamid,** (±)-N-(*2-benzoyl-3-oxobutyl*)*benzamide* $C_{18}H_{17}NO_3$, Formel I, und tautomere H y d r o x y - 2 - b e n z a m i n o m e t h y l - 1 - p h e n y l - b u t e n o n e.

*B.* Aus 1-Phenyl-butandion-(1.3) und *N*-Hydroxymethyl-benzamid in Äthanol (*Monti*, G. **60** [1930] 39, 41).

Krystalle (aus $CCl_4$); F: 108—109°.

I II

### Amino-Derivate der Dioxo-Verbindungen $C_{12}H_{14}O_2$

**1-Oxo-1-[4-amino-phenyl]-hexanal-(6)** $C_{12}H_{15}NO_2$.

**1-Oxo-1-[4-acetamino-phenyl]-hexanal-(6), Essigsäure-[4-(6-oxo-hexanoyl)-anilid],** *4'-(6-oxohexanoyl)acetanilide* $C_{14}H_{17}NO_3$, Formel II.

*B.* Aus Essigsäure-[4-(cyclohexen-(1)-yl)-anilid] mit Hilfe von Ozon (*v. Braun*, A. **507** [1933] 14, 29).

F: 89—92°. Wenig beständig.

**1.4-Dialanyl-benzol** $C_{12}H_{16}N_2O_2$.

**1.4-Bis-[*N*-methyl-alanyl]-benzol,** *1,4-bis(N-methylalanyl)benzene* $C_{14}H_{20}N_2O_2$, Formel III.

Ein als Dihydrochlorid $C_{14}H_{20}N_2O_2 \cdot 2HCl$ (Krystalle [aus Me. + Ae.]; Zers. oberhalb 320°) isoliertes opt.-inakt. Aminoketon dieser Konstitution ist beim Behandeln von opt.-inakt. 1.4-Bis-[2-brom-propionyl]-benzol (F: 109—110°) mit Methylamin in Benzol erhalten und durch Hydrierung des Dihydrochlorids an Platin in Äthanol in 1.4-Bis-[2-methylamino-1-hydroxy-propyl]-benzol-dihydrochlorid (F: 285—287°) übergeführt worden (*Wilson, Chang*, Am. Soc. **62** [1940] 287).

III IV

### Amino-Derivate der Dioxo-Verbindungen $C_{13}H_{16}O_2$

**2-Amino-2-*p*-tolyl-hexandion-(4.5)** $C_{13}H_{17}NO_2$.

**(±)-4-Imino-3-methylimino-1-methyl-1-*p*-tolyl-pentylamin, (±)-2-Amino-2-*p*-tolyl-hexandion-(4.5)-5-imin-4-methylimin,** *(±)-α-[3-imino-2-(methylimino)butyl]-4,α-dimethylbenzylamine* $C_{14}H_{21}N_3$, Formel IV (X = H), und Tautomere.

(±)-2-Amino-2-*p*-tolyl-hexandion-(4.5)-5-jodomagnesioimin-4-methylimin $C_{14}H_{20}IMgN_3$, Formel IV (X = MgI). Diese Konstitution wird einer beim Behandeln von 4-Oxo-2-methylimino-4-*p*-tolyl-butyronitril (E III **10** 3553) mit Methylmagnesiumjodid in Äther und anschliessend mit wss. Ammoniumchlorid-Lösung erhaltenen Verbindung (Krystalle [aus A.]; F: 197°) zugeschrieben (*Mumm, Hornhardt*, B. **70** [1937] 1930, 1942).

# Amino-Derivate der Dioxo-Verbindungen $C_nH_{2n-12}O_2$

### Amino-Derivate der Dioxo-Verbindungen $C_9H_6O_2$

**2-Amino-indandion-(1.3)** $C_9H_7NO_2$ und Tautomeres.

**2-Anilino-indandion-(1.3),** *2-anilinoindan-1,3-dione* $C_{15}H_{11}NO_2$, Formel V, und Tautomeres (2-Anilino-3-hydroxy-indenon-(1)).

*B.* Beim Erhitzen von 3-Brommethylen-phthalid mit Anilin und Pyridin (*de Diesbach, Moser*, Helv. **20** [1937] 132, 141).

Gelbe Krystalle (aus wss. Me.); F: 215°.

Beim Behandeln mit wss. Essigsäure ist 2-Anilinoacetyl-benzoesäure erhalten worden.

**[1.3-Dioxo-indanyl-(2)]-[1.3-dioxo-indanyliden-(2)]-amin,** *2,2'-nitrilodiindan-1,3-dione* $C_{18}H_9NO_4$, Formel VI, und Tautomeres (2-[3-Hydroxy-1-oxo-indenyl-(2)-imino]-indandion-(1.3)) (E I 425; dort als 2-[1.3-Dioxo-hydrindyliden-(2)-amino]-1.3-dioxo-hydrinden bezeichnet).

Absorptionsspektrum (320—650 mμ; W.): *Gysling, Schwarzenbach*, Helv. **32** [1949] 1484, 1492, 1494; Absorptionsspektrum des Natrium-Salzes (400—700 mμ; wss. Propan-ol-(1)): *Moore, Stein*, J. biol. Chem. **176** [1948] 367, 382.

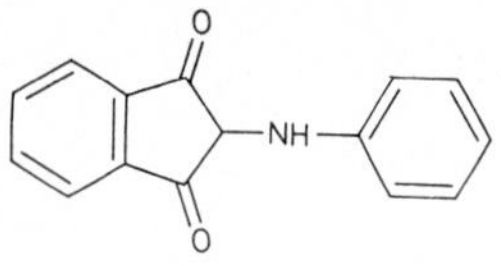

V 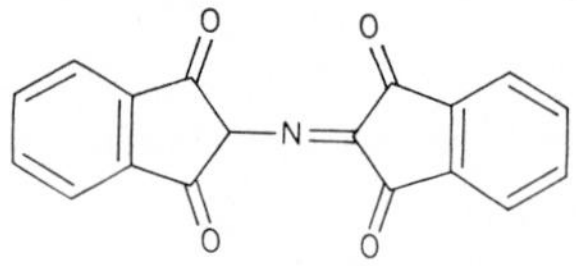 VI 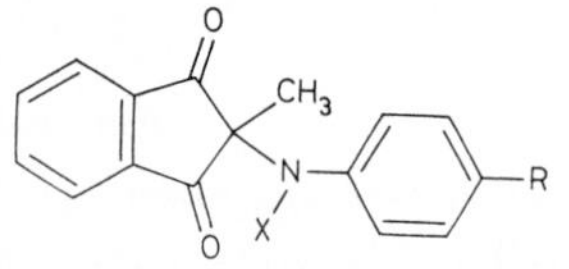 VII

## Amino-Derivate der Dioxo-Verbindungen $C_{10}H_8O_2$

**2-Amino-2-methyl-indandion-(1.3)** $C_{10}H_9NO_2$.

**2-Anilino-2-methyl-indandion-(1.3)**, *2-anilino-2-methylindan-1,3-dione* $C_{16}H_{13}NO_2$, Formel VII (R = X = H).

*B.* Beim Erhitzen von 2-Chlor-2-methyl-indandion-(1.3) mit Anilin (*Wanag, Walbe*, B. **69** [1936] 1054, 1060).

Gelbe Krystalle (aus A.); F: 190° (*Wanag, Walbe*, B. **69** 1060).

Beim Erwärmen mit methanol. Natriummethylat ist 1.4-Dioxo-3-methyl-2-phenyl-1.2.3.4-tetrahydro-isochinolin erhalten worden (*Wanag, Walbe*, B. **71** [1938] 1448, 1455).

**2-*p*-Toluidino-2-methyl-indandion-(1.3)**, *2-methyl-2-*p*-toluidinoindan-1,3-dione* $C_{17}H_{15}NO_2$, Formel VII (R = $CH_3$, X = H).

*B.* Beim Erwärmen von 2-Brom-2-methyl-indandion-(1.3) mit *p*-Toluidin in Äthanol (*Wanag, Walbe*, B. **71** [1938] 1448, 1456).

Orangegelbe Krystalle (aus A.); F: 163°.

**2-*p*-Anisidino-2-methyl-indandion-(1.3)**, *2-*p*-anisidino-2-methylindan-1,3-dione* $C_{17}H_{15}NO_3$, Formel VII (R = $OCH_3$, X = H).

*B.* Aus 2-Brom-2-methyl-indandion-(1.3) und *p*-Anisidin in Äthanol (*Wanag, Walbe*, B. **71** [1938] 1448, 1456).

Gelblichrote Krystalle (aus A.); F: 131°.

**2-[*N*-Nitroso-*p*-toluidino]-2-methyl-indandion-(1.3)**, *2-methyl-2-(*N*-nitroso-*p*-toluidino)-indan-1,3-dione* $C_{17}H_{14}N_2O_3$, Formel VII (R = $CH_3$, X = NO).

*B.* Aus 2-*p*-Toluidino-2-methyl-indandion-(1.3) beim Erwärmen mit wss.-äthanol. Salzsäure und Natriumnitrit (*Wanag, Walbe*, B. **71** [1938] 1448, 1456).

Grünliche Krystalle (aus A.); F: 183°.

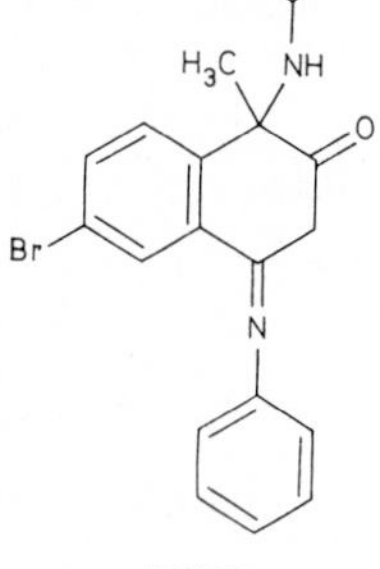

VIII 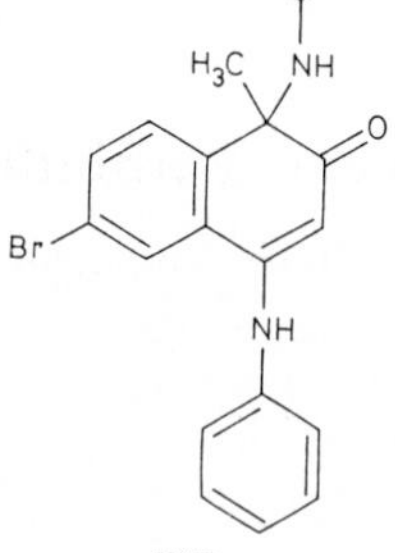 IX 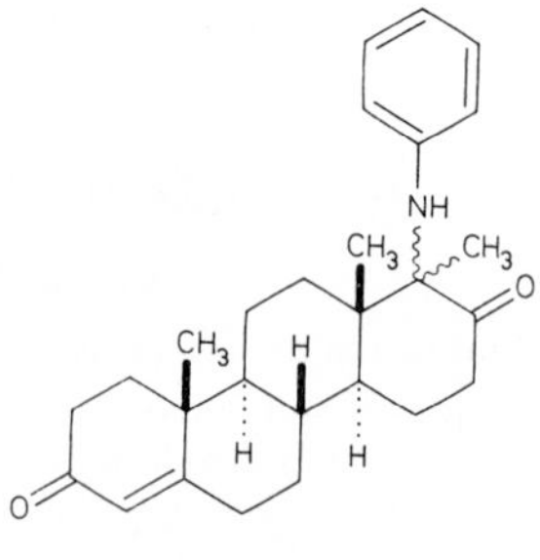 X

## Amino-Derivate der Dioxo-Verbindungen $C_{11}H_{10}O_2$

**1-Amino-2.4-dioxo-1-methyl-1.2.3.4-tetrahydro-naphthalin** $C_{11}H_{11}NO_2$ und Tautomeres.

**(±)-6-Brom-1-anilino-2-oxo-4-phenylimino-1-methyl-1.2.3.4-tetrahydro-naphthalin**, (±)-6-Brom-1-anilino-4-phenylimino-1-methyl-3.4-dihydro-1*H*-naphth-alinon-(2), (±)-*1-anilino-6-bromo-1-methyl-4-(phenylimino)-3,4-dihydronaphthalen-*

*2*(1H)-*one* $C_{23}H_{19}BrN_2O$, Formel VIII, und **(±)-6-Brom-1.4-dianilino-2-oxo-1-methyl-1.2-dihydro-naphthalin,** (±)-6-Brom-1.4-dianilino-1-methyl-1*H*-naphthalin-on-(2), (±)-*1,4-dianilino-6-bromo-1-methylnaphthalen-2*(1H)*one* $C_{23}H_{19}BrN_2O$, Formel IX.

Eine als (±)-6-Brom-1.4-dianilino-2-oxo-1-methyl-1.2-dihydronaphthalin beschriebene Verbindung (gelbe Krystalle [aus A. oder Xylol]; F: 250° [Zers.]) ist beim Erwärmen von (±)-1.4.6-Tribrom-2-oxo-1-methyl-1.2-dihydro-naphthalin mit Anilin erhalten worden (*Fries, Schimmelschmidt*, A. **484** [1930] 245, 291).

### Amino-Derivate der Dioxo-Verbindungen $C_{21}H_{30}O_2$

**1-Amino-2.8-dioxo-1.10a.12a-trimethyl-1.2.3.4.4a.4b.5.6.8.9.10.10a.10b.11.12.12a-hexadecahydro-chrysen** $C_{21}H_{31}NO_2$.

**1-Anilino-2.8-dioxo-1.10a.12a-trimethyl-$\Delta^{6a}$-hexadecahydro-chrysen** $C_{27}H_{35}NO_2$.

**17a$\xi$-Anilino-17a$\xi$-methyl-*D*-homo-androsten-(4)-dion-(3.17), 20-Anilino-20$\xi$*H*-13(17→20)-abeo-pregnen-(4)-dion-(3.17),** *17a$\xi$-anilino-17a$\xi$-methyl-*D*-homo-androst-4-ene-3,17-dione* $C_{27}H_{35}NO_2$, Formel X.

Eine Verbindung (Krystalle [aus A.]; F: 221—223° [korr.; evakuierte Kapillare]; $[\alpha]_D$: —19° [$CHCl_3$; c = 1]), der vermutlich diese Konstitution zukommt, ist beim Erwärmen einer vermutlich als 17a$\xi$-Anilino-3$\beta$-hydroxy-17a$\xi$-methyl-*D*-homo-androst-en-(5)-on-(17) (F: 148°; $[\alpha]_D$: —197,5° [$CHCl_3$]) zu formulierenden Verbindung (s. diesbezüglich *Shoppee, Prins*, Helv. **26** [1943] 201, 202, 213) mit Aluminium-*tert*-butylat, Aceton und Benzol erhalten worden (*Goldberg, Aeschbacher*, Helv. **22** [1939] 1188).

## Amino-Derivate der Dioxo-Verbindungen $C_nH_{2n-14}O_2$

### Amino-Derivate der Dioxo-Verbindungen $C_{10}H_6O_2$

**5-Amino-naphthochinon-(1.2)** $C_{10}H_7NO_2$.

**5-Acetamino-naphthochinon-(1.2)-2-oxim, *N*-[5-Oxo-6-hydroxyimino-5.6-dihydro-naphthyl-(1)]-acetamid,** N-[*6-(hydroxyimino)-5-oxo-5,6-dihydro-1-naphthyl*]*acetamide* $C_{12}H_{10}N_2O_3$, Formel I (R = CO-$CH_3$), und **2-Nitroso-5-acetamino-naphthol-(1), *N*-[6-Nitroso-5-hydroxy-naphthyl-(1)]-acetamid,** N-(*5-hydroxy-6-nitroso-1-naphthyl*)*acetamide* $C_{12}H_{10}N_2O_3$, Formel II (R = CO-$CH_3$).

*B.* Aus 5-Acetamino-naphthol-(1) beim Behandeln mit wss. Essigsäure und Natrium-nitrit (*Ėfroš, Poraĭ-Koschiz, Poraĭ-Koschiz*, Ž. obšč. Chim. **17** [1947] 1801, 1803; C. A. **1948** 5869).

Gelbe Krystalle (aus wss. Eg.); F: ca. 200° [Zers.].

Beim Erwärmen mit Phenylhydrazin in Äthanol ist 2-Amino-5-acetamino-naphthol-(1), beim Erwärmen mit Phenylhydrazin in Essigsäure ist 5.5'-Bis-acetamino-1.1'-dihydroxy-[2.2']azonaphthalin (F: 248—250° [Zers.]) erhalten worden. Reaktion mit *o*-Phenylen-diamin in Essigsäure unter Bildung von 4-Acetamino-benzo[*a*]phenazin: *Ėf., Po.-Ko., Po.-Ko.*, l. c. S. 1804.

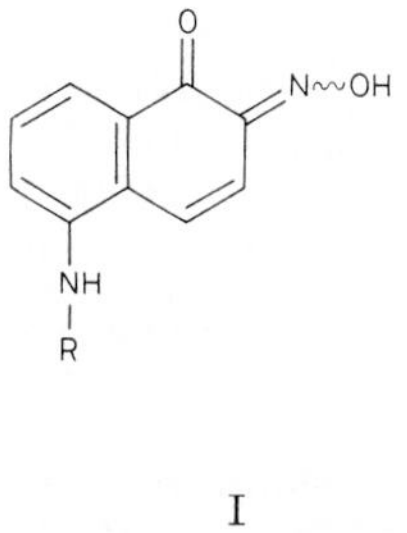

I 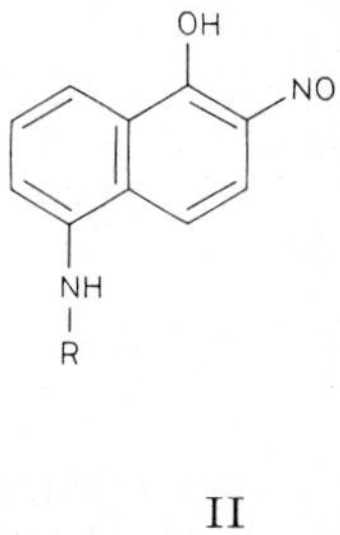 II 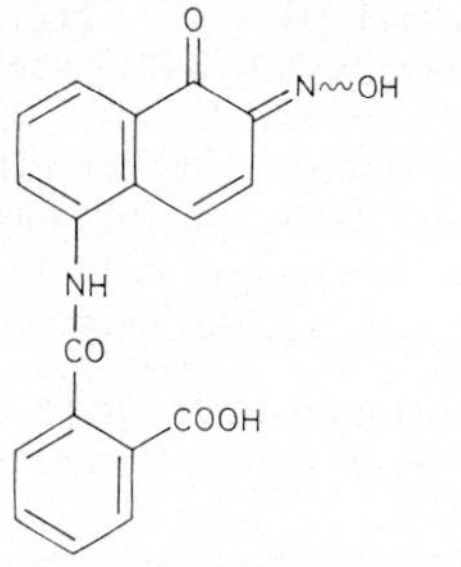 III 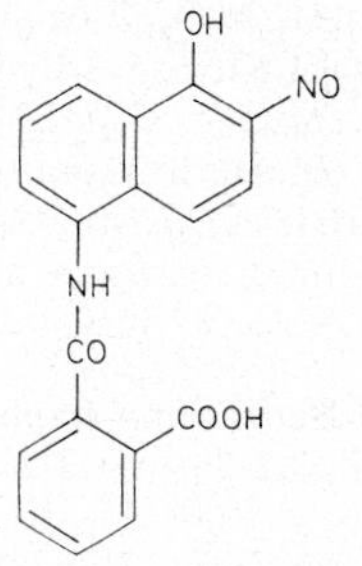 IV

***N*-[5-Oxo-6-hydroxyimino-5.6-dihydro-naphthyl-(1)]-phthalamidsäure,** N-[*6-(hydroxy-imino)-5-oxo-5,6-dihydro-1-naphthyl*]*phthalamic acid* $C_{18}H_{12}N_2O_5$, Formel III, und ***N*-[6-Nitroso-5-hydroxy-naphthyl-(1)]-phthalamidsäure,** N-(*5-hydroxy-6-nitroso-1-naphthyl*)*phthalamic acid* $C_{18}H_{12}N_2O_5$, Formel IV.

Eine gelbbraune Verbindung (F: 226—227°), der vermutlich diese Konstitution zukommt, ist beim Behandeln von *N*-[5-Hydroxy-naphthyl-(1)]-phthalamidsäure mit wss. Essigsäure und Natriumnitrit erhalten worden (*Poraĭ-Koschiz, Poraĭ-Koschiz, Perekalin,* Ž. obšč. Chim. **17** [1947] 1758, 1763; C. A. **1948** 5867).

**4-Amino-naphthochinon-(1.2)** $C_{10}H_7NO_2$ s. E III **8** 2547.

**4-Amino-naphthochinon-(1.2)-1-imin** $C_{10}H_8N_2O$ s. E III **8** 2549.

**4-Amino-naphthochinon-(1.2)-1-oxim** $C_{10}H_8N_2O_2$ s. E III **8** 2550.

**4-Benzamino-naphthochinon-(1.2)** $C_{17}H_{11}NO_3$ s. E III **9** 1110.

**4-Benzamino-naphthochinon-(1.2)-2-oxim, *N*-[4-Oxo-3-hydroxyimino-3.4-dihydro-naphthyl-(1)]-benzamid,** N-[*3-(hydroxyimino)-4-oxo-3,4-dihydro-1-naphthyl*]*benzamide* $C_{17}H_{12}N_2O_3$, Formel V (R = CO-$C_6H_5$), und **2-Nitroso-4-benzamino-naphthol-(1), *N*-[3-Nitroso-4-hydroxy-naphthyl-(1)]-benzamid,** N-(*4-hydroxy-3-nitroso-1-naphthyl*)*benzamide* $C_{17}H_{12}N_2O_3$, Formel VI (R = CO-$C_6H_5$).

*B.* Aus 4-Benzamino-naphthochinon-(1.2) (E III **9** 1110) beim Erwärmen mit Hydroxylamin-hydrochlorid in Äthanol (*Goldstein, Genton,* Helv. **20** [1937] 1413, 1416). Aus 4-Benzamino-naphthol-(1) beim Behandeln mit wss. Schwefelsäure und Natriumnitrit (*Go., Ge.,* l. c. S. 1415).

Gelbe Krystalle (aus Me.); F: 189° [korr.; Zers.].

**4-[Toluol-sulfonyl-(4)-amino]-naphthochinon-(1.2)** $C_{17}H_{13}NO_4S$ s. E III **11** 275.

**3-Amino-naphthochinon-(1.2)** $C_{10}H_7NO_2$.

**3-Acetamino-naphthochinon-(1.2), *N*-[3.4-Dioxo-3.4-dihydro-naphthyl-(2)]-acetamid,** N-(*3,4-dioxo-3,4-dihydro-2-naphthyl*)*acetamide* $C_{12}H_9NO_3$, Formel VII (R = CO-$CH_3$, X = H) (H 155; E I 426).

*B.* Beim Behandeln von 1-Amino-3-acetamino-naphthol-(2)-hydrochlorid mit Natriumdichromat und wss. Schwefelsäure (*Goldstein, Gardiol,* Helv. **20** [1937] 647, 649).

Violette Krystalle (aus Bzl. + A.); F: 221° [korr.] (*Go., Ga.*). Redoxpotential: *Fieser, Fieser,* Am. Soc. **57** [1935] 491.

O, N~OH, NH, R — V; OH, NO, NH, R — VI; O, O, NH—R, X — VII

V VI VII

**3-Acetamino-naphthochinon-(1.2)-1-oxim, *N*-[3-Oxo-4-hydroxyimino-3.4-dihydro-naphthyl-(2)]-acetamid,** N-[*4-(hydroxyimino)-3-oxo-3,4-dihydro-2-naphthyl*]*acetamide* $C_{12}H_{10}N_2O_3$, Formel VIII (R = CO-$CH_3$), und **1-Nitroso-3-acetamino-naphthol-(2), *N*-[4-Nitroso-3-hydroxy-naphthyl-(2)]-acetamid,** N-(*3-hydroxy-4-nitroso-2-naphthyl*)*acetamide* $C_{12}H_{10}N_2O_3$, Formel IX (R = CO-$CH_3$).

*B.* Aus 3-Acetamino-naphthol-(2) beim Behandeln mit wss. Schwefelsäure und Natriumnitrit (*Goldstein, Gardiol,* Helv. **20** [1937] 647, 649). Aus 3-Acetamino-naphthochinon-(1.2) beim Erwärmen mit Hydroxylamin-hydrochlorid in Äthanol (*Go., Ga.,* l. c. S. 650).

Violette Krystalle (aus A.), die beim Trocknen rot werden; F: 193° [korr.; Zers.].

**3-Benzamino-naphthochinon-(1.2), *N*-[3.4-Dioxo-3.4-dihydro-naphthyl-(2)]-benzamid,** N-(*3,4-dioxo-3,4-dihydro-2-naphthyl*)*benzamide* $C_{17}H_{11}NO_3$, Formel VII (R = CO-$C_6H_5$, X = H).

*B.* Beim Behandeln von 1-Amino-3-benzamino-naphthol-(2)-hydrochlorid mit Eisen(III)-chlorid und wss. Salzsäure (*Goldstein, Genton,* Helv. **21** [1938] 56, 59).

Violette Krystalle; F: 199° [korr.; Zers.].

Überführung in 4-Chlor-3-benzamino-naphthalindiol-(1.2) durch Behandlung mit wss. Salzsäure und Essigsäure: *Go., Ge.,* l. c. S. 60. Beim Erwärmen mit Anilin in Äthanol und anschliessenden Durchleiten von Luft ist 4-Anilino-3-benzamino-naphthochinon-(1.2) (S. 639) erhalten worden (*Go., Ge.,* l. c. S. 61).

**3-Benzamino-naphthochinon-(1.2)-1-oxim, *N*-[3-Oxo-4-hydroxyimino-3.4-dihydro-naphthyl-(2)]-benzamid,** N-[*4-(hydroxyimino)-3-oxo-3,4-dihydro-2-naphthyl]benzamide* $C_{17}H_{12}N_2O_3$, Formel VIII (R = CO-$C_6H_5$), und **1-Nitroso-3-benzamino-naphthol-(2), *N*-[4-Nitroso-3-hydroxy-naphthyl-(2)]-benzamid,** N-(*3-hydroxy-4-nitroso-2-naphthyl)benzamide* $C_{17}H_{12}N_2O_3$, Formel IX (R = CO-$C_6H_5$).

*B.* Aus 3-Benzamino-naphthol-(2) beim Behandeln mit wss. Schwefelsäure und Natriumnitrit (*Goldstein, Genton*, Helv. **21** [1938] 56, 58). Aus 3-Benzamino-naphthochinon-(1.2) beim Erwärmen mit Hydroxylamin-hydrochlorid in Äthanol (*Go., Ge.*, l. c. S. 59).

Orangebraune Krystalle (aus A.); F: 202° [korr.; Zers.].

**4-Chlor-3-benzamino-naphthochinon-(1.2), *N*-[1-Chlor-3.4-dioxo-3.4-dihydro-naphthyl-(2)]-benzamid,** N-(*1-chloro-3,4-dioxo-3,4-dihydro-2-naphthyl)benzamide* $C_{17}H_{10}ClNO_3$, Formel VII (R = CO-$C_6H_5$, X = Cl).

*B.* Aus 4-Chlor-3-benzamino-naphthalindiol-(1.2) beim Behandeln mit Eisen(III)-chlorid und wss.-äthanol Salzsäure (*Goldstein, Genton*, Helv. **21** [1938] 56, 60).

Orangefarbene Krystalle (aus A.); F: 175° [korr.; Zers.].

VIII IX X XI

**5-Amino-naphthochinon-(1.4)** $C_{10}H_7NO_2$.

**5-Acetamino-naphthochinon-(1.4), *N*-[5.8-Dioxo-5.8-dihydro-naphthyl-(1)]-acetamid,** N-(*5,8-dioxo-5,8-dihydro-1-naphthyl)acetamide* $C_{12}H_9NO_3$, Formel X (R = CO-$CH_3$) (H 172).

*B.* Beim Behandeln von 5-Acetamino-naphthol-(1) in Nitrobenzol mit Natriumdichromat und wss. Schwefelsäure (*Fierz-David, Blangey, v. Krannichfeldt*, Helv. **30** [1947] 816, 831).

Orangegelbe Krystalle (aus A.); F: 171—172°.

Überführung in 1.7.13(oder 1.7.16)-Tris-acetamino-trinaphthylen-trichinon-(5.6.11.12.17.18) $C_{36}H_{21}N_3O_9$: *Fierz-D., Bl., v. Kr.*, l. c. S. 822, 834.

**3.6.8-Tribrom-5-amino-naphthochinon-(1.4),** *8-amino-2,5,7-tribromo-1,4-naphthoquinone* $C_{10}H_4Br_3NO_2$, Formel XI (X = H).

Eine Verbindung (rote Krystalle [aus Eg.]; F: ca. 235° [nach Sintern]), der wahrscheinlich diese Konstitution zukommt, ist beim Erhitzen von 4-Amino-5-hydroxy-naphthalin-sulfonsäure-(1) sowie von 4-Amino-5-hydroxy-naphthalin-disulfonsäure-(1.3) mit Brom in wss. Essigsäure erhalten worden (*Heller*, Z. ang. Ch. **43** [1930] 1132, 1133, 1136).

**2.3.6.8-Tetrabrom-5-amino-naphthochinon-(1.4),** *5-amino-2,3,6,8-tetrabromo-1,4-naphthoquinone* $C_{10}H_3Br_4NO_2$, Formel XI (X = Br).

Eine Verbindung (schwarzviolette Krystalle [aus Eg.], F: 255° [nach Sintern]; Acetyl-Derivat: braune Krystalle [aus A.], F: 184°), der wahrscheinlich diese Konstitution zukommt, ist beim Behandeln von 5-Amino-4-hydroxy-naphthalin-sulfonsäure-(1) sowie von 4-Amino-5-hydroxy-naphthalin-disulfonsäure-(1.7) mit Brom in Essigsäure und Schwefelsäure erhalten worden (*Heller*, Z. ang. Ch. **43** [1930] 1132, 1133, 1136, 1137).

**6-Amino-naphthochinon-(1.4)** $C_{10}H_7NO_2$.

**6-Acetamino-naphthochinon-(1.4), *N*-[5.8-Dioxo-5.8-dihydro-naphthyl-(2)]-acetamid,** N-(*5,8-dioxo-5,8-dihydro-2-naphthyl)acetamide* $C_{12}H_9NO_3$, Formel XII (R = CO-$CH_3$).

*B.* Aus 7-Acetamino-naphthol-(1) beim Behandeln mit Chrom(VI)-oxid und wss. Essigsäure bzw. mit Natriumdichromat, wss. Schwefelsäure und Nitrobenzol (*I.G. Farbenind.*, D.R.P. 506442 [1927]; Frdl. **17** 677; *Fierz-David, Blangey, v. Krannichfeldt*, Helv. **30** [1947] 816, 831).

Gelbe Krystalle; Zers. bei 228—230° [aus Xylol] (*I.G. Farbenind.*) bzw. 222—225° (*Fierz-D.*, *Bl.*, *v. Kr.*).

Überführung in 2.8.14(oder 2.8.15)-Tris-acetamino-trinaphthylen-trichinon-(5.6.11.12.17.18) ($C_{36}H_{21}N_3O_9$; Zers. bei 300°): *Fierz-D.*, *Bl.*, *v. Kr.*, l. c. S. 823, 835, 836.

**6-Benzamino-naphthochinon-(1.4), *N*-[5.8-Dioxo-5.8-dihydro-naphthyl-(2)]-benzamid,** N-(*5,8-dioxo-5,8-dihydro-2-naphthyl)benzamide* $C_{17}H_{11}NO_3$, Formel XII (R = CO-$C_6H_5$).

*B.* Aus 7-Benzamino-naphthol-(1) (nicht näher beschrieben) beim Behandeln mit Chrom(VI)-oxid und wss. Essigsäure (*I.G. Farbenind.*, D.R.P. 506442 [1927]; Frdl. **17** 677).

Gelbe Krystalle (aus Trichlorbenzol); F: 232° [Zers.; nach Sintern bei 200°].

**6-[Toluol-sulfonyl-(4)-amino]-naphthochinon-(1.4), *N*-[5.8-Dioxo-5.8-dihydro-naphthyl-(2)]-toluolsulfonamid-(4),** N-(*5,8-dioxo-5,8-dihydro-2-naphthyl)*-p-*toluenesulfonamide* $C_{17}H_{13}NO_4S$, Formel XIII.

*B.* Aus 7-[Toluol-sulfonyl-(4)-amino]-naphthol-(1) (nicht näher beschrieben) beim Behandeln mit Chrom(VI)-oxid und wss. Essigsäure (*I.G. Farbenind.*, D.R.P. 506442 [1927]; Frdl. **17** 677).

Orangerote Krystalle (aus Eg.); F: ca. 230° [nach Dunkelfärbung bei 200° und Sintern bei 215°; bei langsamem Erhitzen]; Zers. bei 245—250°.

XII XIII XIV

**2.3.5.7-Tetrabrom-6-amino-naphthochinon-(1.4),** *6-amino-2,3,5,7-tetrabromo-1,4-naphthoquinone* $C_{10}H_3Br_4NO_2$, Formel XIV (R = X = H).

*B.* Aus 7-Amino-4-hydroxy-naphthalin-sulfonsäure-(2) oder 6-Amino-4-hydroxy-naphthalin-disulfonsäure-(2.7) beim Erhitzen mit Brom in Essigsäure (*Heller*, Z. ang. Ch. **43** [1930] 1132, 1134, 1135). Aus 6-Amino-4-hydroxy-naphthalin-sulfonsäure-(2) beim Behandeln mit Brom in wss. Schwefelsäure und Essigsäure (*He.*).

Violettschwarze Krystalle (aus Eg.); F: 241°.

Beim Erhitzen mit Zinn(II)-chlorid in wss. Essigsäure ist x.x.x-Tribrom-6-amino-naphthalindiol-(1.4) $C_{10}H_6Br_3NO_2$ (unterhalb 300° nicht schmelzend), beim Erhitzen mit Anilin ist x.x.x-Tribrom-6-amino-x-anilino-naphthochinon-(1.4) $C_{16}H_9Br_3N_2O_2$ (rötliche, violett schimmernde Krystalle [aus E.]; F: 215—216° [nach Sintern]) erhalten worden.

**2.3.5.7-Tetrabrom-6-acetamino-naphthochinon-(1.4), *N*-[1.3.6.7-Tetrabrom-5.8-dioxo-5.8-dihydro-naphthyl-(2)]-acetamid,** N-(*1,3,6,7-tetrabromo-5,8-dioxo-5,8-dihydro-2-naphthyl)acetamide* $C_{12}H_5Br_4NO_3$, Formel XIV (R = CO-$CH_3$, X = H).

*B.* Aus 2.3.5.7-Tetrabrom-6-amino-naphthochinon-(1.4) beim Behandeln mit Acetanhydrid und Schwefelsäure (*Heller*, Z. ang. Ch. **43** [1930] 1132, 1135).

Krystalle (aus Eg.); F: ca. 255° [Zers.].

**2.3.5.7-Tetrabrom-6-diacetylamino-naphthochinon-(1.4), *N*-[1.3.6.7-Tetrabrom-5.8-dioxo-5.8-dihydro-naphthyl-(2)]-diacetamid,** N-(*1,3,6,7-tetrabromo-5,8-dioxo-5,8-dihydro-2-naphthyl)diacetamide* $C_{14}H_7Br_4NO_4$, Formel XIV (R = X = CO-$CH_3$).

*B.* Beim Erwärmen von 2.3.5.7-Tetrabrom-6-amino-naphthochinon-(1.4) mit Acetanhydrid unter Zusatz von Schwefelsäure (*Heller*, Z. ang. Ch. **43** [1930] 1132, 1135).

Rotbraune Krystalle (aus A.); F: 160—161°.

**2-Amino-naphthochinon-(1.4),** *2-amino-1,4-naphthoquinone* $C_{10}H_7NO_2$, Formel I (R = X = H), und Tautomeres (H 161; E I 427; E II 91).

*B.* Aus 2-Acetamino-naphthochinon-(1.4) beim Behandeln mit Schwefelsäure (*Fieser*, *Fieser*, Am. Soc. **56** [1934] 1565, 1576; vgl. H 161).

Krystalle (aus A.); F: 206° (*Fie.*, *Fie.*, Am. Soc. **56** 1576). Redoxpotential: *Fieser*, *Fieser*, Am. Soc. **56** 1568, **57** [1935] 491.

**2-Amino-naphthochinon-(1.4)-4-imin,** *2-amino-4-iminonaphthalen-1*(4H)*-one* $C_{10}H_8N_2O$, Formel II (R = H), und **4-Amino-naphthochinon-(1.2)-2-imin,** *4-amino-2-iminonaphthalen-1*(2H)*-one* $C_{10}H_8N_2O$, Formel III (R = H) (H 161; E I 427).

Dissoziationskonstante der protonierten Verbindung (Wasser) bei 25°: $1{,}36 \cdot 10^{-9}$ (*Fieser, Fieser*, Am. Soc. **56** [1934] 1565, 1571). Redoxpotential: *Fie., Fie.*

**2-Methylamino-naphthochinon-(1.4),** *2-(methylamino)-1,4-naphthoquinone* $C_{11}H_9NO_2$, Formel I (R = $CH_3$, X = H), und Tautomeres (H 162).

*B.* Beim Erwärmen von 1.4-Dioxo-1.4-dihydro-naphthalin-sulfonsäure-(2) mit Methyl=amin in Wasser (*Fieser, Fieser*, Am. Soc. **57** [1935] 491, 494).

F: 234°. Redoxpotential: *Fie., Fie.*, l. c. S. 491.

**2-Dimethylamino-naphthochinon-(1.4),** *2-(dimethylamino)-1,4-naphthoquinone* $C_{12}H_{11}NO_2$, Formel I (R = X = $CH_3$) (H 162).

*B.* Beim Erwärmen von 1.4-Dioxo-1.4-dihydro-naphthalin-sulfonsäure-(2) mit Dimeth=ylamin in Wasser (*Fieser, Fieser*, Am. Soc. **57** [1935] 491, 494).

Rote Krystalle (aus W.); F: 120°. Redoxpotential: *Fie., Fie.*, l. c. S. 491.

**2-Dodecylamino-naphthochinon-(1.4),** *2-(dodecylamino)-1,4-naphthoquinone* $C_{22}H_{31}NO_2$, Formel I (R = $[CH_2]_{11}$-$CH_3$, X = H), und Tautomeres.

*B.* Aus Naphthochinon-(1.4) und Dodecylamin in Äthanol (*Dalgliesh*, Am. Soc. **71** [1949] 1697, 1701).

F: 90°.

**2-Tetradecylamino-naphthochinon-(1.4),** *2-(tetradecylamino)-1,4-naphthoquinone* $C_{24}H_{35}NO_2$, Formel I (R = $[CH_2]_{13}$-$CH_3$, X = H), und Tautomeres.

*B.* Aus Naphthochinon-(1.4) und Tetradecylamin in Äthanol (*Dalgliesh*, Am. Soc. **71** [1949] 1697, 1701). Beim Behandeln von 2-Hydroxy-naphthochinon-(1.4) mit Tetra=decylamin und wss.-äthanol. Salzsäure (*Da.*).

Rotbraune Krystalle (aus A.); F: 91°.

**2-Octadecylamino-naphthochinon-(1.4),** *2-(octadecylamino)-1,4-naphthoquinone* $C_{28}H_{43}NO_2$, Formel I (R = $[CH_2]_{17}$-$CH_3$, X = H), und Tautomeres.

*B.* Aus Naphthochinon-(1.4) und Octadecylamin in Äthanol (*Dalgliesh*, Am. Soc. **71** [1949] 1697, 1701).

F: 95—96°.

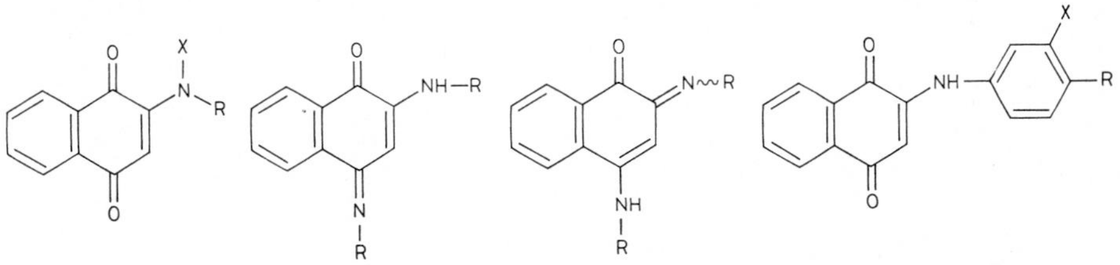

I II III IV

**2-Anilino-naphthochinon-(1.4),** *2-anilino-1,4-naphthoquinone* $C_{16}H_{11}NO_2$, Formel IV (R = X = H), und Tautomeres (H 162; E I 428; E II 91).

Redoxpotential: *Fieser, Fieser*, Am. Soc. **57** [1935] 491.

**2-[3-Nitro-anilino]-naphthochinon-(1.4),** *2-(*m*-nitroanilino)-1,4-naphthoquinone* $C_{16}H_{10}N_2O_4$, Formel IV (R = H, X = $NO_2$), und Tautomeres (H 163).

Krystalle (aus Nitrobenzol); F: 294° (*Winograd, Karpow, Schalimowa*, Ž. prikl. Chim. **34** [1961] 2775, 2776; J. appl. Chem. U.S.S.R. [Übers.] **34** [1961] 2621, 2622).

**2-[4-Nitro-anilino]-naphthochinon-(1.4),** *2-(*p*-nitroanilino)-1,4-naphthoquinone* $C_{16}H_{10}N_2O_4$, Formel IV (R = $NO_2$, X = H), und Tautomeres (H 163).

Rote Krystalle (aus Eg.); F: 338,5—340° [korr.; Zers.] (*Pratt*, J. org. Chem. **27** [1962] 3905, 3908).

**2-Anilino-naphthochinon-(1.4)-4-phenylimin,** *2-anilino-4-(phenylimino)naphthalen-1*(4H)*-one* $C_{22}H_{16}N_2O$, Formel II (R = $C_6H_5$), und **4-Anilino-naphthochinon-(1.2)-2-phenylimin,** *4-anilino-2-(phenylimino)naphthalen-1*(2H)*-one* $C_{22}H_{16}N_2O$, Formel III (R = $C_6H_5$) (H 163; E I 429; E II 91).

Rote Krystalle; F: 182,5—183° [korr.] (*Fieser, Fieser*, Am. Soc. **61** [1939] 596, 605), 181° [aus A.] (*Fries, Schimmelschmidt*, A. **484** [1930] 245, 266).

**2-Anilino-naphthochinon-(1.4)-1-oxim,** *2-anilino-1,4-naphthoquinone 1-oxime* $C_{16}H_{12}N_2O_2$, Formel V (R = $C_6H_5$), und **4-Nitroso-3-anilino-naphthol-(1),** *3-anilino-4-nitroso-1-naphthol* $C_{16}H_{12}N_2O_2$, Formel VI (R = $C_6H_5$).

*B.* Aus 2-Anilino-naphthochinon-(1.4) beim Erwärmen mit Hydroxylamin-hydrochlorid und wss.-äthanol. Natronlauge (*Goldstein, Grandjean*, Helv. **26** [1943] 468, 472).

Gelbbraune Krystalle (aus wss. A.); F: 222° [korr.; Zers.].

**2-[2-Hydroxy-äthylamino]-naphthochinon-(1.4),** *2-(2-hydroxyethylamino)-1,4-naphthoquinone* $C_{12}H_{11}NO_3$, Formel I (R = $CH_2$-$CH_2OH$, X = H), und Tautomeres.

*B.* Beim Erwärmen von 2-Methoxy-naphthochinon-(1.4) mit 2-Amino-äthanol-(1) in wss. Äthanol (*Fieser et al.*, Am. Soc. **70** [1948] 3212, 3213, 3215).

Rote Krystalle (aus A.); F: 159,5—160,2°.

**2-[4-Hydroxy-anilino]-naphthochinon-(1.4),** *2-(p-hydroxyanilino)-1,4-naphthoquinone* $C_{16}H_{11}NO_3$, Formel IV (R = OH, X = H), und Tautomeres (E I 431).

F: 256—258° (*Winograd, Karpow, Schalimowa*, Ž. prikl. Chim. **34** [1961] 2775, 2776; J. appl. Chem. U.S.S.R. [Übers.] **34** [1961] 2621, 2622).

**2-Acetamino-naphthochinon-(1.4),** ***N*-[1.4-Dioxo-1.4-dihydro-naphthyl-(2)]-acetamid,** N-*(1,4-dioxo-1,4-dihydro-2-naphthyl)acetamide* $C_{12}H_9NO_3$, Formel I (R = CO-$CH_3$, X = H), und Tautomeres (H 167; E I 431).

*B.* Aus 2.4-Bis-acetamino-naphthol-(1) beim Behandeln mit Eisen(III)-chlorid, wss. Salzsäure und Essigsäure (*Fieser, Fieser*, Am. Soc. **56** [1934] 1565, 1576).

Gelbe Krystalle; F: 204° (*Fie., Fie.*, Am. Soc. **56** 1576). Redoxpotential: *Fieser, Fieser*, Am. Soc. **57** [1935] 491.

Überführung in 6-Acetamino-5.8-diacetoxy-1.2.3.4-tetrahydro-naphthalin durch Hydrierung an Platin in Essigsäure bei 50° und Erhitzen des Reaktionsprodukts mit Acetanhydrid und Natriumacetat: *Skita, Rohrmann*, B. **63** [1930] 1473, 1477, 1482. Beim Erwärmen mit Blei(IV)-acetat und Malonsäure in Essigsäure ist 3-Acetamino-2-methyl-naphthochinon-(1.4) erhalten worden (*Fieser*, U.S.P. 2398418 [1943]; s. a. *Fieser et al.*, Am. Soc. **70** [1948] 3174, 3212, 3213).

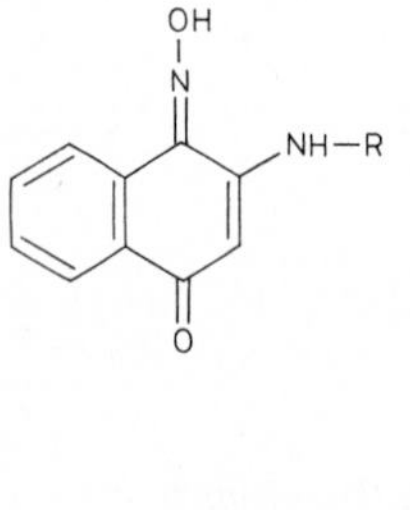

V 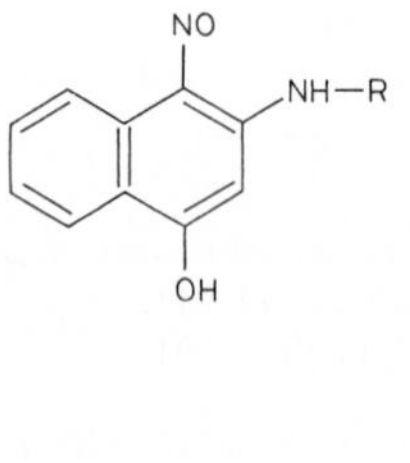 VI 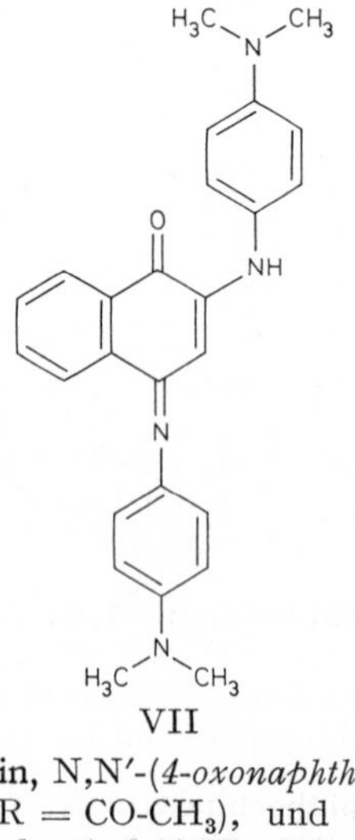 VII 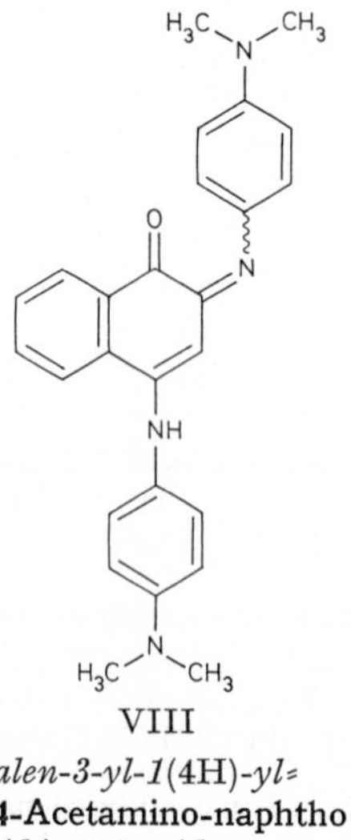 VIII

**2-Acetamino-naphthochinon-(1.4)-4-acetylimin,** N,N′-*(4-oxonaphthalen-3-yl-1*(4H)*-ylidene)bisacetamide* $C_{14}H_{12}N_2O_3$, Formel II (R = CO-$CH_3$), und **4-Acetamino-naphthochinon-(1.2)-2-acetylimin,** N,N′-*(4-oxonaphthalen-1-yl-3*(4H)*-ylidene)bisacetamide* $C_{14}H_{12}N_2O_3$, Formel III (R = CO-$CH_3$) (E I 432).

Gelbe Krystalle (aus A.); F: 189° (*Fieser, Fieser*, Am. Soc. **56** [1934] 1565, 1576).

Beim Behandeln mit wss.-äthanol. Natronlauge ist 4-Amino-naphthochinon-(1.2) (E III **8** 2547) erhalten worden.

**2-[2-Diäthylamino-äthylamino]-naphthochinon-(1.4)**, *2-[2-(diethylamino)ethylamino]-1,4-naphthoquinone* $C_{16}H_{20}N_2O_2$, Formel I (R = $CH_2$-$CH_2$-N($C_2H_5$)$_2$, X = H) [auf S. 389], und Tautomeres.

*B.* Beim Behandeln von 2-Methoxy-naphthochinon-(1.4) mit *N.N*-Diäthyl-äthylen=diamin in wss. Äthanol (*Fieser et al.*, Am. Soc. **70** [1948] 3212, 3213, 3214).

Rote Krystalle (aus wss. Me.); F: 85,5—86,5°.

**2-[4-Dimethylamino-anilino]-naphthochinon-(1.4)-4-[4-dimethylamino-phenylimin]**, *2-[p-(dimethylamino)anilino]-4-[p-(dimethylamino)phenylimino]naphthalen-1(4H)-one* $C_{26}H_{26}N_4O$, Formel VII, und **4-[4-Dimethylamino-anilino]-naphthochinon-(1.2)-2-[4-dimethylamino-phenylimin]**, *4-[p-(dimethylamino)anilino]-2-[p-(dimethylamino)=phenylimino]naphthalen-1(2H)-one* $C_{26}H_{26}N_4O$, Formel VIII.

*B.* Aus von 1-Oxo-1.2.3.4-tetrahydro-naphthalin, 4-Nitroso-*N.N*-dimethyl-anilin und wss.-äthanol. Natronlauge (*Pfeiffer, Hesse*, J. pr. [2] **158** [1941] 315, 320).

Violette Krystalle (aus Bzl. + Bzn.); F: 217°.

**8-Chlor-2-anilino-naphthochinon-(1.4)**, *2-anilino-8-chloro-1,4-naphthoquinone* $C_{16}H_{10}ClNO_2$, Formel IX, und Tautomeres.

Diese Konstitution kommt der E II 94 als 5(oder 8)-Chlor-2-anilino-naphthochinon-(1.4) beschriebenen Verbindung zu (*McLeod, Thomson*, J. org. Chem. **25** [1960] 36, 39, 41).

**3-Chlor-2-octylamino-naphthochinon-(1.4)**, *2-chloro-3-(octylamino)-1,4-naphthoquinone* $C_{18}H_{22}ClNO_2$, Formel X (R = [$CH_2$]$_7$-$CH_3$, X = H), und Tautomeres.

*B.* Beim Erwärmen von 2.3-Dichlor-naphthochinon-(1.4) mit Octylamin in Äthanol (*Dalgliesh*, Am. Soc. **71** [1949] 1697, 1701).

Rote Krystalle (aus A.); F: 89°.

**3-Chlor-2-octadecylamino-naphthochinon-(1.4)**, *2-chloro-3-(octadecylamino)-1,4-naphtho=quinone* $C_{28}H_{42}ClNO_2$, Formel X (R = [$CH_2$]$_{17}$-$CH_3$, X = H), und Tautomeres.

*B.* Beim Erwärmen von 2.3-Dichlor-naphthochinon-(1.4) mit Octadecylamin in Äthanol (*Dalgliesh*, Am. Soc. **71** [1949] 1697, 1702).

F: 97—98°.

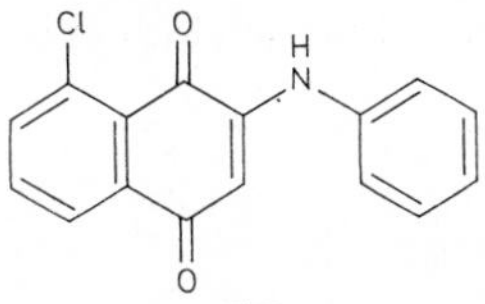

IX 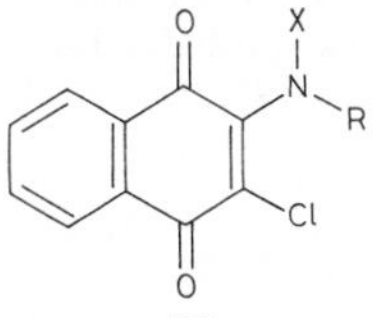 X 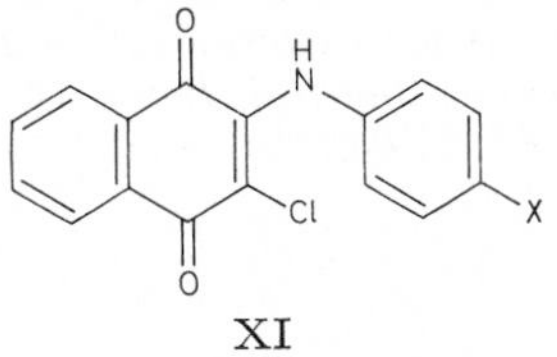 XI

**3-Chlor-2-[octadecen-(9)-ylamino]-naphthochinon-(1.4)**, *2-chloro-3-(octadec-9-enyl=amino)-1,4-naphthoquinone* $C_{28}H_{40}ClNO_2$ und Tautomeres.

**3-Chlor-2-[octadecen-(9*c*)-ylamino]-naphthochinon-(1.4)**, Formel X (R = [$CH_2$]$_8$-CH≗CH-[$CH_2$]$_7$-$CH_3$, X = H), und Tautomeres.

*B.* Aus 2.3-Dichlor-naphthochinon-(1.4) und Octadecen-(9*c*)-ylamin in Äthanol (*Alcalay*, Schweiz. Z. allg. Path. **10** [1947] 229, 241).

Rote Krystalle (aus A., Eg. oder Dioxan); F: 55°.

**3-Chlor-2-anilino-naphthochinon-(1.4)**, *2-anilino-3-chloro-1,4-naphthoquinone* $C_{16}H_{10}ClNO_2$, Formel X (R = $C_6H_5$, X = H), und Tautomeres (H 168; E I 434; E II 93).

Rote Krystalle (aus Eg. oder Nitrobenzol); F: 211—212° (*Krollpfeiffer, Wolf, Walbrecht*, B. **67** [1934] 908, 913).

**3-Chlor-2-[4-nitro-anilino]-naphthochinon-(1.4)**, *2-chloro-3-(p-nitroanilino)-1,4-naphtho=quinone* $C_{16}H_9ClN_2O_4$, Formel XI (X = $NO_2$), und Tautomeres (H 168).

Diese Verbindung ist aus 2.3-Dichlor-naphthochinon-(1.4) und 4-Nitro-anilin in Äthanol (vgl. H 168) nicht wieder erhalten worden (*Van Allan, Reynolds*, J. org. Chem. **28** [1963] 1019).

**3-Chlor-2-[*N*-äthyl-anilino]-naphthochinon-(1.4)**, *2-chloro-3-(N-ethylanilino)-1,4-naphtho=quinone* $C_{18}H_{14}ClNO_2$, Formel X (R = $C_6H_5$, X = $C_2H_5$).

*B.* Beim Erwärmen von 2.3-Dichlor-naphthochinon-(1.4) mit *N*-Äthyl-anilin in Äthanol

(*Buu-Hoi*, Bl. [5] **11** [1944] 578, 581).
Rote Krystalle (aus Me.); F: 93°.

**3-Chlor-2-*p*-toluidino-naphthochinon-(1.4)**, *2-chloro-3-*p*-toluidino-1,4-naphthoquinone* $C_{17}H_{12}ClNO_2$, Formel XI (X = $CH_3$), und Tautomeres (H 169; E II 93).
F: 204,5—206° [korr.] (*Pratt*, J. org. Chem. **27** [1962] 3905, 3909).

**3-Chlor-2-[naphthyl-(1)-amino]-naphthochinon-(1.4)**, *2-chloro-3-(1-naphthylamino)-naphthoquinone* $C_{20}H_{12}ClNO_2$, Formel XII (R = H), und Tautomeres.
*B.* Beim Erwärmen von 2.3-Dichlor-naphthochinon-(1.4) mit Naphthyl-(1)-amin in Äthanol (*Buu-Hoi*, Bl. [5] **11** [1944] 578, 580).
Violette Krystalle (aus A.); F: 169—170°.

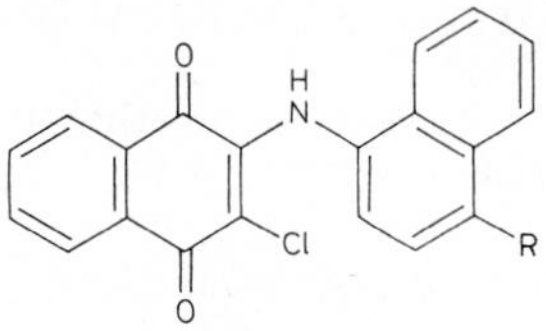

XII 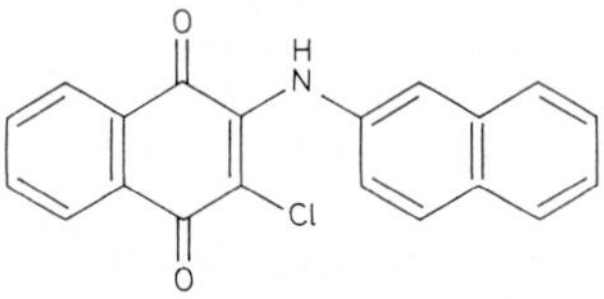 XIII

**3-Chlor-2-[naphthyl-(2)-amino]-naphthochinon-(1.4)**, *2-chloro-3-(2-naphthylamino)-1,4-naphthoquinone* $C_{20}H_{12}ClNO_2$, Formel XIII, und Tautomeres (E II 93).
Violettrote Krystalle (aus A.); F: 199° (*Buu-Hoi*, Bl. [5] **11** [1944] 578, 580).

**3-Chlor-2-[4-methyl-naphthyl-(1)-amino]-naphthochinon-(1.4)**, *2-chloro-3-(4-methyl-1-naphthylamino)-1,4-naphthoquinone* $C_{21}H_{14}ClNO_2$, Formel XII (R = $CH_3$), und Tautomeres.
*B.* Aus 2.3-Dichlor-naphthochinon-(1.4) und 4-Methyl-naphthyl-(1)-amin (*Buu-Hoi*, *Guettier*, C. r. **222** [1946] 665).
Violette Krystalle; F: ca. 170°.

**3-Chlor-2-[fluorenyl-(2)-amino]-naphthochinon-(1.4)**, *2-chloro-3-(fluoren-2-ylamino)-1,4-naphthoquinone* $C_{23}H_{14}ClNO_2$, Formel XIV, und Tautomeres.
*B.* Beim Erwärmen von 2.3-Dichlor-naphthochinon-(1.4) mit Fluorenyl-(2)-amin in Äthanol (*Buu-Hoi*, *Royer*, Bl. **1946** 379, 381).
Violette Krystalle (aus Eg.); F: 160°.

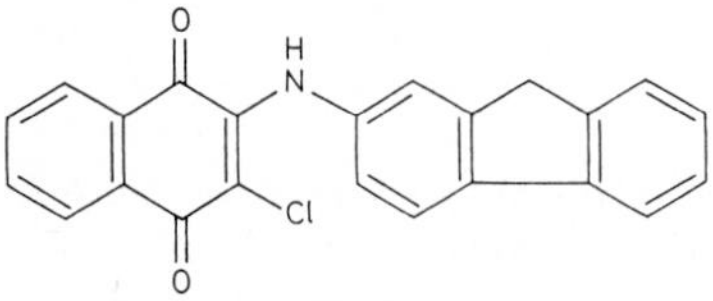

XIV 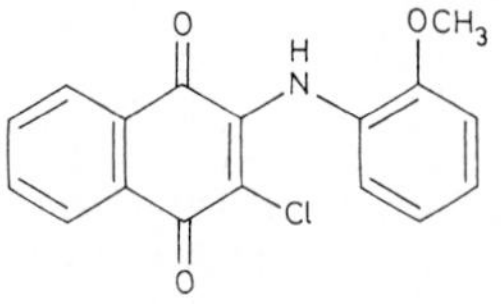 XV

**3-Chlor-2-*o*-anisidino-naphthochinon-(1.4)**, *2-*o*-anisidino-3-chloro-1,4-naphthoquinone* $C_{17}H_{12}ClNO_3$, Formel XV, und Tautomeres.
*B.* Beim Erwärmen von 2.3-Dichlor-naphthochinon-(1.4) mit *o*-Anisidin in Äthanol (*Buu-Hoi*, Bl. [5] **11** [1944] 578, 580).
Violettrote Krystalle (aus A.); F: 129°.

**3-Chlor-2-*p*-anisidino-naphthochinon-(1.4)**, *2-*p*-anisidino-3-chloro-1,4-naphthoquinone* $C_{17}H_{12}ClNO_3$, Formel XI (X = $OCH_3$), und Tautomeres.
*B.* Beim Erwärmen von 2.3-Dichlor-naphthochinon-(1.4) mit *p*-Anisidin in Äthanol (*Buu-Hoi*, Bl. [5] **11** [1944] 578, 581).
Violette Krystalle (aus A.); F: 223°.

**3-Chlor-2-[4-methylmercapto-anilino]-naphthochinon-(1.4)**, *2-chloro-3-[*p*-(methylthio)-anilino]-1,4-naphthoquinone* $C_{17}H_{12}ClNO_2S$, Formel XI (X = $SCH_3$), und Tautomeres.
*B.* Beim Erwärmen von 2.3-Dichlor-naphthochinon-(1.4) mit 4-Methylmercapto-anilin in Äthanol (*Buu-Hoi*, *Lecocq*, Bl. **1946** 139, 143).
Violette Krystalle (aus Eg.); F: 217—218°.

**3-Chlor-2-[4-äthylmercapto-anilino]-naphthochinon-(1.4)**, *2-chloro-3-*[p-(*ethylthio*)*anilino*]*-1,4-naphthoquinone* $C_{18}H_{14}ClNO_2S$, Formel XI (X = $SC_2H_5$) [auf S. 391], und Tautomeres.

*B.* Beim Erwärmen von 2.3-Dichlor-naphthochinon-(1.4) mit 4-Äthylmercapto-anilin in Äthanol (*Buu-Hoi, Lecocq*, Bl. **1946** 139, 144).

Violette Krystalle (aus Eg.); F: 164°.

**3-Chlor-2-[4-propylmercapto-anilino]-naphthochinon-(1.4)**, *2-chloro-3-*[p-(*propylthio*)*anilino*]*-1,4-naphthoquinone* $C_{19}H_{16}ClNO_2S$, Formel XI (X = $S\text{-}CH_2\text{-}CH_2\text{-}CH_3$) [auf S. 391], und Tautomeres.

*B.* Beim Erwärmen von 2.3-Dichlor-naphthochinon-(1.4) mit 4-Propylmercapto-anilin in Äthanol (*Buu-Hoi, Lecocq*, Bl. **1946** 475).

Violette Krystalle (aus A.); F: 157°.

**3-Chlor-2-[4-butylmercapto-anilino]-naphthochinon-(1.4)**, *2-*[p-(*butylthio*)*anilino*]*-3-chloro-1,4-naphthoquinone* $C_{20}H_{18}ClNO_2S$, Formel XI (X = $S\text{-}[CH_2]_3\text{-}CH_3$) [auf S. 391], und Tautomeres.

*B.* Aus 2.3-Dichlor-naphthochinon-(1.4) und 4-Butylmercapto-anilin (*Buu-Hoi, Lecocq*, Bl. **1946** 475).

Violette Krystalle (aus A.); F: 140°.

**3-Chlor-2-[4-benzoyl-anilino]-naphthochinon-(1.4)**, *2-*(p-*benzoylanilino*)*-3-chloro-1,4-naphthoquinone* $C_{23}H_{14}ClNO_3$, Formel XI (X = $CO\text{-}C_6H_5$) [auf S. 391], und Tautomeres.

*B.* Beim Erwärmen von 2.3-Dichlor-naphthochinon-(1.4) mit 4-Amino-benzophenon in Äthanol (*Buu-Hoi*, Bl. [5] **11** [1944] 578, 581).

Rote Krystalle (aus A.); F: 233°.

**3-Chlor-2-[5-amino-naphthyl-(1)-amino]-naphthochinon-(1.4)**, *2-(5-amino-1-naphthylamino)-3-chloro-1,4-naphthoquinone* $C_{20}H_{13}ClN_2O_2$, Formel I (X = Cl), und Tautomeres.

*B.* Beim Erwärmen von 2.3-Dichlor-naphthochinon-(1.4) mit 1.5-Diamino-naphthalin in Äthanol (*Buu-Hoi*, Bl. [5] **11** [1944] 578, 582).

Blaues Pulver, unterhalb 350° nicht schmelzend.

**3-Chlor-2-[6-amino-pyrenyl-(1)-amino]-naphthochinon-(1.4)**, *2-(6-aminopyren-1-ylamino)-3-chloro-1,4-naphthoquinone* $C_{26}H_{15}ClN_2O_2$, Formel II (X = Cl), und Tautomeres.

*B.* Aus 2.3-Dichlor-naphthochinon-(1.4) und 1.6-Diamino-pyren in Essigsäure (*Buu-Hoi*, Bl. [5] **11** [1944] 578, 582).

Schwarzbraunes Pulver, unterhalb 320° nicht schmelzend.

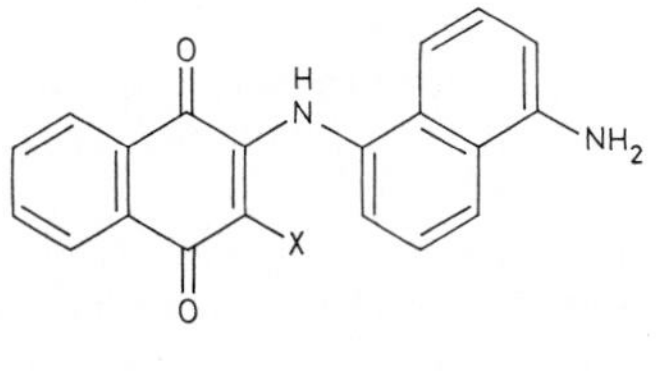

I

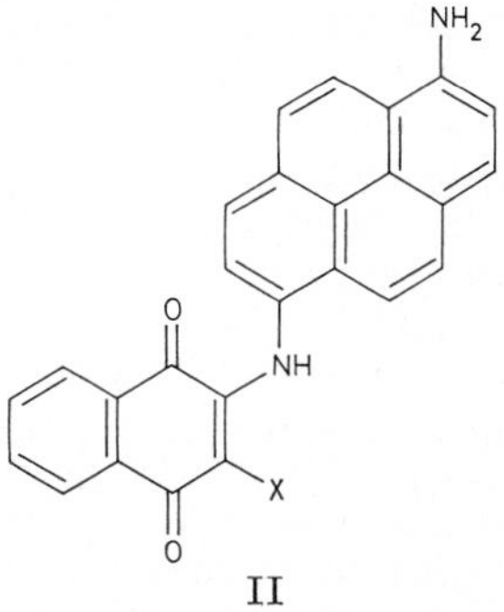

II

**6-Brom-2-anilino-naphthochinon-(1.4)-4-phenylimin**, *2-anilino-6-bromo-4-(phenylimino)naphthalen-1*(4H)*-one* $C_{22}H_{15}BrN_2O$, Formel III (R = $C_6H_5$, X = H, und **6-Brom-4-anilino-naphthochinon-(1.2)-2-phenylimin**, *4-anilino-6-bromo-2-(phenylimino)naphthalen-1*(2H)*-one* $C_{22}H_{15}BrN_2O$, Formel IV (R = $C_6H_5$, X = H).

*B.* Beim Erwärmen von 6-Brom-naphthochinon-(1.2), von 4.6-Dibrom-naphthochinon-(1.2), von 3.4.6-Tribrom-naphthochinon-(1.2), von 6-Brom-2-hydroxy-naphthochinon-(1.4)-4-phenylimin oder von 3.6-Dibrom-2-hydroxy-naphthochinon-(1.4)-4-phenylimin mit Anilin (Überschuss) in Äthanol (*Fries, Schimmelschmidt*, A. **484** [1930] 245, 275, 279).

Braunrote Krystalle; F: 211° [Zers.].

**8-Brom-2-anilino-naphthochinon-(1.4)**, *2-anilino-8-bromo-1,4-naphthoquinone* $C_{16}H_{10}BrNO_2$, Formel V (R = $C_6H_5$), und Tautomeres.

Diese Konstitution kommt wahrscheinlich der E II 95 als 5(oder 8)-Brom-2-anilino-naphthochinon-(1.4) beschriebenen Verbindung zu (*McLeod*, *Thomson*, J. org. Chem. **25** [1960] 36, 41).

**3-Brom-2-[5-amino-naphthyl-(1)-amino]-naphthochinon-(1.4)**, *2-(5-amino-1-naphthyl=amino)-3-bromo-1,4-naphthoquinone* $C_{20}H_{13}BrN_2O_2$, Formel I (X = Br), und Tautomeres.

*B.* Beim Erwärmen von 2.3-Dibrom-naphthochinon-(1.4) mit 1.5-Diamino-naphthalin in Äthanol (*Buu-Hoi*, Bl. [5] **11** [1944] 578, 583).

Schwarzblaues Pulver, unterhalb 350° nicht schmelzend.

**3-Brom-2-[6-amino-pyrenyl-(1)-amino]-naphthochinon-(1.4)**, *2-(6-aminopyren-1-yl=amino)-3-bromo-1,4-naphthoquinone* $C_{26}H_{15}BrN_2O_2$, Formel II (X = Br), und Tautomeres.

*B.* Aus 2.3-Dibrom-naphthochinon-(1.4) und 1.6-Diamino-pyren (*Buu-Hoi*, Bl. [5] **11** [1944] 578, 583).

Schwarzbraunes Pulver, unterhalb 325° nicht schmelzend.

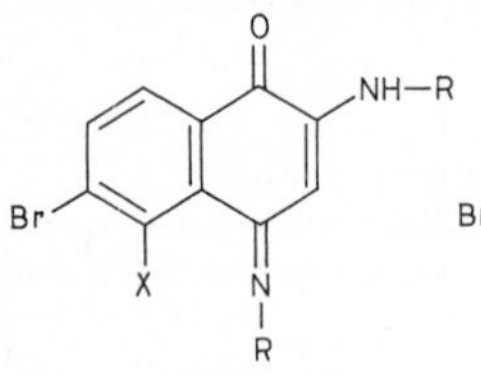

III 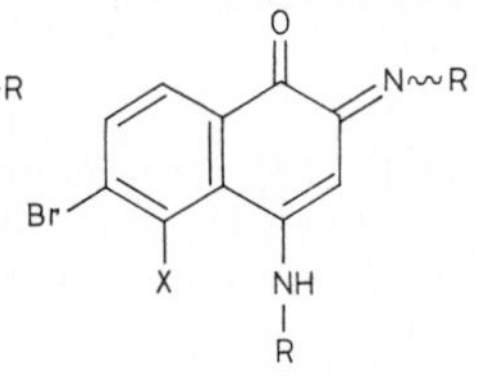 IV 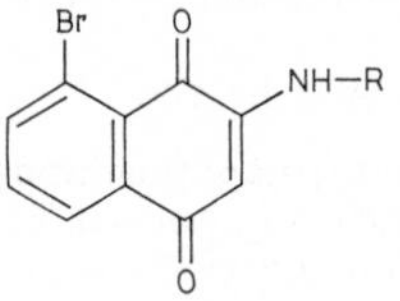 V 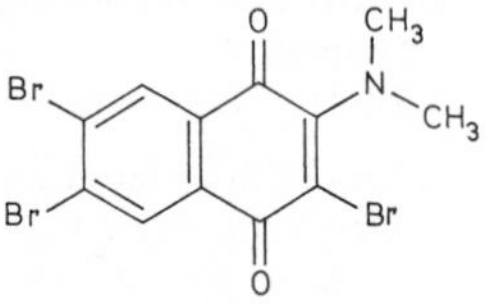 VI

**5.6-Dibrom-2-anilino-naphthochinon-(1.4)-4-phenylimin**, *2-anilino-5,6-dibromo-4-(phenyl=imino)naphthalen-1(4H)-one* $C_{22}H_{14}Br_2N_2O$, Formel III (R = $C_6H_5$, X = Br), und **5.6-Dibrom-4-anilino-naphthochinon-(1.2)-2-phenylimin**, *4-anilino-5,6-dibromo-2-(phenyl=imino)naphthalen-1(2H)-one* $C_{22}H_{14}Br_2N_2O$, Formel IV (R = $C_6H_5$, X = Br).

*B.* Beim Behandeln von 3.5.6-Tribrom-naphthochinon-(1.2) mit Anilin (3 Mol) in Äthanol (*Fries*, *Schimmelschmidt*, A. **484** [1930] 245, 283).

Violett schillernde oder bronzeglänzende Krystalle (aus Bzn.), die beim Pulverisieren dunkelrot werden; F: ca. 221° [Zers.].

**3.6.7-Tribrom-2-dimethylamino-naphthochinon-(1.4)**, *2,6,7-tribromo-3-(dimethylamino)-1,4-naphthoquinone* $C_{12}H_8Br_3NO_2$, Formel VI.

*B.* Aus 2.3.6.7-Tetrabrom-naphthochinon-(1.4) und Dimethylamin in Wasser (*Alcalay*, Schweiz. Z. allg. Path. **10** [1947] 229, 241).

F: 155° [Zers.].

**3-Chlor-5-nitro-2-amino-naphthochinon-(1.4)**, *2-amino-3-chloro-5-nitro-1,4-naphtho=quinone* $C_{10}H_5ClN_2O_4$, Formel VII (R = H), und Tautomeres.

Eine Verbindung (F: 240°), der diese Konstitution zugeschrieben wird, ist beim Behandeln von 2.3-Dichlor-5-nitro-naphthochinon-(1.4) mit wss. Ammoniak erhalten worden (*I.G. Farbenind.*, D.R.P. 651432 [1933]; Frdl. **24** 573, 575).

**3-Chlor-5-nitro-2-dimethylamino-naphthochinon-(1.4)**, *3-chloro-2-(dimethylamino)-5-nitro-1,4-naphthoquinone* $C_{12}H_9ClN_2O_4$, Formel VII (R = $CH_3$), und **3-Chlor-8-nitro-2-dimethylamino-naphthochinon-(1.4)**, *2-chloro-3-(dimethylamino)-5-nitro-1,4-naphtho=quinone* $C_{12}H_9ClN_2O_4$, Formel VIII (R = $CH_3$).

Eine Verbindung (F: 176°), der eine dieser beiden Konstitutionsformeln zukommt, ist aus 2.3-Dichlor-5-nitro-naphthochinon-(1.4) und Dimethylamin erhalten worden (*Alcalay*, Schweiz. Z. allg. Path. **10** [1947] 229, 241).

**3-Chlor-8-nitro-2-amino-naphthochinon-(1.4)**, *3-amino-2-chloro-5-nitro-1,4-naphtho=quinone* $C_{10}H_5ClN_2O_4$, Formel VIII (R = H), und Tautomeres.

F: 262° (*I.G. Farbenind.*, D.R.P. 651432 [1933]; Frdl. **24** 573, 575).

**5.8-Diamino-naphthochinon-(1.4)** $C_{10}H_8N_2O_2$.

**5.8-Bis-methylamino-naphthochinon-(1.4)**, *5,8-bis(methylamino)-1,4-naphthoquinone* $C_{12}H_{12}N_2O_2$, Formel IX (R = $CH_3$).

*B.* Beim Erwärmen von Leukonaphthazarin (E III **6** 6700) mit Methylamin, Pyridin und Wasser unter Stickstoff und Behandeln des Reaktionsgemisches mit Kupfer(II)-acetat unter Durchleiten von Luft (*Du Pont de Nemours & Co.*, U.S.P. 2399355 [1943]).

F: 200°.

**5.8-Bis-äthylamino-naphthochinon-(1.4)**, *5,8-bis(ethylamino)-1,4-naphthoquinone* $C_{14}H_{16}N_2O_2$, Formel IX (R = $C_2H_5$).

*B.* Beim Erwärmen von Leukonaphthazarin (E III **6** 6700) mit Äthylamin in wss. Methanol unter Stickstoff und Behandeln des Reaktionsgemisches mit Kupfer(II)-acetat unter Durchleiten von Luft (*Du Pont de Nemours & Co.*, U.S.P. 2399355 [1943]).

F: 146°.

**5.8-Bis-isopropylamino-naphthochinon-(1.4)**, *5,8-bis(isopropylamino)-1,4-naphthoquinone* $C_{16}H_{20}N_2O_2$, Formel IX (R = $CH(CH_3)_2$).

*B.* Beim Erwärmen von Leukonaphthazarin (E III **6** 6700) mit Isopropylamin und Pyridin unter Stickstoff und Behandeln des Reaktionsgemisches mit Kupfer(II)-acetat und Piperidin unter Durchleiten von Luft (*Du Pont de Nemours & Co.*, U.S.P. 2399355 [1943]).

Blaue Krystalle; F: 173°.

**5.8-Bis-butylamino-naphthochinon-(1.4)**, *5,8-bis(butylamino)-1,4-naphthoquinone* $C_{18}H_{24}N_2O_2$, Formel IX (R = $[CH_2]_3$-$CH_3$).

*B.* Beim Erwärmen von Leukonaphthazarin (E III **6** 6700) mit Butylamin und Pyridin unter Stickstoff und Behandeln des Reaktionsgemisches mit Kupfer(II)-acetat und Piperidin unter Durchleiten von Luft (*Du Pont de Nemours & Co.*, U.S.P. 2399355 [1943]).

F: 107°.

VII VIII IX X

**5.8-Bis-*sec*-butylamino-naphthochinon-(1.4)**, *5,8-bis(*sec*-butylamino)-1,4-naphthoquinone* $C_{18}H_{24}N_2O_2$, Formel IX (R = $CH(CH_3)$-$CH_2$-$CH_3$).

Eine opt.-inakt. Verbindung (F: 119°) dieser Konstitution ist beim Erwärmen von Leukonaphthazarin (E III **6** 6700) mit (±)-*sec*-Butylamin und Pyridin unter Stickstoff und Behandeln des Reaktionsgemisches mit Kupfer(II)-acetat und Piperidin unter Durchleiten von Luft erhalten worden (*Du Pont de Nemours & Co.*, U.S.P. 2399355 [1943]).

**5.8-Bis-isobutylamino-naphthochinon-(1.4)**, *5,8-bis(isobutylamino)-1,4-naphthoquinone* $C_{18}H_{24}N_2O_2$, Formel IX (R = $CH_2$-$CH(CH_3)_2$).

*B.* Beim Erwärmen von Leukonaphthazarin (E III **6** 6700) mit Isobutylamin und Pyridin unter Stickstoff und Behandeln des Reaktionsgemisches mit Kupfer(II)-acetat und Piperidin unter Durchleiten von Luft (*Du Pont de Nemours & Co.*, U.S.P. 2399355 [1943]).

F: 141°.

**5.8-Bis-[5-cyan-pentylamino]-naphthochinon-(1.4)**, *6,6'-(5,8-dioxo-5,8-dihydronaphthalene-1,4-diyldiimino)dihexanenitrile* $C_{22}H_{26}N_4O_2$, Formel IX (R = $[CH_2]_5$-CN).

*B.* Beim Erwärmen von Leukonaphthazarin (E III **6** 6700) mit 6-Amino-hexannitril und Pyridin unter Stickstoff und Aufbewahren des Reaktionsprodukts an der Luft (*Du Pont de Nemours & Co.*, U.S.P. 2399355 [1943]).

F: 124°.

**2.3-Diamino-naphthochinon-(1.4)** $C_{10}H_8N_2O_2$.

**3-Amino-2-acetamino-naphthochinon-(1.4)**, ***N*-[3-Amino-1.4-dioxo-1.4-dihydro-naphthyl-(2)]-acetamid**, N-*(3-amino-1,4-dioxo-1,4-dihydro-2-naphthyl)acetamide* $C_{12}H_{10}N_2O_3$, Formel X (R = $CO$-$CH_3$), und Tautomere.

*B.* Beim Einleiten von Ammoniak in eine heisse Lösung von 3-Chlor-2-acetamino-

naphthochinon-(1.4) in Nitrobenzol (*Fieser*, *Martin*, Am. Soc. **57** [1935] 1844, 1846).
Rote Krystalle (aus A.); F: 233—234°.

### Amino-Derivate der Dioxo-Verbindungen $C_{11}H_8O_2$

**3-Amino-2-methyl-naphthochinon-(1.4),** *2-amino-3-methyl-1,4-naphthoquinone* $C_{11}H_9NO_2$, Formel XI (R = H), und Tautomeres.

*B.* Bei der Hydrierung von 3-Nitro-2-methyl-naphthochinon-(1.4) an Platin in Essigsäure und Behandlung der Reaktionslösung mit Eisen(III)-chlorid und wss. Salzsäure (*Baker et al.*, Am. Soc. **64** [1942] 1096, 1100). Beim Behandeln von 3-Nitro-2-methyl-naphthochinon-(1.4) mit Eisen und wss. Essigsäure oder mit Natriumsulfit in Wasser (*Carrara, Bonacci*, G. **73** [1943] 276, 281). Aus 3-Acetamino-2-methyl-naphthochinon-(1.4) beim Erwärmen mit Schwefelsäure (*Fieser et al.*, Am. Soc. **70** [1948] 3212).

Rote Krystalle; F: 167° [aus Me.] (*Ca.*, *Bo.*), 166—166,5° (*Fie. et al.*), 162—162,5° [aus A.] (*Ba. et al.*).

**3-Methylamino-2-methyl-naphthochinon-(1.4),** *2-methyl-3-(methylamino)-1,4-naphthoquinone* $C_{12}H_{11}NO_2$, Formel XI (R = $CH_3$), und Tautomeres.

*B.* Beim Behandeln von 2-Methyl-naphthochinon-(1.4) mit Methylamin in Äthanol und Leiten von Luft durch das Reaktionsgemisch (*Asano, Hase*, J. pharm. Soc. Japan **61** [1941] 59, 60; dtsch. Ref. S. 55; C. A. **1942** 2259).

Purpurrote Krystalle (aus wss. Me.); F: 127—129°.

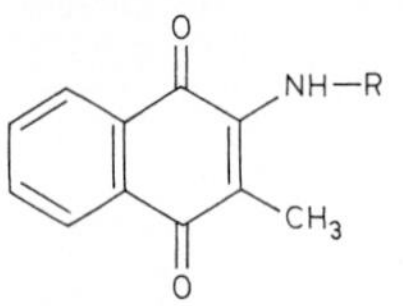

XI 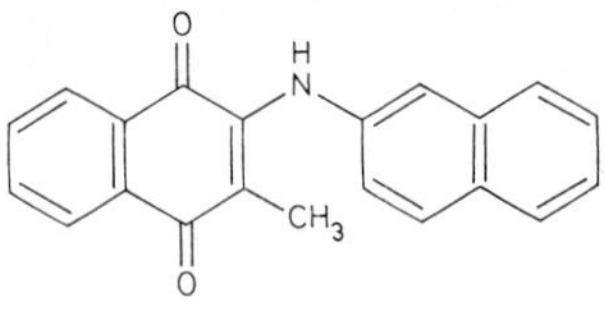 XII

**3-Anilino-2-methyl-naphthochinon-(1.4),** *2-anilino-3-methyl-1,4-naphthoquinone* $C_{17}H_{13}NO_2$, Formel XI (R = $C_6H_5$), und Tautomeres.

*B.* Beim Erwärmen von 2-Methyl-naphthochinon-(1.4) mit Anilin in Äthanol und Essigsäure (*Golowanowa*, Ž. obšč. Chim. **18** [1948] 835; C. A. **1949** 204). Beim Erwärmen von (±)-2.3-Epoxy-2-methyl-2.3-dihydro-naphthochinon-(1.4) mit Anilin in Äthanol (*Madinaveitia*, An. Soc. españ. **31** [1933] 750, 755; *Carrara, Bonacci*, G. **73** [1943] 225, 238).

Rote Krystalle; F: 164—165° (*Ca.*, *Bo.*), 163° [aus A.] (*Ma.*), 162—163° [aus Me. oder A.] (*Go.*).

**3-[Naphthyl-(2)-amino]-2-methyl-naphthochinon-(1.4),** *2-methyl-3-(2-naphthylamino)-1,4-naphthoquinone* $C_{21}H_{15}NO_2$, Formel XII, und Tautomeres.

*B.* Beim Erwärmen von 2-Methyl-naphthochinon-(1.4) mit Naphthyl-(2)-amin in Äthanol und Essigsäure (*Golowanowa*, Ž. obšč. Chim. **18** [1948] 835; C. A. **1949** 204).

Rote Krystalle (aus Me. oder A.); F: 172—173°.

**3-Acetamino-2-methyl-naphthochinon-(1.4), *N*-[1.4-Dioxo-3-methyl-1.4-dihydro-naphthyl-(2)]-acetamid,** N-*(3-methyl-1,4-dioxo-1,4-dihydro-2-naphthyl)acetamide* $C_{13}H_{11}NO_3$, Formel XI (R = CO-$CH_3$), und Tautomeres.

*B.* Beim Erwärmen von 2-Acetamino-naphthochinon-(1.4) mit Blei(IV)-acetat und Malonsäure in Essigsäure (*Fieser*, U.S.P. 2398418 [1943]; s. a. *Fieser et al.*, Am. Soc. **70** [1948] 3174, 3212, 3213).

Krystalle (nach Sublimation im Hochvakuum); F: 157—158° (*Fie. et al.*).

### Amino-Derivate der Dioxo-Verbindungen $C_{12}H_{10}O_2$

**5-Amino-1-benzyliden-cyclopentandion-(2.3)** $C_{12}H_{11}NO_2$.

**(±)-5-Anilino-1-benzyliden-3-phenylimino-cyclopentanon-(2),** *(±)-3-anilino-2-benzylidene-5-(phenylimino)cyclopentanone* $C_{24}H_{20}N_2O$, Formel I, und **(±)-3.5-Dianilino-1-benzyliden-cyclopenten-(3)-on-(2),** *(±)-2,4-dianilino-5-benzylidenecyclopent-2-en-1-one* $C_{24}H_{20}N_2O$, Formel II.

Diese Konstitution kommt der nachstehend beschriebenen, ursprünglich (*McGowan*, Soc. **1949** 777) als (±)-6-Anilino-3(oder 5)-oxo-1-phenyl-2-benzyliden-1.2.3(oder 5).6-

tetrahydro-pyridin angesehenen Verbindung zu (*Lewis*, *Mulquiney*, Austral. J. Chem. **23** [1970] 2315, 2321).

*B.* Beim Behandeln von (±)-2.5-Dianilino-cyclopenten-(1)-on-(3) (S. 357) mit Benzaldehyd und methanol. Kalilauge (*McG.*; *Le.*, *Mu.*).

Gelbe Krystalle (aus A.); Zers. bei 195° (*McG.*). Orangefarbene Krystalle (aus E.); F: 180–182° [unkorr.; Zers.] (*Le.*, *Mu.*).

I II III

## Amino-Derivate der Dioxo-Verbindungen $C_{14}H_{14}O_2$

**3-Amino-2-isobutyl-naphthochinon-(1.4),** *2-amino-3-isobutyl-1,4-naphthoquinone* $C_{14}H_{15}NO_2$, Formel III (R = H), und Tautomeres.

*B.* Aus 3-Acetamino-2-isobutyl-naphthochinon-(1.4) beim Behandeln mit Schwefelsäure (*Fieser et al.*, Am. Soc. **70** [1948] 3212).

F: 95–96°.

**3-Acetamino-2-isobutyl-naphthochinon-(1.4), *N*-[1.4-Dioxo-3-isobutyl-1.4-dihydro-naphthyl-(2)]-acetamid,** N-(*3-isobutyl-1,4-dioxo-1,4-dihydro-2-naphthyl*)*acetamide* $C_{16}H_{17}NO_3$, Formel III (R = CO-$CH_3$), und Tautomeres.

*B.* Beim Erwärmen von 2-Acetamino-naphthochinon-(1.4) mit Diisovalerylperoxid in Essigsäure und Äther [oder Petroläther] (*Fieser et al.*, Am. Soc. **70** [1948] 3212, 3213).

F: 171–171,8°.

**3-Amino-6-*tert*-butyl-naphthochinon-(1.4)** $C_{14}H_{15}NO_2$ und Tautomeres.

**3-[4-Dimethylamino-anilino]-6-*tert*-butyl-naphthochinon-(1.4)-1-[4-dimethylamino-phenylimin],** *7*-tert-*butyl-2-*[p-(*dimethylamino*)*anilino*]*-4-*[p-(*dimethylamino*)*phenylimino*]*naphthalen-1*(4H)*-one* $C_{30}H_{34}N_4O$, Formel IV (R = H), und **4-[4-Dimethylamino-anilino]-7-*tert*-butyl-naphthochinon-(1.2)-2-[4-dimethylamino-phenylimin],** *7*-tert-*butyl-4-*[p-(*dimethylamino*)*anilino*]*-2-*[p-(*dimethylamino*)*phenylimino*]*naphthalen-1*(2H)*-one* $C_{30}H_{34}N_4O$, Formel V (R = H).

*B.* Beim Behandeln von 8-Oxo-2-*tert*-butyl-5.6.7.8-tetrahydro-naphthalin mit 4-Nitroso-*N*.*N*-dimethyl-anilin und wss.-äthanol. Natronlauge (*Buu-Hoi*, *Cagniant*, C. r. **214** [1942] 87, 90).

Violette Krystalle (aus Bzl. + Bzn.); F: 205°.

IV V

## Amino-Derivate der Dioxo-Verbindungen $C_{15}H_{16}O_2$

**1.1-Dimethyl-4-[2-amino-benzyliden]-cyclohexandion-(3.5)** $C_{15}H_{17}NO_2$.

**1.1-Dimethyl-4-[2-acetamino-benzyliden]-cyclohexandion-(3.5), Essigsäure-{2-[(2.6-dioxo-4.4-dimethyl-cyclohexyliden)-methyl]-anilid}**, 5.5-Dimethyl-2-[2-acetamino-benzyliden]-dihydroresorcin, *α-(4,4-dimethyl-2,6-dioxocyclohexylidene)aceto-o-toluidide* $C_{17}H_{19}NO_3$, Formel VI (R = CO-$CH_3$).

*B.* Aus (±)-5.5-Dimethyl-2-[2-acetamino-α-hydroxy-benzyl]-dihydroresorcin beim Erhitzen auf 110° (*Iyer, Chakravarti*, J. Indian Inst. Sci. [A] **14** [1931] 157, 169).

F: 197—199°.

Beim Erwärmen mit Schwefelsäure oder mit Zinkchlorid in Äthanol ist 1-Oxo-3.3-dimethyl-10-acetyl-1.2.3.10-tetrahydro-acridin erhalten worden (*Iyer, Ch.*, l. c. S. 163, 169). Überführung in 1-Oxo-3.3-dimethyl-1.2.3.4-tetrahydro-acridin durch Erwärmen mit wss.-äthanol. Kalilauge: *Iyer, Ch.*, l. c. S. 168.

**3-Amino-2-isopentyl-naphthochinon-(1.4)**, *2-amino-3-isopentyl-1,4-naphthoquinone* $C_{15}H_{17}NO_2$, Formel VII (R = H), und Tautomeres.

*B.* Aus 3-Acetamino-2-isopentyl-naphthochinon-(1.4) beim Behandeln mit Schwefelsäure (*Fieser et al.*, Am. Soc. **70** [1948] 3212).

F: 54—56°.

**3-Methylamino-2-isopentyl-naphthochinon-(1.4)**, *2-isopentyl-3-(methylamino)-1,4-naphthoquinone* $C_{16}H_{19}NO_2$, Formel VII (R = $CH_3$), und Tautomeres.

*B.* Beim Einleiten von Methylamin in eine äthanol. Lösung von 2-Isopentyl-naphthochinon-(1.4) (*Asano, Komai*, J. pharm. Soc. Japan **63** [1943] 452; C. A. **1950** 7297).

Rote Krystalle (aus Me.); F: 113,5—114,5°.

**3-Acetamino-2-isopentyl-naphthochinon-(1.4), *N*-[1.4-Dioxo-3-isopentyl-1.4-dihydro-naphthyl-(2)]-acetamid**, *N-(3-isopentyl-1,4-dioxo-1,4-dihydro-1-naphthyl)acetamide* $C_{17}H_{19}NO_3$, Formel VII (R = CO-$CH_3$), und Tautomeres.

*B.* Beim Erwärmen von 2-Acetamino-naphthochinon-(1.4) mit Bis-[4-methyl-valeryl]-peroxid (nicht näher beschrieben) in Essigsäure und Äther [oder Petroläther] (*Fieser et al.*, Am. Soc. **70** [1948] 3212, 3213).

F: 168,8—169°.

**2-Amino-5-methyl-7-*tert*-butyl-naphthochinon-(1.4)** $C_{15}H_{17}NO_2$ und Tautomeres.

**2-[4-Dimethylamino-anilino]-5-methyl-7-*tert*-butyl-naphthochinon-(1.4)-4-[4-dimethylamino-phenylimin]**, *7-*tert*-butyl-2-[p-(dimethylamino)anilino]-4-[p-(dimethylamino)phenylimino]-5-methylnaphthalen-1(4H)-one* $C_{31}H_{36}N_4O$, Formel IV (R = $CH_3$), und **4-[4-Dimethylamino-anilino]-5-methyl-7-*tert*-butyl-naphthochinon-(1.2)-2-[4-dimethylamino-phenylimin]**, *7-*tert*-butyl-4-[p-(dimethylamino)anilino]-2-[p-(dimethylamino)phenylimino]-5-methylnaphthalen-1(2H)-one* $C_{31}H_{36}N_4O$, Formel V (R = $CH_3$).

*B.* Aus 5-Oxo-1-methyl-3-*tert*-butyl-5.6.7.8-tetrahydro-naphthalin (über die Konstitution dieser Verbindung s. *Cagniant, Reisse, Cagniant*, Bl. **1969** 985, 986, 989) und 4-Nitroso-*N.N*-dimethyl-anilin (*Buu-Hoi, Cagniant*, C. r. **214** [1942] 115).

Violette Krystalle (aus Bzl. + Bzn.); F: 232—233° (*Buu-Hoi, Ca.*).

VI VII VIII

## Amino-Derivate der Dioxo-Verbindungen $C_{16}H_{18}O_2$

**8.11-Dioxo-6-methyl-5-[2-amino-äthyl]-5.6.7.8.9.10-hexahydro-5.9-methano-benzocycloocten** $C_{16}H_{19}NO_2$.

**8.11-Dioxo-6-methyl-5-[2-diäthylamino-äthyl]-5.6.7.8.9.10-hexahydro-5.9-methano-benzocycloocten**, 6-Methyl-5-[2-diäthylamino-äthyl]-5.6.9.10-tetrahydro-7*H*-5.9-methano-benzocyclooctendion-(8.11), *5-[2-(diethylamino)ethyl]-6-methyl-5,6,9,10-tetrahydro-5,9-methanobenzocyclooctene-8,11(7H)-dione* $C_{20}H_{27}NO_2$, Formel VIII.

Ein opt.inakt. Amin (bei 160°/0,01 Torr destillierbar) dieser Konstitution ist neben 3-[2-Oxo-1-(2-diäthylamino-äthyl)-1.2.3.4-tetrahydro-naphthyl-(1)]-buttersäure-äthylester ($Kp_{0,1}$: 175°) beim Erwärmen von (±)-2-Oxo-1-[2-diäthylamino-äthyl]-1.2.3.4-tetra= hydro-naphthalin mit Crotonsäure-äthylester (nicht charakterisiert) und Natriumäthylat in Äthanol erhalten worden (*Barltrop*, Soc. **1947** 399). [*G. Richter*]

# Amino-Derivate der Dioxo-Verbindungen $C_nH_{2n-16}O_2$

## Amino-Derivate der Dioxo-Verbindungen $C_{12}H_8O_2$

**[4-Amino-phenyl]-benzochinon-(1.4)** $C_{12}H_9NO_2$.

**[4-(2.4-Dinitro-anilino)-phenyl]-benzochinon-(1.4)**, [p-*(2,4-dinitroanilino)phenyl*]-p-*benzoquinone* $C_{18}H_{11}N_3O_6$, Formel IX.

*B.* Aus Benzochinon-(1.4) und 4-[2.4-Dinitro-anilino]-benzol-diazonium-(1)-chlorid beim Behandeln mit Natriumacetat und wss. Schwefelsäure (*Šimonow*, Ž. obšč. Chim. **10** [1940] 1220, 1227; C. **1941** II 186).

Weinrote Krystalle (aus Nitrobenzol); F: 241,5—242,5°.

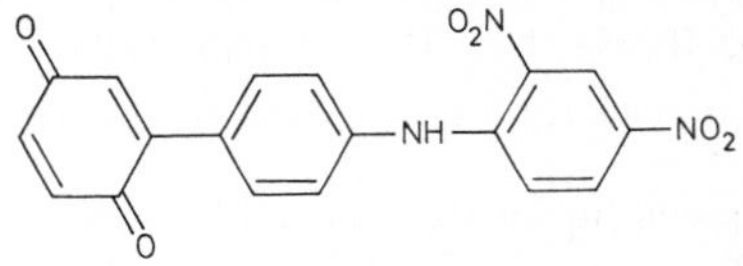

IX 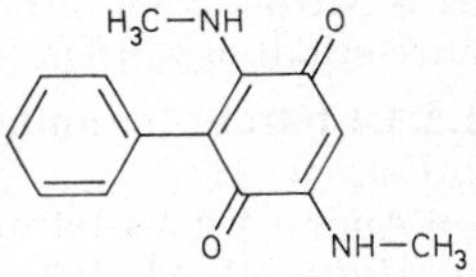 X

**3.6-Diamino-2-phenyl-benzochinon-(1.4)** $C_{12}H_{10}N_2O_2$.

**3.6-Bis-methylamino-2-phenyl-benzochinon-(1.4)**, *2,5-bis(methylamino)-3-phenyl*-p-*benzoquinone* $C_{14}H_{14}N_2O_2$, Formel X, und Tautomere.

*B.* Aus Phenyl-benzochinon-(1.4) und Methylamin in Äthanol unter Einleiten von Luft (*Asano et al.*, J. pharm. Soc. Japan **63** [1943] 686, 689; C. A. **1952** 93).

Orangerote Krystalle (aus A.); F: 291—292° [Zers.].

## Amino-Derivate der Dioxo-Verbindungen $C_{13}H_{10}O_2$

**3.6-Diamino-2-benzyl-benzochinon-(1.4)** $C_{13}H_{12}N_2O_2$.

**3.6-Bis-methylamino-2-benzyl-benzochinon-(1.4)**, *3-benzyl-2,5-bis(methylamino)*-p-*benzo= quinone* $C_{15}H_{16}N_2O_2$, Formel XI, und Tautomere.

*B.* Aus Benzyl-benzochinon-(1.4) und Methylamin in Äthanol unter Einleiten von Luft (*Asano et al.*, J. pharm. Soc. Japan **63** [1943] 686, 687; C. A. **1952** 93).

Rotbraune Krystalle (aus A.); F: 207,5—208,5° [Zers.].

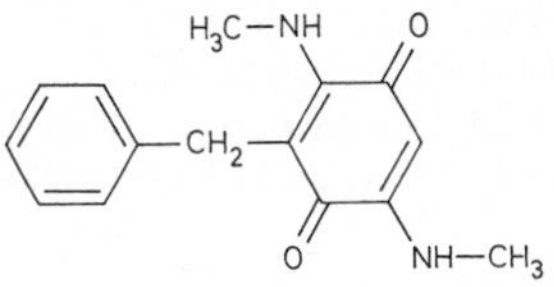

XI 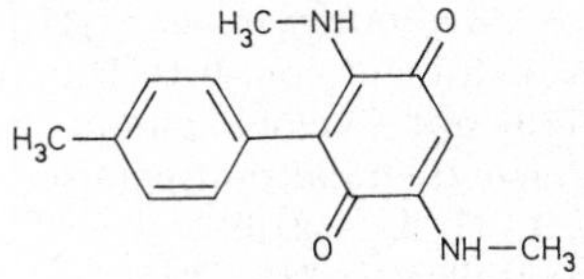 XII

**3.6-Diamino-2-*p*-tolyl-benzochinon-(1.4)** $C_{13}H_{12}N_2O_2$.

**3.6-Bis-methylamino-2-*p*-tolyl-benzochinon-(1.4)**, *2,5-bis(methylamino)-3-*p*-tolyl*-p-*benzo= quinone* $C_{15}H_{16}N_2O_2$, Formel XII, und Tautomere.

*B.* Aus *p*-Tolyl-benzochinon-(1.4) und Methylamin in Äthanol unter Einleiten von Luft (*Asano et al.*, J. pharm. Soc. Japan **63** [1943] 686, 690; C. A. **1952** 93).

Rote Krystalle (aus A.); F: 298—299° [Zers.].

## Amino-Derivate der Dioxo-Verbindungen $C_{14}H_{12}O_2$

**3.6-Diamino-2-phenäthyl-benzochinon-(1.4)** $C_{14}H_{14}N_2O_2$.

**3.6-Bis-methylamino-2-phenäthyl-benzochinon-(1.4)**, *2,5-bis(methylamino)-3-phenethyl*-p-*benzoquinone* $C_{16}H_{18}N_2O_2$, Formel I, und Tautomere.

*B.* Aus Phenäthyl-benzochinon-(1.4) und Methylamin in Äthanol unter Einleiten von Luft (*Asano et al.*, J. pharm. Soc. Japan **63** [1943] 686, 688; C. A. **1952** 93).

Rotviolette Krystalle (aus A.); F: 204,5—205,5° [Zers.].

I II III

**5-Amino-1.2.3.4-tetrahydro-anthrachinon** $C_{14}H_{13}NO_2$.

**8-Nitro-5-acetamino-1.2.3.4-tetrahydro-anthrachinon, *N*-[4-Nitro-9.10-dioxo-5.6.7.8.9.10-hexahydro-anthryl-(1)]-acetamid,** N-(*4-nitro-9,10-dioxo-5,6,7,8,9,10-hexahydro-1-anthryl)acetamide* $C_{16}H_{14}N_2O_5$, Formel II (R = $CO\text{-}CH_3$).

Eine Verbindung (orangefarbene Krystalle [aus Eg.], F: 185°), der vermutlich diese Konstitution zukommt, ist beim Behandeln von 5-Acetamino-1.2.3.4-tetrahydro-anthrachinon (aus 5-Nitro-1.2.3.4-tetrahydro-anthrachinon hergestellt) mit Salpetersäure und Schwefelsäure erhalten worden (*Gen. Aniline Works*, U.S.P. 1821035 [1928]).

**6-Amino-1.2.3.4-tetrahydro-anthrachinon,** *6-amino-1,2,3,4-tetrahydroanthraquinone* $C_{14}H_{13}NO_2$, Formel III.

*B.* Aus 6-Amino-1.2.3.4-tetrahydro-anthracendiol-(9.10) mit Hilfe von Wasser und Luft (*Skita, Müller*, B. **64** [1931] 1152, 1155).

Rote Krystalle (aus Toluol); F: 198°.

**5.8-Diamino-1.2.3.4-tetrahydro-anthrachinon** $C_{14}H_{14}N_2O_2$.

**5.8-Bis-methylamino-1.2.3.4-tetrahydro-anthrachinon,** *5,8-bis(methylamino)-1,2,3,4-tetrahydroanthraquinone* $C_{16}H_{18}N_2O_2$, Formel IV (R = X = $CH_3$).

*B.* Beim Erwärmen von 9.10-Dihydroxy-2.3.5.6.7.8-hexahydro-anthracen-chinon-(1.4) (E III **6** 6719) mit Methylamin in wss. Äthanol und Leiten von Luft durch das Reaktionsgemisch (*I.G. Farbenind.*, D.R.P. 712599 [1938]; D.R.P. Org. Chem. **1**, Tl. 2, S. 216).

Blaue Krystalle; F: 223–225°.

**5.8-Bis-äthylamino-1.2.3.4-tetrahydro-anthrachinon,** *5,8-bis(ethylamino)-1,2,3,4-tetrahydroanthraquinone* $C_{18}H_{22}N_2O_2$, Formel IV (R = X = $C_2H_5$).

*B.* Beim Erwärmen von 9.10-Dihydroxy-2.3.5.6.7.8-hexahydro-anthracen-chinon-(1.4) (E III **6** 6719) mit Äthylamin in wss. Äthanol und Leiten von Luft durch das Reaktionsgemisch (*I.G. Farbenind.*, D.R.P. 712599 [1938]; D.R.P. Org. Chem. **1**, Tl. 2, S. 216).

Bronzefarbene Krystalle; F: 145–146°.

**5.8-Bis-cyclohexylamino-1.2.3.4-tetrahydro-anthrachinon,** *5,8-bis(cyclohexylamino)-1,2,3,4-tetrahydroanthraquinone* $C_{26}H_{34}N_2O_2$, Formel IV ((R = X = $C_6H_{11}$).

*B.* Beim Erhitzen von 9.10-Dihydroxy-2.3.5.6.7.8-hexahydro-anthracen-chinon-(1.4) (E III **6** 6719) mit Cyclohexylamin in Butanol-(1) und Leiten von Luft durch das mit Piperidin versetzte Reaktionsgemisch (*I.G. Farbenind.*, D.R.P. 712599 [1938]; D.R.P. Org. Chem. **1**, Tl. 2, S. 216).

Blaue Krystalle; F: 213–215°.

**5.8-Di-*p*-toluidino-1.2.3.4-tetrahydro-anthrachinon,** *5,8-di-*p*-toluidino-1,2,3,4-tetrahydroanthraquinone* $C_{28}H_{26}N_2O_2$, Formel V (R = H, X = $CH_3$).

*B.* Beim Erhitzen von 9.10-Dihydroxy-2.3.5.6.7.8-hexahydro-anthracen-chinon-(1.4) (E III **6** 6719) mit *p*-Toluidin und Borsäure und Leiten von Luft durch das Reaktionsgemisch (*Gen. Aniline & Film Corp.*, U.S.P. 2276673 [1938]).

Bronzefarbene Krystalle (aus Butanol-(1) oder Chlorbenzol); F: 211–212°.

**5.8-Bis-[2.4.6-trimethyl-anilino]-1.2.3.4-tetrahydro-anthrachinon,** *5,8-bis(2,4,6-trimethylanilino)-1,2,3,4-tetrahydroanthraquinone* $C_{32}H_{34}N_2O_2$, Formel V (R = X = $CH_3$).

*B.* Beim Erhitzen von 9.10-Dihydroxy-2.3.5.6.7.8-hexahydro-anthracen-chinon-(1.4) (E III **6** 6719) mit 2.4.6-Trimethyl-anilin und Borsäure auf 170° und Leiten von Luft durch das Reaktionsgemisch (*Gen. Aniline & Film Corp.*, U.S.P. 2276637 [1938]).

Krystalle (aus Eg.); F: 238–240°.

**5.8-Bis-[4-butyl-anilino]-1.2.3.4-tetrahydro-anthrachinon,** *5,8-bis(*p*-butylanilino)-1,2,3,4-tetrahydroanthraquinone* $C_{34}H_{38}N_2O_2$, Formel V (R = H, X = $[CH_2]_3\text{-}CH_3$).

*B.* Beim Erhitzen von 9.10-Dihydroxy-2.3.5.6.7.8-hexahydroanthracen-chinon-(1.4) (E III **6** 6719) mit 4-Butyl-anilin und Borsäure und Leiten von Luft durch das Reaktionsgemisch (*Gen. Aniline & Film Corp.*, U.S.P. 2276637 [1938]).

Blaue Krystalle (aus Eg.); F: 99—101°.

**5.8-Bis-[4-*tert*-butyl-anilino]-1.2.3.4-tetrahydro-anthrachinon,** *5,8-bis*(p-tert-*butylanilino*)-*1,2,3,4-tetrahydroanthraquinone* $C_{34}H_{38}N_2O_2$, Formel V (R = H, X = $C(CH_3)_3$).

*B.* Beim Erhitzen von 9.10-Dihydroxy-2.3.5.6.7.8-hexahydro-anthracen-chinon-(1.4) (E III **6** 6719) mit 4-*tert*-Butyl-anilin und Borsäure und Leiten von Luft durch das Reaktionsgemisch (*Gen. Aniline & Film Corp.*, U.S.P. 2276637 [1938]).

Blauschwarze Krystalle (aus Butanol-(1)); F: 196—197°.

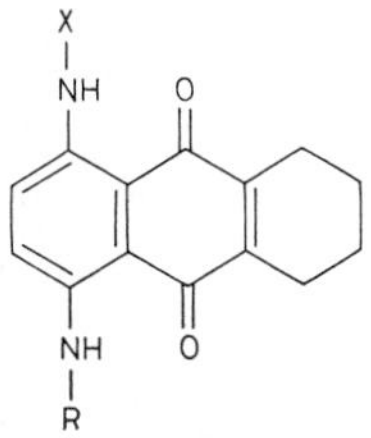

IV 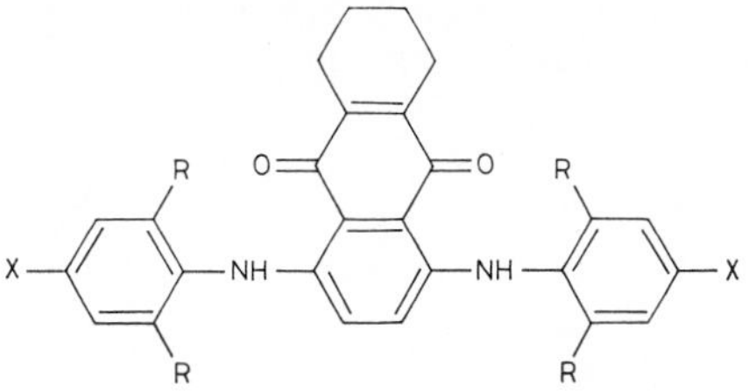 V

**5.8-Bis-[1.2.3.4-tetrahydro-naphthyl-(2)-amino]-1.2.3.4-tetrahydro-anthrachinon,** *5,8-bis(1,2,3,4-tetrahydro-2-naphthylamino)-1,2,3,4-tetrahydroanthraquinone* $C_{34}H_{34}N_2O_2$, Formel VI.

Eine opt.-inakt. Verbindung (blaue Krystalle, F: 220—221°) dieser Konstitution ist beim Erhitzen von 9.10-Dihydroxy-2.3.5.6.7.8-hexahydro-anthracen-chinon-(1.4) (E III **6** 6719) mit (±)-1.2.3.4-Tetrahydro-naphthyl-(2)-amin in Butanol-(1) und Leiten von Luft durch das mit Piperidin versetzte Reaktionsgemisch erhalten worden (*Gen. Aniline & Film Corp.*, U.S.P. 2276637 [1938]).

**5.8-Bis-[4-cyclohexyl-anilino]-1.2.3.4-tetrahydro-anthrachinon,** *5,8-bis*(p-*cyclohexyl*=*anilino*)*-1,2,3,4-tetrahydroanthraquinone* $C_{38}H_{42}N_2O_2$, Formel V (R = H, X = $C_6H_{11}$).

*B.* Beim Erhitzen von 9.10-Dihydroxy-2.3.5.6.7.8-hexahydro-anthracen-chinon-(1.4) (E III **6** 6719) mit 4-Cyclohexyl-anilin und Borsäure und Leiten von Luft durch das Reaktionsgemisch (*Gen. Aniline & Film Corp.*, U.S.P. 2276637 [1938]).

Blaue Krystalle (aus Chlorbenzol); F: 219—221°.

**5.8-Bis-[biphenylyl-(4)-amino]-1.2.3.4-tetrahydro-anthrachinon,** *5,8-bis(biphenyl-4-yl*=*amino)-1,2,3,4-tetrahydroanthraquinone* $C_{38}H_{30}N_2O_2$, Formel V (R = H, X = $C_6H_5$).

*B.* Beim Erhitzen von 9.10-Dihydroxy-2.3.5.6.7.8-hexahydro-anthracen-chinon-(1.4) (E III **6** 6719) mit Biphenylyl-(4)-amin und Borsäure und Leiten von Luft durch das Reaktionsgemisch (*Gen. Aniline & Film Corp.*, U.S.P. 2276637 [1938]).

Blauschwarze Krystalle (aus Butanol-(1) oder Chlorbenzol); F: 214—216°.

**8-Methylamino-5-[2-hydroxy-äthylamino]-1.2.3.4-tetrahydro-anthrachinon,** *5-(2-hydroxy*=*ethylamino)-8-(methylamino)-1,2,3,4-tetrahydroanthraquinone* $C_{17}H_{20}N_2O_3$, Formel IV (R = $CH_3$, X = $CH_2$-$CH_2OH$).

*B.* Beim Erwärmen von 9.10-Dihydroxy-2.3.5.6.7.8-hexahydro-anthracen-chinon-(1.4) (E III **6** 6719) mit Methylamin und 2-Amino-äthanol-(1) in wss. Äthanol und Leiten von Luft durch das mit Piperidin versetzte Reaktionsgemisch (*I. G. Farbenind.*, D.R.P. 712599 [1938]; D.R.P. Org. Chem. **1**, Tl. 2, S. 216).

Krystalle (aus Butanol-(1)); F: 198—200°.

**8-Äthylamino-5-[2-hydroxy-äthylamino]-1.2.3.4-tetrahydro-anthrachinon,** *5-(ethyl*=*amino)-8-(2-hydroxyethylamino)-1,2,3,4-tetrahydroanthraquinone* $C_{18}H_{22}N_2O_3$, Formel IV (R = $C_2H_5$, X = $CH_2$-$CH_2OH$).

*B.* Beim Erwärmen von 9.10-Dihydroxy-2.3.5.6.7.8-hexahydro-anthracen-chinon-(1.4) (E III **6** 6719) mit Äthylamin und 2-Amino-äthanol-(1) in wss. Äthanol und Leiten von Luft durch das mit Piperidin versetzte Reaktionsgemisch (*I. G. Farbenind.*, D.R.P. 712599 [1938]; D.R.P. Org. Chem. **1**, Tl. 2, S. 216).

Blaue Krystalle (aus Butanol-(1)); F: 165—166°.

**5.8-Bis-[2-hydroxy-äthylamino]-1.2.3.4-tetrahydro-anthrachinon,** *5,8-bis(2-hydroxyethyl=amino)-1,2,3,4-tetrahydroanthraquinone* $C_{18}H_{22}N_2O_4$, Formel IV (R = X = $CH_2$-$CH_2OH$).

*B.* Beim Erwärmen von 9.10-Dihydroxy-2.3.5.6.7.8-hexahydro-anthracen-chinon-(1.4) (E III **6** 6719) mit 2-Amino-äthanol-(1) in Äthanol und Leiten von Luft durch das Reaktionsgemisch (*I. G. Farbenind.*, D.R.P. 712599 [1938]; D.R.P. Org. Chem. **1**, Tl. 2, S. 216).

Krystalle; F: 196—198°.

**5.8-Bis-[4-butyloxy-anilino]-1.2.3.4-tetrahydro-anthrachinon,** *5,8-bis*(p-*butoxyanilino*)-*1,2,3,4-tetrahydroanthraquinone* $C_{34}H_{38}N_2O_4$, Formel V (R = H, X = O-$[CH_2]_3$-$CH_3$).

*B.* Beim Erhitzen von 9.10-Dihydroxy-2.3.5.6.7.8-hexahydro-anthracen-chinon-(1.4) (E III **6** 6719) mit 4-Butyloxy-anilin und Borsäure und Leiten von Luft durch das Reaktionsgemisch (*Gen. Aniline & Film Corp.*, U.S.P. 2276637 [1938]).

Blaue Krystalle (aus Butanol-(1)); F: 129—131°.

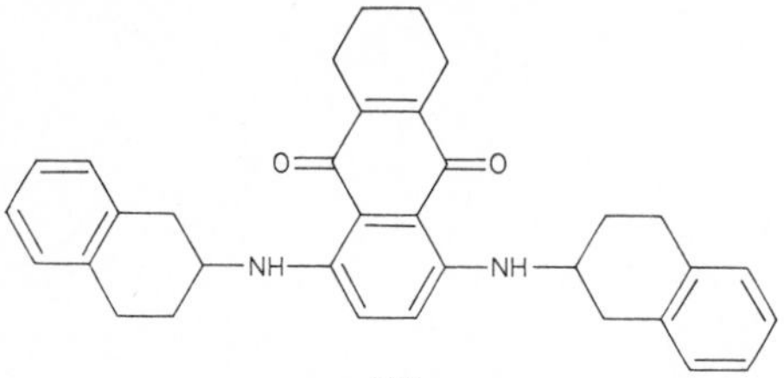

VI

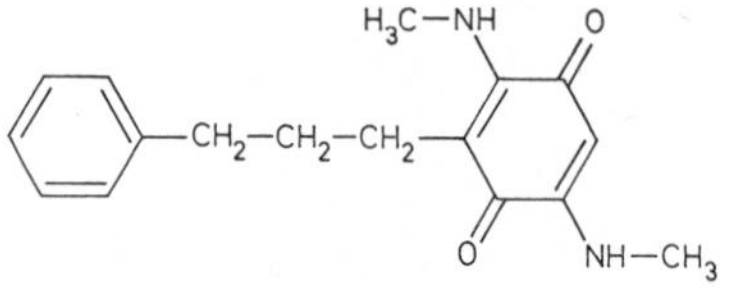

VII

### Amino-Derivate der Dioxo-Verbindungen $C_{15}H_{14}O_2$

**3.6-Diamino-2-[3-phenyl-propyl]-benzochinon-(1.4)** $C_{15}H_{16}N_2O_2$.

**3.6-Bis-methylamino-2-[3-phenyl-propyl]-benzochinon-(1.4),** *2,5-bis(methylamino)-3-(3-phenylpropyl)*-p-*benzoquinone* $C_{17}H_{20}N_2O_2$, Formel VII, und Tautomere.

*B.* Aus [3-Phenyl-propyl]-benzochinon-(1.4) und Methylamin in Äthanol unter Einleiten von Luft (*Asano et al.*, J. pharm. Soc. Japan **63** [1943] 686, 689; C. A. **1952** 93).

Violette Krystalle (aus A.); F: 201,5—202,5° [Zers.].

### Amino-Derivate der Dioxo-Verbindungen $C_{16}H_{16}O_2$

**2-Methyl-5-[3-amino-2.4.6-trimethyl-phenyl]-benzochinon-(1.4)** $C_{16}H_{17}NO_2$.

**3.6-Dibrom-2-methyl-5-[5-brom-3-amino-2.4.6-trimethyl-phenyl]-benzochinon-(1.4),** *2-(3-amino-5-bromomesityl)-3,6-dibromo-5-methyl*-p-*benzoquinone* $C_{16}H_{14}Br_3NO_2$, Formel VIII.

*B.* Aus 3.6-Dibrom-2-methyl-5-[5-brom-3-amino-2.4.6-trimethyl-phenyl]-hydrochinon und Benzochinon-(1.4) in Äthanol (*Hill, Adams*, Am. Soc. **53** [1931] 3453, 3458).

Rote Krystalle (aus A.); Zers. bei 135—140° [korr.].

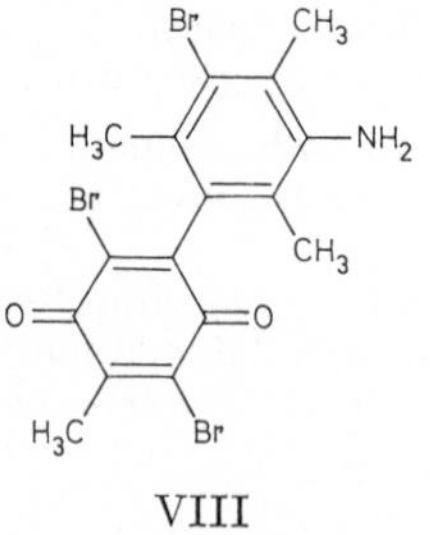

VIII

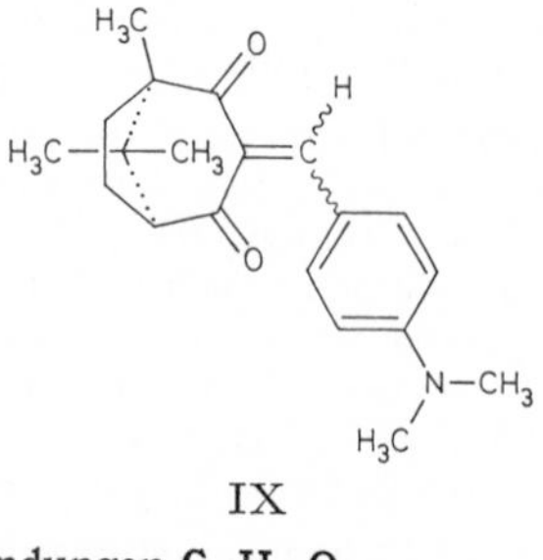

IX

### Amino-Derivate der Dioxo-Verbindungen $C_{18}H_{20}O_2$

**1.8.8-Trimethyl-3-[4-amino-benzyliden]-bicyclo[3.2.1]octandion-(2.4)** $C_{18}H_{21}NO_2$.

**1.8.8-Trimethyl-3-[4-dimethylamino-benzyliden]-bicyclo[3.2.1]octandion-(2.4),** *3-[4-(dimethylamino)benzylidene]-1,8,8-trimethylbicyclo[3.2.1]octane-2,4-dione* $C_{20}H_{25}NO_2$.

**(1*R*)-1.8.8-Trimethyl-3-[4-dimethylamino-benzyliden-(ξ)]-bicyclo[3.2.1]octan=dion-(2.4),** Formel IX, vom **F: 153°.**

*B.* Beim Behandeln von (1*R*)-1.8.8-Trimethyl-bicyclo[3.2.1]octandion-(2.4) mit 4-Di=

methylamino-benzaldehyd unter Zusatz von Pyridin und Piperidin (*Rupe, Frey*, Helv. **27** [1944] 627, 633).

Orangefarbene Krystalle (aus A.); F: 152,5—153°.

# Amino-Derivate der Dioxo-Verbindungen $C_nH_{2n-18}O_2$

## Amino-Derivate der Dioxo-Verbindungen $C_{12}H_6O_2$

**3-Amino-acenaphthendion-(1.2), 3-Amino-acenaphthenchinon,** *3-aminoacenaphthenequinone* $C_{12}H_7NO_2$, Formel X (R = H).

Ein Aminoketon (rötliche Krystalle [aus Bzl. + Acn.], F: 196°), dem vermutlich diese Konstitution zukommt, ist aus der im folgenden Artikel beschriebenen Verbindung beim Erwärmen mit wss.-äthanol. Natronlauge erhalten worden (*Gallas, Bermúdez*, An. Soc. españ. **29** [1931] 464, 468).

**3-Acetamino-acenaphthendion-(1.2), 3-Acetamino-acenaphthenchinon, *N*-[1.2-Dioxo-acenaphthenyl-(3)]-acetamid,** N-*(1,2-dioxoacenaphthen-3-yl)acetamide* $C_{14}H_9NO_3$, Formel X (R = CO-$CH_3$).

Eine Verbindung (gelbliche Krystalle [aus A.], F: 232°), der vermutlich diese Konstitution zukommt, ist als Hauptprodukt beim Behandeln von *N*-[Naphthyl-(2)]-acetamid mit Oxalylchlorid und Aluminiumchlorid in Schwefelkohlenstoff erhalten worden (*Gallas, Bermúdez*, An. Soc. españ. **29** [1931] 464, 468).

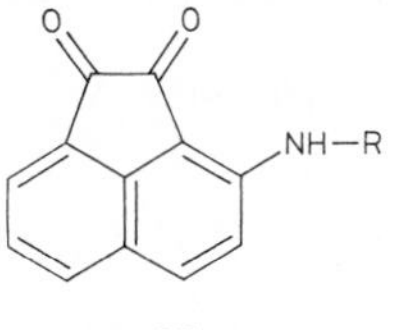

X 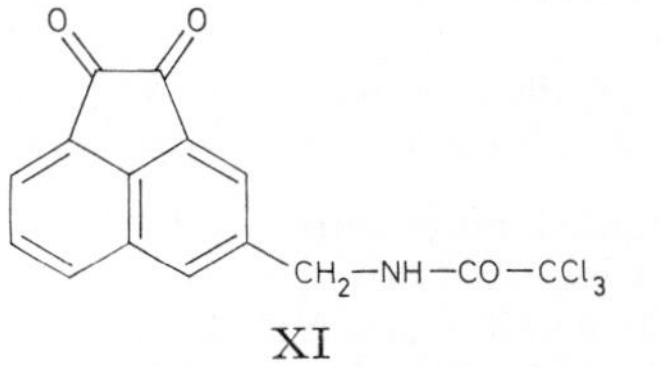 XI 560

## Amino-Derivate der Dioxo-Verbindungen $C_{13}H_8O_2$

**4-Aminomethyl-acenaphthendion-(1.2)** $C_{13}H_9NO_2$.

**4-[(*C.C.C*-Trichlor-acetamino)-methyl]-acenaphthendion-(1.2), 4-[(*C.C.C*-Trichlor-acetamino)-methyl]-acenaphthenchinon, *C.C.C*-Trichlor-*N*-[(1.2-dioxo-acenaphthenyl-(4))-methyl]-acetamid,** *2,2,2-trichloro-*N*-[(1,2-dioxoacenaphthen-4-yl)methyl]acetamide* $C_{15}H_8Cl_3NO_3$, Formel XI.

*B.* Beim Behandeln von Acenaphthenchinon mit *C.C.C*-Trichlor-*N*-hydroxymethyl-acetamid und Schwefelsäure (*de Diesbach*, Helv. **23** [1940] 1232, 1242).

Gelbliche Krystalle (aus Amylalkohol); F: 208°.

## Amino-Derivate der Dioxo-Verbindungen $C_{14}H_{10}O_2$

**4-Amino-benzil** $C_{14}H_{11}NO_2$.

**4-Dimethylamino-benzil,** *4-(dimethylamino)benzil* $C_{16}H_{15}NO_2$, Formel XII (R = X = H) (E I 434).

*B.* Beim Erwärmen von (±)-4-Dimethylamino-benzoin oder von (±)-4′-Dimethylamino-benzoin in Äthanol mit Fehling-Lösung (*Jenkins, Bigelow, Buck*, Am. Soc. **52** [1930] 5198, 5202, 5203; vgl. E I 434). Neben 4′-Dimethylamino-desoxybenzoin beim Erwärmen von (±)-4-Dimethylamino-benzoin mit wss.-äthanol. Salzsäure und Kupfer(II)-sulfat (*Matsumura*, Am. Soc. **57** [1935] 955).

Gelbe Krystalle; F: 116—117° [aus wss. A.] (*Je., Bi., Buck*), 115—116° [aus A.] (*Luis*, Soc. **1932** 2547, 2549; *Ma.*).

Hydrierung an Platin in Essigsäure oder Äthanol unter Bildung von 4-Dimethylamino-benzoin und 4-Dimethylamino-bibenzyldiol-(α.α′) (F: 112°): *Jenkins, Buck, Bigelow*, Am. Soc. **52** [1930] 4495, 4497. Beim Erwärmen mit Zinn, Kupfer(II)-sulfat und wss.-äthanol. Salzsäure ist 4′-Dimethylamino-desoxybenzoin erhalten worden (*Ma.*).

**3′-Chlor-4-dimethylamino-benzil,** *3-chloro-4′-(dimethylamino)benzil* $C_{16}H_{14}ClNO_2$, Formel XII (R = H, X = Cl).

*B.* Beim Behandeln von (±)-3′-Chlor-4-dimethylamino-benzoin in Äthanol mit Fehling-

Lösung (*Buck, Ide*, Am. Soc. **52** [1930] 4107, **54** [1932] 3302, 3306).
Gelbe Krystalle (aus A.); F: 130°.

**4'-Chlor-4-dimethylamino-benzil,** *4-chloro-4'-(dimethylamino)benzil* $C_{16}H_{14}ClNO_2$, Formel XII (R = Cl, X = H).

*B.* Beim Erwärmen von (±)-4-Chlor-4'-dimethylamino-benzoin oder von (±)-4'-Chlor-4-dimethylamino-benzoin in Äthanol mit Fehling-Lösung (*Jenkins*, Am. Soc. **53** [1931] 3115, 3119; *Dilthey et al.*, J. pr. [2] **141** [1934] 331, 345).

Orangefarbene Krystalle (aus A.); F: 144,5° [korr.] (*Je.*), 143—144° (*Di. et al.*).

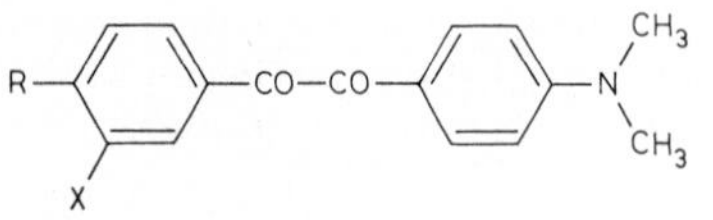

XII 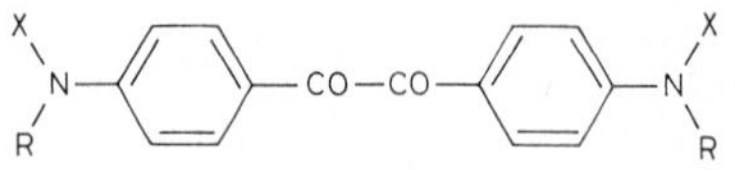 XIII

**4.4'-Diamino-benzil,** *4,4'-diaminobenzil* $C_{14}H_{12}N_2O_2$, Formel XIII (R = X = H).

*B.* Aus 4.4'-Dinitro-benzil bei der Behandlung mit Eisen(II)-sulfat und wss. Ammoniak (*Kuhn, Möller, Wendt*, B. **76** [1943] 405, 406, 411; *Am. Cyanamid Co.*, U.S.P. 2359280 [1943]) sowie bei der Hydrierung mit Hilfe von Nickel (*Kuhn, Mö., We.*), von Platin oder von Palladium (*Am. Cyanamid Co.*). Beim Erhitzen von (±)-4.4'-Bis-acetamino-benzoin mit Kupfer(II)-sulfat in wss. Pyridin und Erhitzen des Reaktionsprodukts mit wss. Salzsäure (*Gee, Harley-Mason*, Soc. **1947** 251).

Gelbe Krystalle; F: 169° [aus W.] (*Kuhn, Mö., We.*), 169° [aus A.] (*Gee, Ha.-M.*), 166—167° [aus wss. A.] (*Am. Cyanamid Co.*).

**4.4'-Bis-dimethylamino-benzil,** *4,4'-bis(dimethylamino)benzil* $C_{18}H_{20}N_2O_2$, Formel XIII ($R = X = CH_3$) (H 174).

*B.* Beim Behandeln von *N.N*-Dimethyl-anilin mit Oxalylchlorid und Aluminiumchlorid in Schwefelkohlenstoff (*Tüzün, Ogliaruso, Becker*, Org. Synth. **41** [1961] 1; vgl. H 174).

Gelbe Krystalle (aus Bzl. oder Acn.); F: 202—203°.

**4.4'-Bis-acetamino-benzil,** *4',4'''-oxalylbisacetanilide* $C_{18}H_{16}N_2O_4$, Formel XIII ($R = CO\text{-}CH_3$, X = H).

*B.* Beim Behandeln von 4.4'-Diamino-benzil mit Acetanhydrid und Pyridin (*Kuhn, Möller, Wendt*, B. **76** [1943] 405, 412).

Krystalle (aus wss. Acn.); F: 251°.

## Amino-Derivate der Dioxo-Verbindungen $C_{15}H_{12}O_2$

**3-Phenyl-1-[2-amino-phenyl]-propandion-(1.3),** *1-(o-aminophenyl)-3-phenylpropane-1,3-dione* $C_{15}H_{13}NO_2$, Formel I, und Tautomere (2'-Amino-β-hydroxy-chalkon und 2-Amino-β-hydroxy-chalkon).

*B.* In geringer Menge beim Behandeln einer äthanol. Lösung von (±)-1-Hydroxy-3-phenyl-1-[2-nitro-phenyl]-propanon-(3) mit Zink und Essigsäure und anschliessend mit wss. Eisen(III)-chlorid-Lösung (*Tanasescu, Georgescu*, Bl. [4] **51** [1932] 234, 237, 239).

Krystalle; F: 121°.

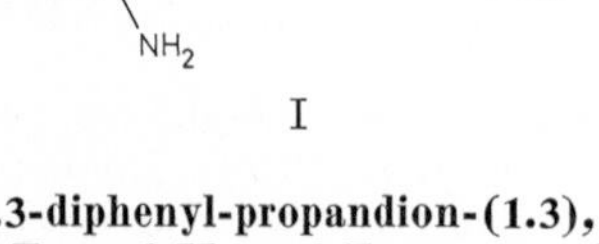

I 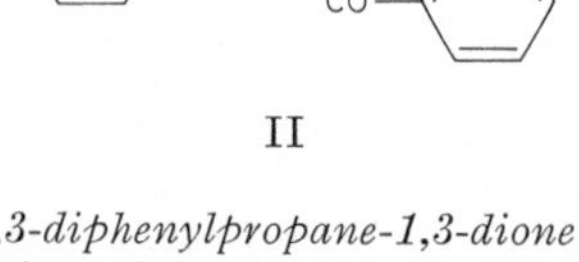 II

**2-Amino-1.3-diphenyl-propandion-(1.3),** *2-amino-1,3-diphenylpropane-1,3-dione* $C_{15}H_{13}NO_2$, Formel II, und Tautomere (z. B. α-Amino-β-hydroxy-chalkon).

Hydrochlorid $C_{15}H_{13}NO_2 \cdot HCl$. *B.* Aus 2-Hydroxyimino-1.3-diphenyl-propandion-(1.3) beim Behandeln mit Zinn(II)-chlorid und wss. Salzsäure (*Pascual, Rey*, An. Soc. españ. **28** [1930] 632, 633). — Krystalle; F: 213° [korr.; Zers.].

### Amino-Derivate der Dioxo-Verbindungen $C_{16}H_{14}O_2$

**2-Amino-1.4-diphenyl-butandion-(1.4)** $C_{16}H_{15}NO_2$.

**(±)-2-Dimethylamino-1.4-diphenyl-butandion-(1.4)**, (±)-*2-(dimethylamino)-1,4-diphenyl-butane-1,4-dione* $C_{18}H_{19}NO_2$, Formel III (R = $CH_3$, X = H).

*B.* Aus 1.4-Diphenyl-buten-(2*t*)-dion-(1.4) und Dimethylamin in wss. Methanol (*Lutz, Bailey, Shearer*, Am. Soc. **68** [1946] 2224, 2226). Aus Dimethyl-diphenacyl-ammonium-bromid beim Erwärmen mit wss. Natronlauge (*Thomson, Stevens*, Soc. **1932** 1932, 1934).

Krystalle (aus wss. Me.), die sich am Licht gelb färben; F: 64–65° (*Lutz, Bai., Sh.*).

Pikrat $C_{18}H_{19}NO_2 \cdot C_6H_3N_3O_7$. Gelbe Krystalle (aus Me.); F: 128–130° (*Th., St.*).

**(±)-2-Diäthylamino-1.4-diphenyl-butandion-(1.4)**, (±)-*2-(diethylamino)-1,4-diphenyl-butane-1,4-dione* $C_{20}H_{23}NO_2$, Formel III (R = $C_2H_5$, X = H).

*B.* Aus 1.4-Diphenyl-buten-(2*t*)-dion-(1.4) und Diäthylamin in Äther (*Lutz, Bailey, Shearer*, Am. Soc. **68** [1946] 2224, 2226).

Hydrochlorid $C_{20}H_{23}NO_2 \cdot HCl$. Krystalle (aus A. + Ae.); F: 135–136° [korr.].

**(±)-2-Dibenzylamino-1.4-bis-[4-chlor-phenyl]-butandion-(1.4)**, (±)-*1,4-bis(p-chloro-phenyl)-2-(dibenzylamino)butane-1,4-dione* $C_{30}H_{25}Cl_2NO_2$, Formel III (R = $CH_2$-$C_6H_5$, X = Cl).

*B.* Aus 1.4-Bis-[4-chlor-phenyl]-buten-(2*t*)-dion-(1.4) und Dibenzylamin in Äther (*Lutz, Bailey, Shearer*, Am. Soc. **68** [1946] 2224, 2226).

Krystalle (aus A.); F: 116–118° [korr.].

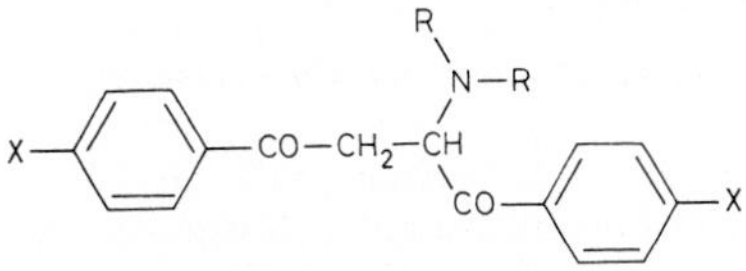

III 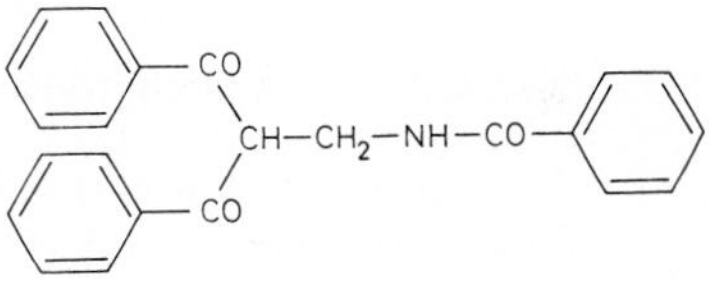 IV

**2-Aminomethyl-1.3-diphenyl-propandion-(1.3)** $C_{16}H_{15}NO_2$.

**2-Benzaminomethyl-1.3-diphenyl-propandion-(1.3)**, ***N*-[3-Oxo-3-phenyl-2-benzoyl-propyl]-benzamid**, N-*(2-benzoyl-3-oxo-3-phenylpropyl)benzamide* $C_{23}H_{19}NO_3$, Formel IV, und Tautomeres (1-Hydroxy-2-benzaminomethyl-1.3-diphenyl-propen-(1)-on-(3)).

*B.* Beim Behandeln von 1.3-Diphenyl-propandion-(1.3) mit *N*-Hydroxymethyl-benzamid und Schwefelsäure (*Monti*, G. **60** [1930] 39, 41).

Gelbliche Krystalle (aus A.); F: 158–160°.

**3.3′-Diamino-4.4′-dimethyl-benzil**, *3,3′-diamino-4,4′-dimethylbenzil* $C_{16}H_{16}N_2O_2$, Formel V.

*B.* Aus 3.3′-Dinitro-4.4′-dimethyl-benzil beim Erwärmen mit Zinn(II)-chlorid und wss.-äthanol. Salzsäure (*de Diesbach, Quinzá*, Helv. **17** [1934] 105, 110).

Gelbe Krystalle (aus A.); F: 159°.

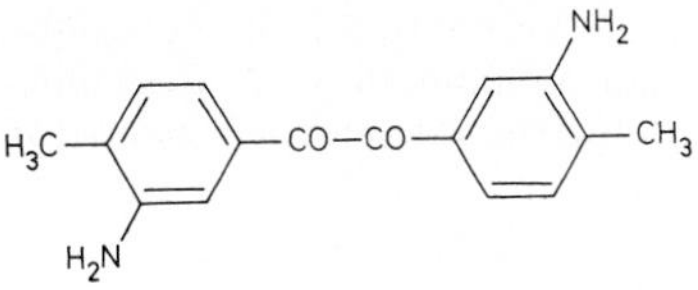

V 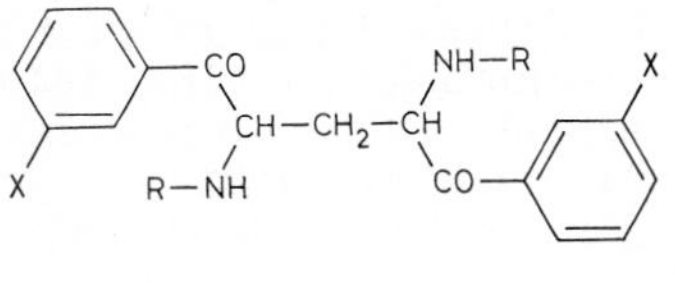 VI

### Amino-Derivate der Dioxo-Verbindungen $C_{17}H_{16}O_2$

**2.4-Diamino-1.5-diphenyl-pentandion-(1.5)** $C_{17}H_{18}N_2O_2$.

**2.4-Bis-benzamino-1.5-diphenyl-pentandion-(1.5)**, N,N′-*(1,3-dibenzoylpropanediyl)bis-benzamide* $C_{31}H_{26}N_2O_4$, Formel VI (R = CO-$C_6H_5$, X = H).

Eine opt.-inakt. Verbindung (Krystalle [aus A.], F: 208–210°) dieser Konstitution ist beim Behandeln von *N*-Phenacyl-benzamid mit Paraformaldehyd und Kaliumcarbonat in Methanol erhalten worden (*Long, Troutman*, Am. Soc. **71** [1949] 2469, 2471).

**2.4-Bis-acetamino-1.5-bis-[3-nitro-phenyl]-pentandion-(1.5)**, N,N′-*[1,3-bis(3-nitrobenzoyl)propanediyl]bisacetamide* $C_{21}H_{20}N_4O_8$, Formel VI (R = CO-$CH_3$, X = $NO_2$).

Eine opt.-inakt. Verbindung (Krystalle [aus Acn.], F: ca. 250° [Zers.]) dieser Konstitution ist aus *N*-[3-Nitro-phenacyl]-acetamid und Formaldehyd in Natriumcarbonat enthaltendem wss. Äthanol erhalten worden (*Buu-Hoi, Khôi*, C. r. **229** [1949] 1343).

**2-Aminomethyl-1.4-diphenyl-butandion-(1.4)** $C_{17}H_{17}NO_2$.

**(±)-2-[Dimethylamino-methyl]-1.4-diphenyl-butandion-(1.4)**, (±)-*2-[(dimethylamino)methyl]-1,4-diphenylbutane-1,4-dione* $C_{19}H_{21}NO_2$, Formel VII.

*B.* Neben 3-[Dimethylamino-methyl]-2.5-diphenyl-furan beim Erwärmen von 1.4-Diphenyl-butandion-(1.4) mit Dimethylamin-hydrochlorid und Paraformaldehyd in Äthanol unter Zusatz von wss. Salzsäure (*Bailey, Lutz*, Am. Soc. **70** [1948] 2412). Aus 2-Methyl-1.4-diphenyl-buten-(2*t*)-dion-(1.4) und Dimethylamin in Diisopropyläther (*Lutz, Bailey*, Am. Soc. **67** [1945] 2229, 2231).

Hydrochlorid $C_{19}H_{21}NO_2 \cdot HCl$. Krystalle (aus Isopropylalkohol); F: 152—153° [korr.] (*Lutz, Bai.*).

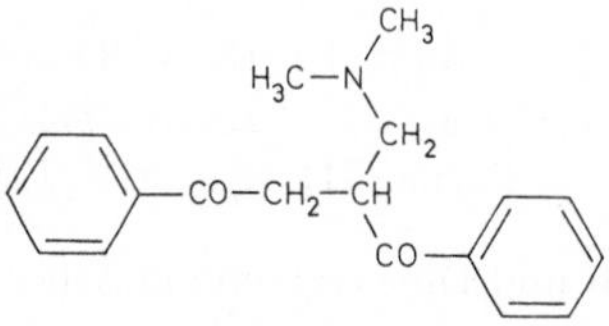

VII 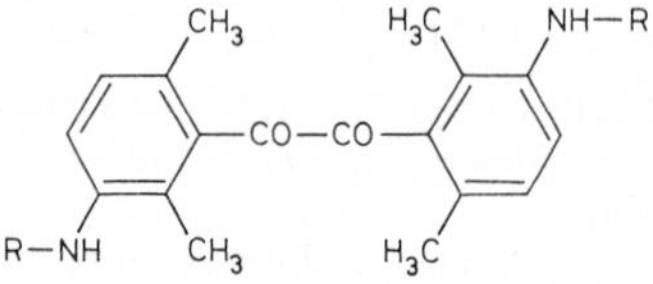 VIII

### Amino-Derivate der Dioxo-Verbindungen $C_{18}H_{18}O_2$

**3.3'-Diamino-2.6.2'.6'-tetramethyl-benzil**, *3,3'-diamino-2,2',6,6'-tetramethylbenzil* $C_{18}H_{20}N_2O_2$, Formel VIII (R = H).

*B.* Aus 3.3'-Dinitro-2.6.2'.6'-tetramethyl-benzil beim Erwärmen mit Zinn(II)-chlorid und wss.-äthanol. Salzsäure sowie bei der Hydrierung an Platin in Essigsäure und Behandlung des erhaltenen 3.3'-Diamino-2.6.2'.6'-tetramethyl-stilbendiols-(α.α') mit Butanol-(1) (*Fuson, Scott*, Am. Soc. **64** [1942] 2152).

Rote Krystalle (aus Butanol-(1)); F: 201—202° [korr.].

**3.3'-Bis-acetamino-2.6.2'.6'-tetramethyl-benzil**, *3',3'''-oxalylbisaceto-2',4'-xylidide* $C_{22}H_{24}N_2O_4$, Formel VIII (R = CO-CH₃).

*B.* Aus 3.3'-Diamino-2.6.2'.6'-tetramethyl-benzil und Acetanhydrid (*Fuson, Scott*, Am. Soc. **64** [1942] 2152).

Gelbe Krystalle (aus Me. oder Eg.); F: 296—297° [unkorr.].

### Amino-Derivate der Dioxo-Verbindungen $C_{21}H_{24}O_2$

**3-[Amino-*tert*-butyl]-1.5-diphenyl-pentandion-(1.5)** $C_{21}H_{25}NO_2$.

**3-[Dimethylamino-*tert*-butyl]-1.5-diphenyl-pentandion-(1.5)**, *3-[2-(dimethylamino)-1,1-dimethylethyl]-1,5-diphenylpentane-1,5-dione* $C_{23}H_{29}NO_2$, Formel IX.

*B.* In geringer Menge neben 1-Dimethylamino-2.2-dimethyl-5-phenyl-penten-(3*t*?)-on-(5) (Hydrochlorid: F: 162—163°) bei 3-tägigem Behandeln von Acetophenon mit 3-Dimethylamino-2.2-dimethyl-propionaldehyd und Natriumäthylat in Äthanol (*Mannich, Lesse*, Ar. **271** [1933] 92, 95).

Krystalle (aus A.); F: 102—103°.

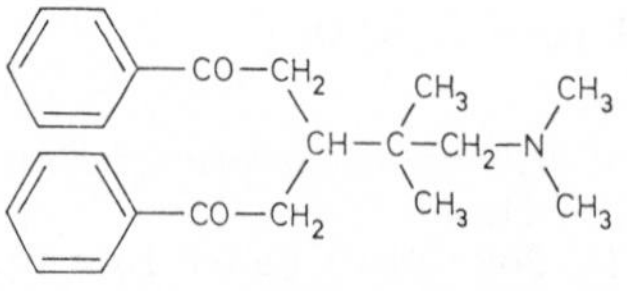

IX 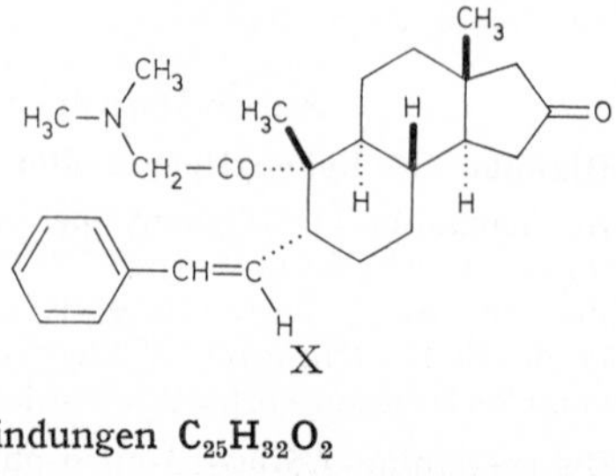 X

### Amino-Derivate der Dioxo-Verbindungen $C_{25}H_{32}O_2$

**2-Oxo-3a.6-dimethyl-7-styryl-6-glycyl-dodecahydro-1*H*-cyclopenta[*a*]naphthalin** $C_{25}H_{33}NO_2$.

**2-Oxo-3a.6-dimethyl-7-styryl-6-[*N.N*-dimethyl-glycyl]-dodecahydro-1*H*-cyclopenta[*a*]naphthalin** $C_{27}H_{37}NO_2$.

**2-Dimethylamino-3ξ-phenyl-2.3-seco-5β-androsten-(3)-dion-(1.16),** *2-(dimethylamino)-3ξ-phenyl-2,3-seco-5β-androst-3-ene-1,16-dione* $C_{27}H_{37}NO_2$, Formel X, **vom F: 217°**; Des-*N*-dimethyl-phenylsamandion.

Konstitution und Konfiguration dieser Verbindung ergeben sich aus ihrer genetischen Beziehung zu Samandarin (3-Aza-1α.4α-epoxy-*A*-homo-5β-androstanol-(16β)); s. diesbezüglich *Schöpf*, Experientia **17** [1961] 285; *Wölfel et al.*, B. **94** [1961] 2361.

*B.* Beim Behandeln von *N*-Methyl-phenylsamandiol-methojodid (3.3-Dimethyl-4ξ-phenyl-3-azonia-*A*-homo-5β-androstandiol-(1α.16β)-jodid) mit Silberoxid in wss. Äthanol, Erhitzen der Reaktionslösung unter 15 Torr bis auf 200° und Erwärmen des Reaktionsprodukts mit Chrom(VI)-oxid in wss. Schwefelsäure (*Schöpf et al.*, B. **83** [1950] 372, 385). Aus *N*-Methyl-α-phenylsamandion-methojodid (3.3-Dimethyl-4ξ-phenyl-3-azonia-*A*-homo-5β-androstandion-(1.16)-jodid) beim Erhitzen mit wss. Natronlauge sowie beim Behandeln mit Silberoxid in Wasser und Erhitzen des Reaktionsprodukts unter 1 Torr auf 100° (*Schöpf*, *Braun*, A. **514** [1934] 69, 115, 116).

Krystalle (aus A.); F: 216–217° [nach Sintern von 206° an] (*Sch.*, *Br.*).

Hydrochlorid $C_{27}H_{37}NO_2 \cdot HCl$. Krystalle (aus Acn.) mit 0,5 Mol $H_2O$; F: 231–232° [nach Sintern bei 229°] (*Sch. et al.*).

Methojodid $[C_{28}H_{40}NO_2]I$ (Trimethyl-[1.16-dioxo-3ξ-phenyl-2.3-seco-5β-androsten-(3)-yl-(2)]-ammonium-jodid). Krystalle (aus Me.) mit 1 Mol $CH_3OH$; F: 256–258° (*Sch.*, *Br.*, l. c. S. 115). [*W. Hoffmann*]

# Amino-Derivate der Dioxo-Verbindungen $C_nH_{2n-20}O_2$

## Amino-Derivate der Dioxo-Verbindungen $C_{14}H_8O_2$

**1-Amino-anthrachinon,** *1-aminoanthraquinone* $C_{14}H_9NO_2$, Formel I (R = X = H) auf S. 409 (H 177; E I 436; E II 99 [1])).

*B.* Aus 1-Chlor-anthrachinon beim Erhitzen mit wss. Ammoniak unter Zusatz von Ammoniumnitrat, Ammoniumperchlorat und Kupfer(I)-oxid auf 180° (*Groggins*, U.S.P. 1892302 [1931]) oder unter Zusatz von Ammoniumnitrat und Natriumbromat auf 195° (*Groggins*, U.S.P. 1923618 [1932]). Aus 1-Nitro-anthrachinon beim Erhitzen mit wss. Ammoniak auf 195° (*Oda*, *Ueda*, *Yura*, J. Soc. chem. Ind. Japan **43** [1940] 857, 859; J. Soc. chem. Ind. Japan Spl. **43** [1940] 386; C. A. **1941** 3445). Beim Erhitzen des Natrium-Salzes der 9.10-Dioxo-9.10-dihydro-anthracen-sulfonsäure-(1) mit wss. Ammoniak unter Zusatz von Kaliumchlorat und Ammoniumnitrat auf 170° (*Du Pont de Nemours & Co.*, U.S.P. 1933236 [1931]; vgl. H 177; E I 436; E II 99) oder mit Diammoniumarsenat in Wasser auf 220° (*Allied Chem. & Dye Corp.*, U.S.P. 2443885 [1942]). Beim Behandeln eines Gemisches der Kalium-Salze der 8-Nitro-9.10-dioxo-9.10-dihydro-anthracen-sulfonsäure-(1) und der 5-Nitro-9.10-dioxo-9.10-dihydro-anthracen-sulfonsäure-(1) in Wasser mit Natrium-Amalgam (*Hayashi et al.*, J. Soc. chem. Ind. Japan **44** [1941] 1026; J. Soc. chem. Ind. Japan Spl. **44** [1941] 450; C. A. **1951** 1570). Aus 2-Anthraniloyl-benzoesäure beim Erhitzen mit 90%ig. wss. Schwefelsäure auf 180° sowie beim Erwärmen mit Fluoroschwefelsäure auf 80° (*I.G. Farbenind.*, D.R.P. 575580 [1930]; Frdl. **19** 1928). Beim Erhitzen von 1-[9.10-Dioxo-9.10-dihydro-anthryl-(1)]-pyridinium-chlorid mit Anilin oder mit Pyridin und wss. Methylamin-Lösung (*I.G. Farbenind.*, D.R.P. 592202 [1932]; Frdl. **20** 1315).

Reinigung über 1-Sulfinylamino-anthrachinon (gelbe Krystalle): *Am. Cyanamid Co.*, U.S.P. 2479943 [1947].

Rote Krystalle; F: 256° [korr.; aus Propanol-(1)] (*Harris*, *Marriott*, *Smith*, Soc. **1936** 1838, 1840), 255° (*L.* u. *A. Kofler*, Thermo-Mikro-Methoden, 3. Aufl. [Weinheim 1954] S. 592). IR-Absorption (Nujol): *Flett*, Soc. **1948** 1441, 1445. Absorptionsspektrum von Lösungen in Hexan, Benzol und Äthanol (230–500 mμ): *Lauer*, *Horio*, J. pr. [2] **145** [1936] 273, 279; in Äthanol (430–520 mμ): *Ha.*, *Ma.*, *Sm.* Maximum der Fluorescenz des Dampfes: 530 mμ (*Karjakin*, *Terenin*, *Kalenitschenko*, Doklady Akad. S.S.S.R. **67**

[1]) Berichtigung zu E II 100, Zeile 19 v. u.: An Stelle von „D.R.P. 374836" ist zu setzen „D.R.P. 390201". — Zeile 25 v. u.: An Stelle von „D.R.P. 388814, 390201" ist zu setzen „D.R.P. 374836, 388814".

[1949] 305, 306; C. A. **1949** 7828; *Karjakin, Terenin,* Izv. Akad. S.S.S.R. Ser. fiz. **13** [1949] 9, 11; C. A. **1949** 7829).

Überführung in 1-Hydroxy-1.2.3.4.5.6.7.8-octahydro-anthrachinon durch Hydrierung an Platin in einem Gemisch von Äthanol, wss. Salzsäure und Essigsäure bei 70°: *Skita, Müller,* B. **64** [1931] 1152, 1156. Beim Erhitzen mit wss. Formaldehyd und wss. Ammoniak unter Zusatz von Kupfer(II)-sulfat oder Natrium-[3-nitro-benzol-sulfonat-(1)] auf 100° (*I.G. Farbenind.*, D.R.P. 711775 [1938]; D.R.P. Org. Chem. **1**, Tl. 2, S. 280, 281), mit Formamid unter Zusatz von Ammoniumvanadat in Nitrobenzol auf 180° (*I. G. Farbenind.*, D.R.P. 597341 [1932]; Frdl. **21** 1045) oder mit Carbamidsäure-äthylester in Nitrobenzol bis auf 180° unter Einleiten von Chlorwasserstoff (*Gen. Aniline Works*, U.S.P. 2137295 [1936]) ist 7-Oxo-7*H*-benzo[*e*]perimidin erhalten worden. Bildung von 7-Oxo-2-imino-2.3-dihydro-7*H*-benzo[*e*]perimidin beim Erhitzen mit Cyanamid-dihydrochlorid in Nitrobenzol oder *m*-Kresol unter Einleiten von Chlorwasserstoff: *Battegay, Silbermann,* C. r. **194** [1932] 380; *Calco Chem. Co.*, U.S.P. 2112724 [1932]. Reaktion mit Malonsäure-diäthylester in Gegenwart von Natriumacetat unter Bildung von 2.7-Dioxo-2.7-dihydro-3*H*-naphtho[1.2.3-*de*]chinolin-carbonsäure-(1)-äthylester (vgl. E I 436): *Chem. Fabr. Sandoz,* U.S.P. 1891317 [1931].

**1-Methylamino-anthrachinon,** *1-(methylamino)anthraquinone* $C_{15}H_{11}NO_2$, Formel I ($R = CH_3$, $X = H$) (H 179; E I 437; E II 100).

*B.* Beim Erhitzen von 1-Chlor-anthrachinon mit Methylamin unter Zusatz von Kupfer(II)-acetat in wss. Pyridin auf 130° (*Eastman Kodak Co.*, U.S.P. 2459149 [1945]; vgl. H 179). Aus 1-Amino-anthrachinon beim Erwärmen mit Paraformaldehyd in Chlorbenzol und Erhitzen des Reaktionsprodukts mit Ameisensäure (*CIBA*, U.S.P. 1828588 [1927]; vgl. H 179), beim Erhitzen mit Oxalsäure und Formaldehyd in Wasser, beim Erwärmen mit Paraformaldehyd und Oxalsäure in Dioxan sowie beim Erwärmen mit Formaldehyd in wss. Äthanol und Erhitzen des Reaktionsprodukts mit Oxalsäure in Wasser (*Allied Chem. & Dye Corp.*, U.S.P. 2443899 [1943]). Beim Erhitzen von 9.10-Dioxo-9.10-dihydro-anthracen-sulfonsäure-(1) mit Methylamin in Wasser unter Zusatz von Kaliumbromat auf 150° (*Lauer,* J. pr. [2] **135** [1932] 7, 13, 14; vgl. H 179; E I 437).

Krystalle; F: 172° [unkorr.; aus Chlorbenzol] (*Allied Chem. & Dye Corp.*), 167° (*Eastman Kodak Co.*). IR-Absorption (Nujol): *Flett,* Soc. **1948** 1441, 1445.

**1-Dimethylamino-anthrachinon,** *1-(dimethylamino)anthraquinone* $C_{16}H_{13}NO_2$, Formel I ($R = X = CH_3$) (H 179; E I 437).

*B.* Beim Erhitzen von 1-Amino-anthrachinon mit Dimethylsulfat auf 170° (*Allais,* A. ch. [12] **2** [1947] 739, 763).

Krystalle (aus Bzl. + Bzn.); F: 140—141° (*All.*). IR-Absorption (Nujol): *Flett,* Soc. **1948** 1441, 1445. Absorptionsspektrum ($CHCl_3$; 230—600 mμ): *All.*, l. c. S. 785.

Beim Behandeln mit Phenyllithium in Äther ist 1-Dimethylamino-9.10-diphenyl-9.10-dihydro-anthracendiol-(9.10) (F: 192—193°) erhalten worden (*All.*).

**1-Äthylamino-anthrachinon,** *1-(ethylamino)anthraquinone* $C_{16}H_{13}NO_2$, Formel I ($R = C_2H_5$, $X = H$) (E I 437).

*B.* Beim Erhitzen von 1-Chlor-anthrachinon mit Äthylamin unter Zusatz von Kupfer(II)-acetat in wss. Pyridin auf 130° (*Eastman Kodak Co.*, U.S.P. 2459149 [1945]; vgl. E I 437).

F: 123—124°.

**1-[2-Chlor-äthylamino]-anthrachinon,** *1-(2-chloroethylamino)anthraquinone* $C_{16}H_{12}ClNO_2$, Formel I ($R = CH_2$-$CH_2Cl$, $X = H$).

*B.* Aus 1-[2-Hydroxy-äthylamino]-anthrachinon (*I.G. Farbenind.*, D.R.P. 646786 [1935]; Frdl. **24** 792).

F: 174°.

**1-[2-Brom-äthylamino]-anthrachinon,** *1-(2-bromoethylamino)anthraquinone* $C_{16}H_{12}BrNO_2$, Formel I ($R = CH_2$-$CH_2Br$, $X = H$).

*B.* Aus *N*-[2-Brom-äthyl]-*N*-[9.10-dioxo-9.10-dihydro-anthryl-(1)]-toluolsulfonamid-(4) beim Erwärmen mit Schwefelsäure (*Ruggli, Henzi,* Helv. **13** [1930] 409, 423).

Rote Krystalle (aus A.); F: 157°.

**1-Isopropylamino-anthrachinon,** *1-(isopropylamino)anthraquinone* $C_{17}H_{15}NO_2$, Formel I ($R = CH(CH_3)_2$, $X = H$).

*B.* Beim Erhitzen von 1-Chlor-anthrachinon mit Isopropylamin unter Zusatz von Kupfer(II)-acetat in wss. Pyridin auf 130° (*Eastman Kodak Co.*, U.S.P. 2459149 [1945]). Beim Erhitzen des Kalium-Salzes der 9.10-Dioxo-9.10-dihydro-anthracen-sulfonsäure-(1) mit Isopropylamin unter Zusatz von Natrium-[3-nitro-benzol-sulfonat-(1)] in Wasser auf 180° (*I.G. Farbenind.*, D.R.P. 736901 [1937]; D.R.P. Org. Chem. **1**, Tl. 2, S. 204).

Rote Krystalle; F: 187–189° (*Eastman Kodak Co.*), 187° [aus Eg.] (*I.G. Farbenind.*).

**1-Dodecylamino-anthrachinon,** *1-(dodecylamino)anthraquinone* $C_{26}H_{33}NO_2$, Formel I ($R = [CH_2]_{11}\text{-}CH_3$, $X = H$).

*B.* Beim Erhitzen von 1-Chlor-anthrachinon mit Dodecylamin und Pyridin (*Allen, Wilson*, J. org. Chem. **10** [1945] 594, 599).

Rote Krystalle (aus Ae.); F: 86–87°.

**1-*p*-Toluidino-anthrachinon,** *1-*p*-toluidinoanthraquinone* $C_{21}H_{15}NO_2$, Formel II ($R = CH_3$, $X = H$) (H 180; E I 438; E II 101).

*B.* Beim Erhitzen von 9.10-Dihydroxy-1-oxo-1.2.3.4-tetrahydro-anthracen mit *p*-Toluidin und Borsäure auf 130° und Behandeln des Reaktionsprodukts (gelbe Krystalle, F: 290° [Zers.]) mit wss.-methanol. Alkalilauge (*Zahn, Koch*, B. **71** [1938] 172, 182).

Rote Krystalle (aus Butanol-(1)); F: 156–157°.

**1-[2-Nitro-4-trifluormethyl-anilino]-anthrachinon,** *1-(α,α,α-trifluoro-2-nitro-*p*-toluidino)anthraquinone* $C_{21}H_{11}F_3N_2O_4$, Formel II ($R = CF_3$, $X = NO_2$).

*B.* Beim Erhitzen von 1-Amino-anthrachinon mit 4-Chlor-3-nitro-1-trifluormethyl-benzol unter Zusatz von Kaliumcarbonat und Kupfer in Nitrobenzol (*Gen. Aniline Works*, U.S.P. 2174182 [1938]).

Braune Krystalle; F: 243°.

**1-[Chrysenyl-(6)-amino]-anthrachinon,** *1-(chrysen-6-ylamino)anthraquinone* $C_{32}H_{19}NO_2$, Formel III.

*B.* Aus 1-Amino-anthrachinon und 6-Brom-chrysen unter Zusatz von Natriumacetat und Kupfer(I)-chlorid in Nitrobenzol bei 200° (*CIBA*, U.S.P. 2272011 [1938]).

Rote Krystalle (aus Nitrobenzol); F: 280–285°.

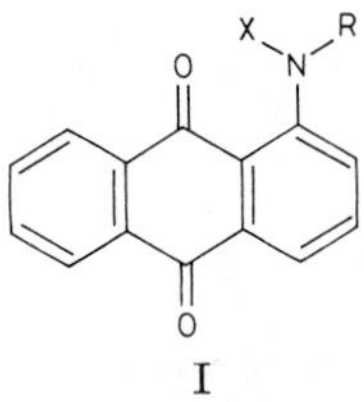

I 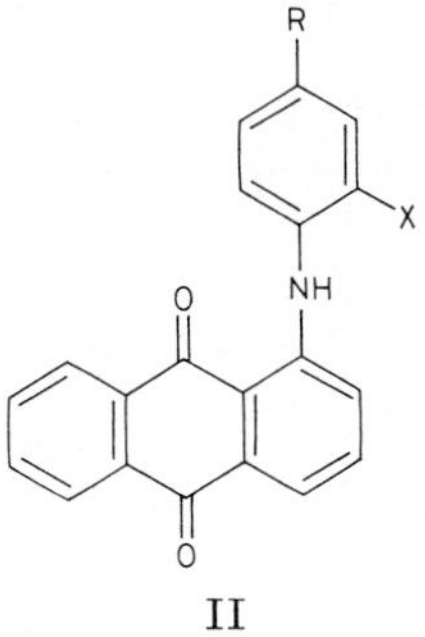 II 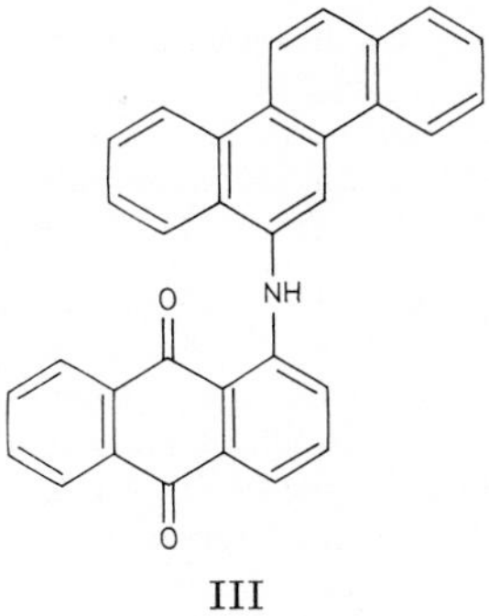 III

**1-[Triphenylenyl-(2)-amino]-anthrachinon,** *1-(triphenylen-2-ylamino)anthraquinone* $C_{32}H_{19}NO_2$, Formel IV.

Eine Verbindung (blauviolette Krystalle, F: 305°), der vermutlich diese Konstitution zukommt, ist beim Erhitzen von 1-Amino-anthrachinon mit 2(?)-Brom-triphenylen (aus Triphenylen und Brom hergestellt) unter Zusatz von Kupfer und Natriumacetat in Nitrobenzol erhalten worden (*I.G. Farbenind.*, D.R.P. 650058 [1934]; Frdl. **24** 857).

**1-[2-Hydroxy-äthylamino]-anthrachinon,** *1-(2-hydroxyethylamino)anthraquinone* $C_{16}H_{13}NO_3$, Formel I ($R = CH_2\text{-}CH_2OH$, $X = H$) (E I 439).

*B.* Beim Erhitzen von 1-Chlor-anthrachinon mit 2-Amino-äthanol-(1) in Äthanol (*Dreyfus*, U.S.P. 1854460 [1927], 2022956 [1931]), in Pyridin (*Gen. Aniline Works*, U.S.P. 1843313 [1928]) oder in wss. Pyridin unter Zusatz von Kupfer(II)-acetat (*Eastman Kodak Co.*, U.S.P. 2459149 [1945]).

F: 164–165° (*Eastman Kodak Co.*).

**1-[2-Methoxy-äthylamino]-anthrachinon,** *1-(2-methoxyethylamino)anthraquinone* $C_{17}H_{15}NO_3$, Formel I (R = $CH_2$-$CH_2$-$OCH_3$, X = H).

*B.* Beim Erhitzen von 1-Chlor-anthrachinon mit 2-Methoxy-äthylamin unter Zusatz von Kupfer(II)-acetat in wss. Pyridin auf 130° (*Eastman Kodak Co.*, U.S.P. 2459149 [1945]).

F: 163°.

**1-*o*-Anisidino-anthrachinon,** *1-o-anisidinoanthraquinone* $C_{21}H_{15}NO_3$, Formel II (R = H, X = $OCH_3$).

*B.* Beim Erhitzen von 1-Chlor-anthrachinon mit *o*-Anisidin unter Zusatz von Kaliumacetat und Kupfer-Pulver (*Cook, Waddington*, Soc. **1945** 402, 404).

Rotbraune Krystalle (aus Acn.), purpurrote Krystalle (aus A.); F: 177°.

**1-*m*-Anisidino-anthrachinon,** *1-m-anisidinoanthraquinone* $C_{21}H_{15}NO_3$, Formel V.

*B.* Beim Erhitzen von 1-Chlor-anthrachinon mit *m*-Anisidin unter Zusatz von Kaliumacetat und Kupfer-Pulver (*Cook, Waddington*, Soc. **1945** 402, 404).

Purpurrote Krystalle (aus A.); F: 135–138°.

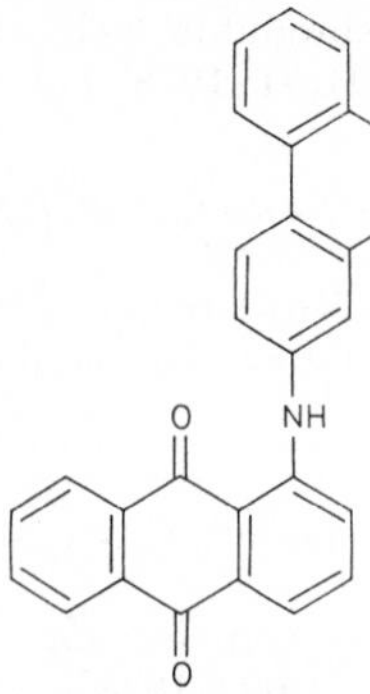

IV 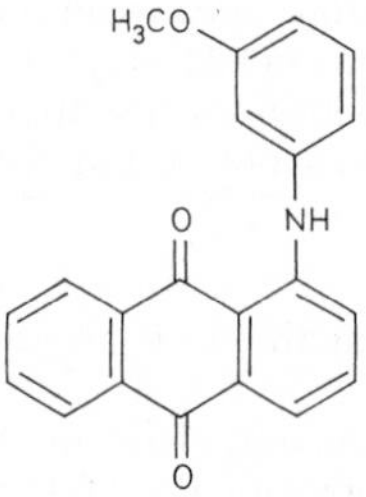 V 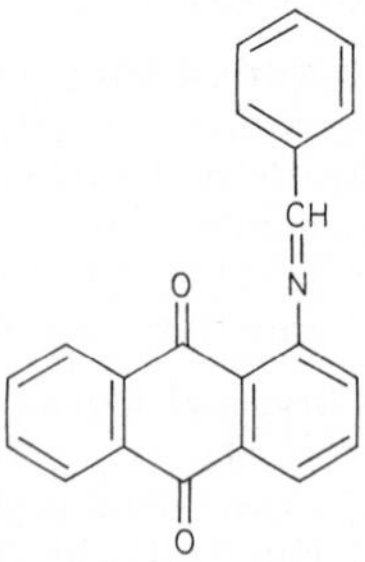 VI

**1-*p*-Anisidino-anthrachinon,** *1-p-anisidinoanthraquinone* $C_{21}H_{15}NO_3$, Formel II (R = $OCH_3$, X = H).

*B.* Beim Erhitzen von 1-Chlor-anthrachinon mit *p*-Anisidin unter Zusatz von Kaliumcarbonat und Kupfer-Pulver in Nitrobenzol (*Cook, Waddington*, Soc. **1945** 402, 404).

Braune Krystalle (aus Bzl.); F: 153–154°.

**(±)-1-[2.3-Dihydroxy-propylamino]-anthrachinon,** *(±)-1-(2,3-dihydroxypropylamino)anthraquinone* $C_{17}H_{15}NO_4$, Formel I (R = $CH_2$-CH(OH)-$CH_2$OH, X = H).

*B.* Beim Erhitzen von 1-Chlor-anthrachinon mit (±)-3-Amino-propandiol-(1.2) unter Zusatz von Kupfer(II)-acetat in wss. Pyridin auf 130° (*Eastman Kodak Co.*, U.S.P. 2459149 [1945]). Beim Erwärmen von 1-Nitro-anthrachinon mit (±)-3-Amino-propandiol-(1.2) und Pyridin (*Gen. Aniline & Film Corp.*, U.S.P. 2199813 [1937]).

Rote Krystalle (*Gen. Aniline & Film Corp.*); F: 216–218° (*Eastman Kodak Co.*).

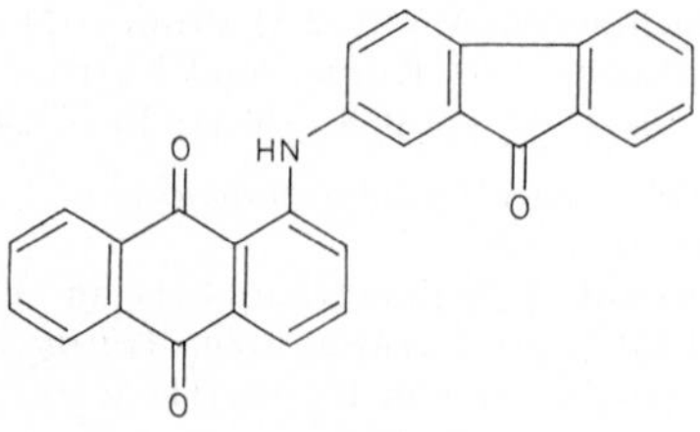

VII 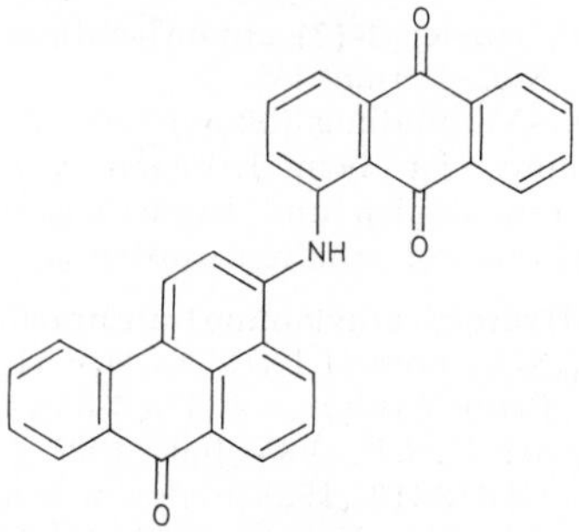 VIII

**1-Benzylidenamino-anthrachinon,** *1-(benzylideneamino)anthraquinone* $C_{21}H_{13}NO_2$, Formel VI.

Rotes Pulver; F: 245° (*Lauer, Yen*, J. pr. [2] **151** [1938] 49, 60).

**1-[9-Oxo-fluorenyl-(2)-amino]-anthrachinon,** *1-(9-oxofluoren-2-ylamino)anthraquinone* $C_{27}H_{15}NO_3$, Formel VII.

*B.* Beim Erhitzen von 1-Amino-anthrachinon mit 2-Brom-fluorenon-(9) unter Zusatz von Natriumcarbonat und Kupfer(I)-chlorid in Nitrobenzol auf 200° (*Du Pont de Nemours & Co.*, U.S.P. 2369969 [1940]).

Rotviolettes Pulver; F: 255°.

**3-[9.10-Dioxo-9.10-dihydro-anthryl-(1)-amino]-7-oxo-7*H*-benz[*de*]anthracen, 1-[7-Oxo-7*H*-benz[*de*]anthracenyl-(3)-amino]-anthrachinon,** *1-(7-oxo-*7H*-benz*[de]*anthracen-3-yl-amino)anthraquinone* $C_{31}H_{17}NO_3$, Formel VIII (H 180; E II 102; dort als Bz1-[Anthrachinonyl-(1)-amino]-benzanthron bezeichnet).

*B.* Beim Erhitzen von 3-Brom-7-oxo-7*H*-benz[*de*]anthracen mit 1-Amino-anthrachinon unter Zusatz von Natriumacetat und Kupfer(I)-chlorid in Nitrobenzol (*Maki, Kikuchi*, J. Soc. chem. Ind. Japan **42** [1939] 638, 639; J. Soc. chem. Ind. Japan Spl. **42** [1939] 316). Beim Erhitzen von 3-Methoxy-7-oxo-7*H*-benz[*de*]anthracen mit 1-Amino-anthrachinon und Kaliumhydroxid in Pyridin (*I.G. Farbenind.*, D.R.P. 716978 [1936]; D.R.P. Org. Chem. **1**, Tl. 2, S. 443, 447).

Braune Krystalle [aus 1.2-Dichlor-benzol] (*Maki, Ki.*).

Beim Erhitzen mit Kaliumhydroxid auf 160° (*I.G. Farbenind.*) oder mit Kaliumphenolat und Kaliumhydroxid auf 135° (*Maki, Ki.*) ist 5.10.15-Trioxo-5.10.15.16-tetrahydro-anthra[2.1.9-*mna*]naphth[2.3-*h*]acridin erhalten worden.

**Bis-[9.10-dioxo-9.10-dihydro-anthryl-(1)]-amin,** *1,1'-iminodianthraquinone* $C_{28}H_{15}NO_4$, Formel IX (H 180; E I 439; E II 102).

*B.* Beim Erhitzen von 1-Amino-anthrachinon mit 1-Chlor-anthrachinon unter Zusatz von Natriumcarbonat und Kupfer(II)-acetat bis auf 260° (*Du Pont de Nemours & Co.*, U.S.P. 2420022 [1944]; vgl. H 180; E I 439; E II 102).

Absorptionsspektrum (300–800 mμ) einer beim Behandeln mit Schwefelsäure erhaltenen Lösung: *Ellis, Zook, Baudisch*, Anal. Chem. **21** [1949] 1345, 1346.

**1-Formamino-anthrachinon, *N*-[9.10-Dioxo-9.10-dihydro-anthryl-(1)]-formamid,** N-*(9,10-dioxo-9,10-dihydro-1-anthryl)formamide* $C_{15}H_9NO_3$, Formel X (R = CHO, X = H) (E II 103).

*B.* Beim Erhitzen von 1-Chlor-anthrachinon mit Formamid unter Zusatz von Kaliumacetat und basischem Kupfer(II)-acetat auf 135° (*Du Pont de Nemours & Co.*, U.S.P. 2063027 [1936]). Beim Erhitzen von 1-Amino-anthrachinon mit Formamid in Nitrobenzol unter Einleiten von Chlorwasserstoff (*I.G. Farbenind.*, D.R.P. 696423 [1935]; D.R.P. Org. Chem. **1**, Tl. 2, S. 239).

Gelbe Krystalle (*I.G. Farbenind.*).

**1-Acetamino-anthrachinon, *N*-[9.10-Dioxo-9.10-dihydro-anthryl-(1)]-acetamid,** N-*(9,10-dioxo-9,10-dihydro-1-anthryl)acetamide* $C_{16}H_{11}NO_3$, Formel X (R = CO-$CH_3$, X = H) (H 180; E I 440).

*B.* Beim Erhitzen von 1-Amino-anthrachinon mit Acetamid in Nitrobenzol unter Einleiten von Chlorwasserstoff (*I.G. Farbenind.*, D.R.P. 696423 [1935]; D.R.P. Org. Chem. **1**, Tl. 2, S. 239).

F: 218° (*Lynas-Gray, Simonsen*, Soc. **1943** 45, 46), 215° (*Lauer, Yen*, J. pr. [2] **151** [1938] 49, 59). IR-Absorption (Nujol): *Flett*, Soc. **1948** 1441, 1445.

**1-[*C*-Chlor-acetamino]-anthrachinon, *C*-Chlor-*N*-[9.10-dioxo-9.10-dihydro-anthryl-(1)]-acetamid,** *2-chloro-*N*-(9,10-dioxo-9,10-dihydro-1-anthryl)acetamide* $C_{16}H_{10}ClNO_3$, Formel X (R = CO-$CH_2Cl$, X = H) (H 181; E I 440).

F: 218° (*Stollé et al.*, J. pr. [2] **128** [1930] 1, 4), 216° (*Lauer, Yen*, J. pr. [2] **151** [1938] 49, 59).

**1-[*C.C.C*-Trichlor-acetamino]-anthrachinon, *C.C.C*-Trichlor-*N*-[9.10-dioxo-9.10-dihydro-anthryl-(1)]-acetamid,** *2,2,2-trichloro-*N*-(9,10-dioxo-9,10-dihydro-1-anthryl)acetamide* $C_{16}H_8Cl_3NO_3$, Formel X (R = CO-$CCl_3$, X = H).

*B.* Aus 1-Amino-anthrachinon und Trichloracetylchlorid (*Stollé et al.*, J. pr. [2] **128**

[1930] 1, 4).

Braune Krystalle, F: 291° (*Lauer*, *Yen*, J. pr. [2] **151** [1938] 49, 59); gelbe Krystalle (aus Bzl.); F: 234° (*St. et al.*).

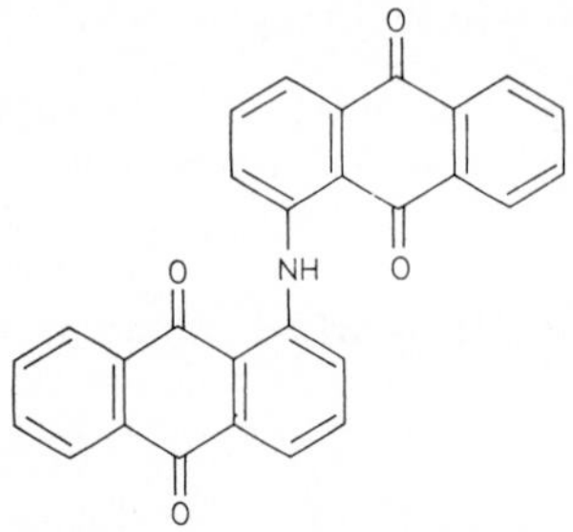

IX 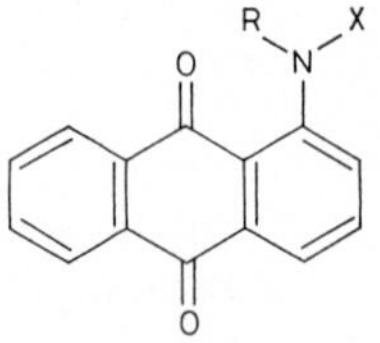 X

**1-[Methyl-chloracetyl-amino]-anthrachinon, *C*-Chlor-*N*-methyl-*N*-[9.10-dioxo-9.10-di=hydro-anthryl-(1)]-acetamid,** *2-chloro-*N*-(9,10-dioxo-9,10-dihydro-1-anthryl)-*N*-methyl=acetamide* $C_{17}H_{12}ClNO_3$, Formel X (R = $CO-CH_2Cl$, X = $CH_3$).

*B.* Aus 1-Methylamino-anthrachinon und Chloracetylchlorid in Benzol (*Allen*, *Wilson*, J. org. Chem. **10** [1945] 594, 599).

Krystalle; F: 170–171,5°.

**1-[Methyl-bromacetyl-amino]-anthrachinon, *C*-Brom-*N*-methyl-*N*-[9.10-dioxo-9.10-di=hydro-anthryl-(1)]-acetamid,** *2-bromo-*N*-(9,10-dioxo-9,10-dihydro-1-anthryl)-*N*-methyl=acetamide* $C_{17}H_{12}BrNO_3$, Formel X (R = $CO-CH_2Br$, X = $CH_3$).

*B.* Aus 1-Methylamino-anthrachinon und Bromacetylchlorid in Benzol (*Allen*, *Wilson*, J. org. Chem. **10** [1945] 594, 599).

F: 162°.

Beim Erwärmen mit Natriumnitrit in 1-Äthoxy-äthanol-(2) und Wasser sind 1-Nitro-2.7-dioxo-3-methyl-2.7-dihydro-3*H*-naphtho[1.2.3-*de*]chinolin und eine vermutlich als *N*-Methyl-*N*-[9.10-dioxo-9.10-dihydro-anthryl-(1)]-glykolamid zu formulierende Verbindung (F: 247°) erhalten worden (*Allen*, *Wi.*, l. c. S. 600).

**1-[Äthyl-acetyl-amino]-anthrachinon, *N*-Äthyl-*N*-[9.10-dioxo-9.10-dihydro-anthryl-(1)]-acetamid,** N-*(9,10-dioxo-9,10-dihydro-1-anthryl)*-N-*ethylacetamide* $C_{18}H_{15}NO_3$, Formel X (R = $CO-CH_3$, X = $C_2H_5$) (E I 440).

F: 153–154° (*Zahn*, *Koch*, B. **71** [1938] 172, 182).

**1-[3-Chlor-propionylamino]-anthrachinon, 3-Chlor-*N*-[9.10-dioxo-9.10-dihydro-anthr=yl-(1)]-propionamid,** *3-chloro-*N*-(9,10-dioxo-9,10-dihydro-1-anthryl)propionamide* $C_{17}H_{12}ClNO_3$, Formel X (R = $CO-CH_2-CH_2Cl$, X = H).

*B.* Aus 1-Amino-anthrachinon und 3-Chlor-propionylchlorid (*Kränzlein*, *Corell*, U.S.P. 2288197 [1940]).

F: 188°.

**1-Butyrylamino-anthrachinon, *N*-[9.10-Dioxo-9.10-dihydro-anthryl-(1)]-butyramid,** N-*(9,10-dioxo-9,10-dihydro-1-anthryl)butyramide* $C_{18}H_{15}NO_3$, Formel X (R = $CO-CH_2-CH_2-CH_3$, X = H).

F: 313° (*Lauer*, *Yen*, J. pr. [2] **151** [1938] 49, 59).

**1-Acryloylamino-anthrachinon, *N*-[9.10-Dioxo-9.10-dihydro-anthryl-(1)]-acrylamid,** N-*(9,10-dioxo-9,10-dihydro-1-anthryl)acrylamide* $C_{17}H_{11}NO_3$, Formel X (R = $CO-CH=CH_2$, X = H).

*B.* Aus 1-[3-Chlor-propionylamino]-anthrachinon beim Erhitzen mit Pyridin (*Kränzlein*, *Corell*, U.S.P. 2288197 [1940]).

Gelbe Krystalle (aus A.); F: 197°.

**1-Cyclohexancarbonylamino-anthrachinon, *N*-[9.10-Dioxo-9.10-dihydro-anthryl-(1)]-cyclohexancarbamid,** N-*(9,10-dioxo-9,10-dihydro-1-anthryl)cyclohexanecarboxamide* $C_{21}H_{19}NO_3$, Formel X (R = $CO-C_6H_{11}$, X = H).

Rotes Pulver; F: 250° (*Lauer*, *Yen*, J. pr. [2] **151** [1938] 49, 60).

**4-Methyl-7-[2.3-dimethyl-tricyclo[2.2.1.0$^{2.6}$]heptyl-(3)]-*N*-[9.10-dioxo-9.10-dihydro-anthryl-(1)]-heptanamid, 4-Methyl-7-[2.3-dimethyl-2.6-cyclo-norbornyl-(3)]-*N*-[9.10-dioxo-9.10-dihydro-anthryl-(1)]-heptanamid,** *7-(2,3-dimethyltricyclo[2.2.1.0$^{2.6}$]hept-3-yl)-*N*-(9,10-dioxo-9,10-dihydro-1-anthryl)-4-methylheptanamide* $C_{31}H_{35}NO_3$.

**(Ξ)-4-Methyl-7-[(*R*)-2.3-dimethyl-2.6-cyclo-norbornyl-(3)]-*N*-[9.10-dioxo-9.10-dihydro-anthryl-(1)]-heptanamid,** Formel XI, vom **F**: **106°**; **Dihydro-α-santalylessigsäure-[9.10-dioxo-9.10-dihydro-anthryl-(1)-amid].**

*B.* Aus Dihydro-α-santalylessigsäure [E III **9** 349] (*Bradfield, Penfold, Simonsen*, Soc. **1935** 309, 314).

Braunrote Krystalle (aus Me.); F: 105—106° [nach Sintern bei 94°].

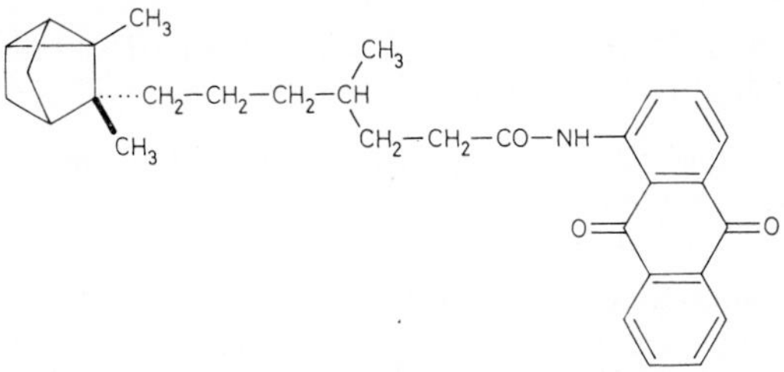

XI

**1-Benzamino-anthrachinon, *N*-[9.10-Dioxo-9.10-dihydro-anthryl-(1)]-benzamid,** *N-(9,10-dioxo-9,10-dihydro-1-anthryl)benzamide* $C_{21}H_{13}NO_3$, Formel XII (R = X = H) (H 181; E I 440; E II 103).

*B.* Beim Erhitzen von 1-Chlor-anthrachinon mit Benzamid unter Zusatz von Kaliumcarbonat und Kupfer(I)-bromid in 1.2-Dichlor-benzol auf 170° (*Du Pont de Nemours & Co.*, U.S.P. 2346726 [1942]). Aus 1-Amino-anthrachinon beim Erhitzen mit Benzamid ohne Lösungsmittel oder in Nitrobenzol unter Einleiten von Chlorwasserstoff sowie beim Erhitzen mit Benzamid unter Zusatz von Aluminiumchlorid in Nitrobenzol (*I.G. Farbenind.*, D.R.P. 696423 [1935]; D.R.P. Org. Chem. **1**, Tl. 2, S. 239).

Gelbe Krystalle; F: 256° (*Lauer, Yen*, J. pr. [2] **151** [1938] 49, 59), 255° [aus Anilin] (*Il'inskiĭ, Saĭkin*, Ž. obšč. Chim. **4** [1934] 1294, 1300; C. **1936** I 4904). IR-Absorption (Nujol): *Flett*, Soc. **1948** 1441, 1445.

**1-[4-Nitro-benzamino]-anthrachinon, 4-Nitro-*N*-[9.10-dioxo-9.10-dihydro-anthryl-(1)]-benzamid,** *N-(9,10-dioxo-9,10-dihydro-1-anthryl)-p-nitrobenzamide* $C_{21}H_{12}N_2O_5$, Formel XII (R = H, X = $NO_2$).

*B.* Beim Erhitzen von 1-Amino-anthrachinon mit 4-Nitro-benzoylchlorid in Chlorbenzol (*Bhat, Gavankar, Venkataraman*, J. Indian chem. Soc. News **5** [1942] 171, 175).

Gelbgrüne Krystalle (aus Toluol); F: 280—281°.

**1-[Methyl-benzoyl-amino]-anthrachinon, *N*-Methyl-*N*-[9.10-dioxo-9.10-dihydro-anthryl-(1)]-benzamid,** *N-(9,10-dioxo-9,10-dihydro-1-anthryl)-N-methylbenzamide* $C_{22}H_{15}NO_3$, Formel XII (R = $CH_3$, X = H).

*B.* Aus 1-Methylamino-anthrachinon und Benzoylchlorid (*Riesz*, Bl. **1947** 681, 687).

Gelbe Krystalle (aus Bzl. + PAe.); F: 169° (*Riesz*). IR-Absorption (Nujol): *Flett*, Soc. **1948** 1441, 1445.

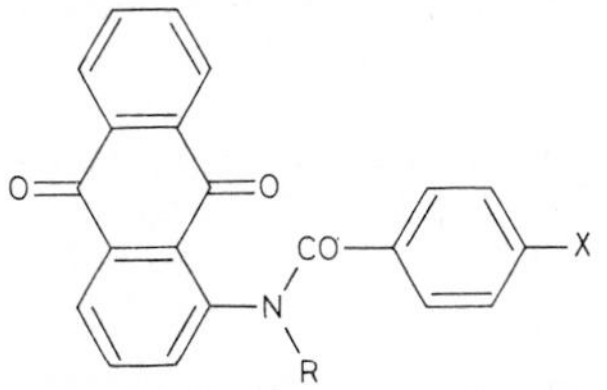

XII 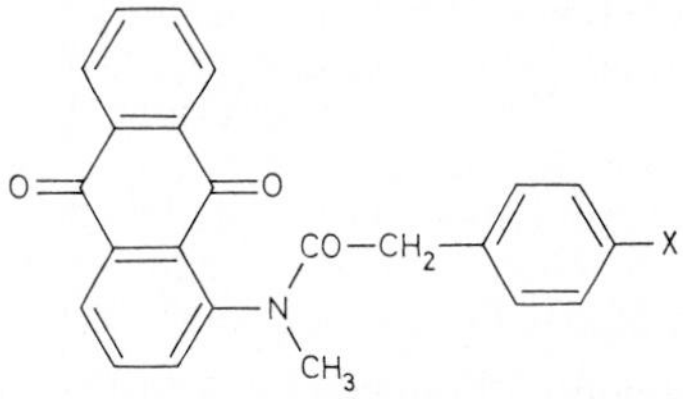 XIII

**1-[Methyl-phenylacetyl-amino]-anthrachinon, *N*-Methyl-*C*-phenyl-*N*-[9.10-dioxo-9.10-dihydro-anthryl-(1)]-acetamid,** *N-(9,10-dioxo-9,10-dihydro-1-anthryl)-N-methyl-2-phenylacetamide* $C_{23}H_{17}NO_3$, Formel XIII (X = H).

*B.* Beim Erhitzen von 1-Methylamino-anthrachinon mit Phenylacetylchlorid in Toluol

(*I.G. Farbenind.*, D.R.P. 633308 [1935]; Frdl. **23** 940).
Gelbe Krystalle (aus Me.); F: 146—147° [korr.].
Beim Erwärmen mit wss.-äthanol. Natronlauge ist 2.7-Dioxo-3-methyl-1-phenyl-2.7-dihydro-3*H*-naphtho[1.2.3-*de*]chinolin erhalten worden.

***N*-Methyl-*C*-[4-chlor-phenyl]-*N*-[9.10-dioxo-9.10-dihydro-anthryl-(1)]-acetamid,** *2-(p-chlorophenyl)-N-(9,10-dioxo-9,10-dihydro-1-anthryl)-N-methylacetamide* $C_{23}H_{16}ClNO_3$, Formel XIII (X = Cl).
*B.* Beim Erhitzen von 1-Methylamino-anthrachinon mit [4-Chlor-phenyl]-acetylchlorid in Toluol (*I.G. Farbenind.*, D.R.P. 658114 [1936]; Frdl. **24** 913).
Orangegelbe Krystalle; F: 158—159° [korr.].

**1-[2.4-Dimethyl-benzamino]-anthrachinon, 2.4-Dimethyl-*N*-[9.10-dioxo-9.10-dihydro-anthryl-(1)]-benzamid,** *N-(9,10-dioxo-9,10-dihydro-1-anthryl)-2,4-dimethylbenzamide* $C_{23}H_{17}NO_3$, Formel I (R = X = $CH_3$).
*B.* Beim Erhitzen von 1-Amino-anthrachinon mit 2.4-Dimethyl-benzoylchlorid in Nitrobenzol (*Scholl, Semp, Stix*, B. **64** [1931] 71, 76).
Krystalle (aus Py.); F: 261—262°.

**1-Cinnamoylamino-anthrachinon, *N*-[9.10-Dioxo-9.10-dihydro-anthryl-(1)]-cinnamamid,** *N-(9,10-dioxo-9,10-dihydro-1-anthryl)cinnamamide* $C_{23}H_{15}NO_3$, Formel X (R = CO-CH=CH-$C_6H_5$, X = H) auf S. 412.
Für eine unter dieser Konstitution beschriebene Verbindung (gelbe Krystalle) unbekannter Herkunft wird F: 126° angegeben (*Lauer, Yen*, J. pr. [2] **151** [1938] 49, 59).

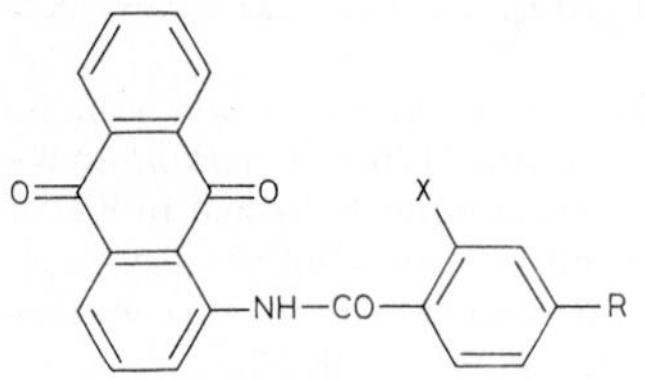

I 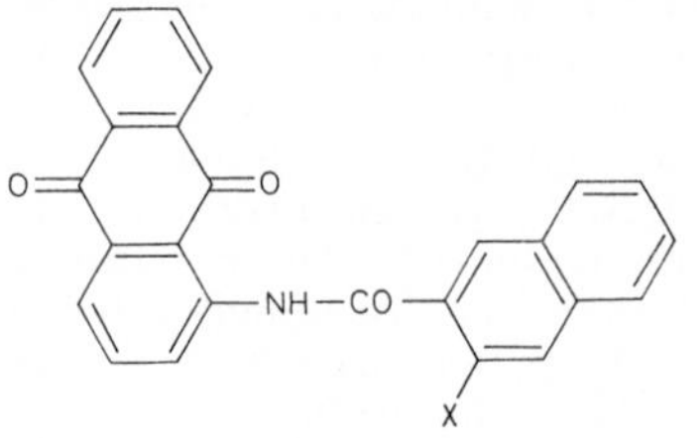 II

**1-[Naphthoyl-(2)-amino]-anthrachinon, *N*-[9.10-Dioxo-9.10-dihydro-anthryl-(1)]-naphthamid-(2),** *N-(9,10-dioxo-9,10-dihydro-1-anthryl)-2-naphthamide* $C_{25}H_{15}NO_3$, Formel II (X = H) (E II 103).
*B.* Beim Erhitzen von 1-Amino-anthrachinon mit Naphthamid-(2) in Nitrobenzol unter Einleiten von Chlorwasserstoff (*I.G. Farbenind.*, D.R.P. 696423 [1935]; D.R.P. Org. Chem. **1**, Tl. 2, S. 239).

**1-[Biphenylcarbonyl-(4)-amino]-anthrachinon, *N*-[9.10-Dioxo-9.10-dihydro-anthryl-(1)]-biphenylcarbamid-(4),** *N-(9,10-dioxo-9,10-dihydro-1-anthryl)biphenyl-4-carboxamide* $C_{27}H_{17}NO_3$, Formel I (R = $C_6H_5$, X = H).
*B.* Beim Erhitzen von 1-Amino-anthrachinon mit Biphenyl-carbonylchlorid-(4) in 1.2-Dichlor-benzol (*I.G. Farbenind.*, D.R.P. 565426 [1930]; Frdl. **19** 2013).
Gelbe Krystalle; F: 254°.

**1-[Fluoranthencarbonyl-(3)-amino]-anthrachinon, *N*-[9.10-Dioxo-9.10-dihydro-anthryl-(1)]-fluoranthencarbamid-(3),** *N-(9,10-dioxo-9,10-dihydro-1-anthryl)fluoranthene-3-carboxamide* $C_{31}H_{17}NO_3$, Formel III.
*B.* Beim Erhitzen von 1-Amino-anthrachinon mit dem aus Fluoranthen-carbonsäure-(3) mit Hilfe von Thionylchlorid hergestellten Säurechlorid in 1.2-Dichlor-benzol auf 150° (*CIBA*, D.R.P. 742326 [1939]; D.R.P. Org. Chem. **1**, Tl. 2, S. 268, 269).
Gelbbraunes Pulver; F: 295° [Zers.].

**1-Oxalamino-anthrachinon, [9.10-Dioxo-9.10-dihydro-anthryl-(1)]-oxamidsäure,** *(9,10-dioxo-9,10-dihydro-1-anthryl)oxamic acid* $C_{16}H_9NO_5$, Formel X (R = CO-COOH, X = H) auf S. 412 (H 181; E II 103).
Gelbbraune Krystalle (aus 1.2-Dichlor-benzol); F: 222° [korr.] (*Maki, Nagano, Kishida*, J. Soc. chem. Ind. Japan **44** [1941] 907; J. Soc. chem. Ind. Japan Spl. **44** [1941] 398; C. A. **1948** 2435).

III IV

**$N.N'$-Bis-[9.10-dioxo-9.10-dihydro-anthryl-(1)]-fluoranthendicarbamid-(3.8),** N,N'-*(9,10-dioxo-9,10-dihydro-1-anthryl)fluoranthene-3,8-dicarboxamide* $C_{46}H_{24}N_2O_6$, Formel IV.

*B.* Beim Erhitzen von Fluoranthen-dicarbonylchlorid-(3.8) mit 1-Amino-anthrachinon in 1.2-Dichlor-benzol auf 150° (*CIBA*, D.R.P. 742326 [1939]; D.R.P. Org. Chem. **1**, Tl. 2, S. 268).

Gelbes Pulver; F: 420° [Zers.].

**1-[Methyl-glykoloyl-amino]-anthrachinon, *N*-Methyl-*N*-[9.10-dioxo-9.10-dihydro-anthryl-(1)]-glykolamid,** N-*(9,10-dioxo-9,10-dihydro-1-anthryl)*-N-*methylglycolamide* $C_{17}H_{13}NO_4$, Formel X (R = $CO\text{-}CH_2OH$, X = $CH_3$) auf S. 412.

Eine Verbindung (Krystalle [aus 1-Äthoxy-äthanol-(2)]; F: 247°), der wahrscheinlich diese Konstitution zukommt, ist neben 1-Nitro-2.7-dioxo-3-methyl-2.7-dihydro-3*H*-naphtho[1.2.3-*de*]chinolin beim Erwärmen von *C*-Brom-*N*-methyl-*N*-[9.10-dioxo-9.10-dihydro-anthryl-(1)]-acetamid mit Natriumnitrit in 1-Äthoxy-äthanol-(2) und Wasser erhalten worden (*Allen, Wilson*, J. org. Chem. **10** [1945] 594, 600).

**1-Salicyloylamino-anthrachinon, *N*-[9.10-Dioxo-9.10-dihydro-anthryl-(1)]-salicylamid,** N-*(9,10-dioxo-9,10-dihydro-1-anthryl)salicylamide* $C_{21}H_{13}NO_4$, Formel I (R = H, X = OH).

*B.* Beim Erhitzen von 1-Amino-anthrachinon mit Salicylsäure-phenylester in 1.2.4-Trichlor-benzol (*Allen, VanAllan*, Org. Synth. Coll. Vol. III [1955] 765).

F: 278—284°.

**1-[3-Hydroxy-naphthoyl-(2)-amino]-anthrachinon, 3-Hydroxy-*N*-[9.10-dioxo-9.10-dihydro-anthryl-(1)]-naphthamid-(2),** N-*(9,10-dioxo-9,10-dihydro-1-anthryl)-3-hydroxy-2-naphthamide* $C_{25}H_{15}NO_4$, Formel II (X = OH).

*B.* Beim Erhitzen von 1-Amino-anthrachinon mit 3-Hydroxy-naphthoyl-(2)-chlorid in Nitrobenzol (*Bhat, Gavankar, Venkataraman*, J. Indian chem. Soc. News **5** [1942] 171, 173).

Gelbe Krystalle [aus Eg.] (*Bhat, Ga., Ve.*); F: 241° (*Lauer, Yen*, J. pr. [2] **151** [1938] 49, 59), 240—241° (*Bhat, Ga., Ve.*).

**1-[3-Acetoxy-naphthoyl-(2)-amino]-anthrachinon, 3-Acetoxy-*N*-[9.10-dioxo-9.10-dihydro-anthryl-(1)]-naphthamid-(2),** *3-acetoxy*-N-*(9,10-dioxo-9,10-dihydro-1-anthryl)-2-naphthamide* $C_{27}H_{17}NO_5$, Formel II (X = $O\text{-}CO\text{-}CH_3$).

*B.* Beim Behandeln von 3-Hydroxy-*N*-[9.10-dioxo-9.10-dihydro-anthryl-(1)]-naphthamid-(2) mit Acetanhydrid und Pyridin (*Bhat, Gavankar, Venkataraman*, J. Indian chem. Soc. News **5** [1942] 171, 173).

Gelbe Krystalle (aus Eg.); F: 261—262°.

**1-[3-Benzoyloxy-naphthoyl-(2)-amino]-anthrachinon, 3-Benzoyloxy-*N*-[9.10-dioxo-9.10-dihydro-anthryl-(1)]-naphthamid-(2),** *3-(benzoyloxy)*-N-*(9,10-dioxo-9,10-dihydro-1-anthryl)-2-naphthamide* $C_{32}H_{19}NO_5$, Formel II (X = $O\text{-}CO\text{-}C_6H_5$).

*B.* Beim Erhitzen von 3-Hydroxy-*N*-[9.10-dioxo-9.10-dihydro-anthryl-(1)]-naphthamid-(2) mit Benzoylchlorid und Pyridin (*Bhat, Gavankar, Venkataraman*, J. Indian chem. Soc. News **5** [1942] 171, 173).

Gelbe Krystalle (aus Eg.); F: 225—226°.

**3-[Toluol-sulfonyl-(4)-oxy]-*N*-[9.10-dioxo-9.10-dihydro-anthryl-(1)]-naphthamid-(2),** N-*(9,10-dioxo-9,10-dihydro-1-anthryl)-3-*(p-*tolylsulfonyloxy)-2-naphthamide* $C_{32}H_{21}NO_6S$, Formel II (X = O-$SO_2$-$C_6H_4$-$CH_3$) auf S. 414.

*B.* Beim Erhitzen von 3-Hydroxy-*N*-[9.10-dioxo-9.10-dihydro-anthryl-(1)]-naphthamid-(2) mit Toluol-sulfonylchlorid-(4) und Pyridin (*Bhat, Gavankar, Venkataraman,* J. Indian chem. Soc. News **5** [1942] 171, 174).

Orangefarbene Krystalle (aus Eg.); F: 288—289°.

**4.6-Dinitro-*N.N'*-bis-[9.10-dioxo-9.10-dihydro-anthryl-(1)]-*m*-phenylendiamin,** *1,1'-(4,6-dinitro-*m*-phenylenediimino)dianthraquinone* $C_{34}H_{18}N_4O_8$, Formel V (X = $NO_2$).

*B.* Beim Erhitzen von 1-Amino-anthrachinon mit 4.6-Dichlor-1.3-dinitro-benzol unter Zusatz von Natriumcarbonat, Kupfer(II)-acetat und Kupfer-Pulver in Nitrobenzol (*I.G. Farbenind.*, D.R.P. 746587 [1937]; D.R.P. Org. Chem. **1**, Tl. 2, S. 377).

Gelbbraune Krystalle (aus Nitrobenzol); F: 360°.

**3-Oxo-3-phenyl-propionsäure-[4-(9.10-dioxo-9.10-dihydro-anthryl-(1)-amino)-anilid], *N'*-[9.10-Dioxo-9.10-dihydro-anthryl-(1)]-*N*-[3-oxo-3-phenyl-propionyl]-*p*-phenylendiamin,** *4'-(9,10-dioxo-9,10-dihydro-1-anthrylamino)-3-oxo-3-phenylpropionanilide* $C_{29}H_{20}N_2O_4$, Formel VI (R = NH-CO-$CH_2$-CO-$C_6H_5$, X = H), und Tautomeres (β-Hydroxy-zimtsäure-[4-(9.10-dioxo-9.10-dihydro-anthryl-(1)-amino)-anilid]; **Benzoylessigsäure-[4-(9.10-dioxo-9.10-dihydro-anthryl-(1)-amino)-anilid].**

*B.* Beim Erhitzen von 1-[4-Amino-anilino]-anthrachinon (E I 442) mit Benzoylessigsäure-äthylester in 1.2-Dichlor-benzol, Chlorbenzol oder Nitrobenzol (*I.G. Farbenind.*, D.R.P. 586880 [1931]; Frdl. **20** 1320).

Krystalle (aus Trichlorbenzol); F: 184—185°.

V VI

**4.6-Diamino-1.3-bis-[9.10-dioxo-9.10-dihydro-anthryl-(1)-amino]-benzol,** *1,1'-(4,6-diamino-*m*-phenylenediimino)dianthraquinone* $C_{34}H_{22}N_4O_4$, Formel V (X = $NH_2$).

*B.* Aus 4.6-Dinitro-*N.N'*-bis-[9.10-dioxo-9.10-dihydro-anthryl-(1)]-*m*-phenylendiamin bei der Hydrierung an Nickel in Chlorbenzol bei 120° (*I.G. Farbenind.*, D.R.P. 746587 [1937]; D.R.P. Org. Chem. **1**, Tl. 2, S. 377).

Krystalle (aus Nitrobenzol); F: 346—348°.

**1-[2-Amino-4-trifluormethyl-anilino]-anthrachinon,** *1-(2-amino-α,α,α-trifluoro-*p*-toluidino)anthraquinone* $C_{21}H_{13}F_3N_2O_2$, Formel VI (R = $CF_3$, X = $NH_2$).

*B.* Aus 1-[2-Nitro-4-trifluormethyl-anilino]-anthrachinon bei der Hydrierung an Nickel in Chlorbenzol bei 60°/20 at (*Gen. Aniline Works*, U.S.P. 2174182 [1938]).

Violette Krystalle (aus Chlorbenzol); F: 248°.

VII VIII

**2.6-Bis-[9.10-dioxo-9.10-dihydro-anthryl-(1)-amino]-naphthalin,** *1,1'-(naphthalene-2,6-diyldiimino)dianthraquinone* $C_{38}H_{22}N_2O_4$, Formel VII.

*B.* Beim Erhitzen von 1-Amino-anthrachinon mit 2.6-Dibrom-naphthalin unter Zusatz von Natriumcarbonat, Natriumacetat und Kupfer(I)-chlorid in Nitrobenzol auf 200° (*CIBA*, D.R.P. 748918, 743677 [1938]; D.R.P. Org. Chem. **1**, Tl. 2, S. 275, 276, 419, 421).

Violettschwarze Krystalle; F: 370—380°.

**3.9-Bis-[9.10-dioxo-9.10-dihydro-anthryl-(1)-amino]-phenanthren,** *1,1'-(phenanthrene-3,9-diyldiimino)dianthraquinone* $C_{42}H_{24}N_2O_4$, Formel VIII.

*B.* Beim Erhitzen von 1-Amino-anthrachinon mit 3.9-Dibrom-phenanthren unter Zusatz von Natriumcarbonat, Natriumacetat und Kupfer(I)-chlorid in Nitrobenzol (*CIBA*, D.R.P. 731426 [1939]; D.R.P. Org. Chem. **1**, Tl. 2, S. 577, 580).

Schwarzbraune Krystalle; F: 375—380°.

**3.8-Bis-[9.10-dioxo-9.10-dihydro-anthryl-(1)-amino]-fluoranthen,** *1,1'-(fluoranthene-3,8-diyldiimino)dianthraquinone* $C_{44}H_{24}N_2O_4$, Formel IX.

*B.* Beim Erhitzen von 1-Amino-anthrachinon mit 3.8-Dibrom-fluoranthen unter Zusatz von Natriumacetat und Kupfer(I)-chlorid in Nitrobenzol auf 200° (*CIBA*, D.R.P. 748788 [1938]; D.R.P. Org. Chem. **1**, Tl. 2, S. 636, 637).

Braune Krystalle, die unterhalb 400° nicht schmelzen.

IX X

**6.12-Bis-[9.10-dioxo-9.10-dihydro-anthryl-(1)-amino]-chrysen,** *1,1'-(chrysene-6,12-diyldiimino)dianthraquinone* $C_{46}H_{26}N_2O_4$, Formel X.

*B.* Beim Erhitzen von 1-Amino-anthrachinon mit 6.12-Dibrom-chrysen unter Zusatz von Natriumacetat und Kupfer(I)-chlorid in Nitrobenzol (*CIBA*, U.S.P. 2272011 [1938]).

Braunviolette Krystalle (aus 1-Chlor-naphthalin), die unterhalb 400° nicht schmelzen.

**2.7-Bis-[9.10-dioxo-9.10-dihydro-anthryl-(1)-amino]-fluorenon-(9),** *1,1'-(9-oxofluorene-2,7-diyldiimino)dianthraquinone* $C_{41}H_{22}N_2O_5$, Formel XI.

*B.* Beim Erhitzen von 1-Amino-anthrachinon mit 2.7-Dibrom-fluorenon-(9) unter Zusatz von Natriumcarbonat und Kupfer(I)-chlorid in Nitrobenzol auf 200° (*Du Pont de Nemours & Co.*, U.S.P. 2369969 [1940]).

Braun; F: 360°.

XI XII

**1-[C-Trimethylammonio-acetamino]-anthrachinon, Trimethyl-[(9.10-dioxo-9.10-dihydro-anthryl-(1)-carbamoyl)-methyl]-ammonium,** *{[(9,10-dioxo-9,10-dihydro-1-anthryl)carbamoyl]methyl}trimethylammonium* $[C_{19}H_{19}N_2O_3]^{\oplus}$, Formel XII ($R = CO\text{-}CH_2\text{-}N(CH_3)_3]^{\oplus}$, $X = H$).

**Chlorid** $[C_{19}H_{19}N_2O_3]Cl$. *B.* Beim Erwärmen von 1-Amino-anthrachinon mit Trimethylcarboxymethyl-ammonium-chlorid und Thionylchlorid in Nitrobenzol (*Deutsche Hydrierwerke*, D.R.P. 716088 [1935]; D.R.P. Org. Chem. **1**, Tl. 2, S. 58). — Gelbe Krystalle; F: 208—209°.

**1-[*C*-*o*-Toluidino-acetamino]-anthrachinon, *N*-*o*-Tolyl-glycin-[9.10-dioxo-9.10-dihydro-anthryl-(1)-amid],** N-(*9,10-dioxo-9,10-dihydro-1-anthryl*)-*2*-o-*toluidinoacetamide* $C_{23}H_{18}N_2O_3$, Formel XIII (R = $CH_3$).

*B.* Beim Erhitzen von 1-[*C*-Chlor-acetamino]-anthrachinon mit *o*-Toluidin auf 140° (*de Diesbach, Miserez*, Helv. **31** [1948] 673, 675).

Gelbe Krystalle (aus Eg. oder Chlorbenzol); F: 163°.

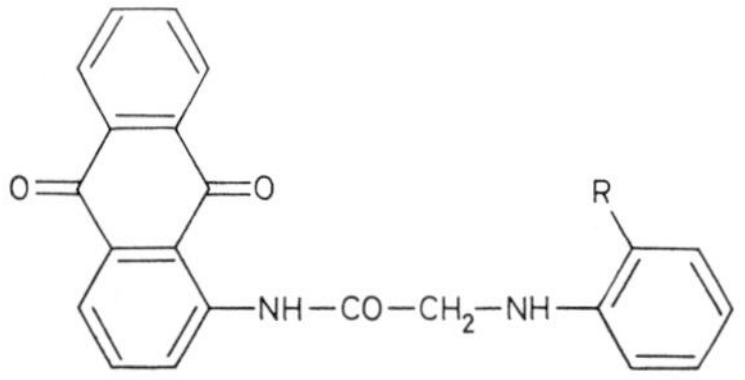

XIII 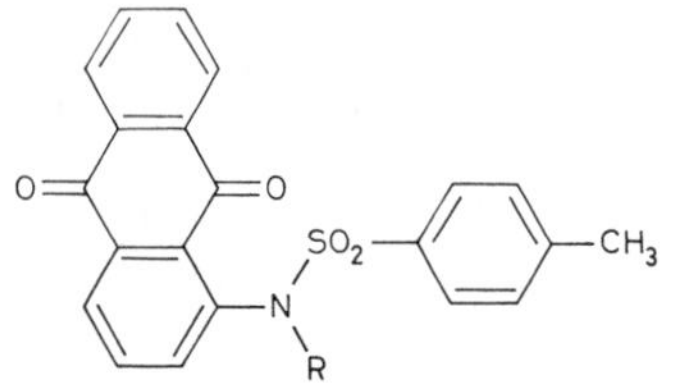 XIV

**1-[Toluol-sulfonyl-(4)-amino]-anthrachinon, *N*-[9.10-Dioxo-9.10-dihydro-anthryl-(1)]-toluolsulfonamid-(4),** N-(*9,10-dioxo-9,10-dihydro-1-anthryl*)-p-*toluenesulfonamide* $C_{21}H_{15}NO_4S$, Formel XIV (R = H) (E I 443; E II 104).

*B.* Beim Erhitzen von 1-Amino-anthrachinon mit Toluol-sulfonylchlorid-(4) und Pyridin (*Ruggli, Henzi*, Helv. **13** [1930] 409, 422).

F: 228° (*Lauer, Yen*, J. pr. [2] **151** [1938] 49, 59).

***N*-[2-Brom-äthyl]-*N*-[9.10-dioxo-9.10-dihydro-anthryl-(1)]-toluolsulfonamid-(4),** N-(*2-bromoethyl*)-N-(*9,10-dioxo-9,10-dihydro-1-anthryl*)-p-*toluenesulfonamide* $C_{23}H_{18}BrNO_4S$, Formel XIV (R = $CH_2$-$CH_2Br$).

*B.* Beim Erhitzen von *N*-[9.10-Dioxo-9.10-dihydro-anthryl-(1)]-toluolsulfonamid-(4) mit 1.2-Dibrom-äthan und Natriumhydroxid in Amylalkohol (*Ruggli, Henzi*, Helv. **13** [1930] 409, 422).

Gelbe Krystalle (aus Eg.); F: 165°.

[*G. Richter*]

**2-Chlor-1-amino-anthrachinon,** *1-amino-2-chloroanthraquinone* $C_{14}H_8ClNO_2$, Formel XII (R = H, X = Cl) (E I 444).

*B.* Neben 3-Chlor-2-amino-anthrachinon beim Erhitzen von 2-[4-Chlor-3-amino-benzoyl]-benzoesäure mit Schwefelsäure (*Scottish Dyes Ltd.*, U.S.P. 1812260, 1833808 [1926]). Beim Erhitzen von 1.2-Dichlor-anthrachinon mit Toluolsulfonamid-(2) oder Toluolsulfonamid-(4) in 1.2-Dichlor-benzol unter Zusatz von Kaliumcarbonat, Kupfer(II)-acetat und Kupfer(I)-chlorid und Erwärmen des Reaktionsprodukts mit Schwefelsäure (*Imp. Chem. Ind.*, U.S.P. 1924664 [1932]). Beim Eintragen von 2-Chlor-1-azido-anthrachinon in eine warme Lösung von Hydrazin-hydrat in Pyridin (*I.G. Farbenind.*, D.R.P. 590053 [1932]; Frdl. **20** 1308). Beim Behandeln von 1-Amino-9.10-dioxo-9.10-dihydro-anthracen-sulfonsäure-(2) mit Schwefelsäure und mit Kaliumperoxodisulfat in Wasser, Erhitzen des Reaktionsprodukts mit Natriumchlorat und wss. Salzsäure und Erwärmen des danach isolierten Reaktionsprodukts mit Natriumsulfid in Wasser (*Scottish Dyes Ltd.*, D.R.P. 571651 [1929]; Frdl. **19** 1943; U.S.P. 1858334 [1928]). Aus 2.4-Dichlor-1-amino-anthrachinon beim Erwärmen mit Natriumdithionit in wss. Natronlauge (*Scottish Dyes Ltd.*, U.S.P. 1890099 [1928]; vgl. E I 444).

Isolierung aus Gemischen mit 3-Chlor-2-amino-anthrachinon über das Sulfat: *Scottish Dyes Ltd.*, D.R.P. 528271, 568210 [1926]; Frdl. **18** 1237, 1236; U.S.P. 1812260, 1833808, 1833809 [1929].

F: 196—197° (*Scottish Dyes Ltd.*, U.S.P. 1812260).

**4-Chlor-1-amino-anthrachinon**, *1-amino-4-chloroanthraquinone* $C_{14}H_8ClNO_2$, Formel I (R = H) (H 183; E I 444; E II 104).

*B.* Beim Erhitzen von 1.4-Dichlor-anthrachinon mit Toluolsulfonamid-(4) in 1.2-Dichlor-benzol unter Zusatz von Kaliumcarbonat, Kupfer(II)-acetat und Kupfer(I)-chlorid und Erhitzen des Reaktionsprodukts (4-Chlor-1-[toluol-sulfonyl-(4)-amino]-anthrachinon) mit Schwefelsäure (*Imp. Chem. Ind.*, D.R.P. 584706 [1931]; Frdl. **20** 1306; s. a. *Imp. Chem. Ind.*, Schweiz. P. 159066 [1931]). Aus 1-Amino-anthrachinon beim Erwärmen mit Sulfurylchlorid und Aluminiumchlorid in Nitrobenzol (*Du Pont de Nemours & Co.*, U.S.P. 1986798 [1934]). Beim Behandeln des aus 4-Amino-1-benzamino-anthrachinon bereiteten Diazoniumsulfats mit Kupfer(I)-chlorid in Wasser und Erwärmen des Reaktionsprodukts mit Schwefelsäure (*Mosgowa*, Ž. obšč. Chim. **19** [1949] 773, 774; C. A. **1950** 3480). Aus 4-Chlor-1-benzamino-anthrachinon beim Erwärmen mit Schwefelsäure (*Stanley, Adams*, Am. Soc. **53** [1931] 2364, 2366).

Krystalle (aus wss. Eg.); F: 177—178° (*Mo.*).

**4-Chlor-1-methylamino-anthrachinon**, *1-chloro-4-(methylamino)anthraquinone* $C_{15}H_{10}ClNO_2$, Formel I (R = $CH_3$) (H 183).

*B.* Aus 1-Methylamino-anthrachinon beim Erwärmen mit Sulfurylchlorid und Aluminiumchlorid in Nitrobenzol (*Du Pont de Nemours & Co.*, U.S.P. 1986798 [1934]).

**4-Chlor-1-äthylamino-anthrachinon**, *1-chloro-4-(ethylamino)anthraquinone* $C_{16}H_{12}ClNO_2$, Formel I (R = $C_2H_5$).

*B.* Aus 4-Chlor-1-methoxy-anthrachinon und Äthylamin in Äthanol (*I.G. Farbenind.*, D.R.P. 635083 [1934]; Frdl. **23** 937).

Rote Krystalle (aus A.); F: 138°.

**4-Chlor-1-cyclohexylamino-anthrachinon**, *1-chloro-4-(cyclohexylamino)anthraquinone* $C_{20}H_{18}ClNO_2$, Formel I (R = $C_6H_{11}$).

*B.* Aus 4-Chlor-1-methoxy-anthrachinon und Cyclohexylamin (*I.G. Farbenind.*, D.R.P. 635083 [1934]; Frdl. **23** 937).

Braunrote Krystalle (aus A.); F: 152—154°.

**(±)-4-Chlor-1-[1.2.3.4-tetrahydro-naphthyl-(2)-amino]-anthrachinon**, *(±)-1-chloro-4-(1,2,3,4-tetrahydro-2-naphthylamino)anthraquinone* $C_{24}H_{18}ClNO_2$, Formel II.

*B.* Beim Erhitzen von 4-Chlor-1-methoxy-anthrachinon mit (±)-1.2.3.4-Tetrahydro-naphthyl-(2)-amin (*I.G. Farbenind.*, D.R.P. 635083 [1934]; Frdl. **23** 937).

Rote Krystalle (aus Bzl.); F: 185—186°.

**4-Chlor-1-[2-hydroxy-äthylamino]-anthrachinon**, *1-chloro-4-(2-hydroxyethylamino)anthraquinone* $C_{16}H_{12}ClNO_3$, Formel I (R = $CH_2$-$CH_2OH$).

*B.* Aus 4-Chlor-1-methoxy-anthrachinon und 2-Amino-äthanol-(1) in Äthanol (*I.G. Farbenind.*, D.R.P. 635083 [1934]; Frdl. **23** 937).

Rote Krystalle (aus A.); F: 164—166°.

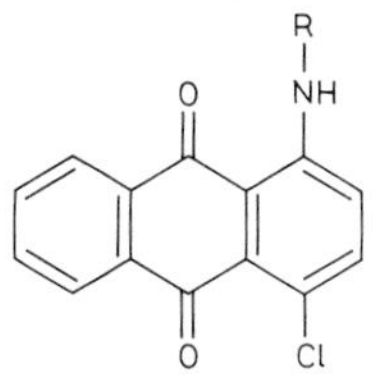

I 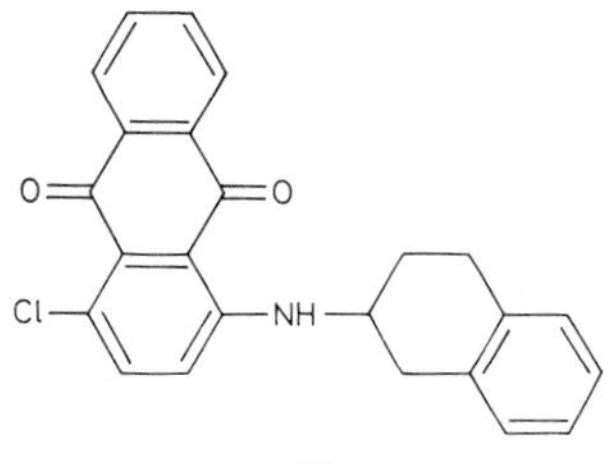 II 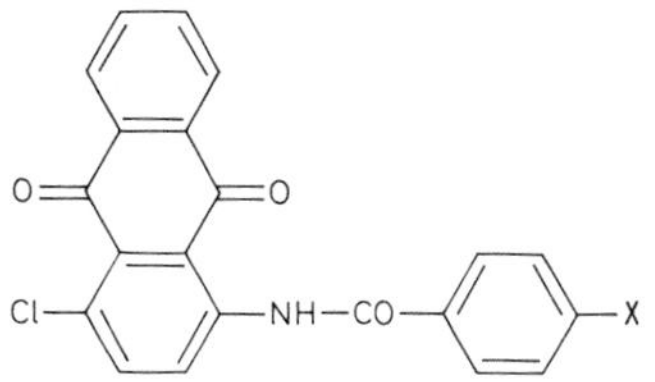 III

**4-Chlor-1-benzamino-anthrachinon**, *N*-**[4-Chlor-9.10-dioxo-9.10-dihydro-anthryl-(1)]-benzamid**, N-*(4-chloro-9,10-dioxo-9,10-dihydro-1-anthryl)benzamide* $C_{21}H_{12}ClNO_3$, Formel III (X = H) (H 183; E I 444).

*B.* Beim Erhitzen von 1-Amino-anthrachinon mit Benzoylchlorid in Chlorbenzol, 1.2-Dichlor-benzol, Trichlorbenzol oder Nitrobenzol und Einleiten von Chlor in die verdünnte oder mit Essigsäure und Natriumacetat versetzte Reaktionslösung bei 90—120° (*Du Pont de Nemours & Co.*, U.S.P. 1963069 [1931], 1963109 [1929]). Beim Erwärmen einer Suspension von 1-Benzamino-anthrachinon in Nitrobenzol mit Chlor oder mit Sulfurylchlorid (*Gen. Aniline Works*, U.S.P. 1772311 [1927]). Aus 4-Chlor-1-amino-anthrachinon bei kurzem Erhitzen mit Benzoylchlorid in Chlorbenzol (*Mosgowa*, Ž. obšč. Chim. **19** [1949] 773, 775; C. A. **1950** 3480; vgl. H 183) sowie beim Erwärmen mit Benzoylchlorid unter Zusatz von Schwefelsäure (*Bedekar*, *Tilak*, *Venkataraman*, Pr. Indian Acad. [A] **28** [1948] 236, 249).

Gelbe Krystalle; F: 240° [aus Petroleum] (*Be.*, *Ti.*, *Ve.*), 237,5—238,5° (*Mo.*).

**4-Chlor-1-[4-chlor-benzamino]-anthrachinon, 4-Chlor-*N*-[4-chlor-9.10-dioxo-9.10-dihydro-anthryl-(1)]-benzamid,** p-*chloro*-N-(*4-chloro-9,10-dioxo-9,10-dihydro-1-anthryl*)*benzamide* $C_{21}H_{11}Cl_2NO_3$, Formel III (X = Cl).

*B.* Beim Behandeln von 1-Amino-anthrachinon mit 4-Chlor-benzoylchlorid und Behandeln des Reaktionsprodukts mit Sulfurylchlorid (*I.G. Farbenind.*, D.R.P. 623069 [1931]; Frdl. **21** 1085).

Gelbliche Krystalle; F: 228°.

**5-Chlor-1-amino-anthrachinon,** *1-amino-5-chloroanthraquinone* $C_{14}H_8ClNO_2$, Formel IV (R = X = H) (E I 445; E II 105).

*B.* Aus 1.5-Dichlor-anthrachinon beim Erhitzen mit wss. Ammoniak auf 170° (*Scottish Dyes Ltd.*, D.R.P. 549137 [1928]; Frdl. **19** 1945). Aus 5-Chlor-1-[toluol-sulfonyl-(4)-amino]-anthrachinon beim Erhitzen mit Schwefelsäure (*Imp. Chem. Ind.*, U.S.P. 1863265 [1930]; D.R.P. 584706 [1931]; Frdl. **20** 1306). Aus 5-Chlor-1-nitro-anthrachinon beim Erwärmen mit Natriumsulfid in Wasser (*Maki*, *Nagai*, J. Soc. chem. Ind. Japan **33** [1930] 1310; J. Soc. chem. Ind. Japan Spl. **33** [1930] 464; C. **1931** I 613).

Rote Krystalle; F: 218,9° [korr.; aus A.] (*Maki*, *Na.*), 215—217° [aus Eg.] (*Cahn*, *Jones*, *Simonsen*, Soc. **1933** 444, 448).

**5-Chlor-1-methylamino-anthrachinon,** *1-chloro-5-(methylamino)anthraquinone* $C_{15}H_{10}ClNO_2$, Formel IV (R = $CH_3$, X = H) (H 183).

*B.* Beim Erhitzen von 1.5-Dichlor-anthrachinon mit Methylamin und Pyridin auf 110° (*Hall*, *Hey*, Soc. **1948** 736, 738; vgl. H 183).

Rote Krystalle (aus Eg.); F: 194—196°.

**5-Chlor-1-*o*-anisidino-anthrachinon,** *1-*o*-anisidino-5-chloroanthraquinone* $C_{21}H_{14}ClNO_3$, Formel V (R = $OCH_3$, X = H).

*B.* Beim Erhitzen von 1.5-Dichlor-anthrachinon mit *o*-Anisidin, Kaliumacetat und wenig Kupfer-Pulver (*Cook*, *Waddington*, Soc. **1945** 402).

Rote Krystalle (aus Acn., A. oder Eg.); F: 164°.

**5-Chlor-1-*p*-anisidino-anthrachinon,** *1-*p*-anisidino-5-chloroanthraquinone* $C_{21}H_{14}ClNO_3$, Formel V (R = H, X = $OCH_3$).

*B.* Beim Erhitzen von 1.5-Dichlor-anthrachinon mit *p*-Anisidin, Kaliumacetat und wenig Kupfer-Pulver (*Cook*, *Waddington*, Soc. **1945** 402).

Rote Krystalle (aus Eg.); F: 157°.

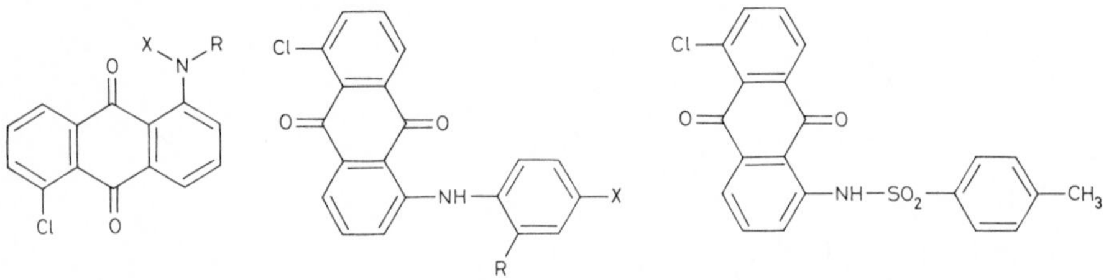

IV V VI

**5-Chlor-1-acetamino-anthrachinon, *N*-[5-Chlor-9.10-dioxo-9.10-dihydro-anthryl-(1)]-acetamid,** N-(*5-chloro-9,10-dioxo-9,10-dihydro-1-anthryl*)*acetamide* $C_{16}H_{10}ClNO_3$, Formel IV (R = CO-$CH_3$, X = H) (E I 445).

Orangefarbene Krystalle (aus Eg.); F: 218—220° (*Cahn*, *Jones*, *Simonsen*, Soc. **1933** 444, 448).

**5-Chlor-1-[methyl-acetyl-amino]-anthrachinon, *N*-Methyl-*N*-[5-chlor-9.10-dioxo-9.10-dihydro-anthryl-(1)]-acetamid,** N-*(5-chloro-9,10-dioxo-9,10-dihydro-1-anthryl)-*N*-methylacetamide* $C_{17}H_{12}ClNO_3$, Formel IV (R = CO-$CH_3$, X = $CH_3$).

*B.* Beim Erhitzen von 5-Chlor-1-methylamino-anthrachinon mit Schwefelsäure enthaltendem Acetanhydrid (*Hall, Hey,* Soc. **1948** 736, 738).

Braungelbe Krystalle (aus 1-Methoxy-äthanol-(2)); F: 201—202° [Zers.].

**5-Chlor-1-benzamino-anthrachinon, *N*-[5-Chlor-9.10-dioxo-9.10-dihydro-anthryl-(1)]-benzamid,** N-*(5-chloro-9,10-dioxo-9,10-dihydro-1-anthryl)benzamide* $C_{21}H_{12}ClNO_3$, Formel IV (R = CO-$C_6H_5$, X = H) (H 184; E I 445).

*B.* Beim Erhitzen von 5-Chlor-1-amino-anthrachinon mit Benzamid in Nitrobenzol unter Einleiten von Chlorwasserstoff (*I.G. Farbenind.,* D.R.P. 696423 [1935]; D.R.P. Org. Chem. **1**, Tl. 2, S. 239).

**5-Chlor-1-[toluol-sulfonyl-(4)-amino]-anthrachinon, *N*-[5-Chlor-9.10-dioxo-9.10-dihydro-anthryl-(1)]-toluolsulfonamid-(4),** N-*(5-chloro-9,10-dioxo-9,10-dihydro-1-anthryl)-*p-*toluenesulfonamide* $C_{21}H_{14}ClNO_4S$, Formel VI.

*B.* Beim Erhitzen von 1.5-Dichlor-anthrachinon mit Toluolsulfonamid-(4) in Nitrobenzol unter Zusatz von Kaliumcarbonat und Kupfer(II)-acetat (*Imp. Chem. Ind.,* D.R.P. 584706 [1931]; Frdl. **20** 1306; s. a. *Imp. Chem. Ind.,* U.S.P. 1863265 [1930]).

F: 200—201°.

**6-Chlor-1-amino-anthrachinon,** *1-amino-6-chloroanthraquinone* $C_{14}H_8ClNO_2$, Formel VII (H 184; E II 105).

*B.* Beim Erhitzen von 1.6-Dichlor-anthrachinon mit Toluolsulfonamid-(4) in Nitrobenzol (oder 1.2-Dichlor-benzol) unter Zusatz von Natriumacetat (oder Natriumcarbonat) und Kupfer(II)-acetat (oder Kupfer(I)-chlorid) und Erhitzen des erhaltenen 6-Chlor-1-[toluol-sulfonyl-(4)-amino]-anthrachinons mit Schwefelsäure (*Du Pont de Nemours & Co.,* U.S.P. 2181034 [1936]). Beim Erhitzen von Natrium-[6-chlor-9.10-dioxo-9.10-dihydro-anthracen-sulfonat-(1)] mit wss. Ammoniak unter Zusatz von Natrium-[3-nitro-benzol-sulfonat-(1)] (*Du Pont de Nemours & Co.,* U.S.P. 2100527 [1936]).

Rote Krystalle; F: ca. 213° [über das Sulfat gereinigtes Präparat] (*Du Pont,* U.S.P. 2181034), 205—210° (*Du Pont,* U.S.P. 2100527).

**6-Chlor-1-[9-oxo-fluorenyl-(2)-amino]-anthrachinon,** *6-chloro-1-(9-oxofluoren-2-ylamino)anthraquinone* $C_{27}H_{14}ClNO_3$, Formel VIII.

*B.* Beim Erhitzen von 6-Chlor-1-amino-anthrachinon mit 2-Brom-fluorenon-(9) in Nitrobenzol unter Zusatz von Natriumcarbonat und Kupfer(I)-chlorid (*Du Pont de Nemours & Co.,* U.S.P. 2369969 [1940]).

F: 252°.

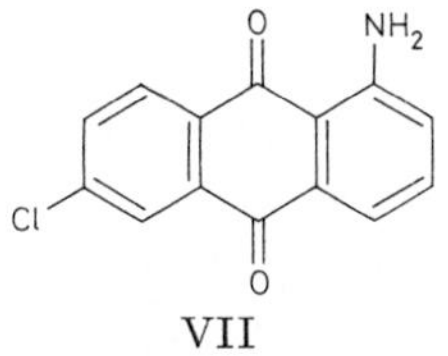

VII 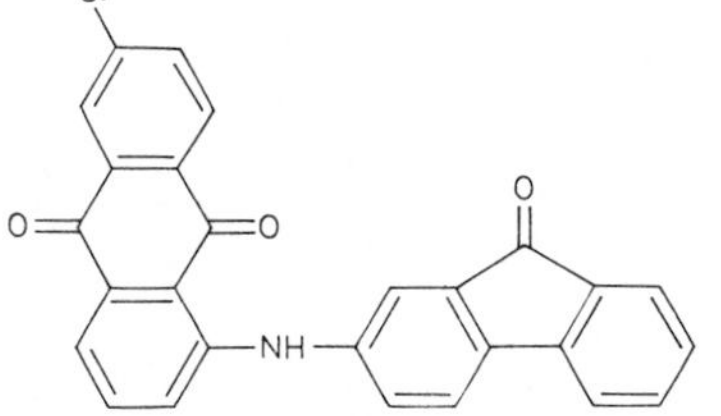 VIII 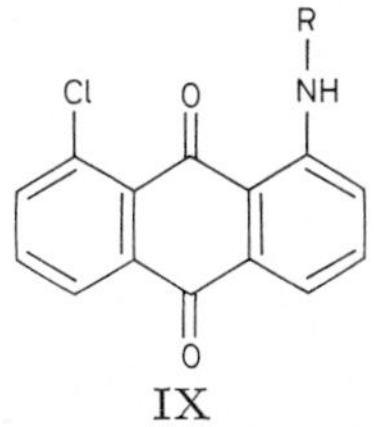 IX

**8-Chlor-1-amino-anthrachinon,** *1-amino-8-chloroanthraquinone* $C_{14}H_8ClNO_2$, Formel IX (R = H) (E I 445).

*B.* Aus 1.8-Dichlor-anthrachinon beim Erhitzen mit wss. Ammoniak (*Scottish Dyes Ltd.,* D.R.P. 549137 [1928]; Frdl. **19** 1945).

Rote Krystalle (aus Eg.); F: 225—227° (*Cahn, Jones, Simonsen,* Soc. **1933** 444, 448).

**8-Chlor-1-acetamino-anthrachinon, *N*-[8-Chlor-9.10-dioxo-9.10-dihydro-anthryl-(1)]-acetamid,** N-*(8-chloro-9,10-dioxo-9,10-dihydro-1-anthryl)acetamide* $C_{16}H_{10}ClNO_3$, Formel IX (R = CO-$CH_3$).

Gelbliche Krystalle (aus Eg.); F: 223—225° (*Cahn, Jones, Simonsen,* Soc. **1933** 444, 448).

**2.3-Dichlor-1-amino-anthrachinon,** *1-amino-2,3-dichloroanthraquinone* $C_{14}H_7Cl_2NO_2$, Formel X.

*B.* Beim Erwärmen einer aus 2.3-Dichlor-1.4-diamino-anthrachinon bereiteten Mono= diazoniumsalz-Lösung mit Äthanol unter Zusatz von Kupfer(II)-sulfat (*I.G. Farbenind.*, D.R.P. 534305 [1927]; Frdl. **18** 1243).

Gelbbraune Krystalle (aus Chlorbenzol); F: 219—221°.

**2.4-Dichlor-1-amino-anthrachinon,** *1-amino-2,4-dichloroanthraquinone* $C_{14}H_7Cl_2NO_2$, Formel XI (R = H) (H 184; E I 445).

*B.* Beim Behandeln einer Suspension von 1-Amino-anthrachinon in wss. Schwefel= säure mit Natriumchlorid und Natriumchlorat (*Du Pont de Nemours & Co.*, U.S.P. 2128178 [1936]). Beim Einleiten von Chlor in heisse Suspensionen von 1-Amino-anthra= chinon oder von 2-Brom-1-amino-anthrachinon in Essigsäure (*Bedekar, Tilak, Venkataraman*, Pr. Indian Acad. [A] **28** [1948] 236, 247; vgl. H 184). Aus 2-[4.6-Dichlor-3-amino-benzoyl]-benzoesäure beim Erhitzen mit Schwefelsäure (*Gubelmann, Weiland, Stallmann*, Ind. eng. Chem. **21** [1929] 1231).

Rote Krystalle; F: 205—206° [aus Eg.] (*Gu., Wei., St.*), 205° [aus A.] (*Be., Ti., Ve.*).

**2.4-Dichlor-1-benzamino-anthrachinon, *N*-[2.4-Dichlor-9.10-dioxo-9.10-dihydro-anthryl-(1)]-benzamid,** N-*(2,4-dichloro-9,10-dioxo-9,10-dihydro-1-anthryl)benzamide* $C_{21}H_{11}Cl_2NO_3$, Formel XI (R = CO-$C_6H_5$).

*B.* Aus 2.4-Dichlor-1-amino-anthrachinon, Benzoylchlorid und wenig Schwefelsäure (*Bedekar, Tilak, Venkataraman*, Pr. Indian Acad. [A] **28** [1948] 236, 248).

Gelbe Krystalle (aus Petroleum); F: 217°.

X XI XII XIII

**4.6-Dichlor-1-benzamino-anthrachinon, *N*-[4.6-Dichlor-9.10-dioxo-9.10-dihydro-anthryl-(1)]-benzamid,** N-*(4,6-dichloro-9,10-dioxo-9,10-dihydro-1-anthryl)benzamide* $C_{21}H_{11}Cl_2NO_3$, Formel XII (R = CO-$C_6H_5$).

*B.* Beim Erhitzen von 6-Chlor-1-amino-anthrachinon mit Benzoylchlorid in Nitro= benzol und Einleiten von Chlor in die mit Essigsäure und Natriumacetat versetzte Reaktionslösung bei 100° (*Du Pont de Nemours & Co.*, U.S.P. 2032519 [1934]).

Gelbe Krystalle; F: 196—198°.

**4.8-Dichlor-1-acetamino-anthrachinon, *N*-[4.8-Dichlor-9.10-dioxo-9.10-dihydro-anthryl-(1)]-acetamid,** N-*(4,8-dichloro-9,10-dioxo-9,10-dihydro-1-anthryl)acetamide* $C_{16}H_9Cl_2NO_3$, Formel XIII (R = CO-$CH_3$).

*B.* Aus 8-Chlor-1-acetamino-anthrachinon beim Erwärmen mit Sulfurylchlorid in Nitrobenzol (*CIBA*, D.R.P. 628124 [1932]; Frdl. **21** 1115; U.S.P. 2026150 [1933]).

F: 218—219°.

**4.8-Dichlor-1-benzamino-anthrachinon, *N*-[4.8-Dichlor-9.10-dioxo-9.10-dihydro-anthryl-(1)]-benzamid,** N-*(4,8-dichloro-9,10-dioxo-9,10-dihydro-1-anthryl)benzamide* $C_{21}H_{11}Cl_2NO_3$, Formel XIII (R = CO-$C_6H_5$).

*B.* Beim Erhitzen von 8-Chlor-1-amino-anthrachinon mit Benzoylchlorid in 1.2-Di= chlor-benzol und Einleiten von Chlor in die mit Essigsäure und Natriumacetat versetzte Reaktionslösung bei 100° (*Du Pont de Nemours & Co.*, U.S.P. 2019837 [1934]). Aus 8-Chlor-1-benzamino-anthrachinon (nicht näher beschrieben) und Sulfurylchlorid in Nitro= benzol (*CIBA*, D.R.P. 628124 [1932]; Frdl. **21** 1115; U.S.P. 2026150 [1933]).

Gelbe Krystalle (aus Nitrobenzol); F: 213—214° (*CIBA*).

**4.8-Dichlor-1-äthoxycarbonylamino-anthrachinon, [4.8-Dichlor-9.10-dioxo-9.10-dihydro-anthryl-(1)]-carbamidsäure-äthylester,** *(4,8-dichloro-9,10-dioxo-9,10-dihydro-1-anthryl)= carbamic acid ethyl ester* $C_{17}H_{11}Cl_2NO_4$, Formel XIII (R = CO-O$C_2H_5$).

*B.* Aus [8-Chlor-9.10-dioxo-9.10-dihydro-anthryl-(1)]-carbamidsäure-äthylester (nicht

näher beschrieben) beim Erwärmen mit Sulfurylchlorid in Nitrobenzol (*CIBA*, D.R.P. 628124 [1932]; Frdl. **21** 1115; U.S.P. 2026150 [1933]).
Gelbe Krystalle (aus Nitrobenzol); F: 205—206°.

**5.8-Dichlor-1-[4-chlor-benzamino]-anthrachinon, 4-Chlor-*N*-[5.8-dichlor-9.10-dioxo-9.10-dihydro-anthryl-(1)]-benzamid,** p-*chloro*-N-(*5,8-dichloro-9,10-dioxo-9,10-dihydro-1-anthryl*)*benzamide* $C_{21}H_{10}Cl_3NO_3$, Formel I.
Grüngelbe Krystalle; F: 277—279° (*CIBA*, U.S.P. 2459424 [1943]).

**2.3.4-Trichlor-1-amino-anthrachinon,** *1-amino-2,3,4-trichloroanthraquinone* $C_{14}H_6Cl_3NO_2$, Formel II.
*B.* Aus 1.2.3.4-Tetrachlor-anthrachinon beim Erhitzen mit wss. Ammoniak unter Zusatz von Kupfer(I)-chlorid (*Scottish Dyes Ltd.*, D.R.P. 549137 [1928]; Frdl. **19** 1945). Beim Erwärmen eines aus 2.3-Dichlor-1.4-diamino-anthrachinon bereiteten Monodiazonium-Salzes mit wss. Salzsäure unter Zusatz von Kupfer(I)-chlorid (*I.G. Farbenind.*, D.R.P. 534305 [1927]; Frdl. **18** 1243).
Braungelbe Krystalle (aus Eg.); F: 244° (*I.G. Farbenind.*).

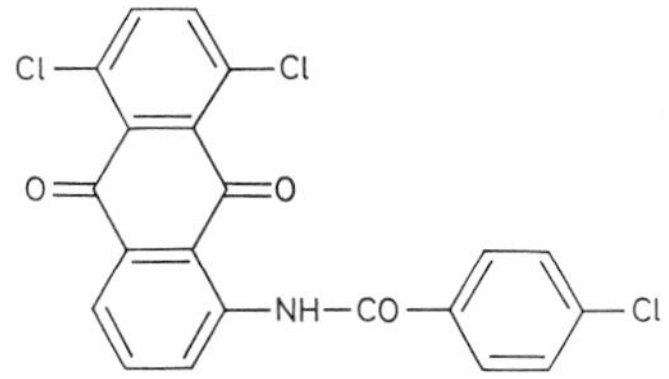

I 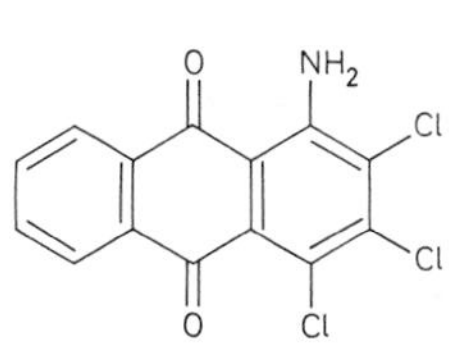 II 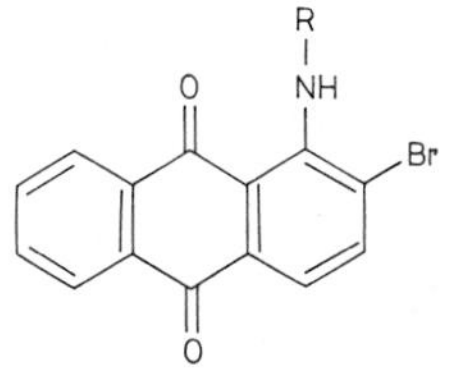 III

**2-Brom-1-amino-anthrachinon,** *1-amino-2-bromoanthraquinone* $C_{14}H_8BrNO_2$, Formel III (R = H) (H 185; E I 446).
*B.* Neben 4-Brom-1-amino-anthrachinon beim Erwärmen von 1-Amino-anthrachinon mit Brom in Nitrobenzol (*Lauer*, J. pr. [2] **136** [1933] 1, 2, 4; *Du Pont de Nemours & Co.*, U.S.P. 1986798 [1934]; vgl. H 185). Neben 3-Brom-2-amino-anthrachinon beim Erhitzen von 2-[4-Brom-3-amino-benzoyl]-benzoesäure (aus 2-[4-Brom-benzoyl]-benzoesäure hergestellt) mit Schwefelsäure (*Scottish Dyes Ltd.*, D.R.P. 528271 [1926]; Frdl. **18** 1237; U.S.P. 1812260 [1926]). Neben 3-Brom-1-amino-anthrachinon beim Behandeln von 2-Brom-1.4-diamino-anthrachinon mit Natriumnitrit (1 Mol) und Schwefelsäure und Erwärmen der mit wss. Äthanol versetzten Reaktionslösung unter Zusatz von Kupfer(II)-sulfat (*I.G. Farbenind.*, D.R.P. 534305 [1927]; Frdl. **18** 1243).
Für ein mit geringen Mengen 3-Brom-2-amino-anthrachinon verunreinigtes Präparat ist F: 203—215° angegeben worden (*Scottish Dyes Ltd.*).
Beim Erhitzen mit Kupfer(I)-cyanid in Pyridin ist eine als 2.4.6-Tris-[1-amino-9.10-dioxo-9.10-dihydro-anthryl-(2)]-[1.3.5]triazin ($C_{45}H_{24}N_6O_6$) angesehene Verbindung (violett; unterhalb 340° nicht schmelzend) erhalten worden (*Sunthankar, Venkataraman*, Pr. Indian Acad. [A] **25** [1947] 467, 477; s. a. *I.G. Farbenind.*, D.R.P. 539102 [1929]; Frdl. **18** 1494).

**2-Brom-1-benzamino-anthrachinon, *N*-[2-Brom-9.10-dioxo-9.10-dihydro-anthryl-(1)]-benzamid,** N-(*2-bromo-9,10-dioxo-9,10-dihydro-1-anthryl*)*benzamide* $C_{21}H_{12}BrNO_3$, Formel III (R = CO-$C_6H_5$) (E I 446).
*B.* Beim Erwärmen von 2-Brom-1-amino-anthrachinon mit Benzoylchlorid in Nitrobenzol (*Mangini, Weger*, Boll. scient. Fac. Chim. ind. Bologna **3** [1942] 223, 228).
Hellgelbe Krystalle (aus Py.); F: 230—232°.

**3-Brom-1-amino-anthrachinon,** *1-amino-3-bromoanthraquinone* $C_{14}H_8BrNO_2$, Formel IV (E I 446).
*B.* Neben 2-Brom-1-amino-anthrachinon beim Behandeln von 2-Brom-1.4-diamino-anthrachinon mit Schwefelsäure und Natriumnitrit (1 Mol) und Erwärmen der mit wss. Äthanol versetzten Reaktionslösung unter Zusatz von Kupfer(II)-sulfat (*I.G. Farbenind.*, D.R.P. 534305 [1927]; Frdl. **18** 1243).

**4-Brom-1-amino-anthrachinon,** *1-amino-4-bromoanthraquinone* $C_{14}H_8BrNO_2$, Formel V (R = X = H) (H 185; E I 447).
*B.* Neben 2-Brom-1-amino-anthrachinon beim Erwärmen von 1-Amino-anthrachinon

mit Brom in Nitrobenzol (*Lauer*, J. pr. [2] **136** [1933] 1, 2, 4). Beim Erwärmen einer wss. Lösung des Natrium-Salzes der 4-Brom-1-amino-9.10-dioxo-9.10-dihydro-anthracen-sulfonsäure-(2) mit Natriumdithionit (*I.G. Farbenind.*, D.R.P. 568760 [1928]; Frdl. **18** 1277; *Gen. Aniline Works*, U.S.P. 1782747 [1926]; s. a. *Gen. Aniline Works*, U.S.P. 1855318 [1927]). Beim Behandeln des aus 4-Amino-1-benzamino-anthrachinon bereiteten Diazoniumsulfats mit Kaliumbromid in Wasser und Erwärmen des Reaktionsprodukts mit Schwefelsäure (*Mosgowa*, Ž. obšč. Chim. **19** [1949] 773, 774; C. A. **1950** 3480).

Krystalle (aus wss. Eg.); F: 177,5—178,5° (*Mo.*).

**4-Brom-1-methylamino-anthrachinon,** *1-bromo-4-(methylamino)anthraquinone* $C_{15}H_{10}BrNO_2$, Formel V (R = $CH_3$, X = H) (H 185; E I 447).

*B.* Aus 1-Methylamino-anthrachinon beim Erwärmen mit Brom in Pyridin (*Eastman Kodak Co.*, U.S.P. 2459149 [1945]; vgl. H 185) sowie beim Behandeln mit Brom in Nitrobenzol unter Zusatz von Aluminiumchlorid (*Du Pont de Nemours & Co.*, U.S.P. 1986798 [1934]).

F: 193—195° (*Eastman Kodak Co.*).

Beim Erwärmen mit Brom (1 Mol) in Essigsäure ist 4.x.x-Tribrom-1-methylamino-anthrachinon ($C_{15}H_8Br_3NO_2$; rote Krystalle, F: 215—217°), in einem Falle auch 2.4-Dibrom-1-methylamino-anthrachinon erhalten worden (*Dupont*, Bl. Soc. chim. Belg. **52** [1943] 7, 16).

**4-Brom-1-isopropylamino-anthrachinon,** *1-bromo-4-(isopropylamino)anthraquinone* $C_{17}H_{14}BrNO_2$, Formel V (R = $CH(CH_3)_2$, X = H).

*B.* Aus 1-Isopropylamino-anthrachinon beim Behandeln mit Brom in Essigsäure (*I.G. Farbenind.*, D.R.P. 736901 [1937]; D.R.P. Org. Chem. **1**, Tl. 2, S. 204; *Gen. Aniline Works*, U.S.P. 2168947 [1938]) sowie beim Erwärmen mit Brom in Pyridin (*Eastman Kodak Co.*, U.S.P. 2459149 [1945]).

F: 222° (*Eastman Kodak Co.*). Rote Krystalle (aus wss. A.); F: 120° (*I.G. Farbenind.*; *Gen. Aniline Works*), 113—116° (*CIBA*, D.A.S. 1176668 [1962]).

**4-Brom-1-isopentylamino-anthrachinon,** *1-bromo-4-(isopentylamino)anthraquinone* $C_{19}H_{18}BrNO_2$, Formel V (R = $CH_2$-$CH_2$-$CH(CH_3)_2$, X = H).

*B.* Aus 1-Isopentylamino-anthrachinon und Brom in Nitrobenzol (*Imp. Chem. Ind.*, U.S.P. 2166353 [1936]).

F: 96—97°.

**4-Brom-1-dodecylamino-anthrachinon,** *1-bromo-4-(dodecylamino)anthraquinone* $C_{26}H_{32}BrNO_2$, Formel V (R = $[CH_2]_{11}$-$CH_3$, X = H).

*B.* Aus 1-Dodecylamino-anthrachinon und Brom in Pyridin (*Allen, Wilson*, J. org. Chem. **10** [1945] 594, 599).

Rote Krystalle (aus Me. + Ae.); F: 67—68°.

**4-Brom-1-[2-hydroxy-äthylamino]-anthrachinon,** *1-bromo-4-(2-hydroxyethylamino)anthraquinone* $C_{16}H_{12}BrNO_3$, Formel V (R = $CH_2$-$CH_2OH$, X = H).

*B.* Aus 1-[2-Hydroxy-äthylamino]-anthrachinon und Brom in Pyridin (*Eastman Kodak Co.*, U.S.P. 2459149 [1945]).

F: 170°.

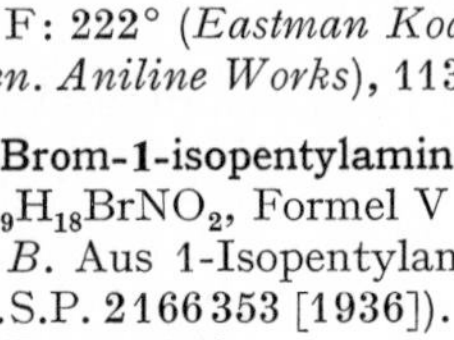

IV 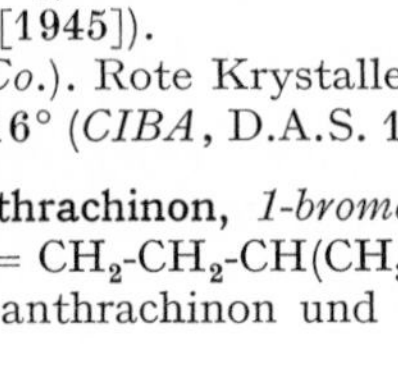 V 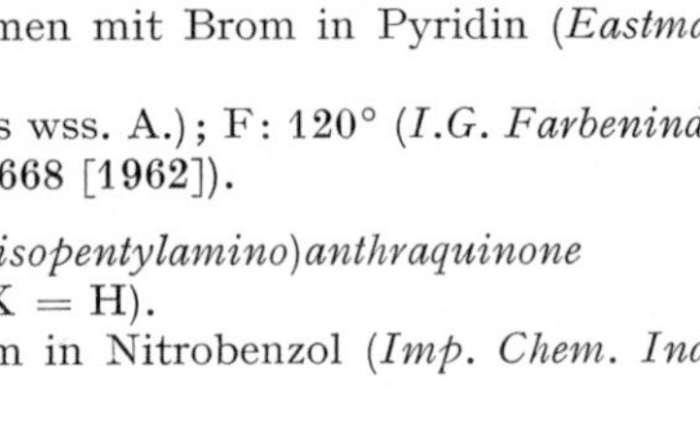 VI

**4-Brom-1-[2-methoxy-äthylamino]-anthrachinon,** *1-bromo-4-(2-methoxyethylamino)anthraquinone* $C_{17}H_{14}BrNO_3$, Formel V (R = $CH_2$-$CH_2$-$OCH_3$, X = H).

*B.* Aus 1-[2-Methoxy-äthylamino]-anthrachinon und Brom in Pyridin (*Eastman Kodak Co.*, U.S.P. 2459149 [1945]).

F: 152°.

**(±)-4-Brom-1-[2.3-dihydroxy-propylamino]-anthrachinon,** (±)-*1-bromo-4-(2,3-dihydroxypropylamino)anthraquinone* $C_{17}H_{14}BrNO_4$, Formel V (R = $CH_2$-CH(OH)-$CH_2$OH, X = H).

*B.* Aus (±)-1-[2.3-Dihydroxy-propylamino]-anthrachinon und Brom in Pyridin (*Eastman Kodak Co.*, U.S.P. 2459149 [1945]).

F: 145°.

**4-Brom-1-[methyl-chloracetyl-amino]-anthrachinon, *C*-Chlor-*N*-methyl-*N*-[4-brom-9.10-dioxo-9.10-dihydro-anthryl-(1)]-acetamid,** N-*(4-bromo-9,10-dioxo-9,10-dihydro-1-anthryl)-2-chloro-*N*-methylacetamide* $C_{17}H_{11}BrClNO_3$, Formel V (R = CO-$CH_2$Cl, X = $CH_3$).

*B.* Aus 4-Brom-1-methylamino-anthrachinon und Chloracetylchlorid in Benzol (*Allen, Wilson*, J. org. Chem. **10** [1945] 594, 599).

F: 239°.

**4-Brom-1-[methyl-bromacetyl-amino]-anthrachinon, *C*-Brom-*N*-methyl-*N*-[4-brom-9.10-dioxo-9.10-dihydro-anthryl-(1)]-acetamid,** *2-bromo-*N*-(4-bromo-9,10-dioxo-9,10-dihydro-1-anthryl)-*N*-methylacetamide* $C_{17}H_{11}Br_2NO_3$, Formel V (R = CO-$CH_2$Br, X = $CH_3$).

*B.* Aus 4-Brom-1-methylamino-anthrachinon und Bromacetylchlorid in Xylol (*Allen, Wilson*, J. org. Chem. **10** [1945] 594, 599).

Krystalle (aus 1-Äthoxy-äthanol-(2)); F: 233°.

**4-Brom-1-benzamino-anthrachinon, *N*-[4-Brom-9.10-dioxo-9.10-dihydro-anthryl-(1)]-benzamid,** N-*(4-bromo-9,10-dioxo-9,10-dihydro-1-anthryl)benzamide* $C_{21}H_{12}BrNO_3$, Formel V (R = CO-$C_6H_5$, X = H) (E I 447).

*B.* Beim Erhitzen von 4-Brom-1-amino-anthrachinon mit Benzoylchlorid in Chlorbenzol (*Mosgowa*, Ž. obšč. Chim. **19** [1949] 773, 775; C. A. **1950** 3480). Aus 1-Benzamino-anthrachinon und Brom in Nitrobenzol (*Lauer*, J. pr. [2] **136** [1933] 1, 4; vgl. E I 447).

Gelbe Krystalle; F: 230—231° (*Mo.*).

**4-Brom-1-[methyl-phenylacetyl-amino]-anthrachinon, *N*-Methyl-*C*-phenyl-*N*-[4-brom-9.10-dioxo-9.10-dihydro-anthryl-(1)]-acetamid,** N-*(4-bromo-9,10-dioxo-9,10-dihydro-1-anthryl)-*N*-methyl-2-phenylacetamide* $C_{23}H_{16}BrNO_3$, Formel VI (R = X = H).

*B.* Aus 4-Brom-1-methylamino-anthrachinon und Phenylacetylchlorid in Toluol (*I.G. Farbenind.*, D.R.P. 633308 [1935]; Frdl. **23** 940).

Orangefarbene Krystalle (aus Me.); F: 170—171° [korr.].

***N*-Methyl-*C*-[4-chlor-phenyl]-*N*-[4-brom-9.10-dioxo-9.10-dihydro-anthryl-(1)]-acetamid,** N-*(4-bromo-9,10-dioxo-9,10-dihydro-1-anthryl)-2-(*p*-chlorophenyl)-*N*-methylacetamide* $C_{23}H_{15}BrClNO_3$, Formel VI (R = H, X = Cl).

*B.* Aus 4-Brom-1-methylamino-anthrachinon und [4-Chlor-phenyl]-acetylchlorid in Toluol (*I.G. Farbenind.*, D.R.P. 658114 [1936]; Frdl. **24** 913).

Rötlichgelbe Krystalle (aus Me.); F: 142—143° [korr.].

***N*-Methyl-*C*-[4-nitro-phenyl]-*N*-[4-brom-9.10-dioxo-9.10-dihydro-anthryl-(1)]-acetamid,** N-*(4-bromo-9,10-dioxo-9,10-dihydro-1-anthryl)-*N*-methyl-2-(*p*-nitrophenyl)acetamide* $C_{23}H_{15}BrN_2O_5$, Formel VI (R = H, X = $NO_2$).

*B.* Aus 4-Brom-1-methylamino-anthrachinon und [4-Nitro-phenyl]-acetylchlorid in Toluol (*I. G. Farbenind.*, D.R.P. 658114 [1936]; Frdl. **24** 913).

Gelbrote Krystalle (aus Xylol); F: 231—232° [korr.].

**4-Brom-1-[methyl-*m*-tolylacetyl-amino]-anthrachinon, *N*-Methyl-*C*-*m*-tolyl-*N*-[4-brom-9.10-dioxo-9.10-dihydro-anthryl-(1)]-acetamid,** N-*(4-bromo-9,10-dioxo-9,10-dihydro-1-anthryl)-*N*-methyl-2-*m*-tolylacetamide* $C_{24}H_{18}BrNO_3$, Formel VI (R = $CH_3$, X = H).

*B.* Aus 4-Brom-1-methylamino-anthrachinon und *m*-Tolylacetylchlorid in Toluol (*I.G. Farbenind.*, D.R.P. 658114 [1936]; Frdl. **24** 913).

Rötliche Krystalle (aus Me.); F: 160—161° [korr.].

***N*-Methyl-*C*-[5.6.7.8-tetrahydro-naphthyl-(2)]-*N*-[4-brom-9.10-dioxo-9.10-dihydro-anthryl-(1)]-acetamid,** N-*(4-bromo-9,10-dioxo-9,10-dihydro-1-anthryl)-*N*-methyl-2-(5,6,7,8-tetrahydro-2-naphthyl)acetamide* $C_{27}H_{22}BrNO_3$, Formel VII.

*B.* Beim Erhitzen von 4-Brom-1-methylamino-anthrachinon mit dem aus [5.6.7.8-Tetra=

hydro-naphthyl-(2)]-essigsäure mit Hilfe von Thionylchlorid hergestellten Säurechlorid in Toluol (*I.G. Farbenind.*, D.R.P. 659234 [1936]; Frdl. **24** 915).

Orangerote Krystalle (aus Me.); F: 183—184° [korr.].

***N*-Methyl-*C*-[naphthyl-(1)]-*N*-[4-brom-9.10-dioxo-9.10-dihydro-anthryl-(1)]-acetamid,** N-(*4-bromo-9,10-dioxo-9,10-dihydro-1-anthryl*)-N-*methyl-2-(1-naphthyl)acetamide* $C_{27}H_{18}BrNO_3$, Formel VIII.

*B.* Aus 4-Brom-1-methylamino-anthrachinon und Naphthyl-(1)-acetylchlorid in Toluol (*I.G. Farbenind.*, D.R.P. 659234 [1936]; Frdl. **24** 915).

Gelbe Krystalle (aus Toluol); F: 208—209° [korr.].

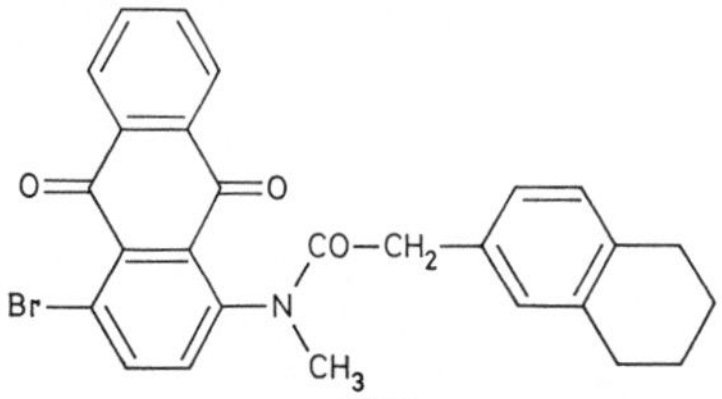

VII 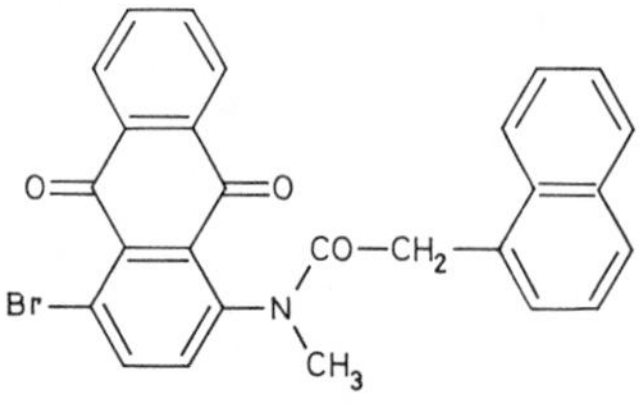 VIII

**4-Chlor-2-brom-1-amino-anthrachinon,** *1-amino-2-bromo-4-chloroanthraquinone* $C_{14}H_7BrClNO_2$, Formel IX (R = H).

*B.* Aus 4-Chlor-1-amino-anthrachinon und Brom in Essigsäure (*Bedekar, Tilak, Venkataraman*, Pr. Indian Acad. [A] **28** [1948] 236, 249).

Rote Krystalle (aus Eg.); F: 209°.

**4-Chlor-2-brom-1-benzamino-anthrachinon, *N*-[4-Chlor-2-brom-9.10-dioxo-9.10-dihydro-anthryl-(1)]-benzamid,** N-(*2-bromo-4-chloro-9,10-dioxo-9,10-dihydro-1-anthryl*)*benzamide* $C_{21}H_{11}BrClNO_3$, Formel IX (R = $CO-C_6H_5$).

*B.* Beim Erhitzen von 4-Chlor-2-brom-1-amino-anthrachinon mit Benzoylchlorid unter Zusatz von Schwefelsäure (*Bedekar, Tilak, Venkataraman*, Pr. Indian Acad. [A] **28** [1948] 236, 249).

Gelbliche Krystalle (aus Petroleum); F: 228°.

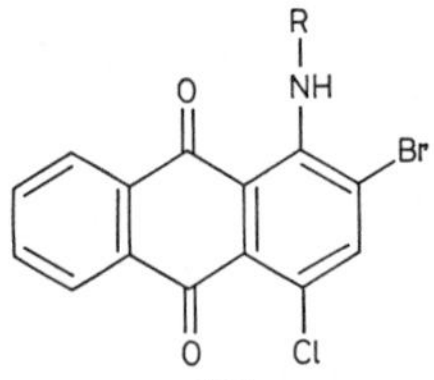

IX 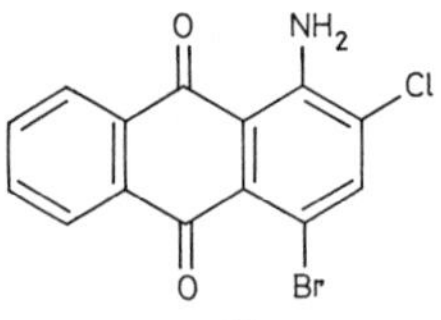 X 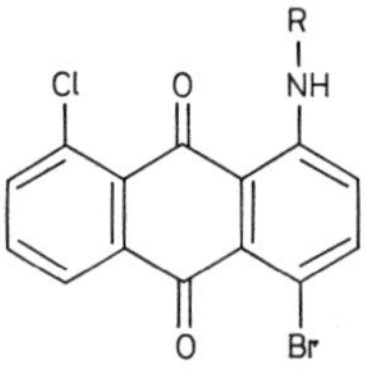 XI

**2-Chlor-4-brom-1-amino-anthrachinon,** *1-amino-4-bromo-2-chloroanthraquinone* $C_{14}H_7BrClNO_2$, Formel X (E I 447).

*B.* Neben 3-Chlor-1-brom-2-amino-anthrachinon beim Behandeln von 2-[4-Chlor-3-amino-benzoyl]-benzoesäure mit Schwefelsäure und Behandeln der mit Wasser versetzten Reaktionslösung mit Brom (*Scottish Dyes Ltd.*, D.R.P. 550159 [1926]; Frdl. **19** 1947; U.S.P. 1818311, 1862786 [1927]).

Rote Krystalle; F: 219°.

**8-Chlor-4-brom-1-benzamino-anthrachinon, *N*-[8-Chlor-4-brom-9.10-dioxo-9.10-dihydro-anthryl-(1)]-benzamid,** N-(*4-bromo-8-chloro-9,10-dioxo-9,10-dihydro-1-anthryl*)*benzamide* $C_{21}H_{11}BrClNO_3$, Formel XI (R = $CO-C_6H_5$).

*B.* Aus 8-Chlor-1-benzamino-anthrachinon (nicht näher beschrieben) und Brom in Nitrobenzol (*CIBA*, D.R.P. 628124 [1932]; Frdl. **21** 1115; U.S.P. 2026150 [1933]).

Gelbe Krystalle (aus Epichlorhydrin); F: 215°.

**2.4-Dibrom-1-amino-anthrachinon,** *1-amino-2,4-dibromoanthraquinone* $C_{14}H_7Br_2NO_2$, Formel XII (R = H) (H 186; E I 447).

*B.* Aus 1-Amino-anthrachinon und Brom in Nitrobenzol (*Mangini, Weger*, Boll. scient. Fac. Chim. ind. Bologna **3** [1942] 232, 234). Beim Erhitzen einer aus 1-Amino-9.10-dioxo-

9.10-dihydro-anthracen-sulfonsäure-(2) und wss. Bromwasserstoffsäure hergestellten Lösung mit einer wss. Lösung von Brom und Kaliumbromid (*Day*, Soc. **1939** 816). Beim Behandeln von 1-Amino-9.10-dioxo-9.10-dihydro-anthracen-sulfonsäure-(2) oder von 4-Brom-1-amino-9.10-dioxo-9.10-dihydro-anthracen-sulfonsäure-(2) mit wss. Schwefelsäure und mit einer wss. Lösung von Natriumbromid und Natriumbromat (*Du Pont de Nemours & Co.*, U.S.P. 2169196 [1937]).

Rote Krystalle; F: 226—227° [aus Xylol] (*Ma.*, *We.*), 214° [aus Eg.] (*Day*).

**2.4-Dibrom-1-methylamino-anthrachinon,** *2,4-dibromo-1-(methylamino)anthraquinone* $C_{15}H_9Br_2NO_2$, Formel XII (R = $CH_3$) (H 186; E I 447).

*B.* Aus 4-Brom-1-methylamino-anthrachinon und Brom in Essigsäure (*Dupont*, Bl. Soc. chim. Belg. **52** [1943] 7, 16; vgl. H 186).

Rotbraunes Pulver; F: 168°.

XII XIII XIV

**6.7-Dibrom-1-amino-anthrachinon,** *1-amino-6,7-dibromoanthraquinone* $C_{14}H_7Br_2NO_2$, Formel XIII (R = H).

*B.* Aus 6.7-Dibrom-9.10-dioxo-9.10-dihydro-anthracencarbamid-(1) beim Behandeln mit wss. Natriumhypobromit-Lösung (*Brass*, *Lauer*, Chim. et Ind. Sonderband 12. Congr. Chim. ind. Prag 1932 S. 876, 880).

Orangefarbene Krystalle (aus A.); F: 291—292°.

**6.7-Dibrom-1-acetamino-anthrachinon, *N*-[6.7-Dibrom-9.10-dioxo-9.10-dihydro-anthryl-(1)]-acetamid,** N-*(6,7-dibromo-9,10-dioxo-9,10-dihydro-1-anthryl)acetamide* $C_{16}H_9Br_2NO_3$, Formel XIII (R = CO-$CH_3$).

*B.* Beim Erhitzen von 6.7-Dibrom-1-amino-anthrachinon mit Acetanhydrid und Essigsäure unter Zusatz von Schwefelsäure (*Brass*, *Lauer*, Chim. et Ind. Sonderband 12. Congr. Chim. ind. Prag 1932 S. 876, 880).

Orangegelbe Krystalle; F: 240° [Zers.].

**7.8-Dibrom-1-amino-anthrachinon,** *8-amino-1,2-dibromoanthraquinone* $C_{14}H_7Br_2NO_2$, Formel XIV (R = H).

*B.* Aus 7.8-Dibrom-9.10-dioxo-9.10-dihydro-anthracencarbamid-(1) beim Erhitzen mit wss. Natriumhypobromit-Lösung (*Brass*, *Lauer*, Chim. et Ind. Sonderband 12. Congr. Chim. ind. Prag 1932 S. 876, 881).

Rote Krystalle (aus A.); F: 229—230°.

**7.8-Dibrom-1-acetamino-anthrachinon, *N*-[7.8-Dibrom-9.10-dioxo-9.10-dihydro-anthryl-(1)]-acetamid,** N-*(7,8-dibromo-9,10-dioxo-9,10-dihydro-1-anthryl)acetamide* $C_{16}H_9Br_2NO_3$, Formel XIV (R = CO-$CH_3$).

*B.* Aus 7.8-Dibrom-1-amino-anthrachinon (*Brass*, *Lauer*, Chim. et Ind. Sonderband 12. Congr. Chim. ind. Prag 1932 S. 876, 881).

Gelbe Krystalle; F: 219—220°.

**4-Nitro-1-amino-anthrachinon,** *1-amino-4-nitroanthraquinone* $C_{14}H_8N_2O_4$, Formel I (R = H) (H 187; E I 448; E II 105).

*B.* Beim Behandeln von [9.10-Dioxo-9.10-dihydro-anthryl-(1)]-oxamidsäure mit Schwefelsäure und Kaliumnitrat und Erhitzen des Reaktionsprodukts mit Natriumcarbonat in Wasser (*Maki*, *Nagano*, *Kishida*, J. Soc. chem. Ind. Japan **44** [1941] 907; J. Soc. chem. Ind. Japan Spl. **44** [1941] 398; C. A. **1948** 2435; vgl. H 187).

Rotbraune Krystalle (aus Nitrobenzol); F: 299° [korr.] bzw. F: 292° [unkorr.].

**4-Nitro-1-benzylamino-anthrachinon,** *1-(benzylamino)-4-nitroanthraquinone* $C_{21}H_{14}N_2O_4$, Formel I (R = $CH_2$-$C_6H_5$).

*B.* Beim Erwärmen von 4-Nitro-1-methoxy-anthrachinon mit Benzylamin (*I. G. Far-*

*benind.*, D.R.P. 635083 [1934]; Frdl. **23** 937).
Braunrote Krystalle (aus Bzl.); F: 196—197°.

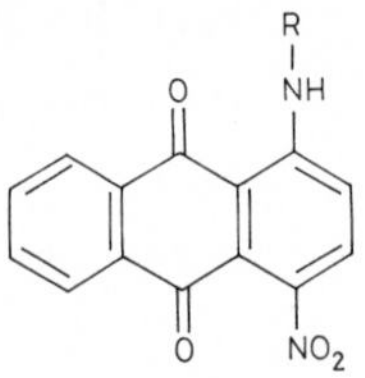

I 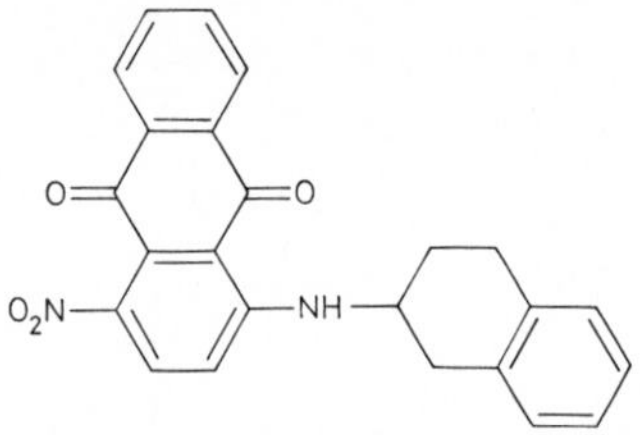 II 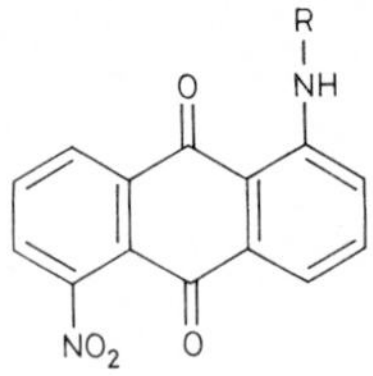 III

**(±)-4-Nitro-1-[1.2.3.4-tetrahydro-naphthyl-(2)-amino]-anthrachinon,** (±)-*1-nitro-4-(1,2,3,4-tetrahydro-2-naphthylamino)anthraquinone* $C_{24}H_{18}N_2O_4$, Formel II.

*B.* Beim Erwärmen von 4-Nitro-1-methoxy-anthrachinon mit (±)- 1.2.3.4-Tetrahydro-naphthyl-(2)-amin (*I.G. Farbenind.*, D.R.P. 635083 [1934]; Frdl. **23**937).

Rotbraune Krystalle; F: 216—217°.

**5-Nitro-1-amino-anthrachinon,** *1-amino-5-nitroanthraquinone* $C_{14}H_8N_2O_4$, Formel III (R = H) (H 188; E I 448; E II 106).

*B.* Beim Erhitzen von 1.5-Dinitro-anthrachinon mit *N.N*-Dimethyl-anilin (*Hefti*, Helv. **14** [1931] 1404, 1418) oder mit *N.N*-Dimethyl-anilin und Phenol unter Zusatz von Schwefelsäure (*Du Pont de Nemours & Co.*, U.S.P. 2273966 [1939]; vgl. H 188). Aus 5-Nitro-1-[toluol-sulfonyl-(4)-amino]-anthrachinon beim Erwärmen mit Schwefelsäure (*Spada*, Ann. Chimica applic. **30** [1940] 438; vgl. E I 448).

Blaurote Krystalle, F: 296° (*Sp.*); rote Krystalle (aus Py. oder Benzylalkohol), F: 282° bis 283° (*He.*). Absorptionsmaximum (Xylol): 491,1 mμ (*He.*).

**5-Nitro-1-benzamino-anthrachinon,** ***N*-[5-Nitro-9.10-dioxo-9.10-dihydro-anthryl-(1)]-benzamid,** N-(*5-nitro-9,10-dioxo-9,10-dihydro-1-anthryl)benzamide* $C_{21}H_{12}N_2O_5$, Formel IV (R = X = H) (H 189).

Bräunliche Krystalle; F: 237° (*Spada*, Ann. Chimica applic. **30** [1940] 438, 441), 236,5—237° [aus 1.2-Dichlor-benzol] (*Hefti*, Helv. **14** [1931] 1404, 1419). Absorptionsmaximum einer Lösung in einem Gemisch von Schwefelsäure und Borsäure: 437,1 mμ (*He.*).

**5-Nitro-1-[2-chlor-benzamino]-anthrachinon, 2-Chlor-*N*-[5-nitro-9.10-dioxo-9.10-dihydro-anthryl-(1)]-benzamid,** o-*chloro*-N-(*5-nitro-9,10-dioxo-9,10-dihydro-1-anthryl)benzamide* $C_{21}H_{11}ClN_2O_5$, Formel IV (R = H, X = Cl).

*B.* Beim Erhitzen von 5-Nitro-1-amino-anthrachinon mit 2-Chlor-benzoylchlorid in 1.2-Dichlor-benzol (*Hefti*, Helv. **14** [1931] 1404, 1420).

Krystalle (aus 1.2-Dichlor-benzol); F: 265—266°. Absorptionsmaxima (Xylol): 567,1 mμ und 494,0 mμ.

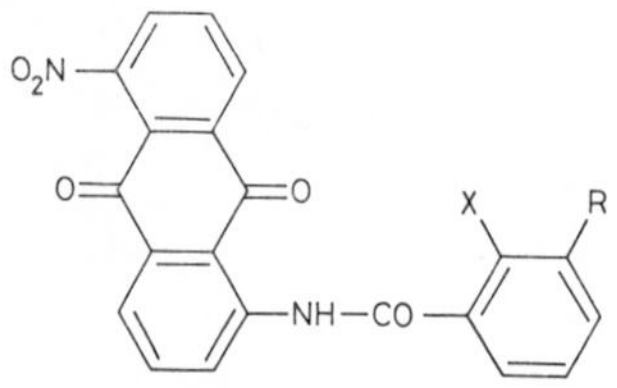

IV 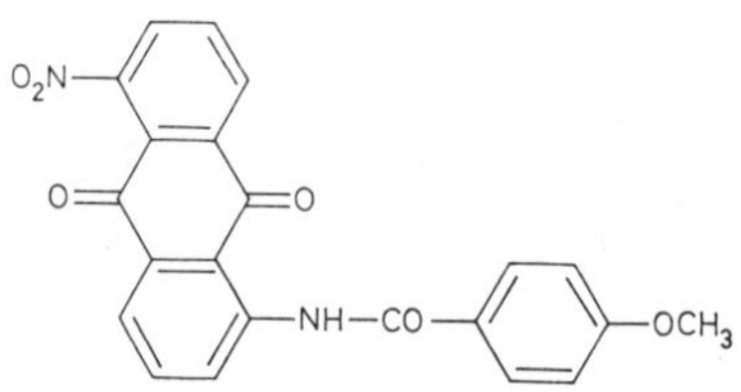 V

**5-Nitro-1-[3-methoxy-benzamino]-anthrachinon, 3-Methoxy-*N*-[5-nitro-9.10-dioxo-9.10-dihydro-anthryl-(1)]-benzamid,** N-(*5-nitro-9,10-dioxo-9,10-dihydro-1-anthryl*)-m-*anisamide* $C_{22}H_{14}N_2O_6$, Formel IV (R = $OCH_3$, X = H).

*B.* Beim Erhitzen von 5-Nitro-1-amino-anthrachinon mit 3-Methoxy-benzoylchlorid in 1.2-Dichlor-benzol (*Hefti*, Helv. **14** [1931] 1404, 1420).

Gelbgrüne Krystalle (aus Chlorbenzol); F: 199—200°. Absorptionsmaxima (Xylol): 562,9 mμ und 499,5 mμ.

**5-Nitro-1-[4-methoxy-benzamino]-anthrachinon, 4-Methoxy-*N*-[5-nitro-9.10-dioxo-9.10-dihydro-anthryl-(1)]-benzamid,** N-(*5-nitro-9,10-dioxo-9,10-dihydro-1-anthryl*)-p-*anisamide* $C_{22}H_{14}N_2O_6$, Formel V.

*B.* Beim Erhitzen von 5-Nitro-1-amino-anthrachinon mit 4-Methoxy-benzoylchlorid in 1.2-Dichlor-benzol (*Hefti*, Helv. **14** [1931] 1404, 1421).

Gelbe Krystalle (aus Chlorbenzol); F: 256–257°. Absorptionsmaxima (Xylol): 569,1 m$\mu$ und 491,2 m$\mu$.

**5-Nitro-1-[toluol-sulfonyl-(4)-amino]-anthrachinon, *N*-[5-Nitro-9.10-dioxo-9.10-dihydro-anthryl-(1)]-toluolsulfonamid-(4),** N-(*5-nitro-9,10-dioxo-9,10-dihydro-1-anthryl*)-p-*toluenesulfonamide* $C_{21}H_{14}N_2O_6S$, Formel VI.

*B.* Beim Erhitzen von 5-Chlor-1-nitro-anthrachinon mit Toluolsulfonamid-(4) unter Zusatz von Natriumacetat und Kupfer(II)-acetat (*Spada*, Ann. Chimica applic. **30** [1940] 438, 440).

Gelbe Krystalle; F: 272°.

**8-Nitro-1-amino-anthrachinon,** *1-amino-8-nitroanthraquinone* $C_{14}H_8N_2O_4$, Formel VII (H 189; E II 106).

*B.* Beim Erhitzen von 1.8-Dinitro-anthrachinon mit *N.N*-Dimethyl-anilin (*Hefti*, Helv. **14** [1931] 1404, 1419; vgl. H 189).

Rote Krystalle; F: 298–299° [Zers.; aus 1.2-Dichlor-benzol] (*Mosby*, *Berry*, J. org. Chem. **25** [1960] 455), 283–284° [aus Py. oder 1.2-Dichlor-benzol] (*He.*). Absorptionsmaximum (Xylol): 483,9 m$\mu$ (*He.*).

**8-Nitro-1-benzamino-anthrachinon, *N*-[8-Nitro-9.10-dioxo-9.10-dihydro-anthryl-(1)]-benzamid,** N-(*8-nitro-9,10-dioxo-9,10-dihydro-1-anthryl*)*benzamide* $C_{21}H_{12}N_2O_5$, Formel VIII (R = X = H).

*B.* Beim Erhitzen von 8-Nitro-1-amino-anthrachinon mit Benzoylchlorid in 1.2-Dichlor-benzol (*Hefti*, Helv. **14** [1931] 1404, 1421).

Braungrüne Krystalle (aus 1.2-Dichlor-benzol); F: 266–267°. Absorptionsmaximum einer Lösung in einem Gemisch von Schwefelsäure und Borsäure: 425,3 m$\mu$.

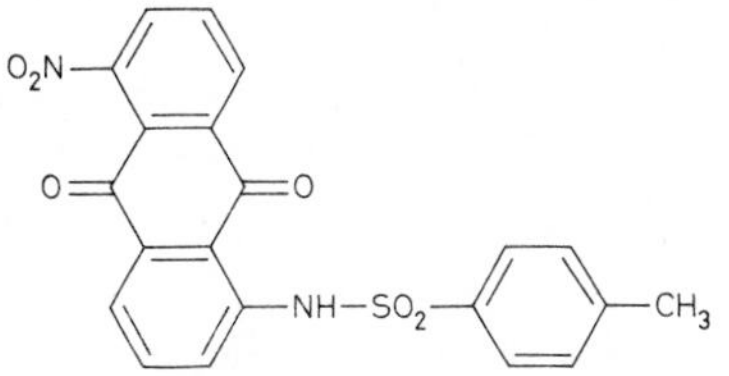

VI 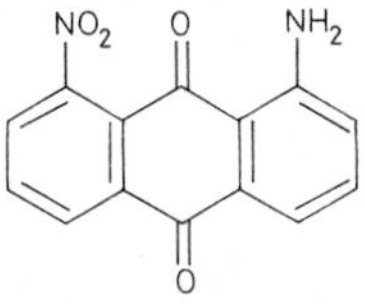 VII 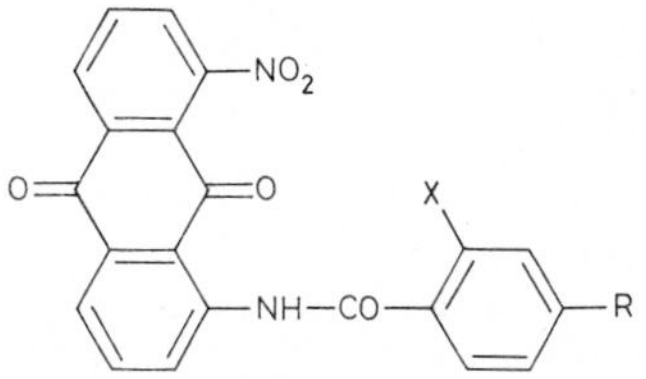 VIII

**8-Nitro-1-[2-chlor-benzamino]-anthrachinon, 2-Chlor-*N*-[8-nitro-9.10-dioxo-9.10-dihydro-anthryl-(1)]-benzamid,** o-*chloro*-N-(*8-nitro-9,10-dioxo-9,10-dihydro-1-anthryl*)*benzamide* $C_{21}H_{11}ClN_2O_5$, Formel VIII (R = H, X = Cl).

*B.* Beim Erhitzen von 8-Nitro-1-amino-anthrachinon mit 2-Chlor-benzoylchlorid in 1.2-Dichlor-benzol (*Hefti*, Helv. **14** [1931] 1404, 1421).

Gelbgrüne Krystalle (aus Chlorbenzol); F: 253–254°. Absorptionsmaxima (Xylol): 570,9 m$\mu$ und 496,3 m$\mu$.

**8-Nitro-1-[4-methoxy-benzamino]-anthrachinon, 4-Methoxy-*N*-[8-nitro-9.10-dioxo-9.10-dihydro-anthryl-(1)]-benzamid,** N-(*8-nitro-9,10-dioxo-9,10-dihydro-1-anthryl*)-p-*anisamide* $C_{22}H_{14}N_2O_6$, Formel VIII (R = $OCH_3$, X = H).

*B.* Beim Erhitzen von 8-Nitro-1-amino-anthrachinon mit 4-Methoxy-benzoylchlorid in 1.2-Dichlor-benzol (*Hefti*, Helv. **14** [1931] 1404, 1422).

Braune Krystalle (aus Chlorbenzol); F: 246,5–247,5°. Absorptionsmaxima (Xylol): 573,8 m$\mu$ und 506,0 m$\mu$.

[*Bohle*]

**2-Amino-anthrachinon,** *2-aminoanthraquinone* $C_{14}H_9NO_2$, Formel IX (R = X = H) auf S. 431 (H 191; E I 449; E II 107).

*B.* Aus 2-Chlor-anthrachinon beim Erhitzen mit wss. Ammoniak unter Zusatz von Ammoniumnitrat, Kaliumchlorat und Kupfer oder von Ammoniumnitrat, Ammoniumperchlorat und Kupfer(I)-oxid auf 180° (*Groggins*, U.S.P. 1892302 [1931]) sowie unter

Zusatz von Kupfer(II)-nitrat und Kaliumjodat oder von Ammoniumnitrat und Natriumbromat auf 195° (*Groggins*, U.S.P. 1923618 [1932]; s. a. *Groggins, Stirton*, Ind. eng. Chem. **25** [1933] 42, 46, 169; *Woroschzow, Schkitin*, Ž. obšč. Chim. **7** [1937] 2080, 2082; C. **1938** I 2355; vgl. E I 449; E II 107). Aus 2-Brom-anthrachinon beim Erhitzen mit wss. Ammoniak unter Zusatz von Kupfer(I)-chlorid oder Kupfer(I)-oxid bis auf 180° (*Groggins, Stirton, Newton*, Ind. eng. Chem. **23** [1931] 893, 897). Aus 9.10-Dioxo-9.10-dihydro-anthracen-sulfonsäure-(2) beim Erhitzen des Natrium-Salzes mit wss. Ammoniak unter Zusatz von Kaliumchlorat auf 175° (*Du Pont de Nemours & Co.*, U.S.P. 1910692 [1930]), unter Zusatz von Kaliumchlorat und Ammoniumnitrat auf 170° (*Du Pont de Nemours & Co.*, U.S.P. 1933236 [1931]), unter Zusatz von Kupfer(II)-oxid auf 200° (*Fedorow, Awrorowa*, Ž. prikl. Chim. **10** [1937] 1237, 1245; C. **1938** I 4446) oder unter Zusatz von Dinatriumhydrogenarsenat auf 190° (*Il'inški, Nikolajewa*, Anilinokr. Promyšl. **4** [1934] 564; C. **1935** II 48; vgl. H 191; E I 449; E II 107). Aus 1-[9.10-Dioxo-9.10-dihydro-anthryl-(2)]-pyridinium-chlorid beim Behandeln mit wss. Natronlauge und Natriumdithionit und anschliessenden Einleiten von Luft sowie beim Erwärmen mit wss.-äthanol. Natronlauge (*I.G. Farbenind.*, D.R.P. 592202 [1932]; Frdl. **20** 1315).

Orangerotes Pulver; F: 306—308° (*Du Pont de Nemours & Co.*, U.S.P. 1910692 [1930]), 303—306° (*Il'inški, Nikolajewa*, Anilinokr. Promyšl. **4** [1934] 564; C. **1935** II 48), 304° (*Brass, Tengler*, B. **64** [1931] 1654, 1661). IR-Absorption (Nujol): *Flett*, Soc. **1948** 1441, 1445. Absorptionsspektrum (230—450 mμ) von Lösungen in Hexan, Benzol und Äthanol: *Lauer, Horio*, J. pr. [2] **145** [1936] 273, 279. Maximum der Fluorescenz des Dampfes: 470 mμ (*Karjakin, Terenin*, Izv. Akad. S.S.S.R. Ser. fiz. **13** [1949] 9, 10; C. A. **1949** 7829). Löschung der Fluorescenz in der Dampfphase und im adsorbierten Zustand durch Sauerstoff: *Ka., Te.*; *Karjakin, Galanin*, Doklady Akad. S.S.S.R. **66** [1949] 37, 38; C. A. **1949** 6085; *Karjakin, Terenin, Kalenitschenko*, Doklady Akad. S.S.S.R. **67** [1949] 305, 306; C. A. **1949** 7828; durch Stickstoffmonoxid: *Ka., Te., Ka.*

Partielle Hydrierung an Platin in wss. Salzsäure bei 60° unter Bildung von 6-Amino-1.2.3.4-tetrahydro-anthracendiol-(9.10): *Skita, Müller*, B. **64** [1931] 1152, 1155. Bildung von Indanthren-A (6.15-Dihydro-dinaphtho[2.3-*a*:2'.3'-*h*]phenazin-dichinon-(5.9.14.18)), Indanthren-B (16-Hydroxy-8.17-dihydro-dinaphtho[2.3-*a*:2'.3'-*i*]phenazin-dichinon-(5.10.15.18); s. diesbezüglich *Clark*, Soc. [C] **1967** 936; *Clark, Steele*, Chem. and Ind. **1971** 1037), Alizarin, Benzoesäure und 2-Amino-1-hydroxy-anthrachinon beim Erhitzen mit Kaliumhydroxid bis auf 260° und Behandeln einer wss. Lösung des Reaktionsprodukts mit Luft: *Maki*, J. Soc. chem. Ind. Japan **32** [1929] 1022, **33** [1930] 1302, 1307, **36** [1933] 174, **37** [1934] 1612, 1615; J. Soc. chem. Ind. Japan Spl. **32** [1929] 303, **33** [1930] 456, 461, **36** [1933] 44, **37** [1934] 744, 748; C. **1930** I 837, **1931** I 618, **1933** I 3197, **1935** II 50. Beim Erhitzen mit 9.10-Dioxo-9.10-dihydro-anthracen-sulfonylchlorid-(2) in Nitrobenzol ist eine Verbindung $C_{28}H_{14}N_2O_6S$ (schwarzes Pulver, F: 335—338°) erhalten worden (*Jusa, Riesz*, M. **58** [1931] 137, 143).

Verbindung mit Antimon(V)-chlorid und Nitrobenzol $C_{14}H_9NO_2 \cdot SbCl_5 \cdot C_6H_5NO_2$. Braunrote Krystalle; F: 178° [korr.]; Zers. bei 181° [korr.] (*Maki, Yokote*, J. Soc. chem. Ind. Japan **39** [1936] 893, 897; J. Soc. chem. Ind. Japan Spl. **39** [1936] 441; C. **1937** I 3799).

**2-Methylamino-anthrachinon,** *2-(methylamino)anthraquinone* $C_{15}H_{11}NO_2$, Formel IX ($R = CH_3$, $X = H$) (H 192; E I 450; E II 108).

*B.* Beim Erwärmen des Natrium-Salzes der [9.10-Dioxo-9.10-dihydro-anthryl-(2)]-amidoschwefelsäure mit Dimethylsulfat (oder Methyljodid) und wss. Natronlauge, anschliessenden Ansäuern mit wss. Salzsäure und Erhitzen des Reaktionsgemisches (*Scottish Dyes Ltd.*, D.R.P. 565321 [1929]; Frdl. **19** 1930).

Rote Krystalle (aus A.); F: 222—223°.

**2-Dimethylamino-anthrachinon,** *2-(dimethylamino)anthraquinone* $C_{16}H_{13}NO_2$, Formel IX ($R = X = CH_3$) (H 192; E I 450).

*B.* Beim Erhitzen von 2-Chlor-anthrachinon mit Dimethylamin in Wasser auf 200° (*Marcinków, Plazek*, Roczniki Chem. **16** [1936] 395, 396, 401; C. **1937** I 3147).

Krystalle (aus Bzl.); F: 188—189° (*Allais*, A. ch. [12] **2** [1947] 739, 777). IR-Absorption (Nujol): *Flett*, Soc. **1948** 1441, 1445. Absorptionsspektrum ($CHCl_3$; 230—600 mμ): *All.*

**2-Benzylidenamino-anthrachinon,** *2-(benzylideneamino)anthraquinone* $C_{21}H_{13}NO_2$, Formel X (H 193; E I 451).

F: 188° (*Lauer, Yen,* J. pr. [2] **151** [1938] 49, 60).

**2-Acetamino-anthrachinon, *N*-[9.10-Dioxo-9.10-dihydro-anthryl-(2)]-acetamid,** N-*(9,10-dioxo-9,10-dihydro-2-anthryl)acetamide* $C_{16}H_{11}NO_3$, Formel IX (R = CO-$CH_3$, X = H) (H 193; E I 451; E II 108).

Gelbe Krystalle; F: 258—259° (*Lauer, Yen,* J. pr. [2] **151** [1938] 49, 59), 257—258° [aus Eg.] (*Pritchard, Simonsen,* Soc. **1938** 2047, 2050).

**2-[*C*-Chlor-acetamino]-anthrachinon, *C*-Chlor-*N*-[9.10-dioxo-9.10-dihydro-anthryl-(2)]-acetamid,** *2-chloro-*N-*(9,10-dioxo-9,10-dihydro-2-anthryl)acetamide* $C_{16}H_{10}ClNO_3$, Formel IX (R = CO-$CH_2Cl$, X = H) (E II 109).

*B.* Beim Erwärmen von 2-Amino-anthrachinon mit Chloracetylchlorid in Nitrobenzol (*R. Dupont,* Diss. [Brüssel 1942] S. 106; vgl. E II 109).

Braune Krystalle; F: 232° (*Du.*), 228° (*Lauer, Yen,* J. pr. [2] **151** [1938] 49, 59).

**2-[*C.C.C*-Trichlor-acetamino]-anthrachinon, *C.C.C*-Trichlor-*N*-[9.10-dioxo-9.10-dihydro-anthryl-(2)]-acetamid,** *2,2,2-trichloro-*N-*(9,10-dioxo-9,10-dihydro-2-anthryl)acetamide* $C_{16}H_8Cl_3NO_3$, Formel IX (R = CO-$CCl_3$, X = H).

Braune Krystalle; F: 229° (*Lauer, Yen,* J. pr. [2] **151** [1938] 49, 59).

**2-Butyrylamino-anthrachinon, *N*-[9.10-Dioxo-9.10-dihydro-anthryl-(2)]-butyramid,** N-*(9,10-dioxo-9,10-dihydro-2-anthryl)butyramide* $C_{18}H_{15}NO_3$, Formel IX (R = CO-$CH_2$-$CH_2$-$CH_3$, X = H).

Braune Krystalle; F: 195° (*Lauer, Yen,* J. pr. [2] **151** [1938] 49, 59).

**2-Cyclohexancarbonylamino-anthrachinon, *N*-[9.10-Dioxo-9.10-dihydro-anthryl-(2)]-cyclohexancarbamid,** N-*(9,10-dioxo-9,10-dihydro-2-anthryl)cyclohexanecarboxamide* $C_{21}H_{19}NO_3$, Formel IX (R = CO-$C_6H_{11}$, X = H).

Braune Krystalle; F: 297° (*Lauer, Yen,* J. pr. [2] **151** [1938] 49, 60).

**2-Benzamino-anthrachinon, *N*-[9.10-Dioxo-9.10-dihydro-anthryl-(2)]-benzamid,** N-*(9,10-dioxo-9,10-dihydro-2-anthryl)benzamide* $C_{21}H_{13}NO_3$, Formel IX (R = CO-$C_6H_5$, X = H) (H 194; E I 451; E II 109).

*B.* Beim Erhitzen von 2-Amino-anthrachinon mit Benzamid in Nitrobenzol unter Einleiten von Chlorwasserstoff (*I.G. Farbenind.,* D.R.P. 696423 [1935]; D.R.P. Org. Chem. **1**, Tl. 2, S. 239).

Krystalle (aus Anilin); F: 231° (*Il'inški, Saikin,* Ž. obšč. Chim. **4** [1934] 1294, 1300; C. **1936** I 4904).

**2-Oxalamino-anthrachinon, [9.10-Dioxo-9.10-dihydro-anthryl-(2)]-oxamidsäure,** *(9,10-dioxo-9,10-dihydro-2-anthryl)oxamic acid* $C_{16}H_9NO_5$, Formel IX (R = CO-COOH, X = H).

*B.* Beim Erhitzen von 2-Amino-anthrachinon mit Oxalsäure (*R. Dupont,* Diss. [Brüssel 1942] S. 64; *Am. Cyanamid Co.,* U.S.P. 2396582 [1944]).

Bräunliche Krystalle; F: 270—272° (*Du.*), 219—221° [unkorr.] (*Am. Cyanamid Co.*).

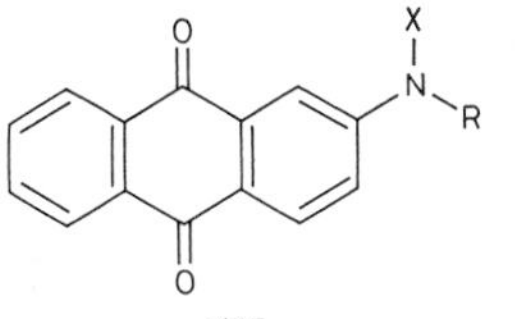

IX 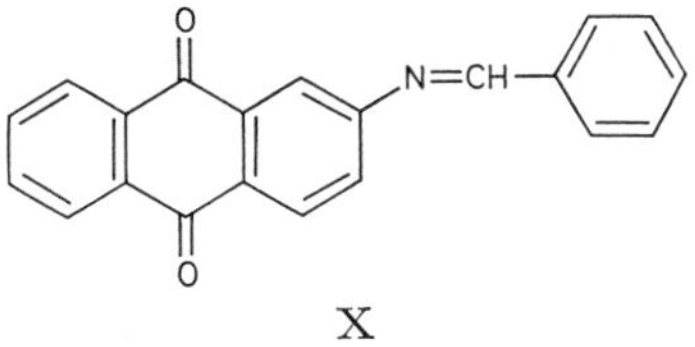 X

***N.N'*-Bis-[9.10-dioxo-9.10-dihydro-anthryl-(2)]-malonamid,** N,N'-*bis(9,10-dioxo-9,10-dihydro-2-anthryl)malonamide* $C_{31}H_{18}N_2O_6$, Formel XI.

*B.* Beim Erhitzen von 2-Amino-anthrachinon mit Malonsäure-diäthylester in Nitrobenzol (*Ruggli, Henzi,* Helv. **13** [1930] 409, 429).

Gelbe Krystalle; F: 310°.

**2-Methoxycarbonylamino-anthrachinon, [9.10-Dioxo-9.10-dihydro-anthryl-(2)]-carbamidsäure-methylester,** *(9,10-dioxo-9,10-dihydro-2-anthryl)carbamic acid methyl ester* $C_{16}H_{11}NO_4$, Formel IX (R = CO-$OCH_3$, X = H).

*B.* Aus 2-Isocyanato-anthrachinon und Methanol in Xylol (*Kawai,* Scient. Pap. Inst.

phys. chem. Res. **13** [1930] 260, 263).
Gelbe Krystalle; F: 284—285° [Zers.].

**2-Äthoxycarbonylamino-anthrachinon, [9.10-Dioxo-9.10-dihydro-anthryl-(2)]-carbamidsäure-äthylester,** *(9,10-dioxo-9,10-dihydro-2-anthryl)carbamic acid ethyl ester* $C_{17}H_{13}NO_4$, Formel IX (R = CO-$OC_2H_5$, X = H) (H 194; E I 452; E II 109).
*B.* Aus 2-Isocyanato-anthrachinon und Äthanol in Xylol (*Kawai*, Scient. Pap. Inst. phys. chem. Res. **13** [1930] 260, 263).

**2-Hexadecyloxycarbonylamino-anthrachinon, [9.10-Dioxo-9.10-dihydro-anthryl-(2)]-carbamidsäure-hexadecylester,** *(9,10-dioxo-9,10-dihydro-2-anthryl)carbamic acid hexadecyl ester* $C_{31}H_{41}NO_4$, Formel IX (R = CO-O-$[CH_2]_{15}$-$CH_3$, X = H).
*B.* Aus 2-Isocyanato-anthrachinon und Hexadecanol-(1) in Xylol (*Kawai*, Scient. Pap. Inst. phys. chem. Res. **13** [1930] 260, 263).
Gelbe Krystalle; F: 203—204°.

**2-Octadecyloxycarbonylamino-anthrachinon, [9.10-Dioxo-9.10-dihydro-anthryl-(2)]-carbamidsäure-octadecylester,** *(9,10-dioxo-9,10-dihydro-2-anthryl)carbamic acid octadecyl ester* $C_{33}H_{45}NO_4$, Formel IX (R = CO-O-$[CH_2]_{17}$-$CH_3$, X = H).
*B.* Aus 2-Isocyanato-anthrachinon und Octadecanol-(1) in Xylol (*Kawai*, Scient. Pap. Inst. phys. chem. Res. **13** [1930] 260, 263).
Gelbe Krystalle; F: 202,5—203,5°.

**2-Allyloxycarbonylamino-anthrachinon, [9.10-Dioxo-9.10-dihydro-anthryl-(2)]-carbamidsäure-allylester,** *(9,10-dioxo-9,10-dihydro-2-anthryl)carbamic acid allyl ester* $C_{18}H_{13}NO_4$, Formel IX (R = CO-O-$CH_2$-CH=$CH_2$, X = H).
*B.* Aus 2-Isocyanato-anthrachinon und Allylalkohol in Xylol (*Kawai*, Scient. Pap. Inst. phys. chem. Res. **13** [1930] 260, 263).
Gelbe Krystalle (aus Tetralin); F: 255—256° [Zers.].

**[9.10-Dioxo-9.10-dihydro-anthryl-(2)]-carbamidsäure-[octadecen-(9)-ylester],** *(9,10-dioxo-9,10-dihydro-2-anthryl)carbamic acid octadec-9-enyl ester* $C_{33}H_{43}NO_4$.

**[9.10-Dioxo-9.10-dihydro-anthryl-(2)]-carbamidsäure-[octadecen-(9c)-ylester],** Formel IX (R = CO-O-$[CH_2]_8$-CH$\stackrel{c}{=}$CH-$[CH_2]_7$-$CH_3$, X = H).
*B.* Aus 2-Isocyanato-anthrachinon und Octadecen-(9*c*)-ol-(1) (*Kawai*, Scient. Pap. Inst. phys. chem. Res. **13** [1930] 260, 261).
F: 190,5—191,5°.

**[9.10-Dioxo-9.10-dihydro-anthryl-(2)]-carbamidsäure-[3.7-dimethyl-octadien-(2.6)-ylester]** $C_{25}H_{25}NO_4$.

**[9.10-Dioxo-9.10-dihydro-anthryl-(2)]-carbamidsäure-geranylester,** *(9,10-dioxo-9,10-dihydro-2-anthryl)carbamic acid geranyl ester* $C_{25}H_{25}NO_4$, Formel IX (R = CO-O-$CH_2$-CH$\stackrel{t}{=}$C($CH_3$)-$CH_2$-$CH_2$-CH=C$(CH_3)_2$, X = H).
*B.* Aus 2-Isocyato-anthrachinon und Geraniol (E III **1** 2004) in Xylol (*Kawai*, Scient. Pap. Inst. phys. chem. Res. **13** [1930] 260, 263).
Orangerote Krystalle; F: 173°.

NH—CO—$CH_2$—CO—NH

XI

**3-[9.10-Dioxo-9.10-dihydro-anthryl-(2)-carbamoyloxy]-10.13-dimethyl-17-[1.5-dimethyl-hexyl]-2.3.4.7.8.9.10.11.12.13.14.15.16.17-tetradecahydro-1*H*-cyclopenta[*a*]phenanthren** $C_{42}H_{53}NO_4$.

**3β-[9.10-Dioxo-9.10-dihydro-anthryl-(2)-carbamoyloxy]-cholesten-(5), [9.10-Dioxo-9.10-dihydro-anthryl-(2)]-carbamidsäure-cholesterylester,** *3β-[(9,10-dioxo-9,10-dihydro-2-anthryl)carbamoyloxy]cholest-5-ene* $C_{42}H_{53}NO_4$, Formel IX (R = CO-O-$C_{27}H_{45}$, X = H).

*B.* Aus 2-Amino-anthrachinon und Chlorameisensäure-cholesterylester (E III **6** 2652) in Aceton (*Verdino, Schadendorff*, M. **65** [1935] 141, 149).

Gelbe Krystalle (aus $CHCl_3$); F: ca. 290° [Zers.].

***N.N'*-Bis-[9.10-dioxo-9.10-dihydro-anthryl-(2)]-harnstoff**, *1,3-bis(9,10-dioxo-9,10-dihydro-2-anthryl)urea* $C_{29}H_{16}N_2O_5$, Formel XII (X = O) (E I 453; E II 110).

*B.* Beim Erhitzen von 2-Amino-anthrachinon mit Harnstoff in Nitrobenzol unter Einleiten von Chlorwasserstoff (*Gen. Aniline Works*, U.S.P. 2137295 [1936]; vgl. E I 453).

**[9.10-Dioxo-9.10-dihydro-anthryl-(2)]-guanidin**, *(9,10-dioxo-9,10-dihydro-2-anthryl)guanidine* $C_{15}H_{11}N_3O_2$, Formel IX (R = C(NH₂)=NH, X = H) [auf S. 431] und Tautomeres.

*B.* Beim Erhitzen von 2-Amino-anthrachinon mit Cyanamid-dihydrochlorid in Nitrobenzol unter Einleiten von Chlorwasserstoff (*Battegay, Silbermann*, C. r. **194** [1932] 380).

Orangegelbe Krystalle (aus wss. Py.); F: 244—246° [Zers.] (*Ba., Si.*).

Beim Erhitzen mit 1-Chlor-anthrachinon in Nitrobenzol unter Zusatz von Kupfer-Pulver und Natriumcarbonat (oder Natriumacetat) ist 2-[9.10-Dioxo-9.10-dihydro-anthryl-(2)-amino]-7-oxo-7*H*-benzo[*e*]perimidin erhalten worden (*Battegay, Riesz*, C. r. **200** [1935] 2019).

Hydrochlorid $C_{15}H_{11}N_3O_2 \cdot HCl$. Gelbe Krystalle (aus W.) mit 1 Mol $H_2O$; F: 285° bis 290° [Zers.] (*Ba., Si.*).

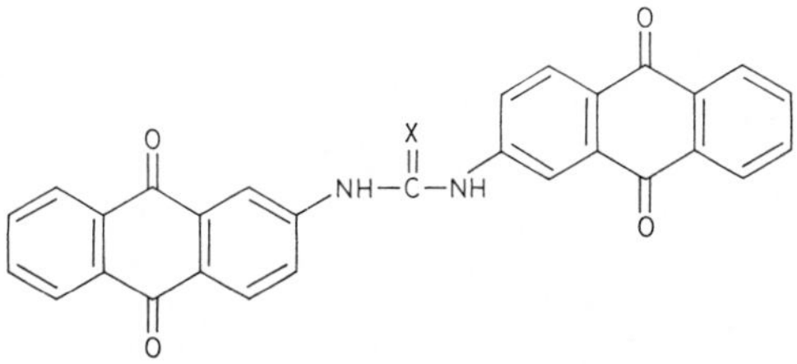

XII

***N.N'*-Bis-[9.10-dioxo-9.10-dihydro-anthryl-(2)]-guanidin**, N,N'-*bis(9,10-dioxo-9,10-dihydro-2-anthryl)guanidine* $C_{29}H_{17}N_3O_4$, Formel XII (X = NH) und Tautomeres.

*B.* Beim Erhitzen von 2-Amino-anthrachinon mit Bromcyan in Nitrobenzol auf 170° (*Battegay, Riesz*, C. r. **200** [1935] 2019).

Orangegelb; F: ca. 260°.

***N*-[9.10-Dioxo-9.10-dihydro-anthryl-(2)]-*N.N'*-dibenzoyl-guanidin**, N,N'-*dibenzoyl*-N-*(9,10-dioxo-9,10-dihydro-2-anthryl)guanidine* $C_{29}H_{19}N_3O_4$, Formel IX (R = CO-$C_6H_5$, X = C(=NH)-NH-CO-$C_6H_5$) [auf S. 431] und Tautomeres.

*B.* Aus [9.10-Dioxo-9.10-dihydro-anthryl-(2)]-guanidin (*Battegay, Silbermann*, C. r. **194** [1932] 380; *Calco Chem. Co.*, U.S.P. 2112724 [1932]).

Hellgelbe Krystalle (aus wss. Py.); F: 274°.

**2-Isocyanato-anthrachinon, 9.10-Dioxo-9.10-dihydro-anthryl-(2)-isocyanat**, *isocyanic acid 9,10-dioxo-9,10-dihydro-2-anthryl ester* $C_{15}H_7NO_3$, Formel XIII (E I 454; E II 110).

*B.* Beim Erwärmen von 2-Amino-anthrachinon mit Phosgen in Toluol (*Kawai*, Scient. Pap. Inst. phys. chem. Res. **13** [1930] 260, 262).

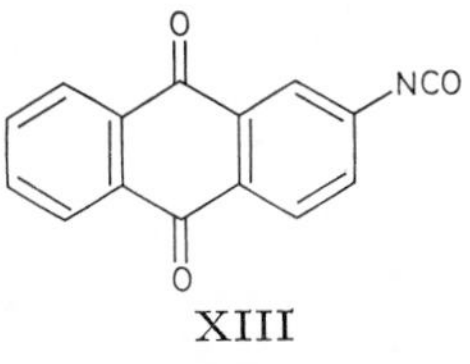

XIII 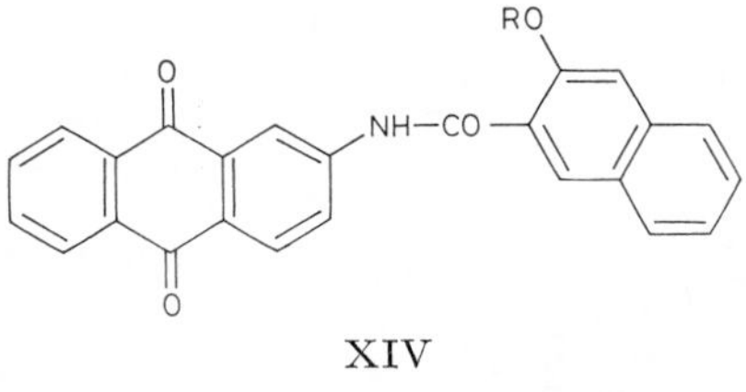 XIV

**2-[3-Hydroxy-naphthoyl-(2)-amino]-anthrachinon, 3-Hydroxy-*N*-[9.10-dioxo-9.10-dihydro-anthryl-(2)]-naphthamid-(2)**, N-*(9,10-dioxo-9,10-dihydro-2-anthryl)-3-hydroxy-2-naphthamide* $C_{25}H_{15}NO_4$, Formel XIV (R = H).

*B.* Aus 2-Amino-anthrachinon beim Erhitzen mit 3-Hydroxy-naphthoesäure-(2) und

Phosphor(III)-chlorid in Xylol (*Ferber*, Melliand Textilber. **23** [1942] 598) sowie beim Erhitzen mit 3-Hydroxy-naphthoyl-(2)-chlorid in Nitrobenzol auf 160° (*Jusa, Riesz*, M. **58** [1931] 137, 142).

Grüngelbe Krystalle (aus Nitrobenzol), F: 298° (*Fe.*); olivgrünes Pulver, F: 275–280° (*Jusa, Riesz*); braunes Pulver, F: 274° (*Lauer, Yen*, J. pr. [2] **151** [1938] 49, 59).

**2-[3-Benzoyloxy-naphthoyl-(2)-amino]-anthrachinon, 3-Benzoyloxy-*N*-[9.10-dioxo-9.10-dihydro-anthryl-(2)]-naphthamid-(2),** *3-(benzoyloxy)-*N*-(9,10-dioxo-9,10-dihydro-2-anthryl)-2-naphthamide* $C_{32}H_{19}NO_5$, Formel XIV (R = CO-$C_6H_5$).

*B.* Beim Erhitzen von 3-Hydroxy-*N*-[9.10-dioxo-9.10-dihydro-anthryl-(2)]-naphthamid-(2) mit Benzoylchlorid in Nitrobenzol unter Zusatz von *N.N*-Dimethyl-anilin (*Marschalk, Kienzlé*, Teintex **12** [1947] 75).

Gelbe Krystalle; F: 250°.

**3-Fluor-2-amino-anthrachinon,** *2-amino-3-fluoroanthraquinone* $C_{14}H_8FNO_2$, Formel I (R = H).

*B.* Aus 2-[4-Fluor-3-amino-benzoyl]-benzoesäure beim Erhitzen mit Schwefelsäure (*Imp. Chem. Ind.*, U.S.P. 1875272 [1931]; *Du Pont de Nemours & Co.*, U.S.P. 2013657 [1932]).

Orangegelb; F: 280° (*Imp. Chem. Ind.*), 278° (*Du Pont*).

**3-Fluor-2-acetamino-anthrachinon, *N*-[3-Fluor-9.10-dioxo-9.10-dihydro-anthryl-(2)]-acetamid,** *N-(3-fluoro-9,10-dioxo-9,10-dihydro-2-anthryl)acetamide* $C_{16}H_{10}FNO_3$, Formel I (R = CO-$CH_3$).

*B.* Beim Erhitzen von 3-Fluor-2-amino-anthrachinon mit Acetanhydrid und Essigsäure (*Imp. Chem. Ind.*, D.R.P. 593633 [1931]; Frdl. **20** 1381).

F: 252–259°.

**1-Chlor-2-amino-anthrachinon,** *2-amino-1-chloroanthraquinone* $C_{14}H_8ClNO_2$, Formel II (R = H) (H 194; E I 455; E II 110).

*B.* Aus 2-Amino-anthrachinon beim Behandeln mit Sulfurylchlorid und Aluminiumchlorid in Nitrobenzol (*Du Pont de Nemours & Co.*, U.S.P. 1986798 [1934]; vgl. E II 110) sowie beim Erhitzen mit Sulfurylchlorid und Natriumacetat in Nitrobenzol (*Bedekar, Tilak, Venkataraman*, Pr. Indian Acad. [A] **28** [1948] 236, 245). Beim Einleiten von Chlor in ein Gemisch von 2-Amino-anthrachinon und Phthalsäure-anhydrid bei 200° und Erhitzen des Reaktionsprodukts mit wss. Salzsäure auf 120° (*Imp. Chem. Ind.*, D.R.P. 600720 [1931]; Frdl. **20** 1410, 1412). Beim Einleiten von Chlor in eine mit Jod versetzte warme Lösung von 2-[Toluol-sulfonyl-(4)-amino]-anthrachinon in Essigsäure und Behandeln des Reaktionsprodukts mit Schwefelsäure (*Hiyama, Ito, Noguchi*, J. chem. Soc. Japan Ind. Chem. Sect. **52** [1949] 254; C. A. **1951** 7092).

Orangefarbene Krystalle; F: 238–239° (*R. Dupont*, Diss. [Brüssel 1942] S. 89), 238° [korr.; aus 1.2-Dichlor-benzol] (*Maki, Mine*, J. Soc. chem. Ind. Japan **47** [1944] 522, 523; C. A. **1948** 6119), 237–238° [aus A.] (*Be., Ti., Ve.*).

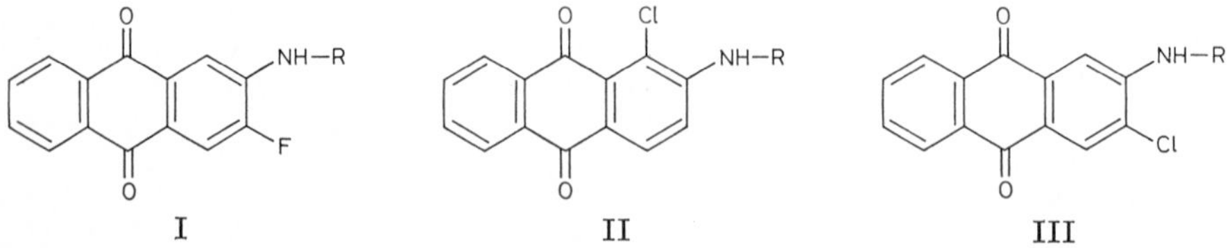

I II III

**1-Chlor-2-acetamino-anthrachinon, *N*-[1-Chlor-9.10-dioxo-9.10-dihydro-anthryl-(2)]-acetamid,** *N-(1-chloro-9,10-dioxo-9,10-dihydro-2-anthryl)acetamide* $C_{16}H_{10}ClNO_3$, Formel II (R = CO-$CH_3$) (H 194; E I 455; E II 111).

*B.* Beim Behandeln von 2-Amino-anthrachinon mit Sulfurylchlorid in Nitrobenzol und anschliessenden Erwärmen mit Acetylchlorid (*I. G. Farbenind.*, D.R.P. 559332 [1931]; Frdl. **19** 1941).

**1-Chlor-2-äthoxycarbonylamino-anthrachinon, [1-Chlor-9.10-dioxo-9.10-dihydro-anthryl-(2)]-carbamidsäure-äthylester,** *(1-chloro-9,10-dioxo-9,10-dihydro-2-anthryl)carbamic acid ethyl ester* $C_{17}H_{12}ClNO_4$, Formel II (R = CO-O$C_2H_5$) (H 194).

*B.* Beim Behandeln von 2-Amino-anthrachinon mit Sulfurylchlorid in Nitrobenzol und anschliessenden Erhitzen mit Chlorameisensäure-äthylester auf 120° (*I. G. Farbenind.*, D.R.P. 559332 [1931]; Frdl. **19** 1941).

**3-Chlor-2-amino-anthrachinon**, *2-amino-3-chloroanthraquinone* $C_{14}H_8ClNO_2$, Formel III (R = H) (H 194; E I 456).

*B.* Neben 2-Chlor-1-amino-anthrachinon beim Erhitzen von 2-[4-Chlor-3-amino-benzoyl]-benzoesäure mit Schwefelsäure (*Scottish Dyes Ltd.*, U.S.P. 1812260, 1833808 [1926]; vgl. H 194). Aus 2.3-Dichlor-anthrachinon beim Erhitzen mit wss. Ammoniak unter Zusatz von Kupfer(II)-sulfat auf 230° (*I. G. Farbenind.*, D.R.P. **607539** [1933]; Frdl. **21** 1040). Aus 3-Chlor-2-nitro-anthrachinon mit Hilfe von wss. Natriumdithionit-Lösung (*Scottish Dyes Ltd.*, D.R.P. 571651 [1929]; Frdl. **19** 1943). Aus 3-Chlor-2-azido-anthrachinon (nicht näher beschrieben) beim Erwärmen mit Hydrazin-hydrat und Pyridin (*I. G. Farbenind.*, D.R.P. 590053 [1932]; Frdl. **20** 1308). Aus 1.3-Dichlor-2-amino-anthrachinon beim Erhitzen mit Kupfer-Amalgam, Hydrazin-sulfat und Kaliumhydroxid in Chinolin (*I. G. Farbenind.*, D.R.P. 567922 [1929]; Frdl. **19** 2097, 2099) sowie beim Erhitzen mit Natriumdithionit und wss. Natronlauge oder mit D-Glucose und wss. Kalilauge und Leiten von Luft durch das Reaktionsgemisch (*Scottish Dyes Ltd.*, U.S.P. 1890099 [1928]).

Gelbe Krystalle; F: 312° (*Scottish Dyes Ltd.*, D.R.P. 571651), 310—311,5° (*Scottish Dyes Ltd.*, U.S.P. 1812260), 310° (*Scottish Dyes Ltd.*, U.S.P. 1890099), 300° (*I. G. Farbenind.*, D.R.P. 607539).

**3-Chlor-2-acetamino-anthrachinon, *N*-[3-Chlor-9.10-dioxo-9.10-dihydro-anthryl-(2)]-acetamid**, N-(*3-chloro-9,10-dioxo-9,10-dihydro-2-anthryl*)*acetamide* $C_{16}H_{10}ClNO_3$, Formel III (R = CO-$CH_3$).

*B.* Aus 3-Chlor-2-amino-anthrachinon beim Erhitzen mit Acetylchlorid in Nitrobenzol sowie beim Behandeln mit Acetanhydrid und rauchender Schwefelsäure (*I. G. Farbenind.*, D.R.P. 626788 [1933]; Frdl. **22** 1027).

Gelbe Krystalle; F: 260—261°.

**6-Chlor-2-amino-anthrachinon**, *2-amino-6-chloroanthraquinone* $C_{14}H_8ClNO_2$, Formel IV (R = H).

*B.* Neben 7-Chlor-2-amino-anthrachinon beim Erhitzen von 4-Amino-2-[4-chlor-benzoyl]-benzoesäure oder 5-Amino-2-[4-chlor-benzoyl]-benzoesäure mit Schwefelsäure auf 150° (*Hayashi, Kawasaki, Nakayama*, J. Soc. chem. Ind., Japan **36** [1933] 396, 401; J. Soc. chem. Ind., Japan Spl. **36** [1933] 123, 125; C. **1933** II 59; *Hayashi, Nakayama*, J. Soc. chem. Ind. Japan **37** [1934] 527; J. Soc. chem. Ind. Japan Spl. **37** [1934] 238; C. **1934** II 1621). Aus 6-Chlor-2-azido-anthrachinon (nicht näher beschrieben) beim Erwärmen mit Hydrazin-hydrat und Pyridin (*I. G. Farbenind.*, D.R.P. 590053 [1932]; Frdl. **20** 1308).

Orangerote Krystalle (aus Py. + A.); F: 284—284,5° (*Ha., Ka., Na.*). Absorptionsspektrum (A.; 220—660 mμ): *Ha., Ka., Na.*

**6-Chlor-2-dimethylamino-anthrachinon**, *2-chloro-6-(dimethylamino)anthraquinone* $C_{16}H_{12}ClNO_2$, Formel IV (R = $CH_3$).

*B.* Beim Erhitzen von 2.6-Dichlor-anthrachinon mit wss. Dimethylamin-Lösung unter Zusatz von Kupfer-Pulver auf 180° (*Jones, Mason*, Soc. **1934** 1813, 1815).

Rote Krystalle; F: 258°.

**7-Chlor-2-amino-anthrachinon**, *2-amino-7-chloroanthraquinone* $C_{14}H_8ClNO_2$, Formel V (R = H).

*B.* Neben 6-Chlor-2-amino-anthrachinon beim Erhitzen von 5-Amino-2-[4-chlor-benzoyl]-benzoesäure oder von 4-Amino-2-[4-chlor-benzoyl]-benzoesäure mit Schwefelsäure auf 150° (*Hayashi, Kawasaki, Nakayama*, J. Soc. chem. Ind. Japan **36** [1933] 396, 401; J. Soc. chem. Ind. Japan Spl. **36** [1933] 123, 125; C. **1933** II 59; *Hayashi, Nakayama*, J. Soc. chem. Ind. Japan **37** [1934] 527; J. Soc. chem. Ind. Japan Spl. **37** [1934] 238; C. **1934** II 1621). Aus 7-Chlor-2-nitro-anthrachinon beim Erhitzen mit wss. Natronlauge und Natriumsulfid (*Gubelmann, Weiland, Stallmann*, Am. Soc. **53** [1931] 1033, 1036).

Orangefarbene Krystalle; F: 302—303° [aus Chlorbenzol] (*Gu., Wei., St.*), 295—296° [aus Butanol-(1)] (*Ha., Ka., Na.*). Absorptionsspektrum (A.; 220—660 mμ): *Ha., Ka., Na.*

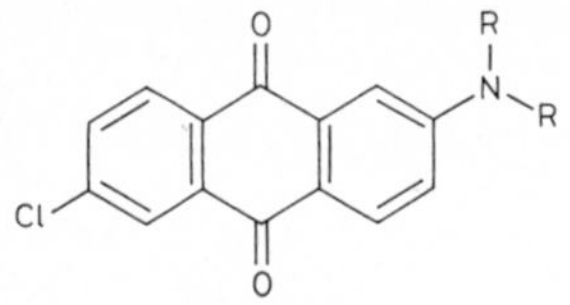

IV 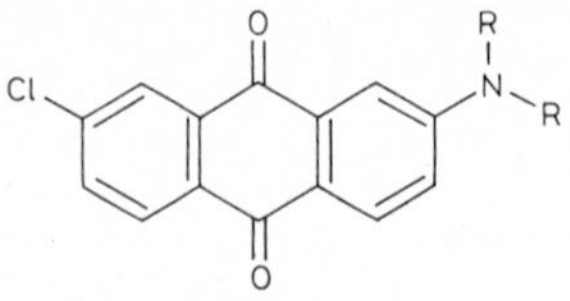 V 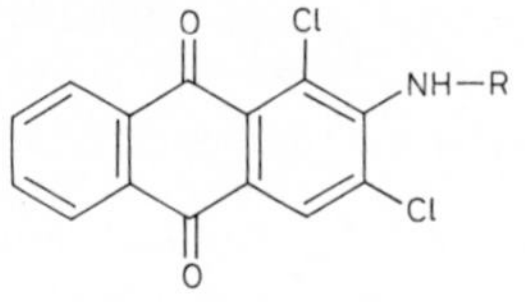 VI

**7-Chlor-2-dimethylamino-anthrachinon,** *2-chloro-7-(dimethylamino)anthraquinone* $C_{16}H_{12}ClNO_2$, Formel V (R = $CH_3$).

*B.* Beim Erhitzen von 2.7-Dichlor-anthrachinon mit wss. Dimethylamin-Lösung unter Zusatz von Kupfer-Pulver auf 180° (*Jones, Mason,* Soc. **1934** 1813, 1814).

Rote Krystalle (aus Amylalkohol); F: 256°.

**7-Chlor-2-diäthylamino-anthrachinon,** *2-chloro-7-(diethylamino)anthraquinone* $C_{18}H_{16}ClNO_2$, Formel V (R = $C_2H_5$).

*B.* Beim Erhitzen von 2.7-Dichlor-anthrachinon mit wss. Diäthylamin-Lösung unter Zusatz von Kupfer-Pulver auf 180° (*Jones, Mason,* Soc. **1934** 1813, 1815).

Rote Krystalle; F: 254°.

**1.3-Dichlor-2-amino-anthrachinon,** *2-amino-1,3-dichloroanthraquinone* $C_{14}H_7Cl_2NO_2$, Formel VI (R = H) (E I 456).

*B.* Aus 2-[3.5-Dichlor-4-amino-benzoyl]-benzoesäure (aus 2-[4-Amino-benzoyl]-benzoesäure hergestellt) beim Erhitzen mit Schwefelsäure (*Du Pont de Nemours & Co.*, U.S.P. 1832211 [1928]). Aus 2-Amino-anthrachinon beim Einleiten von Chlor in eine Suspension in Nitrobenzol (*Maki, Mine,* J. Soc. chem. Ind. Japan **47** [1944] 522, 525; C. A. **1948** 6119; *Scottish Dyes Ltd.*, U.S.P. 1890099 [1928]; vgl. E I 456) sowie beim Behandeln mit Natriumchlorid, Natriumchlorat und wss. Schwefelsäure (*Du Pont de Nemours & Co.*, U.S.P. 2128178 [1936]; vgl. E I 456). Beim Einleiten von Chlor in eine Suspension von 3-Chlor-2-amino-anthrachinon in Nitrobenzol (*Scottish Dyes Ltd.*, D.R.P. 550159 [1926]; Frdl. **19** 1947).

Orangefarbene Krystalle; F: 231° [korr.; aus 1.2-Dichlor-benzol] (*Maki, Mine*), 227,5—228° (*Scottish Dyes Ltd.*, D.R.P. 550159).

**1.3-Dichlor-2-acetamino-anthrachinon, *N*-[1.3-Dichlor-9.10-dioxo-9.10-dihydro-anthryl-(2)]-acetamid,** N-*(1,3-dichloro-9,10-dioxo-9,10-dihydro-2-anthryl)acetamide* $C_{16}H_9Cl_2NO_3$, Formel VI (R = CO-$CH_3$).

*B.* Beim Erwärmen von 2-Amino-anthrachinon mit Sulfurylchlorid in Nitrobenzol und anschliessend mit Acetylchlorid (*I. G. Farbenind.*, D.R.P. 559332 [1931]; Frdl. **19** 1941). Beim Erhitzen von 1.3-Dichlor-2-amino-anthrachinon mit Acetanhydrid und Essigsäure (*Du Pont de Nemours & Co.*, U.S.P. 2117772 [1936]).

Gelbliche Krystalle; F: 254—257° (*Du Pont*).

**1.3.4-Trichlor-2-amino-anthrachinon,** *2-amino-1,3,4-trichloroanthraquinone* $C_{14}H_6Cl_3NO_2$, Formel VII (R = H).

*B.* Beim Einleiten von Chlor in eine Suspension von 2-Amino-anthrachinon in Nitrobenzol (*Bedekar, Tilak, Venkataraman,* Pr. Indian Acad. [A] **28** [1948] 236, 246).

Gelbliche Krystalle (aus Eg.); F: 216°.

**1.3.4-Trichlor-2-acetamino-anthrachinon, *N*-[1.3.4-Trichlor-9.10-dioxo-9.10-dihydro-anthryl-(2)]-acetamid,** N-*(1,3,4-trichloro-9,10-dioxo-9,10-dihydro-2-anthryl)acetamide* $C_{16}H_8Cl_3NO_3$, Formel VII (R = CO-$CH_3$).

*B.* Aus 1.3.4-Trichlor-2-amino-anthrachinon und Acetanhydrid (*Bedekar, Tilak, Venkataraman,* Pr. Indian Acad. [A] **28** [1948] 236, 246).

Gelbliche Krystalle (aus Eg.); F: 263°.

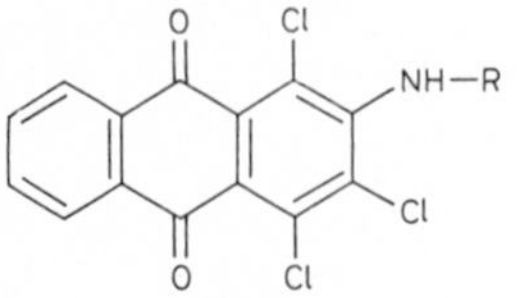

VII 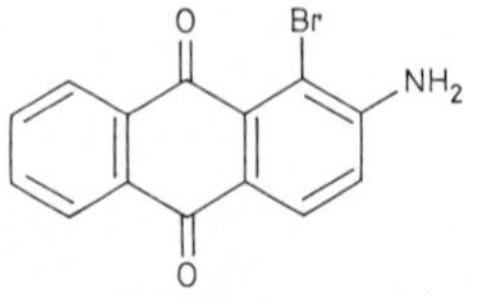 VIII 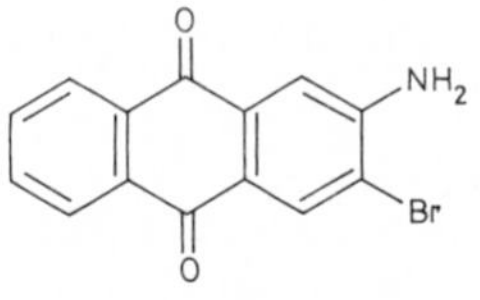 IX

**1-Brom-2-amino-anthrachinon,** *2-amino-1-bromoanthraquinone* $C_{14}H_8BrNO_2$, Formel VIII (E I 456).

*B.* Beim Behandeln des Natrium-Salzes der [9.10-Dioxo-9.10-dihydro-anthryl-(2)]-amidoschwefelsäure mit Brom in gepufferter wss. Lösung und anschliessenden Erhitzen mit wss. Schwefelsäure (*Leśniański, Turska-Jaroszewiczowa,* Roczniki Chem. **18** [1938] 680, 686; C. **1939** II 2229).

Orangefarbene Krystalle (aus Acn. oder Toluol); F: 222—224°.

**3-Brom-2-amino-anthrachinon,** *2-amino-3-bromoanthraquinone* $C_{14}H_8BrNO_2$, Formel IX (H 195; E I 457; E II 111).

*B.* Neben 2-Brom-1-amino-anthrachinon beim Erhitzen von 2-[4-Brom-3-amino-benzoyl]-benzoesäure (aus 2-[4-Brom-benzoyl]-benzoesäure hergestellt) mit Schwefelsäure (*Scottish Dyes Ltd.*, D.R.P. 528271 [1926]; Frdl. **18** 1237; vgl. H 195). Aus 1-Chlor-2-amino-anthrachinon beim Erhitzen mit Kupfer(II)-chlorid und Kaliumbromid in Nitrobenzol unter Zusatz von Phosphorsäure (*I.G. Farbenind.*, D.R.P. 597259 [1931]; Frdl. **21** 1112). Aus 1.3-Dibrom-2-amino-anthrachinon beim Erhitzen mit Kupfer-Pulver und Natriumdithionit in Pyridin (*I.G. Farbenind.*, D.R.P. 625178 [1930]; Frdl. **21** 1110) oder mit Kupfer-Amalgam, Hydrazin-sulfat und Kaliumhydroxid in Chinolin (*I.G. Farbenind.*, D.R.P. 567922 [1929]; Frdl. **19** 2097, 2099).

Orangegelbe Krystalle; F: 313,8° [korr.; aus Nitrobenzol] (*Maki*, J. Soc. chem. Ind. Japan **37** [1934] 505; J. Soc. chem. Ind. Japan Spl. **37** [1934] 222, 226; C. **1934** II 1301), 310° [aus Nitrobenzol] (*I.G. Farbenind.*, D.R.P. 597259), 305—306,5° [aus Chlorbenzol] (*Scottish Dyes Ltd.*).

Beim Behandeln mit Antimon(V)-chlorid in Nitrobenzol und anschliessenden Erhitzen auf 210° sind 6.14-Dibrom-benzo[*h*]benz[5.6]acridino[2.1.9.8-*klmna*]acridin-chinon-(8.16), 7.16-Dibrom-6.15-dihydro-dinaphtho[2.3-*a*:2'.3'-*h*]phenazin-dichinon-(5.9.14.18) und eine Verbindung $C_{42}H_{19}Br_2N_3O_6$ (dunkelgrüne Krystalle [aus Nitrobenzol]; möglicherweise 16-Brom-7-[3-brom-9.10-dioxo-9.10-dihydro-anthryl-(2)-amino]-6.15-dihydro-dinaphtho[2.3-*a*:2'.3'-*h*]phenazin-dichinon-(5.9.14.18)) erhalten worden (*Maki, Kitamura,* J. Soc. chem. Ind. Japan **42** [1939] 885, 887; J. Soc. chem. Ind. Japan Spl. **42** [1939] 410; C. A. **1940** 3091; vgl. E I 457).

**3-Chlor-1-brom-2-amino-anthrachinon,** *2-amino-1-bromo-3-chloroanthraquinone* $C_{14}H_7BrClNO_2$, Formel X.

*B.* Aus 3-Chlor-2-amino-anthrachinon und Brom in wss. Schwefelsäure (*Scottish Dyes Ltd.*, D.R.P. 550159 [1926]; Frdl. **19** 1947).

Orangefarben; F: ca. 210—212° (*Scottish Dyes Ltd.*, U.S.P. 2056593 [1928]).

**1-Chlor-3-brom-2-amino-anthrachinon,** *2-amino-3-bromo-1-chloroanthraquinone* $C_{14}H_7BrClNO_2$, Formel XI (R = H).

Diese Konstitution kommt auch einer von *Atack, Soutar* (J. Soc. chem. Ind. **41** [1922] 170 A) als 3-Chlor-1-brom-2-amino-anthrachinon beschriebenen Verbindung zu (*Bedekar, Tilak, Venkataraman,* Pr. Indian Acad. [A] **28** [1948] 236, 239).

*B.* Aus 1-Chlor-2-amino-anthrachinon beim Erhitzen mit Brom in Essigsäure (*Be., Ti., Ve.*, l. c. S. 246) sowie beim Behandeln mit Brom und Natriumcarbonat in Nitrobenzol (*At., Sou.*).

Gelbbraune Krystalle (aus Eg.), F: 238° (*Be., Ti., Ve.*); orangefarbene Krystalle, F: 235° (*At., Sou.*).

**1-Chlor-3-brom-2-acetamino-anthrachinon, *N*-[1-Chlor-3-brom-9.10-dioxo-9.10-dihydro-anthryl-(2)]-acetamid,** N-*(3-bromo-1-chloro-9,10-dioxo-9,10-dihydro-2-anthryl)acetamide* $C_{16}H_9BrClNO_3$, Formel XI (R = $CO-CH_3$).

*B.* Beim Behandeln von 1-Chlor-3-brom-2-amino-anthrachinon mit Acetanhydrid und wenig Schwefelsäure (*Bedekar, Tilak, Venkataraman,* Pr. Indian Acad. [A] **28** [1948] 236, 246).

Gelbe Krystalle (aus A.); F: 185—186°.

**1.3-Dibrom-2-amino-anthrachinon,** *2-amino-1,3-dibromoanthraquinone* $C_{14}H_7Br_2NO_2$, Formel XII (R = X = H) (H 195; E I 457).

*B.* Beim Behandeln von 2-[4-Amino-benzoyl]-benzoesäure mit Brom in Schwefelsäure und Erhitzen des Reaktionsprodukts mit Schwefelsäure (*Du Pont de Nemours & Co.*, U.S.P. 1832211 [1928]).

Orangegelbe Krystalle; F: 249,4° [korr.; aus Nitrobenzol] (*Maki*, J. Soc. chem. Ind. Japan **37** [1934] 505; J. Soc. chem. Ind. Japan Spl. **37** [1934] 222, 226; C. **1934** II 1301), 240° (*Shottish Dyes Ltd.*, D.R.P. 528271 [1926]; Frdl. **18** 1237).

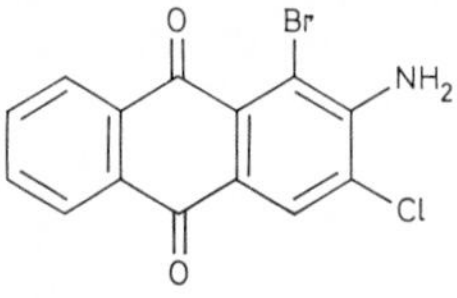

X 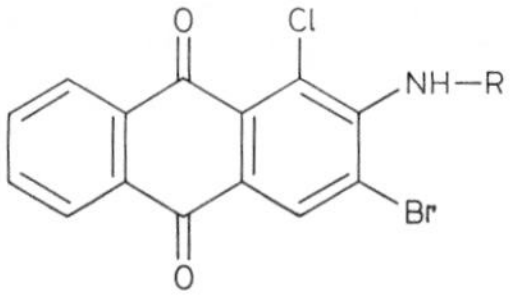 XI 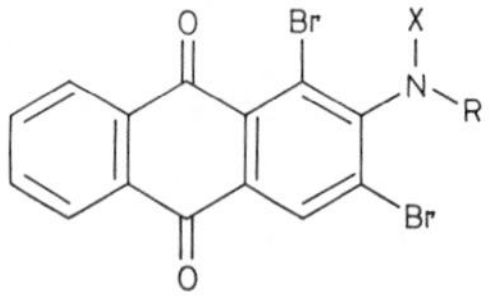 XII

**1.3-Dibrom-2-methylamino-anthrachinon,** *1,3-dibromo-2-(methylamino)anthraquinone* $C_{15}H_9Br_2NO_2$, Formel XII (R = $CH_3$, X = H) (E I 458).

*B.* Aus 1.3-Dibrom-2-amino-anthrachinon beim Behandeln mit wss. Formaldehyd und Schwefelsäure (*Du Pont de Nemours & Co.*, U.S.P. 2091235 [1935]).

Gelb; F: 247—248°.

**1.3-Dibrom-2-acetamino-anthrachinon, *N*-[1.3-Dibrom-9.10-dioxo-9.10-dihydro-anthryl-(2)]-acetamid,** N-*(1,3-dibromo-9,10-dioxo-9,10-dihydro-2-anthryl)acetamide* $C_{16}H_9Br_2NO_3$, Formel XII (R = CO-$CH_3$, X = H) (E I 458).

*B.* Beim Erhitzen von 1.3-Dibrom-2-amino-anthrachinon mit Acetanhydrid in Nitrobenzol (*Du Pont de Nemours & Co.*, U.S.P. 2117772, 2200480 [1936]).

F: 264—266°.

**1.3-Dibrom-2-[methyl-acetyl-amino]-anthrachinon, *N*-Methyl-*N*-[1.3-dibrom-9.10-dioxo-9.10-dihydro-anthryl-(2)]-acetamid,** N-*(1,3-dibromo-9,10-dioxo-9,10-dihydro-2-anthryl)*-N-*methylacetamide* $C_{17}H_{11}Br_2NO_3$, Formel XII (R = CO-$CH_3$, X = $CH_3$).

*B.* Aus 1.3-Dibrom-2-methylamino-anthrachinon (*Du Pont de Nemours & Co.*, U.S.P. 2117772, 2200480 [1936]).

F: 203—205°.

**1.3-Dibrom-2-diacetylamino-anthrachinon, *N*-[1.3-Dibrom-9.10-dioxo-9.10-dihydro-anthryl-(2)]-diacetamid,** N-*(1,3-dibromo-9,10-dioxo-9,10-dihydro-2-anthryl)diacetamide* $C_{18}H_{11}Br_2NO_4$, Formel XII (R = X = CO-$CH_3$) (H 195; E II 111).

Gelbgrüne Krystalle (aus A.); F: 211° (*Evenson*, J. Assoc. agric. Chemists **27** [1944] 317).

**1.3-Dibrom-2-benzamino-anthrachinon, *N*-[1.3-Dibrom-9.10-dioxo-9.10-dihydro-anthryl-(2)]-benzamid,** N-*(1,3-dibromo-9,10-dioxo-9,10-dihydro-2-anthryl)benzamide* $C_{21}H_{11}Br_2NO_3$, Formel XII (R = CO-$C_6H_5$, X = H) (E I 458).

*B.* Beim Behandeln von 1.3-Dibrom-2-amino-anthrachinon mit Benzoylchlorid in Nitrobenzol (*Du Pont de Nemours & Co.*, U.S.P. 2117772, 2200480 [1936]).

[*W. Hoffmann*]

**1.2-Diamino-anthrachinon,** *1,2-diaminoanthraquinone* $C_{14}H_{10}N_2O_2$, Formel I (R = X = H) (H 197; E I 459; E II 112).

*B.* Beim Erhitzen von 1.2-Dichlor-anthrachinon mit wss. Ammoniak unter Zusatz von Kupfer(I)-oxid, Ammoniumnitrat und Kaliumchlorat auf 200° (*Groggins, Newton*, Ind. eng. Chem. **25** [1933] 1030, 1032). Neben 2.3-Diamino-anthrachinon beim Erhitzen von 2-[3.4-Diamino-benzoyl]-benzoesäure (nicht näher beschrieben) mit Schwefelsäure (*Newport Chem. Corp.*, U.S.P. 1803503 [1928]). — Reinigung über das Sulfat: *Waldmann, Hindenburg*, B. **71** [1938] 371.

F: 298° (*Newport Chem. Corp.*; *Wa.*, *Hi.*).

**1-Amino-2-[9.10-dioxo-9.10-dihydro-anthryl-(1)-amino]-anthrachinon,** *1'-amino-1,2'-iminodianthraquinone* $C_{28}H_{16}N_2O_4$, Formel II (E I 460).

*B.* Beim Erhitzen von 2-[9.10-Dioxo-9.10-dihydro-anthryl-(1)-amino]-1-phthalimido-anthrachinon mit wss. Ammoniak auf 180° oder mit Kaliumphenolat in Nitrobenzol auf 150° (*I.G. Farbenind.*, D.R.P. 537454 [1930]; Frdl. **18** 1289).

**3-Brom-2-amino-1-formamino-anthrachinon, *N*-[3-Brom-2-amino-9.10-dioxo-9.10-dihydro-anthryl-(1)]-formamid,** N-*(2-amino-3-bromo-9,10-dioxo-9,10-dihydro-1-anthryl)formamide* $C_{15}H_9BrN_2O_3$, Formel I (R = CHO, X = Br).

*B.* Beim Erhitzen von 1.3-Dibrom-2-amino-anthrachinon mit Formamid unter Zusatz von Natriumacetat, Natriumcarbonat und Kupfer(II)-acetat auf 150° (*Du Pont de Nemours & Co.*, U.S.P. 2063027 [1936]).

F: 291—292°.

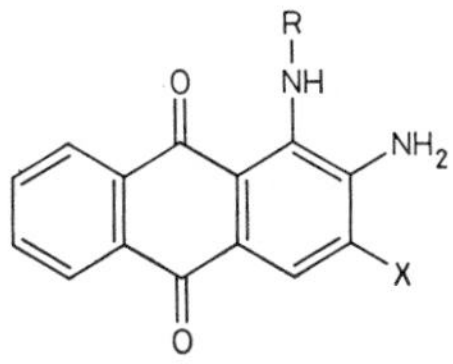

I 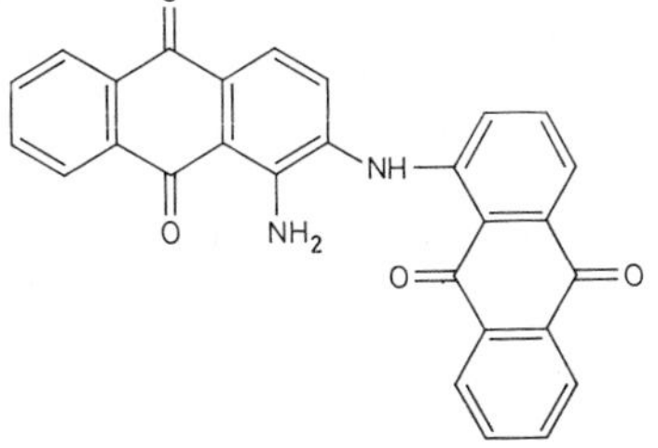 II 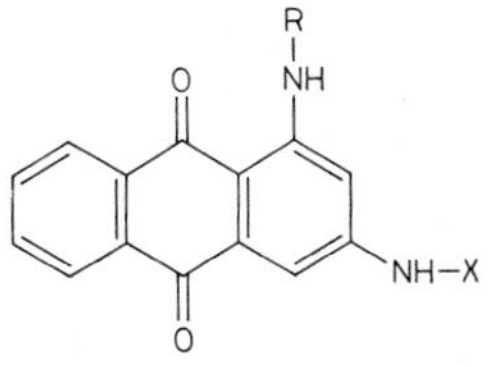 III

**1.3-Diamino-anthrachinon** $C_{14}H_{10}N_2O_2$.

**3-Amino-1-benzamino-anthrachinon, *N*-[3-Amino-9.10-dioxo-9.10-dihydro-anthryl-(1)]-benzamid,** N-(*3-amino-9,10-dioxo-9,10-dihydro-1-anthryl)benzamide* $C_{21}H_{14}N_2O_3$, Formel III (R = $CO$-$C_6H_5$, X = H).

*B.* Aus 3-[Toluol-sulfonyl-(4)-amino]-1-benzamino-anthrachinon beim Behandeln mit Schwefelsäure (*CIBA*, U.S.P. 2002264 [1932]).

Braune Krystalle (aus Nitrobenzol); F: 298—299°.

**3-[Toluol-sulfonyl-(4)-amino]-1-benzamino-anthrachinon, *N*-[3-(Toluol-sulfonyl-(4)-amino)-9.10-dioxo-9.10-dihydro-anthryl-(1)]-benzamid,** N-(*9,10-dioxo-3-*p*-toluenesulfonamido-9,10-dihydro-1-anthryl)benzamide* $C_{28}H_{20}N_2O_5S$, Formel III (R = $CO$-$C_6H_5$, X = $SO_2$-$C_6H_4$-$CH_3$).

*B.* Beim Erhitzen von 3-Brom-1-benzamino-anthrachinon (aus 3-Brom-1-amino-anthrachinon und Benzoylchlorid hergestellt) mit Toluol-sulfonamid-(4) unter Zusatz von Natriumacetat und Kupfer(II)-acetat in Nitrobenzol (*CIBA*, U.S.P. 2002264 [1932]).

Gelbe Krystalle; F: 345° [Zers.].

**1.4-Diamino-anthrachinon,** *1,4-diaminoanthraquinone* $C_{14}H_{10}N_2O_2$, Formel IV (R = X = H) auf S. 441 (H 197; E I 461; E II 113).

*B.* Aus 1.4-Diamino-9.10-dioxo-9.10-dihydro-anthracen-sulfonsäure-(2) beim Erhitzen des Natrium-Salzes mit D-Glucose und wss. Natronlauge (*Lynas-Gray, Simonsen*, Soc. **1943** 45). Aus 1.4-Diamino-anthracendiol-(9.10) (S. 598) beim Erwärmen mit Mangan(IV)-oxid und wss. Schwefelsäure, beim Einleiten von Chlor oder Brom in heisse Lösungen in Schwefelsäure (*I.G. Farbenind.*, D.R.P. 625759, 627482 [1930]; Frdl. **21** 1034, 1036) sowie beim Erwärmen mit Nitrobenzol und wss.-äthanol. Natronlauge (*Nation. Aniline & Chem. Co.*, U.S.P. 2207045 [1938]; vgl. H 197; E II 113). Beim Behandeln von 1-Formamino-anthrachinon mit Salpetersäure und Schwefelsäure und Erhitzen des Reaktionsprodukts mit wss. Natronlauge und Natriumsulfid (*Du Pont de Nemours & Co.*, U.S.P. 2063028 [1936]). Beim Erhitzen von 1-[4-Amino-9.10-dioxo-9.10-dihydro-anthryl-(1)]-pyridinium-chlorid mit Piperidin in Wasser (*I.G. Farbenind.*, D.R.P. 592202 [1932]; Frdl. **20** 1315).

Schwarze Krystalle (aus wss. A.), F: 267—268° (*Ly.-G., Si.*); schwarzviolette Krystalle (aus Anilin), F: 266,5° [korr.] (*Maki, Nagano, Kishida*, J. Soc. chem. Ind. Japan **44** [1941] 907; J. Soc. chem. Ind. Japan Spl. **44** [1941] 398; C. A. **1948** 2435). IR-Absorption (Nujol): *Flett*, Soc. **1948** 1441, 1442, 1445. Absorptionsspektrum des Dampfes (400 bis 620 mμ): *Sheppard, Newsome, Brigham*, Am. Soc. **64** [1942] 2923, 2925; des Dampfes sowie von Lösungen in Methanol, Benzol und Tetrachlormethan (420—710 mμ): *Sheppard, Newsome*, Am. Soc. **64** [1942] 2937, 2940. Absorptionsmaxima (Xylol): 549 mμ und 592,5 mμ (*Ma., Na., Ki.*).

Die beim Behandeln mit Kaliumchlorat und wss. Salzsäure erhaltene Verbindung (s. E I 462) ist nicht als 2.3-Dichlor-anthracen-dichinon-(1.4.9.10), sondern als 2.2.3.3-Tetrachlor-1.4.9.10-tetraoxo-1.2.3.4.9.10-hexahydro-anthracen zu formulieren (*H. Dimroth*, Diss. [Würzburg 1927] S. 32). Überführung in 4-Amino-1-hydroxy-anthrachinon durch Erwärmen mit Mangan(IV)-oxid und wss. Schwefelsäure: *I.G. Farbenind.*, D.R.P.

554647 [1930]; Frdl. **19** 1949, 1951; D.R.P. 556459 [1930]; Frdl. **19** 1954. Beim Erhitzen mit Cyanamid-dihydrochlorid in Nitrobenzol ist 2.7-Diamino-benzo[*e*]pyrimido[4.5.6-*gh*]perimidin erhalten worden (*Battegay*, IX. Congr. int. Quim. Madrid **1934** Bd. 4, S. 337, 349).

**4-Amino-1-methylamino-anthrachinon,** *1-amino-4-(methylamino)anthraquinone* $C_{15}H_{12}N_2O_2$, Formel IV (R = $CH_3$, X = H) (H 198; E I 462).

*B.* Beim Erhitzen von 4-Amino-1-methoxy-anthrachinon mit äthanol. Methylamin-Lösung auf 130° (*CIBA*, D.R.P. 591170 [1933]; Frdl. **20** 1345). Aus 1-Amino-4-methylamino-9.10-dioxo-9.10-dihydro-anthracen-sulfonsäure-(2) beim Erwärmen des Natrium-Salzes mit D-Glucose und wss. Alkalilauge (*Imp. Chem. Ind.*, U.S.P. 1850511 [1929]; *Lynas-Gray, Simonsen*, Soc. **1943** 45, 47) oder mit Natriumdithionit in alkal. wss. Lösung (*I.G. Farbenind.*, D.R.P. 632911 [1932]; Frdl. **21** 1038). Aus 4-Nitro-1-methylamino-anthrachinon beim Erwärmen mit wss. Natriumsulfid-Lösung (*CIBA*, U.S.P. 1828588 [1927]; vgl. H 198).

Violette Krystalle (aus Toluol); F: 198° (*Ly.-G., Si.*).

**1.4-Bis-methylamino-anthrachinon,** *1,4-bis(methylamino)anthraquinone* $C_{16}H_{14}N_2O_2$, Formel IV (R = X = $CH_3$) (H 198).

*B.* Beim Erhitzen von Chinizarin (E III **8** 3775) mit Methylamin unter Zusatz von Kupfer(II)-sulfat und Natriumcarbonat in wss. Äthanol auf 140° (*Celanese Corp. Am.*, U.S.P. 2128307 [1936]) oder mit Methylamin und wss. Natronlauge unter Zusatz von Kupfer(II)-sulfat auf 140° (*Celanese Corp. Am.*, U.S.P. 2183652 [1938]). Aus Leukochinizarin (E III **8** 3706) beim Erwärmen mit Methylamin in wss. Äthanol und anschliessend mit 4-Nitroso-phenol und wss.-äthanol. Natronlauge (*Nation. Aniline & Chem. Co.*, U.S.P. 2185709 [1938]) sowie beim Erwärmen mit Methylamin in wss. Äthanol und Erwärmen des Reaktionsprodukts mit Nitrobenzol und wss.-äthanol. Natronlauge (*Nation. Aniline & Chem. Co.*, U.S.P. 2207045 [1938]; s. a. *Celanese Corp. Am.*, U.S.P. 1921458 [1929]; vgl. H 198). Beim Erhitzen von 1.4-Diamino-anthracendiol-(9.10) (S. 598) mit Methylamin in Wasser und Leiten von Luft durch eine mit Kupfer(II)-acetat und Piperidin versetzte heisse Suspension des Reaktionsprodukts in Wasser oder Äthanol (*Gen. Aniline Works*, U.S.P. 2051004 [1934]). Beim Erhitzen (20 h) von 4-Amino-1-methoxy-anthrachinon mit äthanol. Methylamin-Lösung auf 140° (*CIBA*, Schweiz. P. 164443 [1932]). Beim Erhitzen des Natrium-Salzes der 1.4-Dihydroxy-9.10-dioxo-9.10-dihydro-anthracen-sulfonsäure-(2) (*CIBA*, D.R.P. 600689 [1930]; Frdl. **19** 1959) oder des Natrium-Salzes der 4-Amino-1-hydroxy-9.10-dioxo-9.10-dihydro-anthracen-sulfonsäure-(2) (*CIBA*, U.S.P. 1833250 [1931]) mit Natriumdithionit und Methylamin in Wasser.

IR-Absorption (Nujol): *Flett*, Soc. **1948** 1441, 1445.

**1.4-Bis-äthylamino-anthrachinon,** *1,4-bis(ethylamino)anthraquinone* $C_{18}H_{18}N_2O_2$, Formel IV (R = X = $C_2H_5$).

*B.* Beim Erhitzen von 1.4-Diamino-anthrachinon mit Schwefelsäure-monoäthylester auf 140° (*I.G. Farbenind.*, D.R.P. 576623 [1931]; Frdl. **20** 1346). Beim Erwärmen von 1.4-Diamino-anthracendiol-(9.10) (S. 598) mit Äthylamin in wss. Methanol und Behandeln des Reaktionsprodukts mit Wasserstoffperoxid in saurer wss. Lösung oder mit Natriumhypochlorit in alkal. wss. Lösung (*Gen. Aniline Works*, U.S.P. 2051004 [1934]).

Krystalle (aus Me.); F: 197—198° (*I.G. Farbenind.*).

**1.4-Bis-propylamino-anthrachinon,** *1,4-bis(propylamino)anthraquinone* $C_{20}H_{22}N_2O_2$, Formel IV (R = X = $CH_2$-$CH_2$-$CH_3$).

*B.* Beim Erwärmen von 1.4-Diamino-anthracendiol-(9.10) (S. 598) mit Propylamin in Äthanol und Erhitzen des Reaktionsprodukts mit Nitrobenzol unter Zusatz von Piperidin auf 150° (*Gen. Aniline Works*, U.S.P. 2051004 [1934]).

Blaue Krystalle (*Gen. Aniline Works*); F: 155° (*Hickman, Hecker, Embree*, Ind. eng. Chem. Anal. **9** [1937] 264, 267). Dampfdruck bei Temperaturen von 155—195°: *Hi., He., Em.*

**4-Amino-1-isopropylamino-anthrachinon,** *1-amino-4-(isopropylamino)anthraquinone* $C_{17}H_{16}N_2O_2$, Formel IV (R = $CH(CH_3)_2$, X = H).

*B.* Aus 4-Isopropylamino-1-benzamino-anthrachinon beim Behandeln mit wss. Schwefelsäure (*I.G. Farbenind.*, D.R.P. 736901 [1937]; D.R. P. Org. Chem. **1**, Tl. 2, S. 204).

Bronzefarbene Krystalle (aus Chlorbenzol); F: 180°.

**4-Methylamino-1-isopropylamino-anthrachinon,** *1-(isopropylamino)-4-(methylamino)anthraquinone* $C_{18}H_{18}N_2O_2$, Formel IV (R = $CH(CH_3)_2$, X = $CH_3$).

*B.* Beim Erwärmen von 1.4-Diamino-anthracendiol-(9.10) (S. 598) mit Methylamin und Isopropylamin in wss. Methanol und Leiten von Luft durch die mit Kupfer(II)-acetat versetzte Reaktionslösung (*Gen. Aniline Works*, U.S.P. 2168947 [1938]).

Bronzefarbene Krystalle (aus Chlorbenzol); F: 216–217°.

**4-Amino-1-anilino-anthrachinon,** *1-amino-4-anilinoanthraquinone* $C_{20}H_{14}N_2O_2$, Formel IV (R = $C_6H_5$, X = H) (H 198; E II 113).

*B.* Beim Erwärmen des Natrium-Salzes der 1-Amino-4-anilino-9.10-dioxo-9.10-dihydro-anthracen-sulfonsäure-(2) mit Natriumdithionit in wss. Äthanol (*I.G. Farbenind.*, D.R.P. 568760 [1925]; Frdl. **18** 1277; s. a. *CIBA*, D.R.P. 589074 [1931]; Frdl. **19** 2001; *I.G. Farbenind.*, D.R.P. 632911 [1932]; Frdl. **21** 1038).

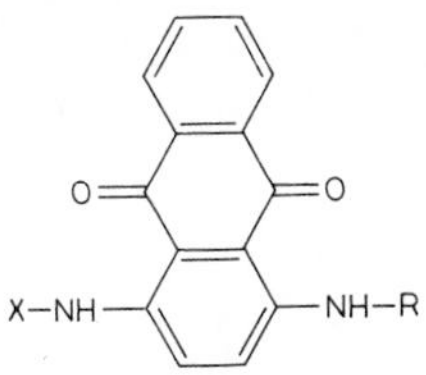

IV 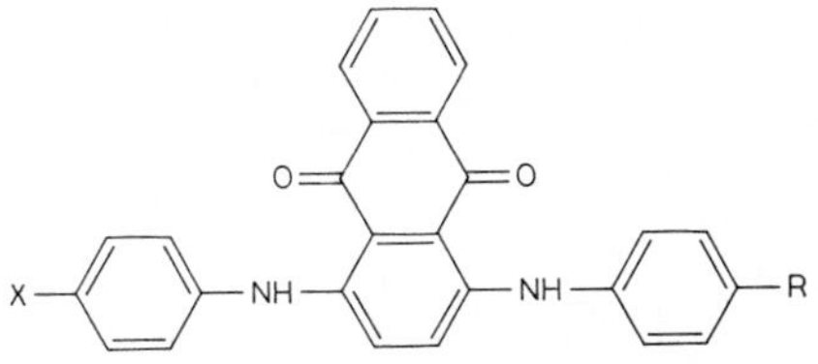 V

**4-Methylamino-1-anilino-anthrachinon,** *1-anilino-4-(methylamino)anthraquinone* $C_{21}H_{16}N_2O_2$, Formel IV (R = $C_6H_5$, X = $CH_3$) (H 198).

*B.* Beim Erwärmen von Leukochinizarin (E III **8** 3706) mit Methylamin in Methanol und anschliessend mit Anilin unter Zusatz von Borsäure und Natriumchlorat (*CIBA*, D.R.P. 615707 [1933]; Frdl. **22** 1058). Beim Erhitzen von 4-Nitro-1-methylamino-anthrachinon mit Anilin auf 180° (*CIBA*, U.S.P. 1828588 [1927]). Beim Erwärmen von 1.4-Bis-methylamino-anthracendiol-(9.10) (nicht näher beschrieben) mit Anilin-hydrochlorid in Methanol unter Luftzutritt (*Gen. Aniline Works*, U.S.P. 2056005 [1934]).

Blaues Pulver (*Gen. Aniline Works*).

**1.4-Dianilino-anthrachinon,** *1,4-dianilinoanthraquinone* $C_{26}H_{18}N_2O_2$, Formel V (R = X = H) (H 199; E I 462; E II 113).

*B.* Beim Erhitzen von 1.4-Diamino-anthracendiol-(9.10) (S. 598) mit Anilin unter Durchleiten von Luft (*Gen. Aniline Works*, U.S.P. 2051004 [1934]). Beim Erhitzen des Natrium-Salzes der 1.4-Dianilino-9.10-dioxo-9.10-dihydro-anthracen-sulfonsäure-(2) mit D-Glucose und wss. Natronlauge (*Lynas-Gray, Simonsen*, Soc. **1943** 45).

Blauschwarze Krystalle (aus Bzl.); F: 214° (*Ly.-G., Si.*).

**1.4-Bis-[4-chlor-anilino]-anthrachinon,** *1,4-bis(*p*-chloroanilino)anthraquinone* $C_{26}H_{16}Cl_2N_2O_2$, Formel V (R = X = Cl) (H 199).

*B.* Beim Erwärmen von 1.4-Bis-methylamino-anthracendiol-(9.10) (nicht näher beschrieben) mit 4-Chlor-anilin und wss.-methanol. Salzsäure unter Luftzutritt (*Gen. Aniline Works*, U.S.P. 2051004 [1934]).

Grünliches Pulver.

**4-Methylamino-1-*p*-toluidino-anthrachinon,** *1-(methylamino)-4-*p*-toluidinoanthraquinone* $C_{22}H_{18}N_2O_2$, Formel VI (R = $CH_3$, X = H) (H 199; E II 113).

*B.* Beim Erhitzen von 4-Brom-1-methylamino-anthrachinon mit *p*-Toluidin unter Zusatz von Ammoniumacetat und Kupfer(II)-acetat in Wasser (*Du Pont de Nemours & Co.*, U.S.P. 1931265 [1931]; vgl. H 199; E II 113).

**4-Anilino-1-*p*-toluidino-anthrachinon,** *1-anilino-4-*p*-toluidinoanthraquinone* $C_{27}H_{20}N_2O_2$, Formel V (R = $CH_3$, X = H).

*B.* Beim Erhitzen des Natrium-Salzes der 4-Anilino-1-*p*-toluidino-9.10-dioxo-9.10-dihydro-anthracen-sulfonsäure-(2) mit D-Glucose und wss. Natronlauge (*Lynas-Gray, Simonsen*, Soc. **1943** 45).

Blauschwarze Krystalle (aus Bzl. + A.); F: 250°.

**1.4-Di-*p*-toluidino-anthrachinon,** *1,4-di-*p*-toluidinoanthraquinone* $C_{28}H_{22}N_2O_2$, Formel V (R = X = $CH_3$) (H 199; E I 462; E II 113).

*B.* Beim Erhitzen von 1.4-Diamino-anthracendiol-(9.10) (S. 598) mit *p*-Toluidin unter

Luftzutritt auf 150° (*Gen. Aniline Works*, U.S.P. 2051004 [1934]).

**1.4-Bis-benzylamino-anthrachinon,** *1,4-bis(benzylamino)anthraquinone* $C_{28}H_{22}N_2O_2$, Formel IV (R = X = $CH_2$-$C_6H_5$) (E II 114).

*B.* Beim Erwärmen von 1.4-Diamino-anthracendiol-(9.10) (S. 598) mit Benzylamin in Äthanol und Leiten von Sauerstoff durch die mit Kupfer(II)-acetat versetzte Reaktionslösung (*Gen. Aniline Works*, U.S.P. 2051004 [1934]). Beim Erhitzen von 1.4-Diamino-anthrachinon mit Benzaldehyd und Ameisensäure in Wasser (*CIBA*, U.S.P. 1828588 [1927]).

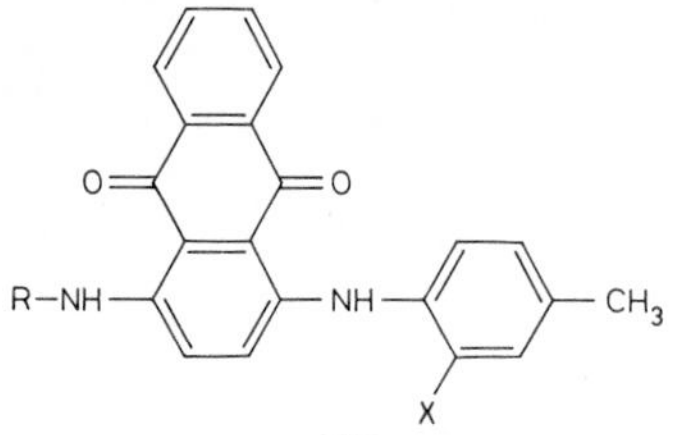

VI 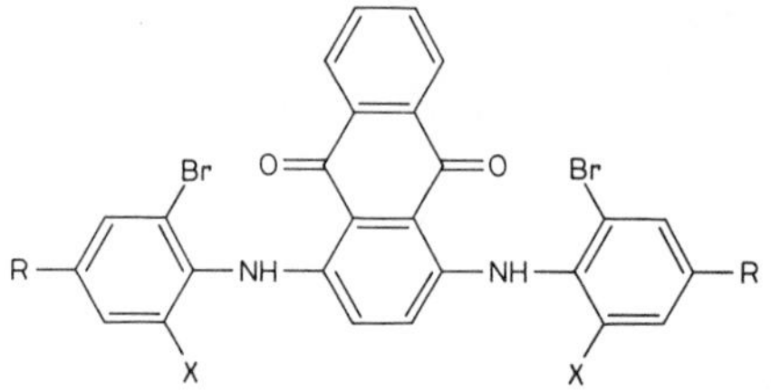 VII

**4-Anilino-1-[2.4-dimethyl-anilino]-anthrachinon,** *1-anilino-4-(2,4-xylidino)anthraquinone* $C_{28}H_{22}N_2O_2$, Formel VI (R = $C_6H_5$, X = $CH_3$).

*B.* Beim Behandeln von 4-Amino-1-anilino-anthrachinon mit 4-Chlor-*m*-xylol, Kupfer und Natriumacetat (*Lynas-Gray, Simonsen*, Soc. **1943** 45). Beim Erhitzen des Natrium-Salzes der 4-Anilino-1-[2.4-dimethyl-anilino]-9.10-dioxo-9.10-dihydro-anthracen-sulfonsäure-(2) mit D-Glucose und wss. Natronlauge (*Ly.-G., Si.*).

Blaue Krystalle (aus Bzl. oder Bzn.); F: 232–233°.

**1.4-Bis-[6-brom-2.4-dimethyl-anilino]-anthrachinon,** *1,4-bis(6-bromo-2,4-xylidino)anthraquinone* $C_{30}H_{24}Br_2N_2O_2$, Formel VII (R = X = $CH_3$).

*B.* Aus 1.4-Bis-[2.4-dimethyl-anilino]-anthrachinon (nicht näher beschrieben) und Brom in Chloroform (*Imp. Chem. Ind.*, U.S.P. 2236672 [1938]; s. a. *Sandoz*, U.S.P. 2226909 [1937]).

Blaues Pulver; F: 252° (*Imp. Chem. Ind.*).

**1.4-Bis-[1-methyl-2-phenyl-äthylamino]-anthrachinon,** *1,4-bis(α-methylphenethylamino)anthraquinone* $C_{32}H_{30}N_2O_2$, Formel IV (R = X = $CH(CH_3)$-$CH_2$-$C_6H_5$).

Eine opt.-inakt. Verbindung (dunkle Krystalle [aus Butanol-(1)]; F: 123–124°) dieser Konstitution ist beim Erhitzen von Leukochinizarin (E III **8** 3706) mit (±)-2-Amino-1-phenyl-propan in Pyridin und Leiten von Luft durch das Reaktionsgemisch erhalten worden (*Imp. Chem. Ind.*, D.R.P. 750234 [1938]; D.R.P. Org. Chem. **1**, Tl. 2, S. 117).

**4-Isobutylamino-1-[4-butyl-anilino]-anthrachinon,** *1-(p-butylanilino)-4-(isobutylamino)anthraquinone* $C_{28}H_{30}N_2O_2$, Formel VIII (R = $CH_2$-$CH(CH_3)_2$).

*B.* Beim Erhitzen von 4-Brom-1-isobutylamino-anthrachinon (nicht näher beschrieben) mit 4-Butyl-anilin unter Zusatz von Kaliumacetat und Kupfer(II)-acetat auf 110° (*Imp. Chem. Ind.*, U.S.P. 2166353 [1937]).

F: 112–113°.

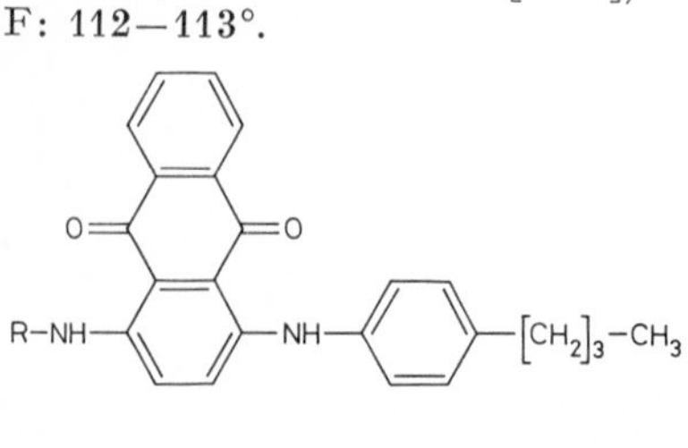

VIII 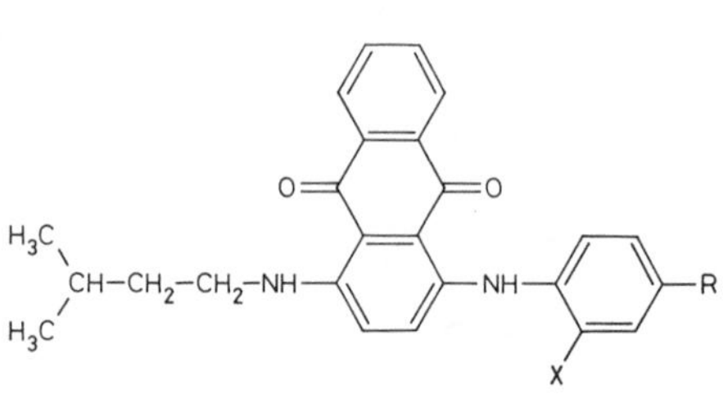 IX

**4-Isopentylamino-1-[4-butyl-anilino]-anthrachinon,** *1-(p-butylanilino)-4-(isopentylamino)anthraquinone* $C_{29}H_{32}N_2O_2$, Formel VIII (R = $CH_2$-$CH_2$-$CH(CH_3)_2$).

*B.* Beim Erhitzen von 4-Brom-1-isopentylamino-anthrachinon mit 4-Butyl-anilin unter

Zusatz von Kaliumacetat und Kupfer(II)-acetat auf 110° (*Imp. Chem. Ind.*, U.S.P. 2166353 [1937]).
F: 91—92°.

**1-[4-Butyl-anilino]-4-*p*-toluidino-anthrachinon,** *1-*(p-*butylanilino*)*-4-*p*-toluidinoanthraquinone* $C_{31}H_{28}N_2O_2$, Formel V (R = $[CH_2]_3$-$CH_3$, X = $CH_3$) auf S. 441.

*B.* Beim Erhitzen von 4-Hydroxy-1-*p*-toluidino-anthrachinon und 4-*p*-Toluidino-anthracentriol-(1.9.10) (nicht näher beschrieben) mit 4-Butyl-anilin unter Zusatz von Borsäure auf 180° (*Imp. Chem. Ind.*, U.S.P. 2091812 [1935]).

Grüne Krystalle (aus Butanol-(1)); F: 129°.

**1.4-Bis-[4-butyl-anilino]-anthrachinon,** *1,4-bis*(p-*butylanilino*)*anthraquinone* $C_{34}H_{34}N_2O_2$, Formel V (R = X = $[CH_2]_3$-$CH_3$) auf S. 441.

*B.* Aus Leukochinizarin (E III **8** 3706) und 4-Butyl-anilin beim Erwärmen mit Kresol (Isomeren-Gemisch) und Borsäure (*Imp. Chem. Ind.*, U.S.P. 2091812 [1935]).

Bronzefarbene Krystalle (aus Eg.).

**1.4-Bis-[2.6-dibrom-4-butyl-anilino]-anthrachinon,** *1,4-bis*(*2,6-dibromo-4-butylanilino*)*anthraquinone* $C_{34}H_{30}Br_4N_2O_2$, Formel VII (R = $[CH_2]_3$-$CH_3$, X = Br).

*B.* Aus 1.4-Bis-[4-butyl-anilino]-anthrachinon und Brom in Chloroform (*Imp. Chem. Ind.*, U.S.P. 2236672 [1938]).

Violette Krystalle; F: 206°.

**4-Isopentylamino-1-[2-methyl-4-butyl-anilino]-anthrachinon,** *1-*(*4-butyl-*o*-toluidino*)*-4-*(*isopentylamino*)*anthraquinone* $C_{30}H_{34}N_2O_2$, Formel IX (R = $[CH_2]_3$-$CH_3$, X = $CH_3$).

*B.* Aus 4-Brom-1-isopentylamino-anthrachinon und 2-Methyl-4-butyl-anilin (*Imp. Chem. Ind.*, U.S.P. 2166353 [1937]).

F: 105—106°.

**1.4-Bis-[6-brom-2-methyl-4-butyl-anilino]-anthrachinon,** *1,4-bis*(*6-bromo-4-butyl-*o*-toluidino*)*anthraquinone* $C_{36}H_{36}Br_2N_2O_2$, Formel VII (R = $[CH_2]_3$-$CH_3$, X = $CH_3$).

*B.* Aus 1.4-Bis-[2-methyl-4-butyl-anilino]-anthrachinon (nicht näher beschrieben) und Brom in Chloroform (*Imp. Chem. Ind.*, U.S.P. 2236672 [1938]).

Bronzefarbene Krystalle; F: 166°.

**4-Isopentylamino-1-[4-hexyl-anilino]-anthrachinon,** *1-*(p-*hexylanilino*)*-4-*(*isopentylamino*)*anthraquinone* $C_{31}H_{36}N_2O_2$, Formel IX (R = $[CH_2]_5$-$CH_3$, X = H).

*B.* Aus 4-Brom-1-isopentylamino-anthrachinon und 4-Hexyl-anilin (*Imp. Chem. Ind.*, U.S.P. 2166353 [1937]).

F: 94—95°.

**1.4-Bis-[5.6.7.8-tetrahydro-naphthyl-(1)-amino]-anthrachinon,** *1,4-bis*(*5,6,7,8-tetrahydro-1-naphthylamino*)*anthraquinone* $C_{34}H_{30}N_2O_2$, Formel X.

*B.* Beim Erhitzen von Leukochinizarin (E III **8** 3706) und Chinizarin (E III **8** 3775) mit 5.6.7.8-Tetrahydro-naphthyl-(1)-amin unter Zusatz von Borsäure auf 120° und Leiten von Luft durch das mit Äthanol versetzte Reaktionsgemisch bei 70° (*I.G. Farbenind.*, D.R.P. 602959 [1933]; Frdl. **21** 1067).

Bronzefarbene Krystalle (aus Isoamylalkohol); F: 211—212°.

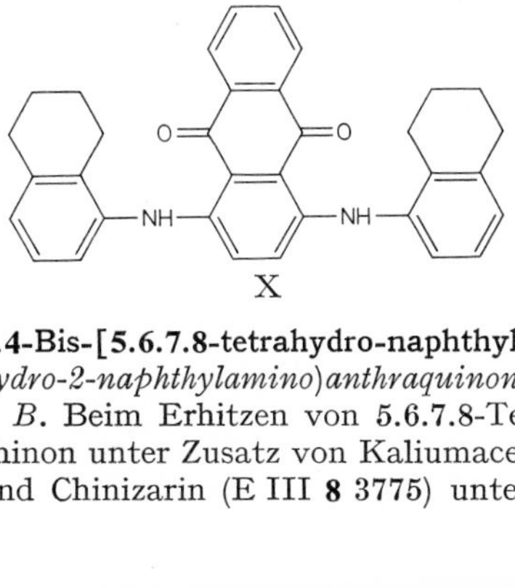

X 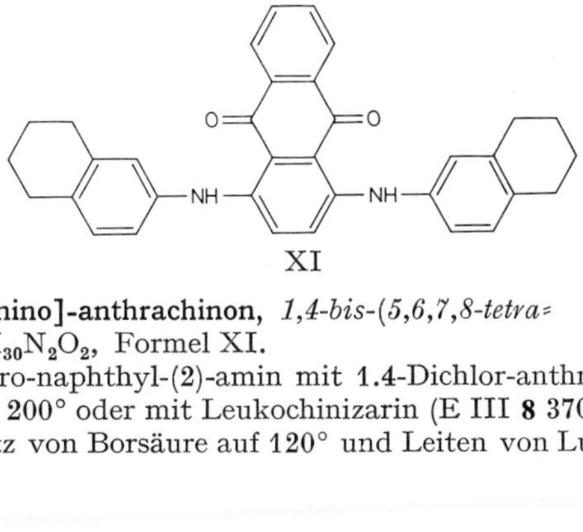 XI

**1.4-Bis-[5.6.7.8-tetrahydro-naphthyl-(2)-amino]-anthrachinon,** *1,4-bis-*(*5,6,7,8-tetrahydro-2-naphthylamino*)*anthraquinone* $C_{34}H_{30}N_2O_2$, Formel XI.

*B.* Beim Erhitzen von 5.6.7.8-Tetrahydro-naphthyl-(2)-amin mit 1.4-Dichlor-anthrachinon unter Zusatz von Kaliumacetat auf 200° oder mit Leukochinizarin (E III **8** 3706) und Chinizarin (E III **8** 3775) unter Zusatz von Borsäure auf 120° und Leiten von Luft durch das mit Äthanol versetzte Reaktionsgemisch bei 70° (*I.G. Farbenind.*, D.R.P. 602959 [1933]; Frdl. **21** 1067).

Krystalle (aus Amylalkohol); F: 208–209°.

**(±)-4-Methylamino-1-[1.2.3.4-tetrahydro-naphthyl-(2)-amino]-anthrachinon,** (±)-*1-(methylamino)-4-(1,2,3,4-tetrahydro-2-naphthylamino)anthraquinone* $C_{25}H_{22}N_2O_2$, Formel XII.

*B.* Aus 4-Brom-1-methylamino-anthrachinon beim Erhitzen mit (±)-1.2.3.4-Tetra=hydro-naphthyl-(2)-amin unter Zusatz von Kaliumacetat auf 190° (*I.G. Farbenind.*, D.R.P. 624782 [1933]; Frdl. **22** 1052).

Blaue Krystalle; F: 209–210°.

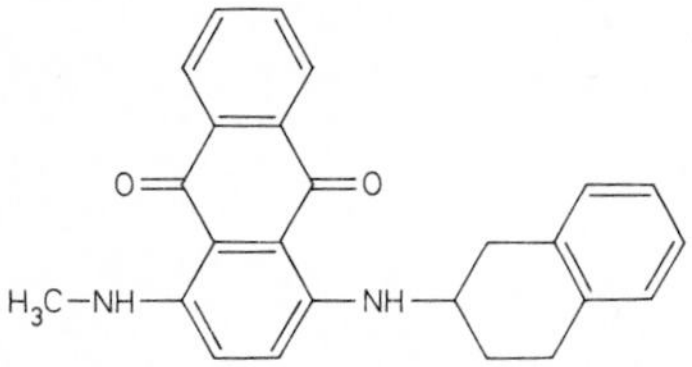

**(±)-1-[1.2.3.4-Tetrahydro-naphthyl-(2)-amino]-4-*p*-toluidino-anthrachinon,** (±)-*1-(1,2,3,4-tetrahydro-2-naphthylamino)-4-*p-*toluidinoanthraquinone* $C_{31}H_{26}N_2O_2$, Formel XIII.

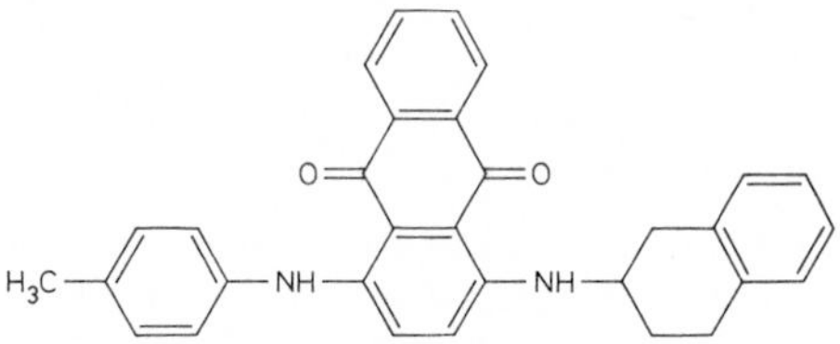

*B.* Beim Erhitzen von 4-*p*-Toluidino-1-methoxy-anthrachinon (nicht näher beschrieben) mit (±)-1.2.3.4-Tetrahydro-naphthyl-(2)-amin auf 180° (*I.G. Farbenind.*, D.R.P. 624782 [1933]; Frdl. **22** 1052).

Blaue Krystalle; F: 230°.

**1.4-Bis-[1.2.3.4-tetrahydro-naphthyl-(2)-amino]-anthrachinon,** *1,4-bis(1,2,3,4-tetrahydro-2-naphthylamino)anthraquinone* $C_{34}H_{30}N_2O_2$, Formel I.

Eine opt.-inakt. Verbindung (blaue Krystalle; F: 255°) dieser Konstitution ist beim Erhitzen von (±)-1.2.3.4-Tetrahydro-naphthyl-(2)-amin mit 1.4-Dichlor-anthrachinon unter Zusatz von Kaliumacetat auf 200° oder mit Leukochinizarin (E III **8** 3706) auf 140° und Leiten von Luft durch das mit Piperidin versetzte Reaktionsgemisch bei 100° erhalten worden (*I.G. Farbenind.*, D.R.P. 602959 [1933]; Frdl. **21** 1067).

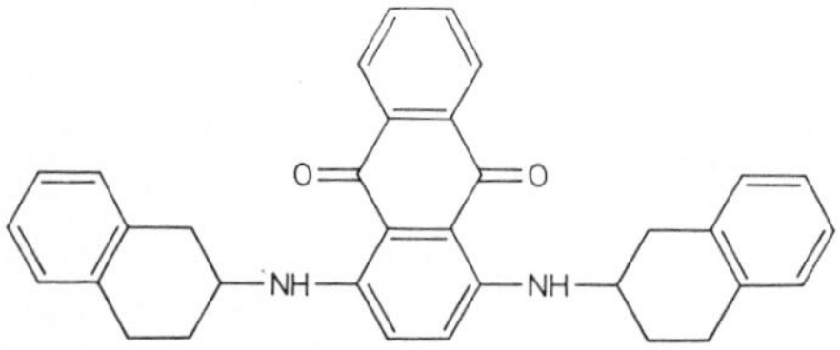

**1.4-Bis-[4-cyclohexyl-anilino]-anthrachinon,** *1,4-bis(*p-*cyclohexylanilino)anthraquinone* $C_{38}H_{38}N_2O_2$, Formel II (R = $C_6H_{11}$, X = H).

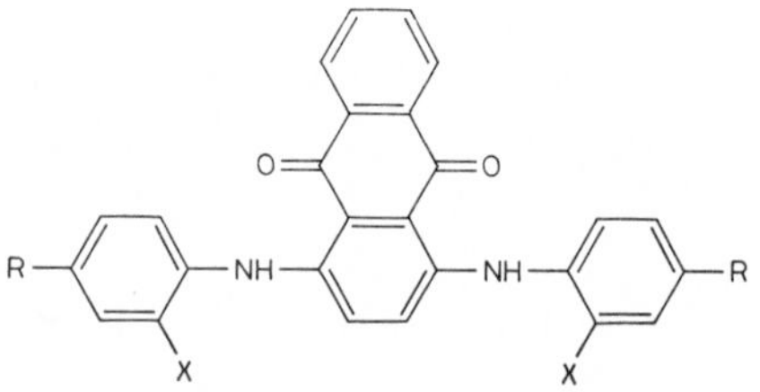

*B.* Beim Erhitzen von Leukochinizarin (E III **8** 3706) und Chinizarin (E III **8** 3775) mit 4-Cyclohexyl-anilin unter Zusatz von Borsäure auf 120° und Leiten von Luft durch das mit Äthanol versetzte Reaktionsgemisch bei 70° (*I.G. Farbenind.*, D.R.P. 602959 [1933]; Frdl. **21** 1067).

Krystalle (aus Bzl.); F: 181°.

**4-Methylamino-1-[2-benzyl-cyclohexylamino]-anthrachinon,** *1-(2-benzylcyclohexylamino)-4-(methylamino)anthraquinone* $C_{28}H_{28}N_2O_2$.

**(±)-4-Methylamino-1-[*trans*-2-benzyl-cyclohexylamino]-anthrachinon,** Formel III + Spiegelbild.

*B.* Beim Erhitzen von 4-Brom-1-methylamino-anthrachinon mit (±)-*trans*-2-Amino-1-benzyl-cyclohexan unter Zusatz von Natriumacetat auf 190° (*Imp. Chem. Ind.*, U.S.P.

2426547 [1944]).

Blauviolette Krystalle (aus 1-Äthoxy-äthanol-(2)); F: 157–160°.

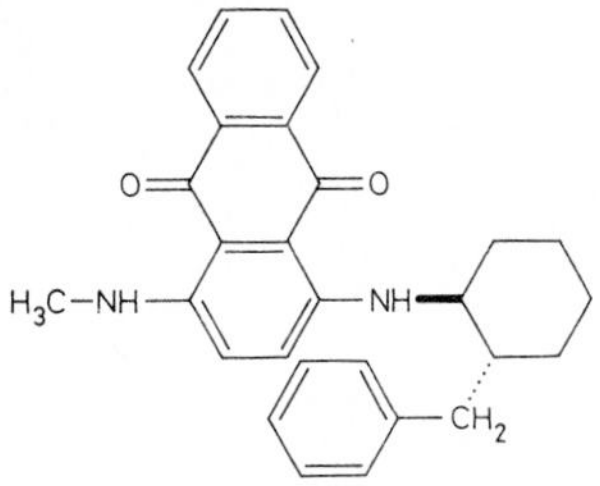

III 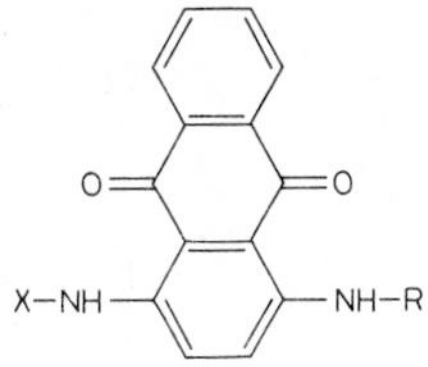 IV

**1.4-Bis-[biphenylyl-(4)-amino]-anthrachinon,** *1,4-bis(biphenyl-4-ylamino)anthraquinone* $C_{38}H_{26}N_2O_2$, Formel II (R = $C_6H_5$, X = H).

*B.* Beim Erhitzen von Biphenylyl-(4)-amin mit 1.4-Dichlor-anthrachinon unter Zusatz von Natriumacetat, mit Leukochinizarin (E III **8** 3706) und Chinizarin (E III **8** 3775) unter Zusatz von Borsäure in Wasser oder unter Zusatz von Borsäure im Stickstoff-Strom und Leiten von Luft durch das Reaktionsgemisch (*I.G. Farbenind.*, D.R.P. 595472 [1931]; Frdl. **20** 1333) sowie mit Chinizarin und 1.4-Diamino-anthracendiol-(9.10) (S. 598) unter Zusatz von Borsäure in Cyclohexanol und Leiten von Luft in das mit Kupfer(II)-acetat versetzte Reaktionsgemisch (*Gen. Aniline Works*, U.S.P. 2050661 [1935]).

Bronzefarbene Krystalle (aus Bzl.); F: 252–254° (*I.G. Farbenind.*).

**1.4-Bis-[3-methyl-biphenylyl-(4)-amino]-anthrachinon,** *1,4-bis-(3-methylbiphenyl-4-yl-amino)anthraquinone* $C_{40}H_{30}N_2O_2$, Formel II (R = $C_6H_5$, X = $CH_3$).

*B.* Beim Erhitzen von Leukochinizarin (E III **8** 3706) und Chinizarin (E III **8** 3775) mit 3-Methyl-biphenylyl-(4)-amin unter Zusatz von Borsäure im Stickstoff-Strom auf 140° und Leiten von Luft durch das Reaktionsgemisch (*I.G. Farbenind.*, D.R.P. 595472 [1931]; Frdl. **20** 1333).

Blaue Krystalle (aus Chlorbenzol); F: 263–264°.

**1.4-Bis-[bibenzylyl-(α)-amino]-anthrachinon,** *1,4-bis(α-phenylphenethylamino)anthra-quinone* $C_{42}H_{34}N_2O_2$, Formel IV (R = X = $CH(C_6H_5)$-$CH_2$-$C_6H_5$).

Eine opt.-inakt. Verbindung (blauviolette Krystalle [aus Py.]; F: 251–253°) dieser Konstitution ist beim Erhitzen von (±)-Bibenzylyl-(α)-amin mit Leukochinizarin (E III **8** 3706) und Chinizarin (E III **8** 3775) in Butanol-(1) auf 110° oder mit 1.4-Diamino-anth-racendiol-(9.10) (S. 598) in Butanol-(1) auf 120° und Leiten von Luft durch das mit Kupfer(II)-acetat versetzte Reaktionsgemisch erhalten worden (*Imp. Chem. Ind.*, D.R.P. 745169 [1938]; D.R.P. Org. Chem. **1**, Tl. 2, S. 121).

**1-[2-Phenyl-1-benzyl-äthylamino]-4-*p*-toluidino-anthrachinon,** *1-(α-benzylphenethyl-amino)-4-*p*-toluidinoanthraquinone* $C_{36}H_{30}N_2O_2$, Formel V.

*B.* Beim Erhitzen von 4-*p*-Toluidino-1-hydroxy-anthrachinon mit 2-Phenyl-1-benzyl-äthylamin, Kresol und Zink auf 100° und Erwärmen des Reaktionsgemisches mit wss.-äthanol. Natronlauge unter Durchleiten von Luft (*Imp. Chem. Ind.*, D.R.P. 750234 [1938]; D.R.P. Org. Chem. **1**, Tl. 2, S. 117).

Blaue Krystalle (aus Butanol-(1)); F: 130°.

**1.4-Bis-[2-phenyl-1-benzyl-äthylamino]-anthrachinon,** *1,4-bis(α-benzylphenethylamino)-anthraquinone* $C_{44}H_{38}N_2O_2$, Formel IV (R = X = $CH(CH_2$-$C_6H_5)_2$).

*B.* Beim Erhitzen von Leukochinizarin (E III **8** 3706) mit 2-Phenyl-1-benzyl-äthyl-amin in Pyridin unter Leuchtgas und Leiten von Luft durch das Reaktionsgemisch (*Imp. Chem. Ind.*, D.R.P. 750234 [1938]; D.R.P. Org. Chem. **1**, Tl. 2, S. 117).

Blaue Krystalle (aus 1-Äthoxy-äthanol-(2)); F: 142°.

**1.4-Bis-[3-phenyl-1-phenäthyl-propylamino]-anthrachinon,** *1,4-bis(1-phenethyl-3-phenyl-propylamino)anthraquinone* $C_{48}H_{46}N_2O_2$, Formel IV (R = X = $CH(CH_2$-$CH_2$-$C_6H_5)_2$).

*B.* Beim Erhitzen von Leukochinizarin (E III **8** 3706) mit 3-Phenyl-1-phenäthyl-propyl-amin auf 130° und anschliessenden Erwärmen mit wss.-äthanol. Natronlauge unter Durchleiten von Luft (*Imp. Chem. Ind.*, D.R.P. 750234 [1938]; D.R.P. Org. Chem. **1**, Tl. 2, S. 117).

Dunkle Krystalle (aus Butanol-(1)); F: 97–98°.

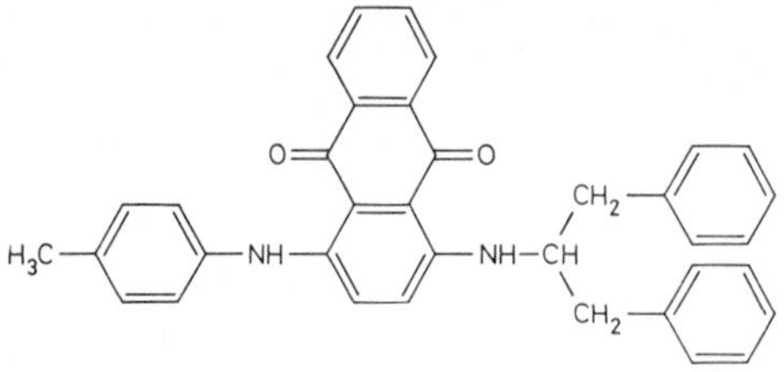

V

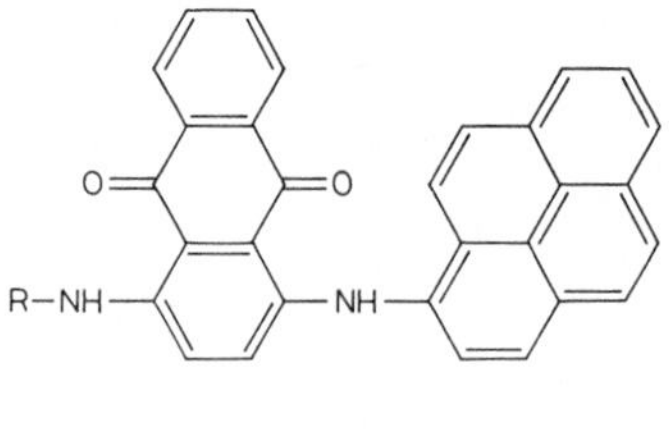

VI

**4-Methylamino-1-[pyrenyl-(1)-amino]-anthrachinon,** *1-(methylamino)-4-(pyren-1-yl=amino)anthraquinone* $C_{31}H_{20}N_2O_2$, Formel VI (R = $CH_3$).

*B.* Beim Erhitzen von 4-Amino-1-methylamino-anthrachinon mit 1-Jod-pyren unter Zusatz von Kaliumcarbonat und Kupfer(I)-jodid in Naphthalin (*I.G. Farbenind.*, D.R.P. 658842 [1935]; Frdl. **24** 808). Beim Erhitzen von 4-Brom-1-methylamino-anthrachinon mit Pyrenyl-(1)-amin unter Zusatz von Natriumacetat und Kupfer(II)-acetat in Amyl=alkohol auf 140° (*CIBA*, U.S.P. 2225013 [1938]).

Blaugrüne Krystalle (aus Dichlorbenzol); F: 315° (*I.G. Farbenind.*).

**4-Cyclohexylamino-1-[pyrenyl-(1)-amino]-anthrachinon,** *1-(cyclohexylamino)-4-(pyren-1-ylamino)anthraquinone* $C_{36}H_{28}N_2O_2$, Formel VI (R = $C_6H_{11}$).

*B.* Beim Erhitzen von 4-[Pyrenyl-(1)-amino]-1-methoxy-anthrachinon mit Cyclohexyl=amin (*I.G. Farbenind.*, D.R.P. 658842 [1935]; Frdl. **24** 808).

Grünblaue Krystalle; F: 262°.

**1-[Pyrenyl-(1)-amino]-4-anilino-anthrachinon,** *1-anilino-4-(pyren-1-ylamino)anthra=quinone* $C_{36}H_{22}N_2O_2$, Formel VI (R = $C_6H_5$).

*B.* Beim Erhitzen von 4-Amino-1-anilino-anthrachinon mit 1-Brom-pyren unter Zusatz von Kaliumcarbonat und Kupfer-Pulver in Naphthalin (*I.G. Farbenind.*, D.R.P. 658842 [1935]; Frdl. **24** 808).

Blaugrüne Krystalle (aus Nitrobenzol); F: 290°.

**(±)-4-[1.2.3.4-Tetrahydro-naphthyl-(2)-amino]-1-[pyrenyl-(1)-amino]-anthrachinon,** (±)-*1-(pyren-1-ylamino)-4-(1,2,3,4-tetrahydro-2-naphthylamino)anthraquinone* $C_{40}H_{28}N_2O_2$, Formel VII.

*B.* Beim Erhitzen von 4-[Pyrenyl-(1)-amino]-1-methoxy-anthrachinon mit (±)-1.2.3.4-Tetrahydro-naphthyl-(2)-amin (*I. G. Farbenind.*, D.R.P. 658842 [1935]; Frdl. **24** 808).

Unterhalb 310° nicht schmelzend.

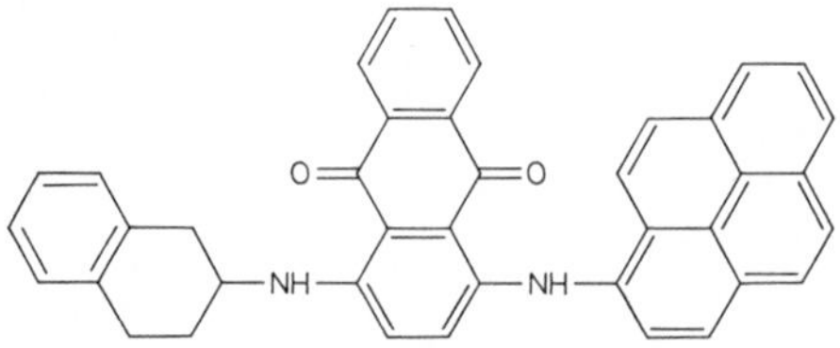

VII

**1.4-Bis-[triphenylenyl-(2)-amino]-anthrachinon,** *1,4-bis(triphenylen-2-ylamino)anthra=quinone* $C_{50}H_{30}N_2O_2$, Formel VIII.

Eine Verbindung (grüne Krystalle [aus Nitrobenzol], F: 365–366°), der vermutlich diese Konstitution zukommt, ist beim Erhitzen von 1.4-Diamino-anthrachinon mit 2(?)-Brom-triphenylen (hergestellt aus Triphenylen durch Erwärmen mit Brom unter Zusatz von Eisen in Schwefelkohlenstoff) unter Zusatz von Natriumacetat und Kupfer(I)-chlorid in Nitrobenzol erhalten worden (*I. G. Farbenind.*, D.R.P. 650058 [1934]; Frdl. **24** 857).

[*Geibler*]

VIII

**4-Methylamino-1-[2-hydroxy-äthylamino]-anthrachinon,** *1-(2-hydroxyethylamino)-4-(methylamino)anthraquinone* $C_{17}H_{16}N_2O_3$, Formel IV (R = $CH_2$-$CH_2OH$, X = $CH_3$).

*B.* Beim Erhitzen von 4-Brom-1-methylamino-anthrachinon mit 2-Amino-äthanol-(1) unter Zusatz von Kupfer(II)-acetat (*I. G. Farbenind.*, D.R.P. 638834 [1934]; Frdl. **23** 988). Beim Erhitzen von 4-Amino-1-methylamino-anthrachinon mit 2-Chlor-äthanol-(1) unter Zusatz von Magnesiumoxid (*I. G. Farbenind.*). Beim Erhitzen von 4-Brom-1-[2-hydroxy-äthylamino]-anthrachinon mit Methylamin unter Zusatz von Kupfer(II)-acetat in Äthanol auf 130° (*I. G. Farbenind.*).

Violette Krystalle (aus A.); F: 190°.

**4-Äthylamino-1-[2-hydroxy-äthylamino]-anthrachinon,** *1-(ethylamino)-4-(2-hydroxyethylamino)anthraquinone* $C_{18}H_{18}N_2O_3$, Formel IV (R = $CH_2$-$CH_2OH$, X = $C_2H_5$).

*B.* Beim Erhitzen von 4-Brom-1-[2-hydroxy-äthylamino]-anthrachinon mit Äthylamin in Äthanol unter Zusatz von Kupfer(II)-acetat auf 130° (*I. G. Farbenind.*, D.R.P. 638834 [1934]; Frdl. **23** 988).

Violette Krystalle; F: 208°.

**4-[2-Hydroxy-äthylamino]-1-[pyrenyl-(1)-amino]-anthrachinon,** *1-(2-hydroxyethylamino)-4-(pyren-1-ylamino)anthraquinone* $C_{32}H_{22}N_2O_3$, Formel VI (R = $CH_2$-$CH_2OH$).

*B.* Beim Erhitzen von 4-[Pyrenyl-(1)-amino]-1-methoxy-anthrachinon mit 2-Amino-äthanol-(1) (*I. G. Farbenind.*, D.R.P. 658842 [1935]; Frdl. **24** 808).

Krystalle (aus Dichlorbenzol); F: 258°.

**1.4-Bis-[2-hydroxy-äthylamino]-anthrachinon,** *1,4-bis(2-hydroxyethylamino)anthraquinone* $C_{18}H_{18}N_2O_4$, Formel IX (R = $CH_2$-$CH_2OH$) (E I 462).

*B.* Beim Erwärmen von Chinizarin (E III **8** 3775) mit 2-Amino-äthanol-(1) in Wasser (*I. G. Farbenind.*, D.R.P. 499965 [1927]; Frdl. **17** 1188; s. a. *Celanese Corp. Am.*, U.S.P. 2183652 [1938]). Beim Erhitzen von Leukochinizarin (E III **8** 3706) mit 2-Amino-äthanol-(1) in Wasser und anschliessend mit 4-Nitroso-phenol (*Nation. Aniline & Chem. Co.*, U.S.P. 2185709 [1938]). Beim Erhitzen von 1.4-Diamino-anthrachinon mit 2-Amino-äthanol-(1) auf 150° (*Gen. Aniline Works*, U.S.P. 2092397 [1936]). Beim Erhitzen von 1.4-Diamino-anthracendiol-(9.10) (S. 598) mit 2-Amino-äthanol-(1) in Nitrobenzol (*Gen. Aniline Works*, U.S.P. 2051004 [1934]).

**1.4-Bis-[2-sulfooxy-äthylamino]-anthrachinon,** *1,4-bis[2-(sulfooxy)ethylamino]anthraquinone* $C_{18}H_{18}N_2O_{10}S_2$, Formel IX (R = $CH_2$-$CH_2$-O-$SO_2OH$).

*B.* Beim Erwärmen von 1.4-Diamino-anthracendiol-(9.10) (S. 598) mit dem Natrium-Salz des Schwefelsäure-mono-[2-amino-äthylesters] in wss. Methanol und Leiten von Luft durch das mit Kupfer(II)-acetat und Piperidin versetzte heisse Reaktionsgemisch (*I. G. Farbenind.*, D.R.P. 654616 [1936]; Frdl. **24** 796, 798).

Absorptionsspektrum (Dioxan; 200—700 mμ): *Allen, Wilson, Frame*, J. org. Chem. **7** [1942] 169, 177.

Natrium-Salz. Blau (*I. G. Farbenind.*).

**4-Methylamino-1-[bis-(2-hydroxy-äthyl)-amino]-anthrachinon,** *1-[bis(2-hydroxyethyl)amino]-4-(methylamino)anthraquinone* $C_{19}H_{20}N_2O_4$, Formel X.

*B.* Beim Erhitzen von 4-Brom-1-methylamino-anthrachinon mit Bis-[2-hydroxy-äthyl]-amin unter Zusatz von Kupfer(II)-acetat auf 130° (*I. G. Farbenind.*, D.R.P. 638834 [1934]; Frdl. **23** 988).

Krystalle (aus A.); F: 150°.

**1.4-Bis-[β-hydroxy-isopropylamino]-anthrachinon,** *1,4-bis(2-hydroxy-1-methylethylamino)anthraquinone* $C_{20}H_{22}N_2O_4$, Formel IX (R = $CH(CH_3)$-$CH_2OH$).

Eine opt.-inakt. Verbindung (blaue Krystalle [aus Dichlorbenzol + Nitrobenzol];

F: 229°) dieser Konstitution ist beim Erhitzen von Leukochinizarin (E III **8** 3706) mit (±)-2-Amino-propanol-(1) in Isobutylalkohol und Leiten von Luft durch das mit Piperidin und wss. Natronlauge versetzte Reaktionsgemisch erhalten worden (*Imp. Chem. Ind.*, U.S.P. 2346771 [1941]).

**1.4-Bis-[1-hydroxymethyl-propylamino]-anthrachinon,** *1,4-bis[1-(hydroxymethyl)propyl-amino]anthraquinone* $C_{22}H_{26}N_2O_4$, Formel IX (R = $CH(C_2H_5)$-$CH_2OH$).

Eine opt.-inakt. Verbindung (Krystalle [aus Nitrobenzol]; F: 220—222°) dieser Konstitution ist beim Erhitzen von Leukochinizarin (E III **8** 3706) mit (±)-2-Amino-butan-ol-(1) in Isobutylalkohol und Leiten von Luft durch das mit Piperidin versetzte Reaktionsgemisch erhalten worden (*Imp. Chem. Ind.*, U.S.P. 2346771 [1941]).

**1.4-Bis-[2-hydroxy-1-methyl-propylamino]-anthrachinon,** *1,4-bis(2-hydroxy-1-methyl-propylamino)anthraquinone* $C_{22}H_{26}N_2O_4$, Formel IX (R = $CH(CH_3)$-$CH(OH)$-$CH_3$).

Eine opt.-inakt. Verbindung (bronzefarbene Krystalle; F: 241°) dieser Konstitution ist beim Erwärmen von Leukochinizarin (E III **8** 3706) mit opt.-inakt. 3-Amino-butanol-(2) (nicht charakterisiert) und wss. Natronlauge und Erhitzen des Reaktionsprodukts mit Nitrobenzol erhalten worden (*Imp. Chem. Ind.*, U.S.P. 2346771 [1941]).

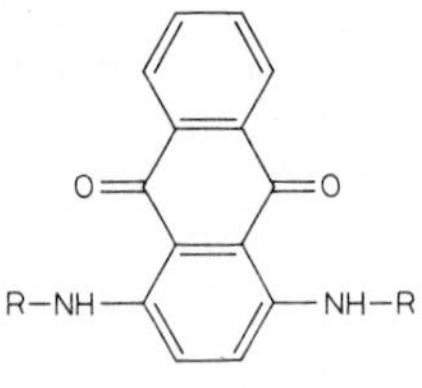

IX 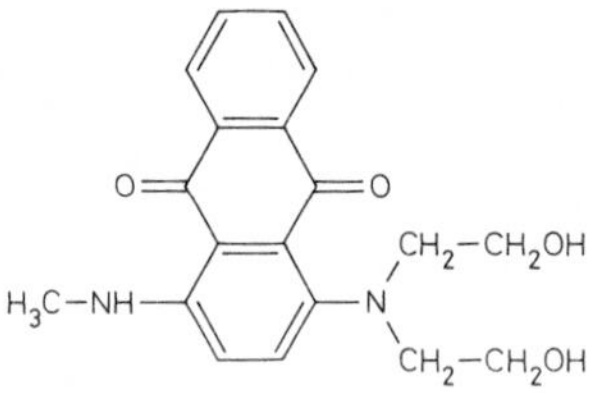 X 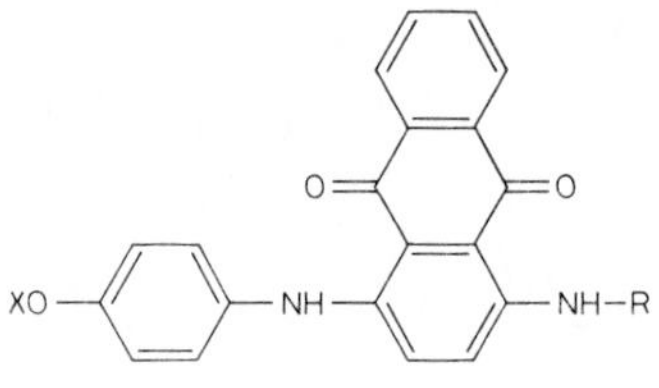 XI

**1.4-Bis-[3-hydroxy-1.2-dimethyl-propylamino]-anthrachinon,** *1,4-bis(3-hydroxy-1,2-dimethylpropylamino)anthraquinone* $C_{24}H_{30}N_2O_4$, Formel IX (R = $CH(CH_3)$-$CH(CH_3)$-$CH_2OH$).

Eine opt.-inakt. Verbindung (blaue Krystalle [aus wss. Me.]; F: 194—196°) dieser Konstitution ist beim Erhitzen von Leukochinizarin (E III **8** 3706) mit opt.-inakt. 3-Amino-2-methyl-butanol-(1) (nicht charakterisiert) in Butanol-(1) und Leiten von Luft durch das mit Pyridin versetzte Reaktionsgemisch erhalten worden (*Imp. Chem. Ind.*, U.S.P. 2346771 [1941]).

**4-Methylamino-1-(4-{2-[2-(2-hydroxy-äthoxy)-äthoxy]-äthoxy}-anilino)-anthrachinon,** *O*-[4-(4-Methylamino-9.10-dioxo-9.10-dihydro-anthryl-(1)-amino)-phenyl]-triäthylenglykol, *1-{β-[2-(2-hydroxyethoxy)ethoxy]-*p*-phenetidino}-4-(methylamino)-anthraquinone* $C_{27}H_{28}N_2O_6$, Formel XI (R = $CH_3$, X = $CH_2$-$CH_2$-O-$CH_2$-$CH_2$-O-$CH_2$-$CH_2OH$).

*B.* Beim Erhitzen von 4-Brom-1-methylamino-anthrachinon mit *O*-[4-Amino-phenyl]-triäthylenglykol (nicht näher beschrieben) unter Zusatz von Kupfer(II)-acetat und Ammoniumacetat in Wasser (*Eastman Kodak Co.*, U.S.P. 2459149 [1945]).

Krystalle (aus Butanol-(1)); F: 130°.

**4-[Pyrenyl-(1)-amino]-1-*p*-anisidino-anthrachinon,** *1-*p*-anisidino-4-(pyren-1-ylamino)-anthraquinone* $C_{37}H_{24}N_2O_3$, Formel XII.

*B.* Beim Erhitzen von 4-Amino-1-*p*-anisidino-anthrachinon (nicht näher beschrieben) mit 1-Brom-pyren unter Zusatz von Kaliumcarbonat und Kupfer-Pulver in Naphthalin (*I.G. Farbenind.*, D.R.P. 658842 [1935]; Frdl. **24** 808).

Blaugrüne Krystalle (aus Nitrobenzol); F: 294°.

**4-[2-Methoxy-äthylamino]-1-{4-[2-(2-äthoxy-äthoxy)-äthoxy]-anilino}-anthrachinon,** *O*-Äthyl-*O'*-{4-[4-(2-methoxy-äthylamino)-9.10-dioxo-9.10-dihydro-anthryl-(1)-amino]-phenyl}-diäthylenglykol, *1-[β-(2-ethoxyethoxy)-*p*-phenetidino]-4-(2-methoxyethylamino)anthraquinone* $C_{29}H_{32}N_2O_6$, Formel XI (R = $CH_2$-$CH_2$-$OCH_3$, X = $CH_2$-$CH_2$-O-$CH_2$-$CH_2$-O-$C_2H_5$).

*B.* Aus 4-Brom-1-[2-methoxy-äthylamino]-anthrachinon und 4-[2-(2-Äthoxy)-äthoxy)-äthoxy]-anilin [nicht näher beschrieben] (*Eastman Kodak Co.*, U.S.P. 2459149 [1945]).

F: 110—112°.

**4-[2-Methoxy-äthylamino]-1-(4-{2-[2-(2-hydroxy-äthoxy)-äthoxy]-äthoxy}-anilino)-anthrachinon,** *O*-{4-[4-(2-Methoxy-äthylamino)-9.10-dioxo-9.10-dihydro-anthryl-(1)-amino]-phenyl}-triäthylenglykol, *1-{β-[2-(2-hydroxyethoxy)ethoxy]-p-phenetidino}-4-(2-methoxyethylamino)anthraquinone* $C_{29}H_{32}N_2O_7$, Formel XI (R = $CH_2$-$CH_2$-$OCH_3$, X = $CH_2$-$CH_2$-O-$CH_2$-$CH_2$-O-$CH_2$-$CH_2OH$).

*B.* Beim Erhitzen von 4-Brom-1-[2-methoxy-äthylamino]-anthrachinon mit *O*-[4-Amino-phenyl]-triäthylenglykol (nicht näher beschrieben) unter Zusatz von Kupfer(II)-acetat und Ammoniumacetat in Wasser (*Eastman Kodak Co.*, U.S.P. 2459149 [1945]). Beim Erhitzen von Leukochinizarin (E III **8** 3706) mit 2-Methoxy-äthylamin und *O*-[4-Amino-phenyl]-triäthylenglykol (nicht näher beschrieben) unter Zusatz von Borsäure in Butanol-(1) und anschliessenden Behandeln mit wss. Natriumperborat-Lösung (*Eastman Kodak Co.*).

Krystalle (aus Butanol-(1)); F: 127—130°.

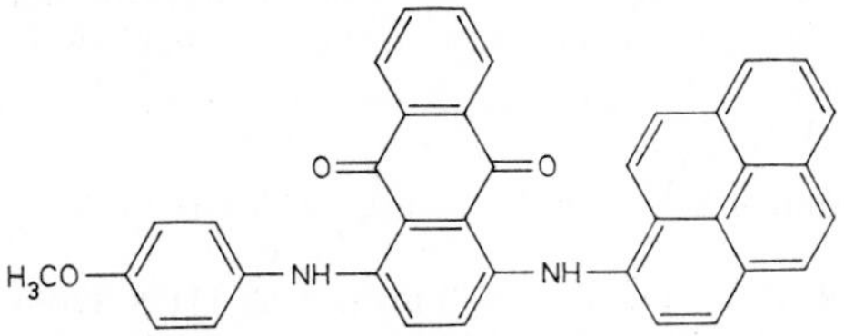

XII 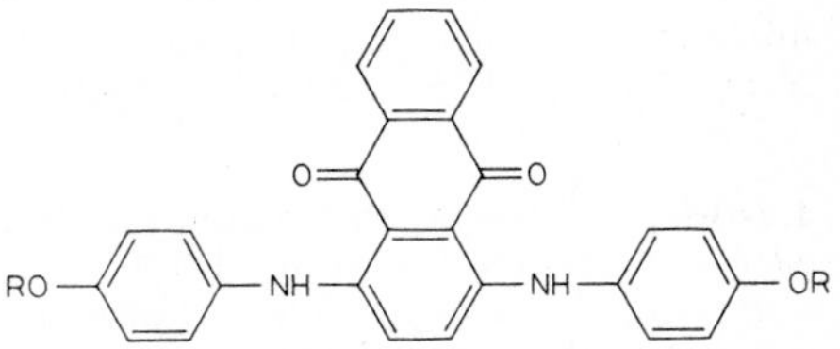 XIII

**1.4-Di-*p*-anisidino-anthrachinon,** *1,4-di-p-anisidinoanthraquinone* $C_{28}H_{22}N_2O_4$, Formel XIII (R = $CH_3$).

*B.* Beim Erhitzen von 1.4-Dichlor-anthrachinon mit *p*-Anisidin unter Zusatz von Kaliumacetat und Kupfer in Nitrobenzol (*Cook, Waddington*, Soc. **1945** 402, 404). Aus 1.4-Diamino-anthracendiol-(9.10) (S. 598) beim Erhitzen mit *p*-Anisidin und Leiten von Luft durch das Reaktionsgemisch sowie beim Erwärmen mit *p*-Anisidin und wss.-methanol. Salzsäure und Erhitzen des Reaktionsprodukts mit Nitrobenzol (*Gen. Aniline Works*, U.S.P. 2051004 [1934]).

Blaue Krystalle (aus Eg.); F: 230° (*Cook, Wa.*).

**1.4-Bis-[4-butyloxy-anilino]-anthrachinon,** *1,4-bis(p-butoxyanilino)anthraquinone* $C_{34}H_{34}N_2O_4$, Formel XIII (R = $[CH_2]_3$-$CH_3$).

*B.* Beim Erhitzen von Leukochinizarin (E III **8** 3706) mit 4-Butyloxy-anilin unter Zusatz von Borsäure an der Luft (*Imp. Chem. Ind.*, U.S.P. 2091812 [1935]).

Blaue Krystalle; F: 174°.

**1.4-Bis-[4-isopentyloxy-anilino]-anthrachinon,** *1,4-bis-[p-(isopentyloxy)anilino]anthraquinone* $C_{36}H_{38}N_2O_4$, Formel XIII (R = $CH_2$-$CH_2$-$CH(CH_3)_2$).

*B.* Beim Erhitzen von Leukochinizarin (E III **8** 3706) mit 4-Isopentyloxy-anilin (E II **13** 226) unter Zusatz von Borsäure an der Luft (*Imp. Chem. Ind.*, U.S.P. 2091812 [1935]).

Blaue Krystalle (aus Py.); F: 169°.

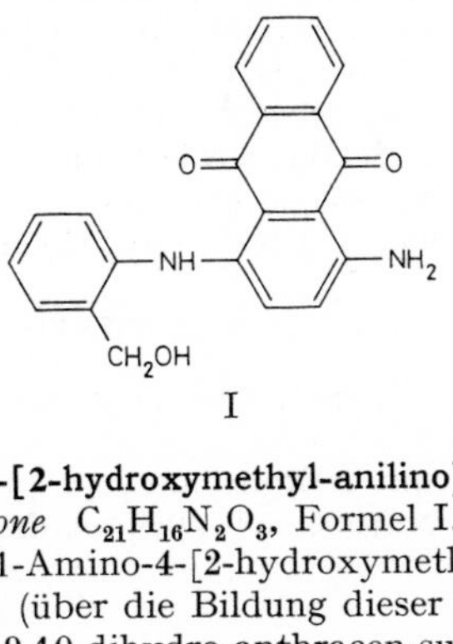

I 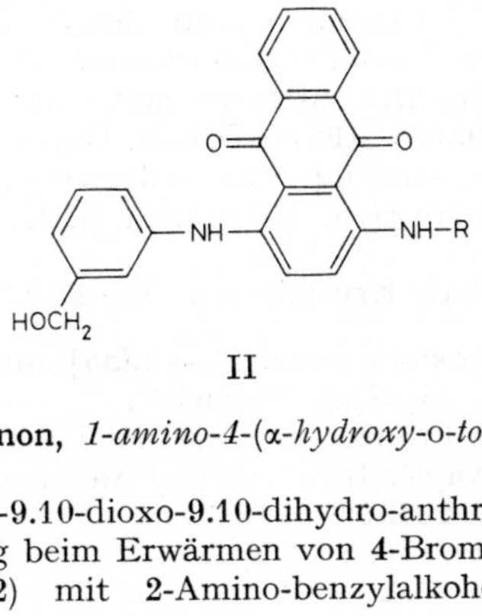 II

**4-Amino-1-[2-hydroxymethyl-anilino]-anthrachinon,** *1-amino-4-(α-hydroxy-o-toluidino)anthraquinone* $C_{21}H_{16}N_2O_3$, Formel I.

*B.* Aus 1-Amino-4-[2-hydroxymethyl-anilino]-9.10-dioxo-9.10-dihydro-anthracen-sulfonsäure-(2) (über die Bildung dieser Verbindung beim Erwärmen von 4-Brom-1-amino-9.10-dioxo-9.10-dihydro-anthracen-sulfonsäure-(2) mit 2-Amino-benzylalkohol, Kupfer(II)-sulfat und Natriumhydrogencarbonat in Wasser s. *Du Pont de Nemours & Co.*, U.S.P. 2329809 [1940]) beim Erwärmen des Natrium-Salzes mit D-Glucose und wss. Natronlauge (*Du Pont de Nemours & Co.*, U.S.P. 2353108 [1940]).

F: 180,6° (*Du Pont*, U.S.P. 2353108).

**4-Methylamino-1-[3-hydroxymethyl-anilino]-anthrachinon**, *1-(α-hydroxy-*m*-toluidino)-4-(methylamino)anthraquinone* $C_{22}H_{18}N_2O_3$, Formel II (R = $CH_3$).

*B.* Beim Erhitzen von 4-Brom-1-methylamino-anthrachinon mit 3-Amino-benzylalkohol unter Zusatz von Kaliumacetat und Kupfer(II)-acetat in 1 Äthoxy-äthanol-(2) (*Du Pont de Nemours & Co.*, U.S.P. 2353108 [1940]).

Krystalle (aus Nitrobenzol); F: 179°.

**4-Anilino-1-[3-hydroxymethyl-anilino]-anthrachinon**, *1-anilino-4-(α-hydroxy-*m*-toluidino)anthraquinone* $C_{27}H_{20}N_2O_3$, Formel II (R = $C_6H_5$).

*B.* Beim Erwärmen von 4-Anilino-1-hydroxy-anthrachinon mit 3-Amino-benzylalkohol unter Zusatz von Leukochinizarin (E II **8** 3706) und Borsäure in Äthanol (*Du Pont de Nemours & Co.*, U.S.P. 2353108 [1940]).

F: 168°.

**1.4-Bis-[3-hydroxymethyl-anilino]-anthrachinon**, *1,4-bis(α-hydroxy-*m*-toluidino)anthraquinone* $C_{28}H_{22}N_2O_4$, Formel III.

*B.* Beim Erwärmen von Chinizarin (E III **8** 3775) und Leukochinizarin (E III **8** 3706) mit 3-Amino-benzylalkohol unter Zusatz von Borsäure in 1-Methoxy-äthanol-(2) (*Du Pont de Nemours & Co.*, U.S.P. 2353108 [1940]).

Krystalle (aus Nitrobenzol); F: 212°.



**1.4-Bis-[β.β'-dihydroxy-isopropylamino]-anthrachinon**, *1,4-bis[2-hydroxy-1-(hydroxymethyl)ethylamino]anthraquinone* $C_{20}H_{22}N_2O_6$, Formel IV (R = X = $CH(CH_2OH)_2$).

*B.* Beim Erhitzen von Leukochinizarin (E III **8** 3706) mit 2-Amino-propandiol-(1.3) in Isobutylalkohol und Erhitzen des Reaktionsprodukts in Dichlorbenzol mit Nitrobenzol unter Zusatz von Piperidin (*Imp. Chem. Ind.*, U.S.P. 2346771 [1941]).

Blaue Krystalle; F: 265°.

**1.4-Bis-[3-oxo-butylamino]-anthrachinon**, *1,4-bis(3-oxobutylamino)anthraquinone* $C_{22}H_{22}N_2O_4$, Formel IV (R = X = $CH_2$-$CH_2$-CO-$CH_3$).

*B.* Aus 1.4-Diamino-anthrachinon beim Erhitzen mit 4-Chlor-butanon-(2) oder mit Butenon in Pyridin (*I.G. Farbenind.*, D.R.P. 696421 [1936]; D.R.P. Org. Chem. **1**, Tl. 2, S. 197), beim Behandeln des Sulfats mit Butenon in wss. Schwefelsäure (*I.G. Farbenind.*, D.R.P. 695035 [1937]; D.R.P. Org. Chem. **1**, Tl. 2, S. 214) sowie beim Einleiten von Butenin in eine mit Quecksilber(II)-sulfat versetzte Suspension des Sulfats in wss. Schwefelsäure (*I.G. Farbenind.*, D.R.P. 697911 [1937]; D.R.P. Org. Chem. **1**, Tl. 2, S. 199).

Blauviolette Krystalle (aus A.); F: 174° (*I.G. Farbenind.*, D.R.P. 697911).

**1.4-Bis-[9-oxo-fluorenyl-(2)-amino]-anthrachinon**, *1,4-bis(9-oxo-fluoren-2-ylamino)anthraquinone* $C_{40}H_{22}N_2O_4$, Formel V.

*B.* Beim Erhitzen von 1.4-Diamino-anthrachinon mit 2-Brom-fluorenon-(9) unter Zusatz von Kupfer(I)-chlorid und Natriumcarbonat in Nitrobenzol (*Du Pont de Nemours & Co.*, U.S.P. 2369969 [1940]).

Blaues Pulver; F: 376°.

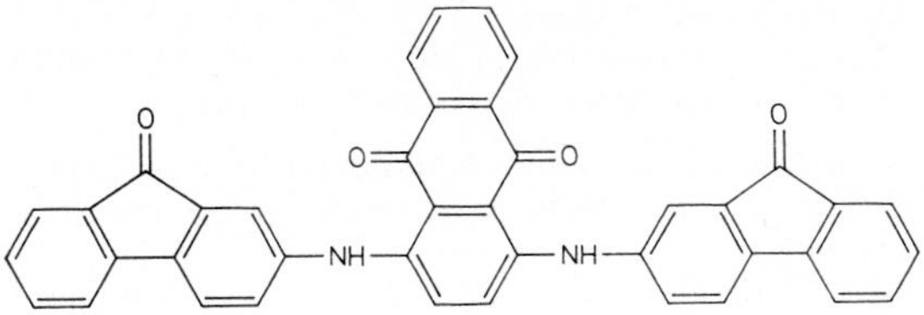

V 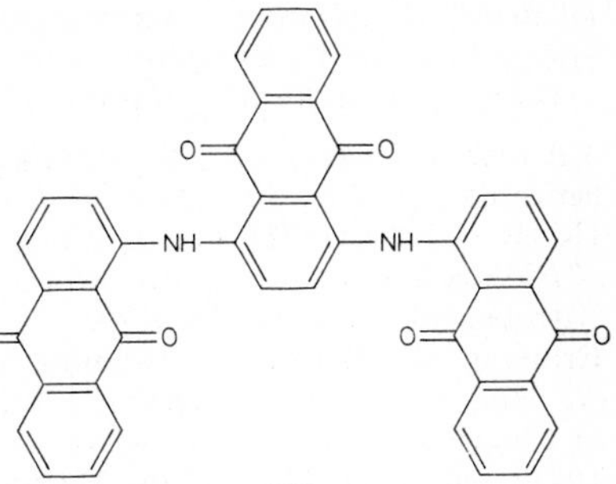 VI

**1.4-Bis-[9.10-dioxo-9.10-dihydro-anthryl-(1)-amino]-anthrachinon,** *1,4-bis(9,10-dioxo-9,10-dihydro-1-anthrylamino)anthraquinone* $C_{42}H_{22}N_2O_6$, Formel VI (H 200; E I 463; E II 114).

*B.* Beim Erwärmen von 1.4-Diamino-anthracendiol-(9.10) (S. 598) mit 1-Amino-anthrachinon in Methanol unter Einleiten von Chlorwasserstoff bei Luftzutritt (*Gen. Aniline Works*, U.S.P. 2051004 [1934]). Beim Erhitzen von 1.4-Diamino-anthrachinon mit 1-Chlor-anthrachinon unter Zusatz von Natriumacetat und Kupfer(I)-chlorid in Nitrobenzol (*Maki, Kishida*, J. Soc. chem. Ind. Japan **45** [1942] 1205, 1206; C. A. **1948** 6119).

Dunkelgraue Krystalle (*Maki, Ki.*).

**4-Amino-1-acetamino-anthrachinon, *N*-[4-Amino-9.10-dioxo-9.10-dihydro-anthryl-(1)]-acetamid,** N-(*4-amino-9,10-dioxo-9,10-dihydro-1-anthryl)acetamide* $C_{16}H_{12}N_2O_3$, Formel IV (R = $CO\text{-}CH_3$, X = H).

*B.* Beim Behandeln von 1.4-Diamino-anthracendiol-(9.10) (S. 598) in Nitrobenzol mit Acetylchlorid und Pyridin und Erhitzen des Reaktionsprodukts mit Nitrobenzol (*Du Pont de Nemours & Co.*, U.S.P. 2378812 [1942]). Beim Erhitzen von 1.4-Diamino-anthrachinon mit Essigsäure (*Celanese Corp. Am.*, U.S.P. 2090948 [1935]). Aus 1.4-Bis-acetamino-anthrachinon beim Behandeln mit Schwefelsäure (*Celanese Corp. Am.*).

F: 200—204° (*Du Pont*).

**1.4-Bis-acetamino-anthrachinon,** N,N'-(*9,10-dioxo-9,10-dihydroanthracene-1,4-diyl)bis-acetamide* $C_{18}H_{14}N_2O_4$, Formel IV (R = X = $CO\text{-}CH_3$) (H 200; E I 463; E II 115).

*B.* Beim Erhitzen von 1.4-Diamino-anthrachinon mit Essigsäure und Acetanhydrid (*Celanese Corp. Am.*, U.S.P. 2090948 [1935]; vgl. H 200).

IR-Absorption (Nujol): *Flett*, Soc. **1948** 1441, 1445.

**4-[Methyl-acetyl-amino]-1-*p*-toluidino-anthrachinon, *N*-Methyl-*N*-[4-*p*-toluidino-9.10-dioxo-9.10-dihydro-anthryl-(1)]-acetamid,** N-(*9,10-dioxo-4-*p*-toluidino-9,10-dihydro-1-anthryl)*-N-*methylacetamide* $C_{24}H_{20}N_2O_3$, Formel VII (R = $CO\text{-}CH_3$) (H 201).

Violettrote Krystalle (aus Nitrobenzol); F: 201° (*Dupont*, Bl. Soc. chim. Belg. **52** [1943] 7, 14).

**4-[Methyl-chloracetyl-amino]-1-*p*-toluidino-anthrachinon, *C*-Chlor-*N*-methyl-*N*-[4-*p*-toluidino-9.10-dioxo-9.10-dihydro-anthryl-(1)]-acetamid,** *2-chloro-*N-(*9,10-dioxo-4-*p*-toluidino-9,10-dihydro-1-anthryl)*-N-*methylacetamide* $C_{24}H_{19}ClN_2O_3$, Formel VII (R = $CO\text{-}CH_2Cl$).

*B.* Beim Erhitzen von 4-Methylamino-1-*p*-toluidino-anthrachinon mit Chloracetyl-chlorid in Toluol (*Dupont*, Bl. Soc. chim. Belg. **52** [1943] 7, 15).

Violette Krystalle; F: 188—190°.

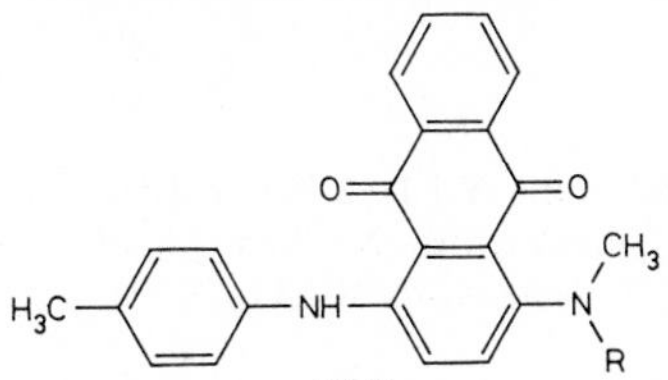

VII 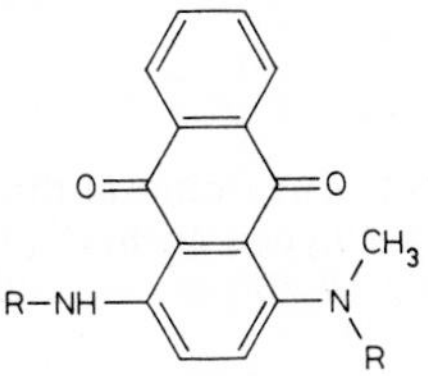 VIII 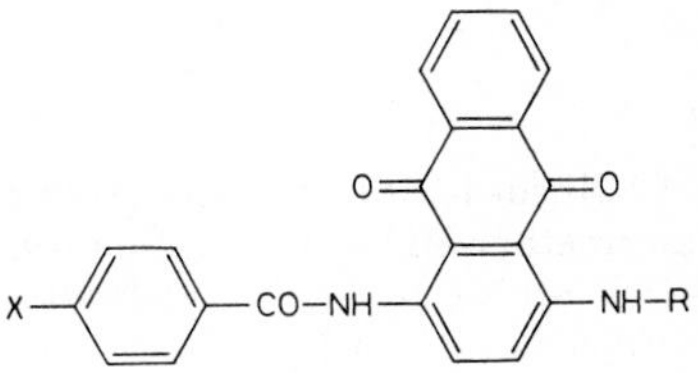 IX

**1-[Methyl-acetyl-amino]-4-acetamino-anthrachinon,** N-*methyl-N,N'-(9,10-dioxo-9,10-dihydroanthracene-1,4-diyl)bisacetamide* $C_{19}H_{16}N_2O_4$, Formel VIII (R = CO-$CH_3$) (E I 463).
Braune Krystalle (aus Butanon); F: 282° (*Lynas-Gray, Simonsen,* Soc. **1943** 45).

**4-Amino-1-benzamino-anthrachinon, *N*-[4-Amino-9.10-dioxo-9.10-dihydro-anthryl-(1)]-benzamid,** N-*(4-amino-9,10-dioxo-9,10-dihydro-1-anthryl)benzamide* $C_{21}H_{14}N_2O_3$, Formel IX (R = X = H) (H 201; E I 463; E II 115).

*B.* Aus 1.4-Diamino-anthrachinon beim Behandeln mit Benzoylchlorid, Collidin und Nitrobenzol (*Gen. Aniline Works,* U.S.P. 1867057, 1867058 [1928]; vgl. H 201), beim Erhitzen mit Benzoylchlorid und Ammoniumchlorid in 1.2-Dichlor-benzol (*Du Pont de Nemours & Co.,* U.S.P. 1868124 [1928]) sowie beim Erhitzen mit Benzoesäure-anhydrid in Chlorbenzol (*Il'inškiĭ, Saikin,* Anilinokr. Promyšl. **2** Nr. 10 [1932] 24, 25; C. **1934** I 1041; vgl. E II 115). Beim Behandeln von 1.4-Diamino-anthracendiol-(9.10) (S. 598) mit Benzoylchlorid, Natriumcarbonat und Nitrobenzol oder mit Benzoylchlorid, Pyridin und 1.2-Dichlor-benzol und Erhitzen des Reaktionsprodukts mit Nitrobenzol (*Du Pont de Nemours & Co.,* U.S.P. 2378812 [1942]). Aus 1.4-Bis-benzamino-anthrachinon (*Il'inškiĭ, Saikin,* Anilinokr. Promyšl. **2** Nr. 10, S. 27; Ž. obšč. Chim. **4** [1934] 1274, 1299; C. **1936** I 4904) oder aus 4-[Toluol-sulfonyl-(4)-amino]-1-benzamino-anthrachinon (*Imp. Chem. Ind.,* U.S.P. 1939218 [1932]) beim Behandeln mit Schwefelsäure und anschliessend mit Wasser.

Rotviolette Krystalle (aus Chinolin); F: 278° (*Il'., Sai.*).

**4-Amino-1-[4-nitro-benzamino]-anthrachinon, 4-Nitro-*N*-[4-amino-9.10-dioxo-9.10-dihydro-anthryl-(1)]-benzamid,** N-*(4-amino-9,10-dioxo-9,10-dihydro-1-anthryl)*-p-*nitrobenzamide* $C_{21}H_{13}N_3O_5$, Formel IX (R = H, X = $NO_2$).

*B.* Aus 1.4-Diamino-anthracendiol-(9.10) (S. 598) beim Erwärmen mit 4-Nitro-benzoylchlorid unter Zusatz von Natriumcarbonat in Nitrobenzol und Erhitzen des Reaktionsprodukts mit Nitrobenzol (*Du Pont de Nemours & Co.,* U.S.P. 2378812 [1942]).

F: 294,5—296,5°.

**4-Isopropylamino-1-benzamino-anthrachinon, *N*-[4-Isopropylamino-9.10-dioxo-9.10-dihydro-anthryl-(1)]-benzamid,** N-*[4-(isopropylamino)-9,10-dioxo-9,10-dihydro-1-anthryl]benzamide* $C_{24}H_{20}N_2O_3$, Formel IX (R = $CH(CH_3)_2$, X = H).

*B.* Aus 4-Chlor-1-benzamino-anthrachinon beim Erhitzen mit Isopropylamin unter Zusatz von Kupfer(II)-acetat in wss. Dioxan auf 150° (*I.G. Farbenind.,* D.R.P. 736901 [1937]; D.R.P. Org. Chem. **1,** Tl. 2, S. 204).

Violette Krystalle (aus Eg.); F: 241°.

**4-[2-Nitro-anilino]-1-benzamino-anthrachinon, *N*-[4-(2-Nitro-anilino)-9.10-dioxo-9.10-dihydro-anthryl-(1)]-benzamid,** N-*[4-(*o*-nitroanilino)-9,10-dioxo-9,10-dihydro-1-anthryl]benzamide* $C_{27}H_{17}N_3O_5$, Formel X (R = H).

*B.* Beim Erhitzen von 4-Amino-1-benzamino-anthrachinon mit 2-Chlor-1-nitro-benzol unter Zusatz von Natriumcarbonat, Kupfer(II)-acetat und Kupfer in Nitrobenzol (*CIBA,* D.R.P. 670767 [1934]; Frdl. **23** 1023).

Krystalle; F: 248—249°.

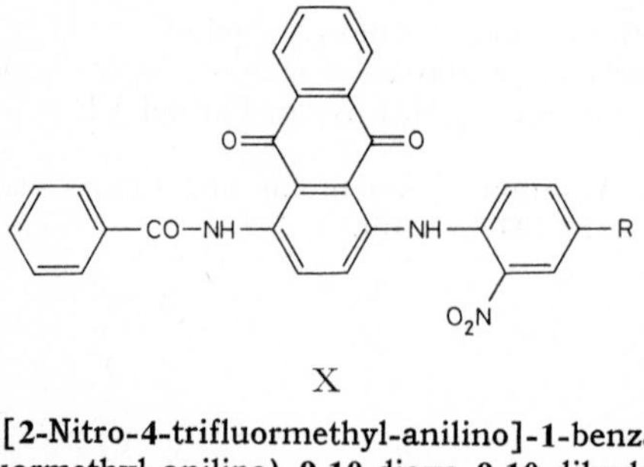

X 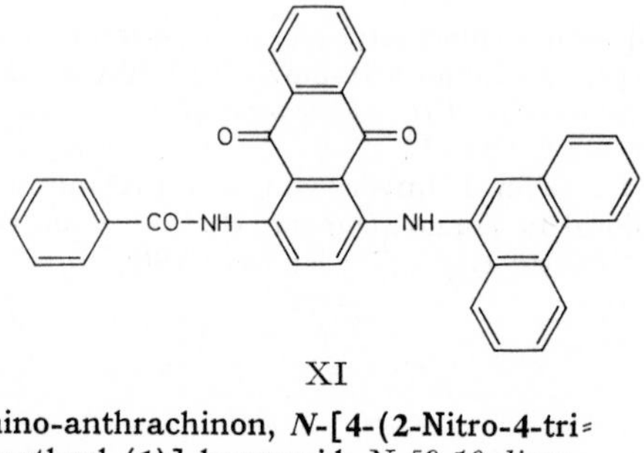 XI

**4-[2-Nitro-4-trifluormethyl-anilino]-1-benzamino-anthrachinon, *N*-[4-(2-Nitro-4-trifluormethyl-anilino)-9.10-dioxo-9.10-dihydro-anthryl-(1)]-benzamid,** N-*[9,10-dioxo-4-(α,α,α-trifluoro-2-nitro-*p*-toluidino)-9,10-dihydro-anthryl-(1)]benzamide* $C_{28}H_{16}F_3N_3O_5$, Formel X (R = $CF_3$).

*B.* Beim Erhitzen von 4-Amino-1-benzamino-anthrachinon mit 4-Chlor-3-nitro-

1-trifluormethyl-benzol unter Zusatz von Kaliumcarbonat und Kupfer in Nitrobenzol (*Gen. Aniline Works*, U.S.P. 2174182 [1938]).

Rotbraune Krystalle (aus Trichlorbenzol); F: 248°.

**4-[Phenanthryl-(9)-amino]-1-benzamino-anthrachinon, *N*-[4-(Phenanthryl-(9)-amino)-9.10-dioxo-9.10-dihydro-anthryl-(1)]-benzamid,** N-[*9,10-dioxo-4-(9-phenanthrylamino)-9,10-dihydro-1-anthryl*]*benzamide* $C_{35}H_{22}N_2O_3$, Formel XI.

*B.* Aus 4-Amino-1-benzamino-anthrachinon beim Erhitzen mit 9-Brom-phenanthren unter Zusatz von Natriumcarbonat, Natriumacetat und Kupfer(I)-chlorid in Nitrobenzol (*CIBA*, D.R.P. 731426 [1939]; D.R.P. Org. Chem. **1**, Tl. 2, S. 577).

Blaue Krystalle; F: 310—320°.

**4-[Fluoranthenyl-(3)-amino]-1-benzamino-anthrachinon, *N*-[4-(Fluoranthenyl-(3)-amino)-9.10-dioxo-9.10-dihydro-anthryl-(1)]-benzamid,** N-[*4-(fluoranthen-3-ylamino)-9,10-dioxo-9,10-dihydro-1-anthryl*]*benzamide* $C_{37}H_{22}N_2O_3$, Formel XII (X = H).

*B.* Beim Erhitzen von 4-Amino-1-benzamino-anthrachinon mit 3-Brom-fluoranthen unter Zusatz von Natriumcarbonat, Natriumacetat und Kupfer(I)-chlorid in Nitrobenzol (*CIBA*, D.R.P. 748788 [1938]; D.R.P. Org. Chem. **1**, Tl. 2, S. 636, 637).

Grüne Krystalle; F: 310—315°.



XII

**4-[8-Brom-fluoranthenyl-(3)-amino]-1-benzamino-anthrachinon, *N*-[4-(8-Brom-fluoranthenyl-(3)-amino)-9.10-dioxo-9.10-dihydro-anthryl-(1)]-benzamid,** N-[*4-(8-bromofluoranthen-3-ylamino)-9,10-dioxo-9,10-dihydro-1-anthryl*]*benzamide* $C_{37}H_{21}BrN_2O_3$, Formel XII (X = Br), und **4-[3-Brom-fluoranthenyl-(8)-amino]-1-benzamino-anthrachinon, *N*-[4-(3-Brom-fluoranthenyl-(8)-amino)-9.10-dioxo-9.10-dihydro-anthryl-(1)]-benzamid,** N-[*4-(3-bromofluoranthen-8-ylamino)-9,10-dioxo-9,10-dihydro-1-anthryl*]*benzamide* $C_{37}H_{21}BrN_2O_3$, Formel XIII.

Eine Verbindung (grünschwarze Krystalle; F: 270—280° [Zers.]), für die diese Konstitutionsformeln in Betracht kommen, ist beim Erhitzen von 4-Amino-1-benzamino-anthrachinon mit 3.8-Dibrom-fluoranthen (E III **5** 2278) unter Zusatz von Natriumcarbonat, Natriumacetat und Kupfer(I)-chlorid in Nitrobenzol erhalten worden (*CIBA*, D.R.P. 748788 [1938]; D.R.P. Org. Chem. **1**, Tl. 2, S. 636).



XIII

**4-[Chrysenyl-(6)-amino]-1-benzamino-anthrachinon, *N*-[4-(Chrysenyl-(6)-amino)-9.10-dioxo-9.10-dihydro-anthryl-(1)]-benzamid,** N-[*4-(chrysen-6-ylamino)-9,10-dioxo-9,10-dihydro-1-anthryl*]*benzamide* $C_{39}H_{24}N_2O_3$, Formel I (X = H).

*B.* Beim Erhitzen von 4-Amino-1-benzamino-anthrachinon mit 6-Brom-chrysen unter Zusatz von Natriumacetat und Kupfer(I)-chlorid in Nitrobenzol (*CIBA*, U.S.P. 2272011 [1938]).

Blaue Krystalle (aus Nitrobenzol); F: 340—350° [Zers.].

**4-[12-Brom-chrysenyl-(6)-amino]-1-benzamino-anthrachinon, *N*-[4-(12-Brom-chrysenyl-(6)-amino)-9.10-dioxo-9.10-dihydro-anthryl-(1)]-benzamid,** N-[*4-(12-bromochrysen-6-ylamino)-9,10-dioxo-9,10-dihydro-1-anthryl*]*benzamide* $C_{39}H_{23}BrN_2O_3$, Formel I (X = Br).

*B.* Beim Erhitzen von 4-Amino-1-benzamino-anthrachinon mit 6.12-Dibrom-chrysen (E III **5** 2383) unter Zusatz von Natriumacetat, Natriumcarbonat und Kupfer(I)-chlorid in Nitrobenzol (*CIBA*, U.S.P. 2272011 [1938]).

Blaue Krystalle (aus 1-Chlor-naphthalin); F: 380° [Zers.].

I II

**4-*m*-Anisidino-1-benzamino-anthrachinon, *N*-[4-*m*-Anisidino-9.10-dioxo-9.10-dihydro-anthryl-(1)]-benzamid,** N-(*4-*m*-anisidino-9,10-dioxo-9,10-dihydro-1-anthryl)benzamide* $C_{28}H_{20}N_2O_4$, Formel II (R = H, X = $OCH_3$).

*B.* Beim Erhitzen von 4-Chlor-1-benzamino-anthrachinon mit *m*-Anisidin unter Zusatz von Kaliumcarbonat und Kupfer-Pulver in Nitrobenzol (*Cook, Waddington*, Soc. **1945** 402, 404).

Rote Krystalle (aus Bzl.); F: 202°.

**4-*p*-Anisidino-1-benzamino-anthrachinon, *N*-[4-*p*-Anisidino-9.10-dioxo-9.10-dihydro-anthryl-(1)]-benzamid,** N-(*4-*p*-anisidino-9,10-dioxo-9,10-dihydro-1-anthryl)benzamide* $C_{28}H_{20}N_2O_4$, Formel II (R = $OCH_3$, X = H).

*B.* Beim Erhitzen von 4-Chlor-1-benzamino-anthrachinon mit *p*-Anisidin unter Zusatz von Kaliumcarbonat und Kupfer-Pulver in Nitrobenzol (*Cook, Waddington*, Soc. **1945** 402, 404).

Rote Krystalle (aus Bzl., Eg. oder Acn.); F: 255—256°.

**1.4-Bis-benzamino-anthrachinon,** N,N'-(*9,10-dioxo-9,10-dihydroanthracene-1,4-diyl)bisbenzamide* $C_{28}H_{18}N_2O_4$, Formel III (R = X = H) (H 201; E I 464; E II 115).

*B.* Aus 1.4-Diamino-anthrachinon beim Erhitzen mit Benzoylchlorid, Pyridin und Nitrobenzol (*Maki, Nagano*, J. Soc. chem. Ind. Japan **44** [1941] 1014; J. Soc. chem. Ind. Japan Spl. **44** [1941] 444; C. A. **1948** 6117; vgl. H 201), beim Erhitzen mit Benzoylchlorid in Chlorbenzol (*Il'inškiĭ, Saikin*, Ž. obšč. Chim. **4** [1934] 1294, 1299; C. **1936** I 4904) sowie beim Erhitzen mit Benzamid in Nitrobenzol unter Einleiten von Chlorwasserstoff (*I.G. Farbenind.*, D.R.P. 696423 [1935]; D.R.P. Org. Chem. **1**, Tl. 2, S. 239). Beim Erhitzen von 1.4-Dichlor-anthrachinon mit Benzamid unter Zusatz von Kaliumcarbonat und Kupfer(I)-bromid in 1.2-Dichlor-benzol (*Du Pont de Nemours & Co.*, U.S.P. 2346726 [1942]). Beim Erhitzen von 1.4-Bis-methylamino-anthrachinon mit Benzamid in Nitrobenzol unter Einleiten von Chlorwasserstoff (*Gen. Aniline Works*, U.S.P. 2137295 [1936]).

Rote Krystalle; F: 286,5° [korr.; aus 1.2-Dichlor-benzol] (*Maki, Na.*), 283° [aus Chinolin] (*Il'., Sai.*). IR-Absorption (Nujol): *Flett*, Soc. **1948** 1441, 1445. Absorptionsmaximum (Xylol): 504,5 mμ (*Maki, Na.*). Redoxpotential: *Geake, Lemon*, Trans. Faraday Soc. **34** [1938] 1409, 1420.

**1.4-Bis-[4-chlor-benzamino]-anthrachinon,** p,p'-*dichloro*-N,N'-(*9,10-dioxo-9,10-dihydroanthracene-1,4-diyl)bisbenzamide* $C_{28}H_{16}Cl_2N_2O_4$, Formel III (R = H, X = Cl).

*B.* Beim Erhitzen von 1.4-Diamino-anthrachinon mit 4-Chlor-benzoylchlorid, Pyridin und Nitrobenzol (*Maki, Nagano*, J. Soc. chem. Ind. Japan **44** [1941] 1014; J. Soc. chem. Ind. Japan Spl. **44** [1941] 444; C. A. **1948** 6117).

Braunrote Krystalle (aus 1.2-Dichlor-benzol); F: 322° [korr.]. Absorptionsmaximum (Xylol): 500,5 mμ.

**1.4-Bis-[4-nitro-benzamino]-anthrachinon,** p,p'-*dinitro*-N,N'-(*9,10-dioxo-9,10-dihydro-anthracene-1,4-diyl*)*bisbenzamide* $C_{28}H_{16}N_4O_8$, Formel III (R = H, X = $NO_2$).

*B.* Beim Erhitzen von 1.4-Diamino-anthrachinon mit 4-Nitro-benzoylchlorid in Nitrobenzol (*Maki, Nagano,* J. Soc. chem. Ind. Japan **44** [1941] 1014; J. Soc. chem. Ind. Japan Spl. **44** [1941] 444; C. A. **1948** 6117).

Rotbraune Krystalle; F: 282,5° (aus 1.2-Dichlor-benzol; korr.) (*Ma., Na.*), 366° (aus Nitrobenzol) (*Hayashi, Shiba,* J. chem. Soc. Japan Ind. Chem. Sect. **63** [1960] 840; C. A. **56** [1962] 6122). Absorptionsmaximum (Xylol): 537,5 mμ. (*Ma., Na.*).

**1.4-Bis-[3-trifluormethyl-benzamino]-anthrachinon,** α,α,α,α',α',α'-*hexafluoro*-N,N'-(*9,10-dioxo-9,10-dihydroanthracene-1,4-diyl*)*bis*-m-*toluamide* $C_{30}H_{16}F_6N_2O_4$, Formel III (R = $CF_3$, X = H).

*B.* Beim Erhitzen von 1.4-Diamino-anthrachinon mit 3-Trifluormethyl-benzoylfluorid, Pyridin und Nitrobenzol (*I.G. Farbenind.*, D.R.P. 665598 [1936]; Frdl. **25** 765).

Rote Krystalle; F: 212°.

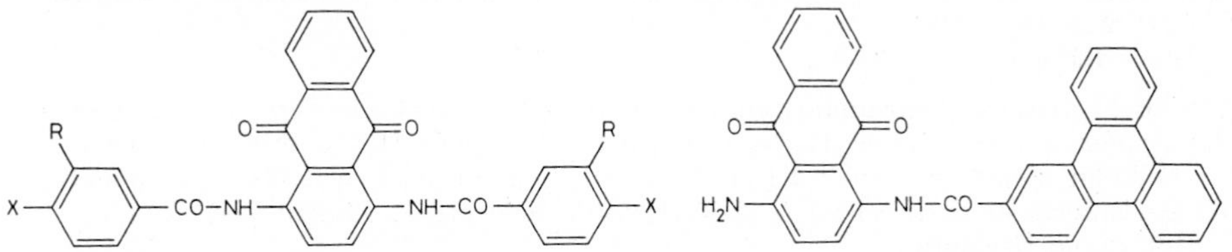

III IV

**1.4-Bis-[4-trifluormethyl-benzamino]-anthrachinon,** α,α,α,α',α',α'-*hexafluoro*-N,N'-(*9,10-dioxo-9,10-dihydroanthracene-1,4-diyl*)*bis*-p-*toluamide* $C_{30}H_{16}F_6N_2O_4$, Formel III (R = H, X = $CF_3$).

*B.* Beim Erhitzen von 1.4-Diamino-anthrachinon mit 4-Trifluormethyl-benzoylfluorid, Pyridin und Nitrobenzol (*I.G. Farbenind.*, D.R.P. 665598 [1936]; Frdl. **25** 765).

Rote Krystalle; F: 352—353°.

**4-Amino-1-[triphenylencarbonyl-(2)-amino]-anthrachinon, *N*-[4-Amino-9.10-dioxo-9.10-dihydro-anthryl-(1)]-triphenylencarbamid-(2),** N-(*4-amino-9,10-dioxo-9,10-dihydro-1-anthryl*)*triphenylene-2-carboxamide* $C_{33}H_{20}N_2O_3$, Formel IV.

*B.* Beim Erhitzen von 4-Chlor-1-amino-anthrachinon mit Triphenylencarbamid-(2) unter Zusatz von Kupfer und Natriumacetat in Nitrobenzol (*I.G. Farbenind.*, D.R.P. 650058 [1934]; Frdl. **24** 857).

Blaugraue Krystalle; F: 277—278°.

**1.4-Bis-oxalamino-anthrachinon, *N.N'*-[9.10-Dioxo-9.10-dihydro-anthracendiyl-(1.4)]-dioxamidsäure,** N,N'-(*9,10-dioxo-9,10-dihydroanthracene-1,4-diyl*)*dioxamic acid* $C_{18}H_{10}N_2O_8$, Formel V (R = X = CO-COOH) (E II 115).

*B.* Beim Erhitzen von 1.4-Diamino-anthrachinon mit Oxalsäure (*R. Dupont,* Diss. [Brüssel 1942] S. 65).

F: 232°.

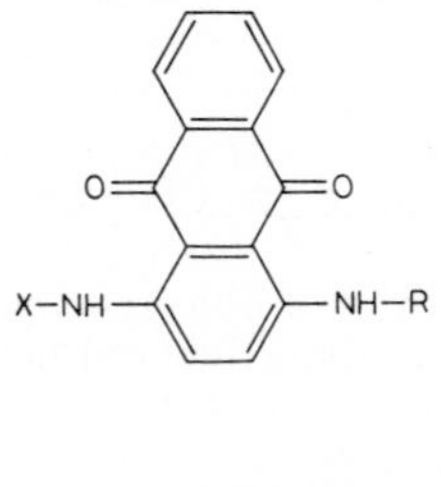

V 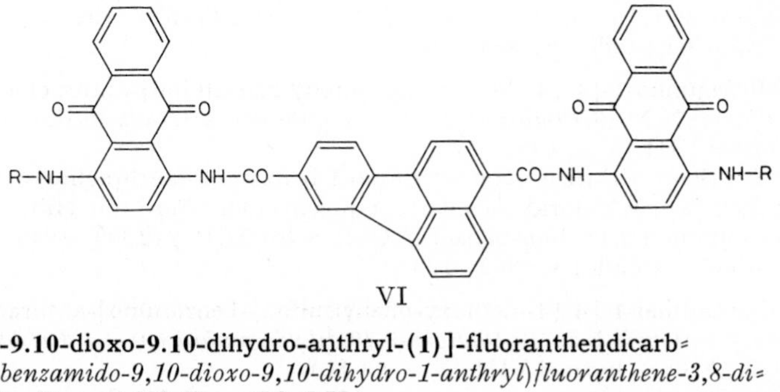 VI

***N.N'*-Bis-[4-benzamino-9.10-dioxo-9.10-dihydro-anthryl-(1)]-fluoranthendicarbamid-(3.8),** N,N'-*bis*(*4-benzamido-9,10-dioxo-9,10-dihydro-1-anthryl*)*fluoranthene-3,8-dicarboxamide* $C_{60}H_{34}N_4O_8$, Formel VI (R = CO-$C_6H_5$).

*B.* Beim Erhitzen von 4-Amino-1-benzamino-anthrachinon mit Fluoranthen-dicarbonylchlorid-(3.8) in Nitrobenzol (*CIBA*, D.R.P. 742326 [1939]; D.R.P. Org. Chem. **1**, Tl. 2, S. 268, 270).

Rotbraune Krystalle; F: ca. 400° [Zers.].

**1.4-Bis-[2-cyan-äthylamino]-anthrachinon,** N,N'-(*9,10-dioxo-9,10-dihydroanthracene-1,4-diyl*)*bis-β-alaninenitrile* $C_{20}H_{16}N_4O_2$, Formel V (R = X = $CH_2$-$CH_2$-CN).

*B.* Beim Erwärmen von Leukochinizarin (E III **8** 3706) mit *β*-Alanin-nitril (E III **4** 1263) in wss. Propanol-(1) und Erhitzen des Reaktionsprodukts mit Nitrobenzol (*Du Pont de Nemours & Co.*, U.S.P. 2359381 [1941]).

Krystalle; F: 255°.

**4-Methylamino-1-[5-cyan-pentylamino]-anthrachinon, 6-[4-Methylamino-9.10-dioxo-9.10-dihydro-anthryl-(1)-amino]-hexannitril,** *6-[4-(methylamino)-9,10-dioxo-9,10-dihydro-1-anthrylamino]hexanenitrile* $C_{21}H_{21}N_3O_2$, Formel V (R = $[CH_2]_5$-CN, X = $CH_3$).

*B.* Beim Erwärmen von 4-Brom-1-methylamino-anthrachinon mit 6-Amino-hexannitril unter Zusatz von Kupfer(II)-acetat in Nitrobenzol (*Du Pont de Nemours & Co.*, U.S.P. 2359381 [1941]).

Blaue Krystalle; F: 134°.

**1.4-Bis-[3-methoxy-benzamino]-anthrachinon,** N,N'-(*9,10-dioxo-9,10-dihydroanthracene-1,4-diyl*)*bis*-m-*anisamide* $C_{30}H_{22}N_2O_6$, Formel III (R = $OCH_3$, X = H) (E II 115).

*B.* Beim Erhitzen von 1.4-Diamino-anthracendiol-(9.10) (S. 598) mit 3-Methoxy-benzoylchlorid in Nitrobenzol (*I.G. Farbenind.*, Schweiz.P. 136249 [1927]).

Rotbraune Krystalle.

**4-Amino-1-[4-methylsulfon-benzamino]-anthrachinon, 4-Methylsulfon-*N*-[9.10-dioxo-9.10-dihydro-anthryl-(1)]-benzamid,** N-(*9,10-dioxo-9,10-dihydro-1-anthryl*)-p-(*methylsulfonyl*)*benzamide* $C_{22}H_{16}N_2O_5S$, Formel VII.

*B.* Beim Behandeln von 1.4-Diamino-anthracendiol-(9.10) (S. 598) mit 4-Methylsulfon-benzoylchlorid unter Zusatz von Natriumcarbonat in Nitrobenzol und Erhitzen des Reaktionsprodukts mit Nitrobenzol (*Du Pont de Nemours & Co.*, U.S.P. 2378812 [1942]).

F: 311—313°.

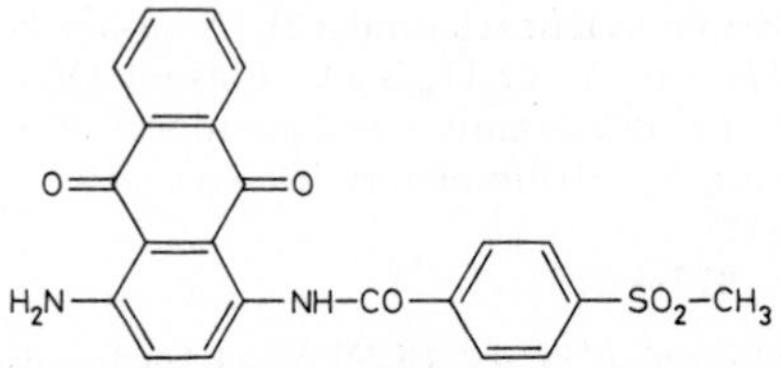

VII

**4-Benzamino-1-[4-phenylsulfon-benzamino]-anthrachinon,** p-(*phenylsulfonyl*)-N,N'-(*9,10-dioxo-9,10-dihydroanthracene-1,4-diyl*)*bisbenzamide* $C_{34}H_{22}N_2O_6S$, Formel VIII (X = H).

*B.* Beim Erhitzen von 4-Amino-1-benzamino-anthrachinon mit 4-Phenylsulfon-benzoylchlorid in 1.2-Dichlor-benzol (*CIBA*, U.S.P. 2439626 [1944]).

Rote Krystalle; F: 363—365°.

**4-Benzamino-1-[4-(4-chlor-phenylsulfon)-benzamino]-anthrachinon,** p-(p-*chlorophenylsulfonyl*)-N,N'-(*9,10-dioxo-9,10-dihydroanthracene-1,4-diyl*)*bisbenzamide* $C_{34}H_{21}ClN_2O_6S$, Formel VIII (X = Cl).

*B.* Beim Erhitzen von 4-Amino-1-benzamino-anthrachinon mit 4-[4-Chlor-phenylsulfon]-benzoylchlorid (aus der entsprechenden Säure mit Hilfe von Thionylchlorid hergestellt) in 1.2-Dichlor-benzol (*CIBA*, Schweiz.P. 242509 [1943]).

Rote Krystalle; F: 332—334°.

**4-Benzamino-1-[4-(4-methoxy-phenylsulfon)-benzamino]-anthrachinon,** p-(p-*methoxyphenylsulfonyl*)-N,N'-(*9,10-dioxo-9,10-dihydroanthracene-1,4-diyl*)*bisbenzamide* $C_{35}H_{24}N_2O_7S$, Formel VIII (X = $OCH_3$).

*B.* Beim Erhitzen von 4-Amino-1-benzamino-anthrachinon mit 4-[4-Methoxy-phenylsulfon]-benzoylchlorid (nicht näher beschrieben) in 1.2-Dichlor-benzol (*CIBA*, Schweiz.P.

242510 [1943]).

Rote Krystalle; F: 320—323°.

VIII

**1.4-Bis-[3-hydroxy-naphthoyl-(2)-amino]-anthrachinon,** *3,3'-dihydroxy*-N,N'-*(9,10-dioxo-9,10-dihydroanthracene-1,4-diyl)bis-2-naphthamide* $C_{36}H_{22}N_2O_6$, Formel IX (R = H).

*B.* Beim Erhitzen von 1.4-Diamino-anthrachinon mit 3-Hydroxy-naphthoyl-(2)-chlorid in Nitrobenzol (*Bhat, Gavankar, Venkataraman,* J. Indian chem. Soc. News **5** [1942] 171, 174).

Rotbraune Krystalle (aus Chlorbenzol); F: 290—291°.

**1.4-Bis-[3-acetoxy-naphthoyl-(2)-amino]-anthrachinon,** *3,3'-diacetoxy*-N,N'-*(9,10-dioxo-9,10-dihydroanthracene-1,4-diyl)bis-2-naphthamide* $C_{40}H_{26}N_2O_8$, Formel IX (R = $CO\text{-}CH_3$).

*B.* Aus 1.4-Bis-[3-hydroxy-naphthoyl-(2)-amino]-anthrachinon (*Bhat, Gavankar, Venkataraman,* J. Indian chem. Soc. News **5** [1942] 171, 174).

Braune Krystalle (aus Chlorbenzol); F: 285—286° [Zers.].

**1.4-Bis-[3-benzoyloxy-naphthoyl-(2)-amino]-anthrachinon,** *3,3'-bis(benzoyloxy)*-N,N'-*(9,10-dioxo-9,10-dihydroanthracene-1,4-diyl)bis-2-naphthamide* $C_{50}H_{30}N_2O_8$, Formel IX (R = $CO\text{-}C_6H_5$).

*B.* Aus 1.4-Bis-[3-hydroxy-naphthoyl-(2)-amino]-anthrachinon (*Bhat, Gavankar, Venkataraman,* J. Indian chem. Soc. News **5** [1942] 171, 174).

Orangefarbene Krystalle (aus 1.1.2.2-Tetrachlor-äthan); F: 249—250°.

IX X

**1.4-Bis-[3-(toluol-sulfonyl-(4)-oxy)-naphthoyl-(2)-amino]-anthrachinon,** *3,3'-bis(*p-*tolyl=sulfonyloxy)*-N,N'-*(9,10-dioxo-9,10-dihydroanthracene-1,4-diyl)bis-2-naphthamide* $C_{50}H_{34}N_2O_{10}S_2$, Formel IX (R = $SO_2\text{-}C_6H_4\text{-}CH_3$).

*B.* Aus 1.4-Bis-[3-hydroxy-naphthoyl-(2)-amino]-anthrachinon (*Bhat, Gavankar, Venkataraman,* J. Indian chem. Soc. News **5** [1942] 171, 174).

Orangefarbene Krystalle (aus 1.1.2.2-Tetrachlor-äthan); F: 225—226°. [*Mischon*]

**1.4-Bis-[3-(3-oxo-3-phenyl-propionylamino)-anilino]-anthrachinon,** *3,3''-dioxo-3,3''-di=phenyl-3',3'''-(9,10-dioxo-9,10-dihydroanthracene-1,4-diyldiimino)bispropionanilide* $C_{44}H_{32}N_4O_6$, Formel X (X = $NH\text{-}CO\text{-}CH_2\text{-}CO\text{-}C_6H_5$), und Tautomere (z. B. 1.4-Bis-[3-(β-hydroxy-cinnamoylamino)-anilino]-anthrachinon).

*B.* Beim Erhitzen von 1.4-Bis-[3-amino-anilino]-anthrachinon (nicht näher beschrieben) mit Benzoylessigsäure-äthylester in 1.2-Dichlor-benzol (*I.G. Farbenind.,* D.R.P. 586880 [1931]; Frdl. **20** 1320).

Grünblaue Krystalle (aus Trichlorbenzol); F: 175—177°.

**4-Amino-1-[4-amino-anilino]-anthrachinon,** *1-amino-4-(*p-*aminoanilino)anthraquinone* $C_{20}H_{15}N_3O_2$, Formel XI (R = H, X = $NH_2$).

*B.* Beim Erhitzen von 4-Amino-1-methoxy-anthrachinon mit *p*-Phenylendiamin und *N.N*-Dimethyl-anilin (*CIBA,* U.S.P. 1856802 [1928]).

F: 247—248°.

**4-Anilino-1-[4-(3-hydroxy-naphthoyl-(2)-amino)-anilino]-anthrachinon, 3-Hydroxy-naphthoesäure-(2)-[4-(4-anilino-9.10-dioxo-9.10-dihydro-anthryl-(1)-amino)-anilid],** *4'-(4-anilino-9,10-dioxo-9,10-dihydro-1-anthrylamino)-3-hydroxy-2-naphthanilide* $C_{37}H_{25}N_3O_4$, Formel XII.

*B.* Beim Erhitzen von 4-Anilino-1-[4-amino-anilino]-anthrachinon (nicht näher beschrieben) mit 3-Acetoxy-naphthoyl-(2)-chlorid, Pyridin und Nitrobenzol und Behandeln des Reaktionsprodukts mit wss.-äthanol. Kalilauge (*I.G. Farbenind.*, D.R.P. 586880 [1931]; Frdl. **20** 1320).

Blaugrüne Krystalle (aus Trichlorbenzol); F: 285—287°.

XI XII

**4-Anilino-1-[4-(3-oxo-3-phenyl-propionylamino)-anilino]-anthrachinon, 3-Oxo-3-phenyl-propionsäure-[4-(4-anilino-9.10-dioxo-9.10-dihydro-anthryl-(1)-amino)-anilid],** *4'-(4-anilino-9,10-dioxo-9,10-dihydro-1-anthrylamino)-3-oxo-3-phenylpropionanilide* $C_{35}H_{25}N_3O_4$, Formel XI (R = $C_6H_5$, X = NH-CO-$CH_2$-CO-$C_6H_5$), und Tautomeres (*β*-Hydroxy-zimtsäure-[4-(4-anilino-9.10-dioxo-9.10-dihydro-anthryl-(1)-amino)-anilid]; **Benzoylessigsäure-[4-(4-anilino-9.10-dioxo-9.10-dihydro-anthryl-(1)-amino)-anilid].**

*B.* Beim Erhitzen von 4-Anilino-1-[4-amino-anilino]-anthrachinon (nicht näher beschrieben) mit Benzoylessigsäure-äthylester in 1.2-Dichlor-benzol (*I.G. Farbenind.*, D.R.P. 586880 [1931]; Frdl. **20** 1320).

Blaugrüne Krystalle (aus Trichlorbenzol); F: 205—206°.

**1.4-Bis-{[4-(4-anilino-9.10-dioxo-9.10-dihydro-anthryl-(1)-amino)-phenylcarbamoyl]-acetyl}-benzol, 3.3'-Dioxo-3.3'-*p*-phenylen-dipropionsäure-bis-[4-(4-anilino-9.10-dioxo-9.10-dihydro-anthryl-(1)-amino)-anilid],** *4',4'''-bis(4-anilino-9,10-dioxo-9,10-dihydro-1-anthrylamino)-3,3''-dioxo-3,3''-*p*-phenylenebispropionanilide* $C_{64}H_{44}N_6O_8$, Formel XIII (R = $C_6H_5$), und Tautomere (z. B. 1.4-Bis-{1-hydroxy-2-[4-(4-anilino-9.10-dioxo-9.10-dihydro-anthryl-(1)-amino)-phenylcarbamoyl]-vinyl}-benzol).

*B.* Beim Erhitzen von 4-Anilino-1-[4-amino-anilino]-anthrachinon (nicht näher beschrieben) mit 1.4-Bis-äthoxycarbonylacetyl-benzol in 1.2-Dichlor-benzol (*I.G. Farbenind.*, D.R.P. 586880 [1931]; Frdl. **20** 1320).

Grüne Krystalle (aus Trichlorbenzol); F: 262—263°.

XIII

**4-[2-Hydroxy-äthylamino]-1-[4-amino-anilino]-anthrachinon,** *1-(*p*-aminoanilino)-4-(2-hydroxyethylamino)anthraquinone* $C_{22}H_{19}N_3O_3$, Formel XI (R = $CH_2$-$CH_2OH$, X = $NH_2$).

*B.* Beim Erhitzen von 4-Brom-1-[2-hydroxy-äthylamino]-anthrachinon oder von 4-[2-Hydroxy-äthylamino]-1-methoxy-anthrachinon mit *p*-Phenylendiamin und *N.N*-Dimethyl-anilin (*CIBA*, D.R.P. 618001 [1933]; Frdl. **22** 1060). Beim Erwärmen von 2-[4.9.10-Trihydroxy-anthryl-(1)-amino]-äthanol-(1) (nicht näher beschrieben) mit

4-[2-Hydroxy-äthylamino]-1-hydroxy-anthrachinon (nicht näher beschrieben) und *p*-Phenylendiamin unter Zusatz von Borsäure in Äthanol bei Luftzutritt (*CIBA*, Schweiz.P. 178954 [1934]). Beim Erwärmen von 4-Amino-1-[4-amino-anilino]-anthracendiol-(9.10) (nicht näher beschrieben) mit 2-Amino-äthanol-(1) unter Zusatz von Borsäure und Natriumchlorat in Methanol (*CIBA*, Schweiz.P. 178953 [1934]). Beim Erwärmen von 4-[4-Amino-anilino]-anthracentriol-(1.9.10) (nicht näher beschrieben) mit 2-Amino-äthanol-(1) unter Zusatz von Natriumchlorat und Borsäure in Methanol (*CIBA*, D.R.P. 618001).

Krystalle; F: 225° (*CIBA*, U.S.P. 1967772 [1933]).

**1.4-Bis-[4-(3-hydroxy-naphthoyl-(2)-amino)-anilino]-anthrachinon,** *3,3''-dihydroxy-4',4'''-(9,10-dioxo-9,10-dihydroanthracene-1,4-diyldiimino)bis-2-naphthanilide* $C_{48}H_{32}N_4O_6$, Formel I.

*B.* Beim Erhitzen von 1.4-Bis-[4-amino-anilino]-anthrachinon (nicht näher beschrieben) mit 3-Acetoxy-naphthoyl-(2)-chlorid, Pyridin und Nitrobenzol und Behandeln des Reaktionsprodukts mit wss.-äthanol. Kalilauge (*I.G. Farbenind.*, D.R.P. 586880 [1931]; Frdl. **20** 1320).

Blaugrüne Krystalle (aus Trichlorbenzol); F: 286°.

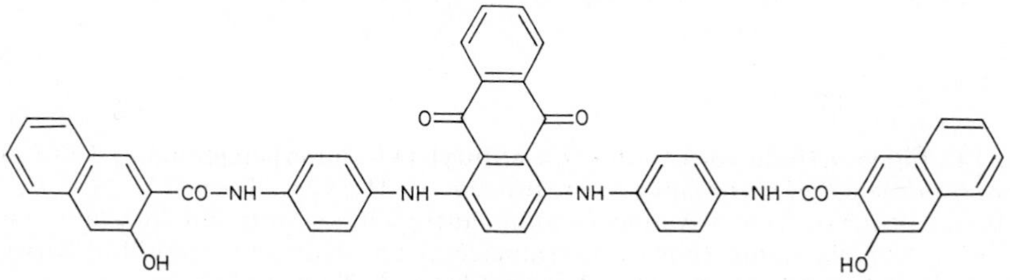

I

**1.4-Bis-[4-acetoacetylamino-anilino]-anthrachinon,** *4',4'''-(9,10-dioxo-9,10-dihydroanthracene-1,4-diyldiimino)bisacetoacetanilide* $C_{34}H_{28}N_4O_6$, Formel II ($R = CO\text{-}CH_2\text{-}CO\text{-}CH_3$), und Tautomere.

*B.* Beim Erhitzen von 1.4-Bis-[4-amino-anilino]-anthrachinon (nicht näher beschrieben) mit Acetessigsäure-äthylester (*I.G. Farbenind.*, D.R.P. 586880 [1931]; Frdl. **20** 1320).

Blaugrüne Krystalle (aus Chlorbenzol); F: 203—204°.

**1.4-Bis-[4-(3-oxo-3-phenyl-propionylamino)-anilino]-anthrachinon,** *3,3''-dioxo-3,3''-diphenyl-4',4'''-(9,10-dioxo-9,10-dihydroanthracene-1,4-diyldiimino)bispropionanilide* $C_{44}H_{32}N_4O_6$, Formel II ($R = CO\text{-}CH_2\text{-}CO\text{-}C_6H_5$), und Tautomere (z. B. 1.4-Bis-[4-(β-hydroxy-cinnamoylamino)-anilino]-anthrachinon).

*B.* Beim Erhitzen von 1.4-Bis-[4-amino-anilino]-anthrachinon (nicht näher beschrieben) mit Benzoylessigsäure-äthylester in 1.2-Dichlor-benzol (*I.G. Farbenind.*, D.R.P. 586880 [1931]; Frdl. **20** 1320).

Blaugrüne Krystalle (aus Trichlorbenzol); F: 248—250°.

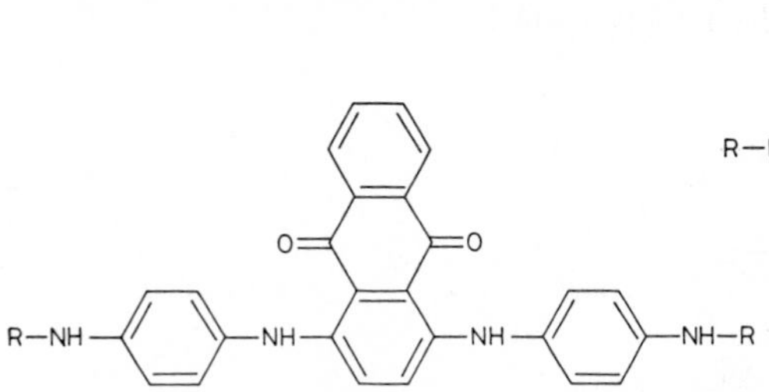

II 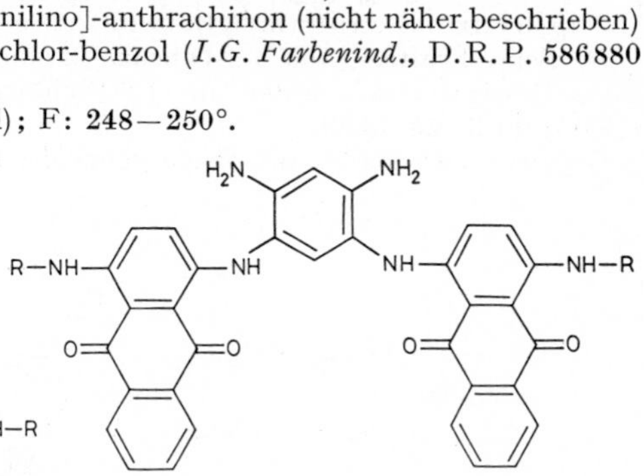 III

**4.6-Diamino-1.3-bis-[4-anilino-9.10-dioxo-9.10-dihydro-anthryl-(1)-amino]-benzol,** *4,4'-dianilino-1,1'-(4,6-diamino-*m*-phenylenediimino)dianthraquinone* $C_{46}H_{32}N_6O_4$, Formel III ($R = C_6H_5$).

*B.* Beim Erhitzen von 4-Amino-1-anilino-anthrachinon mit 4.6-Dichlor-1.3-dinitro-

benzol unter Zusatz von Natriumcarbonat, Kupfer(II)-acetat und Kupfer-Pulver in Nitrobenzol und Hydrieren des Reaktionsprodukts an Nickel in Chlorbenzol bei 100° (*I.G. Farbenind.*, D.R.P. 746587 [1937]; D.R.P. Org. Chem. **1**, Tl. 2, S. 377).
Krystalle; F: 306—308°.

**4-[2-Amino-4-trifluormethyl-anilino]-1-benzamino-anthrachinon, *N*-[4-(2-Amino-4-tri=fluormethyl-anilino)-9.10-dioxo-9.10-dihydro-anthryl-(1)]-benzamid,** N-[*4-(2-amino-α,α,α-trifluoro-*p*-toluidino)-9,10-dioxo-9,10-dihydro-1-anthryl]benzamide* $C_{28}H_{18}F_3N_3O_3$, Formel IV.
*B.* Aus 4-[2-Nitro-4-trifluormethyl-anilino]-1-benzamino-anthrachinon (*Gen. Aniline Works*, U.S.P. 2174182 [1938]).
F: 255°.

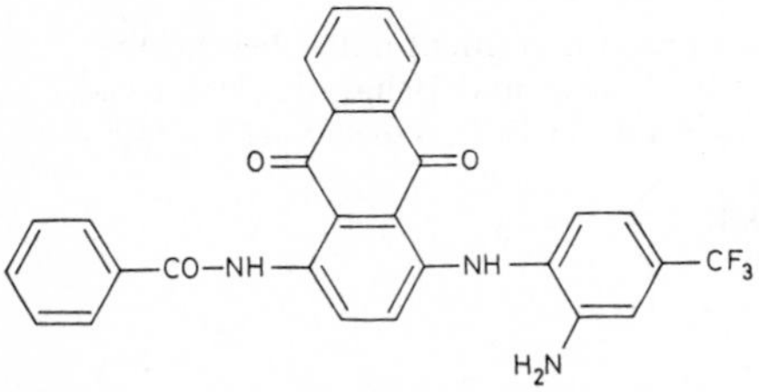

IV

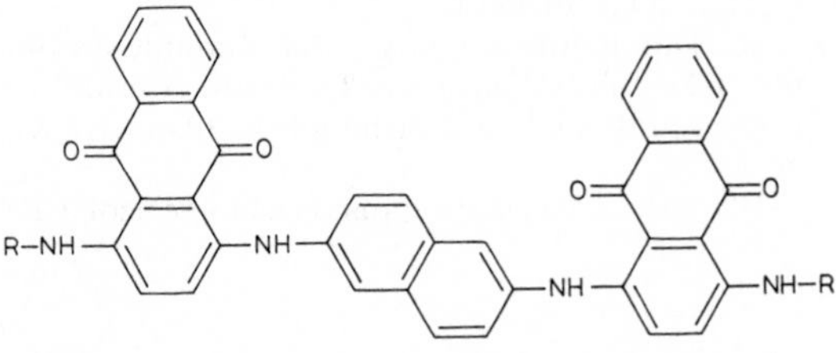

V

**2.6-Bis-[4-anilino-9.10-dioxo-9.10-dihydro-anthryl-(1)-amino]-naphthalin,** *4,4'-dianilino-1,1'-(naphthalene-2,6-diyldiimino)dianthraquinone* $C_{50}H_{32}N_4O_4$, Formel V (R = $C_6H_5$).
*B.* Beim Erhitzen von 4-Amino-1-anilino-anthrachinon mit 2.6-Dibrom-naphthalin unter Zusatz von Natriumcarbonat, Natriumacetat und Kupfer(I)-chlorid in Nitrobenzol (*CIBA*, D.R.P. 748918 [1938]; D.R.P. Org. Chem. **1**, Tl. 2, S. 275).
Schwarzblaue Krystalle; F: 380—390° [Zers.].

**2.6-Bis-[4-benzamino-9.10-dioxo-9.10-dihydro-anthryl-(1)-amino]-naphthalin,** N,N'-*{naphthalene-2,6-diylbis[imino(9,10-dioxo-9,10-dihydroanthracene-1,4-diyl)]}bis=benzamide* $C_{52}H_{32}N_4O_6$, Formel V (R = CO-$C_6H_5$).
*B.* Beim Erhitzen von 4-Amino-1-benzamino-anthrachinon mit 2.6-Dibrom-naphthalin unter Zusatz von Natriumcarbonat, Natriumacetat und Kupfer(I)-chlorid in Nitrobenzol (*CIBA*, D.R.P. 743677, 748918 [1938]; D.R.P. Org. Chem. **1**, Tl. 2, S. 419, 275).
Braunschwarze Krystalle, die unterhalb 350° nicht schmelzen.

**1.4-Bis-[*N'*-(3-oxo-3-phenyl-propionyl)-benzidino]-anthrachinon,** *3,3'-dioxo-3,3'-di=phenyl-*N,N'-*[(9,10-dioxo-9,10-dihydroanthracene-1,4-diyl)bis(iminobiphenyl-4,4'-diyl)]bis=propionamide* $C_{56}H_{40}N_4O_6$, Formel VI (R = $CH_2$-CO-$C_6H_5$), und Tautomere (z. B. 1.4-Bis-[*N'*-(β-hydroxy-cinnamoyl)-benzidino]-anthrachinon).
*B.* Beim Erhitzen von 1.4-Dibenzidino-anthrachinon (nicht näher beschrieben) mit Benzoylessigsäure-äthylester in 1.2-Dichlor-benzol (*I.G. Farbenind.*, D.R.P. 586880 [1931]; Frdl. **20** 1320).
Gelbgrüne Krystalle (aus Trichlorbenzol); F: 364—365°.

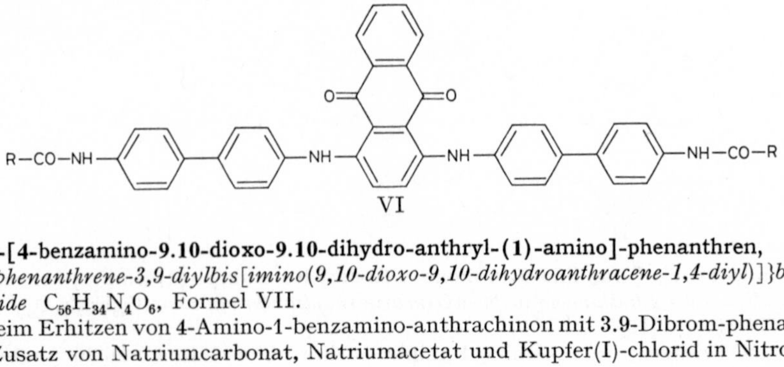

VI

**3.9-Bis-[4-benzamino-9.10-dioxo-9.10-dihydro-anthryl-(1)-amino]-phenanthren,** N,N'-*{phenanthrene-3,9-diylbis[imino(9,10-dioxo-9,10-dihydroanthracene-1,4-diyl)]}bis=benzamide* $C_{56}H_{34}N_4O_6$, Formel VII.
*B.* Beim Erhitzen von 4-Amino-1-benzamino-anthrachinon mit 3.9-Dibrom-phenanthren unter Zusatz von Natriumcarbonat, Natriumacetat und Kupfer(I)-chlorid in Nitrobenzol

(*CIBA*, D.R.P. 731426 [1939]; D.R.P. Org. Chem. **1**, Tl. 2, S. 577).
Grünschwarze Krystalle; F: 380—385°.

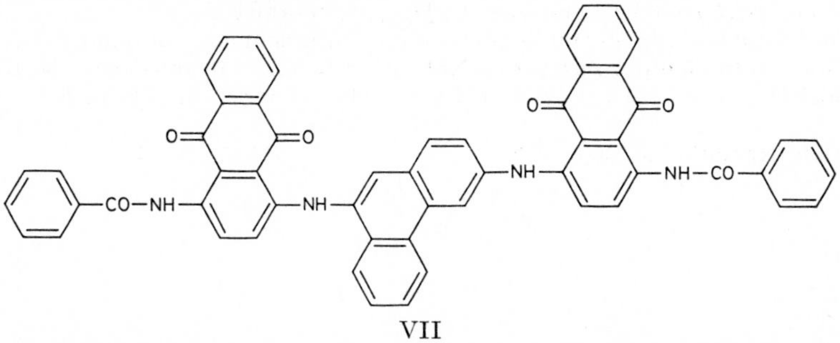

VII

**3.8-Bis-[4-anilino-9.10-dioxo-9.10-dihydro-anthryl-(1)-amino]-fluoranthen**, *4,4'-dianilino-1,1'-(fluoranthene-3,8-diyldiimino)dianthraquinone* $C_{56}H_{34}N_4O_4$, Formel VIII ($R = C_6H_5$).

*B.* Beim Erhitzen von 4-Amino-1-anilino-anthrachinon mit 3.8-Dibrom-fluoranthen (E III **5** 2278) unter Zusatz von Natriumcarbonat, Natriumacetat und Kupfer(I)-chlorid in Nitrobenzol (*CIBA*, D.R.P. 748788 [1938]; D.R.P. Org. Chem. **1**, Tl. 2, S. 636).

Schwarze Krystalle; F: 410° [Zers.].

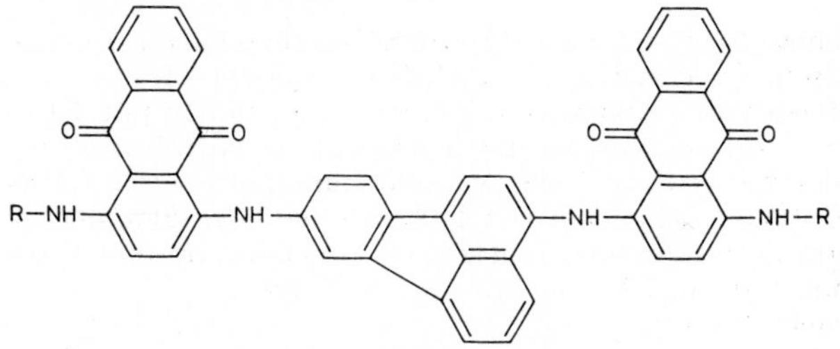

VIII

**3.8-Bis-[4-benzamino-9.10-dioxo-9.10-dihydro-anthryl-(1)-amino]-fluoranthen**, N,N'-*{fluoranthene-3,8-diylbis[imino(9,10-dioxo-9,10-dihydroanthracene-1,4-diyl)]}bisbenzamide* $C_{58}H_{34}N_4O_6$, Formel VIII ($R = CO\text{-}C_6H_5$).

*B.* Beim Erhitzen von 4-Amino-1-benzamino-anthrachinon mit 3.8-Dibrom-fluoranthen (E III **5** 2278) unter Zusatz von Natriumacetat und Kupfer(I)-chlorid in Nitrobenzol (*CIBA*, D.R.P. 748788 [1938]; D.R.P. Org. Chem. **1**, Tl. 2, S. 636).

Grünschwarze Krystalle; F: 410°.

**6.12-Bis-[4-benzamino-9.10-dioxo-9.10-dihydro-anthryl-(1)-amino]-chrysen**, N,N'-*{chrysene-6,12-diylbis[imino(9,10-dioxo-9,10-dihydroanthracene-1,4-diyl)]}bisbenzamide* $C_{60}H_{36}N_4O_6$, Formel IX.

*B.* Beim Erhitzen von 4-Amino-1-benzamino-anthrachinon mit 6.12-Dibrom-chrysen unter Zusatz von Kupfer(I)-chlorid, Natriumacetat und Natriumcarbonat in Nitrobenzol (*CIBA*, U.S.P. 2272011 [1938]).

Blaues Pulver; unterhalb 460° nicht schmelzend.

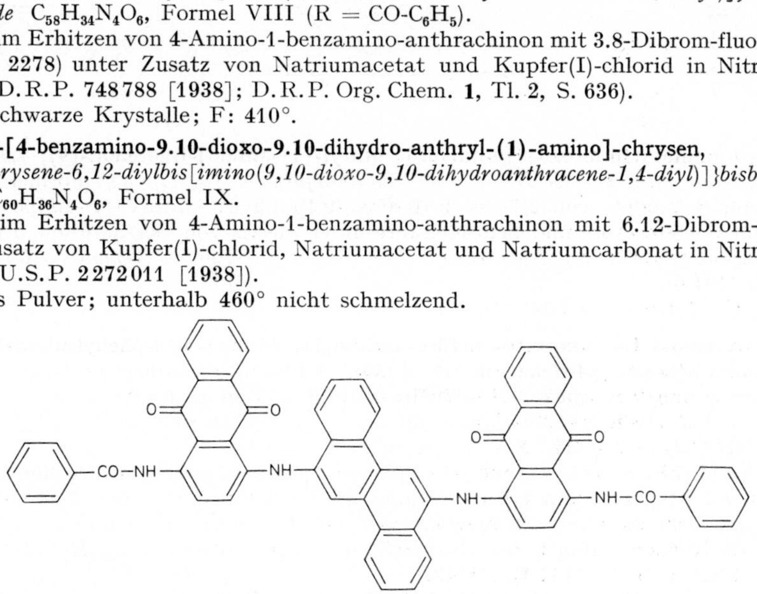

IX

**3.6-Bis-[4-benzamino-9.10-dioxo-9.10-dihydro-anthryl-(1)-amino]-9.10-dimethoxy-phenanthren,** N,N'-{*(9,10-dimethoxyphenanthrene-3,6-diyl)bis[imino(9,10-dioxo-9,10-dihydroanthracene-1,4-diyl)]}bisbenzamide* $C_{58}H_{38}N_4O_8$, Formel X.

*B.* Beim Erhitzen von 4-Amino-1-benzamino-anthrachinon mit 3.6-Dibrom-9.10-dimethoxy-phenanthren unter Zusatz von Natriumcarbonat, Natriumacetat und Kupfer(I)-chlorid in Nitrobenzol (*CIBA*, D.R.P. 731426 [1939]; D.R.P. Org. Chem. **1**, Tl. 2, S. 577, 582).

Blaugrüne Krystalle; F: 335—340°.

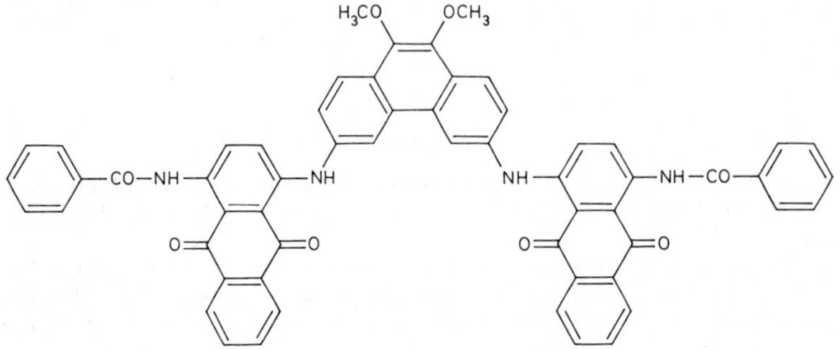

X

**4-Amino-1-[7-amino-9-oxo-fluorenyl-(2)-amino]-anthrachinon,** *1-amino-4-(7-amino-9-oxofluoren-2-ylamino)anthraquinone* $C_{27}H_{17}N_3O_3$, Formel XI.

*B.* Beim Erhitzen von 4-Amino-1-benzamino-anthrachinon mit 7-Brom-2-benzamino-fluorenon-(9) (aus 2-Brom-fluorenon-(9) hergestellt) in Nitrobenzol und Erwärmen des Reaktionsprodukts mit wasserhaltiger Schwefelsäure (*Du Pont de Nemours & Co.*, U.S.P. 2369969 [1940]). Beim Behandeln von 1-[9-Oxo-fluorenyl-(2)-amino]-anthrachinon mit Salpetersäure und Schwefelsäure unter Zusatz von Borsäure und Erwärmen des Reaktionsprodukts mit Natriumsulfid in Wasser (*Du Pont*).

Schwarzes Pulver; F: 255°.

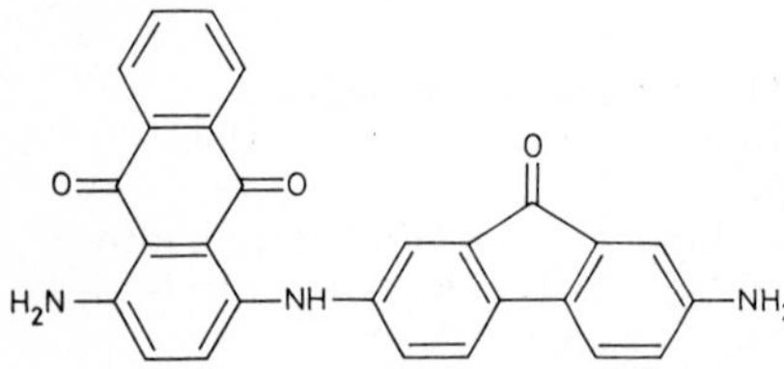

XI 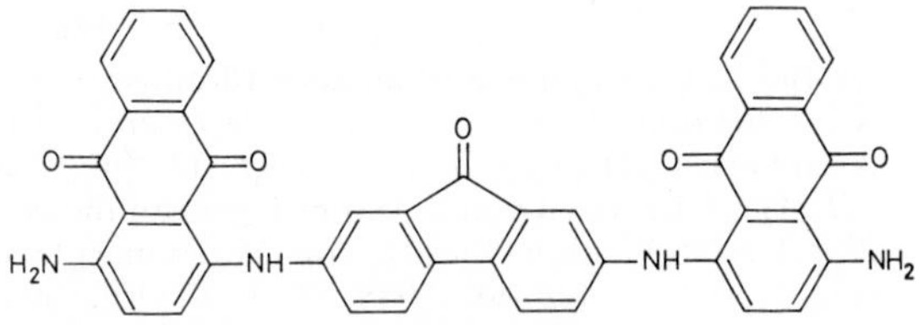 XII

**2.7-Bis-[4-amino-9.10-dioxo-9.10-dihydro-anthryl-(1)-amino]-fluorenon-(9),** *4,4'-diamino-1,1'-(9-oxofluorene-2,7-diyldiimino)]dianthraquinone* $C_{41}H_{24}N_4O_5$, Formel XII.

*B.* Beim Behandeln von 2.7-Bis-[9.10-dioxo-9.10-dihydro-anthryl-(1)-amino]-fluorenon-(9) mit Salpetersäure und Schwefelsäure unter Zusatz von Borsäure und Erwärmen des Reaktionsprodukts mit Natriumsulfid in Wasser (*Du Pont de Nemours & Co.*, U.S.P. 2369969 [1940]).

Schwarzes Pulver; F: 320° [Zers.].

**4-[4-Benzamino-9.10-dioxo-9.10-dihydro-anthryl-(1)-amino]-1-[4-phenylsulfon-benzamino]-anthrachinon, [4-Benzamino-9.10-dioxo-9.10-dihydro-anthryl-(1)]-[4-(4-phenylsulfon-benzamino)-9.10-dioxo-9.10-dihydro-anthryl-(1)]-amin,** p-*(phenylsulfonyl)*-N,N'-*[iminobis(9,10-dioxo-9,10-dihydroanthracene-1,4-diyl)]bisbenzamide* $C_{48}H_{29}N_3O_8S$, Formel XIII (R = CO-$C_6H_5$, X = $SO_2$-$C_6H_5$).

*B.* Beim Erhitzen von 4-Amino-1-[4-phenylsulfon-benzamino]-anthrachinon (hergestellt durch Umsetzung von 4-Nitro-1-amino-anthrachinon mit 4-Phenylsulfon-benzoylchlorid und anschliessende Reduktion) mit 4-Chlor-1-benzamino-anthrachinon unter Zusatz von Natriumcarbonat und Kupfer(II)-acetat in Nitrobenzol (*CIBA*, Schweiz.P. 236685 [1942], U.S.P. 2453232 [1943]).

Olivgrüne Krystalle; F: 350—355° (*CIBA*, Schweiz.P. 236685).

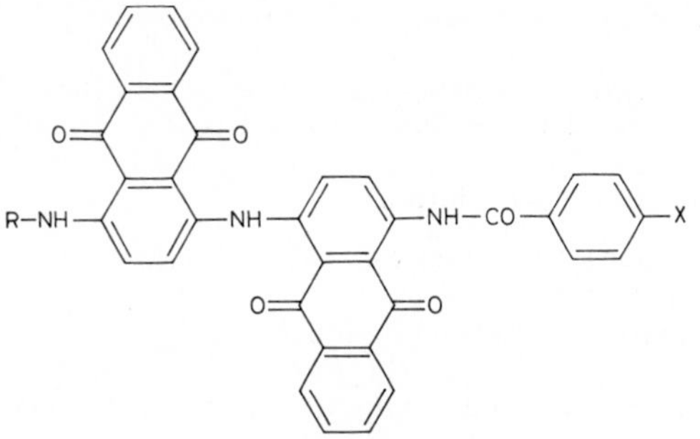

XIII 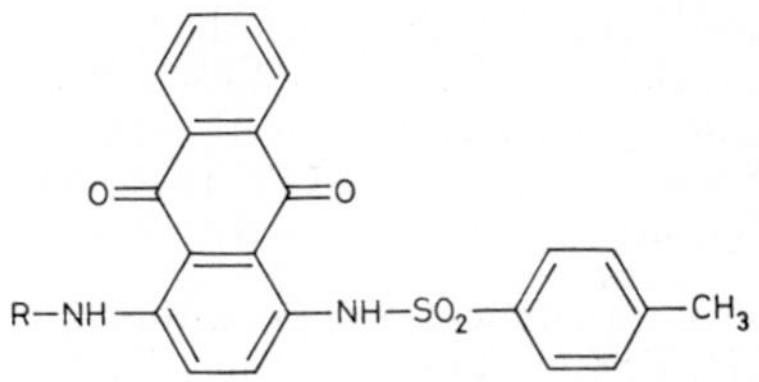 XIV

**4-[Toluol-sulfonyl-(4)-amino]-1-benzamino-anthrachinon, *N*-[4-(Toluol-sulfonyl-(4)-amino)-9.10-dioxo-9.10-dihydro-anthryl-(1)]-benzamid,** N-*(9,10-dioxo-4-*p*-toluenesulfonamido-9,10-dihydro-1-anthryl)benzamide* $C_{28}H_{20}N_2O_5S$, Formel XIV (R = CO-$C_6H_5$).

*B.* Beim Erhitzen von 4-Chlor-1-benzamino-anthrachinon mit Toluolsulfonamid-(4) unter Zusatz von Natriumacetat, Kupfer(II)-acetat und Kupfer(I)-chlorid in 1.2-Dichlorbenzol (*Imp. Chem. Ind.*, U.S.P. 1939218 [1932]).

Rote Krystalle (aus 1.2-Dichlor-benzol oder Nitrobenzol); F: 260—262°.

**3-Chlor-4-amino-1-anilino-anthrachinon,** *1-amino-4-anilino-2-chloroanthraquinone* $C_{20}H_{13}ClN_2O_2$, Formel I (R = H, X = Cl).

*B.* Beim Erhitzen von 2.4-Dichlor-1-amino-anthrachinon mit Anilin unter Zusatz von Natriumacetat, Kupfer(II)-sulfat und Kupfer in Amylalkohol (*Bedekar, Tilak, Venkataraman*, Pr. Indian Acad. [A] **28** [1948] 236, 248).

Rötlichblaue Krystalle; F: 232—233°.

**3-Chlor-4-amino-1-*p*-toluidino-anthrachinon,** *1-amino-2-chloro-4-*p*-toluidinoanthraquinone* $C_{21}H_{15}ClN_2O_2$, Formel I (R = $CH_3$, X = Cl).

*B.* Beim Erhitzen von 2.4-Dichlor-1-amino-anthrachinon mit *p*-Toluidin unter Zusatz von Natriumacetat, Kupfer(II)-sulfat und Kupfer in Amylalkohol (*Bedekar, Tilak, Venkataraman*, Pr. Indian Acad. [A] **28** [1948] 236, 248).

Violette Krystalle; F: 238—239°.

**(±)-3-Chlor-4-amino-1-[β-hydroxy-isopropylamino]-anthrachinon,** (±)-*1-amino-2-chloro-4-(2-hydroxy-1-methylethylamino)anthraquinone* $C_{17}H_{15}ClN_2O_3$, Formel II (X = Cl).

*B.* Beim Erhitzen von 2-Chlor-4-brom-1-amino-anthrachinon mit (±)-2-Amino-propanol-(1) unter Zusatz von Kaliumcarbonat, Kaliumacetat und Kupfer(II)-acetat in Nitrobenzol (*Imp. Chem. Ind.*, U.S.P. 2415377 [1943]).

Violette Krystalle; F: 221—222°.

**2.3-Dichlor-1.4-diamino-anthrachinon,** *1,4-diamino-2,3-dichloroanthraquinone* $C_{14}H_8Cl_2N_2O_2$, Formel III (H 202; E I 466; E II 116).

*B.* Aus 1.2.3.4-Tetrachlor-anthrachinon beim Erhitzen mit wss. Ammoniak unter Zusatz von Kupfer(I)-chlorid auf 160° (*Scottish Dyes Ltd.*, D.R.P. 549137 [1928]; Frdl. **19** 1945).

Violette Krystalle; F: 296° (*Bradley, Pandit*, Soc. **1957** 819, 825).

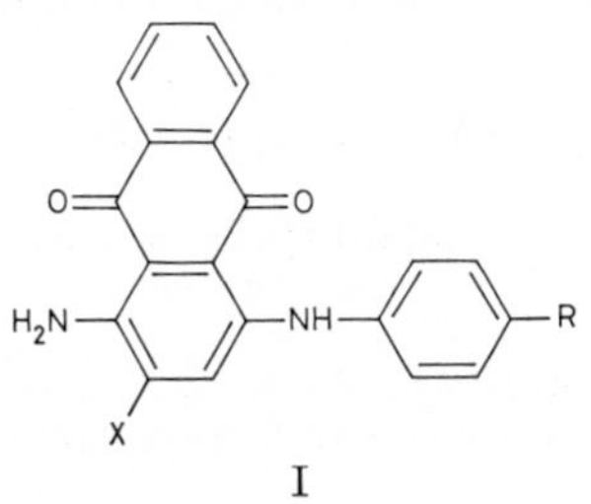

I 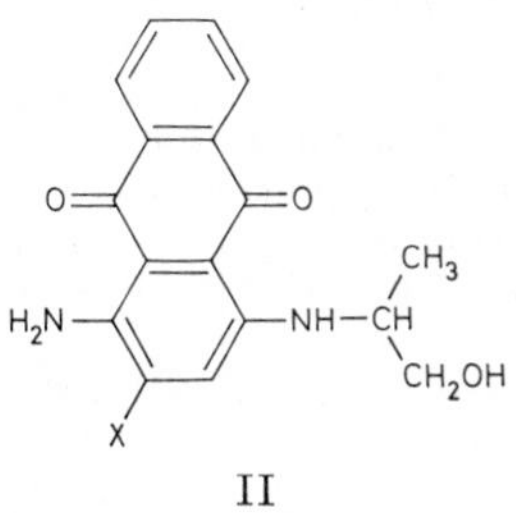 II 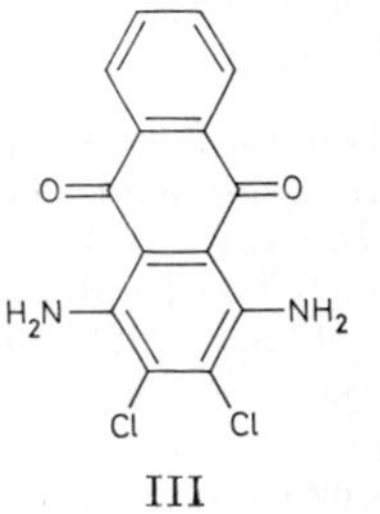 III

**5.6.7.8-Tetrachlor-1.4-dianilino-anthrachinon,** *1,4-dianilino-5,6,7,8-tetrachloroanthraquinone* $C_{26}H_{14}Cl_4N_2O_2$, Formel IV.

*B.* Beim Erhitzen von 5.6.7.8-Tetrachlor-anthracentetrol-(1.4.9.10) (E III **8** 3708) mit Anilin unter Zusatz von Borsäure und Behandeln des Reaktionsgemisches mit Luft (*Waldmann*, J. pr. [2] **147** [1937] 331, 336).

Violette Krystalle (aus Nitrobenzol); F: 295° [nach Sintern].

**3-Brom-4-amino-1-anilino-anthrachinon,** *1-amino-4-anilino-2-bromoanthraquinone* $C_{20}H_{13}BrN_2O_2$, Formel I (R = H, X = Br) (H 202).

*B.* Beim Erhitzen von 2.4-Dibrom-1-amino-anthrachinon mit Anilin unter Zusatz von Ammoniumacetat und Kupfer(II)-acetat in Wasser (*Du Pont de Nemours & Co.*, U.S.P. 1931265 [1931]) oder unter Zusatz von Kaliumacetat und Kupfer(II)-carbonat (*CIBA*, U.S.P. 2434765 [1945]; vgl. H 202).

**3-Brom-4-amino-1-*p*-toluidino-anthrachinon,** *1-amino-2-bromo-4-*p*-toluidinoanthraquinone* $C_{21}H_{15}BrN_2O_2$, Formel I (R = $CH_3$, X = Br) (H 202; E I 466; E II 116).

*B.* Beim Erhitzen von 2.4-Dibrom-1-amino-anthrachinon mit *p*-Toluidin unter Zusatz von Ammoniumacetat und Kupfer(II)-acetat in Wasser (*Du Pont de Nemours & Co.*, U.S.P. 1931265 [1931]) oder unter Zusatz von Kaliumacetat und Kupfer(II)-acetat in Butanol-(1) oder Isobutylalkohol (*Nation. Aniline & Chem. Co.*, U.S.P. 2210517 [1937]; vgl. H 202; E II 116).

Blauviolette Krystalle (aus Nitrobenzol + A.); F: 229—230° (*Mangini, Weger*, Boll. scient. Fac. Chim. ind. Bologna **3** [1942] 232, 235). Absorptionsspektrum einer Lösung in Nitrobenzol (445—620 mμ): *Ma., We.*, l. c. S 239; einer Lösung in Dioxan (400—700 mμ): *Allen, Wilson, Frame*, J. org. Chem. **7** [1942] 169, 173, 175.

**3-Brom-4-amino-1-[4-dodecyl-anilino]-anthrachinon,** *1-amino-2-bromo-4-(*p*-dodecylanilino)anthraquinone* $C_{32}H_{37}BrN_2O_2$, Formel I (R = $[CH_2]_{11}$-$CH_3$, X = Br).

*B.* Beim Erhitzen von 2.4-Dibrom-1-amino-anthrachinon mit 4-Dodecyl-anilin unter Zusatz von Pyridin, Kaliumacetat und Kupfer(II)-acetat (*Imp. Chem. Ind.*, U.S.P. 2100392 [1935]).

Dunkle Krystalle; F: 130—131°.

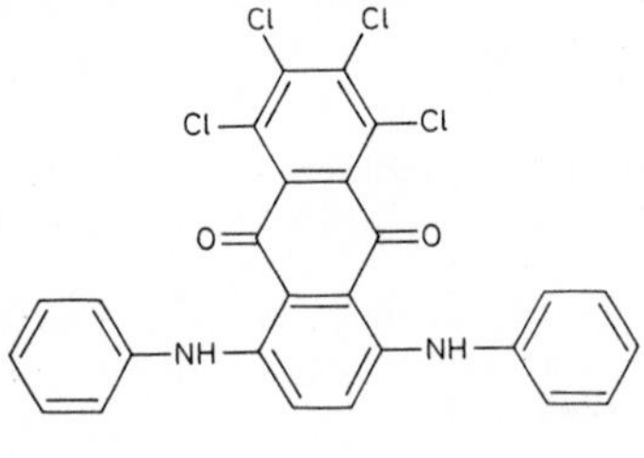

IV 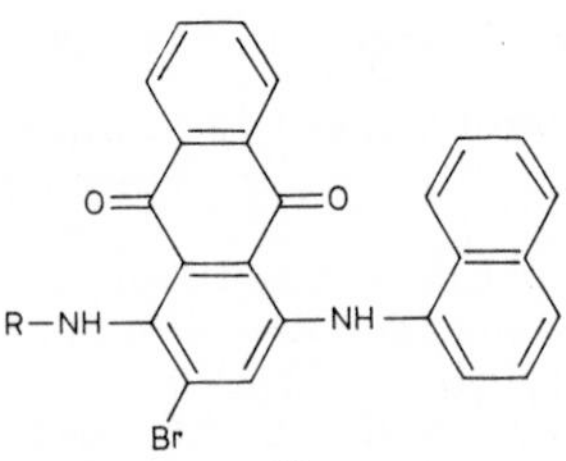 V

**3-Brom-4-amino-1-[naphthyl-(1)-amino]-anthrachinon,** *1-amino-2-bromo-4-(1-naphthylamino)anthraquinone* $C_{24}H_{15}BrN_2O_2$, Formel V (R = H).

*B.* Beim Erhitzen von 2.4-Dibrom-1-amino-anthrachinon mit Naphthyl-(1)-amin unter Zusatz von Kaliumacetat, Kupfer(II)-acetat und Kupfer-Pulver in Butanol-(1) (*Mangini, Weger*, Boll. scient. Fac. Chim. ind. Bologna **3** [1942] 232, 235).

Blaue Krystalle (aus Nitrobenzol); F: 250—251°. Absorptionsspektrum (Nitrobenzol; 445—620 mμ): *Ma., We.*, l. c. S. 239.

**3-Brom-4-amino-1-[naphthyl-(2)-amino]-anthrachinon,** *1-amino-2-bromo-4-(2-naphthylamino)anthraquinone* $C_{24}H_{15}BrN_2O_2$, Formel VI (R = H).

*B.* Beim Erhitzen von 2.4-Dibrom-1-amino-anthrachinon mit Naphthyl-(2)-amin unter Zusatz von Kaliumacetat und Kupfer(I)-chlorid in Butanol-(1) (*Nation. Aniline & Chem. Co.*, U.S.P. 2210517 [1937]).

Blaue Krystalle (aus Nitrobenzol + A.); F: 242—243° (*Mangini, Weger*, Boll. scient. Fac. Chim. ind. Bologna **3** [1942] 232, 236). Absorptionsspektrum (Nitrobenzol; 445 mμ bis 620 mμ): *Ma., We.*, l. c. S. 239.

**3-Brom-4-amino-1-[biphenylyl-(4)-amino]-anthrachinon,** *1-amino-4-(biphenyl-4-yl-amino)-2-bromoanthraquinone* $C_{26}H_{17}BrN_2O_2$, Formel I ($R = C_6H_5$, $X = Br$) auf S. 463.

*B.* Beim Erhitzen von 2.4-Dibrom-1-amino-anthrachinon mit Biphenylyl-(4)-amin unter Zusatz von Kaliumacetat, Kupfer(II)-acetat und Kupfer-Pulver in Butanol-(1) (*Mangini, Weger,* Boll. scient. Fac. Chim. ind. Bologna **3** [1942] 232, 235).

Violette Krystalle (aus Nitrobenzol); F: 269°. Absorptionsspektrum (Nitrobenzol; 445—620 mμ): *Ma., We.,* l. c. S. 239.

**(±)-3-Brom-4-amino-1-[β-hydroxy-isopropylamino]-anthrachinon,** (±)-*1-amino-2-bromo-4-(2-hydroxy-1-methylethylamino)anthraquinone* $C_{17}H_{15}BrN_2O_3$, Formel II ($X = Br$) auf S. 463.

*B.* Beim Erwärmen von 2.4-Dibrom-1-amino-anthrachinon mit (±)-2-Amino-propan-ol-(1) unter Zusatz von Kaliumacetat und Kupfer(I)-chlorid in Nitrobenzol (*Imp. Chem. Ind.,* U.S.P. 2415377 [1943]).

Violette Krystalle (aus Nitrobenzol); F: 208°.

**3-Brom-4-amino-1-*p*-phenetidino-anthrachinon,** *1-amino-2-bromo-4-*p*-phenetidino-anthraquinone* $C_{22}H_{17}BrN_2O_3$, Formel I ($R = OC_2H_5$, $X = Br$) auf S. 463.

*B.* Beim Erhitzen von 2.4-Dibrom-1-amino-anthrachinon mit *p*-Phenetidin unter Zusatz von Kaliumacetat, Kupfer(II)-acetat und Kupfer-Pulver in Butanol-(1) (*Mangini, Weger,* Boll. scient. Fac. Chim. ind. Bologna **3** [1942] 232, 235).

Blaue Krystalle (aus Nitrobenzol); F: 191°. Absorptionsspektrum (Nitrobenzol; 445—620 mμ): *Ma., We.,* l. c. S. 239.

**3-Brom-4-amino-1-[4-butylmercapto-anilino]-anthrachinon,** *1-amino-2-bromo-4-[*p*-(butylthio)anilino]anthraquinone* $C_{24}H_{21}BrN_2O_2S$, Formel I ($R = S\text{-}[CH_2]_3\text{-}CH_3$, $X = Br$) auf S. 463.

*B.* Beim Erhitzen von 2.4-Dibrom-1-amino-anthrachinon mit 4-Butylmercapto-anilin unter Zusatz von Kaliumacetat und Kupfer(II)-acetat (*Imp. Chem. Ind.,* D.R.P. 643164 [1935]; Frdl. **23** 944).

Blaue Krystalle; F: 175°.

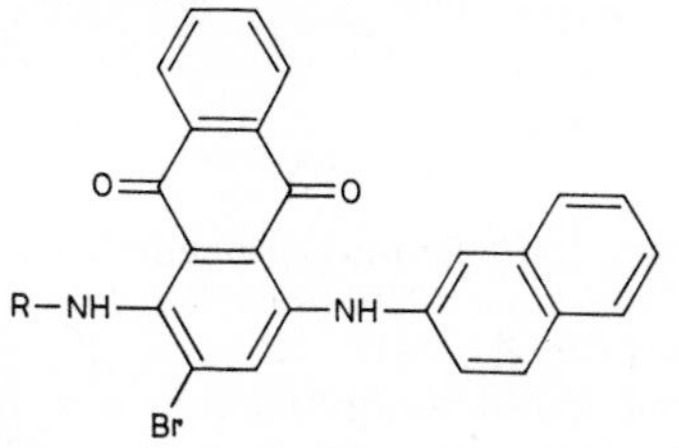

VI 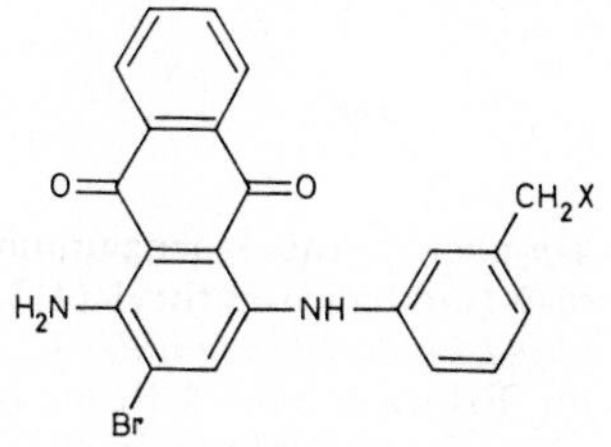 VII

**3-Brom-4-amino-1-[3-hydroxymethyl-anilino]-anthrachinon,** *1-amino-2-bromo-4-(α-hydroxy-*m*-toluidino)anthraquinone* $C_{21}H_{15}BrN_2O_3$, Formel VII ($X = OH$).

*B.* Beim Erhitzen von 2.4-Dibrom-1-amino-anthrachinon mit 3-Amino-benzylalkohol unter Zusatz von Kaliumcarbonat, Kaliumacetat und Kupfer(II)-acetat in 1-Äthoxy-äthanol-(2) (*Du Pont de Nemours & Co.,* U.S.P. 2353108 [1940]).

Krystalle (aus *O*-Methyl-diäthylenglykol); F: 211,6°.

**2-Brom-4-*p*-toluidino-1-benzamino-anthrachinon, *N*-[2-Brom-4-*p*-toluidino-9.10-dioxo-9.10-dihydro-anthryl-(1)]-benzamid,** *N-(2-bromo-9,10-dioxo-4-*p*-toluidino-9,10-dihydro-1-anthryl)benzamide* $C_{28}H_{19}BrN_2O_3$, Formel VIII ($R = CH_3$).

*B.* Beim Erhitzen von 3-Brom-4-amino-1-*p*-toluidino-anthrachinon mit Benzoyl-chlorid in Nitrobenzol (*Mangini, Weger,* Boll. scient. Fac. Chim. ind. Bologna **3** [1942] 232, 237).

Rote Krystalle (aus Py.); F: 256—257°. Absorptionsspektrum (Nitrobenzol; 445 mμ bis 620 mμ): *Ma., We.,* l. c. S. 240.

**2-Brom-4-[naphthyl-(1)-amino]-1-benzamino-anthrachinon, *N*-[2-Brom-4-(naphth-yl-(1)-amino)-9.10-dioxo-9.10-dihydro-anthryl-(1)]-benzamid,** *N-[2-bromo-4-(1-naphthylamino)-9,10-dioxo-9,10-dihydro-1-anthryl]benzamide* $C_{31}H_{19}BrN_2O_3$, Formel V ($R = CO\text{-}C_6H_5$).

*B.* Beim Erhitzen von 3-Brom-4-amino-1-[naphthyl-(1)-amino]-anthrachinon mit

Benzoylchlorid in Nitrobenzol (*Mangini, Weger*, Boll. scient. Fac. Chim. ind. Bologna **3** [1942] 232, 238).

Violette Krystalle (aus Py. + A.); F: 257—258°. Absorptionsspektrum (Nitrobenzol; 445—620 mμ): *Ma., We.*, l. c. S. 240.

**2-Brom-4-[naphthyl-(2)-amino]-1-benzamino-anthrachinon, *N*-[2-Brom-4-(naphth=yl-(2)-amino)-9.10-dioxo-9.10-dihydro-anthryl-(1)]-benzamid,** N-[*2-bromo-4-(2-naphthylamino)-9,10-dioxo-9,10-dihydro-1-anthryl*]*benzamide* $C_{31}H_{19}BrN_2O_3$, Formel VI (R = CO-$C_6H_5$).

*B.* Beim Erhitzen von 3-Brom-4-amino-1-[naphthyl-(2)-amino]-anthrachinon mit Benzoylchlorid in Nitrobenzol (*Mangini, Weger*, Boll. scient. Fac. Chim. ind. Bologna **3** [1942] 232, 238).

Rote Krystalle (aus Dioxan); F: 237—238°. Absorptionsspektrum (Nitrobenzol; 445—620 mμ): *Ma., We.*, l. c. S. 240.

**2-Brom-4-[biphenylyl-(4)-amino]-1-benzamino-anthrachinon, *N*-[2-Brom-4-(biphenyl=yl-(4)-amino)-9.10-dioxo-9.10-dihydro-anthryl-(1)]-benzamid,** N-[*4-(biphenyl-4-yl=amino)-2-bromo-9,10-dioxo-9,10-dihydro-1-anthryl*]*benzamide* $C_{33}H_{21}BrN_2O_3$, Formel VIII (R = $C_6H_5$).

*B.* Beim Erhitzen von 3-Brom-4-amino-1-[biphenylyl-(4)-amino]-anthrachinon mit Benzoylchlorid in Nitrobenzol (*Mangini, Weger*, Boll. scient. Fac. Chim. ind. Bologna **3** [1942] 232, 238).

Violette Krystalle (aus Py.); F: 272—273°. Absorptionsspektrum (Nitrobenzol; 445 mμ bis 620 mμ): *Ma., We.*, l. c. S. 240.

VIII IX

**2-Brom-4-*p*-phenetidino-1-benzamino-anthrachinon, *N*-[2-Brom-4-*p*-phenetidino-9.10-dioxo-9.10-dihydro-anthryl-(1)]-benzamid,** N-(*2-bromo-9,10-dioxo-4-*p*-phenetidino-9,10-dihydro-1-anthryl*)*benzamide* $C_{29}H_{21}BrN_2O_4$, Formel VIII (R = $OC_2H_5$).

*B.* Beim Erhitzen von 3-Brom-4-amino-1-*p*-phenetidino-anthrachinon mit Benzoyl=chlorid in Nitrobenzol (*Mangini, Weger*, Boll. scient. Fac. Chim. ind. Bologna **3** [1942] 232, 237).

Rote Krystalle (aus Dioxan); F: 223—224°. Absorptionsspektrum (Nitrobenzol; 445—620 mμ): *Ma., We.*, l. c. S. 240.

**3-Brom-4-amino-1-[3-(diäthylamino-methyl)-anilino]-anthrachinon,** *1-amino-2-bromo-4-*[*α-(diethylamino)-*m*-toluidino*]*anthraquinone* $C_{25}H_{24}BrN_3O_2$, Formel VII (X = $N(C_2H_5)_2$).

*B.* Beim Erhitzen von 2.4-Dibrom-1-amino-anthrachinon mit Diäthyl-[3-amino-benzyl]-amin unter Zusatz von Natriumacetat und Kupfer(II)-acetat in Amylalkohol (*I.G. Farbenind.*, D.R.P. 744218 [1939]; D.R.P. Org. Chem. **1**, Tl. 2, S. 85).

Blaue Krystalle (aus Nitrobenzol); F: ca. 247° [Zers.].

**5-Nitro-1.4-bis-benzamino-anthrachinon,** N,N'-(*5-nitro-9,10-dioxo-9,10-dihydro=anthracene-1,4-diyl*)*bisbenzamide* $C_{28}H_{17}N_3O_6$, Formel IX.

*B.* Beim Erhitzen von 5-Nitro-1.4-diamino-anthrachinon mit Benzoylchlorid in Nitro=benzol (*Du Pont de Nemours & Co.*, U.S.P. 2353010 [1942]).

Rotbraune Krystalle; F: 281°. [*W. Hoffmann*]

**1.5-Diamino-anthrachinon,** *1,5-diaminoanthraquinone* $C_{14}H_{10}N_2O_2$, Formel X (R = X = H) (H 203; E I 467; E II 116).

*B.* Neben 5-Chlor-1-amino-anthrachinon aus 1.5-Dichlor-anthrachinon beim Erhitzen mit wss. Ammoniak auf 170° (*Scottish Dyes Ltd.*, D.R.P. 549137 [1928]; Frdl. **19** 1945;

s. a. *Groggins*, U.S.P. 1892302 [1931]) sowie beim Erhitzen mit Toluolsulfonamid-(4) in 1.2-Dichlor-benzol unter Zusatz von Kaliumcarbonat, Kupfer(II)-acetat und Kupfer(I)-chlorid und Behandeln des Reaktionsprodukts mit Schwefelsäure (*Imp. Chem. Ind.*, U.S.P. 1863265 [1931]; vgl. E II 117). Beim Erhitzen von 1.5-Dichlor-anthrachinon mit Pyridin und Aluminiumchlorid auf 250° und Erwärmen des erhaltenen 1.5-Dipyridinio-anthrachinon-dichlorids mit Piperidin und Wasser (*I.G. Farbenind.*, D.R.P. 593671, 592202 [1932]; Frdl. **20** 1310, 1315). Aus 9.10-Dioxo-9.10-dihydro-anthracen-disulfonsäure-(1.5) beim Erhitzen des Natrium-Salzes mit wss. Ammoniak unter Zusatz von Bariumchlorid und einem Oxydationsmittel auf 180° (*Lauer*, J. pr. [2] **135** [1932] 7, 12).

Reinigung über das Sulfat: *Il'inškiĭ, Saikin*, Ž. obšč. Chim. **4** [1934] 1294, 1295; C. **1936** I 4904.

Krystalle (aus Anilin); F: 313–314° (*Il'., Sai.*). Absorptionsspektrum (Nitrobenzol; 440–580 mμ): *Mangini, Weger*, Boll. scient. Fac. Chim. ind. Bologna **3** [1942] 223, 230; *Mangini, Nicolini*, Boll. scient. Fac. Chim. ind. Bologna **4** [1943] 1, 6. Maximum der Fluorescenz des Dampfes: 550 mμ (*Karjakin, Terenin, Kalenitschenko*, Doklady Akad. S.S.S.R. **67** [1949] 305, 306; C. A. **1949** 7828). Reversible Löschung der Fluorescenz des Dampfes beim Behandeln mit Sauerstoff bei 300°: *Karjakin*, Ž. fiz. Chim. **23** [1949] 1332, 1337; C. A. **1950** 2853. An mit Kupfer(II)-Salzen beschichtetem Silicagel adsorbiertes 1.5-Diamino-anthrachinon zeigt bei Bestrahlung mit Licht der Wellenlänge 360 mμ bei der Temperatur von flüssiger Luft eine intensive Emissionsbande bei 880 mμ (*Karjakin, Kalenitschenko*, Doklady Akad. S.S.S.R. **66** [1949] 191; C. A. **1949** 6085).

Beim Behandeln mit wss. Natronlauge und Natriumdithionit und anschliessend mit wss. Formaldehyd und Leiten von Luft durch die Reaktionslösung ist 1.5-Diamino-2.6-dimethyl-anthrachinon erhalten worden (*Marschalk, Kœnig, Ouroussoff*, Bl. [5] **3** [1936] 1545, 1563).

**1.5-Bis-methylamino-anthrachinon,** *1,5-bis(methylamino)anthraquinone* $C_{16}H_{14}N_2O_2$, Formel X (R = X = $CH_3$) (H 205).

*B.* Beim Erhitzen des Kalium-Salzes der 9.10-Dioxo-9.10-dihydro-anthracen-disulfonsäure-(1.5) mit Methylamin in Wasser unter Zusatz eines Oxydationsmittels (*Lauer*, J. pr. [2] **135** [1932] 7, 9, 14; vgl. H 205).

Beim Behandeln mit wss. Salpetersäure (D: 1,42) ist x.x.x.x-Tetranitro-1.5-bis-methylamino-anthrachinon $C_{16}H_{10}N_6O_{10}$ (Krystalle, F: 220° [Zers.] [Einheitlichkeit ungewiss]) erhalten worden (*Hall, Hey*, Soc. **1948** 736, 737, 738).

**5-Amino-1-cyclohexylamino-anthrachinon,** *1-amino-5-(cyclohexylamino)anthraquinone* $C_{20}H_{20}N_2O_2$, Formel X (R = $C_6H_{11}$, X = H).

*B.* Aus 5-Chlor-1-amino-anthrachinon und Cyclohexylamin (*I.G. Farbenind.*, D.R.P. 550944 [1930]; Frdl. **19** 2141).

Rote Krystalle; F: 174°.

**5-Amino-1-*p*-toluidino-anthrachinon,** *1-amino-5-*p*-toluidinoanthraquinone* $C_{21}H_{16}N_2O_2$, Formel XI.

*B.* Beim Erhitzen von 5-Chlor-1-amino-anthrachinon mit *p*-Toluidin und Natriumacetat (*Maki, Nagai*, J. Soc. chem. Ind. Japan **33** [1930] 1310; J. Soc. chem. Ind. Japan Spl. **33** [1930] 464; C. **1931** I 613).

Violettschwarze Krystalle (aus Chlorbenzol); F: 160,2° [korr.].

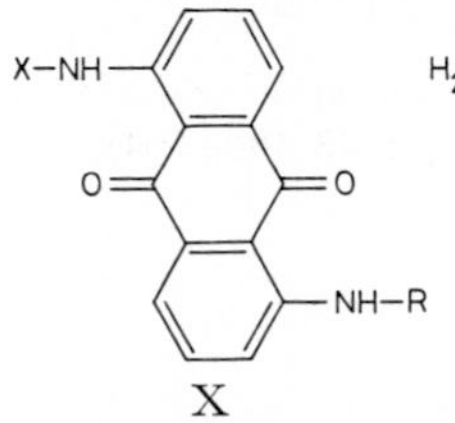


X

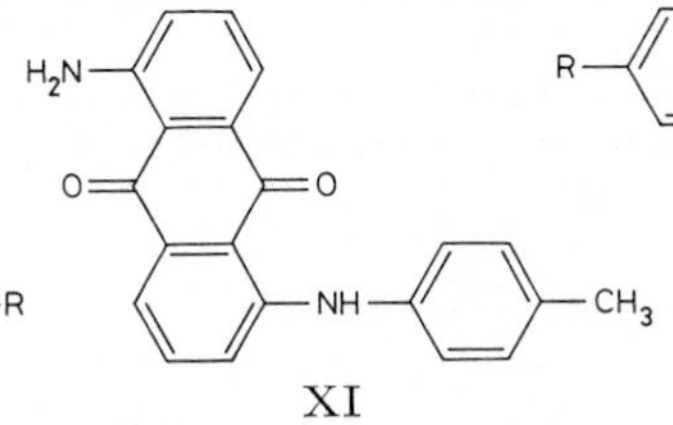


XI

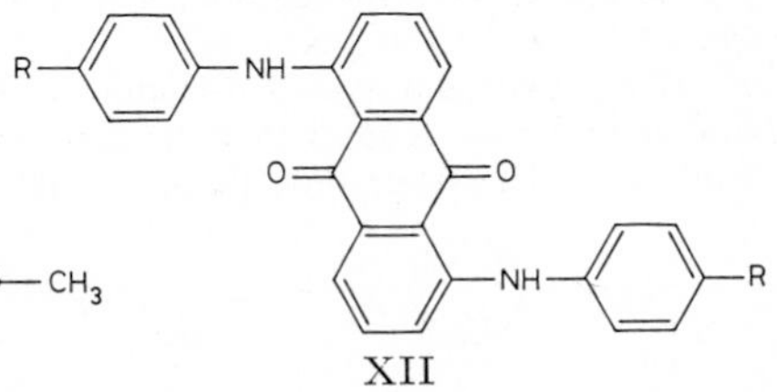


XII

**1.5-Di-*p*-toluidino-anthrachinon,** *1,5-di-*p*-toluidinoanthraquinone* $C_{28}H_{22}N_2O_2$, Formel XII (R = $CH_3$) (H 206; E I 468; E II 117).

Absorptionsspektrum (Dioxan; 400–650 mμ): *Allen, Wilson, Frame*, J. org. Chem. **7** [1942] 169, 174.

**1.5-Bis-[5.6.7.8-tetrahydro-naphthyl-(2)-amino]-anthrachinon,** *1,5-bis(5,6,7,8-tetrahydro-2-naphthylamino)anthraquinone* $C_{34}H_{30}N_2O_2$, Formel XIII.

*B.* Beim Erhitzen von 1.5-Dichlor-anthrachinon mit 5.6.7.8-Tetrahydro-naphthyl-(2)-amin unter Zusatz von Natriumacetat (*I.G. Farbenind.*, D.R.P. 624782 [1933]; Frdl. **22** 1052).

Bläulichrote Krystalle; F: 220°.

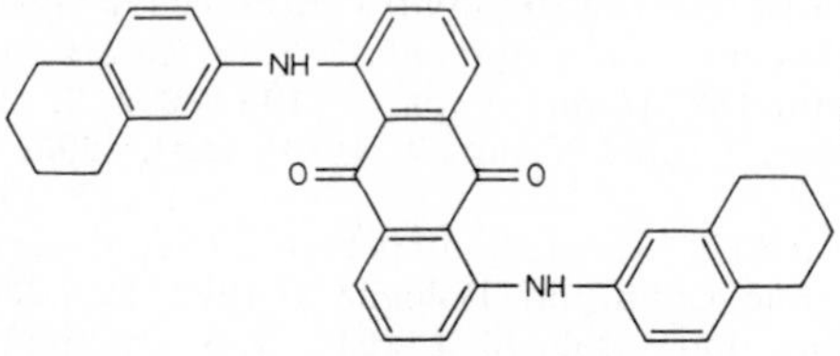

XIII 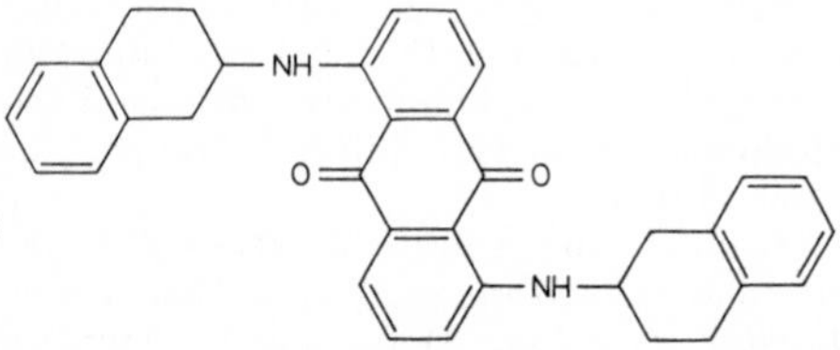 XIV

**1.5-Bis-[1.2.3.4-tetrahydro-naphthyl-(2)-amino]-anthrachinon,** *1,5-bis(1,2,3,4-tetrahydro-2-naphthylamino)anthraquinone* $C_{34}H_{30}N_2O_2$, Formel XIV.

Eine opt.-inakt. Verbindung (bläulichrote Krystalle; F: 265°) dieser Konstitution ist beim Erhitzen von 1.5.-Dichlor-anthrachinon mit (±)-1.2.3.4-Tetrahydro-naphthyl-(2)-amin unter Zusatz von Kaliumacetat erhalten worden (*I.G. Farbenind.*, D.R.P. 624782 [1933]; Frdl. **22** 1052).

**1.5-Bis-[4-cyclohexyl-anilino]-anthrachinon,** *1,5-bis(p-cyclohexylanilino)anthraquinone* $C_{38}H_{38}N_2O_2$, Formel XII ($R = C_6H_{11}$).

*B.* Beim Erhitzen von 1.5-Dichlor-anthrachinon mit 4-Cyclohexyl-anilin unter Zusatz von Natriumacetat (*I.G. Farbenind.*, D.R.P. 624782 [1933]; Frdl. **22** 1052).

Rotbraune Krystalle; F: 304—305°.

**1.5-Bis-[bibenzylyl-(α)-amino]-anthrachinon,** *1,5-bis(α-phenylphenethylamino)anthraquinone* $C_{42}H_{34}N_2O_2$, Formel X ($R = X = CH(C_6H_5)\text{-}CH_2\text{-}C_6H_5$).

Eine opt.-inakt. Verbindung (rote Krystalle [aus Py.]; F: 276—278°) dieser Konstitution ist beim Erhitzen von 1.5-Dichlor-anthrachinon mit (±)-Bibenzylyl-(α)-amin unter Zusatz von Kupfer(II)-acetat und Kaliumacetat erhalten worden (*Imp. Chem. Ind.*, U.S.P. 2199176 [1938]).

**5-Amino-1-[2-hydroxy-äthylamino]-anthrachinon,** *1-amino-5-(2-hydroxyethylamino)anthraquinone* $C_{16}H_{14}N_2O_3$, Formel X ($R = CH_2\text{-}CH_2OH$, $X = H$).

*B.* Aus 5-Chlor-1-amino-anthrachinon und 2-Amino-äthanol-(1) (*I.G. Farbenind.*, D.R.P. 550944 [1930]; Frdl. **19** 2141).

Rote Krystalle; F: 175°.

**1.5-Di-*o*-anisidino-anthrachinon,** *1,5-di-o-anisidinoanthraquinone* $C_{28}H_{22}N_2O_4$, Formel XV ($R = H$, $X = OCH_3$).

*B.* Beim Erhitzen von 1.5-Dichlor-anthrachinon mit *o*-Anisidin unter Zusatz von Kaliumacetat und Kupfer in Nitrobenzol (*Cook, Waddington*, Soc. **1945** 402, 404).

Rote Krystalle (aus Eg. oder E.); F: 210°.

**1.5-Di-*m*-anisidino-anthrachinon,** *1,5-di-m-anisidinoanthraquinone* $C_{28}H_{22}N_2O_4$, Formel XV ($R = OCH_3$, $X = H$).

*B.* Beim Erhitzen von 1.5-Dichlor-anthrachinon mit *m*-Anisidin unter Zusatz von Kaliumacetat und Kupfer in Nitrobenzol (*Cook, Waddington*, Soc. **1945** 402, 404).

Rotbraune Krystalle (aus Eg.); F: 192°.

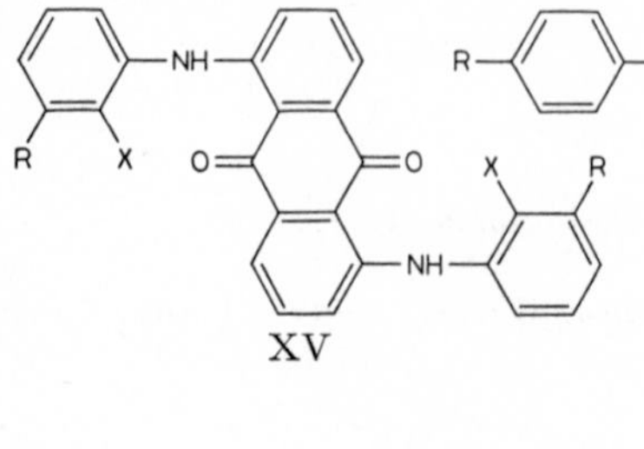

XV 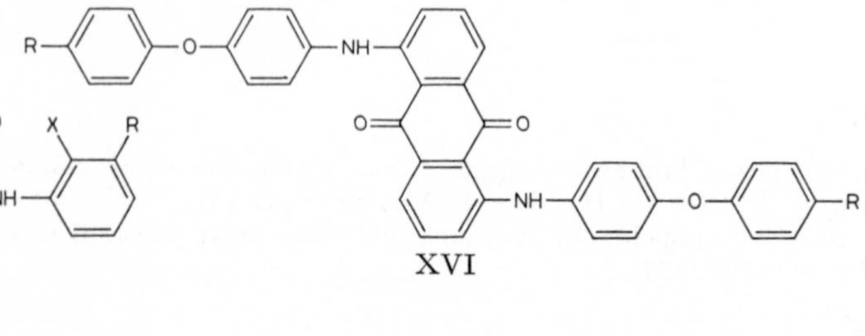 XVI

**1.5-Di-*p*-anisidino-anthrachinon,** *1,5-di-*p*-anisidinoanthraquinone* $C_{28}H_{22}N_2O_4$, Formel XII (R = $OCH_3$) auf S. 467.

*B.* Beim Erhitzen von 1.5-Dichlor-anthrachinon mit *p*-Anisidin unter Zusatz von Kaliumacetat und Kupfer in Nitrobenzol (*Cook, Waddington,* Soc. **1945** 402, 404).

Braune Krystalle (aus Bzl.); F: 243°.

**1.5-Bis-[4-phenoxy-anilino]-anthrachinon,** *1,5-bis(*p*-phenoxyanilino)anthraquinone* $C_{38}H_{26}N_2O_4$, Formel XVI (R = H).

*B.* Beim Erhitzen von 1.5-Dichlor-anthrachinon mit 4-Phenoxy-anilin unter Zusatz von Kaliumacetat (*I.G. Farbenind.*, D.R.P. 717073 [1938]; D.R.P. Org. Chem. **1**, Tl. 2, S. 111).

Krystalle; F: 219–220°.

**1.5-Bis-[4-*p*-tolyloxy-anilino]-anthrachinon,** *1,5-bis[*p*-(*p*-tolyloxy)anilino]anthraquinone* $C_{40}H_{30}N_2O_4$, Formel XVI (R = $CH_3$).

*B.* Beim Erhitzen von 1.5-Dichlor-anthrachinon mit 4-*p*-Tolyloxy-anilin unter Zusatz von Kaliumacetat (*I.G. Farbenind.*, D.R.P. 717073 [1938]; D.R.P. Org. Chem. **1**, Tl. 2, S. 111).

Krystalle; F: 228°.

**5-Amino-1-benzamino-anthrachinon, *N*-[5-Amino-9.10-dioxo-9.10-dihydro-anthryl-(1)]-benzamid,** N-*(5-amino-9,10-dioxo-9,10-dihydro-1-anthryl)benzamide* $C_{21}H_{14}N_2O_3$, Formel I (X = H) (H 207; E II 118).

*B.* Aus 5-Nitro-1-benzamino-anthrachinon beim Erhitzen mit Natriumsulfid in Wasser (*Hefti*, Helv. **14** [1931] 1404, 1411, 1422) sowie beim Erhitzen mit wss. Natronlauge und Natriumdithionit (*Spada*, Ann. Chimica applic. **30** [1940] 438, 441). Beim Erhitzen von 1.5-Diamino-anthrachinon mit Benzamid in Nitrobenzol unter Einleiten von Chlorwasserstoff (*I.G. Farbenind.*, D.R.P. 696423 [1935]; D.R.P. Org. Chem. **1**, Tl. 2, S. 239). Aus 5-[Toluol-sulfonyl-(2)-amino]-1-benzamino-anthrachinon (*Imp. Chem. Ind.*, U.S.P. 1939218 [1932]) oder aus 5-[Toluol-sulfonyl-(4)-amino]-1-benzamino-anthrachinon (*Imp. Chem. Ind.*; *Gen. Aniline Works*, U.S.P. 1966125 [1932]) beim Behandeln mit Schwefelsäure.

Reinigung über das Sulfat: *Il'inškiĭ, Saikin*, Anilinokr. Promyšl. **2** Nr. 10 [1932] 24, 26; C. **1934** I 1041; *Du Pont de Nemours & Co.*, U.S.P. 1868124 [1928].

Rötliche oder orangefarbene Krystalle; F: 286° (*Sp.*), 261° [aus Nitrobenzol] (*Imp. Chem. Ind.*), 255° [aus Nitrobenzol] (*Il'., Sai.*), 244–245° [aus Amylalkohol] (*He.*).

Beim Erhitzen mit Oxalylchlorid (0,7 Mol) in 1.2-Dichlor-benzol ist eine als *N.N'*-Bis-[5-benzamino-9.10-dioxo-9.10-dihydro-anthryl-(1)]-oxamid angesehene Verbindung $C_{44}H_{26}N_4O_8$ ($\lambda_{max}$ [$H_2SO_4$]: 448,8 mμ und 575,3 mμ) erhalten worden (*He.*).

**5-Amino-1-[2-chlor-benzamino]-anthrachinon, 2-Chlor-*N*-[5-amino-9.10-dioxo-9.10-dihydro-anthryl-(1)]-benzamid,** N-*(5-amino-9,10-dioxo-9,10-dihydro-1-anthryl)-*o*-chlorobenzamide* $C_{21}H_{13}ClN_2O_3$, Formel I (X = Cl).

*B.* Aus 5-Nitro-1-[2-chlor-benzamino]-anthrachinon beim Erhitzen mit Natriumsulfid in Wasser (*Hefti*, Helv. **14** [1931] 1404, 1422).

Rote Krystalle (aus Nitrobenzol); F: 278°. $\lambda_{max}$ (Xylol): 386,1 mμ und 482,4 mμ.

Beim Erhitzen mit Oxalylchlorid (0,5 Mol) in 1.2-Dichlor-benzol ist eine als *N.N'*-Bis-[5-(2-chlor-benzamino)-9.10-dioxo-9.10-dihydro-anthryl-(1)]-oxamid angesehene Verbindung $C_{44}H_{24}Cl_2N_4O_8$ ($\lambda_{max}$[$H_2SO_4$]: 461,8 mμ) erhalten worden.

$H_2N$ O O X NH–CO

I

CO–NH O O NH

II

**5-[Phenanthryl-(9)-amino]-1-benzamino-anthrachinon, *N*-[5-(Phenanthryl-(9)-amino)-9.10-dioxo-9.10-dihydro-anthryl-(1)]-benzamid,** N-[*9,10-dioxo-5-(9-phenanthrylamino)-9,10-dihydro-1-anthryl]benzamide* $C_{35}H_{22}N_2O_3$, Formel II.

*B.* Beim Erhitzen von 5-Amino-1-benzamino-anthrachinon mit 9-Brom-phenanthren in Nitrobenzol unter Zusatz von Natriumcarbonat, Natriumacetat und Kupfer(I)-chlorid (*CIBA*, D.R.P. **731426** [1939]; D.R.P. Org. Chem. **1**, Tl. 2, S. 577; U.S.P. **2297777** [1939]).

Rote Krystalle; F: 300–310°.

**5-[Fluoranthenyl-(3)-amino]-1-benzamino-anthrachinon, *N*-[5-(Fluoranthenyl-(3)-amino)-9.10-dioxo-9.10-dihydro-anthryl-(1)]-benzamid,** N-[*5-(fluoranthen-3-ylamino)-9,10-dioxo-9,10-dihydro-1-anthryl]benzamide* $C_{37}H_{22}N_2O_3$, Formel III (R = CO-$C_6H_5$, X = H).

*B.* Beim Erhitzen von 5-Amino-1-benzamino-anthrachinon mit 3-Brom-fluoranthen in Nitrobenzol unter Zusatz von Natriumcarbonat, Natriumacetat und Kupfer(I)-chlorid auf 200° (*CIBA*, D.R.P. **748788** [1938]; D.R.P. Org. Chem. **1**, Tl. 2, S. 636; U.S.P. **2253789** [1938]).

Braune Krystalle; F: 320°.

III

IV

**5-[8-Brom-fluoranthenyl-(3)-amino]-1-benzamino-anthrachinon, *N*-[5-(8-Brom-fluoranthenyl-(3)-amino)-9.10-dioxo-9.10-dihydro-anthryl-(1)]-benzamid,** N-[*5-(8-bromofluoranthen-3-ylamino)-9,10-dioxo-9,10-dihydro-1-anthryl]benzamide* $C_{37}H_{21}BrN_2O_3$, Formel III (R = CO-$C_6H_5$, X = Br), und **5-[3-Brom-fluoranthenyl-(8)-amino]-1-benzamino-anthrachinon, *N*-[5-(3-Brom-fluoranthenyl-(8)-amino)-9.10-dioxo-9.10-dihydro-anthryl-(1)]-benzamid,** N-[*5-(3-bromofluoranthen-8-ylamino)-9,10-dioxo-9,10-dihydro-1-anthryl]benzamide* $C_{37}H_{21}BrN_2O_3$, Formel IV (R = CO-$C_6H_5$).

Eine Verbindung (schwarzbraune Krystalle, F: 295–300°), der eine dieser Konstitutionsformeln zukommt, ist beim Erhitzen von 5-Amino-1-benzamino-anthrachinon mit 3.8-Dibrom-fluoranthen (1 Mol) in Nitrobenzol unter Zusatz von Natriumcarbonat, Natriumacetat und Kupfer(I)-chlorid erhalten worden (*CIBA*, D.R.P. **748788** [1938]; D.R.P. Org. Chem. **1**, Tl. 2, S. 636).

**5-[12-Brom-chrysenyl-(6)-amino]-1-benzamino-anthrachinon, *N*-[5-(12-Brom-chrysenyl-(6)-amino)-9.10-dioxo-9.10-dihydro-anthryl-(1)]-benzamid,** N-[*5-(12-bromochrysen-6-ylamino)-9,10-dioxo-9,10-dihydro-1-anthryl]benzamide* $C_{39}H_{23}BrN_2O_3$, Formel V.

*B.* Beim Erhitzen von 5-Amino-1-benzamino-anthrachinon mit 6.12-Dibrom-chrysen in Nitrobenzol unter Zusatz von Natriumcarbonat und Natriumacetat (*CIBA*, U.S.P. **2272011** [1938]).

Olivbraune Krystalle, die unterhalb 300° nicht schmelzen.

**1.5-Bis-benzamino-anthrachinon,** N,N'-(*9,10-dioxo-9,10-dihydroanthracene-1,5-diyl)bisbenzamide* $C_{28}H_{18}N_2O_4$, Formel VI (R = X = H) (H 207; E I 469; E II 118).

*B.* Beim Erhitzen von 1.5-Dichlor-anthrachinon mit Benzamid in 1.2-Dichlor-benzol unter Zusatz von Kaliumcarbonat und Kupfer(I)-bromid (*Du Pont de Nemours & Co.*, U.S.P. **2346726** [1942]). Beim Erhitzen von 1.5-Diamino-anthrachinon mit Benzamid in Nitrobenzol unter Einleiten von Chlorwasserstoff (*I.G. Farbenind.*, D.R.P. **696423** [1935]; D.R.P. Org. Chem. **1**, Tl. 2, S. 239).

Krystalle; F: 403° [korr.; aus Chinolin] (*Il'inskiĭ, Saikin*, Ž. obšč. Chim. **4** [1934] 1294, 1295; C. **1936** I 4904), 390° (*Du Pont*).

Geschwindigkeit der Hydrolyse in wss. Schwefelsäure verschiedener Konzentration: *Il'., Sai.*

**1.5-Bis-[2-trifluormethyl-benzamino]-anthrachinon,** *α,α,α,α′,α′,α′-hexafluoro-*N,N′-*(9,10-dioxo-9,10-dihydroanthracene-1,5-diyl)bis-*o-*toluamide* $C_{30}H_{16}F_6N_2O_4$, Formel VI (R = $CF_3$, X = H).

*B.* Beim Erhitzen von 1.5-Diamino-anthrachinon mit 2-Trifluormethyl-benzoylchlorid in 1.2-Dichlor-benzol unter Zusatz von Pyridin (*I.G. Farbenind.*, D.R.P. 665589 [1936]; Frdl. **25** 765; *Gen. Aniline Works*, U.S.P. 2143717 [1937]).

Gelbe Krystalle; F: 311°.

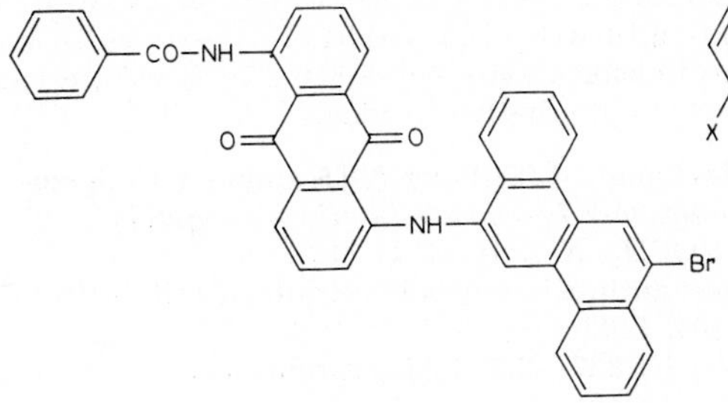

V 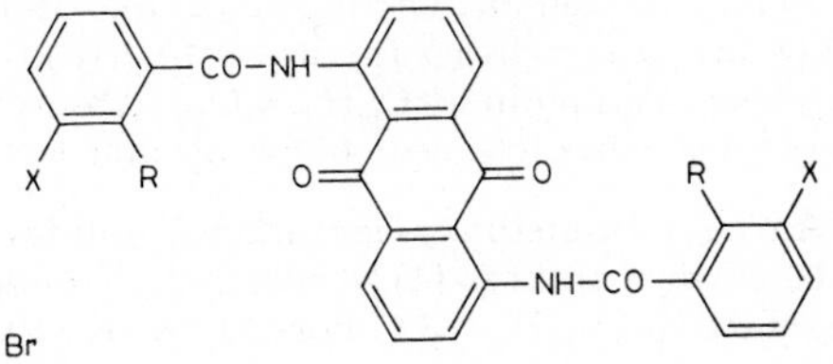 VI

**1-Benzamino-5-[3-trifluormethyl-benzamino]-anthrachinon,** N-*(5-benzamido-9,10-dioxo-9,10-dihydro-1-anthryl)-α,α,α-trifluoro-*m-*toluamide* $C_{29}H_{17}F_3N_2O_4$, Formel VII (R = H, X = $CF_3$).

*B.* Beim Erhitzen von 5-Amino-1-benzamino-anthrachinon mit 3-Trifluormethyl-benzoylfluorid in Nitrobenzol (*I.G. Farbenind.*, D.R.P. 665598 [1936]; Frdl. **25** 765; *Gen. Aniline Works*, U.S.P. 2143717 [1937]).

Gelbe Krystalle; F: 250°.

**1.5-Bis-[3-trifluormethyl-benzamino]-anthrachinon,** *α,α,α,α′,α′,α′-hexafluoro-*N,N′-*(9,10-dioxo-9,10-dihydroanthracene-1,5-diyl)bis-*m-*toluamide* $C_{30}H_{16}F_6N_2O_4$, Formel VI (R = H, X = $CF_3$).

*B.* Beim Erhitzen von 1.5-Diamino-anthrachinon mit 3-Trifluormethyl-benzoylfluorid in Nitrobenzol (*I.G. Farbenind.*, D.R.P. 665598 [1936]; Frdl. **25** 765; *Gen. Aniline Works*, U.S.P. 2143717 [1937]).

Gelbe Krystalle; F: 290–292°.

**1-Benzamino-5-[4-trifluormethyl-benzamino]-anthrachinon,** N-*(5-benzamido-9,10-dioxo-9,10-dihydro-1-anthryl)-α,α,α-trifluoro-*p-*toluamide* $C_{29}H_{17}F_3N_2O_4$, Formel VII (R = $CF_3$, X = H).

*B.* Beim Erhitzen von 5-Amino-1-benzamino-anthrachinon mit 4-Trifluormethyl-benzoylfluorid in Nitrobenzol (*I.G. Farbenind.*, D.R.P. 665598 [1936]; Frdl. **25** 765; *Gen. Aniline Works*, U.S.P. 2143717 [1937]).

Gelbe Krystalle; F: 297–298°.

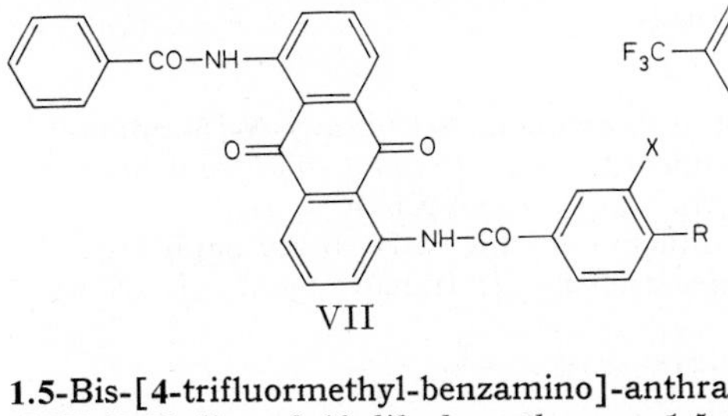

VII 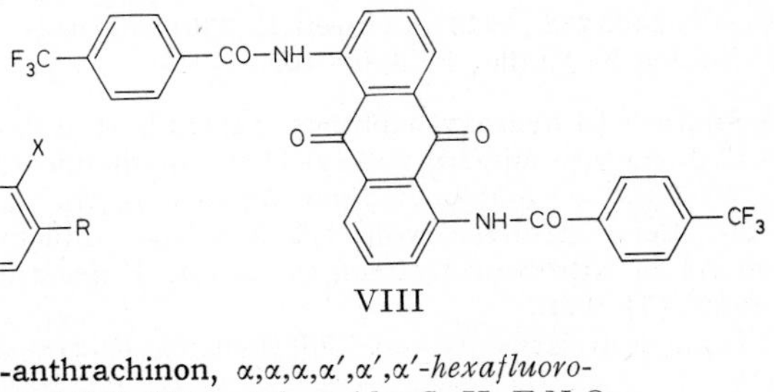 VIII

**1.5-Bis-[4-trifluormethyl-benzamino]-anthrachinon,** *α,α,α,α′,α′,α′-hexafluoro-*N,N′-*(9,10-dioxo-9,10-dihydroanthracene-1,5-diyl)bis-*p-*toluamide* $C_{30}H_{16}F_6N_2O_4$, Formel VIII.

*B.* Beim Erhitzen von 1.5-Diamino-anthrachinon mit 4-Trifluormethyl-benzoylfluorid in Nitrobenzol unter Zusatz von Pyridin (*I.G. Farbenind.*, D.R.P. 665598 [1936]; Frdl. **25** 765; *Gen. Aniline Works*, U.S.P. 2143717 [1937]).

Gelbe Krystalle; F: 363°.

**5-Amino-1-[3-methoxy-benzamino]-anthrachinon, 3-Methoxy-*N*-[5-amino-9.10-dioxo-9.10-dihydro-anthryl-(1)]-benzamid,** N-(*5-amino-9,10-dioxo-9,10-dihydro-1-anthryl*)-m-*anisamide* $C_{22}H_{16}N_2O_4$, Formel IX (R = H, X = $OCH_3$).

*B.* Aus 5-Nitro-1-[3-methoxy-benzamino]-anthrachinon beim Erhitzen mit Natrium≈sulfid in Wasser (*Hefti*, Helv. **14** [1931] 1404, 1423).

Rotbraune Krystalle (aus Amylalkohol); F: 209,5–210°. Absorptionsmaxima (Xylol): 381,3 mμ und 483,8 mμ.

Beim Erhitzen mit Oxalylchlorid (0,5 Mol) in 1.2-Dichlor-benzol ist eine als *N.N'*-Bis-[5-(3-methoxy-benzamino)-9.10-dioxo-9.10-dihydro-anthryl-(1)]-oxamid angesehene Verbindung $C_{46}H_{30}N_4O_{10}$ (Absorptionsmaxima einer Lösung in Borsäure enthaltender Schwefelsäure: 443,4 mμ und 508,7 mμ) erhalten worden.

**5-Amino-1-[4-methoxy-benzamino]-anthrachinon, 4-Methoxy-*N*-[5-amino-9.10-dioxo-9.10-dihydro-anthryl-(1)]-benzamid,** N-(*5-amino-9,10-dioxo-9,10-dihydro-1-anthryl*)-p-*anisamide* $C_{22}H_{16}N_2O_4$, Formel IX (R = $OCH_3$, X = H) (E II 118).

*B.* Aus 5-Nitro-1-[4-methoxy-benzamino]-anthrachinon beim Erhitzen mit Natrium≈sulfid in Wasser (*Hefti*, Helv. **14** [1931] 1404, 1423).

Orangerote Krystalle (aus Amylalkohol); F: 237–238°. Absorptionsmaxima (Xylol): 446,2 mμ und 574,1 mμ.

Beim Erhitzen mit Oxalylchlorid (0,5 Mol) in 1.2-Dichlor-benzol ist eine als *N.N'*-Bis-[5-(4-methoxy-benzamino)-9.10-dioxo-9.10-dihydro-anthryl-(1)]-oxamid angesehene Verbindung $C_{46}H_{30}N_4O_{10}$ ($\lambda_{max}$ [$H_2SO_4$]: 431 mμ und 464 mμ) erhalten worden.

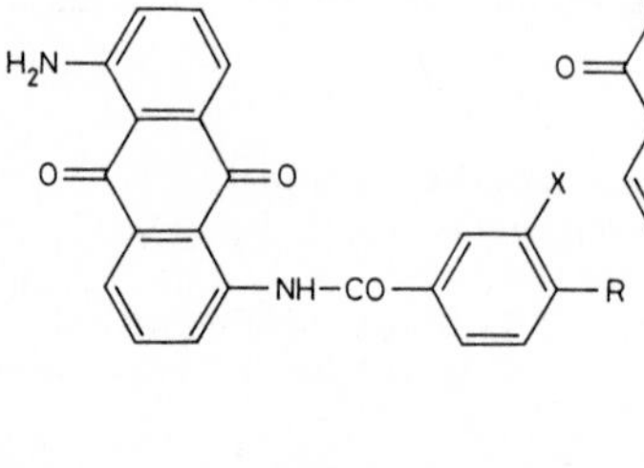

IX 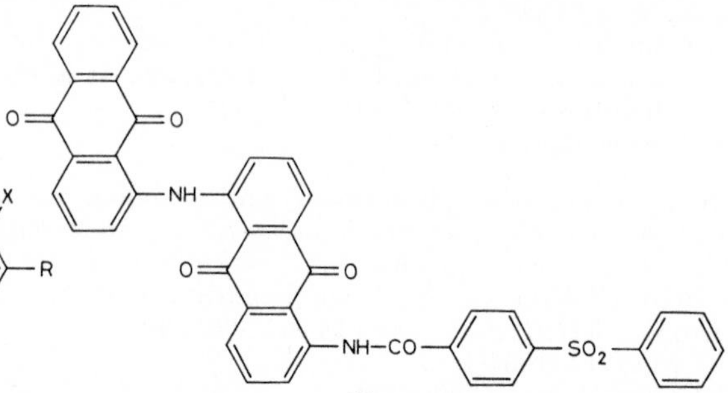 X

**5-[9.10-Dioxo-9.10-dihydro-anthryl-(1)-amino]-1-[4-phenylsulfon-benzamino]-anthra≈chinon, 4-Phenylsulfon-*N*-[5-(9.10-dioxo-9.10-dihydro-anthryl-(1)-amino)-9.10-dioxo-9.10-dihydro-anthryl-(1)]-benzamid,** N-[*5-(9,10-dioxo-9,10-dihydro-1-anthrylamino)-9,10-dioxo-9,10-dihydro-1-anthryl*]-p-(*phenylsulfonyl*)*benzamide* $C_{41}H_{24}N_2O_7S$, Formel X.

*B.* Beim Behandeln von 5-Chlor-1-amino-anthrachinon mit 4-Phenylsulfon-benzoyl≈chlorid in 1.2-Dichlor-benzol und Erhitzen des Reaktionsprodukts mit 1-Amino-anthra≈chinon in Nitrobenzol unter Zusatz von Natriumcarbonat und Kupfer(II)-acetat (*CIBA*, U.S.P. 2453232 [1943]; Schweiz.P. 236686 [1942]).

Braune Krystalle; F: 400–405°.

**5-Amino-1-[3-hydroxy-naphthoyl-(2)-amino]-anthrachinon, 3-Hydroxy-*N*-[5-amino-9.10-dioxo-9.10-dihydro-anthryl-(1)]-naphthamid-(2),** N-(*5-amino-9,10-dioxo-9,10-di≈hydro-1-anthryl*)-*3-hydroxy-2-naphthamide* $C_{25}H_{16}N_2O_4$, Formel XI (R = H).

*B.* Beim Erhitzen von 1.5-Diamino-anthrachinon mit 3-Hydroxy-naphthoyl-(2)-chlorid in Nitrobenzol (*Bhat, Gavankar, Venkataraman*, J. Indian chem. Soc. News **5** [1942] 171, 174).

Orangerote Krystalle (aus Chlorbenzol); F: 278–279°.

**5-Acetamino-1-[3-acetoxy-naphthoyl-(2)-amino]-anthrachinon, 3-Acetoxy-*N*-[5-acet≈amino-9.10-dioxo-9.10-dihydro-anthryl-(1)]-naphthamid-(2),** N-(*5-acetamido-9,10-dioxo-9,10-dihydro-1-anthryl*)-*3-acetoxy-2-naphthamide* $C_{29}H_{20}N_2O_6$, Formel XI (R = CO-$CH_3$).

*B.* Aus 5-Amino-1-[3-hydroxy-naphthoyl-(2)-amino]-anthrachinon (*Bhat, Gavankar, Venkataraman*, J. Indian chem. Soc. News **5** [1942] 171, 175).

Orangefarbene Krystalle (aus Nitrobenzol); F: 325° [Zers.].

**4.6-Dinitro-*N.N'*-bis-[5-benzamino-9.10-dioxo-9.10-dihydro-anthryl-(1)]-*m*-phenylendiamin**, N,N'-*{(4,6-dinitro-*m*-phenylene)bis[imino(9,10-dioxo-9,10-dihydroanthracene-1,5-diyl)}bisbenzamide* $C_{48}H_{28}N_6O_{10}$, Formel XII (R = CO-$C_6H_5$).

*B.* Beim Erhitzen von 5-Amino-1-benzamino-anthrachinon mit 4.6-Dichlor-1.3-dinitrobenzol in Nitrobenzol unter Zusatz von Natriumcarbonat, Kupfer und Kupfer(II)-acetat (*I. G. Farbenind.*, D.R.P. 746587 [1937]; D.R.P. Org. Chem. **1**, Tl. 2, S. 377; *Gen. Aniline Works*, U.S.P. 2176430 [1938]).

F: 384°.

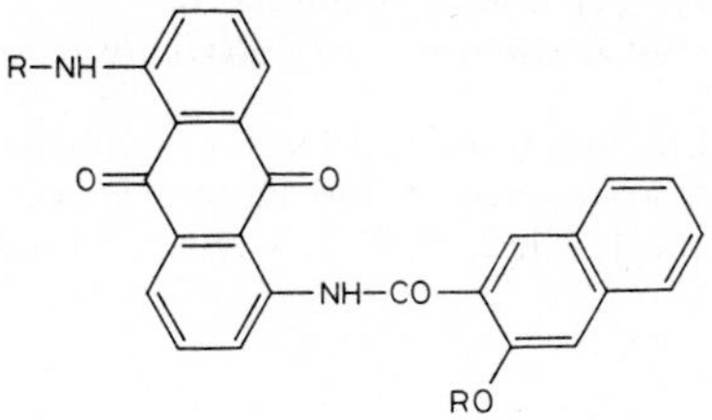

XI 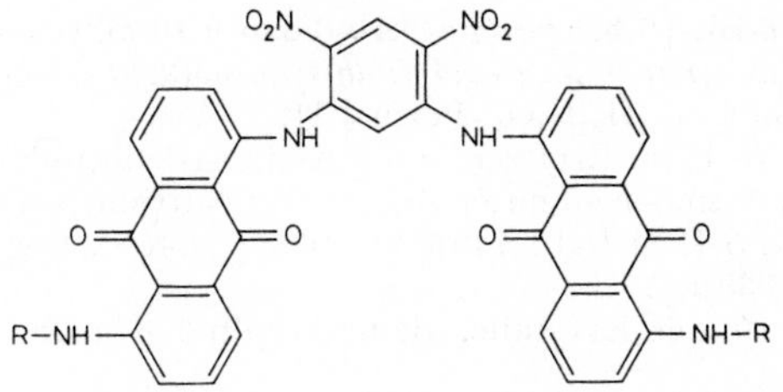 XII

**1.5-Bis-[4-(3-hydroxy-naphthoyl-(2)-amino)-anilino]-anthrachinon**, *3,3''-dihydroxy-4',4'''-(9,10-dioxo-9,10-dihydroanthracene-1,5-diyldiimino)bis-2-naphthanilide* $C_{48}H_{32}N_4O_6$, Formel XIII.

*B.* Beim Erhitzen von 1.5-Bis-[4-amino-anilino]-anthrachinon (nicht näher beschrieben) mit 3-Acetoxy-naphthoyl-(2)-chlorid in Nitrobenzol unter Zusatz von Pyridin und Behandeln des Reaktionsprodukts mit wss.-äthanol. Kalilauge (*I. G. Farbenind.*, D.R.P. 586880 [1931]; Frdl. **20** 1320).

Krystalle; F: 327—330°.

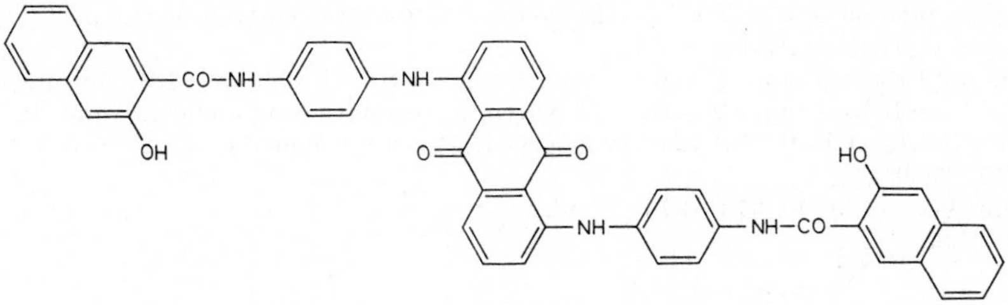

XIII

**1.5-Bis-[4-acetoacetylamino-anilino]-anthrachinon**, *4',4'''-(9,10-dioxo-9,10-dihydroanthracene-1,5-diyldiimino)bisacetoacetanilide* $C_{34}H_{28}N_4O_6$, Formel I (R = CO-$CH_3$), und Tautomere.

*B.* Beim Erhitzen von 1.5-Bis-[4-amino-anilino]-anthrachinon (nicht näher beschrieben) mit Acetessigsäure-äthylester (*I. G. Farbenind.*, D.R.P. 586880 [1931]; Frdl. **20** 1320).

Violette Krystalle (aus Chlorbenzol); F: 335° [Zers.].

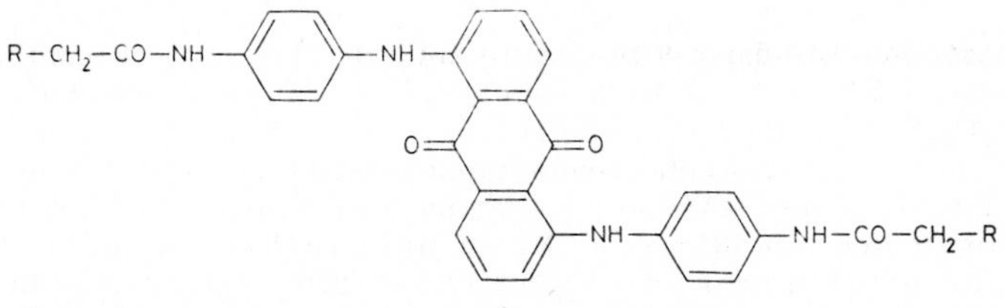

I

**1.5-Bis-[4-(3-oxo-3-phenyl-propionylamino)-anilino]-anthrachinon,** *3,3''-dioxo-3,3''-diphenyl-4',4'''-(9,10-dioxo-9,10-dihydroanthracene-1,5-diyldiimino)bispropionanilide* $C_{44}H_{32}N_4O_6$, Formel I (R = CO-$C_6H_5$), und Tautomeres (z. B. 1.5-Bis-[4-(β-hydroxy-cinnamoylamino)-anilino]-anthrachinon).

*B.* Beim Erhitzen von 1.5-Bis-[4-amino-anilino]-anthrachinon (nicht näher beschrieben) mit Benzoylessigsäure-äthylester in 1.2-Dichlor-benzol (*I. G. Farbenind.*, D.R.P. 586880 [1931]; Frdl. **20** 1320).

Krystalle (aus Trichlorbenzol); F: 361°.

**2.6-Bis-[5-benzamino-9.10-dioxo-9.10-dihydro-anthryl-(1)-amino]-naphthalin,** N,N'-{*naphthalene-2,6-diylbis[imino(9,10-dioxo-9,10-dihydroanthracene-1,5-diyl)]}bisbenzamide* $C_{52}H_{32}N_4O_6$, Formel II.

*B.* Beim Erhitzen von 5-Amino-1-benzamino-anthrachinon mit 2.6-Dibrom-naphthalin in Nitrobenzol unter Zusatz von Natriumcarbonat, Natriumacetat und Kupfer(I)-chlorid (*CIBA*, D.R.P. 748918 [1938]; D.R.P. Org. Chem. **1**, Tl. 2, S. 275; U.S.P. 2301286 [1938]).

Braune Krystalle, die unterhalb 350° nicht schmelzen.

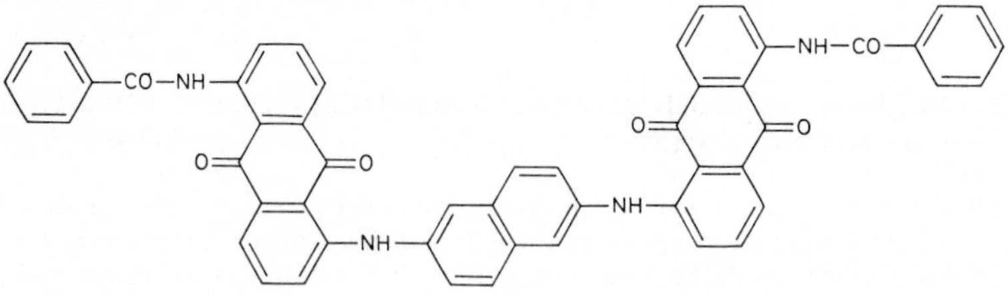

II

**1.9-Bis-[5-benzamino-9.10-dioxo-9.10-dihydro-anthryl-(1)-amino]-phenanthren,** N,N'-{*phenanthrene-1,9-diylbis[imino(9,10-dioxo-9,10-dihydroanthracene-1,5-diyl)]}bisbenzamide* $C_{56}H_{34}N_4O_6$, Formel III.

*B.* Beim Erhitzen von 5-Amino-1-benzamino-anthrachinon mit 1.9-Dibrom-phenanthren in Nitrobenzol unter Zusatz von Natriumcarbonat, Natriumacetat und Kupfer(I)-chlorid (*CIBA*, D.R.P. 731426 [1939]; D.R.P. Org. Chem. **1**, Tl. 2, S. 577; U.S.P. 2297777 [1939]).

Braune Krystalle; F: 370–375° [Zers.].

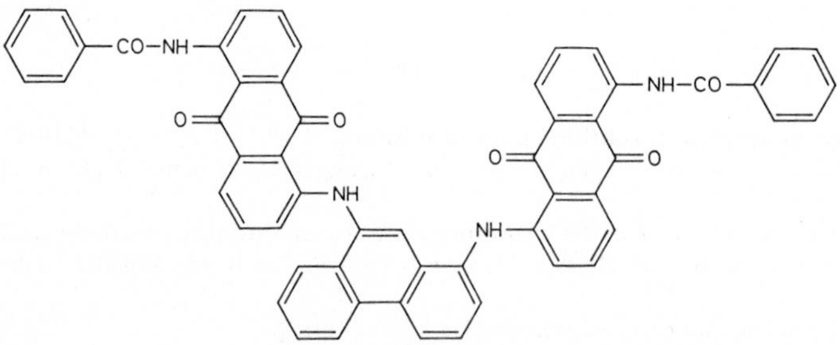

III

**3.9-Bis-[5-benzamino-9.10-dioxo-9.10-dihydro-anthryl-(1)-amino]-phenanthren,** N,N'-{*phenanthrene-3,9-diylbis[imino(9,10-dioxo-9,10-dihydroanthracene-1,5-diyl)]}bisbenzamide* $C_{56}H_{34}N_4O_6$, Formel IV (X = H).

*B.* Beim Erhitzen von 5-Amino-1-benzamino-anthrachinon mit 3.9-Dibrom-phenanthren oder mit dem aus 5-Amino-1-benzamino-anthrachinon und 3.9-Dibrom-phenanthren hergestellten 5-[3(oder 9)-Brom-phenanthryl-(9 (oder 3))-amino]-1-benzamino-anthrachinon ($C_{35}H_{21}BrN_2O_3$; F: 270–280° [Zers.]) in Nitrobenzol unter Zusatz von Natriumcarbonat, Natriumacetat und Kupfer(I)-chlorid (*CIBA*, D.R.P. 731426 [1939]; D.R.P. Org. Chem. **1**, Tl. 2, S. 577; U.S.P. 2297777 [1939].

Braune Krystalle; F: 415–420°.

IV

**3.9-Bis-[5-(4-chlor-benzamino)-9.10-dioxo-9.10-dihydro-anthryl-(1)-amino]-phenanthren,** p,p'-*dichloro*-N,N'-*{phenanthrene-3,9-diylbis[imino(9,10-dioxo-9,10-dihydro-anthracene-1,5-diyl)]}bisbenzamide* $C_{56}H_{32}Cl_2N_4O_6$, Formel IV (X = Cl).

*B.* Beim Erhitzen von 5-Amino-1-[4-chlor-benzamino]-anthrachinon (nicht näher beschrieben) mit 3.9-Dibrom-phenanthren in Nitrobenzol unter Zusatz von Natriumcarbonat, Natriumacetat und Kupfer(I)-chlorid (*CIBA*, D.R.P. 731426 [1939]; D.R.P. Org. Chem. **1**, Tl. 2, S. 577; U.S.P. 2297777 [1939]).

Braun; F: 390—395°.

**8-[4-Benzamino-9.10-dioxo-9.10-dihydro-anthryl-(1)-amino]-3-[5-benzamino-9.10-dioxo-9.10-dihydro-anthryl-(1)-amino]-fluoranthen,** *4',5-dibenzamido-1,1'-(fluoranthene-3,8-diyldiimino)dianthraquinone* $C_{58}H_{34}N_4O_6$, Formel V (R = H, X = NH-CO-$C_6H_5$), und **3-[4-Benzamino-9.10-dioxo-9.10-dihydro-anthryl-(1)-amino]-8-[5-benzamino-9.10-dioxo-9.10-dihydro-anthryl-(1)-amino]-fluoranthen,** *4,5'-dibenzamido-1,1'-(fluoranthene-3,8-diyldiimino)dianthraquinone* $C_{58}H_{34}N_4O_6$, Formel V (R = NH-CO-$C_6H_5$, X = H).

Eine Verbindung (schwarze Krystalle, F: 365—370°), für die diese Konstitutionsformeln in Betracht kommen, ist beim Erhitzen von 4-[8(oder 3)-Brom-fluoranthenyl-(3(oder 8))-amino]-1-benzamino-anthrachinon (F: 270—280° [s. S. 453]) mit 5-Amino-1-benzamino-anthrachinon in Nitrobenzol unter Zusatz von Natriumcarbonat, Natriumacetat und Kupfer(I)-chlorid erhalten worden (*CIBA*, U.S.P. 2253789 [1938]).

V

VI

**3.8-Bis-[5-benzamino-9.10-dioxo-9.10-dihydro-anthryl-(1)-amino]-fluoranthen,** N,N'-*{fluoranthene-3,8-diylbis[imino(9,10-dioxo-9,10-dihydroanthracene-1,5-diyl)]}bisbenzamide* $C_{58}H_{34}N_4O_6$, Formel VI.

*B.* Beim Erhitzen von 5-Amino-1-benzamino-anthrachinon mit 3.8-Dibrom-fluor=

anthen in Nitrobenzol unter Zusatz von Natriumcarbonat, Natriumacetat und Kupfer(I)-chlorid (*CIBA*, Schweiz. P. 211043 [1937]; D.R.P. 748788 [1938]; D.R.P. Org. Chem. **1**, Tl. 2, S. 636; U.S.P. 2253789 [1938]).

Braune Krystalle; F: 420°.

**6.12-Bis-[5-acetamino-9.10-dioxo-9.10-dihydro-anthryl-(1)-amino]-chrysen,** N,N'-*{chrysene-6,12-diylbis[imino(9,10-dioxo-9,10-dihydroanthracene-1,5-diyl)]}bisacetamide* $C_{50}H_{32}N_4O_6$, Formel VII. (R = $CO-CH_3$).

*B.* Beim Erhitzen von 5-Amino-1-acetamino-anthrachinon (nicht näher beschrieben) mit 6.12-Dibrom-chrysen in Nitrobenzol unter Zusatz von Natriumcarbonat, Natriumacetat und Kupfer(I)-chlorid (*CIBA*, U.S.P. 2272011 [1938]); Schweiz. P. 211425 [1937]).

Olivbraune Krystalle, die unterhalb 460° nicht schmelzen.

VII

**6-[4-Benzamino-9.10-dioxo-9.10-dihydro-anthryl-(1)-amino]-12-[5-benzamino-9.10-dioxo-9.10-dihydro-anthryl-(1)-amino]-chrysen,** *4,5'-dibenzamido-1,1'-(chrysene-6,12-diyldiimino)dianthraquinone* $C_{60}H_{36}N_4O_6$, Formel VIII (R = $CO-C_6H_5$).

*B.* Beim Erhitzen von 4-[12-Brom-chrysenyl-(6)-amino]-1-benzamino-anthrachinon mit 5-Amino-1-benzamino-anthrachinon in Nitrobenzol unter Zusatz von Natriumcarbonat, Natriumacetat und Kupfer(I)-chlorid (*CIBA*, U.S.P. 2272011 [1938]; s. a. *CIBA*, Schweiz. P. 2114424 [1937]).

Braunblaue Krystalle (aus 1-Chlor-naphthalin); Zers. bei 434°.

VIII

**6.12-Bis-[5-benzamino-9.10-dioxo-9.10-dihydro-anthryl-(1)-amino]-chrysen,** N,N'-*{chrysene-6,12-diylbis[imino(9,10-dioxo-9,10-dihydroanthracene-1,5-diyl)]}bisbenzamide* $C_{60}H_{36}N_4O_6$, Formel VII (R = $CO-C_6H_5$).

*B.* Beim Erhitzen von 5-Amino-1-benzamino-anthrachinon mit 6.12-Dibrom-chrysen in Nitrobenzol unter Zusatz von Natriumcarbonat, Natriumacetat und Kupfer(I)-chlorid (*CIBA*, U.S.P. 2272011 [1938]; Schweiz. P. 204241 [1937]).

Olivbraune Krystalle, die unterhalb 460° nicht schmelzen.

**[4-Benzamino-9.10-dioxo-9.10-dihydro-anthryl-(1)]-[5-benzamino-9.10-dioxo-9.10-dihydro-anthryl-(1)]-amin,** *4,5'-dibenzamido-1,1'-iminodianthraquinone* $C_{42}H_{25}N_3O_6$, Formel IX (R = $CO-C_6H_5$) (E I 469).

*B.* Beim Erhitzen von 4-Chlor-1-benzamino-anthrachinon mit 5-Amino-1-benzamino-anthrachinon oder von 5-Chlor-1-benzamino-anthrachinon mit 4-Amino-1-benzamino-anthrachinon in Nitrobenzol unter Zusatz von Natriumcarbonat und Kupfer(II)-chlorid (*Du Pont de Nemours & Co.*, U.S.P. 1884498 [1929]).

**4-[5-Benzamino-9.10-dioxo-9.10-dihydro-anthryl-(1)-amino]-1-[3-methylsulfon-benzamino]-anthrachinon, [5-Benzamino-9.10-dioxo-9.10-dihydro-anthryl-(1)]-[4-(3-methylsulfon-benzamino)-9.10-dioxo-9.10-dihydro-anthryl-(1)]-amin,** *5'-benzamido-4-*[m-(*methylsulfonyl*)*benzamido*]*-1,1'-iminodianthraquinone* $C_{43}H_{27}N_3O_8S$, Formel X ($R = H$, $X = SO_2\text{-}CH_3$).

*B.* Beim Erhitzen von 4-Amino-1-[3-methylsulfon-benzamino]-anthrachinon (hergestellt durch Umsetzung von 4-Nitro-1-amino-anthrachinon mit 3-Methylsulfon-benzoylchlorid [nicht näher beschrieben] und anschliessende Reduktion) mit 5-Chlor-1-benzamino-anthrachinon in Nitrobenzol unter Zusatz von Natriumcarbonat und einem Kupfer(II)-Salz (*CIBA*, U.S.P. 2453232 [1943]; Schweiz.P. 232597 [1942]).

Braunviolette Krystalle; F: 380—383° (*CIBA*, Schweiz.P. 232597).

IX X

**4-[5-Benzamino-9.10-dioxo-9.10-dihydro-anthryl-(1)-amino]-1-[4-phenylsulfon-benzamino]-anthrachinon, [5-Benzamino-9.10-dioxo-9.10-dihydro-anthryl-(1)]-[4-(4-phenylsulfon-benzamino)-9.10-dioxo-9.10-dihydro-anthryl-(1)]-amin,** *5'-benzamido-4-*[p-(*phenylsulfonyl*)*benzamido*]*-1,1'-iminodianthraquinone* $C_{48}H_{29}N_3O_8S$, Formel X ($R = SO_2\text{-}C_6H_5$, $X = H$).

*B.* Beim Erhitzen von 4-Amino-1-[4-phenylsulfon-benzamino]-anthrachinon (hergestellt durch Umsetzung von 4-Nitro-1-amino-anthrachinon mit 4-Phenylsulfon-benzoylchlorid und anschliessende Reduktion) mit 5-Chlor-1-benzamino-anthrachinon in Nitrobenzol unter Zusatz von Natriumcarbonat und Kupfer(II)-acetat (*CIBA*, Schweiz.P. 236684 [1942]; s. a. *CIBA*, U.S.P. 2453232 [1943]).

Rotbraune Krystalle; F: 335—338° (*CIBA*, Schweiz.P. 236684).

XI XII

**5-[Toluol-sulfonyl-(2)-amino]-1-benzamino-anthrachinon, *N*-[5-(Toluol-sulfonyl-(2)-amino)-9.10-dioxo-9.10-dihydro-anthryl-(1)]-benzamid,** N-(*9,10-dioxo-5-*o*-toluenesulfonamido-9,10-dihydro-1-anthryl*)*benzamide* $C_{28}H_{20}N_2O_5S$, Formel XI ($R = CH_3$, $X = H$).

*B.* Beim Erhitzen von 5-Chlor-1-benzamino-anthrachinon mit Toluolsulfonamid-(2) in Nitrobenzol unter Zusatz von Natriumacetat, Kupfer(II)-acetat und Kupfer(I)-chlorid (*Imp. Chem. Ind.*, U.S.P. 1939218 [1932]; s. a. *Gen. Aniline Works*, U.S.P. 1966125 [1932]).

Gelbe Krystalle (aus Nitrobenzol); F: 252—255° (*Imp. Chem. Ind.*).

**5-[Toluol-sulfonyl-(4)-amino]-1-benzamino-anthrachinon, *N*-[5-(Toluol-sulfonyl-(4)-amino)-9.10-dioxo-9.10-dihydro-anthryl-(1)]-benzamid,** N-(*9,10-dioxo-5-*p*-toluenesulfonamido-9,10-dihydro-1-anthryl)benzamide* $C_{28}H_{20}N_2O_5S$, Formel XI (R = H, X = $CH_3$).

*B.* Beim Erhitzen von 5-Chlor-1-benzamino-anthrachinon mit Toluolsulfonamid-(4) in 1.2-Dichlor-benzol unter Zusatz von Kaliumcarbonat, Kupfer(II)-acetat und Kupfer(I)-chlorid (*Imp. Chem. Ind.*, U.S.P. 1939218 [1932]).

Gelbe Krystalle (aus Nitrobenzol); F: 266–268°.

**4.8-Dichlor-1.5-diamino-anthrachinon,** *1,5-diamino-4,8-dichloroanthraquinone* $C_{14}H_8Cl_2N_2O_2$, Formel XII (R = H, X = Cl, X' = H) (H 208; E II 119).

*B.* Aus 1.5-Diamino-anthrachinon beim Erwärmen mit Sulfurylchlorid und Aluminiumchlorid in Nitrobenzol (*Du Pont de Nemours & Co.*, U.S.P. 1986798 [1934]).

**4.8-Dibrom-1.5-bis-methylamino-anthrachinon,** *1,5-dibromo-4,8-bis(methylamino)anthraquinone* $C_{16}H_{12}Br_2N_2O_2$, Formel XII (R = $CH_3$, X = Br, X' = H) (H 209).

*B.* Aus 1.5-Bis-methylamino-anthrachinon beim Behandeln mit Brom und Natriumacetat in Nitrobenzol sowie beim Erwärmen mit Brom in Pyridin (*Hall, Hey*, Soc. **1948** 736, 738; vgl. H 209).

Rotbraune Krystalle (aus Chlorbenzol); Zers. bei 212–215°.

**2.4.6.8-Tetrabrom-1.5-diamino-anthrachinon,** *1,5-diamino-2,4,6,8-tetrabromoanthraquinone* $C_{14}H_6Br_4N_2O_2$, Formel XII (R = H, X = X' = Br) (H 209; E I 470).

*B.* Aus 1.5-Diamino-anthrachinon beim Erhitzen mit Brom in Nitrobenzol (*Mangini, Nicolini*, Boll. scient. Fac. Chim. ind. Bologna **4** [1943] 1, 4).

Braunrote Krystalle, die unterhalb 350° nicht schmelzen. Absorptionsspektrum (Nitrobenzol; 440–580 mμ): *Ma., Ni.* [*Bohle*]

**1.8-Diamino-anthrachinon,** *1,8-diaminoanthraquinone* $C_{14}H_{10}N_2O_2$, Formel I (R = X = H) (H 212; E I 471; E II 119) [1]).

Krystalle (aus Anilin); F: 259–262° (*Il'inškiĭ, Saikin*, Ž. obšč. Chim. **4** [1934] 1294, 1297; C. **1936** I 4904). Absorptionsmaximum einer beim Behandeln mit rauchender Schwefelsäure erhaltenen Lösung: 466,5 mμ (*Hefti*, Helv. **14** [1931] 1404, 1417). Maximum der Fluorescenz des Dampfes: 550 mμ (*Karjakin, Terenin, Kalenitschenko*, Doklady Akad. S.S.S.R. **67** [1949] 305, 306; C. A. **1949** 7828).

**1.8-Bis-methylamino-anthrachinon,** *1,8-bis(methylamino)anthraquinone* $C_{16}H_{14}N_2O_2$, Formel I (R = $CH_3$, X = H) (H 213).

Purpurrote Krystalle (aus Eg., Py. oder 1-Methoxy-äthanol-(2)); F: 215–217° (*Hall, Hey*, Soc. **1948** 736, 739).

**1.8-Bis-[1.2.3.4-tetrahydro-naphthyl-(2)-amino]-anthrachinon,** *1,8-bis(1,2,3,4-tetrahydro-2-naphthylamino)anthraquinone* $C_{34}H_{30}N_2O_2$, Formel II.

Eine opt.-inakt. Verbindung (violette Krystalle, F: 220–221°) dieser Konstitution ist beim Erhitzen von 1.8-Dichlor-anthrachinon mit (±)-1.2.3.4-Tetrahydro-naphthyl-(2)-amin erhalten worden (*I. G. Farbenind.*, D.R.P. 624782 [1933]; Frdl. **22** 1052).

**8-Amino-1-benzamino-anthrachinon, *N*-[8-Amino-9.10-dioxo-9.10-dihydro-anthryl-(1)]-benzamid,** N-(*8-amino-9,10-dioxo-9,10-dihydro-1-anthryl)benzamide* $C_{21}H_{14}N_2O_3$, Formel III (R = X = H).

*B.* Beim Erhitzen von 1.8-Diamino-anthrachinon mit Benzoesäure-anhydrid (1 Mol) in Chlorbenzol oder 1.4-Dichlor-benzol (*Il'inškiĭ, Saikin*, Anilinokr. Promyšl. **2** Nr. 10 [1932] 24, 26; C. **1934** I 1041). Beim Erhitzen von 8-Chlor-1-amino-anthrachinon mit Benzoylchlorid in Nitrobenzol und anschliessend mit Toluolsulfonamid-(4) unter Zusatz von Kaliumcarbonat und Kupfer(II)-acetat und Behandeln des Reaktionsprodukts mit Schwefelsäure und anschliessend mit Wasser (*Gen. Aniline Works*, U.S.P. 1966125 [1932]). Aus 8-Nitro-1-benzamino-anthrachinon beim Erhitzen mit Natriumsulfid in Wasser (*Hefti*, Helv. **14** [1931] 1404, 1423).

Rote Krystalle; F: 275–276° [aus Anilin] (*Il'., Sai.*), 264–265° [aus Chlorbenzol] (*He.*).

Beim Erhitzen mit Oxalylchlorid in 1.2-Dichlor-benzol ist eine als *N.N'*-Bis-

[1]) Berichtigung zu H 213, Zeile 21 v.o.: An Stelle von „Schwefelglänzende“ ist zu setzen „Schwarzglänzende“.

[8-benzamino-9.10-dioxo-9.10-dihydro-anthryl-(1)]-oxamid angesehene Verbindung $C_{44}H_{26}N_4O_8$ ($\lambda_{max}$ [$H_2SO_4$]: 458,9 mμ) erhalten worden (*He.*, l. c. S. 1426).

**8-Amino-1-[2-chlor-benzamino]-anthrachinon, 2-Chlor-*N*-[8-amino-9.10-dioxo-9.10-dihydro-anthryl-(1)]-benzamid,** N-(*8-amino-9,10-dioxo-9,10-dihydro-1-anthryl*)-o-*chlorobenzamide* $C_{21}H_{13}ClN_2O_3$, Formel III (R = H, X = Cl).

*B.* Aus 8-Nitro-1-[2-chlor-benzamino]-anthrachinon beim Erhitzen mit Natriumsulfid in Wasser (*Hefti*, Helv. **14** [1931] 1404, 1424).

Rote Krystalle (aus Chlorbenzol); F: 245–246°.

Beim Erhitzen mit Oxalylchlorid in 1.2-Dichlor-benzol ist eine als *N.N'*-Bis-[8-(2-chlor-benzamino)-9.10-dioxo-9.10-dihydro-anthryl-(1)]-oxamid angesehene Verbindung $C_{44}H_{24}Cl_2N_4O_8$ ($\lambda_{max}$ [$H_2SO_4$]: 473,4 mμ und 526,4 mμ) erhalten worden (*He.*, l. c. S. 1426).

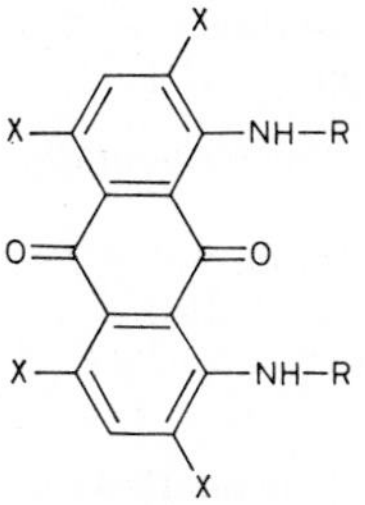

I 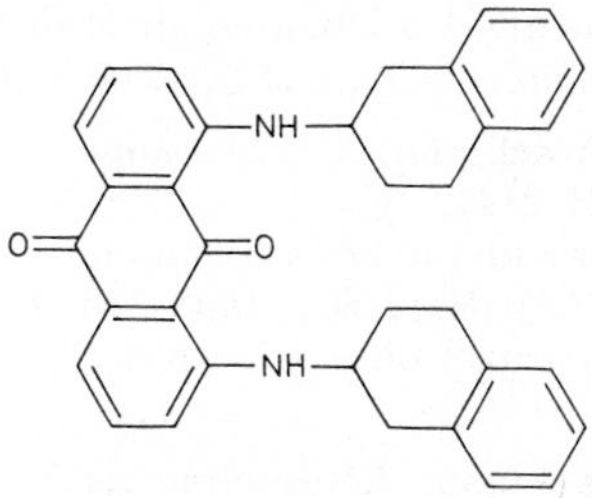 II 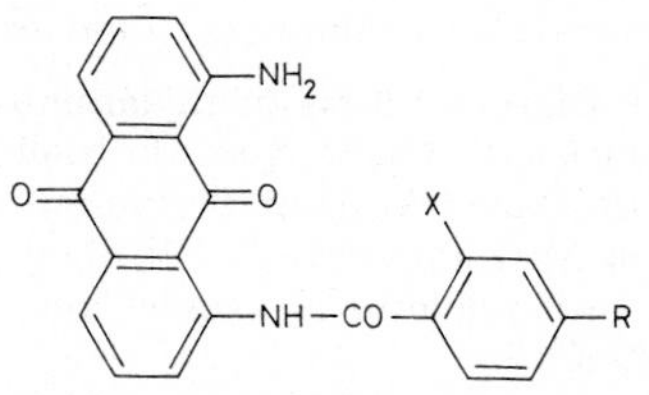 III

**1.8-Bis-benzamino-anthrachinon,** N,N'-(*9,10-dioxo-9,10-dihydroanthracene-1,8-diyl*)*bisbenzamide* $C_{28}H_{18}N_2O_4$, Formel IV (R = X = H) (H 214; E I 471).

*B.* Beim Erhitzen von 1.8-Dichlor-anthrachinon mit Benzamid unter Zusatz von Kaliumcarbonat und Kupfer(I)-bromid in 1.2-Dichlor-benzol (*Du Pont de Nemours & Co.*, U.S.P. 2346726 [1942]). Aus 1.8-Diamino-anthrachinon beim Erhitzen mit Benzamid in Nitrobenzol unter Einleiten von Chlorwasserstoff (*I. G. Farbenind.*, D.R.P. 696423 [1935]; D.R.P. Org. Chem. **1**, Tl. 2, S. 239) sowie beim Erhitzen mit Benzoylchlorid in Nitrobenzol (*Mangini, Weger*, Boll. scient. Fac. Chim. ind. Bologna **3** [1942] 223, 227).

Orangegelbe Krystalle; F: 317° [aus Nitrobenzol] (*Ma., We.*), 316–317° [aus Anilin oder Chinolin] (*Il'inškiĭ, Saikin*, Ž. obšč. Chim. **4** [1934] 1294, 1297; C. **1936** I 4904). Absorptionsspektrum (Nitrobenzol; 445–620 mμ): *Ma., We.*, l. c. S. 229.

**1.8-Bis-[3-trifluormethyl-benzamino]-anthrachinon,** α,α,α,α',α',α'-*hexafluoro*-N,N'-(*9,10-dioxo-9,10-dihydroanthracene-1,8-diyl*)*bis*-m-*toluamide* $C_{30}H_{16}F_6N_2O_4$, Formel IV (R = H, X = $CF_3$).

*B.* Beim Erhitzen von 1.8-Diamino-anthrachinon mit 3-Trifluormethyl-benzoylfluorid in Nitrobenzol (*I. G. Farbenind.*, D.R.P. 665598 [1936]; Frdl. **25** 765).

Gelbe Krystalle; F: 218°.

**1.8-Bis-[4-trifluormethyl-benzamino]-anthrachinon,** α,α,α,α',α',α'-*hexafluoro*-N,N'-(*9,10-dioxo-9,10-dihydroanthracene-1,8-diyl*)*bis*-p-*toluamide* $C_{30}H_{16}F_6N_2O_4$, Formel IV (R = $CF_3$, X = H).

*B.* Beim Erhitzen von 1.8-Diamino-anthrachinon mit 4-Trifluormethyl-benzoylfluorid in Nitrobenzol unter Zusatz von Pyridin (*I.G. Farbenind.*, D.R.P. 665598 [1936]; Frdl. **25** 765).

F: 292°.

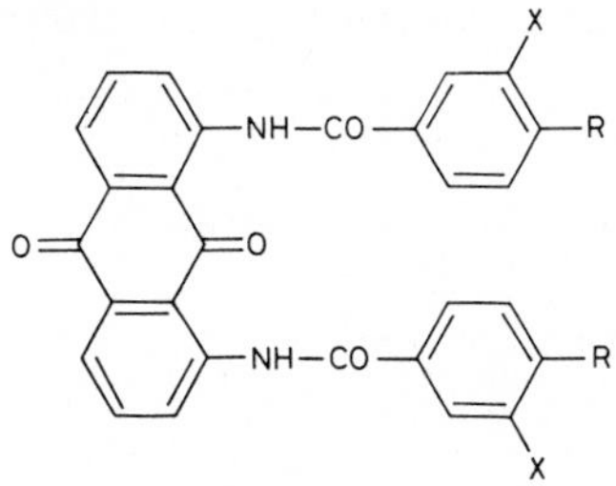

IV 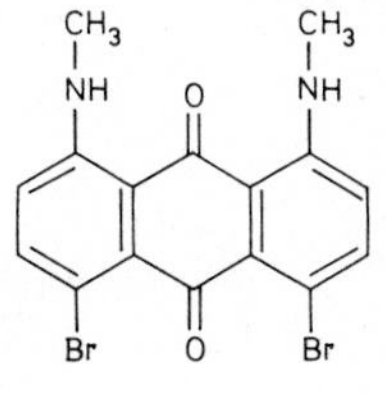 V 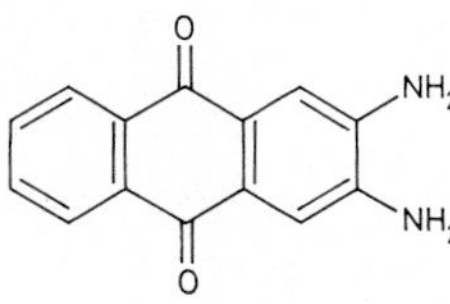 VI

**8-Amino-1-[4-methoxy-benzamino]-anthrachinon, 4-Methoxy-*N*-[8-amino-9.10-dioxo-9.10-dihydro-anthryl-(1)]-benzamid,** N-(*8-amino-9,10-dioxo-9,10-dihydro-1-anthryl*)-p-*anisamide* $C_{22}H_{16}N_2O_4$, Formel III (R = $OCH_3$, X = H).

*B.* Aus 8-Nitro-1-[4-methoxy-benzamino]-anthrachinon beim Erhitzen mit Natrium-sulfid in Wasser (*Hefti*, Helv. **14** [1931] 1404, 1424).

Rote Krystalle (aus Chlorbenzol); F: 223,5—224,5°. Absorptionsmaxima (Xylol): 376,1 mμ und 489,9 mμ.

Beim Erhitzen mit Oxalylchlorid in 1.2-Dichlor-benzol ist eine als *N.N'*-Bis-[8-(4-methoxy-benzamino)-9.10-dioxo-9.10-dihydro-anthryl-(1)]-oxamid angesehene Verbindung $C_{46}H_{30}N_4O_{10}$ ($\lambda_{max}$ [$H_2SO_4$]: 458,5) erhalten worden.

**2.4.5.7-Tetrachlor-1.8-diamino-anthrachinon,** *1,8-diamino-2,4,5,7-tetrachloroanthra-quinone* $C_{14}H_6Cl_4N_2O_2$, Formel I (R = H, X = Cl) (H 214).

*B.* Beim Einleiten von Chlor in eine aus 1.8-Diamino-anthrachinon und wss. Salzsäure hergestellte Lösung (*Du Pont de Nemours & Co.*, U.S.P. 2063420 [1935]).

**4.5-Dibrom-1.8-bis-methylamino-anthrachinon,** *1,8-dibromo-4,5-bis(methylamino)anthra-quinone* $C_{16}H_{12}Br_2N_2O_2$, Formel V (H 214).

*B.* Aus 1.8-Bis-methylamino-anthrachinon beim Behandeln mit Brom unter Zusatz von Natriumacetat in Nitrobenzol (*Hall, Hey*, Soc. **1948** 736, 739; vgl. H 214).

Braunviolette Krystalle (aus Chlorbenzol oder 1-Methoxy-äthanol-(2)); F: 228—230° [Zers.].

**2.4.5.7-Tetrabrom-1.8-diamino-anthrachinon,** *1,8-diamino-2,4,5,7-tetrabromoanthra-quinone* $C_{14}H_6Br_4N_2O_2$, Formel I (R = H, X = Br) (H 214).

*B.* Aus 1.8-Diamino-anthrachinon beim Erhitzen mit Brom in Nitrobenzol (*Mangini, Nicolini*, Boll. scient. Fac. Chim. ind. Bologna **4** [1943] 1, 4).

Rote Krystalle (aus Nitrobenzol), die unterhalb 350° nicht schmelzen. Absorptions-spektrum (Nitrobenzol; 445—620 mμ): *Ma., Ni.*, l. c. S. 6.

**2.3-Diamino-anthrachinon,** *2,3-diaminoanthraquinone* $C_{14}H_{10}N_2O_2$, Formel VI (H 215; E I 471; E II 120).

*B.* Neben 1.2-Diamino-anthrachinon beim Erhitzen von 2-[3.4-Diamino-benzoyl]-benzoesäure (nicht näher beschrieben) mit Schwefelsäure (*Newport Chem. Corp.*, U.S.P. 1803503 [1928]). Aus 2.3-Dichlor-anthrachinon beim Erhitzen mit wss. Ammoniak unter Zusatz von Kupfer(II)-sulfat auf 200° (*I.G. Farbenind.*, D.R.P. 607539 [1933]; Frdl. **21** 1040) oder unter Zusatz von Kaliumchlorat, Kupfer(I)-oxid und Ammoniumnitrat auf 200° (*Groggins, Newton*, Ind. eng. Chem. **25** [1933] 1030, 1032).

Rot (*Newport Chem. Corp.*); F: ca. 368° (*Newport Chem. Corp.*), 353° (*I.G. Farbenind.*).

Beim Behandeln mit Schwefelsäure und mit Natriumnitrit und anschliessend mit Wasser ist 1*H*-Anthra[2.3][1.2.3]triazol-chinon-(5.10) erhalten worden (*Waldmann, Hindenburg*, B. **71** [1938] 371).

**2.6-Diamino-anthrachinon,** *2,6-diaminoanthraquinone* $C_{14}H_{10}N_2O_2$, Formel VII (R = X = H) (H 215; E I 471; E II 120).

*B.* Aus 9.10-Dioxo-9.10-dihydro-anthracen-disulfonsäure-(2.6) beim Erhitzen des Ammonium-Salzes mit wss. Ammoniak unter Zusatz von Natriumchlorat (*Du Pont de Nemours & Co.*, U.S.P. 1910693 [1932]) sowie beim Erhitzen des Natrium-Salzes mit wss. Ammoniak unter Zusatz von Kaliumchlorat und Ammoniumnitrit (*Du Pont de Nemours & Co.*, U.S.P. 1933236 [1931]; vgl. H 215; E I 471) oder unter Zusatz von Dinatriumhydrogenarsenat (*Lauer*, J. pr. [2] **135** [1932] 7, 12). Aus 2.6-Dipyridinio-anthrachinon-dichlorid beim Erhitzen mit Pyridin und Piperidin (*I.G. Farbenind.*, D.R.P. 592202 [1932]; Frdl. **20** 1315).

VII

VIII

**2.6-Bis-dimethylamino-anthrachinon,** *2,6-bis(dimethylamino)anthraquinone* $C_{18}H_{18}N_2O_2$, Formel VII (R = X = $CH_3$).

*B.* Beim Erhitzen von 2.6-Dichlor-anthrachinon mit Dimethylamin in wss. Amylalkohol unter Zusatz von Kupfer-Pulver auf 220° (*Jones, Mason,* Soc. **1934** 1813, 1815).

Rote Krystalle (aus Amylalkohol oder Py.); F: 289°.

**2.6-Bis-benzylidenamino-anthrachinon,** *2,6-bis(benzylideneamino)anthraquinone* $C_{28}H_{18}N_2O_2$, Formel VIII (X = H) (E I 472).

F: 262—263,5° (*Du Pont de Nemours & Co.,* U.S.P. 2028118 [1934]).

**2.6-Bis-[2-chlor-benzylidenamino]-anthrachinon,** *2,6-bis(2-chlorobenzylideneamino)anthraquinone* $C_{28}H_{16}Cl_2N_2O_2$, Formel VIII (X = Cl).

*B.* Beim Erhitzen von 2.6-Diamino-anthrachinon mit 2-Chlor-benzaldehyd in Dichlorbenzol (*Du Pont de Nemours & Co.,* U.S.P. 2028118 [1934]).

F: 270,5—272°.

**2.6-Bis-[9.10-dioxo-9.10-dihydro-anthryl-(1)-amino]-anthrachinon,** *2,6-bis(9,10-dioxo-9,10-dihydro-1-anthrylamino)anthraquinone* $C_{42}H_{22}N_2O_6$, Formel IX (H 215; E I 472; E II 120).

*B.* Beim Erhitzen von 2.6-Diamino-anthrachinon mit 1-Chlor-anthrachinon unter Zusatz von Natriumcarbonat und Kupfer(II)-acetat auf 250° (*Du Pont de Nemours & Co.,* U.S.P. 2420022 [1944]).

**2.6-Bis-[*C*-chlor-acetamino]-anthrachinon,** *2,2'-dichloro*-N,N'-*(9,10-dioxo-9,10-dihydroanthracene-2,6-diyl)bisacetamide* $C_{18}H_{12}Cl_2N_2O_4$, Formel VII (R = CO-$CH_2$Cl, X = H).

*B.* Beim Erhitzen von 2.6-Diamino-anthrachinon mit Chloracetylchlorid in Nitrobenzol (*R. Dupont,* Diss. [Brüssel 1942] S. 107).

Gelbbraun; F: 360°.

**2.6-Bis-benzamino-anthrachinon,** N,N'-*(9,10-dioxo-9,10-dihydroanthracene-2,6-diyl)bisbenzamide* $C_{28}H_{18}N_2O_4$, Formel VII (R = CO-$C_6H_5$, X = H) (E II 120).

F: ca. 360° (*Fierz-David,* J. Soc. Dyers Col. **51** [1935] 50, 61).

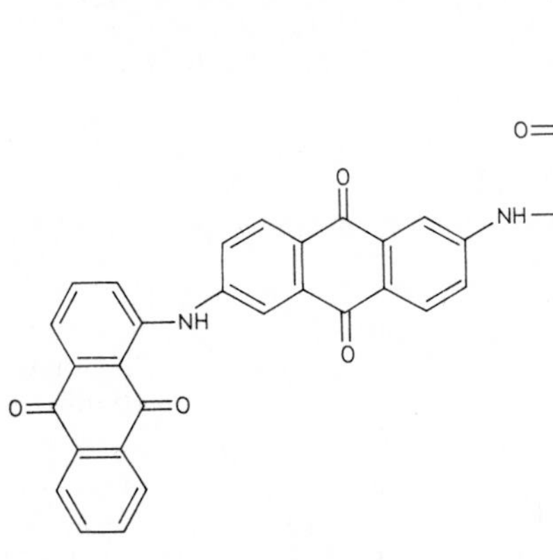

IX 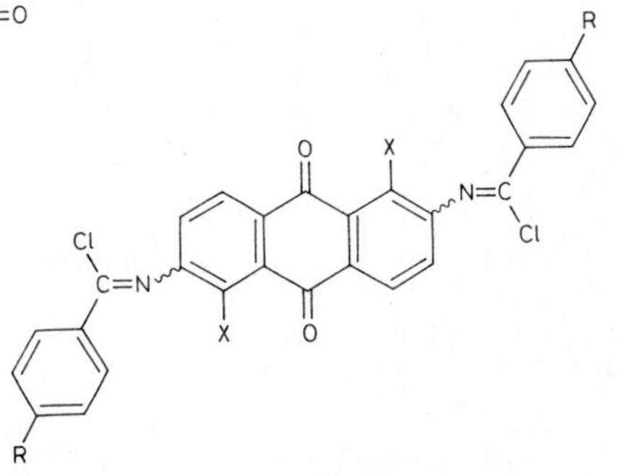 X

**2.6-Bis-[α-chlor-benzylidenamino]-anthrachinon,** N,N'-*(9,10-dioxo-9,10-dihydroanthracene-2,6-diyl)dibenzimidoyl chloride* $C_{28}H_{16}Cl_2N_2O_2$, Formel X (R = X = H) (E II 120).

Gelbliche Krystalle; F: 264—266° [korr.] (*Du Pont de Nemours & Co.,* U.S.P. 2019850 [1934]).

**2.6-Bis-[4.α-dichlor-benzylidenamino]-anthrachinon,** p,p'-*dichloro*-N,N'-*(9,10-dioxo-9,10-dihydroanthracene-2,6-diyl)dibenzimidoyl chloride* $C_{28}H_{14}Cl_4N_2O_2$, Formel X (R = Cl, X = H).

*B.* Aus 2.6-Bis-[4-chlor-benzamino]-anthrachinon (nicht näher beschrieben) beim Behandeln mit Phosphor(V)-chlorid in einem inerten Lösungsmittel (*Du Pont de Nemours & Co.,* U.S.P. 2019850 [1934]).

Gelbliche Krystalle; F: 286—295°.

**2.6-Bis-[α-chlor-4-methyl-benzylidenamino]-anthrachinon,** N,N'-*(9,10-dioxo-9,10-dihydroanthracene-2,6-diyl)di-*p-*toluimidoyl chloride* $C_{30}H_{20}Cl_2N_2O_2$, Formel X (R = $CH_3$, X = H).

*B.* Aus 2.6-Bis-[4-methyl-benzamino]-anthrachinon (nicht näher beschrieben) beim Behandeln mit Phosphor(V)-chlorid in einem inerten Lösungsmittel (*Du Pont de Nemours & Co.*, U.S.P. 2019 850 [1934]).

Gelbe Krystalle; F: 242—248° [unkorr.].

**2.6-Bis-[chlor-(naphthyl-(2))-methylenamino]-anthrachinon,** N,N'-*(9,10-dioxo-9,10-dihydroanthracene-2,6-diyl)di-2-naphthimidoyl chloride* $C_{36}H_{20}Cl_2N_2O_2$, Formel XI.

*B.* Aus 2.6-Bis-[naphthoyl-(2)-amino]-anthrachinon (nicht näher beschrieben) beim Behandeln mit Phosphor(V)-chlorid in einem inerten Lösungsmittel (*Du Pont de Nemours & Co.*, U.S.P. 2019 850 [1934]).

Gelbe Krystalle; F: 248—259°.

**2.6-Bis-oxalamino-anthrachinon, *N.N'*-[9.10-Dioxo-9.10-dihydro-anthracendiyl-(2.6)]-dioxamidsäure,** N,N'-*(9,10-dioxo-9,10-dihydroanthracene-2,6-diyl)dioxamic acid* $C_{18}H_{10}N_2O_8$, Formel VII (R = CO-COOH, X = H) auf S. 480.

*B.* Beim Erhitzen von 2.6-Diamino-anthrachinon mit Oxalsäure (*R. Dupont*, Diss. [Brüssel 1942] S. 65).

Orangebraunes Pulver; F: 245°.

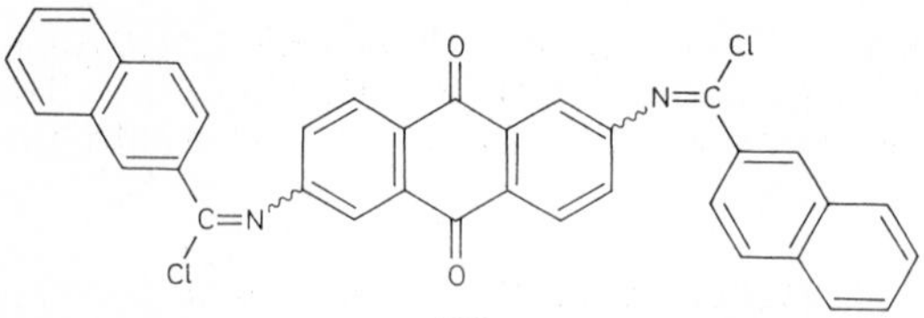

XI 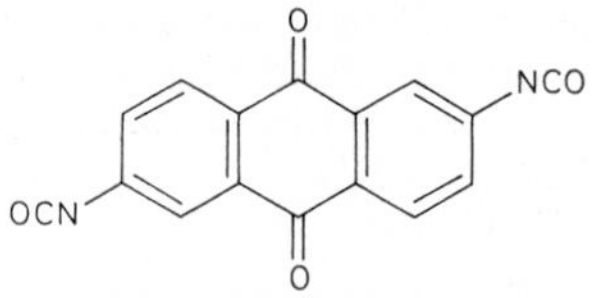 XII

**2.6-Diisocyanato-anthrachinon, 9.10-Dioxo-9.10-dihydro-anthracendiyl-(2.6)-diisocyanat,** *isocyanic acid 9,10-dioxo-9,10-dihydroanthracene-2,6-diyl ester* $C_{16}H_6N_2O_4$, Formel XII.

*B.* Aus 2.6-Diamino-anthrachinon und Phosgen (*Siefken*, A. **562** [1949] 75, 93, 132).

F: 250—252° [unkorr.].

**1.5-Dichlor-2.6-diamino-anthrachinon,** *2,6-diamino-1,5-dichloroanthraquinone* $C_{14}H_8Cl_2N_2O_2$, Formel XIII (R = H) (H 216; E I 472).

*B.* Bei aufeinanderfolgender Behandlung von 2.6-Diamino-anthrachinon mit Essigsäure und Acetanhydrid in der Hitze, mit Natriumacetat und mit Chlor und anschliessender Hydrolyse (*Du Pont de Nemours & Co.*, U.S.P. 1837837 [1928]). Beim Erhitzen von 2.6-Diamino-anthrachinon mit rauchender Schwefelsäure, Einleiten von Chlor in eine Suspension des Reaktionsprodukts in Wasser, anschliessenden Behandeln mit wss. Salzsäure und Erhitzen der erhaltenen 4.8-Dichlor-3.7-diamino-9.10-dioxo-9.10-dihydroanthracen-disulfonsäure-(2.6) mit Schwefelsäure (*Du Pont de Nemours & Co.*, U.S.P. 1899986, 1899987 [1931]).

**1.5-Dichlor-2.6-bis-benzamino-anthrachinon,** N,N'-*(1,5-dichloro-9,10-dioxo-9,10-dihydroanthracene-2,6-diyl)bisbenzamide* $C_{28}H_{16}Cl_2N_2O_4$, Formel XIII (R = CO-$C_6H_5$) (E I 472).

*B.* Beim Behandeln von 2.6-Diamino-anthrachinon mit Sulfurylchlorid und Benzoylchlorid in Nitrobenzol (*I.G. Farbenind.*, D.R.P. 559332 [1931]; Frdl. **19** 1941).

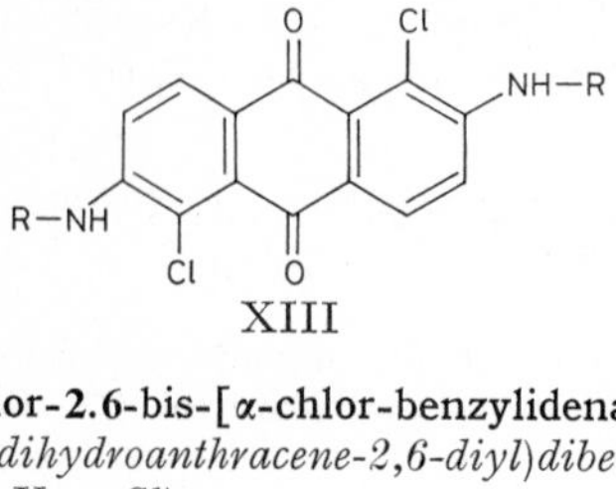

XIII 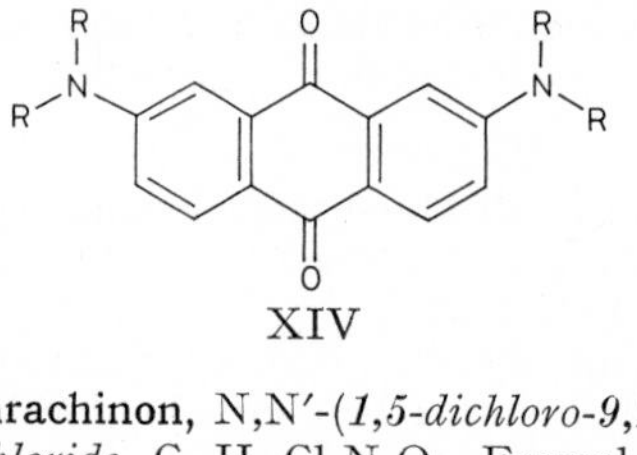 XIV

**1.5-Dichlor-2.6-bis-[α-chlor-benzylidenamino]-anthrachinon,** N,N'-*(1,5-dichloro-9,10-dioxo-9,10-dihydroanthracene-2,6-diyl)dibenzimidoyl chloride* $C_{28}H_{14}Cl_4N_2O_2$, Formel X (R = H, X = Cl).

*B.* Aus 1.5-Dichlor-2.6-bis-benzamino-anthrachinon beim Behandeln mit Phosphor(V)-chlorid in einem inerten Lösungsmittel (*Du Pont de Nemours & Co.*, U.S.P. 2019850 [1934]).

Gelbe Krystalle; F: 279—281° [korr.].

**2.7-Diamino-anthrachinon,** *2,7-diaminoanthraquinone* $C_{14}H_{10}N_2O_2$, Formel XIV (R = H) (H 216; E I 473).

*B.* Beim Erhitzen des Ammonium-Salzes der 9.10-Dioxo-9.10-dihydro-anthracen-disulfonsäure-(2.7) mit wss. Ammoniak unter Zusatz von Natriumchlorat auf 180° (*Du Pont de Nemours & Co.*, U.S.P. 1910693 [1932]; vgl. E I 473). Beim Erhitzen des Ammonium-Salzes der 7-Amino-9.10-dioxo-9.10-dihydro-anthracen-sulfonsäure-(2) mit wss. Ammoniak und Arsensäure auf 180° (*Gubelmann, Weiland, Stallmann*, Am. Soc. **53** [1931] 1033, 1036).

Violette Krystalle (aus Nitrobenzol); F: 330—332° (*Gu., Wei., St.*).

**2.7-Bis-dimethylamino-anthrachinon,** *2,7-bis(dimethylamino)anthraquinone* $C_{18}H_{18}N_2O_2$, Formel XIV (R = $CH_3$).

*B.* Beim Erhitzen von 2.7-Dichlor-anthrachinon mit Dimethylamin unter Zusatz von Kupfer-Pulver in wss. Amylalkohol auf 220° (*Jones, Mason*, Soc. **1934** 1813, 1815).

Rote Krystalle (aus Py. oder Toluol); F: 317°. Absorptionsmaxima (Eg.): 470 mμ und 520 mμ.

Beim Behandeln mit Brom in Essigsäure ist ein Brom-Derivat $C_{18}H_{17}BrN_2O_2$ (orangerote Krystalle [aus Amylalkohol], F: 234°), beim Erwärmen mit wss. Salpetersäure ist ein Nitro-Derivat $C_{18}H_{17}N_3O_4$ (orangerote Krystalle [aus Amylalkohol], F: 264°) erhalten worden.

**2.7-Bis-diäthylamino-anthrachinon,** *2,7-bis(diethylamino)anthraquinone* $C_{22}H_{26}N_2O_2$, Formel XIV (R = $C_2H_5$).

*B.* Beim Erhitzen von 2.7-Dichlor-anthrachinon mit Diäthylamin unter Zusatz von Kupfer-Pulver in wss. Amylalkohol auf 220° (*Jones, Mason*, Soc. **1934** 1813, 1815).

Rote Krystalle; F: 285°.

**2.7-Bis-[α-chlor-benzylidenamino]-anthrachinon,** N,N'-(*9,10-dioxo-9,10-dihydroanthracene-2,7-diyl)dibenzimidoyl chloride* $C_{28}H_{16}Cl_2N_2O_2$, Formel I.

*B.* Aus 2.7-Bis-benzamino-anthrachinon beim Behandeln mit Phosphor(V)-chlorid in Dichlorbenzol (*Du Pont de Nemours & Co.*, U.S.P. 2019850 [1934]).

Gelbe Krystalle; F: 163—172°. [*W. Hoffmann*]

I

II

**1.2.4-Triamino-anthrachinon** $C_{14}H_{11}N_3O_2$.

**4-Amino-1.3-bis-[1.2.3.4-tetrahydro-naphthyl-(2)-amino]-anthrachinon,** *1-amino-2,4-bis(1,2,3,4-tetrahydro-2-naphthylamino)anthraquinone* $C_{34}H_{31}N_3O_2$, Formel II.

Eine opt.-inakt. Verbindung (blaue Krystalle; F: 203°) dieser Konstitution ist beim Erhitzen von 2.4-Dibrom-1-amino-anthrachinon mit (±)-1.2.3.4-Tetrahydro-naphthyl-(2)-amin unter Zusatz von Kaliumacetat erhalten worden (*I.G. Farbenind.*, D.R.P. 624782 [1933]; Frdl. **22** 1052).

**1.4.5-Triamino-anthrachinon** $C_{14}H_{11}N_3O_2$.

**5-Amino-1.4-bis-[3-methoxy-benzamino]-anthrachinon,** N,N'-(*5-amino-9,10-dioxo-9,10-dihydroanthracene-1,4-diyl)bis-*m*-anisamide* $C_{30}H_{23}N_3O_6$, Formel III.

*B.* Aus 5-[Toluol-sulfonyl-(4)-amino]-1.4-bis-[3-methoxy-benzamino]-anthrachinon

(nicht näher beschrieben) beim Behandeln mit Schwefelsäure (*I.G. Farbenind.*, D.R.P. 623069 [1931]; Frdl. **21** 1085).
Violett; F: ca. 240°.

**5-Nitro-4.8-diamino-1-*p*-toluidino-anthrachinon,** *1,5-diamino-4-nitro-8-*p*-toluidino-anthraquinone* $C_{21}H_{16}N_4O_4$, Formel IV (X = $CH_3$).
*B.* Beim Erhitzen von 4.8-Dinitro-1.5-diamino-anthrachinon mit *p*-Toluidin in 1.2-Dichlor-benzol (*CIBA*, D.R.P. 553195 [1929]; Frdl. **19** 2010).
F: 288—290°.



**8-Nitro-4.5-diamino-1-*p*-anisidino-anthrachinon,** *1,8-diamino-4-*p*-anisidino-5-nitro-anthraquinone* $C_{21}H_{16}N_4O_5$, Formel V.
*B.* Beim Erhitzen von 4.5-Dinitro-1.8-diamino-anthrachinon mit *p*-Anisidin in 1.2-Dichlor-benzol (*CIBA*, D.R.P. 553195 [1929]; Frdl. **19** 2010).
F: 275—277°.

**5-Nitro-4.8-diamino-1-*p*-anisidino-anthrachinon,** *1,5-diamino-4-*p*-anisidino-8-nitro-anthraquinone* $C_{21}H_{16}N_4O_5$, Formel IV (X = $OCH_3$).
*B.* Beim Erhitzen von 4.8-Dinitro-1.5-diamino-anthrachinon mit *p*-Anisidin in 1.2-Dichlor-benzol (*CIBA*, D.R.P. 553195 [1929]; Frdl. **19** 2010).
Kupferglänzende Krystalle (aus Anilin); F: 273—275°.

**1.x.x-Triamino-anthrachinon,** *1,x,x-triamino-anthraquinone* $C_{14}H_{11}N_3O_2$.

**1.x.x-Triamino-anthrachinon vom F: 260°.**
*B.* Beim Behandeln von 1-Phthalimido-anthrachinon (nicht näher beschrieben) mit einem Gemisch von Salpetersäure und Schwefelsäure, Erwärmen des Reaktionsprodukts mit wss. Schwefelsäure und Erwärmen des erhaltenen x.x-Dinitro-1-amino-anthrachinons mit Natriumsulfid in wss. Natronlauge (*Scottish Dyes Ltd.*, U.S.P. 1838523 [1924]).
Bronzeglänzende Krystalle (aus Nitrobenzol); F: 258—260°.

**1.4.5.8-Tetraamino-anthrachinon,** *1,4,5,8-tetraaminoanthraquinone* $C_{14}H_{12}N_4O_2$, Formel VI (R = X = H) (H 217; E II 121).
*B.* Beim Erhitzen von 1.4.5.8-Tetrachlor-anthrachinon mit Toluolsulfonamid-(4) unter Zusatz von Natriumcarbonat, Kupfer(II)-acetat und Kupfer-Pulver, Erhitzen des Reaktionsprodukts mit Schwefelsäure und anschliessenden Behandeln mit Wasser und Nitrobenzol (*Soc. Rhodiaceta*, U.S.P. 2283035 [1938]). Beim Erhitzen von 1.4.5.8-Tetrachlor-anthrachinon mit Phthalimid unter Zusatz von Phthalsäure-anhydrid, Kaliumcarbonat und Kupfer-Pulver, Erwärmen des Reaktionsprodukts mit Schwefelsäure und anschliessenden Behandeln mit Wasser (*Deutsche Acetat-Kunstseiden A.G.*, D.R.P. 705133 [1938]; D.R.P. Org. Chem. **1**, Tl. 2, S. 228).

**4.8-Diamino-1.5-bis-methylamino-anthrachinon,** *1,5-diamino-4,8-bis(methylamino)-anthraquinone* $C_{16}H_{16}N_4O_2$, Formel VI (R = X = $CH_3$).
*B.* Beim Behandeln von 4.8-Dinitro-1.5-diamino-anthrachinon mit Ameisensäure und wss. Formaldehyd und Behandeln des Reaktionsprodukts mit Natriumsulfid in Äthanol (*CIBA*, U.S.P. 1828588 [1927]). Aus 4.8-Bis-[toluol-sulfonyl-(4)-amino]-1.5-bis-methylamino-anthrachinon mit Hilfe von Schwefelsäure (*Hall, Hey*, Soc. **1948** 736, 738).
Blaue Krystalle (aus Chlorbenzol, 1.2-Dichlor-benzol oder Nitrobenzol); F: 253—255° (*Hall, Hey*).

**4.5-Diamino-1.8-bis-methylamino-anthrachinon,** *1,8-diamino-4,5-bis(methylamino)-anthraquinone* $C_{16}H_{16}N_4O_2$, Formel VII (R = X = H).
*B.* Aus 4.5-Bis-[toluol-sulfonyl-(4)-amino]-1.8-bis-methylamino-anthrachinon mit Hilfe

von Schwefelsäure (*Hall, Hey,* Soc. **1948** 736, 739).
Blaue Krystalle (aus Chlorbenzol oder Nitrobenzol); F: 227—229°.

$O_2N$ — $NH_2$ — O — O — $H_3CO$ — NH — $NH_2$ V; X—NH — $NH_2$ — O — O — $H_2N$ — NH—R VI; X—NH — NH—$CH_3$ — O — O — R—NH — NH—$CH_3$ VII

**1.4.5.8-Tetrakis-methylamino-anthrachinon,** *1,4,5,8-tetrakis(methylamino)anthraquinone* $C_{18}H_{20}N_4O_2$, Formel VII (R = X = $CH_3$) (H 217).

*B.* Beim Erhitzen von 4.8-Diamino-1.5-dimethoxy-anthrachinon mit Methylamin in Äthanol auf 180° (*Gen. Aniline Works,* U.S.P. 2091481 [1935]).

Blaue Krystalle; F: 308—310°.

**4.8-Diamino-1.5-bis-äthylamino-anthrachinon,** *1,5-diamino-4,8-bis(ethylamino)anthraquinone* $C_{18}H_{20}N_4O_2$, Formel VI (R = X = $C_2H_5$).

*B.* Beim Erhitzen von 4.8-Diamino-1.5-dimethoxy-anthrachinon mit Äthylamin in Äthanol auf 180° (*Gen. Aniline Works,* U.S.P. 2091481 [1935]).

Blaue Krystalle (aus Nitrobenzol); F: 305°.

**4.8-Diamino-1.5-bis-cyclohexylamino-anthrachinon,** *1,5-diamino-4,8-bis(cyclohexylamino)anthraquinone* $C_{26}H_{32}N_4O_2$, Formel VI (R = X = $C_6H_{11}$).

*B.* Beim Erhitzen von 4.8-Diamino-1.5-dimethoxy-anthrachinon mit Cyclohexylamin (*Gen. Aniline Works,* U.S.P. 2091481 [1935]).

Krystalle (aus 1.2-Dichlor-benzol); F: 253—254°.

**4.8-Diamino-5-methylamino-1-anilino-anthrachinon,** *1,5-diamino-4-anilino-8-(methylamino)anthraquinone* $C_{21}H_{18}N_4O_2$, Formel VI (R = $C_6H_5$, X = $CH_3$).

*B.* Beim Erhitzen von 5-Nitro-4.8-diamino-1-anilino-anthrachinon (aus 4.8-Dinitro-1.5-diamino-anthrachinon und Anilin hergestellt) mit Methylamin auf 170° (*CIBA,* U.S.P. 1792348 [1929]).

Blaue Krystalle (aus Anilin); F: 206°.

**8-Amino-4.5-bis-methylamino-1-anilino-anthrachinon,** *1-amino-8-anilino-4,5-bis(methylamino)anthraquinone* $C_{22}H_{20}N_4O_2$, Formel VII (R = $C_6H_5$, X = H).

*B.* Beim Erhitzen von 4.5-Dinitro-1.8-bis-methylamino-anthrachinon mit Anilin und Behandeln des Reaktionsprodukts mit Natriumhydrogensulfid in wss. Äthanol (*CIBA,* D.R.P. 553195 [1929]; Frdl. **19** 2010).

F: 195—197°.

**4.8-Diamino-5-cyclohexylamino-1-anilino-anthrachinon,** *1,5-diamino-4-anilino-8-(cyclohexylamino)anthraquinone* $C_{26}H_{26}N_4O_2$, Formel VI (R = $C_6H_5$, X = $C_6H_{11}$).

*B.* Beim Erhitzen von 5-Nitro-4.8-diamino-1-anilino-anthrachinon (aus 4.8-Dinitro-1.5-diamino-anthrachinon und Anilin hergestellt) mit Cyclohexylamin (*CIBA,* U.S.P. 1792348 [1929]).

Blauviolette Krystalle (aus Anilin); F: 270°.

**4.8-Diamino-1.5-dianilino-anthrachinon,** *1,5-diamino-4,8-dianilinoanthraquinone* $C_{26}H_{20}N_4O_2$, Formel VI (R = X = $C_6H_5$) (H 218).

*B.* Beim Erhitzen von 4.8-Dichlor-1.5-diamino-anthrachinon mit Anilin unter Zusatz von Kaliumacetat und Kupfer-Pulver (*Scholl, Böttger, Wanke,* B. **67** [1934] 599, 606).

Blauschwarze Krystalle (aus Nitrobenzol); F: 330°.

**4.5.8-Triamino-1-*p*-toluidino-anthrachinon,** *1,4,5-triamino-8-*p*-toluidinoanthraquinone* $C_{21}H_{18}N_4O_2$, Formel VIII (R = H, X = $CH_3$).

*B.* Aus 5-Nitro-4.8-diamino-1-*p*-toluidino-anthrachinon beim Erwärmen mit Natriumhydrogensulfid in Äthanol (*CIBA,* D.R.P. 553195 [1929]; Frdl. **19** 2010).

F: 201°.

**4.8-Diamino-1.5-bis-[2-hydroxy-äthylamino]-anthrachinon,** *1,5-diamino-4,8-bis(2-hydroxyethylamino)anthraquinone* $C_{18}H_{20}N_4O_4$, Formel VI (R = X = $CH_2$-$CH_2OH$).

*B.* Beim Erhitzen von 4.8-Diamino-1.5-dimethoxy-anthrachinon mit 2-Amino-äthanol-(1) (*Gen. Aniline Works*, U.S.P. 2091481 [1935]).

Blauviolette Krystalle (aus Nitrobenzol); F: 294° [nach Sintern].

**1.4.5.8-Tetrakis-[2-hydroxy-äthylamino]-anthrachinon,** *1,4,5,8-tetrakis(2-hydroxyethylamino)anthraquinone* $C_{22}H_{28}N_4O_6$, Formel IX (R = $CH_2$-$CH_2OH$).

*B.* Beim Erhitzen von 4.8-Diamino-1.5-dimethoxy-anthrachinon mit 2-Amino-äthanol-(1) (*Gen. Aniline Works*, U.S.P. 2091481 [1935]).

Blaue Krystalle (aus Nitrobenzol); F: 280–285°.

**4.5.8-Triamino-1-*p*-anisidino-anthrachinon,** *1,4,5-triamino-8-*p*-anisidinoanthraquinone* $C_{21}H_{18}N_4O_3$, Formel VIII (R = H, X = $OCH_3$).

*B.* Aus 5-Nitro-4.8-diamino-1-*p*-anisidino-anthrachinon oder aus 8-Nitro-4.5-diamino-1-*p*-anisidino-anthrachinon beim Erwärmen mit Natriumhydrogensulfid in Äthanol (*CIBA*, D.R.P. 553195 [1929]; Frdl. **19** 2010).

Blauviolette Krystalle; F: 220°.

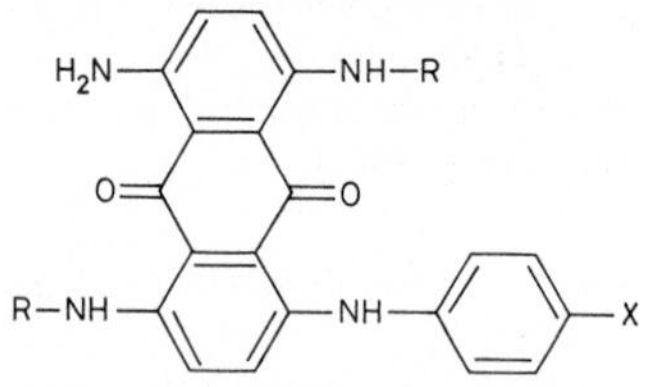

VIII 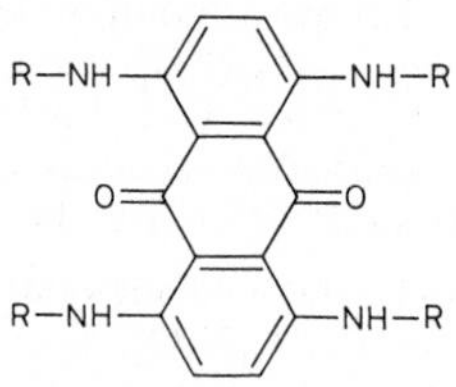 IX

**5-Amino-4.8-bis-methylamino-1-*p*-anisidino-anthrachinon,** *1-amino-5-*p*-anisidino-4,8-bis(methylamino)anthraquinone* $C_{23}H_{22}N_4O_3$, Formel VIII (R = $CH_3$, X = $OCH_3$).

*B.* Beim Erhitzen von 4.8-Dinitro-1.5-bis-methylamino-anthrachinon mit *p*-Anisidin in 1.2-Dichlor-benzol und Erwärmen des Reaktionsprodukts mit Natriumhydrogensulfid in Äthanol (*CIBA*, D.R.P. 553195 [1929]; Frdl. **19** 2010).

Dunkle Krystalle; F: 210°.

**1.4.5.8-Tetrakis-acetamino-anthrachinon,** N,N′,N″,N‴-*(9,10-dioxo-9,10-dihydroanthracene-1,4,5,8-tetrayl)tetrakisacetamide* $C_{22}H_{20}N_4O_6$, Formel IX (R = CO-$CH_3$) (H 219).

Krystalle (aus Nitrobenzol); F: 315–320° (*Hall, Hey*, Soc. **1948** 736, 740).

**1.4.5.8-Tetrakis-benzamino-anthrachinon,** N,N′,N″, N‴-*(9,10-dioxo-9,10-dihydroanthracene-1,4,5,8-tetrayl)tetrakisbenzamide* $C_{42}H_{28}N_4O_6$, Formel IX (R = CO-$C_6H_5$).

*B.* Beim Erhitzen von 1.4.5.8-Tetrachlor-anthrachinon mit Benzamid unter Zusatz von Kaliumcarbonat und Kupfer(I)-bromid in 1.2-Dichlor-benzol (*Du Pont de Nemours & Co.*, U.S.P. 2346726 [1942]).

Krystalle; F: 390°.

**4.8-Bis-[toluol-sulfonyl-(4)-amino]-1.5-bis-methylamino-anthrachinon,** N,N′-*[4,8-bis(methylamino)-9,10-dioxo-9,10-dihydroanthracene-1,5-diyl]bis-*p*-toluenesulfonamide* $C_{30}H_{28}N_4O_6S_2$, Formel X.

*B.* Beim Erhitzen von 4.8-Dibrom-1.5-bis-methylamino-anthrachinon mit Toluolsulfonamid-(4), Kaliumcarbonat und Kupfer(II)-acetat in Nitrobenzol (*Hall, Hey*, Soc. **1948** 736, 738).

Krystalle (aus Chlorbenzol oder Nitrobenzol), die unterhalb 330° nicht schmelzen.

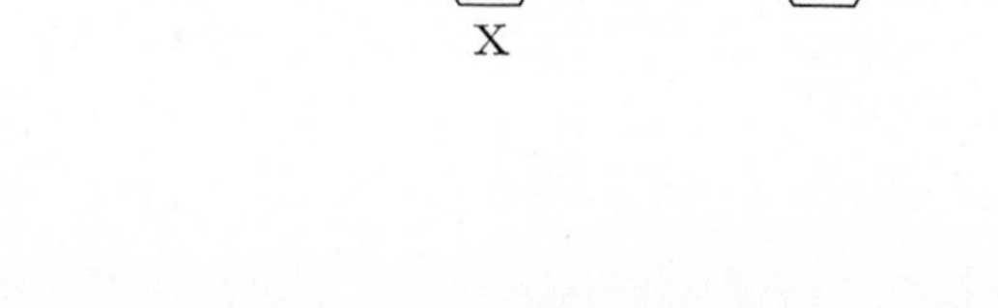

X 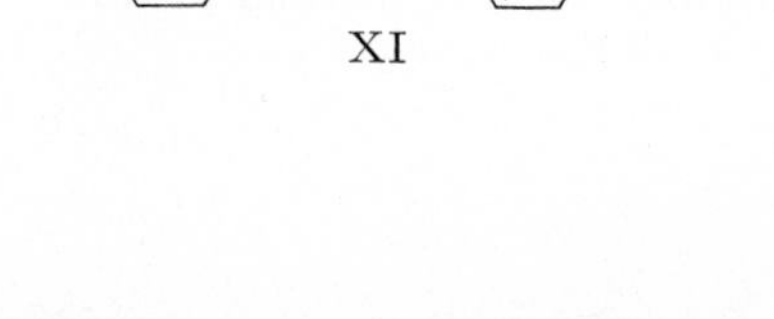 XI

**4.5-Bis-[toluol-sulfonyl-(4)-amino]-1.8-bis-methylamino-anthrachinon,** N,N'-*[4,5-bis(methylamino)-9,10-dioxo-9,10-dihydroanthracene-1,8-diyl]bis-*p*-toluenesulfonamide* $C_{30}H_{28}N_4O_6S_2$, Formel XI.

*B.* Beim Erhitzen von 4.5-Dibrom-1.8-bis-methylamino-anthrachinon mit Toluolsulfonamid-(4), Kaliumcarbonat und Kupfer(II)-acetat in Nitrobenzol (*Hall, Hey,* Soc. **1948** 736, 739).

Blaue Krystalle (aus Nitrobenzol); F: 300—303° [Zers.].

**3.7-Dibrom-4.8-diamino-1.5-dianilino-anthrachinon,** *1,5-diamino-4,8-dianilino-2,6-dibromoanthraquinone* $C_{26}H_{18}Br_2N_4O_2$, Formel XII (R = X = H) (H 219).

Blaue Krystalle (aus Nitrobenzol); F: 257° (*Mangini, Nicolini,* Boll. scient. Fac. Chim. ind. Bologna **4** [1943] 1, 4). Absorptionsspektrum (Nitrobenzol; 445—620 mμ): *Ma., Ni.,* l. c. S. 6.

**3.7-Dibrom-4.8-diamino-1.5-di-*p*-toluidino-anthrachinon,** *1,5-diamino-2,6-dibromo-4,8-di-*p*-toluidinoanthraquinone* $C_{28}H_{22}Br_2N_4O_2$, Formel XII (R = H, X = $CH_3$) (H 219).

*B.* Beim Erwärmen von 2.4.6.8-Tetrabrom-1.5-diamino-anthrachinon mit *p*-Toluidin unter Zusatz von Ammoniumacetat und Kupfer(II)-acetat in Wasser (*Du Pont de Nemours & Co.,* U.S.P. 1931265 [1931]; vgl. H 219).

Blaue Krystalle (aus Nitrobenzol); F: 288° (*Mangini, Nicolini,* Boll. scient. Fac. Chim. ind. Bologna **4** [1943] 1, 4). Absorptionsspektrum (Nitrobenzol; 445—620 mμ): *Ma., Ni.,* l. c. S. 6.

**3.7-Dibrom-4.8-diamino-1.5-di-*p*-anisidino-anthrachinon,** *1,5-diamino-4,8-di-*p*-anisidino-2,6-dibromoanthraquinone* $C_{28}H_{22}Br_2N_4O_4$, Formel XII (R = H, X = $OCH_3$).

*B.* Beim Erhitzen von 2.4.6.8-Tetrabrom-1.5-diamino-anthrachinon mit *p*-Anisidin (*Mangini, Nicolini,* Boll. scient. Fac. Chim. ind. Bologna **4** [1943] 1, 5).

Blaue Krystalle (aus Nitrobenzol); F: 302°. Absorptionsspektrum (Nitrobenzol; 445—620 mμ): *Ma., Ni.,* l. c. S. 6.

**3.7-Dibrom-4.8-diamino-1.5-di-*p*-phenetidino-anthrachinon,** *1,5-diamino-2,6-dibromo-4,8-di-*p*-phenetidinoanthraquinone* $C_{30}H_{26}Br_2N_4O_4$, Formel XII (R = H, X = $OC_2H_5$).

*B.* Beim Erhitzen von 2.4.6.8-Tetrabrom-1.5-diamino-anthrachinon mit *p*-Phenetidin (*Mangini, Nicolini,* Boll. scient. Fac. Chim. ind. Bologna **4** [1934] 1, 5).

Blaue Krystalle (aus Nitrobenzol); F: 280°. Absorptionsspektrum (Nitrobenzol; 445 mμ bis 620 mμ): *Ma., Ni.,* l. c. S. 6.

**2.6-Dibrom-4.8-dianilino-1.5-bis-benzamino-anthrachinon,** N,N'-*(4,8-dianilino-2,6-dibromo-9,10-dioxo-9,10-dihydroanthracene-1,5-diyl)bisbenzamide* $C_{40}H_{26}Br_2N_4O_4$, Formel XII (R = CO-$C_6H_5$, X = H).

*B.* Beim Erhitzen von 3.7-Dibrom-4.8-diamino-1.5-dianilino-anthrachinon mit Benzoylchlorid in Nitrobenzol (*Mangini, Dal Monte,* Boll. scient. Fac. Chim. ind. Bologna **4** [1943] 15, 18).

Blauviolette Krystalle (aus Dioxan + A.); F: 239°. Absorptionsspektrum (Nitrobenzol; 445—620 mμ): *Ma., Dal M.,* l. c. S. 19.

**2.6-Dibrom-4.8-di-*p*-toluidino-1.5-bis-benzamino-anthrachinon,** N,N'-*(2,6-dibromo-9,10-dioxo-4,8-di-*p*-toluidino-9,10-dihydroanthracene-1,5-diyl)bisbenzamide* $C_{42}H_{30}Br_2N_4O_4$, Formel XII (R = CO-$C_6H_5$, X = $CH_3$).

*B.* Beim Erhitzen von 3.7-Dibrom-4.8-diamino-1.5-di-*p*-toluidino-anthrachinon mit Benzoylchlorid in Nitrobenzol (*Mangini, Dal Monte,* Boll. scient. Fac. Chim. ind. Bologna **4** [1943] 15, 18).

Violette Krystalle (aus Dioxan + A.); F: 268°. Absorptionsspektrum (Nitrobenzol; 445—620 mμ): *Ma., Dal M.,* l. c. S. 19.

**2.6-Dibrom-4.8-di-*p*-anisidino-1.5-bis-benzamino-anthrachinon,** N,N'-*(4,8-di-*p*-anisidino-2,6-dibromo-9,10-dioxo-9,10-dihydroanthracene-1,5-diyl)bisbenzamide* $C_{42}H_{30}Br_2N_4O_6$, Formel XII (R = CO-$C_6H_5$, X = $OCH_3$).

*B.* Beim Erhitzen von 3.7-Dibrom-4.8-diamino-1.5-di-*p*-anisidino-anthrachinon mit Benzoylchlorid in Nitrobenzol (*Mangini, Dal Monte,* Boll. scient. Fac. Chim. ind. Bologna **4** [1943] 15, 18).

Violette Krystalle; (aus Dioxan + A.); F: 260°. Absorptionsspektrum (Nitrobenzol; 445—620 mμ): *Ma., Dal M.,* l. c. S. 20.

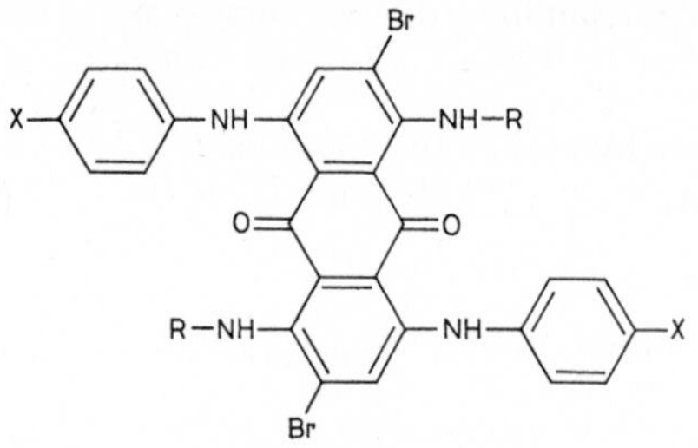

XII 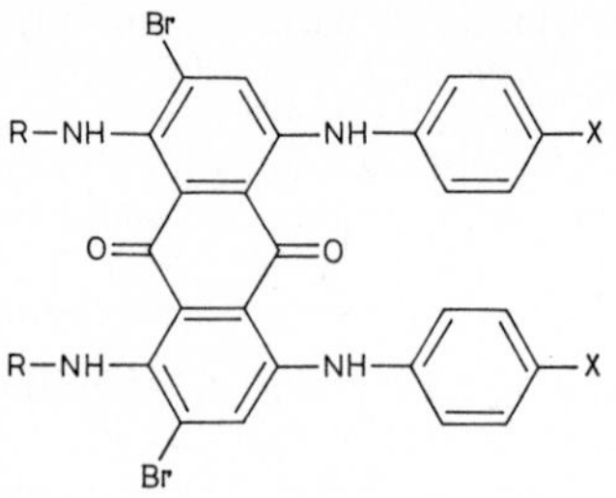 XIII

**2.6-Dibrom-4.8-di-*p*-phenetidino-1.5-bis-benzamino-anthrachinon,** N,N'-*(2,6-dibromo-9,10-dioxo-4,8-di-*p*-phenetidino-9,10-dihydroanthracene-1,5-diyl)bisbenzamide* $C_{44}H_{34}Br_2N_4O_6$, Formel XII (R = $CO$-$C_6H_5$, X = $OC_2H_5$).

*B.* Beim Erhitzen von 3.7-Dibrom-4.8-diamino-1.5-di-*p*-phenetidino-anthrachinon mit Benzoylchlorid in Nitrobenzol (*Mangini, Dal Monte,* Boll. scient. Fac. Chim. ind. Bologna **4** [1943] 15, 18).

Violette Krystalle (aus Dioxan + A.); F: 268°. Absorptionsspektrum (Nitrobenzol; 445—620 mμ): *Ma., Dal M.,* l. c. S. 20.

**3.6-Dibrom-4.5-diamino-1.8-dianilino-anthrachinon,** *1,8-diamino-4,5-dianilino-2,7-dibromoanthraquinone* $C_{26}H_{18}Br_2N_4O_2$, Formel XIII (R = X = H).

*B.* Beim Erhitzen von 2.4.5.7-Tetrabrom-1.8-diamino-anthrachinon mit Anilin (*Mangini, Nicolini,* Boll. scient. Fac. Chim. ind. Bologna **4** [1943] 1, 5).

Blaue Krystalle (aus Nitrobenzol); F: 238°. Absorptionsspektrum (Nitrobenzol; 445—620 mμ): *Ma., Ni.,* l. c. S. 7.

**3.6-Dibrom-4.5-diamino-1.8-di-*p*-toluidino-anthrachinon,** *1,8-diamino-2,7-dibromo-4,5-di-*p*-toluidinoanthraquinone* $C_{28}H_{22}Br_2N_4O_2$, Formel XIII (R = H, X = $CH_3$).

*B.* Beim Erhitzen von 2.4.5.7-Tetrabrom-1.8-diamino-anthrachinon mit *p*-Toluidin (*Mangini, Nicolini,* Boll. scient. Fac. Chim. ind. Bologna **4** [1943] 1, 5).

Blaue Krystalle (aus Nitrobenzol); F: 248°. Absorptionsspektrum (Nitrobenzol; 445—620 mμ): *Ma., Ni.,* l. c. S. 7.

**3.6-Dibrom-4.5-diamino-1.8-di-*p*-anisidino-anthrachinon,** *1,8-diamino-4,5-di-*p*-anisidino-2,7-dibromoanthraquinone* $C_{28}H_{22}Br_2N_4O_4$, Formel XIII (R = H, X = $OCH_3$).

*B.* Beim Erhitzen von 2.4.5.7-Tetrabrom-1.8-diamino-anthrachinon mit *p*-Anisidin (*Mangini, Nicolini,* Boll. scient. Fac. Chim. ind. Bologna **4** [1943] 1, 5).

Blaue Krystalle (aus Nitrobenzol); F: 180°. Absorptionsspektrum (Nitrobenzol; 445—620 mμ): *Ma., Ni.,* l. c. S. 7.

**3.6-Dibrom-4.5-diamino-1.8-di-*p*-phenetidino-anthrachinon,** *1,8-diamino-2,7-dibromo-4,5-di-*p*-phenetidinoanthraquinone* $C_{30}H_{26}Br_2N_4O_4$, Formel XIII (R = H, X = $OC_2H_5$).

*B.* Beim Erhitzen von 2.4.5.7-Tetrabrom-1.8-diamino-anthrachinon mit *p*-Phenetidin (*Mangini, Nicolini,* Boll. scient. Fac. Chim. ind. Bologna **4** [1943] 1, 5).

Blauviolette Krystalle (aus Nitrobenzol); F: 245°. Absorptionsspektrum (Nitrobenzol; 445—620 mμ): *Ma., Ni.,* l. c. S. 7.

**2.7-Dibrom-4.5-dianilino-1.8-bis-benzamino-anthrachinon,** N,N'-*(4,5-dianilino-2,7-dibromo-9,10-dioxo-9,10-dihydroanthracene-1,8-diyl)bisbenzamide* $C_{40}H_{26}Br_2N_4O_4$, Formel XIII (R = $CO$-$C_6H_5$, X = H).

*B.* Beim Erhitzen von 3.6-Dibrom-4.5-diamino-1.8-dianilino-anthrachinon mit Benzoylchlorid in Nitrobenzol (*Mangini, Dal Monte,* Boll. scient. Fac. Chim. ind. Bologna **4** [1943] 15, 18).

Rotviolette Krystalle (aus Dioxan + A.); F: 230°. Absorptionsspektrum (Nitrobenzol; 445—620 mμ): *Ma., Dal M.,* l. c. S. 21.

**2.7-Dibrom-4.5-di-*p*-toluidino-1.8-bis-benzamino-anthrachinon,** N,N'-*(2,7-dibromo-9,10-dioxo-4,5-di-*p*-toluidino-9,10-dihydroanthracene-1,8-diyl)bisbenzamide* $C_{42}H_{30}Br_2N_4O_4$, Formel XIII (R = $CO$-$C_6H_5$, X = $CH_3$).

*B.* Beim Erhitzen von 3.6-Dibrom-4.5-diamino-1.8-di-*p*-toluidino-anthrachinon mit

Benzoylchlorid in Nitrobenzol (*Mangini, Dal Monte,* Boll. scient. Fac. Chim. ind. Bologna **4** [1943] 15, 18).

Violette Krystalle (aus Bzl. + A.); F: 252°. Absorptionsspektrum (Nitrobenzol; 445—620 mμ): *Ma., Dal M.,* l. c. S. 21.

**2.7-Dibrom-4.5-di-*p*-anisidino-1.8-bis-benzamino-anthrachinon,** N,N'-(*4,5-di-*p*-anisidino-2,7-dibromo-9,10-dioxo-9,10-dihydroanthracene-1,8-diyl)bisbenzamide* $C_{42}H_{30}Br_2N_4O_6$, Formel XIII (R = CO-$C_6H_5$, X = $OCH_3$).

*B.* Beim Erhitzen von 3.6-Dibrom-4.5-diamino-1.8-di-*p*-anisidino-anthrachinon mit Benzoylchlorid in Nitrobenzol (*Mangini, Dal Monte,* Boll. scient. Fac. Chim. ind. Bologna **4** [1943] 15, 18).

Violette Krystalle (aus Xylol); F: 172—173°. Absorptionsspektrum (Nitrobenzol; 445—620 mμ): *Ma., Dal M.,* l. c. S. 21.

**2.7-Dibrom-4.5-di-*p*-phenetidino-1.8-bis-benzamino-anthrachinon,** N,N'-(*2,7-dibromo-9,10-dioxo-4,5-di-*p*-phenetidino-9,10-dihydroanthracene-1,8-diyl)bisbenzamide* $C_{44}H_{34}Br_2N_4O_6$, Formel XIII (R = CO-$C_6H_5$, X = $OC_2H_5$).

*B.* Beim Erhitzen von 3.6-Dibrom-4.5-diamino-1.8-di-*p*-phenetidino-anthrachinon mit Benzoylchlorid in Nitrobenzol (*Mangini, Dal Monte,* Boll. scient. Fac. chim. ind. Bologna **4** [1943] 15, 18).

Violette Krystalle (aus Dioxan + A.); F: 170°. Absorptionsspektrum (Nitrobenzol; 445—620 mμ): *Ma., Dal M.,* l. c. S. 22.

**2-Amino-phenanthren-chinon-(9.10),** 2-Amino-phenanthrenchinon, *2-aminophenanthrenequinone* $C_{14}H_9NO_2$, Formel I (H 220; E II 121).

*B.* Beim Hydrieren von 2-Nitro-phenanthren-chinon-(9.10) an Palladium in Aceton und Aufbewahren der Reaktionslösung an der Luft (*Kunz,* Helv. **22** [1939] 939, 942).

I II

**3-Amino-phenanthren-chinon-(9.10)** $C_{14}H_9NO_2$.

**7-Nitro-3-anilino-phenanthren-chinon-(9.10),** 7-Nitro-3-anilino-phenanthrenchinon, *6-anilino-2-nitrophenanthrenequinone* $C_{20}H_{12}N_2O_4$, Formel II.

Diese Konstitution kommt der E I 475 als 2-Nitro-x-anilino-phenanthren-chinon-(9.10) beschriebenen Verbindung zu (s. *Bhatt,* Tetrahedron **20** [1964] 803, 814, 817).

**2.5-Diamino-phenanthren-chinon-(9.10),** 2.5-Diamino-phenanthrenchinon, *2,5-diaminophenanthrenequinone* $C_{14}H_{10}N_2O_2$, Formel III (H 221; E II 123) [1]).

*B.* Aus 2.5-Dinitro-phenanthren-chinon-(9.10) beim Erhitzen mit Zinn und wss. Salzsäure (*Ghatak,* Univ. Allahabad Studies **7** [1931] 199, 206; s. a. *Ray, Francis,* J. org. Chem. **8** [1943] 52, 53).

Schwarze Krystalle (aus A.); F: 287° (*Gh.*).

III IV

[1]) Berichtigung zu H 221, Zeile 11 v. o.: An Stelle von „blaugrün" ist zu setzen „grünbraun".

**2.7-Diamino-phenanthren-chinon-(9.10),** 2.7-Diamino-phenanthrenchinon, *2,7-diaminophenanthrenequinone* $C_{14}H_{10}N_2O_2$, Formel IV (H 221; E II 123).

Violette Krystalle (aus Py.); F: 304° (*Ghatak*, Univ. Allahabad Studies **7** [1931] 199, 205).

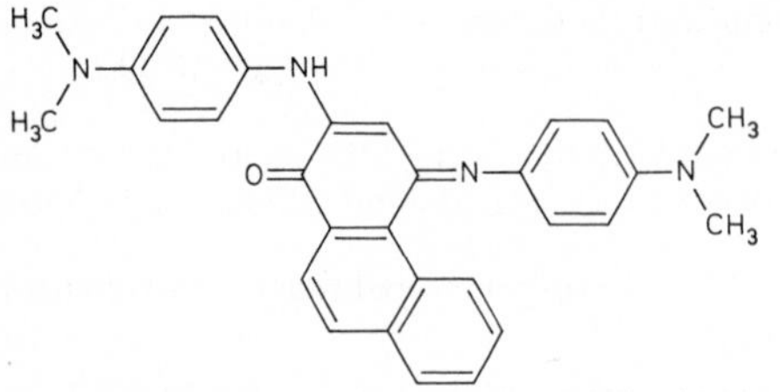

V 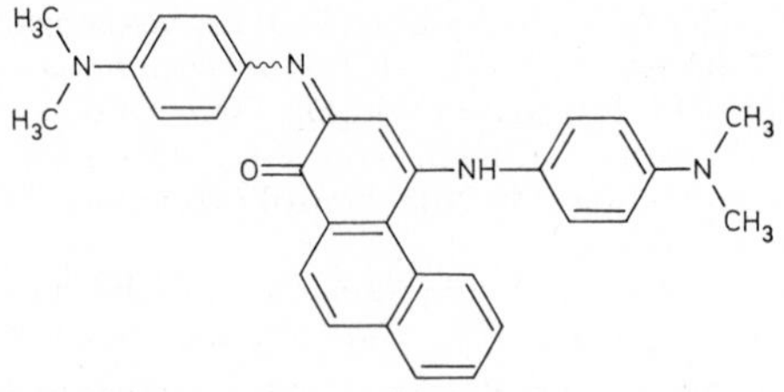 VI

**2-Amino-phenanthren-chinon-(1.4)** $C_{14}H_9NO_2$ und Tautomeres.

**2-[4-Dimethylamino-anilino]-phenanthren-chinon-(1.4)-4-[dimethylamino-phenylimin],** *2-[p-(dimethylamino)anilino]-4-[p-(dimethylamino)phenylimino]-1(4H)-phenanthrone* $C_{30}H_{28}N_4O$, Formel V, und **4-[4-Dimethylamino-anilino]-phenanthren-chinon-(1.2)-2-[4-dimethylamino-phenylimin],** *4-[p-(dimethylamino)anilino]-2-[p-(dimethylamino)phenylimino]-1(2H)-phenanthrone* $C_{30}H_{28}N_4O$, Formel VI.

Eine Verbindung (violette Krystalle; F: 223°), für die diese Konstitutionsformeln in Betracht kommen, ist beim Behandeln von 1-Oxo-1.2.3.4-tetrahydro-phenanthren mit 4-Nitroso-*N.N*-dimethyl-anilin und Natriumcarbonat in wss. Äthanol erhalten worden (*Buu-Hoi, Cagniant*, C. r. **214** [1942] 87, 90).

## Amino-Derivate der Dioxo-Verbindungen $C_{15}H_{10}O_2$

**2-Amino-2-phenyl-indandion-(1.3),** *2-amino-2-phenylindan-1,3-dione* $C_{15}H_{11}NO_2$, Formel VII (R = X = H).

*B.* Beim Einleiten von Ammoniak in eine äther. Lösung von 2-Brom-2-phenyl-indandion-(1.3) (*Wanag, Walbe*, B. **71** [1938] 1448, 1454).

Gelbgrüne Krystalle (aus Ae.); F: 99°.

Beim Erwärmen mit Natriummethylat in Methanol ist 1.4-Dioxo-3-phenyl-1.2.3.4-tetrahydro-isochinolin erhalten worden.

**2-Methylamino-2-phenyl-indandion-(1.3),** *2-(methylamino)-2-phenylindan-1,3-dione* $C_{16}H_{13}NO_2$, Formel VII (R = $CH_3$, X = H).

*B.* Beim Einleiten von Methylamin in eine äther. Lösung von 2-Brom-2-phenyl-indandion-(1.3) (*Wanag, Walbe*, B. **69** [1936] 1054, 1060).

Hydrochlorid $C_{16}H_{13}NO_2 \cdot HCl$. Krystalle (aus A. + Ae.); F: 235° [Zers.].

**2-Äthylamino-2-phenyl-indandion-(1.3),** *2-(ethylamino)-2-phenylindan-1,3-dione* $C_{17}H_{15}NO_2$, Formel VII (R = $C_2H_5$, X = H).

*B.* Aus 2-Brom-2-phenyl-indandion-(1.3) und Äthylamin in Äther (*Wanag, Walbe*, B. **69** [1936] 1054, 1060).

Hydrochlorid $C_{17}H_{15}NO_2 \cdot HCl$. Krystalle (aus A. + Ae.); F: 237° [Zers.].

**2-Propylamino-2-phenyl-indandion-(1.3),** *2-phenyl-2-(propylamino)indan-1,3-dione* $C_{18}H_{17}NO_2$, Formel VII (R = $CH_2$-$CH_2$-$CH_3$, X = H).

*B.* Aus 2-Brom-2-phenyl-indandion-(1.3) und Propylamin in Äther (*Wanag, Walbe*, B. **69** [1936] 1054, 1059).

Hydrochlorid $C_{18}H_{17}NO_2 \cdot HCl$. Krystalle (aus A. + Ae.); F: 239° [Zers.].

**2-Isobutylamino-2-phenyl-indandion-(1.3),** *2-(isobutylamino)-2-phenylindan-1,3-dione* $C_{19}H_{19}NO_2$, Formel VII (R = $CH_2$-$CH(CH_3)_2$, X = H).

*B.* Aus 2-Brom-2-phenyl-indandion-(1.3) und Isobutylamin in Äther (*Wanag, Walbe*, B. **69** [1936] 1054, 1059).

Hellgelbe Krystalle (aus wss. A.); F: 95°.

**2-Anilino-2-phenyl-indandion-(1.3),** *2-anilino-2-phenylindan-1,3-dione* $C_{21}H_{15}NO_2$, Formel VIII (X = H) (H 221).

*B.* Aus 2-Brom-2-phenyl-indandion-(1.3) und Anilin in Äthanol oder in Benzol (*Rădu-

*lescu, Bărbulescu,* Bulet. Soc. Chim. România **20**A [1938] 29, 34).
Gelbe Krystalle (aus A.); F: 212°.

**2-[*N*-Methyl-anilino]-2-phenyl-indandion-(1.3),** *2-(*N*-methylanilino)-2-phenylindan-1,3-dione* $C_{22}H_{17}NO_2$, Formel VII ($R = C_6H_5$, $X = CH_3$).
*B.* Aus 2-Brom-2-phenyl-indandion-(1.3) und *N*-Methyl-anilin in Äthanol (*Wanag, Walbe,* B. **69** [1936] 1054, 1059).
Orangefarbene Krystalle (aus A.), hellbraune Krystalle (aus Eg.); F: 119°.

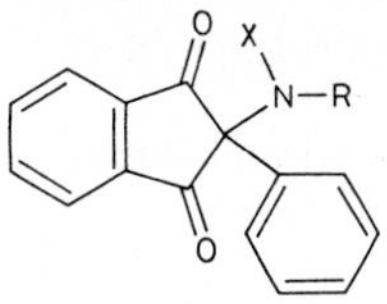

VII 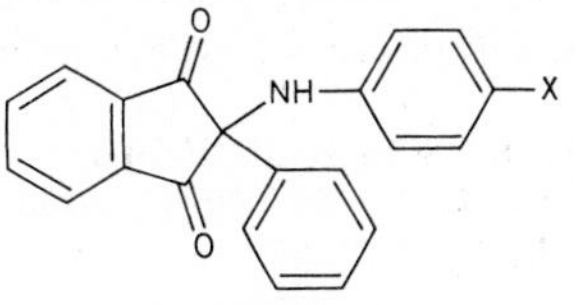 VIII 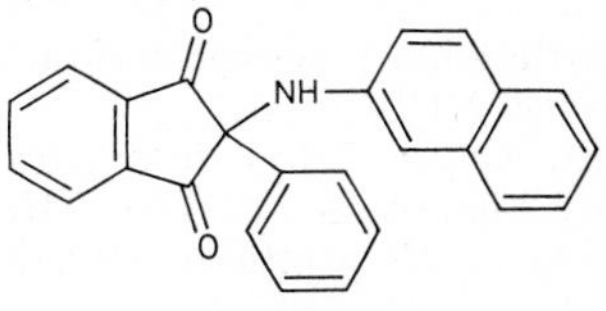 IX

**2-*p*-Toluidino-2-phenyl-indandion-(1.3),** *2-phenyl-2-*p*-toluidinoindan-1,3-dione* $C_{22}H_{17}NO_2$, Formel VIII ($X = CH_3$).
*B.* Aus 2-Brom-2-phenyl-indandion-(1.3) und *p*-Toluidin in Äthanol (*Wanag, Walbe,* B. **69** [1936] 1054, 1057; *Rădulescu, Bărbulescu,* Bulet. Soc. Chim. România **20**A [1938] 29, 35).
Orangegelbe Krystalle (aus Eg.), F: 195° (*Ră., Bă.*); braunrote Krystalle (aus Eg.), F: 187° (*Wa., Wa.*).

**2-Benzylamino-2-phenyl-indandion-(1.3),** *2-(benzylamino)-2-phenylindan-1,3-dione* $C_{22}H_{17}NO_2$, Formel VII ($R = CH_2$-$C_6H_5$, $X = H$).
*B.* Aus 2-Brom-2-phenyl-indandion-(1.3) und Benzylamin in Äther (*Wanag, Walbe,* B. **71** [1938] 1448, 1453).
Hellgelbe Krystalle (aus A.); F: 109°.

**2-[Naphthyl-(2)-amino]-2-phenyl-indandion-(1.3),** *2-(2-naphthylamino)-2-phenylindan-1,3-dione* $C_{25}H_{17}NO_2$, Formel IX.
*B.* Neben 1-[Naphthyl-(2)-imino]-2-phenyl-indanon-(3) beim Erwärmen von 2-Brom-2-phenyl-indandion-(1.3) mit Naphthyl-(2)-amin in Äthanol (*Wanag, Walbe,* B. **69** [1936] 1054, 1058).
Braune Krystalle (aus Eg.); F: 201—203°.

**2-*p*-Anisidino-2-phenyl-indandion-(1.3),** *2-*p*-anisidino-2-phenylindan-1,3-dione* $C_{22}H_{17}NO_3$, Formel VIII ($X = OCH_3$).
*B.* Aus 2-Brom-2-phenyl-indandion-(1.3) und *p*-Anisidin in Äthanol (*Wanag, Walbe,* B. **69** [1936] 1054, 1058).
Orangegelbe Krystalle (aus Eg.); F: 165°.

**2-Acetamino-2-phenyl-indandion-(1.3), *N*-[1.3-Dioxo-2-phenyl-indanyl-(2)]-acetamid,** *N-(1,3-dioxo-2-phenylindan-2-yl)acetamide* $C_{17}H_{13}NO_3$, Formel VII ($R = CO$-$CH_3$, $X = H$).
*B.* Beim Behandeln von 2-Amino-2-phenyl-indandion-(1.3) mit Acetanhydrid und Pyridin (*Wanag, Walbe,* B. **71** [1938] 1448, 1454).
Grüngelbe Krystalle (aus A.); F: 246°.

**2-[Nitroso-propyl-amino]-2-phenyl-indandion-(1.3),** *2-(nitrosopropylamino)-2-phenyl=indan-1,3-dione* $C_{18}H_{16}N_2O_3$, Formel VII ($R = CH_2$-$CH_2$-$CH_3$, $X = NO$).
*B.* Beim Behandeln von 2-Propylamino-2-phenyl-indandion-(1.3)-hydrochlorid mit Natriumnitrit und wss. Salzsäure (*Wanag, Walbe,* B. **69** [1936] 1054, 1060).
Krystalle (aus A.); F: 139—140°.

**2-[*N*-Nitroso-anilino]-2-phenyl-indandion-(1.3),** *2-(*N*-nitrosoanilino)-2-phenylindan-1,3-dione* $C_{21}H_{14}N_2O_3$, Formel VII ($R = C_6H_5$, $X = NO$).
*B.* Beim Erwärmen von 2-Anilino-2-phenyl-indandion-(1.3) mit Natriumnitrit und wss.-äthanol. Salzsäure (*Wanag, Walbe,* B. **69** [1936] 1054, 1058).
Gelbliche Krystalle (aus A.); F: 187°.

**2-[Nitroso-benzyl-amino]-2-phenyl-indandion-(1.3),** *2-(benzylnitrosoamino)-2-phenyl=indan-1,3-dione* $C_{22}H_{16}N_2O_3$, Formel VII ($R = CH_2$-$C_6H_5$, $X = NO$).
*B.* Beim Behandeln von 2-Benzylamino-2-phenyl-indandion-(1.3) mit Natriumnitrit

und wss.-äthanol. Salzsäure (*Wanag, Walbe*, B. **71** [1938] 1448, 1453).
Krystalle (aus A.); F: 125°.

**3-Amino-1-methyl-anthrachinon,** *3-amino-1-methylanthraquinone* $C_{15}H_{11}NO_2$, Formel X.
*B.* Aus 2-[4-Acetamino-2-methyl-benzoyl]-benzoesäure beim Erhitzen mit Schwefelsäure auf 130° und anschliessenden Behandeln mit wss. Alkalilauge (*Kränzlein*, B. **70** [1937] 1952, 1963).
Krystalle (aus wss. Me. oder Bzl.); F: 265°.

**5.8-Diamino-1-methyl-anthrachinon,** *1,4-diamino-5-methylanthraquinone* $C_{15}H_{12}N_2O_2$, Formel XI (R = H).
*B.* Aus 5-Methyl-chinizarin (E III **8** 3802) beim Erhitzen mit Natriumdithionit und wss. Ammoniak auf 140° (*Mayer, Stark*, B. **64** [1931] 2003, 2007).
Violette Krystalle (nach Sublimation); F: 205°.

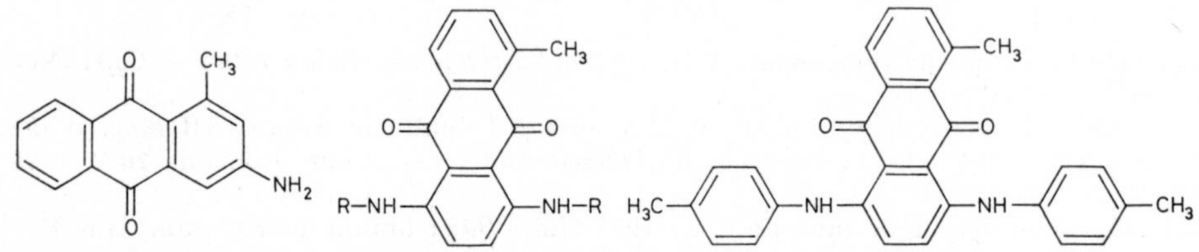

X XI XII

**5.8-Di-*p*-toluidino-1-methyl-anthrachinon,** *5-methyl-1,4-di-*p*-toluidinoanthraquinone* $C_{29}H_{24}N_2O_2$, Formel XII.
*B.* Beim Erhitzen von 5-Methyl-chinizarin (E III **8** 3802) mit *p*-Toluidin unter Zusatz von wss. Salzsäure, Zink und Borsäure (*Mayer, Stark*, B. **64** [1931] 2003, 2007).
Blaugrüne Krystalle (aus Nitrobenzol); F: 219–220°.

**5.8-Bis-benzamino-1-methyl-anthrachinon,** N,N'-*(5-methyl-9,10-dioxo-9,10-dihydroanthracene-1,4-diyl)bisbenzamide* $C_{29}H_{20}N_2O_4$, Formel XI (R = CO-$C_6H_5$).
*B.* Aus 5.8-Diamino-1-methyl-anthrachinon (*Mayer, Stark*, B. **64** [1931] 2003, 2007).
Rote Krystalle (aus Nitrobenzol); F: 243°.

**1-Amino-2-methyl-anthrachinon,** *1-amino-2-methylanthraquinone* $C_{15}H_{11}NO_2$, Formel I (R = X = H) (H 221; E I 476; E II 123).
*B.* Beim Behandeln von 1-Amino-anthrachinon mit Natriumdithionit und wss. Natronlauge und anschliessend mit wss. Formaldehyd und Leiten von Luft durch das Reaktionsgemisch (*Marschalk, Kœnig, Ouroussoff*, Bl. [5] **3** [1936] 1545, 1563).
Rote Krystalle; F: 203° [aus Propanol-(1)] (*Harris, Marriott, Smith*, Soc. **1936** 1838, 1840), 202–203° [aus Eg.] (*Crippa, Caracci*, G. **68** [1938] 820, 824), 202° [aus Eg.] (*Ma., Kœ., Ou.*). Absorptionsspektrum (A.; 430–560 mμ): *Ha., Ma., Sm.* Im System mit 1-Chlor-2-methyl-anthrachinon tritt ein Eutektikum auf (*Grimm, Günther, Tittus*, Z. physik. Chem. [B] **14** [1931] 169, 199).
Die beim Erhitzen mit Natriumnitrit und Essigsäure erhaltene leicht lösliche Verbindung $C_{15}H_8N_2O_2$ (s. E I 477) ist vermutlich als 3*H*-Naphth[2.3-*g*]indazol-chinon-(6.11) zu formulieren (*Crippa, Pietra*, Ann. Chimica **41** [1951] 503).

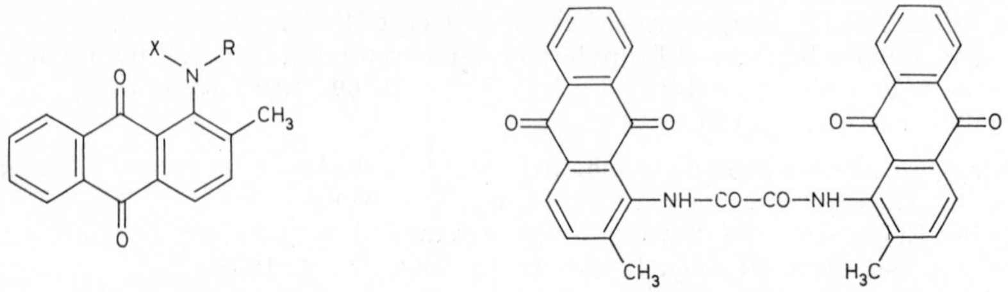

I II

**1-Anilino-2-methyl-anthrachinon,** *1-anilino-2-methylanthraquinone* $C_{21}H_{15}NO_2$, Formel I (R = $C_6H_5$, X = H) (E I 477).
*B.* Aus 1-Chlor-2-methyl-anthrachinon beim Erwärmen mit Anilin unter Zusatz von

Natriumacetat und Kupfer(II)-sulfat in Äthanol (*Du Pont de Nemours & Co.*, U.S.P. 1963077 [1930]) sowie beim Erhitzen mit Anilin unter Zusatz von Kupfer(I)-chlorid und Kaliumacetat in Butanol-(1) (*Nation. Aniline & Chem. Co.*, U.S.P. 2210517 [1937]; vgl. E I 477).

**1-Acetamino-2-methyl-anthrachinon, *N*-[9.10-Dioxo-2-methyl-9.10-dihydro-anthryl-(1)]-acetamid,** N-(*2-methyl-9,10-dioxo-9,10-dihydro-1-anthryl)acetamide* $C_{17}H_{13}NO_3$, Formel I (R = CO-$CH_3$, X = H) (H 222).

Gelbe Krystalle; F: 217° [aus Bzl.] (*Bradley, Nursten*, Soc. **1953** 924, 926), 176° [aus Eg.] (*Crippa, Caracci*, G. **69** [1939] 268, 273; vgl. H 222).

***N.N'*-Bis-[9.10-dioxo-2-methyl-9.10-dihydro-anthryl-(1)]-oxamid,** N,N'-*bis(2-methyl-9,10-dioxo-9,10-dihydro-1-anthryl)oxamide* $C_{32}H_{20}N_2O_6$, Formel II.

*B.* Beim Erwärmen von 1-Amino-2-methyl-anthrachinon mit Oxalylchlorid in Benzol (*Ruggli, Henzi*, Helv. **13** [1930] 409, 428).

Gelbe Krystalle (aus Nitrobenzol); F: 330—335° [Zers.].

***N.N'*-Bis-[9.10-dioxo-2-methyl-9.10-dihydro-anthryl-(1)]-phthalamid,** N,N'-*bis(2-methyl-9,10-dioxo-9,10-dihydro-1-anthryl)phthalamide* $C_{38}H_{24}N_2O_6$, Formel III.

*B.* Beim Erhitzen von 1-Amino-2-methyl-anthrachinon mit Phthalsäure-anhydrid auf 230° (*Crippa, Caracci*, G. **69** [1939] 268, 272).

Orangefarbene Krystalle (aus Eg.); F: 221—222°.

**1-[Nitroso-acetyl-amino]-2-methyl-anthrachinon, *N*-Nitroso-*N*-[9.10-dioxo-2-methyl-9.10-dihydro-anthryl-(1)]-acetamid,** N-(*2-methyl-9,10-dioxo-9,10-dihydro-1-anthryl)-*N-*nitrosoacetamide* $C_{17}H_{12}N_2O_4$, Formel I (R = CO-$CH_3$, X = NO).

*B.* Beim Einleiten von Stickstoffoxiden in eine Lösung von 1-Acetamino-2-methyl-anthrachinon in Essigsäure (*Haworth, Hey*, Soc. **1940** 361, 367).

Gelb; F: 106° [Zers.].

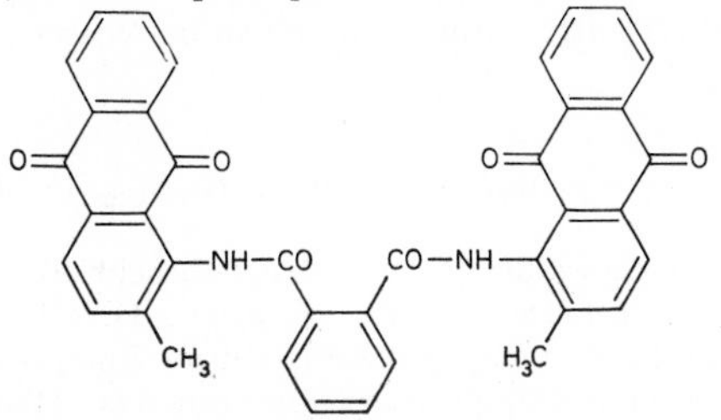

III 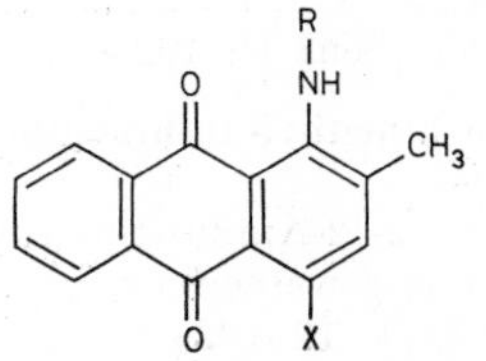 IV

**4-Chlor-1-amino-2-methyl-anthrachinon,** *1-amino-4-chloro-2-methylanthraquinone* $C_{15}H_{10}ClNO_2$, Formel IV (R = H, X = Cl) (H 222; E I 478).

*B.* Aus 4-Chlor-1-acetamino-2-methyl-anthrachinon (*Du Pont de Nemours & Co.*, D.R.P. 612958 [1929]; Frdl. **20** 1304). Aus 1-Amino-2-methyl-anthrachinon beim Behandeln mit Sulfurylchlorid und Aluminiumchlorid in Nitrobenzol (*Du Pont de Nemours & Co.*, U.S.P. 1986798 [1934]; vgl. H 222).

F: 265—266° (*Du Pont*, D.R.P. 612958).

**4-Chlor-1-acetamino-2-methyl-anthrachinon, *N*-[4-Chlor-9.10-dioxo-2-methyl-9.10-dihydro-anthryl-(1)]-acetamid,** N-(*4-chloro-2-methyl-9,10-dioxo-9,10-dihydro-1-anthryl)acetamide* $C_{17}H_{12}ClNO_3$, Formel IV (R = CO-$CH_3$, X = Cl) (H 223; E I 478).

*B.* Aus 4-Chlor-1-acetamino-2-methyl-anthron (*Du Pont de Nemours & Co.*, D.R.P. 612958 [1929]; Frdl. **20** 1304).

F: 203—204°.

**5-Chlor-1-amino-2-methyl-anthrachinon,** *1-amino-5-chloro-2-methylanthraquinone* $C_{15}H_{10}ClNO_2$, Formel V.

*B.* Beim Behandeln von 5-Chlor-1-amino-anthrachinon mit Natriumdithionit und wss. Natronlauge und anschliessend mit wss. Formaldehyd und Natriumhydrogensulfit und Leiten von Luft durch das Reaktionsgemisch (*Marschalk, Kœnig, Ouroussoff*, Bl. [5] **3** [1936] 1545, 1565).

Rote Krystalle (aus Py.); F: 213°.

**4-Brom-1-amino-2-methyl-anthrachinon,** *1-amino-4-bromo-2-methylanthraquinone* $C_{15}H_{10}BrNO_2$, Formel IV (R = H, X = Br) (H 223; E I 478; E II 124).

*B.* Aus 4-Brom-1-acetamino-2-methyl-anthrachinon (*Du Pont de Nemours & Co.*, D.R.P. 612958 [1929]; Frdl. **20** 1304).

F: 228°.

**4-Brom-1-acetamino-2-methyl-anthrachinon,** ***N*-[4-Brom-9.10-dioxo-2-methyl-9.10-dihydro-anthryl-(1)]-acetamid,** N-*(4-bromo-2-methyl-9,10-dioxo-9,10-dihydro-1-anthryl)acetamide* $C_{17}H_{12}BrNO_3$, Formel IV (R = CO-$CH_3$, X = Br).

*B.* Aus 4-Brom-1-acetamino-2-methyl-anthron (*Du Pont de Nemours & Co.*, D.R.P. 612958 [1929]; Frdl. **20** 1304).

F: 212—213°.

**3-Amino-2-methyl-anthrachinon,** *2-amino-3-methylanthraquinone* $C_{15}H_{11}NO_2$, Formel VI (X = H) (E I 478; E II 124).

*B.* Aus 2-[3-Amino-4-methyl-benzoyl]-benzoesäure beim Erhitzen mit Schwefelsäure auf 180° (*Scottish Dyes Ltd.*, U.S.P. 1812260 [1926]).

Orangerote Krystalle (aus Chlorbenzol); F: 259—260°.

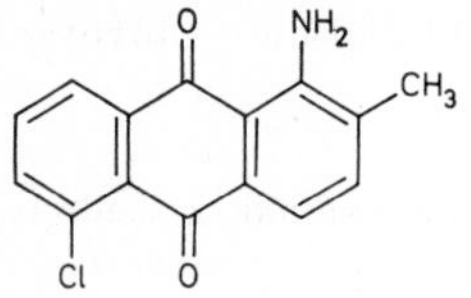

V 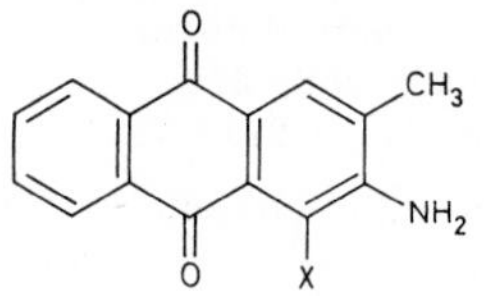 VI 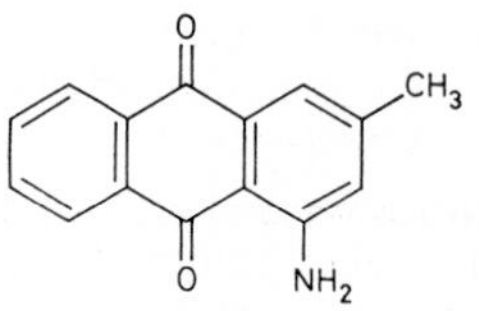 VII

**4-Brom-3-amino-2-methyl-anthrachinon,** *2-amino-1-bromo-3-methylanthraquinone* $C_{15}H_{10}BrNO_2$, Formel VI (X = Br).

*B.* Beim Behandeln von 3-Amino-2-methyl-anthrachinon mit Brom in Wasser (*Scottish Dyes Ltd.*, U.S.P. 1812260 [1926]).

Orangefarben; F: 192—193°.

**4-Amino-2-methyl-anthrachinon,** *1-amino-3-methylanthraquinone* $C_{15}H_{11}NO_2$, Formel VII (E II 124).

*B.* Aus 2-[2-Amino-4-methyl-benzoyl]-benzoesäure (nicht näher beschrieben) beim Erhitzen mit wasserhaltiger Schwefelsäure auf 180° (*I.G. Farbenind.*, D.R.P. 575580 [1930]; Frdl. **19** 1928). Aus 2-[2-Acetamino-4-methyl-benzoyl]-benzoesäure beim Erhitzen mit Schwefelsäure auf 140° und anschliessenden Erwärmen mit wss. Alkalilauge (*Kränzlein*, B. **70** [1937] 1952, 1962). Beim Behandeln einer aus 4-Amino-2-methyl-anthron und wss. Natronlauge hergestellten Lösung mit Luft oder mit wss. Wasserstoffperoxid (*I.G. Farbenind.*, D.R.P. 593417 [1931]; Frdl. **19** 1929).

Orangefarbene Krystalle, F: 193° [aus Bzn.] (*Kr.*), 193° (*I.G. Farbenind.*, D.R.P. 593417); rote Krystalle (aus A.), F: 192° (*I.G. Farbenind.*, D.R.P. 575580).

**5-Amino-2-methyl-anthrachinon** $C_{15}H_{11}NO_2$.

**3-Chlor-5-amino-2-methyl-anthrachinon,** *1-amino-7-chloro-6-methylanthraquinone* $C_{15}H_{10}ClNO_2$, Formel VIII.

*B.* Neben 3-Chlor-8-amino-2-methyl-anthrachinon beim Erwärmen des Natrium-Salzes der 9.10-Dioxo-2-methyl-9.10-dihydro-anthracen-sulfonsäure-(3) mit Salpetersäure und Schwefelsäure, Erhitzen des Reaktionsprodukts mit Natriumchlorat, Natriumchlorid und wss. Schwefelsäure und Erhitzen des Reaktionsprodukts mit Natriumsulfid in Wasser (*Du Pont de Nemours & Co.*, U.S.P. 2329023 [1941]).

F: 235,5°.

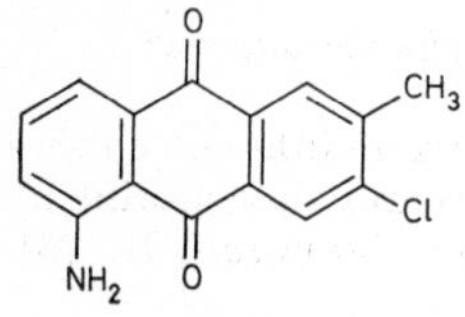

VIII 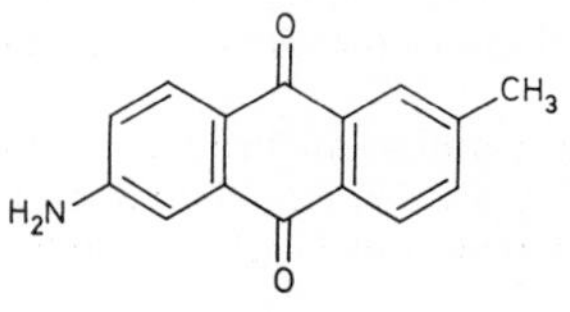 IX 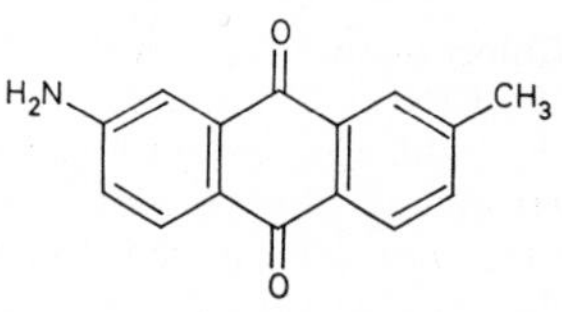 X

**6-Amino-2-methyl-anthrachinon,** *2-amino-6-methylanthraquinone* $C_{15}H_{11}NO_2$, Formel IX, und **7-Amino-2-methyl-anthrachinon,** *2-amino-7-methylanthraquinone* $C_{15}H_{11}NO_2$, Formel X.

Eine Verbindung (rotbraune Krystalle [aus A.], F: 281—281,5°), für die diese beiden Konstitutionsformeln in Betracht kommen (vgl. dazu *Sandin et al.*, Am. Soc. **78** [1956] 3817), ist beim Erhitzen von 4-Amino-2-*p*-toluoyl-benzoesäure mit Schwefelsäure erhalten worden (*Hayashi, Nakayama*, J. Soc. chem. Ind. Japan **37** [1934] 524; J. Soc. chem. Ind. Japan Spl. **37** [1934] 238; C. **1934** II 1621). — Absorptionsspektrum (A.; 210 mμ bis 560 mμ): *Ha., Na.*

**8-Amino-2-methyl-anthrachinon** $C_{15}H_{11}NO_2$.

**3-Chlor-8-amino-2-methyl-anthrachinon,** *1-amino-6-chloro-7-methylanthraquinone* $C_{15}H_{10}ClNO_2$, Formel XI.

*B.* s. S. 494 im Artikel 3-Chlor-5-amino-2-methyl-anthrachinon (*Du Pont de Nemours & Co.*, U.S.P. 2329023 [1941]).

Orangerot; F: 238,4°.

**1.4-Diamino-2-methyl-anthrachinon** $C_{15}H_{12}N_2O_2$.

**1-Amino-4-anilino-2-methyl-anthrachinon,** *1-amino-4-anilino-2-methylanthraquinone* $C_{21}H_{16}N_2O_2$, Formel XII (R = $C_6H_5$) (E II 125).

*B.* Beim Erhitzen von 4-Brom-1-amino-2-methyl-anthrachinon mit Anilin unter Zusatz von Kaliumacetat und Kupfer(II)-acetat (*Harris, Marriott, Smith*, Soc. **1936** 1838, 1842).

Blaue Krystalle (aus Bzl.); F: 245,5°.

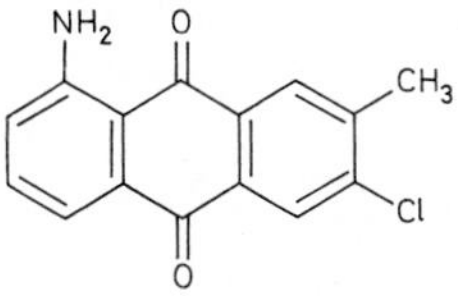

XI 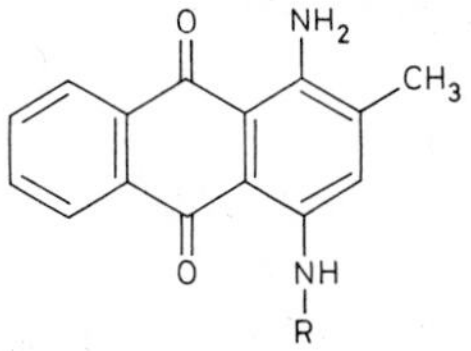 XII 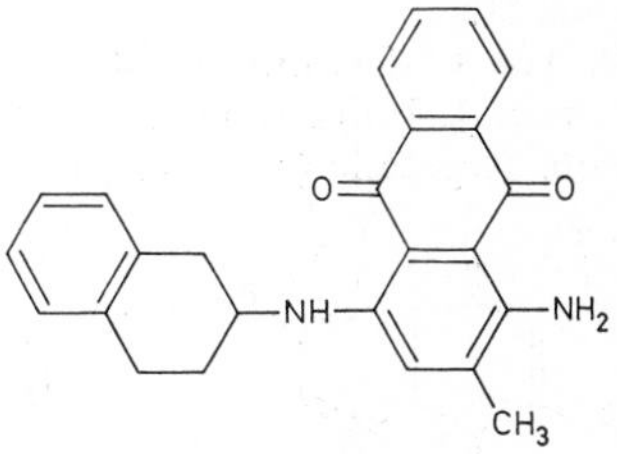 XIII

**(±)-1-Amino-4-[1.2.3.4-tetrahydro-naphthyl-(2)-amino]-2-methyl-anthrachinon,** (±)-*1-amino-2-methyl-4-(1,2,3,4-tetrahydro-2-naphthylamino)anthraquinone* $C_{25}H_{22}N_2O_2$, Formel XIII.

*B.* Beim Erhitzen von 4-Chlor-1-amino-2-methyl-anthrachinon mit (±)-1.2.3.4-Tetrahydro-naphthyl-(2)-amin unter Zusatz von Kaliumacetat (*I.G. Farbenind.*, D.R.P. 624782 [1933]; Frdl. **22** 1052).

Krystalle; F: 223—224°.

**1-[Pyrenyl-(1)-amino]-4-anilino-2-methyl-anthrachinon,** *4-anilino-2-methyl-1-(pyren-1-ylamino)anthraquinone* $C_{37}H_{24}N_2O_2$, Formel XIV (R = H).

*B.* Beim Erhitzen von 1-Amino-4-anilino-2-methyl-anthrachinon mit 1-Brom-pyren unter Zusatz von Kaliumcarbonat und Kupfer-Pulver in Naphthalin (*I.G. Farbenind.*, D.R.P. 658842 [1935]; Frdl. **24** 808).

Blaugrün; F: 300°.

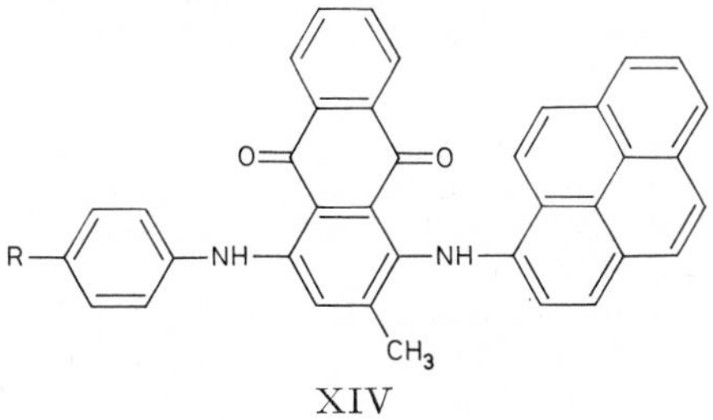

XIV 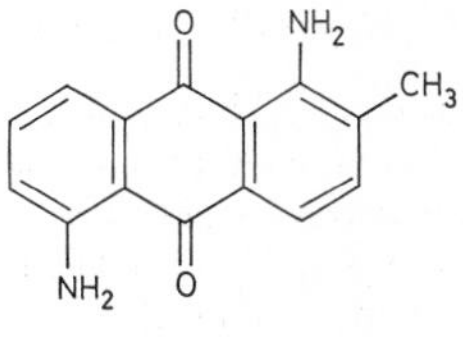 XV

**1-[Pyrenyl-(1)-amino]-4-*p*-toluidino-2-methyl-anthrachinon,** *2-methyl-1-(pyren-1-yl-amino)-4-p-toluidinoanthraquinone* $C_{38}H_{26}N_2O_2$, Formel XIV (R = $CH_3$).

*B.* Beim Erhitzen von 1-Amino-4-*p*-toluidino-2-methyl-anthrachinon mit 1-Brompyren unter Zusatz von Kaliumcarbonat und Kupfer-Pulver in Naphthalin (*I.G. Farbenind.*, D.R.P. 658842 [1935]; Frdl. **24** 808).

Blaugrüne Krystalle; F: 305°.

**(±)-1-Amino-4-[*β*-hydroxy-isopropylamino]-2-methyl-anthrachinon,** *(±)-1-amino-4-(2-hydroxy-1-methylethylamino)-2-methylanthraquinone* $C_{18}H_{18}N_2O_3$, Formel XII (R = $CH(CH_3)$-$CH_2OH$).

*B.* Beim Erhitzen von 4-Brom-1-amino-2-methyl-anthrachinon mit (±)-2-Amino-propanol-(1) unter Zusatz von Kaliumcarbonat, Kaliumacetat und Kupfer(II)-acetat in Nitrobenzol (*Imp. Chem. Ind.*, U.S.P. 2415377 [1943]).

Krystalle; F: 223–225°.

**1.5-Diamino-2-methyl-anthrachinon,** *1,5-diamino-2-methylanthraquinone* $C_{15}H_{12}N_2O_2$, Formel XV (H 224; E I 479; E II 125).

Rote Krystalle (aus Amylalkohol); F: 213° (*Shibata*, J. pharm. Soc. Japan **60** [1940] 510, 513; dtsch. Ref. S. 201; C. A. **1941** 740).

**1.8-Diamino-2-methyl-anthrachinon,** *1,8-diamino-2-methylanthraquinone* $C_{15}H_{12}N_2O_2$, Formel I (E I 479).

Rotbraune Krystalle (aus Amylalkohol); F: 203° (*Shibata*, J. pharm. Soc. Japan **60** [1940] 510, 513; dtsch. Ref. S. 201; C. A. **1941** 740).

**5.7-Diamino-2-methyl-anthrachinon,** *1,3-diamino-6-methylanthraquinone* $C_{15}H_{12}N_2O_2$, Formel II.

*B.* Aus 3.5-Diamino-2-*p*-toluoyl-benzoesäure beim Erhitzen mit Schwefelsäure (*Mitter, Goswami*, J. Indian chem. Soc. **8** [1931] 685, 688).

Rote Krystalle (aus Py.); F: 265°.

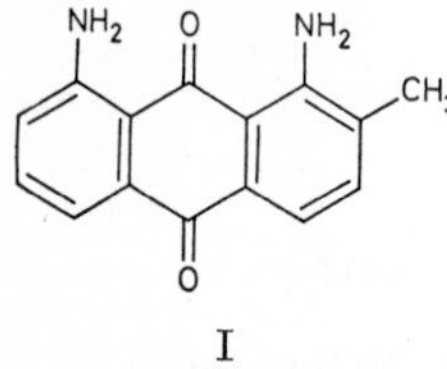

I 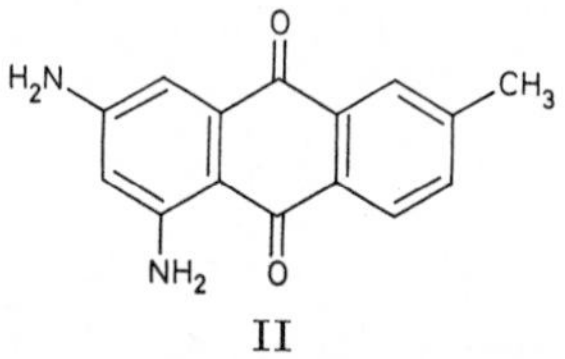 II 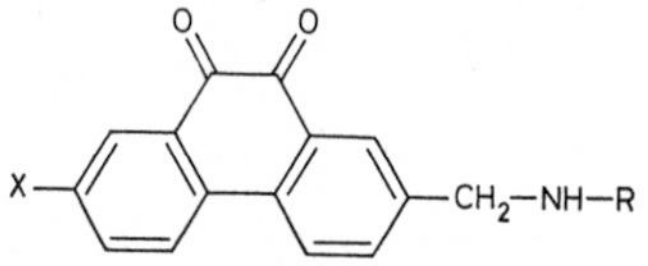 III

**2-Aminomethyl-phenanthren-chinon-(9.10)** $C_{15}H_{11}NO_2$.

**2-[(*C*-Chlor-acetamino)-methyl]-phenanthren-chinon-(9.10), *C*-Chlor-*N*-[(9.10-dioxo-9.10-dihydro-phenanthryl-(2))-methyl]-acetamid,** *2-chloro-N-[(9,10-dioxo-9,10-dihydro-2-phenanthryl)methyl]acetamide* $C_{17}H_{12}ClNO_3$, Formel III (R = CO-$CH_2Cl$, X = H).

*B.* Beim Behandeln von Phenanthren-chinon-(9.10) mit *C*-Chlor-*N*-hydroxymethyl-acetamid und Schwefelsäure (*de Diesbach*, Helv. **23** [1940] 1232, 1238).

Braune Krystalle (aus Nitrobenzol); F: 234°.

**2-[(*C.C.C*-Trichlor-acetamino)-methyl]-phenanthren-chinon-(9.10), *C.C.C*-Trichlor-*N*-[(9.10-dioxo-9.10-dihydro-phenanthryl-(2))-methyl]-acetamid,** *2,2,2-trichloro-N-[(9,10-dioxo-9,10-dihydro-2-phenanthryl)methyl]acetamide* $C_{17}H_{10}Cl_3NO_3$, Formel III (R = CO-$CCl_3$, X = H).

*B.* Beim Behandeln von Phenanthren-chinon-(9.10) mit *C.C.C*-Trichlor-*N*-hydroxy-methyl-acetamid und Schwefelsäure (*de Diesbach*, Helv. **23** [1940] 1232, 1238).

Gelbe Krystalle (aus Eg.); F: 203°.

**7-Nitro-2-[(*C.C.C*-trichlor-acetamino)-methyl]-phenanthren-chinon-(9.10), *C.C.C*-Trichlor-*N*-[(7-nitro-9.10-dioxo-9.10-dihydro-phenanthryl-(2))-methyl]-acetamid,** *2,2,2-trichloro-N-[(7-nitro-9,10-dioxo-9,10-dihydro-2-phenanthryl)methyl]acetamide* $C_{17}H_9Cl_3N_2O_5$, Formel III (R = CO-$CCl_3$, X = $NO_2$).

*B.* Beim Behandeln von 2-Nitro-phenanthren-chinon-(9.10) mit *C.C.C*-Trichlor-*N*-hydroxymethyl-acetamid und Schwefelsäure (*de Diesbach*, Helv. **23** [1940] 1232, 1238).

Gelbe Krystalle (aus Eg.); F: 215°.

## Amino-Derivate der Dioxo-Verbindungen $C_{16}H_{12}O_2$

**2-Amino-1.4-diphenyl-buten-(2)-dion-(1.4)** $C_{16}H_{13}NO_2$ s. E III 7 4625.

**2-Dimethylamino-1.4-diphenyl-buten-(2)-dion-(1.4)**, *2-(dimethylamino)-1,4-diphenyl-but-2-ene-1,4-dione* $C_{18}H_{17}NO_2$, Formel IV (vgl. E II **14** 126).

Eine Verbindung dieser Konstitution hat auch in dem E II **7** 835 als 2-Methylamino-1.4-diphenyl-buten-(2)-dion-(1.4) beschriebenen Präparat (F: 164°) von *Lutz* vorgelegen (*Lutz et al.*, J. org. Chem. **15** [1950] 181, 183).

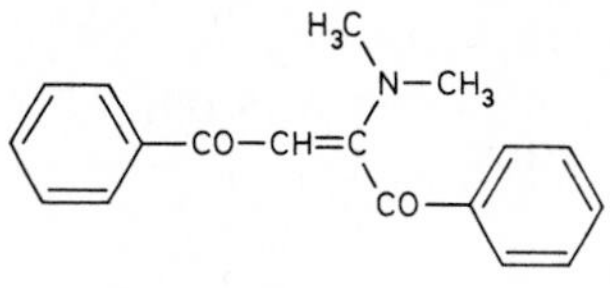

IV 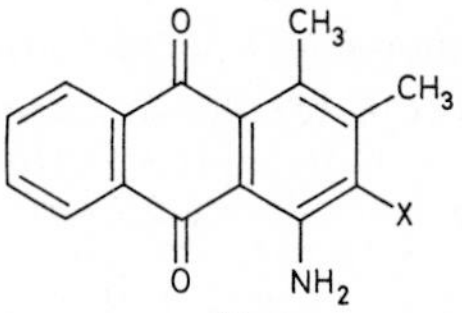 V

**4-Amino-1.2-dimethyl-anthrachinon**, *4-amino-1,2-dimethylanthraquinone* $C_{16}H_{13}NO_2$, Formel V (X = H).

*B.* Aus 2-[6-Acetamino-3.4-dimethyl-benzoyl]-benzoesäure beim Erhitzen mit Schwefelsäure (*Kränzlein*, B. **70** [1937] 1952, 1957).

Rote Krystalle (aus Bzl.); F: 218,5°.

**3-Brom-4-amino-1.2-dimethyl-anthrachinon**, *1-amino-2-bromo-3,4-dimethylanthraquinone* $C_{16}H_{12}BrNO_2$, Formel V (X = Br).

*B.* Beim Erwärmen von 4-Amino-1.2-dimethyl-anthrachinon mit Brom in Essigsäure (*Kränzlein*, B. **70** [1937] 1952, 1957).

Braunrote Krystalle (aus Bzl.); F: 206,5°.

**1-Amino-2.3-dimethyl-anthrachinon**, *1-amino-2,3-dimethylanthraquinone* $C_{16}H_{13}NO_2$, Formel VI.

*B.* Beim Behandeln von 2.3-Dimethyl-anthrachinon mit Salpetersäure und Schwefelsäure und Erhitzen des Reaktionsprodukts mit wss. Natriumsulfid-Lösung (*Marschalk, Kœnig, Ouroussoff*, Bl. [5] **3** [1936] 1545, 1554; s. a. *I.G. Farbenind.*, D.R.P. 605191 [1933]; Frdl. **21** 1041).

Rote oder orangerote Krystalle (aus Eg.); F: 213° (*I.G. Farbenind.*), 211° (*Ma., Kœ., Ou.*).

**1.5-Diamino-2.6-dimethyl-anthrachinon**, *1,5-diamino-2,6-dimethylanthraquinone* $C_{16}H_{14}N_2O_2$, Formel VII (H 225).

*B.* Beim Behandeln von 1.5-Diamino-anthrachinon mit Natriumdithionit und wss. Natronlauge und anschliessend mit wss. Formaldehyd und Leiten von Luft durch das Reaktionsgemisch (*Marschalk, Kœnig, Ouroussoff*, Bl. [5] **3** [1936] 1545, 1564; s. a. *Établ. Kuhlmann*, D.R.P. 586515 [1932]; Frdl. **20** 1302).

Rotbraune Krystalle (aus Eg.); F: 270—271° (*Établ. Kuhlmann*), 270° (*Ma., Kœ., Ou.*), 264—265° (*Scholl, Meyer, Winkler*, A. **494** [1932] 201, 222).

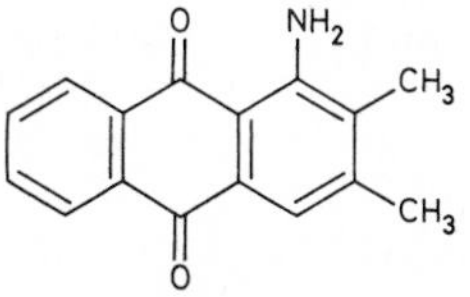

VI 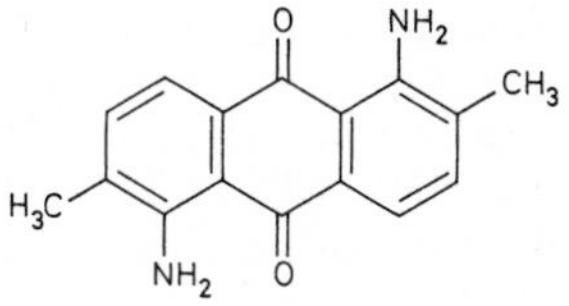 VII 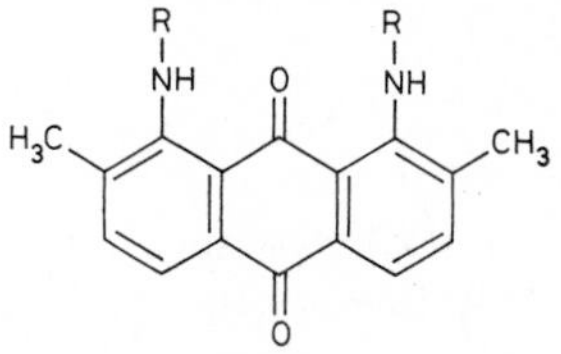 VIII

**1.8-Diamino-2.7-dimethyl-anthrachinon**, *1,8-diamino-2,7-dimethylanthraquinone* $C_{16}H_{14}N_2O_2$, Formel VIII (R = H) (H 225; E II 126).

*B.* Beim Behandeln von 1.8-Diamino-anthrachinon mit Natriumdithionit und wss. Natronlauge und anschliessend mit wss. Formaldehyd und Natriumhydrogensulfit und Leiten von Luft durch das Reaktionsgemisch (*Marschalk, Kœnig, Ouroussoff*, Bl. [5] **3** [1936] 1545, 1565). Aus 1.8-Dinitro-2.7-dimethyl-anthrachinon beim Erwärmen mit

Natriumsulfid in wss. Äthanol (*Mayer, Günther*, B. **63** [1930] 1455, 1461).

Rote Krystalle; F: 271° [nach Sublimation im Hochvakuum] (*Mayer, Gü.*), 223° [Block; aus Eg.] (*Ma., Kœ., Ou.*).

**1.8-Bis-benzamino-2.7-dimethyl-anthrachinon,** N,N'-(*2,7-dimethyl-9,10-dioxo-9,10-dihydroanthracene-1,8-diyl)bisbenzamide* $C_{30}H_{22}N_2O_4$, Formel VIII (R = CO-$C_6H_5$).

*B.* Aus 1.8-Diamino-2.7-dimethyl-anthrachinon (*Mayer, Günther*, B. **63** [1930] 1455, 1461).

F: 269°.

**2.7-Bis-aminomethyl-phenanthren-chinon-(9.10)** $C_{16}H_{14}N_2O_2$.

**2.7-Bis-[(*C.C.C*-trichlor-acetamino)-methyl]-phenanthren-chinon-(9.10),** 2.7-Bis-[(*C.C.C*-trichlor-acetamino)-methyl]-phenanthrenchinon, *2,2,2,2',2',2'-hexachloro*-N,N'-[(*9,10-dioxo-9,10-dihydrophenanthrene-2,7-diyl)dimethylene*]*bisacetamide* $C_{20}H_{12}Cl_6N_2O_4$, Formel IX (R = CO-$CCl_3$).

*B.* Beim Behandeln von Phenanthren-chinon-(9.10) mit *C.C.C*-Trichlor-*N*-hydroxymethyl-acetamid (2 Mol) und Schwefelsäure (*de Diesbach*, Helv. **23** [1940] 1232, 1238).

Gelbe Krystalle (aus Amylalkohol); F: 238°.



IX X

### Amino-Derivate der Dioxo-Verbindungen $C_{17}H_{14}O_2$

**2.4-Dimethyl-1-aminomethyl-anthrachinon** $C_{17}H_{15}NO_2$.

**2.4-Dimethyl-1-[(*C.C.C*-trichlor-acetamino)-methyl]-anthrachinon, *C.C.C*-Trichlor-*N*-[(9.10-dioxo-2.4-dimethyl-9.10-dihydro-anthryl-(1))-methyl]-acetamid,** *2,2,2-trichloro*-N-[(*2,4-dimethyl-9,10-dioxo-9,10-dihydro-1-anthryl)methyl*]*acetamide* $C_{19}H_{14}Cl_3NO_3$, Formel X (R = CO-$CCl_3$).

*B.* Beim Behandeln von 1.3-Dimethyl-anthrachinon mit *C.C.C*-Trichlor-*N*-hydroxymethyl-acetamid und Schwefelsäure (*de Diesbach*, Helv. **23** [1940] 1232, 1233).

Krystalle (aus Eg.); F: 185°.

**2.4-Dimethyl-1-benzaminomethyl-anthrachinon, *N*-[(9.10-Dioxo-2.4-dimethyl-9.10-dihydro-anthryl-(1))-methyl]-benzamid,** N-[(*2,4-dimethyl-9,10-dioxo-9,10-dihydro-1-anthryl)methyl*]*benzamide* $C_{24}H_{19}NO_3$, Formel X (R = CO-$C_6H_5$).

*B.* Beim Erwärmen von 2.4-Dimethyl-1-[(*C.C.C*-trichlor-acetamino)-methyl]-anthrachinon mit äthanol. Natronlauge und Erhitzen des Reaktionsprodukts mit Benzoylchlorid und Pyridin (*de Diesbach*, Helv. **23** [1940] 1232, 1235).

Krystalle (aus Eg.); F: 160°.

### Amino-Derivate der Dioxo-Verbindungen $C_{18}H_{16}O_2$

**1-Amino-2-butyl-anthrachinon,** *1-amino-2-butylanthraquinone* $C_{18}H_{17}NO_2$, Formel XI (R = X = H).

*B.* Aus 1-Nitro-2-butyl-anthrachinon mit Hilfe von Natriumsulfid (*Harris, Marriott, Smith*, Soc. **1936** 1838, 1841; *Moualim, Peters*, Soc. **1948** 1627, 1629).

Rote Krystalle; F: 174—175° [aus Propanol-(1)] (*Ha., Ma., Sm.*), 172° [aus wss. A.] (*Mou., Pe.*). Absorptionsspektrum (A.; 430—560 mμ): *Ha., Ma., Sm.*

**1-[9.10-Dioxo-9.10-dihydro-anthryl-(1)-amino]-2-butyl-anthrachinon,** *2-butyl-1,1'-iminodianthraquinone* $C_{32}H_{23}NO_4$, Formel XII.

*B.* Beim Erhitzen von 1-Amino-2-butyl-anthrachinon mit 1-Chlor-anthrachinon unter Zusatz von Natriumacetat und Kupfer(I)-chlorid in Nitrobenzol (*Moualim, Peters*, Soc. **1948** 1627, 1629).

Braunrote Krystalle (aus Bzl.), die unterhalb 360° nicht schmelzen.

**1-Acetamino-2-butyl-anthrachinon, *N*-[9.10-Dioxo-2-butyl-9.10-dihydro-anthryl-(1)]-acetamid,** N-(*2-butyl-9,10-dioxo-9,10-dihydro-1-anthryl)acetamide* $C_{20}H_{19}NO_3$, Formel XI (R = CO-$CH_3$, X = H).

*B.* Aus 1-Amino-2-butyl-anthrachinon und Acetanhydrid (*Moualim, Peters,* Soc. **1948** 1627, 1629).

Gelbe Krystalle (aus A.); F: 197° (*Peters, Peters,* Soc. **1958** 3497, 3500).

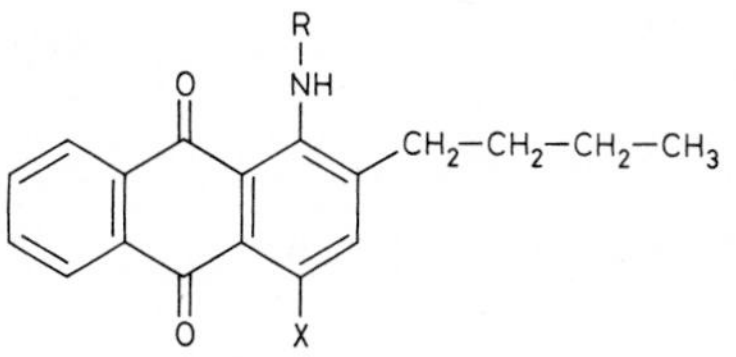

XI 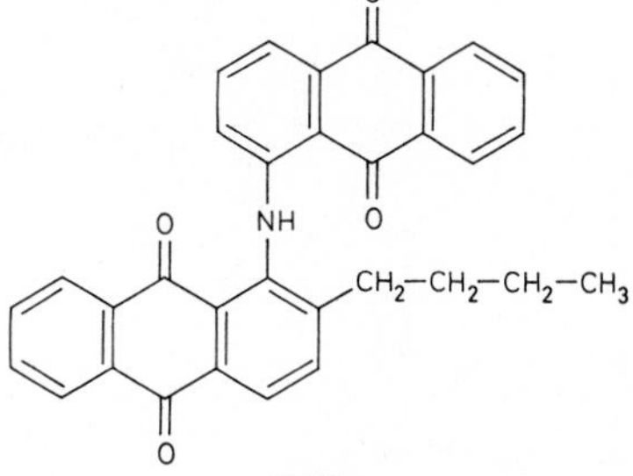 XII

**4-Brom-1-amino-2-butyl-anthrachinon,** *1-amino-4-bromo-2-butylanthraquinone* $C_{18}H_{16}BrNO_2$, Formel XI (R = H, X = Br).

*B.* Aus 1-Amino-2-butyl-anthrachinon beim Behandeln mit Brom und Natriumacetat in Nitrobenzol (*Moualim, Peters,* Soc. **1948** 1627, 1629).

Rote Krystalle (aus A.); F: 148°.

**1.4-Diamino-2-butyl-anthrachinon** $C_{18}H_{18}N_2O_2$.

**1-Amino-4-*p*-toluidino-2-butyl-anthrachinon,** *1-amino-2-butyl-4-*p*-toluidinoanthra=quinone* $C_{25}H_{24}N_2O_2$, Formel I.

*B.* Beim Erwärmen von 4-Brom-1-amino-2-butyl-anthrachinon mit *p*-Toluidin unter Zusatz von Natriumacetat und Kupfer(II)-acetat (*Moualim, Peters,* Soc. **1948** 1627, 1629).

Blaue Krystalle (aus Py.); F: 145°.

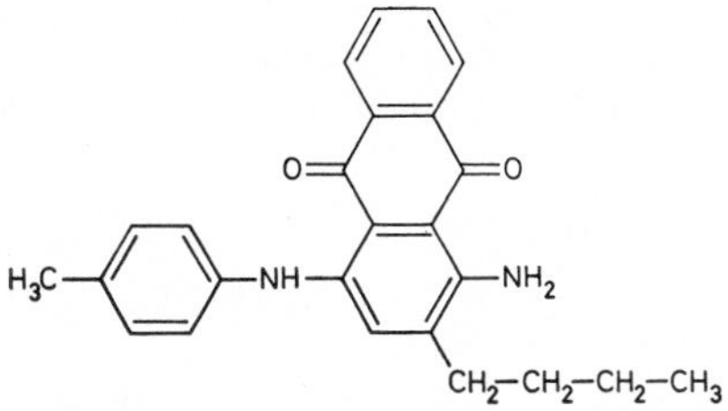

I 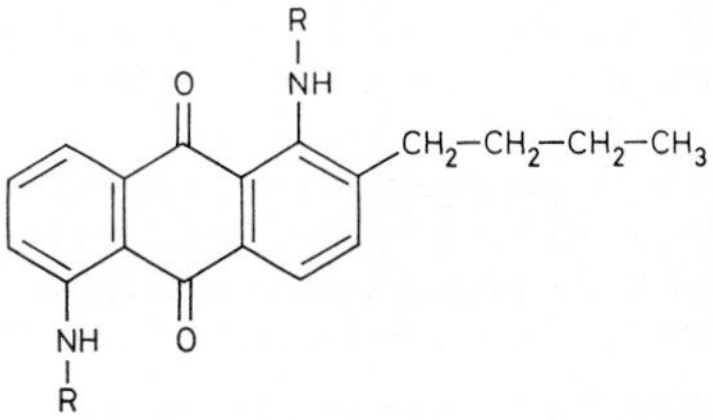 II

**1.5-Diamino-2-butyl-anthrachinon,** *1,5-diamino-2-butylanthraquinone* $C_{18}H_{18}N_2O_2$, Formel II (R = H).

*B.* Aus 1.5-Dinitro-2-butyl-anthrachinon beim Erwärmen mit Natriumsulfid in wss. Äthanol (*Moualim, Peters,* Soc. **1948** 1627, 1630).

Orangerote Krystalle (aus A.); F: 160°.

**1.5-Bis-[9.10-dioxo-9.10-dihydro-anthryl-(1)-amino]-2-butyl-anthrachinon,** *2-butyl-1,5-bis(9,10-dioxo-9,10-dihydro-1-anthrylamino)anthraquinone* $C_{46}H_{30}N_2O_6$, Formel III.

*B.* Beim Erhitzen von 1.5-Diamino-2-butyl-anthrachinon mit 1-Chlor-anthrachinon unter Zusatz von Natriumacetat und Kupfer(I)-chlorid in Nitrobenzol (*Moualim, Peters,* Soc. **1948** 1627, 1630).

Rote Krystalle (aus Bzl.), die unterhalb 360° nicht schmelzen.

**1.5-Bis-acetamino-2-butyl-anthrachinon,** N,N'-(*2-butyl-9,10-dioxo-9,10-dihydroanthracene-1,5-diyl)bisacetamide* $C_{22}H_{22}N_2O_4$, Formel II (R = CO-CH$_3$).

*B.* Aus 1.5-Diamino-2-butyl-anthrachinon und Acetanhydrid (*Moualim, Peters,* Soc. **1948** 1627, 1630).

Orangefarbene Krystalle (aus A.); F: 239—240° (*Peters, Peters,* Soc. **1958** 3497, 3503).

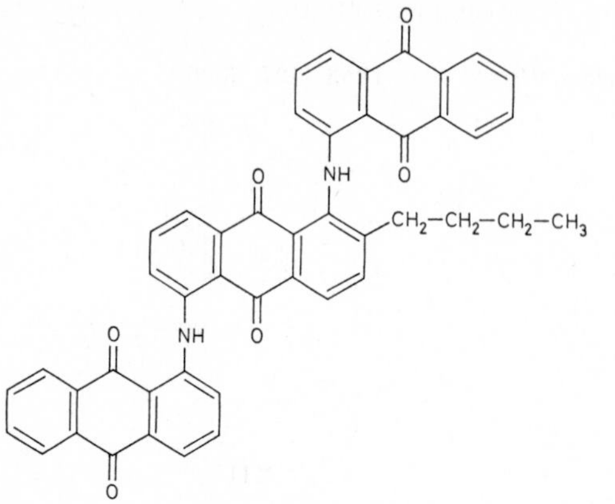

III 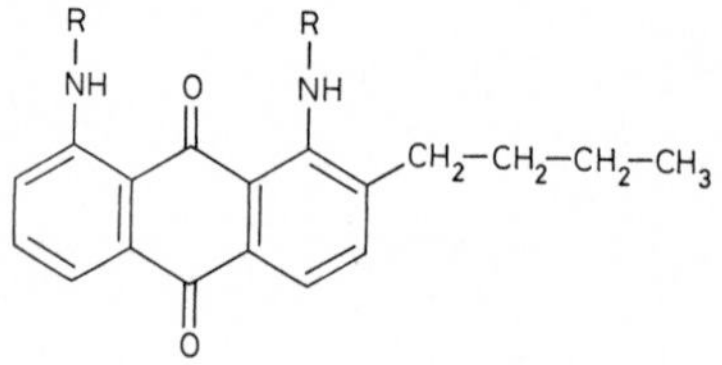 IV

**1.8-Diamino-2-butyl-anthrachinon,** *1,8-diamino-2-butylanthraquinone* $C_{18}H_{18}N_2O_2$, Formel IV (R = H).

*B.* Aus 1.8-Dinitro-2-butyl-anthrachinon beim Erwärmen mit Natriumsulfid in wss. Äthanol (*Moualim, Peters,* Soc. **1948** 1627, 1630).

Braunrote Krystalle (aus A.); F: 166° (*Peters, Peters,* Soc. **1958** 3497, 3503).

**1.8-Bis-acetamino-2-butyl-anthrachinon,** N,N'-(*2-butyl-9,10-dioxo-9,10-dihydroanthracene-1,8-diyl)bisacetamide* $C_{22}H_{22}N_2O_4$, Formel IV (R = CO-$CH_3$).

*B.* Aus 1.8-Diamino-2-butyl-anthrachinon und Acetanhydrid (*Moualim, Peters,* Soc. **1948** 1627, 1630).

Gelbe Krystalle (aus A.); F: 242–243° (*Peters, Peters,* Soc. **1958** 3497, 3503).

**1-Amino-2-*tert*-butyl-anthrachinon,** *1-amino-2-*tert*-butylanthraquinone* $C_{18}H_{17}NO_2$, Formel V (X = H).

*B.* Aus 1-Nitro-2-*tert*-butyl-anthrachinon beim Erwärmen mit Natriumsulfid in wss. Äthanol sowie beim Erhitzen mit wss. Ammoniak auf 130° (*Moualim, Peters,* Soc. **1948** 1627, 1628).

Rote Krystalle (aus wss. A.); F: 161°.

Beim Behandeln mit Brom und Natriumacetat in Nitrobenzol sind 4-Brom-1-amino-2-*tert*-butyl-anthrachinon und geringe Mengen einer Verbindung $C_{18}H_{14}Br_3NO_2$ (rote Krystalle [aus Nitrobenzol], F: ca. 320° [Zers.]) erhalten worden.

**1-[9.10-Dioxo-9.10-dihydro-anthryl-(1)-amino]-2-*tert*-butyl-anthrachinon,** *2-*tert*-butyl-1,1'-iminodianthraquinone* $C_{32}H_{23}NO_4$, Formel VI.

*B.* Beim Erhitzen von 1-Amino-2-*tert*-butyl-anthrachinon mit 1-Chlor-anthrachinon unter Zusatz von Natriumacetat und Kupfer(I)-chlorid in Nitrobenzol (*Moualim, Peters,* Soc. **1948** 1627, 1628).

Braunrote Krystalle (aus Bzl.), die unterhalb 360° nicht schmelzen.

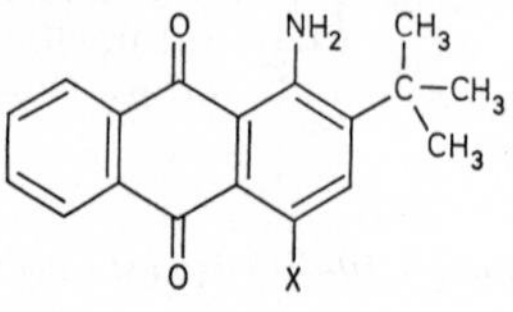

V 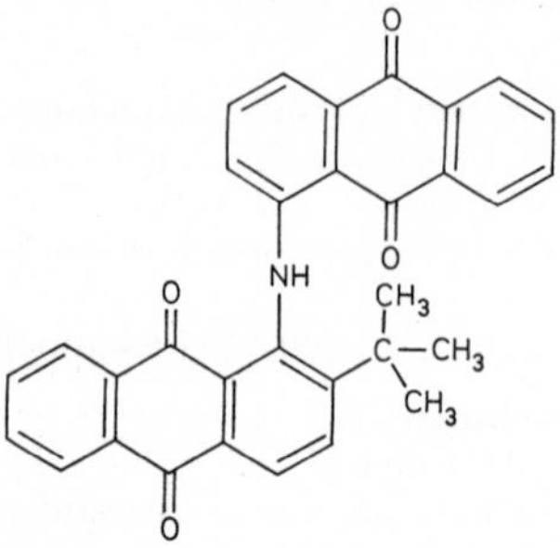 VI 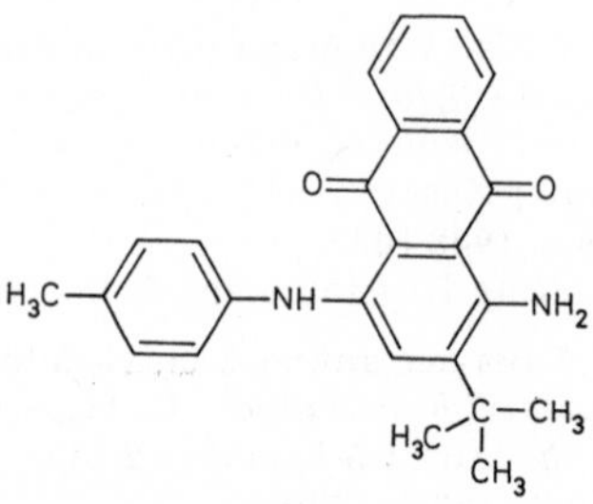 VII

**4-Brom-1-amino-2-*tert*-butyl-anthrachinon,** *1-amino-4-bromo-2-*tert*-butylanthraquinone* $C_{18}H_{16}BrNO_2$, Formel V (X = Br).

*B.* s. S. 500 im Artikel 1-Amino-2-*tert*-butyl-anthrachinon.
Rote Krystalle (aus A.); F: 158° (*Moualim, Peters*, Soc. **1948** 1627, 1628).

**1.4-Diamino-2-*tert*-butyl-anthrachinon** $C_{18}H_{18}N_2O_2$.

**1-Amino-4-*p*-toluidino-2-*tert*-butyl-anthrachinon,** *1-amino-2-*tert*-butyl-4-*p*-toluidino=anthraquinone* $C_{25}H_{24}N_2O_2$, Formel VII.

*B.* Beim Erwärmen von 4-Brom-1-amino-2-*tert*-butyl-anthrachinon mit *p*-Toluidin unter Zusatz von Natriumacetat und Kupfer(II)-acetat (*Moualim, Peters*, Soc. **1948** 1627, 1628).

Blaue Krystalle (aus Py.); F: 135°.

**1.5-Diamino-2-*tert*-butyl-anthrachinon,** *1,5-diamino-2-*tert*-butylanthraquinone* $C_{18}H_{18}N_2O_2$, Formel VIII (X = H).

*B.* Aus 1.5-Dinitro-2-*tert*-butyl-anthrachinon beim Erwärmen mit Natriumsulfid in wss. Äthanol (*Moualim, Peters*, Soc. **1948** 1627, 1629).

Rote Krystalle (aus A.); F: 158°.

Beim Erhitzen mit Acetanhydrid ist ein Monoacetyl-Derivat $C_{20}H_{20}N_2O_3$ (rote Krystalle [aus A.], F: 244°) erhalten worden.

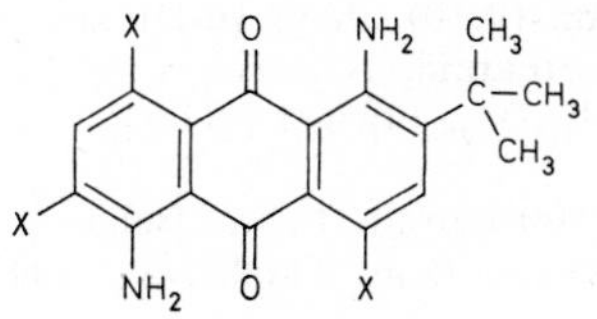

VIII 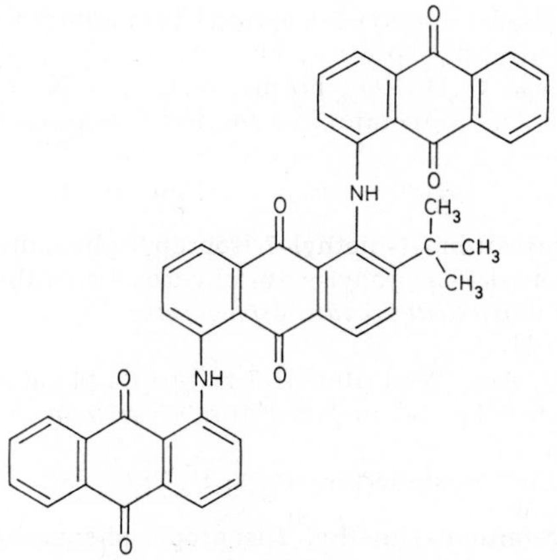 IX

**1.5-Bis-[9.10-dioxo-9.10-dihydro-anthryl-(1)-amino]-2-*tert*-butyl-anthrachinon,** *2-*tert*-butyl-1,5-bis(9,10-dioxo-9,10-dihydro-1-anthrylamino)anthraquinone* $C_{46}H_{30}N_2O_6$, Formel IX.

*B.* Beim Erhitzen von 1.5-Diamino-2-*tert*-butyl-anthrachinon mit 1-Chlor-anthrachinon unter Zusatz von Natriumacetat und Kupfer(I)-chlorid in Nitrobenzol (*Moualim, Peters*, Soc. **1948** 1627, 1629).

Rote Krystalle (aus Bzl.), die unterhalb 360° nicht schmelzen.

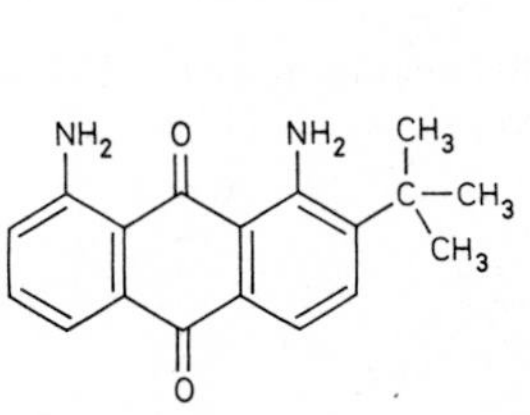

X 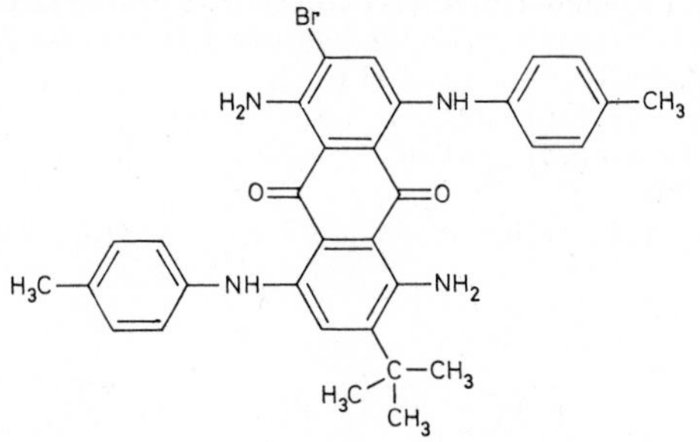 XI

**4.6.8-Tribrom-1.5-diamino-2-*tert*-butyl-anthrachinon,** *1,5-diamino-2,4,8-tribromo-6-*tert*-butylanthraquinone* $C_{18}H_{15}Br_3N_2O_2$, Formel VIII (X = Br).

Eine Verbindung (rote Krystalle [aus Nitrobenzol], die unterhalb 360° nicht schmelzen), der vermutlich diese Konstitution zukommt, ist aus 1.5-Diamino-2-*tert*-butyl-anthrachinon beim Erhitzen mit Brom in Essigsäure erhalten worden (*Moualim, Peters*, Soc. **1948** 1627, 1629).

**1.8-Diamino-2-*tert*-butyl-anthrachinon,** *1,8-diamino-2-*tert*-butylanthraquinone* $C_{18}H_{18}N_2O_2$, Formel X.

*B.* Aus 1.8-Dinitro-2-*tert*-butyl-anthrachinon beim Erwärmen mit Natriumsulfid in wss. Äthanol (*Moualim, Peters*, Soc. **1948** 1627, 1629).

Rotbraune Krystalle (aus A.); F: 143°.

**1.4.5.8-Tetraamino-2-*tert*-butyl-anthrachinon** $C_{18}H_{20}N_4O_2$.

**6-Brom-1.5-diamino-4.8-di-*p*-toluidino-2-*tert*-butyl-anthrachinon,** *1,5-diamino-2-bromo-6-*tert*-butyl-4,8-di-*p*-toluidinoanthraquinone* $C_{32}H_{31}BrN_4O_2$, Formel XI.

Eine Verbindung (blaugrüne Krystalle [aus Py.]; F: 260—261°), der vermutlich diese Konstitution zukommt, ist beim Erhitzen von 4.6.8-Tribrom-1.5-diamino-2-*tert*-butyl-anthrachinon (?) (S. 501) mit *p*-Toluidin unter Zusatz von Natriumacetat erhalten worden (*Moualim, Peters*, Soc. **1948** 1627, 1629).

**3-Amino-1-methyl-7-isopropyl-phenanthren-chinon-(9.10),** 3-Amino-1-methyl-7-isopropyl-phenanthrenchinon, *3-amino-7-isopropyl-1-methylphenanthrenequinone* $C_{18}H_{17}NO_2$, Formel XII (R = X = H).

*B.* Aus 3-Acetamino-1-methyl-7-isopropyl-phenanthren-chinon-(9.10) beim Erwärmen mit wss.-äthanol. Salzsäure (*Karrman, Sihlbom*, Svensk kem. Tidskr. **57** [1945] 284, 297).

Rote Krystalle (aus A.), die unterhalb 300° nicht schmelzen.

**3-Formamino-1-methyl-7-isopropyl-phenanthren-chinon-(9.10), *N*-[9.10-Dioxo-1-methyl-7-isopropyl-9.10-dihydro-phenanthryl-(3)]-formamid,** N-*(7-isopropyl-1-methyl-9,10-dioxo-9,10-dihydro-3-phenanthryl)formamide* $C_{19}H_{17}NO_3$, Formel XII (R = CHO, X = H).

*B.* Aus *N*-[1-Methyl-7-isopropyl-phenanthryl-(3)]-formamid beim Behandeln mit Chrom(VI)-oxid in Essigsäure (*Karrman, Sihlbom*, Svensk kem. Tidskr. **57** [1945] 284, 286).

Rote Krystalle (aus Eg.); F: 281—282° [Zers.].

**3-Acetamino-1-methyl-7-isopropyl-phenanthren-chinon-(9.10), *N*-[9.10-Dioxo-1-methyl-7-isopropyl-9.10-dihydro-phenanthryl-(3)]-acetamid,** N-*(7-isopropyl-1-methyl-9,10-dioxo-9,10-dihydro-3-phenanthryl)acetamide* $C_{20}H_{19}NO_3$, Formel XII (R = CO-$CH_3$, X = H).

*B.* Aus *N*-[1-Methyl-7-isopropyl-phenanthryl-(3)]-acetamid beim Behandeln mit Chrom(VI)-oxid in Essigsäure (*Karrman, Sihlbom*, Svensk kem. Tidskr. **57** [1945] 284, 286).

Gelblichrote Krystalle (aus Propanol-(1)); F: ca. 280° [Zers.].

**3-[*C*-Chlor-acetamino]-1-methyl-7-isopropyl-phenanthren-chinon-(9.10), *C*-Chlor-*N*-[9.10-dioxo-1-methyl-7-isopropyl-9.10-dihydro-phenanthryl-(3)]-acetamid,** *2-chloro-*N*-(7-isopropyl-1-methyl-9,10-dioxo-9,10-dihydro-3-phenanthryl)acetamide* $C_{20}H_{18}ClNO_3$, Formel XII (R = CO-$CH_2$Cl, X = H).

*B.* Aus *C*-Chlor-*N*-[1-methyl-7-isopropyl-phenanthryl-(3)]-acetamid beim Behandeln mit Chrom(VI)-oxid in Essigsäure (*Karrman, Sihlbom*, Svensk kem. Tidskr. **57** [1945] 284, 294).

Gelblichrote Krystalle (aus Eg.); F: 241,5—242,5° [Zers.].

XII

XIII

**3-Diacetylamino-1-methyl-7-isopropyl-phenanthren-chinon-(9.10), *N*-[9.10-Dioxo-1-methyl-7-isopropyl-9.10-dihydro-phenanthryl-(3)]-diacetamid,** N-(*7-isopropyl-1-methyl-9,10-dioxo-9,10-dihydro-3-phenanthryl)diacetamide* $C_{22}H_{21}NO_4$, Formel XII (R = X = CO-$CH_3$).

*B.* Aus *N*-[1-Methyl-7-isopropyl-phenanthryl-(3)]-diacetamid beim Behandeln mit Chrom(VI)-oxid in Essigsäure (*Karrman, Sihlbom*, Svensk kem. Tidskr. **57** [1945] 284, 287).

Gelblichrote Krystalle (aus Eg.); F: ca. 280° [Zers.].

**3-Benzamino-1-methyl-7-isopropyl-phenanthren-chinon-(9.10), *N*-[9.10-Dioxo-1-methyl-7-isopropyl-9.10-dihydro-phenanthryl-(3)]-benzamid,** N-(*7-isopropyl-1-methyl-9,10-dioxo-9,10-dihydro-3-phenanthryl)benzamide* $C_{25}H_{21}NO_3$, Formel XII (R = CO-$C_6H_5$, X = H).

*B.* Aus *N*-[1-Methyl-7-isopropyl-phenanthryl-(3)]-benzamid beim Behandeln mit Chrom(VI)-oxid in Essigsäure (*Karrman, Sihlbom*, Svensk kem. Tidskr. **57** [1945] 284, 292).

Rote Krystalle (aus Toluol); F: 193,5—195,5°.

**[9.10-Dioxo-1-methyl-7-isopropyl-9.10-dihydro-phenanthryl-(3)]-carbamidsäure-äthylester,** (*7-isopropyl-1-methyl-9,10-dioxo-9,10-dihydro-3-phenanthryl)carbamic acid ethyl ester* $C_{21}H_{21}NO_4$, Formel XII (R = CO-O$C_2H_5$, X = H).

*B.* Aus [1-Methyl-7-isopropyl-phenanthryl-(3)]-carbamidsäure-äthylester beim Behandeln mit Chrom(VI)-oxid in Essigsäure (*Karrman, Sihlbom*, Svensk kem. Tidskr. **57** [1945] 284, 296).

Krystalle (aus Eg.); F: ca. 240° [Zers.].

**3-[Toluol-sulfonyl-(4)-amino]-1-methyl-7-isopropyl-phenanthren-chinon-(9.10), *N*-[9.10-Dioxo-1-methyl-7-isopropyl-9.10-dihydro-phenanthryl-(3)]-toluolsulfonamid-(4),** N-(*7-isopropyl-1-methyl-9,10-dioxo-9,10-dihydro-3-phenanthryl)*-p-*toluenesulfonamide* $C_{25}H_{23}NO_4S$, Formel XIII.

*B.* Aus *N*-[1-Methyl-7-isopropyl-phenanthryl-(3)]-toluolsulfonamid-(4) beim Behandeln mit Chrom(VI)-oxid in Essigsäure (*Karrman, Sihlbom*, Svensk kem. Tidskr. **57** [1945] 284, 295).

Rote Krystalle (aus Eg.); F: 224—225° [Zers.].

**4-Nitro-3-acetamino-1-methyl-7-isopropyl-phenanthren-chinon-(9.10), *N*-[4-Nitro-9.10-dioxo-1-methyl-7-isopropyl-9.10-dihydro-phenanthryl-(3)]-acetamid,** *N*-(*7-isopropyl-1-methyl-4-nitro-9,10-dioxo-9,10-dihydro-3-phenanthryl)acetamide* $C_{20}H_{18}N_2O_5$, Formel XIV.

*B.* Aus *N*-[4-Nitro-1-methyl-7-isopropyl-phenanthryl-(3)]-acetamid beim Behandeln mit Chrom(VI)-oxid in Essigsäure (*Sihlbom*, Acta chem. scand. **2** [1948] 486, 493).

Gelbe Krystalle (aus Eg.); F: 187—188° [korr.].

XIV XV

Amino-Derivate der Dioxo-Verbindungen $C_{20}H_{20}O_2$

**6-Amino-1.8-diphenyl-octen-(2)-dion-(1.8)** $C_{20}H_{21}NO_2$.

**6-Dimethylamino-1.8-diphenyl-octen-(2)-dion-(1.8),** *6-(dimethylamino)-1,8-diphenyloct-2-ene-1,8-dione* $C_{22}H_{25}NO_2$, Formel XV.

**(±)-6-Dimethylamino-1.8-diphenyl-octen-(2)-dion-(1.8) vom F: 110°.**

*B.* Aus opt.-inakt. 1.1-Dimethyl-2.5-diphenacyl-pyrrolidinium-jodid (F: 186°) beim Schütteln mit wss. Natriumcarbonat-Lösung und Äther (*Schöpf, Lehmann*, A. **518** [1935] 1, 19, 34). Aus opt.-inakt. 1.1-Dimethyl-2.5-diphenacyl-pyrrolidinium-chlorid (nicht charakterisiert) beim Behandeln mit Natrium-Amalgam und Wasser (*Sch., Le.*, l. c. S. 35).

Krystalle (aus Ae. + PAe.); F: 110°.

Beim Behandeln mit Methyljodid in Äther ist Trimethyl-[6-oxo-6-phenyl-1-phenacyl-hexen-(4)-yl]-ammonium-jodid $[C_{23}H_{28}NO_2]I$ (Krystalle [aus A.]; F: 204—205°) erhalten worden.

**1-[2-Oxo-cyclopentyl]-1.3-bis-[4-amino-phenyl]-propanon-(3)** $C_{20}H_{22}N_2O_2$.

**1-[2-Oxo-cyclopentyl]-1-[4-dimethylamino-phenyl]-3-[4-acetamino-phenyl]-propan-on-(3), Essigsäure-{4-[3-(2-oxo-cyclopentyl)-3-(4-dimethylamino-phenyl)-propionyl]-anilid},** *4'-{3-[p-(dimethylamino)phenyl]-3-(2-oxocyclopentyl)propionyl}acetanilide* $C_{24}H_{28}N_2O_3$, Formel XVI.

Eine opt.-inakt. Verbindung (gelbe Krystalle [aus A.] mit 0,5 Mol $H_2O$; F: 130°) ist beim Erhitzen von 4-Dimethylamino-4'-acetamino-*trans*(?)-chalkon (F: 205°) mit Cyclopentanon und Piperidin erhalten worden (*Dewar*, Soc. **1944** 619, 622).

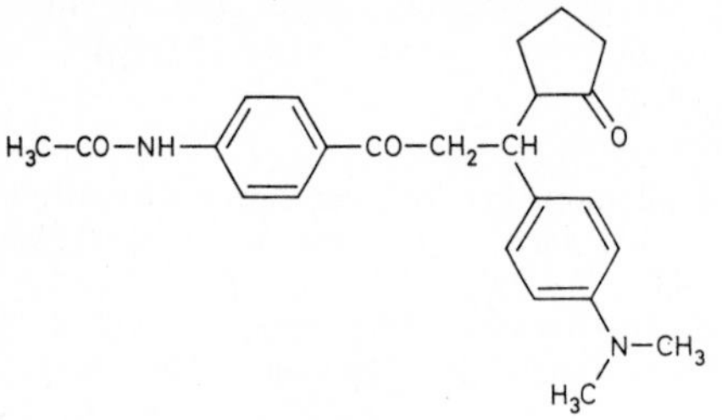

XVI 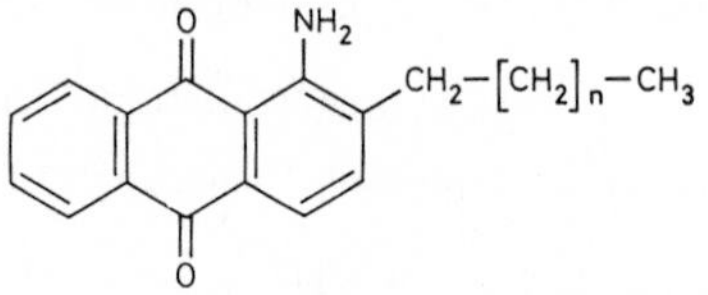 XVII

### Amino-Derivate der Dioxo-Verbindungen $C_{21}H_{22}O_2$

**1-Amino-2-heptyl-anthrachinon,** *1-amino-2-heptylanthraquinone* $C_{21}H_{23}NO_2$, Formel XVII (n = 5).

*B.* Aus 1-Nitro-2-heptyl-anthrachinon mit Hilfe von Natriumsulfid (*Harris, Marriott, Smith*, Soc. **1936** 1838, 1842).

Rote Krystalle (aus Propanol-(1)); F: 138—139°. Absorptionsspektrum (A.; 430 mμ bis 560 mμ): *Ha., Ma., Sm.*

### Amino-Derivate der Dioxo-Verbindungen $C_{26}H_{32}O_2$

**1-Amino-2-dodecyl-anthrachinon,** *1-amino-2-dodecylanthraquinone* $C_{26}H_{33}NO_2$, Formel XVII (n = 10).

Krystalle (aus Propanol-(1)); F: 134—135° (*Harris, Marriott, Smith*, Soc. **1936** 1838, 1842). Absorptionsspektrum (A.; 430—560 mμ): *Ha., Ma., Sm.* [*Geibler*]

## Amino-Derivate der Dioxo-Verbindungen $C_nH_{2n-22}O_2$

### Amino-Derivate der Dioxo-Verbindungen $C_{16}H_{10}O_2$

**1.4-Bis-[2-amino-phenyl]-butin-(2)-dion-(1.4),** *1,4-bis(o-aminophenyl)but-2-yne-1,4-dione* $C_{16}H_{12}N_2O_2$, Formel I.

*B.* Aus Anthraniloylchlorid und Äthindiyldimagnesium-dibromid (*Anschütz, Delijski*, A. **493** [1932] 241, 249).

Gelbe Krystalle; F: 161—162° [Zers.; nach Sintern].

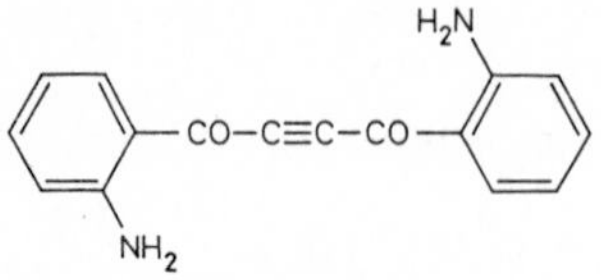

I 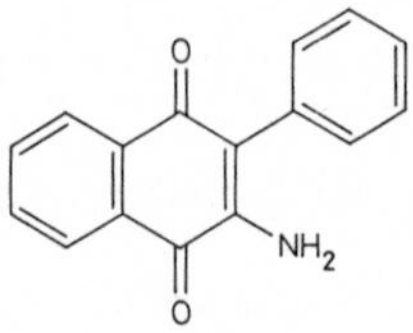 II 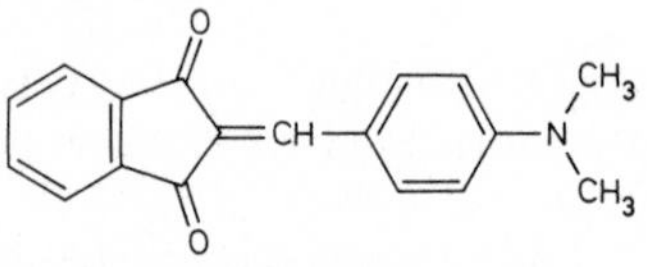 III

**3-Amino-2-phenyl-naphthochinon-(1.4),** *2-amino-3-phenyl-1,4-naphthoquinone* $C_{16}H_{11}NO_2$, Formel II, und Tautomeres (H 226).

Rote Krystalle; F: 177° (*Kruber, Marx*, B. **71** [1938] 2478, 2480).

**2-[4-Amino-benzyliden]-indandion-(1.3)** $C_{16}H_{11}NO_2$.

**2-[4-Dimethylamino-benzyliden]-indandion-(1.3)**, *2-[4-(dimethylamino)benzylidene]indan-1,3-dione* $C_{18}H_{15}NO_2$, Formel III (H 227; E II 126).

Rote Krystalle; F: 203,5° [korr.; aus A.] (*Petrow, Saper, Sturgeon*, Soc. **1949** 2134, 2137), 199—200° [korr.; aus Py.] (*Merckx*, Bl. Soc. chim. Belg. **58** [1949] 450, 468, 470), 198—200° [aus A.] (*Ionescu*, Bl. [4] **47** [1930] 210, 213). Absorptionsspektrum (250 mμ bis 550 mμ) von Lösungen in Äthanol und in Natriumäthylat enthaltendem Äthanol: *Rădulescu, Georgescu*, Z. physik. Chem. [B] **8** [1930] 370, 374.

**Tri-*N*-methyl-4-[(1.3-dioxo-indanyliden-(2))-methyl]-anilinium**, *α-(1,3-dioxoindan-2-ylidene)-N,N,N-trimethyl-*p*-toluidinium* $[C_{19}H_{18}NO_2]^{\oplus}$, Formel IV.

**Methylsulfat** $[C_{19}H_{18}NO_2]CH_3O_4S$. *B.* Beim Erwärmen von Tri-*N*-methyl-4-formyl-anilinium-methylsulfat mit Indandion-(1.3) in Äthanol (*Zaki*, Soc. **1930** 1078, 1083). — Orangefarbene Krystalle; F: 243° [Zers.].

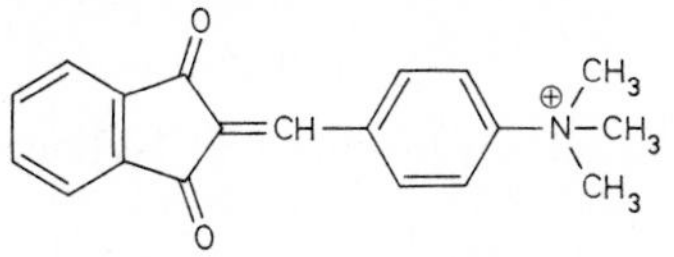

IV 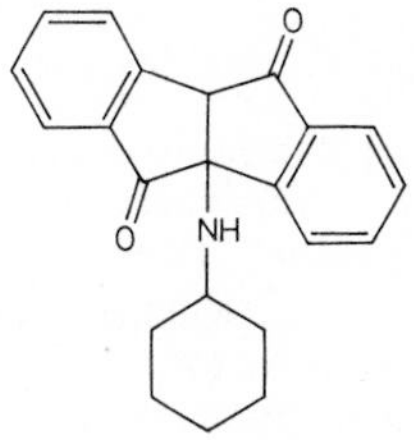 V

**4b-Amino-5.10-dioxo-4b.5.9b.10-tetrahydro-indeno[2.1-*a*]inden** $C_{16}H_{11}NO_2$.

**4b-Cyclohexylamino-5.10-dioxo-4b.5.9b.10-tetrahydro-indeno[2.1-*a*]inden**, 4b-Cyclohexylamino-4b.9b-dihydro-indeno[2.1-*a*]indendion-(5.10), *4b-(cyclohexylamino)-4b,9b-dihydroindeno[2,1-*a*]indene-5,10-dione* $C_{22}H_{21}NO_2$, Formel V.

**Opt.-inakt. 4b-Cyclohexylamino-5.10-dioxo-4b.5.9b.10-tetrahydro-indeno[2.1-*a*]inden vom F: 141°.**

*B.* Beim Erwärmen von opt.-inakt. 4b-Brom-5.10-dioxo-4b.5.9b.10-tetrahydro-indeno[2.1-*a*]inden (F: 147°) mit Cyclohexylamin in Äthanol (*Brand, Ott*, B. **69** [1936] 2514, 2517).

Gelbe Krystalle (aus Me.); F: 141°.

**4b-Anilino-5.10-dioxo-4b.5.9b.10-tetrahydro-indeno[2.1-*a*]inden**, 4b-Anilino-4b.9b-dihydro-indeno[2.1-*a*]indendion-(5.10), *4b-anilino-4b,9b-dihydroindeno[2,1-*a*]indene-5,10-dione* $C_{22}H_{15}NO_2$, Formel VI (R = X = H).

**Opt.-inakt. 4b-Anilino-5.10-dioxo-4b.5.9b.10-tetrahydro-indeno[2.1-*a*]inden vom F: 202°.**

*B.* Beim Erwärmen von opt.-inakt. 4b-Brom-5.10-dioxo-4b.5.9b.10-tetrahydro-indeno[2.1-*a*]inden (F: 147°) mit Anilin in Äthanol (*Brand, Ott*, B. **69** [1936] 2514, 2517).

Gelbe Krystalle (aus Me. oder Acn.); F: 202,5°.

Beim Erhitzen mit Essigsäure und Phosphorsäure ist eine vermutlich als 9.14.21-Trioxo-9*H*.14*H*-13c.4b-[*o*-benzenomethano]-benz[*a*]indeno[1.2-*c*]fluoren zu formulierende Verbindung (E III **7** 4721) erhalten worden (*Br., Ott*. l. c. S. 2520).

Hydrochlorid $C_{22}H_{15}NO_2 \cdot HCl$. Krystalle; F: 210—211°.

**4b-*o*-Toluidino-5.10-dioxo-4b.5.9b.10-tetrahydro-indeno[2.1-*a*]inden**, 4b-*o*-Toluidino-4b.9b-dihydro-indeno[2.1-*a*]indendion-(5.10), *4b-*o*-toluidino-4b,9b-dihydroindeno[2,1-*a*]indene-5,10-dione* $C_{23}H_{17}NO_2$, Formel VI (R = $CH_3$, X = H).

**Opt.-inakt. 4b-*o*-Toluidino-5.10-dioxo-4b.5.9b.10-tetrahydro-indeno[2.1-*a*]inden vom F: 167°.**

*B.* Beim Erwärmen von opt.-inakt. 4b-Brom-5.10-dioxo-4b.5.9b.10-tetrahydro-indeno[2.1-*a*]inden (F: 147°) mit *o*-Toluidin in Äthanol (*Brand, Ott*, B. **69** [1936] 2514, 2518).

Gelbe Krystalle (aus Me.); F: 167,5°.

**4b-*m*-Toluidino-5.10-dioxo-4b.5.9b.10-tetrahydro-indeno[2.1-*a*]inden**, 4b-*m*-Toluidino-4b.9b-dihydro-indeno[2.1-*a*]indendion-(5.10), *4b-*m*-toluidino-4b,9b-dihydroindeno[2,1-*a*]indene-5,10-dione* $C_{23}H_{17}NO_2$, Formel VI (R = H, X = $CH_3$).

**Opt.-inakt. 4b-*m*-Toluidino-5.10-dioxo-4b.5.9b.10-tetrahydro-indeno-[2.1-*a*]inden vom F: 191°.**

*B.* Beim Erwärmen von opt.-inakt. 4b-Brom-5.10-dioxo-4b.5.9b.10-tetrahydro-indeno[2.1-*a*]inden (F: 147°) mit *m*-Toluidin in Äthanol (*Brand, Ott*, B. **69** [1936] 2514, 2518).

Gelbe Krystalle (aus Me.); F: 191,5°.

**4b-*p*-Toluidino-5.10-dioxo-4b.5.9b.10-tetrahydro-indeno[2.1-*a*]inden,** 4b-*p*-Toluidino-4b.9b-dihydro-indeno[2.1-*a*]indendion-(5.10), *4b-p-toluidino-4b,9b-dihydroindeno[2,1-a]indene-5,10-dione* $C_{23}H_{17}NO_2$, Formel VII (X = $CH_3$).

**Opt.-inakt. 4b-*p*-Toluidino-5.10-dioxo-4b.5.9b.10-tetrahydro-indeno-[2.1-*a*]inden vom F: 180°.**

*B.* Beim Erwärmen von opt.-inakt. 4b-Brom-5.10-dioxo-4b.5.9b.10-tetrahydro-indeno[2.1-*a*]inden (F: 147°) mit *p*-Toluidin in Äthanol (*Brand, Ott*, B. **69** [1936] 2514, 2518).

Gelbe Krystalle (aus Me.); F: 180,5°.

**4b-[Naphthyl-(2)-amino]-5.10-dioxo-4b.5.9b.10-tetrahydro-indeno[2.1-*a*]inden,** 4b-[Naphthyl-(2)-amino]-4b.9b-dihydro-indeno[2.1-*a*]indendion-(5.10), *4b-(2-naphthylamino)-4b,9b-dihydroindeno[2,1-a]indene-5,10-dione* $C_{26}H_{17}NO_2$, Formel VIII.

**Opt.-inakt. 4b-[Naphthyl-(2)-amino]-5.10-dioxo-4b.5.9b.10-tetrahydro-indeno[2.1-*a*]inden vom F: 173°.**

*B.* Beim Erwärmen von opt.-inakt. 4b-Brom-5.10-dioxo-4b.5.9b.10-tetrahydro-indeno[2.1-*a*]inden (F: 147°) mit Naphthyl-(2)-amin in Äthanol (*Brand, Ott*, B. **69** [1936] 2514, 2520).

Gelbe Krystalle (aus Me.); F: 173°.

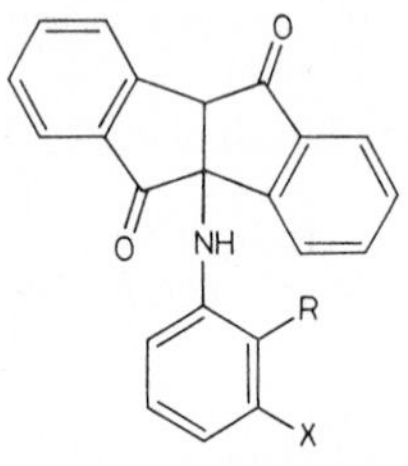

VI 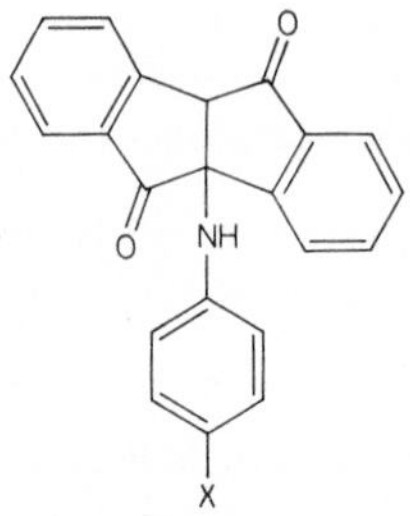 VII 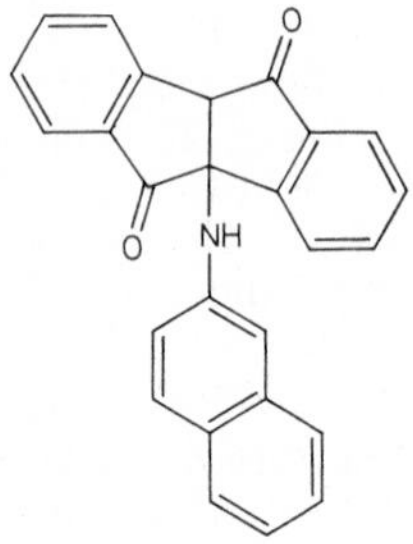 VIII

**4b-*o*-Anisidino-5.10-dioxo-4b.5.9b.10-tetrahydro-indeno[2.1-*a*]inden,** 4b-*o*-Anisidino-4b.9b-dihydro-indeno[2.1-*a*]indendion-(5.10), *4b-o-anisidino-4b,9b-dihydroindeno[2,1-a]indene-5,10-dione* $C_{23}H_{17}NO_3$, Formel VI (R = $OCH_3$, X = H).

**Opt.-inakt. 4b-*o*-Anisidino-5.10-dioxo-4b.5.9b.10-tetrahydro-indeno[2.1-*a*]inden vom F: 169°.**

*B.* Beim Erwärmen von opt.-inakt. 4b-Brom-5.10-dioxo-4b.5.9b.10-tetrahydro-indeno[2.1-*a*]inden (F: 147°) mit *o*-Anisidin in Äthanol (*Brand, Ott*, B. **69** [1936] 2514, 2519).

Gelbe Krystalle (aus Me.); F: 169°.

**4b-*o*-Phenetidino-5.10-dioxo-4b.5.9b.10-tetrahydro-indeno[2.1-*a*]inden,** 4b-*o*-Phenetidino-4b.9b-dihydro-indeno[2.1-*a*]indendion-(5.10), *4b-o-phenetidino-4b,9b-dihydroindeno[2,1-a]indene-5,10-dione* $C_{24}H_{19}NO_3$, Formel VI (R = $OC_2H_5$, X = H).

**Opt.-inakt. 4b-*o*-Phenetidino-5.10-dioxo-4b.5.9b.10-tetrahydro-indeno[2.1-*a*]inden vom F: 179°.**

*B.* Beim Erwärmen von opt.-inakt. 4b-Brom-5.10-dioxo-4b.5.9b.10-tetrahydro-indeno[2.1-*a*]inden (F: 147°) mit *o*-Phenetidin in Äthanol (*Brand, Ott*, B. **69** [1936] 2514, 2519).

Gelbe Krystalle (aus Me.); F: 179°.

**4b-*m*-Anisidino-5.10-dioxo-4b.5.9b.10-tetrahydro-indeno[2.1-*a*]inden,** 4b-*m*-Anisidino-4b.9b-dihydro-indeno[2.1-*a*]indendion-(5.10), *4b-m-anisidino-4b,9b-dihydroindeno[2,1-a]indene-5,10-dione* $C_{23}H_{17}NO_3$, Formel VI (R = H, X = $OCH_3$).

**Opt.-inakt. 4b-*m*-Anisidino-5.10-dioxo-4b.5.9b.10-tetrahydro-indeno[2.1-*a*]inden vom F: 187°.**

*B.* Beim Erwärmen von opt.-inakt. 4b-Brom-5.10-dioxo-4b.5.9b.10-tetrahydro-indeno[2.1-*a*]inden (F: 147°) mit *m*-Anisidin in Äthanol (*Brand, Ott*, B. **69** [1936] 2514, 2519).

Gelbe Krystalle (aus Me.); F: 187°.

**4b-*m*-Phenetidino-5.10-dioxo-4b.5.9b.10-tetrahydro-indeno[2.1-*a*]inden,** 4b-*m*-Phenetidino-4b.9b-dihydro-indeno[2.1-*a*]indendion-(5.10), *4b-m-phenetidino-4b,9b-dihydroindeno[2,1-a]indene-5,10-dione* $C_{24}H_{19}NO_3$, Formel VI (R = H, X = $OC_2H_5$).

**Opt.-inakt. 4b-*m*-Phenetidino-5.10-dioxo-4b.5.9b.10-tetrahydro-indeno[2.1-*a*]inden vom F: 175°.**

*B.* Beim Erwärmen von opt.-inakt. 4b-Brom-5.10-dioxo-4b.5.9b.10-tetrahydro-indeno[2.1-*a*]inden (F: 147°) mit *m*-Phenetidin in Äthanol (*Brand, Ott*, B. **69** [1936] 2514, 2519).

Gelbe Krystalle (aus Me.); F: 175,5°.

**4b-*p*-Anisidino-5.10-dioxo-4b.5.9b.10-tetrahydro-indeno[2.1-*a*]inden,** 4b-*p*-Anisidino-4b.9b-dihydro-indeno[2.1-*a*]indendion-(5.10), *4b-p-anisidino-4b,9b-dihydroindeno[2,1-a]indene-5,10-dione* $C_{23}H_{17}NO_3$, Formel VII (X = $OCH_3$).

**Opt.-inakt. 4b-*p*-Anisidino-5.10-dioxo-4b.5.9b.10-tetrahydro-indeno[2.1-*a*]inden vom F: 145°.**

*B.* Beim Erwärmen von opt.-inakt. 4b-Brom-5.10-dioxo-4b.5.9b.10-tetrahydro-indeno[2.1-*a*]inden (F: 147°) mit *p*-Anisidin in Äthanol (*Brand, Ott*, B. **69** [1936] 2514, 2519).

Gelbe Krystalle (aus Me.); F: 145,5°.

**4b-*p*-Phenetidino-5.10-dioxo-4b.5.9b.10-tetrahydro-indeno[2.1-*a*]inden,** 4b-*p*-Phenetidino-4b.9b-dihydro-indeno[2.1-*a*]indendion-(5.10), *4b-p-phenetidino-4b,9b-dihydro-indeno[2,1-a]indene-5,10-dione* $C_{24}H_{19}NO_3$, Formel VII (X = $OC_2H_5$).

**Opt.-inakt. 4b-*p*-Phenetidino-5.10-dioxo-4b.5.9b.10-tetrahydro-indeno[2.1-*a*]inden vom F: 135°.**

*B.* Beim Erwärmen von opt.-inakt. 4b-Brom-5.10-dioxo-4b.5.9b.10-tetrahydro-indeno[2.1-*a*]inden (F: 147°) mit *p*-Phenetidin in Äthanol (*Brand, Ott*, B. **69** [1936] 2514, 2519).

Gelbe Krystalle (aus Me. oder A.); F: 135°.

## Amino-Derivate der Dioxo-Verbindungen $C_{17}H_{12}O_2$

**5-Amino-6.11-dioxo-2.3.6.11-tetrahydro-1*H*-cyclopent[*a*]anthracen, 5-Amino-2.3-dihydro-1*H*-cyclopent[*a*]anthracen-chinon-(6.11),** *5-amino-2,3-dihydro-1H-cyclopent[a]anthracene-6,11-dione* $C_{17}H_{13}NO_2$, Formel IX (R = H).

*B.* Aus 5-Acetamino-2.3-dihydro-1*H*-cyclopent[*a*]anthracen-chinon-(6.11) beim Erwärmen mit wss.-äthanol. Natronlauge (*Kränzlein*, B. **70** [1937] 1952, 1961).

Rote Krystalle (aus Me.); F: 212,5°.

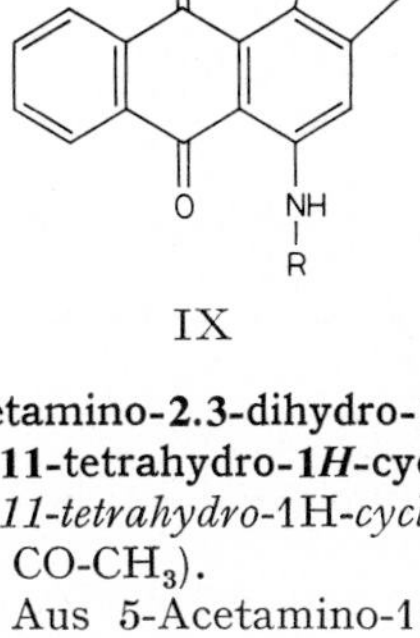

IX 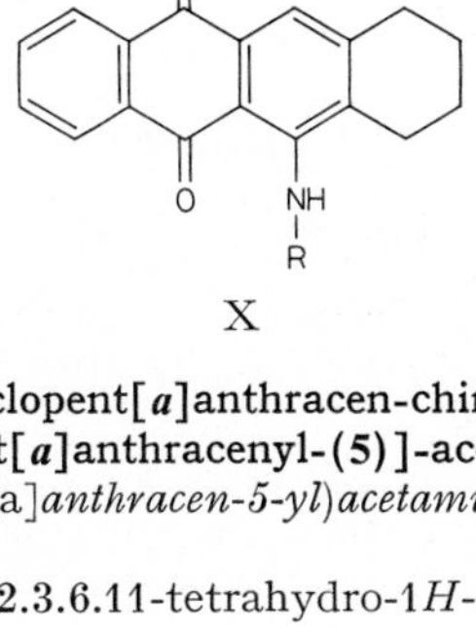 X 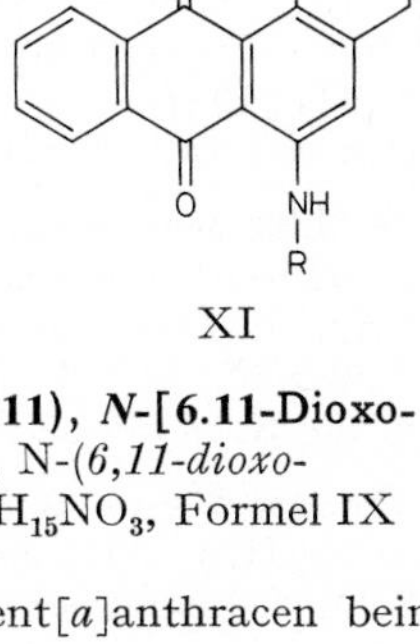 XI

**5-Acetamino-2.3-dihydro-1*H*-cyclopent[*a*]anthracen-chinon-(6.11), *N*-[6.11-Dioxo-2.3.6.11-tetrahydro-1*H*-cyclopent[*a*]anthracenyl-(5)]-acetamid,** N-*(6,11-dioxo-2,3,6,11-tetrahydro-1H-cyclopent[a]anthracen-5-yl)acetamide* $C_{19}H_{15}NO_3$, Formel IX (R = CO-$CH_3$).

*B.* Aus 5-Acetamino-11-oxo-2.3.6.11-tetrahydro-1*H*-cyclopent[*a*]anthracen beim Be-

handeln mit wss. Wasserstoffperoxid und wss.-methanol. Natronlauge (*Kränzlein*, B. **70** [1937] 1952, 1961).
Gelbe Krystalle; F: 212°.

### Amino-Derivate der Dioxo-Verbindungen $C_{18}H_{14}O_2$

**5-Amino-6.11-dioxo-1.2.3.4.6.11-hexahydro-naphthacen, 6-Amino-7.8.9.10-tetrahydro-naphthacen-chinon-(5.12),** *6-amino-7,8,9,10-tetrahydronaphthacene-5,12-dione* $C_{18}H_{15}NO_2$, Formel X (R = H).
*B.* Beim Behandeln von 7.8.9.10-Tetrahydro-naphthacen-chinon-(5.12) mit Salpeter=säure und Schwefelsäure und Erhitzen des Reaktionsprodukts mit Natriumsulfid in Wasser (*Marschalk, Stumm*, Bl. **1948** 418, 425).
Rote Krystalle (aus Py.); F: 227°.

**6-Benzamino-7.8.9.10-tetrahydro-naphthacen-chinon-(5.12), *N*-[6.11-Dioxo-1.2.3.4.6.11-hexahydro-naphthacenyl-(5)]-benzamid,** N-*(6,11-dioxo-1,2,3,4,6,11-hexa=hydronaphthacen-5-yl)benzamide* $C_{25}H_{19}NO_3$, Formel X (R = CO-$C_6H_5$).
*B.* Beim Erhitzen von 6-Amino-7.8.9.10-tetrahydro-naphthacen-chinon-(5.12) mit Benzoylchlorid in Nitrobenzol (*Marschalk, Stumm*, Bl. **1948** 418, 425).
Gelbe Krystalle; F: 253°.

**6-Amino-7.12-dioxo-1.2.3.4.7.12-hexahydro-benz[*a*]anthracen, 6-Amino-1.2.3.4-tetra=hydro-benz[*a*]anthracen-chinon-(7.12),** *6-amino-1,2,3,4-tetrahydrobenz*[a]*anthracene-7,12-dione* $C_{18}H_{15}NO_2$, Formel XI (R = H).
*B.* Aus 6-Acetamino-1.2.3.4-tetrahydro-benz[*a*]anthracen-chinon-(7.12) beim Erwärmen mit wss.-methanol. Natronlauge (*Kränzlein*, B. **70** [1937] 1952, 1959).
Braunrote Krystalle (aus Me. oder Bzl.); F: 189°.

**6-Acetamino-1.2.3.4-tetrahydro-benz[*a*]anthracen-chinon-(7.12), *N*-[7.12-Dioxo-1.2.3.4.7.12-hexahydro-benz[*a*]anthracenyl-(6)]-acetamid,** N-*(7,12-dioxo-1,2,3,4,7,12-hexahydrobenz*[a]*anthracen-6-yl)acetamide* $C_{20}H_{17}NO_3$, Formel XI (R = CO-$CH_3$).
*B.* Aus 6-Acetamino-12-oxo-1.2.3.4.7.12-hexahydro-benz[*a*]anthracen beim Behandeln mit wss. Wasserstoffperoxid und wss.-methanol. Natronlauge (*Kränzlein*, B. **70** [1937] 1952, 1959).
Gelbe Krystalle (aus Me.); F: 192,5°.

## Amino-Derivate der Dioxo-Verbindungen $C_nH_{2n-24}O_2$

### Amino-Derivate der Dioxo-Verbindungen $C_{16}H_8O_2$

**5-Amino-1.6-dioxo-1.6-dihydro-pyren, 5-Amino-pyren-chinon-(1.6)** $C_{16}H_9NO_2$.

**3.8.10-Trichlor-5-amino-pyren-chinon-(1.6),** *5-amino-3,8,10-trichloropyrene-1,6-dione* $C_{16}H_6Cl_3NO_2$, Formel XII (R = H).
*B.* Beim Einleiten von Ammoniak in eine Lösung von 3.5.8.10-Tetrachlor-pyren-chinon-(1.6) in Nitrobenzol bei 120° (*Vollmann et al.*, A. **531** [1937] 1, 26, 101).
Violette Krystalle (aus Trichlorbenzol), die oberhalb 350° unscharf unter Zersetzung schmelzen.

**3.8.10-Trichlor-5-anilino-pyren-chinon-(1.6),** *5-anilino-3,8,10-trichloropyrene-1,6-dione* $C_{22}H_{10}Cl_3NO_2$, Formel XIII (R = H = X).
*B.* Beim Erwärmen von 3.5.8.10-Tetrachlor-pyren-chinon-(1.6) mit Anilin (*Vollmann et al.*, A. **531** [1937] 1, 25, 99).
Violette Krystalle (aus Chlorbenzol); F: 269–270°.

**3.8.10-Trichlor-5-[*N*-methyl-anilino]-pyren-chinon-(1.6),** *3,5,8-trichloro-10-*(N-*methyl=anilino)pyrene-1,6-dione* $C_{23}H_{12}Cl_3NO_2$, Formel XIII (R = H, X = $CH_3$).
*B.* Beim Erhitzen von 3.5.8.10-Tetrachlor-pyren-chinon-(1.6) mit *N*-Methyl-anilin (*I. G. Farbenind.*, D.R.P. 624168 [1933]; Frdl. **22** 1165).
Olivgrüne Krystalle; F: 265–266°.

**3.8.10-Trichlor-5-*p*-toluidino-pyren-chinon-(1.6),** *3,5,8-trichloro-10-*p-*toluidinopyrene-1,6-dione* $C_{23}H_{12}Cl_3NO_2$, Formel XIII (R = $CH_3$, X = H).
*B.* Beim Erhitzen von 3.5.8.10-Tetrachlor-pyren-chinon-(1.6) mit *p*-Toluidin unter

Zusatz von Natriumacetat in Chlorbenzol (*Vollmann et al.*, A. **531** [1937] 1, 101).
Violette Krystalle (aus Chlorbenzol); F: 297°.

**3.8.10-Trichlor-5-*p*-anisidino-pyren-chinon-(1.6)**, *5-*p*-anisidino-3,8,10-trichloropyrene-1,6-dione* $C_{23}H_{12}Cl_3NO_3$, Formel XIII (R = $OCH_3$, X = H).
*B.* Beim Erhitzen von 3.5.8.10-Tetrachlor-pyren-chinon-(1.6) mit *p*-Anisidin in Chlorbenzol (*I. G. Farbenind.*, D.R.P. 624168 [1933]; Frdl. **22** 1165).
Rötliche Krystalle (aus Nitrobenzol); F: 319°.

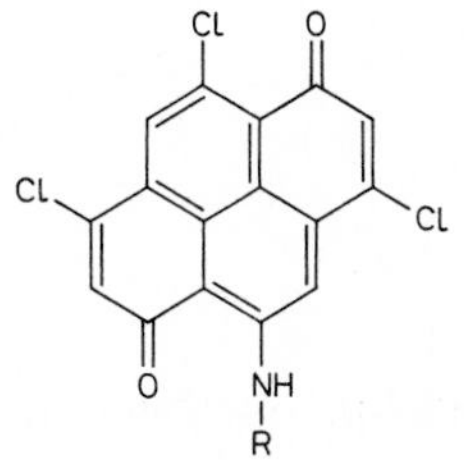

XII 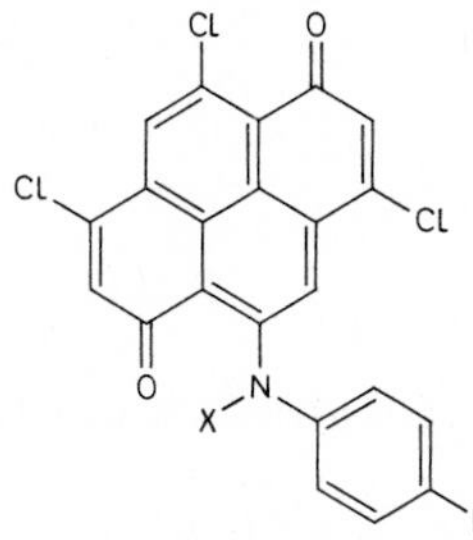 XIII 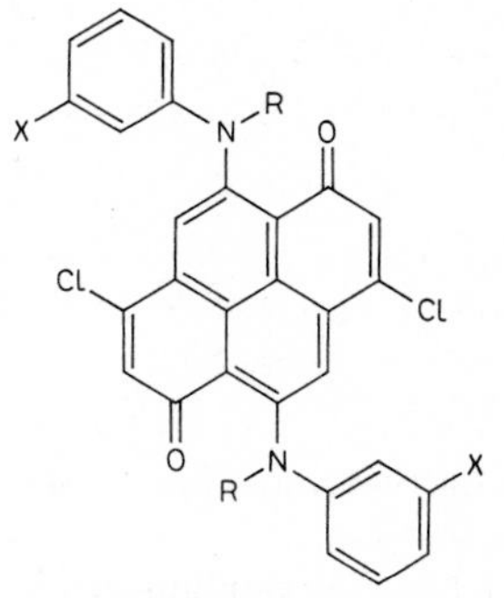 XIV

**3.8.10-Trichlor-5-benzamino-pyren-chinon-(1.6), *N*-[3.8.10-Trichlor-1.6-dioxo-1.6-dihydro-pyrenyl-(5)]-benzamid,** N-*(3,8,10-trichloro-1,6-dioxo-1,6-dihydropyren-5-yl)benzamide* $C_{23}H_{10}Cl_3NO_3$, Formel XII (R = CO-$C_6H_5$).
*B.* Beim Erhitzen von 3.8.10-Trichlor-5-amino-pyren-chinon-(1.6) mit Benzoylchlorid in Nitrobenzol (*Vollmann et al.*, A. **531** [1937] 1, 101).
Braune Krystalle; F: 323°.

**5.10-Diamino-1.6-dioxo-1.6-dihydro-pyren, 5.10-Diamino-pyren-chinon-(1.6),** $C_{16}H_{10}N_2O_2$.

**3.8-Dichlor-5.10-dianilino-pyren-chinon-(1.6)**, *5,10-dianilino-3,8-dichloropyrene-1,6-dione* $C_{28}H_{16}Cl_2N_2O_2$, Formel XIV (R = X = H).
*B.* Beim Erhitzen von 3.5.8.10-Tetrachlor-pyren-chinon-(1.6) mit Anilin unter Zusatz von Natriumacetat auf 130° (*Vollmann et al.*, A. **531** [1937] 1, 25, 100).
Blaugrüne Krystalle (aus Nitrobenzol); F: 335°.
Bei zweimaligem aufeinanderfolgenden Erwärmen mit Aluminiumchlorid in Benzol und Schütteln des jeweiligen Reaktionsprodukts in alkal. wss. Lösung mit Luft ist 1.9-Dichlor-4.12-dihydro-pyreno[4.5-*b*:9.10-*b'*]diindol-chinon-(3.11) erhalten worden (*Vo. et al.*, l. c. S. 28, 102).

**3.8-Dichlor-5.10-bis-[3-chlor-anilino]-pyren-chinon-(1.6)**, *3,8-dichloro-5.10-bis(*m*-chloroanilino)pyrene-1,6-dione* $C_{28}H_{14}Cl_4N_2O_2$, Formel XIV (R = H, X = Cl).
*B.* Beim Erhitzen von 3.5.8.10-Tetrachlor-pyren-chinon-(1.6) mit 3-Chlor-anilin unter Zusatz von Kaliumacetat auf 180° (*I. G. Farbenind.*, D.R.P. 624168 [1933]; Frdl. **22** 1165).
Dunkle Krystalle (aus Nitrobenzol); F: 358°.

**3.8-Dichlor-5.10-bis-[*N*-methyl-anilino]-pyren-chinon-(1.6)**, *3,8-dichloro-5,10-bis(*N*-methylanilino)pyrene-1,6-dione* $C_{30}H_{20}Cl_2N_2O_2$, Formel XIV (R = $CH_3$, X = H).
*B.* Beim Erhitzen von 3.8.10-Trichlor-5-[*N*-methyl-anilino]-pyren-chinon-(1.6) mit *N*-Methyl-anilin unter Zusatz von Natriumacetat (*I. G. Farbenind.*, D.R.P. 624168 [1933]; Frdl. **22** 1165).
Grüne Krystalle (aus Nitrobenzol); F: 270°.

**3.8-Dichlor-5.10-di-*p*-anisidino-pyren-chinon-(1.6)**, *5,10-di-*p*-anisidino-3,8-dichloropyrene-1,6-dione* $C_{30}H_{20}Cl_2N_2O_4$, Formel XV.
*B.* Beim Erhitzen von 3.8.10-Trichlor-5-*p*-anisidino-pyren-chinon-(1.6) mit *p*-Anisidin unter Zusatz von Natriumacetat in Nitrobenzol (*I. G. Farbenind.*, D.R.P. 624168 [1933];

Frdl. **22** 1165).

Grüne Krystalle (aus Nitrobenzol); F: 364°.

XV XVI

**3.5.8.10-Tetraamino-1.6-dioxo-1.6-dihydro-pyren, 3.5.8.10-Tetraamino-pyren-chinon-(1.6)** $C_{16}H_{12}N_4O_2$.

**3.5.8.10-Tetraanilino-pyren-chinon-(1.6),** *3,5,8,10-tetraanilinopyrene-1,6-dione* $C_{40}H_{28}N_4O_2$, Formel XVI.

*B.* Beim Erhitzen von 3.5.8.10-Tetrachlor-pyren-chinon-(1.6) mit Anilin unter Zusatz von Kupfer-Pulver (*Vollmann et al.*, A. **531** [1937] 1, 26, 100).

Blaue Krystalle (aus Nitrobenzol); F: 390—395°.

# Amino-Derivate der Dioxo-Verbindungen $C_nH_{2n-26}O_2$

## Amino-Derivate der Dioxo-Verbindungen $C_{18}H_{10}O_2$

**2-Amino-5.12-dioxo-5.12-dihydro-naphthacen, 2-Amino-naphthacen-chinon-(5.12),** *2-aminonaphthacene-5,12-dione* $C_{18}H_{11}NO_2$, Formel I.

*B.* Aus 2-Chlor-naphthacen-chinon-(5.12) beim Erhitzen mit wss. Ammoniak unter Zusatz von Kupferchlorid auf 230° (*Waldmann, Mathiowetz*, B. **64** [1931] 1713, 1718).

Braune Krystalle (aus Xylol), die unterhalb 310° nicht schmelzen.

**6-Amino-5.12-dioxo-5.12-dihydro-naphthacen, 6-Amino-naphthacen-chinon-(5.12),** *6-aminonaphthacene-5,12-dione* $C_{18}H_{11}NO_2$, Formel II (R = H) (H 228; dort als 9-Amino-naphthacenchinon bezeichnet).

In dem H 228 beschriebenen Präparat hat vermutlich ein Gemisch aus 6-Hydroxy-naphthacen-chinon-(5.12) und 6-Amino-naphthacen-chinon-(5.12) vorgelegen (*Waldmann, Polak*, J. pr. [2] **150** [1938] 113, 114, 118).

*B.* Aus 6-Amino-7.8.9.10-tetrahydro-naphthacen-chinon-(5.12) beim Erhitzen mit Schwefel in Trichlorbenzol (*Marschalk, Stumm*, Bl. **1948** 418, 425). Aus 6-[Toluol-sulfonyl-(4)-amino]-naphthacen-chinon-(5.12) beim Behandeln mit Schwefelsäure und anschliessend mit Wasser (*Wa., Po.*).

Rotbraune Krystalle (aus Nitrobenzol); F: 266° (*Wa., Po.*; *Ma., St.*).

I II III

**6-Methylamino-naphthacen-chinon-(5.12),** *6-(methylamino)naphthacene-5,12-dione* $C_{19}H_{13}NO_2$, Formel II (R = $CH_3$).

*B.* Aus 6-[(Toluol-sulfonyl-(4))-methyl-amino]-naphthacen-chinon-(5.12) beim Behandeln mit Schwefelsäure und anschliessend mit Wasser (*Waldmann, Polak,* J. pr. [2] **150** [1938] 113, 118).

Rote Krystalle (aus Eg.); F: 209°.

**6-[2-Chlor-anilino]-naphthacen-chinon-(5.12),** *6-(o-chloroanilino)naphthacene-5,12-dione* $C_{24}H_{14}ClNO_2$, Formel III (R = H, X = Cl).

*B.* Beim Erhitzen von 6-Chlor-naphthacen-chinon-(5.12) mit 2-Chlor-anilin unter Zusatz von Natriumacetat (*Waldmann, Hindenburg,* J. pr. [2] **156** [1940] 157, 161).

Rote Krystalle (aus Xylol oder Nitrobenzol); F: 206°.

**6-[2-Nitro-anilino]-naphthacen-chinon-(5.12),** *6-(o-nitroanilino)naphthacene-5,12-dione* $C_{24}H_{14}N_2O_4$, Formel III (R = H, X = $NO_2$).

*B.* Beim Erhitzen von 6-Amino-naphthacen-chinon-(5.12) mit 2-Chlor-1-nitro-benzol unter Zusatz von Kaliumcarbonat, Kupfer(II)-acetat und Kupfer-Pulver in Nitrobenzol (*Waldmann, Hindenburg,* J. pr. [2] **156** [1940] 157, 161).

Rote Krystalle (aus Xylol); F: 283°.

**6-*p*-Toluidino-naphthacen-chinon-(5.12),** *6-p-toluidinonaphthacene-5,12-dione* $C_{25}H_{17}NO_2$, Formel III (R = $CH_3$, X = H).

*B.* Beim Erhitzen von 6-Chlor-naphthacen-chinon-(5.12) mit *p*-Toluidin unter Zusatz von Natriumacetat (*Waldmann, Polak,* J. pr. [2] **150** [1938] 113, 119).

Rote Krystalle (aus Eg.); F: 216°.

**6-Benzamino-naphthacen-chinon-(5.12), *N*-[6.11-Dioxo-6.11-dihydro-naphthacenyl-(5)]-benzamid,** *N-(6,11-dioxo-6,11-dihydronaphthacen-5-yl)benzamide* $C_{25}H_{15}NO_3$, Formel II (R = CO-$C_6H_5$).

*B.* Beim Erhitzen von 6-Chlor-naphthacen-chinon-(5.12) mit Benzamid unter Zusatz von Natriumacetat und Kupferchlorid in Nitrobenzol (*Waldmann, Polak,* J. pr. [2] **150** [1938] 113, 117). Aus 6-Benzamino-7.8.9.10-tetrahydro-naphthacen-chinon-(5.12) beim Erhitzen mit Schwefel in Trichlorbenzol (*Marschalk, Stumm,* Bl. **1948** 418, 425).

Gelbe Krystalle; F: 303—304° [aus Nitrobenzol] (*Ma., St.,* l. c. S. 425, 426), 298° [aus Xylol] (*Wa., Po.*).

**6-[2-Amino-anilino]-naphthacen-chinon-(5.12),** *6-(o-aminoanilino)naphthacene-5,12-dione* $C_{24}H_{16}N_2O_2$, Formel III (R = H, X = $NH_2$).

*B.* Aus 6-[2-Nitro-anilino]-naphthacen-chinon-(5.12) beim Erwärmen mit Natrium≈sulfid in Äthanol (*Waldmann, Hindenburg,* J. pr. [2] **156** [1940] 157, 162).

Blauviolette Krystalle (aus Toluol); F: 264°.

**6-[Toluol-sulfonyl-(4)-amino]-naphthacen-chinon-(5.12), *N*-[6.11-Dioxo-6.11-dihydro-naphthacenyl-(5)]-toluolsulfonamid-(4),** *N-(6,11-dioxo-6,11-dihydronaphthacen-5-yl)-p-toluenesulfonamide* $C_{25}H_{17}NO_4S$, Formel IV (R = H).

*B.* Beim Erhitzen von 6-Chlor-naphthacen-chinon-(5.12) mit Toluolsulfonamid-(4) unter Zusatz von Kaliumcarbonat und Kupfer(II)-acetat in Nitrobenzol (*Waldmann, Polak,* J. pr. [2] **150** [1938] 113, 117).

Gelbe Krystalle (aus Xylol); F: 231°.

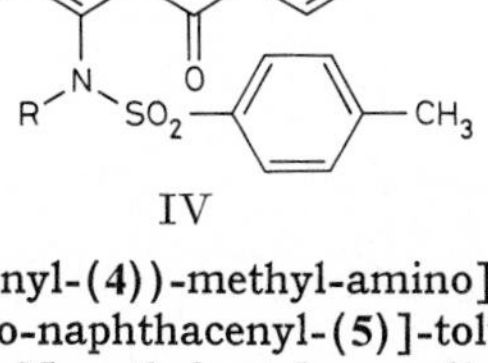

IV 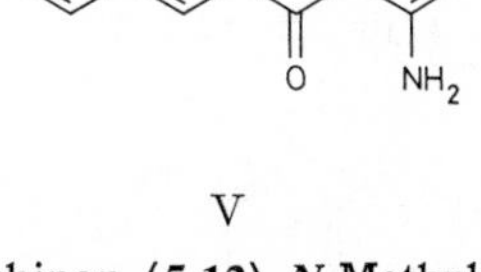 V

**6-[(Toluol-sulfonyl-(4))-methyl-amino]-naphthacen-chinon-(5.12), *N*-Methyl-*N*-[6.11-di≈oxo-6.11-dihydro-naphthacenyl-(5)]-toluolsulfonamid-(4),** *N-(6,11-dioxo-6,11-dihydro≈naphthacen-5-yl)-N-methyl-p-toluenesulfonamide* $C_{26}H_{19}NO_4S$, Formel IV (R = $CH_3$).

*B.* Beim Erhitzen von 6-[Toluol-sulfonyl-(4)-amino]-naphthacen-chinon-(5.12) mit

Toluol-sulfonsäure-(4)-methylester unter Zusatz von Kaliumcarbonat in Dichlorbenzol (*Waldmann, Polak*, J. pr. [2] **150** [1938] 113, 118).

Gelbe Krystalle (aus Eg.); F: 228,5°.

**1.4-Diamino-5.12-dioxo-5.12-dihydro-naphthacen, 1.4-Diamino-naphthacen-chinon-(5.12),** *1,4-diaminonaphthacene-5,12-dione* $C_{18}H_{12}N_2O_2$, Formel V.

*B.* Aus 1.4-Bis-[toluol-sulfonyl-(4)-amino]-naphthacen-chinon-(5.12) beim Erhitzen mit Schwefelsäure und anschliessenden Behandeln mit Wasser (*Waldmann, Mathiowetz*, B. **64** [1931] 1713, 1719).

Violette Krystalle (aus Py.); F: oberhalb 310°.

**1.4-Dianilino-naphthacen-chinon-(5.12),** *1,4-dianilinonaphthacene-5,12-dione* $C_{30}H_{20}N_2O_2$ Formel VI (R = H).

*B.* Beim Erhitzen von 1.4-Dichlor-naphthacen-chinon-(5.12) mit Anilin unter Zusatz von Kaliumacetat und Kupfer-Pulver (*Waldmann, Mathiowetz*, B. **64** [1931] 1713, 1719).

Blaue Krystalle (aus Xylol), die unterhalb 310° nicht schmelzen.

**1.4-Di-*p*-toluidino-naphthacen-chinon-(5.12),** *1,4-di-*p*-toluidinonaphthacene-5,12-dione* $C_{32}H_{24}N_2O_2$, Formel VI (R = $CH_3$).

*B.* Beim Erhitzen von 1.4-Dichlor-naphthacen-chinon-(5.12) mit *p*-Toluidin unter Zusatz von Kaliumacetat und Kupfer-Pulver (*Waldmann, Mathiowetz*, B. **64** [1931] 1713, 1719).

Blaue Krystalle (aus Xylol), die unterhalb 310° nicht schmelzen.

VI VII

**1.4-Bis-[toluol-sulfonyl-(4)-amino]-naphthacen-chinon-(5.12),** N,N'-(*5,12-dioxo-5,12-dihydronaphthacene-1,4-diyl*)*bis-*p*-toluenesulfonamide* $C_{32}H_{24}N_2O_6S_2$, Formel VII.

*B.* Beim Erhitzen von 1.4-Dichlor-naphthacen-chinon-(5.12) mit Toluolsulfonamid-(4) unter Zusatz von Kaliumacetat und Kupfer(II)-acetat in Nitrobenzol (*Waldmann, Mathiowetz*, B. **64** [1931] 1713, 1719).

Orangegelbe Krystalle (aus Xylol); F: 290–291°.

**2.6-Diamino-5.12-dioxo-5.12-dihydro-naphthacen, 2.6-Diamino-naphthacen-chinon-(5.12),** *2,6-diaminonaphthacene-5,12-dione* $C_{18}H_{12}N_2O_2$, Formel VIII, und **2.11-Diamino-5.12-dioxo-5.12-dihydro-naphthacen, 2.11-Diamino-naphthacen-chinon-(5.12),** *2,11-diaminonaphthacene-5,12-dione* $C_{18}H_{12}N_2O_2$, Formel IX.

Eine Verbindung (braune Krystalle [aus Nitrobenzol], F: 307°), für die diese beiden Formeln in Betracht kommen, ist aus 2(oder 3)-Chlor-6-hydroxy-naphthacen-chinon-(5.12) (E III **8** 3052) beim Erhitzen mit wss. Ammoniak auf 200° erhalten worden (*Waldmann*, J. pr. [2] **127** [1930] 201, 207).

VIII IX X

**6.11-Diamino-5.12-dioxo-5.12-dihydro-naphthacen, 6.11-Diamino-naphthacen-chinon-(5.12),** *6,11-diaminonaphthacene-5,12-dione* $C_{18}H_{12}N_2O_2$, Formel X.

*B.* Aus 6.11-Bis-[toluol-sulfonyl-(4)-amino]-naphthacen-chinon-(5.12) beim Erhitzen mit Schwefelsäure und anschliessenden Behandeln mit Wasser (*Waldmann, Hindenburg*, J. pr. [2] **156** [1940] 157, 163 Anm.).

F: 315°.

**6.11-Dianilino-naphthacen-chinon-(5.12),** *6,11-dianilinonaphthacene-5,12-dione* $C_{30}H_{20}N_2O_2$, Formel XI (R = X = H) (H 228; dort als 9.10-Dianilino-naphthacenchinon bezeichnet).

*B.* Neben 6.12-Dianilino-naphthacen-chinon-(5.11) beim Erhitzen von 6.11-Dihydroxy-naphthacen-chinon-(5.12) (E III **8** 3876) mit Anilin und Borsäure auf 200° (*Poštowškiĭ, Goldyrew*, Ž. obšč. Chim. **11** [1941] 429, 438, 440; C. A. **1941** 6589; s. a. *Marschalk*, Bl. **1948** 777, 780, 783; *Poštowškiĭ, Beĭleš*, Ž. obšč. Chim. **20** [1950] 522, 526; C. A. **1951** 599).

Violette Krystalle; F: 246° (*Ma.*), 244—246° (*Po., Go.*). Absorptionsspektrum (450 bis 640 mμ): *Po., Go.*, l. c. S. 432.

**6.11-Bis-[2-nitro-anilino]-naphthacen-chinon-(5.12),** *6,11-bis(*o*-nitroanilino)naphthacene-5,12-dione* $C_{30}H_{18}N_4O_6$, Formel XI (R = H, X = $NO_2$).

*B.* Aus 6.11-Diamino-naphthacen-chinon-(5.12) und 2-Chlor-1-nitro-benzol (*Waldmann, Hindenburg*, J. pr. [2] **156** [1940] 157, 163 Anm.).

F: 252°.

**6.11-Di-*p*-toluidino-naphthacen-chinon-(5.12),** *6,11-di-*p*-toluidinonaphthacene-5,12-dione* $C_{32}H_{24}N_2O_2$, Formel XI (R = $CH_3$, X = H).

Diese Konstitution ist der nachstehend beschriebenen Verbindung auf Grund ihrer Bildungsweise und Lichtabsorption in Analogie zu 6.11-Dianilino-naphthacen-chinon-(5.12) (s. o.) zuzuordnen (s. dazu *Marschalk*, Bl. **1948** 777, 780; *Poštowškiĭ, Beĭleš*, Ž. obšč. Chim. **20** [1950] 522, 526; C. A. **1951** 599).

*B.* Neben 6.12-Di-*p*-toluidino-naphthacen-chinon-(5.11) beim Erhitzen von 6.11-Dihydroxy-naphthacen-chinon-(5.12) (E III **8** 3876) mit *p*-Toluidin und Borsäure auf 200° (*Poštowškiĭ, Goldyrew*, Ž. obšč. Chim. **11** [1941] 429, 431, 440; C. A. **1941** 6589).

Violette Krystalle; F: 242—244° [unkorr.] (*Po., Go.*). Absorptionsspektrum (450 bis 640 mμ): *Po., Go.*, l. c. S. 432.

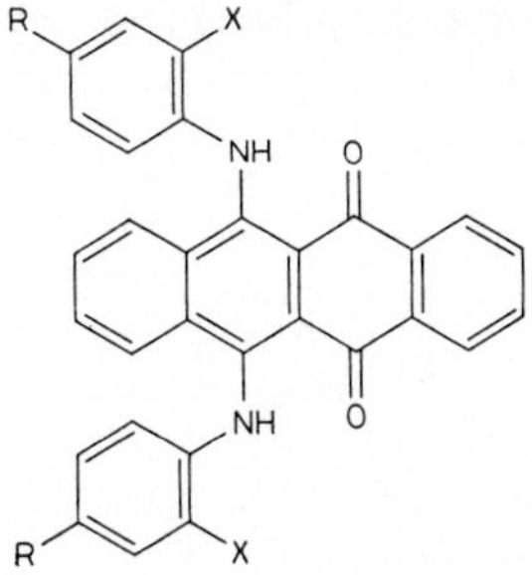

XI 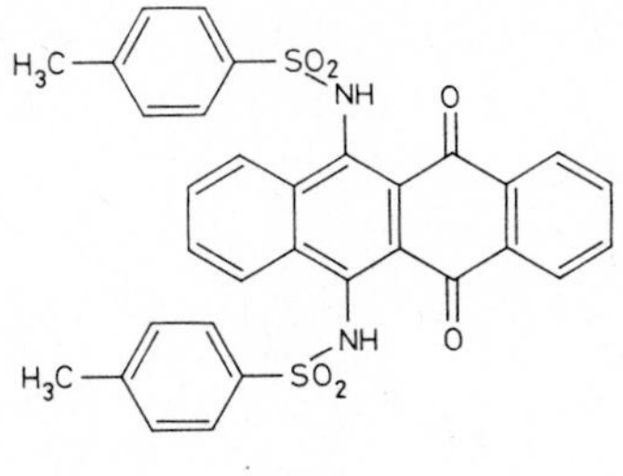 XII 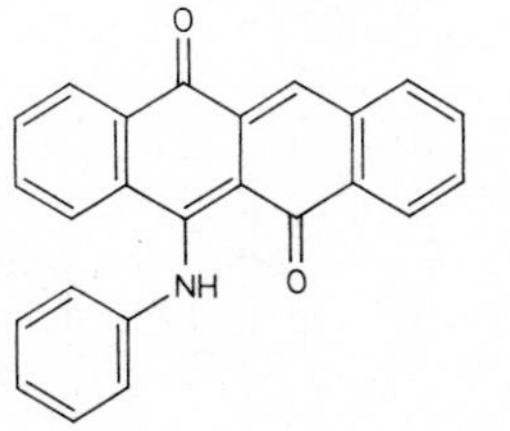 XIII

**6.11-Bis-[2-amino-anilino]-naphthacen-chinon-(5.12),** *6,11-bis(*o*-aminoanilino)naphthacene-5,12-dione* $C_{30}H_{22}N_4O_2$, Formel XI (R = H, X = $NH_2$).

*B.* Aus 6.11-Bis-[2-nitro-anilino]-naphthacen-chinon-(5.12) beim Behandeln mit Natriumsulfid in Äthanol (*Waldmann, Hindenburg*, J. pr. [2] **156** [1940] 157, 163 Anm.).

F: 255°.

**6.11-Bis-[toluol-sulfonyl-(4)-amino]-naphthacen-chinon-(5.12),** N,N'-(*6,11-dioxo-6,11-dihydronaphthacene-5,12-diyl)bis-*p*-toluenesulfonamide* $C_{32}H_{24}N_2O_6S_2$, Formel XII.

*B.* Beim Erhitzen von 6.11-Dichlor-naphthacen-chinon-(5.12) mit Toluolsulfonamid-(4) unter Zusatz von Kaliumacetat und Kupfer(II)-acetat in Nitrobenzol (*Waldmann, Hindenburg*, J. pr. [2] **156** [1940] 157, 163 Anm.).

F: 250°.

**6-Amino-5.11-dioxo-5.11-dihydro-naphthacen, 6-Amino-naphthacen-chinon-(5.11)** $C_{18}H_{11}NO_2$.

**6-Anilino-naphthacen-chinon-(5.11)**, *6-anilinonaphthacene-5,11-dione* $C_{24}H_{15}NO_2$, Formel XIII, und Tautomere (z. B. 6-Hydroxy-naphthacen-chinon-(5.12)-5-phenylimin).

*B.* Beim Erhitzen von 6-Chlor-naphthacen-chinon-(5.11) oder von opt.-inakt. 6.12-Dichlor-5.11-dioxo-5.6.11.12-tetrahydro-naphthacen (E III **8** 1640) mit Anilin (*Marschalk*, Bl. **1948** 777, 784). Beim Erhitzen von 6-Hydroxy-naphthacen-chinon-(5.12) mit Anilin unter Zusatz von Borsäure (*Ma.*).

Rote Krystalle (aus Eg.); F: 203—204°.

**6.12-Diamino-5.11-dioxo-5.12-dihydro-naphthacen, 6.12-Diamino-naphthacen-chinon-(5.11)** $C_{18}H_{12}N_2O_2$.

**6.12-Dianilino-naphthacen-chinon-(5.11)**, *6,12-dianilinonaphthacene-5,11-dione* $C_{30}H_{20}N_2O_2$, Formel I (R = H), und Tautomere (z. B. 11-Anilino-6-hydroxy-naphthacen-chinon-(5.12)-5-phenylimin).

*B.* Beim Erhitzen von 6.12-Dichlor-naphthacen-chinon-(5.11) mit Anilin (*Marschalk*, Bl. **1948** 777, 784). Neben 6.11-Dianilino-naphthacen-chinon-(5.12) beim Erhitzen von 6.11-Dihydroxy-naphthacen-chinon-(5.12) (E III **8** 3876) mit Anilin und Borsäure auf 200° (*Poštowškiĭ, Goldyrew*, Ž. obšč. Chim. **11** [1941] 429, 438, 440; C. A. **1941** 6589; s. a. *Ma.*, l. c. S. 780; *Poštowškiĭ, Beĭleš*, Ž. obšč. Chim. **20** [1950] 522, 526; C. A. **1951** 599).

Blaue Krystalle; F: 313° [aus Py.] (*Ma.*), 310—312° (*Po.*, *Go.*). Absorptionsspektrum (530—640 mμ): *Po.*, *Go.*, l. c. S. 432. Absorptionsmaxima ($CHCl_3$): 572 mμ, 585 mμ und 621 mμ (*Ma.*).

**6.12-Di-*p*-toluidino-naphthacen-chinon-(5.11)**, *6,12-di-p-toluidinonaphthacene-5,11-dione* $C_{32}H_{24}N_2O_2$, Formel I (R = $CH_3$), und Tautomere (z. B. 11-*p*-Toluidino-6-hydroxy-naphthacen-chinon-(5.12)-5-*p*-tolylimin).

Diese Konstitution ist der nachstehend beschriebenen Verbindung auf Grund ihrer Bildungsweise und Lichtabsorption in Analogie zu 6.12-Dianilino-naphthacen-chinon-(5.11) (s. o.) zuzuordnen (s. dazu *Marschalk*, Bl. **1948** 777, 780; *Poštowškiĭ, Beĭleš*, Ž. obšč. Chim. **20** [1950] 522, 526; C. A. **1951** 599).

*B.* Neben 6.11-Di-*p*-toluidino-naphthacen-chinon-(5.12) beim Erhitzen von 6.11-Dihydroxy-naphthacen-chinon-(5.12) (E III **8** 3876) mit *p*-Toluidin und Borsäure auf 200° (*Poštowškiĭ, Goldyrew*, Ž. obšč. Chim. **11** [1941] 429, 431, 440; C. A. **1941** 6589).

Blaue Krystalle; F: 294—296° [unkorr.] (*Po.*, *Go.*). Absorptionsspektrum (530 bis 640 mμ): *Po.*, *Go.*, l. c. S. 432.

I II III

**2-Amino-7.12-dioxo-7.12-dihydro-benz[*a*]anthracen, 2-Amino-benz[*a*]anthracen-chinon-(7.12)**, *2-amino-benz[a]anthracene-7,12-dione* $C_{18}H_{11}NO_2$, Formel II (R = H) (vgl. das E I 480 als 4'(oder 5')-Amino-[benzo-(1'.2':1.2)-anthrachinon] beschriebene Präparat vom F: 182°).

*B.* Neben 3-Amino-benz[*a*]anthracen-chinon-(7.12) beim Behandeln von *N*-[Naphthyl-(2)]-benzamid mit Phthalsäure-anhydrid unter Zusatz von Aluminiumchlorid und Behandeln des Reaktionsprodukts mit Schwefelsäure (*Marschalk, Dassigny*, Bl. **1948** 812). Aus 1-Amino-7.12-dioxo-7.12-dihydro-pleiaden beim Erhitzen mit Schwefelsäure

(*I.G. Farbenind.*, D.R.P. 555081 [1931]; Frdl. **19** 2150). Aus 1-[Toluol-sulfonyl-(4)-amino]-7.12-dioxo-7.12-dihydro-pleiaden beim Erhitzen mit Schwefelsäure (*Badger*, Soc. **1948** 1756, 1758).

Purpurrote Krystalle (aus Toluol), F: 204—205° (*Ba.*); blauviolette Krystalle (aus Chlorbenzol), F: 193° (*Ma., Da.*).

**2-Acetamino-benz[*a*]anthracen-chinon-(7.12), *N*-[7.12-Dioxo-7.12-dihydro-benz[*a*]anthracenyl-(2)]-acetamid,** *N-(7,12-dioxo-7,12-dihydrobenz*[a]*anthracen-2-yl)acetamide* $C_{20}H_{13}NO_3$, Formel II (R = CO-$CH_3$).

*B.* Beim Erhitzen von 2-Amino-benz[*a*]anthracen-chinon-(7.12) mit Acetanhydrid und Natriumacetat (*Badger, Gibb*, Soc. **1949** 799, 802).

Orangegelbe Krystalle (aus Chlorbenzol); F: 286—288° (*Ba., Gibb*), 282° (*Marschalk, Dassigny*, Bl. **1948** 812).

**3-Amino-7.12-dioxo-7.12-dihydro-benz[*a*]anthracen, 3-Amino-benz[*a*]anthracen-chinon-(7.12),** *3-aminobenz*[a]*anthracene-7,12-dione* $C_{18}H_{11}NO_2$, Formel III (R = H).

*B.* Neben 2-Amino-benz[*a*]anthracen-chinon-(7.12) beim Behandeln von *N*-[Naphthyl-(2)]-benzamid mit Phthalsäure-anhydrid unter Zusatz von Aluminiumchlorid und Behandeln des Reaktionsprodukts mit Schwefelsäure (*Marschalk, Dassigny*, Bl. **1948** 812).

Braunrote Krystalle (aus Chlorbenzol); F: 227°.

**3-Acetamino-benz[*a*]anthracen-chinon-(6.12), *N*-[7.12-Dioxo-7.12-dihydro-benz[*a*]anthracenyl-(3)]-acetamid,** *N-(7,12-dioxo-7,12-dihydrobenz*[a]*anthracen-3-yl)acetamide* $C_{20}H_{13}NO_3$, Formel III (R = CO-$CH_3$).

*B.* Aus 3-Amino-benz[*a*]anthracen-chinon-(7.12) (*Marschalk, Dassigny*, Bl. **1948** 812).

F: 275°.

**4-Amino-7.12-dioxo-7.12-dihydro-benz[*a*]anthracen, 4-Amino-benz[*a*]anthracen-chinon-(7.12),** *4-aminobenz*[a]*anthracene-7,12-dione* $C_{18}H_{11}NO_2$, Formel IV (R = H) (E I 480; dort als 3′-Amino-[benzo-(1′.2′:1.2)-anthrachinon] bezeichnet).

*B.* Aus 4-Brom-benz[*a*]anthracen-chinon-(7.12) beim Erhitzen mit wss. Ammoniak unter Zusatz von Kupfer(I)-chlorid in Dioxan auf 180° (*Badger, Gibb*, Soc. **1949** 799, 802).

Rote Krystalle (aus Toluol); F: 255—257°.

**4-Acetamino-benz[*a*]anthracen-chinon-(7.12), *N*-[7.12-Dioxo-7.12-dihydro-benz[*a*]anthracenyl-(4)]-acetamid,** *N-(7,12-dioxo-7,12-dihydro-benz*[a]*anthracen-4-yl)acetamide* $C_{20}H_{13}NO_3$, Formel IV (R = CO-$CH_3$).

*B.* Beim Behandeln von 4-Amino-benz[*a*]anthracen-chinon-(7.12) mit Acetanhydrid unter Zusatz von Natriumacetat (*Badger, Gibb*, Soc. **1949** 799, 802).

Gelbe Krystalle (aus Eg.); F: 289—290°.

O O O NH—R NH₂ H₂N O O O

IV V VI

**5-Amino-7.12-dioxo-7.12-dihydro-benz[*a*]anthracen, 5-Amino-benz[*a*]anthracen-chinon-(7.12),** *5-aminobenz*[a]*anthracene-7,12-dione* $C_{18}H_{11}NO_2$, Formel V (E I 480; dort als 3-Amino-1.2-benzo-anthrachinon bezeichnet).

*B.* Aus 5-Chlor-benz[*a*]anthracen-chinon-(7.12) beim Erhitzen mit wss. Ammoniak unter Zusatz von Kupferchlorid auf 190° (*Waldmann*, J. pr. [2] **127** [1930] 201, 206; vgl. E I 480).

Rote Krystalle (nach Sublimation unter vermindertem Druck bei 200°); F: 254°.

**9-Amino-7.12-dioxo-7.12-dihydro-benz[*a*]anthracen, 9-Amino-benz[*a*]anthracen-chinon-(7.12),** *9-aminobenz*[a]*anthracene-7,12-dione* $C_{18}H_{11}NO_2$, Formel VI.

*B.* Aus 9-Chlor-benz[*a*]anthracen-chinon-(7.12) beim Erhitzen mit wss. Ammoniak unter Zusatz von Kupferchlorid auf 180° (*Schwenk, Waldmann*, J. pr. [2] **128** [1930] 320, 324).

Orangerote Krystalle (aus Eg. oder Xylol); F: 283—285°.

**10-Amino-7.12-dioxo-7.12-dihydro-benz[*a*]anthracen, 10-Amino-benz[*a*]anthracen-chinon-(7.12),** *10-aminobenz*[a]*anthracene-7,12-dione* $C_{18}H_{11}NO_2$, Formel VII (vgl. das E I 480 als 6(oder 7)-Amino-1.2-benzo-anthrachinon beschriebene Präparat vom F: 238°).

Eine Verbindung (hellrote Krystalle [aus Xylol]; F: 240°), der vermutlich diese Konstitution zukommt, ist aus 10(?)-Brom-benz[*a*]anthracen-chinon-(7.12) (F: 228°) beim Erhitzen mit wss. Ammoniak und Kupferchlorid auf 190° erhalten worden (*Waldmann*, J. pr. [2] **127** [1930] 201, 206).

**8.11-Diamino-7.12-dioxo-7.12-dihydro-benz[*a*]anthracen, 8.11-Diamino-benz[*a*]anthracen-chinon-(7.12),** *8,11-diaminobenz*[a]*anthracene-7,12-dione* $C_{18}H_{12}N_2O_2$, Formel VIII (R = X = H).

*B.* Beim Erhitzen von 8.11-Dichlor-benz[*a*]anthracen-chinon-(7.12) mit Toluolsulfonamid-(4) unter Zusatz von Natriumcarbonat, Kupfer-Pulver und Kupfer(II)-acetat in Nitrobenzol und Behandeln des Reaktionsprodukts mit Schwefelsäure (*I.G. Farbenind.*, D.R.P. 533496 [1929]; Frdl. **18** 1469).

Krystalle (aus Chlorbenzol); F: 224—226°.

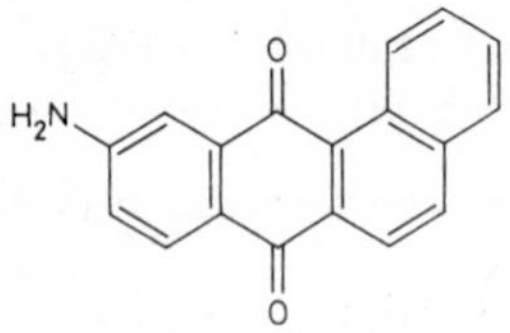

VII 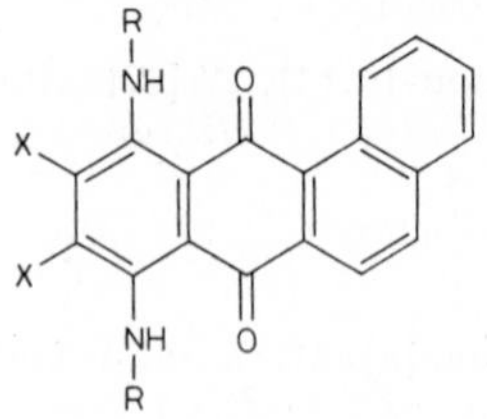 VIII 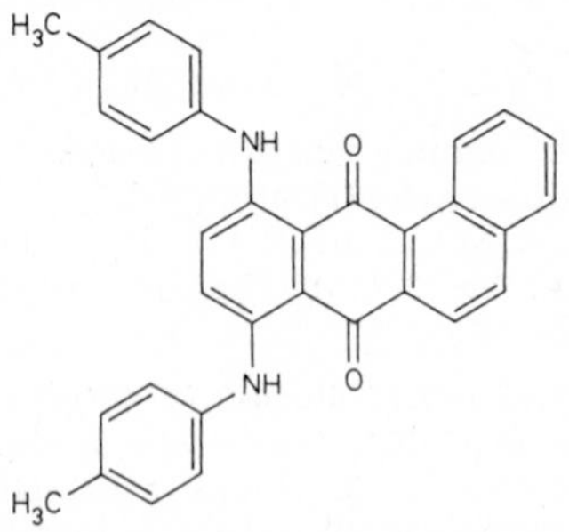 IX

**8.11-Bis-methylamino-benz[*a*]anthracen-chinon-(7.12),** *8,11-bis(methylamino)benz*[a]*anthracene-7,12-dione* $C_{20}H_{16}N_2O_2$, Formel VIII (R = $CH_3$, X = H).

*B.* Aus 8.11-Dichlor-benz[*a*]anthracen-chinon-(7.12) beim Erhitzen mit wss. Methylamin unter Zusatz von Kupfer-Salzen sowie beim Erhitzen mit *N*-Methyl-toluolsulfonamid-(4) unter Zusatz von Natriumcarbonat, Kupfer-Pulver und Kupfer(II)-acetat in Nitrobenzol und Behandeln des Reaktionsprodukts mit Schwefelsäure (*I.G.Farbenind.*, D.R.P. 533496 [1929]; Frdl. **18** 1469).

Blaue Krystalle (aus Chlorbenzol); F: 249—252°.

**8.11-Di-*p*-toluidino-benz[*a*]anthracen-chinon-(7.12),** *8,11-di-*p*-toluidinobenz*[a]*anthracene-7,12-dione* $C_{32}H_{24}N_2O_2$, Formel IX.

*B.* Beim Erhitzen von 8.11-Dichlor-benz[*a*]anthracen-chinon-(7.12) mit *p*-Toluidin unter Zusatz von Natriumacetat, Kupferoxid und Kupferacetat (*I.G. Farbenind.*, D.R.P. 533496 [1929]; Frdl. **18** 1469).

Dunkelgrüne Krystalle (aus Anilin + A.); F: 204—206° (*I.G. Farbenind.*).

Eine Verbindung (violette Krystalle [aus Eg.], die unterhalb 310° nicht schmelzen), der ebenfalls diese Konstitution zugeschrieben wird, ist beim Erhitzen einer als (±)-8.11.12-Trihydroxy-7-oxo-7.12-dihydro-benz[*a*]anthracen oder als (±)-7.8.11-Trihydroxy-12-oxo-7.12-dihydro-benz[*a*]anthracen angesehenen Verbindung (E III **8** 3856) mit *p*-Toluidin unter Zusatz von Borsäure und anschliessenden Einleiten von Luft erhalten worden (*Waldmann*, J. pr. [2] **131** [1931] 71, 76).

**9.10-Dichlor-8.11-diamino-benz[*a*]anthracen-chinon-(7.12),** *8,11-diamino-9,10-dichlorobenz*[a]*anthracene-7,12-dione* $C_{18}H_{10}Cl_2N_2O_2$, Formel VIII (R = H, X = Cl).

*B.* Aus 9.10-Dichlor-8.11-bis-[toluol-sulfonyl-(4)-amino]-benz[*a*]anthracen-chinon-(7.12) beim Behandeln mit Schwefelsäure und anschliessend mit Wasser (*Waldmann*, J. pr. [2] **147** [1937] 331, 337).

Violette Krystalle (aus Nitrobenzol); F: 276°.

**9.10-Dichlor-8.11-bis-[toluol-sulfonyl-(4)-amino]-benz[*a*]anthracen-chinon-(7.12),** N,N′-(*9,10-dichloro-7,12-dioxo-7,12-dihydrobenz*[a]*anthracene-8,11-diyl*)*bis*-p-*toluenesulfonamide* $C_{32}H_{22}Cl_2N_2O_6S_2$, Formel X.

*B.* Beim Erhitzen von 8.9.10.11-Tetrachlor-benz[*a*]anthracen-chinon-(7.12) mit Toluolsulfonamid-(4) unter Zusatz von Kaliumcarbonat und Kupfer(II)-acetat in Nitrobenzol (*Waldmann*, J. pr. [2] **147** [1937] 331, 336).

Gelbe Krystalle (aus Eg.); F: 245—246° [Zers.].

**x-Amino-5.6-dioxo-5.6-dihydro-chrysen, x-Amino-chrysen-chinon-(5.6)** $C_{18}H_{11}NO_2$.

**x-Anilino-chrysen-chinon-(5.6),** *x-anilinochrysene-5,6-dione* $C_{24}H_{15}NO_2$.

a) **x-Anilino-chrysen-chinon-(5.6) vom F: 212°.**

*B.* Beim Erhitzen von x-Brom-chrysen-chinon-(5.6) vom F: 246° (E III **7** 4287) mit Anilin unter Zusatz von Kupfer (*Singh*, *Dutt*, Pr. Indian Acad. [A] **8** [1938] 187, 190).

Braune Krystalle (aus Nitrobenzol + Eg.); F: 210—212°.

b) **x-Anilino-chrysen-chinon-(5.6) vom F: 155°.**

*B.* Beim Erhitzen von x-Brom-chrysen-chinon-(5.6) vom F: 218° (E III **7** 4287) mit Anilin unter Zusatz von Kupfer (*Singh*, *Dutt*, Pr. Indian Acad. [A] **8** [1938] 187, 190).

Grün; F: 153—155°.

**x-Tetraamino-5.6-dioxo-5.6-dihydro-chrysen, x-Tetraamino-chrysen-chinon-(5.6)** $C_{18}H_{14}N_4O_2$.

**x-Brom-x-tetraanilino-chrysen-chinon-(5.6),** *x-tetraanilino-x-bromochrysene-5,6-dione* $C_{42}H_{29}BrN_4O_2$ s. E III **7** 4287 im Artikel x-Pentabrom-chrysen-chinon-(5.6).

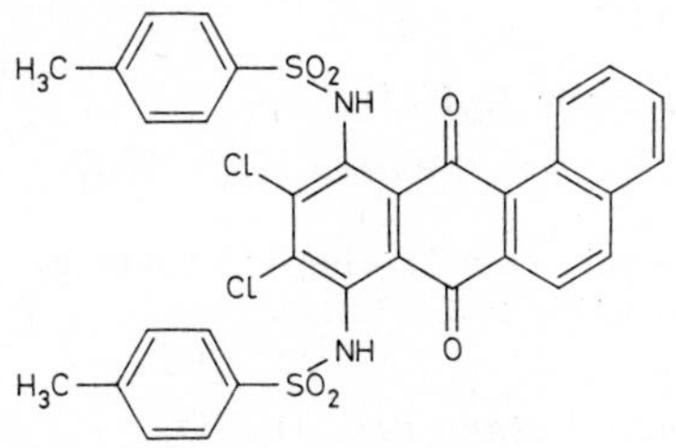

X 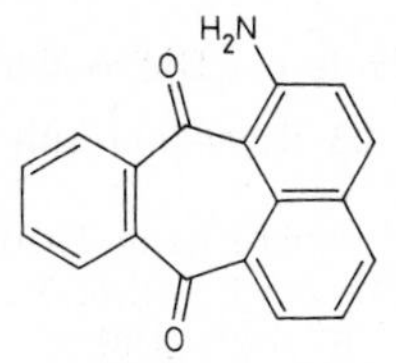 XI 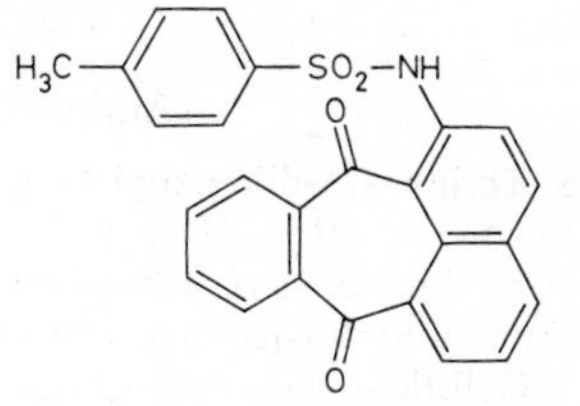 XII

**1-Amino-7.12-dioxo-7.12-dihydro-pleiaden,** 1-Amino-pleiadendion-(7.12), *1-aminopleiadene-7,12-dione* $C_{18}H_{11}NO_2$, Formel XI.

*B.* Aus 1-[Toluol-sulfonyl-(4)-amino]-7.12-dioxo-7.12-dihydro-pleiaden beim Behandeln mit Schwefelsäure (*Badger*, Soc. **1948** 1756, 1758).

Orangegelbe Krystalle (aus A.); F: 193—195° (*Ba.*).

Beim Erhitzen mit Schwefelsäure auf 120° ist 2-Amino-benz[*a*]anthracen-chinon-(7.12) erhalten worden (*I.G. Farbenind.*, D.R.P. 555081 [1931]; Frdl. **19** 2150).

**1-[Toluol-sulfonyl-(4)-amino]-7.12-dioxo-7.12-dihydro-pleiaden, *N*-[7.12-Dioxo-7.12-dihydro-pleiadenyl-(1)]-toluolsulfonamid-(4),** N-(*7,12-dioxo-7,12-dihydropleiaden-1-yl*)-p-*toluenesulfonamide* $C_{25}H_{17}NO_4S$, Formel XII.

*B.* Beim Erhitzen von 1-Chlor-7.12-dioxo-7.12-dihydro-pleiaden mit Toluolsulfonamid-(4) unter Zusatz von Kaliumcarbonat, Kupfer(II)-acetat und Kupfer in Nitrobenzol (*Badger*, Soc. **1948** 1756, 1757).

Gelbe Krystalle (aus Eg.); F: 211—213°.

## Amino-Derivate der Dioxo-Verbindungen $C_{19}H_{12}O_2$

**7.12-Dioxo-4-aminomethyl-7.12-dihydro-benz[*a*]anthracen, 4-Aminomethyl-benz[*a*]anthracen-chinon-(7.12)** $C_{19}H_{13}NO_2$.

**4-[(*C*-Chlor-acetamino)-methyl]-benz[*a*]anthracen-chinon-(7.12), *C*-Chlor-*N*-[(7.12-dioxo-7.12-dihydro-benz[*a*]anthracenyl-(4))-methyl]-acetamid,** *2-chloro*-N-[(*7,12-dioxo-7,12-dihydrobenz*[a]*anthracen-4-yl*)*methyl*]*acetamide* $C_{21}H_{14}ClNO_3$, Formel I (R = CO-$CH_2$Cl).

*B.* Beim Behandeln von Benz[*a*]anthracen-chinon-(7.12) mit *C*-Chlor-*N*-hydroxymethyl-acetamid und wss. Schwefelsäure (*Sempronj*, G. **70** [1940] 615, 617).

Gelbe Krystalle (aus Bzl.); F: 252°.

**4-[(*C.C.C*-Trichlor-acetamino)-methyl]-benz[*a*]anthracen-chinon-(7.12), *C.C.C*-Trichlor-*N*-[(7.12-dioxo-7.12-dihydro-benz[*a*]anthracenyl-(4))-methyl]-acetamid,** *2,2,2-trichloro-*N*-[(7,12-dioxo-7,12-dihydrobenz*[a]*anthracen-4-yl)methyl]acetamide* $C_{21}H_{12}Cl_3NO_3$, Formel I (R = CO-$CCl_3$).

*B.* Beim Behandeln von Benz[*a*]anthracen-chinon-(7.12) mit *C.C.C*-Trichlor-*N*-hydroxymethyl-acetamid und Schwefelsäure (*Sempronj*, G. **70** [1940] 617, 618).

Gelbe Krystalle (aus Bzl. oder Toluol); F: 225–226°.

**4-{[(*N.N*-Diäthyl-glycyl)-amino]-methyl}-benz[*a*]anthracen-chinon-(7.12), *N.N*-Diäthyl-glycin-[(7.12-dioxo-7.12-dihydro-benz[*a*]anthracenyl-(4))-methylamid],** *2-(diethylamino)-*N*-[(7,12-dioxo-7,12-dihydrobenz*[a]*anthracen-4-yl)methyl]acetamide* $C_{25}H_{24}N_2O_3$, Formel I (R = CO-$CH_2$-N($C_2H_5$)$_2$).

*B.* Beim Erhitzen von 4-[(*C*-Chlor-acetamino)-methyl]-benz[*a*]anthracen-chinon-(7.12) mit Diäthylamin in Dioxan (*Sempronj*, G. **70** [1940] 615, 619).

Gelbe Krystalle (aus A.); F: 176°.

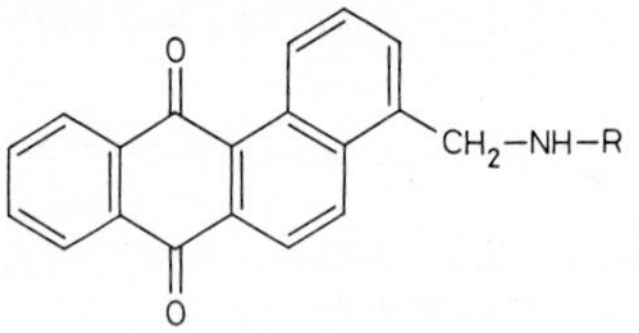

I 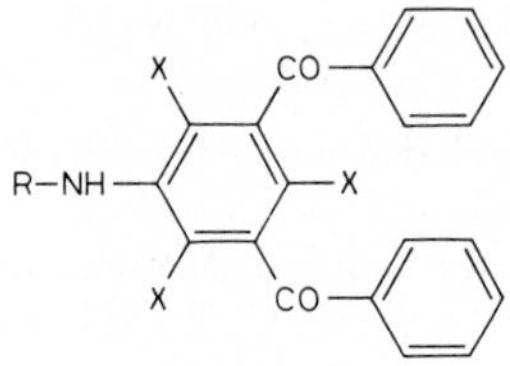 II

## Amino-Derivate der Dioxo-Verbindungen $C_{20}H_{14}O_2$

**5-Amino-1.3-dibenzoyl-benzol, 3.5-Dibenzoyl-anilin,** *3,5-dibenzoylaniline* $C_{20}H_{15}NO_2$, Formel II (R = X = H).

*B.* Aus 5-Nitro-1.3-dibenzoyl-benzol beim Erhitzen mit Zinn(II)-chlorid in wss. Salzsäure und Essigsäure (*Dischendorfer, Verdino*, M. **66** [1935] 255, 272).

Gelbliche Krystalle (aus A.); F: 129–130°.

***N*-Benzyliden-3.5-dibenzoyl-anilin,** *3,5-dibenzoyl-*N*-benzylideneaniline* $C_{27}H_{19}NO_2$, Formel III.

*B.* Beim Erwärmen von 3.5-Dibenzoyl-anilin mit Benzaldehyd in Äthanol (*Dischendorfer, Verdino*, M. **66** [1935] 255, 274).

Gelbliche Krystalle (aus A.); F: 124° [nach Sintern].

**Essigsäure-[3.5-dibenzoyl-anilid],** *3',5'-dibenzoylacetanilide* $C_{22}H_{17}NO_3$, Formel II (R = CO-$CH_3$, X = H).

*B.* Beim Erhitzen von 3.5-Dibenzoyl-anilin mit Essigsäure (*Dischendorfer, Verdino*, M. **66** [1935] 255, 274).

Krystalle (aus wss. Eg.); F: 147° [nach Sintern].

**Benzoesäure-[3.5-dibenzoyl-anilid],** *3',5'-dibenzoylbenzanilide* $C_{27}H_{19}NO_3$, Formel II (R = CO-$C_6H_5$, X = H).

*B.* Beim Erhitzen von 3.5-Dibenzoyl-anilin mit Benzoylchlorid und Pyridin (*Dischendorfer, Verdino*, M. **66** [1935] 255, 275).

Krystalle (aus wss. A.); F: 152–153°.

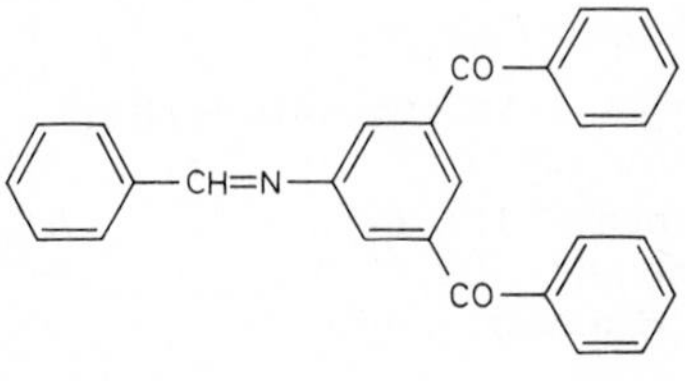

III 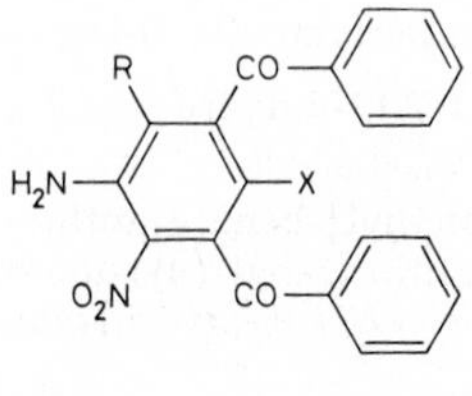 IV 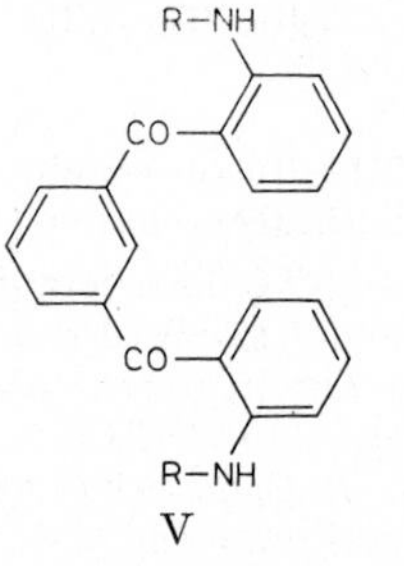 V

**2.4.6-Tribrom-3.5-dibenzoyl-anilin,** *3,5-dibenzoyl-2,4,6-tribromoaniline* $C_{20}H_{12}Br_3NO_2$, Formel II (R = H, X = Br).

*B.* Aus 3.5-Dibenzoyl-anilin beim Erhitzen mit Brom in wss. Essigsäure (*Dischendorfer, Verdino,* M. **66** [1935] 255, 275).

Krystalle (aus Eg.); F: 235°.

**Essigsäure-[2.4.6-tribrom-3.5-dibenzoyl-anilid],** *3',5'-dibenzoyl-2',4',6'-tribromoacetanilide* $C_{22}H_{14}Br_3NO_3$, Formel II (R = CO-$CH_3$, X = Br).

*B.* Aus 2.4.6-Tribrom-3.5-dibenzoyl-anilin und Acetanhydrid (*Dischendorfer, Verdino,* M. **66** [1935] 255, 276).

Krystalle (aus wss. Eg. oder wss. Acn.); F: 215° [nach Sintern].

**2.4-Dinitro-3.5-dibenzoyl-anilin,** *3,5-dibenzoyl-2,4-dinitroaniline* $C_{20}H_{13}N_3O_6$, Formel IV (R = H, X = $NO_2$), und **2.6-Dinitro-3.5-dibenzoyl-anilin,** *3,5-dibenzoyl-2,6-dinitroaniline* $C_{20}H_{13}N_3O_6$, Formel IV (R = $NO_2$, X = H).

Eine Verbindung (orangegelbe Krystalle [aus wss. Acn.]; F: 197° [nach Sintern]), für die diese beiden Formeln in Betracht kommen, ist aus *N*-Benzyliden-3.5-dibenzoyl-anilin beim Behandeln mit Salpetersäure und Schwefelsäure und anschliessenden Erhitzen mit Wasserdampf erhalten worden (*Dischendorfer, Verdino,* M. **66** [1935] 255, 276).

**1.3-Dianthraniloyl-benzol,** m-*dianthraniloylbenzene* $C_{20}H_{16}N_2O_2$, Formel V (R = H).

*B.* In geringer Menge neben Phenyl-*p*-tolyl-sulfon beim Behandeln von *N*-[Toluol-sulfonyl-(4)]-anthraniloylchlorid mit Benzol und Aluminiumchlorid und Erwärmen des in wss. Natronlauge löslichen Anteils des Reaktionsprodukts mit Schwefelsäure (*Simpson et al.,* Soc. **1945** 646, 649, 652, 653).

Gelbe Krystalle (aus Me.); F: 110—111° [unkorr.].

**1.3-Bis-[*N*-acetyl-anthraniloyl]-benzol,** *2',2'''-isophthaloylbisacetanilide* $C_{24}H_{20}N_2O_4$, Formel V (R = CO-$CH_3$).

*B.* Aus 1.3-Dianthraniloyl-benzol (*Simpson et al.,* Soc. **1945** 646, 653).

Hellgelbe Krystalle (aus wss. A.); F: 106—108° [unkorr.; Zers.].

**1.4-Bis-[4-amino-benzoyl]-benzol** $C_{20}H_{16}N_2O_2$.

**1.4-Bis-[3-nitro-4-anilino-benzoyl]-benzol,** p-*bis(4-anilino-3-nitrobenzoyl)benzene* $C_{32}H_{22}N_4O_6$, Formel VI (R = H).

*B.* Beim Erhitzen von 1.4-Bis-[4-chlor-3-nitro-benzoyl]-benzol (hergestellt aus Terephthaloylchlorid durch Behandlung mit Chlorbenzol und Aluminiumchlorid und anschliessende Nitrierung) mit Anilin unter Zusatz von Natriumacetat und Kupfer(I)-chlorid (*I.G. Farbenind.,* D.R.P. 747589 [1936]; D.R.P. Org. Chem. **1**, Tl. 2, S. 1165).

Orangegelbe Krystalle (aus Trichlorbenzol); F: oberhalb 300°.

**1.4-Bis-[3-nitro-4-*p*-toluidino-benzoyl]-benzol,** p-*bis(3-nitro-4-*p*-toluidinobenzoyl)benzene* $C_{34}H_{26}N_4O_6$, Formel VI (R = $CH_3$).

*B.* Beim Erhitzen von 1.4-Bis-[4-chlor-3-nitro-benzoyl]-benzol (s. im vorangehenden Artikel) mit *p*-Toluidin unter Zusatz von Natriumacetat und Kupfer(I)-chlorid (*I.G. Farbenind.,* D.R.P. 747589 [1936]; D.R.P. Org. Chem. **1**, Tl. 2, S. 1165).

Orangegelbe Krystalle (aus Trichlorbenzol); F: 295°.

VI

## Amino-Derivate der Dioxo-Verbindungen $C_{22}H_{18}O_2$

**1.3-Diphenyl-2-[4-amino-benzyl]-propandion-(1.3)** $C_{22}H_{19}NO_2$ und Tautomeres.

**1.3-Diphenyl-2-[4-dimethylamino-benzyl]-propandion-(1.3),** *2-[4-(dimethylamino)benzyl]-1,3-diphenylpropane-1,3-dione* $C_{24}H_{23}NO_2$, Formel VII, und Tautomeres (1-Hydroxy-1.3-diphenyl-2-[4-dimethylamino-benzyl]-propen-(1)-on-(3)).

*B.* Neben 1.5-Diphenyl-2.4-dibenzoyl-pentandion-(1.5) (E III **7** 4808) beim Erhitzen

von β-Hydroxy-chalkon (E III **7** 3838) mit 4-Dimethylamino-benzylalkohol unter Zusatz von Triäthylamin (*Smith, Welch,* Soc. **1934** 1136, 1138).
Gelbliche Krystalle (aus Bzl. + PAe.); F: 132—133°.

VII VIII

### Amino-Derivate der Dioxo-Verbindungen $C_{24}H_{22}O_2$

**1.3-Bis-[2-amino-3-oxo-3-phenyl-propyl]-benzol** $C_{24}H_{24}N_2O_2$.

**1.3-Bis-[2-dimethylamino-3-oxo-3-(4-brom-phenyl)-propyl]-benzol,** *4',4'''-dibromo-2,2''-bis(dimethylamino)-3,3''-*m*-phenylenedipropiophenone* $C_{28}H_{30}Br_2N_2O_2$, Formel VIII.
Eine opt.-inakt. Verbindung (gelbliche Krystalle [aus Me.]; F: 143—144°) dieser Konstitution ist aus α.α'-Bis-[dimethyl-(4-brom-phenacyl)-ammonio]-*m*-xylol-dibromid beim Erwärmen mit wss. Natronlauge erhalten worden (*Thomson, Stevens,* Soc. **1932** 55, 67).

**1.4-Bis-[2-amino-3-oxo-3-phenyl-propyl]-benzol** $C_{24}H_{24}N_2O_2$.

**1.4-Bis-[2-dimethylamino-3-oxo-3-(4-brom-phenyl)-propyl]-benzol,** *4',4'''-dibromo-2,2''-bis(dimethylamino)-3,3''-*p*-phenylenedipropiophenone* $C_{28}H_{30}Br_2N_2O_2$, Formel IX.
Eine opt.-inakt. Verbindung (gelbliche Krystalle [aus Me.]; F: 138—140°) dieser Konstitution ist aus α.α'-Bis-[dimethyl-(4-brom-phenacyl)-ammonio]-*p*-xylol-dibromid beim Erwärmen mit wss. Natronlauge erhalten worden (*Thomson, Stevens,* Soc. **1932** 55, 68).

IX X

**1.4-Bis-[6-amino-3.4-dimethyl-benzoyl]-benzol,** *p-bis(4,5-dimethylanthraniloyl)benzene* $C_{24}H_{24}N_2O_2$, Formel X (R = H).
*B.* Aus 1.4-Bis-[6-acetamino-3.4-dimethyl-benzoyl]-benzol beim Behandeln mit wss. Salzsäure (*I.G. Farbenind.,* D.R.P. 630021 [1934]; Frdl. **23** 234).
Krystalle (aus Chlorbenzol); F: 258°.

**1.4-Bis-[6-acetamino-3.4-dimethyl-benzoyl]-benzol,** *6',6'''-terephthaloylbisaceto-3',4'-xylidide* $C_{28}H_{28}N_2O_4$, Formel X (R = CO-$CH_3$).
*B.* Beim Behandeln von Terephthaloylchlorid mit Essigsäure-[3.4-dimethyl-anilid] und Aluminiumchlorid in Schwefelkohlenstoff (*I.G. Farbenind.,* D.R.P. 630021 [1934]; Frdl. **23** 234).
Krystalle (aus Chlorbenzol); F: 290—292°. [*W. Hoffmann*]

## Amino-Derivate der Dioxo-Verbindungen $C_nH_{2n-28}O_2$

### Amino-Derivate der Dioxo-Verbindungen $C_{20}H_{12}O_2$

**4-Amino-1-phenyl-anthrachinon** $C_{20}H_{13}NO_2$.

**4-Benzamino-1-phenyl-anthrachinon, *N*-[9.10-Dioxo-4-phenyl-9.10-dihydro-anthryl-(1)]-benzamid,** N-*(9,10-dioxo-4-phenyl-9,10-dihydro-1-anthryl)benzamide* $C_{27}H_{17}NO_3$, Formel I (R = CO-$C_6H_5$).

*B.* Beim Einleiten von Stickstoffoxiden in eine Suspension von 4-Amino-1-benzamino-anthrachinon in Benzol bei 50° (*I.G. Farbenind.*, D.R.P. **748375** [1939]; D.R.P. Org. Chem. **6** 2151).

Gelbe Krystalle (aus Chlorbenzol); F: 260—261°.

**5-Amino-1-phenyl-anthrachinon,** *1-amino-5-phenylanthraquinone* $C_{20}H_{13}NO_2$, Formel II (R = H).

*B.* Aus 5-Benzamino-1-phenyl-anthrachinon beim Behandeln mit wss. Schwefelsäure und Essigsäure (*Gen. Aniline & Film Corp.*, U.S.P. **2272498** [1940]).

Rote Krystalle (aus Bzn.); F: 189—190°.

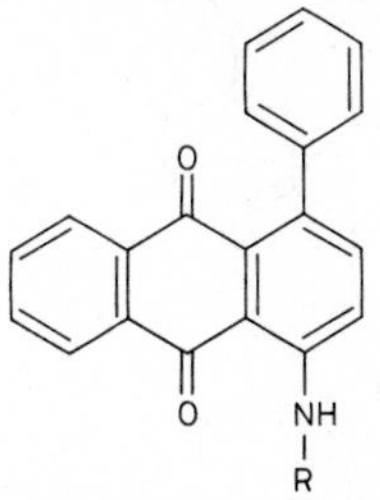

I 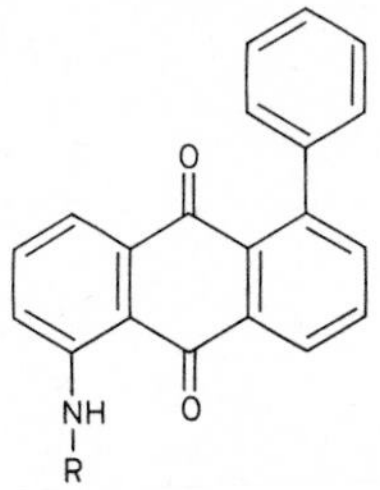 II 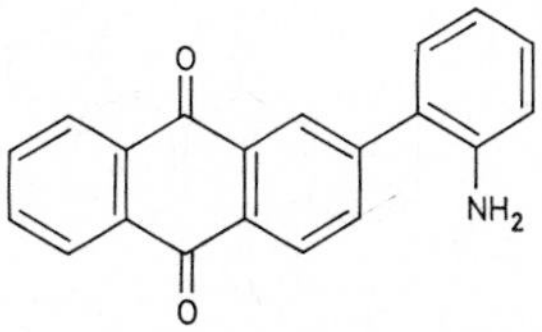 III

**5-Benzamino-1-phenyl-anthrachinon, *N*-[9.10-Dioxo-5-phenyl-9.10-dihydro-anthryl-(1)]-benzamid,** N-*(9,10-dioxo-5-phenyl-9,10-dihydro-1-anthryl)benzamide* $C_{27}H_{17}NO_3$, Formel II (R = CO-$C_6H_5$).

*B.* Beim Einleiten von Stickstoffoxiden in eine Suspension von 5-Amino-1-benzamino-anthrachinon in Benzol bei 50° (*I.G. Farbenind.*, D.R.P. **748375** [1939]; D.R.P. Org. Chem. **6** 2151).

Gelbe Krystalle (aus Chlorbenzol); F: 252—253°.

**2-[2-Amino-phenyl]-anthrachinon,** *2-(*o*-aminophenyl)anthraquinone* $C_{20}H_{13}NO_2$, Formel III.

*B.* Aus 2-[2'-Amino-biphenylcarbonyl-(4)]-benzoesäure beim Erhitzen mit Schwefelsäure und Nitrobenzol (*Groggins*, U.S.P. **1814149** [1929]). In geringer Menge neben 12*H*-Naphtho[2.3-*a*]carbazol-chinon-(5.13) beim Erhitzen von 2-[2-Chlor-phenyl]-anthrachinon mit wss. Ammoniak unter Zusatz von Nitrobenzol und einem Kupfer-Katalysator auf 220° (*Groggins*, Ind. eng. Chem. **32** [1940] 98; s. a. *Groggins*, Ind. eng. Chem. **22** [1930] 626, 629).

Braune Krystalle (aus Chlorbenzol); F: 200—201° (*Gr.*, U.S.P. **1814149**).

**2-[4-Amino-phenyl]-anthrachinon,** *2-(*p*-aminophenyl)anthraquinone* $C_{20}H_{13}NO_2$, Formel IV.

*B.* Beim Erhitzen von Biphenylyl-(4)-amin mit Phthalsäure-anhydrid in einer Natriumchlorid-Aluminiumchlorid-Schmelze (*Kränzlein*, B. **71** [1938] 2328, 2332). Aus 2-[4-Chlor-phenyl]-anthrachinon beim Erhitzen mit wss. Ammoniak unter Zusatz von Kupfer, Kupfer(I)-chlorid und Nitrobenzol auf 215° (*Groggins*, Ind. eng. Chem. **22** [1930] 626, 629). Aus 2-[4'-Amino-biphenylcarbonyl-(4)]-benzoesäure beim Erhitzen mit Schwefelsäure unter Zusatz von Borsäure (*Groggins*, U.S.P. **1814148** [1929]). Aus 2-[4'-Acetamino-biphenylcarbonyl-(4)]-benzoesäure beim Erhitzen mit Schwefelsäure (*Kr.*).

Rote Krystalle (aus Chlorbenzol); F: 221,5—222° (*Gr.*, U.S.P. **1814148**), 221° (*Kr.*).

**1.4-Diamino-2-phenyl-anthrachinon** $C_{20}H_{14}N_2O_2$.

**1.4-Dianilino-2-[2.4-dichlor-phenyl]-anthrachinon,** *1,4-dianilino-2-(2,4-dichlorophenyl)anthraquinone* $C_{32}H_{20}Cl_2N_2O_2$, Formel V (R = X' = H, X = Cl).

*B.* Beim Erhitzen von 1.4-Dihydroxy-2-[2.4-dichlor-phenyl]-anthrachinon mit Anilin unter Zusatz von wss. Salzsäure, Borsäure und Zink und Leiten von Luft durch das Reaktionsgemisch (*I.G. Farbenind.*, D.R.P. **729302** [1939]; D.R.P. Org. Chem. **1**, Tl. 2,

S. 113).
Violette Krystalle (aus Chlorbenzol); F: 223—225°.

**1.4-Di-*p*-toluidino-2-[2.4-dichlor-phenyl]-anthrachinon,** *2-(2,4-dichlorophenyl)-1,4-di-*p*-toluidinoanthraquinone* $C_{34}H_{24}Cl_2N_2O_2$, Formel V (R = $CH_3$, X = Cl, X' = H).
*B.* Beim Erhitzen von 1.4-Dihydroxy-2-[2.4-dichlor-phenyl]-anthrachinon mit *p*-Toluidin unter Zusatz von wss. Salzsäure, Borsäure und Zink und Leiten von Luft durch das Reaktionsgemisch (*I.G. Farbenind.*, D.R.P. 729302 [1939]; D.R.P. Org. Chem. **1**, Tl. 2, S. 113).
Krystalle (aus Eg.); F: 225—226°.

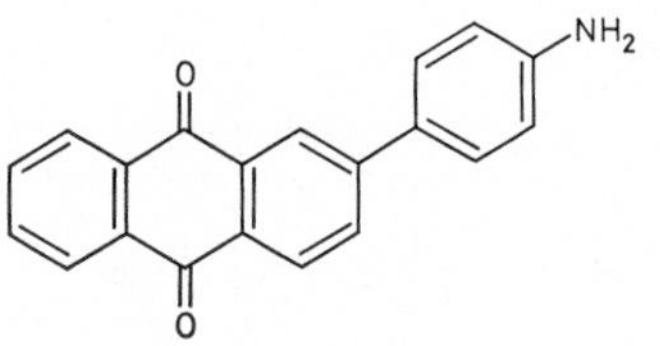

IV 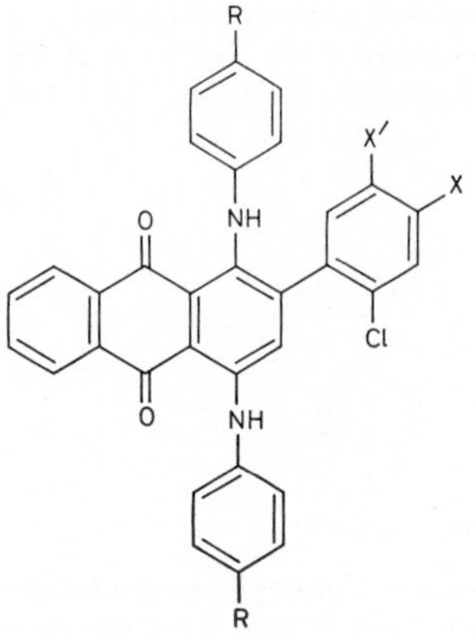 V

**1.4-Dianilino-2-[2.5-dichlor-phenyl]-anthrachinon,** *1,4-dianilino-2-(2,5-dichlorophenyl)anthraquinone* $C_{32}H_{20}Cl_2N_2O_2$, Formel V (R = X = H, X' = Cl).
*B.* Beim Erhitzen eines Gemisches von 1.4-Dihydroxy-2-[2.5-dichlor-phenyl]-anthrachinon und 2-[2.5-Dichlor-phenyl]-anthracentetrol-(1.4.9.10) mit Anilin unter Zusatz von Borsäure und Leiten von Luft durch das Reaktionsgemisch (*I.G. Farbenind.*, D.R.P. 729302 [1939]; D.R.P. Org. Chem. **1**, Tl. 2, S. 113).
Krystalle (aus Eg.); F: 170—172°.

**1.4-Di-*p*-toluidino-2-[2.5-dichlor-phenyl]-anthrachinon,** *2-(2,5-dichlorophenyl)-1,4-di-*p*-toluidinoanthraquinone* $C_{34}H_{24}Cl_2N_2O_2$, Formel V (R = $CH_3$, X = H, X' = Cl).
*B.* Beim Erhitzen eines Gemisches von 1.4-Dihydroxy-2-[2.5-dichlor-phenyl]-anthrachinon und 2-[2.5-Dichlor-phenyl]-anthracentetrol-(1.4.9.10) mit *p*-Toluidin unter Zusatz von Borsäure und Leiten von Luft durch das Reaktionsgemisch (*I.G. Farbenind.*, D.R.P. 729302 [1939]; D.R.P. Org. Chem. **1**, Tl. 2, S. 113).
Violette Krystalle (aus Eg.); F: 186—187°.

**1.4-Di-*p*-toluidino-2-[2.4.5-trichlor-phenyl]-anthrachinon,** *1,4-di-*p*-toluidino-2-(2,4,5-trichlorophenyl)anthraquinone* $C_{34}H_{23}Cl_3N_2O_2$, Formel V (R = $CH_3$, X = X' = Cl).
*B.* Beim Erhitzen von 1.4-Dihydroxy-2-[2.4.5-trichlor-phenyl]-anthrachinon (nicht näher beschrieben) mit *p*-Toluidin unter Zusatz von wss. Salzsäure, Borsäure und Zink und Leiten von Luft durch das Reaktionsgemisch (*I.G. Farbenind.*, D.R.P. 729302 [1939]; D.R.P. Org. Chem. **1**, Tl. 2, S. 113).
Violette Krystalle (aus Eg.); F: 226—227°.

**7-Amino-2-benzoyl-fluorenon-(9),** *2-amino-7-benzoylfluoren-9-one* $C_{20}H_{13}NO_2$, Formel VI (R = H).
*B.* Aus 7-Nitro-2-benzoyl-fluorenon-(9) beim Erwärmen mit Zinn(II)-chlorid und wss.-äthanol. Salzsäure (*Dziewoński, Reicher*, Bl. Acad. polon. [A] **1931** 643, 651).
Rotviolette Krystalle (aus A.); F: 228—229°.
Monooxim $C_{20}H_{14}N_2O_2$. Gelbe Krystalle (aus A.); F: 236° [Zers.].

**7-Acetamino-2-benzoyl-fluorenon-(9),** ***N*-[9-Oxo-7-benzoyl-fluorenyl-(2)]-acetamid,** N-*(7-benzoyl-9-oxofluoren-2-yl)acetamide* $C_{22}H_{15}NO_3$, Formel VI (R = CO-$CH_3$).
*B.* Aus 7-Amino-2-benzoyl-fluorenon-(9) und Acetanhydrid (*Dziewoński, Reicher*, Bl.

Acad. polon. [A] **1931** 643, 651).
Rote Krystalle (aus Eg.); F: 269°.

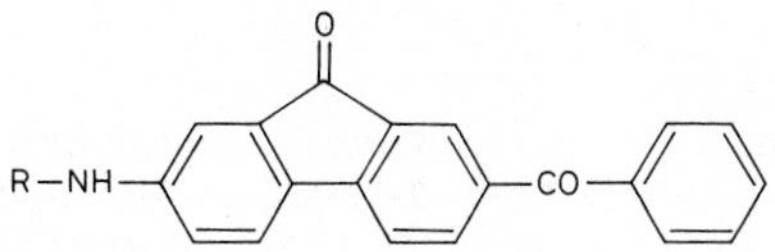

VI 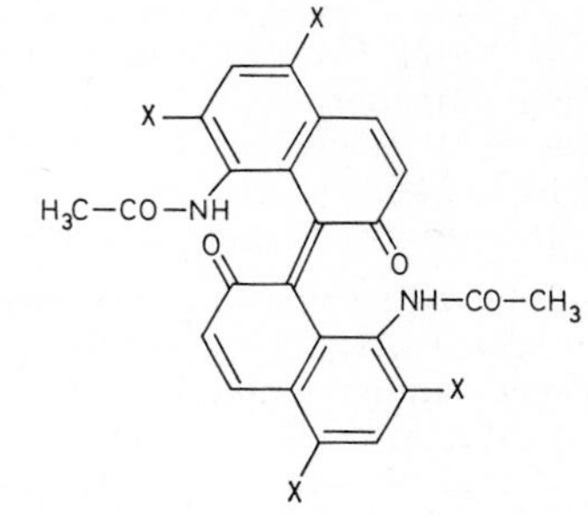 VII

**8.8'-Diamino-2.2'-dioxo-*2H.2'H*-[1.1']binaphthyliden** $C_{20}H_{14}N_2O_2$.

**8.8'-Bis-acetamino-2.2'-dioxo-*2H.2'H*-[1.1']binaphthyliden**, N,N'-(*2,2'-dioxo*-2H,2'H-*1,1'-binaphthylidene-8,8'-diyl)bisacetamide* $C_{24}H_{18}N_2O_4$.

**8.8'-Bis-acetamino-2.2'-dioxo-*2H.2'H*-[1.1']binaphthyliden vom F: 332°**, vermutlich **8.8'-Bis-acetamino-2.2'-dioxo-*2H.2'H*-[1.1']binaphthyliden-(*seqtrans*)**, Formel VII (X = H).

*B.* Aus 8-Acetamino-naphthol-(2) beim Erwärmen mit Eisen(III)-chlorid und wss. Salzsäure sowie beim Erhitzen mit Kupfer(II)-oxid in Nitrobenzol (*Rieche, Rudolph,* B. **73** [1940] 335, 339).

Gelbe Krystalle; F: 332° (*Rie., Ru.*).

Beim Erhitzen mit wss. Schwefelsäure ist Acridino[2.1.9.8-*klmna*]acridin erhalten worden (*Rieche, Rudolph, Seifert,* B. **73** [1940] 343, 348).

**5.7.5'.7'-Tetrachlor-8.8'-bis-acetamino-2.2'-dioxo-*2H.2'H*-[1.1']binaphthyliden**, N,N'-(*5,5',7,7'-tetrachloro-2,2'-dioxo*-2H,2'H-*1,1'-binaphthylidene-8,8'-diyl)bisacetamide* $C_{24}H_{14}Cl_4N_2O_4$.

**5.7.5'.7'-Tetrachlor-8.8'-bis-acetamino-2.2'-dioxo-*2H.2'H*-[1.1']binaphthyliden vom F: 304°**, vermutlich **5.7.5'.7'-Tetrachlor-8.8'-bis-acetamino-2.2'-dioxo-*2H.2'H*-[1.1']binaphthyliden-(*seqtrans*)**, Formel VII (X = Cl).

*B.* Aus 5.7-Dichlor-8-acetamino-naphthol-(2) oder aus *N*-[2.4-Dichlor-7-acetoxy-naphthyl-(1)]-acetamid beim Erwärmen mit Kalium-hexacyanoferrat(III) und wss. Natronlauge (*Rieche, Rudolph,* B. **73** [1940] 335, 342).

Gelbe Krystalle (aus Nitrobenzol); F: 304° [Zers.].

**2-Amino-9.10-dihydro-9.10-*o*-benzeno-anthracen-chinon-(1.4)** $C_{20}H_{13}NO_2$.

**3-Chlor-2-anilino-9.10-dihydro-9.10-*o*-benzeno-anthracen-chinon-(1.4)**, 3-Chlor-2-anilino-1.4-dioxo-1.4-dihydro-triptycen, *2-anilino-3-chloro-9,10-dihydro-9,10-*o*-benzenoanthracene-1,4-dione* $C_{26}H_{16}ClNO_2$, Formel VIII.

*B.* Beim Erhitzen von 2.3-Dichlor-9.10-dihydro-9.10-*o*-benzeno-anthracen-chinon-(1.4) mit Anilin und Essigsäure (*Clar,* B. **64** [1931] 1676, 1686).

Violette Krystalle (aus Eg.); F: 235—239° [unkorr.; Zers.].

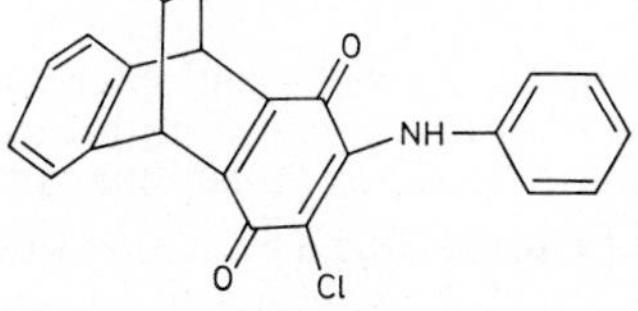

VIII 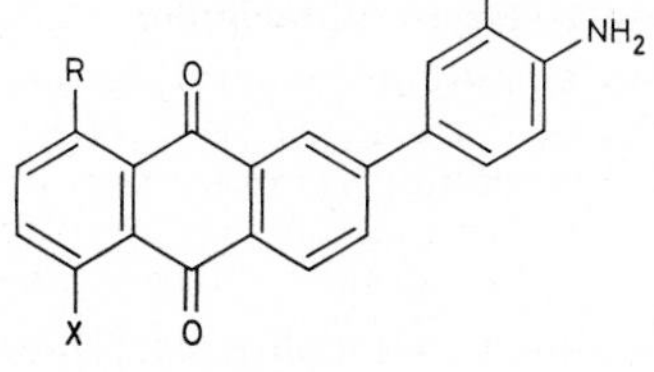 IX

### Amino-Derivate der Dioxo-Verbindungen $C_{21}H_{14}O_2$

**2-[4-Amino-3-methyl-phenyl]-anthrachinon,** *2-(4-amino-*m*-tolyl)anthraquinone* $C_{21}H_{15}NO_2$, Formel IX (R = X = H).

*B.* Beim Erhitzen von 3-Methyl-biphenylyl-(4)-amin mit Phthalsäure-anhydrid in einer Natriumchlorid-Aluminiumchlorid-Schmelze (*Kränzlein*, B. **71** [1938] 2328, 2333). Aus 2-[4'-Acetamino-3'-methyl-biphenylcarbonyl-(4)]-benzoesäure beim Erhitzen mit Schwefelsäure (*Kr.*).

Rote Krystalle (aus Eg.); F: 199°.

**5-Chlor-2-[4-amino-3-methyl-phenyl]-anthrachinon,** *6-(4-amino-*m*-tolyl)-1-chloroanthraquinone* $C_{21}H_{14}ClNO_2$, Formel IX (R = H, X = Cl), und **8-Chlor-2-[4-amino-3-methyl-phenyl]-anthrachinon,** *7-(4-amino-*m*-tolyl)-1-chloroanthraquinone* $C_{21}H_{14}ClNO_2$, Formel IX (R = Cl, X = H).

Eine Verbindung (rote Krystalle [aus Chlorbenzol]; F: 255°), für die diese Formeln in Betracht kommen, ist beim Erhitzen von 3-Methyl-biphenylyl-(4)-amin mit 3-Chlor-phthalsäure-anhydrid in einer Natriumchlorid-Aluminiumchlorid-Schmelze erhalten worden (*I.G. Farbenind.*, D.R.P. 730862 [1937]; D.R.P. Org. Chem. **1**, Tl. 2, S. 39).

## Amino-Derivate der Dioxo-Verbindungen $C_nH_{2n-30}O_2$

### Amino-Derivate der Dioxo-Verbindungen $C_{20}H_{10}O_2$

**1-Amino-benzo[*def*]chrysen-chinon-(3.6)** $C_{20}H_{11}NO_2$.

**1-Acetamino-benzo[*def*]chrysen-chinon-(3.6),** ***N*-[3.6-Dioxo-3.6-dihydro-benzo[*def*]chrysenyl-(1)]-acetamid,** N-*(3,6-dioxo-3,6-dihydrobenzo*[def]*chrysen-1-yl)acetamide* $C_{22}H_{13}NO_3$, Formel X (R = CO-$CH_3$).

*B.* Aus 1-Acetamino-benzo[*def*]chrysen beim Erhitzen mit Natriumdichromat und wss. Schwefelsäure (*Windaus, Raichle*, A. **537** [1939] 157, 166).

Orangerote Krystalle (aus Chlorbenzol); F: 290° [Zers.].

R NH O O NH₂ O O

X XI

### Amino-Derivate der Dioxo-Verbindungen $C_{21}H_{12}O_2$

**2-Amino-6.11-dioxo-11.13-dihydro-6*H*-indeno[1.2-*b*]anthracen, 2-Amino-13*H*-indeno[1.2-*b*]anthracen-chinon-(6.11),** *2-amino-*13H-*indeno[1,2-*b*]anthracene-6,11-dione* $C_{21}H_{13}NO_2$, Formel XI.

*B.* Beim Erhitzen von Fluorenyl-(2)-amin mit Phthalsäure-anhydrid in einer Natriumchlorid-Aluminiumchlorid-Schmelze (*Kränzlein*, B. **71** [1938] 2328, 2334).

Rote Krystalle (aus Trichlorbenzol); F: 293°.

### Amino-Derivate der Dioxo-Verbindungen $C_{22}H_{14}O_2$

**1-Amino-2-styryl-anthrachinon** $C_{22}H_{15}NO_2$.

**1-Amino-2-[2.4-dinitro-styryl]-anthrachinon,** *1-amino-2-(2,4-dinitrostyryl)anthraquinone* $C_{22}H_{13}N_3O_6$, Formel XII (R = H).

Eine Verbindung (braune Krystalle [aus Nitrobenzol]; F: 286—290° [Zers.]) dieser Konstitution ist aus 1-Acetamino-2-[2.4-dinitro-styryl]-anthrachinon (s. u.) beim Erwärmen mit Schwefelsäure erhalten worden (*Ruggli, Henzi*, Helv. **13** [1930] 409, 427).

**1-Acetamino-2-[2.4-dinitro-styryl]-anthrachinon, *N*-[9.10-Dioxo-2-(2.4-dinitro-styryl)-9.10-dihydro-anthryl-(1)]-acetamid,** N-*[2-(2,4-dinitrostyryl)-9,10-dioxo-9,10-dihydro-1-anthryl]acetamide* $C_{24}H_{15}N_3O_7$, Formel XII (R = CO-$CH_3$).

Eine Verbindung (gelbe Krystalle [aus Nitrobenzol]; F: 268°) dieser Konstitution ist beim Erhitzen von 1-Acetamino-9.10-dioxo-9.10-dihydro-anthracen-carbaldehyd-(2) mit 2.4-Dinitro-toluol in Nitrobenzol unter Zusatz von Piperidin erhalten worden (*Ruggli, Henzi*, Helv. **13** [1930] 409, 426).

XII

XIII

**2-[4-Amino-styryl]-anthrachinon** $C_{22}H_{15}NO_2$.

**1-Nitro-2-[4-dimethylamino-styryl]-anthrachinon,** *2-[4-(dimethylamino)styryl]-1-nitro=anthraquinone* $C_{24}H_{18}N_2O_4$, Formel XIII.

Eine Verbindung (schwarze Krystalle [aus Anisol]; F: 290°) dieser Konstitution ist als Hauptprodukt beim Erhitzen von 1-Nitro-2-methyl-anthrachinon mit 4-Dimethyl=amino-benzaldehyd in Nitrobenzol unter Zusatz von Piperidin erhalten worden (*Battegay, Mangeney*, C. r. **203** [1936] 792).

# Amino-Derivate der Dioxo-Verbindungen $C_nH_{2n-32}O_2$

## Amino-Derivate der Dioxo-Verbindungen $C_{22}H_{12}O_2$

**2-Amino-8.13-dioxo-8.13-dihydro-benzo[*a*]naphthacen, 2-Amino-benzo[*a*]naphthacen-chinon-(8.13),** *2-aminobenzo*[a]*naphthacene-8,13-dione* $C_{22}H_{13}NO_2$, Formel I.

*B.* Beim Erhitzen von Phenanthryl-(3)-amin mit Phthalsäure-anhydrid in einer Natriumchlorid-Aluminiumchlorid-Schmelze (*Kränzlein*, B. **71** [1938] 2328, 2334).

Rote Krystalle (nach Sublimation); F: 291°.

I

II

## Amino-Derivate der Dioxo-Verbindungen $C_{24}H_{16}O_2$

**4-[2.2-Bis-(4-amino-phenyl)-vinyl]-naphthochinon-(1.2)** $C_{24}H_{18}N_2O_2$.

**4-[2.2-Bis-(4-dimethylamino-phenyl)-vinyl]-naphthochinon-(1.2),** *4-{2,2-bis*[p-*(dimethyl=amino)phenyl]vinyl}-1,2-naphthoquinone* $C_{28}H_{26}N_2O_2$, Formel II.

*B.* Beim Erwärmen von Naphthochinon-(1.2) mit 1.1-Bis-[4-dimethylamino-phenyl]-äthylen in Methanol (*Gates*, Am. Soc. **66** [1944] 124, 128).

Violettschwarze Krystalle (aus Acn. + Me.); F: 199—201° [korr.].

**2-[2.2-Bis-(4-amino-phenyl)-vinyl]-naphthochinon-(1.4)** $C_{24}H_{18}N_2O_2$.

**2-[2.2-Bis-(4-dimethylamino-phenyl)-vinyl]-naphthochinon-(1.4),** *2-{2,2-bis*[p-*(dimethyl=amino)phenyl]vinyl}-1,4-naphthoquinone* $C_{28}H_{26}N_2O_2$, Formel III.

*B.* Beim Erwärmen von Naphthochinon-(1.4) mit 1.1-Bis-[4-dimethylamino-phenyl]-äthylen in Dioxan (*Gates*, Am. Soc. **66** [1944] 124, 127).

Blauschwarze Krystalle (aus Dioxan); F: 272—273,5° [korr.].

III IV

**4-Amino-1.3-dibenzoyl-naphthalin** $C_{24}H_{17}NO_2$.

**4-Benzamino-1.3-dibenzoyl-naphthalin, *N*-[2.4-Dibenzoyl-naphthyl-(1)]-benzamid,** N-*(2,4-dibenzoyl-1-naphthyl)benzamide* $C_{31}H_{21}NO_3$, Formel IV.

*B.* Beim Erhitzen von Naphthyl-(1)-amin (*Dziewoński, Sternbach*, Bl. Acad. polon. [A] **1935** 327, 331) oder von *N*-[4-Benzoyl-naphthyl-(1)]-benzamid (*Dziewoński, Sternbach*, Roczniki Chem. **13** [1933] 704, 711; C. **1934** I 2590) mit Benzoylchlorid und Zinkchlorid.

Gelbe Krystalle (aus Eg.); F: 224—226°.

**1.5-Dianthraniloyl-naphthalin,** *1,5-dianthraniloylnaphthalene* $C_{24}H_{18}N_2O_2$, Formel V.

*B.* Aus 1.5-Bis-[2-chlor-benzoyl]-naphthalin [nicht näher beschrieben] (*I.G. Farbenind.*, D.R.P. 546226 [1930]; Frdl. **18** 1330).

F: 251°.

V VI

### Amino-Derivate der Dioxo-Verbindungen $C_{26}H_{20}O_2$

**1.4-Bis-[6-amino-3-methyl-benzoyl]-naphthalin,** *1,4-bis(5-methylanthraniloyl)naphthalene* $C_{26}H_{22}N_2O_2$, Formel VI.

*B.* Aus 1.4-Bis-[6-chlor-3-methyl-benzoyl]-naphthalin [nicht näher beschrieben] (*I.G. Farbenind.*, D.R.P. 546226 [1930]; Frdl. **18** 1330).

F: 252—254°.

## Amino-Derivate der Dioxo-Verbindungen $C_nH_{2n-34}O_2$

### Amino-Derivate der Dioxo-Verbindungen $C_{22}H_{10}O_2$

**4-Amino-6.12-dioxo-6.12-dihydro-dibenzo[*def.mno*]chrysen, 4-Amino-dibenzo[*def.mno*]chrysen-chinon-(6.12),** 4-Amino-anthanthron, *4-aminodibenzo*[def,mno]*chrysene-6,12-dione* $C_{22}H_{11}NO_2$, Formel VII (E II 128).

*B.* Beim Erhitzen von 4-Nitro-dibenzo[*def.mno*]chrysen-chinon-(6.12) mit Natriumdithionit und wss. Natronlauge (*Corbellini, Atti*, Chimica e Ind. **18** [1936] 295, 297).

Blau.

**4.10-Diamino-6.12-dioxo-6.12-dihydro-dibenzo[*def.mno*]chrysen, 4.10-Diamino-dibenzo[*def.mno*]chrysen-chinon-(6.12),** 4.10-Diamino-anthanthron, *4,10-diaminodibenzo*[def,mno]*chrysene-6,12-dione* $C_{22}H_{12}N_2O_2$, Formel **VIII** (E II 128).

*B.* Beim Erhitzen von 4.10-Dinitro-dibenzo[*def.mno*]chrysen-chinon-(6.12) mit

Natriumdithionit und wss. Natronlauge (*Corbellini*, *Atti*, Chimica e Ind. **18** [1936] 295, 297).

Blau.

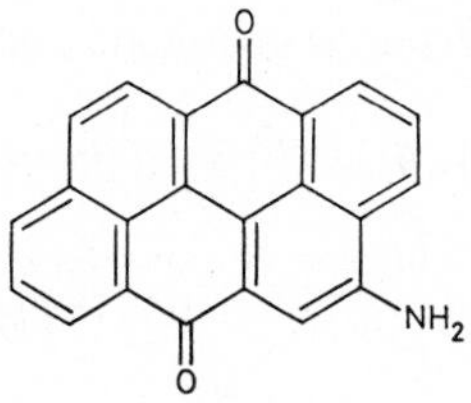

VII 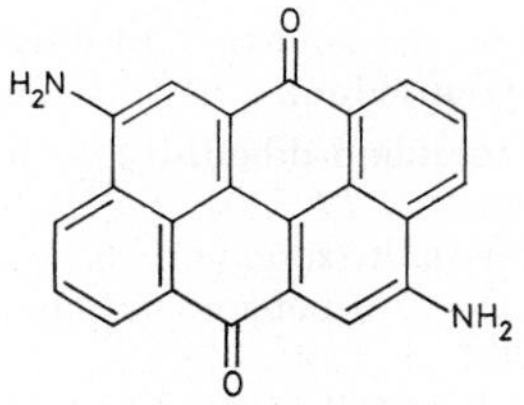 VIII

Amino-Derivate der Dioxo-Verbindungen $C_{29}H_{24}O_2$

**3.4.5-Triphenyl-1-[4-amino-phenyl]-pentandion-(1.5),** *5-(p-aminophenyl)-1,2,3-triphenyl-pentane-1,5-dione* $C_{29}H_{25}NO_2$, Formel IX.

Ein opt.-inakt. Aminoketon (Krystalle [aus Py.], F: 236—237°; *N*-Benzoyl-Derivat $C_{36}H_{29}NO_3$: Krystalle [aus Py.], F: 248°) dieser Konstitution ist beim Einleiten von Chlorwasserstoff in eine Suspension der im folgenden Artikel beschriebenen Verbindung in Methanol erhalten worden (*Dilthey*, *Schneider-Windmüller*, J. pr. [2] **159** [1942] 273, 282).

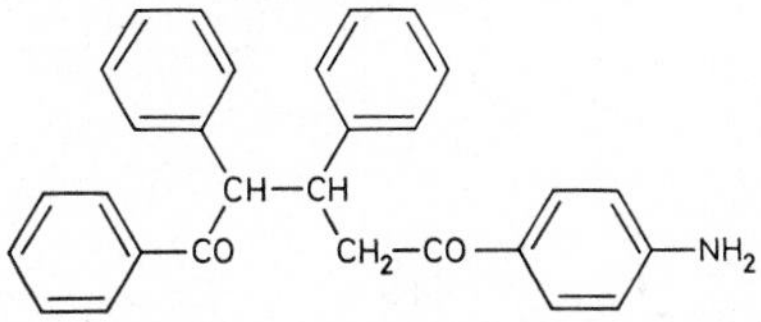

IX 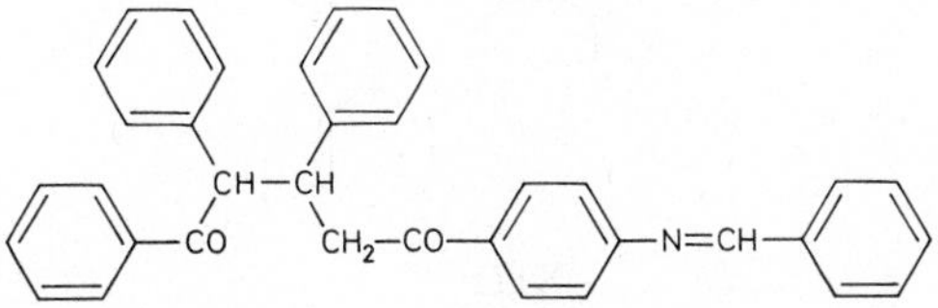 X

**3.4.5-Triphenyl-1-[4-benzylidenamino-phenyl]-pentandion-(1.5),** *5-[p-(benzylidene-amino)phenyl]-1,2,3-triphenylpentane-1,5-dione* $C_{36}H_{29}NO_2$, Formel X.

Eine opt.-inakt. Verbindung (Krystalle [aus Py.]; F: 218—219°) dieser Konstitution ist beim Behandeln von Desoxybenzoin mit 4'-Benzylidenamino-*trans*(?)-chalkon (F: 154°), Pyridin und methanol. Natriummethylat erhalten worden (*Dilthey*, *Schneider-Windmüller*, J. pr. [2] **159** [1942] 273, 281).

## Amino-Derivate der Dioxo-Verbindungen $C_nH_{2n-36}O_2$

### Amino-Derivate der Dioxo-Verbindungen $C_{24}H_{12}O_2$

**3-Amino-8.13-dioxo-8.13-dihydro-naphtho[2.3-*k*]fluoranthen, 3-Amino-naphtho[2.3-*k*]-fluoranthen-chinon-(8.13),** *3-aminonaphtho[2,3-k]fluoranthene-8,13-dione* $C_{24}H_{13}NO_2$, Formel XI.

Eine Verbindung (violette Krystalle [nach Sublimation]; unterhalb 350° nicht schmelzend), der vermutlich diese Konstitution zukommt, ist beim Erhitzen von Fluoranthen-yl-(3)-amin mit Phthalsäure-anhydrid in einer Natriumchlorid-Aluminiumchlorid-Schmelze erhalten worden (*Kränzlein*, B. **71** [1938] 2328, 2334).

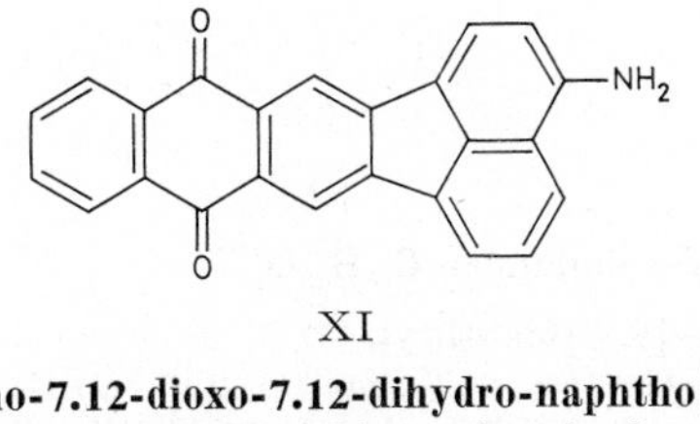

XI 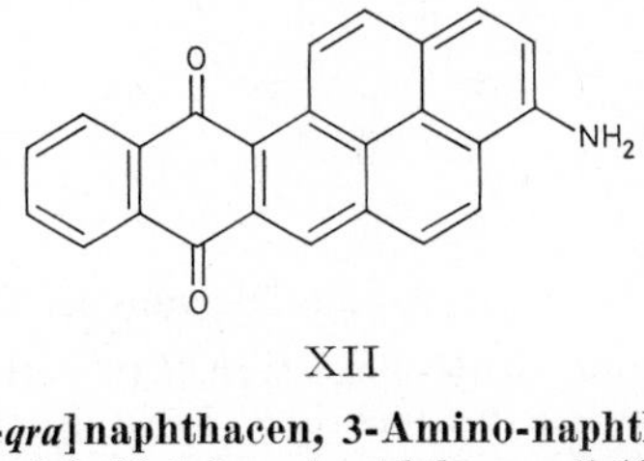 XII

**3-Amino-7.12-dioxo-7.12-dihydro-naphtho[2.1.8-*qra*]naphthacen, 3-Amino-naphtho-[2.1.8-*qra*]naphthacen-chinon-(7.12),** *3-aminonaphtho[2,1,8-qra]naphthacene-7,12-dione* $C_{24}H_{13}NO_2$, Formel XII.

Eine Verbindung (schwarze Krystalle [aus Nitrobenzol]; unterhalb 350° nicht schmelzend), der vermutlich diese Konstitution zukommt, ist beim Erhitzen von Pyrenyl-(1)-amin mit Phthalsäure-anhydrid in einer Natriumchlorid-Aluminiumchlorid-Schmelze erhalten worden (*Kränzlein*, B. **71** [1938] 2328, 2335).

**6.13-Diamino-7.14-dioxo-7.14-dihydro-dibenzo[*b.def*]chrysen, 6.13-Diamino-dibenzo[*b.def*]chrysen-chinon-(7.14)** $C_{24}H_{14}N_2O_2$.

**6.13-Di-*p*-toluidino-dibenzo[*b.def*]chrysen-chinon-(7.14)**, *6,13-di-*p*-toluidinodibenzo[b,def]chrysene-7,14-dione* $C_{38}H_{26}N_2O_2$, Formel XIII.

*B.* Beim Erhitzen von 6.13-Dichlor-dibenzo[*b.def*]chrysen-chinon-(7.14) oder von 6.13-Dimethoxy-dibenzo[*b.def*]chrysen-chinon-(7.14) mit *p*-Toluidin (*Vollmann et al.*, A. **531** [1937] 1, 104).

Violette Krystalle (aus Nitrobenzol); F: 379–380°.

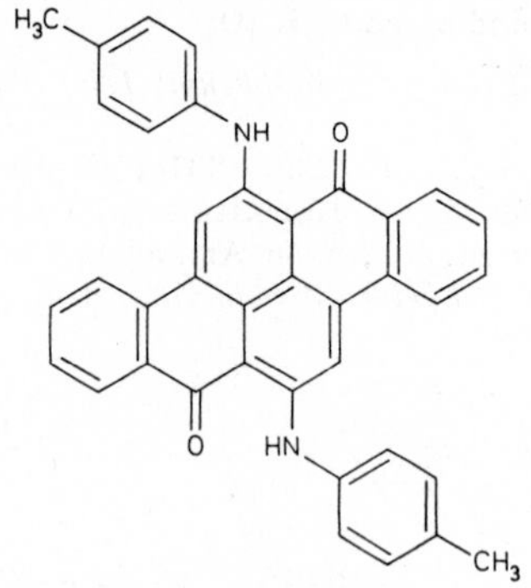

XIII 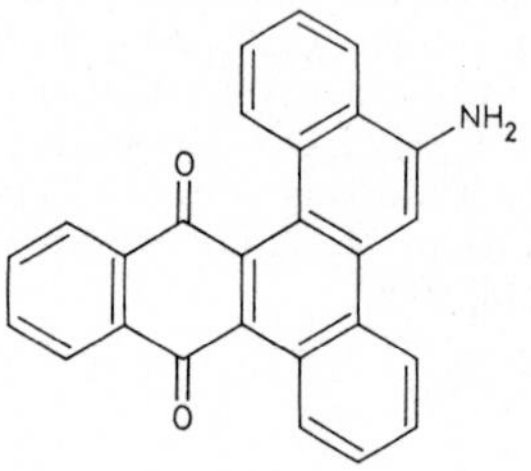 XIV

# Amino-Derivate der Dioxo-Verbindungen $C_nH_{2n-38}O_2$

## Amino-Derivate der Dioxo-Verbindungen $C_{26}H_{14}O_2$

**5-Amino-11.16-dioxo-11.16-dihydro-naphtho[2.3-*g*]chrysen, 5-Amino-naphtho[2.3-*g*]chrysen-chinon-(11.16)**, *5-aminonaphtho[2,3-g]chrysene-11,16-dione* $C_{26}H_{15}NO_2$, Formel XIV.

Eine Verbindung (violette Krystalle [aus Trichlorbenzol]; F: 325° [nach Sintern bei 320°]), der vermutlich diese Konstitution zukommt, ist beim Erhitzen von Chrysenyl-(6)-amin mit Phthalsäure-anhydrid in einer Natriumchlorid-Aluminiumchlorid-Schmelze erhalten worden (*Kränzlein*, B. **71** [1938] 2328, 2334).

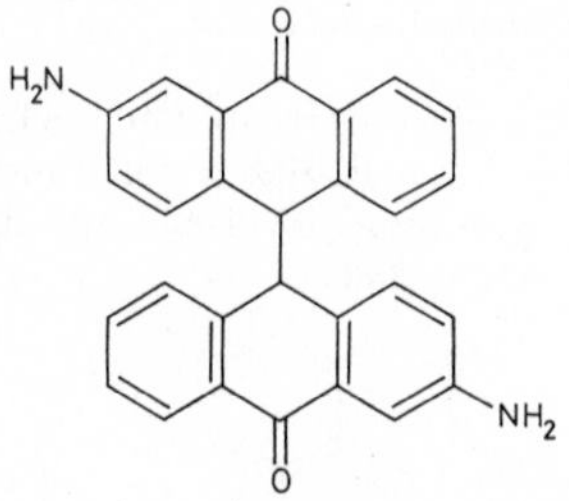

XV 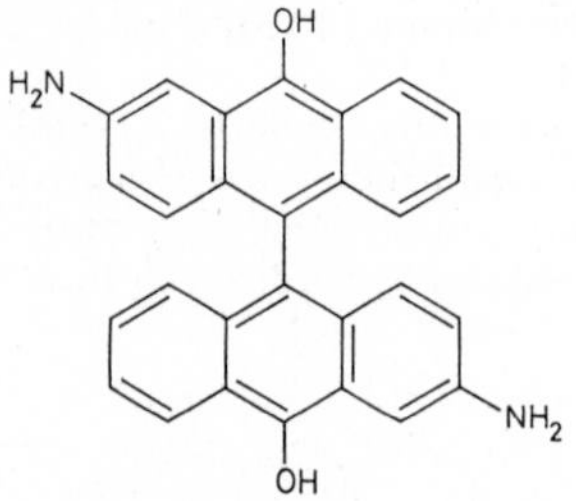 XVI

## Amino-Derivate der Dioxo-Verbindungen $C_{28}H_{18}O_2$

**3.3′-Diamino-10.10′-dioxo-9.10.9′.10′-tetrahydro-[9.9′]bianthryl,** 3.3′-Diamino-9*H*.9′*H*-[9.9′]bianthryldion-(10.10′), *3,3′-diamino-9,9′-bianthryl-10,10′(9H,9′H)-dione* $C_{28}H_{20}N_2O_2$, Formel XV, und **3.3′-Diamino-[9.9′]bianthryldiol-(10.10′)**, *3,3′-diamino-9,9′-bianthryl-10,10′-diol* $C_{28}H_{20}N_2O_2$, Formel XVI.

Eine opt.-inakt. Verbindung (rotbraune Krystalle [aus wss. Eg. oder Xylol], F: 278°

[korr.; Zers.]), für die diese Konstitutionsformeln in Betracht kommen, ist in geringer Menge neben 2-Amino-anthrachinon beim Erhitzen des Natrium-Salzes der 9.10-Dioxo-9.10-dihydro-anthracen-sulfonsäure-(2) mit wss. Ammoniak auf 200° erhalten worden (*Maki*, J. Soc. chem. Ind. Japan **36** [1933] 559; J. Soc. chem. Ind. Japan Spl. **36** [1933] 199, 201; C. **1933** II 1526).

**2.7.2'.7'-Tetraamino-10.10'-dioxo-9.10.9'.10'-tetrahydro-[9.9']bianthryl** $C_{28}H_{22}N_4O_2$ und **3.6.3'.6'-Tetraamino-10.10'-dioxo-9.10.9'.10'-tetrahydro-[9.9']bianthryl** $C_{28}H_{22}N_4O_2$, sowie Tautomere.

**2.7.2'.7'-Tetrakis-dimethylamino-10.10'-dioxo-9.10.9'.10'-tetrahydro-[9.9']bianthryl,** 2.7.2'.7'-Tetrakis-dimethylamino-9*H*.9'*H*-[9.9']bianthryldion-(10.10'), *2,2',7,7'-tetrakis(dimethylamino)-9,9'-bianthryl-10,10'*(9H,9'H)*-dione* $C_{36}H_{38}N_4O_2$, Formel XVII (R = $CH_3$), und **3.6.3'.6'-Tetrakis-dimethylamino-10.10'-dioxo-9.10.9'.10'-tetrahydro-[9.9']bianthryl,** 3.6.3'.6'-Tetrakis-dimethylamino-9*H*.9'*H*-[9.9']bianthryldion-(10.10'), *3,3',6,6'-tetrakis(dimethylamino)-9,9'-bianthryl-10,10'*(9H,9'H)*-dione* $C_{36}H_{38}N_4O_2$, Formel XVIII (R = $CH_3$), sowie Tautomere (z. B. 2.7.2'.7'-Tetrakis-dimethylamino-[9.9']bianthryldiol-(10.10') und 3.6.3'.6'-Tetrakis-dimethylamino-[9.9']bianthryldiol-(10.10')).

Eine Verbindung (gelbgrüne Krystalle [aus $CHCl_3$]; F: 330°), für die diese Konstitutionsformeln in Betracht kommen, ist beim Erhitzen von 2.7(oder 3.6)-Bis-dimethylamino-anthron (F: 180°) mit Eisen(III)-chlorid in wss. Essigsäure sowie beim Erwärmen von 2.7-Bis-dimethylamino-anthrachinon in Chloroform oder 1.1.2.2-Tetrachlor-äthan erhalten worden (*Jones*, *Mason*, Soc. **1934** 1813, 1816).

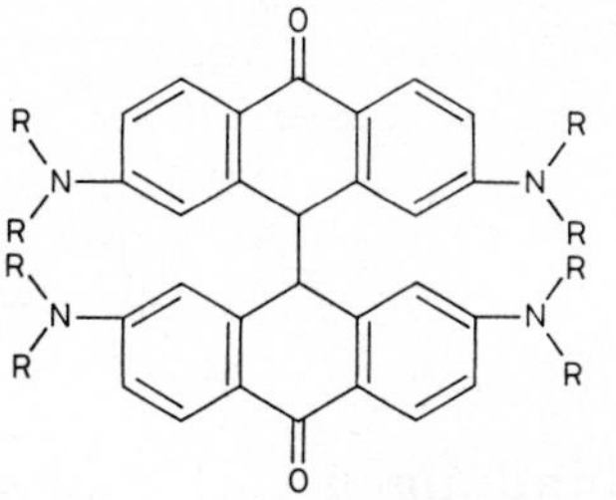

XVII

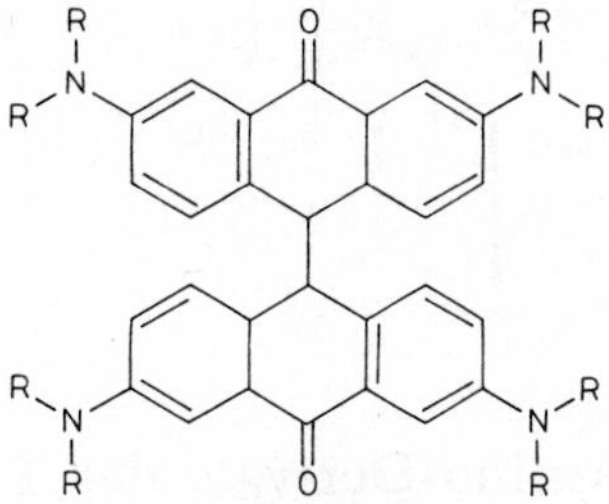

XVIII

# Amino-Derivate der Dioxo-Verbindungen $C_nH_{2n-52}O_2$

## Amino-Derivate der Dioxo-Verbindungen $C_{34}H_{16}O_2$

**16.17-Diamino-5.10-dioxo-5.10-dihydro-anthra[9.1.2-*cde*]benzo[*rst*]pentaphen, 16.17-Diamino-anthra[9.1.2-*cde*]benzo[*rst*]pentaphen-chinon-(5.10), 16.17-Diamino-violanthrendion-(5.10),** *16,17-diaminoanthra[9,1,2-*cde*]benzo[*rst*]pentaphene-5,10-dione* $C_{34}H_{18}N_2O_2$, Formel XIX (X = $NH_2$).

In den E II 131 unter dieser Konstitution beschriebenen, dort als Bz2.Bz2'-Diamino-violanthron und als Bz2.Bz2'-Diamino-dibenzanthron bezeichneten Präparaten hat 16-Amino-violanthrendion-(5.10) ($C_{34}H_{17}NO_2$; Formel XIX [X = H]) als Hauptbestandteil vorgelegen (*Malhotra*, *Unni*, *Venkataraman*, J. scient. ind. Res. India **19** B [1960] 382, 385, 389).

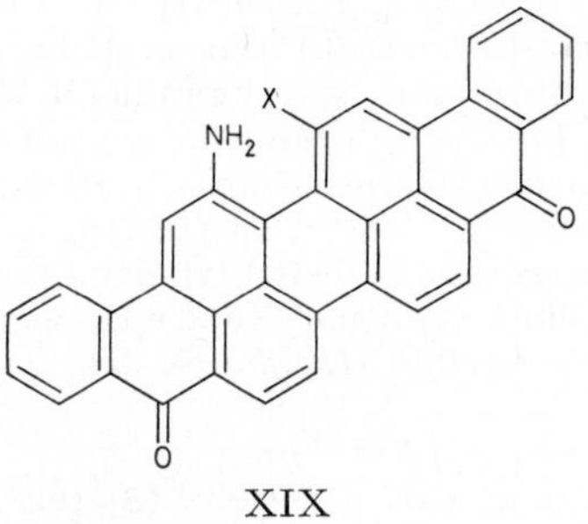

XIX

*B.* Beim Erhitzen von 2-Amino-7-oxo-7*H*-benz[*de*]anthracen mit einer aus Naphthalin, Kaliumacetat und Kaliumhydroxid bereiteten Schmelze unter Zusatz von Natriumnitrit auf 200° und Leiten von Luft durch das mit Wasser versetzte Reaktionsgemisch (*Du Pont de Nemours & Co.*, D.R.P. 611012 [1933]; Frdl. **21** 1125, 1129; s. a. *Ma.*, *Unni*, *Ve.*).

Grüne Krystalle [aus 1.2-Dichlor-benzol]; Absorptionsspektrum [Dimethylformamid; 300—900 mμ] (*Ma.*, *Unni*, *Ve.*).

## Amino-Derivate der Trioxo-Verbindungen $C_nH_{2n-12}O_3$

### Amino-Derivate der Trioxo-Verbindungen $C_{23}H_{34}O_3$

**3.7.12-Trioxo-10.13-dimethyl-17-[3-amino-1-methyl-propyl]-hexadecahydro-1*H*-cyclopenta[*a*]phenanthren** $C_{23}H_{35}NO_3$.

**23-Amino-24-nor-5β-cholantrion-(3.7.12)**, *23-amino-24-nor-5β-cholane-3,7,12-trione* $C_{23}H_{35}NO_3$, Formel I.

*B.* Beim Behandeln von 3.7.12-Trioxo-5β-cholanoyl-(24)-chlorid mit Natriumazid in wss. Dioxan und Erhitzen des Reaktionsprodukts mit wss. Essigsäure (*I.G. Farbenind.*, D.R.P. 739731 [1935]; D.R.P. Org. Chem. **3** 736).

Acetat. Krystalle (aus E. + Ae.); Zers. bei 170°.

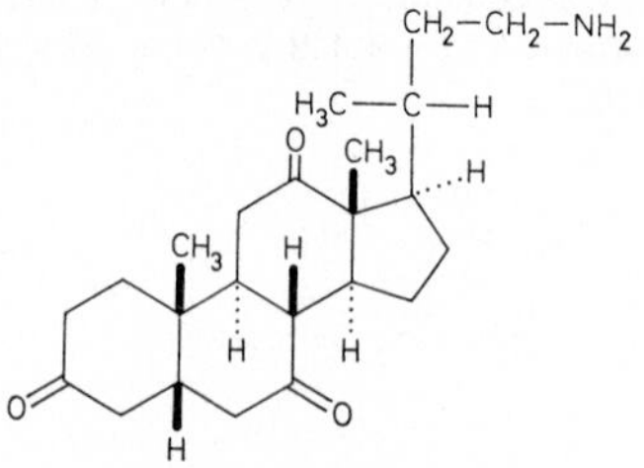

I

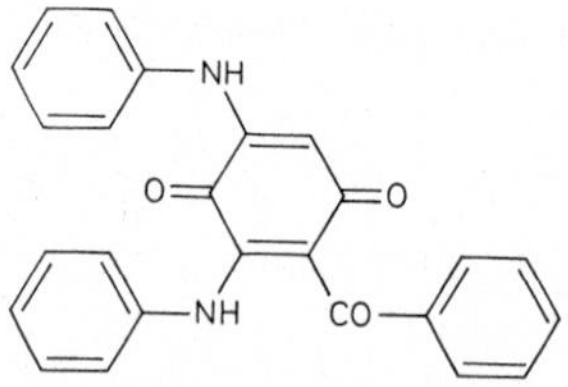

II

## Amino-Derivate der Trioxo-Verbindungen $C_nH_{2n-18}O_3$

### Amino-Derivate der Trioxo-Verbindungen $C_{13}H_8O_3$

**3.5-Diamino-2-benzoyl-benzochinon-(1.4)** $C_{13}H_{10}N_2O_3$.

**3.5-Dianilino-2-benzoyl-benzochinon-(1.4)**, *3,5-dianilino-2-benzoyl-*p-*benzoquinone* $C_{25}H_{18}N_2O_3$, Formel II, und Tautomere.

*B.* Beim Erwärmen von Benzoyl-benzochinon-(1.4) mit Anilin und Essigsäure (*Bogert*, *Howells*, Am. Soc. **52** [1930] 837, 844).

Purpurrote Krystalle (aus A. oder Bzl.); F: 212,2—212,7° [korr.].

## Amino-Derivate der Trioxo-Verbindungen $C_nH_{2n-22}O_3$

### Amino-Derivate der Trioxo-Verbindungen $C_{15}H_8O_3$

**1-Amino-9.10-dioxo-9.10-dihydro-anthracen-carbaldehyd-(2)**, *1-amino-9,10-dioxo-9,10-dihydro-2-anthraldehyde* $C_{15}H_9NO_3$, Formel III (R = H, X = O) (E II 132).

*B.* Aus Anthra[1.2-*c*]isoxazol-chinon-(6.11) beim Behandeln mit Eisen(II)-sulfat in wss. Schwefelsäure, beim Erhitzen mit Natriumdithionit und wss. Ammoniak und anschliessenden Behandeln mit Luft sowie beim Erhitzen mit wss. Natriumhydrogensulfit-Lösung oder mit Anilin-sulfat und Schwefelsäure (*I.G. Farbenind.*, D.R.P. 533249 [1926]; Frdl. **18** 1245; *Gen. Aniline Works*, U.S.P. 1830152 [1927]). Beim Erhitzen von 1-Chlor-9.10-dioxo-9.10-dihydro-anthracen-carbaldehyd-(2) mit Toluolsulfonamid-(4) in Amylalkohol unter Zusatz von Kaliumacetat und Kupfer(II)-acetat und Behandeln des Reaktionsprodukts mit wss. Schwefelsäure (*I.G. Farbenind.*, D.R.P. 521724 [1929]; Frdl. **17** 561).

Rote Krystalle; F: 239° (*Gen. Aniline Works*).

Phenylhydrazon. F: 266° (*Ruggli*, *Henzi*, Helv. **13** [1930] 409, 424).

**1-Amino-2-[*N*-phenyl-formimidoyl]-anthrachinon, 1-Amino-9.10-dioxo-9.10-dihydro-anthracen-carbaldehyd-(2)-phenylimin,** *1-amino-2-(N-phenylformimidoyl)anthraquinone* $C_{21}H_{14}N_2O_2$, Formel III (R = H, X = N-$C_6H_5$) (E II 132; dort als 1-Amino-anthrachinon-aldehyd-(2)-anil bezeichnet).

Rotviolette Krystalle; F: 220° (*R. Dupont*, Diss. [Brüssel 1942] S. 100), 213° [aus Nitrobenzol] (*Crippa, Caracci*, G. **68** [1938] 820, 824), 212—213° [aus Nitrobenzol oder Py.] (*Ruggli, Henzi*, Helv. **13** [1930] 409, 421).

**2.6-Bis-[(1-amino-9.10-dioxo-9.10-dihydro-anthryl-(2))-methylenamino]-anthra⸗chinon,** *2,6-bis[(1-amino-9,10-dioxo-9,10-dihydro-2-anthryl)methyleneamino]anthra⸗quinone* $C_{44}H_{24}N_4O_6$, Formel IV.

*B.* Beim Erhitzen von 1-Amino-9.10-dioxo-9.10-dihydro-anthracen-carbaldehyd-(2) mit 2.6-Bis-benzylidenamino-anthrachinon in Nitrobenzol (*Gen. Aniline Works*, U.S.P. 1803395 [1928]).

Rotbraunes Pulver, unterhalb 350° nicht schmelzend.

III IV

**1-Amino-2-formohydroximoyl-anthrachinon, 1-Amino-9.10-dioxo-9.10-dihydro-anthracen-carbaldehyd-(2)-oxim,** *1-amino-9,10-dioxo-9,10-dihydro-2-anthraldehyde oxime* $C_{15}H_{10}N_2O_3$, Formel III (R = H, X = NOH).

*B.* Aus 1-Amino-9.10-dioxo-9.10-dihydro-anthracen-carbaldehyd-(2) beim Erhitzen mit Hydroxylamin-hydrochlorid und Natriumacetat in wss. Essigsäure (*Ruggli, Henzi*, Helv. **13** [1930] 409, 425).

Rote Krystalle (aus Eg.); F: 282° [Zers.].

**1-Amino-2-semicarbazonomethyl-anthrachinon, 1-Amino-9.10-dioxo-9.10-dihydro-anthracen-carbaldehyd-(2)-semicarbazon,** *1-amino-9,10-dioxo-9,10-dihydro-2-anthr⸗aldehyde semicarbazone* $C_{16}H_{12}N_4O_3$, Formel III (R = H, X = N-NH-CO-$NH_2$).

*B.* Aus 1-Amino-9.10-dioxo-9.10-dihydro-anthracen-carbaldehyd-(2) beim Erwärmen mit Semicarbazid-hydrochlorid und Natriumacetat in wss. Essigsäure (*Ruggli, Henzi*, Helv. **13** [1930] 409, 425).

Rotbraune Krystalle (aus Nitrobenzol); F: 350—360° [Zers.].

**Bis-[(1-amino-9.10-dioxo-9.10-dihydro-anthryl-(2))-methylen]-hydrazin, 1-Amino-9.10-dioxo-9.10-dihydro-anthracen-carbaldehyd-(2)-azin,** *1-amino-9,10-dioxo-9,10-di⸗hydro-2-anthraldehyde azine* $C_{30}H_{18}N_4O_4$, Formel V (R = H) (E II 133).

Rotviolette Krystalle (aus Nitrobenzol); F: 375° (*Ruggli, Henzi*, Helv. **13** [1930] 409, 426).

V VI

**1-Benzylidenamino-9.10-dioxo-9.10-dihydro-anthracen-carbaldehyd-(2),** *1-(benzylidene⸗amino)-9,10-dioxo-9,10-dihydro-2-anthraldehyde* $C_{22}H_{13}NO_3$, Formel VI.

*B.* Aus 1-Amino-9.10-dioxo-9.10-dihydro-anthracen-carbaldehyd-(2) beim Erhitzen mit

Benzaldehyd (*Crippa, Caracci*, G. **68** [1938] 820, 824).
Rotviolette Krystalle (aus Nitrobenzol oder Py.); F: 321—325°.

**1-Acetamino-9.10-dioxo-9.10-dihydro-anthracen-carbaldehyd-(2), *N*-[9.10-Dioxo-2-formyl-9.10-dihydro-anthryl-(1)]-acetamid,** N-*(2-formyl-9,10-dioxo-9,10-dihydro-1-anthryl)acetamide* $C_{17}H_{11}NO_4$, Formel III (R = CO-$CH_3$, X = O).
*B.* Beim Behandeln von 1-Amino-9.10-dioxo-9.10-dihydro-anthracen-carbaldehyd-(2) mit Acetanhydrid und Schwefelsäure (*Ruggli, Henzi*, Helv. **13** [1930] 409, 421).
Gelbe Krystalle (aus Nitrobenzol); F: 237—240° [nach Sintern bei 220—230°].
Phenylhydrazon. F: 254° (*Ru., He.*, l. c. S. 426).

**Bis-[(1-acetamino-9.10-dioxo-9.10-dihydro-anthryl-(2))-methylen]-hydrazin, 1-Acetamino-9.10-dioxo-9.10-dihydro-anthracen-carbaldehyd-(2)-azin,** *1-acetamido-9,10-dioxo-9,10-dihydro-2-anthraldehyde azine* $C_{34}H_{22}N_4O_6$, Formel V (R = CO-$CH_3$).
*B.* Beim Erhitzen von Bis-[(1-amino-9.10-dioxo-9.10-dihydro-anthryl-(2))-methylen]-hydrazin mit Acetanhydrid und wenig Schwefelsäure (*Sunthankar, Venkataraman*, Pr. Indian Acad. [A] **25** [1947] 467, 472).
Gelbbraune Krystalle (aus 1.1.2.2-Tetrachlor-äthan), die unterhalb 340° nicht schmelzen.

**Bis-[(1-benzamino-9.10-dioxo-9.10-dihydro-anthryl-(2))-methylen]-hydrazin, 1-Benzamino-9.10-dioxo-9.10-dihydro-anthracen-carbaldehyd-(2)-azin,** *1-benzamido-9,10-dioxo-9,10-dihydro-2-anthraldehyde azine* $C_{44}H_{26}N_4O_6$, Formel V (R = CO-$C_6H_5$).
*B.* Beim Erhitzen von Bis-[(1-amino-9.10-dioxo-9.10-dihydro-anthryl-(2))-methylen]-hydrazin mit Benzoylchlorid (*Sunthankar, Venkataraman*, Pr. Indian Acad. [A] **25** [1947] 467, 473).
Braunes Pulver (aus Nitrobenzol), das unterhalb 340° nicht schmilzt.

**1-[(1-Amino-9.10-dioxo-9.10-dihydro-anthryl-(2))-methylenamino]-9.10-dioxo-9.10-dihydro-anthracen-carbaldehyd-(2),** *1-[(1-amino-9,10-dioxo-9,10-dihydro-2-anthryl)methyleneamino]-9,10-dioxo-9,10-dihydro-2-anthraldehyde* $C_{30}H_{16}N_2O_5$, Formel VII (X = O).
*B.* Beim Erhitzen von 1-Amino-9.10-dioxo-9.10-dihydro-anthracen-carbaldehyd-(2) mit Benzoylchlorid in Nitrobenzol (*Ruggli, Henzi*, Helv. **13** [1930] 409, 421).
Rote Krystalle (aus Nitrobenzol); F: 380—390° [Zers.].

**1-[(1-Amino-9.10-dioxo-9.10-dihydro-anthryl-(2))-methylenamino]-2-[*N*-phenyl-formimidoyl]-anthrachinon,** *1-[(1-amino-9,10-dioxo-9,10-dihydro-2-anthryl)methyleneamino]-2-(*N*-phenylformimidoyl)anthraquinone* $C_{36}H_{21}N_3O_4$, Formel VII (X = N-$C_6H_5$).
*B.* Aus 1-Amino-2-[*N*-phenyl-formimidoyl]-anthrachinon beim Erhitzen mit Natriumacetat und Chloressigsäure (*Ruggli, Henzi*, Helv. **13** [1930] 409, 423).
Rote Krystalle (aus Py.); F: 334°.

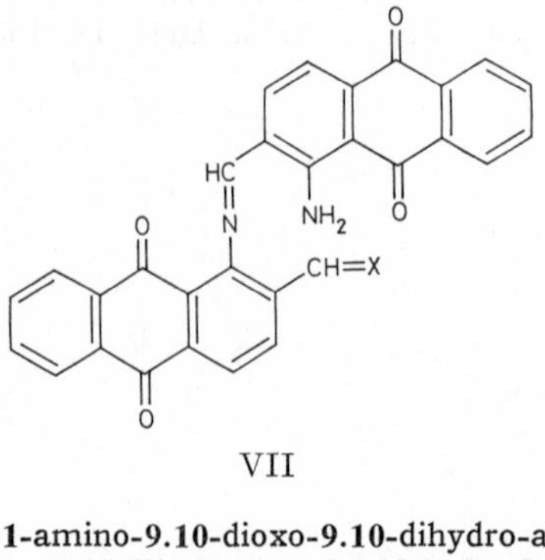

VII 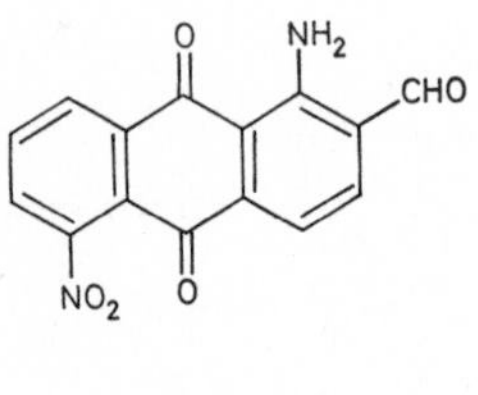 VIII

**5-Nitro-1-amino-9.10-dioxo-9.10-dihydro-anthracen-carbaldehyd-(2),** *1-amino-5-nitro-9,10-dioxo-9,10-dihydro-2-anthraldehyde* $C_{15}H_8N_2O_5$, Formel VIII.
*B.* Aus 7-Nitro-anthra[1.2-*c*]isoxazol-chinon-(6.11) beim Erhitzen mit Eisen(II)-sulfat in wss. Schwefelsäure (*I.G. Farbenind.*, D.R.P. 533249 [1926]; Frdl. **18** 1245).
Braune Krystalle (aus Chlorbenzol oder Eg.); F: 228°.

## Amino-Derivate der Trioxo-Verbindungen $C_{16}H_{10}O_3$

**1-Amino-2-acetyl-anthrachinon,** *2-acetyl-1-aminoanthraquinone* $C_{16}H_{11}NO_3$, Formel IX (X = H).

*B.* Beim Erhitzen von 3-Methyl-anthra[1.2-*c*]isoxazol-chinon-(6.11) mit Natrium-dithionit und wss. Ammoniak und Leiten von Luft durch das Reaktionsgemisch (*I.G. Farbenind.*, D.R.P. 533249 [1926]; Frdl. **18** 1245).

Rote Krystalle (aus Eg.); F: 220°.

**4-Brom-1-amino-2-acetyl-anthrachinon,** *2-acetyl-1-amino-4-bromoanthraquinone* $C_{16}H_{10}BrNO_3$, Formel IX (X = Br).

F: 206° (*I.G. Farbenind.*, D.R.P. 612870 [1933]; Frdl. **21** 1064).

IX X

**4-Amino-2-acetyl-anthrachinon,** *3-acetyl-1-aminoanthraquinone* $C_{16}H_{11}NO_3$, Formel X.

*B.* Beim Erhitzen von 4-Brom-2-acetyl-anthrachinon (aus 4-Brom-9.10-dioxo-9.10-di-hydro-anthracen-carbonylchlorid-(2) [nicht näher beschrieben] und der Magnesium-Verbindung des Malonsäure-diäthylesters hergestellt) mit Toluolsulfonamid-(4) in Amyl-alkohol unter Zusatz von Natriumacetat und Kupfer(II)-acetat und Behandeln des Reaktionsprodukts mit Schwefelsäure (*CIBA*, U.S.P. 2299141 [1938]).

Rote Krystalle (aus Chlorbenzol); F: 214—215°.

**1.4-Diamino-2-acetyl-anthrachinon,** *2-acetyl-1,4-diaminoanthraquinone* $C_{16}H_{12}N_2O_3$, Formel XI.

*B.* Aus 1-Amino-2-acetyl-anthrachinon über 4-Chlor-1-amino-2-acetyl-anthrachinon (*I.G. Farbenind.*, D.R.P. 612870 [1933]; Frdl. **21** 1064).

F: 239°.

**1-Amino-4-anilino-2-acetyl-anthrachinon,** *2-acetyl-1-amino-4-anilinoanthraquinone* $C_{22}H_{16}N_2O_3$, Formel XII (R = X = H).

*B.* Aus 4-Chlor-1-amino-2-acetyl-anthrachinon (hergestellt aus 1-Amino-2-acetyl-anthrachinon) und Anilin (I.*G. Farbenind.*, D.R.P. 612870 [1933]; Frdl. **21** 1064).

F: 205—206°.

**1-Amino-4-*m*-toluidino-2-acetyl-anthrachinon,** *2-acetyl-1-amino-4-*m*-toluidinoanthra-quinone* $C_{23}H_{18}N_2O_3$, Formel XII (R = $CH_3$, X = H).

*B.* Aus 4-Chlor-1-amino-2-acetyl-anthrachinon (hergestellt aus 1-Amino-2-acetyl-anthrachinon) und *m*-Toluidin (*I.G. Farbenind.*, D.R.P. 612870 [1933]; Frdl. **21** 1064).

F: 185°.

XI XII

**1-Amino-4-*p*-toluidino-2-acetyl-anthrachinon,** *2-acetyl-1-amino-4-*p*-toluidinoanthra-quinone* $C_{23}H_{18}N_2O_3$, Formel XII (R = H, X = $CH_3$).

*B.* Beim Erhitzen von 4-Chlor-1-amino-2-acetyl-anthrachinon (hergestellt aus 1-Amino-2-acetyl-anthrachinon) mit *p*-Toluidin unter Zusatz von Natriumacetat und Kupfer(II)-acetat (*I.G. Farbenind.*, D.R.P. 612870 [1933]; Frdl. **21** 1064).

Krystalle (aus Py.); F: 194°.

**1-Amino-4-*p*-anisidino-2-acetyl-anthrachinon,** *2-acetyl-1-amino-4-*p*-anisidinoanthraquinone* $C_{23}H_{18}N_2O_4$, Formel XII (R = H, X = $OCH_3$).

*B.* Aus 4-Chlor-1-amino-2-acetyl-anthrachinon (hergestellt aus 1-Amino-2-acetyl-anthrachinon) und *p*-Anisidin (*I.G. Farbenind.*, D.R.P. 612870 [1933]; Frdl. **21** 1064).

F: 210—211°.

**1-Amino-4-[4-amino-anilino]-2-acetyl-anthrachinon,** *2-acetyl-1-amino-4-(*p*-amino-anilino)anthraquinone* $C_{22}H_{17}N_3O_3$, Formel XII (R = H, X = $NH_2$).

*B.* Beim Erhitzen von 4-Brom-1-amino-2-acetyl-anthrachinon mit *p*-Phenylendiamin unter Zusatz von Kaliumacetat und Kupfer(II)-acetat in Pyridin (*I.G. Farbenind.*, D.R.P. 612870 [1933]; Frdl. **21** 1064).

Krystalle (aus Py.); F: 240°.

# Amino-Derivate der Trioxo-Verbindungen $C_nH_{2n-24}O_3$

## Amino-Derivate der Trioxo-Verbindungen $C_{17}H_{10}O_3$

**3-Amino-2-benzoyl-naphthochinon-(1.4)** $C_{17}H_{11}NO_3$.

**3-*p*-Toluidino-2-benzoyl-naphthochinon-(1.4),** *2-benzoyl-3-*p*-toluidino-1,4-naphthoquinone* $C_{24}H_{17}NO_3$, Formel XIII, und Tautomeres.

*B.* Beim Erhitzen von 3-Hydroxy-2-benzoyl-naphthochinon-(1.4) mit *p*-Toluidin und Essigsäure (*Dischendorfer, Lercher, Marek*, M. **80** [1949] 333, 344).

Orangegelbe Krystalle (aus A.); F: 163°.

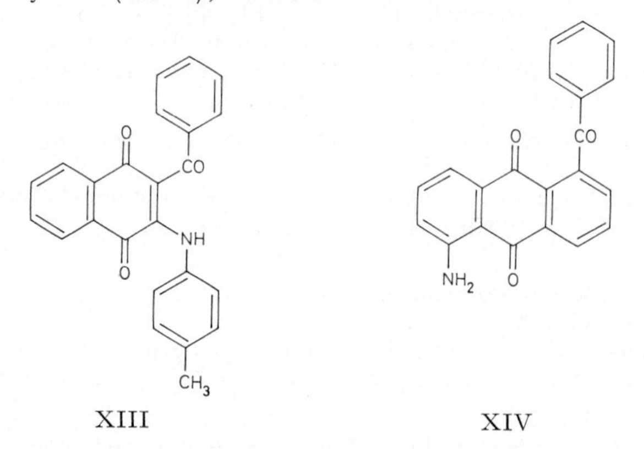


XIII XIV

# Amino-Derivate der Trioxo-Verbindungen $C_nH_{2n-30}O_3$

## Amino-Derivate der Trioxo-Verbindungen $C_{21}H_{12}O_3$

**5-Amino-1-benzoyl-anthrachinon,** *1-amino-5-benzoylanthraquinone* $C_{21}H_{13}NO_3$, Formel XIV.

*B.* Beim Erhitzen von 5-Chlor-1-benzoyl-anthrachinon mit Toluolsulfonamid-(4) in Amylalkohol unter Zusatz von Natriumacetat und Kupfer(II)-acetat und Behandeln des Reaktionsprodukts mit Schwefelsäure (*CIBA*, Schweiz.P. 194341 [1936]).

Krystalle (aus Chlorbenzol); F: 265—267°.

**1-Amino-2-benzoyl-anthrachinon** $C_{21}H_{13}NO_3$.

**1-[Toluol-sulfonyl-(4)-amino]-2-benzoyl-anthrachinon, *N*-[9.10-Dioxo-2-benzoyl-9.10-dihydro-anthryl-(1)]-toluolsulfonamid-(4),** N-*(2-benzoyl-9,10-dioxo-9,10-dihydro-1-anthryl)-*p*-toluenesulfonamide* $C_{28}H_{19}NO_5S$, Formel XV.

*B.* Beim Erhitzen von 1-Chlor-2-benzoyl-anthrachinon mit Toluolsulfonamid-(4) unter Zusatz von Kaliumcarbonat, Kupfer(II)-acetat und Kupfer-Pulver in Nitrobenzol (*Scholl, Wanka, Dehnert*, B. **69** [1936] 2428, 2431 Anm. 14).

Gelbbraune Krystalle (aus Eg.); F: ca. 212°.

# Amino-Derivate der Trioxo-Verbindungen $C_nH_{2n-34}O_3$

## Amino-Derivate der Trioxo-Verbindungen $C_{25}H_{16}O_3$

**2-[3-Oxo-5-(4-amino-phenyl)-pentadien-(1.4)-yl]-anthrachinon** $C_{25}H_{17}NO_3$.

**2-[3-Oxo-5-(4-dimethylamino-phenyl)-pentadien-(1.4)-yl]-anthrachinon, 1-[4-Dimethyl=amino-phenyl]-5-[9.10-dioxo-9.10-dihydro-anthryl-(2)]-pentadien-(1.4)-on-(3),** *2-{5-[p-(dimethylamino)phenyl]-3-oxopenta-1,4-dienyl}anthraquinone* $C_{27}H_{21}NO_3$.

**2-[3-Oxo-5-(4-dimethylamino-phenyl)-pentadien-(1.4)-yl]-anthrachinon vom F: 325°,** vermutlich **2-[3-Oxo-5*t*-(4-dimethylamino-phenyl)-pentadien-(1.4)-yl-(*t*)]-anthrachinon,** Formel XVI.

*B.* Beim Erwärmen von 9.10-Dioxo-9.10-dihydro-anthracen-carbaldehyd-(2) mit 1*t*-[4-Dimethylamino-phenyl]-buten-(1)-on-(3) und Natriumäthylat in Äthanol (*Tomaschek*, Jb. phil. Fak. II Univ. Bern **3** [1923] 158, 160).

Hellgelbe Krystalle (aus Nitrobenzol); F: 325°.

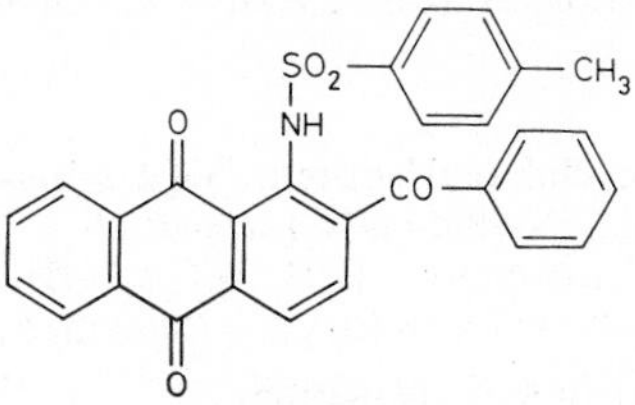

XV 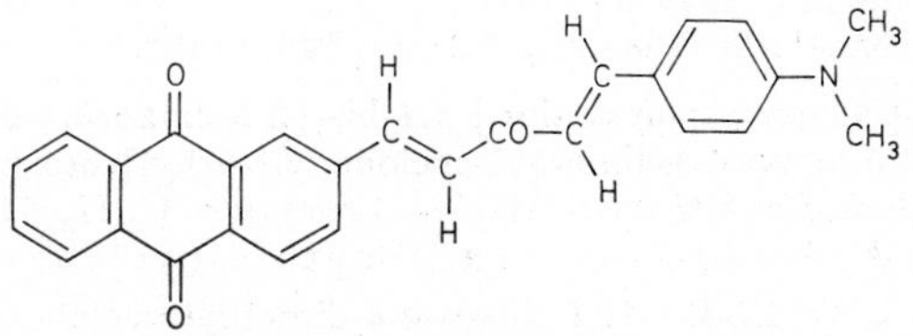 XVI

# Amino-Derivate der Trioxo-Verbindungen $C_nH_{2n-38}O_3$

## Amino-Derivate der Trioxo-Verbindungen $C_{27}H_{16}O_3$

**5-Amino-2-[biphenylcarbonyl-(4)]-anthrachinon, 5-Amino-2-[4-phenyl-benzoyl]-anthrachinon,** *1-amino-6-(biphenyl-4-ylcarbonyl)anthraquinone* $C_{27}H_{17}NO_3$, Formel XVII (X = H, X′ = $NH_2$), und **8-Amino-2-[biphenylcarbonyl-(4)]-anthrachinon, 8-Amino-2-[4-phenyl-benzoyl]-anthrachinon,** *1-amino-7-(biphenyl-4-ylcarbonyl)anthraquinone* $C_{27}H_{17}NO_3$, Formel XVII (X = $NH_2$, X′ = H).

Zwei Verbindungen (a) dunkelrote Krystalle [aus Trichlorbenzol], F: 242–244°; *N*-Benzoyl-Derivat $C_{34}H_{21}NO_4$: F: 244°; b) rote Krystalle [aus Trichlorbenzol], F: 195° bis 197°; *N*-Benzoyl-Derivat $C_{34}H_{21}NO_4$: F: 257°), denen jeweils eine dieser beiden Konstitutionsformeln zukommt, sind beim Behandeln eines Gemisches (F: 183–185°) von 5-Nitro-9.10-dioxo-9.10-dihydro-anthracen-carbonylchlorid-(2) und 8-Nitro-9.10-di=oxo-9.10-dihydro-anthracen-carbonylchlorid-(2) mit Biphenyl und Aluminiumchlorid in Nitrobenzol und Erwärmen des Reaktionsprodukts mit Natriumsulfid und wss. Schwefel=säure erhalten worden (*I.G. Farbenind.*, D.R.P. 550936 [1930]; Frdl. **19** 1973).

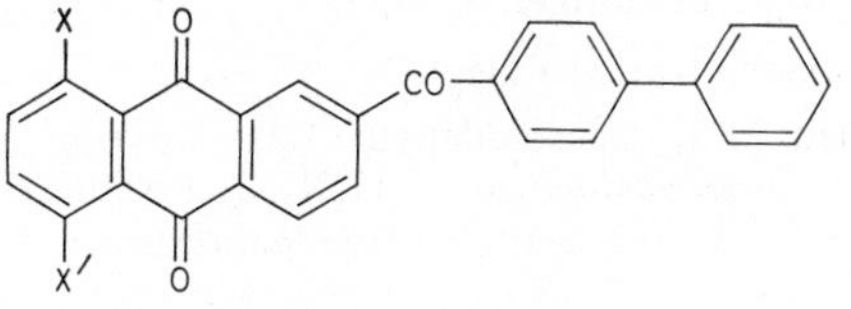

XVII 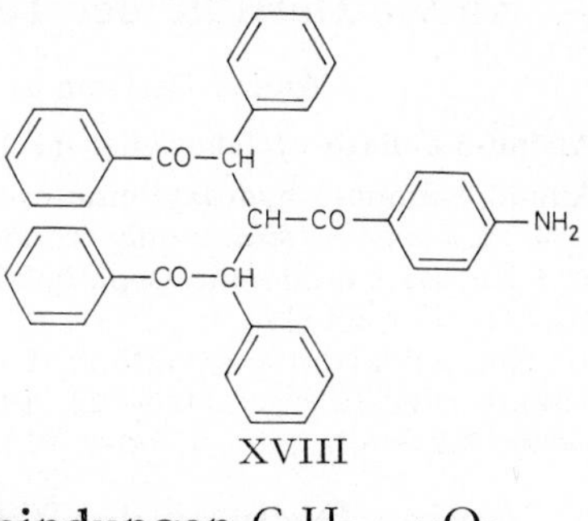 XVIII

# Amino-Derivate der Trioxo-Verbindungen $C_nH_{2n-44}O_3$

## Amino-Derivate der Trioxo-Verbindungen $C_{36}H_{28}O_3$

**1.2.4.5-Tetraphenyl-3-[4-amino-benzoyl]-pentandion-(1.5),** *3-(4-aminobenzoyl)-1,2,4,5-tetraphenylpentane-1,5-dione* $C_{36}H_{29}NO_3$, Formel XVIII.

Ein opt.-inakt. Aminoketon (Krystalle [aus A.], F: 205°) dieser Konstitution ist beim

Behandeln von 1-[4-Amino-phenyl]-äthanon-(1) mit Desoxybenzoin und äthanol. Kalilauge unter Luftzutritt erhalten worden (*Callow, Hill*, Soc. **1937** 844, 847).

# Amino-Derivate der Tetraoxo-Verbindungen $C_nH_{2n-10}O_4$

## Amino-Derivate der Tetraoxo-Verbindungen $C_{18}H_{26}O_4$

**2-Amino-1.1-bis-[2.6-dioxo-4.4-dimethyl-cyclohexyl]-äthan** $C_{18}H_{27}NO_4$ und Tautomeres.

**2-Hexanoylamino-1.1-bis-[2.6-dioxo-4.4-dimethyl-cyclohexyl]-äthan, *N*-[2.2-Bis-(2.6-dioxo-4.4-dimethyl-cyclohexyl)-äthyl]-hexanamid,** N-*[2,2-bis(4,4-dimethyl-2,6-dioxocyclohexyl)ethyl]hexanamide* $C_{24}H_{37}NO_5$, Formel I (R = CO-$[CH_2]_4$-$CH_3$), und Tautomere (z. B. *N*-[2.2-Bis-(2-hydroxy-6-oxo-4.4-dimethyl-cyclohexen-(1)-yl)-äthyl]-hexanamid).

*B.* Beim Behandeln von *N*-[2-Oxo-äthyl]-hexanamid („Pentyl-penilloaldehyd") mit 5.5-Dimethyl-dihydroresorcin und wss. Natriumcarbonat-Lösung (*Cook, Heilbron*, Chem. Penicillin **1949** 38, 49).

Krystalle (aus wss. A.); F: 143—145°.

**2-[Hexen-(3)-oylamino]-1.1-bis-[2.6-dioxo-4.4-dimethyl-cyclohexyl]-äthan, *N*-[2.2-Bis-(2.6-dioxo-4.4-dimethyl-cyclohexyl)-äthyl]-hexen-(3)-amid,** N-*[2,2-bis(4,4-dimethyl-2,6-dioxocyclohexyl)ethyl]hex-3-enamide* $C_{24}H_{35}NO_5$ und Tautomere (z. B. *N*-[2.2-Bis-(2-hydroxy-6-oxo-4.4-dimethyl-cyclohexen-(1)-yl)-äthyl]-hexen-(3)-amid).

***N*-[2.2-Bis-(2.6-dioxo-4.4-dimethyl-cyclohexyl)-äthyl]-hexen-(3*t*)-amid,** Formel I (R = CO-$CH_2$-CH$\overset{t}{=}$CH-$CH_2$-$CH_3$), und Tautomere.

*B.* Beim Behandeln von *N*-[2-Oxo-äthyl]-hexen-(3*t*)-amid („Penten-(2)-yl-penilloaldehyd") mit 5.5-Dimethyl-dihydroresorcin (E III **7** 3225) in wss. Äthanol (*Abraham et al.*, Chem. Penicillin **1949** 27).

Krystalle (aus wss. A.); F: 161—162° (*Ab. et al.*). Monoklin; Raumgruppe $P2_1/a$; Dimensionen der Elementarzelle (aus dem Röntgen-Diagramm) a = 9,48 Å; b = 18,20 Å; c = 13,90 Å; $\beta$ = 93°; n = 4 (*Crowfoot et al.*, Chem. Penicillin **1949** 310, 320).

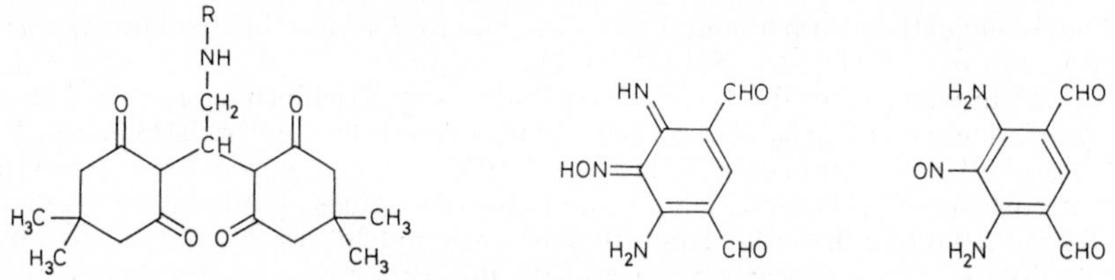

I II III

# Amino-Derivate der Tetraoxo-Verbindungen $C_nH_{2n-12}O_4$

## Amino-Derivate der Tetraoxo-Verbindungen $C_8H_4O_4$

**4-Amino-5.6-dioxo-cyclohexadien-(1.3)-dicarbaldehyd-(1.3)** $C_8H_5NO_4$.

**4-Amino-6-imino-5-hydroxyimino-cyclohexadien-(1.3)-dicarbaldehyd-(1.3),** *4-amino-5-(hydroxyimino)-6-iminocyclohexa-1,3-diene-1,3-dicarboxaldehyde* $C_8H_7N_3O_3$, Formel II, und **5-Nitroso-4.6-diamino-isophthalaldehyd,** *4,6-diamino-5-nitrosoisophthalaldehyde* $C_8H_7N_3O_3$, Formel III.

*B.* Aus 4.6-Diamino-isophthalaldehyd beim Behandeln mit Natriumnitrit und wss. Salzsäure (*Ruggli, Frey*, Helv. **22** [1939] 1403, 1407).

Grüne Krystalle (aus A. oder W.); Zers. bei 260—273°.

# Amino-Derivate der Tetraoxo-Verbindungen $C_nH_{2n-14}O_4$

## Amino-Derivate der Tetraoxo-Verbindungen $C_{10}H_6O_4$

**2-Amino-1.4-diglyoxyloyl-benzol, [Amino-*p*-phenylen]-diglyoxal,** *(amino-*p*-phenylene)diglyoxal* $C_{10}H_7NO_4$, Formel IV.

*B.* Aus 2-Nitro-1.4-diglyoxyloyl-benzol bei der Hydrierung an Raney-Nickel in Dioxan und Äthanol bei 50° (*Ruggli, Gassenmeier*, Helv. **22** [1939] 496, 508).

Gelbes Öl.

Trisemicarbazon $C_{13}H_{16}N_{10}O_4$. Gelbe Krystalle (aus Dioxan); F: ca. 280° [Zers.].

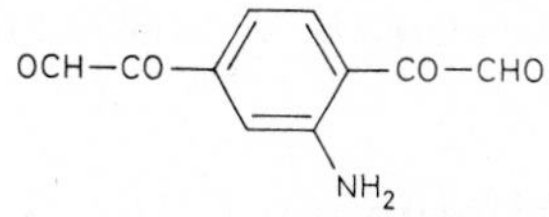

IV 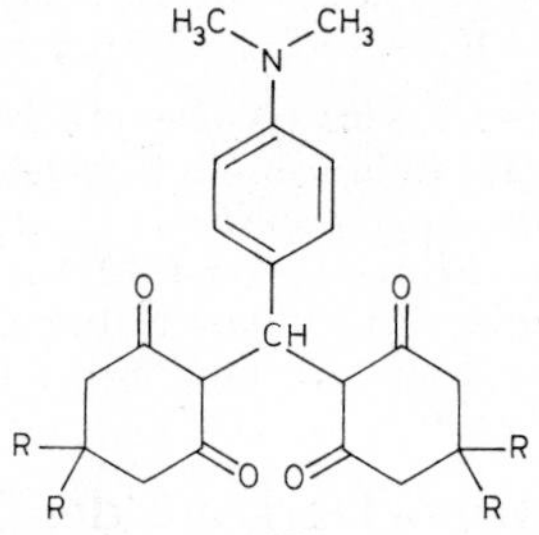 V

# Amino-Derivate der Tetraoxo-Verbindungen $C_nH_{2n-18}O_4$

### Amino-Derivate der Tetraoxo-Verbindungen $C_{19}H_{20}O_4$

**Bis-[2.6-dioxo-cyclohexyl]-[4-amino-phenyl]-methan** $C_{19}H_{21}NO_4$.

**Bis-[2.6-dioxo-cyclohexyl]-[4-dimethylamino-phenyl]-methan**, *2,2'-[4-(dimethylamino)benzylidene]dicyclohexane-1,3-dione* $C_{21}H_{25}NO_4$, Formel V (R = H), und Tautomere (z. B. Bis-[2-hydroxy-6-oxo-cyclohexen-(1)-yl]-[4-dimethylamino-phenyl]-methan).

*B.* Beim Erwärmen von 4-Dimethylamino-benzaldehyd mit Dihydroresorcin (E III 7 3210) in wss. Äthanol unter Zusatz von Piperidin (*King, Felton*, Soc. **1948** 1371).

Krystalle (aus wss. A.); F: 150°.

### Amino-Derivate der Tetraoxo-Verbindungen $C_{23}H_{28}O_4$

**Bis-[2.6-dioxo-4.4-dimethyl-cyclohexyl]-[4-amino-phenyl]-methan** $C_{23}H_{29}NO_4$.

**Bis-[2.6-dioxo-4.4-dimethyl-cyclohexyl]-[4-dimethylamino-phenyl]-methan**, *5,5,5',5'-tetramethyl-2,2'-[4-(dimethylamino)benzylidene]dicyclohexane-1,3-dione* $C_{25}H_{33}NO_4$, Formel V (R = $CH_3$), und Tautomere (z. B. Bis-[2-hydroxy-6-oxo-4.4-dimethyl-cyclohexen-(1)-yl]-[4-dimethylamino-phenyl]-methan) (E II 134; dort als [4-Dimethylamino-benzyliden]-bis-dimethyldihydroresorcin bezeichnet).

Gelbe Krystalle (aus wss. Me.); F: 194,5—195,5° [korr.] (*Horning, Horning*, J. org. Chem. **11** [1946] 95, 97, 98).

# Amino-Derivate der Tetraoxo-Verbindungen $C_nH_{2n-24}O_4$

### Amino-Derivate der Tetraoxo-Verbindungen $C_{16}H_8O_4$

**1.5-Diamino-9.10-dioxo-9.10-dihydro-anthracen-dicarbaldehyd-(2.6)**, *1,5-diamino-9,10-dioxo-9,10-dihydroanthracene-2,6-dicarboxaldehyde* $C_{16}H_{10}N_2O_4$, Formel VI.

*B.* Beim Behandeln von 1.5-Dinitro-2.6-dimethyl-anthrachinon mit rauchender Schwefelsäure und Erhitzen des Reaktionsprodukts mit Eisen(II)-sulfat und wss. Schwefelsäure (*I.G. Farbenind.*, D.R.P. 533249 [1926]; Frdl. **18** 1245).

Violettrote Krystalle (aus Nitrobenzol); F: 340°.

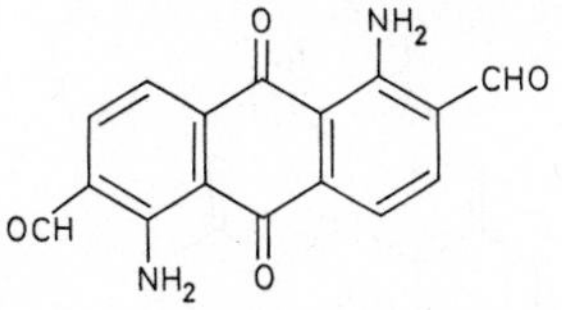

VI 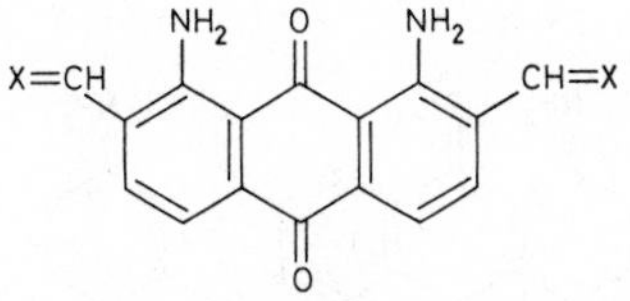 VII

**1.8-Diamino-9.10-dioxo-9.10-dihydro-anthracen-dicarbaldehyd-(2.7)**, *1,8-diamino-9,10-dioxo-9,10-dihydroanthracene-2,7-dicarboxaldehyde* $C_{16}H_{10}N_2O_4$, Formel VII (X = O).

*B.* Beim Behandeln von 1.8-Dinitro-2.7-dimethyl-anthrachinon mit rauchender

Schwefelsäure und Erhitzen des Reaktionsprodukts mit Eisen(II)-sulfat und wss. Schwefelsäure (*I.G. Farbenind.*, D.R.P. 533249 [1926]; Frdl. **18** 1245). Aus 1.8-Diamino-9.10-dioxo-9.10-dihydro-anthracen-dicarbaldehyd-(2.7)-bis-phenylimin beim Erhitzen mit Essigsäure und wss. Salzsäure (*Mayer, Günther*, B. **63** [1930] 1455, 1462).

Blaurote Krystalle (aus Nitrobenzol), die unterhalb 300° nicht schmelzen (*Mayer, Gü.*).

**1.8-Diamino-2.7-bis-[*N*-phenyl-formimidoyl]-anthrachinon, 1.8-Diamino-9.10-dioxo-9.10-dihydro-anthracen-dicarbaldehyd-(2.7)-bis-phenylimin,** *1,8-diamino-2,7-bis(*N*-phenylformimidoyl)anthraquinone* $C_{28}H_{20}N_4O_2$, Formel VII (X = N-$C_6H_5$).

*B.* Beim Erhitzen von 1.8-Diamino-2.7-dimethyl-anthrachinon mit Anilin und Nitrobenzol unter Zusatz von Kaliumcarbonat (*Mayer, Günther*, B. **63** [1930] 1455, 1462).

Blaurote Krystalle (aus Bzl.); F: 214°.

## Amino-Derivate der Tetraoxo-Verbindungen $C_nH_{2n-26}O_4$

### Amino-Derivate der Tetraoxo-Verbindungen $C_{18}H_{10}O_4$

**2.2′-Diamino-[2.2′]biindanyltetron-(1.3.1′.3′)** $C_{18}H_{12}N_2O_4$.

**2.2′-Bis-diäthylamino-[2.2′]biindanyltetron-(1.3.1′.3′),** *2,2′-bis(diethylamino)-2,2′-biindanyl-1,1′,3,3′-tetrone* $C_{26}H_{28}N_2O_4$, Formel VIII (R = $C_2H_5$) (E II 134; dort als Bis-[2-diäthylamino-1.3-dioxo-hydrindyl-(2)] bezeichnet).

Gelbe Krystalle (aus A.); F: 219° (*Rădulescu, Bărbulescu*, Bulet. Soc. Chim. România **20**A [1938] 29, 33; vgl. E II 134).

VIII IX

## Amino-Derivate der Tetraoxo-Verbindungen $C_nH_{2n-34}O_4$

### Amino-Derivate der Tetraoxo-Verbindungen $C_{22}H_{10}O_4$

**1.8-Diamino-5.7.12.14-tetraoxo-5.7.12.14-tetrahydro-pentacen, 1.8-Diamino-pentacen-dichinon-(5.7.12.14),** *1,8-diaminopentacene-5,7,12,14-tetrone* $C_{22}H_{12}N_2O_4$, Formel IX (E II 135).

Absorptionsspektrum (Py.; 350—600 mμ): *Machek*, M. **57** [1931] 201, 211, 217.

**1.11-Diamino-5.7.12.14-tetraoxo-5.7.12.14-tetrahydro-pentacen, 1.11-Diamino-pentacen-dichinon-(5.7.12.14),** *1,11-diaminopentacene-5,7,12,14-tetrone* $C_{22}H_{12}N_2O_4$, Formel X (E II 135).

Absorptionsspektrum (Py.; 350—600 mμ): *Machek*, M. **57** [1931] 201, 211, 217.

X XI

### Amino-Derivate der Tetraoxo-Verbindungen $C_{31}H_{28}O_4$

**Bis-[2.6-dioxo-4-phenyl-cyclohexyl]-[4-amino-phenyl]-methan** $C_{31}H_{29}NO_4$ und Tautomeres.

**Bis-[2.6-dioxo-4-phenyl-cyclohexyl]-[4-dimethylamino-phenyl]-methan,** *5,5'-diphenyl-2,2'-[4-(dimethylamino)benzylidene]dicyclohexane-1,3-dione* $C_{33}H_{33}NO_4$, Formel XI, und Tautomere (z. B. Bis-[2-hydroxy-6-oxo-4-phenyl-cyclohexen-(1)-yl]-[4-dimethylamino-phenyl]-methan).

Eine Verbindung (orangefarbene Krystalle [aus A.], F: 107—108°) dieser Konstitution ist beim Behandeln von 4-Dimethylamino-benzaldehyd mit 5-Phenyl-dihydroresorcin (E III 7 3613) in Methanol unter Zusatz von Piperidin erhalten worden (*Desai, Wali*, J. Indian chem. Soc. **13** [1936] 735, 738).

## Amino-Derivate der Tetraoxo-Verbindungen $C_nH_{2n-40}O_4$

### Amino-Derivate der Tetraoxo-Verbindungen $C_{28}H_{16}O_4$

**1.8-Diamino-2.7-dibenzoyl-anthrachinon,** *1,8-diamino-2,7-dibenzoylanthraquinone* $C_{28}H_{18}N_2O_4$, Formel XII.

*B.* Aus 1.8-Dichlor-2.7-dibenzoyl-anthrachinon beim Erhitzen mit wss.-äthanol. Ammoniak auf 170° (*Scholl, Ziegs*, B. **67** [1934] 1746, 1749).

Violette Krystalle (aus Eg.); F: 266—267°.

XII XIII

**1.8-Dianilino-2.7-dibenzoyl-anthrachinon,** *1,8-dianilino-2,7-dibenzoylanthraquinone* $C_{40}H_{26}N_2O_4$, Formel XIII (R = H).

*B.* Beim Erhitzen von 1.8-Dichlor-2.7-dibenzoyl-anthrachinon mit Anilin unter Zusatz von Kaliumacetat und Kupfer(II)-acetat (*Scholl, Ziegs*, B. **67** [1934] 1746, 1750).

Violette Krystalle (aus A.); F: 263°.

**1.8-Di-*p*-toluidino-2.7-dibenzoyl-anthrachinon,** *2,7-dibenzoyl-1,8-di-*p*-toluidinoanthraquinone* $C_{42}H_{30}N_2O_4$, Formel XIII (R = $CH_3$).

*B.* Beim Erhitzen von 1.8-Dichlor-2.7-dibenzoyl-anthrachinon mit *p*-Toluidin in Nitrobenzol unter Zusatz von Kaliumacetat und Kupfer(II)-acetat (*Scholl, Ziegs*, B. **67** [1934] 1746, 1750).

Dunkelblaue Krystalle (aus A. oder Eg.); F: ca. 240°.

## Amino-Derivate der Tetraoxo-Verbindungen $C_nH_{2n-42}O_4$

### Amino-Derivate der Tetraoxo-Verbindungen $C_{28}H_{14}O_4$

**2.2'-Diamino-9.10.9'.10'-tetraoxo-9.10.9'.10'-tetrahydro-[1.1']bianthryl, 2.2'-Diamino-[1.1']bianthryl-dichinon-(9.10:9'.10')** $C_{28}H_{16}N_2O_4$.

**2.2'-Bis-äthoxycarbonylamino-[1.1']bianthryl-dichinon-(9.10:9'.10'), [9.10.9'.10'-Tetraoxo-9.10.9'.10'-tetrahydro-[1.1']bianthryldiyl-(2.2')]-dicarbamidsäure-diäthylester,** *(9,9',10,10'-tetraoxo-9,9',10,10'-tetrahydro-1,1'-bianthryl-2,2'-diyl)dicarbamic acid diethyl ester* $C_{34}H_{24}N_2O_8$, Formel XIV (R = CO-$OC_2H_5$).

*B.* Aus [1-Chlor-9.10-dioxo-9.10-dihydro-anthryl-(2)]-carbamidsäure-äthylester beim Erhitzen mit Kupfer-Pulver in Nitrobenzol (*Scottish Dyes Ltd.*, U.S.P. 1890098 [1928]).

Gelbe Krystalle (aus Chlorbenzol), die unterhalb 250° nicht schmelzen.

**4.4′-Diamino-9.10.9′.10′-tetraoxo-9.10.9′.10′-tetrahydro-[1.1′]bianthryl, 4.4′-Diamino-[1.1′]bianthryl-dichinon-(9.10:9′.10′),** *4,4′-diamino-1,1′-bianthryl-9,9′,10,10′-tetrone* $C_{28}H_{16}N_2O_4$, Formel XV (R = X = H) (E I 483; dort als 4.4′-Diamino-dianthrachinonyl-(1.1′) bezeichnet.

*B.* Aus 4.4′-Diamino-9.10.9′.10′-tetraoxo-9.10.9′.10′-tetrahydro-[1.1′]bianthryl-disulfonsäure-(3.3′) beim Erhitzen mit wss. Natronlauge und D-Glucose (*Lynas-Gray, Simonsen,* Soc. **1943** 45).

Rote Krystalle (aus 2.4-Dimethyl-anilin); F: 356–358°.

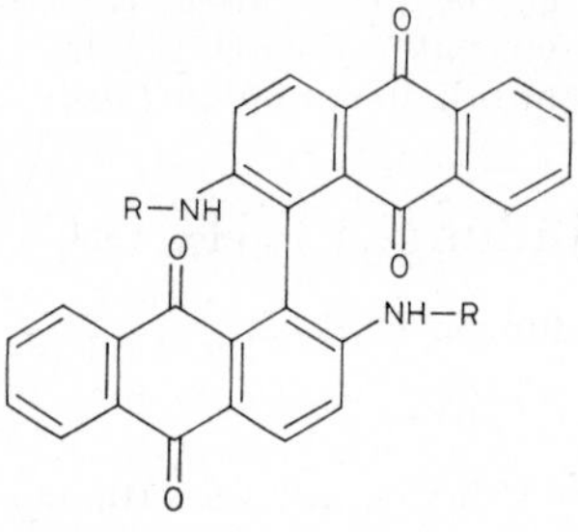

XIV 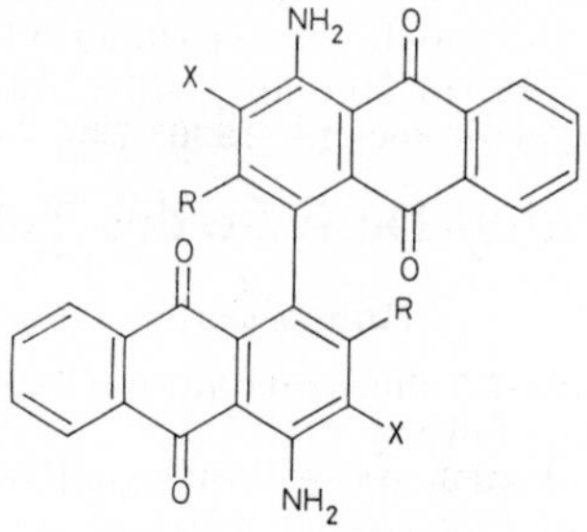 XV

**2.3.2′.3′-Tetrachlor-4.4′-diamino-[1.1′]bianthryl-dichinon-(9.10:9′.10′),** *4,4′-diamino-2,2′,3,3′-tetrachloro-1,1′-bianthryl-9,9′,10,10′-tetrone* $C_{28}H_{12}Cl_4N_2O_4$, Formel XV (R = X = Cl).

*B.* Beim Behandeln von 2.3-Dichlor-1.4-diamino-anthrachinon mit Natriumnitrit und Schwefelsäure und Erhitzen des Reaktionsprodukts mit wss. Kupfer(I)-chlorid-Lösung (*I.G. Farbenind.,* D.R.P. 534305 [1929]; Frdl. **18** 1243).

Rotbraune Krystalle (aus Nitrobenzol); F: 380° [Zers.].

**3.3′-Dibrom-4.4′-diamino-[1.1′]bianthryl-dichinon-(9.10:9′.10′),** *4,4′-diamino-3,3′-dibromo-1,1′-bianthryl-9,9′,10,10′-tetrone* $C_{28}H_{14}Br_2N_2O_4$, Formel XV (R = H, X = Br).

*B.* Aus dem Dinatrium-Salz der 4.4′-Diamino-9.10.9′.10′-tetraoxo-9.10.9′.10′-tetrahydro-[1.1′]bianthryl-disulfonsäure-(3.3′) und Brom (*Lynas-Gray, Simonsen,* Soc. **1943** 45).

Rote, grün schimmernde Krystalle (aus Nitrobenzol); F: 415–416°.

## Amino-Derivate der Tetraoxo-Verbindungen $C_nH_{2n-50}O_4$

### Amino-Derivate der Tetraoxo-Verbindungen $C_{37}H_{24}O_4$

**2-[4-Amino-phenyl]-1.3-bis-[9.10-dioxo-9.10-dihydro-anthryl-(2)]-propan** $C_{37}H_{25}NO_4$.

**2-[4-Dimethylamino-phenyl]-1.3-bis-[1-nitro-9.10-dioxo-9.10-dihydro-anthryl-(2)]-propan,** *1,1′-dinitro-2,2′-{2-[p-(dimethylamino)phenyl]propanediyl}dianthraquinone* $C_{39}H_{27}N_3O_8$, Formel XVI.

*B.* In geringer Menge neben 1-Nitro-2-[4-dimethylamino-styryl]-anthrachinon (F: 290°) beim Erhitzen von 1-Nitro-2-methyl-anthrachinon mit 4-Dimethylamino-benzaldehyd in Nitrobenzol unter Zusatz von Piperidin (*Battegay, Mangeney,* C. r. **203** [1936] 792).

Braune Krystalle (aus A.); F: 269°.

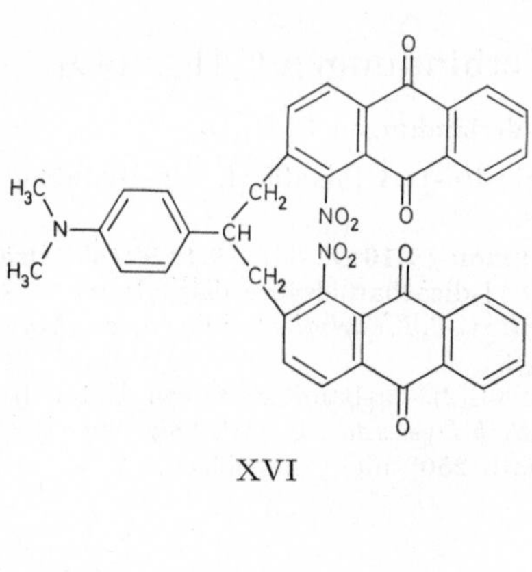

XVI 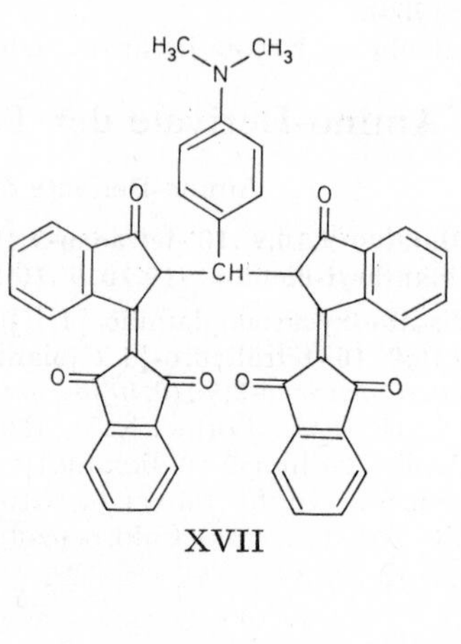 XVII

## Amino-Derivate der Hexaoxo-Verbindungen $C_nH_{2n-62}O_6$

### Amino-Derivate der Hexaoxo-Verbindungen $C_{43}H_{24}O_6$

**[4-Amino-phenyl]-bis-[3.1'.3'-trioxo-[1.2']biindanylidenyl-(2)]-methan** $C_{43}H_{25}NO_6$.

**[4-Dimethylamino-phenyl]-bis-[3.1'.3'-trioxo-[1.2']biindanylidenyl-(2)]-methan,** *2,2''-[4-(dimethylamino)benzylidene]di(1,2'-biindanylidene-1',3,3'-trione)* $C_{45}H_{29}NO_6$, Formel XVII, und Tautomere (vgl. E II 136; dort als [4-Dimethylamino-benzyliden]-bis-bindon bezeichnet).

Für ein nach dem E II 136 angegebenen Verfahren hergestelltes Präparat (orangerote Krystalle [aus Bzl.]) wird F: 205° angegeben (*Ionescu, Slusanschi,* Bl. [4] **51** [1932] 1109, 1121, 1123). *[Geibler]*

# H. Hydroxy-oxo-amine

## Amino-Derivate der Hydroxy-oxo-Verbindungen $C_nH_{2n-2}O_2$

### Amino-Derivate der Hydroxy-oxo-Verbindungen $C_{10}H_{18}O_2$

**6-Amino-1-hydroxy-1-methyl-4-isopropyl-cyclohexanon-(2), 6-Amino-1-hydroxy-*p*-menthanon-(2)** $C_{10}H_{19}NO_2$.

**6-Dimethylamino-1-hydroxy-*p*-menthanon-(2),** *6-(dimethylamino)-1-hydroxy-*p*-menthan-2-one* $C_{12}H_{23}NO_2$.

**(1*S*:4*S*:6*Ξ*)-6-Dimethylamino-1-hydroxy-*p*-menthanon-(2),** Formel I.

Über ein bei partieller Hydrierung von (−)(1*S*:4*S*:6*Ξ*)-6-Dimethylamino-1-hydroxy-*p*-menthen-(8)-on-(2) (S. 542) an Nickel in wss. Äthanol erhaltenes Präparat ($Kp_{13}$: 157° bis 159°; $[\alpha]_D^{20}$: −39,2° [Bzl.]) s. *Rupe, Gysin,* Helv. **21** [1938] 1413, 1426.

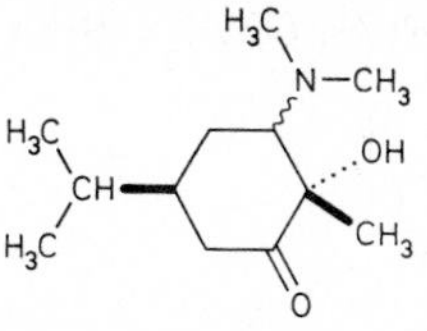

I 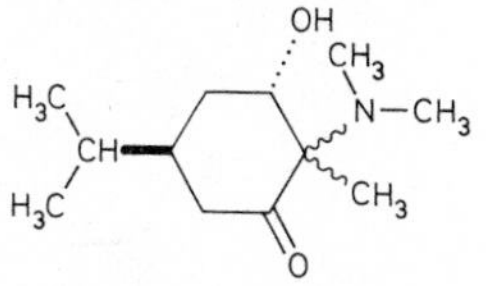 II 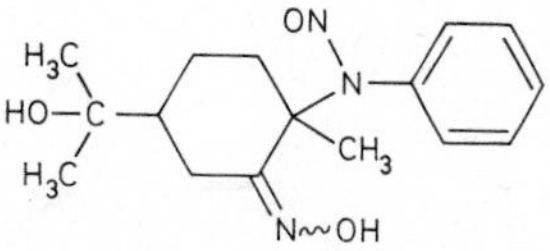 III

**1-Amino-6-hydroxy-1-methyl-4-isopropyl-cyclohexanon-(2), 1-Amino-6-hydroxy-*p*-menthanon-(2)** $C_{10}H_{19}NO_2$.

**1-Dimethylamino-6-hydroxy-*p*-menthanon-(2),** *1-(dimethylamino)-6-hydroxy-*p*-menthan-2-one* $C_{12}H_{23}NO_2$.

**(1*Ξ*:4*S*:6*S*)-1-Dimethylamino-6-hydroxy-*p*-menthanon-(2),** Formel II.

Ein als Perchlorat $C_{12}H_{23}NO_2 \cdot HClO_4$ (Krystalle [aus A. + E.], F: 156°), als Semicarbazon $C_{13}H_{26}N_4O_2$ (Krystalle [aus A.], F: 134°) und als Methojodid $[C_{13}H_{26}NO_2]I$ (Trimethyl-[(1*Ξ*:4*S*:6*S*)-6-hydroxy-2-oxo-1-methyl-4-isopropyl-cyclohexyl]-ammonium-jodid; Krystalle [aus A. + Ae.], F: 180—181°) charakterisiertes Aminoketon ($Kp_{12,5}$: 132—134°; $[\alpha]_D^{20}$: −47,4° [Bzl.]) dieser Konstitution und Konfiguration ist bei partieller Hydrierung von (−)(1*Ξ*:4*S*:6*S*)-1-Dimethylamino-6-hydroxy-*p*-menthen-(8)-on-(2) (S. 542) an Nickel in wss. Äthanol erhalten worden (*Rupe, Gysin,* Helv. **21** [1938] 1413, 1423).

**1-Amino-1-methyl-4-[α-hydroxy-isopropyl]-cyclohexanon-(2), 1-Amino-8-hydroxy-*p*-menthanon-(2)** $C_{10}H_{19}NO_2$.

**1-[*N*-Nitroso-anilino]-8-hydroxy-*p*-menthanon-(2)-oxim,** *8-hydroxy-1-(N-nitrosoanilino)-*p*-menthan-2-one oxime* $C_{16}H_{23}N_3O_3$, Formel III.

Über ein aus konfigurativ nicht spezifiziertem 1-Anilino-8-hydroxy-*p*-menthanon-(2)-oxim („α-Terpineol-nitrolanilin"; F: 149° [vgl. H 233]) beim Behandeln mit wss. Salz=

säure und Natriumnitrit erhaltenes Präparat (F: 144,5°) s. *Earl, Hazlewood,* Soc. **1937** 374.

# Amino-Derivate der Hydroxy-oxo-Verbindungen $C_nH_{2n-4}O_2$

## Amino-Derivate der Hydroxy-oxo-Verbindungen $C_{10}H_{16}O_2$

**6-Amino-1-hydroxy-1-methyl-4-isopropenyl-cyclohexanon-(2), 6-Amino-1-hydroxy-*p*-menthen-(8)-on-(2)** $C_{10}H_{17}NO_2$.

**6-Dimethylamino-1-hydroxy-*p*-menthen-(8)-on-(2),** *6-(dimethylamino)-1-hydroxy-*p*-menth-8-en-2-one* $C_{12}H_{21}NO_2$.

**(−)(1*S*:4*S*:6*Ξ*)-6-Dimethylamino-1-hydroxy-*p*-menthen-(8)-on-(2),** Formel IV, dessen Perchlorat bei 144° schmilzt.

*B.* Neben (−)(1*Ξ*:4*S*:6*S*)-1-Dimethylamino-6-hydroxy-*p*-menthen-(8)-on-(2) [s. u.] und geringen Mengen (*S*)-2-Dimethylamino-*p*-menthadien-(1.8)-on-(6) beim Erhitzen von (−)-Carvonoxid ((1*S*:4*S*:6*S*)-1.6-Epoxy-*p*-menthen-(8)-on-(2)) mit Dimethylamin in Wasser (*Rupe, Gysin,* Helv. **21** [1938] 1413, 1421).

$Kp_{11}$: 156°; $Kp_{0,006}$: 90°; $D_4^{20}$: 1,0393 (*Rupe, Gy.,* l. c. S. 1421). $[\alpha]_D^{20}$: −40,8° [unverd.] (*Rupe, Gy.,* l. c. S. 1421). Rotationsdispersion (486—656 mμ): *Rupe, Gysin,* Helv. **21** [1938] 1433, 1440.

Perchlorat $C_{12}H_{21}NO_2 \cdot HClO_4$. Krystalle (aus E. + A.); F: 143—144° (*Rupe, Gy.,* l. c. S. 1421). Krystallographische Untersuchung: *Grütter,* Z. Kr. **102** [1940] 48, 53. $[\alpha]_D^{20}$: +9,9° [W.; p = 10] (*Rupe, Gy.,* l. c. S. 1422). Rotationsdispersion (W.; 486—656 mμ): *Rupe, Gy.,* l. c. S. 1440.

Methojodid $[C_{13}H_{24}NO_2]I$ (Trimethyl-[(1*S*:2*Ξ*:4*S*)-1-hydroxy-6-oxo-*p*-menth-en-(8)-yl-(2)]-ammonium-jodid; Formel V [R = $CH_3$, X = I]). Krystalle (aus A. + E.); F: 140—141° (*Rupe, Gy.,* l. c. S. 1422).

Überführung der Base in Dimethyl-äthoxycarbonylmethyl-[(1*S*:2*Ξ*:4*S*)-1-hydroxy-6-oxo-*p*-menthen-(8)-yl-(2)]-ammonium-bromid $[C_{16}H_{28}NO_4]Br$ (Formel V [R = $CH_2$-CO-$OC_2H_5$, X = Br]; Krystalle [aus A. + Ae], F: 166°; $[\alpha]_D^{20}$: +5,86° [W.]) durch Erwärmen mit Bromessigsäure-äthylester: *Rupe, Gy.,* l. c. S. 1444.

IV

V

**1-Amino-6-hydroxy-1-methyl-4-isopropenyl-cyclohexanon-(2), 1-Amino-6-hydroxy-*p*-menthen-(8)-on-(2)** $C_{10}H_{17}NO_2$.

**1-Dimethylamino-6-hydroxy-*p*-menthen-(8)-on-(2),** *1-(dimethylamino)-6-hydroxy-*p*-menth-8-en-2-one* $C_{12}H_{21}NO_2$.

**(−)(1*Ξ*:4*S*:6*S*)-1-Dimethylamino-6-hydroxy-*p*-menthen-(8)-on-(2),** Formel VI (R = H), dessen Perchlorat bei 174° schmilzt.

*B.* Neben (−)(1*S*:4*S*:6*Ξ*)-6-Dimethylamino-1-hydroxy-*p*-menthen-(8)-on-(2) [s. o.] und geringen Mengen (*S*)-2-Dimethylamino-*p*-menthadien-(1.8)-on-(6) beim Erhitzen von (−)-Carvonoxid ((1*S*:4*S*:6*S*)-1.6-Epoxy-*p*-menthen-(8)-on-(2)) mit Dimethylamin in Wasser (*Rupe, Gysin,* Helv. **21** [1938] 1413, 1418).

$Kp_{0,008}$: 70—72°; $D_4^{20}$: 0,9974 (*Rupe, Gy.,* l. c. S. 1418). $[\alpha]_D^{20}$: −55,2° [unverd.] (*Rupe, Gy.,* l. c. S. 1419). Rotationsdispersion (486—656 mμ): *Rupe, Gysin,* Helv. **21** [1938] 1433, 1440.

Perchlorat $C_{12}H_{21}NO_2 \cdot HClO_4$. Krystalle (aus A.); F: 173—174° (*Rupe, Gy.,* l. c. S. 1419). Krystallographische Untersuchung: *Grütter,* Z. Kr. **102** [1940] 48, 50. $[\alpha]_D^{20}$: −12,8° [W.] (*Rupe, Gy.,* l. c. S. 1419). Rotationsdispersion (W.; 486—656 mμ): *Rupe, Gy.,* l. c. S. 1440.

Oxim $C_{12}H_{22}N_2O_2$. Krystalle (aus W.); F: 136° (*Rupe, Gy.,* l. c. S. 1420).

Semicarbazon $C_{13}H_{24}N_4O_2$. F: 164° (*Rupe, Gy.*, l. c. S. 1419).

Methojodid $[C_{13}H_{24}NO_2]I$ (Trimethyl-[(1Ξ:4*S*:6*S*)-6-hydroxy-2-oxo-*p*-menthen-(8)-yl-(1)]-ammonium-jodid; Formel VII [R = $CH_3$, X = I]). Krystalle (aus A. + Ae.); F: 163° (*Rupe, Gy.*, l. c. S. 1420). — Methoperchlorat $[C_{13}H_{24}NO_2]ClO_4$. Krystalle (aus A. + Ae.); F: 114° [nach Sintern bei 108°] (*Rupe, Gy.*, l. c. S. 1448).

Überführung der Base in Dimethyl-[2-hydroxy-äthyl]-[(1Ξ:4*S*:6*S*)-6-hydroxy-2-oxo-*p*-menthen-(8)-yl-(1)]-ammonium-chlorid $[C_{14}H_{26}NO_3]Cl$ (Formel VII [R = $CH_2$-$CH_2OH$, X = Cl]; Krystalle [aus A. + Ae.], F: 105°) durch Erwärmen mit 2-Chlor-äthanol-(1): *Rupe, Gy.*, l. c. S. 1449; in Dimethyl-äthoxycarbonylmethyl-[(1Ξ:4*S*:6*S*)-6-hydroxy-2-oxo-*p*-menthen-(8)-yl-(1)]-ammonium-bromid $[C_{16}H_{28}NO_4]Br$ (Formel VII [R = $CH_2$-CO-$OC_2H_5$, X = Br]; Krystalle [aus E. + A.], F: 165° [Zers.]; $[\alpha]_D$: −9,56° [A.]; $[\alpha]_D$: +7,8° [Anfangswert] → +3,1° [nach 2 h] [W.]; Perchlorat $[C_{16}H_{28}NO_4]ClO_4$: Krystalle [aus A. + Ae.]; F: 159° [nach Sintern bei 152°]) durch Umsetzung mit Bromessigsäure-äthylester: *Rupe, Gy.*, l. c. S. 1441; in Dimethyl-carboxymethyl-[(1Ξ:4*S*:6*S*)-6-hydroxy-2-oxo-*p*-menthen-(8)-yl-(1)]-ammonium-perchlorat $[C_{14}H_{24}NO_4]ClO_4$ (Formel VII [R = $CH_2$-COOH, X = $ClO_4$]; Krystalle [aus A.], F: 162° [nach Sintern bei 157°]) durch Umsetzung des zuletzt genannten Bromids $[C_{16}H_{28}NO_4]Br$ mit Silberoxid und Perchlorsäure: *Rupe, Gy.*, l. c. S. 1443.

Überführung des *O*-Acetyl-Derivats $C_{14}H_{23}NO_3$ der Base [(1Ξ:4*S*:6*S*)-1-Dimethylamino-6-acetoxy-*p*-menthen-(8)-on-(2); Formel VI [R = CO-$CH_3$]; $Kp_{10,5}$: 144° bis 146°] (*Rupe, Gy.*, l. c. S. 1420) in Dimethyl-äthoxycarbonylmethyl-[(1Ξ:4*S*:6*S*)-6-acetoxy-2-oxo-*p*-menthen-(8)-yl-(1)]-ammonium-bromid $[C_{18}H_{30}NO_5]Br$ (Formel VIII [R = $CH_2$-CO-$OC_2H_5$, X = Br]; Krystalle [aus E. + A. + Ae.], F: 129—131°; $[\alpha]_D^{20}$: +13,8° [A.], +16,2° [W.]) durch Umsetzung mit Bromessigsäure-äthylester und weiter in Dimethyl-carboxymethyl-[(1Ξ:4*S*:6*S*)-6-acetoxy-2-oxo-*p*-menthen-(8)-yl-(1)]-ammonium-perchlorat $[C_{16}H_{26}NO_5]ClO_4$ (Formel VIII [R = $CH_2$-COOH, X = $ClO_4$]; Krystalle [aus A. + Ae.], F: 125° [Zers.; nach Sintern bei 115°]) durch Umsetzung des zuletzt genannten Bromids mit Silberoxid und mit Perchlorsäure: *Rupe, Gy.*, l. c. S. 1446.

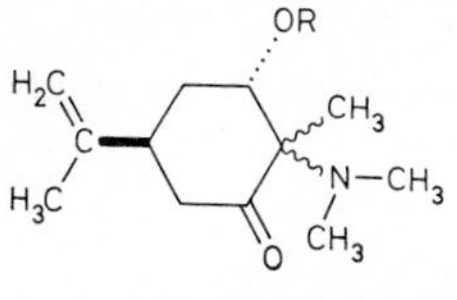

VI 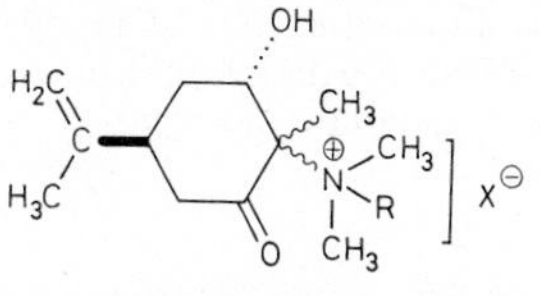 VII 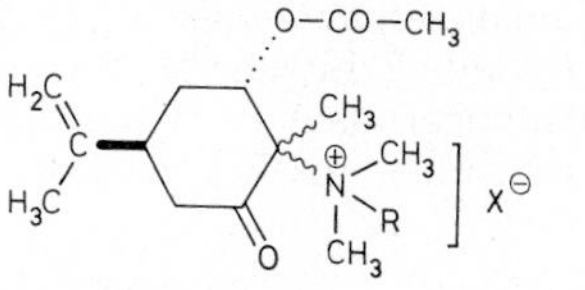 VIII

# Amino-Derivate der Hydroxy-oxo-Verbindungen $C_nH_{2n-6}O_2$

## Amino-Derivate der Hydroxy-oxo-Verbindungen $C_{19}H_{32}O_2$

**3a.6-Dimethyl-6-[2-amino-1-hydroxy-äthyl]-7-[2-oxo-äthyl]-dodecahydro-1*H*-cyclopenta[*a*]naphthalin** $C_{19}H_{33}NO_2$.

**3a.6-Dimethyl-6-[2-dimethylamino-1-hydroxy-äthyl]-7-[2-oxo-äthyl]-dodecahydro-1*H*-cyclopenta[*a*]naphthalin** $C_{21}H_{37}NO_2$ und Tautomeres.

**2-Dimethylamino-1α-hydroxy-2.3-seco-5β-androstanal-(3)**, *2-(dimethylamino)-1α-hydroxy-2,3-seco-5β-androstan-3-al* $C_{21}H_{37}NO_2$, Formel IX, und Tautomeres (1β-[Dimethylamino-methyl]-2-oxa-5β-androstanol-(3ξ); Formel X).

Über die Konstitution und Konfiguration dieser in der Literatur als Oxydihydrodes-*N*-dimethyl-desoxysamandarin bezeichneten Verbindung s. *Schöpf*, Experientia **17** [1961] 285; *Wölfel et al.*, B. **94** [1961] 2361.

*B.* Aus 1β-[Dimethylamino-methyl]-2-oxa-5β-androsten-(3) („Des-*N*-dimethyl-desoxysamandarin") beim Erwärmen mit wss. Schwefelsäure (*Schöpf, Koch*, A. **552** [1942] 62, 98).

Krystalle; F: 122—123° [nach Sintern bei 120°] (*Sch., Koch*).

Beim Erwärmen mit Chrom(VI)-oxid und wss. Schwefelsäure ist 1β-[Dimethylamino-methyl]-2-oxa-5β-androstanon-(3) („Desoxosamandeson") erhalten worden (*Sch., Koch*).

Hydrojodid $C_{21}H_{37}NO_2 \cdot HI$. Krystalle (aus wss. A.); F: 277° [Zers.; nach Sintern bei 275°] (*Sch.*, *Koch*).

Oxim $C_{21}H_{38}N_2O_2$. Krystalle (aus wss. A.) mit 1 Mol $H_2O$; F: 168—169° [nach Sintern bei 166°] (*Sch.*, *Koch*).

IX X

# Amino-Derivate der Hydroxy-oxo-Verbindungen $C_nH_{2n-8}O_2$

## Amino-Derivate der Hydroxy-oxo-Verbindungen $C_7H_6O_2$

**2-Amino-4-hydroxy-benzaldehyd** $C_7H_7NO_2$.

**2-Amino-4-methoxy-benzaldehyd-oxim**, *2-amino-*p*-anisaldehyde oxime* $C_8H_{10}N_2O_2$, Formel I (R = H).

*B.* Beim Erwärmen von 2-Nitro-4-methoxy-benzaldehyd-oxim mit Ammoniumsulfid in wss. Äthanol (*Boon*, Soc. **1949** Spl. 230).

Krystalle (aus A.); F: 145°.

***N*-[5-Methoxy-2-formohydroximoyl-phenyl]-glycin**, *N-(2-formohydroximoyl-5-methoxyphenyl)glycine* $C_{10}H_{12}N_2O_4$, Formel I (R = $CH_2$-COOH).

*B.* Aus *N*-[5-Methoxy-2-formohydroximoyl-phenyl]-glycin-amid beim Erhitzen mit wss. Natronlauge (*Boon*, Soc. **1949** Spl. 230).

Krystalle (aus W.); F: 148—149° [Zers.].

***N*-[5-Methoxy-2-formohydroximoyl-phenyl]-glycin-amid**, *2-(6-formohydroximoyl-*m*-anisidino)acetamide* $C_{10}H_{13}N_3O_3$, Formel I (R = $CH_2$-CO-$NH_2$).

*B.* Beim Erhitzen von 2-Amino-4-methoxy-benzaldehyd-oxim mit *C*-Chlor-acetamid und Calciumcarbonat in Wasser (*Boon*, Soc. **1949** Spl. 230).

Krystalle (aus A.); F: 189°.

I II III

**3-Amino-4-hydroxy-benzaldehyd** $C_7H_7NO_2$.

**3-Amino-4-methoxy-benzaldehyd-oxim**, *3-amino-*p*-anisaldehyde oxime* $C_8H_{10}N_2O_2$, Formel II (R = H).

*B.* Aus 3-Nitro-4-methoxy-benzaldehyd-oxim (F: 166°) mit Hilfe von Ammoniumsulfid (*Gheorghiu*, J. pr. [2] **130** [1931] 49, 62).

Krystalle (aus A.); F: 132—133°.

**3-[*N'*-Phenyl-ureido]-4-methoxy-benzaldehyd-[*O*-phenylcarbamoyl-oxim], *N*-Phenyl-*N'*-[6-methoxy-3-(*N*-phenylcarbamoyloxy-formimidoyl)-phenyl]-harnstoff**, *1-{2-methoxy-5-[N-(phenylcarbamoyloxy)formimidoyl]phenyl}-3-phenylurea* $C_{22}H_{20}N_4O_4$, Formel III (R = CO-NH-$C_6H_5$).

*B.* Aus 3-Amino-4-methoxy-benzaldehyd-oxim und Phenylisocyanat in Äther (*Gheorghiu*, Bl. [4] **49** [1931] 1205, 1209).

Krystalle (aus A.); F: 170—171° [Zers.].

**3-[*N'*-Phenyl-thioureido]-4-methoxy-benzaldehyd-oxim, *N*-Phenyl-*N'*-[6-methoxy-3-formohydroximoyl-phenyl]-thioharnstoff**, *1-(5-formohydroximoyl-2-methoxyphenyl)-3-phenylthiourea* $C_{15}H_{15}N_3O_2S$, Formel II (R = CS-NH-$C_6H_5$).

*B.* Aus 3-Amino-4-methoxy-benzaldehyd-oxim und Phenylisothiocyanat in Äthanol

(*Gheorghiu*, J. pr. [2] **130** [1931] 49, 54, 63).
Hellgelbe Krystalle (aus A.); F: 152° [Zers.].

## Amino-Derivate der Hydroxy-oxo-Verbindungen $C_8H_8O_2$

**1-[4-Amino-2-hydroxy-phenyl]-äthanon-(1),** 4-Amino-2-hydroxy-acetophenon, *4'-amino-2'-hydroxyacetophenone* $C_8H_9NO_2$, Formel IV (R = H).

*B.* Aus 1-[4-Acetamino-2-hydroxy-phenyl]-äthanon-(1) beim Erhitzen mit wss. Salzsäure (*Gibson, Levin*, Soc. **1931** 2388, 2402; *Chen, Chang*, Soc. **1958** 146, 147).

Krystalle; F: 129—130° (*Chen, Chang*), 122—123° [aus wss. A.] (*Gi., Le.*).

**1-[4-Acetamino-2-hydroxy-phenyl]-äthanon-(1), Essigsäure-[3-hydroxy-4-acetyl-anilid],** *4'-acetyl-3'-hydroxyacetanilide* $C_{10}H_{11}NO_3$, Formel IV (R = CO-$CH_3$).

*B.* Beim Erwärmen von Essigsäure-*m*-anisidid mit Acetylchlorid und Aluminiumchlorid in Schwefelkohlenstoff (*Gibson, Levi*, Soc. **1931** 2388, 2402; *Chen, Chang*, Soc. **1958** 146, 147).

Krystalle; F: 146—147° (*Chen, Chang*).

**1-[5-Amino-2-hydroxy-phenyl]-äthanon-(1),** 5-Amino-2-hydroxy-acetophenon, *5'-amino-2'-hydroxyacetophenone* $C_8H_9NO_2$, Formel V (R = X = H) (H 235; E I 484; E II 140).

Krystalle (aus wss. A.); F: 118° (*Rawal, Shah*, J. org. Chem. **21** [1956] 1408, 1409).

Hydrochlorid $C_8H_9NO_2 \cdot HCl$. Krystalle (aus A.); F: 231° (*Ra., Shah*; s. dagegen H 235).

**1-[5-Amino-2-methoxy-phenyl]-äthanon-(1),** *5'-amino-2'-methoxyacetophenone* $C_9H_{11}NO_2$, Formel V (R = H, X = $CH_3$).

*B.* Aus 1-[5-Nitro-2-methoxy-phenyl]-äthanon-(1) beim Behandeln mit Zinn und wss.-äthanol. Salzsäure (*Mathieson, Newbery*, Soc. **1949** 1133, 1135).

$Kp_{0,25}$: 125—127°.

Hydrochlorid $C_9H_{11}NO_2 \cdot HCl$. F: 186° [Zers.].

**1-[5-Acetamino-2-hydroxy-phenyl]-äthanon-(1), Essigsäure-[4-hydroxy-3-acetyl-anilid],** *3'-acetyl-4'-hydroxyacetanilide* $C_{10}H_{11}NO_3$, Formel V (R = CO-$CH_3$, X = H) (H 235; E I 485; E II 141).

Gelbe Krystalle (aus A.); F: 165° (*Mathieson, Newbery*, Soc. **1949** 1133, 1135).

2.4-Dinitro-phenylhydrazon. F: 290° [Zers.].

**1-[5-Acetamino-2-methoxy-phenyl]-äthanon-(1), Essigsäure-[4-methoxy-3-acetyl-anilid],** *3'-acetylacet-*p*-anisidide* $C_{11}H_{13}NO_3$, Formel V (R = CO-$CH_3$, X = $CH_3$).

*B.* Aus 1-[5-Amino-2-methoxy-phenyl]-äthanon-(1) (*Mathieson, Newbery*, Soc. **1949** 1133, 1135). Aus 1-[5-Acetamino-2-hydroxy-phenyl]-äthanon-(1) mit Hilfe von Toluol-sulfonsäure-(4)-methylester (*Ma., Ne.*).

Krystalle (aus A.); F: 186—187°.

Semicarbazon $C_{12}H_{16}N_4O_3$. Krystalle (aus A.); F: 216—217°.

2.4-Dinitro-phenylhydrazon. F: 205—206°.

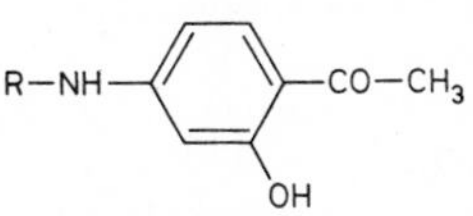

IV 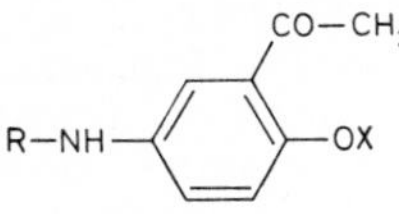 V 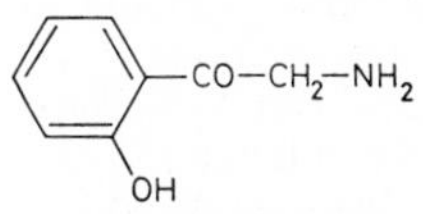 VI 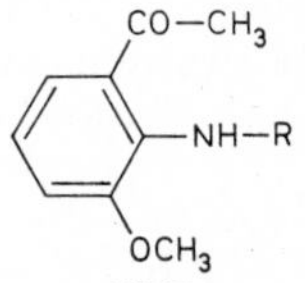 VII

**1-[5-Acetamino-2-äthoxy-phenyl]-äthanon-(1), Essigsäure-[4-äthoxy-3-acetyl-anilid],** *3'-acetylaceto-*p*-phenetidide* $C_{12}H_{15}NO_3$, Formel V (R = CO-$CH_3$, X = $C_2H_5$) (H 235; E I 485).

*B.* Beim Behandeln von Essigsäure-*p*-phenetidid mit Acetanhydrid und Aluminiumchlorid in Schwefelkohlenstoff (*Mathieson, Newbery*, Soc. **1949** 1133, 1135). Beim Behandeln von 1-[5-Acetamino-2-hydroxy-phenyl]-äthanon-(1) mit Diäthylsulfat und wss. Natronlauge (*Ma., Ne.*).

Krystalle (aus A. oder Bzl.); F: 155—156°.

Semicarbazon $C_{13}H_{18}N_4O_3$. Krystalle (aus A.); F: 238—239°.

2.4-Dinitro-phenylhydrazon. F: 232—233° [Zers.].

**1-[5-Benzamino-2-hydroxy-phenyl]-äthanon-(1), Benzoesäure-[4-hydroxy-3-acetyl-anilid]**, *3'-acetyl-4'-hydroxybenzanilide* $C_{15}H_{13}NO_3$, Formel V (R = CO-$C_6H_5$, X = H).

*B.* Aus 4-Benzamino-1-acetoxy-benzol beim Erhitzen mit Aluminiumchlorid in 1.1.2.2-Tetrachlor-äthan auf 140° (*Anand, Patel, Venkataraman*, Pr. Indian Acad. [A] **28** [1948] 545, 554).

Krystalle (aus A.); F: 155°.

**1-[5-Benzamino-2-benzoyloxy-phenyl]-äthanon-(1)**, *3'-acetyl-4'-(benzoyloxy)benzanilide* $C_{22}H_{17}NO_4$, Formel V (R = X = CO-$C_6H_5$).

*B.* Beim Erwärmen von 1-[5-Benzamino-2-hydroxy-phenyl]-äthanon-(1) mit Benzoylchlorid und Pyridin (*Anand, Patel, Venkataraman*, Pr. Indian Acad. [A] **28** [1948] 545, 554).

Krystalle (aus A.); F: 168—169°.

Beim Erwärmen mit Natriumamid in Benzol ist 3-Phenyl-1-[5-benzamino-2-hydroxy-phenyl]-propandion-(1.3) erhalten worden.

**2-Amino-1-[2-hydroxy-phenyl]-äthanon-(1)**, ω-Amino-2-hydroxy-acetophenon, *2-amino-2'-hydroxyacetophenone* $C_8H_9NO_2$, Formel VI (E I 486).

*B.* Aus 3-Nitro-4-hydroxy-cumarin beim Erhitzen mit wss. Jodwasserstoffsäure und Essigsäure (*Huebner, Link*, Am. Soc. **67** [1945] 99, 101).

Hydrochlorid $C_8H_9NO_2 \cdot HCl$. Krystalle (aus wss. Salzsäure); F:229—230°.

**1-[2-Amino-3-hydroxy-phenyl]-äthanon-(1)**, 2-Amino-3-hydroxy-acetophenon $C_8H_9NO_2$.

**1-[2-Amino-3-methoxy-phenyl]-äthanon-(1)**, *2'-amino-3'-methoxyacetophenone* $C_9H_{11}NO_2$, Formel VII (R = H).

*B.* Aus 1-[2-Nitro-3-methoxy-phenyl]-äthanon-(1) beim Behandeln mit Eisen-Spänen und wss. Essigsäure (*Simpson et al.*, Soc. **1945** 646, 656).

Hellgelbe Krystalle (aus wss. A.); F: 64,5—66° [unkorr.].

**1-[2-Benzamino-3-methoxy-phenyl]-äthanon-(1), Benzoesäure-[6-methoxy-2-acetyl-anilid]**, *6'-acetylbenz-*o*-anisidide* $C_{16}H_{15}NO_3$, Formel VII (R = CO-$C_6H_5$).

*B.* Beim Behandeln von 1-[2-Amino-3-methoxy-phenyl]-äthanon-(1) mit Benzoylchlorid und Pyridin (*Simpson et al.*, Soc. **1945** 646, 656).

Hellgelbe Krystalle (aus $CHCl_3$ + PAe.); F: 109—110° [unkorr.].

**1-[6-Amino-3-hydroxy-phenyl]-äthanon-(1)**, 6-Amino-3-hydroxy-acetophenon $C_8H_9NO_2$.

**1-[6-Benzamino-3-hydroxy-phenyl]-äthanon-(1), Benzoesäure-[4-hydroxy-2-acetyl-anilid]**, *2'-acetyl-4'-hydroxybenzanilide* $C_{15}H_{13}NO_3$, Formel VIII (R = H).

*B.* Beim Erhitzen einer aus 1-[5-Amino-2-benzamino-phenyl]-äthanon-(1), wss. Schwefelsäure und Natriumnitrit hergestellten Diazoniumsalz-Suspension mit Kupfersulfat in wss. Schwefelsäure (*Simpson et al.*, Soc. **1945** 646, 654).

Gelbe Krystalle (aus wss. A.); F: 204—205°.

**1-[6-Benzamino-3-methoxy-phenyl]-äthanon-(1), Benzoesäure-[4-methoxy-2-acetyl-anilid]**, *2'-acetylbenz-*p*-anisidide* $C_{16}H_{15}NO_3$, Formel VIII (R = $CH_3$).

*B.* Beim Erwärmen von 1-[6-Benzamino-3-hydroxy-phenyl]-äthanon-(1) mit Dimethylsulfat und wss. Natronlauge (*Simpson et al.*, Soc. **1945** 646, 654).

Gelbe Krystalle (aus wss. A. oder aus $CHCl_3$ + PAe.); F: 117—118° [unkorr.].

**2-Amino-1-[3-hydroxy-phenyl]-äthanon-(1)**, ω-Amino-3-hydroxy-acetophenon, *2-amino-3'-hydroxyacetophenone* $C_8H_9NO_2$, Formel IX (R = X = H).

*B.* Beim 2-tägigen Behandeln von 2-Jod-1-[3-acetoxy-phenyl]-äthanon-(1) mit Hexamethylentetramin in 1.1.2.2-Tetrachlor-äthan und Behandeln des Reaktionsprodukts (F: 138—139°) mit wss. Jodwasserstoffsäure und Äthanol (*CIBA*, U.S.P. 2245282 [1940]).

Beim Erwärmen des Hydrochlorids mit wss. Ammoniak ist 2.5-Bis-[3-hydroxy-phenyl]-3.6-dihydro-pyrazin, beim Behandeln des Hydrochlorids mit wss. Natronlauge (Überschuss) sind 3-Amino-2.4-bis-[3-hydroxy-phenyl]-pyrrol (als Triacetyl-Derivat isoliert) und 2.5-Bis-[3-hydroxy-phenyl]-pyrazin erhalten worden (*Muller, Amiard, Mathieu*, Bl. **1949** 533).

Hydrochlorid. F: 221—222° (*CIBA*).
Hydrojodid. F: 220—222° (*CIBA*).

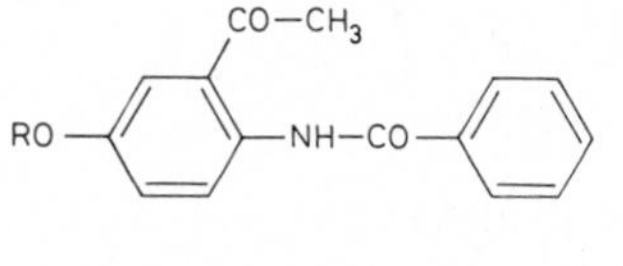

VIII 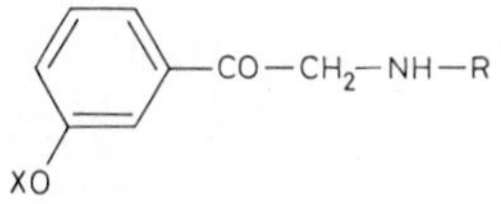 IX 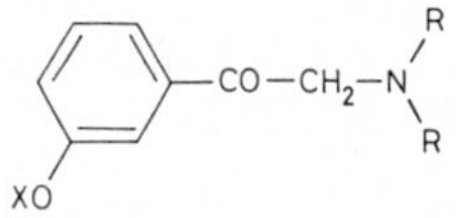 X

**2-Methylamino-1-[3-hydroxy-phenyl]-äthanon-(1)**, *3'-hydroxy-2-(methylamino)aceto*=*phenone* $C_9H_{11}NO_2$, Formel IX (R = $CH_3$, X = H).

*B.* Beim Behandeln von 2-Brom-1-[3-hydroxy-phenyl]-äthanon-(1) (nicht näher beschrieben) in Äthanol mit Methylamin in Wasser (*Legerlotz*, D.R.P. 518636 [1927]; Frdl. **17** 2517; Schweiz. P. 171977 [1930]). Beim Behandeln von 2-Brom-1-[3-benzoyloxy-phenyl]-äthanon-(1) in Isopropylalkohol mit wss. Methylamin-Lösung und wss. Salzsäure (*Sterling Drug Inc.*, U.S.P. 2460143 [1945]). Beim Behandeln von 2-Brom-1-[3-acetoxy-phenyl]-äthanon-(1) (*Stearns & Co.*, U.S.P. 1926952 [1928]; *Legerlotz*, D.R.P. 520079 [1926]; Frdl. **19** 1528) oder von 2-Chlor-1-[3-benzoyloxy-phenyl]-äthanon-(1) [nicht näher beschrieben] (*Le.*, D.R.P. 520079) mit der Kalium-Verbindung des *N*-Methyl-toluol=sulfonamids-(4) in Aceton und Erhitzen des jeweiligen Reaktionsprodukts mit wss. Jod=wasserstoffsäure (*Stearns & Co.*; *Le.*, D.R.P. 520079) bzw. mit Bromwasserstoff in Essig=säure (*Le.*, D.R.P. 520079).

Krystalle; F: 135° (*Stearns & Co.*; *Le.*, D.R.P. 520079).

Hydrochlorid. Krystalle (aus wss. A.); F: 238° (*Le.*, D.R.P. 518636; Schweiz. P. 171977), 234° (*Le.*, D.R.P. 520079; *Stearns & Co.*).

**2-Methylamino-1-[3-methoxy-phenyl]-äthanon-(1)**, *3'-methoxy-2-(methylamino)aceto*=*phenone* $C_{10}H_{13}NO_2$, Formel IX (R = X = $CH_3$).

*B.* Beim Behandeln von 2-Jod-1-[3-methoxy-phenyl]-äthanon-(1) (nicht näher beschrieben) mit der Kalium-Verbindung des *N*-Methyl-toluolsulfonamids-(4) in Aceton und Erhitzen des Reaktionsprodukts mit wss. Jodwasserstoffsäure (*Legerlotz*, D.R.P. 520079 [1926]; Frdl. **19** 1528).

Hydrochlorid. F: 186—187°.

**2-Methylamino-1-[3-acetoxy-phenyl]-äthanon-(1), Essigsäure-[3-sarkosyl-phenylester]**, *3'-acetoxy-2-(methylamino)acetophenone* $C_{11}H_{13}NO_3$, Formel IX (R = $CH_3$, X = CO-$CH_3$).

*B.* Beim Erwärmen von 2-Methylamino-1-[3-hydroxy-phenyl]-äthanon-(1) mit Acetyl=chlorid und Chlorwasserstoff in Essigsäure (*Bretschneider*, M. **76** [1946/47] 368, 372, 378).

Hydrochlorid $C_{11}H_{13}NO_3 \cdot HCl$. Krystalle (aus wss. A.); F: 214°.

**2-Dimethylamino-1-[3-hydroxy-phenyl]-äthanon-(1)**, *2-(dimethylamino)-3'-hydroxyaceto*=*phenone* $C_{10}H_{13}NO_2$, Formel X (R = $CH_3$, X = H).

*B.* Beim Behandeln von 2-Brom-1-[3-benzoyloxy-phenyl]-äthanon-(1) in Methanol mit Dimethylamin in Wasser und anschliessend mit Chlorwasserstoff in Äthanol (*Bretschneider*, M. **80** [1949] 517, 527).

Krystalle (aus A.); F: 148—150°. Gegen Äthanol bei Siedetemperatur nicht beständig.

Hydrochlorid $C_{10}H_{13}NO_2 \cdot HCl$. Krystalle (aus A.); F: 180°.

**2-Diäthylamino-1-[3-methoxy-phenyl]-äthanon-(1)**, *2-(diethylamino)-3'-methoxyaceto*=*phenone* $C_{13}H_{19}NO_2$, Formel X (R = $C_2H_5$, X = $CH_3$).

*B.* Beim Erwärmen von 2-Chlor-1-[3-methoxy-phenyl]-äthanon-(1) (nicht näher beschrieben) mit Diäthylamin in Methanol (*Legerlotz*, D.R.P. 518636 [1927]; Frdl. **17** 2517).

Hydrochlorid. Krystalle (aus A. + Ae.); F: 152—153°.

**1-[3-Amino-4-hydroxy-phenyl]-äthanon-(1)**, 3-Amino-4-hydroxy-acetophenon, *3'-amino-4'-hydroxyacetophenone* $C_8H_9NO_2$, Formel I (R = X = H) auf S. 549.

*B.* Aus 1-[3-Nitro-4-hydroxy-phenyl]-äthanon-(1) beim Behandeln mit Zinn und wss. Salzsäure (*Edkins, Linnell*, Quart. J. Pharm. Pharmacol. **9** [1936] 75, 91), beim Hydrieren an Raney-Nickel in Aceton (*Banks, Hamilton*, Am. Soc. **61** [1939] 357, 358) oder beim Erwärmen mit Natriumdithionit in Wasser unter Zusatz von Natriumcarbonat (*Barber, Haslewood*, Biochem. J. **39** [1945] 285).

Hellgelbe wasserhaltige Krystalle; F: 124—125° [Zers.; aus Acn. + PAe.; getrocknetes Präparat] (*Bar.*, *Has.*), 100° [ungetrocknetes Präparat] (*Bar.*, *Has.*), 98° [aus W.] (*Banks, Ham.*).

Hydrochlorid $C_8H_9NO_2 \cdot HCl$. Krystalle [aus A. + Ae.] (*Ed.*, *Li.*, l. c. S. 92).

**1-[3-Amino-4-methoxy-phenyl]-äthanon-(1)**, *3'-amino-4'-methoxyacetophenone* $C_9H_{11}NO_2$, Formel I (R = $CH_3$, X = H) (E II 141).

*B.* Aus 1-[3-Nitro-4-methoxy-phenyl]-äthanon-(1) beim Behandeln mit Zinn(II)-chlorid in wss. Salzsäure (*Gray, Bonner*, Am. Soc. **70** [1948] 1249, 1251) sowie bei der Hydrierung an Raney-Nickel in Aceton (*Banks, Hamilton*, Am. Soc. **61** [1939] 357, 358).

Krystalle (aus A.), F: 100—101° (*Gray, Bo.*); Krystalle (aus W.), F: 85° (*Ba.*, *Ha.*).

**1-[5-Fluor-3-amino-4-methoxy-phenyl]-äthanon-(1)**, *3'-amino-5'-fluoro-4'-methoxy=acetophenone* $C_9H_{10}FNO_2$, Formel I (R = $CH_3$, X = F).

*B.* Aus 1-[5-Fluor-3-nitro-4-methoxy-phenyl]-äthanon-(1) bei der Hydrierung an Platin in Äthanol (*English, Mead, Nieman*, Am. Soc. **62** [1940] 350, 353).

$Kp_{2,5}$: 138°.

Hydrochlorid $C_9H_{10}FNO_2 \cdot HCl$. Zers. bei 160—175°.

**2-Chlor-1-[3-amino-4-methoxy-phenyl]-äthanon-(1), 3-Amino-4-methoxy-phenacyl=chlorid**, *3'-amino-2-chloro-4'-methoxyacetophenone* $C_9H_{10}ClNO_2$, Formel II (R = H).

*B.* Aus 2-Chlor-1-[3-acetamino-4-methoxy-phenyl]-äthanon-(1) beim Erhitzen mit wss. Salzsäure (*Catch et al.*, Soc. **1949** 552, 554).

Krystalle (aus Me.); F: 114°.

**2-Chlor-1-[3-acetamino-4-methoxy-phenyl]-äthanon-(1), Essigsäure-[6-methoxy-3-chlor=acetyl-anilid]**, *5'-(chloroacetyl)acet-o-anisidide* $C_{11}H_{12}ClNO_3$, Formel II (R = CO-$CH_3$).

*B.* Beim Behandeln von Essigsäure-*o*-anisidid mit Chloracetylchlorid und Aluminium=chlorid in Schwefelkohlenstoff (*Catch et al.*, Soc. **1949** 552, 554).

Krystalle (aus Eg.); F: 185—186° [nach Erweichen bei 180°].

**2-Amino-1-[4-hydroxy-phenyl]-äthanon-(1)**, ω-Amino-4-hydroxy-acetophenon, *2-amino-4'-hydroxyacetophenone* $C_8H_9NO_2$, Formel III (R = X = H) (H 235; E I 486; E II 141).

*B.* Beim Behandeln von Phenol mit Glycin-nitril-hydrochlorid und Aluminiumchlorid in Nitrobenzol unter Durchleiten von Chlorwasserstoff und anschliessenden Behandeln mit Wasser (*Asscher*, R. **68** [1949] 960, 964). Aus 2-Amino-1-[4-methoxy-phenyl]-äthan=on-(1) beim Erhitzen mit wss. Bromwasserstoffsäure auf 150° (*Bretschneider*, M. **78** [1948] 82, 98). Aus 2-Amino-1-[4-benzoyloxy-phenyl]-äthanon-(1) beim Erhitzen mit wss. Salzsäure (*Corrigan, Langerman, Moore*, Am. Soc. **67** [1945] 1894).

Die Base erweicht zwischen 190° und 300° unter Bildung eines gelben krystallinen Sublimats, das unterhalb 310° nicht schmilzt (*Oxford, Raistrick*, Biochem. J. **42** [1948] 323, 326).

Beim Erwärmen des Hydrochlorids mit wss. Ammoniak (Überschuss) ist 2.5-Bis-[4-hydroxy-phenyl]-3.6-dihydro-pyrazin erhalten worden (*Muller, Amiard, Mathieu*, Bl. **1949** 533).

Hydrochlorid $C_8H_9NO_2 \cdot HCl$. Krystalle; F: 249—251° (*As.*), 241—245° [unkorr.; Zers.; nach Erweichen; aus wss. Salzsäure] (*Co.*, *La.*, *Moore*), 244° [aus A.] (*Br.*).

Hexachloroplatinat(IV) $2C_8H_9NO_2 \cdot H_2PtCl_6$. Orangefarbene Krystalle mit 2 Mol $H_2O$; F: 224° [Zers.] (*Ox.*, *Rai.*).

**2-Amino-1-[4-methoxy-phenyl]-äthanon-(1)**, *2-amino-4'-methoxyacetophenone* $C_9H_{11}NO_2$, Formel III (R = H, X = $CH_3$) (E I 487).

*B.* Beim Behandeln von (±)-1-[4-Methoxy-phenyl]-äthylamin mit *tert*-Butyl-hypochlorit in Benzol und Erwärmen der Reaktionslösung mit methanol. Natrium=methylat und anschliessend mit wss. Salzsäure (*Baumgarten, Petersen*, Org. Synth. **41** [1961] 82, 87). Aus [4-Methoxy-phenyl]-glyoxylonitril bei partieller Hydrierung an Palladium in Essigsäure (*Kindler, Peschke*, Ar. **269** [1931] 581, 599). Beim Behandeln von 1-[4-Methoxy-phenyl]-äthanon-(1) mit Isopentylnitrit unter Zusatz von Natrium=äthylat und Behandeln des erhaltenen 2-Hydroxyimino-1-[4-methoxy-phenyl]-äthan=ons-(1) mit Zinn(II)-chlorid und wss. Salzsäure (*Tiffeneau, Orékhoff, Roger*, Bl. [4] **49** [1931] 1757, 1761). Aus [4-Methoxy-phenacylamino]-methansulfonsäure (S. 552) beim

Erwärmen mit wss. Salzsäure (*Reichert, Baege*, Pharmazie **2** [1947] 451).

Hydrochlorid $C_9H_{11}NO_2 \cdot HCl$. Krystalle; F: 205° [Zers.; rote Schmelze] (*Ki., Pe.*), 204° [aus A.] (*Rei., Baege*).

Hydrogensulfat $C_9H_{11}NO_2 \cdot H_2SO_4$. Krystalle (aus Eg.); F: 168° [rote Schmelze] (*Ki., Pe.*).

Pikrat. Krystalle (aus W.); F: 185° (*Ki., Pe.*).

**2-Amino-1-[4-äthoxy-phenyl]-äthanon-(1)**, *2-amino-4'-ethoxyacetophenone* $C_{10}H_{13}NO_2$, Formel III (R = H, X = $C_2H_5$).

*B.* Beim Behandeln von 1-[4-Äthoxy-phenyl]-äthanon-(1) mit Isopentylnitrit unter Zusatz von Natriumäthylat und Behandeln des erhaltenen 2-Hydroxyimino-1-[4-äthoxy-phenyl]-äthanons-(1) mit Zinn(II)-chlorid und wss. Salzsäure (*Tiffeneau, Orékhoff, Roger*, Bl. [4] **49** [1931] 1757, 1761).

Hydrochlorid $C_{10}H_{13}NO_2 \cdot HCl$. Krystalle (aus A.); F: 194—195°.

X; RO; CO—$CH_3$; $H_2N$ — I

$H_3CO$; CO—$CH_2Cl$; R—NH — II

XO; CO—$CH_2$—NH—R — III

**2-Amino-1-[4-phenoxy-phenyl]-äthanon-(1)**, *2-amino-4'-phenoxyacetophenone* $C_{14}H_{13}NO_2$, Formel III (R = H, X = $C_6H_5$).

*B.* Aus 2-Benzamino-1-[4-phenoxy-phenyl]-äthanon-(1) beim Erhitzen mit wss. Salzsäure auf 160° (*Tomita*, J. pharm. Soc. Japan **57** [1937] 609, 617; dtsch. Ref. S. 131, 135; C. A. **1939** 2898). Aus 2-Phthalimido-1-[4-phenoxy-phenyl]-äthanon-(1) beim Erwärmen mit wss. Salzsäure und Essigsäure (*To.*, l. c. S. 614).

Hydrochlorid $C_{14}H_{13}NO_2 \cdot HCl$. Krystalle (aus Acn.); F: 207° [Zers.] (*To*).

**2-Amino-1-[4-benzyloxy-phenyl]-äthanon-(1)**, *2-amino-4'-(benzyloxy)acetophenone* $C_{15}H_{15}NO_2$, Formel III (R = H, X = $CH_2$-$C_6H_5$).

*B.* Aus 2-Hydroxyimino-1-[4-benzyloxy-phenyl]-äthanon-(1) bei der Hydrierung an Palladium in Chlorwasserstoff enthaltendem Äthanol (*Priestley, Moness*, J. org. Chem. **5** [1940] 355, 359).

Hydrochlorid $C_{15}H_{15}NO_2 \cdot HCl$. Krystalle (aus W.); F: 226°.

**2-Amino-1-[4-benzoyloxy-phenyl]-äthanon-(1), Benzoesäure-[4-glycyl-phenylester]**, *2-amino-4'-(benzoyloxy)acetophenone* $C_{15}H_{13}NO_3$, Formel III (R = H, X = CO-$C_6H_5$).

*B.* Beim Behandeln von 2-Brom-1-[4-benzoyloxy-phenyl]-äthanon-(1) [1]) mit Natriumjodid in Aceton, Behandeln des Reaktionsprodukts mit Hexamethylentetramin in Chloroform und Erhitzen der erhaltenen Additionsverbindung (F: 170—173° [unkorr.; Zers.]) mit wss.-äthanol. Salzsäure (*Corrigan, Langerman, Moore*, Am. Soc. **67** [1945] 1894).

Hydrochlorid $C_{15}H_{13}NO_3 \cdot HCl$. Krystalle; F: 208—211° [unkorr.; Zers.].

**Bis-[4-glycyl-phenyl]-äther**, *2,2''-diamino-4',4'''-oxydiacetophenone* $C_{16}H_{16}N_2O_3$, Formel IV (R = H).

*B.* Aus Bis-[4-hippuroyl-phenyl]-äther beim Erhitzen mit wss. Salzsäure auf 160° (*Tomita*, J. pharm. Soc. Japan **57** [1937] 609, 617; dtsch. Ref. S. 131, 134; C. A. **1939** 2898).

Dihydrochlorid $C_{16}H_{16}N_2O_3 \cdot 2HCl$. Krystalle, die unterhalb 280° nicht schmelzen.

**2-Methylamino-1-[4-hydroxy-phenyl]-äthanon-(1)**, *4'-hydroxy-2-(methylamino)acetophenone* $C_9H_{11}NO_2$, Formel III (R = $CH_3$, X = H) (E II 141).

*B.* Beim Behandeln von Phenol mit Sarkosin-nitril-hydrochlorid und Aluminiumchlorid in Nitrobenzol unter Durchleiten von Chlorwasserstoff und anschliessenden Behandeln mit Wasser (*Asscher*, R. **68** [1949] 960, 963). Beim Behandeln von 2-Brom-1-[4-hydroxy-phenyl]-äthanon-(1) mit Methylamin in wss. Äthanol (*Legerlotz*, U.S.P.

[1]) Über 2-Brom-1-[4-benzoyloxy-phenyl]-äthanon-(1) (F: 110—112°) s. *Musante, Fabbrini*, Ann. Chimica **50** [1960] 1666, 1679.

1680055 [1927]). Beim Behandeln von 2-Brom-1-[4-benzoyloxy-phenyl]-äthanon-(1) [1]) mit der Kalium-Verbindung des *N*-Methyl-toluolsulfonamids-(4) oder des *N*-Methylbenzamids in Aceton und Erhitzen des jeweiligen Reaktionsprodukts mit wss. Salzsäure bzw. wss. Schwefelsäure (*Legerlotz*, D.R.P. 520079 [1926]; Frdl. **19** 1528; *Stearns & Co.*, U.S.P. 1926952 [1928]). Aus 2-Methylamino-1-[4-methoxy-phenyl]-äthanon-(1) beim Erhitzen mit wss. Bromwasserstoffsäure (*As.*).

Krystalle; F: 148° [aus wss. Ammoniak] (*Le.*, D.R.P. 520079; *Stearns & Co.*), 142° bis 144° [Zers.] (*As.*).

Hydrochlorid $C_9H_{11}NO_2 \cdot HCl$. Krystalle; F: 242—244° [Zers.; aus wss. Salzsäure] (*As.*), 241—243° [unkorr.; Zers.; aus wss. Isopropylalkohol] (*Corrigan, Langerman, Moore*, Am. Soc. **67** [1945] 1894), 242° [Zers.] (*Kindler, Peschke*, Ar. **269** [1931] 581, 606).

Tartrat. F: 193—195° [Zers.] (*As.*, l. c. S. 968). In Wasser schwer löslich.

**2-Methylamino-1-[4-methoxy-phenyl]-äthanon-(1)**, *4'-methoxy-2-(methylamino)acetophenone* $C_{10}H_{13}NO_2$, Formel III (R = X = $CH_3$).

*B.* Beim Behandeln von Anisol mit Sarkosin-nitril-hydrochlorid und Aluminiumchlorid in Nitrobenzol unter Durchleiten von Chlorwasserstoff und anschliessenden Behandeln mit Wasser (*Asscher*, R. **68** [1949] 960, 965). Beim Behandeln von 2-Chlor-1-[4-methoxy-phenyl]-äthanon-(1) mit Methylamin in Wasser und Äther (*Bretschneider*, M. **78** [1948] 82, 97). Beim Behandeln von 2-Brom-1-[4-methoxy-phenyl]-äthanon-(1) mit Methylamin in wss. Äthanol (*Legerlotz*, D.R.P. 518636 [1927]; Frdl. **17** 2517).

Hydrochlorid $C_{10}H_{13}NO_2 \cdot HCl$. Krystalle; F: 211—214° [Zers.] (*As.*), 211° (*Br.*).

**2-Methylamino-1-[4-acetoxy-phenyl]-äthanon-(1), Essigsäure-[4-sarkosyl-phenylester]**, *4'-acetoxy-2-(methylamino)acetophenone* $C_{11}H_{13}NO_3$, Formel III (R = $CH_3$, X = CO-$CH_3$).

*B.* Beim Erwärmen von 2-Methylamino-1-[4-hydroxy-phenyl]-äthanon-(1) mit Acetylchlorid und Chlorwasserstoff in Essigsäure (*Bretschneider*, M. **76** [1946/47] 368, 372, 376).

Hydrochlorid $C_{11}H_{13}NO_3 \cdot HCl$. Krystalle (aus Me. + E.); F: 202°.

**2-Methylamino-1-[4-benzoyloxy-phenyl]-äthanon-(1), Benzoesäure-[4-sarkosyl-phenylester]**, *4'-(benzoyloxy)-2-(methylamino)acetophenone* $C_{16}H_{15}NO_3$, Formel III (R = $CH_3$, X = CO-$C_6H_5$).

*B.* Beim Behandeln von Benzoesäure-phenylester mit Sarkosin-nitril-hydrochlorid und Aluminiumchlorid in Nitrobenzol unter Durchleiten von Chlorwasserstoff und anschliessenden Behandeln mit Wasser (*Asscher*, R. **68** [1949] 960, 965).

Hydrochlorid $C_{16}H_{15}NO_3 \cdot HCl$. Krystalle (aus A. + Butanon); F: 243—245° [Zers.].

**2-Dimethylamino-1-[4-hydroxy-phenyl]-äthanon-(1)**, *2-(dimethylamino)-4'-hydroxyacetophenone* $C_{10}H_{13}NO_2$, Formel V (R = $CH_3$, X = H) (E I 487).

*B.* Beim Behandeln von 2-Brom-1-[4-benzoyloxy-phenyl]-äthanon-(1) [1]) mit Dimethylamin in Isopropylalkohol und Erhitzen des Reaktionsprodukts mit wss. Salzsäure (*Corrigan, Langerman, Moore*, Am. Soc. **67** [1945] 1894).

Hydrochlorid $C_{10}H_{13}NO_2 \cdot HCl$. F: 233—235° [unkorr.; Zers.; nach Erweichen].

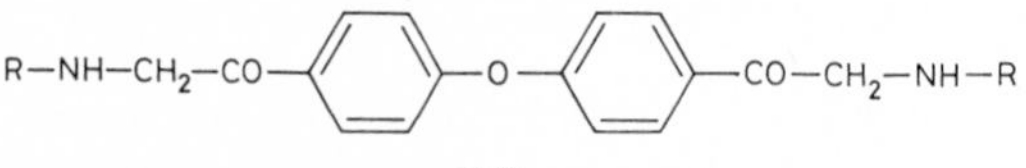

R—NH—$CH_2$—CO—$C_6H_4$—O—$C_6H_4$—CO—$CH_2$—NH—R

IV

XO—$C_6H_4$—CO—$CH_2$—N(R)R

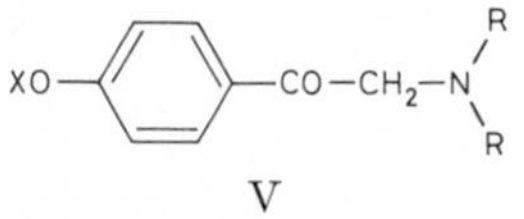

V

**Trimethyl-[4-hydroxy-phenacyl]-ammonium**, *(4-hydroxyphenacyl)trimethylammonium* $[C_{11}H_{16}NO_2]^{\oplus}$, Formel VI (R = $CH_3$, X = H).

**Chlorid** $[C_{11}H_{16}NO_2]Cl$. *B.* Aus Trimethyl-[4-methoxy-phenacyl]-ammonium-chlorid beim Erhitzen mit wss. Bromwasserstoffsäure (*Algar, Sherry*, Pr. Irish Acad. **50** B [1944/45] 343, 346). — Krystalle (aus A. + Ae.) mit 1 Mol $H_2O$; F: 233° [Zers.].

**Tetrachloroaurat(III)**. Goldgelbe Krystalle; F: 178° [Zers.] (*Al., Sh.*).

**Trimethyl-[4-methoxy-phenacyl]-ammonium**, *(4-methoxyphenacyl)trimethylammonium* $[C_{12}H_{18}NO_2]^{\oplus}$, Formel VI (R = X = $CH_3$).

**Chlorid** $[C_{12}H_{18}NO_2]Cl$. *B.* Beim Einleiten von Trimethylamin in eine Lösung von 2-Chlor-1-[4-methoxy-phenyl]-äthanon-(1) in Äthanol und Äther (*I.G. Farbenind.*, D.R.P. 633983 [1934]; Frdl. **23** 483). Bei mehrtägigem Erwärmen von opt.-inakt. 2.3-Epoxy-3-phenyl-1-[4-methoxy-phenyl]-propanon-(1) (nicht näher bezeichnet) mit Trimeth-

---

[1]) s. Anm. auf S. 549.

ylamin in Äthanol und anschliessendem Behandeln mit wss.-äthanol. Salzsäure (*Algar, Sherry*, Pr. Irish Acad. **50** B [1944/45] 343, 345). — Krystalle (aus A.), F: 226° (*I.G. Farbenind.*); Krystalle (aus A. + Ae.) mit 1 Mol $H_2O$; F: 216° [Zers.] (*Al., Sh.*).

**Tetrachloroaurat(III).** Gelbe Krystalle; F: 193° [Zers.] (*Al., Sh.*).

**2-Äthylamino-1-[4-hydroxy-phenyl]-äthanon-(1),** *2-(ethylamino)-4'-hydroxyacetophenone* $C_{10}H_{13}NO_2$, Formel III (R = $C_2H_5$, X = H) auf S. 549.

*B.* Beim Behandeln von 2-Brom-1-[4-benzoyloxy-phenyl]-äthanon-(1)[1]) mit Äthylamin in Isopropylalkohol (*Corrigan, Langerman, Moore*, Am. Soc. **67** [1945] 1894).

Hydrochlorid $C_{10}H_{13}NO_2 \cdot HCl$. F: 228—231° [unkorr.; Zers.; nach Erweichen].

**2-Diäthylamino-1-[4-hydroxy-phenyl]-äthanon-(1),** *2-(diethylamino)-4'-hydroxyacetophenone* $C_{12}H_{17}NO_2$, Formel V (R = $C_2H_5$, X = H).

*B.* Beim Behandeln von 2-Brom-1-[4-benzoyloxy-phenyl]-äthanon-(1)[1]) mit Diäthylamin in Äther und anschliessenden Erhitzen mit wss. Salzsäure (*Legerlotz*, D.R.P. 518636 [1927]; Frdl. **17** 2517). Aus 2-Diäthylamino-1-[4-methoxy-phenyl]-äthanon-(1)-hydrochlorid beim Erhitzen mit wss. Salzsäure auf 150° (*Asscher*, R. **68** [1949] 960, 966).

Hydrochlorid $C_{12}H_{17}NO_2 \cdot HCl$. Krystalle; F: 194° [aus A.] (*Le.*), 187—189° [Zers.; aus A. + Butanon] (*As.*).

**2-Diäthylamino-1-[4-methoxy-phenyl]-äthanon-(1),** *2-(diethylamino)-4'-methoxyacetophenone* $C_{13}H_{19}NO_2$, Formel V (R = $C_2H_5$, X = $CH_3$).

*B.* Beim Behandeln von Anisol mit *N.N*-Diäthyl-glycin-nitril-hydrochlorid und Aluminiumchlorid in Nitrobenzol unter Durchleiten von Chlorwasserstoff und anschliessenden Behandeln mit Wasser (*Asscher*, R. **68** [1949] 960, 966). Aus 2-Brom-1-[4-methoxy-phenyl]-äthanon-(1) und Diäthylamin in Äther (*Mathieson, Newbery*, Soc. **1949** 1133, 1136).

Hydrobromid $C_{13}H_{19}NO_2 \cdot HBr$. Krystalle (aus A. + Ae.); F: 111—112° (*Ma., Ne.*).

Pikrat $C_{13}H_{19}NO_2 \cdot C_6H_3N_3O_7$. Gelbe Krystalle (aus E.); F: 142—143° (*As.*).

**2-Propylamino-1-[4-hydroxy-phenyl]-äthanon-(1),** *4'-hydroxy-2-(propylamino)acetophenone* $C_{11}H_{15}NO_2$, Formel III (R = $CH_2$-$CH_2$-$CH_3$, X = H) auf S. 549.

*B.* Beim Behandeln von 2-Brom-1-[4-benzoyloxy-phenyl]-äthanon-(1)[1]) mit Propylamin in Isopropylalkohol (*Corrigan, Langerman, Moore*, Am. Soc. **67** [1945] 1894).

Hydrochlorid $C_{11}H_{15}NO_2 \cdot HCl$. F: 236—238° [unkorr.; Zers.; nach Erweichen].

**2-Isopropylamino-1-[4-hydroxy-phenyl]-äthanon-(1),** *4'-hydroxy-2-(isopropylamino)acetophenone* $C_{11}H_{15}NO_2$, Formel III (R = $CH(CH_3)_2$, X = H) auf S. 549.

*B.* Beim Behandeln von Phenol mit *N*-Isopropyl-glycin-nitril-hydrochlorid und Aluminiumchlorid in Nitrobenzol unter Durchleiten von Chlorwasserstoff und anschliessenden Behandeln mit Wasser (*Asscher*, R. **68** [1949] 960, 963). Beim Behandeln von 2-Brom-1-[4-benzoyloxy-phenyl]-äthanon-(1)[1]) mit Isopropylamin in Isopropylalkohol und Erhitzen des Reaktionsprodukts mit wss. Salzsäure (*Corrigan, Langerman, Moore*, Am. Soc. **67** [1945] 1894).

Hydrochlorid $C_{11}H_{15}NO_2 \cdot HCl$. Krystalle (aus W.); F: 258—260° [Zers.] (*As.*), 250—252° [unkorr.; Zers.; nach Erweichen] (*Co., La., Moore*).

**2-Isopropylamino-1-[4-methoxy-phenyl]-äthanon-(1),** *2-(isopropylamino)-4'-methoxyacetophenone* $C_{12}H_{17}NO_2$, Formel III (R = $CH(CH_3)_2$, X = $CH_3$) auf S. 549.

*B.* Aus 2-Brom-1-[4-methoxy-phenyl]-äthanon-(1) und Isopropylamin in Äther (*Mathieson, Newbery*, Soc. **1949** 1133, 1136).

Hydrobromid $C_{12}H_{17}NO_2 \cdot HBr$. Krystalle (aus A. + Ae.); F: 171—172°.

**2-Butylamino-1-[4-hydroxy-phenyl]-äthanon-(1),** *2-(butylamino)-4'-hydroxyacetophenone* $C_{12}H_{17}NO_2$, Formel III (R = $[CH_2]_3$-$CH_3$, X = H) auf S. 549.

*B.* Beim Behandeln von 2-Brom-1-[4-benzoyloxy-phenyl]-äthanon-(1)[1]) mit Butylamin in Isopropylalkohol (*Corrigan, Langerman, Moore*, Am. Soc. **67** [1945] 1894).

Hydrochlorid $C_{12}H_{17}NO_2 \cdot HCl$. F: 228—229° [unkorr.; Zers.; nach Erweichen].

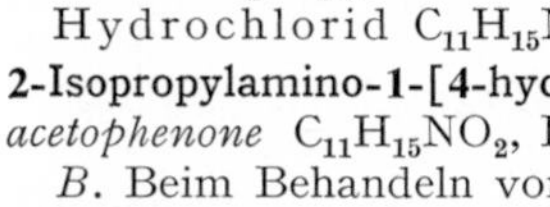

VI 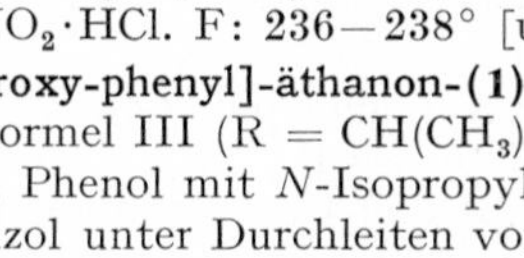 VII 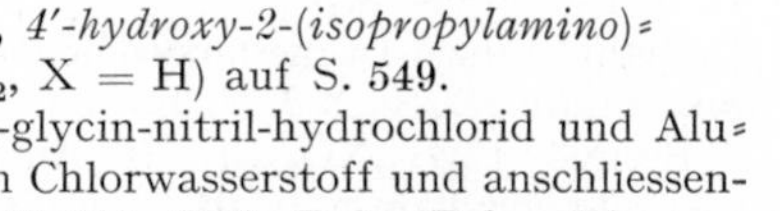 VIII

[1]) s. Anm. auf S. 549.

**(±)-2-*sec*-Butylamino-1-[4-hydroxy-phenyl]-äthanon-(1),** *(±)-2-(sec-butylamino)-4'-hydroxyacetophenone* $C_{12}H_{17}NO_2$, Formel III (R = $CH(CH_3)$-$CH_2$-$CH_3$, X = H) auf S.549.

*B.* Beim Behandeln von 2-Brom-1-[4-benzoyloxy-phenyl]-äthanon-(1) [1]) mit (±)-*sec*-Butylamin in Isopropylalkohol und Erhitzen des Reaktionsprodukts mit wss. Salzsäure (*Corrigan, Langerman, Moore,* Am. Soc. **67** [1945] 1894).

Hydrochlorid $C_{12}H_{17}NO_2 \cdot HCl$. F: 243—245° [unkorr.; Zers.; nach Erweichen].

**2-Isobutylamino-1-[4-hydroxy-phenyl]-äthanon-(1),** *4'-hydroxy-2-(isobutylamino)acetophenone* $C_{12}H_{17}NO_2$, Formel III (R = $CH_2$-$CH(CH_3)_2$, X = H) auf S. 549.

*B.* Beim Behandeln von 2-Brom-1-[4-benzoyloxy-phenyl]-äthanon-(1) [1]) mit Isobutylamin in Isopropylalkohol und Erhitzen des Reaktionsprodukts mit wss. Salzsäure (*Corrigan, Langerman, Moore,* Am. Soc. **67** [1945] 1894).

Hydrochlorid $C_{12}H_{17}NO_2 \cdot HCl$. F: 228—230° [unkorr.; Zers.; nach Erweichen].

**2-*tert*-Butylamino-1-[4-hydroxy-phenyl]-äthanon-(1),** *2-(tert-butylamino)-4'-hydroxyacetophenone* $C_{12}H_{17}NO_2$, Formel III (R = $C(CH_3)_3$, X = H) auf S. 549.

*B.* Beim Behandeln von 2-Brom-1-[4-benzoyloxy-phenyl]-äthanon-(1) [1]) mit *tert*-Butylamin in Isopropylalkohol und Erhitzen des Reaktionsprodukts mit wss. Salzsäure (*Corrigan, Langerman, Moore,* Am. Soc. **67** [1945] 1894).

Hydrochlorid $C_{12}H_{17}NO_2 \cdot HCl$. F: 254—257° [unkorr.; Zers.; nach Erweichen].

**2-[Methyl-benzyl-amino]-1-[4-hydroxy-phenyl]-äthanon-(1),** *2-(benzylmethylamino)-4'-hydroxyacetophenone* $C_{16}H_{17}NO_2$, Formel VII (R = $CH_3$, X = $CH_2$-$C_6H_5$).

*B.* Beim Behandeln von Phenol mit *N*-Methyl-*N*-benzyl-glycin-nitril und Aluminiumchlorid in Nitrobenzol unter Durchleiten von Chlorwasserstoff und anschliessenden Behandeln mit Wasser (*Asscher,* R. **68** [1949] 960, 965). Aus 2-Chlor-1-[4-hydroxy-phenyl]-äthanon-(1) und Methyl-benzyl-amin in Äthanol (*I.G. Farbenind.,* D.R.P. 526087 [1928]; Frdl. **17** 464; *Winthrop Chem. Co.,* U.S.P. 1913520 [1928]). Aus 2-Brom-1-[4-benzoyloxy-phenyl]-äthanon-(1) [1]) und Methyl-benzyl-amin (*Legerlotz,* D.R.P. 518636 [1927]; Frdl. **17** 2517).

Krystalle (aus A.), F: 96° (*Le.*); Krystalle (aus wss. A.) mit 1 Mol $H_2O$, F: 102—110° [Zers.] (*As.*).

Hydrochlorid. Krystalle; F: 223—225° (*As.*), 222—224° (*I.G. Farbenind.*; *Le.*; *Winthrop Chem. Co.*).

**Dimethyl-benzyl-[4-methoxy-phenacyl]-ammonium,** *benzyl(4-methoxyphenacyl)dimethylammonium* $[C_{18}H_{22}NO_2]^{\oplus}$, Formel VI (R = $CH_2$-$C_6H_5$, X = $CH_3$).

**Bromid** $[C_{18}H_{22}NO_2]Br$. *B.* Aus 2-Brom-1-[4-methoxy-phenyl]-äthanon-(1) und Dimethyl-benzyl-amin in Benzol (*Dunn, Stevens,* Soc. **1932** 1926, 1929). — Krystalle (aus A. + Ae.); F: 202—203°.

**Pikrat** $[C_{18}H_{22}NO_2]C_6H_2N_3O_7$. Gelbe Krystalle (aus Me.); F: 144—145° (*Dunn, St.*).

**2-Dibenzylamino-1-[4-hydroxy-phenyl]-äthanon-(1),** *2-(dibenzylamino)-4'-hydroxyacetophenone* $C_{22}H_{21}NO_2$, Formel VII (R = X = $CH_2$-$C_6H_5$).

*B.* Aus 2-Chlor-1-[4-hydroxy-phenyl]-äthanon-(1) und Dibenzylamin in Äthanol (*Simonoff, Hartung,* J. Am. pharm. Assoc. **35** [1946] 306).

Hydrochlorid $C_{22}H_{21}NO_2 \cdot HCl$. Krystalle (aus A. + Ae.); F: 239—241° [Zers.].

**(±)-2-[1.2.3.4-Tetrahydro-naphthyl-(2)-amino]-1-[4-hydroxy-phenyl]-äthanon-(1),** *(±)-4'-hydroxy-2-(1,2,3,4-tetrahydro-2-naphthylamino)acetophenone* $C_{18}H_{19}NO_2$, Formel VIII.

*B.* Aus 2-Chlor-1-[4-hydroxy-phenyl]-äthanon-(1) und (±)-1.2.3.4-Tetrahydro-naphthyl-(2)-amin in Äthanol (*Allewelt, Day,* J. org. Chem. **6** [1941] 384, 392).

Krystalle (aus A.); F: 117—118° [korr.] (*All., Day,* l. c. S. 391).

Hydrochlorid $C_{18}H_{19}NO_2 \cdot HCl$. Hellrote Krystalle (aus A. + Ae.); F: 221° [korr.].

**[4-Methoxy-phenacylamino]-methansulfonsäure,** *(4-methoxyphenacylamino)methanesulfonic acid* $C_{10}H_{13}NO_5S$, Formel IX.

Über die Konstitution s. *Backer, Mulder,* R. **52** [1933] 454; *Reichert, Baege,* Pharmazie **4** [1949] 149.

*B.* Beim Einleiten von Schwefeldioxid in eine Lösung des 2-Brom-1-[4-methoxy-phenyl]-äthanon-(1)-Hexamethylentetramin-Addukts in Wasser bei 40° (*Reichert, Baege,*

[1]) s. Anm. auf S. 549

Pharmazie **2** [1947] 451).
Krystalle; F: 152° (*Rei.*, *Baege*, Pharmazie **2** 452).

$H_3CO-C_6H_4-CO-CH_2-NH-CH_2-SO_2OH$ IX

$HO-C_6H_4-CO-CH_2-N(CH_3)-CH_2-CO-C_6H_4-OH$ X

**Methyl-bis-[4-hydroxy-phenacyl]-amin,** *4',4'''-dihydroxy-2,2''-(methylimino)diacetophenone* $C_{17}H_{17}NO_4$, Formel X.

*B.* Neben 2-Methylamino-1-[4-hydroxy-phenyl]-äthanon-(1) beim Behandeln von 2-Brom-1-[4-benzoyloxy-phenyl]-äthanon-(1) [1]) in Isopropylalkohol mit Methylamin in Wasser (*Corrigan, Langerman, Moore*, Am. Soc. **67** [1945] 1894).

Hydrochlorid. Krystalle (aus wss. Me.); F: 261—263° [unkorr.; Zers.].

**2-[Methyl-acetyl-amino]-1-[4-hydroxy-phenyl]-äthanon-(1),** ***N*-Methyl-*N*-[4-hydroxy-phenacyl]-acetamid,** N-*(4-hydroxyphenacyl)*-N-*methylacetamide* $C_{11}H_{13}NO_3$, Formel VII (R = $CH_3$, X = CO-$CH_3$) auf S. 551.

*B.* Beim Erhitzen von 2-Methylamino-1-[4-hydroxy-phenyl]-äthanon-(1) mit Acetanhydrid (*Asscher*, R. **68** [1949] 960, 964).

Krystalle (aus W.); F: 191,5—192,5°.

**2-Benzamino-1-[4-methoxy-phenyl]-äthanon-(1),** ***N*-[4-Methoxy-phenacyl]-benzamid,** N-*(4-methoxyphenacyl)benzamide* $C_{16}H_{15}NO_3$, Formel XI (R = $CH_3$) (E I 487; E II 141).

*B.* Beim Behandeln von 2-Amino-1-[4-methoxy-phenyl]-äthanon-(1) mit Benzoylchlorid und wss. Natriumcarbonat-Lösung (*Kindler, Peschke*, Ar. **269** [1931] 581, 600).

Krystalle (aus A.); F: 118°.

**2-Benzamino-1-[4-phenoxy-phenyl]-äthanon-(1),** ***N*-[4-Phenoxy-phenacyl]-benzamid,** N-*(4-phenoxyphenacyl)benzamide* $C_{21}H_{17}NO_3$, Formel XI (R = $C_6H_5$).

*B.* Neben Bis-[4-hippuroyl-phenyl]-äther beim Erwärmen von Diphenyläther mit Hippuroylchlorid und Aluminiumchlorid in Schwefelkohlenstoff (*Tomita*, J. pharm. Soc. Japan **57** [1937] 609, 616; dtsch. Ref. S. 131, 134; C. A. **1939** 2898).

Krystalle (aus Me.); F: 124°.

**2-Benzamino-1-[4-benzoyloxy-phenyl]-äthanon-(1),** ***N*-[4-Benzoyloxy-phenacyl]-benzamid,** N-*(4-benzoyloxyphenacyl)benzamide* $C_{22}H_{17}NO_4$, Formel XI (R = CO-$C_6H_5$) (H 236).

Krystalle (aus A.); F: 177—178° (*Oxford, Raistrick*, Biochem. J. **42** [1948] 323, 326).

**Bis-[4-hippuroyl-phenyl]-äther,** N,N'-*[oxybis(*p*-phenylenecarbonylmethylene)]bisbenzamide* $C_{30}H_{24}N_2O_5$, Formel IV (R = CO-$C_6H_5$) auf S. 550.

*B.* Neben 2-Benzamino-1-[4-phenoxy-phenyl]-äthanon-(1) beim Erwärmen von Diphenyläther mit Hippuroylchlorid und Aluminiumchlorid in Schwefelkohlenstoff (*Tomita*, J. pharm. Soc. Japan **57** [1937] 609, 616; dtsch. Ref. S. 131, 134; C. A. **1939** 2898).

Krystalle (aus A.); F: 193°.

$RO-C_6H_4-CO-CH_2-NH-CO-C_6H_5$ XI

$H_3CO-C_6H_4-CO-CH_2-N(CH_3)-CH_2-CH_2-N(C_2H_5)_2$ XII

**2-[Methyl-(2-diäthylamino-äthyl)-amino]-1-[4-methoxy-phenyl]-äthanon-(1),** *2-{[2-(diethylamino)ethyl]methylamino}-4'-methoxyacetophenone* $C_{16}H_{26}N_2O_2$, Formel XII.

*B.* Aus 2-Chlor-1-[4-methoxy-phenyl]-äthanon-(1) und *N*-Methyl-*N'.N'*-diäthyl-äthylendiamin in Benzol (*Chem. Fabr. Wiernik & Co.*, D.R.P. 629699 [1933]; Frdl. **23** 490).

Dihydrochlorid. Krystalle (aus Acn. + A.); F: 170—171° [Zers.].

**2-[Toluol-sulfonyl-(4)-amino]-1-[4-methoxy-phenyl]-äthanon-(1),** ***N*-[4-Methoxy-phenacyl]-toluolsulfonamid-(4),** N-*(4-methoxyphenacyl)*-p-*toluenesulfonamide* $C_{16}H_{17}NO_4S$, Formel XIII (R = H).

*B.* Beim Erwärmen von 2-Amino-1-[4-methoxy-phenyl]-äthanon-(1)-hydrogensulfat

[1]) s. Anm. auf S. 549.

mit Toluol-sulfonylchlorid-(4) und Natriumhydrogencarbonat in wss. Aceton (*Kindler, Peschke*, Ar. **269** [1931] 581, 605).

Krystalle (aus A.); F: 126°.

**2-[(Toluol-sulfonyl-(4))-methyl-amino]-1-[4-methoxy-phenyl]-äthanon-(1), *N*-Methyl-*N*-[4-methoxy-phenacyl]-toluolsulfonamid-(4),** N-(*4-methoxyphenacyl*)-N-*methyl*-p-*toluenesulfonamide* $C_{17}H_{19}NO_4S$, Formel XIII (R = $CH_3$).

*B.* Beim Behandeln von 2-[Toluol-sulfonyl-(4)-amino]-1-[4-methoxy-phenyl]-äthanon-(1) mit wss. Kalilauge und mit Dimethylsulfat (*Kindler, Peschke*, Ar. **269** [1931] 581, 606).

Krystalle (aus A.); F: 93°.

XIII XIV

**2-Methylamino-1-[3-fluor-4-hydroxy-phenyl]-äthanon-(1),** *3'-fluoro-4'-hydroxy-2-(methylamino)acetophenone* $C_9H_{10}FNO_2$, Formel XIV (R = H).

*B.* Beim Behandeln von 2-Chlor-1-[3-fluor-4-hydroxy-phenyl]-äthanon-(1) in Äthanol mit Methylamin in Wasser (*Hansen*, Am. Soc. **59** [1937] 280).

Hydrochlorid $C_9H_{10}FNO_2 \cdot HCl$. Krystalle (aus A.); F: 235–236° [Zers.; nach Erweichen bei 228°].

**2-[Methyl-benzyl-amino]-1-[3-fluor-4-hydroxy-phenyl]-äthanon-(1),** *2-(benzylmethylamino)-3'-fluoro-4'-hydroxyacetophenone* $C_{16}H_{16}FNO_2$, Formel XIV (R = $CH_2$-$C_6H_5$).

*B.* Beim Behandeln von 2-Chlor-1-[3-fluor-4-hydroxy-phenyl]-äthanon-(1) mit Methylbenzyl-amin in Dioxan (*Fosdick, Fancher, Urbach*, Am. Soc. **68** [1946] 840, 842).

Hydrochlorid $C_{16}H_{16}FNO_2 \cdot HCl$. Krystalle (aus Me. + Ae.); F: 225–230°.

**2-Amino-1-[3-chlor-4-hydroxy-phenyl]-äthanon-(1),** 3-Chlor-ω-amino-4-hydroxy-acetophenon, *2-amino-3'-chloro-4'-hydroxyacetophenone* $C_8H_8ClNO_2$, Formel I (R = X = H).

*B.* Beim Behandeln von 1-[3-Chlor-4-hydroxy-phenyl]-äthanon-(1) mit Butylnitrit und Chlorwasserstoff in Äther und anschliessend mit Zinn(II)-chlorid (*Edkins, Linnell*, Quart. J. Pharm. Pharmacol. **9** [1936] 75, 95).

Hydrochlorid $C_8H_8ClNO_2 \cdot HCl$. Krystalle (aus A. + Ae.); F: 235° (*Ed., Li.*, l. c. S. 96).

**2-Methylamino-1-[3-chlor-4-hydroxy-phenyl]-äthanon-(1),** *3'-chloro-4'-hydroxy-2-(methylamino)acetophenone* $C_9H_{10}ClNO_2$, Formel I (R = $CH_3$, X = H).

*B.* Beim Behandeln von 2-Chlor-1-[3-chlor-4-hydroxy-phenyl]-äthanon-(1) in Äthanol mit Methylamin in Wasser (*Hansen*, Am. Soc. **59** [1937] 280).

Hydrochlorid $C_9H_{10}ClNO_2 \cdot HCl$. Krystalle (aus A.); F: 210–217° [Zers.; nach Sintern bei 180°].

**2-[Methyl-benzyl-amino]-1-[3-chlor-4-hydroxy-phenyl]-äthanon-(1),** *2-(benzylmethylamino)-3'-chloro-4'-hydroxyacetophenone* $C_{16}H_{16}ClNO_2$, Formel II (R = H).

*B.* Aus 2-Chlor-1-[3-chlor-4-hydroxy-phenyl]-äthanon-(1) und Methyl-benzyl-amin in Dioxan (*Fosdick, Fancher, Urbach*, Am. Soc. **68** [1946] 840, 842).

Hydrochlorid $C_{16}H_{16}ClNO_2 \cdot HCl$. Krystalle (aus Me. + Ae.); F: 211–213°.

I II

**2-[Methyl-benzyl-amino]-1-[3-chlor-4-äthoxy-phenyl]-äthanon-(1),** *2-(benzylmethylamino)-3'-chloro-4'-ethoxyacetophenone* $C_{18}H_{20}ClNO_2$, Formel II (R = $C_2H_5$).

*B.* Aus 2-Chlor-1-[3-chlor-4-äthoxy-phenyl]-äthanon-(1) und Methyl-benzyl-amin in Äther oder Petroläther (*Lutz et al.*, J. org. Chem. **12** [1947] 617, 641, 656, 657, 696).

Hydrochlorid $C_{18}H_{20}ClNO_2 \cdot HCl$. Krystalle (aus A. + Ae.); F: 193—194° [korr.].

**2-[Methyl-benzyl-amino]-1-[3-chlor-4-acetoxy-phenyl]-äthanon-(1)**, *4'-acetoxy-2-(benzylmethylamino)-3'-chloroacetophenone* $C_{18}H_{18}ClNO_3$, Formel II (R = CO-$CH_3$).

*B.* Aus 2-Chlor-1-[3-chlor-4-acetoxy-phenyl]-äthanon-(1) und Methyl-benzyl-amin in Dioxan (*Fosdick, Fancher, Urbach*, Am. Soc. **68** [1946] 840, 842).

Hydrochlorid $C_{18}H_{18}ClNO_3 \cdot HCl$. Krystalle (aus Me. + Ae.); F: 212—214°.

**2-[Äthyl-benzyl-amino]-1-[3-chlor-4-hydroxy-phenyl]-äthanon-(1)**, *2-(benzylethylamino)-3'-chloro-4'-hydroxyacetophenone* $C_{17}H_{18}ClNO_2$, Formel I (R = $C_2H_5$, X = $CH_2$-$C_6H_5$).

*B.* Aus 2-Chlor-1-[3-chlor-4-hydroxy-phenyl]-äthanon-(1) und Äthyl-benzyl-amin (*Fosdick, Fancher, Urbach*, Am. Soc. **68** [1946] 840, 842).

Hydrochlorid $C_{17}H_{18}ClNO_2 \cdot HCl$. Krystalle (aus Me. + Ae.); F: 207—208°.

**2-Amino-1-[3-brom-4-hydroxy-phenyl]-äthanon-(1)**, 3-Brom-ω-amino-4-hydroxy-acetophenon, *2-amino-3'-bromo-4'-hydroxyacetophenone* $C_8H_8BrNO_2$, Formel III.

*B.* Beim Behandeln von 1-[3-Brom-4-hydroxy-phenyl]-äthanon-(1) mit Butylnitrit und Chlorwasserstoff in Äther und anschliessend mit Zinn(II)-chlorid (*Edkins, Linnell*, Quart. J. Pharm. Pharmacol. **9** [1936] 75, 96).

Hydrochlorid. Krystalle (aus A. + Ae.); F: 236°.

HO—C6H3(Br)—CO—$CH_2$—$NH_2$ III    HO—C6H3(NH—R)—CO—$CH_2$—N(X)—$CH_3$ IV

**2-Amino-1-[3-amino-4-hydroxy-phenyl]-äthanon-(1)**, 3.ω-Diamino-4-hydroxy-acetophenon $C_8H_{10}N_2O_2$.

**2-Methylamino-1-[3-amino-4-hydroxy-phenyl]-äthanon-(1)**, *3'-amino-4'-hydroxy-2-(methylamino)acetophenone* $C_9H_{12}N_2O_2$, Formel IV (R = X = H).

*B.* Aus 2-[Methyl-benzyl-amino]-1-[3-nitro-4-hydroxy-phenyl]-äthanon-(1) (nicht näher beschrieben) bei der Hydrierung an Palladium (*Hoffmann-La Roche*, U.S.P. 2393820 [1944]; Schweiz. P. 235865 [1943]).

Tartrat $2C_9H_{12}N_2O_2 \cdot C_4H_6O_6 \cdot 4H_2O$. F: 182—183°.

**2-Methylamino-1-[3-acetamino-4-hydroxy-phenyl]-äthanon-(1), Essigsäure-[6-hydroxy-3-sarkosyl-anilid]**, *2'-hydroxy-5'-sarcosylacetanilide* $C_{11}H_{14}N_2O_3$, Formel IV (R = CO-$CH_3$, X = H).

*B.* Beim Behandeln von 2-Methylamino-1-[3-amino-4-hydroxy-phenyl]-äthanon-(1)-hydrobromid in Wasser mit Acetanhydrid (*Hoffmann-La Roche*, U.S.P. 2393820 [1944]; Schweiz. P. 240578 [1943]).

Hydrobromid. Krystalle; F: 236—238°. In Wasser schwer löslich.

**2-[Methyl-acetyl-amino]-1-[3-acetamino-4-hydroxy-phenyl]-äthanon-(1), *N*-Methyl-*N*-[3-acetamino-4-hydroxy-phenacyl]-acetamid**, *5'-(N-acetyl-N-methylglycyl)-2'-hydroxyacetanilide* $C_{13}H_{16}N_2O_4$, Formel IV (R = X = CO-$CH_3$).

*B.* Beim Behandeln von 2-Methylamino-1-[3-amino-4-hydroxy-phenyl]-äthanon-(1)-tartrat in Wasser mit Acetanhydrid (*Hoffmann-La Roche*, U.S.P. 2393820 [1944]).

Krystalle (aus Eg.); F: 249—250°.

$H_2N$—C6H4—CO—$CH_2$—$SO_2$—C6H4—$NH_2$ V    R—NH—C6H4—CO—$CH_2$—O—CO—$CH_3$ VI

**2-Hydroxy-1-[3-amino-phenyl]-äthanon-(1)**, 3-Amino-ω-hydroxy-acetophenon $C_8H_9NO_2$.

**2-[4-Amino-phenylsulfon]-1-[3-amino-phenyl]-äthanon-(1)**, *3'-amino-2-sulfanilylacetophenone* $C_{14}H_{14}N_2O_3S$, Formel V.

*B.* Aus 2-[4-Nitro-phenylsulfon]-1-[3-nitro-phenyl]-äthanon-(1) beim Erwärmen mit

Eisen-Pulver und wss. Essigsäure (*Truitt et al.*, Am. Soc. **71** [1949] 3511).
Gelbe Krystalle (aus A.); F: 240°.

**2-Hydroxy-1-[4-amino-phenyl]-äthanon-(1),** 4-Amino-ω-hydroxy-acetophenon $C_8H_9NO_2$.

**2-Acetoxy-1-[4-amino-phenyl]-äthanon-(1), Essigsäure-[4-amino-phenacylester],** *2-acetoxy-4'-aminoacetophenone* $C_{10}H_{11}NO_3$, Formel VI (R = H) (H 236; E I 488).

*B.* Aus 2-Acetoxy-1-[4-nitro-phenyl]-äthanon-(1) bei kurzem Erhitzen mit Eisen(II)-sulfat in Wasser unter Zusatz von wss. Ammoniak (*Robinson, Robinson*, Soc. **1932** 1439, 1441).

**2-Acetoxy-1-[4-(2-hydroxy-4-methoxy-benzylidenamino)-phenyl]-äthanon-(1),** *2-acetoxy-4'-(2-hydroxy-4-methoxybenzylideneamino)acetophenone* $C_{18}H_{17}NO_5$, Formel VII.

*B.* Aus 2-Acetoxy-1-[4-amino-phenyl]-äthanon-(1) und 2-Hydroxy-4-methoxy-benzaldehyd in Äthanol (*Robinson, Robinson*, Soc. **1932** 1439, 1443).

Gelbe Krystalle (aus A.); F: 155—156°.

Beim Sättigen einer Lösung in wss. Salzsäure mit Chlorwasserstoff ist 3-Hydroxy-7-methoxy-2-[4-amino-phenyl]-chromenylium-chlorid erhalten worden.

***N*-[4-Acetoxyacetyl-phenyl]-glycin-äthylester,** N-[p-*(acetoxyacetyl)phenyl]glycine ethyl ester* $C_{14}H_{17}NO_5$, Formel VI (R = $CH_2$-CO-$OC_2H_5$).

*B.* Aus 2-Acetoxy-1-[4-amino-phenyl]-äthanon-(1) und Jodessigsäure-äthylester in Aceton (*Ainley, Robinson*, Soc. **1937** 453, 454).

Hellgelbe Krystalle (aus A.); F: 113°.

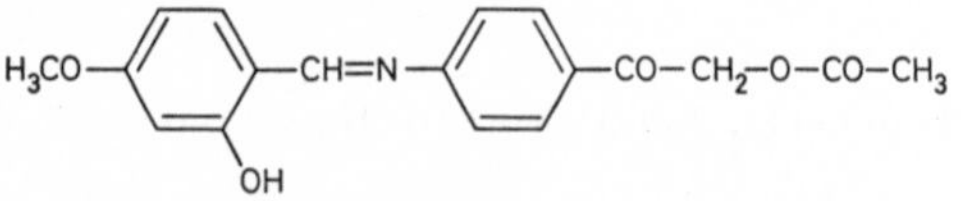

VII 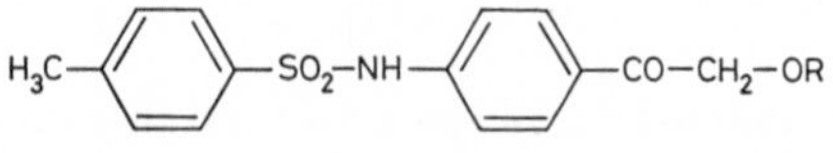 VIII

**2-Hydroxy-1-[4-(toluol-sulfonyl-(4)-amino)-phenyl]-äthanon-(1), Toluol-sulfonsäure-(4)-[4-glykoloyl-anilid],** *4'-glycoloyl-*p*-toluenesulfonanilide* $C_{15}H_{15}NO_4S$, Formel VIII (R = H).

*B.* Aus 2-Acetoxy-1-[4-(toluol-sulfonyl-(4)-amino)-phenyl]-äthanon-(1) beim Behandeln mit wss. Natronlauge unter Zusatz von Bromessigsäure-äthylester in Äther (*Ainley, Robinson*, Soc. **1937** 453, 454).

Hellgelbe Krystalle (aus A.); F: 202—204° [Zers.].

**2-Acetoxy-1-[4-(toluol-sulfonyl-(4)-amino)-phenyl]-äthanon-(1),** *4'-(acetoxyacetyl)-*p*-toluenesulfonanilide* $C_{17}H_{17}NO_5S$, Formel VIII (R = CO-$CH_3$).

*B.* Beim Behandeln von 2-Acetoxy-1-[4-amino-phenyl]-äthanon-(1) mit Toluolsulfonylchlorid-(4) und Pyridin (*Ainley, Robinson*, Soc. **1937** 453, 454).

Krystalle (aus wss. A.); F: 179—179,5°.

**2-[4-Amino-phenylsulfon]-1-[4-amino-phenyl]-äthanon-(1),** *4'-amino-2-sulfanilylacetophenone* $C_{14}H_{14}N_2O_3S$, Formel IX.

*B.* Aus 2-[4-Nitro-phenylsulfon]-1-[4-nitro-phenyl]-äthanon-(1) beim Erwärmen mit Eisen-Pulver und wss. Essigsäure (*Truitt et al.*, Am. Soc. **71** [1949] 3511).

Hellgelbe Krystalle (aus A.); F: 230°.

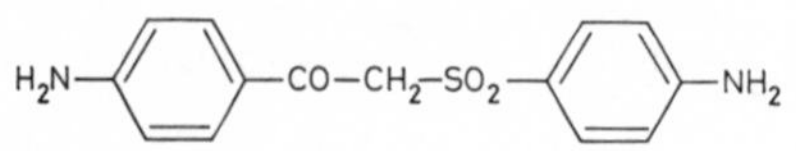

IX 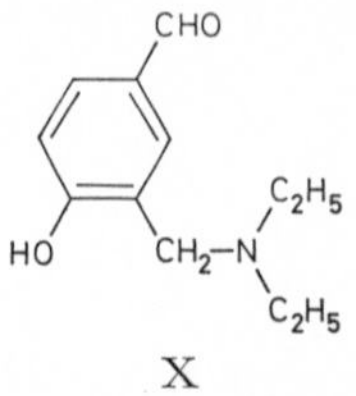 X 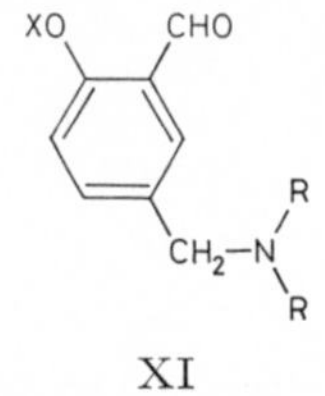 XI

**4-Hydroxy-3-aminomethyl-benzaldehyd** $C_8H_9NO_2$.

**4-Hydroxy-3-[diäthylamino-methyl]-benzaldehyd,** *3-[(diethylamino)methyl]-4-hydroxybenzaldehyde* $C_{12}H_{17}NO_2$, Formel X.

*B.* Beim Erwärmen von 4-Hydroxy-benzaldehyd mit Paraformaldehyd und Diäthyl-

amin in Äthanol (*Cromwell*, Am. Soc. **68** [1946] 2634).
Phenylhydrazon. F: 78—80°.
Hydrochlorid $C_{12}H_{17}NO_2 \cdot HCl$. Krystalle (aus A. + E. + Ae.); F: 163—166° [Zers.].

**6-Hydroxy-3-aminomethyl-benzaldehyd,** *5-(aminomethyl)salicylaldehyde* $C_8H_9NO_2$, Formel XI (R = X = H).
*B.* Beim Behandeln von 6-Hydroxy-3-chlormethyl-benzaldehyd mit Hexamethylentetramin in Chloroform und mehrwöchigen Behandeln des Reaktionsprodukts mit wss.-äthanol. Salzsäure (*Reichert, Hoss*, Ar. **280** [1942] 157, 162).
Hydrochlorid $C_8H_9NO_2 \cdot HCl$. Hellgelbe Krystalle (aus A.); F: 193—194°.

**6-Methoxy-3-aminomethyl-benzaldehyd,** *5-(aminomethyl)-o-anisaldehyde* $C_9H_{11}NO_2$, Formel XI (R = H, X = $CH_3$).
*B.* Beim Behandeln von 6-Methoxy-3-chlormethyl-benzaldehyd mit Hexamethylentetramin in Chloroform und mehrtägigen Behandeln des Reaktionsprodukts mit wss.-äthanol. Salzsäure (*Reichert, Hoss*, Ar. **280** [1942] 157, 166).
F: ca. 130° [Zers.].
Hydrochlorid $C_9H_{11}NO_2 \cdot HCl$. Krystalle; F: ca. 160° [Zers.].

**6-Methoxy-3-[diäthylamino-methyl]-benzaldehyd,** *5-[(diethylamino)methyl]-o-anisaldehyde* $C_{13}H_{19}NO_2$, Formel XI (R = $C_2H_5$, X = $CH_3$).
*B.* Aus 6-Methoxy-3-chlormethyl-benzaldehyd und Diäthylamin in Äthanol (*Funke, Rougeaux*, Bl. [5] **12** [1945] 1050, 1054).
$Kp_2$: 147°.

### Amino-Derivate der Hydroxy-oxo-Verbindungen $C_9H_{10}O_2$

**(±)-2-Amino-1-[2-hydroxy-phenyl]-propanon-(1),** (±)-α-Amino-2-hydroxy-propiophenon, *(±)-2-amino-2'-hydroxypropiophenone* $C_9H_{11}NO_2$, Formel I (R = H).
*B.* Aus (±)-2-Amino-1-[2-methoxy-phenyl]-propanon-(1) beim Erhitzen mit wss. Salzsäure auf 150° (*Hartung et al.*, Am. Soc. **53** [1931] 4149, 4158).
Hydrochlorid $C_9H_{11}NO_2 \cdot HCl$. Krystalle; F: 223,5—224° [korr.; Zers.].

**(±)-2-Amino-1-[2-methoxy-phenyl]-propanon-(1),** *(±)-2-amino-2'-methoxypropiophenone* $C_{10}H_{13}NO_2$, Formel I (R = $CH_3$).
*B.* Bei partieller Hydrierung von 2-Hydroxyimino-1-[2-methoxy-phenyl]-propanon-(1) an Palladium in Äthanol (*Hartung et al.*, Am. Soc. **53** [1931] 4149, 4157).
Hydrochlorid $C_{10}H_{13}NO_2 \cdot HCl$. Krystalle (aus A.); F: 112° [korr.; Zers.].

**(±)-2-Amino-1-[2-benzoyloxy-phenyl]-propanon-(1), Benzoesäure-[2-DL-alanyl-phenylester],** *(±)-2-amino-2'-(benzoyloxy)propiophenone* $C_{16}H_{15}NO_3$, Formel I (R = CO-$C_6H_5$).
*B.* Bei partieller Hydrierung von 2-Hydroxyimino-1-[2-benzoyloxy-phenyl]-propanon-(1) an Palladium in Äthanol (*Mason*, Am. Soc. **56** [1934] 2499).
Krystalle (aus PAe.); F: 112—114°.
Hydrochlorid $C_{16}H_{15}NO_3 \cdot HCl$. Krystalle (aus A. + Acn. + wss. HCl) mit 0,5 Mol $H_2O$; Zers. bei ca. 180°.

I II III

**(±)-2-Amino-1-[3-hydroxy-phenyl]-propanon-(1),** (±)-α-Amino-3-hydroxy-propiophenon, *(±)-2-amino-3'-hydroxypropiophenone* $C_9H_{11}NO_2$, Formel II.
*B.* Bei partieller Hydrierung von 2-Hydroxyimino-1-[3-hydroxy-phenyl]-propanon-(1) an Palladium in Chlorwasserstoff enthaltendem Äthanol (*Hartung et al.*, Am. Soc. **53** [1931] 4149, 4157).
Hydrochlorid $C_9H_{11}NO_2 \cdot HCl$. Krystalle (aus A. + Ae.); F: 177° [korr.; Zers.; nach Sintern bei 170°].

**3-Amino-1-[3-hydroxy-phenyl]-propanon-(1),** β-Amino-3-hydroxy-propiophenon $C_9H_{11}NO_2$.

**3-Dimethylamino-1-[3-hydroxy-phenyl]-propanon-(1),** *3-(dimethylamino)-3'-hydroxypropiophenone* $C_{11}H_{15}NO_2$, Formel III (R = H).

*B.* Beim Erhitzen von 1-[3-Hydroxy-phenyl]-äthanon-(1) mit Dimethylamin-hydrochlorid und Paraformaldehyd in wss.-äthanol. Salzsäure (*Knott*, Soc. **1947** 1190, 1192).

Beim Erhitzen mit Kaliumcyanid in Wasser ist 4-Oxo-4-[3-hydroxy-phenyl]-butyronitril erhalten worden.

Hydrochlorid $C_{11}H_{15}NO_2 \cdot HCl$. Krystalle (aus A.); F: 176° [unkorr.].

**3-Dimethylamino-1-[3-methoxy-phenyl]-propanon-(1),** *3-(dimethylamino)-3'-methoxypropiophenone* $C_{12}H_{17}NO_2$, Formel III (R = $CH_3$).

*B.* Beim Erhitzen von 1-[3-Methoxy-phenyl]-äthanon-(1) mit Dimethylamin-hydrochlorid und Paraformaldehyd in wss.-äthanol. Salzsäure (*Knott*, Soc. **1947** 1190, 1192).

Hydrochlorid $C_{12}H_{17}NO_2 \cdot HCl$. Krystalle (aus A.); F: 160° [unkorr.].

**Methyl-bis-[3-oxo-3-(3-methoxy-phenyl)-propyl]-amin,** *3',3'''-dimethoxy-3,3''-(methylimino)dipropiophenone* $C_{21}H_{25}NO_4$, Formel IV.

*B.* Beim Erwärmen von 1-[3-Methoxy-phenyl]-äthanon-(1) mit Methylamin-hydrochlorid und Paraformaldehyd in Äthanol (*Plati*, *Schmidt*, *Wenner*, J. org. Chem. **14** [1949] 873, 876).

Hydrogenoxalat $C_{21}H_{25}NO_4 \cdot C_2H_2O_4$. Krystalle (aus W.); F: 117—119° [nach Sintern bei 111°].

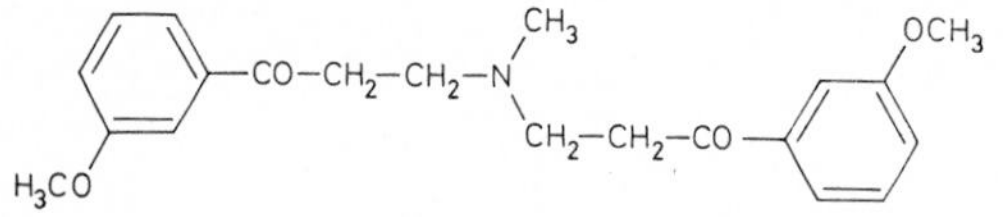

IV 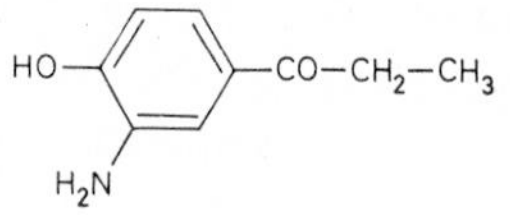 V

**1-[3-Amino-4-hydroxy-phenyl]-propanon-(1),** 3-Amino-4-hydroxy-propiophenon, *3'-amino-4'-hydroxypropiophenone* $C_9H_{11}NO_2$, Formel V.

*B.* Aus 1-[3-Nitro-4-hydroxy-phenyl]-propanon-(1) beim Erwärmen mit Natriumdithionit in Wasser unter Zusatz von Natriumcarbonat (*Barber*, *Haslewood*, Biochem. J. **39** [1945] 285) sowie beim Behandeln mit Zinn und wss. Salzsäure (*Edkins*, *Linnell*, Quart. J. Pharm. Pharmacol. **9** [1936] 203, 216).

Krystalle; F: 144—145° [unkorr.; Zers.] (*Ba.*, *Ha.*).

Hydrochlorid $C_9H_{11}NO_2 \cdot HCl$. Krystalle; F: 217° (*Ed.*, *Li.*).

**(±)-2-Amino-1-[4-hydroxy-phenyl]-propanon-(1),** (±)-α-Amino-4-hydroxy-propiophenon, *(±)-2-amino-4'-hydroxypropiophenone* $C_9H_{11}NO_2$, Formel VI (R = X = H).

*B.* Aus 2-Hydroxyimino-1-[4-hydroxy-phenyl]-propanon-(1) bei partieller Hydrierung an Palladium in Chlorwasserstoff enthaltendem Äthanol (*Hartung et al.*, Am. Soc. **53** [1931] 4149, 4157) sowie beim Behandeln mit Zinn(II)-chlorid in wss. Salzsäure (*I.G. Farbenind.*, D.R.P. 582493 [1929]; Frdl. **19** 1442; *Winthrop Chem. Co.*, U.S.P. 1877795 [1930]).

Hydrochlorid $C_9H_{11}NO_2 \cdot HCl$. Krystalle (aus A.); F: 219° [korr.; Zers.] (*Ha. et al.*).

**(±)-2-Amino-1-[4-methoxy-phenyl]-propanon-(1),** *(±)-2-amino-4'-methoxypropiophenone* $C_{10}H_{13}NO_2$, Formel VI (R = H, X = $CH_3$).

*B.* Aus 2-Hydroxyimino-1-[4-methoxy-phenyl]-propanon-(1) bei partieller Hydrierung an Palladium in Chlorwasserstoff enthaltendem Äthanol (*Hartung et al.*, Am. Soc. **53** [1931] 4149, 4157; s. a. *Tiffeneau*, *Lévy*, *Ditz*, Bl. [5] **2** [1935] 1848, 1853). Aus (±)-*N*-[2-Oxo-1-methyl-2-(4-methoxy-phenyl)-äthyl]-phthalamidsäure beim Erhitzen mit wss. Salzsäure (*Kanao*, *Shinozuka*, J. pharm. Soc. Japan **68** [1948] 253, 256; C. A. **1954** 3921).

Bei der Behandlung des Hydrochlorids mit wss. Natronlauge oder mit wss. Ammoniak und anschliessenden Oxydation ist 2.5-Dimethyl-3.6-bis-[4-methoxy-phenyl]-pyrazin erhalten worden (*Ti.*, *Lévy*, *Ditz*).

Hydrochlorid $C_{10}H_{13}NO_2 \cdot HCl$. Krystalle; F: 242° (*Ti.*, *Lévy*, *Ditz*), 226° [korr.; Zers.; aus A.] (*Ha. et al.*), 225° [aus A.] (*Ka.*, *Sh.*).

Hexachloroplatinat(IV) $C_{10}H_{13}NO_2 \cdot H_2PtCl_6$. Orangegelbe Krystalle (aus Chlorwasserstoff enthaltendem A.); Zers. bei 213° (*Ka.*, *Sh.*).

Pikrat. F: 174—175° (*Ka.*, *Sh*).

**(±)-2-Methylamino-1-[4-hydroxy-phenyl]-propanon-(1),** (±)-*4'-hydroxy-2-(methylamino)propiophenone* $C_{10}H_{13}NO_2$, Formel VI (R = $CH_3$, X = H).

*B.* Aus (±)-2-Brom-1-[4-acetoxy-phenyl]-propanon-(1) (hergestellt aus 1-[4-Acetoxy-phenyl]-propanon-(1) und Brom in Schwefelkohlenstoff) beim Behandeln mit Methylamin in wss. Äthanol (*I.G. Farbenind.*, D.R.P. 547174 [1927]; Frdl. **17** 300) sowie beim Behandeln mit der Kalium-Verbindung des *N*-Methyl-benzamids in Aceton und Erhitzen des Reaktionsprodukts mit wss. Jodwasserstoffsäure (*Legerlotz*, D.R.P. 521728 [1927]; Frdl. **19** 1529). Beim Behandeln von (±)-2-Brom-1-[4-benzoyloxy-phenyl]-propanon-(1) mit der Kalium-Verbindung des *N*-Methyl-toluolsulfonamids-(4) in Aceton und Erhitzen des Reaktionsprodukts mit wss. Jodwasserstoffsäure (*Le.*).

VI VII

**(±)-2-Methylamino-1-[4-methoxy-phenyl]-propanon-(1),** (±)-*4'-methoxy-2-(methylamino)propiophenone* $C_{11}H_{15}NO_2$, Formel VI (R = X = $CH_3$).

*B.* Aus (±)-2-Brom-1-[4-methoxy-phenyl]-propanon-(1) und Methylamin in Benzol (*Kanao, Shinozuka*, J. pharm. Soc. Japan **68** [1948] 258; C. A. **1951** 9506). Bei der Hydrierung von 1-[4-Methoxy-phenyl]-propandion-(1.2) im Gemisch mit Methylamin an Palladium in Äther und Wasser (*Skita, Keil, Baesler*, B. **66** [1933] 858, 864).

$Kp_{11}$: 160° (*Sk.*, *Keil*, *Bae.*, l. c. S. 861).

Hydrochlorid $C_{11}H_{15}NO_2 \cdot HCl$. Krystalle (aus A.); F: 216° [Zers.] (*Ka.*, *Sh.*).

Hexachloroplatinat(IV) $C_{11}H_{15}NO_2 \cdot H_2PtCl_6$. Orangegelbe Krystalle (aus wss. A.); F: 217° [Zers.] (*Ka.*, *Sh.*).

Pikrat. Gelbe Krystalle (aus A.); F: 183° (*Ka.*, *Sh.*), 179—180° (*Sk.*, *Keil*, *Bae.*).

**(±)-2-Cyclohexylamino-1-[4-methoxy-phenyl]-propanon-(1),** (±)-*2-(cyclohexylamino)-4'-methoxypropiophenone* $C_{16}H_{23}NO_2$, Formel VI (R = $C_6H_{11}$, X = $CH_3$).

*B.* Bei der Hydrierung von 1-[4-Methoxy-phenyl]-propandion-(1.2) im Gemisch mit Cyclohexylamin an Palladium in Äther (*Skita, Keil, Baesler*, B. **66** [1933] 858, 864).

F: 110° [aus wss. A.].

Hydrochlorid. Krystalle (aus Acn. + A.); F: 193—194°.

**(±)-2-*p*-Toluidino-1-[4-methoxy-phenyl]-propanon-(1),** (±)-*4'-methoxy-2-*p*-toluidinopropiophenone* $C_{17}H_{19}NO_2$, Formel VII.

*B.* Bei der Hydrierung von 1-[4-Methoxy-phenyl]-propandion-(1.2) im Gemisch mit *p*-Toluidin an Palladium in Äther (*Skita, Keil, Baesler*, B. **66** [1933] 858, 864).

F: 83°.

Hydrochlorid. F: 182—183° [aus wss. Salzsäure].

**(±)-2-[Methyl-benzyl-amino]-1-[4-benzyloxy-phenyl]-propanon-(1),**(±)-*2-(benzylmethylamino)-4'-(benzyloxy)propiophenone* $C_{24}H_{25}NO_2$, Formel VIII.

*B.* Beim Behandeln von (±)-2-Chlor-1-[4-benzyloxy-phenyl]-propanon-(1) (*I.G. Farbenind.*, D.R.P. 581331 [1929]; Frdl. **20** 958) oder von (±)-2-Brom-1-[4-benzyloxy-phenyl]-propanon-(1) (*I.G. Farbenind.*; *Bockmühl, Ehrhart, Stein*, U.S.P. 1877756 [1929]) mit Methyl-benzyl-amin in Äthanol.

Krystalle (aus PAe. oder Cyclohexan); F: 58—60°.

VIII IX

**2-[Methyl-(2-hydroxy-1-methyl-2-phenyl-äthyl)-amino]-1-[4-methoxy-phenyl]-propan-on-(1)**, *2-[(β-hydroxy-α-methylphenethyl)methylamino]-4'-methoxypropiophenone* $C_{20}H_{25}NO_3$.

**(2Ξ)-2-[Methyl-(1S:2R)-2-hydroxy-1-methyl-2-phenyl-äthyl)-amino]-1-[4-methoxy-phenyl]-propanon-(1)**, Formel IX.

*B.* Beim Erwärmen von (−)-Ephedrin ((1*R*:2*S*)-2-Methylamino-1-phenyl-propan-ol-(1)) mit (±)-2-Brom-1-[4-methoxy-phenyl]-propanon-(1) in Benzol unter Zusatz von Kalilauge (*Warnat*, Barell-Festschr. [Basel 1936] S. 255, 265).

Krystalle (aus Me.); F: 133—134°.

Hydrochlorid $C_{20}H_{25}NO_3 \cdot HCl$. F: 163°. $\alpha_D^{21}$: +82° [W.].

**(±)-N-[2-Oxo-1-methyl-2-(4-methoxy-phenyl)-äthyl]-phthalamidsäure**, (±)-N-(*4-methoxy-α-methylphenacyl)phthalamic acid* $C_{18}H_{17}NO_5$, Formel X.

*B.* Aus (±)-2-Phthalimido-1-[4-methoxy-phenyl]-propanon-(1) mit Hilfe von wss. Natronlauge (*Kanao, Shinozuka*, J. pharm. Soc. Japan **68** [1948] 253, 256; C. A. **1954** 3921).

Als Silber-Salz $AgC_{18}H_{16}NO_5 \cdot H_2O$ isoliert.

X XI

**(±)-2-Amino-1-[3-chlor-4-hydroxy-phenyl]-propanon-(1)**, (±)-3-Chlor-α-amino-4-hydroxy-propiophenon, (±)-*2-amino-3'-chloro-4'-hydroxypropiophenone* $C_9H_{10}ClNO_2$, Formel XI.

*B.* Beim Behandeln von 1-[3-Chlor-4-hydroxy-phenyl]-propanon-(1) in mit Chlorwasserstoff gesättigtem Äther mit Butylnitrit und Behandeln der Reaktionslösung mit Zinn(II)-chlorid (*Edkins, Linnell*, Quart. J. Pharm. Pharmacol. **9** [1936] 203, 217).

Hydrochlorid $C_9H_{10}ClNO_2 \cdot HCl$. Krystalle (aus A. + Ae.); F: 138,6° [korr.; Zers.; orangefarbene Schmelze].

**3-Amino-1-[4-hydroxy-phenyl]-propanon-(1)**, β-Amino-4-hydroxy-propiophenon, *3-amino-4'-hydroxypropiophenone* $C_9H_{11}NO_2$, Formel I (R = X = H).

*B.* Aus 3-Amino-1-[4-methoxy-phenyl]-propanon-(1) beim Erhitzen mit wss. Salzsäure auf 150° (*Davies, Powell*, Am. Soc. **67** [1945] 1466).

Hydrochlorid $C_9H_{11}NO_2 \cdot HCl$. Krystalle (aus wss. A.) mit 1 Mol $H_2O$; F: 179—181°.

**3-Amino-1-[4-methoxy-phenyl]-propanon-(1)**, *3-amino-4'-methoxypropiophenone* $C_{10}H_{13}NO_2$, Formel I (R = H, X = $CH_3$).

*B.* Aus 3-Phthalimido-1-[4-methoxy-phenyl]-propanon-(1) beim Erhitzen mit Essigsäure und wss. Salzsäure (*Davies, Powell*, Am. Soc. **67** [1945] 1466).

Hydrochlorid $C_{10}H_{13}NO_2 \cdot HCl$. F: 169—170°.

I II

**3-Dimethylamino-1-[4-hydroxy-phenyl]-propanon-(1)**, *3-(dimethylamino)-4'-hydroxypropiophenone* $C_{11}H_{15}NO_2$, Formel I (R = $CH_3$, X = H) (E II 142).

*B.* Beim Erwärmen von 1-[4-Hydroxy-phenyl]-äthanon-(1) mit Paraformaldehyd und Dimethylamin-hydrochlorid in Äthanol unter Zusatz von wss. Salzsäure (*Knott*, Soc. **1947** 1190, 1192).

Hydrochlorid $C_{11}H_{15}NO_2 \cdot HCl$. Krystalle (aus A.); F: 198° (*Eastman Kodak Co.*, U.S.P. 2469830 [1947]), 192° [unkorr.] (*Kn.*), 191° (*Zigeuner*, M. **80** [1949] 801, 810).

**3-Anilino-1-[4-methoxy-phenyl]-propanon-(1)**, *3-anilino-4'-methoxypropiophenone* $C_{16}H_{17}NO_2$, Formel II (R = $C_6H_5$, X = H).

*B.* Beim Erhitzen von 3-Chlor-1-[4-methoxy-phenyl]-propanon-(1) mit Anilin und

Wasser (*Kenner, Statham*, Soc. **1935** 299, 301). Beim Erwärmen von 2-Diazo-1-[4-methoxy-phenyl]-propanon-(1) in Äthanol mit Anilin und wss. Silbernitrat-Lösung (*Baddeley, Holt, Kenner*, Nature **163** [1949] 766).

F: 130° (*Ke., St.*).

**3-[Methyl-(3-oxo-3-phenyl-propyl)-amino]-1-[4-methoxy-phenyl]-propanon-(1), Methyl-[3-oxo-3-phenyl-propyl]-[3-oxo-3-(4-methoxy-phenyl)-propyl]-amin,** *4'-methoxy-3,3''-(methylimino)dipropiophenone* $C_{20}H_{23}NO_3$, Formel II ($R = CH_2\text{-}CH_2\text{-}CO\text{-}C_6H_5$, $X = CH_3$).

*B.* Aus 3-Methylamino-1-[4-methoxy-phenyl]-propanon-(1) (nicht näher beschrieben) und 3-Chlor-1-phenyl-propanon-(1) (*Külz, Rosenmund*, D.R.P. 612496 [1933]; Frdl. **21** 679).

Hydrochlorid. F: 118°.

**Bis-[3-oxo-3-(4-hydroxy-phenyl)-propyl]-amin,** *4',4'''-dihydroxy-3,3''-iminodipropiophenone* $C_{18}H_{19}NO_4$, Formel III ($R = X = H$).

*B.* Aus Tris-[3-oxo-3-(4-hydroxy-phenyl)-propyl]-amin beim Erhitzen mit wss.-äthanol. Natronlauge oder mit Essigsäure (*Zigeuner*, M. **80** [1949] 801, 808).

Krystalle (aus Eg.); F: 194°.

Hydrochlorid $C_{18}H_{19}NO_4 \cdot HCl$. Krystalle (aus W. oder Eg.); F: 196° [Zers.].

III IV

**Methyl-bis-[3-oxo-3-(4-hydroxy-phenyl)-propyl]-amin,** *4',4'''-dihydroxy-3,3''-(methylimino)dipropiophenone* $C_{19}H_{21}NO_4$, Formel III ($R = CH_3$, $X = H$).

*B.* Beim Erwärmen von 1-[4-Hydroxy-phenyl]-äthanon-(1) mit wss. Formaldehyd und Methylamin-hydrochlorid (*Zigeuner*, M. **80** [1949] 801, 807).

Krystalle (aus W.); F: 191° [Zers.].

**Methyl-bis-[3-oxo-3-(4-methoxy-phenyl)-propyl]-amin,** *4',4'''-dimethoxy-3,3''-(methylimino)dipropiophenone* $C_{21}H_{25}NO_4$, Formel III ($R = X = CH_3$).

*B.* Beim Erwärmen von 1-[4-Methoxy-phenyl]-äthanon-(1) mit Methylamin-hydrochlorid und Paraformaldehyd in Äthanol (*Plati, Schmidt, Wenner*, J. org. Chem. **14** [1949] 873, 876).

Hydrogensulfat $C_{21}H_{25}NO_4 \cdot H_2SO_4$. Krystalle (aus W.) mit 1 Mol $H_2O$; F: 99—104°.

Hydrogenoxalat $C_{21}H_{25}NO_4 \cdot C_2H_2O_4$. F: 154—157°.

**Tris-[3-oxo-3-(4-hydroxy-phenyl)-propyl]-amin,** *4',4''',4'''''-trihydroxy-3,3'',3''''-nitrilotripropiophenone* $C_{27}H_{27}NO_6$, Formel IV.

*B.* Beim Erhitzen von 1-[4-Hydroxy-phenyl]-äthanon-(1) mit wss. Formaldehyd und Ammoniumchlorid (*Zigeuner*, M. **80** [1949] 801, 807).

Krystalle (aus wss. A.); F: 155° [Zers.] (*Zi.*, l. c. S. 810).

Sulfat $2C_{27}H_{27}NO_6 \cdot H_2SO_4$. Krystalle (aus wss. Eg.); F: 172° [Zers.].

***N.N*-Bis-[3-oxo-3-(4-hydroxy-phenyl)-propyl]-acetamid,** N,N-*bis[3-(*p*-hydroxyphenyl)-3-oxopropyl]acetamide* $C_{20}H_{21}NO_5$, Formel III ($R = CO\text{-}CH_3$, $X = H$).

*B.* Aus *N.N*-Bis-[3-oxo-3-(4-acetoxy-phenyl)-propyl]-acetamid beim Erhitzen mit wss.-äthanol. Natronlauge (*Zigeuner*, M. **80** [1949] 801, 809).

Krystalle (aus wss. A.); F: 218—219°.

***N.N*-Bis-[3-oxo-3-(4-acetoxy-phenyl)-propyl]-acetamid,** N,N-*bis[3-(*p*-acetoxyphenyl)-3-oxopropyl]acetamide* $C_{24}H_{25}NO_7$, Formel III ($R = X = CO\text{-}CH_3$).

*B.* Beim Erhitzen von Bis-[3-oxo-3-(4-hydroxy-phenyl)-propyl]-amin-hydrochlorid oder von Tris-[3-oxo-3-(4-hydroxy-phenyl)-propyl]-amin-hydrochlorid mit Acetanhydrid und Natriumacetat (*Zigeuner*, M. **80** [1949] 801, 808, 809).

Krystalle (aus Bzl.); F: 141°.

**3-Benzamino-1-[4-methoxy-phenyl]-propanon-(1), *N*-[3-Oxo-3-(4-methoxy-phenyl)-propyl]-benzamid,** N-[*3-*(p-*methoxyphenyl*)*-3-oxopropyl*]*benzamide* $C_{17}H_{17}NO_3$, Formel V ($R = CO\text{-}C_6H_5$, $X = CH_3$).

*B.* Aus 3-Amino-1-[4-methoxy-phenyl]-propanon-(1) (*Davies, Powell,* Am. Soc. **67** [1945] 1466).

F: 104,5—105,5°.

**3-Benzamino-1-[4-benzoyloxy-phenyl]-propanon-(1), *N*-[3-Oxo-3-(4-benzoyloxy-phenyl)-propyl]-benzamid,** N-{*3-*[p-(*benzoyloxy*)*phenyl*]*-3-oxopropyl*}*benzamide* $C_{23}H_{19}NO_4$, Formel V ($R = X = CO\text{-}C_6H_5$).

*B.* Aus 3-Amino-1-[4-hydroxy-phenyl]-propanon-(1) (*Davies, Powell,* Am. Soc. **67** [1945] 1466).

F: 176°.

***N.N*-Bis-[3-oxo-3-(4-benzoyloxy-phenyl)-propyl]-benzamid,** N,N-*bis*{*3-*[p-(*benzoyloxy*)*phenyl*]*-3-oxopropyl*}*benzamide* $C_{39}H_{31}NO_7$, Formel III ($R = X = CO\text{-}C_6H_5$).

*B.* Beim Behandeln von Bis-[3-oxo-3-(4-hydroxy-phenyl)-propyl]-amin-hydrochlorid mit Benzoylchlorid und wss. Natronlauge (*Zigeuner,* M. **80** [1949] 801, 809).

Krystalle (aus E.); F: 167—168°.

**3-[*N'.N'*-Diphenyl-ureido]-1-[4-diphenylcarbamoyloxy-phenyl]-propanon-(1), *N'*-[3-Oxo-3-(4-diphenylcarbamoyloxy-phenyl)-propyl]-*N.N*-diphenyl-harnstoff,** *3-*{*3-*[p-(*diphenylcarbamoyloxy*)*phenyl*]*-3-oxopropyl*}*-1,1-diphenylurea* $C_{35}H_{29}N_3O_4$, Formel V ($R = X = CO\text{-}N(C_6H_5)_2$).

*B.* Beim Erwärmen von 3-Amino-1-[4-hydroxy-phenyl]-propanon-(1)-hydrochlorid mit Diphenylcarbamoylchlorid und Pyridin (*Davies, Powell,* Am. Soc. **67** [1945] 1466).

Krystalle (aus wss. Me.); F: 124—125°.

XO—$C_6H_4$—CO—$CH_2$—$CH_2$—NH—R

V

$H_2C$=N—$C_6H_4$—CO—$CH_2$—$CH_2$—OH

VI

**3-Hydroxy-1-[4-amino-phenyl]-propanon-(1),** 4-Amino-*β*-hydroxy-propiophenon $C_9H_{11}NO_2$.

**3-Hydroxy-1-[4-methylenamino-phenyl]-propanon-(1),** *3-hydroxy-4'-*(*methyleneamino*)*propiophenone* $C_{10}H_{11}NO_2$, Formel VI.

Eine Verbindung (Krystalle [aus A.], F: 218—219°; *O*-Acetyl-Derivat $C_{12}H_{13}NO_3$: Krystalle [aus Ae.], F: 167°), der diese Konstitution zugeordnet wird, ist neben 1-[4-Methylenamino-phenyl]-äthanon-(1) beim Erwärmen von 1-[4-Amino-phenyl]-äthanon-(1) mit wss. Formaldehyd erhalten worden (*Matsumura,* Am. Soc. **57** [1935] 496).

**2-Amino-3-hydroxy-1-phenyl-propanon-(1),** α-Amino-*β*-hydroxy-propiophenon $C_9H_{11}NO_2$.

**(±)-2-Acetamino-3-hydroxy-1-phenyl-propanon-(1), (±)-*N*-[2-Oxo-1-hydroxymethyl-2-phenyl-äthyl]-acetamid,** (±)-N-[α-(*hydroxymethyl*)*phenacyl*]*acetamide* $C_{11}H_{13}NO_3$, Formel VII ($R = CO\text{-}CH_3$, $X = H$).

*B.* Beim Behandeln von 2-Acetamino-1-phenyl-äthanon-(1) mit wss. Formaldehyd unter Zusatz von Natriumhydrogencarbonat (*Long, Troutman,* Am. Soc. **71** [1949] 2469, 2472).

Krystalle (aus Bzl.), F: 117—119°; Krystalle (aus W.) mit 1 Mol $H_2O$, F: 68—70°.

**(±)-2-Acetamino-3-acetoxy-1-phenyl-propanon-(1), (±)-*N*-[2-Oxo-1-acetoxymethyl-2-phenyl-äthyl]-acetamid,** (±)-N-[α-(*acetoxymethyl*)*phenacyl*]*acetamide* $C_{13}H_{15}NO_4$, Formel VII ($R = X = CO\text{-}CH_3$).

*B.* Beim Behandeln von (±)-2-Acetamino-3-hydroxy-1-phenyl-propanon-(1) mit Acetanhydrid und Pyridin (*Controulis, Rebstock, Crooks,* Am. Soc. **71** [1949] 2463, 2467).

Krystalle (aus Ae.); F: 84—85°.

**(±)-2-Benzamino-3-hydroxy-1-phenyl-propanon-(1), (±)-*N*-[2-Oxo-1-hydroxymethyl-2-phenyl-äthyl]-benzamid,** (±)-N-[α-(*hydroxymethyl*)*phenacyl*]*benzamide* $C_{16}H_{15}NO_3$, Formel VII ($R = CO\text{-}C_6H_5$, $X = H$).

*B.* Beim Erwärmen von 2-Benzamino-1-phenyl-äthanon-(1) mit Paraformaldehyd in

Methanol unter Zusatz von Natriumhydrogencarbonat (*Long*, *Troutman*, Am. Soc. **71** [1949] 2469, 2471).

Krystalle (aus E.); F: 142—143°.

**(±)-2-Benzamino-3-acetoxy-1-phenyl-propanon-(1), (±)-*N*-[2-Oxo-1-acetoxymethyl-2-phenyl-äthyl]-benzamid,** (±)-N-[α-(*acetoxymethyl*)*phenacyl*]*benzamide* $C_{18}H_{17}NO_4$, Formel VII (R = CO-$C_6H_5$, X = CO-$CH_3$).

*B*. Beim Erwärmen von (±)-2-Benzamino-3-hydroxy-1-phenyl-propanon-(1) mit Acetanhydrid und wenig Schwefelsäure (*Long*, *Troutman*, Am. Soc. **71** [1949] 2469, 2471).

Krystalle (aus wss. A.); F: 123—125°.

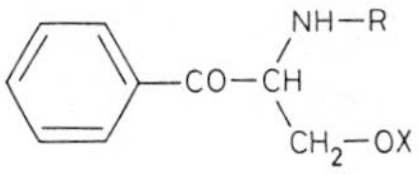

VII 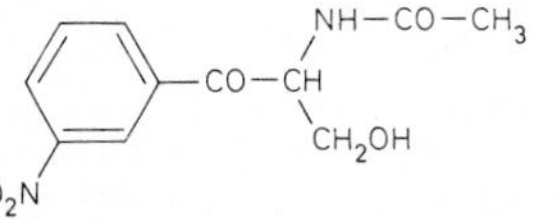 VIII 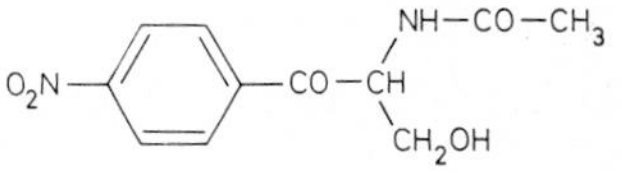 IX

**(±)-2-Acetamino-3-hydroxy-1-[3-nitro-phenyl]-propanon-(1), (±)-*N*-[2-Oxo-1-hydroxymethyl-2-(3-nitro-phenyl)-äthyl]-acetamid,** (±)-N-[α-(*hydroxymethyl*)-*3-nitrophenacyl*]*acetamide* $C_{11}H_{12}N_2O_5$, Formel VIII.

*B*. Beim Behandeln von 2-Acetamino-1-[3-nitro-phenyl]-äthanon-(1) mit wss. Formaldehyd und Äthanol unter Zusatz von Natriumhydrogencarbonat (*Buu-Hoi*, *Khoi*, C. r. **229** [1949] 1343).

Krystalle (aus E.); F: 161—162°.

**(±)-2-Acetamino-3-hydroxy-1-[4-nitro-phenyl]-propanon-(1), (±)-*N*-[2-Oxo-1-hydroxymethyl-2-(4-nitro-phenyl)-äthyl]-acetamid,** (±)-N-[α-(*hydroxymethyl*)-*4-nitrophenacyl*]*acetamide* $C_{11}H_{12}N_2O_5$, Formel IX.

*B*. Beim Behandeln von 2-Acetamino-1-[4-nitro-phenyl]-äthanon-(1) mit wss. Formaldehyd und Äthanol unter Zusatz von Natriumhydrogencarbonat (*Long*, *Troutman*, Am. Soc. **71** [1949] 2473).

Krystalle (aus A.); F: 166—167° [Zers.].

**1-Amino-1-[4-hydroxy-phenyl]-aceton** $C_9H_{11}NO_2$.

**(±)-1-Methylamino-1-[4-methoxy-phenyl]-aceton,** (±)-*1*-(p-*methoxyphenyl*)-*1*-(*methylamino*)*propan-2-one* $C_{11}H_{15}NO_2$, Formel X.

*B*. Aus (±)-1-Brom-1-[4-methoxy-phenyl]-aceton (nicht näher beschrieben) und Methylamin in Benzol (*Kanao*, *Shinozuka*, J. pharm. Soc. Japan **68** [1948] 261, 263).

Hydrochlorid $C_{11}H_{15}NO_2 \cdot HCl$. Krystalle (aus A.); F: 203—204° [Zers.].

Hexachloroplatinat(IV). Orangegelbe Krystalle (aus wss. A.); F: 207°.

Pikrat. Gelbe Krystalle (aus wss. A.); F: 144°.

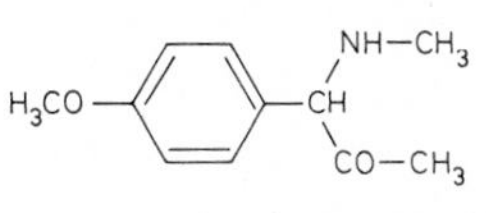

X 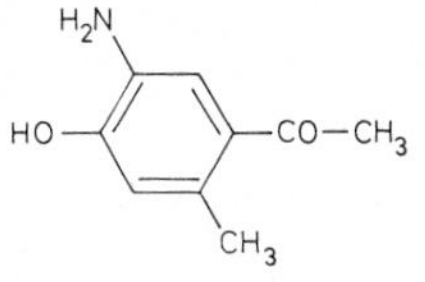 XI 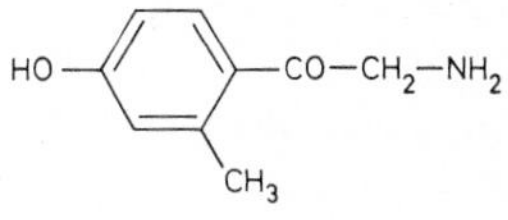 XII

**1-[5-Amino-4-hydroxy-2-methyl-phenyl]-äthanon-(1),** 5-Amino-4-hydroxy-2-methyl-acetophenon, *5'-amino-4'-hydroxy-2'-methylacetophenone* $C_9H_{11}NO_2$, Formel XI.

*B*. Aus 1-[5-Nitro-4-hydroxy-2-methyl-phenyl]-äthanon-(1) mit Hilfe von Natriumdithionit (*Parkes*, Soc. **1948** 2143, 2146).

Hellgelbe Krystalle (aus A.); F: 116°.

**2-Amino-1-[4-hydroxy-2-methyl-phenyl]-äthanon-(1),** ω-Amino-4-hydroxy-2-methyl-acetophenon, *2-amino-4'-hydroxy-2'-methylacetophenone* $C_9H_{11}NO_2$, Formel XII.

*B*. Beim Behandeln des 2-Brom-1-[4-acetoxy-2-methyl-phenyl]-äthanon-(1)-Hexamethylentetramin-Addukts (F: 160—161°) mit wss.-äthanol. Bromwasserstoffsäure

*CIBA*, U.S.P. 2245282 [1940]).
Hydrochlorid. F: 231—232°.
Hydrobromid. F: 242—243°.

**2-Amino-1-[6-hydroxy-3-methyl-phenyl]-äthanon-(1),** ω-Amino-6-hydroxy-3-methyl-acetophenon, *2-amino-2'-hydroxy-5'-methylacetophenone* $C_9H_{11}NO_2$, Formel XIII (R = X = H).

*B.* Beim Behandeln des 2-Brom-1-[6-benzyloxy-3-methyl-phenyl]-äthanon-(1)-Hexamethylentetramin-Addukts mit Chlorwasserstoff enthaltendem Äthanol und Hydrieren des Reaktionsprodukts an Palladium in Äthanol (*Ardis, Baltzly, Schoen*, Am. Soc. **68** [1946] 591, 593).

Hydrochlorid $C_9H_{11}NO_2 \cdot HCl$. Krystalle (aus A.); F: 222—225° [korr.; Zers.].

**2-Amino-1-[6-methoxy-3-methyl-phenyl]-äthanon-(1),** *2-amino-2'-methoxy-5'-methylacetophenone* $C_{10}H_{13}NO_2$, Formel XIII (R = H, X = $CH_3$).

*B.* Aus dem 2-Brom-1-[6-methoxy-3-methyl-phenyl]-äthanon-(1)-Hexamethylentetramin-Addukt (*Ardis, Baltzly, Schoen*, Am. Soc. **68** [1946] 591, 593).

Hydrochlorid $C_{10}H_{13}NO_2 \cdot HCl$. Krystalle (aus A.); F: 201,5—203° [korr.; Zers.].

**2-Methylamino-1-[6-hydroxy-3-methyl-phenyl]-äthanon-(1),** *2'-hydroxy-5'-methyl-2-(methylamino)acetophenone* $C_{10}H_{13}NO_2$, Formel XIII (R = $CH_3$, X = H).

*B.* Aus 2-[Methyl-benzyl-amino]-1-[6-hydroxy-3-methyl-phenyl]-äthanon-(1) oder aus 2-[Methyl-benzyl-amino]-1-[6-benzyloxy-3-methyl-phenyl]-äthanon-(1) bei der Hydrierung an Palladium (*Ardis, Baltzly, Schoen*, Am. Soc. **68** [1946] 591, 593).

Hydrochlorid $C_{10}H_{13}NO_2 \cdot HCl$. Krystalle (aus A. + E.); F: 204—206° [korr.].

XIII XIV XV

**2-[Methyl-benzyl-amino]-1-[6-hydroxy-3-methyl-phenyl]-äthanon-(1),** *2-(benzylmethylamino)-2'-hydroxy-5'-methylacetophenone* $C_{17}H_{19}NO_2$, Formel XIV (R = H).

*B.* Aus 2-Brom-1-[6-hydroxy-3-methyl-phenyl]-äthanon-(1) und Methyl-benzyl-amin in Äther (*Ardis, Baltzly, Schoen*, Am. Soc. **68** [1946] 591, 593).

Hydrochlorid $C_{17}H_{19}NO_2 \cdot HCl$. Krystalle (aus A. + Ae. + E.); F: 186,5—187° [korr.].

**2-[Methyl-benzyl-amino]-1-[6-benzyloxy-3-methyl-phenyl]-äthanon-(1),** *2-(benzylmethylamino)-2'-(benzyloxy)-5'-methylacetophenone* $C_{24}H_{25}NO_2$, Formel XIV (R = $CH_2$-$C_6H_5$).

*B.* Aus 2-Brom-1-[6-benzyloxy-3-methyl-phenyl]-äthanon-(1) und Methyl-benzylamin in Äther (*Ardis, Baltzly, Schoen*, Am. Soc. **68** [1946] 591, 593).

Hydrochlorid $C_{24}H_{25}NO_2 \cdot HCl$. Krystalle (aus A. + Ae.); F: 154—156°.

**2-Amino-1-[4-hydroxy-3-methyl-phenyl]-äthanon-(1),** ω-Amino-4-hydroxy-3-methyl-acetophenon, *2-amino-4'-hydroxy-3'-methylacetophenone* $C_9H_{11}NO_2$, Formel XV.

*B.* Beim Behandeln des 2-Brom-1-[4-benzoyloxy-3-methyl-phenyl]-äthanon-(1)-Hexamethylentetramin-Addukts (F: 165—167°) mit wss.-äthanol. Bromwasserstoffsäure und Erwärmen des erhaltenen 2-Amino-1-[4-benzoyloxy-3-methyl-phenyl]-äthanons-(1) mit wss. Bromwasserstoffsäure (*CIBA*, U.S.P. 2245282 [1940]).

Hydrochlorid. F: 238—239°.
Hydrobromid. F: 232—233°.

## Amino-Derivate der Hydroxy-oxo-Verbindungen $C_{10}H_{12}O_2$

**1-[3-Amino-4-hydroxy-phenyl]-butanon-(1),** 3-Amino-4-hydroxy-butyrophenon, *3'-amino-4'-hydroxybutyrophenone* $C_{10}H_{13}NO_2$, Formel I.

*B.* Aus 1-[3-Nitro-4-hydroxy-phenyl]-butanon-(1) beim Erwärmen mit Natriumdithionit in Wasser unter Zusatz von Natriumcarbonat (*Barber, Haslewood*, Biochem. J.

**39** [1945] 285).

Krystalle (aus PAe. + Bzl.); F: 115—116° [unkorr.; Zers.].



**4-Amino-1-[4-hydroxy-phenyl]-butanon-(1),** γ-Amino-4-hydroxy-butyrophenon $C_{10}H_{13}NO_2$.

**4-Diäthylamino-1-[4-methoxy-phenyl]-butanon-(1),** *4-(diethylamino)-4'-methoxybutyrophenone* $C_{15}H_{23}NO_2$, Formel II (R = $CH_3$).

*B.* Aus (±)-4-Diäthylamino-1-[4-methoxy-phenyl]-butanol-(1) beim Erwärmen mit Chrom(VI)-oxid in Essigsäure (*Breslow et al.*, Am. Soc. **67** [1945] 1472).

$Kp_1$: 148—154°.

Oxim $C_{15}H_{24}N_2O_2$. Krystalle (aus wss. A.); F: 84,5—85,5°.

**4-Diäthylamino-1-[4-phenoxy-phenyl]-butanon-(1),** *4-(diethylamino)-4'-phenoxybutyrophenone* $C_{20}H_{25}NO_2$, Formel II (R = $C_6H_5$).

*B.* Beim Erwärmen von 4-Diäthylamino-butyronitril mit 4-Phenoxy-phenylmagnesiumbromid in Äther und anschliessend mit wss. Ammoniumchlorid-Lösung (*Humphlett, Weiss, Hauser*, Am. Soc. **70** [1948] 4020, 4022).

$Kp_1$: 196—199°.

Oxim $C_{20}H_{26}N_2O_2$. $Kp_1$: 215—217° [partielle Zers.] (Rohprodukt).

**1-[4-Amino-3-hydroxy-phenyl]-butanon-(3)** $C_{10}H_{13}NO_2$.

**1-[4-Amino-3-methoxy-phenyl]-butanon-(3),** *4-(4-amino-3-methoxyphenyl)butan-2-one* $C_{11}H_{15}NO_2$, Formel III.

*B.* Aus 1*t*-[4-Amino-3-methoxy-phenyl]-buten-(1)-on-(3) bei der Hydrierung an Platin in Äthanol (*Berlin, Scherlin, Serebrennikowa*, Ž. obšč. Chim. **19** [1949] 759, 763; J. gen. Chem. U.S.S.R. [Übers.] **19** [1949] 744).

Krystalle; F: 40°. $Kp_8$: 177—179°.

Hydrochlorid. Krystalle; F: 182° [Zers.].



**1-[3-Amino-4-hydroxy-phenyl]-butanon-(3)** $C_{10}H_{13}NO_2$.

**1-[3-Amino-4-methoxy-phenyl]-butanon-(3),** *4-(3-amino-4-methoxyphenyl)butan-2-one* $C_{11}H_{15}NO_2$, Formel IV.

*B.* Aus 1*t*-[3-Amino-4-methoxy-phenyl]-buten-(1)-on-(3) bei der Hydrierung an Platin in Äthanol (*Berlin, Scherlin, Serebrennikowa*, Ž. obšč. Chim. **19** [1949] 759, 765; J. gen. Chem. U.S.S.R. [Übers.] **19** [1949] 745).

Krystalle (aus PAe.); F: 56,5—57°.



**2-Amino-1-[4-hydroxy-phenyl]-butanon-(3)** $C_{10}H_{13}NO_2$.

**(±)-2-Acetamino-1-[4-hydroxy-phenyl]-butanon-(3), (±)-*N*-[2-(4-Hydroxy-phenyl)-1-acetyl-äthyl]-acetamid,** (±)-N-(*α-acetyl-4-hydroxyphenethyl*)*acetamide* $C_{12}H_{15}NO_3$, Formel V (E II 143; dort als α-Acetamino-α-[4-oxy-benzyl]-aceton bezeichnet).

Krystalle (aus Me.); F: 166—168° (*Vaslow, Doherty*, Am. Soc. **75** [1953] 928, 930).

**4-Chlor-2-benzyloxycarbonylamino-1-[4-methoxy-phenyl]-butanon-(3), [2-(4-Methoxy-phenyl)-1-chloracetyl-äthyl]-carbamidsäure-benzylester,** [α-(*chloroacetyl*)-*4-methoxyphenethyl*]*carbamic acid benzyl ester* $C_{19}H_{20}ClNO_4$.

**(*S*)-[2-(4-Methoxy-phenyl)-1-chloracetyl-äthyl]-carbamidsäure-benzylester,** Formel VI.

*B.* Beim Behandeln von *N*-Benzyloxycarbonyl-*O*-methyl-L-tyrosylchlorid mit Diazomethan in Äther und Einleiten von Chlorwasserstoff in eine äther. Lösung des Reaktionsprodukts (*Carter, Hinman*, J. biol. Chem. **178** [1949] 403, 419).

Krystalle (aus Methylcyclohexan + Ae.); F: 114—115°. $[\alpha]_D^{30}$: —38,8° [$CHCl_3$; c = 0,7]. UV-Spektrum (A.): *Ca., Hi.*, l. c. S. 411.

**4-Chlor-2-[toluol-sulfonyl-(4)-amino]-1-[4-methoxy-phenyl]-butanon-(3), *N*-[2-(4-Methoxy-phenyl)-1-chloracetyl-äthyl]-toluolsulfonamid-(4),** N-[α-(*chloroacetyl*)-*4-methoxyphenethyl*]-p-*toluenesulfonamide* $C_{18}H_{20}ClNO_4S$.

**(*S*)-4-Chlor-2-[toluol-sulfonyl-(4)-amino]-1-[4-methoxy-phenyl]-butanon-(3),** Formel VII (X = Cl).

*B.* Beim Einleiten von Chlorwasserstoff in eine äther. Lösung von (*S*)-2-[Toluol-sulfonyl-(4)-amino]-4-diazo-1-[4-methoxy-phenyl]-butanon-(3) (*Carter, Hinman*, J. biol. Chem. **178** [1949] 403, 420).

Krystalle; F: 111—112°. $[\alpha]_D^{30}$: +29,4° [$CHCl_3$; c = 0,5].

**4-Brom-2-[toluol-sulfonyl-(4)-amino]-1-[4-methoxy-phenyl]-butanon-(3), *N*-[2-(4-Methoxy-phenyl)-1-bromacetyl-äthyl]-toluolsulfonamid-(4),** N-[α-(*bromoacetyl*)-*4-methoxyphenethyl*]-p-*toluenesulfonamide* $C_{18}H_{20}BrNO_4S$.

**(*S*)-4-Brom-2-[toluol-sulfonyl-(4)-amino]-1-[4-methoxy-phenyl]-butanon-(3),** Formel VII (X = Br).

*B.* Beim Behandeln von *N*-[Toluol-sulfonyl-(4)]-*O*-methyl-L-tyrosin mit Phosphor(III)-bromid in Äther und anschliessend mit Diazomethan (*Carter, Hinman*, J. biol. Chem. **178** [1949] 403, 421).

Krystalle (aus Ae.); F: 91—92°. $[\alpha]_D^{25}$: +11,7° [$CHCl_3$; c = 0,8].

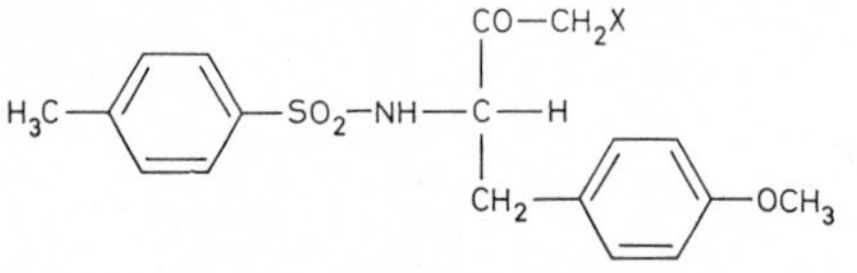

VII 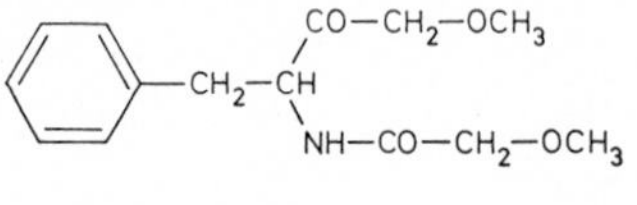 VIII

**2-Amino-4-hydroxy-1-phenyl-butanon-(3)** $C_{10}H_{13}NO_2$.

**(±)-2-[*C*-Methoxy-acetamino]-4-methoxy-1-phenyl-butanon-(3), (±)-*C*-Methoxy-*N*-[3-methoxy-2-oxo-1-benzyl-propyl]-acetamid,** (±)-*2-methoxy*-N-[α-(*methoxyacetyl*)*phenethyl*]*acetamide* $C_{14}H_{19}NO_4$, Formel VIII.

*B.* Beim Erhitzen von DL-Phenylalanin mit Methoxyessigsäure-anhydrid und Pyridin auf 115° (*Cleland, Niemann*, Am. Soc. **71** [1949] 841).

Semicarbazon $C_{15}H_{22}N_4O_4$. Krystalle (aus W.); F: 116—117° [korr.].

4-Nitro-phenylhydrazon. F: 179—181°.

2.4-Dinitro-phenylhydrazon. F: 168—169°.

**2-Amino-2-methyl-1-[4-hydroxy-phenyl]-propanon-(1),** α-Amino-4-hydroxy-isobutyrophenon $C_{10}H_{13}NO_2$.

**2-Methylamino-2-methyl-1-[4-hydroxy-phenyl]-propanon-(1),** *4'-hydroxy-2-methyl-2-*(*methylamino*)*propiophenone* $C_{11}H_{15}NO_2$, Formel IX (R = H).

*B.* Aus 2-Methylamino-2-methyl-1-[4-methoxy-phenyl]-propanon-(1) beim Erwärmen mit wss. Jodwasserstoffsäure (*Mannich, Budde*, Ar. **271** [1933] 51, 54).

Krystalle (aus wss. A.); F: 210°.

Hydrochlorid $C_{11}H_{15}NO_2 \cdot HCl$. Krystalle; F: ca. 235°.

Hydrojodid $C_{11}H_{15}NO_2 \cdot HI$. Krystalle (aus A.); F: 218—219°.

**2-Methylamino-2-methyl-1-[4-methoxy-phenyl]-propanon-(1),** *4'-methoxy-2-methyl-2-*(*methylamino*)*propiophenone* $C_{12}H_{17}NO_2$, Formel IX (R = $CH_3$).

*B.* Beim mehrtägigen Behandeln von 2-Brom-2-methyl-1-[4-methoxy-phenyl]-propanon-(1) mit Methylamin in Benzol und Erwärmen des Reaktionsgemisches mit wss. Salzsäure (*Mannich, Budde*, Ar. **271** [1933] 51, 54).

Krystalle (aus wss. A.); F: 49—50°.

Hydrochlorid $C_{12}H_{17}NO_2 \cdot HCl$. F: 237° [aus W.].

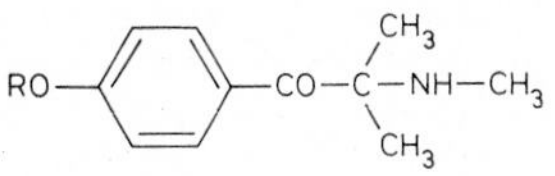

IX 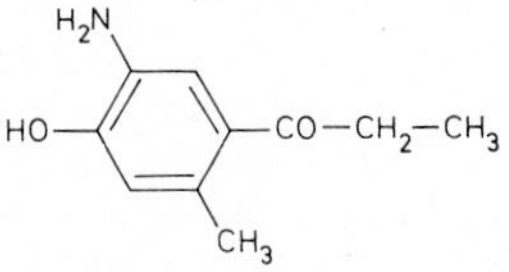 X

**1-[5-Amino-4-hydroxy-2-methyl-phenyl]-propanon-(1),** 5-Amino-4-hydroxy-2-methyl-propiophenon, *5'-amino-4'-hydroxy-2'-methylpropiophenone* $C_{10}H_{13}NO_2$, Formel X.

*B.* Aus 1-[5-Nitro-4-hydroxy-2-methyl-phenyl]-propanon-(1) mit Hilfe von Natriumdithionit (*Parkes*, Soc. **1948** 2143, 2146).

Krystalle; F: 135°.

**2-Amino-1-[6-hydroxy-3-methyl-phenyl]-propanon-(1)** α-Amino-6-hydroxy-3-methyl-propiophenon $C_{10}H_{13}NO_2$.

**(±)-2-[Methyl-benzyl-amino]-1-[6-hydroxy-3-methyl-phenyl]-propanon-(1),** (±)-*2-(benzylmethylamino)-2'-hydroxy-5'-methylpropiophenone* $C_{18}H_{21}NO_2$, Formel XI (R = H).

*B.* Aus (±)-2-Brom-1-[6-hydroxy-3-methyl-phenyl]-propanon-(1) (hergestellt aus 1-[6-Hydroxy-3-methyl-phenyl]-propanon-(1) und Brom in Methanol) und Methyl-benzylamin in Äther (*Ardis, Baltzly, Schoen*, Am. Soc. **68** [1946] 591, 593).

Hydrochlorid $C_{18}H_{21}NO_2 \cdot HCl$. Krystalle (aus A. + Ae. + E.); F: 185—186° [korr.].

**(±)-2-[Methyl-benzyl-amino]-1-[6-methoxy-3-methyl-phenyl]-propanon-(1),** (±)-*2-(benzylmethylamino)-2'-methoxy-5'-methylpropiophenone* $C_{19}H_{23}NO_2$, Formel XI (R = $CH_3$).

*B.* Aus (±)-2-Brom-1-[6-methoxy-3-methyl-phenyl]-propanon-(1) und Methyl-benzylamin in Äther (*Ardis, Baltzly, Schoen*, Am. Soc. **68** [1946] 591, 593). Aus (±)-2-[Methylbenzyl-amino]-1-[6-hydroxy-3-methyl-phenyl]-propanon-(1) und Diazomethan (*Ar., Ba., Sch.*).

Hydrochlorid $C_{19}H_{23}NO_2 \cdot HCl$. Krystalle (aus A. + Ae.); F: 211,5—213,5° [korr.].

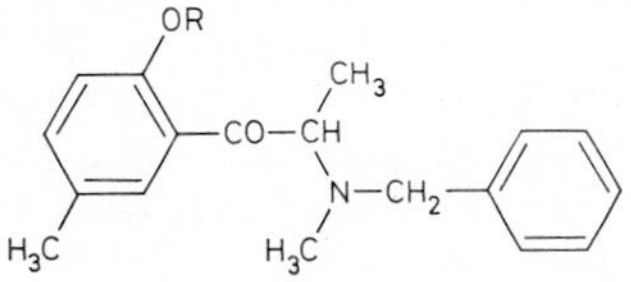

XI 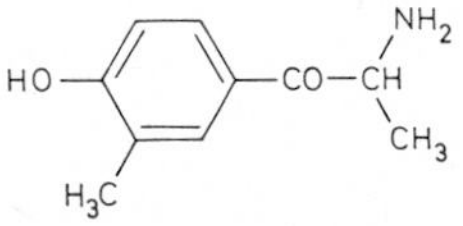 XII 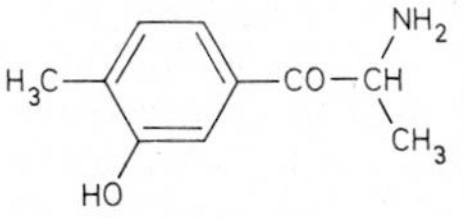 XIII

**(±)-2-Amino-1-[4-hydroxy-3-methyl-phenyl]-propanon-(1),** (±)-α-Amino-4-hydroxy-3-methyl-propiophenon, (±)-*2-amino-4'-hydroxy-3'-methylpropiophenone* $C_{10}H_{13}NO_2$, Formel XII.

*B.* Bei partieller Hydrierung von 2-Hydroxyimino-1-[4-hydroxy-3-methyl-phenyl]-propanon-(1) an Palladium in Chlorwasserstoff enthaltendem Äthanol (*Hartung et al.*, Am. Soc. **53** [1931] 4149, 4157).

Hydrochlorid $C_{10}H_{13}NO_2 \cdot HCl$. Krystalle (aus A. + Ae.); F: 184,5° [korr.; Zers.; nach Sintern bei 170°].

**(±)-2-Amino-1-[3-hydroxy-4-methyl-phenyl]-propanon-(1),** (±)-α-Amino-3-hydroxy-4-methyl-propiophenon, (±)-*2-amino-3'-hydroxy-4'-methylpropiophenone* $C_{10}H_{13}NO_2$, Formel XIII.

*B.* Analog der im vorangehenden Artikel beschriebenen Verbindung (*Hartung et al.*, Am. Soc. **53** [1931] 4149, 4157).

Hydrochlorid $C_{10}H_{13}NO_2 \cdot HCl$. Krystalle (aus *sec*-Butylalkohol + Diisopropyläther); F: 145° [korr.; Zers.; nach Sintern von 100° an].

## Amino-Derivate der Hydroxy-oxo-Verbindungen $C_{12}H_{16}O_2$

**1-[3-Amino-4-hydroxy-2-methyl-5-isopropyl-phenyl]-äthanon-(1)**, 3-Amino-4-hydroxy-2-methyl-5-isopropyl-acetophenon, *3'-amino-4'-hydroxy-5'-isopropyl-2'-methylacetophenone* $C_{12}H_{17}NO_2$, Formel XIV (R = H).

Diese Konstitution kommt der nachstehend beschriebenen, ursprünglich (*John*, J. pr. [2] **137** [1933] 351, 359) als 1-[5-Amino-4-hydroxy-3-methyl-6-isopropyl-phenyl]-äthanon-(1) angesehenen Verbindung zu (*John, Beetz*, J. pr. [2] **143** [1935] 253, 254).

*B.* Aus 1-[3-Nitro-4-hydroxy-2-methyl-5-isopropyl-phenyl]-äthanon-(1) beim Erwärmen mit Zinn und wss. Salzsäure oder mit Natriumdithionit in wss. Natronlauge (*John*, l. c. S. 359, 360). Aus 4'-Nitro-6-hydroxy-2-methyl-5-isopropyl-3-acetyl-azobenzol beim Erwärmen mit Natriumdithionit in wss.-äthanol. Natronlauge (*John, Beetz*, l. c. S. 257).

Krystalle (aus Bzn.); F: 100° (*John*).

Hydrochlorid. Krystalle. F: 199—200° [Zers.] (*John*).

*N*-Acetyl-Derivat $C_{14}H_{19}NO_3$ (1-[3-Acetamino-4-hydroxy-2-methyl-5-isopropyl-phenyl]-äthanon-(1)). Krystalle (aus wss. A.); F: 144° (*John*).

**1-[3-Amino-4-äthoxy-2-methyl-5-isopropyl-phenyl]-äthanon-(1)**, *3'-amino-4'-ethoxy-5'-isopropyl-2'-methylacetophenone* $C_{14}H_{21}NO_2$, Formel XIV (R = $C_2H_5$).

Diese Konstitution kommt der nachstehend beschriebenen, ursprünglich (*John*, J. pr. [2] **137** [1933] 351, 362) als 1-[5-Amino-4-äthoxy-3-methyl-6-isopropyl-phenyl]-äthanon-(1) angesehenen Verbindung zu (*John, Beetz*, J. pr. [2] **143** [1935] 253, 254).

*B.* Aus 1-[3-Nitro-4-äthoxy-2-methyl-5-isopropyl-phenyl]-äthanon-(1) beim Erwärmen mit Zinn und wss. Salzsäure (*John*).

Krystalle (aus PAe.); F: 57° (*John*).

*N*-Acetyl-Derivat $C_{16}H_{23}NO_3$ (1-[3-Acetamino-4-äthoxy-2-methyl-5-isopropyl-phenyl]-äthanon-(1)). Krystalle (aus Bzn.); F: 76° (*John*).

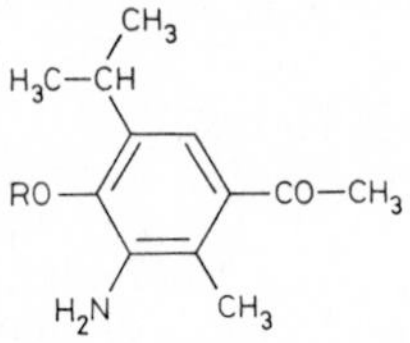

XIV 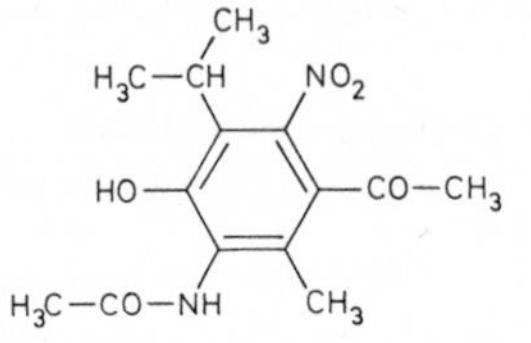 XV 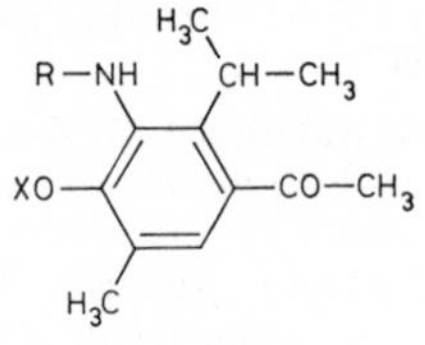 XVI

**1-[6-Nitro-3-acetamino-4-hydroxy-2-methyl-5-isopropyl-phenyl]-äthanon-(1)**, **Essigsäure-[4-nitro-6-hydroxy-2-methyl-5-isopropyl-3-acetyl-anilid]**, *3'-acetyl-6'-hydroxy-5'-isopropyl-2'-methyl-4'-nitroacetanilide* $C_{14}H_{18}N_2O_5$, Formel XV.

Diese Konstition kommt der nachstehend beschriebenen, ursprünglich (*John*, J. pr. [2] **137** [1933] 351, 363) als 1-[2-Nitro-5-acetamino-4-hydroxy-3-methyl-6-isopropyl-phenyl]-äthanon-(1) angesehenen Verbindung zu (*John, Beetz*, J. pr. [2] **143** [1935] 253, 254).

*B.* Aus 1-[3-Acetamino-4-hydroxy-2-methyl-5-isopropyl-phenyl]-äthanon-(1) beim Behandeln mit wss. Salpetersäure (D: 1,4) und Essigsäure bei −5° (*John*).

Krystalle (aus wss. Me. oder Toluol); F: 162° (*John*).

**1-[5-Amino-4-hydroxy-3-methyl-6-isopropyl-phenyl]-äthanon-(1)**, 5-Amino-4-hydroxy-3-methyl-6-isopropyl-acetophenon, *3'-amino-4'-hydroxy-2'-isopropyl-5'-methylacetophenone* $C_{12}H_{17}NO_2$, Formel XVI (R = X = H).

Diese Konstitution kommt der nachstehend beschriebenen, ursprünglich (*John*, J. pr. [2] **137** [1933] 365, 373) als 1-[5-Amino-2-hydroxy-3-methyl-6-isopropyl-phenyl]-äthanon-(1) angesehenen Verbindung zu (*John, Beetz*, J. pr. [2] **143** [1935] 253, 255).

*B.* Aus 1-[5-Nitro-4-hydroxy-3-methyl-6-isopropyl-phenyl]-äthanon-(1) beim Erwärmen mit Zinn und wss. Salzsäure oder mit Natriumdithionit in wss. Natronlauge (*John*). Aus 4'-Nitro-2-hydroxy-3-methyl-6-isopropyl-5-acetyl-azobenzol beim Erwärmen mit Natriumdithionit in wss.-äthanol. Natronlauge (*John, Beetz*, l. c. S. 258).

Krystalle (aus Toluol oder Bzn.); F: 117° (*John*; *John, Beetz*, l. c. S. 258).

Hydrochlorid. Krystalle; F: 202—203° [Zers.] (*John*).

**1-[5-Acetamino-4-hydroxy-3-methyl-6-isopropyl-phenyl]-äthanon-(1)**, **Essigsäure-[2-hydroxy-3-methyl-6-isopropyl-5-acetyl-anilid]**, *3'-acetyl-6'-hydroxy-2'-isopropyl-5'-methylacetanilide* $C_{14}H_{19}NO_3$, Formel XVI (R = CO-$CH_3$, X = H).

Diese Konstitution kommt der nachstehend beschriebenen, ursprünglich (*John*, J. pr. [2] **137** [1933] 365, 374) als 1-[5-Acetamino-2-hydroxy-3-methyl-6-isopropyl-phenyl]-äthanon-(1) angesehenen Verbindung zu (*John*, *Beetz*, J. pr. [2] **143** [1935] 253, 255).

*B.* Aus 1-[5-Amino-4-hydroxy-3-methyl-6-isopropyl-phenyl]-äthanon-(1) und Acetanhydrid (*John*).

Krystalle (aus Bzl.); F: 120° (*John*).

**1-[5-Acetamino-4-äthoxy-3-methyl-6-isopropyl-phenyl]-äthanon-(1), Essigsäure-[2-äthoxy-3-methyl-6-isopropyl-5-acetyl-anilid],** *5'-acetyl-6'-isopropyl-3'-methylaceto-o-phenetidide* $C_{16}H_{23}NO_3$, Formel XVI (R = CO-$CH_3$, X = $C_2H_5$).

Diese Konstitution kommt der nachstehend beschriebenen, ursprünglich (*John*, J. pr. [2] **137** [1933] 365, 375) als 1-[5-Acetamino-2-äthoxy-3-methyl-6-isopropyl-phenyl]-äthanon-(1) angesehenen Verbindung zu (*John*, *Beetz*, J. pr. [2] **143** [1935] 253, 255).

*B.* Beim Erwärmen von 1-[5-Acetamino-4-hydroxy-3-methyl-6-isopropyl-phenyl]-äthanon-(1) mit Äthyljodid und wss.-äthanol. Kalilauge (*John*).

Krystalle (aus Bzn.); F: 148° (*John*).

**1-[5-Acetamino-4-acetoxy-3-methyl-6-isopropyl-phenyl]-äthanon-(1),** *2'-acetoxy-5'-acetyl-6'-isopropyl-3'-methylacetanilide* $C_{16}H_{21}NO_4$, Formel XVI (R = X = CO-$CH_3$).

Diese Konstitution kommt der nachstehend beschriebenen, ursprünglich (*John*, J. pr. [2] **137** [1933] 365, 375) als 1-[5-Acetamino-2-acetoxy-3-methyl-6-isopropyl-phenyl]-äthanon-(1) angesehenen Verbindung zu (*John*, *Beetz*, J. pr. [2] **143** [1935] 253, 255).

*B.* Aus 1-[5-Amino-4-hydroxy-3-methyl-6-isopropyl-phenyl]-äthanon-(1) und Acetylchlorid (*John*).

Krystalle (aus wss. Me.); F: 96° (*John*).

## Amino-Derivate der Hydroxy-oxo-Verbindungen $C_{21}H_{34}O_2$

**1-Amino-8-hydroxy-2-oxo-1.10a.12a-trimethyl-octadecahydro-chrysen** $C_{21}H_{35}NO_2$.

**1-Anilino-8-acetoxy-2-oxo-1.10a.12a-trimethyl-octadecahydro-chrysen** $C_{29}H_{41}NO_3$.

a) **17aξ-Anilino-3β-acetoxy-17aξ-methyl-*D*-homo-5β-androstanon-(17), 20-Anilino-3β-acetoxy-5β.20ξ*H*-13(17→20)-abeo-pregnanon-(17),** *3β-acetoxy-17aξ-anilino-17aξ-methyl-D-homo-5β-androstan-17-one* $C_{29}H_{41}NO_3$, Formel XVII (R = CO-$CH_3$), **vom F: 185°.**

*B.* Neben 17aβ-Hydroxy-3β-acetoxy-17aα-methyl-*D*-homo-5β-androstanon-(17) und geringen Mengen 17-Hydroxy-3β-acetoxy-5β.17β*H*-pregnanon-(20) beim Erwärmen von 3β-Acetoxy-5β.17β*H*-pregnin-(20)-ol-(17) mit Anilin und Benzol unter Zusatz von wss. Quecksilber(II)-chlorid-Lösung und Chromatographieren des Reaktionsprodukts an Aluminiumoxid (*Shoppee*, Helv. **27** [1944] 8, 14).

Krystalle (aus Ae.); F: 184—185° [korr.]; $[\alpha]_D^{13}$: −62° [Acn.; c = 1].

*N*-Nitroso-Derivat $C_{29}H_{40}N_2O_4$. Gelbe Krystalle (aus Me.); F: 192—194° [korr.; Zers.].

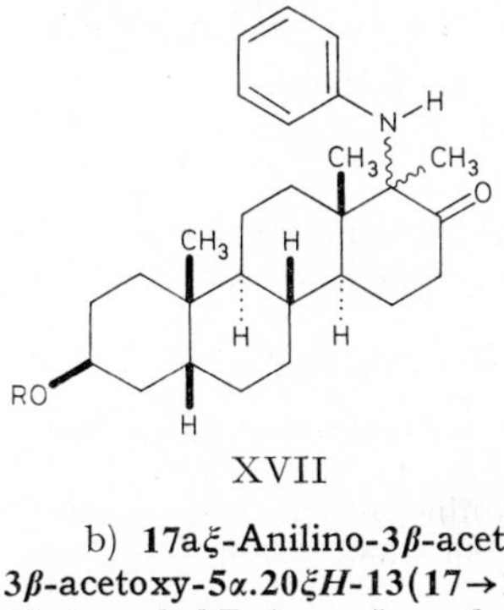

XVII 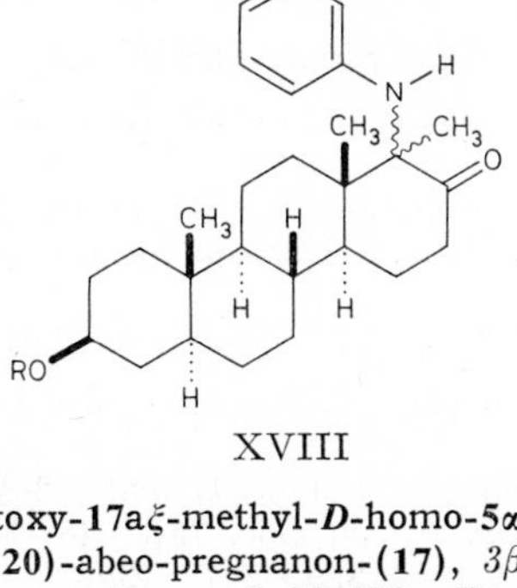 XVIII 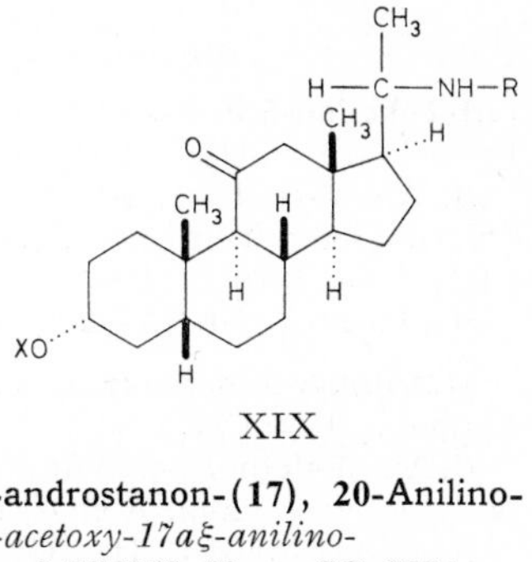 XIX

b) **17aξ-Anilino-3β-acetoxy-17aξ-methyl-*D*-homo-5α-androstanon-(17), 20-Anilino-3β-acetoxy-5α.20ξ*H*-13(17→20)-abeo-pregnanon-(17),** *3β-acetoxy-17aξ-anilino-17aξ-methyl-D-homo-5α-androstan-17-one* $C_{29}H_{41}NO_3$, Formel XVIII (R = CO-$CH_3$), **vom F: 233°.**

*B.* Neben 17-Hydroxy-3β-acetoxy-5α.17β*H*-pregnanon-(20) beim Erwärmen von 3β-Acetoxy-5α.17β*H*-pregnin-(20)-ol-(17) mit Anilin und Benzol unter Zusatz von wss. Quecksilber(II)-chlorid-Lösung (*Shoppee*, *Prins*, Helv. **26** [1943] 185, 197).

Krystalle (aus Me.); F: 232—233° [korr.]; $[\alpha]_D^{23}$: —103° [Dioxan; c = 0,4].
*N*-Nitroso-Derivat $C_{29}H_{40}N_2O_4$. Gelbe Krystalle (aus Me.); F: 194° [korr.; Zers.].

**3-Hydroxy-11-oxo-10.13-dimethyl-17-[1-amino-äthyl]-hexadecahydro-1*H*-cyclopenta[*a*]phenanthren** $C_{21}H_{35}NO_2$.

**20$\alpha_F$-Amino-3$\alpha$-hydroxy-5$\beta$-pregnanon-(11),** *20$\alpha_F$-amino-3$\alpha$-hydroxy-5$\beta$-pregnan-11-one* $C_{21}H_{35}NO_2$, Formel XIX (R = X = H).

*B.* Aus 20$\alpha_F$-Amino-3$\alpha$-acetoxy-5$\beta$-pregnanon-(11) mit Hilfe von Alkalilauge (*Sarett*, J. biol. Chem. **162** [1946] 601, 615).

Krystalle (aus wss. A.); F: 185—186° [korr.].

**3-Acetoxy-11-oxo-10.13-dimethyl-17-[1-amino-äthyl]-hexadecahydro-1*H*-cyclopenta[*a*]phenanthren** $C_{23}H_{37}NO_3$.

**20$\alpha_F$-Amino-3$\alpha$-acetoxy-5$\beta$-pregnanon-(11),** *3$\alpha$-acetoxy-20$\alpha_F$-amino-5$\beta$-pregnan-11-one* $C_{23}H_{37}NO_3$, Formel XIX (R = H, X = CO-$CH_3$).

*B.* Aus 3$\alpha$-Acetoxy-11-oxo-23.24-dinor-5$\beta$-cholanoyl-(22)-azid beim Erwärmen in wss. Essigsäure (*Sarett*, J. biol. Chem. **162** [1946] 601, 615).

Krystalle (aus Ae.); F: 163,5—165,5° [korr.].

Bildung von 3$\alpha$-Hydroxy-5$\beta$-pregnen-(20)-on-(11) und anderen Verbindungen bei der Diazotierung und anschliessenden Behandlung mit warmer methanol. Kalilauge: *Sarett*, l. c. S. 602, 616; Am. Soc. **71** [1949] 1169, 1173.

**3-Hydroxy-11-oxo-10.13-dimethyl-17-[1-acetamino-äthyl]-hexadecahydro-1*H*-cyclopenta[*a*]phenanthren** $C_{23}H_{37}NO_3$.

**20$\alpha_F$-Acetamino-3$\alpha$-hydroxy-5$\beta$-pregnanon-(11), *N*-[3$\alpha$-Hydroxy-11-oxo-5$\beta$-pregnanyl-(20$\alpha_F$)]-acetamid,** N-*(3$\alpha$-hydroxy-11-oxo-5$\beta$-pregnan-20$\alpha_F$-yl)acetamide* $C_{23}H_{37}NO_3$, Formel XIX (R = CO-$CH_3$, X = H).

*B.* Aus 20$\alpha_F$-Acetamino-3$\alpha$-acetoxy-5$\beta$-pregnanon-(11) mit Hilfe von Alkalilauge (*Sarett*, J. biol. Chem. **162** [1946] 601, 616).

F: 219,5° [korr.].

**3-Acetoxy-11-oxo-10.13-dimethyl-17-[1-acetamino-äthyl]-hexadecahydro-1*H*-cyclopenta[*a*]phenanthren** $C_{25}H_{39}NO_4$.

**20$\alpha_F$-Acetamino-3$\alpha$-acetoxy-5$\beta$-pregnanon-(11), *N*-[3$\alpha$-Acetoxy-11-oxo-5$\beta$-pregnanyl-(20$\alpha_F$)]-acetamid,** N-*(3$\alpha$-acetoxy-11-oxo-5$\beta$-pregnan-20$\alpha_F$-yl)acetamide* $C_{25}H_{39}NO_4$, Formel XIX (R = X = CO-$CH_3$).

*B.* Beim Behandeln von 20$\alpha_F$-Amino-3$\alpha$-hydroxy-5$\beta$-pregnanon-(11) oder von 20$\alpha_F$-Amino-3$\alpha$-acetoxy-5$\beta$-pregnanon-(11) mit Acetanhydrid und Pyridin (*Sarett*, J. biol. Chem. **162** [1946] 601, 616).

F: 235° [korr.].

## Amino-Derivate der Hydroxy-oxo-Verbindungen $C_nH_{2n-10}O_2$

### Amino-Derivate der Hydroxy-oxo-Verbindungen $C_9H_8O_2$

**(±)-2-Amino-5-hydroxy-indanon-(1),** *(±)-2-amino-5-hydroxyindan-1-one* $C_9H_9NO_2$, Formel I (R = H).

*B.* Aus 5-Hydroxy-2-hydroxyimino-indanon-(1) bei der Hydrierung an Palladium in Chlorwasserstoff enthaltendem Äthanol (*Heinzelmann, Kolloff, Hunter*, Am. Soc. **70** [1948] 1386, 1388, 1389).

Hydrochlorid $C_9H_9NO_2 \cdot HCl$. F: 275° [Zers.; im vorgeheizten Bad].

**(±)-2-Amino-5-methoxy-indanon-(1),** *(±)-2-amino-5-methoxyindan-1-one* $C_{10}H_{11}NO_2$, Formel I (R = $CH_3$).

*B.* Aus 5-Methoxy-2-hydroxyimino-indanon-(1) analog 2-Amino-5-hydroxy-indanon-(1) [s. o.] (*Heinzelmann, Kolloff, Hunter*, Am. Soc. **70** [1948] 1386, 1388, 1389).

Hydrochlorid $C_{10}H_{11}NO_2 \cdot HCl$. F: 225—227° [Zers.].

**2-Amino-6-hydroxy-indanon-(1)** $C_9H_9NO_2$.

**(±)-2-Amino-6-methoxy-indanon-(1),** *(±)-2-amino-6-methoxyindan-1-one* $C_{10}H_{11}NO_2$, Formel II (R = $CH_3$).

*B.* Aus 6-Methoxy-2-hydroxyimino-indanon-(1) analog 2-Amino-5-hydroxy-indanon-(1)

[S. 570] (*Heinzelmann, Kolloff, Hunter*, Am. Soc. **70** [1948] 1386, 1388, 1389).

Hydrochlorid $C_{10}H_{11}NO_2 \cdot HCl$. Zers. zwischen 210° und 232° [je nach der Geschwindigkeit des Erhitzens].

**2-Amino-7-hydroxy-indanon-(1)** $C_9H_9NO_2$.

**(±)-2-Amino-7-methoxy-indanon-(1)**, *(±)-2-amino-7-methoxyindan-1-one* $C_{10}H_{11}NO_2$, Formel III.

*B.* Aus 7-Methoxy-2-hydroxyimino-indanon-(1) analog 2-Amino-5-hydroxy-indanon-(1) [S. 570] (*Heinzelmann, Kolloff, Hunter*, Am. Soc. **70** [1948] 1386, 1388, 1389).

Hydrochlorid $C_{10}H_{11}NO_2 \cdot HCl$. Zers. bei ca. 250° [im vorgeheizten Bad].

I II III IV

## Amino-Derivate der Hydroxy-oxo-Verbindungen $C_{10}H_{10}O_2$

**1-[4-Amino-3-hydroxy-phenyl]-buten-(1)-on-(3)** $C_{10}H_{11}NO_2$.

**1-[4-Amino-3-methoxy-phenyl]-buten-(1)-on-(3)**, *4-(4-amino-3-methoxyphenyl)but-3-en-2-one* $C_{11}H_{13}NO_2$.

**1*t*-[4-Amino-3-methoxy-phenyl]-buten-(1)-on-(3)**, Formel IV (R = H).

*B.* Aus 1*t*-[4-Acetamino-3-methoxy-phenyl]-buten-(1)-on-(3) (s. u.) beim Erwärmen mit wss. Schwefelsäure (*Berlin, Scherlin, Šerebrennikowa*, Ž. obšč. Chim. **19** [1949] 759, 763; J. gen. Chem. U.S.S.R. [Übers.] **19** [1949] 739, 744).

Gelbe Krystalle (aus W.); F: 102—103°.

**1-[4-Acetamino-3-methoxy-phenyl]-buten-(1)-on-(3), Essigsäure-[2-methoxy-4-(3-oxo-buten-(1)-yl)-anilid]**, *4'-(3-oxobut-1-enyl)acet-o-anisidide* $C_{13}H_{15}NO_3$.

**1*t*-[4-Acetamino-3-methoxy-phenyl]-buten-(1)-on-(3)**, Formel IV (R = CO-$CH_3$).

Bezüglich der Konfigurationszuordnung vgl. *Brink*, Tetrahedron **25** [1969] 995.

*B.* Beim Behandeln von 4-Acetamino-3-methoxy-benzaldehyd mit Aceton und wss. Natronlauge (*Berlin, Scherlin, Šerebrennikowa*, Ž. obšč. Chim. **19** [1949] 759, 763; J. gen. Chem. U.S.S.R. [Übers.] **19** [1949] 739, 743).

Krystalle (aus A.); F: 141—142° (*Be., Sch., Še.*).

**1-[3-Amino-4-hydroxy-phenyl]-buten-(1)-on-(3)** $C_{10}H_{11}NO_2$.

**1-[3-Amino-4-methoxy-phenyl]-buten-(1)-on-(3)**, *4-(3-amino-4-methoxyphenyl)but-3-en-2-one* $C_{11}H_{13}NO_2$.

**1*t*-[3-Amino-4-methoxy-phenyl]-buten-(1)-on-(3)**, Formel V.

*B.* Aus 1*t*-[3-Nitro-4-methoxy-phenyl]-buten-(1)-on-(3) beim Behandeln mit Zinn(II)-chlorid und wss. Salzsäure (*Berlin, Scherlin, Šerebrennikowa*, Ž. obšč. Chim. **19** [1949] 759, 764; J. gen. Chem. U.S.S.R. [Übers.] **19** [1949] 739, 745).

Hellgelbe Krystalle (aus W.); F: 128—128,5°. Gegen Benzol und Äthanol nicht beständig.

V VI VII

**5-Amino-6-hydroxy-1-oxo-1.2.3.4-tetrahydro-naphthalin** $C_{10}H_{11}NO_2$ und **7-Amino-6-hydroxy-1-oxo-1.2.3.4-tetrahydro-naphthalin** $C_{10}H_{11}NO_2$.

**5-Amino-6-methoxy-1-oxo-1.2.3.4-tetrahydro-naphthalin,** 5-Amino-6-methoxy-3.4-dihydro-2*H*-naphthalinon-(1), *5-amino-6-methoxy-3,4-dihydronaphthalen-1*(2H)-*one* $C_{11}H_{13}NO_2$, Formel VI, und **7-Amino-6-methoxy-1-oxo-1.2.3.4-tetrahydro-naphthalin,** 7-Amino-6-methoxy-3.4-dihydro-2*H*-naphthalinon-(1), *7-amino-6-methoxy-3,4-dihydronaphthalen-1*(2H)-*one* $C_{11}H_{13}NO_2$, Formel VII.

Zwei Verbindungen (a) Krystalle [aus wss. Lösung], F: 174—175°; *N*-Acetyl-Derivat $C_{13}H_{15}NO_3$: Krystalle [aus Bzl.], F: 175—176°; b) Krystalle [aus A.], F: 115° bis 116°; Hydrochlorid $C_{11}H_{13}NO_2 \cdot HCl$: Zers. bei 228—230°; *N*-Acetyl-Derivat: Krystalle [aus Bzl.], F: 184—185°), für die diese beiden Konstitutionsformeln in Betracht kommen, sind beim Behandeln von 6-Methoxy-1-oxo-1.2.3.4-tetrahydro-naphthalin mit Salpetersäure und Schwefelsäure unterhalb —5° und Behandeln des Reaktionsprodukts mit Zinn und wss. Salzsäure unter Zusatz von Kupfer(II)-sulfat erhalten worden (*O. Schrader*, Diss. [Univ. Berlin 1933] S. 36—39).

**2-Amino-2-hydroxymethyl-indanon-(1)** $C_{10}H_{11}NO_2$.

**(±)-2-Acetamino-2-[3-methoxy-phenoxymethyl]-indanon-(1), (±)-*N*-[1-Oxo-2-(3-methoxy-phenoxymethyl)-indanyl-(2)]-acetamid,** (±)-N-[*2-*(m-*methoxyphenoxymethyl*)*-1-oxoindan-2-yl*]*acetamide* $C_{19}H_{19}NO_4$, Formel VIII.

Zwei Verbindungen (a) Krystalle [aus wss. Me.], F: 134—135°; in Schwefelsäure mit grüngelber Farbe löslich [Hauptprodukt]; b) Krystalle [aus wss. Me.], F: 156°, in Schwefelsäure mit orangeroter Farbe löslich) für die diese Konstitution und die des (isomeren) (±)-3-Acetamino-7-methoxy-3-benzyl-chromanons-(4) (Formel IX) in Betracht kommen, sind beim Erhitzen von (±)-2-Acetamino-2-[3-methoxy-phenoxymethyl]-3-phenyl-propionsäure mit Phosphorsäure erhalten und jeweils durch Behandlung mit Natrium-Amalgam und wss.-äthanol. Phosphat-Lösung in ein Gemisch der beiden 2-Acetamino-2-[3-methoxy-phenoxymethyl]-indanole-(1) ($C_{19}H_{21}NO_4$) bzw. ein Gemisch der beiden 3-Acetamino-7-methoxy-3-benzyl-chromanole-(4) ($C_{19}H_{21}NO_4$) übergeführt worden (*Pfeiffer, Simons*, J. pr. [2] **160** [1942] 83, 89—93).

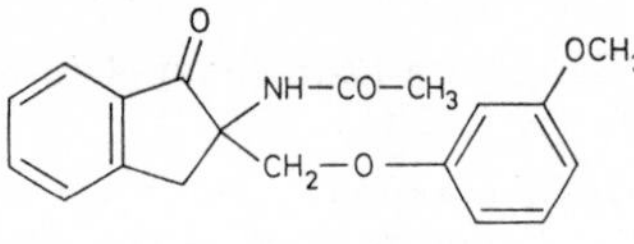

VIII 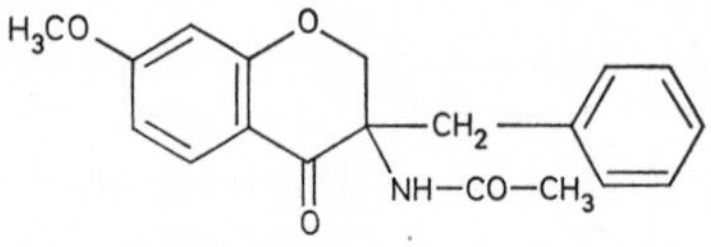    IX

## Amino-Derivate der Hydroxy-oxo-Verbindungen $C_{11}H_{12}O_2$

**5-Amino-1-[2-hydroxy-phenyl]-penten-(1)-on-(3)** $C_{11}H_{13}NO_2$.

**5-Diäthylamino-1-[2-butyloxy-phenyl]-penten-(1)-on-(3),** *1-*(o-*butoxyphenyl*)*-5-*(*diethylamino*)*pent-1-en-3-one* $C_{19}H_{29}NO_2$.

**5-Diäthylamino-1*t*-[2-butyloxy-phenyl]-penten-(1)-on-(3),** Formel X.

Hydrochlorid $C_{19}H_{29}NO_2 \cdot HCl$. *B.* Beim Erwärmen eines vermutlich überwiegend aus 1*t*-[2-Butyloxy-phenyl]-buten-(1)-on-(3) bestehenden Präparats ($Kp_3$: 177,5° [E III **8** 811]) mit Diäthylamin-hydrochlorid und Paraformaldehyd in Äthanol (*Levvy, Nisbet*, Soc. **1938** 1572). — Krystalle (aus A.); F: 115—116°.

Über ein Phenylhydrazon-hydrochlorid $C_{25}H_{35}N_3O \cdot HCl$ (gelb; F: 141°; nur bei einem Versuch erhalten) s. *Le., Ni.*

**5-Amino-1-[4-hydroxy-phenyl]-penten-(1)-on-(3)** $C_{11}H_{13}NO_2$.

**5-Dimethylamino-1-[4-methoxy-phenyl]-penten-(1)-on-(3),** *5-*(*dimethylamino*)*-1-*(p-*methoxyphenyl*)*pent-1-en-3-one* $C_{14}H_{19}NO_2$.

**5-Dimethylamino-1*t*-[4-methoxy-phenyl]-penten-(1)-on-(3),** Formel XI ($R = CH_3$).

Hydrochlorid $C_{14}H_{19}NO_2 \cdot HCl$. *B.* Beim Erwärmen von 1*t*-[4-Methoxy-phenyl]-buten-(1)-on-(3) (E III **8** 812) mit Paraformaldehyd und Dimethylamin-hydrochlorid in Äthanol (*Nisbet*, Soc. **1938** 1237, 1239). — Krystalle (aus A.); F: 155°.

Phenylhydrazon-hydrochlorid. F: 135—137° [Zers.].

*p*-Tolylhydrazon-hydrochlorid. F: 170°.

**5-Diäthylamino-1-[4-methoxy-phenyl]-penten-(1)-on-(3),** *5-*(*diethylamino*)*-1-*(p-*methoxyphenyl*)*pent-1-en-3-one* $C_{16}H_{23}NO_2$.

**5-Diäthylamino-1*t*-[4-methoxy-phenyl]-penten-(1)-on-(3),** Formel XI ($R = C_2H_5$).

Hydrochlorid $C_{16}H_{23}NO_2 \cdot HCl$. *B.* Beim Erwärmen von 1*t*-[4-Methoxy-phenyl]-buten-(1)-on-(3) (E III **8** 812) mit Paraformaldehyd und Diäthylamin-hydrochlorid in Äthanol (*Nisbet,* Soc. **1938** 1237, 1293). — Krystalle (aus A.); F: 146°.

Phenylhydrazon-hydrochlorid. F: 171°.

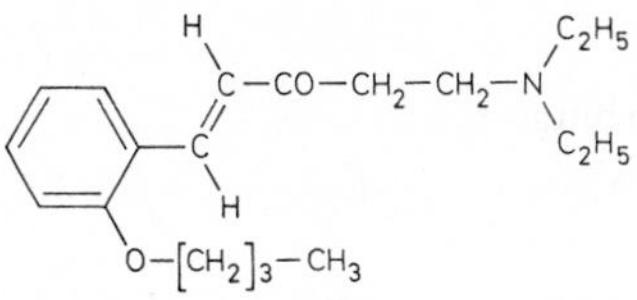

X

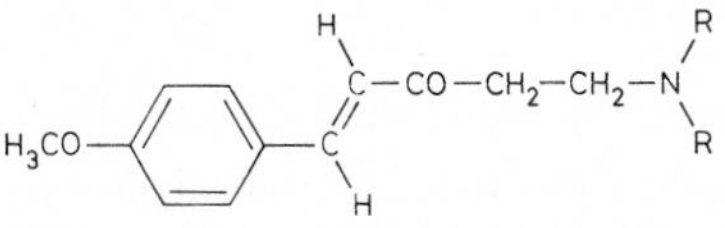

XI

**5-Dipropylamino-1-[4-methoxy-phenyl]-penten-(1)-on-(3),** *5-(dipropylamino)-1-*(p-*methoxyphenyl)pent-1-en-3-one* $C_{18}H_{27}NO_2$.

**5-Dipropylamino-1*t*-[4-methoxy-phenyl]-penten-(1)-on-(3),** Formel XI ($R = CH_2\text{-}CH_2\text{-}CH_3$).

Hydrochlorid $C_{18}H_{27}NO_2 \cdot HCl$. *B.* Beim Erwärmen von 1*t*-[4-Methoxy-phenyl]-buten-(1)-on-(3) (E III **8** 812) mit Paraformaldehyd und Dipropylamin-hydrochlorid in Äthanol (*Nisbet,* Soc. **1938** 1237, 1239). — Krystalle (aus A. + Acn.); F: 150°.

Phenylhydrazon-hydrochlorid. F: 180°.

**5-Dibutylamino-1-[4-methoxy-phenyl]-penten-(1)-on-(3),** *5-(dibutylamino)-1-*(p-*methoxyphenyl)pent-1-en-3-one* $C_{20}H_{31}NO_2$.

**5-Dibutylamino-1*t*-[4-methoxy-phenyl]-penten-(1)-on-(3),** Formel XI ($R = [CH_2]_3\text{-}CH_3$).

Hydrochlorid $C_{20}H_{31}NO_2 \cdot HCl$. *B.* Beim Erwärmen von 1*t*-[4-Methoxy-phenyl]-buten-(1)-on-(3) (E III **8** 812) mit Paraformaldehyd und Dibutylamin-hydrochlorid in Äthanol (*Nisbet,* Soc. **1938** 1237, 1239). — Krystalle (aus Acn.); F: 66—68°.

Phenylhydrazon-hydrochlorid. F: 167—168°.

**5-Dibenzylamino-1-[4-methoxy-phenyl]-penten-(1)-on-(3),** *5-(dibenzylamino)-1-*(p-*methoxyphenyl)pent-1-en-3-one* $C_{26}H_{27}NO_2$.

**5-Dibenzylamino-1*t*-[4-methoxy-phenyl]-penten-(1)-on-(3),** Formel XI ($R = CH_2\text{-}C_6H_5$).

Hydrochlorid $C_{26}H_{27}NO_2 \cdot HCl$. *B.* Beim Erwärmen von 1*t*-[4-Methoxy-phenyl]-buten-(1)-on-(3) (E III **8** 812) mit Paraformaldehyd und Dibenzylamin-hydrochlorid in Äthanol (*Nisbet,* Soc. **1938** 1237, 1240). — Krystalle (aus A.); F: 225—230° [Zers.; nach Sintern bei 160°; nicht rein erhalten].

Phenylhydrazon-hydrochlorid. F: 235—240°.

**5-[Bis-(2-hydroxy-äthyl)-amino]-1-[4-methoxy-phenyl]-penten-(1)-on-(3),** *5-[bis(2-hydroxyethyl)amino]-1-*(p-*methoxyphenyl)pent-1-en-3-one* $C_{16}H_{23}NO_4$.

**5-[Bis-(2-hydroxy-äthyl)-amino]-1*t*-[4-methoxy-phenyl]-penten-(1)-on-(3),** Formel XI ($R = CH_2\text{-}CH_2OH$).

Hydrochlorid $C_{16}H_{23}NO_4 \cdot HCl$. *B.* Beim Erwärmen von 1*t*-[4-Methoxy-phenyl]-buten-(1)-on-(3) (E III **8** 812) mit Paraformaldehyd und Bis-[2-hydroxy-äthyl]-amin in Äthanol unter Zusatz von wss. Salzsäure (*Nisbet,* Soc. **1945** 126, 128). — Krystalle (aus Isopropylalkohol); F: 84°.

**6-Hydroxy-1-oxo-2-aminomethyl-1.2.3.4-tetrahydro-naphthalin** $C_{11}H_{13}NO_2$.

**(±)-6-Methoxy-1-oxo-2-[dimethylamino-methyl]-1.2.3.4-tetrahydro-naphthalin,** (±)-6-Methoxy-2-[dimethylamino-methyl]-3.4-dihydro-2*H*-naphthalinon-(1), (±)-*6-methoxy-2-[(dimethylamino)methyl]-3,4-dihydronaphthalen-1*(2H)*one* $C_{14}H_{19}NO_2$, Formel XII.

Hydrochlorid $C_{14}H_{19}NO_2 \cdot HCl$. *B.* Beim Erwärmen von 6-Methoxy-1-oxo-1.2.3.4-tetrahydro-naphthalin mit Paraformaldehyd und Dimethylamin-hydrochlorid in Äthanol (*Lee et al.,* Barell-Festschr. [Basel 1946] S. 264, 294, 303). — Krystalle (aus Acn. + Me.); F: 165°.

XII XIII

### Amino-Derivate der Hydroxy-oxo-Verbindungen $C_{12}H_{14}O_2$

**4-Hydroxy-1-glycyl-1.2.3.4-tetrahydro-naphthalin, 2-Amino-1-[4-hydroxy-1.2.3.4-tetrahydro-naphthyl-(1)]-äthanon-(1)** $C_{12}H_{15}NO_2$.

**4-Methoxy-1-glycyl-1.2.3.4-tetrahydro-naphthalin, 2-Amino-1-[4-methoxy-1.2.3.4-tetrahydro-naphthyl-(1)]-äthanon-(1),** *2-amino-4'-methoxy-1',2',3',4'-tetrahydro-1'-acetonaphthone* $C_{13}H_{17}NO_2$, Formel XIII.

Ein als Hydrochlorid $C_{13}H_{17}NO_2 \cdot HCl$ (Krystalle [aus W.]; F: 224° [Zers.]) isoliertes opt.-inakt. Aminoketon dieser Konstitution ist bei der Hydrierung von 2-Amino-1-[4-methoxy-naphthyl-(1)]-äthanon-(1)-hydrochlorid an Palladium in Wasser bei 80° erhalten worden (*Reichert, Baege*, Pharmazie **3** [1948] 209).

### Amino-Derivate der Hydroxy-oxo-Verbindungen $C_{13}H_{16}O_2$

**1-Aminomethyl-3-[4-hydroxy-phenyl]-cyclohexanon-(2)** $C_{13}H_{17}NO_2$.

**1-[Dimethylamino-methyl]-3-[4-methoxy-phenyl]-cyclohexanon-(2),** *2-[(dimethylamino)methyl]-6-(p-methoxyphenyl)cyclohexanone* $C_{16}H_{23}NO_2$, Formel XIV.

Ein als Hydrochlorid $C_{16}H_{23}NO_2 \cdot HCl$ (Krystalle [aus Acn. + Me.]; F: 170°) isoliertes opt.-inakt. Aminoketon dieser Konstitution ist beim Erwärmen von (±)-1-[4-Methoxy-phenyl]-cyclohexanon-(2) mit Paraformaldehyd und Dimethylamin-hydrochlorid in Äthanol erhalten worden (*Lee et al.*, Barell-Festschr. [Basel 1946] S. 264, 295, 303).

XIV XV

### Amino-Derivate der Hydroxy-oxo-Verbindungen $C_{14}H_{18}O_2$

**2-Amino-2-cyclohexyl-1-[4-hydroxy-phenyl]-äthanon-(1)** $C_{14}H_{19}NO_2$.

**(±)-2-Methylamino-2-cyclohexyl-1-[4-methoxy-phenyl]-äthanon-(1),** *(±)-2-cyclohexyl-4'-methoxy-2-(methylamino)acetophenone* $C_{16}H_{23}NO_2$, Formel XV.

*B.* Beim Behandeln von 2-Cyclohexyl-1-[4-methoxy-phenyl]-äthanon-(1) mit Brom in Tetrachlormethan und Behandeln des Reaktionsprodukts mit Methylamin in Äther oder Benzol (*Goodson, Moffett*, Am. Soc. **71** [1949] 3219).

Hydrochlorid $C_{16}H_{23}NO_2 \cdot HCl$. Krystalle (aus A.); F: 217—219°.

### Amino-Derivate der Hydroxy-oxo-Verbindungen $C_{20}H_{30}O_2$

**3-Hydroxy-17-oxo-10.13-dimethyl-16-aminomethyl-2.3.4.7.8.9.10.11.12.13.14.15.16.17-tetradecahydro-1*H*-cyclopenta[*a*]phenanthren** $C_{20}H_{31}NO_2$.

**3-Hydroxy-17-oxo-10.13-dimethyl-16-[dimethylamino-methyl]-$\Delta^5$-tetradecahydro-1*H*-cyclopenta[*a*]phenanthren** $C_{22}H_{35}NO_2$.

**3β-Hydroxy-16α-[dimethylamino-methyl]-androsten-(5)-on-(17),** *16α-[(dimethylamino)methyl]-3β-hydroxyandrost-5-en-17-one* $C_{22}H_{35}NO_2$, Formel XVI (R = $CH_3$).

Über die Konfiguration am C-Atom 16 s. *Brückner et al.*, B. **94** [1961] 2897, 2900.

*B.* Beim Erhitzen von 3β-Hydroxy-androsten-(5)-on-(17) (E III **8** 914) mit Paraformaldehyd und Dimethylamin-hydrochlorid in Isoamylalkohol (*Julian, Meyer, Printy*, Am. Soc. **70** [1948] 3872, 3873).

Krystalle (aus Ae. + PAe. + Me.); F: 173—174,5° [Zers.]. $[\alpha]_D^{27}$: −62,3° [$CHCl_3$; c = 0,6].

Beim Erwärmen mit Acetanhydrid und Essigsäure ist 3β-Acetoxy-16-methylenandrosten-(5)-on-(17) erhalten worden.

Hydrochlorid $C_{22}H_{35}NO_2 \cdot HCl$. Krystalle (aus Me.); F: 242—243,5° [Zers.] (*Ju.*, *Meyer*, *Pr.*, l. c. S. 3874). $[\alpha]_D^{27}$: +15,1° [W.; c = 0,8]. In 1 l Wasser lösen sich bei 20° 12,3 g.

Methojodid (Trimethyl-[(3β-hydroxy-17-oxo-androsten-(5)-yl-(16α))-methyl]-ammonium-jodid) $[C_{23}H_{38}NO_2]I$. Krystalle; F: 250—252° [Zers.; nicht rein erhalten] (*Ju.*, *Meyer*, *Pr.*, l. c. S. 3874).

**3-Hydroxy-17-oxo-10.13-dimethyl-16-[diäthylamino-methyl]-$\Delta^5$-tetradecahydro-1*H*-cyclopenta[*a*]phenanthren** $C_{24}H_{39}NO_2$.

**3β-Hydroxy-16α-[diäthylamino-methyl]-androsten-(5)-on-(17)**, *16α-[(diethylamino)methyl]-3β-hydroxyandrost-5-en-17-one* $C_{24}H_{39}NO_2$, Formel XVI (R = $C_2H_5$).

Über die Konfiguration am C-Atom 16 s. *Brückner et al.*, B. **94** [1961] 2897, 2900.

*B.* Beim Erhitzen von 3β-Hydroxy-androsten-(5)-on-(17) (E III **8** 914) mit Paraformaldehyd und Diäthylamin-hydrochlorid in Isoamylalkohol (*Julian*, *Meyer*, *Printy*, Am. Soc. **70** [1948] 3872, 3874).

Krystalle; F: 142°.

## Amino-Derivate der Hydroxy-oxo-Verbindungen $C_{21}H_{32}O_2$

**1-Amino-8-hydroxy-2-oxo-1.10a.12a-trimethyl-1.2.3.4.4a.4b.5.7.8.9.10.10a.10b.11.12.12a-hexadecahydro-chrysen** $C_{21}H_{33}NO_2$.

**1-Anilino-8-hydroxy-2-oxo-1.10a.12a-trimethyl-$\Delta^6$-hexadecahydro-chrysen** $C_{27}H_{37}NO_2$.

**17aξ-Anilino-3β-hydroxy-17aξ-methyl-*D*-homo-androsten-(5)-on-(17), 20-Anilino-3β-hydroxy-20ξ*H*-13(17→20)-abeo-pregnen-(5)-on-(17)**, *17aξ-anilino-3β-hydroxy-17aξ-methyl-*D*-homoandrost-5-en-17-one*, Formel XVII (R = H).

Diese Konstitution kommt wahrscheinlich der nachstehend beschriebenen, von *Stavely* (Am. Soc. **62** [1940] 489) und von *Goldberg*, *Aeschbacher* (Helv. **22** [1939] 1188) als 3.17-Dihydroxy-pregnen-(5)-on-(20)-phenylimin angesehenen Verbindung zu (*Shoppee*, *Prins*, Helv. **26** [1943] 201, 202, 213; *Stavely*, Am. Soc. **63** [1941] 3127).

*B.* Neben 3β.17-Dihydroxy-17β*H*-pregnen-(5)-on-(20) beim Erwärmen von 17β*H*-Pregnen-(5)-in-(20)-diol-(3β.17) (E III **6** 5364) mit Anilin und Quecksilber(II)-chlorid in Benzol und Wasser (*St.*, Am. Soc. **62** 489; *Sh.*, *Pr.*; s. a. *Go.*, *Ae.*).

Krystalle; F: 190—192° [korr.; nach Trocknen im Hochvakuum] (*Go.*, *Ae.*), 185° [aus Bzl. + PAe.] (*Squibb & Sons*, U.S.P. 2411172 [1940]); lösungsmittelhaltige Krystalle; F: 150° [korr.; aus Me.] (*Sh.*, *Pr.*, l. c. S. 213), 148° [korr.; aus wss. Me.] (*Go.*, *Ae.*; *Squibb & Sons*; *St.*, Am. Soc. **62** 490). $[\alpha]_D^{23}$: −196° [$CHCl_3$; c = 0,6] (*St.*, Am. Soc. **62** 490); $[\alpha]_D^{18}$: −186,6° [$CHCl_3$; c = 1] (*Sh.*, *Pr.*, l. c. S. 213); $[\alpha]_D$: −197,5° [$CHCl_3$; c = 1] (*Go.*, *Ae.*).

*N*-Nitroso-Derivat $C_{27}H_{36}N_2O_3$ (17aξ-[*N*-Nitroso-anilino]-3β-hydroxy-17αξ-methyl-*D*-homo-androsten-(5)-on-(17)?). Krystalle (aus Me.); F: 170° bis 174° [Zers.; nach partiellem Schmelzen bei 140°] (*Sh.*, *Pr.*, l. c. S. 213).

*O*-Acetyl-Derivat $C_{29}H_{39}NO_3$ (17aξ-Anilino-3β-acetoxy-17αξ-methyl-*D*-homo-androsten-(5)-on-(17)?). Krystalle; F: 236—238° [aus Ae. + Pentan] (*Sh.*, *Pr.*), 232—234° [aus Me. + Ae.] (*St.*, Am. Soc. **62** 489). $[\alpha]_D^{24}$: −176° [$CHCl_3$; c = 0,6] (*St.*, Am. Soc. **62** 489).

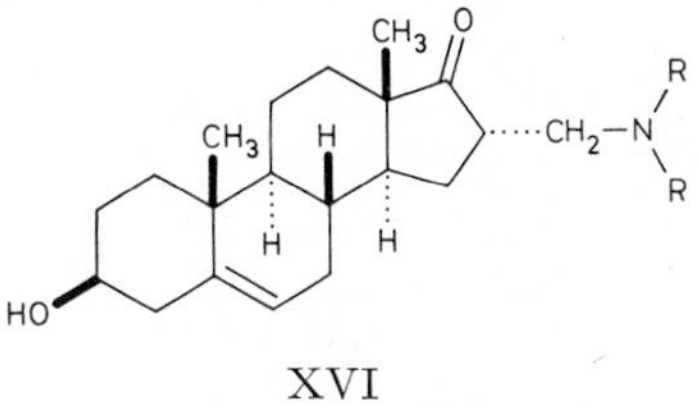

XVI 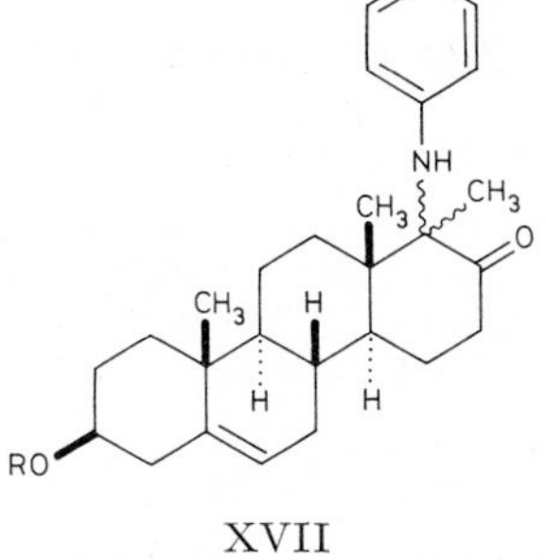 XVII 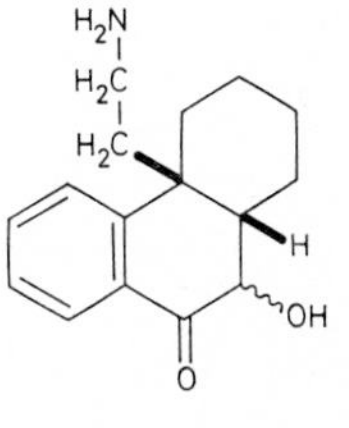 XVIII

# Amino-Derivate der Hydroxy-oxo-Verbindungen $C_nH_{2n-12}O_2$

## Amino-Derivate der Hydroxy-oxo-Verbindungen $C_{16}H_{20}O_3$

**10-Hydroxy-9-oxo-4a-[2-amino-äthyl]-1.2.3.4.4a.9.10.10a-octahydro-phenanthren,** 10-Hydroxy-4a-[2-amino-äthyl]-1.2.3.4.4a.10a-hexahydro-10*H*-phenanthrenon-(9), *4a-(2-aminoethyl)-10-hydroxy-1,2,3,4,4a,10a-hexahydro-9*(10H)*-phenanthrone* $C_{16}H_{21}NO_2$.

**(±)-10ξ-Hydroxy-9-oxo-4ar-[2-amino-äthyl]-(10ac*H*)-1.2.3.4.4a.9.10.10a-octahydrophenanthren, *rac*-9ξ-Hydroxy-9.17-seco-morphinanon-(10)**[1], Formel XVIII + Spiegelbild, vom **F: 207°**.

*B.* Aus (±)-[9.10-Dioxo-(10ac*H*)-1.9.10.10a-tetrahydro-4*H*-phenanthryl-(4a*r*)]-acetonitril bei der Hydrierung an Raney-Nickel (*Gates, Newhall*, Experientia **5** [1949] 285).

F: 201–207° [Zers.].

# Amino-Derivate der Hydroxy-oxo-Verbindungen $C_nH_{2n-14}O_2$

## Amino-Derivate der Hydroxy-oxo-Verbindungen $C_{12}H_{10}O_2$

**2-Hydroxy-1-glycyl-naphthalin, 2-Amino-1-[2-hydroxy-naphthyl-(1)]-äthanon-(1)** $C_{12}H_{11}NO_2$.

**2-[Sulfomethyl-amino]-1-[2-methoxy-naphthyl-(1)]-äthanon-(1), [2-Oxo-2-(2-methoxy-naphthyl-(1))-äthylamino]-methansulfonsäure,** *[2-(2-methoxy-1-naphthyl)-2-oxoethylamino]methanesulfonic acid* $C_{14}H_{15}NO_5S$, Formel I (R = $CH_2$-$SO_2OH$).

Über die Konstitution s. *Backer, Mulder*, R. **52** [1933] 454; *Reichert, Baege*, Pharmazie **4** [1949] 149).

*B.* Beim Einleiten von Schwefeldioxid in eine warme wss. Lösung des aus 2-Chlor-1-[2-methoxy-naphthyl-(1)]-äthanon-(1) und Hexamethylentetramin in Chloroform erhaltenen Addukts (*Reichert, Baege*, Pharmazie **3** [1948] 209, 211).

Krystalle; F: 161° [rote Schmelze] (*Rei., Baege*, Pharmazie **3** 211).

**2-Methoxy-1-hippuroyl-naphthalin *N*-[2-Oxo-2-(2-methoxy-naphthyl-(1))-äthyl]-benzamid,** N-*[2-(2-methoxy-1-naphthyl)-2-oxoethyl]benzamide* $C_{20}H_{17}NO_3$, Formel I (R = CO-$C_6H_5$).

*B.* In geringer Menge beim Behandeln von 2-Methoxy-naphthalin und Hippuroylchlorid unter Zusatz von Aluminiumchlorid in Schwefelkohlenstoff (*Dey, Rajagopalan*, Ar. **277** [1939] 377, 397).

Krystalle (aus A.); F: 167–168°.

**4-Hydroxy-1-glycyl-naphthalin, 2-Amino-1-[4-hydroxy-naphthyl-(1)]-äthanon-(1),** *2-amino-4'-hydroxy-1'-acetonaphthone* $C_{12}H_{11}NO_2$, Formel II (R = X = H) (E I 489).

*B.* Aus 2-Phthalimido-1-[4-methoxy-naphthyl-(1)]-äthanon-(1) beim Erhitzen mit wss. Bromwasserstoffsäure und Essigsäure (*Dey, Rajagopalan*, Ar. **277** [1939] 377, 390) sowie beim Erhitzen mit wss. Salzsäure auf 160° (*Rajagopalan*, J. Indian chem. Soc. **17** [1940] 567, 569). Aus 2-Benzamino-1-[4-methoxy-naphthyl-(1)]-äthanon-(1) beim Erhitzen mit wss. Bromwasserstoffsäure und Essigsäure (*Dey, Ra.*, l. c. S. 392).

Hydrochlorid. Krystalle (aus A. + Ae.); F: 154–155° (*Ra.*).

Hydrobromid $C_{12}H_{11}NO_2 \cdot HBr$. Krystalle (aus wss. Bromwasserstoffsäure); F: 268° bis 270° [Zers.] (*Dey, Ra.*).

Pikrat $C_{12}H_{11}NO_2 \cdot C_6H_3N_3O_7$. Gelbe Krystalle (aus W.); F: 186–187° [Zers.] (*Dey, Ra.*).

CO—CH₂—NH—R, OCH₃ — I

XO—, CO—CH₂—N(R)(R) — II

RO—, CO—CH₂—N(CH₃)—CH₂—C₆H₅ — III

[1]) Stellungsbezeichnung bei von Morphinan abgeleiteten Namen s. E III **13** 2295 Anm.

**2-Amino-1-[4-methoxy-naphthyl-(1)]-äthanon-(1),** *2-amino-4'-methoxy-1'-acetonaphthone* $C_{13}H_{13}NO_2$, Formel II (R = H, X = $CH_3$) (E I 489; dort als Aminomethyl-[4-methoxy-naphthyl-(1)]-keton bezeichnet).

*B.* Aus 2-Acetamino-1-[4-methoxy-naphthyl-(1)]-äthanon-(1) (*Rajagopalan*, J. Indian chem. Soc. **17** [1940] 567, 571) oder aus [2-Oxo-2-(4-methoxy-naphthyl-(1))-äthylamino]-methansulfonsäure [s. u.] (*Reichert, Baege*, Pharmazie **3** [1948] 209) beim Erhitzen mit wss. Salzsäure.

Hydrochlorid $C_{13}H_{13}NO_2 \cdot HCl$. Krystalle (aus W.); F: 213° (*Rei., Baege*), 204° [Zers.] (*Ra.*).

Nitrat $C_{13}H_{13}NO_2 \cdot HNO_3$. Krystalle; F: 154° [Zers.] (*Rei., Baege*).

Pikrat $C_{13}H_{13}NO_2 \cdot C_6H_3N_3O_7$. Gelbe Krystalle (aus A.); Zers. bei 191° (*Ra.*).

**2-[Methyl-benzyl-amino]-1-[4-hydroxy-naphthyl-(1)]-äthanon-(1),** *2-(benzylmethylamino)-4'-hydroxy-1'-acetonaphthone* $C_{20}H_{19}NO_2$, Formel III (R = H).

*B.* Aus 2-[Methyl-benzyl-amino]-1-[4-benzoyloxy-naphthyl-(1)]-äthanon-(1) beim Erwärmen mit wss. Bromwasserstoffsäure und Essigsäure oder mit wss. Salzsäure (*Šergiewškaja, Lipowitsch*, Ž. obšč. Chim. **17** [1947] 347, 350; C. A. **1948** 547).

Hydrochlorid $C_{20}H_{19}NO_2 \cdot HCl$. Krystalle (aus A.); F: 215—217° (*Še., Li.*).

**2-[Methyl-benzyl-amino]-1-[4-benzoyloxy-naphthyl-(1)]-äthanon-(1),** *4'-(benzoyloxy)-2-(benzylmethylamino)-1'-acetonaphthone* $C_{27}H_{23}NO_3$, Formel III (R = CO-$C_6H_5$).

*B.* Aus 2-Brom-1-[4-benzoyloxy-naphthyl-(1)]-äthanon-(1) und Methyl-benzyl-amin in Benzol (*Šergiewškaja, Lipowitsch*, Ž. obšč. Chim. **17** [1947] 347, 350; C. A. **1948** 547).

Hydrochlorid $C_{27}H_{23}NO_3 \cdot HCl$. Krystalle (aus A.); F: 192—195°.

**2-[3.4-Dihydroxy-phenäthylamino]-1-[4-hydroxy-naphthyl-(1)]-äthanon-(1),** *2-(3,4-dihydroxyphenethylamino)-4'-hydroxy-1'-acetonaphthone* $C_{20}H_{19}NO_4$, Formel IV.

*B.* Beim Erwärmen des Natrium-Salzes des *N*-[3.4-Dimethoxy-phenäthyl]-benzolsulfonamids mit 2-Jod-1-[4-methoxy-naphthyl-(1)]-äthanon-(1) und Erhitzen des Reaktionsprodukts mit wss. Salzsäure auf 180° (*Rajagopalan*, J. Indian chem. Soc. **17** [1940] 567, 571).

Hydrochlorid $C_{20}H_{19}NO_4 \cdot HCl$. Krystalle (aus A. + Ae.); Zers. oberhalb 180°.

Pikrat $C_{20}H_{19}NO_4 \cdot C_6H_3N_3O_7$. Orangerote Krystalle (aus W.); Zers. bei 189—191°.

**2-[Sulfomethyl-amino]-1-[4-methoxy-naphthyl-(1)]-äthanon-(1), [2-Oxo-2-(4-methoxy-naphthyl-(1))-äthylamino]-methansulfonsäure,** *[2-(4-methoxy-1-naphthyl)-2-oxoethylamino]methanesulfonic acid* $C_{14}H_{15}NO_5S$, Formel V (R = $CH_2$-$SO_2OH$).

Über die Konstitution s. *Backer, Mulder*, R. **52** [1933] 454; *Reichert, Baege*, Pharmazie **4** [1949] 149.

*B.* Beim Einleiten von Schwefeldioxid in eine warme wss. Lösung von *N*-[2-Oxo-2-(4-methoxy-naphthyl-(1))-äthyl]-hexamethylentetraminium-bromid (*Reichert, Baege*, Pharmazie **3** [1948] 209).

Krystalle; Zers. bei 156° (*Rei., Baege*, Pharmazie **3** 209).

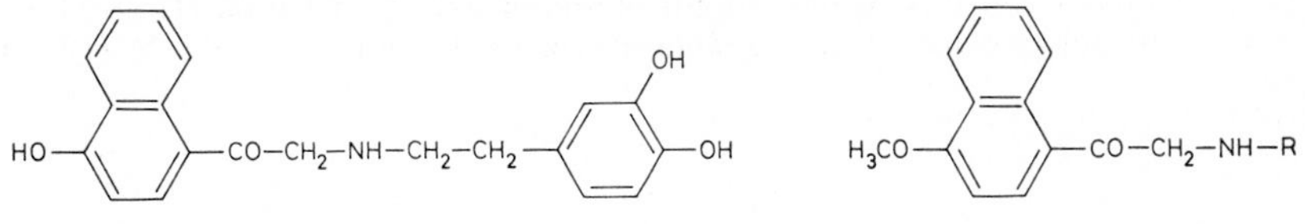

IV V

**4-Methoxy-1-[*N*-acetyl-glycyl]-naphthalin, *N*-[2-Oxo-2-(4-methoxy-naphthyl-(1))-äthyl]-acetamid,** N-*[2-(4-methoxy-1-naphthyl)-2-oxoethyl]acetamide* $C_{15}H_{15}NO_3$, Formel V (R = CO-$CH_3$).

*B.* Aus 1-Methoxy-naphthalin und *N*-Acetyl-glycyl chlorid in Gegenwart von Aluminiumchlorid in Schwefelkohlenstoff (*Dey, Rajagopalan*, Ar. **277** [1939] 359, 377, 395).

Krystalle (aus A.); F: 94—95° (*Dey, Ra.*, Ar. **277** 396).

Beim Erhitzen mit Phosphoroxychlorid in Toluol ist 2-Methyl-5-[4-methoxy-naphthyl-(1)]-oxazol (über die Konstitution s. *Dey, Rajagopalan*, Curr. Sci. **13** [1944] 204) erhalten worden (*Dey, Ra.*, Ar. **277** 396).

**4-Methoxy-1-hippuroyl-naphthalin, *N*-[2-Oxo-2-(4-methoxy-naphthyl-(1))-äthyl]-benzamid,** N-*[2-(4-methoxy-1-naphthyl)-2-oxoethyl]benzamide* $C_{20}H_{17}NO_3$, Formel V ($R = CO\text{-}C_6H_5$).

*B.* Aus 1-Methoxy-naphthalin und Hippuroylchlorid in Gegenwart von Aluminiumchlorid in Schwefelkohlenstoff (*Dey, Rajagopalan*, Ar. **277** [1939] 377, 391).

Krystalle (aus A. + $CHCl_3$); F: 151°.

**2-Benzolsulfonylamino-1-[4-methoxy-naphthyl-(1)]-äthanon-(1), *N*-[2-Oxo-2-(4-methoxy-naphthyl-(1))-äthyl]-benzolsulfonamid,** N-*[2-(4-methoxy-1-naphthyl)-2-oxoethyl]benzenesulfonamide* $C_{19}H_{17}NO_4S$, Formel V ($R = SO_2\text{-}C_6H_5$).

*B.* Aus 2-Amino-1-[4-methoxy-naphthyl-(1)]-äthanon-(1) (*Rajagopalan*, J. Indian chem. Soc. **17** [1940] 567, 571).

Krystalle (aus Eg.); F: 147°.

**4-Amino-1-hydroxy-2-acetyl-naphthalin, 1-[4-Amino-1-hydroxy-naphthyl-(2)]-äthanon-(1),** *4'-amino-1'-hydroxy-2'-acetonaphthone* $C_{12}H_{11}NO_2$, Formel VI (R = X = H) (H 239; E I 489; dort als Methyl-[4-amino-1-oxy-naphthyl-(2)]-keton bezeichnet).

*B.* Aus 1-[4-Nitro-1-hydroxy-naphthyl-(2)]-äthanon-(1) bei der Hydrierung an Platin in Methanol und wss. Salzsäure (*Cram*, Am. Soc. **71** [1949] 3953, 3959). Beim Behandeln von 1-[1-Hydroxy-naphthyl-(2)]-äthanon-(1) in wss. Natronlauge mit 4-Sulfo-benzol-diazonium-(1)-Salz in wss. Salzsäure (*Spruit*, R. **66** [1947] 655, 666) oder mit 3-Sulfo-benzol-diazonium-(1)-Salz (*Anand, Patel, Venkataraman*, Pr. Indian Acad. [A] **28** [1948] 545, 553) und jeweils anschliessenden Erwärmen mit Natriumdithionit.

Gelbe Krystalle (aus A.), F: 126—127° (*Cram*); orangefarbene Krystalle (aus wss. A.), F: 122—123° (*An., Pa., Ve.*).

**4-Acetamino-1-hydroxy-2-acetyl-naphthalin, *N*-[4-Hydroxy-3-acetyl-naphthyl-(1)]-acetamid,** N-*(3-acetyl-4-hydroxy-1-naphthyl)acetamide* $C_{14}H_{13}NO_3$, Formel VI ($R = CO\text{-}CH_3$, X = H) (vgl. das E I 489 im Artikel Methyl-[4-amino-1-oxy-naphthyl-(2)]-keton beschriebene Monoacetyl-Derivat).

*B.* Aus 1-[4-Amino-1-hydroxy-naphthyl-(2)]-äthanon-(1) und Acetanhydrid (*Cram*, Am. Soc. **71** [1949] 3953, 3957).

Hellgelbe Krystalle (aus A.); F: 217—218°.

**4-Acetoacetylamino-1-hydroxy-2-acetyl-naphthalin, *N*-[4-Hydroxy-3-acetyl-naphthyl-(1)]-acetoacetamid,** N-*(3-acetyl-4-hydroxy-1-naphthyl)acetoacetamide* $C_{16}H_{15}NO_4$, Formel VI ($R = CO\text{-}CH_2\text{-}CO\text{-}CH_3$, X = H) und Tautomeres.

*B.* Beim Erhitzen von 1-[4-Amino-1-hydroxy-naphthyl-(2)]-äthanon-(1) mit Acetessigsäure-äthylester in Chlorbenzol unter Zusatz von wss. Natronlauge (*Anand, Patel, Venkataraman*, Pr. Indian Acad. [A] **28** [1948] 545, 554).

Gelbe Krystalle (aus A.); F: 183°.

**4-Benzamino-1-benzoyloxy-2-acetyl-naphthalin, *N*-[4-Benzoyloxy-3-acetyl-naphthyl-(1)]-benzamid,** N-*[3-acetyl-4-(benzoyloxy)-1-naphthyl]benzamide* $C_{26}H_{19}NO_4$, Formel VI ($R = X = CO\text{-}C_6H_5$).

*B.* Beim Erhitzen von 1-[4-Amino-1-hydroxy-naphthyl-(2)]-äthanon-(1) mit Benzoylchlorid und Pyridin (*Anand, Patel, Venkataraman*, Pr. Indian Acad. [A] **28** [1948] 545, 553).

Krystalle (aus A.); F: 175—176°.

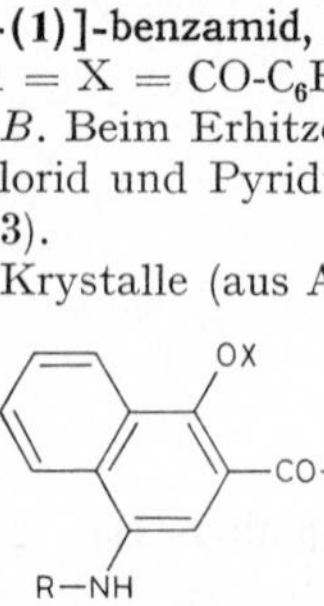

VI 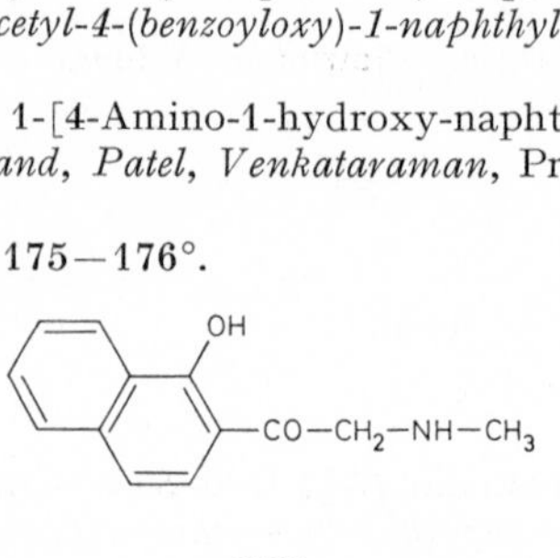 VII 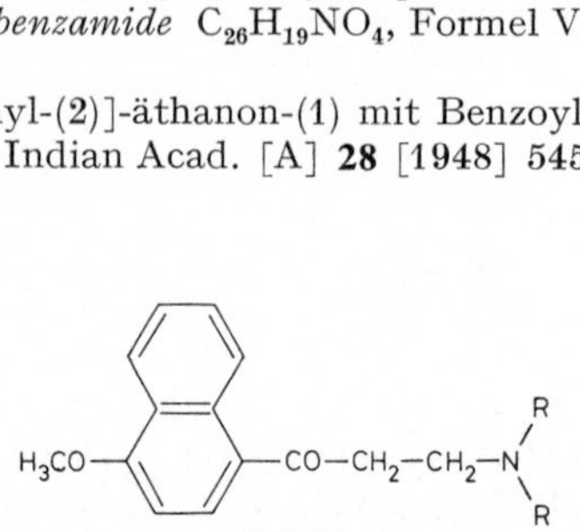 VIII

**1-Hydroxy-2-glycyl-naphthalin, 2-Amino-1-[1-hydroxy-naphthyl-(2)]-äthanon-(1)** $C_{12}H_{11}NO_2$.

**1-Hydroxy-2-sarkosyl-naphthalin, 2-Methylamino-1-[1-hydroxy-naphthyl-(2)]-äthanon-(1),** *1'-hydroxy-2-(methylamino)-2'-acetonaphthone* $C_{13}H_{13}NO_2$, Formel VII.

*B.* Beim Behandeln von 2-Brom-1-[1-benzoyloxy-naphthyl-(2)]-äthanon-(1) in Äthanol mit Methylamin in Wasser (*Šergiewškaja, Lipowitsch*, Ž. obšč. Chim. **17** [1947] 347, 352; C. A. **1948** 547).

F: 166—167° (*Še., Li.*, l. c. S. 353).

Hydrochlorid $C_{13}H_{13}NO_2 \cdot HCl$. Krystalle (aus Me.); F: 238—240°.

Pikrat $C_{13}H_{13}NO_2 \cdot C_6H_3N_3O_7$. Krystalle (aus A.); F: 162—163° [Zers.].

### Amino-Derivate der Hydroxy-oxo-Verbindungen $C_{13}H_{12}O_2$

**4-Hydroxy-1-β-alanyl-naphthalin, 3-Amino-1-[4-hydroxy-naphthyl-(1)]-propanon-(1)** $C_{13}H_{13}NO_2$.

**3-Dimethylamino-1-[4-methoxy-naphthyl-(1)]-propanon-(1)**, *3-(dimethylamino)-4'-meth=oxy-1'-propionaphthone* $C_{16}H_{19}NO_2$, Formel VIII (R = $CH_3$).

*B.* Beim Erhitzen von 1-[4-Methoxy-naphthyl-(1)]-äthanon-(1) mit Paraformaldehyd und Dimethylamin-hydrochlorid in Isoamylalkohol unter Zusatz von wss. Salzsäure (*Winstein et al.*, J. org. Chem. **11** [1946] 215, 219).

Hydrochlorid $C_{16}H_{19}NO_2 \cdot HCl$. Krystalle (aus A. + Ae.); F: 172,7—173,7° [korr.].

**3-Diäthylamino-1-[4-methoxy-naphthyl-(1)]-propanon-(1)**, *3-(diethylamino)-4'-methoxy-1'-propionaphthone* $C_{18}H_{23}NO_2$, Formel VIII (R = $C_2H_5$).

*B.* Beim Erwärmen von 1-[4-Methoxy-naphthyl-(1)]-äthanon-(1) mit Paraform=aldehyd und Diäthylamin-hydrochlorid in Nitromethan, Toluol und Äthanol unter Zusatz von wss. Salzsäure (*Winstein et al.*, J. org. Chem. **11** [1946] 215, 218).

Hydrochlorid $C_{18}H_{23}NO_2 \cdot HCl$. Krystalle (aus Acn. + A.) mit 1 Mol $H_2O$, F: 105,3° bis 106,3° [korr.]; das wasserfreie Salz schmilzt bei 152,3—152,8° [korr.].

**3-Dibutylamino-1-[4-methoxy-naphthyl-(1)]-propanon-(1)**, *3-(dibutylamino)-4'-methoxy-1'-propionaphthone* $C_{22}H_{31}NO_2$, Formel VIII (R = $[CH_2]_3$-$CH_3$).

*B.* Beim Erwärmen von 1-[4-Methoxy-naphthyl-(1)]-äthanon-(1) mit Paraformaldehyd und Dibutylamin-hydrochlorid in Nitromethan, Toluol und Äthanol unter Zusatz von wss. Salzsäure (*Winstein et al.*, J. org. Chem. **11** [1946] 215, 218).

Bei der Hydrierung der Base an Platin oder Raney-Nickel sowie bei der Hydrierung des Hydrochlorids an Raney-Nickel oder Palladium/Kohle ist 1-[4-Methoxy-naphth=yl-(1)]-propanon-(1), bei der Hydrierung des Hydrochlorids an Platin sind 3-Dibutyl=amino-1-[4-methoxy-naphthyl-(1)]-propanol-(1)-hydrochlorid (Hauptprodukt) und 1-[4-Methoxy-naphthyl-(1)]-propanon-(1) erhalten worden. Bildung der beiden 1.6-Bis-dibutylamino-3.4-bis-[4-methoxy-naphthyl-(1)]-hexandiole-(3.4) (a) Krystalle, F: 172°; b) Öl; Dihydrochlorid: F: 231,4—232,4° [korr.]) beim Behandeln mit amalgamiertem Aluminium und wasserhaltigem Äther: *Wi. et al.*

Hydrochlorid $C_{22}H_{31}NO_2 \cdot HCl$. F: 137,5—139° [korr.] (*Wi. et al.*, l. c. S. 216).

**3-Dipentylamino-1-[4-methoxy-naphthyl-(1)]-propanon-(1)**, *3-(dipentylamino)-4'-meth=oxy-1'-propionaphthone* $C_{24}H_{35}NO_2$, Formel VIII (R = $[CH_2]_4$-$CH_3$).

*B.* Beim Erwärmen von 1-[4-Methoxy-naphthyl-(1)]-äthanon-(1) mit Paraformaldehyd und Dipentylamin-hydrochlorid in Nitromethan, Toluol und Äthanol unter Zusatz von wss. Salzsäure (*Winstein et al.*, J. org. Chem. **11** [1946] 215, 218).

Hydrochlorid $C_{24}H_{35}NO_2 \cdot HCl$. F: 126—126,5° [korr.] (*Wi. et al.*, l. c. S. 216).

## Amino-Derivate der Hydroxy-oxo-Verbindungen $C_nH_{2n-16}O_2$

### Amino-Derivate der Hydroxy-oxo-Verbindungen $C_{13}H_{10}O_2$

**2'-Amino-2-hydroxy-benzophenon** $C_{13}H_{11}NO_2$.

**2'-Amino-2-methoxy-benzophenon**, *2-amino-2'-methoxybenzophenone* $C_{14}H_{13}NO_2$, Formel I.

*B.* Aus 3-Acetoxy-3-[2-methoxy-phenyl]-1-acetyl-indolinon-(2) beim Behandeln mit wss. Alkalilauge und wss. Wasserstoffperoxid (*Inagaki*, J. pharm. Soc. Japan **59** [1939] 5, 8; dtsch. Ref. S. 7, 10; C. A. **1939** 3790).

F: 110°.

**4'-Amino-2-hydroxy-benzophenon** $C_{13}H_{11}NO_2$.

**4'-Dimethylamino-2-methoxy-benzophenon**, *4'-(dimethylamino)-2-methoxybenzophenone* $C_{16}H_{17}NO_2$, Formel II.

*B.* Beim Erwärmen von 2-Methoxy-benzoesäure-anilid mit *N.N*-Dimethyl-anilin und

Phosphoroxychlorid und anschliessend mit wss. Salzsäure (*Shah, Deshpande, Chaubal*, Soc. **1932** 642, 645).

Krystalle (aus A.); F: 74°.

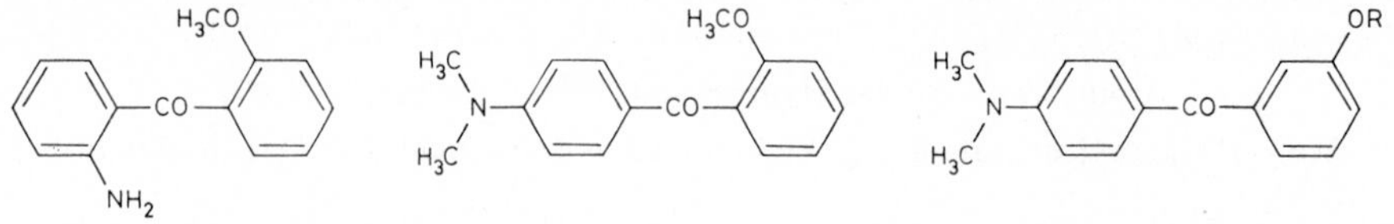

I II III

**4'-Amino-3-hydroxy-benzophenon** $C_{13}H_{11}NO_2$.

**4'-Dimethylamino-3-hydroxy-benzophenon**, *4'-(dimethylamino)-3-hydroxybenzophenone* $C_{15}H_{15}NO_2$, Formel III (R = H).

*B.* Beim Erwärmen von 3-Methoxycarbonyloxy-benzoesäure-anilid (nicht näher beschrieben) mit *N.N*-Dimethyl-anilin und Phosphoroxychlorid und anschliessend mit wss. Salzsäure (*Shah, Deshpande, Chaubal*, Soc. **1932** 642, 645, 646).

Krystalle (aus Me.); F: 185—187°.

**4'-Dimethylamino-3-methoxy-benzophenon**, *4'-(dimethylamino)-3-methoxybenzophenone* $C_{16}H_{17}NO_2$, Formel III (R = $CH_3$) (H 240).

Krystalle (aus Me.); F: 72—73° (*Shah, Deshpande, Chaubal*, Soc. **1932** 642, 646).

Oxim $C_{16}H_{18}N_2O_2$. Krystalle (aus A.); F: 185°.

**2'-Amino-4-hydroxy-benzophenon**, *2-amino-4'-hydroxybenzophenone* $C_{13}H_{11}NO_2$, Formel IV (R = X = H) (E I 490).

*B.* Neben Anthranilsäure beim Erwärmen von 3.3-Bis-[4-hydroxy-phenyl]-indolinon-(2) mit wss. Natronlauge und wss. Wasserstoffperoxid (*Inagaki*, J. pharm. Soc. Japan **53** [1933] 698, 716; dtsch. Ref. S. 131; C. A. **1934** 2004).

Krystalle (aus wss. A. oder Bzl.); F: 164° (*In.*, l. c. S. 717, 718).

**2'-Amino-4-methoxy-benzophenon**, *2-amino-4'-methoxybenzophenone* $C_{14}H_{13}NO_2$, Formel IV (R = H, X = $CH_3$) (H 240; E II 144).

*B.* Aus 3-Acetoxy-3-[4-methoxy-phenyl]-1-acetyl-indolinon-(2) beim Behandeln mit wss. Alkalilauge und wss. Wasserstoffperoxid (*Inagaki*, J. pharm. Soc. Japan **59** [1939] 5, 8; dtsch. Ref. S. 7, 10; C. A. **1939** 3790).

Krystalle (aus Bzl. + Bzn.), F: 80° (*Inagaki*, J. pharm. Soc. Japan **53** [1933] 698, 712; dtsch. Ref. S. 131; C. A. **1934** 2004); gelbe Krystalle (aus Bzl. + Bzn.), F: 78—80° (*Simpson et al.*, Soc. **1945** 646, 653).

**2'-Benzamino-4-methoxy-benzophenon, Benzoesäure-[2-(4-methoxy-benzoyl)-anilid]**, *2'-*p*-anisoylbenzanilide* $C_{21}H_{17}NO_3$, Formel IV (R = CO-$C_6H_5$, X = $CH_3$).

*B.* Aus 2-Phenyl-3-[4-methoxy-phenyl]-indol mit Hilfe von Ozon (*Mentzer, Molho, Berguer*, C. r. **229** [1949] 1237; Bl. **1950** 555, 560).

Krystalle (aus A. oder Eg.); F: 118—119° (*Me., Mo., Be.*, Bl. **1950** 560).

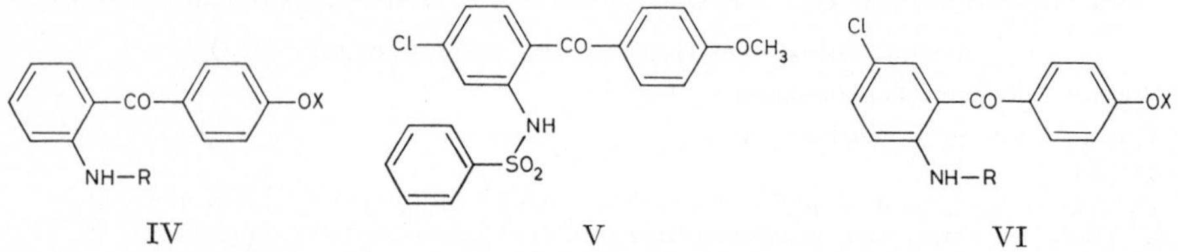

IV V VI

**4'-Chlor-2'-benzolsulfonylamino-4-methoxy-benzophenon, Benzolsulfonsäure-[5-chlor-2-(4-methoxy-benzoyl)-anilid]**, *2'-*p*-anisoyl-5'-chlorobenzenesulfonanilide* $C_{20}H_{16}ClNO_4S$, Formel V.

*B.* Aus 4-Chlor-2-benzolsulfonylamino-benzoylchlorid und Anisol (*Gen. Aniline & Film Corp.*; U.S.P. 2193678 [1939]).

Krystalle (aus Toluol); F: 139—140°.

Überführung in 6-Chlor-3-methoxy-fluorenon-(9) durch Hydrolyse und anschliessende Diazotierung: *Gen. Aniline & Film Corp.*

**5′-Chlor-2′-amino-4-hydroxy-benzophenon,** *2-amino-5-chloro-4′-hydroxybenzophenone* $C_{13}H_{10}ClNO_2$, Formel VI (R = X = H) (H 240).

*B.* Aus 4-[5-Chlor-benz[*c*]isoxazolyl-(3)]-phenol beim Erwärmen mit Eisen-Pulver und Essigsäure (*Simpson, Stephenson*, Soc. **1942** 353, 356).

Gelbe Krystalle (aus wss. Me.); F: 177—178° [unkorr.].

Beim Erwärmen mit Methylmagnesiumjodid (Überschuss) in Äther ist 4-[1-(5-Chlor-2-amino-phenyl)-vinyl]-phenol erhalten worden.

Dibenzoyl-Derivat $C_{27}H_{18}ClNO_4$. Krystalle (aus A.); F: 143° [unkorr.].

**5′-Chlor-2′-amino-4-methoxy-benzophenon,** *2-amino-5-chloro-4′-methoxybenzophenone* $C_{14}H_{12}ClNO_2$, Formel VI (R = H, X = $CH_3$).

*B.* Aus 5-Chlor-3-[4-methoxy-phenyl]-benz[*c*]isoxazol beim Erwärmen mit Eisen-Pulver und Essigsäure (*Simpson, Stephenson*, Soc. **1942** 353, 356).

Gelbe Krystalle (aus Me.); F: 100—101°.

**5′-Chlor-2′-benzolsulfonylamino-4-methoxy-benzophenon, Benzolsulfonsäure-[4-chlor-2-(4-methoxy-benzoyl)-anilid],** *2′-p-anisoyl-4′-chlorobenzenesulfonanilide* $C_{20}H_{16}ClNO_4S$, Formel VI (R = $SO_2$-$C_6H_5$, X = $CH_3$).

*B.* Aus 5-Chlor-2-benzolsulfonylamino-benzoylchlorid und Anisol (*Gen. Aniline & Film Corp.*, U.S.P. 2193678 [1939]).

Krystalle (aus A.); F: 125°.

**3′-Amino-4-hydroxy-benzophenon** $C_{13}H_{11}NO_2$.

**3′-Amino-4-phenoxy-benzophenon,** *3-amino-4′-phenoxybenzophenone* $C_{19}H_{15}NO_2$, Formel VII (R = H).

*B.* Aus 3′-Nitro-4-phenoxy-benzophenon beim Behandeln mit Zinn(II)-chlorid in Essigsäure (*Dilthey et al.*, J. pr. [2] **129** [1931] 189, 201).

Hydrochlorid $C_{19}H_{15}NO_2 \cdot HCl$. F: 200—206° [Zers.].

**3′-Benzamino-4-phenoxy-benzophenon, Benzoesäure-[3-(4-phenoxy-benzoyl)-anilid],** *3′-(4-phenoxybenzoyl)benzanilide* $C_{26}H_{19}NO_3$, Formel VII (R = CO-$C_6H_5$).

*B.* Beim Behandeln von 3′-Amino-4-phenoxy-benzophenon-hydrochlorid mit Benzoylchlorid und Pyridin (*Dilthey et al.*, J. pr. [2] **129** [1931] 189, 201).

Krystalle (aus A.); F: 127°.

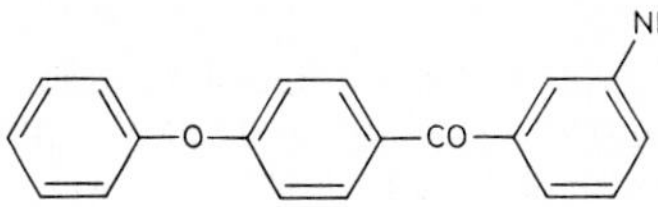

VII 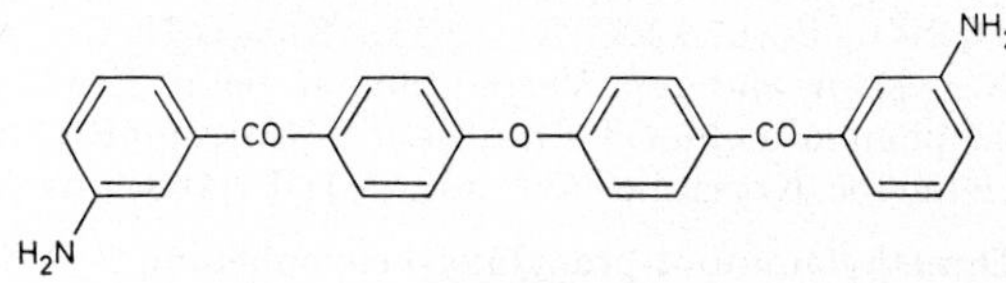 VIII

**Bis-[4-(3-amino-benzoyl)-phenyl]-äther,** *3′,3‴-diamino-4,4″-oxydibenzophenone* $C_{26}H_{20}N_2O_3$, Formel VIII.

*B.* Aus Bis-[4-(3-nitro-benzoyl)-phenyl]-äther beim Behandeln mit Zinn(II)-chlorid in Chlorwasserstoff enthaltender Essigsäure (*Dilthey et al.*, J. pr. [2] **129** [1931] 189, 203).

Grüngelbe Krystalle (aus Xylol); F: 150—151°.

**4′-Amino-4-hydroxy-benzophenon** $C_{13}H_{11}NO_2$.

**4′-Amino-4-methoxy-benzophenon,** *4-amino-4′-methoxybenzophenone* $C_{14}H_{13}NO_2$, Formel IX (R = H, X = $CH_3$).

*B.* Aus 4′-Nitro-4-methoxy-benzophenon beim Erhitzen mit Zinn(II)-chlorid in wss. Salzsäure (*Hertel, Leszczynski*, Z. physik. Chem. [B] **53** [1943] 20, 32) sowie bei der Hydrierung an Raney-Nickel in Äthanol (*L. Fullhart*, Diss. [Iowa State Coll. 1946] S. 70). Beim Erwärmen von Essigsäure-[4-(4-methoxy-benzyl)-anilid] mit Chrom(VI)-oxid und wasserhaltiger Essigsäure und Erhitzen des Reaktionsprodukts mit wss. Schwefelsäure (*Kaslow, Stayner*, Am. Soc. **68** [1946] 2600).

Krystalle; F: 121—122° [aus A.] (*Fu.*), 119—120° [aus A.] (*Ka., St.*), 108° [aus Ae.] (*He., Le.*).

Hydrochlorid. Krystalle (aus wss. Salzsäure); F: 193° (*He.*, *Le.*).

**4'-Amino-4-phenoxy-benzophenon,** *4-amino-4'-phenoxybenzophenone* $C_{19}H_{15}NO_2$, Formel IX (R = H, X = $C_6H_5$).

*B.* Aus 4'-Nitro-4-phenoxy-benzophenon beim Erwärmen mit Zinn(II)-chlorid in Chlorwasserstoff enthaltender Essigsäure (*Dilthey et al.*, J. pr. [2] **135** [1932] 36, 45).

Gelbe Krystalle (aus A.); F: 125°.

Hydrochlorid. Krystalle; F: ca. 190° [rote Schmelze].

**Bis-[4-(4-amino-benzoyl)-phenyl]-äther,** *4',4'''-diamino-4,4''-oxydibenzophenone* $C_{26}H_{20}N_2O_3$, Formel X.

*B.* Aus Bis-[4-(4-nitro-benzoyl)-phenyl]-äther beim Behandeln mit Zinn(II)-chlorid in Chlorwasserstoff enthaltender Essigsäure (*Dilthey et al.*, J. pr. [2] **129** [1931] 189, 202).

Hellgelbe Krystalle (aus Toluol); F: 177–178°.

**4'-Dimethylamino-4-hydroxy-benzophenon,** *4-(dimethylamino)-4'-hydroxybenzophenone* $C_{15}H_{15}NO_2$, Formel IX (R = $CH_3$, X = H).

*B.* Beim Erwärmen von 4-Methoxycarbonyloxy-benzoesäure-anilid mit *N.N*-Dimethylanilin und Phosphoroxychlorid und anschliessend mit wss. Salzsäure (*Shah, Deshpande, Chaubal*, Soc. **1932** 642, 645, 646). Aus 4'-Dimethylamino-4-methoxy-benzophenon beim Erwärmen mit Aluminiumbromid in Benzol (*Pfeiffer, Loewe*, J. pr. [2] **147** [1937] 293, 303).

Krystalle; F: 200° [aus wss. A.] (*Pf.*, *Loewe*), 199–200° [aus Me.] (*Shah, De., Ch.*), 198–200° [aus wss. A.] (*Tadros, Latif*, Soc. **1949** 3337, 3340).

**4'-Dimethylamino-4-methoxy-benzophenon,** *4-(dimethylamino)-4'-methoxybenzophenone* $C_{16}H_{17}NO_2$, Formel IX (R = X = $CH_3$) (E I 490).

Krystalle; F: 132–134° [aus A.] (*Shah, Deshpande, Chaubal*, Soc. **1932** 642, 646), 133° (*Pfeiffer, Loewe*, J. pr. [2] **147** [1936/37] 293, 303).

Perchlorat $C_{16}H_{17}NO_2 \cdot HClO_4$. Krystalle (aus Chloressigsäure); F: 161° (*Pfeiffer, Schwenzer, Kumetat*, J. pr. [2] **143** [1935] 143, 146, 152).

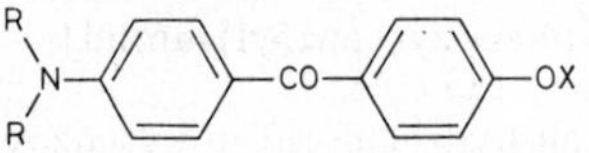

IX 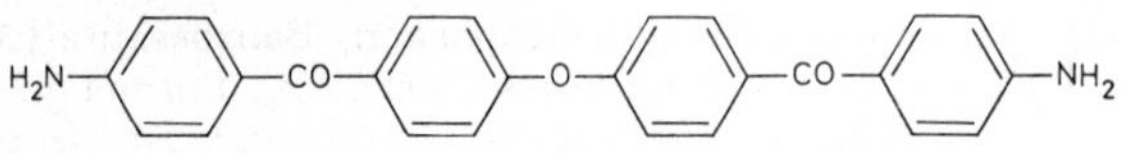 X

**4'-Dimethylamino-4-äthoxy-benzophenon,** *4-(dimethylamino)-4'-ethoxybenzophenone* $C_{17}H_{19}NO_2$, Formel IX (R = $CH_3$, X = $C_2H_5$).

*B.* Neben anderen Verbindungen beim Erwärmen von 4.4'-Bis-trimethylammonio-benzophenon-dichlorid mit äthanol. Natriumäthylat (*Tadros, Latif*, Soc. **1949** 3337, 3339).

Hellgelbe Krystalle (aus wss. A.); F: 108° [nach Sintern bei 103–104°].

**4'-Dimethylamino-4-propyloxy-benzophenon,** *4-(dimethylamino)-4'-propoxybenzophenone* $C_{18}H_{21}NO_2$, Formel IX (R = $CH_3$, X = $CH_2$-$CH_2$-$CH_3$).

*B.* Analog 4'-Dimethylamino-4-äthoxy-benzophenon [s. o.] (*Tadros, Latif*, Soc. **1949** 3337, 3339).

Hellgelbe Krystalle (aus wss. A.); F: 104° [nach Sintern bei 100°].

**4'-Dimethylamino-4-isopropyloxy-benzophenon,** *4-(dimethylamino)-4'-isopropoxybenzophenone* $C_{18}H_{21}NO_2$, Formel IX (R = $CH_3$, X = $CH(CH_3)_2$).

*B.* Analog 4'-Dimethylamino-4-äthoxy-benzophenon [s. o.] (*Tadros, Latif*, Soc. **1949** 3337, 3339).

Hellgelbe Krystalle (aus wss. Me.); F: 116°.

**4'-Dimethylamino-4-butyloxy-benzophenon,** *4-butoxy-4'-(dimethylamino)benzophenone* $C_{19}H_{23}NO_2$, Formel IX (R = $CH_3$, X = $[CH_2]_3$-$CH_3$).

*B.* Analog 4'-Dimethylamino-4-äthoxy-benzophenon [s. o.] (*Tadros, Latif*, Soc. **1949** 3337, 3339).

Krystalle (aus A.); F: 113–114° [nach Sintern bei 96°].

**4'-Dimethylamino-4-*tert*-butyloxy-benzophenon,** *4-*tert*-butoxy-4'-(dimethylamino)benzophenone* $C_{19}H_{23}NO_2$, Formel IX (R = $CH_3$, X = $C(CH_3)_3$).

*B.* Analog 4'-Dimethylamino-4-äthoxy-benzophenon [s. o.] (*Tadros, Latif*, Soc. **1949**

3337, 3339).
Hellgelbe Krystalle (aus A.); F: 122—123° [nach Sintern bei 101°].

**4'-Dimethylamino-4-cyclohexyloxy-benzophenon,** *4-(cyclohexyloxy)-4'-(dimethylamino)benzophenone* $C_{21}H_{25}NO_2$, Formel IX ($R = CH_3$, $X = C_6H_{11}$).
*B.* Analog 4'-Dimethylamino-4-äthoxy-benzophenon [S. 582] (*Tadros, Latif,* Soc. **1949** 3337, 3339).
Krystalle (aus Me.); F: 118° [nach Sintern bei 97°].

**4'-Dimethylamino-4-benzyloxy-benzophenon,** *4-(benzyloxy)-4'-(dimethylamino)benzophenone* $C_{22}H_{21}NO_2$, Formel IX ($R = CH_3$, $X = CH_2$-$C_6H_5$).
*B.* Analog 4'-Dimethylamino-4-äthoxy-benzophenon [S. 582] (*Tadros, Latif,* Soc. **1949** 3337, 3339).
Krystalle (aus A. + Bzl.); F: 115—116°.

**4'-Diäthylamino-4-methoxy-benzophenon,** *4-(diethylamino)-4'-methoxybenzophenone* $C_{18}H_{21}NO_2$, Formel IX ($R = C_2H_5$, $X = CH_3$).
*B.* Beim Erwärmen von 4-Methoxy-benzoesäure-anilid mit *N.N*-Diäthyl-anilin und Phosphoroxychlorid und anschliessend mit wss. Salzsäure (*Shah, Deshpande, Chaubal,* Soc. **1932** 642, 646).
Krystalle (aus A.); F: 92°.

**4'-Acetamino-4-methoxy-benzophenon, Essigsäure-[4-(4-methoxy-benzoyl)-anilid],** *4'-p-anisoylacetanilide* $C_{16}H_{15}NO_3$, Formel XI ($X = CH_3$).
*B.* Aus 4'-Amino-4-methoxy-benzophenon und Acetanhydrid beim Erwärmen in Benzol (*L. Fullhart,* Diss. [Iowa State Coll. 1946] S. 70,71).
Krystalle (aus wss. A.); F: 170—171°.

**4'-Acetamino-4-phenoxy-benzophenon, Essigsäure-[4-(4-phenoxy-benzoyl)-anilid],** *4'-(4-phenoxybenzoyl)acetanilide* $C_{21}H_{17}NO_3$, Formel XI ($X = C_6H_5$).
*B.* Aus 4'-Amino-4-phenoxy-benzophenon (*Dilthey et al.,* J. pr. [2] **135** [1932] 36, 45).
Krystalle; F: 151—152°.

**4'-Amino-4-phenylmercapto-benzophenon,** *4-amino-4'-(phenylthio)benzophenone* $C_{19}H_{15}NOS$, Formel XII ($R = R' = H$, $X = C_6H_5$).
*B.* Aus 4'-Nitro-4-phenylmercapto-benzophenon (nicht näher beschrieben) beim Erwärmen mit Zinn(II)-chlorid in Chlorwasserstoff enthaltender Essigsäure (*Dilthey et al.,* J. pr. [2] **135** [1932] 36, 47).
Gelbe Krystalle (aus Toluol); F: 155°.
Hydrochlorid $C_{19}H_{15}NOS \cdot HCl$. Krystalle (aus A.); F: 167—170° [rote Schmelze].
Oxim $C_{19}H_{16}N_2OS$. Krystalle (aus wss. Me.); F: 164°.

$H_3C$—CO—NH—C$_6$H$_4$—CO—C$_6$H$_4$—OX

XI

R(R')N—C$_6$H$_4$—CO—C$_6$H$_4$—SX

XII

**4'-Dimethylamino-4-methylmercapto-benzophenon,** *4-(dimethylamino)-4'-(methylthio)benzophenone* $C_{16}H_{17}NOS$, Formel XII ($R = R' = X = CH_3$).
*B.* Neben anderen Verbindungen beim Erwärmen von 4.4'-Bis-trimethylammonio-benzophenon-dichlorid mit Natrium-methanthiolat in Methanol (*Tadros, Latif,* Soc. **1949** 3337, 3339).
Hellgelbe Krystalle (aus wss. A.); F: 114—115°.

**4'-Dimethylamino-4-äthylmercapto-benzophenon,** *4-(dimethylamino)-4'-(ethylthio)benzophenone* $C_{17}H_{19}NOS$, Formel XII ($R = R' = CH_3$, $X = C_2H_5$).
*B.* Analog 4'-Dimethylamino-4-methylmercapto-benzophenon [s. o.] (*Tadros, Latif,* Soc. **1949** 3337, 3339).
Hellgelbe Krystalle (aus wss. A.); F: 104—105°.

**4'-Acetamino-4-phenylmercapto-benzophenon, Essigsäure-[4-(4-phenylmercapto-benzoyl)-anilid],** *4'-[4-(phenylthio)benzoyl]acetanilide* $C_{21}H_{17}NO_2S$, Formel XII ($R = CO$-$CH_3$, $R' = H$, $X = C_6H_5$).
*B.* Aus 4'-Amino-4-phenylmercapto-benzophenon (*Dilthey et al.,* J. pr. [2] **135** [1932]

36, 47).

Krystalle (aus A.); F: 175°.

## Amino-Derivate der Hydroxy-oxo-Verbindungen $C_{14}H_{12}O_2$

**3'-Amino-4-hydroxy-desoxybenzoin** $C_{14}H_{13}NO_2$.

**3'-Amino-4-methoxy-desoxybenzoin**, *3'-amino-4-methoxydeoxybenzoin* $C_{15}H_{15}NO_2$, Formel I.

*B.* Aus 3'-Nitro-4-methoxy-desoxybenzoin beim Erwärmen mit Eisen-Pulver und Eisen(III)-chlorid in Wasser (*Linnell, Roushdi*, Quart. J. Pharm. Pharmacol. **14** [1941] 270, 276).

Gelbliche Krystalle (aus A.); F: 123—124°.

Hydrochlorid. Gelbliche Krystalle; F: 164—166°.

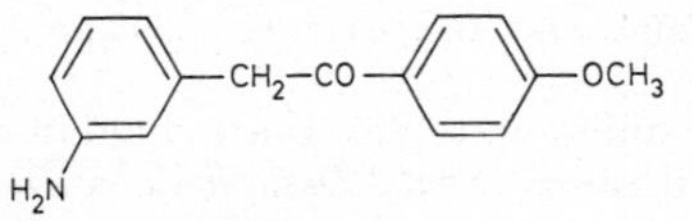

I 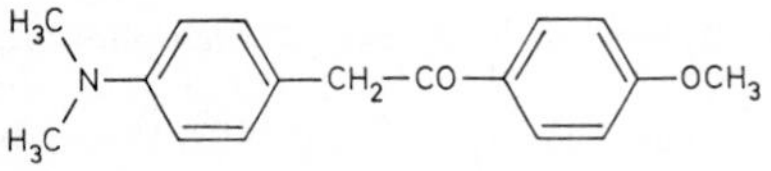 II

**4'-Amino-4-hydroxy-desoxybenzoin** $C_{14}H_{13}NO_2$ und **4-Amino-4'-hydroxy-desoxybenzoin** $C_{14}H_{13}NO_2$.

**4'-Dimethylamino-4-methoxy-desoxybenzoin**, *4'-(dimethylamino)-4-methoxydeoxybenzoin* $C_{17}H_{19}NO_2$, Formel II, und **4-Dimethylamino-4'-methoxy-desoxybenzoin**, *4-(dimethyl=amino)-4'-methoxydeoxybenzoin* $C_{17}H_{19}NO_2$, Formel III.

Eine Verbindung (Krystalle [aus A.], F: 130°), für die diese Konstitutionsformeln in Betracht kommen, ist aus (±)-4'(oder 4)-Dimethylamino-4(oder 4')-methoxy-benzoin (F: 144°) beim Erwärmen mit Zinn, wss. Salzsäure und Äthanol unter Zusatz von Kupfer(II)-sulfat erhalten worden (*Buck, Ide*, Am. Soc. **52** [1930] 4107).

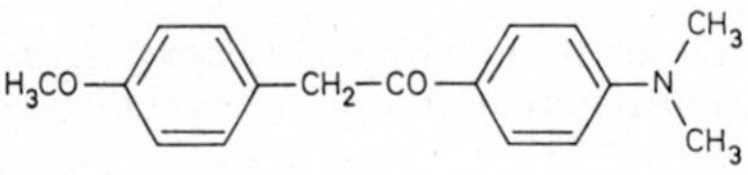

III 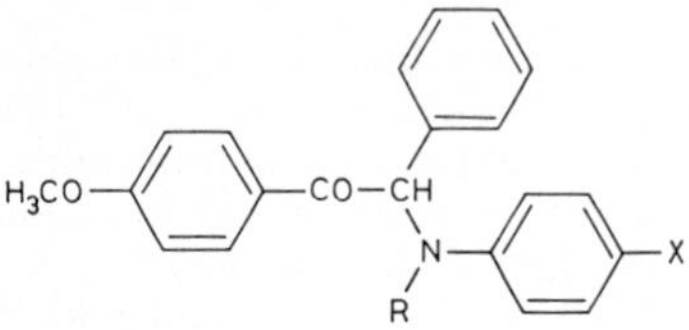 IV

**α-Amino-4-hydroxy-desoxybenzoin** $C_{14}H_{13}NO_2$.

**(±)-α-Anilino-4-methoxy-desoxybenzoin**, *(±)-α-anilino-4-methoxydeoxybenzoin* $C_{21}H_{19}NO_2$, Formel IV (R = X = H).

*B.* Beim Behandeln von (±)-4-Methoxy-benzoin mit Thionylchlorid und Behandeln des Reaktionsprodukts mit Anilin (*Cowper, Stevens*, Soc. **1940** 347). Beim Erwärmen von (±)-4'-Methoxy-benzoin mit Anilin und Phosphor(V)-oxid (*Co., St.*, Soc. **1940** 347). Beim Erwärmen von (±)-α-Brom-4-methoxy-desoxybenzoin mit Anilin (*Co., St.*, Soc. **1940** 347). Aus (±)-α-Anilino-4'-methoxy-desoxybenzoin beim Erhitzen mit Anilin und Anilin-hydrobromid auf 120° sowie beim Erhitzen mit Pyridin-hydrobromid in Pyridin oder mit Pyridin-hydrobromid in Butanol-(1) (*Cowper, Stevens*, Soc. **1947** 1041, 1044).

Krystalle (aus A.); F: 144—145° (*Co., St.*, Soc. **1940** 349).

Beim Erhitzen mit *p*-Toluidin und *p*-Toluidin-hydrobromid auf 120° ist (±)-α-*p*-Tolu=idino-4-methoxy-desoxybenzoin erhalten worden (*Co., St.*, Soc. **1947** 1044).

**(±)-α-[*N*-Methyl-anilino]-4-methoxy-desoxybenzoin**, *(±)-4-methoxy-α-(N-methylanilino)=deoxybenzoin* $C_{22}H_{21}NO_2$, Formel IV (R = $CH_3$, X = H).

*B.* Beim Erwärmen von (±)-α-Brom-4-methoxy-desoxybenzoin mit *N*-Methyl-anilin (*Cowper, Stevens*, Soc. **1940** 347).

Krystalle (aus A.); F: 160—161°.

**(±)-α-*p*-Toluidino-4-methoxy-desoxybenzoin**, *(±)-4-methoxy-α-p-toluidinodeoxybenzoin* $C_{22}H_{21}NO_2$, Formel IV (R = H, X = $CH_3$).

*B.* Beim Erwärmen von (±)-α-Brom-4-methoxy-desoxybenzoin mit *p*-Toluidin (*Cowper,*

*Stevens*, Soc. **1940** 347).

Krystalle (aus A.); F: 142—143°.

**(±)-α-[2.4.6.*N*-Tetramethyl-anilino]-4-methoxy-desoxybenzoin,** (±)-*4-methoxy-α-(2,4,6,*N*-tetramethylanilino)deoxybenzoin* $C_{25}H_{27}NO_2$, Formel V.

*B.* Beim Erwärmen von (±)-α-Brom-4-methoxy-desoxybenzoin mit 2.4.6.*N*-Tetramethyl-anilin (*Cowper, Stevens*, Soc. **1947** 1041, 1044).

Krystalle (aus A.); F: 89—90°.

**α-Amino-4'-hydroxy-desoxybenzoin** $C_{14}H_{13}NO_2$.

**(±)-α-Amino-4'-methoxy-desoxybenzoin,** (±)-*α-amino-4'-methoxydeoxybenzoin* $C_{15}H_{15}NO_2$, Formel VI (R = X = H).

*B.* Aus opt.-inakt. α-Amino-4-methoxy-bibenzylol-(α') (F: 123°) beim Erwärmen mit Chrom(VI)-oxid und wss. Schwefelsäure (*Buck, Ide*, Am. Soc. **55** [1933] 4312, 4315). Aus α-Acetamino-4'-methoxy-desoxybenzoin beim Erhitzen mit wss. Schwefelsäure (*Buck, Ide*).

Gelbe Krystalle (aus Ae.); Zers. bei 94° [nach Erweichen bei 88°] (*Buck, Ide*, l. c. S. 4316).

Wenig beständig. Beim Erhitzen mit Natriumnitrit und Schwefelsäure ist 4'-Methoxy-benzoin erhalten worden.

Hydrochlorid $C_{15}H_{15}NO_2 \cdot HCl$. Krystalle (aus A.); F: 236° [Zers.; orangefarbene Schmelze].

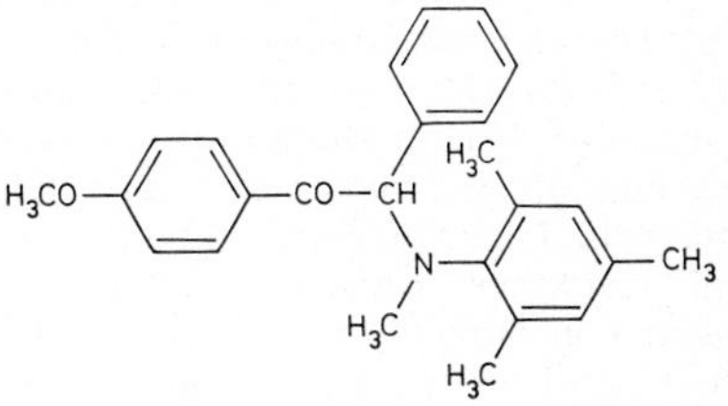

V

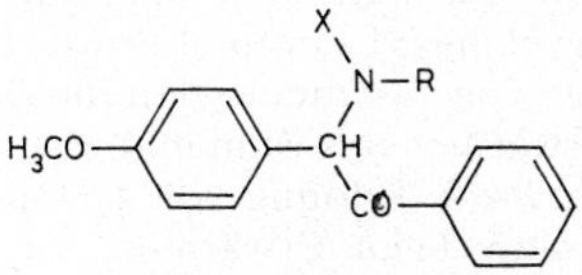

VI

**(±)-α-Anilino-4'-methoxy-desoxybenzoin,** (±)-*α-anilino-4'-methoxydeoxybenzoin* $C_{21}H_{19}NO_2$, Formel VI (R = $C_6H_5$, X = H).

*B.* Beim Erwärmen von (±)-α-Brom-4'-methoxy-desoxybenzoin mit Anilin (*Cowper, Stevens*, Soc. **1940** 347). Beim Erwärmen von (±)-4-Methoxy-benzoin mit Anilin und Phosphor(V)-oxid (*Co., St.*, Soc. **1940** 347).

Hellgelbe Krystalle (aus A.); F: 135—136° (*Co., St.*, Soc. **1940** 347).

Beim Erhitzen mit Anilin und Anilin-hydrochlorid auf 120° ist α-Anilino-4-methoxy-desoxybenzoin, beim Erhitzen mit Anilin und Anilin-hydrobromid auf 200° oder mit Pyridin-hydrobromid auf 180° ist 2-Phenyl-3-[4-methoxy-phenyl]-indol erhalten worden (*Cowper, Stevens*, Soc. **1947** 1041, 1044).

**(±)-α-[*N*-Methyl-anilino]-4'-methoxy-desoxybenzoin,** (±)-*4'-methoxy-α-(*N*-methylanilino)deoxybenzoin* $C_{22}H_{21}NO_2$, Formel VI (R = $C_6H_5$, X = $CH_3$).

*B.* Beim Erwärmen von (±)-α-Brom-4'-methoxy-desoxybenzoin mit *N*-Methyl-anilin (*Cowper, Stevens*, Soc. **1940** 347).

Krystalle (aus A.); F: 118—119°.

**(±)-α-*p*-Toluidino-4'-methoxy-desoxybenzoin,** (±)-*4'-methoxy-α-*p*-toluidinodeoxybenzoin* $C_{22}H_{21}NO_2$, Formel VII.

*B.* Beim Erwärmen von (±)-α-Brom-4'-methoxy-desoxybenzoin mit *p*-Toluidin (*Cowper, Stevens*, Soc. **1940** 347). Beim Erwärmen von (±)-4-Methoxy-benzoin mit *p*-Toluidin und Phosphor(V)-oxid (*Co., St.*).

Grüngelbe Krystalle (aus A.); F: 119—120°.

**α-Acetamino-4'-methoxy-desoxybenzoin, *N*-[4-Methoxy-α'-oxo-bibenzylyl-(α)]-acetamid,** *N-[α-(*p*-methoxyphenyl)phenacyl]acetamide* $C_{17}H_{17}NO_3$, Formel VI (R = CO-$CH_3$, X = H).

*B.* Aus opt.-inakt. α-Acetamino-4-methoxy-bibenzylol-(α') (F: 183°; s. E III **13** 2327 im Artikel opt.-inakt. α-Amino-4-methoxy-bibenzylol-(α') vom F: 123°) beim Erwärmen

mit Chrom(VI)-oxid in Essigsäure (*Buck, Ide,* Am. Soc. **55** [1933] 4312, 4315).
Krystalle (aus wss. A.); F: 112° (*Buck, Ide,* l. c. S. 4316).

**4-Amino-benzoin** $C_{14}H_{13}NO_2$, **4'-Amino-benzoin** $C_{14}H_{13}NO_2$ und **4-Amino-stilbendiol-(α.α')** $C_{14}H_{13}NO_2$.

**4-Dimethylamino-benzoin** $C_{16}H_{17}NO_2$, **4'-Dimethylamino-benzoin** $C_{16}H_{17}NO_2$ und **4-Dimethylamino-stilbendiol-(α.α')** $C_{16}H_{17}NO_2$.

a) **(±)-4-Dimethylamino-benzoin,** (±)-*4-(dimethylamino)benzoin,* Formel VIII (R = $CH_3$, X = H) (E I 490).

Über die Konstitution s. *Cozubschi,* Ann. scient. Univ. Jassy **28** [1942] 209; *Gheorghiu, Cozubschi-Sciurevici,* Bl. Sect. scient. Acad. roum. **24** [1941/42] 15.

*B.* Beim Erwärmen von (±)-Benzoin mit 4-Dimethylamino-benzaldehyd in Äthanol unter Zusatz von wss. Kaliumcyanid-Lösung (*Buck, Ide,* Am. Soc. **53** [1931] 2350, 2352, 2353; vgl. E I 490). Beim Erwärmen von DL-Mandelamid mit 4-Dimethylamino-phenyl=magnesium-bromid in Äther (*Jenkins, Bigelow, Buck,* Am. Soc. **52** [1930] 5198, 5203).

Krystalle (aus A.); F: 164° (*Co.,* l. c. S. 236), 161—162° [korr.] (*Je., Bi., Buck*).

Geschwindigkeit der Autoxydation in wss.-äthanol. Kaliumlauge bei 10° und 20°: *Weissberger et al.,* A. **478** [1930] 112, 115; *Weissberger,* B. **65** [1932] 1815, 1817; Soc. **1935** 223. Geschwindigkeit der Oxydation beim Behandeln mit Fehling-Lösung bei 40°: *Weissberger, Schwarze, Mainz,* A. **481** [1930] 68, 79. Beim Erwärmen mit wss.-äthanol. Salz=säure unter Zusatz von Kupfer(II)-sulfat sind 4-Dimethylamino-benzil und 4'-Dimethyl=amino-desoxybenzoin erhalten worden (*Matsumura,* Am. Soc. **57** [1935] 955). Hydrierung an Platin in wss.-äthanol. Salzsäure bei 70° unter Bildung von Dimethyl-[4-(2-cyclohexyl-äthyl)-cyclohexyl]-amin (Pikrat: F: 148—150°): *Buck, Ide,* Soc. **53** [1931] 3510, 3513. Bildung von 4-Dimethylamino-desoxybenzoin und 4'-Dimethylamino-desoxybenzoin beim Erwärmen mit Zinn und wss.-äthanol. Salzsäure unter Zusatz von Kupfer(II)-sulfat: *Je., Bi., Buck.* Bildung von 4-Dimethylamino-benzil, 4-Dimethylamino-benzoesäure und Benzoesäure beim Erwärmen mit wss.-äthanol. Kalilauge: *Luis,* Soc. **1932** 2547, 2549. Beim Erhitzen mit Pyrogallol (1 Mol) unter Zusatz von Zinkchlorid auf 160° ist 3-Phenyl-2-[4-dimethylamino-phenyl]-benzofurandiol-(6.7) erhalten worden (*Sugiyama,* Bl. Inst. phys. chem. Res. Tokyo **21** [1942] 744, 749; C. A. **1947** 5507).

Über eine Molekülverbindung (1:1) mit (±)-Piperoin s. *Buck, Ide,* Am. Soc. **53** [1931] 2784, 2786.

VII VIII

b) **(±)-4'-Dimethylamino-benzoin,** (±)-*4'-(dimethylamino)benzoin,* Formel IX (X = H).

*B.* Beim Erwärmen von 4-Dimethylamino-DL-mandelonitril (*McKenzie, Luis,* B. **65** [1932] 794, 795) oder von 4-Dimethylamino-DL-mandelamid (*Jenkins, Bigelow, Buck,* Am. Soc. **52** [1930] 5198, 5202) mit Phenylmagnesiumbromid in Äther.

Krystalle (aus A.); F: 159—160° [korr.] (*Je., Bi., Buck*), 157—158° (*McK., Luis*).

Überführung in 4'-Dimethylamino-desoxybenzoin durch Erwärmen mit Zinn und wss.-äthanol. Salzsäure unter Zusatz von Kupfer(II)-sulfat: *Je., Bi., Buck,* l. c. S. 5202. Beim Erwärmen mit wss.-äthanol. Kalilauge sind 4-Dimethylamino-benzoin, 4-Dimethyl=amino-benzil, 4-Dimethylamino-benzoesäure und Benzoesäure erhalten worden (*Luis,* Soc. **1932** 2547, 2548, 2550).

IX X

**(±)-4-Dimethylamino-benzoin-oxim,** *(±)-4-(dimethylamino)benzoin oxime* $C_{16}H_{18}N_2O_2$.

a) **(±)-4-Dimethylamino-benzoin-*seqcis*-oxim,** Formel X.

Die Konfigurationszuordnung ist auf Grund des Ergebnisses der Beckmann-Umlagerung erfolgt (*Buck, Ide*, Am. Soc. **53** [1931] 1912, 1915, 1916).

*B.* Beim Erwärmen von (±)-4-Dimethylamino-benzoin mit Hydroxylamin und äthanol. Natronlauge (*Buck, Ide*, l. c. S. 1914, 1915).

Krystalle (aus A.); F: 140°.

b) **(±)-4-Dimethylamino-benzoin-*seqtrans*-oxim,** Formel XI (R = X = H) (vgl. E II 144).

Die Konfigurationszuordnung ist auf Grund des Ergebnisses der Beckmann-Umlagerung erfolgt (*Cozubschi*, Ann. scient. Univ. Jassy **28** [1942] 209, 225, 226; *Gheorghiu, Cozubschi-Sciurevici*, Bl. Sect. scient. Acad. roum. **24** [1941/42] 15; vgl. *Buck, Ide*, Am. Soc. **53** [1931] 1912, 1914; *Matsumura*, Am. Soc. **57** [1935] 955).

*B.* Beim Erwärmen von (±)-4-Dimethylamino-benzoin mit Hydroxylamin-hydrochlorid in Äthanol unter Zusatz von Natriumacetat (*Ma.*) oder in wss. Pyridin (*Co.*, l. c. S. 235).

Krystalle; F: 187—188° [aus Me.] (*McKenzie, Luis*, B. **65** [1932] 794, 796), 184° [aus A.] (*Ma.*), 182—183° [aus A.] (*Gh., Co.-S.*, l. c. S. 20).

Beim Behandeln mit Natrium-Amalgam und wss.-methanol. Essigsäure ist α'-Amino-4'-dimethylamino-bibenzylol-(α) (F: 149—150°) erhalten worden (*McK., Luis*).

Dibenzoyl-Derivat $C_{30}H_{26}N_2O_4$. F: 105° (*Gh., Co.-S.*, l. c. S. 20).

**(±)-4-Diäthylamino-benzoin,** *(±)-4-(diethylamino)benzoin* $C_{18}H_{21}NO_2$, Formel VIII (R = $C_2H_5$, X = H), und Tautomere (z. B. (±)-4'-Diäthylamino-benzoin).

*B.* Beim Erwärmen von 4-Diäthylamino-benzaldehyd mit Benzaldehyd in Äthanol unter Zusatz von wss. Kaliumcyanid-Lösung (*Bost, Towell*, Am. Soc. **70** [1948] 903).

Krystalle (aus A.); F: 105—106°.

**(±)-2'-Chlor-4-dimethylamino-benzoin,** *(±)-2'-chloro-4-(dimethylamino)benzoin* $C_{16}H_{16}ClNO_2$, Formel VIII (R = $CH_3$, X = Cl).

Konstitution: *Buck, Ide*, Am. Soc. **53** [1931] 1912.

*B.* Beim Erwärmen von 4-Dimethylamino-benzaldehyd mit 2-Chlor-benzaldehyd und Kaliumcyanid in wss. Äthanol (*Buck, Ide*, Am. Soc. **52** [1930] 220, 223).

Krystalle (aus A.); F: 166°.

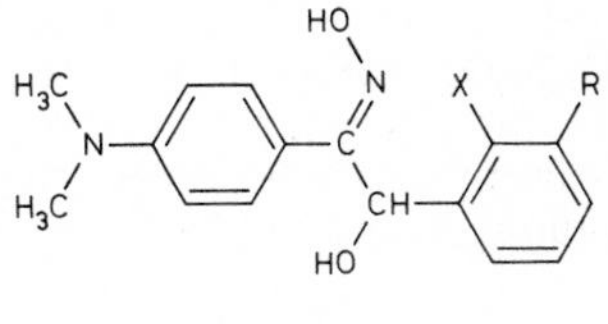

XI

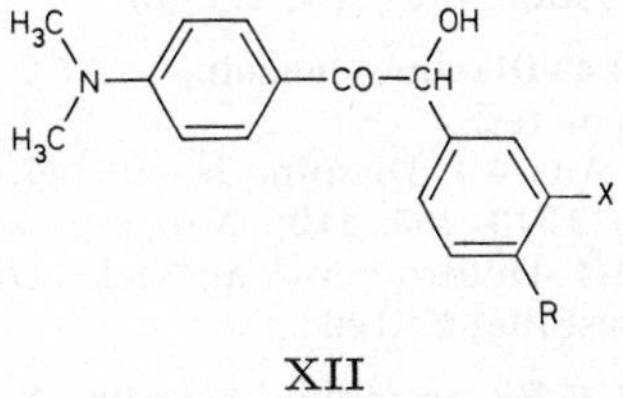

XII

**2'-Chlor-4-dimethylamino-benzoin-oxim,** *2'-chloro-4-(dimethylamino)benzoin oxime* $C_{16}H_{17}ClN_2O_2$.

**(±)-2'-Chlor-4-dimethylamino-benzoin-*seqtrans*-oxim,** Formel XI (R = H, X = Cl).

Die Konfigurationszuordnung ist auf Grund des Ergebnisses der Beckmann-Umlagerung erfolgt (*Buck, Ide*, Am. Soc. **53** [1931] 1912, 1915, 1916).

*B.* Beim Erwärmen von (±)-2'-Chlor-4-dimethylamino-benzoin mit Hydroxylamin-hydrochlorid und Pyridin (*Buck, Ide*).

Gelbe Krystalle (aus A.); F: 156—158°.

**(±)-3'-Chlor-4-dimethylamino-benzoin,** *(±)-3'-chloro-4-(dimethylamino)benzoin* $C_{16}H_{16}ClNO_2$, Formel XII (R = H, X = Cl).

*B.* Beim Erwärmen von 4-Dimethylamino-benzaldehyd mit 3-Chlor-benzaldehyd und Kaliumcyanid in wss. Äthanol (*Buck, Ide*, Am. Soc. **52** [1930] 4107, 4108).

Krystalle (aus Eg.); F: 140° (*Buck, Ide*, Am. Soc. **54** [1932] 3302, 3305).

**3'-Chlor-4-dimethylamino-benzoin-oxim,** *3'-chloro-4-(dimethylamino)benzoin oxime* $C_{16}H_{17}ClN_2O_2$.

**(±)-3′-Chlor-4-dimethylamino-benzoin-*seqtrans*-oxim,** Formel XI (R = Cl, X = H). Die Konfigurationszuordnung ist auf Grund des Ergebnisses der Beckmann-Umlagerung erfolgt (*Buck, Ide*, Am. Soc. **54** [1932] 3302, 3308).

*B.* Beim Erwärmen von (±)-3′-Chlor-4-dimethylamino-benzoin mit Hydroxylamin und äthanol. Natronlauge (*Buck, Ide*, Am. Soc. **54** [1932] 3308; vgl. *Buck, Ide*, Am. Soc. **53** [1931] 1912, 1914).

Krystalle; F: 148° (*Buck, Ide*, Am. Soc. **54** 3308).

**4′-Chlor-4-dimethylamino-benzoin** $C_{16}H_{16}ClNO_2$, **4-Chlor-4′-dimethylamino-benzoin** $C_{16}H_{16}ClNO_2$ und **4′-Chlor-4-dimethylamino-stilbendiol-(α.α)** $C_{16}H_{16}ClNO_2$.

a) **(±)-4′-Chlor-4-dimethylamino-benzoin,** (±)-*4′-chloro-4-(dimethylamino)benzoin*, Formel XII (R = Cl, X = H) (E I 490).

Krystalle (aus A.); F: 128° [korr.] (*Jenkins*, Am. Soc. **53** [1931] 3115, 3119).

Geschwindigkeit der Autoxydation in wss.-äthanol. Kalilauge bei 10° und 20°: *Weissberger et al.*, A. **478** [1930] 112, 115; *Weissberger*, B. **65** [1932] 1815, 1817; Soc. **1935** 223. Geschwindigkeit der Oxydation beim Behandeln mit Fehling-Lösung bei 40°: *Weissberger, Schwarze, Mainz*, A. **481** [1930] 68, 79. Beim Erwärmen mit Natrium-Amalgam und Äthanol unter Kohlendioxid ist 4′-Chlor-4-dimethylamino-bibenzyldiol-(α.α′) (F: 180), beim Erwärmen mit Zinn, wss. Salzsäure und Äthanol unter Zusatz von Kupfer(II)-sulfat sind 4′-Chlor-4-dimethylamino-desoxybenzoin und geringere Mengen 4-Chlor-4′-dimethylamino-desoxybenzoin erhalten worden (*Je.*).

b) **(±)-4-Chlor-4′-dimethylamino-benzoin,** (±)-*4-chloro-4′-(dimethylamino)benzoin*, Formel IX (X = Cl) auf S. 586.

*B.* Beim Erwärmen von 4-Dimethylamino-DL-mandelamid mit 4-Chlor-phenylmagnesium-bromid in Äther (*Jenkins*, Am. Soc. **53** [1931] 3115, 3118).

Krystalle (aus Bzn.); F: 104,5° [korr.].

Beim Erwärmen mit Kaliumcyanid in wss. Äthanol ist 4′-Chlor-4-dimethylamino-benzoin erhalten worden.

**(±)-3′-Brom-4-dimethylamino-benzoin,** (±)-*3′-bromo-4-(dimethylamino)benzoin* $C_{16}H_{16}BrNO_2$, Formel XII (R = H, X = Br), und Tautomere (z. B. 3-Brom-4′-dimethylamino-benzoin).

*B.* Beim Erwärmen von 4-Dimethylamino-benzaldehyd mit 3-Brom-benzaldehyd und Kaliumcyanid in wss. Äthanol (*Buck, Ide*, Am. Soc. **52** [1930] 220, 223).

Krystalle (aus A.); F: 145°.

**(±)-4.4′-Diamino-benzoin,** (±)-*4,4′-diaminobenzoin* $C_{14}H_{14}N_2O_2$, Formel I (R = H), und Tautomeres.

*B.* Aus 4.4′-Diamino-benzil bei der katalytischen Hydrierung (*Kuhn, Möller, Wendt*, B. **76** [1943] 405, 412). Neben grösseren Mengen 4.4′-Diamino-benzil bei der Hydrierung von 4.4′-Dinitro-benzil an Nickel (*Kuhn, Mö., We.*).

Krystalle; F: 199°.

**(±)-4.4′-Bis-acetamino-benzoin,** *4′,4‴-(hydroxyoxoethylene)bisacetanilide* $C_{18}H_{18}N_2O_4$, Formel I (R = CO-$CH_3$), und Tautomeres.

*B.* Beim Erwärmen von 4-Acetamino-benzaldehyd mit Kaliumcyanid in Äthanol (*Gee, Harley-Mason*, Soc. **1947** 251).

Krystalle (aus Eg.); F: 244—246°.

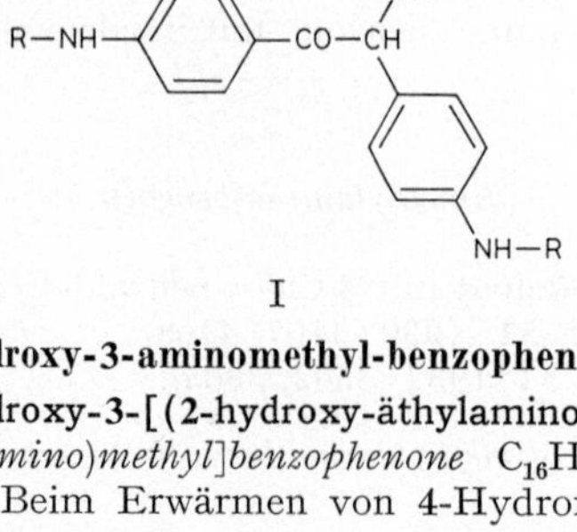

I 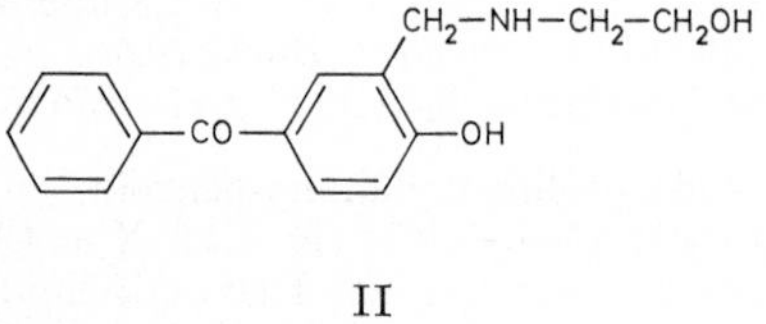 II

**4-Hydroxy-3-aminomethyl-benzophenon** $C_{14}H_{13}NO_2$.

**4-Hydroxy-3-[(2-hydroxy-äthylamino)-methyl]-benzophenon,** *4-hydroxy-3-[(2-hydroxyethylamino)methyl]benzophenone* $C_{16}H_{17}NO_3$, Formel II.

*B.* Beim Erwärmen von 4-Hydroxy-benzophenon mit wss. Formaldehyd, 2-Amino-

äthanol-(1) und Methanol (*Bruson*, Am. Soc. **58** [1936] 1741, 1744).
Krystalle (aus A.); F: 188—189°.

**2'-Amino-6-hydroxy-3-methyl-benzophenon** $C_{14}H_{13}NO_2$.

**5'-Chlor-2'-amino-6-hydroxy-3-methyl-benzophenon**, *2-amino-5-chloro-2'-hydroxy-5'-methylbenzophenone* $C_{14}H_{12}ClNO_2$, Formel III (R = H) (H 241).

*B*. Aus 4-Methyl-2-[5-chlor-benz[*c*]isoxazolyl-(3)]-phenol beim Erwärmen mit Eisen-Spänen und Essigsäure (*Simpson, Stephenson*, Soc. **1942** 353, 357).

Gelbe Krystalle (aus Eg.); F: 114—115° [unkorr.].

Dibenzoyl-Derivat $C_{28}H_{20}ClNO_4$. Krysralle (aus Bzl. + A.); F: 156—157°.

**5'-Chlor-2'-amino-6-methoxy-3-methyl-benzophenon**, *2-amino-5-chloro-2'-methoxy-5'-methylbenzophenone* $C_{15}H_{14}ClNO_2$, Formel III (R = $CH_3$).

*B*. Aus 5-Chlor-3-[6-methoxy-3-methyl-phenyl]-benz[*c*]isoxazol beim Erwärmen mit Eisen-Spänen und Essigsäure (*Simpson, Stephenson*, Soc. **1942** 353, 357).

Gelbe Krystalle (aus wss. Me.); F: 100—101°.

*N*-Acetyl-Derivat $C_{17}H_{16}ClNO_3$ (5'-Chlor-2'-acetamino-6-methoxy-3-methyl-benzophenon). Gelbliche Krystalle (aus wss. Me.); F: 136—137°.

Cl RO CO $NH_2$ $CH_3$

III

$H_3C$ CO $OCH_3$ NH $SO_2$

IV

**2-Amino-4'-hydroxy-4-methyl-benzophenon** $C_{14}H_{13}NO_2$.

**2-Benzolsulfonylamino-4'-methoxy-4-methyl-benzophenon, Benzolsulfonsäure-[3-methyl-6-(4-methoxy-benzoyl)-anilid]**, *6'-p-anisoylbenzenesulfono-m-toluidide* $C_{21}H_{19}NO_4S$, Formel IV.

*B*. Aus 2-Benzolsulfonylamino-4-methyl-benzoylchlorid und Anisol (*I.G. Farbenind.*, D.R.P. 686644 [1937]; D.R.P. Org. Chem. **6** 2257).

F: 124—125°.

**4'-Hydroxy-4-glycyl-biphenyl, 2-Amino-1-[4'-hydroxy-biphenylyl-(4)]-äthanon-(1),** ω-Amino-4-[4-hydroxy-phenyl]-acetophenon $C_{14}H_{13}NO_2$.

**4'-Hydroxy-4-sarkosyl-biphenyl, 2-Methylamino-1-[4'-hydroxy-biphenylyl-(4)]-äthanon-(1),** *4'-(p-hydroxyphenyl)-2-(methylamino)acetophenone* $C_{15}H_{15}NO_2$, Formel V.

*B*. Beim Erwärmen von 2-Brom-1-[4'-benzoyloxy-biphenylyl-(4)]-äthanon-(1) mit Methylamin in wss. Äthanol (*Fusco, Renieri*, G. **78** [1948] 435, 445).

Krystalle (aus A.); Zers. von 115° an.

Hydrochlorid $C_{15}H_{15}NO_2 \cdot HCl$. Krystalle (aus A.); F: 278—281° [Zers.].

Benzoyl-Derivat $C_{22}H_{19}NO_3$. Krystalle (aus Eg.); F: 265—270° [Zers.].

HO CO—$CH_2$—NH—$CH_3$

V

$H_2N$ RO O

VI

**8-Amino-7-hydroxy-4-oxo-1.2.3.4-tetrahydro-phenanthren,** 8-Amino-7-hydroxy-1.2-dihydro-3*H*-phenanthrenon-(4), *8-amino-7-hydroxy-1,2-dihydro-4(3H)-phenanthrone* $C_{14}H_{13}NO_2$, Formel VI (R = H).

*B*. Beim Behandeln von 7-Hydroxy-4-oxo-1.2.3.4-tetrahydro-phenanthren mit wss. Natronlauge und mit 4-Sulfo-benzol-diazonium-(1)-Salz und Erhitzen des Reaktionsprodukts mit Zinn(II)-chlorid in wss. Salzsäure (*Miyasaka, Nomura*, J. pharm. Soc. Japan **61** [1941] 502, 505; engl. Ref. S. 159; C. A. **1950** 9398).

Krystalle (aus Ae.); F: 145—147°.

Pikrat. Krystalle (aus Me.); F: 182° [Zers.].
Triacetyl-Derivat $C_{20}H_{19}NO_5$. Krystalle (aus Me.); F: 151°.

**8-Amino-7-methoxy-4-oxo-1.2.3.4-tetrahydro-phenanthren**, 8-Amino-7-methoxy-1.2-dihydro-3*H*-phenanthrenon-(4), *8-amino-7-methoxy-1,2-dihydro-4*(3H)*-phenanthrone* $C_{15}H_{15}NO_2$, Formel VI (R = $CH_3$).

*B.* Beim Behandeln von 8-Amino-7-hydroxy-4-oxo-1.2.3.4-tetrahydro-phenanthren mit Dimethylsulfat und wss. Natronlauge unter Zusatz von Natriumdithionit (*Miyasaka, Nomura*, J. pharm. Soc. Japan **61** [1941] 502, 506; engl. Ref. S. 159; C. A. **1950** 9398).

Krystalle (aus Me.); F: 94°.

**3-Amino-7-hydroxy-4-oxo-1.2.3.4-tetrahydro-phenanthren** $C_{14}H_{13}NO_2$.

**(±)-3-Dimethylamino-7-methoxy-4-oxo-1.2.3.4-tetrahydro-phenanthren**, (±)-3-Dimethylamino-7-methoxy-1.2-dihydro-3*H*-phenanthrenon-(4), (±)*-3-(dimethylamino)-7-methoxy-1,2-dihydro-4*(3H)*-phenanthrone* $C_{17}H_{19}NO_2$, Formel VII.

*B.* Aus (±)-3-Brom-7-methoxy-4-oxo-1.2.3.4-tetrahydro-phenanthren und Dimethylamin in Benzol (*Miyasaka, Nomura*, J. pharm. Soc. Japan **61** [1941] 502, 504; engl. Ref. S. 159; C. A. **1950** 9398).

Pikrat $C_{17}H_{19}NO_2 \cdot C_6H_3N_3O_7$. Krystalle (aus Me.); Zers. bei 175°.

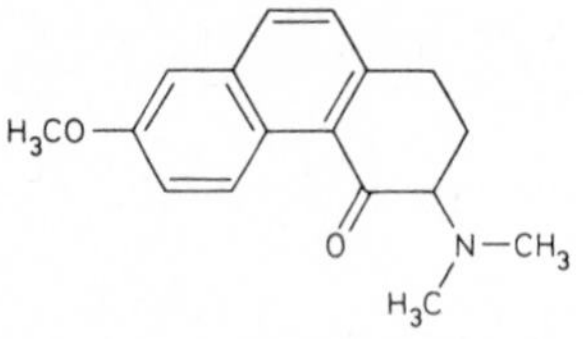

VII 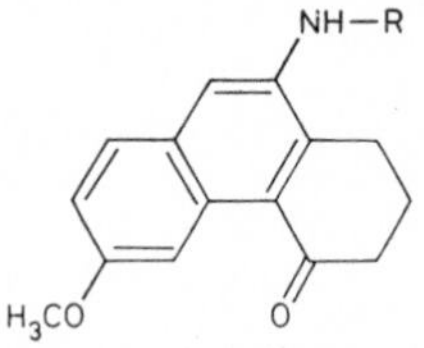 VIII 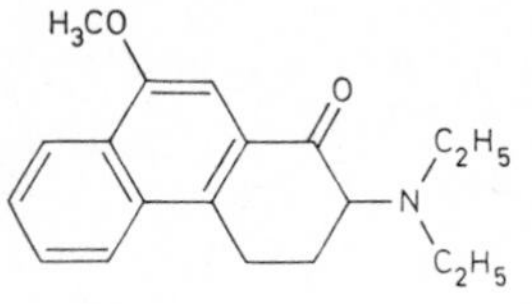 IX

**10-Amino-6-hydroxy-4-oxo-1.2.3.4-tetrahydro-phenanthren** $C_{14}H_{13}NO_2$.

**10-Acetamino-6-methoxy-4-oxo-1.2.3.4-tetrahydro-phenanthren, *N*-[3-Methoxy-5-oxo-5.6.7.8-tetrahydro-phenanthryl-(9)]-acetamid**, N-(*3-methoxy-5-oxo-5,6,7,8-tetrahydro-9-phenanthryl)acetamide* $C_{17}H_{17}NO_3$, Formel VIII (R = CO-$CH_3$).

Eine Verbindung (gelbe Krystalle [aus Ae.]; F: 175°), für die diese Konstitution in Betracht gezogen wird, ist aus einer als 10-Hydroxy-6-methoxy-4-oxo-1.2.3.4-tetrahydro-phenanthren angesehenen Verbindung (F: 218°) beim Erhitzen mit Ammoniumchlorid und Natriumacetat in Essigsäure auf 210° erhalten worden (*Haberland, Kleinert, Siegert*, B. **71** [1938] 2623, 2626).

**2-Amino-9-hydroxy-1-oxo-1.2.3.4-tetrahydro-phenanthren** $C_{14}H_{13}NO_2$.

**(±)-2-Diäthylamino-9-methoxy-1-oxo-1.2.3.4-tetrahydro-phenanthren**, (±)-2-Diäthylamino-9-methoxy-3.4-dihydro-2*H*-phenanthrenon-(1), (±)*-2-(diethylamino)-9-methoxy-3,4-dihydro-1*(2H)*-phenanthrone* $C_{19}H_{23}NO_2$, Formel IX.

*B.* Neben 9-Methoxy-phenanthrol-(1) beim Erwärmen von (±)-2-Brom-9-methoxy-1-oxo-1.2.3.4-tetrahydro-phenanthren mit Diäthylamin in Benzol (*Burger*, Am. Soc. **60** [1938] 1533, 1534).

F: 90—95° [Rohprodukt].

Hydrochlorid $C_{19}H_{23}NO_2 \cdot HCl$. Krystalle (aus A. + Ae.); F: 128—138° [Zers.] (*Bu.*, l. c. S. 1535).

## Amino-Derivate der Hydroxy-oxo-Verbindungen $C_{15}H_{14}O_2$

**2-Amino-3-phenyl-1-[4-hydroxy-phenyl]-propanon-(1)** $C_{15}H_{15}NO_2$.

**(±)-2-Dimethylamino-3-phenyl-1-[4-methoxy-phenyl]-propanon-(1)**, (±)*-2-(dimethylamino)-4'-methoxy-3-phenylpropiophenone* $C_{18}H_{21}NO_2$, Formel X.

*B.* Aus Dimethyl-benzyl-[4-methoxy-phenacyl]-ammonium-bromid beim Behandeln mit methanol. Natriummethylat (*Dunn, Stevens*, Soc. **1932** 1926, 1929).

Krystalle (aus Me.); F: 57—58°.

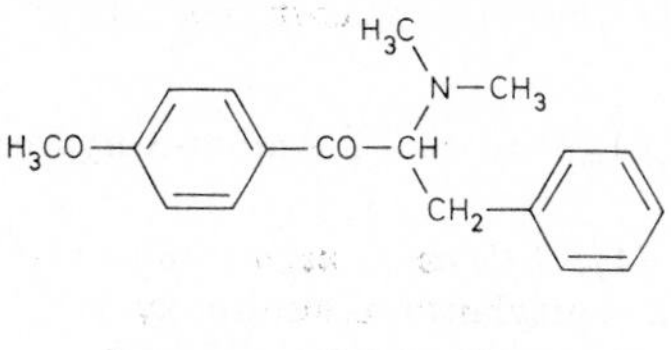

X 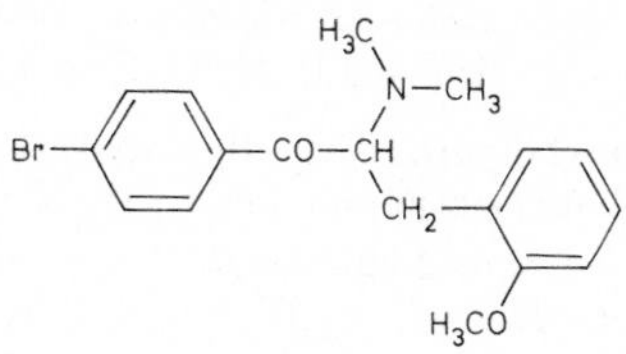 XI

**2-Amino-3-phenyl-1-[2-hydroxy-phenyl]-propanon-(3)** $C_{15}H_{15}NO_2$.

**(±)-2-Dimethylamino-3-[4-brom-phenyl]-1-[2-methoxy-phenyl]-propanon-(3),** *(±)-4'-bromo-2-(dimethylamino)-3-(o-methoxyphenyl)propiophenone* $C_{18}H_{20}BrNO_2$, Formel XI.

*B.* Aus Dimethyl-[2-methoxy-benzyl]-[4-brom-phenacyl]-ammonium-bromid beim Behandeln mit methanol. Natriummethylat oder mit wss. Natronlauge (*Thomson, Stevens*, Soc. **1932** 55, 66).

Krystalle (aus Me.); F: 82—83°.

**2-Amino-3-phenyl-1-[3-hydroxy-phenyl]-propanon-(3)** $C_{15}H_{15}NO_2$.

**(±)-2-Dimethylamino-3-phenyl-1-[3-methoxy-phenyl]-propanon-(3),** *(±)-2-(dimethylamino)-3-(m-methoxyphenyl)propiophenone* $C_{18}H_{21}NO_2$, Formel XII.

*B.* Aus Dimethyl-[3-methoxy-benzyl]-phenacyl-ammonium-bromid beim Behandeln mit methanol. Natriummethylat oder mit wss. Natronlauge (*Thomson, Stevens*, Soc. **1932** 55, 66).

Krystalle (aus Me.); F: 61—63°.

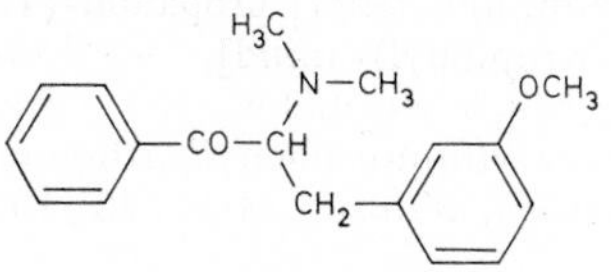

XII 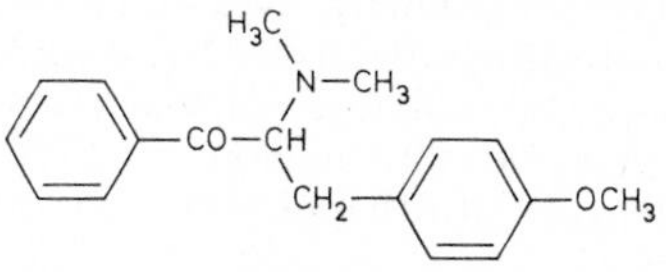 XIII

**2-Amino-3-phenyl-1-[4-hydroxy-phenyl]-propanon-(3)** $C_{15}H_{15}NO_2$.

**(±)-2-Dimethylamino-3-phenyl-1-[4-methoxy-phenyl]-propanon-(3),** *(±)-2-(dimethylamino)-3-(p-methoxyphenyl)propiophenone* $C_{18}H_{21}NO_2$, Formel XIII.

*B.* Aus Dimethyl-[4-methoxy-benzyl]-phenacyl-ammonium-bromid beim Erwärmen mit wss. Natronlauge (*Stevens*, Soc. **1930** 2107, 2111, 2112).

Krystalle (aus Me.); F: 52—54°.

Beim Erhitzen des Methosulfats (nicht näher beschrieben) mit wss. Natronlauge ist 4-Methoxy-*trans*-chalkon erhalten worden.

Pikrat. Gelbe Krystalle (aus Me.); F: 143—145°.

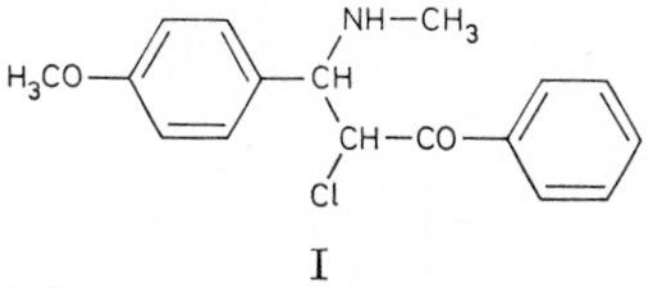

I 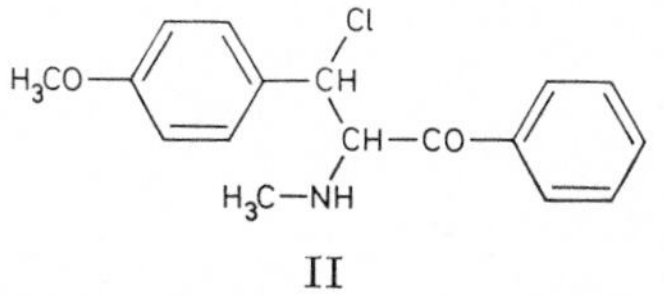 II

**1-Amino-3-phenyl-1-[4-hydroxy-phenyl]-propanon-(3)** $C_{15}H_{15}NO_2$.

**2-Chlor-1-methylamino-3-phenyl-1-[4-methoxy-phenyl]-propanon-(3),** *2-chloro-3-(p-methoxyphenyl)-3-(methylamino)propiophenone* $C_{17}H_{18}ClNO_2$, Formel I.

Ein unter dieser Konstitution beschriebenes, als Hydrochlorid $C_{17}H_{18}ClNO_2 \cdot HCl$ (Krystalle, F: 170°) isoliertes opt.-inakt. Aminoketon, für das aber auch die Formulierung als 1-Chlor-2-methylamino-3-phenyl-1-[4-methoxy-phenyl]-propanon-(3) (Formel II) in Betracht kommt (vgl. 3-Chlor-2-methylamino-1.3-diphenyl-propanon-(1) [S. 254] und 2-Chlor-3-methylamino-1.3-diphenyl-propanon-(1) [S. 258]), ist beim 3-tägigen Behandeln von (1*RS*:2*SR*?)-1.2-Dibrom-3-phenyl-1-[4-methoxy-phenyl]-propanon-(3) (E III **8** 1346) mit Methylamin in wss. Äthanol und Behandeln des

Reaktionsprodukts in Äther mit wss.-äthanol. Salzsäure erhalten worden (*Algar, Hickey, Sherry*, Pr. Irish Acad. **49** B [1943/44] 109, 115).

**3-Amino-2-hydroxy-1.3-diphenyl-propanon-(1)** $C_{15}H_{15}NO_2$ und **2-Amino-3-hydroxy-1.3-diphenyl-propanon-(1)** $C_{15}H_{15}NO_2$.

**3-Benzylamino-2-sulfooxy-1.3-diphenyl-propanon-(1)**, *3-(benzylamino)-3-phenyl-2-(sulfooxy)propiophenone* $C_{22}H_{21}NO_5S$, Formel III, und **2-Benzylamino-3-sulfooxy-1.3-diphenyl-propanon-(1)**, *2-(benzylamino)-3-phenyl-3-(sulfooxy)propiophenone* $C_{22}H_{21}NO_5S$, Formel IV.

Eine opt.-inakt. Verbindung (Krystalle [aus Me.], F: 218°), für die diese beiden Konstitutionsformeln in Betracht kommen, ist aus (±)-2*r*-Phenyl-1-benzyl-3*c*-benzoyl-aziridin (über die Konfiguration dieser Verbindung s. *Cromwell et al.*, Am. Soc. **73** [1951] 1044) beim Erhitzen mit wss. Schwefelsäure erhalten worden (*Cromwell, Babson, Harris*, Am. Soc. **65** [1943] 312, 315).

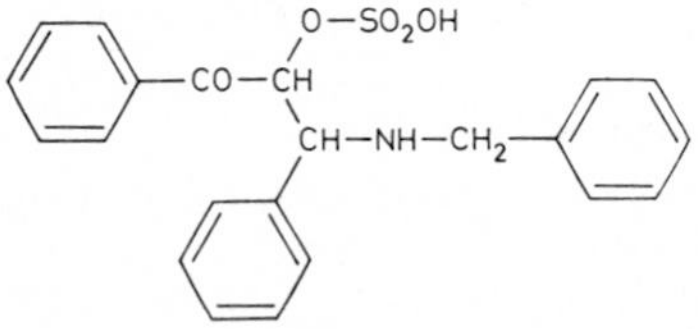

III 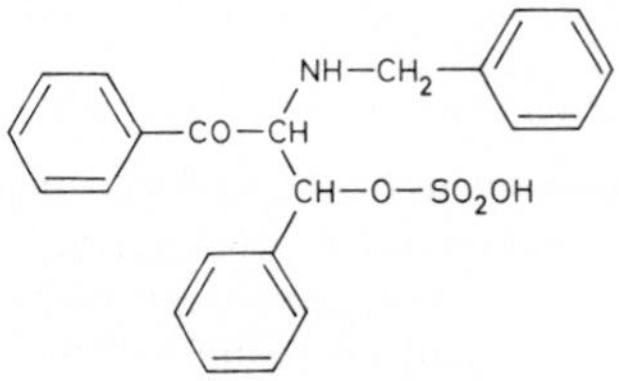 IV

**3-Hydroxy-3-phenyl-1-[2-amino-phenyl]-propanon-(1)** $C_{15}H_{15}NO_2$.

**(±)-3-Hydroxy-3-phenyl-1-[2-(toluol-sulfonyl-(4)-amino)-phenyl]-propanon-(1), (±)-Toluol-sulfonsäure-(4)-[2-(3-hydroxy-3-phenyl-propionyl)-anilid]**, *(±)-2'-(3-hydroxy-3-phenylpropionyl)-p-toluenesulfonanilide* $C_{22}H_{21}NO_4S$, Formel V (X = H).

*B.* Beim Behandeln von 1-[2-(Toluol-sulfonyl-(4)-amino)-phenyl]-äthanon-(1) mit Benzaldehyd und äthanol. Natriumäthylat (*de Diesbach, Kramer*, Helv. **28** [1945] 1399, 1402).

Gelbe Krystalle (aus A.); F: 260°.

Beim Behandeln mit wss.-äthanol. Natronlauge ist 4-Oxo-1-[toluol-sulfonyl-(4)]-2-phenyl-1.2.3.4-tetrahydro-chinolin erhalten worden.

**2-Brom-3-hydroxy-3-phenyl-1-[2-(toluol-sulfonyl-(4)-amino)-phenyl]-propanon-(1), Toluol-sulfonsäure-(4)-[2-(2-brom-3-hydroxy-3-phenyl-propionyl)-anilid]**, *2'-(2-bromo-3-hydroxy-3-phenylpropionyl)-p-toluenesulfonanilide* $C_{22}H_{20}BrNO_4S$, Formel V (X = Br).

Eine opt.-inakt. Verbindung (Krystalle [aus A.], F: 151°) dieser Konstitution ist aus (±)-3-Hydroxy-3-phenyl-1-[2-(toluol-sulfonyl-(4)-amino)-phenyl]-propanon-(1) beim Erwärmen mit Brom in Chloroform erhalten worden (*de Diesbach, Kramer*, Helv. **28** [1945] 1399, 1402).

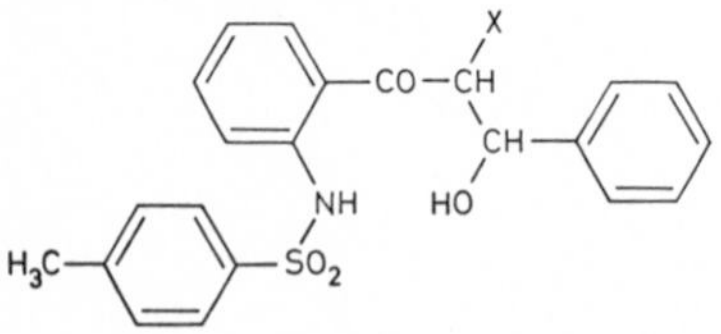

V 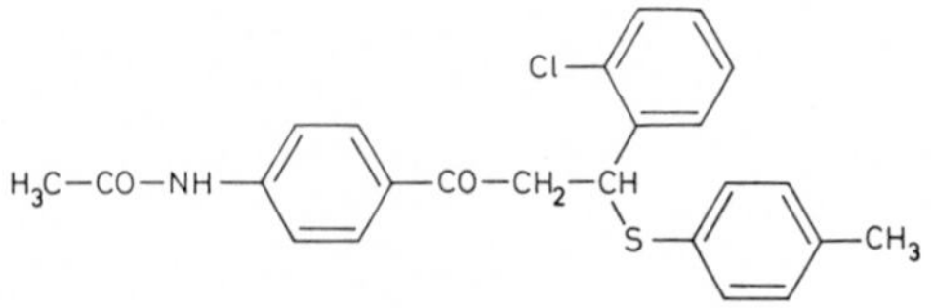 VI

**3-Hydroxy-3-phenyl-1-[4-amino-phenyl]-propanon-(1)** $C_{15}H_{15}NO_2$.

**(±)-3-*p*-Tolylmercapto-3-[2-chlor-phenyl]-1-[4-acetamino-phenyl]-propanon-(1), (±)-Essigsäure-{4-[3-*p*-tolylmercapto-3-(2-chlor-phenyl)-propionyl]-anilid}**, *(±)-4'-[3-(o-chlorophenyl)-3-(p-tolylthio)propionyl]acetanilide* $C_{24}H_{22}ClNO_2S$, Formel VI.

*B.* Aus 2-Chlor-4'-acetamino-*trans*(?)-chalkon (F: 167°) beim Erwärmen mit Thio-*p*-kresol in Äthanol in Gegenwart von Piperidin (*L. Fullhart*, Diss. [Iowa State Coll. 1946] S. 28, 29).

Krystalle (aus A.); F: 148–149°.

**1-Hydroxy-3-phenyl-1-[4-amino-phenyl]-propanon-(3)** $C_{15}H_{15}NO_2$.

**(±)-1-[2-Diäthylamino-äthylmercapto]-3-[4-chlor-phenyl]-1-[4-dimethylamino-phenyl]-propanon-(3)**, *4'-chloro-3-[2-(diethylamino)ethylthio]-3-[p-(dimethylamino)phenyl]propiophenone* $C_{23}H_{31}ClN_2OS$, Formel VII (X = Cl).

*B.* Beim Erwärmen von 4'-Chlor-4-dimethylamino-*trans*(?)-chalkon (F: 140—141°) mit 2-Diäthylamino-äthanthiol-(1)-hydrochlorid in Äthanol (*L. Fullhart*, Diss. [Iowa State Coll. 1946] S. 27).

Hydrochlorid $C_{23}H_{31}ClNO_2S \cdot HCl$. Krystalle (aus A. + E.); F: 142—143°.

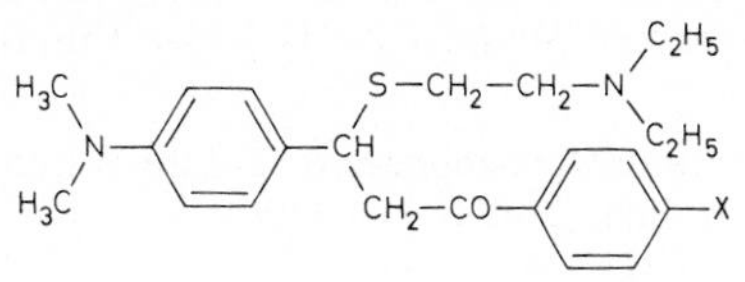

VII 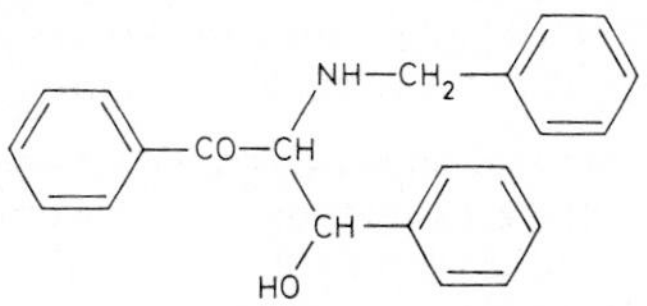 VIII

**2-Amino-3-hydroxy-1.3-diphenyl-propanon-(1)** $C_{15}H_{15}NO_2$.

**2-Benzylamino-3-hydroxy-1.3-diphenyl-propanon-(1)**, *2-(benzylamino)-3-hydroxy-3-phenylpropiophenone* $C_{22}H_{21}NO_2$, Formel VIII.

Ein als Hydrochlorid $C_{22}H_{21}NO_2 \cdot HCl$ (F: 210°) isoliertes opt.-inakt. Amin dieser Konstitution ist aus (2*RS*:3*RS*)-3-Chlor-2-benzylamino-1.3-diphenyl-propanon-(1) (S. 254) beim Erwärmen mit wss. Äthanol erhalten worden (*Cromwell, Wankel*, Am. Soc. **71** [1949] 711, 714).

**3-Hydroxy-1.3-bis-[4-amino-phenyl]-propanon-(1)** $C_{15}H_{16}N_2O_2$.

**(±)-3-[2-Diäthylamino-äthylmercapto]-3-[4-dimethylamino-phenyl]-1-[4-acetamino-phenyl]-propanon-(1), (±)-Essigsäure-{4-[3-(2-diäthylamino-äthylmercapto)-3-(4-dimethylamino-phenyl)-propionyl]-anilid}**, (±)-*4'-{3-[2-(diethylamino)ethylthio]-3-[p-(dimethylamino)phenyl]propionyl}acetanilide* $C_{25}H_{35}N_3O_2S$, Formel VII (X = NH-CO-$CH_3$).

*B.* Beim Erwärmen von 4-Dimethylamino-4'-acetamino-*trans*(?)-chalkon (F: 202—203°) mit 2-Diäthylamino-äthanthiol-(1)-hydrochlorid in Äthanol (*L. Fullhart*, Diss. [Iowa State Coll. 1946] S. 28).

Hydrochlorid $C_{25}H_{35}N_3O_2S \cdot HCl$. Krystalle (aus A. + E. + Ae.); F: 153—154°.

**3-Hydroxy-1-phenyl-2-[4-amino-phenyl]-propanon-(1), 4'-Amino-α-hydroxymethyl-desoxybenzoin** $C_{15}H_{15}NO_2$.

**(±)-3-Hydroxy-1-phenyl-2-[4-dimethylamino-phenyl]-propanon-(1)**, (±)-*3-hydroxy-2-[p-(dimethylamino)phenyl]propiophenone* $C_{17}H_{19}NO_2$, Formel IX.

*B.* Beim Erwärmen von 4'-Dimethylamino-desoxybenzoin in Pyridin mit wss. Formaldehyd (*Matsumura*, Am. Soc. **57** [1935] 496).

Gelbe Krystalle (aus W.); F: 110—111°.

*O*-Benzoyl-Derivat $C_{24}H_{23}NO_3$ ((±)-3-Benzoyloxy-1-phenyl-2-[4-dimethylamino-phenyl]-propanon-(1)). Gelbe Krystalle (aus A.); F: 135—136°.

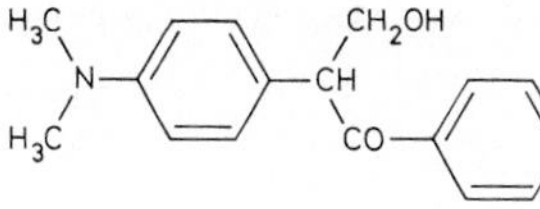

IX 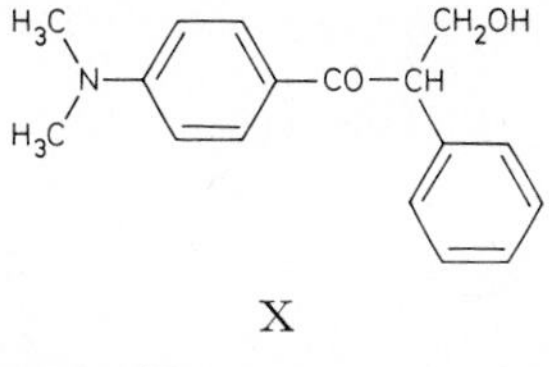 X 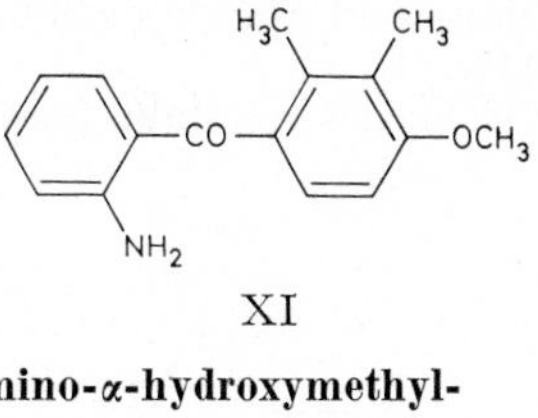 XI

**3-Hydroxy-2-phenyl-1-[4-amino-phenyl]-propanon-(1), 4-Amino-α-hydroxymethyl-desoxybenzoin** $C_{15}H_{15}NO_2$.

**(±)-3-Hydroxy-2-phenyl-1-[4-dimethylamino-phenyl]-propanon-(1)**, (±)-*4'-(dimethylamino)-3-hydroxy-2-phenylpropiophenone* $C_{17}H_{19}NO_2$, Formel X.

*B.* Beim Erwärmen von 4-Dimethylamino-desoxybenzoin in Pyridin mit wss. Formaldehyd (*Matsumura*, Am. Soc. **57** [1935] 496).

Krystalle (aus W.); F: 132—133° [unrein].

*O*-Benzoyl-Derivat $C_{24}H_{23}NO_3$ ((±)-3-Benzoyloxy-2-phenyl-1-[4-dimethylamino-phenyl]-propanon-(1)). Krystalle (aus A.); F: 176—177°.

**2'-Amino-4-hydroxy-2.3-dimethyl-benzophenon** $C_{15}H_{15}NO_2$.

**2'-Amino-4-methoxy-2.3-dimethyl-benzophenon,** *2'-amino-4-methoxy-2,3-dimethylbenzophenone* $C_{16}H_{17}NO_2$, Formel XI.

*B.* Aus 2'-[Toluol-sulfonyl-(4)-amino]-4-methoxy-2.3-dimethyl-benzophenon bei mehrtägigem Behandeln mit Schwefelsäure (*Lothrop*, Am. Soc. **61** [1939] 2115, 2119).

Hellgelbe Krystalle (aus wss. A.); F: 144—145°.

Beim Behandeln mit wss. Salzsäure und Natriumnitrit und anschliessenden Erwärmen sind 3-Methoxy-1.2-dimethyl-fluorenon-(9) und geringe Mengen 2'-Hydroxy-4-methoxy-2.3-dimethyl-benzophenon erhalten worden.

**2'-[Toluol-sulfonyl-(4)-amino]-4-methoxy-2.3-dimethyl-benzophenon, Toluol-sulfonsäure-(4)-[2-(4-methoxy-2.3-dimethyl-benzoyl)-anilid],** *2'-(2,3-dimethyl-*p*-anisoyl)-*p*-toluenesulfonanilide* $C_{23}H_{23}NO_4S$, Formel I (R = H).

*B.* Beim Erwärmen von 2.3-Dimethyl-anisol mit *N*-[Toluol-sulfonyl-(4)]-anthraniloylchlorid und Aluminiumchlorid in Schwefelkohlenstoff (*Lothrop*, Am. Soc. **61** [1939] 2115, 2119).

Krystalle (aus A.); F: 136—138°.

**2'-[(Toluol-sulfonyl-(4))-methyl-amino]-4-methoxy-2.3-dimethyl-benzophenon, Toluol-sulfonsäure-(4)-[*N*-methyl-2-(4-methoxy-2.3-dimethyl-benzoyl)-anilid],** *2'-(2,3-dimethyl-*p*-anisoyl)-*N*-methyl-*p*-toluenesulfonanilide* $C_{24}H_{25}NO_4S$, Formel I (R = $CH_3$).

*B.* Aus 2'-[Toluol-sulfonyl-(4)-amino]-4-methoxy-2.3-dimethyl-benzophenon und Dimethylsulfat (*Lothrop*, Am. Soc. **61** [1939] 2115, 2119).

Krystalle (aus wss. A.); F: 160°.

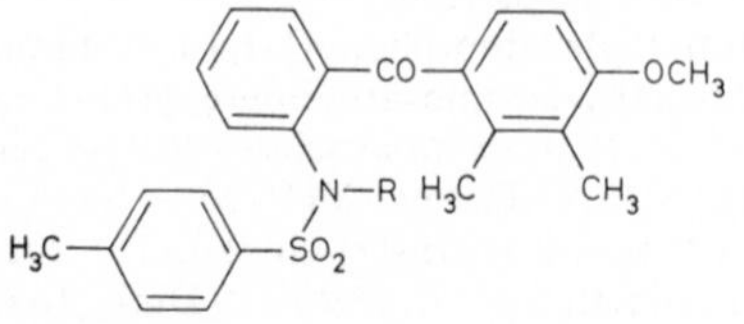

I 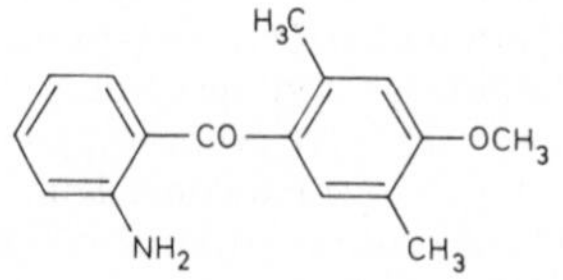 II

**2'-Amino-4-hydroxy-2.5-dimethyl-benzophenon** $C_{15}H_{15}NO_2$.

**2'-Amino-4-methoxy-2.5-dimethyl-benzophenon,** *2'-amino-4-methoxy-2,5-dimethylbenzophenone* $C_{16}H_{17}NO_2$, Formel II.

*B.* Aus 2'-[Toluol-sulfonyl-(4)-amino]-4-methoxy-2.5-dimethyl-benzophenon bei mehrtägigem Behandeln mit Schwefelsäure (*Lothrop*, Am. Soc. **61** [1939] 2115, 2118).

Gelbe Krystalle (aus wss. A.); F: 102—104°.

**2'-[Toluol-sulfonyl-(4)-amino]-4-methoxy-2.5-dimethyl-benzophenon, Toluol-sulfonsäure-(4)-[2-(4-methoxy-2.5-dimethyl-benzoyl)-anilid],** *2'-(2,5-dimethyl-*p*-anisoyl)-*p*-toluenesulfonanilide* $C_{23}H_{23}NO_4S$, Formel III (R = H).

*B.* Beim Erwärmen von 2.5-Dimethyl-anisol mit *N*-[Toluol-sulfonyl-(4)]-anthraniloylchlorid und Aluminiumchlorid in Schwefelkohlenstoff (*Lothrop*, Am. Soc. **61** [1939] 2115, 2117).

Hellgelbe Krystalle (aus A.); F: 140—141°.

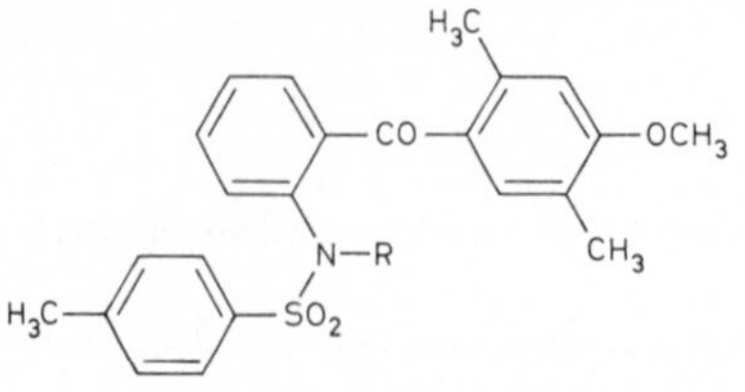

III 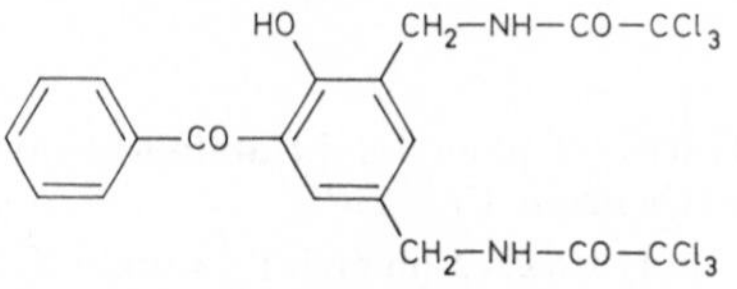 IV

**2'-[(Toluol-sulfonyl-(4))-methyl-amino]-4-methoxy-2.5-dimethyl-benzophenon, Toluol-sulfonsäure-(4)-[*N*-methyl-2-(4-methoxy-2.5-dimethyl-benzoyl)-anilid],** *2'-(2,5-dimethyl-*p*-anisoyl)-*N*-methyl-*p*-toluenesulfonanilide* $C_{24}H_{25}NO_4S$, Formel III (R = $CH_3$).

*B.* Aus 2'-[Toluol-sulfonyl-(4)-amino]-4-methoxy-2.5-dimethyl-benzophenon und Dimethylsulfat (*Lothrop*, Am. Soc. **61** [1939] 2115, 2118).

Krystalle (aus A.); F: 168—169°.

**2-Hydroxy-3.5-bis-aminomethyl-benzophenon** $C_{15}H_{16}N_2O_2$.

**2-Hydroxy-3.5-bis-[(*C.C.C*-trichlor-acetamino)-methyl]-benzophenon,** *2,2,2,2',2',2'-hexachloro*-N,N'-*[(5-benzoyl-4-hydroxy-*m*-phenylene)dimethylene]bisacetamide* $C_{19}H_{14}Cl_6N_2O_4$, Formel IV.

*B.* Beim Behandeln von 2-Hydroxy-benzophenon mit *C.C.C*-Trichlor-*N*-hydroxymethyl-acetamid (H **2** 211) und Schwefelsäure (*de Diesbach*, Helv. **23** [1940] 1232, 1246).

Gelbe Krystalle (aus $CS_2$); F: 116°.

**4-Hydroxy-3.5-bis-aminomethyl-benzophenon** $C_{15}H_{16}N_2O_2$.

**4-Hydroxy-3.5-bis-[(*C.C.C*-trichlor-acetamino)-methyl]-benzophenon,** *2,2,2,2',2',2'-hexachloro*-N,N'-*[(5-benzoyl-2-hydroxy-*m*-phenylene)dimethylene]bisacetamide* $C_{19}H_{14}Cl_6N_2O_4$, Formel V.

*B.* Beim Behandeln von 4-Hydroxy-benzophenon mit *C.C.C*-Trichlor-*N*-hydroxymethyl-acetamid (H **2** 211) und Schwefelsäure (*de Diesbach*, Helv. **23** [1940] 1232, 1247).

Gelbe Krystalle (aus A.); F: 196°.

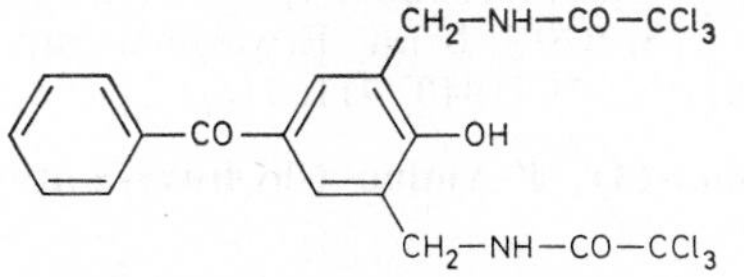

V 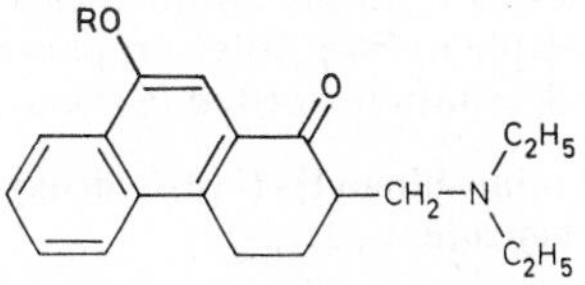 VI

**9-Hydroxy-1-oxo-2-aminomethyl-1.2.3.4-tetrahydro-phenanthren** $C_{15}H_{15}NO_2$.

**(±)-9-Methoxy-1-oxo-2-[diäthylamino-methyl]-1.2.3.4-tetrahydro-phenanthren,** (±)-9-Methoxy-2-[diäthylamino-methyl]-3.4-dihydro-2*H*-phenanthrenon-(1), *(±)-2-[(diethylamino)methyl]-9-methoxy-3,4-dihydro-1*(2H)*-phenanthrone* $C_{20}H_{25}NO_2$, Formel VI (R = $CH_3$).

*B.* Beim Erwärmen von 9-Methoxy-1-oxo-1.2.3.4-tetrahydro-phenanthren mit Paraformaldehyd und Diäthylamin-hydrochlorid in Isoamylalkohol (*Burger*, Am. Soc. **60** [1938] 1533, 1535, 1536).

Krystalle (aus Me.); F: 83°.

Hydrochlorid $C_{20}H_{25}NO_2 \cdot HCl$. Krystalle (aus A. + Ae.); F: 160—161°.

**(±)-9-Acetoxy-1-oxo-2-[diäthylamino-methyl]-1.2.3.4-tetrahydro-phenanthren,** (±)-9-Acetoxy-2-[diäthylamino-methyl]-3.4-dihydro-2*H*-phenanthrenon-(1), *(±)-9-acetoxy-2-[(diethylamino)methyl]-3,4-dihydro-1*(2H)*-phenanthrone* $C_{21}H_{25}NO_3$, Formel VI (R = CO-$CH_3$).

*B.* Beim Erwärmen von 9-Acetoxy-1-oxo-1.2.3.4-tetrahydro-phenanthren mit Paraformaldehyd und Diäthylamin-hydrochlorid in Isoamylalkohol (*Burger*, Am. Soc. **60** [1938] 1533, 1535, 1536).

Hydrochlorid $C_{21}H_{25}NO_3 \cdot HCl$. Krystalle (aus A. + Ae.); F: 146—147°.

**7-Hydroxy-4-oxo-3-aminomethyl-1.2.3.4-tetrahydro-phenanthren** $C_{15}H_{15}NO_2$.

**(±)-7-Methoxy-4-oxo-3-[dimethylamino-methyl]-1.2.3.4-tetrahydro-phenanthren,** (±)-7-Methoxy-3-[dimethylamino-methyl]-1.2-dihydro-3*H*-phenanthrenon-(4), *(±)-3-[(dimethylamino)methyl]-7-methoxy-1,2-dihydro-4*(3H)*-phenanthrone* $C_{18}H_{21}NO_2$, Formel VII (R = $CH_3$).

*B.* Beim Erwärmen von 7-Methoxy-4-oxo-1.2.3.4-tetrahydro-phenanthren mit Paraformaldehyd und Dimethylamin-hydrochlorid in Isoamylalkohol (*Miyasaka*, J. pharm. Soc. Japan **61** [1941] 498, 501; engl. Ref. S. 157; C. A. **1950** 9398).

Hydrochlorid $C_{18}H_{21}NO_2 \cdot HCl$. Krystalle (aus Me. + Ae.); Zers. bei 175°.

**(±)-7-Methoxy-4-oxo-3-[diäthylamino-methyl]-1.2.3.4-tetrahydro-phenanthren,** (±)-7-Methoxy-3-[diäthylamino-methyl]-1.2-dihydro-3*H*-phenanthrenon-(4), *(±)-3-[(diethylamino)methyl]-7-methoxy-1,2-dihydro-4*(3H)*-phenanthrone* $C_{20}H_{25}NO_2$, Formel VII (R = $C_2H_5$).

*B.* Beim Erwärmen von 7-Methoxy-4-oxo-1.2.3.4-tetrahydro-phenanthren mit Paraformaldehyd und Diäthylamin-hydrochlorid in Isoamylalkohol (*Miyasaka*, J. pharm. Soc. Japan **61** [1941] 498, 501; engl. Ref. S. 157; C. A. **1950** 9398).

Pikrat $C_{20}H_{25}NO_2 \cdot C_6H_3N_3O_7$. Gelbliche Krystalle (aus Me.); Zers. bei 136°.

VII VIII

### Amino-Derivate der Hydroxy-oxo-Verbindungen $C_{16}H_{16}O_2$

**2-Amino-1-hydroxy-1-phenyl-3-*p*-tolyl-propanon-(3)** $C_{16}H_{17}NO_2$.

**2-Benzylamino-1-hydroxy-1-phenyl-3-*p*-tolyl-propanon-(3)**, *2-(benzylamino)-3-hydroxy-4'-methoxy-3-phenylpropiophenone* $C_{23}H_{23}NO_2$, Formel VIII.

Ein als Hydrochlorid $C_{23}H_{23}NO_2 \cdot HCl$ (Krystalle [aus Me. + Ae.]; F: 208—210°) isoliertes opt.-inakt. Amin dieser Konstitution ist aus (1*RS*:2*SR*(?))-1-Chlor-2-benzyl=amino-1-phenyl-3-*p*-tolyl-propanon-(3) (F: 105° [S. 270]) beim Erwärmen mit wss. Äthanol erhalten worden (*Cromwell, Wankel*, Am. Soc. **71** [1943] 711, 715).

**2-[4-Amino-phenyl]-1-[4-hydroxy-phenyl]-butanon-(1), 4'-Amino-4-hydroxy-α-äthyl-desoxybenzoin** $C_{16}H_{17}NO_2$.

**(±)-2-[4-Amino-phenyl]-1-[4-methoxy-phenyl]-butanon-(1)**, (±)-*2-(p-aminophenyl)-4'-methoxybutyrophenone* $C_{17}H_{19}NO_2$, Formel IX.

*B*. Beim Erwärmen von (±)-2-[4-Nitro-phenyl]-butyrylchlorid mit Anisol und Alumi=niumchlorid in Schwefelkohlenstoff und Erhitzen des nach der Hydrolyse erhaltenen Reaktionsprodukts in Chlorbenzol mit Eisen-Pulver und wss. Essigsäure (*I.G. Farbenind.*, D.R.P. 708202 [1938]; D.R.P. Org. Chem. **3** 758). Aus (±)-2-[4-Nitro-phenyl]-1-[4-meth=oxy-phenyl]-butanon-(1) beim Erwärmen mit Zinn, wss. Salzsäure und Äthanol (*Rubin, Wishinsky*, Am. Soc. **66** [1944] 1948).

Krystalle (aus PAe. + Bzl.); F: 97—98,5°; $Kp_{0,8}$: 215—220° [unkorr.] (*Ru., Wi.*).

Sulfat. F: 169—170° [aus wss. Schwefelsäure] (*I.G. Farbenind.*).

IX X

### Amino-Derivate der Hydroxy-oxo-Verbindungen $C_{19}H_{22}O_2$

**6-Amino-4-phenyl-4-[4-hydroxy-phenyl]-heptanon-(3)** $C_{19}H_{23}NO_2$.

**6-Dimethylamino-4-phenyl-4-[4-methoxy-phenyl]-heptanon-(3)**, *6-(dimethylamino)-4-(p-methoxyphenyl)-4-phenylheptan-3-one* $C_{22}H_{29}NO_2$, Formel X.

Eine als Hydrochlorid $C_{22}H_{29}NO_2 \cdot HCl$ (Krystalle [aus Butylacetat], F: 162—163°) und als Pikrat $C_{22}H_{29}NO_2 \cdot C_6H_3N_3O_7$ (Krystalle [aus A.], F: 178—179°) charakteri=sierte opt.-inakt. Base, der wahrscheinlich diese Konstitution zukommt, ist beim Erhitzen von (±)-Phenyl-[4-methoxy-phenyl]-acetonitril mit (±)-Dimethyl-[β-chlor-isopropyl]-amin oder mit (±)-Dimethyl-[2-chlor-propyl]-amin und Natriumamid in Toluol, Erwär=men des Reaktionsprodukts ($Kp_{0,1}$: 162—168°) mit Äthylmagnesiumbromid in Äther und Benzol und Erhitzen des danach isolierten Reaktionsprodukts mit wss. Schwefelsäure erhalten worden (*Shapiro*, J. org. Chem. **14** [1949] 839, 842, 845, 846).

[*Walentowski*]

# Amino-Derivate der Hydroxy-oxo-Verbindungen $C_nH_{2n-18}O_2$

## Amino-Derivate der Hydroxy-oxo-Verbindungen $C_{13}H_8O_2$

**7-Amino-2-hydroxy-fluorenon-(9),** *2-amino-7-hydroxyfluoren-9-one* $C_{13}H_9NO_2$, Formel I (R = H).

*B.* Aus 7-Nitro-2-hydroxy-fluorenon-(9) beim Erwärmen mit Natriumsulfid in wss. Natronlauge (*Goulden, Kon*, Soc. **1945** 930).

Braune Krystalle (aus Nitrobenzol); F: 235°.

**7-Acetamino-2-hydroxy-fluorenon-(9),** ***N*-[7-Hydroxy-9-oxo-fluorenyl-(2)]-acetamid,** N-(*7-hydroxy-9-oxofluoren-2-yl)acetamide* $C_{15}H_{11}NO_3$, Formel I (R = CO-$CH_3$).

*B.* Beim Behandeln von 7-Amino-2-hydroxy-fluorenon-(9) mit wss. Salzsäure und anschliessend mit Acetanhydrid und Natriumacetat (*Goulden, Kon*, Soc. **1945** 930).

Rote Krystalle (aus Nitrobenzol), die unterhalb 310° nicht schmelzen.

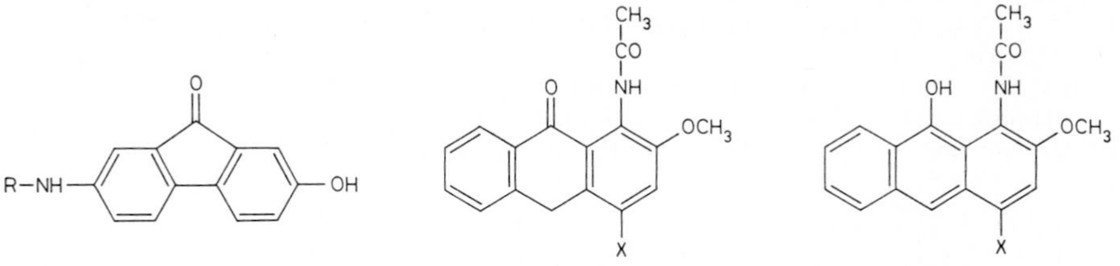

I II III

## Amino-Derivate der Hydroxy-oxo-Verbindungen $C_{14}H_{10}O_2$

**1-Amino-2-hydroxy-anthron** $C_{14}H_{11}NO_2$ und **1-Amino-anthracendiol-(2.9)** $C_{14}H_{11}NO_2$.

**4-Chlor-1-acetamino-2-methoxy-anthron, *N*-[4-Chlor-2-methoxy-9-oxo-9.10-dihydro-anthryl-(1)]-acetamid,** N-(*4-chloro-2-methoxy-9-oxo-9,10-dihydro-1-anthryl)acetamide* $C_{17}H_{14}ClNO_3$, Formel II (X = Cl), und **4-Chlor-1-acetamino-2-methoxy-anthrol-(9), *N*-[4-Chlor-9-hydroxy-2-methoxy-anthryl-(1)]-acetamid,** N-(*4-chloro-9-hydroxy-2-methoxy-1-anthryl)acetamide* $C_{17}H_{14}ClNO_3$, Formel III (X = Cl).

*B.* Aus 2-[6-Chlor-3-acetamino-4-methoxy-benzyl]-benzoesäure beim Erhitzen mit Phosphor(V)-oxid in Essigsäure sowie beim Erwärmen mit Schwefelsäure (*Du Pont de Nemours & Co.*, D.R.P. 612958 [1929]; Frdl. **20** 1304; U.S.P. 1906581 [1929]).

Krystalle (aus Eg.); F: 170° [Zers.].

**4-Brom-1-acetamino-2-methoxy-anthron, *N*-[4-Brom-2-methoxy-9-oxo-9.10-dihydro-anthryl-(1)]-acetamid,** N-(*4-bromo-2-methoxy-9-oxo-9,10-dihydro-1-anthryl)acetamide* $C_{17}H_{14}BrNO_3$, Formel II (X = Br), und **4-Brom-1-acetamino-2-methoxy-anthrol-(9), *N*-[4-Brom-9-hydroxy-2-methoxy-anthryl-(1)]-acetamid,** N-(*4-bromo-9-hydroxy-2-methoxy-1-anthryl)acetamide* $C_{17}H_{14}BrNO_3$, Formel III (X = Br).

*B.* Aus 2-[6-Brom-3-acetamino-4-methoxy-benzyl]-benzoesäure beim Erhitzen mit Phosphor(V)-oxid in Essigsäure (*Du Pont de Nemours & Co.*, D.R.P. 612958 [1929]; Frdl. **20** 1304; U.S.P. 1906581 [1929]).

F: 153—154°.

IV V

**3-Amino-2-hydroxy-anthron** $C_{14}H_{11}NO_2$ und **3-Amino-anthracendiol-(2.9)** $C_{14}H_{11}NO_2$.

**3-Amino-2-methoxy-anthron,** *3-amino-2-methoxyanthrone* $C_{15}H_{13}NO_2$, Formel IV (R = $CH_3$), und **3-Amino-2-methoxy-anthrol-(9),** *3-amino-2-methoxy-9-anthrol* $C_{15}H_{13}NO_2$, Formel V (R = $CH_3$).

*B.* Aus 2-[3-Amino-4-methoxy-benzyl]-benzoesäure beim Erwärmen mit Schwefel-

säure (*Du Pont de Nemours & Co.*, U.S.P. 1916216 [1928]).
Krystalle (aus Bzl.); F: 190—192°.

**3-Amino-2-äthoxy-anthron**, *3-amino-2-ethoxyanthrone* $C_{16}H_{15}NO_2$, Formel IV ($R = C_2H_5$), und **3-Amino-2-äthoxy-anthrol-(9)**, *3-amino-2-ethoxy-9-anthrol* $C_{16}H_{15}NO_2$, Formel V ($R = C_2H_5$).

*B.* Aus 2-[3-Amino-4-äthoxy-benzyl]-benzoesäure beim Erwärmen mit Schwefelsäure (*Du Pont de Nemours & Co.*, U.S.P. 1916216 [1928]).
Gelbe Krystalle (aus Bzl.); F: 200—201°.

**(±)-1.4-Diamino-10-hydroxy-anthron**, *(±)-1,4-diamino-10-hydroxyanthrone* $C_{14}H_{12}N_2O_2$, Formel VI, und **1.4-Diamino-anthracendiol-(9.10)**, *1,4-diaminoanthracene-9,10-diol* $C_{14}H_{12}N_2O_2$, Formel VII (H 242; E II 144; dort als 1.4-Diamino-anthrahydrochinon bezeichnet).

Über die Konstitution s. *Flett*, Soc. **1948** 1441, 1448.

*B.* Aus 1.4-Dihydroxy-anthrachinon beim Erwärmen mit wss. Ammoniak und Natriumdithionit (*Brit. Dyestuffs Corp.*, Brit.P. 268891 [1926]; U.S.P. 1828262 [1926]).

IR-Absorption: *Fl.*

Beim Erwärmen mit wss.-methanol. Salzsäure und Erhitzen des Reaktionsprodukts mit Nitrobenzol unter Zusatz von Piperidin auf 150° ist 4-Amino-1-hydroxy-anthrachinon erhalten worden (*I.G. Farbenind.*, D.R.P. 646498 [1935]; Frdl. **24** 790).

VI VII VIII

**7-Hydroxy-2-aminomethyl-fluorenon-(9)** $C_{14}H_{11}NO_2$.

**7-Hydroxy-2-[(*C.C.C*-trichlor-acetamino)-methyl]-fluorenon-(9)**, ***C.C.C*-Trichlor-*N*-[(7-hydroxy-9-oxo-fluorenyl-(2))-methyl]-acetamid**, *2,2,2-trichloro-*N*-[(7-hydroxy-9-oxofluoren-2-yl)methyl]acetamide* $C_{16}H_{10}Cl_3NO_3$, Formel VIII.

*B.* Beim Behandeln von 2-Hydroxy-fluorenon-(9) mit *C.C.C*-Trichlor-*N*-hydroxymethyl-acetamid und Schwefelsäure (*de Diesbach*, Helv. **23** [1940] 1232, 1243).
Rote Krystalle (aus Amylalkohol); F: ca. 165° [Zers.].

## Amino-Derivate der Hydroxy-oxo-Verbindungen $C_{15}H_{12}O_2$

**3-[4-Amino-phenyl]-1-[2-hydroxy-phenyl]-propen-(1)-on-(3)**, **4'-Amino-2-hydroxy-chalkon** $C_{15}H_{13}NO_2$, und Tautomeres.

**5-Brom-4'-amino-2-hydroxy-chalkon**, *4'-amino-5-bromo-2-hydroxychalcone* $C_{15}H_{12}BrNO_2$, Formel IX (R = X = H), und Tautomeres (6-Brom-2-[4-amino-phenyl]-2*H*-chromenol-(2)).

Eine Verbindung (braune Krystalle [aus Xylol]; F: 179° [Zers.; nach Sintern]) dieser Konstitution ist beim Erhitzen von 5-Brom-4'-acetamino-2-hydroxy-chalkon (s. u.) mit wss. Salzsäure und Essigsäure erhalten worden (*Schraufstätter, Deutsch*, Z. Naturf. **3b** [1948] 430, 432).

IX X

**5-Brom-4'-acetamino-2-hydroxy-chalkon**, **Essigsäure-[4-(5-brom-2-hydroxy-cinnamoyl)-anilid]**, *4'-(5-bromo-2-hydroxycinnamoyl)acetanilide* $C_{17}H_{14}BrNO_3$, Formel IX ($R = CO-CH_3$, X = H), und Tautomeres (6-Brom-2-[4-acetamino-phenyl]-2*H*-chromenol-(2)).

Eine Verbindung (gelbe Krystalle [aus Eg.]; F: 225° [Zers.]) dieser Konstitution ist beim Behandeln von 1-[4-Acetamino-phenyl]-äthanon-(1) mit 5-Brom-2-hydroxy-benzaldehyd in Isopropylalkohol unter Zusatz von wss. Natronlauge erhalten worden (*Schraufstätter, Deutsch*, Z. Naturf. **3b** [1948] 430, 432).

**3.5-Dibrom-4'-amino-2-hydroxy-chalkon,** *4'-amino-3,5-dibromo-2-hydroxychalcone* $C_{15}H_{11}Br_2NO_2$, Formel IX (R = H, X = Br), und Tautomeres (6.8-Dibrom-2-[4-amino-phenyl]-2*H*-chromenol-(2)).

Eine Verbindung (braune Krystalle [aus A.]; F: 195–196° [Zers.]) dieser Konstitution ist beim Behandeln von 1-[4-Amino-phenyl]-äthanon-(1) mit 3.5-Dibrom-2-hydroxy-benzaldehyd in Äthanol unter Zusatz von wss. Natronlauge erhalten worden (*Raiford, Tanzer*, J. org. Chem. **6** [1941] 722, 724, 727).

**3-[4-Amino-phenyl]-1-[4-hydroxy-phenyl]-propen-(1)-on-(3), 4'-Amino-4-hydroxy-chalkon** $C_{15}H_{13}NO_2$.

**3.5-Dibrom-4'-amino-4-hydroxy-chalkon,** *4'-amino-3,5-dibromo-4-hydroxychalcone* $C_{15}H_{11}Br_2NO_2$, Formel X.

Eine gelbe Verbindung (F: 227–228° [aus A.]) dieser Konstitution ist beim Behandeln von 1-[4-Amino-phenyl]-äthanon-(1) mit 3.5-Dibrom-4-hydroxy-benzaldehyd und wss.-äthanol. Natronlauge erhalten worden (*Raiford, Tanzer*, J. org. Chem. **6** [1941] 722, 724, 727).

**3-[4-Amino-phenyl]-1-[4-hydroxy-phenyl]-propen-(2)-on-(1), 4-Amino-4'-hydroxy-chalkon** $C_{15}H_{13}NO_2$.

**4-Dimethylamino-4'-methoxy-chalkon,** *4-(dimethylamino)-4'-methoxychalcone* $C_{18}H_{19}NO_2$, Formel XI (vgl. E II 146).

Über ein farbloses und ein blaues Perchlorat $C_{18}H_{19}NO_2 \cdot HClO_4$ (beide in warmer Essigsäure mit roter, in dünner Schicht grüner Farbe löslich), die aus der E II 146 beschriebenen Base erhalten worden sind, s. *Pfeiffer, Kleu*, B. **66** [1933] 1704, 1708.

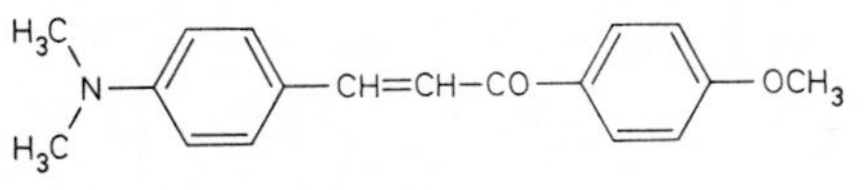

XI 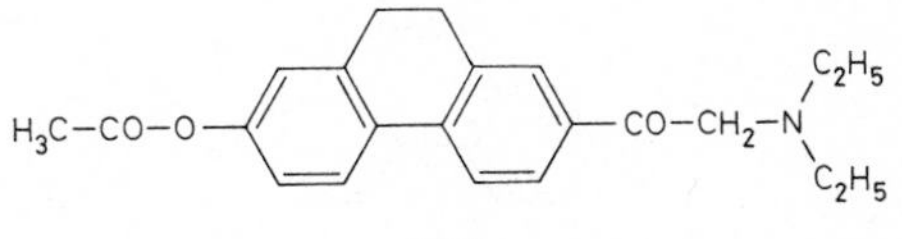 XII

## Amino-Derivate der Hydroxy-oxo-Verbindungen $C_{16}H_{14}O_2$

**7-Hydroxy-2-glycyl-9.10-dihydro-phenanthren, 2-Amino-1-[7-hydroxy-9.10-dihydro-phenanthryl-(2)]-äthanon-(1)** $C_{16}H_{15}NO_2$.

**2-Diäthylamino-1-[7-acetoxy-9.10-dihydro-phenanthryl-(2)]-äthanon-(1),** *7-acetoxy-9,10-dihydro-2-phenanthryl (diethylamino)methyl ketone* $C_{22}H_{25}NO_3$, Formel XII.

*B.* Aus 2-Brom-1-[7-acetoxy-9.10-dihydro-phenanthryl-(2)]-äthanon-(1) und Diäthylamin in Benzol (*Stuart, Mosettig*, Am. Soc. **62** [1940] 1110, 1112).

F: 89–90°.

Perchlorat $C_{22}H_{25}NO_3 \cdot HClO_4$. Krystalle (aus A. + Ae.); F: 165–166°.

## Amino-Derivate der Hydroxy-oxo-Verbindungen $C_{17}H_{16}O_2$

**5-Hydroxy-1-oxo-2-[4-amino-benzyl]-1.2.3.4-tetrahydro-naphthalin** $C_{17}H_{17}NO_2$.

**(±)-5-Methoxy-1-oxo-2-[4-dimethylamino-benzyl]-1.2.3.4-tetrahydro-naphthalin,** (±)-5-Methoxy-2-[4-dimethylamino-benzyl]-3.4-dihydro-2*H*-naphthalinon-(1), (±)-*2-[4-(dimethylamino)benzyl]-5-methoxy-3,4-dihydronaphthalen-1*(2H)-*one* $C_{20}H_{23}NO_2$, Formel XIII.

*B.* Aus 5-Methoxy-1-oxo-2-[4-dimethylamino-benzyliden]-1.2.3.4-tetrahydro-naphthalin (F: 136,5–137,5°) bei der Hydrierung an Platin in Äthylacetat (*Nakamura*, J. pharm. Soc. Japan **61** [1941] 292, 296; dtsch. Ref. S. 108; C. A. **1950** 9389).

Krystalle (aus Acn. + Hexan oder aus Me.); F: 121–122° [korr.].

Oxim $C_{20}H_{24}N_2O_2$. Krystalle (aus Me.); F: 166–167,5° [korr.].

**7-Hydroxy-2-β-alanyl-9.10-dihydro-phenanthren, 3-Amino-1-[7-hydroxy-9.10-dihydro-phenanthryl-(2)]-propanon-(1)** $C_{17}H_{17}NO_2$.

**3-Diäthylamino-1-[7-acetoxy-9.10-dihydro-phenanthryl-(2)]-propanon-(1),** *1-(7-acetoxy-9,10-dihydro-2-phenanthryl)-3-(diethylamino)propan-1-one* $C_{23}H_{27}NO_3$, Formel XIV.

*B.* Aus 1-[7-Acetoxy-9.10-dihydro-phenanthryl-(2)]-äthanon-(1) beim Erwärmen mit wss. Formaldehyd und Diäthylamin-hydrochlorid unter Stickstoff (*Stuart, Mosettig*, Am. Soc. **62** [1940] 1110, 1113).

Hydrochlorid $C_{23}H_{27}NO_3 \cdot HCl$. Krystalle; F: 132—134°.

XIII XIV

# Amino-Derivate der Hydroxy-oxo-Verbindungen $C_nH_{2n-20}O_2$

## Amino-Derivate der Hydroxy-oxo-Verbindungen $C_{16}H_{12}O_2$

**6-Hydroxy-3-glycyl-phenanthren, 2-Amino-1-[6-hydroxy-phenanthryl-(3)]-äthanon-(1)** $C_{16}H_{13}NO_2$.

**2-Diäthylamino-1-[6-acetoxy-phenanthryl-(3)]-äthanon-(1),** *6-acetoxy-3-phenanthryl (diethylamino)methyl ketone* $C_{22}H_{23}NO_3$, Formel I.

*B.* Aus 2-Brom-1-[6-acetoxy-phenanthryl-(3)]-äthanon-(1) und Diäthylamin in Benzol (*Burger, Mosettig*, Am. Soc. **56** [1934] 1745, 1746).

Perchlorat $C_{22}H_{23}NO_3 \cdot HClO_4$. Gelbliche Krystalle (aus Acn. + Ae.); F: 199° bis 200,5° [korr.].

I II

**3-Hydroxy-9-glycyl-phenanthren, 2-Amino-1-[3-hydroxy-phenanthryl-(9)]-äthanon-(1)** $C_{16}H_{13}NO_2$.

**2-Dimethylamino-1-[3-methoxy-phenanthryl-(9)]-äthanon-(1),** *(dimethylamino)methyl 3-methoxy-9-phenanthryl ketone* $C_{19}H_{19}NO_2$, Formel II.

*B.* Aus 2-Brom-1-[3-methoxy-phenanthryl-(9)]-äthanon-(1) und Dimethylamin in Benzol (*Burger, Mosettig*, Am. Soc. **56** [1934] 1745, 1746).

Hydrochlorid $C_{19}H_{19}NO_2 \cdot HCl$. Krystalle (aus A. + Ae.); F: 190—191° [korr.; Zers.].

Perchlorat $C_{19}H_{19}NO_2 \cdot HClO_4$. Gelbe Krystalle (aus Acn. + Ae.); F: 198—199° [korr.].

## Amino-Derivate der Hydroxy-oxo-Verbindungen $C_{17}H_{14}O_2$

**5-Hydroxy-1-oxo-2-[4-amino-benzyliden]-1.2.3.4-tetrahydro-naphthalin** $C_{17}H_{15}NO_2$.

**5-Methoxy-1-oxo-2-[4-dimethylamino-benzyliden]-1.2.3.4-tetrahydro-naphthalin,** 5-Methoxy-2-[4-dimethylamino-benzyliden]-3.4-dihydro-2*H*-naphthalin-on-(1), *2-[4-(dimethylamino)benzylidene]-5-methoxy-3,4-dihydronaphthalen-1*(2H)*-one* $C_{20}H_{21}NO_2$.

**5-Methoxy-1-oxo-2-[4-dimethylamino-benzyliden]-1.2.3.4-tetrahydro-naphthalin** vom F: 137°, vermutlich **5-Methoxy-1-oxo-2-[4-dimethylamino-benzyliden-(*seqtrans*)]-1.2.3.4-tetrahydro-naphthalin,** Formel III.

Bezüglich der Konfigurationszuordnung vgl. *Hassner, Mead*, Tetrahedron **20** [1964] 2201.

*B.* Beim Erwärmen von 5-Methoxy-1-oxo-1.2.3.4-tetrahydro-naphthalin mit 4-Dimethylamino-benzaldehyd und wss.-äthanol. Natronlauge (*Nakamura*, J. pharm. Soc. Japan **61** [1941] 292, 296; dtsch. Ref. S. 108; C. A. **1950** 9389).

Orangerote Krystalle (aus Me.); F: 136,5—137,5° [korr.] (*Na.*).

### Amino-Derivate der Hydroxy-oxo-Verbindungen $C_{18}H_{16}O_2$

**3-Hydroxy-17-oxo-16-aminomethylen-12.13.14.15.16.17-hexahydro-11*H*-cyclopenta[*a*]phenanthren** $C_{18}H_{17}NO_2$.

**3-Methoxy-17-oxo-16-[(*N*-methyl-anilino)-methylen]-12.13.14.15.16.17-hexahydro-11*H*-cyclopenta[*a*]phenanthren** $C_{26}H_{25}NO_2$.

***rac*-3-Methoxy-16-[(*N*-methyl-anilino)-methylen-(ξ)]-13α-gonapentaen-(1.3.5.7.9)-on-(17), *rac*-3-Methoxy-16-[(*N*-methyl-anilino)-methylen-(ξ)]-13α-gonapentaen-(A.B)-on-(17),** rac-*3-methoxy-16-[ξ-(*N-*methylanilino)methylene]-13α-gona-1,3,5,7,9-pentaen-17-one* $C_{26}H_{25}NO_2$, Formel IV (R = H) + Spiegelbild.

*B.* Beim Erwärmen von *rac*-3-Methoxy-17-oxo-13α-gonapentaen-(1.3.5.7.9)-carbaldehyd-(16ξ) (E III **8** 2967) mit *N*-Methyl-anilin in Toluol (*Birch, Jaeger, Robinson*, Soc. **1945** 582, 585).

Gelbe Krystalle (aus Toluol); F: 206°.

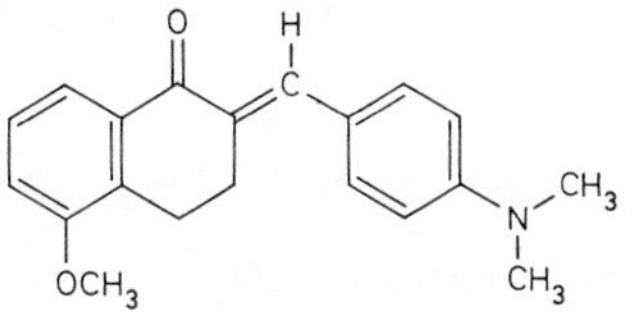

III 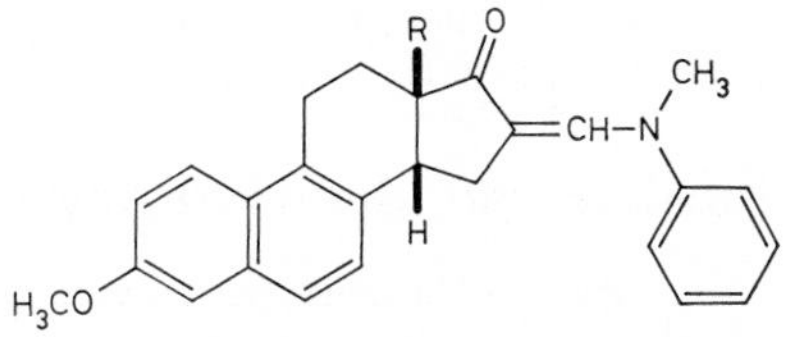 IV

### Amino-Derivate der Hydroxy-oxo-Verbindungen $C_{19}H_{18}O_2$

**3-Hydroxy-17-oxo-13-methyl-16-aminomethylen-12.13.14.15.16.17-hexahydro-11*H*-cyclopenta[*a*]phenanthren** $C_{19}H_{19}NO_2$.

**3-Methoxy-17-oxo-13-methyl-16-[(*N*-methyl-anilino)-methylen]-12.13.14.15.16.17-hexahydro-11*H*-cyclopenta[*a*]phenanthren** $C_{27}H_{27}NO_2$.

***rac*-3-Methoxy-16-[(*N*-methyl-anilino)-methylen-(ξ)]-13α-östrapentaen-(1.3.5.7.9)-on-(17), *rac*-3-Methoxy-16-[(*N*-methyl-anilino)-methylen-(ξ)]-13α-östrapentaen-(A.B)-on-(17),** rac-*3-methoxy-16-[ξ-(*N-*methylanilino)methylene]-13α-estra-1,3,5,7,9-pentaen-17-one* $C_{27}H_{27}NO_2$, Formel IV (R = $CH_3$) + Spiegelbild.

*B.* Beim Erwärmen von *rac*-3-Methoxy-16-[(*N*-methyl-anilino)-methylen-(ξ)]-13α-gonapentaen-(1.3.5.7.9)-on-(17) (s. o.) mit Natriumamid in Toluol und Benzol und mit Methyljodid (*Birch, Jaeger, Robinson*, Soc. **1945** 582, 585).

Gelbe bzw. farblose Krystalle (aus A.); F: 165° bzw. F: 152°.

Überführung in *rac*-3-Methoxy-13α-östrapentaen-(1.3.5.7.9)-on-(17) beim Erhitzen mit wss.-äthanol. Schwefelsäure und anschliessend mit wss.-äthanol. Kalilauge unter Stickstoff: *Bi., Jae., Ro.*

## Amino-Derivate der Hydroxy-oxo-Verbindungen $C_nH_{2n-22}O_2$

### Amino-Derivate der Hydroxy-oxo-Verbindungen $C_{17}H_{12}O_2$

**3-Amino-2-[4-hydroxy-benzoyl]-naphthalin, [4-Hydroxy-phenyl]-[3-amino-naphthyl-(2)]-keton** $C_{17}H_{13}NO_2$.

**[4-Methoxy-phenyl]-[3-benzolsulfonylamino-naphthyl-(2)]-keton, *N*-[3-(4-Methoxy-benzoyl)-naphthyl-(2)]-benzolsulfonamid,** *N-(3-*p*-anisoyl-2-naphthyl)benzenesulfonamide* $C_{24}H_{19}NO_4S$, Formel V.

*B.* Aus 3-Benzolsulfonylamino-naphthoyl-(2)-chlorid und Anisol (*I.G. Farbenind.*, D.R.P. 686644 [1937]; D.R.P. Org. Chem. **6** 2257).

F: 172°.

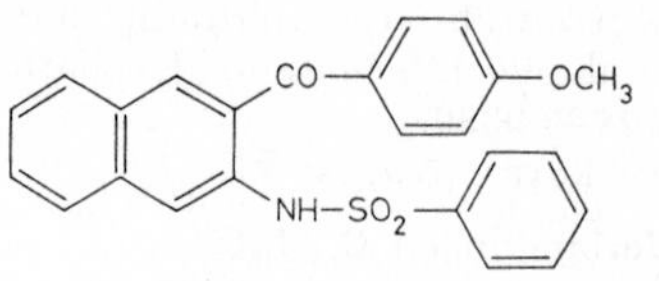

V 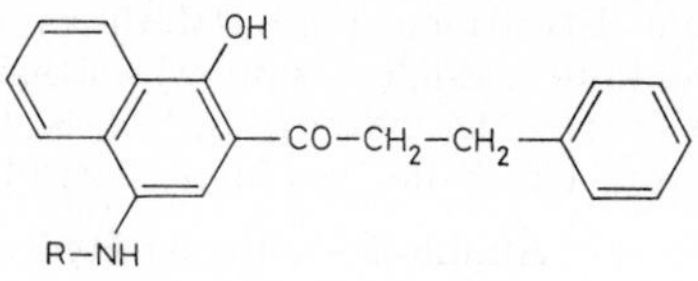 VI

### Amino-Derivate der Hydroxy-oxo-Verbindungen $C_{19}H_{16}O_2$

**1-Phenyl-3-[4-amino-1-hydroxy-naphthyl-(2)]-propanon-(3),** *4'-amino-1'-hydroxy-3-phenyl-2'-propionaphthone* $C_{19}H_{17}NO_2$, Formel VI (R = H).

*B.* Aus 1-Phenyl-3-[4-nitro-1-hydroxy-naphthyl-(2)]-propen-(1)-on-(3) (F: 210°) bei der Hydrierung an Platin in wss.-methanol. Salzsäure (*Cram*, Am. Soc. **71** [1949] 3953, 3957).

Orangefarbene Krystalle (aus A.); F: 140–141°.

**1-Phenyl-3-[4-acetamino-1-hydroxy-naphthyl-(2)]-propanon-(3), *N*-[4-Hydroxy-3-(3-phenyl-propionyl)-naphthyl-(1)]-acetamid,** N-*[4-hydroxy-3-(3-phenylpropionyl)-1-naphthyl]acetamide* $C_{21}H_{19}NO_3$, Formel VI (R = CO-$CH_3$).

*B.* Aus 1-Phenyl-3-[4-amino-1-hydroxy-naphthyl-(2)]-propanon-(3) und Acetanhydrid (*Cram*, Am. Soc. **71** [1949] 3953, 3957).

Gelbe Krystalle (aus Eg.); F: 184–185°.

## Amino-Derivate der Hydroxy-oxo-Verbindungen $C_nH_{2n-24}O_2$

### Amino-Derivate der Hydroxy-oxo-Verbindungen $C_{19}H_{14}O_2$

**2-Hydroxy-1-[4.4'-diamino-benzhydryliden]-cyclohexadien-(2.5)-on-(4), 4'.4''-Diamino-2-hydroxy-fuchson** $C_{19}H_{16}N_2O_2$.

**2-Hydroxy-1-[4.4'-bis-dimethylamino-benzhydryliden]-cyclohexadien-(2.5)-on-(4), 4'.4''-Bis-dimethylamino-2-hydroxy-fuchson,** *4-[4,4'-bis(dimethylamino)benzhydrylidene]-3-hydroxycyclohexa-2,5-dien-1-one* $C_{23}H_{24}N_2O_2$, Formel VII, und Tautomeres (E I **13** 344).

*B.* Beim Erhitzen von Michlers Keton (4.4'-Bis-dimethylamino-benzophenon) mit Resorcin und wss. Salzsäure (*Sen, Qudrat-i-Khuda*, J. Indian chem. Soc. **7** [1930] 167, 175).

Blau; F: ca. 168°.

Beim Behandeln mit konz. Schwefelsäure wird eine orangerote, beim Behandeln mit konz. wss. Salzsäure wird eine rosarote, nach dem Verdünnen blaugrüne Lösung erhalten.

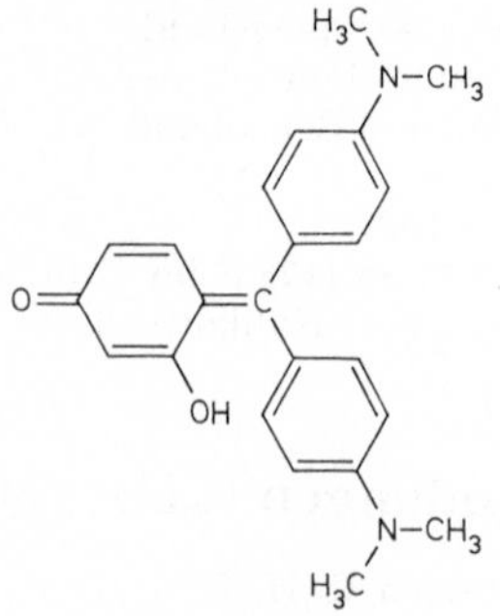

VII 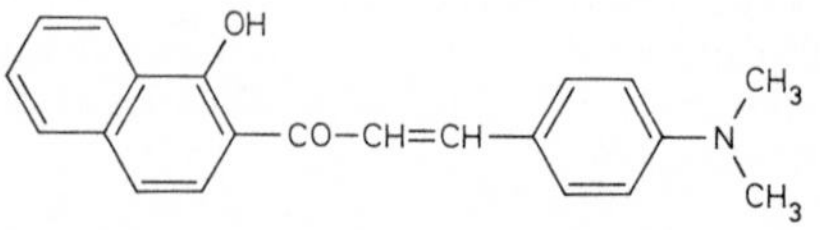 VIII

**1-[4-Amino-phenyl]-3-[1-hydroxy-naphthyl-(2)]-propen-(1)-on-(3)** $C_{19}H_{15}NO_2$.

**1-[4-Dimethylamino-phenyl]-3-[1-hydroxy-naphthyl-(2)]-propen-(1)-on-(3),** *3-[p-(dimethylamino)phenyl]-1'-hydroxy-2'-acrylonaphthone* $C_{21}H_{19}NO_2$, Formel VIII.

Eine Verbindung (rote Krystalle [aus Bzl.], F: 170–171°; *O*-Acetyl-Derivat $C_{23}H_{21}NO_3$: orangefarbene Krystalle [aus A.], F: 160,5°) dieser Konstitution ist beim Erwärmen von 1-[1-Hydroxy-naphthyl-(2)]-äthanon-(1) mit 4-Dimethylamino-benzaldehyd und wss. Kalilauge erhalten worden (*Torricelli*, Jb. phil. Fak. II Univ. Bern **2** [1922] 100, 103).

### Amino-Derivate der Hydroxy-oxo-Verbindungen $C_{20}H_{16}O_2$

**1-Hydroxy-2-phenyl-1.1-bis-[4-amino-phenyl]-äthanon-(2)** $C_{20}H_{18}N_2O_2$.

**1-Hydroxy-2-phenyl-1.1-bis-[4-dimethylamino-phenyl]-äthanon-(2)**, *2,2-bis*[p-(*dimethyl=amino*)*phenyl*]-*2-hydroxyacetophenone* $C_{24}H_{26}N_2O_2$, Formel IX.

*B.* Aus 2-Phenyl-1.1-bis-[4-dimethylamino-phenyl]-äthanon-(2) beim Behandeln mit Blei(IV)-oxid und wss. Salzsäure (*Kröhnke*, B. **72** [1939] 1731, 1733).

Krystalle (aus A.); F: 153—154°.

### Amino-Derivate der Hydroxy-oxo-Verbindungen $C_{21}H_{18}O_2$

**1-Amino-2.3-diphenyl-1-[4-hydroxy-phenyl]-propanon-(3)** $C_{21}H_{19}NO_2$.

**1-Anilino-2.3-diphenyl-1-[4-methoxy-phenyl]-propanon-(3)**, *3-anilino-3-*(p-*methoxy=phenyl*)-*2-phenylpropiophenone* $C_{28}H_{25}NO_2$, Formel X.

Über ein bei mehrwöchigem Behandeln von Desoxybenzoin mit 4-Methoxy-benz=aldehyd-phenylimin (oder mit Anilin und 4-Methoxy-benzaldehyd) in Äthanol erhaltenes opt.-inakt. Präparat (F: 156° [Rohprodukt]) s. *Dilthey, Steinborn*, J. pr. [2] **133** [1932] 219, 250.

IX X XI

### Amino-Derivate der Hydroxy-oxo-Verbindungen $C_{22}H_{20}O_2$

**1-Amino-2.4-diphenyl-1-[4-hydroxy-phenyl]-butanon-(3)** $C_{22}H_{21}NO_2$.

**1-Diäthylamino-2.4-diphenyl-1-[4-methoxy-phenyl]-butanon-(3)**, *4-*(*diethylamino*)-*4-*(p-*methoxyphenyl*)-*1,3-diphenylbutan-2-one* $C_{27}H_{31}NO_2$, Formel XI ($R = X = C_2H_5$).

Eine opt.-inakt. Verbindung (Krystalle [aus Acn.], F: 137°) dieser Konstitution ist bei mehrtägigem Behandeln von 1.3-Diphenyl-aceton mit 4-Methoxy-benzaldehyd und Diäthylamin in Äthanol erhalten worden (*Dilthey, Nagel*, J. pr. [2] **130** [1931] 147, 160).

**1-Anilino-2.4-diphenyl-1-[4-methoxy-phenyl]-butanon-(3)**, *4-anilino-4-*(p-*methoxy=phenyl*)-*1,3-diphenylbutan-2-one* $C_{29}H_{27}NO_2$, Formel XI ($R = C_6H_5$, $X = H$).

Eine opt.-inakt. Verbindung (Krystalle [aus Bzl.], F: 147°) dieser Konstitution ist bei mehrwöchigem Behandeln von 1.3-Diphenyl-aceton mit 4-Methoxy-benzaldehyd-phenylimin (oder mit 4-Methoxy-benzaldehyd und Anilin) in Äthanol erhalten worden (*Dilthey, Nagel*, J. pr. [2] **130** [1931] 147, 159).

## Amino-Derivate der Hydroxy-oxo-Verbindungen $C_nH_{2n-26}O_2$

### Amino-Derivate der Hydroxy-oxo-Verbindungen $C_{20}H_{14}O_2$

**3-Hydroxy-10-[4-amino-phenyl]-anthron** $C_{20}H_{15}NO_2$ und **9-[4-Amino-phenyl]-anthracen=diol-(2.10)** $C_{20}H_{15}NO_2$.

**(±)-3-Methoxy-10-[4-dimethylamino-phenyl]-anthron**, (±)-*10-*[p-(*dimethylamino*)*phenyl*]-*3-methoxyanthrone* $C_{23}H_{21}NO_2$, Formel XII, und **3-Methoxy-10-[4-dimethylamino-phenyl]-anthrol-(9)**, *10-*[p-(*dimethylamino*)*phenyl*]-*3-methoxy-9-anthrol* $C_{23}H_{21}NO_2$, Formel XIII.

*B.* Aus (±)-10-Brom-3-methoxy-anthron und *N.N*-Dimethyl-anilin (*Barnett, Goodway, Savage*, B. **64** [1931] 2185, 2192).

Gelbliche Krystalle (aus Bzl. + PAe.); F: 146—148° [nach Schwarzfärbung bei 135°].

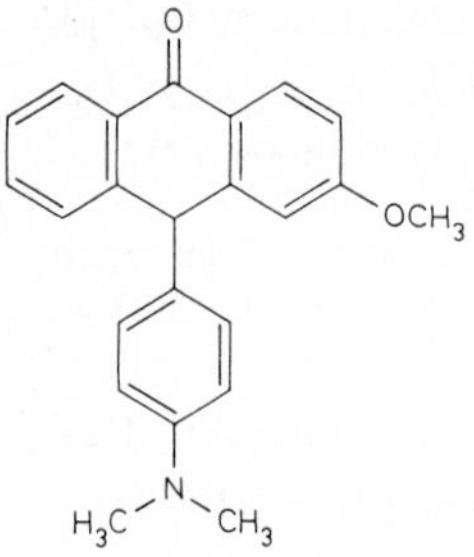

XII 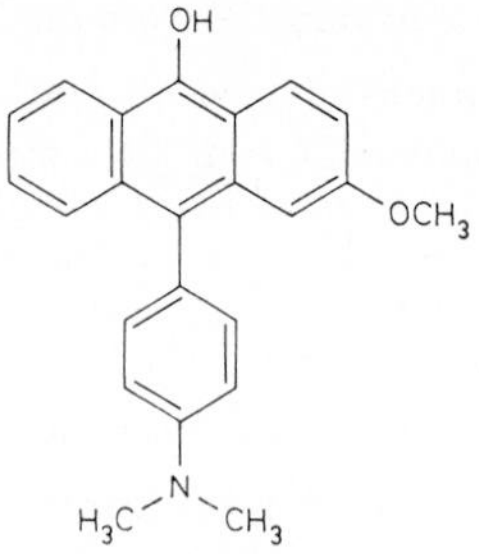 XIII

**2-Hydroxy-10-[4-amino-phenyl]-anthron** $C_{20}H_{15}NO_2$ und **9-[4-Amino-phenyl]-anthracen-diol-(3.10)** $C_{20}H_{15}NO_2$.

**(±)-2-Methoxy-10-[4-dimethylamino-phenyl]-anthron,** (±)-*10-*[p-*(dimethylamino)phenyl*]-*2-methoxyanthrone* $C_{23}H_{21}NO_2$, Formel XIV, und **2-Methoxy-10-[4-dimethylamino-phenyl]-anthrol-(9),** *10-*[p-*(dimethylamino)phenyl*]*-2-methoxy-9-anthrol* $C_{23}H_{21}NO_2$, Formel XV.

*B.* Aus (±)-10-Brom-2-methoxy-anthron und *N.N*-Dimethyl-anilin (*Barnett, Goodway, Savage,* B. **64** [1931] 2185, 2192).

Gelbliche Krystalle (aus Bzl. + PAe.); F: ca. 123° [Zers.].

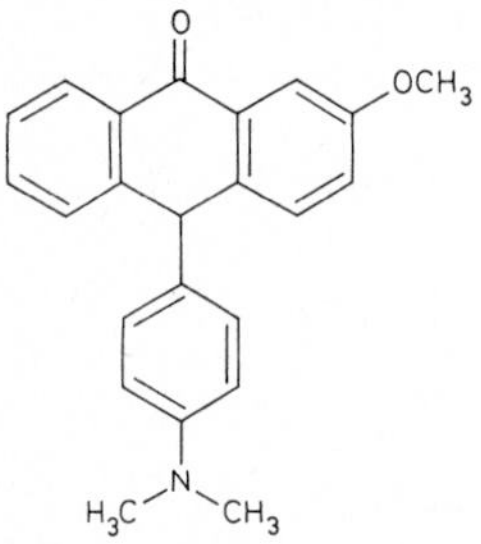

XIV 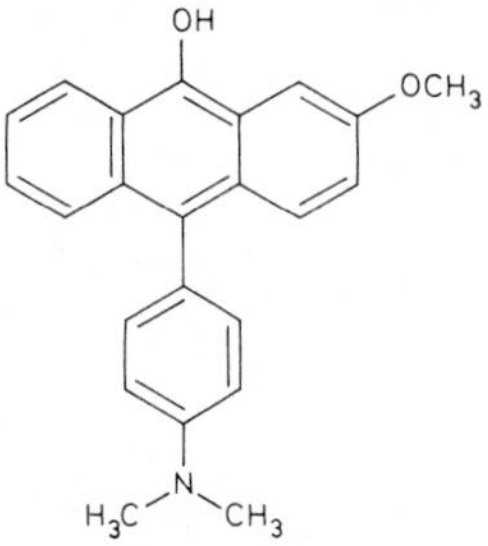 XV 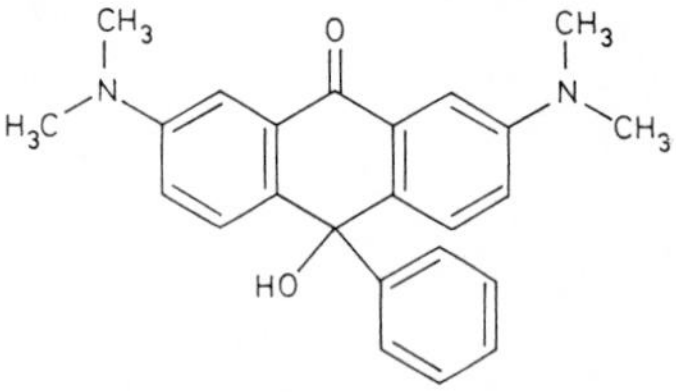 XVI

**2.7-Diamino-10-hydroxy-10-phenyl-anthron** $C_{20}H_{16}N_2O_2$.

**2.7-Bis-dimethylamino-10-hydroxy-10-phenyl-anthron,** *2,7-bis(dimethylamino)-10-hydroxy-10-phenylanthrone* $C_{24}H_{24}N_2O_2$, Formel XVI.

*B.* Beim Erwärmen von 2.7-Bis-dimethylamino-anthrachinon mit Phenylmagnesiumbromid in Äther und anschliessend mit wss. Ammoniumchlorid-Lösung sowie beim Erhitzen von 2.7-Bis-dimethylamino-anthrachinon mit Natrium, Chlorbenzol und Toluol und anschliessenden Behandeln mit wss. Salzsäure (*Jones, Mason,* Soc. **1934** 1813, 1816).

Gelbe Krystalle (aus Ae. + PAe.); F: 273°.

# Amino-Derivate der Hydroxy-oxo-Verbindungen $C_nH_{2n-38}O_2$

## Amino-Derivate der Hydroxy-oxo-Verbindungen $C_{29}H_{20}O_2$

**5-Amino-11b-hydroxy-2-oxo-1.3-diphenyl-2.11b-dihydro-1*H*-cyclopenta[*l*]phenanthren,** 5-Amino-11b-hydroxy-1.3-diphenyl-1.11b-dihydro-cyclopenta[*l*]phenanthrenon-(2), *5-amino-11b-hydroxy-1,3-diphenyl-1,11b-dihydro-*2H-*cyclopenta*[1]*phenanthren-2-one* $C_{29}H_{21}NO_2$, Formel XVII, und **10-Amino-11b-hydroxy-2-oxo-1.3-diphenyl-2.11b-dihydro-1*H*-cyclopenta[*l*]phenanthren,** 10-Amino-11b-hydroxy-1.3-diphenyl-1.11b-dihydro-cyclopenta[*l*]phenanthrenon-(2), *10-amino-11b-hydroxy-1,3-diphenyl-1,11b-dihydro-*2H-*cyclopenta*[1]*phenanthren-2-one* $C_{29}H_{21}NO_2$, Formel XVIII.

Eine opt.-inakt. Verbindung (gelbe Krystalle [aus Bzl.], F: 254° [Zers.]), für die diese beiden Formeln in Betracht kommen, ist beim Behandeln von 2-Amino-phenanthrenchinon-(9.10) mit 1.3-Diphenyl-aceton in Äthanol unter Zusatz von methanol. Kalilauge erhalten worden (*Dilthey, terHorst, Schommer,* J. pr. [2] **143** [1935] 189, 206). [*Schmidt*]

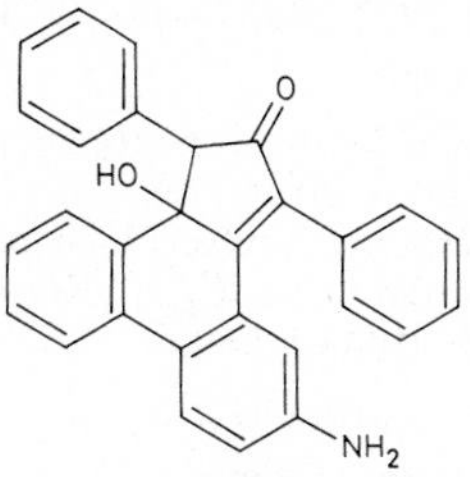

XVII 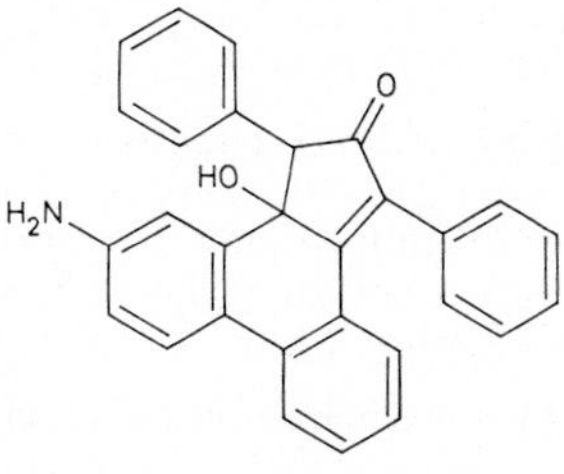 XVIII

# Amino-Derivate der Hydroxy-oxo-Verbindungen $C_nH_{2n-6}O_3$

## Amino-Derivate der Hydroxy-oxo-Verbindungen $C_{19}H_{32}O_3$

**2-Hydroxy-3a.6-dimethyl-6-[2-amino-1-hydroxy-äthyl]-7-[2-oxo-äthyl]-dodecahydro-1*H*-cyclopenta[*a*]naphthalin** $C_{19}H_{33}NO_3$ und Tautomeres.

**2-Hydroxy-3a.6-dimethyl-6-[2-dimethylamino-1-hydroxy-äthyl]-7-[2-oxo-äthyl]-dodeca=hydro-1*H*-cyclopenta[*a*]naphthalin** $C_{21}H_{37}NO_3$ und Tautomeres.

**2-Dimethylamino-1α.16β-dihydroxy-2.3-seco-5β-androstanal-(3)**, *2-(dimethylamino)-1α,16β-dihydroxy-2,3-seco-5β-androstan-3-al* $C_{21}H_{37}NO_3$, Formel I, und Tautomeres (1β-[Dimethylamino-methyl]-2-oxa-5β-androstandiol-(3ξ.16β) [Formel II]).

Über die Konstitution und Konfiguration dieser in der Literatur als Oxy-dihydro-des-*N*-dimethyl-samandarin bezeichneten Verbindung s. *Schöpf*, Experientia **17** [1961] 285, 287, 292.

*B.* Aus 1β-[Dimethylamino-methyl]-2-oxa-5β-androsten-(3)-ol-(16β) („Des-*N*-dimethyl-samandarin") beim Erhitzen mit wss. Schwefelsäure (*Schöpf*, *Braun*, A. **514** [1934] 69, 122).

Krystalle (aus Acn.); F: 167—168° [nach Sintern von 165° an] (*Sch.*, *Br.*).

Beim Erwärmen mit Methylmagnesiumjodid in Anisol sind eine (isomere) Verbindung $C_{21}H_{37}NO_3$ (Hydrochlorid $C_{21}H_{37}NO_3 \cdot HCl$: Krystalle [aus A. + Acn.], F: 289—290° [Zers.; nach Sintern von 287° an]) und eine Verbindung $C_{22}H_{41}NO_3$ (Hydrojodid $C_{22}H_{41}NO_3 \cdot HI$: Krystalle [aus A.], F: 273—275° [Zers.]) erhalten worden (*Sch.*, *Br.*).

Hydrochlorid. Krystalle (aus A. + Acn.); F: 270—271° [Zers.; nach Sintern bei 265°] (*Sch.*, *Br.*).

Perchlorat $C_{21}H_{37}NO_3 \cdot HClO_4$. Krystalle (aus A.) mit 0,5 Mol Äthanol; F: 222—225° [nach Sintern von 216° an]; $[\alpha]_D^{19}$: —10,5° [Py.; c = 2] (*Sch.*, *Br.*).

Oxim $C_{21}H_{38}N_2O_3$. Krystalle (aus A.); F: 204—206° [Zers.; nach Sintern von 203° an] (*Schöpf*, *Koch*, A. **552** [1942] 62, 82).

Semicarbazon $C_{22}H_{40}N_4O_3$. Krystalle (aus A.) mit 1 Mol Äthanol; F: 168—169° [Zers.] (*Sch.*, *Koch*).

*O*-Acetyl-Derivat $C_{23}H_{39}NO_4$. Krystalle (aus PAe.); F: 141—143° [nach Sintern von 139° an] (*Sch.*, *Br.*, l. c. S. 123).

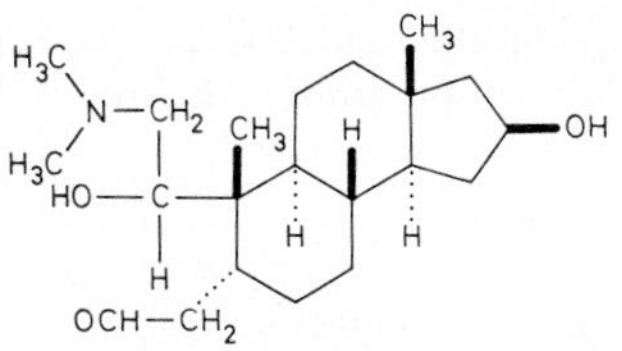

I 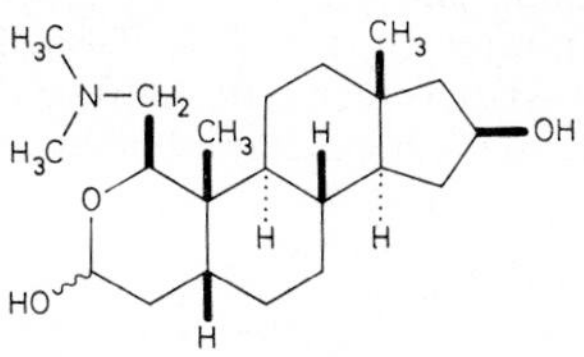 II

# Amino-Derivate der Hydroxy-oxo-Verbindungen $C_nH_{2n-8}O_3$

## Amino-Derivate der Hydroxy-oxo-Verbindungen $C_6H_4O_3$

**3-Amino-2-hydroxy-benzochinon-(1.4)** $C_6H_5NO_3$, und Tautomere.

**3-[2.4-Dimethoxy-anilino]-2-methoxy-benzochinon-(1.4)**, *2-(2,4-dimethoxyanilino)-3-methoxy-*p*-benzoquinone* $C_{15}H_{15}NO_5$, Formel III (R = $CH_3$), und Tautomeres.

*B.* Aus 2.4-Dimethoxy-anilin-hydrochlorid beim Behandeln mit Eisen(III)-chlorid in

Wasser (*Woroshzow, Gor'kow,* Ž. obšč. Chim. **2** [1932] 421, 423, 430; C. **1933** I 2809).
Violette Krystalle (aus A.); F: 153—154°.

**3-[2.4-Diäthoxy-anilino]-2-äthoxy-benzochinon-(1.4)**, *2-(2,4-diethoxyanilino)-3-ethoxy-*p-*benzoquinone* $C_{18}H_{21}NO_5$, Formel III (R = $C_2H_5$), und Tautomeres.

Diese Konstitution kommt vermutlich der H **13** 785 im Artikel 2.4-Diäthoxy-anilin („4-Amino-resorcin-diäthyläther") beschriebenen Verbindung $C_{18}H_{21}NO_5$ zu (*Woroshzow, Gor'kow,* Ž. obšč. Chim. **2** [1932] 421, 423, 430; C. **1933** I 2809).

**5-Amino-2-hydroxy-benzochinon-(1.4)** $C_6H_5NO_3$, und Tautomere.

**5-Methylamino-2-hydroxy-benzochinon-(1.4)-4-methylimin**, *2-hydroxy-5-(methylamino)-4-(methylimino)cyclohexa-2,5-dien-1-one* $C_8H_{10}N_2O_2$, Formel IV (R = $CH_3$), und **4.5-Bis-methylamino-benzochinon-(1.2)**, *4,5-bis(methylamino)-*o-*benzoquinone* $C_8H_{10}N_2O_2$, Formel V (R = $CH_3$).

Diese Konstitution kommt vermutlich der nachstehend beschriebenen Verbindung zu.

*B.* Als Hauptprodukt beim Erwärmen von 5-Hydroxy-2-methoxy-benzochinon-(1.4) mit Methylamin in Äthanol (*Anslow, Raistrick,* Soc. **1939** 1446, 1453).

Purpurrote Krystalle (aus A.), die unterhalb 360° nicht schmelzen.

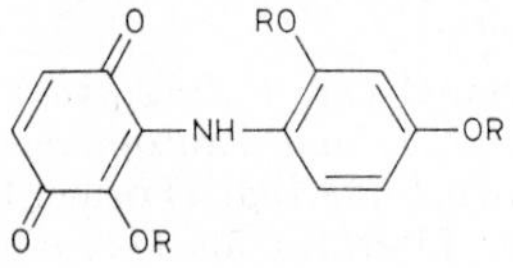

III 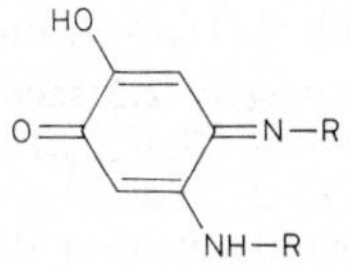 IV 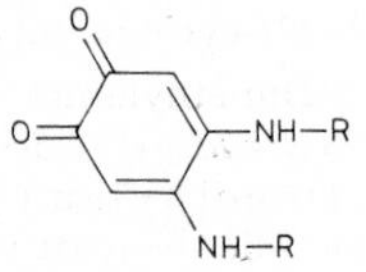 V

**5-Anilino-2-hydroxy-benzochinon-(1.4)**, *2-anilino-5-hydroxy-*p-*benzoquinone* $C_{12}H_9NO_3$, Formel VI (R = X = H), und Tautomere (H 248; E II 154).

*B.* Beim Behandeln von 1.2.4-Trihydroxy-benzol mit Anilin und wss. Pufferlösung (pH 5,9) in Sauerstoff-Atmosphäre (*Jackson,* Biochem. J. **33** [1939] 1452, 1454).

Purpurrote Krystalle (aus Eg.); F: 210° [Zers.].

**5-Anilino-2-hydroxy-benzochinon-(1.4)-4-phenylimin**, *5-anilino-2-hydroxy-4-(phenyl-imino)cyclohexa-2,5-dien-1-one* $C_{18}H_{14}N_2O_2$, Formel IV (R = $C_6H_5$), und **4.5-Dianilino-benzochinon-(1.2)**, *4,5-dianilino-*o-*benzoquinone* $C_{18}H_{14}N_2O_2$, Formel V (R = $C_6H_5$) (E I 409; E II 81).

*B.* Beim Behandeln von Brenzcatechin mit Anilin und wss. Pufferlösung (pH 6,5) unter Durchleiten von Luft in Gegenwart verschiedener Bakterien (*Happold,* Biochem. J. **24** [1930] 1737, 1742) oder in Gegenwart eines Extrakts aus Teeblättern (*Lamb, Sreeranga-char,* Biochem. J. **34** [1940] 1472, 1477; vgl. E II 81).

Rote Krystalle (aus Acn.); F: 193,5° (*Ha.*), 191° (*Kar,* J. Indian chem.Soc. **14** [1937] 291, 311).

**5-[4-Oxo-cyclohexadien-(2.5)-yliden-(1)-amino]-2-hydroxy-benzochinon-(1.4)-bis-[4-acetamino-phenylimin]** $C_{28}H_{23}N_5O_4$ (E I 495).

Berichtigung zu E I 495, Textzeile 8 v. u.: An Stelle von „[4-Acetamino-anilino]-safranol" ist zu setzen „die Anhydrobase des 3-[4-Acetamino-anilino]-2.7-dioxy-9-[4-acet-amino-phenyl]-phenaziniumhydroxyds".

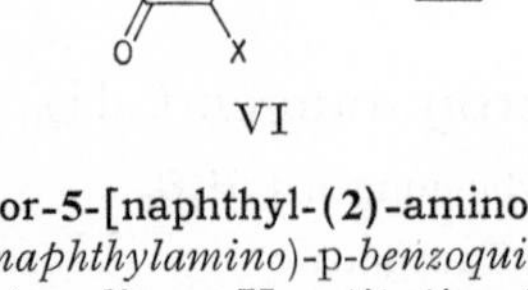

VI 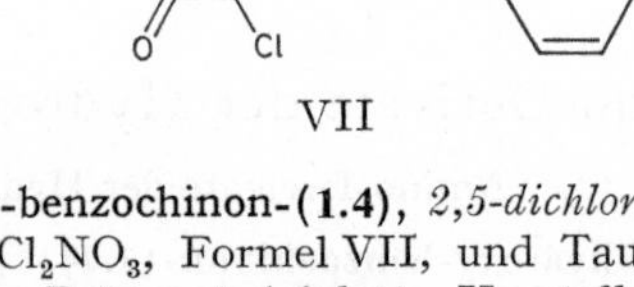 VII

**3.6-Dichlor-5-[naphthyl-(2)-amino]-2-methoxy-benzochinon-(1.4)**, *2,5-dichloro-3-meth-oxy-6-(2-naphthylamino)-*p-*benzoquinone* $C_{17}H_{11}Cl_2NO_3$, Formel VII, und Tautomeres.

Ein unter dieser Konstitution beschriebenes Präparat (violette Krystalle [aus A.], F: 164—166°) ist beim Erwärmen einer als Trichlor-methoxy-benzochinon-(1.4) angesehenen Verbindung (F: 183—185° [E III **8** 1974]) mit Naphthyl-(2)-amin unter Zusatz von Natriumacetat in wss. Äthanol erhalten worden (*I.G. Farbenind.*, D.R.P. 735416 [1937]; D.R.P. Org. Chem. **6** 2033).

**3.6-Dichlor-5-[biphenylyl-(4)-amino]-2-methoxy-benzochinon-(1.4)**, *2-(biphenyl-4-yl-amino)-3,6-dichloro-5-methoxy-*p*-benzoquinone* $C_{19}H_{13}Cl_2NO_3$, Formel VIII, und Tautomeres.

Ein unter dieser Konstitution beschriebenes Präparat (violette Krystalle [aus A.], F: 190—192°) ist beim Erwärmen einer als Trichlor-methoxy-benzochinon-(1.4) angesehenen Verbindung (F: 183—185° [E III **8** 1974]) mit Biphenylyl-(4)-amin unter Zusatz von Natriumacetat in wss. Äthanol erhalten worden (*I.G. Farbenind.*, D.R.P. 735416 [1937]; D.R.P. Org. Chem. **6** 2033).

**3.6-Dibrom-5-anilino-2-äthoxy-benzochinon-(1.4)**, *2-anilino-3,6-dibromo-5-ethoxy-*p*-benzoquinone* $C_{14}H_{11}Br_2NO_3$, Formel VI (R = $C_2H_5$, X = Br), und Tautomeres.

Ein unter dieser Konstitution beschriebenes Präparat (violette Krystalle [aus A.], F: 198—199°) ist beim Erwärmen von Tetrabrom-benzochinon-(1.4) mit Äthanol unter Zusatz von Kaliumcarbonat und anschliessend mit Anilin erhalten worden (*I. G. Farbenind.*, D.R.P. 735416 [1937]; D.R.P. Org. Chem. **6** 2033).

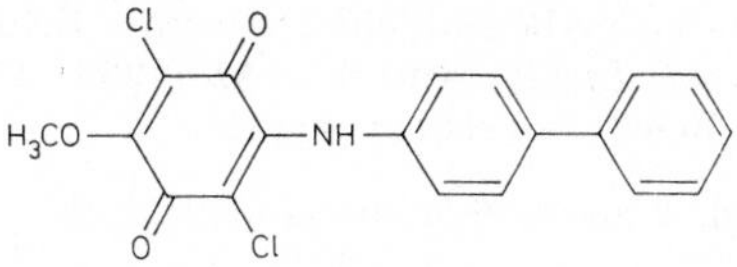

VIII 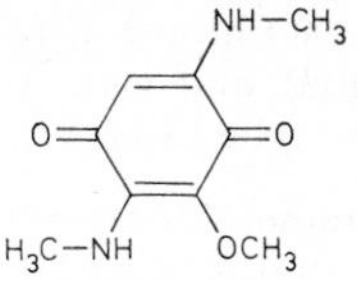 IX

**3.6-Diamino-2-hydroxy-benzochinon-(1.4)** $C_6H_6N_2O_3$, und Tautomere.

**3.6-Bis-methylamino-2-methoxy-benzochinon-(1.4)**, *3-methoxy-2,5-bis(methylamino)-*p*-benzoquinone* $C_9H_{12}N_2O_3$, Formel IX, und Tautomere.

*B.* Beim Behandeln von 2.3-Dimethoxy-benzochinon-(1.4) oder von 2.6-Dimethoxy-benzochinon-(1.4) mit Methylamin in Äthanol (*Anslow, Raistrick*, Soc. **1939** 1446, 1450).

Stahlgraue Krystalle (aus A.); F: 234°.

### Amino-Derivate der Hydroxy-oxo-Verbindungen $C_7H_6O_3$

**6-Amino-2.3-dihydroxy-benzaldehyd** $C_7H_7NO_3$.

**6-Amino-2.3-dimethoxy-benzaldehyd-oxim**, *5,6-dimethoxyanthranilaldehyde oxime* $C_9H_{12}N_2O_3$, Formel X.

*B.* Aus 6-Nitro-2.3-dimethoxy-benzaldehyd-oxim beim Behandeln mit Eisen(II)-sulfat und wss. Natronlauge (*Chakravarti, Ganapati*, J. Indian chem. Soc. **14** [1937] 463, 465).

Krystalle (aus Me.); F: 147°.

**2-Amino-3.4-dihydroxy-benzaldehyd** $C_7H_7NO_3$.

**2-Amino-3.4-dimethoxy-benzaldehyd**, *2-aminoveratraldehyde* $C_9H_{11}NO_3$, Formel XI (R = X = H).

*B.* Aus 2-Nitro-3.4-dimethoxy-benzaldehyd beim Hydrieren an Palladium in Methanol (*Borsche, Ried*, B. **76** [1943] 1011, 1014) sowie beim Erhitzen mit Eisen(II)-sulfat und wss. Ammoniak (*Lehmann, Paasche*, B. **68** [1935] 1520, 1521).

Gelbliche Krystalle (aus PAe.); F: 38° (*Le., Paa.*).

Oxim $C_9H_{12}N_2O_3$. Krystalle (aus Ae.); F: 124° (*Le., Paa.*).

Semicarbazon $C_{10}H_{14}N_4O_3$. Gelbe Krystalle (aus A.); F: 248° (*Bo., Ried*).

2.4-Dinitro-phenylhydrazon. Rote Krystalle (aus Py.); F: 264—265° (*Bo., Ried*).

**2-Amino-3-methoxy-4-acetoxy-benzaldehyd-*p*-tolylimin**, *4-acetoxy-2-amino-3-methoxy-α-(*p*-tolylimino)toluene* $C_{17}H_{18}N_2O_3$, Formel XII.

*B.* Aus 2-Nitro-3-methoxy-4-acetoxy-benzaldehyd-*p*-tolylimin bei der Hydrierung an Palladium in Methanol (*Borsche, Ried*, B. **76** [1943] 1011, 1014).

Krystalle (aus Me.); F: 141—142°.

**2-Acetamino-3.4-dimethoxy-benzaldehyd, Essigsäure-[5.6-dimethoxy-2-formyl-anilid]**, *6'-formyl-2',3'-dimethoxyacetanilide* $C_{11}H_{13}NO_4$, Formel XI (R = CO-$CH_3$, X = H).

*B.* Aus 2-Amino-3.4-dimethoxy-benzaldehyd und Acetanhydrid (*Borsche, Ried*, B. **76** [1943] 1011, 1014).

Krystalle (aus A.); F: 158—159°.

2.4-Dinitro-phenylhydrazon. Hellrote Krystalle (aus Eg.); F: 284—285°.

X XI XII

**5-Chlor-2-amino-4-hydroxy-3-methoxy-benzaldehyd,** *2-amino-5-chlorovanillin* $C_8H_8ClNO_3$, Formel XIII (R = H, X = Cl).

*B.* Aus 5-Chlor-2-nitro-4-hydroxy-3-methoxy-benzaldehyd beim Erhitzen mit Eisen(II)-sulfat und wss. Ammoniak (*Raiford, Lichty,* Am. Soc. **52** [1930] 4576, 4583).

Hellbraune Krystalle (aus W.); F: 136—137°.

**6-Chlor-2-amino-4-hydroxy-3-methoxy-benzaldehyd,** *2-amino-6-chlorovanillin* $C_8H_8ClNO_3$, Formel XIII (R = Cl, X = H).

*B.* Aus 6-Chlor-2-nitro-4-hydroxy-3-methoxy-benzaldehyd beim Erhitzen mit Eisen(II)-sulfat und wss. Ammoniak (*Raiford, Lichty,* Am. Soc. **52** [1936] 4576, 4582).

Gelbe Krystalle (aus A.); F: 192—193° [nach Erweichen bei 190°].

**6-Brom-2-amino-3.4-dimethoxy-benzaldehyd,** *2-amino-6-bromoveratraldehyde* $C_9H_{10}BrNO_3$, Formel XI (R = H, X = Br).

*B.* Beim Erwärmen von 6-Brom-2-amino-4-hydroxy-3-methoxy-benzaldehyd mit Dimethylsulfat und wss. Natriumhydrogencarbonat-Lösung (*Raiford, Floyd,* J. org. Chem. **8** [1943] 358, 363). Aus 6-Brom-2-nitro-3.4-dimethoxy-benzaldehyd beim Behandeln mit Eisen(II)-sulfat und wss. Ammoniak (*Raiford, Perry,* J. org. Chem. **7** [1942] 354, 360).

Orangefarbene Krystalle (aus A. oder wss. A.); F: 101° (*Rai., Pe.*; *Rai., Fl.*).

**5-Jod-2-amino-4-hydroxy-3-methoxy-benzaldehyd,** *2-amino-5-iodovanillin* $C_8H_8INO_3$, Formel XIII (R = H, X = I).

*B.* Aus 5-Jod-2-nitro-4-hydroxy-3-methoxy-benzaldehyd beim Behandeln mit Eisen(II)-hydroxid und wss. Ammoniak (*Raiford, Wells,* Am. Soc. **57** [1935] 2500, 2503).

Hellbraune Krystalle (aus wss. A.); F: 155°.

XIII XIV XV

**5-Amino-3.4-dihydroxy-benzaldehyd** $C_7H_7NO_3$.

**5-Amino-4-hydroxy-3-methoxy-benzaldehyd,** *5-aminovanillin* $C_8H_9NO_3$, Formel XIV (R = H).

*B.* Aus 5-Nitro-4-hydroxy-3-methoxy-benzaldehyd beim Erwärmen mit Zinn(II)-chlorid und wss.-äthanol. Salzsäure (*Raiford, Wells,* Am. Soc. **57** [1935] 2500, 2501).

Hydrochlorid $C_8H_9NO_3 \cdot HCl$. Krystalle (aus wss. Salzsäure).

Hexachlorostannat $2C_8H_9NO_3 \cdot H_2SnCl_6$. Orangefarbene Krystalle (aus wss. Salzsäure).

Diacetyl-Derivat und Dibenzoyl-Derivat s. S. 609

***N'*-Nitro-*N*-[5-amino-4-hydroxy-3-methoxy-benzylidenamino]-guanidin, 5-Amino-4-hydroxy-3-methoxy-benzaldehyd-[nitrocarbamimidoyl-hydrazon],** N-(*5-aminovanillylideneamino*)-N'-*nitroguanidine* $C_9H_{12}N_6O_4$, Formel XV und Tautomere.

*B.* Beim Hydrieren von 6-Hydroxy-5-methoxy-azobenzol-carbaldehyd-(3) (nicht näher beschrieben) an Raney-Nickel in Äthanol oder Dioxan und anschliessenden Erwärmen mit *N'*-Nitro-*N*-amino-guanidin und wss. Essigsäure (*Whitmore, Revukas,* Am. Soc. **62** [1940] 1687, 1688).

Hellgelb (aus wss. A.); F: 223° [Zers.].

**5-Acetamino-4-acetoxy-3-methoxy-benzaldehyd,** *2'-acetoxy-5'-formylacet*-m-*anisidide* $C_{12}H_{13}NO_5$, Formel XIV (R = CO-$CH_3$).

*B.* Beim Behandeln von 5-Amino-4-hydroxy-3-methoxy-benzaldehyd mit wss. Kalilauge und anschliessend mit Acetanhydrid und Äther (*Raiford, Wells*, Am. Soc. **57** [1935] 2500, 2502).

Krystalle (aus W.); F: 174—176°.

**5-Benzamino-4-benzoyloxy-3-methoxy-benzaldehyd,** *2'-(benzoyloxy)-5'-formylbenz*-m-*anisidide* $C_{22}H_{17}NO_5$, Formel XIV (R = CO-$C_6H_5$).

*B.* Beim Behandeln von 5-Amino-4-hydroxy-3-methoxy-benzaldehyd mit Benzoylchlorid und wss. Alkalilauge (*Raiford, Wells*, Am. Soc. **57** [1935] 2500, 2502).

Krystalle (aus A.); F: 161—162°.

**6-Amino-3.4-dihydroxy-benzaldehyd** $C_7H_7NO_3$.

**6-Amino-3.4-dimethoxy-benzaldehyd,** *6-aminoveratraldehyde* $C_9H_{11}NO_3$, Formel I (R = X = H) (E II 156).

*B.* Aus 6-Nitro-3.4-dimethoxy-benzaldehyd bei der Hydrierung an Palladium in Methanol (*Borsche, Ried*, B. **76** [1943] 1011, 1016) sowie beim Erhitzen mit Eisen(II)-sulfat und wss. Ammoniak (*Marr, Bogert*, Am. Soc. **57** [1935] 1329; *Schamschurin*, Ž. obšč. Chim. **11** [1941] 647; C. A. **1941** 5869, 6937).

Gelbliche Krystalle; F: 86° [aus A.] (*Schöpf, Thierfelder*, A. **497** [1932] 22, 41), 84° bis 85° [aus Bzl. + Bzn.] (*Marr, Bo.*).

**6-Amino-3.4-dimethoxy-benzaldehyd-*p*-tolylimin,** N-(*6-aminoveratrylidene*)-p-*toluidine* $C_{16}H_{18}N_2O_2$, Formel II (E II 156).

F: 123—124° (*Borsche, Barthenheier*, A. **548** [1941] 50, 55).

Beim Erwärmen mit Brenztraubenaldehyd-1-oxim und wss.-äthanol. Kalilauge sind 6.7-Dimethoxy-chinolin-carbaldehyd-(2)-oxim und eine Verbindung $C_{32}H_{34}N_4O_6$ (gelbliche Krystalle [aus A.], F: 267—269°; Acetyl-Derivat: gelbe Krystalle [aus A.], F: 176° bis 177°; 2.4-Dinitro-phenylhydrazon: braune Krystalle, F: 275—276°) erhalten worden (*Borsche, Ried*, A. **554** [1943] 269, 280).

I II

**6-Methylamino-3.4-dimethoxy-benzaldehyd,** *6-(methylamino)veratraldehyde* $C_{10}H_{13}NO_3$, Formel I (R = $CH_3$, X = H).

*B.* Neben 6-Dimethylamino-3.4-dimethoxy-benzaldehyd beim Behandeln von 6-Amino-3.4-dimethoxy-benzaldehyd-phenylimin mit Methyljodid und wss. Kaliumcarbonat-Lösung und Erhitzen des Reaktionsprodukts mit wss. Salzsäure (*Schöpf, Thierfelder*, A. **497** [1932] 22, 41).

Krystalle (aus Ae.); F: 112—114°.

**6-Dimethylamino-3.4-dimethoxy-benzaldehyd,** *6-(dimethylamino)veratraldehyde* $C_{11}H_{15}NO_3$, Formel I (R = X = $CH_3$).

*B.* s. im vorangehenden Artikel.

Gelbliche Krystalle (aus W.); F: 72—73° (*Schöpf, Thierfelder*, A. **497** [1932] 22, 42).

**6-Acetamino-3.4-dimethoxy-benzaldehyd, Essigsäure-[4.5-dimethoxy-2-formyl-anilid],** *2'-formyl-4',5'-dimethoxyacetanilide* $C_{11}H_{13}NO_4$, Formel I (R = CO-$CH_3$, X = H) (E II 256).

F: 177—178° [korr.] (*Marr, Bogert*, Am. Soc. **57** [1935] 1329).

**[3.4-Dimethoxy-phenyl]-essigsäure-[4.5-dimethoxy-2-formyl-anilid], 6-[*C*-(3.4-Dimethoxy-phenyl)-acetamino]-3.4-dimethoxy-benzaldehyd,** *2-(3,4-dimethoxyphenyl)-2'-formyl-4',5'-dimethoxyacetanilide* $C_{19}H_{21}NO_6$, Formel III.

*B.* Beim Behandeln von 6-Amino-3.4-dimethoxy-benzaldehyd mit [3.4-Dimethoxy-phenyl]-acetylchlorid und Natriumacetat in wss. Essigsäure (*Marr*, *Bogert*, Am. Soc. **57** [1935] 1329).

Krystalle (aus A.); F: 141,2—142,2° [korr.].

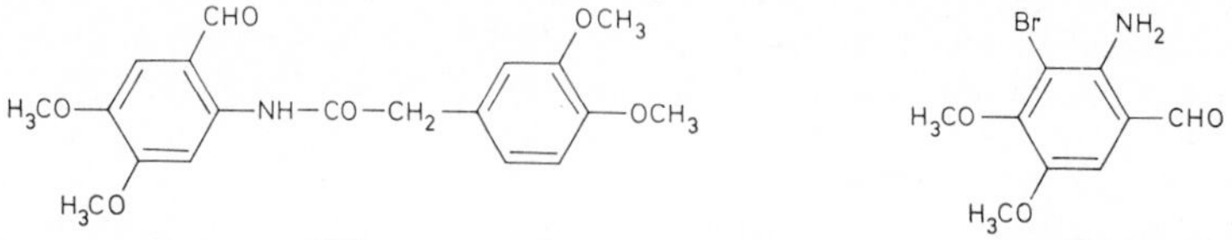

III IV

**5-Brom-6-amino-3.4-dimethoxy-benzaldehyd,** *6-amino-5-bromoveratraldehyde* $C_9H_{10}BrNO_3$, Formel IV.

*B.* Aus 5-Brom-6-nitro-3.4-dimethoxy-benzaldehyd beim Erhitzen mit Eisen(II)-sulfat und wss. Ammoniak (*Raiford*, *Perry*, J. org. Chem. **7** [1942] 354, 358).

Orangefarbene Krystalle (aus wss. A.); F: 162—165° [nach Erweichen von 150° an].

**6-Amino-3-hydroxy-2-methyl-benzochinon-(1.4)** $C_7H_7NO_3$, und Tautomere.

**6-Methylamino-3-hydroxy-2-methyl-benzochinon-(1.4),** *2-hydroxy-3-methyl-5-(methylamino)-*p*-benzoquinone* $C_8H_9NO_3$, Formel V (R = $CH_3$), und Tautomere.

*B.* Beim Erwärmen von 3-Hydroxy-6-methoxy-2-methyl-benzochinon-(1.4) mit Methylamin in Äthanol (*Anslow*, *Raistrick*, Soc. **1939** 1446, 1455).

Purpurrote Krystalle (nach Sublimation im Hochvakuum bei 100—110°); F: 252° bis 254° [Zers. von 220° an].

**6-Anilino-3-hydroxy-2-methyl-benzochinon-(1.4),** *5-anilino-2-hydroxy-3-methyl-*p*-benzoquinone* $C_{13}H_{11}NO_3$, Formel V (R = $C_6H_5$), und **3-Anilino-6-hydroxy-2-methyl-benzochinon-(1.4),** *2-anilino-5-hydroxy-3-methyl-*p*-benzoquinone* $C_{13}H_{11}NO_3$, Formel VI (R = $C_6H_5$), sowie Tautomere (H 252).

Die unter diesen Konstitutionsformeln beschriebene Verbindung (s. H 252) ist als gelbes Pulver vom F: 245° (aus A.) erhalten worden (*Martynoff*, *Tsatsas*, Bl. **1947** 52, 53).

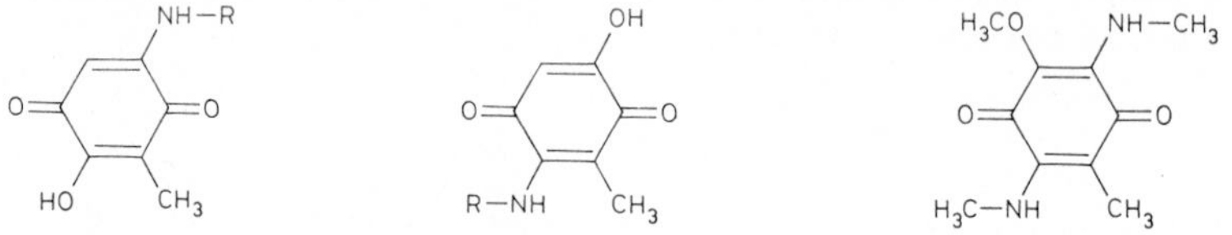

V VI VII

**3.6-Diamino-5-hydroxy-2-methyl-benzochinon-(1.4)** $C_7H_8N_2O_3$, und Tautomere.

**3.6-Bis-methylamino-5-methoxy-2-methyl-benzochinon-(1.4),** *2-methoxy-5-methyl-3,6-bis(methylamino)-*p*-benzoquinone* $C_{10}H_{14}N_2O_3$, Formel VII, und Tautomere.

*B.* Beim Behandeln von 5.6-Dimethoxy-2-methyl-benzochinon-(1.4) oder von Trimethoxy-methyl-benzochinon-(1.4) mit Methylamin in Äthanol (*Anslow*, *Raistrick*, Soc. **1939** 1446, 1451, 1452).

Purpurgraue Krystalle (aus A.); F: 231° [unter partieller Sublimation].

## Amino-Derivate der Hydroxy-oxo-Verbindungen $C_8H_8O_3$

**1-[3-Amino-2.4-dihydroxy-phenyl]-äthanon-(1),** 3-Amino-2.4-dihydroxy-acetophenon $C_8H_9NO_3$.

**1-[5-Brom-3-amino-2-hydroxy-4-methoxy-phenyl]-äthanon-(1),** *3'-amino-5'-bromo-2'-hydroxy-4'-methoxyacetophenone* $C_9H_{10}BrNO_3$, Formel VIII.

*B.* Aus 1-[5-Brom-3-nitro-2-hydroxy-4-methoxy-phenyl]-äthanon-(1) beim Erwärmen mit Zinn, Zinn(II)-chlorid, wss. Salzsäure und Essigsäure (*Shinoda*, *Sato*, *Kawagoye*, J. pharm. Soc. Japan **52** [1932] 766, 777; dtsch. Ref. S. 91, 92; C. A. **1933** 295).

Gelbbraune Krystalle (aus wss. A.); F: 109—110°.

Hydrochlorid. F: 215° [Zers.].

**1-[5-Amino-2.4-dihydroxy-phenyl]-äthanon-(1),** 5-Amino-2.4-dihydroxy-acetophenon, *5'-amino-2',4'-dihydroxyacetophenone* $C_8H_9NO_3$, Formel IX (R = X = H) (H 253; E I 496; dort als *eso*-Amino-2.4-dioxy-acetophenon bezeichnet).

*B.* Aus 1-[5-Nitro-2.4-dihydroxy-phenyl]-äthanon-(1) bei der Hydrierung an Raney-

Nickel in Aceton (*Omer, Hamilton,* Am. Soc. **59** [1937] 642).
F: 137—142° [Zers.].

**1-[5-Amino-2-hydroxy-4-methoxy-phenyl]-äthanon-(1),** *5'-amino-2'-hydroxy-4'-methoxy-acetophenone* $C_9H_{11}NO_3$, Formel IX (R = H, X = $CH_3$) (E I 496; E II 156).

*B.* Aus 1-[5-Nitro-2-hydroxy-4-methoxy-phenyl]-äthanon-(1) bei der Hydrierung an Raney-Nickel in Aceton (*Banks, Hamilton,* Am. Soc. **60** [1938] 1370) sowie beim Erwärmen mit Zinn, Zinn(II)-chlorid, wss. Salzsäure und Essigsäure (*Shinoda, Sato, Kawagoye,* J. pharm. Soc. Japan **52** [1932] 766, 772; dtsch. Ref. S. 91; C. A. **1933** 295; vgl. E I 496).

Gelbliche Krystalle; F: 115° [aus Acn.] (*Ba., Ha.*), 113—114° [aus A.] (*Sh., Sato, Ka.*).

Hydrochlorid $C_9H_{11}NO_3 \cdot HCl$. Krystalle; F: 250° [aus Acn. + Ae.] (*Ba., Ha.*), 213—217° [Zers.; aus A.] (*Sh., Sato, Ka.*).

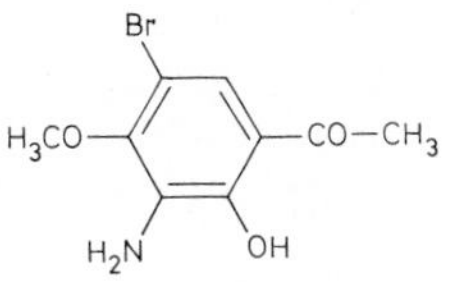

VIII 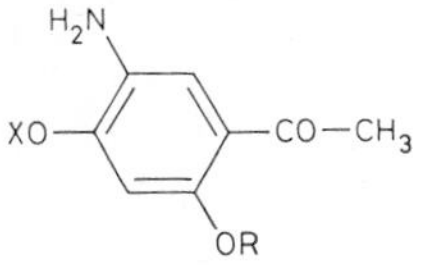 IX 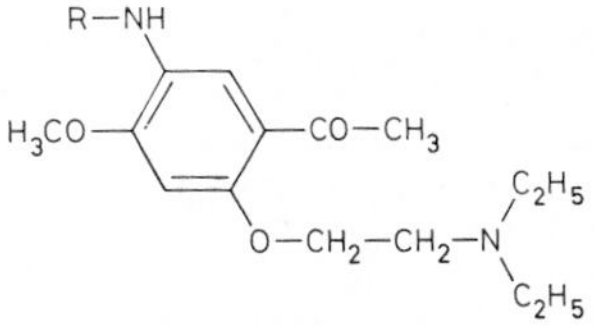 X

**1-[5-Amino-2.4-dimethoxy-phenyl]-äthanon-(1),** *5'-amino-2',4'-dimethoxyacetophenone* $C_{10}H_{13}NO_3$, Formel IX (R = X = $CH_3$).

*B.* Aus 1-[5-Nitro-2.4-dimethoxy-phenyl]-äthanon-(1) bei der Hydrierung an Raney-Nickel in Aceton (*Omer, Hamilton,* Am. Soc. **59** [1937] 642).

F: 114°.

**1-[5-Amino-4-methoxy-2-(2-diäthylamino-äthoxy)-phenyl]-äthanon-(1),** *5'-amino-2'-[2-(diethylamino)ethoxy]-4'-methoxyacetophenone* $C_{15}H_{24}N_2O_3$, Formel X (R = H).

*B.* Aus 1-[5-Nitro-4-methoxy-2-(2-diäthylamino-äthoxy)-phenyl]-äthanon-(1) (*CIBA,* D.R.P. 558647 [1930]; Frdl. **19** 1515).

Gelbe Krystalle; F: 69—72°.

**1-[5-Acetamino-4-methoxy-2-(2-diäthylamino-äthoxy)-phenyl]-äthanon-(1), Essigsäure-[6-methoxy-4-(2-diäthylamino-äthoxy)-3-acetyl-anilid],** *5'-acetyl-4'-[2-(diethylamino)-ethoxy]-2'-methoxyacetanilide* $C_{17}H_{26}N_2O_4$, Formel X (R = CO-$CH_3$).

*B.* Aus 1-[5-Amino-4-methoxy-2-(2-diäthylamino-äthoxy)-phenyl]-äthanon-(1) (*CIBA,* D.R.P. 558647 [1930]; Frdl. **19** 1515).

Krystalle; F: 121—122°.

**1-[6-Brom-5-amino-2-hydroxy-4-methoxy-phenyl]-äthanon-(1),** *3'-amino-2'-bromo-6'-hydroxy-4'-methoxyacetophenone* $C_9H_{10}BrNO_3$, Formel XI.

Ein Amin (gelbbraune Krystalle [aus wss. A.], F: 135°; Hydrochlorid: F: 205—206° [Zers.]), dem diese Konstitution zugeschrieben wird, ist aus einer als 1-[6-Brom-5-nitro-2-hydroxy-4-methoxy-phenyl]-äthanon-(1) angesehenen Verbindung (F: 125—126° [E III **8** 2099]) beim Erwärmen mit Zinn, Zinn(II)-chlorid, wss. Salzsäure und Essigsäure erhalten worden (*Shinoda, Sato, Kawagoye,* J. pharm. Soc. Japan **52** [1932] 766, 774; dtsch. Ref. S. 91, 93; C. A. **1933** 295).

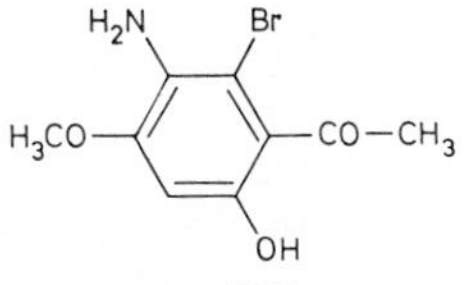

XI 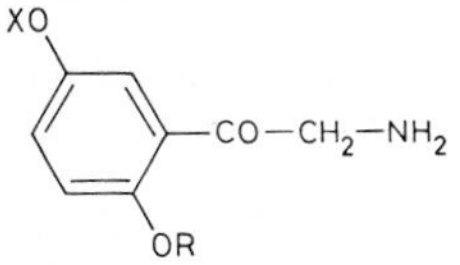 XII 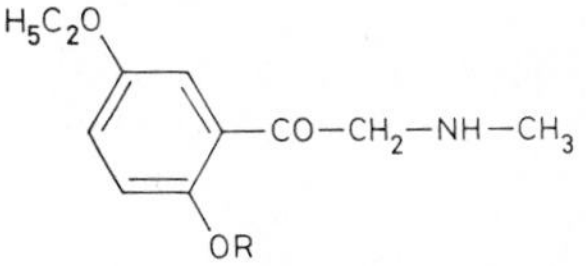 XIII

**2-Amino-1-[2.5-dihydroxy-phenyl]-äthanon-(1),** ω-Amino-2.5-dihydroxy-acetophenon $C_8H_9NO_3$.

**2-Amino-1-[6-hydroxy-3-methoxy-phenyl]-äthanon-(1),** *2-amino-2'-hydroxy-5'-methoxy-acetophenone* $C_9H_{11}NO_3$, Formel XII (R = H, X = $CH_3$).

*B.* Beim Behandeln von 2-Brom-1-[5-methoxy-2-benzyloxy-phenyl]-äthanon-(1) mit

Hexamethylentetramin in Chloroform, Behandeln des Reaktionsprodukts mit Chlorwasserstoff enthaltendem Äthanol und Hydrieren des Reaktionsprodukts an Palladium in Äthanol (*Ide, Baltzly*, Am. Soc. **70** [1948] 1084, 1087).

Hydrochlorid $C_9H_{11}NO_3 \cdot HCl$. Gelbe Krystalle (aus wss. A.); F: 192—193° [korr.].

**2-Amino-1-[2.5-dimethoxy-phenyl]-äthanon-(1)**, *2-amino-2',5'-dimethoxyacetophenone* $C_{10}H_{13}NO_3$, Formel XII (R = X = $CH_3$).

*B.* Beim Behandeln von 2-Brom-1-[2.5-dimethoxy-phenyl]-äthanon-(1) mit Hexamethylentetramin in Chloroform und Behandeln des Reaktionsprodukts mit wss. Bromwasserstoffsäure (*Baltzly, Buck*, Am. Soc. **62** [1940] 164, 165).

Hydrobromid $C_{10}H_{13}NO_3 \cdot HBr$. Gelbliche Krystalle; F: 195° [korr.; Zers.].

**2-Amino-1-[6-hydroxy-3-äthoxy-phenyl]-äthanon-(1)**, *2-amino-5'-ethoxy-2'-hydroxyacetophenone* $C_{10}H_{13}NO_3$, Formel XII (R = H, X = $C_2H_5$).

*B.* Aus 2-Dibenzylamino-1-[5-äthoxy-2-benzyloxy-phenyl]-äthanon-(1) bei der Hydrierung an Palladium in Äthanol (*Ide, Baltzly*, Am. Soc. **70** [1948] 1084, 1087).

Hydrochlorid $C_{10}H_{13}NO_3 \cdot HCl$. Gelbliche Krystalle (aus A. + Ae.); F: 182—185° [korr.; Zers.].

**2-Methylamino-1-[6-hydroxy-3-äthoxy-phenyl]-äthanon-(1)**, *5'-ethoxy-2'-hydroxy-2-(methylamino)acetophenone* $C_{11}H_{15}NO_3$, Formel XIII (R = H).

*B.* Beim Behandeln von 2-Brom-1-[5-äthoxy-2-benzyloxy-phenyl]-äthanon-(1) mit Methyl-benzyl-amin in Äther und Hydrieren des Reaktionsprodukts an Palladium in Äthanol (*Ide, Baltzly*, Am. Soc. **70** [1948] 1084, 1087).

Hydrochlorid $C_{11}H_{15}NO_3 \cdot HCl$. Krystalle (aus A.); F: 186° [korr.].

**2-Methylamino-1-[2.5-diäthoxy-phenyl]-äthanon-(1)**, *2',5'-diethoxy-2-(methylamino)acetophenone* $C_{13}H_{19}NO_3$, Formel XIII (R = $C_2H_5$).

*B.* Aus 2-[Methyl-benzyl-amino]-1-[2.5-diäthoxy-phenyl]-äthanon-(1) bei der Hydrierung an Palladium in Äthanol (*Ide, Baltzly*, Am. Soc. **70** [1948] 1084, 1087).

Hydrochlorid $C_{13}H_{19}NO_3 \cdot HCl$. Krystalle (aus A.); F: 163° [korr.].

**2-Dimethylamino-1-[2.5-dimethoxy-phenyl]-äthanon-(1)**, *2',5'-dimethoxy-2-(dimethylamino)acetophenone* $C_{12}H_{17}NO_3$, Formel I (R = X = $CH_3$).

*B.* Aus *N.N*-Dimethyl-glycin-nitril und 2.5-Dimethoxy-phenylmagnesium-bromid (*Baltzly, Buck*, Am. Soc. **62** [1940] 164, 166).

Hydrochlorid $C_{12}H_{17}NO_3 \cdot HCl$. Krystalle; F: 171° [korr.; Zers.].

**2-[Methyl-benzyl-amino]-1-[2.5-dimethoxy-phenyl]-äthanon-(1)**, *2-(benzylmethylamino)-2',5'-dimethoxyacetophenone* $C_{18}H_{21}NO_3$, Formel I (R = $CH_2$-$C_6H_5$, X = $CH_3$).

*B.* Aus 2-Brom-1-[2.5-dimethoxy-phenyl]-äthanon-(1) und Methyl-benzyl-amin in Äther (*Baltzly, Buck*, Am. Soc. **62** [1940] 164, 165).

Hydrochlorid $C_{18}H_{21}NO_3 \cdot HCl$. Krystalle (aus A. + Ae.); F: 167,5° [korr.].

**2-[Methyl-benzyl-amino]-1-[2.5-diäthoxy-phenyl]-äthanon-(1)**, *2-(benzylmethylamino)-2',5'-diethoxyacetophenone* $C_{20}H_{25}NO_3$, Formel I (R = $CH_2$-$C_6H_5$, X = $C_2H_5$).

*B.* Aus 2-Brom-1-[2.5-diäthoxy-phenyl]-äthanon-(1) und Methyl-benzyl-amin in Äther (*Ide, Baltzly*, Am. Soc. **70** [1948] 1084, 1087).

Hydrochlorid $C_{20}H_{25}NO_3 \cdot HCl$. Krystalle (aus A. + Ae.); F: 145° [korr.].

**2-[Methyl-benzyl-amino]-1-[5-methoxy-2-benzyloxy-phenyl]-äthanon-(1)**, *2-(benzylmethylamino)-2'-(benzyloxy)-5'-methoxyacetophenone* $C_{24}H_{25}NO_3$, Formel II (R = X = $CH_3$).

*B.* Aus 2-Brom-1-[5-methoxy-2-benzyloxy-phenyl]-äthanon-(1) und Methyl-benzylamin in Äther (*Ide, Baltzly*, Am. Soc. **70** [1948] 1084, 1087).

Hydrochlorid $C_{24}H_{25}NO_3 \cdot HCl$. Krystalle (aus A. + Ae.); F: 156,5—158° [korr.].

**2-Dibenzylamino-1-[5-äthoxy-2-benzyloxy-phenyl]-äthanon-(1)**, *2'-(benzyloxy)-2-(dibenzylamino)-5'-ethoxyacetophenone* $C_{31}H_{31}NO_3$, Formel II (R = $CH_2$-$C_6H_5$, X = $C_2H_5$).

*B.* Aus 2-Brom-1-[5-äthoxy-2-benzyloxy-phenyl]-äthanon-(1) und Dibenzylamin in Äther (*Ide, Baltzly*, Am. Soc. **70** [1948] 1084, 1087).

Hydrochlorid $C_{31}H_{31}NO_3 \cdot HCl$. Krystalle (aus A. + Ae.); F: 185—187° [korr.; Zers.].

I II III

**1-[6-Amino-3.4-dihydroxy-phenyl]-äthanon-(1),** 6-Amino-3.4-dihydroxy-acetophenon $C_8H_9NO_3$.

**1-[6-Amino-3.4-dimethoxy-phenyl]-äthanon-(1),** *2'-amino-4',5'-dimethoxyacetophenone* $C_{10}H_{13}NO_3$, Formel III (R = X = H) (E II 157).

*B.* Aus 1-[6-Nitro-3.4-dimethoxy-phenyl]-äthanon-(1) beim Erhitzen mit Eisen und wss. Essigsäure oder mit Eisen und wss.-äthanol. Salzsäure (*Simpson*, Soc. **1946** 94, 96).

Hydrochlorid. Krystalle (aus A.); F: ca. 202° [Zers.] (*Mannich, Berger*, Ar. **277** [1939] 117, 122).

Sulfat. Krystalle (aus A.); F: 200° (*Ma., Be.*).

Oxim $C_{10}H_{14}N_2O_3$. Krystalle (aus W.); F: 154,5—156° [unkorr.] (*Si.*).

4-Nitro-phenylhydrazon. F: 192° (*Ma., Be.*).

**1-[6-Benzylidenamino-3.4-dimethoxy-phenyl]-äthanon-(1),** *2'-(benzylideneamino)-4',5'-dimethoxyacetophenone* $C_{17}H_{17}NO_3$, Formel IV.

*B.* Beim Behandeln von 1-[6-Amino-3.4-dimethoxy-phenyl]-äthanon-(1) mit Benzaldehyd und methanol. Natriummethylat (*H. Baumgarten*, Diss. [Univ. Berlin 1933] S. 12).

Gelbe Krystalle (aus Me.); F: 155°.

**1-[6-Acetamino-3.4-dimethoxy-phenyl]-äthanon-(1), Essigsäure-[4.5-dimethoxy-2-acetyl-anilid],** *2'-acetyl-4',5'-dimethoxyacetanilide* $C_{12}H_{15}NO_4$, Formel III (R = CO-$CH_3$, X = H).

*B.* Aus 1-[6-Amino-3.4-dimethoxy-phenyl]-äthanon-(1) und Acetanhydrid (*Mannich, Berger*, Ar. **277** [1939] 117, 122; *Simpson*, Soc. **1946** 94, 96).

Krystalle; F: 127—128° [unkorr.; aus Bzl. + Bzn.] (*Si.*), 127,5° [aus W.] (*Ma., Be.*).

Beim Behandeln mit wss. Essigsäure und Salpetersäure ist Essigsäure-[6-nitro-3.4-dimethoxy-anilid] erhalten worden (*Si.*).

**2-Brom-1-[6-acetamino-3.4-dimethoxy-phenyl]-äthanon-(1), Essigsäure-[4.5-dimethoxy-2-bromacetyl-anilid],** *2'-(bromoacetyl)-4',5'-dimethoxyacetanilide* $C_{12}H_{14}BrNO_4$, Formel III (R = CO-$CH_3$, X = Br).

*B.* Aus 1-[6-Acetamino-3.4-dimethoxy-phenyl]-äthanon-(1) und Brom in Essigsäure (*Mannich, Berger*, Ar. **277** [1939] 117, 122).

Krystalle (aus A. + Dioxan); F: 163°.

**2-Amino-1-[3.4-dihydroxy-phenyl]-äthanon-(1),** ω-Amino-3.4-dihydroxy-acetophenon, *2-amino-3',4'-dihydroxyacetophenone* $C_8H_9NO_3$, Formel V (R = X = H) (H 253; E I 497; E II 157).

*B.* Aus 2-Dibenzylamino-1-[3.4-dihydroxy-phenyl]-äthanon-(1) bei der Hydrierung an Palladium in Wasser unter 10 at (*Simonoff, Hartung*, J. Am. pharm. Assoc. **35** [1946] 306, 308). Aus 2-Chlor-1-[4(oder 3)-hydroxy-3(oder 4)-benzoyloxy-phenyl]-äthanon-(1) (F: 119—120° [E III **9** 786]) beim Behandeln mit wss. Ammoniak (*Dr. E. Silten*, D.R.P. 541475 [1930]; Frdl. **18** 3031).

Krystalle; F: 235° [Zers.] (*Si., Ha.*).

Hydrochlorid (H 254; E I 497). Krystalle (aus A.); F: 256° [Zers.] (*Kindler, Peschke*, Ar. **269** [1931] 581, 603).

Phenylhydrazon. F: 90° (*Barrenscheen, Filz*, Bio. Z. **255** [1932] 344, 350).

**2-Amino-1-[3.4-dimethoxy-phenyl]-äthanon-(1),** *2-amino-3',4'-dimethoxyacetophenone* $C_{10}H_{13}NO_3$, Formel V (R = H, X = $CH_3$) (H 254; E I 497).

*B.* Aus 2-Hydroxyimino-1-[3.4-dimethoxy-phenyl]-äthanon-(1) oder aus [3.4-Dimethoxy-phenyl]-glyoxylonitril bei der Hydrierung an Palladium in Essigsäure (*Kindler, Peschke*, Ar. **269** [1931] 581, 600; A. **519** [1935] 291, 295). Aus 2-Diazo-1-[3.4-dimethoxy-phenyl]-äthanon-(1) bei der Hydrierung an Palladium in Äthylacetat und wenig Essigsäure (*Birkofer*, B. **80** [1947] 83, 90).

Hydrochlorid (H 254; E I 497). Krystalle (aus A.); F: 221—222° [Zers.] (*Ki.*, *Pe.*, Ar. **269** 600), 212° (*Tiffeneau*, *Orékhoff*, *Roger*, Bl. [4] **49** [1931] 1757, 1761).

Hydrogensulfat $C_{10}H_{13}NO_8 \cdot H_2SO_4$. Krystalle (aus Eg.); F: 193° [Zers.] (*Ki.*, *Pe.*, Ar. **269** 600; A. **519** 295).

Pikrat $C_{10}H_{13}NO_3 \cdot C_6H_3N_3O_7$ (H 254). Gelbe Krystalle; F: 188° [aus A.] (*Ki.*, *Pe.*, Ar. **269** 601), 180° [aus W.] (*Bi.*).

**2-Methylamino-1-[3.4-dihydroxy-phenyl]-äthanon-(1)**, Adrenalon, *3',4'-dihydroxy-2-(methylamino)acetophenone* $C_9H_{11}NO_3$, Formel VI (R = X = H) (H 254; E I 497; E II 157).

*B.* Beim Behandeln von 2-Chlor-1-[4(oder 3)-hydroxy-3(oder 4)-acetoxy-phenyl]-äthanon-(1) (F: 134—135° [E III **8** 2115]) mit Methylamin in wss. Äthanol (*Dr. E. Silten*, D.R.P. 541475 [1930]; Frdl. **18** 3031). Aus 2-[Methyl-acetyl-amino]-1-[3(oder 4)-hydroxy-4(oder 3)-acetoxy-phenyl]-äthanon-(1) (S. 619) beim Erhitzen mit wss. Salzsäure (*Bretschneider*, M. **78** [1948] 117, 125).

Krystalle; F: 229° [Zers.] (*Kindler*, *Peschke*, Ar. **269** [1931] 581, 605), 215° [unkorr.; Zers.] (*Barrenscheen*, *Filz*, Bio. Z. **255** [1932] 344, 346). Redoxpotential: *Ball*, *Chen*, J. biol. Chem. **102** [1933] 691, 710.

Beim Behandeln mit Phenylhydrazin-hydrochlorid und Natriumacetat in Wasser ist eine Verbindung $C_{24}H_{28}N_4O_5 \cdot HCl \cdot 4H_2O$ (Krystalle; F: 216—218° [Zers.]) erhalten worden (*Ba.*, *Filz*, l. c. S. 349).

Hydrochlorid $C_9H_{11}NO_3 \cdot HCl$ (vgl. H 254; E I 497; E II 157). Krystalle; F: 241° [Zers.; aus A.] (*Ki.*, *Pe.*), 237—243° [Zers.] (*Ba.*, *Filz*, l. c. S. 346), 230° [aus Me. + A.] (*Br.*). Brechungsindices (500—640 mμ) der rhombischen und der monoklinen Krystalle des Monohydrats: *Faber*, Z. Kr. **75** [1930] 147.

Phenylhydrazon. F: 135—136° [unkorr.; Zers.] (*Ba.*, *Filz*, l. c. S. 350).

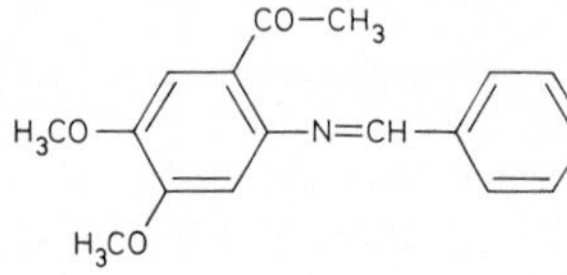

IV 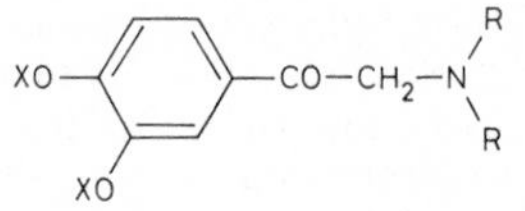 V 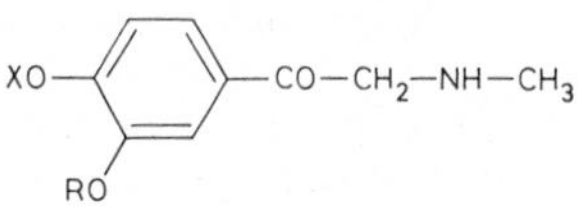 VI

**2-Methylamino-1-[4-hydroxy-3-methoxy-phenyl]-äthanon-(1)**, *4'-hydroxy-3'-methoxy-2-(methylamino)acetophenone* $C_{10}H_{13}NO_3$, Formel VI (R = $CH_3$, X = H).

*B.* Beim Behandeln von 2-Chlor-1-[4-hydroxy-3-methoxy-phenyl]-äthanon-(1) oder von 2-Chlor-1-[3-methoxy-4-acetoxy-phenyl]-äthanon-(1) mit Methylamin in Äthanol (*Külz*, *Hornung*, D.R.P. 682394 [1936], 709616 [1938]; D.R.P. Org. Chem. **3** 195, **6** 1977).

Krystalle (aus A.); F: 143°.

Hydrochlorid $C_{10}H_{13}NO_3 \cdot HCl$. Krystalle (aus A. + Ae.); F: 209—210°.

**2-Methylamino-1-[3-hydroxy-4-methoxy-phenyl]-äthanon-(1)**, *3'-hydroxy-4'-methoxy-2-(methylamino)acetophenone* $C_{10}H_{13}NO_3$, Formel VI (R = H, X = $CH_3$).

*B.* Beim Behandeln von 2-Chlor-1-[3-hydroxy-4-methoxy-phenyl]-äthanon-(1) oder von 2-Chlor-1-[4-methoxy-3-acetoxy-phenyl]-äthanon-(1) (nicht näher beschrieben) mit Methylamin in Äthanol (*Külz*, *Hornung*, D.R.P. 682394 [1936], 709616 [1938]; D.R.P. Org. Chem. **3** 195, **6** 1977).

Hydrochlorid. F: 238—240°.

**2-Methylamino-1-[3.4-diacetoxy-phenyl]-äthanon-(1)**, *3',4'-diacetoxy-2-(methylamino)acetophenone* $C_{13}H_{15}NO_5$, Formel VI (R = X = CO-$CH_3$).

*B.* Beim Erwärmen von 2-Methylamino-1-[3.4-dihydroxy-phenyl]-äthanon-(1)-hydrochlorid mit Acetylchlorid in Chlorwasserstoff enthaltender Essigsäure (*Bretschneider*, M. **76** [1947] 368, 372, 379). Beim Behandeln von Methyl-[3.4-dihydroxy-phenacyl]-carbamidsäure-benzylester mit Acetanhydrid und Pyridin und Hydrieren des Reaktionsprodukts an Palladium in Essigsäure (*Bretschneider*, M. **78** [1948] 71, 79).

Beim Erhitzen des Hydrochlorids mit Pyridin ist 2-[Methyl-acetyl-amino]-1-[3(oder 4)-hydroxy-4(oder 3)-acetoxy-phenyl]-äthanon-(1) (S. 619) erhalten worden (*Bretschneider*,

M. **78** [1948] 117, 125).

Hydrochlorid $C_{13}H_{15}NO_5 \cdot HCl$. Krystalle; F: 175° [aus Me. + E.] (*Br.*, M. **76** 372, 379), 175° [aus A.] (*Br.*, M. **78** 80).

**2-Methylamino-1-[3.4-dipropionyloxy-phenyl]-äthanon-(1)**, *2-(methylamino)-3',4'-bis(propionyloxy)acetophenone* $C_{15}H_{19}NO_5$, Formel VI (R = X = CO-$CH_2$-$CH_3$).

*B.* Beim Erhitzen von 2-Methylamino-1-[3.4-dihydroxy-phenyl]-äthanon-(1)-hydrochlorid mit Propionylchlorid in Chlorwasserstoff enthaltender Propionsäure (*Bretschneider*, M. **76** [1947] 368, 374, 379).

Hydrochlorid $C_{15}H_{19}NO_5 \cdot HCl$. Krystalle (aus $CHCl_3$ + Acn.); F: 180°.

**2-Methylamino-1-[3.4-dibutyryloxy-phenyl]-äthanon-(1)**, *3',4'-bis(butyryloxy)-2-(methylamino)acetophenone* $C_{17}H_{23}NO_5$, Formel VI (R = X = CO-$CH_2$-$CH_2$-$CH_3$).

*B.* Beim Erhitzen von 2-Methylamino-1-[3.4-dihydroxy-phenyl]-äthanon-(1)-hydrochlorid mit Butyrylchlorid in Chlorwasserstoff enthaltender Buttersäure (*Bretschneider*, M. **76** [1947] 368, 374).

Hydrochlorid $C_{17}H_{23}NO_5 \cdot HCl$. Krystalle (aus Me. + E.); F: 174°.

**2-Methylamino-1-[3.4-dibenzoyloxy-phenyl]-äthanon-(1)**, *3',4'-bis(benzoyloxy)-2-(methylamino)acetophenone* $C_{23}H_{19}NO_5$, Formel VI (R = X = CO-$C_6H_5$).

*B.* Aus Methyl-[3.4-dibenzoyloxy-phenacyl]-carbamidsäure-benzylester bei der Hydrierung an Palladium in Essigsäure (*Bretschneider*, M. **78** [1948] 71, 81).

Hydrochlorid $C_{23}H_{19}NO_5 \cdot HCl$. Krystalle (aus A.); F: 220—222°.

**4-Hydroxy-3-[4-sarkosyl-phenoxy]-1-sarkosyl-benzol, 2-Methylamino-1-[4-hydroxy-3-(4-sarkosyl-phenoxy)-phenyl]-äthanon-(1)**, *4'-hydroxy-2,2''-bis(methylamino)-3',4'''-oxydiacetophenone* $C_{18}H_{20}N_2O_4$, Formel VII.

Diese Konstitution ist der E II **14** 157 als 2-Methylamino-1-[3-hydroxy-4-(4-sarkosyl-phenoxy)-phenyl]-äthanon-(1) („2-Hydroxy-4.4'-bis-[methylamino-acetyl]-diphenyläther") beschriebenen Verbindung auf Grund ihrer genetischen Beziehung zu einer ursprünglich (s. E II **8** 300) als 2-Chlor-1-[3-hydroxy-4-(4-chloracetyl-phenoxy)-phenyl]-äthanon-(1) („2-Hydroxy-4.4'-bis-chloracetyl-diphenyläther") formulierten, inzwischen aber als 2-Chlor-1-[4-hydroxy-3-(4-chloracetyl-phenoxy)-phenyl]-äthanon-(1) identifizierten Verbindung $C_{16}H_{12}Cl_2O_4$ (F: 158°) zuzuordnen (s. diesbezüglich *Tomita*, J. pharm. Soc. Japan **54** [1934] 897, 899; dtsch. Ref. S. 167; C. **1935** I 1054).

**2-Dimethylamino-1-[3.4-dihydroxy-phenyl]-äthanon-(1)**, *2-(dimethylamino)-3',4'-dihydroxyacetophenone* $C_{10}H_{13}NO_3$, Formel V (R = $CH_3$, X = H) (H 254).

*B.* Beim Behandeln von 2-Chlor-1-[4(oder 3)-hydroxy-3(oder 4)-acetoxy-phenyl]-äthanon-(1) (F: 134—135° [E III **8** 2115]) mit Dimethylamin in wss. Äthanol (*Dr. E. Silten*, D.R.P. 541475 [1930]; Frdl. **18** 3031).

Oxalat $2C_{10}H_{13}NO_3 \cdot C_2H_2O_4$. Diese Zusammensetzung hat das früher (H 254) beschriebene Oxalat (*Remisow*, Ž. obšč. Chim. **28** [1958] 2530, 2536; J. gen. Chem. U.S.S.R. [Übers.] **28** [1958] 2566, 2570).

**2-Dimethylamino-1-[3.4-dipropionyloxy-phenyl]-äthanon-(1)**, *2-(dimethylamino)-3',4'-bis(propionyloxy)acetophenone* $C_{16}H_{21}NO_5$, Formel V (R = $CH_3$, X = CO-$CH_2$-$CH_3$).

*B.* Beim Erhitzen von 2-Dimethylamino-1-[3.4-dihydroxy-phenyl]-äthanon-(1)-hydrochlorid mit Propionylchlorid in Chlorwasserstoff enthaltender Propionsäure (*Bretschneider*, M. **76** [1947] 368, 374).

Hydrochlorid $C_{16}H_{21}NO_5 \cdot HCl$. Krystalle (aus A. + Ae.); F: 167°.

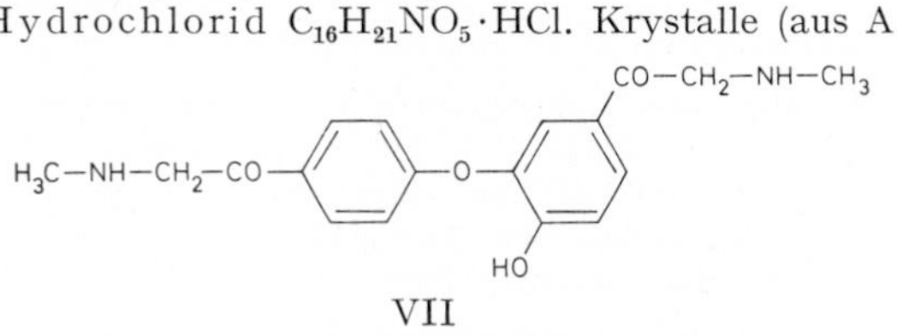

VII 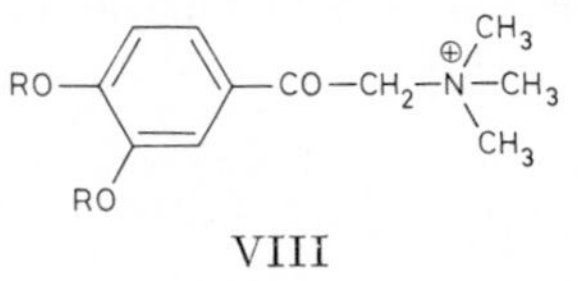 VIII

**Trimethyl-[3.4-dihydroxy-phenacyl]-ammonium**, *(3,4-dihydroxyphenacyl)trimethylammonium* $[C_{11}H_{16}NO_3]^{\oplus}$, Formel VIII (R = H).

**Chlorid** $[C_{11}H_{16}NO_3]Cl$ (H 254; E I 497). *B.* Aus 2-Chlor-1-[3.4-dihydroxy-phenyl]-

äthanon-(1) und Trimethylamin (*v. Euler, Hasselquist, Högberg*, Ark. Kemi **20** A Nr. 20 [1945] 6; vgl. H 254). — Krystalle (aus wss. Acn.); F: 231,5—232,5° [unkorr.].

**Trimethyl-[3.4-dimethoxy-phenacyl]-ammonium**, *(3,4-dimethoxyphenacyl)trimethyl= ammonium* $[C_{13}H_{20}NO_3]^{\oplus}$, Formel VIII (R = $CH_3$).

**Chlorid** $[C_{13}H_{20}NO_3]Cl$. *B.* Beim Erwärmen von opt.-inakt. 2.3-Epoxy-3-phenyl-1-[3.4-dimethoxy-phenyl]-propanon-(1) (nicht näher beschrieben) mit Trimethylamin in Äthanol und Behandeln einer äther. Lösung des Reaktionsprodukts mit Chlorwasser= stoff enthaltendem Äthanol (*Algar, Sherry*, Pr. Irish Acad. **50** B [1945] 343, 348). — Krystalle (aus A. + Ae.) mit 2 Mol $H_2O$; F: 223° [Zers.].

**Tetrachloroaurat(III)**. Gelbe Krystalle (aus A.); F: 196° [Zers.] (*Al., Sh.*).

**2-Äthylamino-1-[3.4-dihydroxy-phenyl]-äthanon-(1)**, *2-(ethylamino)-3',4'-dihydroxy= acetophenone* $C_{10}H_{13}NO_3$, Formel IX (R = $C_2H_5$, X = H) (H 254; E I 497; E II 157).

Hydrochlorid $C_{10}H_{13}NO_3 \cdot HCl$ (H 254). F: 240—242° [unkorr.; Zers.] (*Corrigan, Langermann, Moore*, Am. Soc. **71** [1949] 530).

Phenylhydrazon. F: 125° (*Barrenscheen, Filz*, Bio. Z. **255** [1932] 344, 350).

**2-Äthylamino-1-[4-hydroxy-3-methoxy-phenyl]-äthanon-(1)**, *2-(ethylamino)-4'-hydroxy-3'-methoxyacetophenone* $C_{11}H_{15}NO_3$, Formel IX (R = $C_2H_5$, X = $CH_3$).

*B.* Aus 2-Chlor-1-[4-hydroxy-3-methoxy-phenyl]-äthanon-(1) und Äthylamin in Äthanol (*Külz, Hornung*, D.R.P. 682394 [1936]; D.R.P. Org. Chem. **3** 195).

Hydrochlorid. F: 174°.

**2-Propylamino-1-[3.4-dihydroxy-phenyl]-äthanon-(1)**, *3',4'-dihydroxy-2-(propylamino)= acetophenone* $C_{11}H_{15}NO_3$, Formel IX (R = $CH_2$-$CH_2$-$CH_3$, X = H) (E I 498).

*B.* Aus 2-Chlor-1-[3.4-dihydroxy-phenyl]-äthanon-(1) und Propylamin in Äthanol oder Isopropylalkohol (*Corrigan, Langermann, Moore*, Am. Soc. **71** [1949] 530).

Hydrochlorid $C_{11}H_{15}NO_3 \cdot HCl$. F: 234—236° [unkorr.; Zers.].

**2-Isopropylamino-1-[3.4-dihydroxy-phenyl]-äthanon-(1)**, *3',4'-dihydroxy-2-(isopropyl= amino)acetophenone* $C_{11}H_{15}NO_3$, Formel X (R = $CH(CH_3)_2$, X = H).

*B.* Aus 2-Chlor-1-[3.4-dihydroxy-phenyl]-äthanon-(1) und Isopropylamin in Isopropyl= alkohol (*Corrigan, Langermann, Moore*, Am. Soc. **71** [1949] 530) oder in wss. Äthanol (*C. H. Boehringer Sohn*, D.R.P. 723278 [1939]; D.R.P. Org. Chem. **3** 194).

F: 173° (*Bretschneider*, M. **76** [1947] 368, 380).

Hydrochlorid $C_{11}H_{15}NO_3 \cdot HCl$. F: 239—242° [unkorr.; Zers.] (*Co., La., Moore*).

Sulfat. Krystalle (aus wss. A.); F: 245° (*C. H. Boehringer Sohn*).

**2-Isopropylamino-1-[3.4-diacetoxy-phenyl]-äthanon-(1)**, *3',4'-diacetoxy-2-(isopropyl= amino)acetophenone* $C_{15}H_{19}NO_5$, Formel X (R = $CH(CH_3)_2$, X = CO-$CH_3$).

*B.* Beim Erwärmen von 2-Isopropylamino-1-[3.4-dihydroxy-phenyl]-äthanon-(1) mit Acetylchlorid und mit Chlorwasserstoff enthaltender Essigsäure (*Bretschneider*, M. **76** [1947] 368, 374, 380).

Hydrochlorid $C_{15}H_{19}NO_5 \cdot HCl$. Krystalle (aus A.); F: 208°.

**2-Isopropylamino-1-[3.4-dipropionyloxy-phenyl]-äthanon-(1)**, *2-(isopropylamino)-3',4'-bis(propionyloxy)acetophenone* $C_{17}H_{23}NO_5$, Formel X (R = $CH(CH_3)_2$, X = CO-$CH_2$-$CH_3$).

*B.* Beim Erhitzen von 2-Isopropylamino-1-[3.4-dihydroxy-phenyl]-äthanon-(1) mit Propionylchlorid und mit Chlorwasserstoff enthaltender Propionsäure (*Bretschneider*, M. **76** [1947] 368, 374).

Hydrochlorid $C_{17}H_{23}NO_5 \cdot HCl$. Krystalle (aus A. + Ae.); F: 196°.

**2-Butylamino-1-[3.4-dihydroxy-phenyl]-äthanon-(1)**, *2-(butylamino)-3',4'-dihydroxy= acetophenone* $C_{12}H_{17}NO_3$, Formel IX (R = $[CH_2]_3$-$CH_3$, X = H).

*B.* Aus 2-Chlor-1-[3.4-dihydroxy-phenyl]-äthanon-(1) und Butylamin in Äthanol oder Isopropylalkohol (*Corrigan, Langermann, Moore*, Am. Soc. **71** [1949] 530).

Hydrochlorid $C_{12}H_{17}NO_3 \cdot HCl$. F: 206—208° [unkorr.; Zers.].

**2-Butylamino-1-[4-hydroxy-3-methoxy-phenyl]-äthanon-(1)**, *2-(butylamino)-4'-hydroxy-3'-methoxyacetophenone* $C_{13}H_{19}NO_3$, Formel IX (R = $[CH_2]_3$-$CH_3$, X = $CH_3$).

*B.* Aus 2-Chlor-1-[4-hydroxy-3-methoxy-phenyl]-äthanon-(1) und Butylamin in Äthanol (*Külz, Hornung*, D.R.P. 682394 [1936]; D.R.P. Org. Chem. **3** 195).

Hydrochlorid. F: 169—171°.

**(±)-2-*sec*-Butylamino-1-[3.4-dihydroxy-phenyl]-äthanon-(1)**, (±)-*2-*(sec-*butylamino*)-*3',4'-dihydroxyacetophenone* $C_{12}H_{17}NO_3$, Formel X (R = $CH(CH_3)$-$CH_2$-$CH_3$, X = H).

*B.* Aus 2-Chlor-1-[3.4-dihydroxy-phenyl]-äthanon-(1) und (±)-*sec*-Butylamin in Äthanol oder Isopropylalkohol (*Corrigan, Langermann, Moore*, Am. Soc. **71** [1949] 530).

Hydrochlorid $C_{12}H_{17}NO_3 \cdot HCl$. F: 226—227° [unkorr.; Zers.].

**2-Isobutylamino-1-[3.4-dihydroxy-phenyl]-äthanon-(1)**, *3',4'-dihydroxy-2-(isobutylamino)acetophenone* $C_{12}H_{17}NO_3$, Formel X (R = $CH_2$-$CH(CH_3)_2$, X = H).

*B.* Aus 2-Chlor-1-[3.4-dihydroxy-phenyl]-äthanon-(1) und Isobutylamin in Äthanol oder Isopropylalkohol (*Corrigan, Langermann, Moore*, Am. Soc. **71** [1949] 530).

Hydrochlorid $C_{12}H_{17}NO_3 \cdot HCl$. F: 214—216° [unkorr.; Zers.].

**2-*tert*-Butylamino-1-[3.4-dihydroxy-phenyl]-äthanon-(1)**, *2-*(tert-*butylamino*)*-3',4'-dihydroxyacetophenone* $C_{12}H_{17}NO_3$, Formel X (R = $C(CH_3)_3$, X = H).

*B.* Aus 2-Chlor-1-[3.4-dihydroxy-phenyl]-äthanon-(1) und *tert*-Butylamin in Dioxan (*Corrigan, Langermann, Moore*, Am. Soc. **71** [1949] 530).

Hydrochlorid $C_{12}H_{17}NO_3 \cdot HCl$. F: 233—235° [unkorr.; Zers.].

HO—[C₆H₃(XO)]—CO—CH$_2$—NH—R   IX

XO—[C₆H₃(XO)]—CO—CH$_2$—NH—R   X

**2-Pentylamino-1-[3.4-dihydroxy-phenyl]-äthanon-(1)**, *3',4'-dihydroxy-2-(pentylamino)acetophenone* $C_{13}H_{19}NO_3$, Formel X (R = $[CH_2]_4$-$CH_3$, X = H).

*B.* Aus 2-Chlor-1-[3.4-dihydroxy-phenyl]-äthanon-(1) und Pentylamin in Äthanol oder Isopropylalkohol (*Corrigan, Langermann, Moore*, Am. Soc. **71** [1949] 530).

Hydrochlorid $C_{13}H_{19}NO_3 \cdot HCl$. F: 201—202° [unkorr.; Zers.].

**2-[1-Äthyl-propylamino]-1-[3.4-dihydroxy-phenyl]-äthanon-(1)**, *2-(1-ethylpropylamino)-3',4'-dihydroxyacetophenone* $C_{13}H_{19}NO_3$, Formel X (R = $CH(C_2H_5)_2$, X = H).

*B.* Analog 2-Pentylamino-1-[3.4-dihydroxy-phenyl]-äthanon-(1) [s. o.] (*Corrigan, Langermann, Moore*, Am. Soc. **71** [1949] 530).

Hydrochlorid $C_{13}H_{19}NO_3 \cdot HCl$. F: 198—201° [unkorr.; Zers.].

**(±)-2-[1.2-Dimethyl-propylamino]-1-[3.4-dihydroxy-phenyl]-äthanon-(1)**, (±)-*2-(1,2-dimethylpropylamino)-3',4'-dihydroxyacetophenone* $C_{13}H_{19}NO_3$, Formel X (R = $CH(CH_3)$-$CH(CH_3)_2$, X = H).

*B.* Analog 2-Pentylamino-1-[3.4-dihydroxy-phenyl]-äthanon-(1) [s. o.] (*Corrigan, Langermann, Moore*, Am. Soc. **71** [1949] 530).

Hydrochlorid $C_{13}H_{19}NO_3 \cdot HCl$. F: 231—233° [unkorr.; Zers.].

**2-Cyclopentylamino-1-[3.4-dihydroxy-phenyl]-äthanon-(1)**, *2-(cyclopentylamino)-3',4'-dihydroxyacetophenone* $C_{13}H_{17}NO_3$, Formel X (R = $C_5H_9$, X = H).

*B.* Analog 2-Pentylamino-1-[3.4-dihydroxy-phenyl]-äthanon-(1) [s. o.] (*Corrigan, Langermann, Moore*, Am. Soc. **71** [1949] 530).

Hydrochlorid $C_{13}H_{17}NO_3 \cdot HCl$. F: 213—214° [unkorr.; Zers.].

**2-Cyclohexylamino-1-[3.4-dihydroxy-phenyl]-äthanon-(1)**, *2-(cyclohexylamino)-3',4'-dihydroxyacetophenone* $C_{14}H_{19}NO_3$, Formel X (R = $C_6H_{11}$, X = H).

*B.* Analog 2-Pentylamino-1-[3.4-dihydroxy-phenyl]-äthanon-(1) [s. o.] (*Corrigan, Langermann, Moore*, Am. Soc. **71** [1949] 530).

Hydrochlorid $C_{14}H_{19}NO_3 \cdot HCl$. F: 256—258° [unkorr.; Zers.].

**2-[Methyl-benzyl-amino]-1-[3.4-dihydroxy-phenyl]-äthanon-(1)**, *2-(benzylmethylamino)-3',4'-dihydroxyacetophenone* $C_{16}H_{17}NO_3$, Formel XI (R = $CH_3$, X = H).

*B.* Aus 2-Chlor-1-[3.4-dihydroxy-phenyl]-äthanon-(1) und Methyl-benzyl-amin in Äthanol (*I.G. Farbenind.*, D.R.P. 524717 [1927]; Frdl. **17** 2515; *Dalgliesh*, Soc. **1949** 90, 93).

Krystalle (aus A.) mit 1 Mol Äthanol (*Da.*); F: 121° [Zers.] (*Da.*), 120° [Zers.] (*I. G. Farbenind.*).

**2-[Methyl-benzyl-amino]-1-[3.4-dimethoxy-phenyl]-äthanon-(1)**, *2-(benzylmethylamino)-3',4'-dimethoxyacetophenone* $C_{18}H_{21}NO_3$, Formel XI (R = X = $CH_3$).

*B.* Aus 2-Brom-1-[3.4-dimethoxy-phenyl]-äthanon-(1) und Methyl-benzyl-amin (*Baltzly, Phillips*, Am. Soc. **71** [1949] 3419).

Hydrochlorid $C_{18}H_{21}NO_3 \cdot HCl$. Krystalle (aus A. + Ae.); F: 186,5—187,5° [korr.].

**2-[Methyl-benzyl-amino]-1-[3.4-dibenzyloxy-phenyl]-äthanon-(1)**, *2-(benzylmethylamino)-3',4'-bis(benzyloxy)acetophenone* $C_{30}H_{29}NO_3$, Formel XI (R = $CH_3$, X = $CH_2$-$C_6H_5$).

*B.* Beim Erwärmen von 2-[Methyl-benzyl-amino]-1-[3.4-dihydroxy-phenyl]-äthanon-(1) mit Benzylchlorid und äthanol. Natriumäthylat (*Dalgliesh*, Soc. **1949** 90, 93).

Hydrogenoxalat $C_{30}H_{29}NO_3 \cdot C_2H_2O_4$. Krystalle (aus A.) mit 2 Mol Äthanol; F: 191° [Zers.].

**2-Dibenzylamino-1-[3.4-dihydroxy-phenyl]-äthanon-(1)**, *2-(dibenzylamino)-3',4'-dihydroxyacetophenone* $C_{22}H_{21}NO_3$, Formel XI (R = $CH_2$-$C_6H_5$, X = H).

*B.* Aus 2-Chlor-1-[3.4-dihydroxy-phenyl]-äthanon-(1) und Dibenzylamin in Äthanol (*Simonoff, Hartung*, J. Am. pharm. Assoc. **35** [1946] 306, 307).

Krystalle (aus wss. A.); F: 165° [Zers.].

Hydrochlorid. F: 203—205° [Zers.].

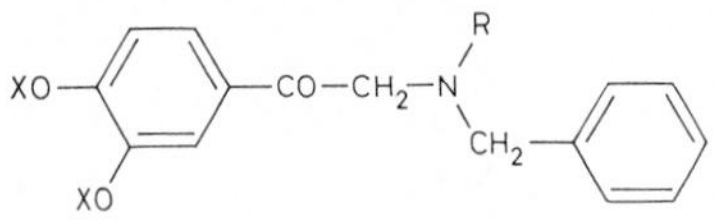

XI 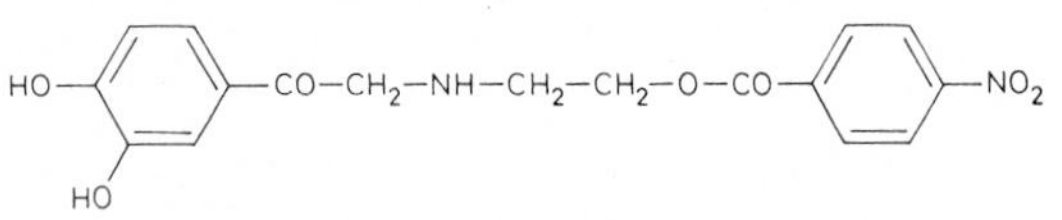 XII

**2-[2-Hydroxy-äthylamino]-1-[3.4-dihydroxy-phenyl]-äthanon-(1)**, *3',4'-dihydroxy-2-(2-hydroxyethylamino)acetophenone* $C_{10}H_{13}NO_4$, Formel X (R = $CH_2$-$CH_2$-OH, X = H) (H 255).

*B.* Aus 2-Chlor-1-[3.4-dihydroxy-phenyl]-äthanon-(1) beim Behandeln mit 2-Amino-äthanol-(1) in wss. Äthanol und Erwärmen des Reaktionsprodukts (*Hill, Powell*, Am. Soc. **67** [1945] 1462; vgl. H 255).

Hydrochlorid $C_{10}H_{13}NO_4 \cdot HCl$. Krystalle (aus wss. A.); F: 195—196°.

**2-[2-Methoxy-äthylamino]-1-[3.4-dihydroxy-phenyl]-äthanon-(1)**, *3',4'-dihydroxy-2-(2-methoxyethylamino)acetophenone* $C_{11}H_{15}NO_4$, Formel X (R = $CH_2$-$CH_2$-$OCH_3$, X = H).

*B.* Aus 2-Chlor-1-[3.4-dihydroxy-phenyl]-äthanon-(1) und 2-Methoxy-äthylamin (*Brighton, Reid*, Am. Soc. **65** [1943] 479).

F: 93°.

Hydrochlorid $C_{11}H_{15}NO_4 \cdot HCl$. F: 186°.

**2-[3.4-Dihydroxy-phenacylamino]-1-[4-nitro-benzoyloxy]-äthan, 2-[2-(4-Nitro-benzoyloxy)-äthylamino]-1-[3.4-dihydroxy-phenyl]-äthanon-(1)**, *3',4'-dihydroxy-2-[2-(4-nitrobenzoyloxy)ethylamino]acetophenone* $C_{17}H_{16}N_2O_7$, Formel XII.

*B.* Beim Erhitzen von 2-[2-Hydroxy-äthylamino]-1-[3.4-dihydroxy-phenyl]-äthanon-(1)-hydrochlorid mit 4-Nitro-benzoylchlorid (*Hill, Powell*, Am. Soc. **67** [1945] 1462).

Hydrochlorid $C_{17}H_{16}N_2O_7 \cdot HCl$. Krystalle (aus Eg. + wss. Salzsäure); F: 215—216° [Zers.].

**2-[Methyl-acetyl-amino]-1-[3.4-dihydroxy-phenyl]-äthanon-(1), *N*-Methyl-*N*-[3.4-dihydroxy-phenacyl]-acetamid**, N-*(3,4-dihydroxyphenacyl)*-N-*methylacetamide* $C_{11}H_{13}NO_4$, Formel I (R = X = H).

*B.* Beim Behandeln von 2-Methylamino-1-[3.4-dihydroxy-phenyl]-äthanon-(1) mit Acetylchlorid in Chloroform unter Zusatz von wss. Natronlauge (*Bretschneider*, M. **78** [1948] 71, 75).

Krystalle (aus W.); F: 181°.

**2-[Methyl-chloracetyl-amino]-1-[3.4-dihydroxy-phenyl]-äthanon-(1), *C*-Chlor-*N*-methyl-*N*-[3.4-dihydroxy-phenacyl]-acetamid**, *2-chloro-*N-*(3,4-dihydroxyphenacyl)*-N-*methylacetamide* $C_{11}H_{12}ClNO_4$, Formel II (R = $CH_3$, X = CO-$CH_2$Cl).

*B.* Analog der im vorangehenden Artikel beschriebenen Verbindung (*Bretschneider*,

M. **78** [1948] 71, 77).

Krystalle (aus Acn. + E.); F: 168°.

**2-[Methyl-acetyl-amino]-1-[4-hydroxy-3-acetoxy-phenyl]-äthanon-(1), *N*-Methyl-*N*-[4-hydroxy-3-acetoxy-phenacyl]-acetamid,** N-(*3-acetoxy-4-hydroxyphenacyl*)-N-*methylacetamide* $C_{13}H_{15}NO_5$, Formel I (R = CO-$CH_3$, X = H), und **2-[Methyl-acetyl-amino]-1-[3-hydroxy-4-acetoxy-phenyl]-äthanon-(1), *N*-Methyl-*N*-[3-hydroxy-4-acetoxy-phenacyl]-acetamid,** N-(*4-acetoxy-3-hydroxyphenacyl*)-N-*methylacetamide* $C_{13}H_{15}NO_5$, Formel I (R = H, X = CO-$CH_3$).

Eine Verbindung (Krystalle [aus Acn.]; F: 170—171°), für die diese beiden Konstitutionsformeln in Betracht kommen, ist aus 2-Methylamino-1-[3.4-diacetoxy-phenyl]-äthanon-(1)-hydrochlorid beim Erhitzen mit Pyridin erhalten worden (*Bretschneider*, M. **78** [1948] 117, 125).

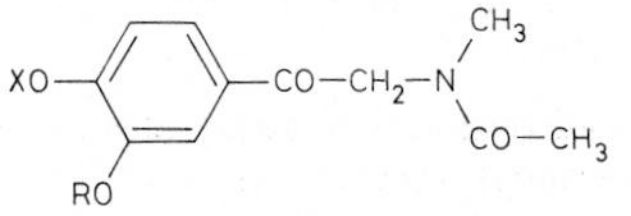

I 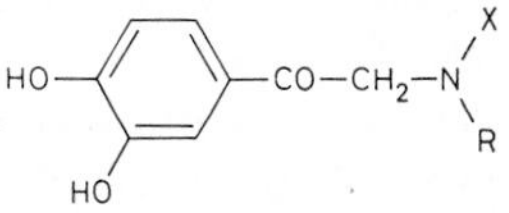 II

**2-[Methyl-acetyl-amino]-1-[4-methoxy-3-acetoxy-phenyl]-äthanon-(1), *N*-Methyl-*N*-[4-methoxy-3-acetoxy-phenacyl]-acetamid,** N-(*3-acetoxy-4-methoxyphenacyl*)-N-*methylacetamide* $C_{14}H_{17}NO_5$, Formel I (R = CO-$CH_3$, X = $CH_3$), und **2-[Methyl-acetyl-amino]-1-[3-methoxy-4-acetoxy-phenyl]-äthanon-(1), *N*-Methyl-*N*-[3-methoxy-4-acetoxy-phenacyl]-acetamid,** N-(*4-acetoxy-3-methoxyphenacyl*)-N-*methylacetamide* $C_{14}H_{17}NO_5$, Formel I (R = $CH_3$, X = CO-$CH_3$).

Eine Verbindung (Krystalle [aus Ae. + Acn.]; F: 97—99°), für die diese beiden Konstitutionsformeln in Betracht kommen, ist aus der im vorangehenden Artikel beschriebenen Verbindung und Diazomethan in Methanol und Äther erhalten worden (*Bretschneider*, M. **78** [1948] 117, 125).

**2-[Methyl-acetyl-amino]-1-[3.4-diacetoxy-phenyl]-äthanon-(1), *N*-Methyl-*N*-[3.4-diacetoxy-phenacyl]-acetamid,** N-(*3,4-diacetoxyphenacyl*)-N-*methylacetamide* $C_{15}H_{17}NO_6$, Formel I (R = X = CO-$CH_3$).

*B.* Beim Erhitzen von 2-Methylamino-1-[3.4-dihydroxy-phenyl]-äthanon-(1) oder von *N*-Methyl-*N*-[3(oder 4)-hydroxy-4(oder 3)-acetoxy-phenacyl]-acetamid (s. o.) mit Acetanhydrid unter Kohlendioxid (*Bretschneider*, M. **76** [1947] 355, 364, **78** [1948] 117, 126).

Krystalle (aus Ae. oder aus E. + Ae.); F: 112—114°.

**2-[Methyl-benzoyl-amino]-1-[3.4-dihydroxy-phenyl]-äthanon-(1), *N*-Methyl-*N*-[3.4-dihydroxy-phenacyl]-benzamid,** N-(*3,4-dihydroxyphenacyl*)-N-*methylbenzamide* $C_{16}H_{15}NO_4$, Formel II (R = $CH_3$, X = CO-$C_6H_5$).

*B.* Beim Behandeln von 2-Methylamino-1-[3.4-dihydroxy-phenyl]-äthanon-(1) mit Benzoylchlorid in Chloroform unter Zusatz von wss. Natronlauge (*Bretschneider*, M. **78** [1948] 71, 76).

Krystalle (aus Acn. + E.); F: 180—182°.

**2-[(2-Hydroxy-äthyl)-benzoyl-amino]-1-[3.4-dihydroxy-phenyl]-äthanon-(1), *N*-[2-Hydroxy-äthyl]-*N*-[3.4-dihydroxy-phenacyl]-benzamid,** N-(*3,4-dihydroxyphenacyl*)-N-(*2-hydroxyethyl*)*benzamide* $C_{17}H_{17}NO_5$, Formel II (R = $CH_2$-$CH_2OH$, X = CO-$C_6H_5$).

*B.* Beim Behandeln von 2-[2-Hydroxy-äthylamino]-1-[3.4-dihydroxy-phenyl]-äthanon-(1) mit Benzoylchlorid und Kaliumcarbonat in Wasser (*Hill, Powell*, Am. Soc. **67** [1945] 1462).

Krystalle (aus Butanol-(1)); F: 171,5—172,5° [Zers.].

Beim Erhitzen auf Temperaturen oberhalb des Schmelzpunkts sowie beim Behandeln mit Chlorwasserstoff enthaltendem Äthanol ist 6-[3.4-Dihydroxy-phenyl]-4-benzoyl-3.4-dihydro-2*H*-[1.4]oxazin erhalten worden.

**Methyl-[3.4-dihydroxy-phenacyl]-carbamidsäure-benzylester,** (*3,4-dihydroxyphenacyl*)-*methylcarbamic acid benzyl ester* $C_{17}H_{17}NO_5$, Formel III (R = H).

*B.* Beim Behandeln von 2-Methylamino-1-[3.4-dihydroxy-phenyl]-äthanon-(1) mit Chlorameisensäure-benzylester in Chloroform unter Zusatz von wss. Natronlauge (*Bret-*

*schneider*, M. **78** [1948] 71, 76).

Krystalle (aus Me. + A.); F: 185—188° [Block].

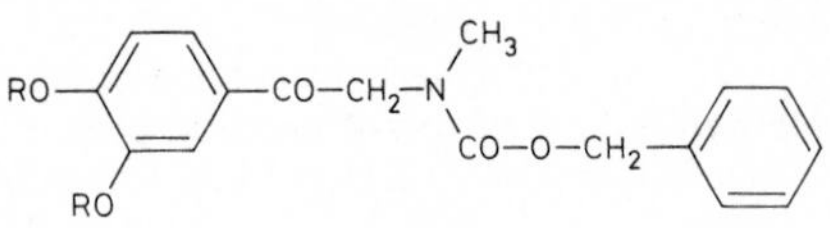

III 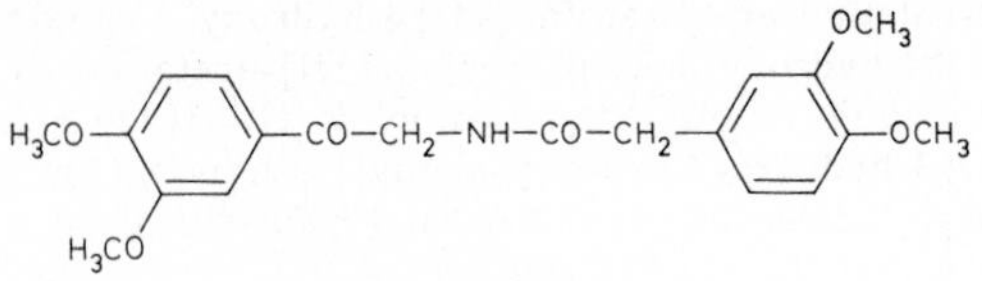 IV

**Methyl-[3.4-dibenzoyloxy-phenacyl]-carbamidsäure-benzylester**, *[3,4-bis(benzoyloxy)phenacyl]methylcarbamic acid benzyl ester* $C_{31}H_{25}NO_7$, Formel III (R = CO-$C_6H_5$).

*B.* Beim Behandeln von Methyl-[3.4-dihydroxy-phenacyl]-carbamidsäure-benzylester mit Benzoylchlorid und Pyridin (*Bretschneider*, M. **78** [1948] 71, 80).

Krystalle (aus Me. + Acn. oder aus Ae.); F: 103°.

**2-[*C*-(3.4-Dimethoxy-phenyl)-acetamino]-1-[3.4-dimethoxy-phenyl]-äthanon-(1), *C*-[3.4-Dimethoxy-phenyl]-*N*-[3.4-dimethoxy-phenacyl]-acetamid**, N-*(3,4-dimethoxyphenacyl)-2-(3,4-dimethoxyphenyl)acetamide* $C_{20}H_{23}NO_6$, Formel IV (H 255).

Beim Erhitzen mit Phosphoroxychlorid in Toluol ist 5-[3.4-Dimethoxy-phenyl]-2-[3.4-dimethoxy-benzyl]-oxazol erhalten worden (*Young, Robinson*, Soc. **1933** 275, 276; s. dagegen *Buck*, Am. Soc. **52** [1930] 3610, 3612).

***N.N'*-Bis-[3.4-dihydroxy-phenacyl]-äthylendiamin**, *3',3''',4',4'''-tetrahydroxy-2,2''-(ethylenediimino)diacetophenone* $C_{18}H_{20}N_2O_6$, Formel V (n = 2).

*B.* Aus 2-Chlor-1-[3.4-dihydroxy-phenyl]-äthanon-(1) und Äthylendiamin in Äthanol (*Niederl, Subba Rao*, J. org. Chem. **14** [1949] 27, 29).

F: ca. 210° [unkorr.].

***N.N'*-Bis-[3.4-dihydroxy-phenacyl]-propandiyldiamin**, *3',3''',4',4'''-tetrahydroxy-2,2''-(propanediyldiimino)diacetophenone* $C_{19}H_{22}N_2O_6$, Formel V (n = 3).

*B.* Aus 2-Chlor-1-[3.4-dihydroxy-phenyl]-äthanon-(1) und Propandiyldiamin in Äthanol (*Niederl, Subba Rao*, J. org. Chem. **14** [1949] 27, 29).

F: ca. 200° [unkorr.; Zers.].

***N.N'*-Bis-[3.4-dihydroxy-phenacyl]-pentandiyldiamin**, *3',3''',4',4'''-tetrahydroxy-2,2''-(pentanediyldiimino)diacetophenone* $C_{21}H_{26}N_2O_6$, Formel V (n = 5).

*B.* Aus 2-Chlor-1-[3.4-dihydroxy-phenyl]-äthanon-(1) und Pentandiyldiamin in Äthanol (*Niederl, Subba Rao*, J. org. Chem. **14** [1949] 27, 29).

F: ca. 225° [unkorr.].

Dihydrochlorid $C_{21}H_{26}N_2O_6 \cdot 2HCl$. F: 258—260° [unkorr.].

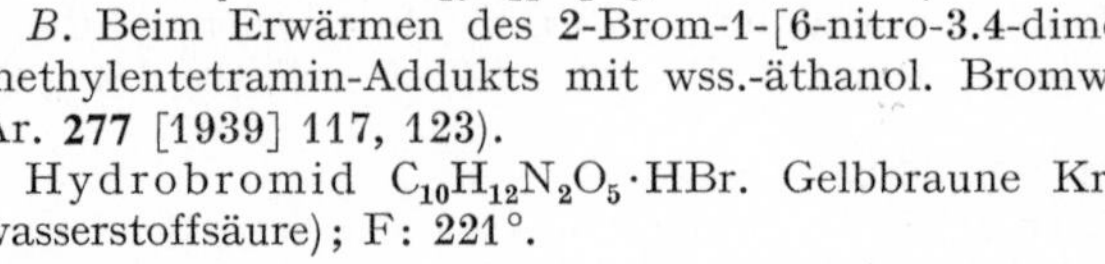

V 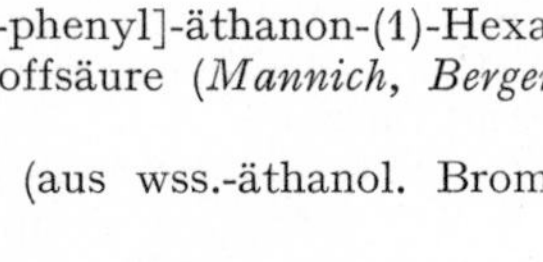 VI

**2-Amino-1-[6-nitro-3.4-dimethoxy-phenyl]-äthanon-(1)**, *2-amino-4',5'-dimethoxy-2'-nitroacetophenone* $C_{10}H_{12}N_2O_5$, Formel VI (R = X = H).

*B.* Beim Erwärmen des 2-Brom-1-[6-nitro-3.4-dimethoxy-phenyl]-äthanon-(1)-Hexamethylentetramin-Addukts mit wss.-äthanol. Bromwasserstoffsäure (*Mannich, Berger*, Ar. **277** [1939] 117, 123).

Hydrobromid $C_{10}H_{12}N_2O_5 \cdot HBr$. Gelbbraune Krystalle (aus wss.-äthanol. Bromwasserstoffsäure); F: 221°.

**2-Dimethylamino-1-[6-nitro-3.4-dimethoxy-phenyl]-äthanon-(1)**, *2-(dimethylamino)-4',5'-dimethoxy-2'-nitroacetophenone* $C_{12}H_{16}N_2O_5$, Formel VI (R = X = $CH_3$).

*B.* Aus 2-Brom-1-[6-nitro-3.4-dimethoxy-phenyl]-äthanon-(1) und Dimethylamin in Benzol (*Mannich, Berger*, Ar. **277** [1939] 117, 126).

Hydrobromid $C_{12}H_{16}N_2O_5 \cdot HBr$. Krystalle (aus wss.-äthanol. Bromwasserstoffsäure); F: 197°.

**2-Acetamino-1-[6-nitro-3.4-dimethoxy-phenyl]-äthanon-(1), *N*-[6-Nitro-3.4-dimethoxy-phenacyl]-acetamid,** N-(*4,5-dimethoxy-2-nitrophenacyl)acetamide* $C_{12}H_{14}N_2O_6$, Formel VI ($R = CO\text{-}CH_3$, $X = H$).

*B.* Beim Erhitzen von 2-Amino-1-[6-nitro-3.4-dimethoxy-phenyl]-äthanon-(1) mit Acetanhydrid und Natriumacetat (*Mannich, Berger*, Ar. **277** [1939] 117, 124).

Krystalle (aus wss. A.); F: 194,5°.

**2-[(Toluol-sulfonyl-(4))-methyl-amino]-1-[6-nitro-3.4-dimethoxy-phenyl]-äthanon-(1), *N*-Methyl-*N*-[6-nitro-3.4-dimethoxy-phenacyl]-toluolsulfonamid-(4),** N-(*4,5-dimethoxy-2-nitrophenacyl)*-N-*methyl*-p-*toluenesulfonamide* $C_{18}H_{20}N_2O_7S$, Formel VI ($R = CH_3$, $X = SO_2\text{-}C_6H_4\text{-}CH_3$).

*B.* Beim Behandeln von 2-Brom-1-[6-nitro-3.4-dimethoxy-phenyl]-äthanon-(1) mit *N*-Methyl-toluolsulfonamid-(4) und dessen Kalium-Salz in Aceton (*Mannich, Berger*, Ar. **277** [1939] 117, 125).

Krystalle (aus A. + Dioxan); F: 239°.

**2-Amino-1-[6-amino-3.4-dihydroxy-phenyl]-äthanon-(1),** 6.ω-Diamino-3.4-dihydr=oxy-acetophenon, *2,2'-diamino-4',5'-dihydroxyacetophenone* $C_8H_{10}N_2O_3$, Formel VII ($R = X = H$).

*B.* Beim Erhitzen von 2-Amino-1-[6-amino-3.4-dimethoxy-phenyl]-äthanon-(1)-hydro=bromid mit wss. Bromwasserstoffsäure (*Mannich, Berger*, Ar. **277** [1939] 117, 124).

Dihydrobromid $C_8H_{10}N_2O_3 \cdot 2HBr$. Krystalle (aus wss. Bromwasserstoffsäure), die unterhalb 280° nicht schmelzen.

**2-Amino-1-[6-amino-3.4-dimethoxy-phenyl]-äthanon-(1),** *2,2'-diamino-4',5'-dimethoxy=acetophenone* $C_{10}H_{14}N_2O_3$, Formel VII ($R = H$, $X = CH_3$).

*B.* Aus 2-Amino-1-[6-nitro-3.4-dimethoxy-phenyl]-äthanon-(1)-hydrobromid bei der Hydrierung an Platin in Wasser (*Mannich, Berger*, Ar. **277** [1939] 117, 124).

Monohydrobromid $C_{10}H_{14}N_2O_3 \cdot HBr$. Hellgelbe Krystalle (aus A.); F: 187°. — Dihydrobromid $C_{10}H_{14}N_2O_3 \cdot 2HBr$. Krystalle (aus wss. Bromwasserstoffsäure); F: 243°.

**2-Dimethylamino-1-[6-amino-3.4-dihydroxy-phenyl]-äthanon-(1),** *2'-amino-2-(dimethyl=amino)-4',5'-dihydroxyacetophenone* $C_{10}H_{14}N_2O_3$, Formel VII ($R = CH_3$, $X = H$).

*B.* Beim Erhitzen von 2-Dimethylamino-1-[6-amino-3.4-dimethoxy-phenyl]-äthan=on-(1)-hydrobromid mit wss. Bromwasserstoffsäure (*Mannich, Berger*, Ar. **277** [1939] 117, 127).

Dihydrobromid $C_{10}H_{14}N_2O_3 \cdot 2HBr$. Hellgelbe Krystalle (aus wss.-methanol. Brom=wasserstoffsäure); F: 249° [Zers.].

**2-Dimethylamino-1-[6-amino-3.4-dimethoxy-phenyl]-äthanon-(1),** *2'-amino-2-(dimethyl=amino)-4',5'-dimethoxyacetophenone* $C_{12}H_{18}N_2O_3$, Formel VII ($R = X = CH_3$).

*B.* Bei der Hydrierung von 2-Dimethylamino-1-[6-nitro-3.4-dimethoxy-phenyl]-äthan=on-(1)-hydrobromid an Platin in wss. Aceton (*Mannich, Berger*, Ar. **277** [1939] 117, 127).

Hydrobromid $C_{12}H_{18}N_2O_3 \cdot HBr$. Grüngelbe Krystalle (aus W.); F: 192°.

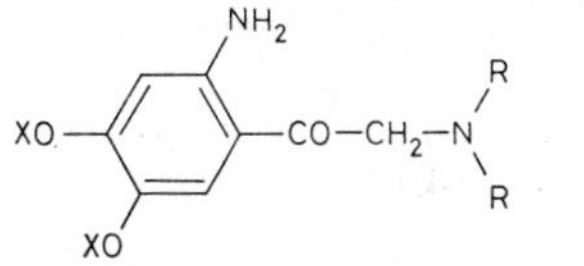

VII 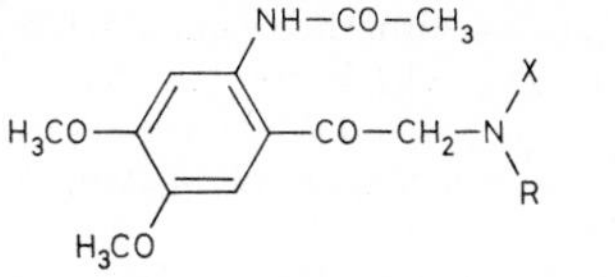 VIII

**2-Dimethylamino-1-[6-acetamino-3.4-dimethoxy-phenyl]-äthanon-(1), Essigsäure-[4.5-dimethoxy-2-(*N.N*-dimethyl-glycyl)-anilid],** *2'-*(N,N-*dimethylglycyl)-4',5'-dimethoxy=acetanilide* $C_{14}H_{20}N_2O_4$, Formel VIII ($R = X = CH_3$).

*B.* Beim Erhitzen von 2-Dimethylamino-1-[6-amino-3.4-dimethoxy-phenyl]-äthan=on-(1)-hydrobromid mit Acetanhydrid (*Mannich, Berger*, Ar. **277** [1939] 117, 127).

Hydrobromid $C_{14}H_{20}N_2O_4 \cdot HBr$. Krystalle (aus Me.); F: ca. 218° [Zers.].

**2-Acetamino-1-[6-acetamino-3.4-dimethoxy-phenyl]-äthanon-(1), *N*-[6-Acetamino-3.4-dimethoxy-phenacyl]-acetamid,** *2'-*(N-*acetylglycyl)-4',5'-dimethoxyacetanilide* $C_{14}H_{18}N_2O_5$, Formel VIII ($R = CO\text{-}CH_3$, $X = H$).

*B.* Aus 2-Amino-1-[6-amino-3.4-dimethoxy-phenyl]-äthanon-(1) und Acetanhydrid

(*Mannich, Berger*, Ar. **277** [1939] 117, 124).

Krystalle (aus W.); F: 211°.

**2-[(Toluol-sulfonyl-(4))-methyl-amino]-1-[6-amino-3.4-dimethoxy-phenyl]-äthanon-(1), *N*-Methyl-*N*-[6-amino-3.4-dimethoxy-phenacyl]-toluolsulfonamid-(4),** N-(*2-amino-4,5-dimethoxyphenacyl*)-N-*methyl*-p-*toluenesulfonamide* $C_{18}H_{22}N_2O_5S$, Formel IX (R = H).

*B.* Aus *N*-Methyl-*N*-[6-nitro-3.4-dimethoxy-phenacyl]-toluolsulfonamid-(4) bei der Hydrierung an Platin in Methanol und Dioxan (*Mannich, Berger*, Ar. **277** [1939] 117, 126).

Krystalle (aus Me.).

*N*-Acetyl-Derivat s. u.

**2-[(Toluol-sulfonyl-(4))-methyl-amino]-1-[6-acetamino-3.4-dimethoxy-phenyl]-äthanon-(1), *N*-Methyl-*N*-[6-acetamino-3.4-dimethoxy-phenacyl]-toluolsulfonamid-(4),** *4′,5′-dimethoxy-2′-*[N-*methyl*-N-(p-*tolylsulfonyl*)*glycyl*]*acetanilide* $C_{20}H_{24}N_2O_6S$, Formel IX (R = CO-$CH_3$).

*B.* Aus *N*-Methyl-*N*-[6-amino-3.4-dimethoxy-phenacyl]-toluolsulfonamid-(4) und Acetanhydrid (*Mannich, Berger*, Ar. **277** [1939] 117, 126).

Krystalle (aus wss. Dioxan); F: 176°.

IX X

**2-Hydroxy-1-[3-amino-4-hydroxy-phenyl]-äthanon-(1),** 3-Amino-4.ω-dihydroxy-acetophenon $C_8H_9NO_3$.

**2-Acetoxy-1-[3-amino-4-methoxy-phenyl]-äthanon-(1), Essigsäure-[3-amino-4-methoxy-phenacylester],** *2-acetoxy-3′-amino-4′-methoxyacetophenone* $C_{11}H_{13}NO_4$, Formel X.

*B.* Aus Essigsäure-[3-nitro-4-methoxy-phenacylester] beim Erhitzen mit Eisen(II)-sulfat und wss. Ammoniak (*Robinson, Robinson*, Soc. **1933** 25, 26).

Gelbe Krystalle (aus W.); F: 119–120°.

## Amino-Derivate der Hydroxy-oxo-Verbindungen $C_9H_{10}O_3$

**1-[5-Amino-2.4-dihydroxy-phenyl]-propanon-(1),** 5-Amino-2.4-dihydroxy-propiophenon, *5′-amino-2′,4′-dihydroxypropiophenone* $C_9H_{11}NO_3$, Formel XI (R = H).

*B.* Aus 1-[5-Nitro-2.4-dihydroxy-phenyl]-propanon-(1) bei der Hydrierung an Raney-Nickel in Aceton (*Omer, Hamilton*, Am. Soc. **59** [1937] 642).

F: 147–151° [Zers.].

Hydrochlorid $C_9H_{11}NO_3 \cdot HCl$. Krystalle (aus A.), die unterhalb 300° nicht schmelzen.

**1-[5-Amino-2.4-dimethoxy-phenyl]-propanon-(1),** *5′-amino-2′,4′-dimethoxypropiophenone* $C_{11}H_{15}NO_3$, Formel XI (R = $CH_3$).

*B.* Aus 1-[5-Nitro-2.4-dimethoxy-phenyl]-propanon-(1) bei der Hydrierung an Raney-Nickel in Aceton (*Omer, Hamilton*, Am. Soc. **59** [1937] 642).

F: 107°.

Hydrochlorid $C_{11}H_{15}NO_3 \cdot HCl$. Krystalle (aus A.), die unterhalb 300° nicht schmelzen.

**(±)-2-Amino-1-[2.4-dihydroxy-phenyl]-propanon-(1),** (±)-α-Amino-2.4-dihydroxy-propiophenon, (±)-*2-amino-2′,4′-dihydroxypropiophenone* $C_9H_{11}NO_3$, Formel XII (R = H).

*B.* Beim Erhitzen von (±)-2-Amino-1-[2.4-dimethoxy-phenyl]-propanon-(1)-hydrochlorid mit wss. Salzsäure auf 150° (*Hartung et al.*, Am. Soc. **53** [1931] 4149, 4159).

Hydrochlorid $C_9H_{11}NO_3 \cdot HCl$. Rotbraune Krystalle; F: 176° [korr.; Zers.].

**(±)-2-Amino-1-[2.4-dimethoxy-phenyl]-propanon-(1),** (±)-*2-amino-2′,4′-dimethoxypropiophenone* $C_{11}H_{15}NO_3$, Formel XII (R = $CH_3$).

*B.* Aus 2-Hydroxyimino-1-[2.4-dimethoxy-phenyl]-propanon-(1) bei der Hydrierung an Palladium in Chlorwasserstoff enthaltendem Äthanol (*Hartung et al.*, Am. Soc. **53** [1931] 4149, 4157).

Hydrochlorid $C_{11}H_{15}NO_3 \cdot HCl$. Krystalle (aus A.); F: 178—180° [korr.; Zers.].

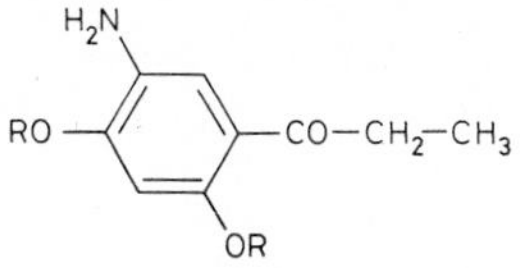

XI 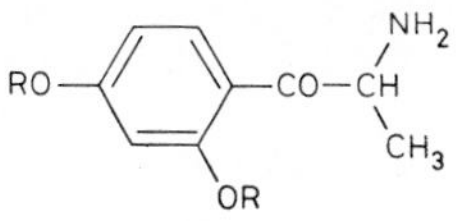 XII 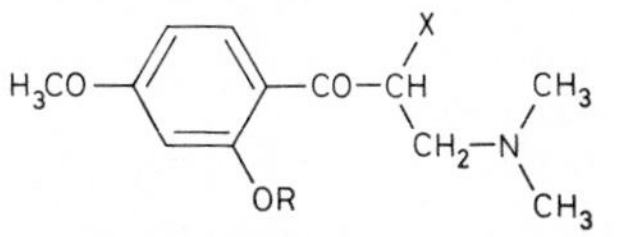 XIII

**3-Amino-1-[2.4-dihydroxy-phenyl]-propanon-(1)**, β-Amino-2.4-dihydroxy-propiophenon $C_9H_{11}NO_3$.

**3-Dimethylamino-1-[2-hydroxy-4-methoxy-phenyl]-propanon-(1)**, *3-(dimethylamino)-2′-hydroxy-4′-methoxypropiophenone* $C_{12}H_{17}NO_3$, Formel XIII (R = X = H).

*B.* Beim Erhitzen von 3-Dimethylamino-1-[4-methoxy-2-acetoxy-phenyl]-propanon-(1)-hydrochlorid mit wss. Salzsäure (*Bergel et al.*, Soc. **1944** 261, 262).

Hydrochlorid $C_{12}H_{17}NO_3 \cdot HCl$. Krystalle (aus A. + E.); F: 166—167°.

**3-Dimethylamino-1-[4-methoxy-2-acetoxy-phenyl]-propanon-(1)**, *2′-acetoxy-3-(dimethylamino)-4′-methoxypropiophenone* $C_{14}H_{19}NO_4$, Formel XIII (R = CO-$CH_3$, X = H).

*B.* Beim Erwärmen von Essigsäure-[5-methoxy-2-acetyl-phenylester] mit Paraformaldehyd und Dimethylamin-hydrochlorid in Äthanol (*Bergel et al.*, Soc. **1944** 261, 262).

Hydrochlorid $C_{14}H_{19}NO_4 \cdot HCl$. Krystalle (aus A.); F: 175°.

**[5-Methoxy-2-(*N.N*-dimethyl-β-alanyl)-phenoxy]-essigsäure**, *[2-(N,N-dimethyl-β-alanyl)-5-methoxyphenoxy]acetic acid* $C_{14}H_{19}NO_5$, Formel XIII (R = $CH_2$-COOH, X = H).

*B.* Beim Erwärmen von [5-Methoxy-2-acetyl-phenoxy]-essigsäure mit Paraformaldehyd und Dimethylamin-hydrochlorid in Äthanol (*Bergel et al.*, Soc. **1944** 261, 263).

Hydrochlorid $C_{14}H_{19}NO_5 \cdot HCl$. Krystalle (aus A.); F: 197°.

**[5-Methoxy-2-(*N.N*-dimethyl-β-alanyl)-phenoxy]-essigsäure-äthylester**, *[2-(N,N-dimethyl-β-alanyl)-5-methoxyphenoxy]acetic acid ethyl ester* $C_{16}H_{23}NO_5$, Formel XIII (R = $CH_2$-CO-$OC_2H_5$, X = H).

*B.* Beim Erwärmen von [5-Methoxy-2-acetyl-phenoxy]-essigsäure-äthylester mit Paraformaldehyd und Dimethylamin-hydrochlorid in Äthanol (*Bergel et al.*, Soc. **1944** 261, 263).

Hydrochlorid $C_{16}H_{23}NO_5 \cdot HCl$. Krystalle (aus E. + A.); F: 149°.

**(±)-2-Brom-3-dimethylamino-1-[2-hydroxy-4-methoxy-phenyl]-propanon-(1)**, *(±)-2-bromo-3-(dimethylamino)-2′-hydroxy-4′-methoxypropiophenone* $C_{12}H_{16}BrNO_3$, Formel XIII (R = H, X = Br).

*B.* Aus (±)-2-Brom-3-dimethylamino-1-[4-methoxy-2-acetoxy-phenyl]-propanon-(1) beim Erwärmen mit wss.-äthanol. Bromwasserstoffsäure (*Bergel et al.*, Soc. **1944** 261, 263).

Hydrobromid $C_{12}H_{16}BrNO_3 \cdot HBr$. Krystalle (aus A.); F: 179°.

**(±)-2-Brom-3-dimethylamino-1-[4-methoxy-2-acetoxy-phenyl]-propanon-(1)**, *(±)-2′-acetoxy-2-bromo-3-(dimethylamino)-4′-methoxypropiophenone* $C_{14}H_{18}BrNO_4$, Formel XIII (R = CO-$CH_3$, X = Br).

*B.* Beim Behandeln von 3-Dimethylamino-1-[4-methoxy-2-acetoxy-phenyl]-propanon-(1)-hydrochlorid mit Brom in Essigsäure (*Bergel et al.*, Soc. **1944** 261, 263).

Hydrobromid $C_{14}H_{18}BrNO_4 \cdot HBr$. Krystalle (aus A.); F: 161°.

**2-Amino-1-[2.5-dihydroxy-phenyl]-propanon-(1)**, α-Amino-2.5-dihydroxy-propiophenon $C_9H_{11}NO_3$.

**(±)-2-Amino-1-[2.5-dimethoxy-phenyl]-propanon-(1)**, *(±)-2-amino-2′,5′-dimethoxypropiophenone* $C_{11}H_{15}NO_3$, Formel I (R = X = $CH_3$).

*B.* Aus 2-Hydroxyimino-1-[2.5-dimethoxy-phenyl]-propanon-(1) bei der Hydrierung an Palladium in Chlorwasserstoff enthaltendem Äthanol (*Baltzly, Buck*, Am. Soc. **62** [1940] 164, 166, **64** [1942] 3040).

Hydrochlorid $C_{11}H_{15}NO_3 \cdot HCl$. Krystalle; F: 175—176° [korr.; Zers.] (*Ba.*, *Buck*, Am. Soc. **62** 166).

**(±)-2-Amino-1-[2.5-diäthoxy-phenyl]-propanon-(1),** (±)-*2-amino-2',5'-diethoxypropiophenone* $C_{13}H_{19}NO_3$, Formel I (R = X = $C_2H_5$).

*B.* Aus 2-Hydroxyimino-1-[2.5-diäthoxy-phenyl]-propanon-(1) bei der Hydrierung an Palladium in Chlorwasserstoff enthaltendem Äthanol (*Ide*, *Baltzly*, Am. Soc. **70** [1948] 1084, 1086).

Hydrochlorid $C_{13}H_{19}NO_3 \cdot HCl$. Krystalle (aus A. + Ae.); F: 161° [korr.].

**(±)-2-Amino-1-[5-methoxy-2-benzyloxy-phenyl]-propanon-(1),** (±)-*2-amino-2'-(benzyloxy)-5'-methoxypropiophenone* $C_{17}H_{19}NO_3$, Formel I (R = $CH_2$-$C_6H_5$, X = $CH_3$).

*B.* Aus 2-Hydroxyimino-1-[5-methoxy-2-benzyloxy-phenyl]-propanon-(1) bei der Hydrierung an Palladium in Chlorwasserstoff enthaltendem Äthanol (*Ide*, *Baltzly*, Am. Soc. **70** [1948] 1084, 1086).

Hydrochlorid $C_{17}H_{19}NO_3 \cdot HCl$. Krystalle (aus A.); F: 179,5° [korr.].

I II III

**(±)-2-Methylamino-1-[2.5-dimethoxy-phenyl]-propanon-(1),** (±)-*2',5'-dimethoxy-2-(methylamino)propiophenone* $C_{12}H_{17}NO_3$, Formel II (R = X = $CH_3$).

*B.* Aus (±)-2-Brom-1-[2.5-dimethoxy-phenyl]-propanon-(1) und Methylamin in Äther (*Baltzly*, *Buck*, Am. Soc. **62** [1940] 164, 166).

Hydrochlorid $C_{12}H_{17}NO_3 \cdot HCl$. Krystalle; F: 172—173° [korr.; Zers.].

**(±)-2-Methylamino-1-[6-hydroxy-3-äthoxy-phenyl]-propanon-(1),** (±)-*5'-ethoxy-2'-hydroxy-2-(methylamino)propiophenone* $C_{12}H_{17}NO_3$, Formel II (R = H, X = $C_2H_5$).

*B.* Beim Behandeln von (±)-2-Brom-1-[5-äthoxy-2-benzyloxy-phenyl]-propanon-(1) mit Methyl-benzyl-amin in Äther und Hydrieren des Reaktionsprodukts an Palladium in Äthanol (*Ide*, *Baltzly*, Am. Soc. **70** [1948] 1084, 1086).

Hydrochlorid $C_{12}H_{17}NO_3 \cdot HCl$. Gelbe Krystalle (aus A.); F: 164,5° [korr.].

**(±)-2-Dimethylamino-1-[2.5-dimethoxy-phenyl]-propanon-(1),** (±)-*2-(dimethylamino)-2',5'-dimethoxypropiophenone* $C_{13}H_{19}NO_3$, Formel III.

*B.* Aus (±)-2-Brom-1-[2.5-dimethoxy-phenyl]-propanon-(1) und Dimethylamin in Äther (*Baltzly*, *Buck*, Am. Soc. **62** [1940] 164, 167).

Hydrochlorid $C_{13}H_{19}NO_3 \cdot HCl$. Krystalle; F: 154—156° [korr.; Zers.].

**(±)-2-Amino-1-[3.4-dihydroxy-phenyl]-propanon-(1),** (±)-α-Amino-3.4-dihydroxy-propiophenon, (±)-*2-amino-3',4'-dihydroxypropiophenone* $C_9H_{11}NO_3$, Formel IV (R = X = H) (E I 498).

*B.* Aus 2-Hydroxyimino-1-[3.4-dihydroxy-phenyl]-propanon-(1) bei der Hydrierung an Palladium in Chlorwasserstoff enthaltendem Äthanol (*Hartung et al.*, Am. Soc. **53** [1931] 4149, 4157).

Hydrochlorid $C_9H_{11}NO_3 \cdot HCl$. Krystalle (aus A.); F: 233° [korr.; Zers.].

**(±)-2-Amino-1-[3.4-dimethoxy-phenyl]-propanon-(1),** (±)-*2-amino-3',4'-dimethoxypropiophenone* $C_{11}H_{15}NO_3$, Formel IV (R = H, X = $CH_3$) (E I 498).

*B.* Aus 2-Hydroxyimino-1-[3.4-dimethoxy-phenyl]-propanon-(1) bei der Hydrierung an Palladium in Chlorwasserstoff enthaltendem Äthanol (*Iwamoto*, *Hartung*, J. org. Chem. **9** [1944] 513, 515).

Hydrochlorid $C_{11}H_{15}NO_3 \cdot HCl$. F: 214,2° [korr.; Zers.].

**(±)-2-Amino-1-[3.4-diäthoxy-phenyl]-propanon-(1),** (±)-*2-amino-3',4'-diethoxypropiophenone* $C_{13}H_{19}NO_3$, Formel IV (R = H, X = $C_2H_5$).

*B.* Aus 2-Hydroxyimino-1-[3.4-diäthoxy-phenyl]-propanon-(1) bei der Hydrierung an Platin in Chlorwasserstoff enthaltendem Äthanol (*Bruckner et al.*, Soc. **1948** 885, 888).

Hydrochlorid $C_{13}H_{19}NO_3 \cdot HCl$. Krystalle (aus Chlorwasserstoff enthaltendem

Äthanol); F: 203°.

**(±)-2-Methylamino-1-[4-methoxy-3-äthoxy-phenyl]-propanon-(1)**, (±)-*3'-ethoxy-4'-methoxy-2-(methylamino)propiophenone* $C_{13}H_{19}NO_3$, Formel V (R = H, X = $C_2H_5$).

*B.* Beim Einleiten von Methylamin in eine Lösung von (±)-2-Brom-1-[4-methoxy-3-äthoxy-phenyl]-propanon-(1) in Benzol (*Funakubo, Murata*, J. chem. Soc. Japan **63** [1942] 1652, 1655; C. A. **1947** 4122).

Hydrochlorid. Krystalle (aus $CHCl_3$ oder E.); F: 227,5–228,5° [Zers.].

Pikrat $C_{13}H_{19}NO_3 \cdot C_6H_3N_3O_7$. Gelbe Krystalle (aus A.); F: 157–160° [Zers.].

**(±)-2-Methylamino-1-[4-methoxy-3-isopentyloxy-phenyl]-propanon-(1)**, (±)-*3'-(isopentyloxy)-4'-methoxy-2-(methylamino)propiophenone* $C_{16}H_{25}NO_3$, Formel V (R = H, X = $CH_2$-$CH_2$-$CH(CH_3)_2$).

*B.* Beim Einleiten von Methylamin in eine Lösung von (±)-2-Brom-1-[4-methoxy-3-isopentyloxy-phenyl]-propanon-(1) in Benzol (*Funakubo, Imoto, Imoto*, J. chem. Soc. Japan **63** [1942] 1646, 1650; C. A. **1947** 4122).

$Kp_6$: 189–190°.

Hydrochlorid. Krystalle (aus Acn.); F: 168–170°.

Pikrat $C_{16}H_{25}NO_3 \cdot C_6H_3N_3O_7$. F: 162,5°.

**(±)-2-Äthylamino-1-[3.4-dihydroxy-phenyl]-propanon-(1)**, (±)-*2-(ethylamino)-3',4'-dihydroxypropiophenone* $C_{11}H_{15}NO_3$, Formel IV (R = $C_2H_5$, X = H).

*B.* Beim Behandeln von (±)-2-Brom-1-[3.4-dibenzyloxy-phenyl]-propanon-(1) mit Äthylamin in Äthanol, anschliessenden Schütteln mit wss. Salzsäure und Äther und Hydrieren des Reaktionsprodukts an Palladium in Äthanol (*I.G. Farbenind.*, D.R.P. 677127 [1934]; Frdl. **23** 495).

Krystalle; F: 169–170° [Zers.].

**(±)-2-[Methyl-benzyl-amino]-1-[3.4-dimethoxy-phenyl]-propanon-(1)**, (±)-*2-(benzylmethylamino)-3',4'-dimethoxypropiophenone* $C_{19}H_{23}NO_3$, Formel VI (R = X = $CH_3$).

*B.* Aus (±)-2-Brom-1-[3.4-dimethoxy-phenyl]-propanon-(1) und Methyl-benzyl-amin (*Baltzly, Phillips*, Am. Soc. **71** [1949] 3419).

Hydrochlorid $C_{19}H_{23}NO_3 \cdot HCl$. Krystalle (aus A. + Ae.); F: 183–184° [korr.].

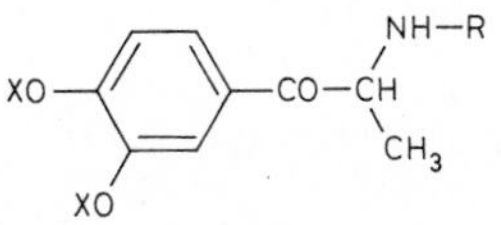

IV 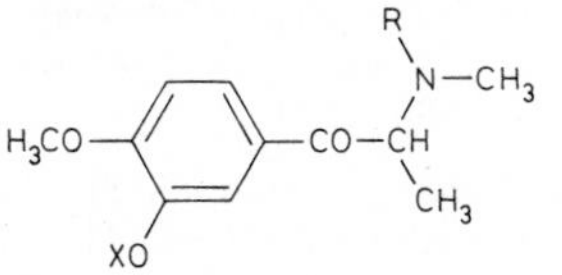 V 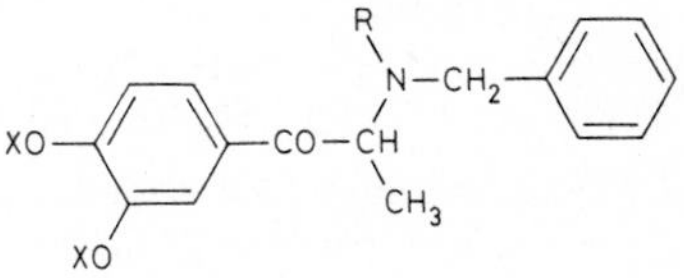 VI

**(±)-2-[Methyl-benzyl-amino]-1-[3.4-dibenzyloxy-phenyl]-propanon-(1)**, (±)-*2-(benzylmethylamino)-3',4'-bis(benzyloxy)propiophenone* $C_{31}H_{31}NO_3$, Formel VI (R = $CH_3$, X = $CH_2$-$C_6H_5$).

*B.* Aus (±)-2-Brom-1-[3.4-dibenzyloxy-phenyl]-propanon-(1) und Methyl-benzyl-amin in Äthanol (*I.G. Farbenind.*, D.R.P. 581331 [1929]; Frdl. **20** 958).

Hydrochlorid. Krystalle (aus Acn.); F: 170°.

**(±)-2-Dibenzylamino-1-[3.4-dibenzyloxy-phenyl]-propanon-(1)**, (±)-*3',4'-bis(benzyloxy)-2-(dibenzylamino)propiophenone* $C_{37}H_{35}NO_3$, Formel VI (R = X = $CH_2$-$C_6H_5$).

*B.* Aus (±)-2-Brom-1-[3.4-dibenzyloxy-phenyl]-propanon-(1) und Dibenzylamin in Benzol (*I.G. Farbenind.*, D.R.P. 600771 [1930]; Frdl. **20** 961).

Krystalle (aus Me.); F: 84–86°.

**(±)-2-[Methyl-acetyl-amino]-1-[4-methoxy-3-äthoxy-phenyl]-propanon-(1), (±)-*N*-Methyl-*N*-[2-oxo-1-methyl-2-(4-methoxy-3-äthoxy-phenyl)-äthyl]-acetamid,** (±)-N-(*3-ethoxy-4-methoxy-α-methylphenacyl*)-N-*methylacetamide* $C_{15}H_{21}NO_4$, Formel V (R = CO-$CH_3$, X = $C_2H_5$).

*B.* Aus (±)-2-Methylamino-1-[4-methoxy-3-äthoxy-phenyl]-propanon-(1) beim Erhitzen mit Acetanhydrid und Natriumacetat sowie beim Erwärmen mit Acetylchlorid in Äther (*Funakubo, Murata*, J. chem. Soc. Japan **63** [1942] 1652, 1656; C. A. **1947** 4122).

Krystalle (aus Bzn.); F: 79,5–81,5°.

**(±)-2-Benzamino-1-[3.4-diäthoxy-phenyl]-propanon-(1), (±)-*N*-[2-Oxo-1-methyl-2-(3.4-diäthoxy-phenyl)-äthyl]-benzamid,** (±)-N-*(3,4-diethoxy-α-methylphenacyl)benzamide* $C_{20}H_{23}NO_4$, Formel IV (R = CO-$C_6H_5$, X = $C_2H_5$).

*B.* Beim Behandeln von (±)-2-Amino-1-[3.4-diäthoxy-phenyl]-propanon-(1) mit Benzoylchlorid in Benzol unter Zusatz von wss. Natronlauge (*Bruckner et al.*, Soc. **1948** 885, 890).

Krystalle (aus wss. A.); F: 124,5°.

**(±)-2-[Methyl-benzoyl-amino]-1-[4-methoxy-3-isopentyloxy-phenyl]-propanon-(1), (±)-*N*-Methyl-*N*-[2-oxo-1-methyl-2-(4-methoxy-3-isopentyloxy-phenyl)-äthyl]-benzamid,** (±)-N-[*3-(isopentyloxy)-4-methoxy-α-methylphenacyl*]-N-*methylbenzamide* $C_{23}H_{29}NO_4$, Formel V (R = CO-$C_6H_5$, X = $CH_2$-$CH_2$-$CH(CH_3)_2$).

*B.* Beim Erwärmen von (±)-2-Methylamino-1-[4-methoxy-3-isopentyloxy-phenyl]-propanon-(1) mit Benzoylchlorid in Äther (*Funakubo, Imoto, Imoto,* J. chem. Soc. Japan **63** [1942] 1646, 1651; C. A. **1947** 4122).

Krystalle (aus PAe.); F: 98–99°.

**(±)-2-[Benzolsulfonyl-methyl-amino]-1-[4-methoxy-3-isopentyloxy-phenyl]-propanon-(1), (±)-*N*-Methyl-*N*-[2-oxo-1-methyl-2-(4-methoxy-3-isopentyloxy-phenyl)-äthyl]-benzolsulfonamid,** (±)-N-[*3-(isopentyloxy)-4-methoxy-α-methylphenacyl*]-N-*methylbenzenesulfonamide* $C_{22}H_{29}NO_5S$, Formel V (R = $SO_2$-$C_6H_5$, X = $CH_2$-$CH_2$-$CH(CH_3)_2$).

*B.* Beim Erhitzen von (±)-2-Methylamino-1-[4-methoxy-3-isopentyloxy-phenyl]-propanon-(1)-hydrochlorid mit Benzolsulfonylchlorid und wss. Kalilauge (*Funakubo, Imoto, Imoto,* J. chem. Soc. Japan **63** [1942] 1646, 1650; C. A. **1947** 4122).

Krystalle (aus PAe.); F: 78,5–80°.

**3-Amino-1-[3.4-dihydroxy-phenyl]-propanon-(1),** *β*-Amino-3.4-dihydroxy-propiophenon, *3-amino-3',4'-dihydroxypropiophenone* $C_9H_{11}NO_3$, Formel VII (R = X = H) (E I 499).

Hydrochlorid. Krystalle (aus W.); F: 240° [Zers.] (*Davies, Powell,* Am. Soc. **67** [1945] 1466).

**3-Amino-1-[3.4-dimethoxy-phenyl]-propanon-(1),** *3-amino-3',4'-dimethoxypropiophenone* $C_{11}H_{15}NO_3$, Formel VIII (R = H).

*B.* Aus 3-Phthalimido-1-[3.4-dimethoxy-phenyl]-propanon-(1) beim Erhitzen mit Essigsäure und wss. Salzsäure (*Davies, Powell,* Am. Soc. **67** [1945] 1466).

Hydrochlorid $C_{11}H_{15}NO_3 \cdot HCl$. F: 163–164°.

**3-Dimethylamino-1-[3.4-dimethoxy-phenyl]-propanon-(1),** *3-(dimethylamino)-3',4'-dimethoxypropiophenone* $C_{13}H_{19}NO_3$, Formel VIII (R = $CH_3$) (E II 158).

Hydrierung an Palladium in Tetralin bei 130° unter Bildung von 1-[3.4-Dimethoxy-phenyl]-propanon-(1): *Reichert, Posemann,* Ar. **281** [1943] 189; vgl. E II 158. Beim Erwärmen mit Nitromethan und methanol. Natriummethylat sind 4-Nitro-1-[3.4-dimethoxy-phenyl]-butanon-(1) und 4-Nitro-1.7-bis-[3.4-dimethoxy-phenyl]-heptandion-(1.7) erhalten worden (*Reichert, Posemann,* Ar. **275** [1937] 67, 78).

XO, XO, CO–$CH_2$–$CH_2$–NH–R

VII

$H_3CO$, $H_3CO$, CO–$CH_2$–$CH_2$–N(R)R

VIII

$H_3CO$, $H_3CO$, CO–CH($NH_2$)–$CH_3$

IX

**3-Benzamino-1-[3.4-dimethoxy-phenyl]-propanon-(1), *N*-[3-Oxo-3-(3.4-dimethoxy-phenyl)-propyl]-benzamid,** N-[*3-(3,4-dimethoxyphenyl)-3-oxopropyl*]*benzamide* $C_{18}H_{19}NO_4$, Formel VII (R = CO-$C_6H_5$, X = $CH_3$).

*B.* Aus 3-Amino-1-[3.4-dimethoxy-phenyl]-propanon-(1) und Benzoylchlorid (*Davies, Powell,* Am. Soc. **67** [1945] 1466).

F: 103,5–104,5°.

**3-Benzamino-1-[3.4-dibenzoyloxy-phenyl]-propanon-(1), *N*-[3-Oxo-3-(3.4-dibenzoyloxy-phenyl)-propyl]-benzamid,** N-{*3-[3,4-bis(benzoyloxy)phenyl]-3-oxopropyl*}*benzamide* $C_{30}H_{23}NO_6$, Formel VII (R = X = CO-$C_6H_5$).

*B.* Aus 3-Amino-1-[3.4-dihydroxy-phenyl]-propanon-(1) und Benzoylchlorid (*Davies, Powell*, Am. Soc. **67** [1945] 1466).

Krystalle (aus wss. A.); F: 146–147°.

**3-[*N'.N'*-Diphenyl-ureido]-1-[3.4-bis-diphenylcarbamoyloxy-phenyl]-propanon-(1), *N'*-[3-Oxo-3-(3.4-bis-diphenylcarbamoyloxy-phenyl)-propyl]-*N.N*-diphenyl-harnstoff,** *3-{3-[3,4-bis(diphenylcarbamoyloxy)phenyl]-3-oxopropyl}-1,1-diphenylurea* $C_{48}H_{38}N_4O_6$, Formel VII (R = X = CO-N$(C_6H_5)_2$).

*B.* Beim Erhitzen von 3-Amino-1-[3.4-dihydroxy-phenyl]-propanon-(1)-hydrochlorid mit Diphenylcarbamoylchlorid und Pyridin (*Davies, Powell*, Am. Soc. **67** [1945] 1466).

Krystalle (aus A.); F: 89–90°.

**2-Amino-1-[3.5-dihydroxy-phenyl]-propanon-(1),** α-Amino-3.5-dihydroxy-propiophenon $C_9H_{11}NO_3$.

**(±)-2-Amino-1-[3.5-dimethoxy-phenyl]-propanon-(1),** *(±)-2-amino-3',5'-dimethoxypropiophenone* $C_{11}H_{15}NO_3$, Formel IX.

*B.* Aus 2-Hydroxyimino-1-[3.5-dimethoxy-phenyl]-propanon-(1) bei der Hydrierung an Palladium in Chlorwasserstoff enthaltendem Äthanol (*Ivamoto, Hartung*, J. org. Chem. **9** [1944] 513, 515).

Hydrochlorid $C_{11}H_{15}NO_3 \cdot HCl$. F: 204,5° [korr.; Zers.].

**3-Amino-1-[3.4-dihydroxy-phenyl]-aceton** $C_9H_{11}NO_3$.

**3-[*N*-Methyl-anilino]-1-[3.4-dimethoxy-phenyl]-aceton,** *1-(3,4-dimethoxyphenyl)-3-(N-methylanilino)propan-2-one* $C_{18}H_{21}NO_3$, Formel X.

*B.* Aus 4-[*N*-Methyl-anilino]-2-[3.4-dimethoxy-phenyl]-acetoacetamid beim Erhitzen mit wss. Salzsäure (*Julian, Pikl*, Am. Soc. **55** [1933] 2105, 2109).

F: 79,5°.

Beim Erhitzen mit Anilin und Anilin-hydrochlorid ist 2-[3.4-Dimethoxy-benzyl]-indol erhalten worden.

Oxim $C_{18}H_{22}N_2O_3$. F: 120° [korr.].

**4.5-Dihydroxy-2-[2-amino-äthyl]-benzaldehyd** $C_9H_{11}NO_3$.

**4.5-Dimethoxy-2-[2-(methyl-äthyl-amino)-äthyl]-benzaldehyd,** *6-[2-(ethylmethylamino)ethyl]veratraldehyde* $C_{14}H_{21}NO_3$, Formel XI (R = X = $CH_3$).

*B.* Aus Methyl-äthyl-[4.5-dimethoxy-2-(4-methoxy-3-äthoxy-styryl)-phenäthyl]-amin (F: 107–109°) mit Hilfe von Ozon (*Schöpf, Thierfelder*, A. **537** [1938] 143, 149).

Pikrat $C_{14}H_{21}NO_3 \cdot C_6H_3N_3O_7$. Gelbe Krystalle (aus Me.); F: 185° [nach Sintern von 182° an].

**5-Methoxy-4-äthoxy-2-[2-(methyl-äthyl-amino)-äthyl]-benzaldehyd,** *4-ethoxy-2-[2-(ethylmethylamino)ethyl]-5-methoxybenzaldehyde* $C_{15}H_{23}NO_3$, Formel XI (R = $C_2H_5$, X = $CH_3$).

*B.* Aus Methyl-äthyl-[4-methoxy-5-äthoxy-2-(3-methoxy-4-äthoxy-styryl)-phenäthyl]-amin (F: 114–116°) oder aus Methyl-äthyl-[4-methoxy-5-äthoxy-2-(3.4-dimethoxy-styryl)-phenäthyl]-amin (F: 110–111°) mit Hilfe von Ozon (*Schöpf, Thierfelder*, A. **537** [1938] 143, 151, 154).

Pikrat $C_{15}H_{23}NO_3 \cdot C_6H_3N_3O_7$. Krystalle (aus Me.); F: 144–145°.

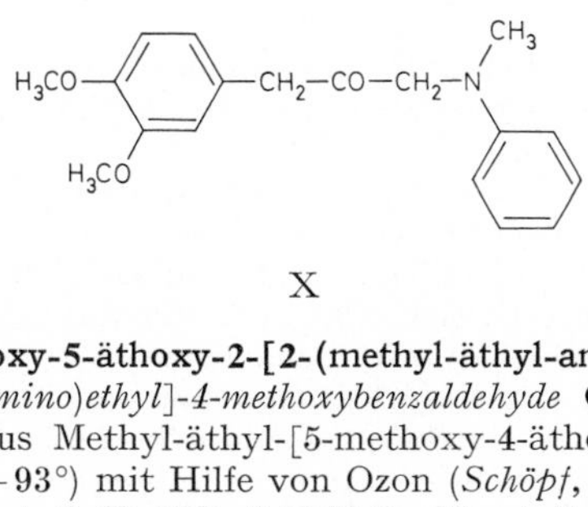

X

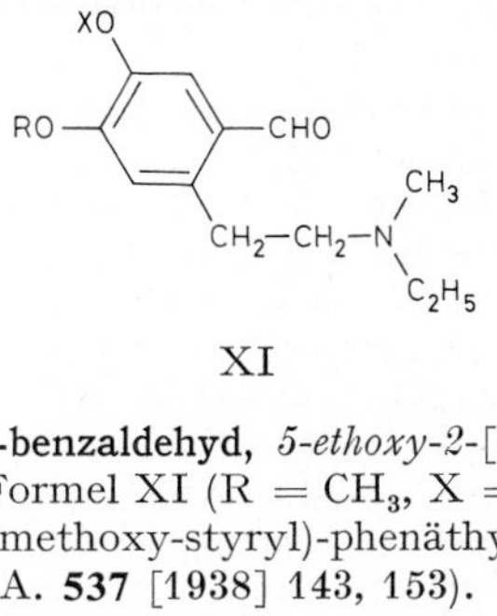

XI

**4-Methoxy-5-äthoxy-2-[2-(methyl-äthyl-amino)-äthyl]-benzaldehyd,** *5-ethoxy-2-[2-(ethylmethylamino)ethyl]-4-methoxybenzaldehyde* $C_{15}H_{23}NO_3$, Formel XI (R = $CH_3$, X = $C_2H_5$).

*B.* Aus Methyl-äthyl-[5-methoxy-4-äthoxy-2-(3.4-dimethoxy-styryl)-phenäthyl]-amin (F: 90–93°) mit Hilfe von Ozon (*Schöpf, Thierfelder*, A. **537** [1938] 143, 153).

Pikrat $C_{15}H_{23}NO_3 \cdot C_6H_3N_3O_7$. Krystalle (aus Me.); F: 174–175°.

**4.5-Diäthoxy-2-[2-(methyl-äthyl-amino)-äthyl]-benzaldehyd,** *4,5-diethoxy-2-[2-(ethyl= methylamino)ethyl]benzaldehyde* $C_{16}H_{25}NO_3$, Formel XI ($R = X = C_2H_5$).

*B.* Aus Methyl-äthyl-[4.5-diäthoxy-2-(3.4-dimethoxy-styryl)-phenäthyl]-amin (F: 104° bis 107°) mit Hilfe von Ozon (*Schöpf, Thierfelder*, A. **537** [1938] 143, 154).

Pikrat $C_{16}H_{25}NO_3 \cdot C_6H_3N_3O_7$. Krystalle (aus A.); F: 127–128°.

## Amino-Derivate der Hydroxy-oxo-Verbindungen $C_{10}H_{12}O_3$

**2-Amino-1-[3.4-dihydroxy-phenyl]-butanon-(1),** α-Amino-3.4-dihydroxy-butyro= phenon $C_{10}H_{13}NO_3$.

**(±)-2-Benzhydrylamino-1-[3.4-dibenzyloxy-phenyl]-butanon-(1),** *(±)-2-(benzhydryl= amino)-3',4'-bis(benzyloxy)butyrophenone* $C_{37}H_{35}NO_3$, Formel I ($R = CH(C_6H_5)_2$).

*B.* Aus (±)-2-Brom-1-[3.4-dibenzyloxy-phenyl]-butanon-(1) und Benzhydrylamin in Äthanol (*Suter, Ruddy*, Am. Soc. **66** [1944] 747).

Hydrochlorid $C_{37}H_{35}NO_3 \cdot HCl$. Gelbliche Krystalle; F: 175–176° [Zers.].

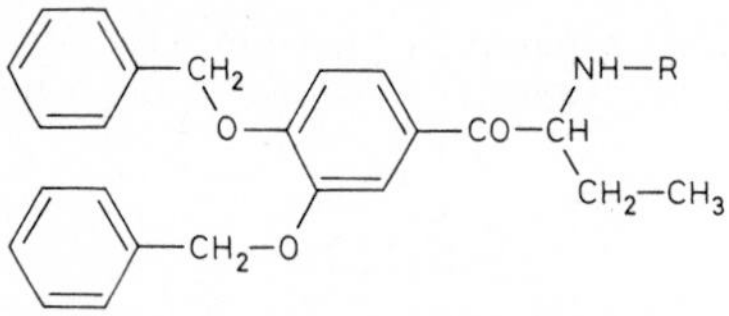

I 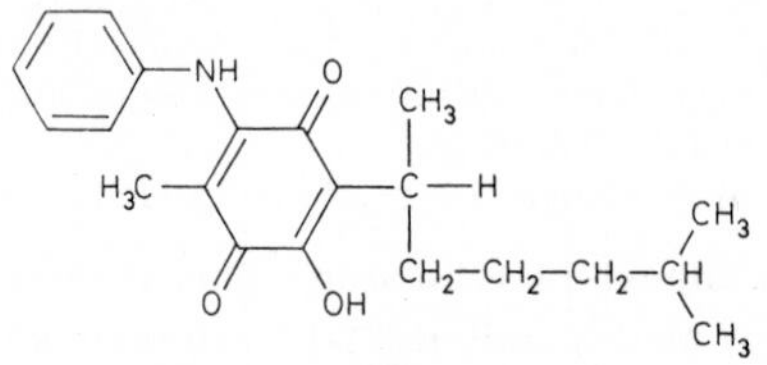 II

## Amino-Derivate der Hydroxy-oxo-Verbindungen $C_{15}H_{22}O_3$

**3-Amino-6-hydroxy-2-methyl-5-[1.5-dimethyl-hexyl]-benzochinon-(1.4)** $C_{15}H_{23}NO_3$, und Tautomere.

**3-Anilino-6-hydroxy-2-methyl-5-[1.5-dimethyl-hexyl]-benzochinon-(1.4),** *2-anilino-6-(1,5-dimethylhexyl)-5-hydroxy-3-methyl-*p*-benzoquinone* $C_{21}H_{27}NO_3$, und Tautomere.

**3-Anilino-6-hydroxy-2-methyl-5-[(*R*)-1.5-dimethyl-hexyl]-benzochinon-(1.4),** Formel II, und Tautomere; Anilinodihydroperezon.

Die Konstitution und Konfiguration ergibt sich aus der genetischen Beziehung zu (−)-Perezon (E III **8** 2389).

*B.* Beim Erwärmen von Dihydroperezon (6-Hydroxy-2-methyl-5-[(*R*)-1.5-dimethyl-hexyl]-benzochinon-(1.4)) mit Anilin in Äthanol (*Kögl, Boer*, R. **54** [1935] 779, 787).

Blaue Krystalle (aus A. + Acn.); F: 139°.

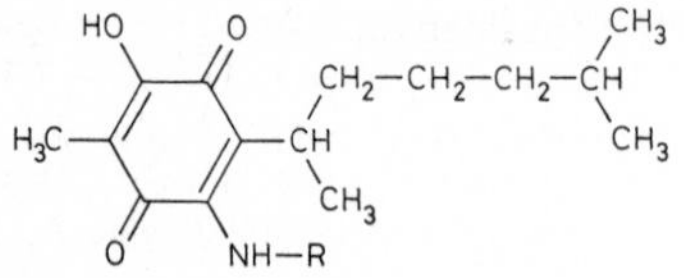

III 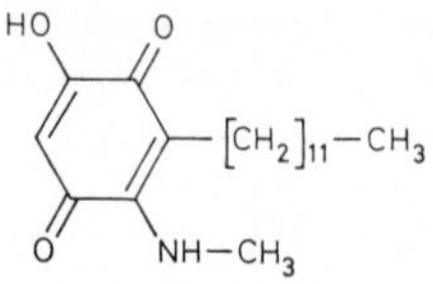 IV 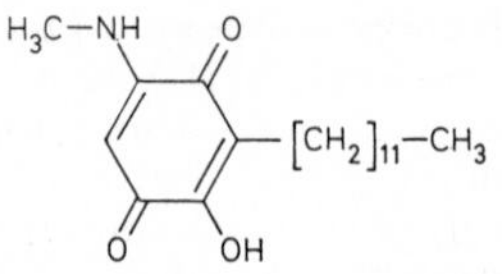 V

**6-Amino-3-hydroxy-2-methyl-5-[1.5-dimethyl-hexyl]-benzochinon-(1.4)** $C_{15}H_{23}NO_3$, und Tautomere.

**(±)-6-Anilino-3-hydroxy-2-methyl-5-[1.5-dimethyl-hexyl]-benzochinon-(1.4),** *(±)-2-anilino-3-(1,5-dimethylhexyl)-5-hydroxy-6-methyl-*p*-benzoquinone* $C_{21}H_{27}NO_3$, Formel III ($R = C_6H_5$), und Tautomere.

Eine Verbindung (violette Krystalle [aus Eg.]; F: 89–91°), der wahrscheinlich diese Konstitution zukommt, ist beim Erwärmen einer wahrscheinlich als (±)-3-Hydroxy-2-methyl-5-[1.5-dimethyl-hexyl]-benzochinon-(1.4) zu formulierenden Verbindung $C_{15}H_{22}O_3$ (orangegelbe Krystalle [aus Bzn.], F: 103–105°; erhalten aus (±)-2.4-Di= hydroxy-3-methyl-6-[1.5-dimethyl-hexyl]-benzaldehyd beim Behandeln mit wss. Wasser= stoffperoxid und wss. Natronlauge und Behandeln des Reaktionsprodukts mit Eisen(III)-chlorid in wss. Methanol oder mit Silberoxid und Natriumacetat in Äther) mit Anilin in Äthanol erhalten und durch Erhitzen mit wss. Schwefelsäure und Essigsäure in eine wahrscheinlich als (±)-3.6-Dihydroxy-2-methyl-5-[1.5-dimethyl-hexyl]-benzo=

chinon-(1.4) zu formulierende Verbindung $C_{15}H_{22}O_4$ (orangefarbene Krystalle [aus Bzn.]; F: 126—127°) übergeführt worden (*Yamaguchi*, J. pharm. Soc. Japan **62** [1942] 491, 499; C. A. **1951** 3817).

### Amino-Derivate der Hydroxy-oxo-Verbindungen $C_{18}H_{28}O_3$

**3-Amino-6-hydroxy-2-dodecyl-benzochinon-(1.4)** $C_{18}H_{29}NO_3$ und **6-Amino-3-hydroxy-2-dodecyl-benzochinon-(1.4)** $C_{18}H_{29}NO_3$, sowie Tautomere.

**3-Methylamino-6-hydroxy-2-dodecyl-benzochinon-(1.4)**, *3-dodecyl-5-hydroxy 2-(methylamino)-*p*-benzoquinone* $C_{19}H_{31}NO_3$, Formel IV, und **6-Methylamino-3-hydroxy-2-dodecyl-benzochinon-(1.4)**, *3-dodecyl-2-hydroxy-5-(methylamino)-*p*-benzoquinone* $C_{19}H_{31}NO_3$, Formel V, sowie Tautomere.

Diese Formeln kommen für die nachstehend beschriebene Verbindung in Betracht.

*B.* Aus 3.6-Bis-methylamino-2-dodecyl-benzochinon-(1.4) beim Erhitzen mit wss. Schwefelsäure (*Asano, Yamaguti*, J. pharm. Soc. Japan **60** [1940] 105, 112; dtsch. Ref. S. 34, 37; C. A. **1940** 5069).

Rote Krystalle (aus Eg.); F: 163—164°.

### Amino-Derivate der Hydroxy-oxo-Verbindungen $C_{19}H_{30}O_3$

**2-Oxo-3a.6-dimethyl-6-[2-amino-1-hydroxy-äthyl]-7-[2-oxo-äthyl]-dodecahydro-1*H*-cyclopenta[*a*]naphthalin** $C_{19}H_{31}NO_3$ und Tautomeres.

**2-Oxo-3a.6-dimethyl-6-[2-dimethylamino-1-hydroxy-äthyl]-7-[2-oxo-äthyl]-dodecahydro-1*H*-cyclopenta[*a*]naphthalin** $C_{21}H_{35}NO_3$ und Tautomeres.

**2-Dimethylamino-1α-hydroxy-16-oxo-2.3-seco-5β-androstanal-(3)**, *2-(dimethylamino)-1α-hydroxy-16-oxo-2,3-seco-5β-androstan-3-al* $C_{21}H_{35}NO_3$, Formel VI, und Tautomeres (3ξ-Hydroxy-1β-[dimethylamino-methyl]-2-oxa-5β-androstanon-(16) [Formel VII]).

Über die Konstitution und Konfiguration dieser in der Literatur als Oxy-dihydro-des-*N*-dimethyl-samandaron bezeichneten Verbindung s. *Schöpf*, Experientia **17** [1961] 285, 287, 292.

*B.* Aus 1β-[Dimethylamino-methyl]-2-oxa-5β-androstandiol-(3ξ.16β) („Oxy-dihydro-des-*N*-dimethyl-samandarin" [S. 605]) beim Erhitzen mit Chrom(VI)-oxid und wss. Schwefelsäure (*Schöpf, Braun*, A. **514** [1934] 69, 127). Aus 1β-[Dimethylamino-methyl]-2-oxa-5β-androsten-(3)-on-(16) („Des-*N*-dimethyl-samandaron") beim Erhitzen mit wss. Schwefelsäure (*Sch., Br.*, l. c. S. 128; *Schöpf, Koch*, A. **552** [1942] 62, 83).

Krystalle (aus PAe. + Acn.); F: 154—155° [nach Erweichen von 145° an] (*Sch., Koch*).

Beim Erhitzen mit Acetanhydrid sind Des-*N*-dimethyl-samandaron und eine durch Behandlung mit Kaliumjodid in wss. Essigsäure in *N*-Methyl-samandaron-methojodid (3.3-Dimethyl-3-azonia-1α.4α-epoxy-*A*-homo-5β-androstanon-(16)-jodid) überführbare Substanz erhalten worden (*Sch., Koch*, l. c. S. 84).

Hydrojodid $C_{21}H_{35}NO_3 \cdot HI$. Krystalle (aus W.); F: 270—272° [Zers.; nach Sintern bei 269°] (*Sch., Koch*).

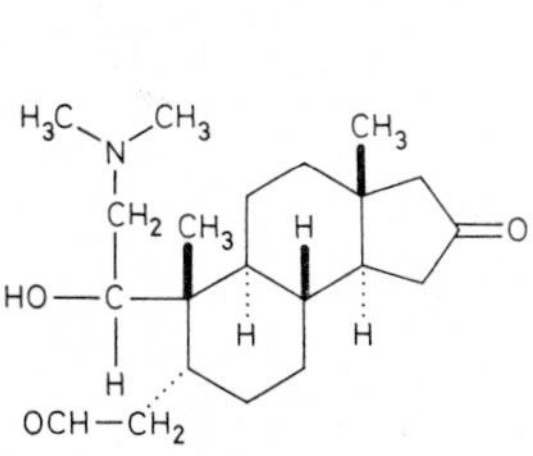

VI 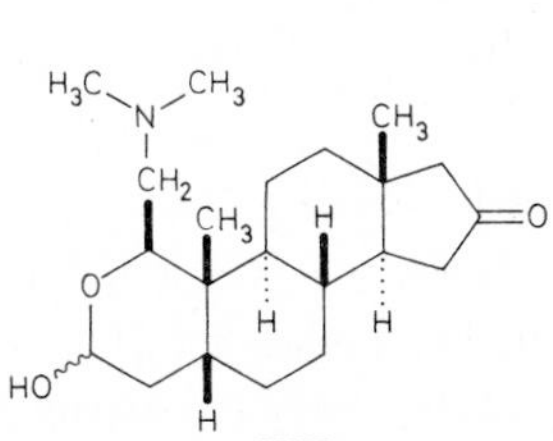 VII 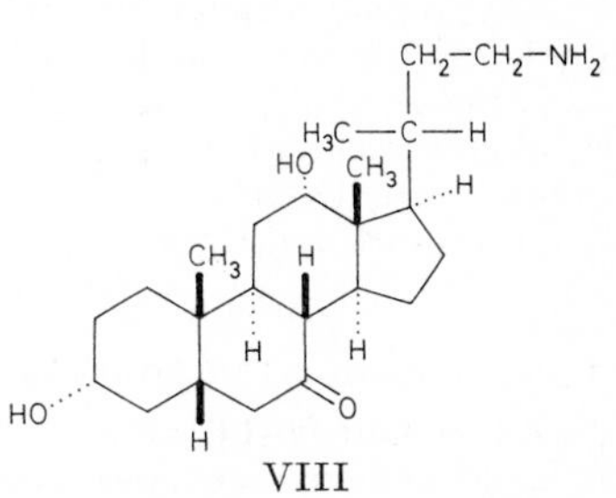 VIII

### Amino-Derivate der Hydroxy-oxo-Verbindungen $C_{23}H_{38}O_3$

**3.12-Dihydroxy-7-oxo-10.13-dimethyl-17-[3-amino-1-methyl-propyl]-hexadecahydro-1*H*-cyclopenta[*a*]phenanthren** $C_{23}H_{39}NO_3$.

**23-Amino-3α.12α-dihydroxy-24-nor-5β-cholanon-(7)**, *23-amino-3α,12α-dihydroxy-24-nor-5β-cholan-7-one* $C_{23}H_{39}NO_3$, Formel VIII.

*B.* Beim Erwärmen des aus 3α.12α-Dihydroxy-7-hydrazono-5β-cholansäure-(24)-hydr= azid hergestellten Azids in Essigsäure (*James et al.*, Soc. **1946** 665, 668).

Krystalle (aus Toluol); F: 123—127°.

Hydrochlorid $C_{23}H_{39}NO_3 \cdot HCl$. Krystalle (aus Acn. + wss. Salzsäure); F: 263° [Zers.]. $[\alpha]_D^{18}$: 0° [A.]. [*W. Hoffmann*]

# Amino-Derivate der Hydroxy-oxo-Verbindungen $C_nH_{2n-10}O_3$

## Amino-Derivate der Hydroxy-oxo-Verbindungen $C_8H_6O_3$

**[4-Amino-2-hydroxy-phenyl]-glyoxal** $C_8H_7NO_3$.

**[4-Dimethylamino-2-hydroxy-phenyl]-glyoxal**, *[4-(dimethylamino)-2-hydroxyphenyl]= glyoxal* $C_{10}H_{11}NO_3$, Formel I.

*B.* Beim Behandeln von 3-Dimethylamino-phenol mit Chloralhydrat in Benzol und Behandeln des Reaktionsprodukts mit wss. Natronlauge oder wss. Kalilauge (*I.G. Farbenind.*, D.R.P. 598138 [1933]; Frdl. **21** 325).

F: ca. 192°.

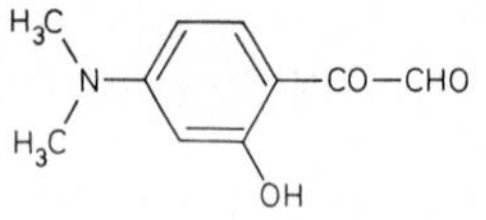

I 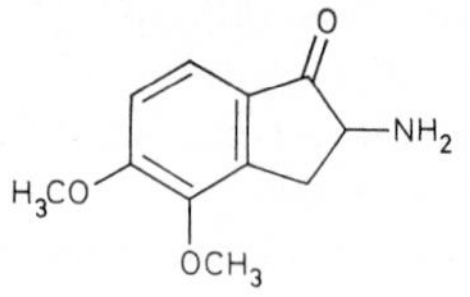 II 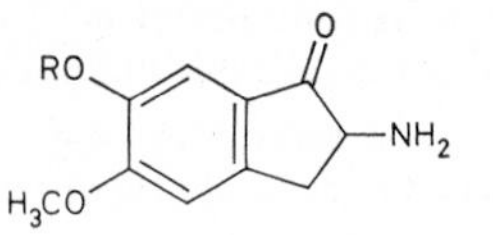 III

## Amino-Derivate der Hydroxy-oxo-Verbindungen $C_9H_8O_3$

**2-Amino-4.5-dihydroxy-indanon-(1)** $C_9H_9NO_3$.

**(±)-2-Amino-4.5-dimethoxy-indanon-(1)**, *(±)-2-amino-4,5-dimethoxyindan-1-one* $C_{11}H_{13}NO_3$, Formel II.

*B.* Bei der Hydrierung von 4.5-Dimethoxy-2-hydroxyimino-indanon-(1) an Palladium in Chlorwasserstoff enthaltendem Äthanol (*Heinzelmann, Kolloff, Hunter*, Am. Soc. **70** [1948] 1386, 1389).

Hydrochlorid $C_{11}H_{13}NO_3 \cdot HCl$. F: 185° [unkorr.; Zers.].

**2-Amino-5.6-dihydroxy-indanon-(1)** $C_9H_9NO_3$.

**(±)-2-Amino-6-hydroxy-5-methoxy-indanon-(1)**, *(±)-2-amino-6-hydroxy-5-methoxyindan-1-one* $C_{10}H_{11}NO_3$, Formel III (R = H).

*B.* Bei der Hydrierung von 6-Hydroxy-5-methoxy-2-hydroxyimino-indanon-(1) an Palladium in Chlorwasserstoff enthaltendem Äthanol (*Heinzelmann, Kolloff, Hunter*, Am. Soc. **70** [1948] 1386, 1389).

Hydrochlorid $C_{10}H_{11}NO_3 \cdot HCl \cdot H_2O$. F: ca. 300° [Zers.; im vorgeheizten Bad].

**(±)-2-Amino-5.6-dimethoxy-indanon-(1)**, *(±)-2-amino-5,6-dimethoxyindan-1-one* $C_{11}H_{13}NO_3$, Formel III (R = $CH_3$) (H 257).

*B.* Bei der Hydrierung von 5.6-Dimethoxy-2-hydroxyimino-indanon-(1) an Palladium in Chlorwasserstoff enthaltendem Äthanol (*Heinzelmann, Kolloff, Hunter*, Am. Soc. **70** [1948] 1386, 1389).

Hydrochlorid $C_{11}H_{13}NO_3 \cdot HCl$ (H 257). F: 245° [unkorr.; Zers.].

## Amino-Derivate der Hydroxy-oxo-Verbindungen $C_{10}H_{10}O_3$

**3-Amino-2-oxo-4-[4-hydroxy-phenyl]-butyraldehyd** $C_{10}H_{11}NO_3$.

**2-[Toluol-sulfonyl-(4)-amino]-4-diazo-1-[4-methoxy-phenyl]-butanon-(3)**, **N-[2-(4-Methoxy-phenyl)-1-diazoacetyl-äthyl]-toluolsulfonamid-(4)**, N-[α-(*diazoacetyl*)-*4-methoxyphenethyl*]-p-*toluenesulfonamide* $C_{18}H_{19}N_3O_4S$.

**(*S*)-2-[Toluol-sulfonyl-(4)-amino]-4-diazo-1-[4-methoxy-phenyl]-butanon-(3)**, Formel IV.

*B.* Aus *N*-[Toluol-sulfonyl-(4)]-*O*-methyl-L-tyrosylchlorid und Diazomethan in Äther

(*Carter, Hinman*, J. biol. Chem. **178** [1949] 403, 420).
Gelbe Krystalle; F: 87–88°. $[\alpha]_D^{25}$: –57,6° [Ae.; c = 1].

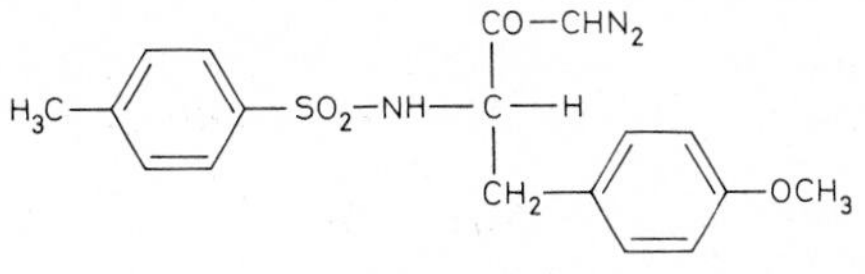

IV

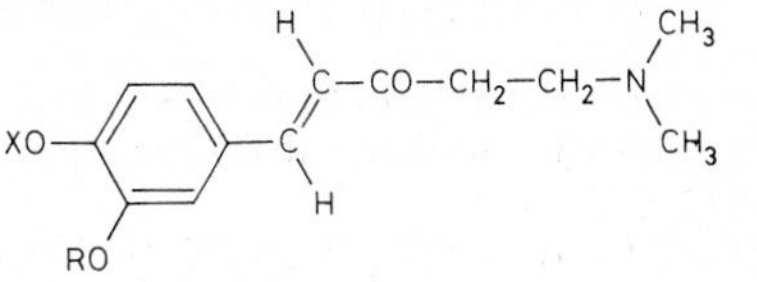

V

Amino-Derivate der Hydroxy-oxo-Verbindungen $C_{11}H_{12}O_3$

**5-Amino-1-[3.4-dihydroxy-phenyl]-penten-(1)-on-(3)** $C_{11}H_{13}NO_3$.

**5-Dimethylamino-1-[4-methoxy-3-äthoxy-phenyl]-penten-(1)-on-(3)**, *5-(dimethylamino)-1-(3-ethoxy-4-methoxyphenyl)pent-1-en-3-one* $C_{16}H_{23}NO_3$.

**5-Dimethylamino-1*t*-[4-methoxy-3-äthoxy-phenyl]-penten-(1)-on-(3)**, Formel V (R = $C_2H_5$, X = $CH_3$).

*B.* Beim Behandeln von 1*t*-[4-Methoxy-3-äthoxy-phenyl]-buten-(1)-on-(3) mit Paraformaldehyd und Dimethylamin-hydrochlorid in Äthanol (*Nisbet*, Soc. **1938** 1568, 1570).

Hydrochlorid $C_{16}H_{23}NO_3 \cdot HCl$. Krystalle (aus A.); F: 161–162°.
Phenylhydrazon-hydrochlorid. F: 178°.
*p*-Tolylhydrazon-hydrochlorid. F: 173°.

**5-Dimethylamino-1-[3-methoxy-4-äthoxy-phenyl]-penten-(1)-on-(3)**, *5-(dimethylamino)-1-(4-ethoxy-3-methoxyphenyl)pent-1-en-3-one* $C_{16}H_{23}NO_3$.

**5-Dimethylamino-1*t*-[3-methoxy-4-äthoxy-phenyl]-penten-(1)-on-(3)**, Formel V (R = $CH_3$, X = $C_2H_5$).

*B.* Beim Behandeln von 1*t*-[3-Methoxy-4-äthoxy-phenyl]-buten-(1)-on-(3) mit Paraformaldehyd und Dimethylamin-hydrochlorid in Äthanol (*Nisbet*, Soc. **1938** 1568, 1571).

Hydrochlorid $C_{16}H_{23}NO_3 \cdot HCl$. F: 165°.
Phenylhydrazon-hydrochlorid. Gelbe Krystalle; F: 177°.
*p*-Tolylhydrazon-hydrochlorid. Gelbe Krystalle; F: 174°.

**5-Diäthylamino-1-[3.4-dimethoxy-phenyl]-penten-(1)-on-(3)**, *5-(diethylamino)-1-(3,4-dimethoxyphenyl)pent-1-en-3-one* $C_{17}H_{25}NO_3$.

**5-Diäthylamino-1*t*-[3.4-dimethoxy-phenyl]-penten-(1)-on-(3)**, Formel VI (R = $CH_3$).

Die Konfiguration dieser E II 158 beschriebenen Verbindung ergibt sich aus ihrer genetischen Beziehung zu 1*t*-[3.4-Dimethoxy-phenyl]-buten-(1)-on-(3) (E III **8** 2345).

Hydrochlorid $C_{17}H_{25}NO_3 \cdot HCl$ (E II 158). Krystalle (aus A.); F: 141–142° (*Nisbet*, Soc. **1938** 1568, 1569).
Phenylhydrazon-hydrochlorid. Gelbe Krystalle (aus A.); F: 175°.

**5-Diäthylamino-1-[4-methoxy-3-äthoxy-phenyl]-penten-(1)-on-(3)**, *5-(diethylamino)-1-(3-ethoxy-4-methoxyphenyl)pent-1-en-3-one* $C_{18}H_{27}NO_3$.

**5-Diäthylamino-1*t*-[4-methoxy-3-äthoxy-phenyl]-penten-(1)-on-(3)**, Formel VI (R = $C_2H_5$).

*B.* Beim Behandeln von 1*t*-[4-Methoxy-3-äthoxy-phenyl]-buten-(1)-on-(3) mit Paraformaldehyd und Diäthylamin-hydrochlorid in wss. Äthanol (*Nisbet*, Soc. **1938** 1568, 1570).

Hydrochlorid $C_{18}H_{27}NO_3 \cdot HCl$. Krystalle (aus Acn. + Ae.); F: 132–134°.
Phenylhydrazon-hydrochlorid. F: 173°.

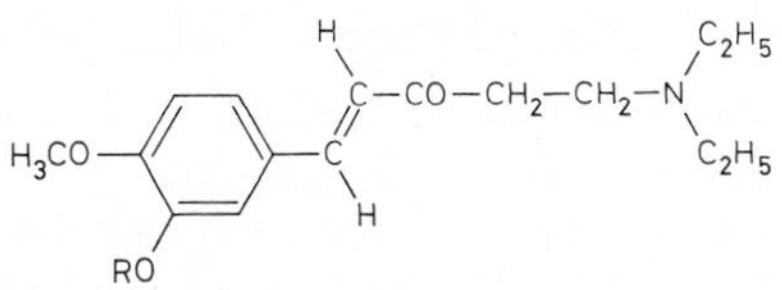

VI

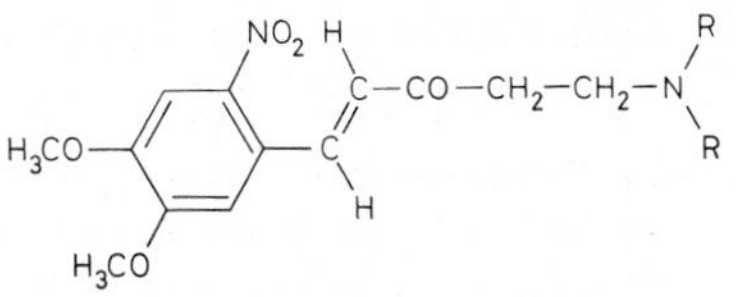

VII

**5-Dimethylamino-1-[6-nitro-3.4-dimethoxy-phenyl]-penten-(1)-on-(3),** *1-(4,5-dimethoxy-2-nitrophenyl)-5-(dimethylamino)pent-1-en-3-one* $C_{15}H_{20}N_2O_5$

**5-Dimethylamino-1*t*-[6-nitro-3.4-dimethoxy-phenyl]-penten-(1)-on-(3),** Formel VII (R = $CH_3$).

*B.* Beim Behandeln von 1*t*-[6-Nitro-3.4-dimethoxy-phenyl]-buten-(1)-on-(3) mit Para≈formaldehyd und Dimethylamin-hydrochlorid in Äthanol (*Mannich, Schilling,* Ar. **276** [1938] 582, 590).

Hydrochlorid $C_{15}H_{20}N_2O_5 \cdot HCl$. Gelbe Krystalle (aus A.); F: 185°.

**5-Diäthylamino-1-[6-nitro-3.4-dimethoxy-phenyl]-penten-(1)-on-(3),** *5-(diethylamino)-1-(4,5-dimethoxy-2-nitrophenyl)pent-1-en-3-one* $C_{17}H_{24}N_2O_5$.

**5-Diäthylamino-1*t*-[6-nitro-3.4-dimethoxy-phenyl]-penten-(1)-on-(3),** Formel VII (R = $C_2H_5$).

*B* Beim Behandeln von 1*t*-[6-Nitro-3.4-dimethoxy-phenyl]-buten-(1)-on-(3) mit Para≈formaldehyd und Diäthylamin-hydrochlorid in Äthanol und Äthylacetat (*Mannich, Schilling,* Ar. **276** [1938] 582, 591).

Gelbe Krystalle (aus Bzn.); F: 79°.

Hydrochlorid $C_{17}H_{24}N_2O_5 \cdot HCl$. Gelbe Krystalle (aus A.); F: 179°.

### Amino-Derivate der Hydroxy-oxo-Verbindungen $C_{15}H_{20}O_3$

**3-Amino-6-hydroxy-2-methyl-5-[1.5-dimethyl-hexen-(4)-yl]-benzochinon-(1.4),** *2-amino-6-(1,5-dimethylhex-4-enyl)-5-hydroxy-3-methyl-*p*-benzoquinone* $C_{15}H_{21}NO_3$.

**3-Amino-6-hydroxy-2-methyl-5-[(*R*)-1.5-dimethyl-hexen-(4)-yl]-benzochinon-(1.4),** Formel VIII (R = H), und Tautomere; Aminoperezon.

Die Konstitution und Konfiguration dieser H 257 und E I 501 als 3-Amino-6-hydr≈oxy-5-hexyl-2-propenyl-benzochinon-(1.4) formulierten, auch als Amino≈pipitzahoinsäure bezeichneten Verbindung ergibt sich aus ihrer genetischen Beziehung zu (−)-Perezon (E III **8** 2389) und (−)-Hydroxyperezon (E III **8** 3529); dementsprechend sind die früher (H 257) beschriebenen Derivate Methylamino-perezon ($C_{16}H_{23}NO_3$), Anilinoperezon ($C_{21}H_{25}NO_3$), *o*-Toluidino-perezon ($C_{22}H_{27}NO_3$) und *p*-Toluidino-perezon ($C_{22}H_{27}NO_3$) als 3-Methylamino-6-hydroxy-2-methyl-5-[(*R*)-1.5-dimethyl-hexen-(4)-yl]-benzochinon-(1.4) (Formel VIII [R = $CH_3$]), als 3-Anilino-6-hydroxy-2-methyl-5-[(*R*)-1.5-dimethyl-hexen-(4)-yl]-benzo≈chinon-(1.4) (Formel IX [R = X = H]), als 3-*o*-Toluidino-6-hydroxy-2-methyl-5-[(*R*)-1.5-dimethyl-hexen-(4)-yl]-benzochinon-(1.4) (Formel IX [R = $CH_3$, X = H]) bzw. als 3-*p*-Toluidino-6-hydroxy-2-methyl-5-[(*R*)-1.5-dimethyl-hexen-(4)-yl]-benzochinon-(1.4) (Formel IX [R = H, X = $CH_3$]) zu formulieren.

Die beim Behandeln von Anilinoperezon mit Schwefelsäure neben (−)-Hydroxyperezon erhaltenen Verbindungen (s. E I 501) haben sich als (*R*)-6-Hydroxy-3.7-dioxo-2.2.5.8-tetramethyl-3.4.5.7-tetrahydro-2*H*-naphtho[1.8-*bc*]furan („Oxoperezinon") und 3-Hydr≈oxy-6.7-dioxo-2.2.5.8-tetramethyl-6.7-dihydro-2*H*-naphtho[1.8-*bc*]furan („Dehydro-oxo≈perezinon") erwiesen (*Joseph-Nathan, Reyes, Gonzáles,* Tetrahedron **24** [1968] 4007).

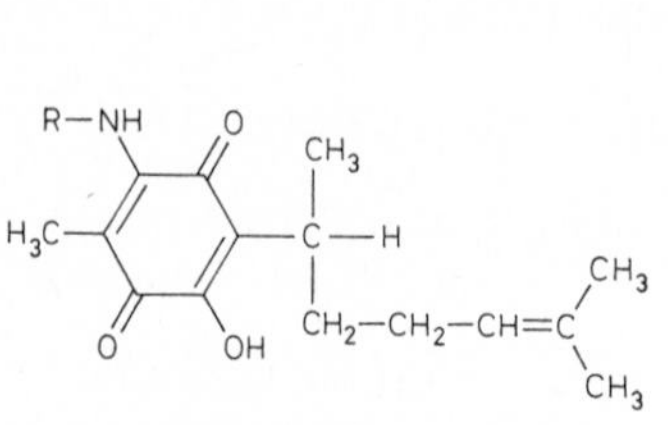

VIII

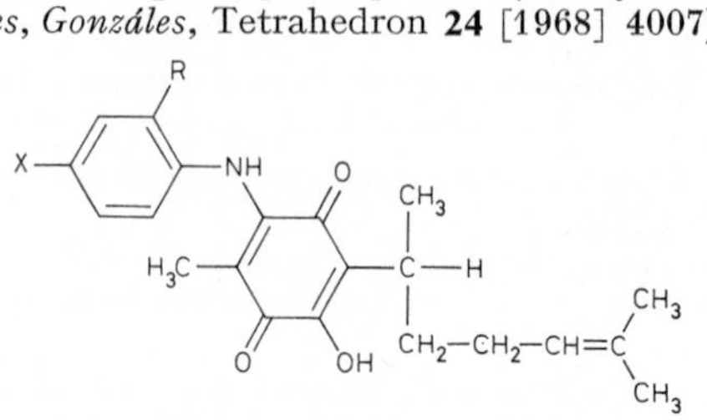

IX

## Amino-Derivate der Hydroxy-oxo-Verbindungen $C_nH_{2n-12}O_3$

### Amino-Derivate der Hydroxy-oxo-Verbindungen $C_{15}H_{18}O_3$

**1.1-Dimethyl-4-[2-amino-α-hydroxy-benzyl]-cyclohexandion-(3.5)** $C_{15}H_{19}NO_3$.

**(±)-1.1-Dimethyl-4-[2-acetamino-α-hydroxy-benzyl]-cyclohexandion-(3.5), (±)-Essig≈säure-{2-[hydroxy-(2.6-dioxo-4.4-dimethyl-cyclohexyl)-methyl]-anilid},** (±)-α-(*2,6-dioxo-4,4-dimethylcyclohexyl*)-*α-hydroxyaceto-*o*-toluidide* $C_{17}H_{21}NO_4$, Formel X, und Tautomeres

((±)-(3-Hydroxy-1.1-dimethyl-4-[2-acetamino-α-hydroxy-benzyl]-cyclohex-en-(3)-on-(5) [Formel XI]); **(±)-5.5-Dimethyl-2-[2-acetamino-α-hydroxy-benzyl]-dihydroresorcin.**

*B.* Aus 2-Acetamino-benzaldehyd und 5.5-Dimethyl-dihydroresorcin (E III **7** 3225) in Äthanol (*Iyer, Chakravarti,* J. Indian Inst. Sci. [A] **14** [1931] 157, 168).

Krystalle (aus wss. A.) mit 1 Mol $H_2O$; F: 153—154°.

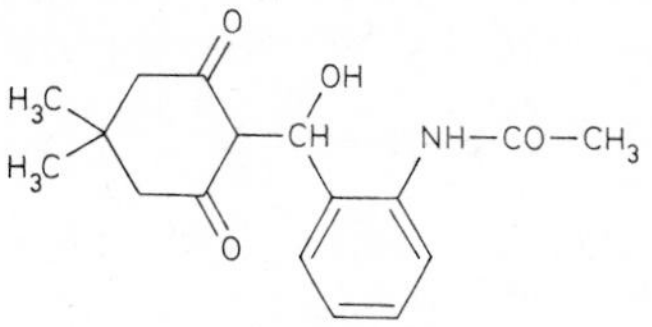

X 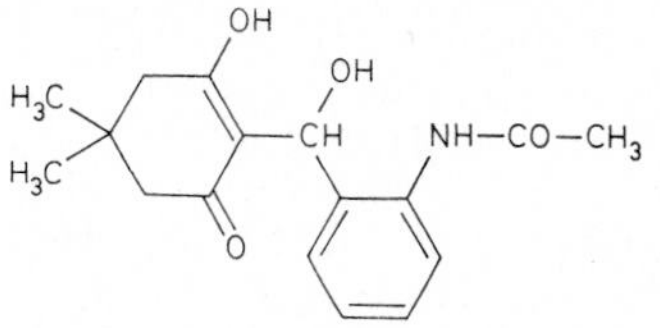 XI

## Amino-Derivate der Hydroxy-oxo-Verbindungen $C_{16}H_{20}O_3$

**5.6-Dihydroxy-3-oxo-4a-[2-amino-äthyl]-1.2.3.4.4a.9.10.10a-octahydro-phenanthren** $C_{16}H_{21}NO_3$.

**5-Hydroxy-6-methoxy-3-oxo-4a-[2-dimethylamino-äthyl]-1.2.3.4.4a.9.10.10a-octahydro-phenanthren,** 5-Hydroxy-6-methoxy-4a-[2-dimethylamino-äthyl]-1.4.4a.9.10.10a-hexahydro-2*H*-phenanthrenon-(3), *4a-[2-(dimethylamino)ethyl]-5-hydroxy-6-methoxy-1,4,4a,9,10,10a-hexahydro-3*(2H)*-phenanthrone* $C_{19}H_{27}NO_3$.

a) **(4a*R*)-5-Hydroxy-6-methoxy-3-oxo-4a*r*-[2-dimethylamino-äthyl]-(10a*cH*)-1.2.3.4.4a.9.10.10a-octahydro-phenanthren, *ent*-4-Hydroxy-3-methoxy-17.17-dimethyl-9.17-seco-morphinanon-(6)**[1]), Formel XII (X = H) (in der Literatur auch als Dihydro-des-*N*-methyl-demethoxy-dihydro-sinomenin und als (+)-Dihydro-des-*N*-methyl-dihydrothebainon bezeichnet).

*B.* Aus (4a*R*)-5-Hydroxy-6-methoxy-3-oxo-4a*r*-[2-dimethylamino-äthyl]-(10a*cH*)-1.2.3.4.4a.10a-hexahydro-phenanthren (S. 643) bei der Hydrierung an Palladium (*Goto,* A. **485** [1931] 247, 255).

Krystalle (aus Ae.); F: 156,5°. $[\alpha]_D^{18}$: +67,8° [$CHCl_3$; c = 6].

Methojodid $[C_{20}H_{30}NO_3]I$ ((4a*R*)-5-Hydroxy-6-methoxy-3-oxo-4a*r*-[2-trimethylammonio-äthyl]-(10a*cH*)-1.2.3.4.4a.9.10.10a-octahydro-phenanthren-jodid, *ent*-4-Hydroxy-3-methoxy-6-oxo-17.17.17-trimethyl-9.17-seco-morphinanium-jodid). Krystalle (aus Me.); F: 226—229° (*Goto*).

b) **(4a*S*)-5-Hydroxy-6-methoxy-3-oxo-4a*r*-[2-dimethylamino-äthyl]-(10a*cH*)-1.2.3.4.4a.9.10.10a-octahydro-phenanthren, 4-Hydroxy-3-methoxy-17.17-dimethyl-9.17-seco-morphinanon-(6)**[1]), Formel XIII (X = H) (in der Literatur auch als Dihydrothebainon-dihydromethin und als (−)-Dihydro-des-*N*-methyl-dihydrothebainon bezeichnet).

Diese Konfiguration ist dem E II 159 beschriebenen (−)-Dihydro-des-*N*-methyl-dihydrothebainon auf Grund seiner genetischen Beziehung zu Thebainon-A (4-Hydroxy-3-methoxy-17-methyl-7.8-didehydro-morphinanon-(6)) zuzuordnen.

c) **(±)-5-Hydroxy-6-methoxy-3-oxo-4a*r*-[2-dimethylamino-äthyl]-(10a*cH*)-1.2.3.4.4a.9.10.10a-octahydro-phenanthren, *rac*-4-Hydroxy-3-methoxy-17.17-dimethyl-9.17-seco-morphinanon-(6)**[1]), Formel XII + XIII (X = H) (in der Literatur auch als (±)-Dihydro-des-*N*-methyl-dihydrothebainon bezeichnet).

*B.* Aus gleichen Mengen der unter a) und b) beschriebenen Enantiomeren in Chloroform (*Goto, Michinaka, Shishido,* A. **515** [1935] 297, 302).

F: 184°.

d) **(4a*S*)-5-Hydroxy-6-methoxy-3-oxo-4a*r*-[2-dimethylamino-äthyl]-(10a*tH*)-1.2.3.4.4a.9.10.10a-octahydro-phenanthren, 4-Hydroxy-3-methoxy-17.17-dimethyl-9.17-seco-14α-morphinanon-(6)**[1]), Formel XIV.

Diese Konfiguration ist der nachstehend beschriebenen, in der Literatur auch als β-Dihydrothebainon-dihydromethin und als (±)-Dihydro-des-*N*-methyl-β-dihydrothebainon bezeichneten Verbindung auf Grund ihrer genetischen Beziehung

---

[1]) Stellungsbezeichnung bei von Morphinan abgeleiteten Namen s. E III **13** 2295.

zu *β*-Thebainon-A (4-Hydroxy-3-methoxy-17-methyl-7.8-didehydro-14α-morphinan-(6)) zuzuordnen

*B.* Aus (4a*S*)-5-Hydroxy-6-methoxy-3-oxo-4a*r*-[2-dimethylamino-äthyl]-(10a*tH*)-1.2.3.4.4a.10a-hexahydro-phenanthren (S. 643) bei der Hydrierung an Platin in wss. Essigsäure (*Small, Browning*, J. org. Chem. **3** [1938] 618, 636).

Krystalle (aus A. oder Acn.; F: 177—178°; [evakuierte Kapillare; im Hochvakuum sublimierbar] (*Sm., Br.*). $[\alpha]_D^{27}$: +63,8° [$CHCl_3$; c = 0,5] (*Sm., Br.*).

Hydrobromid $C_{19}H_{27}NO_3 \cdot HBr$. Krystalle (aus A.), F: 260—260,5° [evakuierte Kapillare]; $[\alpha]_D^{28}$: +24,0° [W.; c = 0,5] (*Sm., Br.*).

Perchlorat $C_{19}H_{27}NO_3 \cdot HClO_4$. Krystalle (aus W.), F: 232,5—233,5° [evakuierte Kapillare]; $[\alpha]_D^{28}$: +23,8° [Me.; c = 0,5] (*Sm., Br.*).

Pikrat $C_{19}H_{27}NO_3 \cdot C_6H_3N_3O_7$. Hellgelbe Krystalle (aus A.), F: 203—207° [Zers.; evakuierte Kapillare]; $[\alpha]_D^{27}$: +18,2° [Acn.; c = 0,5] (*Sm., Br.*).

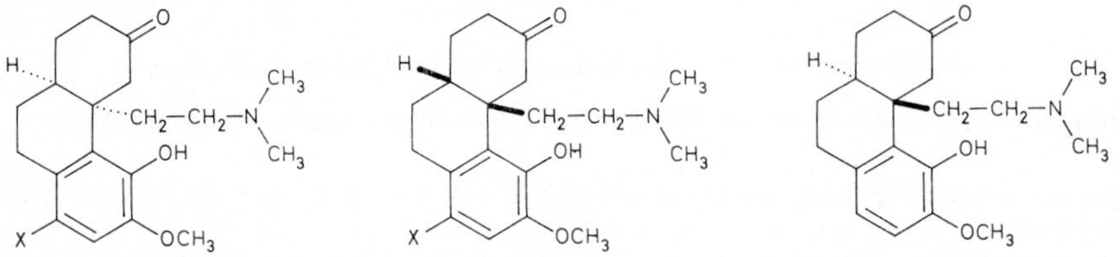

XII XIII XIV

**8-Brom-5-hydroxy-6-methoxy-3-oxo-4a-[2-dimethylamino-äthyl]-1.2.3.4.4a.9.10.10a-octahydro-phenanthren,** 8-Brom-5-hydroxy-6-methoxy-4a-[2-dimethylamino-äthyl]-1.4.4a.9.10.10a-hexahydro-2*H*-phenanthrenon-(3), *8-bromo-4a-[2-(dimethylamino)ethyl]-5-hydroxy-6-methoxy-1,4,4a,9,10,10a-hexahydro-3*(2H)*-phenanthrone* $C_{19}H_{26}BrNO_3$.

a) **(4a*R*)-8-Brom-5-hydroxy-6-methoxy-3-oxo-4a*r*-[2-dimethylamino-äthyl]-(10a*cH*)-1.2.3.4.4a.9.10.10a-octahydro-phenanthren, *ent*-1-Brom-4-hydroxy-3-methoxy-17.17-dimethyl-9.17-seco-morphinanon-(6)**[1], Formel XII (X = Br) (in der Literatur als Dihydro-des-*N*-methyl-1-brom-demethoxy-dihydro-sinomenin bezeichnet).

*B.* Aus (4a*R*)-5-Hydroxy-6-methoxy-3-oxo-4a*r*-[2-dimethylamino-äthyl]-(10a*cH*)-1.2.3.4.4a.9.10.10a-octahydro-phenanthren (S. 633) und Brom in Essigsäure (*Goto, Ogawa, Saito*, Bl. chem. Soc. Japan **10** [1935] 481, 483).

Krystalle (aus Me.); F: 192°. $[\alpha]_D^{17}$: +61,6° [$CHCl_3$; c = 2].

Hydrobromid. Krystalle; F: 257° [Zers.].

Methojodid $[C_{20}H_{29}BrNO_3]I$ ((4a*R*)-8-Brom-5-hydroxy-6-methoxy-3-oxo-4a*r*-[2-trimethylammonio-äthyl]-(10a*cH*)-1.2.3.4.4a.9.10.10a-octahydro-phenanthren-jodid, *ent*-1-Brom-4-hydroxy-3-methoxy-6-oxo-17.17.17-trimethyl-9.17-seco-morphinanium-jodid). F: 273°.

b) **(4a*S*)-8-Brom-5-hydroxy-6-methoxy-3-oxo-4a*r*-[2-dimethylamino-äthyl]-(10a*cH*)-1.2.3.4.4a.9.10.10a-octahydro-phenanthren, 1-Brom-4-hydroxy-3-methoxy-17.17-dimethyl-9.17-seco-morphinanon-(6)**[1], Formel XIII (X = Br) (in der Literatur auch als (−)-Dihydro-des-*N*-methyl-1-brom-dihydrothebainon bezeichnet).

*B.* Aus (4a*S*)-5-Hydroxy-6-methoxy-3-oxo-4a*r*-[2-dimethylamino-äthyl]-(10a*cH*)-1.2.3.4.4a.9.10.10a-octahydro-phenanthren (S. 633) und Brom in Essigsäure (*Goto, Ogawa, Saito*, Bl. chem. Soc. Japan **10** [1935] 481, 483).

Krystalle (aus Me.); F: 192°. $[\alpha]_D^{17}$: −62,7° [$CHCl_3$; c = 2].

Hydrobromid. F: 257° [Zers.].

Methojodid $[C_{20}H_{29}BrNO_3]I$ ((4a*S*)-8-Brom-5-hydroxy-6-methoxy-3-oxo-4a*r*-[2-trimethylammonio-äthyl]-(10a*cH*)-1.2.3.4.4a.9.10.10a-octahydro-phenanthren-jodid, 1-Brom-4-hydroxy-3-methoxy-6-oxo-17.17.17-trimethyl-9.17-seco-morphinanium-jodid). F: 273°.

c) **(±)-8-Brom-5-hydroxy-6-methoxy-3-oxo-4a*r*-[2-dimethylamino-äthyl]-(10a*cH*)-1.2.3.4.4a.9.10.10a-octahydro-phenanthren, *rac*-1-Brom-4-hydroxy-3-methoxy-17.17-dimethyl-9.17-seco-morphinanon-(6)**[1], Formel XII + XIII (X = Br) (in der Literatur auch als (±)-Dihydro-des-*N*-methyl-1-brom-dihydrothebainon bezeichnet).

[1]) Stellungsbezeichnung bei von Morphinan abgeleiteten Namen s. E III **13** 2295.

*B.* Aus gleichen Mengen der unter a) und b) beschriebenen Enantiomeren in Methanol (*Goto, Ogawa, Saito*, Bl. chem. Soc. Japan **10** [1935] 481, 483).
Krystalle (aus Me.); F: 175—177°.

# Amino-Derivate der Hydroxy-oxo-Verbindungen $C_nH_{2n-14}O_3$

## Amino-Derivate der Hydroxy-oxo-Verbindungen $C_{10}H_6O_3$

**2-Amino-5-hydroxy-naphthochinon-(1.4)** $C_{10}H_7NO_3$.

**2-Dimethylamino-5-hydroxy-naphthochinon-(1.4)**, *2-(dimethylamino)-5-hydroxy-1,4-naphthoquinone* $C_{12}H_{11}NO_3$, Formel I.
Diese Konstitution kommt dem H 263 beschriebenen Dimethylamino-juglon zu (*Thomson*, J. org. Chem. **13** [1948] 870).

**2-Anilino-5-hydroxy-naphthochinon-(1.4)**, *2-anilino-5-hydroxy-1,4-naphthoquinone* $C_{16}H_{11}NO_3$, Formel II (R = X = H), und Tautomeres.
*B.* Beim Behandeln von 2-Chlor-5-hydroxy-naphthochinon-(1.4) oder von 2-Brom-5-hydroxy-naphthochinon-(1.4) mit Anilin in Äthanol (*Thomson*, J. org. Chem. **13** [1948] 377, 382).
Rotviolette Krystalle (aus Bzl.); F: 247° [unkorr.].

**2-Anilino-5-acetoxy-naphthochinon-(1.4)**, *5-acetoxy-2-anilino-1,4-naphthoquinone* $C_{18}H_{13}NO_4$, Formel II (R = CO-$CH_3$, X = H), und Tautomeres.
*B.* Beim Behandeln von 2-Anilino-5-hydroxy-naphthochinon-(1.4) mit Acetanhydrid und Pyridin (*Thomson*, J. org. Chem. **13** [1948] 377, 382).
Rote Krystalle (aus A.); F: 204° [unkorr.].

**2-Anilino-5-acetoxy-naphthochinon-(1.4)-4-phenylimin**, *5-acetoxy-2-anilino-4-(phenylimino)naphthalen-1*(4H)*-one* $C_{24}H_{18}N_2O_3$, Formel III, und **4-Anilino-5-acetoxy-naphthochinon-(1.2)-2-phenylimin**, *5-acetoxy-4-anilino-2-(phenylimino)naphthalen-1*(2H)*-one* $C_{24}H_{18}N_2O_3$, Formel IV.
*B.* Aus 2.4.4-Trichlor-5-acetoxy-1-oxo-1.4-dihydro-naphthalin und Anilin in Äthanol (*Thomson*, J. org. Chem. **13** [1948] 371, 374).
Rotbraune Krystalle (aus Acn.); F: 212° [unkorr.].

**3-Chlor-2-anilino-5-acetoxy-naphthochinon-(1.4)**, *5-acetoxy-2-anilino-3-chloro-1,4-naphthoquinone* $C_{18}H_{12}ClNO_4$, Formel II (R = CO-$CH_3$, X = Cl), und Tautomeres.
*B.* Beim Behandeln von 3-Chlor-2-anilino-5-hydroxy-naphthochinon-(1.4) mit Acetanhydrid und Pyridin (*Thomson*, J. org. Chem. **13** [1948] 377, 381).
Braunrote Krystalle (aus A.); F: 183° [unkorr.].

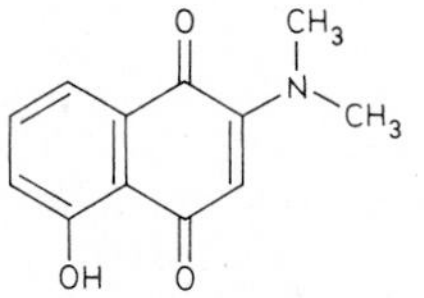

I 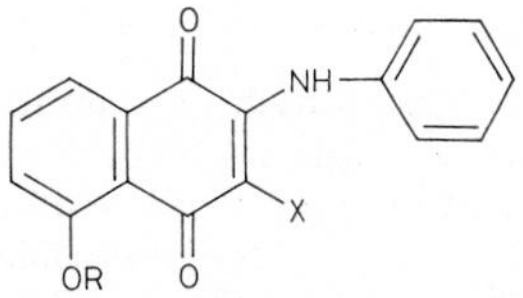 II

**6-Brom-2-anilino-5-hydroxy-naphthochinon-(1.4)**, *2-anilino-6-bromo-5-hydroxy-1,4-naphthoquinone* $C_{16}H_{10}BrNO_3$, Formel V (R = X = H), und Tautomeres.
*B.* Aus 2.6-Dibrom-5-hydroxy-naphthochinon-(1.4) und Anilin in Äthanol (*Wheeler, Ergle*, Am. Soc. **52** [1930] 4872, 4875; *Carter, Race, Rowe*, Soc. **1942** 236, 238).
Rote Krystalle (aus Bzl. bzw. A.); F: 249° (*Wh., Er.*; *Ca., Race, Rowe*).

**3-Brom-2-anilino-5-hydroxy-naphthochinon-(1.4)**, *2-anilino-3-bromo-5-hydroxy-1,4-naphthoquinone* $C_{16}H_{10}BrNO_3$, Formel II (R = H, X = Br), und Tautomeres.
*B.* Aus 2.3-Dibrom-5-hydroxy-naphthochinon-(1.4) und Anilin in Äthanol (*Thomson*, J. org. Chem. **13** [1948] 377, 381).
Violette Krystalle (aus Acn.); F: 215° [unkorr.].

**3-Brom-2-anilino-5-acetoxy-naphthochinon-(1.4)**, *5-acetoxy-2-anilino-3-bromo-1,4-naphthoquinone* $C_{18}H_{12}BrNO_4$, Formel II (R = CO-$CH_3$, X = Br), und Tautomeres.
*B.* Beim Behandeln von 3-Brom-2-anilino-5-hydroxy-naphthochinon-(1.4) mit Acetan=

hydrid und Pyridin (*Thomson*, J. org. Chem. **13** [1948] 377, 381).

Hellrote Krystalle (aus Eg.); F: 205° [unkorr.].

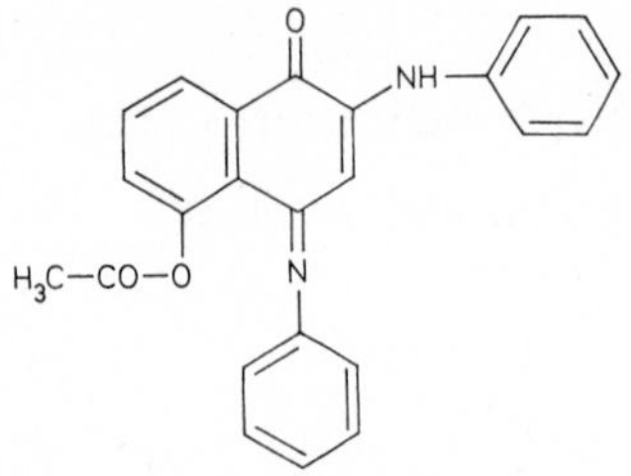

III 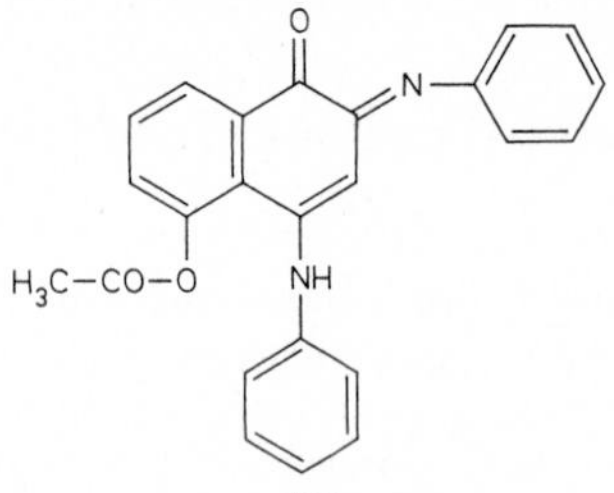 IV

**3-Chlor-6-brom-2-anilino-5-hydroxy-naphthochinon-(1.4)**, *2-anilino-6-bromo-3-chloro-5-hydroxy-1,4-naphthoquinone* $C_{16}H_9BrClNO_3$, Formel V (R = H, X = Cl), und Tautomeres.

*B.* Aus 2.3-Dichlor-6-brom-5-hydroxy-naphthochinon-(1.4) und Anilin in Äthanol (*Thomson*, J. org. Chem. **13** [1948] 870, 877).

Violette Krystalle (aus Butanon); F: 249° [unkorr.].

**3-Chlor-6-brom-2-*p*-toluidino-5-hydroxy-naphthochinon-(1.4)**, *6-bromo-3-chloro-5-hydroxy-2-*p*-toluidino-1,4-naphthoquinone* $C_{17}H_{11}BrClNO_3$, Formel V (R = $CH_3$, X = Cl), und Tautomeres.

*B.* Aus 2.3-Dichlor-6-brom-5-hydroxy-naphthochinon-(1.4) und *p*-Toluidin in Äthanol (*Thomson*, J. org. Chem. **13** [1948] 870, 877).

Violette Krystalle (aus Butanon); F: 251° [unkorr.].

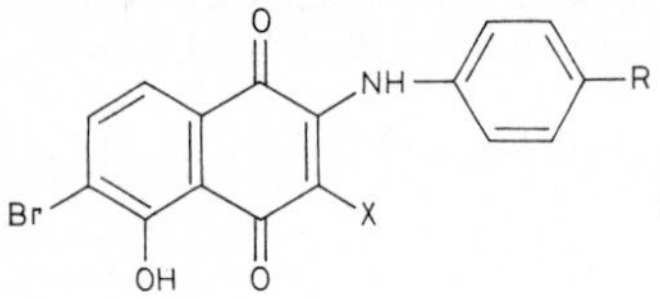

V 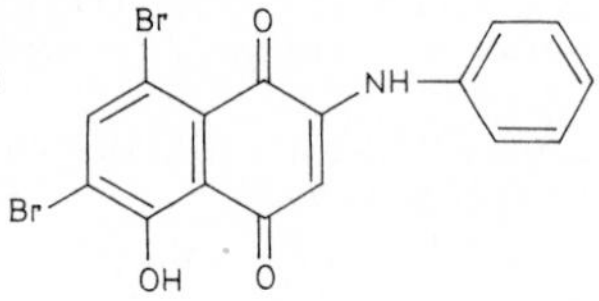 VI 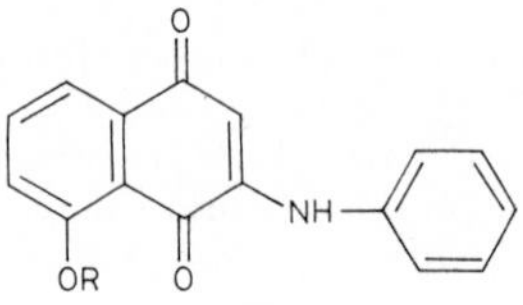 VII

**6.8-Dibrom-2-anilino-5-hydroxy-naphthochinon-(1.4)**, *2-anilino-6,8-dibromo-5-hydroxy-1,4-naphthoquinone* $C_{16}H_9Br_2NO_3$, Formel VI, und Tautomeres.

*B.* Aus 2.6.8-Tribrom-5-hydroxy-naphthochinon-(1.4) und Anilin in Essigsäure (*Wheeler, Ergle*, Am. Soc. **52** [1930] 4872, 4878).

Rote Krystalle (aus Eg.); F: 206°.

**3.6-Dibrom-2-anilino-5-hydroxy-naphthochinon-(1.4)**, *2-anilino-3,6-dibromo-5-hydroxy-1,4-naphthoquinone* $C_{16}H_9Br_2NO_3$, Formel V (R = H, X = Br), und Tautomeres.

Diese Konstitution kommt der früher (E II 162) als x-Dibrom-x-anilino-5-hydroxy-naphthochinon-(1.4) beschriebenen Verbindung zu (*Thomson*, J. org. Chem. **13** [1948] 870, 877); entsprechend sind die früher (E II 162) als x-Dibrom-x-[4-brom-anilino]-5-hydroxy-naphthochinon-(1.4) und als x-Dibrom-x-*o*-toluidino-5-hydroxy-naphthochinon-(1.4) beschriebenen Verbindungen als 3.6-Dibrom-2-[4-brom-anilino]-5-hydroxy-naphthochinon-(1.4) $C_{16}H_8Br_3NO_3$ bzw. als 3.6-Dibrom-2-*o*-toluidino-5-hydroxy-naphthochinon-(1.4) $C_{17}H_{11}Br_2NO_3$ zu formulieren.

*B.* Aus 2.3.6-Tribrom-5-hydroxy-naphthochinon-(1.4) und Anilin in Äthanol (*Th.*; vgl. E II 162). Beim Behandeln von 3.6-Dibrom-5-hydroxy-2-methoxy-naphthochinon-(1.4) oder von 3.6-Dibrom-5-hydroxy-2-äthoxy-naphthochinon-(1.4) mit Anilin in Äthanol (*Th.*).

Violette Krystalle (aus Butanon); F: 244° [unkorr.].

**3.6-Dibrom-2-*p*-toluidino-5-hydroxy-naphthochinon-(1.4)**, *3,6-dibromo-5-hydroxy-2-*p*-toluidino-1,4-naphthoquinone* $C_{17}H_{11}Br_2NO_3$, Formel V (R = $CH_3$, X = Br), und Tautomeres.

Diese Konstitution kommt der früher (E II 162) als x-Dibrom-x-*p*-toluidino-5-hydroxy-naphthochinon-(1.4) beschriebenen Verbindung zu (*Thomson*, J. org.

Chem. **13** [1948] 870, 877).

*B.* Aus 2.3.6-Tribrom-5-hydroxy-naphthochinon-(1.4) und *p*-Toluidin in Äthanol (*Th.*; vgl. E II 162).

Violette Krystalle (aus Butanon); F: 224° [unkorr.].

**3-Amino-5-hydroxy-naphthochinon-(1.4)** $C_{10}H_7NO_3$.

**3-Anilino-5-hydroxy-naphthochinon-(1.4)**, *2-anilino-8-hydroxy-1,4-naphthoquinone* $C_{16}H_{11}NO_3$, Formel VII (R = H), und Tautomeres.

Diese Konstitution kommt dem H 263 beschriebenen Anilino-juglon zu (*Thomson,* J. org. Chem. **13** [1948] 870).

*B.* Aus 3-Chlor-5-hydroxy-naphthochinon-(1.4) und Anilin in Äthanol (*Thomson,* J. org. Chem. **13** [1948] 377, 382).

Rotbraune Krystalle (aus Acn.); F: 228° [unkorr.] (*Th.*, l. c. S. 382).

**3-Anilino-5-acetoxy-naphthochinon-(1.4)**, *8-acetoxy-2-anilino-1,4-naphthoquinone* $C_{18}H_{13}NO_4$, Formel VII (R = CO-$CH_3$), und Tautomeres.

*B.* Beim Behandeln von 3-Anilino-5-hydroxy-naphthochinon-(1.4) mit Acetanhydrid und Pyridin (*Thomson,* J. org. Chem. **13** [1948] 377, 382). Aus 3-Chlor-5-acetoxy-naphthochinon-(1.4) und Anilin in Äthanol (*Th.*).

Rote Krystalle (aus A. oder Bzl.); F: 168° [unkorr.].

**2-Chlor-3-anilino-5-acetoxy-naphthochinon-(1.4)**, *5-acetoxy-3-anilino-2-chloro-1,4-naphthoquinone* $C_{18}H_{12}ClNO_4$, Formel VIII (R = H, X = Cl), und Tautomeres.

Diese Konstitution kommt der nachstehend beschriebenen, von *Wheeler, Mattox* (Am. Soc. **55** [1933] 686, 689) als 8-Chlor-2-anilino-5-acetoxy-naphthochinon-(1.4) angesehenen Verbindung zu (*Thomson,* J. org. Chem. **13** [1948] 371, 374).

*B.* Aus 2-Chlor-5-acetoxy-naphthochinon-(1.4) (E III **8** 2561) und Anilin (*Wh., Ma.*). Aus 2.3-Dichlor-5-acetoxy-naphthochinon-(1.4) und Anilin in Äthanol (*Th.*).

Rote Krystalle; F: 172° [unkorr.] (*Th.*; *Wh., Ma.*).

**2-Chlor-3-*p*-toluidino-5-acetoxy-naphthochinon-(1.4)**, *5-acetoxy-2-chloro-3-*p*-toluidino-1,4-naphthoquinone* $C_{19}H_{14}ClNO_4$, Formel VIII (R = $CH_3$, X = Cl), und Tautomeres.

Diese Konstitution kommt der nachstehend beschriebenen, von *Wheeler, Mattox* (Am. Soc. **55** [1933] 686, 689) als 8-Chlor-2-*p*-toluidino-5-acetoxy-naphthochinon-(1.4) angesehenen Verbindung zu (vgl. *Thomson,* J. org. Chem. **13** [1948] 371).

*B.* Aus 2-Chlor-5-acetoxy-naphthochinon-(1.4) (E III **8** 2561) und *p*-Toluidin (*Wh., Ma.*).

F: 169° (*Wh., Ma.*).

**2-Chlor-3-[4-hydroxy-anilino]-5-acetoxy-naphthochinon-(1.4)**, *5-acetoxy-2-chloro-3-(*p*-hydroxyanilino)-1,4-naphthoquinone* $C_{18}H_{12}ClNO_5$, Formel VIII (R = OH, X = Cl), und Tautomeres.

Diese Konstitution kommt der nachstehend beschriebenen, von *Wheeler, Mattox* (Am. Soc. **55** [1933] 686, 689) als 8-Chlor-2-[4-hydroxy-anilino]-5-acetoxy-naphthochinon-(1.4) angesehenen Verbindung zu (vgl. *Thomson,* J. org. Chem. **13** [1948] 371).

*B.* Aus 2-Chlor-5-acetoxy-naphthochinon-(1.4) (E III **8** 2561) und 4-Amino-phenol (*Wh., Ma.*).

F: 226° [Zers.] (*Wh., Ma.*).

**2-Chlor-3-[2-amino-anilino]-5-acetoxy-naphthochinon-(1.4)**, *5-acetoxy-3-(*o*-aminoanilino)-2-chloro-1,4-naphthoquinone* $C_{18}H_{13}ClN_2O_4$, Formel IX, und Tautomeres.

Diese Konstitution kommt der nachstehend beschriebenen, von *Wheeler, Mattox* (Am. Soc. **55** [1933] 686, 689) als 8-Chlor-2-[2-amino-anilino]-5-acetoxy-naphthochinon-(1.4) angesehenen Verbindung zu (vgl. *Thomson,* J. org. Chem. **13** [1948] 371).

*B.* Aus 2-Chlor-5-acetoxy-naphthochinon-(1.4) (E III **8** 2561) und *o*-Phenylendiamin (*Wh., Ma.*).

F: 271° [Zers.] (*Wh., Ma.*).

**2-Brom-3-anilino-5-acetoxy-naphthochinon-(1.4)**, *5-acetoxy-3-anilino-2-bromo-1,4-naphthoquinone* $C_{18}H_{12}BrNO_4$, Formel VIII (R = H, X = Br), und Tautomeres.

*B.* Beim Behandeln von 2-Brom-5-acetoxy-naphthochinon-(1.4) oder von 2.3-Dibrom-5-acetoxy-naphthochinon-(1.4) mit Anilin in Äthanol (*Thomson,* J. org. Chem. **13** [1948] 377, 381).

Rote Krystalle (aus A.); F: 162° [unkorr.].

VIII IX X

**5-Amino-6-hydroxy-naphthochinon-(1.4),** *5-amino-6-hydroxy-1,4-naphthoquinone* $C_{10}H_7NO_3$, Formel X (R = X = H).

Diese Konstitution kommt der E II **8** 462 als 5.6-Dihydroxy-naphthochinon-(1.4) beschriebenen Verbindung zu (*Garden, Thomson*, Chem. and Ind. **1954** 1146).

**5-Amino-6-acetoxy-naphthochinon-(1.4),** *6-acetoxy-5-amino-1,4-naphthoquinone* $C_{12}H_9NO_4$, Formel X (R = H, X = CO-$CH_3$).

Diese Konstitution kommt der früher (E II **8** 463) als 5-Hydroxy-6-acetoxy-naphthochinon-(1.4) beschriebenen Verbindung zu (*Garden, Thomson*, Chem. and Ind. **1954** 1146).

**5-Amino-6-benzoyloxy-naphthochinon-(1.4),** *5-amino-6-(benzoyloxy)-1,4-naphthoquinone* $C_{17}H_{11}NO_4$, Formel X (R = H, X = CO-$C_6H_5$).

Diese Konstitution kommt der früher (E II **9** 142) als 5-Hydroxy-6-benzoyloxy-naphthochinon-(1.4) beschriebenen Verbindung zu (*Garden, Thomson*, Chem. and Ind. **1954** 1146).

**5-Acetamino-6-hydroxy-naphthochinon-(1.4),** ***N*-[2-Hydroxy-5.8-dioxo-5.8-dihydro-naphthyl-(1)]-acetamid,** N-*(2-hydroxy-5,8-dioxo-5,8-dihydro-1-naphthyl)acetamide* $C_{12}H_9NO_4$, Formel X (R = CO-$CH_3$, X = H).

Diese Konstitution kommt der früher (E II **8** 462) als 6-Hydroxy-5-acetoxy-naphthochinon-(1.4) beschriebenen Verbindung zu (*Garden, Thomson*, Chem. and Ind. **1954** 1146).

**5-Acetamino-6-acetoxy-naphthochinon-(1.4),** ***N*-[2-Acetoxy-5.8-dioxo-5.8-dihydro-naphthyl-(1)]-acetamid,** N-*(2-acetoxy-5,8-dioxo-5,8-dihydro-1-naphthyl)acetamide* $C_{14}H_{11}NO_5$, Formel X (R = X = CO-$CH_3$).

Diese Konstitution kommt der früher (E II **8** 463) als 5.6-Diacetoxy-naphthochinon-(1.4) beschriebenen Verbindung zu (*Garden, Thomson*, Chem. and. Ind. **1954** 1146).

**5-Benzamino-6-hydroxy-naphthochinon-(1.4),** ***N*-[2-Hydroxy-5.8-dioxo-5.8-dihydro-naphthyl-(1)]-benzamid,** N-*(2-hydroxy-5,8-dioxo-5,8-dihydro-1-naphthyl)benzamide* $C_{17}H_{11}NO_4$, Formel X (R = CO-$C_6H_5$, X = H).

Diese Konstitution kommt der früher (E II **9** 142) als 6-Hydroxy-5-benzoyloxy-naphthochinon-(1.4) beschriebenen Verbindung zu (*Garden, Thomson*, Chem. and Ind. **1954** 1146).

XI XII

**2-Amino-6-hydroxy-naphthochinon-(1.4)** $C_{10}H_7NO_3$.

**2-[4-Dimethylamino-anilino]-6-methoxy-naphthochinon-(1.4)-4-[4-dimethylamino-phenylimin],** *2-*[p-*(dimethylamino)anilino*]*-4-*[p-*(dimethylamino)phenylimino*]*-6-methoxynaphthalen-1*(4H)*-one* $C_{27}H_{28}N_4O_2$, Formel XI, und **4-[4-Dimethylamino-anilino]-6-methoxy-naphthochinon-(1.2)-2-[4-dimethylamino-phenylimin],** *4-*[p-*(dimeth=*

*ylamino)anilino]-2-*[p-*(dimethylamino)phenylimino]-6-methoxynaphthalen-1*(2H)*-one* $C_{27}H_{28}N_4O_2$, Formel XII.

*B.* Beim Behandeln von 6-Methoxy-1-oxo-1.2.3.4-tetrahydro-naphthalin mit 4-Nitroso-*N.N*-dimethyl-anilin und wss.-äthanol. Natriumcarbonat-Lösung (*Buu-Hoi, Cagniant*, C. r. **214** [1942] 87, 89).

Violette Krystalle (aus Bzl. + Bzn.); F: 211°.

**3-Amino-2-hydroxy-naphthochinon-(1.4),** *2-amino-3-hydroxy-1,4-naphthoquinone* $C_{10}H_7NO_3$, Formel XIII, und Tautomere (H 259).

*B.* Aus 3-Nitro-2-hydroxy-naphthochinon-(1.4) beim Behandeln mit Natriumdithionit in wss. Äthanol (*Carrara, Bonacci*, Chimica e Ind. **26** [1944] 75).

Rotbraune oder braunviolette Krystalle (aus A.); Zers. bei 130—140°.

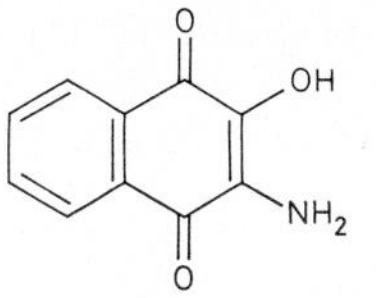

XIII 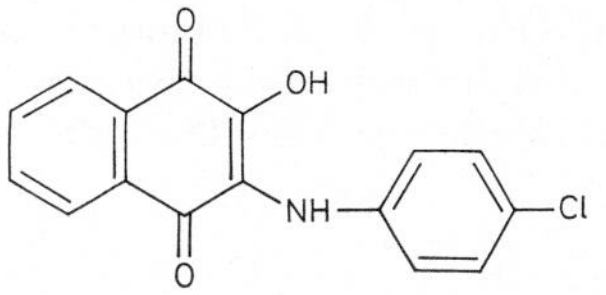 XIV

**3-[4-Chlor-anilino]-2-hydroxy-naphthochinon-(1.4),** *2-*(p-*chloroanilino)-3-hydroxy-1,4-naphthoquinone* $C_{16}H_{10}ClNO_3$, Formel XIV, und Tautomere.

*B.* Aus 2.3-Epoxy-2.3-dihydro-naphthochinon-(1.4) und 4-Chlor-anilin (*Fieser et al.*, Am. Soc. **70** [1948] 3212, 3213, 3214).

Purpurrote Krystalle (aus Eg.); F: 270,5—271°.

**3-Benzamino-2-hydroxy-naphthochinon-(1.4)-4-phenylimin, *N*-[3-Hydroxy-4-oxo-1-phenylimino-1.4-dihydro-naphthyl-(2)]-benzamid,** N-*[3-hydroxy-4-oxo-1-(phenylimino)-1,4-dihydro-2-naphthyl]benzamide* $C_{23}H_{16}N_2O_3$, Formel I, und **4-Anilino-3-benzamino-naphthochinon-(1.2), *N*-[1-Anilino-3.4-dioxo-3.4-dihydro-naphthyl-(2)]-benzamid,** N-*(1-anilino-3,4-dioxo-3,4-dihydro-2-naphthyl)benzamide* $C_{23}H_{16}N_2O_3$, Formel II.

*B.* Beim Erwärmen von 3-Benzamino-naphthochinon-(1.2) mit Anilin in Äthanol unter Durchleiten von Luft (*Goldstein, Genton*, Helv. **21** [1938] 56, 61).

Braunrote Krystalle; F: 296—297° [korr.].

Beim Erhitzen in Essigsäure ist 4.5-Dioxo-1.2-diphenyl-4.5-dihydro-1*H*-naphth[1.2]imidazol erhalten worden.

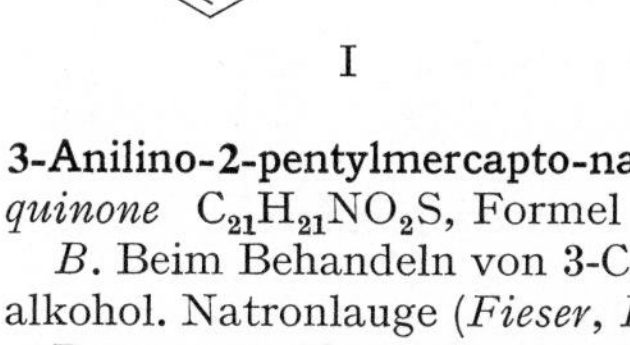

I 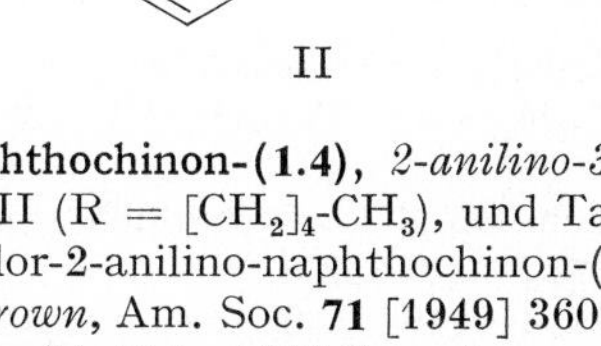 II 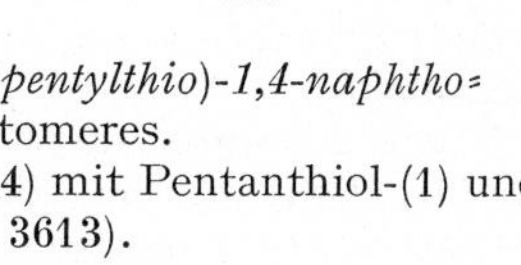 III

**3-Anilino-2-pentylmercapto-naphthochinon-(1.4),** *2-anilino-3-(pentylthio)-1,4-naphthoquinone* $C_{21}H_{21}NO_2S$, Formel III (R = $[CH_2]_4$-$CH_3$), und Tautomeres.

*B.* Beim Behandeln von 3-Chlor-2-anilino-naphthochinon-(1.4) mit Pentanthiol-(1) und alkohol. Natronlauge (*Fieser, Brown*, Am. Soc. **71** [1949] 3609, 3613).

Purpurrote Krystalle (aus A.); F: 114—116° [korr.].

**3-Anilino-2-phenylmercapto-naphthochinon-(1.4),** *2-anilino-3-(phenylthio)-1,4-naphthoquinone* $C_{22}H_{15}NO_2S$, Formel III (R = $C_6H_5$), und Tautomeres.

*B.* Aus 3-Chlor-2-anilino-naphthochinon-(1.4) und Natriumthiophenolat (*Fieser, Brown*, Am. Soc. **71** [1949] 3609, 3610, 3613).

Purpurrote Krystalle (aus A.); F: 197—199° [korr.].

## Amino-Derivate der Hydroxy-oxo-Verbindungen $C_{11}H_8O_3$

**2-Amino-7-hydroxy-5-methyl-naphthochinon-(1.4)** $C_{11}H_9NO_3$.

**2-[4-Dimethylamino-anilino]-7-methoxy-5-methyl-naphthochinon-(1.4)-4-[4-dimethyl=amino-phenylimin]**, *2-[p-(dimethylamino)anilino]-4-[p-(dimethylamino)phenylimino]-7-methoxy-5-methylnaphthalen-1*(4H)*-one* $C_{28}H_{30}N_4O_2$, Formel IV, und **4-[4-Dimethyl=amino-anilino]-7-methoxy-5-methyl-naphthochinon-(1.2)-2-[4-dimethylamino-phenyl=imin]**, *4-[p-(dimethylamino)anilino]-2-[p-(dimethylamino)phenylimino]-7-methoxy-5-meth=ylnaphthalen-1*(2H)*-one* $C_{28}H_{30}N_4O_2$, Formel V.

Diese Konstitution kommt einer von *Buu-Hoi, Cagniant* (C. r. **214** [1942] 115) als 7-Methoxy-1-oxo-2.4-bis-[4-dimethylamino-phenylimino]-5-methyl-8-*tert*-butyl-1.2.3.4-tetrahydro-naphthalin ($C_{32}H_{38}N_4O_2$) angesehenen Verbindung zu (*Cagniant, Cagniant*, Bl. **1956** 1152, 1162 Anm.).

*B.* Aus 3-Methoxy-5-oxo-1-methyl-5.6.7.8-tetrahydro-naphthalin (E III **8** 841) und 4-Nitroso-*N.N*-dimethyl-anilin (*Buu-Hoi, Ca.*).

Violette Krystalle; F: 205—206° (*Buu-Hoi, Ca.*).

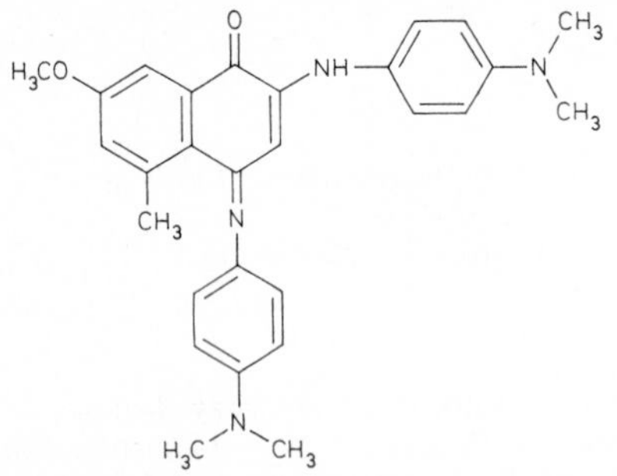

IV

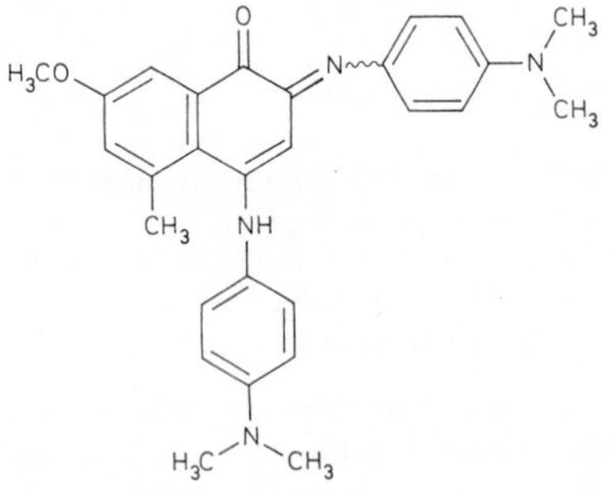

V

**3-Hydroxy-2-aminomethyl-naphthochinon-(1.4)** $C_{11}H_9NO_3$.

**3-Hydroxy-2-[dimethylamino-methyl]-naphthochinon-(1.4)**, *2-[(dimethylamino)methyl]-3-hydroxy-1,4-naphthoquinone* $C_{13}H_{13}NO_3$, Formel VI (R = X = $CH_3$), und Tautomeres.

*B.* Aus 2-Hydroxy-naphthochinon-(1.4), Formaldehyd und Dimethylamin in wss. Äthanol (*Leffler, Hathaway*, Am. Soc. **70** [1948] 3222).

Rote Krystalle (aus wss. A.); F: 194—195° [unkorr.] (*Le., Ha.*).

Beim Erwärmen mit Methyljodid in Methanol, beim Erwärmen mit Kaliumthiocyanat in wss. Methanol oder beim Erhitzen mit Malonsäure-diäthylester und Natriummethylat in Isoamylalkohol ist Bis-[3-hydroxy-1.4-dioxo-1.4-dihydro-naphthyl-(2)]-methan erhalten worden (*Dalgliesh*, Am. Soc. **71** [1949] 1697, 1701).

**3-Hydroxy-2-[butylamino-methyl]-naphthochinon-(1.4)**, *2-[(butylamino)methyl]-3-hydr=oxy-1,4-naphthoquinone* $C_{15}H_{17}NO_3$, Formel VI (R = $[CH_2]_3$-$CH_3$, X = H), und Tautomeres.

*B.* Aus 2-Hydroxy-naphthochinon-(1.4), Formaldehyd und Butylamin in wss. Äthanol (*Leffler, Hathaway*, Am. Soc. **70** [1948] 3222).

Rote Krystalle (aus wss. A.); F: 158—159° [unkorr.].

**3-Hydroxy-2-[pentylamino-methyl]-naphthochinon-(1.4)**, *2-hydroxy-3-[(pentylamino)=methyl]-1,4-naphthoquinone* $C_{16}H_{19}NO_3$, Formel VI (R = $[CH_2]_4$-$CH_3$, X = H), und Tautomeres.

*B.* Aus 2-Hydroxy-naphthochinon-(1.4), Formaldehyd und Pentylamin in wss. Äthanol (*Leffler, Hathaway*, Am. Soc. **70** [1948] 3222).

Rote Krystalle (aus wss. A.); F: 159—160° [unkorr.].

**3-Hydroxy-2-[octylamino-methyl]-naphthochinon-(1.4)**, *2-hydroxy-3-[(octylamino)=methyl]-1,4-naphthoquinone* $C_{19}H_{25}NO_3$, Formel VI (R = $[CH_2]_7$-$CH_3$, X = H), und Tautomeres.

*B.* Aus 2-Hydroxy-naphthochinon-(1.4), Formaldehyd und Octylamin in wss. Äthanol (*Dalgliesh*, Am. Soc. **71** [1949] 1697, 1700).

Orangefarbene Krystalle (aus A.); F: 145° [korr.; Zers.].

**3-Hydroxy-2-[decylamino-methyl]-naphthochinon-(1.4),** *2-[(decylamino)methyl]-3-hydroxy-1,4-naphthoquinone* $C_{21}H_{29}NO_3$, Formel VI (R = $[CH_2]_9$-$CH_3$, X = H), und Tautomeres.

*B.* Aus 2-Hydroxy-naphthochinon-(1.4), Formaldehyd und Decylamin in wss. Äthanol (*Leffler, Hathaway,* Am. Soc. **70** [1948] 3222).

Rote Krystalle (aus wss. A.); F: 148—149° [unkorr.].

**3-Hydroxy-2-[dodecylamino-methyl]-naphthochinon-(1.4),** *2-[(dodecylamino)methyl]-3-hydroxy-1,4-naphthoquinone* $C_{23}H_{33}NO_3$, Formel VI (R = $[CH_2]_{11}$-$CH_3$, X = H), und Tautomeres.

*B.* Aus 2-Hydroxy-naphthochinon-(1.4), Formaldehyd und Dodecylamin in wss. Äthanol (*Dalgliesh,* Am. Soc. **71** [1949] 1697, 1700).

Orangefarbene Krystalle (aus A.); F: 135° [korr.; Zers.].

Überführung in Bis-[3-hydroxy-1.4-dioxo-1.4-dihydro-naphthyl-(2)]-methan: *Da.*

Hydrochlorid $C_{23}H_{33}NO_3 \cdot HCl$. Gelbe Krystalle; Zers. oberhalb 200°.

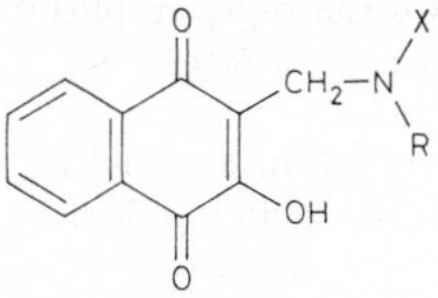

VI 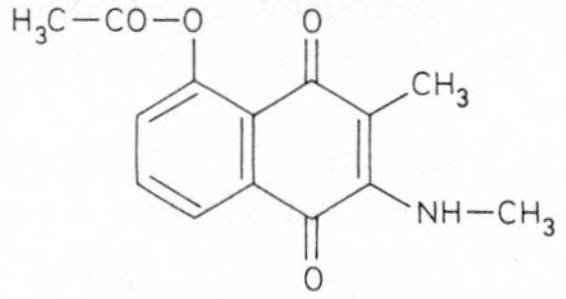 VII

**3-Hydroxy-2-[tetradecylamino-methyl]-naphthochinon-(1.4),** *2-hydroxy-3-[(tetradecylamino)methyl]-1,4-naphthoquinone* $C_{25}H_{37}NO_3$, Formel VI (R = $[CH_2]_{13}$-$CH_3$, X = H), und Tautomeres.

*B.* Aus 2-Hydroxy-naphthochinon-(1.4), Formaldehyd und Tetradecylamin in wss. Äthanol (*Dalgliesh,* Am. Soc. **71** [1949] 1697, 1700).

Orangefarbene Krystalle; F: 133° [korr.; Zers.].

**3-Hydroxy-2-[hexadecylamino-methyl]-naphthochinon-(1.4),** *2-[(hexadecylamino)methyl]-3-hydroxy-1,4-naphthoquinone* $C_{27}H_{41}NO_3$, Formel VI (R = $[CH_2]_{15}$-$CH_3$, X = H), und Tautomeres.

*B.* Aus 2-Hydroxy-naphthochinon-(1.4), Formaldehyd und Hexadecylamin in wss. Äthanol (*Dalgliesh,* Am. Soc. **71** [1949] 1697, 1700).

Orangefarbene Krystalle; F: 132° [korr.; Zers.].

**3-Hydroxy-2-[octadecylamino-methyl]-naphthochinon-(1.4),** *2-hydroxy-3-[(octadecylamino)methyl]-1,4-naphthoquinone* $C_{29}H_{45}NO_3$, Formel VI (R = $[CH_2]_{17}$-$CH_3$, X = H), und Tautomeres.

*B.* Aus 2-Hydroxy-naphthochinon-(1.4), Formaldehyd und Octadecylamin in wss. Äthanol (*Dalgliesh,* Am. Soc. **71** [1949] 1697, 1700).

Orangefarbene Krystalle; F: 131° [korr.; Zers.].

Hydrochlorid $C_{29}H_{45}NO_3 \cdot HCl$. Gelbe Krystalle; Zers. oberhalb 200°.

**3-Hydroxy-2-[cyclohexylamino-methyl]-naphthochinon-(1.4),** *2-[(cyclohexylamino)methyl]-3-hydroxy-1,4-naphthoquinone* $C_{17}H_{19}NO_3$, Formel VI (R = $C_6H_{11}$, X = H), und Tautomeres.

*B.* Aus 2-Hydroxy-naphthochinon-(1.4), Formaldehyd und Cyclohexylamin in wss. Äthanol (*Leffler, Hathaway,* Am. Soc. **70** [1948] 3222).

Rote Krystalle (aus wss. Isopropylalkohol); F: 185—190° [unkorr.].

**3-Hydroxy-2-[benzylamino-methyl]-naphthochinon-(1.4),** *2-[(benzylamino)methyl]-3-hydroxy-1,4-naphthoquinone* $C_{18}H_{15}NO_3$, Formel VI (R = $CH_2$-$C_6H_5$, X = H), und Tautomeres.

*B.* Aus 2-Hydroxy-naphthochinon-(1.4), Formaldehyd und Benzylamin in wss. Äthanol (*Leffler, Hathaway,* Am. Soc. **70** [1948] 3222).

Rote Krystalle (aus wss. A.); F: 149—150° [unkorr.].

**3-Hydroxy-2-[(2-hydroxy-äthylamino)-methyl]-naphthochinon-(1.4),** *2-hydroxy-3-[(2-hydroxyethylamino)methyl]-1,4-naphthoquinone* $C_{13}H_{13}NO_4$, Formel VI (R = $CH_2$-$CH_2OH$, X = H), und Tautomeres.

*B.* Aus 2-Hydroxy-naphthochinon-(1.4), Formaldehyd und 2-Amino-äthanol-(1) in

wss. Äthanol (*Leffler, Hathaway*, Am. Soc. **70** [1948] 3222).
Rote Krystalle (aus wss. A.); F: 168—169° [unkorr.].

**3-Amino-8-hydroxy-2-methyl-naphthochinon-(1.4)** $C_{11}H_9NO_3$.

**3-Methylamino-8-acetoxy-2-methyl-naphthochinon-(1.4),** *5-acetoxy-3-methyl-2-(methylamino)-1,4-naphthoquinone* $C_{14}H_{13}NO_4$, Formel VII, und Tautomeres.

*B.* Beim Behandeln von 8-Acetoxy-2-methyl-naphthochinon-(1.4) mit Methylamin in Äthanol und Leiten von Luft durch die Reaktionslösung (*Asano, Hase*, J. pharm. Soc. Japan **63** [1943] 83, 87; C. A. **1952** 92).

Rotviolette Krystalle (aus A.); F: 163°.

## Amino-Derivate der Hydroxy-oxo-Verbindungen $C_{12}H_{10}O_3$

**3.4-Dihydroxy-1-glycyl-naphthalin, 2-Amino-1-[3.4-dihydroxy-naphthyl-(1)]-äthanon-(1)** $C_{12}H_{11}NO_3$.

**3.4-Dimethoxy-1-hippuroyl-naphthalin, *N*-[2-Oxo-2-(3.4-dimethoxy-naphthyl-(1))-äthyl]-benzamid,** N-*[2-(3,4-dimethoxy-1-naphthyl)-2-oxoethyl]benzamide* $C_{21}H_{19}NO_4$, Formel VIII.

*B.* Beim Behandeln von 1.2-Dimethoxy-naphthalin mit Hippuroylchlorid und Aluminiumchlorid in Schwefelkohlenstoff (*Rajagopalan*, J. Indian chem. Soc. **17** [1940] 567, 571).

Krystalle (aus Acn.); F: 261—262°.

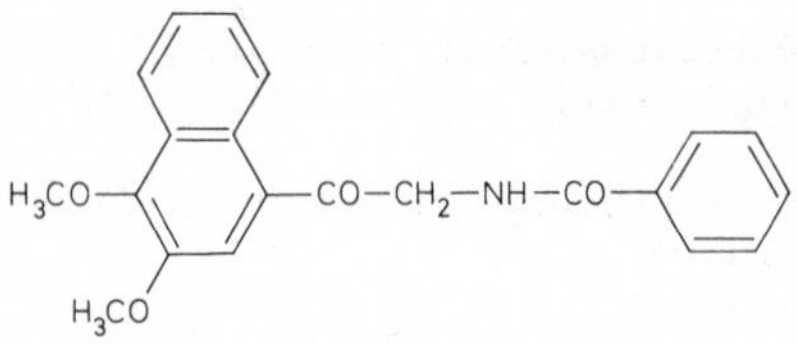

$H_3CO$, $H_3CO$, $CO-CH_2-NH-CO$

VIII

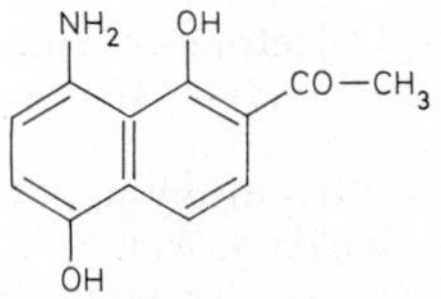

$NH_2$, OH, $CO-CH_3$, OH

IX

**8-Amino-1.5-dihydroxy-2-acetyl-naphthalin, 1-[8-Amino-1.5-dihydroxy-naphthyl-(2)]-äthanon-(1),** *8'-amino-1',5'-dihydroxy-2'-acetonaphthone* $C_{12}H_{11}NO_3$, Formel IX.

*B.* Beim Behandeln von 1-[1.5-Dihydroxy-naphthyl-(2)]-äthanon-(1) mit wss. Natronlauge und 4-Sulfo-benzol-diazonium-(1)-Salz und anschliessenden Erwärmen mit Natriumdithionit (*Spruit*, R. **66** [1947] 655, 671).

Nicht näher beschrieben.

**3-Hydroxy-2-[1-amino-äthyl]-naphthochinon-(1.4)** $C_{12}H_{11}NO_3$.

**(±)-3-Hydroxy-2-[1-octylamino-äthyl]-naphthochinon-(1.4),** *(±)-2-hydroxy-3-[1-(octylamino)ethyl]-1,4-naphthoquinone* $C_{20}H_{27}NO_3$, Formel X (R = $[CH_2]_7$-$CH_3$), und Tautomeres.

*B.* Aus 2-Hydroxy-naphthochinon-(1.4), Acetaldehyd und Octylamin in Äthanol (*Dalgliesh*, Am. Soc. **71** [1949] 1697, 1700).

Rote Krystalle (aus A.); F: 146° [korr.; Zers.].

**(±)-3-Hydroxy-2-[1-dodecylamino-äthyl]-naphthochinon-(1.4),** *(±)-2-[1-(dodecylamino)ethyl]-3-hydroxy-1,4-naphthoquinone* $C_{24}H_{35}NO_3$, Formel X (R = $[CH_2]_{11}$-$CH_3$), und Tautomeres.

*B.* Aus 2-Hydroxy-naphthochinon-(1.4), Acetaldehyd und Dodecylamin in Äthanol (*Dalgliesh*, Am. Soc. **71** [1949] 1697, 1700).

Orangerote Krystalle (aus A.); F: 128° [korr.; Zers.].

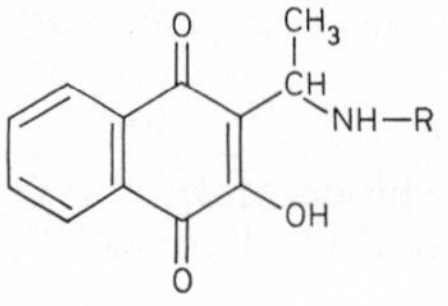

O, $CH_3$, CH, NH—R, OH, O

X

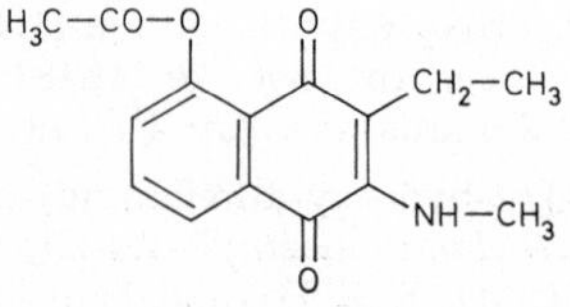

$H_3C-CO-O$, O, $CH_2-CH_3$, $NH-CH_3$, O

XI

**(±)-3-Hydroxy-2-[1-hexadecylamino-äthyl]-naphthochinon-(1.4)**, *(±)-2-[1-(hexadecyl=amino)ethyl]-3-hydroxy-1,4-naphthoquinone* $C_{28}H_{43}NO_3$, Formel X (R = $[CH_2]_{15}$-$CH_3$), und Tautomeres.

*B.* Aus 2-Hydroxy-naphthochinon-(1.4), Acetaldehyd und Hexadecylamin in Äthanol (*Dalgliesh*, Am. Soc. **71** [1949] 1697, 1700).

Orangefarbene Krystalle (aus A.); F: 130° [korr.; Zers.].

**3-Amino-8-hydroxy-2-äthyl-naphthochinon-(1.4)** $C_{12}H_{11}NO_3$.

**3-Methylamino-8-acetoxy-2-äthyl-naphthochinon-(1.4)**, *5-acetoxy-3-ethyl-2-(methyl=amino)-1,4-naphthoquinone* $C_{15}H_{15}NO_4$, Formel XI, und Tautomeres.

*B.* Beim Behandeln von 8-Acetoxy-2-äthyl-naphthochinon-(1.4) mit Methylamin in Äthanol und Leiten von Luft durch die Reaktionslösung (*Asano, Hase*, J. pharm. Soc. Japan **63** [1943] 90, 96; C. A. **1952** 93).

Rotviolette Krystalle (aus A.); F: 129°.

## Amino-Derivate der Hydroxy-oxo-Verbindungen $C_{16}H_{18}O_3$

**5.6-Dihydroxy-3-oxo-4a-[2-amino-äthyl]-1.2.3.4.4a.10a-hexahydro-phenanthren** $C_{16}H_{19}NO_3$.

**5-Hydroxy-6-methoxy-3-oxo-4a-[2-dimethylamino-äthyl]-1.2.3.4.4a.10a-hexahydro-phenanthren**, 5-Hydroxy-6-methoxy-4a-[2-dimethylamino-äthyl]-1.4.4a.10a-tetrahydro-2*H*-phenanthrenon-(3), *4a-[2-(dimethylamino)ethyl]-5-hydroxy-6-methoxy-1,4,4a,10a-tetrahydro-3*(2H)*-phenanthrone* $C_{19}H_{25}NO_3$.

a) **(4a*R*)-5-Hydroxy-6-methoxy-3-oxo-4a*r*-[2-dimethylamino-äthyl]-(10a*cH*)-1.2.3.4.4a.10a-hexahydro-phenanthren, *ent*-4-Hydroxy-3-methoxy-17.17-dimethyl-9.10-didehydro-9.17-seco-morphinanon-(6)**[1], Formel XII (X = H).

Diese Konfiguration ist der nachstehend beschriebenen, in der Literatur als Des-*N*-methyl-demethoxy-dihydro-sinomenin und als (–)-Des-*N*-methyl-di=hydrothebainon bezeichneten Verbindung auf Grund ihrer genetischen Beziehung zu Sinomenin zuzuordnen (vgl. diesbezüglich *Kalvoda, Buchschacher, Jeger*, Helv. **38** [1955] 1847, 1852).

*B.* Aus *ent*-4-Hydroxy-3-methoxy-6-oxo-17.17-dimethyl-morphinanium-jodid („De=methoxy-dihydro-sinomenin-methojodid") beim Erhitzen mit wss. Kalilauge (*Goto*, A. **485** [1931] 247, 253).

Krystalle (aus wss. Me.); F: 182°. $[\alpha]_D^{20}$: –54,9° [$CHCl_3$; c = 2] (*Goto*).

b) **(4a*S*)-5-Hydroxy-6-methoxy-3-oxo-4a*r*-[2-dimethylamino-äthyl]-(10a*cH*)-1.2.3.4.4a.10a-hexahydro-phenanthren, 4-Hydroxy-3-methoxy-17.17-dimethyl-9.10-didehydro-9.17-seco-morphinanon-(6)**[1], Formel XIII (X = H).

Diese Konfiguration ist dem E II 163 beschriebenen (+)-Des-*N*-methyl-dihydro=thebainon (Dihydrothebainon-methin) auf Grund seiner genetischen Beziehung zu Thebainon-A (4-Hydroxy-3-methoxy-17-methyl-7.8-didehydro-morphinanon-(6)) zu-zuordnen.

c) **(±)-5-Hydroxy-6-methoxy-3-oxo-4a*r*-[2-dimethylamino-äthyl]-(10a*cH*)-1.2.3.4.4a.10a-hexahydro-phenanthren, *rac*-4-Hydroxy-3-methoxy-17.17-dimethyl-9.10-didehydro-9.17-seco-morphinanon-(6)**[1], Formel XII + XIII (X = H) (in der Literatur als (±)-Des-*N*-methyl-dihydrothebainon bezeichnet).

*B.* Aus gleichen Mengen der unter a) und b) beschriebenen Enantiomeren in Chloro=form (*Goto, Michinaka, Shishido*, A. **515** [1935] 297, 302).

F: 158°.

d) **(4a*S*)-5-Hydroxy-6-methoxy-3-oxo-4a*r*-[2-dimethylamino-äthyl]-(10a*tH*)-1.2.3.4.4a.10a-hexahydro-phenanthren, 4-Hydroxy-3-methoxy-17.17-dimethyl-9.10-didehydro-9.17-seco-14α-morphinanon-(6)**[1], Formel XIV.

Diese Konfiguration ist der nachstehend beschriebenen, in der Literatur als β-Dihydro=thebainon-methin und als Des-*N*-methyl-β-dihydrothebainon bezeichneten Verbindung auf Grund ihrer genetischen Beziehung zu β-Thebainon-A (4-Hydroxy-3-methoxy-17-methyl-7.8-didehydro-14α-morphinanon-(6)) zuzuordnen.

*B.* Aus 4-Hydroxy-3-methoxy-6-oxo-17.17-dimethyl-14α-morphinanium-jodid („β-Di=

[1]) Stellungsbezeichnung bei von Morphinan abgeleiteten Namen s. E III **13** 2295.

hydrothebainon-methojodid") beim Erhitzen mit wss. Natronlauge (*Small*, *Browning*, J. org. Chem. **3** [1938] 618, 635).

Krystalle (aus wss. A.), F: 183–184°; bei vermindertem Druck sublimierbar (*Sm.*, *Br.*). $[\alpha]_D^{28}$: –257,9° [A.; c = 0,5] (*Sm.*, *Br.*).

Perchlorat $C_{19}H_{25}NO_3 \cdot HClO_4$. Krystalle (aus A.); F: 225,5–226° [evakuierte Kapillare] (*Sm.*, *Br.*).

Pikrat $C_{19}H_{25}NO_3 \cdot C_6H_3N_3O_7$. Gelbe Krystalle (aus wss. A.); F: 164–165° [evakuierte Kapillare] (*Sm.*, *Br.*). $[\alpha]_D^{27}$: –181,1° [Acn.; c = 0,5] (*Sm.*, *Br.*).

Oxim $C_{19}H_{26}N_2O_3$. Krystalle (aus wss. A.); F: 160–162° [evakuierte Kapillare] (*Sm.*, *Br.*).

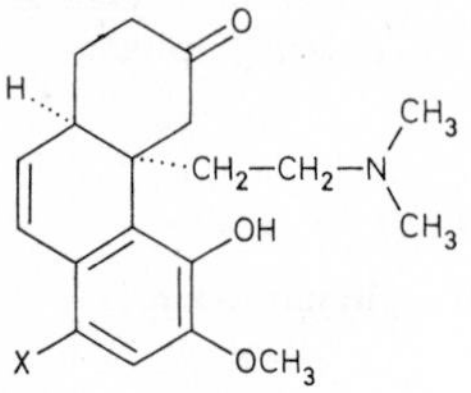

XII 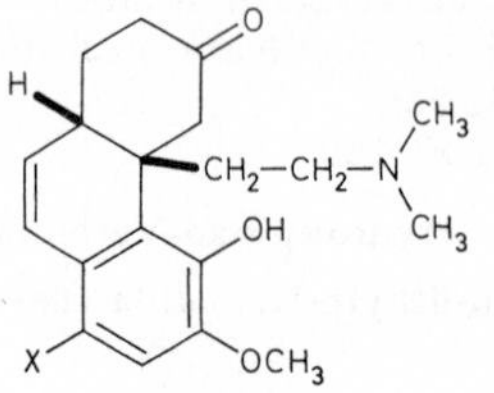 XIII 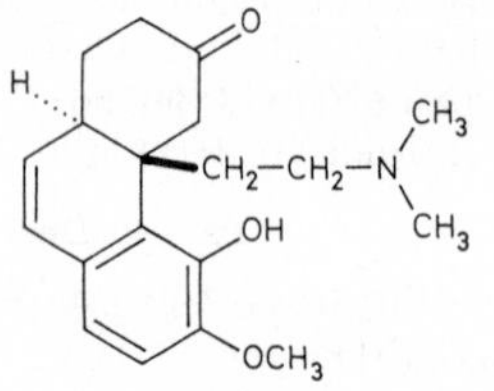 XIV

**8-Brom-5-hydroxy-6-methoxy-3-oxo-4a-[2-dimethylamino-äthyl]-1.2.3.4.4a.10a-hexahydro-phenanthren,** 8-Brom-5-hydroxy-6-methoxy-4a-[2-dimethylamino-äthyl]-1.4.4a.10a-tetrahydro-2*H*-phenanthrenon-(3), *8-bromo-4a-[2-(dimethylamino)ethyl]-5-hydroxy-6-methoxy-1,4,4a,10a-tetrahydro-3(2H)-phenanthrone* $C_{19}H_{24}BrNO_3$.

a) **(4a*R*)-8-Brom-5-hydroxy-6-methoxy-3-oxo-4a*r*-[2-dimethylamino-äthyl]-(10a*cH*)-1.2.3.4.4a.10a-hexahydro-phenanthren, *ent*-1-Brom-4-hydroxy-3-methoxy-17.17-dimethyl-9.10-didehydro-9.17-seco-morphinanon-(6)**[1]), Formel XII (X = Br) (in der Literatur als (–)-Des-*N*-methyl-1-brom-demethoxy-dihydro-sinomenin bezeichnet).

*B.* Aus *ent*-1-Brom-4-hydroxy-3-methoxy-6-oxo-17.17-dimethyl-morphinanium-jodid („1-Brom-demethoxy-dihydro-sinomenin-methojodid") beim Erhitzen mit wss. Natronlauge (*Goto*, *Ogawa*, *Saito*, Bl. chem. Soc. Japan **10** [1935] 481, 484).

Krystalle (aus wss. Me.); F: 200–201°. $[\alpha]_D^{17}$: –8,7° [$CHCl_3$; c = 1,5].

Methojodid $[C_{20}H_{27}BrNO_3]I$ ((4a*R*)-8-Brom-5-hydroxy-6-methoxy-3-oxo-4a*r*-[2-trimethylammonio-äthyl]-(10a*cH*)-1.2.3.4.4a.10a-hexahydro-phenanthren-jodid, *ent*-1-Brom-4-hydroxy-3-methoxy-6-oxo-17.17.17-trimethyl-9.10-didehydro-9.17-seco-morphinanium-jodid). F: 243° [Zers.].

b) **(4a*S*)-8-Brom-5-hydroxy-6-methoxy-3-oxo-4a*r*-[2-dimethylamino-äthyl]-(10a*cH*)-1.2.3.4.4a.10a-hexahydro-phenanthren, 1-Brom-4-hydroxy-3-methoxy-17.17-dimethyl-9.10-didehydro-9.17-seco-morphinanon-(6)**[1]), Formel XIII (X = Br) (in der Literatur als (+)-Des-*N*-methyl-1-brom-dihydrothebainon bezeichnet).

*B.* Aus 1-Brom-4-hydroxy-3-methoxy-6-oxo-17.17-dimethyl-morphinanium-jodid („1-Brom-dihydrothebainon-methojodid") beim Erhitzen mit wss. Natronlauge (*Goto*, *Ogawa*, *Saito*, Bl. chem. Soc. Japan **10** [1935] 481, 484).

Krystalle (aus wss. Me.); F: 199°. $[\alpha]_D^{17}$: +8,0° [$CHCl_3$; c = 1].

Methojodid $[C_{20}H_{27}BrNO_3]I$ ((4a*S*)-8-Brom-5-hydroxy-6-methoxy-3-oxo-4a*r*-[2-trimethylammonio-äthyl]-(10a*cH*)-1.2.3.4.4a.10a-hexahydro-phenanthren-jodid, 1-Brom-4-hydroxy-3-methoxy-6-oxo-17.17.17-trimethyl-9.10-didehydro-9.17-seco-morphinanium-jodid). Krystalle (aus W.); F: 243°.

c) **(±)-8-Brom-5-hydroxy-6-methoxy-3-oxo-4a*r*-[2-dimethylamino-äthyl]-(10a*cH*)-1.2.3.4.4a.10a-hexahydro-phenanthren, *rac*-1-Brom-4-hydroxy-3-methoxy-17.17-dimethyl-9.10-didehydro-9.17-seco-morphinanon-(6)**[1]), Formel XII + XIII (X = Br) (in der Literatur als (±)-Des-*N*-methyl-1-brom-dihydrothebainon bezeichnet).

*B.* Aus gleichen Mengen der unter a) und b) beschriebenen Enantiomeren in Äthanol (*Goto*, *Ogawa*, *Saito*, Bl. chem. Soc. Japan **10** [1935] 481, 484).

Krystalle (aus A.); F: 189–192°.

---

[1]) Stellungsbezeichnung bei von Morphinan ageleiteten Namen s. E III **13** 2295.

Amino-Derivate der Hydroxy-oxo-Verbindungen $C_{17}H_{20}O_3$

**5.6-Dihydroxy-3-oxo-2-methyl-4a-[2-amino-äthyl]-1.2.3.4.4a.10a-hexahydro-phenanthren** $C_{17}H_{21}NO_3$.

**5-Hydroxy-6-methoxy-3-oxo-2-methyl-4a-[2-dimethylamino-äthyl]-1.2.3.4.4a.10a-hexahydro-phenanthren,** 5-Hydroxy-6-methoxy-2-methyl-4a-[2-dimethylamino-äthyl]-1.4.4a.10a-tetrahydro-2*H*-phenanthrenon-(3), *4a-[2-(dimethylamino)ethyl]-5-hydroxy-6-methoxy-2-methyl-1,4,4a,10a-tetrahydro-3*(2H)*-phenanthrone* $C_{20}H_{27}NO_3$.

**(4a*S*)-5-Hydroxy-6-methoxy-3-oxo-2ξ-methyl-4a*r*-[2-dimethylamino-äthyl]-(10a*cH*)-1.2.3.4.4a.10a-hexahydro-phenanthren, 4-Hydroxy-3-methoxy-7ξ.17.17-trimethyl-9.10-didehydro-9.17-seco-morphinanon-(6)**[1]), Formel XV, **vom F: 193°**; Iso-methyl-dihydrothebainon-methin.

Die Konstitution ergibt sich aus der genetischen Beziehung zu Iso-methyl-dihydrothebainon (vgl. diesbezüglich *Stork, Bauer,* Am. Soc. **75** [1953] 4373); die Konfiguration ergibt sich aus der genetischen Beziehung zu Dihydrothebain (vgl. diesbezüglich *Small, Fitch, Smith,* Am. Soc. **58** [1936] 1457; *Kalvoda, Buchschacher, Jeger,* Helv. **38** [1955] 1847, 1849).

*B.* Beim Erwärmen von Iso-methyl-dihydrothebainon (4-Hydroxy-3-methoxy-7ξ.17-dimethyl-morphinanon-(6); F: 168—168,5°) mit Methyljodid in Aceton und Erhitzen des Reaktionsprodukts mit wss. Kalilauge (*Small, Sargent, Bralley,* J. org. Chem. **12** [1947] 839, 868).

Krystalle (nach Sublimation bei 150°/0,1 Torr), F: 193°; $[\alpha]_D^{20}$: +231° [A.; c = 0,2] (*Sm., Sa., Br.*).

XV XVI XVII

**5.6-Dihydroxy-3-oxo-4-methyl-4a-[2-amino-äthyl]-1.2.3.4.4a.10a-hexahydro-phenanthren** $C_{17}H_{21}NO_3$.

**5-Hydroxy-6-methoxy-3-oxo-4-methyl-4a-[2-dimethylamino-äthyl]-1.2.3.4.4a.10a-hexahydro-phenanthren,** 5-Hydroxy-6-methoxy-4-methyl-4a-[2-dimethylamino-äthyl]-1.4.4a.10a-tetrahydro-2*H*-phenanthrenon-(3), *4a-[2-(dimethylamino)ethyl]-5-hydroxy-6-methoxy-4-methyl-1,4,4a,10a-tetrahydro-3*(2H)*-phenanthrone* $C_{20}H_{27}NO_3$.

**(4a*R*)-5-Hydroxy-6-methoxy-3-oxo-4ξ-methyl-4a*r*-[2-dimethylamino-äthyl]-(10a*cH*)-1.2.3.4.4a.10a-hexahydro-phenanthren, 4-Hydroxy-3-methoxy-5ξ.17.17-trimethyl-9.10-didehydro-9.17-seco-morphinanon-(6)**[1]), Formel XVI, **vom F: 165°**; Methyl-dihydrothebainon-methin.

Die Konstitution ergibt sich aus der genetischen Beziehung zu Methyl-dihydrothebainon (vgl. diesbezüglich *Stork, Bauer,* Am. Soc. **75** [1953] 4373); die Konfiguration ergibt sich aus der genetischen Beziehung zu Dihydrothebain (vgl. diesbezüglich *Small, Fitsch, Smith,* Am. Soc. **58** [1936] 1457; *Kalvoda, Buchschacher, Jeger,* Helv. **38** [1955] 1847, 1849).

*B.* Aus Methyl-dihydrothebainon-methojodid (4-Hydroxy-3-methoxy-6-oxo-5ξ.17.17-trimethyl-morphinanium-jodid; F: 212—216°) beim Erhitzen mit wss. Kalilauge (*Small, Sargent, Bralley,* J. org. Chem. **12** [1947] 839, 867).

Krystalle (aus E.), F: 164—165° [Zers.]; $[\alpha]_D^{20}$: +163° [A.; c = 1] (*Sm., Sa., Br.*).

Methojodid $[C_{21}H_{30}NO_3]I$ ((4a*R*)-5-Hydroxy-6-methoxy-3-oxo-4ξ-methyl-4a*r*-[2-trimethylammonio-äthyl]-(10a*cH*)-1.2.3.4.4a.10a-hexahydro-phenanthren-jodid, 4-Hydroxy-3-methoxy-6-oxo-5ξ.17.17.17-tetramethyl-9.10-didehydro-9.17-seco-morphinanium-jodid). Krystalle (aus Me.); F: 246° bis

[1]) Stellungsbezeichnung bei von Morphinan abgeleiteten Namen s. E III **13** 2295.

249° [evakuierte Kapillare]; $[\alpha]_D^{20}$: +117° [A.; c = 0,5] (*Sm.*, *Sa.*, *Br.*).

### Amino-Derivate der Hydroxy-oxo-Verbindungen $C_{20}H_{26}O_3$

**3-Hydroxy-2-[10-amino-decyl]-naphthochinon-(1.4)** $C_{20}H_{27}NO_3$.

**3-Hydroxy-2-[10-diäthylamino-decyl]-naphthochinon-(1.4)**, *2-[10-(diethylamino)decyl]-3-hydroxy-1,4-naphthoquinone* $C_{24}H_{35}NO_3$, Formel XVII (R = $C_2H_5$, n = 10), und Tautomeres.

*B.* Aus 3-Hydroxy-2-[10-brom-decyl]-naphthochinon-(1.4) und Diäthylamin in Gegenwart von Kaliumjodid (*Fieser et al.*, Am. Soc. **70** [1948] 3206, 3208, 3211).

Krystalle (aus wss. A.); F: 125—126°.

### Amino-Derivate der Hydroxy-oxo-Verbindungen $C_{21}H_{28}O_3$

**3-Hydroxy-2-[11-amino-undecyl]-naphthochinon-(1.4)**, *2-(11-aminoundecyl)-3-hydroxy-1,4-naphthoquinone* $C_{21}H_{29}NO_3$, Formel XVII (R = H, n = 11), und Tautomeres.

*B.* Bei der Hydrierung von 11-[3-Hydroxy-1.4-dioxo-1.4-dihydro-naphthyl-(2)]-undecannitril an Palladium und an Platin in wss.-äthanol. Salzsäure (*Fieser et al.*, Am. Soc. **70** [1948] 3206, 3208, 3211).

Zers. bei 270—300°.

Hydrochlorid $C_{21}H_{29}NO_3 \cdot HCl$. Krystalle (aus wss. Salzsäure); F: 155—156°.

## Amino-Derivate der Hydroxy-oxo-Verbindungen $C_nH_{2n-16}O_3$

### Amino-Derivate der Hydroxy-oxo-Verbindungen $C_{12}H_8O_3$

**3.6-Diamino-2-[4-hydroxy-phenyl]-benzochinon-(1.4)** $C_{12}H_{10}N_2O_3$.

**3.6-Bis-methylamino-2-[4-methoxy-phenyl]-benzochinon-(1.4)**, *3-(p-methoxyphenyl)-2,5-bis(methylamino)-p-benzoquinone* $C_{15}H_{16}N_2O_3$, Formel I, und Tautomere.

*B.* Beim Behandeln von [4-Methoxy-phenyl]-benzochinon-(1.4) mit Methylamin in Äthanol und Leiten von Luft durch das Reaktionsgemisch (*Asano et al.*, J. pharm. Soc. Japan **63** [1943] 686, 690; C. A. **1952** 93).

Rotviolette Krystalle (aus A.); F: 244—245° [Zers.].

I II

### Amino-Derivate der Hydroxy-oxo-Verbindungen $C_{13}H_{10}O_3$

**6-Amino-3.4-dihydroxy-benzophenon** $C_{13}H_{11}NO_3$.

**6-Amino-3.4-dimethoxy-benzophenon**, *2-amino-4,5-dimethoxybenzophenone* $C_{15}H_{15}NO_3$, Formel II (R = H).

*B.* Bei der Hydrierung von 6-Nitro-3.4-dimethoxy-benzophenon an Platin in Äthanol (*Reichert*, Ar. **270** [1932] 551).

Hydrochlorid $C_{15}H_{15}NO_3 \cdot HCl$. Krystalle (aus A.); F: 201° [Zers.].

**6-Benzamino-3.4-dimethoxy-benzophenon, Benzoesäure-[4.5-dimethoxy-2-benzoyl-anilid]**, *2'-benzoyl-4',5'-dimethoxybenzanilide* $C_{22}H_{19}NO_4$, Formel II (R = CO-$C_6H_5$).

*B.* Aus 6-Amino-3.4-dimethoxy-benzophenon (*Reichert*, Ar. **270** [1932] 551).

Gelbliche Krystalle (aus A.); F: 188°.

**4'-Amino-3.4-dihydroxy-benzophenon** $C_{13}H_{11}NO_3$.

**4'-Dimethylamino-3.4-dimethoxy-benzophenon**, *4'-(dimethylamino)-3,4-dimethoxybenzophenone* $C_{17}H_{19}NO_3$, Formel III.

*B.* Beim Erhitzen von Veratrumsäure-anilid mit *N.N*-Dimethyl-anilin und Phosphoroxychlorid und anschliessenden Erwärmen mit wss. Salzsäure (*Haddow et al.*, Phil. Trans. [A] **241** [1948] 147, 191).

Gelbe Krystalle (aus Bzl. + Bzn.); F: 119—120° [unkorr.].

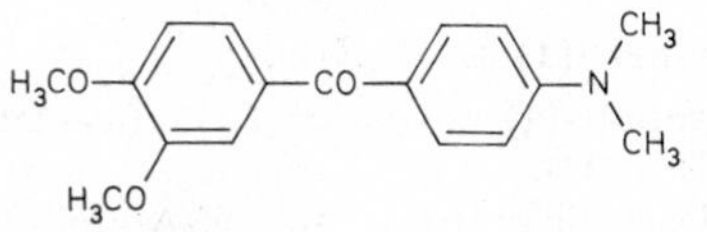

III 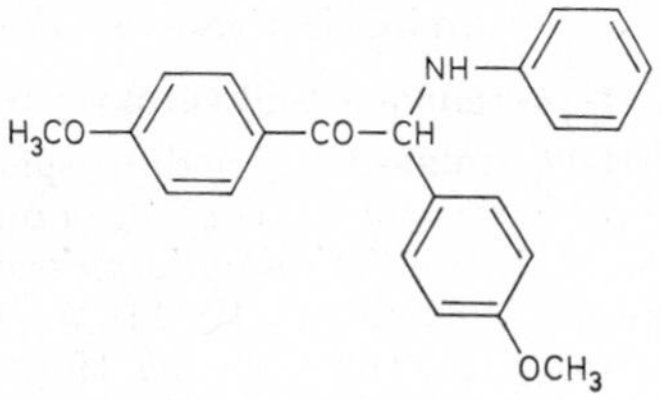 IV

## Amino-Derivate der Hydroxy-oxo-Verbindungen $C_{14}H_{12}O_3$

**α-Amino-4.4'-dihydroxy-desoxybenzoin** $C_{14}H_{13}NO_3$.

**(±)-α-Anilino-4.4'-dimethoxy-desoxybenzoin**, (±)-*α-anilino-4,4'-dimethoxydeoxybenzoin* $C_{22}H_{21}NO_3$, Formel IV.

*B.* Beim Erhitzen von (±)-4.4'-Dimethoxy-benzoin mit Anilin unter Kohlendioxid auf 140° (*Novelli, Somaglino,* An. Asoc. quim. arg. **31** [1943] 147, 151).

Krystalle (aus A.); F: 115°.

**4-Amino-4'-hydroxy-benzoin** $C_{14}H_{13}NO_3$ und **4'-Amino-4-hydroxy-benzoin** $C_{14}H_{13}NO_3$.

**(±)-4-Dimethylamino-4'-methoxy-benzoin**, (±)-*4-(dimethylamino)-4'-methoxybenzoin* $C_{17}H_{19}NO_3$, Formel V, und **(±)-4'-Dimethylamino-4-methoxy-benzoin**, (±)-*4'-(dimethylamino)-4-methoxybenzoin* $C_{17}H_{19}NO_3$, Formel VI.

Eine Verbindung (Krystalle [aus A.], F: 144° [unkorr.]), für die diese beiden Formeln in Betracht kommen, ist beim Erwärmen von 4-Dimethylamino-benzaldehyd mit 4-Methoxy-benzaldehyd und Kaliumcyanid in wss. Äthanol erhalten worden (*Buck, Ide,* Am. Soc. **52** [1930] 4107).

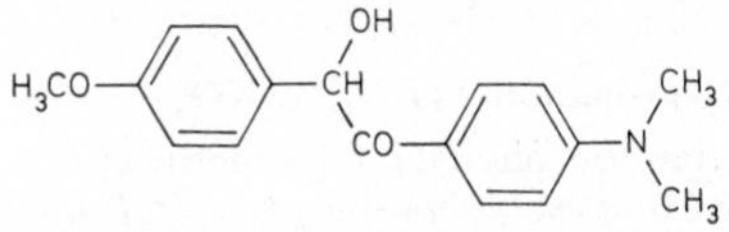

V 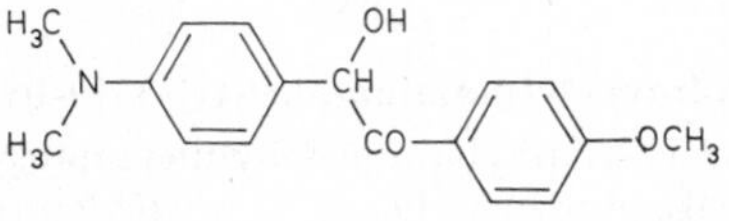 VI

**6-Amino-2.2'-dihydroxy-3-methyl-benzophenon** $C_{14}H_{13}NO_3$.

**6-[2-Diäthylamino-äthylamino]-2.2'-dihydroxy-3-methyl-benzophenon**, *6-[2-(diethylamino)ethyl]-2,2'-dihydroxy-3-methylbenzophenone* $C_{20}H_{26}N_2O_3$, Formel VII.

*B.* Beim Erhitzen von 1-[2-Diäthylamino-äthylamino]-9-oxo-4-methyl-xanthen mit äthanol. Kalilauge auf 180° (*Mauss,* B. **81** [1948] 19, 25).

Gelbe Krystalle (aus A.); F: 88—89°.

Pikrat. Gelbe Krystalle (aus A.); F: 177—178°.

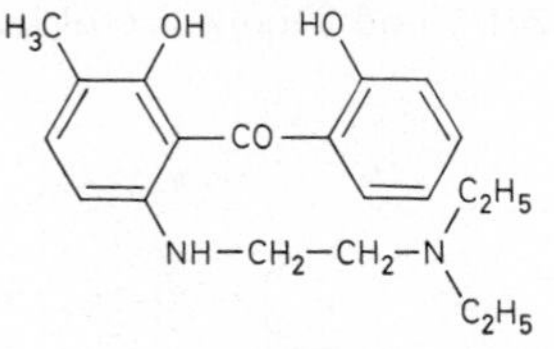

VII 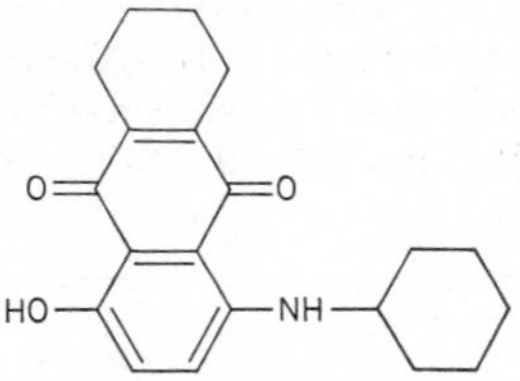 VIII

**8-Amino-5-hydroxy-1.2.3.4-tetrahydro-anthrachinon** $C_{14}H_{13}NO_3$.

**8-Cyclohexylamino-5-hydroxy-1.2.3.4-tetrahydro-anthrachinon**, *5-(cyclohexylamino)-8-hydroxy-1,2,3,4-tetrahydroanthraquinone* $C_{20}H_{23}NO_3$, Formel VIII.

*B.* Beim Erwärmen von Hexahydrochinizarin (E III **6** 6719) mit Cyclohexylamin in Butanol-(1) und Behandeln des Reaktionsprodukts in Essigsäure mit Eisen(III)-chlorid oder in Butanol-(1) in Gegenwart von Piperidin mit Luft (*I.G. Farbenind.,* D.R.P. 712599 [1938]; D.R.P. Org. Chem. **1**, Tl. 2, S. 216).

Blaue Krystalle; F: 192—194°.

## Amino-Derivate der Hydroxy-oxo-Verbindungen $C_{15}H_{14}O_3$

**3-Phenyl-1-[6-amino-3.4-dihydroxy-phenyl]-propanon-(1)** $C_{15}H_{15}NO_3$.

**3-Phenyl-1-[6-amino-3.4-dimethoxy-phenyl]-propanon-(1)**, *2'-amino-4',5'-dimethoxy-3-phenylpropiophenone* $C_{17}H_{19}NO_3$, Formel IX (R = H).

*B.* Aus 6'-Nitro-3'.4'-dimethoxy-*trans*(?)-chalkon (F: 161°), aus 6'-Amino-3'.4'-dimethoxy-*trans*(?)-chalkon (F: 116,5—117°) oder aus 5.6-Dimethoxy-3-*trans*(?)-styryl-benz[*c*]isoxazol (F: 162°) bei der Hydrierung an Palladium in Aceton (*H. Baumgarten*, Diss. [Univ. Berlin 1933] S. 15).

Gelbliche Krystalle (aus A.); F: 90°.

**3-Phenyl-1-[6-benzamino-3.4-dimethoxy-phenyl]-propanon-(1), Benzoesäure-[4.5-dimethoxy-2-(3-phenyl-propionyl)-anilid]**, *4',5'-dimethoxy-2'-(3-phenylpropionyl)benzanilide* $C_{24}H_{23}NO_4$, Formel IX (R = CO-$C_6H_5$).

*B.* Beim Behandeln von 3-Phenyl-1-[6-amino-3.4-dimethoxy-phenyl]-propanon-(1) mit Benzoylchlorid in Chloroform unter Zusatz von wss. Alkalilauge (*H. Baumgarten*, Diss. [Univ. Berlin 1933] S. 15).

Krystalle (aus A.); F: 139°.

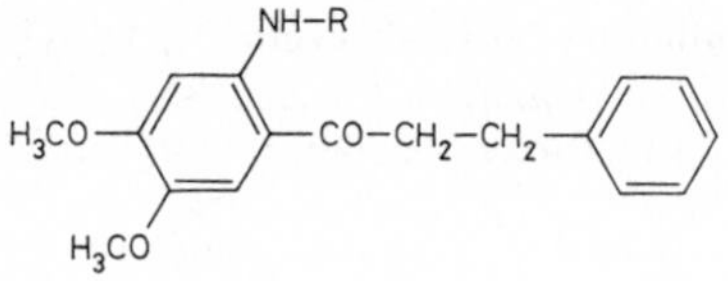

IX 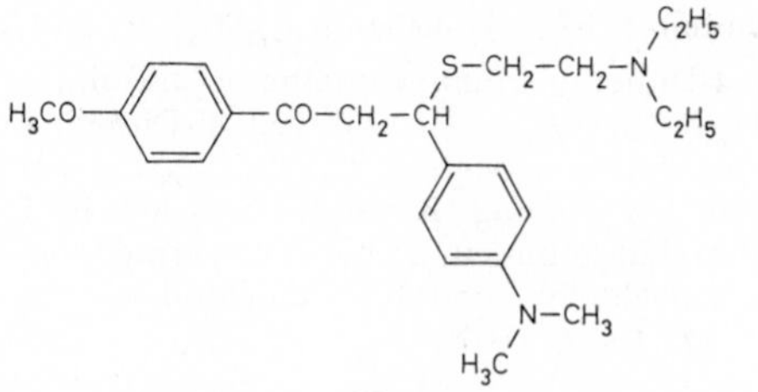 X

**3-Hydroxy-3-[4-amino-phenyl]-1-[4-hydroxy-phenyl]-propanon-(1)** $C_{15}H_{15}NO_3$.

**(±)-3-[2-Diäthylamino-äthylmercapto]-3-[4-dimethylamino-phenyl]-1-[4-methoxy-phenyl]-propanon-(1)**, *3-[2-(diethylamino)ethylthio]-3-[p-(dimethylamino)phenyl]-4'-methoxypropiophenone* $C_{24}H_{34}N_2O_2S$, Formel X.

*B.* Beim Behandeln von 4-Dimethylamino-4'-methoxy-chalkon (F: 127°) mit Diäthyl-[2-mercapto-äthyl]-amin-hydrochlorid in Äthanol (*L. Fullhart*, Diss. [Iowa State Coll. [1946] S. 26).

Hydrochlorid $C_{24}H_{34}N_2O_2S \cdot HCl$. Krystalle; F: 145—146°.

**1-Hydroxy-3-[4-amino-phenyl]-1-[4-hydroxy-phenyl]-propanon-(3)** $C_{15}H_{15}NO_3$.

**(±)-1-*p*-Tolylmercapto-3-[4-acetamino-phenyl]-1-[4-methoxy-phenyl]-propanon-(3), (±)-Essigsäure-{4-[3-*p*-tolylmercapto-3-(4-methoxy-phenyl)-propionyl]-anilid}**, *(±)-4'-[3-(p-methoxyphenyl)-3-(p-tolylthio)propionyl]acetanilide* $C_{25}H_{25}NO_3S$, Formel XI.

*B.* Aus 4'-Acetamino-4-methoxy-chalkon (F: 200—201°) und Thio-*p*-kresol in Äthanol (*L. Fullhart*, Diss. [Iowa State Coll. 1946] S. 29).

Krystalle (aus A.); F: 130—131°.

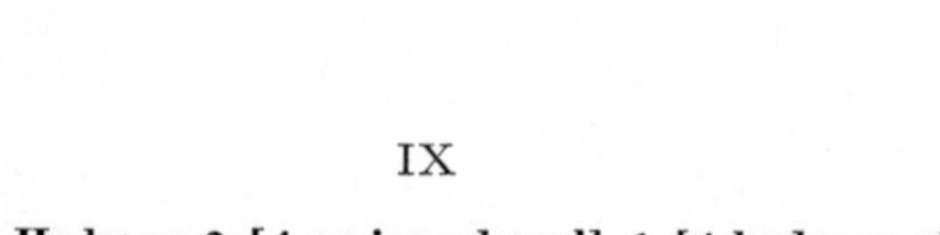

XI 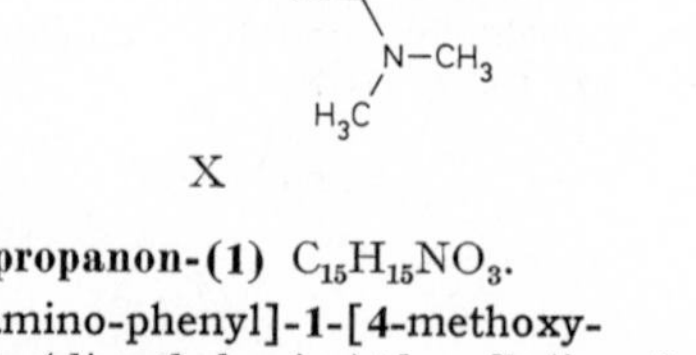 XII

## Amino-Derivate der Hydroxy-oxo-Verbindungen $C_{16}H_{16}O_3$

**3-Phenyl-1-[6-amino-3.4-dihydroxy-phenyl]-butanon-(1)** $C_{16}H_{17}NO_3$.

**(±)-4-Nitro-3-phenyl-1-[6-amino-3.4-dimethoxy-phenyl]-butanon-(1)**, *(±)-2'-amino-4',5'-dimethoxy-4-nitro-3-phenylbutyrophenone* $C_{18}H_{20}N_2O_5$, Formel XII (R = H).

*B.* Bei der Hydrierung von (±)-4-Nitro-3-phenyl-1-[6-nitro-3.4-dimethoxy-phenyl]-

butanon-(1) an Palladium in Essigsäure und Äthylacetat (*Reichert, Posemann*, Ar. **275** [1937] 67, 81).
Gelbe Krystalle (aus Me.); F: 156—157°.

**(±)-4-Nitro-3-phenyl-1-[6-acetamino-3.4-dimethoxy-phenyl]-butanon-(1), (±)-Essigsäure-[4.5-dimethoxy-2-(4-nitro-3-phenyl-butyryl)-anilid]**, (±)-*4',5'-dimethoxy-2'-(4-nitro-3-phenylbutyryl)acetanilide* $C_{20}H_{22}N_2O_6$, Formel XII (R = CO-CH$_3$).

*B.* Aus (±)-4-Nitro-3-phenyl-1-[6-amino-3.4-dimethoxy-phenyl]-butanon-(1) und Acetanhydrid (*Reichert, Posemann*, Ar. **275** [1937] 67, 82).
Krystalle (aus A.); F: 158°.

# Amino-Derivate der Hydroxy-oxo-Verbindungen $C_nH_{2n-18}O_3$

## Amino-Derivate der Hydroxy-oxo-Verbindungen $C_{14}H_{10}O_3$

**4'-Amino-4-hydroxy-benzil** $C_{14}H_{11}NO_3$.

**4'-Dimethylamino-4-methoxy-benzil**, *4-(dimethylamino)-4'-methoxybenzil* $C_{17}H_{17}NO_3$, Formel I.

*B.* Aus (±)-4(oder 4')-Dimethylamino-4'(oder 4)-methoxy-benzoin (S. 647) mit Hilfe von Fehling-Lösung (*Buck, Ide*, Am. Soc. **52** [1930] 4107).
Gelbe Krystalle (aus A.); F: 128°.

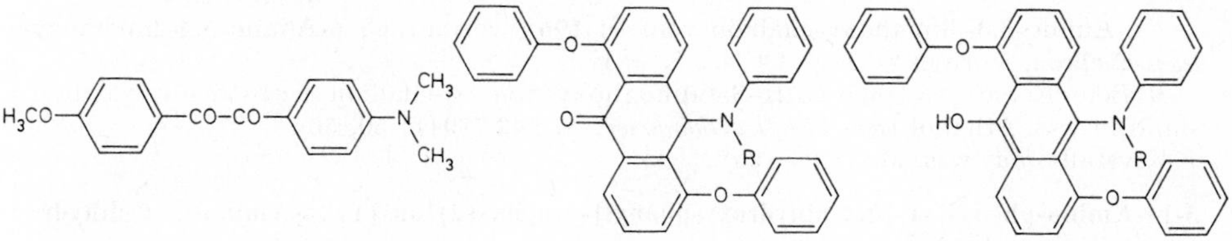

I II III

**10-Amino-1.5-dihydroxy-anthron** $C_{14}H_{11}NO_3$.

**(±)-10-Anilino-1.5-diphenoxy-anthron**, (±)-*10-anilino-1,5-diphenoxyanthrone* $C_{32}H_{23}NO_3$, Formel II (R = H), und **10-Anilino-1.5-diphenoxy-anthrol-(9)**, *10-anilino-1,5-diphenoxy-9-anthrol* $C_{32}H_{23}NO_3$, Formel III (R = H).

*B.* Aus (±)-10-Brom-1.5-diphenoxy-anthron und Anilin (*Barnett, Goodway*, B. **63** [1930] 3048, 3050).
Gelbe Krystalle (aus Acn.); F: 159° [Zers.].

**(±)-10-[*N*-Methyl-anilino]-1.5-diphenoxy-anthron**, (±)-*10-(*N*-methylanilino)-1,5-diphenoxyanthrone* $C_{33}H_{25}NO_3$, Formel II (R = CH$_3$), und **10-[*N*-Methyl-anilino]-1.5-diphenoxy-anthrol-(9)**, *10-(*N*-methylanilino)-1,5-diphenoxy-9-anthrol* $C_{33}H_{25}NO_3$, Formel III (R = CH$_3$).

*B.* Aus (±)-10-Brom-1.5-diphenoxy-anthron und *N*-Methyl-anilin (*Barnett, Goodway*, B. **63** [1930] 3048, 3050).
Gelbe Krystalle (aus Acn.); F: 159° [nach Sintern].

## Amino-Derivate der Hydroxy-oxo-Verbindungen $C_{15}H_{12}O_3$

**3-[2-Hydroxy-phenyl]-1-[5-amino-2-hydroxy-phenyl]-propen-(2)-on-(1), 5'-Amino-2.2'-dihydroxy-chalkon** $C_{15}H_{13}NO_3$.

**5'-Acetamino-2.2'-dihydroxy-chalkon, Essigsäure-[4-hydroxy-3-(2-hydroxy-cinnamoyl)-anilid]**, *4'-hydroxy-3'-(2-hydroxycinnamoyl)acetanilide* $C_{17}H_{15}NO_4$.

Die E I 502 unter dieser Konstitution beschriebene Verbindung vom F: 134° („5-Acetamino-2-oxy-ω-[2-oxy-benzal]-acetophenon") ist als 6-Amino-2-[2-hydroxy-phenyl]-chromanon-(4) zu formulieren (*Raval, Shah*, J. org. Chem. **21** [1956] 1408).

Eine vermutlich als **5'-Acetamino-2.2'-dihydroxy-*trans*-chalkon** (Formel IV) zu formulierende Verbindung (gelbe Krystalle [aus E.]; F: 158°) ist beim Behandeln von 1-[5-Acetamino-2-hydroxy-phenyl]-äthanon-(1) mit Salicylaldehyd und wss.-äthanol. Kalilauge erhalten worden (*Ra., Shah*).

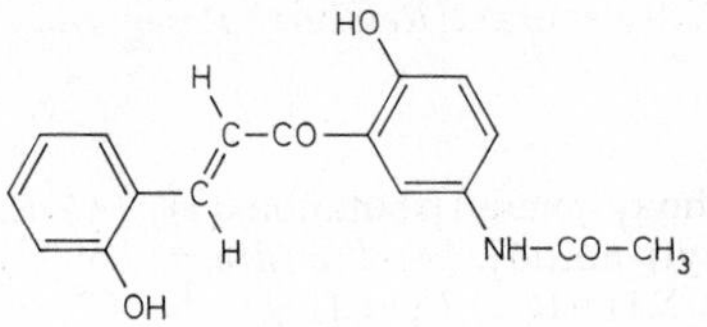

IV 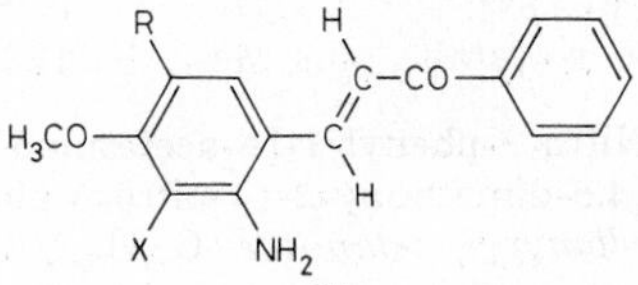 V

**3-Phenyl-1-[2-amino-3.4-dihydroxy-phenyl]-propen-(1)-on-(3), 2-Amino-3.4-dihydroxy-chalkon** $C_{15}H_{13}NO_3$.

**2-Amino-3.4-dimethoxy-chalkon**, *2-amino-3,4-dimethoxychalcone* $C_{17}H_{17}NO_3$.

**2-Amino-3.4-dimethoxy-chalkon vom F: 96°**, vermutlich **2-Amino-3.4-dimethoxy-*trans*-chalkon**, Formel V (R = H, X = $OCH_3$).

*B.* Bei der Hydrierung von 2-Nitro-3.4-dimethoxy-*trans*(?)-chalkon (F: 150–151°) an Palladium in Methanol (*Borsche, Ried*, B. **76** [1943] 1011, 1013).

Krystalle (aus A.); F: 95–96°.

2.4-Dinitro-phenylhydrazon. Orangefarbene Krystalle (aus Py. + A.); F: 219–220°.

**3-Phenyl-1-[6-amino-3.4-dihydroxy-phenyl]-propen-(1)-on-(3), 6-Amino-3.4-dihydroxy-chalkon** $C_{15}H_{13}NO_3$.

**6-Amino-3.4-dimethoxy-chalkon**, *2-amino-4,5-dimethoxychalcone* $C_{17}H_{17}NO_3$.

**6-Amino-3.4-dimethoxy-chalkon vom F: 196°**, vermutlich **6-Amino-3.4-dimethoxy-*trans*-chalkon**, Formel V (R = $OCH_3$, X = H).

*B.* Beim Erwärmen von 6-Nitro-3.4-dimethoxy-*trans*(?)-chalkon (F: 185°) mit Natrium= sulfid in wss. Äthanol (*Borsche, Barthenheier*, A. **548** [1941] 50, 56).

Krystalle (aus wss. Me.); F: 196°.

**3-[4-Amino-phenyl]-1-[2.4-dihydroxy-phenyl]-propen-(2)-on-(1), 4-Amino-2'.4'-dihydr= oxy-chalkon** $C_{15}H_{13}NO_3$.

**4-Dimethylamino-2'-hydroxy-4'-methoxy-chalkon**, *4-(dimethylamino)-2'-hydroxy-4'-meth= oxychalcone* $C_{18}H_{19}NO_3$.

**4-Dimethylamino-2'-hydroxy-4'-methoxy-chalkon vom F: 173°**, vermutlich **4-Di= methylamino-2'-hydroxy-4'-methoxy-*trans*-chalkon**, Formel VI.

*B.* Beim Erwärmen von Paeonol (1-[2-Hydroxy-4-methoxy-phenyl]-äthanon-(1)) mit 4-Dimethylamino-benzaldehyd und wss.-äthanol. Kalilauge (*Haenni*, Jb. phil. Fak. II. Univ. Bern **1** [1921] 107, 108).

Rote Krystalle (aus E.); F: 173°.

*O*-Acetyl-Derivat $C_{20}H_{21}NO_4$ (4-Dimethylamino-4'-methoxy-2'-acetoxy-*trans*(?)-chalkon). Gelbe Krystalle (aus A.); F: 106–107°. — Beim Behandeln einer Lösung in Tetrachlormethan mit Brom (2 Mol) ist eine Verbindung $C_{20}H_{21}Br_4NO_4$ (gelbliche Krystalle [aus $CHCl_3$ + Ae.], F: 98–99°) erhalten worden.

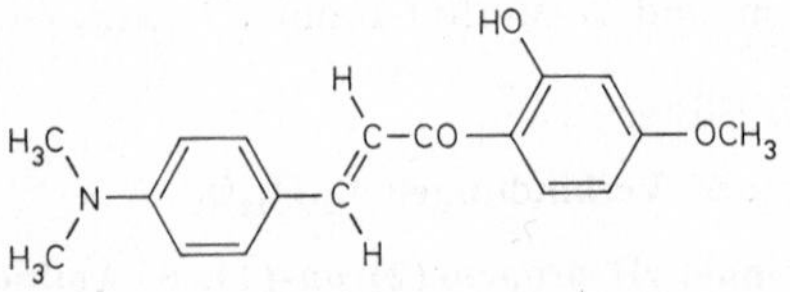

VI 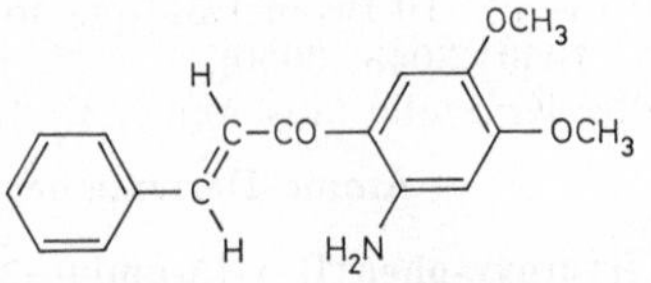 VII

**3-Phenyl-1-[6-amino-3.4-dihydroxy-phenyl]-propen-(2)-on-(1), 6'-Amino-3'.4'-dihydr= oxy-chalkon** $C_{15}H_{13}NO_3$.

**6'-Amino-3'.4'-dimethoxy-chalkon**, *2'-amino-4',5'-dimethoxychalcone* $C_{17}H_{17}NO_3$.

**6'-Amino-3'.4'-dimethoxy-chalkon vom F: 117°**, vermutlich **6'-Amino-3'.4'-dimeth= oxy-*trans*-chalkon**, Formel VII.

*B.* Als Hauptprodukt beim Erwärmen von 6'-Nitro-3'.4'-dimethoxy-*trans*(?)-chalkon (F: 161°) mit Zinn(II)-chlorid und Chlorwasserstoff in Essigsäure (*H. Baumgarten*, Diss. [Univ. Berlin 1933] S. 13, 14).

Rote Krystalle (aus A.); F: 116,5—117°.

*N*-Benzoyl-Derivat $C_{24}H_{21}NO_4$ (6'-Benzamino-3'.4'-dimethoxy-*trans*(?)-chalkon). Krystalle (aus A.); F: 161°.

**3-Phenyl-1-[5-amino-2-hydroxy-phenyl]-propandion-(1.3)** $C_{15}H_{13}NO_3$.

**3-Phenyl-1-[5-benzamino-2-hydroxy-phenyl]-propandion-(1.3), Benzoesäure-[4-hydroxy-3-(3-oxo-3-phenyl-propionyl)-anilid],** *4'-hydroxy-3'-(3-oxo-3-phenylpropionyl)benzanilide* $C_{22}H_{17}NO_4$, Formel VIII, und Tautomere (5'(oder5)-Benzamino-2'.β(oder 2.β)-dihydroxy-chalkon sowie 6-Benzamino-2-hydroxy-2-phenyl-chromanon-(4)).

*B.* Aus 1-[5-Benzamino-2-benzoyloxy-phenyl]-äthanon-(1) beim Erwärmen mit Natriumamid in Benzol (*Anand, Patel, Venkataraman,* Pr. Indian Acad. [A] **28** [1948] 545, 554).

Gelbe Krystalle (aus Eg.); F: 210°.

VIII IX

**Amino-Derivate der Hydroxy-oxo-Verbindungen $C_{17}H_{16}O_3$**

**5-Amino-1.5-bis-[4-hydroxy-phenyl]-penten-(1)-on-(3)** $C_{17}H_{17}NO_3$.

**5-Anilino-1.5-bis-[4-methoxy-phenyl]-penten-(1)-on-(3),** *5-anilino-1,5-bis*(p-*methoxyphenyl)pent-1-en-3-one* $C_{25}H_{25}NO_3$.

**(±)-5-Anilino-1.5-bis-[4-methoxy-phenyl]-penten-(1)-on-(3) vom F: 142°,** vermutlich **(±)-5-Anilino-1*t*.5-bis-[4-methoxy-phenyl]-penten-(1)-on-(3),** Formel IX.

*B.* Beim Behandeln von 4-Methoxy-benzaldehyd-phenylimin in Äthanol mit Aceton (*Dilthey, Nagel,* J. pr. [2] **130** [1931] 147, 162).

Gelbe Krystalle (aus Bzl.); F: 141—142°. [*Zimmermann*]

# Amino-Derivate der Hydroxy-oxo-Verbindungen $C_nH_{2n-20}O_3$

**Amino-Derivate der Hydroxy-oxo-Verbindungen $C_{14}H_8O_3$**

**2-Amino-1-hydroxy-anthrachinon,** *2-amino-1-hydroxyanthraquinone* $C_{14}H_9NO_3$, Formel I (R = X = H) (H 267; E I 502; E II 167).

*B.* Neben anderen Verbindungen beim Erhitzen von 2-Amino-anthrachinon mit Kaliumhydroxid auf 150° und Leiten von Luft durch eine wss. Lösung des Reaktionsprodukts (*Maki,* J. Soc. chem. Ind. Japan **32** [1929] 1022; J. Soc. chem. Ind. Japan Spl. **32** [1929] 303).

Braune Krystalle (aus wss. A.); F: 291,4°.

**2-Acetamino-1-hydroxy-anthrachinon, *N*-[1-Hydroxy-9.10-dioxo-9.10-dihydro-anthryl-(2)]-acetamid,** N-(*1-hydroxy-9,10-dioxo-9,10-dihydro-2-anthryl*)*acetamide* $C_{16}H_{11}NO_4$, Formel I (R = CO-CH₃, X = H) (H 267; E II 167).

Braungelbe Krystalle (aus A. oder Bzl.); F: 247,2° (*Maki,* J. Soc. chem. Ind. Japan **32** [1929] 1022; J. Soc. chem. Ind. Japan Spl. **32** [1929] 303).

**4-Chlor-2-amino-1-hydroxy-anthrachinon,** *2-amino-4-chloro-1-hydroxyanthraquinone* $C_{14}H_8ClNO_3$, Formel I (R = H, X = Cl).

*B.* Beim Erhitzen von *N.N'*-Bis-[5-chlor-2-methoxy-phenyl]-harnstoff (aus 5-Chlor-2-methoxy-anilin hergestellt) mit Phthalsäure-anhydrid und Aluminiumchlorid in Trichlorbenzol und Erhitzen des Reaktionsprodukts mit Schwefelsäure unter Zusatz von Borsäure (*I.G. Farbenind.,* D.R.P. 538457 [1929]; Frdl. **18** 1247).

Braunrote Krystalle (aus 1.2-Dichlor-benzol); F: 254—255°.

**4-Amino-1-hydroxy-anthrachinon,** *1-amino-4-hydroxyanthraquinone* $C_{14}H_9NO_3$, Formel II (R = X = H) (H 268; E I 503; E II 168).

*B.* Beim Behandeln von Leukochinizarin (E III **8** 3706) mit wss.-äthanol. Ammoniak und Erhitzen des Reaktionsprodukts mit Nitrobenzol und Schwefelsäure (*Celanese Corp. Am.*, U.S.P. 2228885 [1938]). Beim Erhitzen von Chinizarin (E III **8** 3775) mit wss.-äthanol. Ammoniak unter Zusatz von Mangan(II)-chlorid und Natriumcarbonat auf 110° (*Celanese Corp. Am.*, U.S.P. 2128307 [1936]; vgl. H 268). Aus 1.4-Diamino-anthrachinon beim Erwärmen mit Mangan(IV)-oxid und wss. Schwefelsäure (*I.G. Farbenind.*, D.R.P. 554647, 556459 [1930]; Frdl. **19** 1949, 1954). Beim Erwärmen von 1.4-Diamino-anthracendiol-(9.10) (S. 598) mit wss.-methanol. Salzsäure und Erhitzen des Reaktionsprodukts mit Nitrobenzol unter Zusatz von Piperidin (*I.G. Farbenind.*, D.R.P. 646498 [1935]; Frdl. **24** 790). Aus 4-Amino-1-hydroxy-9.10-dioxo-9.10-dihydro-anthracen-sulfonsäure-(2) beim Erwärmen mit Natriumdithionit und wss. Natronlauge (*CIBA*, D.R.P. 589074 [1931]; Frdl. **19** 2001) oder mit Natriumdithionit und wss. Natriumcarbonat-Lösung (*I.G. Farbenind.*, D.R.P. 568760 [1925], 632911 [1932]; Frdl. **18** 1277, **21** 1036). Aus 4-Amino-1-methoxy-anthrachinon beim Erhitzen mit wasserhaltiger Schwefelsäure (*Du Pont de Nemours & Co.*, U.S.P. 1957920 [1932]). Aus 4-Benzamino-1-hydroxy-anthrachinon beim Erwärmen mit Schwefelsäure (*I.G. Farbenind.*, D.R.P. 538457 [1929]; Frdl. **18** 1247).

F: 208° (*I.G. Farbenind.*, D.R.P. 538457).

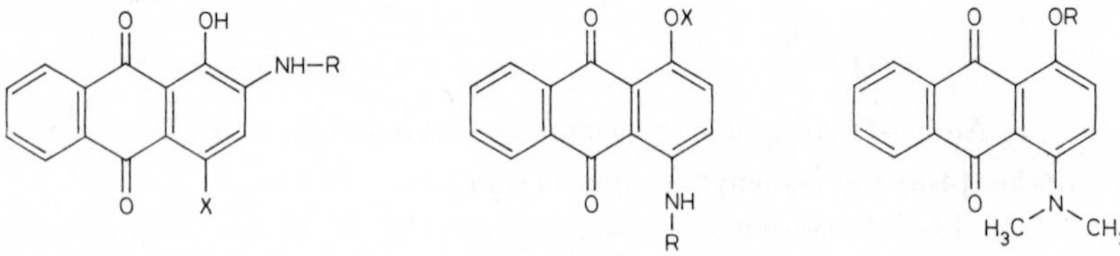

I II III

**4-Amino-1-methoxy-anthrachinon,** *1-amino-4-methoxyanthraquinone* $C_{15}H_{11}NO_3$, Formel II (R = H, X = $CH_3$) (H 269; E I 503).

*B.* Aus 4-Nitro-1-methoxy-anthrachinon beim Erwärmen mit Natriumhydrogensulfid in Wasser (*Du Pont de Nemours & Co.*, U.S.P. 1957920 [1932]; vgl. H 269).

**4-Methylamino-1-hydroxy-anthrachinon,** *1-hydroxy-4-(methylamino)anthraquinone* $C_{15}H_{11}NO_3$, Formel II (R = $CH_3$, X = H) (H 269).

*B.* Aus Chinizarin (E III **8** 3775) beim Erhitzen mit wss. Methylamin-Lösung unter Zusatz von Mangan(II)-sulfat (oder Platin(IV)-chlorid), Natriumcarbonat und Äthanol (*Celanese Corp. Am.*, U.S.P. 2128307 [1936]) sowie beim Erhitzen mit Methylamin und wss. Natronlauge unter Zusatz von Kupfer(II)-sulfat (*Celanese Corp. Am.*, U.S.P. 2183652 [1938]; vgl. H 269). Beim Erwärmen von 4-Amino-1-hydroxy-anthrachinon mit wss. Formaldehyd und Äthanol und Erhitzen des Reaktionsprodukts mit wss. Ameisensäure (*CIBA*, U.S.P. 1828588 [1927]). Aus 1.4-Bis-methylamino-anthracendiol-(9.10) (nicht näher beschrieben) beim Erwärmen mit wss.-methanol. Salzsäure und anschliessenden Behandeln mit Kupfer(II)-acetat und Piperidin unter Durchleiten von Luft (*I.G. Farbenind.*, D.R.P. 646498 [1935]; Frdl. **24** 790).

Violette Krystalle (aus Chlorbenzol); F: 162—163° (*I.G. Farbenind.*).

**4-Methylamino-1-dodecyloxy-anthrachinon,** *1-(dodecyloxy)-4-(methylamino)anthraquinone* $C_{27}H_{35}NO_3$, Formel II (R = $CH_3$, X = $[CH_2]_{11}$-$CH_3$).

*B.* Beim Erhitzen von 4-Methylamino-1-phenoxy-anthrachinon (hergestellt aus 4-Brom-1-methylamino-anthrachinon und Natriumphenolat) mit Dodecanol-(1) und Natriumhydroxid (*Imp. Chem. Ind.*, D.R.P. 661137 [1936]; Frdl. **24** 800).

Rotviolette Krystalle; F: 92°.

**4-Methylamino-1-hexadecyloxy-anthrachinon,** *1-(hexadecyloxy)-4-(methylamino)anthraquinone* $C_{31}H_{43}NO_3$, Formel II (R = $CH_3$, X = $[CH_2]_{15}$-$CH_3$).

*B.* Beim Erhitzen von 4-Methylamino-1-phenoxy-anthrachinon (hergestellt aus 4-Brom-1-methylamino-anthrachinon und Natriumphenolat) mit Hexadecanol-(1) und Natriumhydroxid (*Imp. Chem. Ind.*, D.R.P. 661137 [1936]; Frdl. **24** 800).

Rotviolette Krystalle; F: 89°.

**4-Dimethylamino-1-hydroxy-anthrachinon,** *1-(dimethylamino)-4-hydroxyanthraquinone* $C_{16}H_{13}NO_3$, Formel III (R = H) (vgl. H 269).

*B.* Beim Erhitzen von 2-[5 (oder 6)-Dimethylamino-2(oder 3)-methoxy-benzoyl]-benzoesäure-methylester (aus *N.N*-Dimethyl-*p*-anisidin und 2-Chlorcarbonyl-benzoesäure-methylester hergestellt) mit Schwefelsäure auf 170–180° (*Allais*, A. ch. [12] **2** [1947] 739, 748, 752, 753).

Violette Krystalle (aus Bzl. + Bzn.); F: 144–145° und F: 146–147° [Block]. Absorptionsspektrum ($CHCl_3$; 240–600 mμ): *All.*, l. c. S. 785.

**4-Dimethylamino-1-methoxy-anthrachinon,** *1-(dimethylamino)-4-methoxyanthraquinone* $C_{17}H_{15}NO_3$, Formel III (R = $CH_3$).

*B.* Beim Erwärmen von 2-[5 (oder 6)-Dimethylamino-2 (oder 3)-methoxy-benzoyl]-benzoesäure-methylester (s. im vorangehenden Artikel) mit Schwefelsäure auf 50° (*Allais*, A. ch. [12] **2** [1947] 739, 751, 752).

Rotviolette Krystalle (aus Bzl.); F: 133–134° und F: 136–137°. Absorptionsspektrum ($CHCl_3$; 230–600 mμ): *All.*, l. c. S. 785.

**4-*p*-Toluidino-1-hydroxy-anthrachinon,** *1-hydroxy-4-*p*-toluidinoanthraquinone* $C_{21}H_{15}NO_3$, Formel IV (R = $CH_3$, X = H) (H 269; E II 169).

*B.* Aus Chinizarin (E III **8** 3775) beim Behandeln mit *p*-Toluidin in Essigsäure oder beim Erwärmen mit *p*-Toluidin-hydrochlorid in Methanol (*I.G. Farbenind.*, D.R.P. 569069 [1931]; Frdl. **19** 1956) sowie beim Erwärmen mit Leukochinizarin (E III **8** 3706) und *p*-Toluidin in Äthanol unter Zusatz von Borsäure (*Du Pont de Nemours & Co.*, U.S.P. 2419405 [1943]).

F: 186,1° (*Du Pont*).

**4-[2-Nitro-4-trifluormethyl-anilino]-1-methoxy-anthrachinon,** *1-methoxy-4-(α,α,α-trifluoro-2-nitro-*p*-toluidino)anthraquinone* $C_{22}H_{13}F_3N_2O_5$, Formel V.

*B.* Beim Erhitzen von 4-Amino-1-methoxy-anthrachinon mit 4-Chlor-3-nitro-1-trifluormethyl-benzol in Nitrobenzol unter Zusatz von Kaliumcarbonat und Kupfer (*Gen. Aniline Works*, U.S.P. 2174182 [1938]).

Krystalle (aus Trichlorbenzol); F: 261°.

**4-[2.4.5-Trimethyl-anilino]-1-hydroxy-anthrachinon,** *1-hydroxy-4-(2,4,5-trimethylanilino)anthraquinone* $C_{23}H_{19}NO_3$, Formel IV (R = X = $CH_3$).

*B.* Beim Erwärmen von Chinizarin (E III **8** 3775) mit Leukochinizarin (E III **8** 3706) und 2.4.5-Trimethyl-anilin in Äthanol unter Zusatz von Borsäure (*Du Pont de Nemours & Co.*, U.S.P. 2419405 [1943]).

F: 193,5°.

**4-[4-Isopentyl-anilino]-1-hydroxy-anthrachinon,** *1-hydroxy-4-(*p*-isopentylanilino)anthraquinone* $C_{25}H_{23}NO_3$, Formel IV (R = $CH_2$-$CH_2$-$CH(CH_3)_2$, X = H).

*B.* Beim Erhitzen von 4-Chlor-1-hydroxy-anthrachinon mit 4-Isopentyl-anilin in 1-Äthoxy-äthanol-(2) unter Zusatz von Kaliumacetat und Kupfer(II)-acetat auf 140° (*Imp. Chem. Ind.*, D.R.P. 642726 [1935]; Frdl. **23** 941).

Violette Krystalle; F: 95°.

IV V

**4-[3-Phenyl-1-phenäthyl-propylamino]-1-hydroxy-anthrachinon,** *1-hydroxy-4-(1-phenethyl-3-phenylpropylamino)anthraquinone* $C_{31}H_{27}NO_3$, Formel VI.

*B.* Beim Erhitzen von Leukochinizarin (E III **8** 3706) mit 3-Phenyl-1-phenäthyl-propyl=

amin in Kresol und Leiten von Luft durch das mit wss.-äthanol. Natronlauge versetzte Reaktionsgemisch bei 60° (*Imp. Chem. Ind.*, D.R.P. 750243 [1938]; D.R.P. Org. Chem. **1**, Tl. 2, S. 117).

Violette Krystalle (aus Butanol-(1)); F: 95–96°.

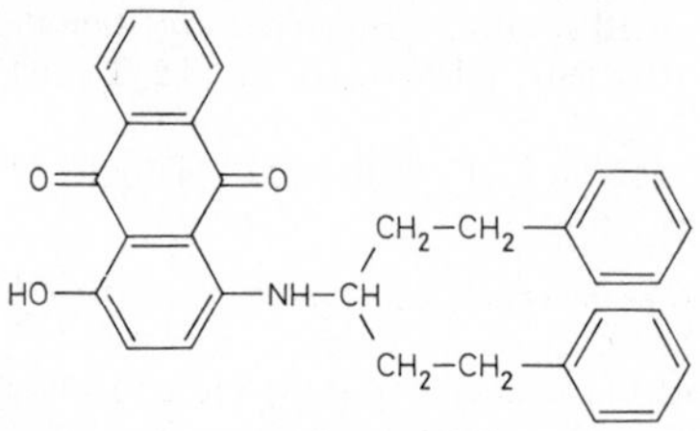

VI 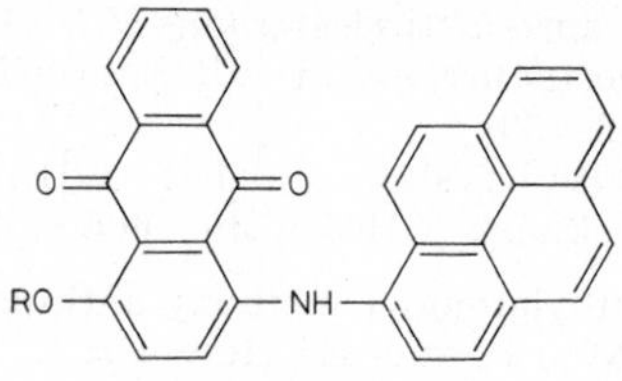 VII

**4-[Pyrenyl-(1)-amino]-1-hydroxy-anthrachinon,** *1-hydroxy-4-(pyren-1-ylamino)anthraquinone* $C_{30}H_{17}NO_3$, Formel VII (R = H).

*B.* Beim Erhitzen von 4-Amino-1-hydroxy-anthrachinon mit 1-Brom-pyren in Naphthalin unter Zusatz von Kaliumcarbonat und Kupfer-Pulver (*I.G. Farbenind.*, D.R.P. 658842 [1935]; Frdl. **24** 808).

Krystalle (aus Nitrobenzol), die unterhalb 330° nicht schmelzen.

**4-[Pyrenyl-(1)-amino]-1-methoxy-anthrachinon,** *1-methoxy-4-(pyren-1-ylamino)anthraquinone* $C_{31}H_{19}NO_3$, Formel VII (R = $CH_3$).

*B.* Beim Erhitzen von 4-Amino-1-methoxy-anthrachinon mit 1-Brom-pyren in Naphthalin unter Zusatz von Kaliumcarbonat und Kupfer-Pulver (*I.G. Farbenind.*, D.R.P. 658842 [1935]; Frdl. **24** 808).

Krystalle (aus Trichlorbenzol); F: 278°.

**4-[4-Hydroxy-anilino]-1-hydroxy-anthrachinon,** *1-hydroxy-4-(*p*-hydroxyanilino)anthraquinone* $C_{20}H_{13}NO_4$, Formel IV (R = OH, X = H).

*B.* Beim Erwärmen von Chinizarin (E III **8** 3775) mit Leukochinizarin (E III **8** 3706) und 4-Amino-phenol in Äthanol unter Zusatz von Borsäure (*Du Pont de Nemours & Co.*, U.S.P. 2333384 [1941], 2419405 [1943]).

F: 254°.

**4-[4-(2-Hydroxy-äthoxy)-anilino]-1-hydroxy-anthrachinon,** *1-hydroxy-4-(β-hydroxyphenetidino)anthraquinone* $C_{22}H_{17}NO_5$, Formel IV (R = O-$CH_2$-$CH_2$-OH, X = H).

*B.* Beim Erwärmen von Chinizarin (E III **8** 3775) mit Leukochinizarin (E III **8** 3706) und 1-[4-Amino-phenoxy]-äthanol-(2) in Äthanol unter Zusatz von Borsäure (*Du Pont de Nemours & Co.*, U.S.P. 2333384 [1941], 2419405 [1943]).

F: 167°.

**4-{4-[2-(2-Hydroxy-äthoxy)-äthoxy]-anilino}-1-hydroxy-anthrachinon,** *O*-[4-(4-Hydroxy-9.10-dioxo-9.10-dihydro-anthryl-(1)-amino)-phenyl]-diäthylenglykol, *1-hydroxy-4-{*p*-[2-(2-hydroxyethoxy)ethoxy]anilino}anthraquinone* $C_{24}H_{21}NO_6$, Formel IV (R = O-$CH_2$-$CH_2$-O-$CH_2$-$CH_2$OH, X = H).

*B.* Beim Erwärmen von Chinizarin (E III **8** 3775) mit Leukochinizarin (E III **8** 3706) und *O*-[4-Amino-phenyl]-diäthylenglykol (nicht näher beschrieben) in Äthanol unter Zusatz von Borsäure und Behandeln des Reaktionsgemisches mit wss. Natriumperborat-Lösung (*Eastman Kodak Co.*, U.S.P. 2391011 [1944]).

F: 95–100°.

**4-(4-{2-[2-(2-Hydroxy-äthoxy)-äthoxy]-äthoxy}-anilino)-1-hydroxy-anthrachinon,** *O*-[4-(4-Hydroxy-9.10-dioxo-9.10-dihydro-anthryl-(1)-amino)-phenyl]-triäthylenglykol, *1-hydroxy-4-(*p*-{[2-(2-hydroxyethoxy)ethoxy]ethoxy}anilino)anthraquinone* $C_{26}H_{25}NO_7$, Formel IV (R = O-$CH_2$-$CH_2$-O-$CH_2$-$CH_2$-O-$CH_2$-$CH_2$OH, X = H).

*B.* Beim Erwärmen von Chinizarin (E III **8** 3775) mit Leukochinizarin (E III **8** 3706) und *O*-[4-Amino-phenyl]]-triäthylenglykol (nicht näher beschrieben) in Äthanol unter Zusatz von Borsäure und Behandeln des Reaktionsgemisches mit wss. Natriumperborat-Lösung (*Eastman Kodak Co.*, U.S.P. 2391011 [1944]).

F: 115–120°.

**[4-(4-Hydroxy-9.10-dioxo-9.10-dihydro-anthryl-(1)-amino)-phenoxy]-essigsäure-äthylester,** [p-(*4-hydroxy-9,10-dioxo-9,10-dihydro-1-anthrylamino*)*phenoxy*]*acetic acid ethyl ester* $C_{24}H_{19}NO_6$, Formel IV (R = O-$CH_2$-CO-$OC_2H_5$, X = H) auf S. 653.

*B.* Beim Erwärmen von Chinizarin (E III **8** 3775) mit Leukochinizarin (E III **8** 3706) und [4-Amino-phenoxy]-essigsäure-äthylester in Äthanol unter Zusatz von Borsäure (*Du Pont de Nemours & Co.*, U.S.P. 2333384 [1941], 2419405 [1943]).

F: 133,9°.

**4-[3-Hydroxymethyl-anilino]-1-hydroxy-anthrachinon,** *1-hydroxy-4-*(*α-hydroxy-*m-*toluidino*)*anthraquinone* $C_{21}H_{15}NO_4$, Formel VIII (R = $CH_2OH$, X = H).

*B.* Beim Erwärmen von Chinizarin (E III **8** 3775) mit Leukochinizarin (E III **8** 3706) und 3-Amino-benzylalkohol in Äthanol unter Zusatz von Borsäure (*Du Pont de Nemours & Co.*, U.S.P. 2353108 [1940]).

F: 150,6°.

**4-[6-Methyl-3-methoxymethyl-anilino]-1-hydroxy-anthrachinon,** *1-hydroxy-4-*(*α⁵-methoxy-2,5-xylidino*)*anthraquinone* $C_{23}H_{19}NO_4$, Formel VIII (R = $CH_2$-$OCH_3$, X = $CH_3$).

*B.* Beim Erwärmen von Chinizarin (E III **8** 3775) mit Leukochinizarin (E III **8** 3706) und 6-Methyl-3-methoxymethyl-anilin (nicht näher beschrieben) in wss. Äthanol unter Zusatz von Borsäure (*Du Pont de Nemours & Co.*, U.S.P. 2335680 [1941], 2419405 [1943]).

F: 135,3°.

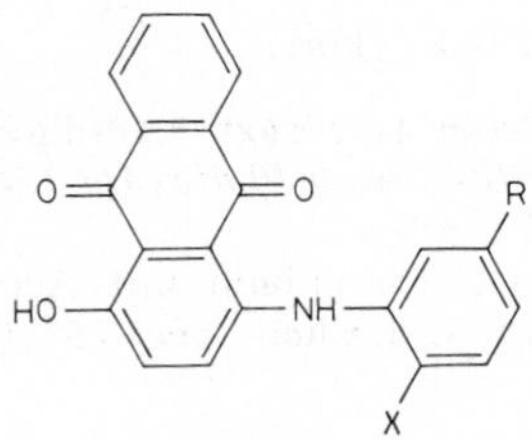

VIII 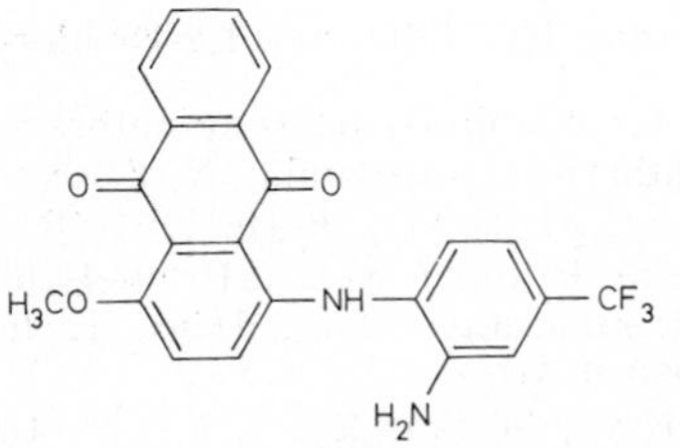 IX

**4-[3-Acetaminomethyl-anilino]-1-hydroxy-anthrachinon, *N*-[3-(4-Hydroxy-9.10-dioxo-9.10-dihydro-anthryl-(1)-amino)-benzyl]-acetamid,** N-[*3-*(*4-hydroxy-9.10-dioxo-9.10-dihydro-1-anthrylamino*)*benzyl*]*acetamide* $C_{23}H_{18}N_2O_4$, Formel VIII (R = $CH_2$-NH-CO-$CH_3$, X = H).

*B.* Beim Erwärmen von Chinizarin (E III **8** 3775) mit Leukochinizarin (E III **8** 3706) und *N*-[3-Amino-benzyl]-acetamid (nicht näher beschrieben) in Äthanol unter Zusatz von Borsäure (*Du Pont de Nemours & Co.*, U.S.P. 2335680 [1941], 2419405 [1943]).

F: 222°.

**4-[2-Amino-4-trifluormethyl-anilino]-1-methoxy-anthrachinon,** *1-*(*2-amino-α,α,α-trifluoro-*p-*toluidino*)*-4-methoxyanthraquinone* $C_{22}H_{15}F_3N_2O_3$, Formel IX.

*B.* Bei der Hydrierung von 4-[2-Nitro-4-trifluormethyl-anilino]-1-methoxy-anthrachinon an Nickel in Chlorbenzol bei 60°/20 at (*Gen. Aniline Works*, U.S.P. 2174182 [1938]).

Violette Krystalle; F: 250°.

**4-[7-Amino-9-oxo-fluorenyl-(2)-amino]-1-hydroxy-anthrachinon,** *1-*(*7-amino-9-oxofluoren-2-ylamino*)*-4-hydroxyanthraquinone* $C_{27}H_{16}N_2O_4$, Formel X.

*B.* Beim Erhitzen von 4-Amino-1-hydroxy-anthrachinon mit 2-Brom-fluorenon-(9) in Nitrobenzol unter Zusatz von Kupfer(I)-chlorid und Natriumcarbonat, Behandeln des Reaktionsprodukts mit Salpetersäure und Schwefelsäure unter Zusatz von Borsäure und Erhitzen des danach isolierten Reaktionsprodukts mit Natriumsulfid in Wasser (*Du Pont de Nemours & Co.*, U.S.P. 2369969 [1940]).

Braunes Pulver; F: 280°.

**3-Chlor-4-amino-1-hydroxy-anthrachinon,** *1-amino-2-chloro-4-hydroxyanthraquinone* $C_{14}H_8ClNO_3$, Formel XI (R = H, X = Cl) (H 271).

*B.* Beim Erhitzen von 2-[4.6-Dichlor-3-amino-benzoyl]-benzoesäure mit Schwefelsäure auf 160°, Versetzen mit Borsäure und anschliessenden Erhitzen auf 200° (*Newport Chem. Corp.*, U.S.P. 1798156 [1928]).

Rote Krystalle (aus Eg. oder A.); F: 228–230°.

**6-Chlor-4-amino-1-hydroxy-anthrachinon,** *4-amino-6-chloro-1-hydroxyanthraquinone* $C_{14}H_8ClNO_3$, Formel XII.

*B.* Aus 6-Chlor-4-nitro-1-hydroxy-anthrachinon beim Erwärmen mit Natriumsulfid und wss. Natronlauge (*Du Pont de Nemours & Co.*, U.S.P. 2134654 [1937]).

F: 268,5–269,8°.

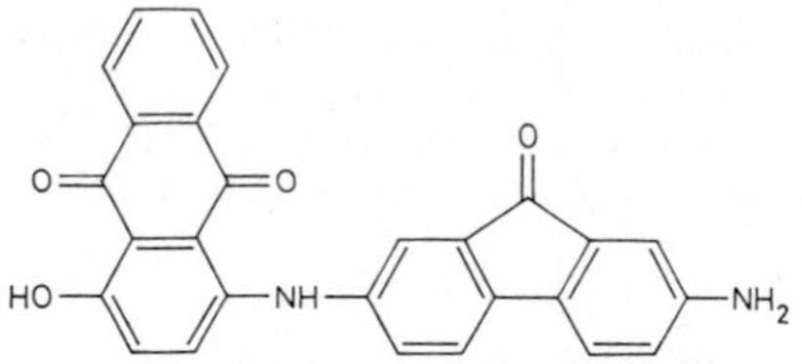

X 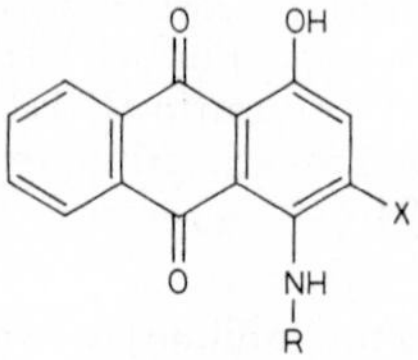 XI 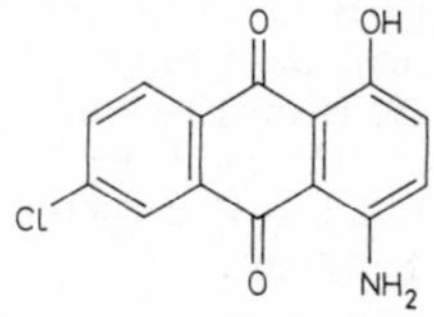 XII

**3-Brom-4-amino-1-hydroxy-anthrachinon,** *1-amino-2-bromo-4-hydroxyanthraquinone* $C_{14}H_8BrNO_3$, Formel XI (R = H, X = Br) (H 272).

*B.* Aus 2.4-Dibrom-1-amino-anthrachinon beim Erhitzen mit Schwefelsäure und Borsäure (*Maki, Mine,* J. chem. Soc. Japan Ind. Chem. Sect. **51** [1948] 13, 14; C. A. **1950** 9151; vgl. H 272).

Rotbraune Krystalle (aus 1.2-Dichlor-benzol); F: 235,5° [korr.].

**3-Brom-4-acetamino-1-hydroxy-anthrachinon, *N*-[2-Brom-4-hydroxy-9.10-dioxo-9.10-dihydro-anthryl-(1)]-acetamid,** N-(*2-bromo-4-hydroxy-9,10-dioxo-9,10-dihydro-1-anthryl*)*acetamide* $C_{16}H_{10}BrNO_4$, Formel XI (R = CO-$CH_3$, X = Br).

*B.* Beim Erhitzen von 3-Brom-4-amino-1-hydroxy-anthrachinon mit Acetanhydrid und Natriumacetat (*Maki, Mine,* J. chem. Soc. Japan Ind. Chem. Sect. **51** [1948] 13; C. A. **1950** 9151).

Rote Krystalle (aus Eg. + A.); F: 190° [korr.].

**5-Amino-1-hydroxy-anthrachinon** $C_{14}H_9NO_3$.

**5-Amino-1-dodecyloxy-anthrachinon,** *1-amino-5-(dodecyloxy)anthraquinone* $C_{26}H_{33}NO_3$, Formel I.

*B.* Beim Erhitzen von 5-Amino-1-phenoxy-anthrachinon mit Dodecanol-(1) und Natriumhydroxid (*Imp. Chem. Ind.*, D.R.P. 661137 [1936]; Frdl. **24** 800).

Orangefarben; F: 84°.

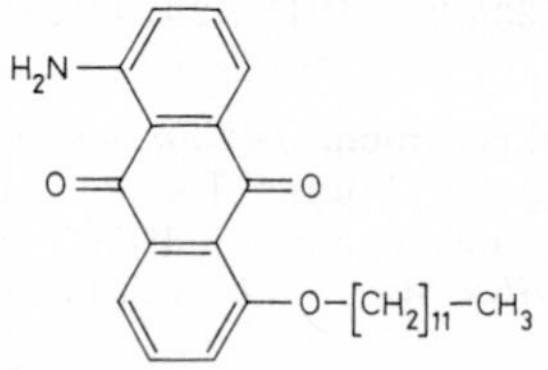

I 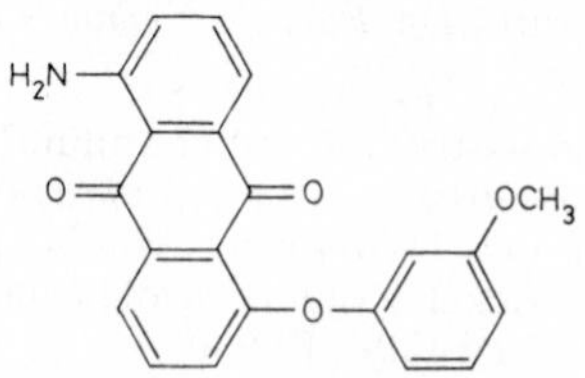 II

**5-Amino-1-[3-methoxy-phenoxy]-anthrachinon,** *1-amino-5-*(m-*methoxyphenoxy*)*anthraquinone* $C_{21}H_{15}NO_4$, Formel II.

*B.* Beim Erhitzen von 5-Chlor-1-amino-anthrachinon mit Natrium-[3-methoxy-phenolat] (*Cook, Waddington,* Soc. **1945** 402, 404).

Rote Krystalle (aus A.); F: 176–176,5°.

**2.4-Diamino-1-hydroxy-anthrachinon** $C_{14}H_{10}N_2O_3$.

**2.4-Bis-benzamino-1-hydroxy-anthrachinon,** N,N'-(*4-hydroxy-9,10-dioxo-9,10-dihydroanthracene-1,3-diyl*)*bisbenzamide* $C_{28}H_{18}N_2O_5$, Formel III (X = H).

*B.* Beim Erhitzen von 2.4-Diamino-1-hydroxy-anthrachinon mit Benzoylchlorid in Nitrobenzol (*I.G. Farbenind.*, D.R.P. 626550 [1934]; Frdl. **22** 1070).

Braunrote Krystalle; F: 296°.

**2.4-Bis-[2.4-dichlor-benzamino]-1-hydroxy-anthrachinon,** *2,2',4,4'-tetrachloro-N,N'-(4-hydroxy-9,10-dioxo-9,10-dihydroanthracene-1,3-diyl)bisbenzamide* $C_{28}H_{14}Cl_4N_2O_5$, Formel III (X = Cl).

*B.* Beim Erhitzen von 2.4-Diamino-1-hydroxy-anthrachinon mit 2.4-Dichlor-benzoyl-chlorid in Nitrobenzol (*I.G. Farbenind.*, D.R.P. 626550 [1934]; Frdl. **22** 1070).

Braunrote Krystalle; F: 328–330°.

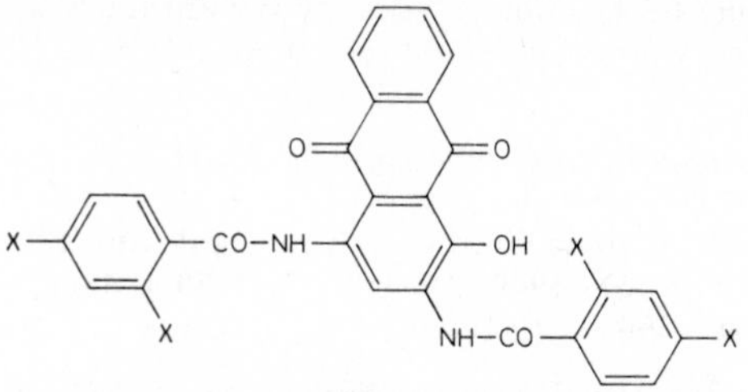

III 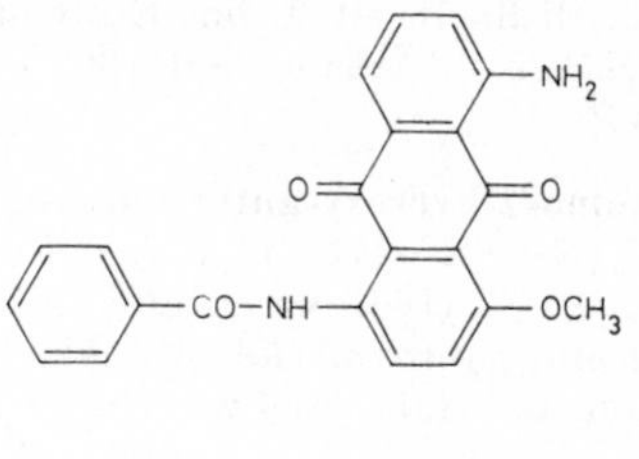 IV

**4.8-Diamino-1-hydroxy-anthrachinon** $C_{14}H_{10}N_2O_3$.

**8-Amino-4-benzamino-1-methoxy-anthrachinon, *N*-[5-Amino-4-methoxy-9.10-dioxo-9.10-dihydro-anthryl-(1)]-benzamid,** N-(*5-amino-4-methoxy-9,10-dioxo-9,10-dihydro-1-anthryl)benzamide* $C_{22}H_{16}N_2O_4$, Formel IV (E II 173).

*B.* Beim Erhitzen von 8-Chlor-4-benzamino-1-methoxy-anthrachinon mit Toluolsulfon-amid-(4) in Nitrobenzol unter Zusatz von Kaliumcarbonat und Kupfer(II)-acetat und Behandeln des Reaktionsprodukts mit Schwefelsäure (*Gen. Aniline Works*, U.S.P. 1966125 [1932]; vgl. E II 173).

F: 234–236°.

**5.8-Diamino-1-hydroxy-anthrachinon** $C_{14}H_{10}N_2O_3$.

**5.8-Bis-[4-butyl-anilino]-1-hydroxy-anthrachinon,** *1,4-bis*(p-*butylanilino)-5-hydroxy-anthraquinone* $C_{34}H_{34}N_2O_3$, Formel V (X = $[CH_2]_3$-$CH_3$).

Eine Verbindung (dunkle Krystalle, F: 154°), der vermutlich diese Konstitution zukommt, ist beim Erhitzen von Anthracenpentol-(1.4.5.9.10) (nicht näher beschrieben) mit 4-Butyl-anilin in Kresol unter Zusatz von Borsäure erhalten worden (*Imp. Chem. Ind.*, U.S.P. 2091812 [1935]).

**5.8-Bis-[2-phenyl-1-benzyl-äthylamino]-1-hydroxy-anthrachinon,** *1,4-bis(α-benzylphen-ethyl)-5-hydroxyanthraquinone* $C_{44}H_{38}N_2O_3$, Formel VI (R = $CH(CH_2$-$C_6H_5)_2$).

*B.* Beim Erhitzen von Anthracenpentol-(1.4.5.9.10) (nicht näher beschrieben) mit 2-Phenyl-1-benzyl-äthylamin in Kresol und Leiten von Luft durch das mit wss.-äthanol. Natronlauge versetzte Reaktionsgemisch bei 90° (*Imp. Chem. Ind.*, D.R.P. 750234 [1938]; D.R.P. Org. Chem. **1**, Tl. 2, S. 117).

Krystalle (aus Butanol-(1)); F: 142–143°.

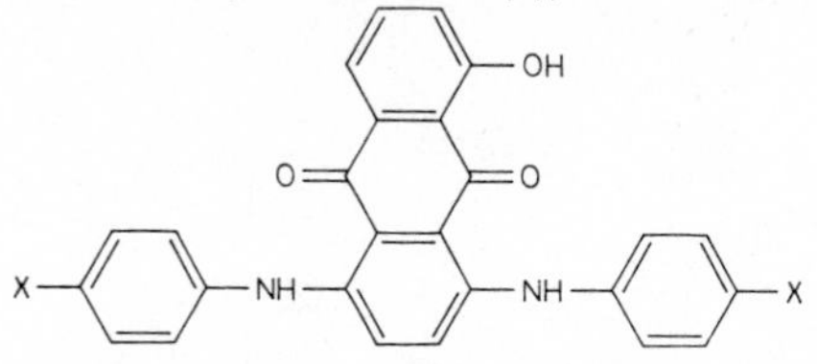

V 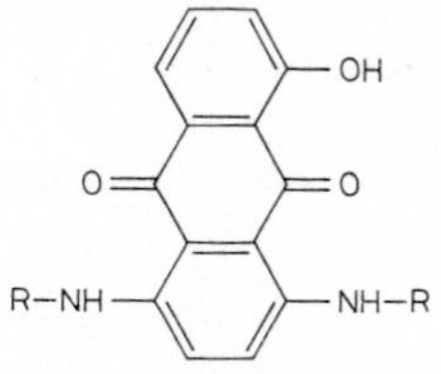 VI 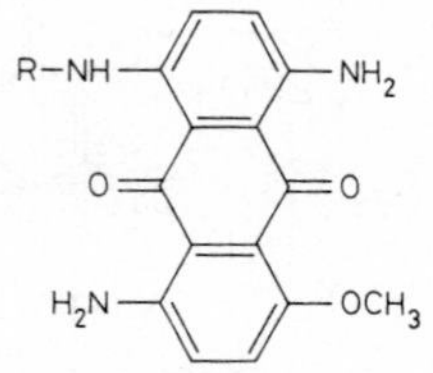 VII

**5.8-Bis-[4-butyloxy-anilino]-1-hydroxy-anthrachinon,** *1,4-*(p-*butoxyanilino)-5-hydroxy-anthraquinone* $C_{34}H_{34}N_2O_5$, Formel V (X = O-$[CH_2]_3$-$CH_3$).

*B.* Beim Erhitzen von Anthracenpentol-(1.4.5.9.10) (nicht näher beschrieben) mit 4-Butyloxy-anilin unter Zusatz von Borsäure (*Imp. Chem. Ind.*, U.S.P. 2091812 [1935]).

Krystalle; F: 187–189°.

**4.5.8-Triamino-1-hydroxy-anthrachinon** $C_{14}H_{11}N_3O_3$.

**4.8-Diamino-5-methylamino-1-methoxy-anthrachinon,** *1,5-diamino-4-methoxy-8-(methyl-amino)anthraquinone* $C_{16}H_{15}N_3O_3$, Formel VII (R = $CH_3$).

*B.* Beim Erhitzen von 4.8-Diamino-1.5-dimethoxy-anthrachinon mit Methylamin in

Äthanol auf 130° (*Gen. Aniline Works*, U.S.P. 2091481 [1935]).

Schwarzviolette Krystalle (aus Chlorbenzol); F: 276–277°.

**4.8-Diamino-5-äthylamino-1-methoxy-anthrachinon,** *1,5-diamino-4-(ethylamino)-8-methoxyanthraquinone* $C_{17}H_{17}N_3O_3$, Formel VII (R = $C_2H_5$).

Ein Präparat (grünglänzende Krystalle [aus Chlorbenzol]; F: 245–252°) von ungewisser Einheitlichkeit ist beim Erhitzen von 4.8-Diamino-1.5-dimethoxy-anthrachinon mit Äthylamin in Äthanol auf 130° erhalten worden (*Gen. Aniline Works*, U.S.P. 2091481 [1935]).

**1-Amino-2-hydroxy-anthrachinon,** *1-amino-2-hydroxyanthraquinone* $C_{14}H_9NO_3$, Formel VIII (R = X = H) (H 275; E I 510; E II 173).

*B.* Aus 2-Hydroxy-anthrachinon beim Erhitzen mit wss. Ammoniak auf 150° (*Dokunichin, Egorowa*, Doklady Akad. S.S.S.R. **67** [1949] 1033; C. A. **1950** 1948).

Rote Krystalle (aus wss. Eg.); F: 264–266°.

**1-Amino-2-methoxy-anthrachinon,** *1-amino-2-methoxyanthraquinone* $C_{15}H_{11}NO_3$, Formel VIII (R = H, X = $CH_3$) (E I 510; E II 173).

*B.* Beim Erwärmen von 1-Amino-2-hydroxy-anthrachinon mit Dimethylsulfat und Natriumcarbonat in wss. Aceton (*I.G. Farbenind.*, D.R.P. 549285 [1930]; Frdl. **19** 2003).

Rote Krystalle; F: 220–222°.

**1-Amino-2-benzoyloxy-anthrachinon,** *1-amino-2-(benzoyloxy)anthraquinone* $C_{21}H_{13}NO_4$, Formel VIII (R = H, X = CO-$C_6H_5$).

*B.* Beim Behandeln von 1-Amino-2-hydroxy-anthrachinon mit Benzoylchlorid und wss. Natriumcarbonat-Lösung (*Dokunichin, Egorowa*, Doklady Akad. S.S.S.R. **67** [1949] 1033; C. A. **1950** 1948).

Orangefarbene Krystalle (aus Xylol); F: 219–220°.

**1-Methylamino-2-hydroxy-anthrachinon,** *2-hydroxy-1-(methylamino)anthraquinone* $C_{15}H_{11}NO_3$, Formel VIII (R = $CH_3$, X = H).

*B.* Beim Erwärmen von 2-Hydroxy-anthrachinon mit wss. Methylamin-Lösung (*Dokunichin, Egorowa*, Doklady Akad. S.S.S.R. **67** [1949] 1033; C. A. **1950** 1948).

Rotbraune Krystalle (aus wss. Eg.); F: 254–256°.

**1-Acetamino-2-hydroxy-anthrachinon, *N*-[2-Hydroxy-9.10-dioxo-9.10-dihydro-anthryl-(1)]-acetamid,** N-*(2-hydroxy-9,10-dioxo-9,10-dihydro-1-anthryl)acetamide* $C_{16}H_{11}NO_4$, Formel VIII (R = CO-$CH_3$, X = H) (H 276).

Orangefarbene Krystalle; F: 174,5–175,5° (*Dokunichin, Egorowa*, Doklady Akad. S.S.S.R. **67** [1949] 1033; C. A. **1950** 1948).

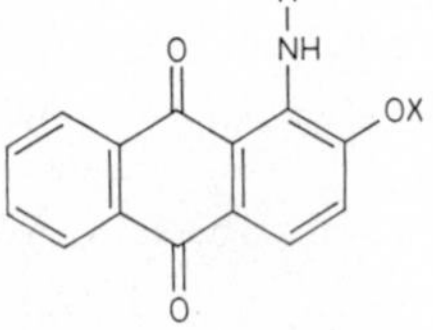

VIII 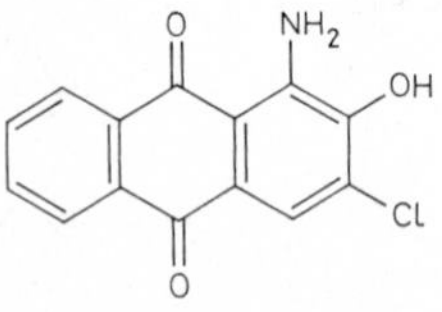 IX 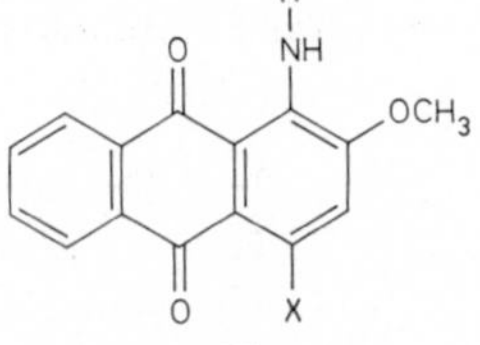 X

**3-Chlor-1-amino-2-hydroxy-anthrachinon,** *1-amino-3-chloro-2-hydroxyanthraquinone* $C_{14}H_8ClNO_3$, Formel IX.

*B.* Beim Erhitzen von 3-Chlor-1-nitro-2-hydroxy-anthrachinon mit Zinn(II)-chlorid, wss. Salzsäure und Essigsäure (*Waldmann, Wider*, J. pr. [2] **150** [1938] 107, 111).

Rote Krystalle (aus Eg.); F: 231°.

**4-Chlor-1-amino-2-methoxy-anthrachinon,** *1-amino-4-chloro-2-methoxyanthraquinone* $C_{15}H_{10}ClNO_3$, Formel X (R = H, X = Cl).

*B.* Aus 4-Chlor-1-acetamino-2-methoxy-anthrachinon (*Du Pont de Nemours & Co.*, D.R.P. 612958 [1929]; Frdl. **20** 1304).

F: 217–218°.

**4-Chlor-1-acetamino-2-methoxy-anthrachinon, *N*-[4-Chlor-2-methoxy-9.10-dioxo-9.10-dihydro-anthryl-(1)]-acetamid,** N-(*4-chloro-2-methoxy-9,10-dioxo-9,10-dihydro-1-anthryl*)*acetamide* $C_{17}H_{12}ClNO_4$, Formel X (R = CO-$CH_3$, X = Cl).

*B.* Aus 4-Chlor-1-acetamino-2-methoxy-anthron (S. 597) (*Du Pont de Nemours & Co.*, D.R.P. 612958 [1929]; Frdl. **20** 1304).

F: 242–243°.

**4-Brom-1-amino-2-methoxy-anthrachinon,** *1-amino-4-bromo-2-methoxyanthraquinone* $C_{15}H_{10}BrNO_3$, Formel X (R = H, X = Br) (E I 511; E II 173).

*B.* Aus 4-Brom-1-acetamino-2-methoxy-anthrachinon (*Du Pont de Nemours & Co.*, D.R.P. 612958 [1929]; Frdl. **20** 1304).

F: 198°.

**4-Brom-1-acetamino-2-methoxy-anthrachinon, *N*-[4-Brom-2-methoxy-9.10-dioxo-9.10-dihydro-anthryl-(1)]-acetamid,** N-(*4-bromo-2-methoxy-9,10-dioxo-9,10-dihydro-1-anthryl*)*acetamide* $C_{17}H_{12}BrNO_4$, Formel X (R = CO-$CH_3$, X = Br).

*B.* Aus 4-Brom-1-acetamino-2-methoxy-anthron (S. 597) (*Du Pont de Nemours & Co.*, D.R.P. 612958 [1929]; Frdl. **20** 1304).

F: 205–206°.

**1-Amino-2-mercapto-anthrachinon,** *1-amino-2-mercaptoanthraquinone* $C_{14}H_9NO_2S$, Formel XI (R = H) (E I 511).

*B.* Aus 2-Brom-1-amino-anthrachinon beim Erhitzen mit Natriumsulfid auf 160° (*R. Dupont*, Diss. [Brüssel 1942] S. 91).

**1-Amino-2-methylmercapto-anthrachinon,** *1-amino-2-(methylthio)anthraquinone* $C_{15}H_{11}NO_2S$, Formel XI (R = $CH_3$).

*B.* Beim Erwärmen von 1-Amino-2-mercapto-anthrachinon mit Dimethylsulfat und wss. Natronlauge (*Ruggli, Heitz*, Helv. **14** [1931] 257, 262).

Rote Krystalle (aus Toluol); F: 186° [unkorr.].

**1-Amino-2-[2-chlor-vinylmercapto]-anthrachinon,** *1-amino-2-(2-chlorovinylthio)anthraquinone* $C_{16}H_{10}ClNO_2S$, Formel XI (R = CH=CHCl).

Eine Verbindung (rote Krystalle [aus Eg.]; F: 180° [unkorr.]) dieser Konstitution ist beim Erwärmen von 1-Amino-2-mercapto-anthrachinon mit 1.2-Dichlor-äthylen [nicht charakterisiert] (Überschuss) und wss.-äthanol. Natronlauge erhalten worden (*Ruggli, Heitz*, Helv. **14** [1931] 275, 284).

**1.2-Bis-[1-amino-9.10-dioxo-9.10-dihydro-anthryl-(2)-mercapto]-äthylen,** *1,1'-diamino-2,2'-(vinylenedithio)dianthraquinone* $C_{30}H_{18}N_2O_4S_2$, Formel XII.

Eine Verbindung (rote Krystalle [aus Nitrobenzol]; F: ca. 270° [unkorr.; Zers.]) dieser Konstitution ist beim Erwärmen von 1-Amino-2-mercapto-anthrachinon mit 1.2-Dichlor-äthylen [nicht charakterisiert] (1 Mol) und wss.-äthanol. Natronlauge erhalten worden (*Ruggli, Heitz*, Helv. **14** [1931] 275, 283).

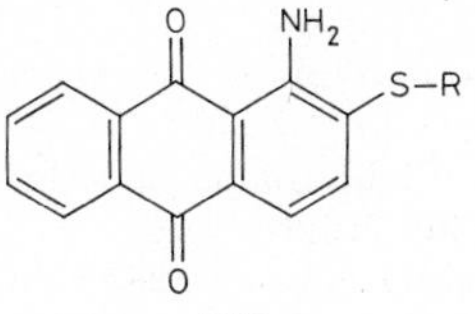

XI 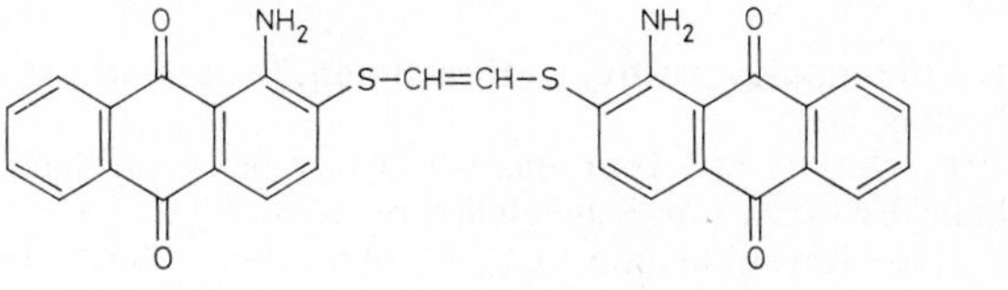 XII

**1-Amino-2-phenacylmercapto-anthrachinon,** *1-amino-2-(phenacylthio)anthraquinone* $C_{22}H_{15}NO_3S$, Formel XI (R = $CH_2$-CO-$C_6H_5$).

*B.* Aus 1-Amino-2-mercapto-anthrachinon und Phenacylbromid in wss. Äthanol (*Ruggli, Heitz*, Helv. **14** [1931] 257, 263).

Rote Krystalle (aus A.).

Beim Erhitzen auf ca. 130° erfolgt Umwandlung in 2-Phenyl-3*H*-anthra[2.1-*b*][1.4]thiazin-chinon-(7.12).

**[1-Amino-9.10-dioxo-9.10-dihydro-anthryl-(2)-mercapto]-essigsäure,** (*1-amino-9,10-dioxo-9,10-dihydro-2-anthrylthio*)*acetic acid* $C_{16}H_{11}NO_4S$, Formel XI (R = $CH_2$-COOH) (E I 511; dort als *S*-[1-Amino-anthrachinonyl-(2)]-thioglykolsäure bezeichnet).

*B.* Beim Erwärmen des Natrium-Salzes des 1-Amino-2-mercapto-anthrachinons mit

Natrium-chloracetat in Wasser (*Ruggli, Heitz*, Helv. **14** [1931] 257, 264; vgl. E I 511).
Natrium-Salz $NaC_{16}H_{10}NO_4S$. Rote Krystalle (aus wss. A.).

**[1-Amino-9.10-dioxo-9.10-dihydro-anthryl-(2)-mercapto]-essigsäure-methylester,** *(1-amino-9,10-dioxo-9,10-dihydro-2-anthrylthio)acetic acid methyl ester* $C_{17}H_{13}NO_4S$, Formel XI (R = $CH_2$-CO-$OCH_3$).

*B.* Beim Behandeln des Natrium-Salzes des 1-Amino-2-mercapto-anthrachinons mit Bromessigsäure-methylester und wss. Natronlauge (*Ruggli, Heitz*, Helv. **14** [1931] 257, 266).

Krystalle (aus Amylalkohol); F: 135° [unkorr.].

**[1-Amino-9.10-dioxo-9.10-dihydro-anthryl-(2)-mercapto]-essigsäure-äthylester,** *(1-amino-9,10-dioxo-9,10-dihydro-2-anthrylthio)acetic acid ethyl ester* $C_{18}H_{15}NO_4S$, Formel XI (R = $CH_2$-CO-$OC_2H_5$).

*B.* Beim Behandeln des Natrium-Salzes des 1-Amino-2-mercapto-anthrachinons mit Bromessigsäure-äthylester und wss. Natronlauge (*Ruggli, Heitz*, Helv. **14** [1931] 257, 265).

Rote Krystalle (aus Amylalkohol); F: 116,5° [unkorr.].

**3-Amino-2-hydroxy-anthrachinon** $C_{14}H_9NO_3$.

**8-Chlor-3-amino-2-hydroxy-anthrachinon,** *6-amino-1-chloro-7-hydroxyanthraquinone* $C_{14}H_8ClNO_3$, Formel I.

Eine Verbindung (braunrote Krystalle; F: 333° [Zers.]), der diese Konstitution zugeschrieben wird, ist aus *N.N'*-Bis-[6-hydroxy-3-(3(?)-chlor-2-carboxy-benzoyl)-phenyl]-harnstoff (F: 274—276° [Zers.]) beim Erhitzen mit Schwefelsäure unter Zusatz von Borsäure erhalten worden (*I.G. Farbenind.*, D.R.P. 538457 [1929]; Frdl. **18** 1247).

**4-Amino-2-hydroxy-anthrachinon** $C_{14}H_9NO_3$.

**4-Benzamino-2-phenoxy-anthrachinon, *N*-[3-Phenoxy-9.10-dioxo-9.10-dihydro-anthryl-(1)]-benzamid,** N-*(9,10-dioxo-3-phenoxy-9,10-dihydro-1-anthryl)benzamide* $C_{27}H_{17}NO_4$, Formel II.

*B.* Beim Erhitzen von 3-Brom-1-benzamino-anthrachinon (hergestellt aus 3-Brom-1-amino-anthrachinon) mit Phenol unter Zusatz von Kupfer-Pulver und Kaliumcarbonat (*CIBA*, U.S.P. 2002264 [1932]).

Grüngelbe Krystalle (aus Nitrobenzol); F: 225°. [*Geibler*]

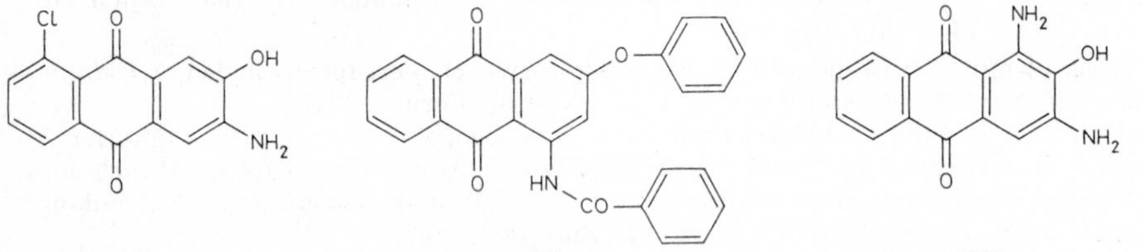

I II III

**1.3-Diamino-2-hydroxy-anthrachinon,** *1,3-diamino-2-hydroxyanthraquinone* $C_{14}H_{10}N_2O_3$, Formel III.

*B.* Aus 2-[3.5-Diamino-4-hydroxy-benzoyl]-benzoesäure (nicht näher beschrieben) beim Erhitzen mit Schwefelsäure (*Newport Co.*, U.S.P. 1659360 [1926]).

Rote Krystalle (aus A.); F: 300—305° [Zers.; nach Sublimation von 285° an].

**1.4-Diamino-2-hydroxy-anthrachinon** $C_{14}H_{10}N_2O_3$.

**1.4-Diamino-2-methoxy-anthrachinon,** *1,4-diamino-2-methoxyanthraquinone* $C_{15}H_{12}N_2O_3$, Formel IV (R = H, X = $CH_3$) (E II 174).

*B.* Beim Behandeln von 1.4-Diamino-2-hydroxy-anthrachinon (nicht näher beschrieben) mit Dimethylsulfat und Natriumhydroxid oder Natriumcarbonat in wss. Aceton (*I.G. Farbenind.*, D.R.P. 549285 [1930]; Frdl. **19** 2003). Aus 1.4-Diamino-9.10-dioxo-9.10-dihydro-anthracen-sulfonsäure-(2) beim Erwärmen mit wss.-methanol. Natronlauge (*Imp. Chem. Ind.*, U.S.P. 1881752 [1929]). Beim Erhitzen von 2-Brom-1.4-diamino-anthrachinon mit Natriumphenolat in Phenol und Erwärmen des Reaktionsprodukts mit methanol. Kalilauge (*I.G. Farbenind.*, D.R.P. 538014 [1930]; Frdl. **18** 1251). Beim Erwärmen von 1-Amino-4-[toluol-sulfonyl-(4)-amino]-9.10-dioxo-9.10-dihydro-anthracen-sulfonsäure-(2) mit methanol. Kalilauge und Behandeln des Reaktionsprodukts mit

Schwefelsäure (*Gen. Aniline Works*, U.S.P. 1948183 [1931]).

**1.4-Diamino-2-äthoxy-anthrachinon,** *1,4-diamino-2-ethoxyanthraquinone* $C_{16}H_{14}N_2O_3$, Formel IV (R = H, X = $C_2H_5$) (E II 175).

*B.* Beim Erhitzen von 2-Brom-1.4-diamino-anthrachinon mit Natriumphenolat in Phenol und Erwärmen des Reaktionsprodukts mit äthanol. Kalilauge (*I.G. Farbenind.*, D.R.P. 538014 [1930]; Frdl. **18** 1251).

**1.4-Diamino-2-butyloxy-anthrachinon,** *1,4-diamino-2-butoxyanthraquinone* $C_{18}H_{18}N_2O_3$, Formel IV (R = H, X = $[CH_2]_3$-$CH_3$).

*B.* Beim Erhitzen von 2-Brom-1.4-diamino-anthrachinon mit Natriumphenolat in Phenol und Erhitzen des Reaktionsprodukts mit Kaliumhydroxid in Butanol-(1) (*I.G. Farbenind.*, D.R.P. 538014 [1930]; Frdl. **18** 1251). Aus 1.4-Diamino-9.10-dioxo-9.10-dihydro-anthracen-sulfonsäure-(2) beim Erwärmen mit wss. Natronlauge und Butanol-(1) (*Imp. Chem. Ind.*, U.S.P. 1881752 [1929]).

Rote Krystalle (*Imp. Chem. Ind.*). F: 186—188° (*I.G. Farbenind.*).

**1-Amino-4-anilino-2-dodecyloxy-anthrachinon,** *1-amino-4-anilino-2-(dodecyloxy)anthraquinone* $C_{32}H_{38}N_2O_3$, Formel IV (R = $C_6H_5$, X = $[CH_2]_{11}$-$CH_3$).

*B.* Beim Erhitzen von Natrium-[1-amino-4-anilino-9.10-dioxo-9.10-dihydro-anthracen-sulfonat-(2)] mit Dodecanol-(1) und Natriumhydroxid (*Imp. Chem. Ind.*, D.R.P. 632083 [1934]; Frdl. **23** 946). Beim Erhitzen von 1-Amino-4-anilino-2-phenoxy-anthrachinon (aus 3-Brom-4-amino-1-anilino-anthrachinon hergestellt) mit Dodecanol-(1) und Kaliumhydroxid (*Imp. Chem. Ind.*, D.R.P. 661137 [1936]; Frdl. **24** 800).

Krystalle (aus Acn.); F: 104° (*Imp. Chem. Ind.*, D.R.P. 632083).

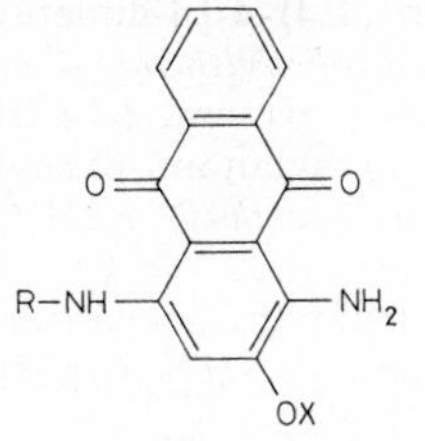

IV 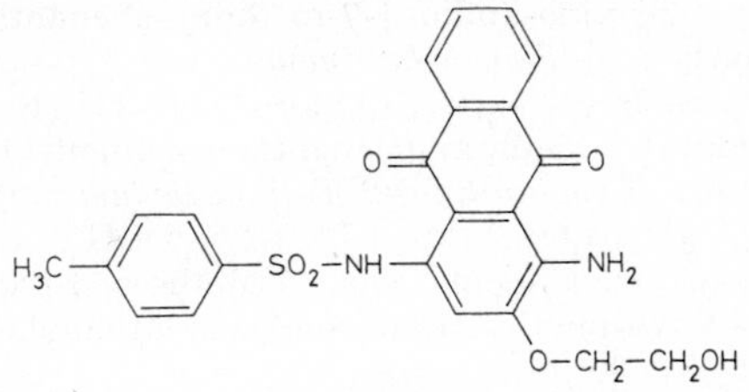 V

**1-Amino-4-anilino-2-hexadecyloxy-anthrachinon,** *1-amino-4-anilino-2-(hexadecyloxy)anthraquinone* $C_{36}H_{46}N_2O_3$, Formel IV (R = $C_6H_5$, X = $[CH_2]_{15}$-$CH_3$).

*B.* Beim Erwärmen von Natrium-[1-amino-4-anilino-9.10-dioxo-9.10-dihydro-anthracen-sulfonat-(2)] mit Hexadecanol-(1) und Natriumhydroxid (*Imp. Chem. Ind.*, D.R.P. 632083 [1934]; Frdl. **23** 946). Beim Erhitzen von 1-Amino-4-anilino-2-phenoxy-anthrachinon (hergestellt aus 3-Brom-4-amino-1-anilino-anthrachinon) mit Hexadecanol-(1) und Kaliumhydroxid (*Imp. Chem. Ind.*, D.R.P. 661137 [1936]; Frdl. **24** 800).

Violette Krystalle (aus Acn.); F: 98° (*Imp. Chem. Ind.*, D.R.P. 632083).

**1-Amino-4-[toluol-sulfonyl-(4)-amino]-2-[2-hydroxy-äthoxy]-anthrachinon, *N*-[4-Amino-3-(2-hydroxy-äthoxy)-9.10-dioxo-9.10-dihydro-anthryl-(1)]-toluolsulfonamid-(4),** N-*[4-amino-3-(2-hydroxyethoxy)-9,10-dioxo-9,10-dihydro-1-anthryl]*-p-*toluenesulfonamide* $C_{23}H_{20}N_2O_6S$, Formel V.

*B.* Beim Erwärmen von 1-Amino-4-[toluol-sulfonyl-(4)-amino]-9.10-dioxo-9.10-dihydro-anthracen-sulfonsäure-(2) mit Äthylenglykol und Kaliumhydroxid (*I.G. Farbenind.*, D.R.P. 541173 [1930]; Frdl. **18** 1256).

Rote Krystalle (aus wss. Eg.); F: 197—199°.

**1-Amino-4-cyclohexylamino-2-benzylmercapto-anthrachinon,** *1-amino-2-(benzylthio)-4-(cyclohexylamino)anthraquinone* $C_{27}H_{26}N_2O_2S$, Formel VI (R = $C_6H_{11}$, X = H).

*B.* Aus 1-Amino-4-cyclohexylamino-2-mercapto-anthrachinon (hergestellt aus 2.4-Dibrom-1-amino-anthrachinon durch Umsetzung mit Cyclohexylamin und mit Natriumpolysulfid) und Benzylchlorid (*Gen. Aniline Works*, U.S.P. 1820023 [1929]).

F: ca. 199°.

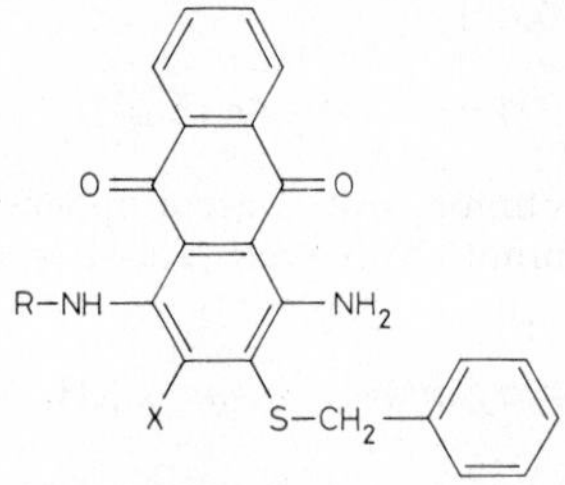

VI 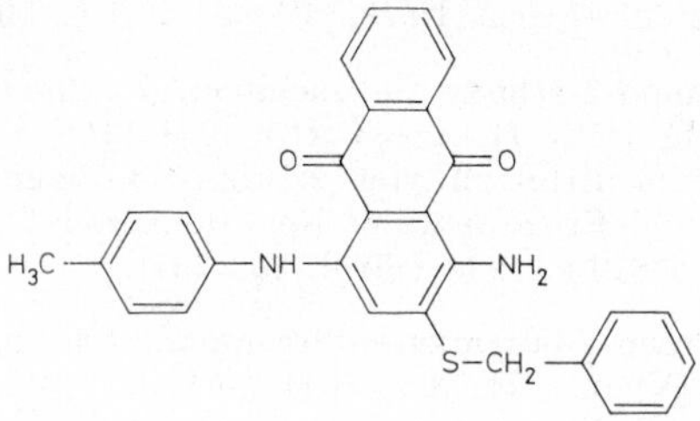 VII

**1-Amino-4-*p*-toluidino-2-benzylmercapto-anthrachinon,** *1-amino-2-(benzylthio)-4-*p*-toluidinoanthraquinone* $C_{28}H_{22}N_2O_2S$, Formel VII.

*B.* Beim Behandeln des Natrium-Salzes des 1-Amino-4-*p*-toluidino-2-mercapto-anthrachinons mit Benzylchlorid in Äthanol (*Gen. Aniline Works*, U.S.P. 1820023 [1929]).

F: ca. 179°.

**3-Chlor-1.4-diamino-2-benzylmercapto-anthrachinon,** *1,4-diamino-2-(benzylthio)-3-chloroanthraquinone* $C_{21}H_{15}ClN_2O_2S$, Formel VI (R = H, X = Cl).

*B.* Beim Behandeln von 3-Chlor-1.4-diamino-2-mercapto-anthrachinon (nicht näher beschrieben) mit Benzylchlorid und wss.-äthanol. Natronlauge (*Gen. Aniline Works*, U.S.P. 1820023 [1929]).

Krystalle; F: ca. 208°.

**2-Amino-7-hydroxy-phenanthren-chinon-(1.4)** $C_{14}H_9NO_3$.

**2-[4-Dimethylamino-anilino]-7-methoxy-phenanthren-chinon-(1.4)-4-[4-dimethylamino-phenylimin],** *2-[*p*-(dimethylamino)anilino]-4-[*p*-(dimethylamino)phenylimino]-7-methoxy-1(4H)-phenanthrone* $C_{31}H_{30}N_4O_2$, Formel VIII (R = $OCH_3$, X = H), und **4-[4-Dimethylamino-anilino]-7-methoxy-phenanthren-chinon-(1.2)-2-[4-dimethylamino-phenylimin],** *4-[*p*-(dimethylamino)anilino]-2-[*p*-(dimethylamino)phenylimino]-7-methoxy-1(2H)-phenanthrone* $C_{31}H_{30}N_4O_2$, Formel IX (R = $OCH_3$, X = H).

*B.* Beim Behandeln von 7-Methoxy-1-oxo-1.2.3.4-tetrahydro-phenanthren mit 4-Nitroso-*N.N*-dimethyl-anilin und wss.-äthanol. Natronlauge (*Buu-Hoi, Cagniant*, C. r. **214** [1942] 87, 90).

Violette Krystalle; F: 238°.

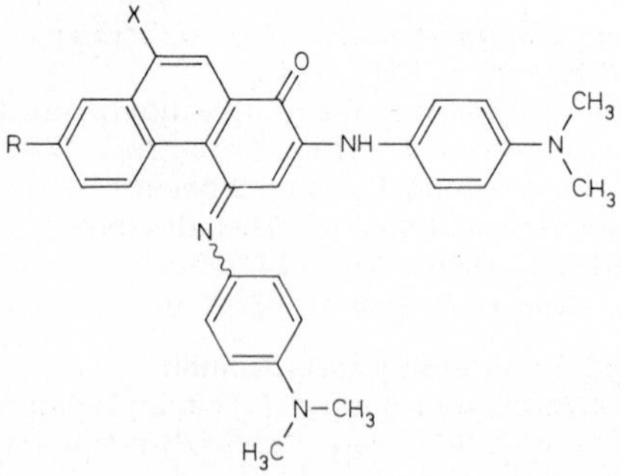

VIII 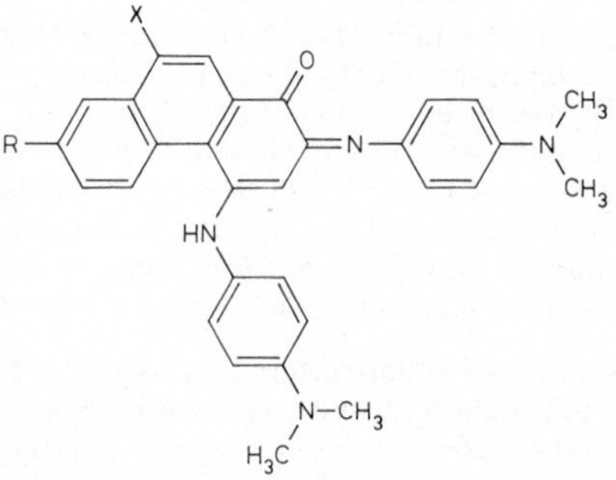 IX

**2-Amino-9-hydroxy-phenanthren-chinon-(1.4)** $C_{14}H_9NO_3$.

**2-[4-Dimethylamino-anilino]-9-methoxy-phenanthren-chinon-(1.4)-4-[4-dimethylamino-phenylimin],** *2-[*p*-(dimethylamino)anilino]-4-[*p*-(dimethylamino)phenylimino]-9-methoxy-1(4H)-phenanthrone* $C_{31}H_{30}N_4O_2$, Formel VIII (R = H, X = $OCH_3$), und **4-[4-Dimethylamino-anilino]-9-methoxy-phenanthren-chinon-(1.2)-2-[4-dimethylamino-phenylimin],** *4-[*p*-(dimethylamino)anilino]-2-[*p*-(dimethylamino)phenylimino]-9-methoxy-1(2H)-phenanthrone* $C_{31}H_{30}N_4O_2$, Formel IX (R = H, X = $OCH_3$).

*B.* Beim Behandeln von 9-Methoxy-1-oxo-1.2.3.4-tetrahydro-phenanthren mit 4-Nitroso-*N.N*-dimethyl-anilin und wss.-äthanol. Natronlauge (*Buu-Hoi, Cagniant*, C. r.

**214** [1942] 87, 90).
Blauviolette Krystalle (aus Bzl.); F: 227°.

### Amino-Derivate der Hydroxy-oxo-Verbindungen $C_{15}H_{10}O_3$

**3-Amino-2-hydroxy-1-methyl-anthrachinon,** *3-amino-2-hydroxy-1-methylanthraquinone* $C_{15}H_{11}NO_3$, Formel X (R = H).
*B.* Aus 3-Nitro-2-hydroxy-1-methyl-anthrachinon beim Behandeln mit Natrium-dithionit und wss. Natronlauge (*Marschalk*, Bl. [5] **6** [1939] 655, 662).
Gelbe Krystalle (aus wss. A. oder Nitrobenzol); F: 264° [Block].

**3-Amino-2-methoxy-1-methyl-anthrachinon,** *3-amino-2-methoxy-1-methylanthraquinone* $C_{16}H_{13}NO_3$, Formel X (R = $CH_3$).
*B.* Aus 3-Nitro-2-methoxy-1-methyl-anthrachinon beim Erhitzen mit Natriumsulfid in Wasser (*Marschalk*, Bl. [5] **6** [1939] 655, 664).
Orangefarbene Krystalle (aus A.); F: 223—224°.

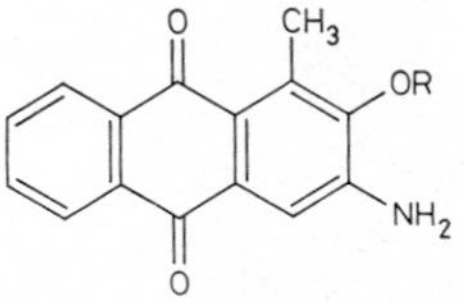

X 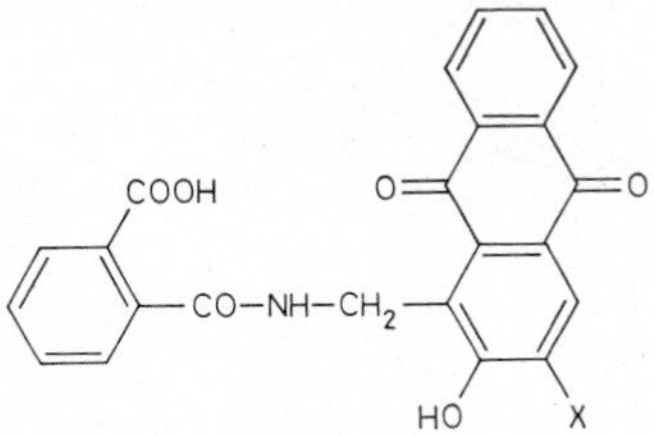 XI 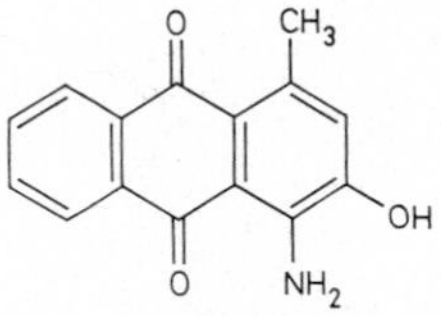 XII

**2-Hydroxy-1-aminomethyl-anthrachinon** $C_{15}H_{11}NO_3$.

***N*-[(2-Hydroxy-9.10-dioxo-9.10-dihydro-anthryl-(1))-methyl]-phthalamidsäure,** N-*[(2-hydroxy-9,10-dioxo-9,10-dihydro-1-anthryl)methyl]phthalamic acid* $C_{23}H_{15}NO_6$, Formel XI (X = H) (E II 177).
Krystalle (aus Eg.); F: 265° (*v. Diesbach*, D.R.P. 507049 [1927]; Frdl. **16** 1235).

***N*-[(3-Chlor-2-hydroxy-9.10-dioxo-9.10-dihydro-anthryl-(1))-methyl]-phthalamidsäure,** N-*[(3-chloro-2-hydroxy-9,10-dioxo-9,10-dihydro-1-anthryl)methyl]phthalamic acid* $C_{23}H_{14}ClNO_6$, Formel XI (X = Cl).
*B.* Beim Behandeln von 3-Chlor-2-hydroxy-anthrachinon mit *N*-Hydroxymethyl-phthalimid und Schwefelsäure (*de Diesbach, Gubser, Lempen*, Helv. **13** [1930] 120, 133).
Grüngelbe Krystalle (aus Eg.); F: 222°.

**4-Amino-3-hydroxy-1-methyl-anthrachinon,** *1-amino-2-hydroxy-4-methylanthraquinone* $C_{15}H_{11}NO_3$, Formel XII.
*B.* Aus 4-Nitro-3-hydroxy-1-methyl-anthrachinon mit Hilfe von wss. Ammonium-sulfid-Lösung (*Waldmann, Sellner*, J. pr. [2] **150** [1938] 145, 150).
Rote Krystalle (aus Xylol); F: 237—238° [Zers.].

**2.4-Diamino-3-hydroxy-1-methyl-anthrachinon,** *1,3-diamino-2-hydroxy-4-methylanthraquinone* $C_{15}H_{12}N_2O_3$. Formel I.
*B.* Aus 2.4-Dinitro-3-hydroxy-1-methyl-anthrachinon beim Erwärmen mit Natrium-dithionit in wss. Äthanol (*Waldmann, Sellner*, J. pr. [2] **150** [1938] 145, 151).
Rote Krystalle (aus wss. A.); F: 236—237° [Zers.].

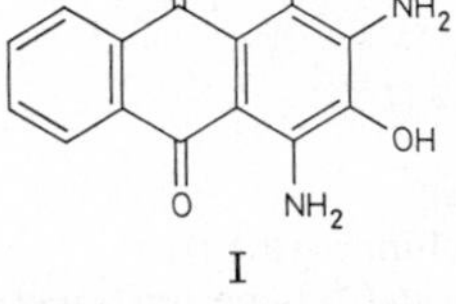

I 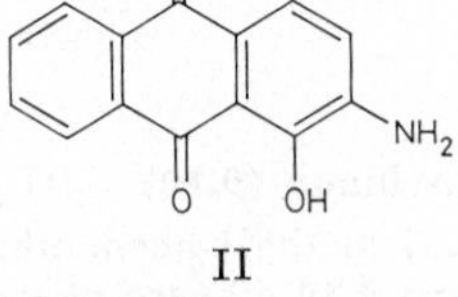 II 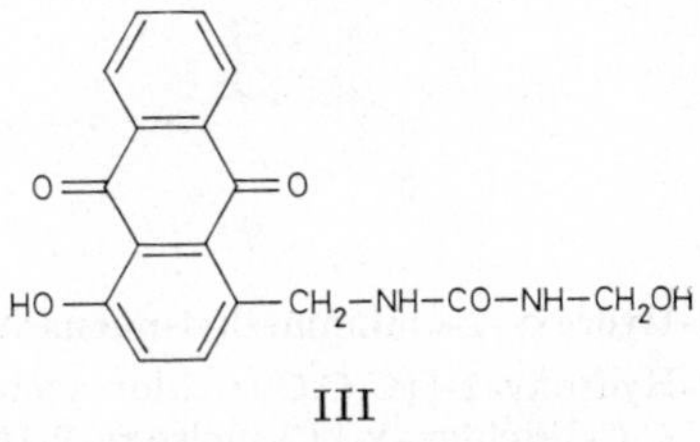 III

**3-Amino-4-hydroxy-1-methyl-anthrachinon,** *2-amino-1-hydroxy-4-methylanthraquinone* $C_{15}H_{11}NO_3$, Formel II.
*B.* Beim Behandeln von *N.N'*-Bis-[6-hydroxy-3-methyl-5-(2-carboxy-benzoyl)-phenyl]-

harnstoff (nicht näher beschrieben) mit Aluminiumchlorid in Trichlorbenzol und Erhitzen des Reaktionsprodukts mit Schwefelsäure (*Gen. Aniline Works*, U.S.P. 1922480 [1930]).
Krystalle (aus 1.2-Dichlor-benzol); F: 204–205°.

**4-Hydroxy-1-aminomethyl-anthrachinon** $C_{15}H_{11}NO_3$.

***N*-Hydroxymethyl-*N'*-[(4-hydroxy-9.10-dioxo-9.10-dihydro-anthryl-(1))-methyl]-harnstoff**, *1-(hydroxymethyl)-3-[(4-hydroxy-9,10-dioxo-9,10-dihydro-1-anthryl)methyl]urea* $C_{17}H_{14}N_2O_5$, Formel III.

*B.* Beim Behandeln von 1-Hydroxy-anthrachinon mit *N.N'*-Bis-hydroxymethyl-harnstoff und Schwefelsäure (*v. Diesbach*, D.R.P. 507049 [1927]; Frdl. **16** 1235).
Grüngelbe Krystalle; F: 225°.

**4-Amino-1-hydroxy-2-methyl-anthrachinon**, *4-amino-1-hydroxy-2-methylanthraquinone* $C_{15}H_{11}NO_3$, Formel IV.

*B.* Aus 2-[6-Acetamino-3-hydroxy-4-methyl-benzoyl]-benzoesäure beim Erwärmen mit Schwefelsäure (*Kränzlein*, B. **71** [1938] 2328, 2331).
Rote Krystalle (aus Bzl.); F: 237°.

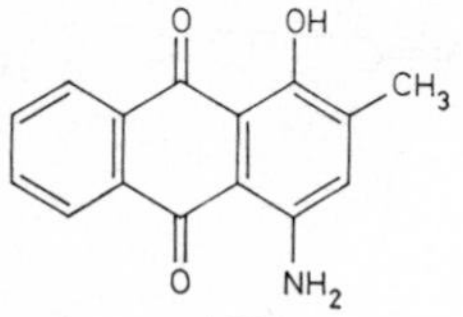

IV 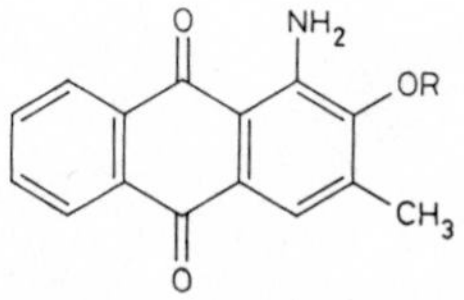 V

**4-Amino-3-hydroxy-2-methyl-anthrachinon**, *1-amino-2-hydroxy-3-methylanthraquinone* $C_{15}H_{11}NO_3$, Formel V (R = H).

*B.* Aus 4-Nitro-3-hydroxy-2-methyl-anthrachinon mit Hilfe von Natriumsulfid (*Mitter, Pal*, J. Indian chem. Soc. **7** [1930] 259, 261) oder Ammoniumsulfid (*Waldmann, Sellner*, J. pr. [2] **150** [1938] 145, 149).
Rote Krystalle; F: 224° [Zers.; aus Xylol] (*Wa., Se.*), 215–216° [aus Eg.] (*Mi., Pal*).

**4-Amino-3-methoxy-2-methyl-anthrachinon**, *1-amino-2-methoxy-3-methylanthraquinone* $C_{16}H_{13}NO_3$, Formel V (R = $CH_3$).

*B.* Aus 4-Nitro-3-methoxy-2-methyl-anthrachinon beim Erhitzen mit wss. Natriumsulfid-Lösung (*Mitter, Pal*, J. Indian chem. Soc. **7** [1930] 259, 261).
Rote Krystalle (aus A.); F: 195°.

**3-Hydroxy-2-aminomethyl-anthrachinon** $C_{15}H_{11}NO_3$.

**4-Chlor-3-hydroxy-2-[(*C.C.C*-trichlor-acetamino)-methyl]-anthrachinon, *C.C.C*-Trichlor-*N*-[(4-chlor-3-hydroxy-9.10-dioxo-9.10-dihydro-anthryl-(2))-methyl]-acetamid**, *2,2,2-trichloro-*N*-[(4-chloro-3-hydroxy-9,10-dioxo-9,10-dihydro-2-anthryl)methyl]acetamide* $C_{17}H_9Cl_4NO_4$, Formel VI.

*B.* Beim Behandeln von 1-Chlor-2-hydroxy-anthrachinon mit *C.C.C*-Trichlor-*N*-hydroxymethyl-acetamid (H **2** 211) und Schwefelsäure (*de Diesbach, Gubser, Spoorenberg*, Helv. **13** [1930] 1265, 1270).
Gelbe Krystalle (aus Eg. + Cyclohexanol); F: 204°.

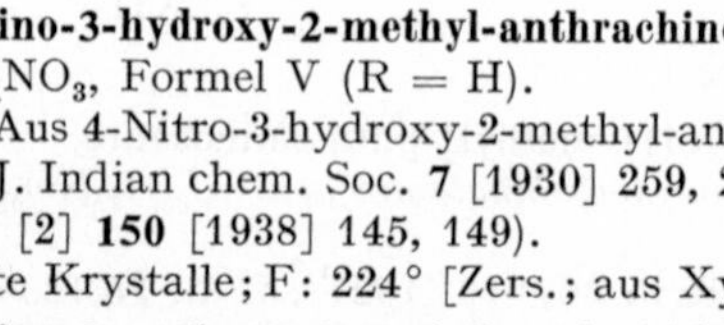

VI 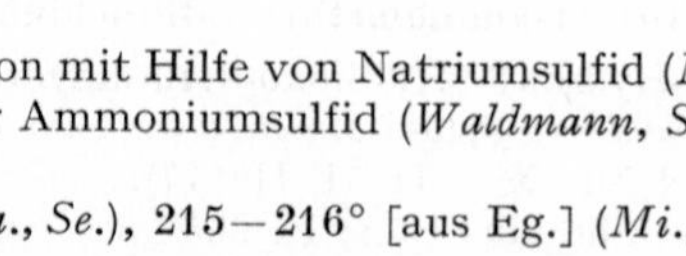 VII

**7-Hydroxy-2-aminomethyl-phenanthren-chinon-(9.10)** $C_{15}H_{11}NO_3$.

**7-Hydroxy-2-[(*C.C.C*-trichlor-acetamino)-methyl]-phenanthren-chinon-(9.10), *C.C.C*-Trichlor-*N*-[(7-hydroxy-9.10-dioxo-9.10-dihydro-phenanthryl-(2))-methyl]-acetamid**, *2,2,2-trichloro-*N*-[(7-hydroxy-9,10-dioxo-9,10-dihydro-2-phenanthryl)methyl]acetamide* $C_{17}H_{10}Cl_3NO_4$, Formel VII (R = CO-$CCl_3$).

Diese Konstitution wird vom Autor der nachstehend beschriebenen Verbindung zugeordnet.

*B.* Beim Behandeln von 2-Hydroxy-phenanthren-chinon-(9.10) mit *C.C.C*-Trichlor-*N*-hydroxymethyl-acetamid (H **2** 211; 1 Mol) und Schwefelsäure (*de Diesbach*, Helv. **23** [1940] 1232, 1237, 1238).

Hellbraune Krystalle (aus Eg.); F: ca. 200°.

**7-Hydroxy-2-benzaminomethyl-phenanthren-chinon-(9.10), *N*-[(7-Hydroxy-9.10-dioxo-9.10-dihydro-phenanthryl-(2))-methyl]-benzamid,** N-[*(7-hydroxy-9,10-dioxo-9,10-dihydro-2-phenanthryl)methyl]benzamide* $C_{22}H_{15}NO_4$, Formel VII (R = $CO$-$C_6H_5$).

Diese Konstitution wird vom Autor der nachstehend beschriebenen Verbindung zugeordnet.

*B.* Beim Behandeln von 2-Hydroxy-phenanthren-chinon-(9.10) mit *N*-Hydroxymethyl-benzamid und Schwefelsäure (*de Diesbach*, Helv. **23** [1940] 1232, 1237, 1238).

Grüne Krystalle (aus Nitrobenzol); F: oberhalb 290°.

## Amino-Derivate der Hydroxy-oxo-Verbindungen $C_{16}H_{12}O_3$

**2-Hydroxy-3-methyl-1-aminomethyl-anthrachinon** $C_{16}H_{13}NO_3$.

**2-Hydroxy-3-methyl-1-[(*C.C.C*-trichlor-acetamino)-methyl]-anthrachinon, *C.C.C*-Trichlor-*N*-[(2-hydroxy-9.10-dioxo-3-methyl-9.10-dihydro-anthryl-(1))-methyl]-acetamid,** *2,2,2-trichloro-*N-*[(2-hydroxy-3-methyl-9,10-dioxo-9,10-dihydro-1-anthryl)methyl]acetamide* $C_{18}H_{12}Cl_3NO_4$, Formel VIII (R = $CO$-$CCl_3$).

*B.* Beim Behandeln von 3-Hydroxy-2-methyl-anthrachinon mit *C.C.C*-Trichlor-*N*-hydroxymethyl-acetamid (H **2** 211) und Schwefelsäure (*v. Diesbach*, D.R.P. 507049 [1927]; Frdl. **16** 1235).

Grüngelbe Krystalle (aus Eg.); F: 227° [Zers.].

R, NH, CH₂, O, OH, CH₃, O

VIII

CO—CH₂—NH—CO, H₃CO, OCH₃

IX

**3.4-Dihydroxy-1-glycyl-phenanthren, 2-Amino-1-[3.4-dihydroxy-phenanthryl-(1)]-äthanon-(1)** $C_{16}H_{13}NO_3$.

**3.4-Dimethoxy-1-hippuroyl-phenanthren, *N*-[2-Oxo-2-(3.4-dimethoxy-phenanthryl-(1))-äthyl]-benzamid,** N-*[2-(3,4-dimethoxy-1-phenanthryl)-2-oxoethyl]benzamide* $C_{25}H_{21}NO_4$, Formel IX.

Diese Konstitution wird vom Autor der nachstehend beschriebenen Verbindung zugeordnet.

*B.* Beim Behandeln von 3.4-Dimethoxy-phenanthren mit Hippuroylchlorid und Aluminiumchlorid in Schwefelkohlenstoff (*Rajagopalan*, Pr. Indian Acad. [A] **13** [1941] 566, 572).

Krystalle (aus Eg.); F: 268—269° [Zers.].

**7-Hydroxy-2.6-bis-aminomethyl-phenanthren-chinon-(9.10)** $C_{16}H_{14}N_2O_3$.

**7-Hydroxy-2.6-bis-[(*C.C.C*-trichlor-acetamino)-methyl]-phenanthren-chinon-(9.10),** 7-Hydroxy-2.6-bis-[(*C.C.C*-trichlor-acetamino)-methyl]-phenanthrenchinon, *2,2,2,2',2',2'-hexachloro-*N,N'-*[(7-hydroxy-9,10-dioxo-9,10-dihydrophenanthrene-2,6-diyl)dimethylene]bisacetamide* $C_{20}H_{12}Cl_6N_2O_5$, Formel X.

Diese Konstitution wird vom Autor der nachstehend beschriebenen Verbindung zugeordnet.

*B.* Beim Behandeln von 2-Hydroxy-phenanthren-chinon-(9.10) mit *C.C.C*-Trichlor-*N*-hydroxymethyl-acetamid (H **2** 211; 2 Mol) und Schwefelsäure (*de Diesbach*, Helv. **23** [1940] 1232, 1237, 1239).

Schwarze Krystalle (aus Amylalkohol); Zers. bei ca. 190°.

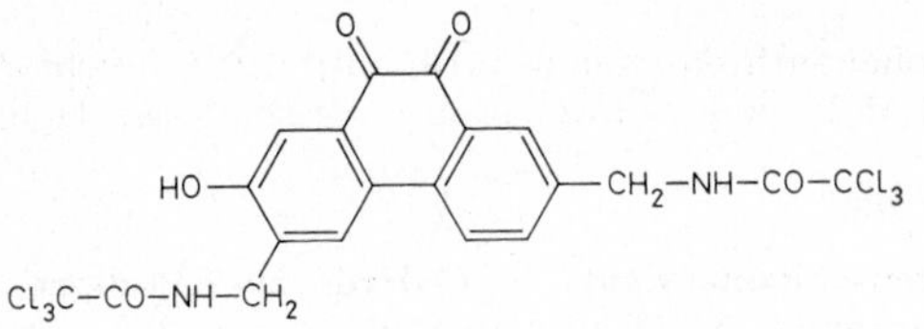

X 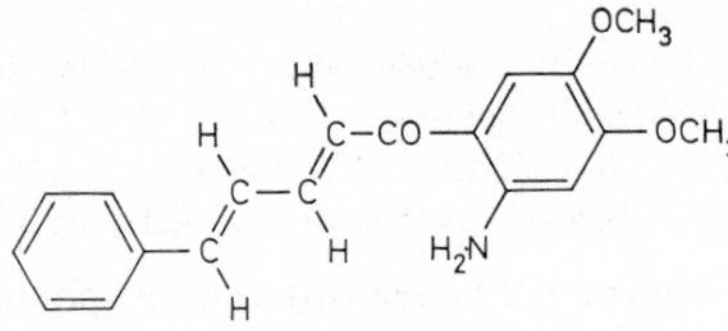 XI

## Amino-Derivate der Hydroxy-oxo-Verbindungen $C_{17}H_{14}O_3$

**5-Phenyl-1-[6-amino-3.4-dihydroxy-phenyl]-pentadien-(2.4)-on-(1)** $C_{17}H_{15}NO_3$.

**5-Pheny-1-[6-amino-3.4-dimethoxy-phenyl]-pentadien-(2.4)-on-(1)**, *2'-amino-4',5'-dimethoxy-5-phenylpenta-2,4-dienophenone* $C_{19}H_{19}NO_3$.

**5t-Phenyl-1-[6-amino-3.4-dimethoxy-phenyl]-pentadien-(2ξ.4)-on-(1) vom F: 141°**, vermutlich **5t-Phenyl-1-[6-amino-3.4-dimethoxy-phenyl]-pentadien-(2t.4)-on-(1)**, Formel XI.

*B.* Als Hauptprodukt beim Behandeln von 5t-Phenyl-1-[6-nitro-3.4-dimethoxy-phenyl]-pentadien-(2t(?).4)-on-(1) (F: 217—218° [Zers.]) mit Zinn(II)-chlorid, wss. Salzsäure und Essigsäure (*H. Baumgarten*, Diss. [Univ. Berlin 1933] S. 27).

Rote Krystalle (aus Me.); F: 140—141°.

*N*-Benzoyl-Derivat $C_{26}H_{23}NO_4$. Gelbe Krystalle (aus Acn.); F: 204—205°.

**5-[4-Amino-phenyl]-1-[2.3-dihydroxy-phenyl]-pentadien-(1.4)-on-(3)** $C_{17}H_{15}NO_3$.

**5-[4-Dimethylamino-phenyl]-1-[2.3-dimethoxy-phenyl]-pentadien-(1.4)-on-(3)**, *1-(2,3-dimethoxyphenyl)-5-[p-(dimethylamino)phenyl]penta-1,4-dien-3-one* $C_{21}H_{23}NO_3$.

**5t-[4-Dimethylamino-phenyl]-1ξ-[2.3-dimethoxy-phenyl]-pentadien-(1.4)-on-(3) vom F: 125°**, vermutlich **5t-[4-Dimethylamino-phenyl]-1t-[2.3-dimethoxy-phenyl]-pentadien-(1.4)-on-(3)**, Formel XII (R = H, X = $OCH_3$).

*B.* Beim Erwärmen von 1t-[4-Dimethylamino-phenyl]-buten-(1)-on-(3) (S. 187) mit 2.3-Dimethoxy-benzaldehyd in mit geringen Mengen wss. Natronlauge versetztem Äthanol (*Tomaschek*, Jb. phil. Fak. II Univ. Bern **3** [1923] 158, 161).

Rote Krystalle (aus A. oder Py.); F: 125°.

**5-[4-Amino-phenyl]-1-[3.4-dihydroxy-phenyl]-pentadien-(1.4)-on-(3)** $C_{17}H_{15}NO_3$.

**5-[4-Dimethylamino-phenyl]-1-[4-hydroxy-3-methoxy-phenyl]-pentadien-(1.4)-on-(3)**, *1-[p-(dimethylamino)phenyl]-5-(4-hydroxy-3-methoxyphenyl)penta-1,4-dien-3-one* $C_{20}H_{21}NO_3$.

**5ξ-[4-Dimethylamino-phenyl]-1t-[4-hydroxy-3-methoxy-phenyl]-pentadien-(1.4)-on-(3) vom F: 199°**, vermutlich **5t-[4-Dimethylamino-phenyl]-1t-[4-hydroxy-3-methoxy-phenyl]-pentadien-(1.4)-on-(3)**, Formel XII (R = OH, X = H).

*B* Als Hauptprodukt beim Behandeln von 1t-[4-Hydroxy-3-methoxy-phenyl]-buten-(1)-on-(3) (E III **8** 2345) mit 4-Dimethylamino-benzaldehyd und wss.-äthanol. Natronlauge (*Raiford, Cooper*, J. org. Chem. **3** [1938] 11, 15).

Orangefarbene Krystalle (aus A.); F: 199°.

**5-[4-Dimethylamino-phenyl]-1-[2-chlor-4-hydroxy-3-methoxy-phenyl]-pentadien-(1.4)-on-(3)**, *1-(2-chloro-4-hydroxy-3-methoxyphenyl)-5-[p-(dimethylamino)phenyl]penta-1,4-dien-3-one* $C_{20}H_{20}ClNO_3$.

**5ξ-[4-Dimethylamino-phenyl]-1t-[2-chlor-4-hydroxy-3-methoxy-phenyl]-pentadien-(1.4)-on-(3) vom F: 187°**, vermutlich **5t-[4-Dimethylamino-phenyl]-1t-[2-chlor-4-hydroxy-3-methoxy-phenyl]-pentadien-(1.4)-on-(3)**, Formel XII (R = OH, X = Cl).

*B.* Beim Behandeln von 1t-[2-Chlor-4-hydroxy-3-methoxy-phenyl]-buten-(1)-on-(3) (E III **8** 2347) mit 4-Dimethylamino-benzaldehyd und wss.-äthanol. Natronlauge (*Raiford, Cooper*, J. org. Chem. **3** [1938] 11, 14).

Orangefarbene Krystalle (aus wss. A.); F: 186—187°.

**5-[4-Dimethylamino-phenyl]-1-[5-chlor-4-hydroxy-3-methoxy-phenyl]-pentadien-(1.4)-on-(3)**, *1-(3-chloro-4-hydroxy-5-methoxyphenyl)-5-[p-(dimethylamino)phenyl]penta-1,4-dien-3-one* $C_{20}H_{20}ClNO_3$.

**5ξ-[4-Dimethylamino-phenyl]-1t-[5-chlor-4-hydroxy-3-methoxy-phenyl]-pentadien-(1.4)-on-(3) vom F: 204°**, vermutlich **5t-[4-Dimethylamino-phenyl]-1t-[5-chlor-4-hydroxy-3-methoxy-phenyl]-pentadien-(1.4)-on-(3)**, Formel XIII (R = H, X = Cl).

*B.* Als Hauptprodukt beim Behandeln von 1*t*-[5-Chlor-4-hydroxy-3-methoxy-phenyl]-buten-(1)-on-(3) (E III **8** 2347) mit 4-Dimethylamino-benzaldehyd und wss.-äthanol. Natronlauge (*Raiford, Cooper,* J. org. Chem. **3** [1938] 11, 14).

Rote Krystalle (aus A.); F: 203—204°.

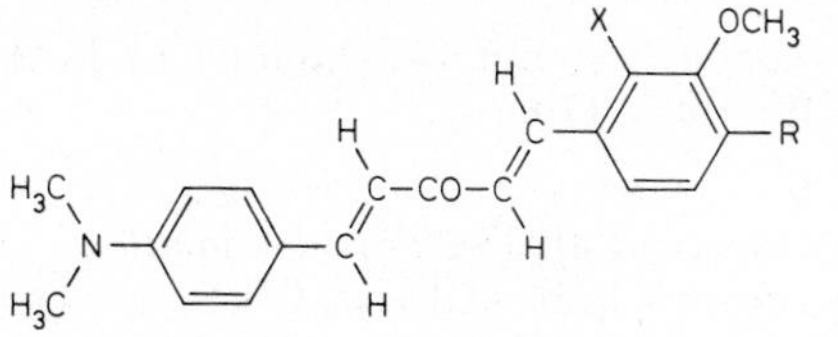

XII 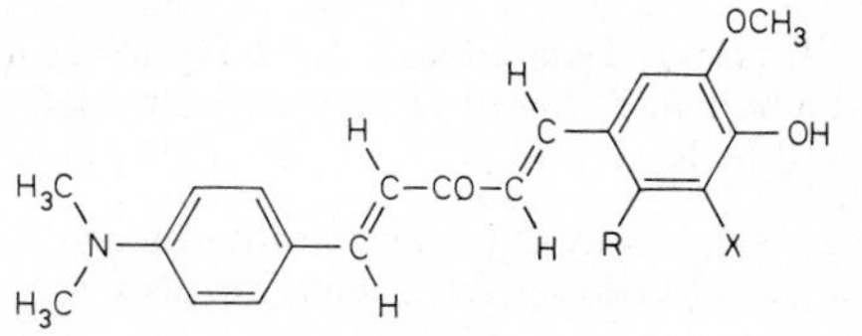 XIII

**5-[4-Dimethylamino-phenyl]-1-[6-chlor-4-hydroxy-3-methoxy-phenyl]-pentadien-(1.4)-on-(3)**, *1-(2-chloro-4-hydroxy-5-methoxyphenyl)-5-*[p-(*dimethylamino*)*phenyl*]*penta-1,4-dien-3-one* $C_{20}H_{20}ClNO_3$.

**5ξ-[4-Dimethylamino-phenyl]-1t-[6-chlor-4-hydroxy-3-methoxy-phenyl]-pentadien-(1.4)-on-(3) vom F: 110°**, vermutlich **5t-[4-Dimethylamino-phenyl]-1t-[6-chlor-4-hydroxy-3-methoxy-phenyl]-pentadien-(1.4)-on-(3)**, Formel XIII (R = Cl, X = H).

*B.* Als Hauptprodukt beim Behandeln von 1*t*-[6-Chlor-4-hydroxy-3-methoxy-phenyl]-buten-(1)-on-(3) (E III **8** 2347) mit 4-Dimethylamino-benzaldehyd und wss.-äthanol. Natronlauge (*Raiford, Cooper,* J. org. Chem. **3** [1938] 11, 14).

Grünlichrote Krystalle (aus wss. Acn.) mit 0,5 Mol $H_2O$, die zwischen 95° und 110° schmelzen und beim Trocknen unter vermindertem Druck das Krystallwasser abgeben.

**5-[4-Dimethylamino-phenyl]-1-[2-brom-4-hydroxy-3-methoxy-phenyl]-pentadien-(1.4)-on-(3)**, *1-(2-bromo-4-hydroxy-3-methoxyphenyl)-5-*[p-(*dimethylamino*)*phenyl*]*penta-1,4-dien-3-one* $C_{20}H_{20}BrNO_3$.

**5ξ-[4-Dimethylamino-phenyl]-1t-[2-brom-4-hydroxy-3-methoxy-phenyl]-pentadien-(1.4)-on-(3) vom F: 195°**, vermutlich **5t-[4-Dimethylamino-phenyl]-1t-[2-brom-4-hydroxy-3-methoxy-phenyl]-pentadien-(1.4)-on-(3)**, Formel XII (R = OH, X = Br).

*B.* Beim Behandeln von 1*t*-[2-Brom-4-hydroxy-3-methoxy-phenyl]-buten-(1)-on-(3) (E III **8** 2347) mit 4-Dimethylamino-benzaldehyd und wss.-äthanol. Natronlauge (*Raiford, Cooper,* J. org. Chem. **3** [1938] 11, 14).

Rote Krystalle (aus A.); F: 194—195°.

**5-[4-Dimethylamino-phenyl]-1-[5-brom-4-hydroxy-3-methoxy-phenyl]-pentadien-(1.4)-on-(3)**, *1-(3-bromo-4-hydroxy-5-methoxyphenyl)-5-*[p-(*dimethylamino*)*phenyl*]*penta-1,4-dien-3-one* $C_{20}H_{20}BrNO_3$.

**5ξ-[4-Dimethylamino-phenyl]-1t-[5-brom-4-hydroxy-3-methoxy-phenyl]-pentadien-(1.4)-on-(3) vom F: 204°**, vermutlich **5t-[4-Dimethylamino-phenyl]-1t-[5-brom-4-hydroxy-3-methoxy-phenyl]-pentadien-(1.4)-on-(3)**, Formel XIII (R = H, X = Br).

*B.* Als Hauptprodukt beim Behandeln von 1*t*-[5-Brom-4-hydroxy-3-methoxy-phenyl]-buten-(1)-on-(3) (E II **8** 327) mit 4-Dimethylamino-benzaldehyd und wss.-äthanol. Natronlauge (*Raiford, Cooper,* J. org. Chem. **3** [1938] 11, 14).

Krystalle (aus A.); F: 203—204°.

**5-[4-Dimethylamino-phenyl]-1-[6-brom-4-hydroxy-3-methoxy-phenyl]-pentadien-(1.4)-on-(3)**, *1-(2-bromo-4-hydroxy-5-methoxyphenyl)-5-*[p-(*dimethylamino*)*phenyl*]*penta-1,4-dien-3-one* $C_{20}H_{20}BrNO_3$.

**5ξ-[4-Dimethylamino-phenyl]-1t-[6-brom-4-hydroxy-3-methoxy-phenyl]-pentadien-(1.4)-on-(3) vom F: 185°**, vermutlich **5t-[4-Dimethylamino-phenyl]-1t-[6-brom-4-hydroxy-3-methoxy-phenyl]-pentadien-(1.4)-on-(3)**, Formel XIII (R = Br, X = H).

*B.* In geringerer Menge neben 1*t*(?).5*t*(?)-Bis-[4-dimethylamino-phenyl]-pentadien-(1.4)-on-(3) (S. 319) beim Behandeln von 1*t*-[6-Brom-4-hydroxy-3-methoxy-phenyl]-buten-(1)-on-(3) (E III **8** 2347) mit 4-Dimethylamino-benzaldehyd und wss.-äthanol. Natronlauge (*Raiford, Cooper,* J. org. Chem. **3** [1938] 11, 14).

Grüne Krystalle (aus A.) mit 0,5 Mol Äthanol, F: 120—128° [Zers.]; die durch Trocknen bei 130° vom Äthanol befreite Verbindung schmilzt bei 185—185,5°.

# Amino-Derivate der Hydroxy-oxo-Verbindungen $C_nH_{2n-22}O_3$

## Amino-Derivate der Hydroxy-oxo-Verbindungen $C_{17}H_{12}O_3$

**3-Hydroxy-2-[α-amino-benzyl]-naphthochinon-(1.4)** $C_{17}H_{13}NO_3$.

**(±)-3-Hydroxy-2-[α-octylamino-benzyl]-naphthochinon-(1.4)**, (±)-*2-hydroxy-3-[α-(octylamino)benzyl]-1,4-naphthoquinone* $C_{25}H_{29}NO_3$, Formel I (R = $[CH_2]_7$-$CH_3$), und Tautomeres.

*B.* Beim Behandeln von 2-Hydroxy-naphthochinon-(1.4) mit Octylamin und Benzaldehyd in Äthanol (*Dalgliesh*, Am. Soc. **71** [1949] 1697, 1700).

Rote Krystalle (aus A.); F: 155° [korr.; Zers.].

**(±)-3-Hydroxy-2-[α-decylamino-benzyl]-naphthochinon-(1.4)**, (±)-*2-[α-(decylamino)benzyl]-3-hydroxy-1,4-naphthoquinone* $C_{27}H_{33}NO_3$, Formel I (R = $[CH_2]_9$-$CH_3$), und Tautomeres.

*B.* Beim Behandeln von 2-Hydroxy-naphthochinon-(1.4) mit Decylamin und Benzaldehyd in Äthanol (*Dalgliesh*, Am. Soc. **71** [1949] 1697, 1700).

Rote Krystalle (aus A.); F: 153° [korr.; Zers.].

**(±)-3-Hydroxy-2-[α-dodecylamino-benzyl]-naphthochinon-(1.4)**, (±)-*2-[α-(dodecylamino)benzyl]-3-hydroxy-1,4-naphthoquinone* $C_{29}H_{37}NO_3$, Formel I (R = $[CH_2]_{11}$-$CH_3$, und Tautomeres.

*B.* Beim Behandeln von 2-Hydroxy-naphthochinon-(1.4) mit Dodecylamin und Benzaldehyd in Äthanol (*Dalgliesh*, Am. Soc. **71** [1949] 1697, 1700).

Rote Krystalle (aus A.); F: 154° [korr.; Zers.].

**(±)-3-Hydroxy-2-[α-tetradecylamino-benzyl]-naphthochinon-(1.4)**, (±)-*2-hydroxy-3-[α-(tetradecylamino)benzyl]-1,4-naphthoquinone* $C_{31}H_{41}NO_3$, Formel I (R = $[CH_2]_{13}$-$CH_3$), und Tautomeres.

*B.* Beim Behandeln von 2-Hydroxy-naphthochinon-(1.4) mit Tetradecylamin und Benzaldehyd in Äthanol (*Dalgliesh*, Am. Soc. **71** [1949] 1697, 1700).

Rote Krystalle (aus A.); F: 149° [korr.; Zers.].

**(±)-3-Hydroxy-2-[α-hexadecylamino-benzyl]-naphthochinon-(1.4)**, (±)-*2-[α-(hexadecylamino)benzyl]-3-hydroxy-1,4-naphthoquinone* $C_{33}H_{45}NO_3$, Formel I (R = $[CH_2]_{15}$-$CH_3$), und Tautomeres.

*B.* Beim Behandeln von 2-Hydroxy-naphthochinon-(1.4) mit Hexadecylamin und Benzaldehyd (*Dalgliesh*, Am. Soc. **71** [1949] 1697, 1700).

Rote Krystalle (aus A.); F: 146° [korr.; Zers.].

**(±)-3-Hydroxy-2-[α-octadecylamino-benzyl]-naphthochinon-(1.4)**, (±)-*2-hydroxy-3-[α-(octadecylamino)benzyl]-1,4-naphthoquinone* $C_{35}H_{49}NO_3$, Formel I (R = $[CH_2]_{17}$-$CH_3$), und Tautomeres.

*B.* Beim Behandeln von 2-Hydroxy-naphthochinon-(1.4) mit Octadecylamin und Benzaldehyd in Äthanol (*Dalgliesh*, Am. Soc. **71** [1949] 1697, 1700).

Orangefarbene Krystalle; F: 135° [korr.; Zers.].

O NH—R CH O OH H₃CO O NH—R R—NH O

I II

# Amino-Derivate der Hydroxy-oxo-Verbindungen $C_nH_{2n-24}O_3$

## Amino-Derivate der Hydroxy-oxo-Verbindungen $C_{18}H_{12}O_3$

**3.6-Diamino-5-phenyl-2-[4-hydroxy-phenyl]-benzochinon-(1.4), 3′.6′-Diamino-4-hydroxy-*p*-terphenyl-chinon-(2′.5′)** $C_{18}H_{14}N_2O_3$.

**3.6-Bis-äthylamino-5-phenyl-2-[4-methoxy-phenyl]-benzochinon-(1.4), 3′.6′-Bis-äthyl=amino-4-methoxy-*p*-terphenyl-chinon-(2′.5′),** *2,5-bis(ethylamino)-3-*(p-*methoxyphenyl)-6-phenyl-*p-*benzoquinone* $C_{23}H_{24}N_2O_3$, Formel II (R = $C_2H_5$), und Tautomere.

*B.* Beim Behandeln von 5-Phenyl-2-[4-methoxy-phenyl]-benzochinon-(1.4) mit Äthyl=amin in Äthanol und Äthylacetat (*Asano, Kameda,* J. pharm. Soc. Japan **59** [1939] 768, 773; dtsch. Ref. S. 291; C. A. **1940** 2345).

Rotviolette Krystalle (aus E.); F: 256°.

### Amino-Derivate der Hydroxy-oxo-Verbindungen $C_{19}H_{14}O_3$

**1-Phenyl-3-[4-amino-1-hydroxy-naphthyl-(2)]-propandion-(1.3)** $C_{19}H_{15}NO_3$.

**1-Phenyl-3-[4-benzamino-1-hydroxy-naphthyl-(2)]-propandion-(1.3), *N*-[4-Hydroxy-3-(3-oxo-3-phenyl-propionyl)-naphthyl-(1)]-benzamid,** N-*[4-hydroxy-3-(3-oxo-3-phenyl=propionyl)-1-naphthyl]benzamide* $C_{26}H_{19}NO_4$, Formel III, und tautomere Hydroxy-1-phenyl-3-[4-benzamino-1-hydroxy-naphthyl-(2)]-propenone, sowie (±)-6-Benzamino-2-hydroxy-4-oxo-2-phenyl-3.4-dihydro-2*H*-benzo[*h*]=chromen.

*B.* Aus 4-Benzamino-1-benzoyloxy-2-acetyl-naphthalin beim Erwärmen mit Kalium=carbonat in Benzol (*Anand, Patel, Venkataraman,* Pr. Indian Acad. [A] **28** [1948] 545, 553).

Orangefarbene Krystalle (aus Eg.); F: 232°.

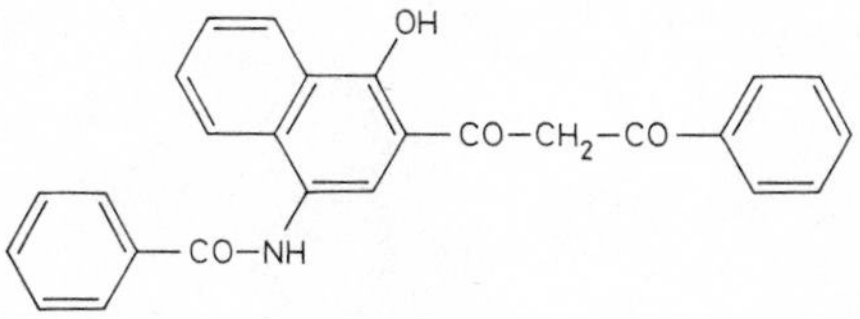

III 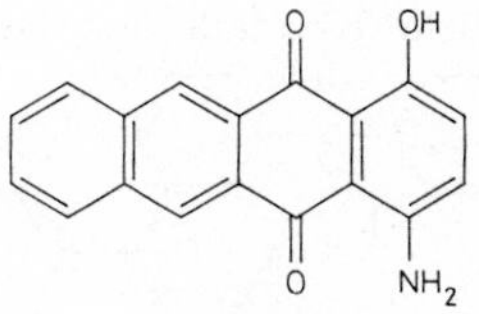 IV

## Amino-Derivate der Hydroxy-oxo-Verbindungen $C_nH_{2n-26}O_3$

### Amino-Derivate der Hydroxy-oxo-Verbindungen $C_{18}H_{10}O_3$

**4-Amino-1-hydroxy-5.12-dioxo-5.12-dihydro-naphthacen, 4-Amino-1-hydroxy-naphth=acen-chinon-(5.12),** *1-amino-4-hydroxynaphthacene-5,12-dione* $C_{18}H_{11}NO_3$, Formel IV.

*B.* Aus 4-[Toluol-sulfonyl-(4)-amino]-1-hydroxy-naphthacen-chinon-(5.12) beim Erhitzen mit Schwefelsäure (*Waldmann, Mathiowetz,* B. **64** [1931] 1713, 1720).

Braunrote Krystalle; F: 295°.

**4-[Toluol-sulfonyl-(4)-amino]-1-hydroxy-naphthacen-chinon-(5.12), *N*-[4-Hydroxy-5.12-dioxo-5.12-dihydro-naphthacenyl-(1)]-toluolsulfonamid-(4),** N-*(4-hydroxy-5,12-dioxo-5,12-dihydronaphthacen-1-yl)-*p-*toluenesulfonamide* $C_{25}H_{17}NO_5S$, Formel V.

*B.* Beim Erhitzen von 4-Chlor-1-hydroxy-naphthacen-chinon-(5.12) mit Toluolsulfon=amid-(4) in Nitrobenzol unter Zusatz von Kaliumacetat und Kupfer(II)-acetat (*Waldmann, Mathiowetz,* B. **64** [1931] 1713, 1720).

Orangefarbene Krystalle (aus Xylol und Nitrobenzol); F: 281°.

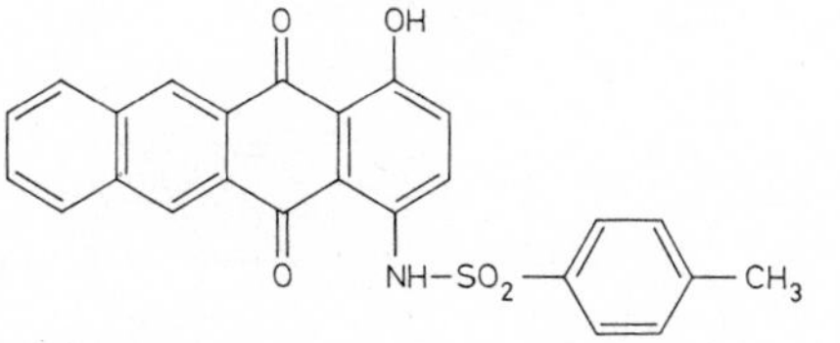

V 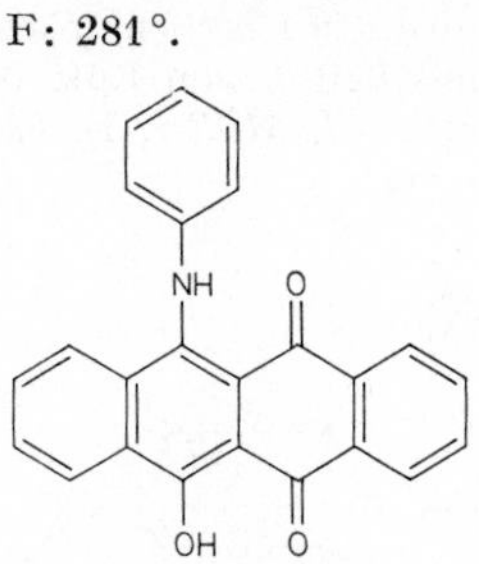 VI

**11-Amino-6-hydroxy-5.12-dioxo-5.12-dihydro-naphthacen, 11-Amino-6-hydroxy-naphth=acen-chinon-(5.12)** $C_{18}H_{11}NO_3$.

**11-Anilino-6-hydroxy-naphthacen-chinon-(5.12)**, *6-anilino-11-hydroxynaphthacene-5,12-dione* $C_{24}H_{15}NO_3$, Formel VI (H 280; dort als 10(?)-Anilino-9-oxy-naphthacenchinon bezeichnet).

*B.* Beim Erhitzen von 11-Brom-6-hydroxy-naphthacen-chinon-(5.12) mit Anilin unter Zusatz von Natriumacetat (*Goldyrew, Poštowškiĭ*, Ž. obšč. Chim. **11** [1941] 451, 455; C. A. **1941** 6589).

Braunviolette Krystalle (aus Eg.); F: 243—245° (*Go., Po.*). Absorptionsspektrum (450—600 mμ): *Go., Po.*, l. c. S. 452.

Beim Erhitzen mit Anilin unter Zusatz von Borsäure sind 6.12-Dianilino-naphthacen-chinon-(5.11) und 6.11-Dianilino-naphthacen-chinon-(5.12) erhalten worden (*Go., Po.*; s. dazu *Poštowškiĭ, Beĭleš*, Ž. obšč. Chim. **20** [1950] 522, 526, 527; C. **1954** 6223).

### Amino-Derivate der Hydroxy-oxo-Verbindungen $C_{20}H_{14}O_3$

**1.5-Dihydroxy-10-[4-amino-phenyl]-anthron** $C_{20}H_{15}NO_3$, und **9-[4-Amino-phenyl]-anthracentriol-(1.5.10)** $C_{20}H_{15}NO_3$.

**(±)-1.5-Diphenoxy-10-[4-dimethylamino-phenyl]-anthron**, (±)-*10-*[p-(*dimethylamino*)*phenyl*]*-1,5-diphenoxyanthrone* $C_{34}H_{27}NO_3$, Formel VII, und **1.5-Diphenoxy-10-[4-dimethylamino-phenyl]-anthrol-(9)**, *10-*[*4-*(*dimethylamino*)*phenyl*]*-1,5-diphenoxy-9-anthrol* $C_{34}H_{27}NO_3$, Formel VIII.

*B.* Beim Erhitzen von (±)-10-Brom-1.5-diphenoxy-anthron mit *N.N*-Dimethyl-anilin (*Barnett, Goodway*, B. **63** [1930] 3048, 3051).

Gelbliche Krystalle (aus Bzl.); F: 205°.

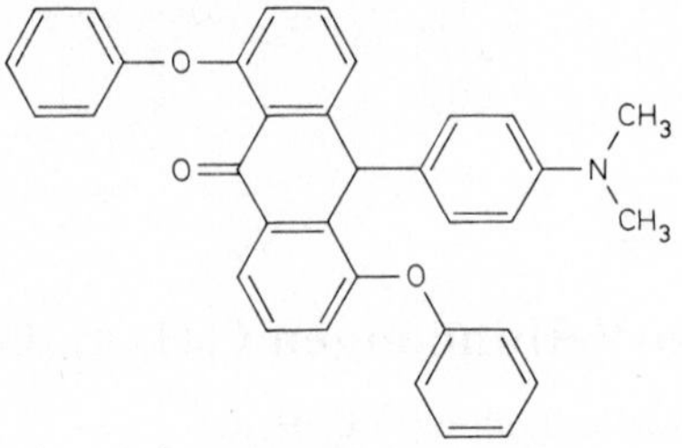

VII 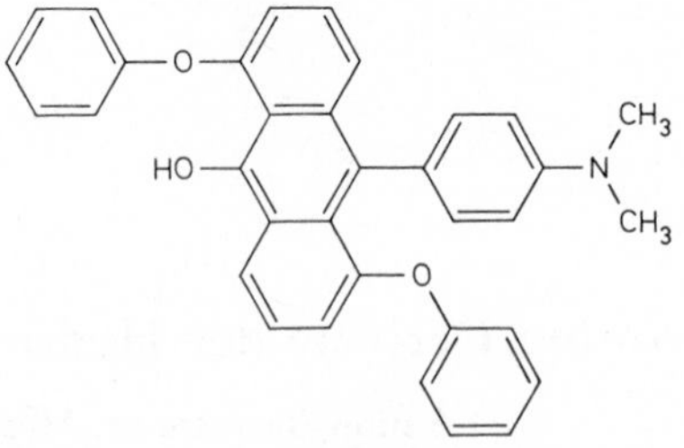 VIII

## Amino-Derivate der Hydroxy-oxo-Verbindungen $C_nH_{2n-28}O_3$

### Amino-Derivate der Hydroxy-oxo-Verbindungen $C_{21}H_{14}O_3$

**(±)-10-Hydroxy-1-anthraniloyl-anthron**, (±)-*1-anthraniloyl-10-hydroxyanthrone* $C_{21}H_{15}NO_3$, Formel IX, und **(±)-2-[2-Amino-phenyl]-2*H*-anthra[9.1-*bc*]furandiol-(2.6)**, (±)-*2-*(o-*aminophenyl*)-2H-*anthra*[*9,1-*bc]*furan-2,6-diol* $C_{21}H_{15}NO_3$, Formel X, sowie weitere Tautomere.

Eine als (±)-2-[2-Amino-phenyl]-2*H*-anthra[9.1-*bc*]furandiol-(2.6) beschriebene Verbindung (rote Krystalle [aus Eg.], Zers. von 235° an; Acetyl-Derivat: gelb, F: 145° [Zers.]; *O*-Methyl-Derivat: Krystalle [aus A.], F: ca. 191°) ist neben 5-Hydroxy-9-oxo-5.9-dihydro-anthra[9.1-*bc*]benz[*f*]azepin beim Erwärmen von 5.9-Dioxo-5.9-dihydro-anthra[9.1-*bc*]benz[*f*]azepin („Benzoylen-morphanthridon") mit äthanol. Kalilauge und Leiten von Luft durch die mit Wasser versetzte Reaktionslösung erhalten worden (*Scholl, Müller*, B. **68** [1935] 801, 807, 811, 812).

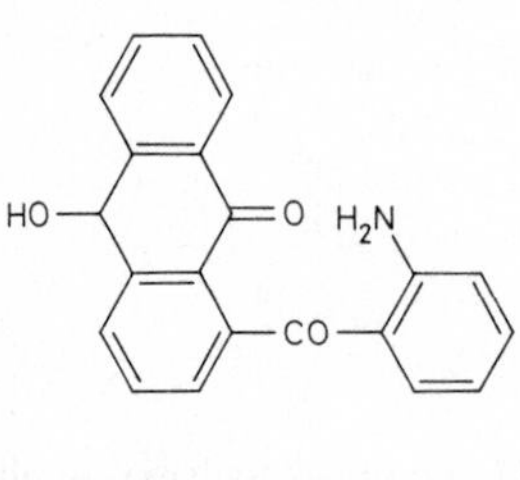

IX 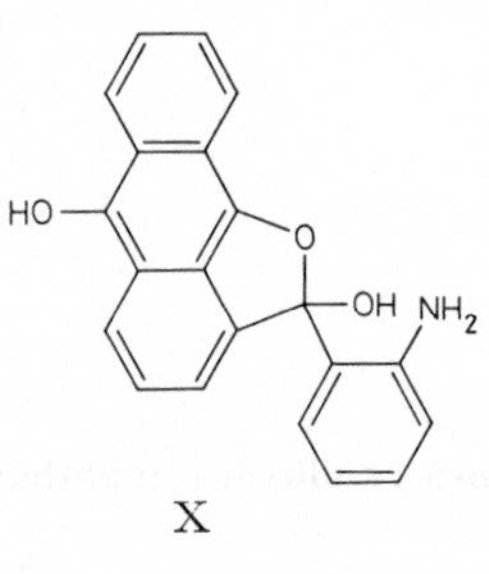 X 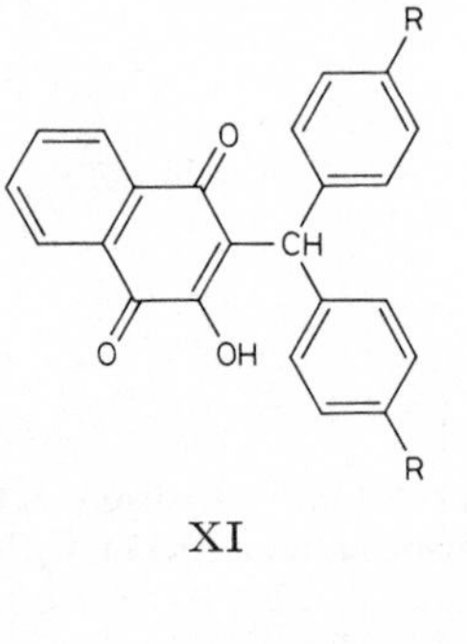 XI

# Amino-Derivate der Hydroxy-oxo-Verbindungen $C_nH_{2n-30}O_3$

## Amino-Derivate der Hydroxy-oxo-Verbindungen $C_{23}H_{16}O_3$

**3-Hydroxy-2-[4.4'-diamino-benzhydryl]-naphthochinon-(1.4)** $C_{23}H_{18}N_2O_3$.

**3-Hydroxy-2-[4.4'-bis-dimethylamino-benzhydryl]-naphthochinon-(1.4)**, *2-[4,4'-bis(dimethylamino)benzhydryl]-3-hydroxy-1,4-naphthoquinone* $C_{27}H_{26}N_2O_3$, Formel XI (R = $N(CH_3)_2$), und Tautomeres.

*B.* Aus 2-Hydroxy-naphthochinon-(1.4) beim Erwärmen mit 4.4'-Bis-dimethylamino-benzhydrol in Äthanol (*Fieser et al.*, Am. Soc. **70** [1948] 3206, 3208, 3211).

Dunkelblaue Krystalle (aus Bzl. + A.); F: 174—175°. [*Mischon*]

# Amino-Derivate der Hydroxy-oxo-Verbindungen $C_nH_{2n-8}O_4$

## Amino-Derivate der Hydroxy-oxo-Verbindungen $C_6H_4O_4$

**3.6-Diamino-2.5-dihydroxy-benzochinon-(1.4)** $C_6H_6N_2O_4$.

**3.6-Dianilino-2.5-dihydroxy-benzochinon-(1.4)**, *2,5-dianilino-3,6-dihydroxy-*p*-benzoquinone* $C_{18}H_{14}N_2O_4$, Formel I (R = $C_6H_5$, X = O), und Tautomere.

*B.* Neben 3.6-Dianilino-2.5-dihydroxy-benzochinon-(1.4)-monophenylimin beim Erwärmen von 3.6-Dibrom-2.5-dianilino-benzochinon-(1.4) mit wss.-äthanol. Natronlauge (*Sprung*, Am. Soc. **56** [1934] 691).

Hellgelbe Krystalle (aus A.); F: 206—207° [Zers.].

**3.6-Dianilino-2.5-dihydroxy-benzochinon-(1.4)-monophenylimin**, *2,5-dianilino-3,6-dihydroxy-4-(phenylimino)cyclohexa-2,5-dien-1-one* $C_{24}H_{19}N_3O_3$, Formel I (R = $C_6H_5$, X = N-$C_6H_5$), und Tautomere.

*B.* Beim Erhitzen von 3.6-Dianilino-2.5-dihydroxy-benzochinon-(1.4) mit Anilin und wss. Natronlauge (*Sprung*, Am. Soc. **56** [1934] 691). Weitere Bildungsweise s. im vorangehenden Artikel.

Braune Krystalle (aus Bzl.); F: 139—141° [Zers.].

**3.6-Bis-acetamino-2.5-dihydroxy-benzochinon-(1.4)**, N,N'-(*2,5-dihydroxy-3,6-dioxocyclohexa-1,4-diene-1,4-diyl)bisacetamide* $C_{10}H_{10}N_2O_6$, Formel I (R = CO-$CH_3$, X = O), und Tautomere (H 282).

*B.* Aus 3.6-Bis-acetamino-1.2.4.5-tetraacetoxy-benzol beim Erwärmen mit Brom (*Heller*, J. pr. [2] **129** [1931] 211, 248).

Rotbraune Krystalle (aus Eg.), die unterhalb 280° nicht schmelzen.

O OH R—NH— —NH—R HO X
I

OH O= =O $H_3C$—NH $OCH_3$
II

$O_2N$ OH O= =O $H_3C$—CO—NH OH
III

**3-Amino-2.6-dihydroxy-benzochinon-(1.4)** $C_6H_5NO_4$.

**3-Methylamino-6-hydroxy-2-methoxy-benzochinon-(1.4)**, *5-hydroxy-3-methoxy-2-(methylamino)-*p*-benzoquinone* $C_8H_9NO_4$, Formel II, und Tautomere.

*B.* Aus 5-Hydroxy-2.3-dimethoxy-benzochinon-(1.4) und Methylamin in Äthanol (*Anslow, Raistrick*, Soc. **1939** 1446, 1454).

Schwarzrote Krystalle; F: 179° [Zers.].

Methylamin-Salz $C_8H_9NO_4 \cdot CH_5N$. Purpurrote Krystalle; F: 228—230° [Zers.].

**5-Nitro-3-acetamino-2.6-dihydroxy-benzochinon-(1.4)**, ***N*-[5-Nitro-2.4-dihydroxy-3.6-dioxo-cyclohexadien-(1.4)-yl]-acetamid**, N-(*2,4-dihydroxy-5-nitro-3,6-dioxocyclohexa-1,4-dien-1-yl)acetamide* $C_8H_6N_2O_7$, Formel III, und Tautomere.

Diese Konstitution ist wahrscheinlich der nachstehend beschriebenen, von *Heller, Hemmer* (J. pr. [2] **129** [1931] 207, 209) als 6-Nitro-3-acetamino-2.5-dihydroxy-benzochinon-(1.4) angesehenen Verbindung auf Grund ihrer Bildungsweise zuzuordnen.

*B.* Beim Behandeln von 6-Nitro-2-acetamino-hydrochinon (E III **13** 2162) mit Salpetersäure und Essigsäure (*He.*, *He.*).

Orangegelbe Krystalle (aus E.) mit 0,5 Mol $H_2O$, die bei 115° das Krystallwasser abgeben; F: 164° [nach Rotfärbung bei 130° und Zers. von 150° an].

## Amino-Derivate der Hydroxy-oxo-Verbindungen $C_7H_6O_4$

**6-Amino-3.5-dihydroxy-2-methyl-benzochinon-(1.4)** $C_7H_7NO_4$.

**6-Methylamino-3-hydroxy-5-methoxy-2-methyl-benzochinon-(1.4)**, *2-hydroxy-6-methoxy-3-methyl-5-(methylamino)-*p*-benzoquinone* $C_9H_{11}NO_4$, Formel IV (X = O), und Tautomere.

*B.* Aus 3-Hydroxy-5.6-dimethoxy-2-methyl-benzochinon-(1.4) und Methylamin in Äthanol (*Anslow*, *Raistrick*, Soc. **1939** 1446, 1456).

Schwarzrote Krystalle (aus Toluol); F: 212–213°.

**6-Methylamino-3-hydroxy-5-methoxy-2-methyl-benzochinon-(1.4)-1-methylimin**, *2-hydroxy-6-methoxy-3-methyl-5-(methylamino)-4-(methylimino)cyclohexa-2,5-dien-1-one* $C_{10}H_{14}N_2O_3$, Formel IV (X = N-$CH_3$), und **4.5-Bis-methylamino-6-methoxy-3-methyl-benzochinon-(1.2)**, *3-methoxy-6-methyl-4,5-bis(methylamino)-*o*-benzoquinone* $C_{10}H_{14}N_2O_3$, Formel V.

Eine Verbindung (grüne Krystalle, F: 228°), für die diese Konstitutionsformeln in Betracht gezogen werden, ist aus 3-Hydroxy-5-methoxy-2-methyl-benzochinon-(1.4) und Methylamin in Äthanol erhalten worden (*Anslow*, *Raistrick*, Soc. **1939** 1446, 1449, 1455; s. a. *Anslow*, *Raistrick*, Biochem. J. **32** [1938] 803, 804).

IV V VI

**3-Amino-5.6-dihydroxy-2-methyl-benzochinon-(1.4)** $C_7H_7NO_4$.

**3-Methylamino-6-hydroxy-5-methoxy-2-methyl-benzochinon-(1.4)**, *2-hydroxy-3-methoxy-6-methyl-5-(methylamino)-*p*-benzoquinone* $C_9H_{11}NO_4$, Formel VI, und Tautomere.

*B.* Aus 6-Hydroxy-5-methoxy-2-methyl-benzochinon-(1.4) und Methylamin in Äthanol (*Anslow*, *Raistrick*, Soc. **1939** 1446, 1455).

Purpurrote Krystalle (aus A.); F: 213–214°.

## Amino-Derivate der Hydroxy-oxo-Verbindungen $C_8H_8O_4$

**2-Amino-1-[3.4.5-trihydroxy-phenyl]-äthanon-(1)**, ω-Amino-3.4.5-trihydroxy-acetophenon $C_8H_9NO_4$.

**2-Amino-1-[3.4.5-trimethoxy-phenyl]-äthanon-(1)**, *2-amino-3',4',5'-trimethoxyacetophenone* $C_{11}H_{15}NO_4$, Formel VII (R = H) (E II 181).

*B.* Bei der Hydrierung von [3.4.5-Trimethoxy-phenyl]-glyoxylonitril an Palladium in Essigsäure (*Kindler*, D.R.P. 571795 [1931]; Frdl. **19** 1524).

Hydrogensulfat. F: 240°.

**2-Benzamino-1-[3.4.5-trimethoxy-phenyl]-äthanon-(1)**, ***N*-[3.4.5-Trimethoxy-phenacyl]-benzamid**, N-(*3,4,5-trimethoxyphenacyl*)*benzamide* $C_{18}H_{19}NO_5$, Formel VII (R = CO-$C_6H_5$).

*B.* Aus 2-Amino-1-[3.4.5-trimethoxy-phenyl]-äthanon-(1) (*Kindler*, D.R.P. 571795 [1931]; Frdl. **19** 1524).

F: 111°.

VII VIII IX

**3.6-Dihydroxy-2.5-bis-aminomethyl-benzochinon-(1.4)** $C_8H_{10}N_2O_4$.

**3.6-Dihydroxy-2.5-bis-[octylamino-methyl]-benzochinon-(1.4)**, *2,5-dihydroxy-3,6-bis[(octylamino)methyl]-p-benzoquinone* $C_{24}H_{42}N_2O_4$, Formel VIII, und Tautomeres.

*B.* Beim Behandeln von 2.5-Dihydroxy-benzochinon-(1.4) mit Octylamin und Formaldehyd in wss. Äthanol (*Dalgliesh*, Am. Soc. **71** [1949] 1697, 1701).

Rote Krystalle; F: 151–152° [korr.; Zers.].

## Amino-Derivate der Hydroxy-oxo-Verbindungen $C_9H_{10}O_4$

**2-Amino-1-[3.4.5-trihydroxy-phenyl]-propanon-(1)**, α-Amino-3.4.5-trihydroxy-propiophenon $C_9H_{11}NO_4$.

**(±)-2-Amino-1-[4-hydroxy-3.5-dimethoxy-phenyl]-propanon-(1)**, *(±)-2-amino-4'-hydroxy-3',5'-dimethoxypropiophenone* $C_{11}H_{15}NO_4$, Formel IX (R = H).

*B.* Aus 2-Hydroxyimino-1-[4-hydroxy-3.5-dimethoxy-phenyl]-propanon-(1) bei der Hydrierung an Palladium in Chlorwasserstoff enthaltendem Äthanol (*Iwamoto, Hartung*, J. org. Chem. **9** [1944] 513, 515).

Hydrochlorid $C_{11}H_{15}NO_4 \cdot HCl$. F: 209,4° [korr.; Zers.].

**(±)-2-Amino-1-[3.4.5-trimethoxy-phenyl]-propanon-(1)**, *(±)-2-amino-3',4',5'-trimethoxypropiophenone* $C_{12}H_{17}NO_4$, Formel IX (R = $CH_3$).

*B.* Aus 2-Hydroxyimino-1-[3.4.5-trimethoxy-phenyl]-propanon-(1) bei der Hydrierung an Palladium in Chlorwasserstoff enthaltendem Äthanol (*Iwamoto, Hartung*, J. org. Chem. **9** [1944] 513, 515).

Hydrochlorid $C_{12}H_{17}NO_4 \cdot HCl$. F: 248–249° [korr.; Zers.].

**3-Amino-1-[3.4.5-trihydroxy-phenyl]-propanon-(1)**, β-Amino-3.4.5-trihydroxy-propiophenon $C_9H_{11}NO_4$.

**3-Dimethylamino-1-[3.4.5-trimethoxy-phenyl]-propanon-(1)**, *3-(dimethylamino)-3',4',5'-trimethoxypropiophenone* $C_{14}H_{21}NO_4$, Formel X (R = $CH_3$).

*B.* Beim Erwärmen von 1-[3.4.5-Trimethoxy-phenyl]-äthanon-(1) mit Paraformaldehyd, Dimethylamin-hydrochlorid und wss.-äthanol. Salzsäure (*Haggett, Archer*, Am. Soc. **71** [1949] 2255).

Hydrochlorid $C_{14}H_{21}NO_4 \cdot HCl$. Krystalle (aus A. + Ae.); F: 174,5–175,3° [korr.].

**3-Diäthylamino-1-[3.4.5-trimethoxy-phenyl]-propanon-(1)**, *3-(diethylamino)-3',4',5'-trimethoxypropiophenone* $C_{16}H_{25}NO_4$, Formel X (R = $C_2H_5$).

*B.* Beim Erwärmen von 1-[3.4.5-Trimethoxy-phenyl]-äthanon-(1) mit Paraformaldehyd, Diäthylamin-hydrochlorid und wss.-äthanol. Salzsäure (*Haggett, Archer*, Am. Soc. **71** [1949] 2255).

Hydrochlorid $C_{16}H_{25}NO_4 \cdot HCl$. Krystalle (aus A. + Ae.); F: 144,8–146,5° [korr.].

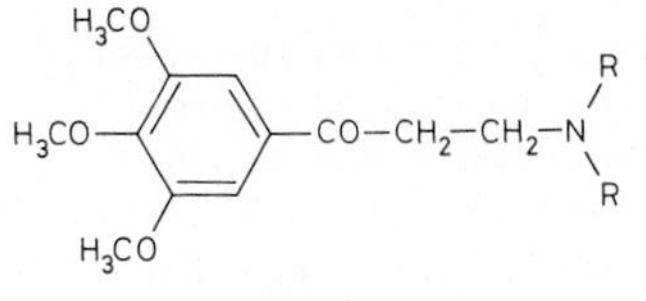

X 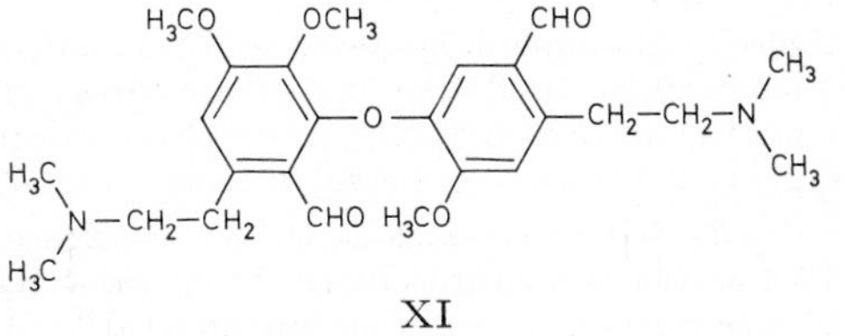 XI

**4.5.6-Trihydroxy-2-[2-amino-äthyl]-benzaldehyd** $C_9H_{11}NO_4$.

**4.5-Dimethoxy-6-[6-methoxy-4-(2-dimethylamino-äthyl)-3-formyl-phenoxy]-2-[2-dimethylamino-äthyl]-benzaldehyd, 3.4.4'-Trimethoxy-6.6'-bis-[2-dimethylamino-äthyl]-2,3'-oxy-dibenzaldehyd**, *6,6'-bis[2-(dimethylamino)ethyl]-3,4,4'-trimethoxy-2,3'-oxydibenzaldehyde* $C_{25}H_{34}N_2O_6$, Formel XI.

*B.* Neben 4-Methoxy-3-[4-formyl-phenoxy]-benzaldehyd beim Einleiten von Ozon in eine aus *O*-Methyl-oxyacanthinmethin (F: 152–153° [E II **19** 366]) und wss. Schwefelsäure hergestellte Lösung (*v. Bruchhausen, Gericke*, Ar. **269** [1931] 115, 120, 122), in eine aus *O*-Methyl-berbamin-methin-A (F: 172° [Syst. Nr. 2932]) und wss. Phosphorsäure hergestellte Lösung (*v. Bruchhausen, Oberembt, Feldhaus*, A. **507** [1933] 144, 158) oder in eine aus α-Tetrandrin-methylmethin (F: 172° [E II **27** 890]) und wss. Essigsäure hergestellte Lösung (*Kondo, Yano*, A. **497** [1932] 90, 99).

Krystalle (aus Ae.); F: 76° (*v. Br., Ge.*; *v. Br., Ob., Fe.*).

Dimethojodid $[C_{27}H_{40}N_2O_6]I_2$ (Trimethyl-{4.5-dimethoxy-3-[6-methoxy-4-(2-trimethylammonio-äthyl)-3-formyl-phenoxy]-2-formyl-phenäthyl}-ammonium-dijodid). Krystalle; F: 259° [korr.; Zers.; aus W.] (*v. Br., Ge.*, l. c. S. 123), 250° [Zers.] (*Ko, Yano*).

## Amino-Derivate der Hydroxy-oxo-Verbindungen $C_nH_{2n-12}O_4$

### Amino-Derivate der Hydroxy-oxo-Verbindungen $C_{16}H_{20}O_4$

**2.5.6-Trihydroxy-3-oxo-4a-[2-amino-äthyl]-1.2.3.4.4a.9.10.10a-octahydro-phenanthren** $C_{16}H_{21}NO_4$.

**5-Hydroxy-2.6-dimethoxy-3-oxo-4a-[2-dimethylamino-äthyl]-1.2.3.4.4a.9.10.10a-octa=hydro-phenanthren**, 5-Hydroxy-2.6-dimethoxy-4a-[2-dimethylamino-äthyl]-1.4.4a.9.10.10a-hexahydro-2*H*-phenanthrenon-(3), *4a-[2-(dimethylamino)ethyl]-5-hydroxy-2,6-dimethoxy-1,4,4a,9,10,10a-hexahydro-3*(2H)*-phenanthrone* $C_{20}H_{29}NO_4$.

**(4a*R*)-5-Hydroxy-2ξ.6-dimethoxy-3-oxo-4a*r*-[2-dimethylamino-äthyl]-(10a*cH*)-1.2.3.4.4a.9.10.10a-octahydro-phenanthren, *ent*-4-Hydroxy-3.7ξ-dimethoxy-17.17-dimeth=yl-9.17-seco-morphinanon-(6)** [1], Formel I, vom **F: 133°**; Dihydrosinomenin-di=hydromethin.

*B.* Bei der Hydrierung von Dihydrosinomenin-methin (s. u.) an Palladium in wss. Salz=säure (*Goto, Shishido*, Bl. chem. Soc. Japan **6** [1931] 229, 232).

Krystalle (aus Ae.); F: 133° [nach Sintern bei 123°]. $[\alpha]_D^{18}$: +2,1° [$CHCl_3$; c = 4].

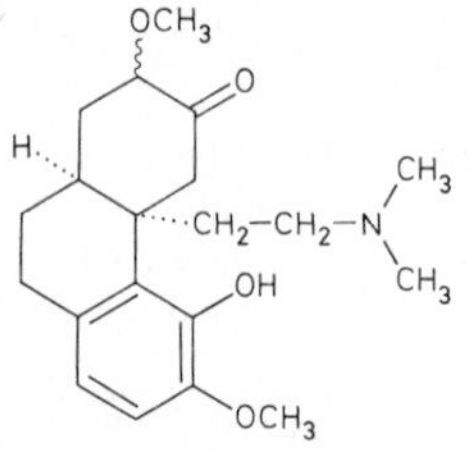

I

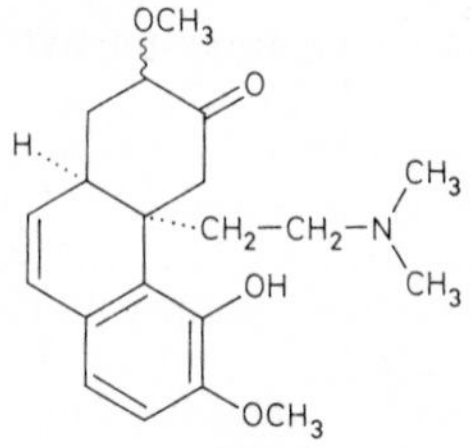

II

## Amino-Derivate der Hydroxy-oxo-Verbindungen $C_nH_{2n-14}O_4$

### Amino-Derivate der Hydroxy-oxo-Verbindungen $C_{16}H_{18}O_4$

**2.5.6-Trihydroxy-3-oxo-4a-[2-amino-äthyl]-1.2.3.4.4a.10a-hexahydro-phenanthren** $C_{16}H_{19}NO_4$.

**5-Hydroxy-2.6-dimethoxy-3-oxo-4a-[2-dimethylamino-äthyl]-1.2.3.4.4a.10a-hexahydro-phenanthren**, 5-Hydroxy-2.6-dimethoxy-4a-[2-dimethylamino-äthyl]-1.4.4a.10a-tetrahydro-2*H*-phenanthrenon-(3), *4a-[2-(dimethylamino)ethyl]-5-hydroxy-2,6-dimethoxy-1,4,4a,10a-tetrahydro-3*(2H)*-phenanthrone* $C_{20}H_{27}NO_4$.

**(4a*R*)-5-Hydroxy-2ξ.6-dimethoxy-3-oxo-4a*r*-[2-dimethylamino-äthyl]-(10a*cH*)-1.2.3.4.4a.10a-hexahydro-phenanthren, *ent*-4-Hydroxy-3.7ξ-dimethoxy-17.17-dimethyl-9.10-didehydro-9.17-seco-morphinanon-(6)** [1], Formel II, vom **F: 173°**; Dihydrosino=menin-methin.

*B.* Beim Erhitzen von Dihydrosinomenin-methojodid (*ent*-4-Hydroxy-3.7ξ-dimethoxy-6-oxo-17.17-dimethyl-morphinanium-jodid; F: 268° [Zers.]) mit wss. Kalilauge (*Goto, Shishido*, Bl. chem. Soc. Japan **6** [1931] 229, 230).

Krystalle (aus Ae.); F: 173° [nach Sintern bei 160°]. $[\alpha]_D^{18}$: −84,3° [$CHCl_3$; c = 2].

## Amino-Derivate der Hydroxy-oxo-Verbindungen $C_nH_{2n-16}O_4$

### Amino-Derivate der Hydroxy-oxo-Verbindungen $C_{12}H_8O_4$

**5-Amino-2-[4-amino-2.5-dihydroxy-phenyl]-benzochinon-(1.4), 4.4'-Diamino-2'.5'-di=hydroxy-biphenyl-chinon-(2.5)** $C_{12}H_{10}N_2O_4$.

[1] Stellungsbezeichnung bei von Morphinan abgeleiteten Namen s. E III **13** 2295.

**5-Acetamino-2-[4-acetamino-2.5-dimethoxy-phenyl]-benzochinon-(1.4), *N*-[3.6-Dioxo-4-(4-acetamino-2.5-dimethoxy-phenyl)-cyclohexadien-(1.4)-yl]-acetamid,** *4'-(4-acetamido-3,6-dioxocyclohexa-1,4-dien-1-yl)-2',5'-dimethoxyacetanilide* $C_{18}H_{18}N_2O_6$, Formel III, und Tautomeres.

*B.* Beim Behandeln von Essigsäure-[2.5-dimethoxy-anilid] mit Natriumdichromat wss. Schwefelsäure und Essigsäure (*Posternak et al.*, Helv. **31** [1948] 525, 530).

Violette Krystalle (aus Eg.); F: 307—309° [Block].

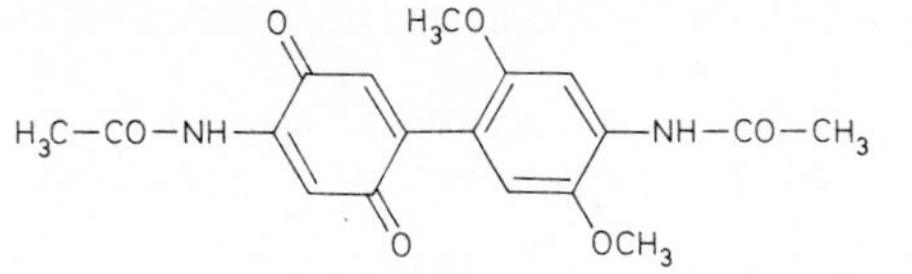

III 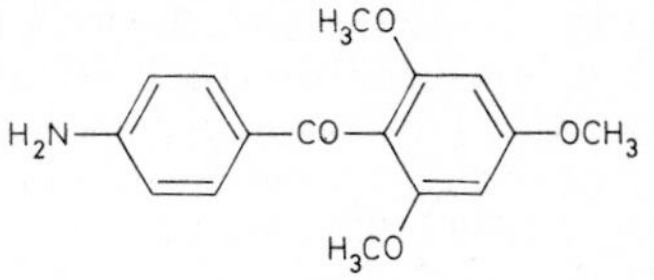 IV

Amino-Derivate der Hydroxy-oxo-Verbindungen $C_{13}H_{10}O_4$

**4'-Amino-2.4.6-trihydroxy-benzophenon** $C_{13}H_{11}NO_4$.

**4'-Amino-2.4.6-trimethoxy-benzophenon,** *4'-amino-2,4,6-trimethoxybenzophenone* $C_{16}H_{17}NO_4$, Formel IV.

*B.* Aus 4'-Nitro-2.4.6-trimethoxy-benzophenon beim Erwärmen mit Eisen(II)-sulfat und wss.-äthanol. Salzsäure (*Yamashita*, Sci. Rep. Tohoku Univ. [I] **18** [1929] 609, 612) oder mit Natriumhydrogensulfid in wss. Äthanol (*Yamashita*, Sci. Rep. Tohoku Univ. [I] **22** [1933] 156, 158).

Krystalle (aus A.); F: 215,5° (*Ya.*, Sci. Rep. Tohoku Univ. [I] **18** 612).

Beim Erhitzen mit Zinkchlorid und wenig Wasser sind 1.3.5-Trimethoxy-benzol, 4-Amino-benzoesäure und Anilin erhalten worden (*Yamashita*, Sci. Rep. Tohoku Univ. [I] **22** [1933] 163).

Hydrochlorid. Krystalle (aus wss. Salzsäure); F: 193° [Zers.] (*Ya.*, Sci. Rep. Tohoku Univ. [I] **18** 613).

Amino-Derivate der Hydroxy-oxo-Verbindungen $C_{16}H_{16}O_4$

**5.6-Dihydroxy-2.3-dioxo-4a-[2-amino-äthyl]-1.2.3.4.4a.10a-hexahydro-phenanthren** $C_{16}H_{17}NO_4$ und **2.5.6-Trihydroxy-3-oxo-4a-[2-amino-äthyl]-3.4.4a.10a-tetrahydro-phenanthren** $C_{16}H_{17}NO_4$.

**5-Hydroxy-2.6-dimethoxy-3-oxo-4a-[2-dimethylamino-äthyl]-3.4.4a.10a-tetrahydro-phenanthren,** 5-Hydroxy-2.6-dimethoxy-4a-[2-dimethylamino-äthyl]-4a.10a-dihydro-4*H*-phenanthrenon-(3), *4a-[2-(dimethylamino)ethyl]-5-hydroxy-2,6-dimethoxy-4a,10a-dihydro-3*(4H)*-phenanthrone* $C_{20}H_{25}NO_4$.

**(4a*R*)-5-Hydroxy-2.6-dimethoxy-3-oxo-4a*r*-[2-dimethylamino-äthyl]-(10ac*H*)-3.4.4a.10a-tetrahydro-phenanthren, *ent*-4-Hydroxy-3.7-dimethoxy-17.17-dimethyl-7.8.9.10-tetradehydro-9.17-seco-morphinanon-(6)**[1], Formel V (R = X = H) (in der Literatur als Sinomenin-roseo-methin bezeichnet).

*B.* Beim Erhitzen von Sinomenin-methojodid (*ent*-4-Hydroxy-3.7-dimethoxy-6-oxo-17.17-dimethyl-7.8-didehydro-morphinanium-jodid) mit wss. Natronlauge (*Goto, Shishido*, Bl. chem. Soc. Japan **6** [1931] 79, 85).

Gelbliche Krystalle; F: 163°. $[\alpha]_D^{16}$: +135,7° [$CHCl_3$].

**5-Hydroxy-2.6-dimethoxy-3-oxo-4a-[2-trimethylammonio-äthyl]-3.4.4a.10a-tetrahydro-phenanthren, Trimethyl-[2-(5-hydroxy-2.6-dimethoxy-3-oxo-3.10a-dihydro-4*H*-phenanthryl-(4a))-äthyl]-ammonium,** *[2-(5-hydroxy-2,6-dimethoxy-3-oxo-3,10a-dihydro-4a*(4H)*-phenanthryl)ethyl]trimethylammonium* $[C_{21}H_{28}NO_4]^{\oplus}$.

**(4a*R*)-5-Hydroxy-2.6-dimethoxy-3-oxo-4a*r*-[2-trimethylammonio-äthyl]-(10ac*H*)-3.4.4a.10a-tetrahydro-phenanthren, *ent*-4-Hydroxy-3.7-dimethoxy-6-oxo-17.17.17-trimethyl-7.8.9.10-tetradehydro-9.17-seco-morphinanium**[1], Formel VI (R = X = H).

Jodid $[C_{21}H_{28}NO_4]I$ (in der Literatur als Sinomenin-roseo-methin-methojodid bezeichnet). *B.* Beim Erwärmen von sog. Sinomenin-achro-methin-methojodid (S. 677) mit Natriumhydrogencarbonat in Methanol (*Goto, Shishido*, Bl. chem. Soc. Japan **6** [1931] 79, 85). — Gelbe Krystalle (aus Me.); F: 276° [Zers.]. $[\alpha]_D^{17}$: −48,3° [W.].

[1]) Stellungsbezeichnung bei von Morphinan abgeleiteten Namen s. E III **13** 2295.

**8-Brom-5-hydroxy-2.6-dimethoxy-3-oxo-4a-[2-dimethylamino-äthyl]-3.4.4a.10a-tetrahydro-phenanthren,** 8-Brom-5-hydroxy-2.6-dimethoxy-4a-[2-dimethylamino-äthyl]-4a.10a-dihydro-4*H*-phenanthrenon-(3), *8-bromo-4a-[2-(dimethylamino)ethyl]-5-hydroxy-2,6-dimethoxy-4a,10a-dihydro-3*(4H)*-phenanthrone* $C_{20}H_{24}BrNO_4$.

**(4a*R*)-8-Brom-5-hydroxy-2.6-dimethoxy-3-oxo-4a*r*-[2-dimethylamino-äthyl]-(10a*cH*)-3.4.4a.10a-tetrahydro-phenanthren, *ent*-1-Brom-4-hydroxy-3.7-dimethoxy-17.17-dimethyl-7.8.9.10-tetradehydro-9.17-seco-morphinanon-(6)**[1], Formel V (R = H, X = Br) (in der Literatur auch als 1-Brom-sinomenin-methin und als Des-*N*-methyl-1-brom-sinomenin bezeichnet).

*B.* Aus 1-Brom-sinomenin-methojodid (*ent*-1-Brom-4-hydroxy-3.7-dimethoxy-6-oxo-17.17-dimethyl-7.8-didehydro-morphinanium-jodid) beim Erhitzen mit wss. Natronlauge (*Goto*, A. **489** [1931] 86, 92).

Hellgelbe Krystalle (aus Me.); F: 185° [Zers.]. $[\alpha]_D^{24}$: +15,9° [$CHCl_3$; c = 2].

V VI VII

**8-Brom-2.5.6-trimethoxy-3-oxo-4a-[2-dimethylamino-äthyl]-3.4.4a.10a-tetrahydro-phenanthren,** 8-Brom-2.5.6-trimethoxy-4a-[2-dimethylamino-äthyl]-4a.10a-dihydro-4*H*-phenanthrenon-(3), *8-bromo-4a-[2-(dimethylamino)ethyl]-2,5,6-trimethoxy-4a,10a-dihydro-3*(4H)*-phenanthrone* $C_{21}H_{26}BrNO_4$.

**(4a*R*)-8-Brom-2.5.6-trimethoxy-3-oxo-4a*r*-[2-dimethylamino-äthyl]-(10a*cH*)-3.4.4a.10a-tetrahydro-phenanthren, *ent*-1-Brom-3.4.7-trimethoxy-17.17-dimethyl-7.8.9.10-tetradehydro-9.17-seco-morphinanon-(6)**[1], Formel V (R = $CH_3$, X = Br) (in der Literatur auch als 1-Brom-4-methyl-sinomenin-methin und als Des-*N*-methyl-1-brom-methyl-sinomenin bezeichnet).

*B.* Bei kurzem Erhitzen von 1-Brom-methyl-sinomenin-methojodid (*ent*-1-Brom-3.4.7-trimethoxy-6-oxo-17.17-dimethyl-7.8-didehydro-morphinanium-jodid) mit wss. Natronlauge (*Goto, Arai*, Bl. chem. Soc. Japan **17** [1942] 304, 305).

Krystalle; F: 143°. $[\alpha]_D^{29}$: +133,3° [Me.; c = 0,4].

**8-Brom-2.5.6-trimethoxy-3-oxo-4a-[2-trimethylammonio-äthyl]-3.4.4a.10a-tetrahydro-phenanthren, Trimethyl-[2-(8-brom-2.5.6-trimethoxy-3-oxo-3.10a-dihydro-4*H*-phenanthryl-(4a))-äthyl]-ammonium,** *[2-(8-bromo-2,5,6-trimethoxy-3-oxo-3,10a-dihydro-4a*(4H)*-phenanthryl)ethyl]trimethylammonium* $[C_{22}H_{29}BrNO_4]^{\oplus}$.

**(4a*R*)-8-Brom-2.5.6-trimethoxy-3-oxo-4a*r*-[2-trimethylammonio-äthyl]-(10a*cH*)-3.4.4a.10a-tetrahydro-phenanthren, *ent*-1-Brom-3.4.7-trimethoxy-6-oxo-17.17.17-trimethyl-7.8.9.10-tetradehydro-9.17-seco-morphinanium**[1], Formel VI (R = $CH_3$, X = Br).

**Jodid** $[C_{22}H_{29}BrNO_4]I$ (in der Literatur auch als 1-Brom-4-methyl-sinomenin-methin-methojodid und als Des-*N*-methyl-1-brom-methyl-sinomenin-methojodid bezeichnet). *B.* Aus der im vorangehenden Artikel beschriebenen Base und Methyljodid in Äthanol (*Goto, Arai*, Bl. chem. Soc. Japan **17** [1942] 304, 306). — Krystalle; F: 241° (*Goto, Arai, Odera*, Bl. chem. Soc. Japan **18** [1943] 116, 119; *Goto, Arai*). $[\alpha]_D^{28}$: −47,7° [wss. Me.; c = 0,5] (*Goto, Arai*).

**5.6-Dihydroxy-2.3-dioxo-4a-[2-amino-äthyl]-1.2.3.4.4a.9-hexahydro-phenanthren** $C_{16}H_{17}NO_4$ und **2.5.6-Trihydroxy-3-oxo-4a-[2-amino-äthyl]-3.4.4a.9-tetrahydro-phenanthren** $C_{16}H_{17}NO_4$.

**5-Hydroxy-2.6-dimethoxy-3-oxo-4a-[2-dimethylamino-äthyl]-3.4.4a.9-tetrahydro-phenanthren,** 5-Hydroxy-2.6-dimethoxy-4a-[2-dimethylamino-äthyl]-4a.9-dihydro-4*H*-phenanthrenon-(3), *4a-[2-(dimethylamino)ethyl]-5-hydroxy-2,6-dimethoxy-4a,9-dihydro-3*(4H)*-phenanthrone* $C_{20}H_{25}NO_4$.

---

[1]) Stellungsbezeichnung bei von Morphinan abgeleiteten Namen s. E III **13** 2295.

**(*R*)-5-Hydroxy-2.6-dimethoxy-3-oxo-4a-[2-dimethylamino-äthyl]-3.4.4a.9-tetrahydro-phenanthren,** Formel VII (in der Literatur als Sinomenin-achro-methin bezeichnet).

*B.* Bei kurzem Erhitzen von Sinomenin-methojodid (*ent*-4-Hydroxy-3.7-dimethoxy-6-oxo-17.17-dimethyl-7.8-didehydro-morphinanium-jodid) mit wss. Natronlauge (*Goto, Shishido,* Bl. chem. Soc. Japan **6** [1931] 79, 84).

Krystalle (aus Ae.); F: 179° [nach Sintern bei 173°]. $[\alpha]_D^{16}$: −72,6° [$CHCl_3$].

Hydrojodid $C_{20}H_{25}NO_4 \cdot HI$. Krystalle; F: 115—118° [nach Sintern bei 80°].

Oxim $C_{20}H_{26}N_2O_4$. Wasserhaltige Krystalle (aus Me. + Ae.), die bei 120° das Krystallwasser abgeben; Zers. bei 204—205°.

**5-Hydroxy-2.6-dimethoxy-3-oxo-4a-[2-trimethylammonio-äthyl]-3.4.4a.9-tetrahydro-phenanthren, Trimethyl-[2-(5-hydroxy-2.6-dimethoxy-3-oxo-3.9-dihydro-4*H*-phenanthryl-(4a))-äthyl]-ammonium,** *[2-(5-hydroxy-2,6-dimethoxy-3-oxo-3,9-dihydro-4a*(4H)*-phenanthryl)ethyl]trimethylammonium* $[C_{21}H_{28}NO_4]^{\oplus}$.

**(*R*)-5-Hydroxy-2.6-dimethoxy-3-oxo-4a-[2-trimethylammonio-äthyl]-3.4.4a.9-tetrahydro-phenanthren,** Formel VIII.

**Jodid** $[C_{21}H_{28}NO_4]I$ (in der Literatur als Sinomenin-achro-methin-methojodid bezeichnet). *B.* Aus der im vorangehenden Artikel beschriebenen Base und Methyljodid in Methanol (*Goto, Shishido,* Bl. chem. Soc. Japan **6** [1931] 79, 85). — Krystalle (aus W.); F: 212° [Zers.]. $[\alpha]_D^{17}$: −33,0° [W.]. — Beim Erwärmen mit Natriumhydrogencarbonat in Methanol ist Sinomenin-roseo-methin-methojodid (S. 675), beim Behandeln mit wss. Natronlauge ist Sinomenin-violeo-methin-methojodid (s. u.) erhalten worden.

**2.5.6-Trihydroxy-3-oxo-4a-[2-amino-äthyl]-2.3.4.4a-tetrahydro-phenanthren** $C_{16}H_{17}NO_4$.

**5-Hydroxy-2.6-dimethoxy-3-oxo-4a-[2-dimethylamino-äthyl]-2.3.4.4a-tetrahydro-phenanthren,** 5-Hydroxy-2.6-dimethoxy-4a-[2-dimethylamino-äthyl]-4.4a-dihydro-2*H*-phenanthrenon-(3), *4a-[2-(dimethylamino)ethyl]-5-hydroxy-2,6-dimethoxy-4,4a-dihydro-3*(2H)*-phenanthrone* $C_{20}H_{25}NO_4$.

**(2Ξ:4a*R*)-5-Hydroxy-2.6-dimethoxy-3-oxo-4a-[2-dimethylamino-äthyl]-2.3.4.4a-tetrahydro-phenanthren,** Formel IX, **vom F: 173°;** Sinomenin-violeo-methin.

*B.* Aus Sinomenin-achro-methin (s. o.) beim Behandeln mit wss.-methanol. Natronlauge (*Goto, Shishido,* Bl. chem. Soc. Japan **6** [1931] 79, 86).

Krystalle (aus $CHCl_3$ + Ae.); F: 172—173°. $[\alpha]_D^{17}$: +434,8° [$CHCl_3$].

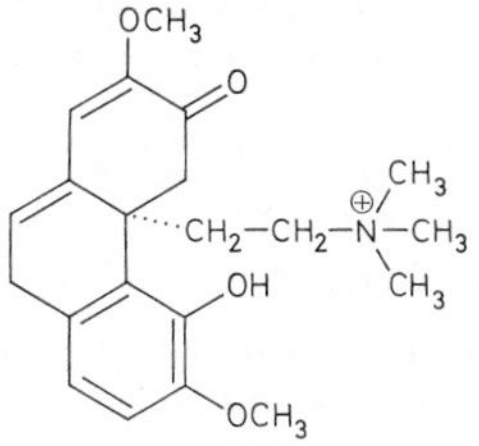

VIII 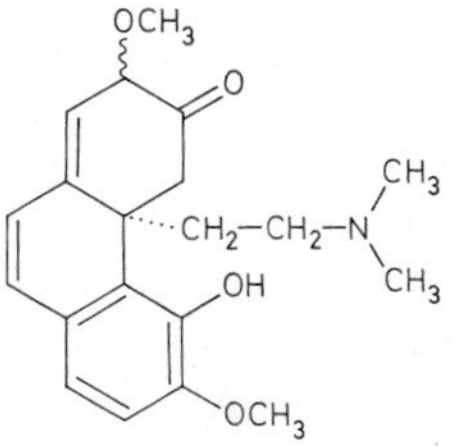 IX 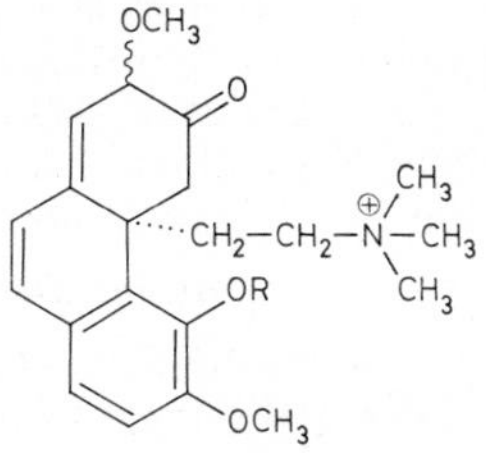 X

**5-Hydroxy-2.6-dimethoxy-3-oxo-4a-[2-trimethylammonio-äthyl]-2.3.4.4a-tetrahydro-phenanthren, Trimethyl-[2-(5-hydroxy-2.6-dimethoxy-3-oxo-2.3-dihydro-4*H*-phenanthryl-(4a))-äthyl]-ammonium,** *[2-(5-hydroxy-2,6-dimethoxy-3-oxo-2,3-dihydro-4a*(4H)*-phenanthryl)ethyl]trimethylammonium* $[C_{21}H_{28}NO_4]^{\oplus}$.

**(2Ξ:4a*R*)-5-Hydroxy-2.6-dimethoxy-3-oxo-4a-[2-trimethylammonio-äthyl]-2.3.4.4a-tetrahydro-phenanthren,** Formel X (R = H).

**Jodid** $[C_{21}H_{28}NO_4]I$ vom F: 209°; Sinomenin-violeo-methin-methojodid. *B.* Aus Sinomenin-achro-methin-methojodid (s. o.) beim Behandeln mit wss. Natronlauge (*Goto, Shishido,* Bl. chem. Soc. Japan **6** [1931] 79, 87). — Krystalle (aus W.); F: 209° [Zers.]. $[\alpha]_D^{17}$: +373,4° [W.].

**2.5.6-Trimethoxy-3-oxo-4a-[2-trimethylammonio-äthyl]-2.3.4.4a-tetrahydro-phenanthren, Trimethyl-[2-(2.5.6-trimethoxy-3-oxo-2.3-dihydro-4*H*-phenanthryl-(4a))-äthyl]-ammonium,** *trimethyl[2-(2,5,6-trimethoxy-3-oxo-2,3-dihydro-4a*(4H)*-phenanthryl)ethyl]ammonium* $[C_{22}H_{30}NO_4]^{\oplus}$.

**(2Ξ:4a*R*)-2.5.6-Trimethoxy-3-oxo-4a-[2-trimethylammonio-äthyl]-2.3.4.4a-tetrahydro-phenanthren,** Formel X (R = $CH_3$).

Jodid $[C_{22}H_{30}NO_4]I$ vom F: 186°; 4-Methyl-sinomenin-violeo-methin-methojodid. Krystalle; F: 186° (*Goto, Arai, Odera,* Bl. chem. Soc. Japan **18** [1943] 116, 118). $[\alpha]_D^{19,5}$: +484,8° [wss. Me.; c = 0,4].

# Amino-Derivate der Hydroxy-oxo-Verbindungen $C_nH_{2n-18}O_4$

## Amino-Derivate der Hydroxy-oxo-Verbindungen $C_{15}H_{12}O_4$

**3-[3-Amino-phenyl]-1-[2.3.4-trihydroxy-phenyl]-propen-(2)-on-(1), 3-Amino-2'.3'.4'-trihydroxy-chalkon** $C_{15}H_{13}NO_4$.

**3-Amino-2'.3'.4'-trimethoxy-chalkon,** *3-amino-2',3',4'-trimethoxychalcone* $C_{18}H_{19}NO_4$.

**3-Amino-2'.3'.4'-trimethoxy-chalkon vom F: 98°,** vermutlich **3-Amino-2'.3'.4'-trimethoxy-*trans*-chalkon,** Formel I.

*B.* Aus 3-Nitro-2'.3'.4'-trimethoxy-*trans*(?)-chalkon (F: 135° [E III **8** 3733]) beim Behandeln mit Zinn(II)-chlorid und Chlorwasserstoff in Essigsäure (*Price, Bogert,* Am. Soc. **56** [1934] 2442, 2445).

Grüngelbe Krystalle (aus A.); F: 98° (*Pr., Bo.*). Absorptionsspektrum (A.; 240 mμ bis 460 mμ): *Price, Dingwall, Bogert,* Am. Soc. **56** [1934] 2483, 2485.

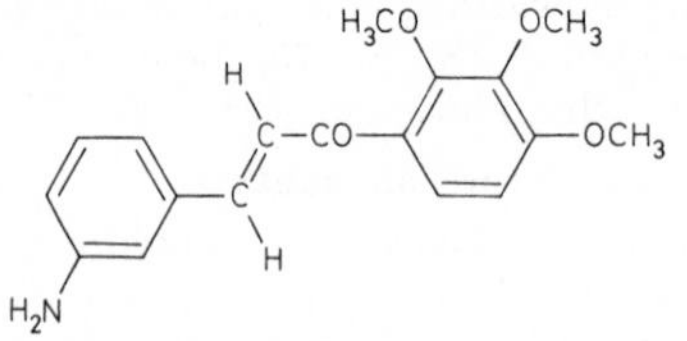

I 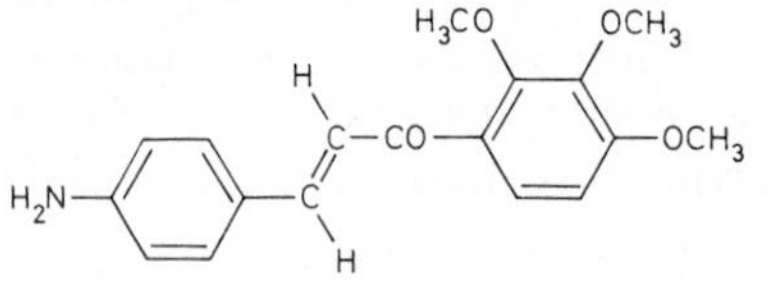 II

**3-[4-Amino-phenyl]-1-[2.3.4-trihydroxy-phenyl]-propen-(2)-on-(1), 4-Amino-2'.3'.4'-trihydroxy-chalkon** $C_{15}H_{13}NO_4$.

**4-Amino-2'.3'.4'-trimethoxy-chalkon,** *4-amino-2',3',4'-trimethoxychalcone* $C_{18}H_{19}NO_4$.

**4-Amino-2'.3'.4'-trimethoxy-chalkon vom F: 104°,** vermutlich **4-Amino-2'.3'.4'-trimethoxy-*trans*-chalkon,** Formel II.

*B.* Aus 4-Nitro-2'.3'.4'-trimethoxy-*trans*(?)-chalkon (F: 160,5° [E III **8** 3734]) beim Behandeln mit Zinn(II)-chlorid und Chlorwasserstoff in Essigsäure (*Price, Bogert,* Am. Soc. **56** [1934] 2442, 2445).

Gelbe Krystalle (aus A.); F: 104° [korr.] (*Pr., Bo.*). Absorptionsspektrum (A.; 240 mμ bis 480 mμ): *Price, Dingwall, Bogert,* Am. Soc. **56** [1934] 2483, 2485.

## Amino-Derivate der Hydroxy-oxo-Verbindungen $C_{16}H_{14}O_4$

**5.6-Dihydroxy-2.3-dioxo-4a-[2-amino-äthyl]-2.3.4.4a-tetrahydro-phenanthren** $C_{16}H_{15}NO_4$ und **3.5.6-Trihydroxy-2-oxo-4a-[2-amino-äthyl]-2.4a-dihydro-phenanthren** $C_{16}H_{15}NO_4$.

**8-Brom-5-hydroxy-6-methoxy-2.3-dioxo-4a-[2-dimethylamino-äthyl]-2.3.4.4a-tetrahydro-phenanthren,** 8-Brom-5-hydroxy-6-methoxy-4a-[2-dimethylamino-äthyl]-4.4a-dihydro-phenanthrendion-(2.3), *8-bromo-4a-[2-(dimethylamino)ethyl]-5-hydroxy-6-methoxy-4,4a-dihydrophenanthrene-2,3-dione* $C_{19}H_{20}BrNO_4$.

**(*R*)-8-Brom-5-hydroxy-6-methoxy-2.3-dioxo-4a-[2-dimethylamino-äthyl]-2.3.4.4a-tetrahydro-phenanthren,** Formel III (in der Literatur als Des-*N*-methyl-1-brom-dehydro-sinomeninon bezeichnet).

*B.* Aus (−)-1-Brom-diacetyl-dehydro-sinomeninon-methojodid (*ent*-1-Brom-3-methoxy-4.6-diacetoxy-7-oxo-17.17-dimethyl-5.6.8.14-tetradehydro-morphinanium-jodid) beim Erwärmen mit wss. Natronlauge (*Goto, Mori, Arai,* Bl. chem. Soc. Japan **17** [1942] 439, 442).

Gelbe Krystalle (aus $CHCl_3$ + Me.); F: 184–187°. $[\alpha]_D^{12}$: +283,9° [wss. Salzsäure].

**8-Brom-3.5.6-trimethoxy-2-oxo-4a-[2-trimethylammonio-äthyl]-2.4a-dihydro-phenanthren, Trimethyl-[2-(8-brom-3.5.6-trimethoxy-2-oxo-2*H*-phenanthryl-(4a))-äthyl]-ammonium,** *[2-(8-bromo-3,5,6-trimethoxy-2-oxo-4a(2H)-phenanthryl)ethyl]trimethylammonium* $[C_{22}H_{27}BrNO_4]^{\oplus}$.

a) **(*R*)-8-Brom-3.5.6-trimethoxy-2-oxo-4a-[2-trimethylammonio-äthyl]-2.4a-dihydro-phenanthren,** Formel IV (R = X = $CH_3$).

**Jodid** [$C_{22}H_{27}BrNO_4$]I (in der Literatur auch als D-1-Brom-4.6-dimethyl-dehydro-sinomeninon-methin-methojodid und als (−)-Des-*N*-methyl-dimethyl-1-brom-dehydro-sinomeninon-methojodid bezeichnet). *B.* Beim Behandeln von (−)-1-Brom-diacetyl-dehydro-sinomeninon-methojodid (*ent*-1-Brom-3-methoxy-4.6-diacetoxy-7-oxo-17.17-dimethyl-5.6.8.14-tetradehydro-morphinanium-jodid) mit Dimethylsulfat und wss. Natronlauge und anschliessend mit Kaliumjodid (*Goto, Mori, Arai,* Bl. chem. Soc. Japan **17** [1942] 439, 443). — Gelbe Krystalle (aus W.); F: 201,5° [Zers.]. $[\alpha]_D^{22,5}$: −169,6° [Me.; c = 0,7].

b) **(*S*)-8-Brom-3.5.6-trimethoxy-2-oxo-4a-[2-trimethylammonio-äthyl]-2.4a-dihydro-phenanthren,** Formel V (R = X = $CH_3$).

**Jodid** [$C_{22}H_{27}BrNO_4$]I (in der Literatur auch als L-1-Brom-4.6-dimethyl-dehydro-sinomeninon-methin-methojodid und als (+)-Des-*N*-methyl-dimethyl-1-brom-dehydro-sinomeninon-methojodid bezeichnet). *B.* Beim Behandeln von (+)-1-Brom-diacetyl-dehydro-sinomeninon-methojodid (1-Brom-3-methoxy-4.6-diacetoxy-7-oxo-17.17-dimethyl-5.6.8.14-tetradehydro-morphinanium-jodid) mit Dimethylsulfat und wss. Natronlauge und anschliessend mit Kaliumjodid (*Goto, Mori, Arai,* Bl. chem. Soc. Japan **17** [1942] 439, 443). — F: 199°. $[\alpha]_D^{22,5}$: +170,4° [Me.; c = 0,7].

c) **(±)-8-Brom-3.5.6-trimethoxy-2-oxo-4a-[2-trimethylammonio-äthyl]-2.4a-dihydro-phenanthren,** Formel IV + V (R = X = $CH_3$).

**Jodid** [$C_{22}H_{27}BrNO_4$]I (in der Literatur auch als DL-1-Brom-4.6-dimethyl-dehydro-sinomeninon-methin-methojodid und als (±)-Des-*N*-methyl-dimethyl-1-brom-dehydro-sinomeninon-methojodid bezeichnet). *B.* Aus gleichen Mengen der unter a) und b) beschriebenen Enantiomeren in Methanol (*Goto, Mori, Arai,* Bl. chem. Soc. Japan **17** [1942] 439, 443). — Krystalle (aus Me. oder W.); F: 224°.

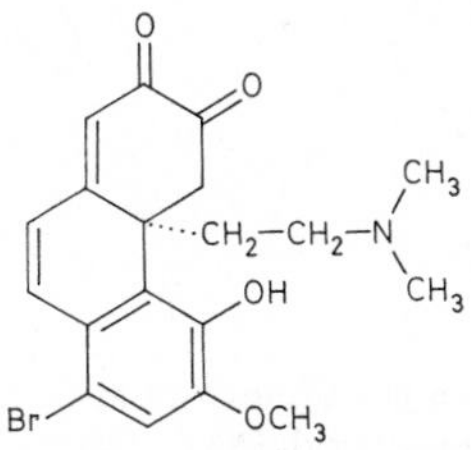

III 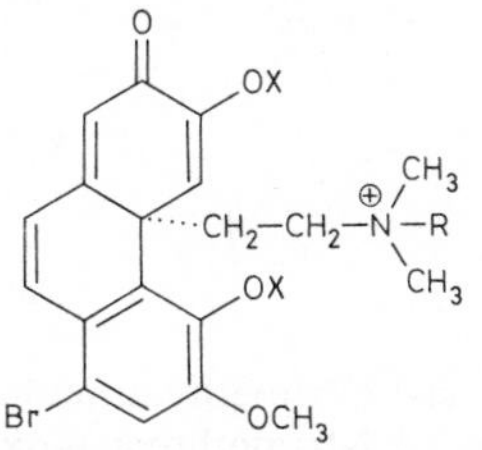 IV 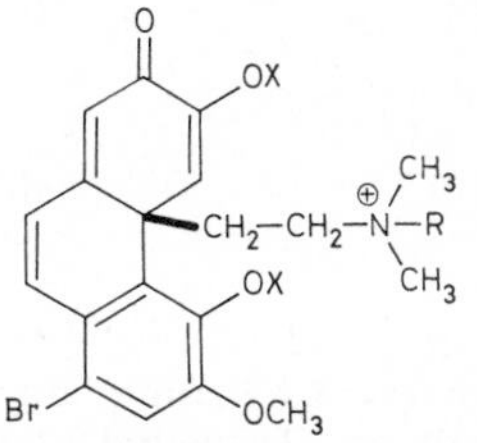 V

**8-Brom-6-methoxy-3.5-diäthoxy-2-oxo-4a-[2-(dimethyl-äthyl-ammonio)-äthyl]-2.4a-dihydro-phenanthren, Dimethyl-äthyl-[2-(8-brom-6-methoxy-3.5-diäthoxy-2-oxo-2*H*-phenanthryl-(4a))-äthyl]-ammonium,** [*2-(8-bromo-3,5-diethoxy-6-methoxy-2-oxo-4a*(2H)*-phenanthryl)ethyl]ethyldimethylammonium* [$C_{25}H_{33}BrNO_4$]$^{\oplus}$.

a) **(*R*)-8-Brom-6-methoxy-3.5-diäthoxy-2-oxo-4a-[2-(dimethyl-äthyl-ammonio)-äthyl]-2.4a-dihydro-phenanthren,** Formel IV (R = X = $C_2H_5$).

**Jodid** [$C_{25}H_{33}BrNO_4$]I (in der Literatur auch als D-1-Brom-4.6-diäthyl-dehydro-sinomeninon-methin-äthojodid und als (−)-Des-*N*-methyl-1-brom-4.6-diäthyl-dehydro-sinomeninon-äthojodid bezeichnet). *B.* Beim Behandeln von (−)-1-Brom-4.6-diacetyl-dehydro-sinomeninon-methojodid (*ent*-1-Brom-3-methoxy-4.6-diacetoxy-7-oxo-17.17-dimethyl-5.6.8.14-tetradehydro-morphinanium-jodid) mit Diäthylsulfat und wss. Natronlauge und anschliessend mit Kaliumjodid (*Goto, Arai, Nagai,* Bl. chem. Soc. Japan **18** [1943] 143, 144). — Krystalle (aus W.); F: 213°. $[\alpha]_D^{33}$: −186,6° [wss. Me.; c = 1].

b) **(*S*)-8-Brom-6-methoxy-3.5-diäthoxy-2-oxo-4a-[2-(dimethyl-äthyl-ammonio)-äthyl]-2.4a-dihydro-phenanthren,** Formel V (R = X = $C_2H_5$).

**Jodid** [$C_{25}H_{33}BrNO_4$]I (in der Literatur auch als L-1-Brom-4.6-diäthyl-dehydro-sinomeninon-methin-äthojodid und als (+)-Des-*N*-methyl-1-brom-4.6-diäthyl-dehydro-sinomeninon-äthojodid bezeichnet). *B.* Analog dem Enantiomeren [s. o.] (*Goto, Arai, Nagai,* Bl. chem. Soc. Japan **18** [1943] 143, 144). — F: 213°. $[\alpha]_D^{33}$: +188,8° [wss. Me.; c = 1].

c) **(±)-8-Brom-6-methoxy-3.5-diäthoxy-2-oxo-4a-[2-(dimethyl-äthyl-ammonio)-äthyl]-2.4a-dihydro-phenanthren,** Formel IV + V (R = X = $C_2H_5$).

**Jodid** $[C_{25}H_{33}BrNO_4]I$ (in der Literatur auch als DL-1-Brom-4.6-diäthyl-dehydro-sinomeninon-methin-äthojodid und als (±)-Des-*N*-methyl-1-brom-4.6-diäthyl-dehydro-sinomeninon-äthojodid bezeichnet). *B.* Aus gleichen Mengen der unter a) und b) beschriebenen Enantiomeren in wss. Methanol (*Goto, Arai, Nagai,* Bl. chem. Soc. Japan **18** [1943] 143, 144). — Krystalle; F: 213°.

**3.4-Dihydroxy-6.7-dioxo-8a-[2-amino-äthyl]-6.7.8.8a-tetrahydro-phenanthren** $C_{16}H_{15}NO_4$ und **3.4.7-Trihydroxy-6-oxo-8a-[2-amino-äthyl]-6.8a-dihydro-phenanthren** $C_{16}H_{15}NO_4$.

**1-Brom-4-hydroxy-3.7-dimethoxy-6-oxo-8a-[2-dimethylamino-äthyl]-6.8a-dihydro-phenanthren,** 1-Brom-4-hydroxy-3.7-dimethoxy-8a-[2-dimethylamino-äthyl]-8a*H*-phenanthrenon-(6), *8-bromo-10a-[2-(dimethylamino)ethyl]-5-hydroxy-2,6-dimethoxy-3*(10aH)*-phenanthrone* $C_{20}H_{22}BrNO_4$.

**(*S*)-1-Brom-4-hydroxy-3.7-dimethoxy-6-oxo-8a-[2-dimethylamino-äthyl]-6.8a-dihydro-phenanthren,** Formel VI (in der Literatur als Des-*N*-methyl-1-brom-dehydro-metasinomenin und als 1-Brom-dehydro-metasinomenin-methin bezeichnet).

Konfiguration: *Sasaki, Hibino,* J. pharm. Soc. Japan **88** [1968] 1478, 1480.

*B.* Aus 1-Brom-sinomenein-methojodid (*ent*-1-Brom-3.7-dimethoxy-6-oxo-17.17-dimethyl-7.8-didehydro-5α*H*-4.5-epoxy-morphinanium-jodid) beim Behandeln mit wss. Natronlauge (*Goto, Arai, Odera,* Bl. chem. Soc. Japan **17** [1942] 393, 395; *Goto,* J. agric. chem. Soc. Japan **18** [1942] 527; C. A. **1951** 6649).

Gelbe Krystalle (aus Me.); F: 201° (*Goto*). $[\alpha]_D^{22}$: +180,5° [Me.; c = 0,4] (*Goto, Arai, Od.*).

Hydrochlorid. Gelbe Krystalle; F: 130° (*Goto, Arai, Od.*).

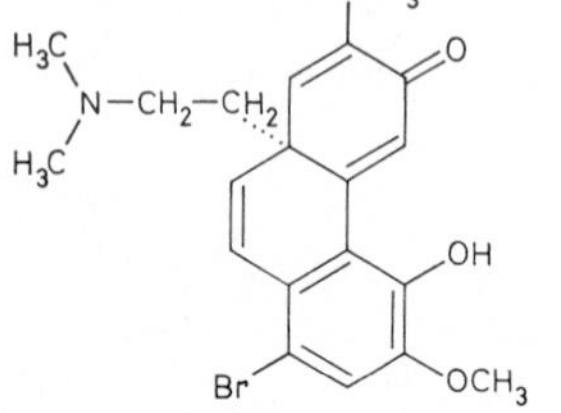

VI 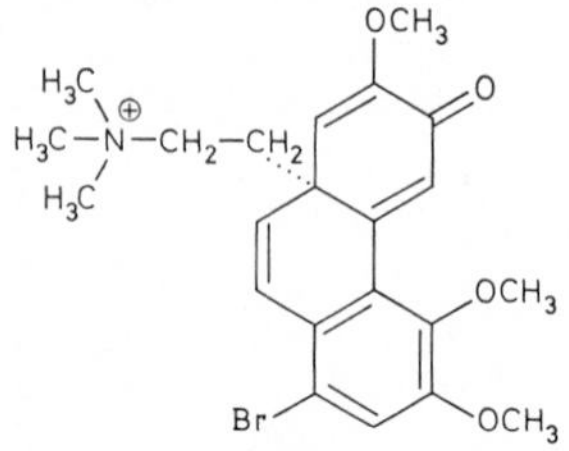 VII

**1-Brom-3.4.7-trimethoxy-6-oxo-8a-[2-trimethylammonio-äthyl]-6.8a-dihydro-phenanthren,** **Trimethyl-[2-(1-brom-3.4.7-trimethoxy-6-oxo-6*H*-phenanthryl-(8a))-äthyl]-ammonium,** *[2-(1-bromo-3,4,7-trimethoxy-6-oxo-8a*(6H)*-phenanthryl)ethyl]trimethylammonium* $[C_{22}H_{27}BrNO_4]^{\oplus}$.

**(*S*)-1-Brom-3.4.7-trimethoxy-6-oxo-8a-[2-trimethylammonio-äthyl]-6.8a-dihydro-phenanthren,** Formel VII.

**Jodid** $[C_{22}H_{27}BrNO_4]I$ (in der Literatur auch als Des-*N*-methyl-1-brom-4-methyl-dehydro-metasinomenin-methojodid und als 1-Brom-4-methyl-dehydro-metasinomenin-methin-methojodid bezeichnet). *B.* Beim Erwärmen von Des-*N*-methyl-1-brom-dehydro-metasinomenin (s. o.) mit Dimethylsulfat und wss. Alkalilauge und anschliessenden Behandeln mit Kaliumjodid (*Goto, Arai, Odera,* Bl. chem. Soc. Japan **17** [1942] 393, 395). — Krystalle (aus W.); F: 182—183° [Zers.; nach Sintern von 175° an]. $[\alpha]_D^{17}$: +100,7° [Me.; c = 1].

## Amino-Derivate der Hydroxy-oxo-Verbindungen $C_nH_{2n-20}O_4$

### Amino-Derivate der Hydroxy-oxo-Verbindungen $C_{14}H_8O_4$

**3-Amino-1.2-dihydroxy-anthrachinon** $C_{14}H_9NO_4$.

**3-Amino-1.2-dimethoxy-anthrachinon,** *3-amino-1,2-dimethoxyanthraquinone* $C_{16}H_{13}NO_4$, Formel VIII (E II 185).

Krystalle (aus Bzl.); F: 204° (*Pratt, Archer,* Am. Soc. **71** [1949] 2938).

**4-Amino-1.2-dihydroxy-anthrachinon** $C_{14}H_9NO_4$.

**4-Amino-1.2-dimethoxy-anthrachinon,** *4-amino-1,2-dimethoxyanthraquinone* $C_{16}H_{13}NO_4$, Formel IX (E I 514).

*B.* Beim Erwärmen von 4-Amino-1.2-dihydroxy-anthrachinon (E II 185) in Aceton mit Dimethylsulfat und wss. Kalilauge (*I.G. Farbenind.*, D.R.P. 549285 [1930]; Frdl. **19** 2003).
Rotviolette Krystalle (aus Eg.); F: 283—284°.

VIII IX X

**4-Amino-1.3-dihydroxy-anthrachinon,** *1-amino-2,4-dihydroxyanthraquinone* $C_{14}H_9NO_4$, Formel X (R = H) (H 288; E I 514; E II 185).
Lichtabsorptionsmaxima (A.): *Fester, Lexow,* Rev. Fac. Quim. Santa Fé **11/12** [1942/43] 84, 110.

**4-Amino-1.3-dimethoxy-anthrachinon,** *1-amino-2,4-dimethoxyanthraquinone* $C_{16}H_{13}NO_4$, Formel X (R = $CH_3$).
*B.* Beim Erwärmen von 4-Amino-1.3-dihydroxy-anthrachinon mit Dimethylsulfat und Natriumcarbonat in wss. Aceton (*I.G. Farbenind.*, D.R.P. 549285 [1930]; Frdl. **19** 2003).
Krystalle (aus Eg.); F: 224—226°.

**2-Amino-1.4-dihydroxy-anthrachinon,** *2-amino-1,4-dihydroxyanthraquinone* $C_{14}H_9NO_4$, Formel I, und Tautomeres; **2-Amino-chinizarin** (E II 186).
*B.* Aus Chinizarin (E III **8** 3775) beim Erhitzen mit Hydroxylamin-hydrochlorid und wss. Natronlauge (*Marschalk*, Bl. [5] **4** [1937] 629, 632). Aus 2-Nitro-1.4-dihydroxy-anthrachinon beim Behandeln mit wss. Ammoniumsulfid-Lösung (*Ma.*, l. c. S. 633) sowie bei der Hydrierung an Nickel in Wasser bei 50°/20 at (*I.G Farbenind.*, D.R.P. 641716 [1935]; Frdl. **23** 939).
Grüngelbe Krystalle (aus Nitrobenzol), F: 313—314° (*Ma.*); schwarzbraune Krystalle (aus Nitrobenzol), F: 312° (*I.G. Farbenind.*).

**5-Amino-1.4-dihydroxy-anthrachinon,** *5-amino-1,4-dihydroxyanthraquinone* $C_{14}H_9NO_4$, Formel II (R = X = H), und Tautomeres; **5-Amino-chinizarin.**
*B.* Aus 5-Amino-1.4-dimethoxy-anthrachinon beim Erhitzen mit Schwefelsäure (*Waldmann*, J. pr. [2] **130** [1931] 92, 101).
Braunrote Krystalle (aus Toluol); F: 212—213°.

I II III

**5-Amino-1.4-dimethoxy-anthrachinon,** *5-amino-1,4-dimethoxyanthraquinone* $C_{16}H_{13}NO_4$, Formel II (R = H, X = $CH_3$).
*B.* Aus 5-[Toluol-sulfonyl-(4)-amino]-1.4-dimethoxy-anthrachinon beim Behandeln mit Schwefelsäure (*Waldmann*, J. pr. [2] **130** [1931] 92, 101).
Orangerote Krystalle; F: 242—243°.

**5-Anilino-1.4-dihydroxy-anthrachinon,** *5-anilino-1,4-dihydroxyanthraquinone* $C_{20}H_{13}NO_4$, Formel II (R = $C_6H_5$, X = H), und Tautomeres; **5-Anilino-chinizarin** (H 289).
*B.* Beim Erhitzen von 5-Chlor-chinizarin (E III **8** 3779) mit Anilin und Natriumacetat (*Waldmann*, J. pr. [2] **130** [1931] 92, 101).
Schwarzviolette Krystalle (aus Toluol); F: 223°.

**5-[Toluol-sulfonyl-(4)-amino]-1.4-dimethoxy-anthrachinon, *N*-[5.8-Dimethoxy-9.10-dioxo-9.10-dihydro-anthryl-(1)]-toluolsulfonamid-(4),** N-(*5,8-dimethoxy-9,10-dioxo-9,10-dihydro-1-anthryl*)-p-*toluenesulfonamide* $C_{23}H_{19}NO_6S$, Formel III.
*B.* Beim Erhitzen von 5-Chlor-1.4-dimethoxy-anthrachinon mit Toluolsulfonamid-(4)

in Nitrobenzol unter Zusatz von Natriumacetat und Kupfer(II)-acetat (*Waldmann*, J. pr. [2] **130** [1931] 92, 100).

Orangefarbene Krystalle (aus Chlorbenzol oder Eg.); F: 197°.

**5.8-Diamino-1.4-dihydroxy-anthrachinon**, *1,4-diamino-5,8-dihydroxyanthraquinone* $C_{14}H_{10}N_2O_4$, Formel IV (R = X = H), und Tautomeres; **5.8-Diamino-chinizarin** (H 289).

*B.* Aus 5.8-Diamino-1.4-dimethoxy-anthrachinon beim Erhitzen mit Schwefelsäure (*Waldmann*, J. pr. [2] **130** [1931] 92, 96).

Braunviolette Krystalle (aus Xylol oder Nitrobenzol), die unterhalb 300° nicht schmelzen.

**5.8-Diamino-1.4-dimethoxy-anthrachinon**, *1,4-diamino-5,8-dimethoxyanthraquinone* $C_{16}H_{14}N_2O_4$, Formel IV (R = H, X = $CH_3$).

*B.* Aus 5.8-Bis-[toluol-sulfonyl-(4)-amino]-1.4-dimethoxy-anthrachinon beim Behandeln mit Schwefelsäure (*Waldmann*, J. pr. [2] **130** [1931] 92, 96).

Violettschwarze Krystalle (aus Eg.); Zers. bei ca. 250°.

**5.8-Bis-methylamino-1.4-dihydroxy-anthrachinon**, *1,4-dihydroxy-5,8-bis(methylamino)anthraquinone* $C_{16}H_{14}N_2O_4$, Formel IV (R = $CH_3$, X = H), und Tautomeres; **5.8-Bis-methylamino-chinizarin.**

*B.* Aus 5.8-Bis-methylamino-1.4-dimethoxy-anthrachinon beim Erhitzen mit Schwefelsäure und Borsäure (*Waldmann*, J. pr. [2] **147** [1937] 326, 329).

Rotviolette Krystalle (aus Nitrobenzol), die unterhalb 310° nicht schmelzen.

**5.8-Bis-methylamino-1.4-dimethoxy-anthrachinon**, *1,4-dimethoxy-5,8-bis(methylamino)anthraquinone* $C_{18}H_{18}N_2O_4$, Formel IV (R = X = $CH_3$).

*B.* Aus 5.8-Bis-[(toluol-sulfonyl-(4))-methyl-amino]-1.4-dimethoxy-anthrachinon (hergestellt aus 5.8-Dichlor-1.4-dimethoxy-anthrachinon und *N*-Methyl-toluolsulfonamid-(4)) beim Behandeln mit Schwefelsäure (*Waldmann*, J. pr. [2] **147** [1937] 326, 329).

Rotviolette Krystalle (aus Eg.); F: 300° [Zers.].

**5.8-Di-*p*-toluidino-1.4-dihydroxy-anthrachinon**, *1,4-dihydroxy-5,8-di-*p*-toluidinoanthraquinone* $C_{28}H_{22}N_2O_4$, Formel V (X = H), und Tautomeres; **5.8-Di-*p*-toluidino-chinizarin** (H 289; E II 186).

*B.* Beim Erhitzen von 5.8-Dibrom-chinizarin (E III **8** 3785) mit *p*-Toluidin und Borsäure (*Allen, Frame, Wilson*, J. org. Chem. **6** [1941] 732, 745).

Krystalle (aus Anilin oder Chlorbenzol); F: 311° (*Allen, Fr., Wi.*). Absorptionsspektrum (Dioxan; 500—800 mμ): *Allen, Wilson, Frame*, J. org. Chem. **7** [1942] 169, 173, 175.

**5.8-Bis-[2-hydroxy-äthylamino]-1.4-dihydroxy-anthrachinon**, *1,4-dihydroxy-5,8-bis(2-hydroxyethylamino)anthraquinone* $C_{18}H_{18}N_2O_6$, Formel IV (R = $CH_2$-$CH_2$-OH, X = H), und Tautomeres; **5.8-Bis-[2-hydroxy-äthylamino]-chinizarin.**

*B.* Beim Erhitzen von 5.8-Dibrom-chinizarin (E III **8** 3785) mit 2-Amino-äthanol-(1) und Pyridin (*Allen, Frame, Wilson*, J. org. Chem. **6** [1941] 732, 745). Beim Erhitzen von 1.4.5.8-Tetrahydroxy-anthrachinon mit 2-Amino-äthanol-(1) und wss. Natronlauge unter Zusatz von Kupfer(II)-sulfat (*Celanese Corp. Am.*, U.S.P. 2183652 [1938]). Aus Anthracenhexol-(1.4.5.8.9.10) bei der Umsetzung mit 2-Amino-äthanol-(1) und anschliessenden Oxydation (*I.G. Farbenind.*, D.R.P. 499965 [1927]; Frdl. **17** 1188) sowie beim Erhitzen mit 2-Amino-äthanol-(1) und Borsäure in Wasser unter Luftzutritt (*CIBA*, U.S.P. 1898953 [1931]).

Blaue Krystalle (aus Anilin); F: 215—220° (*Allen, Fr., Wi.*). Absorptionsspektrum (Dioxan; 400—700 mμ): *Allen, Wilson, Frame*, J. org. Chem. **7** [1942] 169, 177.

XO— —OX; O= =O; R—NH— —NH—R

IV

HO— —OH; O= =O; $H_3C$— —NH— —NH— —$CH_3$; X X

V

**8-Anilino-5-[3-hydroxymethyl-anilino]-1.4-dihydroxy-anthrachinon,** *1-anilino-5,8-dihydroxy-4-(α-hydroxy-*m*-toluidino)anthraquinone* $C_{27}H_{20}N_2O_5$, Formel VI (R = H), und Tautomeres; **8-Anilino-5-[3-hydroxymethyl-anilino]-chinizarin.**

*B.* Beim Erwärmen von 1.4.5.8-Tetrahydroxy-anthrachinon mit Anthracenhexol-(1.4.5.8.9.10) und Anilin unter Zusatz von Borsäure in Äthanol und Erwärmen des Reaktionsprodukts mit 3-Amino-benzylalkohol in Äthanol (*Du Pont de Nemours* & *Co.*, U.S.P. 2353108 [1940]).

F: 236°.

**5.8-Bis-[3-hydroxymethyl-anilino]-1.4-dihydroxy-anthrachinon,** *1,4-dihydroxy-5,8-bis-(α-hydroxy-*m*-toluidino)anthraquinone* $C_{28}H_{22}N_2O_6$, Formel VI (R = $CH_2OH$), und Tautomeres; **5.8-Bis-[3-hydroxymethyl-anilino]-chinizarin.**

*B.* Beim Erwärmen von 1.4.5.8-Tetrahydroxy-anthrachinon mit Anthracenhexol-(1.4.5.8.9.10) und 3-Amino-benzylalkohol unter Zusatz von Borsäure in 1-Methoxy-äthanol-(2) (*Du Pont de Nemours* & *Co.*, U.S.P. 2353108 [1940]).

F: 251°.

**5.8-Bis-acetamino-1.4-dimethoxy-anthrachinon,** N,N'-(*5,8-dimethoxy-9,10-dioxo-9,10-dihydroanthracene-1,4-diyl)bisacetamide* $C_{20}H_{18}N_2O_6$, Formel IV (R = CO-$CH_3$, X = $CH_3$).

*B.* Beim Erhitzen von 5.8-Diamino-1.4-dimethoxy-anthrachinon mit Acetanhydrid und Natriumacetat (*Waldmann*, J. pr. [2] **130** [1931] 92, 97).

Braunrote Krystalle (aus Nitrobenzol), die unterhalb 300° nicht schmelzen.

**5.8-Bis-benzamino-1.4-dihydroxy-anthrachinon,** N,N'-(*5,8-dihydroxy-9,10-dioxo-9,10-dihydroanthracene-1,4-diyl)bisbenzamide* $C_{28}H_{18}N_2O_6$, Formel IV (R = CO-$C_6H_5$, X = H), und Tautomeres; **5.8-Bis-benzamino-chinizarin.**

*B.* Beim Erhitzen von 5.8-Diamino-chinizarin (S. 682) mit Benzoylchlorid in Trichlorbenzol (*Waldmann*, J. pr. [2] **130** [1931] 92, 97).

Braunviolette Krystalle (aus Xylol); F: 284—285°.

**5.8-Bis-benzamino-1.4-dimethoxy-anthrachinon,** N,N'-(*5,8-dimethoxy-9,10-dioxo-9,10-dihydroanthracene-1,4-diyl)bisbenzamide* $C_{30}H_{22}N_2O_6$, Formel IV (R = CO-$C_6H_5$, X = $CH_3$).

*B.* Beim Erhitzen von 5.8-Diamino-1.4-dimethoxy-anthrachinon mit Benzoylchlorid in Trichlorbenzol (*Waldmann*, J. pr. [2] **130** [1931] 92, 97).

Rotbraune Krystalle (aus Chlorbenzol), die unterhalb 300° nicht schmelzen.

**5.8-Bis-[2-cyan-äthylamino]-1.4-dihydroxy-anthrachinon,** *3,3'-(5,8-dihydroxy-9,10-dioxo-9,10-dihydroanthracene-1,4-diyldiimino)dipropionitrile* $C_{20}H_{16}N_4O_4$, Formel IV (R = $CH_2$-$CH_2$-CN, X = H), und Tautomeres; **5.8-Bis-[2-cyan-äthylamino]-chinizarin.**

*B.* Beim Erhitzen von Anthracenhexol-(1.4.5.8.9.10) mit β-Alanin-nitril in wss. Propanol-(1) unter Zusatz von Borsäure und Erhitzen des Reaktionsprodukts mit Nitrobenzol (*Du Pont de Nemours* & *Co.*, U.S.P. 2359381 [1941]).

F: 326°.

**5.8-Bis-[toluol-sulfonyl-(4)-amino]-1.4-dimethoxy-anthrachinon,** N,N'-(*5,8-dimethoxy-9,10-dioxo-9,10-dihydroanthracene-1,4-diyl)bis-*p*-toluenesulfonamide* $C_{30}H_{26}N_2O_8S_2$, Formel VII (R = X = H).

*B.* Beim Erhitzen von 5.8-Dichlor-1.4-dimethoxy-anthrachinon mit Toluolsulfonamid-(4) in Nitrobenzol unter Zusatz von Natriumacetat und Kupfer(II)-acetat (*Waldmann*, J. pr. [2] **130** [1931] 92, 95).

Rote Krystalle (aus Chlorbenzol); F: 275°.

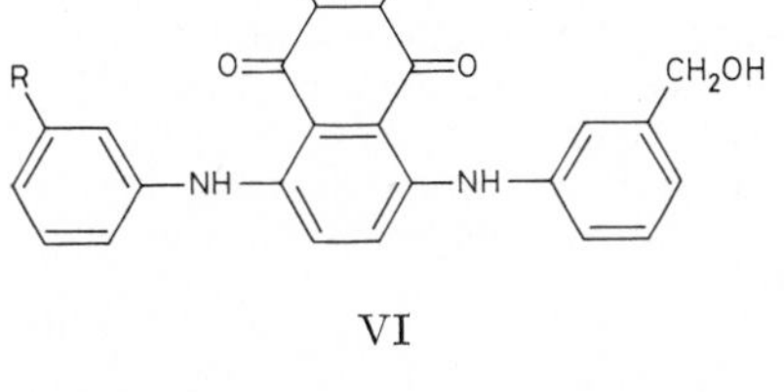

VI

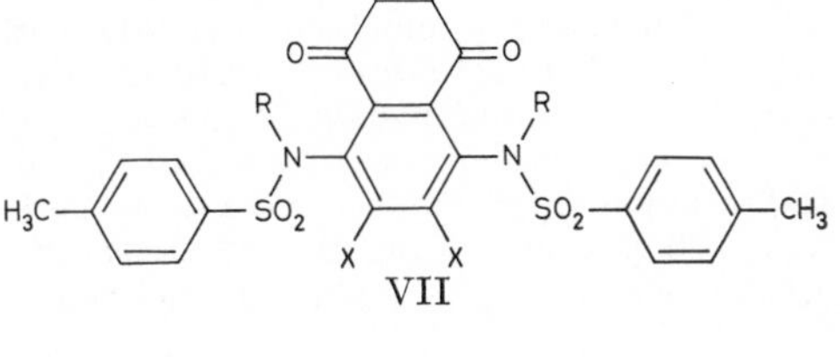

VII

**6.7-Dichlor-5.8-diamino-1.4-dihydroxy-anthrachinon,** *1,4-diamino-2,3-dichloro-5,8-dihydroxyanthraquinone* $C_{14}H_8Cl_2N_2O_4$, Formel VIII (R = X = H), und Tautomeres; **6.7-Dichlor-5.8-diamino-chinizarin.**

*B.* Aus 6.7-Dichlor-5.8-diamino-1.4-dimethoxy-anthrachinon beim Erhitzen mit Schwefelsäure (*Waldmann*, J. pr. [2] **147** [1937] 326, 329).

Braunviolette Krystalle (aus Nitrobenzol); Zers. bei 285°.

**6.7-Dichlor-5.8-diamino-1.4-dimethoxy-anthrachinon,** *1,4-diamino-2,3-dichloro-5,8-dimethoxyanthraquinone* $C_{16}H_{12}Cl_2N_2O_4$, Formel VIII (R = H, X = $CH_3$).

*B.* Aus 6.7-Dichlor-5.8-bis-[toluol-sulfonyl-(4)-amino]-1.4-dimethoxy-anthrachinon beim Behandeln mit Schwefelsäure (*Waldmann*, J. pr. [2] **147** [1937] 326, 328).

Schwarzviolette Krystalle (aus Eg.); Zers. bei ca. 290°.

**6.7-Dichlor-5.8-bis-methylamino-1.4-dihydroxy-anthrachinon,** *2,3-dichloro-5,8-dihydroxy-1,4-bis(methylamino)anthraquinone* $C_{16}H_{12}Cl_2N_2O_4$, Formel VIII (R = $CH_3$, X = H), und Tautomeres: **6.7-Dichlor-5.8-bis-methylamino-chinizarin.**

*B.* Aus 6.7-Dichlor-5.8-bis-methylamino-1.4-dimethoxy-anthrachinon beim Erhitzen mit Schwefelsäure (*Waldmann*, J. pr. [2] **147** [1937] 326, 330).

Schwarzbraune Krystalle (aus Eg.); Zers. bei 249°.

**6.7-Dichlor-5.8-bis-methylamino-1.4-dimethoxy-anthrachinon,** *2,3-dichloro-5,8-dimethoxy-1,4-bis(methylamino)anthraquinone* $C_{18}H_{16}Cl_2N_2O_4$, Formel VIII (R = X = $CH_3$).

*B.* Aus 6.7-Dichlor-5.8-bis-[(toluol-sulfonyl-(4))-methyl-amino]-1.4-dimethoxy-anthrachinon beim Behandeln mit Schwefelsäure (*Waldmann*, J. pr. [2] **147** [1937] 326, 330).

Grüne Krystalle (aus Eg.); Zers. bei 186°.

**6.7-Dichlor-5.8-dianilino-1.4-dihydroxy-anthrachinon,** *1,4-dianilino-2,3-dichloro-5,8-dihydroxyanthraquinone* $C_{26}H_{16}Cl_2N_2O_4$, Formel VIII (R = $C_6H_5$, X = H), und Tautomeres; **6.7-Dichlor-5.8-dianilino-chinizarin.**

*B.* Beim Erhitzen von 5.6.7.8-Tetrachlor-chinizarin (E III **8** 3783) mit Anilin und Natriumacetat (*Waldmann*, J. pr. [2] **147** [1937] 331, 335).

Grüne Krystalle (aus Eg.); F: 270°.

**6.7-Dichlor-5.8-dianilino-1.4-dimethoxy-anthrachinon,** *1,4-dianilino-2,3-dichloro-5,8-dimethoxyanthraquinone* $C_{28}H_{20}Cl_2N_2O_4$, Formel VIII (R = $C_6H_5$, X = $CH_3$).

*B.* Beim Erhitzen von 5.6.7.8-Tetrachlor-1.4-dimethoxy-anthrachinon mit Anilin und Natriumacetat (*Waldmann*, J. pr. [2] **147** [1937] 331, 335).

Fast schwarze Krystalle (aus Bzl.); F: 265°.

**6.7-Dichlor-5.8-di-*p*-toluidino-1.4-dihydroxy-anthrachinon,** *2,3-dichloro-5,8-dihydroxy-1,4-di-*p*-toluidinoanthraquinone* $C_{28}H_{20}Cl_2N_2O_4$, Formel V (X = Cl) auf S. 682, und Tautomeres; **6.7-Dichlor-5.8-di-*p*-toluidino-chinizarin.**

*B.* Beim Erhitzen von 5.6.7.8-Tetrachlor-chinizarin (E III **8** 3783) mit *p*-Toluidin und Natriumacetat (*Waldmann*, J. pr. [2] **147** [1937] 331, 335).

Grüne Krystalle (aus Toluol); F: 260°.

**6.7-Dichlor-5.8-bis-[toluol-sulfonyl-(4)-amino]-1.4-dimethoxy-anthrachinon,** N,N'-(*2,3-dichloro-5,8-dimethoxy-9,10-dioxo-9,10-dihydroanthracene-1,4-diyl*)*bis*-p-*toluenesulfonamide* $C_{30}H_{24}Cl_2N_2O_8S_2$, Formel VII (R = H, X = Cl).

*B.* Beim Erhitzen von 5.6.7.8-Tetrachlor-1.4-dimethoxy-anthrachinon mit Toluolsulfonamid-(4) in Nitrobenzol unter Zusatz von Kaliumacetat und Kupfer(II)-acetat (*Waldmann*, J. pr. [2] **147** [1937] 326, 328).

Braunrote Krystalle (aus Dichlorbenzol); F: 255° [Zers.].

**6.7-Dichlor-5.8-bis-[(toluol-sulfonyl-(4))-methyl-amino]-1.4-dimethoxy-anthrachinon,** N,N'-(*2,3-dichloro-5,8-dimethoxy-9,10-dioxo-9,10-dihydroanthracene-1,4-diyl*)-N,N'-*dimethylbis*-p-*toluenesulfonamide* $C_{32}H_{28}Cl_2N_2O_8S_2$, Formel VII (R = $CH_3$, X = Cl).

*B.* Beim Erhitzen von 6.7-Dichlor-5.8-bis-[toluol-sulfonyl-(4)-amino]-1.4-dimethoxy-anthrachinon mit Toluol-sulfonsäure-(4)-methylester und Kaliumcarbonat in 1.2-Dichlorbenzol (*Waldmann*, J. pr. [2] **147** [1937] 326, 330).

Gelbe Krystalle (aus Eg.); Zers. bei 245°.

**4-Amino-1.5-dihydroxy-anthrachinon** $C_{14}H_9NO_4$.

**4-Anilino-1.5-dihydroxy-anthrachinon**, *4-anilino-1,5-dihydroxyanthraquinone* $C_{20}H_{13}NO_4$, Formel IX (R = X = H).

*B.* Beim Erwärmen von Anthracenpentol-(1.4.5.9.10) (nicht näher beschrieben) mit Anilin und Pyridin und Leiten von Luft durch eine Suspension des Reaktionsprodukts in äthanol. Natronlauge bei 75° (*Du Pont de Nemours & Co.*, U.S.P. 2341891 [1941]).

F: 253°.

**4-*p*-Toluidino-1.5-dihydroxy-anthrachinon**, *1,5-dihydroxy-4-*p*-toluidinoanthraquinone* $C_{21}H_{15}NO_4$, Formel IX (R = $CH_3$, X = H).

*B.* Beim Erwärmen von Anthracenpentol-(1.4.5.9.10) (nicht näher beschrieben) mit *p*-Toluidin in 1-Äthoxy-äthanol-(2) und Erhitzen des Reaktionsprodukts mit Nitrobenzol unter Zusatz von Piperidin (*Du Pont de Nemours & Co.*, U.S.P. 2341891 [1941]).

F: 222°.

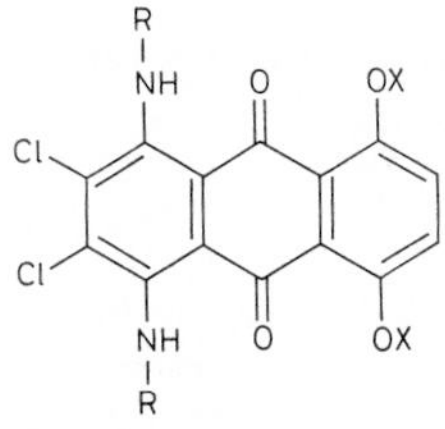

VIII 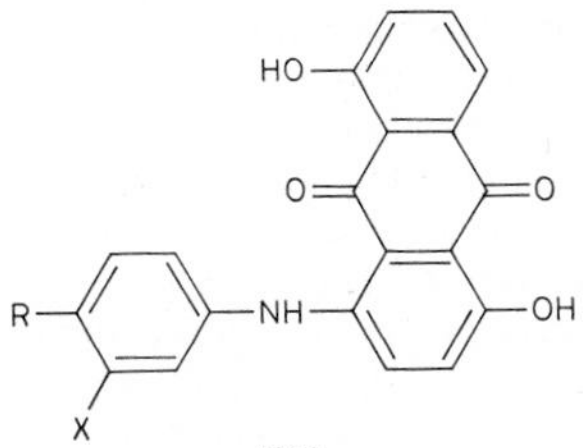 IX 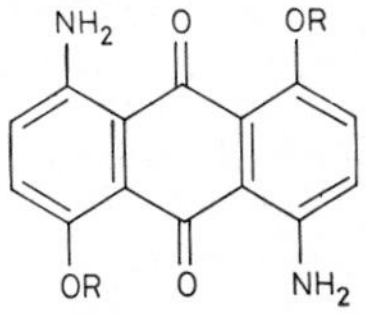 X

**4-[4-(2-Hydroxy-äthoxy)-anilino]-1.5-dihydroxy-anthrachinon**, *1,5-dihydroxy-4-(β-hydroxy-*p*-phenetidino)anthraquinone* $C_{22}H_{17}NO_6$, Formel IX (R = O-$CH_2$-$CH_2$OH, X = H).

*B.* Beim Erwärmen von Anthracenpentol-(1.4.5.9.10) mit 4-[2-Hydroxy-äthoxy]-anilin in 1-Äthoxy-äthanol-(2) und Erhitzen des Reaktionsprodukts mit Nitrobenzol unter Zusatz von Piperidin (*Du Pont de Nemours & Co.*, U.S.P. 2341891 [1941]).

F: 213°.

**4-[3-Hydroxymethyl-anilino]-1.5-dihydroxy-anthrachinon**, *1,5-dihydroxy-4-(α-hydroxy-*m*-toluidino)anthraquinone* $C_{21}H_{15}NO_5$, Formel IX (R = H, X = $CH_2$OH).

Eine Verbindung (Krystalle; F: 231,8°), der wahrscheinlich diese Konstitution zukommt, ist beim Erwärmen von Anthracenpentol-(1.4.5.9.10) mit 3-Amino-benzylalkohol in 1-Äthoxy-äthanol-(2) und Erhitzen des Reaktionsprodukts mit Nitrobenzol unter Zusatz von Piperidin erhalten worden (*Du Pont de Nemours & Co.*, U.S.P. 2341891 [1941], 2353108 [1940]).

**4-[4-(2-Hydroxy-äthyl)-anilino]-1.5-dihydroxy-anthrachinon**, *1,5-dihydroxy-4-[*p*-(2-hydroxyethyl)anilino]anthraquinone* $C_{22}H_{17}NO_5$, Formel IX (R = $CH_2$-$CH_2$OH, X = H).

*B.* Beim Erwärmen von Anthracenpentol-(1.4.5.9.10) mit 1-[4-Amino-phenyl]-äthanol-(2) in 1-Äthoxy-äthanol-(2) und Erhitzen des Reaktionsprodukts mit Nitrobenzol unter Zusatz von Piperidin (*Du Pont de Nemours & Co.*, U.S.P. 2341891 [1941]).

F: 177,8°.

**4-[4-Methyl-3-hydroxymethyl-anilino]-1.5-dihydroxy-anthrachinon**, *1,5-dihydroxy-4-(α³-hydroxy-3,4-xylidino)anthraquinone* $C_{22}H_{17}NO_5$, Formel IX (R = $CH_3$, X = $CH_2$OH).

*B.* Beim Erwärmen von Anthracenpentol-(1.4.5.9.10) mit 5-Amino-2-methyl-benzylalkohol in 1-Äthoxy-äthanol-(2) und Erhitzen des Reaktionsprodukts mit Nitrobenzol unter Zusatz von Piperidin (*Du Pont de Nemours & Co.*, U.S.P. 2341891 [1941]).

F: 204°.

**4-[4-Acetamino-anilino]-1.5-dihydroxy-anthrachinon, Essigsäure-[4-(4.8-dihydroxy-9.10-dioxo-9.10-dihydro-anthryl-(1)-amino)-anilid]**, *4'-(4,8-dihydroxy-9,10-dioxo-9,10-dihydro-1-anthrylamino)acetanilide* $C_{22}H_{16}N_2O_5$, Formel IX (R = NH-CO-$CH_3$, X = H).

*B.* Beim Erwärmen von Anthracenpentol-(1.4.5.9.10) mit *N*-Acetyl-*p*-phenylendiamin in 1-Äthoxy-äthanol-(2) und Erhitzen des Reaktionsprodukts mit Nitrobenzol unter Zusatz von Piperidin (*Du Pont de Nemours & Co.*, U.S.P. 2341891 [1941]).

F: 283°.

**4.8-Diamino-1.5-dihydroxy-anthrachinon,** *1,5-diamino-4,8-dihydroxyanthraquinone* $C_{14}H_{10}N_2O_4$, Formel X (R = H) (H 289; E I 515; E II 186).

*B.* Aus 4.8-Diamino-1.5-dihydroxy-9.10-dioxo-9.10-dihydro-anthracen-disulfonsäure-(2.6) beim Erhitzen mit Natriumdithionit in Pyridin und Wasser (*I.G. Farbenind.*, D.R.P. 568760 [1925]; Frdl. **18** 1277; vgl. E II 186) oder beim Erhitzen mit Natriumdithionit und Borsäure in Wasser (*CIBA*, D.R.P. 575679 [1930]; Frdl. **18** 1250) sowie beim Behandeln des Natrium-Salzes mit Zink und wss. Natronlauge und anschliessenden Erwärmen (*CIBA*, D.R.P. 589074 [1931]; Frdl. **19** 2001).

**4.8-Diamino-1.5-diphenoxy-anthrachinon,** *1,5-diamino-4,8-diphenoxyanthraquinone* $C_{26}H_{18}N_2O_4$, Formel X (R = $C_6H_5$).

*B.* Beim Erhitzen von 4.8-Dichlor-1.5-diamino-anthrachinon mit Phenol und Kaliumhydroxid (*Scholl, Böttger, Wanka*, B. **67** [1934] 599, 606).

Rote Krystalle (aus Nitrobenzol); F: 282° [nach Sintern].

**4.8-Di-*p*-toluidino-1.5-dihydroxy-anthrachinon,** *1,5-dihydroxy-4,8-di-*p*-toluidinoanthraquinone* $C_{28}H_{22}N_2O_4$, Formel XI (H 290).

*B.* Beim Erhitzen von 4.8-Dichlor-1.5-dihydroxy-anthrachinon mit *p*-Toluidin (*Allen, Frame, Wilson*, J. org. Chem. **6** [1941] 732, 744; *Allen, Wilson, Frame*, J. org. Chem. **7** [1942] 68, 70).

Purpurrote Krystalle (aus Nitrobenzol + A.); Zers. oberhalb 300° (*Allen, Fr., Wi.*, l. c. S. 741). Absorptionsspektrum (Dioxan; 500—800 mμ): *Allen, Wilson, Frame*, J. org. Chem. **7** [1942] 169, 173, 174.

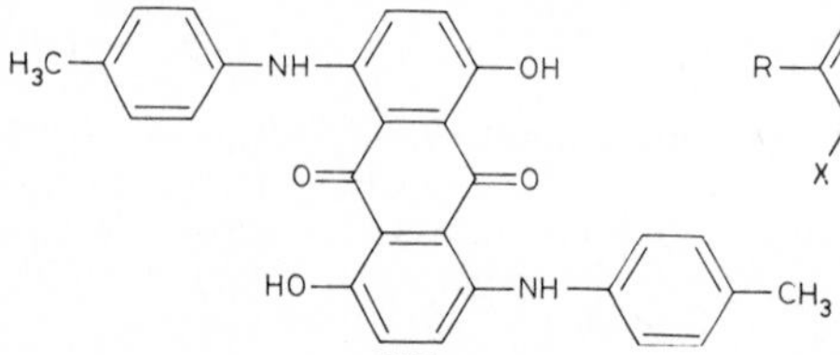

XI

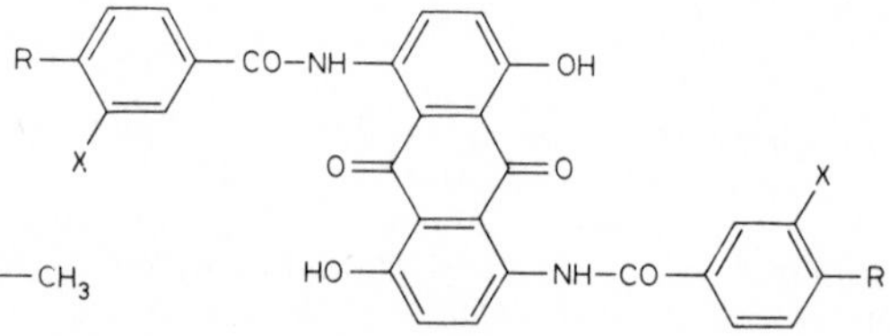

XII

**4.8-Bis-[3-trifluormethyl-benzamino]-1.5-dihydroxy-anthrachinon,** *α,α,α,α′,α′,α′-hexafluoro-N,N′-(4,8-dihydroxy-9,10-dioxo-9,10-dihydroanthracene-1,5-diyl)bis-*m*-toluamide* $C_{30}H_{16}F_6N_2O_6$, Formel XII (R = H, X = $CF_3$).

*B.* Beim Erhitzen von 4.8-Diamino-1.5-dihydroxy-anthrachinon mit 3-Trifluormethylbenzoylfluorid in Nitrobenzol unter Zusatz von Pyridin (*I.G. Farbenind.*, D.R.P. 665598 [1936]; Frdl. **25** 765).

F: 324°.

**4.8-Bis-[4-trifluormethyl-benzamino]-1.5-dihydroxy-anthrachinon,** *α,α,α,α′,α′,α′-hexafluoro-N,N′-(4,8-dihydroxy-9,10-dioxo-9,10-dihydroanthracene-1,5-diyl)bis-*p*-toluamide* $C_{30}H_{16}F_6N_2O_6$, Formel XII (R = $CF_3$, X = H).

*B.* Beim Erhitzen von 4.8-Diamino-1.5-dihydroxy-anthrachinon mit 4-Trifluormethylbenzoylfluorid in Nitrobenzol unter Zusatz von Pyridin (*I.G. Farbenind.*, D.R.P. 665598 [1936]; Frdl. **25** 765).

Braunviolette Krystalle; F: 349°.

**4.5-Diamino-1.8-dihydroxy-anthrachinon,** *1,8-diamino-4,5-dihydroxyanthraquinone* $C_{14}H_{10}N_2O_4$, Formel XIII (H 291; E II 187).

*B.* Beim Behandeln des Natrium-Salzes der 4.5-Diamino-1.8-dihydroxy-9.10-dioxo-9.10-dihydro-anthracen-disulfonsäure-(2.6) (nicht näher beschrieben) mit Natriumdithionit und wss. Natronlauge (*CIBA*, D.R.P. 589074 [1931]; Frdl. **19** 2001).

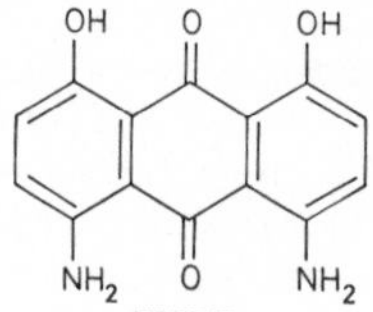

XIII

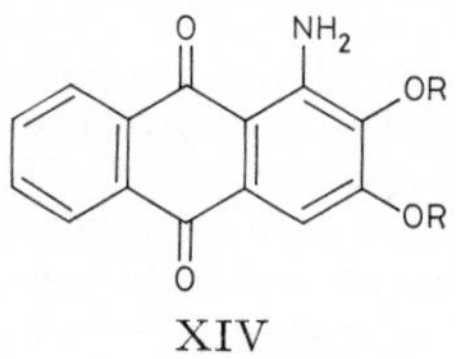

XIV

**1-Amino-2.3-dihydroxy-anthrachinon,** *1-amino-2,3-dihydroxyanthraquinone* $C_{14}H_9NO_4$, Formel XIV (R = H).

*B.* Aus 1-Nitro-2.3-dihydroxy-anthrachinon beim Erwärmen mit Natriumdithionit in wss. Äthanol (*Waldmann, Wider,* J. pr. [2] **150** [1938] 107, 109).

Orangerote Krystalle (aus Eg.), die unterhalb 316° nicht schmelzen.

**1-Amino-2.3-dimethoxy-anthrachinon,** *1-amino-2,3-dimethoxyanthraquinone* $C_{16}H_{13}NO_4$, Formel XIV (R = $CH_3$).

*B.* Aus 1-Nitro-2.3-dimethoxy-anthrachinon beim Erhitzen mit Natriumsulfid in Wasser (*Waldmann, Wider,* J. pr. [2] **150** [1938] 107, 110).

Rote Krystalle (aus Eg.); F: 171,5°.

**1.4-Diamino-2.3-dihydroxy-anthrachinon,** *1,4-diamino-2,3-dihydroxyanthraquinone* $C_{14}H_{10}N_2O_4$, Formel I (R = H).

*B.* Aus 1.4-Dinitro-2.3-dihydroxy-anthrachinon beim Erwärmen mit Natriumdithionit in wss. Äthanol (*Waldmann, Wider,* J. pr. [2] **150** [1938] 107, 109).

Violette Krystalle (aus wss. A.), die unterhalb 316° nicht schmelzen.

**1.4-Diamino-2.3-dimethoxy-anthrachinon,** *1,4-diamino-2,3-dimethoxyanthraquinone* $C_{16}H_{14}N_2O_4$, Formel I (R = $CH_3$).

*B.* Aus 1.4-Diamino-2.3-diphenoxy-anthrachinon beim Erwärmen mit methanol. Kali= lauge (*I.G. Farbenind.*, D.R.P. 538014 [1930]; Frdl. **18** 1251).

F: 183—185°.

**1.4-Diamino-2.3-diäthoxy-anthrachinon,** *1,4-diamino-2,3-diethoxyanthraquinone* $C_{18}H_{18}N_2O_4$, Formel I (R = $C_2H_5$).

*B.* Aus 1.4-Diamino-2.3-diphenoxy-anthrachinon beim Erwärmen mit äthanol. Kali= lauge (*Gen. Aniline Works,* U.S.P. 1943876 [1931]).

F: 151—152°.

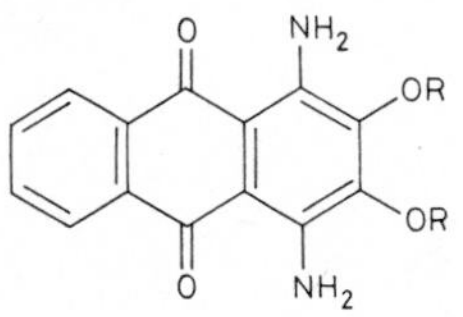

O NH2 OR OR O NH2

I

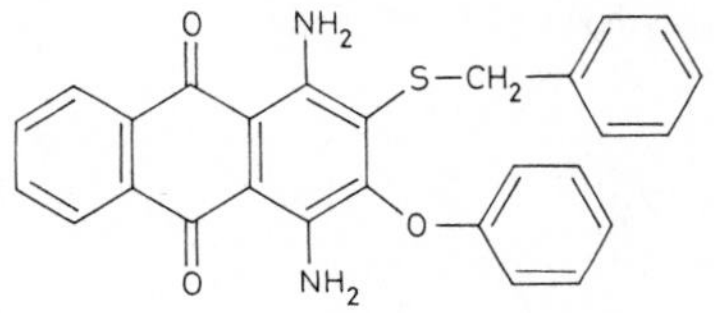

O NH2 S—CH2 O O NH2

II

**1.4-Diamino-2.3-dibutyloxy-anthrachinon,** *1,4-diamino-2,3-dibutoxyanthraquinone* $C_{22}H_{26}N_2O_4$, Formel I (R = $[CH_2]_3$-$CH_3$).

*B.* Aus 1.4-Diamino-2.3-diphenoxy-anthrachinon beim Erwärmen mit Kaliumhydroxid in Butanol-(1) (*Gen. Aniline Works,* U.S.P. 1943876 [1931]).

F: 110°.

**1.4-Diamino-3-phenoxy-2-benzylmercapto-anthrachinon,** *1,4-diamino-2-(benzylthio)-3-phenoxyanthraquinone* $C_{27}H_{20}N_2O_3S$, Formel II.

*B.* Beim Behandeln von 3-Chlor-1.4-diamino-2-phenoxy-anthrachinon mit Natrium= disulfid in wss. Äthanol und Behandeln des Reaktionsprodukts mit Benzylchlorid in Äthanol (*Gen. Aniline Works,* U.S.P. 1820023 [1929]).

F: ca. 224°.

**1.4-Diamino-2.3-dibenzylmercapto-anthrachinon,** *1,4-diamino-2,3-bis(benzylthio)anthra= quinone* $C_{28}H_{22}N_2O_2S_2$, Formel III.

*B.* Beim Erwärmen von 3-Chlor-1.4-diamino-2-benzylmercapto-anthrachinon mit Natriumsulfid und Schwefel in wss. Äthanol und Behandeln des Reaktionsprodukts mit Benzylchlorid in Äthanol (*Gen. Aniline Works,* U.S.P. 1820023 [1929]).

F: ca. 197°.

**1.4-Diamino-2.3-bis-[4-butyl-phenylmercapto]-anthrachinon,** *1,4-diamino-2,3-bis= (p-butylphenylthio)anthraquinone* $C_{34}H_{34}N_2O_2S_2$, Formel IV (X = $[CH_2]_3$-$CH_3$).

*B.* Beim Erwärmen von 2.3-Dichlor-1.4-diamino-anthrachinon mit 4-Butyl-thiophenol, Pyridin und wss. Natronlauge (*Imp. Chem. Ind.*, D.R.P. 649998 [1935]; Frdl. **24** 802).

Graublaue Krystalle; F: 168°.

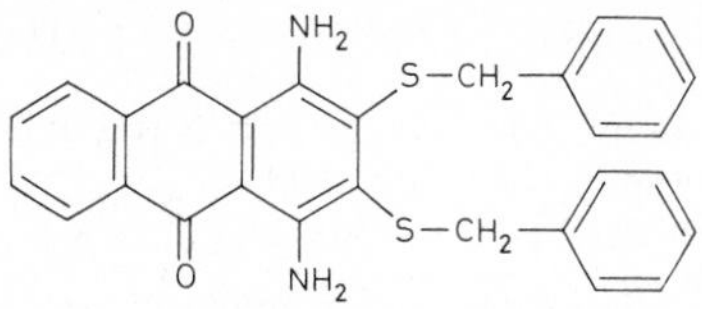

III 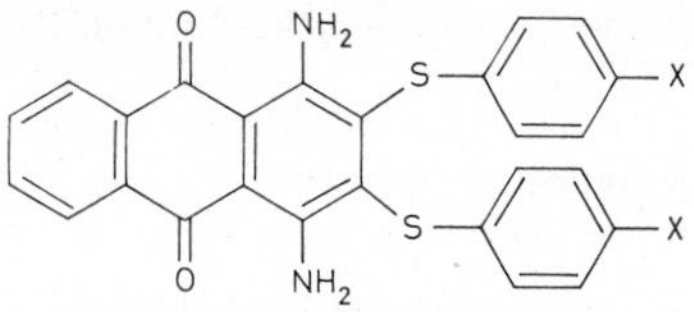 IV

**1.4-Diamino-3-butylmercapto-2-[4-isopentyloxy-phenylmercapto]-anthrachinon,** *1,4-diamino-2-(butylthio)-3-[*p*-(isopentyloxy)phenylthio]anthraquinone* $C_{29}H_{32}N_2O_3S_2$, Formel V.

*B.* Beim Erwärmen von 3-Chlor-1.4-diamino-2-butylmercapto-anthrachinon (nicht näher beschrieben) mit 4-Isopentyloxy-thiophenol (aus 4-Isopentyloxy-anilin hergestellt), Pyridin und wss. Natronlauge (*Imp. Chem. Ind.*, D.R.P. **649998** [1935]; Frdl. **24** 802).

Graugrüne Krystalle; F: 105°.

**1.4-Diamino-2.3-bis-[4-isopentyloxy-phenylmercapto]-anthrachinon,** *1,4-diamino-2,3-bis[*p*-(isopentyloxy)phenylthio]anthraquinone* $C_{36}H_{38}N_2O_4S_2$, Formel IV ($X = O\text{-}CH_2\text{-}CH_2\text{-}CH(CH_3)_2$).

*B.* Beim Erwärmen von 2.3-Dichlor-1.4-diamino-anthrachinon mit 4-Isopentyloxy-thiophenol (aus 4-Isopentyloxy-anilin hergestellt), Pyridin und wss. Natronlauge (*Imp. Chem. Ind.*, D.R.P. 649998 [1935]; Frdl. **24** 802).

Graublaue Krystalle; F: 154°.

**1.4-Diamino-2.3-bis-[4-butylmercapto-phenylmercapto]-anthrachinon,** *1,4-diamino-2,3-bis[*p*-(butylthio)phenylthio]anthraquinone* $C_{34}H_{34}N_2O_2S_4$, Formel IV ($X = S\text{-}[CH_2]_3\text{-}CH_3$).

*B.* Beim Erwärmen von 2.3-Dichlor-1.4-diamino-anthrachinon mit 4-Butylmercapto-thiophenol (aus 4-Butylmercapto-anilin hergestellt), Pyridin und wss. Natronlauge (*Imp. Chem. Ind.*, D.R.P. 649998 [1935]; Frdl. **24** 802).

Graugrüne Krystalle; F: 148°.

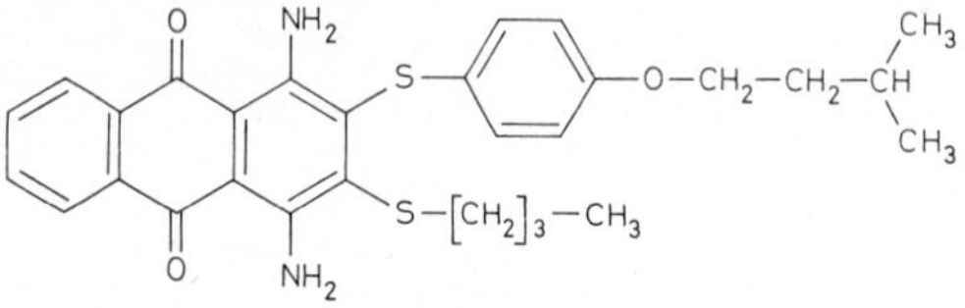

V 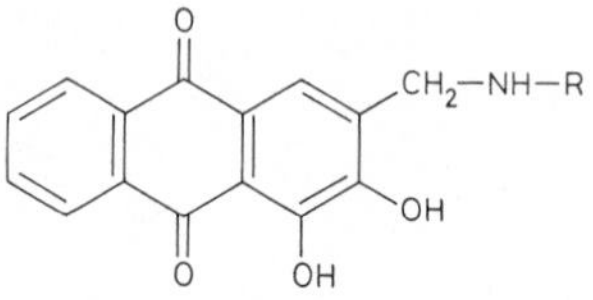 VI

### Amino-Derivate der Hydroxy-oxo-Verbindungen $C_{15}H_{10}O_4$

**3.4-Dihydroxy-2-aminomethyl-anthrachinon,** *3-(aminomethyl)-1,2-dihydroxyanthraquinone* $C_{15}H_{11}NO_4$, Formel VI (R = H) (vgl. E II 188).

*B.* Aus *N*-Hydroxymethyl-*N'*-[(3.4-dihydroxy-9.10-dioxo-9.10-dihydro-anthryl-(2))-methyl]-harnstoff beim Erhitzen mit wss. Schwefelsäure (*de Diesbach, Gubser, Spoorenberg*, Helv. **13** [1930] 1265, 1272; vgl. E II 188).

Braun.

***N*-Hydroxymethyl-*N'*-[(3.4-dihydroxy-9.10-dioxo-9.10-dihydro-anthryl-(2))-methyl]-harnstoff,** *1-[(3,4-dihydroxy-9,10-dioxo-9,10-dihydro-2-anthryl)methyl]-3-(hydroxymethyl)urea* $C_{17}H_{14}N_2O_6$, Formel VI ($R = CO\text{-}NH\text{-}CH_2OH$) (E II 189).

Über die Konstitution s. *de Diesbach, Gubser, Spoorenberg*, Helv. **13** [1930] 1265, 1268, 1271.

Braune Krystalle (aus Nitrobenzol); F: 204°.

## Amino-Derivate der Hydroxy-oxo-Verbindungen $C_nH_{2n-26}O_4$

### Amino-Derivate der Hydroxy-oxo-Verbindungen $C_{20}H_{14}O_4$

**1.3-Bis-[3-amino-4-hydroxy-benzoyl]-benzol** $C_{20}H_{16}N_2O_4$.

**1.3-Bis-[3-amino-4-methoxy-benzoyl]-benzol,** *m-bis(3-amino-*p*-anisoyl)benzene* $C_{22}H_{20}N_2O_4$, Formel VII (R = X = H).

*B.* Aus 1.3-Bis-[3-nitro-4-methoxy-benzoyl]-benzol beim Behandeln mit Zinn(II)-

chlorid, wss. Salzsäure und Essigsäure (*Weiss, Chledowski*, M. **65** [1935] 357, 365).

Gelbliche Krystalle (aus A.); F: 189° [nach Erweichen].

Beim Erwärmen mit Chloral in Chloroform ist 5.21-Dimethoxy-2-trichlormethyl-1.3-diaza-[3.1.1]metacyclophandion-(10.17) erhalten worden.

**1.3-Bis-[3-acetamino-4-methoxy-benzoyl]-benzol,** *5',5'''-isophthaloylbisacet-*o*-anisidide* $C_{26}H_{24}N_2O_6$, Formel VII (R = CO-CH$_3$, X = H).

*B.* Aus 1.3-Bis-[3-amino-4-methoxy-benzoyl]-benzol beim Erhitzen mit Essigsäure (*Weiss, Chledowski*, M. **65** [1935] 357, 365).

Krystalle (aus A.); F: 201°.

VII VIII

**1.3-Bis-[3-diacetylamino-4-methoxy-benzoyl]-benzol,** N,N'-*[isophthaloylbis(4-methoxy-*m*-phenylene)]bisdiacetamide* $C_{30}H_{28}N_2O_8$, Formel VII (R = X = CO-CH$_3$).

*B.* Beim Erhitzen von 1.3-Bis-[3-amino-4-methoxy-benzoyl]-benzol mit Acetanhydrid (*Weiss, Chledowski*, M. **65** [1935] 357, 377).

Krystalle (aus A.); F: 185°.

**3-Amino-2.6-dibenzoyl-hydrochinon** $C_{20}H_{15}NO_4$.

**3-Anilino-2.6-dibenzoyl-hydrochinon,** *2-anilino-3,5-dibenzoylhydroquinone* $C_{26}H_{19}NO_4$, Formel VIII.

Diese Konstitution kommt einer von *Bogert, Howells* (Am. Soc. **52** [1930] 837, 840, 848) beim Behandeln von 2.6-Dibenzoyl-benzochinon mit Anilin und warmer Essigsäure erhaltenen, als Monoanilino-dibenzoylhydrochinon bezeichneten Verbindung (gelbe Krystalle [aus A.], F: 234,9—236,8° [korr.]) zu (*Dischendorfer, Verdino*, M. **66** [1935] 255, 257, 264).

# Amino-Derivate der Hydroxy-oxo-Verbindungen $C_nH_{2n-28}O_4$

## Amino-Derivate der Hydroxy-oxo-Verbindungen $C_{20}H_{12}O_4$

**8.8'-Diamino-7.7'-dihydroxy-2.2'-dioxo-2*H*.2'*H*-[1.1']binaphthyliden** $C_{20}H_{14}N_2O_4$.

**8.8'-Bis-acetamino-7.7'-dihydroxy-2.2'-dioxo-2*H*.2'*H*-[1.1']binaphthyliden,** 8.8'-Bis-acetamino-7.7'-dihydroxy-[1.1']binaphthylidendion-(2.2'), N,N'-*(7,7'-dihydroxy-2,2'-dioxo-1,1'*(2H,2'H)*-binaphthylidene-8,8'-diyl)bisacetamide* $C_{24}H_{18}N_2O_6$ Formel IX (R = CO-CH$_3$) und Formel X (R = CO-CH$_3$).

Eine Verbindung (gelbe Krystalle, F: 310°), für die diese beiden Formeln in Betracht kommen, ist beim Erwärmen von 1-Acetamino-naphthalindiol-(2.7) mit Eisen(III)-chlorid und wss. Salzsäure erhalten worden (*Rieche, Rudolph*, B. **73** [1940] 335, 342).

IX X XI

# Amino-Derivate der Hydroxy-oxo-Verbindungen $C_nH_{2n-32}O_4$

## Amino-Derivate der Hydroxy-oxo-Verbindungen $C_{24}H_{16}O_4$

**5.8-Dihydroxy-2-[2.2-bis-(4-amino-phenyl)-vinyl]-naphthochinon-(1.4)** $C_{24}H_{18}N_2O_4$.

**5.8-Dihydroxy-2-[2.2-bis-(4-dimethylamino-phenyl)-vinyl]-naphthochinon-(1.4)**, *2-{2,2-bis*[p-(*dimethylamino*)*phenyl*]*vinyl}-5,8-dihydroxy-1,4-naphthoquinone* $C_{28}H_{26}N_2O_4$, Formel XI (R = H, X = $N(CH_3)_2$), und Tautomeres; **2-[2.2-Bis-(4-dimethylamino-phenyl)-vinyl]-naphthazarin.**

*B.* Beim Erwärmen von Naphthazarin mit 1.1-Bis-[4-dimethylamino-phenyl]-äthylen in Benzol (*Gates*, Am. Soc. **66** [1944] 124, 128).

Schwarze Krystalle (aus Bzl.); F: 307—308° [unkorr.].

**5.8-Diacetoxy-2-[2.2-bis-(4-dimethylamino-phenyl)-vinyl]-naphthochinon-(1.4)**, *5,8-diacetoxy-2-{2,2-bis*[p-(*dimethylamino*)*phenyl*]*vinyl}-1,4-naphthoquinone* $C_{32}H_{30}N_2O_6$, Formel XI (R = CO-$CH_3$, X = $N(CH_3)_2$).

*B.* Beim Erwärmen von 5.8-Diacetoxy-naphthochinon-(1.4) mit 1.1-Bis-[4-dimethyl-amino-phenyl]-äthylen in Dioxan (*Gates*, Am. Soc. **66** [1944] 124, 128).

Blauschwarze Krystalle (aus Dioxan); F: 261—264° [korr.]. [*Geibler*]

# Amino-Derivate der Hydroxy-oxo-Verbindungen $C_nH_{2n-14}O_5$

## Amino-Derivate der Hydroxy-oxo-Verbindungen $C_{16}H_{18}O_5$

**7-Amino-1.2.3.10-tetrahydroxy-9-oxo-5.6.7.8.9.10.11.12-octahydro-benzo[*a*]heptalen** $C_{16}H_{19}NO_5$.

**7-Acetamino-10-hydroxy-1.2.3-trimethoxy-9-oxo-5.6.7.8.9.10.11.12-octahydro-benzo[*a*]-heptalen, *N*-[10-Hydroxy-1.2.3-trimethoxy-9-oxo-5.6.7.8.9.10.11.12-octahydro-benzo[*a*]-heptalenyl-(7)]-acetamid**, N-(*10-hydroxy-1,2,3-trimethoxy-9-oxo-5,6,7,8,9,10,11,12-octa-hydrobenzo*[a]*heptalen-7-yl*)*acetamide* $C_{21}H_{27}NO_6$.

**(7*S*:10*Ξ*)-7-Acetamino-10-hydroxy-1.2.3-trimethoxy-9-oxo-5.6.7.8.9.10.11.12-octa-hydro-benzo[*a*]heptalen**, Formel I (R = CO-$CH_3$), und Tautomere; Tetrahydro-colchicein aus (−)-Colchicein.

Konstitution: *Scott, Tarbell*, Am. Soc. **72** [1950] 240.

*B.* Bei der Hydrierung von (−)-Colchicein (S. 692) an Palladium/Kohle in Methanol (*Arnstein et al.*, Am. Soc. **71** [1949] 2448, 2451).

Amorph (*Ar. et al.*). IR-Spektrum ($CHCl_3$; 5,5—8 μ): *Sc., Ta.*

2.4-Dinitro-phenylhydrazon $C_{27}H_{31}N_5O_9$. Gelbe Krystalle (aus E. + Bzn.); F: 230—231° [unkorr.] (*Ar. et al.*).

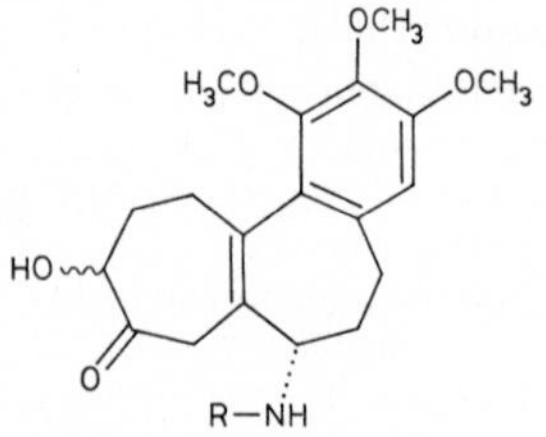

I 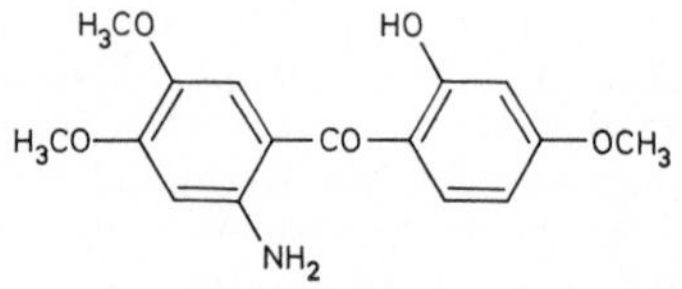　　II

# Amino-Derivate der Hydroxy-oxo-Verbindungen $C_nH_{2n-16}O_5$

## Amino-Derivate der Hydroxy-oxo-Verbindungen $C_{13}H_{10}O_5$

**6'-Amino-2.4.3'.4'-tetrahydroxy-benzophenon** $C_{13}H_{11}NO_5$.

**6-Amino-2'-hydroxy-3.4.4'-trimethoxy-benzophenon**, *2-amino-2'-hydroxy-4,4',5-trimeth-oxybenzophenone* $C_{16}H_{17}NO_5$, Formel II.

*B.* Beim Erwärmen von 6-Nitro-2'-hydroxy-3.4.4'-trimethoxy-benzophenon in Äthanol mit Zinn(II)-chlorid, Zinn und wss. Salzsäure (*Rây, Silooja, Wadha*, J. Indian chem.

Soc. **10** [1933] 617, 619).

Hydrochlorid $C_{16}H_{17}NO_5 \cdot HCl$. Krystalle (aus Chlorwasserstoff enthaltendem Äthanol); F: 240°.

## Amino-Derivate der Hydroxy-oxo-Verbindungen $C_nH_{2n-18}O_5$

### Amino-Derivate der Hydroxy-oxo-Verbindungen $C_{15}H_{12}O_5$

**3-[3.4-Dihydroxy-phenyl]-1-[6-amino-3.4-dihydroxy-phenyl]-propen-(2)-on-(1), 6'-Amino-3.4.3'.4'-tetrahydroxy-chalkon** $C_{15}H_{13}NO_5$.

**6'-Amino-3.4.3'.4'-tetramethoxy-chalkon,** *2'-amino-3,4,4',5'-tetramethoxychalcone* $C_{19}H_{21}NO_5$.

**6'-Amino-3.4.3'.4'-tetramethoxy-*trans*-chalkon,** Formel III.

Eine Verbindung (orangerote Krystalle [aus Me.]; F: 153—155°), der vermutlich diese Konfiguration zukommt, ist neben 5.6-Dimethoxy-3-[3.4-dimethoxy-*trans*(?)-styryl]-benz[*c*]isoxazol (F: 189—191°) beim Erwärmen von 6'-Nitro-3.4.3'.4'-tetramethoxy-*trans*(?)-chalkon (F: 212—214° [E III **8** 4109]) mit Zinn(II)-chlorid und Chlorwasserstoff in Essigsäure erhalten und durch Erwärmen mit wss.-äthanol. Salzsäure in 6.7-Dimethoxy-4-oxo-2-[3.4-dimethoxy-phenyl]-1.2.3.4-tetrahydro-chinolin übergeführt worden (*H. Baumgarten*, Diss. [Univ. Berlin 1933] S. 24).

III IV

**6'-Amino-4.5.3'.4'-tetrahydroxy-stilben-carbaldehyd-(2)** $C_{15}H_{13}NO_5$.

**6'-Dimethylamino-4.5.3'.4'-tetramethoxy-stilben-carbaldehyd-(2),** *2'-(dimethylamino)-4,4',5,5'-tetramethoxystilbene-2-carbaldehyde* $C_{21}H_{25}NO_5$.

**6'-Dimethylamino-4.5.3'.4'-tetramethoxy-*trans*-stilben-carbaldehyd-(2),** Formel IV.

*B.* Neben anderen Verbindungen beim Behandeln einer aus Dimethyl-[4.5.4'.5'-tetramethoxy-2'-vinyl-*trans*-stilbenyl-(2)]-amin (F: 112° [E III **13** 2475]) und wss. Schwefelsäure hergestellten Lösung mit Ozon (*Schöpf, Thierfelder*, A. **497** [1932] 22, 39).

Krystalle (aus A.); F: 144—146°.

### Amino-Derivate der Hydroxy-oxo-Verbindungen $C_{16}H_{14}O_5$

**7-Amino-1.2.3.10-tetrahydroxy-9-oxo-5.6.7.9-tetrahydro-benzo[*a*]heptalen** $C_{16}H_{15}NO_5$ und **7-Amino-1.2.3.9-tetrahydroxy-10-oxo-5.6.7.10-tetrahydro-benzo[*a*]heptalen** $C_{16}H_{15}NO_5$.

**7-Amino-10-hydroxy-1.2.3-trimethoxy-9-oxo-5.6.7.9-tetrahydro-benzo[*a*]heptalen,** 7-Amino-10-hydroxy-1.2.3-trimethoxy-5.6-dihydro-7*H*-benzo[*a*]heptalenon-(9), *7-amino-10-hydroxy-1,2,3-trimethoxy-5,6-dihydrobenzo*[a]*heptalen-9*(7H)-*one* $C_{19}H_{21}NO_5$ und **7-Amino-9-hydroxy-1.2.3-trimethoxy-10-oxo-5.6.7.10-tetrahydro-benzo[*a*]heptalen,** 7-Amino-9-hydroxy-1.2.3-trimethoxy-5.6-dihydro-7*H*-benzo[*a*]heptalenon-(10), *7-amino-9-hydroxy-1,2,3-trimethoxy-5,6-dihydrobenzo*[a]*heptalen-10*(7H)-*one* $C_{19}H_{21}NO_5$.

**(*S*)-7-Amino-10-hydroxy-1.2.3-trimethoxy-9-oxo-5.6.7.9-tetrahydro-benzo[*a*]heptalen,** Formel V (R = X = H), und **(*S*)-7-Amino-9-hydroxy-1.2.3-trimethoxy-10-oxo-5.6.7.10-tetrahydro-benzo[*a*]heptalen,** Formel VI (R = X = H); **Desacetyl-colchicein;** Tri-*O*-methyl-colchicinsäure aus (–)-Colchicein (E I 518).

UV-Absorption von Lösungen der Base in wss. Natronlauge und des Hydrochlorids in wss. Salzsäure: *Šantavý*, Collect. **14** [1949] 145, 153. Polarographie: *Ša.*, l. c. S. 151. Löslichkeit in Wasser bei 20°: 1,4‰ (*Steinegger*, Pharm. Acta Helv. **22** [1947] 643, 648).

**7-Acetamino-10-hydroxy-1.2.3-trimethoxy-9-oxo-5.6.7.9-tetrahydro-benzo[*a*]heptalen, *N*-[10-Hydroxy-1.2.3-trimethoxy-9-oxo-5.6.7.9-tetrahydro-benzo[*a*]heptalenyl-(7)]-acetamid,** N-(*10-hydroxy-1,2,3-trimethoxy-9-oxo-5,6,7,9-tetrahydrobenzo*[a]*heptalen-7-yl*)*acetamide* $C_{21}H_{23}NO_6$ und **7-Acetamino-9-hydroxy-1.2.3-trimethoxy-10-oxo-5.6.7.10-tetrahydro-benzo[*a*]heptalen, *N*-[9-Hydroxy-1.2.3-trimethoxy-10-oxo-5.6.7.10-tetrahydro-benzo[*a*]heptalenyl-(7)]-acetamid,** N-(*9-hydroxy-1,2,3-trimethoxy-10-oxo-5,6,7,10-tetrahydrobenzo*[a]*heptalen-7-yl*)*acetamide* $C_{21}H_{23}NO_6$.

**(*S*)-7-Acetamino-10-hydroxy-1.2.3-trimethoxy-9-oxo-5.6.7.9-tetrahydro-benzo[*a*]heptalen,** Formel V (R = CO-$CH_3$, X = H), und **(*S*)-7-Acetamino-9-hydroxy-1.2.3-trimethoxy-10-oxo-5.6.7.10-tetrahydro-benzo[*a*]heptalen,** Formel VI (R = CO-$CH_3$, X = H); **(−)-Colchicein** (E I 519; E II 190).

Die Konstitution und Konfiguration ergibt sich aus der genetischen Beziehung zu (−)-Colchicin (S. 693).

Krystalle; F: 178—179° [korr.; Kofler-App.; aus Dioxan + Ae.] (*Sorkin*, Helv. **29** [1946] 246), 175—175,5° [unkorr.; aus E. + Ae.] (*Arnstein et al.*, Am. Soc. **71** [1949] 2448, 2450). $[\alpha]_D^{14}$: −252,7° [$CHCl_3$; c = 1] (*So.*). UV-Spektrum von Lösungen in Chloroform: *Bursian*, B. **71** [1938] 245, 251; in wss. Ammoniak: *Bu.*; in wss. Natronlauge: *Šantavý*, Helv. **31** [1948] 821, 823; *Čech*, *Šantavý*, Collect. **14** [1949] 532, 533. UV-Absorption einer Lösung des Hydrochlorids in wss. Salzsäure: *Šantavý*, Collect. **14** [1949] 145, 153. Polarographie: *Brdička*, Chem. Listy **39** [1945] 35, 39; C. A. **1951** 1410; *Ša.*, Collect. **14** 148, 151. Löslichkeit in Wasser bei 20°: 0,6‰ (*Steinegger*, Pharm. Acta Helv. **22** [1947] 643, 648).

Überführung in (−)-*N*-Acetyl-colchinol ((*S*)-7-Acetamino-1.2.3-trimethoxy-6.7-dihydro-5*H*-dibenzo[*a.c*]cycloheptenol-(9)) durch Erwärmen mit wss. Wasserstoffperoxid und wss. Natronlauge: *Čech*, *Ša.*, l. c. S. 535. Beim Behandeln mit Perjodsäure in wss. Dioxan ist eine nach *Ahmad*, *Buchanan*, *Cook* (Soc. **1957** 3278) möglicherweise als 3*c*-[(4*S*:10b*Ξ*)-4-Acetamino-8.9.10-trimethoxy-2-oxo-2.4.5.6-tetrahydro-benzo[6.7]cyclohepta[1.2-*b*]furanyl-(10b)]-acrylsäure oder als [(5*Ξ*:7*S*)-7-Acetamino-2.3.4-trimethoxy-5′-oxo-8.9-dihydro-7*H*.5′*H*-spiro[benzocyclohepten-5.2′-furan]yliden-(6*ξ*)]-essigsäure (Syst. Nr. 2648) zu formulierende Verbindung $C_{21}H_{23}NO_8$ (F: 238—239° [korr.]) erhalten worden (*Meyer*, *Reichstein*, Pharm. Acta Helv. **19** [1944] 127, 150). Bildung von (2*Ξ*:5*S*)-2.4.8-Tribrom-5-acetamino-9.10.11-trimethoxy-3-oxo-3.5.6.7-tetrahydro-2*H*-dibenzo[*a.c*]cyclohepten-carbonsäure-(2) (F: 268°) beim Behandeln mit Brom in Tetrachlormethan und Behandeln des Reaktionsprodukts mit Brom in Essigsäure (vgl. E I **14** 519): *Lettré*, *Fernholz*, *Hartwig*, A. **576** [1952] 147, 151. Hydrierung an Palladium in Methanol unter Bildung von (7*S*:10*Ξ*)-7-Acetamino-10-hydroxy-1.2.3-trimethoxy-9-oxo-5.6.7.8.9.10.11.12-octahydro-benzo[*a*]heptalen (S. 690) sowie Hydrierung an Raney-Nickel in Methanol unter Bildung von zwei (7*S*:9*Ξ*:10*Ξ*)-7-Acetamino-1.2.3-trimethoxy-5.6.7.8.9.10.11.12-octahydro-benzo[*a*]heptalendiolen-(9.10) (F: 205,5—206° bzw. F: 201—202° [E III **13** 2482]): *Arnstein et al.*, Am. Soc. **71** [1949] 2448, 2450, 2451. Reaktion mit Diazomethan in Äther und Chloroform unter Bildung von (−)-Colchicin (S. 693) und (−)-Isocolchicin (S. 694): *So.*; s. a. *Lettré*, *Fernholz*, Z. physiol. Chem. **278** [1943] 175, 193; *Meyer*, *Rei.*, l. c. S. 148.

Colorimetrische Bestimmung mit Hilfe von Eisen(III)-chlorid in Chloroform und Äthanol: *Boyland*, *Huntsman*, *Mawson*, Biochem. J. **32** [1938] 1204.

*O*-Benzoyl-Derivat $C_{28}H_{27}NO_7$. Krystalle (aus Bzl. + Ae.); F: 206—207° [unkorr.] (*Ar. et al.*, l. c. S. 2450).

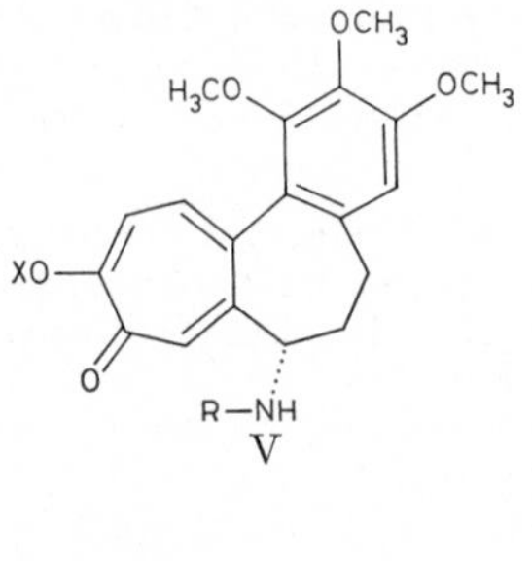

V

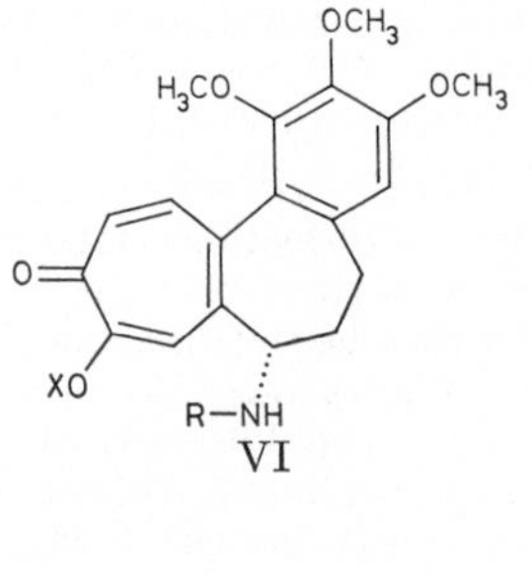

VI

**7-Acetamino-1.2.3.10-tetramethoxy-9-oxo-5.6.7.9-tetrahydro-benzo[*a*]heptalen, *N*-[1.2.3.10-Tetramethoxy-9-oxo-5.6.7.9-tetrahydro-benzo[*a*]heptalenyl-(7)]-acetamid,** N-(*1,2,3,10-tetramethoxy-9-oxo-5,6,7,9-tetrahydrobenzo*[a]*heptalen-7-yl)acetamide* $C_{22}H_{25}NO_6$.

**(*S*)-7-Acetamino-1.2.3.10-tetramethoxy-9-oxo-5.6.7.9-tetrahydro-benzo[*a*]heptalen, (–)-Colchicin,** Formel V (R = $CO\text{-}CH_3$, X = $CH_3$) (E I 520; E II 191).

Zusammenfassende Darstellungen: *Cook, Loudon,* in *Manske,* The Alkaloids, Bd. 2 [New York 1952] S. 261–329; *Nozoe,* Fortschr. Ch. org. Naturst. **13** [1956] 232; *Wildman,* in *Manske,* The Alkaloids, Bd. 6 [New York 1960] S. 247–288; *Boit,* Ergebnisse der Alkaloid-Chemie bis 1960 [Berlin 1961] S. 28–49; *Wildman, Pursey,* in *Manske,* The Alkaloids, Bd. 11 [New York 1968] S. 407–457.

Über die Konstitution (Position der Methoxy-Gruppe und der Oxo-Gruppe am siebengliedrigen Ring): *Loewenthal,* Soc. **1961** 1421. Konfiguration: *Corrodi, Hardegger,* Helv. **38** [1955] 2030, 2031, **40** [1957] 193, 194. Konformation: *Hrbek et al.,* Collect. **29** [1964] 2822, 2828.

Vorkommen in Androcymbium gramineum: *Perrot,* C. r. **202** [1936] 1088; Bl. Sci. pharmacol. **43** [1936] 257; in Colchicum speciosum: *Taran,* C. A. **1941** 5255; *Beer et al.,* Doklady Akad. S.S.S.R. **67** [1949] 883; C. **1951** I 2600; in Merendera bulbocodium: *Klein, Pollauf,* Öst. bot. Z. **78** [1929] 251; in Merendera Kesselringii: *Lasur'ewškiĭ, Mašlennikowa,* Doklady Akad. S.S.S.R. **63** [1948] 449.

Krystalle, F: 155° [aus E.] (*Ashley, Harris,* Soc. **1944** 677), 152–154° [korr.; Kofler-App.; aus E. + PAe.] (*Sorkin,* Helv. **29** [1946] 246); hellgelbe Krystalle (aus Bzl.) mit 1 Mol Benzol, F: 140° (*Ash., Ha.*). $[\alpha]_D^{19}$: –122,4° [$CHCl_3$; c = 1,5] (*Meyer, Reichstein,* Pharm. Acta Helv. **19** [1944] 127, 148). UV-Spektrum von Lösungen in Chloroform: *Bursian,* B. **71** [1938] 245, 250; *Beer,* Doklady Akad. S.S.S.R. **69** [1949] 369; C. A. **1950** 2178; in Wasser: *Tarbell, Frank, Fanta,* Am. Soc. **68** [1946] 502, 503; in wss. Ammoniak: *Bu.*; in wss. Natronlauge: *Ta., Fr., Fa.*; *Šantavý,* Helv. **31** [1948] 821, 823; in wss. Lösungen vom pH 0,9 bis 11,7: *Schuhler,* C. r. **210** [1940] 490, 491. Dissoziationsexponenten (W.): *Sch.* Basizität in Essigsäure: *Hall,* Am. Soc. **52** [1930] 5115, 5124. Polarographie: *Kirkpatrick,* Quart. J. Pharm. Pharmacol. **19** [1946] 526, 533; *Brdička,* Collect. **12** [1947] 522, 537; *Šantavý,* Pharm. Acta Helv. **23** [1948] 380, 381; Collect. **14** [1949] 145, 149, 153.

Überführung in Allocolchicin ((*S*)-5-Acetamino-9.10.11-trimethoxy-6.7-dihydro-5*H*-dibenzo[*a.c*]cyclohepten-carbonsäure-(3)-methylester) durch Erwärmen mit Natriummethylat in Methanol: *Fernholz,* A. **568** [1950] 63, 69; s. a. *Ša.,* Helv. **31** 825. Das beim Behandeln mit Chrom(VI)-oxid in Schwefelsäure erhaltene Oxycolchicin der vermeintlichen Zusammensetzung $C_{22}H_{23}NO_7$ (F: 266 – 268°; s. E I **14** 525) ist als (7*S*:10*Ξ*:12a*Ξ*)-7-Acetamino-1.2.3.10-tetramethoxy-9-oxo-5.6.7.9.10.12a-hexahydro-10.12a-epoxy-benzo[*a*]heptalen $C_{22}H_{25}NO_7$ zu formulieren (*Cross, Šantavý, Trivedi,* Collect. **28** [1963] 3402; *Buchanan et al.,* Tetrahedron **20** [1964] 1449). Geschwindigkeit der Hydrolyse in wss. Salzsäure bei 37° und 100° (Bildung von (–)-Colchicein [S. 692]): *Boyland, Huntsman, Mawson,* Biochem. J. **32** [1938] 1204. Beim Behandeln mit *C*-Cyan-acetamid und Natriumäthylat in Äthanol ist eine nach *Nozoe, Seto, Nozoe* (Pr. Acad. Tokyo **32** [1956] 472, 475) vermutlich als (*S*)-7-Acetamino-1.2.3-trimethoxy-10-oxo-6.7.9.10-tetrahydro-5*H*-benzo[6.7]heptaleno[2.3-*b*]pyrrol-carbonitril-(11) zu formulierende Verbindung (Hydrochlorid $C_{24}H_{23}N_3O_5 \cdot HCl$: orangegelbes Pulver [aus A. + Bzl.], Zers. bei 205° [nach Sintern bei 175°]) erhalten worden (*Cook et al.,* Soc. **1944** 322, 325).

Tetrachloroaurat (III) $C_{22}H_{25}NO_6 \cdot HAuCl_4$ (E I 521). F: 209° (*Beer,* Doklady Akad. S.S.S.R. **69** [1949] 369).

Pikrat. F: 136–137° (*Oliverio, Trucco,* Atti Accad. Gioenia Catania [6] **4** [1939] Mem. VIII 7).

Styphnat. F: 140–141° (*Ol., Tr.*).

**7-Acetamino-1.2.3.9-tetramethoxy-10-oxo-5.6.7.10-tetrahydro-benzo[*a*]heptalen, *N*-[1.2.3.9-Tetramethoxy-10-oxo-5.6.7.10-tetrahydro-benzo[*a*]heptalenyl-(7)]-acetamid,** N-(*1,2,3,9-tetramethoxy-10-oxo-5,6,7,10-tetrahydrobenzo*[a]*heptalen-7-yl)acetamide* $C_{22}H_{25}NO_6$.

**(*S*)-7-Acetamino-1.2.3.9-tetramethoxy-10-oxo-5.6.7.10-tetrahydro-benzo[*a*]heptalen, (−)-Isocolchicin**, Formel VI (R = CO-$CH_3$, X = $CH_3$) auf S. 692.

Über die Konstitution (Position der Methoxy-Gruppe und der Oxo-Gruppe am siebengliedrigen Ring): *Loewenthal*, Soc. **1961** 1421.

*B.* Neben (−)-Colchicin (S. 693) beim Behandeln einer Lösung von (−)-Colchicein (S. 692) in Chloroform mit Diazomethan in Äther (*Sorkin*, Helv. **29** [1946] 246; s. a. *Meyer, Reichstein*, Pharm. Acta Helv. **19** [1944] 127, 148).

Krystalle (aus Dioxan und Ae.); F: 225−226° [korr.; Kofler-App.] (*So.*). $[\alpha]_D^{12}$: −306,7° [$CHCl_3$; c = 1] (*So.*).

# Amino-Derivate der Hydroxy-oxo-Verbindungen $C_nH_{2n-20}O_5$

## Amino-Derivate der Hydroxy-oxo-Verbindungen $C_{14}H_8O_5$

**3-Amino-1.2.4-trihydroxy-anthrachinon**, *2-amino-1,3,4-trihydroxyanthraquinone* $C_{14}H_9NO_5$, Formel VII, und Tautomeres.

*B.* Bei der Hydrierung von 3-Nitro-1.2.4-trihydroxy-anthrachinon an Nickel in Wasser bei 60° und 10 at (*I.G. Farbenind.*, D.R.P. 641716 [1935]; Frdl. **23** 939).

Braunrote Krystalle (aus Nitrobenzol); Zers. bei 335°.

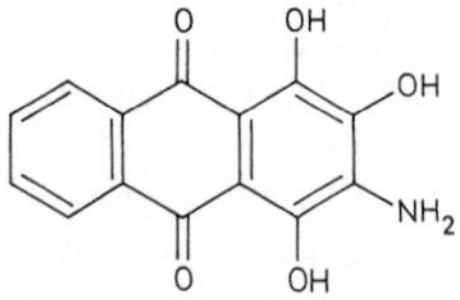

VII 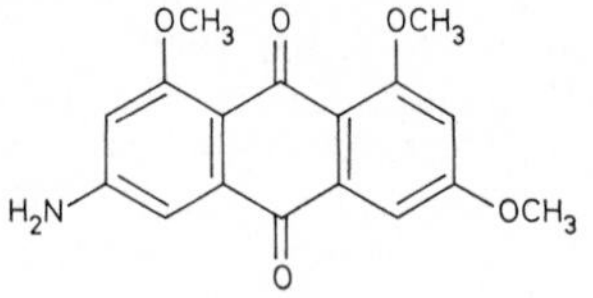 VIII 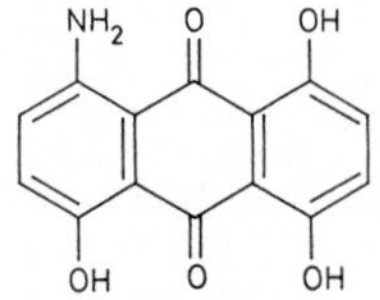 IX

**6-Amino-1.3.8-trihydroxy-anthrachinon** $C_{14}H_9NO_5$.

**6-Amino-1.3.8-trimethoxy-anthrachinon**, *3-amino-1,6,8-trimethoxyanthraquinone* $C_{17}H_{15}NO_5$, Formel VIII.

*B.* Beim Behandeln von 4.5.7-Trimethoxy-9.10-dioxo-9.10-dihydro-anthracencarb= amid-(2) mit alkal. wss. Kaliumhypobromit-Lösung (*Shibata*, J. pharm. Soc. Japan **61** [1941] 320, 324; dtsch. Ref. S. 103; C. A. **1950** 9396).

Orangerote Krystalle (aus A.); F: 268°.

**8-Amino-1.4.5-trihydroxy-anthrachinon**, *1-amino-4,5,8-trihydroxyanthraquinone* $C_{14}H_9NO_5$, Formel IX, und Tautomeres.

*B.* Aus 1.4.5.8-Tetraamino-anthrachinon beim Behandeln mit Mangan(IV)-oxid und Schwefelsäure, Versetzen mit wss. Schwefelsäure und anschliessenden Erwärmen (*I.G. Farbenind.*, D.R.P. 554647 [1930]; Frdl. **19** 1949). Aus 4.8-Diamino-1.5-dihydroxy-anthrachinon beim Behandeln mit Mangan(IV)-oxid und Schwefelsäure, Versetzen mit Wasser und anschliessenden Erwärmen (*I.G. Farbenind.*, D.R.P. 556459 [1930]; Frdl. **19** 1954). Beim Erwärmen von 5.8-Diamino-anthracentetrol-(1.4.9.10) in wss.-methanol. Salzsäure und Erhitzen des Reaktionsprodukts mit Nitrobenzol unter Zusatz von Piperidin auf 150° (*I.G. Farbenind.*, D.R.P. 646498 [1935]; Frdl. **24** 790).

Krystalle mit grünem Oberflächenglanz (*I.G. Farbenind.*, D.R.P. 646498).

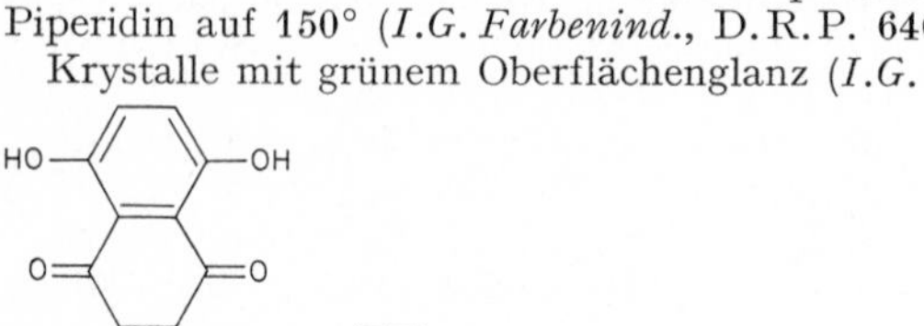

X 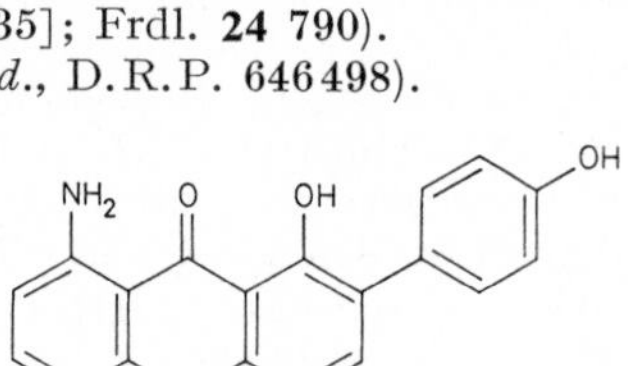 XI

**8-{4-[2-(2-Hydroxy-äthoxy)-äthoxy]-anilino}-1.4.5-trihydroxy-anthrachinon**, *O*-[4-(4.5.8-Trihydroxy-9.10-dioxo-9.10-dihydro-anthryl-(1)-amino)-phenyl]-diäthylenglykol, *1,4,5-trihydroxy-8-[β-(2-hydroxyethoxy)-p-phenetidino]anthraquinone* $C_{24}H_{21}NO_8$, Formel X, und Tautomeres.

*B.* Beim Erwärmen von 1.4.5.8-Tetrahydroxy-anthrachinon mit 1.4.5.8.10-Penta=

hydroxy-anthron und *O*-[4-Amino-phenyl]-diäthylenglykol (nicht näher beschrieben) in Isopropylalkohol unter Zusatz von Borsäure und anschliessend mit wss. Natrium-perborat-Lösung (*Eastman Kodak Co.*, U.S.P. 2391011 [1944]).

Blau. F: 170—175°.

## Amino-Derivate der Hydroxy-oxo-Verbindungen $C_nH_{2n-28}O_5$

### Amino-Derivate der Hydroxy-oxo-Verbindungen $C_{20}H_{12}O_5$

**4.8-Diamino-1.5-dihydroxy-2-[4-hydroxy-phenyl]-anthrachinon,** *4,8-diamino-1,5-dihydroxy-2-(p-hydroxyphenyl)anthraquinone* $C_{20}H_{14}N_2O_5$, Formel XI.

Die E II 192 unter dieser Konstitution beschriebene, aus vermeintlicher 4.8-Diamino-1.5-dihydroxy-9.10-dioxo-2-[4-hydroxy-phenyl]-9.10-dihydro-anthracen-sulfonsäure-(6) hergestellte Verbindung ist wahrscheinlich als 1.5-Diamino-4.8-dihydroxy-2-[4-hydroxy-phenyl]-anthrachinon zu formulieren (*Pandhare et al.*, Indian J. Chem. **9** [1971] 1060).

## Amino-Derivate der Hydroxy-oxo-Verbindungen $C_nH_{2n-26}O_6$

### Amino-Derivate der Hydroxy-oxo-Verbindungen $C_{32}H_{38}O_6$

**3.4.3'.4'-Tetrahydroxy-6.6'-dioxo-4b.4'b-bis-[2-amino-äthyl]-4b.5.6.7.8.8a.9.10.4'b.5'.6'.7'.8'.8'a.9'.10'-hexadecahydro-[1.1']biphenanthryl** $C_{32}H_{40}N_2O_6$.

**4.4'-Dihydroxy-3.3'-dimethoxy-6.6'-dioxo-4b.4'b-bis-[2-dimethylamino-äthyl]-4b.5.6.7.8.8a.9.10.4'b.5'.6'.7'.8'.8'a.9'.10'-hexadecahydro-[1.1']biphenanthryl,** 4.4'-Dihydroxy-3.3'-dimethoxy-4b.4'b-bis-[2-dimethylamino-äthyl]-4b.7.8.8a.9.10.4'b.7'.8'.8'a.9'.10'-dodecahydro-5'*H*.5*H*-[1.1]biphenanthryldion-(6.6'), *4b,4'b-bis[2-(dimethylamino)ethyl]-4,4'-dihydroxy-3,3'-dimethoxy-4b,4'b,7,7',8,8',8a,8'a,9,9',10,10'-dodecahydro-1,1'-biphenanthryl-6,6'*(5H,5'H)*-dione* $C_{38}H_{52}N_2O_6$.

a) **(4b*R*.4'b*R*)-4.4'-Dihydroxy-3.3'-dimethoxy-6.6'-dioxo-4b*r*.4'b*r'*-bis-[2-dimethylamino-äthyl]-(8a*cH*.8'a*c'H*)-4b.5.6.7.8.8a.9.10.4'b.5'.6'.7'.8'.8'a.9'.10'-hexadecahydro-[1.1']biphenanthryl, *ent*-4.4'-Dihydroxy-3.3'-dimethoxy-17.17.17'.17'-tetramethyl-[1.1']bi[9.17-seco-morphinanyl]dion-(6.6')** [1]), Formel XII (in der Literatur auch als (+)-Bis-(1.1')-dihydro-des-*N*-methyl-demethoxy-dihydro-sinomeninbezeichnet).

*B.* Bei der Hydrierung von (4b*R*.4'b*R*)-4.4'-Dihydroxy-3.3'-dimethoxy-6.6'-dioxo-4b*r*.4'b*r'*-bis-[2-dimethylamino-äthyl]-(8a*cH*.8'a*c'H*)-4b.5.6.7.8.8a.4'b.5'.6'.7'.8'.8'a-dodecahydro-[1.1']biphenanthryl (S. 696) an Palladium (*Goto, Michinaka, Shishido*, A. **515** [1935] 297, 300).

Krystalle; Zers. bei 248—249°. $[\alpha]_D^{20}$: +33,2° [$CHCl_3$ + Me.].

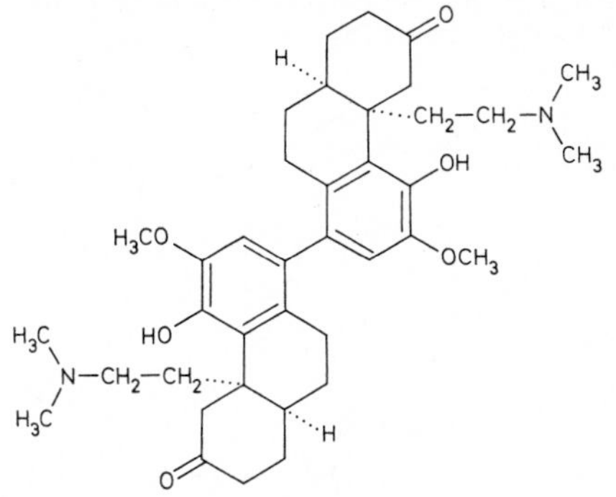

XII

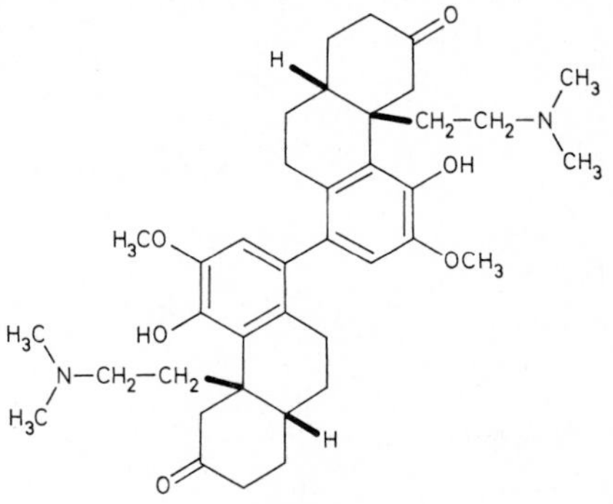

XIII

1) Stellungsbezeichnung bei von Morphinan abgeleiteten Namen s. E III **13** 2295.

b) **(4b*S*.4'b*S*)-4.4'-Dihydroxy-3.3'-dimethoxy-6.6'-dioxo-4b*r*.4'b*r*'-bis-[2-dimethyl=amino-äthyl]-(8a*cH*.8'a*c'H*)-4b.5.6.7.8.8a.9.10.4'b.5'.6'.7'.8'.8'a.9'.10'-hexadecahydro-[1.1']biphenanthryl, 4.4'-Dihydroxy-3.3'-dimethoxy-17.17.17'.17'-tetramethyl-[1.1']bi=[9.17-seco-morphinanyl]dion-(6.6')** [1]), Formel XIII (in der Literatur auch als (−)-Bis-(1.1')-dihydro-des-*N*-methyl-dihydrothebainon bezeichnet).

*B.* Bei der Hydrierung von (4b*S*.4'b*S*)-4.4'-Dihydroxy-3.3'-dimethoxy-6.6'-dioxo-4b*r*.4'b*r*'-bis-[2-dimethylamino-äthyl]-(8a*cH*.8'a*c'H*)-4b.5.6.7.8.8a.4'b.5'.6'.7'.8'.8'a-do=decahydro-[1.1']biphenanthryl (S. 697) an Palladium (*Goto, Michinaka, Shishido,* A. **515** [1935] 297, 301).

Krystalle; Zers. bei 249—250°. $[\alpha]_D^{20}$: −32,5° [$CHCl_3$ + Me.].

c) **(±)-4.4'-Dihydroxy-3.3'-dimethoxy-6.6'-dioxo-4b*r*.4'b*r*'-bis-[2-dimethylamino-äthyl]-(8a*cH*.8'a*c'H*)-4b.5.6.7.8.8a.9.10.4'b.5'.6'.7'.8'.8'a.9'.10'-hexadecahydro-[1.1']bi=phenanthryl, *rac*-4.4'-Dihydroxy-3.3'-dimethoxy-17.17.17'.17'-tetramethyl-[1.1']bi=[9.17-seco-morphinanyl]dion-(6.6')** [1]), Formel XII + XIII (in der Literatur auch als (±)-Bis-(1.1')-dihydro-des-*N*-methyl-dihydrothebainon bezeichnet).

*B.* Aus gleichen Mengen der unter a) und b) beschriebenen Enantiomeren (*Goto, Michinaka, Shishido,* A. **515** [1935] 297, 301).

Krystalle (aus $CHCl_3$ + Ae.); F: 245—248° [Zers.].

## Amino-Derivate der Hydroxy-oxo-Verbindungen $C_nH_{2n-30}O_6$

### Amino-Derivate der Hydroxy-oxo-Verbindungen $C_{32}H_{34}O_6$

**3.4.3'.4'-Tetrahydroxy-6.6'-dioxo-4b.4'b-bis-[2-amino-äthyl]-4b.5.6.7.8.8a.4'b.5'.6'.7'.=8'.8'a-dodecahydro-[1.1']biphenanthryl** $C_{32}H_{36}N_2O_6$.

**4.4'-Dihydroxy-3.3'-dimethoxy-6.6'-dioxo-4b.4'b-bis-[2-dimethylamino-äthyl]-4b.5.6.7.8.8a.4'b.5'.6'.7'.8'.8'a-dodecahydro-[1.1']biphenanthryl**, 4.4'-Dihydroxy-3.3'-dimethoxy-4b.4'b-bis-[2-dimethylamino-äthyl]-4b.7.8.8a.4'b.7'.8'.8'a-octa=hydro-5*H*.5'*H*-[1.1']biphenanthryldion-(6.6'), *4b,4'b-bis[2-(dimethylamino)ethyl]-4,4'-dihydroxy-3,3'-dimethoxy-4b,4'b,7,7',8,8',8a,8'a-octahydro-1,1'-biphenanthryl-6,6'*(5H,5'H)*-dione* $C_{38}H_{48}N_2O_6$.

a) **(4b*R*.4'b*R*)-4.4'-Dihydroxy-3.3'-dimethoxy-6.6'-dioxo-4b*r*.4'b*r*'-bis-[2-dimethyl=amino-äthyl]-(8a*cH*.8'a*c'H*)-4b.5.6.7.8.8a.4'b.5'.6'.7'.8'.8'a-dodecahydro-[1.1']biphen=anthryl, *ent*-4.4'-Dihydroxy-3.3'-dimethoxy-17.17.17'.17'-tetramethyl-9.10.9'.10'-tetra=dehydro-[1.1']bi[9.17-seco-morphinanyl]dion-(6.6')** [1]), Formel XIV (in der Literatur auch als (+)-Bis-(1.1')-des-*N*-methyl-demethoxy-dihydro-sinomenin bezeichnet).

*B.* Beim Erhitzen von *ent*-4.4'-Dihydroxy-3.3'-dimethoxy-6.6'-dioxo-17.17.17'.17'-tetramethyl-[1.1']bimorphinaniumyl-dijodid („Bis-(1.1')-dimethoxy-dihydro-sinomenin-jodmethylat") mit wss. Kalilauge (*Goto, Michinaka, Shishido,* A. **515** [1935] 297, 299).

Krystalle (aus $CHCl_3$ + Me.); F: 252°. $[\alpha]_D^{19}$: +45,1° [$CHCl_3$ + Me.].

Beim Erhitzen des Dimethojodids mit wss. Kalilauge ist (4b*R*.4'b*R*)-3.3'-Dimeth=oxy-6.6'-dioxo-(4b*r*.8a*cH*.4'b*r*'.8'a*c'H*)-6.7.8.8a.6'.7'.8'.8'a-octahydro-5*H*.5'*H*-[1.1']bi=[4.4b-epoxyäthano-phenanthrenyl] („(−)-Bis-(1.1')-dehydro-thebenon") erhalten worden.

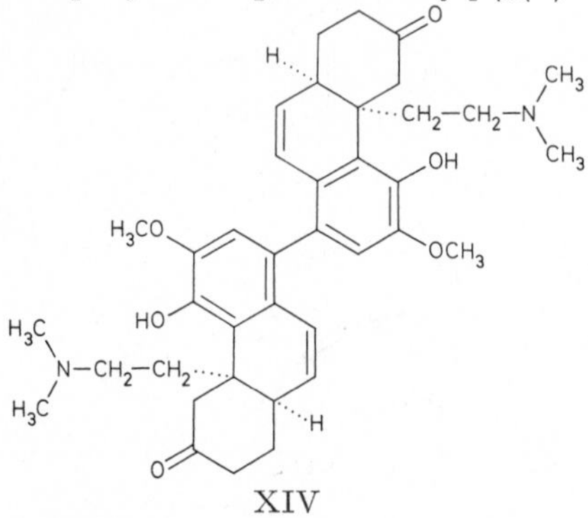

XIV 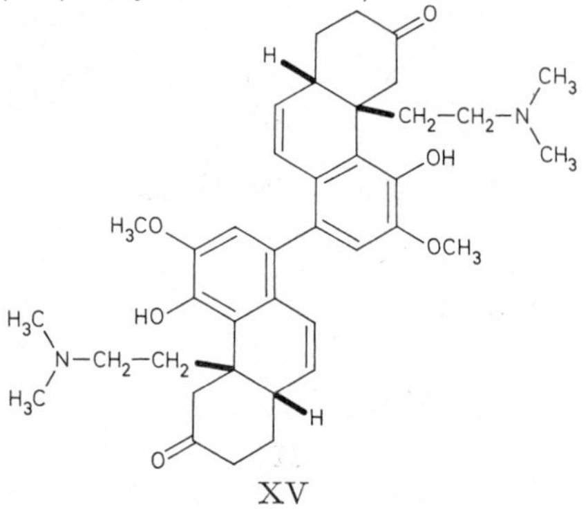 XV

[1]) Stellungsbezeichnung bei von Morphinan abgeleiteten Namen s. E III **13** 2295.

b) **(4b*S*.4′b*S*)-4.4′-Dihydroxy-3.3′-dimethoxy-6.6′-dioxo-4b*r*.4′b*r*′-bis-[2-dimethylamino-äthyl]-(8a*cH*.8′a*c*′*H*)-4b.5.6.7.8.8a.4′b.5′.6′.7′.8′.8′a-dodecahydro-[1.1′]biphenanthryl, 4.4′-Dihydroxy-3.3′-dimethoxy-17.17.17′.17′-tetramethyl-9.10.9′.10′-tetradehydro-[1.1′]bi[9.17-seco-morphinanyl]dion-(6.6′)** [1]), Formel XV (in der Literatur auch als (−)-Bis-(1.1′)-des-*N*-methyl-dihydrothebainon bezeichnet).

*B.* Beim Erhitzen von 4.4′-Dihydroxy-3.3′-dimethoxy-6.6′-dioxo-17.17.17′.17′-tetramethyl-[1.1′]bimorphinaniumyl-dijodid („Bis-(1.1′)-dihydrothebainon-jodmethylat") mit wss. Kalilauge (*Goto, Michinaka, Shishido,* A. **515** [1935] 297, 299).

F: 252°. $[\alpha]_D^{20}$: −45,1° [$CHCl_3$ + Me.].

Beim Erhitzen des Dimethojodids mit wss. Kalilauge ist (4b*S*.4′b*S*)-3.3′-Dimethoxy-6.6′-dioxo-(4b*r*.8a*cH*.4′b*r*′.8′a*c*′*H*)-6.7.8.8a.6′.7′.8′.8′a-octahydro-5*H*.5′*H*-[1.1′]bi[4.4b-epoxyäthano-phenanthrenyl] („(+)-Bis-(1.1′)-dehydro-thebenon") erhalten worden.

c) **(±)-4.4′-Dihydroxy-3.3′-dimethoxy-6.6′-dioxo-4b*r*.4′b*r*′-bis-[2-dimethylamino-äthyl]-(8a*cH*.8′a*c*′*H*)-4b.5.6.7.8.8a.4′b.5′.6′.7′.8′.8′a-dodecahydro-[1.1′]biphenanthryl, *rac*-4.4′-Dihydroxy-3.3′-dimethoxy-17.17.17′.17′-tetramethyl-9.10.9′.10′-tetradehydro-[1.1′]bi[9.17-seco-morphinanyl]dion-(6.6′)** [1]), Formel XIV + XV (in der Literatur auch als (±)-Bis-(1.1′)-des-*N*-methyl-dihydrothebainon bezeichnet).

*B.* Aus gleichen Mengen der unter a) und b) beschriebenen Enantiomeren (*Goto, Michinaka, Shishido,* A. **515** [1935] 297, 299).

Krystalle (aus Ae.); F: 240−243°.

## Amino-Derivate der Hydroxy-oxo-Verbindungen $C_nH_{2n-38}O_6$

### Amino-Derivate der Hydroxy-oxo-Verbindungen $C_{27}H_{16}O_6$

**[4-Amino-phenyl]-bis-[3-hydroxy-1.4-dioxo-1.4-dihydro-naphthyl-(2)]-methan** $C_{27}H_{17}NO_6$.

**[4-Dimethylamino-phenyl]-bis-[3-hydroxy-1.4-dioxo-1.4-dihydro-naphthyl-(2)]-methan,** *3,3′-dihydroxy-2,2′-[4-(dimethylamino)benzylidene]di-1,4-naphthoquinone* $C_{29}H_{21}NO_6$, Formel XVI, und Tautomere.

*B.* Beim Erwärmen von 2-Hydroxy-naphthochinon-(1.4) mit 4-Dimethylamino-benzaldehyd in Äthanol (*Fieser et al.*, Am. Soc. **70** [1948] 3174, 3212, 3214).

Orangegelbe Krystalle (aus Bzl.); F: 157−159°. [*Bollwan*]

XVI

[1]) Stellungsbezeichnung bei von Morphinan abgeleiteten Namen s. E III **13** 2295.

# Sachregister

Das Register enthält die Namen der in diesen Bänden abgehandelten Verbindungen mit Ausnahme von Salzen, deren Kationen aus Metallionen oder protonierten Basen bestehen, und von Additionsverbindungen.

Die im Register aufgeführten Namen („Registernamen“) unterscheiden sich von den im Text verwendeten Namen im allgemeinen dadurch, dass Substitutionspräfixe und Hydrierungsgradpräfixe hinter den Stammnamen gesetzt („invertiert“) sind, und dass alle Stellungsbezeichnungen (Zahlen oder Buchstaben), die zu Substitutionspräfixen, Hydrierungsgradpräfixen, systematischen Endungen und zum Funktionssuffix gehören, sowie alle zur Konfigurationskennzeichnung dienenden genormten Präfixe und Symbole (s. „Stereochemische Bezeichnungsweisen“; Band 10, S. IX) weggelassen sind.

Der Registername enthält demnach die folgenden Bestandteile in der angegebenen Reihenfolge:

1. den Register-Stammnamen (in Fettdruck); dieser setzt sich zusammen aus
   a) dem (mit Stellungsbezeichnung versehenen) Stammvervielfachungsaffix (z. B. Bi in [1.2′]Binaphthyl),
   b) stammabwandelnden Präfixen[1]),
   c) dem Namensstamm (z. B. Hex in Hexan; Pyrr in Pyrrol),
   d) Endungen (z. B. -an, -en, -in zur Kennzeichnung des Sättigungszustandes von Kohlenstoff-Gerüsten; -ol, -in, -olin, -olidin usw. zur Kennzeichnung von Ringgrösse und Sättigungszustand bei Heterocyclen),
   e) dem Funktionssuffix zur Kennzeichnung der Hauptfunktion (z. B. -ol, -dion, -säure, -tricarbonsäure),
   f) Additionssuffixen (z. B. oxid in Äthylenoxid).
2. Substitutionspräfixe, d. h. Präfixe, die den Ersatz von Wasserstoff-Atomen durch andere Substituenten kennzeichnen (z. B. Chlor-äthyl in 2-Chlor-1-äthyl-naphthalin).
3. Hydrierungsgradpräfixe (z. B. Tetrahydro in 1.2.3.4-Tetrahydro-naphthalin; Didehydro in 4.4′-Didehydro-$\beta$-carotindion-(3.3′).
4. Funktionsabwandlungssuffixe (z. B. oxim in Aceton-oxim; dimethylester in Bernsteinsäure-dimethylester).

---

[1]) Zu den stammabwandelnden Präfixen (die mit Stellungsbezeichnungen versehen sein können) gehören:

Austauschpräfixe (z. B. Dioxa in 3.9-Dioxa-undecan; Thio in Thioessigsäure,

Gerüstabwandlungspräfixe (z. B. Bicyclo in Bicyclo[2.2.2]octan; Spiro in Spiro[4.5]octan; Seco in 5.6-Seco-cholestanon-(5)),

Brückenpräfixe (z. B. Methano in 1.4-Methano-naphthalin; Cyclo in 2.5-Cyclo-benzocyclohepten; Epoxy in 4.7-Epoxy-inden),

Anellierungspräfixe (z. B. Benzo in Benzocyclohepten; Cyclopenta in Cyclopenta[*a*]phenanthren),

Erweiterungspräfixe (z. B. Homo in *D*-Homo-androsten-(5)),

Subtraktionspräfixe (z. B. Nor in *A*-Nor-cholestan; Desoxy in 2-Desoxyglucose).

Beispiele:

*meso*-1.6-Diphenyl-hexin-(3)-diol-(2.5) wird registriert als **Hexindiol,** Diphenyl-;
4a.8a-Dimethyl-octahydro-1*H*-naphthalinon-(2)-semicarbazon wird registriert als **Naphthalinon,** Dimethyl-octahydro-, semicarbazon;
8-Hydroxy-4.5.6.7-tetramethyl-3a.4.7.7a-tetrahydro-4.7-äthano-indenon-(9) wird registriert als **4.7-Äthano-indenon,** Hydroxy-tetramethyl-tetrahydro-.

Besondere Regelungen gelten für Radikofunktionalnamen, d. h. Namen, die aus einer oder mehreren Radikalbezeichnungen und der Bezeichnung einer Funktionsklasse oder eines Ions zusammengesetzt sind:
Bei Radikofunktionalnamen von Verbindungen, deren Funktionsgruppe (oder ional bezeichnete Gruppe) mit nur einem Radikal unmittelbar verknüpft ist, umfasst der (in Fettdruck gesetzte) Register-Stammname die Bezeichnung dieses Radikals und die Funktionsklassenbezeichnung (oder Ionenbezeichnung) in unveränderter Reihenfolge; Präfixe, die eine Veränderung des Radikals ausdrücken, werden hinter den Stammnamen gesetzt.

Beispiele:

Äthylbromid, Phenylbenzoat, Phenyllithium und Butylamin werden unverändert registriert;
3-Chlor-4-brom-benzhydrylchlorid wird registriert als **Benzhydrylchlorid,** Chlor-brom-;
1-Methyl-butylamin wird registriert als **Butylamin,** Methyl-.

Bei Radikofunktionalnamen von Verbindungen mit einem mehrwertigen Radikal, das unmittelbar mit den Funktionsgruppen (oder ional bezeichneten Gruppen) verknüpft ist, umfasst der Register-Stammname die Bezeichnung dieses Radikals und die (gegebenenfalls mit einem Vervielfachungsaffix versehene) Funktionsklassenbezeichnung (oder Ionenbezeichnung), nicht aber weitere im Namen enthaltene Radikalbezeichnungen, auch wenn sie sich auf unmittelbar mit einer der Funktionsgruppen verknüpfte Radikale beziehen.

Beispiele:

Benzylidendiacetat, Äthylendiamin und Äthylenchloridbromid werden unverändert registriert;
1.2.3.4-Tetrahydro-naphthalindiyl-(1.4)-diamin wird registriert als **Naphthalindiyldiamin,** Tetrahydro-;
*N.N*-Diäthyl-äthylendiamin wird registriert als **Äthylendiamin,** Diäthyl-.

Bei Radikofunktionalnamen, deren (einzige) Funktionsgruppe mit mehreren Radikalen unmittelbar verknüpft ist, besteht hingegen der Register-Stammname nur aus der Funktionsklassenbezeichnung (oder Ionenbezeichnung); die Radikalbezeichnungen werden sämtlich hinter dieser angeordnet.

Beispiele:

Methyl-benzyl-amin wird registriert als **Amin,** Methyl-benzyl-;
Trimethyl-äthyl-ammonium wird registriert als **Ammonium,** Trimethyl-äthyl-;
Diphenyläther wird registriert als **Äther,** Diphenyl-;
Phenyl-[2-äthyl-naphthyl-(1)]-keton-oxim wird registriert als **Keton,** Phenyl-[äthyl-naphthyl]-, oxim.

Massgebend für die alphabetische Anordnung von Verbindungsnamen sind in erster Linie der Register-Stammname (wobei die durch Kursivbuchstaben oder

Ziffern repräsentierten Differenzierungsmarken in erster Näherung unberücksichtigt bleiben), in zweiter Linie die nachgestellten Präfixe, in dritter Linie die Funktionsabwandlungssuffixe.

Beispiele:

*sec*-Butylalkohol erscheint unter dem Buchstaben B;
Cyclopenta[*a*]naphthalin, Methyl- erscheint nach Cyclopentan;
Cyclopenta[*b*]naphthalin, Brom- erscheint nach Cyclopenta[*a*]naphthalin, Methyl-.

Von griechischen Zahlwörtern abgeleitete Namen oder Namensteile sind einheitlich mit c (nicht mit k) geschrieben.

Die Buchstaben i und j werden unterschieden.

Die Umlaute ä, ö und ü gelten hinsichtlich ihrer alphabetischen Einordnung als ae, oe bzw. ue.

# A

# B

# C

# D

# E

# F

# I

# J



# K



# L



# M

# N

## O



## P

# R



# S

## U



## V



## X



## Z

# Formelregister

Im Formelregister sind die Verbindungen entsprechend dem System von *Hill* (Am. Soc. **22** [1900] 478—494)

1. nach der Zahl der C-Atome,
2. nach der Zahl der H-Atome,
3. nach der alphabetischen Reihenfolge der übrigen Elemente (einschliesslich D)

angeordnet. Isomere sind nach steigender Seitenzahl aufgeführt. Verbindungen unbekannter Konstitution finden sich am Schluss der jeweiligen Isomeren-Reihe.

## $C_6$-Gruppe

$C_6H_4Cl_2N_2O_2$ 3.6-Dichlor-2.5-diamino-benzochinon-(1.4) und Tautomere 370

## $C_7$-Gruppe

$C_7H_5Br_2NO$ 3.5-Dibrom-2-amino-benzaldehyd 52

$C_7H_5Cl_2NO$ 3.5-Dichlor-2-amino-benzaldehyd 52
2.6-Dichlor-3-amino-benzaldehyd 56

$C_7H_5N_3O_5$ 3.5-Dinitro-4-amino-benzaldehyd 78

$C_7H_6Cl_2N_2O$ 3.5-Dichlor-2-amino-benzaldehyd-oxim 52
2.6-Dichlor-3-amino-benzaldehyd-oxim 57

$C_7H_6N_2O_3$ 4-Nitro-2-amino-benzaldehyd 52
5-Nitro-2-amino-benzaldehyd 53

$C_7H_7NO$ 2-Amino-benzaldehyd, Anthranilaldehyd 47
3-Amino-benzaldehyd 53
4-Amino-benzaldehyd 57

$C_7H_7N_3O_3$ 3-Nitro-2.6-diamino-benzaldehyd 79

$C_7H_8N_2$ 2-Amino-benzaldehyd-imin 48

$C_7H_8N_2O$ 2-Amino-benzaldehyd-oxim 50
4-Amino-benzaldehyd-oxim 58
2.4-Diamino-benzaldehyd 79

$C_7H_{13}NO$ 2-Amino-1-cyclopentyl-äthanon-(1) 7

## $C_8$-Gruppe

$C_8H_4Br_3NO_3$ Tribrom-acetamino-benzochinon-(1.4) und Tautomeres 363

$C_8H_5Br_2NO_3$ 5.6-Dibrom-2-acetamino-benzochinon-(1.4) und Tautomeres 362

$C_8H_5NOS$ 3-Isothiocyanato-benzaldehyd 56
4-Isothiocyanato-benzaldehyd 76

$C_8H_6BrNO_3$ 6-Brom-2-acetamino-benzochinon-(1.4) und Tautomeres 362

$C_8H_6N_2O_7$ 5-Nitro-3-acetamino-2.6-dihydroxy-benzochinon-(1.4) und Tautomere 671
6-Nitro-3-acetamino-2.5-dihydroxy-benzochinon-(1.4) 671

$C_8H_7BrClNO$ 2-Brom-1-[5-chlor-2-amino-phenyl]-äthanon-(1) 85
1-[5-Chlor-3-brom-4-amino-phenyl]-äthanon-(1) 102

$C_8H_7BrN_2O_3$ 2-Brom-1-[5-nitro-2-amino-phenyl]-äthanon-(1) 87
1-[5-Brom-3-nitro-4-amino-phenyl]-äthanon-(1) 103

$C_8H_7Br_2NO$ 2-Brom-1-[5-brom-2-amino-phenyl]-äthanon-(1) 85

$C_8H_7ClN_2O_3$ 1-[4-Chlor-3-nitro-2-amino-phenyl]-äthanon-(1) 87
1-[4-Chlor-5-nitro-2-amino-phenyl]-äthanon-(1) 87
1-[4-Chlor-2-nitro-3-amino-phenyl]-äthanon-(1) 93
1-[4-Chlor-6-nitro-3-amino-phenyl]-äthanon-(1) 93

$C_8H_7Cl_2NO$ 1-[3.4-Dichlor-2-amino-phenyl]-äthanon-(1) 83
1-[3.5-Dichlor-4-amino-phenyl]-äthanon-(1) 101
2-Amino-1-[3.4-dichlor-phenyl]-äthanon-(1) 126

$C_8H_7NO_2$ 2-Formamino-benzaldehyd 51

$C_8H_7N_3O_3$ 4-Amino-6-imino-5-hydroxyimino-cyclohexadien-(1.3)-dicarbaldehyd-(1.3) und 5-Nitroso-4.6-diamino-isophthalaldehyd 536

## $C_9$-Gruppe

## $C_{10}$-Gruppe

## $C_{11}$-Gruppe

## $C_{12}$-Gruppe

2-Chlor-1-[3-isobutyrylamino-phenyl]-äthanon-(1) 91
2-Chlor-1-[4-isobutyrylamino-phenyl]-äthanon-(1) 100
2-Chlor-1-[4-butyrylamino-phenyl]-äthanon-(1) 100
$C_{12}H_{14}N_2O$ *N*-Äthyl-*N*-[4-formyl-phenyl]-β-alanin-nitril 77
$C_{12}H_{14}N_2O_3$ 1-[2.3-Bis-acetamino-phenyl]-äthanon-(1) 137
1-[2.5-Bis-acetamino-phenyl]-äthanon-(1) 137
1-[3.4-Bis-acetamino-phenyl]-äthanon-(1) 138
$C_{12}H_{14}N_2O_6$ 2-Acetamino-1-[6-nitro-3.4-dimethoxy-phenyl]-äthanon-(1) 621
$C_{12}H_{14}N_4O_2$ 4-Acetamino-zimtaldehyd-semicarbazon 185
$C_{12}H_{15}Br_2NO$ 2-Diäthylamino-1-[3.5-dibrom-phenyl]-äthanon-(1) 131
$C_{12}H_{15}NO$ 1-[4-Dimethylamino-phenyl]-buten-(1)-on-(3) 187
3-Dimethylamino-2-methyl-1-phenyl-propen-(2)-on-(1) 188
2-[Dimethylamino-methyl]-indanon-(1) 190
3-Amino-2-acetyl-5.6.7.8-tetrahydro-naphthalin 195
1-Amino-2-acetyl-5.6.7.8-tetrahydro-naphthalin 195
$C_{12}H_{15}NO_2$ 1-[4-Propionylamino-phenyl]-propanon-(1) 146
1-[2-Acetamino-phenyl]-butanon-(1) 169
1-[4-(2-Acetamino-äthyl)-phenyl]-äthanon-(1) 176
$C_{12}H_{15}NO_3$ 1-[5-Acetamino-2-äthoxy-phenyl]-äthanon-(1) 545
2-Acetamino-1-[4-hydroxy-phenyl]-butanon-(3) 565
$C_{12}H_{15}NO_4$ 1-[6-Acetamino-3.4-dimethoxy-phenyl]-äthanon-(1) 613
$C_{12}H_{15}N_3O_2$ *N'*-[4-Dimethylamino-benzyliden]-*N*-acetyl-harnstoff 64
$C_{12}H_{16}BrNO$ 2-Diäthylamino-1-[4-brom-phenyl]-äthanon-(1) 127
$C_{12}H_{16}BrNO_3$ 2-Brom-3-dimethylamino-1-[2-hydroxy-4-methoxy-phenyl]-propanon-(1) 623
$C_{12}H_{16}ClNO$ 2-Diäthylamino-1-[4-chlor-phenyl]-äthanon-(1) 123
4-[Äthyl-(2-chlor-äthyl)-amino]-2-methyl-benzaldehyd 142
$C_{12}H_{16}INO$ 2-Diäthylamino-1-[4-jod-phenyl]-äthanon-(1) 132
$C_{12}H_{16}N_2O$ 1-[4-Dimethylamino-phenyl]-buten-(1)-on-(3)-oxim 188
$C_{12}H_{16}N_2O_2$ *N*-Propyl-*N'*-[4-acetyl-phenyl]-harnstoff 96
*N*-Isopropyl-*N'*-[4-acetyl-phenyl]-harnstoff 97
2-[Methyl-sarkosyl-amino]-1-phenyl-äthanon-(1) 123
$C_{12}H_{16}N_2O_5$ 2-Dimethylamino-1-[6-nitro-3.4-dimethoxy-phenyl]-äthanon-(1) 620
$C_{12}H_{16}N_4O$ 2-Anilino-cyclopentanon-(1)-semicarbazon 3
$C_{12}H_{16}N_4O_2$ 1-[3-Acetamino-phenyl]-propanon-(1)-semicarbazon 145
1-[3-Acetamino-4-methyl-phenyl]-äthanon-(1)-semicarbazon 165
$C_{12}H_{16}N_4O_3$ 1-[5-Acetamino-2-methoxy-phenyl]-äthanon-(1)-semicarbazon 545
$C_{12}H_{17}ClN_4O$ 4-[Äthyl-(2-chlor-äthyl)-amino]-benzaldehyd-semicarbazon 73
$C_{12}H_{17}NO$ 1-Diallylamino-cyclohexen-(1)-on-(3) 11
2-Diäthylamino-1-phenyl-äthanon-(1) 106
2-Propylamino-1-phenyl-propanon-(1) 148
2-Isopropylamino-1-phenyl-propanon-(1) 148
3-Isopropylamino-1-phenyl-propanon-(1) 155
2-Äthylamino-1-phenyl-butanon-(1) 170
3-Dimethylamino-1-phenyl-butanon-(1) 170
4-Dimethylamino-1-phenyl-butanon-(3) 172
2-Dimethylamino-1-phenyl-butanon-(3) 172
3-Dimethylamino-2-methyl-1-phenyl-propanon-(1) 174
2-Dimethylamino-2-methyl-1-phenyl-propanon-(1) 174
2-Dimethylamino-1-[2.4-dimethyl-phenyl]-äthanon-(1) 176
2-Dimethylamino-1-[2.5-dimethyl-phenyl]-äthanon-(1) 176
2-Methylamino-1-phenyl-pentanon-(1) 176
3-Methylamino-2-methyl-4-phenyl-butanon-(4) 178
$C_{12}H_{17}NO_2$ 2-[Äthyl-(2-hydroxy-äthyl)-amino]-1-phenyl-äthanon-(1) 116
2-Diäthylamino-1-[4-hydroxy-phenyl]-äthanon-(1) 551
2-Butylamino-1-[4-hydroxy-phenyl]-äthanon-(1) 551
2-Isopropyl-1-[4-methoxy-phenyl]-äthanon-(1) 551
2-Isobutylamino-1-[4-hydroxy-phenyl]-äthanon-(1) 552
2-*tert*-Butylamino-1-[4-hydroxy-phenyl]-äthanon-(1) 552
2-*sec*-Butylamino-1-[4-hydroxy-phenyl]-äthanon-(1) 552

## $C_{13}$-Gruppe

$C_{13}H_9NO_2$ 7-Amino-2-hydroxy-fluorenon-(9) 597
$C_{13}H_9NO_3$ Benzamino-benzochinon-(4) und Tautomeres 362
$C_{13}H_{10}BrNO$ 6-Brom-2-amino-benzophenon 215
3-Brom-2-amino-benzophenon 215
4-Brom-2-amino-benzophenon 215
4'-Brom-2-amino-benzophenon 215
$C_{13}H_{10}Br_3NO$ 3.5-Dibrom-1-[4-brom-anilino]-1-methyl-cyclohexadien-(2.5)-on-(4) 39
$C_{13}H_{10}ClNO$ 4-Chlor-2-amino-benzophenon 214
5-Chlor-2-amino-benzophenon 214
4'-Chlor-2-amino-benzophenon 215
4'-Chlor-3-amino-benzophenon 217
4'-Chlor-4-amino-benzophenon 222
$C_{13}H_{10}ClNO_2$ 5'-Chlor-2'-amino-4-hydroxy-benzophenon 581
$C_{13}H_{10}N_2O$ 2.5-Diamino-fluorenon-(9) 289
2.7-Diamino-fluorenon-(9) 290
$C_{13}H_{10}N_2O_3$ 2-[2-Nitro-anilino]-benzaldehyd 51
4-Nitro-2-anilino-benzaldehyd 53
$C_{13}H_{10}N_2O_4$ 6-[2-Nitro-anilino]-2-methyl-benzochinon-(1.4) und Tautomeres 374
$C_{13}H_{11}Br_2NO$ 3.5-Dibrom-1-anilino-1-methyl-cyclohexadien-(2.5)-on-(4) 38
$C_{13}H_{11}ClN_2O$ 5-Chlor-2.4'-diamino-benzophenon 225
$C_{13}H_{11}NO$ 2-Anilino-benzaldehyd 51
4-Anilino-benzaldehyd 73
2-Amino-benzophenon 213
4-Amino-benzophenon 217
$C_{13}H_{11}NO_2$ *m*-Toluidino-benzochinon-(1.4) und Tautomeres 361
2'-Amino-4-hydroxy-benzophenon 580
$C_{13}H_{11}NO_3$ 3-Acetamino-2-methyl-naphthochinon-(1.4) und Tautomeres 396
6-Anilino-3-hydroxy-2-methyl-benzochinon-(1.4) und 3-Anilino-6-hydroxy-2-methyl-benzochinon-(1.4) sowie Tautomere 610
$C_{13}H_{11}NO_4S$ [Toluol-sulfonyl-(4)-amino]-benzochinon-(1.4) und Tautomeres 362
$C_{13}H_{12}N_2$ 4-Amino-benzophenon-imin 217
$C_{13}H_{12}N_2O$ 2-Amino-benzaldehyd-[*N*-phenyl-oxim] 48
4-Amino-benzaldehyd-[*N*-phenyl-oxim] 58
2.4-Diamino-benzophenon 225
2.4'-Diamino-benzophenon 225
3.3'-Diamino-benzophenon 225
3.4'-Diamino-benzophenon 226
4.4'-Diamino-benzophenon 226
$C_{13}H_{13}NO$ 4-Dimethylamino-naphthaldehyd-(1) 205
2-Methylamino-1-[naphthyl-(2)]-äthanon-(1) 208
$C_{13}H_{13}NO_2$ 2-Amino-1-[4-methoxy-naphthyl-(1)]-äthanon-(1) 577
1-Hydroxy-2-sarkosyl-naphthalin 578
$C_{13}H_{13}NO_3$ 3-Hydroxy-2-[dimethylamino-methyl]-naphthochinon-(1.4) und Tautomeres 640
$C_{13}H_{13}NO_4$ 3-Hydroxy-2-[(2-hydroxy-äthylamino)-methyl]-naphthochinon-(1.4) und Tautomeres 641
$C_{13}H_{13}NO_4S$ 2-Sulfomethylamino-1-[naphthyl-(2)]-äthanon-(1) 209
$C_{13}H_{13}N_3$ 4-Amino-benzophenon-hydrazon 218
4.4'-Diamino-benzophenon-imin 226
$C_{13}H_{14}ClNO_2$ 6-Acetamino-5-chloracetyl-indan 193
$C_{13}H_{14}ClNO_4$ 2-Chlor-1-[6-äthoxalylamino-3-methyl-phenyl]-äthanon-(1) 164
$C_{13}H_{14}N_2O$ 2-Methylamino-1-[naphthyl-(2)]-äthanon-(1)-oxim 208
$C_{13}H_{14}N_2O_5$ Verbindung $C_{13}H_{14}N_2O_5$ aus 4.6-Diamino-isophthalaldehyd 378
$C_{13}H_{15}NO$ 3-Anilino-norbornanon-(2) 12
3-Diallylamino-benzaldehyd 55
4-Diallylamino-benzaldehyd 73
2-Amino-10-oxo-5.6.7.8.9.10-hexahydro-5.9-methano-benzocycloocten 201
$C_{13}H_{15}NO_2$ 2-[*N*-Acetyl-anilino]-cyclopentanon-(1) 3
6-Acetamino-5-acetyl-indan 193
$C_{13}H_{15}NO_3$ 1-[4-Acetamino-3-methoxy-phenyl]-buten-(1)-on-(3) 571
7-Acetamino-6-methoxy-1-oxo-1.2.3.4-tetrahydro-naphthalin 572
5-Acetamino-6-methoxy-1-oxo-1.2.3.4-tetrahydro-naphthalin 572
$C_{13}H_{15}NO_4$ 2-Acetamino-3-acetoxy-1-phenyl-propanon-(1) 562
$C_{13}H_{15}NO_5$ 2-Methylamino-1-[3.4-diacetoxy-phenyl]-äthanon-(1) 614
2-[Methyl-acetyl-amino]-1-[4-hydroxy-3-acetoxy-phenyl]-äthanon-(1) und 2-[Methyl-acetyl-amino]-1-[3-hydroxy-4-acetoxy-phenyl]-äthanon-(1) 619
$C_{13}H_{16}BrNO_2$ 2-[2-Brom-butyrylamino]-1-phenyl-propanon-(1) 151
$C_{13}H_{16}ClNO_2$ 2-Chlor-1-[3-valerylamino-phenyl]-äthanon-(1) 91
2-Chlor-1-[4-valerylamino-phenyl]-äthanon-(1) 100
$C_{13}H_{16}N_2O_2$ 1-[*N*-Nitroso-anilino]-1-methyl-cyclohexanon-(2) 5
$C_{13}H_{16}N_2O_3$ 2-[Dimethylamino-methyl]-1-[2-nitro-phenyl]-buten-(1)-on-(3) 192

## $C_{14}$-Gruppe

$C_{14}H_{13}N_3OS$ *N*-Phenyl-*N'*-[4-formohydroximoyl-phenyl]-thioharnstoff 76
$C_{14}H_{14}Cl_2N_2O_4$ *N.N'*-Diacetyl-4.6-bis-chloracetyl-*m*-phenylendiamin 381
$C_{14}H_{14}N_2$ 2-Amino-benzaldehyd-*p*-tolylimin 48
$C_{14}H_{14}N_2O$ 2-Anilino-1-phenyl-äthanon-(1)-oxim 108
2-Anilino-1-[2-amino-phenyl]-äthanon-(1) 139
5-Amino-2-methyl-benzochinon-(1.4)-1-*p*-tolylimin und 5-*p*-Toluidino-4-methyl-benzochinon-(1.2)-1-imin 373
$C_{14}H_{14}N_2O_2$ 4-Amino-6-acetamino-1-acetyl-naphthalin 207
4-Amino-7-acetamino-1-acetyl-naphthalin 207
3.6-Bis-methylamino-2-phenyl-benzochinon-(1.4) und Tautomere 399
4.4'-Diamino-benzoin 588
$C_{14}H_{14}N_2O_3S$ 2-[4-Amino-phenylsulfon]-1-[3-amino-phenyl]-äthanon-(1) 555
2-[4-Amino-phenylsulfon]-1-[4-amino-phenyl]-äthanon-(1) 556
$C_{14}H_{14}N_4$ Bis-[2-amino-benzyliden]-hydrazin 50
$C_{14}H_{15}NO$ 2-Dimethylamino-1-[naphthyl-(2)]-äthanon-(1) 208
2-Äthylamino-1-[naphthyl-(2)]-äthanon-(1) 208
2-Methylamino-1-[naphthyl-(1)]-propanon-(1) 210
2-Methylamino-1-[naphthyl-(2)]-propanon-(1) 211
$C_{14}H_{15}NO_2$ 3-Amino-2-isobutyl-naphthochinon-(1.4) 397
$C_{14}H_{15}NO_5S$ 2-[Sulfomethyl-amino]-1-[2-methoxy-naphthyl-(1)]-äthanon-(1) 576
2-[Sulfomethyl-amino]-1-[4-methoxy-naphthyl-(1)]-äthanon-(1) 577
$C_{14}H_{15}N_3O$ 4.4'-Diamino-desoxybenzoin-oxim 244
$C_{14}H_{16}ClNO_2$ 3-Acetamino-2-chloracetyl-5.6.7.8-tetrahydro-naphthalin 195
$C_{14}H_{16}Cl_2N_2O_6$ 3.6-Dichlor-2.5-bis-[äthoxycarbonylmethyl-amino]-benzochinon-(1.4) und Tautomere 371
3.6-Dichlor-2.5-bis-[methyl-methoxycarbonylmethyl-amino]-benzochinon-(1.4) 372
$C_{14}H_{16}N_2O$ 2-Dimethylamino-1-[naphthyl-(2)]-äthanon-(1)-oxim 208
2-Äthylamino-1-[naphthyl-(2)]-äthanon-(1)-oxim 208
$C_{14}H_{16}N_2O_2$ 5.8-Bis-äthylamino-naphthochinon-(1.4) 395
$C_{14}H_{17}NO$ 1-[4-Dimethylamino-phenyl]-hexadien-(1.3)-on-(5) 201
7-Amino-9-oxo-1.2.3.4.4a.9.10.10a-octahydro-phenanthren 202
7-Amino-1.2.3.4.4a.9a-hexahydro-anthron 202
9-Amino-1-oxo-1.2.3.4.5.6.7.8-octahydro-phenanthren 202
$C_{14}H_{17}NO_2$ 2-Acetamino-1-acetyl-5.6.7.8-tetrahydro-naphthalin 194
3-Acetamino-2-acetyl-5.6.7.8-tetrahydro-naphthalin 195
$C_{14}H_{17}NO_3$ 1-Oxo-1-[4-acetamino-phenyl]-hexanal-(6) 383
$C_{14}H_{17}NO_5$ *N*-[4-Acetoxyacetyl-phenyl]-glycin-äthylester 556
2-[Methyl-acetyl-amino]-1-[4-methoxy-3-acetoxy-phenyl]-äthanon-(1) und 2-[Methyl-acetyl-amino]-1-[3-methoxy-4-acetoxy-phenyl]-äthanon-(1) 619
$C_{14}H_{17}N_3O_4$ 3-[2.6-Diamino-3.5-diformyl-phenylimino]-buttersäure-äthylester und 3-[2.6-Diamino-3.5-diformyl-anilino]-crotonsäure-äthylester 379
$C_{14}H_{18}BrNO_4$ 2-Brom-3-dimethylamino-1-[4-methoxy-2-acetoxy-phenyl]-propanon-(1) 623
$C_{14}H_{18}ClNO_2$ 2-Chlor-1-[3-(4-methyl-valerylamino)-phenyl]-äthanon-(1) 91
2-Chlor-1-[4-(4-methyl-valerylamino)-phenyl]-äthanon-(1) 100
$C_{14}H_{18}N_2O_2$ *N*-[(2-Oxo-cyclopentyl)-methyl]-*N*-benzyl-harnstoff 5
$C_{14}H_{18}N_2O_5$ 1-[6-Nitro-3-acetamino-4-hydroxy-2-methyl-5-isopropyl-phenyl]-äthanon-(2) 568
2-Acetamino-1-[6-acetamino-3.4-dimethoxy-phenyl]-äthanon-(1) 621
$C_{14}H_{18}N_2O_6$ 2.5-Bis-[methyl-methoxycarbonylmethyl-amino]-benzochinon-(1.4) 369
$C_{14}H_{18}N_4O$ 3-Anilino-norbornanon-(2)-semicarbazon 12
3-Diallylamino-benzaldehyd-semicarbazon 55
4-Diallylamino-benzaldehyd-semicarbazon 73
$[C_{14}H_{19}BrNO_2]^{\oplus}$ Dimethyl-[2-oxo-butyl]-[4-brom-phenacyl]-ammonium 130
$[C_{14}H_{19}BrNO_2]Br$ 130
$C_{14}H_{19}NO$ 1-[Benzylamino-methyl]-cyclohexanon-(2) 6
3-Diäthylamino-1-phenyl-buten-(2)-on-(1) 188
2-[Diäthylamino-methyl]-indanon-(1) 190
2-Methylamino-1-[5.6.7.8-tetrahydro-naphthyl-(2)]-propanon-(1) 197
3-Amino-3-äthyl-1-phenyl-hexen-(5)-on-(1) 198

7-Amino-1.1.4.5.6-pentamethyl-
indanon-(3) 199

$C_{14}H_{19}NO_2$ 2-Hexanoylamino-1-phenyl-
äthanon-(1) 120

2-Propionylamino-1-phenyl-pentanon-(3)
177

5-Dimethylamino-1-[4-methoxy-phenyl]-
penten-(1)-on-(3) 572

6-Methoxy-1-oxo-2-[dimethylamino-
methyl]-1.2.3.4-tetrahydro-
naphthalin 573

1-[5-Acetamino-4-hydroxy-3-methyl-6-
isopropyl-phenyl]-äthanon-(1) 568

2-Cyclohexylamino-1-[3.4-dihydroxy-
phenyl]-äthanon-(1) 617

$C_{14}H_{19}NO_4$ 2-[C-Methoxy-acetamino]-4-
methoxy-1-phenyl-butanon-(3) 566

3-Dimethylamino-1-[4-methoxy-2-
acetoxy-phenyl]-propanon-(1) 623

$C_{14}H_{19}NO_5$ [5-Methoxy-2-(N.N-dimethyl-
β-alanyl)-phenoxy]-essigsäure 623

$C_{14}H_{19}N_5O_3$ 2-[Dimethylamino-methyl]-1-
[2-nitro-phenyl]-buten-(1)-on-(3)-
semicarbazon 192

$C_{14}H_{20}BrNO$ 2-Dipropylamino-1-[4-brom-
phenyl]-äthanon-(1) 128

$C_{14}H_{20}ClNO$ 4-Diäthylamino-1-[4-chlor-
phenyl]-butanon-(1) 171

$C_{14}H_{20}FNO$ 4-Diäthylamino-1-[4-fluor-
phenyl]-butanon-(1) 171

$C_{14}H_{20}IMgN_3$ 2-Amino-2-p-tolyl-
hexandion-(4.5)-5-jodomagnesioimin-4-
methylimin 383

$C_{14}H_{20}INO$ 2-Dipropylamino-1-[4-jod-
phenyl]-äthanon-(1) 132

$C_{14}H_{20}N_2O$ 1-[Benzylamino-methyl]-
cyclohexanon-(2)-oxim 6

$C_{14}H_{20}N_2O_2$ 2-Propionylamino-1-phenyl-
pentanon-(3)-oxim 177

1.4-Bis-[N-methyl-alanyl]-benzol 383

$C_{14}H_{20}N_2O_4$ 2-Dimethylamino-1-[6-
acetamino-3.4-dimethoxy-phenyl]-
äthanon-(1) 621

$C_{14}H_{21}ClN_2O$ 4-Diäthylamino-1-[4-chlor-
phenyl]-butanon-(1)-oxim 171

$C_{14}H_{21}FN_2O$ 4-Diäthylamino-1-[4-fluor-
phenyl]-butanon-(1)-oxim 171

$C_{14}H_{21}NO$ 4-[2-Methyl-1-isopropyl-
propylamino]-benzaldehyd 73

4-[1.2.2-Trimethyl-propylamino]-3-
methyl-benzaldehyd 142

$C_{14}H_{21}NO_2$ 4-[(2-Hydroxy-äthyl)-butyl-
amino]-2-methyl-benzaldehyd 142

1-[3-Amino-4-äthoxy-2-methyl-5-
isopropyl-phenyl]-äthanon-(1) 568

$C_{14}H_{21}NO_3$ Dimethyl-carboxymethyl-[6-oxo-
p-menthadien-(2.8)-yl-(1)]-ammonium-
betain oder Dimethyl-carboxymethyl-[2-
hydroxy-p-menthatrien-(2.5.8)-yl-(1)]-
ammonium-betain 42

4.5-Dimethoxy-2-[2-(methyl-äthyl-
amino)-äthyl]-benzaldehyd 627

$C_{14}H_{21}NO_4$ 3-Dimethylamino-1-[3.4.5-
trimethoxy-phenyl]-propanon-(1) 673

$C_{14}H_{21}NO_5S$ s. bei $[C_{13}H_{18}NO]^\oplus$

$[C_{14}H_{21}N_2S]^\oplus$ Dimethyl-[4-dimethylamino-
α-methylmercapto-cinnamyliden]-
ammonium 59

$[C_{14}H_{21}N_2S]I$ 59

$[C_{14}H_{22}NO]^\oplus$ N-Methyl-N.N-dipropyl-3-
formyl-anilinium 54

$[C_{14}H_{22}NO]I$ 54

Triäthyl-phenacyl-ammonium 106

$[C_{14}H_{22}NO]Br$ 106

$[C_{14}H_{22}NO]ClO_4$ 107

Trimethyl-[3-oxo-2.2-dimethyl-3-phenyl-
propyl]-ammonium 179

$[C_{14}H_{22}NO]I$ 179

$[C_{14}H_{22}NO_3]^\oplus$ Dimethyl-carboxymethyl-[6-
oxo-p-menthadien-(2.8)-yl-(1)]-
ammonium oder Dimethyl-carboxy-
methyl-[2-hydroxy-p-menthatrien-
(2.5.8)-yl-(1)]-ammonium 42

$[C_{14}H_{22}NO_3]ClO_4$ 42

$C_{14}H_{22}N_2O$ 4-[Methyl-(2-diäthylamino-
äthyl)-amino]-benzaldehyd 77

4-[Methyl-(3-dimethylamino-1-methyl-
propyl)-amino]-benzaldehyd 78

1-[4-(2-Diäthylamino-äthylamino)-

$C_{14}H_{22}N_2O_4$ N-Nitroso-N-[3-oxo-4.7.7-
trimethyl-norbornyl-(2)]-glycin-
äthylester 35

$C_{14}H_{22}N_4O$ 3-Dipropylamino-benzaldehyd-
semicarbazon 54

$C_{14}H_{22}N_4O_2$ 4-[(2-Hydroxy-äthyl)-butyl-
amino]-benzaldehyd-semicarbazon 74

$C_{14}H_{23}NO_2$ 1'-Acetamino-
bicyclohexylon-(2) 38

## $C_{15}$-Gruppe

6-Anilino-2.2-dimethyl-norbornanon-(5) 12
1-[4-Dimethylamino-benzyliden]-cyclohexanon-(2) 201
7.7-Dimethyl-1-[4-amino-phenyl]-norbornanon-(2) 203

$C_{15}H_{19}NO_2$ 7-Oxo-6-acetaminomethyl-5.6.7.8.9.10-hexahydro-benzocycloocten 197

$C_{15}H_{19}NO_5$ 2-Methylamino-1-[3.4-dipropionyloxy-phenyl]-äthanon-(1) 615
2-Isopropylamino-1-[3.4-diacetoxy-phenyl]-äthanon-(1) 616

$C_{15}H_{20}ClNO_4$ 3-[2.4-Dihydroxy-3.3-dimethyl-butyrylamino]-1-[4-chlor-phenyl]-propanon-(1) 159

$C_{15}H_{20}F_3NO$ 4-Diäthylamino-1-[3-trifluormethyl-phenyl]-butanon-(1) 179

$C_{15}H_{20}N_2O_5$ 5-Dimethylamino-1-[6-nitro-3.4-dimethoxy-phenyl]-penten-(1)-on-(3) 632

$[C_{15}H_{21}BrNO_2]^{\oplus}$ Dimethyl-[2-oxo-pentyl]-[4-brom-phenacyl]-ammonium 130
$[C_{15}H_{21}BrNO_2]Br$ 130

$C_{15}H_{21}F_3N_2O$ 4-Diäthylamino-1-[3-trifluormethyl-phenyl]-butanon-(1)-oxim 179

$C_{15}H_{21}NO$ 2-Cyclohexylamino-1-phenyl-propanon-(1) 148
1-Dimethylamino-2.2-dimethyl-5-phenyl-penten-(3)-on-(5) 195
3-Dimethylamino-1-[5.6.7.8-tetrahydro-naphthyl-(2)]-propanon-(1) 197

$C_{15}H_{21}NO_2$ 3-Hexanoylamino-1-phenyl-propanon-(1) 157

$C_{15}H_{21}NO_3$ 3-[2-Hydroxy-hexanoylamino]-1-phenyl-propanon-(1) 158
5-[Bis-(2-hydroxy-äthyl)-amino]-1-phenyl-penten-(1)-on-(3) 191
3-Amino-6-hydroxy-2-methyl-5-[1.5-dimethyl-hexen-(4)-yl]-benzochinon-(1.4), Aminoperezon 632
Aminopipitzahoinsäure 632
3-Amino-6-hydroxy-5-hexyl-2-propenyl-benzochinon-(1.4) 632

$C_{15}H_{21}NO_4$ 3-[2.4-Dihydroxy-3.3-dimethyl-butyrylamino]-1-phenyl-propanon-(1) 158
2-[Methyl-acetyl-amino]-1-[4-methoxy-3-äthoxy-phenyl]-propanon-(1) 625

$C_{15}H_{22}BrNO$ 3-Brom-2-dipropylamino-1-phenyl-propanon-(1) 153
3-Dipropylamino-1-[4-brom-phenyl]-propanon-(1) 160

$C_{15}H_{22}ClNO$ 2-Chlor-4-[methyl-(5-methyl-hexyl)-amino]-benzaldehyd 78

$C_{15}H_{22}N_2O$ 1-Dimethylamino-2.2-dimethyl-5-phenyl-penten-(3)-on-(5)-oxim 195

$C_{15}H_{22}N_4O_4$ 2-[*C*-Methoxy-acetamino]-4-methoxy-1-phenyl-butanon-(3)-semicarbazon 566

$C_{15}H_{22}O_3$ 3-Hydroxy-2-methyl-5-[1.5-dimethyl-hexyl]-benzochinon-(1.4) 628

$C_{15}H_{22}O_4$ 3.6-Dihydroxy-2-methyl-5-[1.5-dimethyl-hexyl]-benzochinon-(1.4) 628

$C_{15}H_{23}NO$ 4-[Butyl-isobutyl-amino]-benzaldehyd 73
4-Dibutylamino-benzaldehyd 73
4-[Methyl-(5-methyl-hexyl)-amino]-benzaldehyd 73
4-[Äthyl-isopentyl-amino]-2-methyl-benzaldehyd 142
5-Diäthylamino-1-phenyl-pentanon-(2) 177
5-Diäthylamino-3-phenyl-pentanon-(2) 178
1-Dimethylamino-2.2-dimethyl-5-phenyl-pentanon-(5) 181
1-[3-Amino-4-methyl-phenyl]-octanon-(1) 183

$C_{15}H_{23}NO_2$ 4-Diäthylamino-1-[4-methoxy-phenyl]-butanon-(1) 565

$C_{15}H_{23}NO_3$ 4-Methoxy-5-äthoxy-2-[2-(methyl-äthyl-amino)-äthyl]-benzaldehyd 627
5-Methoxy-4-äthoxy-2-[2-(methyl-äthyl-amino)-äthyl]-benzaldehyd 627

$[C_{15}H_{23}N_2O_3]^{\oplus}$ Diäthyl-[2-carbamoyloxy-äthyl]-phenacyl-ammonium 116
$[C_{15}H_{23}N_2O_3]Br$ 116

$C_{15}H_{24}N_2O$ 4-Dibutylamino-benzaldehyd-oxim 73
4-[Äthyl-(2-diäthylamino-äthyl)-amino]-benzaldehyd 77
4-[Methyl-(2-diäthylamino-äthyl)-amino]-3-methyl-benzaldehyd 142
2-[2-Diäthylamino-äthylamino]-1-phenyl-propanon-(1) 152
5-Diäthylamino-1-phenyl-pentanon-(2)-oxim 177

$C_{15}H_{24}N_2O_2$ 4-Diäthylamino-1-[4-methoxy-phenyl]-butanon-(1)-oxim 565

$C_{15}H_{24}N_2O_3$ 1-[5-Amino-4-methoxy-2-(2-diäthylamino-äthoxy)-phenyl]-äthanon-(1) 611

$C_{15}H_{24}N_4O_2$ 4-[(2-Hydroxy-äthyl)-butyl-amino]-2-methyl-benzaldehyd-semicarbazon 142

$C_{15}H_{25}NO_2$ Methyl-bis-[(2-oxo-cyclohexyl)-methyl]-amin 6
1'-Propionylamino-bicyclohexylon-(2) 38
Dimethyl-[3.3-diäthoxy-1-phenyl-propyl]-amin 163

## $C_{16}$-Gruppe

$C_{15}H_{25}NO_3$ N-Methyl-N-[3-oxo-4.7.7-trimethyl-norbornyl-(2)]-glycinäthylester 25

$C_{15}H_{25}N_3$ N.N-Diäthyl-N'-[4-dimethylamino-benzyliden]-äthylendiamin 65

$C_{15}H_{26}N_4O_2$ 1'-Acetamino-bicyclohexylon-(2)-semicarbazon 38

$[C_{15}H_{27}N_2O_2]^{\oplus}$ Trimethyl-[(3-oxo-4.7.7-trimethyl-norbornyl-(2)-carbamoyl)-methyl]-ammonium 30
  $[C_{15}H_{27}N_2O_2]Cl$ 30
  $[C_{15}H_{27}N_2O_2]ClO_4$ 30
  $[C_{15}H_{27}N_2O_2]AuCl_4$ 30

$C_{15}H_{28}N_2O_2$ 8-[Nitroso-pentyl-amino]-p-menthanon-(3) 10

$C_{16}H_6Cl_3NO_2$ 3.8.10-Trichlor-5-amino-pyren-chinon-(1.6) 508

$C_{16}H_6N_2O_4$ 2.6-Diisocyanato-anthrachinon 482

$C_{16}H_8Br_3NO_3$ 3.6-Dibrom-2-[4-brom-anilino]-5-hydroxy-naphthochinon-(1.4) 636

$C_{16}H_8Cl_3NO_3$ 1-[C.C.C-Trichlor-acetamino]-anthrachinon 411
2-[C.C.C-Trichlor-acetamino]-anthrachinon 431
1.3.4-Trichlor-2-acetamino-anthrachinon 436

$C_{16}H_9BrClNO_3$ 1-Chlor-3-brom-2-acetamino-anthrachinon 437
3-Chlor-6-brom-2-anilino-5-hydroxy-naphthochinon-(1.4) und Tautomeres 636

$C_{16}H_9Br_2NO_3$ 6.7-Dibrom-1-acetamino-anthrachinon 427
7.8-Dibrom-1-acetamino-anthrachinon 427
1.3-Dibrom-2-acetamino-anthrachinon 438
x-Dibrom-x-anilino-5-hydroxy-naphthochinon-(1.4) 636
3.6-Dibrom-2-anilino-5-hydroxy-naphthochinon-(1.4) und Tautomeres 636
6.8-Dibrom-2-anilino-5-hydroxy-naphthochinon-(1.4) und Tautomeres 636

$C_{16}H_9Br_3N_2O_2$ x.x.x-Tribrom-6-amino-x-anilino-naphthochinon-(1.4) 388

$C_{16}H_9ClN_2O_4$ 3-Chlor-2-[4-nitro-anilino]-naphthochinon-(1.4) und Tautomeres 391

$C_{16}H_9Cl_2NO_3$ 4.8-Dichlor-1-acetamino-anthrachinon 422
1.3-Dichlor-2-acetamino-anthrachinon 436

$C_{16}H_9Cl_3N_2O_4$ 7-Nitro-2-[(C.C.C-trichlor-acetamino)-methyl]-fluorenon-(9) 297

$C_{16}H_9NO_5$ [9.10-Dioxo-9.10-dihydro-anthryl-(1)]-oxamidsäure 414
[9.10-Dioxo-9.10-dihydro-anthryl-(2)]-oxamidsäure 431

$C_{16}H_{10}BrNO_2$ 8-Brom-2-anilino-naphthochinon-(1.4) und Tautomeres 394

$C_{16}H_{10}BrNO_3$ 4-Brom-1-amino-2-acetyl-anthrachinon 533
6-Brom-2-anilino-5-hydroxy-naphthochinon-(1.4) und Tautomeres 635
3-Brom-2-anilino-5-hydroxy-naphthochinon-(1.4) und Tautomeres 635

$C_{16}H_{10}BrNO_4$ 3-Brom-4-acetamino-1-hydroxy-anthrachinon 656

$C_{16}H_{10}ClNO_2$ 3-Chlor-2-anilino-naphthochinon-(1.4) und Tautomeres 391
8-Chlor-2-anilino-naphthochinon-(1.4) und Tautomeres 391

$C_{16}H_{10}ClNO_2S$ 1-Amino-2-[2-chlor-vinylmercapto]-anthrachinon 659

$C_{16}H_{10}ClNO_3$ 1-[C-Chlor-acetamino]-anthrachinon 411
5-Chlor-1-acetamino-anthrachinon 420
8-Chlor-1-acetamino-anthrachinon 421
2-[C-Chlor-acetamino]-anthrachinon 431
1-Chlor-2-acetamino-anthrachinon 434
3-Chlor-2-acetamino-anthrachinon 435
3-[4-Chlor-anilino]-2-hydroxy-naphthochinon-(1.4) und Tautomere 639

$C_{16}H_{10}Cl_3NO_3$ 7-Hydroxy-2-[(C.C.C-trichlor-acetamino)-methyl]-fluorenon-(9) 598

$C_{16}H_{10}FNO_3$ 3-Fluor-2-acetamino-anthrachinon 434

$C_{16}H_{10}N_2O_4$ 2-[3-Nitro-anilino]-naphthochinon-(1.4) und Tautomeres 389
2-[4-Nitro-anilino]-naphthochinon-(1.4) und Tautomeres 389
1.8-Diamino-9.10-dioxo-9.10-dihydro-anthracen-dicarbaldehyd-(2.7) 537
1.5-Diamino-9.10-dioxo-9.10-dihydro-anthracen-dicarbaldehyd-(2.6) 537

$C_{16}H_{10}N_6O_{10}$ x.x.x.x-Tetranitro-1.5-bis-methylamino-anthrachinon 467

$C_{16}H_{11}ClN_2O_4$ 7-Nitro-2-[(C-chlor-acetamino)-methyl]-fluorenon-(9) 297

$C_{16}H_{11}Cl_2NO_2$ 2.4-Dichlor-1-acetamino-anthron und 2.4-Dichlor-1-acetamino-anthrol-(9) 290

$C_{16}H_{11}NO_2$ 2-Anilino-naphthochinon-(1.4) und Tautomeres 389

3-Methylamino-6-hydroxy-2-methyl-5-[1.5-dimethyl-hexen-(4)-yl]-benzochinon-(1.4) 632
Methylamino-perezon 632
**$C_{16}H_{23}NO_4$** 3-[2.4-Dihydroxy-3.3-dimethyl-butyrylamino]-1-*p*-tolyl-propanon-(1) 175
5-[Bis-(2-hydroxy-äthyl)-amino]-1-[4-methoxy-phenyl]-penten-(1)-on-(3) 573
**$C_{16}H_{23}NO_5$** [5-Methoxy-2-(*N.N*-dimethyl-β-alanyl)-phenoxy]-essigsäure-äthylester 623
**$C_{16}H_{23}N_3O_3$** 1-[*N*-Nitroso-anilino]-8-hydroxy-*p*-menthanon-(2)-oxim 541
**$C_{16}H_{23}N_5O_4$** 2-[Dimethylamino-methyl]-cyclohexan-carbaldehyd-(1)-[2.4-dinitro-phenylhydrazon] 9
**$C_{16}H_{24}BrNO$** 2-Dibutylamino-1-[4-brom-phenyl]-äthanon-(1) 128
2-Diisobutylamino-1-[4-brom-phenyl]-äthanon-(1) 128
**$C_{16}H_{24}INO$** 2-Dibutylamino-1-[4-jod-phenyl]-äthanon-(1) 132
**$C_{16}H_{24}N_2O_2$** 2-Butyrylamino-1-phenyl-hexanon-(3)-oxim 180
**$C_{16}H_{24}N_4O$** 1-Dimethylamino-2.2-dimethyl-5-phenyl-penten-(3)-on-(5)-semicarbazon 195
**$C_{16}H_{24}N_4O_3$** 3-[2-Hydroxy-hexanoylamino]-1-phenyl-propanon-(1)-semicarbazon 158
**$C_{16}H_{25}NO$** 2-Dibutylamino-1-phenyl-äthanon-(1) 107
4-Dipropylamino-1-phenyl-butanon-(3) 173
1-Diäthylamino-2-methyl-3-phenyl-pentanon-(4) 181
**$C_{16}H_{25}NO_3$** 2-Methylamino-1-[4-methoxy-3-isopentyloxy-phenyl]-propanon-(1) 625
4.5-Diäthoxy-2-[2-(methyl-äthyl-amino)-äthyl]-benzaldehyd 628
**$C_{16}H_{25}NO_4$** 3-Diäthylamino-1-[3.4.5-trimethoxy-phenyl]-propanon-(1) 673
**$[C_{16}H_{26}NO_3]^{\oplus}$** Dimethyl-äthoxycarbonylmethyl-[6-oxo-*p*-menthadien-(2.8)-yl-(1)]-ammonium oder Dimethyl-äthoxycarbonylmethyl-[2-hydroxy-*p*-menthatrien-(2.5.8)-yl-(1)]-ammonium 42
$[C_{16}H_{26}NO_3]Br$ 42
$[C_{16}H_{26}NO_3]ClO_4$ 42
**$[C_{16}H_{26}NO_5]^{\oplus}$** Dimethyl-carboxymethyl-[6-acetoxy-2-oxo-*p*-menthen-(8)-yl-(1)]-ammonium 543
$[C_{16}H_{26}NO_5]ClO_4$ 543
**$C_{16}H_{26}N_2O$** 2-[Methyl-(2-diäthylamino-äthyl)-amino]-1-phenyl-propanon-(1) 152
**$C_{16}H_{26}N_2O_2$** 2.5-Bis-pentylamino-benzochinon-(1.4) und Tautomere 364
2.5-Bis-isopentylamino-benzochinon-(1.4) und Tautomere 364
2-[Methyl-(2-diäthylamino-äthyl)-amino]-1-[4-methoxy-phenyl]-äthanon-(1) 553
**$C_{16}H_{26}N_2O_4$** Dimethyl-carboxymethyl-[(3-oxo-4.7.7-trimethyl-norbornyl-(2)-carbamoyl)-methyl]-ammonium-betain 32
**$C_{16}H_{26}N_4O$** 1-Dimethylamino-2.2-dimethyl-5-phenyl-pentanon-(5)-semicarbazon 181
**$[C_{16}H_{27}N_2O_4]^{\oplus}$** Dimethyl-carboxymethyl-[(3-oxo-4.7.7-trimethyl-norbornyl-(2)-carbamoyl)-methyl]-ammonium 32
$[C_{16}H_{27}N_2O_4]ClO_4$ 32
**$[C_{16}H_{28}NO_2]^{\oplus}$** Dimethyl-bis-[(2-oxo-cyclohexyl)-methyl]-ammonium 6
$[C_{16}H_{28}NO_2]I$ 6
Trimethyl-[3.3-diäthoxy-1-phenyl-propyl]-ammonium 163
$[C_{16}H_{28}NO_2]I$ 163
**$[C_{16}H_{28}NO_3]^{\oplus}$** Dimethyl-äthoxycarbonylmethyl-[3-oxo-*p*-menthen-(1)-yl-(2)]-ammonium 13
$[C_{16}H_{28}NO_3]Br$ 13
Dimethyl-äthoxycarbonylmethyl-[3-oxo-*p*-menthen-(6)-yl-(2)]-ammonium 14
$[C_{16}H_{28}NO_3]Br$ 14
Dimethyl-äthoxycarbonylmethyl-[3-oxo-4.7.7-trimethyl-norbornyl-(2)]-ammonium 26
$[C_{16}H_{28}NO_3]Br$ 26
$[C_{16}H_{28}NO_3]ClO_4$ 26
**$[C_{16}H_{28}NO_4]^{\oplus}$** Dimethyl-äthoxycarbonylmethyl-[1-hydroxy-6-oxo-*p*-menthen-(8)-yl-(2)]-ammonium 542
$[C_{16}H_{28}NO_4]Br$ 542
Dimethyl-äthoxycarbonylmethyl-[6-hydroxy-2-oxo-*p*-menthen-(8)-yl-(1)]-ammonium 543
$[C_{16}H_{28}NO_4]Br$ 543
$[C_{16}H_{28}NO_4]ClO_4$ 543
**$C_{16}H_{29}NO$** 1.7.7-Trimethyl-3-[2-diäthylamino-äthyl]-norbornanon-(2) 38

## $C_{17}$-Gruppe

**$C_{17}H_9Cl_3N_2O_5$** 7-Nitro-2-[(*C.C.C*-trichlor-acetamino)-methyl]-phenanthren-chinon-(9.10) 496
**$C_{17}H_9Cl_4NO_4$** 4-Chlor-3-hydroxy-2-[(*C.C.C*-trichlor-acetamino)-methyl]-anthrachinon 664
**$C_{17}H_9N_3O_5$** x.x-Dinitro-x-amino-7-oxo-7*H*-benz[*de*]anthracen 341
**$C_{17}H_{10}BrNO$** 3-Brom-9-amino-7-oxo-7*H*-benz[*de*]anthracen 340

## $C_{18}$-Gruppe

Dimethyl-benzyl-[4-methyl-phenacyl]-ammonium 168
$[C_{18}H_{22}NO]Br$ 168
$[C_{18}H_{22}NO]C_6H_2N_3O_7$ 168
$[C_{18}H_{22}NO_2]^{\oplus}$ Dimethyl-[4-methoxy-benzyl]-phenacyl-ammonium 118
$[C_{18}H_{22}NO_2]Br$ 118
$[C_{18}H_{22}NO_2]C_6H_2N_3O_7$ 118
Dimethyl-[3-methoxy-benzyl]-phenacyl-ammonium 118
$[C_{18}H_{22}NO_2]Br$ 118
$[C_{18}H_{22}NO_2]C_6H_2N_3O_7$ 118
Dimethyl-benzyl-[4-methoxy-phenacyl]-ammonium 552
$[C_{18}H_{22}NO_2]Br$ 552
$[C_{18}H_{22}NO_2]C_6H_2N_3O_7$ 552
$C_{18}H_{22}N_2O$ 2-Cyclohexylamino-1-[naphthyl-(2)]-äthanon-(1)-oxim 209
$C_{18}H_{22}N_2O_2$ 5.8-Bis-äthylamino-1.2.3.4-tetrahydro-anthrachinon 400
$C_{18}H_{22}N_2O_3$ 8-Äthylamino-5-[2-hydroxy-äthylamino]-1.2.3.4-tetrahydro-anthrachinon 401
3-[*N*-Methyl-anilino]-1-[3.4-dimethoxy-phenyl]-aceton-oxim 627
$C_{18}H_{22}N_2O_4$ 5.8-Bis-[2-hydroxy-äthylamino]-1.2.3.4-tetrahydro-anthrachinon 402
$C_{18}H_{22}N_2O_5S$ 2-[(Toluol-sulfonyl-(4))-methyl-amino]-1-[6-amino-3.4-dimethoxy-phenyl]-äthanon-(1) 622
$C_{18}H_{22}N_2O_6$ 2.2.3-Trimethyl-1-[2-nitro-4-acetyl-phenylcarbamoyl]-cyclopentan-carbonsäure-(3) 103
$C_{18}H_{22}N_4$ Bis-[3-dimethylamino-benzyliden]-hydrazon 54
Bis-[4-dimethylamino-benzyliden]-hydrazin 69
Bis-[1-(2-amino-phenyl]-propyliden]-hydrazin 143
Bis-[1-(4-amino-phenyl)-propyliden]-hydrazin 146
$C_{18}H_{22}N_4O_3S$ 4-[3-Oxo-4.7.7-trimethyl-norbornyl-(2)]-1-[3-nitro-benzyliden]-thiosemicarbazid 22
4-[3-Oxo-4.7.7-trimethyl-norbornyl-(2)]-1-[4-nitro-benzyliden]-thiosemicarbazid 22
$C_{18}H_{22}N_4O_4$ 4-[3-Oxo-4.7.7-trimethyl-norbornyl-(2)]-1-[3-nitro-benzyliden]-semicarbazid 21
4-[3-Oxo-4.7.7-trimethyl-norbornyl-(2)]-1-[4-nitro-benzyliden]-semicarbazid 22
$C_{18}H_{23}NO$ 1-Oxo-2-[(*N*-methyl-anilino)-methylen]-decahydro-naphthalin 43
4-Diäthylamino-1-[naphthyl-(1)]-butanon-(1) 212
$C_{18}H_{23}NO_2$ 4-[4-Acetamino-phenyl]-bornanon-(2) 203
3-Diäthylamino-1-[4-methoxy-naphthyl-(1)]-propanon-(1) 579
$C_{18}H_{23}NO_4$ 2.2.3-Trimethyl-1-[3-acetyl-phenylcarbamoyl]-cyclopentan-carbonsäure-(3) 89
2.2.3-Trimethyl-1-[4-acetyl-phenylcarbamoyl]-cyclopentan-carbonsäure-(3) 96
$C_{18}H_{23}N_3OS$ 4-[3-Oxo-4.7.7-trimethyl-norbornyl-(2)]-1-benzyliden-thiosemicarbazid 22
$C_{18}H_{23}N_3O_2S$ 4-[3-Oxo-4.7.7-trimethyl-norbornyl-(2)]-1-benzoyl-thiosemicarbazid 23
$C_{18}H_{24}N_2O$ 4-Diäthylamino-1-[naphthyl-(1)]-butanon-(1)-oxim 212
$C_{18}H_{24}N_2O_2$ 5.8-Bis-*sec*-butylamino-naphthochinon-(1.4) 395
5.8-Bis-isobutylamino-naphthochinon-(1.4) 395
5.8-Bis-butylamino-naphthochinon-(1.4) 395
$[C_{18}H_{24}N_3]^{\oplus}$ 4-[4-Dimethylamino-benzyliden-amino]-tri-*N*-methyl-anilinium 66
$[C_{18}H_{24}N_3]ClO_4 \cdot HClO_4$ 66
$C_{18}H_{24}N_4O_2S$ *N'*-Phenylcarbamoyl-*N*-[3-oxo-4.7.7-trimethyl-norbornyl-(2)-thiocarbamoyl]-hydrazin 24
$C_{18}H_{25}NO$ 4-Diäthylamino-1-phenäthyl-cyclohexen-(3)-on-(2) 202
2-Methylamino-1-[1.2.3.4.5.6.7.8-octahydro-phenanthryl-(9)]-propanon-(1) 204
2-Dimethylamino-1-[1.2.3.4.5.6.7.8-octahydro-phenanthryl-(9)]-äthanon-(1) 204
$C_{18}H_{25}NO_3S$ 3-[(Toluol-sulfonyl-(4))-methyl-amino]-bornanon-(2) 34
$C_{18}H_{26}N_2O$ 4-[1-Phenyl-äthylamino]-thujanon-(3)-oxim 15
$C_{18}H_{26}N_2O_2$ 2.5-Bis-cyclohexylamino-benzochinon-(1.4) und Tautomere 364
$C_{18}H_{27}NO$ 1-[2-Diäthylamino-äthyl]-1-phenyl-cyclohexanon-(2) 199
$C_{18}H_{27}NO_2$ 5-Dipropylamino-1-[4-methoxy-phenyl]-penten-(1)-on-(3) 573
$C_{18}H_{27}NO_3$ 2-[3-Oxo-4.7.7-trimethyl-norbornyl-(2)-imino]-cyclopentan-carbonsäure-(1)-äthylester und 2-[3-Oxo-4.7.7-trimethyl-norbornyl-(2)-amino]-cyclopenten-(1)-carbonsäure-(1)-äthylester 26
5-Diäthylamino-1-[4-methoxy-3-äthoxy-phenyl]-penten-(1)-on-(3) 631
$[C_{18}H_{28}NO]^{\oplus}$ Dimethyl-[2-(2-oxo-cyclohexyl)-äthyl]-phenäthyl-ammonium 7
$[C_{18}H_{28}NO]Br$ 7

$C_{18}H_{29}NO$ 4-Dibutylamino-1-phenyl-butanon-(3) 173
$[C_{18}H_{30}NO_5]^{\oplus}$ Dimethyl-äthoxycarbonyl-methyl-[6-acetoxy-2-oxo-*p*-menthen-(8)-yl-(1)]-ammonium 543
$[C_{18}H_{30}NO_5]Br$ 543
$C_{18}H_{30}N_2O_2$ 3.6-Bis-methylamino-2-methyl-5-nonyl-benzochinon-(1.4) und Tautomere 375
$[C_{18}H_{31}N_2O_4]^{\oplus}$ Dimethyl-äthoxycarbonyl-methyl-[(3-oxo-4.7.7-trimethyl-norbornyl-(2)-carbamoyl)-methyl]-ammonium 32
$[C_{18}H_{31}N_2O_4]Br$ 32
$[C_{18}H_{31}N_2O_4]ClO_4$ 32
$C_{18}H_{31}N_3$ 4-Dimethylamino-benzaldehyd-[4-diäthylamino-1-methyl-butylimin] 65
$C_{18}H_{34}N_2O$ 4-Diisobutylamino-thujanon-(3)-oxim 14

## $C_{19}$-Gruppe

$C_{19}H_{12}BrNO_2$ 2-Brom-3-acetamino-7-oxo-7*H*-benz[*de*]anthracen 337
$C_{19}H_{12}ClNO_2$ 3-Chlor-2-acetamino-7-oxo-7*H*-benz[*de*]anthracen 335
$C_{19}H_{12}Cl_6N_2O_3$ 2.7-Bis-[(*C.C.C*-trichlor-acetamino)-methyl]-fluorenon-(9) 307
$C_{19}H_{12}N_2O_4$ 2-Nitro-3-acetamino-7-oxo-7*H*-benz[*de*]anthracen 337
$C_{19}H_{13}Cl_2NO_3$ 3.6-Dichlor-5-[biphenylyl-(4)-amino]-2-methoxy-benzochinon-(1.4) und Tautomeres 607
$C_{19}H_{13}NO_2$ 2-Acetamino-7-oxo-7*H*-benz[*de*]anthracen 335
3-Acetamino-7-oxo-7*H*-benz[*de*]anthracen 337
9-Acetamino-7-oxo-7*H*-benz[*de*]anthracen 340
6-Acetamino-7-oxo-7*H*-benz[*de*]anthracen 340
11-Acetamino-7-oxo-7*H*-benz[*de*]anthracen 341
6-Methylamino-naphthacen-chinon-(5.12) 511
$C_{19}H_{13}NO_3$ [4-Benzoyl-anilino]-benzochinon-(1.4) und Tautomeres 361
$C_{19}H_{14}ClNO_4$ 8-Chlor-2-*p*-toluidino-5-acetoxy-naphthochinon-(1.4) 637
2-Chlor-3-*p*-toluidino-5-acetoxy-naphthochinon-(1.4) und Tautomeres 637
$C_{19}H_{14}Cl_3NO_3$ 2.4-Dimethyl-1-[(*C.C.C*-trichlor-acetamino)-methyl]-anthrachinon 498
$C_{19}H_{14}Cl_6N_2O_4$ 4-Hydroxy-3.5-bis-[(*C.C.C*-trichlor-acetamino)-methyl]-benzophenon 595
2-Hydroxy-3.5-bis-[(*C.C.C*-trichlor-acetamino)-methyl]-benzophenon 595
$C_{19}H_{14}N_2O_3$ 3-Nitro-2-anilino-benzophenon 216
$C_{19}H_{14}N_4O_4$ 4.6-Dinitro-2-anilino-benzaldehyd-phenylimin 53
$C_{19}H_{15}NO$ 2-Anilino-benzophenon 214
4-Dimethylamino-7-oxo-7*H*-benz[*de*]anthracen 338
4'-Amino-4-phenyl-benzophenon 343
4-[4-Amino-phenyl]-benzophenon 343
$C_{19}H_{15}NOS$ 4'-Amino-4-phenylmercapto-benzophenon 583
$C_{19}H_{15}NO_2$ 4-Benzamino-1-acetyl-naphthalin 206
2-Acetamino-1-benzoyl-naphthalin 329
4-Acetamino-1-benzoyl-naphthalin 330
[2-Acetamino-phenyl]-[naphthyl-(1)]-keton 331
3-Acetamino-2-benzoyl-naphthalin 332
1-Acetamino-2-benzoyl-naphthalin 332
3'-Amino-4-phenoxy-benzophenon 581
4'-Amino-4-phenoxy-benzophenon 582
$C_{19}H_{15}NO_3$ 5-Acetamino-2.3-dihydro-1*H*-cyclopent[*a*]anthracen-chinon-(6.11) 507
$C_{19}H_{15}NO_5S$ 3-[1-Acetoxy-naphthalin-sulfonyl-(2)-amino]-benzaldehyd 56
$C_{19}H_{16}ClNO_2S$ 3-Chlor-2-[4-propylmercapto-anilino]-naphthochinon-(1.4) und Tautomeres 393
$C_{19}H_{16}Cl_2N_2O_3$ 2.7-Bis-[(*C*-chlor-acetamino)-methyl]-fluorenon-(9) 307
$C_{19}H_{16}N_2$ 4-Amino-benzophenon-phenylimin 217
$C_{19}H_{16}N_2O$ 3-Amino-2-anilino-benzophenon 224
3-Amino-4-anilino-benzophenon 225
1-[4.4'-Diamino-benzyhydryliden]-cyclohexadien-(2.5)-on-(4), 4'.4''-Diamino-fuchson 342
4'-Amino-4-phenyl-benzophenon-oxim 343
$C_{19}H_{16}N_2OS$ 4'-Amino-4-phenylmercapto-benzophenon-oxim 583
$C_{19}H_{16}N_2O_2$ *N*-[4-Acetyl-phenyl]-*N'*-[naphthyl-(1)]-harnstoff 97
5-Anilino-2-[*N*-methyl-anilino]-benzochinon-(1.4) und Tautomeres 366
3.6-Dianilino-2-methyl-benzochinon-(1.4) und Tautomere 375
$C_{19}H_{16}N_2O_4$ 1-[Methyl-acetyl-amino]-4-acetamino-anthrachinon 452
$C_{19}H_{17}NO$ 2-Benzylamino-1-[naphthyl-(2)]-äthanon-(1) 209
Phenyl-[4-dimethylamino-naphthyl-(1)]-keton 330
[4-Dimethylamino-phenyl]-[naphthyl-(1)]-keton 331

[4-Dimethylamino-phenyl]-[naphthyl-(2)]-keton 333
[6-Amino-3.4-dimethyl-phenyl]-[naphthyl-(1)]-keton 334
[6-Amino-3.4-dimethyl-phenyl]-[naphthyl-(2)]-keton 334

**$C_{19}H_{17}NO_2$** 5-Acetamino-11-oxo-2.3.6.11-tetrahydro-1*H*-cyclopenta[*a*]-anthracen 326
1-Phenyl-3-[4-amino-1-hydroxy-naphthyl-(2)]-propanon-(3) 602

**$C_{19}H_{17}NO_3$** 3-Formamino-1-methyl-7-isopropyl-phenanthren-chinon-(9.10) 502

**$C_{19}H_{17}NO_4S$** 2-Benzolsulfonylamino-1-[4-methoxy-naphthyl-(1)]-äthanon-(1) 578

**$C_{19}H_{18}BrNO$** 2-Dimethylamino-1-[9-brom-phenanthryl-(3)]-propanon-(1) 322
3-Dimethylamino-1-[9-brom-phenanthryl-(3)]-propanon-(1) 324

**$C_{19}H_{18}BrNO_2$** Methyl-[2-oxo-1-brommethyl-2-phenyl-äthyl]-[2-oxo-2-phenyl-1-methylen-äthyl]-amin 152
4-Brom-1-isopentylamino-anthrachinon 424

**$[C_{19}H_{18}NO_2]^{\oplus}$** Tri-*N*-methyl-4-[(1.3-dioxo-indanyliden-(2))-methyl]-anilinium 505
$[C_{19}H_{18}NO_2]CH_3O_4S$ 505

**$C_{19}H_{18}N_2O$** 2-Benzylamino-1-[naphthyl-(2)]-äthanon-(1)-oxim 209
Phenyl-[4-dimethylamino-naphthyl-(1)]-keton-oxim 330

**$C_{19}H_{18}N_2O_2$** 4-[*N*-Acetyl-anilino]-1-phenylimino-cyclopentanon-(2) und 2-Anilino-5-[*N*-acetyl-anilino]-cyclopenten-(1)-on-(3) 360

**$C_{19}H_{19}Cl_2NO_2$** Methyl-bis-[3-oxo-3-(4-chlor-phenyl)-propyl]-amin 159

**$C_{19}H_{19}NO$** 3-Allylamino-1-[fluorenyl-(2)]-propanon-(1) 310
5-Phenyl-1-[4-dimethylamino-phenyl]-pentadien-(1.3)-on-(5) 318
5-Phenyl-1-[4-dimethylamino-phenyl]-pentadien-(1.4)-on-(3) 319
1-Oxo-2-[4-dimethylamino-benzyliden]-1.2.3.4-tetrahydro-naphthalin 320
3-Dimethylamino-1-[anthryl-(9)]-propanon-(1) 321
1-Methyl-2-[4-dimethylamino-benzyliden]-indanon-(3) 321
3-Dimethylamino-1-[phenanthryl-(2)]-propanon-(1) 322
3-Dimethylamino-1-[phenanthryl-(3)]-propanon-(1) 324
3-Dimethylamino-1-[phenanthryl-(9)]-propanon-(1) 325

**$C_{19}H_{19}NO_2$** x-Acetamino-1-methyl-7-isopropyl-fluorenon-(9) 313
2-Isobutylamino-2-phenyl-indandion-(1.3) 490
2-Dimethylamino-1-[3-methoxy-phenanthryl-(9)]-äthanon-(1) 600

**$C_{19}H_{19}NO_3$** 5-Phenyl-1-[6-amino-3.4-dimethoxy-phenyl]-pentadien-(2.4)-on-(1) 666

**$C_{19}H_{19}NO_4$** 2-Acetamino-2-[3-methoxy-phenoxymethyl]-indanon-(1) 572
3-Acetamino-7-methoxy-3-benzyl-chromanon-(4) 572

**$[C_{19}H_{19}N_2O_3]^{\oplus}$** Trimethyl-[(9.10-dioxo-9.10-dihydro-anthryl-(1)-carbamoyl)-methyl]-ammonium 417
$[C_{19}H_{19}N_2O_3]Cl$ 417

**$C_{19}H_{19}N_3O_5$** 2-[*N*-Acetyl-*o*-toluidino]-1-[3-nitro-phenyl]-äthanon-(1)-[*O*-acetyl-oxim] 135
2-[*N*-Acetyl-*p*-toluidino]-1-[3-nitro-phenyl]-äthanon-(1)-[*O*-acetyl-oxim] 136

**$C_{19}H_{20}BrNO$** 5-[Methyl-benzyl-amino]-1-[4-brom-phenyl]-penten-(1)-on-(3) 191
α-Brom-β-diäthylamino-chalkon 303

**$C_{19}H_{20}BrNO_4$** 8-Brom-5-hydroxy-6-methoxy-2.3-dioxo-4a-[2-dimethylamino-äthyl]-2.3.4.4a-tetrahydro-phenanthren 678

**$C_{19}H_{20}ClNO$** 5-[Methyl-benzyl-amino]-1-[4-chlor-phenyl]-penten-(1)-on-(3) 191

**$C_{19}H_{20}ClNO_4$** 4-Chlor-2-benzyloxycarbonylamino-1-[4-methoxy-phenyl]-butanon-(3) 566

**$C_{19}H_{20}N_2O$** 5-Amino-1-oxo-2-[4-dimethylamino-benzyliden]-1.2.3.4-tetrahydro-naphthalin 320
1-Hydroxyimino-2-[4-dimethylamino-benzyliden]-1.2.3.4-tetrahydro-naphthalin 320
4-*p*-Toluidino-1-*p*-tolylimino-cyclopentanon-(2) und 2.5-Di-*p*-toluidino-cyclopenten-(1)-on-(3) 358

**$C_{19}H_{20}N_2O_2$** 4-Dimethylamino-4′-acetamino-chalkon 304
x-Acetamino-1-methyl-7-isopropyl-fluorenon-(9)-oxim 313

**$C_{19}H_{20}N_2O_3$** *N.N*-Bis-[3-oxo-3-phenyl-propyl]-harnstoff 157
4.4′-Bis-acetamino-3.3′-dimethyl-benzophenon 266

**$C_{19}H_{20}N_2O_4$** 2-[*N*-Methyl-anilino]-1-[2-äthoxalylamino-phenyl]-äthanon-(1) 140
4-Methylamino-1-[bis-(2-hydroxy-äthyl)-amino]-anthrachinon 447

**$C_{19}H_{20}N_4O_8$** s. bei $[C_{13}H_{18}NO]^{\oplus}$

**$C_{19}H_{20}N_6O_9$** 3.5.3′.5′-Tetranitro-4.4′-bis-propylamino-benzophenon 233

$C_{19}H_{21}BrN_4O_3$ 2-[2-Brom-butyrylamino]-1-phenyl-propanon-(1)-[4-nitro-phenylhydrazon] 151
$C_{19}H_{21}NO$ 2-[1.2.3.4-Tetrahydro-naphthyl-(2)-amino]-1-phenyl-propanon-(1) 149
1-Oxo-2-[(methyl-benzyl-amino)-methyl]-1.2.3.4-tetrahydro-naphthalin 193
1-[α-Anilino-benzyl]-cyclohexanon-(2) 196
4-Diäthylamino-chalkon 298
α-Diäthylamino-chalkon 303
β-Diäthylamino-chalkon 303
1-Oxo-2-[4-dimethylamino-benzyl]-1.2.3.4-tetrahydro-naphthalin 312
2-Dimethylamino-1-[9.10-dihydro-phenanthryl-(2)]-propanon-(1) 312
3-Dimethylamino-1-[9.10-dihydro-phenanthryl-(2)]-propanon-(1) 313
$C_{19}H_{21}NO_2$ Methyl-bis-[3-oxo-3-phenyl-propyl]-amin 156
α-Acetamino-2.4.6-trimethyl-desoxybenzoin 274
2-[Dimethylamino-methyl]-1.4-diphenyl-butandion-(1.4) 406
$C_{19}H_{21}NO_4$ Methyl-bis-[3-oxo-3-(4-hydroxy-phenyl)-propyl]-amin 561
2-Acetamino-2-[3-methoxy-phenoxy-methyl]-indanol-(1) bzw. 3-Acetamino-7-methoxy-3-benzyl-chromanol-(4) 572
$C_{19}H_{21}NO_5$ 6′-Amino-3.4.3′.4′-tetramethoxy-chalkon 691
Desacetyl-colchicein 691
$C_{19}H_{21}NO_6$ 6-[*C*-(3.4-Dimethoxy-phenyl)-acetamino]-3.4-dimethoxy-benzaldehyd 609
$C_{19}H_{22}BrNO$ 2-[Butyl-benzyl-amino]-1-[4-brom-phenyl]-äthanon-(1) 129
$C_{19}H_{22}BrNO_2$ 2-Brom-1-[methyl-(4-methoxy-benzyl)-amino]-1-phenyl-butanon-(3) 171
$C_{19}H_{22}ClNO$ 2-[*sec*-Butyl-benzyl-amino]-1-[4-chlor-phenyl]-äthanon-(1) 125
$C_{19}H_{22}N_2O$ 2-[1.2.3.4-Tetrahydro-naphthyl-(2)-amino]-1-phenyl-propanon-(1)-oxim 149
1-[α-Anilino-benzyl]-cyclohexanon-(2)-oxim 196
3.3-Bis-[4-dimethylamino-phenyl]-acrylaldehyd 306
1-Hydroxyimino-2-[4-dimethylamino-benzyl]-1.2.3.4-tetrahydro-naphthalin 312
5-Amino-1-oxo-2-[4-dimethylamino-benzyl]-1.2.3.4-tetrahydro-naphthalin 312
$C_{19}H_{22}N_2O_2$ *N.N′*-Diphenacyl-propandiyldiamin 122
$C_{19}H_{22}N_2O_6$ *N.N′*-Bis-[3.4-dihydroxy-phenacyl]-propandiyldiamin 620
$C_{19}H_{23}NO$ 3-*p*-Toluidino-2-isopropyl-3-phenyl-propionaldehyd 180
6-Anilino-2-methyl-6-phenyl-hexanon-(4) 181
5-Anilino-2.2-dimethyl-5-phenyl-pentanon-(3) 182
4-Dipropylamino-benzophenon 220
α-[1-Äthyl-propylamino]-desoxybenzoin 237
3-Diäthylamino-1.1-diphenyl-aceton 262
4-Oxo-3-[diäthylamino-methyl]-1.2.3.4-tetrahydro-phenanthren 267
1-Oxo-2-[diäthylamino-methyl]-1.2.3.4-tetrahydro-phenanthren 267
5-Dimethylamino-3.3-diphenyl-pentanon-(2) 274
3-Dimethylamino-1-[1.2.3.4-tetrahydro-phenanthryl-(9)]-propanon-(1) 275
$C_{19}H_{23}NO_2$ 2-[Methyl-(2-hydroxy-1-methyl-2-phenyl-äthyl)-amino]-1-phenyl-propanon-(1) 150
3-[Methyl-(3-hydroxy-3-phenyl-propyl)-amino]-1-phenyl-propanon-(1) 155
2-[Methyl-benzyl-amino]-1-[6-methoxy-3-methyl-phenyl]-propanon-(1) 567
4′-Dimethylamino-4-*tert*-butyloxy-benzophenon 582
4′-Dimethylamino-4-butyloxy-benzophenon 582
2-Diäthylamino-9-methoxy-1-oxo-1.2.3.4-tetrahydro-phenanthren 590
$C_{19}H_{23}NO_3$ 2-[Methyl-benzyl-amino]-1-[3.4-dimethoxy-phenyl]-propanon-(1) 625
$C_{19}H_{23}N_3O$ 4.4′-Bis-dimethylamino-benzophenon-acetylimin 229
5-Amino-1-hydroxyimino-2-[4-dimethylamino-benzyl]-1.2.3.4-tetrahydro-naphthalin 312
$C_{19}H_{23}N_3O_2$ [2-Oxo-bornyliden-(3)]-[4-acetamino-benzyliden]-hydrazin 75
$C_{19}H_{24}BrNO_3$ 8-Brom-5-hydroxy-6-methoxy-3-oxo-4a-[2-dimethylamino-äthyl]-1.2.3.4.4a.10a-hexahydro-phenanthren 644
$[C_{19}H_{24}NO]^{\oplus}$ Dimethyl-[3-phenyl-propyl]-phenacyl-ammonium 115
$[C_{19}H_{24}NO]Br$ 115
$C_{19}H_{24}N_2O$ 4.4′-Bis-dimethylamino-3.3′-dimethyl-benzophenon 266
3.3′-Diamino-2.4.6.2′.4′.6′-hexamethyl-benzophenon 283
Verbindung $C_{19}H_{24}N_2O$ aus 4-*p*-Toluidino-1-*p*-tolylimino-cyclopentanon-(2) bzw. 2.5-Di-*p*-toluidino-cyclopenten-(1)-on-(3) 358

$C_{19}H_{24}N_4O$ 1-Phenyl-1-[4-dimethylamino-phenyl]-butanon-(3)-semicarbazon 272
$C_{19}H_{24}N_4O_2$ Oxim $C_{19}H_{24}N_4O_2$ aus [2-Oxo-bornyliden-(3)]-[4-acetamino-benzyliden]-hydrazin 76
$C_{19}H_{25}NO$ 1.4.7.7-Tetramethyl-2-[(*N*-methyl-anilino)-methylen]-norbornanon-(3) 47
1.7.7-Trimethyl-3-[4-dimethylamino-benzyliden]-norbornanon-(2) 212
1-Isopropyl-4-[4-dimethylamino-styryl]-cyclohexen-(3)-on-(2) 212
$C_{19}H_{25}NO_2$ 1'-Benzamino-bicyclohexylon-(2) 38
$C_{19}H_{25}NO_3$ 3-Hydroxy-2-[octylamino-methyl]-naphthochinon-(1.4) und Tautomeres 640
5-Hydroxy-6-methoxy-3-oxo-4a-[2-dimethylamino-äthyl]-1.2.3.4.4a.10a-hexahydro-phenanthren 643
$C_{19}H_{25}NS$ 1.7.7-Trimethyl-3-[4-dimethylamino-benzyliden]-norbornanthion-(2) 213
$C_{19}H_{25}N_3$ 4-Diäthylamino-benzaldehyd-[4-dimethylamino-phenylimin] 72
$C_{19}H_{25}N_3O_2S$ 4-[3-Oxo-4.7.7-trimethyl-norbornyl-(2)]-1-[4-methoxy-benzyliden]-thiosemicarbazid 22
$C_{19}H_{26}BrNO_3$ 8-Brom-5-hydroxy-6-methoxy-3-oxo-4a-[2-dimethylamino-äthyl]-1.2.3.4.4a.9.10.10a-octahydro-phenanthren 634
$C_{19}H_{26}ClNO_2$ 2-Chlor-1-[3-(undecen-(10)-oylamino)-phenyl]-äthanon-(1) 91
$[C_{19}H_{26}N_2O]^{\oplus\oplus}$ 4.4'-Bis-trimethylammonio-benzophenon 230
$[C_{19}H_{26}N_2O]Cl_2$ 230
$[C_{19}H_{26}N_2O]Br_2$ 230
$[C_{19}H_{26}N_2O]I_2$ 230
$[C_{19}H_{26}N_2O][ClO_4]_2$ 230
$[C_{19}H_{26}N_2O]SO_4$ 230
$[C_{19}H_{26}N_2O][C_6H_2N_3O_7]_2$ 230
$C_{19}H_{26}N_2O_3$ 5-Hydroxy-6-methoxy-3-hydroxyimino-4a-[2-dimethylamino-äthyl]-1.2.3.4.4a.10a-hexahydro-phenanthren 644
$[C_{19}H_{27}BrNO_2]^{\oplus}$ Dimethyl-[2-oxo-1-methyl-2-cyclohexyl-äthyl]-[(4-brom-phenyl)-acetyl]-ammonium 9
$[C_{19}H_{27}BrNO_2]Br$ 9
Dimethyl-[2-oxo-1-methyl-2-cyclohexyl-äthyl]-[4-brom-phenacyl]-ammonium 131
$[C_{19}H_{27}BrNO_2]Br$ 131
$C_{19}H_{27}NO$ 2-Dimethylamino-1-[1.2.3.4.5.6.7.8-octahydro-phenanthryl-(9)]-propanon-(1) 205
2-Äthylamino-1-[1.2.3.4.5.6.7.8-octahydro-phenanthryl-(9)]-propanon-(1) 205
$C_{19}H_{27}NO_3$ 5-Hydroxy-6-methoxy-3-oxo-4a-[2-dimethylamino-äthyl]-1.2.3.4.4a.9.10.10a-octahydro-phenanthren 633
$[C_{19}H_{27}N_3]^{\oplus\oplus}$ 4-Trimethylammonio-benzaldehyd-[4-trimethylammonio-phenylimin] 70
$[C_{19}H_{27}N_3][ClO_4]_2$ 70
$[C_{19}H_{27}N_3O]^{\oplus\oplus}$ 4.4'-Bis-trimethylammonio-benzophenon-oxim 230
$[C_{19}H_{27}N_3O]Cl_2$ 230
$[C_{19}H_{27}N_3O][C_6H_2N_3O_7]_2$ 230
$C_{19}H_{28}ClNO_2$ 2-Chlor-1-[4-(undecen-(10)-oylamino)-phenyl]-äthanon-(1) 101
$C_{19}H_{29}NO_2$ 5-Diäthylamino-1-[2-butyloxy-phenyl]-penten-(1)-on-(3) 572
$C_{19}H_{30}BrNO$ 3-Brom-2-dipentylamino-1-phenyl-propanon-(1) 153
$C_{19}H_{30}ClNO$ 3-Dipentylamino-1-[4-chlor-phenyl]-propanon-(1) 159
$C_{19}H_{31}NO$ 3-Diisopentylamino-1-phenyl-propanon-(1) 155
$C_{19}H_{31}NO_3$ 3-Methylamino-6-hydroxy-2-dodecyl-benzochinon-(1.4) und 6-Methylamino-3-hydroxy-2-dodecyl-benzochinon-(1.4) sowie Tautomere 629
$C_{19}H_{32}N_2O_2$ 3.6-Bis-methylamino-2-undecyl-benzochinon-(1.4) und Tautomere 376
$C_{19}H_{33}N_3O$ 4-[Bis-(2-diäthylamino-äthyl)-amino]-benzaldehyd 78
$C_{19}H_{36}N_2O$ Verbindung $C_{19}H_{36}N_2O$ aus 4-*p*-Toluidino-1-*p*-tolylimino-cyclopentanon-(2) bzw. 2.5-Di-*p*-toluidino-cyclopenten-(1)-on-(3) 358

## $C_{20}$-Gruppe

$C_{20}H_{11}BrCl_3NO_2$ 3-Brom-7-oxo-9-[(*C.C.C*-trichlor-acetamino)-methyl]-7*H*-benz[*de*]anthracen 342
$C_{20}H_{11}Cl_3N_2O_4$ 3-Nitro-7-oxo-9-[(*C.C.C*-trichlor-acetamino)-methyl]-7*H*-benz[*de*]anthracen 342
$C_{20}H_{12}Br_3NO_2$ 2.4.6-Tribrom-3.5-dibenzoyl-anilin 519
$C_{20}H_{12}ClNO_2$ 3-Chlor-2-[naphthyl-(1)-amino]-naphthochinon-(1.4) und Tautomeres 392
3-Chlor-2-[naphthyl-(2)-amino]-naphthochinon-(1.4) und Tautomeres 392
$C_{20}H_{12}Cl_6N_2O_4$ 2.7-Bis-[(*C.C.C*-trichlor-acetamino)-methyl]-phenanthren-chinon-(9.10) 498
$C_{20}H_{12}Cl_6N_2O_5$ 7-Hydroxy-2.6-bis-[(*C.C.C*-trichlor-acetamino)-methyl]-phenanthren-chinon-(9.10) 665
$C_{20}H_{12}N_2O_3$ 2-[4-Nitro-benzylidenamino]-fluorenon-(9) 286
2-[3-Nitro-benzylidenamino]-fluorenon-(9) 286

2-[2-Nitro-benzylidenamino]-fluorenon-(9) 286

$C_{20}H_{12}N_2O_4$ 5-Nitro-2-benzamino-fluorenon-(9) 288
7-Nitro-3-anilino-phenanthren-chinon-(9.10) 489
2-Nitro-x-anilino-phenanthren-chinon-(9.10) 489

$C_{20}H_{13}BrN_2O_2$ 3-Brom-2-[5-amino-naphthyl-(1)-amino]-naphthochinon-(1.4) und Tautomeres 394
3-Brom-4-amino-1-anilino-anthrachinon 464

$C_{20}H_{13}ClN_2O_2$ 3-Chlor-2-[5-amino-naphthyl-(1)-amino]-naphthochinon-(1.4) und Tautomeres 393
3-Chlor-4-amino-1-anilino-anthrachinon 463

$C_{20}H_{13}Cl_2NO$ 1.3-Dichlor-10-anilino-anthron und 1.3-Dichlor-10-anilino-anthrol-(9) 296
2.4-Dichlor-10-anilino-anthron und 2.4-Dichlor-10-anilino-anthrol-(9) 296

$C_{20}H_{13}NO$ 2-Benzylidenamino-fluorenon-(9) 286

$C_{20}H_{13}NO_2$ 1-Benzamino-fluorenon-(9) 286
2-[3-Hydroxy-benzylidenamino]-fluorenon-(9) 287
2-Salicylidenamino-fluorenon-(9) 287
2-[4-Hydroxy-benzylidenamino]-fluorenon-(9) 287
5-Amino-1-phenyl-anthrachinon 521
2-[2-Amino-phenyl]-anthrachinon 521
2-[4-Amino-phenyl]-anthrachinon 521
7-Amino-2-benzoyl-fluorenon-(9) 522

$C_{20}H_{13}NO_3$ 2-[2.4-Dihydroxy-benzylidenamino]-fluorenon-(9) 287
4-Acetamino-benz[*a*]anthracen-chinon-(7.12) 515
2-Acetamino-benz[*a*]anthracen-chinon-(7.12) 515
3-Acetamino-benz[*a*]anthracen-chinon-(6.12) 515

$C_{20}H_{13}NO_4$ 4-[4-Hydroxy-anilino]-1-hydroxy-anthrachinon 654
5-Anilino-chinizarin 681
4-Anilino-1.5-dihydroxy-anthrachinon 685

$C_{20}H_{13}N_3O_6$ 3.5-Dinitro-2-benzamino-benzophenon 217
2.4-Dinitro-3.5-dibenzoyl-anilin und 2.6-Dinitro-3.5-dibenzoyl-anilin 519

$C_{20}H_{14}BrNO_2$ 4-Brom-2-benzamino-benzophenon 215

$C_{20}H_{14}Br_3NO$ *α*-[2.4.6-Tribrom-anilino]-desoxybenzoin 239

$C_{20}H_{14}ClNO_2$ 5-Chlor-2-benzamino-benzophenon 214
4′-Chlor-2-benzamino-benzophenon 215
2-Chlor-3-acetamino-7-oxo-4-methyl-7*H*-benz[*de*]anthracen 342

$C_{20}H_{14}N_2O_2$ 4-Amino-1-anilino-anthrachinon 441
Monoxim $C_{20}H_{14}N_2O_2$ aus 7-Amino-2-benzoyl-fluorenon-(9) 522

$C_{20}H_{14}N_2O_5$ 4.8-Diamino-1.5-dihydroxy-2-[4-hydroxy-phenyl]-anthrachinon 695
1.5-Diamino-4.8-dihydroxy-2-[4-hydroxy-phenyl]-anthrachinon 695

$C_{20}H_{15}ClN_2O_2$ 5-Chlor-2-benzamino-benzophenon-oxim 214

$C_{20}H_{15}Cl_2NO$ 4.4′-Dichlor-*α*-anilino-desoxybenzoin 243

$C_{20}H_{15}NO$ 7-Amino-2-benzoyl-fluoren 349

$C_{20}H_{15}NO_2$ 2-Benzamino-benzophenon 214
3.5-Dibenzoyl-anilin 518

$C_{20}H_{15}N_3O_2$ 4-Amino-1-[4-amino-anilino]-anthrachinon und Tautomeres 457

$C_{20}H_{15}N_3O_6$ 3-Nitro-2-[2-nitro-4-methoxy-anilino]-benzophenon 217

$C_{20}H_{16}BrNO$ *α*-[3-Brom-anilino]-desoxybenzoin 239
*α*-[4-Brom-anilino]-desoxybenzoin 239
x-Brom-desylanilin 239

$C_{20}H_{16}ClNO$ *α*-[3-Chlor-anilino]-desoxybenzoin 238
*α*-[4-Chlor-anilino]-desoxybenzoin 238

$C_{20}H_{16}ClNO_4S$ 4′-Chlor-2′-benzolsulfonylamino-4-methoxy-benzophenon 580
5′-Chlor-2′-benzolsulfonylamino-4-methoxy-benzophenon 581

$C_{20}H_{16}Cl_2N_2O_4$ 3.6-Dichlor-2.5-di-*o*-anisidino-benzochinon-(1.4) und Tautomere 371

$C_{20}H_{16}INO$ *α*-[4-Jod-anilino]-desoxybenzoin 239

$C_{20}H_{16}N_2O_2$ 8.11-Bis-methylamino-benz[*a*]anthracen-chinon-(7.12) 516
1.3-Dianthraniloyl-benzol 519

$C_{20}H_{16}N_2O_3$ *α*-[4-Nitro-anilino]-desoxybenzoin 239

$C_{20}H_{16}N_4O_2$ 1.4-Bis-[2-cyan-äthylamino]-anthrachinon 456

$C_{20}H_{16}N_4O_4$ 5.8-Bis-[2-cyan-äthylamino]-chinizarin 683

$C_{20}H_{16}N_4O_5$ 6-Nitro-3.5-dianilino-2-acetamino-benzochinon-(1.4) und Tautomere 372
5-Nitro-3.6-dianilino-2-acetamino-benzochinon-(1.4) 373

$C_{20}H_{17}NO$ 2-[Biphenylyl-(3)-amino]-1-phenyl-äthanon-(1) 115
2-[Biphenylyl-(4)-amino]-1-phenyl-äthanon-(1) 116
4-Benzylamino-benzophenon 220

2-Diäthylamino-1-[phenanthryl-(9)]-äthanon-(1) 318
3-Amino-1-methyl-7-isopropyl-9-acetyl-phenanthren 327
$C_{20}H_{21}NO_2$ 5-Methoxy-1-oxo-2-[4-dimethylamino-benzyliden]-1.2.3.4-tetrahydro-naphthalin 600
$C_{20}H_{21}NO_3$ *N.N*-Bis-[3-oxo-3-phenyl-propyl]-acetamid 157
5-[4-Dimethylamino-phenyl]-1-[4-hydroxy-3-methoxy-phenyl]-pentadien-(1.4)-on-(3) 666
$C_{20}H_{21}NO_4$ 4-Dimethylamino-4'-methoxy-2'-acetoxy-chalkon 650
$C_{20}H_{21}NO_5$ *N.N*-Bis-[3-oxo-3-(4-hydroxy-phenyl)-propyl]-acetamid 561
$C_{20}H_{21}NO_6S$ s. bei $[C_{19}H_{18}NO_2]^{\oplus}$
$C_{20}H_{22}BrNO_4$ 1-Brom-4-hydroxy-3.7-dimethoxy-6-oxo-8a-[2-dimethylamino-äthyl]-6.8a-dihydro-phenanthren 680
$C_{20}H_{22}N_2O$ 1-[α-Benzylidenamino-benzyl]-cyclohexanon-(2)-oxim 196
$C_{20}H_{22}N_2O_2$ 1.4-Bis-propylamino-anthrachinon 440
$C_{20}H_{22}N_2O_3$ 4-Dimethylamino-4'-äthoxycarbonylamino-chalkon 304
$C_{20}H_{22}N_2O_4$ 2-*p*-Toluidino-1-[6-äthoxalylamino-3-methyl-phenyl]-äthanon-(1) 165
1.4-Bis-[β-hydroxy-isopropylamino]-anthrachinon 447
$C_{20}H_{22}N_2O_6$ 1.4-Bis-[β.β'-dihydroxy-isopropylamino]-anthrachinon 450
4-Nitro-3-phenyl-1-[6-acetamino-3.4-dimethoxy-phenyl]-butanon-(1) 649
$C_{20}H_{22}N_4O_2$ *N.N'*-Bis-[2-acetamino-benzyliden]-äthylendiamin 51
$C_{20}H_{23}NO$ 3-[Naphthyl-(1)-amino]-bornanon-(2) 19
3-[Naphthyl-(2)-amino]-bornanon-(2) 20
1-Methyl-1-[α-anilino-benzyl]-cyclohexanon-(2) 198
1-Methyl-2-[α-anilino-benzyl]-cyclohexanon-(3) und 1-Methyl-4-[α-anilino-benzyl]-cyclohexanon-(3) 198
1-Methyl-3-[α-anilino-benzyl]-cyclohexanon-(4) 199
α-Cyclohexylamino-desoxybenzoin 238
2-Diäthylamino-1-[9.10-dihydro-anthryl-(9)]-äthanon-(1) 308
2-Diäthylamino-1-[9.10-dihydro-phenanthryl-(2)]-äthanon-(1) 309
$C_{20}H_{23}NO_2$ Äthyl-bis-[3-oxo-3-phenyl-propyl]-amin 156
2-Diäthylamino-1.4-diphenyl-butandion-(1.4) 405
5-Methoxy-1-oxo-2-[4-dimethylamino-benzyl]-1.2.3.4-tetrahydro-naphthalin 599
$C_{20}H_{23}NO_3$ 3-[Methyl-(3-oxo-3-phenyl-propyl)-amino]-1-[4-methoxy-phenyl]-propanon-(1) 561
8-Cyclohexylamino-5-hydroxy-1.2.3.4-tetrahydro-anthrachinon 647
$C_{20}H_{23}NO_3S$ 3-[Naphthalin-sulfonyl-(2)-amino]-bornanon-(2) 34
$C_{20}H_{23}NO_4$ 2-Benzamino-1-[3.4-diäthoxy-phenyl]-propanon-(1) 626
$C_{20}H_{23}NO_6$ 2-[*C*-(3.4-Dimethoxy-phenyl)-acetamino]-1-[3.4-dimethoxy-phenyl]-äthanon-(1) 620
$C_{20}H_{23}N_3O_3$ *N.N*-Bis-[3-hydroxyimino-3-phenyl-propyl]-acetamid 157
$C_{20}H_{24}BrNO_4$ 8-Brom-5-hydroxy-2.6-dimethoxy-3-oxo-4a-[2-dimethylamino-äthyl]-3.4.4a.10a-tetrahydro-phenanthren 676
$C_{20}H_{24}ClNO$ 2-[Methyl-benzyl-amino]-1-[4-chlor-phenyl]-hexanon-(1) 180
$C_{20}H_{24}N_2O$ 1-[α-(α-Amino-benzylamino)-benzyl]-cyclohexanon-(2) 196
1-Methyl-1-[α-anilino-benzyl]-cyclohexanon-(2)-oxim 198
1-Methyl-3-[α-anilino-benzyl]-cyclohexanon-(4)-oxim 199
1-Methyl-2-[α-anilino-benzyl]-cyclohexanon-(3)-oxim 199
$C_{20}H_{24}N_2O_2$ *N.N'*-Diäthyl-*N.N'*-bis-[4-formyl-phenyl]-äthylendiamin 78
5-Methoxy-1-hydroxyimino-2-[4-dimethylamino-benzyl]-1.2.3.4-tetrahydro-naphthalin 599
$C_{20}H_{24}N_2O_6S$ 2-[(Toluol-sulfonyl-(4))-methyl-amino]-1-[6-acetamino-3.4-dimethoxy-phenyl]-äthanon-(1) 622
$C_{20}H_{24}N_4O$ 1-[α-Anilino-benzyl]-cyclohexanon-(2)-semicarbazon 196
$[C_{20}H_{25}BrNO]^{\oplus}$ Dimethyl-[1-phenyl-butyl]-[4-brom-phenacyl]-ammonium 130
$[C_{20}H_{25}BrNO]Br$ 130
Dimethyl-[1-benzyl-propyl]-[4-brom-phenacyl]-ammonium 130
$[C_{20}H_{25}BrNO]Br$ 130
$C_{20}H_{25}NO$ 7-Anilino-3-methyl-7-phenyl-heptanon-(5) 182
1-Anilino-1-phenyl-octanon-(3) 182
4-Diäthylamino-1.2-diphenyl-butanon-(1) 271
2-Diäthylamino-1-[1.2.3.4-tetrahydro-phenanthryl-(9)]-äthanon-(1) 272
3-Diäthylamino-1-[4-benzyl-phenyl]-propanon-(1) 272
1-Dimethylamino-3.3-diphenyl-hexanon-(4) 276

5-Dimethylamino-3.3-diphenyl-hexanon-(2) 276
1-Dimethylamino-2-methyl-3.3-diphenyl-pentanon-(4) 277
**$C_{20}H_{25}NO_2$** 2-[Methyl-(2-methoxy-1-methyl-2-phenyl-äthyl)-amino]-1-phenyl-propanon-(1) 151
$\alpha$-[(2-Hydroxy-äthyl)-butyl-amino]-desoxybenzoin 240
4-Butyl-2.3-diphenyl-morpholinol-(2) 241
1.8.8-Trimethyl-3-[4-dimethylamino-benzyliden]-bicyclo[3.2.1]octandion-(2.4) 402
4-Diäthylamino-1-[4-phenoxy-phenyl]-butanon-(1) 565
9-Methoxy-1-oxo-2-[diäthylamino-methyl]-1.2.3.4-tetrahydro-phenanthren 595
7-Methoxy-4-oxo-3-[diäthylamino-methyl]-1.2.3.4-tetrahydro-phenanthren 595
**$C_{20}H_{25}NO_3$** 2-[Methyl-(2-hydroxy-1-methyl-2-phenyl-äthyl)-amino]-1-[4-methoxy-phenyl]-propanon-(1) 560
2-[Methyl-benzyl-amino]-1-[2.5-diäthoxy-phenyl]-äthanon-(1) 612
**$C_{20}H_{25}NO_4$** 5-Hydroxy-2.6-dimethoxy-3-oxo-4a-[2-dimethylamino-äthyl]-3.4.4a.10a-tetrahydro-phenanthren 675
5-Hydroxy-2.6-dimethoxy-3-oxo-4a-[2-dimethylamino-äthyl]-3.4.4a.9-tetrahydro-phenanthren 676
5-Hydroxy-2.6-dimethoxy-3-oxo-4a-[2-dimethylamino-äthyl]-2.3.4.4a-tetrahydro-phenanthren 677
**$[C_{20}H_{25}N_2S]^{\oplus}$** Methyl-benzyl-[4-dimethyl-amino-$\alpha$-methylmercapto-cinnamyliden]-ammonium 59
$[C_{20}H_{25}N_2S]I$ 59
**$C_{20}H_{25}N_3O_2$** Verbindung $C_{20}H_{25}N_3O_2$ aus 1-[$\alpha$-Benzylidenamino-benzyl]-cyclohexanon-(2) 196
**$C_{20}H_{26}N_2O$** 4.7.7-Trimethyl-2-[(4-dimethylamino-benzylidenamino)-methylen]-norbornanon-(3) 64
**$C_{20}H_{26}N_2O_2$** 4-Diäthylamino-1-[4-phenoxy-phenyl]-butanon-(1)-oxim 565
**$C_{20}H_{26}N_2O_3$** 6-[2-Diäthylamino-äthylamino]-2.2'-dihydroxy-3-methyl-benzophenon 647
**$C_{20}H_{26}N_2O_4$** 5-Hydroxy-2.6-dimethoxy-3-hydroxyimino-4a-[2-dimethylamino-äthyl]-3.4.4a.9-tetrahydro-phenanthren 677
**$C_{20}H_{26}N_4$** Bis-[6-dimethylamino-3-methyl-benzyliden]-hydrazin 143
Bis-[1-(2-amino-phenyl)-butyliden]-hydrazin 169
**$C_{20}H_{26}N_6O_2$** Semicarbazon $C_{20}H_{26}N_6O_2$ aus [2-Oxo-bornyliden-(3)]-[4-acetamino-benzyliden]-hydrazin 76
**$[C_{20}H_{27}BrNO_3]^{\oplus}$** 8-Brom-5-hydroxy-6-methoxy-3-oxo-4a-[2-trimethyl-ammonio-äthyl]-1.2.3.4.4a.10a-hexahydro-phenanthren 644
$[C_{20}H_{27}BrNO_3]I$ 644
**$C_{20}H_{27}NO_2$** 8.11-Dioxo-6-methyl-5-[2-diäthylamino-äthyl]-5.6.7.8.9.10-hexahydro-5.9-methano-benzocycloocten 398
**$C_{20}H_{27}NO_3$** 3-Hydroxy-2-[1-octylamino-äthyl]-naphthochinon-(1.4) und Tautomeres 642
5-Hydroxy-6-methoxy-3-oxo-2-methyl-4a-[2-dimethylamino-äthyl]-1.2.3.4.4a.10a-hexahydro-phenanthren 645
5-Hydroxy-6-methoxy-3-oxo-4-methyl-4a-[2-dimethylamino-äthyl]-1.2.3.4.4a.10a-hexahydro-phenanthren 645
**$C_{20}H_{27}NO_4$** 5-Hydroxy-2.6-dimethoxy-3-oxo-4a-[2-dimethylamino-äthyl]-1.2.3.4.4a.10a-hexahydro-phenanthren 674
**$C_{20}H_{28}N_4O_2S$** [3-(4-Phenyl-thiosemicarbazono)-4.7.7-trimethyl-norbornyl-(2)]-carbamidsäure-äthylester 25
**$[C_{20}H_{29}BrNO_3]^{\oplus}$** 8-Brom-5-hydroxy-6-methoxy-3-oxo-4a-[2-trimethyl-ammonio-äthyl]-1.2.3.4.4a.9.10.10a-octahydro-phenanthren 634
$[C_{20}H_{29}BrNO_3]I$ 634
**$C_{20}H_{29}NO$** 2-Diäthylamino-1-[1.2.3.4.5.6.7.8-octahydro-phenanthryl-(9)]-äthanon-(1) 204
**$C_{20}H_{29}NO_4$** 5-Hydroxy-2.6-dimethoxy-3-oxo-4a-[2-dimethylamino-äthyl]-1.2.3.4.4a.9.10.10a-octahydro-phenanthren 674
**$[C_{20}H_{29}N_5O]^{\oplus\oplus}$** 4.4'-Bis-trimethylammonio-benzophenon-semicarbazon 230
$[C_{20}H_{29}N_5O]Cl_2$ 230
$[C_{20}H_{29}N_5O][C_6H_2N_3O_7]_2$ 230
**$C_{20}H_{30}ClNO_2$** 2-Chlor-1-[3-lauroylamino-phenyl]-äthanon-(1) 91
2-Chlor-1-[4-lauroylamino-phenyl]-äthanon-(1) 100
**$[C_{20}H_{30}NO_3]^{\oplus}$** 5-Hydroxy-6-methoxy-3-oxo-4a-[2-trimethylammonio-äthyl]-1.2.3.4.4a.9.10.10a-octahydro-phenanthren 633
$[C_{20}H_{30}NO_3]I$ 633
**$C_{20}H_{30}N_2O_2$** 3-[3-Hydroxyimino-4.7.7-trimethyl-norbornyl-(2)-imino]-bornanon-(2) 20
**$C_{20}H_{31}NO_2$** 5-Dibutylamino-1-[4-methoxy-phenyl]-penten-(1)-on-(3) 573

$C_{20}H_{33}NO$ 4-Diisopentylamino-1-phenyl-butanon-(3) 173
1-[4-Dimethylamino-phenyl]-dodecanon-(1) 183
$C_{20}H_{34}N_2O_2$ 3.6-Bis-methylamino-2-dodecyl-benzochinon-(1.4) und Tautomere 376
3.6-Bis-methylamino-2-methyl-5-undecyl-benzochinon-(1.4) und Tautomere 376

## $C_{21}$-Gruppe

$C_{21}H_{10}Cl_3NO_3$ 5.8-Dichlor-1-[4-chlor-benzamino]-anthrachinon 423
$C_{21}H_{11}BrClNO_3$ 8-Chlor-4-brom-1-benzamino-anthrachinon 426
4-Chlor-2-brom-1-benzamino-anthrachinon 426
$C_{21}H_{11}Br_2NO_3$ 1.3-Dibrom-2-benzamino-anthrachinon 438
$C_{21}H_{11}ClN_2O_5$ 5-Nitro-1-[2-chlor-benzamino]-anthrachinon 428
8-Nitro-1-[2-chlor-benzamino]-anthrachinon 429
$C_{21}H_{11}Cl_2NO_3$ 4-Chlor-1-[4-chlor-benzamino]-anthrachinon 420
2.4-Dichlor-1-benzamino-anthrachinon 422
4.8-Dichlor-1-benzamino-anthrachinon 422
4.6-Dichlor-1-benzamino-anthrachinon 422
$C_{21}H_{11}F_3N_2O_4$ 1-[2-Nitro-4-trifluormethyl-anilino]-anthrachinon 409
$C_{21}H_{12}BrNO_3$ 2-Brom-1-benzamino-anthrachinon 423
4-Brom-1-benzamino-anthrachinon 425
$C_{21}H_{12}ClNO_3$ 4-Chlor-1-benzamino-anthrachinon 419
5-Chlor-1-benzamino-anthrachinon 421
$C_{21}H_{12}Cl_3NO_3$ 4-[(*C.C.C*-Trichlor-acetamino)-methyl]-benz[*a*]anthracen-chinon-(7.12) 518
$C_{21}H_{12}N_2O_5$ 1-[4-Nitro-benzamino]-anthrachinon 413
5-Nitro-1-benzamino-anthrachinon 428
8-Nitro-1-benzamino-anthrachinon 429
$C_{21}H_{13}ClN_2O_3$ 5-Amino-1-[2-chlor-benzamino]-anthrachinon 469
8-Amino-1-[2-chlor-benzamino]-anthrachinon 479
$C_{21}H_{13}F_3N_2O_2$ 1-[2-Amino-4-trifluormethyl-anilino]-anthrachinon 416
$C_{21}H_{13}NO$ 11-Amino-13-oxo-13*H*-dibenzo[*a.g*]fluoren 353
$C_{21}H_{13}NO_2$ 1-Benzylidenamino-anthrachinon 411
2-Benzylidenamino-anthrachinon 430
2-Amino-13*H*-indeno[1.2-*b*]anthracen-chinon-(6.11) 524
$C_{21}H_{13}NO_3$ 1-Benzamino-anthrachinon 413
2-Benzamino-anthrachinon 431
5-Amino-1-benzoyl-anthrachinon 534
$C_{21}H_{13}NO_4$ 1-Salicyloylamino-anthrachinon 415
1-Amino-2-benzoyloxy-anthrachinon 658
$C_{21}H_{13}N_3O_5$ 4-Amino-1-[4-nitro-benzamino]-anthrachinon und Tautomeres 452
$C_{21}H_{14}ClNO_2$ 3-Chlor-2-[4-methyl-naphthyl-(1)-amino]-naphthochinon-(1.4) und Tautomeres 392
5-Chlor-2-[4-amino-3-methyl-phenyl]-anthrachinon und 8-Chlor-2-[4-amino-3-methyl-phenyl]-anthrachinon 524
$C_{21}H_{14}ClNO_3$ 5-Chlor-1-*p*-anisidino-anthrachinon 420
5-Chlor-1-*o*-anisidino-anthrachinon 420
4-[(*C*-Chlor-acetamino)-methyl]-benz[*a*]anthracen-chinon-(7.12) 517
$C_{21}H_{14}ClNO_4S$ 5-Chlor-1-[toluol-sulfonyl-(4)-amino]-anthrachinon 421
$C_{21}H_{14}N_2O_2$ 1-Amino-9.10-dioxo-9.10-dihydro-anthracen-carbaldehyd-(2)-phenylimin 531
$C_{21}H_{14}N_2O_3$ 3-Amino-1-benzamino-anthrachinon 439
4-Amino-1-benzamino-anthrachinon 452
5-Amino-1-benzamino-anthrachinon 469
8-Amino-1-benzamino-anthrachinon 478
2-[*N*-Nitroso-anilino]-2-phenyl-indandion-(1.3) 491
$C_{21}H_{14}N_2O_4$ 4-Nitro-1-benzylamino-anthrachinon 427
$C_{21}H_{14}N_2O_6S$ 5-Nitro-1-[toluol-sulfonyl-(4)-amino]-anthrachinon 429
$C_{21}H_{15}BrN_2O_2$ 3-Brom-4-amino-1-*p*-toluidino-anthrachinon 464
$C_{21}H_{15}BrN_2O_3$ 3-Brom-4-amino-1-[3-hydroxymethyl-anilino]-anthrachinon 465
$C_{21}H_{15}ClN_2O_2$ 3-Chlor-4-amino-1-*p*-toluidino-anthrachinon 463
$C_{21}H_{15}ClN_2O_2S$ 3-Chlor-1.4-diamino-2-benzylmercapto-anthrachinon 662
$C_{21}H_{15}NO$ 3-Amino-2-[naphthoyl-(2)]-naphthalin 352
$C_{21}H_{15}NO_2$ 1-[4-Acetamino-benzyliden]-acenaphthenon-(2) 348
3-[Naphthyl-(2)-amino]-2-methyl-naphthochinon-(1.4) und Tautomeres 396
1-*p*-Toluidino-anthrachinon 409
2-Anilino-2-phenyl-indandion-(1.3) 490
1-Anilino-2-methyl-anthrachinon 492
2-[4-Amino-3-methyl-phenyl]-anthrachinon 524

**$C_{21}H_{15}NO_3$** 2-Vanillylidenamino-fluorenon-(9) 287
1-*m*-Anisidino-anthrachinon 410
1-*o*-Anisidino-anthrachinon 410
1-*p*-Anisidino-anthrachinon 410
4-*p*-Toluidino-1-hydroxy-anthrachinon 653
10-Hydroxy-1-anthraniloyl-anthron und 2-[2-Amino-phenyl]-2*H*-anthra[9.1-*bc*]furandiol-(2.6) sowie weitere Tautomere 670

**$C_{21}H_{15}NO_4$** 4-[3-Hydroxymethyl-anilino]-1-hydroxy-anthrachinon 655
5-Amino-1-[3-methoxy-phenoxy]-anthrachinon 656
4-*p*-Toluidino-1.5-dihydroxy-anthrachinon 685

**$C_{21}H_{15}NO_4S$** 1-[Toluol-sulfonyl-(4)-amino]-anthrachinon 418

**$C_{21}H_{15}NO_5$** 4-[3-Hydroxymethyl-anilino]-1.5-dihydroxy-anthrachinon 685

**$C_{21}H_{16}N_2O_2$** 4-Methylamino-1-anilino-anthrachinon 441
5-Amino-1-*p*-toluidino-anthrachinon 467
1-Amino-4-anilino-2-methyl-anthrachinon 495

**$C_{21}H_{16}N_2O_3$** 4-Amino-1-[2-hydroxymethyl-anilino]-anthrachinon 449

**$C_{21}H_{16}N_4O_4$** 5-Nitro-4.8-diamino-1-*p*-toluidino-anthrachinon 484

**$C_{21}H_{16}N_4O_5$** 5-Nitro-4.8-diamino-1-*p*-anisidino-anthrachinon 484
8-Nitro-4.5-diamino-1-*p*-anisidino-anthrachinon 484

**$C_{21}H_{17}NO$** 10-Anilino-3-methyl-anthron und 10-Anilino-3-methyl-anthrol-(9) 307

**$C_{21}H_{17}NO_2$** α-Benzamino-desoxybenzoin 242
6-Benzamino-3-methyl-benzophenon 246
4′-Acetamino-4-phenyl-benzophenon 343
4-[4-Acetamino-phenyl]-benzophenon 344
4-Acetamino-7-oxo-2-äthyl-7*H*-benz[*de*]anthracen 344

**$C_{21}H_{17}NO_2S$** 4′-Acetamino-4-phenylmercapto-benzophenon 583

**$C_{21}H_{17}NO_3$** 2-Benzamino-1-[4-phenoxy-phenyl]-äthanon-(1) 553
2′-Benzamino-4-methoxy-benzophenon 580
4′-Acetamino-4-phenoxy-benzophenon 583

**$C_{21}H_{17}N_3O$** Anhydro-tris-[2-amino-benzaldehyd] 48

**$C_{21}H_{18}ClNO$** 2-[*N*-Benzyl-anilino]-1-[4-chlor-phenyl]-äthanon-(1) 126

**$C_{21}H_{18}N_2O_2$** 2-Anilino-1-[2-benzamino-phenyl]-äthanon-(1) 139
2-[*N*-Benzoyl-anilino]-1-[2-amino-phenyl]-äthanon-(1) 140
α-Benzamino-desoxybenzoin-oxim 242

**$C_{21}H_{18}N_4O_2$** 4.8-Diamino-5-methylamino-1-anilino-anthrachinon 485
4.5.8-Triamino-1-p-toluidino-anthrachinon 485

**$C_{21}H_{18}N_4O_3$** 3-[*N*′-Phenyl-ureido]-benzaldehyd-[O-phenylcarbamoyl-oxim] 55
*N*-Phenyl-*N*′-[4-(*N*-phenylcarbamoyloxy-formimidoyl)-phenyl]-harnstoff 76
4.5.8-Triamino-1-*p*-anisidino-anthrachinon 486

**$C_{21}H_{19}BrN_2$** 4-Dimethylamino-benzaldehyd-[2′-brom-biphenylyl-(4)-imin] 61
4-Dimethylamino-benzaldehyd-[4′-brom-biphenylyl-(4)-imin] 62

**$C_{21}H_{19}IN_2$** 4-Dimethylamino-benzaldehyd-[4′-jod-biphenylyl-(4)-imin] 62

**$C_{21}H_{19}NO$** 3-Dibenzylamino-benzaldehyd 55
2-[*N*-Benzyl-anilino]-1-phenyl-äthanon-(1) 113
4-[Methyl-benzyl-amino]-benzophenon 220
α-Benzylamino-desoxybenzoin 240
α-[*N*-Methyl-anilino]-desoxybenzoin 240
2-[*N*-Methyl-anilino]-1-[biphenylyl-(4)]-äthanon-(1) 249
2-Anilino-1.3-diphenyl-propanon-(1) 253
3-Anilino-1.3-diphenyl-propanon-(1) 257
1-Anilino-1.3-diphenyl-aceton 260
2-Anilino-1.2-diphenyl-propanon-(1) 260
α-Anilino-4-methyl-desoxybenzoin 261
3-Anilino-1.2-diphenyl-propanon-(1) 261
α-Anilino-4′-methyl-desoxybenzoin 262
4′-Dimethylamino-4-phenyl-benzophenon 343
1-[4-Dimethylamino-phenyl]-3-[naphthyl-(2)]-propen-(1)-on-(3) 344

**$C_{21}H_{19}NO_2$** 1-[4-Benzamino-naphthyl-(1)]-butanon-(1) 212
α-Anilino-4-methoxy-desoxybenzoin 584
α-Anilino-4′-methoxy-desoxybenzoin 585
1-[4-Dimethylamino-phenyl]-3-[1-hydroxy-naphthyl-(2)]-propen-(1)-on-(3) 602

**$C_{21}H_{19}NO_3$** 1-Cyclohexancarbonylamino-anthrachinon 412
2-Cyclohexancarbonylamino-anthrachinon 431
1-Phenyl-3-[4-acetamino-1-hydroxy-naphthyl-(2)]-propanon-(3) 602

**$C_{21}H_{19}NO_3S$** 4-[(Toluol-sulfonyl-(4))-methyl-amino]-benzophenon 222

**$C_{21}H_{19}NO_4$** 3.4-Dimethoxy-1-hippuroyl-naphthalin 642

**$C_{21}H_{19}NO_4S$** 2-Benzolsulfonylamino-4′-methoxy-4-methyl-benzophenon 589

$C_{21}H_{19}N_3O_4S$ 4-Dimethylamino-benzaldehyd-[4-(4-nitro-phenylsulfon)-phenylimin] 63
$C_{21}H_{19}N_3O_4S_2$ *N.N*-Dimethyl-4-[bis-(4-nitro-phenylmercapto)-methyl]-anilin 79
$C_{21}H_{19}N_3O_7S_2$ 3-Nitro-2.6-bis-[toluol-sulfonyl-(4)-amino]-benzaldehyd 79
$C_{21}H_{20}N_2$ 4-Dimethylamino-benzophenon-phenylimin 219
$C_{21}H_{20}N_2O$ 3-Dibenzylamino-benzaldehyd-oxim 55
2-[*N*-Benzyl-anilino]-1-[2-amino-phenyl]-äthanon-(1) 139
3-Anilino-1.3-diphenyl-propanon-(1)-oxim 257
4′-Dimethylamino-4-phenyl-benzophenon-oxim 343
$C_{21}H_{20}N_4O_8$ 2.4-Bis-acetamino-1.5-bis-[3-nitro-phenyl]-pentandion-(1.5) 405
$C_{21}H_{21}NO$ 7-Phenyl-1-[4-dimethylamino-phenyl]-heptatrien-(1.4.6)-on-(3) 333
$C_{21}H_{21}NO_2S$ 3-Anilino-2-pentylmercapto-naphthochinon-(1.4) und Tautomeres 639
$C_{21}H_{21}NO_4$ [9.10-Dioxo-1-methyl-7-isopropyl-9.10-dihydro-phenanthryl-(3)]-carbamidsäure-äthylester 503
$C_{21}H_{21}N_3$ 5-Amino-2-methyl-benzochinon-(1.4)-bis-*p*-tolylimin und Tautomeres 373
$C_{21}H_{21}N_3O_2$ 4-Methylamino-1-[5-cyan-pentylamino]-anthrachinon 456
$C_{21}H_{21}N_3O_2S$ 4-Dimethylamino-benzaldehyd-[4-(4-amino-phenylsulfon)-phenylimin] 63
$C_{21}H_{22}BrNO$ 2-Diäthylamino-1-[9-brom-phenanthryl-(3)]-propanon-(1) 322
3-Diäthylamino-1-[9-brom-phenanthryl-(3)]-propanon-(1) 324
$C_{21}H_{22}N_2O$ 4-Dimethylamino-α-diphenylamino-benzylalkohol 60
[4-Dimethylamino-phenyl]-[4-dimethylamino-naphthyl-(1)]-keton 331
$C_{21}H_{22}N_2O_2$ 5-Acetamino-1-oxo-2-[4-dimethylamino-benzyliden]-1.2.3.4-tetrahydro-naphthalin 321
4-[*N*-Acetyl-*p*-toluidino]-1-*p*-tolylimino-cyclopentanon-(2) und 2-*p*-Toluidino-5-[*N*-acetyl-*p*-toluidino]-cyclopenten-(1)-on-(3) 360
$C_{21}H_{23}BrN_2O$ 2-[(5-Brom-pentyl)-cyan-amino]-1.3-diphenyl-propanon-(1) 253
$C_{21}H_{23}NO$ 1-Methyl-1-[α-benzylidenamino-benzyl]-cyclohexanon-(2) 198
1-Methyl-3-[α-benzylidenamino-benzyl]-cyclohexanon-(2) 199
1-Oxo-2-[4-diäthylamino-benzyliden]-1.2.3.4-tetrahydro-naphthalin 320
3-Diäthylamino-1-[phenanthryl-(2)]-propanon-(1) 322
3-Diäthylamino-1-[phenanthryl-(3)]-propanon-(1) 324
3-Diäthylamino-1-[phenanthryl-(9)]-propanon-(1) 325
$C_{21}H_{23}NO_2$ *N*-[(2-Oxo-cyclohexyl)-methyl]-*N*-benzyl-benzamid 6
1-Amino-2-heptyl-anthrachinon 504
$C_{21}H_{23}NO_3$ 5-[4-Dimethylamino-phenyl]-1-[2.3-dimethoxy-phenyl]-pentadien-(1.4)-on-(3) 666
$C_{21}H_{23}NO_6$ Colchicein 692
$C_{21}H_{23}N_3S_2$ *N.N*-Dimethyl-4-[bis-(4-amino-phenylmercapto)-methyl]-anilin 79
$C_{21}H_{24}ClNO$ 2-[Cyclohexyl-benzyl-amino]-1-[4-chlor-phenyl]-äthanon-(1) 126
3-Chlor-2-cyclohexylamino-1.3-diphenyl-propanon-(1) und 2-Chlor-3-cyclohexylamino-1.3-diphenyl-propanon-(1) 258
$C_{21}H_{24}N_2O$ 1-Methyl-1-[α-benzylidenamino-benzyl]-cyclohexanon-(2)-oxim 198
1.5-Bis-[4-dimethylamino-phenyl]-pentadien-(1.4)-on-(3) 319
$C_{21}H_{24}N_2O_2$ 4-Diäthylamino-4′-acetamino-chalkon 304
5-Acetamino-1-oxo-2-[4-dimethylamino-benzyl]-1.2.3.4-tetrahydro-naphthalin 312
$C_{21}H_{24}N_4O$ 1-[α-Benzylidenamino-benzyl]-cyclohexanon-(2)-semicarbazon 196
$C_{21}H_{24}N_6O_3$ 1.7-Bis-[4-dimethylamino-benzyliden]-triuret 65
$C_{21}H_{24}N_6O_9$ 3.5.3′.5′-Tetranitro-4.4′-bis-butylamino-benzophenon 233
$C_{21}H_{25}Cl_2NO$ 6-Dimethylamino-4.4-bis-[4-chlor-phenyl]-heptanon-(3) 280
$C_{21}H_{25}NO$ 1-[α-Benzylamino-phenäthyl]-cyclohexanon-(2) 198
1-Oxo-2-[4-diäthylamino-benzyl]-1.2.3.4-tetrahydro-naphthalin 312
1-[9-(2-Dimethylamino-propyl)-fluorenyl-(9)]-propanon-(1) 313
2-Diäthylamino-1-[9.10-dihydro-phenanthryl-(2)]-propanon-(1) 313
$C_{21}H_{25}NO_2$ Methyl-bis-[3-oxo-3-*p*-tolyl-propyl]-amin 175
4′-Dimethylamino-4-cyclohexyloxy-benzophenon 583
$C_{21}H_{25}NO_3$ 9-Acetoxy-1-oxo-2-[diäthylamino-methyl]-1.2.3.4-tetrahydro-phenanthren 595
3-Anilino-6-hydroxy-2-methyl-5-[1.5-dimethyl-hexen-(4)-yl]-benzochinon-(1.4) 632
Anilinoperezon 632

**$C_{21}H_{25}NO_4$** Bis-[2.6-dioxo-cyclohexyl]-[4-dimethylamino-phenyl]-methan und Tautomere 537
Methyl-bis-[3-oxo-3-(3-methoxy-phenyl)-propyl]-amin 558
Methyl-bis-[3-oxo-3-(4-methoxy-phenyl)-propyl]-amin 561
**$C_{21}H_{25}NO_5$** 6'-Dimethylamino-4.5.3'.4'-tetramethoxy-stilben-carbaldehyd-(2) 691
**$C_{21}H_{25}N_3O_2$** 5-Acetamino-1-hydroxyimino-2-[4-dimethylamino-benzyl]-1.2.3.4-tetrahydro-naphthalin 312
**$C_{21}H_{26}BrNO$** 6-Dimethylamino-4-phenyl-4-[4-brom-phenyl]-heptanon-(3) 280
**$C_{21}H_{26}BrNO_4$** 8-Brom-2.5.6-trimethoxy-3-oxo-4a-[2-dimethylamino-äthyl]-3.4.4a.10a-tetrahydro-phenanthren 676
**$C_{21}H_{26}N_2O$** 1.5-Bis-[4-dimethylamino-phenyl]-penten-(1)-on-(3) 311
**$C_{21}H_{26}N_2O_2$** *N.N'*-Diphenacyl-pentandiyldiamin 122
**$C_{21}H_{26}N_2O_6$** *N.N'*-Bis-[3.4-dihydroxy-phenacyl]-pentandiyldiamin 620
**$C_{21}H_{26}N_4O$** 1-Methyl-1-[α-anilino-benzyl]-cyclohexanon-(2)-semicarbazon 198
1-Methyl-2-[α-anilino-benzyl]-cyclohexanon-(3)-semicarbazon 199
1-Methyl-4-[α-anilino-benzyl]-cyclohexanon-(3)-semicarbazon 199
**$C_{21}H_{27}NO$** 2-Diäthylamino-1-[1.2.3.4-tetrahydro-phenanthryl-(9)]-propanon-(1) 275
3-Diäthylamino-1-[1.2.3.4-tetrahydro-phenanthryl-(9)]-propanon-(1) 275
7-Phenyl-1-[4-dimethylamino-phenyl]-heptanon-(3) 277
1-Dimethylamino-3.3-diphenyl-heptanon-(4) 278
6-Dimethylamino-2-methyl-4.4-diphenyl-hexanon-(3) 278
6-Dimethylamino-4.4-diphenyl-heptanon-(3), Methadon 278
7-Dimethylamino-4.4-diphenyl-heptanon-(3) 281
1-Dimethylamino-2-methyl-3.3-diphenyl-hexanon-(4), Isomethadon 281
**$C_{21}H_{27}NO_3$** 3-Anilino-6-hydroxy-2-methyl-5-[1.5-dimethyl-hexyl]-benzochinon-(1.4) und Tautomere 628
6-Anilino-3-hydroxy-2-methyl-5-[1.5-dimethyl-hexyl]-benzochinon-(1.4) und Tautomere 628
**$C_{21}H_{27}NO_6$** 7-Acetamino-10-hydroxy-1.2.3-trimethoxy-9-oxo-5.6.7.8.9.10.11.12-octahydro-benzo[*a*]heptalen und Tautomere 690
**$C_{21}H_{28}ClNO$** 3-Dibutylamino-1-[4-chlor-naphthyl-(1)]-propanon-(1) 211
**$[C_{21}H_{28}NO_3]^{\oplus}$** Trimethyl-[4-oxo-3.3-diphenyl-hexyl]-ammonium 276
$[C_{21}H_{28}NO]I$ 276
**$[C_{21}H_{28}NO_4]^{\oplus}$** Trimethyl-[2-(5-hydroxy-2.6-dimethoxy-3-oxo-3.10a-dihydro-4*H*-phenanthryl-(4a))-äthyl]-ammonium 675
$[C_{21}H_{28}NO_4]I$ 675
Trimethyl-[2-(5-hydroxy-2.6-dimethoxy-3-oxo-3.9-dihydro-4*H*-phenanthryl-(4a))-äthyl]-ammonium 677
$[C_{21}H_{28}NO_4]I$ 677
Trimethyl-[2-(5-hydroxy-2.6-dimethoxy-3-oxo-2.3-dihydro-4*H*-phenanthryl-(4a))-äthyl]-ammonium 677
$[C_{21}H_{28}NO_4]I$ 677
**$C_{21}H_{28}N_2$** 6-Dimethylamino-4.4-diphenyl-heptanon-(3)-imin 279
7-Dimethylamino-4.4-diphenyl-heptanon-(3)-imin 281
1-Dimethylamino-2-methyl-3.3-diphenyl-hexanon-(4)-imin 282
**$C_{21}H_{28}N_2O$** 1.5-Bis-[4-dimethylamino-phenyl]-pentanon-(3) 273
4.4'-Bis-dimethylamino-3.5.3'.5'-tetramethyl-benzophenon 275
**$C_{21}H_{28}N_2S$** 4.4'-Bis-diäthylamino-thiobenzophenon 234
**$C_{21}H_{29}NO_3$** 3-Hydroxy-2-[decylamino-methyl]-naphthochinon-(1.4) und Tautomeres 641
3-Hydroxy-2-[11-amino-undecyl]-naphthochinon-(1.4) und Tautomeres 646
**$C_{21}H_{29}N_3$** 4-Diäthylamino-benzaldehyd-[4-diäthylamino-phenylimin] 72
4.4'-Bis-diäthylamino-benzophenon-imin 230
**$C_{21}H_{29}N_3O$** 4.4'-Bis-diäthylamino-benzophenon-oxim 231
**$[C_{21}H_{30}NO_3]^{\oplus}$** 5-Hydroxy-6-methoxy-3-oxo-4-methyl-4a-[2-trimethylammonio-äthyl]-1.2.3.4.4a.10a-hexahydro-phenanthren 645
$[C_{21}H_{30}NO_3]I$ 645
**$C_{21}H_{31}NO$** 2-Diäthylamino-1-[1.2.3.4.5.6.7.8-octahydro-phenanthryl-(9)]-propanon-(1) 205
**$C_{21}H_{35}NO$** 2-[Dimethylamino-methyl]-1-phenyl-dodecanon-(1) 183
**$C_{21}H_{35}NO_2$** 3-Hydroxy-11-oxo-10.13-dimethyl-17-[1-amino-äthyl]-hexadecahydro-1*H*-cyclopenta[*a*]phenanthren, 20-Amino-3-hydroxy-pregnanon-(11) 570
**$C_{21}H_{35}NO_3$** 2-Oxo-3a.6-dimethyl-6-[2-dimethylamino-1-hydroxy-äthyl]-7-[2-oxo-äthyl]-dodecahydro-1*H*-cyclopenta[*a*]naphthalin und Tautomeres, 2-Dimethylamino-1-hydroxy-16-oxo-2.3-seco-androstanal-(3) und 3-Hydroxy-1-[dimethylamino-methyl]-2-oxa-androstanon-(16) 629

## $C_{22}$-Gruppe

$[C_{22}H_{24}NO]^{\oplus}$ Tri-*N*-methyl-4-[3-oxo-7-phenyl-heptatrien-(1.4(?).6)-yl]-anilinium 334
$[C_{22}H_{24}NO]I$ 334
$C_{22}H_{24}N_2O_4$ 3.3'-Bis-acetamino-2.6.2'.6'-tetramethyl-benzil 406
$C_{22}H_{24}N_2O_4S$ Toluol-sulfonsäure-(4)-[2-hydroxy-*N*-(4-dimethylamino-α-hydroxy-benzyl)-anilid] 60
$C_{22}H_{25}NO$ 3-[Biphenylyl-(4)-amino]-bornanon-(2) 20
2-Dipropylamino-1-[phenanthryl-(9)]-äthanon-(1) 318
$C_{22}H_{25}NO_2$ 6-Dimethylamino-1.8-diphenyl-octen-(2)-dion-(1.8) 503
$C_{22}H_{25}NO_3$ 2-Diäthylamino-1-[7-acetoxy-9.10-dihydro-phenanthryl-(2)]-äthanon-(1) 599
$C_{22}H_{25}NO_6$ 7-Acetamino-1.2.3.10-tetramethoxy-9-oxo-5.6.7.9-tetrahydro-benzo[*a*]heptalen, Colchicin 693
7-Acetamino-1.2.3.9-tetramethoxy-10-oxo-5.6.7.10-tetrahydro-benzo[*a*]heptalen, Isocolchicin 693
$C_{22}H_{26}N_2O$ 3-[4-Anilino-anilino]-bornanon-(2) 26
$C_{22}H_{26}N_2O_2$ 2.7-Bis-diäthylamino-anthrachinon 483
$C_{22}H_{26}N_2O_3$ 4-Diäthylamino-4'-äthoxycarbonylamino-chalkon 305
$C_{22}H_{26}N_2O_4$ 1.4-Bis-[1-hydroxymethyl-propylamino]-anthrachinon 448
1.4-Bis-[2-hydroxy-1-methyl-propylamino]-anthrachinon 448
1.4-Diamino-2.3-dibutyloxy-anthrachinon 687
$C_{22}H_{26}N_4O$ 1-Methyl-1-[α-benzylidenamino-benzyl]-cyclohexanon-(2)-semicarbazon 198
$C_{22}H_{26}N_4O_2$ Bis-[1-(4-acetamino-phenyl)-propyliden]-hydrazin 146
5.8-Bis-[5-cyan-pentylamino]-naphthochinon-(1.4) 395
$[C_{22}H_{27}BrNO_4]^{\oplus}$ Trimethyl-[2-(8-brom-3.5.6-trimethoxy-2-oxo-2*H*-phenanthryl-(4a))-äthyl]-ammonium 678
$[C_{22}H_{27}BrNO_4]I$ 679
Trimethyl-[2-(1-brom-3.4.7-trimethoxy-6-oxo-6*H*-phenanthryl-(8a))-äthyl]-ammonium 680
$[C_{22}H_{27}BrNO_4]I$ 680
$C_{22}H_{27}Cl_2NO$ 4.4'-Dichlor-α-octylamino-desoxybenzoin 243
6-Dimethylamino-4-[4-chlor-phenyl]-4-[4-chlor-benzyl]-heptanon-(3) 283
$C_{22}H_{27}NO$ 3-Dipropylamino-1-[fluorenyl-(2)]-propanon-(1) 310
$C_{22}H_{27}NO_2$ Butyl-bis-[3-oxo-3-phenyl-propyl]-amin 156
$C_{22}H_{27}NO_3$ *p*-Toluidino-perezon 632
*o*-Toluidino-perezon 632
3-*o*-Toluidino-6-hydroxy-2-methyl-5-[1.5-dimethyl-hexen-(4)-yl]-benzochinon-(1.4) 632
3-*p*-Toluidino-6-hydroxy-2-methyl-5-[1.5-dimethyl-hexen-(4)-yl]-benzochinon-(1.4) 632
$C_{22}H_{27}N_7O_3$ *N.N*-Bis-[3-semicarbazono-3-phenyl-propyl]-acetamid 157
$C_{22}H_{28}N_4O_6$ 1.4.5.8-Tetrakis-[2-hydroxy-äthylamino]-anthrachinon 486
$[C_{22}H_{29}BrNO_4]^{\oplus}$ Trimethyl-[2-(8-brom-2.5.6-trimethoxy-3-oxo-3.10a-dihydro-4*H*-phenanthryl-(4a))-äthyl]-ammonium 676
$[C_{22}H_{29}BrNO_4]I$ 676
$C_{22}H_{29}NO$ α-Octylamino-desoxybenzoin 237
2-Dipropylamino-1-[1.2.3.4-tetrahydro-phenanthryl-(9)]-äthanon-(1) 272
1-Diäthylamino-3.3-diphenyl-hexanon-(4) 277
1-Dimethylamino-2-methyl-3-phenyl-3-benzyl-hexanon-(4) (?) 283
6-Dimethylamino-4-phenyl-4-benzyl-heptanon-(3) 283
2-Dimethylamino-4.4-diphenyl-octanon-(5) 284
1-Dimethylamino-2-methyl-3.3-diphenyl-heptanon-(4) 284
6-Dimethylamino-2-methyl-4.4-diphenyl-heptanon-(3) 284
1-Dimethylamino-2.5-dimethyl-3.3-diphenyl-hexanon-(4) 285
6-Dimethylamino-4-phenyl-4-*p*-tolyl-heptanon-(3) 285
$C_{22}H_{29}NO_2$ 6-Dimethylamino-4-phenyl-4-[4-methoxy-phenyl]-heptanon-(3) 596
$C_{22}H_{29}NO_5S$ 2-[Benzolsulfonyl-methyl-amino]-1-[4-methoxy-3-isopentyloxy-phenyl]-propanon-(1) 626
$C_{22}H_{29}N_5O$ 1.5-Bis-[4-dimethylamino-phenyl]-penten-(1)-on-(3)-semicarbazon 311
$[C_{22}H_{30}NO]^{\oplus}$ Trimethyl-[4-oxo-1-methyl-3.3-diphenyl-hexyl]-ammonium 280
$[C_{22}H_{30}NO]I$ 280
Trimethyl-[5-oxo-4.4-diphenyl-heptyl]-ammonium 281
$[C_{22}H_{30}NO]I$ 281
Trimethyl-[4-oxo-2-methyl-3.3-diphenyl-hexyl]-ammonium 283
$[C_{22}H_{30}NO]I$ 283
$[C_{22}H_{30}NO_4]^{\oplus}$ Trimethyl-[2-(2.5.6-trimethoxy-3-oxo-2.3-dihydro-4*H*-phenanthryl-(4a))-äthyl]-ammonium 677
$[C_{22}H_{30}NO_4]I$ 678
$C_{22}H_{30}N_2O$ 2-Benzylamino-2-methyl-6-*p*-tolyl-heptanon-(3)-oxim 183

2.2-Dimethyl-4.4-bis-[4-dimethylamino-phenyl]-butanon-(3) 275
$C_{22}H_{30}N_2O_{10}$ 2.5-Bis-[1.2-diäthoxycarbonyl-äthylamino]-benzochinon-(1.4) und Tautomere 369
$C_{22}H_{30}N_4$ Bis-[3-diäthylamino-benzyliden]-hydrazin 54
$C_{22}H_{30}N_4O$ 7-Phenyl-1-[4-dimethylamino-phenyl]-heptanon-(3)-semicarbazon 278
$C_{22}H_{31}NO_2$ [(2-Oxo-bornyliden-(3))-methyl]-[(3-oxo-4.7.7-trimethyl-norbornyl-(2))-methylen]-amin und Bis-[(2-oxo-bornyliden-(3))-methyl]-amin 45
2-Dodecylamino-naphthochinon-(1.4) und Tautomeres 389
3-Dibutylamino-1-[4-methoxy-naphthyl-(1)]-propanon-(1) 579
$[C_{22}H_{31}N_2]^{\oplus}$ Trimethyl-[4-imino-2-methyl-3.3-diphenyl-hexyl]-ammonium 283
$[C_{22}H_{31}N_2]I$ 283
$C_{22}H_{31}N_3O_3S$ 4-[3-Oxo-4.7.7-trimethyl-norbornyl-(2)]-1-[3.4-diäthoxy-benzyliden]-thiosemicarbazid 22
$C_{22}H_{31}N_5O$ 1.5-Bis-[4-dimethylamino-phenyl]-pentanon-(3)-semicarbazon 273
$C_{22}H_{33}N_3O_4$ *N*-Nitroso-*N*-[3-oxo-4.7.7-trimethyl-norbornyl-(2)]-glycin-[3-oxo-4.7.7-trimethyl-norbornyl-(2)-amid] 35
$C_{22}H_{34}ClNO_2$ 2-Chlor-1-[3-myristoylamino-phenyl]-äthanon-(1) 91
2-Chlor-1-[4-myristoylamino-phenyl]-äthanon-(1) 101
$C_{22}H_{34}N_2O_3$ *N*-[3-Oxo-4.7.7-trimethyl-norbornyl-(2)]-glycin-[3-oxo-4.7.7-trimethyl-norbornyl-(2)-amid] 30
$C_{22}H_{35}NO_2$ 3-Hydroxy-17-oxo-10.13-dimethyl-16-[dimethylamino-methyl]-$\Delta^5$-tetradecahydro-1*H*-cyclopenta[*a*]phenanthren, 3-Hydroxy-16-[dimethylamino-methyl]-androsten-(5)-on-(17) 574
$C_{22}H_{38}N_2O_2$ 3.6-Bis-methylamino-2-tetradecyl-benzochinon-(1.4) und Tautomere 376
$C_{22}H_{40}N_4O_3$ 2-Dimethylamino-1.16-dihydroxy-2.3-seco-androstanal-(3)-semicarbazon 605
$C_{22}H_{41}NO_3$ Verbindung $C_{22}H_{41}NO_3$ aus 2-Dimethylamino-1.16-dihydroxy-2.3-seco-androstanal-(3) und 1-[Dimethylamino-methyl]-2-oxa-androstandiol-(3.16) 605

## $C_{23}$-Gruppe

$C_{23}H_{10}Cl_3NO_3$ 3.8.10-Trichlor-5-benzamino-pyren-chinon-(1.6) 509
$C_{23}H_{12}Cl_3NO_2$ 3.8.10-Trichlor-5-[*N*-methyl-anilino]-pyren-chinon-(1.6) 508
3.8.10-Trichlor-5-*p*-toluidino-pyren-chinon-(1.6) 508
$C_{23}H_{12}Cl_3NO_3$ 3.8.10-Trichlor-5-*p*-anisidino-pyren-chinon-(1.6) 509
$C_{23}H_{14}ClNO$ 3-[2-Chlor-anilino]-7-oxo-7*H*-benz[*de*]anthracen 335
6-[4-Chlor-anilino]-7-oxo-7*H*-benz[*de*]anthracen 338
11-Chlor-6-anilino-7-oxo-7*H*-benz[*de*]anthracen 340
$C_{23}H_{14}ClNO_2$ 3-Chlor-2-[fluorenyl-(2)-amino]-naphthochinon-(1.4) und Tautomeres 392
$C_{23}H_{14}ClNO_3$ 3-Chlor-2-[4-benzoyl-anilino]-naphthochinon-(1.4) und Tautomeres 393
$C_{23}H_{14}ClNO_6$ *N*-[(3-Chlor-2-hydroxy-9.10-dioxo-9.10-dihydro-anthryl-(1))-methyl]-phthalamidsäure 663
$C_{23}H_{14}Cl_6N_2O_3$ 7-Oxo-3.9-bis-[(*C.C.C*-trichlor-acetamino)-methyl]-7*H*-benz[*de*]anthracen 345
$C_{23}H_{14}N_2O_3$ 3-[2-Nitro-anilino]-7-oxo-7*H*-benz[*de*]anthracen 335
6-[4-Nitro-anilino]-7-oxo-7*H*-benz[*de*]anthracen 338
$C_{23}H_{15}BrClNO_3$ *N*-Methyl-*C*-[4-chlor-phenyl]-*N*-[4-brom-9.10-dioxo-9.10-dihydro-anthryl-(1)]-acetamid 425
$C_{23}H_{15}BrN_2O_5$ *N*-Methyl-*C*-[4-nitro-phenyl]-*N*-[4-brom-9.10-dioxo-9.10-dihydro-anthryl-(1)]-acetamid 425
$C_{23}H_{15}NO$ 3-Anilino-7-oxo-7*H*-benz[*de*]anthracen 335
6-Anilino-7-oxo-7*H*-benz[*de*]anthracen 338
3-Amino-7-oxo-1-phenyl-7*H*-benz[*de*]anthracen 353
7-Oxo-3-[2-amino-phenyl]-7*H*-benz[*de*]anthracen 353
6-Amino-1-benzoyl-pyren und 8-Amino-1-benzoyl-pyren 354
$C_{23}H_{15}NO_3$ 1-Cinnamoylamino-anthrachinon 414
$C_{23}H_{15}NO_6$ *N*-[(2-Hydroxy-9.10-dioxo-9.10-dihydro-anthryl-(1))-methyl]-phthalamidsäure 663
$C_{23}H_{15}N_3O_5$ 4-[2.4-Dinitro-naphthyl-(1)-amino]-benzophenon 221
$C_{23}H_{16}BrNO_3$ 4-Brom-1-[methyl-phenylacetyl-amino]-anthrachinon 425
$C_{23}H_{16}ClNO_3$ *N*-Methyl-*C*-[4-chlor-phenyl]-*N*-[9.10-dioxo-9.10-dihydro-anthryl-(1)]-acetamid 414
$C_{23}H_{16}N_2O$ 3-[2-Amino-anilino]-7-oxo-7*H*-benz[*de*]anthracen 337

$C_{23}H_{16}N_2O_3$ 3-Benzamino-2-hydroxy-naphthochinon-(1.4)-4-phenylimin und 4-Anilino-3-benzamino-naphthochinon-(1.2) 639
$C_{23}H_{17}NO_2$ 3-Acetamino-2-[naphthoyl-(2)]-naphthalin 352
4b-*m*-Toluidino-5.10-dioxo-4b.5.9b.10-tetrahydro-indeno[2.1-*a*]inden 505
4b-*o*-Toluidino-5.10-dioxo-4b.5.9b.10-tetrahydro-indeno[2.1-*a*]inden 505
4b-*p*-Toluidino-5.10-dioxo-4b.5.9b.10-tetrahydro-indeno[2.1-*a*]inden 506
$C_{23}H_{17}NO_3$ 1-[Methyl-phenylacetyl-amino]-anthrachinon 413
1-[2.4-Dimethyl-benzamino]-anthrachinon 414
4b-*o*-Anisidino-5.10-dioxo-4b.5.9b.10-tetrahydro-indeno[2.1-*a*]inden 506
4b-*m*-Anisidino-5.10-dioxo-4b.5.9b.10-tetrahydro-indeno[2.1-*a*]inden 507
4b-*p*-Anisidino-5.10-dioxo-4b.5.9b.10-tetrahydro-indeno[2.1-*a*]inden 507
$C_{23}H_{18}BrNO_4S$ *N*-[2-Brom-äthyl]-*N*-[9.10-dioxo-9.10-dihydro-anthryl-(1)]-toluolsulfonamid-(4) 418
$C_{23}H_{18}Cl_2N_2O_3$ 7-Oxo-3.9-bis-[(*C*-chlor-acetamino)-methyl]-7*H*-benz[*de*]anthracen 344
$C_{23}H_{18}N_2O_3$ 1-[*C*-*o*-Toluidino-acetamino]-anthrachinon 418
1-Amino-4-*m*-toluidino-2-acetyl-anthrachinon 533
1-Amino-4-*p*-toluidino-2-acetyl-anthrachinon 533
$C_{23}H_{18}N_2O_4$ 1-Amino-4-*p*-anisidino-2-acetyl-anthrachinon 534
4-[3-Acetaminomethyl-anilino]-1-hydroxy-anthrachinon 655
$C_{23}H_{18}N_2O_5$ 2-[*N*-Benzoyl-anilino]-1-[2-oxalamino-phenyl]-äthanon-(1) 141
$C_{23}H_{19}BrN_2O$ 6-Brom-1-anilino-2-oxo-4-phenylimino-1-methyl-1.2.3.4-tetrahydro-naphthalin und 6-Brom-1.4-dianilino-2-oxo-1-methyl-1.2-dihydro-naphthalin 384
$C_{23}H_{19}NO_2$ Verbindung $C_{23}H_{19}NO_2$ s. bei 4-Benzamino-1.3-diphenyl-butanon-(1) 269
$C_{23}H_{19}NO_3$ 2-Benzaminomethyl-1.3-diphenyl-propandion-(1.3) und 1-Hydroxy-2-benzaminomethyl-1.3-diphenyl-propen-(1)-on-(3) 405
$C_{23}H_{19}NO_4$ 3-Benzamino-1-[4-benzoyloxy-phenyl]-propanon-(1) 562
4-[6-Methyl-3-methoxymethyl-anilino]-1-hydroxy-anthrachinon 655
$C_{23}H_{19}NO_5$ 2-Methylamino-1-[3.4-dibenzoyloxy-phenyl]-äthanon-(1) 615
$C_{23}H_{19}NO_6S$ 5-[Toluol-sulfonyl-(4)-amino]-1.4-dimethoxy-anthrachinon 681
$C_{23}H_{19}N_3O_2$ Acetyl-anhydro-tris-[2-amino-benzaldehyd] 48
$C_{23}H_{20}BrClN_4O_8$ s. bei $[C_{17}H_{18}BrClNO]^{\oplus}$
$C_{23}H_{20}BrN_5O_{10}$ s. bei $[C_{17}H_{18}BrN_2O_3]^{\oplus}$
$C_{23}H_{20}Br_2N_4O_8$ s. bei $[C_{17}H_{18}Br_2NO]^{\oplus}$
$C_{23}H_{20}N_2O_3$ 2-[*N*-Benzoyl-anilino]-1-[2-acetamino-phenyl]-äthanon-(1) 140
3-Nitro-4-[4-dimethylamino-styryl]-benzophenon 349
$C_{23}H_{20}N_2O_6S$ 1-Amino-4-[toluol-sulfonyl-(4)-amino]-2-[2-hydroxy-äthoxy]-anthrachinon 661
$C_{23}H_{20}N_4O_3$ 2-Nitro-3'-acetamino-chalkon-phenylhydrazon 300
$C_{23}H_{21}BrN_4O_8$ s. bei $[C_{17}H_{19}BrNO]^{\oplus}$
$C_{23}H_{21}ClN_2O_2$ 2-[*N*-Benzyl-anilino]-1-[2-(*C*-chlor-acetamino)-phenyl]-äthanon-(1) 139
$C_{23}H_{21}ClN_4O_8$ s. bei $[C_{17}H_{19}ClNO]^{\oplus}$
$C_{23}H_{21}IN_4O_8$ s. bei $[C_{17}H_{19}INO]^{\oplus}$
$C_{23}H_{21}NO$ α-[Methyl-benzyl-amino]-chalkon 304
10-[*N*-Methyl-anilino]-1.4-dimethyl-anthron und 10-[*N*-Methyl-anilino]-1.4-dimethyl-anthrol-(9) 308
3-Benzylamino-1-[fluorenyl-(2)]-propanon-(1) 310
2.3-Diphenyl-1-[4-dimethylamino-phenyl]-propen-(1)-on-(3) 349
3-Methyl-10-[4-dimethylamino-phenyl]-anthron und 3-Methyl-10-[4-dimethylamino-phenyl]-anthrol-(9) 350
2-Methyl-10-[4-dimethylamino-phenyl]-anthron und 2-Methyl-10-[4-dimethylamino-phenyl]-anthrol-(9) 350
1-Oxo-3-methyl-2-[4-dimethylamino-benzyliden]-2.3-dihydro-1*H*-cyclopenta[*a*]naphthalin 350
2-Dimethylamino-1-phenyl-2-[fluorenyl-(9)]-äthanon-(1) 351
$C_{23}H_{21}NO_2$ *N.N*-Diphenacyl-*p*-toluidin 119
1-[4'-(4-Äthoxy-benzylidenamino)-biphenylyl-(4)]-äthanon-(1) 249
4-Benzamino-1.3-diphenyl-butanon-(1) 269
3-Methoxy-10-[4-dimethylamino-phenyl]-anthron und 3-Methoxy-10-[4-dimethylamino-phenyl]-anthrol-(9) 603
2-Methoxy-10-[4-dimethylamino-phenyl]-anthron und 2-Methoxy-10-[4-dimethylamino-phenyl]-anthrol-(9) 604
$C_{23}H_{21}NO_3$ 1-[4-Dimethylamino-phenyl]-3-[1-acetoxy-naphthyl-(2)]-propen-(1)-on-(3) 602
$C_{23}H_{21}N_5O_4$ 3-Phenyl-3-[4-dimethylamino-phenyl]-acrylaldehyd-[2.4-dinitro-phenylhydrazon] 305

$C_{23}H_{21}N_5O_{10}$ s. bei $[C_{17}H_{19}N_2O_3]^{\oplus}$
$C_{23}H_{22}BrNO$ 2-Brom-3-[methyl-benzyl-amino]-1.3-diphenyl-propanon-(1) 259
$C_{23}H_{22}ClNO$ 1-Chlor-2-benzylamino-1-phenyl-3-*p*-tolyl-propanon-(3) 270
2-Chlor-1-benzylamino-1-phenyl-3-*p*-tolyl-propanon-(3) 270
$C_{23}H_{22}N_2$ 2.3-Diphenyl-1-[4-dimethylamino-phenyl]-propen-(1)-on-(3)-imin 349
$C_{23}H_{22}N_2O_2$ 4-[4-Methoxy-benzylidenamino]-benzaldehyd-[4-äthoxy-phenylimin] 75
2-[*N*-Benzyl-anilino]-1-[2-acetamino-phenyl]-äthanon-(1) 139
$C_{23}H_{22}N_4O_3$ 5-Amino-4.8-bis-methylamino-1-*p*-anisidino-anthrachinon 486
$C_{23}H_{22}N_4O_8$ s. bei $[C_{17}H_{20}NO]^{\oplus}$
$C_{23}H_{23}NO$ $\alpha$-[*N*-Äthyl-anilino]-4'-methyl-desoxybenzoin 262
$\alpha$-[*N*-Äthyl-anilino]-4-methyl-desoxybenzoin 262
1-Anilino-1.5-diphenyl-pentanon-(3) 273
9-Phenyl-1-[4-dimethylamino-phenyl]-nonatetraen-(1.4.6.8)-on-(3) 346
1.3-Diphenyl-1-[4-dimethylamino-phenyl]-propanon-(3) 346
2-Dimethylamino-1.1.3-triphenyl-propanon-(3) 346
$C_{23}H_{23}NO_2$ 2-Benzylamino-1-hydroxy-1-phenyl-3-*p*-tolyl-propanon-(3) 596
$C_{23}H_{23}NO_3S$ 2'-[(Toluol-sulfonyl-(4))-methyl-amino]-3.4-dimethyl-benzophenon 265
$C_{23}H_{23}NO_4S$ 2'-[Toluol-sulfonyl-(4)-amino]-4-methoxy-2.3-dimethyl-benzophenon 594
2'-[Toluol-sulfonyl-(4)-amino]-4-methoxy-2.5-dimethyl-benzophenon 594
$[C_{23}H_{23}N_2]^{\oplus}$ Diphenyl-[4-dimethylamino-cinnamyliden]-ammonium 184
$[C_{23}H_{23}N_2]ClO_4$ 184
$C_{23}H_{23}N_3O_4S$ 4-[4-Nitro-phenylsulfon]-*N*-[4-diäthylamino-benzyliden]-anilin 72
$C_{23}H_{24}N_2$ 2-Anilino-2-methyl-1-phenyl-butanon-(3)-phenylimin 178
3-Anilino-2.2-dimethyl-3-phenyl-propionaldehyd-phenylimin 179
$C_{23}H_{24}N_2O$ 4'.4''-Bis-dimethylamino-fuchson 343
$C_{23}H_{24}N_2O_2$ 4'.4''-Bis-dimethylamino-2-hydroxy-fuchson und Tautomeres 602
$C_{23}H_{24}N_2O_3$ 3'.6'-Bis-äthylamino-4-methoxy-*p*-terphenyl-chinon-(2'.5') 669
$C_{23}H_{25}NO_2$ 4-[4-Benzamino-phenyl]-bornanon-(2) 204
$C_{23}H_{25}N_3$ 4.4'-Bis-dimethylamino-benzophenon-phenylimin 228
$C_{23}H_{25}N_3O_2S$ 4-[4-Amino-phenylsulfon]-*N*-[4-diäthylamino-benzyliden]-anilin 72
$C_{23}H_{26}BrNO$ 2-Dipropylamino-1-[9-brom-phenanthryl-(3)]-propanon-(1) 322
3-Dipropylamino-1-[9-brom-phenanthryl-(3)]-propanon-(1) 324
$C_{23}H_{26}N_2O_4S$ 9-Acetamino-1-[toluol-sulfonyl-(4)-oxyimino]-1.2.3.4.5.6.7.8-octahydro-phenanthren 203
$C_{23}H_{27}NO$ 1-Oxo-2-[4-dipropylamino-benzyliden]-1.2.3.4-tetrahydro-naphthalin 320
$C_{23}H_{27}NO_3$ 3-Diäthylamino-1-[7-acetoxy-9.10-dihydro-phenanthryl-(2)]-propanon-(1) 600
$C_{23}H_{27}N_3O_5$ 3'.5'-Dinitro-4-dimethylamino-2'.6'-dimethyl-4'-*tert*-butyl-chalkon 314
$[C_{23}H_{28}NO_2]^{\oplus}$ Trimethyl-[6-oxo-6-phenyl-1-phenacyl-hexen-(4)-yl]-ammonium 504
$[C_{23}H_{28}NO_2]I$ 504
$C_{23}H_{28}N_4O_8$ s. bei $[C_{17}H_{26}NO]^{\oplus}$
$C_{23}H_{28}N_6O_9$ 3.5.3'.5'-Tetranitro-4.4'-bis-pentylamino-benzophenon 233
$C_{23}H_{29}NO$ 1-Oxo-2-[4-dipropylamino-benzyl]-1.2.3.4-tetrahydro-naphthalin 312
4-Dimethylamino-2'.6'-dimethyl-4'-*tert*-butyl-chalkon 314
$C_{23}H_{29}NO_2$ 3-[Dimethylamino-*tert*-butyl]-1.5-diphenyl-pentandion-(1.5) 406
$C_{23}H_{29}NO_4$ 2-[Methyl-benzoyl-amino]-1-[4-methoxy-3-isopentyloxy-phenyl]-propanon-(1) 626
$C_{23}H_{30}ClNO$ 2-[Octyl-benzyl-amino]-1-[4-chlor-phenyl]-äthanon-(1) 125
$C_{23}H_{30}N_2O$ 6-Dimethylamino-4.4-diphenyl-heptanon-(3)-acetylimin 280
1-Dimethylamino-2-methyl-3.3-diphenyl-hexanon-(4)-acetylimin 282
$C_{23}H_{31}ClN_2OS$ 1-[2-Diäthylamino-äthylmercapto]-3-[4-chlor-phenyl]-1-[4-dimethylamino-phenyl]-propanon-(3) 593
$C_{23}H_{31}NO$ 7-Diäthylamino-4.4-diphenyl-heptanon-(3) 281
9-Phenyl-1-[4-dimethylamino-phenyl]-nonanon-(3) 285
2-Dimethylamino-4.4-diphenyl-nonanon-(5) 285
$C_{23}H_{32}N_2O$ 4'-Dimethylamino-4-dibutylamino-benzophenon 231
$C_{23}H_{33}NO$ 3-Dipentylamino-1-[naphthyl-(2)]-propanon-(1) 212
$C_{23}H_{33}NO_3$ 3-Hydroxy-2-[dodecylamino-methyl]-naphthochinon-(1.4) und Tautomeres 641

$C_{23}H_{33}N_3$ 4'-Dimethylamino-4-dibutylamino-benzophenon-imin 231

$C_{23}H_{35}NO_3$ 3.7.12-Trioxo-10.13-dimethyl-17-[3-amino-1-methyl-propyl]-hexadecahydro-1*H*-cyclopenta[*a*]phenanthren, 23-Amino-24-nor-cholantrion-(3.7.12) 530

$C_{23}H_{36}N_2O_3$ *N*-[(3-Oxo-4.7.7-trimethyl-norbornyl-(2))-methyl]-glycin-[3-oxo-4.7.7-trimethyl-norbornyl-(2)-amid] 37

$C_{23}H_{36}N_6O_3S_2$ 1.5-Bis-[3-oxo-4.7.7-trimethyl-norbornyl-(2)-thiocarbamoyl]-carbonohydrazid 25

$C_{23}H_{37}NO_3$ 3-Acetoxy-11-oxo-10.13-dimethyl-17-[1-amino-äthyl]-hexadecahydro-1*H*-cyclopenta[*a*]phenanthren 570

3-Hydroxy-11-oxo-10.13-dimethyl-17-[1-acetamino-äthyl]-hexadecahydro-1*H*-cyclopenta[*a*]phenanthren 570

$[C_{23}H_{38}NO_2]^{\oplus}$ Trimethyl-[(3-hydroxy-17-oxo-androsten-(5)-yl-(16))-methyl]-ammonium 575

$[C_{23}H_{38}NO_2]I$ 575

$C_{23}H_{39}NO_3$ 3.12-Dihydroxy-7-oxo-10.13-dimethyl-17-[3-amino-1-methyl-propyl]-hexadecahydro-1*H*-cyclopenta[*a*]phenanthren, 23-Amino-3.12-dihydroxy-24-nor-cholanon-(7) 629

$C_{23}H_{39}NO_4$ *O*-Acetyl-Derivat $C_{23}H_{39}NO_4$ aus 2-Dimethylamino-1.16-dihydroxy-2.3-seco-androstanal-(3) und 1-[Dimethylamino-methyl]-2-oxa-androstandiol-(3.16) 605

## $C_{24}$-Gruppe

$C_{24}H_{13}NO_2$ 3-Amino-naphtho[2.1.8-*qra*]naphthacen-chinon-(7.12) 527

3-Amino-naphtho[2.3-*k*]fluoranthen-chinon-(8.13) 527

$C_{24}H_{14}ClNO_2$ 6-[2-Chlor-anilino]-naphthacen-chinon-(5.12) 511

$C_{24}H_{14}Cl_4N_2O_4$ 5.7.5'.7'-Tetrachlor-8.8'-bis-acetamino-2.2'-dioxo-2*H*.2'*H*-[1.1']binaphthyliden 523

$C_{24}H_{14}N_2O_4$ 6-[2-Nitro-anilino]-naphthacen-chinon-(5.12) 511

$C_{24}H_{15}BrN_2O_2$ 3-Brom-4-amino-1-[naphthyl-(1)-amino]-anthrachinon 464

3-Brom-4-amino-1-[naphthyl-(2)-amino]-anthrachinon 464

$C_{24}H_{15}NO_2$ 6-Benzamino-7-oxo-7*H*-benz[*de*]anthracen 340

6-Anilino-naphthacen-chinon-(5.11) und Tautomere 514

x-Anilino-chrysen-chinon-(5.6) 517

$C_{24}H_{15}NO_3$ 3-Hydroxy-*N*-[9-oxo-fluorenyl-(2)]-naphthamid-(2) 288

11-Anilino-6-hydroxy-naphthacen-chinon-(5.12) 670

$C_{24}H_{15}N_3O_7$ 1-Acetamino-2-[2.4-dinitro-styryl]-anthrachinon 524

$C_{24}H_{16}BrNO_2$ 4-Benzamino-1-[4-brom-benzoyl]-naphthalin 330

$C_{24}H_{16}ClNO_2$ 4-Benzamino-1-[4-chlor-benzoyl]-naphthalin 330

$C_{24}H_{16}N_2O_2$ 6-[2-Amino-anilino]-naphthacen-chinon-(5.12) 511

$C_{24}H_{17}NO$ 3-*p*-Toluidino-7-oxo-7*H*-benz[*de*]anthracen 336

6-*p*-Toluidino-7-oxo-7*H*-benz[*de*]anthracen 339

6-[*N*-Methyl-anilino]-7-oxo-7*H*-benz[*de*]anthracen 339

6-Benzylamino-7-oxo-7*H*-benz[*de*]anthracen 339

$C_{24}H_{17}NO_2$ 2-Benzamino-1-benzoyl-naphthalin 329

4-Benzamino-1-benzoyl-naphthalin 330

1-Benzamino-2-benzoyl-naphthalin 332

3-*o*-Anisidino-7-oxo-7*H*-benz[*de*]anthracen 336

$C_{24}H_{17}NO_3$ 3-*p*-Toluidino-2-benzoyl-naphthochinon-(1.4) und Tautomeres 534

$C_{24}H_{18}BrNO_3$ 4-Brom-1-[methyl-*m*-tolylacetyl-amino]-anthrachinon 425

$C_{24}H_{18}ClNO_2$ 4-Chlor-1-[1.2.3.4-tetrahydro-naphthyl-(2)-amino]-anthrachinon 419

$C_{24}H_{18}N_2O$ 1.1-Bis-[4-amino-phenyl]-acenaphthenon-(2) 354

$C_{24}H_{18}N_2O_2$ 1-Benzamino-2-benzohydroximoyl-naphthalin 332

1.5-Dianthraniloyl-naphthalin 526

$C_{24}H_{18}N_2O_3$ 2-Anilino-5-acetoxy-naphthochinon-(1.4)-4-phenylimin und 4-Anilino-5-acetoxy-naphthochinon-(1.2)-2-phenylimin 635

Verbindung $C_{24}H_{18}N_2O_3$ aus einer Verbindung $C_{24}H_{18}N_4$ s. bei 4.6-Diamino-isophthalaldehyd 378

$C_{24}H_{18}N_2O_4$ 4-Nitro-1-[1.2.3.4-tetrahydro-naphthyl-(2)-amino]-anthrachinon 428

8.8'-Bis-acetamino-2.2'-dioxo-2*H*.2'*H*-[1.1']binaphthyliden 523

1-Nitro-2-[4-dimethylamino-styryl]-anthrachinon 525

$C_{24}H_{18}N_2O_6$ 8.8'-Bis-acetamino-7.7'-dihydroxy-2.2'-dioxo-2*H*.2'*H*-[1.1']binaphthyliden 689

$C_{24}H_{18}N_4$ Verbindung $C_{24}H_{18}N_4$ aus 4.6-Diamino-isophthalaldehyd 378

$C_{24}H_{19}ClN_2O_3$ 4-[Methyl-chloracetyl-amino]-1-*p*-toluidino-anthrachinon 451

2'-[(Toluol-sulfonyl-(4))-methyl-amino]-4-methoxy-2.5-dimethyl-benzophenon 594
$C_{24}H_{25}NO_7$ *N.N*-Bis-[3-oxo-3-(4-acetoxy-phenyl)-propyl]-acetamid 561
$[C_{24}H_{25}N_2]^{\oplus}$ *N*-Benzyl-*N*-[4-dimethylamino-cinnamyliden]-anilinium 185
$[C_{24}H_{25}N_2]ClO_4$ 185
$C_{24}H_{25}N_3O$ 4.4'-Bis-methylamino-3.3'-dimethyl-benzophenon-benzoylimin 266
$C_{24}H_{26}N_2O$ α-[4-Diäthylamino-anilino]-desoxybenzoin 242
2-Phenyl-1.1-bis-[4-dimethylamino-phenyl]-äthanon-(2) 345
1-Phenyl-1.2-bis-[4-dimethylamino-phenyl]-äthanon-(2) 345
$C_{24}H_{26}N_2O_2$ 1-Hydroxy-2-phenyl-1.1-bis-[4-dimethylamino-phenyl]-äthanon-(2) 603
$C_{24}H_{26}N_2O_4$ 2.5-Bis-[5-hydroxy-2-methyl-*N*-äthyl-anilino]-benzochinon-(1.4) 368
$C_{24}H_{26}N_4$ Bis-[4-dimethylamino-benzyliden]-*m*-phenylendiamin 65
Bis-[4-dimethylamino-benzyliden]-*p*-phenylendiamin 66
$C_{24}H_{27}N_3O$ 2-Phenyl-1.1-bis-[4-dimethylamino-phenyl]-äthanon-(2)-oxim 345
$C_{24}H_{28}BrNO$ 2-Dibutylamino-1-[9-brom-phenanthryl-(3)]-äthanon-(1) 317
$C_{24}H_{28}ClNO$ 2-Dibutylamino-1-[9-chlor-phenanthryl-(3)]-äthanon-(1) 316
$C_{24}H_{28}N_2O$ 1.3-Bis-[4-dimethylamino-benzyliden]-cyclohexanon-(2) 334
$C_{24}H_{28}N_2O_2$ Acetyl-Derivat $C_{24}H_{28}N_2O_2$ aus [4-Anilino-anilino]-bornanon-(2) 27
$C_{24}H_{28}N_3O$ 1-[2-Oxo-cyclopentyl]-1-[4-dimethylamino-phenyl]-3-[4-acetamino-phenyl]-propanon-(3) 504
$C_{24}H_{28}N_4O_5$ Verbindung $C_{24}H_{28}N_4O_5$ aus Adrenalon 614
$C_{24}H_{29}NO$ 2-Diäthylamino-1-[1-methyl-7-isopropyl-phenanthryl-(3)]-äthanon-(1) 327
$C_{24}H_{30}N_2O_4$ 1.4-Bis-[3-hydroxy-1.2-dimethyl-propylamino]-anthrachinon 448
$C_{24}H_{30}N_4O_2$ Bis-[1-(4-propionylamino-phenyl)-propyliden]-hydrazin 146
$C_{24}H_{31}NO$ 3-Octylamino-1-[fluorenyl-(2)]-propanon-(1) 310
$C_{24}H_{32}N_2O$ 6-Dimethylamino-4.4-diphenyl-heptanon-(3)-propionylimin 280
$C_{24}H_{33}NO$ 2-Dibutylamino-1-[1.2.3.4-tetrahydro-phenanthryl-(9)]-äthanon-(1) 273
1-Dipropylamino-3.3-diphenyl-hexanon-(4) 277
$C_{24}H_{34}N_2O_2S$ 3-[2-Diäthylamino-äthylmercapto]-3-[4-dimethylamino-phenyl]-1-[4-methoxy-phenyl]-propanon-(1) 648
$C_{24}H_{34}N_2O_{10}$ 2.5-Bis-[1.3-diäthoxycarbonyl-propylamino]-benzochinon-(1.4) und Tautomere 370
$C_{24}H_{35}ClN_2O_4$ *N*-[3-Oxo-4.7.7-trimethyl-norbornyl-(2)]-*N*-chloracetyl-glycin-[3-oxo-4.7.7-trimethyl-norbornyl-(2)-amid] 31
$C_{24}H_{35}NO_2$ 2-Tetradecylamino-naphthochinon-(1.4) und Tautomeres 389
3-Dipentylamino-1-[4-methoxy-naphthyl-(1)]-propanon-(1) 579
$C_{24}H_{35}NO_3$ 3-Hydroxy-2-[1-dodecylamino-äthyl]-naphthochinon-(1.4) und Tautomeres 642
3-Hydroxy-2-[10-diäthylamino-decyl]-naphthochinon-(1.4) und Tautomeres 646
$C_{24}H_{35}NO_5$ 2-[Hexen-(3)-oylamino]-1.1-bis-[2.6-dioxo-4.4-dimethyl-cyclohexyl]-äthan und Tautomere 536
$C_{24}H_{36}N_6O_4S_2$ Oxalsäure-bis-[*N'*-(3-oxo-4.7.7-trimethyl-norbornyl-(2)-thiocarbamoyl)-hydrazid] 23
$C_{24}H_{37}NO_5$ 2-Hexanoylamino-1.1-bis-[2.6-dioxo-4.4-dimethyl-cyclohexyl]-äthan und Tautomere 536
$C_{24}H_{38}N_2O_3$ *N*-Methyl-*N*-[(3-oxo-4.7.7-trimethyl-norbornyl-(2))-methyl]-glycin-[3-oxo-4.7.7-trimethyl-norbornyl-(2)-amid] 37
$C_{24}H_{39}NO_2$ 3-Hydroxy-17-oxo-10.13-dimethyl-16-[diäthylamino-methyl]-$\Delta^5$-tetradecahydro-1*H*-cyclopenta[*a*]-phenanthren 575
$[C_{24}H_{39}N_2O_3]^{\oplus}$ Dimethyl-[(3-oxo-4.7.7-trimethyl-norbornyl-(2)-carbamoyl)-methyl]-[3-oxo-4.7.7-trimethyl-norbornyl-(2)]-ammonium 31
$[C_{24}H_{39}N_2O_3]ClO_4$ 31
$[C_{24}H_{41}ClNO]^{\oplus}$ Diäthyl-dodecyl-[4-chlor-phenacyl]-ammonium 124
$[C_{24}H_{41}ClNO]Cl$ 124
$[C_{24}H_{41}ClNO]AuCl_4$ 124
$C_{24}H_{42}N_2O_2$ 3.6-Bis-methylamino-2-hexadecyl-benzochinon-(1.4) und Tautomere 377
$C_{24}H_{42}N_2O_4$ 3.6-Dihydroxy-2.5-bis-[octylamino-methyl]-benzochinon-(1.4) und Tautomeres 673

## $C_{25}$-Gruppe

$C_{25}H_{15}NO_3$ 1-[Naphthoyl-(2)-amino]-anthrachinon 414

6-Benzamino-naphthacen-chinon-(5.12) 511
$C_{25}H_{15}NO_4$ 1-[3-Hydroxy-naphthoyl-(2)-amino]-anthrachinon 415
2-[3-Hydroxy-naphthoyl-(2)-amino]-anthrachinon 433
$C_{25}H_{16}N_2O_4$ 5-Amino-1-[3-hydroxy-naphthoyl-(2)-amino]-anthrachinon 472
$C_{25}H_{17}NO_2$ 7-Oxo-3-benzaminomethyl-7*H*-benz[*de*]anthracen 342
2-[Naphthyl-(2)-amino]-2-phenyl-indandion-(1.3) 491
6-*p*-Toluidino-naphthacen-chinon-(5.12) 511
$C_{25}H_{17}NO_4S$ 6-[Toluol-sulfonyl-(4)-amino]-naphthacen-chinon-(5.12) 511
1-[Toluol-sulfonyl-(4)-amino]-7.12-dioxo-7.12-dihydro-pleiaden 517
$C_{25}H_{17}NO_5S$ 4-[Toluol-sulfonyl-(4)-amino]-1-hydroxy-naphthacen-chinon-(5.12) 669
$C_{25}H_{18}N_2O_3$ 3.5-Dianilino-2-benzoyl-benzochinon-(1.4) und Tautomere 530
$C_{25}H_{18}N_4O_5$ 3.3'-Dinitro-4.4'-dianilino-benzophenon 232
$C_{25}H_{19}NO$ 6-Phenäthylamino-7-oxo-7*H*-benz[*de*]anthracen 339
$C_{25}H_{19}NO_2$ 4-Benzamino-1-*p*-toluoyl-naphthalin 333
$C_{25}H_{19}NO_3$ 6-Benzamino-7.8.9.10-tetrahydro-naphthacen-chinon-(5.12) 508
4-[2.4.5-Trimethyl-anilino]-1-hydroxy-anthrachinon 653
$C_{25}H_{20}N_2$ 4-Anilino-benzophenon-phenylimin 220
$C_{25}H_{21}NO$ α-[1-Methyl-naphthyl-(2)-amino]-desoxybenzoin 240
$C_{25}H_{21}NO_3$ 1-[4-Diacetylamino-phenyl]-2-[fluorenyl-(2)]-äthanon-(2) 350
3-Benzamino-1-methyl-7-isopropyl-phenanthren-chinon-(9.10) 503
$C_{25}H_{21}NO_4$ 2-Benzamino-1-[3.4-dimethoxy-phenanthryl-(1)]-äthanon-(1) 665
$C_{25}H_{21}N_3O_2$ 5-[*N*-Methyl-anilino]-2-benzidino-benzochinon-(1.4) und Tautomeres 370
$C_{25}H_{22}N_2O_2$ 4-Methylamino-1-[1.2.3.4-tetrahydro-naphthyl-(2)-amino]-anthrachinon 444
1-Amino-4-[1.2.3.4-tetrahydro-naphthyl-(2)-amino]-2-methyl-anthrachinon 495
$C_{25}H_{22}N_2O_5$ 2-[*N*-Benzoyl-anilino]-1-[2-äthoxalylamino-phenyl]-äthanon-(1) 141
$C_{25}H_{23}NO$ 17-Oxo-16-[(*N*-methyl-anilino)-methylen]-12.13.14.15.16.17-hexahydro-11*H*-cyclopenta[*a*]phenanthren 326
$C_{25}H_{23}NO_3$ *N.N*-Bis-[3-oxo-3-phenyl-propyl]-benzamid 157
4-[4-Isopentyl-anilino]-1-hydroxy-anthrachinon 653
$C_{25}H_{23}NO_4S$ 3-[Toluol-sulfonyl-(4)-amino]-1-methyl-7-isopropyl-phenanthren-chinon-(9.10) 503
$C_{25}H_{24}BrN_3O_2$ 3-Brom-4-amino-1-[3-(diäthylamino-methyl)-anilino]-anthrachinon 466
$C_{25}H_{24}N_2O$ 4-Dimethylamino-α-[phenyl-(naphthyl-(2))-amino]-benzylalkohol 60
$C_{25}H_{24}N_2O_2$ 1-Amino-4-*p*-toluidino-2-butyl-anthrachinon 499
1-Amino-4-*p*-toluidino-2-*tert*-butyl-anthrachinon 501
$C_{25}H_{24}N_2O_3$ *N.N'*-Diphenacyl-*N*-benzoyl-äthylendiamin 122
4-{[(*N.N*-Diäthyl-glycyl)-amino]-methyl}-benz[*a*]anthracen-chinon-(7.12) 518
$C_{25}H_{24}N_2O_4$ 2-[*N*-Benzyl-anilino]-1-[2-äthoxalylamino-phenyl]-äthanon-(1) 140
$C_{25}H_{25}NO_3$ 5-Anilino-1.5-bis-[4-methoxy-phenyl]-penten-(1)-on-(3) 651
$C_{25}H_{25}NO_3S$ 1-*p*-Tolylmercapto-3-[4-acetamino-phenyl]-1-[4-methoxy-phenyl]-propanon-(3) 648
$C_{25}H_{25}NO_4$ [9.10-Dioxo-9.10-dihydro-anthryl-(2)]-carbamidsäure-[3.7-dimethyl-octadien-(2.6)-ylester] 432
$C_{25}H_{26}N_6O_4$ 3.3-Bis-[4-dimethylamino-phenyl]-acrylaldehyd-[2.4-dinitro-phenylhydrazon] 306
$C_{25}H_{27}NO$ 4-Dimethylamino-1.2.2-triphenyl-pentanon-(1) 347
$C_{25}H_{27}NO_2$ α-[2.4.6.*N*-Tetramethyl-anilino]-4-methoxy-desoxybenzoin 585
$[C_{25}H_{27}N_2]^{\oplus}$ Dibenzyl-[4-dimethylamino-cinnamyliden]-ammonium 185
$[C_{25}H_{27}N_2]ClO_4$ 185
$C_{25}H_{28}N_2$ 3-*p*-Toluidino-2.2-dimethyl-3-phenyl-propionaldehyd-*p*-tolylimin 179
4-Dimethylamino-1.2.2-triphenyl-pentanon-(1)-imin 348
$C_{25}H_{28}N_2O$ 1.1-Bis-[4-dimethylamino-phenyl]-2-*p*-tolyl-äthanon-(2) 347
$C_{25}H_{29}NO_3$ 3-Hydroxy-2-[α-octylamino-benzyl]-naphthochinon-(1.4) 668
$C_{25}H_{30}BrNO$ 2-Dibutylamino-1-[9-brom-phenanthryl-(3)]-propanon-(1) 323
3-Dibutylamino-1-[9-brom-phenanthryl-(3)]-propanon-(1) 324
$C_{25}H_{30}N_4$ 4-Dimethylamino-benzaldehyd-[4.4'-bis-dimethylamino-biphenylyl-(2)-imin] 67
$C_{25}H_{32}N_6O_9$ 3.5.3'.5'-Tetranitro-4.4'-bis-hexylamino-benzophenon 233

$[C_{25}H_{33}BrNO_4]^{\oplus}$ Dimethyl-äthyl-[2-(8-brom-6-methoxy-3.5-diäthoxy-2-oxo-2*H*-phenanthryl-(4a))-äthyl]-ammonium 679
$[C_{25}H_{33}BrNO_4]I$ 679
$C_{25}H_{33}NO$ 3-Anilino-17-oxo-10.13-dimethyl-$\Delta^5$-phenanthren 200
4-[2-Diäthylamino-äthyl]-1.4-diphenyl-hepten-(1)-on-(5) 314
$C_{25}H_{33}NO_4$ Bis-[2.6-dioxo-4.4-dimethyl-cyclohexyl]-[4-dimethylamino-phenyl]-methan und Tautomere 537
$C_{25}H_{34}N_2O_6$ 4.5-Dimethoxy-6-[6-methoxy-4-(2-dimethylamino-äthyl)-3-formyl-phenoxy]-2-[2-dimethylamino-äthyl]-benzaldehyd 673
$C_{25}H_{35}NO$ 3-Dibutylamino-1-[1.2.3.4-tetrahydro-phenanthryl-(9)]-propanon-(1) 275
$C_{25}H_{35}N_3O$ 5-Diäthylamino-1-[2-butyloxy-phenyl]-penten-(1)-on-(3)-phenylhydrazon 572
$C_{25}H_{35}N_3O_2S$ 3-[2-Diäthylamino-äthylmercapto]-3-[4-dimethylamino-phenyl]-1-[4-acetamino-phenyl]-propanon-(1) 593
$C_{25}H_{37}NO$ 3-Dihexylamino-1-[naphthyl-(1)]-propanon-(1) 210
3-Dihexylamino-1-[naphthyl-(2)]-propanon-(1) 212
$C_{25}H_{37}NO_3$ 3-Hydroxy-2-[tetradecylamino-methyl]-naphthochinon-(1.4) und Tautomeres 641
$C_{25}H_{38}N_6O_4S_2$ Malonsäure-bis-[*N'*-(3-oxo-4.7.7-trimethyl-norbornyl-(2)-thiocarbamoyl)-hydrazid] 23
$C_{25}H_{39}NO_4$ 3-Acetoxy-11-oxo-10.13-dimethyl-17-[1-acetamino-äthyl]-hexadecahydro-1*H*-cyclopenta[*a*]phenanthren 570
$C_{25}H_{39}N_3O_4$ Methyl-bis-[(3-oxo-4.7.7-trimethyl-norbornyl-(2)-carbamoyl)-methyl]-amin 32

## $C_{26}$-Gruppe

$C_{26}H_{14}Cl_4N_2O_2$ 5.6.7.8-Tetrachlor-1.4-dianilino-anthrachinon 464
$C_{26}H_{15}BrN_2O_2$ 3-Brom-2-[6-amino-pyrenyl-(1)-amino]-naphthochinon-(1.4) und Tautomeres 394
$C_{26}H_{15}ClN_2O_2$ 3-Chlor-2-[6-amino-pyrenyl-(1)-amino]-naphthochinon-(1.4) und Tautomeres 393
$C_{26}H_{15}NO_2$ 5-Amino-naphtho[2.3-*g*]chrysen-chinon-(11.16) 528
$C_{26}H_{16}ClNO_2$ 3-Chlor-2-anilino-9.10-dihydro-9.10-*o*-benzeno-anthracen-chinon-(1.4) 523
$C_{26}H_{16}Cl_2N_2O_2$ 3.6-Dichlor-2.5-bis-[naphthyl-(2)-amino]-benzochinon-(1.4) und Tautomere 371
3.6-Dichlor-2.5-bis-[naphthyl-(1)-amino]-benzochinon-(1.4) und Tautomere 371
1.4-Bis-[4-chlor-anilino]-anthrachinon und Tautomeres 441
$C_{26}H_{16}Cl_2N_2O_4$ 6.7-Dichlor-5.8-dianilino-chinizarin 684
$C_{26}H_{17}BrN_2O_2$ 3-Brom-4-amino-1-[biphenylyl-(4)-amino]-anthrachinon 465
$C_{26}H_{17}Cl_3N_2$ 1-Chlor-10-[2-chlor-anilino]-anthron-[2-chlor-phenylimin], 4-Chlor-10-[2-chlor-anilino]-anthron-[2-chlor-phenylimin] und 1-Chlor-*N.N*-bis-[2-chlor-phenyl]-anthracendiyl-(9.10)-diamin 295
$C_{26}H_{17}NO_2$ 4b-[Naphthyl-(2)-amino]-5.10-dioxo-4b.5.9b.10-tetrahydro-indeno[2.1-*a*]inden 506
$C_{26}H_{18}Br_2N_4O_2$ 3.7-Dibrom-4.8-diamino-1.5-dianilino-anthrachinon 487
3.6-Dibrom-4.5-diamino-1.8-dianilino-anthrachinon 488
$C_{26}H_{18}Cl_2N_2$ 10-[4-Chlor-anilino]-anthron-[4-chlor-phenylimin] und *N.N'*-Bis-[4-chlor-phenyl]-anthracendiyl-(9.10)-diamin 292
10-[3-Chlor-anilino]-anthron-[3-chlor-phenylimin] und *N.N'*-Bis-[3-chlor-phenyl]-anthracendiyl-(9.10)-diamin 292
10-[2-Chlor-anilino]-anthron-[2-chlor-phenylimin] und *N.N'*-Bis-[2-chlor-phenyl]-anthracendiyl-(9.10)-diamin 292
$C_{26}H_{18}N_2O_2$ 1.4-Dianilino-anthrachinon 441
$C_{26}H_{18}N_2O_4$ 3-Nitro-4-[4-benzoyl-anilino]-benzophenon 223
4.8-Diamino-1.5-diphenoxy-anthrachinon 686
$C_{26}H_{19}NO_3$ 3'-Benzamino-4-phenoxy-benzophenon 581
$C_{26}H_{19}NO_4$ 4-Benzamino-1-benzoyloxy-2-acetyl-naphthalin 578
1-Phenyl-3-[4-benzamino-1-hydroxy-naphthyl-(2)]-propandion-(1.3) und Tautomere, sowie 6-Benzamino-2-hydroxy-4-oxo-2-phenyl-3.4-dihydro-2*H*-benzo[*h*]chromen 669
3-Anilino-2.6-dibenzoyl-hydrochinon 689
$C_{26}H_{19}NO_4S$ 6-[(Toluol-sulfonyl-(4))-methyl-amino]-naphthacen-chinon-(5.12) 511

$C_{26}H_{20}N_2$ 10-Anilino-anthron-phenylimin und *N.N'*-Diphenyl-anthracendiyl-(9.10)-diamin 291

$C_{26}H_{20}N_2O$ 10.10-Bis-[4-amino-phenyl]-anthron 355

$C_{26}H_{20}N_2O_2$ 3-Amino-4-[4-benzoyl-anilino]-benzophenon 225

$C_{26}H_{20}N_2O_3$ Bis-[4-(3-amino-benzoyl)-phenyl]-äther 581

Bis-[4-(4-amino-benzoyl)-phenyl]-äther 582

$C_{26}H_{20}N_4O_2$ 4.8-Diamino-1.5-dianilino-anthrachinon 485

$C_{26}H_{21}NO$ 1-Anilino-1.1.2-triphenyl-äthanon-(2) 345

$C_{26}H_{22}N_2$ α-Anilino-desoxybenzoin-phenylimin 239

$C_{26}H_{22}N_2O_2$ 1.4-Bis-[6-amino-3-methyl-benzoyl]-naphthalin 526

$C_{26}H_{22}N_4$ Bis-[2-amino-benzyliden]-benzidin 50

Bis-[4-amino-benzhydryliden]-hydrazin 218

$C_{26}H_{23}NO$ 2-Dibenzylamino-1-[naphthyl-(2)]-äthanon-(1) 209

$C_{26}H_{23}NO_4$ 5-Phenyl-1-[6-benzamino-3.4-dimethoxy-phenyl]-pentadien-(2.4)-on-(1) 666

$C_{26}H_{24}N_2O$ 1-[α-(4-Dimethylamino-benzylidenamino)-benzyl]-naphthol-(2) 63

1-Phenyl-3-[4-dimethylamino-phenyl]-2.3-dihydro-1*H*-naphth[1.2-*e*][1.3]oxazin 63

2-Dibenzylamino-1-[naphthyl-(2)]-äthanon-(1)-oxim 209

$C_{26}H_{24}N_2O_2$ 4-[*N*-Benzoyl-*p*-toluidino]-1-*p*-tolylimino-cyclopentanon-(2) und 2-*p*-Toluidino-5-[*N*-benzoyl-*p*-toluidino]-cyclopenten-(1)-on-(3) 360

$C_{26}H_{24}N_2O_4$ *N.N'*-Diphenacyl-*N.N'*-diacetyl-*p*-phenylendiamin 123

$C_{26}H_{24}N_2O_6$ 1.3-Bis-[3-acetamino-4-methoxy-benzoyl]-benzol 689

$C_{26}H_{25}NO$ 17-Oxo-13-methyl-16-[(*N*-methyl-anilino)-methylen]-12.13.14.15.16.17-hexahydro-11*H*-cyclopenta[*a*]phenanthren 326

$C_{26}H_{25}NO_2$ 3-Methoxy-17-oxo-16-[(*N*-methyl-anilino)-methylen]-12.13.14.15.16.17-hexahydro-11*H*-cyclopenta[*a*]phenanthren, 3-Methoxy-16-[(*N*-methyl-anilino)-methylen]-gonapentaen-(1.3.5.7.9)-on-(17) 601

$C_{26}H_{25}NO_7$ 4-(4-{2-[2-(2-Hydroxy-äthoxy)-äthoxy]-äthoxy}-anilino)-1-hydroxy-anthrachinon 654

$C_{26}H_{26}N_4O$ 2-[4-Dimethylamino-anilino]-naphthochinon-(1.4)-4-[4-dimethylamino-phenylimin] und 4-[4-Dimethylamino-anilino]-naphthochinon-(1.2)-2-[4-dimethylamino-phenylimin] 391

$C_{26}H_{26}N_4O_2$ 4.8-Diamino-5-cyclohexylamino-1-anilino-anthrachinon 485

$C_{26}H_{26}N_6O_4$ 2.5-Bis-acetamino-benzochinon-(1.4)-bis-[4-acetamino-phenylimin] und Tautomere 369

Benzochinon-(1.4)-bis-[2.5-bis-acetamino-phenylimin] 369

$C_{26}H_{27}NO_2$ 5-Dibenzylamino-1-[4-methoxy-phenyl]-penten-(1)-on-(3) 573

$C_{26}H_{27}N_3O$ 4-Dimethylamino-4'-[4-dimethylamino-benzylidenamino]-chalkon 305

$C_{26}H_{28}N_2O_4$ 2.2'-Bis-diäthylamino-[2.2']biindanyltetron-(1.3.1'.3') 538

$C_{26}H_{29}NO$ 1-[Methyl-benzyl-amino]-3.3-diphenyl-hexanon-(4) 277

1-Diäthylamino-1.2.4-triphenyl-butanon-(3) 347

5-Dimethylamino-1.3.3-triphenyl-hexanon-(2) 348

$C_{26}H_{30}N_2O$ 1.2-Bis-[methyl-benzyl-amino]-1-phenyl-butanon-(3) 173

$C_{26}H_{30}N_2O_3$ *N'*-[3-Oxo-4.7.7-trimethyl-norbornyl-(2)]-*N*-phenyl-*N.N'*-diacetyl-*p*-phenylendiamin 28

1.2-Bis-[methyl-salicyl-amino]-1-phenyl-butanon-(3) 173

$C_{26}H_{30}N_4$ Bis-[3-diallylamino-benzyliden]-hydrazin 55

$C_{26}H_{32}BrNO$ 2-Dipentylamino-1-[9-brom-phenanthryl-(3)]-äthanon-(1) 317

$C_{26}H_{32}BrNO_2$ 4-Brom-1-dodecylamino-anthrachinon 424

$C_{26}H_{32}ClNO$ 2-Dipentylamino-1-[9-chlor-phenanthryl-(3)]-äthanon-(1) 316

$[C_{26}H_{32}N_2O]^{\oplus\oplus}$ 2-Phenyl-1.1-bis-[4-trimethylammonio-phenyl]-äthanon-(2) 345

$[C_{26}H_{32}N_2O]I_2$ 345

$[C_{26}H_{32}N_2O][ClO_4]_2$ 345

$C_{26}H_{32}N_4O_2$ 4.8-Diamino-1.5-bis-cyclohexylamino-anthrachinon 485

$C_{26}H_{33}NO_2$ 1-Dodecylamino-anthrachinon 409

1-Amino-2-dodecyl-anthrachinon 504

$C_{26}H_{33}NO_3$ 5-Amino-1-dodecyloxy-anthrachinon 656

$C_{26}H_{34}N_2O_2$ 5.8-Bis-cyclohexylamino-1.2.3.4-tetrahydro-anthrachinon 400

$C_{26}H_{36}N_2O_2$ *N.N'*-Bis-[3-oxo-4.7.7-trimethyl-norbornyl-(2)]-*p*-phenylendiamin 27

$C_{26}H_{37}NO$ α-Dodecylamino-desoxybenzoin 238

## $C_{27}$-Gruppe

$C_{27}H_{26}N_2O_2S$ 1-Amino-4-cyclohexylamino-2-benzylmercapto-anthrachinon 661
$C_{27}H_{26}N_2O_3$ 3-Hydroxy-2-[4.4'-bis-dimethylamino-benzhydryl]-naphthochinon-(1.4) und Tautomeres 671
$C_{27}H_{27}NO_2$ 3-Methoxy-17-oxo-13-methyl-16-[(*N*-methyl-anilino)-methylen]-12.13.14.15.16.17-hexahydro-11*H*-cyclopenta[*a*]phenanthren, 3-Methoxy-16-[(*N*-methyl-anilino)-methylen]-östrapentaen-(1.3.5.7.9)-on-(17) 601
$C_{27}H_{27}NO_3$ Tris-[3-oxo-3-phenyl-propyl]-amin 156
$C_{27}H_{27}NO_6$ Tris-[3-oxo-3-(4-hydroxy-phenyl)-propyl]-amin 561
$C_{27}H_{27}N_3$ 4.4'-Bis-dimethylamino-benzophenon-[naphthyl-(2)-imin] 228
4.4'-Bis-dimethylamino-benzophenon-[naphthyl-(1)-imin] 228
$C_{27}H_{28}N_2O_6$ 4-Methylamino-1-(4-{2-[2-(2-hydroxy-äthoxy)-äthoxy]-äthoxy}-anilino)-anthrachinon 448
$C_{27}H_{28}N_4O_2$ 2-[4-Dimethylamino-anilino]-6-methoxy-naphthochinon-(1.4)-4-[4-dimethylamino-phenylimin] und 4-[4-Dimethylamino-anilino]-6-methoxy-naphthochinon-(1.2)-2-[4-dimethylamino-phenylimin] 638
$C_{27}H_{30}N_2O$ 1-Phenyl-1.5-bis-[4-dimethylamino-phenyl]-penten-(4)-on-(3) 352
$C_{27}H_{31}NO_2$ 1-Diäthylamino-2.4-diphenyl-1-[4-methoxy-phenyl]-butanon-(3) 603
$C_{27}H_{31}N_5O_9$ 7-Acetamino-10-hydroxy-1.2.3-trimethoxy-9-[2.4-dinitro-phenylhydrazono]-5.6.7.8.9.10.11.12-octahydro-benzo[*a*]heptalen 690
$C_{27}H_{33}NO_3$ 3-Hydroxy-2-[α-decylamino-benzyl]-naphthochinon-(1.4) 668
$C_{27}H_{34}BrNO$ 2-Dipentylamino-1-[9-brom-phenanthryl-(3)]-propanon-(1) 323
3-Dipentylamino-1-[9-brom-phenanthryl-(3)]-propanon-(1) 324
$C_{27}H_{34}ClNO$ 2-Dipentylamino-1-[9-chlor-phenanthryl-(3)]-propanon-(1) 322
$C_{27}H_{35}NO$ 3-Dipentylamino-1-[anthryl-(9)]-propanon-(1) 321
3-Dipentylamino-1-[phenanthryl-(9)]-aceton 325
$C_{27}H_{35}NO_2$ 1-Anilino-2.8-dioxo-1.10a.12a-trimethyl-$\Delta^{6a}$-hexadecahydro-chrysen, 17a-Anilino-17a-methyl-D-homo-androsten-(4)-dion-(3.17) 385
$C_{27}H_{35}NO_3$ 4-Methylamino-1-dodecyloxy-anthrachinon 652
$C_{27}H_{36}N_2O_3$ 17a-[*N*-Nitroso-anilino]-3-hydroxy-17a-methyl-D-homo-androsten-(5)-on-(17) (?) 575
$C_{27}H_{36}N_6O_9$ 3.5.3'.5'-Tetranitro-4.4'-bis-heptylamino-benzophenon 233
$C_{27}H_{37}NO_2$ 2-Oxo-3a.6-dimethyl-7-styryl-6-[*N.N*-dimethyl-glycyl]-dodecahydro-1*H*-cyclopenta[*a*]naphthalin, 2-Dimethylamino-3-phenyl-2.3-seco-androsten-(3)-dion-(1.16) 407
1-Anilino-8-hydroxy-2-oxo-1.10a.12a-trimethyl-$\Delta^6$-hexadecahydro-chrysen, 17a-Anilino-3-hydroxy-17a-methyl-D-homo-androsten-(5)-on-(17) 575
$[C_{27}H_{40}N_2O_6]^{\oplus\oplus}$ Trimethyl-{4.5-dimethoxy-3-[6-methoxy-4-(2-trimethylammonio-äthyl)-3-formyl-phenoxy]-2-formyl-phenäthyl}-ammonium 674
$[C_{27}H_{40}N_2O_6]I_2$ 674
$C_{27}H_{41}NO_3$ 3-Hydroxy-2-[hexadecylamino-methyl]-naphthochinon-(1.4) und Tautomeres 641
$C_{27}H_{42}N_6O_4S_2$ Glutarsäure-bis-[*N'*-(3-oxo-4.7.7-trimethyl-norbornyl-(2)-thiocarbamoyl)-hydrazid] 23
$[C_{27}H_{44}N_3O_4]^{\oplus}$ *N*-[3-Oxo-4.7.7-trimethyl-norbornyl-(2)]-*N*-[trimethylammonio-acetyl]-glycin-[3-oxo-4.7.7-trimethyl-norbornyl-(2)-amid] 33
$[C_{27}H_{44}N_3O_4]OH$ 33
$[C_{27}H_{44}N_3O_4]Cl$ 33
$[C_{27}H_{44}N_3O_4]I$ 33
$C_{27}H_{48}N_2O_2$ 3.6-Bis-methylamino-2-nonadecyl-benzochinon-(1.4) und Tautomere 377

## $C_{28}$-Gruppe

$C_{28}H_{12}Cl_4N_2O_4$ 2.3.2'.3'-Tetrachlor-4.4'-diamino-[1.1']bianthryl-dichinon-(9.10:9'.10') 540
$C_{28}H_{14}Br_2N_2O_4$ 3.3'-Dibrom-4.4'-diamino-[1.1']bianthryl-dichinon-(9.10:9'.10') 540
$C_{28}H_{14}Cl_4N_2O_2$ 2.6-Bis-[4.α-dichlor-benzylidenamino]-anthrachinon 481
1.5-Dichlor-2.6-bis-[α-chlor-benzylidenamino]-anthrachinon 482
3.8-Dichlor-5.10-bis-[3-chlor-anilino]-pyren-chinon-(1.6) 509
$C_{28}H_{14}Cl_4N_2O_5$ 2.4-Bis-[2.4-dichlor-benzamino]-1-hydroxy-anthrachinon 657
$C_{28}H_{14}N_2O_6S$ Verbindung $C_{28}H_{14}N_2O_6S$ aus 2-Amino-anthrachinon 430
$C_{28}H_{15}NO_4$ Bis-[9.10-dioxo-9.10-dihydro-anthryl-(1)]-amin 411
$C_{28}H_{16}Cl_2N_2O_2$ 2.6-Bis-[2-chlor-benzylidenamino]-anthrachinon 481
2.6-Bis-[α-chlor-benzylidenamino]-anthrachinon 481
2.7-Bis-[α-chlor-benzylidenamino]-anthrachinon 483

$C_{28}H_{23}NO$ 2-Phenyl-10-[4-dimethylamino-phenyl]-anthron und 2-Phenyl-10-[4-dimethylamino-phenyl]-anthrol-(9) 355

$C_{28}H_{23}NO_2$ Bis-[4-methyl-2-benzoyl-phenyl]-amin 246

$C_{28}H_{23}N_5O_3$ 4.4′-Bis-benzamino-benzophenon-semicarbazon 232

$C_{28}H_{23}N_5O_4$ 5-[4-Oxo-cyclohexadien-(2.5)-yliden-(1)-amino]-2-hydroxy-benzochinon-(1.4)-bis-[4-acetamino-phenylimin] 606

$C_{28}H_{24}N_2$ 10-*o*-Toluidino-anthron-*o*-tolylimin und *N.N′*-Di-*o*-tolyl-anthracendiyl-(9.10)-diamin 293

10-*m*-Toluidino-anthron-*m*-tolylimin und *N.N′*-Di-*m*-tolyl-anthracendiyl-(9.10)-diamin 293

10-*p*-Toluidino-anthron-*p*-tolylimin und *N.N′*-Di-*m*-tolyl-anthracendiyl-(9.10)-diamin 293

$C_{28}H_{24}N_2O$ 10.10-Bis-[4-amino-3-methyl-phenyl]-anthron 355

$C_{28}H_{24}N_2O_2$ 2-[*N*-Benzyl-anilino]-1-[2-benzamino-phenyl]-äthanon-(1) 140

10-*o*-Anisidino-anthron-[2-methoxy-phenylimin] und *N.N′*-Bis-[2-methoxy-phenyl]-anthracendiyl-(9.10)-diamin 294

$C_{28}H_{24}N_4O_2$ 1.4-Bis-[4-acetamino-benzylidenamino]-naphthalin 75

$C_{28}H_{25}NO$ 1-Anilino-1.2.4-triphenyl-butanon-(3) 347

$C_{28}H_{25}NO_2$ 1-Anilino-2.3-diphenyl-1-[4-methoxy-phenyl]-propanon-(3) 603

$C_{28}H_{26}N_2$ 2-Anilino-1.2-diphenyl-butanon-(1)-phenylimin 271

$C_{28}H_{26}N_2O_2$ 5.8-Di-*p*-toluidino-1.2.3.4-tetrahydro-anthrachinon 400

2-[2.2-Bis-(4-dimethylamino-phenyl)-vinyl]-naphthochinon-(1.4) 525

4-[2.2-Bis-(4-dimethylamino-phenyl)-vinyl]-naphthochinon-(1.2) 525

$C_{28}H_{26}N_2O_4$ 2-[2.2-Bis-(4-dimethylamino-phenyl)-vinyl]-naphthazarin 690

$C_{28}H_{26}N_4$ *α.α′*-Bis-[2-amino-benzylidenamino]-bibenzyl 50

$C_{28}H_{27}NO_7$ O-Benzoyl-colchicein 692

$C_{28}H_{27}N_3$ 5-*p*-Toluidino-2-methyl-benzochinon-(1.4)-bis-*p*-tolylimin und Tautomeres 374

$C_{28}H_{28}N_2O$ 1.1-Bis-[4-dimethylamino-phenyl]-2-[naphthyl-(2)]-äthanon-(2) 353

$C_{28}H_{28}N_2O_2$ 4-Methylamino-1-[2-benzyl-cyclohexylamino]-anthrachinon 444

$C_{28}H_{28}N_2O_4$ 1.4-Bis-[6-acetamino-3.4-dimethyl-benzoyl]-benzol 520

$C_{28}H_{30}Br_2N_2O_2$ 1.3-Bis-[2-dimethylamino-3-oxo-3-(4-brom-phenyl)-propyl]-benzol 520

1.4-Bis-[2-dimethylamino-3-oxo-3-(4-brom-phenyl)-propyl]-benzol 520

$[C_{28}H_{30}NO_3]^{\oplus}$ Methyl-tris-[3-oxo-3-phenyl-propyl]-ammonium 157

$[C_{28}H_{30}NO_3]I$ 157

4-Hydroxy-1-methyl-1-[3-oxo-3-phenyl-propyl]-4-phenyl-3-benzoyl-piperidinium 157

$[C_{28}H_{30}NO_3]I$ 157

$C_{28}H_{30}N_2O_2$ 4-Isobutylamino-1-[4-butyl-anilino]-anthrachinon 442

$C_{28}H_{30}N_2O_6$ 2.5-Bis-[4-acetyl-phenylimino]-cyclohexan-dicarbonsäure-(1.4)-diäthylester und 2.5-Bis-[4-acetyl-anilino]-cyclohexadien-(1.4)-dicarbonsäure-(1.4)-diäthylester 99

$C_{28}H_{30}N_4O_2$ 2-[4-Dimethylamino-anilino]-7-methoxy-5-methyl-naphthochinon-(1.4)-4-[4-dimethylamino-phenylimin] und 4-[4-Dimethylamino-anilino]-7-methoxy-5-methyl-naphthochinon-(1.2)-2-[4-dimethylamino-phenylimin] 640

$[C_{29}H_{32}Br_2N_2O_2]^{\oplus\oplus}$ *α.α′*-Bis-[dimethyl-(4-brom-phenacyl)-ammonio]-*p*-xylol 131

$[C_{28}H_{32}Br_2N_2O_2]Br_2$ 131

*α.α′*-Bis-[dimethyl-(4-brom-phenacyl)-ammonio]-*m*-xylol 131

$[C_{28}H_{32}Br_2N_2O_2]Br_2$ 131

$C_{28}H_{33}N_3O$ 4.4′-Bis-diäthylamino-benzophenon-benzoylimin 231

$C_{28}H_{33}N_5O$ 1-Phenyl-1.5-bis-[4-dimethylamino-phenyl]-penten-(4)-on-(3)-semicarbazon 352

$C_{28}H_{34}N_2O$ 2-Phenyl-1.1-bis-[4-diäthylamino-phenyl]-äthanon-(2) 345

$C_{28}H_{34}N_2O_3$ 1.2-Bis-[methyl-(2-methoxy-benzyl)-amino]-1-phenyl-butanon-(3) 173

1.2-Bis-[methyl-(4-methoxy-benzyl)-amino]-1-phenyl-butanon-(3) 173

$C_{28}H_{36}BrNO$ 2-Dihexylamino-1-[9-brom-phenanthryl-(3)]-äthanon-(1) 318

$C_{28}H_{36}ClNO$ 2-Dihexylamino-1-[9-chlor-phenanthryl-(3)]-äthanon-(1) 316

$C_{28}H_{37}NO$ 2-Dibutylamino-1-[1-methyl-7-isopropyl-phenanthryl-(3)]-äthanon-(1) 327

$C_{28}H_{38}N_2O_3$ *N.N′*-Bis-[3-oxo-4.7.7-trimethyl-norbornyl-(2)]-*N*-acetyl-*p*-phenylendiamin 27

$C_{28}H_{40}ClNO_2$ 3-Chlor-2-[octadecen-(9)-ylamino]-naphthochinon-(1.4) und Tautomeres 391

$[C_{28}H_{40}NO_2]^{\oplus}$ Trimethyl-[1.16-dioxo-3-phenyl-2.3-seco-androsten-(3)-yl-(2)]-ammonium 407
$[C_{28}H_{40}NO_2]I$ 407
$C_{28}H_{42}ClNO_2$ 3-Chlor-2-octadecylamino-naphthochinon-(1.4) und Tautomeres 391
$C_{28}H_{43}NO_2$ 2-Octadecylamino-naphthochinon-(1.4) und Tautomeres 389
$C_{28}H_{43}NO_3$ 3-Hydroxy-2-[1-hexadecylamino-äthyl]-naphthochinon-(1.4) und Tautomeres 643
$C_{28}H_{43}N_3O_6$ Dimethyl-carboxymethyl-({[(3-oxo-4.7.7-trimethyl-norbornyl-(2)-carbamoyl)-methyl]-[3-oxo-4.7.7-trimethyl-norbornyl-(2)]-carbamoyl}-methyl)-ammonium-betain 33
$C_{28}H_{44}N_6O_4S_2$ Adipinsäure-bis-[*N'*-(3-oxo-4.7.7-trimethyl-norbornyl-(2)-thiocarbamoyl)-hydrazid] 24
$C_{28}H_{50}N_2O_2$ 3.6-Bis-methylamino-2-eicosyl-benzochinon-(1.4) und Tautomere 377
3.6-Bis-methylamino-2-methyl-5-nonadecyl-benzochinon-(1.4) und Tautomere 377

## $C_{29}$-Gruppe

$C_{29}H_{16}N_2O_5$ *N.N'*-Bis-[9.10-dioxo-9.10-dihydro-anthryl-(2)]-harnstoff 433
$C_{29}H_{17}F_3N_2O_4$ 1-Benzamino-5-[3-trifluormethyl-benzamino]-anthrachinon 471
1-Benzamino-5-[4-trifluormethyl-benzamino]-anthrachinon 471
$C_{29}H_{17}N_3O_4$ *N.N'*-Bis-[9.10-dioxo-9.10-dihydro-anthryl-(2)]-guanidin und Tautomeres 433
$C_{29}H_{19}NO$ 5-Amino-2-oxo-1.3-diphenyl-2*H*-cyclopenta[*l*]phenanthren 356
6-Amino-2-oxo-1.3-diphenyl-2*H*-cyclopenta[*l*]phenanthren 356
$C_{29}H_{19}N_3O_4$ *N*-[9.10-Dioxo-9.10-dihydro-anthryl-(2)]-*N.N'*-dibenzoyl-guanidin 433
$C_{29}H_{20}N_2O_4$ Benzoylessigsäure-[4-(9.10-dioxo-9.10-dihydro-anthryl-(1)-amino)-anilid] 416
5.8-Bis-benzamino-1-methyl-anthrachinon 492
$C_{29}H_{20}N_2O_6$ 5-Acetamino-1-[3-acetoxy-naphthoyl-(2)-amino]-anthrachinon 472
$C_{29}H_{21}BrN_2O_4$ 2-Brom-4-*p*-phenetidino-1-benzamino-anthrachinon 466
$C_{29}H_{21}NO_2$ 5-Amino-11b-hydroxy-2-oxo-1.3-diphenyl-2.11b-dihydro-1*H*-cyclopenta[*l*]phenanthren und 10-Amino-11b-hydroxy-2-oxo-1.3-diphenyl-2.11b-dihydro-1*H*-cyclopenta[*l*]phenanthren 604
$C_{29}H_{21}NO_6$ [4-Dimethylamino-phenyl]-bis-[3-hydroxy-1.4-dioxo-1.4-dihydro-naphthyl-(2)]-methan und Tautomere 697
$C_{29}H_{22}N_2$ 4-[Naphthyl-(2)-amino]-benzophenon-phenylimin 221
$C_{29}H_{22}N_2O$ 4.4'-Bis-benzylidenamino-chalkon 304
$C_{29}H_{22}N_2O_3$ 2.7-Bis-benzaminomethyl-fluorenon-(9) 307
$C_{29}H_{24}N_2O_2$ 5.8-Di-*p*-toluidino-1-methyl-anthrachinon 492
$C_{29}H_{24}N_2O_3$ 2-[*p*-Tolyl-benzoyl-amino]-1-phenyl-äthanon-(1)-[O-benzoyl-oxim] 121
$C_{29}H_{25}NO_2$ 4-[3-Phenyl-2-benzyl-propionylamino]-benzophenon 222
3.4.5-Triphenyl-1-[4-amino-phenyl]-pentandion-(1.5) 527
$C_{29}H_{27}NO_2$ 1-Anilino-2.4-diphenyl-1-[4-methoxy-phenyl]-butanon-(3) 603
$C_{29}H_{28}N_2O$ 2-[Methyl-benzyl-amino]-3-anilino-1.3-diphenyl-propanon-(1) 259
$C_{29}H_{28}N_2O_2$ 2-[*N*-Benzyl-*p*-anisidino]-1-phenyl-äthanon-(1)-[O-benzyl-oxim] 117
4-*p*-Phenetidino-benzophenon-[4-äthoxy-phenylimin] 222
$C_{29}H_{32}N_2O_2$ 4-Isopentylamino-1-[4-butyl-anilino]-anthrachinon 442
$C_{29}H_{32}N_2O_3S_2$ 1.4-Diamino-3-butylmercapto-2-[4-isopentyloxy-phenylmercapto]-anthrachinon 688
$C_{29}H_{32}N_2O_6$ 4-[2-Methoxy-äthylamino]-1-{4-[2-(2-äthoxy-äthoxy)-äthoxy]-anilino}-anthrachinon 448
$C_{29}H_{32}N_2O_7$ 4-[2-Methoxy-äthylamino]-1-(4-{2-[2-(2-hydroxy-äthoxy)-äthoxy]-äthoxy}-anilino)-anthrachinon 449
$C_{29}H_{37}NO_3$ 3-Hydroxy-2-[α-dodecylamino-benzyl]-naphthochinon-(1.4) 668
$C_{29}H_{38}BrNO$ 2-Dihexylamino-1-[9-brom-phenanthryl-(3)]-propanon-(1) 323
3-Dihexylamino-1-[9-brom-phenanthryl-(3)]-propanon-(1) 325
$C_{29}H_{38}ClNO$ 3-Dihexylamino-1-[9-chlor-phenanthryl-(3)]-propanon-(1) 324
$C_{29}H_{38}N_2O_2$ Phenylmalonaldehyd-bis-[3-oxo-4.7.7-trimethyl-norbornyl-(2)-imin] und 3-[3-Oxo-4.7.7-trimethyl-norbornyl-(2)-amino]-2-phenyl-acrylaldehyd-[3-oxo-4.7.7-trimethyl-norbornyl-(2)-imin] 20
$C_{29}H_{38}N_2O_4$ *N*-[3-Oxo-4.7.7-trimethyl-norbornyl-(2)]-*N*-benzoyl-glycin-[3-oxo-4.7.7-trimethyl-norbornyl-(2)-amid] 31

## $C_{30}$-Gruppe

$C_{29}H_{39}NO_3$ 17a-Anilino-3-acetoxy-17a-
methyl-D-homo-androsten-(5)-
on-(17) (?) 575

$C_{29}H_{39}N_3O_3S$ N-[3-Oxo-4.7.7-trimethyl-
norbornyl-(2)]-N-phenylthiocarbamoyl-
glycin-[3-oxo-4.7.7-trimethyl-
norbornyl-(2)-amid] 31

$C_{29}H_{40}N_2O_4$ 1-[N-Nitroso-anilino]-8-
acetoxy-2-oxo-1.10a.12a-trimethyl-
octadecahydro-chrysen 569

$C_{29}H_{41}NO_3$ 1-Anilino-8-acetoxy-2-oxo-
1.10a.12a-trimethyl-octadecahydro-
chrysen, 17a-Anilino-3-acetoxy-17a-
methyl-D-homo-androstanon-(17) 569

$C_{29}H_{44}N_2O$ 4.4'-Bis-dibutylamino-
benzophenon 231

$C_{29}H_{45}NO_3$ 3-Hydroxy-2-[octadecylamino-
methyl]-naphthochinon-(1.4) und
Tautomeres 641

$C_{29}H_{45}N_3$ 4.4'-Bis-dibutylamino-
benzophenon-imin 231

$C_{30}H_{16}F_6N_2O_4$ 1.4-Bis-[4-trifluormethyl-
benzamino]-anthrachinon 455
1.4-Bis-[3-trifluormethyl-benzamino]-
anthrachinon 455
1.5-Bis-[3-trifluormethyl-benzamino]-
anthrachinon 471
1.5-Bis-[4-trifluormethyl-benzamino]-
anthrachinon 471
1.5-Bis-[2-trifluormethyl-benzamino]-
anthrachinon 471
1.8-Bis-[3-trifluormethyl-benzamino]-
anthrachinon 479
1.8-Bis-[4-trifluormethyl-benzamino]-
anthrachinon 479

$C_{30}H_{16}F_6N_2O_6$ 4.8-Bis-[4-trifluormethyl-
benzamino]-1.5-dihydroxy-
anthrachinon 686
4.8-Bis-[3-trifluormethyl-benzamino]-
1.5-dihydroxy-anthrachinon 686

$C_{30}H_{16}N_2O_5$ 1-[(1-Amino-9.10-dioxo-9.10-
dihydro-anthryl-(2))-methylenamino]-
9.10-dioxo-9.10-dihydro-anthracen-
carbaldehyd-(2) 532

$C_{30}H_{17}NO_3$ 4-[Pyrenyl-(1)-amino]-1-
hydroxy-anthrachinon 654

$C_{30}H_{18}N_2O_4S_2$ 1.2-Bis-[1-amino-9.10-
dioxo-9.10-dihydro-anthryl-(2)-
mercapto]-äthylen 659

$C_{30}H_{18}N_4O_4$ Bis-[(1-amino-9.10-dioxo-
9.10-dihydro-anthryl-(2))-methylen]-
hydrazin 531

$C_{30}H_{18}N_4O_6$ 6.11-Bis-[2-nitro-anilino]-
naphthacen-chinon-(5.12) 513

$C_{30}H_{20}Cl_2N_2O_2$ 2.6-Bis-[α-chlor-4-
methyl-benzylidenamino]-
anthrachinon 482

3.8-Dichlor-5.10-bis-[N-methyl-
anilino]-pyren-chinon-(1.6) 509

$C_{30}H_{20}Cl_2N_2O_4$ 3.8-Dichlor-5.10-di-
p-anisidino-pyren-chinon-(1.6) 509

$C_{30}H_{20}N_2O_2$ 1.4-Dianilino-naphthacen-
chinon-(5.12) 512
6.11-Dianilino-naphthacen-chinon-
(5.12) 513
6.12-Dianilino-naphthacen-chinon-(5.11)
und Tautomere 514

$C_{30}H_{22}Cl_2N_4O_2$ 3.6-Dichlor-2.5-bis-[4-
anilino-anilino]-benzochinon-(1.4) und
Tautomere 372

$C_{30}H_{22}N_2O_4$ 1.8-Bis-benzamino-2.7-
dimethyl-anthrachinon 498

$C_{30}H_{22}N_2O_6$ 1.4-Bis-[3-methoxy-
benzamino]-anthrachinon 456
5.8-Bis-benzamino-1.4-dimethoxy-
anthrachinon 683

$C_{30}H_{22}N_4O_2$ 6.11-Bis-[2-amino-anilino]-
naphthacen-chinon-(5.12) 513

$C_{30}H_{23}NO_6$ 3-Benzamino-1-[3.4-
dibenzoyloxy-phenyl]-propanon-(1) 626

$C_{30}H_{23}N_3O_6$ 5-Amino-1.4-bis-[3-methoxy-
benzamino]-anthrachinon 483

$C_{30}H_{23}N_5O_3$ Nitroso-acetyl-anhydro-
tetrakis-[2-amino-benzaldehyd] 48

$C_{30}H_{24}Br_2N_2O_2$ 1.4-Bis-[6-brom-2.4-
dimethyl-anilino]-anthrachinon 442

$C_{30}H_{24}Cl_2N_2O_8S_2$ 6.7-Dichlor-5.8-bis-
[toluol-sulfonyl-(4)-amino]-1.4-
dimethoxy-anthrachinon 684

$C_{30}H_{24}N_2O_5$ Bis-[4-hippuroyl-phenyl]-
äther 553

$C_{30}H_{24}N_4$ 2.5-Dianilino-benzochinon-(1.4)-
bis-phenylimin und Tautomeres 365

$C_{30}H_{24}N_4O_2$ Acetyl-anhydro-tetrakis-[2-
amino-benzaldehyd] 48

$C_{30}H_{25}Cl_2NO_2$ 2-Dibenzylamino-1.4-bis-
[4-chlor-phenyl]-butandion-(1.4) 405

$C_{30}H_{26}Br_2N_4O_4$ 3.7-Dibrom-4.8-diamino-1.5-
di-p-phenetidino-anthrachinon 487
3.6-Dibrom-4.5-diamino-1.8-di-
p-phenetidino-anthrachinon 488

$C_{30}H_{26}N_2O_4$ 4-Dimethylamino-α-benzoyloxy-
desoxybenzoin-[O-benzoyl-oxim] 587

$C_{30}H_{26}N_2O_8S_2$ 5.8-Bis-[toluol-sulfonyl-
(4)-amino]-1.4-dimethoxy-
anthrachinon 683

$C_{30}H_{28}N_2O$ 10.10-Bis-[4-dimethylamino-
phenyl]-anthron 355

$C_{30}H_{28}N_2O_8$ 1.3-Bis-[3-diacetylamino-4-
methoxy-benzoyl]-benzol 689

$C_{30}H_{28}N_4O$ 2-[4-Dimethylamino-anilino]-

$C_{30}H_{28}N_4O_6S_2$ 4.8-Bis-[toluol-sulfonyl-(4)-amino]-1.5-bis-methylamino-anthrachinon 486
4.5-Bis-[toluol-sulfonyl-(4)-amino]-1.8-bis-methylamino-anthrachinon 487
$C_{30}H_{29}NO_3$ 2-[Methyl-benzyl-amino]-1-[3.4-dibenzyloxy-phenyl]-äthanon-(1) 618
$C_{30}H_{30}N_2O$ 2-[Methyl-benzyl-amino]-3-[*N*-methyl-anilino]-1.3-diphenyl-propanon-(1) 260
$C_{30}H_{30}N_4O_2S$ Bis-[4-(4-dimethylamino-benzylidenamino)-phenyl]-sulfon 63
$C_{30}H_{30}N_4S$ Bis-[4-(4-dimethylamino-benzylidenamino)-phenyl]-sulfid 63
$C_{30}H_{33}NO_3$ Tris-[3-oxo-3-*p*-tolyl-propyl]-amin 175
4-Hydroxy-1-[3-oxo-3-*p*-tolyl-propyl]-4-*p*-tolyl-3-*p*-toluoyl-piperidin 175
$C_{30}H_{34}N_2O_2$ 4-Isopentylamino-1-[2-methyl-4-butyl-anilino]-anthrachinon 443
$C_{30}H_{34}N_4O$ 3-[4-Dimethylamino-anilino]-6-*tert*-butyl-naphthochinon-(1.4)-1-[4-dimethylamino-phenylimin] und 4-[4-Dimethylamino-anilino]-7-*tert*-butyl-naphthochinon-(1.2)-2-[4-dimethylamino-phenylimin] 397
$[C_{30}H_{36}N_4]^{\oplus\oplus}$ 1.4-Bis-[methyl-(4-dimethylamino-cinnamyliden)-ammonio]-benzol 185
$[C_{30}H_{36}N_4][C_2HO_4]_2$ 185
$C_{30}H_{40}BrNO$ 2-Diheptylamino-1-[9-brom-phenanthryl-(3)]-äthanon-(1) 318
$C_{30}H_{40}ClNO$ 2-Diheptylamino-1-[9-chlor-phenanthryl-(3)]-äthanon-(1) 317
2-Dipentylamino-1-[3-chlor-1-methyl-7-isopropyl-phenanthryl-(9)]-äthanon-(1) 328
$C_{30}H_{40}N_6O_4S_2$ Terephthalsäure-bis-[*N'*-(3-oxo-4.7.7-trimethyl-norbornyl-(2)-thiocarbamoyl)-hydrazid] 24
Isophthalsäure-bis-[*N'*-(3-oxo-4.7.7-trimethyl-norbornyl-(2)-thiocarbamoyl)-hydrazid] 24
$[C_{30}H_{48}N_3O_6]^{\oplus}$ Dimethyl-äthoxycarbonylmethyl-({[(3-oxo-4.7.7-trimethyl-norbornyl-(2)-carbamoyl)-methyl]-[3-oxo-4.7.7-trimethyl-norbornyl-(2)]-carbamoyl}-methyl)-ammonium 33
$[C_{30}H_{48}N_3O_6]Br$ 33

## $C_{31}$-Gruppe

$C_{31}H_{17}NO_3$ 1-[7-Oxo-7*H*-benz[*de*]anthracenyl-(3)-amino]-anthrachinon 411
1-[Fluoranthencarbonyl-(3)-amino]-anthrachinon 414
$C_{31}H_{18}N_2O_6$ *N.N'*-Bis-[9.10-dioxo-9.10-dihydro-anthryl-(2)]-malonamid 431
$C_{31}H_{19}BrN_2O_3$ 2-Brom-4-[naphthyl-(1)-amino]-1-benzamino-anthrachinon 465
2-Brom-4-[naphthyl-(2)-amino]-1-benzamino-anthrachinon 466
$C_{31}H_{19}NO_3$ 4-[Pyrenyl-(1)-amino]-1-methoxy-anthrachinon 654
$C_{31}H_{20}N_2O_2$ 4-Methylamino-1-[pyrenyl-(1)-amino]-anthrachinon 446
$C_{31}H_{21}NO_3$ 4-Benzamino-1.3-dibenzoyl-naphthalin 526
$C_{31}H_{24}ClNO$ 3.5-Diphenyl-2-[4-chlor-phenyl]-1-[4-dimethylamino-phenyl]-cyclopentadien-(2.5)-on-(4) 356
$C_{31}H_{25}NO$ 2.3.5-Triphenyl-1-[4-dimethylamino-phenyl]-cyclopentadien-(2.5)-on-(4) 356
$C_{31}H_{25}NO_7$ Methyl-[3.4-dibenzoyloxy-phenacyl]-carbamidsäure-benzylester 620
$C_{31}H_{26}N_2O_2$ Bis-[2-cinnamoyl-anilino]-methan 300
1-[1.2.3.4-Tetrahydro-naphthyl-(2)-amino]-4-*p*-toluidino-anthrachinon 444
$C_{31}H_{26}N_2O_4$ 2.4-Bis-benzamino-1.5-diphenyl-pentandion-(1.5) 405
$C_{31}H_{27}NO_3$ 4-[3-Phenyl-1-phenäthyl-propylamino]-1-hydroxy-anthrachinon 653
$[C_{31}H_{27}N_2]^{\oplus}$ Di-[naphthyl-(2)]-[4-dimethylamino-cinnamyliden]-ammonium 185
$[C_{31}H_{27}N_2]ClO_4$ 185
$C_{31}H_{28}N_2O_2$ 1-[4-Butyl-anilino]-4-*p*-toluidino-anthrachinon 443
$C_{31}H_{29}NO_2$ Methyl-bis-[3-oxo-1.3-diphenyl-propyl]-amin 257
$C_{31}H_{29}N_3$ 4.4'-Bis-dimethylamino-benzophenon-[anthryl-(2)-imin] 229
$C_{31}H_{30}N_4O_2$ 2-[4-Dimethylamino-anilino]-7-methoxy-phenanthren-chinon-(1.4)-4-[4-dimethylamino-phenylimin] und 4-[4-Dimethylamino-anilino]-7-methoxy-phenanthren-chinon-(1.2)-2-[4-dimethylamino-phenylimin] 662
2-[4-Dimethylamino-anilino]-9-methoxy-phenanthren-chinon-(1.4)-4-[4-dimethylamino-phenylimin] und 4-[4-Dimethylamino-anilino]-9-methoxy-phenanthren-chinon-(1.2)-2-[4-dimethylamino-phenylimin] 662
$C_{31}H_{30}N_8O_{15}$ s. bei $[C_{19}H_{26}N_2O]^{\oplus\oplus}$
$C_{31}H_{31}NO_3$ 2-Dibenzylamino-1-[5-äthoxy-2-benzyloxy-phenyl]-äthanon-(1) 612
2-[Methyl-benzyl-amino]-1-[3.4-dibenzyloxy-phenyl]-propanon-(1) 625
$C_{31}H_{31}N_9O_{15}$ s. bei $[C_{19}H_{27}N_3O]^{\oplus\oplus}$
$C_{31}H_{32}N_2O$ 2.3-Bis-[methyl-benzyl-amino]-1.3-diphenyl-propanon-(1) 260

$C_{31}H_{35}NO_3$ 4-Methyl-7-[2.3-dimethyl-2.6-cyclo-norbornyl-(3)]-*N*-[9.10-dioxo-9.10-dihydro-anthryl-(1)]-heptanamid 413
$C_{31}H_{36}N_2O_2$ 4-Isopentylamino-1-[4-hexyl-anilino]-anthrachinon 443
$C_{31}H_{36}N_4O$ 2-[4-Dimethylamino-anilino]-5-methyl-7-*tert*-butyl-naphthochinon-(1.4)-4-[4-dimethylamino-phenylimin] und 4-[4-Dimethylamino-anilino]-5-methyl-7-*tert*-butyl-naphthochinon-(1.2)-2-[4-dimethylamino-phenylimin] 398
$C_{31}H_{41}NO_3$ 3-Hydroxy-2-[$\alpha$-tetradecylamino-benzyl]-naphthochinon-(1.4) 668
$C_{31}H_{41}NO_4$ [9.10-Dioxo-9.10-dihydro-anthryl-(2)]-carbamidsäure-hexadecylester 432
$C_{31}H_{42}BrNO$ 2-Diheptylamino-1-[9-brom-phenanthryl-(3)]-propanon-(1) 323
3-Diheptylamino-1-[9-brom-phenanthryl-(3)]-propanon-(1) 325
$C_{31}H_{43}NO_3$ 4-Methylamino-1-hexadecyloxy-anthrachinon 652

## $C_{32}$-Gruppe

$C_{32}H_{19}NO_2$ 1-[Chrysenyl-(6)-amino]-anthrachinon 409
1-[Triphenylenyl-(2)-amino]-anthrachinon 409
$C_{32}H_{19}NO_5$ 1-[3-Benzoyloxy-naphthoyl-(2)-amino]-anthrachinon 415
2-[3-Benzoyloxy-naphthoyl-(2)-amino]-anthrachinon 434
$C_{32}H_{20}Cl_2N_2O_2$ 1.4-Dianilino-2-[2.4-dichlor-phenyl]-anthrachinon 521
1.4-Dianilino-2-[2.5-dichlor-phenyl]-anthrachinon 522
$C_{32}H_{20}N_2O_6$ *N.N'*-Bis-[9.10-dioxo-2-methyl-9.10-dihydro-anthryl-(1)]-oxamid 493
$C_{32}H_{21}NO_2$ 12-Benzamino-6-benzoyl-chrysen 354
$C_{32}H_{21}NO_6S$ 3-[Toluol-sulfonyl-(4)-oxy]-*N*-[9.10-dioxo-9.10-dihydro-anthryl-(1)]-naphthamid-(2) 416
$C_{32}H_{22}Cl_2N_2O_6S_2$ 9.10-Dichlor-8.11-bis-[toluol-sulfonyl-(4)-amino]-benz[*a*]anthracen-chinon-(7.12) 517
$C_{32}H_{22}N_2O_3$ 4-[2-Hydroxy-äthylamino]-1-[pyrenyl-(1)-amino]-anthrachinon 447
$C_{32}H_{22}N_4O_6$ 1.4-Bis-[3-nitro-4-anilino-benzoyl]-benzol 519
$C_{32}H_{23}NO_3$ 10-Anilino-1.5-diphenoxy-anthron und 10-Anilino-1.5-diphenoxy-anthrol-(9) 649
$C_{32}H_{23}NO_4$ 1-[9.10-Dioxo-9.10-dihydro-anthryl-(1)-amino]-2-butyl-anthrachinon 498
1-[9.10-Dioxo-9.10-dihydro-anthryl-(1)-amino]-2-*tert*-butyl-anthrachinon 500
$C_{32}H_{24}N_2O_2$ 1.4-Di-*p*-toluidino-naphthacen-chinon-(5.12) 512
6.11-Di-*p*-toluidino-naphthacen-chinon-(5.12) 513
6.12-Di-*p*-toluidino-naphthacen-chinon-(5.11) und Tautomere 514
8.11-Di-*p*-toluidino-benz[*a*]anthracen-chinon-(7.12) 516
$C_{32}H_{24}N_2O_6S_2$ 1.4-Bis-[toluol-sulfonyl-(4)-amino]-naphthacen-chinon-(5.12) 512
6.11-Bis-[toluol-sulfonyl-(4)-amino]-naphthacen-chinon-(5.12) 513
$C_{32}H_{26}N_4O_4$ Tetraacetyl-Derivat $C_{32}H_{26}N_4O_4$ aus einer Verbindung $C_{24}H_{18}N_4$ s. bei 4.6-Diamino-isophthalaldehyd 378
$C_{32}H_{28}Cl_2N_2O_8S_2$ 6.7-Dichlor-5.8-bis-[(toluol-sulfonyl-(4))-methyl-amino]-1.4-dimethoxy-anthrachinon 684
$C_{32}H_{30}N_2O_2$ 1.4-Bis-[1-methyl-2-phenyl-äthylamino]-anthrachinon 442
$C_{32}H_{30}N_2O_6$ 5.8-Diacetoxy-2-[2.2-bis-(4-dimethylamino-phenyl)-vinyl]-naphthochinon-(1.4) 690
$C_{32}H_{31}BrN_4O_2$ 6-Brom-1.5-diamino-4.8-di-*p*-toluidino-2-*tert*-butyl-anthrachinon 502
$C_{32}H_{33}NO$ 1-Dibenzylamino-3.3-diphenyl-hexanon-(4) 277
$C_{32}H_{33}N_{11}O_{15}$ s. bei $[C_{20}H_{29}N_5O]^{\oplus\oplus}$
$C_{32}H_{34}N_2O$ 1.1-Bis-[4-diäthylamino-phenyl]-acenaphthenon-(2) 354
$C_{32}H_{34}N_2O_2$ 5.8-Bis-[2.4.6-trimethyl-anilino]-1.2.3.4-tetrahydro-anthrachinon 400
$C_{32}H_{34}N_4O_6$ Verbindung $C_{32}H_{34}N_4O_6$ aus 6-Amino-3.4-dimethoxy-benzaldehyd-*p*-tolylimin 609
$C_{32}H_{37}BrN_2O_2$ 3-Brom-4-amino-1-[4-dodecyl-anilino]-anthrachinon 464
$C_{32}H_{38}N_2O_3$ 1-Amino-4-anilino-2-dodecyloxy-anthrachinon 661
$C_{32}H_{38}N_4O_2$ 7-Methoxy-1-oxo-2.4-bis-[4-dimethylamino-phenylimino]-5-methyl-8-*tert*-butyl-1.2.3.4-tetrahydro-naphthalin 640
$C_{32}H_{44}BrNO$ 2-Dioctylamino-1-[9-brom-phenanthryl-(3)]-äthanon-(1) 318
$C_{32}H_{44}ClNO$ 2-Dioctylamino-1-[9-chlor-phenanthryl-(3)]-äthanon-(1) 317
$C_{32}H_{49}NO$ 2-Dioctylamino-1-[1.2.3.4-tetrahydro-phenanthryl-(9)]-äthanon-(1) 273
$C_{32}H_{52}N_4$ 4'-Dimethylamino-4-dibutylamino-benzophenon-[4-diäthylamino-1-methyl-butylimin] 231

## $C_{33}$-Gruppe

$C_{33}H_{20}N_2O_3$ 4-Amino-1-[triphenylencarbonyl-(2)-amino]-anthrachinon 455
$C_{33}H_{21}BrN_2O_3$ 2-Brom-4-[biphenylyl-(4)-amino]-1-benzamino-anthrachinon 466
$C_{33}H_{24}N_2$ 4-[Naphthyl-(1)-amino]-benzophenon-[naphthyl-(1)-imin] 221
4-[Naphthyl-(2)-amino]-benzophenon-[naphthyl-(2)-imin] 221
$C_{33}H_{25}NO_3$ 10-[*N*-Methyl-anilino]-1.5-diphenoxy-anthron und 10-[*N*-Methyl-anilino]-1.5-diphenoxy-anthrol-(9) 649
$C_{33}H_{30}N_4$ 2.5-Di-*o*-toluidino-benzochinon-(1.4)-phenylimin-*o*-tolylimin und Tautomere 366
2.5-Di-*p*-toluidino-benzochinon-(1.4)-phenylimin-*p*-tolylimin und Tautomere 366
$C_{33}H_{33}NO_4$ Bis-[2.6-dioxo-4-phenyl-cyclohexyl]-[4-dimethylamino-phenyl]-methan und Tautomere 539
$C_{33}H_{42}N_2O_2$ Bis-[4-(3-oxo-4.7.7-trimethyl-norbornyl-(2)-amino)-phenyl]-methan 28
$C_{33}H_{43}NO_4$ [9.10-Dioxo-9.10-dihydro-anthryl-(2)]-carbamidsäure-[octadecen-(9)-ylester] 432
$C_{33}H_{45}NO_3$ 3-Hydroxy-2-[α-hexadecylamino-benzyl]-naphthochinon-(1.4) 668
$C_{33}H_{45}NO_4$ [9.10-Dioxo-9.10-dihydro-anthryl-(2)]-carbamidsäure-octadecylester 432
$C_{33}H_{46}BrNO$ 2-Dioctylamino-1-[9-brom-phenanthryl-(3)]-propanon-(1) 323
3-Dioctylamino-1-[9-brom-phenanthryl-(3)]-propanon-(1) 325

## $C_{34}$-Gruppe

$C_{34}H_{17}NO_2$ 16-Amino-violanthrendion-(5.10) 529
$C_{34}H_{18}N_2O_2$ 16.17-Diamino-violanthrendion-(5.10) 529
$C_{34}H_{18}N_4O_8$ 4.6-Dinitro-*N.N'*-bis-[9.10-dioxo-9.10-dihydro-anthryl-(1)]-*m*-phenylendiamin 416
$C_{34}H_{19}NO_2$ Bis-[7-oxo-7*H*-benz[*de*]anthracenyl-(3)]-amin 336
[7-Oxo-7*H*-benz[*de*]anthracenyl-(2)]-[7-oxo-7*H*-benz[*de*]anthracenyl-(3)]-amin 336
[7-Oxo-7*H*-benz[*de*]anthracenyl-(4)]-[7-oxo-7*H*-benz[*de*]anthracenyl-(6)]-amin 339
Bis-[7-oxo-7*H*-benz[*de*]anthracenyl-(6)]-amin 340
$C_{34}H_{21}ClN_2O_6S$ 4-Benzamino-1-[4-(4-chlor-phenylsulfon)-benzamino]-anthrachinon 456
$C_{34}H_{21}NO_4$ 5-Benzamino-2-[biphenylcarbonyl-(4)]-anthrachinon 535
8-Benzamino-2-[biphenylcarbonyl-(4)]-anthrachinon 535
$C_{34}H_{22}N_2O_6S$ 4-Benzamino-1-[4-phenylsulfon-benzamino]-anthrachinon 456
$C_{34}H_{22}N_4O_4$ 4.6-Diamino-1.3-bis-[9.10-dioxo-9.10-dihydro-anthryl-(1)-amino]-benzol 416
$C_{34}H_{22}N_4O_6$ Bis-[(1-acetamino-9.10-dioxo-9.10-dihydro-anthryl-(2))-methylen]-hydrazin 532
$C_{34}H_{23}Cl_3N_2O_2$ 1.4-Di-*p*-toluidino-2-[2.4.5-trichlor-phenyl]-anthrachinon 522
$C_{34}H_{24}Cl_2N_2O_2$ 1.4-Di-*p*-toluidino-2-[2.5-dichlor-phenyl]-anthrachinon 522
1.4-Di-*p*-toluidino-2-[2.4-dichlor-phenyl]-anthrachinon 522
$C_{34}H_{24}N_2$ 10-[Naphthyl-(1)-amino]-anthron-[naphthyl-(1)-imin] und *N.N'*-Di-[naphthyl-(1)]-anthracendiyl-(9.10)-diamin 293
10-[Naphthyl-(2)-amino]-anthron-[naphthyl-(2)-imin] und *N.N'*-Di-[naphthyl-(2)]-anthracendiyl-(9.10)-diamin 294
$C_{34}H_{24}N_2O_8$ 2.2'-Bis-äthoxycarbonylamino-[1.1']bianthryl-dichinon-(9.10:9'.10') 539
$C_{34}H_{26}N_4O_6$ 1.4-Bis-[3-nitro-4-*p*-toluidino-benzoyl]-benzol 519
$C_{34}H_{27}Cl_2N_3$ *N.N*-Bis-[2-phenylimino-1-(4-chlor-phenyl)-äthyl]-anilin und *N.N*-Bis-[2-anilino-1-(4-chlor-phenyl)-vinyl]-anilin 142
$C_{34}H_{27}NO_3$ 1.5-Diphenoxy-10-[4-dimethylamino-phenyl]-anthron und 1.5-Diphenoxy-10-[4-dimethilamino-phenyl]-anthrol-(9) 670
$C_{34}H_{28}N_2O_3$ Verbindung $C_{34}H_{28}N_2O_3$ aus 4-Amino-benzophenon 217
$C_{34}H_{28}N_4O_6$ 1.4-Bis-[4-acetoacetylamino-anilino]-anthrachinon und Tautomere 459
1.5-Bis-[4-acetoacetylamino-anilino]-anthrachinon und Tautomere 473
$C_{34}H_{29}N_3$ *N.N*-Bis-[2-phenylimino-1-phenyl-äthyl]-anilin und *N.N*-Bis-[2-anilino-1-phenyl-vinyl]-anilin 141
$C_{34}H_{30}Br_4N_2O_2$ 1.4-Bis-[2.6-dibrom-4-butyl-anilino]-anthrachinon 443
$C_{34}H_{30}N_2O_2$ 1.4-Bis-[5.6.7.8-tetrahydro-naphthyl-(1)-amino]-anthrachinon 443

1.4-Bis-[5.6.7.8-tetrahydro-naphthyl-(2)-amino]-anthrachinon 443
1.4-Bis-[1.2.3.4-tetrahydro-naphthyl-(2)-amino]-anthrachinon 444
1.5-Bis-[1.2.3.4-tetrahydro-naphthyl-(2)-amino]-anthrachinon 468
1.5-Bis-[5.6.7.8-tetrahydro-naphthyl-(2)-amino]-anthrachinon 468
1.8-Bis-[1.2.3.4-tetrahydro-naphthyl-(2)-amino]-anthrachinon 478

$C_{34}H_{30}N_4O_4S_2$ 2.5-Bis-[toluol-sulfonyl-(4)-amino]-terephthalaldehyd-bis-phenylimin 380

$C_{34}H_{31}N_3O_2$ 4-Amino-1.3-bis-[1.2.3.4-tetrahydro-naphthyl-(2)-amino]-anthrachinon 483

$C_{34}H_{32}N_2O_4$ Tetra-*N*-phenacyl-äthylendiamin 121

$C_{34}H_{32}N_4$ 2.5-Di-*p*-toluidino-benzochinon-(1.4)-bis-*p*-tolylimin und Tautomeres 366

$C_{34}H_{32}N_4O_8$ 2.5-Bis-[2-hydroxy-4-methoxy-anilino]-benzochinon-(1.4)-bis-[2-hydroxy-4-methoxy-phenylimin] und Tautomeres 369

$C_{34}H_{34}N_2O_2$ 5.8-Bis-[1.2.3.4-tetrahydro-naphthyl-(2)-amino]-1.2.3.4-tetrahydro-anthrachinon 401
1.4-Bis-[4-butyl-anilino]-anthrachinon 443

$C_{34}H_{34}N_2O_2S_2$ 1.4-Diamino-2.3-bis-[4-butyl-phenylmercapto]-anthrachinon 687

$C_{34}H_{34}N_2O_2S_4$ 1.4-Diamino-2.3-bis-[4-butylmercapto-phenylmercapto]-anthrachinon 688

$C_{34}H_{34}N_2O_3$ 5.8-Bis-[4-butyl-anilino]-1-hydroxy-anthrachinon 657

$C_{34}H_{34}N_2O_4$ 1.4-Bis-[4-butyloxy-anilino]-anthrachinon 449

$C_{34}H_{34}N_2O_5$ 5.8-Bis-[4-butyloxy-anilino]-1-hydroxy-anthrachinon 657

$C_{34}H_{36}N_2O$ 10.10-Bis-[4-diäthylamino-phenyl]-anthron 355

$C_{34}H_{37}N_3$ [2-Phenyl-2-(3-amino-2.4.6-trimethyl-phenyl)-vinyl]-[2-phenyl-2-(3-amino-2.4.6-trimethyl-phenyl)-äthyliden]-amin und Bis-[2-phenyl-2-(3-amino-2.4.6-trimethyl-phenyl)-vinyl]-amin 274

$C_{34}H_{38}N_2O_2$ 5.8-Bis-[4-butyl-anilino]-1.2.3.4-tetrahydro-anthrachinon 400
5.8-Bis-[4-*tert*-butyl-anilino]-1.2.3.4-tetrahydro-anthrachinon 401

$C_{34}H_{38}N_2O_4$ 5.8-Bis-[4-butyloxy-anilino]-1.2.3.4-tetrahydro-anthrachinon 402

$C_{34}H_{38}N_4O_8$ s. bei $[C_{30}H_{36}N_4]^{\oplus\oplus}$

$C_{34}H_{38}N_4S$ Bis-[4-(4-diäthylamino-benzylidenamino)-phenyl]-sulfid 72

$C_{34}H_{42}N_2O_2$ 2.2'-Bis-[3-oxo-4.7.7-trimethyl-norbornyl-(2)-amino]-stilben 29

$C_{34}H_{44}N_2O_2$ 2.2'-Bis-[3-oxo-4.7.7-trimethyl-norbornyl-(2)-amino]-bibenzyl 29

$C_{34}H_{48}BrNO$ 2-Dinonylamino-1-[9-brom-phenanthryl-(3)]-äthanon-(1) 318

$C_{34}H_{48}ClNO$ 2-Dinonylamino-1-[9-chlor-phenanthryl-(3)]-äthanon-(1) 317

$C_{34}H_{51}N_3O_5$ *N*-[3-Oxo-4.7.7-trimethyl-norbornyl-(2)]-*N*-[*N*-(3-oxo-4.7.7-trimethyl-norbornyl-(2))-glycyl]-glycin-[3-oxo-4.7.7-trimethyl-norbornyl-(2)-amid] 33

## $C_{35}$-Gruppe

$C_{35}H_{21}BrN_2O_3$ 5-[3(oder 9)-Brom-phenanthryl-(9 (oder 3))-amino]-1-benzamino-anthrachinon 474

$C_{35}H_{22}N_2O_3$ 4-[Phenanthryl-(9)-amino]-1-benzamino-anthrachinon 453
5-[Phenanthryl-(9)-amino]-1-benzamino-anthrachinon 470

$C_{35}H_{24}N_2O_2S$ *N.N'*-Bis-[1-benzoyl-naphthyl-(2)]-thioharnstoff 329

$C_{35}H_{24}N_2O_3$ *N.N'*-Bis-[1-benzoyl-naphthyl-(2)]-harnstoff 329

$C_{35}H_{24}N_2O_7S$ 4-Benzamino-1-[4-(4-methoxy-phenylsulfon)-benzamino]-anthrachinon 456

$C_{35}H_{25}N_3O_4$ 3-Oxo-3-phenyl-propionsäure-[4-(4-anilino-9.10-dioxo-9.10-dihydro-anthryl-(1)-amino)-anilid] und *β*-Hydroxy-zimtsäure-[4-(4-anilino-9.10-dioxo-9.10-dihydro-anthryl-(1)-amino)-anilid] 458

$C_{35}H_{29}N_3O_4$ 3-[*N'.N'*-Diphenyl-ureido]-1-[4-diphenylcarbamoyloxy-phenyl]-propanon-(1) 562

$C_{35}H_{49}NO_3$ 3-Hydroxy-2-[*α*-octadecylamino-benzyl]-naphthochinon-(1.4) 668

$C_{35}H_{50}BrNO$ 2-Dinonylamino-1-[9-brom-phenanthryl-(3)]-propanon-(1) 323
3-Dinonylamino-1-[9-brom-phenanthryl-(3)]-propanon-(1) 325

$[C_{35}H_{55}N_2O_4]^{\oplus}$ Methyl-bis-[(3-oxo-4.7.7-trimethyl-norbornyl-(2))-methyl]-[(3-oxo-4.7.7-trimethyl-norbornyl-(2)-carbamoyl)-methyl]-ammonium 37
$[C_{35}H_{55}N_2O_4]I$ 37

## $C_{36}$-Gruppe

$C_{36}H_{20}Cl_2N_2O_2$ 2.6-Bis-[chlor-(naphthyl-(2))-methylenamino]-anthrachinon 482

$C_{36}H_{21}N_3O_4$ 1-[(1-Amino-9.10-dioxo-9.10-dihydro-anthryl-(2))-methylenamino]-2-[*N*-phenyl-formimidoyl]-anthrachinon 532
$C_{36}H_{21}N_3O_9$ 1.7.13(oder 1.7.16)-Tris-acetamino-trinaphthylen-trichinon-(5.6.11.12.17.18) 387
2.8.14(oder 2.8.15)-Tris-acetamino-trinaphthylen-trichinon-(5.6.11.12.17.18) 388
$C_{36}H_{22}N_2O_2$ 1-[Pyrenyl-(1)-amino]-4-anilino-anthrachinon 446
$C_{36}H_{22}N_2O_6$ 1.4-Bis-[3-hydroxy-naphthoyl-(2)-amino]-anthrachinon 457
$C_{36}H_{28}N_2O_2$ 4-Cyclohexylamino-1-[pyrenyl-(1)-amino]-anthrachinon 446
$C_{36}H_{29}NO_2$ 3.4.5-Triphenyl-1-[4-benzylidenamino-phenyl]-pentandion-(1.5) 527
$C_{36}H_{29}NO_3$ 3.4.5-Triphenyl-1-[4-benzamino-phenyl]-pentandion-(1.5) 527
1.2.4.5-Tetraphenyl-3-[4-amino-benzoyl]-pentandion-(1.5) 535
$C_{36}H_{30}N_2O_2$ 1-[2-Phenyl-1-benzyl-äthylamino]-4-*p*-toluidino-anthrachinon 445
$C_{36}H_{36}Br_2N_2O_2$ 1.4-Bis-[6-brom-2-methyl-4-butyl-anilino]-anthrachinon 443
$C_{36}H_{36}N_4$ 2.5-Bis-[2.4-dimethyl-anilino]-benzochinon-(1.4)-phenylimin-[2.4-dimethyl-phenylimin] und Tautomere 367
$C_{36}H_{38}N_2O_4$ 1.4-Bis-[4-isopentyloxy-anilino]-anthrachinon 449
$C_{36}H_{38}N_2O_4S_2$ 1.4-Diamino-2.3-bis-[4-isopentyloxy-phenylmercapto]-anthrachinon 688
$C_{36}H_{38}N_4O_2$ 2.7.2′.7′-Tetrakis-dimethylamino-10.10′-dioxo-9.10.9′.10′-tetrahydro-[9.9′]bianthryl und 3.6.3′.6′-Tetrakis-dimethylamino-10.10′-dioxo-9.10.9′.10′-tetrahydro-[9.9′]bianthryl sowie Tautomere 529
$C_{36}H_{46}N_2O_3$ 1-Amino-4-anilino-2-hexadecyloxy-anthrachinon 661
$C_{36}H_{52}BrNO$ 2-Didecylamino-1-[9-brom-phenanthryl-(3)]-äthanon-(1) 318
$C_{36}H_{52}ClNO$ 2-Didecylamino-1-[9-chlor-phenanthryl-(3)]-äthanon-(1) 317

## $C_{37}$-Gruppe

$C_{37}H_{21}BrN_2O_3$ 4-[8-Brom-fluoranthenyl-(3)-amino]-1-benzamino-anthrachinon und 4-[3-Brom-fluoranthenyl-(8)-amino]-1-benzamino-anthrachinon 453
5-[8-Brom-fluoranthenyl-(3)-amino]-1-benzamino-anthrachinon und 5-[3-Brom-fluoranthenyl-(8)-amino]-1-benzamino-anthrachinon 470
$C_{37}H_{22}N_2O_3$ 4-[Fluoranthenyl-(3)-amino]-1-benzamino-anthrachinon 453
5-[Fluoranthenyl-(3)-amino]-1-benzamino-anthrachinon 470
$C_{37}H_{24}N_2O_2$ 1-[Pyrenyl-(1)-amino]-4-anilino-2-methyl-anthrachinon 495
$C_{37}H_{24}N_2O_3$ 4-[Pyrenyl-(1)-amino]-1-*p*-anisidino-anthrachinon 448
$C_{37}H_{25}N_3O_4$ 4-Anilino-1-[4-(3-hydroxy-naphthoyl-(2)-amino)-anilino]-anthrachinon und Tautomeres 458
$C_{37}H_{28}N_2$ 4-[Biphenylyl-(4)-amino]-benzophenon-[biphenylyl-(4)-imin] 221
$C_{37}H_{29}N_3$ 1-[α-Diphenylamino-4-anilino-benzyliden]-cyclohexadien-(2.5)-on-(4)-phenylimin 234
$C_{37}H_{35}NO_3$ 2-Dibenzylamino-1-[3.4-dibenzyloxy-phenyl]-propanon-(1) 625
2-Benzhydrylamino-1-[3.4-dibenzyloxy-phenyl]-butanon-(1) 628
$C_{37}H_{35}N_3$ *N.N*-Bis-[2-*p*-tolylimino-1-phenyl-äthyl]-*p*-toluidin und *N.N*-Bis-[2-*p*-toluidino-1-phenyl-vinyl]-*p*-toluidin 141
$C_{37}H_{54}BrNO$ 2-Didecylamino-1-[9-brom-phenanthryl-(3)]-propanon-(1) 323
3-Didecylamino-1-[9-brom-phenanthryl-(3)]-propanon-(1) 325

## $C_{38}$-Gruppe

$C_{38}H_{22}N_2O_4$ 2.6-Bis-[9.10-dioxo-9.10-dihydro-anthryl-(1)-amino]-naphthalin 417
$C_{38}H_{24}N_2O_6$ *N.N′*-Bis-[9.10-dioxo-2-methyl-9.10-dihydro-anthryl-(1)]-phthalamid 493
$C_{38}H_{26}N_2O_2$ 1.4-Bis-[biphenylyl-(4)-amino]-anthrachinon 445
1-[Pyrenyl-(1)-amino]-4-*p*-toluidino-2-methyl-anthrachinon 496
6.13-Di-*p*-toluidino-dibenzo[*b.def*]chrysen-chinon-(7.14) 528
$C_{38}H_{26}N_2O_4$ 1.5-Bis-[4-phenoxy-anilino]-anthrachinon 469
$C_{38}H_{30}N_2O_2$ 5.8-Bis-[biphenylyl-(4)-amino]-1.2.3.4-tetrahydro-anthrachinon 401
$C_{38}H_{38}N_2O_2$ 1.4-Bis-[4-cyclohexyl-anilino]-anthrachinon 444
1.5-Bis-[4-cyclohexyl-anilino]-anthrachinon 468
$C_{38}H_{40}N_4$ 2.5-Bis-[2.4-dimethyl-anilino]-benzochinon-(1.4)-bis-[2.4-dimethyl-phenylimin] und Tautomeres 367
$C_{38}H_{42}N_2O_2$ 5.8-Bis-[4-cyclohexyl-anilino]-1.2.3.4-tetrahydro-anthrachinon 401

$C_{38}H_{48}N_2O_6$ 4.4'-Dihydroxy-3.3'-dimethoxy-6.6'-dioxo-4b.4'b-bis-[2-dimethylamino-äthyl]-4b.5.6.7.8.8a.4'b.5'.6'.7'.8'.8'a-dodecahydro-[1.1']biphenanthryl 696

$C_{38}H_{52}N_2O_6$ 4.4'-Dihydroxy-3.3'-dimethoxy-6.6'-dioxo-4b.4'b-bis-[2-dimethylamino-äthyl]-4b.5.6.7.8.8a.9.10.4'b.5'.6'.7'.8'.8'a.9.10'-hexadecahydro-[1.1']biphenanthryl 695

$C_{38}H_{64}N_4$ 4.4'-Bis-dibutylamino-benzophenon-[4-diäthylamino-1-methyl-butylimin] 231

## $C_{39}$-Gruppe

$C_{39}H_{23}BrN_2O_3$ 4-[12-Brom-chrysenyl-(6)-amino]-1-benzamino-anthrachinon 454
5-[12-Brom-chrysenyl-(6)-amino]-1-benzamino-anthrachinon 470

$C_{39}H_{24}N_2O_3$ 4-[Chrysenyl-(6)-amino]-1-benzamino-anthrachinon 453

$C_{39}H_{27}N_3O_8$ 2-[4-Dimethylamino-phenyl]-1.3-bis-[1-nitro-9.10-dioxo-9.10-dihydro-anthryl-(2)]-propan 540

$C_{39}H_{31}NO_7$ N.N-Bis-[3-oxo-3-(4-benzoyloxy-phenyl)-propyl]-benzamid 562



## $C_{40}$-Gruppe

$C_{40}H_{22}N_2O_4$ 1.4-Bis-[9-oxo-fluorenyl-(2)-amino]-anthrachinon 450

$C_{40}H_{26}Br_2N_4O_4$ 2.6-Dibrom-4.8-dianilino-1.5-bis-benzamino-anthrachinon 487
2.7-Dibrom-4.5-dianilino-1.8-bis-benzamino-anthrachinon 488

$C_{40}H_{26}N_2O_4$ 1.8-Dianilino-2.7-dibenzoyl-anthrachinon 539

$C_{40}H_{26}N_2O_8$ 1.4-Bis-[3-acetoxy-naphthoyl-(2)-amino]-anthrachinon 457

$C_{40}H_{28}N_2O_2$ 4-[1.2.3.4-Tetrahydro-naphthyl-(2)-amino]-1-[pyrenyl-(1)-amino]-anthrachinon 446

$C_{40}H_{28}N_4O_2$ 3.5.8.10-Tetraanilino-pyren-chinon-(1.6) 510

$C_{40}H_{30}N_2O_2$ 1.4-Bis-[3-methyl-biphenylyl-(4)-amino]-anthrachinon 445

$C_{40}H_{30}N_2O_4$ 1.5-Bis-[4-p-tolyloxy-anilino]-anthrachinon 469



## $C_{41}$-Gruppe

$C_{41}H_{22}N_2O_5$ 2.7-Bis-[9.10-dioxo-9.10-dihydro-anthryl-(1)-amino]-fluorenon-(9) 417



## $C_{42}$-Gruppe

$C_{42}H_{19}Br_2N_3O_6$ 16-Brom-7-[3-brom-9.10-dioxo-9.10-dihydro-anthryl-(2)-amino]-6.15-dihydro-dinaphtho[2.3-a:2'.3'-h]phenazin-dichinon-(5.9.14.18) (?) 437



## $C_{43}$-Gruppe

$C_{42}H_{28}N_4O_6$ 1.4.5.8-Tetrakis-benzamino-anthrachinon 486

$C_{42}H_{29}BrN_4O_2$ x-Brom-x-tetraanilino-chrysen-chinon-(5.6) 517

2.7-Dibrom-4.5-di-p-anisidino-1.8-bis-benzamino-anthrachinon 489

$C_{42}H_{30}N_2O_4$ 1.8-Di-p-toluidino-2.7-dibenzoyl-anthrachinon 539

$C_{42}H_{34}N_2O_2$ 1.4-Bis-[bibenzylyl-(α)-amino]-anthrachinon 445
1.5-Bis-[bibenzylyl-(α)-amino]-anthrachinon 468

$C_{42}H_{38}N_4$ Bis-[3-dibenzylamino-benzyliden]-hydrazin 55

$C_{42}H_{53}NO_4$ 3-[9.10-Dioxo-9.10-dihydro-anthryl-(2)-carbamoyloxy]-10.13-dimethyl-17-[1.5-dimethyl-hexyl]-2.3.4.7.8.9.10.11.12.13.14.15.16.17-tetradecahydro-1H-cyclopenta[a]phenanthren 432

$C_{42}H_{56}N_4O$ 1.1.1.2-Tetrakis-[4-diäthylamino-phenyl]-äthanon-(2) 354

$C_{43}H_{27}N_3O_8S$ 4-[5-Benzamino-9.10-dioxo-9.10-dihydro-anthryl-(1)-amino]-1-[3-methylsulfon-benzamino]-anthrachinon 477

$C_{43}H_{81}NS_2$ *α.α*-Dioctadecylmercapto-*m*-toluidin 57

## $C_{44}$-Gruppe

$C_{44}H_{24}Cl_2N_4O_8$ *N.N'*-Bis-[5-(2-chlor-benzamino)-9.10-dioxo-9.10-dihydro-anthryl-(1)]-oxamid 469
*N.N'*-Bis-[(2-chlor-benzamino)-9.10-dioxo-9.10-dihydro-anthryl-(1)]-oxamid 479
$C_{44}H_{24}N_2O_4$ 3.8-Bis-[9.10-dioxo-9.10-dihydro-anthryl-(1)-amino]-fluoranthen 417
$C_{44}H_{24}N_4O_6$ 2.6-Bis-[(1-amino-9.10-dioxo-9.10-dihydro-anthryl-(2))-methylenamino]-anthrachinon 531
$C_{44}H_{26}N_4O_6$ Bis-[(1-benzamino-9.10-dioxo-9.10-dihydro-anthryl-(2))-methylen]-hydrazin 532
$C_{44}H_{26}N_4O_8$ *N.N'*-Bis-[5-benzamino-9.10-dioxo-9.10-dihydro-anthryl-(1)]-oxamid 469
*N.N'*-Bis-[8-benzamino-9.10-dioxo-9.10-dihydro-anthryl-(1)]-oxamid 478
$C_{44}H_{32}N_4O_6$ 1.4-Bis-[3-(3-oxo-3-phenyl-propionylamino)-anilino]-anthrachinon und Tautomere 457
1.4-Bis-[4-(3-oxo-3-phenyl-propionylamino)-anilino]-anthrachinon und Tautomere 459
1.5-Bis-[4-(3-oxo-3-phenyl-propionylamino)-anilino]-anthrachinon und Tautomere 474
$C_{44}H_{34}Br_2N_4O_6$ 2.6-Dibrom-4.8-di-*p*-phenetidino-1.5-bis-benzamino-anthrachinon 488
2.7-Dibrom-4.5-di-*p*-phenetidino-1.8-bis-benzamino-anthrachinon 489
$C_{44}H_{38}N_2O_2$ 1.4-Bis-[2-phenyl-1-benzyl-äthylamino]-anthrachinon 445
$C_{44}H_{38}N_2O_3$ 5.8-Bis-[2-phenyl-1-benzyl-äthylamino]-1-hydroxy-anthrachinon 657
$C_{44}H_{44}N_4O_2$ 1.4-Bis-[4-(2-oxo-bornyliden-(3)-amino)-benzylidenamino]-naphthalin 74

## $C_{45}$-Gruppe

$C_{45}H_{24}N_6O_6$ 2.4.6-Tris-[1-amino-9.10-dioxo-9.10-dihydro-anthryl-(2)]-[1.3.5]triazin 423
$C_{45}H_{29}NO_6$ [4-Dimethylamino-phenyl]-bis-[3.1'.3'-trioxo-(1.2')-biindanylidenyl-(2)]-methan 541

## $C_{46}$-Gruppe

$C_{46}H_{24}N_2O_6$ *N.N'*-Bis-[9.10-dioxo-9.10-dihydro-anthryl-(1)]-fluoranthen-dicarbamid-(3.8) 415
$C_{46}H_{26}N_2O_4$ 6.12-Bis-[9.10-dioxo-9.10-dihydro-anthryl-(1)-amino]-chrysen 417
$C_{46}H_{28}N_4O_{10}$ *N.N'*-Bis-[8-(4-methoxy-benzamino)-9.10-dioxo-9.10-dihydro-anthryl-(1)]-oxamid 480
$C_{46}H_{30}N_2O_6$ 1.5-Bis-[9.10-dioxo-9.10-dihydro-anthryl-(1)-amino]-2-butyl-anthrachinon 499
1.5-Bis-[9.10-dioxo-9.10-dihydro-anthryl-(1)-amino]-2-*tert*-butyl-anthrachinon 501
$C_{46}H_{30}N_4O_{10}$ *N.N'*-Bis-[5-(4-methoxy-benzamino)-9.10-dioxo-9.10-dihydro-anthryl-(1)]-oxamid 472
*N.N'*-Bis-[5-(3-methoxy-benzamino)-9.10-dioxo-9.10-dihydro-anthryl-(1)]-oxamid 472
$C_{46}H_{32}N_4$ 2.5-Bis-[naphthyl-(2)-amino]-benzochinon-(1.4)-bis-[naphthyl-(2)-imin] und Tautomeres 367
$C_{46}H_{32}N_6O_4$ 4.6-Diamino-1.3-bis-[4-anilino-9.10-dioxo-9.10-dihydro-anthryl-(1)-amino]-benzol 459

## $C_{48}$-Gruppe

$C_{48}H_{28}N_6O_{10}$ 4.6-Dinitro-*N.N'*-bis-[5-benzamino-9.10-dioxo-9.10-dihydro-anthryl-(1)]-*m*-phenylendiamin 473
$C_{48}H_{29}N_3O_8S$ 4-[4-Benzamino-9.10-dioxo-9.10-dihydro-anthryl-(1)-amino]-1-[4-phenylsulfon-benzamino]-anthrachinon 462
4-[5-Benzamino-9.10-dioxo-9.10-dihydro-anthryl-(1)-amino]-1-[4-phenylsulfon-benzamino]-anthrachinon 477
$C_{48}H_{32}N_4O_6$ 1.4-Bis-[4-(3-hydroxy-naphthoyl-(2)-amino)-anilino]-anthrachinon und Tautomeres 459
1.5-Bis-[4-(3-hydroxy-naphthoyl-(2)-amino)-anilino]-anthrachinon 473
$C_{48}H_{38}N_4O_6$ 3-[*N'.N'*-Diphenyl-ureido]-1-[3.4-bis-diphenylcarbamoyloxy-phenyl]-propanon-(1) 627
$C_{48}H_{39}NO_3$ Tris-[3-oxo-3-(fluorenyl-(2))-propyl]-amin 310
$C_{48}H_{46}N_2O_2$ 1.4-Bis-[3-phenyl-1-phenäthyl-propylamino]-anthrachinon 445

## $C_{50}$-Gruppe

$C_{50}H_{30}N_2O_2$ 1.4-Bis-[triphenylenyl-(2)-amino]-anthrachinon 446
$C_{50}H_{30}N_2O_8$ 1.4-Bis-[3-benzoyloxy-naphthoyl-(2)-amino]-anthrachinon 457

$C_{50}H_{32}N_4O_4$ 2.6-Bis-[4-anilino-9.10-dioxo-9.10-dihydro-anthryl-(1)-amino]-naphthalin 460
$C_{50}H_{32}N_4O_6$ 6.12-Bis-[5-acetamino-9.10-dioxo-9.10-dihydro-anthryl-(1)-amino]-chrysen 476
$C_{50}H_{34}N_2O_{10}S_2$ 1.4-Bis-[3-(toluol-sulfonyl-(4)-oxy)-naphthoyl-(2)-amino]-anthrachinon 457

## $C_{52}$-Gruppe

$C_{52}H_{28}N_2O_4$ *N.N'*-Bis-[7-oxo-7*H*-benz[*de*]-anthracenyl-(3)]-fluoranthendicarb-amid-(3.8) 337
$C_{52}H_{32}N_4O_6$ 2.6-Bis-[4-benzamino-9.10-dioxo-9.10-dihydro-anthryl-(1)-amino]-naphthalin 460
2.6-Bis-[5-benzamino-9.10-dioxo-9.10-dihydro-anthryl-(1)-amino]-naphthalin 474
$C_{52}H_{35}N_3O_3$ *N.N'.N''*-Tris-[1-benzoyl-naphthyl-(2)]-guanidin 329

## $C_{54}$-Gruppe

$C_{54}H_{44}N_8$ 2.5-Bis-[4-anilino-anilino]-benzochinon-(1.4)-bis-[4-anilino-phenylimin] und Tautomeres 370

## $C_{56}$-Gruppe

$C_{56}H_{32}Cl_2N_4O_6$ 3.9-Bis-[5-(4-chlor-benzamino)-9.10-dioxo-9.10-dihydro-anthryl-(1)-amino]-phenanthren 475
$C_{56}H_{34}N_4O_4$ 3.8-Bis-[4-anilino-9.10-dioxo-9.10-dihydro-anthryl-(1)-amino]-fluoranthen 461
$C_{56}H_{34}N_4O_6$ 3.9-Bis-[4-benzamino-9.10-dioxo-9.10-dihydro-anthryl-(1)-amino]-phenanthren 460
1.9-Bis-[5-benzamino-9.10-dioxo-9.10-dihydro-anthryl-(1)-amino]-phenanthren 474
3.9-Bis-[5-benzamino-9.10-dioxo-9.10-dihydro-anthryl-(1)-amino]-phenanthren 474
$C_{56}H_{40}N_4O_6$ 1.4-Bis-[*N'*-(3-oxo-3-phenyl-propionyl)-benzidino]-anthrachinon und Tautomere 460

## $C_{58}$-Gruppe

$C_{58}H_{34}N_4O_6$ 3.8-Bis-[4-benzamino-9.10-dioxo-9.10-dihydro-anthryl-(1)-amino]-fluoranthen 461
8-[4-Benzamino-9.10-dioxo-9.10-dihydro-anthryl-(1)-amino]-3-[5-benzamino-9.10-dioxo-9.10-dihydro-anthryl-(1)-amino]-fluoranthen und 3-[4-Benzamino-9.10-dioxo-9.10-dihydro-anthryl-(1)-amino]-8-[5-benzamino-9.10-dioxo-9.10-dihydro-anthryl-(1)-amino]-fluoranthen 475
3.8-Bis-[5-benzamino-9.10-dioxo-9.10-dihydro-anthryl-(1)-amino]-fluoranthen 475
$C_{58}H_{38}N_4O_8$ 3.6-Bis-[4-benzamino-9.10-dioxo-9.10-dihydro-anthryl-(1)-amino]-9.10-dimethoxy-phenanthren 462

## $C_{60}$-Gruppe

$C_{60}H_{34}N_4O_8$ *N.N'*-Bis-[4-benzamino-9.10-dioxo-9.10-dihydro-anthryl-(1)]-fluoranthendicarbamid-(3.8) 455
$C_{60}H_{36}N_4O_6$ 6.12-Bis-[4-benzamino-9.10-dioxo-9.10-dihydro-anthryl-(1)-amino]-chrysen 461
6-[4-Benzamino-9.10-dioxo-9.10-dihydro-anthryl-(1)-amino]-12-[5-benzamino-9.10-dioxo-9.10-dihydro-anthryl-(1)-amino]-chrysen 476
6.12-Bis-[5-benzamino-9.10-dioxo-9.10-dihydro-anthryl-(1)-amino]-chrysen 476

## $C_{64}$-Gruppe

$C_{64}H_{44}N_6O_8$ 1.4-Bis-{[4-(4-anilino-9.10-dioxo-9.10-dihydro-anthryl-(1)-amino)-phenylcarbamoyl]-acetyl}-benzol und Tautomere 458